ENTWURF

A

B

B

STATIK

C

BEMESSUNG

D

KONSTRUKTION

E

BAUWERKS-ERHALTUNG

F

AKTUELLE VERÖFFENT-LICHUNGEN

G

BEITRÄGE FÜR DIE BAUPRAXIS

H

NORMEN

I

ZULASSUNGEN

J

VERZEICHNISSE

K

AVAK GORIS (HRSG.)

1999

JAHRBUCH für die Baupraxis

STAHLBETONBAU AKTUELL

1999

JAHRBUCH für die Baupraxis

Herausgegeben von

Ralf Avak
Alfons Goris

Mit Beiträgen von

Hans-Peter Andrä
Ralf Avak
Gerhard Bäätjer
Ralf Gastmeyer
Helmut Geistefeldt
Alfons Goris
Ulrich Hahn
Uwe Hartz
Gert König
Udo Kraft
Hans-Jürgen Krause
Günther Lohse
Uwe Neubauer
Ulrich Pickel
Jochen Pirner
Günther Ruffert
Horst G. Schäfer
Ulrich P. Schmitz

STAHLBETONBAU AKTUELL

Beuth Verlag · Werner Verlag

2. Jahrgang 1999
Zahlreiche Abbildungen und Tabellen

Die Deutsche Bibliothek – CIP-Einheitsaufnahme

Stahlbetonbau aktuell: Jahrbuch ... für
die Baupraxis/Düsseldorf:
Werner Verl.; Beuth Verl. Erscheint jährl. –
Aufnahme nach 1999 (1997)

ISBN 3-8041-1065-7
ISBN 3-410-14402-1

Wir – Herausgeber und Verlag – haben uns mit großer Sorgfalt bemüht, für jede Abbildung den/die Inhaber der Rechte zu ermitteln, und die Abdruckgenehmigungen eingeholt. Wegen der Vielzahl der Abbildungen und der Art der Druckvorlagen können wir jedoch Irrtümer im Einzelfall nicht völlig ausschließen. Sollte versehentlich ein Recht nicht eingeholt worden sein, bitten wir den Berechtigten, sich mit dem Verlag in Verbindung zu setzen.

Die DIN-Normen sind wiedergegeben mit Erlaubnis des DIN Deutsches Institut für Normung e. V. Maßgebend für das Anwenden der Normen ist deren Fassung mit dem neuesten Ausgabedatum, die beim Beuth Verlag GmbH, Burggrafenstraße 6, 10787 Berlin, erhältlich sind.

Satz: Graphische Werkstätten Lehne GmbH,
Grevenbroich
Druck und buchbinderische Verarbeitung:
Bercker Graphischer Betrieb GmbH, Kevelaer

Archiv-Nr.: 1044-11.98
Bestell-Nr.: 3-8041-1065-7

Vorwort zum Jahrbuch 1999

Mit dem vorliegenden neuen Jahrbuch 1999 steht dem Leser und Nutzer wieder ein aktuelles Handbuch für den Stahlbetonbau zur Verfügung. Die Gliederung des Vorjahres wurde beibehalten, um einen übersichtlichen und schnellen Zugriff zu gewährleisten. Alle hierbei feststehenden Beiträge Baustoffe, Statik, Bemessung, Konstruktion und Zulassungen wurden erweitert und aktualisiert.

Darüber hinaus erscheinen in diesem Band erstmals die Beiträge „Gestalteter Beton" und „Verstärken von Stahlbetonkonstruktionen". In dem Themenbereich „Aktuelle Veröffentlichungen" sind Beiträge zur Stützenbemessung mit Interaktionsdiagrammen nach Theorie II. Ordnung, zu Momentenkrümmungsbeziehungen im Stahlbetonbau sowie zum Verformungsvermögen und Umlagerungsverhalten von Stahlbeton- und Spannbetonbauteilen zu finden. Im Abschnitt „Beiträge für die Baupraxis" sind Aufsätze mit Hinweisen zur Bemessung von punktgestützten Platten und der Verankerung und Bemessung von Vorsatzschalen mehrschichtiger Außenwandtafeln aus Stahlbeton veröffentlicht.

Im Kapitel „Normen" sind die wichtigste deutsche Stahlbetonnorm DIN 1045 und die Spannbetonnorm DIN 4227 Teil 1 abgedruckt. Weiterhin wurden im Kapitel „Zulassungen" wichtige neue bauaufsichtliche Zulassungen vollständig wiedergegeben.

Der Abschnitt „Verzeichnisse" soll mit dem umfangreichen Adressenverzeichnis eine Hilfestellung zur Kontaktaufnahme bei weitergehenden Fragen geben.

Dem Verlag sei für die zügige Bearbeitung und die sorgfältige Gestaltung gedankt. Den Autoren gilt unser Dank für die fristgerechte Ablieferung der Beiträge und die notwendigerweise kurzfristige Korrekturlesung, um dem Anspruch der Aktualität zu genügen.

Die Herausgeber hoffen, dem Leser mit den vielen Beiträgen namhafter Fachleute aus Praxis, Forschung und Lehre in diesem Jahrbuch eine stete Hilfestellung für 1999 und danach zu geben.

Im Oktober 1998

Ralf Avak
Alfons Goris

Aus dem Vorwort zum Jahrbuch 1998

Die gegenwärtige Rezession im Bauwesen ist auch dadurch gekennzeichnet, daß die fachliche Weiterbildung von Bauingenieuren eine geringere Priorität aufweist; Seminare werden aus Kostengründen nicht besucht, und die Zahl der Abonnenten von Fachzeitschriften sinkt ständig.

Eine langfristige Fortsetzung dieses Trends wird zum Verlust von Know-how und letzten Endes zur Aufgabe von Arbeitsfeldern führen.

Die Herausgeber wollen dieser Entwicklung entgegenwirken, indem in *einem Buch zusammen sowohl Arbeitsmaterialien für das Tagesgeschäft der Berufspraxis als auch Fachbeiträge zu aktuellen Themen* zu finden sind. Diese Artikel informieren über neue Entwicklungen und Arbeitshilfen für die Lösung von baupraktischen Problemen.

Vor diesem Hintergrund erscheint hiermit das erste Jahrbuch einer zukünftigen jährlichen Edition. Hierdurch ist ein Höchstmaß an Aktualität gewährleistet.

Im Unterschied zu anderen langjährig eingeführten Jahrbüchern auf dem Gebiet des Stahlbetonbaus wird das Schwergewicht weniger auf die grundlegende Darstellung von Themen gelegt und mehr Augenmerk der Anwendbarkeit in der täglichen Berufspraxis gewidmet. Insofern stellt das Buch eine Ergänzung zu anderen Periodika dar.

Jede Ausgabe der Reihe „Stahlbetonbau aktuell" wird sich in drei Teile gliedern:

- Grundlagen des Stahlbetonbaus im Hinblick auf zukünftige (bereits heute feststehende) Entwicklungen;
- Aktuelle Veröffentlichungen und Beiträge für die Baupraxis;
- Abdruck von aktuellen Normen und Zulassungen.

Im November 1997

Ralf Avak
Alfons Goris

A GESTALTETER BETON

Dipl.-Ing. Ulrich Pickel und Dr.-Ing. Ulrich Hahn (Abschnitt 3)

T. Ando, Jun Port Island Building, Kobe, Hyogo, 1983–1985

A GESTALTETER BETON

1 Grundlagen der Gestaltung

Ein gut gestaltetes Gebäude entsteht durch das gekonnte Zusammenfügen und Zusammenwirken verschiedener Materialien, denen jeweils eine ganz bestimmte Formensprache eigen ist. Im Falle des Baustoffes Beton ist hier seine Oberflächengestaltung angesprochen, die nicht nur für das Aussehen einzelner Bauteile, sondern auch für den Gesamteindruck des Bauwerkes ausschlaggebend ist.

Nachfolgend sollen die möglichen Betonoberflächen beschrieben, aber auch Hinweise gegeben werden, die bei der Planung zu beachten sind.

Diese Ausführungen über die Gestaltung des Betons gehen im wesentlichen auf Sichtflächen an Fassaden ein.

Abb. A.1.1 Beispiel für eine gut gestaltete Betonfertigteilfassade. Universitätsbibliothek Mannheim

1.1 Material und Formgebung

1.1.1 Material

Unser Material wird in DIN 1045 „Beton und Stahlbeton" wie folgt beschrieben: „Beton ist ein künstlicher Stein, der aus einem Gemisch aus Zement, Betonzuschlag und Wasser – gegebenenfalls auch mit Betonzusatzmitteln und Betonzusatzstoffen (Betonzusätze) – durch Erhärtung des Zementleimes (Zement-Wasser-Gemisch) entsteht."

Alle hier angegebenen Komponenten haben Einflüsse auf das Aussehen des Betons.

Betonzuschlag

Der Zuschlag im Beton macht ca. 80 % der gesamten Betonmischung aus. Er hat durch seine Eigenfestigkeit, seine abgestuften Kornfraktionen und seine Farbgebung sowohl in betontechnologischer als auch in farblicher und damit gestalterischer Hinsicht, einen wesentlichen Anteil am Aussehen des Betons.

Seiner großen Bedeutung wegen wird im Abschnitt 3 ausführlich darauf eingegangen.

Zement

Der Zement als Bindemittel im Beton muß nach der DIN 1164 „Zement" geliefert werden. Darin sind alle für Festigkeit und Beständigkeit relevanten Anforderungen enthalten. Für den gestalteten Beton ist aber auch seine Eigenfarbe wichtig. Diese ist von seinem Rohmaterial – Kalkstein und Ton – abhängig, und hier wesentlich vom darin enthaltenen Eisenoxid. Es ist im wesentlichen für den Grauton verantwortlich. Dieser Anteil wechselt von Region zu Region, so daß erklärbar ist, warum Zemente unterschiedlicher Hersteller auch andere Farben aufweisen. Daher muß für eine Baustelle mit sichtbar bleibenden Betonflächen die gleiche Zementmarke verwendet werden. Die Farbe der in Deutschland produzierten Grauzemente reicht von hell- bis dunkelgrau. Würde man sie in eine Skala von 0–100 (0 = Schwarz; Weiß = 100) einteilen, so liegen sie zwischen 25 und 40 Punkten. Die helleren sind die Hochofenzemente.

Der in Deutschland mit einem Minimum an Eisenoxyd hergestellte Zement ist der Weisszement (Dyckerhoff Weiss). In der oben erwähnten Skala liegt dieser Zement bei 85 Punkten, also nahe dem idealen Weiß. Dyckerhoff Weiss ist ein Portlandzement nach DIN 1164 und unterliegt wie alle Zemente der ständigen amtlichen Normüberwachung.

In Deutschland wird unter dem Namen „Terrament" ein Portland-Ölschieferzement hergestellt, der von Hause aus eine rötlichbraune Farbe hat.

Da die Farbe des Zements, neben der Farbe des Betonzuschlags, ausschlaggebend für die Farbe des Betons ist, hat sie eine große Bedeutung. Je heller der Zement, um so besser, kräftiger kommt die Eigenfarbe des Zuschlags zur Wirkung.

Abb. A.1.2 Betonfertigteilfassade aus einem Beton mit rotem Granit als Zuschlag. In den Brüstungsteilen wurde Weiss-Zement, in den Stützen Grauzement bei sonst gleichem Betonaufbau verwendet. Züblin-Haus, Stuttgart

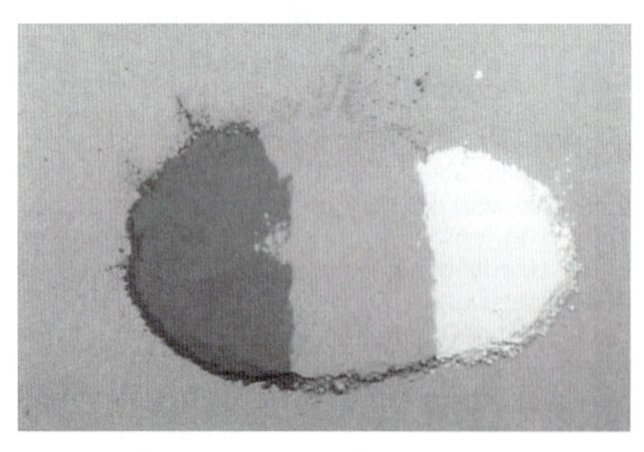

Abb. A.1.3 Farbunterschiede beim Zement. Links und Mitte Grauzemente, rechts Weiss-Zement

Auch die Festigkeitsklasse des Zements hat einen geringfügigen Einfluß auf die Farbe des Betons. An den Klassen 32,5 über 42,5 bis 52,5 läßt sich eine Steigerung der Helligkeit feststellen, die bedingt ist durch die feinere Mahlung und daraus resultierendem höherem Wasseranspruch. In der Praxis wird, auch wegen der unterschiedlichen Außentemperaturen in den verschiedenen Jahreszeiten, ein etwas schneller erhärtender Zement der Festigkeitsklasse 42,5 bevorzugt.

Für Betone mit einer geschlossenen Oberfläche ist, bei einem Größtkorn von 16 mm, ein Zementgehalt von 350 kg/m^3 anzustreben.

Wasser / Ausblühungen

Es ist bekannt, daß sich ein Zement, dem bei der Hydratation mehr Wasser zur Verfügung steht, heller ausbildet als im umgekehrten Fall. Dies muß nicht nur dann auftreten, wenn der Wasserzementwert verändert wird, sondern es kann im Bereich der später sichtbaren Oberfläche zu unterschiedlichen Wasserhaushalten kommen. Als Beispiel sei eine Bretterschalung erwähnt, die, bei starker Saugfähigkeit, dem Beton im Grenzbereich zwischen seiner Oberfläche und der Schalung Wasser entziehen kann, wodurch dunklere Flächen entstehen.

Abb. A.1.4 Sichtbetonfläche. Die dunklen Flächen wurden mit neuen, stark saugenden Brettern geschalt.

Bei der Verdichtung des Betons können z. B. Rüttelenergien unkontrolliert und in unterschiedlicher Stärke eingeleitet werden. Wird dabei Wasser verdrängt, das nicht mehr zurückläuft, entstehen Partien mit dunkleren Oberflächen.

Neben der Tatsache der variierend eingeleiteten Verdichtungsenergie und den dadurch bedingten unterschiedlichen Wasserhaushalten spielt auch die Kapillarität des Betons eine Rolle. Weniger verdichtete Flächen und Betone mit höherem Wasserzementwert haben mehr und größere Kapillaren, durch die beim Austrocknen Calziumhydroxid an die Oberfläche wandert. Beim Antrocknen kristallisiert das Hydroxid in Verbindung mit der Luftkohlensäure zu Calziumkarbonat, das wiederum als weiße Ausblühung sichtbar wird. Diese für das Auge kaum erkennbaren Kristalle verstärken den Helligkeitseffekt.

Wasser ist also das Transportmittel für mögliche Ausblühungen. Dies kann auf zwei Wegen geschehen, die man kurz mit „Primäreffekt“ und „Sekundäreffekt“ beschreibt.

Abb. A.1.5 Zementsteinkörper aus dem gleichen Zement, aber mit unterschiedlichem Wasserzementwert. Links 0,38, rechts 0,60

Abb. A.1.6 Ausblühungen auf den Fenster- und Eloxalflächen durch heruntergelaufenes Calziumhydroxid

Beim Primäreffekt kann, wie bereits oben gesagt, das Anmachwasser des Betons Ursache für die weißen Ablagerungen sein. Die Poren des Zementsteines sind im jungen Alter immer mit einer gesättigten Calziumhydroxidlösung gefüllt. Mit Hilfe der Dochtwirkung der Kapillare steigt diese Lösung an die Oberfläche, und beim Antrocknen kommt es zur sichtbaren Ausblühung. Die Löslichkeit des Calziumhydroxids nimmt bei niedrigen Temperaturen zu. Dies erkärt auch, warum im Frühjahr und im Herbst die diesbezüglichen Beanstandungen verstärkt auftreten. Es liegen dann Kristalle an der Oberfläche, die in der Regel weißlich erscheinen. Sie können aber auch braun, grau und andersfarbig sein. Die Braunverfärbungen rühren von geringen Mengen Eisenhydroxid her, welches wie das Kalkhydrat unter den entsprechenden Bedingungen an die Oberfläche gelangt und sich dort nach kurzer Zeit braun verfärbt. Andersfarbige Ausblühungen entstehen durch Verschmutzungen. Es gibt keine generelle Möglichkeit, Ausblühungen zu vermeiden; langsames Austrocknen der frei liegenden Oberflächen, ohne Wärmezuführung und Zugluft, haben zu Erfolgen geführt.

Der Sekundäreffekt tritt im Alter bis 3 Monaten nach Herstellung dann auf, wenn Fremdwasser in die Kapillaren eindringen kann und beim schnellen Austrocknen wieder Hydroxid austrägt. Dies kann nicht nur optische Mängel hervorrufen, sondern im ungünstigen Fall auch bleibende Schäden verursachen. Wegen der stark alkalischen Wirkung sind Glasscheiben und metallische Legierungen dann gefährdet, wenn sie vom Calziumhydroxid überlaufen werden. Verhindert man das Eindringen von Wasser, so sind auch die Sekundärausblühungen ausgeschaltet. Mit einer Oberflächenbehandlung durch hydrophobierende Mittel (Silicon, Silan) ist dies leicht zu erreichen.

Betonzusatzmittel / Betonzusatzstoffe

Betonzusatzmittel sind Stoffe, die dem Beton flüssig oder pulverförmig zugegeben werden und die Betoneigenschaften durch chemische und/ oder physikalische Wirkungen beeinflussen. So wird z. B. mit Erstarrungsbeschleuniger das Erstarren bzw. das Erhärten des Zements wesentlich beschleunigt, mit Erstarrungsverzögerer die Anfangserhärtung des Zements/Betons verzögert, um damit eine längere Verarbeitungszeit zu ermöglichen.

Sofern ein Beschleuniger oder Verzögerer notwendig ist, sollte er bei allen Mischungen, die im Bereich der Sichtflächen erforderlich sind, beigegeben werden, weil sonst Farbunterschiede zwischen verzögertem und nicht verzögertem Beton auftreten. Verzögerter Beton wird immer dunkler wirken, da das durch Schalung am Verdunsten gehinderte Wasser länger auf den Zement einwirkt und zu einer dichteren und dadurch optisch dunkler wirkenden Fläche führt.

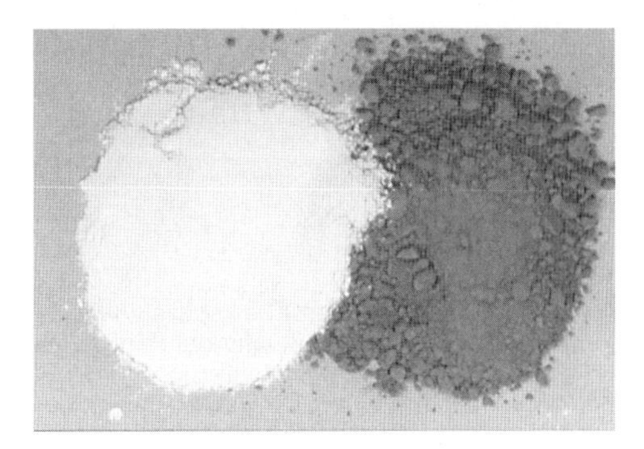

Abb. A.1.7 Die Eigenfarbe eines Betonzusatzstoffes beeinflußt die Farbe des Betons. Links Gesteinsmehl, rechts Flugasche

Betonzusatzstoffe sind fein aufgemahlene Stoffe, die bestimmte Betoneigenschaften beeinflussen und als Volumenbestandteile in der Stoffraumrechnung zu berücksichtigen sind. Dies sind z. B. Trass, als latent hydraulischer Stoff, Flugasche, Gesteinsmehle und Körperfarben (Pigmente). Auch sie haben alle eine Eigenfarbe, die das Aussehen der Betonoberfläche beeinflußt.

1.1.2 Formgebung

Beton ist im frischem Zustand ein plastischer Baustoff. Seine Schalung/Form bestimmt sowohl seine räumlichen Abmessungen als auch weitgehend die Textur der späteren Sichtflächen. Beim Einbringen des Betons muß diese doppelte Funktion der Schalung berücksichtigt werden.

Kannte man früher nur das Brett als Schalungshaut, so ist heute, neben der auch flächig wirkenden kunststoffbeschichteten Tafel, eine große Palette an Kunststoffen auf dem Markt, die jede Formgebung ermöglicht. Elastische Kunststoffe, oft als Strukturmatrizen zu sehen, dreidimensionale Schalungen lassen den Planer jede erdachte

Abb. A.1.8 Form und daraus geformtes Betonfertigteil

Formgebung verwirklichen. Dies schließt winkelförmige und abgekröpfte Stücke bei Fertigteilen ein. Die stärkste Art der Profilierung wird mit durchbrochenen Flächen im Beton erzielt. Bekannt sind kleinformatige Betonelemente, die zu größeren Einheiten zusammengefügt werden. Es sind Fertigteile, die zu Vorhangfassaden, Fensterwänden und Einfriedungen verwandt werden. Ein gutes Beispiel ist die Fassade und der Glockenturm der Kaiser-Wilhelm-Gedächtniskirche von Prof. Eiermann.

Abb. A.1.9 Durchbrochene Betonfertigteile an der Kaiser-Wilhelm-Gedächtniskirche, Berlin

Eine wichtige Unterscheidung ist bei den Schalungsmaterialien zu treffen. Die Eigenschaft, Überschußwasser aus dem Beton aufzunehmen, kann für die einheitliche Farbtönung von Bedeutung sein. Als wichtigster Vertreter der saugenden Schalung sei das Brett genannt. Allein mit der Brettbreite und der Brettextur kann man die Betonoberfläche gestalten. Im Bereich der nicht bearbeiteten Betonoberfläche wird hier klar, was man unter dem „Spiegelbild der Schalung" versteht. Die Profilierung, die durch das gemaserte Holz dem Beton aufgeprägt wird, war der Anfang des Strukturbetons. Selbst noch das gehobelte Brett hat seine Textur dem Beton weitergegeben. In viel stärkerem Maße geschieht dies bei ungehobelten bzw. bei besonders behandelten, wie abgeflammten Bretterschalungen, Abfasungen an den Brettern, Anordnung waagerecht, senkrecht, schräg oder im wechselnden Spiel miteinander.

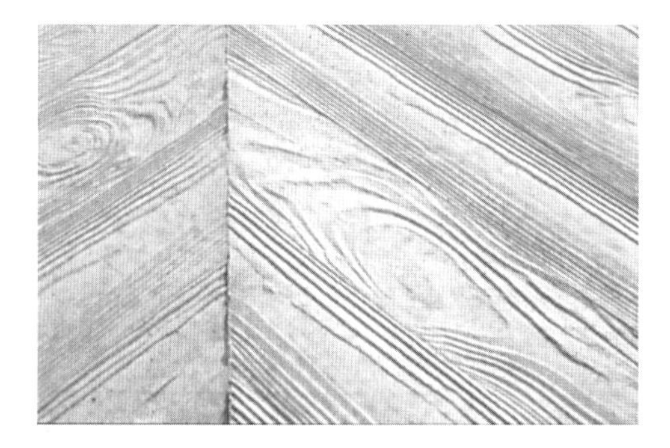

Abb. A.1.10 Sichtbeton als „Spiegelbild der Schalung“

Aus Sicht der Oberfläche gesehen, hat das saugende Brett den Vorteil, das aufgenommene Wasser an den Beton zurückzugeben. Dies läßt – wenn der Auftragnehmer die Materie beherrscht – eine einheitliche Farbtönung, d. h. einen fleckenfreien Beton zu.

Die großformatigen kunststoffbeschichteten, vergüteten Sperrholzschalungen sind meist ohne Profilierung und ergeben bei liegend hergestellten Fertigteilen glatte und nahezu porenfreie Oberflächen. Diese Schalung ist unter die nichtsaugenden, also nicht wasseraufnehmenden Materialien einzuteilen. Alle vergüteten Holz-, aber auch die Stahl- und sonstigen Kunststoffschalungen bergen die Gefahr einer Fleckenbildung auf der Betonoberfläche. Sie entsteht in Verbindung mit der Verdichtung des Betons und der möglichen Wasserverdrängung an der nichtsaugenden Schalung. Mit technisch sinnvoll eingesetzter Verdichtungstechnik lässt sich dies weitgehend umgehen. Für alle Schalungen muß eine hohe Dichtigkeit an den Stößen gefordert werden, da Auslaufstellen von Anmachwasser, mit oder ohne Feinstanteilen aus der Betonmischung, zu dunklen Verfärbungen führt. Auch hier gilt das Gesetz, daß bei Reduzierung der Wassermenge der Beton dunkel, bei Erhöhung heller wird.

Glatte, ebene Betonoberflächen können durch die technisch bedingten verbleibenden Konen der Schalungsanker oder bewußt angeordneten Fugen gestaltet werden.

Die Fuge zwischen den Betonelementen ist ein weiteres Gestaltungsmerkmal. Bauphysikalisch ist sie der schwächste Punkt im Hinblick auf die Dichtigkeit der ganzen Wand. Eine einfache Gestaltung und Ausführung ist deshalb wichtig für die Herstellung der Elemente und der Montage. Fugenbreiten dürfen nicht nur im Hinblick auf das Aussehen allein, sondern müssen auf die Elementgröße, die Herstellungstoleranzen und das Fugenmaterial entworfen werden. Es ist nicht sinnvoll, die Elementgrößen zu reduzieren, um kleinere Fugenbewegungen zu erhalten. Im Gegenteil, es ist besser, möglichst wenig Fugen zu planen, da dies auf jeden Fall wirtschaftlicher ist.

Im Zusammenhang mit der Formgebung und damit der Gestaltung von Fassaden ist deren Verhalten in der Witterung und auf das Altern zu sehen. Hier wurde in der Vergangenheit viel gesündigt. Es ist klar, daß sich Einwirkungen der Witterung auf die Oberflächen des Betons, wie bei anderen Baustoffen, nicht vermeiden lassen. Bei kleinformatigen Bauteilen, z. B. bei einem Mauerwerk aus Ziegelsteinen, werden normale Schmutzanhäufungen nicht so sehr erkennbar, wie dies bei den wesentlich größeren und oft glatteren Flächen der Betonfassaden der Fall sein kann. Es geht darum, eine richtige Fassadengliederung zu erreichen, wie dies frühere Baumeister perfekt beherrschten. Ziel muß es sein, eine gleichmäßige Verschmutzung, die die gegliederte Fläche bewußt unterstreicht, zu erreichen. Dann spricht man von Patina.

Das Hauptproblem ist die Wasserführung an der Fassade, sie ist fast immer die einzige Ursache einer das Auge störenden Verschmutzung. Auf Betonoberflächen soll das Wasser nicht stehen bleiben, sondern über ausreichendes Gefälle abfließen können. Die Menge des Regenwassers und seine Geschwindigkeit ist dabei auf jeder Gebäudeseite und in den unterschiedlichen Höhen verschieden. Wenn benachbarte Gebäude in ähnlicher Höhe vorhanden sind, kann man evtl. daraus Rückschlüsse ziehen.

Besondere Aufmerksamkeit sollte bei der Detaillierung auf geneigte Flächen, Vorsprünge, Wassernasen, Attiken und Dachberandungen gelegt werden. Bei Flachdächern benötigen Attiken eine Mindesthöhe, die verhindert, daß der Wind das Regenwasser über das Dach hin zur Fassade treibt. Die Oberkante einer Attika muß zum Dach hin geneigt sein. Abdeckungen sollten einen Vorsprung von mindestens 15 mm haben, um das Wasser vor der Fassade abtropfen zu lassen.

Glatte Betonoberflächen werden bei Regen streifig, rauhere Oberflächen, wie feingewaschener Beton, sammeln zwar mehr Schmutz an, behalten dennoch ein gleichmäßiges Aussehen. Die Zuschlagkörner unterbrechen und verteilen das herabfließende Wasser und vermeiden Ablaufspuren. Vertikale Rippen in der Oberfläche verhelfen zu einem kontrollierten senkrechten Wasserabfluß und verhindern ein seitliches Verteilen. Der Schmutz wird in den Rillen zu einer Verdunklung führen und betont die durch die Rippung vorgegebene Gestaltung.

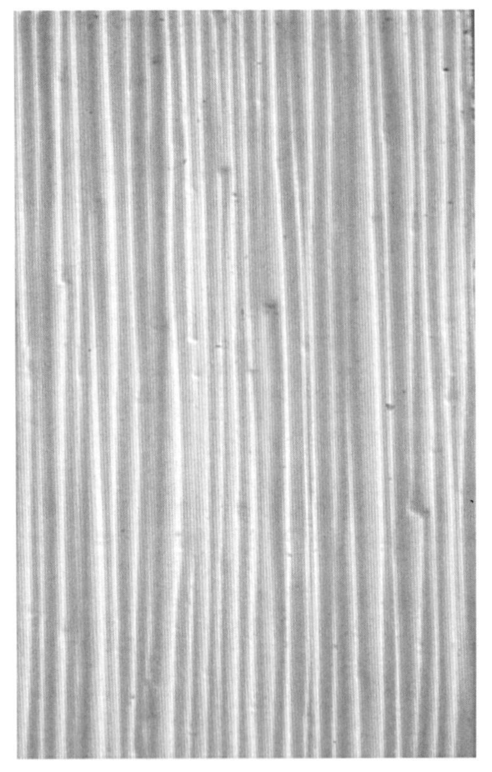

Abb. A.1.11 Vertikale Rippen beim sogenannten „Strukturbeton". Sie führen das Wasser und auf Dauer auch den Schmutz an der Fassade.

1.2 Ortbeton

Der Deutsche Beton-Verein spricht in seinem Merkblatt „Sichtbeton" vom März 1997 von nachfolgenden Merkmalen: „Beton zeigt nach dem Entschalen an seinen Ansichtsflächen eine aus Zementstein und dem Feinstsandanteil des Zuschlags gebildete Mörtelschicht, die das Abbild der verwendeten Schalung ist. Die Ansichtsfläche läßt somit Merkmale der Gestaltung und der Herstellung erkennen. Die Flächen können aber auch im Sinne von DIN 18500 (Betonwerkstein) weiterbearbeitet werden."

Dieses Merkblatt behandelt ausschließlich den Ortbeton.

1.2.1 Unbearbeitete Oberfläche des Ortbetons

Die Oberfläche des unbearbeiteten Betons wird immer dem „Spiegelbild der Schalung" entsprechen. Folglich prägt die Oberfläche der Schalung dem Beton seine Textur auf. Chronologisch gesehen, wurde das ungehobelte oder gehobelte Brett zuerst für den Sichtbeton eingesetzt. Für uns in Deutschland waren die Schweizer Architekten und Bauunternehmer mit ihren Bauten in den 50er und 60er Jahren Vorbild. Alle diese Bauten wurden in Bretterschalung hergestellt und zeichneten sich nicht nur durch die Textur, sondern auch durch Gleichmäßigkeit der Farbtönung aus.

Die später aus Wirtschaftlichkeitsdenken immer öfter eingesetzte Schaltafel mit ihrer glatten Oberfläche fordert den Planer durch gezielt in die Gestaltung einbezogene Anordnung von Schalungsstößen, Arbeits- oder Scheinfugen, Trapez- oder Dreieckleisten und Konen der Schalungsanker auf, Harmonie in die Fläche zu bringen. Eine gleichmäßige Farbe der Sichtflächen setzt bei dieser und anderen nicht wasseraufnehmenden Schalungen eine gleichmäßige Verdichtung voraus, mit exakter Angabe seitens des Unternehmers über Rüttlerdurchmesser, Tauchtiefen, Abstände der Eintauchstellen und Einsink- bzw. Ziehgeschwindigkeit.

Stahlschalungen ergeben ebenfalls glatte Texturen. Hier muß auf eine rostfreie Oberfläche geachtet werden, da sich der Rost an der Betonoberfläche festsetzt.

Kunststoffe für den Schalungsbau werden vorwiegend bei dreidimensionalen Oberflächen verwendet. Thermoplastische Kunststofftafeln werden auf vorgeformten Untergründen, z. B. Gips, im erwärmten Zustand tiefgezogen. Glasfaserverstärkter Kunststoff aus flüssigem Polyester oder Epoxidharz erhärtet ebenfalls auf einer entsprechend hergestellten Unterform. In beiden Fällen entsteht eine steife Matrize, die in die Schalung gestellt und befestigt wird. Elastische Matrizen sind aus zuerst flüssigem Silikonkautschuk oder Polyurethan gefertigt. Sie werden in der Regel von Herstellerfirmen serienmäßig geliefert oder nach Entwürfen des Planers erstellt. Dank der gummiartigen Biegsamkeit eignen sie sich auch für Unterschneidungen.

Expandiertes Polystyrol, besser bekannt unter den Handelsnamen „Styropor" oder „Poresta", kann werksmäßig profiliert, aber auch nachträglich, z. B. mit einem heißen Draht/Werkzeug, bearbeitet werden. Die Oberfläche ist immer etwas rauh, wenn sie nicht beschichtet wird. Diese geschäumten Materialien sind dann in der Regel „Einwegschalungen“, die nur einmal eingesetzt werden.

Abb. A.1.12a Fünf gestaltete Fertigteilsäulen

Ein eindrucksvolles Beispiel eines solch gestalteten Betons sind die fünf Säulen von Prof. Klaus Kammerichs in Bad Seegeberg. Die als „Alte Welt – Neue Welt“ benannte Skulptur wurde in Betonfertigteilen gefertigt und vor Ort montiert. Alle Oberflächen waren so profiliert, daß die fünf Säulen, unter einem bestimmten Winkel betrachtet, den Kopf eines Indianers erkennen lassen. Die

Abb. A.1.12b Unter einem bestimmten Winkel zeigen die fünf Säulen der Abb. A.1.12a das Gesicht eines Indianers. Gestaltung: Prof. Klaus Kammerichs

Umsetzung war nur mit 1:1-Zeichnungen des Bildhauers möglich. Diese auf die Styroporoberflächen kopiert, konnten nun manuell ausgeschnitten werden. Nach dem Zusammenbau der einzelnen profilierten Formteile, mit einem äußeren Stahlrahmen als Stützform versehen, wird die nun fertige und ausreichend steife Form mit Beton verfüllt und dieser verdichtet.

Bei allen Schalungen, die eine glatte Textur ergeben, unabhängig ob profiliert oder nicht, und kein Wasser aufnehmen, ergibt sich beim ausgehärteten Beton eine feinste äußere Schicht, bestehend aus Zement und Feinstanteilen der Zuschläge, der „Zementstein“. Er liegt vor dem eigentlichen Betongefüge und ist dank des hohen Zementanteils sehr schwindfreudig. Bei der anfänglich durch Nachbehandlung kontrollierten Abgabe des Überschußwassers schwindet der ganze Betonquerschnitt gleichmäßig. Wird der Sichtbeton später einer Wechselwirkung von trocken und naß ausgesetzt, z. B. an der Fassade, schwindet und quillt nur der äußere Zementstein. Die zwangsläufig sich ergebenden Spannungen führen zu feinen Rissen, die „Krakelee-Risse“ genannt werden. Sie beeinträchtigen zwar nicht die Beständigkeit, aber doch die Optik des Betons. Wird der mit einer glatten Textur versehene Beton an wettergeschützten Stellen, z. B. in Innenräumen, verwendet, besteht die Gefahr nicht. Man kann diesen Wetterschutz auch künstlich durch eine Hydrophobierung erzielen.

Abb. A.1.13 Feinste Oberflächenrisse in sehr glatt geschaltem Sichtbeton

1.2.2 Bearbeitete Oberfläche des Ortbetons

Von den vielen Möglichkeiten der Oberflächenbearbeitungen, wie sie im nachfolgenden Kapitel über die Fertigteile beschrieben werden, sind bei örtlich hergestelltem Beton einige nicht zu realisieren. So wird Schleifen, Feinschleifen und Polieren an der fehlenden Maschinentechnik scheitern. Ausgewaschen und Feingewaschen sind möglich, wenn nach einem, spätestens nach zwei Tagen die Schalung entfernt werden kann.

Alle Bearbeitungsarten werden im nächsten Abschnitt detailliert beschrieben.

1.3 Stahlbetonfertigteile

Der Bundesverband der Deutschen Beton- und Fertigteilindustrie hat in der Fassung vom Juni 1991 das „Merkblatt über Sichtbetonflächen von Fertigteilen aus Beton und Stahlbeton" herausgegeben. Wie aus dem Titel hervorgeht, werden ausschließlich vorgefertigte Betonelemente für die Gebäudefassade beschrieben. Das Merkblatt behandelt ebenfalls die unbearbeitete und bearbeitete Oberfläche.

1.3.1 Unbearbeitete Oberfläche des Fertigteils

Betonfertigteile, die so verbleiben, wie sie aus der Schalung – richtiger spricht man da von der „Form" – kommen, können in der Oberfläche, wie im vorhergehenden Kapitel, glatt, rauh oder profiliert sein. Die wirtschaftlichste Textur ist die glatte, auf der Stahlfläche des Rütteltisches hergestellte Betonoberfläche. Alle flächenförmigen Elemente werden waagerecht liegend betoniert. Nur zweiseitig saubere bzw. glatte Teile kommen aus sog. Batterieschalungen, die senkrecht stehen. Beim Rütteltisch kommt die Verdichtung aus unterseits des Tisches angeordneten, meist hochfrequenten Rüttlern. Durch die sehr intensiv eingeleitete Energie kann es zur Verdrängung des Wassers im Beton kommen. Dies hat zwangsläufig eine Fleckenbildung zur Folge. Dem Können des Fertigteilwerkes ist es überlassen, aus den Abmessungen und dem Gewicht des Elementes die notwendige Rüttelenergie zu finden.

Bretter, kunststoffbeschichtete Tafeln, profilierte Kunststoffteile und gestaltete Matrizen können auch beim Fertigteil zum Einsatz kommen.

1.3.2 Bearbeitete Oberfläche des Fertigteils

Alle möglichen Oberflächenbearbeitungen eines Betonfertigteils sind in der DIN 18500 „Betonwerkstein" beschrieben. Sie gilt auch für betonwerksteinmäßige Bearbeitungen bei Ortbeton, obwohl die Norm nur vorgefertigte Erzeugnisse aus Beton behandelt.

Abb. A.1.14 Rütteltisch mit Betonaufgabevorrichtung

Abb. A.1.15 Batterieschalung für senkrecht zu schalende Betonfertigteile

Oberflächenbearbeitungen (in der Reihenfolge der Norm):

- *Geschliffen:* Einmaliges Schleifen, ohne Spachteln. Schleifspuren und Poren dürfen sichtbar bleiben. In der Regel wird so weit geschliffen, bis der größte Korndurchmesser freigelegt wird. Bearbeitungstiefe ca. 4 mm
- *Feingeschliffen:* Zweimaliges Schleifen, wenn notwendig, zwischen den beiden Schleifvorgängen spachteln. Das zweite Schleifen ist ein Feinschliff, der zwangsläufig durch die sich ergebende feinere Textur dunkler wirkt.
  Bearbeitungstiefe ca. 5 mm
- *Poliert:* Auch als Naturpolitur bezeichnet, die durch immer feineres Schleifen mit verschiedenen Steinen zum Oberflächenglanz führt. Bearbeitungstiefe ca. 5 mm
- *Gesägt:* Diese Bearbeitung entsteht beim Aufsägen von Betonblöcken mittels rundlaufender Steinsäge oder waagerecht schneidenden Steinsägegattern. Es können entsprechend der Maschine kreisförmige oder parallel angeordnete Riefen zurückbleiben.
- *Ausgewaschen:* Ausgewaschen – landläufig als Waschbeton bezeichnet – wird ein Beton im frischen Zustand oder mit Hilfe von Kontaktverzögerer nach dem Erhärten des Betons. Kontaktverzögerer verhindern die Erhärtung der obersten, an der Form liegenden Betonschicht (Zementstein).

  Beim „Negativverfahren" liegt die auszuwaschende Fläche immer an der Schalungsseite, d. h. unten oder seitlich, beim „Positivverfahren" oben, also an der freien Seite. Wenn die Sichtflächen gegen die Schalung ausgebildet werden, müssen immer Kontaktverzögerer eingesetzt werden.

  Wenn die Sichtfläche an der von der Form/Schalung freien Seite ausgebildet wird, kann auch im direkten Auswaschverfahren ohne Verzögerer mit einem weichen Wasserstrahl und Bürste, ca. 2 Stunden nach der Verdichtung, gearbeitet werden.

  Bei der Verwendung von Körnungen (Zuschlag) über 50 mm wird das Auswaschen im Sandbettverfahren angewandt, bei dem die groben – meist runden Kiesel – zuerst in ein Sandbett gedrückt oder gerüttelt werden und dann mit einer Mörtel- bzw. Betonschicht hinterfüllt werden. Nach der Erhärtung wird der Sand von der Oberfläche entfernt.

  Bei allen Methoden darf nicht mehr als die Hälfte des Größtkorndurchmessers freigelegt werden. Bei allen ausgewaschenen Oberflächen wird die Farbe des Zuschlages in seiner natürlichen Farbwirkung wiedergegeben. Bearbeitungstiefe ca. 4–6 mm

- *Feingewaschen:* Der Auswaschvorgang darf max. 2 mm der obersten Schicht entfernen. Diese Bearbeitung kann ebenfalls im „Positiv- bzw. Negativverfahren" durchgeführt werden und unterscheidet sich nur durch die optische Wirkung, dadurch bedingt, daß nur die Spitzen des meist gebrochenen Zuschlages (Splitt) freigelegt werden. Das Größtkorn wird in der Regel bei feingewaschenen Oberflächen 16 mm betragen. Bearbeitungstiefe ca. 2 mm
- *Gestrahlt:* Früher als „Sandstrahlen" bekannt, ist eine Bearbeitung des erhärteten Betons, bei dem mit hohem Druck Strahlgut (Sand, Stahlkugeln, Glas, Korund) auf die Oberfläche geschleudert wird. Nach der Bearbeitung wirken Zementstein und Zuschlag heller, da sie jetzt eine leichte Rauhigkeit aufweisen und damit mehr Licht reflektieren können. Bearbeitungstiefe ca. 1–2 mm
- *Flammgestrahlt:* Die Bearbeitung erfolgt nach dem Erhärten des Betons bei einer Flammtemperatur von ca. 3 200 °C. Bei diesen hohen Temperaturen schmilzt die äußere Zementsteinschicht, und bei Zuschlägen aus Hartgestein springen die obersten Kappen der Körnung ab. Die natürliche Farbe des Zuschlages bleibt erhalten. Bearbeitungstiefe ca. 4–8 mm
- *Abgesäuert:* Die Bearbeitung erfolgt nach Erhärten des Betons, indem nach gutem Vornässen die Oberfläche mit Säure behandelt wird. Nachdem die Oberfläche gut mit Wasser nachgespült wurde, verbleibt eine leicht rauhe, dem Sandstein ähnliche Oberfläche. Bearbeitungstiefe ca. 0,5 mm

Abb. A.1.16 Feingeschliffene Betonoberfläche

Abb. A.1.19 Feingewaschene Betonoberfläche

Abb. A.1.17 Gesägte Betonoberfläche

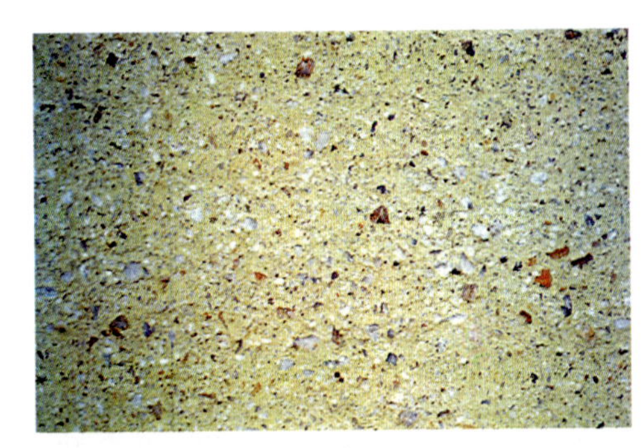

Abb. A.1.20 Gestrahlte Betonoberfläche

Abb. A.1.18 Waschbetonoberfläche

Abb. A.1.21 Flammgestrahlte Betonoberfläche

Abb. A.1.22 Abgesäuerte Betonoberfläche

Abb. A.1.25 Besenstrich auf der gerade verdichteten frischen Betonoberfläche

Abb. A.1.23 Gespitzte Betonoberfläche

Abb. A.1.24 Gestockte Betonoberfläche

- *Gespalten:* Vorgefertigte kleine Betonblöcke werden auf Maschinen zu z. B. „Bossensteinen" gespalten. Es entsteht eine bruchrauhe Oberfläche. Für größere Betonbauteile nicht anwendbar.
- *Bossiert:* Eine Oberflächenbearbeitung, die heute von Maschinen, früher mit dem sogenannten „Bossierhammer" ausgeführt wurde. Es entsteht eine rauh bearbeitete Oberfläche. Um exaktere Kanten zu erhalten, wird von der Seite her mit dem „Setzeisen" nachgearbeitet. Bearbeitungstiefe ca. 5–6 mm
- *Gespitzt:* Bearbeitung mit einem Handspitzeisen oder maschinell, dabei wird Schlag neben Schlag gesetzt, sodaß eine stark aufgerauhte Fläche entsteht. Die Kanten des Werkstückes sollten abgefast oder anders bearbeitet werden, um eine saubere Kantenausbildung zu ermöglichen. Die Farbe des Betons wird durch die Rauhigkeit wesentlich aufgehellt. Bearbeitungstiefe ca. 5–10 mm
- *Gestockt:* Die Fläche wird mit einem „Stockhammer" oder Stockmaschine bearbeitet, wobei die Oberfläche gleichmäßig aufgerauht wird. Die Sichtflächen erscheinen nach der Bearbeitung heller. Bearbeitungstiefe ca. 6 mm
- *Scharriert:* Eine zunächst glatte Fläche wird mittels „Scharriereisen", oder Scharriermaschine durch gleichmäßig parallele Schläge mit einem breiten Eisen aufgeschlagen. Bei Betonelementen mit Hartgesteinszuschlägen ist

diese Bearbeitung nicht möglich. Bearbeitungstiefe ca. 4–5 mm

Eine Behandlung der frischen Betonoberfläche, z. B. durch Besenstrich oder Walzen mit einer „Strukturwalze", gilt ebenfalls als Oberflächenbearbeitung nach DIN 18 500. Kombinationen verschiedener Bearbeitungen sind möglich, z. B. Schleifen und Strahlen oder Schleifen und Flammstrahlen. Verschiedene Oberflächenbearbeitungen auf einer sichtbaren Fläche führen auch bei gleicher Betonzusammensetzung zu unterschiedlichen Helligkeiten.

Werden durch die Bearbeitung Schichten des Betons abgetragen, sind diese Bearbeitungstiefen bei der Deckung der Bewehrung zu berücksichtigen.

Abb. A.1.26 Detail aus zwei Fassadenfertigteilen an der Fassade des WDI-Gebäude der Dyckerhoff AG in Wiesbaden. Am oberen Fertigteil: links und rechts geschliffene, in der Mitte feingewaschene Oberfläche. Das untere Fertigteil ist abgesäuert worden.

1.4 Planung und Ausschreibung

Bereits bei der Planung legen Architekten und Bauherren die Sichtflächen des Betons und ihre besondere Gestaltung fest. Dies gilt auch für die Wasserführung, die besonders an der Fassade für eine mögliche spätere Verschmutzung verantwortlich sein kann. Auch sollte hier der Erfahrung Rechnung getragen werden, daß sehr glatt geschalte und nicht weiter bearbeitete Oberflächen schwieriger herzustellen sind und nicht immer vermeidbare kleine Fehlstellen stärker ins Auge fallen. Ebenso zeigt die Erfahrung, daß rauher geschalte und gegliederte, unbearbeitete Betonflächen – neben der insgesamt belebenderen Wirkung – kleinere Mängel nicht in Erscheinung treten lassen.

In der Ausschreibung sollte eine genaue Leistungsbeschreibung über die gewünschte Oberfläche enthalten sein. Klare Erläuterungen vermeiden spätere Meinungsverschiedenheiten. Daher sollte in der Ausschreibung auch eine Position für ein Probebauteil, das unter Praxisbedingungen herzustellen ist, aufgenommen werden. Bei Ortbeton kann dies – an später nicht auffallender Stelle – eine Wandfläche innerhalb des Gebäudes, bei Fertigteilen ein originalgroßes Element sein.

Dabei sind Art und Konstruktion der Schalung, Entschalungsmittel, Abmessungen des Bauteils, Lage, Verteilung und Grad der Bewehrung, Betonzusammensetzung sowie Einbringen und Verdichten zu berücksichtigen. Der Aufwand hierfür ist äußerst gering im Verhältnis zu den gesamten Baukosten und wird über eine eigene Position reibungslos abgewickelt. Die Probebetonierung dient auch zur Abstimmung evtl. verschiedener Auffassungen zwischen Bauherrn, Architekten und Ausführenden vor Baubeginn.

Weiter sollten in der Leistungsbeschreibung Maßnahmen für evtl. erforderliche Nacharbeiten, z. B. Entgraten, sowie Schutzmaßnahmen gegen Verschmutzung und Beschädigung während der Bauzeit berücksichtigt werden.

Bei der Auftragserteilung ist die Zusammenarbeit sofort auf den Bauleiter und den Statiker auszudehnen, um möglichst frühzeitig endgültige Klarheit über die Einzelheiten der Ausführung zu erzielen.

Kontrolle bei der Ausführung

Probeflächen bei Ortbeton und Probeelemente bei Fertigteilen aus Beton sollten den Planer nicht davon entbinden, während der Herstellung eine Kontrolle an der Baustelle oder im Fertigteilwerk durchzuführen. So kann es zweckmäßig sein, die Farbgleichmäßigkeit der Zuschläge zu überprüfen. Bei Ortbeton sollte besonderer Wert auf die Deckung der Bewehrung gelegt werden. Fertigteile sind spätestens vor dem Einbau, besser im Herstellerwerk, zu besichtigen und freizugeben.

Ausbesserungen

Kleinere Fehlstellen, die nicht wesentlich stören, sollten nicht ausgebessert werden, da eine Korrektur oft mehr stört als die Fehlstelle selbst. Ist eine Ausbesserungsarbeit notwendig, kann zunächst an einer wenig auffallenden Stelle die Wirkung der vorgesehenen Mörtelmischung erprobt werden. In der Regel eignet sich ein Mörtel, der dem des Bauwerksbetons entspricht, d. h., eine gleiche Mischung ohne die gröberen Anteile über 4 mm, jedoch mit etwas steiferer Konsistenz. Die auszubessernde Stelle muß gut und so vorgenäßt werden, daß sich keine Rinnsale auf der Betonoberfläche bilden.

Das Schließen der Spannstellen und Aussparungen der Anker sollte – wenn überhaupt notwendig – möglichst frühzeitig erfolgen. Dabei kann es optisch oft günstiger sein, diese Stellen durch eine sich sauber abzeichnende Vertiefung zu markieren, als den Mörtel bündig zu verreiben.

Schutz der Oberflächen während der Bauzeit

Fertige Betonoberflächen sind vor Verschmutzungen und Beschädigungen zu schützen. Bereits die zur Nachbehandlung empfohlenen Folien können einen Schutz darstellen. Sie dürfen allerdings nicht direkt auf dem Beton aufliegen, da dies Flecken verursachen würde. Auch Schilder mit der Aufschrift „Sichtbeton", oft schon in verschiedenen Sprachen, können wirksam helfen.

Zwischengelagerte Fertigteile werden zweckmäßigerweise stehend gelagert, jedoch so, daß eine Wasserabführung nicht über die Sichtfläche erfolgt. Als Abstandhalter oder Lagerhölzer zwischengelegte Holzteile rufen Flecken hervor, die sich nicht entfernen lassen. Es empfiehlt sich deshalb, bewährte Abstandhalter oder Stapelplatten, die die Betonflächen nur punktförmig berühren, zu verwenden. Eine weitere Möglichkeit besteht darin, die Fertigteile seitlich anzuklammern.

Oberflächenbehandlung des Betons

Oberflächenbehandlungen von Beton, zur Erzielung bestimmter Eigenschaften, können ebenfalls Auswirkungen auf seine Farbe haben.

Hydrophobierende Behandlungen (Silicon, Silan) sind nicht erkennbar, solange nicht technisch übertriebene Mengen aufgetragen werden. Erst dann legen sich so viele Feststoffe auf der Oberfläche ab, daß sie zur leichten Glanzwirkung und damit zur Eindunklung führen. Transparente Beschichtungs- oder Versiegelungsstoffe sind filmbildend und erzeugen eine dunklere Wirkung, einhergehend mit einer Glanzbildung.

Sie verschließen auch weitgehendst die Oberfläche gegen Wasser von innen und außen. Dies muß nicht immer technisch sinnvoll sein, da sie die Dampfdiffusion behindern. Mit Mineralfarbanstrichen kann die Atmungsaktivität sowie die wasserabweisende Wirkung erhalten bleiben und trotzdem das gewünschte Aussehen erzielt werden.

Alle Produktnamen der Materialien, die zur Oberflächenbehandlung eingesetzt werden, sollten dem Planer schriftlich mitgeteilt und damit für später festgehalten werden.

2 Farbiger Beton mit Pigmenten

Es ist durchaus verständlich, daß man sich schon frühzeitig Gedanken darüber machte, wie man dem grau erscheinenden Beton erforderlichenfalls auch angenehmere Farbtöne verleihen könnte. Die an den englischen Portland-Stein erinnernde Farbe des Zements wurde oft als nicht befriedigend angesehen, insbesondere dann, wenn der Beton gestalterische Funktionen zu erfüllen hatte. Während früher mit wenig ergiebigen, unter Umständen sogar betonschädlichen Erdfarben gearbeitet wurde, sind heute die Möglichkeiten zur guten und wirtschaftlichen Herstellung farbigen Betons mit neuzeitlichen Pigmenten ungleich günstiger geworden. Es sei nur an das Hinzukommen des weißen Portlandzementes und die Entwicklung der hochwirksamen Mineralfarben erinnert, vom Fortschritt der Kenntnisse in der Betonherstellung ganz zu schweigen. Insbesondere der Weiss-Zement ermöglicht schon bei geringen Farbzusätzen die Erzielung sauberer, pastellfarbiger Abtönungen des Zementsteines in nahezu allen Farbnuancen. Die Grauzemente hingegen sprechen hauptsächlich auf die intensiv dunklen Farben Grün, Braun und insbesondere Rot an.

2.1 Pigmentarten

Die zum Einfärben verwendeten Farben bilden folgende Gruppen:

a) Erdfarben, das sind Farbkörper natürlicher, anorganischer Art;

b) Mineralfarben, das sind synthetische, anorganische Pigmente.

a) Erdfarben sind die ältesten und früher einzigen Pigmente gewesen; sie wurden übrigens bei den farbigen Höhlenmalereien (es sei an die herrliche Höhle von Altamira erinnert, bei der rote Erdfarben, Ocker, Manganschwarz und Kohle Verwendung fanden) ebenso benutzt wie in den Terrazoböden und Freskomalereien der letzten Jahrhunderte. Die Erdfarben wurden und werden durch Schlämmen, Mahlen, Sieben und manchmal auch durch Brennen aus natürlichen Erden gewonnen. Als ein Vorteil, der natürlich auch für andere Pigmente wichtig ist, muß die ausgezeichnete Lichtbeständigkeit und die Verträglichkeit mit dem alkalischen Bindemittel Zement angesprochen werden. Nachteilig ist, daß die Erdfarben nur zu einem gewissen Teil aus wirklich färbendem Material bestehen.

b) Als Mineralfarben stehen zahlreiche synthetische Weiß- und Buntpigmente zur Verfügung, die für die Verwendung im Beton geeignet sind. Sie sind licht- und wetterbeständig. Wegen des Zusammenwirkens mit dem alkalisch reagierenden Zement sind diese Pigmente auch alkalibeständig. Diese für die Dauerhaftigkeit und Beständigkeit eines farbigen Betons notwendigen Eigenschaften sind also bei Mineralfarben gegeben.

Die Farbstärke der Pigmente beruht u. a. auf ihrer sehr hohen Feinheit, die ca.10mal höher sein kann als die von Zement. Am bekanntesten und gebräuchlichsten sind die Eisenoxidpigmente Rot, Gelb, Schwarz, Braun und Chromoxid- bzw. Chromoxidhydratgrün mit jeweils unterschiedlicher Farbstärke und verschiedenem Farbton sowie Kobaltblau oder Manganblau und zur Aufhellung Titandioxidweiß. Dieser Aufhellung sind jedoch gewisse Grenzen gesetzt. So kann z. B. ein auch mit hohen Weißpigmentzusätzen versehener Grauzement nicht den Helligkeitsgrad eines Weiss-Zements erreichen. Dieser Grundsatz gilt auch für den damit hergestellten Beton ...

2.2 Lieferformen der mineralischen Pigmente

Die klassische Art, Pigmente zu beziehen, war und ist das Pulver in Säcken. Es ist auch noch die wirtschaftlichste Form. Die Nachteile des Pulvers sind jedoch nicht zu leugnen; sie beginnen beim Aufreißen des Papiersacks, denn sofort nimmt der Mitarbeiter die Farbe an, meist auch ein Teil der Arbeitsstelle und mit Hilfe eines Luftzugs sogar die ganze Werkhalle. Durch die verbleibenden Reste im Sack wird er zum teuren Sondermüll. Pulverpigmente werden heute immer seltener in der Praxis eingesetzt.

Eine weitere Form des Bezugs ist die des flüssigen oder liquiden Pigments. Das Pigment wird in Containern angeliefert und bei Gebrauch an einen Dosierautomaten angeschlossen. Bei dieser verbesserten Form des Bezugs transportiert man natürlich auch viel Wasser, eine Gewichtszunahme, die Geld kostet.

Es gilt auch noch, an andere Dinge zu denken, z. B. müssen Flüssigpigmente vor dem Einsatz aufgerührt werden, sonst versteifen und entmischen sie. Im Winter müssen Flüssigfarben frostfrei gelagert oder mit einem Frostschutz versehen werden. In Betrieben mit einer gleichmäßigen, hohen Produktion an farbigen Betonelementen, nicht weit vom Lieferwerk des Pigments entfernt, ist die Verwendung der flüssigen Farbe sinnvoll.

Die letzte Entwicklung auf dem Pigmentmarkt ist das sogenannte „Granulat“. Dahinter verbergen sich kleine Kügelchen, die viele Pigmentteilchen enthalten und durch ein Bindemittel in der Form gehalten werden, die sich erst im Mischer öffnet.

Sein Vorteil: das so gebundene Pigment staubt nicht mehr und fließt bei der Dosierung wie Wasser, ohne darin gelöst zu sein. Das verwandte Bindemittel ist ein Betonverflüssiger, der auch dafür sorgt, daß die Pigmentteilchen sich im Beton leichter und rückstandsfrei verteilen.

2.3 Die Dosierung des Pigments in der Betonmischung

Pigmente werden immer, bezogen auf das Zementgewicht der Betonmischung, beigegeben. Das heißt, bei einem Zementanteil von 350 kg/m^3 und 2 % Pigmentzugabe müssen 7 kg Farbe dosiert werden. Die Dosierung hängt vom gewünschten Farbton ab und wird zwangsläufig bei der Verwendung von Grau- bzw. Weiss-Zement unterschiedlich sein müssen. Farbsättigung, d. h. Zugabemengen, bei denen keine stärkeren Wirkungen mehr erzielt werden, liegen bei Grauzement im Bereich von 5 %, bei Weiss-Zement in Größen von 2 %. Ausnahme bei schwarz eingefärbtem Beton. Der sollte der Intensivität des Farbtones wegen immer mit Weiss-Zement und einer Pigmentzugabe von 5 % hergestellt werden. Theoretisch können Dosierungen bis 10 %, bezogen auf das Zementgewicht, vorgenommen werden, ohne daß z. B. Festigkeitsabfälle auftreten.

Die technologischen Daten über eingefärbte Betone sind in einem größeren Betonprüfprogramm ermittelt worden. Fünf verschiedene Pigmente in Zugaben von 2, 5 und 10 % vom Zementgewicht wurden auf ihren Einfluß im Beton untersucht. Es handelte sich um Eisenoxidrot, Eisenoxidgelb, Chromoxidgrün und Titandioxid sowie Schwarz als Rußdispersion. Die Versuchsreihen wurden jeweils mit grauem und mit weißem Zement durchgeführt. Zugrunde gelegt wurde ein praxisnaher Beton mit 350 kg Zement / m^3 Beton, Zuschlag 0–15 mm Rundkies Sieblinie A/B und einer Konsistenz mit einem Ausbreitmaß von 39 cm. Der Vergleich wurde auf gleiche Verarbeitbarkeit ausgerichtet. Folglich stellten sich etwas unterschiedliche Wasserzementwerte ein. Der w/z-Wert der jeweiligen Ausgangsbetone ohne Pigmentzugabe betrug 0,52 bis 0,53. Geprüft wurden sowohl die Festigkeiten nach 1 Tag, zur Beurteilung der Ausschalfristen, als auch die Festigkeiten nach 28 Tagen für den notwendigen Gütenachweis. Als Prüfkörper wurden 10-cm-Würfel verwendet.

Die Ergebnisse sind in Abb. A. 2.1 dargestellt. Erkennbar ist, daß sowohl die 1-Tage-Festigkeiten mit über 20 N/mm^2 als auch die 28-Tage-Festigkeiten mit über 55 N/mm^2 dieser bis zu 10 % eingefärbten Betone praktisch die gleichen sind wie die der beiden Ausgangsbetone, sowohl mit Grau- wie mit Weiss-Zement. Die dazugehörigen Wasserzementwerte sind jeweils unter der Festigkeitsäule aufgetragen, um den Zusammenhang optisch herauszustellen. Die Schwankungen liegen in engen Grenzen. Ein etwas größerer Unterschied zeichnet sich bei der Verwendung von Eisenoxidgelb ab, das für die gleiche Verarbeitbarkeit mehr Wasser beansprucht. Dieses wird verständlich, weil Eisenoxidgelb stabförmig etwa im Verhältnis $d : l = 1 : 7$, die anderen Pigmente dagegen kugelförmig ausgebildet sind. Folglich ist es etwas verdichtungsunwilliger. Bei Zugabe von Rußdispersion ist zu beachten, daß diese einen Wassergehalt von 62,5 Prozent aufweist, der zum Teil zur Verflüssigung des Betons beiträgt.

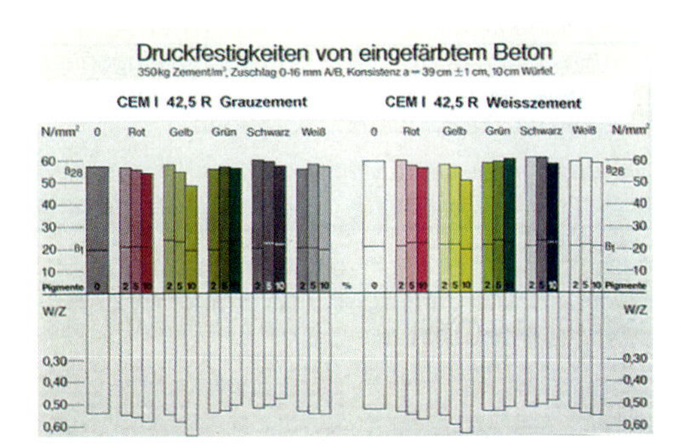

Abb. A.2.1 Die Zugabe von Pigmenten bis zu 10 % hat praktisch keine nachteiligen Auswirkungen auf den Wasseranspruch und auf die Betonfestigkeiten, gezeigt an Beispielen mit grauem sowie mit weißem Zement und den Pigmenten Eisenoxidrot, Eisenoxidgelb, Chromoxidgrün, Titandioxid sowie Rußschwarz. Oben sind die Betonfestigkeiten, unten der Wasseranspruch aufgetragen.

An allen Betonen, insbesondere mit den höheren Pigmentzugaben, wurde auch das Schwindverhalten untersucht. Die nach einem Jahr Prüfdauer vorliegenden Ergebnisse, ermittelt an Betonprismen 10 x 10 x 50 cm bei Klimalagerung, zeigen praktisch gleiches Verhalten. Die Schwindwerte betragen im Mittel ca. 0,5 mm/m. Die Versuche zeigen eindeutig, daß die bis etwa 5 Prozent übliche Pigmentzugabe (auch bei einer Steigerung bis 10 %) sich auf Festigkeit und Schwinden des Betons nicht nachteilig auswirkt.

Das gleichmäßige Einmischen des Pigments, d. h. seine Verteilung in der Betonmischung, setzt die Erfahrung voraus, daß man nicht Zuschlag, Zement, Wasser und Pigment gleichzeitig im Betonzwangsmischer (kein Freifallmischer) mischt. Die Praxis hat gezeigt, daß man Zuschlag und Pigment ca. 15–20 Sekunden vormischt, ehe Zement und Wasser beigegeben werden. Nach Zugabe der restlichen Komponenten nochmals 2 Minuten mischen. Diese Forderung gilt für alle drei Lieferformen des Pigments, Pulver, Flüssigfarbe und Granulat.

Auch bei eingefärbtem Beton ist ein einheitlicher Wasserzementwert der Mischung Voraussetzung für einen gleichmäßigen Farbton der Sichtfläche. So würde ein rot eingefärbter Beton bei höherem w/z-Wert hellrot, bei niedrigerem w/z-Wert dunkelrot ausfallen. Da aus der Betontechnologie bekannt ist, daß verschiedene Wasserzementwerte auch negativen Einfluß auf die Festigkeiten haben, verbieten sich solche Variationen eigentlich von selbst.

Wenn der gewünschte Farbton von Anfang an oder im Laufe der ersten Zeit nachläßt, dann ist die Ursache meist in Ausblühungen zu suchen. Die Ursache in den Pigmenten zu suchen, ist heute mit Sicherheit falsch. Alle unsere Mineralfarben sind licht- und zementbeständig, aber gegen Überlagerungen mit feinst verteiltem Calciumkarbonat ist auch das Pigment nicht gefeit. In Abschnitt 1

„Grundlagen“ wurde bereits über dieses Phänomen ausführlich geschrieben.

2.4 Anstrich

Neben dem pigmentierten Beton, der in sich gefärbt ist, kann ein Beton auch nachträglich durch einen Anstrich in den gewünschten Farbton gebracht werden.

Dabei wird die Wahl der Qualität des Materials und das spätere Aussehen allerdings auf das Gewerk des Malers übertragen. Auch in diesem Falle sollte die Ausschreibung in enger Abstimmung mit einem Fachmann erfolgen. So wird z. B. die Frage nach der Vorbehandlung des Untergrundes, evtl. einen Spachtelvorgang einzubeziehen, und die Entscheidung, ein mineralisches oder filmbildendes Anstrichmaterial auszuwählen, von entscheidender Bedeutung sein. Das Material sollte mit dem Beton verträglich sein, die Wasserdampfdiffusion nicht behindern und bei einer Erneuerung des Anstriches nicht durch technisch aufwendige Maßnahmen für den Bauherrn unbezahlbar werden. Dies wäre dann der Fall, wenn der alte Anstrich nach z. B. 20 Jahren durch Strahlen entfernt werden müßte. Wirtschaftlich und technisch sinnvoll sind auf jeden Fall Anstriche auf mineralischer Basis. Er kann später einfach überstrichen werden.

Abb.2.2 Farbige Betonoberfläche durch Anstrich

Abb.2.3 Gestaltetes Betongebäude mit eingefärbtem Sichtbeton

Die Lebensdauer eines Anstriches ist, im Gegensatz zu einem eingefärbten Beton, der außer bei einer Verschmutzung seine Farbe nicht ändert, auf 15–20 Jahre begrenzt.

Gestalten mit Beton heißt, die bekannten konstruktiven Möglichkeiten des Betons mit seinen vielfältigen Variationen an Formgebung, Farbe und Oberflächentexturen zu verbinden. Diese Ausführungen sollten dem Architekten und Bauingenieur den gesamten Ablauf einer technisch sinnvollen Planung und Durchführung aufzeigen.

Sie ermöglichen ein Mitdenken des Planers und bilden die Grundlage für die gemeinsam mit dem Ausführenden zu lösende Aufgabe. Die Praxis hat gezeigt, daß bei einer verständnisvollen Zusammenarbeit aller Beteiligten hervorragende Ergebnisse erzielt wurden.

3 Farbiger Beton mit farbigen Zuschlägen

3.1 Der Einfluß farbiger Zuschläge auf die Betonfarbe

Wird die besonders farbkräftige Wirkung einer Betonoberfläche gewünscht, ist die Verwendung farbiger Zuschläge erforderlich. Als solche kommen in der Regel Hartgesteine wie Basalt, Diabas, Diorit, Granit, Porphyr, Kalkstein, Marmor, Quarz und Quarzit zur Anwendung.

Bei der Herstellung von farbigem Beton werden die einzelnen Zuschlagkörner vom Zementleim umhüllt. Dabei kann es vorkommen, daß die Körner eines intensiv farbigen Zuschlags nicht vollständig überdeckt werden. Der resultierende Farbton wird dann durch die Eigenfarbe des Zuschlags beeinflußt. Dieser Effekt macht sich bereits bei der Produktion des farbigen Betons bemerkbar [Kohnert – 97]. Noch deutlicher wird der Einfluß der Eigenfarbe des Zuschlags, wenn Zuschlagkörner durch Abwitterung der Oberfläche zutage treten. Das Auge bildet dann einen Mischfarbton aus der Farbe des Zementsteins und der des sichtbaren Zuschlags.

Von Bedeutung ist auch die unterschiedliche Wirkung zwischen Feinststoffen und den gröberen Kornfraktionen der Zuschläge [Pickel – 90]. So beeinflussen z. B. bei unbearbeiteten Betonflächen nur die Feinstanteile das Aussehen, da hier vor dem eigentlichen Betongefüge eine sichtbare Haut, das Gemisch aus Zement und Feinstanteilen der Zuschläge, liegt. Bei bearbeiteten Betonoberflächen wirken dagegen die Eigenfarben der groben Zuschläge in Verbindung mit den Feinstanteilen.

Beim Sand ist die Abhängigkeit des Betonfarbtons vom Gehalt des Sandes an Feinstanteilen (< 0,25 mm) zu beachten [Büchner/Junge]. Verwendet man z. B. einen gewaschenen Sand, dann hängt die Farbwirkung des damit hergestellten Betons deutlich weniger vom Mischungsverhältnis ab als bei einem mehlkornreichen Zuschlag, bei welchem viel einzufärbende feinteilige Substanz in die Mischung eingebracht wird. Wird infolge Verwendung mehlkornreicher Zuschläge auch eine Änderung des Wasserzementwertes notwendig, ergeben sich daraus weitere Auswirkungen auf den Farbton.

Der Wassergehalt der Betonmischung, der allgemein durch den Wasserzementwert angegeben wird, ist von besonderem Einfluß. So wird mit steigendem Wasserzementwert der Farbton des Betons heller [Büchner/Junge] [Möllmann/Nicolay – 97]. Dies ist sowohl bei nicht eingefärbtem als auch bei pigmentiertem Beton der Fall. Der Grund hierfür liegt darin, daß sich beim Austrocknen von Beton feine Poren bilden, die eine stärkere Lichtstreuung haben als der sie umgebende Beton. Bei höherem Wasserzementwert bilden sich beim Austrocknen des Betons mehr Poren, so daß dann der Beton heller wird. Hinzu kommt bei höherem w/z-Wert eine glattere Betonoberfläche, die ebenfalls den farblichen Gesamteindruck beeinflußt. In der Praxis können solche Farbtonunterschiede dann auftreten, wenn die Feuchtigkeit der Zuschläge nicht regelmäßig überwacht wird, bei der Produktion aus bestimmten Gründen eine andere Betonkonsistenz erforderlich ist oder unterschiedliche Fertigungsverfahren mit verschiedenen Wasserzementwerten gewählt werden müssen. Bei gleichem Zuschlag und gleichem Aufbau erscheinen daher z. B. Bodenplatten gegenüber Stufenbelägen etwas dunkler [Bertrams-Voßkamp – 94].

Die Wirkung eines farbigen Zuschlags wird auch durch die Art der Oberflächenbearbeitung oder -behandlung beeinflußt. Dies ist darauf zurückzuführen, daß das sichtbare Zuschlagkorn bei den verschiedenen Möglichkeiten der Bearbeitung von Betonoberflächen in der Größe unterschiedlich freigelegt wird. Dadurch variiert trotz des gleichen Zuschlags zwangsläufig die Farbwirkung. Auch kann die Art der Oberflächenbearbeitung das Einzelkorn unterschiedlich beanspruchen, wodurch verschiedenartige Lichtbrechungen verursacht werden, die den Beton heller oder dunkler wirken lassen [Pickel – 90]. Naturbedingte Farbnuancen des Zuschlags können durch eine von vorneherein vorgesehene Profilierung der Betonoberfläche „überspielt" werden, da durch die Licht- und Schattenwirkung der Profilierung eine gleichmäßige Farbwirkung der Oberfläche erzielt wird.

Bearbeitete Betonoberflächen zeigen zu mehr als 80 % der Gesamtfläche die Farbe des Zuschlags. Die verbleibenden Flächen aus Zementstein können durch die Feinstanteile des Zuschlags und/oder durch Farbstoffe eingefärbt sein oder bewußt den reinen Zementton wiedergeben.

Ausgewaschene Betonoberflächen (Waschbeton und feingewaschene Betone) geben die Eigenfarbe des zumeist gebrochenen Zuschlagkorns in vollem Umfang wieder. Die Farbwirkung der Gesamtfläche wird darüber hinaus auch von Größe und Kornform des Zuschlags geprägt [Dyckerhoff-Zement]. Durch die Farbe des Zements kann die optische Wirkung zusätzlich beeinflußt werden. So wirkt jede Farbe bei grauen Zementen dunkler, graulicher. Dies schlägt besonders bei nassen Betonoberflächen, also bei Regen, durch.

Bei geschliffenen, fein geschliffenen und evtl. polierten Oberflächen wird je nach Feinheitsgrad des

Schliffes die Eigenfarbe des Zuschlags noch vertieft. Dies liegt daran, daß polierte Oberflächen weniger Licht reflektieren. Dadurch wirken Zuschlag und Zementstein insgesamt dunkler.

Flammgestrahlte Oberflächen des Betons haben je nach Zuschlagsart unterschiedliche Erscheinungsbilder. Mit Hartgestein hergestellte Betone zeigen eine zerklüftete Struktur, da bei der Hitzebehandlung die obersten Kappen des Kornes abspringen. Hier bleibt die Farbe des Zuschlags erhalten. Ist der Zuschlag aus einem Kalkstein oder Marmor, werden sowohl Zementstein als auch das Korn schmelzen. Dadurch wird das Einzelkorn nur noch schwer erkennbar. Geht die Schmelze bis zu einer Sinterung, wird eine fast keramische Haut erzeugt, die einen Glanzeffekt bewirkt.

Bei gestrahlten und allen steinmetzmäßigen Bearbeitungen wird die gesamte Oberfläche, also Zuschlag und Zementstein, aufgerauht und damit heller. Hierdurch wird so viel Licht reflektiert, daß die eigentliche Zuschlagfarbe in den Hintergrund tritt.

3.2 Verfügbarkeit farbiger Betonzuschläge

Den größten Teil der Zuschläge für den Beton liefert in ausreichender Menge die Natur. Sie werden aus Flüssen oder Kiesgruben als rundes oder abgerundetes Material gewonnen (Sand und Kies). Aus meist in den Mittelgebirgen gelegenen Steinbrüchen kommen gebrochene Zuschläge zur Anwendung (Brechsand und Splitt). Pro Jahr sind dies insgesamt rund **170 Mio. t Kies und Sand**, davon etwa 20 Mio. t für Betonfertigteile und Betonwaren [BKS – 96]. **Gebrochene Zuschläge**, die als Betonkörnung geeignet sind, werden jährlich etwa **130 Mio. t** produziert [BVNI – 96]. Eine weitergehende statistische Aufteilung ist leider nicht verfügbar.

In Deutschland sind fast alle Farben in einer Vielzahl von Körnungen aus heimischen Vorkommen zu gewinnen. Besondere Farbwünsche können mit Importmaterial gedeckt werden. Die Farbpalette der Zuschläge reicht von weiß und gelb über rot, blau und grün bis hin zu schwarz.

Tafel A.3.1 gibt eine Übersicht über die in Deutschland vorkommenden Farben verschiedener Betonzuschläge. Der Schwerpunkt liegt natürlich bei den grauen Farbtönen. Insbesondere die Granite und die Kalksteine zeigen jedoch je nach Vorkommen eine große Farbvielfalt [Vogler – 85].

3.3 Qualitätssicherung von Zuschlägen für farbigen Beton

Der Anteil des Zuschlags im Beton liegt bei etwa 1900 kg/m^3 bzw. 75 %. Je nach Bearbeitungstechnik werden zwischen 0 und 70 % der Oberfläche vom Zuschlag geprägt. Dabei sind natürlich besonders farbige Zuschläge von Interesse, die mit ihren Farben und ihrer dichten und widerstandsfähigen Oberfläche das Betonaussehen in Struktur und Farbe mitbestimmen und -gestalten.

Die fachgerechte Ausführung der Betonarbeiten setzt eine sachkundige Planung voraus. Dabei sind die werkstoffspezifischen Besonderheiten des farbigen Betons zu beachten.

Die planerische Entscheidung für eine bestimmte Ausführungsart erfolgt in der Regel anhand von Mustern. Neben ästhetischen Gesichtspunkten stehen bei der Beurteilung dieser Muster die Anforderungen an das fertige Produkt im eingebauten Zustand im Vordergrund [Bertrams-Voßkamp – 94]. Empfohlen wird in jedem Fall die frühzeitige Kontaktaufnahme mit dem Betonhersteller. Im Beratungsgespräch über die gewünschte Ausführungsart lassen sich zugleich wichtige konstruktive Gesichtspunkte klären, die die weitere Planung betreffen, z. B. Formgebung, werksteinmäßige Bearbeitung, Oberflächenbehandlung und Dicke der Betonteile, Konstruktionshöhen, ggf. besondere Beanspruchungen z. B. von Bodenbelägen, Zeitpunkt des Verfugens, Verankerungsmöglichkeiten usw.

Die Anforderungen an den Betonzuschlag sind **DIN 4226** zu entnehmen [DIN 4226 – 83]. Teil 1 dieser Norm gilt für Zuschlag mit dichtem Gefüge (Normalzuschlag) und Teil 2 für Zuschlag mit porigem Gefüge (Leichtzuschlag).

Für **tragende Bauteile** können bei besonderen Anwendungsgebieten zusätzliche, über die allgemeinen Anforderungen hinausgehende Güteeigenschaften von großer Bedeutung sein. Beispielhaft seien hier genannt Betone, die

- hohen Temperaturen bzw. Temperaturwechseln ausgesetzt sind,
- eine hohe Biegezugfestigkeit oder
- einen hohen E-Modul aufweisen müssen.

Tafel A.3.1 Farbpalette der in Deutschland vorkommenden Gesteinsarten

Gesteinsart	Farbe
Andesit (alt: Porphyrit)	dunkel- bis hellgrau
Basalt	schwärzlichgrau
Diabas	dunkelgrüngrau
Diorit	blaugrau bis schwarz
Dolomit	grau, blaugrau, beige bis bräunlich, bräunlichgrau
Gabbro/ Gabbrodiorit	hellgrau bis schwarz
Glaukonit Sandstein	mittel- bis dunkelgrau
Gneis	rötlich oder grau
Granit	hellgrau bis bläulichgrau, grünlich bis grünlichgrau, blaugrau bis weißblau
Granodiorit	grau
Grauwacke	grau
Jurakalkstein	weiß bis hellgrau, gelblich, bläulich bis grünlichgrau
Kalkoolith	grau bis graurötlich
Kalkstein des alpinen Trias	mittel- bis dunkelgrau
Kalkstein der Oberkreide	hellgrau bis gelblichweiß
paläozoischer Kalkstein	dunkelgrau, vereinzelt rot (Oberdevon)
Keratophyr	rötlich
Massenkalk (Mittel-/Ober-devon)	hellgrau bis dunkelgrau
Mikrodiorit („Kuselit")	grünlichgrau
Oberer Mu-schelkalkstein	dunkel- bis blaugrau
Phonolith	hellgrau bis grünlichgrau
Quarz	weiß
Quarzit	grau bis weißlich
Rhyolith (alt: Quarzporphyr)	rötlich, bräunlich oder grau bis violett, blaßgelb, seltener grün
Sandstein (Unterdevon)	grau
Serpentinit	dunkelgrün, blaugrün

Fußbodenplatten, Stufen, Stufenbeläge usw., also Erzeugnisse, die **schleifender und reibender Beanspruchung** ausgesetzt sind, müssen nach **DIN 18500** [DIN 18500 – 91] eine entsprechende Eignungsprüfung bestehen und werden in die Härteklassen I und II unterteilt. In der Regel ist für Fußböden und Treppenbeläge die Härteklasse II ausreichend [Bertrams-Voßkamp – 94]. Bauteile, die einer besonders starken Verkehrsbelastung unterliegen, z. B. Treppenzugänge von U-Bahnen, sollen nach DIN 18500 der Härteklasse I entsprechen.

Die Prüfung der Härteklasse erfolgt im Verschleißversuch durch schleifende Beanspruchung nach DIN 52108 [DIN 52108 – 88]. Die Anforderungen ergeben sich aus Tafel A.3.2.

Tafel A.3.2 Anforderungen an den Verschleißwiderstand von Bauteilen aus Betonwerkstein nach DIN 18500

Härteklasse	Volumenverlust bei Prüfung nach DIN 52108 in $cm^3/50\ cm^2$		Dickenverlust bei Prüfung nach DIN 52108 in mm	
	Mittelwert max.	Einzelwert max.	Mittelwert max.	Einzelwert max.
I	15	18	3	3,6
II	26	30	5,2	6

Zur Erzielung eines möglichst geringen Schleifverschleißes ist die Verwendung verschleißresistenter Zuschläge Voraussetzung [Bertrams-Voßkamp – 94]. Häufig finden sich daher in den Kenndatenblättern von Zuschlaglieferanten diesbezügliche Angaben. Hilfreich kann auch eine Beurteilung anhand des im Straßenbau üblichen Polished-Stone-Value (PSV) sein. Entsprechende Erfahrungswerte sind Tafel A.3.3 zu entnehmen.

Tafel A.3.3 Erfahrungswerte zur Polierresistenz von Betonzuschlägen sowie zum Schleifverschleiß und zur Härte häufig verwendeter farbiger Zuschläge

Mineralstoffgruppe	Polierresistenz PSV-Wert	Schleifverschleiß cm^3/cm^2	Härte nach Mohs
Granit Quarzdiorit Granodiorit	45–58	6–11 / 50	5–8
Gabbro Norit Anorthosit	48–53		
Rhyolith Andesit Mikrodiorit/ Keratophyr	43–62		6–8
Basalt	45–56		6
Basaltlava	54–58		
Diabas	44–60	15–18 / 50	3–6
Kalkstein Dolomitstein	33–55	16–20 / 50 **20–22 / 50**	3–4
Sandstein Grauwacke Quarzit	50–65		
Gneis Amphibolit Granulit	48–55		
Kies, gebrochen	35–59		
Chromerzschlacke	52–59		
Hochofenstückschlacke	46–56		
LD-Schlacke	53–54		
Korund Gebrannter Bauxit	72		

Für Betonerzeugnisse, die im stark angefeuchteten Zustand häufigem **Frost-Tauwechsel** ausgesetzt sind, z. B. im Freien verlegte Bodenplatten oder Treppen, ist ein Beton mit hohem Frostwiderstand zu verwenden [Bertrams-Voßkamp – 94]. Dazu gehört natürlich auch die entsprechende Frostbeständigkeit des Zuschlags, die nach DIN 4226 mit „eF“ gekennzeichnet wird [DIN 4226–1 – 83]. Sind die Betonerzeugnisse darüber hinaus auch noch einer **Tausalzbeanspruchung** ausgesetzt, ist ausschließlich Zuschlag „eFT“ nach DIN 4226 zu verwenden.

Die Anforderungen an den Betonzuschlag der DIN 4226 werden in absehbarer Zeit durch eine Europäische Norm ersetzt werden. Der Entwurf dieser **DIN EN 12620** [DIN EN 12620 – 97] liegt bereits in der Fassung Februar 1997 vor. Wesentliche Änderungen sind für Deutschland aus dieser Norm voraussichtlich nicht zu erwarten. Allerdings ist davon auszugehen, daß einige bisher nur in Deutschland angewendete Prüfverfahren, z. B. der Schlagversuch zur Bestimmung der Festigkeit oder die Kornformbestimmung mit dem Meßschieber, durch in Europa mehr verbreitete Verfahren ersetzt werden, z. B. den Los-Angeles-Versuch oder die Verwendung von Schlitzsieben zur Bestimmung des Plattigkeitsindexes.

Baustoffe, die hergestellt werden, um dauerhaft in bauliche Anlagen des Hoch- oder Tiefbaus eingebaut zu werden, sind im Sinne des Gesetzgebers „Bauprodukte“. Betonzuschlag ist ein solches Bauprodukt. Das In-Verkehr-Bringen ist auf Bundesebene im Bauproduktengesetz [BauPG – 92] geregelt. Die Verwendung der Bauprodukte erfolgt nach deutschem Recht auf Länderebene nach den Landesbauordnungen. Diese schreiben zwingend die Einhaltung technischer Regeln, z. B. Normen, vor. Die maßgebenden technischen Regeln sind in einer vom Deutschen Institut für Bautechnik veröffentlichten Liste (Bauregelliste A) aufgeführt. Darin ist auch Betonzuschlag mit einem Verweis auf DIN 4226 enthalten. Die DIN 4226 ist damit „bauaufsichtlich eingeführt“.

Die Einhaltung der Qualitätsanforderungen an Betonzuschlag ist in jedem Herstellwerk durch eine Überwachung, bestehend aus **Eigen- und Fremdüberwachung gemäß DIN 4226 Teil 4,** sicherzustellen.

Als **Übereinstimmungsnachweis** wird das „Übereinstimmungszertifikat durch eine anerkannte Zertifizierungsstelle“ gefordert.

Daraus folgt:

- Die Einhaltung der DIN 4226 ist für Betonzuschlag gesetzlich vorgeschrieben.

- Die Herstellung von Betonzuschlag muß von einer staatlich anerkannten Stelle fremdüberwacht werden („Übereinstimmungszertifikat durch eine anerkannte Zertifizierungsstelle").

Die Erklärung, daß ein Übereinstimmungszertifikat erteilt ist, hat der Hersteller durch Kennzeichnung mit dem Übereinstimmungszeichen (**Ü-Zeichen**) unter Hinweis auf den Verwendungszweck („Betonzuschlag nach DIN 4226") abzugeben.

In einem im Werk zur Einsichtnahme vorliegenden **Sortenverzeichnis** sind alle zur Lieferung nach DIN 4226 vorgesehenen und in die Eigen- und Fremdüberwachung einzubeziehenden Sorten aufzuführen.

Die „Sorte" wird jeweils bestimmt durch

- Bezeichnung der Korngruppe/Lieferkörnung,
- zusätzliche Angaben zur Zuschlag- und Gesteinsart,
- Angaben der Streubereiche der Kornzusammensetzung,
- ggf. die Einhaltung erhöhter bzw. verminderter Anforderungen,
- bei werksgemischtem Betonzuschlag zusätzlich Angabe des Sieblinienbereichs nach DIN 1045 und der Sollsieblinie.

Nach DIN 4226 ist jeder Lieferung von Zuschlag ein numerierter **Lieferschein** mitzugeben. Im Abschnitt 10.1 der DIN 4226 Teil 1 ist festgelegt, welche Angaben auf dem Lieferschein erforderlich sind; Hinweise zum Lieferschein sind auch in der Bauregelliste enthalten.

Wird Zuschlag über ein **Zwischenlager**, z. B. eines Baustoffhändlers, an den Verwender geliefert – dies ist bei farbigem Zuschlag häufig der Fall –, gelten hierfür besondere Bedingungen, die ebenfalls in der Bauregelliste A festgelegt sind.

1. Für das Zwischenlager darf nur Zuschlag aus fremdüberwachten Werken (mit Übereinstimmungszertifikat) bezogen werden.
2. Lieferungen über Lager sind nur zulässig, wenn mindestens die Regelanforderungen erfüllt sind und während der Zwischenlagerung beibehalten werden.
3. Der Betreiber des Zwischenlagers ist „Hersteller" im Sinne der Landesbauordnungen. Er muß dem Verwender die Übereinstimmung des ausgelieferten Zuschlags mit den Regelanforderungen der DIN 4226 in einer Übereinstimmungserklärung bescheinigen.

3.4 Besonderheiten des farbigen Betons

An die Betonzusammensetzung und Herstellung von farbigem Beton werden die gleichen Anforderungen gestellt wie bei anderen Betonbauteilen [Heufers/Schulze – 80]. Besonders zu beachten sind jedoch zur Erzielung einer anspruchsvollen Sichtfläche eine **gleichmäßige Betonzusammensetzung**, insbesondere im Mehl- und Feinkornbereich, und eine gleichmäßige Einbaukonsistenz, da durch die Entfernung der dünnen äußeren Mörtelschicht die Feinstruktur des Betons freigelegt wird [Heufers/Pickel – 81].

Trotz gleicher Gewinnungsstätte können bei farbigen Zuschlägen naturbedingte und unvermeidbare **Schwankungen im Farbton** auftreten, die sich auch an der Betonoberfläche abzeichnen. Um die Farbgleichheit aller Bauteile sicherzustellen, ist es daher sinnvoll, für die Herstellung einer Bauteilserie den Bedarf im Gesamten zu beziehen. Dies ist vorab zu vereinbaren.

Für die **Kornzusammensetzung** des Zuschlaggemisches ist die Regelsieblinie nach DIN 1045 [DIN 1045 – 88] am besten geeignet (eine Ausnahme bildet Waschbeton). Damit wird die bei der sehr geringen Auswaschtiefe erwünschte enge Lagerung des Zuschlags erreicht und eine farblich gleichmäßige Oberfläche erzielt. Dies steht im Gegensatz zur herkömmlichen Waschbetontechnik, bei der in der Regel eine stärker spreizende Ausfallkörnung vorgezogen wird, um bei der dort wesentlich größeren Auswaschtiefe die enge Lagerung des annähernd gleich großen Korns und damit eine Betonung des Einzelkorns zu erzielen.

Die maximale Korngröße wird meistens auf 16 mm begrenzt. Dies ist aber abhängig von den jeweiligen Einbauverhältnissen, zumal der Größtkorndurchmesser auf die Farbwirkung bei nur 1 mm Mörtelabtrag praktisch keinen Einfluß ausübt.

Für **geschliffene Böden** werden gut schleifbare Zuschläge, wie Marmor oder Kalkstein, verwendet. Sie beeinflussen die Farbwirkung der später geschliffenen Oberfläche. Die Kornzusammensetzung ist abhängig von dem gewünschten Schliffbild. Bei kleinerem Korn wirkt der Belag einheitlicher in seiner Farbe.

Vor jeder Bauausführung und vor der Produktionsaufnahme einer Bauteilserie empfiehlt es sich, ein größerformatiges Probeelement praxisgerecht herzustellen [Heufers/Schulze – 80]. Um das Verfahren zu erleichtern, sollte hierfür in der Ausschreibung eine gesonderte Position enthalten sein. Bauherr, Architekt und auch Hersteller können somit rechtzeitig vor der Bauausführung realistische Vorstellungen über den zu erwartenden Farbton, die Wirkung der Betonoberfläche und ihre Qualität gewinnen und sich gegenseitig über die notwendigen Maßnahmen abstimmen. Dabei stehen jedoch nicht nur ästhetische Gesichtspunkte im Vordergrund (Formgebung, werksteinmäßige Bearbeitung, Zeitpunkt des Verfugens). Wichtig ist vielmehr auch, welche Anforderungen an die Betonerzeugnisse im eingebauten Zustand gestellt werden.

Bei der Zugabe von Farbpigmenten ist zu beachten, daß **trockene Zuschläge** bzw. trockener Sand Pigmente wirksamer dispergieren als nasse Zuschläge [Jungk/Hauck – 88]. Dies ist mit der Mahlwirkung des Sandes oder Zuschlages beim Mischen erklärbar. Zur optimalen Pigmentdispergierung ist es empfehlenswert, die Pigmente in den Sand oder in die Zuschläge zu dosieren, Sand und Pigmente ca. 15 bis 30 Sek. (die optimale Mischzeit ist vom Mischertyp abhängig) zu mischen und dann wie üblich Zement und Wasser zu dosieren.

Bei **nassen Zuschlägen** ist die Zugabe nadelförmiger Pigmente vorteilhaft [Jungk/Hauck – 88]. Diese werden als Pulver dosiert und erhöhen im Vergleich zu anderen Pigmenten die Grünstandfestigkeit des Betons. Sie beanspruchen allerdings mehr Wasser in der Betonmischung als prismatische Pigmente gleicher Farbe. Ihre Anwendung senkt daher im Vergleich zu den prismatischen Pigmenten den „optisch wirksamen" Wasserzementwert.

B

B BAUSTOFFE BETON UND BETONSTAHL

Dozent Dr.-Ing. habil. Jochen Pirner

B BAUSTOFFE BETON UND BETONSTAHL

1 Allgemeines

1.1 Die Bedeutung des Betons und Stahlbetons als Baustoff

Beton als Baustoff, hergestellt aus Bindemittel, Wasser und Zuschlag, war bereits in der Antike bekannt. Die Römer bauten mit diesem OPUS CAEMENTITIUM genannten Material Bauwerksteile und Bauwerke für Trink- und Abwasser, Häuser, Straßen und Brücken, Thermen, Amphitheater sowie Hafenanlagen. Besonders beeindruckende Zeugnisse römischer Baumeister sind die großartigen Hallen- und Kuppelbauten. Die hier gewagten Abmessungen waren der vorrömischen Baukunst fremd und wurden erst wieder in unserem Jahrhundert, insbesondere nach der Erfindung des Verbundbaustoffes Stahlbeton durch *Monier*, erreicht. Heute gilt der Beton weltweit als Hauptbaustoff unserer Zeit, weil er bei geeigneter Modifizierung der Zusammensetzung des Zements, der Zuschläge und bei Einsatz von Zusatzstoffen und Zusatzmitteln ein großes Spektrum von konstruktiv und gestalterisch gewünschten Gebrauchswerteigenschaften zu realisieren gestattet. Hinzu kommen wirtschaftliche Vorteile gegenüber anderen Baustoffen, da Sand, Kies und Splitt sowie Kalkstein als Hauptkomponente für die Zementherstellung nahezu überall und in ausreichender Menge vorhanden bzw. erschlossen sind und damit langfristig die Herstellung des Massenbaustoffs Beton gesichert ist.
Dabei spielen ökologische Aspekte eine zunehmende Rolle. Zum einen dadurch, daß für die Zement- und Betonherstellung große Mengen an Abprodukten wie z.B. Schlacken und Aschen aus Stahl- und Kohlekraftwerken einer umweltgerechten und wirtschaftlichen Verwertung zugeführt werden und sich damit die Ökobilanz des Betons verbessert.
Zum anderen haben neue wissenschaftliche Erkenntnisse [DAfStb-Seminar Sicherheit von Betonkonstruktionen - 95] wesentlich zur Verbesserung der Betonbauweise und damit zur Erhöhung der Sicherheit von Betonkonstruktionen technischer Anlagen für umweltgefährdende Stoffe beigetragen [DAfStb RiLi BuwS - 95].
Nicht zuletzt ist Beton recycelbar und damit ein wiederverwendbarer Baustoff. Die schon heute realisierten geschlossenen Stoffkreisläufe für Beton im Straßenbau [von Wilcken - 95] werden auch für den Massivbau auf der Grundlage eines umfassenden Forschungsprogramms angestrebt [Grübl - 97].

1.2 Begriffe und Klassifizierung von Beton

1.2.1 Begriffe

Beton, erzeugt durch Mischen von **Zement**, **Zuschlag** und **Wasser** (**Frischbeton**), erhält seine Eigenschaften durch das Erhärten des **Zementleimes** (**Festbeton**). Die Frisch- und Festbetoneigenschaften können gezielt durch die Zugabe von **Zusatzmitteln** (z.B. Verflüssiger, Luftporenbildner) und **Zusatzstoffen** (z.B. Flugasche, Microsilica) verändert werden. Da diese Optimierungsaufgabe ein spezielles betontechnologisches Know-how erfordert, verdrängt der in spezialisierten Werken als Zwischenprodukt hergestellte **Transportbeton** zunehmend den vom Verwender selbst produzierten **Baustellenbeton**. Die Transportbetonindustrie versteht sich heutzutage nicht mehr nur als Lohnmischer zur Bereitstellung eines **Rezeptbetons** oder eines vom Verwender **Vorgeschriebenen Betons**. Mit der Lieferung von **Transportbeton nach Eigenschaften** (**Entwurfsbeton**) übernimmt der Hersteller Gewährleistung gegenüber den vom Verwender geforderten Eigenschaften und zusätzlichen Forderungen an den Beton.
Betontechnologische Anforderungen an die **Konsistenz** (**Verarbeitbarkeit**) und die Konsistenzänderung beim Transport und Verarbeiten des Frischbetons werden durch Begriffe wie **Regelkonsistenz**, **Fließbeton** und **Verzögerter Beton** charakterisiert. In Zusammenhang mit der Richtlinie für Betonbau beim Umgang mit wassergefährdenden Stoffen [DAfStb RiLi - 95] wurden neue Begriffe wie **Flüssigkeitsdichter Beton** (**FD-Beton**) und **Flüssigkeitsdichter Beton nach Eindringprüfung** (**FDE-Beton**) in das Regelwerk eingeführt.

1.2.2 Betonklassifizierung

Der erhärtete Beton wird in erster Linie nach seiner Druckfestigkeit eingeteilt. Die Zuordnung der Festigkeitsklasse erfolgt nach Prüfergebnissen, die an Versuchskörpern (Würfel, Zylinder) bestimmter Größe und Gehalt unter definierten Prüf- und Lagerungsbedingungen [DIN 1048-5-91] ermittelt werden. Die am Probekörper festgestellte Druckfestigkeit ist ein Bezugswert, der zur Klassifizierung der Betone dient. Auf die Druckfestigkeitsklasse des Betons nach [DIN 1045 - 88] (Tafel B.1.1) beziehen sich die den Bemessungs-

Tafel B.1.1 Festigkeitsklassen des Betons und ihre Anwendungen

	1	2	3	4	5	6
	Beton-gruppe	Festigkeits-klasse des Betons	Nennfestigkeit [10] $ß_{WN}$ (Mindestwert für die Druckfestigkeit $ß_{W28}$ jedes Würfels nach Abschnitt 7.4.3.5.2) N/mm²	Serienfestigkeit $ß_{WS}$ (Mindestwert für die mittlere Druck-festigkeit $ß_{Wm}$ jeder Würfelserie) N/mm²	Zusammen-setzung nach	Anwendung
1	Beton B I	B 5	5	8	Abschnitt 6.5.5	Nur für unbe-wehrten Beton
2		B 10	10	15		
3		B 15	15	20		Für bewehrten und unbewehrten Beton
4		B 25	25	30		
5	Beton B II	B 35	35	40	Abschnitt 6.5.6	
6		B 45	45	50		
7		B 55	55	60		

[10] Der Nennfestigkeit liegt das 5%-Quantil der Grundgesamtheit zugrunde.

verfahren im Betonbau zugrunde gelegten Rechenfestigkeiten und zulässigen Spannungen. Die Betonfestigkeitsklassen B 5 bis B 55 werden nach der Nennfestigkeit $ß_{WN}$ bezeichnet. Sie ist als Mindestwert der Druckfestigkeit $ß_{W28}$ von jedem Würfel einer Serie von drei Würfeln mit 20 cm Kantenlänge zu erreichen. Zusätzlich darf die mittlere Druckfestigkeit einer Würfelserie die Serienfestigkeit $ß_{WS}$ nicht unterschreiten. Definitionsgemäß liegt der Nennfestigkeit das 5%-Quantil einer normal verteilten Grundgesamtheit von Druckfestigkeitsprüfergebnissen zugrunde, wodurch der Bezug zu einer stochastischen Betrachtungsweise hergestellt wird.
Von diesen Anforderungen darf abgewichen werden, wenn durch statistische Auswertung [DIN 1084 -78] nachgewiesen wurde und durch weitere Prüfungen laufend nachgewiesen wird, daß das untere 5%-Quantil der Grundgesamtheit der Druckfestigkeitsergebnisse von Beton annähernd gleicher Zusammensetzung und Herstellung die Nennfestigkeit nicht unterschreitet.
Dabei sind folgende Bedingungen zu erfüllen:

a) Bei unbekannter Standardabweichung σ der Grundgesamtheit

$$z = ß_{35} - 1{,}64 \cdot s \geq ß_{WN} \qquad \text{(B.1.1)}$$

b) bei bekannter Standardabweichung σ der Grundgesamtheit

$$z = ß_{15} - 1{,}64 \cdot \sigma \geq ß_{WN} \qquad \text{(B.1.2)}$$

Hierin bedeuten:

z Prüfgröße

$ß_{35}$ Mittelwert einer Zufallsstichprobe vom Umfang $n_s = 35$

s Standardabweichung der Zufallsstichprobe vom Umfang $n_s = 35$, jedoch mindestens 3 N/mm²

$ß_{15}$ Mittelwert einer Zufallsstichprobe vom Umfang $n_\sigma = 15$

σ Standardabweichung der Grundgesamtheit, die aus langfristigen Bestimmungen bekannt sein muß. Hilfsweise kann sie aus mindestens 35 unmittelbar davor liegenden Festigkeitsergebnissen ermittelt werden. Wenn das nicht der Fall ist, kann als Erfahrungswert für die obere Grenze der Standardabweichung σ = 7 N/mm² eingesetzt werden.

Nach [E DIN EN 206 - 97] wird Normal- und Schwerbeton in Festigkeitsklassen nach Tafel B.1.2 eingeteilt. Gegenüber DIN 1045 ergeben sich Unterschiede bezüglich der Klassenunterteilung und der Probengeometrie. $f_{ck,cyl}$ ist die charakteristische Festigkeit von Zylindern mit 150 mm Durchmesser und 300 mm Länge, $f_{ck,cube}$ die von Würfeln mit 150 mm Kantenlänge nach 28 Tagen Erhärtungszeit.
Die Übereinstimmung mit den Anforderungen nach Tafel B.1.2 wird bestätigt, wenn die Ergebnisse von Druckfestigkeitsprüfungen beide Kriterien nach Tafel B.1.3 entweder für die Erstherstellung oder für die stetige Herstellung erfüllen. Dabei muß die Standardabweichung σ aus mindestens 35 aufeinander folgenden Prüfergebnissen berechnet werden, die in einem Zeitraum entnommen sind, der länger als drei Monate ist und der vor dem Herstellungszeitraum liegt, innerhalb dessen die Übereinstimmung nachzuprüfen ist. Dieser Wert ist zu korrigieren, wenn die Standardabweichung der letzten 15 Ergebnisse (s_1) nicht der Bedingung

$$0{,}63\,\sigma \leq s_1 \leq 1{,}37\,\sigma \qquad \text{(B.1.3)}$$

entspricht.

1.2.3 Betongruppen, Betonkategorien

Neben den für die Bemessung maßgebenden Festigkeitsklassen des Betons unterscheidet DIN 1045 zwischen den Betongruppen B I und B II.
B I-Betone umfassen die Festigkeitsklassen B 5 bis B 25, an die bezüglich der Betonzusammensetzung, der Herstellung und Qualitätssicherung vereinfachte Anforderungen (Rezeptbeton) gestellt werden.
Die Betongruppe B II umfaßt die Festigkeitsklassen B 35 bis B 55 sowie die Betone mit besonderen Eigenschaften. Für die Herstellung von B II-Betonen werden erhöhte Anforderungen an die Ausgangsstoffe, die Betonzusammensetzung, an das Personal sowie die Überwachung und Güteprüfung gestellt.
Auch E DIN EN 206 unterscheidet zwei Betonkategorien mit gegenüber DIN 1045 vergleichbaren Differenzierungen bezüglich Festigkeitsklasse, Betonzusammensetzung und Verwendungszweck des Betons.

Tafel B.1.2 Festigkeitsklassen für Normal- und Schwerbeton

Festigkeitsklasse	$f_{ck,\,cyl}$ N/mm²	$f_{ck,\,cube}$ N/mm²
C 8/10	8	10
C 12/15	12	15
C 16/20	16	20
C 20/25	20	25
C 25/30	25	30
C 30/37	30	37
C 35/45	35	45
C 40/50	40	50
C 45/55	45	55
C 50/60	50	60
C 55/67	55	67
C 60/75	60	75
C 70/85	70	85
C 80/95	80	95
C 90/105	90	105
C 100/115	100	115

1.2.4 Umwelt- und Expositionsklassen

Bauwerke aus Beton und Stahlbeton sollen dauerhaft sein. Diese Forderung gilt als erfüllt, wenn während der vorgesehenen Nutzungsdauer die Funktion hinsichtlich der Gebrauchstauglichkeit, Standfestigkeit und Stabilität ohne wesentlichen Verlust der Nutzungseigenschaften bei einem angemessenen Instandhaltungsaufwand erhalten bleibt [E DIN 1045-1 - 97].
Im Gegensatz zu den mechanischen Eigenschaften wird die Dauerhaftigkeit des Betons nach DIN 1045 nicht durch Stoffkennwerte, sondern in beschriebener Form durch Regeln charakterisiert, die eine ausreichende Beständigkeit unter verschiedenen Nutzungs- und Umweltbedingungen gewährleisten sollen. Baupraktische Erfahrungen zeigen, daß bereits geringfügige Abweichungen von diesen Regeln in Verbindung mit veränderten Umweltbedingungen zu Schäden führen können. In diesem Zusammenhang werden neuerdings „Performance"-Konzepte für die

Tafel B.1.3 Übereinstimmungskriterien für Ergebnisse der Druckfestigkeitsprüfung

Herstellung	Anzahl „n" der Ergebnisse in der Reihe	Kriterium 1	Kriterium 2
		Mittelwert von „n" Ergebnissen X_n in N/mm²	Jedes einzelne Prüfergebnis X_i in N/mm²
Erstherstellung	3	$\geq f_{ck} + 4$	$\geq f_{ck} - 4$
stetige Herstellung	Nicht weniger als 15	$\geq f_{ck} + 1{,}48\,\sigma$	$\geq f_{ck} - 4$

Tafel B.1.4 Maße der Betondeckung in cm, bezogen auf die Umweltbedingungen (Korrosionsschutz) und die Sicherung des Verbundes

	1	2	3	4
	Umweltbedingungen	Stabdurchmesser d_s mm	Mindestmaße für ≥ B 25 min c cm	Nennmaße für ≥ B 25 nom c cm
1	Bauteile in geschlossenen Räumen, z.B. in Wohnungen (einschließlich Küche, Bad und Waschküche), Büroräumen, Schulen, Krankenhäusern, Verkaufsstätten – soweit nicht im folgenden etwas anderes gesagt ist. Bauteile, die ständig trocken sind.	bis 12 14, 16 20 25 28	1,0 1,5 2,0 2,5 3,0	2,0 2,5 3,0 3,5 4,0
2	Bauteile, zu denen die Außenluft häufig oder ständig Zugang hat, z.B. offene Hallen und Garagen. Bauteile, die ständig unter Wasser oder im Boden verbleiben, soweit nicht Zeile 3 oder Zeile 4 oder andere Gründe maßgebend sind. Dächer mit einer wasserdichten Dachhaut für die Seite, auf der die Dachhaut liegt.	bis 20 25 28	2,0 2,5 3,0	3,0 3,5 4,0
3	Bauteile im Freien. Bauteile in geschlossenen Räumen mit oft auftretender, sehr hoher Luftfeuchtigkeit bei üblicher Raumtemperatur, z.B. in gewerblichen Küchen, Bädern, Wäschereien, in Feuchträumen von Hallenbädern und in Viehställen. Bauteile, die wechselnder Durchfeuchtung ausgesetzt sind, z.B. durch häufige starke Tauwasserbildung oder in der Wasserwechselzone. Bauteile, die „schwachem" chemischem Angriff nach DIN 4030 ausgesetzt sind.	bis 25 28	2,5 3,0	3,5 4,0
4	Bauteile, die besonders korrosionsfördernden Einflüssen auf Stahl oder Beton ausgesetzt sind, z.B. durch häufiges Einwirken angreifender Gase oder Tausalze (Sprühnebel- oder Spritzwasserbereiche) oder durch „starken" chemischen Angriff nach DIN 4030	bis 28	4,0	5,0

Bemessung der Dauerhaftigkeit auf der Grundlage von Prüfergebnissen (z.B. effektive Eindringwiderstände bezüglich Kohlendioxid und Chlorid) entwickelt [Schießl - 97].
DIN 1045 legt Maße der Betondeckung bezogen auf die Umweltbedingungen (Korrosionsschutz) und die Sicherung des Verbundes für 4 Umweltklassen fest (Tafel B.1.4). In Bezug auf die carbonatisierungsinduzierte Bewehrungskorrosion werden Bauteile den Klassen 1 bis 3 in Abhängigkeit vom Zugang feuchter Außenluft bzw. bei „schwachem" chemischem Angriff und der Klasse 4 bei besonders korrosionsfördernden Einflüssen auf Stahl oder Beton (z.B. Tausalze, „starker" chemischer Angriff) zugeordnet.
Entsprechend der Beanspruchung werden von den Betonen besondere Eigenschaften wie

- Wasserundurchlässigkeit
- hoher Frostwiderstand
- hoher Frost- und Tausalzwiderstand
- hoher Widerstand gegen chemische Angriffe

gefordert, die durch Restriktionen bezüglich der Betonbestandteile (Zuschlag und Zement) sowie der Betonzusammensetzung (Zement- und Luftgehalt, Wasserzementwert) und Einhaltung besonderer betontechnologischer Maßnahmen realisiert werden.
Die in E DIN EN 206 formulierten Expositionsklassen (Tafel B.1.5) stellen Ansätze zu einem Bemessungskonzept für die Dauerhaftigkeit des Betons oder die Bewehrung in Abhängigkeit von den chemischen und physikalischen Einwirkungen der Umgebung dar. Einer besonderen Bedeutung kommen in diesem Zusammenhang den Prüfverfahren zur Ermittlung der zuordenbaren Stoffkennwerte zu (Performance-Konzept).

Tafel B.1.5 Expositionsklassen

Klassen-bezeichnung	Beschreibung der Umgebung	Beispiele für die Zuordnung von Expositionsklassen (informativ)
1 Kein Korrosions- oder Angriffsrisiko		
X0	sehr trocken	Unbewehrte Bauteile in nicht betonangreifender Umgebung
2 Durch Carbonatisierung ausgelöste Korrosion		
XC1	trocken	Bauteile in Innenräumen mit normaler Luftfeuchte
XC2	naß, selten trocken	Teile von Wasserbehältern Gründungsbauteile
XC3	mäßige Feuchte	Bauteile, zu denen die Außenluft häufig oder ständig Zugang hat, z.B. offene Hallen und Innenräume mit hoher Luftfeuchtigkeit
XC4	wechselnd naß und trocken	Außenbauteile mit direkter Beregnung Bauteile in Wasserwechselzonen
3 Korrosion, verursacht durch Chloride		
XD1	mäßige Feuchte	Bauteile im Sprühnebelbereich von Verkehrsflächen
XD2	naß, selten trocken	Schwimmbecken Bauteile, die chloridhaltigen Industrieabwässern ausgesetzt sind
XD3	wechselnd naß und trocken	Bauteile im Spritzwasserbereich von tausalzbehandelten Verkehrsflächen
4 Korrosion, verursacht durch Chloride aus Meerwasser		
XS1	salzhaltige Luft, aber kein unmittelbarer Kontakt mit Meerwasser	Außenbauteile in Küstennähe
XS2	unter Wasser	Bauteile in Hafenbecken, die ständig unter Wasser liegen
XS3	Tidebereiche, Spritzwasser- und Sprühnebelbereiche	Kaimauern in Hafenanlagen
5 Frostangriff mit und ohne Taumittel		
XF1	mäßige Wassersättigung, ohne Taumittel	Außenbauteile
XF2	mäßige Wassersättigung, mit Taumittel	Betonbauteile im Sprühbereich von tausalzbehandelten Verkehrsflächen Betonbauteile im Sprühbereich von Meerwasser
XF3	hohe Wassersättigung, ohne Taumittel	Offene Wasserbehälter Bauteile in der Wasserwechselzone von Süßwasser
XF4	hohe Wassersättigung, mit Taumittel	Straßenbeläge, die mit Tausalz behandelt werden Bauteile im Spritzwasserbereich von tausalzbehandelten Verkehrsflächen Meerwasserbauteile in der Wasserwechselzone
6 Chemischer Angriff		
XA1	chemisch schwach angreifende Umgebung	Behälter von Kläranlagen Güllebehälter
XA2	chemisch mäßig angreifende Umgebung und Meeresbauwerke	Betonbauteile, die mit Meereswasser in Berührung kommen Bauteile in stark betonangreifenden Böden
XA3	chemisch stark angreifende Umgebung	Industrieabwasseranlagen mit stark chemisch angreifenden Abwässern, z.B. in Käsereien

2 Ausgangsstoffe

Zu den Betonausgangsstoffen gehören traditionell Zement, Zuschlag und Wasser. Dieses klassische „Dreistoffsystem“ hat sich in der heutigen Zeit zu einem „Fünfstoffsystem“ entwickelt, da Betonzusatzmittel und -zusatzstoffe zum Bestandteil einer modernen Betontechnologie geworden sind. Beispielsweise ist die Entwicklung von hochfesten bzw. Hochleistungsbetonen ursächlich verbunden mit dem Einsatz von Hochleistungsverflüssigern und Microsilica.
Der positiven Beeinflussung der Frischbeton- und Festbetoneigenschaften stehen aber auch ungewünschte Nebenwirkungen entgegen, da Betonzusatzmittel und -zusätze selektiv in den Hydratationsprozeß des Zements eingreifen und deshalb zu Problemen führen können (siehe hierzu Abschnitt 3). Die Beherrschung dieser Probleme durch gezielte Nutzung der bautechnischen Eigenschaften der Zemente hat deshalb für die Beton- und Stahlbetonbauweise große Bedeutung.

2.1 Zement

2.1.1 Bezeichnung, Zusammensetzung, Arten

Zement nach [DIN 1164-1 - 94] ist ein hydraulisches Bindemittel, das heißt, ein anorganischer fein gemahlener Stoff, der, mit Wasser angemacht, Zementleim ergibt, welcher durch Hydratation erstarrt und erhärtet und nach dem Erhärten auch unter Wasser fest und raumbeständig bleibt.
Normzemente müssen nach dem Mischen mit Zuschlag und Wasser einen Mörtel oder Beton ergeben, der ausreichend lange verarbeitbar ist und nach einem vorgegebenen Erhärtungszeitraum ein festgelegtes Festigkeitsniveau erreicht. Zu den Bestandteilen der Zemente gehören Portlandzementklinker, Hüttensand, Puzzolan, Flugasche, gebrannter Schiefer, Kalkstein, Füller und Calciumsulfat. Letzteres wird den anderen Bestandteilen des Zements bei seiner Herstellung zur Regelung des Erstarrungsverhaltens zugegeben. Zur Verbesserung der Herstellung oder der Eigenschaften von Zement können bis zu einem Masseanteil von 1 % Zusatzmittel (Mahlhilfsmittel) zugegeben werden. Diese dürfen den Korrosionsschutz der Bewehrung oder die Eigenschaften der Mörtel und Betone nicht nachteilig beeinflussen.

Der durch Brennen eines Rohmehls aus Kalkstein und Ton bzw. Mergel bis zur Sinterung im Drehrohrofen hergestellte Portlandzementklinker besteht zu zwei Dritteln aus Calciumsilicaten (C_3S und C_2S). Der Rest sind Calciumaluminat (C_3A) und Calciumaluminatferrit (C_4AF). Die Calciumsilicate sind der Hauptträger der Festigkeit des Zementsteines. Für das Erreichen eines raumbeständigen Zementsteines sind die Anteile an Magnesiumoxid und freiem Kalk im Klinker begrenzt. Die Anteile Calciumaluminat und Alkalien haben Bedeutung bei Zementen mit Sondereigenschaften wie Zement mit hoher Sulfatbeständigkeit (HS) und Zement mit niedrigem wirksamem Alkaligehalt (NA). Im Hinblick auf den Korrosionsschutz der Bewehrung darf der Chloridgehalt bei allen Zementen 0,10 Masse-% nicht überschreiten. In die neue deutsche Zementnorm DIN 1164-1 wurde die Gliederung der europäischen Zement-Vornorm in drei Hauptsorten

CEM I : Portlandzement
CEM II : Portlandkompositzement
CEM III: Hochofenzement

übernommen (Tafel B.2.1).
Den Hauptbestandteilen der sechs in Deutschland genormten Portlandkompositzemente ist jeweils ein Kennbuchstabe zugeordnet. Entsprechend dem Anteil an Portlandzementklinker wird bei CEM II und Hochofenzement CEM III zwischen den Gruppen A und B unterschieden.
In Abhängigkeit von der 28-Tage-Mörteldruckfestigkeit unterscheidet man zwischen den Festigkeitsklassen 32,5; 42,5 und 52,5 (Tafel B.2.2). Diese drei Festigkeitsklassen werden zusätzlich unterteilt in üblich und schnell erhärtende Zemente (R = Rapid), was in unterschiedlichen Anfangsfestigkeiten nach 2 bzw. 7 Tagen zum Ausdruck kommt. Zu beachten sind weiterhin die farbliche Kennzeichnung (Säcke, Silo-Anheftblatt) für die Festigkeitsklassen.
Normzemente sind güteüberwachte Bauprodukte. Die Übereinstimmung mit der Norm wird nach Bauregelliste A mittels Übereinstimmungszertifikat durch eine bauaufsichtlich anerkannte Zertifizierungsstelle festgestellt. Der Übereinstimmungsnachweis erfolgt nach DIN 1164-2 mit den Komponenten werkseigene Produktionskontrolle durch den Hersteller und Fremdüberwachung durch eine anerkannte Stelle.

Tafel B.2.1 Zementarten und Zusammensetzung

Masseanteile in Prozent [1)]

Zementart	Benennung	Kurzzeichen	Hauptbestandteile						Nebenbestandteile [2)]
			Portlandzementklinker K	Hüttensand S	Natürliches Puzzolan P	Kieselsäurereiche Flugasche V	Gebrannter Ölschiefer T	Kalkstein L	
CEM I	Portlandzement	CEM I	95 - 100	-	-	-	-	-	0 - 5
CEM II	Portlandhüttenzement	CEM II/A-S	80 - 94	6 - 20	-	-	-	-	0 - 5
		CEM II/B-S	65 - 79	21 - 35	-	-	-	-	0 - 5
	Portlandpuzzolanzement	CEM II/A-P	80 - 94	-	6 - 20	-	-	-	0 - 5
		CEM II/B-P	65 - 79	-	21 - 35	-	-	-	0 - 5
	Portlandflugaschezement	CEM II/A-V	80 - 94	-	-	6 - 20	-	-	0 - 5
	Portlandölschieferzement	CEM II/A-T	80 - 94	-	-	-	6 - 20	-	0 - 5
		CEM II/B-T	65 - 79	-	-	-	21 - 35	-	0 - 5
	Portlandkalksteinzement	CEM II/A-L	80 - 94	-	-	-	-	6 - 20	0 - 5
	Portlandflugaschehüttenzement	CEM II/B-SV	65 - 79	10 - 20	-	10 - 20	-	-	0 - 5
CEM III	Hochofenzement	CEM III/A	35 - 64	-	-	-	-	-	0 - 5
		CEM III/B	20 - 34	-	-	-	-	-	0 - 5

[1)] Die in der Tabelle angegebenen Werte beziehen sich auf die aufgeführten Haupt- und Nebenbestandteile des Zements ohne Calciumsulfat und Zementzusatzmittel.

[2)] Nebenbestandteile können Füller sein oder ein oder mehrere Hauptbestandteile, soweit sie nicht Hauptbestandteile des Zements sind.

Tafel B.2.2 Festigkeitsklassen und Kennfarben von Zement nach DIN 1164

Festigkeitsklasse	Druckfestigkeit N/mm²				Kennfarbe	Farbe des Aufdruckes
	Anfangsfestigkeit		Normfestigkeit			
	2 Tage	7 Tage	28 Tage			
32,5	-	≥ 16	≥ 32,5	≤ 52,5	hellbraun	schwarz
32,5 R	≥ 10	-				rot
42,5	≥ 10	-	≥ 42,5	≤ 62,5	grün	schwarz
42,5 R	≥ 20	-				rot
52,5	≥ 20	-	≥ 52,5	-	rot	schwarz
52,5 R	≥ 30	-				rot

2.1.2 Eigenschaften und Anwendung

Von besonderer Bedeutung sind Eigenschaftsmerkmale der Zemente (bzw. von Zementleim und Zementstein), die die Betontechnologie und die Betonbauweise allgemein beeinflussen. Hierzu gehören Wasseranspruch und Wasserrückhaltevermögen, Ansteifen und Erstarren, Festigkeit und Festigkeitsentwicklung, Dichtigkeit und Porosität, Carbonatisierung und Chloridbindung, Widerstand gegen chemische Angriffe, Widerstand gegen Frost und Frost-Tausalz, Hydratationswärme und Reißneigung infolge Zwangsspannungen sowie Wärmebehandlungsfähigkeit.
Diese speziellen Eigenschaften einer Zementart sind in der Regel durch Eignungsprüfungen am Beton zu verifizieren. Bei der Auswahl der Zementart sind dabei insbesondere die Verwendung des Betons, die Wärmeentwicklung des Betons im Bauwerk, die Nachbehandlungsbedingungen (z.B. Wärmebehandlung), die Größe des Bauwerkes und die Umgebungsbedingungen zu berücksichtigen. Festigkeitsklasse sowie Festigkeits- und Hydratationskinetik einer Zementart bestimmen in besonderer Weise die Eigenschaften des Zementsteines und des Betons. Tafel B.2.3 gibt hierzu einen Überblick.

Zemente mit besonderen Eigenschaften gestatten die Realisierung spezieller Bauaufgaben. Hierzu gehören nach DIN 1164-1

- **Zemente mit niedriger Hydratationswärme (NW-Zement)**
  Die freigesetzte Wärmemenge nach 7 Tagen ist auf 270 Joule je Gramm Zement begrenzt. NW-Zemente eignen sich deshalb besonders für massige Bauteile, in denen Zwangsspannungen durch frei werdende Hydratationswärme auftreten. Ein klassischer Vertreter für diesen Anwendungsfall ist der Hochofenzement CEM III.
- **Zemente mit hohem Sulfatwiderstand (HS-Zement)**
  Diese Zemente sind nach DIN 1045 bei Sulfatgehalten des auf den Beton einwirkenden Wassers von über 600 mg je Liter und von über 3000 mg je Kilogramm Boden vorgeschrieben.
  Hierzu gehören Portlandzement CEM I mit höchstens 3 Masse-% C_3A und höchstens 5 Masse-% Al_2O_3 und Hochofenzement CEM III/B mit Hüttensandanteil $\geq$ 66 Masse-%.
- **Zemente mit niedrigem wirksamem Alkaligehalt (NA-Zement)**
  NA-Zemente sind nach der Richtlinie Alkalireaktion im Beton [DAfStb-RiLi Alkalireaktionen - 86] für Bauteile zu verwenden, die mit alkaliempfindlichen Zuschlägen hergestellt werden und zusätzlich feuchten Umgebungsbedingungen ausgesetzt sind.
  Die Bezeichnungen für besondere Eigenschaften NW, HS oder NA werden zur Kennzeichnung der Normbezeichnung des Zements hinzugefügt, wie z.B. Hochofenzement

DIN 1164 - CEM III/B - 32,5 - NW/HS.

Weitere Zemente mit Sondereigenschaften wie z.B. Straßenbauzement, Weißzement oder hydrophobierter Zement sind Normzemente nach DIN 1164-1 ohne besondere Kennzeichnung,

Tafel B.2.3 Hinweise für die Verwendung der Zemente

Festigkeitsklasse	Zementart	Eigenschaften		
		Frühfestigkeit	Wärmeentwicklung	Nacherhärtung *)
32,5	überwiegend Hochofenzement	niedrig	langsam	gut
32,5 R	überwiegend Portland-, Portlandkalkstein- und Portlandhüttenzement	normal	normal	normal
42,5	überwiegend Hochofenzement	normal	normal	gut
42,5 R	überwiegend Portland- und Portlandhüttenzement	hoch	schnell	normal
52,5	Portlandzement	hoch	schnell	gering
52,5 R	Portlandzement	sehr hoch	sehr schnell	gering

*) Über 28 Tage hinaus.

B

Tafel B.2.4 Zementanwendungen (nach VDZ-Angaben)

Anwendungsfall	Regelwerk		CEM I	CEM II						CEM III	
	Nr.	Abschnitt	CEM I	CEM II/A-S CEM II/B-S	CEM II/A-T CEM II/B-T	CEM II/A-L	CEM II/A-P CEM II/B-P	CEM II/A-V	CEM II/B-SV	CEM III/A	CEM III/B
Innenbauteil	DIN 1045	6.5.5	2.2	2.2	2.2	2.2	2.2	2.0	2.0	2.0	2.2
Außenbauteil		6.5.5.1/ 6.5.6.1	2.1 [1] 2.2	2.1 [1] 2.2	2.1 [1] 2.2	2.1 [1] 2.2	2.2	2.0	2.0	2.1 [1] 2.2	2.2
wasserundurchl. Beton		6.5.7.2	2.2	2.2	2.2	2.2	2.2	2.0	2.0	2.2	2.2
hoher Frostwiderstand		6.5.7.3	2.2	2.2	2.2	2.2	2.2	2.0	2.0	2.2	2.2
hoher FTS-Widerstand		6.5.7.4	2.0	2.0	2.0	2.0	-	2.0	2.0	2.2	2.0
sehr starker FTS-Angriff (wie bei Betonfahrbahnen)		6.5.7.4 Abs.(4)	2.0	2.0	2.0	2.0	-	-	-	1. [3] 2.0	-
hoher chem. Widerstand		6.5.7.5	2.2	2.2	2.2	2.2	2.2	2.0	2.0	2.2	2.2
hoher Verschleißwiderst.		6.5.7.6	2.2	2.2	2.2	2.2	2.2	2.0	2.0	2.2	2.2
hohe Gebrauchstemp.		6.5.7.7	2.2	2.2	2.2	2.2	2.2	2.0	2.0	2.2	2.2
Unterwasserbeton		6.5.7.8	2.1 2.2	2.1 2.2	2.1 2.2	2.1 2.2	2.2	2.0	2.0	2.1 2.2	2.2
Bohrpfahlbeton	DIN 4014	5.2	2.1 2.2	2.1 2.2	2.1 2.2	2.1 2.2	2.2	2.0	2.0	2.1 2.2	2.2
Spannbeton mit nachträglichem Verbund	DIN 4227	T 1 / 3.1.1	wie DIN 1045								
Spannbeton mit sofortigem Verbund		T 5 / 3.1.2	1 [4]	1 [4]	1 [4]	1 [4]	1 [2]	-	-	1 [2]	1 [2]
Einpreßmörtel		T 5 / 3.1	1 [5]	-	-	-	-	-	-	-	-

1 der Zement darf verwendet werden
2.0 Flugasche darf zugesetzt werden
2.1 Flugasche darf auf den Zementgehalt angerechnet werden
2.2 Flugasche darf auf den *w/z*-Wert angerechnet werden

[1] Anrechnung auf Zementgehalt nur bei Beton B I zulässig (wegen des Mindestzementgehaltes von 300 kg/m³)
[2] Festigkeitsklasse ≥ 42,5
[3] Festigkeitsklasse ≥ 42,5 oder Festigkeitsklasse ≥ 32,5 R mit HS ≤ 50 %
[4] Festigkeitsklasse ≥ 32,5 R
[5] Festigkeitsklassen 32,5 R, 42,5 R und 52,5

aber von baupraktischer Bedeutung für Spezialanwendungen. Durch die Einführung von DIN 1164 mußten die bisherigen Anwendungsregeln für Zement im Beton- und Stahlbeton nach DIN 1045 korrigiert werden. Die Anwendungen betreffen insbesondere Abschnitt 6.5.7.4 Beton mit hohem Frost- und Tausalzwiderstand. Einen Überblick über die mögliche Zementauswahl in Abhängigkeit vom Anwendungsfall vermittelt Tafel B.2.4 Für Betone mit sehr starkem Frost-Tausalzangriff wurde die bisherige Zementpalette um den Portlandkalksteinzement CEM II/A-L erweitert, da entsprechende Langzeiterfahrungen an Bauwerken vorliegen.
Für die Anwendung von Zementen im Beton nach E DIN EN 206 sind ähnliche Regelungen in Abhängigkeit von den Expositionsklassen vorgesehen.

2.2 Zuschlag für Beton

2.2.1 Begriffe, Zuschlagarten

Für Beton und Stahlbeton nach DIN 1045 und E DIN EN 206 ist Zuschlag nach [DIN 4226-1 - 83] zu verwenden. Danach ist Zuschlag ein Gemenge (Haufwerk) von ungebrochenen und/oder gebrochenen Körnern aus künstlichen mineralischen Stoffen, der aus etwa gleich oder verschieden großen Körnern mit dichtem Gefüge besteht. Die Zuschläge bilden das Korngerüst im Beton, das mit Hilfe des Zementsteines zu einem künstlichen Gestein verfestigt wird. Aus dem Vorhergesagten leiten sich die Hauptanforderungen an Zuschläge im Hinblick auf den Verbundbaustoff Beton ab. Sie müssen fest und beständig und mit ihrer Oberfläche einen festen Verbund mit dem Zementstein eingehen können.
Zuschläge werden entsprechend der Korngröße in Korngruppen bzw. Lieferkörnungen bereitgestellt (Tafel B.2.5). Eine Korngruppe umfaßt eine oder mehrere Kornklassen (alle Korngrößen zwischen zwei Prüfkorngrößen) mit zulässigen Anteilen an Über- und Unterkorn. Das Zusammenstellen mehrerer Korngruppen zu einer Sieblinie nach DIN 1045 mit einem Größtkorn von höchstens 32 mm wird als „Werkgemischter Betonzuschlag" bezeichnet.
Betonzuschläge bestehen im allgemeinen aus natürlichem Gestein mit dichtem Gefüge, das in Kiesgruben und Steinbrüchen durch einen Aufbereitungsprozeß (Brechen, Sieben) gewonnen wird. Kiese und Sande sind sedimentäre Lockergesteine, die in der Regel Verwitterungs- und Transportprozessen unterworfen wurden und sich im Bereich von Urstromtälern und Endmoränen abgelagert haben. Zu den Festgesteinen, die im Steinbruch gewonnen werden, gehören Granit, Diabas, Quarzporphyr, Basalt, dichter Kalkstein und Grauwacke. Sie werden als gebrochener Zuschlag (Brechsand, Splitt, Schotter) bereitgestellt. Künstlich hergestellte dichte Zuschläge spielen im Betonbau eine untergeordnete Rolle. Zunehmend an Bedeutung gewinnen Recyclingzuschläge [Kohler - 97], [Maultzsch - 96], obwohl ihr Einsatz im Beton und Stahlbeton gegenwärtig nur im Rahmen einer bauaufsichtlichen Zulassung möglich ist.

2.2.2 Anforderungen

Zuschlag nach DIN 4226-1 muß bestimmten Regelanforderungen genügen. Hierzu gehören

- Kornzusammensetzung,
- Kornform,
- Festigkeit,
- Widerstand gegen Frost bei mäßiger Durchfeuchtung des Betons,
- schädliche Bestandteile.

Erhöhte Anforderungen (e) wie

- Widerstand gegen Frost bei starker Durchfeuchtung des Betons (eF),
- Widerstand gegen Frost und Taumittel (eFT),
- Begrenzung der Anteile an quellfähigen Bestandteilen (eQ),
- Begrenzung des Gehaltes an wasserlöslichem Chlorid (eCl)

sind durch den Betonhersteller (Transportbeton- bzw. Fertigteilwerk) unter Berücksichtigung der Forderungen des Betonverarbeiters besonders zu vereinbaren.
Zuschlag mit verminderten Anforderungen darf nur verwendet werden, wenn seine Eignung im Rahmen von Eignungsprüfungen am Beton nachgewiesen wurde.

Verminderte Anforderungen (v) betreffen

- die Kornform vK,
- die Festigkeit vD,
- den Widerstand gegen Frost vF,
- den Gehalt an abschlämmbaren Bestandteilen vA,
- den Gehalt an organischen Stoffen vO,
- den Sulfatgehalt vS,
- den wasserlöslichen Chloridgehalt vCl.

Die in Eignungsprüfungen am Beton festgelegten Grenzwerte für die verminderten Anforderungen dürfen vom Zuschlaghersteller nicht überschritten werden. Anderenfalls sind neue Eignungsprüfungen erforderlich.
Besondere Anforderungen werden an Zuschläge aus Norddeutschland gestellt, die alkalilösliche Kieselsäure enthalten und in den Geltungsbereich der Richtlinie Alkalireaktionen im Beton des DAfStb [DAfStb-RiLi Alkalireaktion - 86] fallen.

Tafel B.2.5 Korngruppe/Lieferkörnung und Kornzusammensetzung

Korngruppe/ Lieferkörnung	Durchgang in Gew.-% durch das Prüfsieb										
	Nach DIN 4188 Teil 1					Nach DIN 4187 Teil 2					
	mm										
	0,125	0,25	0,5	1	2	4	8	16	31,5	63	90
0/1	[1]	[1]	[1]	≥ 85	100						
0/2 a	[1]	≤ 25 [1]	≤ 60 [1]		≥ 90	100					
0/2 b	[1]	[1]	≤ 75 [1]		≥ 90	100					
0/4 a	[1]	[1]	≤ 60 [1]		55 bis 85 [2]	≥ 90	100				
0/4 b	[1]	[1]	≤ 60 [1]			≥ 90	100				
0/8		[1]	≤ 60 [1]			61 bis 85	≥ 90	100			
0/16		[1]				36 bis 74		≥ 90	100		
0/32		[1]				23 bis 65			≥ 90	100	
0/63		[1]				19 bis 59				≥ 90	100
1/2		≤ 5		≤ 15 [4]	≥ 90	100					
1/4		≤ 5		≤ 15 [4]		≥ 90	100				
2/4		≤ 3			≤ 15 [4]	≥ 90	100				
2/8		≤ 3			≤ 15 [4]	10 bis 65 [3]	≥ 90	100			
2/16		≤ 3			≤ 15 [4]		25 bis 65 [3]	≥ 90	100		
4/8		≤ 3				≤ 15 [4]	≥ 90	100			
4/16		≤ 3				≤ 15 [4]	25 bis 65 [3]	≥ 90	100		
4/32		≤ 3				≤ 15 [4]	15 bis 55 [3]		≥ 90	100	
8/16		≤ 3					≤ 15 [4]	≥ 90	100		
8/32		≤ 3					≤ 15 [4]	30 bis 60	≥ 90	100	-
16/32		≤ 3						≤ 15 [4]	≥ 90	100	
32/63		≤ 3							≤ 15 [4]	≥ 90	100

[1] Auf Anfrage hat das Herstellwerk dem Verwender den vom Fremdüberwacher bestimmten bzw. bestätigten Durchgang durch das Sieb 0,125 mm sowie Mittelwert und Streubereich des Durchgangs durch die Siebe 0,25 und 0,5 mm bekannt zu geben.

[2] Der Streubereich eines Herstellwerkes darf 25 Gew.-% nicht überschreiten. Die Lage des Streubereiches eines Herstellwerks ist im Einvernehmen mit dem Fremdüberwacher vom Herstellwerk möglichst für einen längeren Zeitraum festzulegen und ins Sortenverzeichnis aufzunehmen. Auf Anfrage hat der Hersteller dem Verbraucher diesen Wert mitzuteilen.

[3] Der Streubereich eines Herstellwerkes darf 30 Gew.-% nicht überschreiten. Die Lage des Streubereiches eines Herstellwerkes ist im Einvernehmen mit dem Fremdüberwacher vom Herstellwerk möglichst für einen längeren Zeitraum festzulegen und ins Sortenverzeichnis aufzunehmen. Auf Anfrage hat der Hersteller dem Verbraucher diesen Wert mitzuteilen.

[4] Für Brechsand, Splitt und Schotter darf der Anteil an Unterkorn höchstens 20 Gew.-% betragen. Unterschiede im Anteil an Unterkorn bei Lieferung eines bestimmten Zuschlags aus einem Herstellwerk müssen jedoch innerhalb eines Streubereichs von 15 Gew.-% liegen.

Durch Reaktion der alkalilöslichen Kieselsäure der Zuschläge mit dem im Porenwasser des Betons gelösten Alkalihydroxid zu Alkalisilicatlösung kann es unter bestimmten Bedingungen zur Volumendehnung im Beton (Alkalitreiben) und in dessen Folge zu Betonschäden kommen. Alkaliempfindliche Zuschläge enthalten in der Regel Opalsandstein und reaktionsfähigen Flint. In Abhängigkeit von diesen Anteilen werden Zuschläge in die Alkaliempfindlichkeitsklassen E I, E II und E III eingeteilt.

Eine schädigende (treibende) Alkalireaktion der Zuschläge im Beton ist aber nur möglich, wenn die Alkaligehalte aus dem Zement oder durch die Zufuhr von außen bestimmte Werte im Beton überschreiten und zusätzlich feuchte Umgebungsbedingungen vorherrschen. Treten diese Bedingungen auf, sind vorbeugende Maßnahmen bei der Betonherstellung durch Einsatz von NA-Zement, Begrenzung der Zementmenge oder Austausch des Zuschlags zu ergreifen (Tafel B.2.6).

Tafel B.2.6 Vorbeugende Maßnahmen gegen schädigende Alkalireaktionen im Beton

Alkaliempfindlichkeitsklasse des Zuschlages	Erforderliche Maßnahmen für die Feuchtigkeitsklasse		
	WO	WF	WA
E I	keine	keine	keine
E II	keine	keine [1]	NA-Zement
E III	keine	NA-Zement	Zuschlagaustausch

[1] Bei Beton des Festigkeitsklasse oberhalb B 25: „NA-Zement“.

In einigen Gebieten der Länder Brandenburg, Sachsen, Sachsen-Anhalt und Thüringen sind Fälle einer Betonschädigung mit Hinweisen auf eine Alkalireaktion bekannt geworden, bei denen besondere Varietäten von gebrochener präkambrischer Grauwacke als reaktives Gestein beteiligt waren. Gemäß einer vorläufigen Empfehlung des DAfStb [DAfStb Empfehlung Alkalireaktion - 93] ist bei Verwendung von Betonen mit Grauwacke in massigen Bauteilen bei feuchten Umgebungsbedingungen und Zementgehalten $z \geq 380$ kg/m³ ein Fachgutachter einzuschalten. Gegenwärtig erfolgt eine Neubearbeitung der Alkalirichtlinie des DAfStb auf der Grundlage aktueller Ergebnisse aus Forschung und Praxis.

Betonzuschlag gehört zu den güteüberwachten Bauprodukten, deren Übereinstimmung mit den Anforderungen der Norm DIN 4226-1 nach Bauregelliste A mittels Zertifikat von einer zugelassenen Stelle festgestellt wird. Die Bezeichnung des Zuschlags auf dem Lieferschein erfolgt gemäß

Zuschlag DIN 4226 – Korngruppe/Lieferkörnung – erhöhte bzw. verminderte Anforderungen.

2.2.3 Kornzusammensetzung

Nach DIN 1045 bzw. E DIN EN 206 ist Betonzuschlag nach DIN 4226-1 mit einer bestimmten Kornzusammensetzung zu verwenden. Um die Gesteinskörner zu verkitten, benötigt man nach dem *Kennedy*-Prinzip eine bestimmte Menge Zementstein, die vom Hohlraumgehalt bzw. der Packungsdichte und der spezifischen Oberfläche des Zuschlaggemisches abhängig ist. Sobald diese „optimale Menge“ überschritten wird, verschlechtern sich die technischen und ökonomischen Parameter des Festbetons, da

- der Zementstein in Abhängigkeit vom *w/z*-Wert nur bedingt wasserundurchlässig ist und die Frostbeständigkeit und der Widerstand gegen chemische Angriffe gemindert wird,
- der Zementstein schwindet und kriecht; der Beton um so mehr, je größer der Zementsteinanteil ist,
- die durch die Hydratationswärmeentwicklung des Zements hervorgerufenen Spannungen im Beton eine Funktion der Zementsteinmenge sind,
- der Zement wesentlich teurer als der Zuschlag ist.

Die Kornzusammensetzung des Zuschlags wird durch Sieblinien in der Form dargestellt, daß der Siebdurchgang in Masse-% über die geometrisch gestuften Korngrößengrenzen 0,125; 0,25; 0,5; 1; 2; 4; 8; 16; 32 und 63 aufgetragen wird (Abb. B.2.1 bis B.2.4). Sogenannte Regelsieblinien A, B und C begrenzen Bereiche, die hinsichtlich ihres Wasser- bzw. Zementleimbedarfes brauchbar (4) und günstig (3) bzw. ungünstig sind (1 bzw. 5). Im allgemeinen wird bei Zuschlaggemischen ein den Regelsieblinien folgender stetiger Verlauf angestrebt. Aus ökonomischen und ökologischen Gründen nimmt die bautechnische Bedeutung unstetiger Sieblinien bzw. Ausfallkörnungen zu (Bereich 2). Ihre Anwendung bedarf allerdings besonderer Erfahrungen im Hinblick auf einen Kompromiß zwischen betontechnologischer Zielstellung und Wirtschaftlichkeit.

Der Wasseranspruch der Sieblinien wird durch bezogene Kennwerte der Kornverteilung wie *k*-Wert, *D*-Summe, *F*-Wert charakterisiert (Tafel B.2.7). Die Problematik der Schätzung des Wasseranspruchs von Gemengen über diese Kennwerte ergibt sich dadurch, daß die hierauf aufbauenden Wasserbedarfstabellen nur stetige Sieblinien einer Größtkornklasse hinreichend genau beschreiben. Vor allem bei Unstetigkeiten im Feinkornbereich bzw. bei Ausfallkörnungen treten unzulässige Abweichungen des Wasserbedarfs für Korngemische mit ansonsten gleicher Körnungsziffer auf. Bei der Lösung dieser Problemstellung haben sich die Kornkennwerte volumenspezifische Oberfläche und Packungsdichte (bezogen auf eine Kugelform der Partikel) für eine wirklichkeitsnahe Vorausbestimmung des Wasserbedarfs beliebiger n-disperser Partikelsysteme (Mischsieblinien) bewährt [Pirner - 94]. Einen Überblick über die verschiedenen Kornkennwerte der Regelsieblinien gibt Tafel B.2.7. Vereinbarungsgemäß wird bei der Berechnung der Kornkennwerte der Kornanteil kleiner als 0,125 mm dem Mehlkorn zugeordnet und damit nicht berücksichtigt.

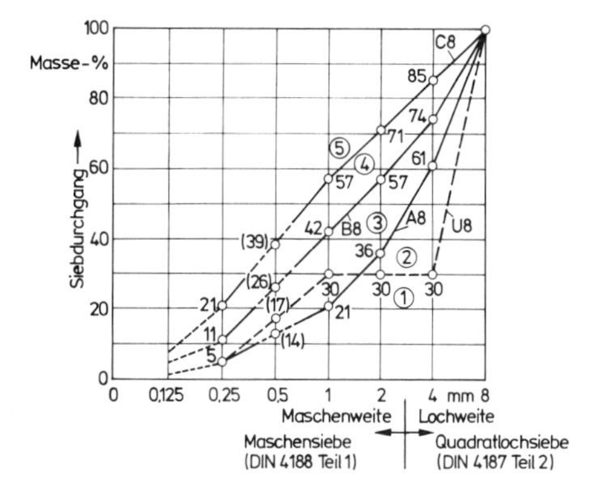

Abb. B.2.1 Sieblinien mit einem Größtkorn von 8 mm

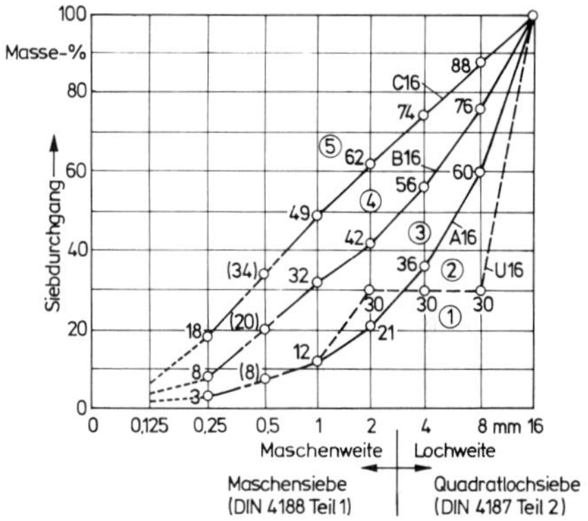

Abb. B.2.2 Sieblinien mit einem Größtkorn von 16 mm

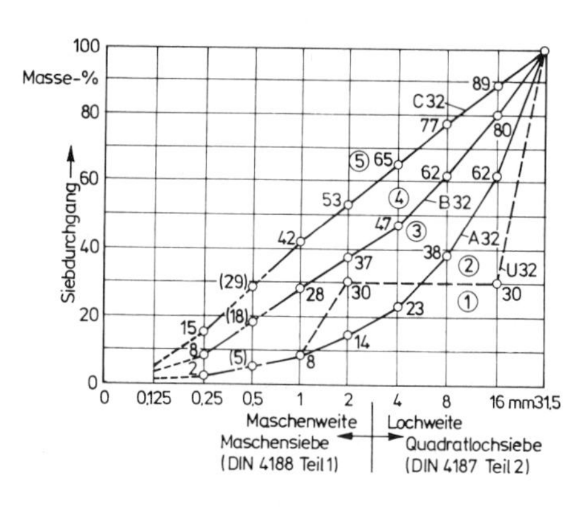

Abb. B.2.3 Sieblinien mit einem Größtkorn von 32 mm

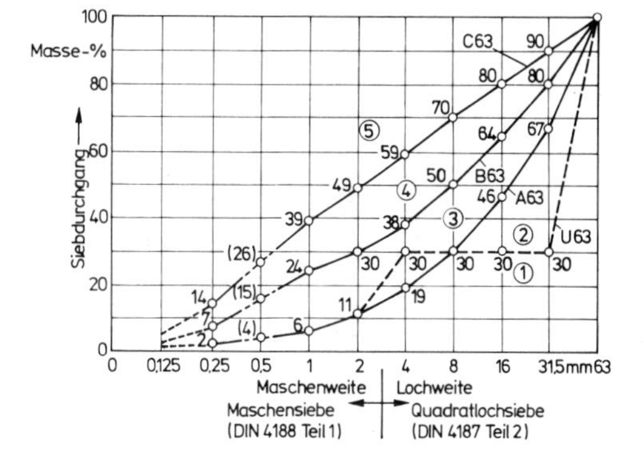

Abb. B.2.4 Sieblinien mit einem Größtkorn von 63 mm

Tafel B.2.7 Kornkennwerte von Betonzuschlag

Sieblinie nach DIN 1045	*k*-Wert	*D*-Summe	*F*-Wert	Volumenspezif. Oberfläche mm²/mm³	Packungsdichte (%)
A 8	3,64	536	134	5,29	78,24
B 8	2,89	611	111	8,73	80,51
C 8	2,27	673	92	12,51	79,21
U 8	3,87	513	141	5,47	84,06
A 16	4,61	439	163	3,31	78,83
B 16	3,66	534	134	6,70	84,63
C 16	2,75	625	107	10,90	81,63
U 16	4,88	412	171	3,28	83,87
A 32	5,48	352	189	2,23	79,96
B 32	4,20	480	151	6,04	87,16
C 32	3,30	570	123	9,32	83,34
U 32	5,65	335	194	2,51	89,27
A 63	6,15	285	209	1,83	82,91
B 63	4,91	409	172	5,09	88,91
C 63	3,72	528	136	8,56	84,75
U 63	6,57	243	222	1,86	89,28

Zur Herstellung von Beton nach DIN 1045 werden Zuschlaggemenge mit einem Größtkorn von 8; 16; 32 und 63 mm verwendet. Gemische bis zu einem Größtkorn von 4 mm werden als Mörtel oder Feinkornbeton bezeichnet. Im Hinblick auf einen geringen Zementleim- bzw. Zementsteinanteil im Beton soll das Gemisch grobkörnig und hohlraumarm sein. Das Größtkorn ist nach betontechnologischen und konstruktiven Gesichtspunkten festzulegen. Seine Nenngröße darf ein Drittel der kleinsten Bauteilmaße nicht überschreiten. Im Hinblick auf die erforderliche Betonverdichtung und den Korrosionsschutz der Bewehrung soll der überwiegende Teil des Zuschlags kleiner sein als der lichte Abstand der Bewehrung untereinander und zur Schalung.
Die Kornzusammensetzung kann insbesondere bei Sanden und Kiessanden aus verschiedenen Gruben erheblich schwanken. Um größere Probleme bei den Verarbeitungseigenschaften des Betons zu vermeiden, ist die Kornzusammensetzung des angelieferten Zuschlags regelmäßig zu prüfen und bei Erfordernis die Mischsieblinie zu korrigieren. Der Betonzuschlag ist getrennt nach Korngruppen so zu lagern, daß ein Vermischen vermieden wird. Für B I-Beton darf auch werkgemischter Zuschlag mit Größtkorn 8, 16 und 32 mm verwendet werden.

Zuschläge werden mit einer bestimmten Eigenfeuchte angeliefert. Sie setzt sich aus Oberflächen- und Kernfeuchte zusammen. Da nur die Oberflächenfeuchte mit dem Anmachwasser dem Wassergehalt des Frischbetons zuzurechnen ist, muß bei Zuschlägen mit hoher Kernfeuchte die durch Trocknung bei 100 °C bestimmte Eigenfeuchte entsprechend korrigiert werden. An Mischanlagen eingesetzte automatische Feuchtemeßverfahren für Zuschläge sind deshalb bezogen auf die Zuschlagart und Kornverteilung zu kalibrieren, um verläßliche Meßwerte zu erzielen.

2.3 Zugabewasser

Unter Zugabewasser versteht man den Teil des im Frischbeton enthaltenen Wassers, der der Mischung zugesetzt wird und nicht bereits mit der Zuschlagfeuchte oder ggf. mit Betonzusätzen in den Beton gelangt. Grundsätzlich ist neben aufbereitetem Trink- und Industriewasser das in der Natur vorkommende Wasser geeignet, soweit es nicht Bestandteile enthält, die wesentliche Eigenschaften des Zements oder Betons, z.B. Erstarren, Erhärten, Raumbeständigkeit, Druckfestigkeit, ungünstig beeinflussen oder den Korrosionsschutz der Bewehrung beeinträchtigen. Im Zweifelsfall ist eine Untersuchung über die Eignung des Wassers zur Betonherstellung erforderlich. Gemäß DBV-Merkblatt Zugabewasser für Beton [DBV-Merkblatt Zugabewasser - 91] erfolgt auf der Grundlage chemisch-physikalischer Prüfungen eine Beurteilung des anstehenden Wassers vor und während der Bauausführung gemäß Tafel B.2.8 nach den Kategorien „brauchbar", „bedingt brauchbar" und „unbrauchbar". Bei einer Gesamtbeurteilung „bedingt brauchbar" sind zusätzliche betontechnologische Vergleichsprüfungen für eine abschließende Beurteilung notwendig. Dabei werden am Zementleim bzw. Mörtel oder Beton die Auswirkungen auf das Erstarren geprüft und die Ergebnisse beurteilt.

Tafel B.2.8 Grenzwerte für die Beurteilung von Zugabewasser mit Schnellprüfverfahren

Prüfung	Prüfverfahren	Beurteilung		
		brauchbar	bedingt brauchbar [2]	unbrauchbar
Farbe	Visuelle Prüfung im Meßzylinder vor weißem Hintergrund (Schwebstoffe absetzen lassen)	farblos bis schwach gelblich	dunkel oder bunt (rot, grün, blau ...)	
Öl und Fett	Prüfung nach Augenschein	höchstens Spuren	Ölfilm, Ölemulsion	
Detergentien	Wasserprobe im halbgefüllten Meßzylinder kräftig schütteln	geringe Schaumbildung, Schaum ≤ 2 min stabil	starke Schaumbildung > 2 min stabil	
Absetzbare Stoffe	80 cm^3 Meßzylinder, Absetzzeit 30 min	≤ 4 cm^3	> 4 cm^3	
Geruch	Ansäuern, z.B. Aquamerck-Reagenzien (mit HCl) [1]	ohne bis schwach	stark (z.B. nach Schwefelwasserstoff)	
pH-Wert	pH-Papier [1]	≥ 4	< 4	
Chlorid (Cl^-)	z.B. Aquamerck-Reagenzien [1] Titration mit $Hg(NO_3)_2$			
Spannbeton [3] und Einpreßmörtel		≤ 600 mg/l		> 600 mg/l [3]
Stahlbeton [3]		≤ 2000 mg/l		> 2000 mg/l [3]
unbewehrter Beton		≤ 4500 mg/l	≤ 4500 mg/l	
Sulfat (SO_4^{2-})	z.B. Merckoquant-Teststäbchen oder Aquamerck-Wasserlabor	≤ 2000 mg/l	> 2000 mg/l	
Zucker Glukose	z.B. Gluco-Merckognost [1] Teststäbchen	≤ 100 mg/l	> 100 mg/l	
Saccharose	Schnellprüfverfahren fehlt	≤ 100 mg/l	> 100 mg/l	
Phosphat (P_2O_5)	z.B. Aquamerck-Reagenzien [1]	≤ 100 mg/l	> 100 mg/l	
Nitrat (NO_3^-)	z.B. Merckoquant-Teststäbchen [1]	≤ 500 mg/l	> 500 mg/l	
Zink (Zn^{2+})	z.B. Merckoquant-Teststäbchen [1]	≤ 100 mg/l	> 100 mg/l	
Huminstoffe (ggf. Ammoniakgeruch)	5 cm^3 Wasserprobe in Reagenzglas füllen, 5 cm^3 3%ige oder 4%ige Natronlauge zusetzen, schütteln, nach 3 min Prüfung nach Augenschein [1]	heller als gelbbraun	dunkler als gelbbraun	

[1] Beschreibung gemäß der Gebrauchsanweisung des Herstellers.

[2] „bedingt brauchbar" heißt: Die endgültige Beurteilung ist von einer Beurteilung im Einzelfall und/oder der betontechnologischen Vergleichsprüfung abhängig.

[3] Gegebenenfalls ist eine günstige Beurteilung möglich, wenn der Chloridgehalt aller Betonausgangsstoffe berücksichtigt wird. Im allgemeinen werden Chloridgehalte ≤ 0,20% des Zementgewichts für Spannbeton, ≤ 0,40% des Zementgewichts für Stahlbeton als unschädlich angesehen.

So darf beispielsweise die Druckfestigkeit des Betons höchstens um 10 % unter der mittleren Druckfestigkeit von Vergleichsproben liegen, die mit destilliertem Wasser hergestellt wurden.
Vielfach ist eine Beurteilung schon durch augenscheinliche Prüfung bezüglich Farbe, Geruch, absetzbare Stoffe sowie Öl- bzw. Fettgehalt möglich.
Bei Verwendung als Zugabewasser für Spannbeton oder Einpreßmörtel sind die Begrenzungen für den Chloridgehalt besonders zu beachten.

2.4 Betonzusatzmittel

Betonzusatzmittel sind flüssige oder pulverförmige Stoffe zur Beeinflussung der Frisch- und/oder Festbetoneigenschaften. Das Wirkprinzip kann chemisch und/oder physikalisch sein. Dabei müssen gelegentlich auch unerwünschte Änderungen von anderen Betoneigenschaften in Kauf genommen werden. Der zulässige Gesamtanteil ist nach DIN 1045 bei Zugabe eines Zusatzmittels auf ≤ 50 g (ml) je kg Zement und bei Zugabe mehrerer Zusatzmittel auf ≤ 60 g (ml) je kg Zement begrenzt. Wegen der geringen Zugabemenge findet ihr Stoffraum bei der Mischungsberechnung, abgesehen von einem erhöhten Luftporenraum und dem Wasseranteil bei einer Zusatzmittelmenge größer 2,5 l/m³ Frischbeton, keine Berücksichtigung. Zusatzmittel, die Chloride oder andere die Stahlkorrosion fördernde Stoffe enthalten, dürfen Stahlbeton, Beton und Mörtel, der mit Stahlbeton in Berührung kommt, nicht zugesetzt werden. Nach DIN 1045 und E DIN EN 206 bedürfen Betonzusatzmittel bei ihrer Verwendung in Deutschland eines Prüfzeichens bzw. neuerdings einer allgemeinen bauaufsichtlichen Zulassung. Nach den Prüfrichtlinien des Deutschen Instituts für Bautechnik [Prüfrichtlinie Betonzusatzmittel - 89] werden Betonzusatzmittel nach folgenden Wirkungsgruppen eingeteilt (Tafel B.2.9):

Betonverflüssiger (BV) verbessern die Verarbeitbarkeit des Frischbetons bei gleichem Wassergehalt oder erhöhen die Güte des Betons bei Verminderung der Wasserzugabe. Die Wirkung besteht im wesentlichen auf einer Herabsetzung der Oberflächenspannung des Wassers und in deren Folge einer Reibungsverringerung zwischen den Zementteilchen (höhere Dispergierung) und zwischen den Zuschlagkörnern infolge Schmierfilmbildung. Die mögliche Wassereinsparung ist abhängig vom Zusatzmittel sowie der Betonzusammensetzung (Zementart, Zementgehalt, Sieblinie, Zuschlagart) und bei weicheren Betonen größer als bei steifen bis schwach plastischen.

Mögliche Nebenwirkungen sind erhöhtes Schwinden, Einführung von Luftporen, Erstarrungsverzögerung sowie Festigkeitsminderung.

Tafel B.2.9 Wirkungsgruppen von Betonzusatzmitteln

Wirkungsgruppe	Kurzzeichen	Farbkennzeichen	Wirkung
Betonverflüssiger	BV	gelb	Verminderung des Wasseranspruchs und/ oder Verbesserung der Verarbeitbarkeit
Fließmittel	FM	grau	Verminderung des Wasseranspruchs und/ oder Verbesserung der Verarbeitbarkeit, zur Herstellung von Beton mit fließfähiger Konsistenz (Fließbeton)
Luftporenbildner	LP	blau	Einführung gleichmäßig verteilter, kleiner Luftporen zur Erhöhung des Frost- und Tausalzwiderstandes
Dichtungsmittel	DM	braun	Verminderung der kapillaren Aufnahme
Verzögerer	VZ	rot	Verzögerung des Erstarrens
Beschleuniger	BE	grün	Beschleunigung des Erstarrens und/oder des Erhärtens
Einpreßhilfen	EH	weiß	Verbesserung der Fließfähigkeit, Verminderung des Wasseranspruchs, Verminderung des Absetzens bzw. Erzielen eines mäßigen Quellens von Einpreßmörtel
Stabilisierer	ST	violett	

Fließmittel (FM) sind Hochleistungs- oder Superverflüssiger auf Polymerbasis. Sie erhöhen die Dispergierung der Zementteilchen im Wasser durch Adsorption der Polymermoleküle auf der Oberfläche des Zementkorns, durch deren Aufladung und Bildung weitreichender abstoßender Kräfte. Chemische Nebenwirkungen sind bedingt durch die selektive Reaktion der Aluminatphasen des Zements mit Sulfogruppen der Polymerverflüssiger.
Die möglichen Nebenwirkungen sind deshalb abhängig von der verwendeten Hauptwirkstoffgruppe.

Durch die Zugabe von Entschäumern wird bei der Wirkstoffgruppe Ligninsulfonate deren Neigung zur Luftporenbildung herabgesetzt. Ein gleichzeitiger Einsatz mit Luftporenbildnern kann deshalb zu Problemen führen. Da die Ligninsulfonate selektiv die Hydratation der Aluminatphasen und die Bildung der Sulfoaluminathydrate beeinflussen, kann es beim Ansteifen und Erstarren bestimmter Zemente zu Anomalien (Beschleunigung des Ansteifens, Verzögerung des Erstarrens) kommen.

Bei der Wirkstoffgruppe Melaminharz ist bei höherer Betontemperatur (größer 20 °C) mit einer schnell nachlassenden Verflüssigungswirkung durch frühes Ansteifen zu rechnen.

Naphthalinsulfonate bewirken schon bei geringen Zugabemengen hohe Verflüssigungseffekte. Dadurch können schon geringe Überdosierungen zu Problemen wie Entmischen des Betons (Bluten) und verzögertes Erstarren führen.

Fließmittel haben ihre besondere Bedeutung für die Herstellung von Fließbeton und hochfestem bzw. Hochleistungsbeton [Reinhardt - 95]. Fließbeton nach der Richtlinie [DAfStb RiLi Fließbeton - 95] darf sich in seiner Zusammensetzung vom Ausgangsbeton nur durch das Zumischen eines Fließmittels unterscheiden. Die erforderliche Fließmittelmenge, bezogen auf den Ausgangsbeton der Konsistenzbereiche KS, KP oder KR (falls der Ausgangsbeton mit BV verflüssigt wurde), ist stets mittels Eignungsprüfung festzulegen. Die Fließmittelmenge darf an der Mischanlage oder nachträglich für die Konsistenzbereiche KP und KR auf der Baustelle die Mindestzugabemenge nach Tafel B.2.10 nicht unterschreiten.

Tafel B.2.10 Mindestzugabemenge an FM in Abhängigkeit von der Konsistenz des Betons

Konsistenz des vorhandenen Betons	Mindestzugabemenge ml/kg Zement
KS	8
KP	4
KR und KF	2

Wegen der begrenzten Dauer der verflüssigenden Wirkung ist das Fließmittel bei Transportbeton im allgemeinen nachträglich, d.h., unmittelbar bevor der Frischbeton das Mischfahrzeug verläßt, zuzumischen. Das Fließmittel ist vollständig unterzumischen (Mindestmischzeit 5 min). Die Kontrolle erfolgt bei Beginn der Arbeiten stets durch Ermittlung des Ausbreitmaßes, in der Folge durch augenscheinliche Kontrolle jeder Mischung durch einen erfahrenen und geschulten Betonfachmann. Durch besondere Umstände angesteifter Ausgangsbeton (Konsistenz kleiner KP) darf durch nachträgliche Fließmittelzugabe nicht mehr verflüssigt werden.
Fließbeton findet seine Anwendung insbesondere bei dichtbewehrten, schlanken Bauteilen (Stützen, Riegel) sowie bei flächigen, schwach geneigten Bauteilen (Industrieböden, Straßen).

Luftporenbildner (LP) werden eingesetzt zur Verbesserung der Frost- bzw. Frost-Tausalz-Beständigkeit von Betonen. Sie müssen kugelförmige Mikroluftporen (Durchmesser kleiner 0,3 mm) erzeugen, die gleichmäßig und in geringem Abstand im Beton verteilt sind (Abstandsfaktor kleiner 0,2 mm).
Durch ihre kapillarbrechende Wirkung vermindern die Mikroluftporen das Saugvermögen des Betons und fungieren als luftgefüllte Ausgleichsräume des beim Gefrieren des Wassers entstehenden Druckes im Zementstein (Eis erfordert etwa 9 % mehr Raum als Wasser). Die eingeführten Luftporen verbessern die Verarbeitbarkeit des Betons. Dadurch kann der Mehlkorngehalt und der Wassergehalt bei gleichem Ausbreitmaß verringert und damit der durch die Luftporen verursachte Festigkeitsverlust des Betons teilweise ausgeglichen werden. Da die Luftporenbildung stark von der Betonzusammensetzung, insbesondere von Zementart und -menge abhängig ist, sind Eignungsprüfungen am Beton unerläßlich. Nach DIN 1045 wird der Einsatz von LP-Mitteln für Betone mit plastischer Ausgangskonsistenz bei hohem Frostwiderstand empfohlen. Für Beton mit hohem Frost- und Tausalzwiderstand und Straßenbeton nach ZTV-Beton-Stb 93 sind nach Größtkorn abgestufte Luftgehalte im Frischbeton erforderlich (s. Tafel B.2.11). Dieser Luftgehalt ist zur möglichen Korrektur infolge von Einflüssen aus Temperatur und Transport unmittelbar vor dem Einbau nach DIN 1045 zu prüfen. Eine Überdosierung von LP-Mitteln gegenüber den Vorgaben aus der Eignungsprüfung ist tunlichst zu vermeiden, weil sich damit die Festbetoneigenschaften (Druckfestigkeit, Dichtigkeit) erheblich verschlechtern können.

Tafel B.2.11 Luftgehalt im Frischbeton unmittelbar vor dem Einbau

Größtkorn des Zuschlaggemisches mm	Mittlerer Luftgehalt Volumenanteil in % [1]
8	$\geq 5{,}5$
16	$\geq 4{,}5$
32	$\geq 4{,}0$
63	$\geq 3{,}5$

[1] Einzelwerte dürfen diese Anforderungen um einen Volumenanteil von höchstens 0,5 % unterschreiten.

Dichtungsmittel (DM) sollen bei sachgemäßer Betonherstellung die Wasseraufnahme bzw. das Eindringen von Druckwasser in den Beton vermindern. Die an sie gestellten Erwartungen werden jedoch häufig nicht erfüllt, da die Betonzusammensetzung und -verarbeitung sowie die Nachbehandlung einen größeren Einfluß auf die Wasserundurchlässigkeit haben. Da in Deutschland nur hydrophobierende Dichtungsmittel zugelassen sind, nimmt die Wirkung in Abhängigkeit von der Zeit und Wasserdruck in der Regel ab. Ein schlecht zusammengesetzter und verdichteter Beton kann deshalb durch den Einsatz von Dichtungsmitteln nicht dauerhaft verbessert werden.

Verzögerer (VZ) sollen eine Verzögerung des Erstarrens des Zementleims und damit eine längere Verarbeitbarkeit des Betons bewirken. Verzögerer greifen direkt in den Hydratationsprozeß der Zementklinkerminerale ein und können deshalb in Abhängigkeit von der Zementart zu unterschiedlichen Ergebnissen führen. Eine Überdosierung von Verzögerern kann beispielsweise ein beschleunigtes Erstarren bewirken.
Der Einsatz von Verzögerern wird erforderlich bei großen, fugenlosen Bauteilen, bei Betonen, die nachverdichtet werden sollen, für Transportbeton bei langen Transportwegen oder höheren Betontemperaturen. Entsprechend angepaßte Rezepturen erfordern sorgfältige Eingungsprüfungen am Beton. Bei einer Verzögerung gegenüber dem Nullbeton (Ausgangsbeton) um mindestens drei Stunden ist die DAfStb-Richtlinie für Beton mit verlängerter Verarbeitbarkeit [DAfStb RiLi Verzögerter Beton - 95] zu beachten. Bild B.2.5 vermittelt eine Darstellung von Begriffen nach dieser Richtlinie. Dabei sind über DIN 1045 hinausgehende erweiterte Eignungsprüfungen und Überprüfungen der Rezeptur unter Berücksichtigung der Baustellen- und Temperaturbedingungen erforderlich. Bei einer Verarbeitbarkeitszeit von mehr als 12 Stunden darf bei Transportbeton der Verzögerer ausnahmsweise auch auf der Baustelle dem Transportbetonfahrzeug zugegeben werden. Die hierzu erforderlichen Bedingungen regelt die Richtlinie. Von besonderer Bedeutung sind frühzeitig eingeleitete Nachbehandlungsmaßnahmen, um eine Rißbildung des jungen Betons zu vermeiden (siehe Abschnitt 3).

Beschleuniger (BE) sollen das Erstarren und/oder das Erhärten deutlich beschleunigen. Sie werden sowohl als Gefrierschutz für den erhärtenden oder jungen Beton als auch zur Verbesserung der Standfestigkeit beim Spritzbeton eingesetzt. Im Hinblick auf den Korrosionsschutz dürfen im Stahlbeton nur chloridfreie Beschleuniger zum Einsatz kommen. Da andere betontechnologische Maßnahmen wie Zementauswahl, geringer Wasserzementwert und Erwärmen bzw. Warmbehandlung des Betons häufig wirkungsvoller und wirtschaftlicher sind, ist der Einsatz von Beschleunigern auf Spezialfälle beschränkt.

Einpreßhilfen (EH) wirken bei Spannbeton dem Absetzen des Einpreßmörtels für die Spannkanäle entgegen und sollen zur besseren Ausfüllung ein mögliches Quellen bewirken. Die Zugabemenge ist durch Eignungsprüfung zu bestimmen und die Rezepturparameter während der Bauausführung durch Güteprüfung nach DIN 4227 zu überwachen.

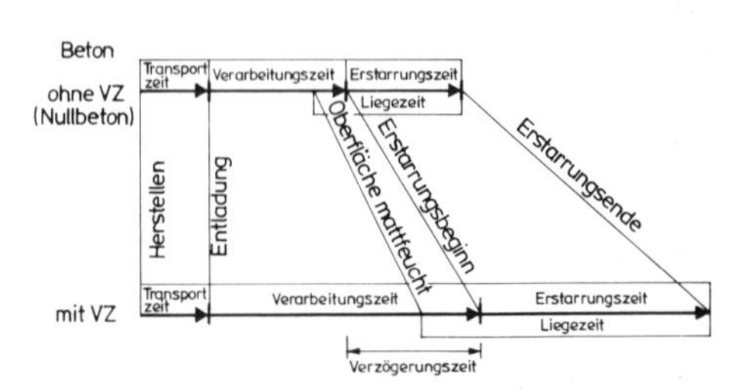

Abb. B.2.5 Schematische Darstellung der Begriffe bei verzögertem Beton

Stabilisierer (ST) sollen das Zusammenhaltevermögen des Frischbetons verbessern und das Absondern von Wasser (Bluten) vermindern. Der Frischbeton wird gleitfähiger und besser verarbeitbar. Einsatzgebiete für Stabilisierer sind Pumpbeton, Spritzbeton, Unterwasserbeton und Sichtbeton. Bei Leichtbeton verhindern sie das Aufschwimmen von Leichtzuschlägen.

2.5 Betonzusatzstoffe

Betonzusatzstoffe sind feinkörnige Stoffe, die durch chemische und/oder physikalische Wirkung bestimmte Betoneigenschaften beeinflussen. Hierzu gehören vorrangig die Konsistenz des Frischbetons sowie die Festigkeit, Dichtigkeit oder Farbe des Festbetons. Sie müssen unschädlich sein, d.h., sie dürfen das Erstarren und Erhärten, die Festigkeit und Dauerhaftigkeit sowie den Korrosionsschutz der Bewehrung im Beton nicht nachhaltig beeinträchtigen. Deshalb dürfen nur solche Betonzusatzstoffe verwendet werden, die entweder einer Stoffnorm entsprechen oder ein gültiges Prüfzeichen bzw. eine allgemeine bauaufsichtliche Zulassung besitzen.
Zu den Betonzusatzstoffen gehören die weitgehend inerten Gesteinsmehle und Farbpigmente, die puzzolanischen bzw. latent-hydraulischen Stoffe wie Flugasche, Traß und Silicastaub sowie Betonzusätze mit organischen Bestandteilen (z.B. Kunststoffemulsionen oder -dispersionen).

2.5.1 Inerte Zusatzstoffe

wie Gesteinsmehle reagieren nicht mit dem Zement und beeinflussen deshalb die Hydratation nicht. Auf Grund ihrer Korngröße können sie den Kornaufbau im Mehlkornbereich verbessern. Bei mehl- und feinkornarmen Zuschlaggemischen werden sie zugesetzt, um die Verarbeitbarkeitseigenschaften und die Dichtigkeit des Betons zu verbessern. Zu beachten sind hierbei die höchstzulässigen Mehlkorn- und Feinsandgehalte nach Tabelle 3 von DIN 1045.

Pigmente dienen zum dauerhaften Einfärben des Betons. Sie müssen gegenüber Licht und alkalischen Wirkungen des Zements beständig sein und dürfen die Betoneigenschaften nicht beeinträchtigen. Die Farbwirkung der Pigmente ist abhängig von der Betonzusammensetzung (Zuschlag- und Zementfarbe). Für Sichtbetone wird deshalb häufig Weißzement eingesetzt.

2.5.2 Puzzolanische und latent-hydraulische Stoffe

Anorganische Stoffe mit hohen Anteilen an reaktionsfähiger Kieselsäure und Tonerde sind in der Lage, mit dem bei der Zementhydratation frei werdenden Calciumhydroxid zu reagieren und Calciumsilicathydrate mit zementähnlicher Struktur zu bilden (puzzolane Reaktion). Latent-hydraulische Stoffe enthalten kalkarme Calciumsilicate, die erst bei alkalischer Anregung durch den Zement in der Lage sind, zu hydratisieren.

Zu den Puzzolanen gehören natürlicher Traß, silicatische Feinstäube (Silicastaub), getempertes Gesteinsmehl und Flugasche. Einige Flugaschen zeigen ebenso wie gemahlener Hüttensand (Zumahlstoff für Zement) in Verbindung mit Zement auch latent-hydraulisches Verhalten. Beide Reaktionstypen sind Oberflächenreaktionen, deren Geschwindigkeit von der Feinheit der Stoffe und der alkalischen Anregung abhängt. Die Reaktionsgeschwindigkeit ist aber wesentlich langsamer als bei den Zementen. Betone mit puzzolanischen oder latent-hydraulischen Zusatzstoffen bedürfen deshalb einer sehr sorgfältigen und verlängerten Nachbehandlung, um die Nacherhärtung der Betone zu sichern.

Es dürfen nur Zusatzstoffe mit nachgewiesener Eignung verwendet werden. Für die Anwendung nach E DIN EN 206 gilt die Eignung als Zusatzstoff Typ I für Gesteinsmehle nach DIN 4226-1 und anorganische Pigmente nach DIN 53 237 sowie als Zusatzstoff Typ II für Flugasche nach DIN EN 450 und Silicastaub mit allgemeiner bauaufsichtlicher Zulassung als nachgewiesen.

Flugaschen sind feinkörnige mineralische Rückstände aus Kohlekraftwerken mit Schmelzkammer- und Staubfeuerung. Die auch gebräuchliche Bezeichnung Filterasche resultiert durch ihre Abscheidung aus den Rauchgasen in Elektrofiltern. Unterschiedliche Arten von Kohle und Art der verwendeten Verbrennungsanlagen ergeben Flugasche mit unterschiedlichen Eigenschaften. Für die Anwendung im Beton sind solche Flugaschen besonders geeignet, die puzzolanisch reagieren und durch ihre kugelige Partikelform die Betoneigenschaften (Verarbeitbarkeit, Pumpbarkeit, Dichtigkeit, Dauerhaftigkeit) verbessern.

Während früher nahezu ausschließlich Steinkohlenflugaschen zur Anwendung kamen, ist nach DIN EN 450 der Einsatz auch von Braunkohlenflugasche zulässig, wenn der Gesamtgehalt an CaO weniger als 10 Masse-% beträgt und ansonsten die Anforderungen der Norm erfüllt werden.

Bei Flugaschen nach DIN EN 450 dürfen der Glühverlust 5 Masse-%, der Chloridgehalt 0,1 Masse-% und die Feinheit (Rückstand in Masse-% auf dem Sieb mit 0,045 mm Maschenweite) 40 % nicht überschreiten. Die Raumbeständigkeit einer Mischung aus 50 % Flugasche und 50 % Referenzzement muß gewährleistet sein. Von wesentlicher Bedeutung für die betontechnologische Anwendung ist der Aktivitätsindex als Verhältnis der im gleichen Alter geprüften Druckfestigkeit (in %) von Mörtelprismen, die einen Masseanteil von 75 % Referenzzement und 25 % Flugasche enthalten, sowie Mörtelprismen, die ausschließlich mit Referenzzement hergestellt sind.

Der Aktivitätsindex muß nach 28 Tagen mindestens 75 % und nach 90 Tagen mindestens 85 % betragen. Da der Aktivitätsindex keine direkten Informationen über den Festigkeitsbeitrag der Flugasche im Beton liefert, sind bei der Verwendung von Flugasche nach DIN EN 450 im Betonbau gemäß [DAfStb RiLi Flugasche - 97] die Zusammensetzung des Betons für die Anwendungsfälle

- Beton und Stahlbeton nach DIN 1045,
- Spannbeton nach DIN 4227-1 oder DIN V ENV 1992-1-1,
- Beton nach DIN ENV 206,
- Bohrpfähle nach DIN 4014 und DIN V 4026-500,
- Ortbetonschlitzwände nach DIN 4126

stets durch Eignungsprüfungen festzulegen.

Für diese Anwendungsfälle nach Tafel B.2.12 und B.2.13 dürfen

a Portlandzement (CEM I),
b Portlandhüttenzement (CEM II/A-S oder CEM II/B-S),
c Portlandölschieferzement (CEM II/A-T oder CEM II/B-T),
d Portlandkalksteinzement (CEM II/A-L),

e Hochofenzement (CEM III/B) mit bis zu 70 Masse-% Hüttensand

verwendet werden.
Anstelle des *w/z*-Wertes darf der höchstzulässige ω-Wert (Wasserbindemittelwert) nach Spalte 4 unter Berücksichtigung der Anrechenbarkeit der Flugasche ermittelt werden.
Der Einsatz von Flugasche vermindert die Hydratationswärme und damit Zwangspannungen im Beton und erhöht seinen Sulfatwiderstand. So darf anstelle von HS-Zement eine Mischung aus Zement und 20 Masse-% Flugasche für Beton verwendet werden, wenn der Sulfatgehalt des angreifenden Wassers ≤ 1500 mg/l beträgt. Ein Zusatz von Flugasche für Beton mit hohem Frost- und Tausalzwiderstand ist nicht zulässig.

Silicastaub (St) ist ein extrem feinkörniger, mineralischer Zusatzstoff, der beim Herstellen von Silicium und Silicium-Legierungen entsteht und pulverförmig oder in wäßriger Suspension geliefert wird. Er besitzt ausgeprägte puzzolanische Eigenschaften und ist aufgrund seiner großen Feinheit chemisch viel aktiver als Flugasche. Der hohe Wasseranspruch macht die Verwendung eines Fließmittels zur Erzielung eines plastischen Betons unumgänglich. Die puzzolanische Reaktivität von Silicastaub verbessert die Packungsdichte des Zementsteins allgemein, insbesondere die Kontaktzone zwischen Zuschlag und Zementstein, so daß eine sehr hohe Druckfestigkeit (über 100 N/mm²) und Dichtigkeit des Betons erreichbar wird. Damit verbunden ist die Verbesserung solcher Betoneigenschaften wie Frost- und Tausalzwiderstand, Widerstand gegen chemischen Angriff sowie das Eindringen von schädlichen Gasen und Flüssigkeiten. Der Einsatz von Silicastaub in Verbindung mit Fließmitteln bildet die Grundlage für die Herstellung von hochfestem bzw. Hochleistungsbeton. Nach [DAfStb RiLi hochfester Beton - 95] werden besondere Anforderungen an die Eignungsprüfung, Qualitätssicherung und Überwachung solcher Betone gestellt.
Zunehmende Anwendung findet Silicastaub auch bei Spritzbeton wegen der verbesserten Klebwirkung und des damit reduzierten Rückpralls.

Tafel B.2.12 Anwendungsfälle nach DIN 1045, DIN 4014, DIN V 4026-500, DIN 4126 und DIN 4227

Anwendungsfall	Mindestzementgehalt z (kg/m³)	Mindestgehalt an Zement und Flugasche $z + f$ (kg/m³)	Höchstzulässiger Rechenwert für den Wasserbindemittelwert ω (-)
Innenbauteile	DIN 1045	keine Anforderung	$w(z + 0{,}4\,f)$ [1)
Beton mit besonderen Eigenschaften (mit Ausnahme von Beton mit hohem Frost- und Tausalzwiderstand)	DIN 1045	keine Anforderung	
Außenbauteile in B I	270 (statt 300 nach DIN 1045)	300	
Außenbauteile in B II	DIN 1045	keine Anforderung	
Sulfatwiderstandsfähiger Beton	DIN 1045	keine Anforderung [2)	
Beton für Unterwasserschüttung (Unterwasserbeton) und Ortbetonschlitzwände	280 (statt 350 nach DIN 1045)	350	$w(z + 0{,}7\,f)$ [1)
Beton für Bohrpfähle: Größtkorn 32 mm	280 (statt 350 nach DIN 4014)	350	
Größtkorn 16 mm	320 (statt 400 nach DIN 4014)	400	

Die Eignungsprüfung ist nach DIN 1045 durchzuführen. Der Übereinstimmungsnachweis ist nach DIN 1084 zu führen.

1) Auf ω anrechenbarer Flugaschegehalt: $f \leq 0{,}25\,z$

2) Für Zementarten a, b und d: $f/(z + f) \geq 0{,}20$
Für Zementarten c und e: $f/(z + f) \geq 0{,}10$

B

Tafel B.2.13 Anwendungsfälle nach DIN V ENV 206 und DIN V ENV 1992-1-1

<table>
<tr><th>Anwendungsfall</th><th>Mindestzementgehalt
z
(kg/m³)</th><th>Mindestgehalt an Zement und Flugasche
$z + f$
(kg/m³)</th><th>Höchstzulässiger Rechenwert für den Wasserbindemittelwert
ω
(-)</th></tr>
<tr><td>Umweltklasse 1</td><td>240</td><td>260</td><td rowspan="3">$w(z + 0{,}4\ f)$ 1)</td></tr>
<tr><td>Umweltklassen 2, 3, 4 und 5 (mit Ausnahme von Beton mit hohem Frost- und Tausalzwiderstand)</td><td rowspan="2">270
(statt 280 oder 300 nach DIN V ENV 206)</td><td>280 oder 300</td></tr>
<tr><td>Umweltklasse 5 bei $500 < SO_4^{2-} \leq 1500$ mg/l im Wasser</td><td>280 oder 300 2)</td></tr>
<tr><td colspan="4">Die Eignungsprüfung ist nach ENV 206 durchzuführen. Der Übereinstimmungsnachweis ist nach DIN V ENV 206: 10.90, Abschnitt 11.3.3.1 (Fall 1), durch eine anerkannte Zertifizierungsstelle zu leisten.</td></tr>
<tr><td colspan="4">1) Auf ω anrechenbarer Flugaschegehalt: $f \leq 0{,}25\ z$
2) Für Zementarten a, b und d: $f/(z + f) \geq 0{,}20$
Für Zementarten c und e: $f/(z + f) \geq 0{,}10$</td></tr>
</table>

3 Eigenschaften des Frischbetons und des erhärtenden bzw. jungen Betons

3.1 Struktur und Rheologie des Frischbetons

Frischbeton stellt ein heterogenes, polydisperses System dar, das aus den Phasen fest (Grob- und Feinzuschläge, Zement, Zusatzstoffe), flüssig (Wasser, Zusatzmittel) und gasförmig (Luft) besteht. Vereinfachend wird häufig von einem Zweiphasensystem ausgegangen, indem Zement und Feinststoffe zusammen mit dem Wasser als flüssige Phase (Zementleim, Feinmörtel) und der Zuschlag als feste Phase definiert werden. Hinsichtlich der Partikelgröße macht sich eine saubere Trennung beider Phasen erforderlich, da Feinststoffe das rheologische Verhalten des Frischbetons und die Festbetoneigenschaften im besonderen Maße beeinflussen [Wesche/Schubert - 85], [Lisiecki - 85]. Der für das Mehlkorn herangezogene Grenzwert von 0,125 mm stellt hierfür eine geeignete Bezugsbasis dar. In Abhängigkeit von dem Verhältnis des spezifischen Volumens des Zementleims zu dem des Zuschlags kann man die Frischbetonstruktur bedingt in drei Typen einteilen [Schlüßler/Mcedlov-Petrosjan - 90]:

- „schwimmender" Zuschlag (der Abstand zwischen den Zuschlagkörnern ist um eine Ordnung und mehr größer als die Zementteilchen),
- dichte Zuschlagpackung (der Abstand zwischen den Zuschlagkörnern hat dieselbe Größenordnung wie die Zementteilchen),
- Zuschlagpackung mit einem Zementleimdefizit.

Im letzteren Fall wird die Porosität für spezielle Anwendungen (z.B. haufwerksporiger Leichtbeton, wasserdurchlässiger Beton für Pflastersteine und Filterrohre) absichtlich gebildet.
Die dichte Zuschlagpackung stellt den Prototyp für die Herstellung von Betonwaren aus steifem Beton mittels Vibropreßverdichtung dar.
Aus stofflich-technologischen Gründen (Verarbeitbarkeit, Dichtigkeit) hat Beton mit Zementleimüberschuß die größte Anwendungsbreite im Beton- und Stahlbetonbau gefunden. Die sich einstellenden geometrischen Verhältnisse der Betonstruktur werden häufig mit Modellen beschrieben (siehe [Schlüßler/Mcedlov-Petrosjan - 90], [Krell - 85]), bei denen die Zuschlagkörner vereinfacht als kugelförmig angenommen werden. Abb. B.3.1 veranschaulicht das Schema einer Volumendilatation von dicht gepackten Zuschlägen mit der Packungsdichte p_{g0} durch eine zugeführtes Matrixvolumen. Das Matrixvolumen besteht aus den Teilvolumina des Zements einschließlich Mehlkorn, des Wassers und der Frischbetonporen. Das Verhältnis der Packungsdichten vom Zustand 0 zum Zustand 1 kann als Dilatationsfaktor

$$d = p_{g0} / p_{g1} \qquad (B.3.1)$$

definiert werden. Der Betrag des Dilatationsfaktors d läßt sich mit Hilfe einer mittleren Hüllschichtdicke der Zuschläge t wie folgt beschreiben [Pirner/Sessner - 90]:

$$d = t \cdot o_0 / \rho_{g0} + 1 \quad \text{(B.3.2)}$$

mit o_0 volumenspezifische Oberfläche des Zuschlags

Durch Rückrechnung experimenteller Befunde zum Wasserbedarf von Kiessandbetonen erhält man dafür die in Abb. B.3.2 dargestellte funktionale Abhängigkeit

$$t = f(\upsilon, \omega'') \quad \text{(B.3.3)}$$

mit υ Verdichtungsmaß
ω'' Wasser-Bindemittelwert (modifiziert)

d.h., t und damit der Zementleimbedarf des Betons für eine vorgegebene Konsistenz läßt sich unabhängig vom Größtkorn des Zuschlags definieren. Für die mathematische Beschreibung dieser Funktion erweist sich folgender Ansatz als geeignet:

$$t = a \cdot \upsilon^{-b} \cdot (\omega'' - c)^{-d} \quad \text{(B.3.4)}$$

a, b, c, d Regressionsparameter

Für die gegenüber normalen Kiessandbetonen abweichenden Hülldicken bei gebrochenem Zuschlag, Zement mit Zumahlstoffen sind die Parameter auf der Basis von Eignungsprüfungen bzw. einer prozeßintegrierten Konsistenzmessung zu korrigieren. Als problematisch erweist sich in diesem Zusammenhang die Definition der Konsistenz mittels Ausbreit- und Verdichtungsmaß nach DIN 1045 bzw. zusätzlich als Setzmaß und Setzzeit nach E DIN EN 206, da die Prüfwerte untereinander wegen des Fehlens funktionaler Zusammenhänge nicht eindeutig umrechenbar sind.

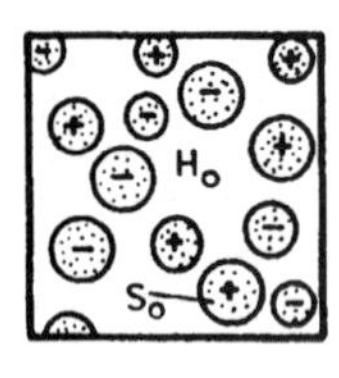

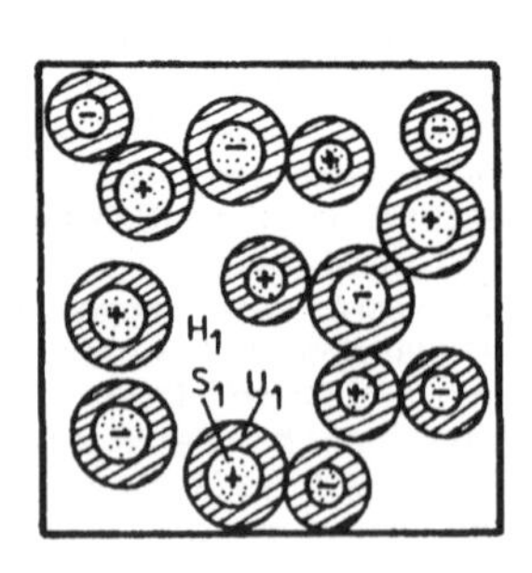

Abb. B.3.1 Schema einer isomorphen Volumendilatation, bezogen auf eine dichte Packung im Zustand 0 [Pirner/Sessner - 90]

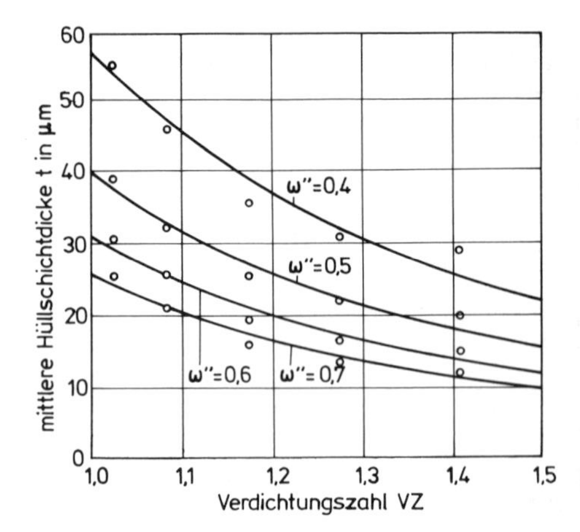

Abb. B.3.2 Mittlere Hüllschichtdicke t von Zementleim auf den Zuschlagpartikeln als Funktion von Verdichtungsmaß υ und modifiziertem Wasserzementwert ω'' [Pirner/Sessner - 90]

Nach [Tattersall - 83] sind Mörtel und Betone im Strukturtyp als *Bingham*-Medium aufzufassen. (Bei sehr steifen Mischungen werden zusätzlich die Mechanismen der *Coulomb*schen Reibung wirksam.) Solche Systeme sind dadurch gekennzeichnet, daß eine Schubspannung $\tau \geq \tau_0$ (Fließgrenze) erforderlich ist, um sie zum Fließen zu veranlassen. Es gilt idealisiert die in Abb. B.3.3. grafisch dargestellte Beziehung

$$\tau = \tau_0 + \mu \cdot \gamma \quad \text{(B.3.5)}$$

mit μ dynamische Viskosität
γ Schiebungsgeschwindigkeit

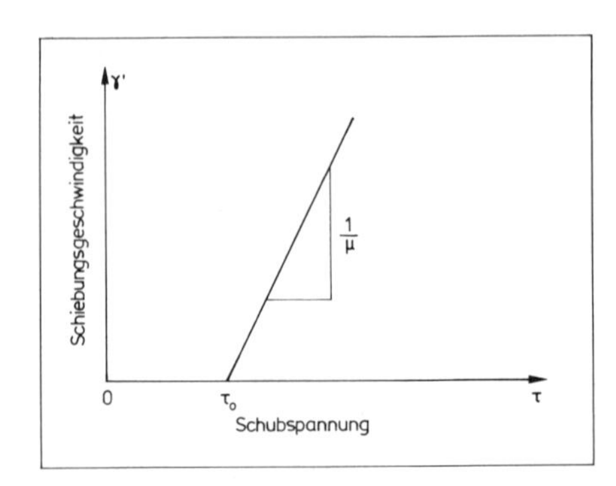

Abb. B.3.3. Spannungs-Verformungsverhältnis eines *Bingham*-Mediums

Tafel B.3.1 Abgrenzung der Konsistenzbereiche

	KS: steif	KS: plastisch	KR: weich	KF: fließfähig
Verdichtungsmaß υ (-)	≥ 1,20	1,19 ... 1,08	1,07 ... 1,02	-
Ausbreitmaß *a* (mm)	-	350 ... 410	420 ... 480	490 ... 600
Eigenschaften des Feinmörtels	etwas nasser als erdfeucht	weich	flüssig	sehr flüssig
Eigenschaften des Frischbetons beim Schütten	noch lose	schollig bis knapp zusammenhängend	schwach fließend	fließend
Verdichtungsart	kräftig wirkende Rüttler und/oder kräftiges Stampfen bei dünner Schüttlage	Rütteln und/oder Stochern oder Stampfen	Stochern und/oder leichtes Rütteln	„Entlüften" durch Stochern und/oder leichtes Rütteln

Damit werden zur Charakterisierung des Fließverhaltens mindestens zwei Meßpunkte bei unterschiedlichen Schiebungsgeschwindigkeiten erforderlich, wie sie z.B. mit Rotationsviskosimetern erzielt werden können. Da solche Untersuchungen am Beton schwierig und aufwendig sind, behilft man sich häufig mit Untersuchungen am Zementleim bzw. Mörtel [Banfill - 92]. Dabei wurde festgestellt, daß die wesentlichen Einflußgrößen auf die Konsistenz des Frischbetons mit dem rheologischen Verhalten der Mörtelmatrix korrespondieren. Eine exaktere Beschreibung der Rheologie des Frischbetons ist von erheblicher praktischer Bedeutung für die Automatisierung betontechnologischer Prozesse (z.B. Pumpen, Verdichten). Das bedeutet, daß die Verarbeitbarkeit den baupraktischen und verfahrenstechnischen Gegebenheiten angepaßt werden muß, um die vorgegebenen Festbetoneigenschaften zu erreichen.
Der Begriff Verarbeitbarkeit schließt ein, daß der Frischbeton sich beim Fördern und Einbau nicht unzulässig entmischt und möglichst vollständig verdichtet wird. In Abhängigkeit von den Einbaubedingungen kommen nach DIN 1045 die Konsistenzstufen steif (KS), plastisch (KP), weich (KR) und fließfähig (KF) zur Anwendung (Tafel B.3.1). Die Verarbeitungseigenschaften werden für einen vorgegebenen Wasserzementwert insbesondere von der Sieblinie des Zuschlags und dem Mehlkorngehalt des Feinmörtels beeinflußt. Der Mehlkorngehalt besteht aus dem Zementgehalt, dem Kornanteil des Zuschlags ≤ 0,125 mm und gegebenenfalls dem Betonzusatzstoff. Mehlkornreiche Mischungen haben ihre besondere Bedeutung für Pumpbeton, bei Beton für feingliedrige und eng bewehrte sowie wasserundurchlässige Bauteile. Bei besonderen Anforderungen an den Beton (z.B. hoher Frost- und Tausalzwiderstand) werden nach DIN 1045, Tabelle 3 die Anteile an Mehlkorn sowie Feinststoffen begrenzt. Eine Erhöhung des Mehlkorngehaltes um 50 kg/m³ ist zulässig

- bei Zementgehalten größer 350 kg/m³,
- bei Verwendung eines puzzolanischen Zusatzstoffes,
- bei einem Größtkorn des Betonzuschlags von 8 mm.

Für die Herstellung von hochfestem Beton nach DAfStb-Richtlinie gelten höhere Richtwerte für die Obergrenze des Mehlkorngehaltes.
Zwischen dem Mischen und Verarbeiten des Frischbetons liegen insbesondere bei Transportbeton längere Zeiträume. Da am Frischbeton die geforderte Konsistenz bei der Übergabe auf der Baustelle nachzuweisen ist, ergibt sich die Notwendigkeit, die Anfangskonsistenz so einzustellen, daß das während des Transports stattfindende Ansteifen des Betons durch ein Vorhaltemaß berücksichtigt wird. Deshalb wird das Transportbetonwerk nicht nur mit der Forderung konfrontiert, Beton mit einer bestimmten Verarbeitbarkeit herzustellen, sondern es werden ebenso hinreichend genaue Aussagen über die zeitliche Änderung der Konsistenz benötigt. Deshalb wird im Rahmen von Eignungsprüfungen im Temperaturbereich von 15 bis 22 °C das Ansteifen durch Konsistenzmessungen 10 und 45 min nach Wasserzugabe bestimmt. Für abweichende Bedingungen, wie sie leider bei Transportbeton als Regelfall auftreten, sind zusätzliche Untersuchungen unumgänglich. Die Berücksichtigung der dabei wirkenden unterschiedlichen Einflüsse stellt in der Transportbetonpraxis nach wie vor eine entscheidende Aufgabe dar. Im wesentlichen sind dabei folgende Faktoren von Bedeutung:

- *Zement:* Die Änderung der Konsistenz des Betons ist Ausdruck der im Zementleim ablaufenden hydratationsbedingten Strukturbildungsprozesse, die primär von den Eigenschaften des Zements bestimmt werden.

- *Zusatzmittel:* Durch den Einsatz von Betonzusatzmitteln werden nicht nur die rheologischen Eigenschaften des Zementleimes und damit des Betons verändert, sondern auch dessen Strukturbildung, wodurch die Konsistenzänderung in unterschiedlicher Weise beeinflußt wird.
- *Intensität und Dauer des Mischens:* Beim Transport in Fahrmischern ist der Frischbeton bis zum Einbau einer kontinuierlichen mechanischen Beanspruchung ausgesetzt, deren Intensität und Dauer das Ansteifen beeinflussen.
- *Frischbetontemperatur:* Die Geschwindigkeit der bei der Strukturbildung im Zementleim ablaufenden Reaktionen ist in starkem Maße abhängig von der Betontemperatur. Zudem wird die Wirkung von Zusatzmitteln durch die Temperatur modifiziert.
- *Konsistenz:* Es ist bekannt, daß Betone unterschiedlicher Anfangskonsistenz in Verbindung mit dem fortwährenden Mischen ein anderes Ansteifungsverhalten aufweisen.

Da das Ansteifen des Frischbetons auf die Konsistenzänderung der Mörtelphase zurückzuführen ist, können diesbezügliche Untersuchungen mit Hilfe von Rotationsviskosimetern prozeßbegleitend zur Festlegung der Vorhaltemaße für die Ausgangskonsistenz durchgeführt werden [Teubert - 81].

3.2 Eigenschaften des jungen Betons

Nach der Anlieferung ist der Frischbeton möglichst sofort (mit der vorgegebenen Konsistenz), in jedem Fall vor dem Ansteifen in die Schalung einzubringen und zu verdichten. Beim Verdichten werden die thixotropen Eigenschaften des Zementleims, d.h. die Verflüssigung durch Vibrationseinwirkungen, genutzt, um die Bewehrung vollständig zu umhüllen und den Beton bis auf einen Restgehalt von 1 bis 3 Vol.-% zu entlüften. Solange der Zementleim durch die einsetzende Strukturbildung nicht erstarrt ist, kann das Verdichten wiederholt werden. Durch diese Nachverdichtung werden Fehlstellen, z.B. unter horizontaler Bewehrung, geschlossen und allgemein eine Strukturverdichtung erreicht. Dies ist insbesondere bei hochbelasteten Bauteilen (z.B. Wandkronen von Klärbecken) im Hinblick auf einen hohen Frost-Tausalzwiderstand bzw. hoher Dichtigkeit von Bedeutung. Läßt sich der Frischbeton durch Vibrationseinwirkungen nicht mehr plastisch verformen, beginnt das Erstarren des Zementleims. Diese Phase des Übergangs zwischen Frisch- und Festbeton wird als grüner bzw. junger Beton definiert [Wierig - 71] und erstreckt sich bis zu einem Zeitpunkt, in welchem die Erhärtungsgeschwindigkeit ein Maximum erreicht hat (Wendepunkt der Verfestigungskurve). Die in diesem Zeitraum ablaufenden Phänomene der Hydratation (Wasserbindung, Wärmeentwicklung) und Strukturbildung sind von besonderer Bedeutung für die Eigenschaften des Festbetons.

3.2.1 Strukturbildung

Bei der Zementhydratation entstehen durch Reaktion der Klinkerphasen mit dem Wasser feste Neubildungen, die den ursprünglich vom Wasser-Feststoff-System (Zementleim) eingenommenen Raum durch ein sehr dichtes Haufwerk von Neubildungen (Zementgel) ausfüllen (Abb. B.3.4). Die damit einhergehende Strukturbildung wird in den Stufen Ansteifen und Erstarren vorwiegend durch die Bildung nadelförmiger Ettringitkristalle auf der Zementkornoberfläche bestimmt. Die anfangs feinkörnige Struktur der Calciumaluminatsulfathydrate überbrückt nach einigen Stunden den wassergefüllten Raum zwischen den Zementkörnern.

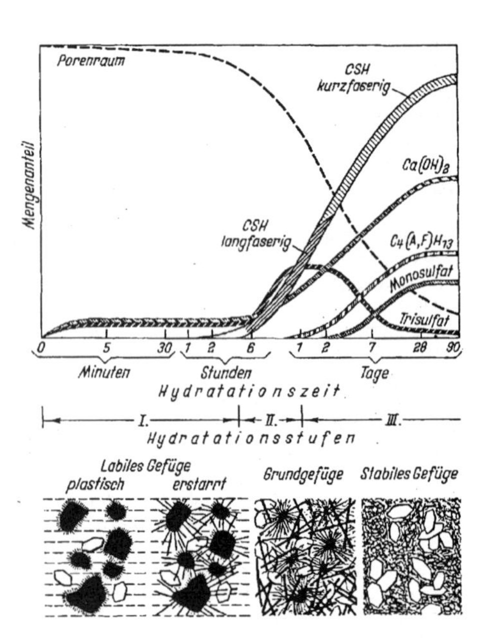

Abb. B.3.4 Schematische Darstellung der Hydratphase und der Gefügeentwicklung bei der Hydratation des Zements: CSH = Calciumsilicathydrat, $C_4(A,F)H_{13}$ = Eisenoxidhaltiges Tetracalciumaluminathydrat [Locher - 84]

Durch zunehmende Verfilzung der Nadeln verliert der Zementleim seine thixotropen Eigenschaften (Ansteifen - Erstarren). Es entsteht ein labiles Gefüge aus vorwiegend kristallinen Hydratationsprodukten wie Portlandit ($CaOH_2$) und Ettringit (Trisulfat). Die nun stürmisch einsetzende Hydratation der Calciumsilicate bewirkt die Bildung eines Grundgefüges. In diesem Zeitraum erreicht der Beton (Zementstein) erste Festkörpereigenschaften, was mit einer starken Änderung des Verformungswiderstandes einhergeht. Die entstandene Mischstruktur aus den vorgenannten kristallinen und den eher gelartigen Hydratationsprodukten der Calciumsilicathydrate verdichtet sich nach Tagen und Monaten zu einem stabilen Gefüge. Die Festkörpereigenschaften dieses Gefüges werden vorwiegend durch das sehr dichte Netzwerk der entstandenen Calciumsilicathydrate bestimmt. Aus physikalischer Sicht bedeutungsvoll ist die damit einhergehende Vergrößerung der inneren Oberfläche des Zementgels um etwa das Tausendfache [Keil - 71]. Das ist die Ursache dafür, daß außer der chemischen Wasserbindung durch die Hydratationsreaktion, die etwa 25 % der Zementmasse beträgt, eine adsorptive Bindung von Wasser als Gelwasser in Höhe von 15 % der Zementmasse erfolgt. Die hierdurch entstehenden Gelporen haben eine so geringe Porengröße, daß das Gelwasser unter normalen klimatischen Bedingungen weder verdunstet noch gefrieren kann. Das chemisch gebundene Wasser erfährt durch seine Bindung eine Volumenkontraktion von 25 %. Man bezeichnet diesen Vorgang als Schrumpfen und den hierdurch gebildeten Porenraum als Schrumpfporenraum.
Für die vollständige Hydratation benötigt der Zement demnach 40 % seiner Masse, entsprechend einem Wasserzementwert ω = 0,40. Bei höheren ω-Werten bleibt ein Teil des Wassers ungebunden und hinterläßt Kapillarporen, die um ein Vielfaches größer sind als die Gelporen. Die Größe des Kapillarporenraumes bestimmt damit maßgeblich die Eigenschaften (Dichtigkeit, Festigkeit) des Zementsteins und damit des Betons.
Die entstehenden Volumenverhältnisse im Zementstein für Hydratationsgrade von 50 % und 100 % sind in Abb. B.3.5 dargestellt. Hieraus geht hervor, daß der Kapillarporenraum des Zementsteines eine Funktion des Wasserzementwertes und des Hydratationgrades ist. Damit wird neben der Einhaltung eines vorgegebenen ω-Wertes die Rolle einer frühzeitig einsetzenden Nachbehandlung für eine möglichst vollständige Hydratation des Zements und das Erreichen gewünschter Betoneigenschaften deutlich. Bei Betonen mit langsam erhärtenden Zementen oder Flugaschezusatz ergibt sich hieraus schlußfolgernd eine Verlängerung der Nachbehandlungsdauer für die Ausbildung eines dichten Zementsteins mit geringem Kapillarporenraum [DAfStb RiLi Nachbehandlung von Beton - 84].

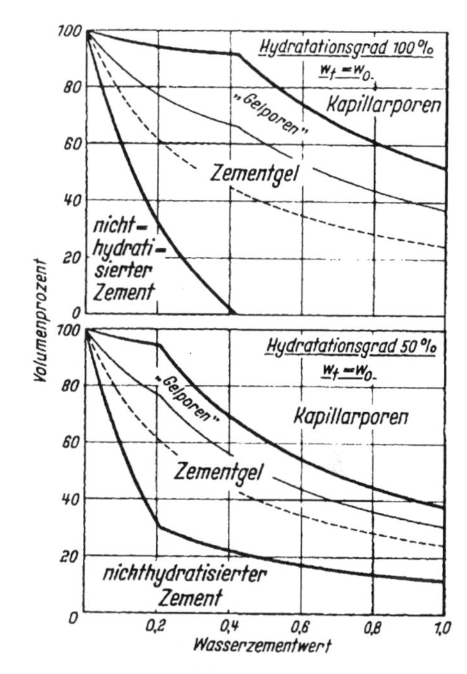

Abb. B.3.5 Volumenverhältnisse des Zementsteines in Abhängigkeit vom *w/z*-Wert und Hydratationsgrad [Wesche - 81]

3.2.2 Verformungsverhalten

Der Übergang vom jungen zum reifen Beton wird in besonderer Weise durch die Entwicklung des Verformungswiderstandes charakterisiert. Im Bereich erster meßtechnisch erfaßbarer Druckfestigkeiten durchläuft dabei der Beton einen Minimalwert, in dem aufgezwungene Verformungen zu irreversiblen Längenänderungen bzw. Rißbildungen führen [Wierig - 71]. Dieser als Verformungsgrenze definierte Abschnitt entspricht einem Zustand „maximaler Sprödigkeit" der Betonstruktur. Vor diesem Zustand läßt sich der Beton stärker verformen, da sein Verformungswiderstand klein ist (vorwiegend plastischer Bereich). Danach verträgt er wiederum größere Längenänderungen, denn der Verformungswiderstand nimmt zwar weiter zu, aber die Festigkeit steigt nun schneller an. Die Fähigkeit zur Formänderung nimmt gleichzeitig weiter ab (vorwiegend elastischer Bereich). Die minimale Verformbarkeit kann als physikalisch definierter

Grenzzustand zwischen jungem und reifem Beton angesehen werden [Kral/Becker - 76]. Mindestens bis zu diesem Zeitpunkt muß der junge Beton vor Spannungen aus äußerem oder inneren Zwang bewahrt werden, wenn Gefügestörungen durch Mikrorisse oder größere Risse vermieden werden sollen. Da dieser Zeitpunkt von der Betonzusammensetzung und den Umgebungsbedingungen abhängig ist, sind betontechnologische Maßnahmen hierauf abzustimmen.

Neben unzulässigen mechanischen Beanspruchungen durch Vibration und starke Erschütterungen des jungen Betons haben Verformungen infolge Schwindspannungen und Hydratationswärmeentwicklung für die Entstehung von Rissen besondere Bedeutung.

Das Absetzen von Wasser bzw. Zementleim an der Oberfläche (Bluten) führt bei sommerlichen Temperaturen und trockenen Umgebungsbedingungen zu Frühschwinden oder plastischem Schwinden im Oberflächenbereich von Betonbauteilen und in dessen Folge zu netzartigen Rissen. Die von der Oberfläche zum Inneren des Betons hin schnell abnehmenden Rißbreiten sind typisch für Risse infolge plastischen Schwindens. Aus der Bezeichnung geht bereits hervor, daß der Zeitraum des Auftretens der Rißbildungen sich auf die Stunden nach der Verdichtung des Betons bis zum Erhärtungsbeginn (plastischer Bereich) erstreckt. Maßnahmen gegen das Frühschwinden sind eine geeignete Betonzusammensetzung, die das Bluten verhindert und der frühzeitige Schutz der Betonoberfläche vor dem Austrocknen. Der Beginn von Nachbehandlungsmaßnahmen ist spätestens dann angesagt, wenn der Beton „anzieht" und die Oberfläche mattfeucht wird. Die schon bei kurzzeitiger Austrocknung der Oberfläche entstehenden feinen Risse werden meist erst später sichtbar.

Die Hydratation des Zements ist ein exothermer Vorgang. Die frei werdende Hydratationswärme ist eine Funktion der Zementart (siehe Abschnitt 2.1.2) und der Zementmenge im Beton. Von Bedeutung ist weiterhin die Geschwindigkeit der Wärmefreisetzung, die im wesentlichen durch die Reaktionstemperatur sowie durch Betonzusatzmittel (z.B. Verzögerer) und Zusatzstoffe (z.B. Filteraschen) beeinflußt wird [DAfStb RiLi Nachbehandlung von Beton - 84]. Der Verlauf der Wärmeentwicklungsrate von Zementen läßt sich in einfacher Weise mit Hilfe von Differentialkalorimetern unter Berücksichtigung der zu erwartenden betontechnologischen Bedingungen im voraus bestimmen (Abb. B.3.6).

Durch entsprechende Wärmetransportmodelle für den erhärtenden Beton läßt sich dann der zu erwartende Temperaturverlauf in Betonbauteilen berechnen [Pirner/Sessner - 90].

Bei dickeren Bauteilen stellt sich infolge der nahezu adiabatischen Verhältnisse im Kern und abfließender Hydratationswärme über die Bauteiloberfläche ein ausgeprägter Temperaturgradient über den Querschnitt ein. Die Temperaturunterschiede führen innerhalb des Querschnitts im Kern zu Druck- und in den Randzonen zu Zugspannungen. Wird die zulässige Betonzugspannung überschritten, kommt es zu oberflächennahen Rissen. Werden die Betonoberflächen durch wärmedämmende Maßnahmen vor zu schneller Abkühlung geschützt, lassen sich die Temperatur- und Feuchteunterschiede zwischen Kern und Schale verringern und damit Oberflächenrisse weitgehend vermeiden.

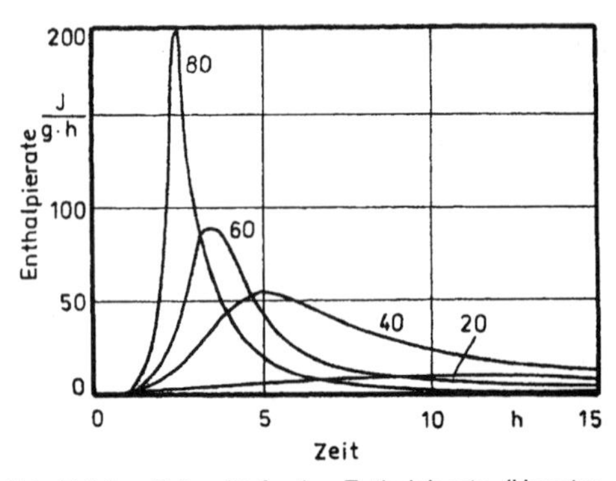

Abb. B.3.6 Zeitverläufe der Enthalpierate (Hauptreaktionsphase) im Temperaturbereich 20 bis 80 °C für Portlandzement [Pirner/Sessner - 90]

Trennrisse entstehen häufig dann, wenn ein aufgehendes (Wand) auf ein bereits erhärtetes Bauteil (Sohle) betoniert wird. Der junge Beton dehnt sich infolge Eigenwärmeentwicklung aus. Beim späteren Abkühlen will sich der Beton zusammenziehen, wird aber durch den Verbund mit dem Altbeton daran gehindert. Die durch inneren Zwang entstehenden Trennrisse verlaufen meist senkrecht zur Sohle quer durch die Wandkonstruktion hindurch. Dabei begünstigen die anfangs entstandenen Oberflächenrisse die spätere Trennrißbildung.

Der grundsätzliche Zusammenhang zwischen der Betontemperaturentwicklung durch abfließende Hydratationswärme und den entstehenden Zwangsspannungen ist in Abb. B.3.7 dargestellt.

Bis zum Zeitpunkt T_{01} (1. Nullspannungstemperatur) werden die auftretenden Spannungen in plastische Formänderungen des Betons umgesetzt. Mit zunehmender Druckfestigkeit des erhärtenden Betons bauen sich durch weitere Erwärmung Druckspannungen auf, die anfangs noch durch Relaxation abgebaut werden. Mit dem Erreichen der maximalen Betontemperatur fällt das Maximum der Druckspannung zusammen. Infolge abfließender Hydratationswärme und

Absenken der Betontemperatur werden die Betondruckspannungen bis zur 2. Nullspannungstemperatur T_{02} vollständig abgebaut. Die sich durch weitere Abkühlung aufbauenden Zugspannungen führen zum Riß, wenn die vorhandene Zugfestigkeit des Betons überschritten wird. Die Ermittlung der kritischen Rißtemperatur erfolgt im Rahmen von Reißrahmenversuchen [Breitenbücher - 89]. Auch wenn diese Versuche nicht alle in der Baupraxis wirkenden Einflußgrößen erfassen können, ermöglichen sie die Einstufung von Beton mit bestimmter Zementart und Betonzusammensetzung in die Kategorien niedriger, mittlerer oder hoher Reißwiderstand.
Da die sich aufbauende Zwangs-Zugspannung temperaturinduziert ist, wirken einer Rißbildung alle betontechnologischen Maßnahmen entgegen, die die Hydratationswärme und die Wärmeentwicklung verringern bzw. auf einen längeren Zeitraum verteilen.

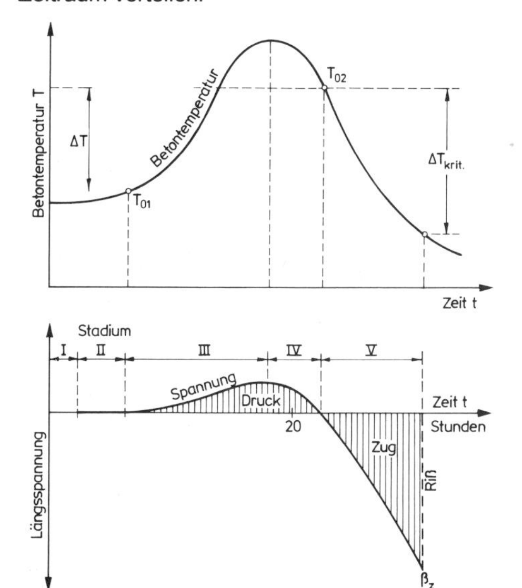

Abb. B.3.7 Temperatur und Spannungsverlauf im jungen Beton bei behinderter Verformung [Breitenbücher - 89]

Hierzu gehören:

- Verwendung von NW-Zementen bzw. von Zementen mit einer gestreckten Hydratationswärmeentwicklung, die auch mittels Verzögererzusatz bzw. verzögernder Fließmittel realisiert wird [Lang - 97],
- möglichst geringer Zementleimgehalt durch Wahl einer günstigen Sieblinie des Zuschlags in Kombination mit einem Verflüssiger- bzw. Fließmittelzusatz,
- möglichst niedrige Frischbetontemperatur durch Kühlen der Betonbestandteile bzw. Verlegung der Betonierzeiten in die Nachtstunden,
- Verhinderung einer schnellen Abkühlung der Betonoberfläche durch wärmedämmende Abdeckung und einer Verlängerung der Ausschalfristen,
- Verschiebung der Druckfestigkeitsnachweise auf einen Zeitraum von 56 oder 90 Tagen.

Dabei ist zu berücksichtigen, daß die geforderten Festbetoneigenschaften insbesondere bei Betonen mit besonderen Eigenschaften in jedem Falle erreicht werden.

4 Berechnung der Betonzusammensetzung

4.1 Eingangsgrößen und Algorithmen

Rechnerische Methoden zur Festlegung der Betonzusammensetzung werden als Mischungsentwurf oder Betonprojektierung bezeichnet. Damit kommt zum Ausdruck, daß die praktische Umsetzung der errechneten Rezeptur erst nach einer Eignungsprüfung im Labor oder nach erweiterten Eignungsprüfungen unter Einbeziehung der Misch-, Transport-, Verarbeitungs- und Erhärtungstechnologie beendet ist. Werden keine besonderen Forderungen an den Beton gestellt (B I-Beton), kann die Betonzusammensetzung nach DIN 1045 als Rezeptbeton (Tafel B.4.1) festgelegt werden.

Mit rechnerischen Methoden lassen sich auch erprobte Mischungen korrigieren. Solche Korrekturen sind z.B. erforderlich, wenn sich die Verarbeitbarkeit des Frischbetons durch Kornverschiebungen im Sandbereich ändert und die Sieblinie den neuen Verhältnissen angepaßt werden muß.
Die eigentliche Mischungsberechnung umfaßt Regeln bzw. Algorithmen zur Bestimmung der Gemengeanteile Zement, Zuschlag, Wasser (Zusatzstoff), die zur Herstellung eines Kubikmeters verdichteten Frischbetons benötigt werden mit dem Ziel, daß

- der Frischbeton eine vorgegebene Konsistenzstufe bei ausreichender Stabilität gegen Entmischung besitzt und
- der Festbeton in einem bestimmten Alter die geforderten Eigenschaften wie z.B. Druck-

festigkeit, Dichtigkeit und Dauerhaftigkeit erreicht.

Tafel B.4.1 Mindestzementgehalt für Beton B I bei Betonzuschlag mit einem Größtkorn von 32 mm und Zement der Festigkeitsklasse Z 35 nach DIN 1164 Teil 1

Festigkeitsklasse des Betons	Sieblinienbereich des Beton-Zuschlags[1]	Mindestzementgehalt in kg je m³ verdichteten Betons für Konsistenzbereich		
		KS	KP	KR
B 5 [2]	③	140	160	-
	④	160	180	-
B 10 [2]	③	190	210	230
	④	210	230	260
B 15	③	240	270	300
	④	270	300	330
B 25 allgemein	③	280	310	340
	④	310	340	380
B 25 für Außenbauteile	③	300	320	350
	④	320	350	380

[1] siehe Abb. B/3
[2] nur für unbewehrten Beton

Die Berechnungsmethoden zur Gemengeprojektierung lassen sich allgemein auf eine Methode von *Walz* [Walz - 58] zurückführen, die folgende stofflich-technologischen Zusammenhänge beschreibt:

- Die Abhängigkeit der Betondruckfestigkeit $ß_{D28}$ von der Zementfestigkeit N_{28} und dem Wasserzementwert ω (Wasserzementwert-Gesetz)

  $$ß_{D28} = f(\omega, N_{28}) \qquad \text{(B.4.1)}$$

  für einen Zeitraum von 28 Tagen Normlagerung bei 20 °C.

- Die Abhängigkeit des Wasserbedarfs w des Zuschlags von der Sieblinie (beurteilt nach Körnungsziffer k und Größtkorn d_{max}) und der Konsistenzstufe K

  $$w = f(k, d_{max}, K). \qquad \text{(B.4.2)}$$

- Die Volumenbedingung bzw. Stoffraumbeziehung in der Form, daß die Teilvolumina des Zements V_z, des Zuschlags V_g, des Wassers V_w einschließlich verbleibender Luftporen V_l einen Kubikmeter verdichteten Frischbeton V_B ergeben

$$V_z + V_g + V_w + V_l = V_B = 1 \text{ m}^3 \qquad \text{(B.4.3)}$$

bzw.

$$\frac{z}{\rho_z} + \frac{g}{\rho_g} + \frac{w}{\rho_w} = 1000 \text{ dm}^3/\text{m}^3 \qquad \text{(B.4.4)}$$

mit
z Zementgehalt kg/m³
g Zuschlaggehalt kg/m³
w Wassergehalt kg/m³
ρ_z Dichte des Zements kg/dm³
ρ_g Kornrohdichte des Zuschlags kg/dm³
ρ_w Dichte des Wassers kg/dm³

bzw. die Summe der bezogenen Gemengeanteile die Frischbetonrohdichte repräsentiert

$$z + g + w = \rho_R \text{ kg/m}^3 \qquad \text{(B.4.5)}$$

Für die Zementdichte ρ_z werden Werte von 3,1 kg/dm³ für Portlandzemente und 3,0 kg/dm³ für Hochofenzemente angenommen. Die Dichte von Kompositzementen hängt stark von der Art der zugemahlenen Bestandteile ab.
Bei Flugaschen ist mit Rohdichtebereichen zwischen 2,2 und 2,8 kg/dm³ zu rechnen.
Liegen bei den Zuschlägen keine Kornrohdichten vor, so werden vereinfachend für Kiese und Sande ein Wert von 2,60 kg/dm³, für gebrochene dichte Gesteine ein Wert von 2,65 kg/dm³ in Ansatz gebracht.
Üblich ist auch die Angabe der Rezeptur als Mischungsverhältnis mit Einführung der Beziehungen μ, ω entsprechend

$$\frac{z}{z} : \frac{g}{z} : \frac{w}{z} = 1 : \mu : \omega \qquad \text{(B.4.6)}$$

4.2 Wasserzementwert-Druckfestigkeits-Beziehung

Nach dem Wasserzementwert-Gesetz von *Walz* kann die Betondruckfestigkeit auf die Zementsteinfestigkeit zurückgeführt werden. Die die Druckfestigkeit zusätzlich beeinflussenden Eigenschaften des Betonzuschlags, der Haftung zwischen Zementstein und der Zuschlagkornoberfläche sowie der Einfluß der Zementleimmenge kann bei normgerechten Betonbestandteilen bis zur Festigkeitsklasse B 55 bei Einhaltung der Prüfbedingungen nach DIN 1048-5 vernachlässigt werden. Hieraus leitet sich die in Abb. B.4.1 gezeigte Abhängigkeit

$$ß_{D28} = f(\omega, N_{28}) \qquad \text{(B.4.7)}$$

ab. Diese empirisch ermittelte Beziehung gilt für Kiessandbetone üblicher Zusammensetzung unter folgenden Bedingungen:

- Vollständige Frischbetonverdichtung (Porengehalt ≤ 1,5 Vol.-%),
- $ß_{D28}$ ist der Mittelwert einer Prüfserie von drei 20er-Würfeln, die unter Normbedingungen gelagert wurden,
- den Zementfestigkeitsklassen liegen mittlere Zementfestigkeiten zugrunde, die etwa 10 N/mm² über der Normfestigkeitsklasse des Zements liegen.

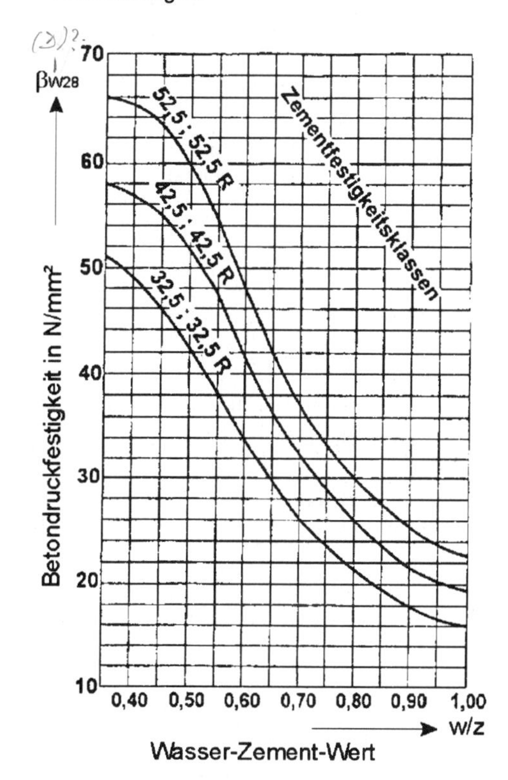

Abb. B.4.1 Zusammenhang zwischen Betondruckfestigkeit, Zementnormfestigkeit und Wasserzementwert nach *Walz*

Da höhere Luftporengehalte im Frischbeton die Druckfestigkeit in ähnlicher Weise wie zusätzliches Wasser (bzw. Kapillarporen) festigkeitsmindernd beeinflussen, werden sie in der $(\omega - ß_D)$ - Beziehung gemäß

$$\omega' = (w + V_{lü} \cdot \rho_w) / z \qquad \text{(B.4.8)}$$

mit $V_{lü} = V_l - 15$ in dm³

berücksichtigt. Diese Verfahrensweise ist insofern nicht exakt, da der vernachlässigte Porenanteil von 1,5 % auf das Betonvolumen bezogen ist, sich aber im Einfluß auf die Festigkeit allein im Zementstein auswirkt. Damit ist die Einbeziehung des gesamten Luftporengehaltes V_l in den Wasserzementwert nach

$$\omega'' = (w + V_l \cdot \rho_w) / z \qquad \text{(B.4.9)}$$

nicht nur konsequenter, sondern führt auch praktisch nachweisbar zu einer genaueren Festigkeitsbeziehung

$$ß_{D28} = f(\omega'', N_{28}). \qquad \text{(B.4.10)}$$

Ein weiteres Problem ergibt sich durch den Bezug auf die Normfestigkeitsklasse oder eine mittlere Festigkeit des Zements, von der die aktuelle Zementfestigkeit ohne weiteres um ± 8 N/mm² abweichen kann. Ein verbesserter Ansatz bedarf der aktuellen Zementfestigkeit, die als standardisierter Prüfwert erst nach 28 Tagen vorliegt, wonach unter normalen Bedingungen der eingesetzte Zement allerdings häufig verarbeitet ist. In diesem Zusammenhang gewinnen Schnellprüfverfahren an Bedeutung, mit denen die aktuelle Zementfestigkeit aus physikalischen Kennwerten des Zements über multiple Regressionsansätze bestimmt werden kann [Pirner/Sessner - 90]. Hieraus läßt sich eine verbesserte Festigkeitsfunktion gemäß

$$ß_{D28} / N_{A28} = a \cdot \exp(-b \cdot \omega'') \qquad \text{(B.4.11)}$$

mit N_{A28} aktuelle Zementfestigkeit
a, b Regressionsparameter

ableiten.

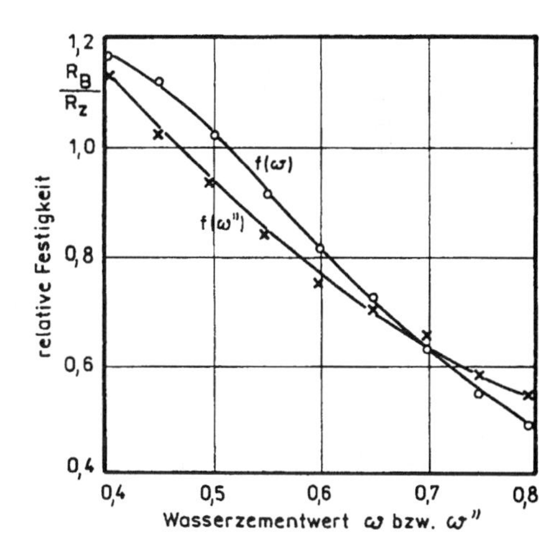

Abb. B.4.2 Relative Festigkeit $ß_{D28}$ / N_{28} als Funktion der Wasserzementwerte ω bzw. ω'' [Pirner/Sessner - 90]

Abb. B.4.2 zeigt einen Vergleich zwischen herkömmlicher und verbesserter Funktion, bezogen auf einen Erhärtungszeitraum von 28 Tagen. Betonfestigkeiten zu einem früheren oder späteren Zeitpunkt lassen sich einfach berechnen, wenn die Normfestigkeit des Zements für das entsprechende Betonalter bekannt ist. Gegenüber den *Walz*-Kurven (siehe auch Abb. B.4.1) hat die Festigkeitsfunktion

$$ß_{D28} = f(\omega'')$$

keinen Wendepunkt bei ω-Werten kleiner 0,5. Dieser Wendepunkt resultiert bei den *Walz*-Kurven aus der Art der Versuchsdurchführung. Erfahrungsgemäß verschlechtert sich die Verarbeitbarkeit des Frischbetons im Bereich kleiner ω-Werte zunehmend, wenn der Zementleimgehalt nicht überproportional erhöht wird. Bei gleicher Verdichtungsarbeit wird dadurch keine vollständige Verdichtung (Luftporenraum $\leq$ 1,5 Vol.-%) des Betons mehr erreicht. Die damit einhergehende Erhöhung des Luftporenraums im Beton führt bei Nichtberücksichtigung im Wasserzementwert nach Gleichung (B.4.9) zwangsläufig zu einem Funktionsverlauf mit einem Wendepunkt im Bereich kleiner ω-Werte.

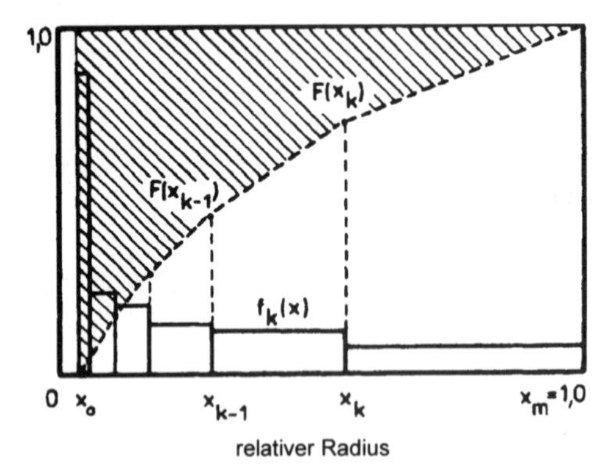

Abb. B.4.3 Stückweise linear angenommener Verlauf einer empirischen Verteilungsfunktion *F(x)* und der zugehörigen Dichte $f_k(x)$ [Schlüßler/Mcedlov-Petrosjan - 90]

Gelingt durch Vibropreßverdichtung bei steifen Betonen oder Zusatz von Fließmitteln bei plastischen Betonen eine vollständige Frischbetonverdichtung oder wird der gesamte Luftporenraum gemäß Gleichung (B.4.9) im Wasserzementwert berücksichtigt, so folgt die Festigkeitsfunktion $ß_D = f(\omega'')$ dem in Abb. B.4.2 dargestellten Verlauf. In Verbindung mit Silicastaub, der den Haftverbund des Zementsteins an der Kornoberfläche des Zuschlags erheblich verbessert, lassen sich im Bereich von ω-Werten kleiner 0,35 hochfeste Betone mit Druckfestigkeiten größer 100 N/mm² bereits heute als Transportbeton herstellen [Kern - 92].

4.3 Kornverteilung und Wasser- bzw. Zementleimanspruch

Die in den Abb. B.2.1 bis B.2.4 dargestellten Regelsieblinien A, B, C begrenzen empirisch gewonnene, günstige bzw. brauchbare Bereiche für die Kornzusammensetzung von Betonzuschlag in Abhängigkeit vom Größtkorn. Sieblinien stellen im Sinne der Wahrscheinlichkeitslehre Verteilungsfunktionen dar, die in diskrete und stetige unterteilt werden. Für die folgenden Berechnungen wird unter Bezug auf den maximalen Korndurchmesser d_{MAX} (8, 16, 32, 64) ein relativer Korn-durchmesser $x = d / d_{MAX}$ eingeführt und die Sieblinie durch eine untere Schranke d_{MIN} = 0,125 mm begrenzt. In Abb. B.4.3 sind unter der Annahme der Gleichverteilung in den m Siebklassen mit der Nummer k = 1 bis m, das heißt in den Intervallen $x \in (x_{k-1}, x_k)$, die empirische Dichte $f(x)$ bzw. die empirische Verteilungsfunktion $F(x)$ dargestellt. Gemäß Festlegung ist das Intervall $x \in (0, x_0)$ leer, d.h., das Mehlkorn ist aus der Betrachtung ausgeklammert. Für stückweise konstante Dichten gemäß Abb. B.4.3 gilt

$$f_k(x) = (F(x_k) - F(x_{k-1})) / (x_k - x_{k-1}) \quad \text{(B.4.12)}$$

bzw. wegen der dualen Teilung der Koordinatenachse

$$(x_k = 2 \cdot x_{k-1})$$

$$f_k(x) = (F(x_k) - F(x_{k-1})) / x_{k-1} \quad \text{(B.4.13)}$$

Die Dichte bzw. Verteilungsfunktion bildet die Grundlage zur Ermittlung von Kornkennwerten (z.B. Körnungsziffer, Packungsdichte, spezifische Oberfläche). Für die Oberflächenberechnung wird eine Kugelform der Zuschlagpartikel vorausgesetzt und dem Größtkorn der volumenspezifische Oberflächenbetrag o_{MAX} zugeordnet, so daß gilt

$$o(x) = o_{MAX} / x,$$

$$o_{MAX} = 6 / d_{MAX} \quad \text{(B.4.14)}$$

Im Hinblick auf eine gewünschte Zielsieblinienoptimierung macht es sich erforderlich, aus den für die Regelsieblinien gewonnenen empirischen Dichtefunktionen mittels Regressionsrechnung stetige Verteilungsdichten zu ermitteln. Hierfür zeigen Funktionen vom Potenztyp mit einem freien Parameter b gemäß

$$f(x) = (b+1) / (1 - u^{b+1}) \cdot x^b \quad \text{(B.4.15)}$$

mit $u = d_{MIN} / d_{MAX}$

die beste Anpassung. Die zugehörige Verteilungsfunktion lautet für $x \in (u, 1)$

$$F(x) = (x^{b+1} - u^{b+1}) / (1 - u^{b+1}) \quad \text{(B.4.16)}$$

Die Ergebnisse nach Tafel B.4.2 wurden mittels nichtlinearer Regression berechnet.

Tafel B.4.2 Ansatzkonstanten *b* für die Regelsieblinien nach DIN 1045

d_{MAX}	u	Sieblinie		
		A	B	C
8	1/64	–0,43333	–0,81771	–1,1722
16	1/128	–0,38157	–0,78260	–1,1425
32	1/256	–0,39946	–0,84934	–1,0986
64	1/512	–0,47826	–0,86449	–1,1061

Sieblinienoptimierung

Die Grundlage sollte im Hinblick auf mögliche Unterschiede in der Kornrohdichte der Zuschläge eine volumenbezogene Betrachtung sein. Das heißt, die Dichte bzw. Verteilungsfunktion nach Gleichung (B.4.12) bzw. (B.4.16) beschreiben die Volumenanteile als Funktion des relativen Korndurchmessers.

Falls die Zielsieblinie nicht aus zwingenden technologischen Gründen durch freie Wahl der Anteile einzelner Korngruppen festgelegt wird, ist folgende Optimierungsaufgabe zu lösen:

Die für mehrere Korngruppen auf der Basis von Siebanalysen vorliegenden Kornverteilungen sind so zusammenzusetzen, daß die Summe der Quadrate der Abstände zwischen einer gewünschten stetigen Sieblinie $F(x)$ gemäß (B.4.16) und der Mischsieblinie

$$F(x) = \Sigma y_p \cdot F_p(x) \quad \text{(B.4.17)}$$

mit y_p relativer, durch die Sieblinie p realisierter Volumenanteil am Gesamtvolumen des Zuschlaggemisches

$F_p(x)$ Verteilungsfunktion der Sieblinie p

x relativer Korndurchmesser d / d_{MAX}

aus m verfügbaren Korngruppen (p = 1 bis m) für die Stützstellen x_k (k – 1 bis n) minimal wird. Entsprechende Lösungsverfahren für die Optimierungsaufgabe sind heute als Standardsoftware verfügbar. Als Ergebnis liegen die die Mischsieblinie repräsentierenden spezifischen Anteile (relative Häufigkeit) der m Korngruppen vor

$$h_{V1} + h_{V2} + \ldots + h_{Vm} = 1, \quad \text{(B.4.18)}$$

mit $h_{Vp} = y_p$.

Durch Einsetzen der entsprechenden Kornrohdichten erhält man die massespezifischen Anteile

$$h_{mp} = h_{Vp} \cdot \rho_p / \Sigma(h_{Vk} \cdot \rho_k) \quad \text{(B.4.19)}$$

Die zur Schätzung des Wasseranspruchs (bzw. Zementleimbedarfs) benötigten Kornkennziffern k-Wert, volumenspezifische Oberfläche bzw. Packungsdichte werden auf der Grundlage der vorliegenden Mischsieblinie nach Gleichung (B.4.17) bzw. dem in [Schlüßler/Walter - 86] ange-gebenen Algorithmus berechnet.

Die auf Erfahrungswerten beruhenden Angaben nach Tafel B.4.3 erlauben eine Schätzung des Wasseranspruchs für die Regelsieblinien in Abhängigkeit von den Konsistenzstufen KS, KP und KR. Der Wasseranspruch von gegenüber den Regelsieblinien abweichenden Kornverteilungen (Mischsieblinien) läßt sich mit Hilfe der angegebenen Kornkennwerte berechnen.

Tafel B.4.3 Schätzung des Wasseranspruchs *w* in kg/m³ von Frischbeton für verschiedene Konsistenzbereiche [Readymix Beton Daten - 93]

Konsistenz-bereich	Wasseranspruch des Zuschlags	Sieblinie								
		A 8	B 8	C 8	A 16	B 16	C 16	A 32	B 32	C 32
KS	hoch	155	190	210	140	170	190	130	145	165
	niedrig	145	175	195	120	150	175	105	130	160
KP	hoch	180	205	230	160	185	210	155	180	200
	niedrig	170	195	220	140	170	200	135	165	190
KR	hoch	200	230	250	185	215	235	175	195	215
	niedrig	185	215	235	170	195	220	155	180	205
Körnungsziffer k		3,64	2,89	2,27	4,61	3,66	2,75	5,48	4,20	3,30
vol.-spezif. Oberfläche in mm²/mm³		5,29	8,73	12,51	3,31	6,70	10,90	2,23	6,04	9,32
Packungsdichte in %		78,2	80,5	79,2	78,8	84,6	81,6	80,0	87,2	83,3

4.4 Mischungsberechnung

Ist keine entsprechende Berechnungssoftware verfügbar, so erfolgt die Mischungsberechnung häufig tabellarisch unter Abarbeitung folgender Schritte:

a) Formulierung von Anforderungen an den Beton nach DIN 1045 bzw. E DIN EN 206 bezüglich
   - Bauteilanforderungen,
   - Festigkeitsklassen und anzustrebende mittlere Betondruckfestigkeit,
   - Konsistenzbereich,
   - zu erfüllende besondere Eigenschaften,
   - Luftporengehalt,
   - Größtkorn des Zuschlags.

b) Festlegung der einzusetzenden Ausgangsstoffe wie
   - Zementart und Festigkeitsklasse (Tafel B.2.4),
   - Zuschlagart, Korngruppe, Kornkennwerte (Abschnitt 2.2),
   - eventuell Zusatzstoff- und Zusatzmittelart (Abschnitt 2.4).

c) Berechnung und Optimierung der Zuschlagsieblinie und Bestimmung der Kornkennwerte der Mischsieblinie (Abschnitt 4.3).

d) Bestimmung des Wasseranspruchs der Mischsieblinie nach Tafel B.4.3.

e) Berechnung des Wasserzementwertes aus den Festigkeitsfunktionen (B.4.7) bzw. (B.4.10) unter Berücksichtigung des Luftporengehaltes nach Gleichung (B.4.8) bzw. (B.4.9). Vergleich des berechneten ω-Wertes mit dem in den Normen für Betone mit besonderen Eigenschaften vorgegebenen Höchstwerten. Maßgebend für die Betonrezeptur ist der kleinere ω-Wert.

f) Aus Wassergehalt w und ω-Wert ergibt sich nach $z = w/\omega$ der Zementgehalt. Dabei ist zu prüfen, ob die in den Normen festgelegten Mindestzementgehalte (Tafel B.4.4) für die Nutzungsbedingungen eingehalten werden. Zu hohe Zementgehalte sind gegebenenfalls durch eine Sieblinie mit kleinerem Wasseranspruch oder durch Zusatzmittel bzw. -stoffe zu korrigieren.

g) Der Zuschlaggehalt wird durch Umstellung von Gleichung (B.4.4) gemäß

$$g = (1000 - z / \rho_z - w / \rho_w - V_l) \cdot \rho_g \quad \text{(B.4.20)}$$

berechnet.

h) Der sich aus Zementgehalt und Zuschlaganteil $\leq$ 0,125 bzw. $\leq$ 0,250 mm ergebende Mehlkorn- bzw. Mehlkorn- und Feinstsandgehalt darf die in den Normen festgelegten Höchstgrenzen nicht überschreiten.

i) Die vorliegende Zusammensetzung für 1 m³ verdichteten Frischbeton wird unter Berücksichtigung der Eigenfeuchte der Korngruppen und der Mischergröße in eine Rezeptur für eine Mischerfüllung umgerechnet.

Die berechnete Betonzusammensetzung ist stets durch Eignungsprüfungen zu verifizieren. Abweichungen von den vorgesehenen Frisch- und Festbetoneigenschaften können durch einen erneuten Durchlauf der angegebenen Schritte korrigiert werden. Besondere Bedeutung gewinnt die Rückkopplung zu den Systemen der Produktionssteuerung und Qualitätssicherung, wodurch eine ständige Qualifizierung der Berechnungsmodelle realisiert werden kann.

Tafel B.4.4 Zementgehalt und Wasser-Zement-Wert (nach DIN 1045)

	Festigkeitsklasse des Zementes	Festigkeitsklasse des Betons	Zementgehalt in kg/m³	Wasser-Zement-Wert [2)3)] max.
Unbewehrter Beton	-	-	$\geq$ 100	-
Stahlbeton allgemein	$\geq$ 32,5	$\geq$ B 15	$\geq$ 240	$\leq$ 0,75
Stahlbeton für Außenbauteile	32,5	$\geq$ B 25	$\geq$ 300 [1)]	$\leq$ 0,65
	$\geq$ 42,5		$\geq$ 270	Mittelwert: $\leq$ 0,60
Spannbeton	$\geq$ 32,5	$\geq$ B 35	$\geq$ 300	$\leq$ 0,50

1) Bei Herstellung und Einbau unter Bedingungen B II $\geq$ 270 kg/m³. Bei Transportbeton dann $\geq$ 270 kg/m³, wenn für die Zementverringerungsmenge doppelt soviel Flugasche zugegeben wird.

2) Anrechnung des Flugaschegehaltes f mit höchstens 0,25 · z mit der Formel $w / (z + 0{,}4\,f)$.

3) Zur Berücksichtigung der Streuung ist bei der Festlegung der Betonzusammensetzung ein um 0,05 niedrigerer ω-Höchstwert zugrunde zu legen.

5 Eigenschaften des Festbetons

5.1 Druckfestigkeit

Die Festbetonstruktur läßt sich als Zweikomponenten-System beschreiben, in dem die festeren Zuschläge in einer schwächeren Matrix aus Zementstein verteilt sind. Unter der Annahme, daß im Verbundbaustoff Beton der Zementstein das schwächste Glied ist, kann die Druckfestigkeit nach Abschnitt 4 in 1. Näherung auf die Zementsteinfestigkeit zurückgeführt werden. Diese Modellvorstellung versagt insbesondere bei höheren Betondruckfestigkeiten bzw. bei Beton mit sehr hohen Anforderungen an den Verbund bei besonderen Anforderungen (z.B. hoher Frost- und Tausalzwiderstand).

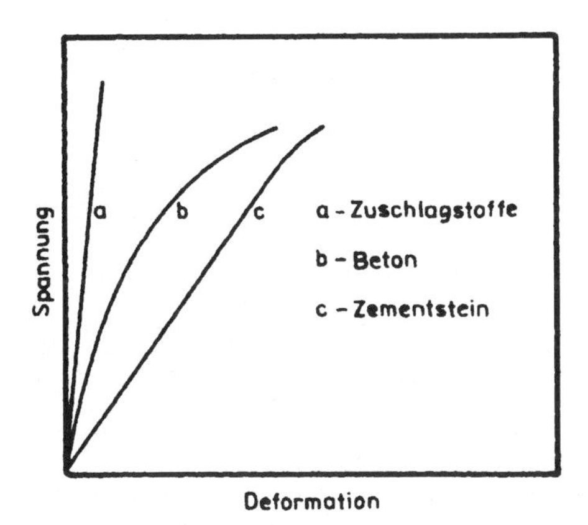

Abb. B.5.1 Schematischer Verlauf der Spannungs-Dehnungs-Linien für Zuschlagstoffe, Beton und Zementstein [Schlüßler/Mcedlov-Petrosjan - 90]

Wie man aus Abb. B.5.1 entnehmen kann, ist das Spannungs-Dehnungs-Verhalten von Beton im Gegensatz zum Zementstein bzw. Zuschlag in hohem Maße nichtliniear, was auf den unvollkommenen Verbund zwischen Zuschlag und Zementstein, deren unterschiedliche mechanische Eigenschaften und auf eine progressive Bruchentwicklung während der Belastungssteigerung zurückzuführen ist. Die Spannungs-Dehnungs-Linie des Betons unter Druckbeanspruchung läßt sich durch vier Etappen von Bruchvorgängen nach Abb. B.5.2 kennzeichnen [Glücklich - 68]. Danach treten bereits im lastfreien Zustand Mikrorisse infolge Sedimentation (Bluten), von Volumenveränderungen bzw. Temperaturgradienten während der Hydratation oder durch Schwinden an den Zuschlag / Zementstein-Grenzflächen auf. Unterhalb einer Druckfestigkeit von 30 % bleiben diese Risse weitgehend stabil, wodurch sich eine nahezu linearer Anstieg der Kennlinie in diesem Bereich ergibt. Bei weiterem Lastanstieg bekommen einerseits die Differenzen in den elastischen Kenngrößen von Zementstein und Zuschlag und andererseits die Spannungskonzentrationen in diesen Kontaktzonen Einfluß. Oberhalb von 50 % der Bruchfestigkeit entstehen erste Risse im Zementstein (zunehmend nichtlinearer Verlauf) die bei weiterer Laststeigerung schließlich zu einem Versagen der Zementsteinmatrix führen.

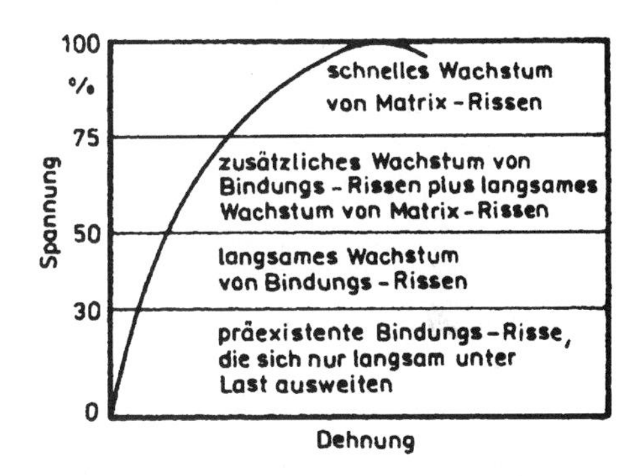

Abb. B.5.2 Klassifizierung der Stadien der Rißausbildung bis zur Bruchspannung bei Beton [Glücklich - 68]

Die bei Zusatz von Silicastaub zum Beton beobachtete Druckfestigkeitssteigerung wirkt den Rißbildungskriterien dadurch entgegen, daß sich

- der Haftverbund zwischen Zuschlag und Zementstein durch puzzolanische Reaktionen an der Kornoberfläche verbessert

und

- die Festigkeit des Zementsteins durch Füller- und puzzolanische Wirkung erhöht.

Nach Abb. B.5.3 verläuft die Spannungs-Dehnungs-Linie hochfester Betone bis 80 - 90 % der maximalen Spannung folgerichtig weitgehend linear. Die Festigkeit des Zuschlags und des Zementsteins werden für den Spannungs-Dehnungs-Verlauf und damit für die Druckfestigkeit des Betons maßgebend. Mit zunehmender Festigkeit wird der Beton spröder und damit die Duktilität geringer. Diese zunehmende Sprödigkeit hat für die Bemessung und konstruktive Durchbildung von hochfestem Beton nach der Richtlinie des DAfStb [Grimm/König - 95] Konsequenzen.

Bei der nach DIN 1048-5 bestimmten Druckfestigkeit an Probekörpern ist der Einfluß der Probengeometrie, insbesondere Größe und Schlankheit, zu beachten. Werden an Stelle von Würfeln mit 200 mm Kantenlänge solche mit einer Kantenlänge von 150 mm verwendet, so gilt nach DIN 1045 die Beziehung

$$\beta_{w200} = 0{,}95\ \beta_{w150}$$

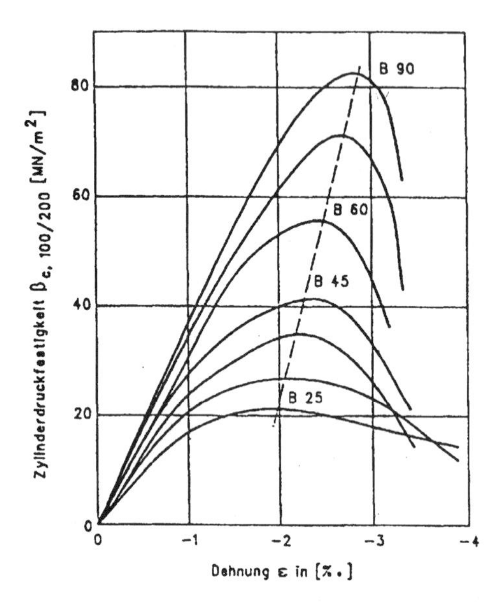

Abb. B.5.3 Idealisierte Spannungs-Dehnungs-Linie in Abhängigkeit von der Betonfestigkeitsklasse [Grimm/König - 95]

Bei Zylindern mit ∅ 150 mm und 300 mm Höhe darf bei gleichartiger Lagerung die Würfeldruckfestigkeit β_{W200} aus der Zylinderdruckfestigkeit β_C wie folgt abgeleitet werden:

- für die Festigkeitsklassen B 15 und geringer $\beta_{W200} = 1{,}25\ \beta_C$ und
- für die Festigkeitsklassen B 25 und höher $\beta_{W200} = 1{,}18\ \beta_C$

Bei Verwendung von Würfeln oder Zylindern mit anderer Probengeometrie sind die Druckfestigkeitsverhältnisse zum 200-mm-Würfel für Beton jeder Zusammensetzung, Festigkeit und Altersstufe bei der Eignungsprüfung gesondert an mindestens 6 Proben je Probekörperart nachzuweisen. Die Werte nach Tafel B.5.1 verstehen sich als Orientierungswerte für Normalbeton. Infolge unterschiedlicher Lagerungsbedingungen für die Probekörper können die Festigkeitsklassen nach DIN 1045 und E DIN EN 206 nicht in gleicher Weise umgerechnet werden. Näherungsweise gilt:

$$f_{ck,\,cube} \approx 0{,}92\ \beta_{W150} \approx 0{,}97\ \beta_{W200} = 0{,}97\ \beta_{WN}$$

Da die Betonzugfestigkeit experimentell schwer zu bestimmen ist, werden häufig Beziehungen zur Biegezugfestigkeit und Spaltzugfestigkeit und deren Verhältnis zur Druckfestigkeit genutzt. Die Verhältnisse sind unter anderem abhängig von der Betondruckfestigkeit. Für Normalbeton ergeben sich Zusammenhänge nach Abb. B.5.4.

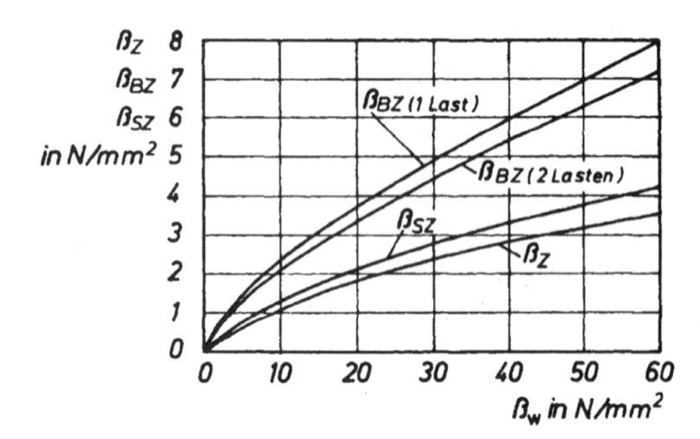

Abb. B.5.4 Zusammenhang zwischen Zug- und Druckfestigkeit von Beton; β_W = Würfeldruckfestigkeit, β_{BZ} = Biegezugfestigkeit mit 1 Einzellast in Balkenmitte bzw. 2 Einzellasten in den Drittelpunkten, β_{SZ} = Spaltzugfestigkeit, β_Z = reine Zugfestigkeit [Reinhardt - 73]

Tafel B.5.1 Verhältniswerte von Druckfestigkeiten unterschiedlich schlanker Probekörper für Normalbeton [Schickert - 81]

Schlankheit *h/b* des Probekörpers	Mittlere Erfahrungswerte
0,50	1,560
0,67	1,220
0,75	1,140
0,80	1,100
0,90	1,033
1,00	1,000
1,15	0,955
1,25	0,915
1,35	0,900
1,50	0,858
2,00	0,837
2,50	0,830
3,00	0,830
3,50	0,830
4,00	0,830

B

5.2 Spannungs - Dehnungs - Beziehung

Die Spannungs-Dehnungs-Linie beschreibt den Zusammenhang zwischen einer auf einen Probekörper aufgebrachten Spannung und der von ihr in Beanspruchungsrichtung ausgelösten Dehnung. Für linear elastische Werkstoffe gilt das *Hooke*sche Gesetz:

$$\delta = E \cdot \varepsilon$$

mit δ Spannung N/mm²
ε Dehnung °/₀₀
E Elastizitätsmodul N/mm²

Beton folgt diesem Gesetz bis zu einer Druckbeanspruchung von ca. 40 % seiner Prismendruckfestigkeit (Abb. B.5.5). Darüber hinaus zeigt er nichtlineares Werkstoffverhalten. Das heißt, der Elastizitätsmodul wird eine Funktion der Spannung. Die bei höheren Spannungen überproportional steigenden Dehnungen bzw. Längenänderungen Δl teilen sich auf in elastische und plastische Verformungen. Letztere werden auch als bleibende Verformungen bezeichnet, da sie sich im Gegensatz zu den elastischen Verformungen nach Entlastung nicht zurückbilden. Die aufgebrachte Spannung bewirkt auch senkrecht zu ihrer Wirkungsrichtung eine Dehnung ε_q gemäß

$$\varepsilon_q = -\mu \cdot \varepsilon.$$

Der Faktor μ wird als Querdehnungszahl bezeichnet. Die Werte für Normalbeton liegen je nach Zuschlagart zwischen 0,1 und 0,35. Die Querdehnungszahl ist ebenso wie der E-Modul bei Beton nur bis etwa 0,4 β_D konstant. Darüber hinaus tritt nichtlineares Verhalten auf.

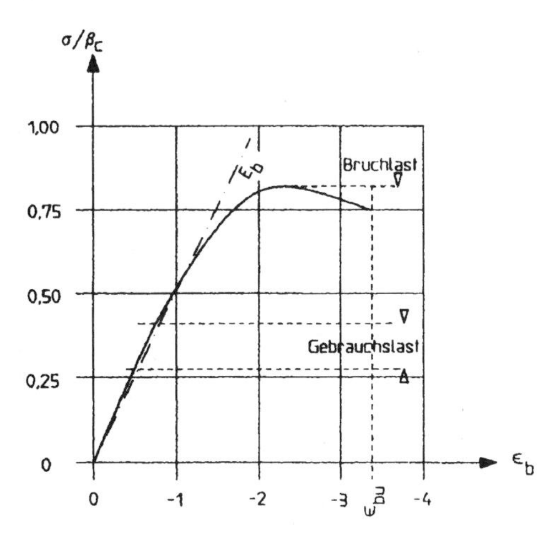

Abb. B.5.5 Sekantenmodul des Betons [Avak - 94]

Um dennoch die Formänderungen näherungsweise durch eine lineare Beziehung zu beschreiben, verwendet man den Sekantenmodul und definiert diesen als Rechenwert des Elastizitätsmoduls (Tafel B.5.2) unter der Voraussetzung, daß die Sekante die Spannungs-Dehnungs-Linie bei ca. 40 % der Prismen- bzw. Zylinderdruckfestigkeit schneidet.
Nach DIN 1045 gilt für die Bemessung von Stahlbetonbauteilen eine idealisierte Spannungs-Dehnungs-Linie (Parabel-Rechteck-Diagramm nach Abb. B.5.6). Dabei ist die maximal zulässige Betonstauchung mit einem Betrag von 3,5 °/₀₀ festgelegt. Die maximale Spannung β_R nach Abb. B.5.6 ist kleiner als die an Würfeln mit 200 mm Kantenlänge ermittelte Normfestigkeit des Betons.
Nach

$$\beta_R = \alpha_1 \cdot \alpha_2 \cdot \alpha_3 \cdot \beta_{WN}$$

mit $\alpha_1 \approx$ 0,85
$\alpha_2 \approx$ 0,80
$\alpha_3 \approx$ 1,00

wird mit den Faktoren α_1 der Einfluß der Prüfeinrichtung, mit α_2 der Einfluß einer Dauerlast und mit α_3 die Unsicherheit bei höheren Betonfestigkeitsklassen berücksichtigt. Hieraus ergeben sich Rechenwerte β_R der Betondruckfestigkeit in Abhängigkeit von der Festigkeitsklasse des Betons nach Tafel B.5.2.

Tafel B.5.2 E-Modul und Rechenwerte der Betondruckfestigkeit nach DIN 1045

Nennfestigkeit β_{WN} des Betons in N/mm²	5	10	15	25	35	45	55
Elastizitätsmodul E_b in kN/mm²	-	22	26	30	34	37	39
Rechenwert β_R in N/mm²	3,5	7,5	10,5	17,5	23	27	30

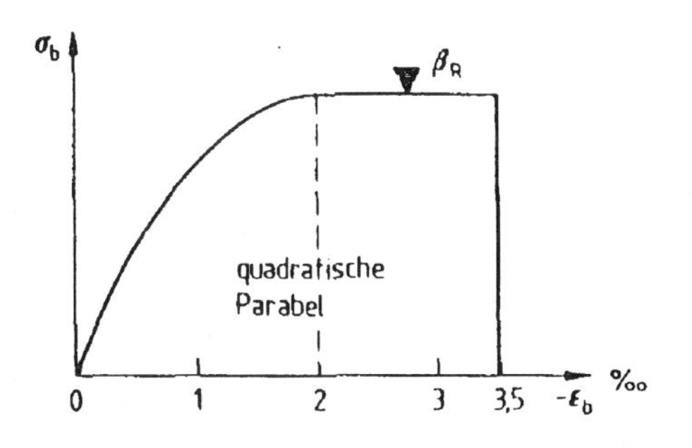

Abb. B.5.6 Rechenwerte für die Spannungs-Dehnungs-Linie des Betons

Die Spannungen in der Zugzone biegebelasteter Stahlbetonbauteile übernimmt allein der Stahl, für den ebenfalls ein idealisiertes Spannungs-Dehnungs-Diagramm (siehe Abschnitt 6) angenommen wird. Die Zugfestigkeit des Betons darf dabei nicht berücksichtigt werden. Unter der Voraussetzung, daß sich auf der Zugseite des Bauteiles Risse bilden, ist die Rißbreite zur Sicherung der Gebrauchsfähigkeit und Dauerhaftigkeit von Stahlbetonbauteilen durch geeignete Wahl von Bewehrungsgrad, Stahlspannung und Stahldurchmesser zu beschränken.

5.3 Schwinden und Quellen

Unter Schwinden wird die Verkürzung des unbelasteten Betons während der Austrocknung verstanden. Dabei wird angenommen, daß der Schwindvorgang durch die im Beton wirkenden Spannungen nicht beeinflußt wird [DIN 4227-1 - 88]. Durch erneute Feuchteaufnahme kann der Beton sein Volumen durch Quellen wieder vergrößern. Das ursprüngliche Volumen wird aber nicht wieder erreicht, da Trocknungsschwinden und Quellen nur teilweise reversible Vorgänge sind. Dem Trocknungsschwinden des erhärteten Betons oder Zementsteins ist das Absetzen (Bluten) und das Kapillarschwinden (Frühschwinden) vorgelagert (siehe Abschnitt 3.3). Die negativen Auswirkungen dieser Schwindverkürzungen auf die oberflächennahen Bereiche des Betons sind insbesondere durch eine frühzeitig einsetzende und je nach Umgebungsbedingungen andauernde feuchte Nachbehandlung des Betons nach [DAfStb RiLi Nachbehandlung von Beton - 84] zu kompensieren.
Das Schwinden wird insbesondere durch den Anteil an Kapillarporen im Beton und damit durch den Wasserzementwert, den Hydratationsgrad und den Zementsteingehalt beeinflußt (Abb. B.5.7). Die Austrocknung des Betons über die Kapillarporen ist ein diffusionsgesteuerter Vorgang und entwickelt sich in Abhängigkeit von der Bauteildicke naturgemäß langsam. Durch den Trocknungsvorgang bildet sich ein Feuchtegradient über den Betonquerschnitt aus. Als Folge davon entstehen Schwindspannungen: an der Oberfläche in Form von Zugspannungen, im Kern als Druckspannungen. Bei der Überschreitung der Zugfestigkeit des Zementsteins an der Bauteiloberfläche treten dort bevorzugt netzartige Risse auf. Wenn die Schwindverformungen im Bauteil behindert werden, können auch durchgehende Risse die Folge sein.
Der zeitliche Verlauf des Schwindens hängt nach DIN 4227-1 vor allem von der Feuchte der umgebenden Luft, den Maßen des Bauteils und der Zusammensetzung des Betons ab.

Danach erreichen die Endschwindmaße in Abhängigkeit von Lage, Dicke und Alter des Bauteils Werte von 0,15 bis 0,3 mm/m (Tafel B.5.3). Hiervon abweichende Zeitpunkte können gemäß Gleichung (B.5.1) ermittelt werden

$$\varepsilon_{s,t} = \varepsilon_{s,0} \cdot (k_{s,t} - k_{st_0}) \qquad \text{(B.5.1)}$$

mit
- $\varepsilon_{s,0}$ Grundschwindmaß
- k_s Beiwert zur Berücksichtigung der zeitlichen Entwicklung des Schwindens in Abhängigkeit von der Bauteildicke
- t Wirksames Betonalter zum untersuchten Zeitpunkt
- t_0 Wirksames Betonalter zu dem Zeitpunkt, von dem ab der Einfluß des Schwindens berücksichtigt werden soll.

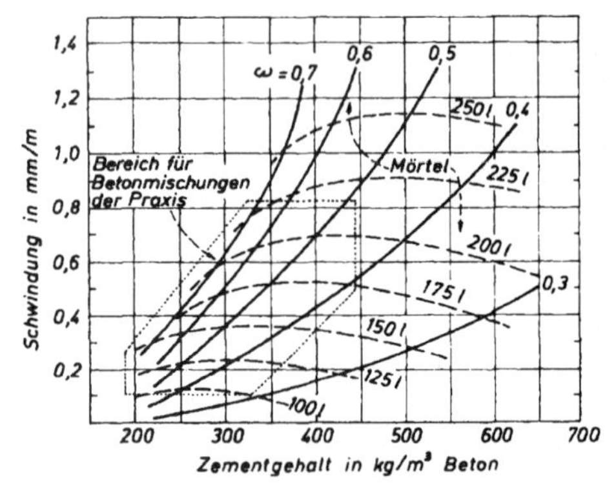

Abb. B.5.7 Schwinden von Mörtel und Beton in Abhängigkeit von Zementgehalt und Wasserzementwert [Czernin - 60]

5.4 Kriechen und Relaxation

Mit Kriechen wird die zeitabhängige Zunahme der Verformungen unter andauernden Spannungen und mit Relaxation die zeitabhängige Abnahme der Spannungen unter einer aufgezwungenen Verformung von konstanter Größe bezeichnet. Das Kriechen hängt ähnlich wie das Schwinden von der Feuchte der umgebenden Luft, den Bauteilabmessungen und der Zusammensetzung des Betons (insbesondere seinem Zementsteinvolumen) ab. Von Bedeutung ist weiterhin der Erhärtungsgrad des Betons (bzw. der Hydratationsgrad des Zements) beim Belastungsbeginn und die Dauer und Größe der Beanspruchung. Die Kriechzahl φ_t kennzeichnet den durch das Kriechen ausgelösten Verformungszuwachs.

Für konstante Spannung δ_0 gilt die Beziehung

$$\varepsilon_k = \frac{\delta_0}{E_b} \cdot \varphi_t \qquad \text{(B.5.2)}$$

mit E_b Elastizitätsmodul des Betons (Tafel B.5.2)

Für den Zeitpunkt $t = \infty$ gelten vereinfacht die Endkriechzahlen φ_∞ nach Tafel B.5.3.
Die Kriechverformung ist teilweise reversibel. Nach einer Entlastung geht ein Teil der Verformung langsam zurück. Dieser reversible Anteil wird als verzögerte elastische Verformung, der irreversible Anteil als Fließen bezeichnet. Der größte Teil der Kriechverformung resultiert aus dem Wasserverlust des Betons infolge Austrocknen bei Dauerbelastung. Dieses Trocknungskriechen ist der Schwindverformung proportional. Für die Ermittlung der Kriechverformung zu beliebigen Zeitpunkten werden deshalb ähnliche Ansätze wie für die Schwindverformung nach DIN 4227-1 genutzt. Ein Sonderfall des Kriechens stellt die Relaxation dar, bei der die kriecherzeugende Spannung so abfällt, daß die Dehnung konstant bleibt. Für schlaff bewehrte Bauteile können die Kriechverformungen i. allg. vernachlässigt werden.

5.5 Temperaturdehnung

Durch den Einfluß der Temperatur werden Verformungen (Dehnungen bzw. Verkürzungen) des Betons ausgelöst. Sie ergeben sich durch Wärmeentwicklung bzw. Wärmeabfluß aus inneren (Hydratationswärme) oder äußeren Wärmequellen. Häufig tritt eine Überlagerung der Verformungen aus Temperatur- und Schwindeinfluß auf. Schädlichen Auswirkungen (Rißbildung) kann man durch stofflich-technologische (siehe Abschnitt 3) und konstruktive Maßnahmen begegnen. Zu den letzteren gehören die Ausbildung von Dehnungsfugen oder Lagern, die eine zwängungsfreie Dehnung bzw. Verkürzung des Betonbauteiles ermöglichen.
Die sich aus einer Temperaturänderung ergebende Verlängerung bzw. Verkürzung eines Betonbauteiles berechnet sich nach

$$\Delta l = \alpha_T \cdot l \cdot \Delta T \qquad \text{(B.5.3)}$$

Die Temperaturdehnungszahl des Betons α_T ist insbesondere von Zuschlagart und -menge und vom Trocknungszustand des Betons abhängig.
Für Beton schwanken die Werte zwischen $5 \cdot 10^{-6}$ /K und $14 \cdot 10^{-6}$ /K. Nach DIN 1045 wird für Beton und Stahl mit einer gleichen Temperaturdehnungszahl von $\alpha_T = 10^{-5}$ /K gerechnet.

Tafel B.5.3 Endkriechzahl und Endschwindmaß in Abhängigkeit vom wirksamen Betonalter und der mittleren Dicke des Bauteils (Richtwert)

Kurve	Lage des Bauteiles	Mittlere Dicke $d_m = 2\,A^{1)} / u$	Endkriechzahl φ_∞	Endschwindmaße ε_∞
1	feucht, im Freien (relative Luftfeuchte ≈ 70 %)	klein (≤ 10 cm)	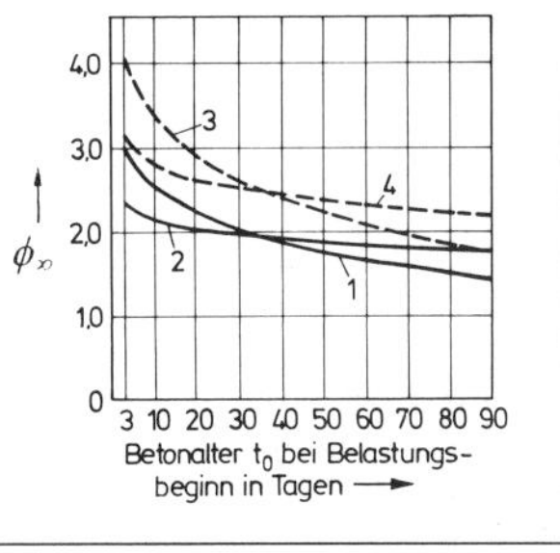 φ_∞: 0; 1,0; 2,0; 3,0; 4,0 — Kurven 1, 2, 3, 4 — 3 10 20 30 40 50 60 70 80 90 Betonalter t_0 bei Belastungsbeginn in Tagen →	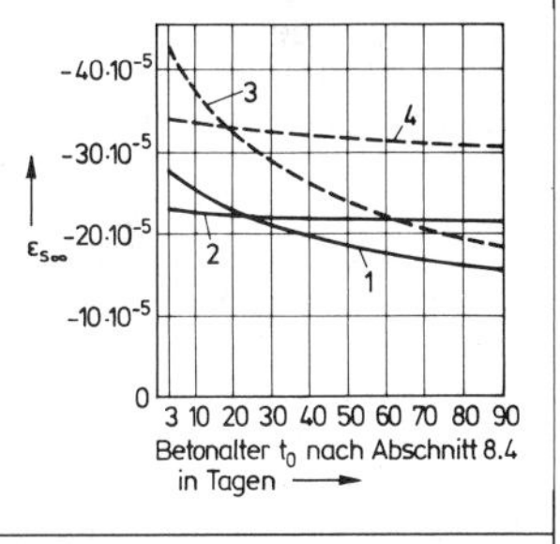 $\varepsilon_{s\infty}$: 0; $-10 \cdot 10^{-5}$; $-20 \cdot 10^{-5}$; $-30 \cdot 10^{-5}$; $-40 \cdot 10^{-5}$ — Kurven 1, 2, 3, 4 — 3 10 20 30 40 50 60 70 80 90 Betonalter t_0 nach Abschnitt 8.4 in Tagen →
2		groß (≥ 80 cm)		
3	trocken, in Innenräumen (relative Luftfeuchte ≈ 50 %)	klein (≤ 10 cm)		
4		groß (≥ 80 cm)		

Anwendungsbedingungen:
Die Werte dieser Tabelle gelten für den Konsistenzbereich KP. Für die Konsistenzbereiche KS bzw. KR sind die Werte um 25 % zu ermäßigen bzw. zu erhöhen. Bei Verwendung von Fließmitteln darf die Ausgangskonsistenz angesetzt werden.
Die Tabelle gilt für Beton, der unter Normaltemperatur erhärtet und für den Zement der Festigkeitsklasse Z 35 F und Z 45 F verwendet wird. Der Einfluß auf das Kriechen von Zement mit langsamer Erhärtung (Z 25, Z 35 L, Z 45 L) bzw. mit sehr schneller Erhärtung (Z 55) kann dadurch berücksichtigt werden, daß die Richtwerte für den halben bzw. 1,5fachen Wert des Betonalters bei Belastungsbeginn abzulesen sind.

1) *A* Fläche des Betonquerschnitts, *u* der Atmosphäre ausgesetzter Umfang des Bauteiles.

Die etwa gleiche Temperaturdehnungszahl dieser Werkstoffe ist eine Voraussetzung für die Anwendung des Verbundbaustoffes Stahlbeton. Nach Gleichung (B.34) ergibt sich demnach für ein Betonbauteil von 10 m Länge bei einer Temperaturänderung von 10 °C eine Längenänderung von 1 mm.

Da die Wärmeleitfähigkeit von Stahl etwa 30mal größer als die von Beton ist, treten im Stahlbeton bei sehr großen äußeren Temperaturänderungen (Brandfall) hohe Spannungen im Haftverbund zwischen Beton und Stahl auf, die bei längerer Einwirkung zum völligen Versagen des Haftverbundes führen können. Durch eine ausreichende Betondeckung (siehe Tafel B.1.4) und die Sicherung des Verbundes durch Profilierung des Betonstahls wird dem entgegengewirkt.

Nach DIN 1045 sind als Grenzen der durch Witterungseinflüsse hervorgerufenen Temperaturschwankungen in Betonbauteilen im allgemeinen $\pm$ 15 K, bei Bauteilen mit einer Dicke $\leq$ 70 cm $\pm$ 10 K und bei überschütteten oder abgedeckten Bauteilen $\pm$ 7,5 K in Rechnung zu stellen.

5.6 Wasserundurchlässigkeit

Die Wasserundurchlässigkeit von Beton ist neben der Druckfestigkeit einer der wichtigsten Anforderungen an den Beton. Aus wasserundurchlässigem Beton werden Bauteile hergestellt, die einen bestimmten Widerstand gegen drückendes Wasser aufweisen. Hierzu gehören beispielsweise Wasserbehälter, Klär- und Schwimmbecken, Gründungs- bzw. Weiße Wannen und Betonrohre.

Als wasserundurchlässig gilt nach DIN 1045 ein Beton, der entsprechend den Prüfkonventionen nach DIN 1048-5 (Aufbringen eines Wasserdrucks von 0,5 N/mm² über 72 h auf eine Einwirkfläche von 200 · 200 mm²) eine mittlere Wassereindringtiefe von 50 mm nicht überschreitet. Die Wasserdichtigkeit des Betons ist abhängig von der Dichtigkeit des Zementsteins sowie der Gefügedichtigkeit des Betons. Die Wasserdichtigkeit des Zementsteins ist wie seine Festigkeit abhängig vom Kapillarporenraum, der wiederum eine Funktion des Wasserzementwertes und des Hydratationsgrades ist (siehe Abb. B.5.8). Die Dichtigkeit des Betons erreicht nicht die hohen Werte des reinen Zementsteins. Der Grund dafür ist das Vorhandensein von Haufwerksporen, Setzungsporen, Kugelporen und Fehlstellen in der Kontaktzone zwischen Zementstein und Zuschlagkorn. Von besonderer Problematik sind unverdichtete Bereiche (z.B. bei dichtliegender Bewehrung) und durchgehende Kanäle infolge Entmischung des Betons sowie durchgehende Trennrisse. Der nach DIN 1045 gewählte Grenzwert für die Wassereindringtiefe $e_w \leq$ 50 mm berücksichtigt diese Unsicherheiten weitgehend, da bis zu einer Wassereindringtiefe von 100 mm bei einem gefügedichten Beton von einem Gleichgewicht zwischen einströmendem Wasser an der Außenseite und der Wasserdampfdiffusion an der Innenseite von Bauteilen mit einer Dicke von 10 bis 40 cm ausgegangen werden kann.

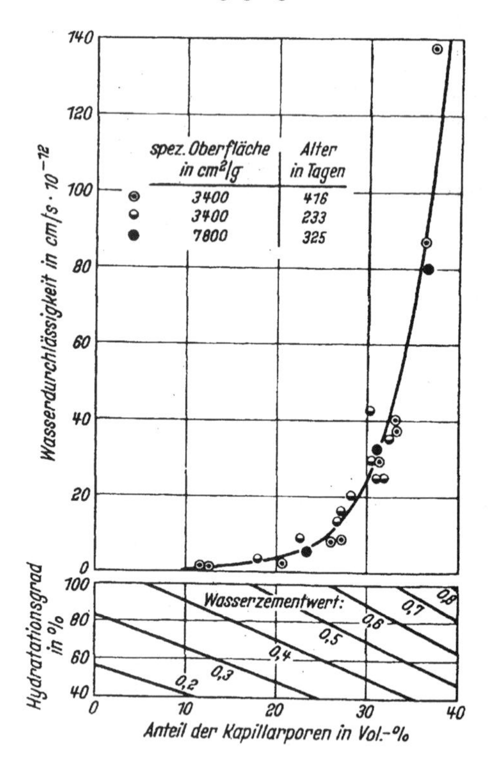

Abb. B.5.8 Wasserdurchlässigkeit von Zementstein in Abhängigkeit von der Kapillarporosität, vom Wasserzementwert und vom Hydratationsgrad [Locher - 84]

Zur Herstellung von wasserundurchlässigem Beton soll die Kornzusammensetzung einer stetigen Sieblinie entsprechen. Der Beton darf sich beim Verdichten nicht entmischen, was durch eine ausreichende Mehlkornmenge unterstützt wird. Unter den Bedingungen einer B II - Baustelle darf der Wasserzementwert bei Bauteilen zwischen 10 und 40 cm 0,60 und bei dickeren Bauteilen 0,70 nicht überschreiten. WU-Beton darf auch als B I - Beton unter folgenden Bedingungen hergestellt werden:

- Kornzusammensetzung im günstigen Bereich zwischen den Sieblinien A und B,
- Zementgehalt
  bei Betonzuschlag 0 – 16 mm z = 370 kg/m³
  bei Betonzuschlag 0 – 32 mm z = 350 kg/m³.

Treten Rißbildungen in wasserbeaufschlagten oder wassergefüllten Wannen auf, so können sie bis zu einer Rißbreite von 0,2 mm in Abhängigkeit vom anstehenden Druckgefälle infolge Bildung von wasserunlöslichem Calciumcarbonat von selbst ausheilen (Abb. B.5.9, Tafel B.5.4). Größere Risse sind durch Verpressen mit dünnflüssigen Kunstharzen oder Zement- bzw. Feinstzementsuspension abzudichten. Hierbei ist die Richtlinie für Schutz und Instandsetzung von Betonbauteilen des DAfStb zu beachten [DAfStb RiLi SIB – 91].

Tafel B.5.4 Erfahrungswerte für rechnerische Rißbreiten für die „Selbstheilung" von Rissen im Beton [Lohmeyer – 91]

Druckgefälle h_w/d in m/m	rechnerische Rißbreite w_{cal} in mm
$\leq$ 2,5	$\leq$ 0,20
5	$\leq$ 0,15
$\leq$ 10	$\leq$ 0,10
$\leq$ 20	$\leq$ 0,05

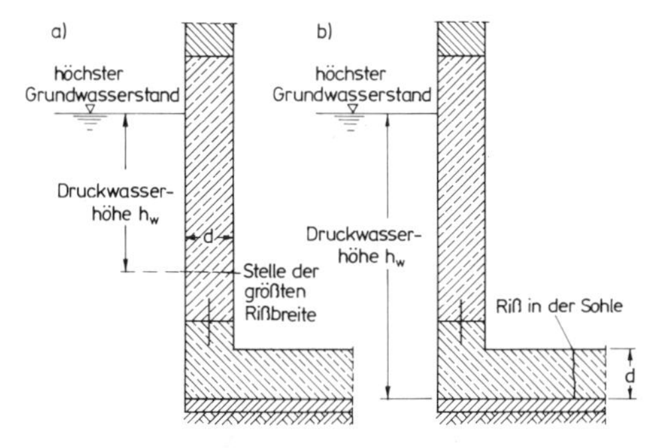

Abb. B.5.9 Bestimmung der Druckwasserhöhe h_w zur Festlegung der rechnerischen Rißbreite w_{cal} [Lohmeyer – 91]
a) Risse in Betonwänden
b) Risse in Betonsohlen

5.7 Dichtheit gegen wassergefährdende Flüssigkeiten

Gemäß § 19g (Wasserhaushaltsgesetz) müssen Anlagen zum Lagern, Abfüllen, Umschlagen, Herstellen, Behandeln und Verwenden von wassergefährdenden Stoffen so eingebaut, aufgestellt und betrieben werden, daß eine Verunreinigung der Gewässer nicht zu besorgen ist (Besorgnisgrundsatz). Nach der Richtlinie für Betonbau beim Umgang mit wassergefährdenden Stoffen des DAfStb [DAfStb RiLi BuwS–95] müssen entsprechende Betonbauten (Auffangräume, Ableitflächen) bei den zu erwartenden Einwirkungen für eine jeweils definierte Dauer dicht sein. Dichtheit bedeutet, daß die Eindringfront des Mediums als Flüssigkeit im Beaufschlagungszeitraum mit einem Sicherheitsabstand die der Beaufschlagung abgewandte Seite des Betonbauteils nachweislich nicht erreicht. Diese Anforderungen werden von einem flüssigkeitsdichten Beton (FD-Beton) mit vorgegebener Zusammensetzung nach DIN 1045 erfüllt, für den das Eindringverhalten wassergefährdender Flüssigkeiten bekannt ist (siehe Abb. B 5.10).
Die Anforderungen an die Betonzusammensetzung des FD-Betons sind wie folgt :

- Beton B II nach DIN 1045,
- dichter und gegen chemische Angriffe beständiger Zuschlag mit Größtkorn 16 oder 32 mm im Sieblinienbereich A/B nach DIN 1045,
- Wasserzementwert $0,45 \leq w/z \leq 0,50$,
- Zementleimgehalt $\leq$ 290 l/m³
- Konsistenz KR, weichere Konsistenzen dürfen nur verwendet werden, wenn nachgewiesen wird, daß Entmischungen unter den gegebenen Einbaubedingungen sicher vermieden werden.

Die Anwendung anderer Betonrezepturen ist nur dann zulässig, wenn ihre Eignung durch Vergleichsprüfungen nach der Richtlinie von einer zugelassenen Stelle nachgewiesen wurde (FDE-Beton).

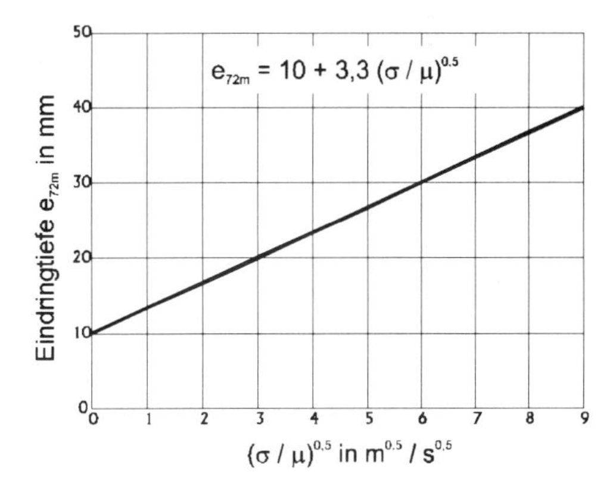

Abb. B.5.10 Ermittlung der Eindringtiefe nach 72 *h* Einwirkzeit e_{72m} für FD-Beton in Abhängigkeit von Oberflächenspannung σ und der dyn. Viskosität η der Flüssigkeit

6 Betonstahl

6.1 Allgemeines

Die Betonstahlnorm DIN 488 ist wie folgt gegliedert:

DIN 488-1 - 84	Sorten, Eigenschaften, Kennzeichen
DIN 488-2 - 86	Betonstahl; Maße und Gewichte
DIN 488-3 - 86	Betonstahl; Prüfungen
DIN 488-4 - 86	Betonstahlmatten und Bewehrungsdraht; Aufbau, Maße und Gewichte
DIN 488-5 - 86	Betonstahlmatten und Bewehrungsdraht; Prüfungen
DIN 488-6 - 86	Überwachung (Güteüberwachung)
DIN 488-7 – 86	Nachweis der Schweißeignung von Betonstahl; Durchführung und Bewertung der Prüfungen

Betonstahl nach [DIN 488-1 – 84] ist ein schweißgeeigneter Stahl mit nahezu kreisförmigem Querschnitt zur Bewehrung von Beton. Er nimmt die Zug-, Biegezug- und Scherspannungen des belasteten Betons auf. Die Profilierung der Oberfläche von Betonstählen (Abb. B.6.1 a und b) schafft die Voraussetzung für einen guten Haftverbund zwischen Beton und Stahl und damit für die Tragfähigkeit des Verbundbaustoffes Stahlbeton.
Betonstahl wird als Betonstabstahl (S), Betonstahlmatte (M) oder als Bewehrungsdraht hergestellt. Betonstahlmatten sind werksmäßig vorgefertigt. Sie bestehen aus sich kreuzenden Stäben, die an der Kreuzungsstelle durch Widerstandspunktschweißung scherfest miteinander verbunden sind. Bewehrungsdraht wird als glatter oder profilierter Betonstahl in Ringen geliefert.

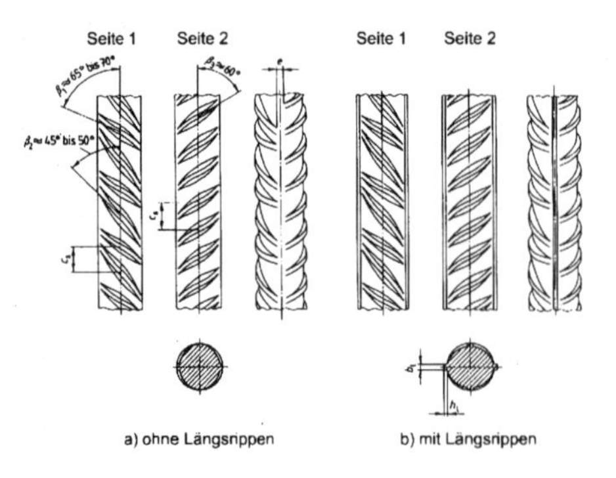

Abb. B.6.1a Nicht verwundener Betonstahl BSt 420 S mit und ohne Längsrippen

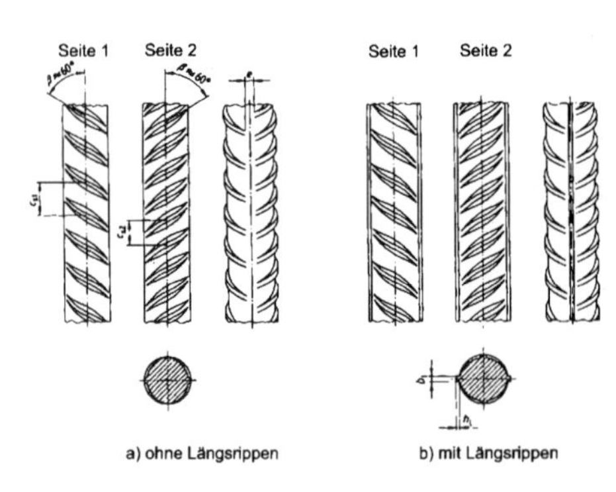

Abb. B.6.1b Nicht verwundener Betonstahl BSt 500 mit und ohne Längsrippen

Nach DIN 488 wird Betonstahl mit Streckgrenzen von 420 und 500 N/mm² nach folgenden Herstellverfahren hergestellt:

- warmgewalzt, ohne Nachbehandlung,
- warmgewalzt, aus der Walzhitze wärmebehandelt,
- kaltverformt durch Verwinden oder Recken des warmgewalzten Ausgangsmaterials.

6.2 Sorteneinteilung und Eigenschaften

Die Zugfestigkeit des Stahls kann infolge der geringen Verformbarkeit des Betons nur bis zu seiner Streckgrenze ausgenutzt werden, um größere Risse aus Belastungen des Betonquerschnitts zu verhindern. Die Streckgrenze stellt deshalb für den Betonstahl die maßgebende Bezugsgröße dar und bestimmt seine Kennzeichnung.
Die für die Verwendung des Betonstahls maßgebenden Eigenschaften zeigt Tafel B.6.1.

Spannungs-Dehnungs-Verhalten

Im Zugversuch wird der Stahl unter einachsigem Spannungszustand bei stetiger Streckung bis zum Bruch belastet. Belastung und Verformung ergeben die Spannungs-Dehnungs-Linie (Abb. B.6.2). Folgende Bereiche kann man dabei abgrenzen:

- elastischer Bereich:
  Bis zur Elastizitätsgrenze (E) verhalten sich Spannungen und Dehnungen proportional (*Hooke*sche Gesetz). Der Elastizitätsmodul, definiert als Steigung der Spannungs-Dehnungs-Linie in diesem Bereich, beträgt für Betonstahl 210 000 N/mm². Damit ist er etwa siebenmal so groß wie der von Beton. Unter

Tafel B.6.1 Sorteneinteilung und Eigenschaften der Betonstähle nach DIN 488-1

	1		2	3	4	5
Betonstahlsorte	Kurzname		BSt 420 S	BSt 500 S	BSt 500 M [2]	Wert p % [3]
	Kurzzeichen [1]		III S	IV S	IV M	
	Werkstoffnummer		1.0428	1.0438	1.0466	
	Erzeugnisform		Betonstabstahl	Betonstabstahl	Betonstahlmatte [2]	
1	Nenndurchmesser d_s	mm	6 bis 28	6 bis 28	4 bis 12 [4]	-
2	Streckgrenze R_e (β_s) [5] bzw. 0,2%-Dehngrenze $R_{p\,0,2}$ ($\beta_{0,2}$) [5]	N/mm²	420	500	500	5,0
3	Zugfestigkeit R_m (β_Z) [5]	N/mm²	500 [6]	550 [6]	550 [6]	5,0
4	Bruchdehnung A_{10} (δ_{10}) [5]	%	10	10	8	5,0
5	Dauerschwingfestigkeit gerade Stäbe [7]	N/mm² Schwingbreite $2\,\sigma_A\,(2 \cdot 10^6)$	215	215	-	10,0
6	gebogene Stäbe	$2\,\sigma_A\,(2 \cdot 10^6)$	170	170	-	10,0
7	gerade freie Stäbe von Matten mit Schweißstelle	$2\,\sigma_A\,(2 \cdot 10^6)$	-	-	100	10,0
8		$2\,\sigma_A\,(2 \cdot 10^6)$	-	-	200	10,0
9	Rückbiegeversuch mit Biegerollendurchmesser für Nenndurchmesser d_s mm	6 bis 12	5 d_s	5 d_s	-	1,0
10		14 bis 16	6 d_s	6 d_s	-	1,0
11		20 bis 28	8 d_s	8 d_s	-	1,0
12	Biegedorndurchmesser beim Faltversuch an der Schweißstelle		-	-	6 d_s	5,0
13	Knotenscherkraft S	N	-	-	$0,3 \cdot A_s \cdot R_e$	5,0
14	Unterschreitung des Nennquerschnitts A_s [8]	%	4	4	4	5,0
15	Bezogene Rippenfläche f_R		siehe DIN 488 T.2	siehe DIN 488 T.2	siehe DIN 488 T.2	0
16	Chemische Zusammensetzung bei der Schmelzen- und Stückanalyse[9] Massengehalt in %, max.	C	0,22 (0,24)	0,22 (0,24)	0,15 (0,17)	-
17		P	0,050 (0,055)	0,050 (0,055)	0,050 (0,055)	-
18		S	0,050 (0,055)	0,050 (0,055)	0,050 (0,055)	-
19		N [10]	0,012 (0,013)	0,012 (0,013)	0,012 (0,013)	-
20	Schweißeignung für Verfahren [11]		E, MAG, GP, RA, RP	E, MAG, GP, RA, RP	E [12], MAG [12], RP	

[1] Für Zeichnungen und statische Berechnungen.

[2] Mit den Einschränkungen nach Abschnitt 8.3 gelten die in dieser Spalte festgelegten Anforderungen auch für Bewehrungsdraht.

[3] p-Wert für eine statistische Wahrscheinlichkeit $W = 1 - \alpha = 0,90$ (einseitig) (siehe auch Abschnitt 5.2.2).

[4] Für Betonstahlmatten mit Nenndurchmessern von 4,0 und 4,5 mm gelten die in Anwendungsnormen festgelegten eingeschränkten Bestimmungen; die Dauerschwingfestigkeit braucht nicht nachgewiesen zu werden.

[5] Früher verwendete Zeichen.

[6] Für die Istwerte des Zugversuchs gilt, daß R_m mind. $1,05 \cdot R_e$ (bzw. $R_{p\,0,2}$), beim Betonstahl BSt 500 M mit Streckgrenzwerten über 550 N/mm² mind. $1,03 \cdot R_e$ (bzw. $R_{p\,0,2}$) betragen muß.

[7] Die geforderte Dauerschwingfestigkeit an geraden Stäben gilt als erbracht, wenn die Werte nach Zeile 6 eingehalten werden.

[8] Die Produktion ist so einzustellen, daß der Querschnitt im Mittel mindestens dem Nennquerschnitt entspricht.

[9] Die Werte in Klammern gelten für die Stückanalyse.

[10] Die Werte gelten für den Gesamtgehalt an Stickstoff. Höhere Werte sind nur dann zulässig, wenn ausreichende Gehalte an stickstoffabbindenden Elementen vorliegen.

[11] Die Kennbuchstaben bedeuten: E = Metall-Lichtbogenschweißen; MAG = Metall-Aktivgasschweißen, GP = Gaspreßschweißen, RA = Abbrennstumpfschweißen, RP = Widerstandspunktschweißen.

[12] Der Nenndurchmesser der Mattenstäbe muß mindestens 6 mm beim Verfahren MAG und mindestens 8 mm beim Verfahren E betragen, wenn Stäbe von Matten untereinander oder mit Stabstählen $\leq$ 14 mm Nenndurchmesser verschweißt werden.

normalen Nutzungsbedingungen wird der Stahl in diesem Bereich belastet.

- Fließbereich:
  Bis zur Streckgrenze (S) wachsen die Verformungen ohne wesentliche Spannungszunahme rasch an. Nach einer Entlastung kommt es zu bleibenden (plastischen) Verformungen.
- Zugfestigkeitsbereich:
  Hier wachsen die Spannungen bis zum Maximalwert (Zugfestigkeit) an. Die Bruchdehnung beträgt für Betonstahl über 8 %. Dehnung und Brucheinschnürung geben Auskunft über die Zähigkeit des Stahls.

In DIN 1045 wurde eine idealisierte bilineare Arbeitslinie eingeführt (Abb. B.6.3), die einen elastischen und einen plastischen Bereich voneinander abgrenzt. Die Streckgrenze wird dabei als technische Streckgrenze (0,2 % bleibende Dehnung) definiert. Für die statische Berechnung wird der Stahl mit maximal 0,5 % Verformung berücksichtigt. Damit ergeben sich gegenüber der Bruchdehnung von ca. 8 % erhebliche Tragfähigkeitsreserven bis zum Stahlbruch.

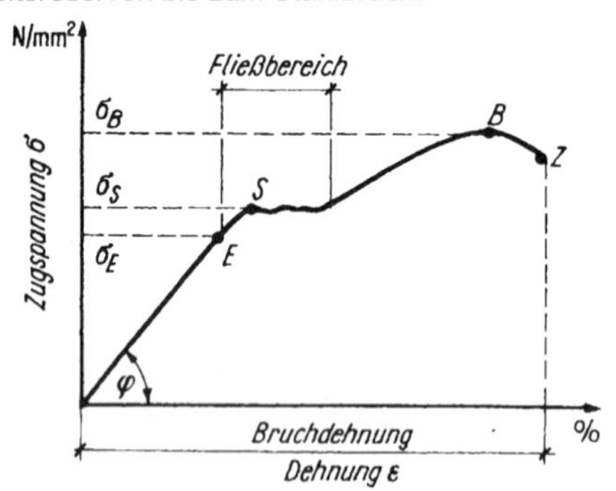

Abb. B.6.2 Spannungs-Dehnungs-Diagramm von Stahl (tatsächliche Spannungs-Dehnungs-Linie)

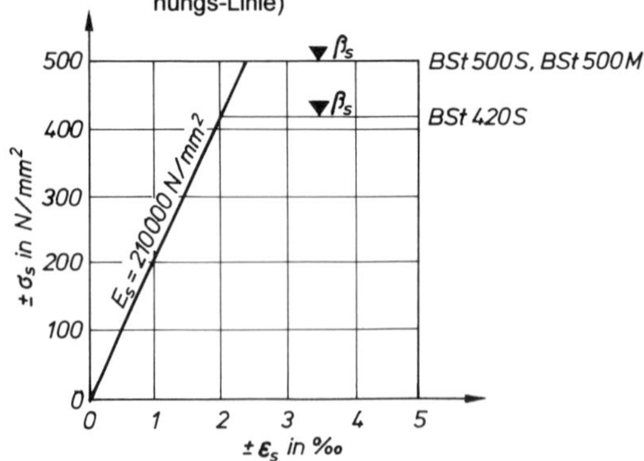

Abb. B.6.3 Rechenwerte für die Spannungs-Dehnungs-Linien der Betonstähle

6.3 Betonstabstahl und Bewehrungsdraht

DIN 488-02 regelt die Anforderungen an Maße, Gewichte und zulässige Abweichungen von geripptem Betonstahl der Sorte BSt 420 S und BSt 500 S mit den in Tafel B.6.2 angegebenen Nenndurchmessern. Zur Vermeidung von Verwechslungen weisen Schrägstäbe auf der Oberfläche bei den beiden Betonstabstahlsorten unterschiedliche Anordnungen auf (siehe Abb. 6.1). Aus der Rippung der Betonstähle können Herstellerland und -werk abgelesen werden (Abb. B.6.4). Das Verzeichnis der deutschen und ausländischen Herstellerwerke führt das Deutsche Institut für Bautechnik, Berlin.

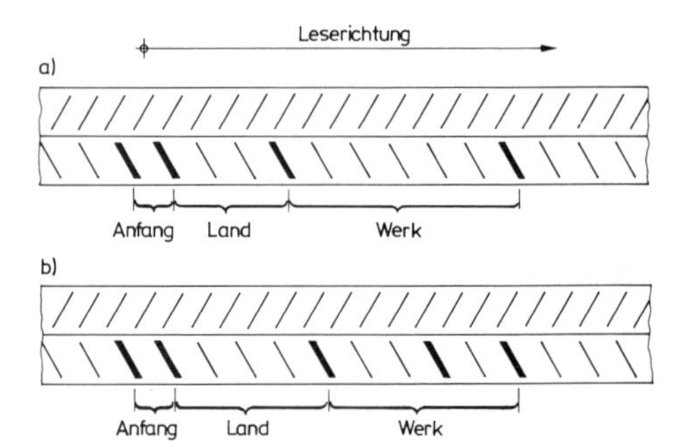

Beispiel a): Land Nr. 2, Werknummer 5
Beispiel b): Land Nr. 3, Werknummer 21

Abb. B.6.4 Kennzeichnung von Betonstahl BSt 420 S

Tafel B.6.2 Durchmesser, Querschnitt und Gewicht (Nennwerte) von geripptem Betonstahl

1	2	3
Nenndurchmesser	Nennquerschnitt [1]	Nenngewicht [2]
d_s	A_s cm²	G kg/m
6	0,283	0,222
8	0,503	0,395
10	0,785	0,617
12	1,13	0,888
14	1,54	1,21
16	2,01	1,58
20	3,14	2,47
25	4,91	3,85
28	6,16	4,83

[1] Siehe DIN 488 Teil 1, Ausgabe September 1984, Tabelle 1 (Zeile 14 und Fußnote 8).

[2] Errechnet mit einer Dichte von 7,85 kg/dm³.

Für Stahlbetonbauteile nach DIN 1045 dürfen nur Stähle nach DIN 488 mit Übereinstimmungszertifikat verwendet werden. Jeder Lieferung ist ein numerierter Lieferschein mit folgenden Angaben beizufügen:

- Hersteller und Werk,
- Werkkennzeichen bzw. Werknummer,
- Überwachungszeichen,
- vollständige Bezeichnung des Betonstahls,
- Liefermenge,
- Tag der Lieferung,
- Empfänger.

Bei einer Lieferung von Betonstahl vom Händlerlager oder vom Biegebetrieb ist vom Lieferer auf dem Lieferschein zu bestätigen, daß er Betonstahl nur aus Herstellerwerken bezieht, die einer Überwachung nach DIN 488-06 unterliegen. Um Verwechslungen möglichst auszuschließen, hat die Lagerung auf der Baustelle nach Sorten und Durchmessern getrennt und durch Tafeln markiert zu erfolgen.
Bewehrungsdraht nach DIN 488-04 der Sorte BSt 500 G (glatt) und BSt 500 P (profiliert) wird durch Kaltverformung mit Nenndurchmessern von 4 bis 12 mm hergestellt. Eine Verwendung nach DIN 1045 ist nicht zulässig. Die Einsatzgebiete liegen bei der Herstellung von Stahlbetonrohren nach DIN 4035 sowie bewehrten Porenbetonelementen nach DIN 4223.
Neben den genormten Betonstählen werden solche mit erhöhtem Korrosionswiderstand nach allgemeiner bauaufsichtlicher Zulassung im Betonbau eingesetzt. Hierzu gehören feuerverzinkte und nichtrostende Stähle, epoxidharzbeschichtete Stähle und PVC-beschichtete Betonstahlmatten.

6.4 Betonstahl-Verbindungen und Bewehrungsanschlüsse

Von großer praktischer Bedeutung sind mechanische Verbindungen von Betonstählen zur Herstellung axialer Stöße. Die Anwendbarkeit dieser Verbindungen wird durch bauaufsichtliche Zulassungen geregelt. Man unterscheidet Muffenstöße mit gewindeförmig ausgebildeten Rippen, konischen oder zylindrischen Gewinden an den Stoßenden und aufgepreßter oder überzogener Muffe. Im allgemeinen sind die Verbindungen für den 100%-Vollstoß auf Zug und Druck und auch für nicht vorwiegend ruhende Beanspruchung geeignet. Die folgende Zusammenstellung gibt einen Überblick über die von verschiedenen Firmen entwickelten und bauaufsichtlich zugelassenen Betonstahlverbindungen und Bewehrungsanschlüsse.

- GEWI-Muffenstoß und GEWI-Endverankerung als Schraubmuffenverbindung der Fa. Dyckerhoff & Widmann AG
- Fließpreß-Muffenstoß FLIMU der Fa. Dyckerhoff & Widmann AG
- Schraubmuffenverbindung WD 90 der Fa. Wayss & Freitag AG
- Schraubanschluß LENTON der Firma ERICO GmbH
- Preßmuffenstoß der Fa. Eberspächer GmbH
- DEHA-MBT-Bewehrungsanschluß
- HALFEN-HBS-Schraubanschluß
- PFEIFER-Bewehrungsanschluß PH
- FRANK Schraubanschluß System Coupler

Das Verbinden von Betonstahl durch Schweißen wird durch DIN 1045, DIN 488-07 und DIN 4099 geregelt. Anwendungsfälle sind die Verlängerung von Betonstabstahl, Verbindung von Stahlbetonfertigteilen, Herstellung von Verankerungskonstruktionen sowie der Verbund von Betonstahl und Stahlbauteilen im Verbundbau (z.B. Bolzenschweißen).

7 Dauerhaftigkeit und Korrosion

7.1 Allgemeines

Die Dauerhaftigkeit bzw. Beständigkeit des Betons kann als Gleichgewichtszustand aufgefaßt werden, der zwischen seiner Widerstandsfähigkeit und den äußeren Einwirkungen der Umgebung besteht. Die Ursache für ein Versagen (Schaden, Korrosion) kann sowohl in einer Abnahme der Widerstandsfähigkeit als auch in einer ungünstigen Veränderung der Umgebungsbedingungen liegen oder in beidem. Unter Umgebung sind nach E DIN EN 206 - 97 jene chemischen und physikalischen Einwirkungen zu verstehen, denen der Beton ausgesetzt ist und die zu Wirkungen auf den Beton oder die Bewehrung oder eingebettetes Metall führen, die nicht als Lasten in der Tragwerksplanung berücksichtigt werden. Die nach Umwelt- oder Expositionsklassen eingeteilten Einwirkungen sind in beschreibender Form in den Tafeln B.1.4 und B.1.5 zusammengestellt.
In diesem Zusammenhang ist festzustellen, daß die Dauerhaftigkeit der Betonbauweise durch einen Komplex von konstruktiven, baustofflichen und verfahrenstechnischen Einflußfaktoren im Prozeß der Planung, Herstellung und Nutzung bestimmt wird.
Von besonderer Bedeutung für die Dauerhaftigkeit des Betons und den Korrosionsschutz der Bewehrung ist die Dichtigkeit, insbesondere der oberflächennahen Betonschichten, gegenüber eindringenden Gasen und Flüssigkeiten. Das Ein-

dringen erfolgt dabei hauptsächlich über Verdichtungsporen und Kapillarporen im Zementstein sowie über gestörte Kontaktzonen (Mikrorisse) zwischen Zementstein und Zuschlag. Daß die Qualität der oberflächennahen Betonschichten insbesondere durch eine ausreichend bemessene feuchte Nachbehandlung verbessert werden kann, soll im Hinblick auf die Dauerhaftigkeit des Betons nochmals unterstrichen werden.
Flüssigkeiten und Gase gelangen infolge Druck, mittels Diffusion und durch kapillares Saugen von Wasser in den Beton. Dabei hat das kapillare Saugen der oberflächennahen Bereiche die größte Bedeutung. Der Feuchtegehalt des Betons ist wiederum maßgebend für die Reaktionsgeschwindigkeit der meisten auf den Beton einwirkenden Schädigungen. Ein Schema möglicher korrosiver Einflüsse auf den Beton und die Bewehrung zeigt Abb. B.7.1.

7.2 Betonkorrosion

Betonangreifende Stoffe wirken treibend und/oder lösend auf den Zementstein. Auch die Zuschläge können einbezogen werden, wenn sie gegenüber Säuren löslich sind (z.B. Kalkstein und Dolomit) oder bei feuchten Umgebungsbedingungen und hoher Alkalität im Beton treibend wirken (Alkali-Kieselsäure-Reaktion).

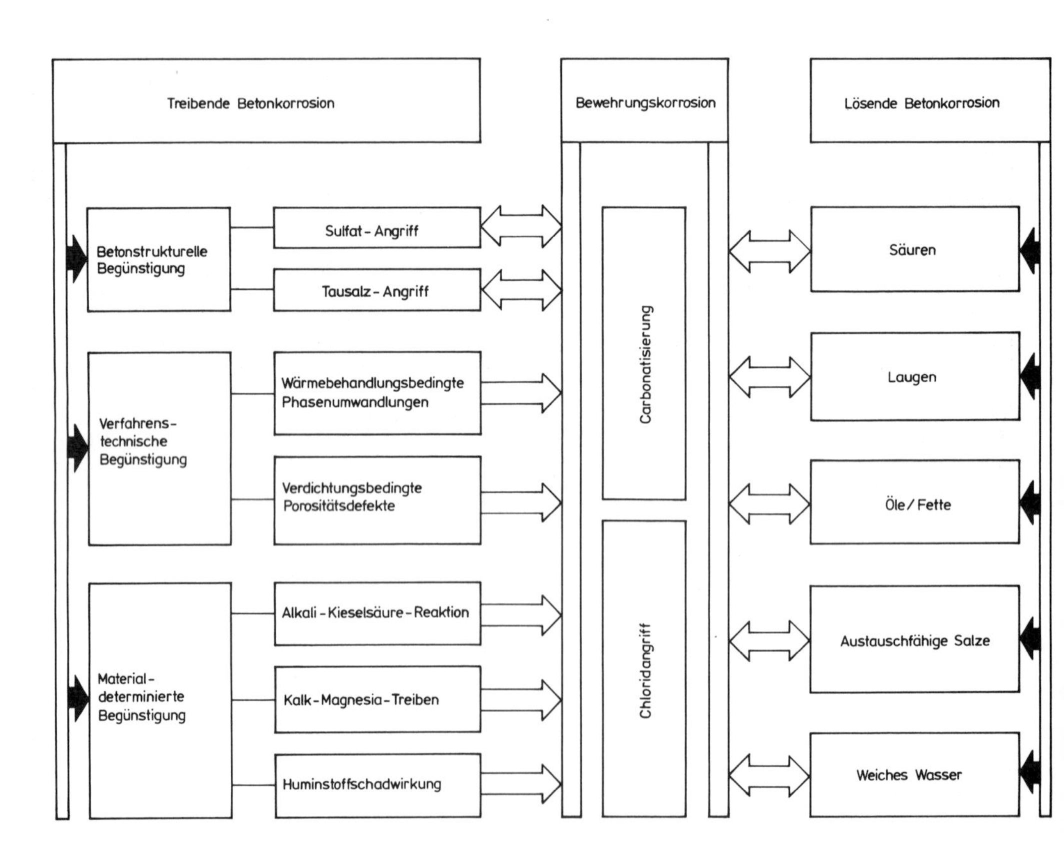

Abb. B.7.1 Schema der korrosiven Einflüsse auf den Beton [Schlüßler/Mcedlov-Petrosjan - 90]

Treibende Betonkorrosion

Sulfathaltige wäßrige Lösungen können über das Porengefüge des Zementsteins eindringen und zu einer Reaktion mit den Aluminathydraten des Zements führen. Dabei entsteht Ettringit (3 CaO · Al_2O_3 · 3 $CaSO_4$ · 32 H_2O), das durch die große Wasserbindung beim Kristallwachstum und die damit verbundene Volumendehnung zu Rissen im Zementstein führt. Die entstehenden Gefügerisse ermöglichen weiteren Wasserzutritt, wodurch die Treibreaktionen noch verstärkt werden (Betonbazillus). Ist eine solche Reaktion zu befürchten, muß Zement mit einem begrenzten Aluminatgehalt (HS-Zement) eingesetzt werden.
Bei sehr hohen Sulfatkonzentrationen werden auch die schwer löslichen Calciumsilicathydrate angegriffen. Die hierdurch erfolgte Gipsbildung im Porengefüge des Zementsteins führt durch die damit verbundene Volumendehnung zu Spannungen und in deren Folge zu Ablösungen der betroffenen oberen Betonschichten.
Eine besondere Form der treibenden Betonkorrosion ist die durch biogene Schwefelsäurekorrosion hervorgerufene Gipsbildung im Zementstein. Die Ursache hierfür ist die Bildung von Schwefelwasserstoff durch Reduktion von schwefelhaltigen organischen Substanzen im Abwasser mittels Fäulnisbakterien unter anaeroben Bedingungen (1. Stufe). Der Schwefelwasserstoff hat als schwache Säure praktisch keine betonkorrosive Wirkung. Infolge bakterieller Oxydation des Schwefelwasserstoffs durch Thiobakterien (2. Stufe) kann sich im gasgefüllten Raum von Rohrleitungen und Behältern Schwefelsäure auf den feuchten Betonoberflächen bilden. Diese Beanspruchung des Betons ist als „sehr starker Angriff " im Sinne von [DIN 4030 - 91] einzustufen. Beton, der diesem Angriff längere Zeit ausgesetzt ist, muß nach DIN 1045 vor unmittelbarem Zutritt der angreifenden Stoffe geschützt werden.
Eine sekundäre Ettringitbildung und damit treibende Reaktion im Zementstein ist auch ohne die äußere Zufuhr von Sulfaten bei wärmebehandelten Betonen möglich. Sie ist dadurch bedingt, daß bei höheren Temperaturen (größer 65 °C) der anfangs gebildete Ettringit (Trisulfat) in das sulfatärmere Monosulfat zerfällt. Dadurch steigt der Sulfatgehalt in der Porenlösung des Zementsteins und bewirkt bei entsprechendem Wasserangebot eine sekundäre, treibende Ettringitbildung. Diesem Korrosionsmechanismus kann durch Begrenzung der Betontemperatur begegnet werden.
Die Ursachen für eine treibende Betonkorrosion infolge Alkali-Kieselsäure-Reaktion der Zuschläge wurden bereits im Abschnitt 2.2 erläutert.

Lösende Betonkorrosion

Unter lösender Betonkorrosion werden chemische Reaktionen des Zementsteins mit Säuren, bestimmten austauschfähigen Salzen, starken Basen, organischen Fetten und Ölen verstanden, bei denen die schwerlöslichen Calciumverbindungen der Matrix in leichtlösliche Neubildungen umgewandelt werden. Auch Zuschläge sind vom Angriff betroffen, wenn sie aus Kalkstein oder kalkhaltigem Gestein bestehen.
Der Angriffsgrad von Säuren bzw. sauren Wässern ist von deren Wasserstoff-Ionenkonzentration, also vom pH-Wert der wäßrigen Lösung abhängig. Im allgemeinen nimmt die Betonaggressivität bei pH-Werten kleiner 5 erheblich zu.
Starke Säuren (Salz-, Salpeter-, Schwefelsäure) lösen die Zementbestandteile unter Bildung von Calcium-, Aluminium-, Eisensalzen und kolloidalem Kieselgel auf. Dabei sind auch kombinierte Wirkungen, wie die Bildung von treibenden Gipskristallen im Zementstein bei biogener Schwefelsäurekorrosion, möglich.
Unter die schwachen Säuren sind Kohlensäure und Huminsäuren einzuordnen. Dabei spielt der Auslaugungsvorgang durch kalklösende Kohlensäure aus Quell- und Grundwasser eine besondere Rolle. Kohlendioxid (CO_2) wird im Wasser insbesondere bei höherer Temperatur und höherem Druck in erheblicher Menge unter Bildung von Kohlensäure gelöst. Beim Einwirken von CO_2-haltigen Wässern auf den Beton bildet sich anfänglich das schwerlösliche Calciumcarbonat im Oberflächenbereich. Durch Zutritt weiterer Kohlensäure entsteht leichtlösliches Calciumhydrogencarbonat. Dabei ist ein bestimmter Gehalt an gelöstem CO_2 erforderlich, um das Hydrogencarbonat in Lösung zu halten bzw. eine stabile Lösung zu bilden. Der über die „stabilisierende Kohlensäure" hinausgehende Anteil an CO_2, die sogenannte „überschüssige Kohlensäure", wirkt kalk- bzw. betonaggressiv und ist von der Härte des Wassers abhängig. Der geschilderte Sachverhalt wird in den Abb. B.7.2 und B.7.3 veranschaulicht.
Gegenüber Laugen ist der Zementstein wegen seines hohen pH-Wertes in der Porenlösung des Zementsteins (größer 12,5) im allgemeinen beständig.
Organische Fette und Öle verursachen eine Verseifung und damit Lockerung des Betongefüges. Säurefreie Mineralöle und Fette sind dagegen nicht betonaggressiv.
Stärker betonschädigend wirken Ammoniumverbindungen (z.B. Düngemittel), da sie im alkalischen Milieu in Ammoniak übergehen und dadurch lösliche Ammoniumsalze bilden können.

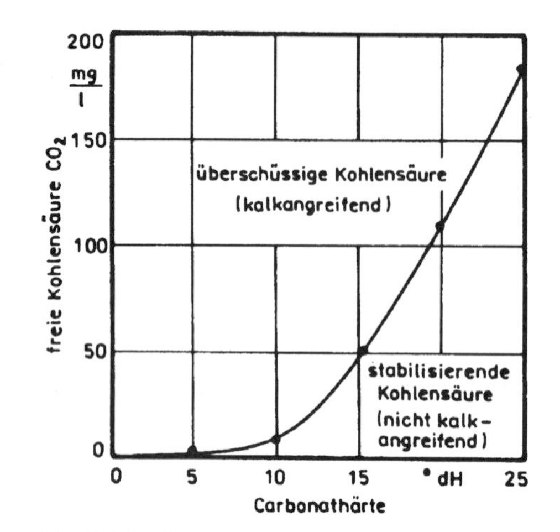

Abb. B.7.2 Zusammenhang zwischen überschüssiger und stabilisierender Kohlensäure in Wasser [Schlüßler/Mcedlov-Petrosjan - 90]

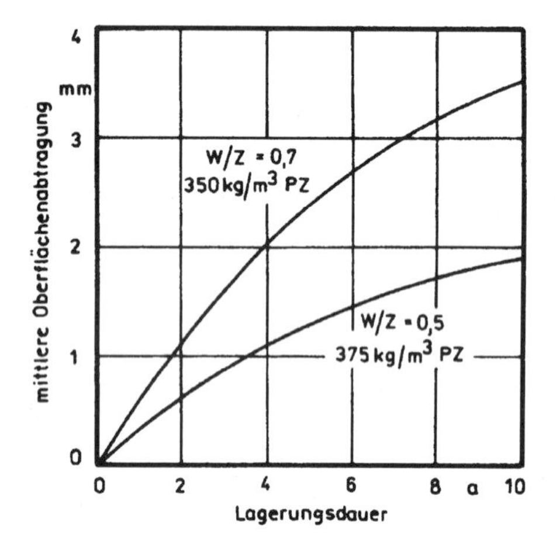

Abb. B.7.3 Oberflächenabtrag von Mörtel bei Einwirkung kalklösender Kohlensäure (nach *Locher* und *Sprung* in [Schlüßler/Mcedlov-Petrosjan - 90])

7.3 Bewehrungskorrosion

7.3.1 Allgemeines

Eine Grundvoraussetzung für die Dauerhaftigkeit von Stahlbetonbauteilen ist der Korrosionsschutz der Bewehrung durch die Einbettung in einen dichten Zementstein mit einem hohen pH-Wert (je nach Zementart 12,5 bis 13,5) in der Porenlösung. Dieser stellt sich durch Bildung und In-Lösung-Gehen von Calciumhydroxid und Alkalihydroxiden bei der Hydratation der Calciumsilikate des Zements im Porenwasser ein und bildet auf der Stahloberfläche eine sehr dünne, lückenlose Passivschicht aus Eisenoxid. Ein Verlust der Passivierung der Stahloberfläche kann infolge Carbonatisierung des Betons bzw. Eindringen von korrosionsfördernden Substanzen, z.B. Chloriden, eintreten. Eine Bewehrungskorrosion ist jedoch nur möglich, wenn folgende Voraussetzungen gleichzeitig erfüllt werden:

- Vorhandensein eines Elektrolyten (Wasser),
- Aufhebung der Wirkung der Passivschicht,
- Vordringen von Sauerstoff bis zur Stahloberfläche.

Bedingung für eine Elektrolytbildung ist ein feuchter Beton. Bei trockenen Betonbauteilen ist demzufolge auch dann keine Bewehrungskorrosion zu erwarten, wenn der Beton carbonatisiert ist oder freie Chloridionen enthält.
Auch bei ständiger Wasserlagerung des Betons ist wegen unzureichender Sauerstoffzufuhr das Korrosions- oder Angriffsrisiko gering. Zur Sicherstellung eines ausreichenden Korrosionsschutzes enthält DIN 1045 Anforderungen an die Betondeckung (siehe Tafel B.1.4) und die Betonzusammensetzung für Innen- und Außenbauteile (Tafel B.4.4). Die Anforderungen an den Mindestzementgehalt von 240 kg/m³ und den höchstzulässigen ω-Wert von 0,75 stimmen mit den entsprechenden Regelungen für die durch Carbonatisierung verursachte Korrosion nach E DIN EN 206 überein (Tafel B.7.1). Für durch Chloride verursachte Korrosion werden in Abhängigkeit von der Expositionsklasse höchstzulässige ω-Werte zwischen 0,45 und 0,55 gefordert.

7.3.2 Carbonatisierung

Beim Prozeß der Carbonatisierung erfolgt eine Reaktion des durch Hydrolyse der Calciumsilikate abgespaltenen Calciumhydroxids in Gegenwart von Wasser mit dem Kohlendioxid der Luft zu Calciumcarbonat:

$$Ca(OH)_2 + CO_2 + H_2O \rightarrow CaCO_3 + 2\,H_2O$$

Die Carbonatisierung bewirkt einen allmählichen Abfall des pH-Wertes in der Porenlösung des Zementsteins auf pH-Werte kleiner 9 (Abb. B.7.4). Erreicht die Carbonatisierungsfront die Stahloberfläche und liegen die in Abschnitt 7.3.1 genannten drei Voraussetzungen vor, so wird eine Korrosion des Bewehrungsstahls induziert. Dabei erfolgt über eine anodische Oxydation eine Auflösung des Eisens, wobei die frei werdenden Elektronen die katodische Reduktion des Sauerstoffs bzw. eine Protonenreduktion bewirken:

$$O_2 + 2\,H_2O + 4\,e^- \rightarrow 4\,OH^-$$

$$2\,H^+ + 2\,e^- \rightarrow H_2$$

Tafel B.7.1 Grenzwerte für Zusammensetzung und Eigenschaften von Beton – Teil 1 [E DIN EN 206 - 97]

	Kein Korrosions- oder Angriffsrisiko	Bewehrungskorrosion									
		Durch Carbonatisierung verursachte Korrosion				Durch Chloride verursachte Korrosion					
						Meerwasser			andere Chloride als Meerwasser		
Expositionsklassen	X0[1]	XC1	XC2	XC3	XC4	XS1	XS2[2]	XS3[2]	XD1	XD2[2]	XD3[2]
Höchstzulässiger *w/z*-Wert	-	0,75		0,65	0,60	0,55	0,50	0,45	0,55	0,50	0,45
Mindestfestigkeitsklassen	C8/10	C16/20		C20/25	C25/30	C30/37	C35/45	C35/45	C30/37	C35/45	C35/45
Mindestzementgehalt (kg/m³)	-	240		260	280	300	320	340	300	320	340
Mindestluftporengehalt (%)	-	-		-	-	-	-	-	-	-	-
Andere Anforderungen	-	-									
Anforderungen an den Zement[3]	Alle Zemente nach DIN 1164	Alle Zemente nach DIN 1164									

[1] Nur für unbewehrten Beton.
[2] Für massige Bauteile (> 80 cm) gilt: 0,55 / C30/37 / 300 und Betondeckung + 20 mm und keine Hautbewehrung.
[3] Neben den genormten Zementen sind auch für den entsprechenden Anwendungsfall bauaufsichtlich zugelassene Zemente verwendbar.

Im Ergebnis kommt es nach Reaktion zwischen Eisenionen und Hydroxidionen zur Bildung von Eisenhydroxid. Nach Sauerstoffzutritt entsteht in einer Sekundärreaktion das FeOOH als Rost. Die Umsetzung von Eisen zu Rost bewirkt eine 2,5fache Volumenzunahme, was eine Rißbildung und das Absprengen der äußeren Betonschicht zur Folge haben kann (Rosttreiben).

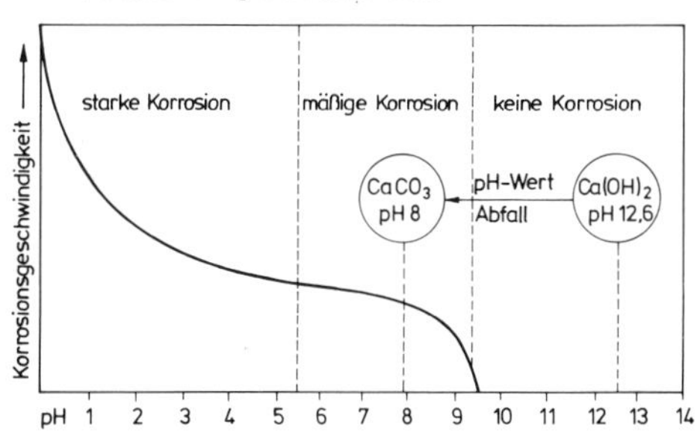

Abb. B.7.4 Korrosionsgeschwindigkeit der Bewehrung in Abhängigkeit vom pH-Wert

Die Aufnahme von Kohlendioxid ist stark vom Wassergehalt des Zementsteins abhängig. Wassergefüllte Kapillaren nehmen praktisch kein CO_2 auf. Auch sehr trockener Beton carbonatisiert nicht weiter, weil ein gewisser Feuchtigkeitsfilm Voraussetzung für den Ablauf der chemischen Reaktion ist. Bei relativer Luftfeuchte zwischen 50 und 75 % erreicht deshalb die Carbonatisierungsgeschwindigkeit ihr Maximum.
Für Beton unter konstanten Umgebungsbedingungen kann die zeitliche Entwicklung der Carbonatisierungstiefe nach dem $\sqrt{t}$-Gesetz beschrieben werden (Abb. B.7.5):

$$d_c = \alpha \sqrt{t}$$

Die Größe des Faktors α wird durch den Diffusionskoeffizienten des Zementsteins, die CO_2-Konzentration und die Umgebungsbedingungen bestimmt. Die deutliche Abnahme des Carbonatisierungsfortschritts läßt sich auf die Verdichtung des carbonatisierten Zementsteins durch Ausfüllung des Kapillarporenraums mit Kalkstein zurückführen. Die bei hüttensandreichem Hochofenzement und Portlandflugaschezement auftretende Beschleunigung der Carbonatisierung kann durch eine Verringerung des Wasserzementwertes oder eine verbesserte Nachbehandlung weitgehend ausgeglichen werden.

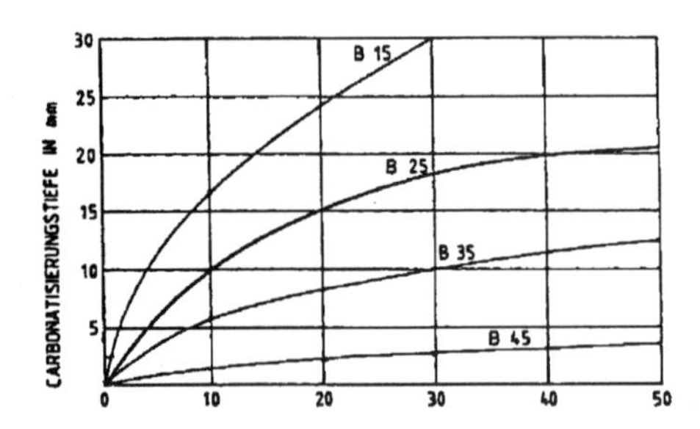

Abb. B.7.5 Carbonatisierungstiefe in Abhängigkeit von der Zeit und der Betonfestigkeit

Durch größere Risse und Poren im Beton können in der Carbonatisierungsfront örtliche Spitzen auftreten. Der derzeitige Stand der Erkenntnisse über den Zusammenhang zwischen Rißbildung und durch Carbonatisierung bedingte Bewehrungskorrosion [Schießl - 86] zeigt jedoch, daß Dicke und Dichtigkeit der Betondeckung von weit größerer Bedeutung für die Dauerhaftigkeit sind als die Breite der Risse senkrecht zur Bewehrungsrichtung, solange sie nicht größer als 0,4 bis 0,5 mm werden. Durch eine Beschränkung der rechnerischen Rißbreite nach DIN 1045 (Tafel B.7.2) auf unkritische Werte, einer hohen Qualität der Betondeckung (Einhaltung der Mindestwerte min c nach Tafel B.1.4, dichtes Betongefüge) und sachgemäße Ausführung (Betonzusammensetzung, Nachbehandlung) kann eine Beeinträchtigung der Standsicherheit von Stahlbetonbauwerken infolge Korrosion der Bewehrung innerhalb einer wahrscheinlichen Nutzungsdauer von 50 bis 80 Jahren ausgeschlossen werden [DBV-Merkblatt Begrenzung Rißbildung - 96].

Tafel B.7.2 Rechenwert der Rißbreite $w_{k,cal}$ in Stahlbetonbauteilen zur Sicherstellung einer ausreichenden Dauerhaftigkeit

Zeile	Umweltbedingungen nach	Rechenwert der Rißbreite $w_{k,cal}$
1	DIN 1045, Tabelle 10, Zeile 1	0,4 mm
2	DIN 1045, Tabelle 10, Zeilen 2 bis 4	0,25 mm

7.3.3 Chloridkorrosion

Dringen im Porenwasser des Zementsteins gelöste Chloridionen bis zur Stahloberfläche vor, so kommt es zu einer Chloridkorrosion. Sie ist dadurch gekennzeichnet, daß die Chloridionen auch im nichtcarbonatisierten Beton in der Lage sind, die Passivschicht des Stahls lokal zu durchbrechen. Die hierdurch bewirkte Lochfraßkorrosion kann zu erheblichen Schäden an Stahlbetonbauwerken und insbesondere zu lokalen Brüchen von Spannstählen führen.
Chloride können entweder durch die Betonausgangsstoffe Zement, Zuschlag, Anmachwasser und Zusätze als auch durch Tausalze, Meerwasser und chloridhaltige Brandgase über die Oberfläche in den Beton gelangen. Da die Chloridgehalte der Betonausgangsstoffe in den Normen begrenzt sind, spielen sie bei der Chloridkorrosion des Bewehrungstahls praktisch keine Rolle. Hinzu kommt, daß der Zement einen erheblichen Chloridanteil im sogenannten *Friedel*schen Salz chemisch binden kann.
Korrosionsverursachend sind die im Porenwasser des Zementsteins in dissoziierter Form vorliegenden gelösten Chloride, die bei entsprechendem äußerem Chloridangebot über die Kapillarporen in den Beton eindiffundieren können. Die Diffusionsgeschwindigkeit ist, wie bereits erwähnt, eine Funktion der Porenstruktur des Zementsteins. Deshalb wirken auch alle stofflichen und technologischen Maßnahmen zur Verringerung des Zementsteinporenraumes einer Chloridkorrosion der Bewehrung entgegen.
Im Gegensatz zur carbonatisierungsbedingten Stahlkorrosion führen Risse in der Betondeckschicht zu einem schnellen Vordringen freier Chloridionen bis zur Stahloberfläche. Damit ist eine gezielte Rißbreitenbeschränkung zur Sicherung des Korrosionsschutzes der Bewehrung bei Chloridangriff insbesondere auf horizontalen Betonoberflächen (z.B. Parkdecks) nutzlos [Schießl - 86]. Hieraus ergibt sich die Notwendigkeit, gerissenen Beton von Anfang an durch besondere Schutzmaßnahmen in Form von dichten, rißüberbrückenden Beschichtungen zu schützen.

C STATIK

Prof. Dr.-Ing. Ulrich Paul Schmitz

C

Hinweis zu den verwendeten Bezeichnungen:

Es werden grundsätzlich **internationale Bezeichnungen** verwendet, außer bei Berechnungsbeispielen nach DIN 1045 (12.88), welche besonders gekennzeichnet sind. Es wird insbesondere darauf hingewiesen, daß im Unterschied zu Bezeichnungen nach nationalen Normen folgende Formelzeichen gelten (Auswahl, ausführliche Zusammenstellung s. Kap. D):

V Querkraft

h Querschnittshöhe

d Nutzhöhe

C Statik

1 Stabtragwerke

1.1 Erläuterung baustatischer Verfahren im Stahlbetonbau

Den im Stahlbetonbau zur Schnittgrößenermittlung einsetzbaren Verfahren liegen folgende Annahmen über das Bauteilverhalten zugrunde, s. [ENV 1992-1-1 – 92], 2.5.1.1, vgl. [E DIN 1045-1 – 97], 5:

- Linear-elastisches Verhalten
- Linear-elastisches Verhalten mit begrenzter Umlagerung
- Nichtlineares Verhalten
- Plastisches Verhalten

Verfahren, die auf den beiden letztgenannten Ansätzen beruhen, stellen eine Neuerung gegenüber den Regelungen nach [DIN 1045 – 88] dar. Eine Schnittgrößen- und Verformungsermittlung auf der Grundlage nichtlinearen Materialverhaltens ist zwar mit geeigneten Computerprogrammen bei Berechnungen nach Theorie II. Ordnung einschließlich Knicksicherheitsnachweis auch im Rahmen der [DIN 1045 – 88] seit langem üblich („Nachweis am Gesamtsystem", 17.4.9), in [ENV 1992-1-1 – 92] werden nun aber die benötigten Stoffgesetze und Anwendungsregeln genauer beschrieben.

Bei der Schnittgrößenermittlung ist auf die Einhaltung folgender Grundprinzipien zu achten, s. [ENV 1992-1-1 – 92], 2.5.3.1:

1. Der Gleichgewichtszustand ist sicherzustellen.
2. Wenn die Verträglichkeit der Verformungen durch das Berechnungsverfahren nicht nachgewiesen wird, muß das Tragwerk ausreichend verformungsfähig (duktil) sein.
3. Das Tragwerk ist nach Theorie II. Ordnung zu berechnen, wenn dies im Vergleich zur Theorie I. Ordnung zu einer Erhöhung des Biegemoments um mehr als 10 % führt.
4. Schnittgrößen aus Zwangseinwirkungen wie Temperatur oder Schwinden brauchen nicht ermittelt zu werden, wenn das Tragwerk durch Fugen in ungefährdete Abschnitte von höchstens 30 m Länge unterteilt wird.

Für die Untersuchungen zum Nachweis des Stahlbetontragwerks bedeutet dies:

- **Nachweis der Gebrauchstauglichkeit**

  Da bei geringer Querschnittsbeanspruchung im Zustand I lineare Beziehungen das Tragwerksverhalten recht zutreffend beschreiben, können die Nachweise im Grenzzustand der Gebrauchstauglichkeit in der Regel nach der linearen Elastizitätstheorie geführt werden. Dies gilt auch dann, wenn die Nachweise der Tragfähigkeit nach nichtlinearen Verfahren geführt werden.

  Nach [ENV 1992-1-1 – 92], 2.5.3.2 sind zeitabhängige Einflüsse zu berücksichtigen, wenn sie bedeutsam sind. Ebenso ist die Rißbildung bei der Schnittgrößenermittlung zu berücksichtigen, wenn sie einen ungünstigen Einfluß auf das Tragverhalten ausübt.

  Berechnungsverfahren unter Ansatz plastischen Verhaltens sind für Nachweise des Gebrauchszustandes nicht zulässig, s. [Litzner – 96], S. 605.

- **Nachweis der Tragfähigkeit**

  Für Nachweise im Grenzzustand der Tragfähigkeit eignen sich prinzipiell alle vorgenannten Verfahren.

1.2 Lineare Schnittgrößenermittlung

1.2.1 Allgemeines

Grundlage dieses Verfahrens ist die Annahme eines idealen linear-elastischen Werkstoffverhaltens und die Verwendung fiktiver, meist auf den unbewehrten Betonquerschnitt (Bruttoquerschnitt) bezogener Steifigkeiten. Das Versagen des Tragwerks wird angenommen, wenn an irgendeiner Stelle eine Schnittgröße den Grenzzustand der Tragfähigkeit überschreitet.

Neben ihrer Einfachheit bieten lineare Verfahren den großen Vorteil der Gültigkeit des Superpositionsprinzips. Wenn Schnittgrößen lastfallweise berechnet und für die einzelnen Nachweise mit Faktoren versehen überlagert werden können, bedeutet dies insbesondere bei umfangreichen Systemen eine entscheidende Arbeitserleichterung für Handrechnungen und für die Kontrolle elektronischer Berechnungen.

Nur beschränkt geeignet sind linear-elastische Berechnungsannahmen zur Bestimmung der Verformungen oberhalb des reinen Zustands I und von Schnittgrößen, die von den Verformungen abhängen (Stabilitätsfälle, Theorie II. Ordnung). Sie gestatten auch keine wirklichkeitsnahen Aussagen über die Verteilung der relativen Steifigkeiten in statisch unbestimmten Tragwerken im Zustand II und damit der Schnittgrößen.

1.2.2 Querschnittssteifigkeit

Eine wesentliche Abweichung des linear-elastischen Berechnungsmodells gegenüber dem wirklichen Bauteilverhalten ergibt sich bereits aus dem Ansatz der Querschnittswerte.

Wie sich aus Abb. C.1.1 an beispielhaft ausgewählten Verläufen erkennen läßt, liegt bei den häufigen geometrischen Bewehrungsgehalten unter 2 % die Steifigkeit des unbewehrten Bruttoquerschnitts zwischen den tatsächlichen Steifigkeiten in Zustand I und II, die mit zunehmender Bewehrung anwachsen. Noch größere Unterschiede können bei Plattenbalkenquerschnitten im Zustand II auftreten, abhängig davon, ob die Platte in der Druck- oder in der Zugzone liegt.

Berücksichtigt man weiterhin, daß Rißbildung nur in höher beanspruchten Abschnitten auftritt, so stellt sich die wirkliche Steifigkeitsverteilung längs eines Stahlbetonbauteils auch bei äußerlich konstanter Querschnittsform stark veränderlich dar. Dies wiederum beeinflußt in statisch unbestimmten Systemen die Schnittgrößenverteilung.

In Abb. C.1.2 sind Momentenkurven eines Zweifeldträgers aufgetragen, bei dem die Querschnittssteifigkeiten in Stütz- und Feldbereich in einem Maße variiert wurden, wie es auch durch Wahl einer bestimmten Querschnittsform, durch gezielte Bewehrungsanordnungen und/oder sich einstellende Rißbildung möglich ist. Danach weichen die linear-elastisch ermittelten Stützmomente bei einem Steifigkeitsverhältnis der Abschnitte von 2:1 um bis zu 22 % gegenüber den Werten bei konstanter Steifigkeitsverteilung ab.

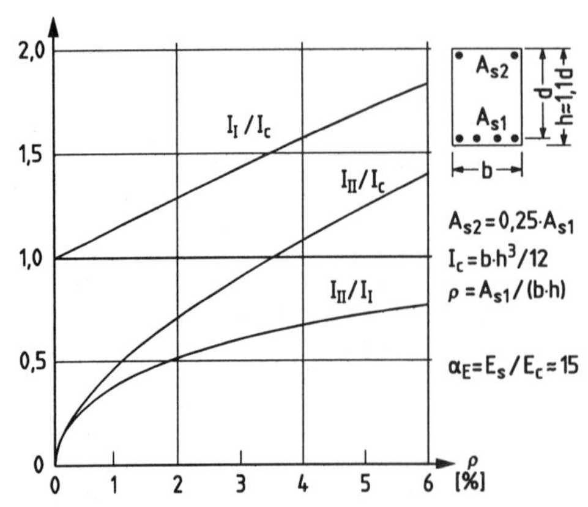

Abb. C.1.1 Beispielhafte Darstellung relativer Steifigkeiten eines Stahlbetonquerschnitts in Zustand I und II nach [Franz – 83]

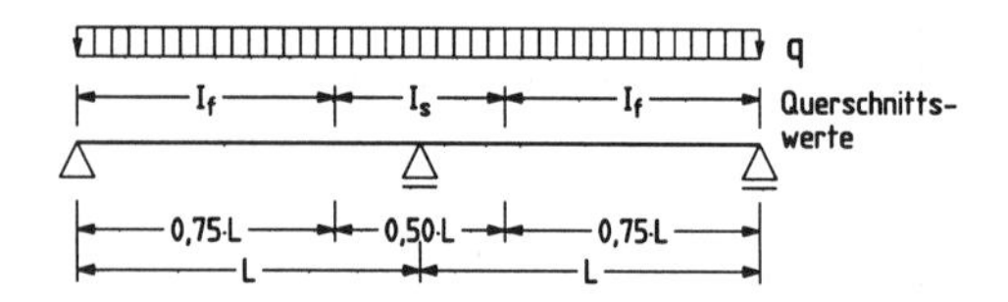

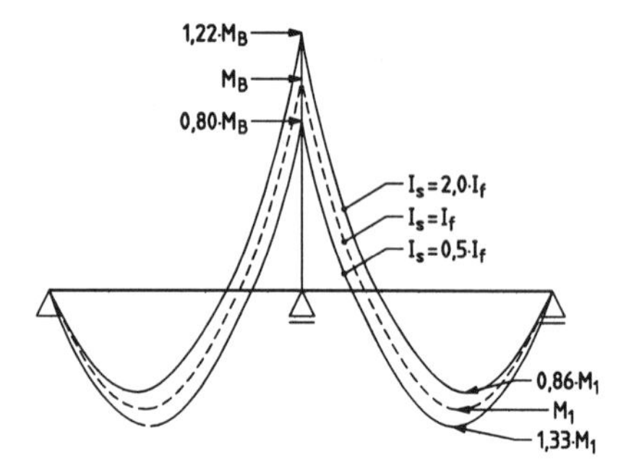

Abb. C.1.2 Beeinflussung der Biegemomente durch abschnittsweise unterschiedliche Querschnittssteifigkeiten

1.2.3 Bemessung

Die Bemessung für den Grenzzustand der Tragfähigkeit vergleicht die **linear**-elastisch ermittelten Schnittgrößen des Bauteils mit den inneren Schnittgrößen des Stahlbetonquerschnitts und definiert dessen Spannungs- und Dehnungszustand unter Berücksichtigung der **nichtlinearen** Arbeitslinie des Werkstoffs im Zustand II und der gewählten Bewehrung.

Die sich aus dieser Bemessung ergebenden Randdehnungen des Querschnitts und damit die Krümmungen des Trägers stimmen grundsätzlich nicht mit denen des linear-elastischen Berechnungsansatzes überein. Da sich dies auf die Biegelinie überträgt, liegt bei statisch unbestimmten Stahlbetontragwerken, deren Schnittgrößen nach der reinen Elastizitätstheorie bestimmt wurden, eine rechnerische Unverträglichkeit der Verformungen vor. Der Unterschied zwischen den berechneten und den tatsächlichen Schnittgrößen wächst mit zunehmender Beanspruchung, wie die vergleichenden Momenten-Krümmungsbeziehungen erkennen lassen, s. Abb. C.1.3. Es ist ferner zu erkennen, daß die bei Annäherung an die Grenztragfähigkeit zu erwartenden Tragwerksverformungen wesentlich größer als die rechnerischen sind.

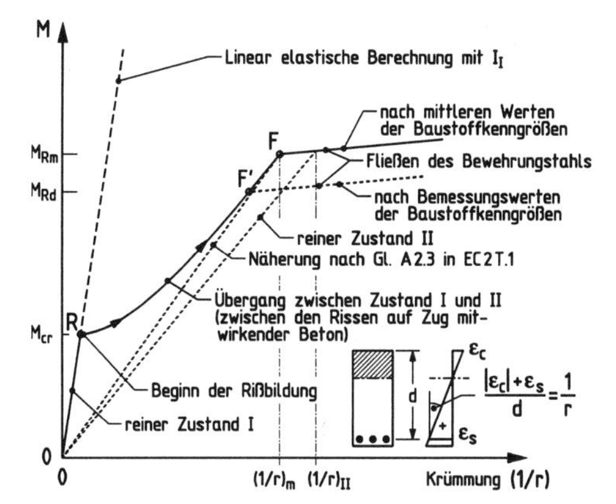

Abb. C.1.3 Vereinfachte Momenten-Krümmungsbeziehung

1.2.4 Rotationsfähigkeit

Trotz der zuvor geschilderten Unzulänglichkeiten des Berechnungsansatzes liefert eine nach reiner Elastizitätstheorie geführte Bemessung gemäß dem ersten Grenzwertsatz der Plastizitätstheorie ein sicheres Ergebnis, wenn ein statischer Gleichgewichtszustand vorliegt, eine hinreichende Verformungsfähigkeit gegeben ist und die Fließmomente an keiner Stelle überschritten werden, vgl. [DAfStb-H425 – 92], 2.5.4.1. Die letztgenannte Bedingung wird bereits durch die Bemessungsverfahren sichergestellt.

Damit Verformungsunverträglichkeiten vom Tragwerk ausgeglichen werden können, muß die hinreichende Verformungsfähigkeit der kritischen Abschnitte (Rotationsfähigkeit) gewährleistet sein, welche entscheidend durch das Fließen des Bewehrungsstahls bestimmt wird.

Von den verschiedenen Einflüssen auf die Rotationsfähigkeit des Querschnitts ist bei der linear-elastischen Berechnung ohne Umlagerung nach [ENV 1992-1-1 – 92] 2.5.3.4.2 (5) nur das vorzeitige Versagen der Biegedruckzone bei hohen Bewehrungsgraden zu überprüfen. Konstruktive Maßnahmen (z. B die Umschnürung der Biegedruckzone wie bei Druckgliedern, vgl. [NAD zu ENV 1992-1-1 – 93]) sind zu treffen, wenn:

$$x/d > 0{,}45 \quad \text{für } C \leq C\,35/45$$
$$x/d > 0{,}35 \quad \text{für } C > C\,35/45 \qquad \text{(C.1.1a)}$$

Nach [E DIN 1045-1 – 97], 5.2 (6) ist statt Gl. (C.1.1a) vorgesehen:

$$x/d > 0{,}52 \quad \text{für alle C} \qquad \text{(C.1.1b)}$$

Im Rahmen der [DIN 1045 – 88] braucht die Rotationsfähigkeit nicht nachgewiesen zu werden.

1.3 Linear-elastisches Verfahren mit begrenzter Umlagerung

1.3.1 Allgemeines

Es kann im wirtschaftlichen und technischen Interesse liegen, nicht die nach linearer Elastizitätstheorie ermittelten Biegemomente, sondern umgelagerte Momentenkurven zur Grundlage der Bemessung statisch unbestimmter Tragwerke zu machen. Die Zulässigkeit dieses Vorgehens begründet sich durch von den Annahmen abweichende Querschnittssteifigkeiten, nichtlineares Materialverhalten und vor allem die örtliche Ausbildung von Fließgelenken (Plastifizierung).

Bei der praktischen Bemessung wird, ausgehend von den Biegemomentenlinien der linearen Elastizitätstheorie, eine begrenzte Umlagerung unter Einhaltung des Gleichgewichts gewählt, wobei auch die **Mindestwerte der Biegemomente** nach [DIN 1045 – 88], 15.4.1 bzw. [ENV 1992-1-1 – 92], 2.5.3.4.2 (7) zu beachten sind.

Voraussetzung dafür, daß sich die gewählte Umlagerung der Schnittgrößen tatsächlich einstellen kann, ist eine ausreichende Verformbarkeit (Duktilität) des Bauteils. Die zur Umlagerung benötigte plastische Verdrehung θ im angenommenen Fließgelenk darf die mögliche Verdrehung des Querschnittes $\theta_{pl,d}$ nicht überschreiten. Dies ist beim **Nachweis der Rotationsfähigkeit** zu prüfen, wenn die erweiterten Umlagerungsmöglichkeiten einer nichtlinearen Berechnung nach [ENV 1992-1-1 – 92] genutzt werden sollen, s. Abschn. 1.3.7.

Bei der Momentenumlagerung wird man meist die Stützmomente verringern, wodurch sich die Feldmomente vergrößern. Daraus können sich folgende **Vorteile** ergeben:

- Die Bewehrungskonzentration im Stützbereich wird verringert.
- Beim häufigen Plattenbalkenquerschnitt mit obenliegender Platte werden Feld- und Stützquerschnitt besser den tatsächlichen Steifigkeiten entsprechend ausgenutzt.
- Da die Umlagerung lastfallweise unterschiedlich vorgenommen werden kann (was sich durch die Ausbildung von Fließgelenken begründet), wird man bei den für die Stützmomente maßgeblichen Lastfällen die Schnittgrößen von der Stütze zum Feld umlagern und die Schnittgrößen der für die Feldmomente maßgeblichen Lastfälle möglicherweise unverändert lassen. Bei Systemen mit hohem Verkehrslastanteil können auf diese Weise die oberen und die unteren Momentengrenzlinien einander angenähert werden.
- In Endfeldern von Durchlaufträgern beträgt die Vergrößerung des Feldmomentes durch die

Umlagerung nur etwa die Hälfte des Abminderungsbetrags des zugehörigen Stützmomentes, woraus unabhängig vom Verkehrslastanteil eine direkte Bewehrungseinsparung resultiert.

Dem stehen als **Nachteile** gegenüber:

- Die Inanspruchnahme der Tragwerksduktilität zur Schnittgrößenumlagerung läßt größere Verformungen und verstärkte Rißbildung im Bereich der Fließgelenke erwarten.
- Der höhere Bearbeitungsaufwand nach [ENV 1992-1-1 – 92], falls der vereinfachte Nachweis der Rotationsfähigkeit nicht ausreicht.

Im Gegensatz zu den nichtlinearen und plastischen Verfahren, mit denen sich ebenfalls eine Umlagerung vornehmen läßt, bleiben bei der begrenzten Umlagerung auf linear-elastischer Grundlage die Vorteile linearer Verfahren – insbesondere das Superpositionsprinzip – erhalten.

1.3.2 Umlagerung nach DIN 1045 – 88

Nach [DIN 1045 – 88], 15.1.2 darf für durchlaufende Balken und Platten in üblichen Hochbauten (Verkehrslasten bis 5 kN/m²) mit Stützweiten bis 12 m eine Umlagerung von bis zu ± 15 % der Größtwerte der Stützmomente vorgenommen werden.

Da ein Umlagerungsanteil von 15 % meist nicht ausreicht, die Momentengrenzlinien näherungsweise zur Deckung zu bringen, wird man häufig zusätzlich zur Umlagerung von der Stütze zum Feld für die obere Momentengrenzlinie auch eine Umlagerung in umgekehrter Richtung für die untere Momentengrenzlinie vornehmen.

Ein Nachweis der Rotationsfähigkeit ist unter den Bedingungen der DIN-Normen nicht notwendig. Auf die Einhaltung der Mindestmomente ist gemäß [DIN 1045 – 88], 15.4.1 zu achten.

1.3.3 Umlagerung nach EC 2 T1-1

Gegenüber der Regelung in [DIN 1045 – 88] wurden in [ENV 1992-1-1 – 92], 2.5.3.4.2 Beschränkungen weitestgehend aufgehoben. Ausdrücklich von der Umlagerung ausgenommen sind Riegel verschieblicher oder vorgespannter Rahmen.

Das linear-elastische Verfahren mit begrenzter Umlagerung kann bei

- Durchlaufträgern mit $0{,}5 \le L_i / L_{i+1} \le 2$,
- Riegeln unverschieblicher Rahmen und
- vorwiegend auf Biegung beanspruchten Bauteilen

angewendet werden, wenn die nachfolgenden Bedingungen erfüllt sind:

$$\delta \ge 0{,}44 + 1{,}25\, x/d \quad \text{für } C \le C\ 35/45$$
$$\delta \ge 0{,}56 + 1{,}25\, x/d \quad \text{für } C > C\ 35/45 \qquad \text{(C.1.2a)}$$

und

$$\delta \ge 0{,}70 \quad \text{für hochduktilen Stahl}$$
$$\delta \ge 0{,}85 \quad \text{für normalduktilen Stahl} \qquad \text{(C.1.2b)}$$

Dabei ist δ Verhältnis des umgelagerten Moments zum Ausgangsmoment **vor** der Umlagerung, wobei $\delta \le 1$

x/d auf die Nutzhöhe d bezogene Höhe der Druckzone **nach** Umlagerung, diese ist ggf. iterativ zu bestimmen.

Zur Überprüfung der Bedingungen gem. Gl. (C.1.2) sind prinzipiell Bemessungshilfen für eine höchstzulässige Stahldehnung von 10 ‰ zu verwenden, vgl. [DAfStb-H425 – 92], 2.3.2. Bei $\mu_{Sds} \ge 0{,}159$ (d.h. $x/d \ge 0{,}259$ bei Rechteckquerschnitten ohne Druckbewehrung) besteht aber kein Unterschied gegenüber den üblichen Bemessungshilfen mit $\varepsilon_{s,max}$ = 20 ‰. Im Bereich $0{,}12 \le \mu_{Sds} < 0{,}159$ ist der Unterschied im allgemeinen vernachlässigbar, s. [Litzner – 96].

Bei Rechteckquerschnitten beschränken die Beziehungen Gl. (C.1.2) die Umlagerung auf folgende bezogenen Bemessungsmomente **vor** Umlagerung:

$\mu_{Sds} \le 0{,}252$ für $C \le C\ 35/45$

$\mu_{Sds} \le 0{,}206$ für $C > C\ 35/45$

Um die vergleichsweise restriktiven Grenzwerte (C.1.2) einzuhalten, kann es notwendig werden, eine Druckbewehrung einzulegen, was andererseits aus konstruktiven Gründen nicht immer wünschenswert ist.

Sollen die vorgenannten Grenzwerte überschritten werden, ist ein nichtlineares oder plastisches Berechnungsverfahren anzuwenden und dabei ein Nachweis des Rotationsvermögens zu erbringen, der in einfachen Fällen auch mittels Handrechnung durchgeführt werden kann (s. Bsp.).

Bei der Umlagerung gemäß Gl. (C.1.2) ist im Gegensatz zur [DIN 1045 – 88] nur eine Verringerung der Stützmomente vorgesehen, nicht aber deren Erhöhung. Soll dennoch im Rahmen des linear-elastischen Verfahrens eine Umlagerung vom Feld zur Stütze vorgenommen werden, so empfiehlt [Litzner – 96], S. 561, einen genaueren Nachweis der Rotationsfähigkeit zu führen, wenn das Umlagerungsmaß mehr als 15 % beträgt.

Mindestmomente:

Als Mindestwert des Bemessungsmomentes monolithisch mit der Unterstützung verbundener Durchlaufträger ist an der Stützung 65 % des

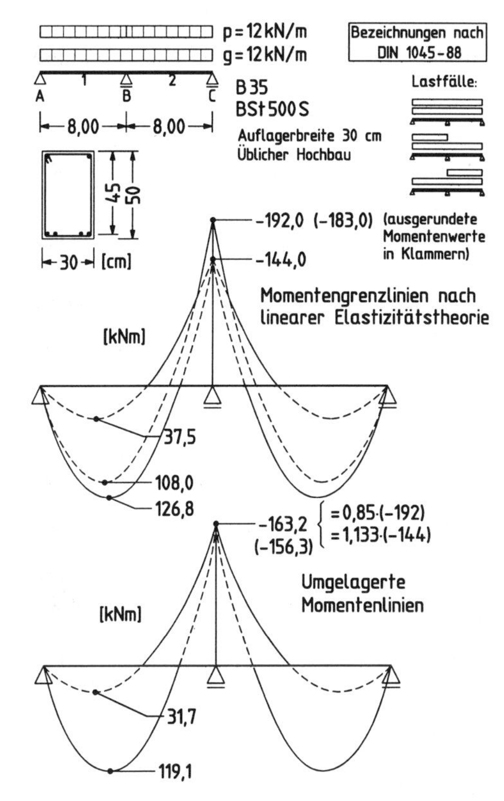

Abb. C.1.4 Beispiel einer Momentenumlagerung nach [DIN 1045 – 88]

Momentes bei voller Einspannung einzuhalten, s. [ENV 1992-1-1 – 92], 2.5.3.4.2.(7).

1.3.4 Umlagerung nach E DIN 1045-1

In [E DIN 1045-1 – 97] ist vorgesehen, Gl. (C.1.2a/b) nach EC 2 durch folgende Bedingung zu ersetzen:

$$\delta \geq 0{,}50 + 1{,}25\,x/d \quad \text{(für alle C)} \qquad \text{(C.1.2.c)}$$

und

$$\delta \geq 0{,}80 \quad \text{(für alle Stähle)} \qquad \text{(C.1.2.d)}$$

1.3.5 Beispiel nach DIN 1045 – 88

Für den in Abb. C.1.4 dargestellten Zweifeldträger sollen die Stütz- und Feldmomente bestimmt und eine Momentenumlagerung durchgeführt werden. Auf die Überprüfung der Mindestmomente wird hier nicht eingegangen.

Die Ermittlung der Momente erfolgt mit den Tabellen C.1.2 oder C.1.3. Die Momentengrenzlinien der drei Lastfälle sind in Abb. C.1.4 aufgetragen.

Es wird eine Abminderung des größten Stützmomentes (–192,0 kNm) um 15 % auf –163,2 kNm vorgenommen, wodurch sich das zugehörige Feldmoment von 108,0 auf 119,1 kNm vergrößert.

Damit die Umlagerung im zugelassenen Rahmen wirtschaftlich ausgeschöpft werden kann, wird zusätzlich eine Umlagerung vom Feld zur Stütze für den im Feld maßgebenden Lastfall vorgenommen. Wird das zugehörige Stützmoment um 13,3 % vergrößert, so überdecken sich die beiden Kurven der Feldmomente. Es wäre hier nicht sinnvoll, die zulässige Umlagerung von 15 % auch für den zweiten Lastfall auszuschöpfen, weil dadurch das maßgebende Stützmoment vergrößert würde.

Zusammenstellung der Ergebnisse:

	vor Umlagerung	nach Umlagerung	Veränderung
Stützmoment vor / *nach* Ausrundung	–192,0 *–183,0* kNm	–163,2 *–156,3* kNm	–15,0 % *–14,6 %*
Stützbewehrung	16,5 cm²	13,7 cm²	–17 %
Feldmoment	127 kNm	119 kNm	– 6%
Feldbewehrung	11,0 cm²	10,3 cm²	– 6%

1.3.6 Beispiel nach EC 2 T1-1 und E DIN 1045-1

Für ein dem obigen Beispiel entsprechendes System mit nahezu vergleichbaren Baustoffkennwerten wird eine Momentenumlagerung nach [ENV 1992-1-1 – 92] vorgenommen. Auf die zweifache Umlagerung mit entgegengesetzten Richtungen kann hier verzichtet werden. Es wird eine Umlagerung der Stützmomente zum Feld von 26,3 % ($\delta = 0{,}737$) gewählt, wodurch sich für beide Momentengrenzlinien gleiche extremale Stütz- und Feldmomente ergeben.

Zusammenstellung der Ergebnisse:

	vor Umlagerung	nach Umlagerung	Unterschied
Stützmoment vor / *nach* Ausrundung	–273,6 *–260,8* kNm	–201,6 *–192,2* kNm	–26,3 % *–26,3 %*
Stützbewehrung	15,8 cm²	11,0 cm²	–30 %
gewählt		4 ∅ 20 = 12,6 cm²	
Feldmoment	182 kNm		0 %
Feldbewehrung	10,3 cm²		0 %
gewählt	6 ∅ 16 = 12,1 cm²		

Die Schnittgrößen im Grenzzustand der Tragfähigkeit sind in Abb. C.1.5 aufgetragen.

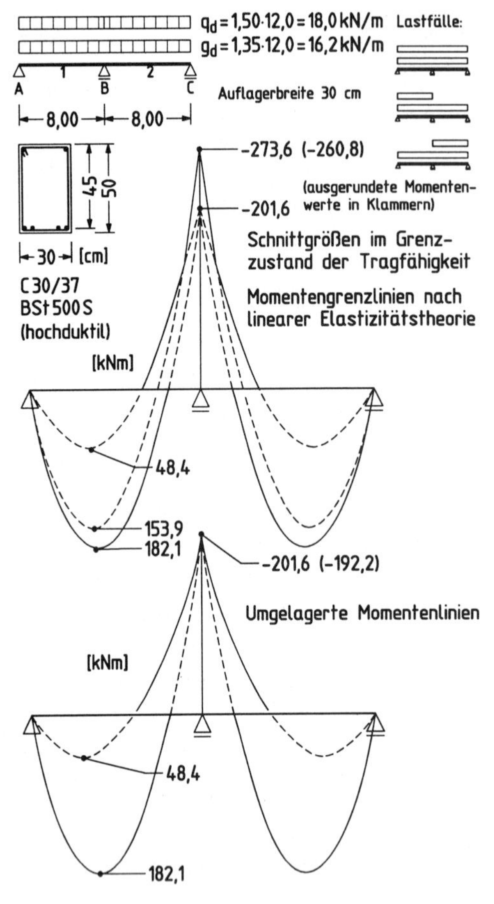

Abb. C.1.5 Beispiel einer Momentenumlagerung nach EC 2

Überprüfen der Bedingungen (C.1.2) :

$$\mu_{Sd,s} = \frac{0{,}1922}{0{,}30 \cdot 0{,}45^2 \cdot 20{,}0} = 0{,}158 \quad \Rightarrow \quad \frac{x}{d} = 0{,}257$$

$\delta = 0{,}737 < 0{,}44 + 1{,}25 \cdot 0{,}257 = 0{,}761$

bzw. nach E-DIN 1045-1:

$\delta = 0{,}737 < 0{,}50 + 1{,}25 \cdot 0{,}257 = 0{,}821$

Die angestrebte Umlagerung erfordert einen genaueren Nachweis der Rotationsfähigkeit, da der einzuhaltende Grenzwert nach beiden Regelwerken überschritten wird. Fortsetzung des Beispiels s. S. C.10.

Ohne weitere Nachweise wäre im vorliegenden Fall nach EC 2 T1-1 nur eine Momentenumlagerung von 21,4 % möglich (δ = 0,786 und zugehöriges ausgerundetes Stützmoment ≈ -0,786·260,8 = –205,0 kNm):

$$\mu_{Sd,s} = \frac{0{,}2050}{0{,}30 \cdot 0{,}45^2 \cdot 20{,}0} = 0{,}168 \quad \Rightarrow \quad \frac{x}{d} = 0{,}276$$

$\delta = 0{,}786 \approx 0{,}44 + 1{,}25 \cdot 0{,}276 = 0{,}785$

1.4 Nichtlineare Verfahren

1.4.1 Allgemeines

Es wird auf die ausführlichen Erläuterungen in Stahlbetonbau aktuell 1998, Seite C.9 verwiesen. In diesem Beitrag wird nur auf die vereinfachte Form linear-elastischer Schnittgrößenermittlung mit begrenzter Umlagerung, jedoch mit Nachweis der Rotationsfähigkeit eingegangen.

1.4.2 Nachweis der Rotationsfähigkeit nach EC 2 T1-1

Die Rotationsfähigkeit wird nachgewiesen, indem der vom Querschnitt aufnehmbare plastische Rotationswinkel θ_{zul} mit dem Rotationswinkel θ verglichen wird, der sich bei der umgelagerten Schnittgrößenverteilung einstellt:

$$\theta \leq \theta_{zul} \qquad (C.1.3)$$

1.4.2.1 Aufnehmbarer Rotationswinkel

Der zulässige plastische Rotationswinkel des Querschnitts $\theta_{zul} = \theta_{pl,d}$ ist nach [ENV 1992-1-1 – 92], Bild A 2.2 in Abhängigkeit von der bezogenen Druckzonenhöhe x/d angegeben, die sich bei der Biegebemessung für das Moment im plastischen Gelenk ergibt (s. Abb. C.1.6).

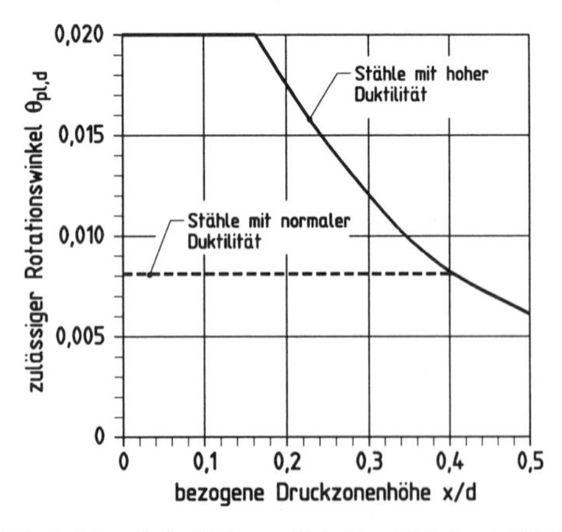

Abb. C.1.6 Aufnehmbarer Rotationswinkel, vgl. [ENV 1992-1-1 – 92], Bild A 2.2

C

1.4.2.2 Erforderlicher Rotationswinkel

Die Berechnung des zur Umlagerung benötigten Rotationswinkels setzt voraus, daß eine Biegebemessung für die umgelagerten Momente durchgeführt wurde und die vorgesehenen Bewehrungsquerschnitte bekannt sind.

Da wirklichkeitsnahe Verformungswerte zu bestimmen sind, werden bei der weiteren Berechnung die mittleren Materialkenngrößen ohne Sicherheitsbeiwerte zugrunde gelegt, d.h.:

für Beton: $f_{cm} = f_{ck} + 8\ \text{N/mm}^2$

für Stahl: $f_{ym} = f_{yk}$

Die auftretende plastische Verformung kann vereinfachend in einem plastischen Gelenk konzentriert angenommen werden. Die größte Verdrehung im plastischen Gelenk stellt sich bei maximaler Belastung der beiderseits anliegenden Felder ein. Sie berechnet sich aus dem umgelagerten Moment M'_{Sd} über den Arbeitssatz, wenn am Gelenk ein virtuelles Einheitsmoment $\overline{M}$ angesetzt wird (s. Abb. C.1.8):

$$\theta = \int \frac{M'_{Sd}(x) \cdot \overline{M}(x)}{(EI)_m(x)} \, dx \qquad \text{(C.1.4)}$$

Im Rahmen des Näherungsverfahrens für stabförmige Bauteile nach [ENV 1992-1-1 – 92] A 2.3 genügt es, die veränderliche Biegesteifigkeit des Balkens in Abschnitten gleicher Bewehrung als konstant anzusetzen. Sie kann abschnittsweise aus dem jeweiligen, bei Erreichen der Streckgrenze aufnehmbaren Moment M_{Rm} über die linearisierte Momenten-Krümmungsbeziehung bestimmt werden (vgl. Abb. C.1.3):

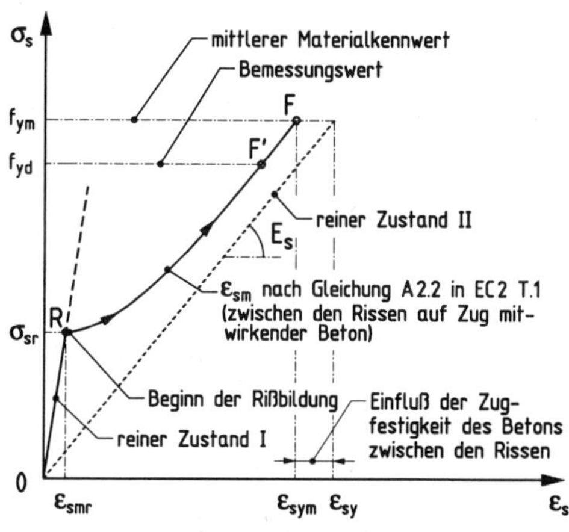

Abb. C.1.7 Spannungs-Dehnungs-Verlauf des Bewehrungsstahls unter Einbeziehung der Zugfestigkeit des Betons, vgl. [ENV 1992-1-1 – 92], Bild A 2.1

$$(EI)_m = \frac{M_{Rm}}{(1/r)_m} \qquad \text{(C.1.5)}$$

Die mittlere Krümmung des Querschnitts $(1/r)_m$ berücksichtigt das Mitwirken des Betons auf Zug zwischen den Rissen und unterscheidet sich darin von der Krümmung im reinen Zustand II $(1/r)_{cr}$. Mit Gl. A 2.3 in [ENV 1992-1-1 – 92] ist eine vereinfachte, lineare Beziehung angegeben, die diesen Unterschied durch eine mittlere Stahldehnung $\varepsilon_{sym} < \varepsilon_{sy}$ erfaßt (Zugversteifung, vgl. Abb. C.1.7):

$$(1/r)_m = (1/r)_{cr} \frac{\varepsilon_{sym}}{\varepsilon_{sy}} \qquad \text{(C.1.6a)}$$

bzw.

$$(EI)_m = (EI)_{cr} \frac{\varepsilon_{sy}}{\varepsilon_{sym}} \qquad \text{(C.1.6b)}$$

mit
ε_{sy} Stahldehnung bei Erreichen der Streckgrenze $\sigma_s = f_{ym}$. Im allgemeinen ist $\varepsilon_{sy} = 2{,}5\ ‰$.

ε_{sym} mittlere, zur Streckgrenze $\sigma_s = f_{ym}$ gehörende Stahldehnung, wenn das Mitwirken des Betons auf Zug zwischen den Rissen berücksichtigt wird (vgl. Abb. C.1.7).

Eine Vereinfachung für Gl. (C.1.6) liefert $\varepsilon_{sym} / \varepsilon_{sy} \approx 1$, was bei Rechteckquerschnitten im Hochbau häufig zutrifft. Auf den Bereich positiver Momente angewendet, liegt diese Näherung auf der sicheren, im Bereich der Stützmomente aber auf der unsicheren Seite.

Im Zweifelsfall ist ε_{sym} genauer zu bestimmen. Dies geschieht, indem die Stahldehnungen unmittelbar **vor** dem Auftreten des ersten Risses (also im Zustand I) und unmittelbar **nach** Rißbildung miteinander verglichen werden. Dazu wird das Rißmoment M_{cr} des Betonquerschnitts benö-

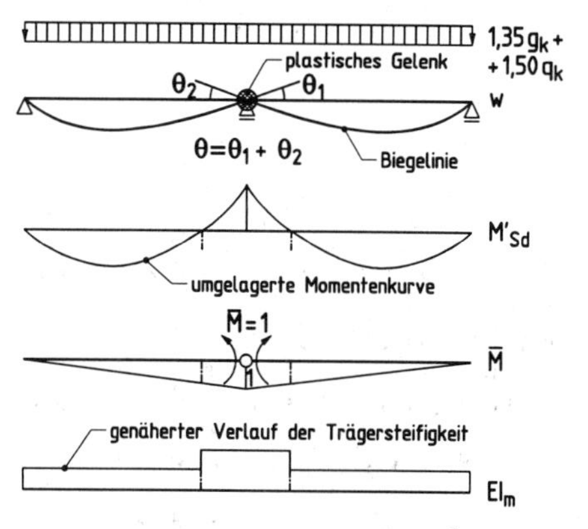

Abb. C.1.8 Ermittlung des erforderlichen Rotationswinkels

tigt, näherungsweise unter Vernachlässigung des Bewehrungsanteils:

$$M_{cr} = f_{ctm} \cdot I_c / z_0 \tag{C.1.7}$$

mit I_c Flächenträgheitsmoment des Betonquerschnitts.

z_0 Abstand des Zugrandes vom Schwerpunkt.

Unter dem Rißmoment beträgt die Dehnung des noch ungerissenen Querschnitts in Höhe der Zugbewehrung:

$$\varepsilon_{smr} = \frac{M_{cr}}{E_{cm} I_c} \cdot (z_0 - d_1) \tag{C.1.8}$$

Nach Rißbildung unter demselben Rißmoment wird der zuvor vom Beton getragene Zugkeil von der Bewehrung übernommen. Die Dehnungsverteilung ist iterativ zu bestimmen und daraus die zugehörige Stahlspannung σ_{sr} zu ermitteln.

Wegen der geringen Beanspruchung des Betons kann näherungsweise auch ein linear-elastischer Spannungs-Dehnungs-Verlauf unter Ausfall der Betonzugspannungen angenommen werden. Aus der Druckzonenhöhe des Rechteckquerschnitts unter reiner Biegung

$$\frac{x}{d} = \sqrt{(\alpha_e \cdot \rho)^2 + 2\,\alpha_e \cdot \rho} - \alpha_e \cdot \rho \tag{C.1.9}$$

mit $\alpha_e = E_s / E_{cm}$

$\rho = A_s / (b \cdot d)$

folgt die Stahlspannung im Zustand II bei Erstrißbildung

$$\sigma_{sr} = \frac{3\,M_{cr}}{A_s\,d(3 - x/d)} = \frac{M_{cr}}{A_s\,z} \tag{C.1.10}$$

Aus der nachfolgenden Gleichung A 2.2 des [ENV 1992-1-1 – 92], die den Spannungs-Dehnungs-Verlauf des Bewehrungsstahls beschreibt (vgl. Abb. C.1.7)

$$\varepsilon_{sm} = \varepsilon_{smr} + \frac{\sigma_s}{E_s}\left[1 - \beta_1\,\beta_2\left(\frac{\sigma_{sr}}{\sigma_s}\right)^2\right] \tag{C.1.11}$$

wobei $\varepsilon_{sm} \leq \varepsilon_{sy}$ gilt, mit

ε_{smr} mittlere Stahldehnung im ungerissenen Querschnitt bei Erreichen der Rißlast

σ_{sr} Stahlspannung im gerissenen Querschnitt bei Erreichen der Rißlast

β_1 = 1,0 für gerippte bzw.
= 0,5 für glatte Stähle

β_2 = 1,0 für kurzzeitig bzw.
= 0,5 für langfristig einwirkende Belastung

kann schließlich ε_{sym} bestimmt werden, wenn bei ε_{sy} = 2,5 ‰ darin $\sigma_s = f_{ym}$ eingesetzt wird.

Die linearisierte mittlere Krümmung des Querschnitts im reinen Zustand II berechnet sich aus (vgl. Abb. C.1.3)

$$(1/r)_{II} = \frac{\varepsilon_s + |\varepsilon_c|}{d} \tag{C.1.12}$$

mit ε_c, ε_s Randdehnungen des Querschnitts unter dem aufnehmbaren Moment bei Erreichen der Streckgrenze der Bewehrung M_{Rm} (Fließmoment).

Die Werte M_{Rm} und $(1/r)_{II}$ sind iterativ zu bestimmen.

Bemessungshilfe

In Abb. C.1.9 sind die Funktionen der Biegesteifigkeit $(E\,I)_{II}$, der Krümmung $(1/r)_{II}$ und weiterer Kenngrößen des Querschnitts bei Fließbeginn im reinen Zustand II unter Biegung ohne Normalkraft als dimensionslose Beiwerte aufgetragen und können damit aus folgenden Kennwerten unmittelbar bestimmt werden:

A_s Im Querschnitt eingelegte Biegezugbewehrung; hier: $A_s = A_{s,prov}$

f_y Streckgrenze des Stahls; hier: $f_y = f_{ym}$

f_c Druckfestigkeit des Betons, hier: $f_c = f_{cm}$
Soll der Beiwert $\alpha = 0{,}85$ für Langzeiteinwirkungen nach [ENV 1992-1-1 – 92], 4.2.1.3 berücksichtigt werden, so gilt: $f_c = \alpha \cdot f_{cm}$

Bei Anwendung des Diagramms auf Plattenbalkenquerschnitte ist b durch b_{eff} des Druckgurtes zu ersetzen, und es muß $x \leq h_f$ gelten.

1.4.2.3 Fortsetzung des Berechnungsbeispiels nach EC 2 T1-1

Materialkenngrößen für Verformungsberechnungen:

f_{cm} = 30 + 8 = 38 MN/m²

f_{ctm} = 2,9 MN/m²

E_{cm} = 32 000 MN/m²

f_{ym} = 500 MN/m²

Aufnehmbarer Rotationswinkel:

Für M'_{Sds} = 192,2 kNm ergibt sich aus Abb. C.1.6 bei x/d = 0,257 der vom Querschnitt aufnehmbare plastische Drehwinkel $\theta_{zul} \approx 0{,}014$.

C

Erforderlicher Rotationswinkel:

- **Stützbereich:**

$A_{s,prov} = 12{,}6\ \text{cm}^2$

Eingangswert für Abb. C.1.9 unter Berücksichtigung des Beiwerts $\alpha = 0{,}85$:

$$\frac{A_{s,prov}}{b \cdot d} \cdot \frac{f_{ym}}{0{,}85 \cdot f_{cm}} = \frac{12{,}6}{30 \cdot 45} \cdot \frac{500}{0{,}85 \cdot 38} = 0{,}144$$

Für die Biegesteifigkeit im Zustand II ergibt sich mit dem abgelesenen Beiwert 3,52 :

$(EI)_{II} = 3{,}52 \cdot 10 \cdot 0{,}30 \cdot 0{,}45^3 \cdot 0{,}85 \cdot 38 = 31{,}1\ \text{MNm}^2$

Für den Bereich der negativen Momente soll die genauere Biegesteifigkeit unter Berücksichtigung der Zugfestigkeit des Betons ermittelt werden (s. Gl. (C.1.7) ff):

$I_c = 0{,}30 \cdot 0{,}50^3 / 12 = 3{,}125 \cdot 10^{-3}\ \text{m}^4$

$M_{cr} = 2{,}9 \cdot 3{,}125 \cdot 10^{-3} / 0{,}25 = 0{,}0363\ \text{MNm}$

$$\varepsilon_{smr} = \frac{0{,}0363}{32000 \cdot 3{,}125 \cdot 10^{-3}} \cdot (0{,}25 - 0{,}05) = 0{,}073 \cdot 10^{-3}$$

Nach Erstrißbildung ergibt sich aus Gl. (C.1.9) ff:

$\alpha_e = 200000 / 32000 = 6{,}25$

$\rho = 12{,}6 / (30 \cdot 45) = 0{,}00933$

$\alpha_e \cdot \rho = 0{,}0583$

$$\frac{x}{d} = \sqrt{0{,}0583^2 + 2 \cdot 0{,}0583} - 0{,}0583 = 0{,}288$$

$$\sigma_{sr} = \frac{3 \cdot 0{,}0363}{12{,}6 \cdot 10^{-4} \cdot 0{,}45 \cdot (3 - 0{,}288)} = 70{,}8\ \text{MN/m}^2$$

(Zum Vergleich: Auf der Grundlage des Parabel-Rechteck-Diagramms für Beton findet man iterativ $\sigma_{sr} = 70{,}9\ \text{MN/m}^2$ bei $x/d = 0{,}290$)

$$\varepsilon_{sym} = 0{,}073 \cdot 10^{-3} + \frac{500}{200000}\left[1 - 1{,}0 \cdot 1{,}0 \left(\frac{70{,}8}{500}\right)^2\right]$$

$$= 0{,}073 \cdot 10^{-3} + 2{,}450 \cdot 10^{-3} = 2{,}523 \cdot 10^{-3}$$

$$\approx 2{,}5 \cdot 10^{-3}$$

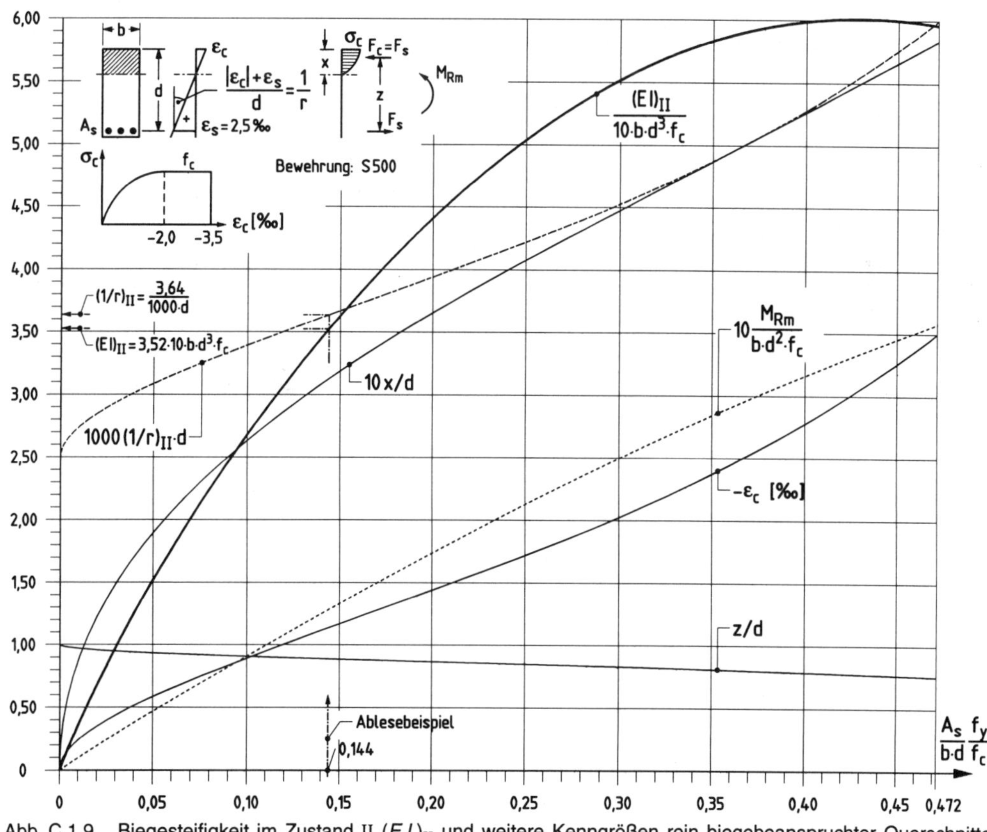

Abb. C.1.9 Biegesteifigkeit im Zustand II $(EI)_{II}$ und weitere Kenngrößen rein biegebeanspruchter Querschnitte mit rechteckiger Druckzone bei Erreichen der Streckgrenze des Bewehrungsstahls $\varepsilon_{sy} = 2{,}5$ ‰ .

Wegen $\varepsilon_{sym} / \varepsilon_{sy} = 2{,}5 / 2{,}5 = 1$ ist

$(E\,I)_m = (E\,I)_{II} = 31{,}1$ MNm²

Eine Mitwirkung des Betons zwischen den Rissen ist hier nicht wirksam.

- **Feldbereich:**

$A_{s,prov} = 12{,}1$ cm²

Aus dem Eingangswert für Abb. C.1.9 :

$$\frac{A_{s,prov}}{b \cdot d} \cdot \frac{f_{ym}}{0{,}85 \cdot f_{cm}} = \frac{12{,}1}{30 \cdot 45} \cdot \frac{500}{0{,}85 \cdot 38} = 0{,}139$$

folgt mit dem Ablesewert 3,43

$(E\,I)_{II} = 3{,}43 \cdot 10 \cdot 0{,}30 \cdot 0{,}45^3 \cdot 0{,}85 \cdot 38 = 30{,}3$ MNm²

Mit der Abschätzung $(E\,I)_m \approx (E\,I)_{II}$ für den Bereich der Feldmomente kann der Rotationswinkel nach Gl. (C.1.4) unter Verwendung von Integrationstafeln berechnet werden (vgl. Abb. C.1.10)

- **Rotationswinkel:**

$$\begin{aligned} \theta_1 &= \frac{1}{30{,}3}\frac{6{,}52}{3} 0{,}815 \cdot 0{,}1821 \\ &- \frac{1}{31{,}1}\frac{1{,}48}{6}(0{,}815 + 2 \cdot 1) \cdot 0{,}2016 \\ &+ \frac{1}{31{,}1}\frac{1{,}48}{3}(0{,}815 + 1) \cdot 0{,}00936 \\ &= 0{,}0106 - 0{,}0045 + 0{,}0003 = 0{,}0064 \end{aligned}$$

- **Ergebnis:**

$\theta = \theta_1 + \theta_2 = 2 \cdot 0{,}0064 = 0{,}0128 < \theta_{zul} = 0{,}0140$

Damit ist die Rotationsfähigkeit nachgewiesen. Da mit $\delta = 0{,}737$ das Umlagerungsmaß weniger als 30 % beträgt, kann der Nachweis der Begrenzung der Spannungen unter Gebrauchsbedingungen nach [ENV 1992-1-1 – 92], 4.4.1.2 entfallen, wenn außerdem die Festlegungen für die Mindestbewehrung und die bauliche Durchbildung nach [ENV 1992-1-1 – 92], 5 berücksichtigt werden.

Die Reserve im Rotationsvermögen würde zusätzlich eine Stützensenkung um 1 cm erlauben, womit des plastischen Gelenkes wegen keine Veränderung der Schnittgrößen verbunden wäre:

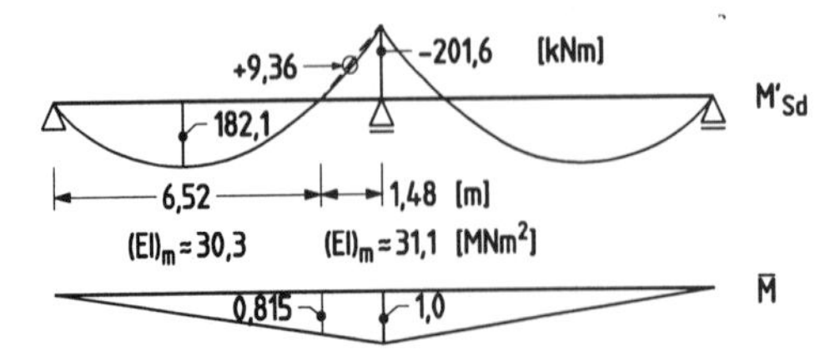

Abb. C.1.10 Schnittgrößen und Trägersteifigkeiten zur Bestimmung des Rotationswinkels

$\theta - \theta_{zul} = 0{,}0140 - 0{,}0128 = 0{,}0012 \approx 0{,}01/8{,}00$

Die Einhaltung weiterer Bedingungen wie z. B. die Begrenzung des Umlagerungsmaßes wäre für den Fall der Stützensenkung aber erneut zu überprüfen.

1.4.3 Nachweis der Rotationsfähigkeit nach E DIN 1045-1

Nach E DIN 1045-1 wird die mögliche plastische Rotation des Querschnitts („zulässige plastische Verdrehung" nach EC 2) $\theta_{pl,d}$ in Abhängigkeit von x / d und der Schlankheit des Trägers L / d durch Gl. 21 vorgegeben (s. Abschnitt Normen).

Die erforderliche Rotation θ_s wird auf der Grundlage der vereinfachten Momenten-Krümmungs-Beziehung nach Bild 9 des Normenentwurfs ermittelt.

1.5 Plastische Verfahren

Siehe Stahlbetonbau aktuell 1998, Seite C.14.

1.6 Baupraktische Anwendungen

1.6.1 Tafeln für Einfeld- und Durchlaufträger

Die nachfolgenden Tafeln dienen als Berechnungshilfe für Einfeld- und Durchlaufträger:

Tafel C.1.1	Schnittgrößen und Formänderungen einfeldriger Träger
Tafel C.1.2	Durchlaufträger mit gleichen Stützweiten
Tafel C.1.3	Durchlaufträger unter Gleichlasten: Größtwerte der Biegemomente, Auflager- und Querkräfte aus der Überlagerung von ständigen und veränderlichen Lasten

Tafel C.1.1 Schnittgrößen und Formänderungen einfeldriger Träger

	$\alpha = a/L$ $\beta = b/L$ $\gamma = c/L$ (A, B, x, L)	Auflagerkräfte	Biegemoment [1]	Durchbiegung [1] für $EI = \text{const.}$
1	q; L	$A = B = \frac{qL}{2}$	$M_{max} = \frac{qL^2}{8}$	$EIf = \frac{5}{384} qL^4$
2	q; c	$A = qc\left(1 - \frac{c}{2L}\right)$ $B = \frac{qc^2}{2L}$	$M_{max} = \frac{A^2}{2q}$ bei $x = A/q$	$EIf = \frac{1}{48} qc^2L^2(1{,}5 - \gamma^2)$
3	q; a, c, b	$A = \frac{qc(2b+c)}{2L}$ $B = \frac{qc(2a+c)}{2L}$	$M_{max} = \frac{A^2}{2q} + Aa$ bei $x = a + A/q$	$EIf = \frac{1}{384} qL^4(5 - 12\alpha^2 + 8\alpha^4 - 12\beta^2 + 8\beta^4)$
4	q; a, c, a	$A = B = \frac{qc}{2}$	$M_{max} = \frac{qc}{8}(2L - b)$	$EIf = \frac{1}{384} qL^4(5 - 24\alpha^2 + 16\alpha^4)$
5	q; c, c	$A = B = qc$	$M_{max} = \frac{qc^2}{2}$	$EIf = \frac{1}{24} qc^2L^2(1{,}5 - \gamma^2)$
6	q; c, c	$A = B = \frac{q}{2}(L - c)$	$M_{max} = \frac{q}{24}(3L^2 - 4c^2)$	$EIf = \frac{1}{1920} qL^4(25 - 40\gamma^2 + 16\gamma^4)$
7	q_A; q_B; L	$A = \frac{2q_A + q_B}{6} L$ $B = \frac{q_A + 2q_B}{6} L$	$M_{max} \approx \frac{q_A + q_B}{15{,}6} L^2$ bei $x \approx 0{,}54L$	$EIf = \frac{5}{768}(q_A + q_B)L^4$
8	q; L/2, L/2	$A = B = \frac{qL}{4}$	$M_{max} = \frac{qL^2}{12}$	$EIf = \frac{1}{120} qL^4$
9	q; q; L/2, L/2	$A = B = \frac{qL}{4}$	$M_{max} = \frac{qL^2}{24}$	$EIf = \frac{3}{640} qL^4$
10	q; 1; c	$A = \frac{qc}{6}(3 - \gamma)$ $B = \frac{qc^2}{6L}$	$M_{max} = \frac{qc^2}{6L}\left(L - c + \frac{2c}{3}\sqrt{\frac{\gamma}{3}}\right)$	$EIf_1 = \frac{qc^3}{360}(1 - \gamma)(20L - 13c)$
11	F; L/2, L/2	$A = B = \frac{F}{2}$	$M_{max} = \frac{FL}{4}$	$EIf = \frac{1}{48} FL^3$
12	F; a, b	$A = \frac{Fb}{L}$ $B = \frac{Fa}{L}$	$M_{max} = \frac{Fab}{L}$ bei $x = a$	$EIf = \frac{1}{48} FL^3(3\alpha - 4\alpha^3)$ für $a \le b$
13	F, F; a, a	$A = B = F$	$M_{max} = Fa$	$EIf = \frac{1}{24} FL^3(3\alpha - 4\alpha^3)$

[1] Werte gelten für Feldmitte, wenn anderslautende Angaben fehlen.

Tafel C.1.1 Schnittgrößen und Formänderungen einfeldriger Träger (Fortsetzung)

	$\alpha = a/L$ $\beta = b/L$ $\gamma = c/L$	Auflagerkräfte	Biegemomente und Formänderungen (für EI = const.) [1]
14	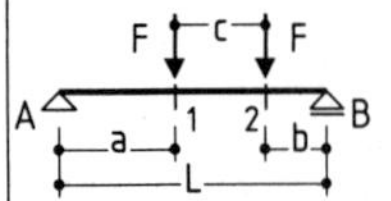 F c F; A 1 2 B; a b; L	$A = \frac{2F(b+c/2)}{L}$ $B = \frac{2F(a+c/2)}{L}$	$M_1 = \frac{2Fa(b+c/2)}{L}$ $\quad M_2 = \frac{2Fb(a+c/2)}{L}$
15	Sonderfall, wenn $a = \frac{L}{2} - \frac{c}{4}$	$A = F(1-\gamma/2)$ $B = F\left(1+\frac{\gamma}{2}\right)$	für $\gamma \leq 0{,}589$: $M_{1,max} = \frac{FL}{8}(2-\gamma)^2$ für $\gamma > 0{,}589$: Einzellast in Feldmitte maßgebend s. Zeile 11
16	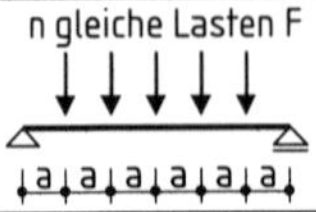 n gleiche Lasten F; a a a a a a	$A = B = \frac{Fn}{2}$	$M_{max} = \frac{FL}{r}$ $\quad EIf = \frac{FL^3}{t}$
17	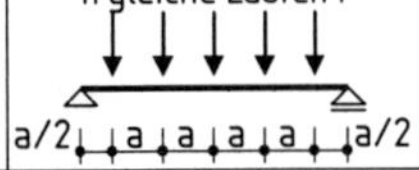 n gleiche Lasten F; a/2 a a a a a/2	$A = B = \frac{Fn}{2}$	$M_{max} = \frac{FL}{r}$ $\quad EIf = \frac{FL^3}{t}$
18	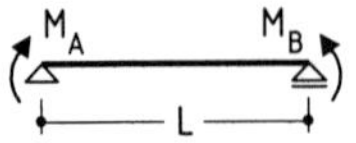 M_A M_B; L	$A = -B = \frac{M_B - M_A}{L}$	$EIf = \frac{L^2}{16}(M_A + M_B)$ $EI\tau_A = \frac{L}{6}(2M_A + M_B)$ $EI\tau_B = \frac{L}{6}(M_A + 2M_B)$
19	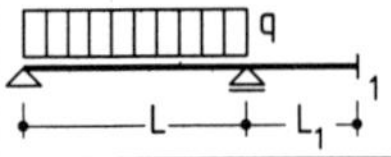 q; 1; L L_1	$A = B = \frac{qL}{2}$	$M_{max} = \frac{qL^2}{8}$ $\quad EIf_1 = -\frac{1}{24}qL^3L_1$
20	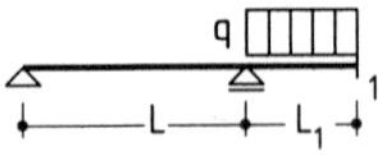 q; 1; L L_1	$A = -\frac{qL_1^2}{2L}$ $B = qL_1\left(1+\frac{L_1}{2L}\right)$	$M_B = -\frac{qL_1^2}{2}$ $EIf = -\frac{1}{32}qL^2L_1^2$ $EIf_1 = \frac{qL_1^2}{24}(4L + 3L_1)$
21	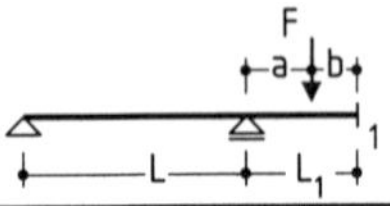 F; a b; 1; L L_1	$A = -\frac{Fa}{L}$ $B = \frac{F(a+L)}{L}$	$M_B = -Fa$ $EIf = -\frac{1}{16}FL^2a$ $EIf_1 = \frac{Fa}{6}(2LL_1 + 3L_1a - a^2)$
22	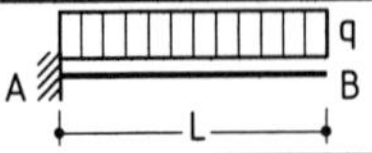 q; A B; L	$A = qL$	$M_A = -\frac{qL^2}{2}$ $EIf_B = \frac{qL^4}{8}$ $\quad EI\tau_B = -\frac{qL^3}{6}$
23	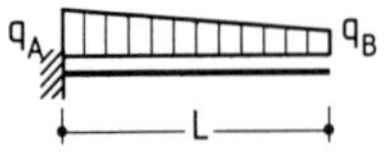 q_A q_B; L	$A = \frac{q_A + q_B}{2}L$	$M_A = -\frac{L^2}{6}(q_A + 2q_B)$ $EIf_B = \frac{L^4}{120}(4q_A + 11q_B)$ $EI\tau_B = -\frac{L^3}{24}(q_A + 3q_B)$
24	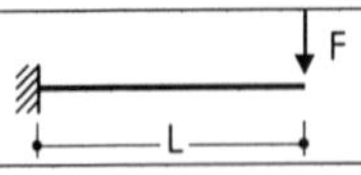 F; L	$A = F$	$M_A = -FL$ $EIf_B = \frac{FL^3}{3}$ $\quad EI\tau_B = -\frac{FL^2}{2}$
25	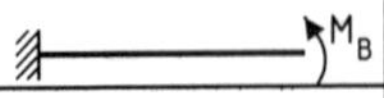 M_B	$A = 0$	$M_A = M_B$ $EIf_B = -\frac{M_BL^2}{2}$ $\quad EI\tau_B = M_BL$
26	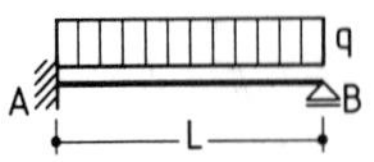 q; A B; L	$A = \frac{5}{8}qL$ $B = \frac{3}{8}qL$	$M_A = -\frac{qL^2}{8}$ $M_{max} = \frac{9}{128}qL^2$ bei $x = 0{,}625L$ $EIf = \frac{2}{369}qL^4$ bei $x = 0{,}579L$

Zeile 16:

n	2	3	4	5	6	7
r	3	2	1,67	1,33	1,17	1
t	28,17	20,22	15,87	13,08	11,15	9,72

Zeile 17:

n	2	3	4	5	6	7
r	4	2,4	2	1,54	1,33	1,12
t	34,89	24,46	18,74	15,10	12,62	10,89

Fußnote s. Seite C.13.

Tafel C.1.1 Schnittgrößen und Formänderungen einfeldriger Träger (Fortsetzung)

$\alpha = a/L$ $\beta = b/L$ $\gamma = c/L$		Auflagerkräfte	Biegemomente und Formänderungen (für EI = const.) [1]	
27		$A = \frac{2}{5} qL$ $B = \frac{qL}{10}$	$M_A = -\frac{qL^2}{15}$ $M_{max} = \frac{qL^2}{33{,}54}$ bei $x = 0{,}553L$	$EIf = \frac{qL^4}{419{,}3}$ bei $x = 0{,}553L$
28		$A = \frac{F}{2}(3\beta - \beta^3)$ $B = \frac{F}{2}(2 - 3\beta + \beta^3)$	$M_A = -\frac{Fab}{2L}(1+\beta)$ $M_{max} = \frac{Fa^2 b}{2L^3}(2a + 3b)$ bei x_1	$EIf_1 = \frac{Fa^3}{12}(3\beta^2 + \beta^3)$
29		$A = -B = \frac{3M_B}{2L}$	$M_A = -\frac{M_B}{2}$	$EIf = \frac{M_B L^2}{27}$ bei $x = \frac{2}{3}L$
30		$A = -B = \frac{3EI}{L^3}\Delta_B$	$M_A = -\frac{3EI}{L^2}\Delta_B$	
31		$A = B = \frac{qL}{2}$	$M_A = M_B = -\frac{qL^2}{12}$ $M_{max} = \frac{qL^2}{24}$	$EIf = \frac{qL^4}{384}$
32		$A = \frac{7}{20} qL$ $B = \frac{3}{20} qL$	$M_A = -\frac{qL^2}{20}$; $M_B = -\frac{qL^2}{30}$ $M_{max} = \frac{qL^2}{46{,}6}$ bei $x = 0{,}452L$	$EIf = \frac{qL^4}{764}$ bei $x = 0{,}475L$
33		$A = \frac{Fb^2}{L^3}(L + 2a)$ $B = \frac{Fa^2}{L^3}(L + 2b)$	$M_A = -Fa\beta^2$; $M_B = -Fb\alpha^2$ $M_{max} = \frac{2Fa^2 b^2}{L^3}$ bei x_1	$EIf_1 = \frac{Fa^3 b^3}{3L^3}$
34		$A = -B = \frac{12EI}{L^3}\Delta_B$	$M_A = -M_B = -\frac{6EI}{L^2}\Delta_B$	

Fußnote s. Seite C.13.

Tafel C.1.2 **Durchlaufträger mit gleichen Stützweiten**

TW = Tafelwert

Gleichlast: q, L

Dreieckslast: q, 0,5L 0,5L

Momente = $TW \cdot q \cdot L^2$
Kräfte = $TW \cdot q \cdot L$

Trapezlasten in guter Näherung mit den TW für Dreieckslast:

q, 0,4L 0,2L 0,4L

Momente $\approx 1{,}2 \cdot TW_\Delta \cdot q \cdot L^2$
Kräfte $\approx 1{,}2 \cdot TW_\Delta \cdot q \cdot L$

q, 0,3L 0,4L 0,3L

Momente $\approx 1{,}4 \cdot TW_\Delta \cdot q \cdot L^2$
Kräfte $\approx 1{,}4 \cdot TW_\Delta \cdot q \cdot L$

Einzellast: F, 0,5L 0,5L

Momente = $TW \cdot F \cdot L$
Kräfte = $TW \cdot F$

A 1 B 2 C 3 D E 5 F; L L L L L

Lastanordnung	Schnittgrößen	▭	△	↓
1 2	M_1	0,070	0,048	0,156
	$M_{B,min}$	–0,125	–0,078	–0,188
	A	0,375	0,172	0,313
	B_{max}	1,250	0,656	1,375
	$V_{Bl,min}$	–0,625	–0,328	–0,688
A B C	$M_{1,max}$	0,096	0,065	0,203
	M_B	–0,063	–0,039	–0,094
	A_{max}	0,438	0,211	0,406
	C_{min}	–0,063	–0,039	–0,094
1 2 3	M_1	0,080	0,054	0,175
	M_2	0,025	0,021	0,100
	M_B	–0,100	–0,063	–0,150
	A	0,400	0,188	0,350
	B	1,100	0,563	1,150
	V_{Bl}	–0,600	–0,313	–0,650
	V_{Br}	0,500	0,250	0,500
A B C D	$M_{1,max}$	0,101	0,068	0,213
	$M_{2,min}$	–0,050	–0,032	–0,075
	M_B	–0,050	–0,032	–0,075
	A_{max}	0,450	0,219	0,425
	$M_{2,max}$	0,075	0,052	0,175
	M_B	–0,050	–0,032	–0,075
	A_{min}	–0,050	–0,032	–0,075
	$M_{B,min}$	–0,117	–0,073	–0,175
	M_C	–0,033	–0,021	–0,050
	B_{max}	1,200	0,626	1,300
	$V_{Bl,min}$	–0,617	–0,323	–0,675
	$V_{Br,max}$	0,583	0,303	0,625
	$M_{B,max}$	0,017	0,011	0,025
	M_C	–0,067	–0,042	–0,100
	$V_{Bl,max}$	0,017	0,011	0,025
	$V_{Br,min}$	–0,083	–0,053	–0,125
1 2 3 4	M_1	0,077	0,052	0,170
	M_2	0,036	0,028	0,116
	M_B	–0,107	–0,067	–0,161
	M_C	–0,071	–0,045	–0,107
	A	0,393	0,183	0,339
	B	1,143	0,590	1,214
	C	0,929	0,455	0,892
	V_{Bl}	–0,607	–0,317	–0,661
	V_{Br}	0,536	0,273	0,554
	V_{Cl}	–0,464	–0,228	–0,446

Lastanordnung	Schnittgrößen	▭	△	↓
A B C D E	$M_{1,max}$	0,100	0,067	0,210
	M_B	–0,054	–0,034	–0,080
	M_C	–0,036	–0,023	–0,054
	A_{max}	0,446	0,217	0,420
	$M_{2,max}$	0,080	0,056	0,183
	M_B	–0,054	–0,034	–0,080
	M_C	–0,036	–0,023	–0,054
	A_{min}	–0,054	–0,034	–0,080
	$M_{B,min}$	–0,121	–0,076	–0,181
	M_C	–0,018	–0,012	–0,027
	M_D	–0,058	–0,036	–0,087
	B_{max}	1,223	0,640	1,335
	$V_{Bl,min}$	–0,621	–0,326	–0,681
	$V_{Br,max}$	0,603	0,314	0,654
	$M_{B,max}$	0,013	0,009	0,020
	M_C	–0,054	–0,033	–0,080
	M_D	–0,049	–0,031	–0,074
	B_{min}	–0,080	–0,050	–0,121
	$V_{Bl,max}$	0,013	0,009	0,020
	$V_{Br,min}$	–0,067	–0,042	–0,100
	M_B	–0,036	–0,023	–0,054
	$M_{C,min}$	–0,107	–0,067	–0,161
	C_{max}	1,143	0,589	1,214
	$V_{Cl,min}$	–0,571	–0,295	–0,607
	M_B	–0,071	–0,045	–0,107
	$M_{C,max}$	0,036	0,023	0,054
	C_{min}	–0,214	–0,134	–0,321
	$V_{Cl,max}$	0,107	0,067	0,161
1 2 3 4 5	M_1	0,078	0,053	0,171
	M_2	0,033	0,026	0,112
	M_3	0,046	0,034	0,132
	M_B	–0,105	–0,066	–0,158
	M_C	–0,079	–0,050	–0,118
	A	0,395	0,185	0,342
	B	1,132	0,582	1,197
	C	0,974	0,484	0,960
	V_{Bl}	–0,605	–0,316	–0,658
	V_{Br}	0,526	0,266	0,540
	V_{Cl}	–0,474	–0,234	–0,460
	V_{Cr}	0,500	0,250	0,500
	$M_{1,max}$	0,100	0,068	0,210
	$M_{3,max}$	0,086	0,059	0,191
	M_B	–0,053	–0,033	–0,079
	M_C	–0,039	–0,025	–0,059
	A_{max}	0,447	0,217	0,421

Lastanordnung	Schnittgrößen	▭	△	↓
	$M_{2,max}$	0,079	0,055	0,181
	M_B	–0,053	–0,033	–0,079
	M_C	–0,039	–0,025	–0,059
	A_{min}	–0,053	–0,033	–0,079
	$M_{B,min}$	–0,120	–0,075	–0,179
	M_C	–0,022	–0,014	–0,032
	M_D	–0,044	–0,028	–0,066
	M_E	–0,051	–0,032	–0,077
	B_{max}	1,218	0,636	1,327
	$V_{Bl,min}$	–0,620	–0,325	–0,679
	$V_{Br,max}$	0,598	0,311	0,647
	$M_{B,max}$	0,014	0,009	0,022
	M_C	–0,057	–0,036	–0,086
	M_D	–0,035	–0,022	–0,052
	M_E	–0,054	–0,034	–0,081
	B_{min}	–0,086	–0,054	–0,129
	$V_{Bl,max}$	0,014	0,009	0,022
	$V_{Br,min}$	–0,072	–0,045	–0,108
	M_B	–0,035	–0,022	–0,052
	$M_{C,min}$	–0,111	–0,070	–0,167
	M_D	–0,020	–0,013	–0,031
	M_E	–0,057	–0,036	–0,086
	C_{max}	1,167	0,605	1,251
	$V_{Cl,min}$	–0,576	–0,298	–0,615
	$V_{Cr,max}$	0,591	0,307	0,636
	M_B	–0,071	–0,044	–0,106
	$M_{C,max}$	0,032	0,020	0,048
	M_D	–0,059	–0,037	–0,088
	M_E	–0,048	–0,030	–0,072
	C_{min}	–0,194	–0,121	–0,291
	$V_{Cl,max}$	0,103	0,064	0,154
	$V_{Cr,min}$	–0,091	–0,057	–0,136
J K L M N, ← ∞ ∞ →	M_L	–0,083	–0,052	–0,125
	M_{Feld}	0,042	0,031	0,125
	L	1,000	0,500	1,000
	V	0,500	0,250	0,500
J K L M N	M_L	–0,042	–0,026	–0,063
	M_{Feld}	0,083	0,058	0,188
	L	0,500	0,250	0,500
J K L M N	M_K	–0,022	–0,014	–0,034
	M_L	–0,114	–0,071	–0,171
	L	1,184	0,615	1,274
J K L M N	M_K	0,014	0,009	0,021
	M_L	–0,054	–0,033	–0,079
	M_{L-M}	0,071	0,051	0,171

Tafel C.1.3 Durchlaufträger unter Gleichlasten: Größtwerte der Biegemomente, Auflager- und Querkräfte aus der Überlagerung von ständigen und veränderlichen Lasten

q
g
A 1 B 2 C 3 D 4 E 5 F
L L L L L

Momente = $(g+q) \cdot L^2 \cdot$Tafelwert Kräfte = $(g+q) \cdot L \cdot$Tafelwert

Voraussetzungen:
- g und q konstant
- q feldweise angeordnet
- gleiche Stützweiten L
- EI konstant

Anzahl der Felder	Schnittgröße	Verkehrslastanteil $q/(g+q)$: 0 ($q=0$)	0,1	0,2	0,3	0,4	0,5 ($g=q$)	0,6	0,7	0,8	0,9	1,0 ($g=0$)
2	M_1	0,070	0,073	0,075	0,078	0,080	0,083	0,085	0,088	0,090	0, 93	0,096
	M_B	–0,125	–0,125	–0,125	–0,125	–0,125	–0,125	–0,125	–0,125	–0,125	–0,125	–0,125
	A	0,375	0,381	0,388	0,394	0,400	0,407	0,413	0,419	0,425	0,432	0,438
	B	1,250	1,250	1,250	1,250	1,250	1,250	1,250	1,250	1,250	1,250	1,250
	V_{Bl}	–0,625	–0,625	–0,625	–0,625	–0,625	–0,625	–0,625	–0,625	–0,625	–0,625	–0,625
3	M_1	0,080	0,082	0,084	0,086	0,088	0,090	0,092	0,095	0,097	0,099	0,101
	M_2	0,025	0,030	0,035	0,040	0,045	0,050	0,055	0,060	0,065	0,070	0,075
	M_B	–0,100	–0,102	–0,103	–0,105	–0,107	–0,108	–0,110	–0,111	–0,113	–0,115	–0,117
	A	0,400	0,405	0,410	0,415	0,420	0,425	0,430	0,435	0,440	0,445	0,450
	B	1,100	1,110	1,120	1,130	1,140	1,150	1,160	1,170	1,180	1,190	1,200
	V_{Bl}	–0,600	–0,602	–0,603	–0,605	–0,607	–0,608	–0,610	–0,612	–0,613	–0,615	–0,617
	V_{Br}	0,500	0,508	0,517	0,525	0,533	0,542	0,550	0,558	0,567	0,575	0,583
4	M_1	0,077	0,079	0,081	0,084	0,086	0,088	0,090	0,092	0,095	0,097	0,100
	M_2	0,036	0,041	0,045	0,050	0,054	0,058	0,063	0,067	0,072	0,076	0,081
	M_B	–0,107	–0,108	–0,110	–0,111	–0,113	–0,114	–0,115	–0,117	–0,118	–0,120	–0,121
	M_C	–0,071	–0,075	–0,078	–0,082	–0,085	–0,089	–0,093	–0,096	–0,100	–0,103	–0,107
	A	0,393	0,398	0,404	0,409	0,414	0,420	0,425	0,430	0,435	0,441	0,446
	B	1,143	1,151	1,159	1,167	1,175	1,183	1,191	1,199	1,207	1,215	1,223
	C	0,929	0,950	0,972	0,993	1,015	1,036	1,057	1,079	1,100	1,122	1,143
	V_{Bl}	–0,607	–0,608	–0,610	–0,611	–0,613	–0,614	–0,615	–0,617	–0,618	–0,620	–0,621
	V_{Br}	0,536	0,543	0,549	0,556	0,563	0,570	0,576	0,583	0,590	0,596	0,603
	V_{Cl}	–0,464	–0,475	–0,485	–0,496	–0,507	–0,518	–0,528	–0,539	–0,550	–0,560	–0,571
5	M_1	0,078	0,080	0,082	0,084	0,086	0,089	0,091	0,093	0,095	0,098	0,100
	M_2	0,033	0,038	0,042	0,047	0,052	0,056	0,061	0,065	0,070	0,075	0,079
	M_3	0,046	0,050	0,054	0,058	0,062	0,066	0,070	0,074	0,078	0,082	0,086
	M_B	–0,105	–0,107	–0,108	–0,110	–0,111	–0,113	–0,114	–0,116	–0,117	–0,119	–0,120
	M_C	–0,079	–0,082	–0,085	–0,089	–0,092	–0,095	–0,098	–0,101	–0,105	–0,108	–0,111
	A	0,395	0,400	0,405	0,411	0,416	0,421	0,426	0,431	0,437	0,442	0,447
	B	1,132	1,141	1,149	1,158	1,166	1,175	1,184	1,192	1,201	1,209	1,218
	C	0,974	0,993	1,013	1,032	1,051	1,071	1,090	1,109	1,128	1,148	1,167
	V_{Bl}	–0,605	–0,607	–0,608	–0,610	–0,611	–0,613	–0,614	–0,616	–0,617	–0,619	–0,620
	V_{Br}	0,526	0,533	0,540	0,548	0,555	0,562	0,569	0,576	0,584	0,591	0,598
	V_{Cl}	–0,474	–0,484	–0,494	–0,505	–0,515	–0,525	–0,535	–0,545	–0,556	–0,566	–0,576
	V_{Cr}	0,500	0,509	0,518	0,527	0,536	0,546	0,555	0,564	0,573	0,582	0,591
∞	M_{Feld}	0,042	0,046	0,050	0,054	0,058	0,063	0,067	0,071	0,075	0,079	0,083
	$M_{Stütze}$	–0,083	–0,086	–0,089	–0,093	–0,096	–0,099	–0,102	–0,105	–0,108	–0,111	–0,114
	$\pm V_{Stütze}$	0,500	0,510	0,518	0,526	0,538	0,546	0,556	0,565	0,575	0,581	0,592

Träger mit ungleichen Stützweiten: Näherungsweise unter Verwendung dieser Tabelle, wenn $L_{min} \geq 0{,}8 \cdot L_{max}$: Feldmomente mit den Stützweiten des jeweiligen Feldes berechnen, Schnittgrößen an den Stützungen mit dem Mittelwert der anliegenden Felder.

Träger mit mehr als 5 Feldern: Für die Randfelder 1 bis 3 : Tabellenwerte des Fünffeldträgers verwenden. Für die Innenfelder: Träger mit unendlich vielen Feldern annehmen.

1.6.2 Rahmenartige Tragwerke

In rahmenartig ausgebildeten, horizontal unverschieblichen Stahlbetongeschoßbauten können die Schnittgrößen auf der Grundlage folgender Vereinfachungen ermittelt werden (vgl. Abb. C.1.11):

- Die Einspannung der Riegel an den *Innen*stützen wird vernachlässigt.
- Die Knotenmomente an den *Rand*stützen werden nach [DAfStb-H240 – 91], 1.6 näherungsweise durch den ersten Schritt eines Momentenausgleichsverfahrens bestimmt (Bezeichnungen an [ENV 1992-1-1 – 92] angepaßt, s. [Schneider–98], Seite 5.42):

$$\left.\begin{aligned} M_b &= (c_o + c_u)\cdot \\ M_{col,o} &= -c_o\cdot \\ M_{col,u} &= c_u\cdot \end{aligned}\right\}\cdot C\cdot M_b^{(0)} \qquad \text{(C.1.13)}$$

mit

$$\begin{aligned} c_o &= \frac{I_{col,o}}{I_b}\cdot\frac{L_{eff}}{L_{col,o}} \\ c_u &= \frac{I_{col,u}}{I_b}\cdot\frac{L_{eff}}{L_{col,u}} \\ C &= \frac{1}{3(c_o+c_u)+2{,}5}\cdot\left(3+\frac{q}{g+q}\right) \end{aligned} \qquad \text{(C.1.14)}$$

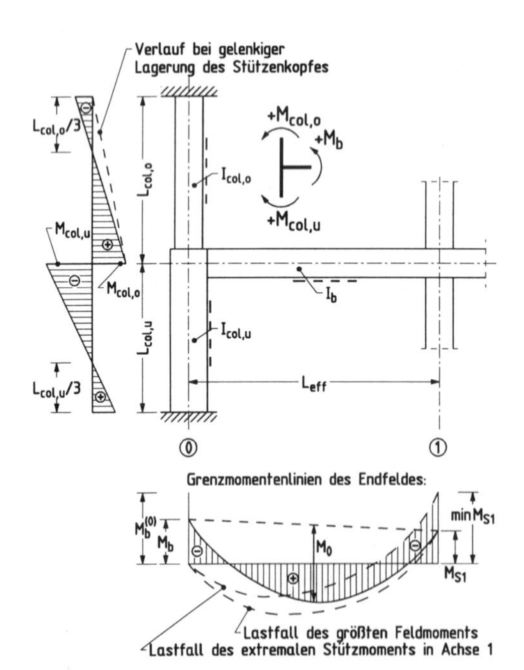

Abb. C.1.11 Bezeichnungen beim c_o-c_u-Verfahren

Darin bedeuten:

$M_b^{(0)}$ Stützmoment des Rahmenriegels im Endfeld bei beidseitiger Volleinspannung unter Vollast $g + q$

M_b Knotenmoment des Rahmenriegels

$M_{col,o}$; $M_{col,u}$ Knotenmoment der oberen bzw. unteren Randstütze

I_b Flächenmoment 2. Grades des Riegels

$I_{col,o}$; $I_{col,u}$ Flächenmoment 2. Grades der oberen bzw. unteren Randstütze

g Ständige Last

q Feldweise veränderliche Last des Durchlaufträgers.

Den Gleichungen (C.1.13) und (C.1.14) liegen die Laststellungen nach Abb. C.1.12 zugrunde.

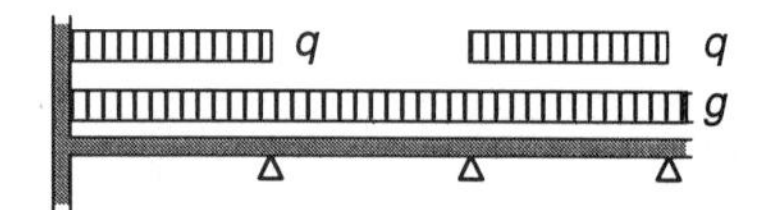

Abb. C.1.12 Lastanordnung des c_o-c_u-Verfahrens

Bei stark unterschiedlichen Riegelstützweiten ist der Bemessungwert des Riegelfeldmoments ohne Berücksichtigung der Endeinspannung zu ermitteln.

Die Querkräfte im Riegel und in den Stielen können über Gleichgewichtsbedingungen aus den Momenten M_b und $M_{col,o}$ bzw. $M_{col,u}$ bestimmt werden.

Berechnungsbeispiel:

Für den in Abb. C.1.13 dargestellten Randbereich eines unverschieblichen Stockwerkrahmens mit fünffeldrigem Riegel sollen die Bemessungs-

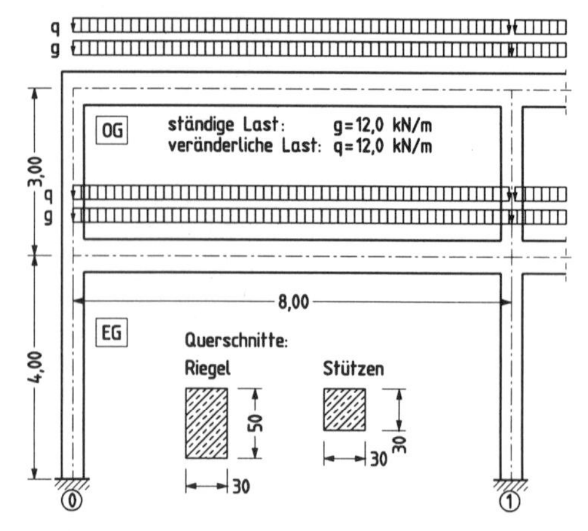

Abb. C.1.13 Berechnungsbeispiel

schnittgrößen im Grenzzustand der Tragfähigkeit nach dem c_o-c_u-Verfahren bestimmt und den Ergebnissen einer elektronischen Berechnung des vollständigen Systems gegenübergestellt werden.

- **Einwirkungen und Querschnittswerte**

g_d = 1,35·12,0 = 16,2 kN/m
q_d = 1,50·12,0 = 18,0 kN/m
I_{col} = 3,0⁴/12 = 6,75 dm⁴
I_b = 3,0·5,0³/12 = 31,25 dm⁴

- **Riegel über OG (Randfeld)**

c_o = 0
c_u = 6,75·8,00 / (31,25·3,00) = 0,576

$$C = \frac{1}{3\,(0+0{,}576)+2{,}5} \cdot \left(3 + \frac{18{,}0}{16{,}2+18{,}0}\right) = 0{,}834$$

$M_b^{(0)}$ = –34,2·8,00²/12 = –182,4 kNm

Tafel C.1.3, Verkehrslastanteil =18,0/34,2 = 0,53:
min M_{S1} = –0,114 · 34,2 · 8,00² = –249,5 kNm
zum größten Feldmoment gehöriges Stützmoment M_{S1} , aus Tafel C.1.2 :
M_{S1} = (–0,105 ·16,2 – 0,053 ·18,0)·8,00² =
= –169,9 kNm
M_b = (0 + 0,576) · 0,834·(–182,4) = –87,6 kNm
$M_{col,u}$ = 0,576 · 0,834·(–182,4) = –87,6 kNm
M_0 = 34,2 · 8,00²/8 = 273,6 kNm
V_b = 34,2 · 8,00/2 + (–169,9 + 87,6)/8,00
= 126,5 kN
Minimale Querkraft, näherungsweise ohne Berücksichtigung der Endeinspannung:
$V_{b,min}$ = (0,395·16,2 – 0,053·18,0)·8,00 =
= 43,6 kN
M_{max} = –87,6 + 126,5² / (2·34,2) = 146,4 kNm
bei x = 126,5 / 34,2 = 3,69 m
Stützeneigenlast: 25 · 0,3 · 0,3 · 3,00 = 6,8 kN

- **Riegel über EG (Randfeld):**

c_o = 6,75 · 8,00 / (31,25 · 3,00) = 0,576
c_u = 6,75 · 8,00 / (31,25 · 4,00) = 0,432

$$C = \frac{1}{3\,(0{,}432+0{,}576)+2{,}5} \cdot \left(3 + \frac{18{,}0}{16{,}2+18{,}0}\right) = 0{,}638$$

M_b = (0432 + 0,576)· 0,638·(–182,4) =
= –117,4 kNm
$M_{col,o}$ = 0,576 · 0,638·(–182,4) = 67,0 kNm
$M_{col,u}$ = 0,432 · 0,638·(–182,4) = –50,3 kNm
V_b = 34,2 · 8,00/2 + (–169,9 + 117,4)/8,00 =
= 130,2 kN
M_{max} = –117,4 + 130,2² / (2·34,2) = 130,4 kNm
bei x = 130,2 / 34,2 = 3,80 m
Stützeneigenlast: 25 · 0,3 · 0,3 · 4,00 = 9,0 kN

- **Stützenschlankheit**

$max\,\lambda = \lambda_{EG} \approx 0{,}8 \cdot 4{,}00 \,/\, (0{,}289 \cdot 0{,}30) = 36{,}9$

- **Schnittgrößen der Stützen**

Bei der Regelbemessung der Stützen sind zunächst Lastfallkombinationen zu untersuchen, die zu folgenden Schnittgrößen führen:

{ $max\,|M|$, zugehöriges $max\,|N|$ }
{ $max\,|M|$, zugehöriges $min\,|N|$ }

Für Knicksicherheitsnachweise sind zusätzlich die Stützenendmomente M_1 und M_2 im Verhältnis zueinander zu betrachten ($|M_2| \geq |M_1|$). Die größte Ausmitte nach dem Modellstützenverfahren stellt sich im kritischen Schnitt bei der Kombination

{ $max\,|M_2|$, $max\,|N|$, $min\,|M_2 - M_1|$ }

ein. Bei Rahmenstützen mit wechselndem Momentenvorzeichen liegt man daher im allgemeinen auf der sicheren Seite, wenn, wie beim c_o-c_u-Verfahren üblich, auf weitere Momentenausgleichsschritte bzw. Überlagerungen mit Nachbarknoten verzichtet wird.

Aus den in Abb. C.1.14 zusammengestellten Stützenschnittgrößen erhält man die Lastausmitten:

e_{01} = 43,8 / (–133,3) = –0,329 m
e_{02} = –87,6 / (–133,3) = 0,657 m

Auf den Nachweis der Knicksicherheit kann hier verzichtet werden, da

$$\lambda < \lambda_{cr} = 25 \cdot \left(2 - \frac{-0{,}329}{0{,}657}\right) = 62{,}5$$

Dieser Wert gilt wegen $e_{01}/e_{02} = M_1/M_2 = -1/2$ für alle beidseitig eingespannten Stützen im c_o-c_u-Verfahren.

- **Momentenkurven der Riegel**

Die Biegemomente des Randfelds sind in Abb. C.1.16 aufgetragen. Die Momente der Riegelinnenfelder werden mittels Tafel C.1.2 wie für Durchlaufträger ohne Endeinspannungen bestimmt.

- **Vergleich mit elektronischer Berechnung**

Zum Vergleich sind in Abb. C.1.15 und C.1.17 die Ergebnisse einer elektronischen Berechnung des Gesamtsystems unter Berücksichtigung aller relevanten Lastfälle aufgetragen.

Einzig die Knotenmomente der Stütze im OG fallen bei der Berechnung nach dem c_o-c_u-Verfahren etwas zu gering aus.

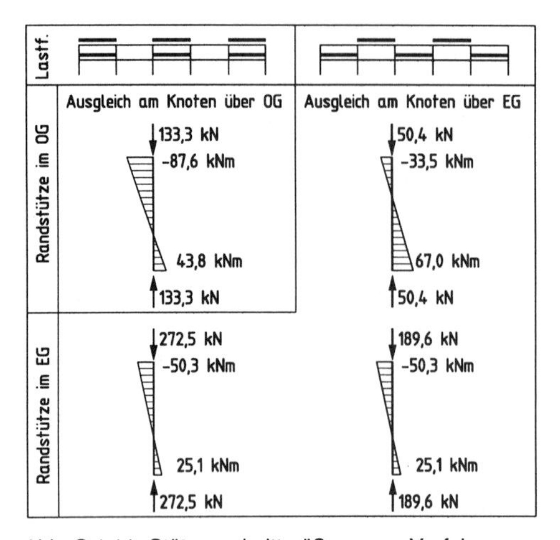

Abb. C.1.14 Stützenschnittgrößen c_o-c_u-Verfahren

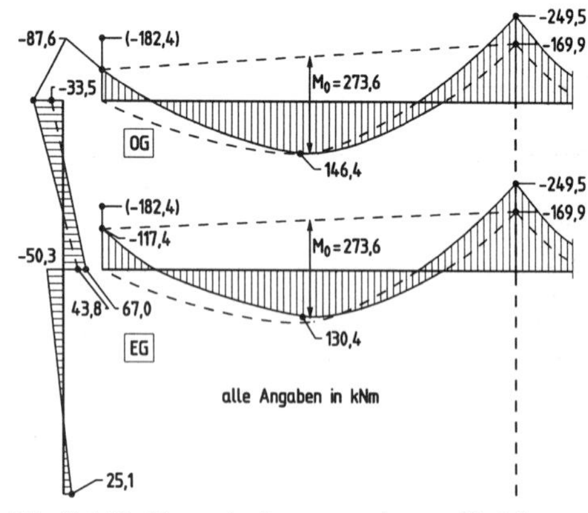

Abb. C.1.16 Momentenkurven nach c_o-c_u-Verfahren

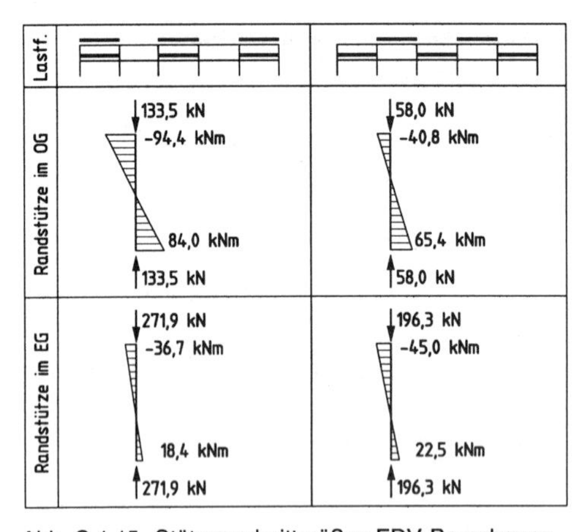

Abb. C.1.15 Stützenschnittgrößen EDV-Berechnung

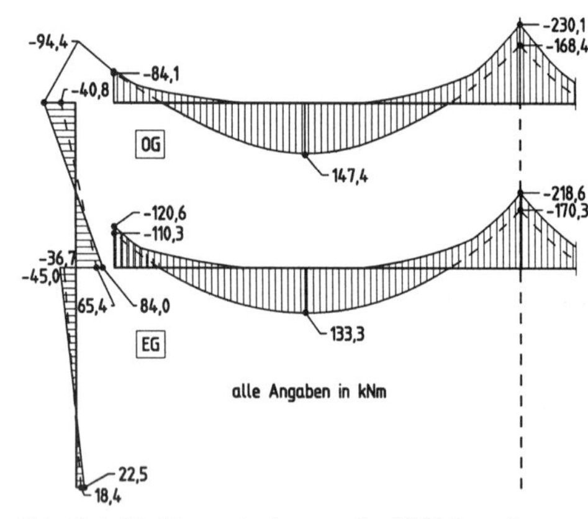

Abb. C.1.17 Momentenkurven der EDV-Berechnung

2 Plattentragwerke

2.1 Einleitung

Eine Plattentragwirkung liegt vor, wenn flächige Bauteile senkrecht zu ihrer Ebene gerichtete Lasten über Biegung abtragen.

Im vorliegenden Kapitel werden ausschließlich koordinatenparallel berandete Rechteckplatten behandelt, deren Dicke klein ist im Vergleich zu den übrigen Abmessungen.

2.1.1 Bezeichnungen und Abkürzungen

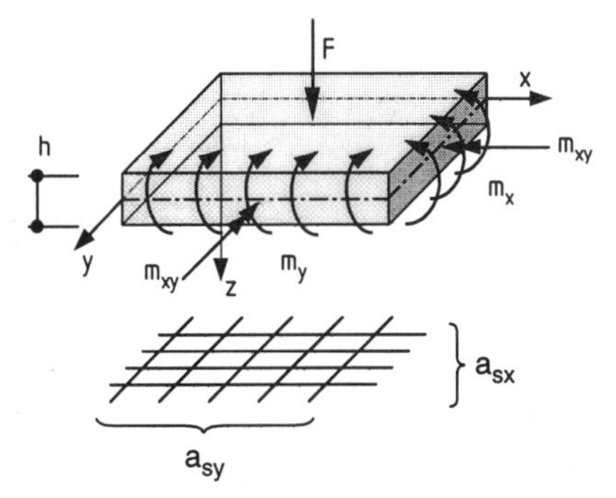

Abb. C.2.1 Plattenelement

h	Plattendicke
m_x, m_y	Achsbiegemomente, deren Biegespannungen sowie zugehörige Bewehrungen a_{sx} und a_{sy} in *x*- bzw. *y*-Richtung verlaufen
a_{sx}, a_{sy}	auf die Längeneinheit bezogene Bewehrungsquerschnitte in *x*- bzw. *y*-Richtung
m_{xy}	Drillmoment

2.1.2 Berechnungsgrundlagen

Bei der Berechnung von Massivplatten sind folgende Eigenschaften zu berücksichtigen:

Drillsteifigkeit

Weicht die Richtung der Hauptmomente von den Bezugsachsen *x* und *y* ab, so treten zu den Achsmomenten m_x und m_y noch die sogenannten Drillmomente m_{xy} . Sie erreichen ihr Maximum meist in Ecken und verschwinden auf Symmetrieachsen und längs eingespannter Ränder.

Die grundsätzlich für die Bemessung maßgebenden Hauptmomente

$$m_{\mathrm{I,II}} = \frac{m_x + m_y}{2} \pm \sqrt{\left(\frac{m_x - m_y}{2}\right)^2 + m_{xy}^2} \qquad \text{(C.2.1)}$$

verlaufen gegenüber den Bezugsachsen unter dem Winkel

$$\tan 2\varphi = \frac{2 \cdot m_{xy}}{m_x - m_y} \qquad \text{(C.2.2)}$$

In Ecken koordinatenparalleler Ränder, an denen keine Einspannung vorliegt, verschwinden die Achsmomente, und es gilt $m_{\mathrm{I,II}} = \pm\, m_{xy}$. Die Hauptmomente treten dort unter einem Winkel von ± 45° auf und bewirken dabei das Abheben der Platte, wenn diese nicht verankert ist.

Die Drillsteifigkeit der Platte ist vermindert, wenn keine geeignete obere und untere Bewehrung zur Aufnahme der Hauptmomente in den Ecken angeordnet wird, der Eckbereich durch bedeutende Öffnungen geschwächt ist oder die Ecken nicht verankert sind. Bei dem eher theoretischen Fall der vollkommen drillweichen Platte stellt sich ein Tragmodell ein, bei dem die Lastabtragung über achsenparallele Tragstreifen überwiegt mit der Folge, daß Achsbiegemomente und Durchbiegung deutlich größer werden als bei der drillsteif ausgebildeten Platte. Für die idealen Lagerungsbedingungen der freien Drehbarkeit oder der Volleinspannung sind die Schnittgrößen bei ungeschwächter Drillsteifigkeit in den Tabellen von [Czerny – 96] enthalten, während [Stiglat/Wippel – 92] vorwiegend die Schnittgrößen vollkommen drillweicher Einfeldplatten angeben.

In der Praxis bedeutet die Ausbildung ungeschwächt drillsteifer Platten einen erhöhten Herstellungsaufwand, den es abzuwägen gilt. Andererseits bleibt auch unter ungünstigen Umständen stets eine deutliche Restdrillsteifigkeit erhalten, die sich günstig auf das Tragverhalten auswirkt. In [DAfStb-H240 – 91], Tabellen 2.3 und 2.4 sind Erhöhungsfaktoren für Biegemomente angegeben, die den begrenzten Verlust der Drillsteifigkeit durch fehlende Drillbewehrung, nicht ausreichende Eckverankerung oder Öffnungen im Eckbereich berücksichtigen.

Sicherung der Ecken gegen Abheben

Treffen zwei frei drehbar gelagerte Plattenränder zusammen, so hat die in den Eckbereichen auftretende Verwindung zur Folge, daß sich die Plattenecke vom Auflager abhebt, wenn nicht eine der folgenden Maßnahmen ergriffen wird:

- Eine Auflast auf der Ecke von ≥ 1/16 der Gesamtlast der Platte bzw. eine gleichwertige Verankerung, s. [DIN 1045 – 88], 20.1.5 (3);

C

- Biegesteife Verbindung wenigstens eines Plattenrandes mit der Unterstützung.

Das Niederhalten der Plattenecken ist aber nur dann sinnvoll, wenn zugleich die Platte drillsteif ausgeführt wird.

Das günstigste Tragverhalten wird durch die eckverankerte, drillsteife Platte erzielt, deren Feldmoment im Extremfall weniger als die Hälfte einer unverankerten, drillweichen Platte beträgt.

Querdehnung

Die **Querdehnung** des Werkstoffs bewirkt, daß Biegemomente in Platten auch quer zur eigentlichen Beanspruchungsrichtung auftreten. Die Auswirkung der Querdehnung auf die Schnittgrößen hängt wesentlich von den Rand- und Lagerungsbedingungen der Platte ab. So betragen die Quermomente bei einachsig gespannten Platten das μ-fache der Biegemomente in der Hauptrichtung.

Die Querdehnzahl μ nimmt mit steigender Betongüte zu und liegt zwischen 0,15 und 0,30.

Gemäß den geltenden Stahlbetonnormen ist grundsätzlich $\mu = 0{,}2$ anzunehmen. Da aber mit einsetzender Rißbildung die wirksame Querdehnung des Stahlbetonquerschnitts abnimmt, gestattet [DIN 1045 – 88], 15.1.2 (5) zur Vereinfachung auch die Berechnung mit $\mu = 0$. Diese Annahme gilt auch nach [ENV 1992-1-1 – 92], 3.1.2.5.3, sofern Rißbildung zulässig ist.

Anhand der üblicherweise für $\mu = 0$ aufgestellten Tabellenwerke lassen sich näherungsweise auch die Biegemomente unter Berücksichtigung der Querdehnung ermitteln:

$$\left.\begin{aligned} m_{x\mu} &\cong \frac{1}{(1-\mu^2)}\cdot(m_{x0}+\mu\cdot m_{y0}) \\ &\cong m_{x0}+\mu\cdot m_{y0} \\ m_{y\mu} &\cong \frac{1}{(1-\mu^2)}\cdot(m_{y0}+\mu\cdot m_{x0}) \\ &\cong m_{y0}+\mu\cdot m_{x0} \\ m_{xy\mu} &\cong (1-\mu)\cdot m_{xy0} \end{aligned}\right\} \qquad \text{(C.2.3)}$$

Dabei verweist der Index „0“ auf die für $\mu = 0$ ermittelten Biegemomente.

Rand- und Lagerungsbedingungen

Die Rand- und Lagerungsbedingungen von Platten werden im allgemeinen auf die Hauptfälle ungestützt (= frei), gelenkig gelagert (= frei aufliegend), eingespannt und punktgestützt zurückgeführt. Weiterhin ist von Bedeutung, ob die Stützung starr oder nachgiebig ist und kontinuierlich oder unterbrochen erfolgt.

Die Einordnung der Stützungsart muß wirklichkeitsnah erfolgen. Die Einspannung eines Plattenrandes kann meist nur dann angenommen werden, wenn das einspannende Bauteil eine Wandscheibe oder eine Durchlaufplatte ist, welches der Auflagerverdrehung entgegenwirkt. Da die Steifigkeitsunterschiede zwischen einspannendem und eingespanntem Bauteil häufig gering sind, wird die Auflagerverdrehung durch die jeweiligen Lastkombinationen der Bauteile bestimmt. Eine vollkommen starre Einspannung kann nur in Sonderfällen unterstellt werden.

Ein Randunterzug scheidet als statisch wirksame Einspannung meist aus, da sich der Träger durch die geringe Torsionssteifigkeit des Stahlbetons im Zustand II und aufgrund fehlender Torsionseinspannungen an den Auflagern verdrillt.

2.1.3 Einteilung der Platten

Hinsichtlich ihrer Tragwirkung und der sich daraus ergebenden Berechnungsverfahren kann man unterscheiden zwischen

- einachsig gespannten Platten,
- zweiachsig gespannten Platten,
- punktgestützten Platten und
- elastisch gebetteten Platten.

2.2 Einachsig gespannte Platten

2.2.1 Allgemeines

In folgenden Fällen liegt bei Gleichflächenlast ein überwiegend einachsiges Tragverhalten vor:

- Bei der nur an zwei gegenüberliegenden Rändern gelagerten Platte ist die Haupttragrichtung unabhängig vom Seitenverhältnis vorgegeben.
- Bei umfanggelagerten Platten mit einem Seitenverhältnis ≥ 2 wird der Anteil der über die lange Seite abgetragenen Lasten so klein, daß mit guter Näherung einachsiges Tragverhalten in Richtung der kürzeren Stützweite unterstellt werden kann. Nebentragrichtung ist damit die Richtung der längeren Stützweite.
- Bei dreiseitig gelagerten Platten, deren ungestützter Rand kürzer ist als 2/3 der dazu senkrechten Seitenlänge, lassen die Schnittkraftverläufe vorwiegend einachsiges Tragverhalten in der zum freien Rand parallelen Richtung erkennen, s. [Leonhardt/Mönnig-T3 – 77], S. 104.

Die Ermittlung der Schnittgrößen einachsig gespannter Platten erfolgt mit den einfachen Mitteln der Balkenstatik. Die für Platten geltenden Bemessungs- und Bewehrungsvorschriften finden Anwendung, wenn gilt:

$b \geq 5 \cdot d$ [DIN 1045 – 88] (C.2.4a)
(mit d Plattendicke)

$\left.\begin{matrix} L_{eff} \\ b \end{matrix}\right\} \geq 4 \cdot h$ [ENV 1992-1-1 – 92] (C.2.4b)
(mit h Plattendicke)

Bei Belastung durch Gleichflächenlast werden die in der Nebentragrichtung infolge Querdehnung oder unregelmäßiger Lastverteilung auftretenden geringen Biegemomente pauschal durch die einzulegende Querbewehrung von wenigstens 20 % der Hauptbewehrung abgedeckt, s. z.B. [ENV 1992-1-1 – 92], 5.4.3.2.1.

2.2.2 Konzentrierte Lasten

Konzentrierte Lasten führen zu örtlich erhöhten Schnittkräften, die in Haupt- wie in Nebentragrichtung wirksam werden. Die Berechnung der Schnittgrößen in Haupttragrichtung des erhöht beanspruchten Plattenstreifens ist in Abb. C.2.2 dargestellt (vgl. [DAfStb-H240 – 91]). Zunächst wird eine Lastverteilung bis zur Plattenmittelebene unter 45° unterstellt, bei der druckfeste Beläge einbezogen werden können. Die Größe dieser Belastungsfläche in Plattenmittelebene ist maßgebend für die mitwirkende Breite des Plattenstreifens, der für die Lastabtragung angesetzt werden kann. Für die jeweils zu berechnenden Schnittgrößen kann die zugehörige mitwirkende Breite nach Tafel C.2.1 bestimmt werden, wobei Eingrenzungen durch Plattenränder oder Öffnungen zu berücksichtigen sind.

Die für den Plattenstreifen ermittelten Bewehrungszulagen sind gemäß Abb. C.2.2 einzulegen. Zur Abdeckung der positiven Quermomente genügt eine Zulage von 60 % der Hauptbewehrungszulage. Negative Quermomente können

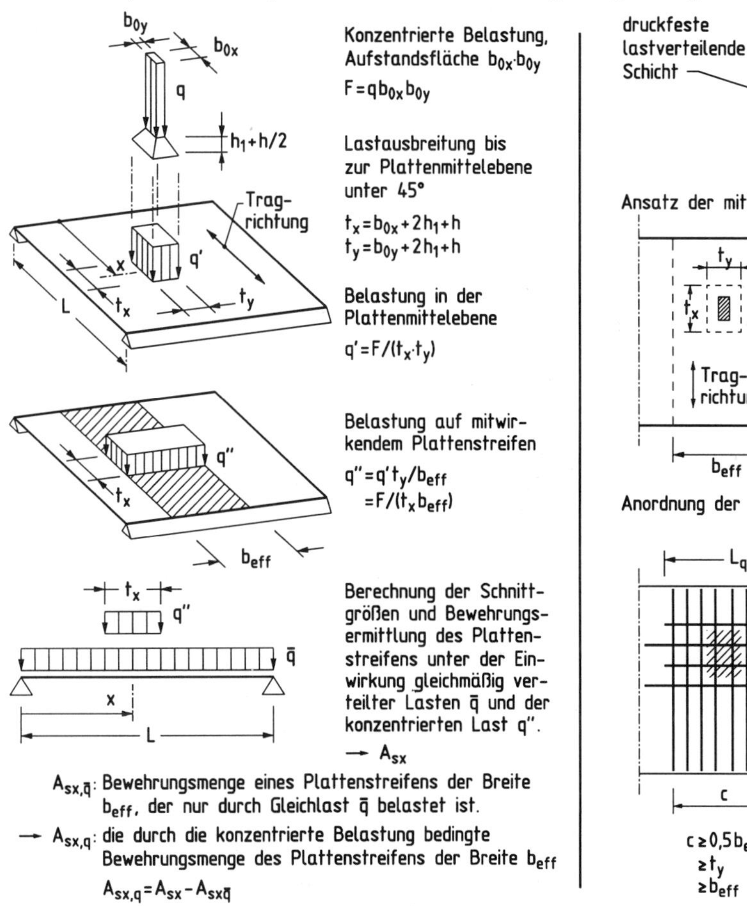

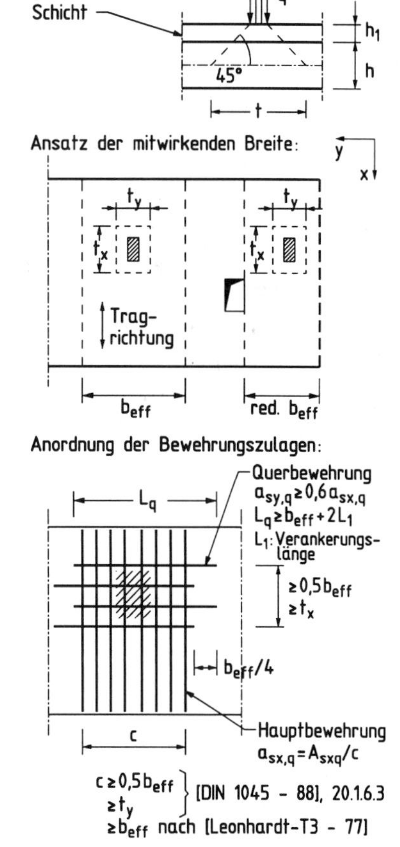

Abb. C.2.2 Rechnerische Berücksichtigung konzentrierter Einwirkungen auf einachsig gespannter Platte nach [DIN 1045 – 88] und [DAfStb-H240 – 91].

– außer an Plattenrändern – im allgemeinen unberücksichtigt bleiben.

Bei auskragenden Platten ist zu beachten, daß die Zulage zur Hauptbewehrung an der Oberseite, die Querbewehrungszulage aber an der Unterseite anzuordnen ist.

Tafel C.2.1 Mitwirkende Breiten unter konzentrierten Lasten [DAfStb-H240 – 91]

	1	2	3			4	
	Statisches System und Schnittgröße	Mitwirkende Breite (rechnerische Lastverteilungsbreite) b_{eff}	Gültigkeitsgrenzen			Mitwirkende Breite b_{eff} für durchgehende Linienlast ($t_x = L$)	
						$t_y \leq 0{,}05 \cdot L$	$t_y \leq 0{,}10 \cdot L$
1	F, m_f, x, L	$b_{eff}^M = t_y + 2{,}5 \cdot x \cdot \left(1 - \frac{x}{L}\right)$	$0 < x < L$	$t_y \leq 0{,}8 \cdot L$	$t_x \leq L$	$b_{eff}^M = 1{,}36 \cdot L$	
2	v_s	$b_{eff}^V = t_y + 0{,}5 \cdot x$	$0 < x < L$	$t_y \leq 0{,}8 \cdot L$	$t_x \leq L$	$b_{eff}^V = 0{,}25 \cdot L$	$b_{eff}^V = 0{,}30 \cdot L$
3	m_f	$b_{eff}^M = t_y + 1{,}5 \cdot x \cdot \left(1 - \frac{x}{L}\right)$	$0 < x < L$	$t_y \leq 0{,}8 \cdot L$	$t_x \leq L$	$b_{eff}^M = 1{,}01 \cdot L$	
4	m_s	$b_{eff}^M = t_y + 0{,}5 \cdot x \cdot \left(2 - \frac{x}{L}\right)$	$0 < x < L$	$t_y \leq 0{,}8 \cdot L$	$t_x \leq L$	$b_{eff}^M = 0{,}67 \cdot L$	
5	v_s	$b_{eff}^V = t_y + 0{,}3 \cdot x$	$0{,}2 \cdot L < x < L$	$t_y \leq 0{,}4 \cdot L$	$t_x \leq 0{,}2 \cdot L$	$b_{eff}^V = 0{,}25 \cdot L$	$b_{eff}^V = 0{,}30 \cdot L$
6	v_s	$b_{eff}^V = t_y + 0{,}4 \cdot (L - x)$	$0 < x < 0{,}8 \cdot L$	$t_y \leq 0{,}4 \cdot L$	$t_x \leq 0{,}2 \cdot L$	$b_{eff}^V = 0{,}17 \cdot L$	$b_{eff}^V = 0{,}21 \cdot L$
7	m_f	$b_{eff}^M = t_y + x \cdot \left(1 - \frac{x}{L}\right)$	$0 < x < L$	$t_y \leq 0{,}8 \cdot L$	$t_x \leq L$	$b_{eff}^M = 0{,}86 \cdot L$	
8	m_s	$b_{eff}^M = t_y + 0{,}5 \cdot x \cdot \left(2 - \frac{x}{L}\right)$	$0 < x < L$	$t_y \leq 0{,}4 \cdot L$	$t_x \leq L$	$b_{eff}^M = 0{,}52 \cdot L$	
9	v_s	$b_{eff}^V = t_y + 0{,}3 \cdot x$	$0{,}2 \cdot L < x < L$	$t_y \leq 0{,}4 \cdot L$	$t_x \leq 0{,}2 \cdot L$	$b_{eff}^V = 0{,}21 \cdot L$	$b_{eff}^V = 0{,}25 \cdot L$
10	m_s	$b_{eff}^M = 0{,}2 \cdot L + 1{,}5 \cdot x$	$0 < x < L$	$t_y \leq 0{,}2 \cdot L$	$t_x \leq L$	$b_{eff}^M = 1{,}35 \cdot L$	
		$b_{eff}^M = t_y + 1{,}5 \cdot x$	$0 < x < L$	$0{,}2 \cdot L \leq t_y \leq 0{,}8 \cdot L$	$t_x \leq L$	–	
11	v_s	$b_{eff}^V = 0{,}2 \cdot L + 0{,}3 \cdot x$	$0{,}2 \cdot L < x < L$	$t_y \leq 0{,}2 \cdot L$	$t_x \leq 0{,}2 \cdot L$	$b_{eff}^V = 0{,}36 \cdot L$	$b_{eff}^V = 0{,}43 \cdot L$
		$b_{eff}^V = t_y + 0{,}3 \cdot x$	$0{,}2 \cdot L < x < L$	$0{,}2 \cdot L \leq t_y \leq 0{,}4 \cdot L$	$t_x \leq 0{,}2 \cdot L$	–	–

2.2.3 Platten mit Rechtecköffnungen

Siehe Stahlbetonbau aktuell 1998, Seite C.24.

2.2.4 Unberücksichtigte Stützungen

Siehe Stahlbetonbau aktuell 1998, Seite C.28.

2.2.5 Unbeabsichtigte Endeinspannung

Siehe Stahlbetonbau aktuell 1998, Seite C.29.

2.3 Zweiachsig gespannte Platten

2.3.1 Berechnungsgrundsätze

Gegenstand eingehender Schnittgrößenermittlung bei Plattentragwerken sind meist nur die Biegemomente, da die Querkräfte einfach abgeschätzt werden können und man im übrigen die Plattendicke so wählen wird, daß keine Schubbewehrung erforderlich ist.

Einfeldplatten:

Zur Berechnung von Einfeldplatten kommen vorwiegend folgende Möglichkeiten in Frage:

- Exakte Plattentheorie: Nur für wenige Sonderfälle lassen sich geschlossene Lösungen angeben. Grundlage numerischer Verfahren bei Computereinsatz.
- Sich kreuzende Plattenstreifen gleicher größter Durchbiegung [DIN 1045 – 88], 20.1.5.: Anschauliche Methode (Marcus) unter Vernachlässigung der Drillsteifigkeit, die sehr einfach anzuwenden ist und zu hinreichend genauen Ergebnissen führt. Verfeinerung hinsichtlich des Belastungsansatzes vgl. z. B. [Stiglat/Wippel – 92].
- Berechnung als Trägerrost, s. z.B. [Mattheis – 82], S.42: Streifenmethode mit Möglichkeit der Berücksichtigung der Drillsteifigkeit. Interessant als zusätzliches Einsatzgebiet für Trägerrostprogramme.

Die gängigen Tabellenwerke enthalten die Schnittgrößen für die jeweils sechs Grundfälle der Lagerungsarten bei drei- und vierseitig gelagerten Platten, die sich aus den Lagerungen gelenkiger gelagerter Rand, voll eingespannter Rand und ungestützter Rand kombinieren lassen (Abb. C.2.4).

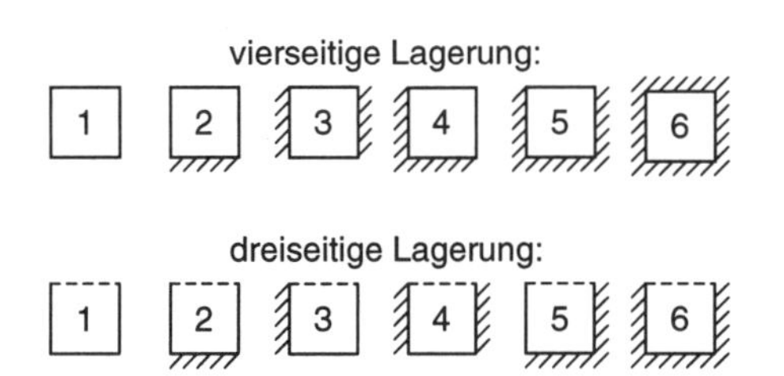

Abb. C.2.4 Grundfälle der Lagerung von Einzelplatten

Durchlaufplatten

Zusammenhängende Plattensysteme wie z. B. Hochbaudecken müssen – vergleichbar den Durchlaufträgern in der Balkenstatik – unter Einschluß der ungünstigsten Anordnung der veränderlichen Lasten berechnet werden. Diese werden im zu untersuchenden Plattenfeld selbst und in den Nachbarfeldern im schachbrettartigen Wechsel aufgebracht, um bei minimal wirksamer Randeinspannung die größten Feldmomente zu erhalten. Das größte Stützmoment stellt sich ein, wenn man diese Anordnung längs der betrachteten Stützung spiegelt und dadurch die Auflagerverdrehung sehr klein wird.

Bei einer Mittelplatte eines Durchlaufsystems sind folglich für das Stützmoment vier Lastkom-

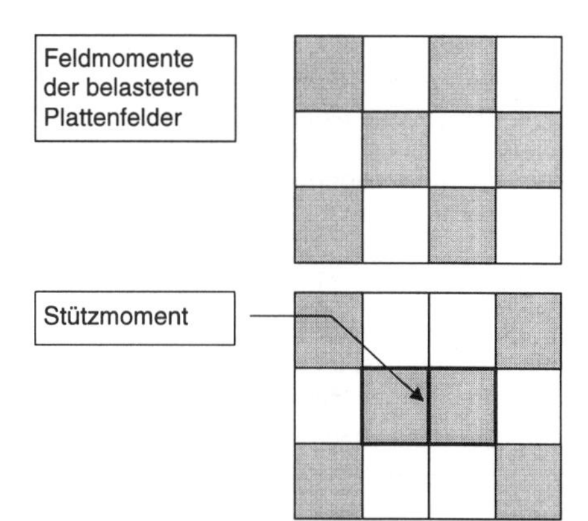

Abb. C.2.3 Maßgebende Anordnung der veränderlichen Lasten zur Bestimmung der Momente

binationen und für das Feldmoment eine weitere zu untersuchen. Die Biegebemessung hat für die einhüllenden Grenzlinien der Momente zu erfolgen die sich aus der Überlagerung der Einzellastfälle ergeben. Bei feldweise ungünstiger Lastanordnung werden daher die Feldmomente von Durchlaufplatten stets größer sein als die der entsprechenden Einzelplatten unter voll wirksamer Randeinspannung.

Bei der Schnittgrößenermittlung liefern Drehwinkel- oder Momentenausgleichsverfahren recht genaue Ergebnisse, welche aber – wie weitere Verfahren auch – wegen des hohen Aufwands an Bedeutung für die Handrechnung verloren haben und heute nicht mehr mit dem Computereinsatz konkurrieren können. Statt dessen haben solche Methoden eine weite Verbreitung gefunden, die Vergleichseinfeldplatten anstelle zusammenhängender Gesamtsysteme betrachten. Erwähnt seien

- das Lastumordnungsverfahren, angeführt in [DIN 1045 – 88], 20.1.5(4), [DAfStb-H240 – 91], dessen Anwendung aber auf Fälle mit $L_{min}/L_{max} \geq 0{,}75$ beschränkt und damit für viele baupraktischen Belange nicht brauchbar ist,
- das Einspanngradverfahren, s. z.B. [Eichstaedt – 63] und [Schriever – 79]; s.a. [Pieper/Martens - 66].

Derartige Verfahren liefern akzeptable Näherungen mit erheblich geringerem Aufwand als Drehwinkel- oder Momentenausgleichsverfahren.

Das wohl einfachste und damit fehlerunempfindlichste Verfahren, welches gleichwohl ausreichend zutreffende Ergebnisse liefert, ist ein vereinfachtes Einspanngradverfahren von [Pieper/Martens – 66]. Ihm liegen folgende Überlegungen zugrunde:

- Die Stützmomente nehmen im allgemeinen einen Wert an, der zwischen den Volleinspannmomenten der Einzelplatten beider an der Stützung anliegenden Felder liegt.

- Die Feldmomente einer Platte liegen zwischen den Grenzwerten, die durch die allseits gelenkige Lagerung (Lagerungsfall 1) einerseits und die voll wirksame Randeinspannung in Nachbarplatten (Lagerungsfälle 2 bis 6) andererseits gebildet werden. Die Annahme eines Einspanngrads von 50 % liegt auf der sicheren Seite, da sich bei typischen Anwendungen im Hochbau meist ein Einspanngrad zwischen 0,70 und 0,90 einstellt.

Die Ermittlung der Plattenmomente nach diesem Verfahren ist im Abschnitt 2.3.2.4 beschrieben.

2.3.2 Vierseitig gestützte Platten

2.3.2.1 Drillbewehrung

In den Ecken wird auf die elastizitätstheoretisch optimale Bewehrungsführung in Richtung der Hauptmomente meist zugunsten eines verlegetechnisch günstigeren, koordinatenparallelen Bewehrungsnetzes verzichtet. Die Eckbewehrung nach Abb. C.2.5 deckt die Drillmomente ohne näheren Nachweis ab (s. [DIN 1045 – 88], 20.1.6.4.), wobei eine bereits vorhandene Bewehrung angerechnet werden kann. Damit die Drillbewehrung wirksam werden kann, muß sie über der Stützung verankert sein.

Bei unzureichender Drillbewehrung gilt die Platte nicht mehr als drillsteif. Der vollständige Entfall der Drillbewehrung wird aber auch bei drillweichen Platten nicht empfohlen, s. [Stiglat/Wippel – 92], S. 305.

2.3.2.2 Abminderung der Stützmomente

Stützmomente dürfen bei durchlaufenden Platten in gleicher Weise wie bei Balken ausgerundet werden. Häufig wird man aber auf die dazu erforderliche Ermittlung der Auflagerkräfte verzichten und sich mit der folgenden, auf der sicheren Seite liegenden Abschätzung begnügen:

$$m_s' = (1 - 1{,}25 \cdot b \,/\, L_{max}) \cdot m_s \qquad \text{(C.2.5)}$$

mit
- b Breite der Unterstützung (Wanddicke)
- L_{max} die größere der quer zur Unterstützung gerichteten Stützweiten der beiden anliegenden Platten

Bei hochbauüblichen Abmessungen beträgt die Reduzierung meist etwa 5 %, d.h. $m_s' \approx 0{,}95 \cdot m_s$.

Bei monolithischem Verbund zwischen Platte und Unterstützung kann auch für das Anschnittmo-

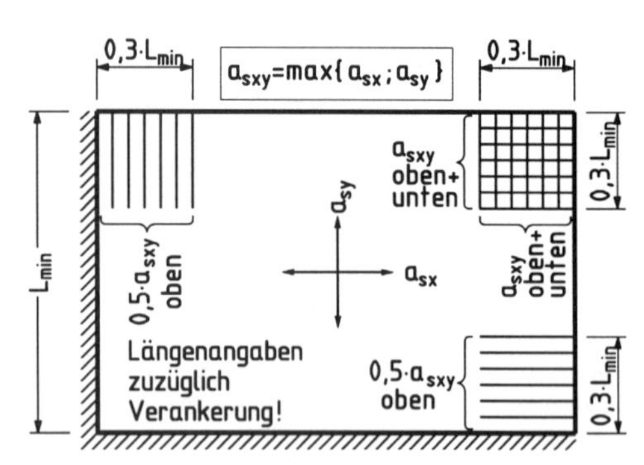

Abb. C.2.5 Drillbewehrung vierseitig gelagerter Platten nach [DIN 1045 – 88]

ment bemessen werden, wobei aber noch auf die Einhaltung der Mindestmomente zu achten ist (vgl. [DIN 1045 – 88], 15.4.1.2).

Nicht abzumindern sind Stützmomente, die nach dem Lastumordnungsverfahren als reine Mittelwerte der anliegenden Volleinspannmomente berechnet werden, weil sie nach [DAfStb-H240 – 91], 2.3.3 bereits als Bemessungswerte gelten. Da aus diesem Berechnungsverfahren unter ungünstigen Verhältnissen (d.h. große Unterschiede der anliegenden Einspannmomente) etwas zu geringe Stützmomente resultieren können, wird durch die De-facto-Anhebung der Bemessungsmomente um ca. 5 % ein Ausgleich geschaffen.

Nach dem Einspanngradverfahren beträgt das Stützmoment wenigstens 75 % des anliegenden Maximalwertes. Aufgrund dieser Verbesserung gegenüber dem Lastumordnungsverfahren scheint es gerechtfertigt, die Momentenabminderung wie bei allen übrigen Berechnungsverfahren auch auf das in Abschn. 2.3.2.4 wiedergegebene Einspanngradverfahren anzuwenden, s.a. Berechnungsbeispiele bei [Schriever – 79].

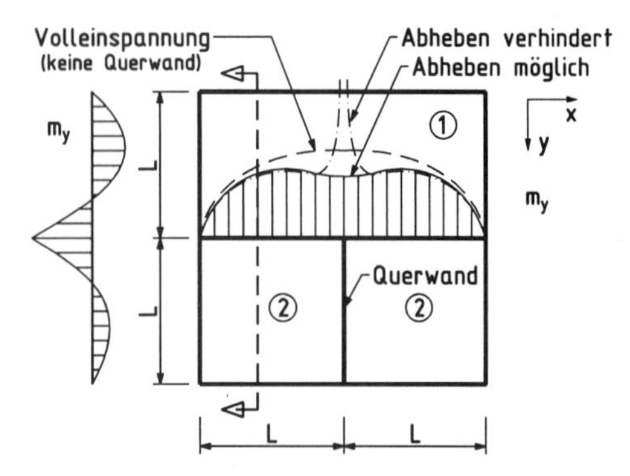

Abb. C.2.6 Verlauf des Stützmomentes m_y bei unterschiedlichen Lagerungsarten nach [Eisenbiegler – 73]

2.3.2.3 Dreiseitige Auflagerknoten

Laufen wie in Abb. C.2.6 Deckenunterstützungen in dreiseitigen Knoten zusammen, so kann nach [Eisenbiegler – 73] das Einspannmoment der Platte ① im Bereich der Mittelquerwand unter der Platte ② eine Spitze aufweisen. Es empfiehlt sich dann eine örtliche Bewehrungsverstärkung, die wenigstens das Volleinspannmoment der Platte ① abdeckt. Diese Momentenspitze tritt aber nur dann auf, wenn die Platte ② durch monolithische Verbindung oder sehr hohe Wandauflast druck- und zugfest mit der Mittelquerwand verbunden ist.

2.3.2.4 Berechnung der Biegemomente

Beschreibung des Verfahrens

Bei dem von [Pieper/Martens – 66] vorgeschlagenen vereinfachten Einspanngradverfahren werden die möglichen Lastfallkombinationen der Durchlaufplatten auf Grenzwertabschätzungen für Stützmomente und Feldmomente reduziert. Allen Einzelplatten wird für die Bestimmung der Feldmomente ein einheitlicher Einspanngrad von 0,50 zugrunde gelegt. Entsprechend sind in Tafel C.2.2 Stützmomente bei Volleinspannung und Feldmomente bei einer zu 50 % wirksamen Einspannung angegeben.

Abweichend von [Pieper/Martens–66] dient hier als Leitwert die resultierende Gesamtlast der Platte, um die Behandlung drei- und vierseitig gestützter Platten zu vereinheitlichen. Zusätzlich vereinfachen erweiterte Seitenverhältnisse (L_y/L_x von 0,5 bis 2,0) die Handhabung.

Lagerungsfälle

Die sechs Grundkombinationen der Plattenlagerung sind in der linken Randleiste der Tafel C.2.2 symbolhaft aufgeführt. Die Tafelwerte gelten auch für nicht dargestellte Lagerungsfälle, die durch Spiegelung an den Koordinatenachsen entstehen. Werden gegenüber diesen um 90° gedrehte Lagerungsfälle benötigt (das kann bei den Fällen 2, 3 und 5 erforderlich sein), so sind entweder die Koordinatenachsen zu vertauschen, oder die Ablesung der Tafel ist über die rechte Randleiste vorzunehmen.

Erfolgt die Ablesung der Tafel über die rechte Randleiste, ist darauf zu achten, daß zwar die Lage des allgemeinen Koordinatensystems beibehalten wird, als Kenngröße aber das umgekehrte Seitenverhältnis, nämlich L_x/L_y zu verwenden ist.

Wird die wahlweise Ablesung über die linke bzw. rechte Randleiste genutzt, können alle Einzelplatten mit einem einheitlichen, dem globalen Koordinatensystem berechnet werden, was die Fehleranfälligkeit der Berechnung verringert.

Bezeichnungen

Die Beiwerte *f* verweisen auf Momente im Feld, *s* auf Volleinspannmomente an der Stützung, *d* auf Drillmomente in der Plattenecke. Die Beiwerte tragen einen Fußzeiger der Richtung (x oder y) und/oder einen zusätzlichen Fußzeiger, um den Bezugspunkt zu präzisieren:

Fußzeiger:

x, y	Bezugskoordinaten	
f	Feldmoment (dieser Index kann fehlen)	
s	Stützmoment	
xy	Drillmoment	
m	bei Feldmomenten:	Plattenmittelpunkt
	bei Stützmomenten:	Mitte des eingespannten Randes
r	Größtwert längs des ungestützten Randes dreiseitig gestützter Platten	
gg	Ecke zweier gelenkig gelagerter Ränder	
rg	Ecke ungestützter/gelenkig gelagerter Rand	

Fehlt der Hinweis auf den Bezugsort, dann bezieht sich der Beiwert auf den absoluten Größtwert im Feld bzw. an der Stützung.

Voraussetzungen für die Anwendung

Das Verfahren kann angewendet werden, wenn

$$p \leq 2 \cdot g \qquad \text{(C.2.6a)}$$

mit p Verkehrslast
g Dauerlast

Bei einer Berechnung nach [ENV 1992-1-1 – 92] ist diese Bedingung für Bemessungslasten zu formulieren:

$$q_d \leq 2 \cdot g_d \qquad \text{(C.2.6b)}$$

mit q_d veränderliche Einwirkungen
g_d ständige Einwirkungen

Feldmomente

Für eckverankerte Platten mit ungeschwächter Drillsteifigkeit gilt:

$$m_{xf} = \frac{K}{f_x} \qquad m_{yf} = \frac{K}{f_y} \qquad \text{(C.2.7a)}$$

wobei $K = q \cdot L_x \cdot L_y$
mit $q = g + p$

bzw. nach [ENV 1992-1-1 – 92]:

$$K = (g_d + q_d) \cdot L_x \cdot L_y$$

Tafel C.2.2 **Beiwerte zur Berechnung vierseitig gelagerter Platten unter Gleichlast**

Leitwert	Feldmomente für einen Einspanngrad von 50 %: bei voller Drillsteifigkeit	Feldmomente für einen Einspanngrad von 50 %: bei verminderter Drillsteifigkeit	Drillmomente	Volleinspannmomente
$K = q \cdot L_x \cdot L_y$	$m_{xf} = \frac{K}{f_x}$; $m_{yf} = \frac{K}{f_y}$	$m_{xf} = \frac{K}{f_x^o}$; $m_{yf} = \frac{K}{f_y^o}$	$m_{xy,gg} = \pm \frac{K}{d_{gg}}$	$m_{xs} = \frac{K}{s_x}$; $m_{ys} = \frac{K}{s_y}$

Seitenverhältnisse L_y/L_x bzw. L_x/L_y für Ablesung über linke bzw. rechte Randleiste

Lagerung	L_y/L_x →	0,50	0,55	0,60	0,65	0,70	0,75	0,80	0,85	0,90	0,95	1,00	1,10	1,20	1,30	1,40	1,50	1,60	1,70	1,80	1,90	2,00	← L_x/L_y	Lagerung
1	f_x	80,1	70,3	61,7	54,2	47,6	42,0	37,3	33,8	31,0	28,9	27,2	24,6	22,9	21,8	21,0	20,6	20,3	20,3	20,3	20,5	20,7	f_y	1
	f_y	20,7	20,3	20,3	20,5	20,9	21,5	22,3	23,2	24,3	25,6	27,2	30,6	34,9	40,0	45,9	51,9	57,8	63,6	69,3	74,8	80,1	f_x	
	f_x^o	71,5	61,2	52,3	44,8	38,4	33,1	28,7	25,4	23,0	21,2	20,0	18,2	17,3	17,0	16,8	16,9	17,0	17,2	17,7	18,1	18,5	f_y^o	
	f_y^o	18,5	17,7	17,2	16,9	16,8	16,9	17,1	17,5	18,0	18,9	20,0	22,7	26,4	31,3	36,7	42,5	48,2	53,9	60,2	66,2	71,5	f_x^o	
Drillmom.	d_{gg}	30,2	27,9	26,1	24,8	23,7	22,9	22,3	21,9	21,7	21,5	21,6	21,6	22,1	22,7	23,5	24,4	25,4	26,5	27,7	28,9	30,2	d_{gg}	Drillmom.
2.1	f_x	96,2	85,5	75,9	67,5	59,9	53,3	47,5	42,4	38,3	35,1	32,5	28,7	26,2	24,4	23,2	22,4	21,9	21,6	21,5	21,5	21,6	f_y	2.2
	f_y	25,3	24,4	23,9	23,8	23,9	24,2	24,7	25,4	26,2	27,3	28,5	31,4	34,9	39,3	44,3	49,9	55,7	61,6	67,4	73,1	78,6	f_x	
	s_y	-16,5	-15,3	-14,4	-13,7	-13,2	-12,7	-12,4	-12,2	-12,1	-12,0	-11,9	-12,0	-12,2	-12,5	-12,9	-13,4	-13,9	-14,5	-15,2	-15,8	-16,5	s_x	
2.1	f_x^o	88,5	76,8	66,8	58,4	50,7	44,2	38,6	33,9	30,2	27,5	25,4	22,5	20,8	19,8	19,1	18,8	18,6	18,6	18,8	19,1	19,4	f_y^o	2.2
	f_y^o	23,0	21,8	21,0	20,4	20,0	19,8	19,8	20,0	20,4	21,0	21,8	23,8	26,8	30,6	35,0	40,1	45,5	51,1	57,1	63,0	68,6	f_x^o	
3.1	f_x	108	96,1	86,1	77,0	69,1	62,1	55,8	50,2	45,3	41,2	37,9	33,1	29,7	27,4	25,7	24,6	23,8	23,2	22,9	22,7	22,6	f_y	3.2
	f_y	28,9	27,8	27,2	26,9	26,8	27,0	27,4	27,9	28,6	29,5	30,6	33,1	36,3	40,2	45,0	50,6	57,3	65,1	73,6	82,2	90,6	f_x	
	s_y	-23,8	-21,7	-20,0	-18,7	-17,6	-16,7	-16,0	-15,4	-15,0	-14,6	-14,3	-14,0	-13,9	-13,9	-14,1	-14,3	-14,7	-15,2	-15,7	-16,2	-16,8	s_x	
	f_x^o	99,4	86,5	76,1	66,7	58,6	51,4	45,3	39,9	35,5	32,2	29,7	26,1	23,9	22,5	21,5	20,9	20,4	20,2	20,2	20,2	20,5	f_y^o	
	f_y^o	26,4	24,9	23,9	23,2	22,7	22,4	22,4	22,5	22,7	23,3	24,1	26,0	28,8	32,3	36,4	41,5	47,3	54,5	62,6	70,8	78,8	f_x^o	
4	f_x	95,6	84,6	74,5	65,7	58,0	51,2	45,5	41,0	37,5	34,7	32,5	29,4	27,4	26,1	25,3	24,9	24,8	24,8	25,0	25,3	25,7	f_y	4
	f_y	25,7	25,0	24,8	24,8	25,2	25,8	26,7	27,8	29,1	30,7	32,5	36,9	42,4	48,9	55,9	63,0	70,0	76,7	83,4	89,7	95,6	f_x	
	s_x	-24,7	-22,5	-20,7	-19,2	-18,0	-17,0	-16,3	-15,6	-15,1	-14,7	-14,4	-14,1	-13,9	-14,0	-14,2	-14,4	-14,8	-15,3	-15,8	-16,3	-16,9	s_y	
4	s_y	-16,9	-15,9	-15,1	-14,6	-14,2	-14,0	-13,9	-13,9	-14,0	-14,2	-14,4	-15,0	-15,8	-16,7	-17,7	-18,8	-19,9	-21,1	-22,2	-23,5	-24,7	s_x	4
	f_x^o	87,3	75,5	65,4	56,4	48,6	42,2	36,8	32,7	29,6	27,2	25,5	23,3	22,0	21,4	21,2	21,3	21,4	21,7	22,3	22,8	23,4	f_y^o	
	f_y^o	23,4	22,3	21,7	21,3	21,2	21,3	21,6	22,2	23,1	24,1	25,5	29,2	34,0	40,0	46,7	53,8	60,6	67,4	74,3	80,9	87,3	f_x^o	
5.1	f_x	109	93,9	80,0	68,0	57,9	50,4	44,9	40,8	37,7	35,3	33,4	30,8	29,1	28,2	27,6	27,4	27,5	27,7	28,0	28,5	29,1	f_y	5.2
	f_y	26,2	25,7	25,7	26,0	26,7	27,7	29,0	30,5	32,4	34,5	37,0	42,8	49,9	57,8	65,7	73,4	80,7	87,8	94,7	101	108	f_x	
	s_x	-24,7	-22,6	-20,9	-19,6	-18,6	-17,8	-17,2	-16,8	-16,6	-16,4	-16,3	-16,5	-16,8	-17,4	-18,1	-18,9	-19,8	-20,7	-21,7	-22,8	-23,9	s_y	
5.1	s_y	-17,5	-16,7	-16,2	-15,9	-15,9	-16,0	-16,2	-16,6	-17,0	-17,6	-18,2	-19,6	-21,2	-22,8	-24,6	-26,3	-28,1	-29,9	-31,7	-33,5	-35,3	s_x	5.2
	f_x^o	99,2	83,5	69,9	58,3	48,8	41,8	36,6	32,8	30,0	27,9	26,5	24,5	23,6	23,3	23,3	23,5	23,8	24,3	25,1	25,9	26,5	f_y^o	
	f_y^o	23,8	22,9	22,5	22,4	22,6	23,0	23,6	24,4	25,6	27,1	29,0	33,7	40,0	47,5	55,1	62,9	70,0	77,2	85,0	92,3	99,1	f_x^o	
6	f_x	118	104	90,8	79,1	68,7	59,6	52,2	46,7	42,5	39,2	36,8	33,1	30,8	29,4	28,5	28,1	28,0	28,1	28,3	28,7	29,2	f_y	6
	f_y	29,2	28,4	28,0	28,0	28,4	29,0	30,0	31,2	32,8	34,6	36,8	41,8	48,3	56,5	66,0	75,4	84,7	93,6	102	110	118	f_x	
	s_x	-35,3	-32,0	-29,3	-27,1	-25,2	-23,7	-22,4	-21,4	-20,6	-20,0	-19,4	-19,0	-18,8	-19,0	-19,3	-19,9	-20,5	-21,3	-22,2	-23,2	-24,2	s_y	
	s_y	-24,2	-22,4	-21,1	-20,1	-19,5	-19,1	-18,9	-18,8	-18,9	-19,2	-19,4	-20,5	-21,7	-23,2	-24,7	-26,4	-28,1	-29,9	-31,7	-33,5	-35,3	s_x	
	f_x^o	109	93,4	80,2	68,6	58,6	50,0	43,1	38,0	34,3	31,5	29,5	26,8	25,3	24,7	24,4	24,4	24,6	25,0	25,6	26,3	26,9	f_y^o	
	f_y^o	26,9	25,7	24,9	24,5	24,4	24,6	25,0	25,6	26,5	27,8	29,5	33,7	39,6	47,2	55,9	65,0	73,9	82,7	92,0	101	109	f_x^o	

Für Platten, die infolge fehlender Drillbewehrung, unzureichender Eckverankerung oder durch Öffnungen im Eckbereich eine **verminderte Drillsteifigkeit** aufweisen (s. S. C.21), gilt:

$$m_{xf} = \frac{K}{f_x^o} \qquad m_{yf} = \frac{K}{f_y^o} \qquad \text{(C.2.7b)}$$

Stützmomente

Zunächst werden die Volleinspannmomente der Einzelplatten berechnet gemäß:

$$m_{xs} = \frac{K}{s_x} \qquad m_{ys} = \frac{K}{s_y} \qquad \text{(C.2.8)}$$

Die so auf beiden Seiten jeder Stützung erhaltenen Volleinspannmomente der Platten i und j werden dann nach folgender Vorschrift gemittelt:

- Im Normalfall wird das Verhältnis der Stützweiten der beiden an der gemeinsamen Stützung anliegenden Platten zueinander zwischen 0,2 und 5 liegen. Das resultierende Stützmoment ist dann der Mittelwert der beiden Einzelwerte, wenigstens aber 75 % des Maximalwertes:

  für $0{,}2 \le L_i / L_j \le 5$:

$$\begin{aligned} |m_{sij}| &= 0{,}50 \cdot |m_{si} + m_{sj}| \\ &\ge 0{,}75 \cdot \max\{|m_{si}|;|m_{sj}|\} \end{aligned} \qquad \text{(C.2.9a)}$$

- Nur bei stark unterschiedlichen Stützweitenverhältnissen wird das betragsmäßig größere der beiden Volleinspannmomente herangezogen:

  für $L_i / L_j < 0{,}2$ oder $L_i / L_j > 5$:

$$|m_{sij}| = \max\{|m_{si}|;|m_{sj}|\} \qquad \text{(C.2.9b)}$$

Bezüglich der Abminderung von Stützmomenten s. Abschn. 2.3.2.2.

Drillmomente

Das Eckdrillmoment der allseits gelenkig gelagerten Platte (Lagerungsfall 1) berechnet sich aus dem Tabellenwert d_{gg} :

$$m_{xy} = \pm \frac{K}{d_{gg}} \qquad \text{(C.2.10)}$$

Darüber hinaus weisen auch die Lagerungsfälle 2 und 4 Ecken mit zwei gelenkig gelagerten Rändern auf. Da ihre Drillmomente meist nur geringfügig kleiner ausfallen als die des Lagerungsfalls 1, kann dessen Tabellenwert auch für die anderen Fälle mitgelten. Dies gilt um so mehr bei der hier zugrunde gelegten elastischen Einspannung.

Außer zur Bestimmung der Eckabhebekräfte nach Gl. (C.2.12) ist bei vierseitig gestützten Platten die Kenntnis der Drillmomente nicht erforderlich, da die konstruktive Ausbildung der Plattenecken gemäß Abschn. 2.3.2.1 ausreichend ist.

Die Vorzeichen der Drillmomente hängen von Orientierung der Platte im Koordinatensystem ab und lassen daher keine unmittelbaren Rückschlüsse auf die Richtung von Zugspannungen oder das Vorzeichen von Eckkräften zu.

Behandlung von Kragplatten

Eine Kragplatte kann als einspannendes Bauteil für die Ermittlung der Feldmomente gelten, wenn

- ihr Kragmoment aus Eigengewicht größer ist als das halbe Volleinspannmoment des angeschlossenen Plattenfeldes unter Vollbelastung
- und sie den Stützrand des Plattenfeldes nahezu über die gesamte Länge erfaßt.

Das Einspannmoment ist natürlich nicht nach Gl. (C.2.9) zu mitteln.

Besondere Stützweitenverhältnisse

Bestimmte Stützweitenverhältnisse bedürfen einer zusätzlichen Überprüfung (Abb. C.2.7). Folgen nämlich zwei kurze Felder (①,②) und ein langes Feld (③) unmittelbar aufeinander (Stützweitenverhältnisse L_1:L_2:L_3 im Bereich $\le 0{,}5$: $\le 0{,}5$: 1,0), so kann das Stützmoment zwischen den beiden kurzen Feldern positive Werte annehmen, und das Feldmoment in ① würde mit dem zuvor beschriebenen Verfahren nicht zutreffend ermittelt (Abb. C.2.7)).

Zur Behandlung dieses Sonderfalls stellen [Pieper/Martens – 66] ausführliche Diagramme bereit, aus denen [Schriever – 79] die folgenden Mindestwerte für das Moment im äußeren kleinen Feld abgeleitet hat:

$$\left.\begin{aligned} L'/L_3 &\ge 1{,}00 \rightarrow m_1 \ge 0{,}6 \cdot m_3 \\ 1{,}00 > L'/L_3 &\ge 0{,}77 \rightarrow m_1 \ge 0{,}5 \cdot m_3 \\ 0{,}77 > L'/L_3 & \qquad\;\; \rightarrow m_1 \ge 0{,}3 \cdot m_3 \end{aligned}\right\} \qquad \text{(C.2.11)}$$

Diesen Mindestwerten sind die Momente nach

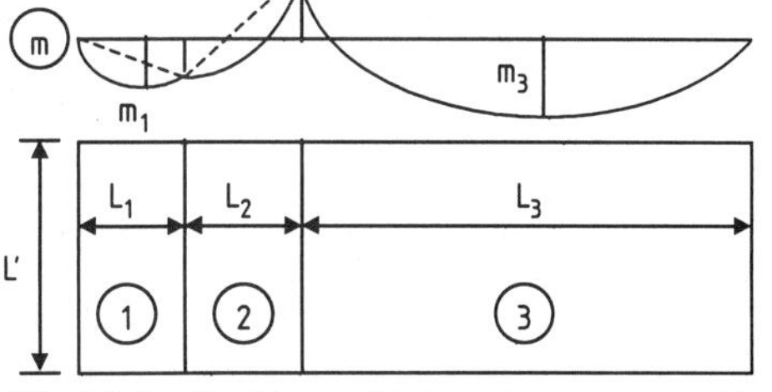

Abb. C.2.7 Zwei kurze Felder und ein langes Feld in Folge

Gl. (C.2.7) gegenüberzustellen.

Wird kein genauerer Nachweis des Momentenverlaufs der Felder ① und ② geführt, so empfiehlt sich folgende Bewehrungsführung:

- Die größere der beiden Feldbewehrungen ist auch über der Stützung durchlaufend in beiden Feldern einzulegen. Damit wird auch ein eventuell positiver Wert des Stützmomentes abgedeckt.
- Zusätzlich ist eine obere Stützbewehrung über der Stützung zwischen Feld ① und ② anzuordnen, die nach den Regeln für normale Stützweitenverhältnisse bestimmt wird.

Eine genauere Untersuchung der Momentenwerte der kleinen Felder lohnt sich kaum, da die darauf entfallenden Bewehrungsmengen gering sind. Bei Bemessung nach [ENV 1992-1-1 – 92] wird bei den kleinen Feldern einer Decke oft die Mindestbewehrung maßgebend sein (vgl. z.B. [Schneider – 98], S. 5.48).

2.3.2.5 Momentenkurven und Bewehrungsabstufung

Als Grundlage einer Bewehrungsabstufung können die vereinfachten Verläufe der Momentengrenzlinien in Tafel C.2.3 dienen, wie sie aus Angaben in [Czerny – 96] zusammengestellt wurden. Zu jedem Lagerungsfall ist der Verlauf der Stützmomente für Volleinspannung, der Verlauf der Feldmomente für einen Einspanngrad von 0,50 aufgetragen.

Vereinfachend darf in der Nähe des Randes die parallel dazu verlaufende Bewehrung nach Abb. C.2.8 auf die Hälfte des in Plattenmitte erforderlichen Wertes abgemindert werden, wenn kein genauer Nachweis der Momentendeckung geführt wird.

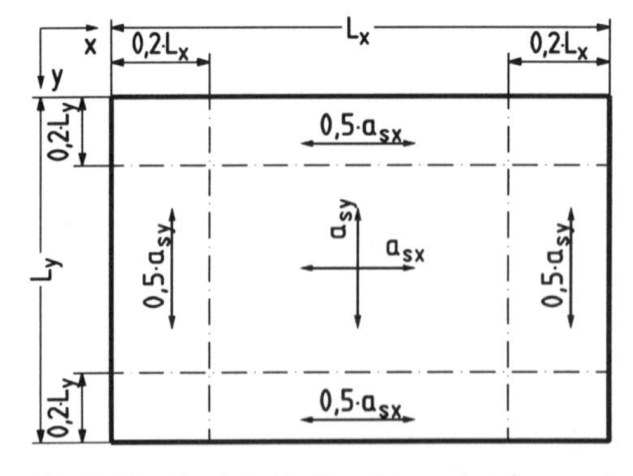

Abb. C.2.8 Vereinfachte Bewehrungsabstufung nach [DIN 1045 – 88], 20.1.6.2, vgl. [Wommelsdorf-T1 – 90]

2.3.2.6 Auflager- und Querkräfte

Die Auflagerreaktionen zweiachsig gespannter Platten können näherungsweise über Lasteinzugsflächen ermittelt werden. Der Zerlegungswinkel in der Ecke beträgt 45° wenn die anliegenden Seiten die gleiche Lagerungsart aufweisen. Ein Zerlegungswinkel $\alpha = 60°$ wird an einem vollkommen eingespannten Rand angenommen, wenn der benachbarte Rand gelenkig gelagert ist. Bei Platten mit teilweiser Einspannung kann der Winkel zwischen 45° und 60° angenommen werden (s. [DIN 1045 – 88], 20.1.5). Für die Unterstützung ergeben sich damit die in Tafel C.2.4 aufgetragenen Lastbilder.

Bei Ansatz der ungünstigsten Lastfallkombinationen sind die Auflagerkräfte unter eingespannten Rändern für den Grenzfall der Volleinspannung (d.h. $\alpha = 60°$) zu bestimmen. Unter gelenkig gelagerten Rändern hingegen stellen sich die größten Auflagerkräfte dann ein, wenn Einspannungen an den übrigen Rändern der Platte nur teilweise wirksam sind. Daher wurde in Tafel C.2.4 zusätzlich der Zerlegungswinkel $\alpha = 52{,}5°$ aufgenommen, der einem Einspanngrad von 50 % entspricht.

Der lastvergrößernde Einfluß der Eckabhebekräfte ist bei den Lagerungsfällen 1, 2 und 4 durch rechteckförmig erweiterte Lastbilder zu erfassen.

Längs gelenkig gelagerter Ränder bewirken die Drillmomente, daß sich die Querkräfte von den Auflagerkräften unterscheiden. Die meist geringfügig kleineren Querkräfte dürfen näherungsweise ebenfalls nach Tafel C.2.4 bestimmt werden.

2.3.2.7 Eckabhebekräfte

In Ecken, die aus zwei gelenkig gelagerten Rändern gebildet werden, ist die Platte gegen Abheben zu verankern.

Die in einer Ecke wirkende Abhebekraft R_e errechnet man aus dem zugehörigen Drillmoment:

$$R_e = 2\,|m_{xy}| \qquad \text{(C.2.12)}$$

Wird kein genauerer Nachweis geführt, ist nach [DIN 1045 – 88] die Eckverankerung für eine Abhebekraft von $K/16$ zu bemessen (K resultierende Gesamtlast der Platte).

Platten ohne ausreichende Eckverankerung können nicht als drillsteif angesehen werden.

2.3.2.8 Öffnungen

Siehe Stahlbetonbau aktuell 1998, Seite C.35.

2.3.2.9 Unterbrochene Stützung

Bei örtlichem Wegfall der Stützung wird für die Plattenberechnung zunächst ein durchgehendes

Tafel C.2.3 Verlauf der Biegemomente nach [Schneider–96] und [Czerny–96]

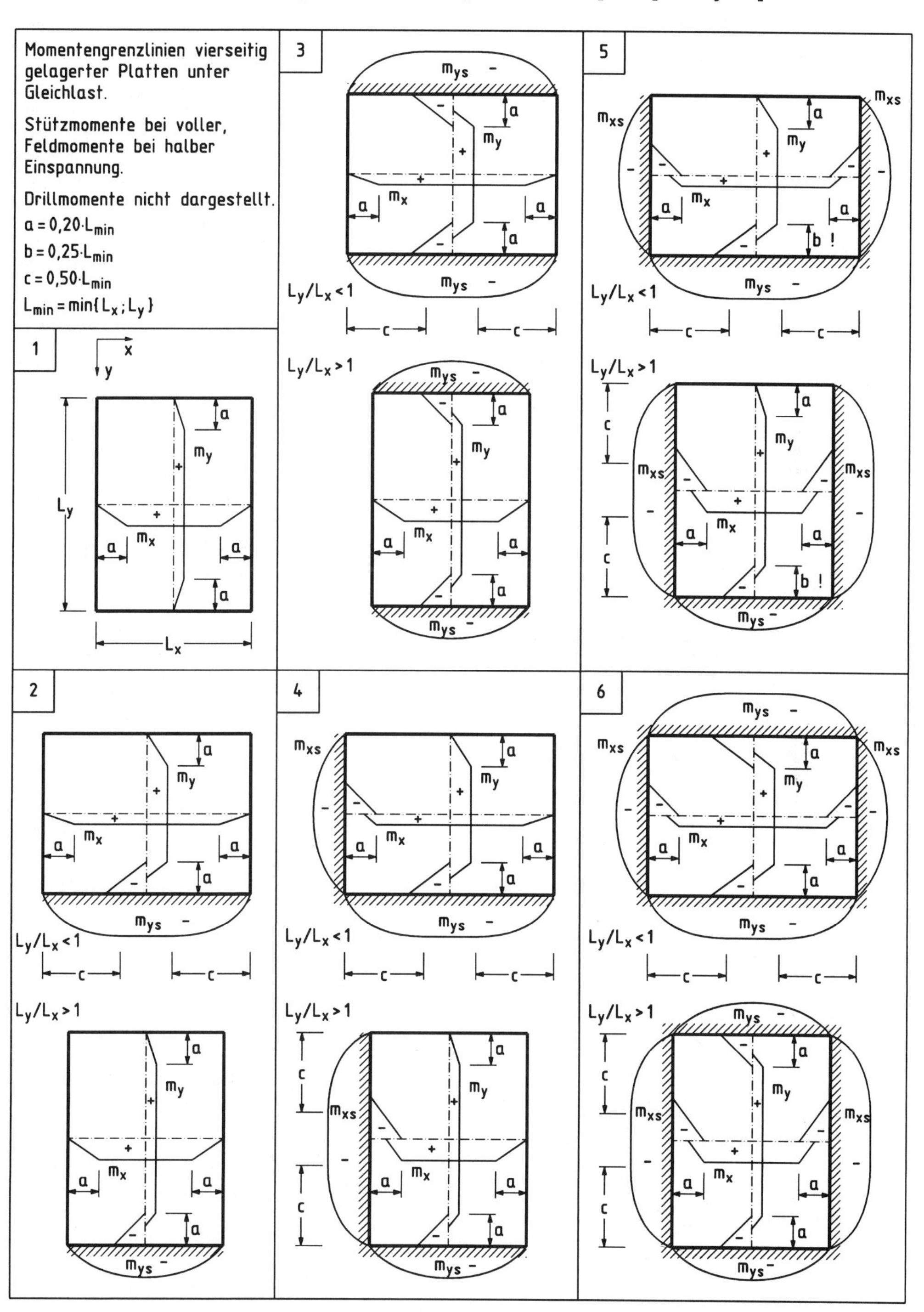

Tafel C.2.4 Auflagerkräfte vierseitig gelagerter Platten nach [DIN 1045 – 88] und [Schneider – 98]

Ersatzlastbilder für Randunterzüge vierseitig gelagerter Platten unter Gleichlast q.

$a = 0{,}289 \cdot L_{min}$ $(0{,}384 \cdot L_{min})$

$b = 0{,}366 \cdot L_{min}$ $(0{,}434 \cdot L_{min})$

$c = 0{,}500 \cdot L_{min}$ $(0{,}500 \cdot L_{min})$

$d = 0{,}634 \cdot L_{min}$ $(0{,}566 \cdot L_{min})$

$e = 0{,}866 \cdot L_{min}$ $(0{,}652 \cdot L_{min})$

$L_{min} = \min\{L_x ; L_y\}$

Zerlegungswinkel $\alpha = 60°$ $(52{,}5°)$
Werte in Klammern gelten für eine elastische Einspannung von 50 %.

Bei eckverankerten Platten gelten die gestrichelten, rechteckig ergänzten Lastbilder, wenn die Eckabhebekraft nicht gesondert erfaßt wird.

Eckabhebekraft: $R_e = 2 \cdot m_{xy}$

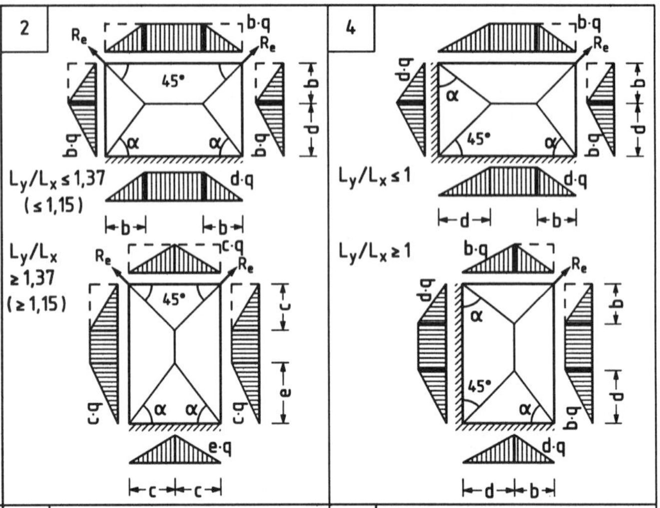

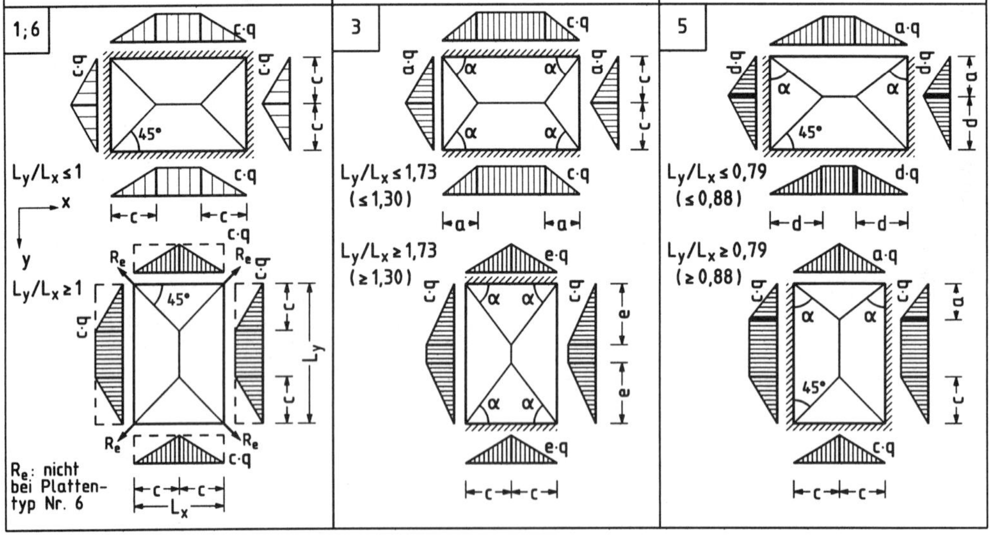

Auflager angenommen. Für die Bewehrung des ungestützten Plattenbereichs genügen bis $L/d \leq 7$ (L Länge der fehlenden Stützung) konstruktive Zulagen ohne Nachweis.

Für $7 < L/d \leq 15$ wird längs der fehlenden Unterstützung ein deckengleicher Unterzug ausgebildet. Zu seiner Berechnung und konstruktiven Ausbildung enthält [DAfStb-H240 – 91], 2.4 detaillierte Angaben.

Bei größeren Öffnungen ($L/d > 15$) sind genauere Untersuchungen auf der Grundlage der Plattentheorie gefordert, s. z.B. [Stiglat/Wippel – 83].

2.3.3 Dreiseitig gestützte Platten

2.3.3.1 Tabellen für Biegemomente

Zur Berechnung dreiseitig gelagerter Platten nach dem bereits unter Abschn. 2.3.2.4 beschriebenen Prinzip sind für einen Einspanngrad von 50 % die Momentenbeiwerte für Gleichlast in Tafel C.2.5 und für eine Linienlast am freien Rand in Tafel C.2.6 angegeben.

2.3.3.2 Superposition der Schnittgrößen

Bei Plattentragwerken werden bei der Überlagerung der Feldmomente aus unterschiedlichen

Tafel C.2.5 Beiwerte zur Berechnung dreiseitig gelagerter Platten unter Gleichlast

Leitwert	Feldmomente drillsteifer Platten	Drillmomente:	Stützmomente bei voller Einspannung:
$K = q \cdot L_x \cdot L_y$	(Einspanngrad 50 %): $m_{xf} = \frac{K}{f_x}$; $m_{yf} = \frac{K}{f_y}$	$m_{xy,gg} = \pm\frac{K}{d_{gg}}$ $m_{xy,rg} = \pm\frac{K}{d_{rg}}$	$m_{xs} = \frac{K}{s_x}$; $m_{ys} = \frac{K}{s_y}$

Seitenverhältnisse L_y/L_x bzw. L_x/L_y für Ablesung über linke bzw. rechte Randleiste

System	$L_y/L_x \rightarrow$	0,50	0,55	0,60	0,65	0,70	0,75	0,80	0,85	0,90	0,95	1,00	1,10	1,20	1,30	1,40	1,50	1,60	1,70	1,80	1,90	2,00	$\leftarrow L_x/L_y$	System
1.1	f_{xr}	9,8	9,4	9,2	9,1	9,1	9,1	9,1	9,3	9,4	9,6	9,8	10,2	10,7	11,3	11,9	12,6	13,3	14,0	14,7	15,4	16,2	f_{yr}	1.2
	f_{xm}	16,9	15,9	15,2	14,6	14,2	14,0	13,8	13,7	13,6	13,6	13,7	13,8	14,1	14,5	14,9	15,3	15,8	16,4	16,9	17,5	18,1	f_{ym}	
	f_y	25,9	26,4	27,3	28,4	29,8	31,4	33,2	35,1	37,1	39,3	41,4	45,9	50,4	54,8	59,3	63,7	68,0	72,4	76,7	81,0	85,2	f_x	
	f_{ym}	25,9	26,5	27,5	28,7	30,3	32,2	34,4	36,9	39,6	42,7	46,1	53,9	63,2	74,2	87,1	102	120	141	165	194	227	f_{xm}	
	d_{rg}	20,2	23,0	26,4	30,4	35,1	40,7	47,3	55,1	64,2	75,0	87,5	120	165	227	316	439	612	871	>999	>999	>999	d_{rg}	
	d_{gg}	10,2	10,5	10,9	11,4	11,8	12,3	12,9	13,4	14,0	14,6	15,2	16,6	17,9	19,3	20,7	22,2	23,6	25,1	26,5	28,0	29,5	d_{gg}	
2.1	f_{xr}	13,0	12,1	11,5	11,0	10,7	10,5	10,4	10,3	10,3	10,4	10,5	10,8	11,2	11,7	12,2	12,8	13,5	14,1	14,8	15,5	16,3	f_{yr}	2.2
	f_{xm}	25,0	22,8	21,0	19,7	18,7	17,9	17,3	16,9	16,5	16,3	16,1	15,9	15,9	16,1	16,3	16,6	17,0	17,4	17,8	18,3	18,8	f_{ym}	
2.1	f_y	42,8	41,1	40,3	40,3	40,8	41,8	43,1	44,9	46,9	49,2	51,7	57,2	63,0	69,1	75,1	81,2	87,0	92,8	98,6	104	110	f_x	2.2
	s_y	-6,8	-6,8	-6,8	-6,9	-7,1	-7,2	-7,4	-7,7	-7,9	-8,2	-8,5	-9,2	-9,8	-10,6	-11,3	-12,1	-12,9	-13,7	-14,5	-15,2	-16,1	s_x	
3.1	f_{xr}	10,7	10,5	10,5	10,5	10,6	10,7	10,9	11,1	11,4	11,7	12,0	12,7	13,5	14,4	15,3	16,2	17,1	18,1	19,1	20,1	21,1	f_{yr}	3.2
	f_{xm}	18,6	17,8	17,2	16,8	16,6	16,4	16,3	16,4	16,4	16,5	16,7	17,1	17,6	18,1	18,8	19,4	20,2	20,9	21,7	22,5	23,3	f_{ym}	
	f_y	29,3	30,2	31,6	33,1	35,0	37,0	39,2	41,6	44,0	46,5	49,0	54,1	59,4	64,5	69,6	74,7	79,8	84,7	89,7	94,7	99,9	f_x	
3.1	s_x	-4,1	-4,4	-4,7	-5,1	-5,4	-5,8	-6,2	-6,6	-7,0	-7,4	-7,8	-8,6	-9,4	-10,3	-11,1	-12,0	-12,8	-13,6	-14,4	-15,2	-16,0	s_y	3.2
	s_{xm}	-7,8	-7,8	-8,0	-8,1	-8,3	-8,5	-8,7	-8,9	-9,1	-9,4	-9,7	-10,2	-10,8	-11,4	-12,1	-12,7	-13,4	-14,1	-14,8	-15,5	-16,3	s_{ym}	
4.1	f_{xr}	11,8	11,7	11,7	11,8	11,9	12,2	12,4	12,7	13,1	13,4	13,8	14,7	15,6	16,6	17,6	18,6	19,7	20,8	21,9	23,0	24,2	f_{yr}	4.2
	f_{xm}	19,7	19,0	18,6	18,2	18,0	17,9	17,9	18,0	18,1	18,2	18,4	18,9	19,5	20,2	20,9	21,7	22,5	23,4	24,3	25,3	26,2	f_{ym}	
	f_y	32,3	33,6	35,1	37,0	39,1	41,5	43,9	46,6	49,3	52,0	54,8	60,6	66,3	72,0	77,7	83,4	89,0	94,8	100	106	111	f_x	
4.1	s_{xr}	-5,4	-5,9	-6,5	-7,1	-7,7	-8,3	-9,0	-9,6	-10,3	-11,0	-11,6	-13,0	-14,3	-15,5	-16,7	-17,9	-19,1	-20,3	-21,5	-22,7	-23,9	s_{yr}	4.2
	s_{xm}	-9,3	-9,6	-9,9	-10,2	-10,6	-10,9	-11,3	-11,7	-12,2	-12,6	-13,1	-14,0	-15,0	-16,0	-17,1	-18,2	-19,3	-20,4	-21,6	-22,7	-23,9	s_{ym}	
5.1	f_{xr}	13,1	12,4	12,0	11,7	11,5	11,5	11,6	11,7	11,9	12,1	12,3	13,0	13,7	14,5	15,3	16,2	17,2	18,1	19,1	20,1	21,1	f_{yr}	5.2
	f_{xm}	24,8	22,9	21,5	20,5	19,7	19,2	18,8	18,5	18,4	18,3	18,3	18,4	18,7	19,1	19,6	20,2	20,8	21,4	22,2	22,9	23,7	f_{ym}	
	f_y	42,7	41,7	41,6	42,3	43,6	45,1	47,2	49,5	52,2	54,8	57,8	63,8	70,1	76,5	82,7	88,8	94,9	101	107	113	119	f_x	
5.1	s_{xr}	-5,5	-5,5	-5,6	-5,8	-6,0	-6,2	-6,5	-6,8	-7,1	-7,5	-7,8	-8,6	-9,4	-10,2	-11,1	-11,9	-12,7	-13,6	-14,4	-15,2	-16,0	s_{yr}	5.2
	s_{xm}	-14,9	-14,0	-13,3	-12,8	-12,4	-12,1	-12,0	-11,9	-11,8	-11,8	-11,9	-12,1	-12,4	-12,8	-13,2	-13,7	-14,3	-14,8	-15,4	-16,1	-16,7	s_{ym}	
	s_y	-8,0	-8,3	-8,6	-8,9	-9,3	-9,8	-10,3	-10,8	-11,3	-11,9	-12,5	-13,6	-14,8	-16,0	-17,3	-18,5	-19,7	-20,9	-22,2	-23,4	-24,7	s_x	
6.1	f_{xr}	13,4	12,9	12,6	12,4	12,4	12,5	12,7	13,0	13,2	13,6	13,9	14,7	15,6	16,6	17,6	18,6	19,7	20,8	21,9	23,0	24,2	f_{yr}	6.2
	f_{xm}	24,6	23,0	21,8	20,9	20,3	19,9	19,7	19,5	19,4	19,5	19,5	19,8	20,2	20,8	21,4	22,1	22,9	23,7	24,5	25,4	26,4	f_{ym}	
	f_y	42,5	42,2	42,7	43,8	45,4	47,4	49,8	52,4	55,2	58,2	61,3	67,7	74,1	80,6	87,0	93,5	99,8	106	113	119	125	f_x	
6.1	s_{xr}	-6,4	-6,7	-7,0	-7,4	-7,9	-8,4	-9,0	-9,6	-10,2	-10,8	-11,4	-12,8	-14,1	-15,4	-16,7	-17,9	-19,1	-20,3	-21,5	-22,8	-24,0	s_{yr}	6.2
	s_{xm}	-15,8	-15,1	-14,7	-14,4	-14,3	-14,3	-14,3	-14,4	-14,6	-14,8	-15,1	-15,7	-16,4	-17,1	-18,0	-18,9	-19,9	-20,9	-21,9	-23,0	-24,1	s_{ym}	
	s_y	-9,9	-10,5	-11,1	-11,9	-12,6	-13,4	-14,2	-15,1	-15,9	-16,8	-17,7	-19,4	-21,2	-22,9	-24,7	-26,5	-28,2	-30,0	-31,8	-33,5	-35,3	s_x	

Tafel C.2.6 Beiwerte zur Berechnung dreiseitig gelagerter Platten unter Linienlast am ungestützten Rand

Leitwert	Feldmomente drillsteifer Platten (Einspanngrad 50 %):	Drillmomente:	Stützmomente bei voller Einspannung:
$K = q_r \cdot L_r$	$m_{xf} = \frac{K}{f_x}$; $m_{yf} = \frac{K}{f_y}$	$m_{xy,gg} = \pm\frac{K}{d_{gg}}$ $m_{xy,rg} = \pm\frac{K}{d_{rg}}$	$m_{xs} = \frac{K}{s_x}$; $m_{ys} = \frac{K}{s_y}$

Seitenverhältnisse L_y/L_x bzw. L_x/L_y für Ablesung über linke bzw. rechte Randleiste

System (L_y/L_x →)		0,50	0,55	0,60	0,65	0,70	0,75	0,80	0,85	0,90	0,95	1,00	1,10	1,20	1,30	1,40	1,50	1,60	1,70	1,80	1,90	2,00		System (← L_x/L_y)
1.1	f_{xr}	4,9	4,7	4,5	4,4	4,3	4,2	4,2	4,2	4,1	4,1	4,1	4,1	4,1	4,1	4,0	4,0	4,0	4,0	4,0	4,0	4,0	f_{yr}	1.2
	f_{xm}	9,8	9,5	9,3	9,3	9,3	9,5	9,7	9,9	10,2	10,6	11,0	12,0	13,2	14,7	16,4	18,3	20,6	23,2	26,2	29,6	33,5	f_{ym}	
	f_y	-50,7	-42,2	-36,5	-32,5	-29,6	-27,5	-25,9	-24,8	-23,9	-23,2	-22,7	-22,0	-21,6	-21,3	-21,1	-21,1	-21,0	-21,0	-21,0	-20,9	-21,0	f_x	
	f_{ym}	-52,1	-43,6	-37,9	-34,1	-31,4	-29,5	-28,2	-27,3	-26,8	-26,5	-26,5	-27,0	-28,1	-29,6	-31,7	-34,2	-37,2	-40,8	-44,8	-49,6	-55,0	f_{xm}	
	d_{rg}	5,5	5,6	5,7	5,8	5,9	6,0	6,1	6,1	6,2	6,2	6,2	6,3	6,3	6,3	6,4	6,4	6,4	6,4	6,4	6,4	6,5	d_{rg}	
	d_{gg}	7,4	8,1	8,8	9,7	10,7	11,9	13,2	14,8	16,5	18,5	20,8	26,5	33,8	43,4	55,9	72,3	93,9	122	159	209	273	d_{gg}	
2.1	f_{xr}	6,0	5,5	5,2	4,9	4,7	4,6	4,4	4,4	4,3	4,2	4,2	4,1	4,1	4,1	4,1	4,1	4,0	4,0	4,0	4,0	4,0	f_{yr}	2.2
	f_{xm}	13,6	12,7	12,1	11,7	11,5	11,4	11,4	11,5	11,6	11,9	12,2	13,0	14,1	15,4	17,0	18,9	21,1	23,6	26,5	29,9	33,8	f_{ym}	
2.1	f_{ym}	-21,2	-21,6	-22,1	-22,5	-22,9	-23,3	-23,6	-24,0	-24,4	-24,8	-25,3	-26,5	-27,9	-29,7	-31,9	-34,5	-37,6	-41,1	-45,2	-49,9	-55,3	f_{xm}	2.2
	s_y	-4,5	-4,7	-5,0	-5,4	-5,8	-6,4	-7,0	-7,7	-8,6	-9,6	-10,7	-13,4	-17,1	-21,8	-28,1	-36,3	-47,1	-61,3	-79,9	-105	-137	s_x	
3.1	f_{xr}	5,3	5,1	5,0	4,9	4,9	4,8	4,8	4,8	4,7	4,7	4,7	4,7	4,7	4,7	4,7	4,7	4,7	4,7	4,7	4,7	4,7	f_{yr}	3.2
	f_{xm}	10,9	10,8	10,8	11,0	11,3	11,7	12,1	12,6	13,3	13,9	14,7	16,5	18,7	21,2	24,2	27,7	31,8	36,6	42,1	48,5	56,0	f_{ym}	
	f_y	-34,7	-31,5	-28,8	-26,7	-25,1	-23,9	-23,0	-22,4	-21,9	-21,5	-21,3	-20,9	-20,8	-20,6	-20,5	-20,5	-20,5	-20,5	-20,5	-20,5	-20,5	f_x	
3.1	f_{ym}	-38,5	-33,8	-30,6	-28,5	-27,2	-26,3	-25,9	-25,7	-25,8	-26,2	-26,7	-28,2	-30,4	-33,2	-36,6	-40,6	-45,4	-51,1	-57,7	-65,3	-74,2	f_{xm}	3.2
	s_{xr}	-1,7	-1,8	-1,8	-1,8	-1,8	-1,9	-1,8	-1,9	-1,9	-1,9	-1,9	-1,9	-2,0	-2,0	-2,0	-2,0	-2,0	-2,1	-2,1	-2,1	-2,1	s_{yr}	
	s_{xm}	-6,5	-7,0	-7,6	-8,3	-9,1	-9,9	-10,9	-12,1	-13,4	-14,8	-16,4	-20,4	-25,4	-31,9	-40,3	-51,2	-65,5	-84,6	-110	-145	-194	s_{ym}	
4.1	f_{xr}	5,8	5,6	5,5	5,4	5,4	5,3	5,3	5,3	5,2	5,2	5,2	5,2	5,2	5,2	5,2	5,2	5,2	5,2	5,2	5,2	5,2	f_{yr}	4.2
	f_{xm}	11,7	11,8	12,0	12,3	12,7	13,2	13,8	14,5	15,3	16,2	17,2	19,5	22,2	25,4	29,1	33,4	38,4	44,1	50,7	58,3	66,8	f_{ym}	
	f_y	-32,6	-29,1	-26,8	-25,1	-23,9	-23,1	-22,5	-22,0	-21,7	-21,5	-21,2	-21,0	-20,8	-20,7	-20,7	-20,6	-20,6	-20,6	-20,7	-20,7	-20,6	f_x	
4.1	f_{ym}	-33,8	-30,5	-28,4	-27,1	-26,4	-26,1	-26,1	-26,4	-27,0	-27,7	-28,7	-31,1	-34,2	-38,1	-42,7	-48,3	-54,8	-62,4	-71,2	-81,5	-93,3	f_{xm}	4.2
	s_{xr}	-2,1	-2,1	-2,1	-2,2	-2,2	-2,2	-2,2	-2,3	-2,3	-2,3	-2,3	-2,4	-2,4	-2,4	-2,5	-2,5	-2,5	-2,5	-2,5	-2,5	-2,6	s_{yr}	
	s_{xm}	-8,8	-9,9	-11,2	-12,9	-14,8	-17,2	-20,0	-23,4	-27,6	-32,7	-39,0	-57,0	-86,9	-142	-261	-645	>999	972	606	506	475	s_{ym}	
5.1	f_{xr}	6,0	5,7	5,4	5,2	5,1	5,0	4,9	4,8	4,8	4,8	4,7	4,7	4,7	4,7	4,7	4,7	4,7	4,7	4,7	4,7	4,7	f_{yr}	5.2
	f_{xm}	13,6	12,9	12,6	12,5	12,5	12,7	13,0	13,4	13,9	14,5	15,2	16,8	18,9	21,4	24,3	27,8	31,9	36,6	42,1	48,5	56,0	f_{ym}	
	f_{ym}	-23,6	-23,9	-24,1	-24,2	-24,3	-24,5	-24,7	-25,0	-25,4	-26,0	-26,6	-28,3	-30,5	-33,3	-36,7	-40,7	-45,5	-51,1	-57,7	-65,3	-74,2	f_{xm}	
5.1	s_{xr}	-2,0	-2,0	-1,9	-1,9	-1,9	-1,9	-1,9	-1,9	-1,9	-1,9	-1,9	-1,9	-2,0	-2,0	-2,0	-2,0	-2,0	-2,1	-2,1	-2,1	-2,1	s_{yr}	5.2
	s_{xm}	-12,8	-12,6	-12,5	-12,7	-13,0	-13,5	-14,2	-15,0	-16,1	-17,3	-18,7	-22,3	-27,0	-33,3	-41,4	-52,1	-66,2	-85,1	-111	-145	-194	s_{ym}	
	s_y	-5,8	-6,5	-7,3	-8,4	-9,8	-11,5	-13,6	-16,2	-19,4	-23,3	-28,3	-42,2	-64,5	-101	-161	-267	-460	<-999	<-999	<-999	<-999	s_x	
6.1	f_{xr}	6,2	5,9	5,7	5,5	5,4	5,3	5,3	5,3	5,2	5,2	5,2	5,2	5,2	5,2	5,2	5,2	5,2	5,2	5,2	5,2	5,2	f_{yr}	6.2
	f_{xm}	13,6	13,1	13,0	13,0	13,3	13,7	14,2	14,8	15,5	16,4	17,3	19,5	22,2	25,3	29,0	33,4	38,3	44,1	50,7	58,3	66,8	f_{ym}	
	f_{ym}	-26,0	-25,9	-25,8	-25,6	-25,6	-25,7	-26,0	-26,4	-27,0	-27,8	-28,7	-31,1	-34,2	-38,0	-42,7	-48,2	-54,7	-62,3	-71,2	-81,5	-93,3	f_{xm}	
6.1	s_{xr}	-2,2	-2,2	-2,2	-2,2	-2,2	-2,3	-2,2	-2,3	-2,3	-2,3	-2,3	-2,4	-2,4	-2,4	-2,5	-2,5	-2,5	-2,5	-2,5	-2,5	-2,6	s_{yr}	6.2
	s_{xm}	-14,5	-14,9	-15,7	-16,8	-18,3	-20,3	-22,7	-25,8	-29,6	-34,4	-40,4	-57,5	-86,3	-139	-254	-617	>999	995	611	508	476	s_{ym}	
	s_y	-8,3	-10,1	-12,5	-15,9	-20,5	-27,0	-36,3	-50,0	-70,7	-104	-161	-550	>999	823	709	782	973	>999	>999	>999	>999	s_x	

Lastfällen (bzw. Lagerungsfällen) meist nur die Maximalwerte zusammengezählt, die aber an unterschiedlichen Orten auftreten. Dies geschieht aus Vereinfachungsgründen, weil die Momentenkurven bei Platten einen flachen Verlauf haben, und ist so lange gerechtfertigt, wie die Momentenwerte das gleiche Vorzeichen aufweisen.

Weisen die zu überlagernden Momentenwerte aber unterschiedliche Vorzeichen auf, wie z. B. die senkrecht zum freien Rand gerichteten Momente aus Linienlast bzw. Gleichlast, dann führt eine einfache Addition ohne Berücksichtigung von Ort, zugehörigem Lastfall und zugrunde liegendem statischem System der Einzelwerte zu unsicheren Ergebnissen. Stark vereinfachend und auf der sicheren Seite liegend kann auch jeweils für die Summe der Momente gleichen Vorzeichens (d.h. zweifach) bemessen werden.

2.3.3.3 Auflagerkräfte

Wendet man die unter Abschn. 2.3.2.6 und in Tafel C.2.4 für die vierseitig gelagerte Platte angegebenen Lasteinzugsflächen sinngemäß auf die dreiseitig gelagerte Platte an, so ergeben sich die in Abb. C.2.10 beispielhaft aufgetragenen Lastbilder. Der Vergleich mit den Auflagerkräften nach [Czerny – 96] zeigt eine ausreichend gute Näherung. Die Abweichungen in den Ecken treten auch bei vierseitig gelagerten Platten auf (insbesondere beim Plattentyp 2).

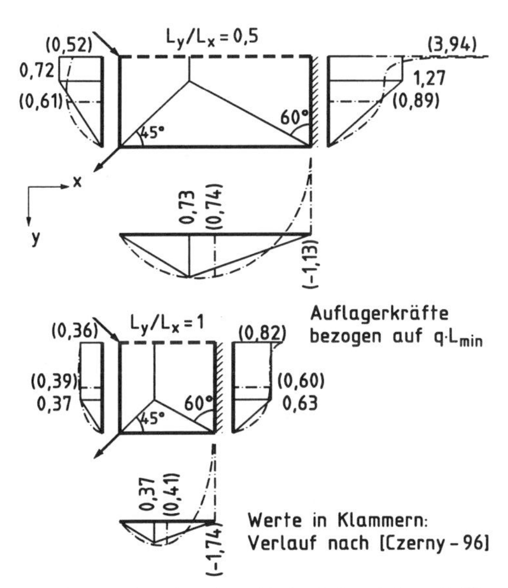

Abb. C.2.10 Vereinfachter Verlauf der Auflagerkräfte dreiseitig gelagerter Platten unter Gleichlast

2.3.3.4 Drillmomente

Bei dreiseitig gelagerten Platten werden die Drillmomente sehr groß und stellen bei gelenkig gestützten Platten mit langem freien Rand (Seitenverhältnis ≤ 0,4) sogar die überwiegende Momentenbeanspruchung dar. Die konstruktive Drillbewehrung nach Abb. C.2.5 reicht für dreiseitig gelagerte Platten nicht aus. Vielmehr ist für die Drillmomente eine Bewehrungsbemessung durchzuführen. Die mögliche Anordnung einer an den Momentenverlauf angepaßten Drillbewehrung zeigt Abb. C.2.9.

Als Drillbewehrung wird meist eine Netzbewehrung gewählt, die von der Richtung der Hauptmomente nach Gl. (C.2.1) erheblich abweicht. Zur Bemessung derartiger Bewehrungsnetze s. z. B. [DAfStb-H217 – 72], [Herzog – 78] sowie [ENV 1992-1-1 – 92], Anhang A 2.8.

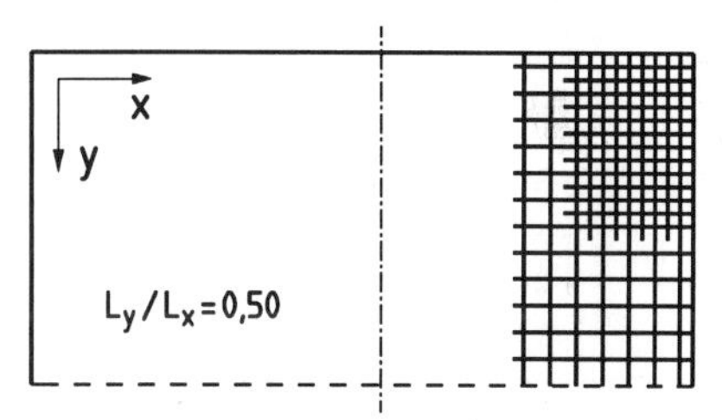

Abb. C.2.9 Anordnung der beiderseitigen Drillbewehrung bei dreiseitig gestützter Platte, nach [Hahn – 76]

2.3.3.5 Momentenkurven

Am Beispiel eines Stützweitenverhältnisses $L_y/L_x = 0,7$ sind in den Tafeln C.2.7 und C.2.8 qualitative Momentenkurven aufgetragen, welche die Grenzfälle der vollen und der halben Einspannung unter Gleichlast bzw. Linienlast am ungestützten Rand kennzeichnen.

Die Kurven lassen deutlich erkennen, daß bei allen Lagerungsfällen die Lastabtragung parallel zum ungestützten Rand überwiegt, auch wenn dies die längere Seite ist.

Der Größtwert des randparallel wirkenden Momentes (hier m_{xr}) liegt stets auf dem Rand selbst. Endet der freie Rand in einer Einspannung, so befindet sich dort auch das größte Stützmoment (m_{xs}).

Unter Linienlast am ungestützten Rand sind die dazu parallelen Feldmomente wie gewohnt positiv, senkrecht zum Rand (hier in *y*-Richtung) aber stets negativ. Zur Überlagerung von Momentenwerten unterschiedlichen Vorzeichens s. 2.3.3.2.

Tafel C.2.7 Vereinfachte Momentenkurven dreiseitig gelagerter Platten unter Gleichlast, vgl. [Czerny–96]

Momentengrenzlinien dreiseitig gelagerter Platten unter Gleichlast.
Stützmomente bei voller, Feldmomente bei halber Einspannung.
Drillmomente nicht vollständig dargestellt.

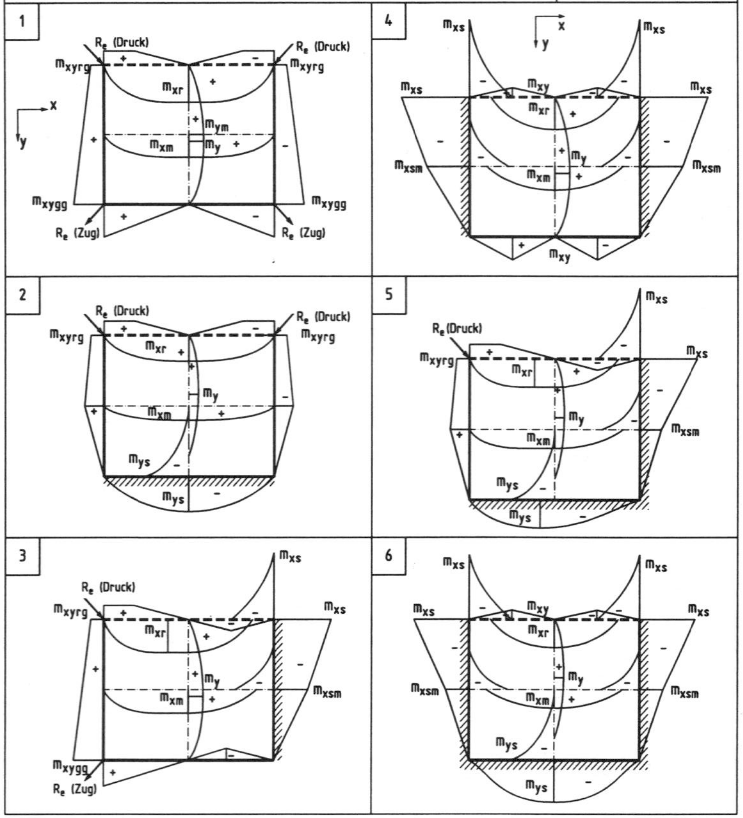

Tafel C.2.8 Vereinfachte Momentenkurven dreiseitig gelagerter Platten unter Randlast

Momentengrenzlinien dreiseitig gelagerter Platten unter Linienlast am ungestützten Rand.
Stützmomente bei voller, Feldmomente bei halber Einspannung.
Drillmomente nicht vollständig dargestellt.

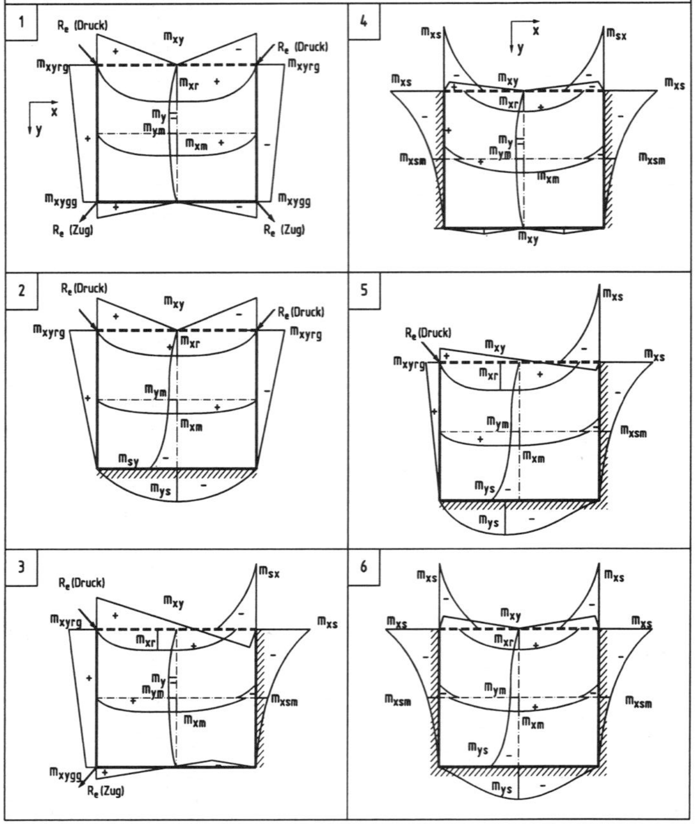

2.3.4 Berechnungsbeispiel nach DIN 1045 – 88

Plattendicke: d = 16 cm; (nach [ENV 1992-1-1 – 92] erforderlich: 18 cm, vgl. Beispiel in [Schneider – 98], S. 5.47; Rechnungsgang analog).

Eigengewicht: $g = 25 \cdot 0{,}16 + 1{,}00 = 5{,}00$ kN/m²
Linienlast auf ungestütztem Rand bei Pos. 7: $g = 8{,}00$ kN/m

Verkehrslast $p = 1{,}50$ kN/m²
Flur $p = 3{,}50$ kN/m² (Pos. 2; keine Randlast aus Treppe)
Balkon $p = 5{,}00$ kN/m² (Pos. 8)

Auflagerbreite (Wanddicke) 24 cm

Faktor für Momentenausrundung (L_{max} = 6,00 m):
$1 - 1{,}25 \cdot 0{,}24/6{,}00 = 0{,}95$ (vgl. Seite C.26)

Es wird ungeschwächte Drillsteifigkeit angenommen.

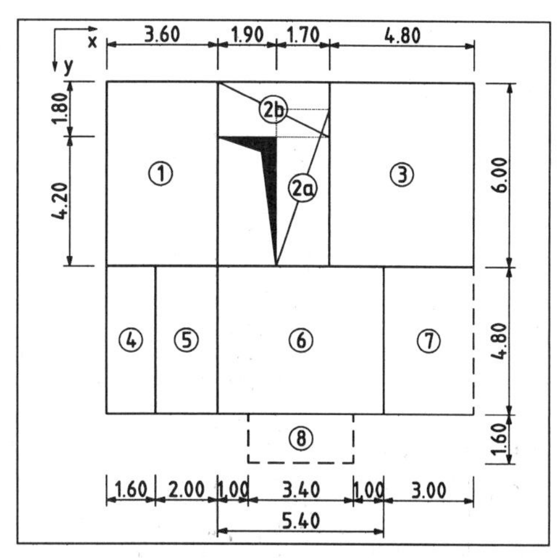

Abb. C.2.11 Deckensystem mit Abmessungen

Berechnung:

Platte		Anmer-	Belastung			Stützweite		Leitwert	Seitenverh.		abgelesene Tafelwerte				berechnete Momente			
Pos.	Typ	kungen	g	p	q	L_x	L_y	K	L_y/L_x	L_x/L_y	f_x	f_y	s_x	s_y	m_{xf}	m_{yf}	m_{xs}	m_{ys}
			kN/m²			m			(Typ .1)	(Typ .2)					kNm/m			
1	4-2.1		5,0	1,5	6,50	3,60	6,00	140,40	1,67	—	21,8	59,6	—	–14,3	6,4	2,4	—	–9,8
2a	3-5.2		5,0	3,5	8,50	1,70	5,10	73,70	—	0,33	42,7	13,1	–8,0	–5,5	1,7	5,6	–9,2	–13,4
2b	3-4.1	Gleichl.	5,0	3,5	8,50	3,60	1,80	55,08	0,50	—	11,8	32,3	–5,4	—	4,7	1,7	–10,2	—
	3-4.1	Randlast			7,23	3,60	1,80	26,01	0,50	—	5,8	—	–2,1	—	4,5	—	–12,4	—
		Summe													9,2	1,7	–22,6	—
3	4-4		5,0	1,5	6,50	4,80	6,00	187,20	1,25	—	26,8	45,7	–14,0	–16,3	7,0	4,1	–13,4	–11,5
4	4-4		5,0	1,5	6,50	1,60	4,80	49,92	3,00	—	25,7	95,6	–16,9	–24,7	1,9	0,5	–3,0	–2,0
		S. C.29													2,2			
5	4-5.1		5,0	1,5	6,50	2,00	4,80	62,40	2,40	—	29,1	108,0	–23,9	–35,3	2,1	0,6	–2,6	–1,8
6	4-6		5,0	1,5	6,50	5,40	4,80	168,48	0,89	—	43,3	32,5	–20,8	–18,9	3,9	5,2	–8,1	–8,9
	4-3.2		5,0	1,5	6,50	5,40	4,80	168,48	—	1,13	34,1	32,1	–14,0	—	4,9	5,2	–12,0	—
		Ergebnis													4,4	5,2	–10,1	–8,9
7	3-5.2	Gleichl.	5,0	1,5	6,50	3,00	4,80	93,60	—	0,63	42,0	20,9	–8,8	–13	2,2	4,5	–10,6	–7,2
	3-5.2	Randlast	8,0		8,00	3,00	4,80	38,40	—	0,63	–24,2	12,5	–8,0	–12,6	–1,6	3,1	–4,8	–3,0
		Summe														7,6	–15,4	–10,2
8	Kragplatte		5,0	5,0	10,00	—	1,60	25,6	—	—	—	—	—	(–2,0)	—	—	—	–12,8

Hinweise:

Pos. 1: Einspannung in Pos. 2b zu gering, daher rechnerisch nicht berücksichtigt.

Pos. 2a: L_y bis zur Mitte der Pos. 2b angesetzt, dort frei aufliegend. Angegeben sind die m_y-Werte am Rand.

Pos. 2b: Die Randlast aus Pos. 2a ($\approx 8{,}50 \cdot 1{,}70 \cdot 0{,}50 = 7{,}23$ kN/m) wird durch Linienlast längs des ungestützten Randes angenähert. Angegeben sind die m_x-Werte am Rand.

Im Bereich der einspringenden Ecke der Pos. 2a/2b sind in beiden Richtungen Bewehrungszulagen für nicht nachgewiesene Momentenspitzen anzuordnen.

Pos. 4: Sonderfall des Stützweitenverhältnisses, s. S. C.29. Wegen $L_{y6}/L_{x6} = 0{,}89$ ist $m_{xf4} = 0{,}5 \cdot m_{xf6} = 0{,}5 \cdot 4{,}4$ als Mindestwert zu berücksichtigen.

Pos. 6: Die Pos. 2a neben Öffnung und das nur über eine Teilstrecke angreifende Kragmoment der Pos. 8 stellen keine vollwertigen Einspannungen dar. Es wird daher zwischen den Lagerungsfällen 3.2 und 6 gemittelt.

Pos. 7: Ergänzend zu den in der Tabelle angegebenen Werten in Feld- bzw. Stützungsmitte werden die Momente am ungestützten Rand und das Drillmoment in der Ecke gelenkige/freie Lagerung berechnet:

Pos. 7 (Fortsetzung):

$$m_{yr} = \frac{93{,}60}{11{,}8} + \frac{38{,}40}{5{,}3} = 15{,}2\,\text{kNm/m}$$

$$m_{ysr} = \frac{93{,}60}{-5{,}7} + \frac{38{,}40}{-1{,}9} = -36{,}6\,\text{kNm/m}$$

$$m_{xy} = \pm\left(\frac{93{,}60}{28{,}8} + \frac{38{,}40}{5{,}8}\right) = \pm 9{,}9\,\text{kNm/m}$$

Wird der Verlauf der aus Gleichlast und Randlast zu überlagernden Momente nicht genauer untersucht, ist wegen Vorzeichenunterschieds für beide m_{xf}-Werte zu bemessen (vgl. Abschn. 2.3.3.2).

Eckabhebekräfte:

Die Abhebekräfte in den Außenecken des Deckensystems werden zum Vergleich nach beiden im Abschnitt 2.3.2.7 angegebenen Verfahren ermittelt:

		Pos. 1	Pos. 3	Pos. 4
K	kN	140,40	187,20	49,92
$K/16$	kN	8,8	11,7	3,1
d_{gg}	–	26,2	22,4	30,2
$m_{xy} = K / d_{gg}$	kN	5,4	8,4	1,7
$R_e = 2 \cdot m_{xy}$	kN	10,7	16,7	3,3

Stützmomente:

kNm/m	in x-Richtung					in y-Richtung								
Rand i - k :	2a - 3	2b - 3	4 - 5	5 - 6	6 - 7	1 - 4	1 - 5	1 - 4/5	2a - 6	6 - 8	6 - 2a/3	3 - 6	3 - 7	3 - 6/7
m_{si}	−9,2	−22,6	−3,0	−2,6	−10,1	−9,8	−9,8	−9,8	−13,4		−8,9	−11,5	−11,5	−11,5
m_{sk}	−13,4	−13,4	−2,6	−10,1	−15,4	−2,0	−1,8		−8,9			−8,9	−10,2	
$(m_{si}+m_{sk})/2$	−11,3	−18,0	−2,8	−6,3	−12,8	−5,9	−5,8		−11,2			−10,2	−10,9	
0,75 min(m_{sik})	−10,0	−16,9	−2,2	−7,6	−11,6	−7,4	−7,4		−10,0			−8,6	−8,6	
Stützmom. m_s	−11,3	−18,0	−2,8	−7,6	−12,8	−7,4	−7,4	−9,8	−11,2	−12,8	−8,9	−10,2	−10,9	−11,5
Bemessungsmoment m_s'	−10,7	−17,1	2,2 / −2,6	−7,2	−12,1	−7,0	−7,0	−9,3	−10,6	−12,2	−8,5	−9,7	−10,3	−10,9

Hinweise: Es wird angenommen, daß das Abheben der Decke von den Stützungen durch aufstehende Wände behindert wird. Bei dreiseitigen Auflagerknoten ist daher zusätzlich das Volleinspannmoment angegeben.

Rand 2-3: Dem hohen Momentenwert von –17,1 kNm/m liegen die Stützmomente an der Ecke des angenommenen freien Randes der Pos. 2b zugrunde, welche auf einen kleinen Bereich begrenzt sind.

Rand 1-2: Die Einspannung der Pos. 2b in Pos. 1 ist für 0,75·(–22,6)·0,95 = –16,1 kNm/m zu bemessen. Dieses Moment nimmt mit zunehmender Entfernung vom freien Rand rasch ab.

Rand 4-5: Sonderfall, s. S. C.29: Ohne genaueren Nachweis ist an der Stützung auch für das Feldmoment m_{xf4} zu bemessen.

Rand 6-8: Das Kragmoment ist nicht zu mitteln!

In der Außenecke bei Pos. 7 tritt keine Abhebekraft sondern ein Auflagerdruck mit dem Spitzenwert von 2 · 9,9 = 19,8 kN auf.

Bemessungsmomente in kNm/m

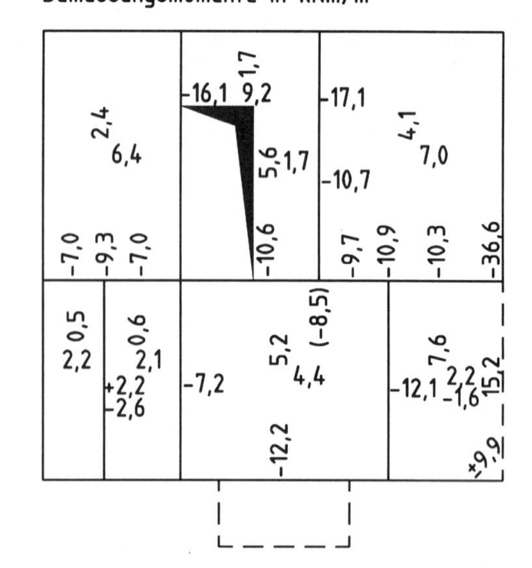

2.4 Sonderfälle der Plattenberechnung

2.4.1 Allgemeines

Bei der Berechnung von Flächentragwerken sind neben dem linearen Verfahren mit und ohne Umlagerung auch Berechnungsverfahren nach der Plastizitätstheorie für die praktische Anwendung interessant, die nach EC 2 – 2.5.3.5 ebenfalls zugelassen sind. Diese beruhen entweder auf dem statischen oder dem kinematischen Grenzwertsatz. Die statischen Verfahren liefern eine untere Schranke der Tragfähigkeit, d.h., die Berechnungsergebnisse liegen grundsätzlich auf der sicheren Seite. Hingegen bedürfen kinematische Verfahren der Plastizitätstheorie zusätzlicher Betrachtungen, um sicherzustellen, daß der maßgebliche Tragwerkszustand in ausreichender Näherung erfaßt ist.

Als **statisches** Verfahren der Plastizitätstheorie eignet sich die **Hillerborgsche Streifenmethode** insbesondere zur Berechnung von Platten mit Aussparungen. Bei der Berechnung von Scheiben stellen statische Verfahren der Plastizitätstheorie den Regelfall dar (s. Abschn. C.3).

Die Praxistauglichkeit der auf dem **kinematischen** Verfahren der Plastizitätstheorie beruhenden Berechnungsmethoden ist in verschiedenen Veröffentlichungen über die **Bruchlinientheorie** gezeigt worden (u.a.: [Avellan/Werkle – 98], [Herzog – 95.1], [DAfStb-H.425 – 92]). Mittels der Bruchlinientheorie kann die Traglast einer Platte bei vorgegebener Bewehrung oder das Bruchmoment bei vorgegebener Belastung bestimmt werden. Dieses Verfahren ermöglicht aber nur die Berechnung im Grenzzustand der Tragfähigkeit. Nachweise für den Gebrauchszustand sind mit anderen Verfahren (z. B. nach der Elastizitätstheorie) oder indirekt (z. B. über die Begrenzung der Biegeschlankheit) zu führen.

Die ebenfalls zugelassenen, **nichtlinearen** Berechnungsverfahren haben bislang keine Bedeutung in der praktischen Tragwerksberechnung erlangt.

2.4.2 Bruchlinientheorie

2.4.2.1 Grundlagen

Anlaß zur Entwicklung der Bruchlinientheorie (auch Fließgelenktheorie genannt) waren Versuchsbeobachtungen an Stahlbetonplatten im Bruchzustand, bei denen sich Rißbereiche mit geometrischer Regelmäßigkeit und ausgeprägtem plastischem Verhalten ausbildeten. Die Plastifizierung des Querschnitts erstreckt sich etwa über eine Breite der 1,5fachen Plattendicke und

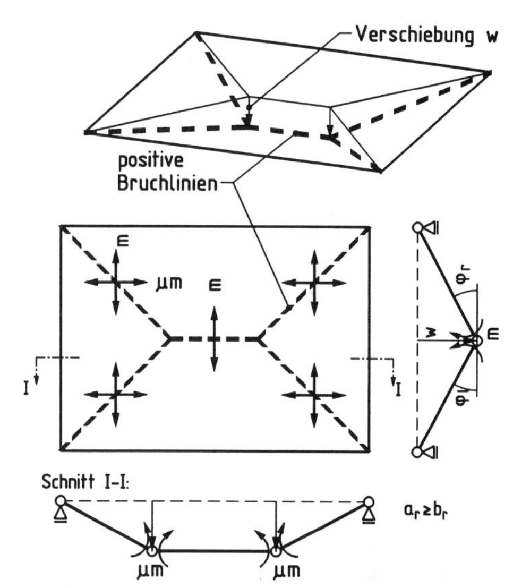

Abb. C.2.13 Idealisierte Bruchfigur einer umfanggelagerten Platte unter Gleichlast

beruht auf dem Fließen des Bewehrungsstahls. Denkt man sich die Plastifizierungsbereiche in Linien konzentriert und vernachlässigt die elastische Verformung der übrigen Plattenteile, so ergibt sich ein idealisierter Versagensmechanismus mit einem Freiheitsgrad (Abb. C.2.13).

Entsprechend dem Vorzeichen der in der Bruchlinie wirkenden plastischen Momente unterscheidet man **positive** (untere) und **negative** (obere) Bruchlinien. Bei Durchlaufplatten entstehen negative Bruchlinien längs der gemeinsamen Stützung zweier Plattenfelder.

Als Voraussetzung dafür, daß sich plastische Gelenke in den Bruchlinien ausbilden können, müssen die Querschnitte ein ausreichendes Rotationsvermögen aufweisen, d.h., der Stahl muß die Fließgrenze erreichen und Betonversagen darf nicht eintreten. Dies bedeutet, daß zwar ausreichend Biegezugbewehrung vorhanden sein muß, um den Querschnittswiderstand herzustellen, ein zu hoher Bewehrungsgrad hingegen das Querschnittsversagen in der Betondruckzone erzwingen und damit einen schlagartigen Bruch ohne Fließverhalten herbeiführen würde.

Plattenecke:

Werden Plattenecken nicht gegen Abheben gesichert, so bilden die Bruchlinien dort eine sogenannte Wippe mit Drehachse (Abb. C.2.14a). Von negativen Bruchlinien begleitete Fächer oder Wippen bilden sich aus, wenn das Abheben der Ecke durch Auflast oder Verankerung verhindert wird (Abb. C.2.14b/c). Die Traglast der Platte kann

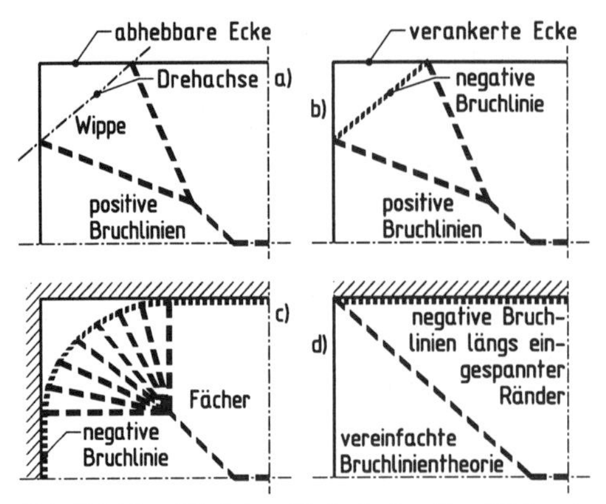

Abb. C.2.14 Möglicher Verlauf der Bruchlinien in Plattenecken

spürbar gesteigert werden, wenn die Platte in den Eckbereichen eine obere Bewehrung erhält.

Die genauere Bruchlinientheorie unter Einbeziehung von Fächern und Wippen ist wegen der aufwendigen Berechnung für den praktischen Einsatz weniger geeignet. Allgemein wird daher die vereinfachte Bruchlinientheorie angewendet, die bei allen Lagerungsbedingungen von einem geradlinigem Verlauf der Bruchlinie bis in die Ecke ausgeht (Abb. C.2.14d). Diese Vereinfachung liefert zwar etwas zu geringe Biegemomente, dies kann aber nach [Avellan/Werkle – 98] bei Rechteckplatten unter Gleichlast durch eine pauschale Bewehrungserhöhung um etwa 10 % und eine konstruktive obere Eckbewehrung ausgeglichen werden, vgl. [Kessler – 97.2]. Bei anderer Plattenform oder Belastung ist das Bruchbild genauer zu bestimmen.

2.4.2.2 Berechnungsannahmen

Die vereinfachte Bruchlinientheorie geht von folgenden Annahmen aus:

- Die Platte verhält sich starr-plastisch, d.h. elastische Formänderungen werden gegenüber den plastischen vernachlässigt.
- Die Querschnitte sind ausreichend rotationsfähig, damit sich in allen Plattenbereichen plastische Gelenke ausbilden können.
- Der Bruch des Querschnitts erfolgt durch Fließen der Bewehrung, nicht durch Betonversagen.
- Das quer zur Bruchlinie wirksame Biegemoment ist auf ganzer Länge konstant und entspricht dem plastischen Moment der Bewehrung.
- Die Wirkung der Torsionsmomente wird vernachlässigt.
- In Bereichen außerhalb der Bruchlinien wirkende Biegemomente sind kleiner als das plastische Moment.
- Die Horizontalverschiebung am Auflager ist nicht behindert, d. h., es bildet sich keine Membranwirkung bei durchlaufenden Platten aus.

Um zu gewährleisten, daß das Tragwerk den Annahmen entspricht, bedarf es eines Nachweises des Rotationsvermögens und der Beachtung weiterer, die Verformungsfähigkeit sicherstellender Bedingungen, s. [ENV 1992-1-1 — 92], 2.5.3.5.5:

- Die Höhe der Druckzone darf $x/d = 0{,}25$ nicht überschreiten.
- Das Verhältnis von Stütz- zu Feldmoment soll wie bei Stabtragwerken in jeder der beiden Tragrichtungen zwischen 0,5 und 2,0 liegen.
- Zur Ermittlung der maßgebenden Bruchfigur sind mehrere mögliche kinematische Ketten zu untersuchen.

Auf den für die praktische Berechnung zu aufwendigen genauen Nachweis des Rotationsvermögens darf verzichtet werden, wenn die obigen Bedingungen eingehalten sind und Betonstahl mit hoher Duktilität verwendet wird, wie z.B. BSt 500 S. Nach [NAD zu ENV 1992-1-1 – 95] weist der Betonstahl BSt 500 M nach DIN 488 nur eine normale Duktilität auf, was zu der umstrittenen Festlegung führt, daß diese üblicherweise in Deutschland für Flächentragwerke verwendeten Bewehrungsmatten einen genaueren Nachweis des Rotationsvermögens erforderlich machen, vgl. [DAfStb-H.441 – 94].

In Hinblick auf die Gebrauchstauglichkeit des Tragwerks ist im übrigen zu beachten, daß sich die angesetzte Momentenverteilung und die zugehörige Bewehrung an der Elastizitätstheorie orientieren sollen.

2.4.2.3 Ermittlung der Bruchfigur

Für Berechnungen von Stahlbetonplatten nach der Bruchlinientheorie ist unter den möglichen Bruchfiguren diejenige zu bestimmen, bei der die Tragfähigkeit unter der kleinsten äußeren Belastung, der Traglast, erschöpft ist. Die maßgebende Bruchfigur kann analytisch oder iterativ ermittelt werden. In Standardfällen wie der Rechteckplatte unter Gleichflächenlast kann man auch auf bekannte, allgemeine Lösungen zurückgreifen.

Bei der analytischen Lösung wird die Bruchfigur durch freie geometrische Parameter beschrieben und ein Ausdruck aufgestellt, der das plastische Moment mit der äußeren Belastung verbindet. Bildet man die partiellen Ableitungen der Belastung oder des Momentes nach den geometri-

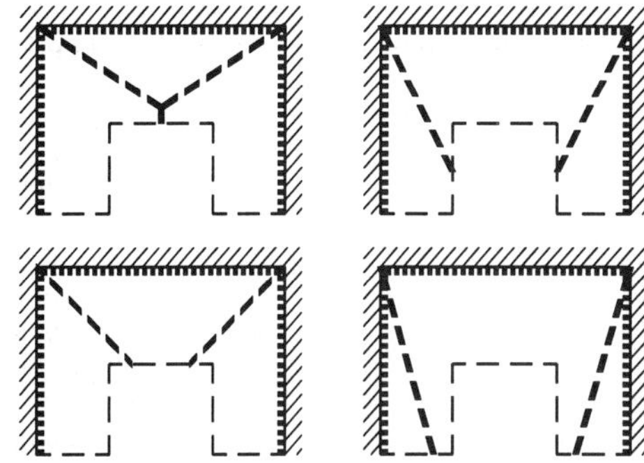

Abb. C.2.15 Beispiel zu untersuchender Bruchfigurvarianten

schen Parametern, erhält man als Lösung die Bruchfigur, bei der die äußere Belastung ihr Minimum oder das plastische Moment sein Maximum annimmt.

Meist erweist es sich als zweckmäßig, die Bruchfigur iterativ zu bestimmen und dabei, wie in [ENV 1992-1-1 — 92], 2.5.3.5.5(4) gefordert, verschiedene Varianten zu betrachten, indem die geometrischen Parameter verändert werden, s. Abb. C.2.15. Da die Bruchfigur ein kinematisches System bildet, unterliegt die Geometrie der Bruchlinien, die zugleich Drehachsen sind, folgenden Regeln (vgl. Abb. C.2.16):

- Ein gelenkig gelagerter Rand ist eine Drehachse.
- Ein eingespannter Rand bildet eine negative Bruchlinie.
- Bruchlinien verlaufen durch den Schnittpunkt der Drehachsen der beiden anliegenden Plattenteile
- Eine Einzelstützung ist stets geometrischer Ort einer Drehachse.

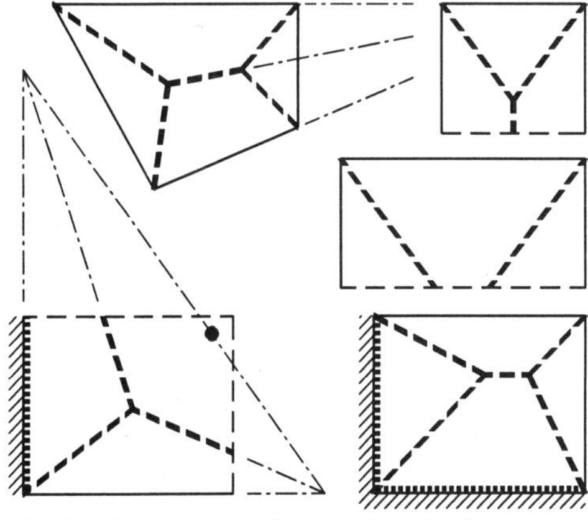

Abb. C.2.16 Beispiele für Gelenkmechanismen

- Freie Ränder können von Bruchlinien geschnitten werden.
- Bei unterschiedlichen Einspanngraden der Plattenränder werden Bruchlinien von den im Vergleich schwächer eingespannten Rändern angezogen.

Bei der Ermittlung der maßgebenden Bruchfigur kommt es nicht auf eine hohe Genauigkeit an, da sich die Traglast in der Nähe des Extremwertes wenig verändert. In [Friedrich – 95] wird als Bruchfigur für Rechteckplatten vereinfachend die Aufteilung der Plattenfläche unter 45° bzw. 60° analog zur Bestimmung der Auflagerkräfte nach [DIN 1045 – 88], 20.1.5 vorgeschlagen.

2.4.2.4 Umfanggelagerte Rechteckplatten unter Gleichlast

Bei linienförmig gestützten Platten hat sich die Berechnung nach dem Prinzip der virtuellen Verschiebungen bewährt, wobei die innere Arbeit, die vom Tragwerk geleistet wird, wenn es sich verdreht, mit der äußere Arbeit der Belastung auf dem Verschiebungsweg gleichgesetzt wird. Für eine angenommene Bruchfigur erhält man dann eine einzige Gleichung mit den Feld- und Stützmomenten als Unbekannten. Die je nach Lagerungsart ein bis fünf überzähligen Unbekannten können frei gewählt werden. Man drückt sie üblicherweise als Funktion des Feldmomentes der Haupttragrichtung aus und wählt dafür sinnvolle Vorgaben in Hinblick auf die Gebrauchstauglichkeit (s. Abschn. 2.4.2.2).

Für eine vierseitig gelagerte Rechteckplatte unter Gleichlast q lautet die allgemeine Gleichung zur Berechnung des Bruchmomentes in der Haupttragrichtung (vgl. Abb. C.2.17):

$$m = \frac{q \cdot b_r^2}{24} \cdot \left(\sqrt{3 + \mu \cdot \left(\frac{b_r}{a_r} \right)^2} - \sqrt{\mu} \cdot \frac{b_r}{a_r} \right)^2 \qquad \text{(C.2.13)}$$

mit den reduzierten Längen:

$$a_r = \frac{2 \cdot a}{\sqrt{1 + i_1} + \sqrt{1 + i_3}}$$

$$b_r = \frac{2 \cdot b}{\sqrt{1 + i_2} + \sqrt{1 + i_4}} \qquad \text{(C.2.14 a/b)}$$

und den vorzuwählenden Größen:

μ Verhältnis der Feldmomente in Neben- und Haupttragrichtung gemäß Abb. C.2.17. Es gilt

$$\mu \leq 1$$

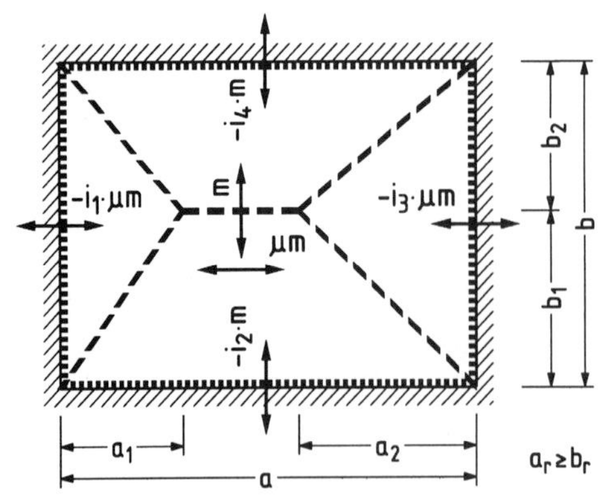

Abb. C.2.17 Bezeichnungen

i_1, i_2, i_3, i_4 Verhältnis von Stütz- zu Feldmoment gemäß Abb. C.2.17. Am einspannungsfreien Rand gilt

$i_j = 0$

Gl. (C.2.13) gilt für $a_r \geq b_r$. Ist diese Bedingung nicht eingehalten, so trifft das angenommene Bruchbild nicht zu, und die Berechnung ist mit der um 90° gedrehten Bruchfigur zu wiederholen, d.h. a und b sind zu vertauschen; vgl. dazu Abb. C.2.18, welche Haupttragrichtungen und Bruchfiguren bei gleichem Seitenverhältnissen, aber unterschiedlichen Stützungsarten darstellt.

Lage der Bruchlinien

Die Lage der Bruchlinien in Abb. C.2.17 wird beschrieben durch (vgl. [Haase – 62]):

$$\left.\begin{aligned} a_1 &= \sqrt{\frac{6\,\mu\,m}{q}\,(1+i_1)} \\ a_2 &= \sqrt{\frac{6\,\mu\,m}{q}\,(1+i_3)} \\ b_1 &= \sqrt{\frac{6\,m}{q\,B}\,(1+i_2)} \\ b_2 &= \sqrt{\frac{6\,m}{q\,B}\,(1+i_4)} \\ &\text{mit} \\ B &= 3 - \frac{2\,(a_1+a_2)}{a} \end{aligned}\right\} \qquad \text{(C.2.15a-e)}$$

Feldmomente

Das Verhältnis μ der Feldmomente in Neben- und Haupttragrichtung ist so zu wählen, daß sich ein der Elastizitätstheorie angenähertes Tragverhalten einstellt. Häufig wird $\mu = L_{min}/L_{max}$ gesetzt

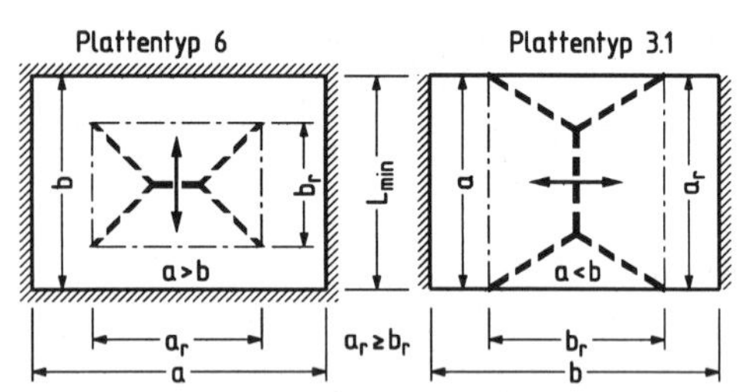

Abb. C.2.18 Beispiele für die Orientierung der Seitenbezeichnungen in Abhängigkeit von den Hilfsgrößen a_r und b_r

(vgl. z.B. [Herzog – 95]), was bei bestimmten Seitenverhältnissen einiger Plattentypen auf das Vertauschen von Haupt- und Nebentragrichtung im Vergleich zur Elastizitätstheorie hinausläuft, vgl. Abb. C.2.18. Zutreffender ist daher der folgende, auch die Lagerungsbedingungen einbeziehende Ansatz

$$\mu \approx \left(\frac{b_r}{a_r}\right)^2 \qquad \text{(C.2.16)}$$

Stützmomente

Das Verhältnis von Stütz- zu Feldmoment wird durch die Parameter i_j ausgedrückt und kann im zugelassenen Bereich $0{,}5 \geq i \geq 2{,}0$ vorgegeben werden.

Für die einzelnen Ränder einer Platte können unterschiedliche Werte für die Parameter i_j gewählt werden. Weiterhin können die Parameter i_j so eingestellt werden, daß sich beiderseits der gemeinsamen Stützung durchlaufender Platten der gleiche Momentenwert ergibt. In der Praxis wird man bei geringen Momentenunterschieden an der Stützung auf eine solche Abstimmung verzichten und die Bewehrung für den Größtwert der beiden anliegenden Stützmomente bemessen.

Bei der Wahl der Parameter i_j sollten folgende Hinweisen berücksichtigt werden, vgl. [Avellan/Werkle – 98]:

$i = 0{,}5$: entspricht einer Umlagerung der Momente von der Stützung zum Feld, mit größeren Feld- und kleineren Stützmomenten im Vergleich zur Elastizitätstheorie. Dieser Wert ist zu wählen, wenn eine schwache Randeinspannung vorliegt und/oder Feldmomente für einen hohen Verkehrslastanteil zu ermitteln sind.

$i \geq 1{,}0$: liefert bei den meisten Lagerungsarten eine Umlagerung der Momente zur Stützung mit größeren Stütz- und kleineren Feldmomenten im Vergleich zur Elastizitätstheorie.

$i = 2{,}0$: ergibt die größtmöglichen Stützmomente bei kleinen Feldmomenten. Bei hohem Verkehrslastanteil sollten mit diesem Wert die Stützmomente bestimmt werden.

Bewehrungsanordnung

Die auf der Grundlage der vereinfachten Bruchlinientheorie ermittelte Bewehrung ist um 10 % zu erhöhen. In den Plattenecken sollte eine konstruktive, obere Bewehrung eingelegt werden, die prinzipiell entsprechend Abb. C.2.5 angeordnet werden kann.

- Untere Bewehrung:

Grundsätzlich kann die für die Bruchmomente ermittelte untere Bewehrung in den beiden Haupttragrichtungen jeweils konstant im gesamten Plattenfeld angeordnet werden. Vor allem in den Eckbereichen setzt dann wegen der dort kleineren Winkelverdrehung in der Bruchlinie die Plastifizierung des Querschnitts später ein als in Feldmitte. In Hinblick auf ein günstigeres Verformungs- und Rißverhalten kann es daher zweckmäßig sein, die Bewehrung durch Umverteilung entlang der Bruchlinienabschnitte mit den größten Verschiebungen zu verstärken und in den übrigen Bereichen zu verringern, wobei die Gesamtbewehrungsmenge unverändert bleibt. Dies nähert die Bewehrungsanordnung dem Momentenverlauf nach der Elastizitätstheorie an. Die Bemessungsmomente einer dementsprechenden Bewehrungsverteilung sind in Abb. C.2.19 dargestellt.

- Obere Bewehrung:

Die obere Bewehrung deckt das plastische Stützmoment durchlaufender Platten ab. Bei unterschiedlichen Stützmomenten der an gemeinsamer Stützung anliegenden Platten ist der Größtwert maßgeblich. Wird diese Bewehrung nicht weit

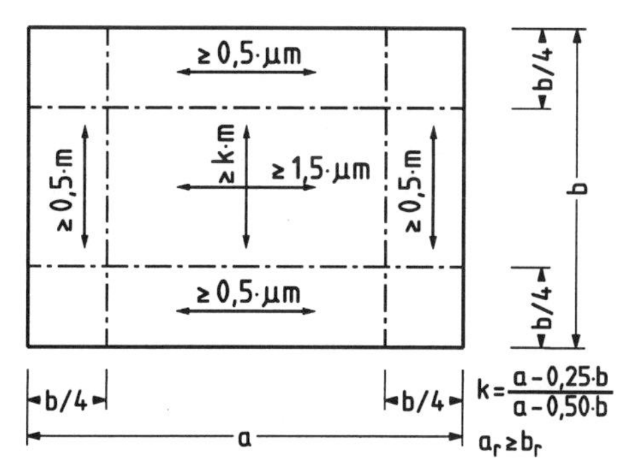

Abb. C.2.19 Bemessungsmomente für die Abstufung der Feldbewehrung, nach [Avellan/Werkle – 98]

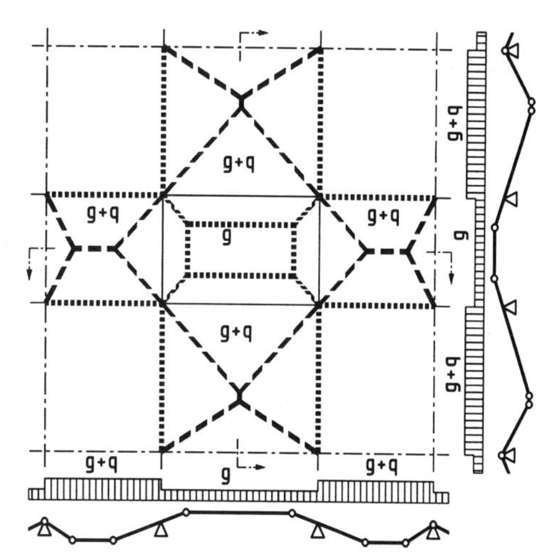

Abb. C.2.20 Bruchfigur bei schachbrettartiger Lastanordnung auf durchlaufender Decke

genug in die Plattenfelder hineingeführt, kann sich bei schachbrettartiger Anordnung der veränderlichen Belastung eine Bruchfigur nach Abb. C.2.20 einstellen. Dabei verlagern sich die Bruchlinien an das Ende der oberen Bewehrung im geringer belasteten Feld. Die Traglast der so entstehenden Bruchfigur kann niedriger sein als die bei Bruchlinienverlauf längs der Stützlinie, da am Bewehrungsende das negative plastische Moment dieser inneren Bruchlinien Null ist.

Um zu gewährleisten, daß diese Bruchfigur nicht maßgebend wird, muß die Stützbewehrung ausreichend weit in das Plattenmittelfeld hineingeführt werden.

Nach [Sawczuk/Jaeger – 63] kann die erforderliche wirksame Länge der oberen Bewehrung gemäß Abb. C.2.21 durch den Beiwert ξ bestimmt werden, der sich aus der Gleichung 3. Grades

$$4\,\xi^3 - 6\,\xi^2 + 3\,(1 + 2\,\delta)\xi - 3\,\delta = 0 \qquad \text{(C.2.17)}$$

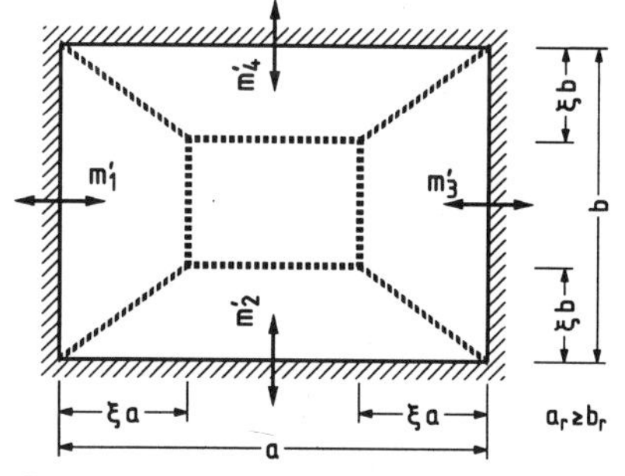

Abb. C.2.21 Erforderliche Länge der Stützbewehrung nach [Sawczuk/Jaeger – 63]

mit dem Koeffizienten

$$\delta = \left| \frac{m'_1 + m'_3}{g \cdot a^2} + \frac{m'_2 + m'_4}{g \cdot b^2} \right| \qquad \text{(C.2.18)}$$

ergibt. Darin bedeutet

m'_j : Größtwerte der beiderseits des jeweiligen Randes anliegenden Stützmomente.

Die Beiwerte ξ gemäß Gl. (C.2.17) sind in Tafel C.2.9 in Abhängigkeit von δ aufgetragen.

Tafel C.2.9 Beiwerte ξ zur Bestimmung der erforderlichen Länge der Stützbewehrung

δ	ξ	δ	ξ	δ	ξ	δ	ξ
0,00	0,00	0,35	0,28	0,70	0,38	1,50	0,44
0,05	0,05	0,40	0,30	0,75	0,39	1,75	0,45
0,10	0,10	0,45	0,32	0,80	0,40	2,00	0,46
0,15	0,14	0,50	0,34	0,85	0,40	3,00	0,47
0,20	0,19	0,55	0,35	0,90	0,41	5,00	0,48
0,25	0,22	0,60	0,36	1,00	0,42	10	0,49
0,30	0,25	0,65	0,37	1,25	0,43	∞	0,50

Sind Belastungen sowie Stützweiten durchlaufender Plattenfelder wenigstens annähernd gleich groß, so genügt es, für die Festlegung der Bewehrungslängen die Momentengrenzlinien der Einzelplatte zu kennen. Diese werden nach [Avellan/Werkle – 98] in Abhängigkeit von der Stützungsart durch die Abstände e_j nach Gl. (C.2.19) beschrieben, s. Abb. C.2.22.

$$e_1 = \frac{\sqrt{1+i_1} - 1}{\sqrt{1+i_1} + \sqrt{1+i_3}} \cdot \sqrt{a \cdot b}$$

$$e_2 = \frac{\sqrt{1+i_2} - 1}{\sqrt{1+i_2} + \sqrt{1+i_4}} \cdot b$$

$$e_3 = \frac{\sqrt{1+i_3} - 1}{\sqrt{1+i_1} + \sqrt{1+i_3}} \cdot \sqrt{a \cdot b} \qquad \text{(C.2.19)}$$

$$e_4 = \frac{\sqrt{1+i_4} - 1}{\sqrt{1+i_2} + \sqrt{1+i_4}} \cdot b$$

a und b sind so zu orientieren, daß gilt: $a_r \geq b_r$

Ersatzweise können die Ausdrücke (C.2.19) auch in folgender Weise abgeschätzt werden:

$i_j \leq 0{,}5 \rightarrow e_1/a,\ e_3/a,\ e_2/b,\ e_4/b\ \leq 0{,}10$

$i_j \leq 1{,}0 \rightarrow e_1/a,\ e_3/a,\ e_2/b,\ e_4/b\ \leq 0{,}17$

$i_j \leq 1{,}5 \rightarrow e_1/a,\ e_3/a,\ e_2/b,\ e_4/b\ \leq 0{,}23$

$i_j \leq 2{,}0 \rightarrow e_1/a,\ e_3/a,\ e_2/b,\ e_4/b\ \leq 0{,}27$

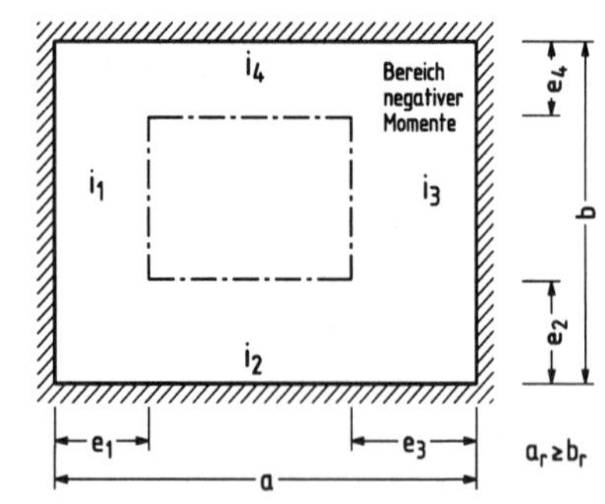

Abb. C.2.22 Ermittlung der erforderlichen Länge der Stützbewehrung, vgl. [Avellan/Werkle – 98]

Zur ermittelten Länge der wirksamen Bewehrung addieren sich in beiden Fällen noch Versatzmaß und Verankerungslänge.

Berechnungstafeln für umfanggelagerte Rechteckplatten unter Gleichlast

Die Tafel C.2.11a/b dient der praktischen Berechnung umfanggelagerter Rechteckplatten unter Gleichlast nach der vereinfachten Bruchlinientheorie. Nach Wahl des Verhältnisses von Stütz- zu Feldmoment werden die benötigten Beiwerte in Abhängigkeit von Stützungsart und Seitenverhältnis abgelesen.

Liegen die Seitenverhältnisse außerhalb des angegebenen Bereichs, können ersatzweise einachsig gespannte Plattenstreifen betrachtet werden. In Tafel C.2.10 sind die Kenngrößen für diesen Fall zusammengestellt.

Tafel C.2.10 Plastische Momente für Balken unter Gleichstreckenlast

q		$-m_s/m_f$			
		0,5	**1,0**	**1,5**	**2,0**
m_f	f	8,0	8,0	8,0	8,0
L, m_s, m_f	f	9,9	11,7	13,3	14,9
	s	–19,8	–11,7	–8,9	–7,5
m_s, m_s, m_f	f	12,0	16,0	20,0	24,0
	s	–24,0	–16,0	–13,3	–12,0

$$m_f = \frac{q \cdot L^2}{f} \quad \text{bzw.} \quad m_s = \frac{q \cdot L^2}{s}$$

Tafel C.2.11a Biegemomente umfanggelagerter Rechteckplatten nach der Bruchlinientheorie

x, L_x / y, L_y	Stützungsarten: 1, 2.1, 2.2, 3.1, 3.2, 4, 5.1, 5.2, 6	Leitwert: $K = q \cdot L_x \cdot L_y$	Feldmomente: $m_{xf} = \frac{K}{f_x}$; $m_{yf} = \frac{K}{f_y}$	Stützmomente: $m_{xs} = \frac{K}{s_x}$; $m_{ys} = \frac{K}{s_y}$

Verhältnis Stütz- zu Feldmoment: $-m_s / m_f = 0{,}5$

Stützung	Beiwert	Seitenverhältnis L_y / L_x ($L_x = L_{min}$) 1,0	1,1	1,2	1,3	1,4	1,5	1,6	1,7	1,8	1,9	2,0
1	f_x	24,0	22,1	21,0	20,3	20,0	19,9	20,0	20,2	20,5	20,9	21,3
	f_y	24,0	26,8	30,2	34,4	39,2	44,9	51,3	58,5	66,5	75,5	85,3
2.1	f_x	30,2	27,0	25,0	23,7	22,9	22,4	22,2	22,2	22,3	22,5	22,8
	f_y	24,4	26,4	29,0	32,3	36,2	40,8	46,0	51,8	58,4	65,7	73,8
	s_y	-48,8	-52,8	-58,1	-64,6	-72,4	-81,5	-91,9	-104	-117	-131	-148
2.2	f_x	24,4	23,1	22,5	22,2	22,2	22,4	22,8	23,2	23,7	24,3	25,0
	f_y	30,2	34,6	40,0	46,4	53,9	62,4	72,1	83,0	95,2	108,7	123,7
	s_x	-48,8	-46,3	-44,9	-44,4	-44,4	-44,8	-45,5	-46,4	-47,5	-48,7	-50,0
3.1	f_x	38,2	33,3	30,0	27,8	26,4	25,5	24,9	24,6	24,4	24,4	24,6
	f_y	25,5	26,9	28,8	31,4	34,5	38,2	42,4	47,3	52,8	58,8	65,6
	s_y	-50,9	-53,7	-57,6	-62,7	-69,0	-76,4	-84,9	-94,6	-106	-118	-131
3.2	f_x	25,5	24,7	24,4	24,5	24,8	25,3	25,9	26,6	27,4	28,2	29,1
	f_y	38,2	44,8	52,8	62,1	73,0	85,4	99,5	115,3	133,1	152,7	174,5
	s_x	-50,9	-49,4	-48,9	-49,0	-49,6	-50,6	-51,8	-53,2	-54,8	-56,4	-58,2
4	f_x	29,7	27,4	26,0	25,2	24,8	24,7	24,8	25,0	25,4	25,9	26,4
	f_y	29,7	33,1	37,4	42,5	48,6	55,5	63,4	72,3	82,3	93,4	105,6
	s_x	-59,4	-54,7	-51,9	-50,3	-49,5	-49,3	-49,5	-50,1	-50,8	-51,7	-52,8
	s_y	-59,4	-66,2	-74,8	-85,1	-97,1	-111	-127	-145	-165	-187	-211
5.1	f_x	30,1	28,5	27,6	27,2	27,2	27,4	27,8	28,3	29,0	29,7	30,4
	f_y	36,5	41,7	48,2	55,8	64,6	74,7	86,3	99,2	113,7	129,8	147,6
	s_x	-60,2	-56,9	-55,2	-54,4	-54,4	-54,8	-55,6	-56,6	-57,9	-59,3	-60,9
	s_y	-73,0	-83,5	-96,3	-112	-129	-149	-173	-198	-227	-260	-295
5.2	f_x	36,5	32,7	30,3	28,8	27,9	27,4	27,2	27,2	27,4	27,7	28,0
	f_y	30,1	32,7	36,0	40,2	45,1	50,8	57,4	64,8	73,1	82,3	92,5
	s_x	-73,0	-65,5	-60,7	-57,6	-55,8	-54,8	-54,4	-54,4	-54,7	-55,3	-56,1
	s_y	-60,2	-65,3	-72,1	-80,4	-90,2	-102	-115	-130	-146	-165	-185
6	f_x	36,0	33,2	31,5	30,5	30,0	29,9	30,0	30,3	30,8	31,4	32,0
	f_y	36,0	40,1	45,3	51,6	58,9	67,3	76,9	87,7	99,8	113,2	128,0
	s_x	-72,0	-66,3	-62,9	-61,0	-60,1	-59,8	-60,1	-60,7	-61,6	-62,7	-64,0
	s_y	-72,0	-80,3	-90,6	-103	-118	-135	-154	-175	-200	-226	-256

Verhältnis Stütz- zu Feldmoment: $-m_s / m_f = 1{,}0$

Stützung	Beiwert	Seitenverhältnis L_y / L_x ($L_x = L_{min}$) 1,0	1,1	1,2	1,3	1,4	1,5	1,6	1,7	1,8	1,9	2,0
1	f_x	24,0	22,1	21,0	20,3	20,0	19,9	20,0	20,2	20,5	20,9	21,3
	f_y	24,0	26,8	30,2	34,4	39,2	44,9	51,3	58,5	66,5	75,5	85,3
2.1	f_x	36,8	32,2	29,1	27,1	25,8	24,9	24,4	24,2	24,1	24,1	24,3
	f_y	25,3	26,7	28,8	31,5	34,7	38,5	42,9	47,9	53,5	59,8	66,7
	s_y	-25,3	-26,7	-28,8	-31,5	-34,7	-38,5	-42,9	-47,9	-53,5	-59,8	-66,7
2.2	f_x	25,3	24,4	24,1	24,1	24,4	24,8	25,4	26,0	26,8	27,6	28,4
	f_y	36,8	43,0	50,5	59,4	69,6	81,4	94,7	109,7	126,4	145,0	165,6
	s_x	-25,3	-24,4	-24,1	-24,1	-24,4	-24,8	-25,4	-26,0	-26,8	-27,6	-28,4
3.1	f_x	56,6	47,7	41,6	37,3	34,3	32,2	30,7	29,6	29,0	28,5	28,3
	f_y	28,3	28,9	29,9	31,5	33,6	36,2	39,3	42,8	46,9	51,5	56,6
	s_y	-28,3	-28,9	-29,9	-31,5	-33,6	-36,2	-39,3	-42,8	-46,9	-51,5	-56,6
3.2	f_x	28,3	28,2	28,6	29,2	30,0	31,0	32,1	33,2	34,4	35,7	37,0
	f_y	56,6	68,3	82,4	98,8	117,8	139,5	164,2	191,9	223,0	257,5	295,7
	s_x	-28,3	-28,2	-28,6	-29,2	-30,0	-31,0	-32,1	-33,2	-34,4	-35,7	-37,0
4	f_x	35,0	32,2	30,6	29,6	29,2	29,1	29,2	29,5	29,9	30,5	31,1
	f_y	35,0	39,0	44,0	50,1	57,2	65,4	74,7	85,2	96,9	109,9	124,3
	s_x	-35,0	-32,2	-30,6	-29,6	-29,2	-29,1	-29,2	-29,5	-29,9	-30,5	-31,1
	s_y	-35,0	-39,0	-44,0	-50,1	-57,2	-65,4	-74,7	-85,2	-96,9	-110	-124
5.1	f_x	36,3	34,8	34,2	34,0	34,3	34,8	35,5	36,4	37,3	38,4	39,5
	f_y	49,8	57,8	67,5	79,0	92,3	107,5	124,8	144,2	165,9	190,1	216,7
	s_x	-36,3	-34,8	-34,2	-34,0	-34,3	-34,8	-35,5	-36,4	-37,3	-38,4	-39,5
	s_y	-49,8	-57,8	-67,5	-79,0	-92,3	-107	-125	-144	-166	-190	-217
5.2	f_x	49,8	43,9	40,0	37,5	35,9	34,9	34,3	34,1	34,1	34,2	34,6
	f_y	36,3	38,7	42,0	46,2	51,2	57,2	64,0	71,7	80,4	90,0	100,7
	s_x	-49,8	-43,9	-40,0	-37,5	-35,9	-34,9	-34,3	-34,1	-34,1	-34,2	-34,6
	s_y	-36,3	-38,7	-42,0	-46,2	-51,2	-57,2	-64,0	-71,7	-80,4	-90,0	-101
6	f_x	48,0	44,2	42,0	40,7	40,0	39,9	40,0	40,5	41,1	41,8	42,7
	f_y	48,0	53,5	60,4	68,7	78,5	89,7	102,5	116,9	133,0	150,9	170,7
	s_x	-48,0	-44,2	-42,0	-40,7	-40,0	-39,9	-40,0	-40,5	-41,1	-41,8	-42,7
	s_y	-48,0	-53,5	-60,4	-68,7	-78,5	-89,7	-103	-117	-133	-151	-171

Tafel C.2.11b Biegemomente umfanggelagerter Rechteckplatten nach der Bruchlinientheorie

x, L_x; y, L_y

Stützungsarten: 1, 2.1, 2.2, 3.1, 3.2, 4, 5.1, 5.2, 6

Leitwert: $K = q \cdot L_x \cdot L_y$

Feldmomente: $m_{xf} = \frac{K}{f_x}$; $m_{yf} = \frac{K}{f_y}$

Stützmomente: $m_{xs} = \frac{K}{s_x}$; $m_{ys} = \frac{K}{s_y}$

Verhältnis Stütz- zu Feldmoment: $-m_s / m_f = 1{,}5$

Stützung	Beiwert	Seitenverhältnis L_y / L_x ($L_x = L_{min}$) 1,0	1,1	1,2	1,3	1,4	1,5	1,6	1,7	1,8	1,9	2,0
1	f_x	24,0	22,1	21,0	20,3	20,0	19,9	20,0	20,2	20,5	20,9	21,3
	f_y	24,0	26,8	30,2	34,4	39,2	44,9	51,3	58,5	66,5	75,5	85,3
2.1	f_x	43,8	37,7	33,6	30,8	28,8	27,5	26,7	26,1	25,9	25,7	25,8
	f_y	26,3	27,4	29,0	31,2	33,9	37,2	41,0	45,4	50,3	55,8	61,9
	s_y	-17,5	-18,3	-19,4	-20,8	-22,6	-24,8	-27,3	-30,2	-33,5	-37,2	-41,2
2.2	f_x	26,3	25,8	25,8	26,0	26,5	27,2	27,9	28,8	29,7	30,7	31,7
	f_y	43,8	52,0	61,8	73,3	86,6	101,8	119,1	138,5	160,2	184,4	211,1
	s_x	-17,5	-17,2	-17,2	-17,4	-17,7	-18,1	-18,6	-19,2	-19,8	-20,4	-21,1
3.1	f_x	79,0	65,2	55,6	48,8	43,8	40,2	37,5	35,6	34,2	33,2	32,4
	f_y	31,6	31,6	32,0	33,0	34,3	36,1	38,4	41,1	44,3	47,9	51,9
	s_y	-21,1	-21,0	-21,4	-22,0	-22,9	-24,1	-25,6	-27,4	-29,5	-31,9	-34,6
3.2	f_x	31,6	32,2	33,0	34,1	35,4	36,8	38,3	39,9	41,5	43,2	44,9
	f_y	79,0	97,3	118,9	144,3	173,6	207,1	245,2	288,2	336,2	389,7	448,9
	s_x	-21,1	-21,4	-22,0	-22,8	-23,6	-24,5	-25,5	-26,6	-27,7	-28,8	-29,9
4	f_x	40,0	36,8	34,9	33,9	33,3	33,2	33,3	33,7	34,2	34,8	35,5
	f_y	40,0	44,6	50,3	57,2	65,4	74,7	85,4	97,4	110,8	125,7	142,1
	s_x	-26,6	-24,6	-23,3	-22,6	-22,2	-22,1	-22,2	-22,5	-22,8	-23,2	-23,7
	s_y	-26,6	-29,7	-33,5	-38,2	-43,6	-49,8	-56,9	-64,9	-73,8	-83,8	-94,8
5.1	f_x	42,4	41,1	40,7	40,8	41,4	42,2	43,2	44,3	45,6	47,0	48,5
	f_y	63,6	74,7	88,0	103,6	121,7	142,4	165,9	192,3	221,9	254,7	291,0
	s_x	-28,3	-27,4	-27,1	-27,2	-27,6	-28,1	-28,8	-29,6	-30,4	-31,3	-32,3
	s_y	-42,4	-49,8	-58,6	-69,1	-81,1	-94,9	-111	-128	-148	-170	-194
5.2	f_x	63,6	55,5	50,0	46,4	44,0	42,4	41,4	40,9	40,7	40,7	41,0
	f_y	42,4	44,7	48,0	52,2	57,4	63,6	70,7	78,8	87,8	98,0	109,2
	s_x	-42,4	-37,0	-33,4	-30,9	-29,3	-28,3	-27,6	-27,3	-27,1	-27,2	-27,3
	s_y	-28,3	-29,8	-32,0	-34,8	-38,3	-42,4	-47,1	-52,5	-58,6	-65,3	-72,8
6	f_x	60,0	55,3	52,5	50,8	50,1	49,8	50,1	50,6	51,3	52,3	53,3
	f_y	60,0	66,9	75,5	85,9	98,1	112,2	128,1	146,1	166,3	188,6	213,3
	s_x	-40,0	-36,9	-35,0	-33,9	-33,4	-33,2	-33,4	-33,7	-34,2	-34,8	-35,6
	s_y	-40,0	-44,6	-50,4	-57,3	-65,4	-74,8	-85,4	-97,4	-111	-126	-142

Verhältnis Stütz- zu Feldmoment: $-m_s / m_f = 2{,}0$

Stützung	Beiwert	Seitenverhältnis L_y / L_x ($L_x = L_{min}$) 1,0	1,1	1,2	1,3	1,4	1,5	1,6	1,7	1,8	1,9	2,0
1	f_x	24,0	22,1	21,0	20,3	20,0	19,9	20,0	20,2	20,5	20,9	21,3
	f_y	24,0	26,8	30,2	34,4	39,2	44,9	51,3	58,5	66,5	75,5	85,3
2.1	f_x	51,2	43,5	38,2	34,6	32,0	30,2	29,0	28,2	27,7	27,4	27,2
	f_y	27,5	28,2	29,5	31,3	33,6	36,5	39,8	43,7	48,1	53,0	58,4
	s_y	-13,7	-14,1	-14,8	-15,7	-16,8	-18,2	-19,9	-21,8	-24,0	-26,5	-29,2
2.2	f_x	27,5	27,2	27,4	27,9	28,6	29,5	30,4	31,4	32,5	33,7	34,8
	f_y	51,2	61,5	73,7	88,1	104,7	123,7	145,2	169,5	196,6	226,7	260,1
	s_x	-13,7	-13,6	-13,7	-14,0	-14,3	-14,7	-15,2	-15,7	-16,3	-16,8	-17,4
3.1	f_x	105,6	85,8	72,0	62,1	54,9	49,5	45,4	42,4	40,1	38,4	37,1
	f_y	35,2	34,6	34,6	35,0	35,8	37,1	38,8	40,8	43,3	46,2	49,5
	s_y	-17,6	-17,3	-17,3	-17,5	-17,9	-18,5	-19,4	-20,4	-21,6	-23,1	-24,7
3.2	f_x	35,2	36,2	37,6	39,2	40,9	42,7	44,6	46,6	48,6	50,7	52,8
	f_y	105,6	131,5	162,4	198,5	240,4	288,3	342,7	404,1	472,8	549,4	634,2
	s_x	-17,6	-18,1	-18,8	-19,6	-20,4	-21,4	-22,3	-23,3	-24,3	-25,4	-26,4
4	f_x	44,8	41,3	39,1	37,9	37,4	37,2	37,4	37,7	38,3	39,0	39,8
	f_y	44,8	49,9	56,4	64,1	73,2	83,7	95,6	109,1	124,1	140,8	159,2
	s_x	-22,4	-20,6	-19,6	-19,0	-18,7	-18,6	-18,7	-18,9	-19,2	-19,5	-19,9
	s_y	-22,4	-25,0	-28,2	-32,1	-36,6	-41,9	-47,8	-54,5	-62,1	-70,4	-79,6
5.1	f_x	48,5	47,4	47,2	47,6	48,4	49,5	50,8	52,3	53,9	55,6	57,4
	f_y	78,0	92,2	109,2	129,3	152,4	179,0	209,0	242,9	280,7	322,8	369,3
	s_x	-24,3	-23,7	-23,6	-23,8	-24,2	-24,7	-25,4	-26,1	-26,9	-27,8	-28,7
	s_y	-39,0	-46,1	-54,6	-64,6	-76,2	-89,5	-105	-121	-140	-161	-185
5.2	f_x	78,0	67,4	60,3	55,4	52,2	50,0	48,6	47,7	47,3	47,2	47,3
	f_y	48,5	50,7	54,0	58,3	63,6	70,0	77,4	85,8	95,3	105,9	117,7
	s_x	-39,0	-33,7	-30,1	-27,7	-26,1	-25,0	-24,3	-23,9	-23,6	-23,6	-23,6
	s_y	-24,3	-25,4	-27,0	-29,1	-31,8	-35,0	-38,7	-42,9	-47,7	-53,0	-58,8
6	f_x	72,0	66,3	62,9	61,0	60,1	59,8	60,1	60,7	61,6	62,7	64,0
	f_y	72,0	80,3	90,6	103,1	117,7	134,6	153,8	175,4	199,5	226,4	256,0
	s_x	-36,0	-33,2	-31,5	-30,5	-30,0	-29,9	-30,0	-30,3	-30,8	-31,4	-32,0
	s_y	-36,0	-40,1	-45,3	-51,6	-58,9	-67,3	-76,9	-87,7	-99,8	-113	-128

Berechnungsbeispiel

In Anlehnung an das Beispiel in [Schneider – 98], S. 5.47 wird das Plattensystem nach Abb. C.2.23 berechnet. Es werden folgende Annahmen getroffen:

Verhältnis von Stütz- zu Feldmoment:

$i_j = -\, m_s / m_f = 1{,}5$

Baustoffe: C 25/30, BSt 500 S

Nutzhöhen der Platten: $d_x = 15$ cm, $d_y = 14$ cm.

Belastung: s. Tafel C.2.12

Die Beiwerte zur Berechnung der Momente werden aus der Tafel C.2.11 abgelesen. Sind auf diese Weise die Feldmomente errechnet, können daraus die Stützmomente auch dadurch bestimmt werden, daß man den vorgewählten Verhältniswert $i_j = -\, m_s / m_f$ anwendet.

Die Berechnungsergebnisse sind in Tafel C.2.12 zusammengestellt. Die Angaben beziehen sich auf das globale Koordinatensystem nach Abb. C.2.23.

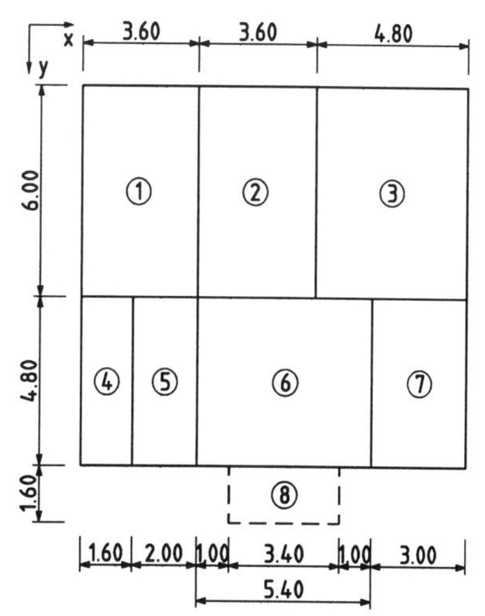

Abb. C.2.23 Berechnungsbeispiel zur Bruchlinientheorie

Tafel C.2.12 Zusammenstellung der Kennwerte und Biegemomente des Berechnungsbeispiels

Platte		m_s/m_f	Belastung			Stützweite		Seitenverh.		Leitwert	abgelesene Tafelwerte				berechnete Momente			
Pos.	Typ		g_d	q_d	g_d+q_d	L_x	L_y	L_y/L_x	L_x/L_y	K	f_x	f_y	s_x	s_y	m_{xf}	m_{yf}	m_{xs}	m_{ys}
			[kN/m²]			[m]									[kNm/m]			
1	4	1,50	8,1	4,1	12,20	3,60	6,00	1,67	—	263,52	33,6	93,8	–22,4	–62,5	7,8	2,8	–11,8	–4,2
2	5.1	1,50	8,1	5,3	13,40	3,60	6,00	1,67	—	289,44	44,0	184,4	–29,3	–123	6,6	1,6	–9,9	–2,4
3	4	1,50	8,1	4,1	12,20	4,80	6,00	1,25	—	351,36	34,4	53,8	–22,9	–35,9	10	6,5	–15,3	–9,8
4	4	1,50	8,1	4,1	12,20	1,60	4,80	3,00	—	31,23	13,3	—	–8,9	—	2,3	—	–3,5	—
5	5.1	1,50	8,1	4,1	12,20	2,00	4,80	2,40	—	48,80	20,0	—	–13,3	—	2,4	—	–3,7	—
6	6	1,50	8,1	4,1	12,20	5,40	4,80	—	1,13	316,22	69,5	54,4	–46,3	–36,3	4,5	5,8	–6,8	–8,7
7	4	1,50	8,1	4,1	12,20	3,00	4,80	1,60	—	175,68	33,3	85,4	–22,2	–56,9	5,3	2,1	–7,9	–3,1
8	Kragplatte		8,1	7,5	15,60	—	1,60	—	—	39,94	—	—	—	(–2,0)	—	—	—	–20,0

Anmerkungen

zu Pos. 4 : Einachsig gespannte Platte, Ablesung nach Tafel C.2.10. Als Leitwert wurde $(g_d + q_d)\cdot L_x^2$ eingesetzt.

zu Pos. 5 : s. Pos. 4

zu Pos. 6 : Beim Ablesen der Beiwerte sind wegen $L_y / L_x < 1$ die Koordinatenangaben nach Tafel C.2.11 zu vertauschen.

Die Kragplatte Pos. 8 kann im vorliegenden Fall als einspannendes Bauteil gelten, da ihr Kragmoment aus Eigengewicht größer ist als das Einspannmoment der Pos. 6 am gemeinsamen Rand.

Bemessung (Nachweis der Tragfähigkeit):

Exemplarisch für m_{xs} der Pos. 3:

$$\mu_{Sd} = \frac{15{,}3 \cdot 10^{-3}}{0{,}15^2 \cdot 1{,}0 \cdot 16{,}67} = 0{,}041$$

Ablesung aus Bemessungstabellen:

$$\xi = x/d = 0{,}080 < \text{zul}\; x/d = 0{,}25$$

$$\omega = 0{,}042$$

$$A_s = 0{,}042 \cdot 100 \cdot 15 \cdot 16{,}67 / 434{,}8 = 2{,}42\ \text{cm}^2/\text{m}$$

$$m_{xs} = -15{,}3\ \text{kNm}$$

Der Nachweis zur Begrenzung der Biegeschlankheit kann analog zu [Schneider – 98], Seite 5.47 geführt werden.

3 Scheiben

3.1 Berechnungsverfahren

Bei wandartigen Trägern (Scheiben) ist die Bernoulli-Hypothese vom Ebenbleiben des Querschnitts nicht mehr gültig, da die Verformung infolge Querkraft die Größenordnung der Biegeverformung annimmt. Die Balkentheorie versagt, wenn die Bauhöhe etwa den halben Abstand der Momentennullpunkte überschreitet:

$$h / L_{eff} > 0{,}5 \qquad \text{(C.3.1)}$$

Für einfache Fälle einfeldriger oder durchlaufender Wandscheiben mit und ohne Auskragung kann die Schnittgrößenermittlung mit den Hilfsmitteln in [DAfStb-H240 – 91],4 erfolgen, die unter Annahme linear-elastischen Verhaltens erstellt wurden.

Auch gängige Computerprogramme zur Scheibenberechnung nach der Methode der Finiten Elemente (FEM) setzen die Elastizitätstheorie voraus. Rißbildung, Konzentration der Zugkräfte in Bewehrungslagen und plastisches Werkstoffverhalten werden meist nicht berücksichtigt.

Für Sonderfälle der Scheibenbemessung mit Diskontinuität von Geometrie und/oder Belastung („D-Bereiche", s. [Schlaich/Schäfer–93]), eignet sich das in [ENV 1992-1-1 – 92], 2.5.3.6.3 aufgeführte Berechnungsverfahren mittels Stabwerkmodellen, dem die Plastizitätstheorie zugrunde liegt. Das Verfahren wird häufig auch auf Konsolen und D-Bereiche von Balken (z. B. Öffnungen, Ausklinkungen etc.) angewendet.

3.2 Anwendung von Stabwerkmodellen

Stabwerkmodelle dienen seit den Ursprüngen des Stahlbetonbaus der anschaulichen Beschreibung des Tragverhaltens und der Herleitung von Bemessungsregeln.

3.2.1 Modellentwicklung

Bei der Entwicklung eines Näherungsmodells für das Tragverhalten muß nicht zwingend das ideale Modell gewählt werden, zu dessen Auffinden es meist entsprechender Erfahrung bedarf: Nach dem unteren Grenzwertsatz der Plastizitätstheorie ist für ein Tragwerk aus plastischem Werkstoff jedes Modell zulässig, bei dem die Fließgrenze nicht überschritten ist und die Gleichgewichtsbedingungen erfüllt sind. Bei Scheibenproblemen ist nach [DAfStb-H425 – 92], Anhang zu Abschn. 3 die dafür erforderliche Duktilität gewährleistet, wenn Stabwerkmodell und Bewehrungsführung grob am Kraftfluß nach der Elastizitätstheorie orientiert sind. Dadurch wird zusätzlich die Erfüllung von Verträglichkeiten des Gebrauchszustandes ermöglicht. Zum Aufstellen eines Stabwerkmodells ist es daher zweckmäßig, wenn die Ergebnisse einer linear-elastischen Berechnung z. B. nach [DAfStb-H240 – 91] oder mittels FEM vorliegen.

Folgende Arbeitsschritte der Lastpfadmethode können die Modellfindung unterstützen, vgl. [Schlaich/Schäfer–93]:

1. Geometrie und Belastung aufzeichnen.
2. Auflagerkräfte ermitteln.
3. Belastung so aufteilen, daß die resultierenden Teillasten den gleich großen Auflagerkräften entsprechen. Bei durchlaufenden Trägern kann es erforderlich sein, die Auflagerkräfte in die Anteile der anliegenden Felder aufzuspalten.
4. Lastpfade mit folgenden Eigenschaften einzeichnen:
   - Sie verbinden die Teillasten auf kurzem Weg mit den zugeordneten Auflagerkräften, ohne sich zu kreuzen.
   - Sie haben am Anfangspunkt die Richtung der angreifenden Kraft und wenden sich von da zunächst in das Innere der Scheibe, um eine größtmögliche Spannungsausbreitung zu erzielen.
5. In den Krümmungsbereichen der Lastpfade Umlenkkräfte antragen, deren Resultierende untereinander im Gleichgewicht stehen.
6. Umlenkkräfte und Lastpfade stabwerkartig idealisieren. Stabkräfte (zeichnerisch) ermitteln und Gleichgewicht kontrollieren.

Die Modellfindung wird erleichtert, wenn in einzelnen Schnitten der Verlauf der Spannungen quer zur Lastrichtung näherungsweise bekannt ist, wie in Abb. C.3.1 an einer Scheibe mit Auskragung unter Gleichlast an der Oberseite gezeigt ist. Die resultierenden Streben- bzw. Zugbandkräfte aus Umlenkwirkung verlaufen durch den Schwerpunkt der zugehörigen Spannungsteilflächen.

Die Lage der Zugstäbe wird meist so gewählt, daß sich randparallele Bewehrungen ergeben. Modelle mit wenigen und kurzen Zugstäben sind zu bevorzugen.

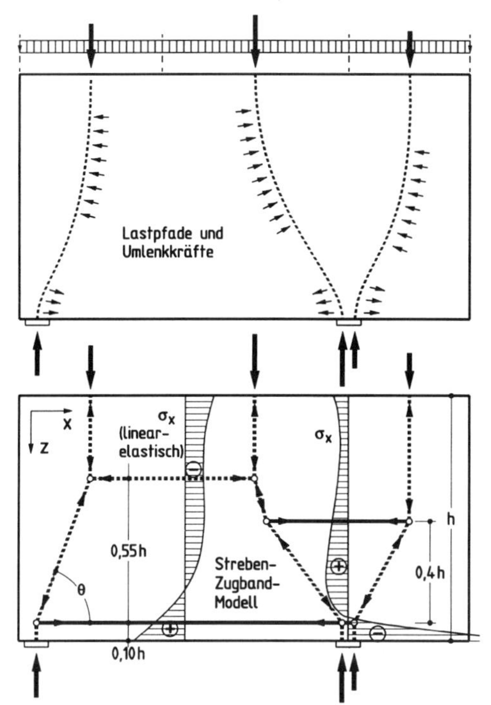

Abb. C.3.1 Beispiel zur Modellentwicklung mittels Lastpfadmethode

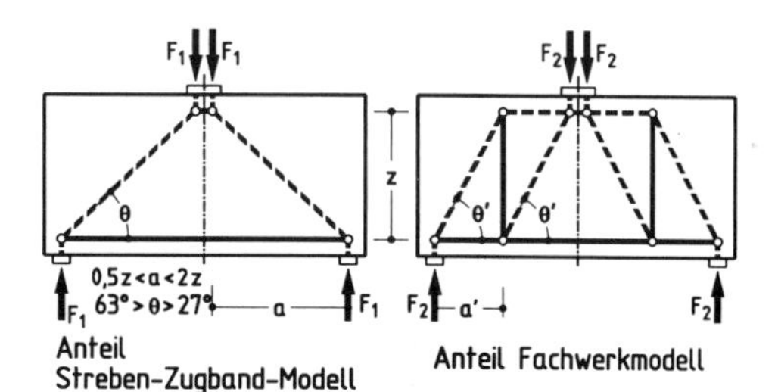

Abb. C.3.2 Kombination zweier Modelle bei flachem Druckstrebenwinkel, s. [DAfStb-H425 – 92], 3.2

Flache Druckstreben

Ergibt sich an einem Knoten mit Druck-Zug-Druck-Stäben wie beim einfachen Streben-Zugband-Modell ein flacher Druckstrebenwinkel $\theta < 55°$ (bzw. $a/z > 0{,}7$), wird in [DAfStb-H425 – 92], 3.2 die Kombination mit einem Fachwerkmodell empfohlen, s. Abb. C.3.2. Die Aufteilung der Gesamtlast F auf die beiden zu überlagernden Modelle kann für $0{,}5 < a/z < 2$ linear interpoliert werden:

$$F = F_1 + F_2$$
$$F_2 = \frac{F}{3}\left(\frac{2a}{z} - 1\right) \qquad \text{(C.3.2)}$$

Für $a/z \geq 2$ ist das reine Fachwerkmodell anzuwenden.

Unten angreifende Lasten

Im unteren Randbereich angreifende Lasten — wie z. B. ein Teil des Eigengewichts — sind durch vertikale Zugstäbe („Aufhängebewehrung") nach oben zu führen und in einem Bereich zu verankern, in dem Bogentragwirkung zwischen den Auflagern angenommen werden kann. Ein Zugband zwischen den Auflagern kann den Bogenschub ausgleichen.

Verbesserung des Modells

Durch weitere Unterteilung der Last- und Spannungsflächen sowie Detailbetrachtungen an einzelnen Knoten und Stäben kann ein Modell verfeinert werden. In [Schlaich/Schäfer–93] sind Lösungen für typische Fälle angegeben.

Häufig ist das Stabwerkmodell kinematisch, was zunächst keinen Mangel darstellt, da beliebig „Nullstäbe" zur Ausfachung hinzugefügt werden könnten. Da es sich so aber nur eingeschränkt für andere Belastungen eignet, ist es oft besser, ein allgemeingültiges, statisch bestimmtes Modell aufzustellen. Die Berechnung statisch unbestimmter Modelle wird durch die benötigten Stabsteifigkeiten aufwendiger.

Durchlaufende Wandscheiben

Die zur Stabwerkberechnung benötigten Auflagerkräfte erhält man nach [Schlaich/Schäfer–93], S. 445 näherungsweise als Mittelwert aus den Auflagerkräften durchlaufender und einfeldriger Balken oder genauer mittels [DAfStb-H240 – 91] bzw. FEM-Berechnung.

3.2.2 Nachweise

3.2.2.1 Druckstäbe

Druckkräfte werden allein dem Beton zugewiesen. Läßt die Tragwerksgeometrie es zu, so weiten sich die Druckfelder zwischen den Knoten auf. Die nachzuweisenden Hauptdruckspannungen besitzen dann am Knoten als Engstelle ihren Größtwert („Flaschenhals"). In den Normen wird der festigkeitsmindernde Einfluß des Querzugs durch eine Abminderung der Bemessungswerte für Druck berücksichtigt.

Bei besonders guter Modellierung kann nach [DAfStb-H425 – 92] auch eine höhere ausnutzbare Betonfestigkeit zugelassen werden. Voraussetzungen sind steile Druckstrebenwinkel ($\theta \geq 55°$), sorgfältige Knotenausbildung, mehrere Bewehrungslagen und Verbügelung.

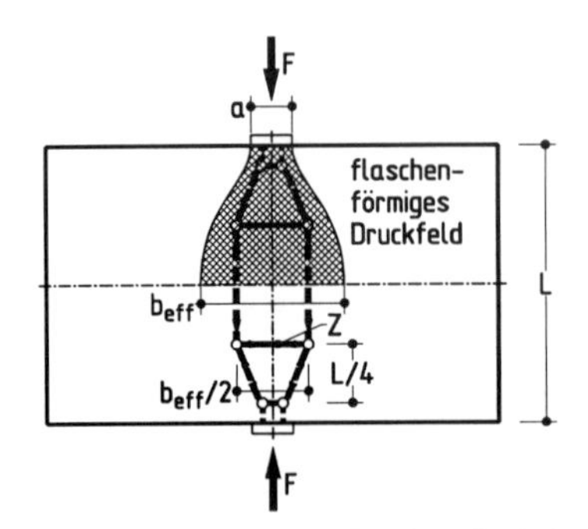

Abb. C.3.3 Querzugkraft der Druckstrebe bei seitlich unbegrenzter Ausbreitung, nach [Schlaich/Schäfer–93]

Im ungünstigsten Fall einer freien Ausbreitung des Druckfeldes berechnen sich die Querzugkräfte nach [Schlaich/Schäfer–93], S. 379 zu (vgl. Abb. C.3.3):

$$Z = \frac{F}{4}\left(1 - 0{,}7\frac{a}{L}\right) \tag{C.3.3}$$

Die zugehörige Breite des Druckfeldes beträgt:

$$b_{\text{eff}} \approx 0{,}50 \cdot L + 0{,}65 \cdot a \tag{C.3.4}$$

Die Querzugspannungen in den Ausbreitungsbereichen sind durch Bewehrung abzudecken, die nach Gl. (C.3.3) für $Z \leq F/4$ auszulegen ist. Die vorgeschriebene Netzbewehrung der Oberflächen kann angerechnet werden.

3.2.2.2 Zugstäbe

Die Zugkräfte des Modells werden von Bewehrungseinlagen abgedeckt, wenn das Mitwirken des Betons auf Zug vernachlässigt wird. Die Bewehrungsverteilung sollte näherungsweise den Zugspannungsdiagrammen nach der Elastizitätstheorie folgen, wobei eine grobe, blockförmige Anpassung genügt. Eine vorhandene Netzbewehrung kann angerechnet werden.

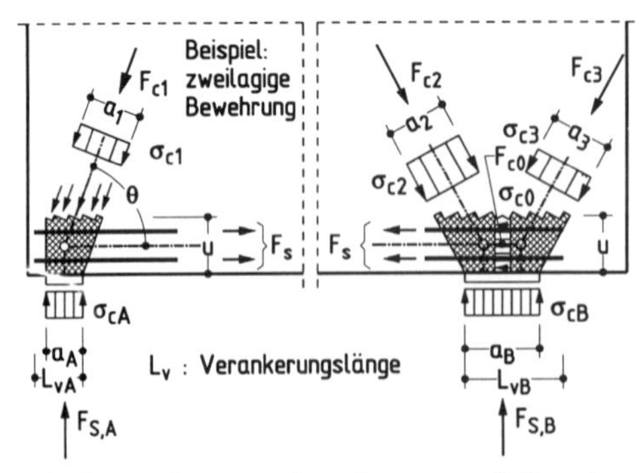

Abb. C.3.4 Spannungsberechnung an Auflagerknoten, vgl. Abb. C.3.1

Die Bewehrung ist bis zum ideellen Knotenpunkt ungeschwächt durchzuführen. In der Verlängerung über den Knoten hinaus bis zum Ende des Spannungsfeldes, welches durch Umlenkung die Zugkräfte erzeugt, kann die Bewehrung abgestuft und danach verankert werden.

3.2.2.3 Knoten

Die Knoten sind die am stärksten beanspruchten Tragwerksbereiche, da hier die Kräfte aus Zug- und Druckstreben gebündelt und umgelenkt werden. Häufig sind die Auflagerknoten maßgebend für den Spannungsnachweis der gesamten Scheibe.

Zur Berechnung wird die Knotengeometrie gemäß Abb. C.3.4 idealisiert. Bestimmende Größen sind die Stabwerksgeometrie, die Verankerungslänge der Bewehrung und die Aufstandsfläche des Lagers. Aus den zuvor berechneten Stabkräften können damit die Spannungen im Knotenanschnitt ermittelt werden, vgl. [Schlaich/Schäfer–93], S. 391.

3.2.2.4 Gebrauchszustand

Bei an der Elastizitätstheorie orientierten Modellen sind nach [DAfStb-H425 – 92] Nachweise zur Rißbreitenbegrenzung im allgemeinen nicht erforderlich, wenn die notwendige Bewehrung über die gesamte Zugzone verteilt und eine konstruktive Mindestbewehrung angeordnet wird.

An einspringenden Ecken (z. B. bei Öffnungen oder Konsolen) empfiehlt sich zur Vermeidung von Rissen durch Kerbspannungen eine Schrägbewehrung, vgl. S. C.26.

Bei durchlaufenden Wandscheiben können bereits kleine Auflagerverschiebungen zu großen, rißbildenden Schnittgrößen führen. Aus diesem Grund sollte eine Mindestbewehrung nach [ENV 1992-1-1 – 92], 4.4.2.2 vorgesehen werden.

4 EDV-gestützte Berechnung

Siehe Stahlbetonbau aktuell 1998, Seite C.50

D BEMESSUNG VON STAHLBETONBAUTEILEN

Prof. Dr.-Ing. Alfons Goris

2 Bemessung nach DIN V ENV 1992-1 (EC 2) D.50

3 Auswirkungen von EC 2 im Vergleich zu DIN 1045 auf Entwurf und Konstruktion im Hochbau D.90

D BEMESSUNG VON STAHLBETONBAUTEILEN

0 Sicherheitsnachweis

Die Grundlagen des Sicherheitsnachweises mit den grundsätzlichen Anforderungen an die Tragwerksbemessung wurden ausführlich im Jahrbuch 1998 von *Stahlbetonbau aktuell* [Stb-aktuell – 98] behandelt; Erläuterungen und Hinweise sowie normative Festlegungen siehe dort.

1 BEMESSUNG NACH DIN 1045, Ausg. '88

Vorbemerkung

Mit Erscheinen von [DIN V ENV 1992-1-1 – 92] und dem 1. Entwurf einer neuen DIN 1045 [E DIN 1045-1 – 97] sind zwar die Weichen für eine neue Normengeneration gestellt (s. hierzu auch Abschn. 2.1 und Kapitel I, Abschn. 1), dennoch erfolgt die Bemessung von Stahlbetonbauteilen in der Praxis zum gegenwärtigen Zeitpunkt noch überwiegend oder sogar nahezu ausschließlich nach der seit 1988 gültigen DIN 1045 [DIN 1045 – 88].

Wegen der nach wie vor großen Bedeutung der nationalen Normen für die tägliche Arbeit des entwerfenden Ingenieurs wird daher nachfolgend schwerpunktmäßig die Bemessung von Stahlbeton-bau-teilen nach DIN 1045 [DIN 1045 – 88] erläutert. Neben den allgemeinen Grundlagen werden dabei für die Anwendung in der Praxis entsprechende Bemessungshilfen bereitgestellt (s. z. B. die Bemessungstafeln für Platten, Tafel 1.23a bis 1.23c). Die dargestellten Grundlagen und Hilfsmittel werden durch Beispiele erläutert (s. hierzu insbesondere Abschn. 1.9).

Schon heute ist allerdings in den meisten Bundesländern der Eurocode 2 als gleichwertige Regelung neben den nationalen Normen ([DIN 1045 – 88], [DIN 4227 – 88] zugelassen, so daß der Bauherr bzw. der beratende Ingenieur sich für die Anwendung bei der Planung entscheiden kann. Eine kurzgefaßte Darstellung einer Bemessung nach Eurocode 2 [DIN V ENV 1992-1-1 – 92] erfolgt im Abschnitt 2 (ausführlich wurde dieser Abschnitt im Jahrbuch 1998 von *Stahlbetonbau aktuell* [Stb-aktuell – 98] behandelt).

Für den Praktiker ist insbesondere die Frage von Interesse, wie sich die Anwendung der neuen Normengeneration im Vergleich zu den derzeit gültigen nationalen Normen auf das Bemessungsergebnis auswirkt. Hierauf wird im Abschn. 3 eingegangen.

1.1 Einführung

1.1.1 Begriffe

Die folgende Begriffe sind in [DIN 1045 – 88], Abschn. 2.2 für die *Berechnungen* genannt (weitere Definitionen für die Baustoffe und Betonprüfstellen s. [DIN 1045 – 88], Abschn. 2.1 und 2.3).

Lasten, Zwang

Als Lasten werden Einzellasten sowie längen- und flächenbezogene Lasten bezeichnet, die z. B. Eigenlasten, Nutzlasten (Verkehrslasten), Windlasten, Schneelasten, Lasten aus Bremsen u. a. sein können. Zwang entsteht nur bei statisch unbestimmten Tragwerken durch Kriechen, Schwinden und Temperatur des Betons, durch Baugrundbewegungen u. a.

Gebrauchslasten, Bruchlasten

Unter Gebrauchslasten werden alle Lasten verstanden, denen ein Bauteil im vorgesehenen Gebrauch unterworfen ist (→ Gebrauchszustand), unter Bruchlasten bei der Bemessung diejenigen, bei denen die Grenzwerte der Dehnungen von Beton und/oder Stahl rechnerisch erreicht werden (→ Bruchzustand).

Übliche Hochbauten

Übliche Hochbauten sind Hochbauten, die für vorwiegend ruhende, gleichmäßig verteilte Verkehrslasten $p \leq 5$ kN/m², ggf. für Einzellasten $P \leq 7{,}5$ kN und für Personenkraftwagen, bemessen sind, wobei bei mehreren Einzellasten je m² kein größerer Verkehrslastanteil als 5,0 kN entstehen darf.

Zustand I, Zustand II

Zustand I ist der Zustand des Stahlbetons bei Annahme voller Mitwirkung des Betons in der Zugzone. Als Zustand II wird der Zustand des Stahlbetons unter Vernachlässigung der Mitwirkung des Betons in der Zugzone bezeichnet.

1.1.2 Formelzeichen

(s. a. Hinweise in den einzelnen Abschnitten)

Lateinische Großbuchstaben

A	Fläche	(area)
E	Elastizitätsmodul	(modulus of elasticity)
F	Kraft	(force)
G	Ständige Einwirkung	(permanent action)
G	Schubmodul	(shear modulus)
I	Flächenmoment 2. Grades	(second moment of area)
M	Biegemoment	(bending moment)
M_T	Torsionsmoment	(torsional moment)
N	Längskraft	(axial force)
P	Veränderliche Last	(variable action)
Q	Querkraft	(shear force)
V	Vorspannkraft	(prestressing force)
W	Widerstandsmoment	(section modulus)

Lateinische Kleinbuchstaben

c	Betondeckung	(concrete cover)
d	Querschnittshöhe	(overall depth)
e	Exzentrizität	(eccentricity)
g	verteilte ständige Last	(distributed permanent load)
h	Nutzhöhe	(effective depth)
i	Trägheitsradius	(radius of gyration)
l	Stützweite	(span)
m	bezogenes Biegemoment	(reduced bending moment)
n	bez. Längskraft	(reduced axial force)
p	verteilte veränderliche Last	(distributed variable load)
r	Radius	(radius)
s	Abstand	(spacing)
w	Rißbreite	(crack width)
x	Druckzonenhöhe	(neutral axis depth)
z	Hebelarm der inneren Kräfte	(lever arm of internal force)

Griechische Kleinbuchstaben

β	Materialfestigkeit	(strength of a material)
γ	Sicherheitsbeiwert	(safety factor)
μ	geometrischer Bewehrungsgrad	(geometrical reinforcement ratio)
ν	Querdehnzahl	(Poisson's ratio)
σ	Längsspannung	(axial stress)
τ	Schubspannung	(shear stress)
ω	mechanischer Bewehrungsgrad	(mechanical reinforcement ratio)

Fußzeiger

b	Beton	(concrete)
g, G	ständig	(permanent)
nom	Nenn-	(nominal)
p, P	Verkehrslast	(variable action)
s	Betonstahl	(reinforcing steel)
s	Streckgrenze	(yield)
u	Bruchzustand	(ultimate)
v	Vorspannung	(prestressing force)

1.2 Bemessungskonzept

Eine Bemessung nach [DIN 1045 – 88] muß einen ausreichenden Sicherheitsabstand zwischen Gebrauchslast und rechnerischer Bruchlast, ein einwandfreies Verhalten der Konstruktion unter Gebrauchslast und eine angemessene Dauerhaftigkeit sicherstellen.

Bruchsicherheitsnachweis

Die Sicherheit ist ausreichend, wenn die Schnittgrößen, die im Bruchzustand aufgenommen werden können, mindestens gleich sind den γ-fachen Schnittgrößen des Gebrauchszustandes. Der globale Sicherheitsfaktor γ ist dabei wie folgt definiert:

– bei Biegung und Längskraft:

  $\gamma = 1{,}75$ bei Querschnittsversagen mit Vorankündigung für Lastschnittgrößen

  $\gamma = 2{,}10$ bei Querschnittsversagen ohne Vorankündigung für Lastschnittgrößen

  $\gamma = 1{,}00$ für Zwangschnittgrößen

  Als Vorankündigung gilt eine rechnerische Dehnung der Bewehrung von $\varepsilon_s \geq 3$ ‰ („Stahlversagen"), bei einem Bruch ohne Vorankündigung ist $\varepsilon_s \leq 0$ ‰ („Betonversagen"); s. a. Abschn. 1.4.1.

  Für Druckglieder ist die Tragfähigkeit unter Berücksichtigung der Stabauslenkung zu ermitteln.

– bei Querkraft und Torsion:

  Für Lastschnittgrößen sind die unter Gebrauchslasten auftretenden Schubspannungen so begrenzt, daß mindestens ein Sicherheitsbeiwert von $\gamma = 1{,}75$ vorausgesetzt werden kann.

  Zwangschnittgrößen brauchen nur $^1/_{1,75}$fach in Rechnung gestellt zu werden.

Gebrauchszustand

Das einwandfreie Verhalten unter Gebrauchslasten ist nachzuweisen. Dabei brauchen je nach Nachweis die Lasten nur anteilmäßig berücksichtigt zu werden (z. B. bei der Begrenzung der Rißbreite, bei dem nur der häufig wirkende Lastanteil einer Verkehrslast berücksichtigt wird). Der häufig wirkende Lastanteil wird durch pauschale Regelungen erfaßt (weitere Hinweise s. Abschn. 1.4.2).

Dauerhaftigkeit

Eine ausreichende Dauerhaftigkeit wird durch Beachtung von Konstruktions- und Ausführungsregeln nachgewiesen. Hierzu gehören insbesondere:

– Zusammensetzung, Eigenschaften und Verhalten der Baustoffe
– Qualität der Bauausführung, besondere Schutzmaßnahmen
– Bauliche Durchbildung (Betondeckung u. a.)

1.3 Ausgangswerte für die Querschnittsbemessung

1.3.1 Beton

Beton mit seinen Eigenschaften, die Überwachung und Verarbeitung etc. wird in DIN 1045, Abschnitt 6 bis 12 beschrieben. Hierauf wird im Rahmen dieses Beitrages nur insoweit eingegangen, wie es für die Bemessung relevant ist.

In Tafel D.1.1 sind die wesentlichen mechanischen Eigenschaften – Druckfestigkeit, Elastizitätsmodul – von Beton gemäß DIN 1045 zusammengestellt, wie sie in [DIN 1045 – 88], Tab. 11 und 12 angegeben sind.

Für die Querschnittsbemessung ist das Parabel-Rechteck-Diagramm gemäß Abb. D.1.1 die bevorzugte Idealisierung der tatsächlichen Spannungsverteilung. Es ist durch eine für alle Betonfestigkeitsklassen affine Form mit konstanter Grenzdehnung $\varepsilon_b = -3{,}5$ ‰ gekennzeichnet. Die Gleichung der Parabel für die Rechenwerte der Betondruckspannungen erhält man aus

$$|\sigma_b| = 1000 \cdot |\varepsilon_b| \cdot (1 - 250 \cdot |\varepsilon_b|) \cdot \beta_R \qquad \text{(D.1.1)}$$

Andere idealisierte Spannungs-Dehnungs-Linien dürfen verwendet werden, wenn sie dem Parabel-Rechteck-Diagramm gleichwertig sind. Hierzu gehören die bilineare Spannungsverteilung und der rechteckige Spannungsblock (Abb. D. 1.2a und b). Insbesondere für den rechteckigen Spannungsblock gilt, daß er bei Handrechnungen wegen der einfachen Handhabung hilfreich ist.

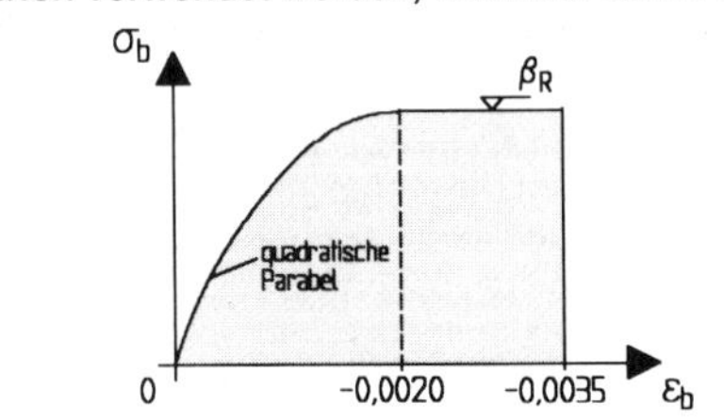

Abb. D.1.1 Parabel-Rechteck-Diagramm für die Querschnittbemessung

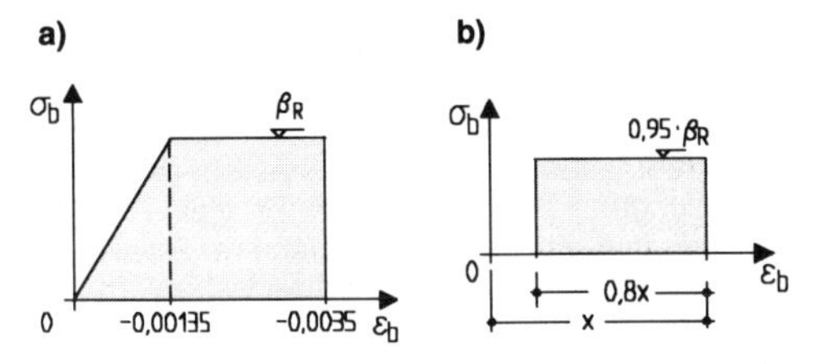

Abb. D.1.2 Vereinfachte Spannungs-Dehnungs-Linien
a) Bilineare Spannungs-Dehnungs-Linie
b) Rechteckiger Spannungsblock

1.3.2 Betonstahl

Die nachfolgenden Festlegungen gelten für Betonstabstahl, für Betonstahl vom Ring und für Betonstahlmatten. Betonstahl ist nach Stahlsorte, Maßen, Oberflächeneigenschaften, Festigkeit und Schweißbarkeit eingeteilt. Betonstähle nach DIN 488 oder nach bauaufsichtlichen Zulassungsbescheiden sind mit ihren für die Bemessung relevanten Eigenschaften in DIN 1045, Tab. 6 beschrieben (auszugsweise in Tafel D.1.2 wiedergegeben). Die angegebenen Stäbe sind gerippt und schweißgeeignet. Wegen der Besonderheiten von glatten Betonstählen nach DIN 1013 wird auf DIN 1045, 6.6.2 verwiesen.

Für die Bemessung im Querschnitt gilt die Spannungs-Dehnungs-Linie nach Abb. D.1.3. Als Elastizitätsmodul wird ein Mittelwert $E_s = 210\,000$ N/mm² angenommen.

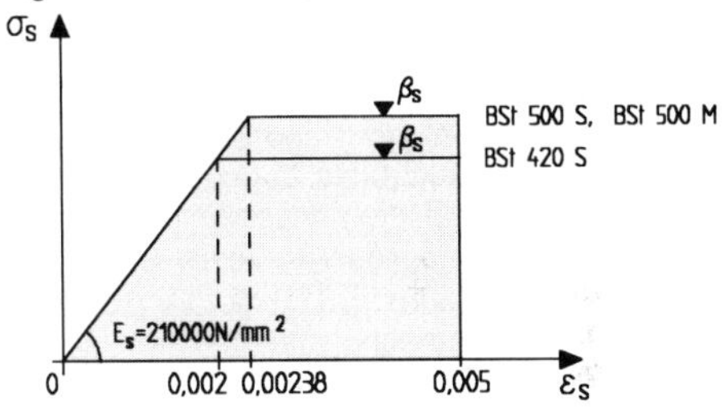

Abb. D.1.3 Spannungs-Dehnungs-Linie von Betonstahl

Tafel D.1.2 Gerippte Betonstähle

Betonstahl nach	Kurzzeichen	Lieferform	Durchmesser mm	Streckgrenze β_s N/mm²
1	2	3	4	5
DIN 488	BSt 420 S	Stab	6 bis 28	420
	BSt 500 S	Stab	6 bis 28	500
	BSt 500 M	Matte	4 bis 12	500
Zulassung	BSt 500 WR	Ring	6 bis 14	500
	BSt 500 KR	Ring	6 bis 12	500

Tafel D.1.1 Mechanische Eigenschaften von Normalbeton (DIN 1045, Tab. 11 und 12)

Festigkeitsklasse des Betons β_{WN} (in N/mm²)	5	10	15	25	35	45	55
Rechenwert der Druckfestigkeit β_R (in N/mm²)	3,5	7,0	10,5	17,5	23,0	27,0	30,0
Elastizitätsmodul E_b (in N/mm²)	-	22 000	26 000	30 000	34 000	37 000	39 000

1.4 Bemessung für Biegung und Längskraft

1.4.1 Bruchzustand

1.4.1.1 Voraussetzungen und Annahmen

Für die Bemessung im Bruchzustand gelten folgende Annahmen:

- Dehnungen der Fasern eines Querschnitts verhalten sich wie ihre Abstände von der Dehnungsnullinie (*Ebenbleiben der Querschnitte*).
- Dehnungen der Bewehrung und des Betons, die sich in einer Faser befinden, sind gleich (*Vollkommener Verbund*).
- Die Zugfestigkeit des Betons wird im rechnerischen Bruchzustand nicht berücksichtigt.
- Für die Betondruckspannungen gilt die σ-ε-Linie der Querschnittsbemessung nach Abschn. 1.3.1.
- Die Spannungen im Betonstahl werden aus der σ-ε-Linie nach Abschn. 1.3.2 hergeleitet.
- Die Dehnungen im *Beton* sind bei zentrischem Druck auf –2,0 ‰, bei einer dreieckförmigen Verteilung auf –3,5 ‰ zu begrenzen. Für *Betonstahl* gilt $\varepsilon_s \leq 5$ ‰.

Die aus letzterer Bedingung sich ergebenden möglichen Dehnungsverteilungen sind in Abb. D.1.4 dargestellt; sie lassen sich wie folgt beschreiben:

Bereich 1 Mittige Zugkraft und Zugkraft mit kleiner Ausmitte (die Zugkraft greift innerhalb der Bewehrungslagen an)

Bereich 2 Biegung und Längskraft bei Ausnutzung der Bewehrung, d. h., die Grenzdehnung ε_s wird erreicht

Bereich 3 Biegung und Längskraft bei Ausnutzung der Bewehrung an der Streckgrenze β_s ($\varepsilon_{s2} \geq \varepsilon_{sS}$) und der Betonfestigkeit β_R

Bereich 4 Biegung und Längskraft bei Ausnutzung der Betonfestigkeit β_R

Bereich 5 Mittige Druckkraft und Druckkraft mit kleiner Ausmitte

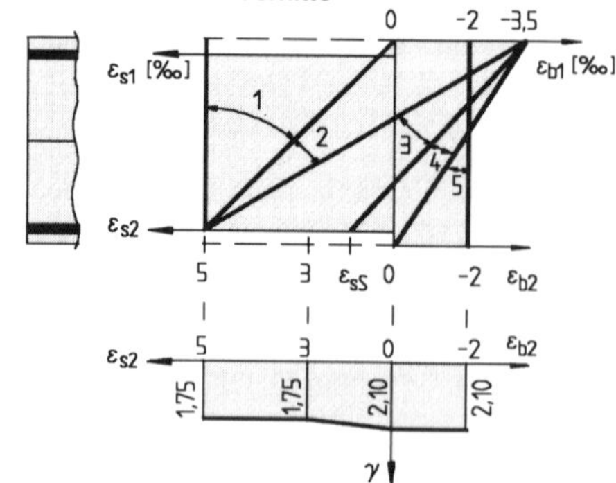

Abb. D.1.4 Dehnungsverteilungen und Sicherheitsbeiwerte

Den dargestellten Dehnungsverteilungen sind die globalen Sicherheitsbeiwerte γ zugeordnet, die für Versagen mit Vorankündigung (Stahlversagen bei $\varepsilon_s \geq 3$ ‰) $\gamma = 1,75$, beim Versagen ohne Vorankündigung (Betonversagen bei $\varepsilon_s \leq 0$ ‰) $\gamma = 2,10$ betragen. Zwischen den beiden Grenzen wird im Bereich 3 ‰ > ε_s > 0 ‰ linear interpoliert (s. Abb. D.1.4 und Abschn. 1.2); hierfür gilt entsprechend $\gamma = 1,75 + [(3,0 - \varepsilon_{s2}) \cdot 0,35 / 3,0]$.

1.4.1.2 Mittige Längszugkraft und Zugkraft mit kleiner Ausmitte

(Dehnungsbereich 1 nach Abb. D.1.4)

Die resultierende Zugkraft greift innerhalb der Bewehrungslagen an, d. h., daß der gesamte Querschnitt gezogen ist und die einwirkende Kraft ausschließlich durch Bewehrung aufgenommen werden muß.

Bemessung

Die Ermittlung der erforderlichen bzw. gesuchten Bewehrung A_{s2} und A_{s1} erfolgt unmittelbar aus den Identitätsbedingungen ΣM_{s2} und ΣM_{s1}, wobei vereinfachend angenommen wird, daß in beiden Bewehrungslagen die Streckgrenze erreicht wird.

$$\Sigma M_{s2} = 0: \quad N_u \cdot (z_{s2} - e) = Z_{s1,u} \cdot (z_{s2} + z_{s1})$$
$$\Sigma M_{s1} = 0: \quad N_u \cdot (z_{s1} + e) = Z_{s2,u} \cdot (z_{s1} + z_{s2})$$

Mit $N_u = \gamma \cdot N$, $\gamma = 1,75$ (Dehnungsbereich 1, s. Abschn. 1.4.1.1) und $Z_{s1,u} = A_{s1} \cdot \beta_s$ und $Z_{s2,u} = A_{s2} \cdot \beta_s$ als Zugkraft in den Bewehrungslagen 1 und 2 folgt daraus unmittelbar die gesuchte Bewehrung

$$A_{s1} = \frac{N}{\beta_s/1,75} \cdot \frac{z_{s2} - e}{z_{s1} + z_{s2}} \qquad \text{(D.1.2a)}$$

$$A_{s2} = \frac{N}{\beta_s/1,75} \cdot \frac{z_{s1} + e}{z_{s1} + z_{s2}} \qquad \text{(D.1.2b)}$$

Stahl-spannung		BSt 420	BSt 500
	β_s / 1,75 (in kN/cm²)	24,0	28,6

Es wird darauf hingewiesen, daß es aus Gründen der Gebrauchsfähigkeit (Rißbreitenbegrenzung) insbesondere bei Zuggliedern in vielen Fällen sinnvoll und notwendig ist, kleinere Stahlspannungen als die für den rechnerischen Bruchzustand zulässige Streckgrenze β_s zu wählen.

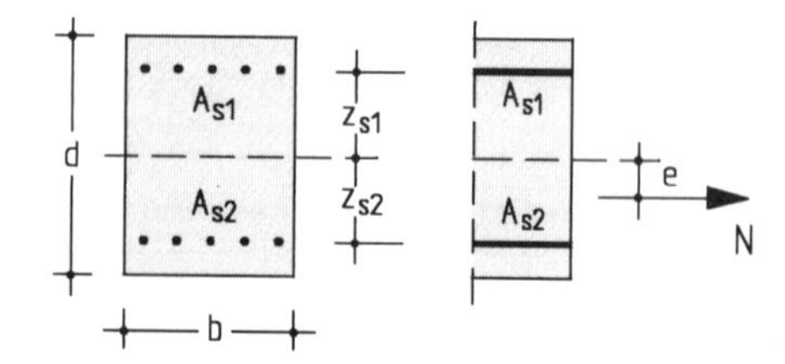

Abb. D.1.5 Zugkraft mit kleiner Ausmitte

1.4.1.3 Biegung (mit Längskraft); Querschnitt mit rechteckiger Druckzone
(Dehnungsbereich 2 bis 4)

Für die Bemessung werden die auf die Schwerachse bezogenen Schnittgrößen in ausgewählte, „versetzte" Schnittgrößen umgewandelt. Als neue Bezugslinie wird die Achse der Biegezugbewehrung A_{s2} gewählt. Man erhält dann die in Abb. D.1.6 dargestellten Schnittgrößen.

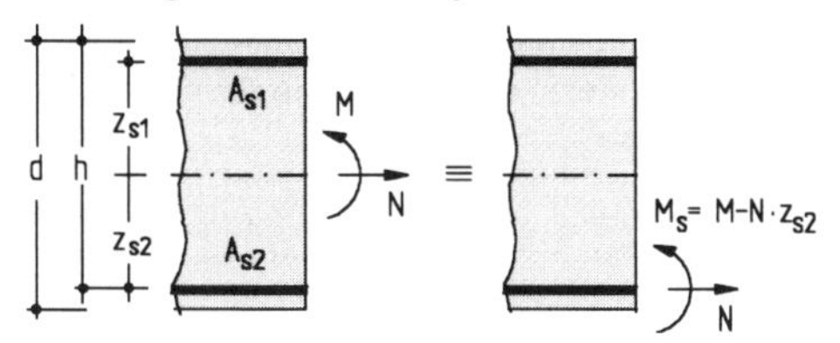

Abb. D.1.6 Schnittgrößen in der Schwerachse und „versetzte" Schnittgrößen

In den Dehnungsbereichen 2 bis 4 liegt die Dehnungsnullinie innerhalb des Querschnitts (s. hierzu Abb. D.1.4 und D.1.7). Der Beton wird in der Zugzone als vollständig gerissen angenommen; der wirksame Querschnitt besteht aus der Betondruckzone (ggf. verstärkt durch Druckbewehrung A_{s1}) und der Zugbewehrung A_{s2}.

Der Nachweis der Tragfähigkeit erfolgt mit Hilfe von Identitätsbeziehungen; es müssen die einwirkenden Schnittgrößen $N_{(S)u}$ und $M_{(S)u}$ (auch „äußere" Schnittgrößen) identisch mit den Widerständen $N_{(R)u}$ und $M_{(R)u}$ (sog. „innere" Schnittgrößen) sein. Für die Identitätsbedingungen wird als Bezugspunkt die Zugbewehrung A_{s2} (Index „s")gewählt.

Identitätsbedingungen

$$N_{(S)u} \equiv N_{(R)u} \quad \text{(D.1.3a)}$$
$$M_{(S)su} = M_u - N_u \cdot z_{s2} \equiv M_{(R)su} \quad \text{(D.1.3b)}$$

(s. a. Abb. D.1.6).

Die „inneren" Schnittgrößen bzw. Widerstände $N_{(R)u}$ und $M_{(R)su}$ erhält man mit Abb. D.1.7 zu

$$N_{(R)u} = -|D_{bu}| - |D_{s1u}| + Z_{s2u} \quad \text{(D.1.4a)}$$
$$M_{(R)su} = |D_{bu}| \cdot z + |D_{s1u}| \cdot (h - d_1) \quad \text{(D.1.4b)}$$

Es sind

$$D_{bu} = x \cdot b \cdot \alpha_V \cdot \beta_R \quad \text{(D.1.5a)}$$
$$D_{s1u} = A_{s1} \cdot \sigma_{s1} \quad \text{(D.1.5b)}$$
$$Z_{s2u} = A_{s2} \cdot \sigma_{s2} \quad \text{(D.1.5c)}$$

Die Werte a, x, z, α_V ergeben sich zu ($|\varepsilon|$ in ‰)

$a = k_a \cdot x$ Randabstand der Betondruckkraft
$x = k_x \cdot h$ Höhe der Druckzone
$z = k_z \cdot h$ Hebelarm der inneren Kräfte
α_V Völligkeitsbeiwert

mit den Hilfsgrößen k_x und k_z nach Gln. (D.1.6a) und (D.1.6b) sowie k_a und α_V nach Tafel D.1.3.

$$k_x = |\varepsilon_{b1}| / (|\varepsilon_{b1}| + \varepsilon_{s2}) \quad \text{(D.1.6a)}$$
$$k_z = 1 - k_a \cdot k_x \quad \text{(D.1.6b)}$$

Tafel D.1.3 Hilfswerte k_a und α_V ($|\varepsilon|$ in ‰)

	$0‰ \leq \lvert\varepsilon_b\rvert < 2{,}0‰$	$2‰ \leq \lvert\varepsilon_b\rvert \leq 3{,}5‰$
k_a	$\frac{8 - \lvert\varepsilon_{b1}\rvert}{4 \cdot (6 - \lvert\varepsilon_{b1}\rvert)}$	$\frac{\lvert\varepsilon_{b1}\rvert \cdot (3 \cdot \lvert\varepsilon_{b1}\rvert - 4) + 2}{2 \cdot \lvert\varepsilon_{b1}\rvert \cdot (3 \cdot \lvert\varepsilon_{b1}\rvert - 2)}$
α_V	$\frac{\lvert\varepsilon_{b1}\rvert \cdot (6 - \lvert\varepsilon_{b1}\rvert)}{12}$	$\frac{3 \cdot \lvert\varepsilon_{b1}\rvert - 2}{3 \cdot \lvert\varepsilon_{b1}\rvert}$

Mit den Identitätsbedingungen und den angegebenen Hilfsgrößen ist der Nachweis ausreichender Tragfähigkeit zu führen. Eine Auflösung der Gleichungen nach den gesuchten Querschnittsgrößen A_b und A_s – sie werden aus den Resultierenden der Spannungen D_{bu}, D_{s1u} und Z_{s2u} bestimmt – beinhaltet noch die unbekannten Spannungen σ_s und σ_b, die von der ebenfalls unbekannten Dehnungsverteilung abhängen. Bei einer „Von-Hand"-Bemessung wird die Lösung daher in der Regel iterativ durchgeführt. Dabei werden zunächst die Querschnittsabmessungen b und d bzw. h als bekannt vorausgesetzt („Erfahrungswert"); die unbekannten Dehnungen

- ε_{b1} als Betonrandspannung
- ε_{s2} als Stahldehnung der Zugbewehrung

werden geschätzt. Damit lassen sich die zugehörigen Spannungen und alle weiteren für eine Bemessung erforderlichen Größen ermitteln. Die Richtigkeit der Schätzung wird dann mit Hilfe der Identitäts-

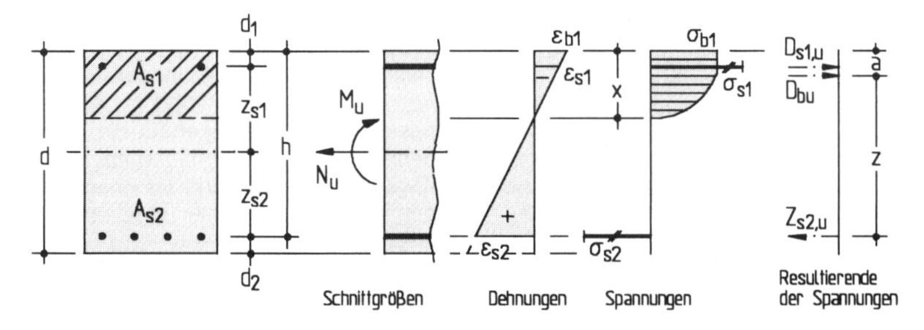

Abb. D.1.7 Schnittgrößen und Dehnungen sowie Spannungen im Dehnungsbereich 2 bis 4

bedingungen überprüft. Es muß dann gelten, daß die „äußeren" Schnittgrößen mit den „inneren" Schnittgrößen (= Resultierenden der Spannungen) im Gleichgewicht stehen.

In der praktischen Berechnung erfolgt der Nachweis jedoch in der Regel in Form einer Bemessung mit Hilfe von Bemessungsdiagrammen oder -nomogrammen, bei denen automatisch die richtige Dehnungsverteilung gefunden wird und daraus die gesuchte Bewehrung direkt bestimmt wird. Für Querschnitte mit rechteckiger Druckzone und für Plattenbalken sind entsprechende Bemessungshilfen in [DAfStb-H220 – 79] vorhanden.

Allgemeines Bemessungsdiagramm

Die Zusammenhänge zwischen den von den Dehnungen abhängigen Kräften und Abständen lassen sich in dimensionsloser Form als sog. *allgemeines Bemessungsdiagramm* darstellen. Hierzu werden die in den Gln. (D1.4a) und (D.1.4b) dargestellten Gleichgewichtsbeziehungen wie folgt dargestellt (Herleitung ohne Berücksichtigung einer Druckbewehrung):

$$m_{su} = \frac{M_{su}}{b \cdot h^2 \cdot \beta_R} = \frac{(k_x \cdot h) \cdot b \cdot \alpha_v \cdot \beta_R}{b \cdot h^2 \cdot \beta_R} \cdot (k_z \cdot h)$$

$$= k_x \cdot k_z \cdot \alpha_v \qquad \text{(D.1.7)}$$

Die Werte k_x, k_z und α_v sind nur von der Dehnungsverteilung $\varepsilon_{s2}/\varepsilon_{b1}$ abhängig, so daß einer vorgegebenen Dehnungsverteilung direkt ein bezogenes Moment m_{su} sowie Beiwerte k_x und k_z zugeordnet werden können. Diese Größen werden dann in Diagrammform dargestellt (s. Tafel D.1.4a). Aus der zweiten Bedingung ($\Sigma H = 0$) wird die gesuchte Bewehrung gefunden:

$$N_u = -|D_{bu}| + Z_{s2u}$$

$$\rightarrow Z_{s2u} = |D_{bu}| + N_u = M_{su}/z + N_u \qquad \text{(D.1.8a)}$$

$$A_{s2} = \frac{Z_{s2u}}{\sigma_{s2}} = \frac{1}{\sigma_{s2}} \cdot \left(\frac{M_{su}}{z} + N_u\right) \qquad \text{(D.1.8b)}$$

Soweit eine Druckbewehrung angeordnet werden soll oder muß, wird diese dadurch ermittelt, daß zunächst das vom Querschnitt ohne Druckbewehrung aufnehmbare Moment bestimmt wird; das dann noch verbleibende Restmoment wird in ein Kräftepaar umgewandelt, das in Höhe der Zugbewehrung und der Druckbewehrung angreift. Diesen Kräften sind dann eine Druckbewehrung und eine zusätzliche Zugbewehrung zuzuordnen.

Die Zusammenhänge lassen sich wie im rechnerischen Bruchzustand auch im Gebrauchszustand – bei Division durch den jeweiligen Sicherheitsbeiwert (s. Abschn. 1.4.1.1) – mit zulässigen Schnittgrößen darstellen. Man erhält dann das als Tafel D.1.4b dargestellte allgemeine Bemessungsdiagramm mit den Schnittgrößen den Gebrauchszustandes.

Ebenso wie das allg. Bemessungsdiagramm in graphischer Form lassen sich Bemessungsnomogramme aufstellen mit dem bezogenen Moment m_s als Eingangswert. Entsprechende Tabellen sind in [DAfStb-H220 – 79] enthalten (abgedruckt u. a. auch in [Schneider – 98]).

k_h-Tafeln (dimensionsgebundenes Verfahren)

Weitaus größere praktische Bedeutung hat jedoch das dimensionsgebundene *k_h-Verfahren.* Hierbei werden die Identitätsbeziehungen in abgewandelter Form dargestellt. Die Größe m_s wird nach h aufgelöst:

$$m_s = \frac{M_s}{b \cdot h^2 \cdot \beta_R}$$

$$\rightarrow h = \frac{1}{\sqrt{m_s \cdot \beta_R}} \cdot \sqrt{\frac{M_s}{b}} = k_h \cdot \sqrt{\frac{M_s}{b}} \qquad \text{(D.1.9a)}$$

Hieraus folgt der (dimensionsgebundene) k_h-Wert als Eingangswert für eine Bemessungstabelle.

$$k_h = \frac{h}{\sqrt{M_s/b}} = \frac{1}{\sqrt{m_s \cdot \beta_R}} \qquad \text{(D.1.9b)}$$

Wie zu sehen ist, läßt sich der k_h-Wert in Abhängigkeit von dem einwirkenden Moment M_s angeben, aber auch – über m_s – als Funktion der Hilfswerte k_x, k_z und α_v.

Die Bewehrung ergibt sich dann aus (s. vorher)

$$A_{s2} = \frac{Z_{s2}}{\sigma_{s2}} = \frac{1}{\sigma_{s2} \cdot k_z} \cdot \frac{M_s}{h} + \frac{N}{\sigma_{s2}}$$

$$= k_s \cdot \frac{M_s}{h} + \frac{N}{\sigma_{s2}} \qquad \text{(D.1.10)}$$

wobei der k_s-Wert aus entsprechenden Tafeln abgelesen wird. In den Tafeln D.1.5 und D.1.6 sind diese k_h-Tafeln als Bemessungshilfen (nach [DAfStb-H220 – 79]) wiedergegeben, die eine generelle Bemessung von Rechteckquerschnitten bzw. von Querschnitten mit rechteckiger Druckzone ohne und mit Druckbewehrung ermöglichen.

Direkte Bemessungstafeln für Platten

Insbesondere für Platten ist die Bemessung mit Druckbewehrung im allgemeinen ohne praktische Bedeutung. Außerdem ist die Längskraft N häufig gleich Null. Die Druckzonenbreite beträgt 1 m/m. Für diesen Sonderfall sind im Abschn. D.1.9 Bemessungstafeln angegeben, die eine direkte Bemessung von Platten für 10 cm $\leq h <$ 30 cm ermöglichen. Abweichend von den bekannten Bemessungshilfen, ist hier eine unmittelbare Ablesung der Zugbewehrung A_s möglich. Die Tafeln gelten jeweils für die angegebenen Betonfestigkeitsklassen und Betonstahl BSt 500. Weitere Hinweise und Beispiele zur Anwendung sind Abschn. D.1.9 zu entnehmen.

Tafel D.1.4a Allgemeines Bemessungsdiagramm für den Rechteckquerschnitt mit den Schnittgrößen des Bruchzustandes (aus [DAfStb-H220 – 79])

Tafel D.1.4b Allgemeines Bemessungsdiagramm für den Rechteckquerschnitt mit den Schnittgrößen des Gebrauchszustandes (aus [DAfStb-H220 – 79])

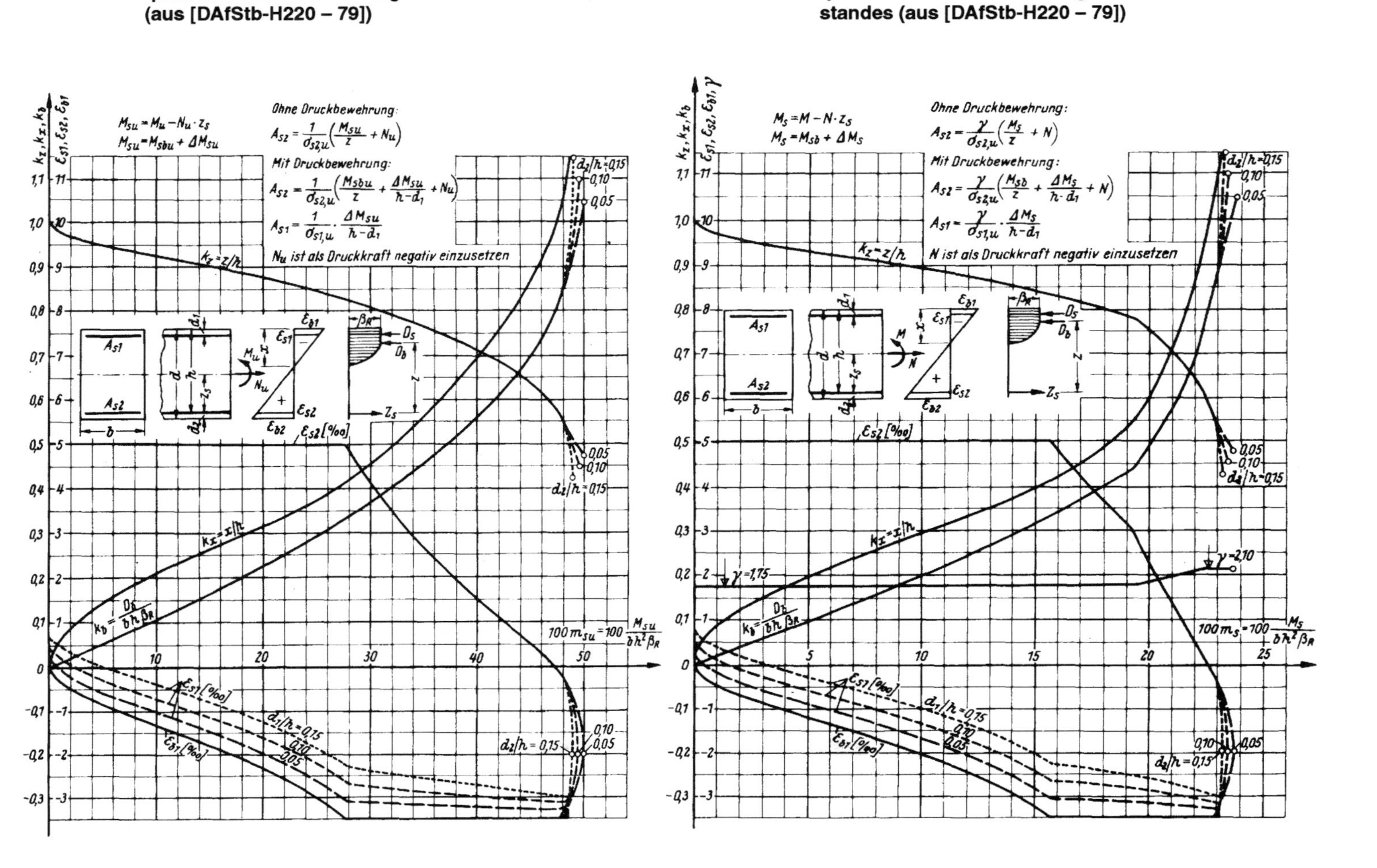

D

Tafel D.1.5 Dimensionsgebundene Bemessungstafel (k_h-Verfahren) für den Rechteckquerschnitt ohne Druckbewehrung für Biegung mit Längskraft (nach [DAfStb-H220 – 79])

$$k_h = \frac{h\,[\text{cm}]}{\sqrt{M_s\,[\text{kNm}]\,/\,b\,[\text{m}]}} \qquad \text{mit} \quad M_s = M - N \cdot z_s$$

BSt 420 und BSt 500

	k_h für Beton B					BSt 420		BSt 500						
	15	25	35	45	55	k_s	σ_s	k_s	σ_s	γ	k_x	k_z	$-\varepsilon_{b1}$ in ‰	ε_{s2} in ‰
	10,1	7,9	6,9	6,4	6,0	4,29	24,0	3,6	28,6	1,75	0,08	0,97	0,44	5,00
	5,4	4,2	3,6	3,4	3,2	4,40	24,0	3,7	28,6	1,75	0,16	0,95	0,92	5,00
	3,9	3,0	2,6	2,4	2,3	4,52	24,0	3,8	28,6	1,75	0,22	0,92	1,41	5,00
	3,2	2,5	2,2	2,0	1,9	4,64	24,0	3,9	28,6	1,75	0,28	0,90	1,91	5,00
	2,86	2,22	1,94	1,79	1,69	4,76	24,0	4,0	28,6	1,75	0,32	0,87	2,39	5,00
	2,64	2,05	1,78	1,65	1,56	4,88	24,0	4,1	28,6	1,75	0,36	0,85	2,87	5,00
	2,49	1,93	1,68	1,55	1,47	5,00	24,0	4,2	28,6	1,75	0,40	0,83	3,38	5,00
	2,37	1,84	1,61	1,48	1,41	5,12	24,0	4,3	28,6	1,75	0,45	0,81	3,50	4,32
	2,29	1,78	1,55	1,43	1,36	5,24	24,0	4,4	28,6	1,75	0,49	0,80	3,50	3,62
k_h^*	2,22	1,72	1,50	1,38	1,31	5,37	24,0	4,51	28,6	1,75	0,54	0,78	3,50	3,00
	2,21	1,71	1,49	1,38	1,31	5,48	23,7	4,6	28,2	1,77	0,55	0,77	3,50	2,82
	2,20	1,70	1,48	1,37	1,30	5,60	23,4	4,7	27,8	1,80	0,57	0,76	3,50	2,63
	2,19	1,69	1,47	1,36	1,29	5,76	23,2	4,84	27,4	1,82	0,60	0,75	3,50	2,38
	2,18	1,69	1,47	1,36	1,29	5,8	23,0			1,83	0,60	0,75	3,50	2,33
	2,17	1,68	1,47	1,36	1,29	5,9	22,8			1,84	0,62	0,74	3,50	2,19
k_h^{**}	2,16	1,68	1,46	1,35	1,28	6,0	22,5			1,87	0,64	0,74	3,50	2,00

Anwendung im grau unterlegten Bereich nicht empfohlen

$$A_{s2}\,[\text{cm}^2] = k_s \cdot \frac{M_s\,[\text{kNm}]}{h\,[\text{cm}]} + \frac{N\,[\text{kN}]}{\sigma_s\,[\text{kN/cm}^2]}$$

Tafel D.1.6 Dimensionsgebundene Bemessungstafel (k_h-Verfahren) für den Rechteckquerschnitt mit Druckbewehrung für Biegung mit Längskraft (nach [DAfStb-H220 – 79])

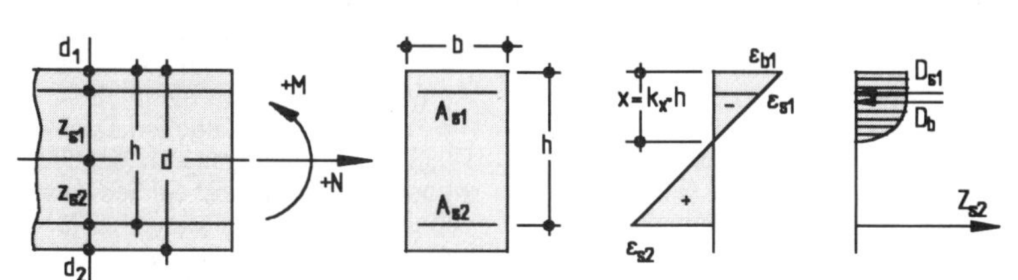

BSt 420

	k_h für Beton B					BSt 420	
	15	25	35	45	55	k_s	k_{s1}
k_h^*	2,22	1,72	1,50	1,38	1,31	5,4	0,0
	2,19	1,70	1,48	1,37	1,30	5,3	0,1
	2,17	1,68	1,46	1,35	1,28	5,3	0,2
	2,14	1,66	1,45	1,34	1,27	5,3	0,3
	2,12	1,64	1,43	1,32	1,25	5,3	0,4
	2,09	1,62	1,41	1,30	1,24	5,3	0,5
	2,06	1,60	1,40	1,29	1,22	5,3	0,6
	2,04	1,58	1,38	1,27	1,21	5,2	0,7
	2,01	1,56	1,36	1,25	1,19	5,2	0,8
	1,98	1,54	1,34	1,24	1,17	5,2	0,9
	1,96	1,52	1,32	1,22	1,16	5,2	1,0
	1,90	1,47	1,28	1,18	1,12	5,1	1,2
	1,84	1,43	1,24	1,15	1,09	5,1	1,4
	1,78	1,38	1,20	1,11	1,05	5,1	1,6
	1,72	1,33	1,16	1,07	1,02	5,0	1,8
	1,65	1,28	1,12	1,03	0,98	5,0	2,0
	1,58	1,23	1,07	0,99	0,94	4,9	2,2
	1,51	1,17	1,02	0,94	0,89	4,9	2,4

$$k_h = \frac{h\ [\text{cm}]}{\sqrt{M_s\ [\text{kNm}]\ /\ b\ [\text{m}]}} \quad \text{mit } M_s = M - N \cdot z_{s2}$$

$$A_{s2}\ [\text{cm}^2] = k_s \cdot \rho \cdot \frac{M_s\ [\text{kNm}]}{h\ [\text{cm}]} + \frac{N\ [\text{kN}]}{24{,}0\ [\text{kN/cm}^2]}$$

$$A_{s1}\ [\text{cm}^2] = k_{s1} \cdot \rho_1 \cdot \frac{M_s\ [\text{kNm}]}{h\ [\text{cm}]}$$

d_1/h	ρ für k_s						ρ_1 (alle k_s)
	5,4	5,3	5,2	5,1	5,0	4,9	
0,08	1,00	1,00	1,00	1,00	1,00	1,00	1,01
0,10	1,00	1,00	1,00	1,01	1,01	1,01	1,03
0,12	1,00	1,00	1,01	1,01	1,02	1,03	1,06
0,14	1,00	1,00	1,01	1,02	1,03	1,04	1,08
0,16	1,00	1,00	1,01	1,03	1,04	1,05	1,11
0,18	1,00	1,00	1,02	1,03	1,05	1,06	1,13
0,20	1,00	1,00	1,02	1,04	1,05	1,07	1,16
0,22	1,00	1,00	1,03	1,04	1,06	1,09	1,19

BSt 500

	k_h für Beton B					BSt 500	
	15	25	35	45	55	k_s	k_{s1}
k_h^*	2,22	1,72	1,50	1,38	1,31	4,5	0,0
	2,19	1,70	1,48	1,37	1,30	4,5	0,1
	2,16	1,67	1,46	1,35	1,28	4,5	0,2
	2,13	1,65	1,44	1,33	1,26	4,5	0,3
	2,10	1,63	1,42	1,31	1,24	4,4	0,4
	2,07	1,60	1,40	1,29	1,22	4,4	0,5
	2,04	1,58	1,38	1,27	1,20	4,4	0,6
	2,00	1,55	1,35	1,25	1,18	4,4	0,7
	1,97	1,53	1,33	1,23	1,16	4,4	0,8
	1,94	1,50	1,31	1,21	1,15	4,3	0,9
	1,90	1,47	1,29	1,19	1,13	4,3	1,0
	1,83	1,42	1,24	1,14	1,08	4,3	1,2
	1,76	1,36	1,19	1,10	1,04	4,2	1,4
	1,68	1,30	1,14	1,05	1,00	4,2	1,6
	1,60	1,24	1,08	1,00	0,95	4,2	1,8
	1,52	1,18	1,03	0,95	0,90	4,1	2,0
	1,48	1,14	1,00	0,92	0,87	4,1	2,1

$$k_h = \frac{h\ [\text{cm}]}{\sqrt{M_s\ [\text{kNm}]\ /\ b\ [\text{m}]}} \quad \text{mit } M_s = M - N \cdot z_{s2}$$

$$A_{s2}\ [\text{cm}^2] = k_s \cdot \rho \cdot \frac{M_s\ [\text{kNm}]}{h\ [\text{cm}]} + \frac{N\ [\text{kN}]}{28{,}6\ [\text{kN/cm}^2]}$$

$$A_{s1}\ [\text{cm}^2] = k_{s1} \cdot \rho_1 \cdot \frac{M_s\ [\text{kNm}]}{h\ [\text{cm}]}$$

d_1/h	ρ für k_s					ρ_1 (alle k_s)
	4,5	4,4	4,3	4,2	4,1	
0,08	1,00	1,00	1,00	1,00	1,00	1,01
0,10	1,00	1,00	1,01	1,01	1,02	1,03
0,12	1,00	1,01	1,01	1,02	1,03	1,06
0,14	1,00	1,01	1,02	1,03	1,04	1,08
0,16	1,00	1,01	1,02	1,04	1,05	1,11
0,18	1,00	1,01	1,03	1,04	1,06	1,16
0,20	1,00	1,01	1,03	1,05	1,07	1,26
0,22	1,00	1,02	1,04	1,06	1,09	1,37

D

1.4.1.4 Längsdruckkraft mit kleiner, einachsiger Ausmitte; Rechteckquerschnitte (Dehnungsbereich 5)

Im Dehnungsbereich 5 treten im gesamten Querschnitt nur Druckspannungen auf, die Dehnungsnullinie liegt außerhalb des Querschnitts (vgl. Abb. D.1.8). Der Nachweis der Tragfähigkeit erfolgt mit Hilfe der Identitätsbedingungen nach Gln. (D.1.3a) und (D.1.3b). Man erhält für die Tragfähigkeit:

$$N_{(R)u} = -|D_{bu}| - |D_{s1,u}| - |D_{s2,u}| \quad \text{(D.1.11a)}$$

$$M_{(R)su} = |D_{bu}| \cdot (h-a) + |D_{s1,u}| \cdot (h-d_1) \quad \text{(D.1.11b)}$$

Es sind

$$D_{bu} = d \cdot b \cdot \alpha_V \cdot \beta_R \quad \text{(D.1.12a)}$$

$$D_{s1,u} = A_{s1} \cdot \sigma_{s1,u} \quad \text{(D.1.12b)}$$

$$D_{s2,u} = A_{s2} \cdot \sigma_{s2,u} \quad \text{(D.1.12c)}$$

Die Werte a (Randabstand der Betondruckkraft) mit der Hilfsgröße k_a und α_V (Völligkeitsbeiwert) ergeben sich zu ($|\varepsilon|$ in ‰)

$$a = k_a \cdot d \quad \text{(D.1.13a)}$$

$$k_a = \frac{6}{7} \cdot \frac{441 - 64 \cdot (|\varepsilon_{b1}| - 2)^2}{756 - 64 \cdot (|\varepsilon_{b1}| - 2)^2} \quad \text{(D.1.13b)}$$

$$\alpha_V = 1 - \frac{16}{189} \cdot (|\varepsilon_{b1}| - 2)^2 \quad \text{(D.1.13c)}$$

Bemessungshilfen für mittig gedrückte Querschnitte

Für den *mittig* gedrückten Querschnitt lassen sich die Längskräfte N_u bzw. N direkt ermitteln aus (alle Werte absolut dargestellt)

$$\gamma \cdot N = D_{bu} + D_s = A_{bn} \cdot \beta_R + A_s \cdot \sigma_{su} \quad \text{(D.1.14)}$$

mit $A_{bn} = A_b - A_s$ als Nettobetonfläche, β_R als Rechenwert der Betonfestigkeit und σ_{su} als Stahlspannung, die sich ergibt aus $\sigma_{su} = \varepsilon_s \cdot E_s \leq \beta_s$, wobei für ε_s eine Dehnungsbegrenzung auf –2 ‰ zu beachten ist (s. Abb. D.1.4). Mit dem globalen Sicherheitsfaktor $\gamma = 2{,}1$ erhält man als aufnehmbare Längsdruckkraft des Gebrauchszustandes

$$N = A_b \cdot \beta_R / 2{,}1 + A_s \cdot (\sigma_{su} - \beta_R) / 2{,}1$$
$$= A_b \cdot \beta_R / 2{,}1 + A_s \cdot \sigma_{su} \cdot \kappa / 2{,}1 \quad \text{(D.1.15)}$$

mit $\kappa = (1 - \beta_R / \sigma_{su})$. Die Auswertung von Gl. (D.1.15) zeigt Tafel D.1.7.

1.4.1.5 Symmetrisch bewehrte Rechteckquerschnitte unter Biegung und Längskraft

Bei Biegung mit Längs(druck-)kraft kommen i. allg. „Interaktionsdiagramme" als Bemessungshilfen zur Anwendung, die von symmetrischer Bewehrung – d. h. $A_{s1} = A_{s2}$ – ausgehen. Das Aufstellen dieser Diagramme erfolgt mit den Identitätsbeziehungen, wobei als Bezugspunkt die Schwerachse des Querschnitts gewählt wird. Man erhält für den Dehnungsbereich 5 (s. a. Abb. D.1.8):

$$\Sigma H = 0{:}\ N_u = -|D_{bu}| - |D_{s1,u}| - |D_{s2,u}| \quad \text{(D.1.16a)}$$

$$\Sigma M = 0{:}\ M_u = |D_{bu}| \cdot (d/2 - a) + |D_{s1,u}| \cdot (d/2 - d_1) - |D_{s2,u}| \cdot (d/2 - d_2) \quad \text{(D.1.16b)}$$

Für D_{bu}, $D_{s1,u}$ und $D_{s2,u}$ werden die bekannten Größen (Gln. D.1.12) eingesetzt. Aus Gl. (D.1.16a) wird:

$$N_u = -d \cdot b \cdot \alpha_V \cdot \beta_R - A_{s1} \cdot \sigma_{s1,u} - A_{s2} \cdot \sigma_{s2,u} \quad \text{(D.1.17)}$$

Durch Normierung erhält man mit $n_u = N_u/(d \cdot b \cdot \beta_R)$ und $\mu_{01} = A_{s1}/(b \cdot d)$ bzw. $\mu_{02} = A_{s2}/(b \cdot d)$

$$n_u = -\alpha_V - \mu_{01} \cdot \sigma_{s1,u}/\beta_R - \mu_{02} \cdot \sigma_{s2,u}/\beta_R \quad \text{(D.1.18)}$$

und mit $\omega_{01} = \mu_{01} \cdot \beta_s / \beta_R$ und $\omega_{02} = \mu_{02} \cdot \beta_s / \beta_R$

$$n_u = -\alpha_V - \omega_{01} \cdot \sigma_{s1,u}/\beta_s - \omega_{02} \cdot \sigma_{s2,u}/\beta_s \quad \text{(D.1.19a)}$$

Ebenso läßt sich aus $\Sigma M = 0$ herleiten (ohne Darstellung des Rechengangs):

$$m_u = \alpha_V \cdot \left(\frac{1}{2} - k_a\right) + \omega_{01} \cdot \frac{\sigma_{s1,u}}{\beta_s} \cdot \left(\frac{1}{2} - \frac{d_1}{d}\right) - \omega_{02} \cdot \frac{\sigma_{s2,u}}{\beta_s} \cdot \left(\frac{1}{2} - \frac{d_2}{d}\right) \quad \text{(D.1.19b)}$$

Mit den Gleichungen lassen sich für vorgegebene Werte $\omega_{01} = \omega_{02}$ die Größen n_u und m_u bestimmen und in Diagrammform darstellen. In Tafel D.1.8 ist beispielhaft das Diagramm für BSt 500 und $d_1/d = d_2/d = 0{,}10$ abgedruckt (aus [DAfStb-H220 – 79]).

Diese Diagramme gehen allerdings über eine Anwendung im Dehnungsbereich 5 hinaus und decken alle fünf Bereiche entsprechend Abb. D.1.4 ab, sind also vom zentrischen Zug bis hin zum mittigen Druck anwendbar (für eine übliche Biegebemessung allerdings wegen symmetrischer Bewehrung unwirtschaftlich).

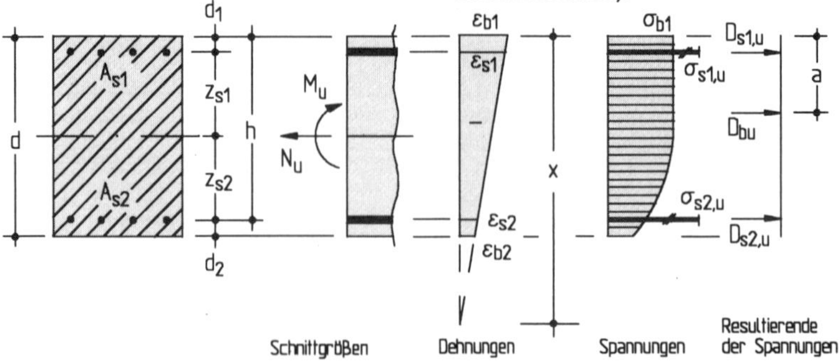

Abb. D.1.8 Schnittgrößen und Spannungen im Dehnungsbereich 5

Tafel D.1.7 Zulässige Längsdruckkraft *N* für B 15, B 25, B 35 und BSt 500 S

Betonanteil zul N_b (in MN)

- Rechteckquerschnitt **B 15**

d \ b	20	25	30	40	50	60	70	80
20	0,200	0,250	0,300	0,400	0,500	0,600	0,700	0,800
25		0,313	0,375	0,500	0,625	0,750	0,875	1,000
30			0,450	0,600	0,750	0,900	1,050	1,200
40				0,800	1,000	1,200	1,400	1,600
50					1,250	1,500	1,750	2,000
60						1,800	2,100	2,400
70							2,450	2,800
80								3,200

- Kreisquerschnitt **B 15**

D	20	25	30	40	50	60	70	80
	0,157	0,245	0,353	0,628	0,982	1,414	1,924	2,513

Betonanteil zul N_b (in MN)

- Rechteckquerschnitt **B 25**

d \ b	20	25	30	40	50	60	70	80
20	0,333	0,417	0,500	0,667	0,833	1,000	1,167	1,333
25		0,521	0,625	0,833	1,042	1,250	1,458	1,667
30			0,750	1,000	1,250	1,500	1,750	2,000
40				1,333	1,667	2,000	2,333	2,667
50					2,083	2,500	2,917	3,333
60						3,000	3,500	4,000
70							4,083	4,667
80								5,333

- Kreisquerschnitt **B 25**

D	20	25	30	40	50	60	70	80
	0,262	0,409	0,589	1,047	1,636	2,356	3,207	4,189

Betonanteil zul N_b (in MN)

- Rechteckquerschnitt **B 35**

d \ b	20	25	30	40	50	60	70	80
20	0,438	0,548	0,657	0,876	1,095	1,314	1,533	1,752
25		0,684	0,821	1,095	1,369	1,643	1,917	2,191
30			0,986	1,314	1,643	1,971	2,300	2,629
40				1,752	2,191	2,629	3,067	3,505
50					2,738	3,286	3,833	4,381
60						3,943	4,600	5,257
70							5,367	6,133
80								7,010

- Kreisquerschnitt **B 35**

D	20	25	30	40	50	60	70	80
	0,344	0,538	0,774	1,376	2,151	3,097	4,215	5,505

Stahlanteil zul N_s (in MN)

- Stabstahl **BSt 500**

n \ d_s	12	14	16	20	25	28
4	0,091	0,123	0,161	0,251	0,393	0,493
6	0,136	0,185	0,241	0,377	0,589	0,739
8	0,181	0,246	0,322	0,503	0,785	0,985
10	0,226	0,308	0,402	0,628	0,982	1,232
12	0,271	0,370	0,483	0,754	1,178	1,478
14	0,317	0,431	0,563	0,880	1,374	1,724
16	0,362	0,493	0,643	1,005	1,571	1,970
18	0,407	0,554	0,724	1,131	1,767	2,217
20	0,452	0,616	0,804	1,257	1,964	2,463

Abminderungsfaktor κ *[–]*
(für den Stahlanteil N_s)

Beton	κ
B 15	0,975
B 25	0,958
B 35	0,945

Gesamttragfähigkeit

$$\text{zul } N = \text{zul } N_b + \kappa \cdot \text{zul } N_s$$
$$\approx \text{zul } N_b + \text{zul } N_s$$

Beispiel

Stütze 30/50 cm, Beton B 25, bewehrt mit Stäben 8 ∅ 16, BSt 500

gesucht:

Zulässige Gebrauchslast bei Beanspruchung unter einer zentrischen Druckkraft

Lösung:

$$\text{zul } N = \text{zul } N_b + \kappa \cdot \text{zul } N_s = 1{,}250 + 0{,}958 \cdot 0{,}322 = 1{,}559 \text{ MN}$$

d, b Abmessungen des Querschnitts (in cm)
D Durchmessser des Querschnitts (in cm)
n Stabanzahl
d_s Stabdurchmesser (in mm)

Tafel D.1.8 Interaktionsdiagramm für den symmetrisch bewehrten Rechteckquerschnitt

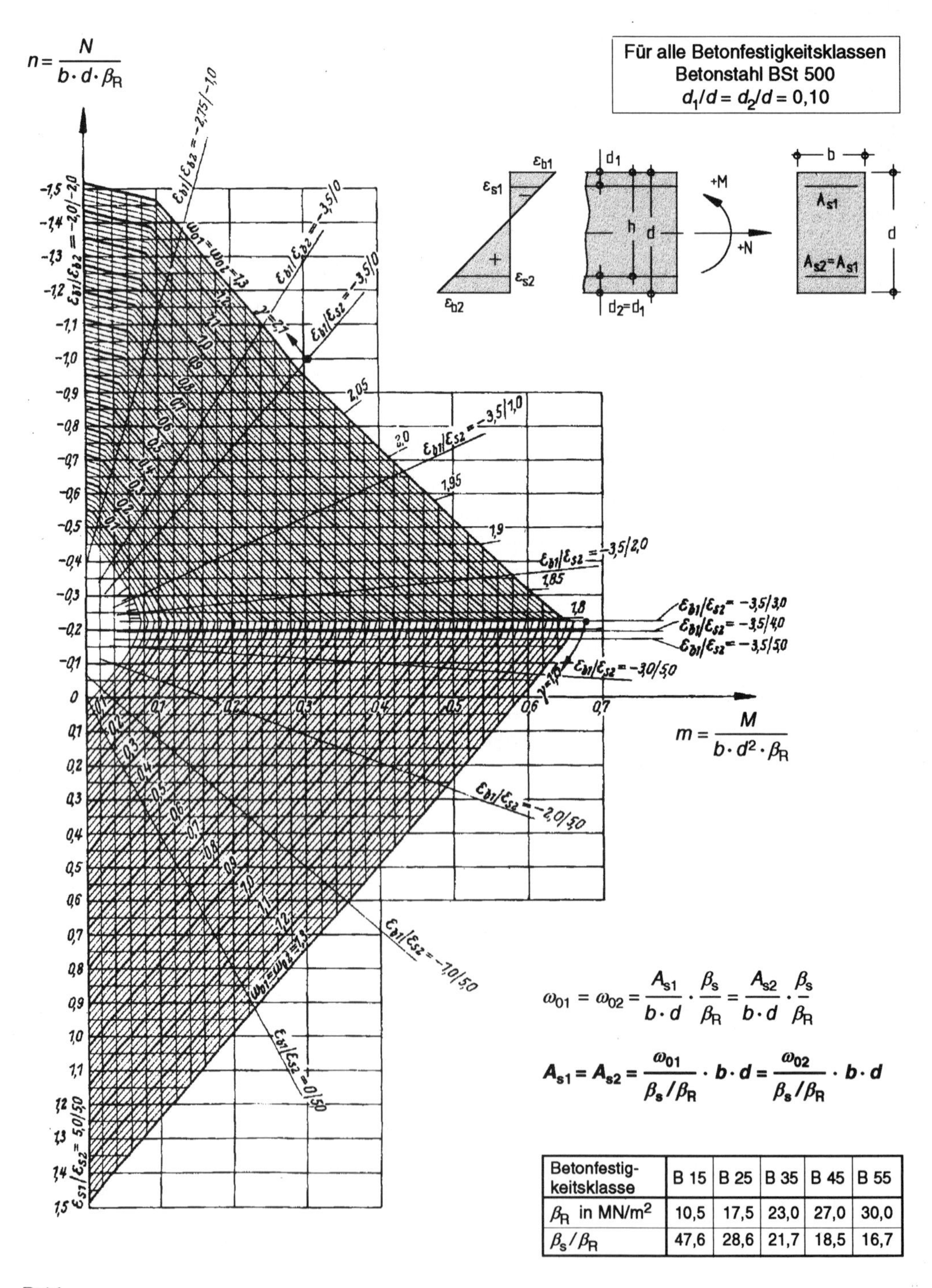

$$\omega_{01} = \omega_{02} = \frac{A_{s1}}{b \cdot d} \cdot \frac{\beta_s}{\beta_R} = \frac{A_{s2}}{b \cdot d} \cdot \frac{\beta_s}{\beta_R}$$

$$\boldsymbol{A_{s1} = A_{s2} = \frac{\omega_{01}}{\beta_s/\beta_R} \cdot b \cdot d = \frac{\omega_{02}}{\beta_s/\beta_R} \cdot b \cdot d}$$

Betonfestigkeitsklasse	B 15	B 25	B 35	B 45	B 55
β_R in MN/m²	10,5	17,5	23,0	27,0	30,0
β_s/β_R	47,6	28,6	21,7	18,5	16,7

1.4.1.6 Biegung (mit Längskraft) bei Plattenbalken

Mitwirkende Plattenbreite b_m

Bei Plattenbalken (mit der Druckzone in der Platte) verlaufen die Betondruckspannungen über die Flaschbreite gekrümmt. Für die Bemessung ist es zweckmäßig, die tatsächlichen Spannungsverläufe zu idealisieren. Dies erfolgt dadurch, daß ein Ersatzquerschnitt mit reduzierter Breite b_m bestimmt wird, die durch diejenige Flanschbreite definiert ist, die bei einer konstanten Betonrandspannung die gleiche resultierende Betondruckkraft ergibt wie bei Ansatz der tatsächlichen, gekrümmt verlaufenden Spannung. Die konstante Spannung wird dabei so gewählt, daß sie der tatsächlichen maximalen Betonrandspannung entspricht (s. Abb. D.1.9).

Die mitwirkende Plattenbreite b_m kann mit [DAfStb-H240 – 91] bestimmt werden. Näherungsweise gilt:

- bei beidseitigen Plattenbalken
  $b_m = l_0 / 3 \leq b$ (D.1.20a)
- bei einseitigen Plattenbalken
  $b_m = l_0 / 6 \leq b$ (D.1.20b)

Eine genauere Ermittlung der mittragenden Breite ist mit folgender Beziehung möglich:

$$b_m = b_0 + b_{m1} + b_{m2} \leq b \quad \text{(D.1.21a)}$$

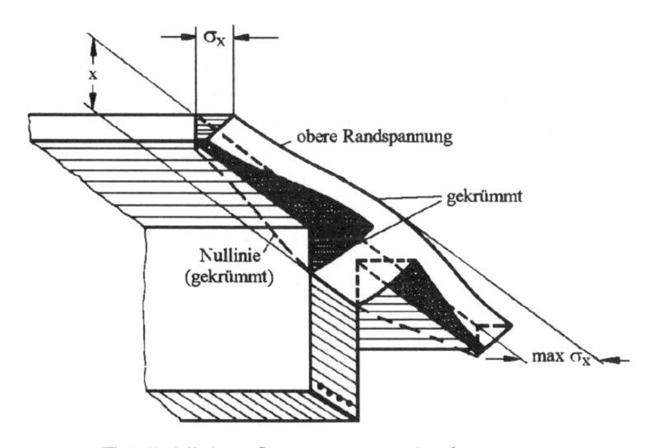

Tatsächlicher Spannungsverlauf

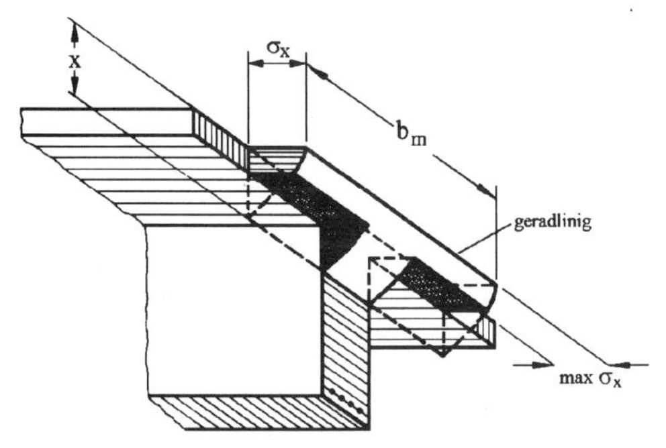

Idealisierter Spannungsverlauf

Abb. D.1.9 Definition der mitwirkenden Plattenbreite

Die Werte b_{mi} werden dabei ermittelt aus

$$b_{mi} = \beta \cdot b_i \quad \text{(D.1.21b)}$$

Der Beiwert β ist Tafel D.1.9 (nach [Brendel – 60]) in Abhängigkeit vom Verhältnis b_i / l_0 und d / d_0 zu entnehmen. Für $b_i / l_0 > 1$ dürfen dabei näherungsweise die Werte für $b_i / l_0 = 1{,}0$ verwendet werden; zur Berechnung die mitwirkende Breite b_{mi} ist in dem Fall jedoch die vorhandene Breite b_i auf $b_i = l_0$ zu begrenzen.

Vereinfachend wurde in Tafel D.1.9 auf eine weitere Differenzierung nach den Verhältniswerten von Spannweite zur Stegdicke (l / b_0) verzichtet. Die angegebenen Werte gelten streng genommen nur für $l / b_0 = 20$; für den üblichen Hochbau dürften die angegebenen Werte jedoch i. allg. genügend genau sein.

Der Abstand der Momentennullpunkte bzw. die wirksame Stützweite l_0 kann Abb. D.1.11 entnommen werden.

Die so ermittelten mittragenden Breiten b_m gelten bei überwiegender Wirkung von Gleichstreckenlasten bzw. bei parabolischem Momentenverlauf. Wegen der einschnürenden Wirkung unter konzentrierten Lasten (dreickförmiger Momentenverlauf) sind die so ermittelten b_m-Werte bei überwiegendem Vorhandensein von Einzellasten um 40 % zu reduzieren. Das gilt ebenso im Stützbereich von Durchlaufträgern mit untenliegender, auf Druck beanspruchter Platte und im Einspannbereich von Kragträgern.

Tafel D.1.9: Werte β zur Bestimmung der mitwirkenden Plattenbreite

d/d_0	b_i/l_0									
	1,0	0,9	0,8	0,7	0,6	0,5	0,4	0,3	0,2	0,1
0,10	0,18	0,20	0,22	0,26	0,31	0,38	0,48	0,62	0,82	1,0
0,15	0,20	0,22	0,25	0,28	0,33	0,40	0,50	0,64	0,83	1,0
0,20	0,23	0,26	0,30	0,34	0,38	0,45	0,55	0,68	0,85	1,0
0,30	0,32	0,36	0,40	0,44	0,50	0,56	0,63	0,74	0,87	1,0

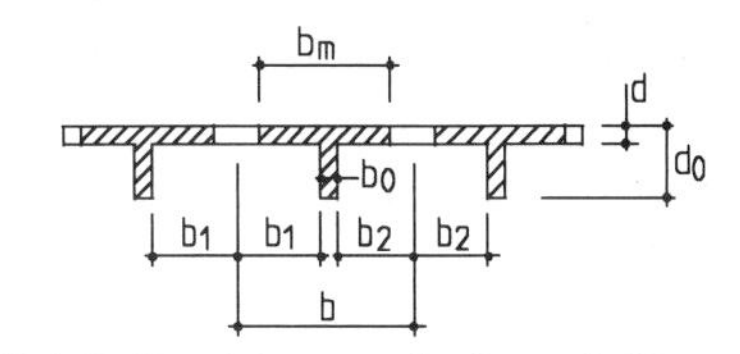

Abb. D.1.10 Bezeichnungen im Querschnitt

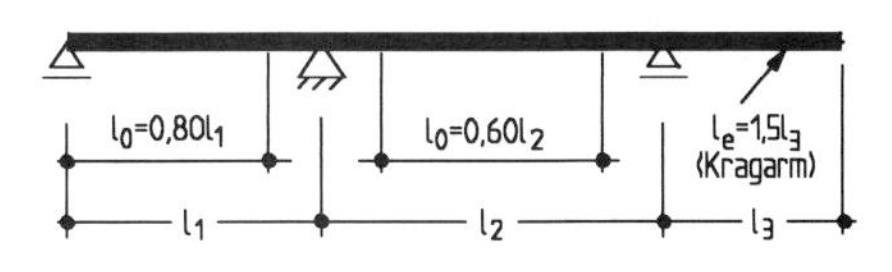

Abb. D.1.11 Wirksame Stützweite l_0

Biegebemessung von Plattenbalken

Nachfolgende Ausführungen gelten für den Fall, daß die Platte sich in der Druckzone befindet. Für den Fall, daß die Platte als Zuggurt wirkt (z. B. bei durchlaufenden Plattenbalken mit obenliegender Platte an den Zwischenunterstützungen) und die Druckzone durch den Steg gebildet wird, liegt üblicherweise eine rechteckige Druckzone mit der Druckzonenbreite $b = b_0$ vor. Hierfür gelten die Ausführungen nach Abschn. D.1.4.1.3.

Für die Biegebemessung sind je nach Lage der Dehnungsnullinie bzw. nach Form der Druckzone zwei Fälle zu unterscheiden (s. Abb. D.1.12):

- die Dehnungsnullinie liegt in der Platte
- die Dehnungsnullinie liegt im Steg.

Wenn die Nullinie in der Platte liegt, handelt es sich um einen Querschnitt mit einer rechteckigen Druckzone, so daß die Bemessungsverfahren für Rechteckquerschnitte anwendbar sind. Die Druckzonenbreite ist $b = b_m$. Die Überprüfung der Nullinienlage erfolgt mit $x = k_x \cdot h \leq d$ bei der Bemessung.

Liegt jedoch die Nullinie im Steg, kann eine Bemessung mit Näherungsverfahren durchgeführt werden, bei denen entweder der Steganteil der Druckzone vernachlässigt wird (bei schlanken Plattenbalken) oder die Druckzone in ein Ersatzrechteck mit der Breite b_i umgewandelt wird (bei gedrungenen Plattenbalken). Möglich ist dann jedoch auch eine direkte Bemessung mit Bemessungstafeln für Plattenbalken (s. z. B. [Grasser – 97]) oder graphisch mit dem in Tafel D.1.10 wiedergegebenen Diagramm.

1.4.1.7 Beliebige Form der Betondruckzone

Wenn die Druckzone von der Rechteck- oder Plattenbalkenform abweicht, gibt es nur noch in einigen Sonderfällen Bemessungshilfen. Hierzu gehören beispielsweise:

- Rechteckquerschnitte bei zweiachsiger Biegung
- Kreis- und Kreisquerschnitte.

Rechteckquerschnitt bei zweiachsiger Biegung

Bei Rechteckquerschnitten, die durch zweiachsige Biegung („schiefe" Biegung) mit Längskraft beansprucht werden, entsteht je nach Größe der Beanspruchung eine drei-, vier- oder fünfeckige Druckzone (s. Abb. D.1.13). Hierfür wurden für ausgewählte Bewehrungsanordnungen und Stahlfestigkeitsklassen Bemessungshilfen als Interaktionsdiagramme entwickelt (s. z. B. [DAfStb-H220 – 79]). Als Beispiel ist ein Diagramm in Tafel D.1.11 wiedergegeben.

Abb. D.1.13 Druckzonenform bei zweiachsiger Biegung

Kreis- und Keisringquerschnitte

Bei Kreis- und Kreisringquerschnitten entstehen die in Abb. D.1.14 dargestellten Druckzonenformen. Unter bestimmten Voraussetzungen – Randabstand der Bewehrung, Bewehrungsanordnung, Stahlfestigkeit – lassen sich hierfür Bemessungsdiagramme aufstellen und für die Bemessung entsprechende Hilfsmittel entwicklen.

Die Längsbewehrung wird häufig, gleichmäßig verteilt, auf einem oder auch mehreren konzentrischen Kreisen angeordnet. Als Bemessungshilfen bieten sich Interaktionsdiagramme ([DAfStb-H220 – 79]) an, die prinzipiell wie die entsprechenden für Rechteckquerschnitte anzuwenden sind.

Die Interaktionsdiagramme für Kreisquerschnitte sind auch auf Betonquerschnittsformen anwendbar, die durch regelmäßige Polygone (Sechseck, Achteck o. ä.) begrenzt werden, sofern die Bewehrung auf einem Kreis angeordnet wird.

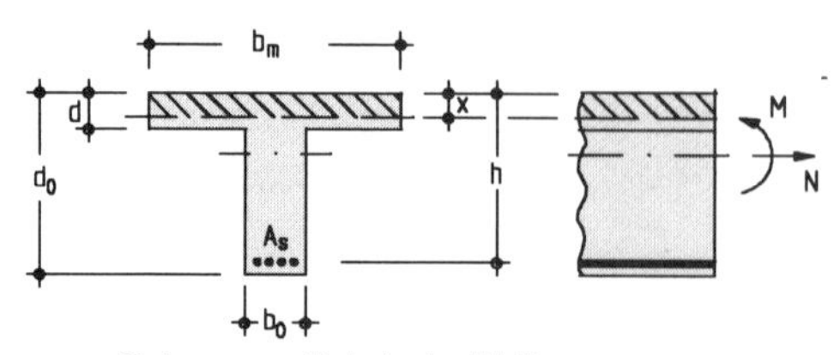

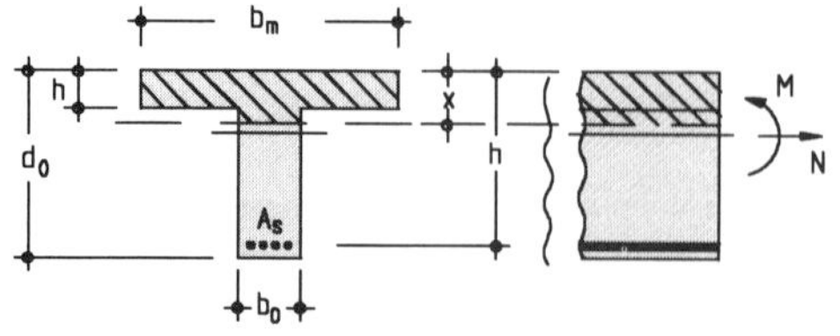

Abb. D.1.12 Mögliche Lage der Dehnungslinie

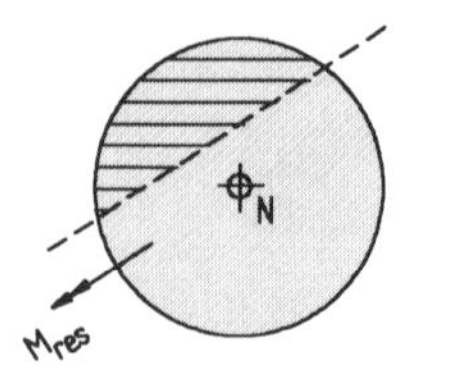

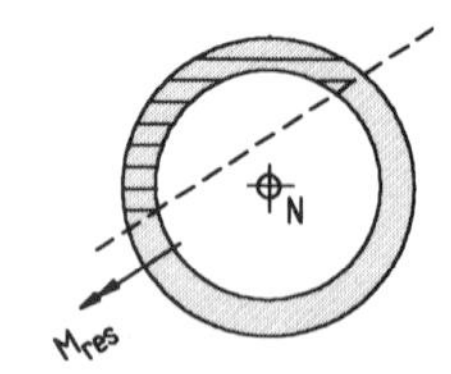

Abb. D.1.14 Druckzonenformen bei Kreis- und Kreisringquerschnitten

Allgemeiner Querschnitt

Bei nur geringer Abweichung der Druckzone von der Rechteckform genügt es im allgemeinen, die Druckzone durch ein Ersatzrechteck anzunähern (s. Abb.1.15). Die Ersatzbreite b_{ers} wird dabei aus der Bedingung bestimmt, daß die Fläche der Ersatzdruckzone der tatsächlichen entspricht. In der praktischen Berechnung geht man dabei zweckmäßigerweise wie folgt vor:

1. Schätzen einer Ersatzbreite b_{ers}
2. Bestimmung der Druckzonenhöhe x und Ermittlung der Ersatzdruckzonenfläche $b_{ers} \cdot x$
3. Vergleich der Ersatzdruckzonenfläche mit der tatsächlichen (bei Annahme derselben Druckzonenhöhe).

Die Annahme unter 1. ist so lange iterativ zu verbessern, bis der Vergleich unter 3. eine ausreichende Übereinstimmung zeigt.

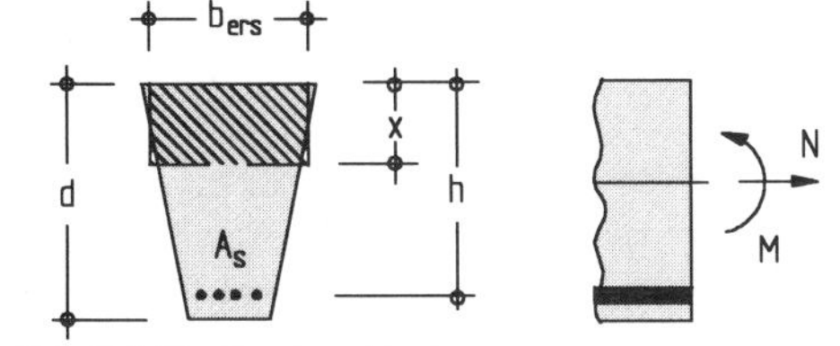

Abb. D.1.15 Ersatzrechteck

Allgemeiner Querschnitt

Für eine „Von-Hand-Berechnung" eines allgemeinen Querschnitts bietet sich eine Näherungsrechnung mit dem rechteckigen Spannungsblock nach Abb. D.1.16 an. Eine Bemessung für den Querschnitt *ohne* Druckbewehrung erfolgt für eine Biegebeanspruchung in den Dehnungsbereichen 2 und 3 (Abb. D.1.4) in folgenden Schritten (s. Abb. D.1.16):

- Schätzen einer Dehnungsverteilung $\varepsilon_b/\varepsilon_s$
- Bestimmung der Druckzonenhöhe
  $x = [\,|\varepsilon_b| \,/\, (|\varepsilon_b| + \varepsilon_s)] \cdot h$
- Berechnung der resultierenden Betondruckkraft
  $D_b = A_{bd,red} \cdot 0{,}95\beta_R$
  mit $A_{bd,red}$ als reduzierte Fläche der Höhe $0{,}8\,x$
- Ermittlung des Hebelarms der „inneren Kräfte" $z = h - a$ mit a als Schwerpunktabstand der reduzierten Druckzonenfläche vom oberen Rand
- Überprüfung der geschätzten Dehnungsverteilung; die Summe der „äußeren Momente" $\Sigma M_{(S)}$ muß identisch mit der Summe der „inneren Momente" $\Sigma M_{(R)}$ sein; bezogen auf A_s erhält man:
  $\Sigma M_{(S)} = M - N \cdot z_s \equiv \Sigma M_{(R)} = |D_b| \cdot z$
  (Die zunächst geschätzte Dehnungsverteilung ist so lange iterativ zu verbessern, bis eine ausreichende Übereinstimmung erzielt wird.)
- Bestimmung der Stahlzugkraft u. der Bewehrung
  $Z_s = |D_b| + N$ und $A_s = Z_s / \sigma_s$

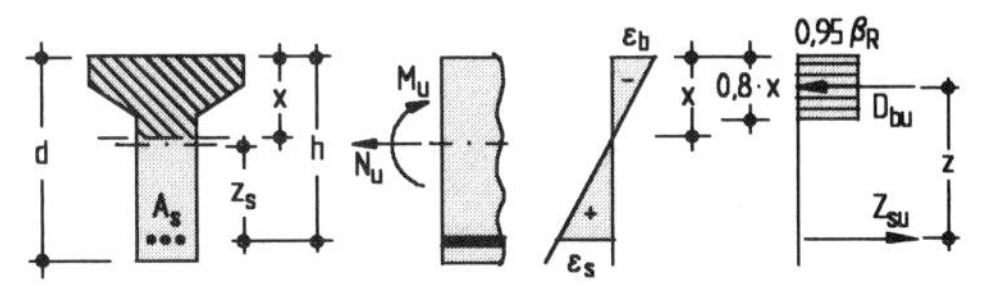

Abb. D.1.16 Rechteckiger Spannungsblock

1.4.1.8 Unbewehrte Betonquerschnitte

Voraussetzungen und Annahmen

Für unbewehrten Beton gilt einheitlich als Sicherheitsbeiwert $\gamma = 2{,}10$. Für die Bestimmung der Tragfähigkeit darf die Zugfestigkeit des Betons nicht in Rechnung gestellt werden. Eine klaffende Fuge infolge Ausmittigkeit der Normalkraft darf höchstens bis zum Schwerpunkt des Gesamtquerschnitts entstehen. Rechnerisch darf keine höhere Festigkeitsklasse als B 35 ausgenutzt werden. Die – für bewehrten Beton nicht zulässigen – Betonfestigkeitsklassen B 5 und B 10 sind für unbewehrten Beton zulässig, jedoch nur bis zu einer Schlankheit $\lambda \leq 20$ (s. a. Abschn. D.1.8).

Eine Lastausbreitung darf in unbewehrten Betonbauteilen nur bis zu einem Winkel von $26{,}5^o$ bzw. bis zu einer Neigung 1 : 2 zur Lastrichtung in Rechnung gestellt werden.

Rechteckquerschnitt

Die zulässige Gebrauchslast eines unbewehrten Rechteckquerschnitts mit einachsiger Ausmitte e erhält man (ohne Berücksichtigung einer Stabauslenkung) aus

$$N = (1/\gamma) \cdot A_b \beta_R \cdot (1 - 2\,e/d) \qquad \text{(D.1.22)}$$

Der Nachweis der klaffenden Fuge – wie zuvor gesagt, darf diese höchstens bis zum Schwerpunkt des Gesamtquerschnitts erfolgen – kann über eine Begrenzung der Ausmitte geführt werden. Unter Berücksichtigung des Parabel-Rechteck-Diagramms muß hierfür gelten

$$e \leq 0{,}294\,d \approx 0{,}3\,d \qquad \text{(D.1.23)}$$

Allgemeiner Querschnitt

Die Grenzlast eines unbewehrten Rechteck beliebiger Form kann am einfachsten mit Hilfe des rechteckigen Spannungsblocks (s. Abb. D.1.2b; vgl. a. Abb. D.1.16) bestimmt werden. Mit der bekannten Ausmitte der äußeren Druckkraft kann die zum Gleichgewicht führende Nullinie dann sehr einfach bestimmt werden.

Einfluß der Schlankheit

Der Einfluß der Schlankheit wird unter Abschn. D.1.8 behandelt; weitere Einzelheiten s. dort.

Tafel D.1.10 Bemessungsdiagramm für Plattenbalkenquerschnitte

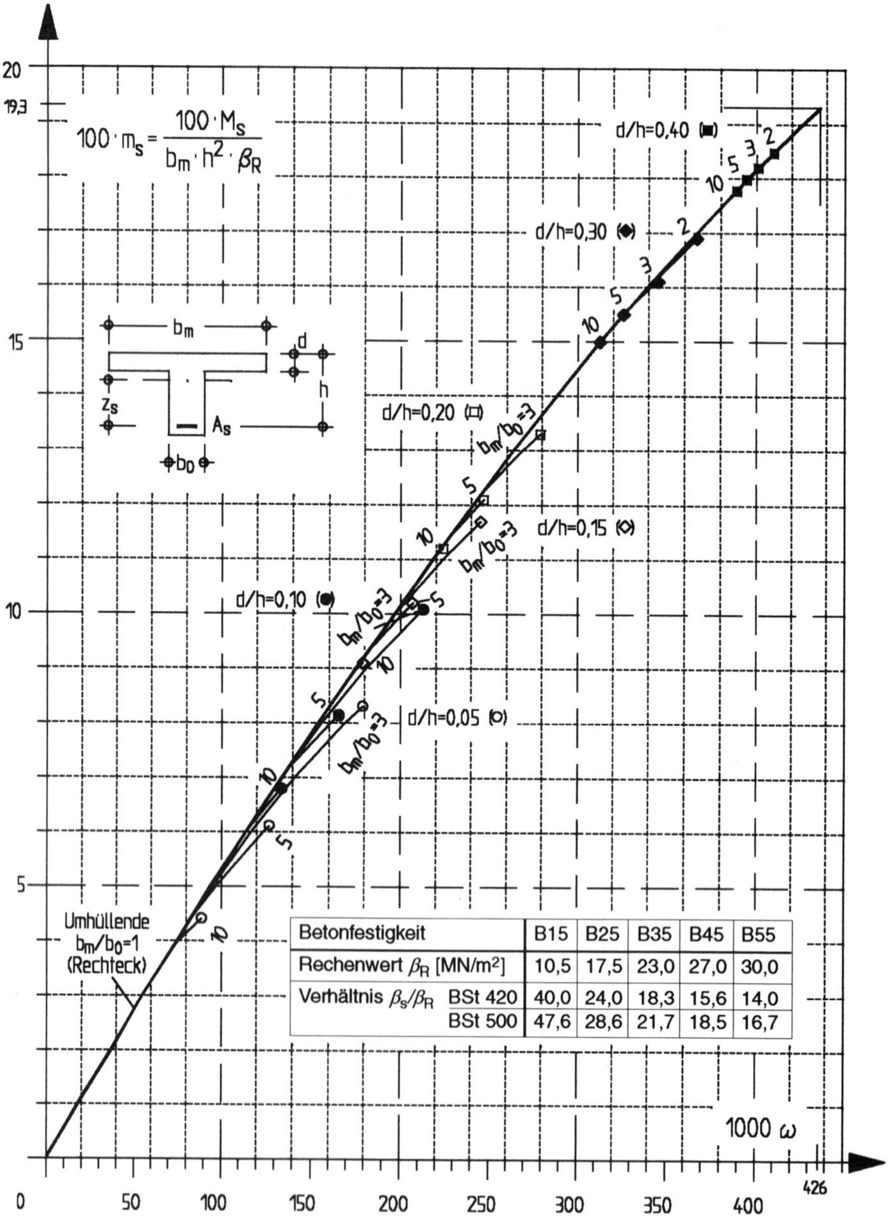

Betonfestigkeit		B15	B25	B35	B45	B55
Rechenwert β_R [MN/m²]		10,5	17,5	23,0	27,0	30,0
Verhältnis β_s/β_R	BSt 420	40,0	24,0	18,3	15,6	14,0
	BSt 500	47,6	28,6	21,7	18,5	16,7

$M_s = M - N \cdot z_s$ (*N* ist als Druckkraft negativ einzusetzen.)

$100\, m_s = \frac{100\, M_s}{b_m \cdot h^2 \cdot \beta_R} \leq 100 m_s^*$ (ohne Druckbewehrung)

$A_s = \omega \cdot \frac{b_m \cdot h}{\beta_s/\beta_R} + \frac{N}{\beta_s/\gamma}$

β_s/γ [MN/m²]	BSt 420	240
	BSt 500	286

Tafel D.1.11 Interaktionsdiagramm für den auf schiefe Biegung mit Längsdruckkraft beanspruchten Rechteckquerschnitt (Bewehrungsanordnung nach Skizze)

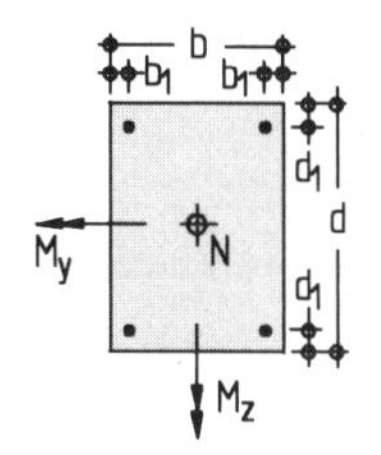

Für alle Betonfestigkeitsklassen
Betonstahl BSt 500
$d_1/d = b_1/b = 0{,}10$

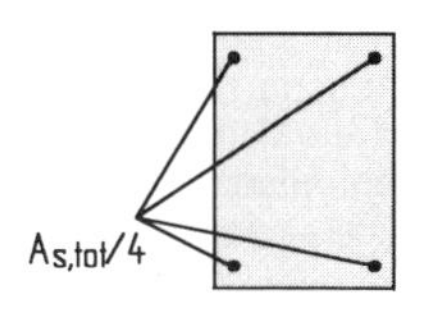

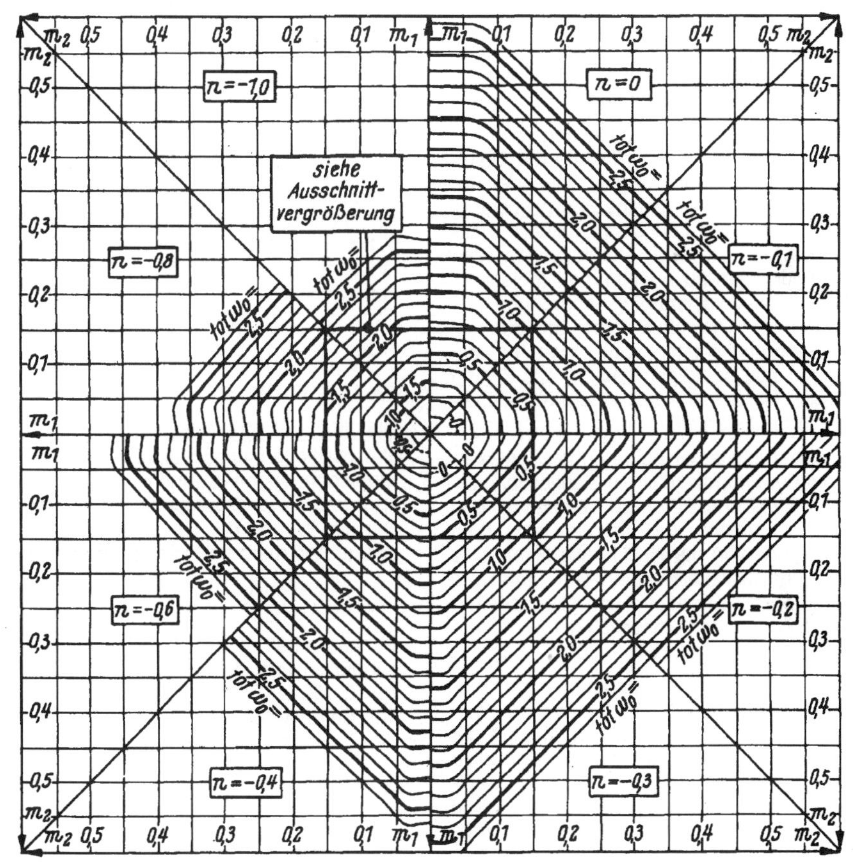

$m_y = \dfrac{|M_y|}{b \cdot d^2 \cdot \beta_R}$ wenn $m_y > m_z \rightarrow m_1 = m_y;\ m_2 = m_z$

$m_z = \dfrac{|M_z|}{b^2 \cdot d \cdot \beta_R}$ wenn $m_z > m_y \rightarrow m_1 = m_z;\ m_2 = m_y$

$n = \dfrac{N}{b \cdot d \cdot \beta_R}$

$\omega_{tot} = \dfrac{A_{s,tot}}{b \cdot d} \cdot \dfrac{\beta_s}{\beta_R}$ $\quad A_{s,tot} = \omega_{tot} \cdot \dfrac{b \cdot d}{\beta_s / \beta_R}$

Betonfestigkeitsklasse B	15	25	35	45	55
β_R in MN/m²	10,5	17,5	23,0	27,0	30,0
β_s / β_R	47,6	28,6	21,7	18,5	16,7

1.4.2 Gebrauchszustand

1.4.2.1 Spannungen bewehrter Querschnitte

Neben den Nachweisen im rechnerischen Bruchzustand (s. Abschn 1.4.1 und 1.5 bis 1.8) ist auch das einwandfreie Verhalten im Gebrauchszustand nachzuweisen. Hierzu sieht [DIN 1045 – 88] folgende Nachweise vor:

- Beschränkung der Rißbreite unter Gebrauchslasten ([DIN 1045 – 88], 17.6)
- Beschränkung der Durchbiegung unter Gebrauchslasten ([DIN 1045 – 88], 17.7)
- Beschränkung der Stahlspannungen unter Gebrauchslasten bei nicht vorwiegend ruhender Belastung ([DIN 1045 – 88], 17.8)

Diese Nachweise werden – von Ausnahmen angesehen (z. B. bei der Beschränkung der Stahlspannungen unter nicht vorwiegend ruhender Belastung) – rechnerisch nur für eine Beanspruchung aus Biegung und/oder Längskraft geführt, während für Querkraft, Torsion, Durchstanzen konstruktive Regelungen zu erfüllen sind (beispielsweise über eine zweckmäßige Anordnung der Bügelbewehrung). Die Nachweise erfolgen jeweils für Gebrauchslasten, und zwar für die Schnittgrößen aus ständigen Lasten, aus Zwang und – je nach Nachweis – aus einem abzuschätzenden Verkehrslastanteil.

Die unter Gebrauchslasten auftretenden Spannungen sind auf der Grundlage linear elastischen Verhaltens von Stahl und Beton zu berechnen, und zwar unter der Annahme, daß sich die Dehnungen wie die Abstände von der Nullinie verhalten. Das Verhältnis der Elastizitätsmoduln von Stahl und Beton darf bei der Ermittlung von Querschnittswerten und Spannungen einheitlich mit $n = 10$ angenommen werden ([DIN 1045 – 88], 17.1.3).

Häufig werden nur die Stahlspannungen der Biegezugbewehrung benötigt (insbesondere beispielsweise beim Nachweis zur Begrenzung der Rißbreite). In den Fällen, bei denen keine allzu große Genauigkeit gefordert ist, können die Stahlspannungen im gerissenen Zustand genügend genau mit dem Hebelarm z der inneren Kräfte aus dem Tragfähigkeitsnachweis ermittelt werden (diese Abschätzung liegt allerdings im allgemeinen auf der unsicheren Seite). Es gilt:

$$\sigma_{s2} \approx \left(\frac{M_s}{z} + N\right) \cdot \frac{1}{A_{s2}} \qquad \text{(D.1.24)}$$

wobei M_s und N die auf die Biegezugbewehrung A_{s2} bezogenen Schnittgrößen in der maßgebenden Belastungskombination sind.

Für eine genauere Berechnung der Längsspannungen im Zustand II geht man von dem in Abb. D.1.17 dargestellten Dehnungs- bzw. Spannungsverlauf aus. Da bei Beton im Gebrauchszustand

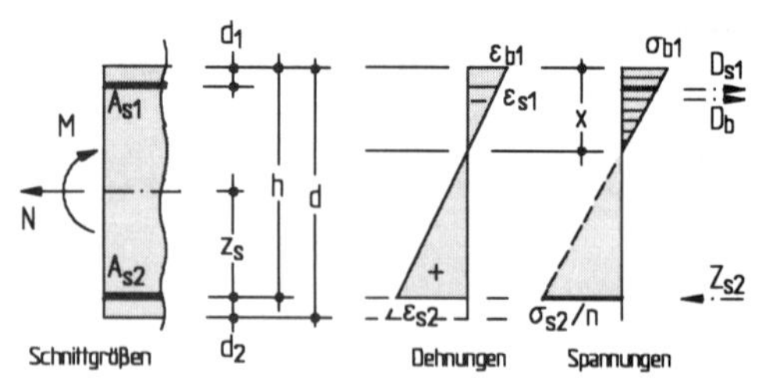

Abb. D.1.17 Spannungs- und Dehnungsverlauf im Gebrauchszustand

i. allg. Stauchungen von max. 0,3 bis 0,5 ‰ hervorgerufen werden, ist es genügend genau und gerechtfertigt, einen linearen Verlauf der Betonspannungen anzunehmen. Hierfür kann man in vielen praxisrelevanten Fällen direkte Lösungen für die Druckzonenhöhe, die Randspannung, den Hebelarm der inneren Kräfte etc. angeben, die bei den rechnerischen Nachweisen im einzelnen benötigt werden. Mit den in Abb. D.1.17 dargestellten Bezeichnungen erhält man für den Rechteckquerschnitt

$$N = -|D_b| - |D_{s1}| + Z_{s2} \qquad \text{(D.1.25a)}$$

$$M_s = |D_b| \cdot (h - x/3) + |D_{s1}| \cdot (h - d_1) \qquad \text{(D.1.25b)}$$

mit $M_s = M - N \cdot z_s$.

Die „inneren" Kräfte lassen sich mit den Beton- und Stahlspannungen σ_b und σ_s bestimmen. Die Stahlspannungen σ_{s1} und σ_{s2} können jedoch auch über die Betondruckspannung σ_b ausgedrückt werden. Wegen der Linearität der Dehnungsverteilung und mit dem Hookeschen Gesetz folgt

$$\varepsilon_{s2} = |\varepsilon_{b1}| \cdot (h/x - 1)$$

$$\rightarrow \sigma_{s2} = |\sigma_{b1}| \cdot (h/x - 1) \cdot (E_s/E_b) \qquad \text{(D.1.26)}$$

Ebenso erhält man die Stahlspannung σ_{s1} in Abhängigkeit von der Betonrandspannung σ_{b1}. Mit $n = E_s/E_b$ als Verhältnis der E-Moduln von Stahl und Beton erhält man somit die „inneren" Kräfte

$$D_b = 0{,}5 \cdot x \cdot b \cdot \sigma_{b1} \qquad \text{(D.1.27a)}$$

$$D_{s1} = A_{s1} \cdot \sigma_{s1} = A_{s1} \cdot [(n-1) \cdot \sigma_{b1} \cdot (1 - d_1/x)] \qquad \text{(D.1.27b)}$$

$$Z_{s2} = A_{s2} \cdot \sigma_{s2} = A_{s2} \cdot [n \cdot |\sigma_{b1}| \cdot (h/x - 1)] \qquad \text{(D.1.27c)}$$

Für den – insbesondere bei Platten häufigen – Sonderfall der „reinen" Biegung und des Querschnitts ohne Druckbewehrung vereinfachen sich die Gleichungen entsprechend und man erhält aus $\Sigma H = 0$ nach Gl. (D.1.25a)

$$0 = -0{,}5 \cdot x \cdot b \cdot |\sigma_{b1}| + A_{s2} \cdot [n \cdot |\sigma_{b1}| \cdot (h/x - 1)]$$

$$\rightarrow 0{,}5 \cdot x^2 \cdot b - A_{s2} \cdot [n \cdot (h - x)] = 0$$

und aufgelöst nach der Druckzonenhöhe x

$$x = \frac{n \cdot A_{s2}}{b} \cdot \left(-1 + \sqrt{1 + \frac{2bh}{n \cdot A_{s2}}}\right) \qquad \text{(D.1.28)}$$

Tafel D.1.12 Zusammenstellung geometrischer Größen und von Gleichungen für die Ermittlung der Stahl- und Betonspannung σ_{s2} und σ_{b1} des Zustands II für Rechteckquerschnitte unter reiner Biegung im Gebrauchszustand

	Rechteckquerschn. *ohne* Druckbewehrung	Rechteckquerschnitt *mit* Druckbewehrung
1a	$k_x = -n \cdot \mu + \sqrt{(n \cdot \mu)^2 + 2 \cdot n \cdot \mu}$	$k_x = -n \cdot \mu \cdot \left(1 + \frac{A_{s1}}{A_{s2}}\right) + \sqrt{\left[n \cdot \mu \cdot \left(1 + \frac{A_{s1}}{A_{s2}}\right)\right]^2 + 2 \cdot n \cdot \mu \cdot \left(1 + \frac{A_{s1} \cdot d_1}{A_{s2} \cdot h}\right)}$
1b	$\kappa = 4 \cdot k_x^3 + 12 \cdot n \cdot \mu \cdot (1 - k_x)^2$	$\kappa = 4 \cdot k_x^3 + 12 \cdot n \cdot \mu \cdot (1 - k_x)^2 + 12 \cdot n \cdot \mu \cdot \frac{A_{s1}}{A_{s2}} \cdot \left(k_x - \frac{d_1}{h}\right)^2$
2a	$x = k_x \cdot h$	$x = k_x \cdot h$
2b	$z = h - x/3$	
3a	$\lvert\sigma_{b1}\rvert = \frac{2M}{b \cdot x \cdot z}$	$\lvert\sigma_{b1}\rvert = \frac{6 \cdot M}{b \cdot x \cdot (3h - x) + 6 \cdot n \cdot A_{s1} \cdot (h - d_1) \cdot \left(1 - {d_1}/{x}\right)}$
3b	$\sigma_{s2} = \frac{M}{z \cdot A_{s2}} = \lvert\sigma_{b1}\rvert \cdot \frac{n \cdot (h - x)}{x}$	$\sigma_{s2} = \lvert\sigma_{b1}\rvert \cdot \frac{n \cdot (h - x)}{x}$
4b	$I = \kappa \cdot b \cdot h^3/12$	$I = \kappa \cdot b \cdot h^3/12$
4b	$S = A_{s2} \cdot (h - x)$	$S = A_{s2} \cdot (h - x) - A_{s1} \cdot (x - d_1)$

k_x auf die Nutzhöhe h bezogene Druckzonenhöhe x; $k_x = x / h$
κ Hilfswert zur Ermittlung des Flächenmoments 2. Grades
μ auf die Nutzhöhe h und Querschnittsbreite b bezogener Bewehrungsgrad; $\mu = A_{s2}/(b \cdot h)$
σ_{b1} größte Betonrandspannung des Gebrauchszustands
σ_{s2} Stahlzugspannung des Gebrauchszustandes
I Flächenmoment 2. Grades (Trägheitsmoment) im Gebrauchszustand
S Flächenmoment 1. Grades (statisches Moment) der Bewehrung, bezogen auf die Schwerachse des gerissenen Querschnitts

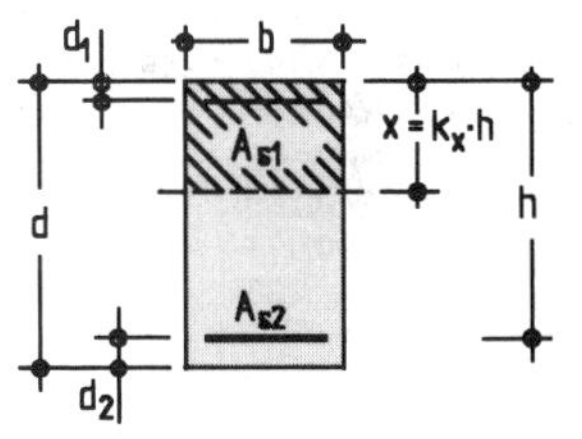

Mit der bekannten Druckzonenhöhe lassen sich dann die weiteren gesuchten Größen – Betonrandspannung, Stahlspannung etc. – bestimmen. In gleicher Weise ist bei Rechteckquerschnitten mit Druckbewehrung zu verfahren. Man erhält dann für reine Biegung die in Tafel D.1.12 zusammengestellten Gleichungen, wobei die Druckzonenhöhe x nach Gl. (D.1.27) jedoch als bezogene Größe k_x dargestellt ist.

Hilfsmittel zur schnellen Ermittlung der Hilfswerte k_x und κ sind in den Tafeln D.1.13 und D.1.14 zusammengestellt. Eingangswert ist jeweils der im Verhältnis der E-Moduln vervielfachte Bewehrungsgrad $n \cdot \mu$. Mit den Hilfswerten k_x und κ können dann die weiteren gesuchten Größen einfach berechnet werden.

Spannungsnachweis bei Biegung mit Längskraft

Ein geschlossener Ansatz führt zu einer kubischen Gleichung. Zur Vereinfachung wird deshalb eine Iteration empfohlen (eine direkte Lösung ist ggf. mit Hilfe von Diagrammen möglich).

In obigen Gleichungen wird A_{s2} durch den vom Biegemoment M_s allein verursachten Bewehrungsanteil A_{sM} (s. u.) und M durch das auf die Zugbewehrung bezogene Moment M_s ersetzt.

$$A_{sM} = A_{s2} - (N/\sigma_{s2}) \qquad \text{(D.1.29)}$$

Die noch unbekannte Stahlspannung σ_{s2} muß zunächst geschätzt werden und wird so lange iterativ verbessert, bis eine ausreichende Übereinstimmung erreicht ist.

Tafel D.1.13 Hilfswerte k_x der Druckzonenhöhe x und κ des Flächenmoments 2. Grades I für biegebeanspruchte Rechteckquerschnitte ohne Druckbewehrung im Zustand II

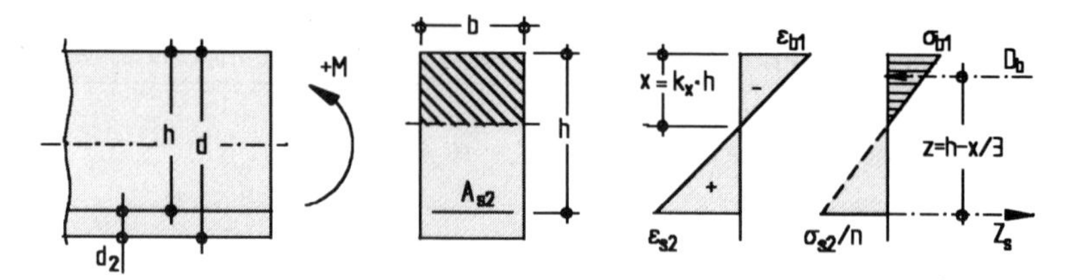

Tafeleingangswert:

$$n \cdot \mu = n \cdot \frac{A_s}{b \cdot h} \qquad \text{mit } n = \frac{E_s}{E_{b,eff}}$$

$n \cdot \mu$	k_x	κ
0,001	0,044	0,011
0,002	0,061	0,022
0,003	0,075	0,032
0,004	0,086	0,043
0,005	0,095	0,053
0,006	0,104	0,062
0,007	0,112	0,072
0,008	0,119	0,081
0,009	0,125	0,090
0,010	0,132	0,100
0,011	0,138	0,109
0,012	0,143	0,117
0,013	0,149	0,126
0,014	0,154	0,135
0,015	0,159	0,143
0,016	0,164	0,152
0,017	0,168	0,160
0,018	0,173	0,168
0,019	0,177	0,177
0,020	0,181	0,185
0,022	0,189	0,201
0,024	0,196	0,216
0,026	0,204	0,232
0,028	0,210	0,247
0,030	0,217	0,262
0,032	0,223	0,276
0,034	0,229	0,291
0,036	0,235	0,305
0,038	0,240	0,319
0,040	0,246	0,332
0,042	0,251	0,346
0,044	0,256	0,359
0,046	0,261	0,373
0,048	0,266	0,386
0,050	0,270	0,398

$n \cdot \mu$	k_x	κ
0,055	0,281	0,430
0,060	0,292	0,460
0,065	0,301	0,490
0,070	0,311	0,519
0,075	0,319	0,547
0,080	0,328	0,575
0,085	0,336	0,601
0,090	0,344	0,628
0,095	0,351	0,653
0,100	0,358	0,678
0,110	0,372	0,727
0,120	0,384	0,773
0,130	0,396	0,818
0,140	0,407	0,860
0,150	0,418	0,902
0,160	0,428	0,942
0,170	0,437	0,980
0,180	0,446	1,02
0,190	0,455	1,05
0,200	0,463	1,09
0,210	0,471	1,12
0,220	0,479	1,16
0,230	0,486	1,19
0,240	0,493	1,22
0,250	0,500	1,25
0,260	0,507	1,28
0,270	0,513	1,31
0,280	0,519	1,34
0,290	0,525	1,36
0,300	0,531	1,39

$$x = k_x \cdot h$$
$$I = \kappa \cdot b \cdot h^3 / 12$$

Ergänzungen zu den Tafeln D.1.13 und D.1.14

Verhältniswert n

Für das Verhältnis der E-Moduln n darf nach [DIN 1045 – 88] $n = 10$ angenommen werden (s. Abschn. 1.4.2.1).

Bei Verformungsberechnungen kann das Kriechen unter Verwendung eines wirksamen Elastizitätsmoduls

$$E_{b,eff} = E_b / (1+\varphi)$$

abgeschätzt werden (φ Kriechbeiwert; s. u.).

Elastizitätsmodul E_b des Betons
(DIN 1045, Tab.11)

Beton	E_b
10	22 000
15	26 000
25	30 000
35	34 000
45	37 000
55	39 000

Endkriechzahlen φ_∞ (DIN 4227, Tab. 7) [1)]

Alter bei Belastung t_0 (Tage)	Mittlere Dicke $2A/u$ (in cm) ≤ 10	≥ 80	≤ 10	≥ 80
	Trockene Umgeb.		Feuchte Umgeb.	
3	4,1	3,1	3,0	2,3
10	3,4	2,8	2,6	2,2
30	2,6	2,5	2,1	2,0
90	1,8	2,2	1,4	1,8

Endschwindmaße $\varepsilon_{s,\infty}$ (DIN 4227, Tab. 7) [1)]

Lage des Bauteils	$2A/u$ (in cm) ≤ 10	≥ 80
trocken	$-42 \cdot 10^{-5}$	$-34 \cdot 10^{-5}$
feucht	$-28 \cdot 10^{-5}$	$-23 \cdot 10^{-5}$

1) Die angegebenen Werte gelten für Beton der Konsistenz der Klasse KP. Für die Konsistenzen KS (steif) und KR (weich) sind die Werte um 25 % zu ermäßigen bzw. zu erhöhen.

Tafel D.1.14 Hilfswerte k_x der Druckzonenhöhe x und κ des Flächenmoments 2. Grades I im Zustand II für biegebeanspruchte Rechteckquerschnitte mit Druckbewehrung

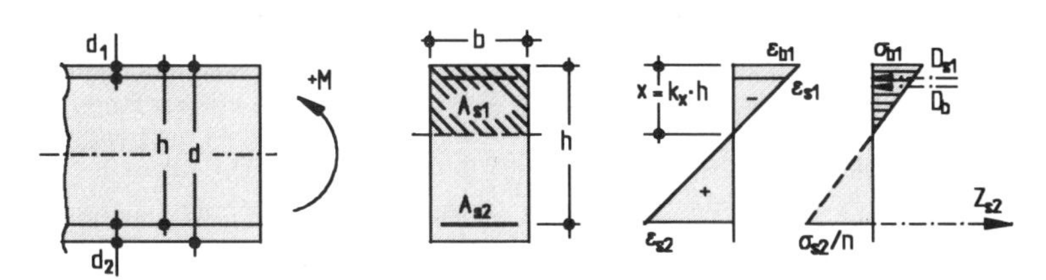

$n \cdot \mu$	A_{s1}/A_{s2} = 0,25				A_{s1}/A_{s2} = 0,50				A_{s1}/A_{s2} = 0,75				A_{s1}/A_{s2} = 1,00			
	d_1/h = 0,10		d_1/h = 0,20		d_1/h = 0,10		d_1/h = 0,20		d_1/h = 0,10		d_1/h = 0,20		d_1/h = 0,10		d_1/h = 0,20	
	k_x	κ	k_x	κ	k_x	κ	k_x	κ	k_x	κ	k_x	κ	k_x	κ	k_x	κ
0,002	0,062	0,022	0,062	0,022	0,062	0,022	0,063	0,022	0,062	0,022	0,064	0,022	0,062	0,022	0,065	0,023
0,004	0,086	0,043	0,087	0,043	0,086	0,043	0,088	0,043	0,086	0,043	0,089	0,043	0,086	0,043	0,090	0,043
0,006	0,104	0,062	0,105	0,062	0,104	0,062	0,106	0,063	0,104	0,062	0,107	0,063	0,104	0,062	0,109	0,063
0,008	0,118	0,081	0,120	0,081	0,118	0,081	0,121	0,082	0,118	0,081	0,122	0,082	0,118	0,081	0,123	0,082
0,010	0,131	0,100	0,133	0,100	0,131	0,100	0,134	0,100	0,130	0,100	0,135	0,100	0,130	0,100	0,136	0,100
0,012	0,143	0,118	0,144	0,118	0,142	0,118	0,145	0,118	0,141	0,118	0,146	0,118	0,140	0,118	0,147	0,118
0,014	0,153	0,135	0,155	0,135	0,152	0,135	0,156	0,135	0,151	0,135	0,157	0,135	0,150	0,135	0,157	0,135
0,016	0,162	0,152	0,164	0,152	0,161	0,152	0,165	0,152	0,160	0,152	0,166	0,152	0,158	0,153	0,167	0,152
0,018	0,171	0,169	0,173	0,168	0,169	0,169	0,174	0,169	0,168	0,169	0,174	0,169	0,166	0,169	0,175	0,169
0,020	0,179	0,185	0,181	0,185	0,177	0,185	0,182	0,185	0,175	0,186	0,182	0,185	0,174	0,186	0,183	0,185
0,022	0,187	0,201	0,189	0,201	0,184	0,202	0,189	0,201	0,182	0,202	0,190	0,201	0,180	0,203	0,190	0,201
0,024	0,194	0,217	0,196	0,216	0,191	0,218	0,197	0,216	0,189	0,218	0,197	0,216	0,187	0,219	0,197	0,216
0,026	0,201	0,232	0,203	0,232	0,198	0,233	0,203	0,232	0,195	0,234	0,203	0,232	0,193	0,235	0,203	0,232
0,028	0,207	0,248	0,210	0,247	0,204	0,249	0,210	0,247	0,201	0,250	0,209	0,247	0,198	0,250	0,209	0,247
0,030	0,213	0,263	0,216	0,262	0,210	0,264	0,216	0,262	0,207	0,265	0,215	0,262	0,204	0,266	0,215	0,262
0,032	0,219	0,278	0,222	0,276	0,216	0,279	0,222	0,276	0,212	0,280	0,221	0,276	0,209	0,281	0,220	0,276
0,034	0,225	0,292	0,228	0,291	0,221	0,294	0,227	0,291	0,217	0,295	0,226	0,291	0,214	0,297	0,226	0,291
0,036	0,230	0,307	0,234	0,305	0,226	0,308	0,233	0,305	0,222	0,310	0,232	0,305	0,218	0,312	0,231	0,305
0,038	0,236	0,321	0,239	0,319	0,231	0,323	0,238	0,319	0,227	0,325	0,237	0,319	0,223	0,327	0,235	0,319
0,040	0,241	0,335	0,244	0,333	0,236	0,337	0,243	0,333	0,231	0,339	0,241	0,333	0,227	0,341	0,240	0,333
0,042	0,246	0,349	0,249	0,346	0,241	0,351	0,247	0,347	0,236	0,354	0,246	0,347	0,231	0,356	0,244	0,347
0,044	0,250	0,362	0,254	0,360	0,245	0,365	0,252	0,360	0,240	0,368	0,250	0,360	0,235	0,371	0,249	0,361
0,046	0,255	0,376	0,259	0,373	0,249	0,379	0,257	0,374	0,244	0,382	0,255	0,374	0,239	0,385	0,253	0,374
0,048	0,259	0,389	0,263	0,386	0,254	0,393	0,261	0,387	0,248	0,396	0,259	0,387	0,243	0,399	0,257	0,388
0,050	0,264	0,403	0,268	0,399	0,258	0,407	0,265	0,400	0,252	0,410	0,263	0,400	0,246	0,413	0,261	0,401
0,055	0,274	0,435	0,278	0,431	0,267	0,440	0,275	0,432	0,261	0,444	0,272	0,433	0,255	0,448	0,270	0,434
0,060	0,284	0,467	0,288	0,462	0,276	0,473	0,284	0,463	0,269	0,478	0,281	0,465	0,263	0,483	0,278	0,466
0,065	0,293	0,498	0,297	0,492	0,285	0,505	0,293	0,494	0,277	0,511	0,289	0,495	0,270	0,517	0,286	0,497
0,070	0,301	0,528	0,306	0,522	0,293	0,536	0,301	0,524	0,284	0,544	0,297	0,526	0,277	0,550	0,293	0,528
0,075	0,309	0,558	0,314	0,550	0,300	0,567	0,309	0,553	0,291	0,576	0,304	0,556	0,283	0,583	0,300	0,558
0,080	0,317	0,587	0,322	0,578	0,307	0,597	0,316	0,582	0,298	0,607	0,311	0,585	0,289	0,616	0,306	0,588
0,085	0,324	0,615	0,329	0,606	0,314	0,627	0,323	0,610	0,304	0,638	0,318	0,614	0,295	0,648	0,313	0,617
0,090	0,332	0,643	0,337	0,633	0,320	0,657	0,330	0,638	0,310	0,669	0,324	0,642	0,300	0,680	0,318	0,646
0,095	0,338	0,670	0,343	0,659	0,326	0,686	0,336	0,665	0,315	0,699	0,330	0,670	0,305	0,712	0,324	0,675
0,100	0,345	0,697	0,350	0,685	0,332	0,714	0,342	0,692	0,321	0,730	0,336	0,697	0,310	0,743	0,329	0,703
0,110	0,357	0,750	0,362	0,736	0,343	0,770	0,354	0,744	0,331	0,789	0,346	0,751	0,319	0,805	0,339	0,758
0,120	0,368	0,800	0,374	0,784	0,353	0,825	0,364	0,795	0,340	0,847	0,356	0,804	0,327	0,866	0,348	0,812
0,130	0,379	0,850	0,385	0,832	0,363	0,878	0,374	0,844	0,348	0,904	0,365	0,855	0,335	0,926	0,356	0,865
0,140	0,389	0,898	0,395	0,877	0,371	0,931	0,383	0,892	0,356	0,960	0,373	0,906	0,342	0,99	0,364	0,918
0,150	0,398	0,944	0,404	0,922	0,380	0,982	0,392	0,940	0,363	1,02	0,381	0,955	0,348	1,04	0,371	0,969
0,160	0,407	0,990	0,413	0,965	0,387	1,03	0,400	0,986	0,370	1,07	0,388	1,00	0,354	1,10	0,377	1,02
0,170	0,415	1,03	0,422	1,01	0,395	1,08	0,408	1,03	0,376	1,12	0,395	1,05	0,360	1,16	0,384	1,07
0,180	0,423	1,08	0,430	1,05	0,401	1,13	0,415	1,08	0,382	1,18	0,401	1,10	0,365	1,22	0,389	1,12
0,190	0,430	1,12	0,437	1,09	0,408	1,18	0,422	1,12	0,388	1,23	0,407	1,14	0,370	1,27	0,395	1,17
0,200	0,437	1,16	0,445	1,13	0,414	1,23	0,428	1,16	0,393	1,28	0,413	1,19	0,375	1,33	0,400	1,22
0,220	0,451	1,24	0,458	1,20	0,426	1,32	0,440	1,24	0,403	1,38	0,424	1,28	0,383	1,44	0,409	1,31
0,240	0,463	1,32	0,471	1,28	0,436	1,41	0,451	1,33	0,412	1,49	0,433	1,37	0,391	1,55	0,418	1,40
0,260	0,474	1,40	0,482	1,35	0,446	1,50	0,461	1,40	0,420	1,59	0,442	1,45	0,398	1,66	0,426	1,50
0,280	0,485	1,47	0,493	1,42	0,454	1,59	0,470	1,48	0,428	1,68	0,450	1,54	0,404	1,77	0,433	1,59
0,300	0,494	1,54	0,503	1,48	0,462	1,67	0,479	1,56	0,434	1,78	0,458	1,62	0,410	1,87	0,439	1,68

1.4.2.2 Begrenzung der Rißbreiten

Die Rißbildung ist so zu begrenzen, daß die Dauerhaftigkeit eines Tragwerks, seine ordnungsgemäße Nutzung sowie das Erscheinungsbild als Folge von Rissen nicht beeinträchtigt wird. Dies erfolgt durch eine geeignete Wahl von Bewehrungsgrad, Stahlspannung und Bewehrungsanordnung. Wenn die in [DIN 1045 – 88], 17.6.2 und 17.6.3 enthaltenen Konstruktionsregeln eingehalten werden, wird die Rißbreite in einem Maß begrenzt, daß die Dauerhaftigkeit und das äußere Erscheinungsbild nicht beeinträchtigt werden. Bei besonderen Anforderungen (z. B. an die Wasserundurchlässigkeit) sind jedoch weitergehende Maßnahmen erforderlich.

Die Begrenzung der Rißbreite auf zulässige Werte wird erreicht durch

- eine im Verbund liegende *Mindestbewehrung*, die ein Fließen der Bewehrung verhindert, und
- eine geeignete Wahl von *Durchmessern* und *Abständen* der Bewehrung.

Als rißverteilende Bewehrung sind stets Rippenstähle zu verwenden.

Mindestbewehrung

In den oberflächennahen Bereichen von Stahlbetonbauteilen, in denen Zugspannungen entstehen können, ist im allgemeinen eine Mindestbewehrung anzuordnen. Hierauf darf nur verzichtet werden

- bei Innenbauteilen des üblichen Hochbaus
- bei Bauteilen, in denen Zwangauswirkungen nicht auftreten oder breite Risse unbedenklich sind
- bei Bauteilen, in denen die Zwangschnittgröße die Rißschnittgröße nicht erreicht. Die Bewehrung ist dann für die nachgewiesene Zwangschnittgröße zu ermitteln.

Die Mindestbewehrung soll die bei Rißbildung in der Betonzugzone frei werdende Kraft aufnehmen können. Hierfür erhält man (vgl. hierzu die Erläuterungen in Abb. D.1.18)

$$A_s = k_0 \cdot \beta_{bZ} \cdot A_{bZ} / \sigma_s \qquad \text{(D.1.30a)}$$

Mit $\mu_z = A_s / A_{bZ}$ als den auf die Zugzone A_{bZ} nach Zustand I bezogenen Bewehrungsgehalt ergibt sich damit entsprechend [DIN 1045 – 88], Gl. (18):

$$\mu_z = k_0 \cdot \beta_{bZ} / \sigma_s \qquad \text{(D.1.30b)}$$

In Gln. (D.1.30a) und (D.1.30b) sind

- k_0 Faktor zur Berücksichtigung der Spannungsverteilung im Querschnitt
  - bei zentrischem Zwang $k_0 = 1{,}0$
  - bei Biegezwang $k_0 = 0{,}4$
- A_{bZ} Betonzugzone unmittelbar vor der Rißbildung, d. h. im Zustand I
- σ_s zulässige Spannung in der Bewehrung unmittelbar nach der Rißbildung; $\sigma_s \leq 0{,}8\,\beta_s$
- β_{bZ} Zugfestigkeit des Betons; sie wird ermittelt aus $\beta_{bZ} = 0{,}25\,\beta_{WN}^{2/3}$ mit β_{WN} als vorgesehene Nennfestigkeit des Betons, mindestens jedoch $\beta_{WN} = 35$ N/mm². Bei Zwang im frühen Betonalter darf die wirksame Zugfestigkeit β_{bZw} berücksichtigt werden, die beim Auftreten der Risse zu erwarten ist. Für Zwang aus dem Abfließen der Hydratationswärme darf ohne genaueren Nachweis $\beta_{bZw} = 0{,}5\beta_{bZ}$ gewählt werden. Weitere Hinweise s. [DAfStb-H400 – 89].

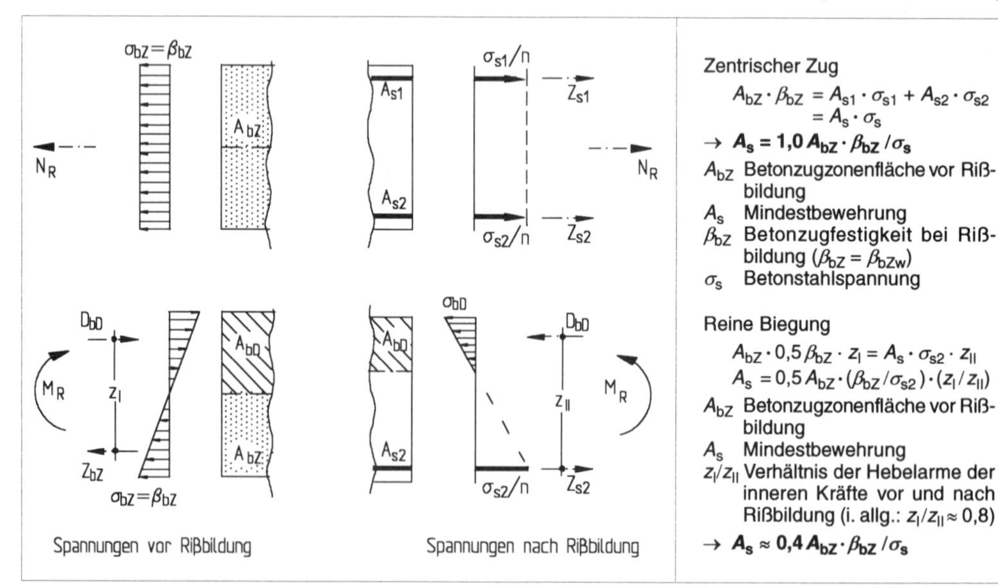

Abb. D.1.18 Herleitung der Bemessungsgleichung für die Mindestbewehrung von Stahlbetonquerschnitten

Tafel D.1.15a Grenzdurchmesser lim d_s* in mm bei Betonrippenstählen für Stahlbetonbauteile

Betonstahlspannung σ_s in N/mm²		160	200	240	280	350	400
lim d_s* in mm bei Umweltbedingungen nach DIN 1045, Tabelle 10	Zeile 1	36	36	28	25	16	10
	Zeilen 2 bis 4	28	20	16	12	8	5

Tafel D.1.15b Grenzstababstände lim s_l in mm bei Betonrippenstählen für Stahlbetonbauteile

Betonstahlspannung σ_s in N/mm²			160	200	240	280	350
lim s_l in cm bei Umweltbedingungen nach 1045, Tabelle 10	Zeile 1	für reine Biegung [1]	25,0	25,0	25,0	20,0	15,0
		für zentrischen Zug [1]	12,5	12,5	12,5	10,0	7,5
	Zeile 2 bis 4	für reine Biegung [1]	25,0	20,0	15,0	10,0	7,0
		für zentrischen Zug [1]	12,5	10,0	7,5	5,0	3,5

[1] Bei Beanspruchung auf Biegung mit Längszug darf zwischen den Werten interpoliert werden.

D

Der Nachweis der Rißbreite erfolgt stets über den Grenzdurchmesser lim d_s entsprechend Tafel D.1.15a. Die dort angegebenen Werte müssen bei einer Betonzugfestigkeit $\beta_{bZ} = \beta_{bZw} < 2{,}1$ N/mm² im Verhältnis $\beta_{bZ} / 2{,}1$ herabgesetzt werden (eine Erhöhung für $\beta_{bZw} > 2{,}1$ N/mm² ist nicht vorgesehen, kann jedoch ggf. über einen genaueren Nachweis z. B. nach [DAfStb-H400 – 89] erfaßt werden).

Konstruktionsregeln für die statisch erforderliche Bewehrung

Die nach Abschn. D.1.4.1 ermittelte Bewehrung ist in Abhängigkeit von der Stahlspannung σ_s (s. hierzu Gl. D.1.24) nach Tafel D.1.15a oder D.1.15b anzuordnen. Die Betonstahlspannung σ_s ist für den *häufig wirkenden Lastanteil* zu ermitteln. Hierzu gehören die ständigen Lasten, Zwang (soweit relevant) und ein abzuschätzender Anteil der Verkehrslast. Soweit für diesen Verkehrslastanteil keine genaueren Werte bekannt sind, darf der häufige Lastanteil zu 70 % der zulässigen Gebrauchslast abgeschätzt werden, jedoch nicht kleiner als die ständigen Lasten einschließlich Zwang.

Eine Begrenzung der Rißbreite auf zulässige Werte (s. Tafel D. 1.15) erfolgt durch Einhaltung des Grenzdurchmessers lim d_s oder des Grenzabstands lim s_l (letzteres *nur* bei Lastbeanspruchung):

– *bei Zwangbeanspruchung*

$$\lim d_s = \lim d_s^* \cdot \frac{\beta_{bZw}}{2{,}1} \cdot \frac{d}{10 \cdot (d-h)}$$

$$\geq \lim d_s^* \cdot \frac{\beta_{bZw}}{2{,}1} \qquad \text{(D.1.31)}$$

($\beta_{bZw} / 2{,}1 \leq 1$; s. voher)

– *bei Lastbeanspruchung*

$$\lim d_s = \lim d_s^* \cdot \frac{d}{10 \cdot (d-h)} \geq \lim d_s^* \qquad \text{(D.1.32a)}$$

oder

$$s_l \leq \lim s_l \qquad \text{(D.1.32b)}$$

Für den Nachweis des Grenzdurchmessers gilt bei Stabbündeln der Vergleichsdurchmesser d_{sV}, bei Betonstahlmatten mit Doppelstäben jedoch der Durchmesser des Einzelstabes.

Es sei noch darauf hingewiesen, daß für die Aufstellung der Tafeln D.1.15a und D.1.15b bei Umweltbedingungen nach DIN 1045, Tab. 10, Zeile 1 ein Rechenwert der Rißbreite von 0,40 mm, nach DIN 1045, Tab. 10, Zeilen 2 bis 4 von 0,25 mm festgelegt wurde.

Genauerer Nachweis der Rißbreiten

Bei besonderen Anforderungen (z. B. an die Wasserundurchlässigkeit) sind die zuvor genannten Konstruktionsregeln bzw. die Nachweise mit Gln. (D.1.31) und (D.1.32) nicht ausreichend. In diesen Fällen, vielfach aber auch aus wirtschaftlichen Gesichtspunkten ist eine genauere Berechnung der zu erwartenden Rißbreite erforderlich bzw. sinnvoll. Hierfür sind entsprechende Nachweisgleichungen in [DAfStb-H400 – 89] enthalten.

Diese genaueren Nachweise sind allerdings relativ rechenintensiv. Diagramme auf der Basis der Rißgleichungen nach [DAfStb-H400 – 88], die die Rechenarbeit ersparen, enthält [Meyer – 89]. Die rechnerische Rißbreite und die erforderliche Mindestbewehrung können hier für die maßgebenden Einflüsse direkt abgelesen werden. Die große Anzahl von ca. 300 Diagrammen hat allerdings zur Folge, daß die Übersichtlichkeit beeinträchtigt wird. Außerdem ist ggf. eine „lästige" Interpolation zwischen den Diagrammen erforderlich. In [Windels – 92] wurde daher für Zug und Biegung infolge *Zwangbeanspruchung* jeweils nur eine grafische Darstellung entwickelt, die alle Einflußparameter berücksichtigt; in ähnlicher Weise sind in [Keysberg – 97] Diagramme aufgestellt für Biegung infolge *Lastbeanspruchung*. Diese Diagramme sind nachfolgend als Tafeln D.1.16 und D.1.17 abgedruckt (Voraussetzungen und Annahmen sowie weitere Hinweise s. [Windels – 92] bzw. [Keysberg – 97]).

Tafel D.1.16 Rißbreite bei Biegung und Zug infolge Zwangbeanspruchung ([Windels – 92])

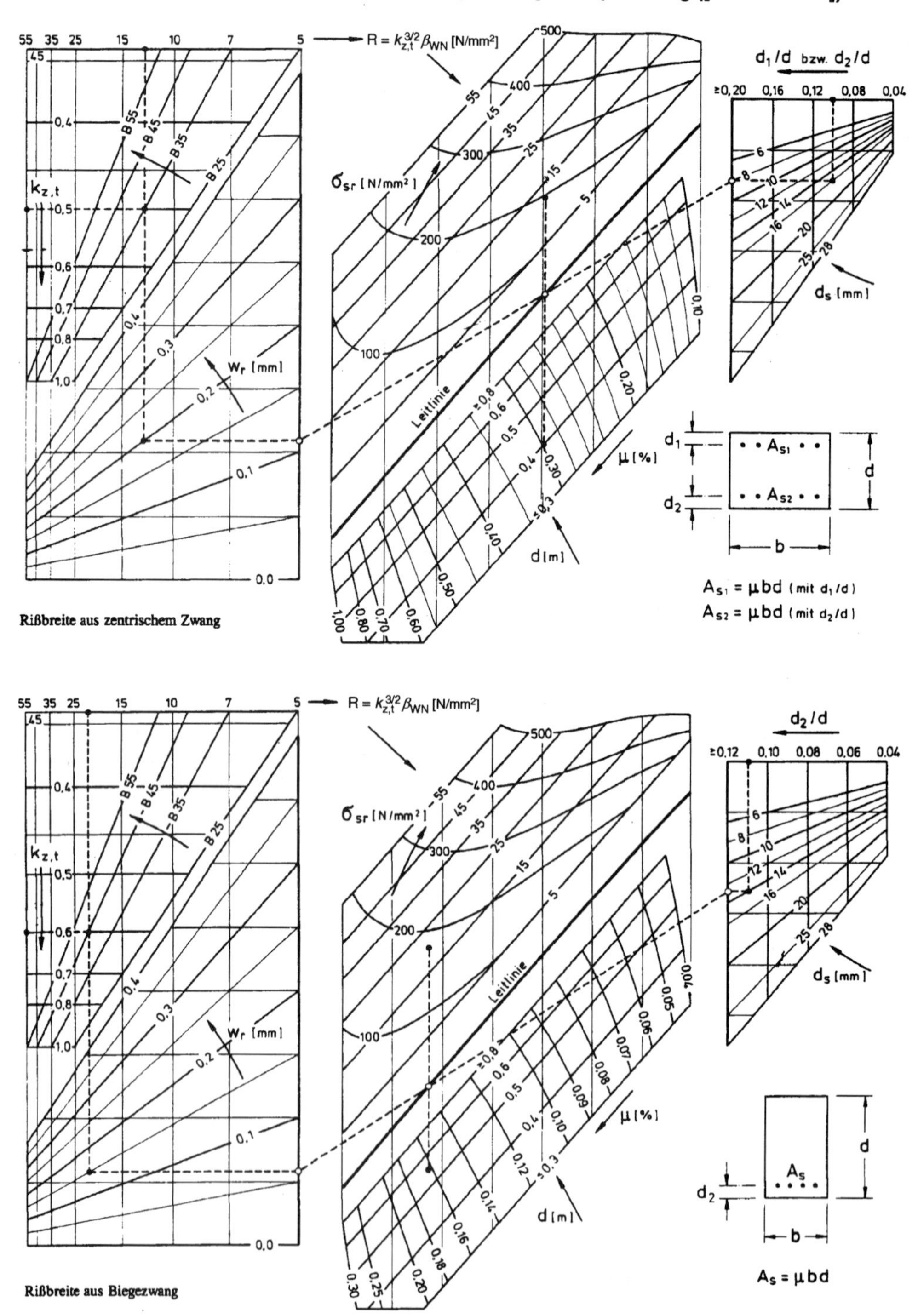

Tafel D.1.17 Rißbreite bei Biegung infolge Lastbeanspruchung ([Keysberg – 97])

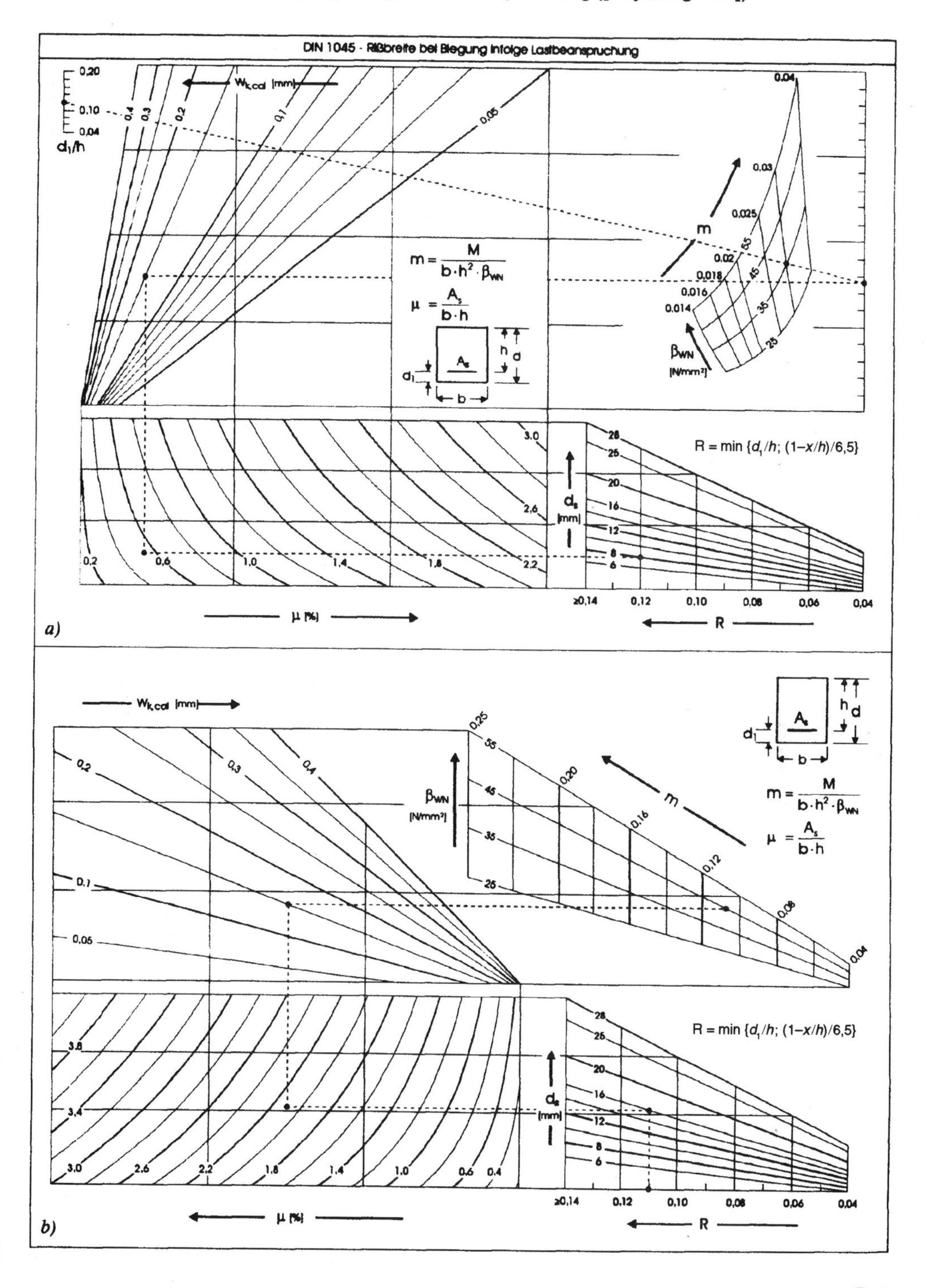

1.4.2.3 Begrenzung der Verformungen

Die Verformungen eines Tragwerks müssen so begrenzt werden, daß die ordnungsgemäße Funktion und das Erscheinungsbild nicht beeinträchtigt werden. In Abhängigkeit von der Stützweite l_{eff} können für die Begrenzung der Durchbiegung f folgende Grenzwerte genannt werden

allgemein $f \leq l_{eff}/250$ (D.1.33a)

mit Blick auf Ausbauten $f \leq l_{eff}/500$ (D.1.33b)

(Angaben aus [ENV 1992-1-1 – 92]); dabei ist l_{eff} auf die Verbindungslinie der Unterstützungspunkte zu beziehen.

Der Nachweis der Beschränkung der Durchbiegungen kann durch die Begrenzung der Biegeschlankheit geführt werden.

Konstruktionsregeln

Für biegebeanspruchte Bauteile, die mit ausreichender Überhöhung der Schalung hergestellt werden, darf die Bauteilschlankheit l_i/h folgende Grenzwerte nicht überschreiten:

$$l_i/h \leq \begin{cases} 35 & \text{allgemein} \quad (1.34a) \\ 150/l_i & \text{bei Bauteilen mit Trennwänden} \quad (1.34b) \end{cases}$$

Hierin ist $l_i = \alpha \cdot l$ als Ersatzstützweite eines frei drehbar gelagerten Einfeldträgers definiert, der unter gleichmäßig verteilter Belastung die gleiche Mittendurchbiegung und Krümmung in Feldmitte besitzt wie das untersuchte Bauteil (bei Kragträgern ist die Durchbiegung am Kragende und die Krümmung am Einspannquerschnitt maßgebend).

Für häufig vorkommende Fälle kann der Beiwert α der nachfolgende Tafel D.1.18 entnommen werden (nach [DAfStb-H240 – 91]). Bei vierseitig gestützten Platten ist die kleinere Stützweite maßgebend, bei dreiseitig gestützten Platten die Stützweite parallel zum freien Rand. Für durchlaufende Tragwerke dürfen die Beiwerte nur verwendet werden, wenn min $l \geq 0{,}8$ max l ist.

Tafel D.1.18 Beiwerte α zur Bestimmung der Ersatzstützweite l_i

Statisches System	$\alpha = l_i / l$
l	1,00
l; Endfeld; min l ≥ 0,8 max l	0,80
l; Innenfelder; min l ≥ 0,8 max l	0,60
l_k; ($l = l_k$)	2,40

Für andere Fälle, d. h., wenn die zuvor genannten Anwendungsgrenzen nicht eingehalten werden, kann der Beiwert α mit Hilfe der Angaben in [DAfStb-H240 – 91] ermittelt werden. Danach gilt bei

- Durchlaufträgern mit beliebigen Stützweiten

$$\alpha = \frac{1 + 4{,}8 \cdot (m_1 + m_2)}{1 + 4 \cdot (m_1 + m_2)} \quad \text{(D.1.35a)}$$

Grenze: $m_1 \geq -(m_2 + 5/24)$

- Kragbalken an Durchlaufträgern

$$\alpha = 0{,}8\left[\frac{l}{l_k}\left(4+3\frac{l_k}{l}\right) - \frac{q}{q_k}\left(\frac{l}{l_k}\right)^3 (4m+1)\right] \quad \text{(D.1.35b)}$$

Grenze: $m \leq \frac{q_k}{q}\left(\frac{l_k}{l}\right)^2 \cdot \left(1+\frac{3}{4}\frac{l_k}{l}\right) - \frac{1}{4}$

In Gln. (D.1.35a) und (D.1.35b) bedeuten (s. hierzu auch untenstehende Skizze):

$m = M/ql^2$ bezogene Momente über den Stützen des betrachteten Innenfeldes (m_1, m_2 bzw. M_1, M_2) bzw. über der vom Kragarm abliegenden Stütze des anschließenden Innenfeldes (m bzw. M). Die bezogenen Momente sind mit Vorzeichen einzusetzen.

q maßgebliche Gleichlast des untersuchten Feldes bzw. bei Kragträgern des an den Kragarm anschließenden Feldes

q_k maßgebliche Gleichlast des Kragarms

l Stützweite des untersuchten Feldes bzw. bei Kragträgern des an den Kragarm anschließenden Feldes

l_k Kragarmlänge

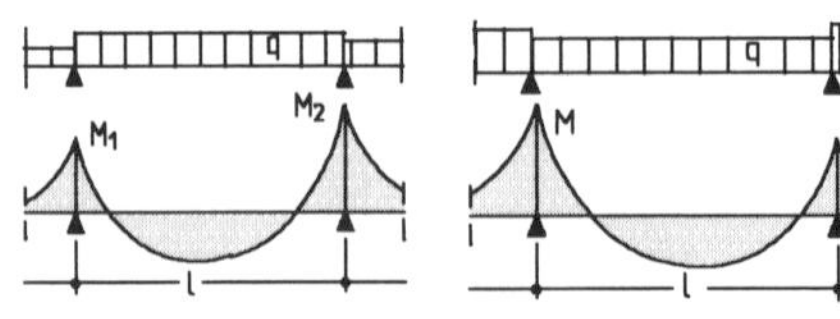

Bezeichnungen „Felder" Bezeichnungen „Kragträger"

Ergibt sich in Gl. (D.1.35b) der Wert α erheblich größer als 2,4, ist von der Anwendung des vereinfachten Verfahrens abzuraten; es wird dann ein rechnerischer Nachweis der Verformungen empfohlen.

Berechnung der Verformungen

Wenn ein genauerer Nachweis der Durchbiegungen erforderlich ist (z. B. wenn aus konstruktiven Gründen bestimmte Grenzwerte von Durchbiegungen einzuhalten sind), kann eine rechnerische Ermittlung mit den in [DAfStb-H240 – 91] bereitgestellten Hilfsmitteln erfolgen. Weitere Hinweise s. dort (vgl. a. Abschn. 2.4.2 und 2.9).

1.5 Bemessung für Querkraft

1.5.1 Allgemeine Erläuterungen

Querkraftbeanspruchungen treten in der Regel in Kombination mit Biegebeanspruchungen auf. Unter dieser Kombination entstehen im Zustand I über die Querschnittshöhe schiefe Hauptzug- σ_1 und Hauptdruckspannungen σ_2 (s. Abb. D.1.19), die nach der Festigkeitslehre in die Spannungskomponenten σ_x (ggf. σ_y) und τ_{xz} zerlegt werden.

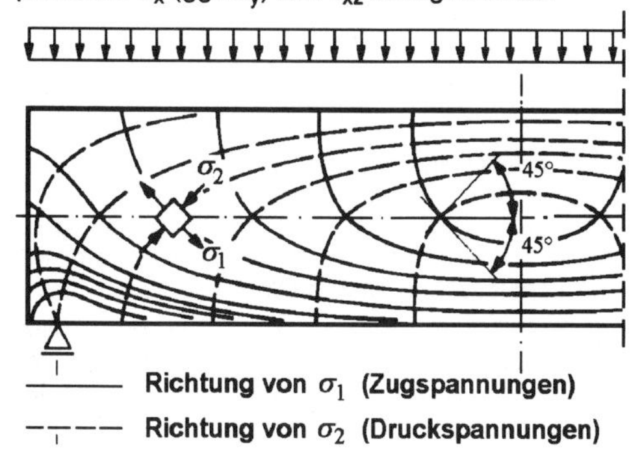

Abb. D.1.19 Schiefe Hauptspannungen im Zustand I für den Rechteckquerschnitt

Überschreiten die Hauptzugspannungen σ_1 die Zugfestigkeit des Betons, dann entstehen Risse rechtwinklig zu σ_1 (Übergang in den Zustand II). Beim Entstehen von Rissen im Beton lagern sich die Hauptzug- und Hauptdruckspannungen um.

Eine wirklichkeitsnahe Berechnung der Druck- und Zugspannungen im Zustand II ist sehr schwierig und kommt für eine praktische Berechnung nicht in Betracht. Das Tragverhalten wird daher durch Stabwerkmodelle beschrieben.

Bei *Platten ohne Schubbewehrung* entstehen zunächst auch im Querkraftbereich Biegerisse. Der geneigte Druckgurt und die Kornverzahnung im Riß übernehmen die Querkraft. Mit Laststeigerung öffnen sich die Risse, so daß die Kornverzahnungskräfte nachlassen. Kurz vor dem Bruch stellt sich eine Bogen-Zugband-Wirkung ein, wie sie vereinfachend in Abb. D.1.20 dargestellt ist. Für Platten ohne Schubbewehrung sollte daher das „Zugband" möglichst wenig geschwächt und gut an den Auflagern verankert werden (nach [DIN 1045–88] muß mindestens die Hälfte der Feldbewehrung über die Auflager geführt und verankert werden). Weitere Hinweise und Erläuterungen zur Schubtragfähigkeit von Platten s. [Leonhardt-T1 – 73], [Wommelsdorff-T1 – 89] u. a.

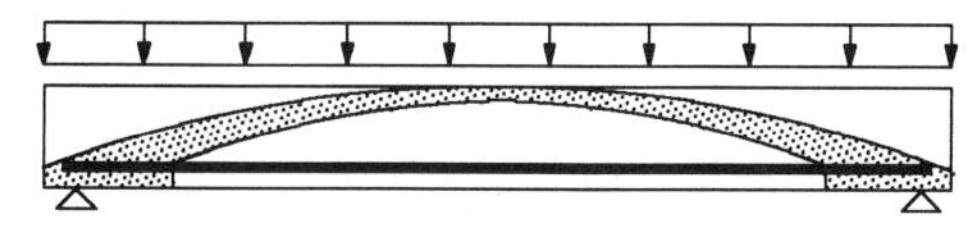

Abb. D.1.20 Bogen-Zugband-Modell zur Erläuterung des Tragverhaltens von Platten ohne Schubbewehrung

Über die *Schubtragfähigkeit von Balken* gibt es grundsätzliche Untersuchungen mit unterschiedlichen Modellvorstellungen. Für die Bemessung hat sich jedoch das Modell eines Fachwerks durchgesetzt mit der Betondruckzone als Druckgurt und der Biegezugzone bzw. der Längsbewehrung als Zuggurt; Druck- und Zuggurt sind verbunden durch von der Betontragfähigkeit bestimmte Druckdiagonalen und durch Zugstreben, die durch die Schubbewehrung in Form von Bügeln und/oder Schrägaufbiegungen dargestellt werden (Abb. D.1.21).

Grundlage für die Berechnung ist die von *Mörsch* entwickelte „klassische Fachwerkanalogie", die ausgeht von

- parallelen Druck- und Zuggurten
- Druckdiagonalen unter $\vartheta = 45°$
- Zugstreben unter einem beliebigen Winkel α.

Wie jedoch Versuche und theoretische Untersuchungen zeigen, sind insbesondere bei geringerer Schubbeanspruchung auch Modelle mit Druckstrebenneigungen $\vartheta < 45°$ möglich. Dadurch werden die Kräfte in diesem Fachwerk entscheidend beeinflußt. Insbesondere wird bei einem flachen Winkel ϑ die Schubbewehrung zum Teil erheblich vermindert, gleichzeitig jedoch auch die Beanspruchung in der Druckstrebe erhöht. Die Neigung der Druckstrebe ist also durch die aufnehmbare Betondruckkraft begrenzt. Sie darf außerdem zur Erfüllung von Verträglichkeiten in der Schubzone nicht beliebig flach gewählt werden.

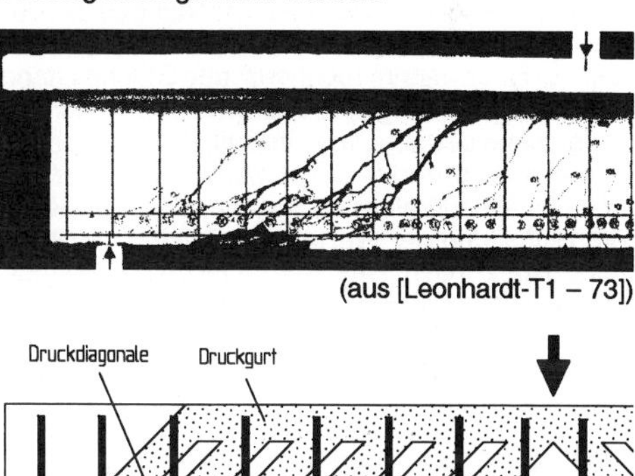

(aus [Leonhardt-T1 – 73])

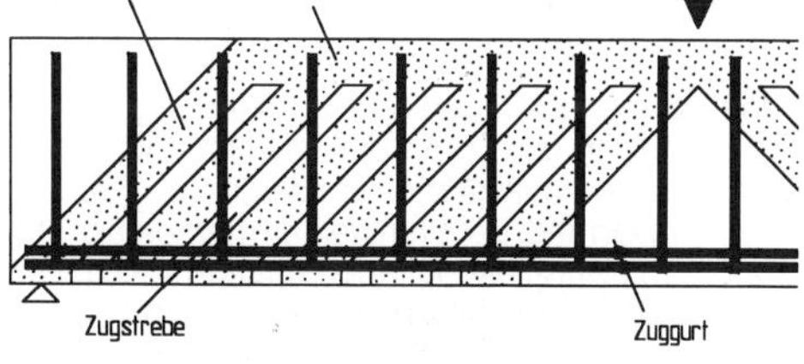

Abb. D.1.21 Rißbild eines Plattenbalkens mit Schubbewehrung und Fachwerkmodell zur Erläuterung des Tragverhaltens

Konkret wird die Querkrafttragfähigkeit in der Weise nachgewiesen, daß die maßgebende Querkraft Q_S bzw. die hieraus zu ermittelnde Schubspannung τ_0 die maximal zulässige der Betondruckstrebe nicht überschreitet und die Schubbewehrung in der Lage ist, die entsprechenden Zugstrebenkräfte aufzunehmen. Bei geringerer Schubbeanspruchung kommt man mit Druckstrebenneigungen $\vartheta < 45°$ in den Schubbereichen 1 und 2 zur sogenannten verminderten Schubdeckung (bei voller Schubsicherung), bei großer Schubbeanspruchung im Schubbereich 3 mit Strebenneigungen $\vartheta = 45°$ zur vollen Schubdeckung. Die Grenzen für die verminderte bzw. volle Schubdeckung richten sich nach der Höhe des Grundwertes der Schubspannung τ_0 (s. hierzu Abschn. 1.5.5).

Darüber hinaus sind aber auch die Gurtkräfte, die bereits nach der Biegetheorie bemessen wurden, zu „korrigieren"; die Zuggurtkräfte eines Netzfachwerks sind nämlich um

$$\Delta Z = 0{,}5 \cdot |Q| \cdot (\cot \vartheta - \cot \alpha) \quad \text{(D.1.36)}$$

(mit ϑ als Neigungswinkel der Druckstrebe und α als Neigung der Schubbewehrung gegen die Bauteilachse) größer als die mit $Z_s = M/z$ (bei reiner Biegung) im Rahmen der Biegebemessung ermittelten; im gleichen Maße sind die Druckgurtkräfte kleiner.

Diese Vergrößerung der Zuggurtkräfte wird in der Praxis im allgemeinen bei einer Zugkraftdeckung durch Verschieben der M/z-Linie um das Versatzmaß v berücksichtigt. Weitergehende Erläuterungen s. z. B. [Leonhardt-T1 – 73].

In DIN 1045 werden die entsprechenden Nachweise mit den Schnittgrößen und Spannungen des Gebrauchszustandes geführt. Dennoch erfolgt auch hier der Nachweis im rechnerischen Bruchzustand, da das zugrunde liegende Fachwerkmodell sich erst in der Nähe des Bruches einstellt. Der Sicherheitsabstand wird durch Begrenzung der unter Gebrauchslast auftretenden Spannung sichergestellt. Bei Einhaltung der Werte nach Tafeln D.1.19 und D.1.20 kann nach [DIN 1045 – 88], 17.1.1 mindestens ein Sicherheitsbeiwert $\gamma = 1{,}75$ vorausgesetzt werden.

1.5.2 Maßgebende Querkraft Q_S

Als maßgebende Querkraft Q_S im Auflagerbereich gilt für Balken und Platten mit gleichmäßig verteilter Belastung im allgemeinen die größte Querkraft am Auflagerrand. Bei unmittelbarer (direkter) Stützung, d. h., wenn die Auflagerkraft normal zum unteren Balkenrand mit Druckspannungen eingetragen werden kann, darf Q_S jedoch im Abstand 0,5 h vom Auflagerrand gewählt werden; die Bemessungsquerkräfte für einen Balken unter Gleichstreckenlast sind in Abb. D.1.22 dargestellt.

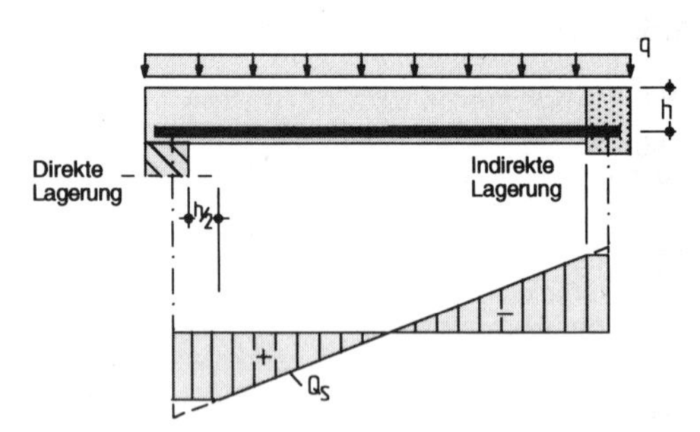

Abb. D.1.22 Bemessungsquerkraft bei direkter und indirekter Stützung

Bei *Bauteilen mit veränderlicher Bauhöhe* darf bzw. muß die Querkraftkomponente der geneigten Gurtkräfte D_b und Z_s berücksichtigt werden (nachfolgend ist der Fall der Querkraftverminderung bei positiven Schnittgrößen dargestellt):

$$Q_S = Q_0 - Q_{Db} - Q_{Zs} \quad \text{(D.1.37)}$$

Q_0 Bemessungsquerkraft bei konstanter Bauhöhe

Q_{Db} Querkraftkomponente der Betondruckkraft D_b parallel zu Q_0

$$Q_{Db} = (M_s/z) \cdot \tan \varphi_o \approx (M_s/h) \cdot \tan \psi_o$$
$$M_s = M - N \cdot z_s$$

Q_{Zs} Querkraftkomponente von Z_s parallel zu Q_0

$$Q_{Zs} = (M_s/z + N) \cdot \tan \varphi_u \approx (M_s/h + N) \cdot \tan \varphi_u$$
(M_s wie vorher)

Q_{Db} und Q_{Zs} sind positiv, wenn sie – wie in Abb. D.1.23 dargestellt – in Richtung von Q_0 weisen (das gilt, wenn in Trägerlängsrichtung mit steigendem $|M|$ auch die Balkenhöhe h zunimmt [Grasser – 97]).

(Die Berücksichtigung von auflagernahen Einzellasten und die daraus zulässige Reduzierung der Bemessungsquerkraft – soweit es die Ermittlung der Schubbewehrung betrifft – wird im Abschn. 1.5.6 behandelt.)

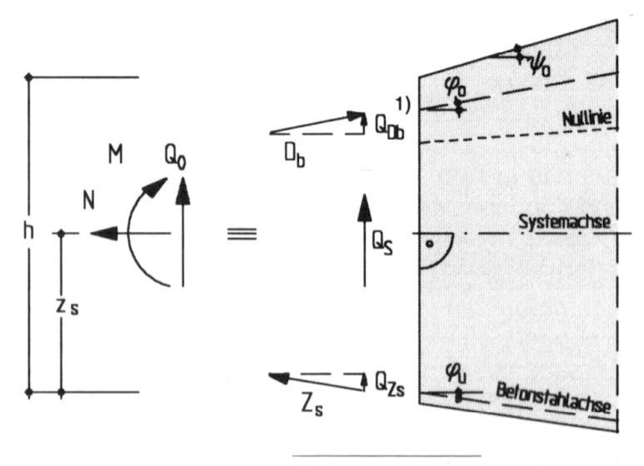

1) Erläuterung und Darstellung ohne Anordnung von Druckbewehrung

Abb. D.1.23 Querkraftkomponenten geneigter Gurtkräfte

1.5.3 Grundwert der Schubspannung τ_0

Nullinie innerhalb des Querschnitts

Liegt die Dehnungsnullinie bei biegebeanspruchten Bauteilen innerhalb des Querschnitts, gilt als Grundwert die Schubspannung τ_0 in Höhe der Nullinie bzw. der kleinsten Breite zwischen Nullinie und Zugbewehrung im Zustand II:

$$\tau_0 = \frac{Q_S}{\min b_0 \cdot z} \qquad \text{(D.1.38)}$$

mit Q_S als maßgebender Querkraft (s. Abschn. 1.5.2), min b_0 als kleinster Querschnittsbreite in der Zugzone und z als Hebelarm der inneren Kräfte.

Nullinie außerhalb des Querschnitts

Weist der ganze Querschnitt nur Längs**druck**spannungen auf, darf als Grundwert τ_0 die im Zustand I auftretende größte Hauptzugspannung σ_1 angenommen werden. Die Hauptdruckspannung σ_2 im Zustand II darf für lotrechte Schubbewehrung den Wert $2 \cdot \tau_{03}$ nicht überschreiten. Bei Querschnitten, die nur **Zug**spannungen aufweisen, darf der Grundwert τ_0 den Wert τ_{02} nicht überschreiten. Eine verminderte Schubdeckung ist in den beiden Fällen nicht zulässig (weitere Hinweise s. [Grasser – 97]).

1.5.4 Bauteile ohne Schubbewehrung

Auf Schubbewehrung darf im allgemeinen nur bei Platten (und in Tür- und Fensterstürzen mit $l \leq 2$ m, bei denen sich eine Gewölbetragwirkung nach DIN 1053 einstellen kann) verzichtet werden. Dabei darf der Grundwert der Schubspannung τ_0 den Wert $k_1 \cdot \tau_{011}$ bzw. $k_2 \cdot \tau_{011}$ nicht überschreiten:

$$\tau_0 \leq k_1 \cdot \tau_{011} \quad \text{bzw.} \qquad \text{(D.1.39a)}$$
$$\tau_0 \leq k_2 \cdot \tau_{011} \qquad \text{(D.1.39b)}$$

mit τ_{011} als Grenzen der Grundwerte gemäß Tafel D.1.19. Für die Beiwerte k_1 und k_2 gilt die Beziehung

$$k_1 = \frac{0{,}2}{d} + 0{,}33 \begin{cases} \geq 0{,}5 \\ \leq 1{,}0 \end{cases} \quad \text{im allgemeinen}$$

$$k_2 = \frac{0{,}12}{d} + 0{,}6 \begin{cases} \geq 0{,}7 \\ \leq 1{,}0 \end{cases} \quad \text{Höchstwert von } M \text{ und } Q \text{ treffen nicht zusammen}$$

(d Plattendicke in m)

Tafel D.1.19 Grenzen τ_{011} der Grundwerte der Schubspannung τ_0
[DIN 1045 – 88], Tabelle 13

Beton B	15	25	35	45	55
$\tau_{011,a}$ *) [N/mm²]	0,25	0,35	0,40	0,50	0,55
$\tau_{011,b}$ *) [N/mm²]	0,35	0,50	0,60	0,70	0,80

*) Die Werte τ_{011a} gelten bei gestaffelter, d. h. teilweise in der Zugzone verankerter Feldbewehrung.

Wie aus den Gleichungen D.1.39a und D.1.39b und den zugehörigen Erläuterungen zu sehen ist, wird die Schubtragfähigkeit von Platten ohne Schubbewehrung neben der Betonfestigkeit und den Bauteilabmessungen durch zwei Faktoren beeinflußt, nämlich durch

- die Dicke der Platte (ausgedrückt durch die Faktoren k_1 und k_2)
- den Grad der Biegezugbewehrung (ausgedrückt über die beiden Schubspannungswerte $\tau_{011,a}$ und $\tau_{011,b}$ für eine gestaffelte bzw. nicht gestaffelte Biegezugbewehrung).

Diese Zusammenhänge werden durch Versuche belegt (s. [Leonhardt-T1 – 73]), die zeigen, daß die relative Schubtragfähigkeit mit zunehmender Bauhöhe abnimmt; begründet ist dies in der auf die Plattendicke bezogenen schlechteren Kornverzahnung bei dicken Platten, die im allgemeinen die gleichen Korngrößen aufweisen wie dünnere Platten. Ebenso hat sich der günstige Einfluß einer großen Dehnsteifigkeit des Zuggurts gezeigt; die Längsbewehrung sollte daher zum Auflager hin möglichst wenig gestaffelt werden und dort sorgfältig verankert werden.

Die Abbildungen D.1.24a und D.1.24b zeigen qualitativ diese Einflüsse in Abhängigkeit von der Schubspannung des Bruchzustandes $\tau_u = Q_u / (b_0 \cdot z)$.

a)

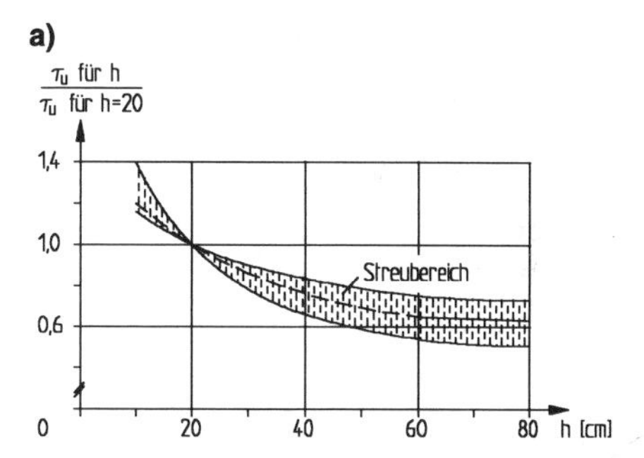

b)

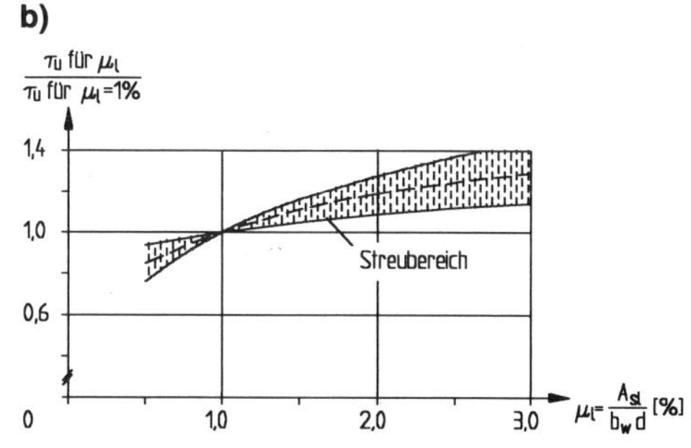

Abb. D.1.24: Schubtragfähigkeit von Bauteilen ohne Schubbewehrung (s. [Leonhardt-T1 – 73])
a) Einfluß der Nutzhöhe h
b) Einfluß der Längsbewehrung μ_L

1.5.5 Bauteile mit Schubbewehrung

Die Bemessungsgleichungen für Balken mit lotrechter Schubbewehrung sollen an einem Fachwerkmodell gemäß Abb. D.1.25 gezeigt werden. Bei einer Beanspruchung infolge einer mittig angreifenden Einzellast ergeben sich die für den Knoten 1 und 2 dargestellten Druck- und Zugstrebenkräfte. Für die Spannungen σ_b in der Druckstrebe D_1 und σ_s in der Zugstrebe Z_1 erhält man für den Sonderfall der lotrechten Schubbewehrung

$$\sigma_b = \frac{Q_S}{\sin\vartheta} \cdot \frac{1}{z \cdot \sin\vartheta \cdot \cot\vartheta} \cdot \frac{1}{b_0}$$

$$= \frac{Q_S}{b_0 \cdot z} \cdot \frac{1+\cot^2\vartheta}{\cot\vartheta} \leq \nu\beta_R \qquad \text{(D.1.40a)}$$

$$\sigma_s = Q_S \cdot \frac{1}{z \cdot \cot\vartheta} \cdot \frac{1}{A_{s,bü}/s_{bü}}$$

$$= \frac{Q_S}{(A_{s,bü}/s_{bü}) \cdot z} \cdot \frac{1}{\cot\vartheta} \leq \beta_{s,bü} \qquad \text{(D.1.40b)}$$

Mit $\sigma_b = \tau_0$ und für $\vartheta = 45°$ wird aus Gl. (D.1.40a)

$$\tau_0 = \frac{Q_S}{b_0 \cdot z} \leq 0{,}5\,\nu\beta_R \qquad \text{(D.1.41)}$$

Mit der in der Betondruckstrebe größten zulässigen Betondruckspannung $0{,}5\,\nu\beta_R = \tau_{03}$ wird die Tragfähigkeit der Betondruckstrebe nachgewiesen:

$$\tau_0 = \frac{Q_S}{b_0 \cdot z} \leq \tau_{03} \qquad \text{(D.1.42)}$$

Die Ermittlung der Schubbewehrung erfolgt mit Gleichung (D.1.40b) mit

$$A_{s,bü}/s_{bü} \geq \frac{Q_S}{z \cdot \beta_{s,bü}} \cdot \frac{1}{\cot\vartheta} \qquad \text{(D.1.43)}$$

oder auch – ausgedrückt über die Schubspannung $\tau_0 = Q_S / (b_0 \cdot z)$ – mit $a_{s,bü} = A_{s,bü}/s_{bü}$

$$a_{s,bü} \geq \frac{\tau_0 \cdot b_0}{\beta_{s,bü}} \cdot \tan\vartheta \qquad \text{(D.1.44)}$$

Bei hoher Schubbeanspruchung, d. h., wenn die Schubspannung τ_0 in der Nähe von τ_{03} liegt oder diesen Wert sogar erreicht, ist zur Sicherstellung der Tragfähigkeit der Druckstrebe ein Neigungswinkel $\vartheta = 45°$ erforderlich (s. Gl. (D.1.42)); nach der Definition in DIN 1045 befindet man sich dann im sog. Schubbereich 3, für den als Bemessungswert der Schubspannung gilt (s. nachfolgend):

$$\tau = \tau_0 \cdot \tan 45° = \tau_0 \qquad \text{(D.1.45a)}$$

Bei geringerer Schubbeanspruchung kann der Neigungswinkel ϑ reduziert werden, ohne daß die Tragfähigkeit der Druckstrebe gefährdet ist. Er darf jedoch zur Sicherstellung von Verträglichkeiten der Verzerrungen infolge Bügeldehnungen, Längsdehnungen der Gurte und Strebenstauchungen (vgl. [Kupfer – 89]) nicht beliebig flach gewählt werden. Nach DIN 1045 gilt als Begrenzung im sog. Schubbereich 1 ein Winkel $\vartheta = 22{,}4°$, ausgedrückt über den Bemessungswert der Schubspannung τ

$$\tau = \tau_0 \cdot \tan 22{,}4° = 0{,}4 \cdot \tau_0 \qquad \text{(D.1.45b)}$$

Zwischen den Schubbereichen 1 und 3 kommt man mit einem variablen Winkel $\tan\vartheta = \tau_0 / \tau_{02}$, der mit zunehmender Schubbeanspruchung steiler wird und mit $\tau_0 = \tau_{02}$ dann 45° erreicht, zum Bemessungswert

$$\tau = \tau_0 \cdot (\tau_0 / \tau_{02}) = \tau_0^2 / \tau_{02} \qquad \text{(D.1.45c)}$$

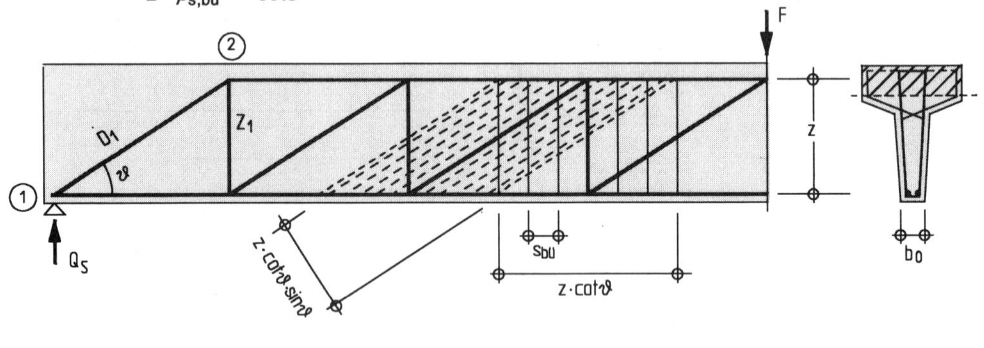

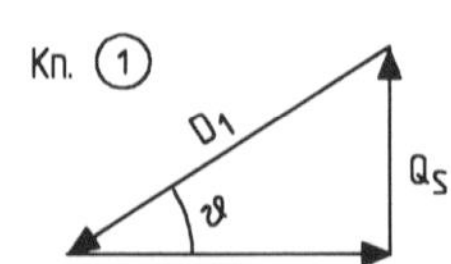

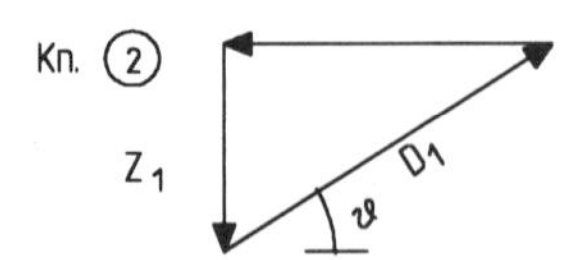

Abb. D.1.25 Fachwerkmodell für Bauteile mit lotrechter Schubbewehrung

Regelungen in DIN 1045

In Balken, Plattenbalken, Rippendecken etc. ist stets eine Schubbewehrung anzuordnen. In Platten ist Schubbewehrung nur in den Abschnitten erforderlich, in denen der Grundwert τ_0 die in Gl. (D.1.39) genannten Grenzen überschreitet.

Grundsätzlich ist zunächst nachzuweisen, daß bestimmte Schubspannungsgrenzen (s. Tafel D.1.20) nicht überschritten werden. Im einzelnen gilt bzw. ist nachzuweisen:

- Platten (Balken bei d bzw. $d_0 < 30$ cm): $\tau_0 \leq \tau_{02}$
- für Balken bei d bzw. $d_0 \geq 30$ cm: $\tau_0 \leq \tau_{03}$

Der Nachweis der Schubbewehrung bzw. der Schubdeckung erfolgt in Abhängigkeit von Schubbereichen. Je nach Größe von τ_0 gelten für die Bemessung der Schubbewehrung:

Schubbereich 1:

Platten $\max \tau_0 \leq k_1 \tau_{011}$ bzw.
$\max \tau_0 \leq k_2 \tau_{011}$
keine Schubbewehrung erforderlich
(s. Abschn. 1.5.4)

Balken $\max \tau_0 \leq \tau_{012}$
Bemessungswert $\tau = 0{,}4 \cdot \tau_0$

Schubbereich 2:

Platten $k_1 \tau_{011} < \max \tau_0 \leq \tau_{02}$ bzw.
$k_2 \tau_{011} < \max \tau_0 \leq \tau_{02}$
Bemessungswert $\tau = \tau_0^2 / \tau_{02} \geq 0{,}4 \cdot \tau_0$

Balken $\max \tau_0 \leq \tau_{02}$
Bemessungswert $\tau = \tau_0^2 / \tau_{02} \geq 0{,}4 \cdot \tau_0$

Schubbereich 3:

Balken $\max \tau_0 \leq \tau_{03}$
Bemessungswert $\tau = \tau_0$

Für die Bemessung der Schubbewehrung können im jeweiligen Schubbereich damit unmittelbar folgende Gleichungen angegeben werden:

– für *lotrechte* Schubbewehrung (Bügel)

- SB 1: $a_s = \dfrac{0{,}4 \cdot \tau_0 \cdot b_0}{\sigma_{s,zul}}$ (D.1.46a)
- SB 2: $a_s = \dfrac{\tau_0^2 \cdot b_0}{\tau_{02} \cdot \sigma_{s,zul}} \geq \dfrac{0{,}4 \cdot \tau_0 \cdot b_0}{\sigma_{s,zul}}$ (D.1.46b)
- SB 3: $a_s = \dfrac{\tau_0 \cdot b_0}{\sigma_{s,zul}}$ (D.1.46c)

mit zul $\sigma_s = \beta_s / 1{,}75$ als zulässige Stahlspannung

– für *geneigte* Schubbewehrung

Die Gleichungen (D.1.46a) bis (D.1.46c) sind mit $1/(\sin \alpha + \cos \alpha)$ zu multipizieren, wobei α der Neigungswinkel zwischen Schubbewehrung und Bauteilachse ist. Es ist jedoch zu beachten, daß in Balken, Plattenbalken und Rippendecken stets Bügel anzuordnen sind mit einem Mindestquerschnitt $\tau_{bü} = 0{,}25\ \tau_0$.

Tafel D.1.20 Grenzwerte τ_0 der Schubspannung [DIN 1045 – 88], Tabelle 13

Beton B	15	25	35	45	55
τ_{012} in N/mm²	0,50	0,75	1,00	1,10	1,25
τ_{02} in N/mm²	1,20	1,80	2,40	2,70	3,00
τ_{03} in N/mm²	2,00	3,00	4,00	4,50	5,00

1.5.6 Auflagernahe Einzellasten

Für Einzellasten im Abstand $a \leq 2\ h$ von der Auflagermitte darf bei *direkter* Lagerung der Querkraftanteil aus der Einzellast im Verhältnis

$$\beta = a / 2h \quad \text{(D.1.47)}$$

multipliziert werden. Diese Abminderung gilt nur für die Ermittlung der Schubbewehrung, nicht jedoch für den Nachweis der Druckstrebenbeanspruchung und -neigung (!), d. h. Nachweis, daß die größte zulässige Schubbeanspruchung nicht überschritten wird *und* Festlegung des Schubbereichs.

Bei gleichzeitiger Wirkung von Gleichlasten und auflagernahen Einzellasten im Schubbereich 2 (d. h., $(\tau_{0q} + \tau_{0F}) \leq \tau_{02}$) beträgt der Bemessungswert

$$\tau = (\tau_{0q} + \tau_{0F} \cdot \beta) \cdot (\tau_{0q} + \tau_{0F}) / \tau_{02} \geq 0{,}4 \cdot (\tau_{0q} + \tau_{0F} \cdot \beta) \quad \text{(D.1.48)}$$

mit τ_{0q} als Schubspannung infolge der Gleichstreckenlast q und τ_{0F} als Schubspannung infolge der Einzellast F.

1.5.7 Anschluß von Druck- und Zuggurten

Bei Plattenbalken oder Hohlkästen müssen Platten, die als Druck- oder Zuggurt mitwirken, schubfest an den Steg angeschlossen werden. Ebenso wie in Balkenstegen ist der schubfeste Anschluß über Druck- und Zugstreben sicherzustellen.

Schubspannung eines Druckgurts (s. Abb. D.1.26a)

$$\tau_{0a} = \tau_0 \cdot \frac{b_0 \cdot D_{ba}}{d_a \cdot D_b} \approx \tau_0 \cdot \frac{b_0 \cdot A_{ba}}{d_a \cdot A_{bD}} \quad \text{(D.1.49a)}$$

Schubspannung eines Zuggurts (s. Abb. D.1.26b)

$$\tau_{0a} = \tau_0 \cdot \frac{b_0 \cdot Z_{sa}}{d_a \cdot Z_s} \approx \tau_0 \cdot \frac{b_0 \cdot A_{sa}}{d_a \cdot A_s} \quad \text{(D.1.49b)}$$

Für die Bemessung des Druck- und des Zuggurtes sind zunächst die Schubspannungen zu begrenzen:

$$\tau_{0a} \leq \tau_{02} \quad \text{(D.1.50)}$$

Die Anschlußbewehrung wird dann ermittelt aus

$$a_{sa} = \frac{\tau \cdot d_a}{\text{zul } \sigma_s} \quad \text{(D.1.51)}$$

mit $\tau = \tau_{0a}^2 / \tau_{02} \geq 0{,}4 \tau_{0a}$ (Bemessunsgwert der Schubspannung)
zul $\sigma_s = \beta_s / 1{,}75$ (Stahlspannung des Gebauchszustandes)

D

a)

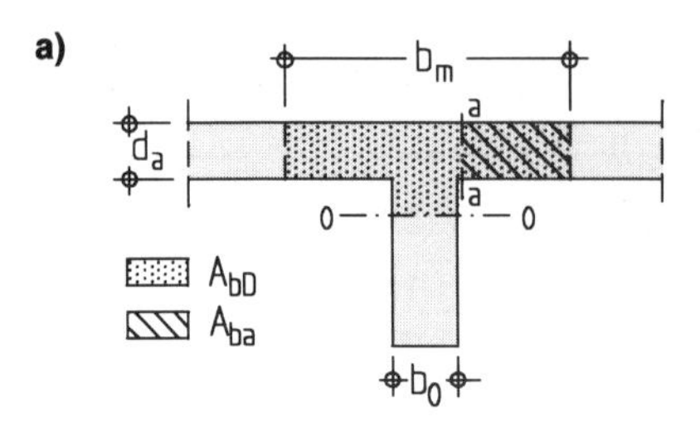

b)

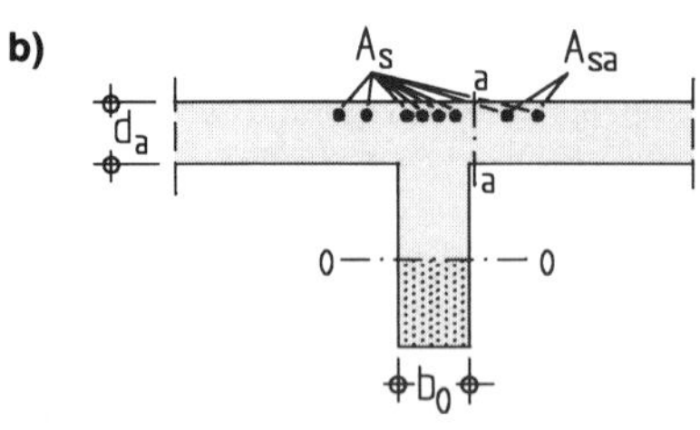

Abb. D.1.26 Anschluß eines Gurts an einen Steg
a) Druckgurt
b) Zuggurt

Die erforderliche Schubbewehrung ist bei Schubbeanspruchung allein gleichmäßig auf Ober- und Unterseite zu verteilen, wobei eine ggf. vorhandene und über den Steg durchlaufende oder dort mit l_1 verankerte Bewehrung angerechnet werden darf. Bei einer kombinierter Beanspruchung durch Schub und Querbiegung (beispielsweise bei dem im Hochbau sehr häufigen Fall, wenn der Obergurt gleichzeitig als Platte in Querrichtung wirkt) genügt es, außer der Bewehrung infolge von Querbiegung die Hälfte der Anschlußbewehrung nach Gl. (D.1.51) infolge von Schub auf der Biegezugseite der Platte anzuordnen.

Unter bestimmten Voraussetzungen ist nach den Regelungen von [DIN 1045 – 88], Abschn. 18.8.5 ein rechnerischer Nachweis der Anschlußbewehrung entbehrlich. Das gilt dann, wenn es sich um Bauteile des üblichen Hochbaus handelt und die Anschlußbewehrung mindestens gleich der Hälfte der Schubbewehrung im Steg ist. Bei gleichzeitiger Querbiegung genügt es, wenn – in Analogie zum allgemeinen Fall (s. vorhergehender Absatz) – ein Viertel der Schubbewehrung des Steges zur Biegezugbewehrung addiert wird (vgl. auch [Grasser – 97]). In diesen Fällen darf außerdem für Druckgurte auf den Nachweis der Schubspannung τ_{0a} verzichtet werden.

Bei einer konzentrierten Lasteinleitung an Trägerenden ohne Querträger und einer in der Platte angeordneten Biegezugbewehrung ist eine verminderte Schubdeckung nicht zulässig, d. h., es ist dort immer für τ_{0a} zu bemessen. Wegen weiterer konstruktiver Hinweise s. [DIN 1045 – 88], Abschn. 18.8.5.

1.5.8 Schubfugen
(Zusammenwirken von Fertigteilen und Ortbeton)

Schubfugen übertragen Schubkräfte zwischen nebeneinanderliegenden Fertigteilen oder zwischen Ortbeton und einem vorgefertigten Bauteil (s. hierzu auch Abschn. D.2.5.8). Für die Schubübertragung und für die Bemessung ist [DIN 1045 – 88], Abschn. 19 zu beachten.

Danach darf bei der Bemessung von durch Ortbeton ergänzten Fertigteilquerschnitten so vorgegangen werden, als ob der Gesamtquerschnitt von Anfang an einheitlich hergestellt worden wäre. Voraussetzung hierfür ist jedoch:

- Die Fugen müssen rauh oder ausreichend profiliert ausgeführt werden.
- Die in der Fuge wirkenden Schubkräfte werden durch Bewehrung aufgenommen.
- Der Grundwert der Schubspannung τ_0 darf τ_{02} nicht überschreiten.
- Im allgemeinen ist volle Schubdeckung erforderlich, d. h., daß von der Abminderung des Grundwertes τ_0 auf den Bemessungswert τ in den Schubbereichen 1 und 2 kein Gebrauch gemacht werden darf.
- Bei Decken unter vorwiegend ruhender Belastung des üblichen Hochbaus – nicht jedoch bei Fabriken und Werkstätten – darf der Grundwert τ_0 der Schubspannung für die Bemessung der Verbundbewehrung abgemindert werden. Voraussetzung ist, daß die Berührungsflächen rauh sind und der Grundwert τ_0 bei Platten 0,7 τ_{011}, bei anderen Bauteilen 0,7 τ_{012} nicht überschreitet. Der Bemessungswert τ ergibt sich dann wie folgt
  $$\tau = \tau_0^2 / 0{,}7\tau_{011} \geq 0{,}4\,\tau_0$$
  $$\tau = \tau_0^2 / 0{,}7\tau_{012} \geq 0{,}4\,\tau_0$$
  (vgl. [DIN 1045 – 88], 19.7.2)

Neuere Untersuchungen weisen darauf hin, daß in bestimmten Fällen die Regelungen nach [DIN 1045 – 88] konservativ sind. Diesbezüglich wird auf [DAfStb-H400 – 93] verwiesen (vgl. auch [Steinle/Hahn – 95]).

Bezüglich weiterer Maßnahmen wie beispielsweise die erforderlichen konstruktiven Maßnahmen für die Querverbindung von Fertigteilen wird auf [DIN 1045 – 88], Abschnitt 19 verwiesen.

1.6 Bemessung für Torsion (Bruchzustand)

1.6.1 Grundsätzliches

Ein rechnerischer Nachweis der Torsionsbeanspruchung ist im allgemeinen nur erforderlich, wenn das statische Gleichgewicht von der Torsionstragfähigkeit abhängt („Gleichgewichtstorsion"). Wenn Torsion aus Verträglichkeitsbedingungen auftritt („Verträglichkeitstorsion"), ist ein rechnerischer Nachweis im Bruchzustand nicht erforderlich; es ist jedoch eine konstruktive Torsionsbewehrung anzuordnen, um die Rißbreite im Gebrauchszustand angemessen zu begrenzen.

Wird die Torsionsteifigkeit GI_T in der Berechnung berücksichtigt, ist hierfür zu beachten, daß sie bereits im Zustand I infolge Mikrorißbildung kleiner ist als der „elastische" Wert; beim Übergang in den Zustand II fällt die Steifigkeit weiter rasch ab. In [DAfStb-H240 – 91] werden genannt

- oberer Rechenwert: $(GI_T)^{I} = 0{,}33 \cdot E_b \cdot I_T$
- unterer Rechenwert: $(GI_T)^{II} = 0{,}10 \cdot E_b \cdot I_T$

mit E_b als Elastizitätsmodul des Betons (s. Abschn. 1.3.1) und I_T als Torsionsträgheitsmoment im Zustand I (vgl. Tafel D.1.21). Weitere Hinweise siehe [DAfStb-H240 – 91].

Die inneren Tragsysteme bei Torsions- und bei Querkraftbeanspruchung unterscheiden sich nicht grundsätzlich. Bei reiner oder überwiegender Torsion sind die Betondruckstreben jedoch wendelartig gerichtet. Die – theoretisch – ebenfalls wendelartig gerichteten Zugstrebenkräfte werden aus baupraktischen Gründen üblicherweise durch eine senkrecht und längs zur Bauteilachse angeordnete Bewehrung abgedeckt, also durch Bügel und durch eine über den Umfang verteilte oder in den Ecken konzentrierte Längsbewehrung. Dies sollte schon allein wegen der Abhängigkeit der Wendelbewehrung vom Drehsinn des Torsionsmoments (Verwechselungsgefahr!) erfolgen.

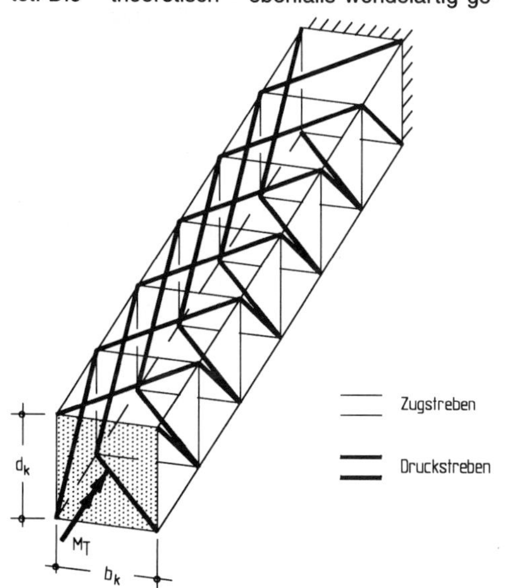

Abb. D.1.27 Fachwerkmodell für reine Torsion bei einer parallel und senkrecht zur Bauteilachse angeordneten Bewehrung

In Abb. D.1.27 ist ein entsprechendes Fachwerkmodell dargestellt (vgl. [Leonhardt-T1 – 73]); die wendelartig verlaufenden Betondruckstreben stehen in den Knotenpunkten mit der orthogonalen Bügelbewehrung und mit in den Ecken konzentrierten Längsstäben im Gleichgewicht. Wie aus dem Fachwerkmodell hervorgeht, müssen als Torsionsbewehrung *geschlossene* Bügel (in Kombination mit über den Querschnittsumfang verteilten Längsstäben) angeordnet werden.

1.6.2 Nachweis bei reiner Torsion

Es ist zunächst der Grundwert der Torsionsschubspannung zu bestimmen; er wird nach [DIN 1045 – 88], 17.5.6 mit den Betonquerschnittswerten des Zustandes I unter Gebrauchslasten ermittelt aus

$$\tau_T = M_T / W_T \qquad \text{(D.1.52)}$$

Der Torsionswiderstand W_T (und das Torsionsflächenmoment I_T) geschlossener Querschnitte können üblichen Tabellenwerken entnommen werden; für häufig im Hochbau vorkommende Fälle wird auf Tafel 1.21verwiesen. Bei zusammengesetzten offenen Querschnitten wird das Gesamttorsionsmoment M_T auf die einzelnen Teilquerschnitte im Verhältnis ihrer Torsionsflächenmomente I_{Ti} aufgeteilt

$$M_{Ti} = M_T \cdot (I_{Ti} / \Sigma I_{Ti})$$

und für jeden Teilquerschnitt die Schubspannung bestimmt.

Das sich im Zustand II einstellende Tragmodell entsprechend Abb. D.1.27 wird jedoch zunächst beim Nachweis der Druckstrebentragfähigkeit noch nicht berücksichtigt; sie gilt als nachgewiesen, wenn die

Tafel D.1.21 Torsionsflächenmoment I_T und Torsionswiderstandsmoment W_T

<table>
<tr><th colspan="2">Querschnittsform</th><th colspan="5">I_T</th><th colspan="2">W_T</th></tr>
<tr><td colspan="2">Kreis (d)</td><td colspan="5">$0{,}0982 d^4$</td><td colspan="2">$0{,}1963\, d^3$</td></tr>
<tr><td colspan="2" rowspan="4">Recht-eck (d > b)</td><td colspan="5">$\alpha b^3 d$</td><td colspan="2">$\beta b^2 d$</td></tr>
<tr><td>d/b</td><td>1,00</td><td>1,50</td><td>2,00</td><td>3,00</td><td>5,00</td><td>10,0</td><td>∞</td></tr>
<tr><td>α</td><td>0,140</td><td>0,196</td><td>0,229</td><td>0,263</td><td>0,291</td><td>0,313</td><td>0,333</td></tr>
<tr><td>β</td><td>0,208</td><td>0,231</td><td>0,246</td><td>0,267</td><td>0,291</td><td>0,313</td><td>0,333</td></tr>
<tr><td colspan="2">Hohl-kasten (d, b, t_1, t_2, t_3, t_4)</td><td colspan="5">$\dfrac{4 \cdot b \cdot d}{\frac{1}{b}\left(\frac{1}{t_1}+\frac{1}{t_2}\right)+\frac{1}{d}\left(\frac{1}{t_3}+\frac{1}{t_4}\right)}$</td><td colspan="2">$2 \cdot b\, d \cdot t_{min}$</td></tr>
</table>

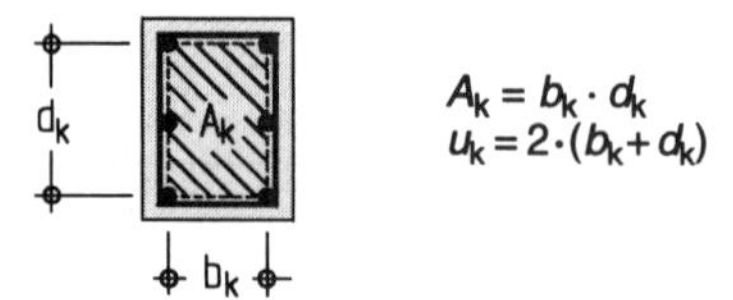

Abb. D.1.28 Ersatzhohlkasten

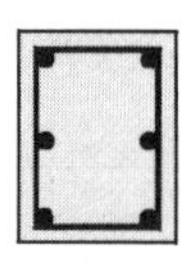
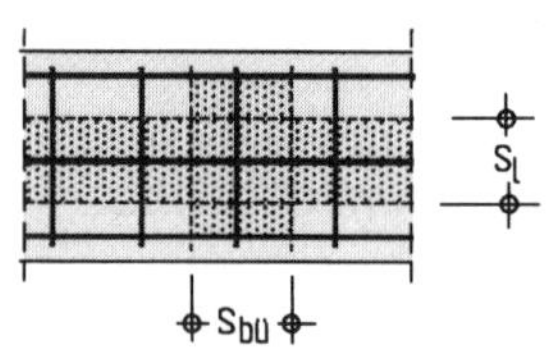

Abb. 1.29 Bezeichnungen

nach Zustand I sich ergebende Schubspannung τ_T entsprechend Gl. (D.1.52) den festgelegten Höchstwert τ_{02} (s. a. nachfolgend) nicht überschreitet. Die τ_T-Werte entsprechend Gl. 1.52 sind aus der Elastizitätstheorie abgeleitet; sie erfassen also nicht das wahre Verformungsverhalten und dürfen deshalb nur für die Bestimmung des Grundwertes τ_T benutzt werden. Erst bei der Ermittlung der Zugstreben bzw. der Bewehrung – als Bügel und Längsstäbe – wird ein Stabwerkmodell entsprechend Abb. D.1.27 zugrunde gelegt, wobei der Querschnitt als (Ersatz)-Hohlkasten definiert ist, dessen Mittellinie durch die Mitten der Längsstäbe der Torsionslängsbewehrung (Eckstäbe) verläuft (s. Abb. D.1.28).

Über den Umfang des gedachten Fachwerks entsteht die konstante Schubkraft

$$T'_T = M_T / (2 \cdot A_k) \qquad \text{(D.1.53)}$$

mit $A_k = b_k \cdot d_k$ als Kernquerschnitt (s. Abb. D.1.28). Die dabei auftretenden Hauptzugkräfte müssen durch Bewehrung entsprechend Abschn. 1.6.3 abgedeckt werden.

1.6.3 Nachweis bei kombinierter Beanspruchung

Tragwerke mit reiner Torsionsbeanspruchung kommen in der Praxis kaum vor. Die Torsionsbeanspruchung wird im allgemeinen überlagert mit einer gleichzeitigen Biege- und Querkraftbeanspruchung. In vielen baupraktischen Fällen wird man dennoch das Tragverhalten nicht genauer erfassen müssen. Man kann sich vielmehr mit vereinfachenden Regeln begnügen, die darauf beruhen, daß die Beanspruchungsarten getrennt betrachtet werden; die gegenseitige Beeinflussung wird dann über vereinfachende Interaktionsregeln berücksichtigt.

Im einzelnen ist in DIN 1045 festgelegt:

Nachweis der Torsionsschubspannungen / Hauptdruckspannungen

- Torsion allein

  ohne Nachweis der Bewehrung: $\tau_T \leq 0{,}25\ \tau_{02}$
  Höchstwert: $\tau_T \leq \tau_{02}$

- Querkraft und Torsion

  für Querkraft allein: $\tau_0 \leq \tau_{03}$
  für Torsion allein: $\tau_T \leq \tau_{02}$
  für Querkraft + Torsion $\tau_0/\tau_{03} + \tau_T/\tau_{02} \leq 1{,}3$

  (bei Balken mit $d < 30$ cm ist τ_{03} durch τ_{02} zu ersetzen; s. Abschn. D.1.5.5)

- Biegung und/oder Längskraft und Torsion

  Der Nachweis der Betondruckspannungen kann für übliche Hochbaukonstruktionen häufig entfallen. Bei großen Biegemomenten und insbesondere bei Hohlkästen sollte jedoch ein Nachweis der Hauptdruckspannungen geführt werden.

Nachweis der Bewehrung

- Torsion allein

  Bügel, je lfdm: $a_{s,bü} = T'_T / \sigma_{s,bü}$
  einzelner Schenkel: $A_{s,bü} = T'_T \cdot s_{bü} / \sigma_{s,bü}$
  Längsstäbe, je lfdm: $a_{s,l} = T'_T / \sigma_s$
  einzelner Stab: $A_{sl} = T'_T \cdot s_l / \sigma_s$
  Summe: $\Sigma A_{s,l} = T'_T \cdot u_k / \sigma_s$

  mit σ_s bzw. $\sigma_{s,bü}$ als zulässige Stahlspannung (β_s/1,75), $s_{bü}$ und s_l als Abstand der Bügel- und Längsbewehrung sowie u_k als Umfang des Kernquerschnitts (s. hierzu auch Abb. 1.28 und Abb. 1.29)

- Beanspruchung durch Querkraft und Torsion

  Die Berechnung erfolgt getrennt für die Anteile τ_0 infolge Querkraft (s. Abschn. D.1.5.5) und τ_T infolge Torsion. Die Anteile der Bügelbewehrung sind zu addieren.

- Biegung und/oder Längskraft mit Torsion

  Die erforderliche Längsbewehrung aus Biegung und Torsion wird getrennt ermittelt; die beiden Anteile sind zu addieren (auf eine Abminderung der Torsionslängsbewehrung in der Biegedruckzone – die Torsionszugspannungen werden durch die Biegedruckspannungen reduziert – wird in der Regel verzichtet).

1.7 Durchstanzen

1.7.1 Nachweisform

Im Rahmen dieses Beitrags werden nur Platten und Fundamente mit konstanter Dicke behandelt. Für Platten mit Stützenkopfverstärkungen wird auf [DIN 1045 – 88], Abschn. 22 verwiesen.

Beim Durchstanzen handelt es sich um einen Sonderfall der Querkraftbeanspruchung von plattenartigen Bauteilen, bei dem ein Betonkegel im hochbelasteten Stützenbereich gegenüber den übrigen Plattenbauteilen heraus„gestanzt" wird. Für das Durchstanzen gelten daher die Grundsätze einer Bemessung für Querkraft, jedoch mit den nachfolgenden Ergänzungen.

Ausgehend von sternförmigen Biegerissen, entstehen schräge Schubrisse, die einen kegelförmiger Bruchkörper begrenzen (s. Abb. D.1.30). Eine Querkraftübertragung kann durch Kornverzahnung an den Rißufern erfolgen, solange die Rißbreiten klein bleiben. Eine kräftige Biegezugbewehrung wirkt sich daher günstig auf das Tragverhalten auf. Aus diesem Grund muß im Bereich des Rundschnitts der Anteil der Zuglängsbewehrung in zwei aufeinander senkrechten Richtungen x und y jeweils mindestens 0,5 % betragen ([DIN 1045 – 88], Abschn. 22.4). Davon ausgenommen sind lediglich Fundamente, bei denen ein wesentlicher Anteil der Stützenlast unmittelbar in den Baugrund übertragen wird.

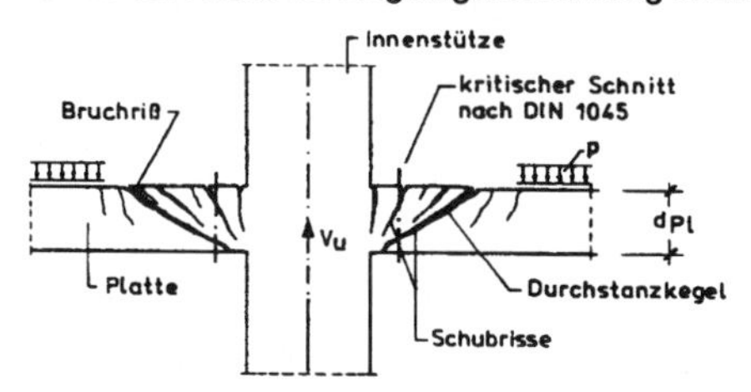

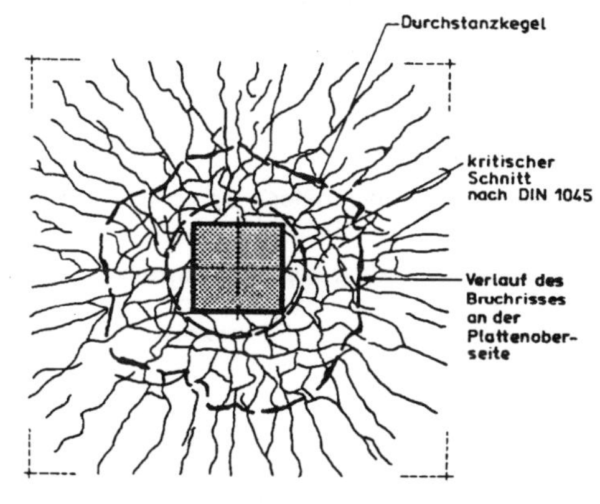

Abb. D.1.30: Rißbild bei Durchstanzen einer Platte über einer Innenstütze (aus [Pöllet – 83])

Grundsätzlich ist nachzuweisen, daß die rechnerische Schubspannung τ_r im Rundschnitt die zulässigen Werte nicht überschreitet. Bei den zulässigen Schubspannungen ist zu unterscheiden zwischen Platten und Fundamenten ohne Schubbewehrung und solchen mit Anordnung von Durchstanzbewehrung. Es gilt

$\tau_r \leq \kappa_1 \cdot \tau_{011}$ Bauteil ohne Schubbewehrung
$\tau_r \leq \kappa_2 \cdot \tau_{02}$ Bauteil mit Schubbewehrung

(Weitere Hinweise s. Abschn. 1.7.3 und 1.7.4.)

1.7.2 Rechnerische Schubspannung τ_r

Die größte rechnerische Schubspannung τ_r als einwirkende Größe wird im kritischen Rundschnitt mit dem Umfang u ermittelt. Sie wird bestimmt aus (vgl. Abb. D.1.31)

$$\tau_r = \max Q_r / (u \cdot h_m) \qquad \text{(D.1.54)}$$

In Gl. D.1.54 sind

max Q_r größte Querkraft im Rundschnitt der Stütze

u = u_0 für Innenstützen
= $0{,}6\, u_0$ für Randstützen
= $0{,}3\, u_0$ für Eckstützen

u_0 Umfang des um die Stütze geführten Rundschnitts mit dem Durchmesser d_r
$d_r = d_{st} + h_m$
d_{st}: Durchmesser bei Rundstützen
$d_{st} = 1{,}13\,\sqrt{b \cdot d}$ bei Rechteckstützen mit den Abmessungen b und d; für die größere Seitenlänge darf jedoch nicht mehr als der 1,5fache Betrag der kleineren in Rechnung gestellt werden.

h_m Nutzhöhe der Platte im betrachteten Rundschnitt (als Mittelwert aus beiden Richtungen)

Gleichung D.1.54 setzt eine rotationssymmetrische Beanspruchung voraus und geht davon aus, daß sich keine Aussparungen in Stützennähe befinden.

Die Wirkung einer nicht rotationssymmetrischen Biegebeanspruchung der Platte kann bei der Er-

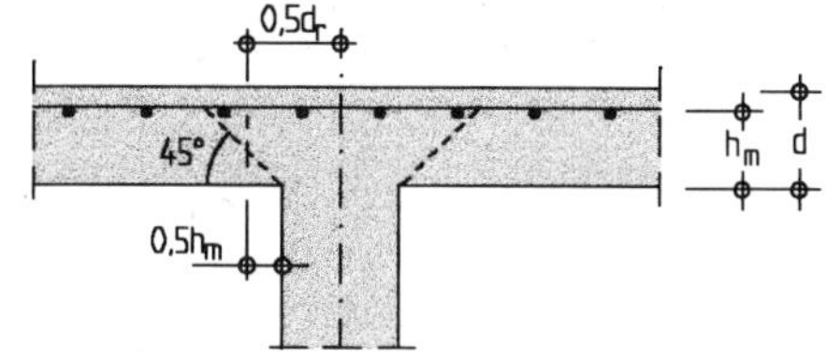

Abb. D.1.31 Bemessungsmodell für das Durchstanzen

mittlung von τ_r durch pauschale Absätze erfaßt werden. Bei vorwiegend rechteckigem Stützenraster unter Gleichlast mit annähernd gleichen Stützweiten darf bei *Randstützen* auf eine genaue Ermittlung verzichtet werden, wenn die sich ergebende rechnerische Schubspannung τ_r nach Gl. D.1.54 um 40 % erhöht wird. Bei *Innenstützen* darf in diesem Fall die Wirkung einer nicht rotationssymmetrischen Beanspruchung vernachlässigt werden (s. [DIN 1045 – 88], 22.5.1.1; vgl. a. [DAfStb-H240 – 91]).

Öffnungen, Deckendurchbrüche u. ä., die sich im Bereich $\leq 1{,}5 h_m$ vom Stützenrand befinden, dürfen keine größeren Grundrißmaße in Richtung des Umfangs bzw. der Seitenlänge als $^1/_3\, d_{st}$ (s. Erläuterungen zu Gl. D.1.54) haben. Die Summe der Durchbruchflächen darf außerdem nicht größer als ein Viertel des Stützenquerschnitts sein. Der lichte Abstand zweier Durchbrüche bei Rundstützen muß auf den Umfang der Stütze gemessen mindestens d_{st} betragen; bei rechteckigen Stützen dürfen Durchbrüche nur im mittleren Drittel der Seitenlängen und nur jeweils an zwei gegenüberliegenden Seiten angeordnet werden. Die rechnerische Schubspannung τ_r nach Gl. D.1.54 ist um 50 % zu erhöhen, wenn die größte zulässige Summe der Durchbrüche ausgenutzt wird; falls sie kleiner ist, darf der Zuschlag linear vermindert werden.

Fundamentplatten stellen bei der Ermittlung der rechnerischen Schubspannung τ_r insofern eine Besonderheit dar, als der auf den Bruchkegel entfallende Anteil der Belastung (= Bodenpressungen) erheblich größer als bei einer üblichen Belastung von Decken ist. Dieser Anteil darf bei der Ermittlung Q_r von der Stützenlängskraft N_{st} abgezogen werden; die Abzugsfläche darf unter der Annahme ermittelt werden, daß eine Lastausbreitung unter 45° bis zur unteren Bewehrungslage stattfindet. Es ergibt sich (s. Abb. 1.32):

$$\max Q_r = N_{st} - \frac{\pi \cdot d_k^2}{4} \cdot \sigma_0 \qquad \text{(D.1.55)}$$

mit $d_k = d_r + h_m$ und σ_0 als Bodenpressung infolge der Stützenlängskraft N_{st}.

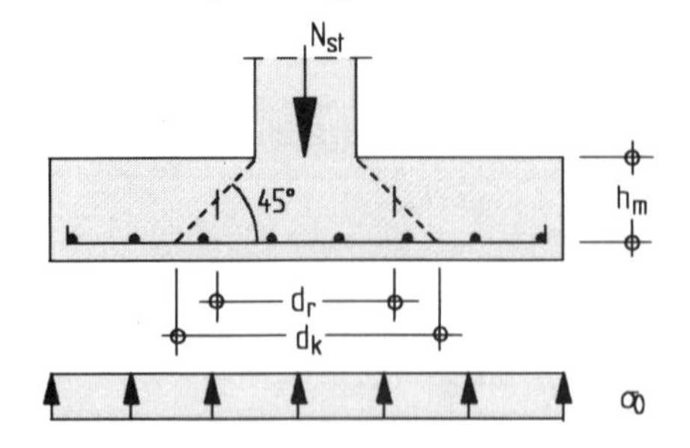

Abb. D.1.32 Lastausbreitung bei Fundamenten

Bei bewehrten Streifenfundamenten darf sinngemäß verfahren werden (s. a. [DAfStb-H240 – 91]).

1.7.3 Platten ohne Durchstanzbewehrung

Bei Bauteilen ohne Schub- bzw. Durchstanzbewehrung muß die Schubspannung τ_r (s. Abschn. D.1.7.2) die Bedingung erfüllen:

$$\tau_r \leq \kappa_1 \cdot \tau_{011} \qquad \text{(D.1.56)}$$

Es sind

τ_{011} Schubspannung nach Tafel D.1.19
Für den Nachweis auf Durchstanzen brauchen die Beiwerte k_1 und k_2 nach Gln. D.1.39a und D.1.39b nicht berücksichtigt zu werden.

κ_1 $\kappa_1 = 1{,}3 \cdot \alpha_s \cdot \sqrt{\mu_g}$
$\alpha_s = 1{,}3$ für Betonstabstahl III S
$\alpha_s = 1{,}4$ für Stabstahl IV S und Matten IV M
$\mu_g = a_s / h_m \leq 25\, \beta_{WN} / \beta_s \leq 1{,}5$ %
(μ_g ist in % einzusetzen)
a_s Mittel der Bewehrungen a_{sx} und a_{sy} in den beiden sich über der Stütze kreuzenden Gurtstreifen in cm²/m. Bei Platten (Flachdecken) ist für a_s die im Mittel in den Gurtstreifen vorhandene Bewehrung anzusetzen, bei Fundamenten jedoch die Bewehrung im Bereich des Rundschnitts d_r.

1.7.4 Platten mit Durchstanzbewehrung

Wenn die rechnerische Schubspannung τ_r den Wert $\kappa_1 \cdot \tau_{011}$ überschreitet, ist eine Schubbewehrung anzuordnen. Die rechnerische Schubspannung τ_r darf jedoch folgende Grenze nicht überschreiten:

$$\tau_r \leq \kappa_2 \cdot \tau_{02} \qquad \text{(D.1.57)}$$

Es sind

τ_{02} Schubspannung nach Tafel D.1.20.

κ_2 $\kappa_2 = 0{,}45 \cdot \alpha_s \cdot \sqrt{\mu_g}$
(α_s, μ_g wie vorher)

Die Schub- bzw. Durchstanzbewehrung ist dann zu bemessen für 0,75 max Q_r.

$A_{s,r} = 0{,}75 \cdot Q_r / \sigma_{s,bü}$

(gilt nach [Schlaich/Schäfer – 93] unabhängig von der Neigung der Durchstanzbewehrung)

Als Schubbewehrung kommen Einzelbügel, Bügelleitern und Aufbiegungen in Frage, die entsprechend [DIN 1045 – 88], 22.5.2 verteilt werden. Bügel müssen mindestens je eine Lage der oberen und unteren Bewehrung der Patte umgreifen.

Von besonderer Bedeutung sind Kopfbolzendübel, mit Flachstahleisen o. ä. zu Dübelleisten verschweißt und strahlenförmig um die Stütze angeordnet. Dübelleisten haben eine bauaufsichtliche Zulassung, die auch nähere Einzelheiten zum Durchstanznachweis festlegt. Es wird auf Kap. H.1 („Andrä/Avak") in diesem Buch verwiesen.

1.8 Nachweis der Knicksicherheit

1.8.1 Einführung

Bei überwiegend auf Biegung beanspruchten Bauteilen liefert die Ermittlung der Schnittgrößen am unverformten System (nach Theorie I. Ordnung) im allgemeinen hinreichend genaue Ergebnisse. Im Gegensatz dazu ist der Einfluß der Stabverformungen bei Vorhandensein von Längskräften insbesondere bei schlanken (= verformungsempfindlichen) Bauteilen von großer Bedeutung und darf aus Sicherheitsgründen bei Einwirkung von Druckkräften nicht vernachlässigt werden. Als Maß für die verformungsbedingten Zusatzmomente nach Theorie II. Ordnung gilt die Schlankheit λ des Druckglieds, die direkt von der „Knick"-Länge (Ersatzlänge) s_k abhängt (vgl. Abschn. 1.8.3).

Die Ersatzlänge s_k wird von den Einspanngraden, insbesondere aber auch von der Verschieblichkeit der Stabenden maßgebend beeinflußt. Die Verschieblichkeit bzw. Unverschieblichkleit eines Gesamttragwerks ist daher von entscheidender Bedeutung für die Bemessung und Konstruktion der Stützen innerhalb dieses Tragwerks. Soweit eine Unverschieblichkeit (ggf. auch eine Unverdrehbarkeit) daher nicht zweifelsfrei feststeht, ist diese nachzuweisen (s. Abschn. 1.8.2). Für Grenzfälle sind diese Einflüsse in Abb. D.1.33 an einem Zweigelenkrahmen dargestellt, wobei einmal eine im Vergleich zur Stützensteifigkeit sehr große Riegelsteifigkeit (Bild oben) und zum anderen eine sehr kleine (Bild unten) angenommen wurde. Der geringe Einspanngrad der Rahmenstiele führt in letzterem Falle – in Verbindung mit der Verschieblichkeit des Rahmens – zu einem instabilen System!

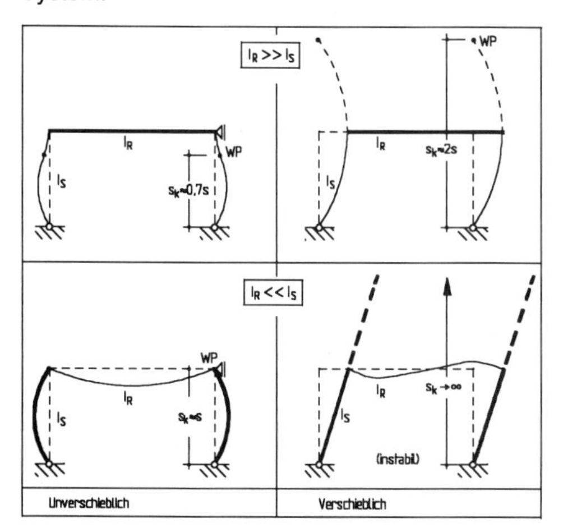

Abb D.1.33 Ersatzlänge von Rahmenstützen in Grenzfällen

1.8.2 Unverschieblichkeit von Tragwerken

Nach [DIN 1045 – 88] gelten rahmenartige Tragwerke als unverschieblich, wenn ihre Nachgiebigkeit gering ist. Diese Bedingung gilt für hinreichend ausgesteifte Tragsysteme als erfüllt, wenn Wandscheiben und Treppenhauskerne die lotrecht aussteifenden Bauteile bilden, diese annähernd symmetrisch angeordnet sind und nur kleine Verdrehungen zulassen und die Bedingungen der Gleichung D.1.58 erfüllen:

$$\alpha = h \cdot \sqrt{\frac{N}{E_b I}} \leq \begin{cases} 0{,}2 + 0{,}1\,n & \text{für } n < 4 \\ 0{,}6 & \text{für } n \geq 4 \end{cases} \qquad \text{(D.1.58)}$$

Es sind:

- h Gebäudehöhe über Einspannebene für die lotrechten aussteifenden Bauteilen in m
- n Anzahl der Geschosse
- N Summe der lotrechten Lasten des Gebäudes im Gebrauchszustand, die auf die aussteifenden und die nicht aussteifenden Bauteile wirken
- $E_b I$ Summe der Biegesteifigkeiten in MNm^2 aller lotrechten aussteifenden Bauteile. Ändert sich die Biegesteifigkeit über die Gesamthöhe des Tragwerks, so darf eine mittlere Steifigkeit über die Kopfauslenkung der aussteifenden Bauteile ermittelt werden.

Unter Gebrauchslasten sollten die aussteifenden Bauteile im Zustand I verbleiben, d. h., die Betonzugspannungen sollten den Wert $\beta_{WS}/10$ – mit der Serienfestigkeit $\beta_{WS} = \beta_{WN} + 5$ (in N/mm^2) – nicht überschreiten (s. [Kordina/Quast – 97]).

Soweit die Voraussetzung, daß die aussteifenden Bauteile annähernd symmetrisch angeordnet sind und nur kleine Verdrehungen zulassen, nicht erfüllt ist, muß zusätzlich ein Nachweis der Rotationssteifigkeit geführt werden. Die entsprechenden Nachweisgleichungen hierzu sind beispielsweise in [Schneider – 98] zu finden.

1.8.3 Schlankheit λ

Wie bereits gesagt, ist die Schlankheit eines Druckglieds ein Maß für die Knickgefahr einer Stütze. Sie ergibt sich zu

$$\lambda = s_k / i \qquad \text{(D.1.59)}$$

- $i = \sqrt{I/A}$ Flächenträgheitsradius
- $s_k = \beta \cdot l$ Ersatzlänge (auch „Knick"-Länge)
- β Verhältnis der Ersatzlänge s_k zur Stützenlänge l

Die Ersatzlänge $s_k = \beta \cdot l$ darf nach [DIN 1045 – 88], 17.4.2 nach der Elastizitätstheorie als Abstand der Wendepunkte der Knickfigur bestimmt werden. Der Knicklängenbeiwert β ist in Abhängigkeit von den Lagerungsverhältnissen an den Stützenenden zu bestimmen.

D

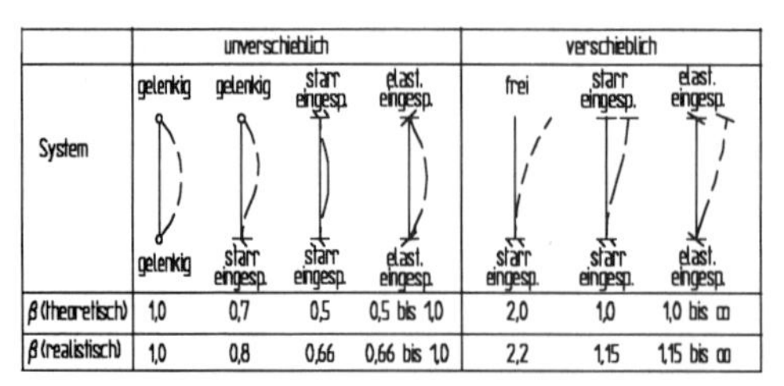

System	unverschieblich				verschieblich		
oben	gelenkig	gelenkig	starr eingesp.	elast. eingesp.	frei	starr eingesp.	elast. eingesp.
unten	gelenkig	starr eingesp.	starr eingesp.	elast. eingesp.	starr eingesp.	starr eingesp.	elast. eingesp.
β (theoretisch)	1,0	0,7	0,5	0,5 bis 1,0	2,0	1,0	1,0 bis ∞
β (realistisch)	1,0	0,8	0,66	0,66 bis 1,0	2,2	1,15	1,15 bis ∞

Abb D.1.34 Knicklängenbeiwert β in einfachen Fällen

Für einfache Fälle kann der Knicklängenbeiwert β direkt Abb. D.1.34 entnommen werden. Neben den theoretischen Werten sind zusätzlich „realistische" Beiwerte angegeben, die eine häufig vorhandene Nachgiebigkeit der Stabenden berücksichtigen. Bei Stützen mit elastischer Endeinspannung ist die Ermittlung der β-Werte mit Hilfe des Diagramms in Abb. D.1.35 möglich ([DAfSt-H220 – 79]). Hierbei wird die Steifigkeit der Einspannungen k_A und k_B bestimmt aus

$$k_A \text{ (oder } k_B) = \frac{\Sigma E_b \cdot I_S / l_S}{\Sigma E_b \cdot \alpha \cdot I_R / l_R} \qquad \text{(D.1.60)}$$

E_b Elastizitätsmodul des Betons

I_S, I_R Flächenmoment 2. Grades der Stütze bzw. des Riegels

l_S; l_R wirksame Stützenlänge bzw. Stützweite des Riegels

α Beiwert zur Berücksichtigung der Einspannung am *abliegenden Ende* des Balkens
$\alpha = 1{,}0$ bei einer Einspannung
$\alpha = 0{,}5$ bei frei drehbarer Lagerung
$\alpha = 0$ bei Kragbalken

Wegen Nachgiebigkeiten von Gründungen, einspannenden Bauteilen etc. ist eine starre Einspannung kaum realisierbar; Einspanngrade k_A bzw. k_B kleiner als 0,4 werden daher nicht für die Anwendung empfohlen.

Bei unverschieblichen Rahmen ist der Einfluß der Einspannung der Stiele durch die Rahmenriegel relativ gering; es genügt daher, das Trägheitsmoment I_R für den ungerissenen Betonquerschnitt zu bestimmen. Bei verschieblichen Rahmen sollte jedoch die Rißbildung in den Riegeln berücksichtigt werden; näherungsweise kann dies durch Abminderung der Riegelsteifigkeit auf 70 % erfolgen.

Die Nomogramme der Abb. D.1.35 sind für unverschiebliche regelmäßige Tragwerke entwickelt und dürfen daher für sehr unregelmäßige Systeme nicht angewendet werden. Für verschiebliche Rahmen sind die vereinfachten Verfahren generell nur mit Einschränkungen zulässig; es wird auf [DAfStb-H220 – 79] und weiterführende Literatur verwiesen.

1.8.4 Kriterien für den Nachweis der Knicksicherheit nach DIN 1045

Die verformungsbedingten Zusatzmomente nach Theorie II. Ordnung sind gering, wenn folgende Voraussetzungen erfüllt sind:

- in Abhängigkeit von der Schlankheit λ
  $\lambda \leq 20$
- in Abhängigkeit von der bezogene Lastausmitten e/d
  $e/d \geq 3{,}50$ für Schlankheiten $\lambda \leq 70$
  $e/d \geq 3{,}50 \cdot \lambda/70$ für Schlankheiten $\lambda > 70$

Der Nachweis nach Theorie II. Ordnung darf daher dann entfallen (vgl. auch Abb. D.1.37).

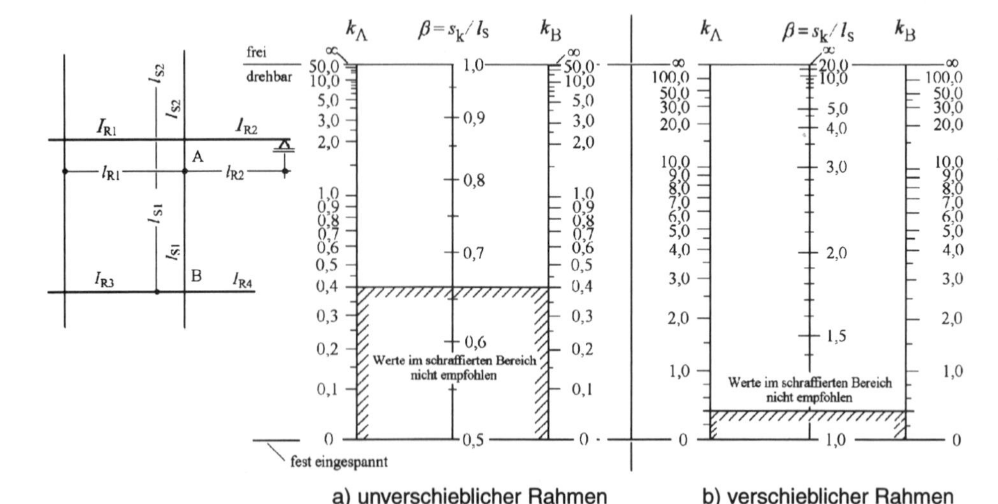

Abb D.1.35 Nomogramm zur Ermittlung der Ersatzlänge ([DAfStb-H220 – 79])

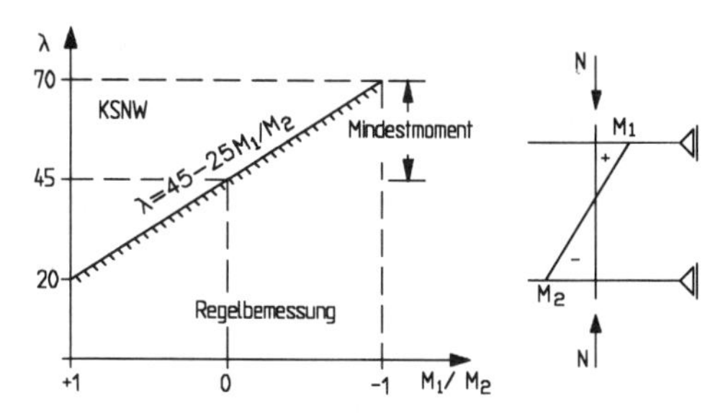

Abb. D.1.36 Grenzschlankheit von elastisch eingespannten Stützen ohne Querlasten

Für elastisch eingespannte Stützen in unverschieblichen Rahmen ohne Querlasten innerhalb der freien Stützenlänge gelten zusätzliche und erweiterte Bedingungen für den Verzicht auf einen Nachweis der Knicksicherheit. Hierfür darf ein Nachweis nach Theorie II. Ordnung entfallen, wenn für N = const. die Grenzschlankheit

$$\lim \lambda = 45 - 25 \cdot M_1/M_2 \qquad (\text{mit } |M_1| \leq |M_2|)$$

nicht überschritten wird (s. [DAfStb-H220 – 79]. Für beidseitig eingespannte, mittig gedrückte Innenstützen gilt $\lambda \leq 45$, wobei die Schlankheit λ jedoch zu ermitteln ist mit $s_k = l$. Soweit von der vorstehenden Bedingung Gebrauch gemacht wird, sind jedoch für Schlankheiten $\lambda \geq 45$ Mindestmomente zu beachten; hierfür gilt $|M_1| \geq |M_2| \geq N \cdot 0{,}10 \cdot d$ (vgl. Abb. D.1.36).

Die zuvor dargestellten Kriterien und in [DIN 1045 – 88], 17.4.1. genannten Bedingungen sind zusammenfassend in Abb. D.1.37 dargestellt.

1.8.5 Druckglieder aus Stahlbeton mit mäßiger Schlankheit

Für Druckglieder aus Stahlbeton mit gleichbleibendem Querschnitt und einer Schlankheit $\lambda \leq 70$ darf der Einfluß der ungewollten Ausmitte und der

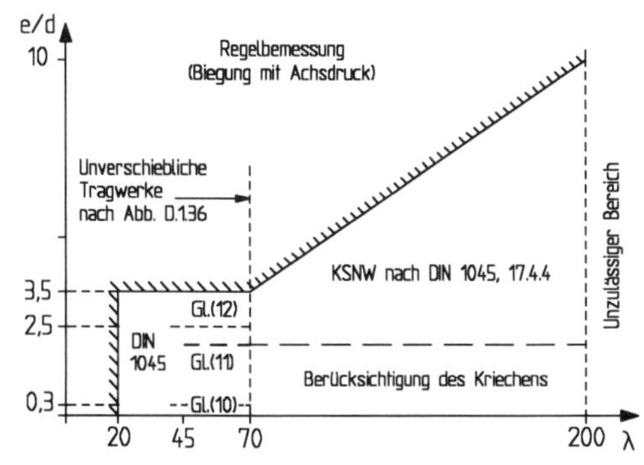

Abb. D.1.37 Abgrenzung zwischen Regelbemessung und Knicksicherheitsnachweis

Ausmitte nach Theorie II. Ordnung durch eine Bemessung im mittleren Drittel der Knicklänge unter Berücksichtigung einer Zusatzausmitte f nach Gln. (D.1.61a) bis (D.1.61c) erfolgen:

- $0{,}00 \leq e/d < 0{,}30$:

$$f = \frac{d}{100} \cdot (\lambda - 20) \cdot \sqrt{0{,}10 + e/d} \geq 0 \qquad \text{(D.1.61a)}$$

- $0{,}30 \leq e/d < 2{,}50$:

$$f = \frac{d}{160} \cdot (\lambda - 20) \geq 0 \qquad \text{(D.1.61b)}$$

- $2{,}50 \leq e/d \leq 3{,}50$:

$$f = \frac{d}{160} \cdot (\lambda - 20) \cdot (3{,}50 - e/d) \geq 0 \qquad \text{(D.1.61c)}$$

mit $e = |M/N|$ als größte planmäßige Ausmitte unter Gebrauchslast im mittleren Drittel der Knicklänge.

Bei unverschieblich gehaltenen, elastisch eingespannten Stützen ohne Querlasten (d. h. linearer Momentenverlauf) zwischen den Stabenden kann $e = e_0$ ermittelt werden aus [DAfStb-H220 – 79]:

beide Enden elastisch eingespannt

$$e_0 = (0{,}65 \cdot M_2 + 0{,}35 \cdot M_1) \,/\, |N| \qquad \text{(D.1.62a)}$$

ein Ende gelenkig gelagert, das andere elastisch eingespannt

$$e_0 = 0{,}6\, M_2 / |N| \qquad \text{(D.1.62b)}$$

Für Gl. (D.1.62a) gilt, daß $|M_1| \leq |M_2|$ und die Momente M_1 und M_2 mit Vorzeichen einzusetzen sind.

Bei verschieblichen Systemen liegen die Rahmenecken stets im mittleren Drittel der Ersatzlänge; der Knicksicherheitsnachweis ist daher immer für die Rahmenecke zu führen.

Es sind daher folgende Bemessungen durchzuführen (vgl. auch Abb. D.1.38):

- verschiebliche Systeme:
  - am Kopf: $[N;\, M_1 \pm N \cdot f_1]$
  - am Fuß: $[N;\, M_2 \pm N \cdot f_2]$
- unverschiebliche Systeme:
  - am Kopf: $[N;\, M_1]$
  - am Fuß: $[N;\, M_2]$
  - im mittleren Drittel: $[N;\, M_0 \pm N \cdot f]$

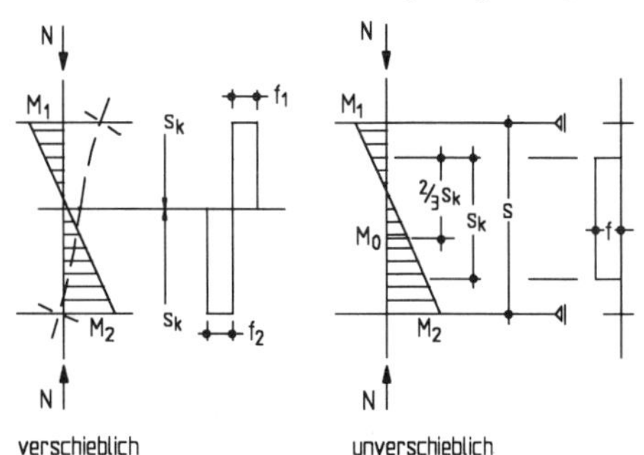

Abb. D.1.38 Lastausmitten elastisch eingespannter, verschieblicher und unverschieblicher Stützen

1.8.6 Druckglieder mit großer Schlankheit

Die Knicksicherheit von Druckgliedern mit einer Schlankheit $\lambda > 70$ gilt als ausreichend, wenn nachgewiesen wird, daß unter 1,75fachen Gebrauchslasten ein stabiler Gleichgewichtszustand unter Berücksichtigung der Stabauslenkung möglich ist und die zulässigen Schnittgrößen (bemessen bei „Betonversagen" für $\gamma = 2{,}1$) nicht überschritten werden. Bezüglich der Grundlagen für die Berechnung der Schnittgrößen am verformten System (Spannungs-Dehnungs-Linie von Beton, ungewollte Ausmitte etc.) wird auf [DIN 1045 – 88], 17.4.4 verwiesen.

Für die praktische Anwendung kommen EDV-Programme oder Bemessungshilfen in Form von Nomogrammen in Frage. Die in [DAfStb-H220 – 79] abgedruckten Bemessungsnomogramme beruhen auf dem Ersatzstabverfahren (ein Nomogramm ist als Beispiel in Tafel D.1.23 abgedruckt). In den Nomogrammen ist eine ungewollte Ausmitte bereits berücksichtigt. Weitere Nomogramme und Erläuterungen zur Anwendung s. [DAfStb-H220 – 79].

1.8.7 Sonderfragen

Ungewollte Ausmitte

Ungewollte Ausmitten des Lastangriffs und Maßungenauigkeiten werden durch eine zur Knickfigur affine Vorverformung e_v erfaßt mit dem Höchstwert

$$e_v = s_k / 300 \qquad \text{(D.1.63)}$$

Die ungewollte Ausmitte ist in der Zusatzausmitte f nach Abschn. D.1.8.5 bereits enthalten, ebenso in den im Abschn. D.1.8.6 angesprochenen Nomogrammen. Wegen zulässiger Vereinfachungen für Nachweise am Gesamtsystem wird auf [DIN 1045 – 88], 17.4.6 (2) verwiesen.

Einspannende Bauteile

Wenn beim Knicksicherheitsnachweis die Einspannung der Stützenenden durch anschließende Bauteile (z. B. Rahmenriegel, Fundamente) vorausgesetzt wird, so sind diese einspannenden Bauteile bei verschieblichen Systemen auch für die Zusatzbeanspruchung zu bemessen. Bei unverschieblichen Systemen in üblichen Hochbauten darf auf einen rechnerischen Nachweis der Aufnahme dieser Zusatzbeanspruchung verzichtet werden; es ist jedoch bei $\lambda > 45$ für die Stützenenden nachzuweisen, daß die im Abschn. 1.8.4 genannten Mindestmomente aufgenommen und eingeleitet werden können.

Berücksichtigung des Kriechens

Durch das Kriechen werden die Stabauslenkungen und damit die Biegemomente zeitabhängig vergrößert. Das gilt insbesondere für Stiele mit beidseitig gleichgerichteten Endausmitten, und zwar bei großen Schlankheiten sowie kleinen Lastausmitten. Nach [DIN 1045 – 88], 17.4.7 ist der Kriecheinfluß in folgenden Fällen zu untersuchen:

- unverschiebliche Systeme
  $\lambda > 70$ und $e/d < 2$
- verschiebliche Systeme
  $\lambda > 45$ und $e/d < 2$

Die Kriechausmitte ist für die im Gebrauchszustand ständig vorhandenen Lasten zu ermitteln. Für die rechnerische Ermittlung wird hierfür in [DAfStb-H220 – 79] als Näherung („genauere" Lösung s. dort) vorgeschlagen:

$$e_k \approx (e_d + e_v) \cdot \frac{0{,}8\varphi}{\nu - 1 - 0{,}4\varphi} \qquad \text{(D.1.64)}$$

In Gl. (D.1.64) bedeuten

e_d die der kriecherzeugenden Dauerlast N_d zugeordnete Lastausmitte
e_v ungewollte Ausmitte (s. vorher)
φ = φ_t Kriechzahl nach DIN 4227, Abschn. 8.3 (Endkriechzahlen φ_∞ s. Tafel D.1.22)
ν Knicksicherheit, bezogen auf die Euler-Knicklast

$$\nu = \frac{N_E}{N_d} = \frac{\pi^2 \cdot EI_{ef}}{s_k^2 \cdot N_d}$$

N_d kriecherzeugende Dauerlast
EI_{ef} effektive Biegesteifigkeit; näherungsweise: $EI_{ef} = (0{,}6 + 20 \cdot \mu_{0,tot}) \cdot E_b \cdot I_b$

Bei der Ermittlung der Kriechausmitte wird die zur Ermittlung des Faktors ν benötigte Biegesteifigkeit EI_{ef} bzw. der Bewehrungsgrad $\mu_{0,tot}$ zunächst geschätzt. Je nach Übereinstimmung mit der bei der Bemessung ermittelten tatsächlichen Bewehrung ist dieser Schätzwert ggf. iterativ zu verbessern.

Die Kriechausmitte ist in den oben genannten Fällen zusätzlich zur Lastausmitte e zu berücksichtigen. Maßgebend bei Untersuchungen am Ersatzstab ist der knickgefährdete Bereich („mittleres Drittel der Knicklänge").

Tafel D.1.22 Kriechzahlen φ_∞ (Zeitpunkt t = ∞)
([DIN 4227-T1 – 88], Tab. 7) [1)]

Alter bei Belastung t_0 (Tage)	Mittlere Dicke $2A/u$ (in cm)			
	≤ 10	≥ 80	≤ 10	≥ 80
	Trockene Umgebung		Feuchte Umgebung	
3	4,1	3,1	3,0	2,3
10	3,4	2,8	2,6	2,2
30	2,6	2,5	2,1	2,0
90	1,8	2,2	1,4	1,8

1) Die angegebenen Werte gelten für Beton der Konsistenz der Klasse KP. Für die Konsistenzen KS (steif) und KR (weich) sind die Werte um 25 % zu ermäßigen bzw. zu erhöhen.

Tafel D.1.23 Nomogramm zur Bemessung von Stahlbetondruckgliedern ([DAfStb-H220 – 79])

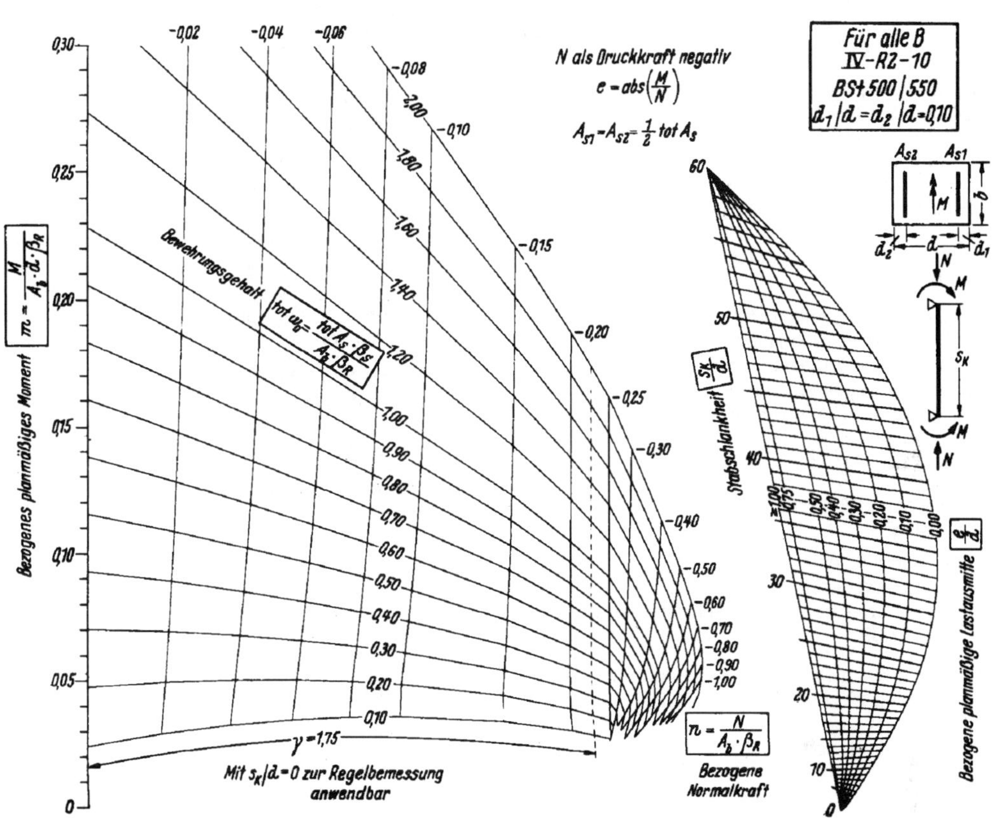

Die Auswirkung der Vorverformung e_v nach DIN 1045, Abschn. 17.4.6 ist im Nomogramm berücksichtigt.

$$\text{tot}\,A_s = \frac{\text{tot}\,\omega_0}{\beta_s / \beta_R} \cdot A_b$$

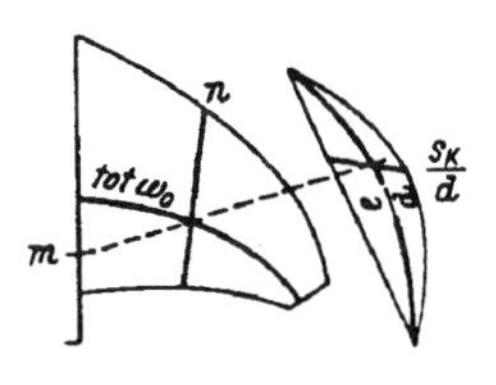

Ablesung im Nomogramm

Betonfestigkeitsklasse	B15	B25	B35	B45	B55
Rechenwert der Betondruckfestigkeit β_R in MN/m²	10,5	17,5	23,0	27,0	30,0
Umrechnungsfaktor β_s / β_R	41,6	28,6	21,7	18,5	16,7

Anwendungsgrenzen: a) $s_K/d < 45$, für $e/d > 2{,}0$ und zugleich tot $\omega_0 > 1$
b) $e/d = 0{,}1$ statt $e/d < 0{,}1$ für tot $\omega_0 > 0{,}5$

1.8.8 Knicken nach zwei Richtungen

Für Stützen, die nach zwei Richtungen ausweichen können, ist im allgemeinen ein Nachweis für schiefe Biegung mit Längsdruck zu führen. Für Druckglieder mit Schlankheiten $\lambda_y \le 70$ und $\lambda_z \le 70$ (Stützen mit mäßiger Schlankheit) erfolgt der Nachweis analog zu Abschn. 1.8.5. Die Zusatzausmitten sind jedoch getrennt für beide Achsen zu ermitteln; die Bemessung erfolgt dann für schiefe Biegung mit Achsdruck unter Berücksichtigung der Zusatzmomente. Für Druckglieder mit großer Schlankheit (d. h., $\lambda > 70$) wird auf das in [DAfStb-H220 – 79] angegebene Näherungsverfahren verwiesen; bezüglich der Anwendungsgrenzen s. [DIN 1045 – 88], 17.4.8 (2).

Für Druckglieder mit Rechteckquerschnitt sind getrennte Nachweise in Richtung der beiden Hauptachsen y und z zulässig, wenn das Verhältnis der bezogenen Lastausmitten e_y/b und e_z/d eine der nachfolgenden Bedingungen erfüllt:

$$(e_z/d) \,/\, (e_y/b) \le 0{,}2 \quad \textit{oder} \qquad \text{(D.1.65a)}$$

$$(e_y/b) \,/\, (e_z/d) \le 0{,}2 \qquad \text{(D.1.65b)}$$

e_y, e_z planmäßige Lastausmitten in y- bzw. z-Richtung

Der Lastangriff der resultierenden Längskraft N liegt bei Einhaltung der Bedingungen nach Gl. (D.1.65a) oder (D.1.65b) innerhalb des schraffierten Bereichs in Abb. D.1.39.

Getrennte Nachweise nach den genannten Bedingungen sind bei Ausmitten $e_z > 0{,}2\, d$ in Richtung der längeren Querschnittsseite d nur dann zulässig, wenn der Nachweis in Richtung der kürzeren Seite b mit einer reduzierten Breite d' geführt wird. Der Wert d' ist die Höhe der Druckzone infolge der Lastausmitte e_z als planmäßige und e_{vz} als ungewollte Lastausmitte in z-Richtung.

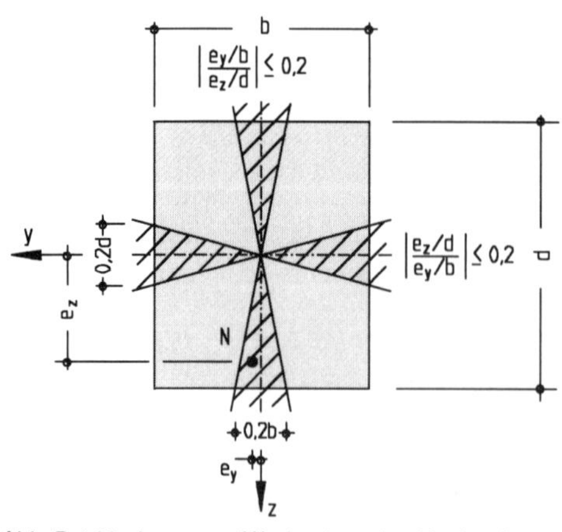

Abb. D.1.39 Lage von N bei getrennten Nachweisen für beide Hauptachsen

1.8.9 Unbewehrte Betondruckglieder

Unbewehrte Betondruckglieder sind im allgemeinen nur bis zu einem Schlankheitsgrad von $\lambda \le 70$, für Beton der Festigkeitsklasse niedriger als B 10 nur bis $\lambda \le 20$ zulässig. Sie sind stets als schlanke Bauteile zu betrachten, d. h., daß verformungsbedingte Zusatzmomente auch bei Schlankheiten $\lambda < 20$ zu berücksichtigen sind.

Die zulässige Last ist mit dem Sicherheitsbeiwert $\gamma = 2{,}1$ zu ermitteln. Die Mitwirkung des Betons auf Zug darf nicht in Rechnung gestellt werden. Eine klaffende Fuge darf höchstens bis zum Schwerpunkt des Gesamtquerschnitts entstehen. Bezüglich der sonstigen Voraussetzungen und Annahmen und des Tragfähigkeitsnachweises ohne Berücksichtigung einer Stabauslenkung wird auf Abschn. D.1.4.1.8 verwiesen.

Die zulässige Gebrauchslast eines unbewehrten Rechteckquerschnitts ohne Einflüsse von Schlankheit und ungewollter Ausmitte erhält man aus

$$N = (1/\gamma) \cdot A_b\, \beta_R \cdot (1 - 2\, e/d) \qquad \text{(D.1.66)}$$

Der Nachweis der klaffenden Fuge wird über die Begrenzung

$$e/d \le 0{,}3$$

geführt (vgl. Erläuterungen in Abschn. D.1.4.1.8).

Die Einflüsse von Schlankheit und ungewollter Ausmitte dürfen näherungsweise durch Verminderung der zulässigen Last mit dem Beiwert κ erfaßt werden:

$$N_\lambda = \kappa \cdot N \qquad \text{(D.1.67a)}$$

$$\kappa = 1 - \frac{\lambda}{140} \cdot \left(1 + \frac{m}{3}\right) \qquad \text{(D.1.67b)}$$

Es sind

$m = e/k$ auf die Kernweite bezogene Ausmitte des Lastangriffs im Gebrauchszustand

$e = M/N$ größte planmäßige Lastausmitte unter Gebrauchslast im mittleren Drittel der Ersatzlänge

$k = W_d/A_b$ Kernweite des Betonquerschnitts, bezogen auf den Druckrand (bei Rechteckquerschnitten $k = d/6$)

Die Gleichung (D.1.67b) gilt für bezogene Ausmitten $m \le 1{,}20$ bis $\lambda \le 70$, für $m \le 1{,}50$ bis $\lambda \le 40$ und für $m \le 1{,}80$ nur bis $\lambda \le 20$ (s. [DIN 1045 – 88], Abschn. 17.9).

Bemessungs- bzw. Traglastdiagramme für unbewehrte Rechteck- und Kreisquerschnitte sind in [DAfStb-H220 – 79] enthalten.

1.9 Bemessungstafeln für Platten Bemessungsbeispiel

1.9.1 Bemessungstafeln für Platten

Bei Decken bzw. Plattentragwerken des Hochbaus ist die Beanspruchung aus Längskraft häufig vernachlässigbar gering. Die Deckenstärken betragen i. allg. mindestens 10 cm und höchstens 30 cm. Bei üblicher Ausführung ist eine Druckbewehrung nicht erforderlich ist. Als Beton kommen in der Regel nur Festigkeitsklassen bis zum B 35 in Frage.

Unter diesen Voraussetzungen wurden die nachfolgenden Tafeln für eine „Schnell"bemessung entwickelt. Im einzelnen sind aufgestellt:

Tafel D.1.24a: Bemessungstabellen für Platten ohne Druckbewehrung für Biegung; BSt 500 S, B 15
Tafel D.1.24b: Bemessungstabellen für Platten ohne Druckbewehrung für Biegung; BSt 500 S, B 25
Tafel D.1.24c: Bemessungstabellen für Platten ohne Druckbewehrung für Biegung; BSt 500 S, B 35

Die Tafeln gelten für den Bruchzustand, jedoch mit den Momenten des Gebrauchszustands. Eingangswerte für die Anwendung der Tafeln sind das Moment M (in kNm/m) und die vorhandene Nutzhöhe h (in cm). Damit kann dann direkt die erforderliche Bewehrung A_s (in cm²/m) abgelesen werden.

1.9.2 Bemessungsbeispiel

Die in den vorhergehenden Abschnitten dargestellten Grundlagen sollen in Verbindung mit den Tafeln D.1.24 an einem Beispiel erläutert werden. Es wird eine einachsig gespannte Einfeldplatte mit Auskragung betrachtet, die durch Konstruktionseigenlast, einer Zusatzeigenlast von 1,0 kN/m² (Belag) und einer Verkehrslast von 5,0 kN/m² belastet ist; die Umweltbedingungen sollen [DIN 1045 – 88], Tab. 10, Zeile 2 entsprechen.

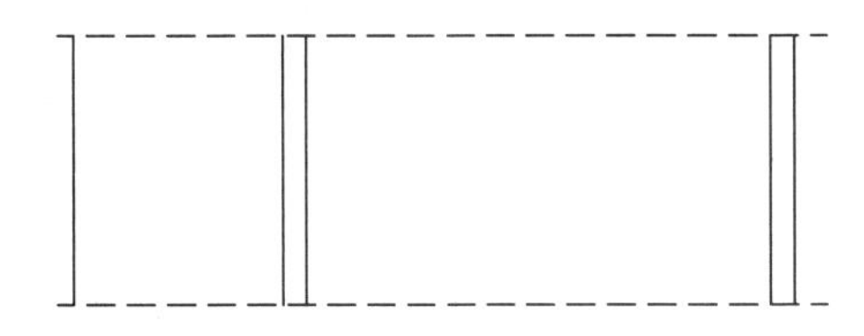

B 35; BSt 500 S

1.9.2.1 System und Belastung

Eigenlast: $(0{,}24 \cdot 25{,}0 + 1{,}0) = g = 7{,}0$ kN/m²
Verkehrslast: $p = 5{,}0$ kN/m²

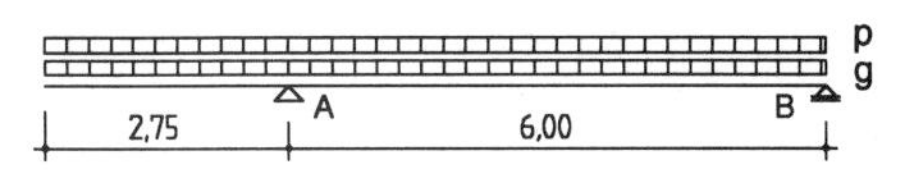

1.9.2.2 Nachweis des statischen Gleichgewichts

Im Rahmen des Beispiels wird auf einen entsprechenden Nachweis verzichtet.

1.9.2.3 Schnittgrößenermittlung

Die Schnittgrößenermittlung erfolgt mit Gebrauchslasten. Es werden drei Lastfälle betrachtet:

Lf 1: ständige Last g in Kragarm und Feld
Lf 2: veränderliche Last p im Kragarm
Lf 3: veränderliche Last p im Feld

Schnittgrößen für die Lastfälle 1 bis 3

Belastung kN/m²	M_a kNm/m	Q_{al} kN/m	Q_{ar} kN/m	Q_b kN/m
g = 7,0	–26,47	–19,25	25,41	–16,59
p_{Krag} = 5,0	–18,91	–13,75	3,15	3,15
p_{Feld} = 5,0	0	0	15,00	–15,00

1.9.2.4 Bemessung für Biegung (im rechnerischen Bruchzustand)

Feld

$|Q_b|_{zug} = 16{,}59 + 15{,}00 = 31{,}59$ kN/m
$M_{max} = 31{,}59^2 / (2 \cdot (7{,}0+5{,}0) = 41{,}58$ kNm/m
$M = 41{,}58$ kNm/m, $h = 21$ cm } (Tafel D.1.24c) →
$A_s = 7{,}21$ cm²/m
gew.: ∅ 12 - 15 (= 7,54 cm²/m > 7,21 cm²/m)

Stütze

$|M_a| = 26{,}47+18{,}91 = 45{,}38$ kNm/m
Das Stützmoment darf um ΔM abgemindert werden (Momentenausrundung):
$M = M_a - \Delta M$
$\Delta M = A \cdot b/8$
$A = -Q_{al} + Q_{ar} = (19{,}25+13{,}75)+(25{,}41+3{,}15) = 61{,}56$ kN/m
$b = 0{,}30$ m
$M = 45{,}38 - 61{,}56 \cdot 0{,}30/8 = 43{,}07$ kNm/m
$M = 43{,}07$ kNm/m, $d = 21$ cm } (Tafel D.1.24c) →
$A_s = 7{,}65$ cm²/m
gew.: ∅ 12 - 15 (= 7,54 cm²/m ≈ 7,65 cm²/m)

1.9.2.5 Bemessung im Gebrauchszustand

Spannungsbegrenzung

Der Nachweis ist in diesem Zusammenhang in DIN 1045 nicht gefordert.

Rißbreitenbegrenzung

Die Beschränkung der Rißbreite wird nur für die Lastbeanspruchung an der Stütze A nachgewiesen (näherungsweise und auf der sicheren Seite ohne Momentenausrundung). Hierfür wird das Moment unter der häufig wirkenden Last benötigt.

$M_{häufig} = 0{,}7 \cdot 45{,}38 = 31{,}77$ kNm/m ($> M_g$)
(s. Abschn. D.1.4.2.2)

$$\sigma_s = \frac{M}{A_s \cdot z}$$

$z \approx 0{,}9 \cdot h = 0{,}9 \cdot 0{,}21 = 0{,}19$ m
$A_s = 7{,}54$ cm²/m

$$\sigma_s = \frac{0{,}03177}{7{,}54 \cdot 0{,}19} \cdot 10^4 = 222 \text{ MN/m}^2$$

grenz $d_s = d_s^* = 18$ mm (Tafel D.1.15a)
$> \text{vorh } d_s = 12$ mm

Verformungsbegrenzung

Nachweis durch Begrenzung der Biegeschlankheit. Es sollen nur im Feld verformungsempfindliche Aufbauten (Trennwände) vorhanden sein.

Nachweis für das Feld

allgemein:

$(l_i/h)_{vorh} \leq (l_i/h)_{zul} = 35$ (vgl. Gl. (D.1.34a))
$l_i \approx 0{,}8 \cdot l = 0{,}8 \cdot 6{,}00 = 4{,}80$ m [1)]
$h = 21$ cm

$(l_i/h)_{vorh} = 4{,}80 / 0{,}21 = 22{,}9 < (l_i/h)_{zul} = 35$

bei verformungsempfindlichen Aufbauten zusätzlich:

$(l_i/h)_{vorh} \leq (150/l_i)$ (vgl. Gl. (D.1.34b))
$(4{,}80 / 0{,}21) = 22{,}9 < (150 / 4{,}80) = 31{,}3$

Beide Nachweise sind erfüllt!

1) Genauer (und hier ungünstiger) mit Gl. (D.1.35a):

$l_i = \alpha \cdot l$
$\alpha = [1 + 4{,}8 \cdot (m_1 + m_2)] / [1 + 4 \cdot (m_1 + m_2)]$
$m_1 = 0$
$m_2 = M/(q\, l^2)$
$M = -26{,}47$ kNm/m (Kragarm nur „g")
$q = 12{,}0$ kN/m² (Feld unter „g+p")
$m_2 = -26{,}47 / (12{,}0 \cdot 6{,}0^2) = -0{,}0613$
$\alpha = [1 + 4{,}8 \cdot (0 - 0{,}0613)] / [1 + 4 \cdot (0 - 0{,}0613)] = 0{,}94$
$l_i = 0{,}94 \cdot 6{,}00 = 5{,}64$ m
Anwendungsgrenze: $m_1 \geq -(m_2 + 5/24)$
$0 \geq -(-0{,}0613 + 5/24) = -0{,}15$ (erfüllt)

Der Nachweis der Biegschlankheit ist für $l_i = 5{,}63$ m ebenfalls erfüllt (ohne Darstellung des Rechengangs).

Nachweis für den Kragarm

Ein vereinfachter Nachweis durch die Begrenzung der Biegeschlankheit ist mit Ersatzstützweite

$l_i = \alpha \cdot l_k = 2{,}4 \cdot 2{,}75 = 6{,}60$ m [2)]

und der vorhandenen Biegeschlankheit

$(l_i/h)_{vorh} = 6{,}60/0{,}21 = 31 < 35$

erfüllt. Allerdings setzt dieser vereinfachte Nachweis eine starre Einspannung des Kragarms an der Stütze A voraus, die wegen der Nachgiebigkeit des benachbarten Feldes insbesondere bei unterschiedlichen Belastungen nur bedingt gegeben ist. Soweit die Durchbiegungen des Kragarms problematisch werden können, empfiehlt sich daher ein genauerer Nachweis. Im Rahmen des Beispiels wird hierauf jedoch verzichtet.

1.9.2.6 Bemessung für Querkraft

Bemessungsquerkraft Q_S im Abstand $h/2$ vom Auflagerrand (direkte Lagerung; s. Abschn. 1.5.2).

Stütze A

Nachweis ungünstig nur für Stütze A_{rechts}.

Bemessungsquerkraft

$Q_a = 25{,}41 + 3{,}15 + 15{,}0 = 43{,}6$ kN/m
$Q_S = Q_{ar} - (g + p) \cdot (t + h)/2$
$= 43{,}6 - (7{,}00 + 5{,}00) \cdot (0{,}30 + 0{,}21)/2$
$= 43{,}6 - 3{,}1 = 40{,}5$ kN/m

Vorhandene Schubspannung vorh τ_0

vorh $\tau_0 = Q_S/(b_0 \cdot z)$
$z \approx 0{,}9 \cdot h = 0{,}9 \cdot 0{,}21 = 0{,}19$ m
vorh $\tau_0 = 40{,}5 \cdot 10^{-3}/(1{,}0 \cdot 0{,}19) = 0{,}21$ MN/m²

Zulässige Schubspannung zul τ_0

zul $\tau_0 = k_1 \cdot \tau_{011}$
$k_1 = 1$ (für $d \leq 30$ cm)
$\tau_{011} = \tau_{011,a} = 0{,}40$ MN/m² (bei gestaffelter Bewehrung)
zul $\tau_0 = 0{,}40$ MN/m²

Nachweis

vorh $\tau_0 = 0{,}21$ MN/m² < zul $\tau_0 = 0{,}40$ MN/m²
Keine Schubbewehrung erforderlich.

Auf weitere Nachweise wird im Rahmen des Beispiels verzichtet.

2) Die „genauere" Ermittlung der Ersatzstützweite l_i bzw. des Faktors α mit Gl. (D.1.35b) ist nicht zulässig, da für den Kragarm die dort genannten Anwendungsgrenzen nicht eingehalten sind.

Tafel D.1.24a Bemessungstabellen für Platten ohne Druckbewehrung für Biegung

BSt 500; B 15

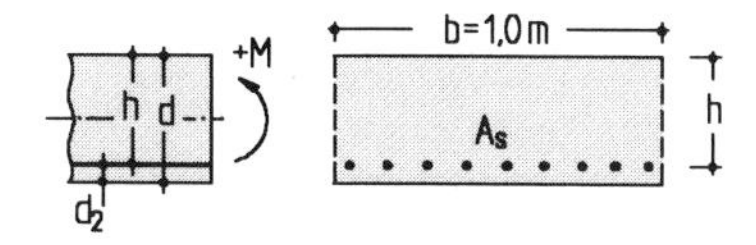

M kNm	A_s (in cm²/m) für *h* (in cm) = 10	11	12	13	14	15	16	17	18	19	20	21	22	23	24	25	26	27	28	29
1	0,36	0,33	0,29	0,28	0,25	0,23	0,22	0,21	0,20	0,19	0,18	0,17	0,16	0,15	0,15	0,14	0,14	0,13	0,13	0,12
2	0,73	0,66	0,60	0,56	0,51	0,48	0,45	0,42	0,40	0,38	0,36	0,34	0,32	0,31	0,30	0,28	0,27	0,26	0,25	0,24
3	1,11	1,00	0,91	0,84	0,78	0,73	0,68	0,64	0,60	0,57	0,54	0,51	0,49	0,47	0,45	0,42	0,41	0,40	0,38	0,37
4	1,49	1,34	1,23	1,13	1,04	0,97	0,91	0,85	0,80	0,76	0,72	0,69	0,65	0,62	0,60	0,57	0,55	0,53	0,51	0,49
5	1,88	1,69	1,54	1,42	1,31	1,22	1,14	1,07	1,01	0,95	0,90	0,86	0,82	0,78	0,75	0,72	0,69	0,66	0,64	0,62
6	2,27	2,05	1,86	1,71	1,58	1,47	1,37	1,29	1,21	1,15	1,09	1,03	0,99	0,94	0,90	0,86	0,83	0,80	0,77	0,74
7	2,67	2,40	2,19	2,00	1,85	1,72	1,61	1,51	1,42	1,34	1,27	1,21	1,15	1,10	1,05	1,01	0,97	0,94	0,90	0,87
8	3,08	2,76	2,51	2,30	2,13	1,97	1,84	1,73	1,63	1,54	1,46	1,39	1,32	1,26	1,21	1,16	1,11	1,07	1,03	0,99
9	3,49	3,13	2,84	2,61	2,40	2,23	2,08	1,95	1,84	1,74	1,65	1,56	1,49	1,42	1,36	1,31	1,25	1,22	1,16	1,12
10	3,91	3,50	3,18	2,91	2,68	2,49	2,32	2,18	2,05	1,93	1,83	1,74	1,66	1,58	1,51	1,45	1,39	1,35	1,29	1,24
12	4,79	4,27	3,85	3,52	3,25	3,01	2,81	2,63	2,47	2,33	2,21	2,10	2,00	1,91	1,83	1,75	1,68	1,61	1,55	1,50
14	5,72	5,06	4,56	4,15	3,82	3,53	3,30	3,09	2,90	2,74	2,59	2,46	2,34	2,24	2,14	2,05	1,97	1,89	1,82	1,75
16	6,72	5,89	5,27	4,79	4,40	4,07	3,80	3,55	3,33	3,15	2,98	2,82	2,69	2,56	2,45	2,35	2,25	2,17	2,09	2,02
18	7,78	6,76	6,02	5,45	4,99	4,62	4,29	4,01	3,77	3,55	3,36	3,19	3,04	2,90	2,77	2,65	2,54	2,44	2,35	2,28
20	8,97	7,67	6,80	6,13	5,60	5,17	4,80	4,49	4,21	3,97	3,75	3,56	3,38	3,22	3,08	2,95	2,83	2,72	2,62	2,52
22		8,67	7,60	6,83	6,22	5,73	5,31	4,96	4,65	4,38	4,14	3,93	3,74	3,56	3,40	3,26	3,13	3,00	2,89	2,79
24		9,75	8,46	7,56	6,86	6,30	5,83	5,44	5,10	4,81	4,54	4,30	4,09	3,90	3,72	3,57	3,42	3,29	3,16	3,05
26			9,38	8,31	7,51	6,89	6,37	5,93	5,56	5,23	4,94	4,68	4,45	4,24	4,05	3,88	3,72	3,57	3,43	3,31
28			10,4	9,10	8,20	7,48	6,91	6,43	6,02	5,66	5,34	5,06	4,81	4,58	4,37	4,18	4,01	3,85	3,70	3,57
30				9,94	8,88	8,10	7,46	6,93	6,48	6,09	5,74	5,44	5,17	4,92	4,70	4,49	4,31	4,14	3,98	3,83
32				10,8	9,62	8,74	8,03	7,44	6,94	6,52	6,15	5,82	5,53	5,26	5,02	4,81	4,61	4,43	4,26	4,09
34				11,8	10,4	9,39	8,61	7,96	7,43	6,97	6,57	6,21	5,89	5,61	5,35	5,12	4,91	4,71	4,54	4,37
36					11,2	10,2	9,19	8,49	7,91	7,41	6,98	6,60	6,27	5,96	5,69	5,44	5,21	4,99	4,81	4,64
38					12,0	10,8	9,80	9,03	8,41	7,87	7,40	7,00	6,64	6,31	6,02	5,75	5,51	5,29	5,09	4,90
40						11,5	10,5	9,59	8,90	8,33	7,82	7,39	7,01	6,67	6,35	6,07	5,81	5,58	5,36	5,16
42						12,2	11,1	10,3	9,41	8,79	8,26	7,80	7,38	7,02	6,69	6,39	6,12	5,86	5,65	5,43
44						13,0	11,7	10,8	9,94	9,26	8,69	8,19	7,76	7,37	7,03	6,72	6,43	6,17	5,91	5,69
46							12,4	11,3	10,5	9,74	9,13	8,60	8,14	7,73	7,37	7,04	6,73	6,45	6,21	5,97
48							13,1	11,9	11,0	10,3	9,58	9,02	8,53	8,10	7,71	7,36	7,05	6,76	6,49	6,24
50							13,9	12,6	11,5	10,7	10,0	9,44	8,92	8,46	8,06	7,69	7,36	7,05	6,78	6,52
55								14,2	13,0	12,0	11,2	10,5	9,91	9,39	8,93	8,52	8,15	7,80	7,49	7,21
60									14,5	13,3	12,4	11,6	11,0	10,3	9,82	9,35	8,94	8,57	8,21	7,90
65									16,2	14,8	13,7	12,7	12,0	11,3	10,7	10,2	9,74	9,33	8,95	8,60
70										16,3	15,0	13,9	13,1	12,3	11,7	11,1	10,6	10,1	9,69	9,30
75											16,4	15,2	14,2	13,3	12,6	12,0	11,4	10,9	10,4	10,0
80											17,9	16,6	15,3	14,4	13,6	12,9	12,3	11,7	11,2	10,8
85												17,9	16,6	15,5	14,6	13,8	13,1	12,5	12,0	11,5
90													17,9	16,6	15,6	14,8	14,0	13,4	12,8	12,2
95													19,2	17,8	16,7	15,7	14,9	14,2	13,6	13,0
100														19,1	17,8	16,7	15,8	15,1	14,4	13,7
110															20,2	18,9	17,8	16,8	16,0	15,3
120																21,2	19,9	18,7	17,8	17,0
130																	22,1	20,8	19,6	18,6
140																		22,9	21,6	20,4
150																			23,6	22,3
160																				24,3
170																				26,4

Unterhalb der Treppenlinie ist $\varepsilon_s < 3$ ‰, so daß eine Bemessung mit Druckbewehrung erfolgen sollte.

D

Tafel D.1.24b Bemessungstabellen für Platten ohne Druckbewehrung für Biegung

BSt 500; B 25

M kNm	A_s (in cm²/m) für *h* (in cm) = 10	11	12	13	14	15	16	17	18	19	20	21	22	23	24	25	26	27	28	29
2	0,72	0,65	0,60	0,55	0,51	0,48	0,45	0,42	0,40	0,37	0,36	0,34	0,32	0,31	0,30	0,28	0,27	0,26	0,25	0,24
4	1,46	1,33	1,21	1,11	1,03	0,96	0,90	0,84	0,80	0,75	0,72	0,68	0,65	0,62	0,60	0,57	0,55	0,53	0,51	0,49
6	2,22	2,01	1,83	1,69	1,56	1,45	1,36	1,27	1,20	1,14	1,08	1,03	0,98	0,93	0,89	0,86	0,82	0,79	0,76	0,74
8	2,99	2,71	2,46	2,26	2,09	1,95	1,82	1,71	1,61	1,52	1,44	1,37	1,31	1,25	1,20	1,15	1,09	1,06	1,02	0,99
10	3,78	3,41	3,10	2,85	2,63	2,45	2,29	2,16	2,03	1,91	1,81	1,72	1,64	1,57	1,50	1,44	1,38	1,33	1,28	1,24
12	4,59	4,12	3,75	3,44	3,18	2,95	2,76	2,59	2,44	2,31	2,19	2,07	1,98	1,89	1,81	1,73	1,66	1,60	1,54	1,49
14	5,40	4,85	4,40	4,04	3,73	3,46	3,23	3,03	2,85	2,70	2,57	2,44	2,31	2,21	2,11	2,03	1,94	1,87	1,80	1,74
16	6,24	5,59	5,07	4,64	4,28	3,98	3,71	3,48	3,27	3,09	2,93	2,80	2,67	2,54	2,43	2,32	2,24	2,14	2,06	1,99
18	7,09	6,34	5,74	5,26	4,84	4,49	4,20	3,93	3,70	3,49	3,31	3,14	3,00	2,87	2,75	2,63	2,52	2,42	2,33	2,24
20	7,98	7,11	6,42	5,87	5,41	5,02	4,68	4,39	4,12	3,89	3,68	3,50	3,33	3,19	3,06	2,93	2,81	2,70	2,60	2,50
22	8,90	7,89	7,12	6,49	5,98	5,54	5,16	4,84	4,55	4,29	4,07	3,86	3,68	3,51	3,36	3,24	3,10	2,98	2,87	2,76
24	9,85	8,70	7,82	7,13	6,56	6,07	5,66	5,30	4,98	4,70	4,45	4,22	4,02	3,84	3,66	3,52	3,39	3,26	3,14	3,02
26	10,8	9,53	8,55	7,77	7,14	6,61	6,15	5,76	5,41	5,11	4,83	4,59	4,36	4,16	3,98	3,81	3,67	3,54	3,41	3,29
28	11,9	10,4	9,28	8,42	7,73	7,15	6,65	6,22	5,84	5,51	5,23	4,95	4,71	4,49	4,29	4,11	3,95	3,81	3,67	3,54
30	13,0	11,3	10,0	9,09	8,32	7,69	7,16	6,69	6,28	5,92	5,61	5,33	5,06	4,83	4,61	4,42	4,24	4,07	3,94	3,79
32	14,1	12,2	10,8	9,76	8,93	8,24	7,66	7,16	6,72	6,34	5,99	5,70	5,41	5,16	4,93	4,72	4,53	4,35	4,19	4,05
34		13,1	11,6	10,5	9,54	8,80	8,17	7,63	7,16	6,75	6,38	6,06	5,76	5,49	5,25	5,03	4,82	4,63	4,45	4,30
36		14,1	12,4	11,2	10,2	9,35	8,68	8,11	7,61	7,17	6,77	6,42	6,12	5,84	5,57	5,33	5,11	4,91	4,73	4,56
38		15,2	13,2	11,9	10,8	9,93	9,21	8,59	8,06	7,59	7,17	6,80	6,47	6,18	5,89	5,64	5,41	5,19	4,99	4,82
40		16,3	14,1	12,6	11,4	10,5	9,72	9,07	8,50	8,01	7,57	7,17	6,82	6,51	6,22	5,94	5,70	5,48	5,27	5,08
42			15,0	13,4	12,1	11,1	10,3	9,55	8,95	8,44	7,97	7,55	7,18	6,84	6,55	6,26	6,00	5,76	5,54	5,34
44			15,9	14,1	12,7	11,7	10,8	10,1	9,40	8,86	8,36	7,93	7,53	7,18	6,87	6,58	6,29	6,04	5,81	5,60
46			16,9	14,9	13,4	12,3	11,3	10,5	9,87	9,29	8,77	8,31	7,89	7,52	7,18	6,88	6,60	6,32	6,08	5,86
48			17,9	15,7	14,1	12,9	11,9	11,0	10,3	9,72	9,17	8,69	8,25	7,85	7,50	7,19	6,90	6,62	6,36	6,12
50				16,6	14,8	13,5	12,4	11,6	10,8	10,1	9,57	9,07	8,61	8,20	7,83	7,49	7,20	6,91	6,63	6,39
55				18,8	16,7	15,1	13,9	12,8	12,0	11,2	10,6	10,0	9,52	9,07	8,65	8,27	7,93	7,63	7,34	7,06
60					18,6	16,7	15,3	14,1	13,2	12,3	11,6	11,0	10,4	9,94	9,48	9,06	8,68	8,33	8,02	7,73
65					20,8	18,5	16,8	15,5	14,4	13,5	12,7	12,0	11,4	10,8	10,3	9,86	9,44	9,06	8,71	8,40
70						20,4	18,4	16,9	15,7	14,7	13,8	13,0	12,3	11,7	11,1	10,7	10,2	9,79	9,41	9,05
75						22,4	20,1	18,3	17,0	15,8	14,8	14,0	13,3	12,6	12,0	11,5	11,0	10,5	10,1	9,73
80							21,9	19,9	18,3	17,1	16,0	15,0	14,2	13,5	12,8	12,3	11,7	11,3	10,8	10,4
85							23,8	21,5	19,7	18,3	17,1	16,1	15,2	14,4	13,7	13,1	12,5	12,0	11,5	11,1
90								23,2	21,1	19,6	18,3	17,1	16,2	15,3	14,6	13,9	13,3	12,8	12,2	11,8
95								24,9	22,7	20,9	19,4	18,2	17,2	16,3	15,5	14,7	14,1	13,5	13,0	12,5
100									24,2	22,2	20,6	19,4	18,2	17,2	16,4	15,6	14,9	14,3	13,7	13,2
110										25,2	23,2	21,6	20,3	19,2	18,2	17,3	16,5	15,8	15,2	14,6
120										28,3	25,9	24,0	22,5	21,2	20,1	19,1	18,2	17,4	16,7	16,0
130											28,9	26,6	24,8	23,3	22,0	20,9	19,9	19,0	18,2	17,4
140												29,4	27,2	25,4	24,0	22,7	21,6	20,6	19,7	18,9
150													29,8	27,7	26,0	24,6	23,4	22,2	21,3	20,4
160													32,5	30,2	28,2	26,6	25,2	24,0	22,9	21,9
170														32,7	30,5	28,6	27,1	25,7	24,5	23,4
180															32,9	30,8	29,0	27,5	26,2	25,0
190															35,4	33,0	31,0	29,3	27,9	26,6
200																35,3	33,1	31,2	29,6	28,3
210																37,8	35,3	33,2	31,4	29,9
220																	37,6	35,3	33,3	31,6
230																		37,4	35,3	33,4
240																		39,7	37,3	35,3
250																			39,4	37,2
260																			41,6	39,1
270																				41,2

Unterhalb der Treppenlinie ist $\varepsilon_s < 3$ ‰, so daß eine Bemessung mit Druckbewehrung erfolgen sollte.

Tafel D.1.24c Bemessungstabellen für Platten ohne Druckbewehrung für Biegung

BSt 500; B 35

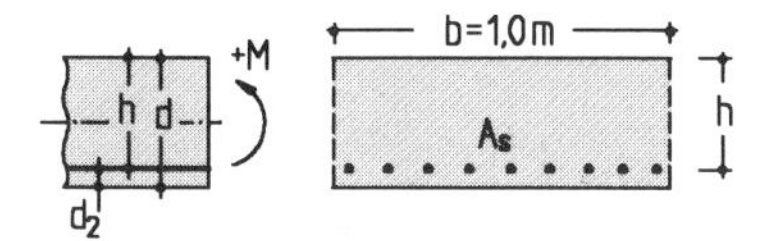

M kNm	A_s (in cm²/m) für *h* (in cm) = 10	11	12	13	14	15	16	17	18	19	20	21	22	23	24	25	26	27	28	29
2	0,72	0,65	0,60	0,55	0,51	0,47	0,44	0,42	0,39	0,37	0,35	0,34	0,32	0,31	0,29	0,28	0,27	0,26	0,25	0,24
4	1,46	1,32	1,21	1,11	1,03	0,96	0,90	0,84	0,79	0,75	0,71	0,68	0,65	0,62	0,59	0,57	0,55	0,53	0,51	0,49
6	2,21	1,99	1,82	1,68	1,55	1,44	1,35	1,27	1,20	1,13	1,07	1,02	0,98	0,93	0,89	0,86	0,82	0,79	0,76	0,74
8	2,97	2,68	2,45	2,26	2,09	1,94	1,81	1,70	1,60	1,52	1,44	1,37	1,30	1,25	1,19	1,15	1,10	1,06	1,02	0,98
10	3,74	3,37	3,08	2,83	2,62	2,44	2,28	2,14	2,01	1,91	1,80	1,71	1,64	1,56	1,50	1,43	1,38	1,33	1,28	1,23
12	4,52	4,07	3,71	3,41	3,15	2,93	2,75	2,58	2,43	2,29	2,17	2,06	1,97	1,88	1,80	1,72	1,66	1,59	1,54	1,48
14	5,31	4,78	4,36	4,00	3,70	3,43	3,21	3,02	2,85	2,69	2,55	2,42	2,30	2,20	2,10	2,02	1,94	1,86	1,79	1,73
16	6,12	5,50	5,01	4,60	4,24	3,94	3,68	3,45	3,26	3,09	2,93	2,78	2,64	2,52	2,41	2,31	2,22	2,13	2,06	1,98
18	6,93	6,23	5,66	5,19	4,80	4,45	4,15	3,90	3,67	3,49	3,30	3,14	2,99	2,85	2,72	2,60	2,50	2,41	2,32	2,23
20	7,76	6,96	6,32	5,79	5,34	4,96	4,63	4,34	4,09	3,89	3,67	3,50	3,33	3,18	3,04	2,91	2,78	2,68	2,58	2,49
22	8,61	7,71	6,99	6,40	5,90	5,48	5,11	4,79	4,51	4,28	4,04	3,85	3,67	3,50	3,35	3,21	3,08	2,95	2,84	2,74
24	9,48	8,47	7,67	7,01	6,47	6,00	5,61	5,24	4,93	4,67	4,41	4,19	4,01	3,83	3,66	3,51	3,37	3,23	3,11	2,99
26	10,4	9,23	8,35	7,63	7,03	6,52	6,08	5,71	5,36	5,08	4,79	4,55	4,34	4,15	3,97	3,81	3,66	3,52	3,38	3,25
28	11,3	10,0	9,04	8,26	7,60	7,04	6,56	6,16	5,79	5,49	5,17	4,91	4,67	4,47	4,29	4,11	3,94	3,79	3,65	3,52
30	12,2	10,8	9,74	8,89	8,17	7,57	7,06	6,61	6,23	5,91	5,55	5,27	5,02	4,79	4,59	4,40	4,24	4,07	3,92	3,78
35	14,6	12,8	11,5	10,5	9,63	8,91	8,29	7,76	7,29	6,94	6,51	6,18	5,88	5,61	5,36	5,14	4,95	4,76	4,59	4,42
40	17,4	15,0	13,4	12,1	11,1	10,3	9,54	8,92	8,38	7,98	7,48	7,11	6,75	6,43	6,15	5,89	5,65	5,44	5,25	5,07
45		17,4	15,4	13,8	12,6	11,6	10,8	10,1	9,48	8,96	8,45	8,03	7,64	7,28	6,94	6,65	6,38	6,13	5,90	5,70
50		20,0	17,4	15,6	14,2	13,1	12,2	11,3	10,6	10,1	9,44	8,94	8,52	8,13	7,76	7,42	7,11	6,83	6,57	6,34
55			19,6	17,4	15,8	14,5	13,5	12,5	11,7	11,2	10,4	9,88	9,40	8,96	8,57	8,20	7,85	7,54	7,25	6,99
60			22,0	19,4	17,5	16,0	14,8	13,8	12,9	12,3	11,4	10,8	10,3	9,80	9,37	8,98	8,60	8,25	7,94	7,65
65				21,5	19,2	17,5	16,1	15,0	14,0	13,4	12,4	11,8	11,2	10,7	10,2	9,75	9,35	8,98	8,62	8,30
70				23,7	21,0	19,1	17,6	16,3	15,2	14,4	13,5	12,7	12,1	11,5	11,0	10,5	10,1	9,70	9,33	8,97
75				26,0	23,0	20,7	19,0	17,6	16,4	15,5	14,6	13,7	13,0	12,4	11,8	11,3	10,9	10,4	10,0	9,65
80					25,0	22,4	20,5	18,9	17,6	16,5	15,6	14,7	13,9	13,3	12,6	12,1	11,6	11,1	10,7	10,3
85					27,1	24,2	22,0	20,3	18,8	17,6	16,6	15,7	14,9	14,1	13,5	12,9	12,4	11,9	11,4	11,0
90						26,1	23,6	21,7	20,1	18,8	17,7	16,7	15,8	15,0	14,3	13,7	13,1	12,6	12,1	11,7
95						28,0	25,2	23,1	21,4	20,0	18,7	17,7	16,7	15,9	15,2	14,5	13,9	13,3	12,8	12,3
100						30,1	26,9	24,5	22,5	21,1	19,8	18,7	17,7	16,8	16,0	15,3	14,6	14,0	13,5	13,0
110							30,6	27,7	25,4	23,6	22,0	20,8	19,6	18,6	17,7	16,9	16,2	15,5	14,9	14,4
120								31,0	28,3	26,1	24,4	22,9	21,6	20,5	19,5	18,6	17,8	17,0	16,3	15,7
130									31,4	28,8	26,7	25,1	23,7	22,4	21,3	20,2	19,4	18,5	17,8	17,1
140									34,7	31,7	29,3	27,4	25,7	24,3	23,1	21,9	21,0	20,1	19,3	18,5
150										34,7	32,0	29,7	27,9	26,3	24,9	23,7	22,6	21,6	20,7	19,9
160										37,9	34,7	32,2	30,0	28,3	26,8	25,5	24,3	23,2	22,2	21,3
170											37,7	34,8	32,4	30,4	28,7	27,3	25,9	24,8	23,7	22,8
180												37,5	34,8	32,5	30,7	29,1	27,7	26,4	25,3	24,2
190												40,3	37,3	34,8	32,7	31,0	29,4	28,1	26,8	25,7
200													39,9	37,1	34,8	32,8	31,2	29,7	28,4	27,2
220														42,1	39,3	36,9	34,8	33,2	31,6	30,3
240															44,0	41,2	38,8	36,7	35,0	33,4
260																45,8	42,9	40,5	38,5	36,7
280																	47,3	44,5	42,1	39,9
300																	52,0	48,7	45,9	43,5
320																		53,2	50,0	47,2
340																			54,2	51,1
360																				55,2

Unterhalb der Treppenlinie ist $\varepsilon_s < 3$ ‰, so daß eine Bemessung mit Druckbewehrung erfolgen sollte.

D

2 Bemessung nach DIN V ENV 1992-1

2.1 Einführung

2.1.1 Allgemeines

Mit DIN V ENV 1992-1-1 [ENV 1992-1-1 – 92] liegt seit 1992 ein Normenkonzept vor, das zukünftig im europäischen Binnnenmarkt gelten und dann die derzeit gültige DIN 1045 und DIN 4227 ersetzen soll. Schon heute ist der Eurocode 2 in den meisten Bundesländern als gleichwertige Regelung neben den nationalen Normen zugelassen, so daß der Bauherr bzw. der beratende Ingenieur sich für dessen Anwendung bei der Planung entscheiden kann.

Von Eurocode 2 – DIN V ENV 1992: Eurocode 2, Planung von Stahlbeton- und Spannbetontragwerken – sind bisher als Vornorm erschienen:

- DIN V ENV 1992-1-1 (06.92)
  Grundlagen und Anwendungsregeln für den Hochbau
- DIN V ENV 1992-1-2 (05.97)
  Tragwerksplanung für den Brandfall
- DIN V ENV 1992-1-3 (12.94)
  Bauteile und Tragwerke aus Fertigteilen
- DIN V ENV 1992-1-4 (12.94)
  Leichtbeton mit geschlossenem Gefüge
- DIN V ENV 1992-1-5 (12.94)
  Tragwerke mit Spanngliedern ohne Verbund
- DIN V ENV 1992-1-6 (12.94)
  Tragwerke aus unbewehrtem Beton

Damit sind die grundlegenden bauart- und baustoffabhängigen Bemessungsregeln für Stahlbetontragwerke veröffentlicht, die außerdem für Bauwerke des Hochbaus detailliertere Regeln enthalten. Für andere Bauwerksarten wie z. B. Brücken, Behälter sind weitere Teile des EC 2 in Vorbereitung bzw. bereits veröffentlicht. Eine endgültige Überführung in eine Europäische Norm, bei deren Erscheinen die DIN 1045 und DIN 4227 zurückzuziehen sind, war zwar für das Jahr 1998 beabsichtigt, es ist jedoch klar, daß dieser Zeitplan nicht eingehalten wird bzw. ist.

Andererseits beruhen DIN 1045 und DIN 4227 weitgehend auf dem Kenntnisstand der 60er Jahre und berücksichtigen nicht den Stand der technischen Entwicklung hinsichtlich Sicherheitskonzept, Schnittgrößenermittlung und Bemessung im Stahlbetonbau. Dieser Umstand führte im Deutschen Ausschuß für Stahlbeton zu dem Beschluß, einen Entwurf einer neuen DIN 1045-1 [E DIN 1045-1 – 97] zu erarbeiten, der sich eng an die oben beschriebenen Teile von Eurocode 2 anlehnt und für den Fall, daß DIN V ENV 1992-1 nicht zum geplanten Zeitpunkt in eine Europäische Norm überführt wird, als zeitgerechter, nationaler Norm-Entwurf zur Verfügung steht. Wenn bis zur Jahressitzung des Deutschen Ausschusses für Stahlbeton im Jahre 1999 keine endgültige Klarheit zur Überführung von DIN V ENV 1992-1 in eine endgültige Europäische Norm besteht, werden DIN 1045-1 (Bemessung und Konstruktion), DIN 1045-2 (Betontechnik) und DIN 1045-3 (Ausführung) als DIN-Normen veröffentlicht (vgl. auch Einführung zum Kap. I in diesem Buch).

Die zuvor beschriebene Vorgehensweise wird im Vorwort zu E DIN 1045-1 zum Ausdruck gebracht:

> „Dieser an DIN V ENV 1992-1-1 angelehnte Norm-Entwurf berücksichtigt den Stand der technischen Entwicklung hinsichtlich Sicherheitskonzept, Schnittgrößenermittlung und Bemessung im Beton-, Stahlbeton- und Spannbetonbau. Zusätzlich zu DIN V ENV 1992-1-1 wurden DIN V ENV 1992-1-3 bis DIN V ENV 1992-1-6 eingearbeitet und der Inhalt nach Praxiserfordernissen neu geordnet und gestrafft.
>
> Bei diesem Normenentwurf handelt es sich um den abgestimmten deutschen Standpunkt zur europäischen Normung. Der Entwurf soll die deutsche Fachöffentlichkeit über einen zeitgemäßen Vorschlag einer Bemessungsnorm unterrichten und zur kritischen Bewertung anregen; die Ergebnisse der Bewertung sollen in die europäische Normungsarbeit eingebracht werden.
>
> Gleichzeitig steht aber mit dem vorliegenden Norm-Entwurf für den Fall, daß ENV 1992-1-1 nicht zum geplanten Zeitpunkt in eine Europäische Norm überführt wird, ein zeitgerechter, nationaler Norm-Entwurf zur Verfügung, der nach einer nochmaligen Einspruchsmöglichkeit als neue deutsche Norm veröffentlicht wird.
>
> Das weitere Vorgehen wird der DAfStb in Abhängigkeit vom Stand der europäischen Normenbearbeitung spätestens auf seiner Jahressitzung 1999 festlegen."

Nachfolgend wird die Bemessung von Stahlbetontragwerken nach DIN V ENV 1992-1 dargestellt. In weiten Bereichen gelten diese Erläuterungen auch für eine Bemessung nach E DIN 1045-1. Auf einige Änderungen im 1. Entwurf von DIN 1045-1 wurde im Jahrbuch 1998 von *Stahlbetonbau aktuell* [Stb-aktuell – 98] separat hingewiesen. Die Beratungen zum derzeit in Vorbereitung befindlichen 2. Entwurf von DIN 1045-1 sind noch nicht abgeschlossen, so daß hier auf parallele Erläuterungen verzichtet wird.

DIN V ENV 1992-1 gilt für Tragwerke des Stahlbetons und Spannbetons. In Rahmen dieses Beitrags wird jedoch schwerpunktmäßig nur die Bemessung von Stahlbetonbauteilen behandelt.

2.1.2 Begriffe, Formelzeichen

Nachfolgend sind einige wichtige, in Eurocode 2 häufig gebrauchte Begriffe erläutert.

Prinzipien sind Festlegungen in EC 2, von denen keine Abweichung zulässig ist. Sie sind in EC 2 durch den Buchstaben P gekennzeichnet. Demgegenüber handelt es sich bei einer *Anwendungsregel* um eine allgemein anerkannte Regel, die dem Prinzip folgt und dessen Anforderungen erfüllt. Alternativen sind auf der Basis der Prinzipien zulässig. Anwendungsregeln haben keine besondere Kennzeichnung in Eurocode 2.

Mit *Grenzzustand* wird in EC 2 ein Zustand bezeichnet, bei dem ein Tragwerk die Entwurfsanforderungen gerade noch erfüllt; es werden Grenzzustände der Tragfähigkeit und der Gebrauchstauglichkeit unterschieden. Für den Nachweis von Grenzzuständen sind als *Bemessungssituationen* die ständige, vorübergehende und/ oder außergewöhnliche zu betrachten (s. hierzu auch nachfolgenden Abschn. 2.2).

Einwirkungen (S) sind auf ein Tragwerk einwirkende Kräfte, Lasten etc. als direkte Einwirkung sowie eingeprägte Verformungen (Temperatur, Setzung) als indirekte Einwirkung. Sie werden weiter eingeteilt in ständige Einwirkung (G), veränderliche Einwirkung (Q) und außergewöhnliche Einwirkung (A).

Zu unterscheiden sind:

- *Charakteristische Werte* der Einwirkungen (F_k), die in Lastnormen festgelegt werden als:
  - ständige Einwirkung, und zwar i. allg. als ein einzelner Wert (G_k), ggf. jedoch auch als oberer ($G_{k,sup}$) und unterer ($G_{k,inf}$) Grenzwert
  - veränderliche Einwirkung (Q_k), und zwar als oberer oder unterer Wert, der mit Wahrscheinlichkeit nicht überschritten oder nicht erreicht wird, oder als festgelegter Sollwert
  - außergewöhnliche Einwirkung (A_k) als festgelegter Wert.
- *Repräsentative Werte* der veränderlichen Einwirkung sind
  - der charakteristische Wert Q_k
  - der Kombinationswert $\psi_0 \cdot Q_k$
  - der häufige Wert $\psi_1 \cdot Q_k$
  - der quasi-ständige Wert $\psi_2 \cdot Q_k$
- *Bemessungswerte* der Einwirkung (F_d) ergeben sich aus $F_d = \gamma_F F_k$ mit γ_F als Teilsicherheitsbeiwert für die betrachtete Einwirkung; der Beiwert γ_F kann mit einem oberen ($\gamma_{F,sup}$) und einem unteren Wert ($\gamma_{F,inf}$) angegeben werden.

Der *Widerstand* (R) oder die Tragfähigkeit eines Bauteils ist durch Materialeigenschaften (Beton, Betonstahl, Spannstahl) und durch geometrische Größen geben.

Bei den Baustoffeigenschaften ist zu unterscheiden zwischen:

- *Charakteristischen Werten der Baustoffe (X_k);* sie werden in Baustoff- und Bemessungsnormen als Fraktile einer statistischen Verteilung festgelegt, ggf. mit oberen und unteren Werten
- *Bemessungswert einer Baustoffeigenschaft;* er ergibt sich aus $X_d = X_k/\gamma_M$ mit γ_M als Teilsicherheitsbeiwert für die Baustoffeigenschaften.

Die Bemessungswerte *geometrischer Größen* a_d werden im allgemeinen durch ihre Nennwerte a_{nom} beschrieben, d. h., $a_d = a_{nom}$. In einigen Fällen werden die Bemessungswerte jedoch auch durch $a_d = a_{nom} + \Delta a$ festgelegt.

Formelzeichen (s. a. Hinweise in den Abschnitten)

Lateinische Großbuchstaben

G	Ständige Einwirkung	(permanent action)
M	Biegemoment	(bending moment)
N	Längskraft	(axial force)
P	Vorspannkraft	(prestressing force)
Q	Veränderliche Last	(variable action)
R	Widerstand	(resistance)
S	Einwirkung,	(internal forces)
T	Torsionsmoment	(torsional moment)
V	Querkraft	(shear force)

Lateinische Kleinbuchstaben

d	Nutzhöhe	(effective depth)
f	Materialfestigkeit	(strength of a material)
g	verteilte ständige Last	(distributed permanent load)
h	Querschnittshöhe	(overall depth)
q	verteilte veränderliche Last	(distributed variable load)

Griechische Kleinbuchstaben

γ	Teilsicherheitsbeiwert	(partial safety factor)
μ	bezogenes Biegemoment	(reduced bending moment)
ν	bez. Längskraft	(reduced axial force)
ρ	geometrischer Bewehrungsgrad	(geometrical reinforcement ratio)

Fußzeiger

c	Beton	(concrete)
d	Bemessungswert	(design value)
dir	unmittelbar	(direct)
g, G	ständig	(permanent)
ind	mittelbar	(indirect)
inf	unterer, niedriger	(inferior)
k	charakterist. Wert	(characteristic value)
p	Vorspannung	(prestressing force)
q, Q	Verkehrslast	(variable action)
s	Betonstahl	(reinforcing steel)
sup	ober, oberer	(superior)
y	Streckgrenze	(yield)

D

2.2 Bemessungskonzept [1)]

Das Bemessungskonzept beruht auf dem Nachweis, daß sog. Grenzzustände nicht überschritten werden. Man unterscheidet Grenzzustände der Tragfähigkeit (Bruch, übermäßige Verformung, Verlust des Gleichgewichts, Ermüdung) und der Gebrauchstauglichkeit (unzulässige Verformungen, Schwingungen, Rißbreiten, Beeinträchtigung der Dauerhaftigkeit). Es werden drei *Bemessungssituationen* unterschieden:

- ständige Bemessungssituation (normale Nutzungsbedingungen des Tragwerks)
- vorübergehende Bemessungssituation (z. B. Bauzustand, Instandsetzungsarbeiten)
- außergewöhnliche Bemessungssituation (z. B. Anprall, Erschütterungen).

2.2.1 Grenzzustände der Tragfähigkeit

2.2.1.1 Statisches Gleichgewicht

Es ist nachzuweisen, daß die Bemessungswerte der destabilisierenden Einwirkungen $E_{d,dst}$ die Bemessungswerte der stabilisierenden Einwirkungen $E_{d,stb}$ nicht überschreiten:

$$\mathbf{E_{d,dst} \leq E_{d,stb}} \qquad \text{(D.2.1)}$$

2.2.1.2 Ermüdung

Der Bemessungswert eines Schadensmerkmals D_d darf den Wert 1 nicht überschreiten.

$$\mathbf{D_d \leq 1} \qquad \text{(D.2.2)}$$

Ermüdung wird in EC 2 Teil 1 nicht behandelt (in E DIN 1045-1 wurde dieser Nachweis jedoch aufgenommen). Falls ein Nachweis erforderlich wird, sind nach [NAD zu ENV 1992-1-1 – 93] Zusatzregelungen zwischen Tragwerksplaner und zuständiger Bauaufsichtsbehörde zu vereinbaren.

2.2.1.3 Bruch oder übermäßiger Verformung

Der Bemessungswert der Beanspruchung S_d darf den Bemessungswert des Widerstands R_d nicht überschreiten.

$$\mathbf{S_d \leq R_d} \qquad \text{(D.2.3)}$$

Bemessungswert der Beanspruchungen S_d
(ohne Vorspannung; in symbolischer Form)

Grundkombination

$$S_d = S\,(\Sigma\gamma_{G,j} \cdot G_{k,j} + \gamma_{Q,1} \cdot Q_{k,1} + \sum_{i>1} \gamma_{Q,i} \cdot \psi_{0,i} \cdot Q_{k,i}) \qquad \text{(D.2.4a)}$$

Kombination bei außergewöhnlicher Situation

$$S_{d,A} = S\,(\Sigma\gamma_{GA,j} \cdot G_{k,j} + A_d + \psi_{1,1} \cdot Q_{k,1} + \sum_{i>1} \psi_{2,i} \cdot Q_{k,i}) \qquad \text{(D.2.4b)}$$

$\gamma_{G,j}$; γ_Q	Sicherheitsbeiwerte für ständige, für veränderl. Einwirkungen (Tafel D.2.1)
$\gamma_{GA,j}$	Beiwerte der ständigen Einwirkung in der außergewöhnlichen Kombination (i. allg.: 1,0)
$G_{k,j}$	charakteristische Werte der ständigen Einwirkungen
$Q_{k,1}$; $Q_{k,i}$	charakteristische Werte der ersten, weiterer veränderlicher Einwirkungen
A_d	Bemessungswert einer außergewöhnlichen Einwirkung (z. B. Anprallast)
ψ_0, ψ_1, ψ_2	Kombinationsbeiwerte für seltene, häufige und quasi-ständige Einwirkungen (s. Tafel D.2.3)

Vereinfachte Kombination
(im üblichen Hochbau als Ersatz für Gl. (D.2.4a))

eine veränderliche Einwirkung

$$S_d = S\,(\Sigma\,\gamma_{G,j} \cdot G_{k,j} + 1{,}50 \cdot Q_{k,1}) \qquad \text{(D.2.5a)}$$

mehrere veränderliche Einwirkungen

$$S_d = S\,(\Sigma\,\gamma_{G,j} \cdot G_{k,j} + 1{,}35 \cdot \Sigma\,Q_{k,i}) \qquad \text{(D.2.5b)}$$

Bei mehreren veränderlichen Einwirkungen muß jedoch zusätzlich diejenige einzelne veränderliche Einwirkung nach Gl. (D.2.5a) überprüft werden, die den größten Einfluß hat.

Bemessungswert des Widerstands R_d
(in symbolischer Form)

$$R_d = R\,(f_{ck}/\gamma_c;\; f_{yk}/\gamma_s;\; 0{,}9 \cdot f_{pk}/\gamma_s) \qquad \text{(D.2.6)}$$

f_{ck}; f_{yk}; f_{pk}	charakteristische Werte der Beton-, Betonstahl- und Spannstahlfestigkeit
γ_c; γ_s	Teilsicherheitsbeiwerte für Beton, Beton- und Spannstahl nach Tafel D.2.2

Tafel D.2.1 Teilsicherheitsbeiwerte γ_F für Einwirkungen

Einwirkung / Auswirkung	ständig G_k	veränderlich Q_k	Vorspannung P_k
	γ_G	γ_Q	γ_P
günstig	1,00	0	1,0 [2)]
ungünstig	1,35	1,50 [1)]	1,0 [2)]

[1)] Für Zwang als veränderliche Einwirkung gilt bei:
nichtlinearer Schnittgrößenermittlung $\gamma_{ind} = 1{,}0 \cdot \gamma_Q$
linearer Schnittgrößenermittlung $\gamma_{ind} = 0{,}8 \cdot \gamma_Q$

[2)] [NAD zu ENV 1992-1-1 – 93] (mit den charakteristischen Werten der Vorspannung); nach EC 2 gilt:
$\gamma_p = 0{,}9$ oder 1,0 bei günstiger Auswirkung
$\gamma_p = 1{,}2$ oder 1,0 bei ungünstiger Auswirkung
Bei Kombinationen von Eigenlast und Vorspannung gilt $\gamma_G = 1{,}35$ bei ungünstiger, $\gamma_G = 1{,}00$ bei günstiger Auswirkung [NAD zu ENV 1992-1-1 – 93].

[1)] Für die Ermittlung der Beanspruchungen in Bauteilen, die *nicht* nach dem Nachweiskonzept der Eurocodes bemessen werden, ist der Übergang auf das dafür jeweils zugrunde liegende Bemessungskonzept (z. B. nach DIN-Normen) zu berücksichtigen ([NAD zu ENV 1992-1-1 – 93]).

Tafel D.2.2 Teilsicherheitsbeiwert γ_M für Baustoffeigenschaften (EC 2, Tab. 2.3)

Kombination	Beton γ_c	Beton-, Spannstahl γ_s
Grundkombination	1,50	1,15
Außergew. Komb.	1,30	1,00

Der Teilsicherheitsbeiwert γ_G der ständigen Last wird im allgemeinen konstant im gesamten Tragwerk berücksichtigt, und zwar entweder mit dem oberen Wert $\gamma_{G,sup}$ = 1,35 oder mit dem unteren $\gamma_{G,inf}$ = 1,00. Müssen jedoch günstige und ungünstige Anteile einer ständigen Einwirkung als eigenständige Anteile betrachtet werden, sind die ungünstigen mit $\gamma_{G,sup}$ = 1,10 zu erhöhen, die günstigen mit $\gamma_{G,inf}$ = 0,90 abzumindern [ENV 1992-1-1 – 92], 2.3.3.1 und feldweise ungünstig zu berücksichtigen. Dies gilt für Nachweise, die in hohem Maße anfällig gegen Schwankungen der Größe einer ständigen Einwirkung sind [ENV 1992-1-1 – 92], 2.3.2.3 (Nachweis der Lagersicherheit, des statischen Gleichgewichts nach Gl. (D.2.1) etc.).

Der Teilsicherheitsbeiwert γ_Q für die veränderliche Last wird dagegen grundsätzlich feldweise ungünstig mit $\gamma_{Q,sup}$ = 1,50 bzw. mit $\gamma_{Q,inf}$ = 0,00 berücksichtigt.

Mit den Kombinationsbeiwerten ψ_i nach Tafel D.2.3 wird die Häufigkeit des Auftretens einer veränderlichen Last berücksichtigt; es wird dabei unterschieden nach dem Kombinationswert $\psi_0 \cdot Q_k$, dem häufigen Wert $\psi_1 \cdot Q_k$ und dem quasi-ständigen Wert $\psi_2 \cdot Q_k$.

Tafel D.2.3 Kombinationsbeiwerte ψ (nach [NAD zu ENV 1992-1-1 – 93])

Einwirkung	Kombinationsbeiwerte		
	ψ_0	ψ_1	ψ_2
Verkehrslast auf Decken			
– Wohnräume; Büroräume; Verkaufsräume bis 50 m²; Flure; Balkone; Räume in Krankenhäusern	0,7	0,5	0,3
– Versammlungsräume; Garagen und Parkhäuser; Turnhallen; Tribünen; Flure in Lehrgebäuden; Büchereien; Archive	0,8	0,8	0,5
– Ausstellungs- und Verkaufsräume; Geschäfts- und Warenhäuser	0,8	0,8	0,8
Windlasten	0,6	0,5	0
Schneelasten	0,7	0,2	0
alle anderen Einwirkungen	0,8	0,7	0,5

2.2.2 Grenzzustände der Gebrauchstauglichkeit

Der Bemessungswert der Lastauswirkungen E_d darf den Nennwert einer Bauteileigenschaft C_d bzw. den Bemessungswert einer Materialeigenschaft R_d nicht überschreiten:

$$\boldsymbol{E_d \leq C_d} \quad \text{oder} \quad \boldsymbol{E_d \leq R_d} \qquad \text{(D.2.7)}$$

Einwirkungskombinationen E_d
(ohne Vorspannung; in symbolischer Form):

Seltene Kombination

$$E_d = E\,(\Sigma G_{k,j} + Q_{k,1} + \sum_{i>1} \psi_{0,i} \cdot Q_{k,i}) \qquad \text{(D.2.8a)}$$

Häufige Kombination

$$E_d = E(\Sigma\, G_{k,j} + \psi_{1,1} \cdot Q_{k,1} + \sum_{i>1} \psi_{2,i} \cdot Q_{k,i}) \qquad \text{(D.2.8b)}$$

Quasi-ständige Kombination

$$E_d = E\,(\Sigma G_{k,j} + \sum_{i\geq 1} \psi_{2,i} \cdot Q_{k,i}) \qquad \text{(D.2.8c)}$$

(Erläuterung der Formelzeichen s. vorher)

Für den üblichen Hochbau dürfen vereinfachend die seltene und die häufige Kombination gemäß Gl. (D.2.8a) und (D.2.8b) ersetzt werden durch:

bei *einer* veränderlichen Einwirkung

$$E_d = E\,(\Sigma\, G_{k,j} + Q_{k,1}) \qquad \text{(D.2.9a)}$$

bei *mehreren* veränderlichen Einwirkungen

$$E_d = E\,(\Sigma\, G_{k,j} + 0{,}9 \cdot \Sigma\, Q_{k,i}) \qquad \text{(D.2.9b)}$$

(Es ist diejenige Kombination zu wählen, die den größeren Wert ergibt.)

Bauteileigenschaft C_d bzw. Materialeigenschaft R_d

Die Bauteileigenschaft C_d oder die Materialeigenschaft R_d ist der für die Bemessung maßgebende Nennwert oder die maßgebende Funktion bestimmter Baustoffeigenschaften, die auch den Bemessungsschnittgrößen zugrunde liegen.

2.2.3 Dauerhaftigkeit

Zur Erreichung einer ausreichenden Dauerhaftigkeit eines Tragwerks sind gemäß EC 2, 2.4 folgende Faktoren zu berücksichtigen:

- Nutzung des Tragwerks
- geforderte Tragwerkseigenschaften
- voraussichtliche Umweltbedingungen
- Zusammensetzung, Eigenschaften und Verhalten der Baustoffeigenschaften
- Form der Bauteile und bauliche Durchbildung
- Qualität der Bauausführung und Überwachungsumfang
- besondere Schutzmaßnahmen
- voraussichtliche Instandhaltung während der vorgesehenen Nutzungsdauer.

D

2.3 Ausgangswerte für die Querschnittsbemessung

2.3.1 Beton

EC 2, Teil 1 gilt für Beton nach ENV 206, d. h. für Beton mit geschlossenem Gefüge, der aus festgelegten Betonzuschlägen hergestellt und so zusammengesetzt und verdichtet wird, daß er außer künstlich erzeugten Luftporen keinen nennenswerten Anteil an eingeschlossener Luft enthält. Für die betontechnologischen Festlegungen müssen die Bedingungen von [ENV 206 – 91] erfüllt sein.

Festigkeitsklassen und mechanische Eigenschaften

In der Bezeichnung der Festigkeitsklassen gemäß ENV 206 gibt der erste Zahlenwert die Zylinderdruckfestigeit $f_{ck,cyl}$, der zweite die Würfeldruckfestigkeit $f_{ck,cube}$ (jeweils in N/mm²) wieder. Die wesentlichen mechanischen Eigenschaften nach [ENV 1992-1-1 – 92], Tab. 3.1, 3.2 und 4.3 sowie in entsprechenden Ergänzungen in [ENV 1992-1-3 – 94] sind in Tafel D.2.4 zusammengestellt. Die fett gedruckten Festigkeitsklassen sollten nach ENV 206 bevorzugt verwendet werden.

In [ENV 1992-1-1 – 92] sind Betone der Festigkeitsklasse C 12/15 bis C 50/60 definiert. Für den Fertigteilbau wird in [ENV 1992-1-3 – 94] außerdem noch der C 55/65 und C 60/70 genannt (diese Klassen sind in Tafel D.2.4 grau unterlegt). Auf deren Besonderheiten bei der Bemessung wird nachfolgend jedoch nicht eingegangen.

Rechnerisch lassen sich die in der Tafel D.2.4 angegebenen Werte – mit dem charakteristischen Wert der Betonfestigkeit f_{ck} als Ausgangswert – wie folgt ermitteln (in N/mm²):

- Druckfestigkeit,
  - charakterist. Wert $f_{ck} = f_{ck,cyl}$
  - Mittelwert $f_{cm} = f_{ck} + 8$
- Zugfestigkeit,
  - Mittelwert $f_{ctm} = 0{,}30 \cdot f_{ck}^{2/3}$
  - unterer Fraktilwert $f_{ctk;\,0,05} = 0{,}7 \cdot f_{ctm}$
  - oberer Fraktilwert $f_{ctk;\,0,95} = 1{,}3 \cdot f_{ctm}$
- *E*-Modul, Mittelwert $E_{cm} = 9500 \cdot (f_{ck} + 8)^{1/3}$

Spannungs-Dehnungs-Linien

Nach Eurocode 2 ist zu unterscheiden zwischen der Spannungs-Dehnungs-Linie für die Schnittgrößenermittlung und der für die Querschnittsbemessung ([ENV 1992-1-1 – 92], 4.2.1.3).

Für die Ermittlung von Schnittgrößen und Verformungen ist für Kurzzeitbelastung die in [ENV 1992-1-1 – 92], Bild 4.1 angegebene Spannungs-Dehnungs-Linie maßgebend. Sie wird angewendet bei nichtlinearen Berechnungen, Berechnungen nach der Plastizitätstheorie oder Berechnungen nach Theorie II. Ordnung. Weitere Hinweise (Gleichung der Parabel etc.) s. [ENV 1992-1-1 – 92], 4.2.1.3.

Für die **Querschnittsbemessung** ist das Parabel-Rechteck-Diagramm gemäß Abb. D.2.1 die bevorzugte Idealisierung der tatsächlichen Spannungsverteilung. Es ist durch eine für alle Betonfestigkeitsklassen affine Form mit konstanter Grenzdehnung $\varepsilon_c = -3{,}5$ ‰ gekennzeichnet. Die Gleichung der Parabel für die Bemessungswerte der Betondruckspannungen im Grenzzustand der Tragfähigkeit erhält man aus

$$|\sigma_c| = 1000 \cdot |\varepsilon_c| \cdot (1 - 250 \cdot |\varepsilon_c|) \cdot \alpha \cdot |f_{cd}| \quad \text{(D.2.10)}$$

mit $f_{cd} = f_{ck} / \gamma_c$ Bemessungswert der Betondruckfestigkeit (im allg. mit $\gamma_c = 1{,}5$ zu ermitteln)

$\alpha = 0{,}85$ Faktor zur Berücksichtigung von Langzeiteinwirkungen

Andere idealisierte Spannungs-Dehnungs-Linien dürfen verwendet werden, wenn sie dem Parabel-Rechteck-Diagramm gleichwertig sind. Hierzu ge-

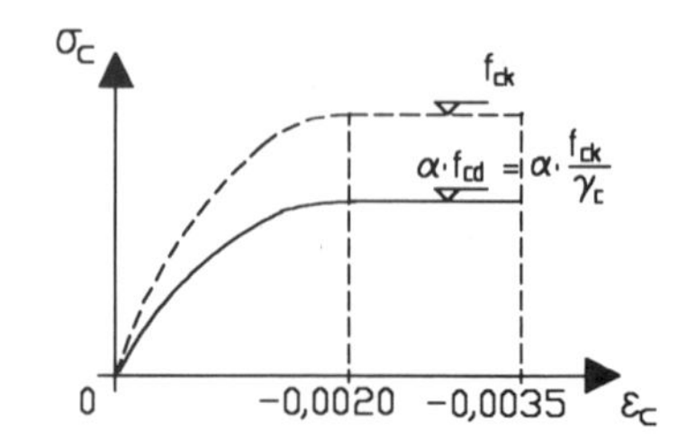

Abb. D.2.1 Parabel-Rechteck-Diagramm für die Querschnittsbemessung

Tafel D.2.4 Mechanische Eigenschaften von Normalbeton nach EC 2, Tab. 3.1 und 3.2 (in N/mm²)

Festigkeitsklasse C		**12/15**	16/20	**20/25**	25/30	**30/37**	35/45	**40/50**	45/55	**50/60**	55/65	60/70
Druck-	$\lvert f_{ck} \rvert$	12	16	20	25	30	35	40	45	50	55	60
festigkeit	$\lvert f_{cm} \rvert$	20	24	28	33	38	43	48	53	58	63	68
Zug-	f_{ctm}	1,6	1,9	2,2	2,6	2,9	3,2	3,5	3,8	4,1	4,4	4,6
festig-	$f_{ctk;\,0,05}$	1,1	1,3	1,5	1,8	2,0	2,2	2,5	2,7	2,9	3,1	3,2
keit	$f_{ctk;\,0,95}$	2,0	2,5	2,9	3,3	3,8	4,2	4,6	4,9	5,3	5,7	6,0
E-Modul	E_{cm}	26 000	27 500	29 000	30 500	32 000	33 500	35 000	36 000	37 000	37 800	38 800

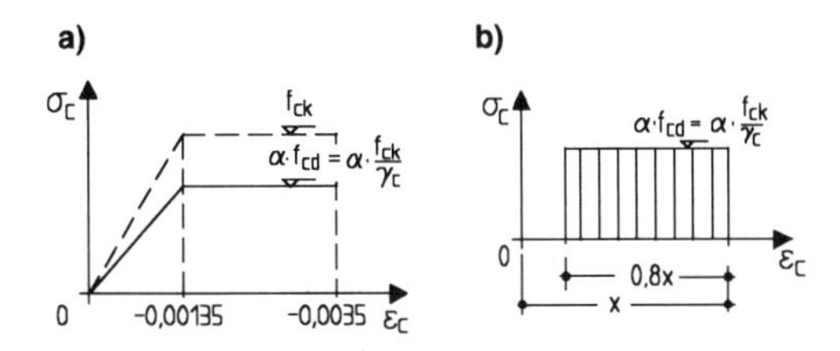

Abb. D.2.2 Vereinfachte Spannungs-Dehnungs-Linien
a) Bilineare Spannungs-Dehnungs-Linie
b) Rechteckiger Spannungsblock

hören die bilineare Spannungsverteilung und der rechteckige Spannungsblock (Abb. D. 2.2a und b). Für den rechteckigen Spannungsblock gilt jedoch α = 0,8, wenn die Druckzonenbreite in Richtung der stärker gedrückten Randfaser abnimmt.

2.3.2 Betonstahl

Allgemeines

Die nachfolgenden Festlegungen gelten für Betonstabstahl, für Betonstahl vom Ring und für Betonstahlmatten. Betonstahl ist nach Stahlsorte, Duktilitätsklasse, Maße, Oberflächeneigenschaften und Schweißbarkeit eingeteilt. Betonstahlsorten und ihre Eigenschaften werden zukünftig in EN 10080 beschrieben, die gegenwärtig jedoch noch nicht angewendet werden darf. Als Ersatz gelten nach [NAD zu ENV 1992-1-1 – 93] die Betonstähle der Reihe DIN 488 oder bauaufsichtlicher Zulassungsbescheide. Die Oberflächengestaltung, die Nennstreckgrenze f_{yk} und die Duktilitätsklassen sind in [NAD zu ENV 1992-1-1 – 93] Tab. R1 angegeben und in Tafel D.2.5 zusammengestellt.

Duktilitätsklassen

Betonstähle müssen eine angemessene Dehnfähigkeit (Duktilität) aufweisen. Das darf angenommen werden, wenn folgende Duktilitätsanforderungen erfüllt sind:

– hohe Duktilität: $\varepsilon_{uk} > 5{,}0\%$; $(f_t/f_y)_k > 1{,}08$
– normale Duktilität: $\varepsilon_{uk} > 2{,}5\%$; $(f_t/f_y)_k > 1{,}05$

Hierin ist ε_{uk} der charakteristische Wert der Dehnung bei Höchstlast, f_t bezeichnet die Zugfestigkeit und f_y die Streckgrenze der Betonstähle. Gegenwärtig erfolgt die Einordnung der Betonstähle in Duktilitätsklassen nach [NAD zu ENV 1992-1-1 – 93] Tab. R 3 (entsprechende Angaben sind in Tafel D.2.5 enthalten).

Spannungs-Dehnungs-Linie

Für die Bemessung im Querschnitt sind zwei verschiedene Annahmen für die rechnerische Spannungs-Dehnungs-Linie zugelassen (Abb. D.2.3):

– *Linie I:* Die Stahlspannung wird auf den Wert f_{yk} bzw. $f_{yd} = f_{yk} / \gamma_s$ begrenzt, für die Stahldehnung ε_s gilt dann $\varepsilon_s \leq 20$ ‰ (nach [NAD zu ENV 1992-1-1 – 93]; EC 2 sieht diese Grenze nicht vor).

– *Linie II:* Der Anstieg der Stahlspannung von der Streckgrenze f_{yk} bzw. f_{yk} / γ_s zur Zugfestigkeit f_{tk} bzw. f_{tk}/γ_s wird berücksichtigt; in diesem Fall ist die Stahldehnung auf $\varepsilon_s \leq 10$ ‰ zu begrenzen.

E- Modul

Es darf ein Mittelwert von E_s = 200 000 N/mm² angenommen werden.

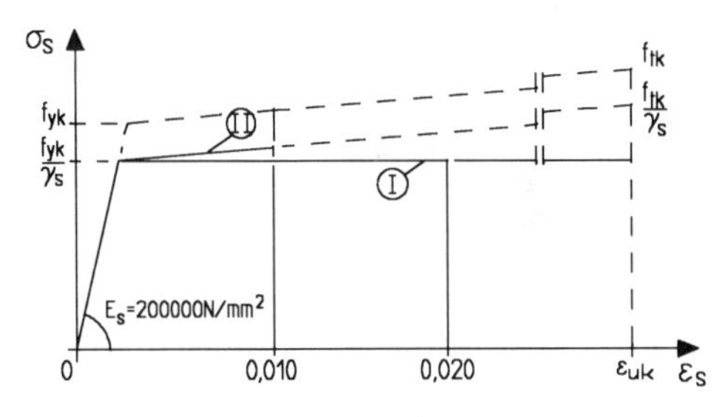

Abb. D.2.3 Spannungs-Dehnungs-Linie des Betonstahls nach EC 2

Tafel D.2.5 Schweißgeeignete Betonstähle und Einordnung in Duktilitätsklassen

Betonstahl nach	Kurzzeichen	Lieferform	Durchmesser mm	Oberfläche	Nennstreckgrenze f_{yk} N/mm²	Duktilität[1)]
1	2	3	4	5	6	7
DIN 488	BSt 420 S BSt 500 S BSt 500 M	Stab Stab Matte	6 bis 28 6 bis 28 4 bis 12	gerippt gerippt gerippt	420 500 500	hoch hoch normal
Zulassung	BSt 500 WR BSt 500 KR	Ring Ring	6 bis 14 6 bis 12	gerippt gerippt	500 500	hoch normal

1) Anforderungen nach EC 2, 3.2.4.2: hohe Duktilität: $\varepsilon_{uk} > 5{,}0\%$; $(f_t/f_y)_k > 1{,}08$
normale Duktilität: $\varepsilon_{uk} > 2{,}5\%$; $(f_t/f_y)_k > 1{,}05$

2.4 Bemessung für Biegung und Längskraft

2.4.1 Grenzzustände der Tragfähigkeit

2.4.1.1 Voraussetzungen und Annahmen

Für die Bestimmung der Grenztragfähigkeit von Querschnitten gelten folgende Annahmen:

- Dehnungen der Fasern eines Querschnitts verhalten sich wie ihre Abstände von der Dehnungsnullinie (*Ebenbleiben der Querschnitte*).
- Dehnungen der Bewehrung und des Betons, die sich in einer Faser befinden, sind gleich (*Vollkommener Verbund*).
- Die Zugfestigkeit des Betons wird im Grenzzustand der Tragfähigkeit nicht berücksichtigt.
- Für die Betondruckspannungen gilt die σ-ε-Linie der Querschnittsbemessung nach Abschn. 2.3.1.
- Die Spannungen im Betonstahl werden aus der σ-ε-Linie nach Abschn. 2.3.2 hergeleitet.
- Die Dehnungen im *Beton* sind bei zentrischem Druck auf –2,0 ‰, bei einer dreieckförmigen Verteilung auf –3,5 ‰ zu begrenzen. Für *Betonstahl* gilt $\varepsilon_s \leq 20$ ‰ bzw. $\varepsilon_s \leq 10$ ‰ (s. Abb. D.2.3) je nach Ansatz der Spannungs-Dehnungs-Linie.

Die möglichen Dehnungsverteilungen sind in Abb. D.2.4 dargestellt, die wie folgt zu beschreiben sind:

Bereich 1 Mittige Zugkraft und Zugkraft mit kleiner Ausmitte (die Zugkraft greift innerhalb der Bewehrungslagen an)

Bereich 2 Biegung und Längskraft bei Ausnutzung der Bewehrung, d. h., die Streckgrenze f_{yd} wird erreicht

Bereich 3 Biegung und Längskraft bei Ausnutzung der Bewehrung an der Streckgrenze f_{yd} und der Betonfestigkeit αf_{cd}

Bereich 4 Biegung und Längskraft bei Ausnutzung der Betonfestigkeit αf_{cd}

Bereich 5 Mittige Druckkraft und Druckkraft mit kleiner Ausmitte

(Die Dehnungsverteilung gilt ebenso für Spannbetonbauteile, wobei die Grenzdehnung dann für die Zusatzdehnung $\Delta\varepsilon_p$ einzuhalten ist; zusätzlich zu $\Delta\varepsilon_p$ ist die Vordehnung ε_{pm} zu beachten.)

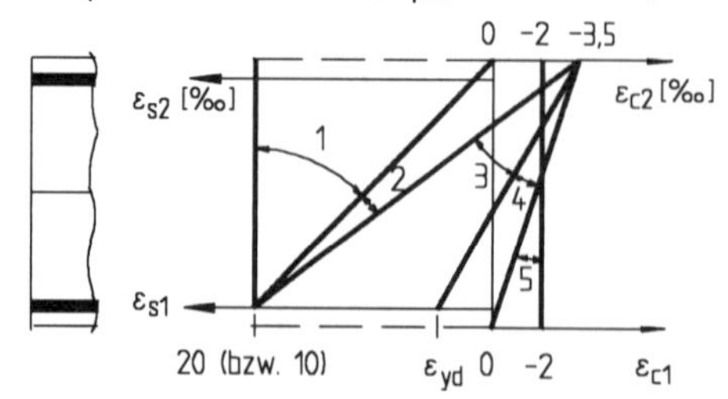

Abb. D.2.4 Zulässige Dehnungsverteilungen nach EC 2

Versagen ohne Vorankündigung

Gegen ein Querschnittsversagen ohne Vorankündigung bei Erstrißbildung ist bei *Stahlbetonbauteilen* – Regelungen für *Spannbetonbauteile* s. [NAD zu ENV 1992-1-1 – 95] – i. allg. die Mindestbewehrung nach Abschn. 2.4.2.3 anzuordnen; sie sollte bei biegebeanspruchten Stahlbetonbalken und Platten mindestens betragen:

$$\min A_s = 0{,}0015 \cdot b_t \cdot d \qquad \text{(D.2.11)}$$

(d Nutzhöhe; b_t Zugzonenbreite)

2.4.1.2 Mittige Längszugkraft und Zugkraft mit kleiner Ausmitte
(Dehnungsbereich 1 nach Abb. D.2.4)

Die resultierende Zugkraft greift innerhalb der Bewehrungslagen an. Die Ermittlung der erforderlichen Bewehrung A_{s1} und A_{s2} erfolgt unter der Annahme, daß in beiden Bewehrungslagen die Streckgrenze erreicht wird.

$$A_{s1} = \frac{N_{Sd}}{f_{yd}} \cdot \frac{z_{s2} + e}{z_{s1} + z_{s2}} \qquad \text{(D.2.12a)}$$

$$A_{s2} = \frac{N_{Sd}}{f_{yd}} \cdot \frac{z_{s1} - e}{z_{s1} + z_{s2}} \qquad \text{(D.2.12b)}$$

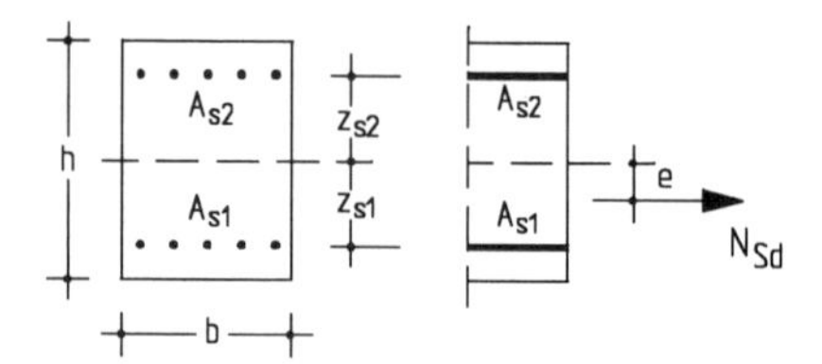

Abb. D.2.5 Zugkraft mit kleiner Ausmitte

2.4.1.3 Biegung (mit Längskraft); Querschnitt mit rechteckiger Druckzone
(Dehnungsbereich 2 bis 4)

Für die Bemessung werden die auf die Schwerachse bezogenen Schnittgrößen in ausgewählte, „versetzte" Schnittgrößen umgewandelt. Als neue Bezugslinie wird die Achse der Biegezugbewehrung A_{s1} gewählt. Man erhält dann die in Abb. D.2.6 dargestellten Schnittgrößen.

In den Dehnungsbereichen 2 bis 4 liegt die Dehnungsnullinie innerhalb des Querschnitts (s. hierzu Abb. D.2.4). Der Nachweis der Tragfähigkeit erfolgt

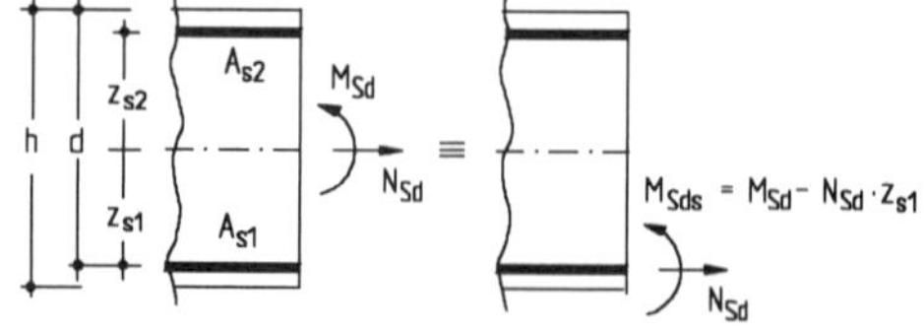

Abb. D.2.6 Schnittgrößen in der Schwerachse und „versetzte" Schnittgrößen

mit Hilfe von Identitätsbeziehungen. (Auf weitere Erläuterungen wird im Rahmen dieses Beitrages verzichtet, s. hierzu *Stahlbetonbau aktuell* 1998 [Stb-aktuell – 98]; vgl. auch Abschn. 1.4.1.3.)

In der praktischen Berechnung erfolgt der Nachweis in der Regel in Form einer Bemessung mit Hilfe von Bemessungsdiagrammen oder -nomogrammen, und zwar mit dem *allgemeinen Bemessungsdiagramm* oder mit den *Bemessungstabellen mit dimensionslosen Beiwerten.* Entsprechende Diagramme und Tabellen sind in [DAfStb-H425 – 92] enthalten (s. a. [Schneider – 98]).

Außerdem steht das dimensionsgebundene *k_d-Verfahren* zur Verfügung (s. nachfolgende Tafeln D.2.6 und D.2.7 nach [Roth – 95], entnommen aus [Schneider – 98]). Eingangswert ist der k_d-Wert

$$k_d = \frac{d\,[\text{cm}]}{\sqrt{M_{Sds}\,[\text{kNm}]\,/b\,[\text{m}]}} \qquad \text{(D.2.13)}$$

mit den in Gl. (D.2.13) angegebenen Dimensionen.

Für den Querschnitt ohne Druckbewehrung ergibt sich die Bewehrung mit Gl. (D.2.14) (die Größen sind wiederum mit Dimensionen behaftet) zu

$$A_{s1}\,[\text{cm}^2] = k_s \cdot \frac{M_{Sds}\,[\text{kNm}]}{d\,[\text{cm}]} + \frac{N_{Sd}\,[\text{kN}]}{\sigma_{sd}\,[\text{kN/cm}^2]} \qquad \text{(D.2.14)}$$

Die k_s-Werte (sowie weitere Hilfsgrößen) können Tafel D.2.6 entnommen werden.

Die bezogene Druckzonenhöhe sollte aus wirtschaftlichen Gründen den Wert

$\xi_{lim} = 0{,}617$

nicht überschreiten; zur Sicherstellung einer ausreichenden Rotationsfähigkeit sind außerdem, sofern keine anderen Maßnahmen getroffen werden, einzuhalten

$\xi_{lim} = 0{,}25$ (Schnittgrößenermittlung nach der Plastizitätstheorie ohne Nachweis der Rotationsfähigkeit)

$\xi_{lim} = 0{,}35$ (linear-elast. Schnittgrößenermittlung bei stat. unbestimmten Bauteilen für Beton C $\geq$ C 40/50)

$\xi_{lim} = 0{,}45$ (linear-elast. Schnittgrößenermittlung bei stat. unbestimmten Bauteilen für Beton C $\leq$ C 35/45)

(detailliertere Angaben s. [DIN V ENV 1992-1-1 – 92], 2.5.3.4 und 2.5.3.5 und Anhang 2). Zur Einhaltung dieser Grenzwerte ist ggf. eine Bemessung mit Druckbewehrung durchzuführen, entsprechende Hilfswerte finden sich in Tafel D.2.7.

Direkte Bemessungstafeln für Platten

Insbesondere für Platten ist die Bemessung mit Druckbewehrung i. allg. ohne praktische Bedeutung, die Längskraft N_{Sd} ist häufig Null. Für diesen Sonderfall sind im Abschn. 2.9 Bemessungstafeln angegeben, die eine direkte Bemessung bzw. Ablesung der Bewehrung A_{s1} für Deckenplatten mit Nutzhöhe von 10 cm $\leq d <$ 30 cm ermöglichen. Die Tafeln gelten für die angegebenen Betonklassen (C 12/15, C 20/25 sowie C 30/37) und für einen Betonstahl BSt 500, decken also mit den Abmessungen und Baustoffen den im Hochbau üblichen Bereich weitestgehend ab. Weitere Hinweise und Anwendungsbeispiele s. Abschn. 2.9.

2.4.1.4 Längsdruckkraft mit kleiner, einachsiger Ausmitte; Rechteckquerschnitt
(Dehnungsbereich 5)

Im Dehnungsbereich 5 treten im gesamten Querschnitt nur Druckspannungen auf, die Dehnungsnullinie liegt außerhalb des Querschnitts. Der Nachweis der Tragfähigkeit erfolgt mit den Identitätsbedingungen (s. hierzu jedoch das Jahrbuch 1998 von *Stahlbetonbau aktuell* [Stb-aktuell – 98]; vgl. a. ausführlichere Darlegungen im Abschn. 1.4.1.4.).

Bemessungshilfen für mittig gedrückte Querschnitte

Für den *mittig* gedrückten Querschnitt lassen sich die Bemessungslängskräfte N_{Sd} direkt ermitteln aus

$$\begin{aligned} |N_{Sd}| &= F_{cd} + F_{sd} \\ &= A_{cn} \cdot \alpha \cdot f_{cd} + A_s \cdot \sigma_{sd} \end{aligned} \qquad \text{(D.2.15)}$$

mit $A_{cn} = A_c - A_s$ als Nettobetonfläche, $\alpha = 0{,}85$ als Dauerlastfaktor, $f_{cd} = f_{ck} / \gamma_c$ und $\sigma_{sd} = \varepsilon_s \cdot E_s \leq f_{yd}$, wobei für ε_s eine Dehnungsbegrenzung auf –2 ‰ zu beachten ist (s. Abb. D.2.4). Zur Aufstellung von Bemessungstafeln wird Gl. (D.2.15) formuliert

$$\begin{aligned} N_{Sd} &= A_c \cdot \alpha \cdot f_{cd} + A_s \cdot (\sigma_{sd} - \alpha \cdot f_{cd}) \\ &= A_c \cdot \alpha \cdot f_{cd} + A_s \cdot \sigma_{sd} \cdot \kappa \end{aligned} \qquad \text{(D.2.16)}$$

mit $\kappa = (1 - \alpha\, f_{cd} / \sigma_{sd})$. Die Auswertung von Gl. (D.2.16) zeigt Tafel D.2.8.

2.4.1.5 Symmetrisch bewehrte Rechteckquerschnitte unter Biegung und Längskraft
(Interaktionsdiagramm)

Bei gleichzeitiger Wirkung eines Biegemoments kommen im allgemeinen die sog. „Interaktionsdiagramme" als Bemessungshilfen zur Anwendung; sie gelten für symmetrisch bewehrte Rechteckquerschnitte , d. h. $A_{s1} = A_{s2}$. Hierbei wird in Interaktion zwischen einem bezogenen Biegemoment und einer bezogenen Längskraft die erforderliche Bewehrung gefunden. Diese Diagramme decken alle fünf Dehnungsbereiche entsprechend Abb. D.2.4 ab, sind also vom zentrischen Zug bis hin zum mittigen Druck anwendbar (für eine übliche Biegebemessung allerdings wegen symmetrischer Bewehrung unwirtschaftlich). Bevorzugt werden sie für die Bemessung von Druckgliedern verwendet. Die Diagramme sind in Abhängigkeit vom Randabstand der Bewehrung ($d_1/h = d_2/h$) und der Stahlfestigkeit veröffentlicht. In Tafel D.2.9 ist beispielhaft das Diagramm für einen BSt 500 S und $d_1/h = d_2/h = 0{,}10$ wiedergegeben (aus [DAfStb-H 425 – 92]).

Tafel D.2.6 Dimensionsgebundene Bemessungstafel (k_d-Verfahren) für den Rechteckquerschnitt ohne Druckbewehrung für Biegung mit Längskraft (Betonstahl S 500 und γ_s = 1,15)

$$k_d = \frac{d\,[\text{cm}]}{\sqrt{M_{Sds}\,[\text{kNm}]\,/\,b\,[\text{m}]}} \qquad \text{mit } M_{Sds} = M_{Sd} - N_{Sd} \cdot z_{s1}$$

k_d für Betonfestigkeitsklasse C									k_s	ξ	ζ	ε_{c2} in ‰	ε_{s1} in ‰
12/15	16/20	20/25	25/30	30/37	35/45	40/50	45/55	50/60					
15,75	13,64	12,20	10,91	9,96	9,22	8,62	8,13	7,71	2,32	0,025	0,991	-0,52	20,00
8,50	7,36	6,58	5,89	5,37	4,97	4,65	4,39	4,16	2,34	0,049	0,983	-1,02	20,00
6,16	5,33	4,77	4,27	3,89	3,61	3,37	3,18	3,02	2,36	0,070	0,975	-1,51	20,00
5,06	4,38	3,92	3,50	3,20	2,96	2,77	2,61	2,48	2,38	0,090	0,966	-1,97	20,00
4,45	3,85	3,44	3,08	2,81	2,60	2,44	2,30	2,18	2,40	0,107	0,958	-2,41	20,00
4,04	3,50	3,13	2,80	2,56	2,37	2,21	2,09	1,98	2,42	0,124	0,950	-2,83	20,00
3,63	3,14	2,81	2,51	2,29	2,12	1,99	1,87	1,78	2,45	0,147	0,939	-3,46	20,00
3,35	2,90	2,60	2,32	2,12	1,96	1,84	1,73	1,64	2,48	0,174	0,927	-3,50	16,56
3,14	2,72	2,43	2,18	1,99	1,84	1,72	1,62	1,54	2,51	0,201	0,916	-3,50	13,90
2,97	2,57	2,30	2,06	1,88	1,74	1,63	1,53	1,46	2,54	0,227	0,906	-3,50	11,91
2,85	2,47	2,21	1,97	1,80	1,67	1,56	1,47	1,40	2,57	0,250	0,896	-3,50	10,52
2,72	2,36	2,11	1,89	1,72	1,59	1,49	1,41	1,33	2,60	0,277	0,885	-3,50	9,12
2,62	2,27	2,03	1,82	1,66	1,54	1,44	1,36	1,29	2,63	0,302	0,875	-3,50	8,10
2,54	2,20	1,97	1,76	1,61	1,49	1,39	1,31	1,24	2,66	0,325	0,865	-3,50	7,26
2,47	2,14	1,91	1,71	1,56	1,44	1,35	1,27	1,21	2,69	0,350	0,854	-3,50	6,50
2,41	2,08	1,86	1,67	1,52	1,41	1,32	1,24	1,18	2,72	0,371	0,846	-3,50	5,93
2,35	2,03	1,82	1,63	1,49	1,38	1,29	1,21	1,15	2,75	0,393	0,836	-3,50	5,40
2,28	1,98	1,77	1,58	1,44	1,34	1,25	1,18	1,12	2,79	0,422	0,824	-3,50	4,79
2,23	1,93	1,73	1,54	1,41	1,30	1,22	1,15	1,09	2,83	0,450	0,813	-3,50	4,27
2,18	1,89	1,69	1,51	1,38	1,28	1,19	1,13	1,07	2,87	0,477	0,801	-3,50	3,83
2,14	1,85	1,65	1,48	1,35	1,25	1,17	1,10	1,05	2,91	0,504	0,790	-3,50	3,44
2,10	1,82	1,62	1,45	1,33	1,23	1,15	1,08	1,03	2,95	0,530	0,780	-3,50	3,11
2,06	1,79	1,60	1,43	1,30	1,21	1,13	1,07	1,01	2,99	0,555	0,769	-3,50	2,81
2,03	1,75	1,57	1,40	1,28	1,19	1,11	1,05	0,99	3,04	0,585	0,757	-3,50	2,48
1,99	1,72	1,54	1,38	1,26	1,17	1,09	1,03	0,98	3,09	0,617	0,743	-3,50	2,17

$$A_s\,[\text{cm}^2] = k_s \cdot \frac{M_{Sds}\,[\text{kNm}]}{d\,[\text{cm}]} + \frac{N_{Sd}\,[\text{kN}]}{43{,}5}$$

Tafel D.2.7 Dimensionsgebundene Bemessungstafel (k_d-Verfahren) für den Rechteckquerschnitt mit Druckbewehrung für Biegung mit Längskraft (Betonstahl S 500 und γ_s = 1,15)

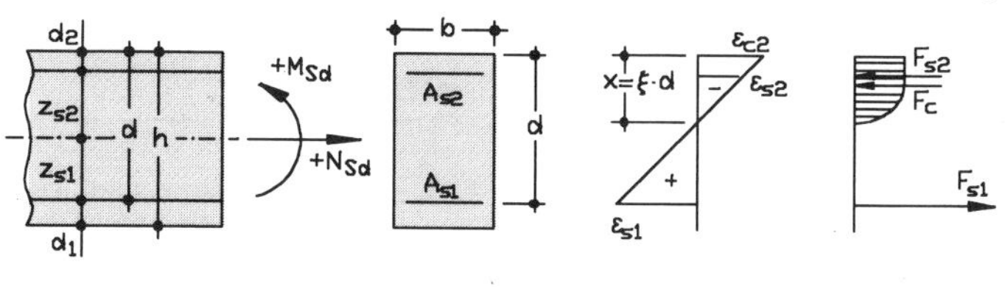

$$k_d = \frac{d\,[\text{cm}]}{\sqrt{M_{Sds}\,[\text{kNm}]\,/\,b\,[\text{m}]}} \qquad \text{mit } M_{Sds} = M_{Sd} - N_{Sd} \cdot z_{s1}$$

Beiwerte k_{s1} und k_{s2}

ξ = 0,35				ξ = 0,45							ξ = 0,617										ξ = {0,350; 0,450; 0,617}
k_d für f_{ck}			k_{s1}	k_d für f_{ck}						k_{s1}	k_d für f_{ck}									k_{s1}	k_{s2}
40	45	50		12	16	20	25	30	35		12	16	20	25	30	35	40	45	50		
1,35	1,27	1,21	2,69	2,23	1,93	1,73	1,54	1,41	1,30	2,83	1,99	1,72	1,54	1,38	1,26	1,17	1,09	1,03	0,98	3,09	0
1,32	1,25	1,18	2,68	2,18	1,89	1,69	1,51	1,38	1,28	2,82	1,95	1,69	1,51	1,35	1,23	1,14	1,07	1,01	0,96	3,07	0,10
1,29	1,22	1,16	2,67	2,14	1,85	1,65	1,48	1,35	1,25	2,80	1,91	1,65	1,48	1,32	1,21	1,12	1,05	0,99	0,93	3,04	0,20
1,27	1,19	1,13	2,67	2,09	1,81	1,62	1,45	1,32	1,22	2,79	1,87	1,62	1,45	1,29	1,18	1,09	1,02	0,96	0,91	3,02	0,30
1,24	1,17	1,11	2,66	2,04	1,77	1,58	1,41	1,29	1,19	2,77	1,82	1,58	1,41	1,26	1,15	1,07	1,00	0,94	0,89	2,99	0,40
1,21	1,14	1,08	2,65	1,99	1,72	1,54	1,38	1,26	1,17	2,76	1,78	1,54	1,38	1,23	1,12	1,04	0,97	0,92	0,87	2,97	0,50
1,17	1,11	1,05	2,64	1,94	1,68	1,50	1,34	1,23	1,14	2,74	1,73	1,50	1,34	1,20	1,10	1,01	0,95	0,89	0,85	2,94	0,60
1,14	1,08	1,02	2,63	1,89	1,63	1,46	1,31	1,19	1,10	2,73	1,69	1,46	1,31	1,17	1,07	0,99	0,92	0,87	0,83	2,92	0,70
1,11	1,05	0,99	2,62	1,83	1,59	1,42	1,27	1,16	1,07	2,71	1,64	1,42	1,27	1,13	1,04	0,96	0,90	0,85	0,80	2,89	0,80
1,08	1,02	0,96	2,61	1,78	1,54	1,38	1,23	1,12	1,04	2,70	1,59	1,37	1,23	1,10	1,00	0,93	0,87	0,82	0,78	2,87	0,90
1,04	0,98	0,93	2,60	1,72	1,49	1,33	1,19	1,09	1,01	2,69	1,54	1,33	1,19	1,06	0,97	0,90	0,84	0,79	0,75	2,84	1,00
1,01	0,95	0,90	2,59	1,66	1,44	1,29	1,15	1,05	0,97	2,67	1,48	1,28	1,15	1,03	0,94	0,87	0,81	0,77	0,73	2,82	1,10
0,97	0,91	0,87	2,59	1,60	1,38	1,24	1,11	1,01	0,94	2,66	1,43	1,24	1,11	0,99	0,90	0,84	0,78	0,74	0,70	2,79	1,20
0,93	0,88	0,83	2,58	1,53	1,33	1,19	1,06	0,97	0,90	2,64	1,37	1,19	1,06	0,95	0,87	0,80	0,75	0,71	0,67	2,77	1,30
0,89	0,84	0,80	2,57	1,47	1,27	1,14	1,02	0,93	0,86	2,63	1,31	1,14	1,02	0,91	0,83	0,77	0,72	0,68	0,64	2,74	1,40

Beiwerte ρ_1 und ρ_2

d_2/d	ξ = 0,35					ξ = 0,45					ξ = 0,617				
	ρ_1 für k_{s1} =				ρ_2	ρ_1 für k_{s1} =				ρ_2	ρ_1 für k_{s1} =				ρ_2
	2,69	2,65	2,61	2,57		2,83	2,74	2,68	2,63		3,09	2,97	2,85	2,74	
≤ 0,07	1,00	1,00	1,00	1,00	1,00	1,00	1,00	1,00	1,00	1,00	1,00	1,00	1,00	1,00	1,00
0,08	1,00	1,00	1,00	1,01	1,01	1,00	1,00	1,00	1,01	1,01	1,00	1,00	1,00	1,01	1,01
0,10	1,00	1,01	1,01	1,02	1,03	1,00	1,01	1,01	1,02	1,03	1,00	1,01	1,01	1,02	1,03
0,12	1,00	1,01	1,02	1,03	1,06	1,00	1,01	1,02	1,03	1,06	1,00	1,01	1,02	1,03	1,06
0,14	1,00	1,01	1,03	1,04	1,12	1,00	1,02	1,03	1,04	1,08	1,00	1,01	1,03	1,04	1,08
0,16	1,00	1,02	1,04	1,06	1,27	1,00	1,02	1,04	1,06	1,11	1,00	1,02	1,04	1,06	1,11
0,18	1,00	1,02	1,05	1,07	1,45	1,00	1,03	1,05	1,07	1,17	1,00	1,02	1,05	1,07	1,13
0,20	1,00	1,03	1,06	1,09	1,68	1,00	1,04	1,06	1,09	1,30	1,00	1,03	1,06	1,08	1,16
0,22	1,00	1,03	1,07	1,10	1,99	1,00	1,04	1,07	1,10	1,45	1,00	1,03	1,07	1,10	1,19
0,24	1,00	1,04	1,08	1,12	2,42	1,00	1,05	1,09	1,12	1,63	1,00	1,04	1,08	1,12	1,24

$$A_{s1}\,[\text{cm}^2] = \rho_1 \cdot k_{s1} \cdot \frac{M_{Sds}\,[\text{kNm}]}{d\,[\text{cm}]} + \frac{N_{Sd}\,[\text{kN}]}{43{,}5}$$

$$A_{s2}\,[\text{cm}^2] = \rho_2 \cdot k_{s2} \cdot \frac{M_{Sds}\,[\text{kNm}]}{d\,[\text{cm}]}$$

Tafel D.2.8 Aufnehmbare Längsdruckkraft $|N_{Sd}|$ für C 12/15, C 20/25 und C 30/37 und BSt 500 S

Betonanteil F_{cd} (in MN)

- Reckteckquerschnitt **C 12/15**

h\b	20	25	30	40	50	60	70	80
20	0,272	0,340	0,408	0,544	0,680	0,816	0,952	1,088
25		0,425	0,510	0,680	0,850	1,020	1,190	1,360
30			0,612	0,816	1,020	1,224	1,428	1,632
40				1,088	1,360	1,632	1,904	2,176
50					1,700	2,040	2,380	2,720
60						2,448	2,856	3,264
70							3,332	3,808
80								4,352

- Kreisquerschnitt **C 12/15**

D	20	25	30	40	50	60	70	80
	0,214	0,334	0,481	0,855	1,335	1,923	2,617	3,418

Betonanteil F_{cd} (in MN)

- Reckteckquerschnitt **C 20/25**

h\b	20	25	30	40	50	60	70	80
20	0,453	0,567	0,680	0,907	1,133	1,360	1,587	1,813
25		0,708	0,850	1,133	1,417	1,700	1,983	2,267
30			1,020	1,360	1,700	2,040	2,380	2,720
40				1,813	2,267	2,720	3,173	3,627
50					2,833	3,400	3,967	4,533
60						4,080	4,760	5,440
70							5,553	6,347
80								7,253

- Kreisquerschnitt **C 20/25**

D	20	25	30	40	50	60	70	80
	0,356	0,556	0,801	1,424	2,225	3,204	4,362	5,697

Betonanteil F_{cd} (in MN)

- Reckteckquerschnitt **C 30/37**

h\b	20	25	30	40	50	60	70	80
20	0,680	0,850	1,020	1,360	1,700	2,040	2,380	2,720
25		1,063	1,275	1,700	2,125	2,550	2,975	3,400
30			1,530	2,040	2,550	3,060	3,570	4,080
40				2,720	3,400	4,080	4,760	5,440
50					4,250	5,100	5,950	6,800
60						6,120	7,140	8,160
70							8,330	9,520
80								10,88

- Kreisquerschnitt **C 30/37**

D	20	25	30	40	50	60	70	80
	0,534	0,835	1,202	2,136	3,338	4,807	6,542	8,545

Stahlanteil F_{sd} (in MN)

- Stabstahl **BSt 500**

n\d	12	14	16	20	25	28
4	0,181	0,246	0,322	0,503	0,785	0,985
6	0,271	0,370	0,483	0,754	1,178	1,478
8	0,362	0,493	0,643	1,005	1,571	1,970
10	0,452	0,616	0,804	1,257	1,964	2,463
12	0,543	0,739	0,965	1,508	2,356	2,956
14	0,633	0,862	1,126	1,759	2,749	3,448
16	0,724	0,985	1,287	2,011	3,142	3,941
18	0,814	1,108	1,448	2,262	3,534	4,433
20	0,905	1,232	1,609	2,513	3,927	4,926

Abminderungsfaktor κ [–]
(für den Stahlanteil F_{sd})

Beton	κ
C 12/15	0,983
C 20/25	0,972
C 30/37	0,958

Gesamttragfähigkeit

$$|N_{Rd}| = F_{cd} + \kappa \cdot F_{sd} \approx F_{cd} + F_{sd}$$

Beispiel

Stütze 30 / 50 cm, Beton C 20/25, bewehrt mit Stäben 8 ∅ 16, BSt 500

gesucht:

Tragfähigkeit bei Beanspruchung unter einer zentrischen Druckkraft

Lösung:

$N_{Rd} = F_{cd} + \kappa \cdot F_{sd}$
$= 1{,}700 + 0{,}972 \cdot 0{,}643 = 2{,}325$ MN

h, b Abmessung des Querschnitts (in cm)
D Durchmessser des Querschn. (in cm)
n Stabanzahl
d Stabdurchmesser (in mm)

Tafel D.2.9 Interaktionsdiagramm für den symmetrisch bewehrten Rechteckquerschnitt

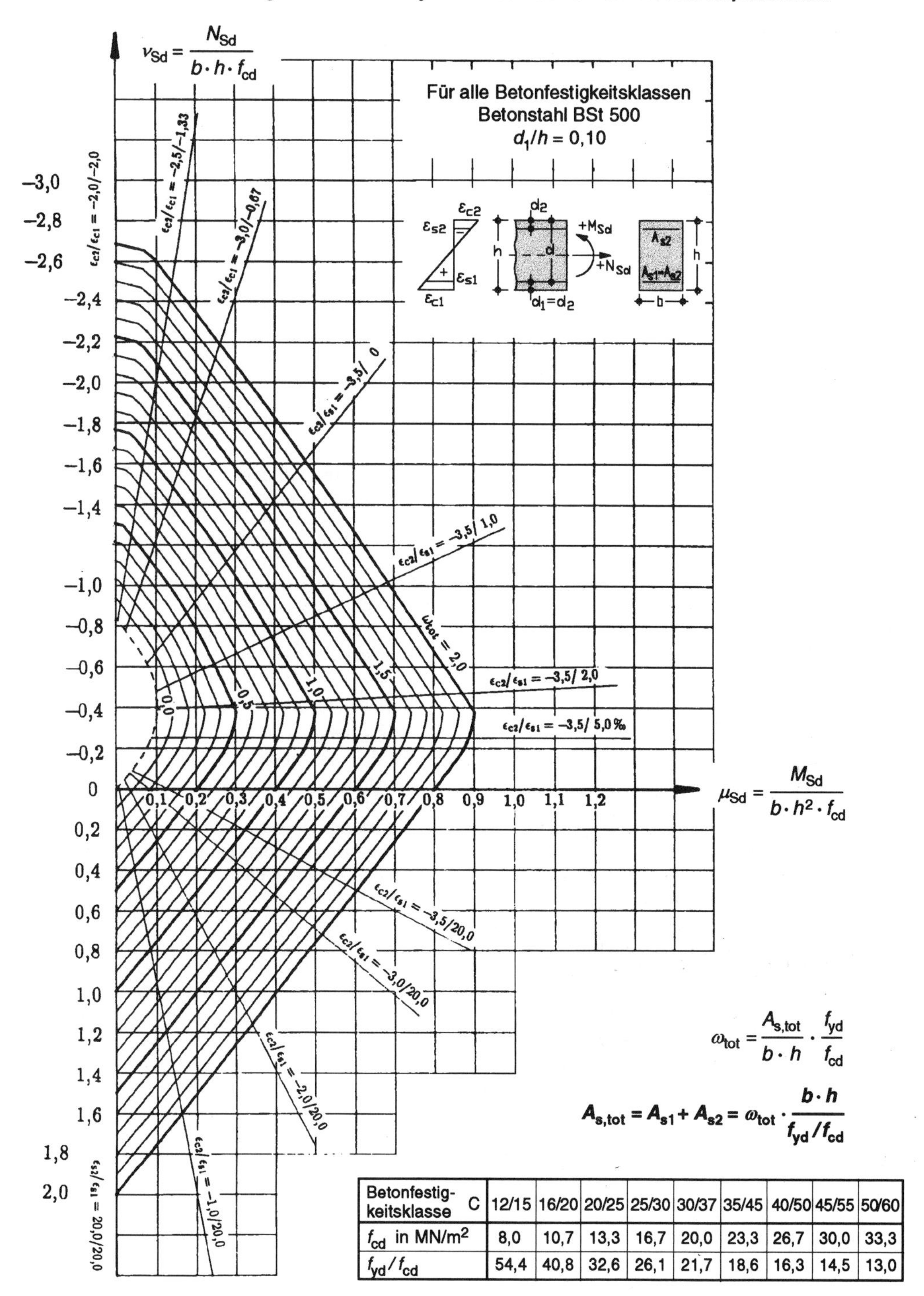

Betonfestigkeitsklasse C	12/15	16/20	20/25	25/30	30/37	35/45	40/50	45/55	50/60
f_{cd} in MN/m²	8,0	10,7	13,3	16,7	20,0	23,3	26,7	30,0	33,3
f_{yd}/f_{cd}	54,4	40,8	32,6	26,1	21,7	18,6	16,3	14,5	13,0

2.4.1.6 Biegung (mit Längskraft) bei Plattenbalken

Mitwirkende Breite b_{eff}

Die Ermittlung der mitwirkenden Plattenbreite kann für übliche Fälle abgeschätzt werden zu [ENV 1992-1-1 – 92]:

- symmetrischer Plattenbalken
  $b_{eff} = b_w + (l_0 / 5) \leq b$ (D.2.17a)
- einseitiger Plattenbalken
  $b_{eff} = b_w + (l_0 / 10) \leq b$ (D.2.17b)

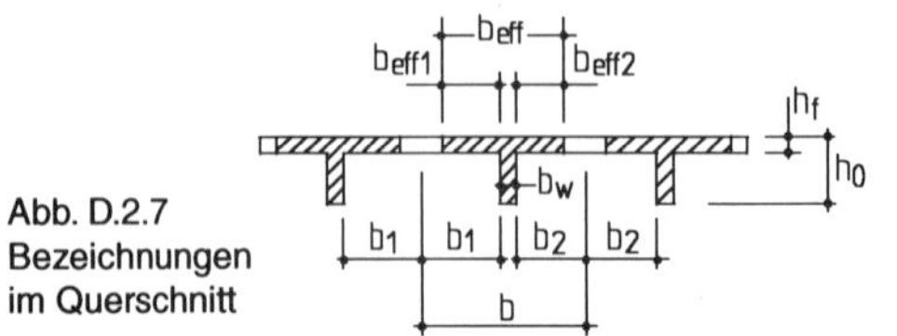

Abb. D.2.7 Bezeichnungen im Querschnitt

Die wirksame Stützweite l_0 kann näherungsweise nach Abb. D.2.8 bestimmt werden; als Voraussetzung gilt, daß $l_2 / l_1 \leq 1{,}5$ und $l_3 / l_2 \leq 0{,}5$ sein muß.

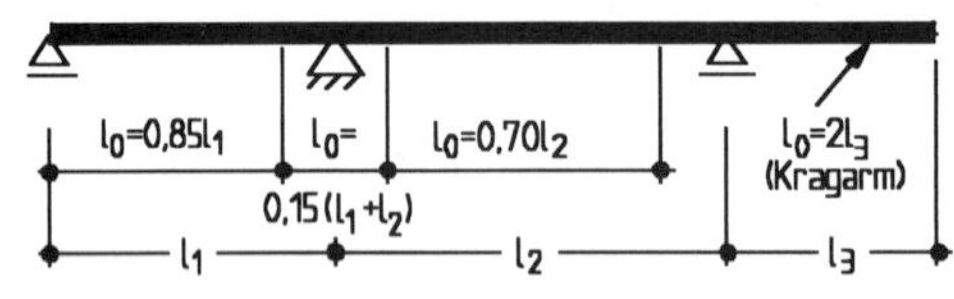

Abb. D.2.8 Wirksame Stützweite l_0

(Hinweis: Eine „bessere" Abschätzung der mittragenden Plattenbreite b_{eff} für den symmetrischen Plattenbalken enthält [E DIN 1045 – 97]:

$$b_{eff} = b_w + \Sigma b_{eff,i} \quad \text{(D.2.18)}$$

mit $b_{eff,i} = 0{,}2 \cdot b_i + 0{,}1 \cdot l_0 \leq 0{,}2 \cdot l_0 \leq b_i$

Die wirksame Stützweite wird, wie in Abb. D.2.8 angegeben, ermittelt, beim Kragarm beträgt sie jedoch $l_0 = 1{,}5 l_3$.)

Biegebemessung von Plattenbalken

Je nach Lage der Dehnungsnullinie bzw. nach Form der Druckzone sind zu unterscheiden:

– die Dehnungsnullinie liegt in der Platte
– die Dehnungsnullinie liegt im Steg.

Wenn die Nullinie in der Platte liegt, handelt es sich um einen Querschnitt mit einer rechteckförmigen Druckzone, so daß die Bemessungsverfahren für Rechteckquerschnitte anwendbar sind. Die Druckzonenbreite ist $b = b_{eff}$. Die Überprüfung der Nullinienlage erfolgt mit $x = \xi \cdot d \leq h_f$ bei der Bemessung.

Liegt die Nullinie im Steg, ist entweder eine Bemessung mit Näherungsverfahren – hierbei wird der Steganteil der Druckzone vernachlässigt (beim schlanken Plattenbalken) bzw. die Druckzone in ein Ersatzrechteck mit der Breite b_i umgewandelt (bei gedrungenen Plattenbalken) – oder eine direkte Bemessung mit Bemessungstafeln für Plattenbalken durchzuführen (abgedruckt z. B. [Schneider – 98]; s. a. [Allgöwer/Avak – 92]).

2.4.1.7 Beliebige Form der Betondruckzone

Bei einer beliebigen Form der Druckzonen gibt es nur noch in Sonderfällen Bemessungshilfen (Hinweise hierzu am Ende des Abschnitts). Soweit diese Hilfen nicht zur Verfügung stehen, wird man im allgemeinen Lösungen mit EDV-Unterstützung anstreben.

Für Kontrollen und eine „Von-Hand-Berechnung" empfiehlt sich eine Näherung mit dem „rechteckigen Spannungsblock". Eine Bemessung für den Querschnitt *ohne* Druckbewehrung erfolgt für eine Biegebeanspruchung in den Dehnungsbereichen 2 und 3 (s. Abb. D.2.4) zweckmäßiger Weise in folgenden Schritten (vgl. Abb. D.2.9):

– Schätzen einer Dehnungsverteilung $\varepsilon_c / \varepsilon_s$
– Bestimmung der Druckzonenhöhe
  $x = [\,|\varepsilon_c| / (|\varepsilon_c| + \varepsilon_s)] \cdot d$
– Berechnung der resultierenden Betondruckkraft
  $F_{cd} = A_{cc,red} \cdot \alpha \cdot f_{cd}$
  mit $A_{cc,red}$ als reduzierte Fläche der Höhe $0{,}8\,x$
– Ermittlung des Hebelarms der „inneren Kräfte" $z = d - a$ mit a als Schwerpunktabstand der reduzierten Druckzonenfläche vom oberen Rand
– Überprüfung, ob die Dehnungsverteilung richtig geschätzt wurde; es muß gelten, daß die Summe der „äußeren Momente" $\Sigma M_{(S)}$ identisch mit der Summe der „inneren Momente" $\Sigma M_{(R)}$ ist; bezogen auf die Zugbewehrung A_s erhält man:
  $\Sigma M_{(S)} = M_{Sd} - N_{Sd} \cdot z_{s1} \equiv \Sigma M_{(R)} = |F_{cd}| \cdot z$
  (ggf. Dehnungsverteilung neu schätzen)
– Bestimmung der Stahlzugkraft u. der Bewehrung
  $F_{sd} = |F_{cd}| + N_{Sd}$ und $A_s = F_{sd} / \sigma_{sd}$

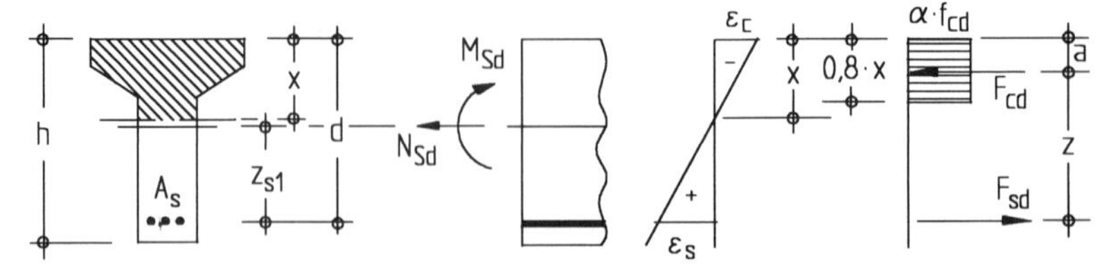

Abb. D.2.9 Näherungsberechnung mit dem rechteckigen Spannungsblock

Für einigen Sonderfälle, wie z. B. bei

- Rechteckquerschnitten mit zweiachsiger Biegung
- Kreisquerschnitten,

sind jedoch Bemessungshilfen vorhanden. Diesbezüglich wird auf [DAfStb-H.425] verwiesen.

Bei nur geringer Abweichung von der Rechteckform ist es im allgemeinen auch genügend genau, mit einem Ersatzrechteck zu bemessen (s. Abb. D.2.10). Die Ersatzbreite b_{ers} wird aus der Bedingung bestimmt, daß die Fläche der Ersatzdruckzone der tatsächlichen entspricht. Die Ersatzbreite wird zunächst geschätzt und ist im Rahmen der Bemessung nach Überprüfung der zuvor genannten Bedingung solange iterativ zu verbessern, bis eine ausreichende Übereinstimmung erreicht ist.

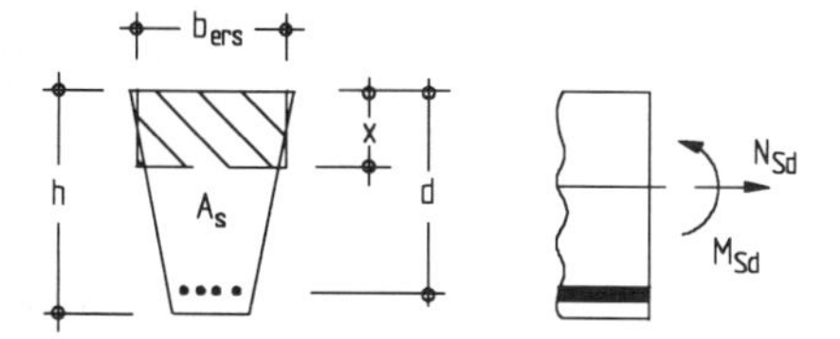

Abb. D.2.10 Ersatzrechteck

2.4.1.8 Unbewehrte Betonquerschnitte
([ENV 1992-1-6 – 94])

Voraussetzungen und Annahmen

Wegen der geringeren Verformungsfähigkeit von unbewehrtem Beton sollten die Teilsicherheitsbeiwerte γ_c (s. Tafel D.2.2) mit 1,2 multipliziert werden. Man erhält dann

- in der Grundkombination: $\gamma_c = 1{,}80$
- in der außergewöhnlichen Komb.: $\gamma_c = 1{,}56$

Für die Bestimmung der Grenztragfähigkeit unbewehrter Betonquerschnitte darf die Zugfestigkeit des Betons nicht in Rechnung gestellt werden. Eine klaffende Fuge infolge Ausmittigkeit der Normalkraft darf nach [NAD zu ENV 1992-1-6 – 95] höchstens bis zum Schwerpunkt des Gesamtquerschnitts entstehen.

Nachweisprinzip

Es ist nachzuweisen, daß der Bemessungswert der einwirkenden Längskraft N_{Sd} den Bemessungswert der aufnehmbaren Längskraft N_{Rd} nicht überschreitet.

$$\mathbf{N_{Sd} \leq N_{Rd}} \qquad \text{(D.2.19)}$$

Der Bemessungswert der aufnehmbaren Längsdruckkraft N_{Rd} ergibt sich zu

$$N_{Rd} = -\alpha \cdot f_{cd} \cdot A_{c,eff} \qquad \text{(D.2.20)}$$

mit α als Abminderungsbeiwert für langzeitige Lasteinwirkungen (i. allg. $\alpha = 0{,}85$; s. jedoch auch Abschn. 2.3.1) und $A_{c,eff}$ als wirksame Querschnittsfläche. Für den Bemessungswert der Betonfestigkeit f_{cd} sind die oben genannten vergrößerten Sicherheitsfaktoren zu beachten. Rechnerisch dürfen Festigkeitsklassen nur bis zu einem Beton C 30/37 berücksichtigt werden.

Die wirksame Querschnittsfläche wird aus der Bedingung bestimmt, daß der Flächenschwerpunkt von $A_{c,eff}$ mit dem Angriffspunkt G der Bemessungslängskraft N_{Sd} zusammenfällt. Zur Vereinfachung darf $A_{c,eff}$ – unter Zugrundelegung des rechteckigen Spannungsblocks – auch rechteckförmig angenommen werden. Die wirksame Fläche $A_{c,eff}$ ergibt sich zu (s. Abb. D.2.11):

$$A_{c,eff} = 2a_z \cdot 2a_y \qquad \text{(D.2.21a)}$$

Für *Rechtecke* mit den Abmessungen b und h_w und Ausmitte e_y und e_z gilt

$$A_{c,eff} = 2a_z \cdot 2a_y = (h_w - 2e_y) \cdot (b - 2e_z) \qquad \text{(D.2.21b)}$$

Bei der Ermittlung der Ausmitten e_y und e_z von N_{Sd} sollten erforderlichenfalls auch Einflüsse nach Theorie II. Ordnung und von geometrischen Imperfektionen erfaßt werden (s. hierzu Abschn. 2.8).

Für *Rechteckquerschnitte* mit einachsiger Ausmitte e_y in Richtung von h_w ergibt sich folgender Rechengang:

- Ermittlung der einwirkenden Bemessungslängskraft N_{Sd} und der resultierenden Ausmitte e_y
- Nachweis der klaffenden Fuge; er kann durch eine Beschränkung der Lastausmitte geführt werden.
  Hierfür muß gelten: $e_y \leq 0{,}3h_w$
- Ermittlung der aufnehmbaren Betondruckkraft N_{Rd}; näherungsweise gilt:
  $N_{Rd} = -\alpha \cdot f_{cd} \cdot b \cdot h_w \cdot (1 - 2e_y/h_w)$
- Nachweis $N_{Sd} \leq N_{Rd}$.

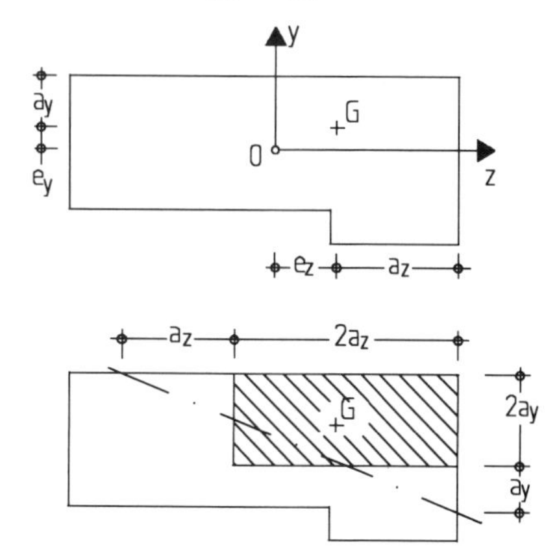

Abb. D.2.11 Wirksame Querschnittsfläche

D

2.4.2 Grenzzustände der Gebrauchstauglichkeit

2.4.2.1 Grundsätzliches

In den Grenzzuständen der Gebrauchstauglichkeit sind nachzuweisen [ENV 1992-1-1 – 92] 2.2.1.1(6):

- Verformungen und Durchbiegungen, die das Erscheinungsbild oder die planmäßige Nutzung eines Tragwerks beeinträchtigen, ggf. Schäden an nichttragenden Bauteilen verursachen,
- Schwingungen, die Unbehagen bei Menschen oder Schäden am Bauwerk verursachen oder die seine Funktionstüchtigkeit einschränken,
- Risse im Beton, die das Aussehen, die Dauerhaftigkeit oder die Wasserundurchlässigkeit beeinträchtigen können,
- Schädigung des Betons infolge übermäßiger Druckbeanspruchung, die zu einer Beeinträchtigung der Dauerhaftigkeit führen können.

Der Nachweis, daß ein Tragwerk oder Tragwerksteil diese Anforderungen erfüllt, erfolgt nach [ENV 1992-1-1 – 92] 4.4 durch

- Begrenzung der Spannungen
- Rißbreitenbegrenzung
- Begrenzung der Verformungen.

Diese Nachweise werden – von Ausnahmen abgesehen – rechnerisch nur für eine Beanspruchung aus Biegung und/oder Längskraft geführt, während die Beanspruchungsarten Querkraft, Torsion, Durchstanzen durch konstruktive Regelungen erfüllt werden (beispielsweise über eine zweckmäßige Ausbildung und Abstände der Bügelbewehrung). Der Nachweis erfolgt jeweils für Gebrauchslasten, und zwar je nach Nachweisbedingung für die seltene, häufige oder quasiständige Lastkombination (s. Abschn. 2.2.2).

Häufig werden nur die Stahlspannungen der Biegezugbewehrung benötigt (insbesondere beispielsweise beim Nachweis zur Begrenzung der Rißbreite). In den Fällen, in denen keine allzu große Genauigkeit gefordert ist, können die Stahlspannungen im gerissenen Zustand genügend genau mit dem Hebelarm z der inneren Kräfte aus dem Tragfähigkeitsnachweis ermittelt werden (diese Abschätzung liegt allerdings im allgemeinen auf der unsicheren Seite). Es gilt:

$$\sigma_{s1} \approx \left(\frac{M_s}{z} + N\right) \cdot \frac{1}{A_{s1}} \qquad \text{(D.2.22)}$$

wobei M_s und N die auf die Biegezugbewehrung A_{s1} bezogenen Schnittgrößen in der maßgebenden Belastungskombination sind.

Für eine genauere Berechnung der Längsspannungen im Zustand II wird auf die Ausführungen im Abschn. 1.4.2 verwiesen; die dort in Tafel D.1.12 angegebenen Gleichungen gelten ebenso wie die in den Tafeln D.1.13 und D.1.14 angegebenen Hilfswerte auch für eine Berechnung nach EC 2. Die abweichenden Bezeichnungen, unterschiedlichen Festlegungen bzgl. E-Moduln von Stahl und Beton und ggf. abweichendes Lastniveau sind jedoch zu beachten. Endkriechzahlen und Endschwindmaße sind [ENV 1992-1-1 – 92], Tab. 3 und 4 zu entnehmen (s. Tafel D.2.10).

2.4.2.2 Begrenzung der Spannungen

Durch große Betondruckspannungen und Stahlspannungen im Gebrauchszustand kann die Gebrauchstauglichkeit und Dauerhaftigkeit nachteilig beeinflußt werden. EC 2 verlangt daher unter bestimmten Voraussetzungen den Nachweis entsprechender Spannungen, und zwar:

- im Beton

  für die seltene Einwirkungskombination in den Umweltklassen 3 und 4:

  $$\sigma_c \leq 0{,}60\, f_{ck} \qquad \text{(D.2.23a)}$$

  für die quasi-ständige Kombination:

  $$\sigma_c \leq 0{,}45\, f_{ck} \qquad \text{(D.2.23b)}$$

- im Betonstahl

  für die seltene Kombination bei Last- und Zwangeinwirkungen

  $$\sigma_s \leq 0{,}80\, f_{yk} \qquad \text{(D.2.24a)}$$

  für reine Zwangeinwirkungen

  $$\sigma_s \leq 1{,}00\, f_{yk} \qquad \text{(D.2.24b)}$$

Durch die Begrenzung der Betondruckspannungen nach Gl. (D.2.23a) sollen übermäßige Querzugspannungen in der Betondruckzone verhindert werden, die zu Rissen parallel zu der vorhandenen Längsbewehrung führen können. Die Einhaltung der Betondruckspannungen nach Gl. (D2.23b) soll einer erhöhten Kriechverformung begegnen.

Tafel D.2.10 Endkriechzahlen und -schwindmaße

Endkriechzahlen φ_∞ (EC 2, Tab. 3.3) [1)]

Alter bei Belastung t_0 (Tage)	Wirksame Bauteildicke $2A_c/u$ (in mm)					
	50	150	600	50	150	600
	Trockene Umgeb.			Feuchte Umgeb.		
1	5,5	4,6	3,7	3,6	3,2	2,9
7	3,9	3,1	2,6	2,6	2,3	2,0
28	3,0	2,5	2,0	1,9	1,7	1,5
90	2,4	2,0	1,6	1,5	1,4	1,2
365	1,8	1,5	1,2	1,1	1,0	1,0

Endschwindmaße $\varepsilon_{cs,\infty}$ (EC 2, Tab. 3.4) [1)]

Lage des Bauteils	$2A_c/u$ (in mm) ≤150	600
innen (trocken)	$-60 \cdot 10^{-5}$	$-50 \cdot 10^{-5}$
außen (feucht)	$-33 \cdot 10^{-5}$	$-28 \cdot 10^{-5}$

1) Die angegebenen Werte gelten für Beton der Konsistenz der Klassen S2 und S3 nach ENV 206. Für die Konsistenz S1 (steif) sind die Werte mit 0,7, für die Konsistenz S4 (weich) mit 1,2 zu multiplizieren.

Stahlspannungen unter Gebrauchslasten oberhalb der Streckgrenze – Gln. (D.2.24a) und (D.2.24b) – führen im allgemeinen zu großen und ständig offenen Rissen im Beton. Die Dauerhaftigkeit wird dadurch nachteilig beeinflußt.

Ein rechnerischer Nachweis der Spannungen ist dennoch in vielen Fällen nicht erforderlich, da diese Gesichtspunkte bereits weitestgehend im Bemessungskonzept von EC 2 enthalten sind. Wenn die nachfolgend angegebenen Bemessungs- und Konstruktionsregeln eingehalten werden, dürfen daher die zulässigen Betonstahl- und Betonspannungen ohne rechnerischen Nachweis als eingehalten angesehen werden:

- Die Bemessung für den Grenzzustand der Tragfähigkeit erfolgt nach EC 2, 4.3.
- Die Mindestbewehrung nach EC 2, 4.4.2.2 ist eingehalten (s. hierzu auch Abschn. 2.4.2.3).
- Die bauliche Durchbildung erfolgt nach EC 2, 5.
- Die linear-elastisch ermittelten Schnittgrößen werden im Grenzzustand der Tragfähigkeit um nicht mehr als 30 % umgelagert.

Wenn die genannten Regeln nicht eingehalten werden, sind nach [ENV 1992-1-1 – 92] die Betondruck- und Stahlzugspannungen zu begrenzen. Die Schnittgrößenermittlung erfolgt in der Regel linear-elastisch mit den Querschnittswerten des Zustands I. Eine Rißbildung muß jedoch berücksichtigt werden bei deutlich ungünstigem Einfluß.

Die Spannungsermittlung sollte im gerissenen Zustand (s. Abschn. 2.4.2.1) erfolgen, wenn die im ungerissenen Zustand berechneten Zugspannungen unter den seltenen Einwirkungen (ggf. unter Berücksichtigung von Zwangeinwirkungen) die Betonzugspannungen f_{ctm} überschreiten. Langzeiteinflüsse dürfen durch ein Verhältnis der E-Moduln $\alpha_e = E_s / E_c = 15$ berücksichtigt werden, wenn der Anteil der quasi-ständigen Einwirkungen mehr als 50 % der Gesamtlast beträgt.

Bei Stahlbetonplatten muß dennoch häufig zumindestens der Nachweis der Betondruckspannungen nach Gl. (D.2.23b) geführt werden. Nach [ENV 1992-1-1 – 92] 4.4.1.1(3) ist die Einhaltung der Spannung dann rechnerisch nachzuweisen, wenn mehr als 85 % der zulässigen Biegeschlankheit (s. Abschn. 2.4.2.4) ausgenutzt werden, was bei Platten häufig der Fall sein dürfte. Der Nachweis erfogt dann für die quasi-ständige Lastkombination des Gebrauchszustandes.

Zur Vereinfachung des Nachweises sind für den Sonderfall der reinen Biegung und für Platten ohne Druckbewehrung im Abschnitt 2.9 Bemessungshilfen bereitgestellt, mit denen – ausgehend vom α_e-fachen Bewehrungsgrad – die Druckzonenhöhe x des Zustands II für Nutzhöhen 10 cm $\leq d <$ 30 cm direkt abgelesen werden kann. Weitere Hinweise s. dort.

2.4.2.3 Begrenzung der Rißbreiten

Die Rißbildung ist so zu begrenzen, daß die ordnungsgemäße Nutzung des Tragwerks sowie sein Erscheinungsbild als Folge von Rissen nicht beeinträchtigt wird. Wenn keine besonderen Anforderungen gestellt werden (z. B. Wasserundurchlässigkeit), darf angenommen werden, daß bei *Stahlbetonbauteilen* für die Umweltklassen 2 bis 4 eine Rißbreite von max. 0,3 mm i. allg. ausreichend ist. Die Grenze ist festgelegt mit Blick auf die Dauerhaftigkeit. Für die Umweltklasse 1 hat die Rißbreite hierauf keinen Einfluß, so daß EC 2 keine zulässigen Werte festlegt. Für Bauteile in der Umweltklasse 5 sind besondere Maßnahmen erforderlich (z. B. Beschichtungen). Für *Spannbetonbauteile* sind die Anforderungen an die zulässige Rißbreite deutlich höher (s. hierzu EC 2).

Die Begrenzung der Rißbreite auf zulässige Werte wird erreicht durch

- eine im Verbund liegende *Mindestbewehrung*, die ein Fließen der Bewehrung verhindert, und
- eine geeignete Wahl von *Durchmessern* und *Abständen* der Bewehrung.

Mindestbewehrung

Die Mindestbewehrung soll die bei Rißbildung in der Betonzugzone frei werdende Kraft aufnehmen können. Nach [ENV 1992-1-1 – 92], Gl. (4.78) ergibt sich (s. hierzu auch Abschn. 1.4.2.3):

$$\boldsymbol{A_s = k_c \cdot k \cdot f_{ct,eff} \cdot A_{ct} / \sigma_s} \qquad \text{(D.2.25)}$$

A_{ct} Betonzugzone unmittelbar vor der Rißbildung

σ_s zulässige Spannung in der Bewehrung unmittelbar nach der Rißbildung; $\sigma_s \leq f_{yk}$

$f_{ct,eff}$ Zugfestigkeit des Betons beim Auftreten der Risse. Bei Zwang im frühen Betonalter (z. B. aus dem Abfließen der Hydratationswärme) darf die Zugfestigkeit berücksichtigt werden, die beim Auftreten der Risse zu erwarten ist. Wenn die Rißbildung nicht mit Sicherheit innerhalb der ersten 28 Tage entsteht, gilt die Zugfestigkeit der entsprechenden Betonfestigkeitsklasse, mindestens jedoch 3 N/mm².

k_c [1] Faktor zur Erfassung der Spannungsverteilung
- bei reinem Zug $k_c = 1{,}0$
- bei reiner Biegung $k_c = 0{,}4$

---

[1] In [E DIN 1045-1 – 97] ist als Ansatz enthalten

- für Rechtecke, Stege von Hohlkästen, Plattenbalken

$$k_c = 0{,}4 \cdot [\, 1 + \frac{\sigma_c}{k_1 \cdot f_{ct,eff} \cdot h_0 / h'} \,] \leq 1$$

mit σ_c Betonspannung (negativ für Druck) in Höhe der Schwerlinie

$h_0/h' = 1$ für $h_0 < 1$ m | h_0 Balkendicke,
$h_0/h' = h_0$ für $h_0 \geq 1$ m | Plattendicke
$k_1 = 1{,}5$ für Drucklängskräfte
$k_1 = 0{,}67/(h_0/h')$ für Zuglängskräfte

- für Zuggurte in gegliederten Querschnitten
  $k_c = 1{,}0$ (obere Abschätzung)

k Faktor zur Berücksichtigung einer nichtlinearen Spannungsverteilung
- bei äußerem Zwang (z. B. Setzung) $k = 1,0$
- bei innerem Zwang
  - -- generell $k = 0,8$
  - -- Rechteck, $h \leq 30$ cm $k = 0,8$
  - $h \geq 80$ cm $k = 0,5$

Bei von der Hauptzugbewehrung entfernt liegenden Querschnittsteilen (abliegende Teile, hohen Balkenstege) gilt $0,5 \leq k \leq 1,0$.

Der Nachweis der Rißbreite erfolgt stets über den Grenzdurchmesser lim d_s (s. Tafel D.2.11a). Die Tafelwerte müssen bei $f_{ctm} < 2,5$ N/mm² im Verhältnis $f_{ctm}/2,5$ herabgesetzt werden (eine Erhöhung für $f_{ctm} > 2,5$ N/mm² sollte nur bei einem genaueren Nachweis über die Rißgleichung nach [ENV 1992-1-1 – 92], 4.4.2.4 erfolgen; s. [DAfStb-H.425 – 92]).

Die Mindestbewehrung kann vermindert werden oder entfallen, wenn die Zwangschnittgröße die Rißschnittgröße nicht erreicht oder Zwangschnittgrößen nicht auftreten können. Die Mindestbewehrung muß dann für die nachgewiesene Zwangschnittgröße angeordnet werden. (Für vorgespannte Bauteile s. jedoch [NAD zu ENV 1992-1-1–93].)

Rißbreitenbegrenzung ohne direkte Berechnung

Die nachfolgend wiedergegebenen Konstruktionsregeln gelten für Biegung mit Längskraft. (Die Regelungen von EC 2, 4.4.2.3 zur Begrenzung von Schrägrissen brauchen nach [NAD zu ENV 1992-1-1 – 93] nicht beachtet zu werden, wenn Bügelabstände und Mindestbügelbewehrungsgrade nach [ENV 1992-1-1 – 92], 5.4.2.2 eingehalten sind.)

Konstruktionsregeln zur Rißbreitenbegrenzung

Eine Begrenzung der Rißbreite ist im allgemeinen in folgenden Fällen nicht gefordert bzw. kann weniger streng gehandhabt werden, wenn das auch aus anderen Gründen annehmbar ist:

- Stahlbetonbauteile nach Umweltklasse 1
- biegebeanspruchte Vollplatten ohne wesentlichen zentrischen Zug mit $h \leq 20$ cm

Eine Begrenzung der Rißbreite auf zulässige Werte erfolgt durch Begrenzung des Durchmessers auf lim d_s oder des Abstands auf lim s_l (letzteres *nur* bei Lastbeanspruchung):

- *bei Zwangbeanspruchung*

$$d_s \leq \lim d_s = \lim d_s^* \cdot \frac{f_{ctm}}{2,5} \cdot \frac{h^*}{10 \cdot (h-d)} \geq \lim d_s^* \cdot \frac{f_{ctm}}{2,5} \quad \text{(D.2.26)}$$

- *bei Lastbeanspruchung*

$$d_s \leq \lim d_s = \lim d_s^* \cdot \frac{h^*}{10 \cdot (h-d)} \geq \lim d_s^* \quad \text{(D.2.27a)}$$

oder

$$s_l \leq \lim s_l \quad \text{(D.2.27b)}$$

(lim d_s^* s. Tafel D. 2.11a; lim s_l s. Tafel D. 2.11b)

Bei Stahlbetonbauteilen ist i. allg. $h^* = h$, bei Vollquerschnitten mit Drucklängskräften (aus Vorspannung, äußeren Lasten) sollte jedoch $h^* = 2 \cdot (h - x)$ gesetzt werden (s. [DAfStb-H.425 – 92]). Bei Gurten von gegliederten Querschnitten wird empfohlen, den Faktor $h^*/[10 \cdot (h-d)]$ zu 1 zu wählen (vgl. [Litzner – 96]).

Für die Ermittlung der *Stahlspannung* σ_s gilt für Stahlbeton als maßgebender Lastfall die quasi-ständige Kombination (bei überwiegendem Zwang ist die in Gl. (D.2.25) gewählte Stahlspannung maßgebend.)

Balken mit einer Bauhöhe ≥ 1,0 m sollten eine zusätzliche Steglängsbewehrung innerhalb der Zugzonenhöhe erhalten, die nach Gl. (D.2.25) zu bemessen ist mit $k = 0,5$ und $\sigma_s = f_{yk}$. Durchmesser lim d_s und Abstand lim s_l dieser Bewehrung können nach Tafel D.2.11 gewählt werden, wobei reiner Zug und als Stahlspannung 50 % des Werts der Hauptbewehrung anzunehmen sind ([ENV 1992-1-1 – 92], 4.4.2.3 (4)).

Rechnerischer Nachweis der Rißbreite

Es wird auf [ENV 1992-1-1 – 92], 4.4.2.4 und entsprechende Bemessungshilfen in [DAfStb-H.425 – 92] verwiesen.

Tafel D.2.11a Grenzdurchmesser lim d_s^* in mm bei Betonrippenstählen für Stahlbetonbauteile

Stahlspannung σ_s in N/mm²	160	200	240	280	320	360	400	450
lim d_s^* in mm ($w_k = 0,3$ mm) [1]	32	25	20	16	12	10	8	6

Tafel D.2.11b Grenzstababstände lim s_l in mm bei Betonrippenstählen für Stahlbetonbauteile

Stahlspannung σ_s in N/mm²	160	200	240	280	320	360
lim s_l in mm für reine Biegung ($w_k = 0,3$ mm) [1]	300	250	200	150	100	50
lim s_l in mm für zentrischen Zug ($w_k = 0,3$ mm) [1]	200	150	125	75	-	-

[1] Für eine weitergehende Rißbreitenbegrenzung bei Spannbetonbauteilen und in besonderen Fällen s. [ENV 1992-1-1 –92] und [DAfStb-H.425 – 92].

2.4.2.4 Begrenzung der Verformungen

Die Verformungen eines Tragwerkes müssen so begrenzt werden, daß die ordnungsgemäße Funktion und das Erscheinungsbild nicht beeinträchtigt werden. In EC 2 werden für die Durchbiegung f als Grenzwerte empfohlen:

allgemein $f \leq l_{eff}/250$ (D.2.28a)

mit Blick auf Ausbauten $f \leq l_{eff}/500$ (D.2.28b)

Dabei ist l_{eff} auf die Verbindungslinie der Unterstützungspunkte zu beziehen (für Kragträger enthält EC 2 keine konkreten Angaben).

Die Durchbiegungen können zum Teil durch Überhöhung ausgeglichen werden; sie darf jedoch den Wert $l_{eff}/250$ nicht überschreiten.

Der Nachweis der Verformungen kann erfolgen

- durch eine Begrenzung der Biegeschlankheit
- durch einen rechnerischen Nachweis der Verformungen

Begrenzung der Biegeschlankheit

Durch Begrenzung von Bauteilschlankheiten l_{eff}/d wird sichergestellt, daß keine übermäßigen Verformungen auftreten. Der folgende Nachweis gilt für überwiegend auf Biegung beanspruchte Stahlbetonbalken und -platten in Gebäuden und wird für den *häufigen* Lastanteil geführt:

$$(l/d)_{eff} \leq (l/d)_{lim} = \text{TW} \cdot k_1 \cdot k_2 \cdot k_3 \quad \text{(D.2.29)}$$

$(l/d)_{eff}$ vorh. Biegeschlankheit (auf die eff. Stützweite l_{eff} bezogene Nutzhöhe d)

$(l/d)_{lim}$ zulässige Biegeschlankheit

TW Tafelwert gem. Tafel D.2.12

$k_1 = 250/\sigma_s$ Korrekturbeiwert bei einer Betonstahlspannung unter der häufigen Last $\sigma_s \neq 250$ N/mm²; näherungsweise gilt für BSt 500:

$$k_1 = \frac{250}{\sigma_s} \approx \frac{400}{f_{yk}} \cdot \frac{A_{s,prov}}{A_{s,req}}$$

$k_2 = 0{,}8$ Korrekturbeiwert bei Plattenbalken mit $b_{eff}/b_w > 3$

$k_3 = 7{,}0/l_{eff}$ Korrekturbeiwert bei Bauteilen außer Flachdecken mit Stützweiten $l_{eff} > 7$ m und verformungsempfindlichen Trennwänden (l_{eff} in m)

$k_3 = 8{,}5/l_{eff}$ wie vorher, jedoch bei Flachdecken mit Stützweiten über 8,50 m

Tafel D.2.12 Grundwerte der zulässigen Biegeschlankheiten (l_{eff}/d) [1)]

Statisches System	l_{eff}/d *) Beanspruchungsgrad des Betons hoch $\rho = 1{,}5$ %	niedrig $\rho = 0{,}5$ %
Frei drehbar gelagerter Einfeldträger und -platten	18	25
Endfeld eines Durchlaufträgers, einer einachsig gespannten Platte oder zweiachsiggespannten, über eine längere Seite durchlaufenden Platte	23	32
Innenfeld eines Balkens oder einer Platte	25	35
Flachdecken mit l_{eff} als größeren Stützweite	21	30
(starr eingespannte)Kragträger	7	10

*) l_{eff} bezieht sich bei zweiachsig gespannten Platten auf die kürzere, bei Flachdecken auf die größere Spannweite

Die Tabellenwerte l_{eff}/d nach Tafel D.2.12 gelten für „regelmäßige" Systeme und sind bei sehr unterschiedlichen Stützweiten, bei dreiseitig gelagerten Platten, bei Kragträgern mit elastischer Einspannung etc. nur bedingt anwendbar (für „unregelmäßige" Systeme s. a. [DAfStb-H.240 – 91]).

Rechnerischer Nachweis der Verformungen

Der Nachweis wird für die *quasi-ständige* Lastkombination geführt.

Eine Verformungsgröße α (Krümmung, Verdrehung etc.) ergibt sich nach EC 2, A 4.3 zu:

$$\alpha = \zeta \cdot \alpha_{II} + (1 - \zeta) \cdot \alpha_I \quad \text{(D.2.30)}$$

α_I Verformung des ungerissenen Querschnitts

α_{II} Verformung des gerissenen Querschnitts ohne Mitwirken des Betons auf Zug

ζ Verteilungsbeiwert; nach EC 2 gilt:

$$\zeta = 1 - \beta_1 \cdot \beta_2 \cdot (\sigma_{sr}/\sigma_s)^2$$

β_1 Verbundbeiwert: 1,0 für gerippte Stäbe; 0,5 für glatte Stäbe

β_2 Lastbeiwert: 1,0 für Kurzzeitbelastung; 0,5 für Dauerlasten

σ_{sr} Stahlspannung unter Rißlast im Zust. II

σ_s vorh. Stahlspannung im Zustand II

(bei reiner Biegung kann statt σ_{sr}/σ_s auch M_{cr}/M gesetzt werden)

Kriechen kann über den effektiven E-Modul

$$E_{c,eff} = E_{cm}/(1 + \varphi) \quad \text{(D.2.31)}$$

berücksichtigt werden (φ s. Tafel D.2.10). Die Formänderung infolge Schwindens wird ermittelt aus der Krümmung nach dem Ansatz

$$(1/r)_{cs} = \varepsilon_{cs} \cdot \alpha_e \cdot S/I \quad \text{(D.2.32)}$$

mit der Schwindzahl ε_{cs} (s. Tafel D.2.10), dem Verhältnis der E-Moduln $\alpha_e = E_s/E_{c,eff}$, S als statisches Moment der Bewehrung, bezogen auf die Schwerachse des Querschnitts und I als Flächenmoment 2. Grades.

Für eine genaue Berechnung müssen die Krümmungen längs der Bauteilachse berechnet und integriert werden. Diese Methode ist jedoch nur unter EDV-Einsatz sinnvoll anwendbar. Im EC 2 wird daher zugelassen, obigen Ansatz direkt für die Durchbiegung an der maßgebenden Stelle anzuwenden:

$$f = \zeta \cdot f_{II} + (1 - \zeta) \cdot f_I \quad \text{(D.2.33)}$$

mit f, f_I und f_{II} als Durchbiegung (s.a. Abschn. 2.9).

2.5 Bemessung für Querkraft (Grenzzustand der Tragfähigkeit)

2.5.1 Allgemeine Erläuterungen

Grundlage für die Berechnung der Querkrafttragfähigkeit ist die von *Mörsch* entwicklete klassische Fachwerkanalogie. Die Ansätze und Modellvorstellungen mit Druckstrebenneigungswinkel von $\vartheta = 45°$ wurden jedoch erweitert. Wie Versuche und theoretische Untersuchungen gezeigt haben, sind insbesondere bei geringerer Schubbeanspruchung auch Modelle mit Druckstrebenneigungen $\vartheta < 45°$ möglich. Dadurch werden die Kräfte in diesem Fachwerk entscheidend beeinflußt. Insbesondere wird bei einem flachen Winkel ϑ die Schubbewehrung zum Teil erheblich vermindert, gleichzeitig jedoch auch die Beanspruchung in der Druckstrebe erhöht. Die Neigung der Druckstrebe ist daher zunächst durch die aufnehmbare Betondruckkraft begrenzt; sie darf außerdem zur Erfüllung von Verträglichkeiten in der Schubzone nicht beliebig flach gewählt werden (vgl. Abschn. 2.5.5).

Grundsätzliche und weitere Erläuterungen s. auch Abschn. 1.5.1.

2.5.2 Grundsätzliche Nachweisform

Der Nachweis einer ausreichenden Tragfähigkeit ist in der Weise zu führen, daß sichergestellt ist, daß der Bemessungswert der einwirkenden Querkraft V_{Sd} den Bemessungswert des Widerstandes V_{Rd} nicht überschreitet.

$$\mathbf{V_{Sd} \leq V_{Rd}} \qquad \text{(D.2.34)}$$

Die *aufzunehmende Querkraft* wird zunächst als Grundwert V_{0d} im Rahmen einer Schnittkraftermittlung in der Grundkombination – ggf. für die außergewöhnliche Kombination – entsprechend Gln. (D.2.4) bzw. (D.2.5) bestimmt. Die Wirkung einer direkten Lasteinleitung in Auflagernähe, von geneigten Druck- und Zuggurten etc. wird durch Bestimmung des Bemessungswerts V_{Sd} berücksichtigt (s. Abschn. 2.5.3).

Der *Bemessungswert der aufnehmbaren Querkraft* V_{Rd} kann durch einen der drei nachfolgenden Werte bestimmt sein (s. hierzu die Erläuterungen im Abschn. 2.5.1):

- V_{Rd1} Aufnehmbare Bemessungsquerkraft eines Bauteils ohne Schubbewehrung
- V_{Rd2} Bemessungswert der Querkraft, die ohne Versagen des Balkenstegs („Betondruckstrebe") aufnehmbar ist
- V_{Rd3} Bemessungswert der aufnehmbaren Querkraft eines Bauteils mit Schubbewehrung (ohne Versagen der „Zugstrebe" aufnehmbare Querkraft)

Eine weitergehende Erläuterung der Bemessungswerte V_{Rd} erfolgt in Abschn. 2.5.4 und 2.5.5.

2.5.3 Bemessungswert V_{Sd}

Als Bemessungsquerkraft V_{Sd} im Auflagerbereich gilt für Balken und Platten mit gleichmäßig verteilter Belastung i. allg. die größte Querkraft am Auflagerrand. Bei unmittelbarer (direkter) Stützung (Auflagerkraft wird normal zum unteren Balkenrand mit Druckspannungen eingetragen) darf V_{Sd} jedoch im Abstand d vom Auflagerrand gewählt werden.

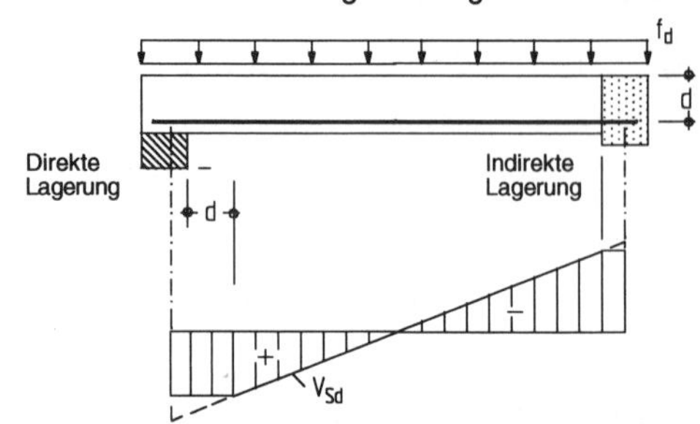

Abb. D.2.12 Bemessungsquerkraft bei direkter und indirekter Stützung

Bei *Bauteilen mit veränderlicher Bauhöhe* darf bzw. muß die Querkraftkomponente der geneigten Gurtkräfte F_{cd} und F_{sd} berücksichtigt werden (nachfolgend der Fall der Querkraftreduzierung):

$$V_{Sd} = V_{0d} - V_{ccd} - V_{td} \qquad \text{(D.2.35)}$$

V_{0d} Bemessungsquerkraft bei konstanter Bauhöhe

V_{ccd} Querkraftkomponente von F_{cd} parallel zu V_{0d}

$$V_{ccd} = (M_{Sds}/z) \cdot \tan \varphi_o \approx (M_{Sds}/d) \cdot \tan \psi_o$$

$$M_{Sds} = M_{Sd} - N_{Sd} \cdot z_s$$

V_{td} Querkraftkomponente von F_{sd} parallel zu V_{0d}

$$V_{td} = (M_{Sds}/z + N_{Sd}) \cdot \tan \varphi_u \approx (M_{Sds}/d + N_{Sd}) \cdot \tan \varphi_u$$

(M_{Sds} wie vorher)

V_{ccd} und V_{td} sind positiv, wenn sie in Richtung von V_{0d} weisen (das gilt, wenn in Trägerlängsrichtung mit steigendem $|M|$ auch die Nutzhöhe d zunimmt [Grasser/Kupfer – 96]).

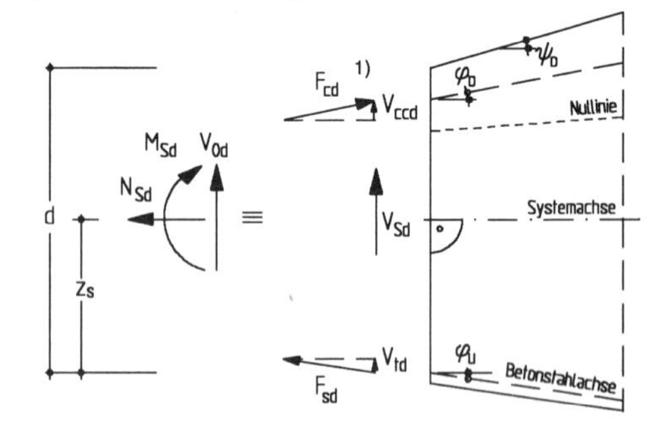

1) Erläuterung und Darstellung ohne Anordnung von Druckbewehrung

Abb. D.2.13 Querkraftkomponenten geneigter Gurtkräfte

2.5.4 Bauteile ohne Schubbewehrung

Auf Schubbewehrung darf i. allg. nur bei Platten verzichtet werden; dabei darf die Querkraft V_{Sd} die Widerstände V_{Rd1} und V_{Rd2} nicht überschreiten.

Der *Bemessungswiderstand* V_{Rd1} ergibt sich nach [ENV 1992-1-1 – 92], Gl. 4.18 zu

$$V_{Rd1} = [\tau_{Rd} \cdot k \cdot (1{,}2 + 40 \cdot \rho_l) + 0{,}15 \cdot \sigma_{cp}] \cdot b_w \cdot d \quad \text{(D.2.36)}$$

τ_{Rd} Grundwert der Schubspannung, s. Tafel D.2.13.
k $k = 1$ für Bauteile, bei denen mehr als die Hälfte der Feldbewehrung gestaffelt wird
$k = 1{,}6 - d \geq 1$ für andere Bauteile (d in m)
b_w kleinste Querschnittsbreite innerhalb der Nutzhöhe d (s. a. Abschn. 2.5.5 und Tafel D.2.14)
d Nutzhöhe
σ_{cp} $\sigma_{cp} = N_{Sd}/A_c$ mit N_{Sd} als Längskraft infolge von Last oder Vorspannung (Druck positiv!)
ρ_l Längsbewehrungsgrad $\rho_l = A_{sl}/(b_w \cdot d) \leq 0{,}02$; die Bewehrung A_{sl} muß ab der Nachweisstelle mit $(d + l_{b,net})$ verankert sein (s. Abb. D.2.14).

Nach Gl. (D.2.36) wird die Schubtragfähigkeit von Platten ohne Schubbewehrung u. a. durch den Längsbewehrungsgrad ρ_l und die Nutzhöhe d bestimmt; hierzu wird auf Abb. D.1.24 verwiesen.

Der *Bemessungswiderstand* V_{Rd2} ergibt sich nach [ENV 1992-1-1 – 92], Gl. 4.19 in Querschnitten ohne rechnerisch erforderliche Schubbewehrung zu

$$V_{Rd2} = 0{,}5 \cdot \nu f_{cd} \cdot b_w \cdot 0{,}9d \quad \text{(D.2.37)}$$

ν $\nu = 0{,}7 - f_{ck}/200 \leq 0{,}5$ (f_{ck} in N/mm²)
f_{cd} Bemessungswert der Betonfestigkeit

(Hinweis: Bei Platten ohne Schubbewehrung und ohne nennenswerte Längskräfte ist der Nachweis von V_{Rd2} im allgemeinen entbehrlich.)

Bei zusätzlichem Längsdruck ist V_{Rd2} auf den Wert nach Gl. (D.2.37a) zu reduzieren.

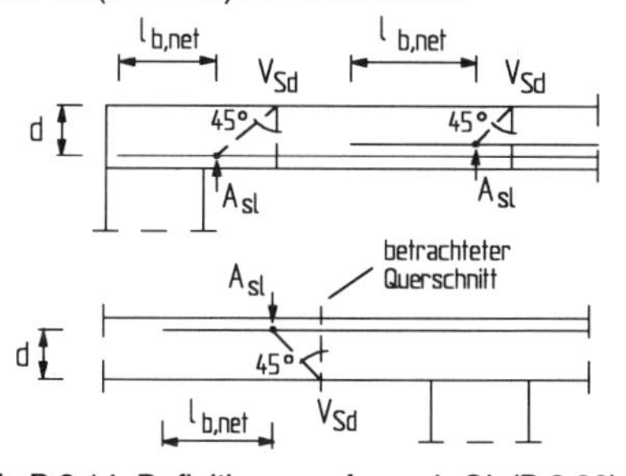

Abb. D.2.14 Definition von A_{sl} nach Gl. (D.2.36)

Tafel D.2.13 Grundwert der Schubspannung τ_{Rd} nach [NAD zu ENV 1992-1-1 – 93] (f_{ck} und τ_{Rd} in N/mm²)

f_{ck}	12	16	20	25	30	35	40	45	50
τ_{Rd}	0,20	0,22	0,24	0,26	0,28	0,30	0,31	0,32	0,33

$$V_{Rd2,red} = 1{,}67 \cdot V_{Rd2} \cdot (1 - \sigma_{cp,eff}/f_{cd}) \leq V_{Rd2} \quad \text{(D.2.37a)}$$

mit $\sigma_{cp,eff} = (N_{Sd} - A_{s2} \cdot f_{yd}) / A_c$
N_{Sd} Bemessungswert der Längskraft (als Druckkraft positiv einzusetzen!)
A_c Fläche des Betonquerschnitts
f_{yd} Bemessungswert der Betonstahlfestigkeit; $f_{yd} = f_{yk}/\gamma_s$ (Bed.: $f_{yd} \leq 400$ N/mm²)
A_{s2} Bewehrung in der Druckzone

(Hinweis: Bei Platten ohne Schubbewehrung und ohne nennenswerte Längskräfte ist der Nachweis von V_{Rd2} im allgemeinen entbehrlich.)

2.5.5 Bauteile mit Schubbewehrung

Für Bauteile mit Schubbewehrung werden in [ENV 1992-1-1 – 92] zwei Verfahren genannt:

– das Standardverfahren
– das Verfahren mit veränderlicher Druckstrebenneigung.

Die Bemessungsgleichungen für Balken mit lotrechter Schubbewehrung lassen sich an einem Fachwerkmodell herleiten, wie es in Abb. D.1.25 gezeigt ist. An dieser Stelle soll auf Erläuterungen verzichtet werden, es wird auf das Jahrbuch 1998 von *Stahlbetonbau aktuell* [Stb-aktuell – 98] verwiesen.

Die Bemessungsgleichungen für Querkraftbeanspruchung nach [ENV 1992-1-1 – 92] sind in Tafel D.2.14 (Gln. (D.2.28) und (D.2.29)) zusammengefaßt. In Balken, Plattenbalken und vergleichbaren Bauteilen muß stets eine Schubbewehrung angeordnet werden, auch wenn rechnerisch keine Schubbewehrung erforderlich ist (Mindestbewehrung). Bei Bauteilen, in denen die Querkraft V_{Sd} den Widerstand V_{Rd1} überschreitet, ist die Schubbewehrung zu bemessen. Bemessungsdiagramme auf der Grundlage des Standardverfahrens und des Verfahrens mit variabler Druckstrebenneigung sind beispielsweise in [Grasser/Kupfer – 96] enthalten.

2.5.6 Auflagernahe Einzellasten

Für Einzellasten im Abstand $x \leq 2{,}5\,d$ vom Auflagerrand darf bei *direkter* Lagerung der Widerstand V_{Rd1} erhöht werden, indem die Schubspannung τ_{Rd} mit

$$\beta = 2{,}5 \cdot d/x \quad \text{(D.2.40a)}$$
$$(1{,}0 \leq \beta \leq 3{,}0; \text{ s. [NAD zu ENV 1992-1-1 – 93]})$$

multipliziert wird. Jenseits der auflagernahen Einzellast, zum „Feld" hin, ist für $\beta = 1$ zu bemessen. Die größte dabei ermittelte Bewehrung sollte im ganzen Bereich zwischen Einzellast und Auflager angeordnet werden (s. a. [ENV 1992-1-1 – 92], 4.3.2.2 (9); vgl. auch [Grasser/Kupfer – 96]).

Bei gleichzeitiger Wirkung von Gleich- und Einzellasten wird in [DAfStb-H.425 – 92] eine lineare Interaktion vorgeschlagen, d. h., die Erhöhung wird nur für den Querkraftanteil $V_{Sd,F}$ aus der auflager-

Tafel D.2.14 Bemessungsgleichungen für den Nachweis der Schubtragfähigkeit (nach [ENV 1992-1-1 – 92])

Standardverfahren (EC 2, 4.3.2.4.3)

Der Nachweis der Druckstrebe wird mit einem Neigungswinkel von 45° geführt; die Tragfähigkeit der Zugstrebe V_{Rd3} ergibt sich aus dem Schubbewehrungsanteil V_{wd} und dem „Beton"anteil V_{cd}.

Veränderliche Druckstrebenneigung (EC 2, 4.3.2.4.4)

Der Nachweis der Druckstrebe ist mit einem gewählten Neigungswinkel ϑ zu führen; die Tragfähigkeit der Zugstrebe V_{Rd3} ist mit demselben Winkel ϑ nur über die Schubbewehrung nachzuweisen.

Geneigte Schubbewehrung

Standardverfahren:

Bemessungswiderstand V_{Rd2}

$$V_{Rd2} = \frac{1}{2} \cdot \nu \cdot f_{cd} \cdot b_w \cdot 0{,}9\,d \cdot (1 + \cot\alpha) \qquad \text{(D.2.38a)}$$

($V_{Rd2,red}$ wie Abschn. 2.5.4)

mit
- α Winkel zwischen Schubbewehrung und Bauteilachse; für senkrechte Bügel oder für eine Kombination senkrechter Bügel mit Schrägstäben wird $\cot\alpha = 0$
- b_w kleinste Stegbreite; bei Stegen, die Spannglieder mit $d_s > b_w/8$ enthalten, gilt:
  $b_{w,nom} = b_w - 0{,}5 \cdot \Sigma d_s$
  (d_s Durchmesser der Spannglieder für die ungünstigste Lage)

Bemessungswiderstand V_{Rd3}

$$V_{Rd3} = V_{cd} + V_{wd} \qquad \text{(D.2.38b)}$$

$V_{cd} = V_{Rd1}$ (s. Abschn. 2.5.4)

$V_{wd} = a_{sw} \cdot f_{ywd} \cdot 0{,}9\,d \cdot (1 + \cot\alpha) \cdot \sin\alpha$

mit
- a_{sw} Querschnitt der Schubbewehrung je Längeneinheit ($a_{sw} = A_{sw}/s_w$)
- f_{ywd} Bemessungswert der Stahlfestigkeit der Schubbewehrung
- α Neigung der Schubbewehrung

In [DAfStb-H.425 – 93] wird – insbesondere bei geringer Schubbeanspruchung und im Zusammenhang mit hohen Längsdruckspannungen – empfohlen, die zum Abzugswert V_{cd} äquivalente Druckstrebenneigung ϑ zu ermitteln und die Strebenneigung zu begrenzen. Der äquivalente Neigungswinkel ϑ ergibt sich zu

$$\tan\vartheta = (1 - V_{cd}/V_{Sd})/[1 + (V_{cd}/V_{Sd}) \cdot \cot\alpha]$$

Die so ermittelte Strebenneigung sollte nach [DAfStb-H.425 – 93] zumindest auf $\tan\vartheta \geq 0{,}4$ beschränkt werden.

Veränderliche Druckstrebenneigung:

Bemessungswiderstand V_{Rd2}

$$V_{Rd2} = \nu \cdot f_{cd} \cdot b_w \cdot z \cdot \frac{(\cot\vartheta + \cot\alpha)}{(1 + \cot^2\vartheta)} \qquad \text{(D.2.38c)}$$

($V_{Rd2,red}$ wie Abschn. 2.5.4)

mit
- α Winkel zwischen Schubbewehrung und Bauteilachse (für senkrechte Bügel vereinfacht sich die Gleichung mit $\cot\alpha = 0$ entsprechend)
- b_w kleinste Stegbreite; bei Stegen, die Spannglieder mit $d_s > b_w/8$ enthalten, gilt:
  $b_{w,nom} = b_w - 0{,}5 \cdot \Sigma d_s$
  (d_s Durchmesser der Spannglieder für die ungünstigste Lage)

Bemessungswiderstand V_{Rd3}

$$V_{Rd3} = a_{sw} \cdot f_{ywd} \cdot z \cdot (\cot\vartheta + \cot\alpha) \cdot \sin\alpha \qquad \text{(D.2.38d)}$$

mit
- a_{sw} Querschnitt der Schubbewehrung je Längeneinheit ($a_{sw} = A_{sw}/s_w$)
- f_{ywd} Bemessungswert der Stahlfestigkeit der Schubbewehrung
- z innerer Hebelarm (i. allg.: $z = 0{,}9 \cdot d$)
- α Neigung der Schubbewehrung
- ϑ Neigungswinkel der Druckstrebe; hierfür gilt nach [NAD zu ENV 1992-1-1 – 93]:
  $4/7 \leq \cot\vartheta \leq 7/4$
  Empfehlung in [DAfStb-H.425 – 92] für lotrechte Bügel
  $1 \leq \cot\vartheta = 1{,}25 - 3 \cdot (\sigma_{cp}/f_{cd}) \leq 7/4$
  mit $\sigma_{cp} = N_{Sd}/A_c$ (σ_{cp} als Druck negativ)

Außerdem ist einzuhalten (Bezeichnungen s. vorher):

$$\frac{a_{sw}}{b_w} \leq \frac{1}{2} \cdot \frac{\nu \cdot f_{cd}}{f_{ywd}} \cdot \frac{\sin\alpha}{(1 - \cos\alpha)}$$

Lotrechte Schubbewehrung

Standardverfahren:

Bemessungswiderstand V_{Rd2}

$$V_{Rd2} = \frac{1}{2} \cdot \nu \cdot f_{cd} \cdot b_w \cdot 0{,}9\,d \qquad \text{(D.2.39a)}$$

Schubbewehrung a_{sw}

$$a_{sw} = (V_{Sd} - V_{Rd1}) / (f_{ywd} \cdot 0{,}9\,d) \qquad \text{(D.2.39b)}$$

$V_{Rd1} = [\tau_{Rd} \cdot k \cdot (1{,}2 + 40 \cdot \rho_l) + 0{,}15 \cdot \sigma_{cp}] \cdot b_w \cdot d$

(Schubspannungen τ_{Rd} s. Tafel D.2.13)

Veränderliche Druckstrebenneigung:

Bemessungswiderstand V_{Rd2}

$$V_{Rd2} = \nu \cdot f_{cd} \cdot b_w \cdot z \cdot \frac{1}{(\tan\vartheta + \cot\vartheta)} \qquad \text{(D.2.39c)}$$

Schubbewehrung a_{sw}

$$a_{sw} = V_{Sd} / (\cot\vartheta \cdot f_{ywd} \cdot z) \qquad \text{(D.2.39d)}$$

Begrenzung des Schubbewehrungsgrades

$$a_{sw} / b_w \leq 0{,}5 \cdot (\nu \cdot f_{cd} / f_{ywd})$$

nahen Einzellast berücksichtigt. Mit V_{Sd} als Gesamtquerkraft ergibt sich dann folgender Ansatz

$$\beta^* = 1 + (\beta - 1) \cdot (V_{Sd,F} / V_{Sd}) \quad \text{(D.2.40b)}$$

Die Vorgehensweise – Erhöhung des Widerstandes V_{Rd1} bzw. der Schubspannung τ_{Rd} – gewährleistet, daß die Druckstrebentragfähigkeit immer für die volle Querkraft nachgewiesen wird, hat allerdings den Nachteil, daß eine direkte Anwendung nur beim Standardverfahren möglich ist.

2.5.7 Anschluß von Druck- und Zuggurten

Bei Plattenbalken oder Hohlkästen müssen Platten, die als Druck- oder Zuggurt mitwirken, schubfest an den Steg angeschlossen werden. Der schubfeste Anschluß ist über Druck- und Zugstreben sicherzustellen. Die Schubkraft v_{Sd} darf die Tragfähigkeiten v_{Rd2} und v_{Rd3} nicht überschreiten:

$$v_{Sd} \leq v_{Rd2} \quad \text{(D.2.41a)}$$
$$v_{Sd} \leq v_{Rd3} \quad \text{(D.2.41b)}$$

Der mittlere Längsschub je Längeneinheit beträgt

$$v_{Sd} = \Delta F_d / a_v \quad \text{(D.2.42)}$$

ΔF_d Längskraftdifferenz über die Länge a_v im untersuchten Gurtquerschnitt
a_v Abstand zwischen Momentennullpunkt und Momentenhöchstwert

Die Tragfähigkeiten v_{Rd2} und v_{Rd3} ergeben sich zu

$$v_{Rd2} = 0{,}2 \cdot f_{cd} \cdot h_f \quad \text{(D.2.43a)}$$
$$v_{Rd3} = 2{,}5 \cdot \tau_{Rd} \cdot h_f + (A_{sf} / s_f) \cdot f_{yd} \quad \text{(D.2.43b)}$$

h_f; s_f; A_{sf} s. Abb. D.2.15
τ_{Rd} Schubspannung nach Tafel D.2.13

Wird der Gurt durch eine Zugkraft beansprucht, ist in Gl. (D.2.43b) der „Beton"anteil $(2{,}5 \cdot \tau_{Rd} \cdot h_f)$ zu vernachlässigen ([ENV 1992-1-1 – 92], 4.3.2.5). Eine Mindestbewehrung ist zu beachten.

Bei kombinierter Beanspruchung durch Schub und Querbiegung ist der größere erforderliche Stahlquerschnitt aus den beiden Beanspruchungsarten anzuordnen (s. [ENV 1992-1-1 – 92], 4.3.2.5(6)). Weitere Hintergründe s. z. B. [Grasser/Kupfer – 96]).

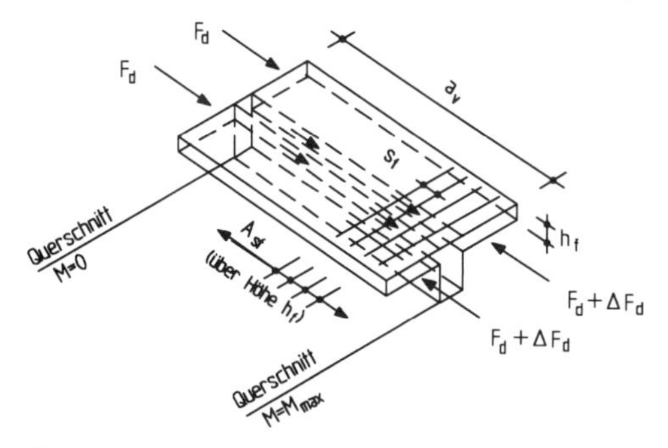

Abb. D.2.15 Anschluß eines Gurts an einen Steg

2.5.8 Schubfugen

Für den Nachweis von Schubfugen ist zu unterscheiden nach sehr glatten, glatten, rauhen und verzahnten Fugen (genaue Definition s. [ENV 1992-1-3 – 95]). Es ist nachzuweisen, daß die aufzunehmende Bemessungsschubspannung $\tau_{Sd,j}$ die aufnehmbare $\tau_{Rd,j}$ nicht überschreiten.

Der Bemessungswert der aufzunehmenden Schubspannung $\tau_{Sd,j}$ ergibt sich zu

$$\tau_{Sd,j} = \beta_1 \cdot \frac{V_{Sd}}{z \cdot b_j} \quad \text{(D.2.44a)}$$

mit β_1 als Quotient aus der Längskraft im Aufbeton und der Gesamtlängskraft (die Gesamtlängskraft infolge Biegung beträgt M_{Sd}/z) und b_j als Breite der Fuge zwischen Ortbeton und Fertigteil (Abb. D.2.16).

Die aufnehmbare Bemessungsschubspannung ist

$$\tau_{Rd,j} = k_T \cdot \tau_{Rd} + \mu \cdot \sigma_N + \rho \cdot f_{yd} \cdot (\mu \cdot \sin\alpha + \cos\alpha)$$
$$\leq \beta_2 \cdot \nu \cdot f_{cd} \quad \text{(D.2.44b)}$$

τ_{Rd} Bemessungsschubspannung (s. Tafel D.2.13) für die Betonfestigkeit des Ortbetons oder des Fertigteils; der kleinere Wert ist maßgebend
σ_N Spannung infolge der äußeren Längskraft in der Fugenfläche (Druck positiv!) mit $\sigma_N \leq 0{,}6 \cdot f_{cd}$
ρ $= A_s / A_j$, mit A_s als Querschnitt der die Fuge kreuzenden Bewehrung und A_j als Fugenfläche
α Neigung der Bewehrung gegen die Kontaktfläche Ortbeton/Fertigteil mit $45° \leq \alpha \leq 90°$
ν Wirksamkeitsfaktor (s. Gl. D.2.37)
k_T Beiwert nach Tafel D.2.15; wenn die Fuge auf Zug beansprucht ist, gilt jedoch $k_T = 0$
μ Beiwert der Schubreibung nach Tafel D.2.15
β_2 Rauhigkeitsfaktor nach Tafel D.2.15

Falls rechn. keine Verbundbewehrung erforderlich ist (bei $\tau_{Sd,j} < k_T \cdot \tau_{Rd} + \mu \cdot \sigma_N$), sollten konstruktive Maßnahmen (s. z. B. [DAfStb-H.400 – 88]) beachtet werden. Forderungen einer Zulassung, des Brandschutzes etc. sind zu berücksichtigen.

(Aufnehmbare Querkraft von *ausbetonierten Fugen in Scheiben* s. [ENV 1992-1-3 – 95])

Tafel D.2.15 Beiwerte k_T, μ und β_2

Oberfläche	k_T	μ	β_2
(monolithisch	2,5	1,0	0,50)
verzahnt (gekerbt)	2*)	0,9	0,50
rauh	1,8	0,7	0,30
glatt	1,0	0,5	0,10
sehr glatt	0	0,5	0,05

*) nach [NAD zu ENV 1992-1-1 – 95]

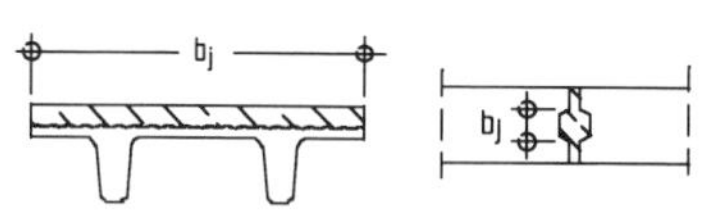

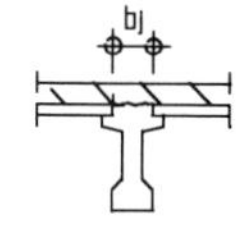

Abb. D.2.16 Breite b_j der Kontaktfuge

2.6 Bemessung für Torsion
(Grenzzustand der Tragfähigkeit)

2.6.1 Grundsätzliches

Ein rechnerischer Nachweis der Torsionsbeanspruchung ist im allgemeinen nur bei Gleichgewichtstorsion erforderlich, nicht jedoch bei Verträglichkeitstorsion. Im letzteren Falle ist jedoch eine konstruktive Torsionsbewehrung anzuordnen, ggf. sind rechnerische Nachweise im Grenzzustand der Gebrauchstauglichkeit notwendig (z. B. Beschränkung der Rißbreite).

Bezüglich des zugrunde liegenden inneren Tragsystems wird auf Abschn. 1.6.1 verwiesen.

2.6.2 Nachweis bei reiner Torsion

Der Torsionswiderstand wird nach [ENV 1992-1-1 – 92], 4.3.3.1 unter Annahme eines dünnwandigen, geschlossenen Querschnitts bestimmt. Vollquerschnitte werden durch gleichwertige dünnwandige Querschnitte ersetzt.

Die Wanddicke bzw. die Ersatzwanddicke des Hohlkastens ergibt sich aus (s. hierzu Abb. D.2.17)

$$t \leq A/u \begin{array}{l} \leq \text{vorhandene Wanddicke} \\ \geq \text{2fache Betondeckung } c \\ \quad \text{der Längsbewehrung} \end{array} \qquad \text{(D.2.45)}$$

A Gesamtfläche des Querschnitts innerhalb des Außenumfangs inklusive hohler Innenbereiche
u Außenumfang des tatsächlichen Querschnitts

Nachweis im Grenzzustand der Tragfähigkeit

Es sind folgende Bedingungen zu erfüllen:

$$T_{Sd} \leq T_{Rd1} \qquad \text{(D.2.46a)}$$
$$T_{Sd} \leq T_{Rd2} \qquad \text{(D.2.46b)}$$

Es sind:

T_{Sd} Bemessungswert des einwirkenden Torsionsmoments
T_{Rd1} Bemessungswert des durch die Betondruckstrebe aufnehmbaren Torsionsmoments
T_{Rd2} Bemessungswert des durch die Bewehrung (Bügel- und Längsbewehrung) aufnehmbaren Torsionsmoments

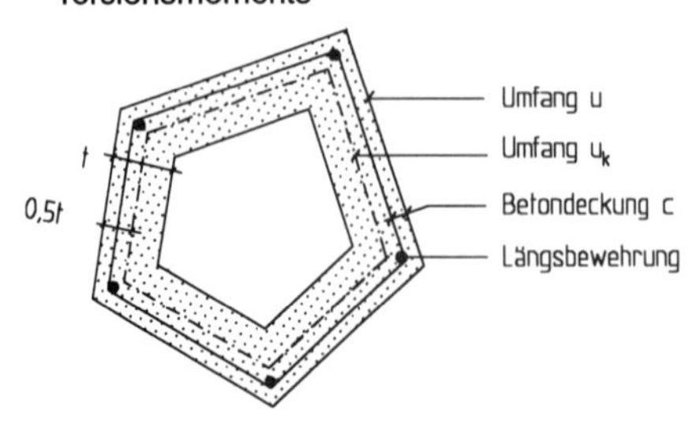

Abb. D.2.17 Hohlkastenquerschnitt zur Bestimmung der Torsionstragfähigkeit

Nachweis der *Druckstrebe* T_{Rd1}

Das aufnehmbare Torsionsmoment T_{Rd1} ergibt sich nach [ENV 1992-1-1 – 92], Gl. (4.40) aus

$$T_{Rd1} = 2 \cdot \nu' \cdot f_{cd} \cdot A_k \cdot t / (\cot \vartheta + \tan \vartheta) \qquad \text{(D.2.47)}$$

Es sind

$\nu' = 0{,}7 \cdot (0{,}7 - f_{ck}/200) \geq 0{,}35$

Wenn geschlossene Bügel an beiden Seiten der Begrenzungswände des gedachten Hohlquerschnitts oder des Hohlkastenquerschnitts vorgesehen sind, darf $\nu' = \nu = (0{,}7 - f_{ck}/200) \geq 0{,}50$ angenommen werden.

f_{cd} Bemessungswert der Betonfestigkeit
A_k Fläche, die durch die Mittellinie u_k eingeschlossen ist (s. Abb. D.2.17)
t Wandstärke des (Ersatz-)Hohlquerschnitts
ϑ Neigungswinkel der Druckstrebe

Für den Neigungswinkel ϑ der Druckstrebe gelten die Grenzen $(4/7) \leq \vartheta \leq (7/4)$ (s. Abschn. 2.5.5). Bei reiner Torsion oder bei überwiegender Torsion sollte der Winkel jedoch entsprechend dem tatsächlichen Tragverhalten zu 45° gewählt werden. Für die Torsionsbewehrung führt ein flacher Winkel ϑ auch nicht unbedingt zu einer geringeren Bewehrung, da sich für $\vartheta < 45°$ zwar eine geringere Bügelbewehrung, gleichzeitig jedoch eine erhöhte Längsbewehrung ergibt (vgl. Gln. (D.2.48a) und (D.2.48b)).

Nachweis der *Zugstrebe* T_{Rd2}

Das aufnehmbare Torsionsmoment T_{Rd2} ergibt sich aus zwei Anteilen, nämlich (s. [ENV 1992-1-1 – 92], Gl. (4.43) und Gl. (4.44))

– Bügelbewehrung

$$T_{Rd2} = 2 \cdot A_k \cdot (A_{sw}/s_w) \cdot f_{ywd} \cdot \cot \vartheta \qquad \text{(D.2.48a)}$$

– Längsbewehrung

$$T_{Rd2} = 2 \cdot A_k \cdot (A_{sl}/u_k) \cdot f_{yld} \cdot \tan \vartheta \qquad \text{(D.2.48b)}$$

Es sind

A_{sw} Querschnittsfläche der Bügelbewehrung
s_w Abstand der Bügel in Trägerlängsrichtung
A_{sl} Querschnitt der Torsionslängsbewehrung
u_k Umfang der Fläche A_k
f_{ywd} Bemessungswert der Bügelstreckgrenze
f_{yld} Bemessungswert der Streckgrenze der Längsbewehrung

Die Forderungen bzgl. einer Mindestbewehrung, der Bewehrungsanordnung und gegebenenfalls zur Rißbreitenbegrenzung sind zusätzlich zu beachten.

2.6.3 Kombinierte Beanspruchung

Tragwerke mit reiner Torsionsbeanspruchung kommen in der Praxis kaum vor. Die Torsionsbeanspruchung wird im allgemeinen überlagert mit einer gleichzeitigen Biege- und Querkraftbeanspruchung. In vielen baupraktischen Fällen wird man dennoch das Tragverhalten nicht genauer erfassen müssen. Man kann sich vielmehr mit vereinfachenden Regeln begnügen, die darauf beruhen, daß die Beanspruchungsarten getrennt betrachtet werden; die gegenseitige Beeinflussung wird dann über vereinfachende Interaktionsregeln berücksichtigt.

Biegung und/oder Längskraft mit Torsion

Bei großen Biegemomenten – insbesondere bei Hohlkästen – ist ein Nachweis der Hauptdruckspannung und eine Begrenzung auf $\alpha \cdot f_{cd}$ gefordert; die Hauptdruckspannungen werden aus dem mittleren Längsbiegedruck und der Schubspannung $\tau_{Sd} = T_{Sd} / (2\, A_k \cdot t)$ ermittelt.

Für die *Längsbewehrung* erfolgt eine getrennte Ermittlung der Bewehrung aus Biegung und / oder Längskraft und Torsion; die ermittelten Anteile sind zu addieren. (In der Biegedruckzone kann die Torsionslängsbewehrung je nach Längsspannungszustand ggf. reduziert werden oder sogar entfallen.)

Querkraft und Torsion

Die *Druckstrebentragfähigkeit* unter einer Beanspruchung aus Torsion T_{Sd} und Querkraft V_{Sd} wird nach [ENV 1992-1-1 – 92], Gl. (4.47) nachgewiesen über

$$(T_{Sd}/T_{Rd1})^2 + (V_{Sd}/V_{Rd2})^2 \leq 1 \qquad \text{(D.2.49a)}$$

mit T_{Rd1} nach Gl. (D.2.47) und V_{Rd2} nach Gl. (D.2.38c) bzw. (D.2.39c); ν ist jedoch durch $\nu' = 0{,}7 \cdot \nu \geq 0{,}35$ zu ersetzen (Ausnahme s. Gl. (D.2.47)).

Diese Interaktionsregel gilt im wesentlichen nur für Kompaktquerschnitte, bei denen die Schubspannungen aus Querkraft und Torsion nicht am gleichen inneren Tragsystem ermittelt werden (für Querkraft steht die gesamte Stegbreite, für Torsion nur der Randbereich zur Verfügung). Im Falle von Kastenquerschnitten ist dies jedoch nicht der Fall, da sich die Druckstrebenbeanspruchungen aus Querkraft und Torsion im stärker beanspruchten Steg addieren (s. [Grasser/Kupfer – 96]). Aus diesem Grund wird für Kastenquerschnitte der Nachweis

$$(T_{Sd}/T_{Rd1}) + (V_{Sd}/V_{Rd2}) \leq 1 \qquad \text{(D.2.49b)}$$

vorgeschlagen.

Die *Bügelbewehrung* wird getrennt für Querkraft und Torsion ermittelt; die Anteile sind zu addieren. Es ist stets das Verfahren mit veränderlicher Druckstrebenneigung ϑ anzuwenden. Für beide Beanspruchungsarten ist vom selben Druckstrebenneigungswinkel ϑ auszugehen.

Bei rechteckförmigen Vollquerschnitten und bei kleiner Schubbeanspruchung kann auf einen rechnerischen Nachweis der Bewehrung verzichtet werden, falls

$$T_{Sd} \leq V_{Sd} \cdot b_w / 4{,}5 \quad \text{und} \qquad \text{(D.2.50a)}$$

$$V_{Sd} + (4{,}5 \cdot T_{Sd} / b_w) \leq V_{Rd1} \qquad \text{(D.2.50b)}$$

eingehalten sind. Es ist jedoch immer die Mindestbewehrung einzulegen.

2.7 Durchstanzen

2.7.1 Nachweisform

Im Rahmen dieses Beitrages werden nur Platten und Fundamente mit konstanter Dicke behandelt. Die dargestellten Zusammenhänge gelten jedoch für Platten mit Stützenkopfverstärkungen sinngemäß (s. hierzu jedoch [ENV 1992-1-1 – 92], 4.3.4.4).

Beim Durchstanzen handelt es sich um einen Sonderfall der Querkraftbeanspruchung von plattenartigen Bauteilen, bei dem ein Betonkegel im hochbelasteten Stützenbereich gegenüber den übrigen Plattenbauteilen heraus„gestanzt“ wird (s. auch Abschn. 1.7.1). Grundsätzlich ist nachzuweisen, daß die einwirkende Querkraft v_{Sd} den Widerstand v_{Rd} nicht überschreitet:

$$v_{Sd} \leq v_{Rd} \qquad \text{(D.2.51)}$$

Die nachfolgenden Festlegungen gelten für Platten mit einer Zuglängsbewehrung in zwei aufeinander senkrechten Richtungen x und y im Bereich des kritischen Rundschnitts von jeweils mindestens 0,5 % (Ausnahme: Fundament mit einer Nutzhöhe größer als 50 cm; s. a. Gl. (D.2.54)).

Bemessungswert v_{Sd} der Querkraft

Die auf einen kritischen Schnitt bezogene Bemessungsquerkraft wird ermittelt aus

$$v_{Sd} = V_{Sd} \cdot \beta / u \qquad \text{(D.2.52)}$$

V_{Sd} Bemessungswert der gesamten aufzunehmenden Querkraft

β Korrekturfaktor zur Berücksichtigung von Lastausmitten; näherungsweise gilt:
β = 1,00: wenn keine Lastausmitte möglich ist
β = 1,15: bei Innenstützen
β = 1,40: bei Randstützen
β = 1,50: bei Eckstützen

u Umfang des kritischen Schnitts im Abstand 1,5 d von der Lastaufstandsfläche

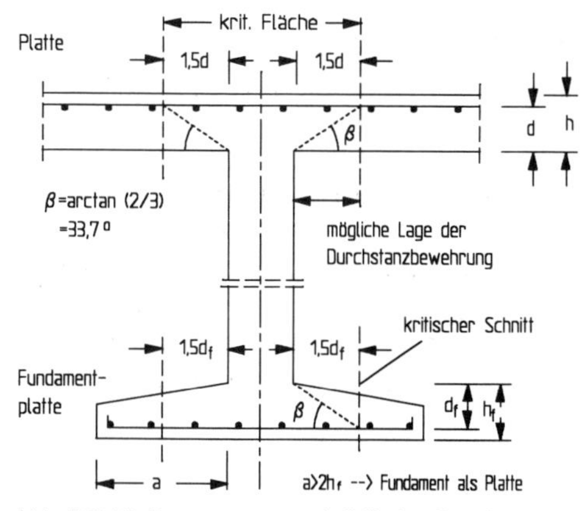

Abb. D.2.18 Bemessungsmodell für das Durchstanzen

Bei Fundamentplatten darf V_{Sd} um die Bodenpressung innerhalb der kritischen Fläche reduziert werden. In [DAfStb-H.425 – 92] wird empfohlen, bei *Sohlplatten* den Abzugswert nur aus dem Mittelwert der auf die gesamte Fundamentfläche bezogenen Bodenpressung zu bestimmen. Für *Einzelfundamentplatten* wird in [Kordina – 94/2] wegen bestehender Unsicherheiten außerdem angeraten, für den Abzugswert aus den Bodenpressungen nur eine Neigung des Durchstanzkegels von β = 45° anzunehmen.

Eine Erhöhung von v_{Rd} bzw. τ_{Rd} für auflagernahe Einzellasten (s. Abschn. 2.5) ist nicht zulässig.

Lasteinleitungsfläche, kritischer Rundschnitt

Die Festlegungen für das Durchstanzen mit den kritischen Rundschnitten (s. Abb. D.2.19) gelten für folgende Formen von Lastaufstandsflächen:

- kreisförmige mit einem Durchmesser $\leq 3{,}5d$
- rechteckige mit einem Umfang $\leq 11\,d$ und mit einem Verhältnis Länge zu Breite ≤ 2
- sonstige mit den genannten Begrenzungen

(d mittlere Nutzhöhe der Platte)

Die Lasteinleitungsfläche darf sich nicht im Bereich anderweitig verursachter Querkräfte und nicht in der Nähe von anderen konzentrierten Lasten befinden, so daß sich die kritischen Rundschnitte überschneiden.

Wenn die oben genannten Bedingungen bezüglich der Form bei Auflagerungen auf Wänden oder Stützen mit Rechteckquerschnitt nicht erfüllt sind, dürfen nur die in Abb. D.2.20 dargestellten reduzierten kritischen Rundschnitte in Ansatz gebracht werden.

In der Nähe von Öffnungen und freien Rändern gelten die in Abb. D.2.21 und D.2.22 dargestellten kritischen Rundschnitte.

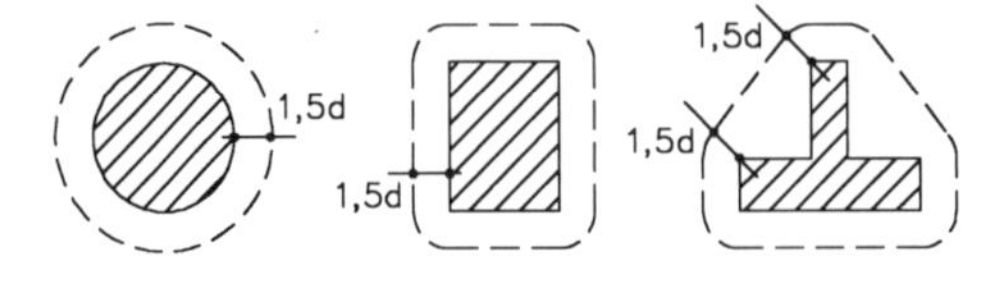

Abb. D.2.19 Kritischer Rundschnitt für „Regel"fälle

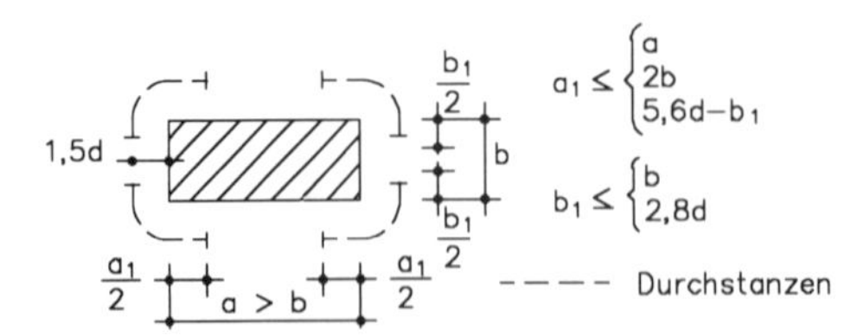

Abb. D.2.20 Festlegung des kritischen Rundschnitts bei einem Seitenverhältnis $a/b > 2$

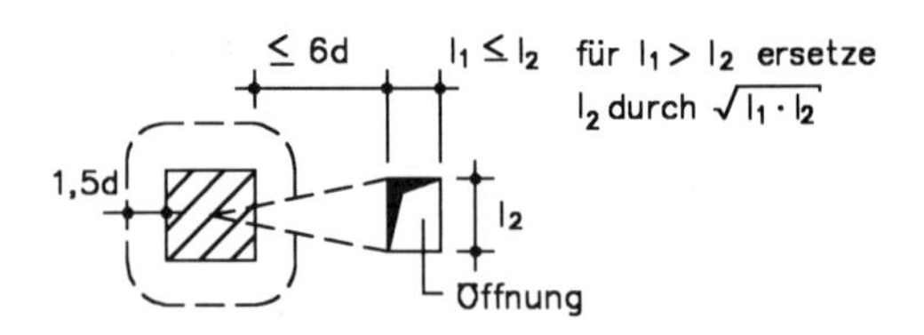

Abb. D.2.21 Kritischer Rundschnitt nahe Öffnungen

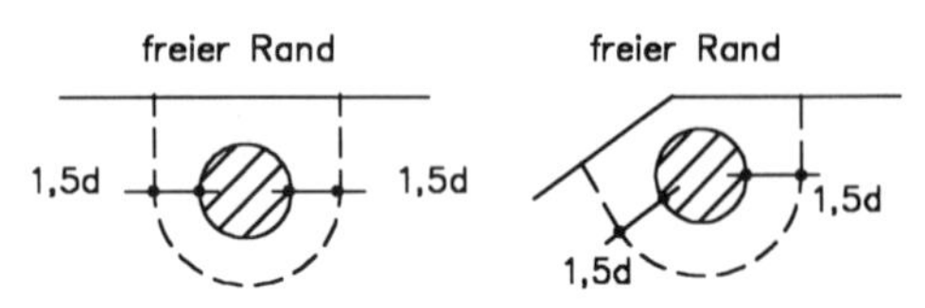

Abb. D.2.22 Kritischer Rundschnitt nahe freien Rändern

Bemessungswert des Widerstands v_{Rd}

Der Bemessungswiderstand v_{Rd} wird durch einen der nachfolgenden Werte bestimmt:

- v_{Rd1} Querkrafttragfähigkeit im kritischen Schnitt einer Platte ohne Schubbewehrung
- v_{Rd2} größte zulässige Tragfähigkeit im kritischen Schnitt einer Platte mit Schubbewehrung
- v_{Rd3} Querkrafttragfähigkeit längs des kritischen Schnitts einer Platte mit Schubbewehrung

2.7.2 Punktförmig gestützte Platten oder Fundamente ohne Schubbewehrung

Die einwirkende Querkraft v_{Sd} darf die Tragfähigkeit v_{Rd1} nicht überschreiten:

$$\mathbf{v_{Sd} \leq v_{Rd1}} \quad \text{(D.2.53)}$$

Bemessungswiderstand v_{Rd1}

$$v_{Rd1} = \tau_{Rd} \cdot k \cdot (1{,}2 + 40 \cdot \rho_l) \cdot d \quad \text{(D.2.54)}$$

τ_{Rd} Grundwert der Schubspannung nach Abschn. 2.5, Tafel D.2.13. Für den Nachweis auf Durchstanzen darf τ_{Rd} mit 1,2 multipliziert werden (s. [NAD zu ENV 1992-1-1 – 93]).

k $k = 1{,}6 - d \geq 1$ (d in m)

ρ_l *nicht vorgespannte* Platten:

$\rho_l = \sqrt{\rho_{lx} \cdot \rho_{ly}} \leq 0{,}015$

ρ_{lx}, ρ_{ly} Zugbewehrungsgrad in x-, y-Richtung; als Mindestbewehrung sind 0,5% gefordert, die jedoch nach [NAD zu ENV 1992-1-1 – 93] nicht bei Fundamentplatten mit einer Dicke von mehr als 50 cm eingehalten zu werden brauchen.

vorgespannte Platten s. EC 2

$d = 0{,}5 \cdot (d_x + d_y)$ mit d_x und d_y als Nutzhöhen in x- und y-Richtung

Im Schnitt an der Basis des Durchstanzkegels sollte die Platte die Anforderung von [ENV 1992-1-1 – 92], Bild 4.12 (s. Abschn. 2.5.4, Abb. D.2.14) erfüllen.

2.7.3 Platten mit Durchstanzbewehrung

Wenn die einwirkende Querkraft v_{Sd} den Widerstand v_{Rd1} überschreitet, ist eine Schubbewehrung anzuordnen. Der Bemessungswert der einwirkenden Querkraft v_{Sd} darf die Querkrafttragfähigkeiten v_{Rd2} und v_{Rd3} nicht überschreiten:

$$v_{Sd} \leq v_{Rd2} \quad \textit{und} \\ v_{Sd} \leq v_{Rd3} \qquad \text{(D.2.55)}$$

Querkrafttragfähigkeit v_{Rd2} und v_{Rd3}

Die größte aufzunehmende Querkraft einer Platte mit Durchstanzbewehrung darf zunächst den 1,6fachen Wert v_{Rd1} einer Platte ohne rechnerisch erforderliche Durchstanzbewehrung nicht überschreiten. Die Durchstanzbewehrung selbst ist dann für den v_{Rd1} überschreitenden Anteil zu bemessen (s. jedoch nachfolgend!).

Für Platten mit Durchstanzbewehrung gilt demnach:

$$v_{Rd2} = 1{,}6 \cdot v_{Rd1} \qquad \text{(D.2.56)}$$

$$v_{Rd3} = v_{Rd1} + \beta_v \cdot \Sigma A_{sw} \cdot f_{yd} \cdot \sin\alpha / u \qquad \text{(D.2.57)}$$

v_{Rd1} Querkrafttragfähigkeit ohne Schubbewehrung (s. Abschn. 2.7.2)

$\Sigma A_{sw} \cdot f_{yd} \cdot \sin\alpha$ Summe der Komponenten der Bemessungskräfte in der Schubbewehrung in Richtung der aufzunehmenden Querkraft

α Winkel zwischen Bewehrung und Plattenebene

β_v Wirksamkeitsfaktor der Schubbewehrung (s. nachfolgend)

Der Wirksamkeitsfaktor β_v ist in [ENV 1992-1-1–92], Gl. (4.58) noch nicht enthalten (bzw. 1,0). Nach [Kordina–94/1] (s. a. [DAfStb-H.425 – 92]) sollte jedoch $\beta_v = 0{,}5$ gesetzt werden, d. h., der Traglastanteil der Schubbewehrung sollte nur zu 50 % berücksichtigt werden.

(Hinweis: Prinzipiell ist der Ansatz über einen Wirksamkeitsfaktor β_v auch in [E DIN 1045-1 – 97] enthalten, wobei β_v differenzierter in Abhängigkeit von der Plattendicke festgelegt ist.)

Bei Platten mit Durchstanzbewehrung muß eine Mindestschubbewehrung angeordnet werden:

$$\rho_w = \Sigma A_{sw} \cdot \sin\alpha / (A_{crit} - A_{load}) \geq \rho_{w,min} \qquad \text{(D.2.58)}$$

A_{crit} Fläche innerhalb des kritischen Rundschnitts (s. Abschn. 2.7.1)

A_{load} Lasteinleitungsfläche

$\rho_{w,min}$ Mindestschubbewehrungsgrad nach [ENV 1992-1-1 – 92], 5.4.3.3

Die Schubbewehrung sollte innerhalb der kritischen Fläche angeordnet werden. Die Plattenstärke muß bei Anordnung von Schubbewehrung mindestens 20 cm betragen.

2.7.4 Mindestmomente für Platten-Stützen-Verbindungen

Zur Sicherstellung einer ausreichenden Querkrafttragfähigkeit, d. h., um sicherzustellen, daß sich die Tragfähigkeiten nach Gln. (D.2.54), (D.2.56) und (D.2.57) einstellen, ist die Platte in x- und y-Richtung für folgende Mindestmomente je Längeneinheit zu bemessen:

$$m_{Sdx} \geq \eta \cdot V_{Sd} \\ m_{Sdy} \geq \eta \cdot V_{Sd} \qquad \text{(D.2.59)}$$

V_{Sd} aufzunehmende Querkraft

η Beiwert nach Tafel D.2.16

Für den Nachweis der Mindestmomente darf nur die Bewehrung berücksichtigt werden, die außerhalb der kritischen Querschnittsfläche verankert ist.

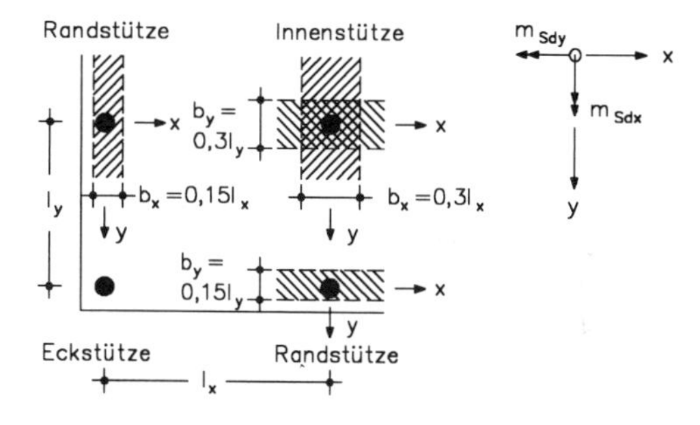

Abb. D.2.23 Biegemomente m_{Sdx} und m_{Sdy} in Platten-Stützen-Verbindungen bei ausmittiger Belastung und mitwirkender Plattenbreite zur Ermittlung der aufnehmbaren Biegemomente

D

Tafel D.2.16 Momentenbeiwerte η für die Ermittlung von Mindestbemessungsmomenten

Lage der Stütze	η für m_{Sdx}			η für m_{Sdy}		
	Plattenoberseite	Plattenunterseite	mitwirkende Plattenbreite	Plattenoberseite	Plattenunterseite	mitwirkende Plattenbreite
Innenstütze	−0,125	0	$0{,}30 \cdot l_y$	−0,125	0	$0{,}30 \cdot l_x$
Randstütze, Plattenrand parallel zu x	−0,25	0	$0{,}15 \cdot l_y$	−0,125	+0,125	je m Breite
Randstütze, Plattenrand parallel zu y	−0,125	+0,125	je m Breite	−0,25	0	$0{,}15 \cdot l_x$
Eckstütze	−0,50	+0,50	je m Breite	−0,50	+0,50	je m Breite

2.8 Grenzzustand der Tragfähigkeit infolge von Tragwerksverformungen
(Knicksicherheitsnachweis)

2.8.1 Unverschieblichkeit und Verschieblichkeit von Tragwerken

Die Unverschieblichkeit von rahmenartigen Tragwerken gilt als gegeben

- für hinreichend ausgesteifte Tragsysteme
- für nicht ausgesteifte Tragsysteme, wenn der Einfluß der Knotenverschiebungen vernachlässigbar ist (Auswirkungen ≤ 10%).

Die Beurteilung, ob ein Tragwerk oder ein Tragwerksteil als unverschieblich anzusehen ist, kann mit [ENV 1992-1-1 – 92], Anhang 3 erfolgen. Zu überprüfen ist (zusätzlich ist ggf. der Nachweis der Rotationsteifigkeit zu führen):

- Translationssteifigkeit von Tragwerken mit aussteifenden Bauteilen
- Translationssteifigkeit von Tragwerken ohne aussteifende Bauteile (z. B. bei Rahmen).

Tragwerke *mit aussteifenden Bauteilen* dürfen als unverschieblich angesehen werden, wenn als Bedingung eingehalten wird (α muß für beide Gebäudehauptachsen y und z erfüllt sein):

$$\alpha = h_{tot} \cdot \sqrt{\frac{F_v}{E_{cm} I_c}} \leq \begin{cases} 0{,}2 + 0{,}1\,n & \text{für } n \leq 3 \\ 0{,}6 & \text{für } n \geq 4 \end{cases} \qquad \text{(D.2.60)}$$

Es sind:

h_{tot} Gesamthöhe des Tragwerkes über OK Fundament bzw. Einspannebene in m

n Anzahl der Geschosse

F_v Summe der Vertikallasten im Gebrauchszustand (d. h. $\gamma_F = 1$) in MN, die auf die aussteifenden und auf die nicht aussteifenden Bauteile wirken

$E_{cm}I_c$ Summe der Nennbiegesteifigkeiten im Zustand I in MNm^2 aller vertikal aussteifenden Bauteile, die in der betrachteten Richtung wirken. In den aussteifenden Bauteilen sollte die Betonzugspannung unter der maßgebenden Lastkombination des Gebrauchszustands den Wert $f_{ctk;0,05}$ nicht überschreiten (E_{cm} und $f_{ctk;0,05}$ s. Abschn. 2.3.1).

Tragwerke *ohne aussteifende Bauteile* gelten als unverschieblich, wenn die Schnittgrößen nach Theorie II. Ordnung höchstens 10 % größer als nach Theorie I. Ordnung sind. Das gilt nach [ENV 1992-1-1 – 92], A 3.2(3) für Rahmen, wenn jedes lotrechte Druckglied, das mehr als 70 % der mittleren Längskraft $N_{Sd,m}$ aufnimmt, die Grenzschlankheit λ_{lim} nicht überschreitet

$$\lambda_{lim} \leq \begin{cases} 15/\sqrt{\nu_u} \\ 25 \end{cases} \qquad \text{(D.2.61)}$$

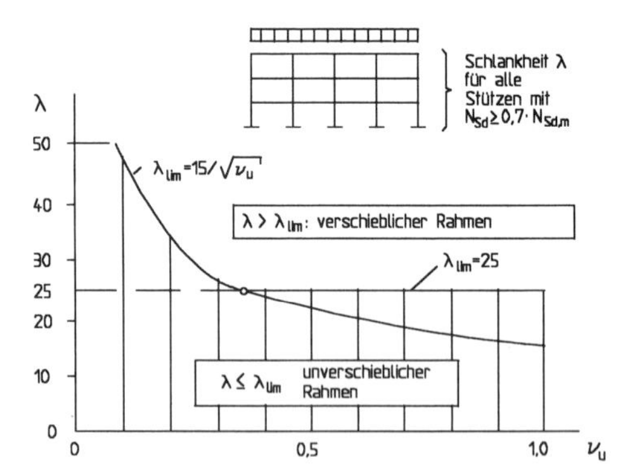

Abb. D.2.24 Schlankheitsgrenzen von Rahmen

mit $\nu_u = N_{Sd}/(f_{cd} \cdot A_c)$ und $N_{Sd,m} = \gamma_F \cdot F_v / n$ (n als Anzahl der Druckglieder in einem Geschoß).

2.8.2 Schlankheit λ

Die Schlankheit eines Druckglieds ergibt sich zu

$$\lambda = l_0 / i \qquad \text{(D.2.62)}$$

$i = \sqrt{I/A}$ Flächenträgheitsradius

$l_0 = \beta \cdot l_{col}$ Ersatzlänge (auch „Knick"-Länge)

β Verhältnis der Ersatzlänge l_0 zur Stützenlänge l_{col}

Für die Ermittlung von β wird auf Abschn. 1.8.3 verwiesen, die unterschiedlichen Bezeichnungen zu beachten. Es wird darauf hingewiesen, daß die Nomogramme in Abb. D.1.35 in erster Linie nur für unverschiebliche Tragwerke gedacht sind. Für verschiebliche Rahmen sind sie nur bei regelmäßigen Rahmen bis zu einer mittleren Schlankheit

$$\lambda_m = 50 \text{ bzw. } \lambda_m = 20 / \sqrt{\nu_u} \qquad \text{(D.2.63)}$$

zulässig ([ENV 1992-1-1 – 92], A 3.5) .

2.8.3 Vereinfachtes Bemessungsverfahren für Einzeldruckglieder

Einzeldruckglieder können sein (s. [ENV 1992-1-1 – 92], 4.3.5.3.4 und Bild 4.26):

- einzelstehende Stützen (z. B. Kragstützen)
- schlanke, aussteifende Bauteile, die als Einzeldruckglieder betrachtet werden
- gelenkig oder biegesteif angeschlossene Stützen in einem unverschieblichen Tragwerk.

Auf eine Untersuchung am verformten System darf verzichtet werden (d. h., es ist kein Nachweis der Knicksicherheit erforderlich), falls der Einfluß der Zusatzmomente nach Theorie II. Ordnung gering ist. Hiervon kann ausgegangen werden, wenn eine der nachfolgenden Bedingungen erfüllt ist:

$$\lambda \leq 25 \qquad \text{(D.2.64a)}$$

$$\lambda \leq 15 / \sqrt{\nu_u} \quad \text{mit } \nu_u = N_{Sd}/(A_c \cdot f_{cd}) \qquad \text{(D.2.64b)}$$

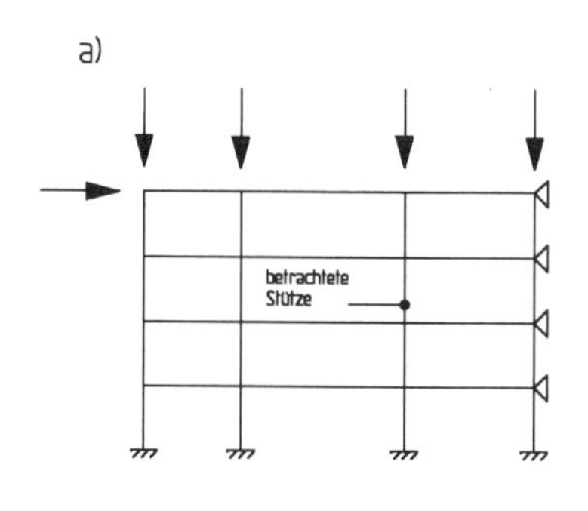

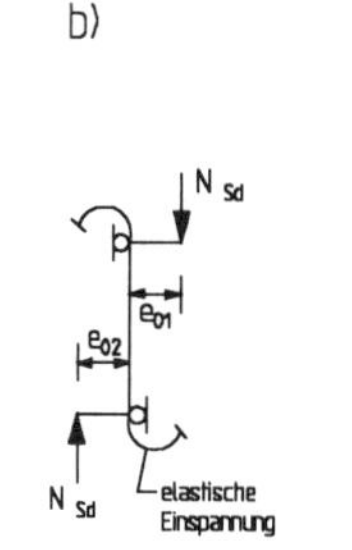

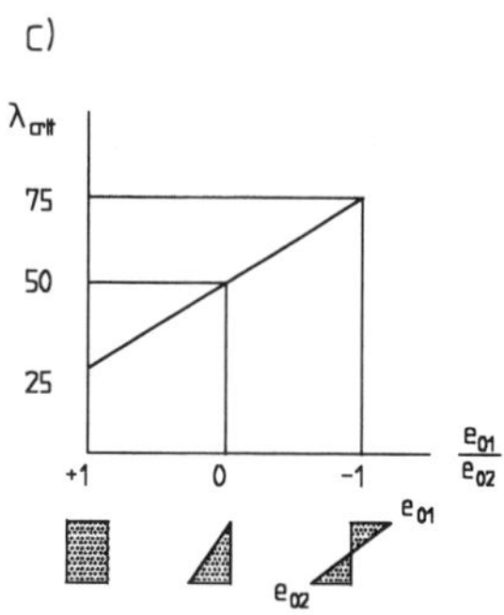

statisches Gesamtsystem | idealisierte Stütze | Grenzschlankheit λ_{crit}

Abb. D.2.25 Grenzschlankheit von Einzeldruckgliedern mit elastischer Endeinspannung in unverschiebl. Tragwerken

Für Stützen in unverschieblichen Tragwerken, die zwischen den Stützenenden nicht durch Querlasten beansprucht werden, gilt außerdem (s. Abb D.2.25)

$$\lambda \leq 25 \cdot (2 - e_{01}/e_{02}) \qquad \text{(D.2.65)}$$

mit $|e_{01}| \leq |e_{02}|$. Die Stützenenden müssen dann jedoch mindestens die Schnittgrößen $N_{Rd} = N_{Sd}$ und $M_{Rd} \geq N_{Sd} \cdot h/20$ aufnehmen können.

Vereinfachtes Bemessungsverfahren

Nach [ENV 1992-1-1 – 92], 4.3.5.6 dürfen im Hochbau Stützen vereinfachend als Einzeldruckglieder betrachtet werden mit einer zusätzliche Ausmitte, die als Funktion der Schlankheit berücksichtigt wird.

Das sog. *Modellstützenverfahren* gilt für Stützen mit:

- Schlankheiten $\lambda \leq 140$
- rechteck- oder kreisförmige Querschnitte, die über die Stützenhöhe konstant sind (Beton- und Bewehrungsquerschnitt)
- planmäßige Lastausmitten $e_0 \geq 0{,}1 \cdot h$

Die Modellstütze ist eine Kragstütze unter Längskraft und Moment, wobei am Stützenfuß das maximale Moment auftritt. Die zu berücksichtigende Gesamtausmitte im Schnitt A beträgt (s. Abb. D2.26):

$$e_{tot} = e_0 + e_a + e_2 \qquad \text{(D.2.66)}$$

Hierin sind

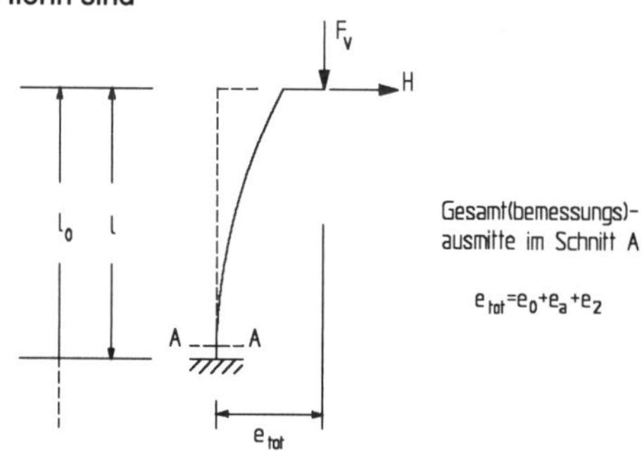

Abb. D.2.26 Modellstütze

e_0 Lastausmitte nach Theorie I. Ordnung; es ist $e_0 = M_{Sd}/N_{Sd}$ (s. Gln. (D.2.67a) bis (D.2.67c))

e_a ungewollte Zusatzausmitte nach Gl. (D.2.68)

e_2 Lastausmitte nach Theorie II. Ordnung; näherungsweise nach Gl. (D.2.69)

In unverschieblichen Tragwerken darf die Kriechausmitte vernachlässigt werden (s. [ENV 1992-1-1 – 92], A 3.4 (9)). In anderen Fällen kann sie beispielsweise nach [DAfStb-H.220 – 73] berechnet werden (s. hierzu Abschn. 1.8.7).

Lastausmitte e_0

Die Lastausmitte e_0 im maßgebenden Bemessungsschnitt wird allgemein ermittelt aus:

$$\Rightarrow e_0 = M_{Sd}/N_{Sd} \qquad \text{(D.2.67a)}$$

Für unverschieblich gehaltene, elastisch eingespannte Stützen ohne Querlasten kann die planmäßige Lastausmitte e_0 im maßgebenden Schnitt mit Hilfe nachfolgender Gln. (D.2.67b) und (D.2.67c) ermittelt werden (s.hierzu Abb. D.2.27):

- an beiden Enden gleiche Lastausmitten

$$\Rightarrow e_0 = e_{01} = e_{02} \qquad \text{(D2.67b)}$$

- an beiden Enden unterschiedliche Lastausmitten

$$\Rightarrow e_0 \geq 0{,}6\, e_{02} + 0{,}4\, e_{01} \geq 0{,}4\, e_{02} \qquad \text{(D2.67c)}$$

Für Gl. (D.2.67c) gilt, daß $|e_{01}| \leq |e_{02}|$ und die Ausmitten e_{01} und e_{02} mit Vorzeichen einzusetzen sind.

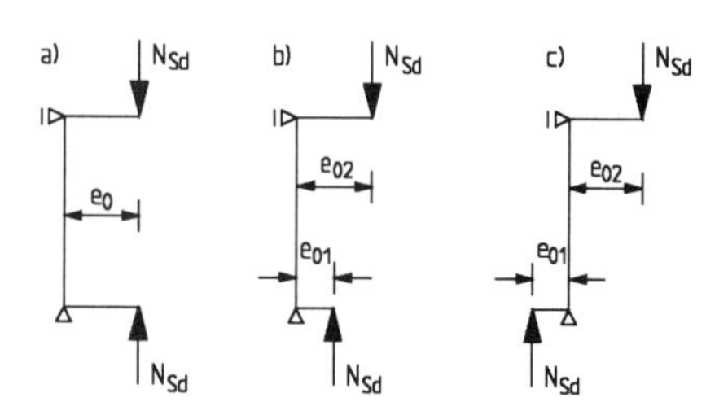

Abb. D.2.27 Lastausmitten elastisch eingespannter unverschieblicher Stützen

Imperfektionen e_a

Für Einzeldruckglieder dürfen Maßungenauigkeiten und Unsicherheiten bezüglich der Lage und Richtung von Längskräften durch eine Zusatzausmitte e_a erfaßt werden. Als zusätzliche Lastausmitte gilt

$$\Rightarrow e_a = \nu \cdot l_0/2 \qquad \text{(D.2.68)}$$

mit $\nu = 1/(100 \cdot \sqrt{l}) \geq 1/200$ als Schiefstellungswinkel und l als Stützenhöhe (in m).

Lastausmitte e_2

Die maximale Ausmitte nach Theorie II. Ordnung kann ermittelt werden aus

$$\Rightarrow e_2 = K_1 \cdot 0{,}1 \cdot l_0^2 \cdot (1/r) \qquad \text{(D.2.69)}$$

Es sind:

$K_1 = (\lambda/20) - 0{,}75$ für $15 \leq \lambda \leq 35$

$K_1 = 1$ für $\lambda > 35$

$1/r$ Stabkrümmung im maßgebenden Schnitt:

$$(1/r) = 2 \cdot K_2 \cdot \varepsilon_{yd} / (0{,}9 \cdot d) \qquad \text{(D.2.70)}$$

K_2 Beiwert zur Erfassung der Krümmungsabnahme bei steigender Druckkraft

$K_2 = (N_{ud} - N_{Sd})/(N_{ud} - N_{bal}) \leq 1$

N_{Sd} Einwirkende Bemessungslängskraft

N_{ud} Bemessungswert der widerstehenden Längskraft für $M_{Sd} = 0$

$N_{ud} = \alpha \cdot f_{cd} \cdot A_c + f_{yd} \cdot A_s$

(α s. Abschn. 2.3.1; im allg. $\alpha = 0{,}85$)

N_{bal} Bemessungswert der widerstehenden Längskraft für $M_{Sd} = M_{max}$

$N_{bal} \approx 0{,}40 \cdot f_{cd} \cdot A_c$

(für sym. bewehrte Rechtecke)

ε_{yd} Bemessungsstreckgrenze $\varepsilon_{yd} = f_{yd}/E_s$

Der in Gl. (D.2.69) enthaltene Ansatz zur Ermittlung der Zusatzausmitte nach Theorie II. Ordnung ergibt sich aus (vgl. Abb. D.2.28):

$$e_2 = \int \overline{M}(x) \cdot [1/r(x)] \cdot dx \qquad \text{(D.2.71)}$$

Die Krümmung verläuft über der Stützenhöhe als Grenzfall dreieck- oder rechteckförmig. Damit ergibt sich für die Ausmitte e_2 und mit $l = l_0/2$

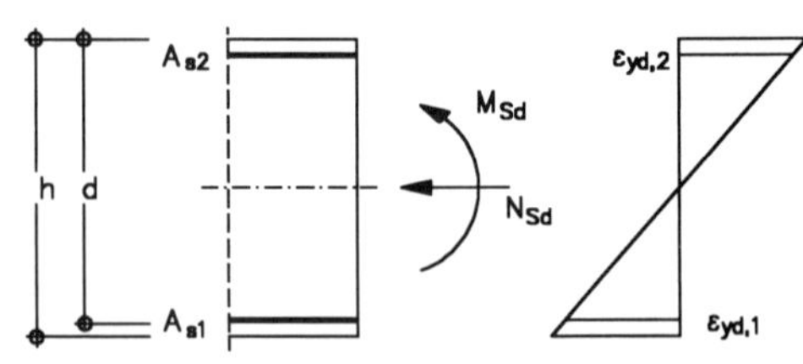

Abb. D.2.29 Bemessungsmodell für die Ermittlung der Krümmung

$$e_2 \begin{array}{l} \geq (^1/_3) \cdot l \cdot (1/r) \cdot l = (^1/_{12}) \cdot (1/r) \cdot l_0^2 \\ \leq (^1/_2) \cdot l \cdot (1/r) \cdot l = (^1/_8) \cdot (1/r) \cdot l_0^2 \end{array} \qquad \text{(D.2.72)}$$

bzw. im Mittel

$$e_2 \approx (^1/_{10}) \cdot (1/r) \cdot l_0^2 \qquad \text{(D.2.73)}$$

Durch Multiplikation mit dem Faktor K_1, der den Übergang von den nicht verformungsempfindlichen zu den stabilitätsgefährdeten Stützen berücksichtigt, erhält man die zuvor genannte Gl. (D.2.69).

Der Krümmung mit dem in Abb. D.2.29 skizzierten Dehnungszustand als Maximalwert, der durch gleichzeitiges Erreichen der Dehnungen an der Streckgrenze $\varepsilon_{yd,1} = -\varepsilon_{yd,2} = |\varepsilon_{yd}|$ auf der Druck- und Zugseite gekennzeichnet ist, ergibt sich bei einem Abstand der Bewehrung von ca. 0,9 d zu

$$(1/r)_{max} = 2\, \varepsilon_{yd} / (0{,}9\, d) \qquad \text{(D.2.74)}$$

Dieser Wert ist durch die Stelle im Interaktionsdiagramm gekennzeichnet, an der das Biegemoment seinen Größtwert erreicht. Der Punkt wird bei Rechteckquerschnitten mit symmetrischer Bewehrung bei einer Längskraft N_{bal} erreicht, die ca. 40 % der max. aufnehmbaren Druckkraft N_{ud} entspricht. Mit zunehmender Längsdruckkraft N_{Sd} nimmt die Krümmung ab und erreicht bei $N_{Sd} = N_{ud}$ den Wert Null. Die Abnahme der Krümmung (1/r) bei größeren Längsdruckkräften N_{Sd} wird durch den Korrekturfaktor K_2 (s. Erläuterungen zu Gl. D.2.70) erfaßt,

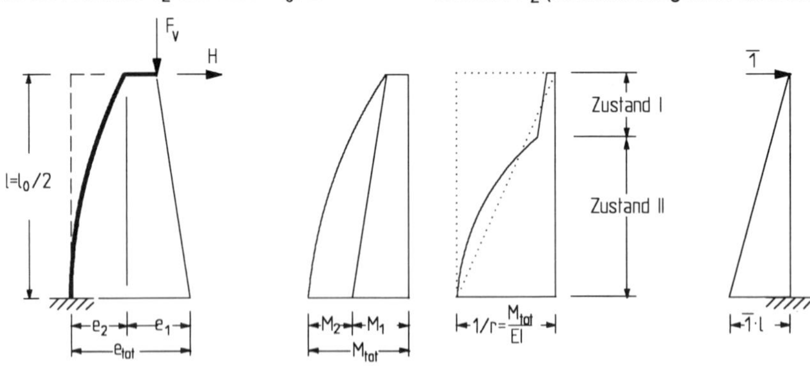

Abb. D.2.28 Modellstütze und Ansätze zur Ermittlung der Verformungen

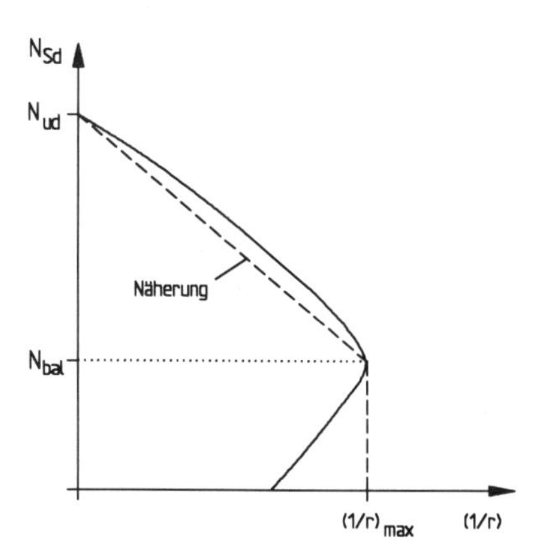

Abb. D.2.30 Prinzipieller Krümmungsverlauf in Abhängigkeit von der Längskraft N_{Sd}

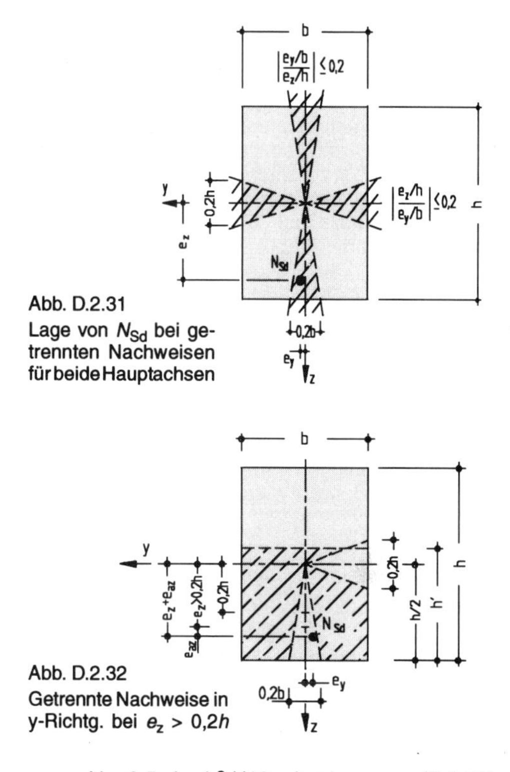

Abb. D.2.31 Lage von N_{Sd} bei getrennten Nachweisen für beide Hauptachsen

Abb. D.2.32 Getrennte Nachweise in y-Richtg. bei $e_z > 0{,}2h$

der eine geradlinige Annäherung der tatsächlichen Krümmungsbeziehung darstellt (s. Abb. D.2.30).

Eine geschlossene Lösung auf der Grundlage der beschriebenen Ansätze ist mit den Bemessungstafeln für Stützen in [DAfStb-H.425 – 92] möglich; s. jedoch insbesondere Beitrag „Avak" im Kap. G.1.

2.8.4 Stützen, die nach zwei Richtungen ausweichen können

Für Stützen, die nach zwei Richtungen ausweichen können, ist i. allg. ein Nachweis für schiefe Biegung mit Längsdruck zu führen. Für einige Fälle liefern jedoch Näherungen, die prinzipiell auf eine getrennte Untersuchung der beiden Hauptrichtungen beruhen, ausreichend sichere Ergebnisse. Hierzu gehört insbesondere der Sonderfall der überwiegenden Lastausmitte in eine der beiden Richtungen.

Für Druckglieder mit Rechteckquerschnitt sind nach EC 2 getrennte Nachweise in Richtung der beiden Hauptachsen y und z zulässig, wenn das Verhältnis der bezogenen Lastausmitten e_y/b und e_z/h eine der nachfolgenden Bedingungen erfüllt:

$$(e_z/h)\,/\,(e_y/b) \le 0{,}2 \qquad (D.2.75a)$$

oder

$$(e_y/b)\,/\,(e_z/h) \le 0{,}2 \qquad (D.2.75b)$$

e_y, e_z Lastausmitten in y- bzw. z-Richtung ohne Berücksichtigung der ungewollten Ausmitten e_a

Der Lastangriff der resultierenden Längskraft N_{Sd} liegt bei Einhaltung der Bedingungen nach Gl. (D.2.75a) oder (D.2.75b) innerhalb des schraffierten Bereichs in Abb. D.2.31.

Getrennte Nachweise nach den zuvor genannten Bedingungen sind im Falle $e_z > 0{,}2\,h$ nur dann zulässig, wenn der Nachweis in Richtung der schwächeren Achse y mit einer reduzierten Breite h' geführt wird. Der Wert h' darf unter der Annahme einer linearen Spannungsverteilung nach Zustand I bestimmt werden und ergibt sich zu:

$$h' = 0{,}5 \cdot h + h^2/(12 \cdot e) \le h \qquad (D.2.76)$$

Hierin ist

e Ausmitte: $e = e_z + e_{az}$

- e_z planmäßige Lastausmitte in z-Richtung
- e_{az} ungewollte Lastausmitte in z-Richtung

Gl. (D.2.76) gilt für Biegung mit Längsdruck, wenn e_z und e_{az} als Absolutwert eingesetzt werden.

Die Bedingungen für getrennte Nachweise mit reduzierter Breite h' sind in Abb. D.2.32 dargestellt.

2.8.5 Kippen schlanker Träger

Die Kippsicherheit schlanker Stahlbeton- und Spannbetonträger darf nach [NAD zu ENV 1992-1-1 – 93] als ausreichend angenommen werden, wenn die Gl. (D.2.77) erfüllt ist (die Bedingungen sind gegenüber [ENV 1992-1-1 – 92] verschärft) :

$$l_{0t} \le 35 \cdot b \quad \textit{und} \qquad h < 2{,}5 \cdot b \qquad (D.2.77)$$

l_{0t} Länge des Druckgurts zwischen den seitlichen Abstützungen
h Gesamthöhe des Trägers
b Breite des Druckgurts

Falls die Bedingungen nicht eingehalten sind, muß ein genauerer Nachweis geführt werden.

2.8.6 Druckglieder aus unbewehrtem Beton (nach [ENV 1992-1-6 – 94]

Unbewehrte Wände und (Rechteck-)Stützen sind nur bis zu einem Schlankheitsgrad von $\lambda \leq 86$ bzw. bei Pendelstützen oder zweiseitig gehaltenen Wänden bis zu einem Verhältnis $l_w / h_w \leq 25$ zulässig (l_w, h_w: s. nachfolgend). Sie sind stets als schlanke Bauteile zu betrachten, d. h., daß verformungsbedingte Zusatzmomente generell zu berücksichtigen sind. Lediglich bei Schlankheiten $\lambda \leq 8{,}6$ bzw. $l_w / h_w \leq 2{,}5$ darf der Einfluß nach Theorie II. Ordnung vernachlässigt werden.

Die Ersatzlänge l_0 einer Wand oder eines Einzeldruckglieds ergibt sich aus

$$l_0 = \beta \cdot l_w$$

mit l_w lichte Höhe (Länge) des Druckglieds und β als von den Lagerungsbedingungen abhängiger Beiwert. Der Beiwert β kann wie folgt angenommen werden:

- (Pendel)-Stütze: $\beta = 1$
- Kragstützen und -wände: $\beta = 2$
- bei zwei-, drei- und vierseitig gehaltenen Wänden kann β Tafel D.2.17 entnommen werden.

Für die Anwendung von Tafel D.2.17 gilt:

- Die Wand darf keine Öffnungen aufweisen, deren Höhe $^1/_3$ der lichten Wandhöhe oder deren Fläche $^1/_{10}$ der Wandfläche überschreitet. Andernfalls sollten bei drei- und vierseitig gehaltenen Wänden die zwischen den Öffnungen liegenden Teile als zweiseitig gehalten angesehen werden.
- Die Quertragfähigkeit darf durch Schlitze oder Aussparungen nicht beeinträchtigt werden.
- Die aussteifenden Querwände müssen mindestens aufweisen
  - eine Dicke von 50 % der Dicke h_w der ausgesteiften Wand,
  - die gleiche Höhe l_w wie die ausgesteifte Wand,
  - eine Länge l_{ht} von mindestens $l_w/5$ der lichten Höhe der ausgesteiften Wand (auf der Länge l_{ht} dürfen keine Öffnungen vorhanden sein).

Vereinfachtes Bemessungsverfahren für Wände und Einzeldruckglieder

Die aufnehmbare Längskraft $N_{Rd,\lambda}$ von schlanken Stützen oder Wänden kann ermittelt werden aus

$$N_{Rd,\lambda} = -b \cdot h_w \cdot \alpha \cdot f_{cd} \cdot \Phi \qquad \text{(D.2.78)}$$

$$\Phi = 1{,}14 \cdot (1 - 2e_{tot}/h_w) - 0{,}020 \cdot l_0/h_w$$

$$\text{mit } 0 \leq \Phi \leq 1 - 2e_{tot}/h_w$$

$$e_{tot} = e_0 + e_a + e_\varphi$$

Φ Traglastfunktion zur Berücksichtigung der Auswirkungen nach Theorie II. Ordnung auf die Tragfähigkeit von Druckgliedern unverschieblicher Tragwerke

e_0 Lastausmitte nach Theorie I. Ordnung unter Berücksichtigung von Momenten infolge einer Einspannung in anschließende Decken, infolge von Wind etc.

e_a ungewollte Lastausmitte; näherungsweise darf hierfür angenommen werden $e_a = l_0/400$

e_φ Ausmitte infolge Kriechens; sie darf in der Regel vernachlässigt werden.

(Bemessungsdiagramm zur Ermittlung der Traglastfunktion Φ s. [Schneider – 98].)

Tafel D.2.17 Beiwerte β zur Ermittlung der Ersatzlänge l_0 von zwei-, drei- und vierseitig gehaltenen Wänden

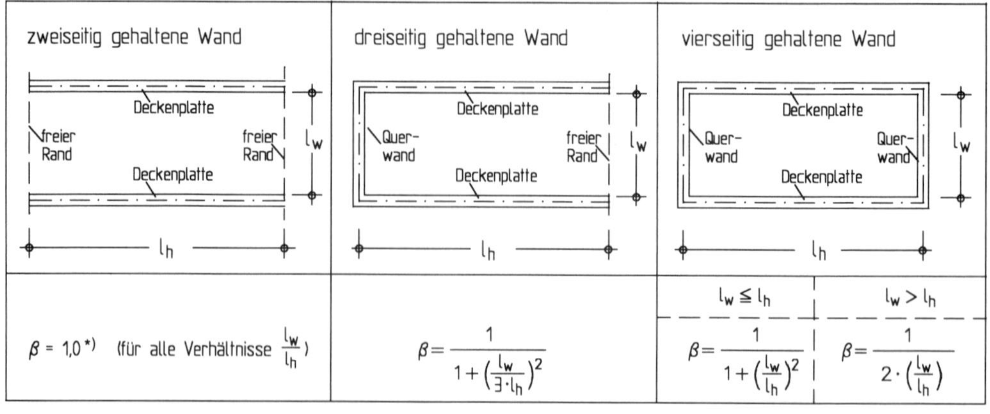

*) Der Beiwert darf bei zweiseitig gehaltenen Wänden auf $\beta = 0{,}85$ vermindert werden, die an Kopf- und Fußende durch Ortbeton und Bewehrung biegesteif angeschlossen sind, so daß die Randmomente vollständig aufgenommen werden können (gilt nach [NAD zu ENV 1992-1-6 – 95] unabhängig vom Verhältnis l_w/l_h).

2.9 Bemessungstafeln für Platten, Bemessungsbeispiel

2.9.1 Bemessungstafeln für Platten

Bei Decken bzw. Plattentragwerken des Hochbaus ist die Beanspruchung aus Längskraft häufig vernachlässigbar gering. Die Deckenstärken betragen im allgemeinen mindestens 10 cm und überschreiten nur in Ausnahmefällen 30 cm. Außerdem ist bei üblicher Ausführung die Deckenstärke so gewählt, daß eine Druckbewehrung nicht erforderlich ist. Als Beton kommen in der Regel nur Festigkeitsklassen bis zum C 30/37 in Frage.

Unter diesen Voraussetzungen wurden die nachfolgenden Tafeln für eine „Schnell"bemessung entwickelt. Im einzelnen sind für den Grenzzustand der Tragfähigkeit aufgestellt:

Tafel D.2.18a: Bemessungstabellen für Platten ohne Druckbewehrung für Biegung im Grenzzustand der Tragfähigkeit; BSt 500 S, C 12/15

Tafel D.2.18b: Bemessungstabellen für Platten ohne Druckbewehrung für Biegung im Grenzzustand der Tragfähigkeit; BSt 500 S, C 20/25

Tafel D.2.18c: Bemessungstabellen für Platten ohne Druckbewehrung für Biegung im Grenzzustand der Tragfähigkeit; BSt 500 S, C 30/37

Eingangswerte für die Anwendung der Tafeln sind jeweils das einwirkende Moment M_{Sd} (in kNm/m) und die vorhandene Nutzhöhe d (in cm). Damit kann dann direkt die Bewehrung A_s abgelesen werden.

Insbesondere bei Platten sind häufig Nachweise von Betondruckspannungen und Verformungen im Gebrauchszustand erforderlich. Hierfür werden die Druckzonenhöhe x und das Flächenmoment 2. Grades I benötigt, die mit Hilfe von Tafel D.2.19 in einfacher Weise ermittelt werden können:

Tafel D.2.19: Druckzonenhöhen x und Flächenmoment 2. Grades I des Zustandes II von Stahlbetonplatten ohne Druckbewehrung im Gebrauchszustand (s. S. D.88)

Eingangswerte sind die Bewehrung A_s (in cm²/m) und die Nutzhöhe d (in cm). Als Ablesewert erhält man die Druckzonenhöhe x (in cm) und das Flächenmoment 2. Grades I (in cm⁴/m). In Tafel D.2.19 wurde ein Verhältnis der E-Moduln von Betonstahl zu Beton $\alpha_e = 15$ ([ENV 1992-1-1 – 92], 4.4.1.2 (3)) berücksichtigt; soweit andere Werte α_e in Frage kommen, muß der Eingangswert A_s im Verhältnis $\alpha_e / 15$ modifiziert werden.

Die zuvor dargestellten Bemessungsgrundlagen sollen in Verbindung mit den „Schnell"bemessungstafeln an dem folgenden Beispiel erläutert werden.

2.9.2 Bemessungsbeispiel

Einachsig gespannte Einfeldplatte mit Auskragung und Belastung durch Konstruktionseigenlast, Zusatzeigenlast (Belag) von 1,0 kN/m² und veränderliche Last von 5,0 kN/m²; Umweltklasse 2a nach EC 2, Tab. 4.1. (Weitere Hinweise s. [Avak/Goris – 95] mit ausführlicheren und weiteren Nachweisen.)

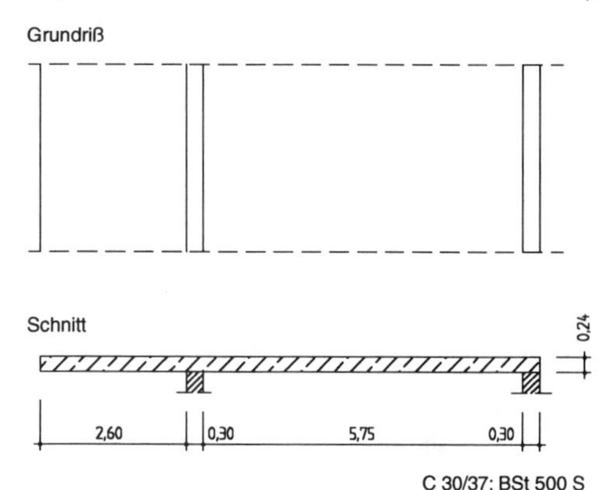

C 30/37; BSt 500 S

2.9.2.1 System und Belastung

Eigenlast: $(0{,}24 \cdot 25{,}0 + 1{,}0) = g_k = 7{,}0$ kN/m²
veränderl. Last: $q_k = 5{,}0$ kN/m²

2.9.2.2 Nachweis des statischen Gleichgewichts

Es wird der Nachweis geführt, daß am Auflager B eine ausreichende Lagesicherheit gegeben ist. Nachweisbedingung nach Gl. (D.2.1):

$$E_{d,dst} \leq E_{d,stb}$$

Die ständigen Einwirkungen sind feldweise als eigenständige Anteile zu betrachten; den günstig wirkenden Anteilen ist $\gamma_{G,inf} = 0{,}9$, den ungünstig wirkenden $\gamma_{G,sup} = 1{,}1$ zuzuordnen (s. Abschn. 2.2.1.3). Die veränderlichen Einwirkungen sind im ungünstigen Fall mit $\gamma_Q = 1{,}50$ zu multiplizieren, im günstigen Fall unberücksichtigt zu lassen (d.h. $\gamma_Q = 0$).

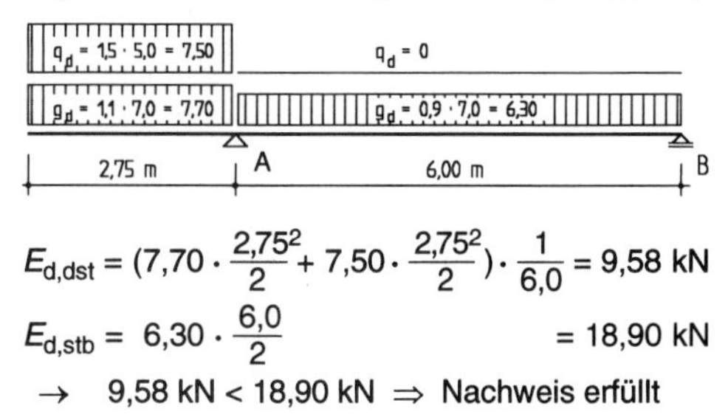

$$E_{d,dst} = \left(7{,}70 \cdot \frac{2{,}75^2}{2} + 7{,}50 \cdot \frac{2{,}75^2}{2}\right) \cdot \frac{1}{6{,}0} = 9{,}58 \text{ kN}$$

$$E_{d,stb} = 6{,}30 \cdot \frac{6{,}0}{2} = 18{,}90 \text{ kN}$$

$\rightarrow$ 9,58 kN < 18,90 kN $\Rightarrow$ Nachweis erfüllt

2.9.2.3 Schnittgrößenermittlung

Die Schnittgrößenermittlung erfolgt zunächst für charakteristische Lasten. Sicherheitsfaktoren und Kombinationsfaktoren werden bei der Bemessung berücksichtigt. Es werden drei Lastfälle betrachtet:

Lf 1: ständige Last g_k in Kragarm und Feld [1)]
Lf 2: veränderliche Last q_k im Kragarm
Lf 3: veränderliche Last q_k im Feld

Schnittgrößen für die Lastfälle 1 bis 3

Belastung kN/m²	M_a kNm/m	V_{al} kN/m	V_{ar} kN/m	V_b kN/m
g_k = 7,0	–26,47	–19,25	25,41	–16,59
$q_{k,Krag}$ = 5,0	–18,91	–13,75	3,15	3,15
$q_{k,Feld}$ = 5,0	0	0	15,00	–15,00

2.9.2.4 Bemessung für Biegung im Grenzzustand der Tragfähigkeit

Feld

$|V_{Sd,b}|_{zug} = 1{,}35 \cdot 16{,}59 + 1{,}50 \cdot 15{,}00 = 44{,}90$ kN/m
$M_{Sd,max} = 44{,}90^2 / (2 \cdot (1{,}35 \cdot 7{,}0 + 1{,}5 \cdot 5{,}0))$

$M_{Sd} = 59{,}47$ kNm/m, $d = 21$ cm (Tafel 2.18c) →

$A_s = 6{,}81$ cm²/m
gew.: ∅ 12 - 16 (= 7,07 cm²/m)

Stütze

$|M_{Sd,a}| = 1{,}35 \cdot 26{,}47 + 1{,}50 \cdot 18{,}91 = 64{,}09$ kNm/m

Das Stützmoment darf um ΔM_{Sd} abgemindert werden (Momentenausrundung):

$M_{Sd} = M_{Sd,a} - \Delta M_{Sd}$
$\Delta M_{Sd} = F_{Sd,sup} \cdot b_{sup}/8$
$F_{Sd,sup} = -V_{Sd,al} + V_{Sd,ar}$
$= 1{,}35 \cdot (19{,}25 + 25{,}41) + 1{,}50 \cdot (13{,}75 + 3{,}15)$
$= 85{,}64$ kN/m
$b_{sup} = 0{,}30$ m

$M_{Sd} = 64{,}09 - 85{,}64 \cdot 0{,}30/8 = 60{,}88$ kNm/m

$M_{Sd} = 60{,}88$ kNm/m, $d = 21$ cm (Tafel 2.18c) →

$A_s = 6{,}98$ cm²/m
gew.: ∅ 12 - 16 (= 7,07 cm²/m)

[1)] Die ständigen Einwirkungen dürfen i. allg. mit ein und demselben Bemessungswert im gesamten Tragwerk berücksichtigt werden. In Ausnahmefällen – für Nachweise, die besonders anfällig gegen Schwankungen einer ständigen Einwirkung sind – müssen jedoch die ungünstigen und die günstigen Anteile als eigenständige Anteile mit $\gamma_{G,sup}$ und $\gamma_{G,inf}$ feldweise betrachtet werden. Hier gilt das konkret für den Nachweis des statischen Gleichgewichts (s. Abschn. 2.9.1.2), ggf. auch für die erforderliche Länge der oberen Bewehrung des Kragarms. Nachweise zur Bewehrungsführung werden im Rahmen dieses Beispiels nicht geführt (s. hierzu [Avak/Goris – 95]), so daß auf weitere Lastfälle verzichtet werden kann.

2.9.2.5 Bemessung im Grenzzustand der Gebrauchstauglichkeit

Für die nachfolgenden Untersuchungen werden die häufige und die quasi-ständige Kombination benötigt (s. Gl. (D.2.8b) und (D.2.8c). Die Kombinationsfaktoren ψ_1 und ψ_2 werden Tafel D.1.3 entnommen, und zwar („alle anderen Einwirkungen"):

– für die häufige Kombination $\psi_1 = 0{,}7$
– für die quasi-ständige Kombination $\psi_2 = 0{,}5$

Spannungsbegrenzung

Die zulässige Biegeschlankheit wird zu mehr als 85 % ausgenutzt (s. nachfolgend). Die Betondruckspannungen unter quasi-ständigen Lasten sind daher auf $0{,}45 \cdot f_{ck}$ zu begrenzen. Der Nachweis erfolgt für die größte Biegebeanspruchung an der Stütze A (näherungsweise und auf der sicheren Seite ohne Momentenausrundung).

$\sigma_c = \dfrac{2M}{b \cdot x \cdot z}$ (s. Tafel D.1.12; hier jedoch andere Bezeichnung!)

Moment $M_{q\text{-}s}$ unter quasi-ständiger Last

$|M_{a,q\text{-}s}| = 26{,}47 + 0{,}5 \cdot 18{,}91 = 35{,}92$ kNm/m

$\alpha_e = 15$, $A_s = 7{,}07$ cm²/m (Tafel 2.19) → $x = 5{,}7$ cm

$z = d - x/3 = 21{,}0 - 5{,}7/3 = 19$ cm

$\sigma_c = \dfrac{2 \cdot 0{,}03592}{1{,}0 \cdot 0{,}057 \cdot 0{,}19} = 6{,}63$ MN/m²
$< 0{,}45\, f_{ck} = 0{,}45 \cdot 30 = 13{,}5$ MN/m²

Rißbreitenbegrenzung

Die Beschränkung der Rißbreite wird nur für die Lastbeanspruchung an der Stütze A nachgewiesen (ohne Momentenausrundung; s. vorher).

$\sigma_s = \dfrac{M}{A_s \cdot z}$ | $z = 0{,}19$ m (s. vorher), $A_s = 7{,}07$ cm²/m

$\sigma_s = \dfrac{0{,}03592}{7{,}07 \cdot 0{,}19} \cdot 10^4 = 267$ MN/m²

grenz $d_s = d_s^* = 17$ mm (Tafel D.2.11a)
$>$ vorh $d_s = 12$ mm

Verformungsbegrenzung, Nachweis für das Feld

Nachweis durch Begrenzung der Biegeschlankheit.

$(l/d)_{eff} \leq (l/d)_{lim} = \text{TW} \cdot k_1$ (vgl. Gl. (D.2.29))

TW = 32 (wegen Kragmoments als Endfeld eines Durchlaufträgers betrachtet, $\rho \leq 0{,}5$ %)

$k_1 = 250/\sigma_{sh}$
$\sigma_{sh} = M_h/(z \cdot A_s)$
M_h Moment unter der häufigen Last
$|V_b|_{zug} = 16{,}59 + 0{,}7 \cdot 15{,}00 = 27{,}09$ kN/m
$M_h = 27{,}09^2/[2 \cdot (7{,}0 + 0{,}7 \cdot 5{,}0)] = 34{,}95$ kNm/m
$z = 19$ cm (wie Stütze; Bewehrung identisch)
$\sigma_{sh} = 34{,}95/(0{,}19 \cdot 7{,}07) \cdot 10^1 = 260$ MN/m²

$k_1 = 250/260 = 0{,}96$

$(l/d)_{eff} = 6{,}0/0{,}21 = 28{,}6 < (l/d)_{lim} = 0{,}96 \cdot 32 = 30{,}7$

Verformungsbegrenzung, Nachweis für den Kragarm

Hierfür soll eine genauere Durchbiegungsberechnung durchgeführt werden. Der rechnerische Nachweis wird – im Gegensatz zum vereinfachten Nachweis – mit dem quasi-ständigen Lastanteil geführt. Maßgebend ist die dargestellte Lastfallkombination mit dem zugehörigen Momentenverlauf.

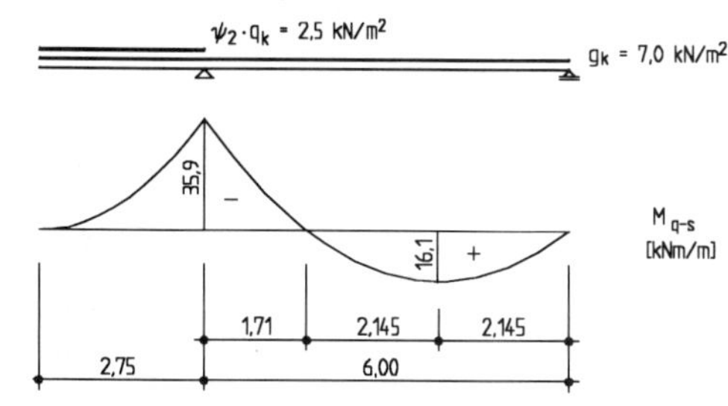

Materialkennwerte

C 30/37 ⇒ f_{ctm} = 2,9 N/mm² (Tafel D.2.4)
E_{cm} = 32 000 N/mm² (Tafel D.2.4)

Kriech- und Schwindbeiwerte

⇒ φ_∞ = 1,66 | Annahme; s. hierzu EC 2
$\varepsilon_{cs\infty}$ = –0,32 ‰ | und Tafel D.2.10

Das Kriechen wird unter Verwendung eines wirksamen *E*-Moduls abgeschätzt (s. Gl. (D.2.31)):

$$E_{c,eff} = \frac{E_{cm}}{(1+\varphi)} = \frac{32\,000}{(1+1{,}66)} = 12\,030 \text{ N/mm}^2$$

Krümmung an der Stütze A

- infolge Last und Kriechens an der Stütze A

– Zustand I (ungerissener Zustand)

$$\left(\frac{1}{r}\right)_I = \frac{M_{q\text{-}s}}{E_{c,eff} \cdot I_I} = \frac{35{,}9 \cdot 10^{-3} \cdot 12}{12\,030 \cdot 0{,}24^3 \cdot 1{,}0} = 2{,}59 \cdot 10^{-3}$$

– Zustand II (vollständig gerissener Zustand)

$$\left(\frac{1}{r}\right)_{II} = \frac{M_{q\text{-}s}}{E_{c,eff} \cdot I_{II}}$$

I_{II} nach Tafel D.2.19;
Eingangswert:
$A_s^* = A_s \cdot \alpha_e / 15 = 7{,}07 \cdot 16{,}6/15 = 7{,}82$ cm²/m
(wegen $\alpha_e = E_s / E_{c,eff} = 200\,000/12\,030 = 16{,}6 \neq 15$)
Ablesung für d = 21 cm:
I_{II} = 33 500 cm⁴; x_{II} = 5,9 cm

$$\left(\frac{1}{r}\right)_{II} = \frac{35{,}9 \cdot 10^{-3}}{12\,030 \cdot 33\,500 \cdot 10^{-8}} \approx 9{,}0 \cdot 10^{-3} \text{ (1/m)}$$

– Zustand m (Überlagerung von ungerissenem und gerissenem Zustand)

$$\left(\frac{1}{r}\right)_m = \zeta \cdot \left(\frac{1}{r}\right)_{II} + (1-\zeta) \cdot \left(\frac{1}{r}\right)_I \quad \text{(s. Gl. D.2.30)}$$

$$\zeta = 1 - \beta_1 \cdot \beta_2 \cdot (\sigma_{sr}/\sigma_s)^2$$

Das Verhältnis (σ_{sr}/σ_s) wird ersetzt durch (M_{cr}/M):

$$M_{cr} = \frac{f_{ctm} \cdot b \cdot h^2}{6} = \frac{2{,}9 \cdot 1{,}0 \cdot 0{,}24^2}{6} = 0{,}0278 \text{ MNm/m}$$

β_1 = 1,0 Rippenstahl; s. Abschn. 2.4.2.4
β_2 = 0,5 Dauerlast; s. Absch. 2.4.2.4

$$\zeta = 1 - 1{,}0 \cdot 0{,}5 \cdot \left(\frac{27{,}8}{35{,}9}\right)^2 = 0{,}70$$

$$\left(\frac{1}{r}\right)_m = 0{,}70 \cdot 9{,}0 \cdot 10^{-3} + (1-0{,}70) \cdot 2{,}59 \cdot 10^{-3} = 7{,}08 \cdot 10^{-3} \text{ m}^{-1}$$

- Krümmung infolge Schwindens an der Stütze A

– Zustand I (ungerissener Zustand)

$$\left(\frac{1}{r}\right)_{cs,I} = \frac{\varepsilon_{cs} \cdot \alpha_e \cdot S}{I} \quad \text{(s. Gl. D.2.32)}$$

$S = A_s \cdot z_s$ (statisches Moment von A_s)
$= 7{,}07 \cdot 10^{-4} \cdot (0{,}21 - 0{,}24/2)$
$= 0{,}063 \cdot 10^{-3}$ m³/m
$I = b \cdot h^3 / 12 = 1{,}0 \cdot 0{,}24^3 / 12$
$= 1{,}152 \cdot 10^{-3}$ m⁴/m

$$\left(\frac{1}{r}\right)_{cs,I} = \frac{0{,}32 \cdot 10^{-3} \cdot 16{,}6 \cdot 0{,}063 \cdot 10^{-3}}{1{,}152 \cdot 10^{-3}} = 0{,}29 \cdot 10^{-3} \text{ m}^{-1}$$

– Zustand II (vollständig gerissener Zustand)

$$\left(\frac{1}{r}\right)_{cs,II} = \frac{\varepsilon_{cs} \cdot \alpha_e \cdot S_{II}}{I_{II}}$$

$S_{II} = A_s \cdot (d-x)$ (stat. Moment im Zustand II)
$= 7{,}07 \cdot 10^{-4} \cdot (0{,}21 - 0{,}059)$
$= 0{,}106 \cdot 10^{-3}$ m³/m
I_{II} = 33 500 cm⁴/m (s. vorher)

$$\left(\frac{1}{r}\right)_{cs,II} = \frac{0{,}32 \cdot 10^{-3} \cdot 16{,}6 \cdot 0{,}106 \cdot 10^{-3}}{0{,}335 \cdot 10^{-3}} \approx 1{,}70 \cdot 10^{-3} \text{ m}^{-1}$$

– Zustand m (Überlagerung von ungerissenem und gerissenem Zustand)

$$\left(\frac{1}{r}\right)_{cs,m} = \zeta \cdot \left(\frac{1}{r}\right)_{cs,II} + (1-\zeta) \cdot \left(\frac{1}{r}\right)_{cs,I}$$

$$= 0{,}70 \cdot 1{,}70 \cdot 10^{-3} + (1-0{,}70) \cdot 0{,}29 \cdot 10^{-3} = 1{,}28 \cdot 10^{-3} \text{ m}^{-1}$$

- infolge Lasten, Kriechens und Schwindens an der Stütze A

$(1/r)_{tot} = (7{,}08 + 1{,}28) \cdot 10^{-3} = 8{,}36 \cdot 10^{-3}$ m⁻¹

Krümmung im Feld

Die Krümmung für das zugehörige Feldmoment $M_{1,q\text{-}s}$ = 16,1 kNm/m wird in analoger Weise berechnet. Auf eine ausführliche Darstellung des Rechengangs wird im Rahmen dieses Beispiels verzichtet (s. hierzu [Avak/Goris – 95]).

Man erhält den nachfolgend dargestellten Krümmungsverlauf.

D

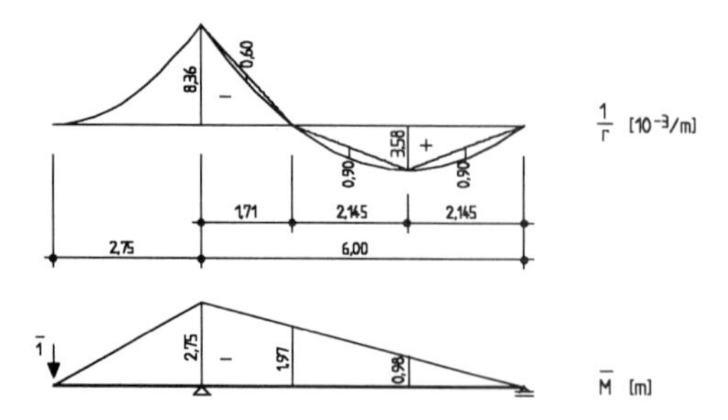

Die Durchbiegung f erhält man durch Überlagerung mit dem Momentenverlauf $\bar{M}$ (s. Darstellung oben):

$$f = \int \left(\frac{1}{r}\right) \cdot \bar{M} \cdot dx \approx 22 \cdot 10^{-3}\ \text{m} = \underline{\underline{22}}\ \text{mm}$$

(ohne Darstellung des Rechengangs)

Soweit durch die Verformungen das Erscheinungsbild oder die Gebrauchstauglichkeit beeinträchtigt werden, sind die Durchbiegungen zu beschränken. Die zulässige Durchbiegung beträgt nach Abschn. 2.4.2.4 $f/l = 1/250$, wobei die Durchbiegung f auf „die Verbindungslinie der Unterstützungspunkte" zu beziehen ist; eine entsprechende Regelung für Kragträger fehlt. Im vorliegenden Falle wird die zulässige Durchbiegung auf $f/l_{Kr} = 1/150$ bezogen:

Nachweis der Verformung

$$\frac{f}{l_{Kr}} = \frac{0{,}022}{2{,}75} = \frac{1}{125} > \frac{1}{150}$$

$\Rightarrow$ Nachweis nicht (ganz) erfüllt (ggf. sind konstruktive Maßnahmen erforderlich).

2.9.2.6 Bemessung für Querkraft im Grenzzustand der Tragfähigkeit

Bemessungsquerkraft V_{Sd} im Abstand d vom Auflagerrand (direkte Lagerung; s. Abschn. 2.5.3)

Stütze A

Nachweis ungünstig nur für Stütze A_{rechts}.

Einwirkung

$V_{Sd,ar} = 1{,}35 \cdot 25{,}41 + 1{,}50 \cdot (3{,}15 + 15{,}0) = 61{,}5$ kN/m
$V_{Sd} = V_{Sd,ar} - (g_d + q_d) \cdot (t/2 + d)$
$= 61{,}5 - (9{,}45 + 7{,}50) \cdot (0{,}30/2 + 0{,}21)$
$= 61{,}5 - 6{,}1 = 55{,}4$ kN/m

Widerstand V_{Rd1}

$V_{Rd1} = [\tau_{Rd}\, k\, (1{,}2 + 40\rho_l) + 0{,}15\, \sigma_{cp}]\, b_w\, d$
$\tau_{Rd} = 0{,}28$ MN/m² (s. Tafel D.2.13)
$k = 1{,}6 - d = 1{,}6 - 0{,}21 = 1{,}39$
$\rho_l = A_{sl}/(b_w \cdot d) = 7{,}07/(100 \cdot 21) = 0{,}0034$
(Bewehrungsgrad der - *oberen* - Biegezugbewehrung, die ab dem betrachteten Schnitt mit $(d + l_{b,net})$ verankert ist; s. Skizze)

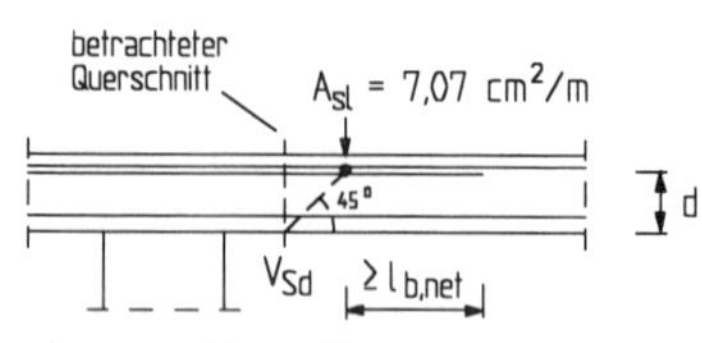

$\sigma_{cp} = 0$ (wegen $N_{Sd} = 0$)
$V_{Rd1} = 0{,}28 \cdot 1{,}39 \cdot (1{,}2 + 40 \cdot 0{,}0034) \cdot 1 \cdot 0{,}21$
$= 0{,}109$ MN/m

Nachweis:

$V_{Sd} \leq V_{Rd1}$
55,4 kN/m < 109 kN/m $\Rightarrow$ Nachweis erfüllt

Widerstand V_{Rd2}

Der Tragfähigkeitsnachweis für die Betondruckstrebe ist bei Platten ohne Vorspannung bzw. ohne Längskräfte entbehrlich; der Nachweis wird hier zur Demonstration geführt.

$V_{Rd2} = 0{,}5 \cdot \nu \cdot f_{cd} \cdot b_w \cdot 0{,}9d$ (s. Gl. D.2.37)
$\nu = 0{,}7 - f_{ck}/200 = 0{,}7 - 30/200 = 0{,}55$
$f_{cd} = f_{ck}/\gamma_c = 30/1{,}5 = 20$ MN/m²
$V_{Rd2} = 0{,}5 \cdot 0{,}55 \cdot 20 \cdot 1{,}0 \cdot 0{,}9 \cdot 0{,}21$
$= 1{,}035$ MN/m = 1035 kN/m

Nachweis

$V_{Sd} \leq V_{Rd2}$
55,4 kN/m << 1035 kN/m $\Rightarrow$ Nachweis erfüllt

Stütze B

Nachweis durch Vergleich mit Stütze A offensichtlich erfüllt, hier jedoch zur Demonstration geführt.

Einwirkung

$|V_{Sd,b}| = 1{,}35 \cdot 16{,}59 + 1{,}50 \cdot 15{,}0 = 44{,}9$ kN/m
$V_{Sd} = |V_{Sd,b}| - (g_d + q_d) \cdot (t/3 + d)$
$= 44{,}90 - (9{,}45 + 7{,}50) \cdot (0{,}30/3 + 0{,}21)$
$= 44{,}90 - 5{,}24 \approx 40$ kN/m

Widerstand V_{Rd1}

$V_{Rd1} = [\tau_{Rd} \cdot k \cdot (1{,}2 + 40 \cdot \rho_l) + 0{,}15 \cdot \sigma_{cp}] \cdot b_w \cdot d$
τ_{Rd}, k, σ_{cp} wie vorher
$\rho_l = A_{sl}/(b_w \cdot d) = 3{,}53/(100 \cdot 21) = 0{,}0017$
(Bewehrungsgrad der - *unteren* - Biegezugbewehrung, die ab der Nachweisstelle mindestens mit $(d + l_{b,net})$ verankert ist.)

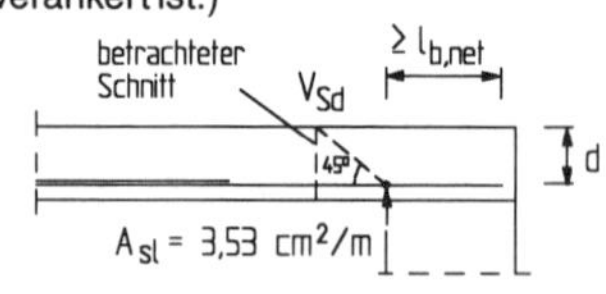

$V_{Rd1} = 0{,}28 \cdot 1{,}39 \cdot (1{,}2 + 40 \cdot 0{,}0017) \cdot 1 \cdot 0{,}21$
$= 0{,}103$ MN/m

Der Nachweis ist wegen 40 kN/m < 103 kN/m erfüllt.

Widerstand V_{Rd2}

Ohne Nachweis (s. oben)

Tafel D.2.18a Bemessungstabelle für Platten ohne Druckbewehrung für Biegung im Grenzzustand der Tragfähigkeit

BSt 500; C 12/15

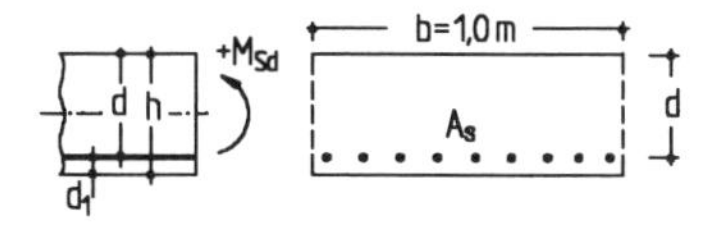

M_{Sd} kNm	10	11	12	13	14	15	16	17	18	19	20	21	22	23	24	25	26	27	28	29
	A_s [cm²/m] für d [cm] =																			
2	0,47	0,43	0,39	0,36	0,33	0,31	0,29	0,27	0,26	0,24	0,23	0,22	0,21	0,21	0,19	0,19	0,18	0,17	0,17	0,16
4	0,95	0,86	0,79	0,73	0,67	0,63	0,59	0,55	0,52	0,49	0,47	0,44	0,42	0,40	0,39	0,37	0,36	0,34	0,34	0,32
6	1,45	1,31	1,19	1,10	1,01	0,94	0,88	0,83	0,78	0,74	0,70	0,67	0,64	0,61	0,58	0,56	0,54	0,52	0,50	0,48
8	1,97	1,77	1,61	1,47	1,36	1,27	1,18	1,11	1,04	0,99	0,94	0,89	0,85	0,81	0,78	0,75	0,72	0,69	0,67	0,64
10	2,51	2,24	2,03	1,86	1,71	1,59	1,49	1,40	1,31	1,24	1,18	1,12	1,07	1,02	0,98	0,94	0,90	0,87	0,83	0,81
12	3,07	2,73	2,47	2,25	2,08	1,92	1,80	1,68	1,58	1,50	1,42	1,35	1,28	1,23	1,17	1,13	1,08	1,04	1,00	0,97
14	3,66	3,24	2,92	2,65	2,44	2,26	2,11	1,97	1,86	1,75	1,66	1,58	1,50	1,43	1,37	1,32	1,27	1,22	1,17	1,13
16	4,28	3,77	3,38	3,07	2,81	2,60	2,42	2,27	2,13	2,01	1,90	1,81	1,72	1,65	1,57	1,51	1,45	1,40	1,34	1,30
18	4,94	4,32	3,86	3,49	3,20	2,95	2,74	2,56	2,41	2,27	2,15	2,04	1,94	1,85	1,78	1,70	1,63	1,57	1,51	1,46
20	5,65	4,90	4,35	3,93	3,59	3,30	3,07	2,87	2,69	2,53	2,40	2,28	2,17	2,07	1,98	1,89	1,82	1,75	1,68	1,63
22	6,41	5,50	4,86	4,38	3,99	3,67	3,40	3,17	2,97	2,80	2,65	2,51	2,39	2,28	2,18	2,09	2,00	1,93	1,86	1,79
24	7,24	6,15	5,40	4,84	4,40	4,04	3,74	3,48	3,26	3,07	2,90	2,75	2,62	2,49	2,38	2,28	2,19	2,11	2,03	1,96
26		6,83	5,95	5,31	4,82	4,41	4,08	3,79	3,55	3,34	3,16	2,99	2,84	2,71	2,59	2,48	2,38	2,28	2,20	2,12
28		7,56	6,54	5,81	5,25	4,80	4,43	4,12	3,85	3,62	3,41	3,23	3,07	2,92	2,79	2,68	2,57	2,47	2,37	2,29
30		8,36	7,15	6,32	5,68	5,19	4,78	4,44	4,15	3,89	3,67	3,48	3,30	3,14	3,00	2,88	2,76	2,65	2,55	2,46
32			7,80	6,85	6,14	5,59	5,15	4,77	4,45	4,17	3,93	3,72	3,53	3,36	3,21	3,07	2,95	2,83	2,72	2,62
34			8,49	7,40	6,61	6,00	5,51	5,11	4,76	4,46	4,20	3,97	3,77	3,59	3,42	3,27	3,14	3,01	2,90	2,79
36			9,24	7,98	7,10	6,43	5,89	5,44	5,07	4,75	4,47	4,22	4,00	3,81	3,63	3,48	3,33	3,20	3,07	2,96
38				8,59	7,59	6,85	6,27	5,79	5,39	5,04	4,74	4,47	4,24	4,03	3,84	3,68	3,52	3,38	3,25	3,13
40				9,23	8,12	7,30	6,66	6,14	5,70	5,33	5,01	4,73	4,48	4,26	4,06	3,88	3,72	3,57	3,43	3,30
42				9,92	8,66	7,76	7,06	6,50	6,03	5,63	5,29	4,99	4,73	4,49	4,28	4,08	3,91	3,75	3,61	3,47
44					9,23	8,23	7,47	6,87	6,36	5,94	5,57	5,25	4,97	4,71	4,49	4,29	4,11	3,94	3,79	3,65
46					9,81	8,72	7,89	7,24	6,69	6,24	5,85	5,51	5,21	4,95	4,71	4,50	4,31	4,13	3,97	3,82
48					10,4	9,22	8,32	7,61	7,03	6,55	6,14	5,78	5,47	5,18	4,94	4,71	4,50	4,32	4,15	3,99
50						9,75	8,77	8,01	7,39	6,87	6,43	6,05	5,71	5,42	5,16	4,92	4,70	4,51	4,33	4,17
55						11,2	9,93	9,01	8,28	7,68	7,17	6,73	6,35	6,02	5,72	5,45	5,21	4,99	4,79	4,61
60							11,2	10,1	9,21	8,51	7,93	7,43	7,01	6,63	6,29	5,99	5,72	5,48	5,25	5,05
65								11,2	10,2	9,39	8,72	8,16	7,68	7,25	6,88	6,54	6,24	5,97	5,72	5,49
70								12,5	11,3	10,3	9,55	8,90	8,36	7,89	7,47	7,10	6,77	6,47	6,20	5,95
75									12,4	11,3	10,4	9,67	9,06	8,54	8,08	7,68	7,31	6,98	6,68	6,42
80									13,6	12,3	11,3	10,5	9,79	9,22	8,70	8,25	7,85	7,50	7,17	6,88
85										13,4	12,2	11,3	10,5	9,89	9,34	8,85	8,41	8,03	7,67	7,35
90										14,6	13,2	12,2	11,3	10,6	9,99	9,45	8,98	8,56	8,18	7,84
95											14,3	13,1	12,1	11,3	10,7	10,1	9,56	9,10	8,69	8,32
100											15,4	14,0	13,0	12,1	11,3	10,7	10,2	9,65	9,21	8,81
110												16,1	14,7	13,7	12,8	12,0	11,4	10,8	10,3	9,81
120													16,7	15,4	14,3	13,4	12,6	12,0	11,4	10,9
130														17,2	15,9	14,9	13,9	13,2	12,5	11,9
140															17,7	16,4	15,4	14,5	13,7	13,0
150																18,1	16,9	15,8	14,9	14,2
160																	18,5	17,3	16,2	15,4
170																	20,2	18,8	17,6	16,6
180																		20,4	19,0	17,9
190																			20,6	19,3
200																				20,7
210																				22,3

In dem grau unterlegten Bereich ist die Mindestbewehrung unterschritten.

Unterhalb der gestrichelten Linie ist die Druckzonenhöhe $x/d > 0,25$.

Unterhalb der durchgezogenen, getreppten Linie ist die Druckzonenhöhe $x/d > 0,45$.

Unterhalb des angegebenen Zahlenbereichs sollte eine Bemessung mit Druckbewehrung erfolgen.

D

Tafel D.2.18b Bemessungstabelle für Platten ohne Druckbewehrung für Biegung im Grenzzustand der Tragfähigkeit

BSt 500; C 20/25

M_{Sd}	A_s [cm²/m] für d [cm] =																			
kNm	10	11	12	13	14	15	16	17	18	19	20	21	22	23	24	25	26	27	28	29
2	0,47	0,42	0,39	0,36	0,33	0,31	0,29	0,27	0,26	0,24	0,23	0,22	0,21	0,20	0,19	0,19	0,18	0,17	0,17	0,16
4	0,94	0,85	0,78	0,72	0,67	0,62	0,58	0,55	0,52	0,49	0,47	0,44	0,42	0,40	0,39	0,37	0,36	0,34	0,33	0,32
6	1,43	1,29	1,18	1,09	1,00	0,94	0,88	0,83	0,78	0,74	0,70	0,67	0,63	0,61	0,58	0,56	0,54	0,52	0,50	0,48
8	1,92	1,73	1,58	1,45	1,35	1,25	1,17	1,10	1,04	0,99	0,94	0,89	0,85	0,81	0,78	0,74	0,72	0,69	0,66	0,64
10	2,42	2,18	1,99	1,83	1,69	1,57	1,47	1,38	1,30	1,23	1,17	1,11	1,06	1,02	0,97	0,93	0,90	0,86	0,83	0,80
12	2,93	2,64	2,40	2,20	2,04	1,90	1,77	1,66	1,57	1,48	1,41	1,34	1,28	1,22	1,17	1,12	1,08	1,04	1,00	0,96
14	3,45	3,10	2,82	2,58	2,39	2,22	2,07	1,95	1,83	1,73	1,65	1,57	1,48	1,43	1,37	1,31	1,26	1,21	1,17	1,13
16	4,00	3,57	3,24	2,97	2,74	2,55	2,38	2,23	2,10	1,99	1,89	1,79	1,71	1,63	1,56	1,50	1,44	1,39	1,34	1,29
18	4,55	4,06	3,67	3,36	3,10	2,88	2,68	2,52	2,37	2,24	2,13	2,02	1,93	1,84	1,76	1,69	1,62	1,56	1,50	1,45
20	5,12	4,56	4,11	3,75	3,46	3,21	2,99	2,80	2,64	2,50	2,37	2,25	2,14	2,05	1,96	1,88	1,81	1,74	1,67	1,61
22	5,70	5,06	4,56	4,15	3,82	3,54	3,30	3,09	2,91	2,75	2,61	2,48	2,36	2,26	2,16	2,07	1,99	1,91	1,84	1,78
24	6,30	5,58	5,01	4,56	4,19	3,88	3,62	3,39	3,18	3,01	2,85	2,71	2,58	2,46	2,36	2,26	2,17	2,09	2,01	1,94
26	6,93	6,10	5,48	4,97	4,56	4,22	3,93	3,68	3,46	3,26	3,10	2,94	2,80	2,67	2,56	2,45	2,35	2,26	2,18	2,10
28	7,57	6,64	5,95	5,40	4,95	4,57	4,25	3,98	3,74	3,52	3,34	3,17	3,02	2,88	2,76	2,64	2,54	2,44	2,35	2,27
30	8,23	7,20	6,43	5,82	5,33	4,92	4,57	4,27	4,01	3,79	3,59	3,40	3,24	3,09	2,96	2,84	2,72	2,62	2,52	2,43
32	8,93	7,77	6,92	6,26	5,72	5,27	4,89	4,58	4,30	4,05	3,83	3,64	3,46	3,31	3,16	3,03	2,91	2,80	2,69	2,60
34	9,65	8,36	7,42	6,70	6,11	5,63	5,22	4,88	4,58	4,31	4,08	3,87	3,69	3,52	3,36	3,22	3,09	2,97	2,86	2,76
36	10,4	8,97	7,93	7,14	6,51	5,99	5,55	5,18	4,86	4,58	4,33	4,11	3,91	3,73	3,57	3,42	3,28	3,15	3,04	2,93
38	11,2	9,60	8,46	7,60	6,91	6,36	5,89	5,49	5,15	4,85	4,58	4,34	4,13	3,94	3,77	3,61	3,47	3,33	3,21	3,09
40	12,1	10,2	9,00	8,06	7,33	6,73	6,23	5,80	5,44	5,12	4,84	4,58	4,36	4,16	3,97	3,81	3,65	3,51	3,38	3,26
42	13,0	10,9	9,55	8,53	7,74	7,10	6,57	6,12	5,73	5,39	5,09	4,83	4,59	4,38	4,18	4,00	3,84	3,69	3,55	3,43
44		11,6	10,1	9,02	8,17	7,48	6,91	6,44	6,02	5,66	5,34	5,07	4,82	4,59	4,38	4,20	4,03	3,87	3,73	3,59
46		12,3	10,7	9,51	8,60	7,86	7,26	6,75	6,31	5,94	5,60	5,31	5,04	4,81	4,59	4,39	4,22	4,05	3,90	3,76
48		13,1	11,3	10,0	9,03	8,25	7,62	7,07	6,61	6,21	5,86	5,55	5,27	5,03	4,80	4,59	4,40	4,23	4,07	3,92
50		13,9	11,9	10,5	9,47	8,65	7,97	7,40	6,91	6,49	6,12	5,79	5,50	5,24	5,01	4,79	4,59	4,41	4,25	4,09
55			13,6	11,9	10,6	9,66	8,87	8,22	7,67	7,20	6,78	6,41	6,08	5,80	5,53	5,29	5,07	4,87	4,69	4,51
60			15,4	13,3	11,8	10,7	9,81	9,07	8,45	7,91	7,44	7,04	6,67	6,35	6,06	5,79	5,55	5,33	5,12	4,94
65				14,8	13,1	11,8	10,8	9,94	9,24	8,65	8,13	7,67	7,27	6,91	6,59	6,30	6,03	5,79	5,57	5,36
70				16,5	14,4	12,9	11,8	10,8	10,0	9,38	8,82	8,32	7,88	7,48	7,13	6,81	6,52	6,25	6,01	5,79
75					15,9	14,1	12,8	11,7	10,9	10,1	9,52	8,97	8,49	8,06	7,67	7,32	7,01	6,73	6,46	6,22
80					17,4	15,4	13,9	12,7	11,7	10,9	10,2	9,63	9,11	8,64	8,23	7,85	7,50	7,20	6,92	6,65
85						16,7	15,0	13,7	12,6	11,7	11,0	10,3	9,73	9,23	8,78	8,37	8,01	7,67	7,37	7,09
90						18,1	16,2	14,7	13,5	12,5	11,7	11,0	10,4	9,83	9,34	8,90	8,52	8,16	7,83	7,53
95							17,4	15,7	14,4	13,3	12,5	11,7	11,0	10,4	9,91	9,44	9,02	8,64	8,29	7,97
100							18,7	16,8	15,4	14,2	13,2	12,4	11,7	11,0	10,5	9,99	9,53	9,13	8,76	8,42
110								19,1	17,4	16,0	14,8	13,8	13,0	12,3	11,7	11,1	10,6	10,1	9,69	9,31
120								21,7	19,5	17,8	16,5	15,4	14,4	13,6	12,9	12,2	11,6	11,1	10,7	10,2
130									21,8	19,8	18,2	16,9	15,8	14,9	14,1	13,4	12,7	12,2	11,7	11,2
140										22,0	20,1	18,6	17,3	16,3	15,4	14,6	13,8	13,2	12,6	12,1
150										24,3	22,0	20,3	18,9	17,7	16,7	15,8	15,0	14,3	13,6	13,1
160											24,1	22,1	20,5	19,1	18,0	17,0	16,1	15,3	14,7	14,0
170												24,1	22,2	20,7	19,4	18,3	17,3	16,5	15,7	15,0
180												26,1	24,0	22,2	20,8	19,6	18,5	17,6	16,8	16,0
190													25,9	23,9	22,3	20,9	19,7	18,8	17,9	17,0
200													27,9	25,6	23,8	22,3	21,1	19,9	18,9	18,1
220														29,4	27,1	25,3	23,7	22,4	21,3	20,2
240															30,8	28,5	26,6	25,0	23,7	22,5
260																32,0	29,7	27,8	26,2	24,8
280																	33,1	30,8	28,9	27,2
300																		34,0	31,7	29,9
320																			34,8	32,6
340																				35,6

In dem grau unterlegten Bereich ist die Mindestbewehrung unterschritten.

Unterhalb der gestrichelten Linie ist die Druckzonenhöhe $x/d > 0,25$.

Unterhalb der durchgezogenen, getreppten Linie ist die Druckzonenhöhe $x/d > 0,45$.

Unterhalb des angegebenen Zahlenbereichs sollte eine Bemessung mit Druckbewehrung erfolgen.

Tafel D.2.18c Bemessungstabellen für Platten ohne Druckbewehrung für Biegung im Grenzzustand der Tragfähigkeit

BSt 500; C 30/37

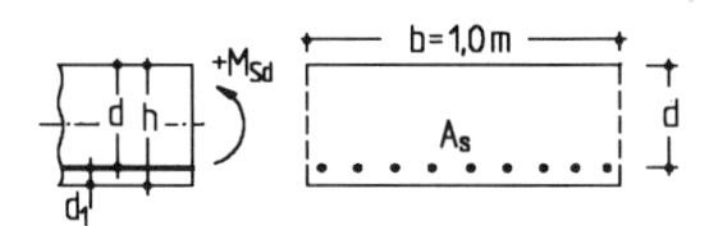

M_{Sd} kNm	A_s [cm²/m] für d [cm] = 10	11	12	13	14	15	16	17	18	19	20	21	22	23	24	25	26	27	28	29
5	1,17	1,07	0,97	0,90	0,83	0,78	0,73	0,68	0,65	0,61	0,58	0,55	0,53	0,50	0,48	0,46	0,45	0,43	0,41	0,40
10	2,38	2,16	1,97	1,81	1,68	1,56	1,46	1,38	1,30	1,23	1,17	1,11	1,06	1,01	0,97	0,93	0,89	0,86	0,83	0,80
15	3,63	3,27	2,98	2,74	2,54	2,36	2,21	2,08	1,96	1,85	1,76	1,67	1,60	1,52	1,46	1,40	1,34	1,29	1,25	1,20
20	4,92	4,42	4,01	3,68	3,40	3,16	2,96	2,78	2,62	2,48	2,35	2,24	2,13	2,04	1,95	1,87	1,80	1,73	1,67	1,61
25	6,26	5,60	5,08	4,65	4,29	3,98	3,72	3,49	3,29	3,11	2,95	2,80	2,67	2,55	2,44	2,34	2,25	2,17	2,09	2,01
30	7,68	6,83	6,17	5,63	5,19	4,81	4,49	4,21	3,96	3,74	3,55	3,37	3,21	3,07	2,94	2,82	2,71	2,61	2,51	2,42
35	9,15	8,10	7,29	6,64	6,10	5,65	5,27	4,93	4,64	4,36	4,15	3,95	3,76	3,59	3,44	3,30	3,17	3,05	2,93	2,83
40	10,7	9,43	8,45	7,68	7,04	6,50	6,06	5,67	5,33	5,03	4,76	4,53	4,31	4,12	3,94	3,77	3,63	3,49	3,36	3,24
45	12,3	10,8	9,65	8,73	7,99	7,38	6,86	6,41	6,02	5,68	5,38	5,11	4,86	4,64	4,44	4,25	4,09	3,93	3,78	3,65
50	14,1	12,2	10,9	9,82	8,97	8,26	7,67	7,17	6,73	6,34	6,00	5,69	5,42	5,17	4,94	4,74	4,55	4,37	4,21	4,06
55	16,0	13,8	12,2	11,0	9,97	9,17	8,50	7,92	7,44	7,00	6,62	6,28	5,98	5,70	5,45	5,22	5,01	4,82	4,64	4,47
60	18,1	15,4	13,5	12,1	11,0	10,1	9,34	8,70	8,16	7,68	7,26	6,87	6,54	6,24	5,97	5,71	5,48	5,27	5,07	4,89
65		17,1	14,9	13,3	12,0	11,0	10,2	9,49	8,88	8,35	7,89	7,48	7,11	6,78	6,48	6,20	5,95	5,71	5,50	5,30
70		18,9	16,3	14,5	13,1	12,0	11,1	10,3	9,62	9,04	8,53	8,08	7,68	7,31	6,99	6,69	6,42	6,17	5,93	5,72
75		20,9	17,9	15,8	14,2	13,0	12,0	11,1	10,4	9,73	9,18	8,69	8,25	7,86	7,51	7,19	6,89	6,62	6,37	6,14
80			19,5	17,1	15,4	14,0	12,9	11,9	11,1	10,4	9,84	9,30	8,83	8,41	8,03	7,68	7,36	7,08	6,80	6,55
85			21,2	18,5	16,5	15,0	13,8	12,8	11,9	11,1	10,5	9,92	9,42	8,97	8,56	8,18	7,84	7,53	7,25	6,98
90			23,1	20,0	17,7	16,1	14,7	13,6	12,7	11,8	11,2	10,6	10,0	9,52	9,09	8,69	8,33	7,99	7,68	7,40
95				21,5	19,0	17,1	15,7	14,5	13,5	12,6	11,8	11,2	10,6	10,1	9,61	9,19	8,81	8,46	8,13	7,83
100				23,1	20,3	18,3	16,7	15,4	14,3	13,3	12,5	11,8	11,2	10,6	10,2	9,70	9,29	8,92	8,57	8,25
110					23,1	20,6	18,7	17,2	15,9	14,8	13,9	13,1	12,4	11,8	11,2	10,7	10,3	9,85	9,47	9,12
120					26,1	23,1	20,8	19,0	17,6	16,4	15,4	14,4	13,7	13,0	12,3	11,8	11,3	10,8	10,4	9,98
130						25,7	23,0	21,0	19,3	18,0	16,8	15,8	14,9	14,1	13,5	12,8	12,3	11,7	11,3	10,9
140						28,7	25,4	23,0	21,1	19,6	18,3	17,2	16,2	15,4	14,6	13,9	13,3	12,7	12,2	11,7
150							28,0	25,2	23,0	21,3	19,8	18,6	17,5	16,6	15,7	15,0	14,3	13,7	13,1	12,6
160							30,8	27,5	25,0	23,0	21,4	20,0	18,9	17,8	16,9	16,1	15,4	14,7	14,1	13,5
170								29,9	27,1	24,9	23,0	21,5	20,2	19,1	18,1	17,2	16,4	15,7	15,0	14,4
180								32,6	29,3	26,7	24,7	23,0	21,6	20,4	19,3	18,3	17,5	16,7	16,0	15,4
190									31,5	28,7	26,5	24,6	23,0	21,7	20,5	19,5	18,6	17,7	17,0	16,3
200									34,0	30,8	28,3	26,2	24,5	23,0	21,8	20,6	19,6	18,7	17,9	17,2
220										35,2	32,1	29,6	27,5	25,8	24,3	23,0	21,9	20,9	19,9	19,1
240											36,2	33,2	30,7	28,7	27,0	25,5	24,2	23,0	22,0	21,0
260												37,1	34,1	31,8	29,8	28,0	26,6	25,3	24,1	23,0
280													37,8	35,0	32,7	30,7	29,0	27,5	26,2	25,1
300													41,8	38,5	35,8	33,5	31,6	29,9	28,4	27,1
320														42,2	39,0	36,4	34,2	32,3	30,7	29,3
340															42,4	39,4	37,0	34,9	33,1	31,5
360															46,2	42,7	39,9	37,5	35,5	33,7
380																46,2	42,9	40,3	38,0	36,0
400																	46,1	43,1	40,6	38,4
420																	49,6	46,2	43,3	40,9
440																		49,3	46,2	43,5
460																		52,7	49,1	46,1
480																			52,2	48,9
500																				51,8
520																				54,9

In dem grau unterlegten Bereich ist die Mindestbewehrung unterschritten.

Unterhalb der gestrichelten Linie ist die Druckzonenhöhe $x/d > 0{,}25$.

Unterhalb der durchgezogenen, getreppten Linie ist die Druckzonenhöhe $x/d > 0{,}45$.

Unterhalb des angegebenen Zahlenbereichs sollte eine Bemessung mit Druckbewehrung erfolgen.

D

Tafel D.2.19 Druckzonenhöhe x und Flächenmoment 2. Grades I des Zustandes II von Stahlbetonplatten ohne Druckbewehrung im Gebrauchszustand mit $\alpha_e = 15$

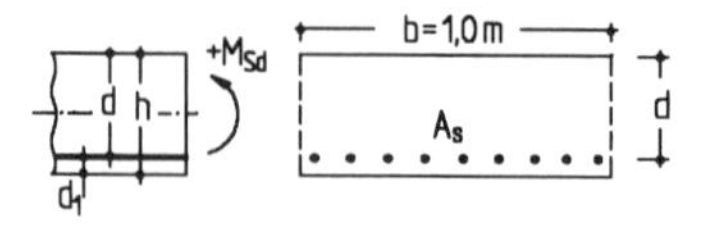

In dem grau unterlegten Bereich ist die Mindestbewehrung unterschritten.

A_s cm²	x_{II} [cm] und I_{II} [cm⁴] für d [cm] = 10		11		12		13		14		15		16		17		18		19	
	x	I	x	I	x	I	x	I	x	I	x	I	x	I	x	I	x	I	x	I
1,0	1,59	1195	1,67	1461	1,75	1755	1,83	2076	1,90	2425	1,98	2802	2,05	3206	2,11	3639	2,18	4099	2,24	4588
1,2	1,73	1404	1,82	1718	1,91	2065	1,99	2445	2,07	2858	2,15	3303	2,23	3783	2,30	4295	2,37	4841	2,44	5420
1,4	1,85	1606	1,95	1967	2,04	2366	2,14	2803	2,22	3279	2,31	3793	2,39	4345	2,47	4936	2,55	5565	2,62	6234
1,6	1,96	1802	2,07	2210	2,17	2660	2,27	3153	2,36	3690	2,45	4270	2,54	4894	2,63	5562	2,71	6274	2,79	7030
1,8	2,07	1994	2,18	2446	2,29	2946	2,39	3495	2,49	4092	2,59	4737	2,68	5432	2,77	6176	2,86	6969	2,94	7811
2,0	2,17	2180	2,29	2676	2,40	3226	2,51	3828	2,61	4485	2,71	5195	2,81	5959	2,91	6777	3,00	7650	3,09	8577
2,2	2,26	2362	2,38	2901	2,50	3499	2,62	4155	2,73	4870	2,83	5643	2,94	6476	3,04	7368	3,13	8319	3,23	9330
2,4	2,35	2539	2,48	3122	2,60	3767	2,72	4475	2,84	5247	2,95	6083	3,05	6983	3,16	7947	3,26	8976	3,36	10070
2,6	2,43	2713	2,57	3337	2,69	4029	2,82	4789	2,94	5618	3,05	6515	3,16	7482	3,27	8518	3,38	9623	3,48	10799
2,8	2,51	2883	2,65	3549	2,78	4287	2,91	5097	3,03	5982	3,15	6940	3,27	7972	3,38	9078	3,49	10260	3,60	11516
3,0	2,58	3050	2,73	3756	2,87	4539	3,00	5400	3,13	6339	3,25	7357	3,37	8454	3,49	9630	3,60	10886	3,71	12222
3,2	2,66	3213	2,80	3959	2,95	4787	3,09	5697	3,22	6691	3,34	7768	3,47	8929	3,59	10174	3,70	11504	3,82	12919
3,4	2,72	3374	2,88	4159	3,03	5031	3,17	5990	3,30	7037	3,43	8172	3,56	9396	3,69	10710	3,81	12113	3,92	13606
3,6	2,79	3531	2,95	4355	3,10	5270	3,25	6278	3,39	7377	3,52	8570	3,65	9857	3,78	11238	3,90	12713	4,02	14283
3,8	2,85	3686	3,02	4548	3,17	5506	3,32	6561	3,47	7713	3,60	8963	3,74	10311	3,87	11759	4,00	13305	4,12	14952
4,0	2,92	3837	3,08	4738	3,24	5738	3,39	6840	3,54	8043	3,68	9350	3,82	10759	3,96	12272	4,09	13890	4,21	15612
4,2	2,98	3987	3,15	4924	3,31	5966	3,47	7114	3,62	8369	3,76	9731	3,90	11201	4,04	12780	4,17	14467	4,30	16264
4,4	3,03	4134	3,21	5108	3,37	6191	3,53	7385	3,69	8690	3,84	10107	3,98	11637	4,12	13280	4,26	15037	4,39	16908
4,6	3,09	4278	3,27	5288	3,44	6413	3,60	7652	3,76	9007	3,91	10479	4,06	12068	4,20	13775	4,34	15600	4,48	17544
4,8	3,14	4420	3,32	5467	3,50	6631	3,67	7915	3,83	9320	3,98	10845	4,13	12493	4,28	14263	4,42	16156	4,56	18174
5,0	3,19	4560	3,38	5642	3,56	6846	3,73	8175	3,89	9628	4,05	11207	4,21	12913	4,36	14745	4,50	16706	4,64	18796
5,5	3,32	4901	3,51	6070	3,70	7372	3,88	8809	4,05	10382	4,22	12092	4,38	13940	4,54	15927	4,69	18054	4,83	20321
6,0	3,44	5230	3,64	6483	3,83	7880	4,02	9423	4,20	11113	4,37	12951	4,54	14939	4,70	17077	4,86	19366	5,02	21806
6,5	3,55	5548	3,76	6883	3,96	8373	4,15	10019	4,34	11823	4,52	13787	4,70	15911	4,86	18196	5,03	20644	5,19	23255
7,0	3,65	5855	3,87	7270	4,08	8850	4,28	10597	4,47	12513	4,66	14599	4,84	16857	5,02	19287	5,19	21890	5,35	24668
7,5	3,75	6152	3,98	7646	4,19	9314	4,40	11160	4,60	13185	4,79	15391	4,98	17779	5,16	20350	5,34	23107	5,51	26049
8,0	3,84	6441	4,08	8010	4,30	9765	4,51	11707	4,72	13839	4,92	16163	5,11	18679	5,30	21389	5,48	24296	5,66	27399
8,5	3,93	6721	4,17	8365	4,40	10204	4,62	12241	4,83	14477	5,04	16916	5,24	19558	5,43	22405	5,62	25458	5,80	28719
9,0	4,02	6993	4,26	8710	4,50	10631	4,73	12760	4,94	15100	5,16	17651	5,36	20416	5,56	23397	5,75	26595	5,94	30012
9,5	4,10	7258	4,35	9045	4,59	11048	4,83	13268	5,05	15708	5,27	18370	5,48	21256	5,68	24369	5,88	27709	6,07	31279
10,0	4,18	7515	4,44	9373	4,68	11454	4,92	13763	5,15	16301	5,37	19072	5,59	22078	5,80	25320	6,00	28800	6,20	32520
11,0	4,33	8011	4,60	10003	4,86	12238	5,10	14719	5,34	17450	5,58	20433	5,80	23670	6,02	27165	6,23	30918	6,44	34932
12,0	4,46	8482	4,75	10604	5,01	12987	5,27	15634	5,52	18550	5,77	21738	6,00	25200	6,23	28939	6,45	32957	6,66	37257
13,0	4,59	8931	4,88	11177	5,16	13703	5,43	16511	5,69	19607	5,94	22992	6,19	26672	6,42	30648	6,65	34923	6,88	39500
14,0	4,71	9360	5,01	11727	5,30	14389	5,58	17353	5,85	20622	6,11	24200	6,36	28091	6,61	32297	6,84	36822	7,08	41668
15,0	4,83	9770	5,14	12253	5,44	15049	5,72	18163	6,00	21600	6,27	25364	6,53	29460	6,78	33890	7,03	38658	7,27	43766
16,0	4,93	10163	5,25	12758	5,56	15683	5,86	18943	6,14	22543	6,42	26488	6,69	30783	6,95	35431	7,20	40435	7,45	45800
17,0	5,03	10541	5,36	13244	5,68	16294	5,98	19695	6,28	23453	6,56	27575	6,84	32063	7,10	36923	7,36	42158	7,62	47772
18,0	5,13	10904	5,47	13712	5,79	16882	6,10	20421	6,40	24333	6,70	28626	6,98	33303	7,25	38369	7,52	43830	7,78	49687
19,0	5,22	11253	5,57	14163	5,90	17451	6,22	21122	6,53	25185	6,83	29644	7,12	34505	7,40	39773	7,67	45453	7,94	51548
20,0	5,31	11590	5,66	14599	6,00	18000	6,33	21801	6,64	26009	6,95	30631	7,25	35671	7,54	41136	7,82	47030	8,09	53358
22,0	5,47	12227	5,84	15426	6,19	19045	6,53	23096	6,86	27584	7,18	32518	7,49	37905	7,79	43750	8,09	50058	8,37	56835
24,0	5,62	12823	6,00	16200	6,37	20027	6,72	24313	7,07	29069	7,40	34301	7,72	40018	8,03	46225	8,34	52930	8,64	60138
26,0	5,75	13381	6,15	16927	6,53	20951	6,90	25462	7,25	30472	7,60	35989	7,93	42021	8,26	48576	8,57	55661	8,88	63283
28,0	5,88	13906	6,29	17613	6,68	21823	7,06	26549	7,43	31802	7,78	37591	8,13	43926	8,47	50814	8,79	58264	9,11	66283
30,0	6,00	14400	6,42	18260	6,82	22648	7,22	27579	7,59	33064	7,96	39115	8,32	45740	8,66	52949	9,00	60750	9,33	69151
35,0	6,26	15521	6,71	19733	7,14	24533	7,56	29939	7,96	35965	8,35	42623	8,73	49926	9,10	57884	9,47	66509	9,82	75809
40,0	6,49	16504	6,96	21031	7,42	26203	7,86	32038	8,28	38553	8,70	45764	9,10	53685	9,49	62329	9,87	71708	10,2	81834

Tafel D.2.19 Druckzonenhöhe x und Flächenmoment 2. Grades I des Zustandes II von Stahlbetonplatten ohne Druckbewehrung im Gebrauchszustand mit $\alpha_e = 15$
(Fortsetzung)

In dem grau unterlegten Bereich ist die Mindestbewehrung unterschritten.

A_S cm²	x_{II} [cm] und I_{II} [cm⁴] für d [cm] =																			
	20		21		22		23		24		25		26		27		28		29	
	x	I	x	I	x	I	x	I	x	I	x	I	x	I	x	I	x	I	x	I
1,0	2,30	5105	2,36	5650	2,42	6223	2,48	6824	2,54	7454	2,59	8112	2,65	8799	2,70	9513	2,75	10257	2,80	11028
1,2	2,51	6033	2,58	6680	2,64	7360	2,70	8074	2,76	8821	2,83	9603	2,88	10418	2,94	11267	3,00	12150	3,06	13067
1,4	2,70	6941	2,77	7687	2,84	8473	2,91	9297	2,97	10161	3,04	11064	3,10	12006	3,16	12987	3,23	14008	3,29	15068
1,6	2,87	7830	2,94	8675	3,02	9564	3,09	10497	3,16	11475	3,23	12498	3,30	13565	3,37	14677	3,43	15834	3,50	17035
1,8	3,03	8703	3,11	9644	3,19	10635	3,26	11676	3,34	12767	3,41	13907	3,49	15098	3,56	16339	3,63	17630	3,70	18971
2,0	3,18	9559	3,26	10596	3,35	11688	3,43	12835	3,51	14037	3,58	15294	3,66	16607	3,74	17975	3,81	19398	3,88	20877
2,2	3,32	10401	3,41	11532	3,49	12723	3,58	13975	3,66	15287	3,75	16659	3,83	18093	3,90	19586	3,98	21141	4,06	22757
2,4	3,45	11229	3,55	12453	3,64	13743	3,73	15098	3,81	16518	3,90	18005	3,98	19557	4,06	21176	4,14	22860	4,22	24611
2,6	3,58	12044	3,68	13361	3,77	14747	3,86	16204	3,95	17732	4,04	19332	4,13	21002	4,22	22743	4,30	24556	4,38	26441
2,8	3,70	12847	3,80	14254	3,90	15737	4,00	17295	4,09	18930	4,18	20640	4,27	22427	4,36	24291	4,45	26231	4,53	28247
3,0	3,82	13639	3,92	15136	4,02	16713	4,12	18372	4,22	20111	4,31	21932	4,41	23835	4,50	25819	4,59	27885	4,68	30033
3,2	3,93	14419	4,04	16005	4,14	17676	4,24	19434	4,34	21278	4,44	23208	4,54	25225	4,63	27328	4,73	29519	4,82	31797
3,4	4,04	15189	4,15	16862	4,25	18627	4,36	20483	4,46	22430	4,57	24468	4,66	26598	4,76	28820	4,86	31135	4,95	33541
3,6	4,14	15948	4,25	17709	4,36	19566	4,47	21519	4,58	23568	4,68	25713	4,79	27956	4,89	30296	4,99	32733	5,08	35267
3,8	4,24	16698	4,36	18545	4,47	20493	4,58	22542	4,69	24693	4,80	26945	4,90	29299	5,01	31755	5,11	34313	5,21	36974
4,0	4,34	17439	4,46	19372	4,57	21410	4,69	23554	4,80	25805	4,91	28162	5,02	30626	5,12	33198	5,23	35877	5,33	38663
4,2	4,43	18171	4,55	20188	4,67	22316	4,79	24554	4,91	26905	5,02	29366	5,13	31940	5,24	34626	5,34	37425	5,45	40336
4,4	4,52	18894	4,65	20995	4,77	23211	4,89	25544	5,01	27993	5,12	30558	5,24	33240	5,35	36040	5,46	38957	5,56	41992
4,6	4,61	19609	4,74	21793	4,86	24097	4,99	26523	5,11	29069	5,22	31737	5,34	34527	5,45	37440	5,56	40475	5,67	43632
4,8	4,69	20315	4,83	22582	4,95	24973	5,08	27491	5,20	30135	5,32	32905	5,44	35802	5,56	38826	5,67	41977	5,78	45257
5,0	4,78	21014	4,91	23362	5,04	25841	5,17	28449	5,30	31189	5,42	34061	5,54	37064	5,66	40199	5,77	43466	5,89	46867
5,5	4,98	22729	5,12	25278	5,26	27970	5,39	30804	5,52	33781	5,65	36902	5,78	40167	5,90	43576	6,02	47130	6,14	50829
6,0	5,17	24400	5,31	27147	5,46	30047	5,60	33102	5,73	36312	5,87	39678	6,00	43200	6,13	46878	6,26	50714	6,38	54706
6,5	5,35	26030	5,50	28970	5,65	32076	5,79	35348	5,94	38787	6,07	42394	6,21	46168	6,35	50111	6,48	54223	6,61	58505
7,0	5,52	27622	5,67	30752	5,83	34059	5,98	37545	6,13	41209	6,27	45052	6,41	49075	6,55	53278	6,69	57663	6,82	62229
7,5	5,68	29178	5,84	32495	6,00	36000	6,16	39695	6,31	43580	6,46	47656	6,61	51924	6,75	56384	6,89	61036	7,03	65883
8,0	5,83	30700	6,00	34200	6,16	37900	6,33	41801	6,48	45904	6,64	50209	6,79	54718	6,94	59430	7,08	64347	7,23	69470
8,5	5,98	32190	6,15	35870	6,32	39762	6,49	43866	6,65	48183	6,81	52714	6,97	57460	7,12	62421	7,27	67599	7,42	72994
9,0	6,12	33649	6,30	37507	6,47	41587	6,65	45891	6,81	50419	6,98	55173	7,14	60153	7,29	65359	7,45	70794	7,60	76457
9,5	6,26	35079	6,44	39112	6,62	43378	6,80	47879	6,97	52615	7,14	57588	7,30	62798	7,46	68247	7,62	73935	7,78	79863
10,0	6,39	36482	6,58	40687	6,76	45136	6,94	49830	7,12	54772	7,29	59961	7,46	65398	7,62	71086	7,79	77024	7,95	83214
11,0	6,64	39209	6,84	43751	7,03	48558	7,22	53632	7,40	58975	7,58	64588	7,76	70471	7,93	76627	8,10	83056	8,27	89760
12,0	6,87	41840	7,08	46708	7,28	51863	7,48	57307	7,67	63041	7,86	69067	8,04	75385	8,22	81998	8,40	88906	8,57	96110
13,0	7,09	44380	7,31	49567	7,52	55061	7,72	60865	7,92	66980	8,11	73408	8,31	80151	8,50	87210	8,68	94585	8,86	102E3
14,0	7,30	46838	7,52	52334	7,74	58159	7,95	64314	8,16	70801	8,36	77623	8,56	84780	8,75	92274	8,95	100E3	9,13	108E3
15,0	7,50	49219	7,73	55017	7,95	61164	8,17	67662	8,38	74512	8,59	81718	8,80	89280	9,00	97200	9,20	105E3	9,39	114E3
16,0	7,69	51527	7,92	57620	8,15	64082	8,38	70915	8,60	78120	8,81	85701	9,03	93659	9,23	102E3	9,44	111E3	9,64	120E3
17,0	7,87	53768	8,11	60149	8,35	66918	8,58	74078	8,80	81631	9,03	89579	9,24	97925	9,46	107E3	9,67	116E3	9,88	125E3
18,0	8,04	55945	8,29	62608	8,53	69677	8,77	77157	9,00	85050	9,23	93358	9,45	102E3	9,67	111E3	9,89	121E3	10,1	131E3
19,0	8,20	58062	8,46	65000	8,71	72364	8,95	80157	9,19	88383	9,42	97043	9,65	106E3	9,88	116E3	10,1	126E3	10,3	136E3
20,0	8,36	60123	8,62	67329	8,87	74981	9,12	83081	9,37	91633	9,61	101E3	9,85	110E3	10,1	120E3	10,3	130E3	10,5	141E3
22,0	8,65	64085	8,93	71813	9,19	80023	9,45	88719	9,71	97904	9,96	108E3	10,2	118E3	10,5	128E3	10,7	140E3	10,9	151E3
24,0	8,93	67854	9,21	76082	9,49	84829	9,76	94098	10,0	104E3	10,3	114E3	10,5	125E3	10,8	136E3	11,0	148E3	11,3	161E3
26,0	9,18	71446	9,48	80156	9,77	89419	10,1	99240	10,3	110E3	10,6	121E3	10,9	132E3	11,1	144E3	11,4	157E3	11,6	170E3
28,0	9,42	74876	9,73	84051	10,0	93812	10,3	104E3	10,6	115E3	10,9	127E3	11,2	139E3	11,4	152E3	11,7	165E3	12,0	179E3
30,0	9,65	78160	9,97	87782	10,3	98024	10,6	109E3	10,9	120E3	11,2	133E3	11,4	145E3	11,7	159E3	12,0	173E3	12,3	188E3
35,0	10,2	85792	10,5	96469	10,8	108E3	11,2	120E3	11,5	133E3	11,8	146E3	12,1	160E3	12,4	175E3	12,7	191E3	13,0	208E3
40,0	10,6	92716	11,0	104E3	11,3	117E3	11,7	130E3	12,0	144E3	12,3	159E3	12,7	174E3	13,0	191E3	13,3	208E3	13,6	226E3
45,0	11,0	99041	11,4	112E3	11,8	125E3	12,1	139E3	12,5	154E3	12,8	170E3	13,2	187E3	13,5	205E3	13,8	224E3	14,2	243E3
50,0	11,4	105E3	11,8	118E3	12,2	133E3	12,5	148E3	12,9	164E3	13,3	181E3	13,6	199E3	14,0	218E3	14,3	238E3	14,7	259E3
55,0	11,7	110E3	12,1	124E3	12,5	140E3	12,9	156E3	13,3	173E3	13,7	191E3	14,0	210E3	14,4	231E3	14,8	252E3	15,1	274E3
60,0	12,0	115E3	12,4	130E3	12,8	146E3	13,2	163E3	13,6	181E3	14,0	200E3	14,4	221E3	14,8	242E3	15,2	265E3	15,6	288E3

Hinweis: Das Kurzzeichen E3 hinter einem Zahlenwert bedeutet Zahlenwert · 10^3

D

3 Auswirkungen von EC 2 im Vergleich zu DIN 1045 (Ausg. '88) auf Entwurf und Konstruktion im Hochbau

3.1 Einführung

Grundsätzliche Aussagen über die Auswirkungen von EC 2 [ENV 1992-1 – 92] auf das Konstruieren im Hochbau im Vergleich zu DIN 1045 sind schwierig, da das neuartige Sicherheitskonzept sich in fast allen Nachweisen niederschlägt und je nach Beanspruchungsart und -intensität sich günstig oder ungünstig auswirkt. Unterschiedliche Nachweisformen und Bemessungsgleichungen zeigen ebenfalls je nach Beanspruchung, Bewehrungsgrad und Betonabmessungen abweichende Ergebnisse. In den nachfolgenden Gegenüberstellungen sollen diese unterschiedlichen Tendenzen nach Bauteil- und Beanspruchungsart getrennt dargestellt werden, um einen Anhalt über die zu erwartenden Auswirkungen auf das Konstruieren nach Eurocode 2 zu geben.

Vereinzelt findet man in jüngster Zeit auch Berichte und Veröffentlichungen über die Erfahrungen aus konkreten Anwendung von EC 2 in der Praxis. Diesbezüglich wird beispielhaft auf [Spanke – 98] verwiesen.

Allgemeiner Hinweis:

Soweit bei den nachfolgend dargestellten Untersuchungen eine Umrechnung der Betonfestigkeitsklassen nach Eurocode 2 und DIN 1045 erforderlich ist, werden die in Tafel D.3.1 angegebenen Vergleichswerte zugrunde gelegt, wie sie von [Grasser/Pratsch – 91] vorgeschlagen werden. Danach ergibt sich die DIN- äquivalente Würfelnennfestigkeit $\beta_{WN(200)}$ genügend genau aus $1{,}25 \cdot f_{ck}$ mit $f_{ck} = f_{ck,cyl}$ als Zylinderdruckfestigkeit gemäß ENV 1992-1 bzw. ENV 206.

Tafel D.3.1 Zusammenhang von Zylinderdruckfestigkeit f_{ck} nach EC 2 und Würfeldruckfestigkeit β_{WN} nach DIN 1045

Betonfestigkeitsklasse C (EC 2)	$f_{ck,cube\,(150)}$ (in MPa)	$f_{ck} = f_{ck,cyl}$ (in MPa)	$\beta_{WN\,(200)}$ (in MPa) (DIN 1045)
12/15	15	12	15,0
16/20	20	16	20,0
20/25	25	20	25,0
25/30	30	25	31,3
30/37	37	30	37,5
35/45	45	35	43,8
40/50	50	40	50,0
45/55	55	45	56,3
50/60	60	50	62,5

3.2 Verfahren zur Schnittgrößenermittlung

Gegenüber DIN 1045 sieht Eurocode 2 erweiterte Möglichkeiten der Schnittkraftermittlung vor. Neben den Verfahren der linearen Elastizitätstheorie ohne oder mit einer begrenzten Umlagerung der Stützmomente sind nach EC 2 nichtlineare und plastische Verfahren zulässig. Die Auswirkungen dieser erweiterten Möglichkeiten sollen in diesem Beitrag jedoch nicht weiter behandelt werden. Die Anwendung von nichtlinearen und plastischen Verfahren im Grenzzustand der Tragfähigkeit sind häufig durch die Forderung nach kleinen Druckzonenhöhen und durch die Bedingungen des Gebrauchszustandes eingeschränkt. Ihre Anwendung erfordert außerdem praxisgerechte Rechenprogramme, die erst noch zu entwickeln sind. Es ist davon auszugehen, daß auch zukünftig die Berechnung von Platten und Balken nach nichtlinearen und plastischen Verfahren eher die Ausnahme sein wird.

Von größerer praktischer Bedeutung sind Verfahren der linearen Elastizitätstheorie mit einer begrenzten Umlagerung der Momente. Nach DIN 1045 dürfen für durchlaufende Platten, Balken und Plattenbalken des üblichen Hochbaus mit Stützweiten bis 12 m generell die Stützmomente um bis zu 15 % umgelagert werden. Demgegenüber sind die Regelungen im Eurocode 2 wesentlich differenzierter; die Umlagerungsmöglichkeiten sind in Abhängigkeit von der Duktilität (= Dehnfähigkeit) des Stahls und der Ausnutzung der Betondruckzone bereichsweise größer, bereichsweise aber auch kleiner als nach DIN 1045. Bei Tragwerken, die mit Betonstahlmatten BSt 500 M als normalduktiler Stahl bewehrt werden, sind Umlagerungen bis zu 15 %, bei einer Bewehrung mit Stabstahl BSt 500 S als hochduktiler Stahl bis zu 30 % zulässig. Die Größe des zulässigen Umlagerungsfaktors δ ist jedoch neben der Duktilität des Stahls auch von der Beanspruchung in der Druckzone abhängig. Dieser Zusammenhang ist in Abb. D.3.1 dargestellt, in dem der zulässige Umlagerungsfaktor in Abhängigkeit von dem auf die Biegezugbewehrung bezogenen Moment μ_{Sds} dargestellt ist.

Wie zu sehen ist, sind für Betonfestigkeitsklassen bis einschließlich C 35/45 ($\approx$ B 45) die Umlagerungsmöglichkeiten bei geringen Beanspruchungsgraden (d. h. bei Plattentragwerken) bei Verwendung von normalduktilem Stahl mit denen nach DIN 1045 identisch, für hochduktilen Stahl jedoch deutlich größer. Umgekehrt ist bei hohen Beanspruchungsgraden, die insbesondere bei Plattenbalken mit

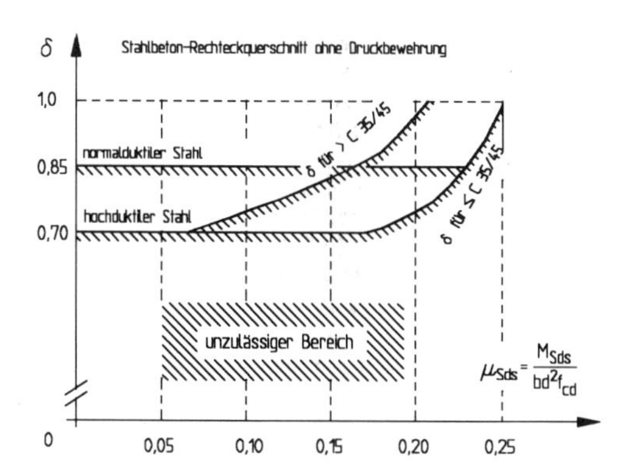

Abb. D.3.1 Zulässiger Umlagerungsfaktor δ in Abhängigkeit von dem bezogenen Moment μ_{Sds} *vor* Umlagerung, der Duktilität des Stahls und der Betonfestigkeitsklasse (δ Verhältnis des umgelagerten Moments zum Ausgangsmoment vor Umlagerung)

geringen Druckzonenbreiten (= Stegbreiten) an den Innenstützen gegeben sind, bereichsweise eine geringere oder keine Umlagerung mehr zulässig.

Es sei jedoch darauf hingewiesen, daß sowohl nach DIN 1045, aber insbesondere bei den erweiterten Möglichkeiten nach Eurocode 2 die größten zulässigen Umlagerungen häufig nicht ausgenutzt werden können bzw. aus wirtschaftlichen Gründen keine Anwendung finden, weil bei größeren Umlagerungen der Stützmomente die Mindeststützmomente maßgebend werden und/oder die zugehörigen Feldmomente in einem Maße vergrößert werden, daß hierdurch die erforderliche Feldbewehrung bestimmt wird.

3.3 Platten- und plattenartige Bauteile

3.3.1 Grenzzustände der Tragfähigkeit

Biegebeanspruchung

Nach DIN 1045 und Eurocode 2 gelten unterschiedliche Festlegungen bezüglich

- der Begrenzung der Dehnung des Betonstahls,
- der Ausnutzung der Stahlfestigkeit,
- der Ausnutzungen der Betonfestigkeit und
- der Festlegungen der Einwirkungen und Widerstände (Sicherheitskonzept),

die sich auf das Bemessungsergebnis auswirken können und nachfolgend betrachtet werden sollen.

Eine *Begrenzung der Stahldehnung* ist im Eurocode 2 nicht vorgeschrieben, wenn Spannungen oberhalb der Streckgrenze nicht in Ansatz gebracht werden; in der DAfStb-Richtlinie [DAfStb-Ri – 93] sind davon abweichend jedoch Stahldehnungen

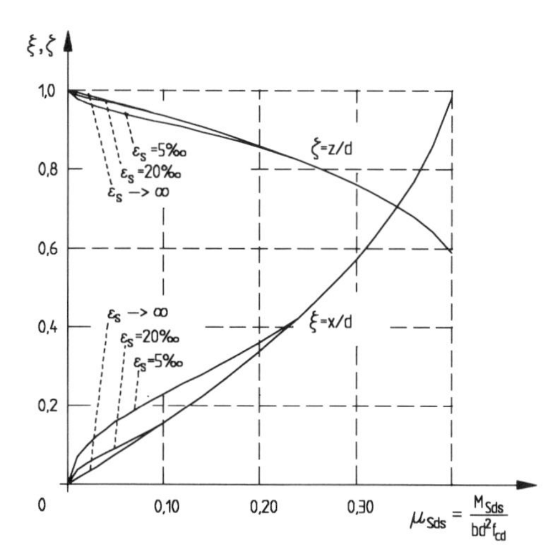

Abb. D.3.2 Bezogener Hebelarm ζ der inneren Kräfte und bezogene Druckzonenhöhe ξ für verschiedene Grenzdehnungen ε_s des Betonstahls

$\varepsilon_s \leq 20$ ‰. gefordert. Die zulässigen Stahldehnungen sind damit deutlich höher als nach DIN 1045, wonach nur 5 ‰ zugelassen sind. Eine Erhöhung der Stahldehnung wirkt sich jedoch auf das Bemessungsergebnis kaum aus, wie an dem in Abb. D.3.2 (aus [Geistefeldt/Goris – 93]) dargestellten Ausschnitt des allgemeinen Bemessungsdiagramms zu sehen ist. Hierbei ist der ζ-Wert als der auf die Nutzhöhe *d* bezogene Hebelarm der inneren Kräfte *z* für unterschiedliche Grenzdehnungen ε_s in Abhängigkeit von dem bezogenen Moment μ_{Sds} dargestellt.

Der Ansatz von *Stahlspannungen* über die Streckgrenze f_{yk} hinaus ist nach Eurocode 2 dann gestattet, wenn die Dehnungen im Stahl auf 10 ‰ begrenzt werden. Bei einer Dehnung $\varepsilon_s = 10$ ‰ ist der Spannungszuwachs $\Delta\sigma_{sd}$ jedoch noch vernachlässigbar klein, weil angesichts von Bruchdehnungen $\varepsilon_{uk} \geq 50$ ‰ nur ein begrenzter Spannungszuwachs über die Streckgrenze hinaus genutzt werden kann.

Die Auswirkungen des *unterschiedlichen Sicherheitskonzepts* – globaler Sicherheitsbeiwert nach DIN 1045, Teilsicherheitsbeiwerte nach Eurocode 2 – auf den erforderlichen Materialbedarf hängen im wesentlichen von folgenden Faktoren ab:

- Verhältnis der Verkehrslast zur Gesamtlast
- Anzahl der voneinander unabhängigen Verkehrslasten
- Betonfestigkeitsklasse
- Beanspruchungsart (Biegung und/oder Längskraft).

Betrachtet man nur den Fall des auf Biegung beanspruchten Querschnitts mit nur einer Nutzlast, er-

a)

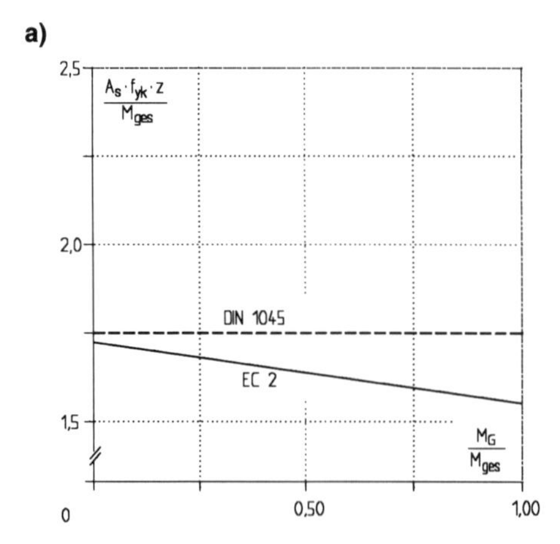

b)

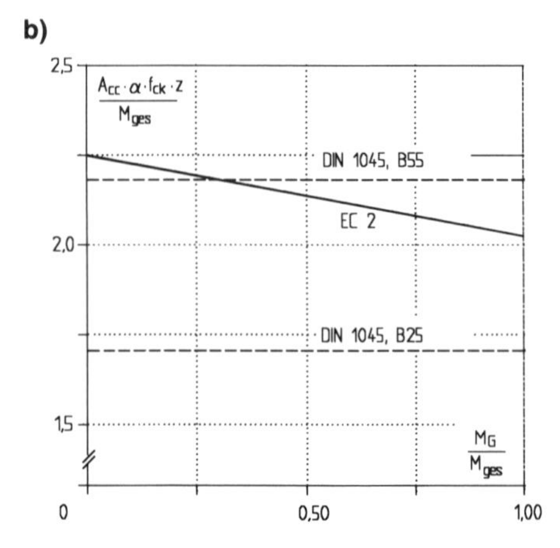

Abb. D.3.3 Bezogene Querschnittsflächen in Abhängigkeit vom Verhältnis der Biegemomente infolge von Eigenlasten M_G zu Gesamtlasten M_{ges} bei nur einer Verkehrslast
a) für die Biegezugbewehrung
b) für die Druckzone

hält man den in Abb. D.3.3 dargestellten Vergleich mit DIN 1045. Hierbei wird ein „Zwei-Punkt-Querschnitt" mit einer Betondruckkraft und Stahlzugkraft unterstellt, bei dem Stahl„versagen" maßgebend ist (nach DIN 1045 also der Sicherheitsbeiwert $\gamma = 1{,}75$ gilt). Es ist zu sehen, daß je nach Verhältnis des Moments aus Eigenlasten zu dem aus Gesamtlasten (M_G / M_{ges}) die Bewehrung nach DIN 1045 um bis zu ca. 12 % und im Mittel ca. 7 % größer als nach Eurocode 2 ist. Der erforderliche Betonquerschnitt in der Druckzone ist nur für hohe Betonfestigkeitsklassen ebenfalls größer, bei üblichen Festigkeitsklassen jedoch geringer als nach EC 2. (Die Größe der Druckzone ist bei Stahlbetonplatten allerdings im allgemeinen für eine Bemessung nicht maßgebend.)

Für eine reine Querschnittsbemessung mit denselben „charakteristischen" Schnittgrößen ist EC 2 im Grenzzustand der Tragfähigkeit bzw. im rechnerischen Bruchzustand damit günstiger als DIN 1045, solange die Betondruckzone nicht zu stark beansprucht ist. Für ein Gesamttragwerk ergeben sich zum Teil andere Zusammenhänge, da beispielsweise Mindestmomente unterschiedlich festgelegt sind, EC 2 für Stahlbetonbauteile grundsätzlich eine Mindestbewehrung fordert, Betondeckungen und damit Nutzhöhen in Einzelfällen voneinander abweichend geregelt sind etc.

Schubbeanspruchung

Bei Stahlbetonplatten ist die aus wirtschaftlichen Gründen gewählte Plattendicke bzw. die zugehörige Nutzhöhe im allgemeinen ausreichend, um eine Ausführung ohne Schubbewehrung zu ermöglichen. In Sonderfällen (beispielsweise in höher beanspruchten Bereichen wie Treppenpodeste o. ä.) ist jedoch die Frage von besonderem Interesse, bis zu welcher Plattenstärke auf eine Schubbewehrung verzichtet werden kann. In den nachfolgenden Berechnungen und Vergleichen sind – soweit es den Eurocode 2 betrifft – nicht die in EC 2, Tab. 4.18 angegebenen Bemessungswerte τ_{Rd} der Schubspannung berücksichtigt, sondern die in Deutschland gültigen verminderten τ_{Rd}-Werte, die nach der Richtlinie des DAfStb, Tab. R 4 [DAfStb-Ri – 93] gelten.

Ein Vergleich zwischen DIN 1045 und EC 2 ist in Abb. D.3.4 dargestellt (vgl. [Geistefeldt/Goris – 93]), wobei von einem Beton C 20/25 bzw. B 25 ausgegangen wird. Vereinfachend wird unterstellt, daß der Hebelarm z der inneren Kräfte gleich der Nutzhöhe d gesetzt werden kann, zur Vereinfachung werden außerdem bei den Faktoren k_1 und k_2 nach DIN 1045 die Plattendicke gleich der Nutzhöhe gesetzt. In der Darstellung ist für EC 2 ein Längsbewehrungsgrad von $\rho_l = 0{,}5$ %, nach DIN 1045 zum einen eine gestaffelte, zum anderen eine nicht gestaffelte Feldbewehrung berücksichtigt (die tatsächliche Größe der Biegezugbewehrung ist in den Berechnungsansätzen nach DIN 1045 nicht enthalten). Eine Variation der Plattenstärke bzw. der Nutzhöhe zeigt unter diesen Voraussetzungen, daß nach EC 2 die Schubtragfähigkeit rechnerisch etwa die gleiche Größenordnung aufweist wie nach DIN 1045 bei gestaffelter Bewehrung. Die rechnerische Tragfähigkeit von DIN 1045 bei nicht gestaffelter Bewehrung wird jedoch nach EC 2 bei einem Längsbewehrungsgrad von 0,5 % bei weitem nicht erreicht.

In den Rechenansätzen nach EC 2 wird – im Gegensatz zu DIN 1045 – die Schubtragfähigkeit u. a. durch den vorhandenen Längsbewehrungsgrad ρ_l beeinflußt. Die Auswirkungen von ρ_l sind in nach-

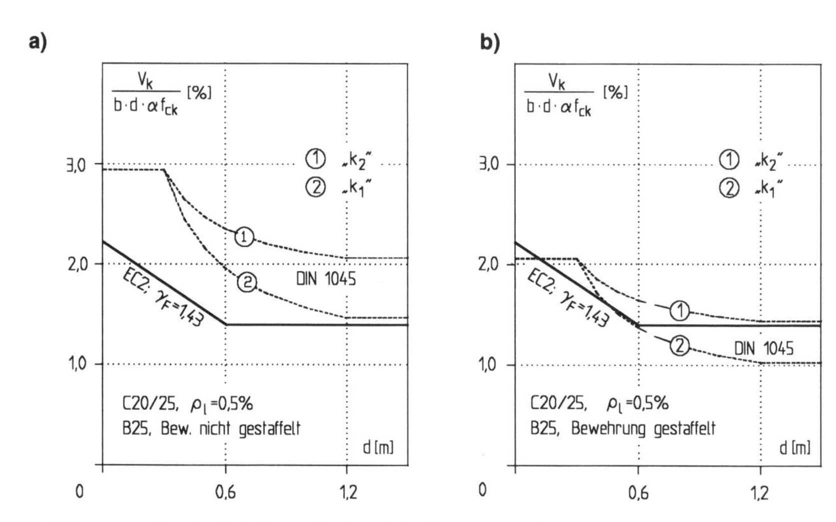

Abb. D.3.4 Bezogene Querkraft für Bauteile ohne Schubbewehrung für einen Beton C 20/25 bzw. B 25 in Abhängigkeit von der Nutzhöhe d
a) bei nach DIN 1045 nicht gestaffelter Bewehrung
b) bei nach DIN 1045 gestaffelter Bewehrung

folgender Abb. D.3.5 dargestellt, die die bezogene Querkrafttragfähigkeit in Abhängigkeit vom Längsbewehrungsgrad ρ_l zeigt. Außerdem sind zum einen ein Beton C 20/25 bzw. B 25 und zum anderen ein C 45/55 bzw. ein B 55 einander gegenübergestellt. Die Nutzhöhe *d* der Platte ist jedoch konstant zu *d* = 20 cm gewählt.

In Abb. D.3.5 ist zu sehen, daß die rechnerische Schubtragfähigkeit nach DIN 1045 bei nicht gestaffelter Bewehrung in EC 2 allenfalls bei sehr großen, für Plattentragwerke unüblichen Bewehrungsgraden und bei niedrigen Betonfestigkeitsklassen erreicht wird, bei höheren Betonfestigkeitsklassen liegen die rechnerischen Werte nach EC 2 jedoch deutlich niedriger als nach DIN 1045.

Ergänzend zu den Vergleichen in Abb. D.3.4 und Abb. D.3.5 muß jedoch noch gesagt werden, daß der maßgebende Bemessungsschnitt bei direkter

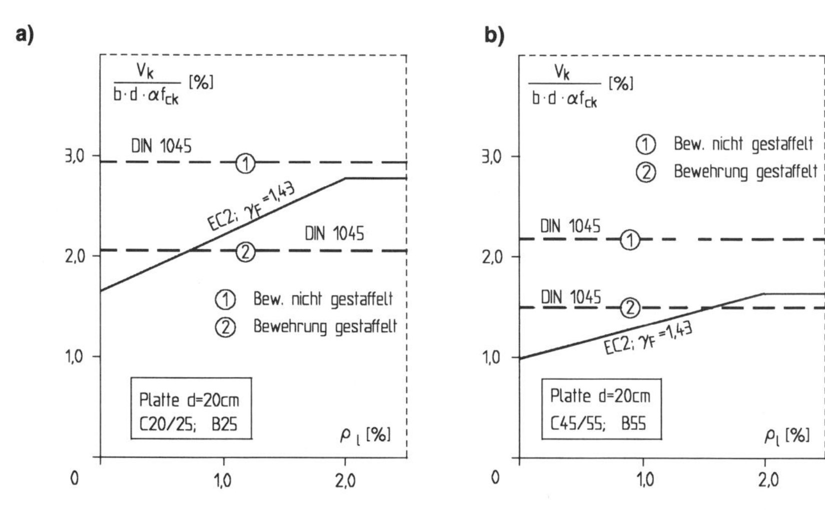

Abb. D.3.5 Bezogene Querkraft für Bauteile ohne Schubbewehrung bei einer Nutzhöhe *d* = 20 cm in Abhängigkeit vom Bewehrungsgrad
a) für die Betonfestigkeitsklasse C 20/25 bzw. B 25
b) für die Betonfestigkeitsklasse C 45/55 bzw. B 55

Lagerung und für eine gleichmäßig verteilte Belastung nach EC 2 günstiger liegt, d. h., kleinere Querkräfte liefert als nach DIN 1045. Nach EC 2 darf die Querkraft im Abstand d (d = Nutzhöhe) vom Auflagerrand bestimmt werden, DIN 1045 fordert jedoch eine Bemessung im Abstand $h/2$ (h = Nutzhöhe).

Bei Flachdecken tritt an Stelle der aufnehmbaren Querkraft die zulässige Durchstanzlast. Ein Vergleich der aufnehmbaren Schubspannung bei Platten ohne Durchstanzbewehrung zeigt Abb. D.3.6 für Innenstützen. Die Querkraft des Gebrauchszustandes V_k ist auf die mittlere Nutzhöhe d_m und – wegen in den beiden Normen unterschiedlicher Festlegungen der kritischen Rundschnitte – auf einen Rundschnitt u_{DIN} nach DIN 1045 bezogen. Das Verhältnis der Rundschnitte nach EC 2 und DIN 1045 (u_{EC} / u_{DIN}) liegt bei quadratischen Stützen zwischen 1,58 und 3,0, wobei der Wert 1,58 sich bei den größten zulässigen Stützenabmessungen (u_{EC} = 11 d_m), das Verhältnis 3,0 bei dem theoretischen Grenzfall einer punktförmigen Stütze mit einem Umfang von 0 d_m ergibt. Nach Eurocode 2 ist ein Beiwert β = 1,15 berücksichtigt, der für Innenstützen zur Berücksichtigung von kleineren Lastausmitten gilt (nach DIN 1045 darf die Wirkung einer Lastausmitte bei Innenstützen vernachlässigt werden). Der Bemessungswert der Schubspannung τ_{Rd} wurde nach [DAfStb-Ri – 93] mit 1,2 multipliziert; für den nach DIN 1045 aus Vergleichsgründen dargestellten B 35 beträgt die Schubspannung τ_{011} = 0,60 MN/m² bei nicht gestaffelter und τ_{011} = 0,40 MN/m² bei gestaffelter Bewehrung.

Aus der Darstellung in Abb. D.3.6 ist zu erkennen, daß die zulässige Schubspannung nach DIN 1045 wesentlich stärker vom Biegebewehrungsgrad abhängt als nach EC 2. Betrachtet man nur den Bereich $\rho_l \geq 0{,}5$, wie er für Flachdecken im Durchstanzbereich gefordert ist, läßt sich folgendes feststellen:

- bei im Verhältnis zur Nutzhöhe d_m der Platte sehr geringen Stützenabmessungen ($u_{EC}/u_{DIN} \rightarrow 3$) sind die zulässigen Schubspannungen nach EC 2 etwas höher als nach DIN 1045
- bei Abmessungen, die die zulässigen Grenzen für quadratische Stützen erreichen (Verhältnis $u_{EC}/u_{DIN} \rightarrow 1{,}58$) werden nach EC 2 geringere Tragfähigkeiten als nach DIN 1045 erreicht.

Bei Anordnung einer Durchstanzbewehrung darf die rechnerische Durchstanztragfähigkeit nach Eurocode 2 bis zum 1,6fachen gesteigert werden, nach DIN 1045 im Falle der nicht gestaffelten Bewehrung i. M. auf das ca. 1,3fache, bei gestaffelter Bewehrung i. M. auf das ca. 1,9fache.

Für Fundamente gelten beim Durchstanzen zum Teil andere Zusammenhänge, da der zulässige Abzug der Bodenpressungen innerhalb des Durchstanzkegels sich in den beiden Normen unterschiedlich auswirkt und damit zu verschiedenen Durchstanzlasten führt (s. hierzu [Geistefeldt/Goris – 93]).

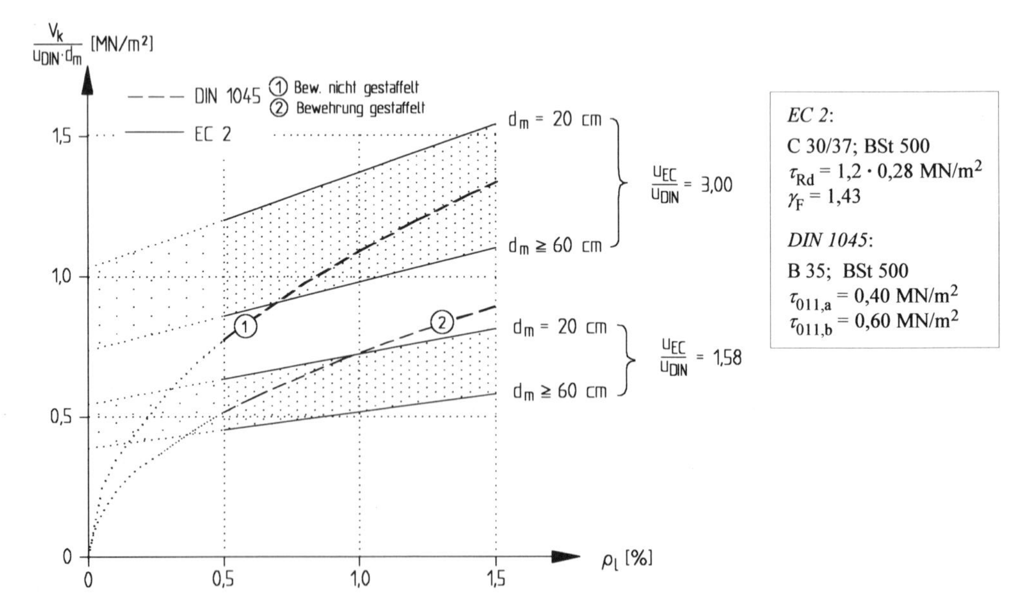

Abb. D.3.6 Zulässige Schubspannungen infolge von Durchstanzen nach DIN 1045 und EC 2 Teil 1 für quadratische Innenstützen

3.3.2 Grenzzustände der Gebrauchstauglichkeit

Begrenzung der Spannungen

Ein Nachweis der Spannungen im Gebrauchszustand führt nach EC 2 im allgemeinen nur dann zu einem für die Bemessung relevanten Ergebnis, wenn Schnittkräfte im Grenzzustand der Tragfähigkeit nichtlinear oder plastisch ermittelt werden. DIN 1045 kennt einen entsprechenden Nachweis nicht.

Begrenzung der Rißbreite

Die Nachweise nach DIN 1045 und EC 2 entsprechen sich weitgehend. Dennoch sind die Bemessungsergebnisse voneinander abweichend. In [Windels – 93] wird dargestellt, daß beispielsweise die erforderliche Mindestbewehrung nach EC 2 geringer ist. Die Gründe hierfür liegen in unterschiedlichen Festlegungen der rechnerisch zulässigen Rißbreiten (für Außenbauteile gilt nach EC 2 0,3 mm, während DIN 1045 hierfür 0,25 mm vorsieht), der Betonfestigkeitswerte und des Elastizitätsmoduls von Betonstahl, der in EC 2 angegeben ist mit E_s = 200 000 N/mm² und in DIN 1045 mit E_s = 210 000 N/mm².

Begrenzung der Durchbiegung

Übermäßige Durchbiegungen können nach EC 2 zum Teil durch Überhöhung der Schalung ausgeglichen werden; hierfür ist jedoch ein genaue Durchbiegungsberechnung erforderlich. In vereinfachter Form kann der Nachweis ähnlich wie in DIN 1045 durch Begrenzung der Biegeschlankheit geführt werden, allerdings werden in EC 2 zusätzlich der Beanspruchungsgrad (bzw. Bewehrungsgrad) und die Stahlspannung im Gebrauchszustand erfaßt.

Gegenüber DIN 1045 ergibt sich in der Regel eine Verschärfung der Anforderung an die Beschränkung der Biegeschlankheit. Für Platten, die im allgemeinen gering beansprucht sind, zeigt Abb. D.3.7

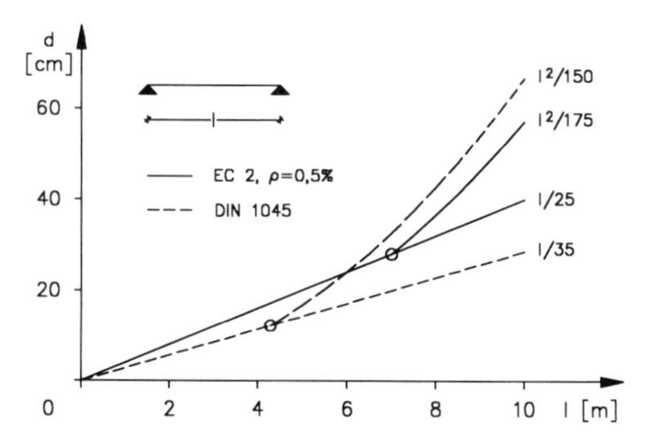

Abb. D.3.7 Erforderliche Nutzhöhen *d* nach DIN 1045 und Eurocode 2 für einfeldrige Platten

einen Vergleich der erforderlichen Nutzhöhen, wobei als statisches System der Einfeldträger und eine Stahlspannung σ_s = 250 N/mm² entsprechend EC 2, Tab. 4.14 zugrunde gelegt wurden. Es ist zu sehen, daß nach EC 2 im allgemeinen größere Plattenstärken erforderlich sind als nach DIN 1045. Das gilt um so mehr, als die zu berücksichtigende Stahlspannung unter Gebrauchslasten für den häufigen Lastanteil – insbesondere bei großen Eigengewichtsanteilen und bei der Verwendung von Stahl BSt 500 – durchaus größer als 250 N/mm² sein kann, wodurch die erforderlichen Nutzhöhen nach EC 2 noch größer werden.

3.4 Balkenartige Tragwerke

3.4.1 Grenzzustand der Tragfähigkeit

Biegebeanspruchung

Die im Abschnitt 3.2 gemachten Aussagen zur Schnittgrößenermittlung gelten für Platten- und für Balkentragwerke. Bei durchlaufenden Balken – insbesondere bei Plattenbalken – ist jedoch häufig die Betondruckzone an den Innenstützen relativ hoch ausgenutzt, so daß dann keine Umlagerungen zulässig sind.

Eine Querschnittsbemessung im Grenzzustand der Tragfähigkeit (vgl. Abschnitt 3.3) kann insbesondere bei Betonen geringerer Festigkeitsklassen zu größeren erforderlichen Betonquerschnitten (s. Abb. D.3.3b) bzw. zu einer entsprechenden Druckbewehrung führen. Bei durchlaufenden Tragwerken ist außerdem nach EC 2 eine Begrenzung der Druckzonenhöhen zu beachten, die ggf. durch größere Betonquerschnitte oder durch Druckbewehrung erreicht wird. Eine im Vergleich zu DIN 1045 geringere Biegezugbewehrung ergibt sich für Balken daher nur bedingt.

Schubbeanspruchung

Balkentragwerke benötigen – abgesehen von Sonderfällen – grundsätzlich eine Schubbewehrung. Eurocode 2 enthält zwei unterschiedliche Bemessungsverfahren, die sog. Standardmethode und die Methode mit veränderlicher Druckstrebenneigung, die alternativ angewendet werden können (in bestimmten Fällen ist jedoch eines der beiden Verfahren zwingend vorgeschrieben). Die Standardmethode geht von dem Fachwerkmodell nach Mörsch aus mit 45° Druckstrebenneigung und mit unter einem Winkel α geneigter Schubbewehrung; von den sich dabei ergebenden „Zugkräften" (bzw. Schubbewehrung) darf jedoch der „auf den Beton entfallende Anteil der Querkrafttragfähigkeit" abgezogen werden. Bei der Methode mit veränderlicher Druckstrebenneigung kann in dem Fachwerkmodell ein von 45° abweichender Druckstrebenneigungswinkel ϑ gewählt werden; flachere Druckstrebenwinkel ϑ als 45° führen dabei zu einer kleineren Menge an Schubbewehrung, jedoch gleichzeitig auch zu einer geringeren Druckstrebentragfähigkeit.

In Abb. D.3.8 sind Bügelbewehrungsgrade in Abhängigkeit von der Schubspannung aufgetragen. Der Vergleich gilt für lotrechte Bügelbewehrung und für die bezeichnete Betonfestigkeitsklasse (sonstige Angaben s. Abb. D.3.8). Weiterhin gilt, daß keine bzw. keine nennenswerten Längskräfte vorhanden sind. Für die Darstellung ist zu beachten, daß für den Bewehrungsgrad ρ_w nach Eurocode 2 und μ_w nach DIN 1045 unterschiedliche Maßstabsfaktoren gewählt wurden.

In Abb. D.3.8a ist das Verfahren mit veränderlicher Druckstrebenneigung mit einer Bemessung nach DIN 1045 verglichen. Nach EC 2 sind hierbei zwei Grenzlinien eingetragen; die erste ergibt sich aus den Forderungen nach [DAfStb-Ri – 93] bezüglich einer Mindestdruckstrebenneigung cot ϑ = 1,75. Die zweite Grenzlinie für einen Neigungswinkel der Druckstrebe cot ϑ = 1,25 entspricht den Empfehlungen im DAfStb-H.425, die insbesondere im Zusammenhang mit Längszug gilt. Ein Vergleich der Standardmethode nach EC 2 mit einer Bemessung nach DIN 1045 ist in Abb. D.3.8b dargestellt.

Die erforderliche Schubbewehrung nach Eurocode 2 ist dabei u. a. vom Biegezugbewehrungsgrad abhängig, der in den Grenzen $0 \leq \rho_l \leq 2$ % berücksichtigt werden darf. Das sich dabei ergebende „Streuband" ist qualitativ durch den gepunkteten Bereich dargestellt. Der von der Nutzhöhe *d* abhängige Faktor *k* (EC 2, Gl. (4.18)) wurde zu 1 gesetzt.

Es zeigt sich, daß insbesondere bei größerer Schubbeanspruchung nach Eurocode 2 im allgemeinen deutlich wirtschaftlichere Ergebnisse erzielt werden als nach DIN 1045. Im Bereich geringer Schubbeanspruchung ist jedoch DIN 1045 günstiger.

Ergänzend zu den Vergleichen in Abb. D.3.8 muß auch hier gesagt werden, daß der maßgebende Bemessungsschnitt bei direkter Lagerung und für eine gleichmäßig verteilte Belastung nach EC 2 günstiger liegt, d. h., kleinere Bemessungsquerkräfte liefert als nach DIN 1045 (s. auch Abb. D.1.22 und D.2.12).

3.4.2 Grenzzustand der Gebrauchstauglichkeit

Im wesentlichen gilt für die Rißbreitenbegrenzung das im Abschnitt 3.3.2 Gesagte. Die Durchbiegungsbegrenzung ist jedoch im Vergleich zu den Platten-

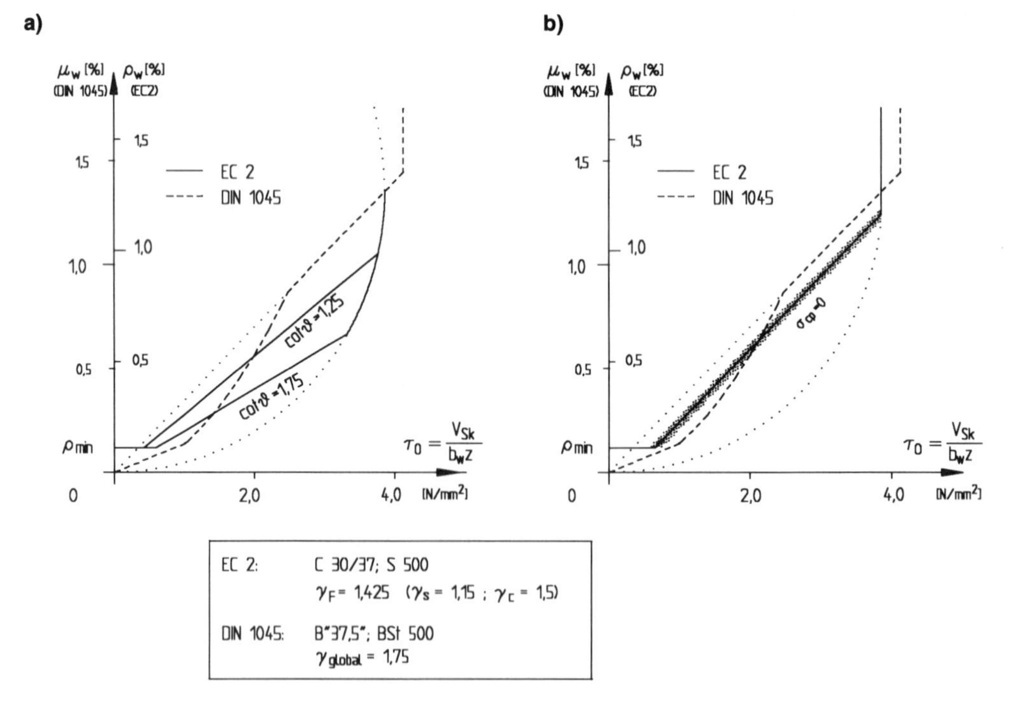

Abb. D.3.8 Schubbewehrungsgrad $\mu_w = \rho_w = a_{sw} / b_w$ in Abhängigkeit von der Schubbeanspruchung τ_0
a) Verfahren mit variabler Druckstrebenneigung
b) Standardverfahren

tragwerken noch verschärft, da Balken im Sinne von Eurocode 2 im allgemeinen als „hoch beansprucht“ einzustufen sind. Hierfür gilt nach EC 2 eine Herabsetzung der zulässigen Biegeschlankheit, die für einen einfeldrigen Balken beispielsweise nur $l/d = 18$ beträgt. Allerdings wird man vergleichbare Balkendicken häufig schon aus wirtschaftlichen Gründen wählen.

3.5 Stützen, Wände

Druckglieder ohne „Knickgefahr“

Nach Eurocode 2 dürfen für den Hochbau Auswirkungen nach Theorie II. Ordnung vernachlässigt werden, wenn sie die Momente unter Vernachlässigung von Verformungen um nicht mehr als 10 % erhöhen. Hiervon kann ausgegangen werden, wenn die Schlankheit $\lambda \leq 25$ ist; die Grenze ist also gegenüber DIN 1045 geringfügig angehoben, wonach als Grenzschlankheit $\lambda \leq 20$ gilt. Weitere Kriterien können Druckglieder mit nur geringer Längsdruckkraft bzw. großer Biegebeanspruchung sein. Diese Bedingungen sind jedoch in EC 2 und DIN 1045 unterschiedlich formuliert und sollen im Rahmen dieses Beitrages nicht behandelt werden.

Bei dem auf zentrischen Druck beanspruchten Querschnitt ist in Abb. D.3.9 (aus [Geistefeldt/Goris – 93]) ein Vergleich der aufnehmbaren Längskräfte dargestellt. Wie zu sehen ist, ist die Tragfähigkeit des Betonquerschnitts mit dem theoretischen Wert $\rho_l = 0$ % – die Darstellung gilt nur für bewehrten Beton – für niedrige bis mittlere Betonfestigkeiten nahezu gleich, für höhere Festigkeiten ist jedoch die aufnehmbare Betondruckkraft nach EC 2 deutlich größer als nach DIN 1045. Bei Anordnung von Druckbewehrung ergeben sich nach EC 2 zunehmend größere zulässige Druckkräfte als nach DIN 1045,

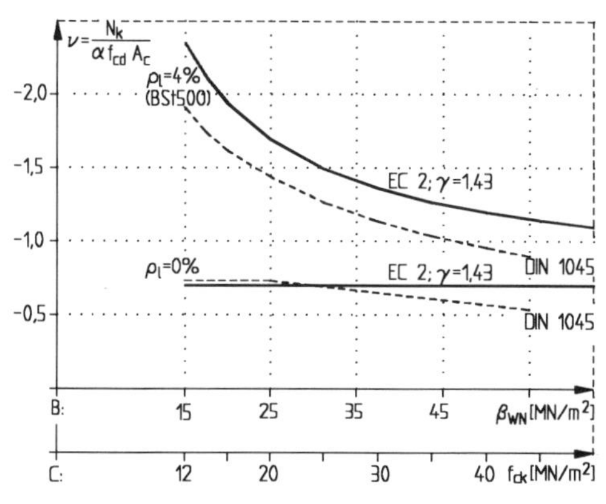

Abb. D.3.9 Bezogene zulässige Druckkraft ν für den zentrisch beanspruchten Stahlbetonquerschnitt

da die differenzierte Sicherheitsbetrachtung nach EC 2 mit unterschiedlichen Beiwerten für die Materialien Beton und Stahl die Tragfähigkeit des Stahls deutlich günstiger als nach DIN 1045 beurteilt.

Bei auf Biegung mit Längsdruck beanspruchten Querschnitten ist der Einfluß des unterschiedlichen Sicherheitskonzeptes aus anderer Sicht zu sehen. Nach EC 2 muß bei Eigenlasten unterschieden werden nach günstig und ungünstig wirkenden. Eine Längsdruckkraft kann bei Stützen durchaus günstig wirken und eine Erhöhung der Druckkraft durchaus die erforderliche Bewehrung verringern.

Diese Tendenzen sollen an der in Abb. D.3.10 dargestellten Stütze gezeigt werden. Die Stütze sei durch eine zentrisch wirkende Druckkraft infolge Eigenlasten beansprucht, während eine davon unabhängige veränderliche Last ein Biegemoment hervorruft. Zunächst einmal ist festzustellen, daß bei einer Berechnung mit Teilsicherheitsbeiwerten

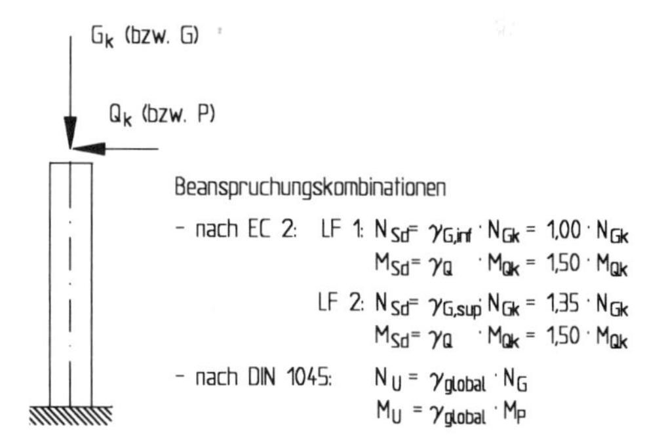

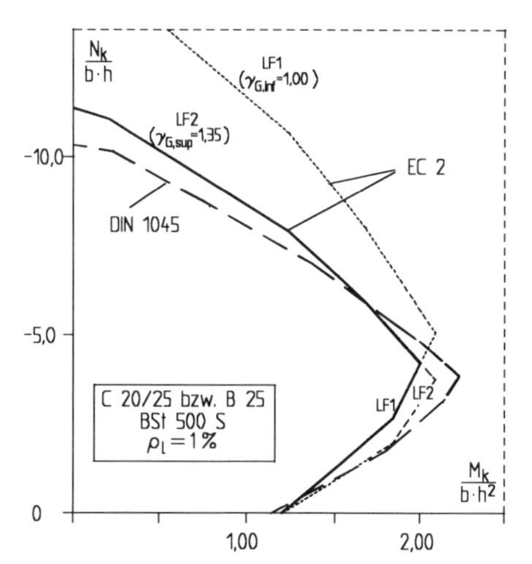

Abb. D.3.10 Stütze unter Beanspruchung aus Eigenlast und veränderlicher Last; zu untersuchende Lastfallkombinationen und vorhandene Tragfähigkeit für Gebrauchsschnittgrößen

entsprechend EC 2 zwei Lastfälle zu betrachten sind, nämlich jeweils das größte Biegemoment infolge der veränderlichen Last, einmal in Kombination mit dem unteren Wert der Längsdruckkraft aus Eigenlasten ($\gamma_{G,inf}$ = 1,00), zum anderen mit dem oberen ($\gamma_{G,sup}$ = 1,35). Bei nur einem und globalem Sicherheitsbeiwert entsprechend DIN 1045 ist dagegen nur eine Beanspruchungskombination zu untersuchen, wobei auf der unsicheren Seite liegend jedoch die Längsdruckkraft auch dann mit einem globalen Sicherheitsbeiwert erhöht wird, wenn dies zu einer Reduzierung der Bewehrung führt.

Diese Aussage ist anschaulich anhand der Tragfähigkeitskurven in Abb. D.3.10 dargestellt, die für einen Rechteckquerschnitt mit einem Bewehrungsgrad von 1 % als Interaktion zwischen der bezogenen Längsdruckkraft und dem bezogenen Biegemoment dargestellt ist. Wie man sieht, ist bei einer Berechnung nach EC 2 bei geringen Längsdruckkräften der Fall $\gamma_{G,inf}$ = 1,0 (LF. 1) maßgebend, da dann das zugehörige aufnehmbare Biegemoment kleiner ist als für $\gamma_{G,sup}$ = 1,35. Es ist auch zu sehen, daß in diesem Bereich die Tragfähigkeit nach DIN 1045 rechnerisch größer ist und überschätzt wird.

Druckglieder mit „Knickgefahr"

Für Druckglieder mit Knickgefahr hängt der erforderliche Beton- und Stahlquerschnitt von einer Vielzahl von Faktoren ab. An dieser Stelle soll auf eine entsprechende Darstellung verzichtet werden, die zuvor dargelegten Zusammenhänge lassen hierfür aber immerhin Tendenzen erkennen.

3.6 Schlußbetrachtung

Die in den Abschnitten 3.3 bis 3.5 nach Beanspruchungs- und Tragwerksarten getrennt angesprochenen Aspekte gelten in erster Linie für eine reine Querschnittbetrachtung unter Beanspruchung mit denselben „charakteristischen" Schnittgrößen. Für eine Ausführung bzw. Gesamtkonstruktion ist jedoch eine Vielzahl von weiteren Aspekten zu beachten, von denen an dieser Stelle genannt werden sollen

- Auswirkungen des Sicherheitskonzepts auf die Schnittgrößenverteilung (s. hierzu Abb. D.3.11)
- Festlegung von Mindestschnittgrößen und/oder Mindestbewehrungen
- Definition von Mindestquerschnitten
- Regelungen zur Bewehrungsführung und baulichen Durchbildung mit unterschiedlichen Versatzmaßen, Verankerungen etc.
- Unterschiedliche Festlegungen von Betondeckungsmaßen.

Für eine Gesamtkonstruktion ergeben sich daher zusätzliche Gesichtspunkte, die sich durchaus in gleicher Weise oder sogar stärker auswirken können als die zuvor genannten Einflüsse.

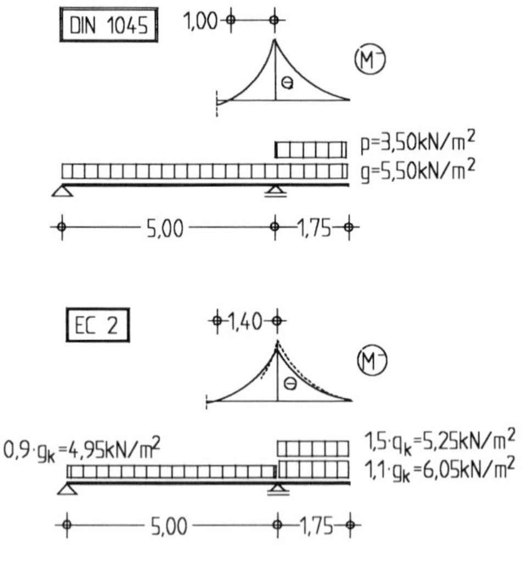

Abb. D.3.11 Ungünstigste Lage des Momentennullpunktes und zugehörige Belastungsanordnung für den Bereich negativer Momente bei einer Berechnung nach DIN 1045 und nach EC 2

D

E KONSTRUKTION VON STAHLBETONTRAGWERKEN

Prof. Dr.-Ing. Helmut Geistefeldt

E KONSTRUKTION VON STAHLBETONTRAGWERKEN

1 Einführung

Tragwerke müssen so bemessen und ausgebildet werden, daß sie unter allen während der vorgesehenen Nutzungsdauer auftretenden Einwirkungen und Einflüssen ausreichend tragfähig sind und dauerhaft geforderte Gebrauchseigenschaften aufweisen. Diese Anforderungen sind in allen Teilen sicherzustellen, nicht nur in denen, die einer statischen Berechnung und Bemessung leicht zugänglich sind und durch ihre Ergebnisse abgedeckt werden.

Beim Verbundbaustoff Stahlbeton sind aus den besonderen Eigenschaften der beiden Werkstoffe Beton einerseits und Bewehrung aus Stahlstäben andererseits und deren Zusammenwirken bereits in Standardbereichen der Tragwerke zahlreiche Detailanforderungen für die bauliche Durchbildung zu erfüllen. Besonders in Detailbereichen, wie den biegesteifen Verbindungen zwischen den einzelnen Bauteilen, den Auflagerbereichen und anderen Zonen mit konzentrierten Lasteinleitungen sowie weiteren Bereichen mit geometrischen Unstetigkeiten wie Vouten, Aussparungen u. ä., ist die lückenlose Sicherung des Kraftflusses sowie die Vermeidung oder Begrenzung von Rißbildungen im Beton durch geeignete konstruktive Durchbildung entscheidend für die Qualität des Tragwerks. Dabei sollten die Gegebenheiten auf der Baustelle hinsichtlich praktischer Ausführbarkeit und Wirtschaftlichkeit besonders beachtet werden.

Durch zahlreiche Regeln für die bauliche und konstruktive Durchbildung in Normen wird angestrebt, die notwendigen baulichen und konstruktiven Anforderungen vorzuschreiben. Für deren richtige Anwendung und die Erweiterung auf dabei nicht direkt erfaßte Detailprobleme ist jedoch ein fundiertes Verständnis der Zusammenhänge und die Fähigkeit der richtigen Detailanalyse für die Planung guter Konstruktionen und Detailpunkte sowie für die Vermeidung von Baumängeln und Schäden entscheidend.

Die Analyse von Detailpunkten in Stahlbetontragwerken im gerissenen Zustand ist mit dem Verfahren der Stabwerkmodelle nach *Schlaich/ Schäfer* auf rationaler Basis für alle Bereiche einer Konstruktion möglich [Schlaich/Schäfer – 87], [Schlaich/Schäfer – 93]. Die zugehörigen Grundlagen sind für eine allgemeine Anwendung mittlerweile so weit abgesichert, daß das Verfahren zunehmend in neue Normen oder zugehörige Anwendungsregeln für Nachweis und Durchbildung von Detailbereichen einbezogen wurde, [DAfStb-H425 – 93], [E DIN 1045-1 – 97].

Das vorliegende Kapitel E soll, ohne Anspruch auf Vollständigkeit, für die Tragwerksplanung von Stahlbetontragwerken des üblichen Hoch- und Ingenieurbaus richtige bauliche und konstruktive Durchbildungen, vor allem auch von Detailproblemen, entwickeln und darstellen sowie Verständnis für die dabei zugrunde liegenden Zusammenhänge vermitteln. Die Analyse von Konstruktionsdetails erfolgt, soweit dies erforderlich erscheint, über eine anschauliche und zum Teil vereinfachte Anwendung des Verfahrens der Stabwerkmodelle. Für konkrete Umsetzungen und Ausführungen wird im weiteren primär Bezug genommen auf [DIN 1045 – 88]. Die Regelungen und Bezeichnungen der neuen Normen [ENV 1992-1-1 – 92] und [E DIN 1045-1 – 97] werden jeweils mit Angaben in Klammern ergänzt, gegebenfalls mit dem Hinweis „EC 2“ entsprechend der Ausgangsnorm „Eurocode 2“. Auf entsprechende Detailfragen des Brückenbaus, der Anwendung der Vorspannung, Fragen des Anschlusses und der Befestigungstechnik von Bauelementen und Bauteilen, z. B. aus Stahl, wird nicht eingegangen. Ebenfalls werden bauliche und konstruktive Probleme, die allein für die Bauausführung wichtig sind, allenfalls am Rande behandelt.

E

2 Zusammenwirken von Beton und Bewehrungsstahl und zugehörige Anforderungen

2.1 Tragwirkung von Stahlbeton

2.1.1 Verbundwerkstoff Stahlbeton

Im Verbundwerkstoff Stahlbeton werden die besonderen Trageigenschaften der Einzelbaustoffe optimal genutzt und deren Nachteile bei richtiger Bemessung und Anordnung der Bewehrungsstäbe durch den jeweils anderen Baustoff ausgeglichen. Beton ist in beliebiger Richtung besonders auf Druck und nur gering auf Zug tragfähig und schützt den Stahl vor Korrosion und im Brandfall vor zu schneller Erwärmung mit Tragfähigkeitsverlust. Stahlstäbe sind auf Zug und infolge der seitlichen Aussteifung durch den Beton auch auf Druck sehr gut tragfähig. Durch eine optimierte Rippung der Stahloberfläche wird ein bestmögliches Zusammenwirken von Beton und Stahlstäben über Verbund erreicht und die für die Bauweise typischen und unvermeidlichen Rißbildungen auf für die Wirksamkeit und Dauerhaftigkeit unschädliche Größen begrenzt.

2.1.2 Eigenschaften des Betons

Beton hat in Stahlbetontragwerken vor allem die Tragfähigkeit auf Druck sicherzustellen. Beton wird in Festigkeitsklassen eingeteilt, unterschieden durch die Würfelnennfestigkeit β_{WN} (charakteristische Zylinderdruckfestigkeit f_{ck}), z. B. B 25 bei β_{WN} = 25 MPa (C 20/25 bei f_{ck}= 20 MPa). Je nach Beanspruchungssituation und Rißbildung im Tragwerk sind die Drucktragfähigkeiten verschieden. Die einachsige Tragfähigkeit bei dauernd wirkenden Druckbeanspruchungen mit Ansatz des Rechenwerts der Betondruckfestigkeit β_R (Bemessungswerts von $0{,}85 f_{cd}$) entsprechend der Zylinder- oder Prismenfestigkeit wird durch Querdruck erhöht.

Die Drucktragfähigkeit darf rechnerisch auf den 1,15fachen Wert erhöht werden, falls bei zweiachsigem Spannungszustand Querdruckspannungen von mehr als 25 % der Hauptdruckwerte wirken. Bei Querzug und nach Rißbildung ist die Druckfestigkeit geringer, insbesondere wenn im gerissenen Zustand durch Veränderung der Druckrichtung die Rißlinien nicht mehr parallel zur Druckrichtung verlaufen. Im letzteren Fall muß die Druckfestigkeit mit dem Faktor 0,6 abgemindert auf $0{,}6\beta_R$ ($0{,}6 \cdot 0{,}85 f_{cd}$) werden, bei Rissen parallel zur Druckrichtung ist mit dem Abminderungsfaktor 0,8 zu rechnen, s. Tafel E.2.1.

Tafel E.2.1 Ein- und zweiachsige Druckfestigkeitswerte des Betons

Beanspruchung und Risse	Festigkeitswerte DIN 1045 (EC 2)
σ_l	β_R ($0{,}85 f_{cd}$)
σ_l, $\sigma_t \geq \sigma_l/4$	$1{,}15\beta_R$ ($1{,}15 \cdot 0{,}85 f_{cd} \approx f_{cd}$)
σ_l	$0{,}6\beta_R$ ($0{,}6 \cdot 0{,}85 f_{cd} \approx 0{,}5 f_{cd}$)
σ_l	$0{,}8\beta_R$ ($0{,}8 \cdot 0{,}85 f_{cd} \approx 0{,}7 f_{cd}$)

Die beanspruchungsabhängigen Abminderungen der einachsigen Betonfestigkeit werden bei Anwendung der Bemessungsregeln von Normen bereits implizit berücksichtigt.

Die Zugfestigkeit des Betons darf bei Bemessung und Nachweis der Tragfähigkeit im allgemeinen nicht in Ansatz gebracht werden. Sie ist aber in gewisser Größe wirksam und für die Tragwirkung von Stahlbeton erforderlich und muß zur richtigen Bewertung des Trag- und Verformungsverhaltens bei Überlegungen zur konstruktiven Durchbildung mit einbezogen werden. Nach Überschreitung der Betonzugfestigkeit treten Risse mit Verlauf etwa senkrecht zur Hauptzugrichtung auf. Die Zugfestigkeit streut relativ stark. Je nach Anforderungen ist daher für die 28-Tage-Festigkeit auszugehen entweder vom Mittelwert β_{bZm} (f_{ctm}), der rechnerisch über die Druckfestigkeit β_{WN} (f_{ck}) zugeordnet werden kann, s. [DAfStb-H400 – 89],

$$\beta_{bzm} = 0{,}3\beta_{WN}^{2/3} \quad (f_{ctm} = 0{,}3 f_{ck}^{2/3}) \qquad \text{(E.2.1)}$$

oder vom unteren Fraktilwert

$$0{,}7\beta_{bzm} \quad (f_{ct,0.05} = 0{,}7 f_{ctm}) \qquad \text{(E.2.2)}$$

oder dem oberen Wert

$$1{,}3\beta_{bzm} \quad (f_{ct,0.95} = 1{,}3 f_{ctm}) \qquad \text{(E.2.3)}$$

Die Zugfestigkeiten sind in Abb. E.2.1 über der Betondruckfestigkeit aufgetragen. Sie sind dabei nach [EN 1992-1-1 – 92] niedriger angesetzt als nach [DAfStb-H400 – 89], da $f_{ck} < \beta_{WN}$.

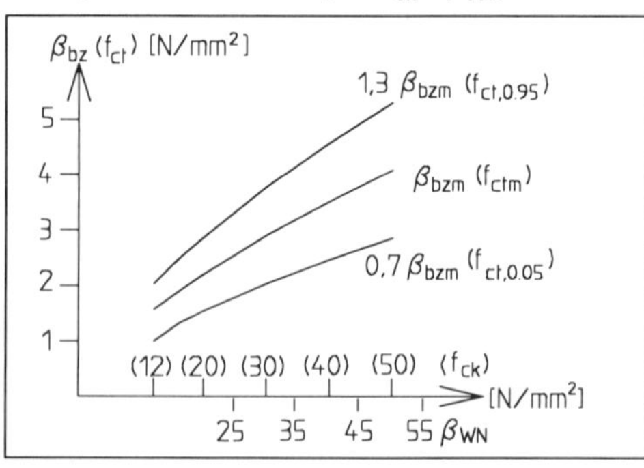

Abb. E.2.1 Zugfestigkeiten zu Druckfestigkeit

Die Verteilung der Risse und die Rißbreiten können durch Durchmesser und Querschnitt der die Risse kreuzenden Bewehrung beeinflußt werden, s. Abschnitt E.3.7.

Beton weist eine Querdehnzahl von ca. 0,2 auf, d. h., bei einachsiger Druckbeanspruchung längs mit der Stauchung ε_l dehnt sich der Beton quer (transversal) um $\varepsilon_q = -0{,}2\varepsilon_l$ ($\varepsilon_t = -0{,}2\varepsilon_l$). Bei Behinderung freier Querdehnung treten im Tragwerk entsprechende Zwängungsspannungen auf.

Dies ist z. B. gegeben bei hoch auf Druck beanspruchten Zonen, die an gering oder nicht beanspruchte Tragbereiche angrenzen. So sind in Abb. E.2.2 die Eckbereiche einer kurzen Wand neben der konzentrierten Krafteinleitung kaum beansprucht und behindern die freie Querdehnung des hoch beanspruchten mittleren Bereichs.

Um ein Abplatzen dieser wenig beanspruchten Bereiche zu verhindern, müssen sie an die hoch beanspruchten Bereiche durch Bewehrung als Mindestbewehrung nach Abschnitt 3.7 „angebunden" werden, falls die Betonbereiche nicht ganz entfallen können.

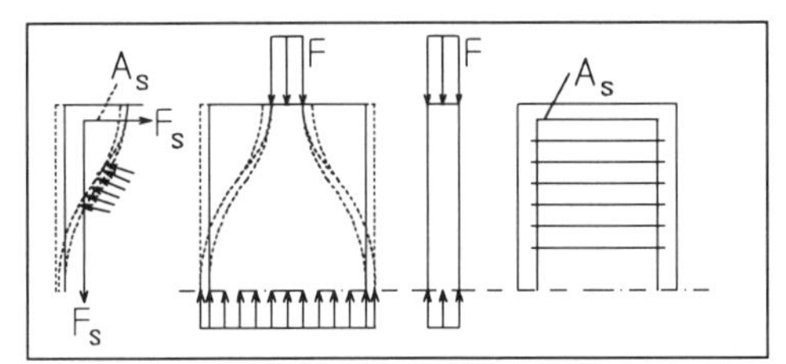

Abb. E.2.2 Unbeanspruchte Zonen neben einer konzentrierten Lasteinleitung

Bei einer Umschnürung des Betons durch enge Verbügelung oder Wendelbewehrung mit hohen Querschnitten wird die Dehnfähigkeit des Betons unter Druck behindert, und es kann die erheblich höhere dreiaxiale Druckfestigkeit des Betons aktiviert werden. Im Anschlußbereich von Stützen können so auf einer Höhe von bis zu $2d \leq 2b$ vor dem Knotenanschnitt durch dort angeordnete engere Verbügelung mit verringerten Bügelabständen von $s_{bü}$ = 8 cm ($s_{bü,red}$ = $0{,}6 s_{bü}$) der Beton ertüchtigt und eingelegte Druckstäbe so entlastet werden, daß deren Verankerung l_1 bereits dort beginnen darf. Nach [ENV 1992-1-1 – 92] ist für den Anschlußbereich $h > b$ eine engere Verbügelung von $s_{bü,red}$ = $0{,}6 s_{bü}$ gefordert, in dem analog bereits ein Beginn der Verankerungslänge $l_{b,net}$ der endenden Druckstäbe gerechtfertigt wäre.

Für die Tragwirkung in bewehrten Druckbereichen ist zu bedenken, daß eine innere Kraftumlagerung vom Beton auf die eingelegte Bewehrung stattfindet durch Kriechverformungen des Betons in Höhe von bis zu ca. 2fachen Werten der elastischen Größen, d.h. durch Kriechverzerrungen von bis zu ca. $\Delta\varepsilon_b$ = – 0,0008. Verankerungskräfte an Druckbewehrungen, z.B. in Stützen, sind daher in Wirklichkeit höher, als rechnerisch der Verankerungslänge $l_1 (l_{b,net})$ zugrunde gelegt werden. Dies wird nur in den neuen Normen durch einen zusätzlichen differenzierten Mindestwert für Verankerungslängen berücksichtigt von $0{,}3 l_b$ bei Zugverankerungen und von $0{,}6 l_b$ bei der Verankerung von Druckstäben.

Beton verkürzt sich bei Abbinden und Austrocknung. Dies Schwinden kann nach einigen Jahren eine Verkürzung $\varepsilon_{s(t)}$ (ε_{cs}) von bis zu 0,3 mm/m in Außen- und bis zu 0,5 mm/m in trockenen Innenbereichen bewirken, s. Endschwindwerte $\varepsilon_{s\infty}$ nach [DIN 4227-1 – 88], Tab. 7 ($\varepsilon_{cs\infty}$ nach [ENV 1992-1-1 – 92], Tab. 3.4.) Bei Behinderung der freien Schwindverkürzung baut sich eine entsprechende Zwangspannung auf von bis zu

$$\sigma_b = -\varepsilon_{s(t)} \cdot E_b \quad (\sigma_{cs} = -\varepsilon_{cs(t)} \cdot E_{cm}) \qquad (E.2.4)$$

Eine Überschreitung der Betonzugfestigkeit und Rißbildung kann bei Zwang allein aus Schwinden später als nach 28 Tagen erfolgen, s. Abb E.2.3, in der entsprechend [DIN 4227-1 – 88), Bild 3 der prinzipielle Verlauf des Schwindens über der Zeit aufgetragen ist. Für Rißnachweise ist dann die 28-Tage-Zugfestigkeit maßgebend.

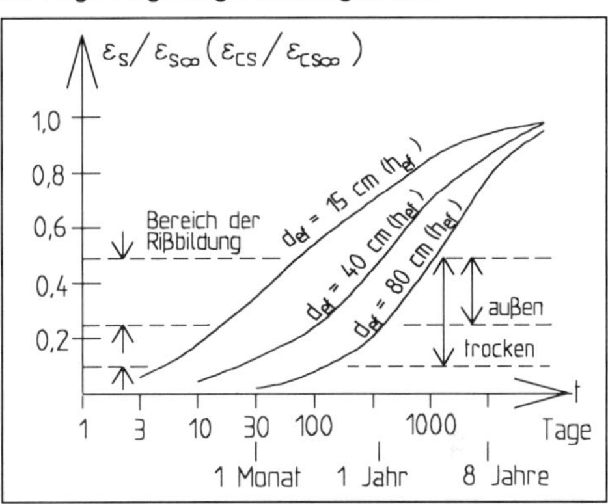

Abb. E.2.3 Schwindverlauf mit Endwerten

Die Auswahl der Güte des Betons und seiner Zusammensetzung wird von Beanspruchung und Funktion eines Bauteils bestimmt. Niederwertiger Beton B 15 (C 12/15, C 16/20) kommt bei Fundamenten und Massenbeton zum Einsatz. Im allgemeinen Hochbau sind für Ortbeton die Betongüten B 25 und B 35 (C 20/25 bis C 30/37) üblich. Für Fertigteile oder bei höheren Beanspruchungen, z. B. für Stützen oder für Spannbeton, werden Betone B 35 bis B 55 (C 30/37 bis C 50/60) verwendet. Bei sehr hoch beanspruchten Stützen, z. B. im Hochhausbau, kommt auch hochfester Beton zum Einsatz, der in [DAfStb-Ri – 95] für Festigkeitsklassen B 65 bis B 115 und als „Hochleistungsbeton" in [E DIN 1045-1 – 97] von C 70/85 bis C 100/115 genormt ist.

2.1.3 Betonstahl

Bewehrungsstäbe aus Betonstahl dienen im Stahlbeton zur Aufnahme von Zugbeanspruchungen und zur Verteilung von Rißbildungen. Bei unzureichender Drucktragfähigkeit des Betons kann Druckbewehrung eingelegt und die Drucktragfähigkeit des Querschnitts, z.B. in Stützen, bis auf das Dreifache gesteigert werden.

Als Bewehrungsstähle kommen Rippenstähle mit einer Fließspannung von β_s = 500 N/mm² (= f_{yk}) entweder als Stabstahl oder als Mattenbewehrung zur Anwendung. Bewehrungsstäbe verhalten sich bis zur Fließgrenze β_s (f_{yk}) linear-elastisch und darüber hinaus plastisch mit relativ hoher Dehnfähigkeit bis zum Zugversagen von mehr als 0,025. Tatsächlich steigt nach Erreichen der Fließgrenze, die einem irreversiblen Dehnungsanteil von 0,002 zugeordnet ist, die Tragfähigkeit weiter an. Nach [ENV 1992-1-1 – 92] in Verbindung mit [NAD zu ENV 1992-1-1 – 93] muß für „normalduktile" Betonstahlmatten dieser Anstieg mindestens 5 % und für „hochduktilen" Stabstahl mindestens 8 % betragen, s. a. [ENV 10 080 – 95]. In der Regel liegen die Anstiegswerte bis zur effektiven Zugfestigkeit etwa um das Doppelte höher, s. Abb. E.2.4.

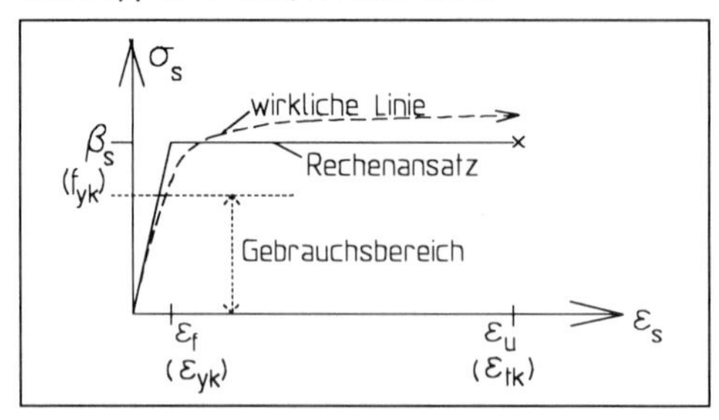

Abb. E.2.4 Rechenansatz und wirkliches Last-Verformungsverhalten von Betonstahl

Bei Verhinderung des seitlichen Ausweichens von Bewehrungsstäben durch ausreichende seitliche Betondeckung mit einem Mindestmaß von $c_{min} \geq d_s$ und ggf. Rückverankerung der Stäbe in den Betonquerschnitt durch Bügel oder Schlaufen mit Mindestdurchmesser $d_{sbü} \geq d_{sl}/4$ sind die Bewehrungsstäbe auf Druck in gleicher Höhe wie auf Zug tragfähig. Sie können zur Erhöhung der Drucktragfähigkeit eines Querschnitts, z.B. in Stützen oder Biegedruckzonen, vorgesehen werden, s. Abb. E.2.5.

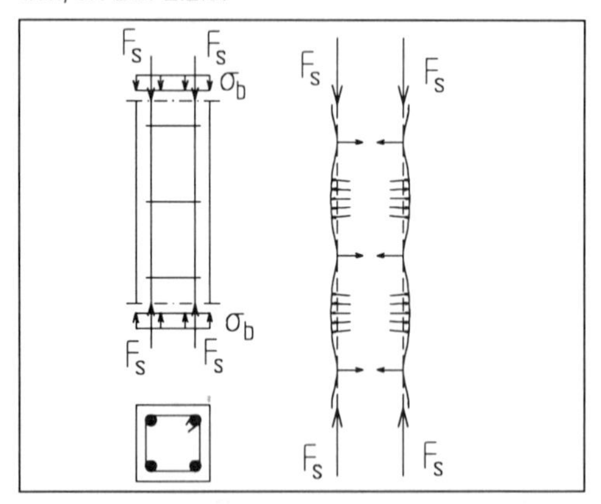

Abb. E.2.5 Knickaussteifung von Druckbewehrung durch Betondeckung und Bügel

Stahlstäbe sind korrosionsgefährdet. Beton ist grundsätzlich alkalisch und schützt die eingebetteten Bewehrungsstäbe gegen Korrosion. Durch Carbonatisierung geht die Schutzfunktion an luftseitigen Betonoberflächen innerhalb einer auch auf Dauer begrenzten Carbonatisierungstiefe verloren. Bei ausreichend bemessener Betonüberdeckung entsprechend den Normenanforderungen bleibt diese Schutzfunktion erhalten. In Rissen kann örtlich die alkalische Schutzfunktion des Betons verlorengehen und Korrosion eintreten. Bei Rißbreiten kleiner als ca. 0,4 mm bleiben unter normalen Umweltbedingungen Korrosion und Abrostungsgrade dauerhaft ausreichend klein und unschädlich. Dies wird durch Beschränkung der Rißbreite auf die zulässigen Rechenwerte $w \leq w_k = 0{,}25$ mm ($w_k \leq 0{,}30$ mm) sichergestellt. Nur bei Einwirkungen aus Chloriden, z.B. aus Tausalz oder Meerwasser, oder anderen für Stahl und Beton aggressiven Medien sind besondere Schutzmaßnahmen erforderlich. Einzelheiten sind in Abschnitt E.2.2 gegeben.

2.1.4 Interaktion Beton / Betonstahl

Für die Aktivierung von Stahlstäben im Beton müssen Kraftwirkungen vom Beton in den Stahlstab übertragen werden. Die Güte dieser Verbundwirkung ist entscheidend für das Zusammenwirken von Beton und Bewehrung in Stahlbeton. Die Oberflächengestaltung von Betonrippenstählen ist auf maximale Verbundwirkung optimiert. Die Kraftübertragung erfolgt dabei durch um den Stab umlaufende geneigte Betondruckstreben, die sich gegen die Rippen der Bewehrungsstäbe abstützen, s. Abb. E.2.6. Diese umlaufende Kraftübertragung bewirkt eine Ringzugwirkung im Beton um den Bewehrungsstab mit Durchmesser d_{sl}. Die entsprechende Ringzugtragfähigkeit des Betons ist kraftschlüssig sicherzustellen. Für diese Sicherung des Verbunds zwischen Beton und Bewehrung ist eine Mindestbetondeckung $c_{min} \geq d_{sl}$ erforderlich. Außerdem ist dafür ein lichter Stababstand zwischen benachbarten Bewehrungsstäben von $s_l \geq d_{sl}$ einzuhalten, s. Abb. E.2.6.

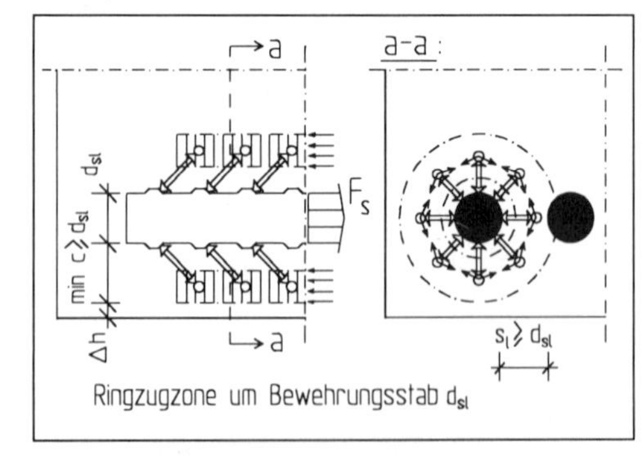

Abb. E.2.6 Ringzugwirkung und Randabstand zur Verbundsicherung um Rippenstäbe

In Krümmungsbereichen von beanspruchten Bewehrungsstäben muß der Beton die zum Gleichgewicht notwendige Umlenkpressung bereitstellen und aufnehmen können, s. Abb. E.2.7. Die Umlenkkraft zwischen Stab und Beton f_r ist abhängig von der wirkenden Stabkraft F_s und dem Biegeradius r_s des Stabes, der durch den Biegerollendurchmesser d_{br} bei Biegung des Stabes aus geraden Längen festgelegt ist:

$$f_r = F_s / r_s \approx F_s / (d_{br} / 2) \qquad \text{(E.2.5)}$$

Die Ausstrahlung der Umlenkpressungen kann bei Randstäben anders als bei innenliegenden Stäben zu Abplatzungen führen. Daher muß bei kleiner seitlicher Überdeckung der Biegerollendurchmesser zur Begrenzung der Umlenkpressungen größer gewählt werden als bei gekrümmten Stäben mit größerer seitlicher Überdeckung, s. dazu Abschnitt 2.3.

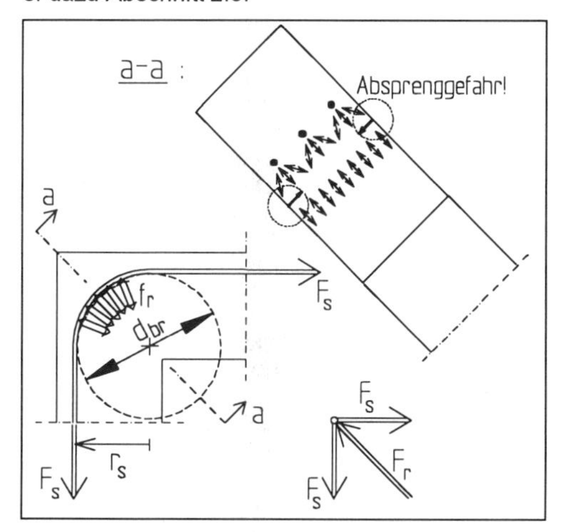

Abb. E.2.7 Umlenkung von Zugstäben in einer Rahmenecke

Bei Krümmungen von Druckstäben ist die Umlenkpressung oft zur Betonoberfläche gerichtet, und es besteht Absprenggefahr bei zu geringer Betondeckung und zu hoher Umlenkpressung im Vergleich zur Betonzugfestigkeit. Die Absprenggefahr kann ausgeschlossen werden, wenn die Umlenkwirkung f_r rechts und links vom Stab auf einer Breite außen von je $c_l \leq s_l/2$ und auf je $s_l/2$ innen durch Zugspannungen aufgenommen wird, die kleiner sind als $0{,}7\beta_{bzm}/2{,}1$ ($f_{ctk,0.05}/1{,}5$), s. Gl. (E.2.2) und Abb. E.2.8. Für die Sicherung der Tragfähigkeit ist andernfalls eine Rückverankerung der Umlenkkräfte in den Betonquerschnitt durch ausreichende Bewehrung, z.B. als Bügel, erforderlich und sollte auch sonst vorgesehen werden. Wenn möglich, sollte eine Ausführung ohne gekrümmte statische Druckbewehrung geplant werden. In Abb. E.2.8 ist die entsprechende Situation im First eines Dachbinders dargestellt.

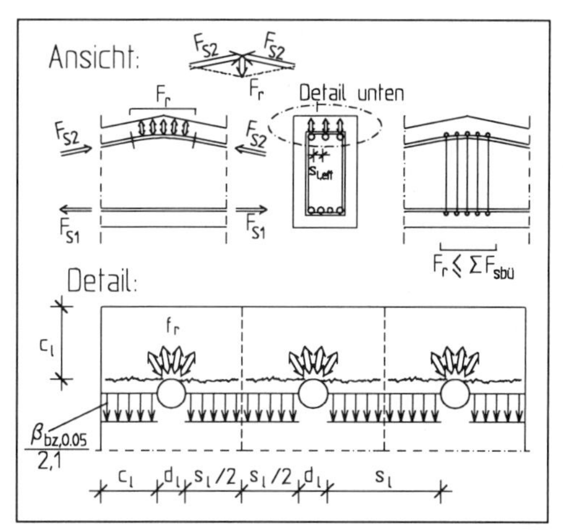

Abb. E.2.8 Umlenkung von Druckbewehrung im Firstpunkt eines Dachbinders

2.2 Betondeckung der Bewehrung

Die Betonüberdeckung c jedes Bewehrungsstabs in Stahlbetontragwerken, s. Abb. E.2.9, muß ausreichend bemessen sein für

- Korrosionsschutz der Bewehrungsstäbe durch $c \geq \min c$
- Sicherung des Verbunds für Bewehrungsstäbe durch $\min c \geq d_{sl}$
- Sicherung einer bestimmten Feuerwiderstandsdauer durch nom $c_l \geq u - d_{sl}/2$.

Für den Korrosionsschutz sind je nach Umwelt-(Umgebungs-)bedingungen Mindestwerte min c der Überdeckung der Bewehrung zur Betonoberfläche vorgeschrieben in [DIN 1045 – 88], Tab. 10 und [ENV 1992-1-1 – 92], Tab. 4.2. Aufgrund der unvermeidlichen Streuung der tatsächlichen Betondeckungswerte entlang der Bewehrungsstäbe muß das planmäßige Betondeckungsmaß nom c um das Vorhaltemaß Δh gegenüber dem Mindestwert größer gewählt werden, so daß gilt

$$\text{nom } c = \min c + \Delta h \qquad \text{(E.2.6)}$$

Der Regelwert Δh = 10 mm darf bei „besonderen Maßnahmen" gemäß [DBV – 82] auf Δh = 5 mm verringert werden. Nach [DBV – 97.1] und [E DIN 1045 – 97] ist dies nicht mehr vorgesehen. Im Regelfall soll danach Δh = 15 mm angesetzt werden und nur in trockenen Innenräumen Δh = 10 mm. Ist mechanischer Verschleiß an der Oberfläche zu erwarten, ist Δh entsprechend dem während der Nutzungsdauer auftretenden Abrieb zu vergrößern.

Die Betondeckung c_l von Längsstäben in der äußeren Lage muß die Werte nach Gl. (E.2.7) einhalten, s.a. Abb E.2.9:

$$c_l \geq \max \left| \begin{array}{c} \min c + \Delta h + d_{sbü} \\ d_{sl} + \Delta h \\ u - d_{sl}/2 \end{array} \right| \quad \text{(E.2.7)}$$

Für die seitliche Betondeckung $c_{l(s)}$ ist u_s statt u in Gl. (E.2.7) einzusetzen, s. Abb. E.2.9. Bei Platten sind meist keine Bügel erforderlich und dafür in Gl. (E.2.7) $d_{sbü} = 0$ zu setzen.

Die Einhaltung der erforderlichen Betondeckung der Bewehrung beim Betonieren erfolgt durch Einlegen von Abstandhaltern der Höhe $h_A \geq c_l$ zwischen Schalung und Bewehrungsstab, s. Abb. E.2.9. Diese müssen ausreichend stabil gegen Umkippen sein und werden in unterschiedlichen angepaßten Formen, z. B. aus Plastik, als Betonklötzchen oder linienförmig als Faserbetonleisten, ggf. in Verbindung mit Stahlstäben angeboten. Sie werden in Abstufungen von 5 mm geliefert, was bei dem Ansatz der statischen Nutzhöhe zu beachten ist, z. B. bei einlagiger Bewehrung über $d_2 = \text{nom } c_{bü} + d_{sbü} + d_{sl}/2 \geq \text{nom } c_l + d_{sl}/2$.

Hochbauten müssen unter Brandeinwirkungen eine festgelegte Feuerwiderstandsdauer z. B. von neunzig Minuten (F 90) aufweisen, während der das Tragwerk nicht versagen und einstürzen darf. Für diese außergewöhnliche Einwirkung brauchen keine Einwirkungs- und Widerstands-Sicherheitszuschläge angesetzt zu werden.

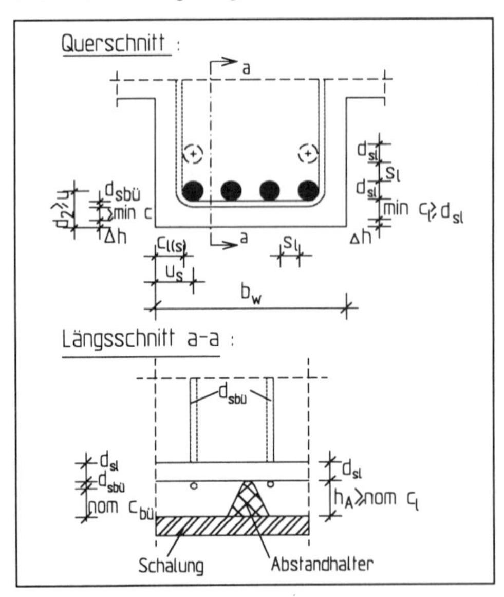

Abb E.2.9 Betondeckung und Brandschutz

Beton ist ein relativ schlechter Wärmeleiter im Vergleich zu Stahl und schützt bei ausreichend großer Betondeckung die statisch wirksamen Stahlstäbe im Brandfall gegen Erwärmung über eine kritische Stahltemperatur von ca. 300 °C hinaus, ab der die Festigkeit des Stahls stark abfällt. Besonders gefährdet sind die Unterseiten von Deckenkonstruktionen, unter denen sich im Brandfall die heißen Gase sammeln können, und hier besonders die Eckbereiche von Konstruktionen, z. B. bei Unterzugstegen, die von zwei Seiten aufgeheizt werden können, s. Abb. E.2.9. Für übliche Konstruktionsformen sind in entsprechenden Brandschutznormen [DIN 4102 - 81] bzw. [ENV 1992-1-2 - 96] Randabstände, bezogen auf die Schwerpunkte der Bewehrungen, angegeben, die für Brandschutzanforderungen ausreichend sind. Wegen der besonderen Gefährdung der Eckstäbe ist in Balkenstegen die Anordnung von mindestens vier Bewehrungsstäben zu empfehlen oder direkt gefordert.

2.3 Führung von Bewehrungsstäben

Die Wahl und Führung von Bewehrungsstäben hat einerseits so zu erfolgen, daß erforderliche statische und konstruktive Wirkungen hinsichtlich Tragfähigkeit und Rißbeschränkung erreicht werden. Andererseits soll die Herstellung des Stahlbetontragwerks bezüglich Bewehrungserstellung und Betoniervorgang wirtschaftlich unter Erzielung einer möglichst hohen Qualität erfolgen.

Parallel verlaufende Bewehrungsstäbe mit dem Durchmesser d_{sl} oder Stabbündel aus $n \leq 3$ Stäben ($\leq$ 4 Stäben) mit Einzeldurchmesser d_s, entsprechend einem anzusetzenden Vergleichsdurchmesser $d_{sv} = d_s \cdot \sqrt{n}$, müssen zur Sicherung der Verbundwirkung und für die Einbringung des Betons einen lichten Abstand untereinander aufweisen von

$$s_l \geq \max \left| \begin{array}{c} d_s \\ 20 \text{ mm} \end{array} \right| \text{ bzw. } \max \left| \begin{array}{c} d_{sv} \\ 20 \text{ mm} \end{array} \right| \quad \text{(E.2.8)}$$

s. a. Abb. E.2.9. Für Beton mit einem Größtkorn von $d_g > 32$ mm ist $s_l \geq d_g + 5$ mm einzuhalten. Bei sich kreuzenden Bewehrungslagen sollte jeweils $s_l \geq d_g + 10$ mm eingehalten werden. Für Stäbe eines Stabbündels und für sich übergreifende Stäbe in einem Stoß darf $s_l = 0$ sein.

Maximalabstände s_l der Bewehrungsstäbe sollten bei Balken in maximal beanspruchten Bereichen etwa 10 cm nicht überschreiten. In jedem Fall sind die für Platten vorgeschriebenen Größtabstände für Hauptbewehrung einzuhalten, d. h.

$$s_l \leq \min \left| \begin{array}{c} d \geq 15 \text{ cm} \\ 25 \text{ cm} \end{array} \right| \quad \left(\min \left| \begin{array}{c} 1{,}5h \\ 35 \text{ cm} \end{array} \right| \right) \quad \text{(E.2.9)}$$

Biegezugbewehrungen werden unter Einhaltung geforderter Betondeckung möglichst nahe an die Betonoberfläche gelegt. In Balken sollte die Bewehrung möglichst einlagig, ggf. mit zwei seitlich an den Bügeln befestigten Stäben in der zweiten Lage, bereitgestellt werden, s. Abb. E.2.9.

Die Wahl der Durchmesser der Längsstäbe sollte in Balken und Stegen von Plattenbalken für den statisch erforderlichen Bewehrungsquerschnitt nach folgenden Kriterien erfolgen:

- $\geq$ 4 Stäbe (ggf. 3 Stäbe) wegen Brandschutzes
- $s_l \leq$ ca. 10 cm wegen Rißbeschränkung
- $d_{sl} \leq$ 25 mm (Begrenzung Verankerungslänge)
- einlagige Bewehrunganordnung anstreben.

Andernfalls sind Montagestäbe zur Unterstützung der weiteren Lagen erforderlich und ab der dritten Bewehrungslage Betonier- und Rüttellücken vorzusehen.

Auf einer Balkenbreite b kann unter Berücksichtigung der seitlichen Betondeckung $c_{l(s)}$ gemäß der Gl. (E.2.7) eine maximale Anzahl n von Bewehrungsstäben d_{sl} einlagig angeordnet werden von:

für $d_{sl} \geq 20$ mm

$$n \leq \frac{b - 2c_{l(s)}}{2d_{sl}} + 0{,}5 \qquad \text{(E.2.10)}$$

für $d_{sl} < 20$ mm (alle Längen in mm einsetzen!)

$$n \leq \frac{b - 2c_{l(s)} + 20\text{ mm}}{d_{sl} + 20\text{ mm}} \qquad \text{(E.2.11)}$$

Für $b_{red} = b - 2c_{l(s)}$ kann der für die verschiedenen d_{sl} einlagig maximal mögliche Bewehrungsquerschnitt und die größte Anzahl n der einlagig möglichen Bewehrungsstäbe abgelesen werden, wie sie sich aus den Gln. (E.2.10) und (E.2.11) berechnen lassen. Gestrichelt ist als Beispiel für A_{serf} = 15 cm² und b_{red} = 20 cm gezeigt, daß sich günstigst d_s = 20 mm und n = 5 Stäbe ergibt.

Bei sehr hoher Biegebeanspruchung, die mehrlagige Bewehrungsanordnung und größere Stabdurchmesser erforderlich macht, sind Stabbündel aus zwei oder drei Stäben mit Einzelstabdurchmessern $\leq$ 28 mm günstiger als einzelne Bewehrungsstäbe $d_{sl} \geq$ 32 mm. Bei dem Einsatz derartiger Stabbündel sind die zahlreichen Zusatzanforderungen für Anordnung, Verankerung, Übergreifung, zusätzliche Hautbewehrung u. a. der Normen zu beachten.

Für Platten im üblichen Hochbau ist eine Bewehrung durch Matten rationell, wobei diese einlagig oder höchstens zweilagig und in Stößen höchstens dreilagig angeordnet werden sollten. Die Anforderungen für Mindestquerbewehrung und Stababstände sind in dem Mattenaufbau bereits berücksichtigt. Ausführliche Hinweise zu rationeller Ausbildung und Anordnung von Mattenbewehrungen werden in Abschnitt 5.1.1 gegeben.

Bewehrungsstäbe müssen häufig gebogen werden, und zwar für die Herstellung von Bügeln, aber auch als Längsstäbe, z. B. bei Schrägaufbiegungen zur Schubabdeckung durch Schrägeisen oder an Neigungsänderungen im Tragwerk. Für Verankerungselemente, wie Haken, Winkelhaken, Schlaufen, s. Abschn. E.2.4, sowie für Bügel ist bei einem Stabdurchmesser d_s < 20 mm ein Biegerollendurchmesser $d_{br} \geq 4d_s$ zu wählen. Wird der Bügel in dem Krümmungsbereich voll ausgenutzt, wie dies z. B. bei Torsionsbügeln der Fall sein kann, sollte der Biegerollendurchmesser dafür $10d_s$ betragen entsprechend den allgemeinen Anforderungen für gekrümmte Stäbe.

Sind Bewehrungsstäbe aus Biegetragwerken in Stützen abzubiegen, gilt für die äußeren Stäbe ein Biegerollendurchmesser $d_{br} \geq 20d_s$. Bei kleiner Stützenabmessung d_{St} (h_{col}) und bei dickeren Bewehrungsstäben d_s sollte darauf geachtet werden, daß die Stabkrümmung im Eckbereich verbleibt, s. Abb. E.4.2.

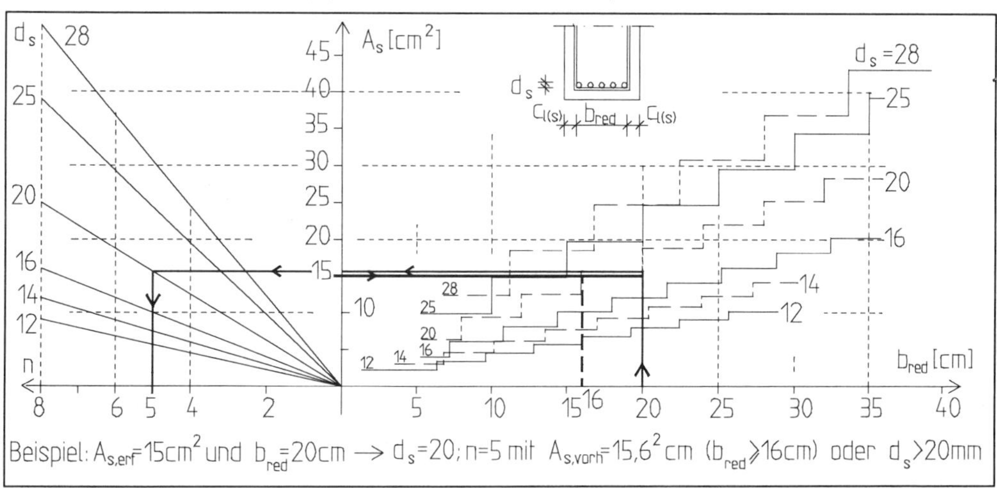

Abb. E.2.10 Grenzen für maximal möglichen Bewehrungsquerschnitt d_s und -durchmesser in einer Lage

Die Krümmung der Biegestäbe bleibt bei Rahmenknoten oder -ecken im Eckbereich, wenn

$$d_s \leq (d_{St} - 2c_l)/11 \; \left(d_s \leq (h_{col} - 2c_l)/11\right) \quad \text{(E.2.12)}$$

Es sollte daher die daraus abgeleitete Stützenabmessung d_{St} (h_{col}) in der Rahmenecke nach Tafel E.2.2 (für c_l = 4 cm) eingehalten werden.

Tafel E.2.2 Anzustrebende Stützenabmessung, um Stabkrümmung am Rahmenknoten im Eckbereich zu halten

d_s	16 mm	20 mm	25 mm	28 mm
d_{St} (h_{col}) ≥	25 cm	30 cm	35 cm	40 cm

2.4 Verbund, Verankerung und Stoß von Bewehrungsstäben

2.4.1 Verbund und Verankerung

Die Kraftübertragung zwischen Beton und Bewehrungsstäben ist bei Einhaltung der erforderlichen Betondeckung nach Abschnitt E.2.2 abhängig von der Qualität des umgebenden Betons, d. h. von der Betonfestigkeitsklasse, und davon, wie gut eine allseitig kraftschlüssige Umhüllung des Stabes beim Betonieren erfolgt. Sowohl in [DIN 1045 – 88] als auch in [ENV 1992-1-1 – 92] erfolgt eine Differenzierung in zwei verschiedene Verbundkategorien. Im Regelfall kann „Verbundbereich I“ (gute Verbundbedingungen) entsprechend allseitig guter Betonumhüllung zugrunde gelegt werden. Lediglich bei größeren Betonierhöhen d > 25 cm muß für horizontal oder flach bis 45° geneigt angeordnete Stäbe in einer oberen Schicht von höchstens 30 cm wegen möglicher Setzung des Frischbetons und einer Ablösung des Betons an der Unterseite des Bewehrungsstabs mit „Verbundbereich II“ (mäßigen Verbundbedingungen) gerechnet werden. Dies trifft für die Stabverankerung der oberen Bewehrung im Stegbereich von Balken und Plattenbalkenstegen zu, jedoch selten für die in den Flansch ausgelagerte Bewehrung.

Als Bemessungswert der Verbundspannung ist in der Norm zul τ_1 (f_{bd}) für Verbundbereich I (guten Verbund) in Abhängigkeit von der Betongüte vorgegeben. Er ist als konstanter Mittelwert zur Erfassung der Verbund- und Verankerungswirkungen anzusetzen. Er muß abgemindert werden auf 0,5 zul τ_1 bei Verbundbereich II (für mäßigen Verbund auf $0{,}7 f_{bd}$).

Das Grundmaß der Verankerungslänge l_0 (l_b) ist die Länge, auf der die maximale Bemessungsstabkraft max F_s durch die an der Umfangsfläche insgesamt wirkende Bemessungs-Verbundkraft max F_τ aufgenommen wird entsprechend der Summe der parallel zum Stab wirkenden Komponenten der schrägen Druckstreben, s. Abb. E.2.6:

$$\max F_s = A_s \cdot \beta_s / 1{,}75$$

$$(\max F_s = A_s \cdot f_{yd} = \pi \cdot d_s^2 \cdot f_{yd}) \quad \text{(E.2.13)}$$

$$\max F_\tau = \pi \cdot d_s \cdot l_0 \cdot \text{zul } \tau_1$$

$$(\max F_\tau = \pi \cdot d_s \cdot l_b \cdot f_{bd}) \quad \text{(E.2.14)}$$

Damit gilt

$$l_0 = \frac{d_s}{4} \cdot \frac{\beta_s / 1{,}75}{\text{zul } \tau_1} \qquad (l_b = \frac{d_s}{4} \cdot \frac{f_{yd}}{f_{bd}}) \quad \text{(E.2.15)}$$

Bei gleicher Betongüte weichen die Verankerungslängen nach [DIN 1045 – 88] für Verbundbereich I und nach [ENV 1992-1-1 – 92] für gute Verbundbedingungen um bis zu 30 % und im Verbundbereich II (mäßig) um bis zu 18 % voneinander ab, s. Abb. E.2.11.

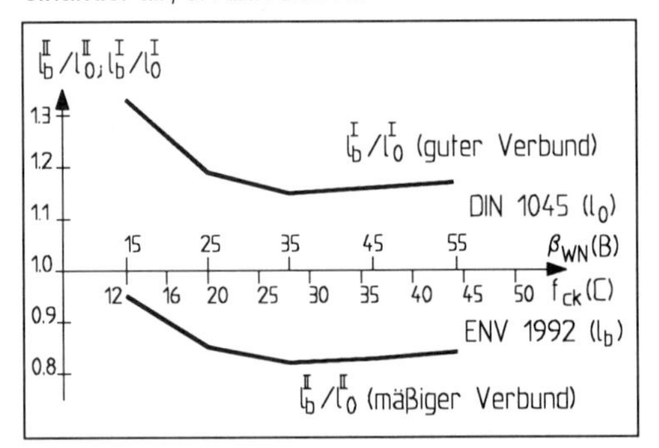

Abb. E.2.11 Grundmaß der Verankerungslänge von [DIN 1045 – 88] zu [ENV 1992-1-1 – 92] im Vergleich

Für eine kurze, konzentrierte Verankerung ist der Einbau von Ankerkörpern direkt an der Stirnfläche oder mit Betonüberdeckung anstatt einer Verbundverankerung möglich. Diese sind mechanisch an dem Ende des Bewehrungsstabs befestigt, z.B. durch Verschweißung oder Verschraubung, s. Abb. E.2.12. Die Verankerungskraft wird vom Verankerungskörper über konzentrierten Druck auf den Beton abgegeben, der dafür nachgewiesen und gegebenenfalls, z.B. durch Wendelbewehrung, ertüchtigt werden muß. Ankerkörper müssen bauaufsichtlich zugelassen sein.

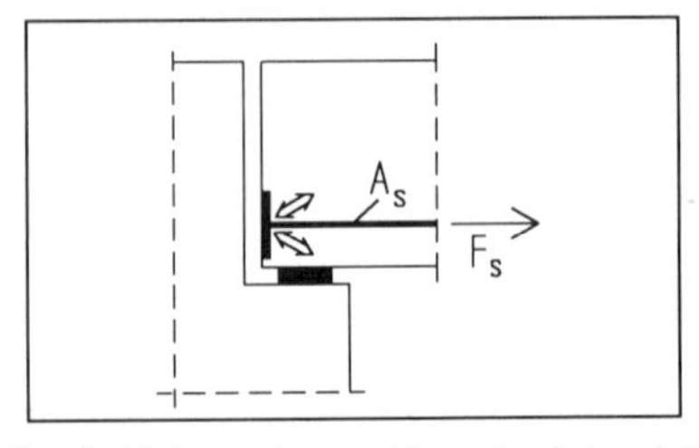

Abb. E.2.12 Stabverankerung über eine Ankerplatte

2.4.2 Erforderliche Verankerungslängen

Ist eine Stabkraft F_s < max F_s einzuleiten, liegt also an der Verankerung eine größere Stahlquerschnittsfläche vorh A_s ($A_{s,prov}$) vor als die statisch erforderliche von erf A_s ($A_{s,req}$), ist nur eine dazu proportional kleinere Verankerungslänge l_1 ($l_{b,net}$) notwendig:

$$l_1 = l_0 \cdot \frac{\text{erf } A_s}{\text{vorh } A_s} \quad (l_{b,net} = l_b \cdot \frac{A_{s,req}}{A_{s,prov}}) \qquad \text{(E.2.16)}$$

Wenn am Ende der geraden Verankerungslänge l_1 ($l_{b,net}$) ein Haken, Winkelhaken oder ein angeschweißter Querstab als Verankerungselement gemäß [DIN 1045 – 88], Bild 25 vorliegt (bzw. [ENV 1992-1-1 – 92], Bild 5.2), darf die gerade Länge l_1 ($l_{b,net}$) mit dem Faktor 0,7 verringert werden. Bei Schlaufen gilt für l_1 der Faktor 0,5.

Die günstige Wirkung von Querdruck auf den Verankerungsbereich wird nach [DIN 1045 – 88] allein bei der pauschalen Abminderung der erforderlichen Verankerungslänge l_1 um 2/3 für Endverankerungen auf l_2 von direkt, d.h. am Rand auf Druck, gestützten Biegetragwerken einbezogen und sonst vernachlässigt:

$$l_2 = \frac{2}{3} l_1 \quad (\frac{2}{3} l_{b,net}) \qquad \text{(E.2.17)}$$

Bei Endverankerungen von Nebenträgern, die indirekt in die Zugzone von Hauptträgern einbinden, ist nach [DIN 1045 – 88] l_1 gemessen vom Auflagerrand einzuhalten. Der ungünstige Einfluß von Querzug und möglicher Rißbildung parallel zum zu verankernden Stab wird durch eine davon abweichende Festlegung der Verankerungslänge gemäß [ENV 1992-1-1 – 92], Abb. 5.12 und [E DIN 1045-1 – 97], 10.2.3. erfaßt, und zwar beginnt die erforderliche Verankerungslänge $l_{b,net}$ erst am rechnerischen Auflagerpunkt b/3 von der Auflagervorderkante entfernt, s. Abb. E.2.13. Dies sollte bei indirekter Endauflagerung dann zugrunde gelegt werden, wenn die Endverankerung in die Zugzone des Hauptträgers einbindet.

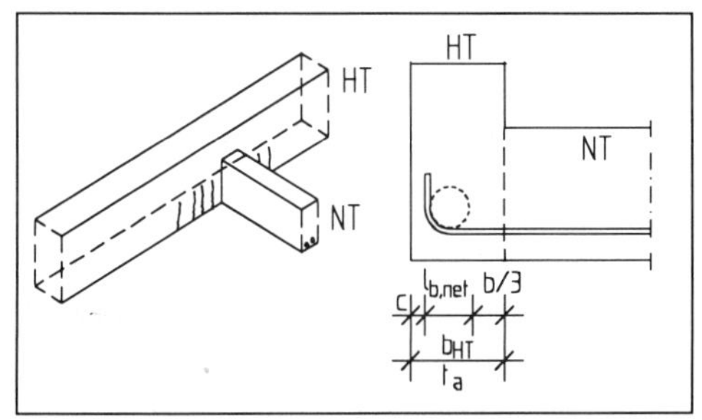

Abb. E.2.13 Verankerungslänge an indirekt gestützten Endauflagern nach [ENV 1992-1-1– 92] und [E DIN 1045-1 – 97]

Aus den bisher dargestellten Rechenregeln und auch durch den Vergleich aus Abb. E.2.11 ist offensichtlich, daß das tatsächliche Verbundverhalten durch die Rechenansätze nur relativ grob und pauschal erfaßt werden kann. Die Lage des Stabes im Querschnitt und die Richtung der Kraftübertragung wird z. B. überhaupt nicht erfaßt. Bei stärkerer Abweichung von einer allseitigen Kraftübertragung nach Abb. E.2.14a, wie sie zum Beispiel bei Verankerungen von Rand- und besonders bei Eckstäben nach Abb. E.2.14b oder bei Verbundwirkung in Übergreifungsstäben am Rand nach Abb. E.2.14c auftreten, oder bei Querzug im Verankerungsbereich sollten die Verankerungslängen eher reichlich bemessen werden. Es ist jedoch immer der Mindestwert der Verankerungslänge von $10d_s \geq 10$ cm zu berücksichtigen.

In [ENV 1992-1-1 – 92] und [E DIN 1045-1 – 97], ist als Mindestwert zusätzlich $0{,}3l_b$ für die Verankerung von Zug- und $0{,}6l_b$ für die Verankerung von Druckstäben zu beachten, um Stabkrafterhöhungen aus Kriech- und Schwindumlagerungen zu erfassen. Die Mindestverankerungslängen bei der Verankerung von Druckstäben sollten bei einer Planung nach [DIN 1045 – 88] daher reichlich festgelegt werden.

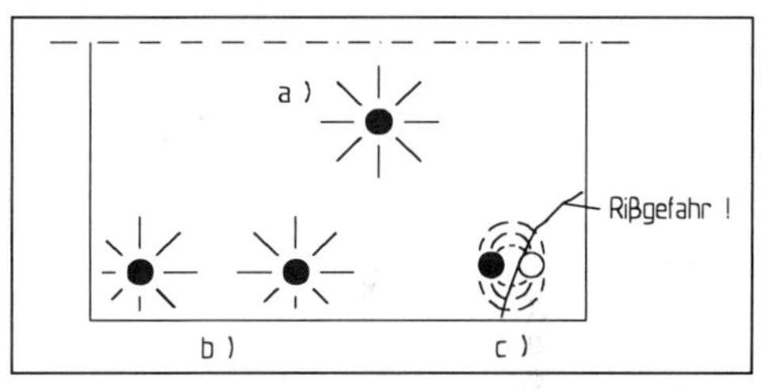

Abb. E.2.14 Ausstrahlung der Verbundwirkungen

Nach [DIN 1045 – 88] können durch Überbewehrung fast immer gerade Endverankerungen erreicht werden mit min $l_2 = 6d_s$ für direkte und mit min $l_3 = 10d_s$ für indirekte Lagerung. Nach [ENV 1992-1-1 – 92] und [E DIN 1045-1 – 97] sind wegen zusätzlicher Mindestwerte in Abhängigkeit von dem festen Grundwert der Verankerungslänge l_b bei größeren Stabdurchmessern auch durch Überbewehrung gerade Verankerungen an Endauflagern nicht immer möglich. Die Tafel E.2.3 gibt die kleinste mögliche Auflagertiefe t_a für Biegeträger mit gerader Endverankerung nach [DIN 1045 – 88] im Vergleich zu [ENV 1992-1-1 – 92] und [E DIN 1045-1 – 97] an. Dabei wurde eine rückseitige Betonüberdeckung von 3 cm angenommen, so daß min t_a um 3 cm größer ist als die gerade Verankerungslänge. Für indirekte Auflagerung gilt Abb. E.2.13 für [ENV 1992-1-1 – 92] bzw. [E DIN 1045-1 – 97].

Für die Verankerung von Stäben mit $d_s \geq 20$ mm kann bei kurzer Auflagertiefe eine Übergreifung

E

mit Verankerungsschlaufen von d_s = 14 mm bzw. 16 mm sinnvoll sein, da der Biegerollendurchmesser dafür nur 4 d_s beträgt und die beiden Schlaufenschenkel im Abstand von 7 bzw. 8 cm verlaufen können. Bei direkter Lagerung ist eine horizontale Lage der Schenkel, bei indirekter eine vertikale günstig.

Tafel E.2.3 Kleinstmögliche Endauflagertiefe t_a für Verankerungen mit Stabende ohne Winkelhaken in cm

	direkte Lagerung			indirekte Lagerung		
	DIN	EC 2 für C		DIN	EC 2 für C	
d_s	1045	20/25	30/37	1045	20/25	30/37
12	11	14	12	15	29	23
14	12	16	13	17	33	26
16	13	18	15	19	38	29
20	15	22	18	23	47	36
25	18	27	21	28	56	44
28	20	29	23	31	63	48

Zur Aufnahme von Querzugwirkungen in einem Verankerungsbereich, auf den kein äußerer Querdruck wirkt, ist auf l_1 ($l_{b,net}$) eine Querbewehrung z. B. von insgesamt 25 % eines Stabquerschnitts einzulegen. Bei der Verankerung von Druckkräften strahlt die Verbundwirkung über das Stabende hinaus aus, so daß, soweit konstruktiv möglich, einer der Querbewehrungsstäbe vor dem Stabende anzuordnen ist, s. Abb. E.2.15.

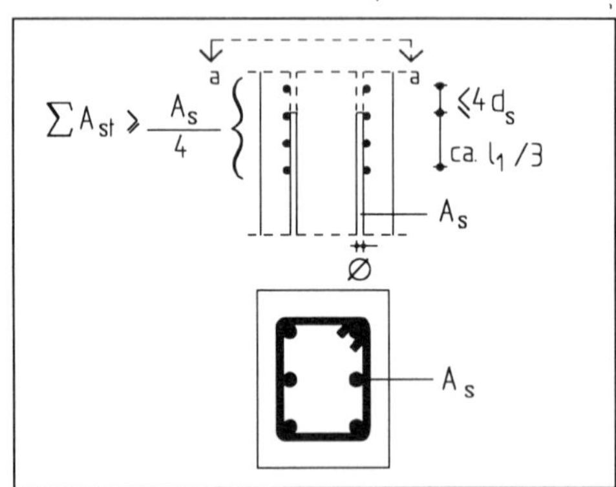

Abb. E.2.15 Empfohlene Querbewehrung bei der Verankerung von Druckstäben

Bei Platten darf die Querbewehrung innen liegen, falls d_{sl} < 16 mm, sonst ist sie außen anzuordnen.

Für Mattenbewehrungen gelten die Regeln wie für Stabstahl. Bei Doppelstäben (n = 2) wie auch für Bewehrungs-Stabbündel aus n Einzelstäben mit je d_s ist anstatt d_s der Vergleichsdurchmesser $d_{sV} = d_s \cdot \sqrt{n}$ eines flächengleichen Ersatzstabes für die Berechnung der Verankerungslängen anzusetzen.

2.4.3 Übergreifungsstöße

An Arbeitsfugen zwischen Betonierabschnitten und aufgrund begrenzter Lieferlänge können Verlängerungen, d. h. Stöße, von Bewehrungsstäben notwendig werden. Diese können durch Anlegen eines verlängernden Stabes mit Übergreifung auf der wirksamen Übergreifungslänge $l_ü$ ($l_{s,net}$) erfolgen. Aufgrund der stark gerichteten Verbundwirkung im Stoßbereich ist für die Übergreifungslänge $l_ü$ (l_s) die Verankerungslänge l_1 ($l_{b,net}$) zu vergrößern. Der Vergrößerungsfaktor $\alpha_ü$ bzw. $\alpha_{üm}$ (α_1 bzw. α_2) liegt zwischen 1,0 bzw. 1,1 und 2,2 (1,0 und 2,0) und ist für Stabstahl festzulegen in Abhängigkeit von dem Stabdurchmesser d_s und dem Anteil des gestoßenen Querschnittsanteils an der gesamten Querschnittsfläche sowie der Lage im Querschnitt.

Die Kraftübertragung kann man sich vereinfacht in der Stoßebene durch kleine, unter 45° geneigte Druckstreben zwischen den beiden Stäben vorstellen, s. Abb. E.2.16. Für eine direkte Stoßkraftübertragung sollen die Stäbe mit d_s direkt aneinander oder höchstens im lichten Abstand ≤ $4d_s$ angeordnet werden. Andernfalls wird für die Übergreifung eine vergrößerte Stoßlänge benötigt, z. B. entsprechend [ENV 1992-1-1 – 92], 5.2.4.1.1 nach Abb. E.2.17. Wegen der Verbundwirkungen um jedes Stoßpaar müssen Stoßpaare einen lichten Abstand von ≥ $2d_s$ aufweisen.

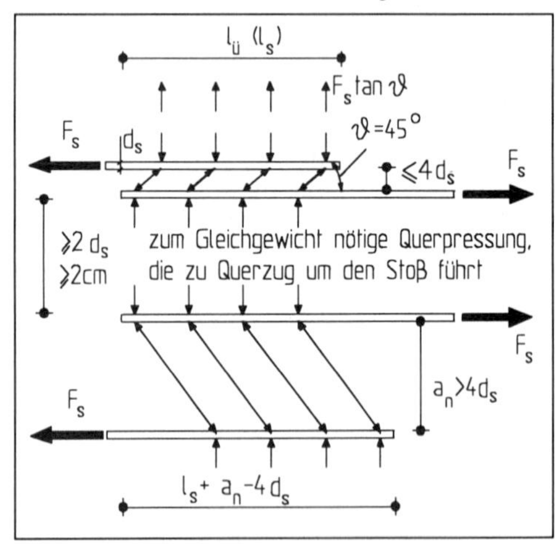

Abb. E.2.16 Verbundwirkung im Stoßbereich

Wegen der bei der Stoßkraftübertragung auftretenden Querzugkräfte muß bei Längsstäben mit d_s ≥ 16 mm Querbewehrung eingelegt werden entsprechend der Stoßkraft eines Stabes F_s für alle Stoßpaare in einer Stoßebene zusammen, wenn mehr als 20% des Querschnitts einer Bewehrungslage gestoßen wird. Die Stoß-Querbewehrung von insgesamt

$$\Sigma A_{sq} = \frac{F_s}{\beta_s/1{,}75} \quad (= \frac{F_s}{f_{yd}}) \tag{E.2.18}$$

soll je zur Hälfte in den äußeren Dritteln der Übergreifungslänge $l_ü$ (l_s) angeordnet werden, da am Anfang der Verbundlänge jedes Stabes die tatsächlichen Verbundspannungen größer sind und dort die Quervernadelung des Stoßbereichs am wirksamsten erfolgt. In Balkenstegen werden zweckmäßig die Bügel längs der Stabachse je auf $l_ü/3$ ($l_s/3$) so verdichtet, daß insgesamt F_s durch die Summe der Stäbe quer zum Stoß abgedeckt wird. Bei Stößen von Druckstäben ist die Querbewehrung entsprechend der Druckverankerung in Abb. E.2.15 bis mindestens um $4d_s$ über die Stabenden hinaus vorzusehen.

Bei Mattenbewehrung für einachsig gespannte Platten sind für die Übergreifung in Querrichtung je nach Stabdurchmesser d_{sq} (d_{st}) Übergreifungslängen $l_{üq}$ (l_{st}) in Querrichtung nach Tafel E.2.4 einzuhalten, aber mindestens s_l. Für Matten mit Querstabdurchmesser d_{sq} > 12 mm beträgt nach [E DIN 1045-1 –97] $l_{üq}$ (l_{st}) ≥ 50 cm.

Tafel E.2.4 Übergreifungslängen quer von einachsig gespannten Matten

in mm	$d_{sq} \leq 6{,}5$ ($d_{st} \leq 6$)	$6{,}5 < d_{sq} \leq 8{,}5$ ($6 < d_{st} \leq 8{,}5$)	$8{,}5 < d_{sq} \leq 12$
$l_{üq}$ (l_{st})	15 cm	25 cm	35 cm

Bei Matten mit Randeinsparung, d.h. bei Reduzierung des Längsstabquerschnitts im Bereich der Querübergreifung, muß $l_{üq}$ (l_{st}) mindestens die Breite des Randeinsparbereichs betragen, wenn Unterbewehrungen dort in Längsrichtung vermieden werden sollen. Die Breite des Randeinsparbereichs ist daher bei den Lagermatten R 295 und R 378 für $d_{sq} \leq$ 6 mm mit 20 cm statt l_{st} ($l_{üq}$) = 15 cm und bei K 664 bis K 884 für einen Stabdurchmesser in Querrichtung $d_{sq} \leq$ 8,5 mm mit 35 cm statt $l_{üq}$ (l_{st}) = 25 cm als Querübergreifung maßgebend, s. Abb. E.2.17.

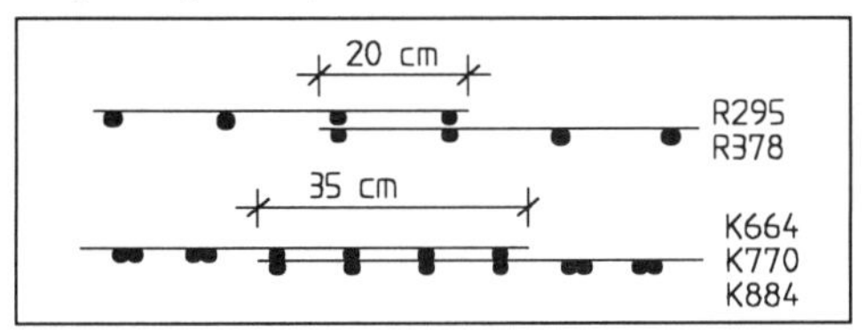

Abb. E.2.17 Matten mit für Querübergreifung maßgebender Randeinsparung

2.4.4 Mechanische Stoßverbindungen

Um Schalungsdurchdringungen von Bewehrungen zu vermeiden oder zur Reduzierung des Bewehrungsquerschnitts im Stoßbereich, zur Vermeidung langer Übergreifungslängen und für eine direkte Kraftübertragung, insbesondere bei dicken Bewehrungsstäben auf Druck, können statt Übergreifungsstöße direkte mechanische Stoßverbindungen durch Schweißung, Schraub- oder andere Art von Muffenverbindung wirtschaftlich und /oder konstruktiv sinnvoll sein.

Bei Schraubverbindung ist die Verwendung von GEWI-Betonstahl mit Rippengewinde nach Abb. E.2.18a besonders geeignet. Mit gleich- oder gegenläufigen Schraubmuffen sind flexibel Verlängerungen oder Zwischenanschlüsse möglich. Andere Schraubanschlüsse mit angearbeitetem Gewinde oder Muffen müssen mit passender anschließender Stablänge bestellt werden, z. B. die LENTO-Schraubverbindung nach Abb. E.2.18b oder der HALFEN-HBS-Schraubanschluß nach Abb. E.2.18c. Bei Muffenverbindungen wird im Stoß der Stabquerschnittsdurchmesser auf etwa 2fachen Durchmesser vergrößert. Schweißstöße durch Längsnaht zwischen aneinandergelegten Stäben kommen mit kurzen Stoßlängen von $10d_s$ aus. Bei Stößen mit Stumpfschweißung werden Querschnittsvergrößerungen im Stoß vermieden, so daß für Stützen höhere Bewehrungsquerschnitte von bis zu $0{,}09A_c$ ($0{,}08A_c$) möglich sind. Der Durchmesser sollte dann $d_s \geq$ 20 mm sein.

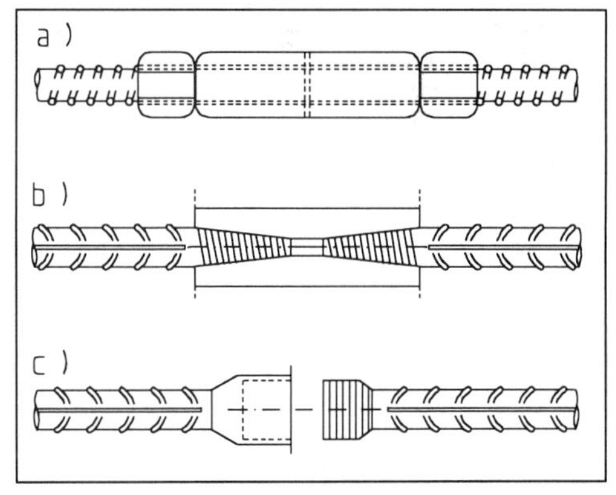

Abb. E.2.18 Beispiele für mechanische direkte Stoßverbindungen:
a) GEWI-Muffenverbindung
b) LENTO-Schraubverbindung
c) HALFEN-HBS-Schraubanschluß

2.5 Anforderungen aus Herstellung und baulicher Durchbildung

2.5.1 Mindestabmessungen

Abmessungen und Bewehrungsanordnung sind so zu gestalten, daß das Bauteil in der geforderten Ausführungsqualität kostengünstig hergestellt werden kann. Zum Einbringen des Betons und zur Sicherstellung einer angemessenen Dauerhaftigkeit sollen Bauteile nicht zu filigran und genügend robust geplant werden. In Tafel E.2.2 sind Mindest-Betonabmessungen für Ortbetonbauweise und für Fertigbauteile nach [DIN 1045 – 88] angegeben. Bei Platten mit Schubbewehrung sollte immer eine Plattendicke von ≥ 20 cm gemäß [ENV 1992-1-1 – 92], Abschnitt 5.4.3.3 gewählt werden.

Tafel E.2.2 Mindestabmessungen für Ortbetonbauteile/bei Fertigteilbauweise

Bauteil	[DIN 1045 – 88], gem. {Abschnitt}
Vollplatten:	{20.1, 22.2, 19.7.6}
- selten begangen	5 cm / 4 cm
- allgemein genutzt	7 cm / 5 cm
- mit PKW befahren	10 cm / 8 cm
- für Fahrzeuge > 2,5 t	12 cm[1] / 10 cm[1]
- punktförmig gestützt	15 cm[1] / 13 cm[1]
- Ortbetonverguß auf Fertigplatten	5 cm
Rippendecken:	{21.2.2}
- Plattendicke	0,1 x lichter Stegabstand ≥ 5 cm / 5 cm
- Rippenbreite	5 cm
Stützen, Druckglieder:	{25.2.1 und 25.3.2}
- Vollquerschnitt	20 cm / 14 cm[2]
- I-, L-, T-querschnitt	14 cm / 7 cm[2]
- Hohlquerschnitt	10 cm / 5 cm[2]
- Kreisquerschnitt umschnürt	Kern: d = 20 cm / 14 cm
Wände Vollquerschnitt:	{19.8.2, 23.3, 25.5.3}
- wandartige Träger	10 cm / 8 cm
- Wände unter Durchlaufplatten	10 cm / 8 cm
- Wände unter Einfeldplatten	12 cm / 10 cm
Fertigteilwände mit aufgelöstem Querschnitt:	{19.8.2}
- Querschnittsteile	0,1 x lichter Stegabstand ≥ 5 cm

1) Für Schubtragfähigkeit wird Erhöhung um 3 cm empfohlen!
2) Horizontal betoniert.

2.5.2 Anforderungen aus Schalung, Betoniervorgang, Arbeitsfugen

Untere und seitliche freie Flächen von Bauteilen müssen bei der Herstellung eingeschalt werden. Die Schalarbeiten sind bei möglichst großflächig ebenen Oberflächen am einfachsten. Profilierte, filigrane Oberflächen sollten im Ortbetonbau vermieden werden. Andernfalls sind diese so zu planen, daß ein Ausschalen ohne Beschädigung der Betonoberfläche erfolgen kann. Zueinander parallele Seitenflächen z. B. bei gegenüberliegenden rippen- oder kassettenartig gestalteten Oberflächen sollten dazu eine nach außen sich öffnende Neigung von ≥ 1:5 erhalten, s. Abb. E.2.19. Im Fertigteilbau kann diese schalungsabhängig kleiner gewählt werden.

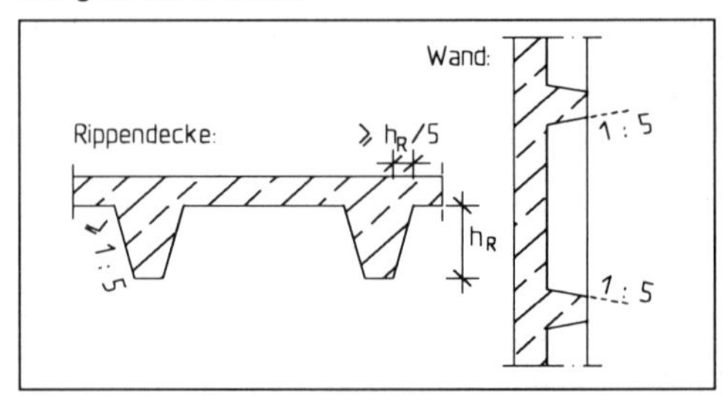

Abb. E.2.19 Schalungsgerechte Rippen-Profilierung

Obere Betonoberflächen können bis zu Neigungen zur Horizontalen von 30° ohne obere Schalung bei angepaßter Betonkonsistenz betoniert werden. Geneigte Betonoberflächen, z. B. an Fundamentoberseiten, oder obere Arbeitsfugen sollten bei Bewehrungsdurchdringungen < 30° geneigt sein. Wird bei Fundamenten zusätzlich die äußere Schalkante an die standfeste Neigung des Baugrunds angepaßt, so ist die Fundamentausführung ohne Schalungseinsatz nach Abb. E.2.20 möglich, die mit Sandpuffer auch für die Lagerung der Bodenplatte günstig ist. Horizontale oder schwach geneigte obere Schalungen sollten vermieden werden, da an deren Unterseite durch Lufteinschlüsse Hohlstellen und Kiesnester entstehen können und nur von außen eine Verdichtung möglich ist. Einfüll- und Verdichtungsöffnungen in diesen Schalungen verbessern die Verarbeitbarkeit, bedeuten jedoch erhöhten Aufwand.

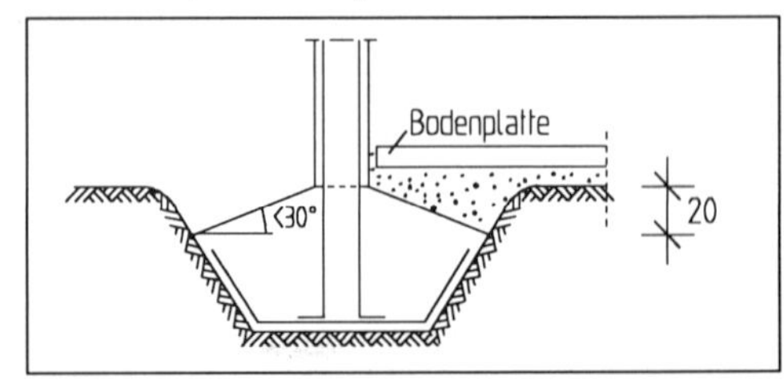

Abb. E.2.20 Fundament mit geneigter Oberfläche

Um den Beton qualitätsgerecht einbringen und verdichten zu können, sollten Rüttellücken zum Einführen der Rüttelflasche von ca. 7 cm x 7 cm im Bewehrungskorb vor allem in Balken und Unterzügen vorgesehen werden, und zwar in Abständen von etwa 0,80 m. Bei Verdichtung durch Außenrüttler, z.B. durch Rütteltische in Fertigteilwerken, sind Rüttellücken überflüssig. In Ortbetonstützen, aber auch in hohen Stegen mit mehr als 1,0 m Fallhöhe für den Frischbeton sollte zur Vermeidung von Entmischungsvorgängen der Beton von der Betonpumpe mit Hosenrohren durch die Bewehrung hindurch tief genug eingebracht werden können. Die Öffnungen dafür sollten einen Durchmesser von ca. 20 cm, mindestens aber 15 cm aufweisen, s. Abb. E.3.19.

Bewehrungsdurchführung durch seitliche Abschalungen an Arbeitsfugen sind bei Platten und niedrigen Balken einfach durch Absperrungen mit Streckmetall unter Erzielung einer rauhen Oberfläche zur Schubkraftübertragung möglich. Bei größerem Betondruck auf die seitlich abgeschalte Arbeitsfuge, z. B. bei durchlaufenden Wänden, ist eine vollständige geschlossene Abschalung erforderlich. Die seitliche kraftschlüssige Verlängerung von Bewehrungsstäben kann durch Muffenstöße nach Abschnitt E.2.4.4 oder Einbau von aufzubiegenden Anschlußbewehrungen in Verwahrkästen erfolgen, s. [DBV – 96.1].

Horizontale Arbeitsfugen werden bei Hochbauten in der Regel an der Unterseite und Oberseite von Deckenkonstruktionen angeordnet. Vertikale Bewehrungsstäbe müssen meist über der oberen Arbeitsfuge gestoßen werden. Druckbewehrungen von Stützenzügen ragen dann relativ lang über die Arbeitsfuge hinaus. Ein Schwanken der Stäbe beim Betonieren der Stütze sollte durch Eckstäbe mit $d_s \geq 20$ mm oder durch Zusammenbinden aller Längsstäbe am oberen Stabende begrenzt werden. Große Verformungen von horizontal in den Riegel abgebogener Stützbewehrung ist zu vermeiden, um Abweichungen von der planmäßigen Lage zu verhindern, s. Abb. E.2.21. Überstände an Arbeitsfugen sollten in der Planung möglichst gering gehalten werden.

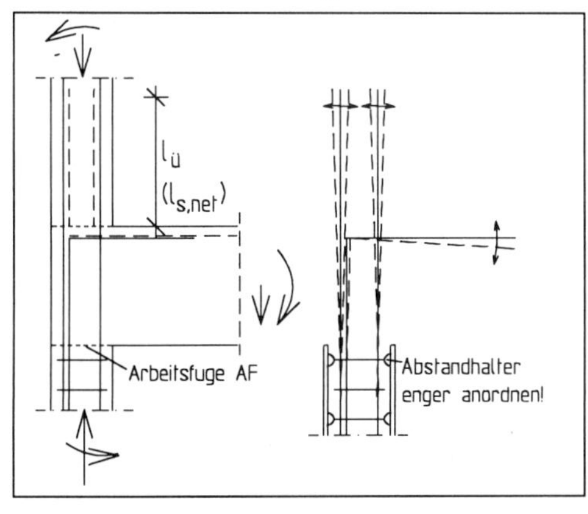

Abb. E. 2.21 Stoß von Stützenbewehrungen an einem Rahmenknoten

Arbeitsfugen sind für parallel zur Fuge wirkende Scherkräfte weniger tragfähig als monolithischer Beton. Bei horizontalen Arbeitsfugen können zudem Zementanreicherungen an der Betonoberfläche und Verschmutzungen als Gleitmittel wirken und die Reibwirkung herabsetzen. Die Tragfähigkeit von Arbeitsfugen „AF", z. B. der in Abb. E.2.22, kann gezielt durch einen Fugennachweis zwischen Fertigteil und Ortbeton in Anlehnung an [ENV 1992-1-3 – 94], Abschnitt 4.5.3.3 in Verbindung mit [NAD zu ENV 1992-1-3 – 95] festgestellt werden, der auch wirkende Druckspannungen und kreuzende Bewehrungen einbezieht.

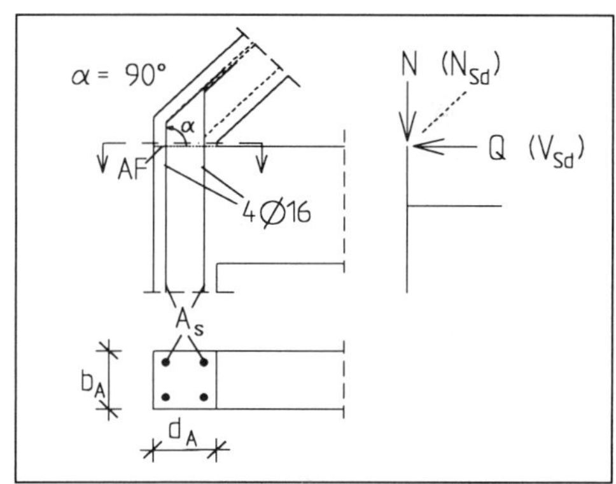

Abb. E.2.22 Arbeitsfuge unter einer geneigten Strebe

Über den Widerstandswert der Schubspannung τ_{Rdj} nach [ENV 1992-1-3 – 94], Gl. (4.190), s. Gl. (E.2.20) kann die Tragfähigkeit in horizontaler Richtung an der Arbeitsfuge über die aufnehmbare Scherkraft aufn Q_j (V_{Rdj}) nach Gl. (E.2.21) berechnet und der einwirkenden Kraft vorh Q_j (V_{Sd}) gegenübergestellt werden, s. Abb. E.2.22.

Aufnehmbare Schubspannung aufn τ_j (τ_{Rdj}):

$$\text{aufn } \tau_j = \tau_{Rdj} / 1{,}4 \qquad \text{(E.2.19)}$$

$$\tau_{Rdj} = k_T \cdot \tau_{Rd} + \mu \cdot \sigma_N + \rho \cdot f_{yd} (\mu \sin\alpha + \cos\alpha) \leq \beta \cdot \nu \cdot f_{ck} / 1{,}5 \qquad \text{(E.2.20)}$$

wobei zu setzen ist

τ_{Rd} Grundwert der Bemessungsschubfestigkeit nach [NAD zu ENV 1992 – 93] zu

$\tau_{Rd} = 0{,}09 \sqrt[3]{f_{ck}}$, s. a. Tafel E.2.5

σ_N wirksame Druckspannung senkrecht zur Arbeitsfuge (Druckspannung positiv)

$\sigma_N = -1{,}4N / (b_A \cdot d_A) \geq 0$

$(\sigma_N = -N_{Sd} / (b_A \cdot d_A) \geq 0)$

ρ Bewehrungsgrad $\rho = A_s/(b_A \cdot d_A)$ in der Fuge für unter Winkel α kreuzende Bewehrung A_s

f_{yd} Bemessungs-Stahlspannung
$f_{yd} = 1{,}4\beta_s / 1{,}75 = 0{,}8\beta_s$ $\quad (f_{yd} = f_{yk} / 1{,}15)$

ν Beiwert nach [ENV 1992-1-1 – 92], Gl. (4.20) zur Abminderung der Betondruckfestigkeit
$\nu = 0{,}7 - f_{ck}(\text{N/mm}^2)/200 \geq 0{,}5$, s. Tafel E.2.5

β, k_T und μ Beiwerte nach Tafel E.2.6

Tafel E.2.5 τ_{Rd} und ν für aufn τ_j nach Gl. (E.2.19)

Beton-klasse	in MN/m²		
	f_{ck}	τ_{Rd}	ν
B 15	12	0,20	0,64
B 25	20	0,24	0,60
B 35	29	0,275	0,555
B 45	37	0,30	0,515
B 55	45	0,32	0,50

Tafel E.2.6 Beiwerte für Fugennachweis nach [ENV 1992-1-3 – 94], Tab. 4.115 u. [NAD zu ENV 1992-1-3 – 95], R2

Fugenoberfläche:	k_T	μ	β
monolithisch (zum Vergleich)	2,5	1,0	0,5
verzahnt, gekerbt	2	0,9	0,5
rauh (Rauhtiefe ≥ 3mm, z. B. aufgerauht mit Rechen)	1,8	0,7	0,3
glatt (Fläche abgezogen o.ä. z.B. Extruderverfahren)	1	0,5	0,1
sehr glatt (gegen Stahl- oder glatte Holzschalung)	0	0,5	0,05
bei Zug senkrecht zur Fuge	0		

Bei Biegung mit Biegezugbeanspruchung in der Fuge muß eine ausreichend tragfähige und rißbeschränkende Bewehrung die Fuge kreuzen.

Der Tragwiderstand für Kraftwirkung parallel zur Arbeitsfuge ergibt sich zu

$$\text{aufn } Q_j = \text{aufn } \tau_j \cdot b_A \cdot d_A$$
$$(V_{Rdj} = \tau_{Rdj} \cdot b_A \cdot h_A) \qquad (E.2.21)$$

Falls aufn $Q_j <$ vorh Q_j ($V_{Rdj} < V_{Sd}$), d. h. wenn die Tragfähigkeit nicht ausreicht, ist für verstärkende Maßnahmen wichtig, wodurch der Widerstandswert festgelegt wurde. Ist der zweite Grenzwert auf der rechten Seite der Gl. (E.2.20) für τ_{Rdj} maßgebend, muß die Fuge stärker aufgerauht, profiliert oder ggf. mit einer anderen Neigung ausgebildet werden. Wurde τ_{Rdj} durch den linken Hauptteil festgelegt, kann eine Erhöhung der kreuzenden Bewehrung ausreichen.

Nachfolgend wird die Vorgehensweise an einem Beispiel für den Nachweis der Arbeitsfuge nach Abb. E.2.22 gezeigt:

Beton: B 25

Betonstahl: BSt 500 mit $\beta_s = 500$ N/mm²

Bewehrung: 4 ∅16 unter $\alpha = 90°$ mit
$A_s = 8{,}04$ cm²

An der Fuge wirkende maßgebende Kräfte:
$Q = 75$ kN; $N = -250$ kN

Fugenfläche: $b_A = 25$ cm; $d_A = 25$ cm

1. Annahme: Betonoberfläche wird nur abgezogen: „glatt"

Gl. (E.2.19) und (E.2.20): Berechnung der aufnehmbaren mittleren Schubspannung:

Tafel E.2.5: $\tau_{Rd} = 0{,}24$ MN/m²

$\sigma_N = -1{,}4N / (b_A \cdot d_A)$
$= (-1{,}4) \cdot 0{,}250 / (0{,}25^2) = 5{,}6$ MN/m²

$\rho = A_s / (b_A \cdot d_A) = 8{,}04 / (25 \cdot 25) = 0{,}0129$

$f_{yd} = 0{,}8\beta_s = 0{,}8 \cdot 500 = 400$ MN/m²

Tafel E.2.5: $\nu \cdot f_{ck} = 0{,}60 \cdot 20 = 12$ MN/m²

Tafel E.2.6 (glatt): $\beta = 0{,}1$; $k_T = 1{,}0$; $\mu = 0{,}5$

$\tau_{Rdj} = 1{,}0 \cdot 0{,}24 + 0{,}5 \cdot 5{,}6 + 0{,}0129 \cdot 400 \cdot (0{,}5 \cdot 1{,}0 + 0) \leq 0{,}1 \cdot 12 / 1{,}5$

$\tau_{Rdj} = 0{,}24 + 2{,}8 + 2{,}58 = 5{,}62 \leq \underline{0{,}80 \text{ MN/m}^2}$

aufn $\tau_j = 0{,}80 / 1{,}4 = 0{,}57$ MN/m²

Gl. (E.2.21): aufn $Q_j = 0{,}57 \cdot 0{,}25^2 = 0{,}0356$ MN
aufn $Q_j = 35{,}6$ kN < vorh $Q_j = 75$ kN!

Die Tragfähigkeit ist nicht gegeben!

Erhöhung der Tragfähigkeit nur durch Aufrauhen der Fuge möglich:

Tafel E.2.6 (rauh): $\beta = 0{,}3$; $k_T = 1{,}8$; $\mu = 0{,}7$

$\tau_{Rdj} = 1{,}8 \cdot 0{,}24 + 0{,}7 \cdot 5{,}6 + 0{,}0129 \cdot 400 \cdot (0{,}7 \cdot 1{,}0 + 0) \leq 0{,}3 \cdot 12 / 1{,}5$

$\tau_{Rdj} = 0{,}432 + 3{,}92 + 3{,}61 = 7{,}16 \leq \underline{2{,}4 \text{ MN/m}^2}$

aufn $\tau_j = 2{,}4 / 1{,}4 = 1{,}71$ MN/m²

Gl. (E.2.21): aufn $Q_j = 1{,}71 \cdot 0{,}25^2 = 0{,}107$ MN
aufn $Q_j = 107$ kN > vorh $Q_j = 75$ kN

Die Fuge ist ausreichend tragfähig!

3 Bewehrung in Normalbereichen mit stetigem Schnittkraftverlauf

3.1 Tragwirkungen in gerissenen Stahlbetonbiegetragwerken

Bei wirtschaftlich bemessenen Stahlbetontragwerken tritt Überschreiten der Betonzugfestigkeit und Rißbildung bereits unter Gebrauchslasten auf. Die Tragfähigkeit ist daher am gerissenen Tragwerk zu untersuchen und nachzuweisen. Dabei wird die Zugtragwirkung des Betons weitgehend vernachlässigt und Zug allein dem Bewehrungsstahl zugeordnet. Die innere Tragwirkung eines Balkens unter Biegung und Querkaft entspricht der eines Fachwerks, wie es mit dem *Mörsch*-Fachwerkmodell [Mörsch – 12] zur Querkraftwirkung bereits seit langem zugrunde gelegt wird. Entsprechende Stabwerkmodelle bestehen aus dem Obergurt entsprechend der Betondruckzone, der Biegezugbewehrung als Untergurt, den geneigten Druckstreben zum Querkraftabtrag und rechtwinklig oder geneigt angeordneten Zugstreben entsprechend der Neigung der eingelegten Schubbewehrung. Die Neigung der schrägen Druckstreben orientiert sich an der Richtung der Schubrisse. Sie kann infolge Kornverzahnung der Rißufer bei begrenzter Rißbreite voll tragfähig bis zu ca. 15° von der Rißrichtung abweichen. Die Stäbe und ihre Kräfte entsprechen zusammengefaßten jeweiligen Spannungs- und Kraftwirkungen des Betons einerseits und Bewehrungsstäben andererseits, s. Abb. E.3.1.

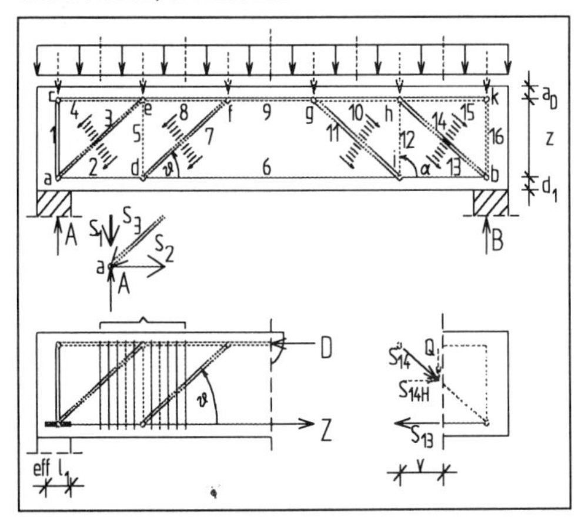

Abb. E.3.1 Stabwerkmodell und zugehörige innere Wirkungen für einen „Normalbereich“

Die Kraftweiterleitung in den Knoten des Modells entspricht der verteilten Weitergabe der Kraftwirkungen im Knotenbereich des Tragwerks. So wird am Endauflager a die schräge Strebenkaft S_3 durch die Zugkraft S_2 der Biegebewehrung in die vertikale Richtung der Auflagerkraft A umgelenkt. Dazu ist die horizontale Komponente der Strebenkraft S_3 des Betons über Verbund in die Bewehrung entsprechend Stab S_2 einzutragen. Die dafür notwendige Verbundkraft muß im Mittel am Knoten oder dahinter angreifen, so daß die wirksame Verbundlänge eff l_1 zu 50 % oder mehr hinter dem Knoten a liegen muß. Andernfalls ist die Tragfähigkeit der Knotenausbildung in a nicht ausreichend. Die Gesamttragfähigkeit des Tragsystems ist gegeben, wenn für alle Modellkomponenten bzw. für die ihnen entsprechenden Kraftwirkungen die Einzeltragfähigkeiten ausreichen bzw. nachgewiesen sind. Für den Nachweis der Drucktragfähigkeit ist Tafel E.2.1 zu beachten

In den „Normalbereichen“ unter Biegung mit Querkraft besteht das Stabmodell aus dem sich wiederholenden Teilmodell nach Abb. E.3.2, das aus Druckgurtstab D, Zuggurtstab Z, schräger Druckstrebe D_S und Zugstreben Z_S, hier als vertikale Hänger für rechtwinklige Bügelbewehrung mit der Neigung $\alpha = 90°$, gebildet wird.

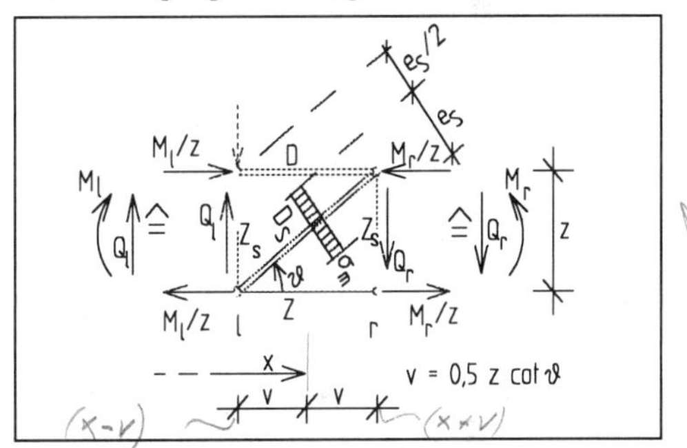

Abb. E.3.2 Teilmodell für den „Normalbereich“

Aus Gleichgewicht am charakteristischen Teilmodell, das für einen Abschnitt $2v = z \cot \vartheta$ gilt, oder über Stabkraftberechnung am Fachwerk mit Totalschnitt nach *Ritter* ergibt sich für am oberen Rand auf Druck eingeleitete Einwirkungen (siehe auch Seite D.40):

$$Z = \frac{M_l}{z} = \frac{M_{(x+v)}}{z}\,; \quad D = \frac{M_r}{z} = \frac{M_{(x-v)}}{z}$$

$$D_S = \frac{Q_{(x)}}{\tan\vartheta}\,; \qquad Z_{S(x-v)} = Q_{(x)} \qquad \text{(E.3.1)}$$

Gegenüber einer Querschnittsbemessung für $M_{(x)}$ ergibt sich am Stabwerkmodell, daß an der Stelle x die Biegezugkraft Z größer und die Biegedruckkraft D kleiner wird.

3.2 Biegebewehrung und Zugkraftdeckung in Biegetragwerken

Der praktische Nachweis der Biegetragfähigkeit und die Bemessung der Biegebewehrung erfolgen ausgehend von der Querschnittsbemessung in x für die jeweils maßgebenden Schnittgrößen $M_{(x)}$ und $N_{(x)}$. Die so längs der Stablänge ermittelte erforderliche Zugtragfähigkeit $Z_{(x)}$ bzw. bei reiner Biegung von $M_{(x)}/z$ gehört gemäß wirklichkeitsnahem Stabmodell tatsächlich zu Querschnitten im Abstand a gleich dem Versatzmaß v (a_l). Die abzudeckende maßgebende Zugkraftlinie aus der Lasteinwirkung ist die seitlich jeweils vergrößernd um das Versatzmaß v (a_l) versetzte Linie, siehe das Beispiel in Abb. E.3.3 für das Endfeld eines Trägers unter Gleichlast und Einzellast nahe der ersten Innenstützung, wobei v nach [DIN 1045 – 88], Tab. 25 je nach Schubbereich und Neigung der Schubbewehrung festgelegt ist zwischen $0{,}25h$ und $1{,}0h$.

(Für das Versatzmaß a_l nach [ENV 1992-1-1 – 92] gilt: $a_l = 0{,}5z\,(\cot\vartheta - \cot\alpha)$ (E.3.2))

Die durch Bewehrung bereitgestellte Tragfähigkeit, gegeben durch die Zugkraftdeckungslinie, muß immer größer oder höchstens gleich dieser Einwirkungslinie sein. Einzelne Bewehrungsstäbe dürfen rechnerisch dort enden, wo die Tragfähigkeit aus der weitergeführten Bewehrung die Einwirkungslinie ausreichend abdeckt. Bis zum tatsächlichen Stabende muß die Verankerungslänge l_1 ($l_{b,net} > d$) noch hinzugefügt werden, damit am rechnerischen Stabendpunkt der endende Stab tragfähig zur Verfügung steht. Bis zum Stabende muß die Verankerungslänge mindestens l_1 betragen, und bei $d_s \geq 16$ mm sogar $\alpha_1 \cdot l_0$, d.h. bei geraden Stabende wegen $\alpha_1 = 1{,}0$ sogar l_0 ($l_{b,net} > d$).

Bei Weiterführung eines Stabes als Schrägaufbiegung für Schub aus Querkraft ist bis zur Aufbiegung kein Zuschlag für Verankerungslänge erforderlich. Die Deckungslinie für Bewehrungsabstufung mit Schrägaufbiegungen ist in dem in Abb. E.3.3 gegebenen Endfeld rechts dargestellt für Schubbewehrung, kombiniert aus rechtwinkligen Bügel und Schrägstäben unter $\alpha = 45°$. Das Versatzmaß v springt bei Änderung der Schubabdeckung von rechtwinkligen Bügeln allein zu der kombinierten Schubbewehrung um $0{,}25h$. In der linken Hälfte des Endfelds ist die Abstufung und Abdeckung mit geraden Stabenden gezeigt. Für eine zugehörige ausreichende Endverankerungslänge ist die Feldbewehrung im Endfeld meist nahezu vollständig zum Endauflager zu führen.

Werden Biege-Druckbewehrungen an direkt gestützten Innenauflagern erforderlich, dürfte eigentlich das Versatzmaß für die Biegedruckbewehrung verkleinernd angesetzt werden und z. B. für die Druckbewehrung am Stützenanschnitt eine Querschnittsbemessung im Abstand v (a_l) vom Anschnitt zugrunde gelegt werden. Dadurch könnte dann die Biege-Druckbewehrung verringert werden oder gegebenenfalls ganz entfallen.

Bei Verwendung von Stabstahl ist eine passende Ablängung für die Abstufung der Biegebewehrung ohne Mehraufwand bei der Bauausführung möglich und wegen Materialeinsparung in der Regel wirtschaftlich. Auf die geeignete Wahl des Durchmessers bei Stabstählen wurde in Abschnitt E.2.3 eingegangen. Bei der Verwendung von Betonstahlmatten sollten die begrenzten Lieferlängen, der Aufwand für das Schneiden und die notwendigen Vorhalteflächen auf der Baustelle Gesichtspunkte für die Planung sein.

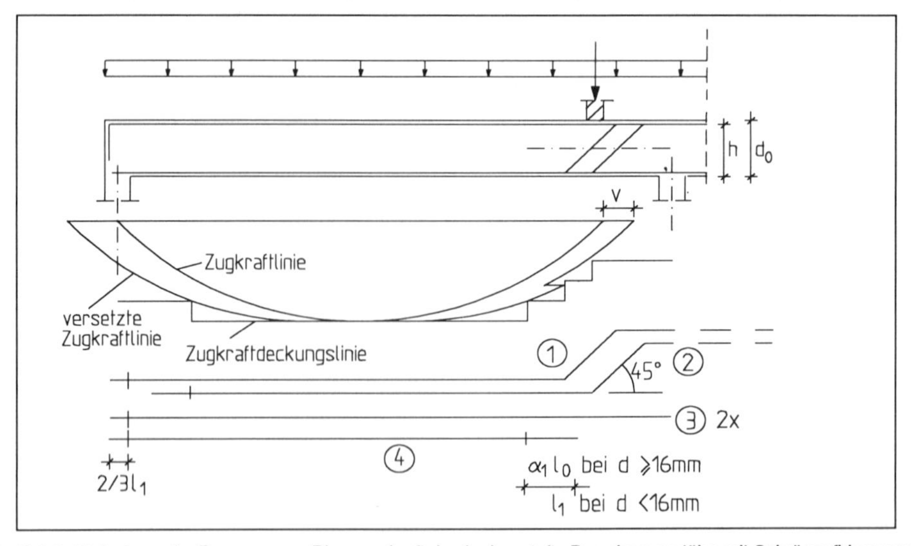

Abb. E.3.3 Abdeckung der Bemessungs-Biegezugkraft durch abgestufte Bewehrungsstäbe mit Schrägaufbiegungen

Da der Materialpreis im Verhältnis zu Arbeitskosten inzwischen relativ gering ist mit weiter abnehmender Tendenz, ist die Minimierung der Anzahl von Mattenschnitten und von Mattentypen und -positionen vorrangig gegenüber einer verfeinerten Abstufung der Bewehrung. Bei der Verwendung von Lagermatten sollten möglichst entweder ganze Matten verwendet werden oder Mattenteile, die mit wenigen Schnitten gefertigt werden, wie halbe, Drittel- oder Viertelmatten. Bei Plattenfeldern mit Feldlängen bis zu 6 m ist eine einzige durchgehende Matte von Auflager zu Auflager sinnvoll. Bei größeren Spannweiten ist eine Aufteilung der erforderlichen Bewehrung auf zwei gleiche Lagermatten und eine Anordnung nach Abb. E.3.4a oder E.3.4b zu empfehlen. Querstöße der verschiedenen Matten sind so zu versetzen, daß in einem Stoßbereich immer nur höchstens eine Matte zusätzlich vorhanden ist, s. z. B. Abb. E.3.4b. Bei oberer Bewehrung in Stützbereichen ist ähnlich zu verfahren. Bei größeren Plattenfeldern kann die Verwendung von Listenmatten über die gesamte Feldlänge am wirtschaftlichsten sein, s. a. Abschnitt 5.1.2.

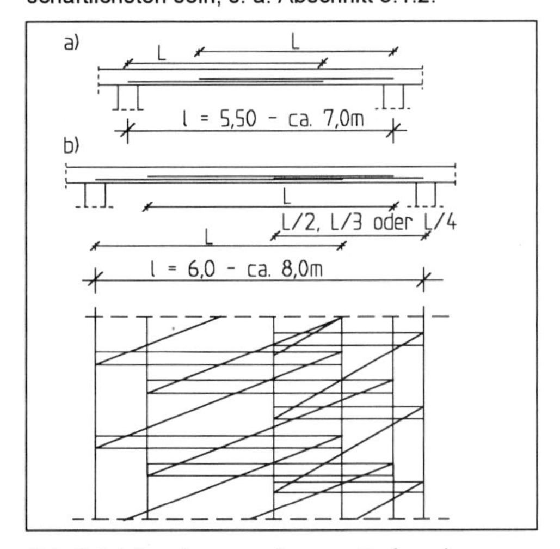

Abb. E.3.4 Anordnung von Lagermattenbewehrung

Zweiachsig gespannte Platten werden überwiegend orthogonal bewehrt. Die Hauptbeanspruchungen in Richtung der Hauptkrümmungen der Verformungsfigur bei m_{xy} = 0 verlaufen aber nur in wenigen Punkten der Platte parallel zu den orthogonalen Bewehrungsrichtungen, z. B. unter extremaler Momentenbeanspruchung. Ausreichende Tragfähigkeit für Bewehrungen in den orthogonalen Richtungen x und y wird erreicht durch Erhöhung der Momente m_x und m_y auf Bemessungswerte m_{ux} und m_{uy} für Bewehrung an der Plattenunterseite sowie m'_{ux} und m'_{uy} für Bewehrung an der Plattenoberseite in Abhängigkeit von Drillmomenten m_{xy}, z. B. nach [Baumann – 72].

Als Plattenbewehrung muß in allen Zugbereichen mindestens eine ausreichend rißbeschränkende Mindestbewehrung nach [DIN 1045 – 88], 17.6.2 eingelegt werden. Die statisch erforderliche Bewehrung wird, ausgehend von den extremal beanspruchten Querschnitten, im Feld und an der Stützung festgelegt und kann unter Einhaltung von Versatzmaß, Verankerungs- und/oder Übergreifungslänge abgestuft werden. Bei zweiachsig gespannten Platten entsprechen die erforderlichen Feldbewehrungen selten dem Bewehrungsverhältnis a_{sx}/a_{sy} der Lagermatten von 1:1 oder 5:1. Falls nicht Listenmatten oder nur Stabstahlbewehrungen vorgesehen werden, können Lagermatten und dünne Stabstähle mit d_{sl} = 6 mm bis 12 mm vorteilhaft so kombiniert werden, daß eine für Längs- oder Querrichtung ausreichende Lagermatte gewählt wird und Einzelstäbe in noch erforderlichem Querschnitt zugelegt und in notwendiger Länge und erforderlichem Abstand auf der Matte verteilt werden, s. Abschnitt 5.1.2. Die Anordnung von Lagermatten kann analog zu Abb. E.3.4 je nach Spannweite l_y erfolgen.

Falls die obere Bewehrung nur über kleinere begrenzte Plattenbereiche verlegt werden muß, ist mit Lagermatten eine Anordnung nach Abb. E.3.5 günstig. Für die nach [DIN 1045 – 88], 20.1.6.4 geforderte Drillbewehrung in dem Eckbereich von frei drehbar gelagerten Rändern auf 0,3 l_x x 0,3l_x, wobei $l_x \leq l_y$, werden die Drillbeanspruchungen durch eine kreuzweise Bewehrung entsprechend dem maximalem Feldquerschnitt gut abgedeckt. Bei Abheben der Plattenecke infolge unzureichender Auflast oder unzureichender Rückverankerung sind die Plattenschnittgrößen mit Ansatz einer ggf. bis auf Null verminderten Plattendrillsteifigkeit zu berechnen.

Ausgehend von den maximalen Feldmomenten, die mit voller Plattendrillsteifigkeit berechnet worden sind, können für Fälle ohne Plattendrillsteifigkeit die erhöhten Feldmomente über Erhöhungsfaktoren nach [Grasser/Thielen – 91] ermittelt werden. Bei nur teilweiser Verringerung der Plattendrillsteifigkeit sind die Erhöhungsfaktoren anteilig einzubeziehen.

Ohne Ansatz von Drillsteifigkeit ist statisch keine obere Eckbewehrung entsprechend der Matte Q_1 in Abb. E.3.5 erforderlich. Es sollte jedoch in diesem Eckbereich und in den Ecken aller kontinuierlich gelagerten und nicht eingespannten Ränder von Plattenfeldern oben und unten eine rißbeschränkende orthogonale Mindestbewehrung im Eckbereich von etwa 0,15 % vorhanden sein.

Für Tragwirkung und Rißbeschränkung ist eine Bewehrung in Hauptzugrichtung wirksamer, s. [DIN 1045 – 88], Bild 49, d.h. an der Plattenoberseite parallel zur Eckdiagonalen und unten senkrecht dazu. Dies ist aber selten praktikabel.

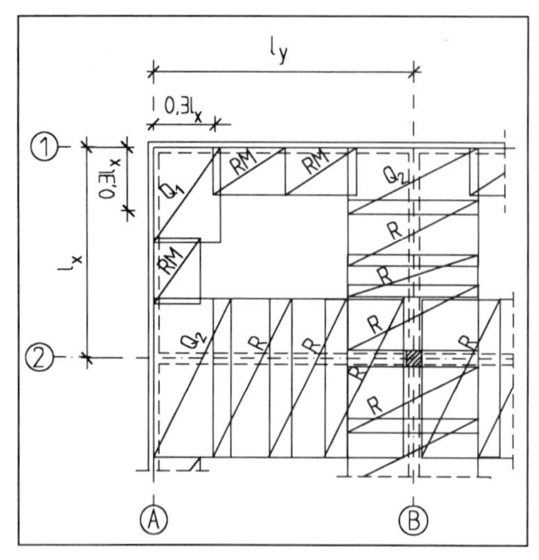

Abb. E.3.5 Bewehrung an der Plattenoberseite eines zweiachsig gespannten Platteneckfelds

3.3 Bewehrungen für Zugwirkungen aus Querkraft

Der Querkraftabtrag erfolgt im gerissenen Stahlbeton über schräg unter dem Winkel ϑ zur Achse verlaufende Druckstreben im Beton von der Biegedruckzone zur Biegezugzone und durch senkrechte oder unter α geneigte Schubbewehrung entsprechend den Zugstreben im Modell, die z. B. in den Abbn. E.3.1 und E.3.2 mit $\alpha = 90^\circ$ senkrecht angeordnet wurden. Durch Schubbewehrung werden die über schräge Druckstreben in Richtung Auflager in die Biegezugzone geführten Querkraftwirkungen jeweils in die Biegedruckzone und zur nächsten schrägen Druckstrebe zurückgehängt. Der entsprechende Weg der Querkraftabtragung aus mittiger Einzellast zum linken Auflager hin ist in Abb. E.3.6 dargestellt.

Die Kräfte der Zugstreben in Abb. E.3.6, die den Zugwirkungen aus Querkraft entsprechen, sind durch Bewehrung aufzunehmen und abzudecken. Dazu sind als Schubbewehrung geeignet, siehe dazu auch [DIN 1045 – 88], Bild 25 bis 28 (bzw. [ENV 1992-1-1 – 92], Bild 5.7 und 5.15):

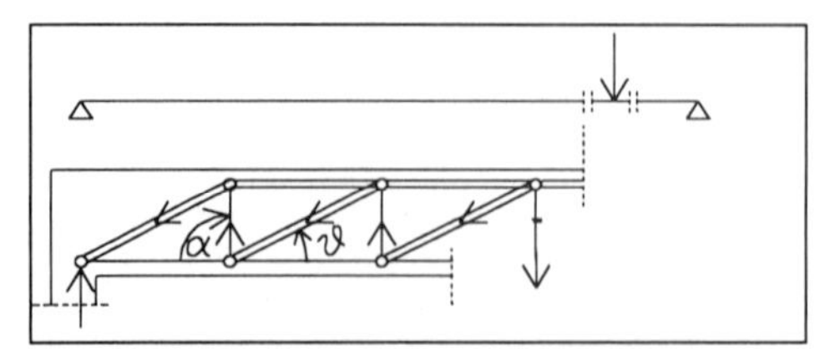

Abb E.3.6 Weiterleitung einer Querkraft zum Auflager

- Bügel, die die Längszugbewehrung umschließen und in die Biegedruckzone ausreichend kraftschlüssig einbinden gemäß Abb. E.3.7
- Schrägstäbe, z. B. aus aufgebogenen Längsstäben, mit einer Neigung von $\alpha \geq 45^\circ$; bei Platten und nur einer Aufbiegung gilt $\alpha \geq 30^\circ$
- Schubzulagen, die zwar die Längsbewehrung nicht umfassen, die aber im Zug- und Druckbereich ausreichend verankert sind

Nach [DIN 1045 – 88] ist ein Mindestbügelanteil entsprechend $\tau_{bü} = 0{,}25\tau_0$ gefordert, der 62,5 % für Schubbereich 1 beträgt und zum Schubbereich 3 bis auf 25 % abfällt. Nach [ENV 1992-1-1 – 92] müssen mindestens 50 % der abzudeckenden Querkraft über Bügel aufgenommen werden. Nur in Platten, bei denen Schubbewehrung statisch erforderlich ist, darf die Schubabdeckung vollständig ohne Bügel erfolgen.

Bügel sollen möglichst den gesamten Querschnitt umfassen und in der Druckzone geschlossen werden, damit aus dem Querschnitt nach außen gerichtete verteilende Kraftwirkungen ggf. durch die Querschenkel der Bügel aufgenommen werden können, s. Abb. E.3.7 oben. Für ein leichteres Einbringen der Längsbewehrung ins Innere der Bügel kann es sinnvoll oder bei Mattenbewehrungen sogar notwendig sein, offene Bügel zu verwenden. Jeder Bügel ist dann oben durch Querstab oder bei Plattenbalken durch die oben vorhandenen Stäbe einer quer eingelegten Bewehrungsmatte zu schließen, s. Abb. E.3.7. Damit Bügel nicht nur die Zugstrebenkräfte Z_S, s. Abb. E.3.2, durch die beiden seitlichen Schenkel aufnehmen können, sondern auch die nach außen gerichteten Druckausstrahlungen, müssen sie auch horizontal in gewissem Maße kraftschlüssig sein. Dazu sollte der Bügelstoß in der Biegedruckzone vorgesehen werden, s. Abb. E.3.7a bis c für verschiedene Bügelformen. Liegt der Bügelstoß in der Zugzone, muß die Übergreifungslänge $l_ü$ (l_s) eingehalten werden, s. Abb. E.3.7e und f . Bei offenen Bügeln mit Querstab ist bei nach innen gebogenen Bügelenden gemäß Abb. E.3.7g und h die Tragwirkung besser im Vergleich zu nach außen gebogenen Bügelenden gemäß i und j, bei denen das Einlegen von Längsstäben einfacher möglich ist. Die oberen Querstäbe (d_s) sollten mindestens seitlich überstehen um $l_1 \geq 10d_s \geq 10$ cm ($l_{b,net}$). Sie können bei Auslagerung zweckmäßig die in den Flansch ausgelagerten Stäbe aufnehmen und sind dafür ausreichend lang zu wählen, s. Abb. E.3.7j.

Zur Lagesicherung beim Betonieren werden Bügel und Längsstäbe an allen Knotenpunkten durch Rödeldraht oder auf andere Weise fest zu einem steifen Bewehrungskorb verbunden. Die richtige Lage der Längsbewehrung, die die tatsächliche statische Nutzhöhe bestimmt, kann bei

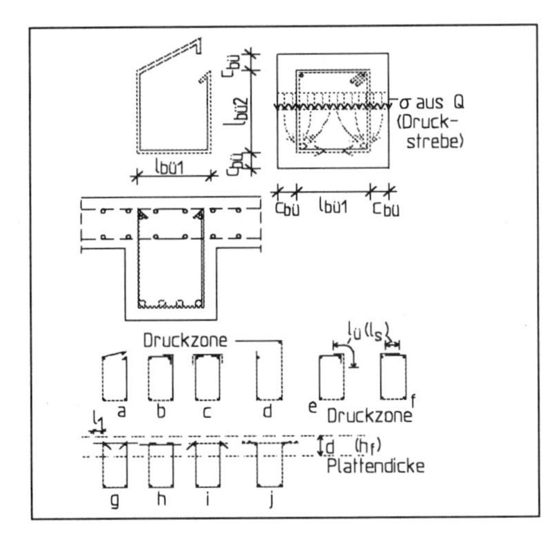

Abb.E.3.7 Offene und geschlossene Querkraftbügel

der Herstellung nur erreicht werden, wenn im Bügelauszug alle Schenkel mit dem planmäßig korrekten Außenmaß, möglichst auf 0,5 cm genau, vermaßt werden. Andernfalls kann die obere und seitliche Betonüberdeckung auf ganzer Balkenlänge zu klein oder zu groß werden und im letzteren Fall die planmäßige Nutzhöhe insbesondere für die obere Bewehrung bei negativen Momenten nicht erreicht werden.

Für die Querkraftbemessung in [DIN 1045 – 88] sind im zugrunde liegenden Fachwerkmodell gemäß Abb. E.3.2 Druckstrebenneigungen für den Schubbereich 3 von ϑ = 45° sowie für Schubbereiche 1 und 2 implizit flachere Strebenneigungen als 45° zugrunde gelegt. Die abzudeckende Zugkraft und Bewehrung ist für rechtwinklige Bügel in Tafel E.3.1 in Abhängigkeit von $\tau_0\, b$ für ausgezeichnete Werte τ_0 mit zugeordneten impliziten Druckstrebenneigungen ϑ angegeben.

Bei der Bemessung nach [ENV 1992-1-1 – 92] in Verbindung mit [NAD zu ENV 1992-1-1 – 93] für Querkraft kann hingegen die Druckstrebenneigung ϑ unabhängig von der Beanspruchungshöhe frei zwischen 30° und 60° gewählt werden. Die zugeordneten Bemessungsergebnisse sind Tafel E.3.2 zu entnehmen. Die niedrigste Schubbewehrung ergibt sich für ϑ = 30°, s. Abb. E.3.2.

Tafel E.3.1 Ergebnisse der Schubbemessung für rechtwinklige Bügelbewehrung nach [DIN 1045 – 88] für Werte τ_0 mit zugehöriger Strebenneigung ϑ

τ_0	ϑ	$a_{sbü}\,\beta_s/1{,}75$	v
$\leq 0{,}63\,\tau_{02}$	21,8°	$0{,}4\,\tau_0\,b$	$1{,}0\,h$
$0{,}8\,\tau_{02}$	32,6°	$0{,}64\,\tau_0\,b$	$1{,}0\,h$
$\geq \tau_{02}$	45°	$1{,}0\,\tau_0\,b$	$0{,}75\,h$

Tafel E.3.2 Ergebnisse der Schubbemessung nach [ENV 1992-1-1 – 92] für rechtwinklige Schubbewehrung für verschiedenen Streben neigungen ϑ

ϑ	$D_S/e_S = \sigma_{cm}\,b$	$Z_S/2a = a_{sw}\,f_{yd}$	a_l
30°	$\mathbf{-2{,}31\,V_{(x)}/z}$	$\mathbf{0{,}577\,V_{(x)}/z}$	$\mathbf{0{,}866\,z}$
45°	$-2{,}0\,V_{(x)}/z$	$1{,}0\,V_{(x)}/z$	$0{,}5\,z$
60°	$-2{,}31\,V_{(x)}/z$	$1{,}732\,V_{(x)}/z$	$0{,}288\,z$

Bei Längszugkräften mit Biegung und der Nullinie außerhalb des Querschnitts ist die zulässige Schubspannung auf maximal τ_{02} zu begrenzen bzw. sind Einschränkungen bei der Wahl der Druckstrebenneigung ϑ zu beachten!

Wird die Drucktragfähigkeit, die τ_{03} (V_{Rd2}) entspricht, mit wachsendem Wert τ_0/τ_{03} (V_{Sd}/V_{Rd2}) höher ausgenutzt, muß für eine möglichst gleichmäßig verteilte Kraftwirkung im Beton bei Schubbereich 3 durch Wahl enger Bügelabstände von $0{,}3d_0 \leq 15$ cm* ($0{,}3d \leq 20$ cm) gesorgt werden. Hingegen kann im Schubbereich 1 bei niedriger Ausnutzung hingenommen werden, daß diese Abstände bis zu $0{,}8d_0 \leq 25$ cm* ($0{,}8d \leq 30$ cm) weit auseinanderliegen. Selbst bei den dann auftretenden größeren Schwankungen der schrägen Druckspannungen längs der Achse wird örtlich die Druckfestigkeit nicht erreicht. Bei Ansatz von $\sigma_s \leq 240$ MN/m dürfen die mit * gekennzeichneten Werte um 5 cm vergrößert werden

Die Mindestabstände $s_{bü}$ der Schubbewehrung in Längs- und Querrichtung sind je nach dem Ausnutzungsgrad der Drucktragfähigkeit τ_0/τ_{03}, (bzw. V_{Sd}/V_{Rd2}) festgelegt in [DIN 1045 – 88], Tab. 26 (bzw. [ENV 1992-1-1 – 92], 5.4.2.2 (7)).

Die Schubbewehrung kann längs der Stabachse beanspruchungsabhängig einfach abgestuft werden, wenn bei maximaler Querkraft an der Stützung für erf $a_{sbü}$ ($a_{sbü,req}$) der Bügeldurchmesser so gewählt wird, daß sich ein Bügelabstand von etwa 10 cm ergibt. Etwa durch jeweilige Verdoppelung des Bügelabstands ist für gleiche Bügel eine einmalige oder zweimalige Abstufung zuletzt bis zu dem zulässigen Grenzwert der Bügelabstände oder dem Abstand, der sich aus dem Mindestbügelquerschnitt ergibt, wirtschaftlich, s. Abb. E.3.8, linker Teil.

Schrägaufbiegungen in Balken sind im Regelfall weniger praxisgerecht und in am Markt verfügbaren EDV-Bemessungsprogrammen normalerweise nicht vorgesehen. Bei auflagernahen Einzellasten, z. B. aus quer aufgelagerten tragenden Wänden mit hohen Querkraftbeanspruchungen, sind Schrägaufbiegungen jedoch konstruktiv sehr geeignet, Spitzen in der Querkraftbeanspruchung bei durchgehend gleichem Bügeldurchmesser abzudecken, s. Abb E.3.8.

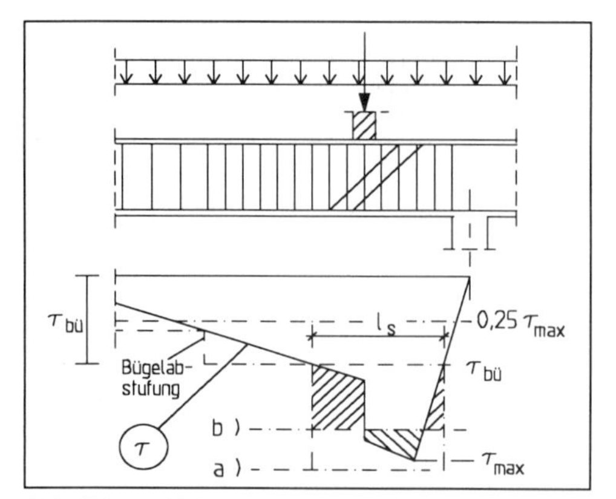

Abb. E.3.8 Abdeckung der Schubbewehrung durch Bügel und Schrägaufbiegungen

Ausgehend von den Ergebnissen der Bemessung üblicher Berechnungsprogramme mit Abstufung der Biegebewehrung und mit Schubbewehrung durch rechtwinklige Bügel, können Schrägaufbiegungen nachträglich leicht von Hand eingeplant werden. Dazu müssen die Feld- und Stützbewehrung für gleichen Bewehrungsdurchmesser bemessen worden sein, zugeordnete Abstufungspunkte und die abzudeckende Querkraft- oder die Bügelbewehrungslinie für erf $a_{sbü}$ ($a_{sbü,req}$), z. B. aus dem Programm, vorliegen. Mögliche Schrägaufbiegungen können dann in vier Schritten, wie folgt angegeben, nachträglich in praxisgerechter Vereinfachung eingeplant werden. Aus der Biegebewehrung verfügbare Schrägaufbiegungen werden in zugeordnete äquivalente Bügelbewehrung umgerechnet und die Bügelbewehrung entsprechend verringert. Dazu ist vorzugehen:

0. Aus einer EDV-Berechnung liegen die Verläufe der maßgebenden Schnittgrößen und die Ergebnisse der Biege- und Schubbemessung (Bügel) grafisch oder tabellarisch vor.
1. Im betrachteten Schubbereich sind mögliche Abstufungspunkte der Biegebewehrung an der Ober- und Unterseite festzustellen.
2. Aus dem Verlauf der maßgebenden τ-Linie (Querkraftlinie V_{Sd}) ist der Balkenabschnitt l_{S0} festzulegen, für den $\tau \geq 0{,}25\tau_0$ gilt, entsprechend der erforderlichen Mindestbügelbewehrung im maßgebenden maximal beanspruchten Querschnitt (bzw. $V_{Sd} \geq 0{,}5 \max V_{Sd}$).
3. Bereich und die Anzahl n_{S0} der so insgesamt dort möglichen Schrägaufbiegungen sind zu ermitteln. Dabei sollte die erste Abbiegung so nah wie möglich an die Stütze gelegt werden. Die Neigung der Schrägaufbiegung zur Stabachse muß $\alpha \geq 45°$ betragen.

   Der Abstand s_S zwischen Schrägaufbiegungen und damit ihre Wirkungslänge darf höchstens betragen

   $s_S = 1{,}5h$ für Balken im Schubbereich 2 und für Platten bzw.
   $s_S = 1{,}0h$ im Schubbereich 3
   (bzw. $s_S = 0{,}6d\,(1 + \cot\alpha)$)

   Aufbiegungen sind danach maximal möglich in einem Bereich $l_{S0} \leq n_S \cdot s_S$. Bei Aufbiegung an einer einzigen Stelle gilt $l_{S0} \leq 2h$ ($\leq 2d$).
4. Durch Vergleich von 2. und 3. ergibt sich die im Bereich l_{S0} mögliche oder günstigste Anzahl von Schrägaufbiegungen $n_S \leq n_{S0}$ und die mögliche Länge der Schrägabdeckung $l_S \leq l_{S0}$. l_{S0} kann beidseitig durch Einschneiden vergrößert werden, s. nachfolgendes Zahlenbeispiel. n_S Schrägstäbe unter dem Winkel α mit Querschnitt von je A_{sS} ergeben im Abschnitt l_S eine mittlere anteilige Schubdeckung τ_S (Querkraftdeckung $V_{Rd3,S}$) von:

$$\tau_S = \frac{n_S\,A_{sS}}{l_S}\,\frac{\beta_s}{1{,}75}\,\frac{\sin\alpha + \cos\alpha}{b_0}$$

$$\text{für } \alpha = 45°\text{: } \tau_S = \frac{n_S\,A_{sS}}{l_S}\,\frac{\beta_s}{1{,}75}\,\frac{\sqrt{2}}{b_0} \qquad \text{(E.3.5)}$$

$$\left(V_{Rd3,S} = \frac{n_S\,A_{sS}}{l_S}\,f_{ywd}\,z\,(\cot\vartheta + \cot\alpha)\sin\alpha\right.$$

für $\alpha = 45°$:

$$\left.V_{Rd3,S} = \frac{n_S\,A_{sS}}{l_S}\,f_{ywd}\,z\,\frac{1 + \cot\vartheta}{\sqrt{2}}\right) \qquad \text{(E.3.6)}$$

bzw. einer den Schrägaufbiegungen äquivalenten lotrechten Bügelbewehrung $a_{sbü,S}$ von:

$$a_{sbü,S} = \frac{n_S\,A_{sS}}{l_S}\,(\sin\alpha + \cos\alpha)$$

$$\text{für } \alpha = 45°\text{: } a_{sbü,S} = \frac{n_S\,A_{sS}}{l_S}\,\sqrt{2} \qquad \text{(E.3.7)}$$

$$\left(a_{sbü,S} = \frac{n_S\,A_{sS}}{l_S}\,\left(1 + \frac{\cot\alpha}{\cot\vartheta}\right)\sin\alpha\right.$$

$$\left.\text{für } \alpha = 45°\text{: } a_{sbü,S} = \frac{n_S\,A_{sS}}{l_S}\,\frac{1 + 1/\cot\vartheta}{\sqrt{2}}\right) \qquad \text{(E.3.8)}$$

Häufig wird bei der angegebenen Vorgehensweise der Spitzenwert des Bemessungswerts der Schubspannung (Querkraft) durch die mittlere Wirkung von n_S Schrägstäben zusammen mit einer Grundbügelabdeckung für $\geq 0{,}25\tau_0$ (≥ 50 %) reichlich abgedeckt, s. Linie a in Abb. E.3.8.

Wird die Querkraftlinie einschließlich der mittleren Abdeckung durch Schrägaufbiegungen nicht voll abgedeckt, so ist meist über einen Flächenausgleich von über- und unterdeckten Bereichen nach Abb. E.3.8 Linie b und unter Umständen mit Einschneiden in die τ-Linie eine ausreichende Schubabdeckung durch die Schrägaufbiegungen zusätzlich zur Grundabdeckung durch rechtwinklige Bügel nachweisbar. Gegebenenfalls sind die

Aufbiegungspunkte geeignet zu verschieben und/ oder die Bügelgrundbewehrung zu erhöhen.

Für kombinierte Schubbewehrung aus rechtwinkligen und schrägen Stäben gilt als Versatzmaß

$v = 0{,}5h$ für Schubbereich 3
$v = 0{,}75h$ für Schubbereich 2 (E.3.9)

Die Vorgehensweise bei der nachträglichen Einplanung und Einrechnung von Schrägaufbiegungen wird an dem Zweifeldunterzug nach Abb. E.3.9 mit der Bauhöhe von d_0 = 70 cm und den Spannweiten 6,50 m und 5,50 m unter Gleichstreckenlast sowie einer Einzellast an der Innenstützung des großen Feldes gezeigt. Aus EDV-Berechnung liegen die maßgebenden Schnittkraftlinien M und Q vor, die in Abb. E.3.9 für das linke Feld dargestellt sind. Diese können ebenso wie die Ergebnisse für erforderliche Biege- und Schubbewehrung längs des Balkens als Grafik gemäß Abb E.3.10 und E. 3.11 oder besser ausführlich über Tabellen bei der EDV-Berechnung ausgegeben werden.

0. aus EDV-Rechnung liegen so als Ergebnisse für die Nutzhöhe von h = 65 cm vor:

   Größtwerte der Biegebewehrung:

   Feld: $A_{s,erf} = 20{,}21\ cm^2 \rightarrow 7\ \varnothing 20\ (21{,}99\ cm^2)$

   Stütze: $A_{s,erf} = 28{,}76\ cm^2 \rightarrow 9\ \varnothing 20\ (28{,}27\ cm^2)$
   (5 ∅20 im Steg + 4 ∅20 im Flansch)

   Schubbemessung links der Innenstütze b bei $r = x_b = 0{,}15 + 0{,}65/2 = 0{,}475$ m:

   $\tau_0 = 2{,}352\ N/mm^2 \geq \tau_{02} = 1{,}8\ N/mm^2$ (SB 3)

   – Versatzmaß: $v = 0{,}5 \cdot 65 = 32{,}5$ cm
   – zul. Einschnittlänge: $l_{E,zul} = 0{,}5 \cdot 65 = 32{,}5$ cm
   – Abstand Schrägeisen: $s_S \leq 1{,}0 \cdot 65 = 65$ cm

1. Lage x_b der Abstufungspunkte der Biegebewehrung einschließlich Versatzmaß v:

   untere Bewehrung, s. a. Abb. E.3.10, auf:

   5 ∅20 (A_s = 15,71 cm²) bei $x_b \leq 2{,}02$ m Pos.
   4 ∅20 (A_s = 12,57 cm²) bei $x_b \leq 1{,}61$ m (1)
   3 ∅20 (A_s = 9,42 cm²) bei $x_b \leq 1{,}29$ m (2)
   2 ∅20 (A_s = 6,28 cm²) bei $x_b \leq 1{,}00$ m (3)

   obere Bewehrung, s. a. Abb. E.3.10, auf:

   8 ∅20 (A_s = 25,13 cm²) bei $x_b \geq 0{,}52$ m (3)
   7 ∅20 (A_s = 21,99 cm²) bei $x_b \geq 0{,}60$ m (2)
   6 ∅20 (A_s = 18,85 cm²) bei $x_b \geq 0{,}70$ m
   5 ∅20 (A_s = 15,71 cm²) bei $x_b \geq 0{,}79$ m
   4 ∅20 (A_s = 12,57 cm²) bei $x_b \geq 0{,}86$ m
   3 ∅20 (A_s = 9,42 cm²) bei $x_b \geq 1{,}00$ m
   2 ∅20 (A_s = 6,28 cm²) bei $x_b \geq 1{,}125$ m (1)

   Der horizontale Abstand Δx_b zwischen oberem und unterem Abbiegepunkt ist bei einem Stabwinkel $\alpha = 45^\circ$ gleich $\Delta x_b = h - d_2 = 60$ cm. Bei einem größeren Winkel $45^\circ < \alpha \leq 60^\circ$ wird mit

   $\Delta x_b = \text{ctg}\,\alpha \cdot (h - d_2) \geq 4/7\,(h - d_2)$

   dieser horizontale Abstand Δx_b kleiner.

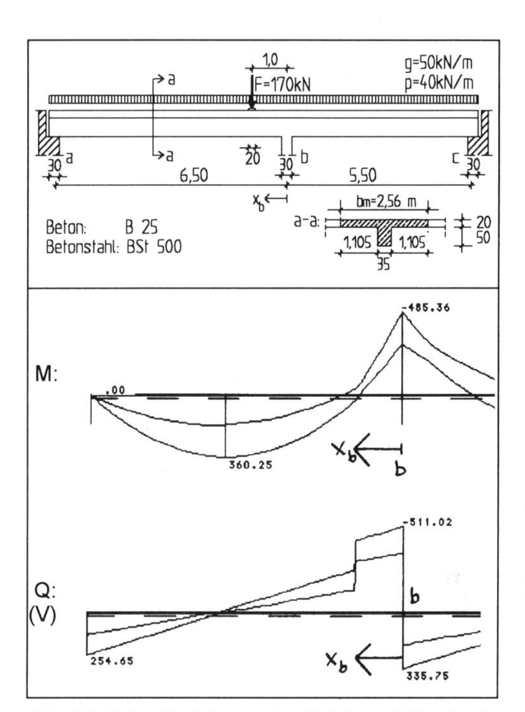

Abb. E.3.9 Zweifeldträger unter Gleich- und Einzellast mit maßgebenden Schnittkraftverläufen für M und Q im linken Feld aus EDV-Rechnung

Wegen $\Delta x_b \leq 0{,}48$ m für den Abstand des ersten Abstufungspunkts oben ($x_b^o \geq 0{,}52$ m) von dem letzten Abstufungspunkt unten ($x_b^u \leq 1{,}00$ m) wäre eine durchgehende Bewehrungsführung möglich bei $\alpha \geq \text{ctg}^{-1}\,(0{,}48/0{,}60) = 51{,}3^\circ$.

2. Für Mindestbügelabdeckung $\tau_{bü,min} = 0{,}25\tau_0$, d. h. für $\tau_{bü,min} = 0{,}25 \cdot 2{,}352 = 0{,}588\ N/mm^2$ am maßgebenden Querschnitt bei $r = 0{,}475$ m müßten Schrägstäbe wirken auf, s. Abb. E.3.11,

   $l_{S0} = 2{,}49 - 0{,}12 = 2{,}37$ m.

   Unter Einbeziehung des Einschneidens gilt:
   $l_{S0}^E = 2{,}37$ m ab $x_b = 0{,}12$ m und zugeordnet
   $l_{S0} = 2{,}37 - 2 \cdot 0{,}325 = 1{,}72$ m zwischen
   $x_b = 0{,}12 + 0{,}325 = 0{,}445$ m und
   $x_b = 0{,}445 + 1{,}72 = 2{,}165$ m.

3. n_{S0} = 3 Stäbe ∅20 können höchstens aus der oberen Bewehrung von 5 ∅20 im Steg aufgebogen werden. Dies ist zwischen der ersten Abbiegung oben bei $x_b = 0{,}52$ m und der dritten Aufbiegung unten bei $x_b = 1{,}61$ m möglich, wenn $\alpha = 51{,}3^\circ$ mit $\Delta x_b = 0{,}48$ m gewählt wird.

   Schrägstab Pos. 3 – Festlegung Abbiegepunkt:
   (Die erste Abbiegung soll möglichst nahe an die Stütze b gelegt werden)

   oben bei $x_b^o = 0{,}52\ m \geq 0{,}52$ m;
   unten bei $x_b^u = 0{,}52 + 0{,}48 = 1{,}00\ m \leq 1{,}00$ m

Schrägstab Pos. 2 – Festlegung Abbiegepunkt: (wegen möglichst guter Abdeckung der größten Schubbeanspruchung bei $x_b \leq 1{,}0$ m)

oben bei $x_b^o = 0{,}60 \text{ m} \geq 0{,}60$ m;
wegen $s_s \leq 0{,}65$ m: $\leq 0{,}52 + 0{,}65 = 1{,}17$ m
unten bei $x_b^u = 0{,}60 + 0{,}48 = 1{,}08 \text{ m} \leq 1{,}29$ m

Schrägstab Pos. 1 – Festlegung Abbiegepunkt: (Abbiegungen möglichst weit von b anordnen zur maximalen Ausnutzung von l_{S0} nach 2., um die Bügelgrundbewehrung klein zu halten)

unten bei $x_b^u = 1{,}61 \text{ m} \leq 1{,}61$ m
oben bei $x_b^o = 1{,}61 - 0{,}48 = 1{,}13 \text{ m} \geq 0{,}70$ m
wegen $s_s \leq 0{,}65$ m: $\leq 0{,}60 + 0{,}65 = 1{,}25$ m

Zugehörig in Höhe Stabachse:
$l_{S0} = x_b^o{}_{(1)} - x_b^o{}_{(3)} + s_S = 1{,}13 - 0{,}52 + 0{,}65 = 1{,}26$ m
ab $x_b = 0{,}52 + 0{,}48/2 - 0{,}65/2 = 0{,}435$ m.

Aber Anrechnung zulässig auf Gesamtlänge l_{S0} für *eine* Abbiegestelle: $l_{S0} = 2h = \underline{1{,}30 \text{ m}}$
ab $x_b = 0{,}435 - (1{,}30 - 1{,}26)/2 = 0{,}415$ m
bis $x_b = 0{,}415 + 1{,}30 = 1{,}715$ m

3 Aufbiegungen ⌀20 auf $l_{S0} = 1{,}30$ m im Mittel:
zug $a_{sS} = 3 \cdot 3{,}14/1{,}30 = 7{,}25 \text{ cm}^2/\text{m}$;
zug $a_{\text{sbü,S}} = 7{,}25 \cdot (\sin 51{,}3^\circ + \cos 51{,}3^\circ) = 10{,}27 \text{ cm}^2/\text{m}$;
zug $\tau_S = a_{\text{sbü,S}}/b_0 \cdot \beta_s/1{,}75 = 10{,}27 \cdot 10^{-4}/0{,}35 \cdot 286 = 0{,}839 \text{ N/mm}^2$.

4. Maßgebend bei $n_S = 3$ Schrägaufbiegungen ist $l_S = 1{,}30$ m (ohne Einschneiden) aus 3. von $x_b = 0{,}415$ m bis $x_b = 1{,}715$ m
bzw. unter Einbeziehung des Einschneidens
von $x_b = 0{,}415 - 0{,}325 = 0{,}09 \text{ m} \geq 0$ m
bis $x_b = 1{,}715 + 0{,}325 = 2{,}04$ m ($l_{S0}^E = 1{,}95$ m).

Für $x_b = 2{,}04$ m aus EDV-Ergebnissen für τ:
$\tau_{\text{sbü,erf}} = \tau_{\text{erf}(2{,}04)} = \underline{0{,}800 \text{ N/mm}^2}$
$\geq \tau_{\text{erf}(0{,}09)} = 0{,}441 \text{ N/mm}^2$ so daß
$a_{\text{sbü,erf}} = 0{,}800 \cdot 35 \cdot 100/286 = 9{,}79 \text{ cm}^2/\text{m}$,

Gewählt: $⌀_{\text{bü}} = 10$ mm / $s_{\text{bü}} = 12{,}5$ cm mit
$a_{\text{sbü,vorh}} = 12{,}56 \text{ cm}^2/\text{m}$ entsprechend
$\tau_{\text{sbü,vorh}} = 1{,}026 \text{ N/mm}^2$, so daß

$\tau_{\text{sbü,vorh}} + \tau_S = 1{,}026 + 0{,}839 = 1{,}865 \text{ N/mm}^2$,
wobei $\tau_{0,\max} = 2{,}352 \text{ N/mm}^2$.

Die auf $l_S = 1{,}30$ m bezogene mittlere Schubbewehrung einschließlich der Schrägstäbe deckt aufgrund der reichlich gewählten Bügelgrundbewehrung die Schubbeanspruchungen dort auch wegen der Konzentration der Schrägstäbe im rechten Bereich angemessen ab, wie sich aus Vergleich unter- und überdeckter schraffierter Flächen aus Abb. E.3.11 ablesen läßt. Etwa ab $x_b = 2{,}40$ ist eine Abstufung der Bügel auf $⌀_{\text{bü}} = 10$ mm / $s_{\text{bü}} = 25$ cm möglich.

Bei Einleitung einer Einzellast am oberen Trägerrand auf einer Breite von t_F kann eine Ausstrahlung unter 45° bis zur halben Trägerhöhe $d_0/2$ angesetzt werden. In der Q-Linie wird der Sprung dann durch eine geneigte Gerade entsprechend der verteilten Einzellast ersetzt. Im vorliegenden Beispiel liegt $t_F = 0{,}20$ m vor, so daß sich die Einzellast auf $t_F + 2d_0/2 = 0{,}20 + 0{,}70 = 2 \cdot 0{,}45$ verteilt. Die geänderte Q-Linie ist in Abb. E.3.11 strichpunktiert eingetragen. Die auszugleichenden Flächen verringern sich dadurch günstig.

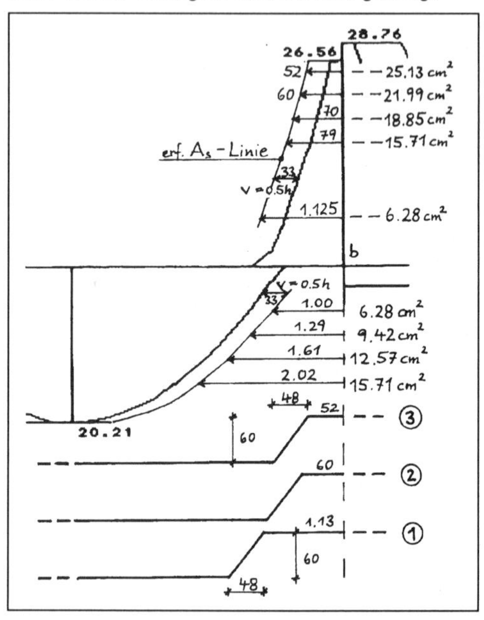

Abb. E.3.10 Erforderliche und eingelegte Biegebewehrung mit Abstufung für Schrägaufbiegungen im Schubbereich links von Lager b

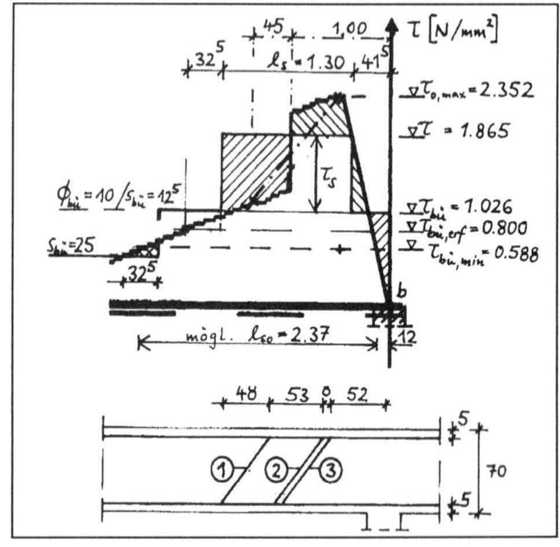

Abb. E.3.11 Abdeckung der Schubbeanspruchungen durch Bügel und Schrägaufbiegungen im Schubbereich links vom Innenauflager

3.4 Bewehrung für Zugwirkungen aus Torsionsbeanspruchungen

Die Tragwirkung von Stahlbetonbalken im gerissenen Zustand auf Torsion entspricht dem Zusammenwirken von Fachwerken wie für Querkraft an jeder Querschnittsseite, die an den Kantenlinien gekoppelt sind. Der wirksame und für Zugwirkungen zu bewehrende Querschnittsteil ist einem einbeschriebenen Hohlquerschnitt äquivalent, in dem etwa mittig Bügel- und Längsbewehrung angeordnet sind, s. Abb. E.3.12, in der diese Kraftwirkungen nur exemplarisch dargestellt sind. In dem umlaufenden Fachwerk werden die Torsionswirkungen über schräge Druckstreben unter $\vartheta = 45^{\circ}$ und durch Zugkräfte in den am Umfang verteilten Längsstreben sowie in den Bügeln getragen. Damit die Bügel kontinuierlich umlaufend wirken können, müssen sie als Torsionsbügel mit voller Übergreifungslänge $l_{ü}$ (l_{s}) möglichst in der Biegedruckzone gestoßen werden, s. Abb. E.3.12. Die Stöße aufeinanderfolgender Bügel sollten abwechselnd versetzt in der Biegedruckzone erfolgen. Die Längszugwirkungen aus dem Torsionsmoment T müssen im Biegezugbereich durch Bewehrungsquerschnitt zusätzlich zur Biegezugbewehrung abgedeckt werden. Im Biegedruckbereich können sie mit lagegleichen maßgebenden Biegedruckkräften zusammengefaßt werden, so daß dort dann meistens keine statische Bewehrung nötig ist.

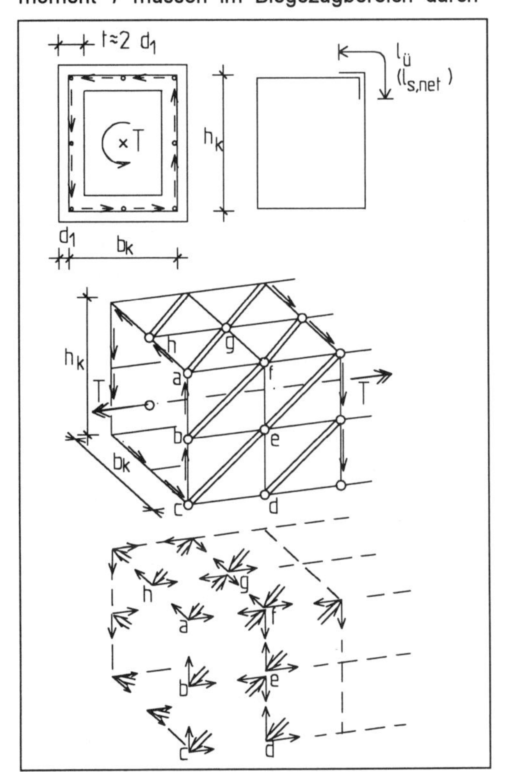

Abb. E.3.12 Tragwirkung und Bemessung auf Torsion entsprechend umlaufendem Stabwerk

Fast immer wirkt Torsion aus T zusammen mit Querkraft Q. Dann addieren sich die Einzelwirkungen auf der einen Stegseite, so daß dort die zugeordnete erforderliche Bügelbewehrung aus der Bemessung für Torsion allein und der aus Querkraft allein in der Summe eingelegt sein müssen. Da die Schubabdeckung auf Querkraft entsprechend $a_{sbü(Q)}$ bei zweischnittigen Bügeln je zur Hälfte den beiden vertikalen Schenkeln zugeordnet ist, für Torsion jedoch die erforderliche Bügelbewehrung $a_{sbü(T)}$ jeweils umlaufend in voller Höhe erforderlich, muß die aus $Q + T$ maximal beanspruchte Stegseite ausgelegt sein für $a_{sbü(Q)}/2 + a_{sbü(T)}$. Die andere Stegseite, auf der sich die Wirkungen z.T. aufheben, ist für die Bemessung der Bügelbewehrung nicht maßgebend. In Abb. E.3.13 sind für einen Balkensteg schematisch die Schubbeanspruchungen aus T und Q dargestellt. Maßgebend ist die linke Stegseite, an der sich die Beanspruchungen überlagern.

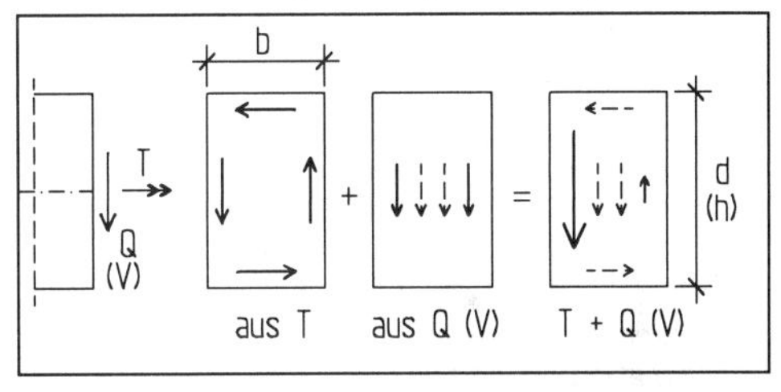

Abb. E.3.13 Durch Bügel abzudeckende Schubbeanspruchung aus Torsion und Querkraft

Nach [ENV 1992-1-1 – 92] sollte für kombinierte Wirkung von Torsion und Querkraft die Bemessung jeweils für gleiche Druckstrebenneigungen erfolgen, zweckmäßig für $\vartheta = 45^{\circ}$. Dann können Zusatzüberlegungen wegen unterschiedlich gewählter Strebenneigungen ϑ vermieden werden.

3.5 Tragwirkung bei Längsschub und Bewehrung

In Deckenkonstruktionen wirken monolithisch an Platten angeschlossene balkenförmige Unter- oder Überzüge als Plattenbalken. Dabei wirkt die Platte unter Balkenbiegung auf jeder Flanschseite i auf einer mitwirkenden Breite b_{mi} ($b_{eff,i}$) mit. Die Verdrehung eines unsymmetrischen Plattenbalkenquerschnitts wird über Queraussteifung durch die steife Platte verhindert mit entsprechenden Kraftwirkungen zwischen Platte und Unterzug.

Liegt die Platte in der Druckzone des Plattenbalkens, strahlen Biegedruckkräfte in die seitlichen Flansche aus. Abb. E.3.14 zeigt dies an einem symmetrischen Einfeldplattenbalken mit zwei verschiedenen Stabmodellen für die Längsschubwirkung im Flansch. In dem Schubabschnitt der Länge a_τ zwischen dem Querschnitt *a* mit $M = 0$, hier das Endauflager, bis zu dem Querschnitt *m* bei max *M* wird die Flanschdruckkraft ΔF_d aufgebaut, die zunehmend bis zur Breite b_{mi} ($b_{eff,i}$) in den Flansch ausstrahlt, s. Abb. E.3.14a.

Nachweis und Bemessung für Längsschub im Flansch entspricht dem Querkraftnachweis im Steg, s. Abschn. 3.3, wobei statt der Stegbreite b_0 (b_w) die Flanschdicke *d* (h_f) anzusetzen ist. Das in Abb E.3.14b oben dargestellte Stabmodell entspricht dem Normalmodell für Biegung und Querkraft nach Abb. E.3.1 und beschreibt die hier wesentlichen Wirkungen ausreichend genau. Der Bemessung nach [ENV 1992-1-1 – 92] liegt ein Modell mit geneigten Längsstreben zugrunde, s. Abb. E.3.14b, untere Hälfte. Wesentlich für die Tragwirkung im Flansch ist der Punkt f im Abstand $a_{\tau,red}$ vom Querschnitt *m* mit extremalem Moment, an dem die von a aus im Steg wirkende Quer- oder Auflagerkraft den Flansch erreicht. Im Mittel liegt f von einem direkt gelagerten Endauflager a im Abstand der Nutzhöhe *h* (*d*) und von einem Momentennullpunkt *a* in Durchlaufträgern im Abstand *h*/2 (*d*/2) entfernt.

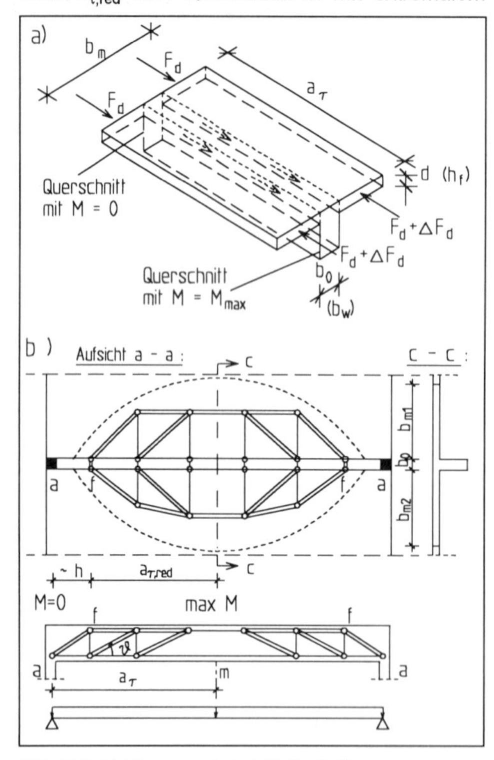

Abb. E.3.14 Längsschub bei Plattenbalken
a) wirksame Kräfte am Schubabschnitt a_v s. a. [ENV 1992-1-1 – 92], Bild 4.14
b) Stabmodelle für Längsschub

Mit normgemäßer Längsschubbemessung im Flanschanschnitt erfolgt der Nachweis der Tragfähigkeit der Elemente des Stabfachwerks bzw. die Bemessung der Zugstreben in dem jeweiligen Flansch. Die mittig im Flansch wirkenden Zugstrebenkräfte, entsprechend einer Bewehrung $a_{sq(\tau)}$, sind quer zum Steg mit den Wirkungen aus Quermomenten zu überlagern, s. Abb. E.3.15a. Dabei wird in der Druckzone die anteilige Zugstrebenwirkung meist vollständig überdrückt. In der Biegezugzone der Platte quer wäre dann zusätzlich zur Querbiegebewehrung $a_{sq(m)}$ die Bewehrung für 50 % der Zugstrebenkraft f_τ also $0{,}5a_{sq(\tau)}$, einzulegen, s. Abb. E.3.15b, wie es generell nach [DIN 1045 – 88] gefordert ist.

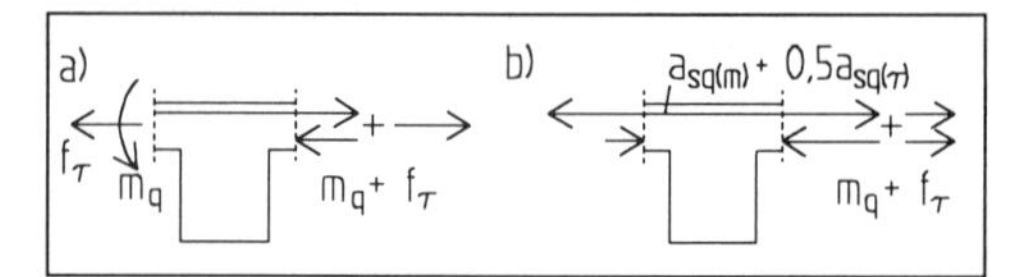

Abb. E.3.15 Querbewehrung im Plattenbalkenflansch bei Längsschub und Querbiegung

Mit der so ermittelten Querbewehrung a_{sq} (a_{st}) für Längsschub ist die Querzugwirkung in der Flanschebene nicht immer vollständig abgedeckt. Das Stabwerk eines Flansches nach Abb. E.3.14 unter dem Biegelängsdruck ΔF_d im Querschnitt m des maximalen Biegemoments zeigt, daß die Längsschubwirkungen nicht auf der gesamten Schublänge a_τ zwischen m und dem Auflager a wirken. Analog zum vergrößerten Versatzmaß und entsprechend der Druckstrebenneigung ϑ im Steg und im Flansch ist nur eine reduzierte Schublänge $a_{\tau,eff}$ wirksam, s. Abb. E.3.16. Es müßte daher die ausgehend von der Querkraftlinie $Q_{(x)}$ nach der technischen Biegetheorie ermittelte Schubkraftlinie $T'_{(x)} = Q_{(x)} \cdot b_{m1}/\, b_m$ mit dem Faktor $a_\tau/a_{\tau,eff}$ vergrößert werden für den Längsschubnachweis und für die Ermittlung der zugeordneten Bewehrung. Aufgrund von im Längsschubnachweis nicht berücksichtigter Tragwirkungen, z. B. entsprechend einem Bogenstabmodell nach Abb. E.3.14b und der Zugtragfähigkeit des Betons, ist der normgemäße Längsschubnachweis ausreichend sicher und wirtschaftlich und deckt außerdem im Flanschbereich am Auflager a Zugwirkungen aus Anschluß nicht oder wenig beanspruchter Flanschteile analog zu Abb. E.2.2 mit ab.

Jedoch werden auftretende zusätzliche Querwirkungen, die insbesondere unter Einzellasten im

Bereich des Querkraftnullpunkts auftreten, durch die normgemäße Längsschubbewehrung nicht abgedeckt. Diese müssen entweder durch Queraussteifung über eine angrenzende steife Platte entsprechend Abb. E.3.18 oder bei beidseitigem Plattenbalken durch zusätzliche Bewehrung aufgenommen werden, die die entsprechenden Zugwirkungen der beiden Flansche ins Gleichgewicht bringt. Dies ist für einen symmetrischen Plattenbalken unter mittiger Einzellast in m am Stabmodell eines Flansches mit angreifenden Kräften in Abb. E.3.16 dargestellt.

Aus Gleichgewicht an dem Stabwerk für einen Flansch ergeben sich bei einer angreifender Biegedruckkraft von $\Delta F_d = (M_m/z) \cdot (b_{m1}/b_m)$ und anteiligen am Steg angreifenden Schubkräften von $T = T' \cdot a$, die gleich den stegparallelen Komponenten der Druckstreben sind, an den Knoten 1 bis 3 im Flansch erforderliche Zugkräfte für die Umlenkung der Druckkräfte von jeweils

$$F_q = T \cdot \tan \vartheta_q = T' \cdot b_{m1}/2 \qquad \text{(E.3.10)}$$

mit $T' \approx (Q/z) \cdot (b_{m1}/b_m) \cdot (a_\tau / a_{\tau,eff}) = \Delta F_d / a_{\tau,eff}$

Anders als in Knoten 2 und 3 liegt im Knoten 1, d. h. am Querschnitt m, unter der Einzellast eine Umlenkkraft von $2F_q$ vor, und zwar $1F_q$ aus dem linken Stabwerk und $1F_q$ aus der rechten Seite. Es ist daher in m eine konzentrierte Querbewehrung zusätzlich einzulegen auf einer Breite von etwa $b_{m1}/2$, s. Abb. 3.17, mit Querschnitt von

$$A_{sq1} = F_q / \text{zul}\sigma_s \quad (A_{st1} = F_q / f_{yd}) \qquad \text{(E.3.11)}$$

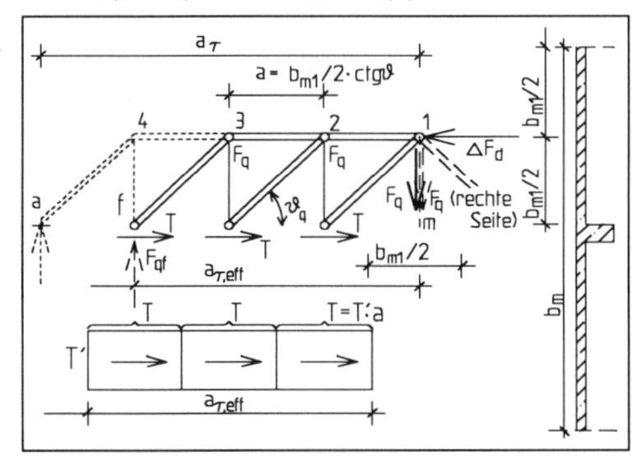

Abb. E.3.16 Längsschubmodell für den Flansch eines Plattenbalkens unter Einzellast in m

Bei einseitigen Plattenbalken werden die zusätzlichen Querwirkungen durch die steife angrenzende Platte aufgenommen. Die Rückhängebewehrung wird zweckmäßig als umlaufende Ringbewehrung am Rand angeordnet, so daß die horizontale Auflagerkraft $F_{qf} = F_{zi}$ in f in die Plattenecke zum Auflager a hin entsprechend den gestrichelten Ergänzungen in den Abbn. E.3.16 und E.3.18 versetzt wird. Diese Rückhängebewehrung in den Flansch bei f wird durch Längsschubbewehrung gemäß Bemessung abgedeckt.

Das in Abb. E.3.18 dargestellte Stabmodell für einen einseitigen Plattenbalken am Rand unter Gleichlast ist mit dargestelltem Druckbogen und Zugband ausreichend tragfähig, wenn das Zugband für die zugehörigen umlaufenden Randzugkräfte nach Abb. E.3.18 bemessen wird. Die über die gesamte Platte reichende Randbewehrung für die Zugstrebe F_{zi} muß um die Plattenecke herum noch in den Randunterzug bis zum Punkt f weitergeführt und dann verankert werden. Bei zwei gegenüberliegenden Randträgern würde sich ein zur rechten Plattenhälfte symmetrisches Stabmodell ergeben mit gleicher Zugstrebenbewehrung für F_{zi}.

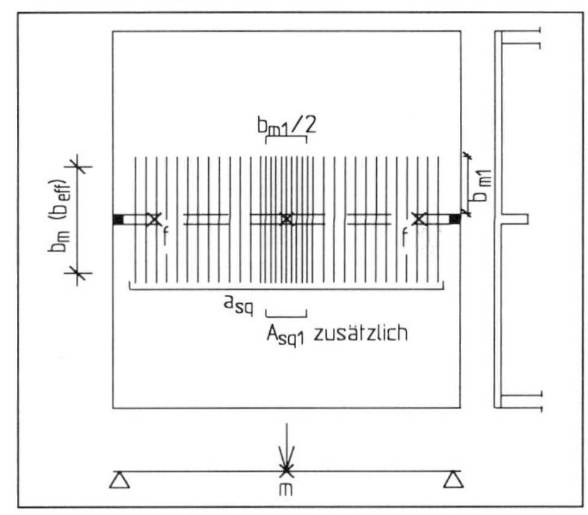

Abb. E.3.17 Längsschubbewehrung eines symmetrischen Plattenbalkens bei mittiger Einzellast

Liegt der Flansch in der Zugzone, z. B. im Feldbereich eines Überzugs, und sind Bewehrungsstäbe ausgelagert, tritt eine ähnliche Tragwirkung auf. Entsprechend sind Querwirkungen im Bereich des Querkraftnullpunkts zusätzlich zu normgemäßen Längsschubbewehrungen abzudecken.

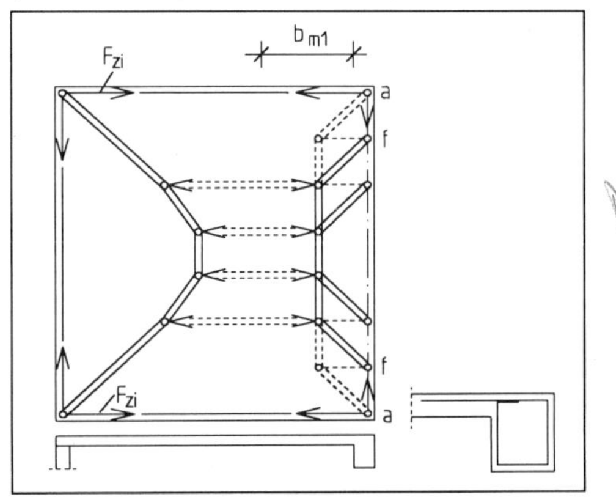

Abb. E.3.18 Modell für die Flanschplatte eines einseitigen Rand-Plattenbalkens

3.6 Konstruktive Durchbildung von Druckgliedern und Stützen

Stützen werden in Gebäuden aus Brandschutzgründen zweckmäßig kompakt als Vollquerschnitt quadratisch, rechteckig, rund oder ggf. sechs- oder achteckig ausgebildet und meist symmetrisch bewehrt. Aufgelöste Querschnitte kommen eher aus architektonischen Gründen z. B. in Außenbereichen oder im Fertigteilbau zur Anwendung. Für die Anordnung der Bewehrung im Querschnitt ist entscheidend, ob wesentliche Beanspruchungen aus Biegung auftreten. Eine Konzentration der Bewehrung in den Querschnittsecken ist für die Tragwirkung immer besonders günstig. Bei einachsiger Biegung wird die Bewehrung an den auf Biegung beanspruchten Seiten angeordnet, z. B. Abb. E.3.20a.

Für Herstellung, Tragwirkung und Wirtschaftlichkeit sind niedrige bis mittlere Bewehrungsgrade bis zu 3 % zu empfehlen und für die Ausführung von Übergreifungslängen Stabdurchmesser $\varnothing \leq 20$ mm anzustreben. Die zugehörigen lichten Stababstände müssen für die Ausbildung von Übergreifungs-Vollstößen auf $s_l \geq 2\varnothing$ oder auf $s_l \geq 3\varnothing$ vergrößert werden im Vergleich zu min $s_l = \varnothing \geq 20$ mm, Abb. E.3.20a und c. Diese Vollstöße werden in der Regel oberhalb der Arbeitsfugen an der Oberseite der Decken- bzw. Riegelebenen vorgesehen werden.

Die Anordnung von Bügeln dient bei Druckgliedern nicht nur zur Knickaussteifung der Druckbewehrung, sondern auch zur Querbewehrung des infolge Längsdrucks sich seitlich ausdehnenden Betons, s. Abb. E.2.5. Für eine möglichst gleichmäßige Lasteinleitung der anteiligen Druckkräfte in die Druckstäbe sollten diese nicht zu große Stababstände s_{max} aufweisen. Die Forderung $s_l \leq 30$ cm nach [DIN 1045 – 88] sollte auch

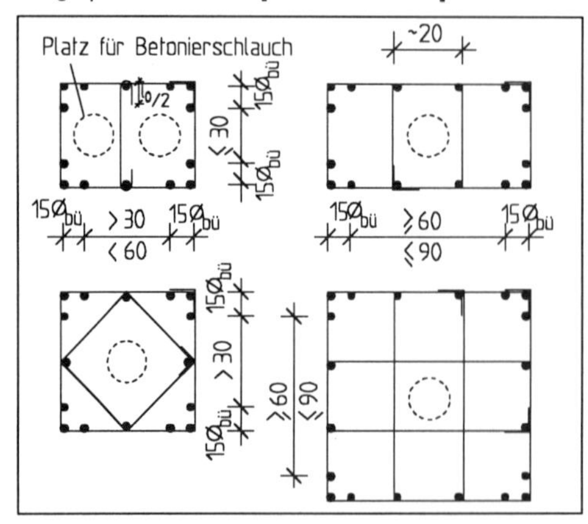

Abb. E.3.19 Verbügelung des Querschnitts bei größeren Querschnittsabmessungen

für [ENV 1992-1-1 – 92] bzw. [E DIN 1045-1 – 97] beachtet werden, bei denen keine diesbezügliche konstruktive Anforderung gestellt wird. Wenn die Längsstäbe im Querschnitt nicht weiter als 30 cm auseinanderliegen sollen, so sind je nach Anzahl der Stäbe im Eckbereich für Querschnittsabmessungen von 40 bis ca. 65 cm Zwischenbügel anzuordnen, siehe Abb. E.3.19.

Bei Ortbetonstützen ist darauf zu achten, daß für das Einführen des Betonierschlauchs oder des Hosenrohrs der Betonpumpe ein Durchmesser von mehr als 15 cm im Querschnitt frei bleibt.

Die Konstruktion der Übergreifungsstöße erfordert besondere Sorgfalt. Dicke Bewehrungsstäbe in gleicher Querschnittslage können im Übergreifungsbereich auf der Baustelle nicht einfach passend in zueinander parallele Lage „zurechtgedrückt" werden. Es ist vielmehr an einem der Stäbe eine planmäßige Kröpfung vorzusehen, s. Abb. E.3.20c. Die unter Längsdruck an der Kröpfung nach außen wirkende Abtriebskraft mit Zugwirkung im Beton wird bei Kröpfungsneigungen flacher als 1 : 20 durch die planmäßige Bügelbewehrung abgedeckt. Bei steilerer Neigung, wie sie z. B. bei auf die Deckendicke beschränkter konzentrierter Kröpfung auftritt, muß die erhöhte Umlenkkraft tragfähig aufgenommen werden entweder durch entsprechende Bügel oder andere Querbewehrung oder aus der Drucksteifigkeit einer umgebenden Platte. Die unter lasteinleitenden Unterzügen o. ä. im Stützenanschnittbereich normgemäß erforderliche Verringerung der Bügelabstände reicht dafür im Regelfall nicht aus.

Durch stockwerkweise gegeneinander seitlich versetzt angeordnete Stützenbewehrung, ggf. unter Nutzung innen vorhandener oder als Stoßbewehrung zusätzlich angeordneter Zulagen, können insbesondere bei angepaßten Stützenverjüngungen Kröpfungen vermieden werden, s. Abb. E.3.20a und b. Lediglich bei Übergreifungs-Vollstößen hoch bewehrter Querschnitte gemäß Abb. E.3.20c sind Kröpfungen mit parallel nach innen geführten endenden Stäben kaum zu vermeiden. In diesem Fall c muß die Querbewehrung entsprechend der wirksamen Anzahl der Stoßpaare in den jeweils äußeren Dritteln des Übergreifungsbereichs und um ca. $4\varnothing$ über das Stabende hinaus gegenüber Abb. E.3.20a und b deutlich erhöht werden.

Bei Stumpfstoßausbildungen mit mechanischen Stoßmitteln ist die Bewehrungsführung einfacher. Allerdings muß nach Herstellung der Deckenebene eine exakte Weiterführung der Stütze sichergestellt sein. Bei Anordnung einer oberen an die Stützenbewehrung höhengerecht angeschweißten Stahlplatte nach Abb. E.3.20d können die aufgehenden Bewehrungsstäbe lagegerecht angeschweißt und kann die Stützenschalung richtig gestellt werden. Die richtige Lage ist auch bei Verwendung von Muffenverbindungen gemäß Abb. E.2.19 oder Stumpfstoßschweißung sichergestellt.

Bei niedrig bewehrten Stützen, die am Stützenanschnitt gelenkig angeschlossen werden und dort ohne durchlaufende Bewehrung tragfähig sind, kann Anschluß nach Abb. E.3.20e ausgebildet werden. Durch Aufsetzen der aufstehenden Bewehrung über Zentrierhülsen direkt auf die kurz über die Deckenebene hinausstehende Bewehrung mit möglichst rechtwinkliger Schnittfläche wird die zentrische Weiterführung der Stütze gesichert. Die Kraftübertragung von Querwirkungen horizontal über die Fuge kann über eine aufgerauhte oder am sichersten mittels einer durch Streckmetall dübelartig vertieften Fugenkontur gesichert werden. In Abb. E.3.20f wird eine Lösung für die praxisgerechte Verlängerung von Fertigteilstützen durch Verschweißung zweier Endverankerungsplatten dargestellt.

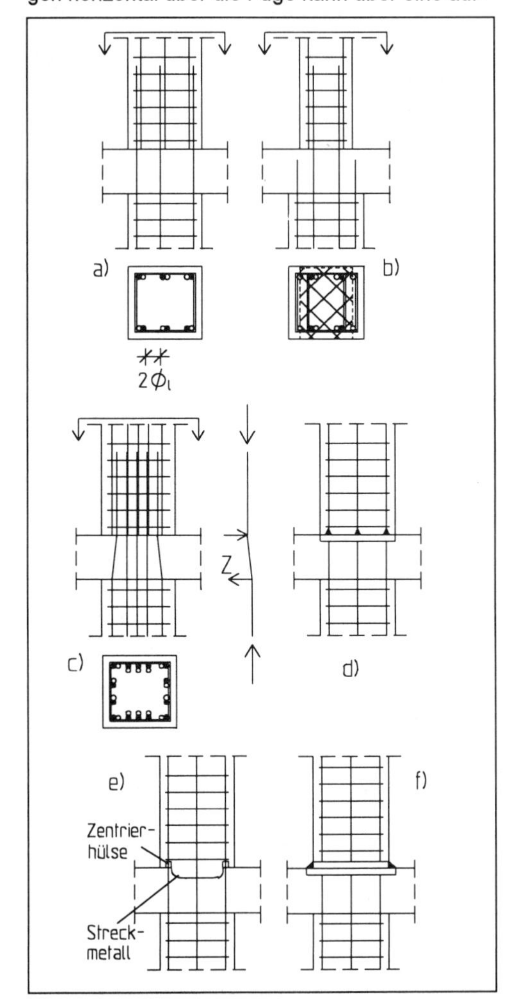

Abb. E.3.20 Ausbildung von Stützenstößen
a) bis c) durch Übergreifung
d) bis f) stumpf gestoßen

Werden Stützen stumpf und gelenkig auf im Vergleich zu Beton nachgiebigeren Fugenmaterialien, wie z. B. Elastomeren, aufbetoniert oder aufgesetzt, so müssen die unterschiedlichen Querdehnungseigenschaften im Beton-Auflagerbereich berücksichtigt werden. Unbewehrte Elastomerelager weichen unter Last stark seitlich aus und bewirken sprengenden Zug im Lagerbereich, der durch ausreichend bemessene und eng angeordnete bügel- oder schlaufenartige Bewehrung gesichert werden muß.

3.7 Bewehrung zur Beschränkung von Rißbreiten

3.7.1 Rißbildung – Rißbeschränkung

In auf Zug aus äußeren Einwirkungen und/oder aus Zwang beanspruchten Stahlbetonbereichen reißt der Beton nach Überschreiten seiner relativ geringen Zugfestigkeit unter Rißbildung auf. In planmäßig statisch beanspruchten Zugzonen übernimmt der dafür bemessene Bewehrungsstahl die Zugtragwirkung. Über Verbund werden vom Riß aus Zugwirkungen wieder in den Beton um die Bewehrung eingeleitet, was zu weiterer Rißbildung bis zum abgeschlossenen Rißbild führt. Damit erfolgt eine Verteilung der Dehnungen im gerissenen Stahlbeton auf eine große Anzahl Risse und bei ausreichend klein gewähltem Bewehrungsdurchmesser mit ausreichend beschränkten Rißbreiten.

In nicht statisch bewehrten, aber z. B. aus Zwang auf Zug beanspruchten Bereichen ist eine Mindestbewehrung einzulegen, die klaffende Risse vermeiden, d. h. eine Verteilung der Risse bewirken soll. Diese Mindestbewehrung muß dafür sorgen, daß die kurz vor Rißbildung im Querschnitt angewachsene Zugbeanspruchung nach der Rißbildung auch im gerissenen Zustand noch aufgenommen werden kann. Daraus bemißt sich der nach [DIN 1045 – 88], 17.6.2 mit [DAfStb-H400 – 89] (bzw. [ENV 1992-1-1 – 92], 4.4.2.2 (7)) geforderte Mindestbewehrungsgrad nach Gl. (E.3.12), der auch in Bereichen statisch bewehrter Zugzonen nicht unterschritten werden darf.

$$\mu_{z,min} = A_{s,min} / A_{bz} = k_0 \, \beta_{bzw} / \sigma_s \qquad \text{(E.3.12)}$$

$$(\rho_{s,min} = A_{s,min} / A_{ct} = k_c \, k \, f_{ct.eff} / \sigma_s)$$

Der Bewehrungsgrad $\mu_{z,min} = \mu_{z0}$ bei Ansatz von $\sigma_s = \beta_s$ (= f_{yk}) würde bereits für eine Vermeidung klaffender Einzelrisse ausreichen. Für die zusätzliche Beschränkung der Rißbreite auf Werte $w_{k,cal}$ (w_k), im Regelfall $w_{k,cal}$ = 0,25 mm bzw. 0,40 mm (w_k = 0,30 mm), wird in vereinfachten Nachweisen die Spannung σ_s in Gl. (E.3.12) unter Gebrauchsbedingungen in Abhängigkeit vom ∅ abgemindert, da die Rißbreiten vor allem durch den Stabdurchmesser ∅ der Bewehrung bestimmt werden. Daneben sind die effektive Verbundfestigkeit zwischen Beton und Bewehrung, die Mitwirkungszone A_{bzw} ($A_{ct,eff}$) des Betons um die Bewehrung und der Bewehrungsgrad in dieser Zone für die Rißbildung maßgebend und z. T. implizit in den Nachweis einbezogen.

Für berechneten, statisch erforderlichen Bewehrungsquerschnitt ist der Nachweis ausreichender Rißbeschränkung über einen Grenzwert des Stabdurchmessers oder des Stababstands nach [DIN 1045 – 88], Tab. 14 oder 15 bzw. nach ([ENV 1992-1-1 – 92], Tab. 4.11 oder 4.12) einfach und schnell zu führen und meistens für die Bewehrungswahl nicht maßgebend.

3.7.2 Mindestbewehrung für Stahlbetontragwerke

In zugbeanspruchten Tragwerksbereichen, die nicht oder nicht ausreichend von statisch erforderlicher Bewehrung durchsetzt sind, muß eine Mindestbewehrung eingelegt werden. Dazu sind in einem Stahlbetontragwerk zunächst die Bereiche zu bestimmen, in denen rechnerisch nicht erfaßte Zugwirkungen auftreten können. Aus Lastbeanspruchungen sind dies mitwirkende Zugzonen außerhalb des statisch bewehrten Bereichs $A_{bz,eff}$ ($A_{ct,eff}$), wie sie z. B. bei hohen Balkenstegen oder in Zugflanschen von Plattenbalken ohne Auslagerung der Stützbewehrung vorkommen, s. Abb E.3.21. Da in diesen Bereichen die Rißverteilung durch den angrenzenden statisch bewehrten Bereich günstig beeinflußt wird, muß nur reduzierte Mindestbewehrung angeordnet werden, entsprechend Gl. (E.3.12) aber mit den Werten $\beta_{bzw} = 0{,}6 \cdot (0{,}3\beta_{WN}^{2/3})$ (k = 0,5 nach EC 2) und $\sigma_s = 0{,}8\beta_s$ ($\sigma_s = f_{yk}$) nach [Schießl – 89].

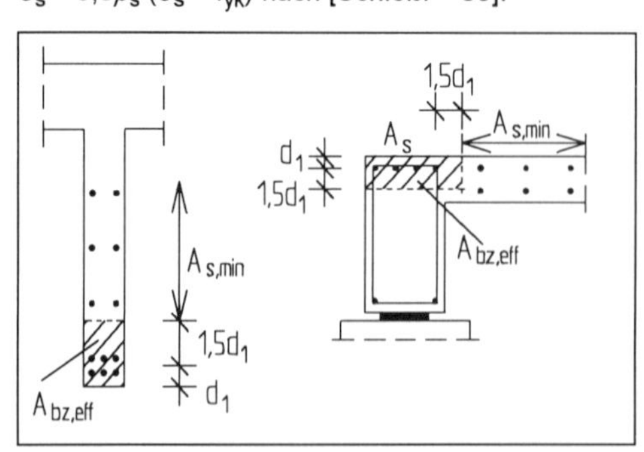

Abb. E.3.21 Mitwirkende Zugzonen unter Last

Andere und vor allem aus Zwang herrührende Zugwirkungen treten auf, wenn die zugehörige freie Verformung behindert wird. Dies kann z.B. bei Behinderung der Verkürzungen aus Schwinden, Temperatur und/oder Kriechen der Fall sein oder auch bei Auswirkungen von Querdehnungen, wie z. B. beim Eckbereich der Wand in Abb. E.2.2. Bei dicken Bauteilen und besonders auch im Gründungsbereich kann durch Zugwirkungen aus abfließender Hydratationswärme bereits wenige Tage nach dem Betonieren Rißbildung aus innerem Zwang auftreten, was wegen der noch niedrigen Zugfestigkeit und Rißkräfte eine wesentliche Verringerung der Mindestbewehrung erlaubt. Wenn nur der letztere Fall maßgebend sein kann, sind in Rückkopplung mit der Betontechnologie der maßgebende Rißzeitpunkt und die dann wirksame Betonzugfestigkeit $\beta_{bz,eff}$ ($f_{ct,eff}$) zu bestimmen.

Ein Rißzeitpunkt nach drei bis fünf Tagen mit zugehöriger Betonzugfestigkeit kann für derartige Rißbildungen als Abschätzung angesetzt werden. Ist nicht mit Sicherheit von früher Rißbildung auszugehen, wie z. B. bei Wirkungen aus Schwinden, s. a. Abschn. E.2.1.2, ist in Gl. (E.3.12) mit $\beta_{bzw} = \beta_{bz}$ ($f_{ct,eff} = f_{ctm}$) zu rechnen. Bei Wänden und bei Bodenplatten mit Wasserandrang müssen entstehende Rißöffnungen durch geeignete Mindestbewehrung so klein gehalten werden, daß dafür praktische Wasserundurchlässigkeit erreicht wird. Nach [Edvardsen – 97] sind die Rechenwerte für die Rißbreite w_k ($w_{k,cal}$) entsprechend dem Druckgradienten nach Tafel E.3.3 anzusetzen. Für eine 30 cm dicke Wand oder Bodenplatte mit Wasserandrang von 2,70 m Wassersäule WS ist z. B. für den Druckgradienten von 2,70/0,3 = 9 < 10 eine Rißbemessung für w_k ($w_{k,cal}$) = 0,20 mm ausreichend. Die Tabellen für die Grenzdurchmesser sind in [DAfStb-H400 – 89] ([DAfStb-H425 – 92], Abschn. 10) auf weitere in den Normtabellen noch fehlende Bemessungswerte w_k ($w_{k,cal}$) erweitert worden.

Tafel E.3.3 Rechenwerte von Rißbreiten bei Anforderungen auf Wasserundurchlässigkeit für ruhende Risse nach [Edvardsen – 97]

Druckgradient: eff WS / Bauteildicke	Rechenwert w_k ($w_{k,cal}$) in mm
> 10	0,20
> 20	0,15
>30	0,10
> 40	0,05

Die Mindestbewehrung für reine Biegung und für zentrischen Zug mit frühem Rißzeitpunkt können für verschiedene Rechenwerte w_k ($w_{k,cal}$) einfach mit den Diagrammen nach [Windels – 92] (bzw. gemäß ([DAfStb-H425 – 92], Abschn. 10) ermittelt werden. Auch für Rißbildung nach 28 Tagen oder später ist deren Verwendung möglich, wenn für die Betonfestigkeit der geforderte Mindestwert $\beta_{WN} \geq 35$ N/mm² wegen ≥ B 35 ($f_{ck} \geq 31{,}6$ N/mm² entsprechend $f_{ctm} \geq 3{,}0$ N/mm²) einbezogen wird. Alternative Bemessungshilfen liegen als Tabellen [Meyer – 94] und als Diagramme [Schober – 90] vor. Alle Bemessungshilfen sind aus Grundgleichungen der Rißberechnung nach [Schießl – 89] ([ENV 1992-1-1 – 92], 4.4.2.3) entwickelt worden.

Die relativ hohen Bewehrungsgrade aus dem normgemäßen Nachweis der Mindestbewehrung widersprechen Erfahrungen mit niedrigerer Bewehrung z. T. erheblich, insbesondere bei dickeren Bauteilen mit Rißbildung aus abfließender Hydratationswärme kurz nach dem Betonieren. Dies hat in den vergangenen Jahren zu verstärkten entsprechenden Forschungen geführt.

[Ivanyi – 95] hat für übliche Kellerwände in Stahlbeton von 20 bis 35 cm Dicke unter Zwangbeanspruchungen durch Einbeziehung der Steifigkeit der Bewehrung in die Analyse der Rißvorgänge festgestellt, daß baupraktisch übliche Bewehrungen für die Rißbeschränkung ausreichen. Aus dem angegebenen differenzierten Bewehrungsdiagramm geht hervor, daß bis zu einer Bauteildicke von 35 cm eine beidseitige Anordnung von je ∅12, s = 15 cm (7,52 cm²) eine Rißbeschränkung auf w_k ($w_{k,cal}$) = 0,15 mm, von jeweils ∅10, s = 15 cm (5,23 cm²) auf w_k ($w_{k,cal}$) = 0,20 mm und von je ∅8, s = 15 cm (3,33 cm²) auf eine Rißbreite unter w_k ($w_{k,cal}$) = 0,25 mm sicherstellt.

Bei genauerer Erfassung der Zwangswirkungen im ungerissenen Zustand I braucht die Mindestbewehrung nur maximal für die zugehörigen maßgebenden Schnittgrößen bemessen zu werden. Diese müssen im gerissenen Zustand II ausreichend rißbeschränkend aufgenommen werden.

Bei Außenbauteilen sind häufig Zwangswirkungen aus Temperatur für die rißbeschränkende Mindestbewehrung maßgebend, wobei Bauteildicke und Lage zur Sonne entscheidend sind. Für Bodenplatten und Wände sind Temperaturverläufe in [DAfStb-Ri – 96], Bild 1-2 und 1-3 angegeben, mit denen die maßgebenden Temperatureinwirkungen für Bauteildicken bis zu 80 cm abgeschätzt werden können. Aus den Grafiken ist für eine vorgegebene Bauteildicke der Temperaturverlauf aufzuschlüsseln, und zwar in einen konstanten mittleren Temperaturanteil T_K, in einen linearen Biege-Temperaturanteil mit Randwert T_L und in einen nichtlinearen Temperaturanteil mit Randwert T_E, der im Querschnitt Eigenspannungen bewirkt, s. Abb. E.3.22. Einer ermittelten zwängungswirksamen Temperatur T_{zw} ist die Betonspannung $\sigma_{bT} = \alpha_t \cdot T_{zw}$ zugeordnet. Aus Vergleich mit der maßgebenden Betonzugfestigkeit kann abgeschätzt werden, ob, ggf. überlagert mit anderen Zwangswirkungen, Rißbildung auftritt oder ob die Mindestbewehrung entsprechend den tatsächlich auftretenden Zwangschnittgrößen abgemindert bemessen werden kann. Es ist u. U. zu untersuchen, ob bei z. B. reibungsbedingt begrenzter Verformungsbehinderung die Zwangschnittgröße überhaupt aufgebaut werden kann. Die Reibungskräfte in Bodenfugen unter Bodenpressungen σ_F sind über die maximalen Scherspannungen $\tau_{max} = \mu_{max} \cdot \sigma_F$ zu ermitteln, wobei [DAfStb-Ri – 96], Tab. 1-4 Reibungsbeiwerte μ_{max} enthält.

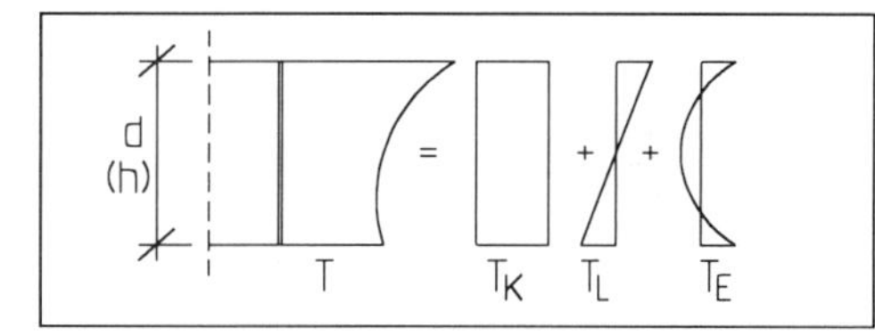

Abb. E.3.22 Temperaturanteile in einem Querschnitt

Die empirischen Rißformeln nach [Schießl – 89] (bzw. [ENV 1992-1-1 – 92], 4.4.2.3), auf denen die Normregelungen für Mindestbewehrung beruhen, sind nach Meinung von [König/Tue – 95] für Zwangbeanspruchungen mit Einzelrißbildung weniger geeignet, da die Mitwirkung des Betons bei Erstrißbildung dabei sehr pauschal und zu niedrig angesetzt wird. Ausgehend von einer verfeinerten mechanischen Modellvorstellung, entwickelten sie abgewandelte Rißgleichungen, die u. a. die Bemessung von Mindestbewehrung für dicke Bauteile wirklichkeitsnäher und wirtschaftlicher machen sollen. Das dort abgeleitete vereinfachte Näherungsverfahren mit angepaßten Grenzdurchmessertabellen hat bei einer Anzahl eigener punktueller Berechnungen keine niedrigeren Bewehrungsquerschnitte ergeben als die bisher verwendeten Näherungsverfahren nach Norm.

Ermittelte Mindestbewehrung muß in der untersuchten Richtung vorhanden sein, d. h., alle evtl. vorhandene Bewehrung kann angerechnet werden. Auch geneigt unter α bzw. $90^o-\alpha$ statt senkrecht zur Rißrichtung eingelegte orthogonale Bewehrung a_{sx} bzw. a_{sy} ist zur Rißbeschränkung geeignet. Sie darf aber als Mindestbewehrungsquerschnitt senkrecht zum Riß nur entsprechend ihrer abgeminderten Wirksamkeit angesetzt werden mit $a_{sx}/\cos^4\alpha + a_{sx}/\sin^4\alpha$. Übergreifungen von Mindestbewehrung müssen kraftschlüssig auf einer Länge $l_ü$ ($l_{s,net}$) erfolgen, wobei diese Übergreifungslänge berechnet werden darf über erf A_s/vorh $A_s = \sigma_s/\beta_s$ (bzw. $A_{s,req}/A_{s,prov} = \sigma_s/f_{yk}$).

4 Durchbildung der Detailbereiche von Stahlbetontragwerken

4.1 Abgrenzung von Detailbereichen in Stahlbetontragwerken

Detailbereiche von Stahlbetontragwerken sind Zonen, in denen die Bemessungs- und Nachweisregeln für Normalbereiche nach Abschnitt 3 entsprechend dem zugeordneten Standardmodell nach Abb. E.3.2 nicht oder nur abgewandelt gelten. Sie müssen also in einem gesamten Stahlbetontragwerk erst einmal als Detailbereiche erkannt werden, die gesondert untersucht, bemessen und durchgebildet werden müssen. Detailbereiche liegen immer dort vor, wo der kontinuierliche Verlauf der Querschnittsgeometrie gestört ist oder die Einwirkungen und damit der Verlauf der wirksamen Schnittgrößen *N*, *M* oder *V* sich sprungartig ändern. Dies ist einerseits bei sprungartiger Veränderung der Querschnittsabmessungen sowie der Neigung oder der Krümmung der Schwerlinie bzw. der Stabachse gegeben und liegen andererseits dort vor, wo Einzellasten oder Einzelmomente angreifen oder sich verteilte Einwirkungen sprungartig ändern. Die Auswirkungen an einer derartigen Diskontinuitätsstelle auf den inneren Kraftverlauf reichen entsprechend dem Prinzip von *de Saint-Venant* rechts und links etwa bis zu einem Abstand gleich der jeweiligen Bauhöhe *h* (*d*). Von dort gelten dann wieder die Bemessungs- und Konstruktionsregeln für Normalbereiche, wenn sich nicht ein weiterer Detailbereich anschließt.

In Abb. E.4.1 sind für einen exemplarischen Rahmenabschnitt eine Anzahl möglicher Diskontinuitäten mit zugeordneter Ausdehnung des jeweiligen Detailbereichs schraffiert und vermaßt angegeben. Geometrische Unstetigkeiten sind in den Bereichen 1, 2, 3, 5, 6, 7, 9, 10 und 11 gegeben, eine Diskontinuität in den äußeren Einwirkungen liegt in 2, 4, 6 und 8 vor. In Bereich 1 ändern sich die Krümmung und die Bauteildicke, in Detailbereich 2 ändert sich durch die Auflagerbank die Bauhöhe und greift eine Einzellast an. An der Rahmenecke 3 ändert sich der Neigungswinkel und die Bauteildicke. Im Detailbereich 4 wird eine Einzellast eingeleitet. In der Rahmenecke 5 ändert sich wie in 3 die Bauteildicke und der Neigungswinkel um 90°. Unter 6 ändert sich die Bauteildicke und greift an der Konsole eine Einzellast an. Im Randknoten 7 ändert sich die Querschnittsdicke und zweigt ein Tragwerksteil unter geändertem Neigungswinkel ab. Am Stützenfuß 8 wird eine konzentrierte Einzellast in Längsrichtung eingetragen. Eine Öffnung im Balken verzweigt das Tragwerk mit Sprung der Stabachse und veränderten Bauhöhen. In den beiden symmetrischen Detailbereichen 9 erfolgt die Kraftumleitung um die Balkenöffnung. In 10 ändert sich der Winkel der Stabachse stufenartig zweimal mit Veränderung der Bauhöhe, und im Detailbereich 11 verändert sich schließlich die Bauhöhe sprungartig zu einer Seite hin.

An geometrischen Unstetigkeiten sollte die Umlenkung der Kraftwirkungen und die Anordnung der zugehörigen Bewehrungen möglichst in einer Kernzone des Detailbereichs erfolgen, die in Abb. E.4.1 jeweils gekreuzt schraffiert dargestellt ist. Diese liegt im Überschneidungsbereich der Randlinien oder in dem zur größeren Querschnittshöhe gehörenden Teil des Detailbereichs.

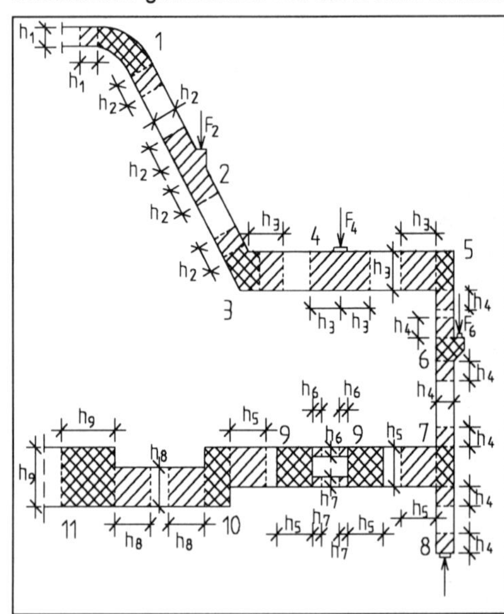

Abb. E.4.1 Abgrenzung von Detailbereichen in einem rahmenartigen Stahlbetontragwerk

Am Rande der Detailbereiche liegt jeweils die Tragwirkung des Normalbereichs vor mit entsprechend bekannter Größe und Lage der inneren Schnittgrößen. Wird ein Detailbereich an seinem Rande freigeschnitten und werden die inneren Schnittgrößen als äußere Einwirkung am Detailbereich angesetzt, so befinden sich alle Kräfte im Gleichgewicht, s. z. B. Abb. E.4.2. Aus der Querschnittsbemessung an diesem Rand ist der innere Hebelarm z festgelegt. Die sich aus der Bemessung ergebende Zugkraft greift in Höhe der Bewehrung im Abstand d_2 vom Zugrand an. Die resultierende Biegedruckkraft liegt um z von der Zugkraft entfernt. Die Querkraft greift in der Schwerachse an, siehe z. B. Abb. E.3.2.

Die Aufgabe der Analyse und der konstruktiven Durchbildung eines Detailbereichs besteht darin, die Kräfte durch den Detailbereich hindurch so ins Gleichgewicht zu bringen, daß die Zugwirkungen durch geeignete Anordnung von Bewehrung aufgenommen werden können, der Beton und die Kraftübertragungen über Verbund überall ausreichend tragfähig sind und sich der gedachte Kraftfluß in Wirklichkeit auch einstellen kann.

Diese Analyse erfolgt zweckmäßig über eine **Stabwerkmodellierung** entsprechend den in Abschnitt E.3.1 bereits für den Normalbereich beschriebenen Modellierungsgrundsätzen. Die flächigen Druckwirkungen des Betons werden resultierend durch **Druckstäbe** abgebildet, die in den Abbildungen durch Doppellinien gekennzeichnet sind. Dem Druckstab sind über seine Länge wirkliche Querschnittsflächen zugeordnet, die in der Lage sein müssen, die Druckkräfte ohne Überschreitung von zulässigen Spannungen gemäß Tafel E.2.1 aufnehmen zu können. Druckbewehrungen können mit ihrer Tragfähigkeit entsprechend einbezogen werden oder bei nicht ausreichender Beton-Drucktragfähigkeit dafür bemessen werden.

Die **Zugstäbe** entsprechen einzulegenden Bewehrungen und werden in den Abbildungen durch eine einzige Linie dargestellt. Diese werden am besten randparallel oder orthogonal angeordnet und in dieser konstruktiv günstigen Lage in einem Tragmodell möglichst eingeplant. Die Bewehrungen sind für die Zug-Stabkräfte zu bemessen.

Knoten fassen Überleitungsbereiche zusammen entsprechend der von einem Stab an einen anderen Stab weitergegebenen Kraftwirkung. Die Kraftübertragung von Druckstab zu Druckstab erfolgt über Druckspannungen, die i. d. R. bereits durch die ausreichende Tragfähigkeit der Druckstäbe gesichert sind, s. Abb. E.4.2a, Knoten b. Kraftübertragung vom Druckstab in einen Zugstab erfolgt i. d. R. über Verbund. Die Kraftübertragung muß im Knoten kraftschlüssig möglich sein, d. h., die Mitte der Verankerungslänge l_1 ($l_{b,net}$), deren Lage in den Abbildungen durch Querstrichelung gekennzeichnet wird, muß im Knoten oder am überstehenden Zugstabende hinter dem Knoten liegen. In Zugstabumlenkungen ohne Verankerung in der Krümmung ist der widerstehende Druckstab der fächerförmigen Umlenkpressungen in der Winkelhalbierenden vorzusehen. Abweichungen von der Winkelhalbierenden sind nur bei Verbundwirkungen an der Stabumlenkung möglich und wirksam. Es sollte am besten bei der Modellierung nicht von der Winkelhalbierenden abgewichen werden, s. Abb. E.4.2a.

Die Kraftwirkungen des gekrümmten Zugstabs können formal durch tangentiale gerade Zugstäbe dargestellt werden, die mit dem Druckstab in der Winkelhalbierenden sich im Knoten a' in Abb. E.4.2a treffen. Der effektive Knoten a als Ort der mittleren Kraftübertragung liegt jedoch in der Krümmung. Weitere am Knoten angreifende Stäbe müssen ihre Kräfte wirksam in a und nicht in a' übergeben können. In einer verfeinerten Modellierung kann der Krümmungsverlauf auch durch ein Sekantenpolygon angenähert werden.

An einspringenden Ecken an der Zugseite von Tragwerken wie in Abb. E.4.2b besteht trotz ausreichender Tragfähigkeit der Bewehrungen bei hoher Zugbeanspruchung die Gefahr eines diagonalen Einzelrisses mit zu großer Rißbreite. Eine Rißvernadelung sollte entsprechend dem gestrichelten Stab in Abb. E.4.2b2 nach [DAfStb-H373 – 86] dann vorgesehen werden, wenn in einem der angrenzenden Querschnitte sich der Bewehrungsgrad $\mu_{SS} = A_s/(b\ h)$ ($\rho_{SS} = A_s/(b\ d)$) größer ergibt als 0,4 %. Der Querschnitt der Schrägeisen sollte dann gewählt werden bei:

- max μ_{SS} (max ρ_{SS}) $\leq$ 1,0 % : $A_{SS} = \max A_s/2$
- max μ_{SS} (max ρ_{SS}) > 1,0 %: $A_{SS} = \max A_s$

Entsprechend der Funktion des Schrägstabes ist beidseitig vom Schrägriß je die volle Verankerungslänge l_0 (l_b) erforderlich.

4.2 Detailbereiche mit geometrischen Unstetigkeiten

Eine Umlenkung der Stabachse und damit der Kraftwirkungen liegt an einer Ecke nach Abb. E.4.2a vor. Der Stabdurchmesser sollte dort die Grenze nach Tafel E.2.2 nicht überschreiten, um die Stabkrümmung in der Kernzone des Detailbereichs zu halten. Für negatives Moment und bei beidseitig etwa gleicher Querschnittshöhe treffen sich angreifende Zug- und angreifende Druckkraft auf der Winkelhalbierenden im Kernbereich und werden durch die diagonale Umlenkpressung entsprechend dem diagonalen Druckstab umgelenkt, s. Stabmodell 4.2a. Außer der umgelenkten Biegezugbewehrung tritt keine weitere Zugwirkung auf und ist keine weitere Bewehrung im Eckbereich erforderlich. Die Tragfähigkeit der Druckstäbe wird durch Biegebemessung und der dadurch ausreichenden Tragfähigkeit an den Anschnitten sichergestellt.

Bei negativem Moment muß die Druckkraft bogenförmig umgelenkt werden durch schräge Zugwirkungen. Die Bewehrung entsprechend der diagonalen Zugkraft ist kraftschlüssig mit den Druckwirkungen zu verbinden, z.B. durch eng angeordnete Schrägbügel nach Abb. E.4.2b1, deren Querschnitt $\Sigma A_{sbü}$ für die Stabkraft $M/z \cdot \sqrt{2}$ zu bemessen ist. Besonderes Augenmerk ist auf die kraftschlüssige Ausbildung der Verbindung im Knoten a und c zwischen der Biegebewehrung

E

und den Druckwirkungen zu legen, die durch eine Schlaufenverankerung des Zugstabs am besten gesichert wird. Aufgrund letzterer Anforderung ist die alternative Bewehrung nach Abb. E.4.2b2 vorzuziehen, bei der über von außen auf den Beton wirkende Stabumlenkkräfte der gekrümmten Stäbe die Umlenkung der Druckwirkungen im Knoten b erfolgt.

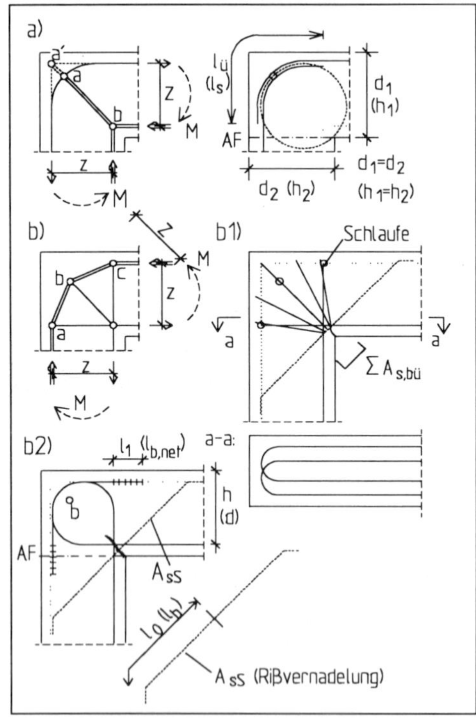

Abb. E.4.2 Rahmenecke für konstante Querschnittshöhe

Die Ausbildung von Stabumlenkungen nach Abb. E.4.2b2 ist auch geeignet für Umlenkungen größer als 45°, wobei die Bauteilhöhe genügend größer als der Biegerollenradius sein muß, s. Abb. E.4.3a.

Andernfalls ist analog zu E.4.2b1 eine Lösung nach Abb. E.4.3b zu wählen. Bei höherer Beanspruchung sind Umlenkbügel, wie gestrichelt eingezeichnet, anzuordnen. Bei niedriger Beanspruchung, wie bei Treppenläufen, können die Bügel entfallen und ist nur die äußere gestrichelt dargestellte Eckbewehrung einzulegen.

Bei der Umlenkung im Flansch eines Plattenbalkens, wie er bei konstanter Querschnittshöhe an Knickstellen oder Rahmenecken, aber auch bei einem Dachprofil auftritt, könnten Druckkräfte im Flansch nur bei Einbau einer Quersteife umgelenkt werden. Ohne eine Quersteife müssen die Druckkräfte vor der Umlenkstelle aus dem

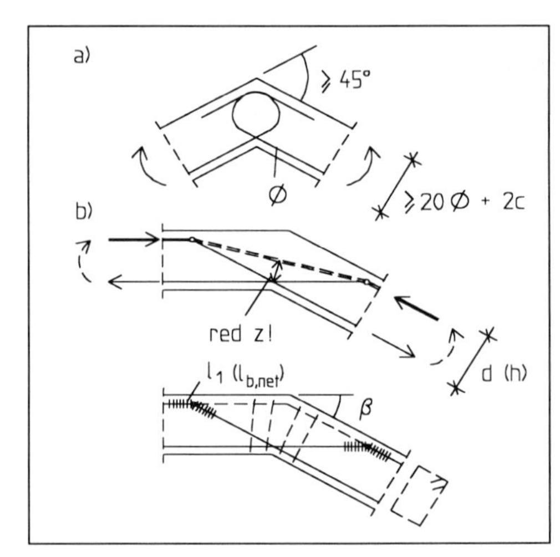

Abb. E.4.3 Umlenkung bei konstanter Querschnittshöhe

Flansch in den Steg geleitet und dort umgelenkt werden, s. Abb. E.4.4. In diesem Fall wirkt im Umlenkquerschnitt m allein der Steg als Druckzone, so daß dort die Bemessung mit $b = b_0$ (b_w) statt mit b_m (b_{eff}) zu einem kleineren Hebelarm z_m mit erhöhtem Bewehrungsquerschnitt A_s im Vergleich zur Bewehrung aus einer Bemessung als Plattenbalken führt. Das zugehörige Stabmodell ergibt für einen symmetrischen Plattenbalken, daß im Knickbereich eine Querbewehrung von insgesamt ΣA_{sq} im Flansch vorliegen muß für $M_{(a)}/z_{(a)} \cdot b_{m1}/b_m$. Die gesamte Umlenkbewehrung ΣA_{su} im Steg gemäß Abb. E.4.4b ist im Bereich links und rechts neben m anzuordnen. Sie ist nachzuweisen und zu bemessen für eine Umlenkkraft von insgesamt $2F_u = 2M_{(m)}/z_m \sin(\beta/2)$.

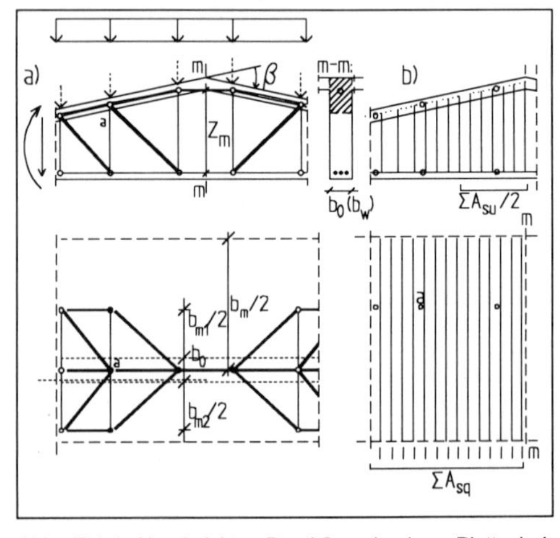

Abb. E.4.4 Abgeknickter Druckflansch eines Plattenbalkens ohne Aussteifung im Umlenkquerschnitt bei max M in m

Bei einer treppenförmigen Umlenkung entsprechend Abb. E.4.1, Detail 10 oder bei einer Veränderung der Querschnittshöhe des Tragwerks sind die Stabmodelle und die Bewehrungsführungen nach Abb. E.4.2a und b zu kombinieren, s. Abb. E.4.5 und [Geistefeldt – 98], Abb. E.4.6 bis 4.8.

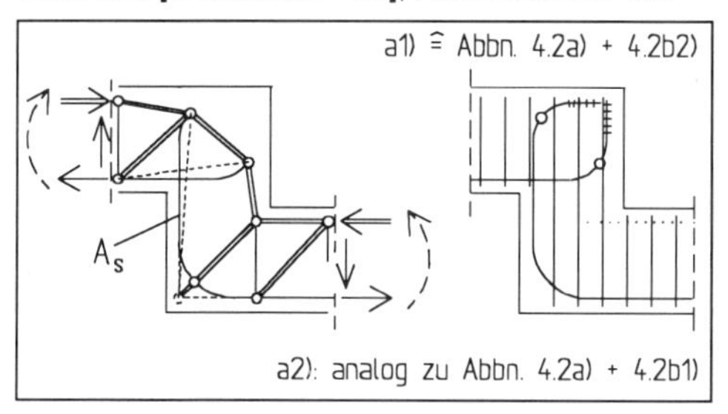

Abb. E.4.5 Treppenförmige Tragwerksumlenkung

Kontinuierliche bogenförmige Neigungsänderung eines Bauteils, ggf. auch mit zusätzlicher Aufweitung gemäß Abb. 4.1, Detail 1, erfordert bei innenliegender Zugbewehrung die Rückverankerung der Umlenkkräfte. Diese muß gemäß Abb. E.4.6 durch umschließende, in der Druckzone verankerte Bügel erfolgen.

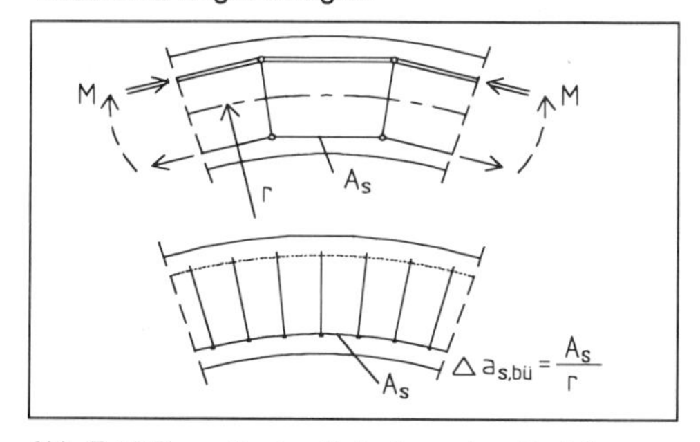

Abb. E.4.6 Bogenförmige Umlenkung eines Bauteils

4.3 Detailbereiche bei sprungartiger Belastungsänderung

Die konzentrierte Einleitung einer auf kleiner Fläche wirksamen Last quer zur Stabachse oder quer zur flächigen Tragwerksebene eines Biegetragwerks entsprechend Abb. E.4.1, Detail 4 kann auf Druck oder auf Zug an einer Querschnittsoberfläche erfolgen, s. Abb. E.4.7, oder bei der Einbindung von Nebenträgern in Hauptträger auch indirekt über einen Teil oder die gesamte Querschnittshöhe. Bei Einleitung auf Druck erfolgt eine Ausstrahlung gemäß Abb. E.4.7a, die auf der abgewandten Seite immer durch Bewehrung A_s gesichert sein sollte. Eingelegte Biegezugbewehrung ist dafür ausreichend. In Kragplatten, auf denen bei planmäßig verteilter Verkehrslast u. U. konzentrierte Belastungen F auftreten können, sollte jedoch in einem Streifen entsprechend der doppelten Bauhöhe unter der Last eine untere kreuzweise konstruktive Bewehrung vorgesehen werden, die in jeder der orthogonalen Richtungen auf einer Breite von $2d + a$ eine Zugkraft $F/2$ aufnehmen kann. Für eine von außen angreifende Zugkraft gemäß Abb. E.4.7b gilt zusätzlich, daß diese kraftschlüssig bis über die Schwerachse hinaus und mindestens bis in die Biegedruckzone durch Bügel- oder Schlaufenbewehrung in den Querschnitt eingeleitet wird.

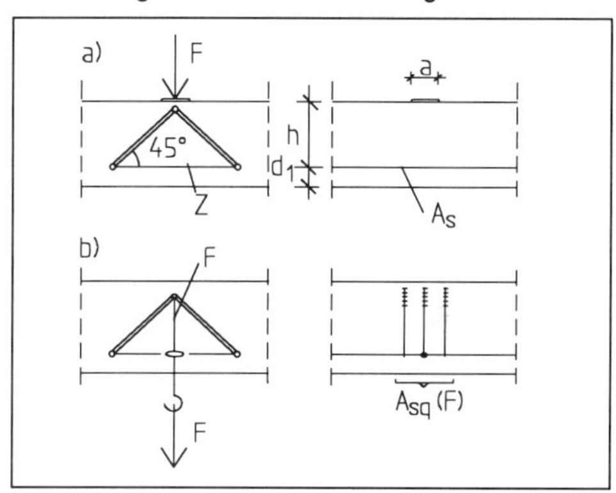

Abb. E.4.7 Konzentrierte Krafteinleitung in Biegeträger

Auch eine in Längsrichtung eines Tragwerks konzentriert auf Druck gemäß Abb. E.4.1, Detail 8 in den Beton eingetragene Kraft strahlt im Einleitungs-Detailbereich aus. Bei mittiger Eintragung kann die Ausstrahlung im Beton bis zur konstanten Spannungsverteilung über das Stabmodell gemäß Abb. E.4.7 erfaßt werden. Der Querzug muß durch Querbewehrung für die Kraft $F_{sq} = 0{,}25F\,(1 - a/d)$ (bzw. $F_{st} = 0{,}25F\,(1 - a/h)$), bei Stützen z. B. durch umschließende Bügel, abgedeckt werden. Bei Stützen ist sie zusätzlich zur Querbewehrung für die Verankerung der außen angeordneten Längsbewehrung einzulegen. Bei exzentrisch konzentrierter Lasteinleitung sind entsprechende Modelle und Bewehrungen abzuleiten. Einzelheiten dazu sind z. B. [Geistefeldt – 98], Abschnitt 4.3 und [Grasser/Thielen – 91], Abschnitt 5 zu entnehmen.

Bei Einleitung konzentrierter Kräfte quer in Plattentragwerke und auch in Flächengründungen, z. B. aus Stützen, sind Quer-Biegebewehrungen in der Zone um die Lasteinleitung entscheidend für das Tragverhalten in dem Durchstanzbereich. Vor Versagen bildet sich eine umlaufende Rißfläche am Umfang des Stanzkegels aus. Die Übertragung stark geneigter Druckkräfte erfolgt unter kleinem Winkel flach geneigt über diese Rißfläche bei noch ausreichend ineinandergreifenden Rißverzahnungen möglich, wenn sich diese Streben in die kreuzende Biegebewehrung

(Zugkraft Z_s) und in die als Zugring wirkende umgebende steife Plattenscheibe verformungsarm abstützen kann, s. Abb. E.4.8a. Die Rißufer werden um so stärker zusammengehalten, je größer der Querschnitt der den Stanzkegel kreuzenden Biegebewehrung ist und wenn diese über den Stanzumfang hinausgeführt und ggf. reichlich verankert ist, s. Abb. E.4.8b. Stanzbewehrung, die den Stanzkegel kreuzt und beidseitig der Stanzfläche ausreichend verankert sein muß, wird vorzugsweise als Schrägaufbiegung, wie in Abb. E.4.8c dargestellt, oder ggf. als Bügel, wie dort gestrichelt eingezeichnet, ausgebildet. Sie wird erst beansprucht und kann damit erst wirksam werden, wenn sich die Rißverzahnung bereits teilweise gelockert hat, und darf daher nur abgemindert auf die Gesamttragfähigkeit auf Durchstanzen angerechnet werden. Stanzbügel werden rationell linienförmig zu Körben zusammengefaßt und innerhalb des Stanzumfangs eingebaut.

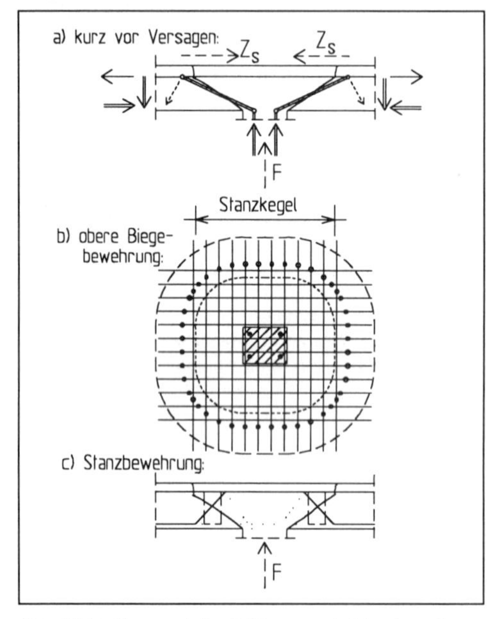

Abb. E.4.8 Tragmodell mit Biege- und Stanzbewehrung im Durchstanzbereich von Platten

Ist die Stanztragfähigkeit einschließlich Stanzbewehrung für die vorgesehene Plattendicke nicht ausreichend und soll keine Stützenkopfverstärkung oder Ertüchtigung durch Vorspannung vorgesehen werden oder ist der Stanzbereich durch Öffnungen geschwächt, kann durch eine in den Beton eingelegte geeignete Kragenkonstruktion aus Baustahl oder durch Dübelleisten aus Flachstahl mit Kopfbolzen der stützennahe Bereich so ertüchtigt werden, daß der Stanzkegel nach außen verlegt werden kann, s. Abb. E.4.9.

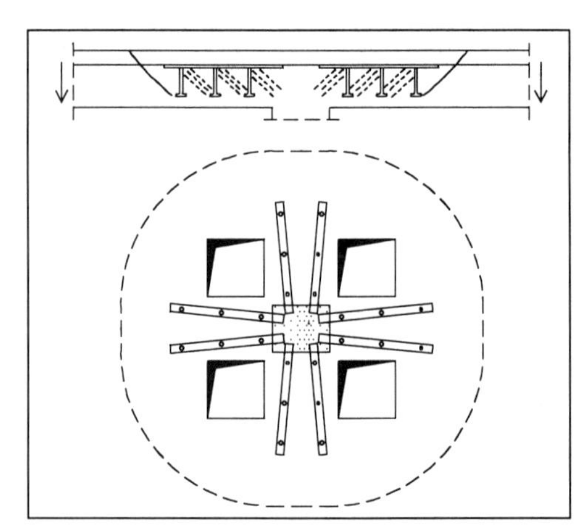

Abb. E.4.9 Ertüchtigung des Stanzbereichs mit Dübelleisten

4.4 Detailbereiche für Endauflager und Randknoten von Rahmen

Bei auf Druck direkt gestützten Endauflagern von Biegetragwerken wird die Umlenkung der aus dem Tragwerk zum Auflager gerichteten schrägen Druckstrebe und damit die Tragfähigkeit am Auflager durch die kraftschlüssige normgerechte Verankerung der Biegelängsbewehrung sichergestellt. Bei Plattenbalken wird über die schräge Druckstrebe mit der Neigung nach Abb. E.4.10a

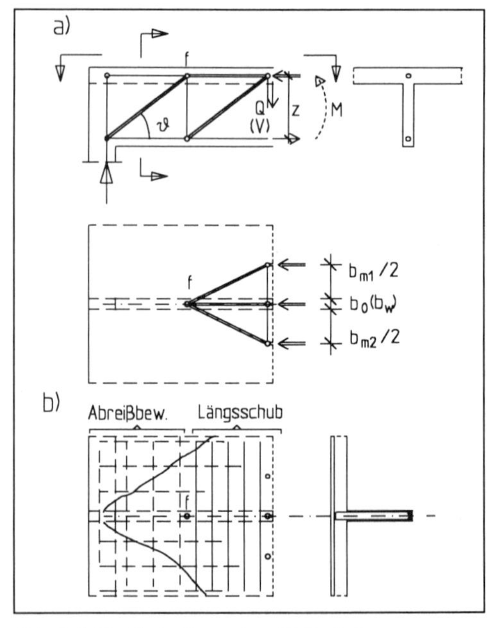

Abb. E.4.10 Endauflager eines Plattenbalkens

die Druckkraft erst ab dem Punkt f in den Flansch eingetragen und strahlt erst danach in den Flansch zur mittragenden Breite aus. Neben der dafür notwendigen Längsschubbewehrung nach Abschnitt 3.5 muß bei symmetrischen Plattenbalken die statisch unbeanspruchte Flanschzone über dem Auflager über Abreißbewehrung an die sich etwa ab Punkt f längs verformende Druckzone angebunden werden. Die zugehörige rißverteilende Mindestbewehrung wird zweckmäßig als orthogonales Bewehrungsnetz eingelegt und entsprechend Abschnitt 3.7 bemessen, s. Abb. E.4.10b. Bei Verwendung von Stabstahl sind diagonal angeordnete Stäbe senkrecht zur möglichen Rißlinie noch wirksamer.

Bei indirekter Endauflagerung von Nebenträgern in Hauptträger soll die endende Biegelängsbewehrung entsprechend Abb. E.4.11 über die unteren Bügelschenkel geführt werden und jenseits des Auflagerpunkts mit l_3 ($l_{b,net}$) verankert werden, s. Abschn. E.2.4. Die Auflagerkraft F_a des Nebenträgers ist in die Druckzone des Hauptträgers voll zurückzuverankern. Die Verdrehung des Nebenträgers wird durch den Hauptträger behindert, so daß eine leichte Einspannung vorliegt. Dafür muß eine leichte obere Einspannbewehrung kraftschlüssig in den Hauptträger einbinden. Bei oben bündig einbindendem Nebenträger ist eine zugfeste Anbindung ggf. durch überstehende Bügelschenkel nach Abb. E.4.11b erforderlich.

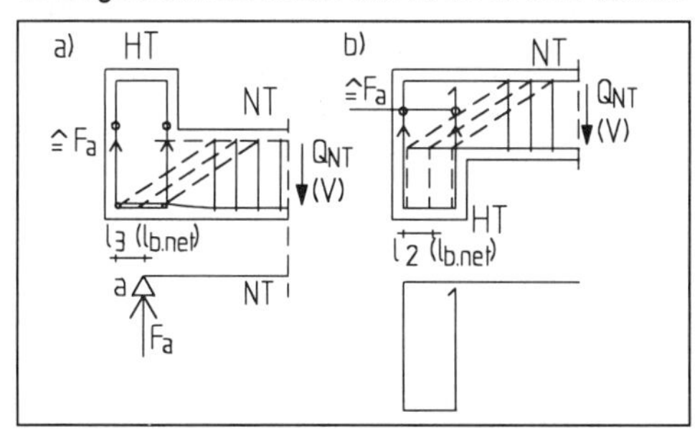

Abb. E.4.11 Endauflager eines Nebenträgers

Bei direkt gestützten hochgesetzten Endauflagern ist wie beim Querschnittssprung zu verfahren, s. [Geistefeldt – 98], Abb. E.4.14 bis E.4.16.

An biegesteifen Rahmenecken nach Abb. E.4.1, Detail 5 haben normalerweise die Riegel größere Bauhöhen als die Stiele. Das Eckmoment ergibt aufgrund der unterschiedlichen inneren Hebelarme z_R und z_{St} unterschiedlich große Biegezug- und Biegedruckkräfte, die über den Eckbereich kraftschlüssig zusammenwirken müssen. Das Stabmodell in Abb. E.4.12a beschreibt für negatives, d. h. schließendes Eckmoment die dazu notwendige Umlenkung der Riegelzugkraft und den Aufbau der größeren Biegezugkraft im Stiel über die Fachwerkwirkung in der Rahmenecke.

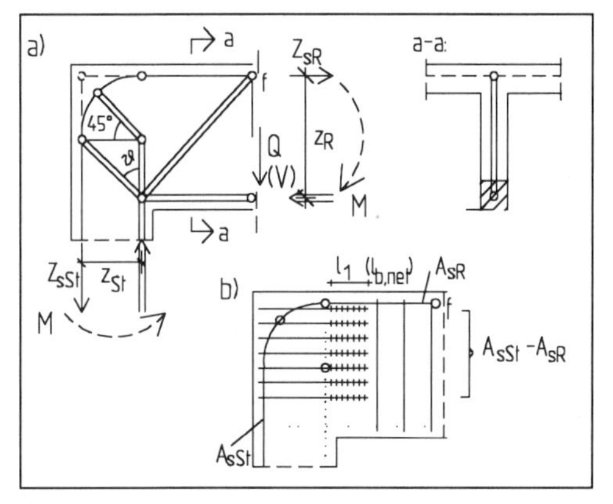

Abb. E.4.12 Rahmenecke mit schließendem Moment

Für geneigt dazu unter dem Winkel β an der Rahmenecke anschließende Riegel und für Randknoten von Rahmen liegen in [Geistefeldt – 98] ausführlichere Angaben vor.

4.5 Detailbereiche für Innenauflager und Innenknoten von Rahmen

Direkt gestützte Innenauflager weisen im Detailbereich mit zweiachsigem Druck am Auflager keine zusätzlich abzudeckenden Querzugwirkungen auf. Falls die Auflagerkraft sehr konzentriert eingeleitet wird, gelten die Regeln für konzentrierte Lasteinleitung, s. Abschnitt 4.3, wobei auch ohne Umschnürungsbewehrung die um 15 % erhöhte zweiachsige Beton-Drucktragfähigkeit ausgenutzt werden könnte, s. Tab. E.2.1. Zur Erhöhung der Biege- und Querkrafttragfähigkeit am Auflager sind Vouten nach Abb. E.4.13 günstig.

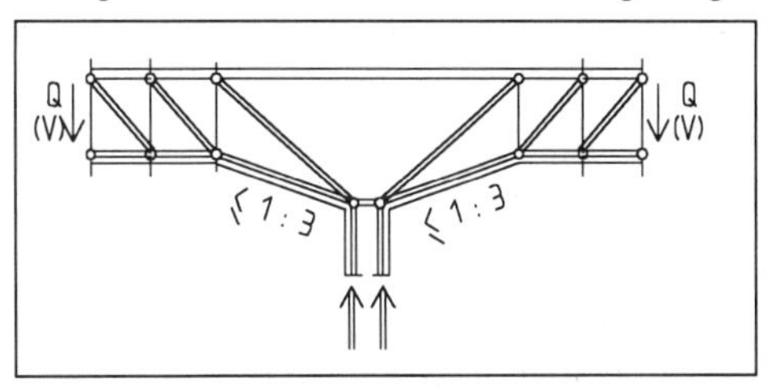

Abb. E.4.13 Innenauflager mit Vouten

Im Regelfall liegt an der Innenstützung die Einbindung einer praktisch nur auf Druck beanspruchten Stütze in einen hohen Riegel vor. Bei hohem Druckbewehrungsgrad ist meist die Verankerung der Druckstäbe problematisch. Die Druckstäbe sollten nicht näher als 5 cm an die Oberfläche geführt werden, um ein Absprengen der Betondeckung aus Spitzendruck auszuschließen. Dagegen erscheinen auf die Spitze aufgesetzte Kappen weniger praktikabel.

Wegen Ertüchtigung des Betons durch normgerechte engere Verbügelung im Stützenanschlußbereich ist es entsprechend [DIN 1045 – 88], 25.2.2 zulässig, die Verankerungslänge bereits in diesem Bereich der Stütze zu beginnen, s. Abb. E.4.14. Reicht die verfügbare Verankerungslänge l_1 ($l_{b,net}$) nicht aus, muß die Stütze überbewehrt oder müssen größere Stützenabmessungen und/oder kleinere Stabdurchmesser gewählt werden. Für l_1 ($l_{b,net}$) ist der am Anschnitt erforderliche Bewehrungsquerschnitt A_{serf} ($A_{s,prov}$) maßgebend und nicht der in Stützenmitte ermittelte. Bei Plattenbalken müssen auch im Stegbereich die Druckstäbe am Ausweichen nach außen gehindert werden und Bügel mindestens im Abstand $s_{bü}$ vorhanden sein, s. Abb. E.4.14.

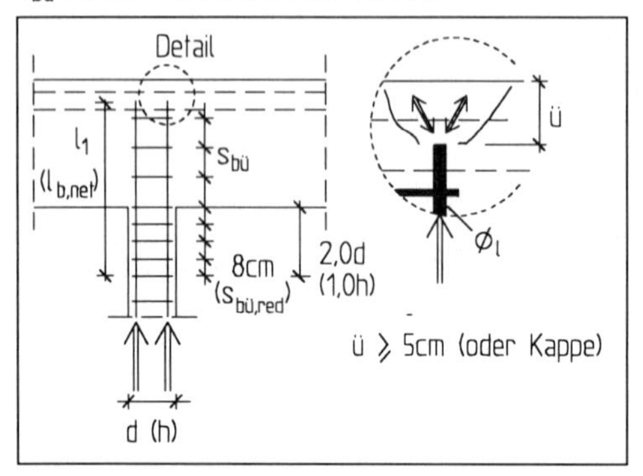

Abb. E.4.14 Gelenkige Innenauflagerung eines Riegels auf biegesteif angeschlossener Stütze

Bei aufgehängtem Innenauflager, z. B. an eine Wand nach Abb. E.4.15, ist wie bei Lastübertragung von Nebenträger auf Hauptträger nach Abschn. E.4.4 und Abb. E.4.11 darauf zu achten, daß die Auflagerkraft voll und kraftschlüssig in den aufnehmenden Hauptträger zurückverankert wird. Die Rückverankerung durch Bügel oder Bewehrungsschlaufen soll den Nebenträger und die Bewehrung an der abgewandten Seite voll umschließen. In Abb. E.4.15 ist die Aufhängung in eine Wand durch Schlaufen dargestellt, die oberhalb der Arbeitsfuge (AF) mit Übergreifungslänge in die vertikale Wandbewehrung einbinden.

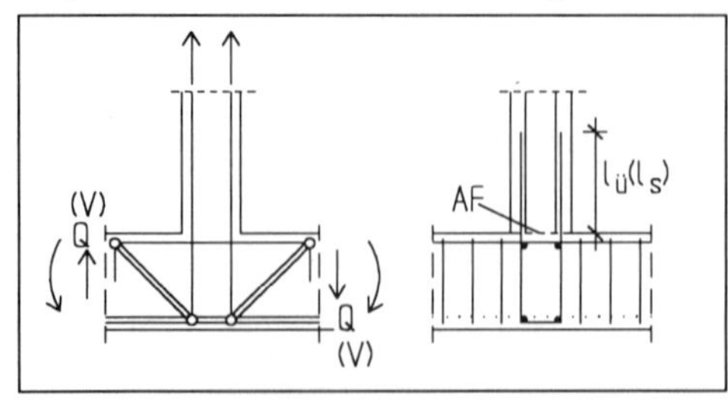

Abb. E.4.15 Indirekte Innenauflagerung durch rückgehängte Einbindung an eine Wand

Die Modellierungen an Innenknoten können analog zu der an Eckknoten in Abhängigkeit von den angreifenden Biegemomenten und den angrenzenden Querschnittshöhen ermittelt werden, um so die Wirkungen und die erforderlichen Bewehrungsquerschnitte und -führungen zu bestimmen, s. z. B. [Geistefeldt – 98], Abb. E.4.24 und E.4.25.

4.6 Biegesteife Einspannung von Kragsystemen und Konsolen

Kragsysteme brauchen zum Gleichgewicht und zu ihrer Standsicherheit eine kraftschlüssige Einbindung in die einspannenden und lastabnehmenden Tragglieder. Die Verankerung einer endenden Kragbewehrung muß so erfolgen, daß die zum Gleichgewicht notwendigen Druckwirkungen im einspannenden Bauteil, z. B. in einer Stahlbeton- oder Mauerwerkswand, tragfähig möglich sind. Wie in Abb. E.4.16 dargestellt, wird der Hebelarm z_1 in dem aufnehmenden Bauteil und werden damit die Resultierenden der Druckwirkungen $F = M_a/z_1$ von der Einbindelänge der Kragbewehrung bestimmt. Bei zu kurzer Einbindelänge kann die Drucktragfähigkeit des einspannenden Tragwerks nicht ausreichend sein und die Kragplatte herausbrechen, s. Abb. 4.16b.

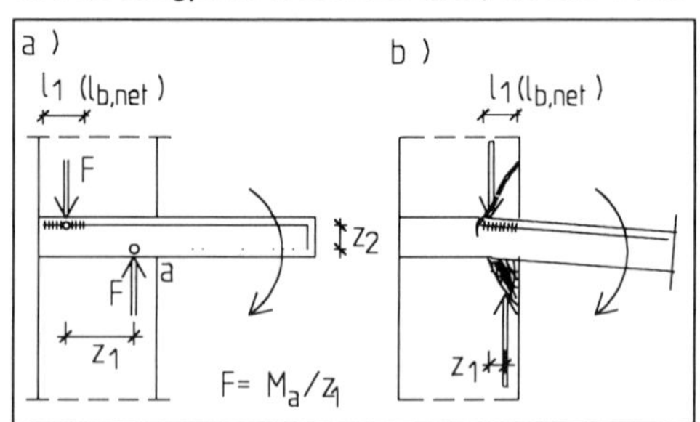

Abb. E.4.16 Kragplatteneinspannung in eine Wand

Bei kraftschlüssiger Anbindung der Kragbewehrung an die aufnehmende Zugbewehrung gelten die Konstruktionsgrundsätze für dreiseitige Rahmen-Randknoten.

Bindet eine Kragplatte oder ein Kragbalken nur in einen quer zur Spannrichtung gespannten Balken ein, so muß die Kragbewehrung kraftschlüssig in den aufnehmenden Balken einbinden und dieser für Torsion bemessen werden. Nur so ist bei der vorliegenden Gleichgewichtstorsion die Tragfähigkeit sicherzustellen. Die Kragbewehrung muß daher mit voller Übergreifungslänge $l_ü$ (l_s) in die lastweiterleitenden Torsionsbügel einbinden, s. a. Abschn. E.3.4. Bei kurzer Kraglänge kann die Kragbewehrung gemäß Abb. E.4.17 durch einen auskragenden Schenkel der Torsionsbügel gebildet werden.

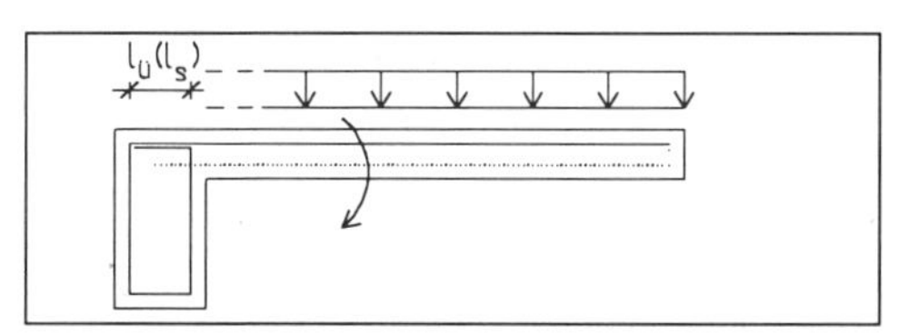

Abb. E.4.17 Bewehrung für Gleichgewichtstorsion bei Kragsystem, eingebunden in Randbalken

Als Konsolen gelten Kragsysteme mit kurzer Kraglänge kleiner als die Bauhöhe d_k, die am Konsolenende im Abstand a_k von der Einspannung meist hoch durch eine Einzellast belastet werden entsprechend Abb. E.4.1, Detail 6. Die Bemessung erfolgt auf der Grundlage eines einfachen Druckstreben-Zugbandmodells in der Konsole, s. Abb. E.4.18a. Für die Tragfähigkeit ist neben der kraftschlüssigen Rückverankerung der Zuggurtbewehrung in das einspannende Bauteil vor allem die kraftschlüssige Kraftein- und -weiterleitung unter der Lastplatte wichtig. Dort sind meist unplanmäßige Längszugwirkungen an der Lasteintragung, z. B. aus Reibung, möglich und von wesentlichem Einfluß auf die Tragfähigkeit, so daß immer 20 % der vertikal auf den Kragarm wirkenden Last als Längszugkraft an der Lasteinleitung zusätzlich angesetzt werden sollte entsprechend [ENV 1992-1-1 – 92], 2.5.3.7.2 (4).

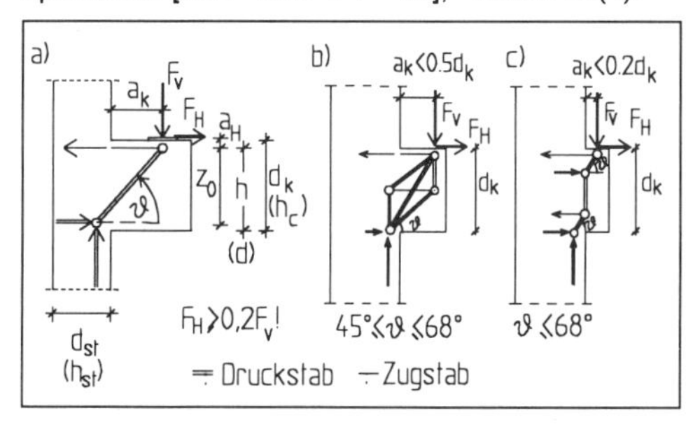

Abb. E.4.18 Tragwirkung und -modelle für Konsolen

In dem Modell nach Abb. E.4.18a, das für $a_k < h_k$ gilt, ist der Winkel der Druckstrebe ϑ und der innere Hebelarm z_0 am Anschnitt so zu wählen, daß die Drucktragfähigkeit am unteren Ende der Druckstrebe nicht überschritten wird. Das ist z. B. erfüllt, wenn z_0 nach Gl. (E.4.2) (gemäß [DAfStb-H425 – 92], 3.1) gewählt wird. Dazu ist am Konsolenanschnitt τ_0 zu berechnen und nach [Grasser – 97], S. 458 über $\tau_0 \leq \tau_{03} - (\tau_{03} - \tau_{02}) \cdot a_k/2h_k$ (bzw. über V_{Rd2} für ϑ und $\alpha = 90°$) zu überprüfen, ob die Strebendrucktragfähigkeit eingehalten wird. Der innere Hebelarm $z_0 = a_k \tan \vartheta$ ist möglichst genau zu begrenzen auf:

$$z_0 \leq h\left(1 - 0{,}4\,\frac{\tau_0}{\tau_{03} - (\tau_{03} - \tau_{02}) \cdot a_k/2h_k}\right)$$

$$\left(z_0 \leq d\,(1 - 0{,}4\,F_{Sd}/V_{Rd2})\right) \qquad \text{(E.4.2)}$$

Mit dem so gefundenen Hebelarm z_0 ist die Zugstrebenbewehrung A_{s2} nach Abb. E.4.19 zu bemessen für die Zugkraft

$$F_{s1} = F_V \cdot a_k/z_0 + F_H\,(1 + a_H/z_0) \qquad \text{(E.4.3)}$$

Die Lasteinleitung der einwirkenden Kraft F_V in die Zugbewehrung unter der Lastplatte muß kraftschlüssig, z. B. mit Einbindung über die Verankerungslänge l_1 ($l_{b,net}$) nach Abb. E.4.19, erfolgen. Die erforderliche Verankerungslänge darf nach [DAfStb-H400 – 89], zu 18.5 aufgrund der Querpressung wie bei direkter Endauflagerung auf 2/3 abgemindert werden. Bei hoher Querpressung unter der Lasteinleitungsplatte im Gebrauchszustand von ≥ 8 N/mm² unter seltener Lastkombination kann danach sogar eine Abminderung auf die 0,5fache erforderliche Verankerungslänge als ausreichend angesehen werden. Der Beiwert α_1 (α_a) für das Verankerungselement darf danach für Haken, Winkelhaken oder Schlaufen über den Wert 0,7 hinaus abgemindert werden, und zwar auf

$\alpha_1 = 0{,}5$, ($\alpha_a = 0{,}5$) wenn $d_{br} \geq 15\varnothing$ nach Abb. E.4.19b eingehalten wird oder im geraden Bereich der Verankerungslänge l_1 ($l_{b,net}$) ein Querstab angeschweißt ist

$\alpha_1 = 0{,}4$, ($\alpha_a = 0{,}4$) wenn beide vorgenannten Bedingungen für α_1 (α_a) = 0,5 vorliegen.

Entsprechend [DAfStb-H400 – 89], zu 18.5 sollte zusätzlich l_1 ($l_{b,net}$) ≥ $d_{br}/2 + \varnothing$ beachtet werden, s. Abb. E.4.19b. Meist ist die Anordnung von Schlaufen notwendig und konstruktionsgerecht.

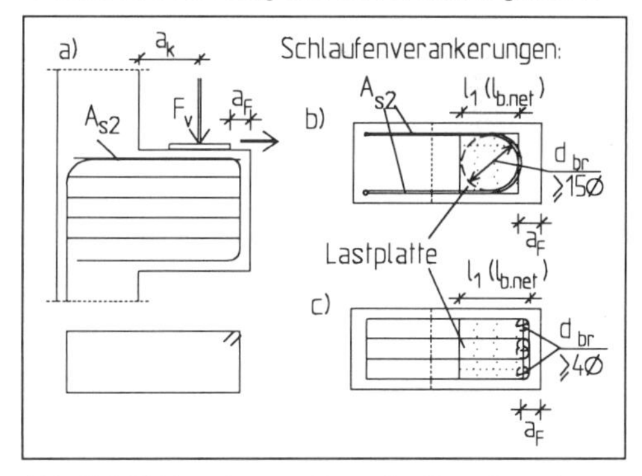

Abb. E.4.19 Verankerungslänge der Konsolbewehrung

Falls nur ein sehr kurzer Überstand hinter der Lasteinleitungsplatte eingehalten wird, der mit Schlaufenverankerung nicht realisierbar ist, so sind für die kraftschlüssige Verankerung Ankerplatten z. B. nach Abb. E.2.12 vorzusehen.

Die Zugbewehrung A_{s2} wird hinter der Einspannung zweckmäßig in das einspannende Bauteil umgebogen. Die Kraftweiterleitung und Bewehrung des Knotenbereichs erfolgt wie in einem Rahmen-Randknoten.

E

Die schräge Druckstrebe wird hoch beansprucht und strahlt über die gesamte Konsolenbreite aus, so daß gemäß Stabmodell nach Abb. E.4.18b und c Querzugbewehrung am besten durch geschlossene Bügel anzuordnen ist. Die untere, unbelastete Konsolenecke ist dabei durch Bügel anzubinden, wenn die Ecke nicht ganz entfällt und die Konsole unten abgeschrägt wird. Die Bewehrungsausführung ist in Abb. E.4.20 für kurze und sehr kurze Konsolen dargestellt. Bei kurzen Konsolen ist zur Spaltzugsicherung der hohen Druckbeanspruchungen über die gesamte Konsole verteilte Bügelbewehrung mit einem Querschnitt von $\Sigma A_{sbü} \geq 0{,}5 A_{s1}$ nach [DAfStb-H425 – 92] einzulegen, s. Abb. E.4.20a.

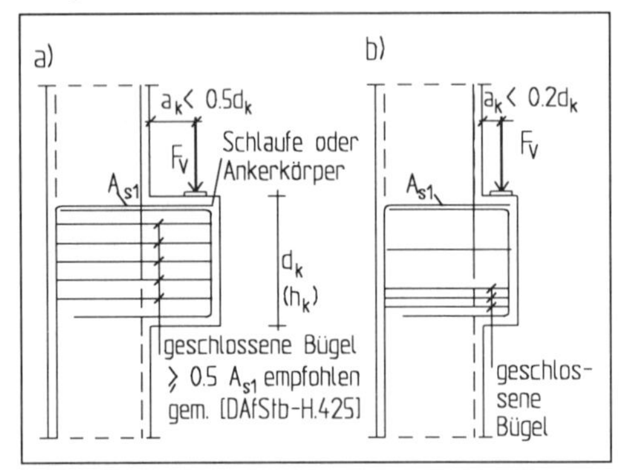

Abb. E.4.20 Bewehrungsführung bei Konsolen

Bei ausladenden Konsolen $a_c > 0{,}5\ h_c$ sollte die Bügelbewehrung vertikal eingelegt werden, um das Durchreißen von Schrägrissen in der Konsole zu verhindern und für 70 % der Konsolenlast F_V nach Abb. E.4.21 bemessen zu werden.

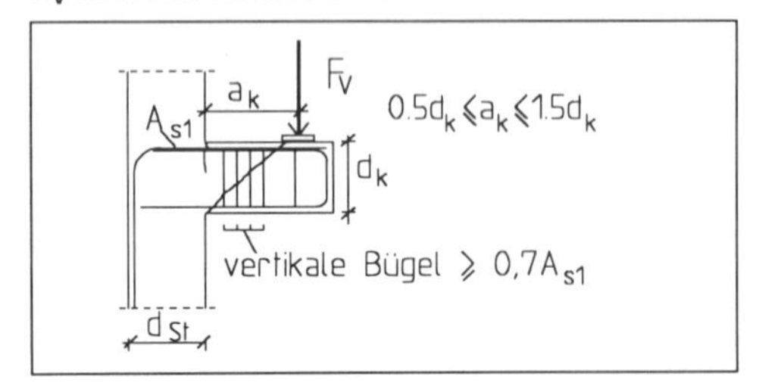

Abb. E.4.21 Bewehrung bei ausladenden Konsolen

4.7 Aussparungen und Öffnungen

Um Aussparungen und Öffnungen von Tragwerken sind die Kraftwirkungen herumzuleiten. In Balkentragwerken sollten Öffnungen nicht mehr als ein Drittel der Bauhöhe, jedoch in keinem Fall mehr als die Hälfte des Querschnitts schwächen. Eine Anordnung in niedriger auf Querkraft beanspruchten Bereichen weiter von Auflagern entfernt, möglichst in der Nähe von Querkraftnullpunkten, ist günstig. Die Quertragfähigkeit beruht auf der Tragwirkung von schrägen Betondruckstreben und vertikal oder geneigt angeordneten Schubbewehrungen, die mit der Betondruckzone und Biegezugbewehrung als Fachwerk zusammenwirken.

Rechteckige Öffnungen sollten nahe an die Biegezugbewehrung gelegt werden, da die Querkrafttragfähigkeit größer ist als bei mittiger Öffnungsanordnung. In Abb. E.4.22a ist entsprechend für einen typischen Beanspruchungsbereich mit Öffnung für Moment und Querkraft die Tragwirkung des Detailbereichs als Stabmodell und daneben die Bewehrungsanordnung gegeben. Durch Ritterschnitte in I-I und in II-II können die Stabkräfte S_1 bis S_6 des Stabwerks berechnet und an den Knoten a, b, c und d angebracht werden. Die Stabkraftberechnung am Fachwerk liefert die Zugstabkräfte, über die die Bewehrungen zu bemessen sind.

Die Tragwirkung einer runden Öffnung nach Abb. E.4.22b ist günstiger als die einer gleich großen rechteckigen. Bei Anordnung zusätzlicher geneigter Schubbügel kann die Minderung der Tragfähigkeit gering gehalten werden. Die auf den Bereich a entfallende Querkraftweiterleitung über schrägen Druck bei einem ungeschwächten Träger wird an der Öffnung auf die geneigten Zusatzbügel übertragen. Diese sind entsprechend für $\tau_{(d)} \cdot a$ (bzw. $(V_{Sd(d)} \cdot a)/(z \cdot \cot \vartheta)$) zu bemessen. Auch die Tragfähigkeit der Druckstrebe bzw. die zulässige Schubspannung auf Druck τ_{03} muß entsprechend abgemindert werden. Es ist dann in dem Öffnungsbereich $\tau_{(d)} \leq \tau_{03} \cdot (1 - a/z)$ (bzw. $V_{Sd(d)} \leq V_{Rd2}\,(1 - a/(z \cot \vartheta))$ nachzuweisen.

Bei Anordnung mehrerer kreisförmiger Öffnungen nach Abb. E.4.22c ist der Abstand so zu wählen, daß die Wirkungsfläche der unter 45° angesetzten schrägen Druckstreben ausreichend tragfähig für die einwirkende Querkraft ist. Die für den ungeschwächten Querschnitt berechnete Schubspannung ist mit dem Faktor a_S/h_S zu erhöhen. (Die Tragfähigkeit auf Druck V_{Rd2} ist auf den Anteil h_S/a_S abzumindern.) Die schräge Schubbewehrung, vorzugsweise als geneigte Bügel ausgebildet, ist für die unveränderte Schubspannung τ (Querkraft) zu bemessen und konzentriert, wie dargestellt, anzuordnen.

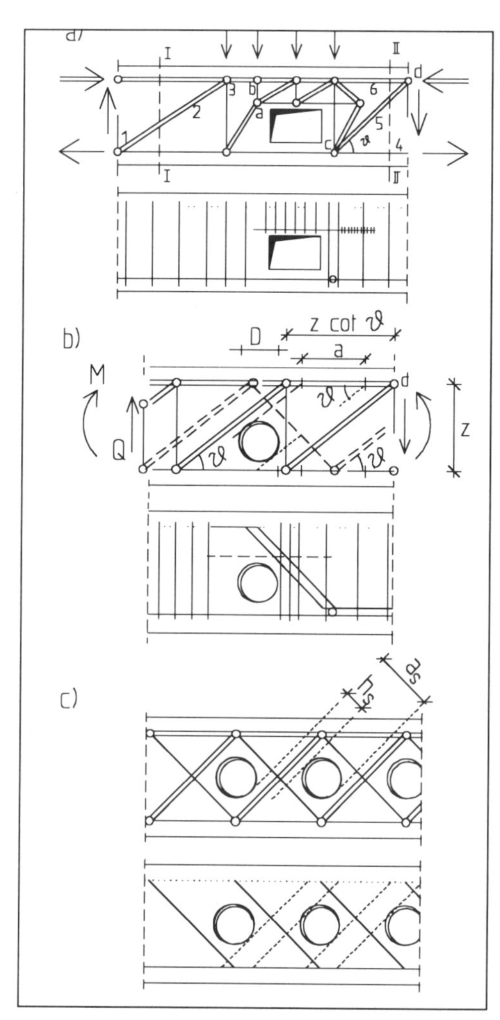

Abb. E.4.22 Öffnungen in Biegeträgern

Ausführlich wird in [Holtmann/Schäfer – 96] die Tragwirkung und Bemessung von Stahlbetonbalken und -scheiben mit Öffnungen behandelt. Anhand verfeinerter Stabmodelle werden konkrete Bemessungsangaben abgeleitet.

Bei Öffnungen von in Längsrichtung beanspruchten Tragwerken hängt die Art der Umlenkung an Öffnungen davon ab, ob Druck- oder Zugwirkungen vorliegen. Unterbrochene Druckbeanspruchungen werden vor der Öffnung je zur Hälfte etwa mit der Neigung 1:2 zu den seitlichen Flanken der Öffnung umgelenkt. Die umlenkende Zugkraft S_1 entspricht ca. 50 % der insgesamt ausfallenden Druckkraft. Die entsprechende Bewehrung muß unter Einhaltung der Betondekkung nahe an die Öffnung quer zur Beanspruchung eingelegt werden, s. Abb. E.4.23a, rechts.

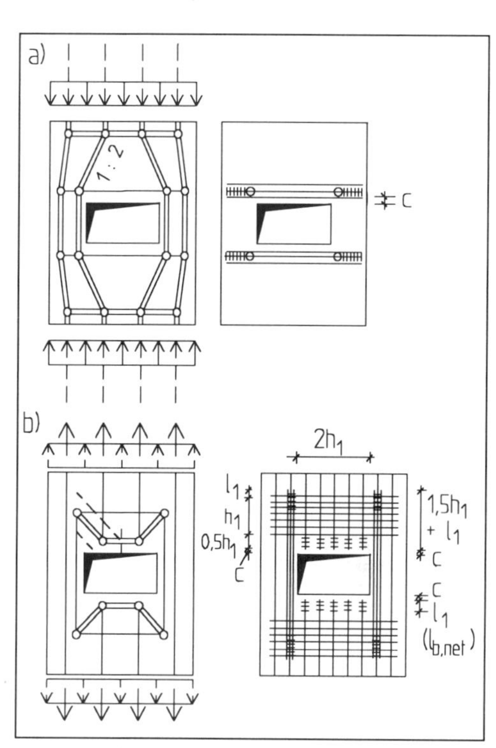

Abb. E.4.23 Öffnungen in längs beanspruchten Tragwerken wie Wänden

Bei Längszugbeanspruchungen enden die Zugbewehrungen im Abstand der Betonüberdeckung *c* vor der Öffnung. Über schräge Druckstreben werden die Kräfte gemäß Abb. E.4.23b zu den Auswechslungsstäben rechts und links der Öffnung versetzt. Bewehrungsstäbe für die Hälfte der durch die Öffnung entfallenden Bewehrung sind jeweils rechts und links seitlich der Öffnung als Auswechslung und zusätzlich quer zur Beanspruchungsrichtung im Abstand $c + 0{,}5\ (l_1 + 1{,}5h_1)$ von der Öffnung einzulegen, s. Abb. E.4.23b.

Bei Öffnungen von Platten gelten die o. a. Konstruktionsgrundsätze jeweils für die Druckzone und die Zugzone. Die Umlenkung der schrägen Druckwirkungen aus Plattenquerkraft erfolgt im Tragwerk in Richtung der Umlenkung in der Biegedruckzone und benötigt keine zusätzliche Bewehrung.

E

4.8 Bewehrungsführung am Anschluß von Fundamenten

Bei zentrisch oder nahezu zentrisch am Anschnitt beanspruchten Streifen- oder Einzelfundamenten kann das Fundament unbewehrt ausgeführt werden. Dafür muß das Fundament so dick vorgesehen werden, daß eine Ausstrahlung der aufgesetzten Last bis zur Gründungssohle ohne Querzugbewehrung erfolgen kann. Die Grenze für das Verhältnis n der Fundamentdicke d_F (h_F) zur Ausladung a_F, s. Abb. E.4.34a ist für Gebrauchslasten nach [DIN 1045 – 88], Tab. 17 festzulegen, (bzw. in Abhängigkeit von der Betongüte und Bodenpressung σ_{gd} unter Bemessungslasten nach [ENV 1992-1-6 – 94] zu ermitteln). Vereinfachend darf als Grenze auch $d_F/a_F \geq 2$ ($h_F/a_F \geq 2$) eingehalten werden.

Die Fundamentoberseite darf leicht geneigt ausgebildet sein, s. dazu Abschnitt 2.5.2. Bei statisch erforderlicher Druckbewehrung am Anschnitt ist eine aufgestellte schlaufenartige Anschlußbewehrung nach Abb. E.4.24a ggf. mit konstruktiver Sohlbewehrung günstig, und zwar mit Einzelstäben für Stützen auf Einzelfundamenten bzw. mit Matten für Wände auf Streifenfundamenten. Für Einzelfundamente ist alternativ der Einbau von verlorenen Köcherschalungen nach Abb. E.4.24b mit einer für die erforderliche Verankerungslänge ausreichenden Schalungshöhe wirtschaftlich.

Eine sinnvolle Ausbildung stärkerer Anschlußbewehrung für zentrisch belastete Stahlbetonfundamente gibt Abb. E.4.24c wieder. Bei hoch bewehrten Ortbetonstützen mit dicken Bewehrungsdurchmessern, bei denen ein Übergreifungsstoß in dem unteren Stockwerk nicht möglich oder wirtschaftlich ist, können die aufstehenden Bewehrungsstäbe, als Korb zusammengebunden, bis in das darüberliegende Geschoß reichen und erst dort gestoßen werden.

Fertigteilstützen unter Längsdruck und Biegung werden in Ortbetonfundamente in einen profilierten Köcher eingesetzt und vergossen. Die am Köcher zwischen Stütze und Fundament wirkende obere Biegedruckkraft wird über schräge Druckstreben nach unten und zur Seite in die Bodenfuge und die Biegebewehrung an der Unterseite des Fundaments übertragen. Tritt Zug in der Stütze auf, so wird die Biegezugwirkung aus der Stütze über schräge aufwärts und auch zur Seite gerichtete Druckspannungen über die vertikale Köcherfuge in die Anschlußbewehrung eingeleitet, s. gestrichelte Drucklinien und zugehörige Bewehrung im Fundament in Abb. E.4.24d und auch [ENV 1992-1-3 – 94], Bild 5.122.

Bei kräftiger Biegebeanspruchung am dann in der Regel unsymmetrisch ausgebildeten Fundament ist die Bewehrung wie in einem dreiseitigen Rahmenknoten zu führen, s. Abb. E.4.25 die das Fundament einer Winkelstützmauer zeigt.

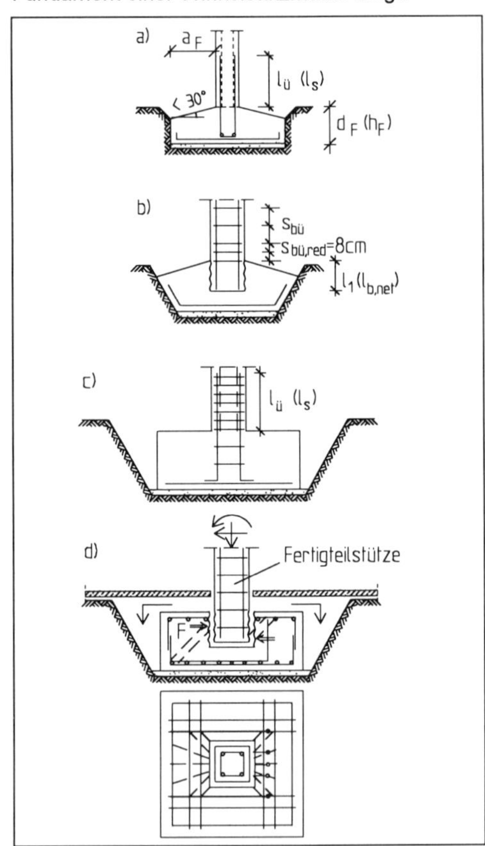

Abb. E.4.24 Bewehrungsführung für Fundamente mit aufgehendem Bewehrungsanschluß

Fertigteillösungen für Fundamente werden zur Bauzeitbeschleunigung oder bei großflächigen Hallen- oder Industriebauten eingesetzt. Die Verwendung von aus Gewichtsgründen aufgelösten Köcherfundamenten wird zunehmend verdrängt durch monolithisch mit dem Einzelfundament betonierte ein- bis viergeschossige Stützen. Einzelheiten zu Berechnung und Konstruktion sind [Mainka/Paschen – 90] zu entnehmen.

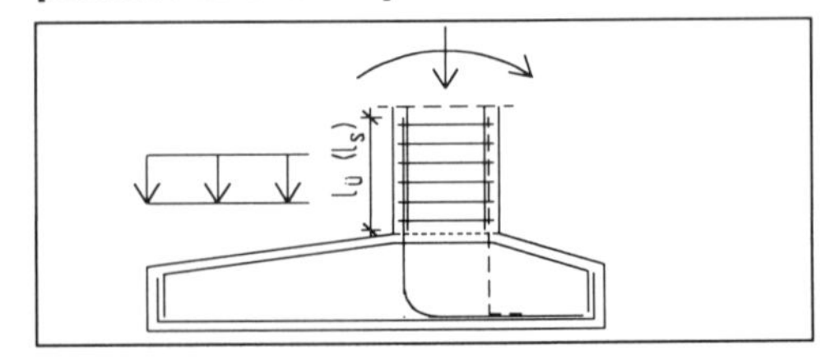

Abb. E.4.25 Bewehrungsführung für stark auf Biegung beanspruchte Fundamente

4.9 Tragwirkung und Bewehrungsführung in wandartigen Trägern und Wänden

Für wandartige Träger ist die Schnittgrößenberechnung und Bemessung nach der Biegetheorie nicht möglich. Über Stabmodelle, die an den Beanspruchungszustand im ungerissenen Zustand angelehnt sind, kann die Tragwirkung im gerissenen Zustand erfaßt und können Schnittgrößen und Beanspruchungen abgeschätzt sowie Bewehrungen bemessen und die Drucktragfähigkeit in maßgebenden Tragwerksbereichen nachgewiesen werden. Für die Modellbildung bei Wänden ist die wirklichkeitsnahe Erfassung der Ausstrahlung von Druckkräften unter Einbeziehung möglichst weiter Teile der Tragstruktur wichtig. So sind Druckstreben verfeinert aufzuspalten, um den ganzen wirksamen Druckbereich und mögliche Querzugwirkungen einzubeziehen, s. z. B. Abb. E.4.26 und E.4.27.

Die typische Einleitung, Ausstrahlung und Weiterleitung konzentrierter Kraftwirkungen in Wänden und wandartigen Trägern ist dem Stabmodell für den Einfeldträger in Abb. E.4.26 zu entnehmen. Die obere Einzellast strahlt bis zur halben Höhe über die gesamte Wandbreite aus und läuft dann zu den Auflagerpunkten wieder zusammen. Aus elastischer Analyse kann der innere Hebelarm im mittleren vertikalen Querschnitt m und damit die Zugkraft S_1 abgeschätzt werden. Einzelheiten für Berechnung und Konstruktion auch von mehrfeldrigen Systemen sind [Geistefeldt – 98], Abschn. 4.9 oder [Schlaich/Schäfer – 93] zu entnehmen .

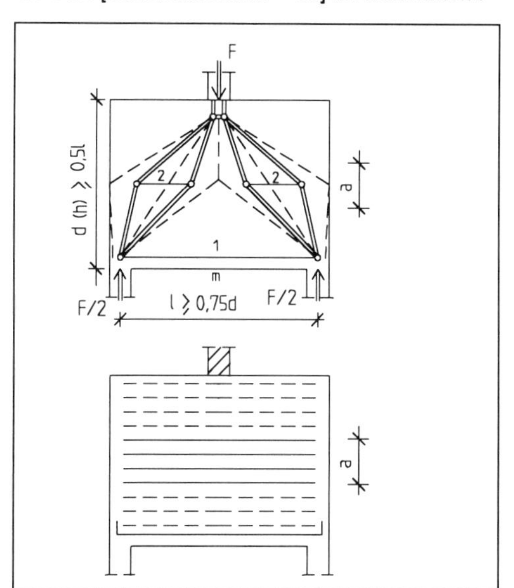

Abb. E.4.26 Wandartiger Einfeldträger niedriger Höhe

In [Grasser/Thielen - 91], Abschnitt 4 sind aus elastischen Kontinuumsberechnungen statische Angaben, wie innerer Hebelarm oder Zugkräfte für unterschiedliche Belastungen aus Strecken- oder Einzellasten auf wandartige Träger unterschiedlicher Abmessungen als Einfeld-, Zweifeld- und Mehrfeldsystem, gegeben, die für die Bemessung statisch erforderlicher Wandbewehrung meist ausreichen. Zur Abdeckung von Zwangwirkungen, z. B. aus möglichen Setzungen, sollte in auf Zug gefährdeten Zonen orthogonale Mindestbewehrung entsprechend Abschn. E.3.7.2 eingelegt werden. Eine konstruktive Mindestbewehrung von 0,05 % $\geq 1{,}5$ cm²/m (0,15 %) je orthogonaler Bewehrungsrichtung sollte an jeder Oberfläche in allen sonstigen nicht statisch bewehrten Wandbereichen eingelegt werden.

Bei der Durchleitung einer konzentrierten Kraft durch eine seitlich ausgedehnte Wand strahlen die Druckkräfte nach rechts und links etwa unter der Neigung 1:2,3 unten und oben bis auf 0,4 der Wandhöhe *d* bis in den mittleren Bereich der Wand aus und laufen dort zusammen. Aus dem Stabmodell nach Abb. E.4.27 im Vergleich mit elastischer Analyse ergibt sich eine entsprechend $S_1 \approx 0{,}22\,F$ einzulegende Querzugbewehrung für eine auf jeweils $0{,}2d$ verteilte Zugkraft in mittlerer Höhe von $S_1/0{,}2d = 0{,}11\ F/d$, wobei $d \leq l$ anzusetzen ist. Am oberen und unteren Rand sind leichte Zugwirkungen durch eine Randbewehrung für eine Zugkraft $S_2 \approx 0{,}08\,F$ abzudecken.

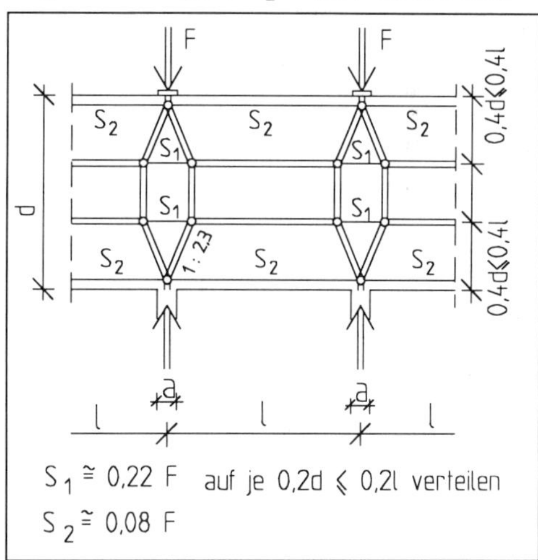

Abb. E.4.27 Wand unter symmetrischen Einzellasten

5 Konstruktionen für eine wirtschaftliche Bauausführung

5.1 Rationelle Bewehrungsausbildung

5.1.1 Kriterien

Die durch rationelle Gestaltung am stärksten zu beeinflussenden Kosten bei der Herstellung von Bauwerken in Stahlbeton betreffen einerseits die Bewehrungskosten und andererseits die Kosten für Schalung und Rüstung sowie anderen Arbeitsaufwand auf der Baustelle. Die Bewehrungskosten setzen sich dabei zusammen aus

a) Materialkosten
b) Schneide- und Biegekosten im Fertigungsbetrieb
c) Transportkosten
d) Kosten für baustellenseitige Fertigung der Bewehrungskörbe und ihre Verlegung.

Die Bewehrungskosten werden verringert durch

- Wahl möglichst großer Stabdurchmesser
- Wahl möglichst weniger und möglichst gleicher Bewehrungen oder Bewehrungseinheiten
- einfache Bewehrungen und weitgehende maschinelle Herstellung im Biegebetrieb
- Verringerung von Schneidearbeiten und Vermeidung von Verschnitt durch Ausnutzung der gesamten Lieferlänge, vor allem bei Matten
- transportgerechte Bewehrungen, d. h. Mattenbreiten von $B \leq 2{,}45$ m, eng stapelbare Bewehrungskörbe oder möglichst flache oder ungebogene Bewehrung
- einfache und schnelle Art der Verlegung und der Zusammenfügung der Bewehrungen, was durch gut vorgefertigte Bewehrungselemente erreicht werden kann.

Bei Festlegung der Bewehrung sind Begrenzungen z. B. aus Anforderungen zur Rißbeschränkung, zur Begrenzung der Stababstände und aus den Herstellvorgängen zu beachten.

Bei der Verwendung von speziell für die Baumaßnahme produzierten oder bestellten Bewehrungselementen, wie Listen- oder Zeichnungsmatten, Teppichbewehrung, aus Stabstahl zusammengeschweißten Bewehrungskörben o. ä., sind die Lieferpreise pro Einheitsgewicht höher als bei lagermäßig gehaltener Standardbewehrung. Ihre Verwendung ist daher erst bei größerer Positionszahl, höheren Einspareffekten beim Einbau oder bei speziellen Bauwerks- oder Baustellenverhältnissen, z. B. bei eingeschränkten Baustellenflächen, wirtschaftlich. Von Einfluß sind auch die Verfügbarkeit bestimmten Geräts auf der Baustelle, wie Kran, Schweißgerät u. a. Die Wirtschaftlichkeit einer Bewehrungsausbildung wird auch durch die Qualität der Tragwerksplanung in bezug auf den Wirtschaftlichkeitsaspekt wesentlich beeinflußt.

In den folgenden Abschnitten wird vorwiegend eine möglichst rationelle Bewehrungsgestaltung unter Einsatz von Lagerbewehrungen behandelt, so wie sie überwiegend für einfache und kleinere Standardbaumaßnahmen angemessen ist, aber auch bei größeren Bauwerken wirtschaftlich und relativ flexibel sein kann. Auf speziell zu fertigende oder zu bestellende besondere Bewehrungen wird jeweils abschließend kurz eingegangen.

5.1.2 Flächenbewehrungen

Bei kleineren Bauvorhaben oder bei Verwendung von Lagerbewehrungen sollten

- Lagerbewehrungen auf ganzer Mattenlänge L möglichst vollständig ohne Verschnitt genutzt werden, d. h., die Mattenanordnung sollte auf die Mattenabmessungen abgestimmt werden
- sollten in Stößen möglichst nicht mehr als drei Matten übereinander angeordnet werden und ist eine Mattenverlegung nur in einer Richtung überwiegend günstig
- sind einlagige Mattenbewehrungen mit in einer Richtung aufgelegten Stahlstäben besonders rationell, wie in dem am Ende des Abschnitts aufgeführten Beispiel gezeigt wird.

Bei einachsig gespannten Platten mit erforderlichem Feldquerschnitt a_{sf} sollten für die untere Hauptbewehrung in der Plattenspannrichtung angeordnet werden bei Spannweiten l von

- $l \leq 6{,}0$ m: eine Lagermatte von Auflager zu Auflager nach Abb. E.5.1a, ggf. zwei Lagermatten von je $a_{sf}/2$ mit abgestufter Matte wie gestrichelt
- $l > 6$ m u. $l \leq 8{,}80$ m: zwei Lagermatten jeweils für $a_{sf}/2$ nach Abb. E.5.1b, soweit möglich, sonst nach Abb. E.5.1c.

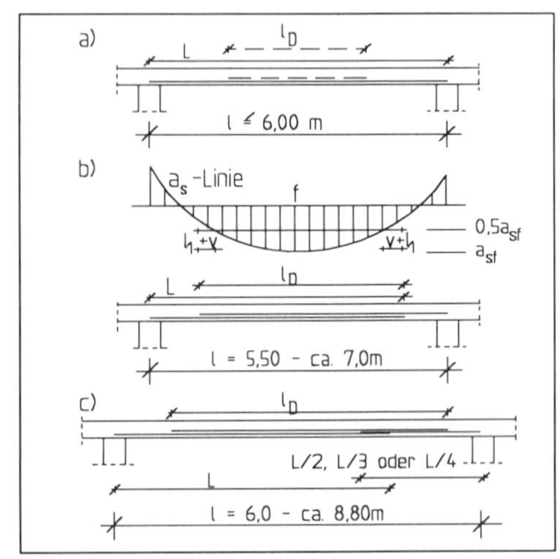

Abb. E.5.1 Feldbewehrung mit Lagermatten bei einachsig gespannten Deckenfeldern

Die Anordnung nach Abb. E.5.1b ist mit doppelter Mattenlage auf der Länge l_D bei einer konstanten Streckenbelastung noch möglich, falls für den Abstand der Nullpunkte l_{0M} der maßgebenden Momentenlinie Gl. (E.5.1) eingehalten wird.

$$l_{0M} \leq (l_D - 2\,(v + l_1)) \cdot \sqrt{2} \qquad \text{(E.5.1)}$$

Für dünne Platten gilt $l_{0M} \leq (l_D - \approx 0{,}80 \text{ m}) \cdot \sqrt{2}$.
Für die Abstufung nach Abb. E.5.1c mit einer ganzen Matte der Länge L in der zweiten Lage gilt ebenfalls Gl. (E.5.1), wobei dafür $l_D = L$ gilt. Eine derartige Abstufung ist noch möglich bei

- $l_{0M} \leq \approx 7{,}35$ m für Matten mit $L = 6{,}0$ m
- $l_{0M} \leq \approx 5{,}95$ m für Matten mit $L = 5{,}0$ m.

Falls eine der Anordnungen nach Abb. E.5.1a bis c nicht mehr möglich ist, kann eine Mattenlage in der Querrichtung y mit $a_{sl} \geq$ erf $a_{sx}/5$ nach Abb. E.5.2 ohne Quermattenstöße in x-Richtung ggf. zusätzlich mit einer halben Matte als Basisebene für Stabstähle mit $a_s \geq$ erf a_{sx} in Spannrichtung x genutzt werden. Die Längsstäbe können abgestuft werden und vorteilhaft über zwei Felder durchlaufen, ggf. mit versetzter Anordnung der ungeschnittenen vollen Stablängen l_s von 12,0 m, 14,0 m oder 16,0 m gemäß Abb. E.5.2, da jeweils nur $a_{sx}/2$ zum Auflager geführt werden muß.

Die Bewehrungsstäbe sollten sich zweckmäßig in ihrem Abstand an dem Abstand der Mattenquerstäbe von meist 25 cm orientieren, müssen aber auch in Feldmitte den zulässigen Längsstababstand einhalten von max $s_l = d \leq 25$ cm (bzw. max $s_l = 1{,}5h \leq 35$ cm). Daraus ergeben sich bevorzugt Stababstände von ganzzahligen Teilen des ein- bis vierfachen Stababstands $s_q = 25$ cm in Mattenquerrichtung. In Tafel E.5.1 sind für die danach bevorzugt zu wählenden mittleren Stabstahlabstände s_{xm} die Querschnitte a_{sx} für mögliche Durchmesser angegeben.

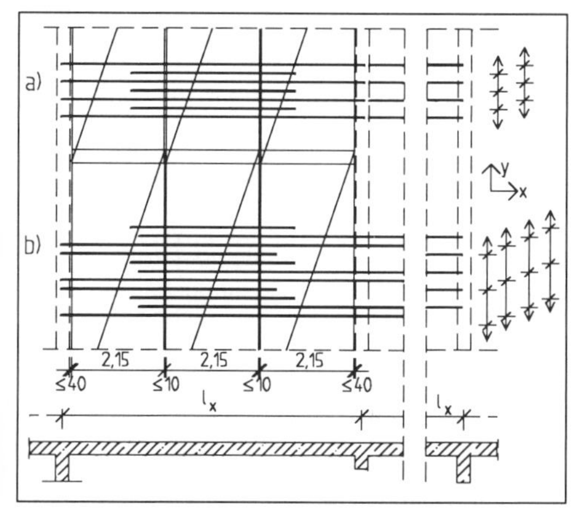

Abb. E.5.2 Plattenbewehrung mit Stabbewehrung in Hauptrichtung x auf Lagermatten ohne Querübergreifung in Querrichtung y

Als Matten-Querbewehrung mit $a_{sl} = a_{sy} \geq a_{sx}/5$ entsprechend der Mattenposition 1 in Abb. E.5.2 sind folgende Matten ausreichend:

- R 188 : bei $a_{sx} \leq$ 9,40 cm²/m
- R 221 : bei $a_{sx} \leq$ 11,05 cm²/m
- R 295: bei $a_{sx} \leq$ 14,75 cm²/m
- R 378 : bei $a_{sx} \leq$ 18,90 cm²/m.

Bei Feldbewehrungen von zweiachsig gespannten Plattenfeldern gelten die Bewehrungsempfehlungen für einachsig gespannte Platten analog. Bei gleichen oder nahezu gleichen orthogonalen Bewehrungen $a_{sx} \approx a_{sy}$ reicht die Bewehrungsanordnung nach Abb. E.5.1a bis c bei Verwendung von Q-Matten an Stelle von R-Matten oder K-Matten aus. Ist durch eine derartige maximal zweilagige Mattenanordnung keine ausreichende Bewehrungsabdeckung gegeben, ist die Anordnung nach Abb. E.5.2 immer möglich. Die Matten in y-Richtung sind ausreichend groß als R- oder K-Matte(n) zu wählen. Zum Ausgleich der Randeinsparung ist die Matte erhöht für ca. $1{,}15 a_{s,erf}$ zu bemessen. Eine Anrechnung der Mattenquerbewehrung auf a_{sx} ist möglich, wenn die Matten mit Querübergreifung angeordnet werden. Dann ist eine höhere Bemessung nicht erforderlich und könnten quer auch Q-Matten verwendet werden. Generell sind hierfür jedoch Querübergreifungen weniger rationell. Durch Querstöße der Matten in x-Richtung würde die effektive Nutzhöhe verringert und eine größere Anzahl von Matten für die flächendeckende Verlegung nötig.

Tafel E.5.1 Querschnitt von Stabstahl-Flächenbewehrung a_{sx} in cm²/m für Stababstände s_{xm}, angelehnt an 25 cm

	mittlerer Stababstand s_{xm} in cm					
∅	8,33	10	12,5	16,67	20	25
6	3,39	2,83	2,26	1,70	1,41	1,13
8	6,03	5,03	4,02	3,02	2,51	2,01
10	9,42	7,85	6,28	4,71	3,93	3,14
12	13,57	11,31	9,05	6,79	5,65	4,52
14	18,47	15,39	12,31	9,24	7,70	6,16
16	24,13	20,10	16,08	12,06	10,05	8,04
z. B.	3∅ auf 25 cm	5∅ auf 50 cm	2∅ auf 25 cm	3∅ auf 50 cm	5∅ auf 100 cm	1∅ auf 25 cm

(___: bevorzugt zu wählen!)

Es ist für ein zweiachsig gespanntes Plattenfeld z. B. mit erforderlichem Bewehrungsquerschnitt erf $a_{sx} = 9{,}0$ cm²/m und erf $a_{sy} = 6{,}5$ cm²/m eine Ausführung mit Lagerbewehrung rationell mit Matten K 770 ($7{,}70 \geq 1{,}15 \cdot 6{,}64$ cm²/m) in Querrichtung y und mit Stabstahl ∅12 / $s = 12{,}5$ cm (9,05 cm²/m) längs nach Tafel E.5.1, wobei jeder zweite Stab zum Auflager geführt wird (50 %), s. Abb. E.5.2. Eine Ausführung mit Mattenquerstoß würde eine Matte K 664 statt K 770 und die Anrechnung der Querstäbe a_{sq} = 1,33 cm²/m erlauben und in x-Richtung ∅10 / s = 10 cm mit $a_{sx,vorh}$ = 7,85 + 1,33 = 9,18 cm²/m > 9,0 cm²/m rechnerisch ausreichend sein. Wegen der effektiven Reduzierung der Nutzhöhe im Bereich der Mattenquerstöße um mehr als 5 % müßte der erforderliche Bewehrungsquerschnitt um mehr als 0,50 cm²/m erhöht werden und als Bewehrung ∅12 / s = 12,5 cm (9,05 cm²/m) eingelegt werden. So ist offensichtlich die Lösung mit Querübergreifung weniger rationell.

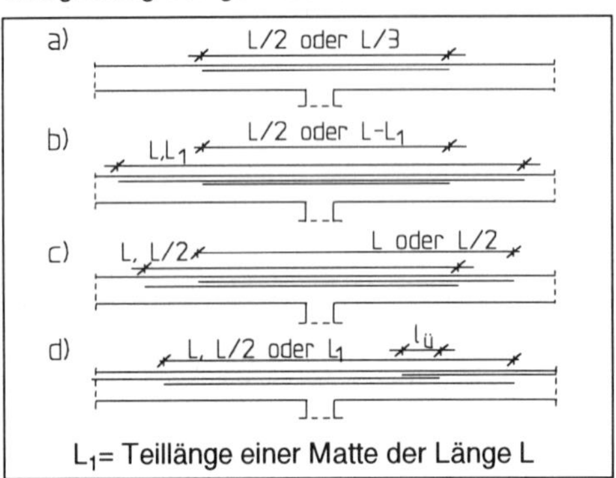

Abb. E.5.3 Plattenbewehrung im Stützbereich mit Lagermatten

Für Stützbewehrungen a_s ist meist eine der in Abb. E.5.3 dargestellten Anordnungen zur Momentenabdeckung möglich und wirtschaftlich. Soll die obere Bewehrung im Feld durchgehen, z. B. aus Feuerschutzgründen, so können analog zu Abb. E.5.2 R-Matten ohne Querstoß mit Querschnitt $a_{sl} = a_{sy} \geq a_{sx}/5$ als Basis für Stabstähle in x-Richtung angeordnet werden, s. Abb. E.5.4.

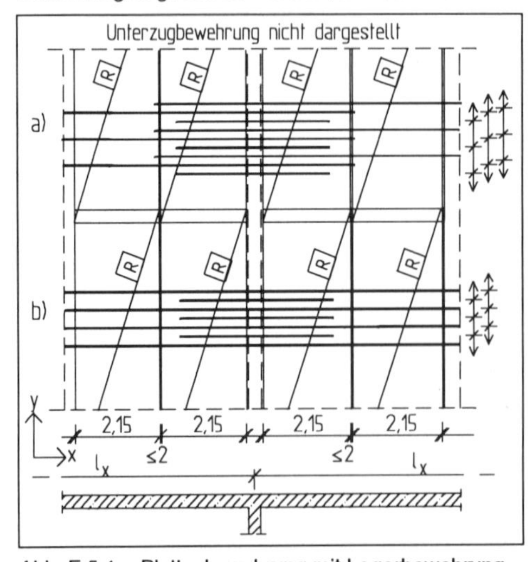

Abb. E.5.4 Plattenbewehrung mit Lagerbewehrung

Für zweiachsig gespannte Platten wäre eine Abdeckung der Einspannbewehrung an der Stützung durch Basismatten in y-Richtung gemäß Abb. E.5.5 und zusätzlich an der Stützung ausreichend gewählte K- oder R-Matte, kombiniert mit Stabstahl, in x-Richtung analog möglich ohne Bewehrungspakete in Stoßbereichen, s. Abb. E.5.5.

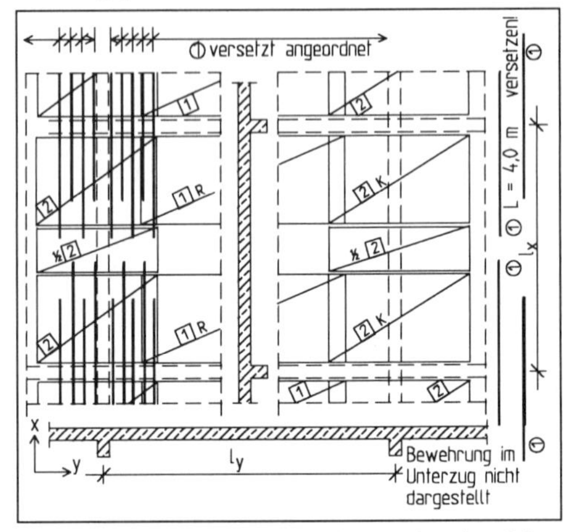

Abb. E.5.5 Plattenbewehrung in den Stützbereichen zweiachsig gespannter Plattenfelder

Bei der Bewehrung von Flachdecken allein mit Lagermatten ergeben sich häufig Bewehrungspakete oder unwirtschaftliche Mattenquerschnitte. Durch in Verlegerichtung y kraftschlüssig gestoßene Mattenbewehrungen ohne Querstöße, ergänzt durch abgestufte Stabbewehrung in Hauptrichtung, sind auch dafür rationelle Bewehrungsführungen mit Lagerbewehrung möglich analog zu Abb. E.5.5. Mit angepaßten Listenmatten können Flachdecken ohne Stabstahl einfach und rationell bewehrt werden. Geeignete rationelle Mattenanordnungen sind in [Baustahlgewebe – 89], [Hütten/Herkommer – 81] gezeigt. In [DBV – 94], Bsp. 4 liegt für ein Flachdecken-Innenfeld mit Abmessungen von l_x = 7,20 m und l_y = 6,0 m eine entsprechende Anwendung vor, bei der neben Listen- nur Zeichnungsmatten eingelegt werden mit Mattenbreiten von B = 2,75 m bis 2,95 m, s. Abb. E.5.6a. Diese können nur in vertikaler Lage auf der Straße transportiert werden. Die erforderlichen Querschnitte für die maßgebenden Feld- und Stütz-Plattenstreifen der Schnittgrößenberechnung aus [DBV – 94] nach [Grasser/ Thielen – 89] sind in Tafel E.5.2 aufgeführt.

Der Ausführung nach Abb. E.5.6a für die Bewehrung an der Plattenunterseite ist in Abb. E.5.6b eine Bewehrungsanordnung allein mit Lagerbewehrung gegenübergestellt, und zwar mit Lagermatten in Querrichtung y und mit Stabstählen in Hauptrichtung x. Es ist offensichtlich, daß beide Bewehrungsarten etwa gleich schnell verlegt werden können. Ein Massenvergleich für die untere Bewehrung eines Feldes mit 317 kg Mattenstahl für a) und 310 kg Bewehrungsstahl für b) sowie ein Kostenvergleich fällt leicht zugunsten der Lösung b) aus. Für die obere Bewehrungslage ist äquivalent eine etwa gleichartige rationelle Lösung aus Lagerbewehrung möglich, die hier nicht dargestellt wird.

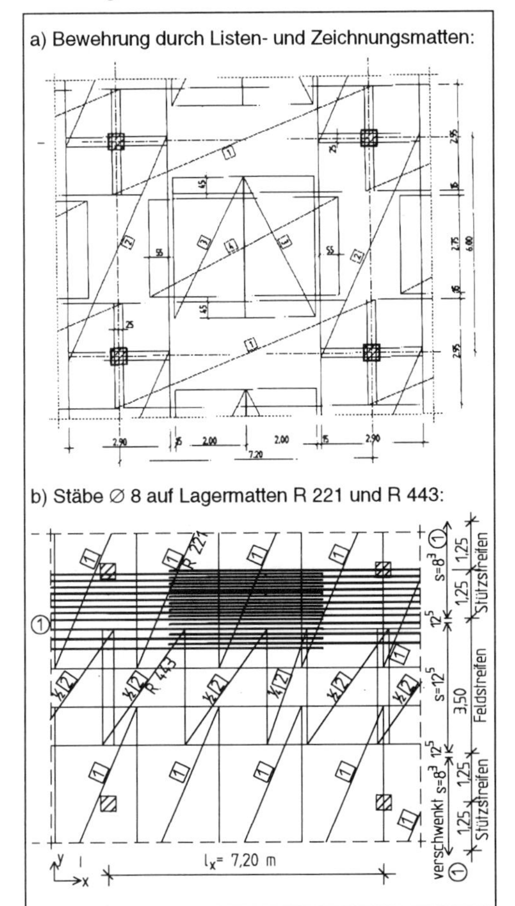

Abb. E.5.6 Plattenbewehrung an der Unterseite für das Innenfeld einer Flachdecke, s. [DBV – 93]

Speziell für ein Bauvorhaben gefertigte Bewehrungen erlauben Zeit- und Kosteneinsparungen bei den Verlegearbeiten. Allerdings ist der Einheitspreis für die Bewehrung dabei etwas höher. Die Rationalisierungsmöglichkeiten durch Einsatz von Listenmatten, Feldsparmatten, Zeichnungsmatten, Wandmatten, aber auch von HS-Matten für Knoten und weiteren Mattenprodukten werden ausführlich in [Baustahlgewebe – 89] dargestellt. Abb. E.5.6a zeigt eine Anwendung.

Tafel E.5.2 Geforderte Bewehrung a_s für das Flachdeckeninnenfeld in [DBV – 93]

Streifen in x-Richtung	Streifen in y-Richtung	erf a_{sx}/ erf a_{sy} in cm²/m
innerer Gurtstreifen (GS)	innerer GS	–18,52/–13,06
	äußerer GS	≈–9,26/–8,32
	Feldstreifen	+5,98 /–2,88
äußerer Gurtstreifen (GS)	innerer GS	–11,64/≈–6,53
	Feldstreifen	+5,98/+2,88
Feldstreifen	innerer GS	–4,02 /+4,36
	Feldstreifen	+4,02/+2,88

Seit kurzem steht für rationelle Deckenbewehrung die Teppichbewehrung des *BAMTEC*-Bewehrungssystems [BAMTEC – 97] zur Verfügung. Die einzelnen Bewehrungsstäbe jeder der beiden orthogonalen Bewehrungsscharen eines Plattenbereichs, die auch beliebig angeordnet und lang sein können, werden auf Bestellung für jede Richtung im vorgegebenen Abstand mittels einer Abbundmaschine über querlaufende Montagebänder verbunden, wie ein Teppich aufgerollt, zur Baustelle transportiert und dort ausgerollt. Diese Teppichbewehrung kann überall dort eingesetzt werden, wo ein freies Ausrollen des Bewehrungsteppichs möglich ist, z. B. bei Bodenplatten, bei Auflagerung auf Wänden aus Mauerwerk oder unbewehrtem Beton. Eine seitliche Einbindung des Bewehrungsteppichs in vorhandene Wand- oder Unterzugsbewehrung ist kaum möglich. Für Bewehrungsteppiche muß zum Ausrollen die Unterstützungskonstruktion zur Lagesicherung, vor allem bei oberen Bewehrungslagen, erheblich tragfähiger sein als bei herkömmlicher Bewehrung.

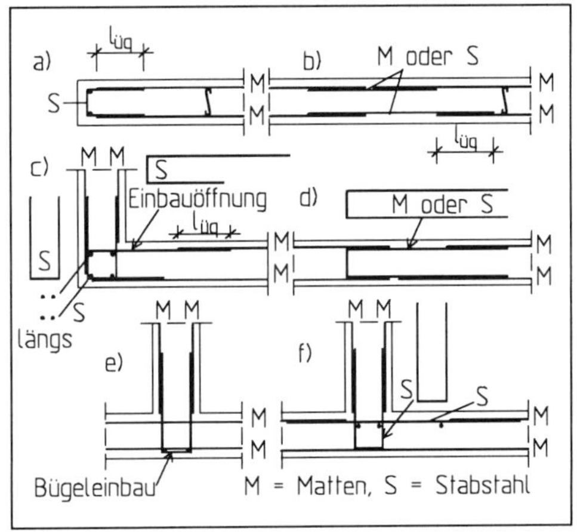

Abb. E.5.7 Stöße, Anschlüsse, Knoten und Endeinfassung von Wänden mit Mattenbewehrung

Rationelle Bewehrung von Wänden sollte vorzugsweise mit Matten erfolgen. Die Längen der Lagermatten entsprechen selten den Wandhöhen. Horizontale Stöße innerhalb des Geschosses sind aus statisch-konstruktiven Gründen zu vermeiden, so daß spezielle Wand- oder Listenmatten vorteilhaft sind. Sie werden geschoßhoch, ggf. mit Übergreifungslänge, gefertigt und gestellt. Horizontale Übergreifungen für die Einfassung eines Wandendes oder für die Verbindung der Bewehrung an Horizontalstößen, Wandecken oder Wandknoten können rationell über U-förmig gebogene geschoßhohe Matten ohne Stoß oder sonst über Steckbügeln mit konstruktiven Eckstäben nach Abb. E.5.7 erfolgen. L-förmige oder gerade geschoßhohe Matten mit kurzer Breite und ohne Längsstoß sind zur Stoßausbildung auch gut geeignet, s. Abb. E.5.7c.

5.1.3 Balken- und Stützenbewehrungen

Ein wesentlicher Rationalisierungseffekt wird bei Bewehrungen von stabförmigen Bauteilen durch rationelle Vorfertigung insbesondere der Bügelkörbe oder auch ganzer Balkenbewehrungskörbe erreicht. Fertig gebogene Listen-Bügelmatten mit auf ganzer Feldlänge durchgehend gleichen Bügeldurchmessern und -abständen können in Auflagernähe durch eingestellte Schubleitern oder schmalere Bügelkörbe an veränderliche Querkraftbeanspruchungen angepaßt werden, s. Abb. E.5.8. Dies ist meist vorteilhafter als Zeichnungs-Bügelmatten, bei denen die Bügelstäbe im Auflagerbereich verdichtet sind, oder als der Einbau von mehreren kurzen Bügelkörben mit abgestuften Bügelquerschnitten je Feld.

Für Unterzüge können leicht nach außen geneigte vertikale Bügelschenkel mit nach außen abgebogenen Enden sehr kompakt ineinandergestellt und gut transportiert werden, s. Abb. E.5.8.

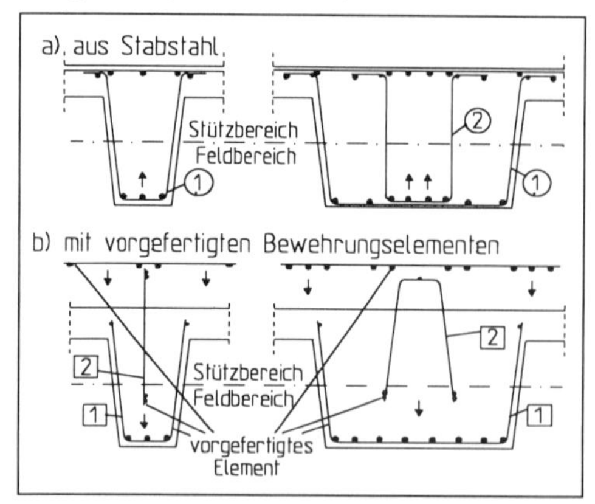

Abb. E.5.8 Vorgefertigte Bügelkörbe
a) aus Stabstahl gebunden
b) mit Bügelmatten oder -elementen

Bei der Vorfertigung ganzer Bewehrungskörbe von Rahmenriegeln sollten diese vollständig die untere Längsbewehrung enthalten, oben nur konstruktive Eck-Längsbewehrung aufweisen und längs etwas kürzer sein als die lichte Feldweite zwischen den Knotenauflagern. Über den Auflager-/Knotenbereich hinweg ist dann die untere Balkenbewehrung auf der Baustelle durch kurze Stäbe zu stoßen entsprechend Abb. E.5.9 aus [CEB – 85], [Rehm/Eligehausen – 72]. Die obere Stützbewehrung ist besser vor Ort zu ergänzen. Die oberen Bewehrungsstäbe können mit kurzen Querbewehrungsstäben als mattenförmiges Bewehrungselement vorgefertigt, ggf. zusammengeschweißt werden entsprechend Abb. E.5.8b. Auch bei einem Knoten nach Abb. E.5.9 wäre dies möglich, wenn der Stoßbereich der Stütze oberhalb des Knotens nachträglich verbügelt wird.

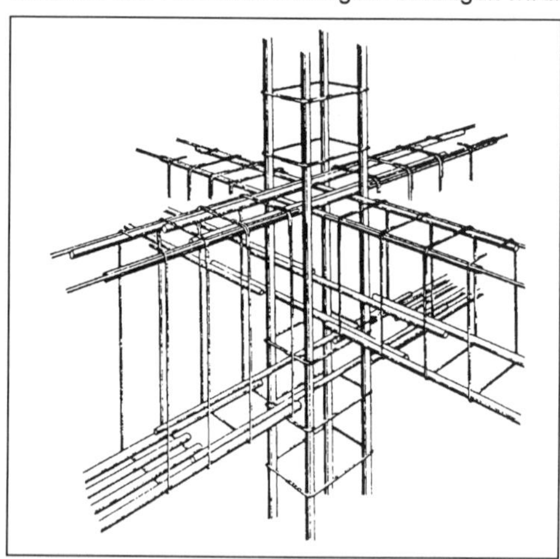

Abb. E.5.9 Bewehrung eines Rahmenknotens bei Einsatz vorgefertigter Bewehrung im Riegel

Am Endauflager kann meist die Bewehrung des Randknotenbereichs, bestehend aus der Endverankerung der unteren Längsstäbe, einer oberen Einspannbewehrung und ggf. aus horizontalen Steckbügeln, zusammen mit dem Bewehrungskorb des Endfelds vollständig vorgefertigt und insgesamt eingebaut werden, s. Abb. E.5.10.

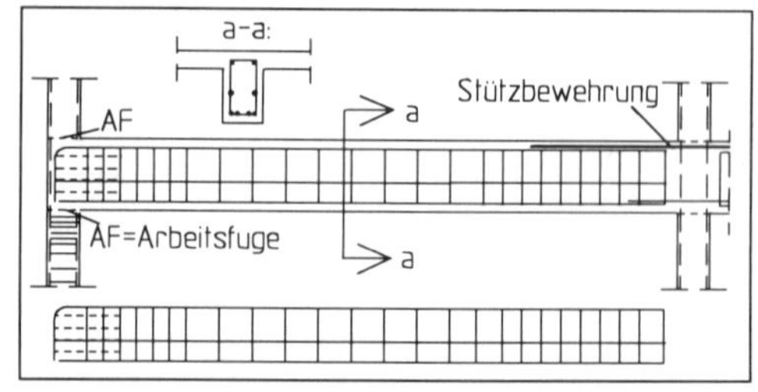

Abb. E.5.10 Vorgefertigter Bewehrungskorb für das Endfeld eines Rahmenriegels

5.2 Wirtschaftliche Konstruktionsformen in Ortbeton ohne und mit Fertigelementen

Das größte Einsparpotential bei der Bauausführung wird durch die Reduzierung von Schalungsarbeiten und durch rationelle Vorfertigung erreicht. Es wird hier mit Blick auf übliche Hochbauprojekte nicht auf vollständige Fertigteillösungen, sondern nur auf Ortbeton oder gemischte Bauweisen mit Fertigelementen eingegangen.

Bei Ortbetonkonstruktionen wären für eine Minimierung der Schalungskosten möglichst einfache und häufig wiederholte Schalungsformen günstig, um nur möglichst wenig unterschiedliche Schalungen mit häufigem Einsatz vorhalten zu müssen. Eine weitgehend gleichartige Ausbildung der Tragkonstruktion aller Geschosse und ggf. verschiedener Bauabschnitte wäre dafür günstig. Beanspruchungen und Bewehrungsaufwand wären für einachsig über mehrere Felder gespannte Deckenplatten oder Träger gleicher Spannweiten günstig. Unter den Gesichtspunkten der Durchbiegungsbegrenzung, der Schallschutzanforderungen an die Deckendicke, der Ausnutzung von Lagermatten sowie der Optimierung von freier Raumnutzung in bezug zu Baukosten sollten dabei Deckenspannweiten zwischen 5,0 m und 7,0 m bevorzugt gewählt werden. Die größte Spannweite von Unterzügen wird meist durch die verfügbare Bauhöhe begrenzt.

Eine Anpassung der Spannweiten von Stahlbeton-Flachdecken in Ortbetonbauweise auf verfügbare Systemschalungen wäre von Vorteil. Wegen abweichender Schalmaße der verschiedenen Systemschalungen kann dieser Gesichtspunkt bei der Planung nur in Sonderfällen berücksichtigt werden.

Für Deckenkonstruktionen sind Mischbauweisen aus vorgefertigten Elementplatten von bis zu ca. 2,40 m Breite und einer Länge möglichst von Auflager zu Auflager mit vor Ort aufgebrachtem Pumpbeton besonders wirtschaftlich, s. Abb. E.5.14. Die Elementplatten ersetzen die Schalung und enthalten bereits die Hauptbewehrung sowie auf Elementplattenbreite die erforderliche untere Querbewehrung. So muß auf der Baustelle nur quer über die Längsfugen Stoß-Querbewehrung und obere Stützbewehrung eingebaut werden, s. Abb. E.5.11. Nach [DIN 1045 – 88], Abschnitt 19.7.3 ist eine Sicherung des Verbunds in der flächigen Fuge zwischen Elementplatten und Ortbeton durch kreuzende Fugenbewehrung erforderlich. Diese wird durch in die Elementplatte eingelegte Gitterträger bereitgestellt, die gleichzeitig als Tragelement dienen zwischen den linienförmig quer im Abstand von ca. 2,50 m angeordneten Montageunterstützungen. Fragen fertigungsgerechter konstruktiver Ausbildung an den unterschiedlichen Arten von End-, Zwischenauflagern, Öffnungen usw. sowie bei Einsatz für zweiachsig gespannte Platten wurden in jahrelanger Anwendungspraxis angemessen gelöst und dokumentiert, s. z. B. [SYSPRO – 94], [Avak – 98] und Abb. E.5.11 für besondere Details.

Alternativ zur Stahlbetonausführung mit Gitterträgern haben sich Elementplatten in Spannbetonausführung auch ohne Fugenbewehrung in zahlreichen europäischen Ländern, z. B. in Frankreich, jahrzehntelang bewährt. Auf Grundlage der neuen europäischen Normengeneration wäre diese Bauart grundsätzlich auch in Deutschland zulässig. Einzelne bauaufsichtliche Zulassungen wurden bisher auch in Deutschland mit Anwendungsbeschränkungen, z. B. auf vorwiegend ruhende Verkehrslasten und kleine Schubbeanspruchungen, erteilt. Außerdem wird am Endauflager konstruktive Verbundbewehrung in der Fuge der Elementplatte gefordert, s. a. [DAfStb-H400 – 93], S. 125ff. Gegenüber Stahlbeton-Elementplatten kommt zu der höheren Betongüte aus Vorfertigung noch ein für Rißbildung und Durchbiegung günstigeres Verhalten infolge Vor-

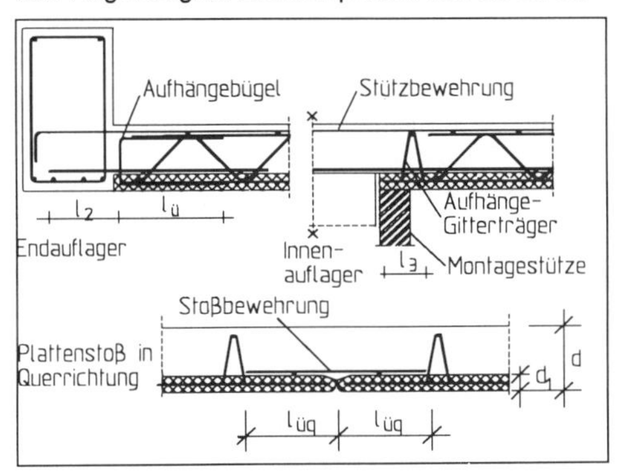

Abb. E.5.11 Konstruktive Details für Deckenkonstruktionen aus Halbfertigteilen und Ortbeton

Abb. E.5.12 Spannbeton-Elementplatte (6 cm dick) mit sehr stark aufgerauhter Kontaktfläche

spannung hinzu. Im Ausland darf auf aussteifende Gitterträger ganz verzichtet werden, wenn die Kontaktoberfläche ausreichend stark aufgerauht werden, s. Abb. E.5.12. Lagerung und Transport sind dann kompakter möglich, wie dem Foto Abb. E.5.13 von einem Fertigungswerk in Frankreich zu entnehmen ist. Bei Transport und Montage sind die Spannbeton-Elementplatten gegenüber dynamischen Beanspruchungen und Überlastungen robuster und unempfindlicher als Stahlbeton-Elementplatten.

Abb. E.5.13 Kompakte Lagerung und Transport von Spannbeton-Elementplatten

Der Einbau von Bewehrung auf den verlegten Elementplatten kann voraussichtlich zukünftig bei Einsatz von Stahlfaserbeton oft entfallen. Über eine entsprechende Ausführung bei Zweifeldplatten eines Wohngebäudes in Wolfsburg über eine Zustimmung im Einzelfall nach erfolgreichen experimentellen Voruntersuchungen an der Technischen Universität Braunschweig wird in [Völkel/Riese u.a. – 98] berichtet. Nach Erteilung einer beantragten allgemeinen bauaufsichtlichen Genehmigung ist diese wirtschaftliche Art der Bauausführung für einachsig gespannte Durchlaufplatten möglich.

Die Deckenkonstruktion aus teilvorgefertigten Unterzügen mit aufgelegten Elementplatten und

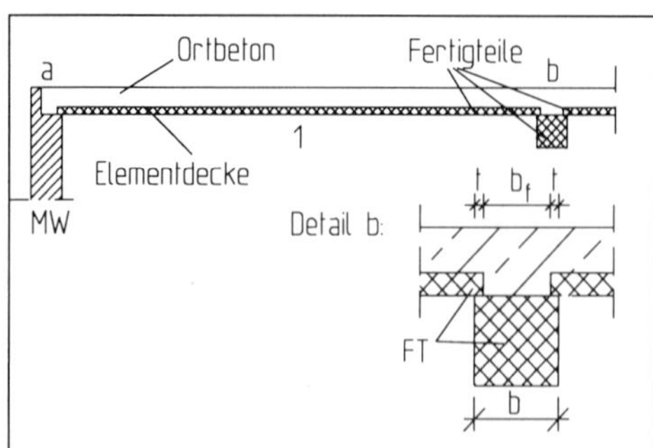

Abb. E.5.14 Decke aus Halbfertigteilen für Decke und Unterzug ergänzt durch Ortbeton

abschließendem Ortbetonverguß entsprechend Abb. E.5.14, s. [CEB – 72], hat sich seit langem als wirtschaftliche Lösung vor allem bei beengten Baustellenverhältnissen bewährt.

In den letzten Jahren erfolgen Wandausführungen zunehmend mit Elementplatten, seitdem entsprechende Zulassungen erteilt wurden und dabei auftretende besondere Konstruktionsprobleme befriedigend gelöst wurden, s. Abb. E.5.15. Diese betreffen z. B. die Anschlüsse zwischen Wand und Wand, Wand und Decke, Wand und Unterzug oder Fugenprobleme bei Wasserandrang, s. a. [SYSPRO – 97]. Einige der in diesem Handbuch dargestellten Detaillösungen sind allerdings kaum praxisgerecht ausführbar.

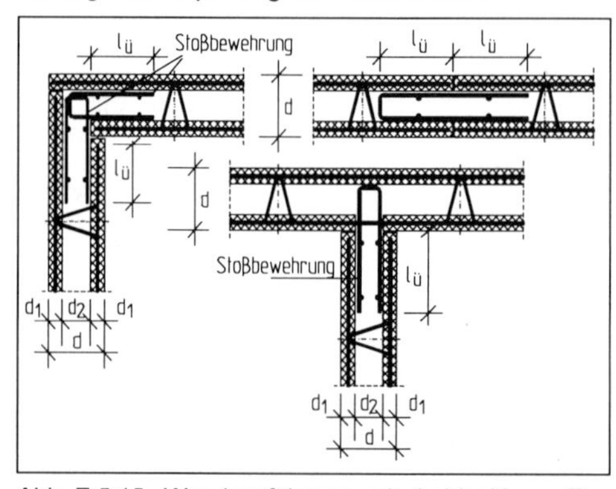

Abb. E.5.15 Wandausführung mit beidseitigen Elementplatten und Kernverguß mit Ortbeton

Für den Anschluß von Stütze zu Fundament in Ortbeton ist der Einbau von Köcherschalungen aus profiliertem Stahlblech nach Abb. E.5.16 wirtschaftlich. Dadurch kann bei überwiegend zentrischer Stützenbeanspruchung die Anschlußbewehrung aus dem Fundament in den meist hoch bewehrten Stützenfuß entfallen. Die Köcherhöhe muß dabei größer sein als die im Fundament noch erforderliche Verankerungslänge der Stützenbewehrung. Ist der Köcher unten offen, wird im Fundament der Beton in einer ersten Lage bis zur Unterkante des Köchers eingebracht. Nach ausreichendem Ansteifen wird das restliche Fundament betoniert, ohne daß der Beton von unten in den Köcher eindringen kann.

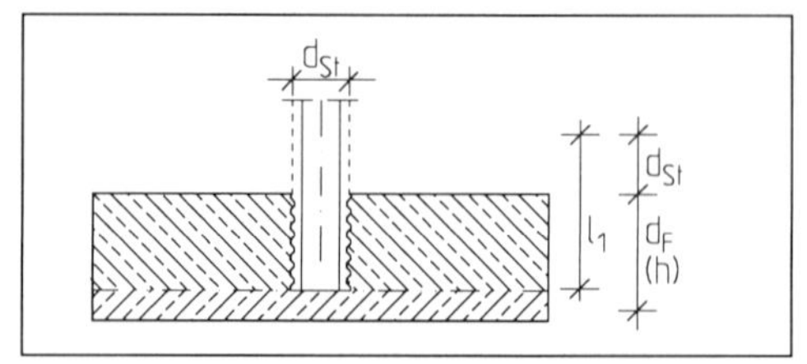

Abb. E.5.16 Anschluß der Stützbewehrung an Einzelfundament über Köchereinbauteil

F VERSTÄRKEN VON STAHLBETONKONSTRUKTIONEN

Prof. Dr.-Ing. Udo Kraft (Abschnitt F.1), Dipl.-Ing. Günther Ruffert (Abschnitt F.2),
Prof. Dr.-Ing. Horst G. Schäfer und Dr.-Ing. Gerhard Bäätjer (Abschnitt F.3),
Dr.-Ing. Hans-Jürgen Krause (Abschnitt F.4), Dipl.-Ing. Uwe Neubauer (Abschnitt F.5)

F Verstärken von Stahlbetonkonstruktionen

1 Berücksichtigung zeitabhängiger Verformungen

1.1 Einleitung

In der Zeit des Wiederaufbaus nach dem Zweiten Weltkrieg wurden viele damals hochgelobte Neubauviertel und Trabantenstädte errichtet. Infolge eines inzwischen eingetretenen Umdenkprozesses und der eingetretenen Veränderungen werden die meisten dieser Siedlungen heute als Schlaf- oder Fließbandstädte bezeichnet. Statt „Räume ohne Halt" sucht man jetzt „gebaute Lebensräume". Man spricht heute von Stadtsanierung und Erhaltung historischer Stadtviertel. Die Folge ist, daß viele alte Gebäude restauriert oder umgebaut werden oder an ihnen angebaut wird. Probleme gibt es dabei besonders bei der Umnutzung alter Gebäude und Denkmäler infolge veränderter Raumaufteilungen. Man erhält andere Belastungen, es werden Wände neu eingebaut oder versetzt, ... oder es werden Sanitärzellen ergänzt. Oftmals müssen dann Decken, Balken und Stützen oder die Gründung verstärkt werden.

Häufig müssen Bauwerke auch instand gesetzt werden, weil äußere Zerstörungen dies erzwingen, z. B. infolge eines Brandes, chemisch aggressiver Stoffe (Sulfate, Chloride, usw.), Korrosion der Bewehrung (Abplatzen der Betonüberdeckung) oder einer Erosion des Betons (Frost, Frost-Tausalz, mechanische Zerstörung, Abrieb).

Selbst bei Neubauten kommt es vor, daß Verstärkungsmaßnahmen notwendig sind, wenn infolge von Planungs-, Ausführungs- oder Materialfehlern Bauteile ungenügend tragfähig sind. Werden diese Punkte frühzeitig entdeckt und während der Bauzeit beseitigt, so können die Materialeigenschaften der Verstärkung so eingestellt werden, daß sie sich nicht nennenswert von denen der ursprünglichen Konstruktion unterscheiden. Dann kann von einem üblicherweise bei Neubauten vorhandenem und angesetztem Tragverhalten ausgegangen werden.

In dem Bericht „Verstärkung von Betonstützen" [Kraft - 87] wurde erstmals die Überlegung veröffentlicht, daß $1_{alt} + 1_{neu} \leq 2$ ist. In der bekannten Literatur wurde früher unterstellt, daß wie in der Mathematik 1 + 1 = 2 ist. Bei Verstärkungen im Betonbau gilt: $\mathbf{1 \leq 1_{alt} + 1_{neu} \leq 2}$. In Worten heißt dies: Eine alte, vorhandene Fläche und eine gleich große neue Verstärkungsfläche ergeben keine Verdoppelung der Tragfähigkeit.

Voraussetzung jeder Verstärkung ist eine ausführliche Analyse des **Ist-Zustandes** des betroffenen Gebäudeteiles und aller betroffenen Bauteile und Baustoffe. Bei den statischen Berechnungen sollte eine höhere Ist-Festigkeit (falls diese höher ist, als in der ursprünglichen Berechnung angesetzt war) aus wirtschaftlichen Gründen ausgenutzt werden. Bei niedrigeren Festigkeiten muß dies aus Gründen der Standsicherheit geschehen. Bei einer Heraufsetzung der Traglast müssen die wirklichkeitsnahen Materialkennwerte berücksichtigt werden, um das Tragverhalten des „Verbundquerschnittes Alt - Neu" überhaupt wirklichkeitsnah berechnen zu können. Vor jeder Verstärkung ist daher der Ist-Zustand des Bauwerkes zu erkunden:

- Bei Herstellungsfehlern, um die tatsächlichen Baustoffkennwerte zu erhalten. Liegen z. B. bei einer Stütze die Ist-Betondruckfestigkeiten weit über den Soll-Betondruckfestigkeiten - dies ist oft der Fall -, so kann die Berücksichtigung dieser Reserve im Material möglicherweise dazu führen, daß auf eine Verstärkung verzichtet werden kann (Änderung der statischen Berechnung - „Methode des scharfen Nachdenkens").
- Bei einer Wiederherstellung des planmäßigen Zustandes muß der Ist-Zustand des Bauteils bzw. Bauwerks in jedem Fall erkundet werden. Die Materialkennwerte der alten Baustoffe - zumindest der Baustoffe, die tatsächlich eingebaut wurden - liegen selten vor. Durch Alterung und eventuelle Schädigungen können sich die Festigkeiten erheblich verringert haben. Bei Beton können sich die Druckfestigkeiten dagegen mit dem Alter erheblich erhöhen.
- Bei einer Heraufsetzung der Traglast muß der Ist-Zustand bekannt sein, da man sonst überhaupt nicht in der Lage ist, einen statischen Nachweis des verstärkten Gesamtsystems zu führen. Sich allein auf die Werte abzustützen, die in der ursprünglichen Berechnung angesetzt waren, ist nicht zulässig, wahrscheinlich richtiger als leichtsinnig zu bezeichnen.

1.2 Bauschäden aus zeitabhängigen Verformungen

Bei Stahlbetontragwerken kann im allgemeinen auf einen Nachweis der zeitabhängigen Verformungen aus Kriechen und Schwinden verzichtet werden [DIN 1045-88 - 88], 16.4(2). Die Summe der Einflüsse aus Schwinden, Kriechen, Temperaturänderungen und Stützensenkungen müssen dann berücksichtigt werden, wenn hierdurch die Summe der Schnittgrößen wesentlich in ungünstiger Richtung verändert wird [DIN 1045 - 88], 15.1.3(1). Die Beschränkung der Durchbiegung erfolgt meist durch den Nachweis Biegeschlankheit [DIN 1045 - 88], 17.7.1 + 2. Der rechnerische Nachweis der anfänglichen und nachträglichen Durchbiegung eines Bauteiles [DIN 1045 - 88], 17.7.3 erfolgt leider zu selten.

Nachgewiesen wird derzeitig im Stahlbetonbau überwiegend der Bruchzustand bzw. die Grenzzustände der Tragfähigkeit [ENV 1992-1-1 - 92]. Die Verformungen, vor allem die zeitabhängigen Verformungen, werden zuwenig beachtet und zuwenig nachgewiesen. Hier muß ein Umdenken erfolgen, wie die folgende Auswahl von drei Schadensfällen zeigt. In Zukunft muß - die Eurocodes erzwingen dies mit ihren vielen Nachweisen der Grenzzustände der Gebrauchstauglichkeit [ENV 1992-1-1 - 92] - der Gebrauchstauglichkeit mehr Beachtung geschenkt werden.

Die Grenzzustände der Tragfähigkeit erlebt man zum Glück selten, die Grenzzustände der Gebrauchstauglichkeit spürt und reklamiert jeder Nutzer eines Bauwerkes!

Beispiel 1: An der Vorderkante von auskragenden Balkonen zeigten sich Höhenversprünge von bis zu 30 mm (siehe Abb. F.1.1). Die Folge war, daß die

Abb. F.1.1 An der Vorderkante von auskragenden Balkonen zeigten sich Höhenversprünge von bis zu 30 mm. Mit erheblichen Notabsteifungen sollten die befürchteten Einstürze der Balkone verhindert werden.

Bewohner der oberen Wohnung Angst hatten, auf die Balkone zu gehen, die Bewohner der Erdgeschoßwohnung hatten Angst, auf die Terrasse darunter zu gehen. Mit erheblichen Notabsteifungen sollten die befürchteten Einstürze der Balkone verhindert werden (siehe Abb. F.1.1). Durch umfangreiche Untersuchungen der vorhandenen Bewehrung, der Bewehrungslagen und der Betondruckfestigkeiten, durch die Kontrolle des Nachweises der Tragfähigkeit und den Nachweis der Durchbiegung nach [DAfStb-H240 - 91] konnte bewiesen werden, daß keine Gefahr bestand.

Beispiel 2: Bei einem anderen Schadensfall kam es an einer Dehnungsfuge zu einer Durchbiegungsdifferenz. Aus der Erinnerung wurde dieser Wert zu etwa 15 mm geschätzt (die Abweichung zum Rechenwert von 25 mm dürfte damit zu erklären sein, daß die elastische Durchbiegungsdifferenz beim Estricheinbau während des Bauens ausgeglichen wurde). Dies führte zu einem häßlichen Stolperabsatz im Eingangsbereich eines Verwaltungsgebäudes. Als zusätzlichen Fehler hatte man die Dehnungsfuge der Decke nicht an der gleichen Stelle im Plattenbelag ausgeführt, so daß dieser zusätzlich zerstört wurde.

Dieser Stolperabsatz wurde nach ca. 1½ Jahren durch eine Ausgleichsschicht und einen neuen Plattenbelag ausgeglichen. Man hatte - ohne Baustoffprüfungen und mit grob geschätzter Lastgeschichte - das Ende der Durchbiegungsdifferenz vorausgesagt. Leider trat der Stolperabsatz mit ca. 9 mm nach weiteren 2½ Jahren erneut auf.

Daher wurden die Bauteilabmessungen, die eingebaute Bewehrung und die Betondruckfestigkeit überprüft. Mit Hilfe der Lastgeschichte wurden die bisherigen Durchbiegungen - auf der einen Seite ein Randbalken, auf der anderen eine unverstärkte Deckenplatte - nachgerechnet und damit eine gut abgesicherte Prognose der zukünftig noch zu erwartenden Durchbiegungsdifferenz erstellt (siehe Abb. F.1.2): Für 2 Zeitpunkte ließ sich eine überraschend gute Übereinstimmung errechnen. Insoweit durfte der Prognose der zukünftig zu erwartenden maximalen Durchbiegungsdifferenz von ca. 6 ± 2 mm getraut werden.

Leider glaubte der Bauherr keiner neuen Durchbiegungsprognose, da sich der Schaden wiederholt hatte. Jetzt bestand der Bauherr auf einer geometrischen Verstärkung (Verdübelung, Aufhängung, Unterstützung ...), was erhebliche Instandsetzungskosten verursachte.

Beispiel 3: Unter einem Hallendach eines Warenhauses mit Binderstützweiten von ca. 23,5 m und daraufliegenden Pfetten mit Stützweiten von ca. 9,0 m traten erhebliche Schäden auf (siehe Abb. F.1.3). Die Schäden waren darauf zurückzuführen, daß ein Teil der Ausbaukonstruktion an der Decke hing und den Verformungen der Decke folgte und andere Konstruktionsteile auf der Bodenplatte standen.

Die maximalen elastischen Durchbiegungen - und nur diese wurden vor dem Schadenseintritt be-

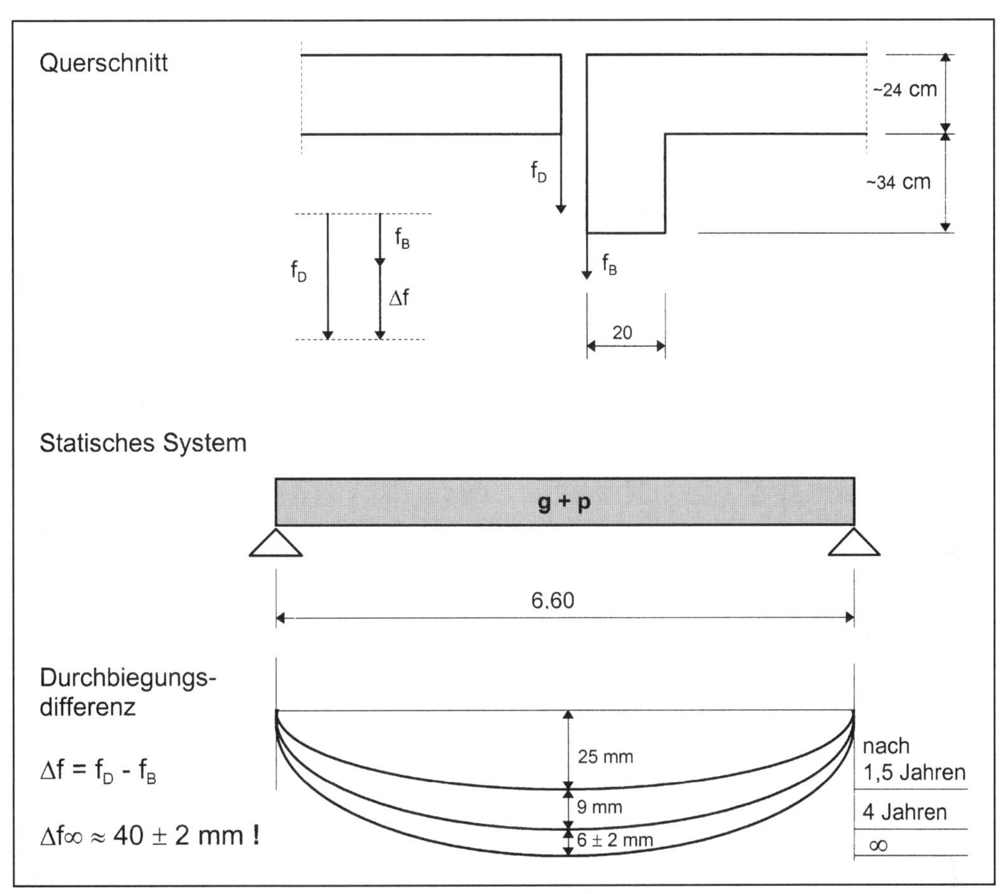

Abb. F.1.2 Höhenversprung im Eingangsbereich eines Verwaltungsgebäudes - Statisches System und Rechenwerte der Durchbiegungsdifferenz $\Delta f = f_{Decke} - f_{Balken}$

Abb. F.1.3 Abknickende horizontale Halterungen (dicke Pfeile) der an der Dachkonstruktion hängenden Gipskartonwand infolge der Verschiebungsdifferenz in vertikaler Richtung zu der auf dem Boden stehenden Kalksandsteinwand (schmale Pfeile).

rechnet - betrugen für die Stahlbetonbinder 53,2 bis 55,3 mm, für die Stahlbetonpfetten zwischen 17,0 und 25,2 mm. An der ungünstigsten Stelle summieren sich die elastischen Durchbiegungen zu ca. 81 mm.

Unter Berücksichtigung der zeitabhängigen Verformungen ergeben sich für die Stahlbetonbinder zwischen 110 und 180 mm, der wahrscheinliche Endwert der Durchbiegung beträgt ca. 130 mm. Der wahrscheinliche Endwert der Durchbiegung für die Pfetten beträgt näherungsweise 130 mm × 25,2/55,3 ≈ 60 mm. An der ungünstigsten Stelle summieren sich diese wahrscheinlichen Endwerte der Durchbiegungen zu ca. 190 mm.

Die maximal zu erwartende Durchbiegung beträgt somit an der ungünstigsten Stelle ca. 180 × (1 + 25,2/55,3) ≈ 260 mm! Dies sind Größenordnungen der Durchbiegung, die die üblichen Erfahrungswerte weit überschreiten!

1.3 Zeitabhängige Verformungen und daraus resultierende Lastumlagerungen

Betrachtet man ähnliche Problemstellungen in verschiedenen Veröffentlichungen, so wird nicht von einer Verstärkung ausgegangen, sondern es wird stets der Frage nachgegangen, ob sich der neue Beton einer Verstärkung an der Lastaufnahme beteiligt oder ob dadurch sogar Schäden auftreten (im wesentlichen nach [Kraft - 87]):

- Beim Aufbringen eines Zementverbundestrichs auf einen alten Beton sind vergleichbare Verhältnisse gegeben. Obwohl der Verbundestrich bei einer Deckenplatte eine Verstärkung des Querschnittes bewirkt - analog dem Anbetonieren bei einer Stütze oder einer Druckzonenergänzung -, werden nur Probleme der Schwindrißbildung und ihrer Verhinderung untersucht.
- Die Eigenspannungszustände bei Verbundtragwerken zeigen einen Extremfall auf: Der junge Beton schwindet und kriecht, der Stahl dagegen nicht. Mindert man die Eigenverformungen des jungen Betons um die Anteile eines alten Betons, so sind die Ergebnisse übertragbar.
- Rüsch und Jungwirth untersuchten die Einflüsse von Kriechen und Schwinden auf das Verhalten von Betontragwerken [Rüsch/Jungwirth - 76]. Die Überlegungen gehen von großen neuen Betonquerschnitten und relativ kleinen Stahlquerschnitten (für die Analogie ist dies der alte Beton) aus. Trotzdem sind die Spannungsumlagerungen bereits erheblich.

Das gemeinsame Ergebnis dieser Arbeiten über analoge Problemstellungen ist, daß sich der neue Beton soweit wie möglich einer Belastung zu entziehen versucht. Und genau dies versucht auch der neue, junge Beton bei einer Verstärkung eines alten Betons!
Bei Verstärkungen müssen verschiedene Einflüsse berücksichtigt werden:

Einflüsse der Hydratationswärme

Die bei der Hydratation des Zements frei werdende Wärme kann zu erheblichen Erhöhungen der Temperatur des jungen Betons führen. Es wird von Messungen zwischen Fertigteilen und 23 cm dicken Ortbetonschichten berichtet, bei denen eine Temperaturdifferenz von 15 K gemessen wurde. Temperaturmessungen bei Spritzbetonarbeiten (Neue österreichische Tunnelbauweise) ergaben maximale Werte beim Naßspritzverfahren mit Wasserglas als Beschleuniger von 30 K bzw. beim Trockenspritzverfahren mit Natriumaluminat als Beschleuniger von 10 K bei Betondicken von 25 bis 30 cm.

Diese Erwärmungen finden im frischen, gerade hydratisierenden Beton statt. Die Temperaturdehnungen werden in Stauchungen umgesetzt, da sich der Beton in Längsrichtung nicht ausdehnen kann. Solange der Beton noch plastisch verformbar ist, entstehen keine meßbaren Spannungen. Nach einigen Stunden entstehen im erhärteten Beton bei weiterer Erwärmung meßbare Druckspannungen, da sich der Beton nicht ausdehnen kann. Diese Druckspannungen werden jedoch durch Relaxation abgebaut. Mit der folgenden Abkühlung des Betons werden die Druckspannungen abgebaut, und es treten Zugspannungen auf, die zum großen Teil ebenfalls durch Relaxation abgebaut werden.

Unterstellt man einen Temperaturunterschied von ΔT = -15 K, so träten beim Abkühlen bei freier Verformbarkeit und einer Wärmedehnzahl des jungen Betons von $\alpha_T = 15 \cdot 10^{-6}$ /K [Lohmeyer - 85], S. 81 als Dehnung $\varepsilon_T = \alpha_T \cdot \Delta T = -0{,}225$ mm/m auf.

Tatsächlich sind diese Verkürzungen des neuen Betons wegen des monolithischen Verbundes mit dem alten Beton nicht möglich. Man kann es sich so vorstellen, als ob der neue Beton in seine alte Länge $\varepsilon_{T'} = +0{,}225$ mm/m zurückgezogen wird. Infolge der Abkühlung treten daher Zugdehnungen und Zugspannungen im jungen Beton auf.

Bei geringen Dicken der Verstärkungen kann so viel Hydratationswärme an die Umgebung sowie an den alten Beton abgegeben werden, daß die Zugspannungen unterhalb der Rißspannung bleiben. Bei Dicken über 4 cm wird die Einlage einer engmaschigen „Schwindbewehrung“ empfohlen. Diese dürfte bereits für den Abkühlungsvorgang zur Risseverteilung notwendig sein.

Bei großen Verstärkungsdicken bietet sich die Zugabe von Erstarrungsbeschleunigern an, um die Zahl der Aufträge der Betonschichten gering zu halten. Da hierdurch größere Temperaturerhöhungen im jungen Beton auftreten, steigert dies die Rißgefahr und ist daher nicht zu empfehlen.

Gemindert werden kann der Einfluß der Hydratationswärme durch die Verwendung eines kühl gelagerten Trockenbetons oder gekühlten Betons. Auch das Betonieren am Abend mindert die Zugspannungen, da infolge der Temperaturerhöhungen am Tage die Stützen erwärmt und somit verlängert sind sowie nachts höhere Wärmeabstrahlungen an die kühlere Umgebung möglich sind.

Für die Größe der Relaxation des jungen Betons, dem zeitabhängigen Abbau der Zugspannungen, gibt es wenig Versuchswerte und daher keine genauen Angaben. So entzieht sich acht Stunden alter Beton einer Belastung schon nach kurzer Zeit vollständig [Weigler/Karl - 74]. Hier wird davon ausgegangen, daß die Zugspannungen infolge der Hydratationswärme im jungen Beton durch Relaxation fast völlig abgebaut werden.

Schätzt man die Restzugspannungen auf ca. 5 bis 10 %, so ergeben sich restliche Zugdehnungen von 0,01 bis 0,02 mm/m. Sollten Risse auftreten, so wirken sich diese wie bleibende Dehnungen aus, die überdrückt werden müssen, bevor der neue Beton mitträgt.

Einflüsse des Schwindens

Bei Beton und Stahlbeton [DIN 1045 - 88] dürfen die Schwindeinflüsse mit den Rechenwerten von [DIN 4227-1 - 88] berücksichtigt werden. Da der alte Beton nur wenig vor dem Anbetonieren des neuen Betons angefeuchtet werden kann, muß man davon ausgehen, daß der junge Beton Feuchtigkeit an die Umgebungsluft und an den alten Beton abgibt. Damit ist die wirksame Körperdicke in trockenen Innenräumen $d_{ef} = d_n$ bzw. allgemein im Freien $d_{ef} = 1{,}5 \cdot d_n$. Man erhält Endschwindwerte für d_n = 2 bis 15 cm von $\varepsilon_{S\infty}$ = -0,55 bis -0,45 mm/m in Innenräumen bzw. von -0,40 bis -0,30 mm/m im Freien. Der größte Teilschwindwert innerhalb von 28 Tagen beträgt $\varepsilon_{S28} \approx$ -0,30 mm/m.

Diese Schwindwerte weichen deutlich von denen ab, die der Verfasser in eigenen Meßreihen ermittelte. Die dabei gemessenen Werte scheinen für eine Verwendung geeigneter, da sie nicht unter Normklimabedingungen, sondern gezielt in einem normal genutzten, trockenen Büroraum sowie regengeschützt im Freien gewonnen wurden. Auch können gezielt Werte für vergleichbare Betone verwendet werden. Dies ist deshalb wichtig, da das Schwinden nicht nur von den Umweltbedingungen, sondem auch maßgeblich vom Zementsteingehalt und vom Wassergehalt des Zementsteins beeinflußt wird.

Die Angaben in der Literatur über die Zementgehalte und die *w/z*-Werte der Ausgangsmischungen der Spritzbetone schwanken von ca. 280 bis 410 kg/m^3 bzw. 0,45 bis 0,55. Für die eigenen Meßreihen wurden für den Festbeton gewählt z = 380 kg/m^3 und w/z = 0,54.

Die eigenen Meßwerte ergaben, daß bei einseitiger Austrocknung bzw. größerer Dicke, aber gleichen Lagerungsbedingungen zwar die gleichen Endschwindmaße auftreten, aber erst deutlich später. Bei Lagerung im Innenraum traten Werte von $\varepsilon_{S\infty} \approx$ -0,8 bis -1,0 mm/m, bei regengeschützter Lagerung im Freien von $\varepsilon_{S\infty} \approx$ -0,55 bis -0,70 mm/m auf.

Die Maximalwerte innerhalb eines Monats lagen im Innenraum bei 5 cm Dicke bei max. $\varepsilon_{S28} \approx$ -0,6 mm/m bzw. bei 10 cm Dicke bei max. $\varepsilon_{S28} \approx$ -0,4 mm/m. Bei regengeschützter Lagerung im Freien traten die Maximalwerte für 10 cm Dicke witterungsabhängig zum Teil erst nach fast einem Jahr in der Größe von max. $\varepsilon_{S28} \approx$ -0,4 mm/m auf.

Diese experimentell ermittelten Schwindwerte sind erheblich größer als die Rechenwerte nach [DIN 4227-1 - 88]. Da sie an Betonen mit vergleichbarem Zementgehalt und *w/z*-Wert wie bei üblichen Spritzbetonen ermittelt wurden, sollten diese Werte angesetzt werden. Wegen der großen Schwindwerte des jungen Betons ist es gerechtfertigt, die kleinen Restschwindwerte des alten Betons zu vernachlässigen.

Die Nachbehandlung des jungen Spritzbetons ist für die Festigkeitsentwicklung und Dichtheit und somit für die Dauerhaftigkeit sehr nötig. Für die Anfangsphase ist sie besonders wichtig, damit die bereits vorhandene Zugfestigkeit des jungen Betons höher ist als die Zugspannungen aus Temperatur und Schwinden. Auf die Entwicklung des Schwindmaßes hat die Nachbehandlung dagegen nur einen verzögernden Einfluß - das Endschwindmaß würde nur bei baupraktisch unüblicher monatelanger Nachbehandlung entscheidend beeinflußt.

Diese großen Schwindmaße bis zu 1 mm/m können nur im Versuch bzw. in einem Gedankenmodell auftreten. Tatsächlich ist ein monolithischer Verbund vorhanden. Diese Schwindverkürzungen werden durch den alten Beton verhindert. Der junge Beton wird in seine ursprüngliche Länge gedehnt, es entstehen daher Zugspannungen. Wenn die maximal mögliche Zugdehnung von $\varepsilon_z \approx$ 0,11 mm/m [Eligehausen/Sawade - 85] überschritten wird, entstehen Risse.

Bei einer Schichtdicke größer als 4 cm wird daher die Einlage einer engmaschigen „Schwindbewehrung" zur Risseverteilung empfohlen. Mit der Zugabe von Stahl-, Glas- oder Kunststoffasern in den Spritzbeton wären noch günstigere Ergebnisse zu erzielen, da sowohl die Zugfestigkeit des Betons höher wäre, als auch eine feinere Risseverteilung einträte.

Die Größenordnung der Relaxation kann, wie beim Einfluß der Hydratationswärme, mangels hierfür durchgeführter Versuche nur geschätzt werden. Für die anzusetzende Kriechzahl des Betons von $\varphi_{t\infty} \approx$ 3 bis 5 erhält man nach den verschiedenen Rechenverfahren einen Spannungsabbau auf restliche 5 bis 20 % [Rüsch/Jungwirth - 76], Bild 9.1. Bei den durchgeführten Berechnungen wurden daher nur die 0,05- bis 0,20fachen Werte infolge

F

des Schwindens angesetzt. Dabei handelt es sich aber in jedem Fall um Zugdehnungen.

In [Leonhardt/Mönnig - 73] wird für einfache Fälle des Hochbaus und mittlere Bewehrungsgrade vorgeschlagen, näherungsweise mit abgeminderten Schwindmaßen zu arbeiten. Danach könnte mit $\varepsilon_{s,o}$ = -0,10 mm/m im Freien und -0,15 mm/m für Bauteile in trockener Luft gerechnet werden.

Die in Abb. F.1.4 wiedergegebenen Versuchsergebnisse aus [Kraft - 81] zeigen, daß diese gemessenen Schwindmaße größer als die empfohlenen

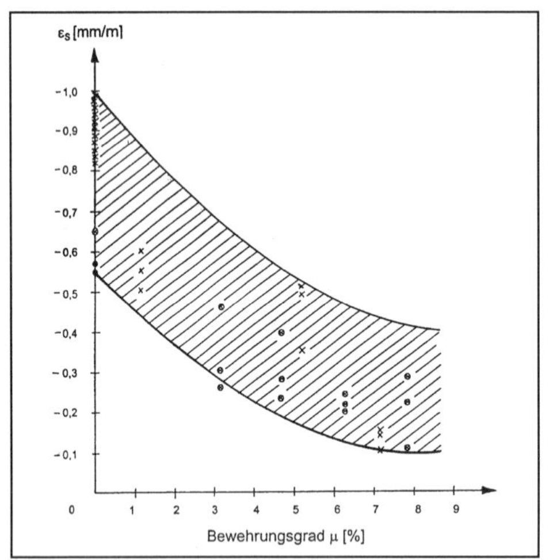

Abb. F.1.4 Schwindwerte bei dehnungsbehindertem Schwinden bei Lagerung im Innenraum (i.M. 45 % r.F.):
x $\varepsilon_{S\infty}$ [Kraft - 81],
• ε_{S110} und
⊗ $\varepsilon_{S\ 95\ \text{Rißbeginn}}$ [Schubert - 98]

Werte sind. Eine vertiefte Wiederholung dieser Versuchsserie [Schubert - 98] zeigte bei vielen von 45 überwiegend bewehrten Versuchsbalken Rißbildungen. Diese in Abb. F.1.4 eingetragenen Werte sind Schwindwerte nach ca. 110 Tagen bzw. nach dem beobachteten Beginn der Rißbildung von ca. 90-100 Tagen. Angaben zum Beton: z = 325 kg/m^3, w = 195 kg/m^3, w/z = 0,6; Lagerung im Innenraum bei i.M. 45 % r.F., also wirklichkeitsnah, nicht im Normklimaraum.

Als Ergebnis ist festzuhalten: Bezogen auf den Maximalwert von $\varepsilon_{S\infty} \approx$ -0,8 mm/m, müssen Spannungen aus Dehnungsbehinderungen von etwa 0,5 mm/m durch Relaxation und/oder Rißbildungen abgebaut werden. Für wirklichkeitsnahe Berechnungen sollten eigene Werte ermittelt werden. Allerdings braucht man für diese Messung ca. 1 Jahr. Näherungsweise können aber mittlere Werte in Abhängigkeit vom Bewehrungsgrad aus Abb. F.1.4 abgegriffen werden.

Die hier beschriebenen Einflüsse aus der Hydratation und dem Schwinden führen dazu, daß der junge Beton vor der ersten Belastung mit Zugdehnungen und damit Zugspannungen belastet ist. Vor der ersten Belastung hat der junge Beton bereits eine Zugdehnung sowie zu überdrückende Rißbildungen von $\varepsilon_{s,o} \approx$ 0,2 bis 0,5 mm/m. Erst wenn der neue und der alte Beton eine zusätzliche Dehnung von $\varepsilon_{s,o} \approx$ -0,2 bis -0,5 mm/m erhalten haben, beginnt der neue Beton auf Druck mit zu tragen.

Belastung aus Eigengewichts- und Verkehrslast

Bei Umbauten mit Querschnittsvergrößerungen kann davon ausgegangen werden, daß die maximale Betondruckspannung max $\sigma_b = \beta_R/2{,}1$ vor der Verstärkungsmaßnahme nicht überschritten wurde. Bei Instandsetzungen kann unterstellt werden, daß durch Hilfsabstützungen dafür gesorgt wird, daß max σ_b ebenfalls nur kurzfristig im Schadensfall überschritten wurde. Somit kann angenommen werden, daß infolge der verzögerten Elastizität sowie Relaxation mögliche kurzfristige Dehnungsüberschreitungen rückgängig gemacht wurden. Für die Lastfälle nach der Verstärkung kann davon ausgegangen werden, daß die planmäßig bereits im alten Beton vorhandene Spannung zwischen null und max $\sigma_b = \beta_R/2{,}1$ liegt.

Die zulässige Belastung des Betonquerschnitts erhält man dann aus:

$$\text{zul } N_b = (F_{b\ alt} \cdot \beta_{R\ alt} + F_{b\ neu} \cdot \sigma_{b\ neu})/2{,}1 \qquad (F.1.1)$$

Man erhält $\sigma_{b\ neu}$ aus wirklichkeitsnahen Spannungs-Dehnungs-Linien und

$$\varepsilon_{b\ neu} = \Delta\varepsilon_{b\ alt} = \varepsilon(\beta_{R\ alt}) - \varepsilon(\text{vorh } \sigma_{b\ alt}) \qquad (F.1.2)$$

Man kann leicht errechnen, daß der neue Beton bei der Belastung nur dann wesentlich mitträgt, wenn der alte Beton vor der Verstärkung wesentlich, d. h. auf etwa 25 bis 50 % von max σ_b, entlastet wurde (vergleiche die Annahmen in Abb. F.4.7). Für genaue Berechnungen muß berücksichtigt werden, daß der alte Beton durch den neuen Beton „eingezwängt" wird und ein mehraxiales Tragverhalten des alten Betons erreicht wird. Dies muß durch konstruktive Maßnahmen, soweit wie dies im Einzelfall möglich ist, erzwungen werden!

Einflüsse aus Kriechen bzw. Relaxation

Könnte sich der junge Beton frei verformen, so würde er unter den neu aufgebrachten Belastungen erheblich kriechen, d. h., die zeitabhängige Zunahme der Verformungen wäre erheblich. Es gilt:

$$\Delta l_K = \varepsilon_K \cdot l = \varphi_t \cdot \varepsilon_{el} \cdot l \qquad \text{mit } \varphi_t \approx 1 \text{ bis } 5 \quad (F.1.3).$$

Es kann davon ausgegangen werden, daß die Restkriechmaße des alten Betons im Vergleich zum neuen Beton so klein sind, daß sie näherungsweise zu Null gesetzt werden dürfen. Wegen des monolithischen Verbundes des alten mit dem neuen Beton kann sich der neue Beton jedoch nicht frei durch Kriechen verkürzen. Es tritt daher kein Kriechen, sondern eine Relaxation im jungen Beton auf, ein zeitabhängiger Abbau der Druckspannungen, verbunden mit einer entsprechenden Spannungsumlagerung vom neuen auf den alten Beton.

Von kurzzeitigen Belastungen abgesehen (Straßenverkehr, Kran, Gabelstapler usw.), entzieht sich der neue Beton den Belastungen. Bei den Belastungen aus Eigengewicht und Verkehr muß daher darauf geachtet werden, daß der alte Beton nach der Verstärkung nicht planmäßig bis zur maximal zulässigen Spannung – unter Berücksichtigung des möglichst mehraxial erzwungenen Spannungszustandes - belastet wird, sondern Reserven für diese Spannungsumlagerungen berücksichtigt werden.

Das Kriechvermögen und damit das Vermögen, sich der Belastung zu entziehen, ist bei der neuen Spritzbetonergänzung sehr groß wegen des relativ großen Zementsteingehalts und der meist relativ kleinen Betondicken des neuen Betons.

Wesentlich verringert werden könnten diese Spannungsumlagerungen durch lange Nachbehandlungen und späte Belastung, z. B. durch monatelange Hilfsabstützungen.

Zusammenfassung und Folgerungen

Da viele konkrete Meßergebnisse über die zeitabhängigen Lastumlagerungen beim Verstärken von Stahlbetonkonstruktionen noch fehlen, mußten in der obigen Ableitung (im wesentlichen nach [Kraft - 87]) z. T. Annahmen und Näherungen getroffen werden. Als Ergebnis kann festgestellt werden:

- Tritt eine relativ geringe Relaxation des Betons gegenüber den Zugdehnungen aus Schwinden und Hydratationswärme auf, so verbleiben in jedem Fall auch unter Eigengewichts- und ständigen Lasten Zugdehnungen und Zugspannungen im neuen Beton.
- Schätzt man die Relaxation des neuen Betons gegenüber den Zugdehnungen aus Schwinden und Hydratationswärme sehr hoch mit 95 %, so treten trotzdem nur bei einem hohen Aufwand für die Nachbehandlung und monatelangen Hilfsabstützungen relativ geringe Restdruckdehnungen und somit Restdruckspannungen im neuen Beton auf.
- Bei nur kurzzeitig wirkenden Verkehrslasten sowie für den rechnerischen Traglastzustand trägt der neue Beton entsprechend seiner Steifigkeit mit. Hier müssen bei konkreten Berechnungen Abschläge für die notwendigen Lasteinleitungsbereiche vom alten in den neuen Beton (und evtl. neue Bewehrung) berücksichtigt werden.

Soll ein nennenswertes Mittragen des neuen Betons erreicht werden, so sollten niedrige Hydratationstemperaturen und Schwindwerte, aber hohe Steifigkeiten der neuen Betone angestrebt werden. Zusammen mit einer guten und langen Nachbehandlung sowie monatelanger Hilfsabstützung der alten Konstruktion zur möglichst späten Belastung des neuen Betons kann ein Mittragen des neuen Betons erzwungen werden.

Für den Gebrauchslastfall sollte man aber nur dann ein dauerhaftes Mittragen unterstellen, wenn dafür ein detaillierter Nachweis geführt wird und die entsprechenden Maßnahmen geplant und auf der Baustelle tatsächlich durchgeführt werden.

Für die praktische Anwendung sollte man im Normalfall davon ausgehen, daß sich der neue Beton im Gebrauchslastfall einem Mittragen völlig entzieht. In welchem Maß ein Mittragen einer neuen Bewehrung erzwungen werden kann, muß in jedem Einzelfall unter Berücksichtigung der zeitabhängigen Spannungsumlagerungen/Lastumlagerungen nachgewiesen werden.

2 Verstärken von Betonbauteilen mit Spritzbeton

2.1 Einleitung

Unter Verstärkung verstehen wir Maßnahmen, durch welche die Tragfähigkeit einer Konstruktion über den bisherigen Ist-Zustand erhöht wird. Die Notwendigkeit, Bauwerke zu verstärken, ergibt sich nicht nur dann, wenn die Konstruktion höhere Lasten als ursprünglich vorgesehen aufzunehmen hat, sondern in der Praxis sehr viel häufiger dann, wenn sie durch konstruktive/ausführungstechnische Fehler oder aber durch im Laufe der Lebensdauer eingetretene Querschnittsabminderungen infolge korrodierender Bewehrung nicht oder nicht mehr die in unseren Bauordnungen geforderte, und in den geltenden Bemessungsvorschriften [DIN 1045 - 88] vorgeschriebene Versagenssicherheit haben. Die Wiederherstellung dieser Versagenssicherheit kann auch in Fällen mangelhafter Betondeckung eine konstruktiv wirksame Verstärkung erforderlich machen. Daraus ergeben sich natürlich entsprechende Anforderungen an die eingesetzten Materialien.

Die jetzt vorliegende Neufassung der DIN 18 551, Spritzbeton [DIN 18 551 - 92] berücksichtigt insbesondere die Anwendung der Spritzbetonbauweise für Ausbesserung/Verstärkung von Stahlbetonbauteilen, und gibt detaillierte sowie den Anforderungen der Praxis angepaßte Bemessungsregeln für solche zusammengesetzten Querschnitte. Zum Verständnis der Bemessungshinweise ist aber die Kenntnis der wichtigsten Verfahrensregeln für dieses doch nicht allgemein bekannte Spezialverfahren nützlich.

2.2 Voraussetzungen für die Verstärkung von Betonbauteilen mit Spritzbeton

Beim Betonspritzverfahren ergibt sich - eine intensive Untergrundbehandlung vorausgesetzt - durch den hohen Aufpralldruck eine innige Verbindung der neu aufgetragenen Spritzbetonschale mit dem Altbeton. Die hierdurch erzielte hohe Haftfestigkeit in der Anschlußfuge ist - zusammen mit dem Umstand, daß der neu eingebaute Spritzbeton nur aus Zementstein und Zuschlägen besteht, dem Altbeton in Zusammensetzung und Verformungsverhalten also weitgehend angepaßt ist - die Voraussetzung für die Beteiligung des zum Ersatz fehlender Querschnittsteile eingebauten Betons an der Aufnahme der im Verbundquerschnitt Stahlbeton auftretenden Spannungen.

Hier liegt auch der wesentliche Unterschied zu den Betonersatzsystemen auf Basis kunststoffmodifizierter Zementmörtel, die in den letzten Jahren immer häufiger für die Betoninstandsetzung eingesetzt werden. Nach der „Richtlinie für Schutz und Instandsetzung von Betonbauteilen“ des DAfStb. [DAfStb RiLi SIB - 90] muß der E-Modul der für konstruktive Instandsetzungen eingesetzten Materialien über 30 N/mm^2 liegen, eine Forderung, die sich wegen des Kunststoffgehalts bei PCC-Mörteln kaum, bei Spritzbeton aber problemlos erreichen läßt. Ähnliche Bedenken ergeben sich hinsichtlich der in DIN 4102, Brandverhalten von Baustoffen und Bauteilen [DIN 4102 - 81] festgelegten Anforderungen an für tragende Konstruktionsteile eingesetzte Materialien. Hier wird für mehrgeschossige Bauwerke, Hallenbauten usw. allgemein die Baustoffklasse „A“ verlangt, eine Forderung, die von einem mehrere Prozent Kunststoffe enthaltenden Zementmörtel kaum erfüllt werden kann. Daraus ergibt sich wiederum die Grenze zwischen der Anwendung von Spritzbeton und kunststoffmodifizierten Zementmörteln, auch PCC-Mörtel genannt. Während Spritzbeton uneingeschränkt für den Ersatz fehlender Betonteile eingesetzt werden darf, muß bei PCC-Mörteln immer geprüft werden, ob dem nicht konstruktive oder brandschutztechnische Bedenken entgegenstehen.

Die Vorteile des Spritzbetons ergeben sich verständlicherweise vor allem durch den weitgehenden Verzicht auf Schalung beim Spritzen über Kopf und auf horizontale Flächen. Spritzbeton kann aber auch zum Auftrag von Verstärkungen senkrecht nach unten aufgetragen werden. Dabei muß dann allerdings der anfallende Rückprall im Zuge des Spritzvorgangs mit eingearbeitet werden, ohne daß Kiesnester entstehen. Das für Verkehrsbauten geltende Regelwerk - Zusätzliche Technische Vertragsbedingungen und Richtlinien für Schutz und Instandsetzung von Betonbauteilen, ZTV-SIB 90 [BMV ZTV-SIB - 90] - läßt daher das Spritzbetonverfahren nur für den Auftrag über Kopf und auf überwiegend vertikale Flächen zu. Die für alle Stahlbetonbauwerke geltende Verfahrensnorm DIN 18 551 macht jedoch keinerlei Einschränkungen hinsichtlich der Spritzrichtung, so daß mit Ausnahme der Brückenbauwerke die Verstärkung von Stahlbetonbauteilen durch Auftrag einer Spritzbetonschicht von oben der Norm entspricht.

2.3 Normung

Auf Grund der verstärkten Anwendung des Betonspritzverfahrens nach dem Kriege zur Wiederherstellung geschädigter Betonkonstruktionen ergab sich die Notwendigkeit zur Festlegung allgemeinverbindlicher technischer Vorschriften für dieses Verfahren. So wurde 1976 die erste Fassung der DIN 18 551 Spritzbeton veröffentlicht, von der z. Zt. die Fassung 3/92 gilt. Die Norm ist - wie die DIN 1045 - keine reine Verfahrensnorm, sondern gibt auch Anweisungen bzw. Hinweise für die Bemessung und den Standsicherheitsnachweis für mit Spritzbeton ergänzte Stahlbetonbauteile. Die DIN 18 551 macht aber keinen Unterschied zwischen der Anwendung von Spritzbeton zur Ausbesserung und zur Verstärkung von Betonbauteilen. Zu der Verfahrensnorm kommt nach dem deutschen Normenschema noch eine Vertragsnorm für Spritzbeton, die DIN 18 349 [DIN 18 349 - 96]. Spritzbeton kann auch unter Zugabe von Stahlfasern oder Kunststoffemulsionen hergestellt werden. Wegen der von Normalbeton stark abweichenden Eigenschaften kann hierfür jedoch nicht die DIN 18 551 angewendet werden. Der Deutsche Betonverein hat daher eigene Merkblätter für kunststoff- oder stahlfasermodifizierten Spritzbeton herausgegeben.

Im Zuge der europäischen Normung wurde inzwischen auch die Erstellung einer Euronorm für Spritzbeton in Angriff genommen. Der fast fertiggestellte erste Entwurf für „Sprayed Concrete“ weicht jedoch stark von der deutschen DIN 18 551 ab. Es handelt sich nach dem CEN-Schema um eine reine Produktnorm. Sie macht wie die deutsche Spritzbetonnorm auch keinen Unterschied zwischen der Anwendung von Spritzbeton zur Ausbesserung und zur Verstärkung von Betonbauteilen. Wesentliche Teile, welche die Ausführung betreffen, sowie vor allem alle Bemessungshinweise sind nicht mehr enthalten, sondern werden anderen Euro-Normen zugewiesen. Damit ist es jetzt auch möglich, die sogenannten Sonderspritzbetone wie kunstharzmodifizierten Spritzbeton und Stahlfaserspritzbeton in die Norm einzuschließen.

2.4 Grundlagen des Betonspritzverfahrens nach DIN 18 551

Bei der Herstellung von Spritzbeton ergeben sich verfahrensbedingt einige Punkte, wo die Arbeitsdurchführung sich erheblich von Normalbeton nach DIN 1045 unterscheidet. Dies ist vor allem der Umstand, daß beim Einbau des Spritzbetons durch die hohe Aufprallwucht ein Teil des aufgespritzten Materials zurückprallt und verlorengeht. Durch diesen „Rückprall“, der je nach Spritzbedingungen, Zusammensetzung der Mischung, vor allem aber dem Können des Düsenführers zwischen 15 und 30 % beträgt und vor allem aus Grobkorn besteht, ergibt sich eine nicht unbeträchtliche Veränderung des eingebauten Spritzbetons gegenüber der Ausgangsmischung, die bei der Zusammensetzung der letzteren entsprechend zu berücksichtigen ist.

Eine Besonderheit des für Instandsetzungs-/Verstärkungsarbeiten an Stahlbetonkonstruktionen überwiegend eingesetzten Trockenspritzverfahren ist, daß das Anmachwasser dem durch die Schläuche zur Einbaustelle geblasenen Trockengemisch erst in der Düse zugegeben wird. Der Düsenführer hat dabei

> *die Wasserzugabe in Anpassung an den Förderstrom in solchen Grenzen zu halten, daß die Verdichtung und Haftung des Betons bei möglichst geringem Rückprall gut erreicht werden.*

Diese Formulierung in Abschnitt 4.5.1 von DIN 18 551, zeigt, daß man hier von der für Normalbeton im Vordergrund stehenden Forderung nach Einhaltung eines bestimmten *w/z*-Wertes, der sich beim Trockenspritzverfahren verfahrensbedingt nicht kontrollieren läßt, abgewichen ist und statt dessen die Einhaltung zweier anderer Parameter setzt, die letztlich in der Praxis auf die Einhaltung einer bestimmten Konsistenz des Spritzbetons in engen Grenzen herauskommen. Die für eine bestimmte Betonkonsistenz erforderliche Wassermenge richtet sich ja vor allem nach der im Beton enthaltenen Zementmenge. Der Düsenführer hat also keineswegs freie Hand bei der Wasserzugabe; bei zuviel Wasser rutscht das Material ab, bei zuwenig Wasser wächst der Rückprall stark an. Bei Einhaltung der optimalen Spritzbetonkonsistenz, was natürlich einen geschulten, erfahrenen Düsenführer erfordert, ergibt sich mehr oder weniger ein w/z-Wert um 0,50. Dieser Wert darf nach DIN 18 551, Abschnitt 4.5.1 z. B. beim Nachweis des für Beton mit besonderen Eigenschaften oder bei Außenbauteilen festgelegten Höchstwertes für den w/z- Wert angenommen werden.

Eine weitere Besonderheit des Spritzbetons ist, daß für seine Herstellung, Verarbeitung und Überwachung, unabhängig von der Festigkeitsklasse, die Bedingungen für Beton B II gelten. Diese verschärfte Forderung in der DIN 18 551 erschien deswegen erforderlich, weil die Eigenschaften des Spritzbetons maßgeblich durch das Bedienungspersonal, insbesondere durch den Düsenführer bestimmt werden. Um die hier liegenden Risiken möglichst auszuschalten, ist ein größerer Prüfumfang erforderlich, als bei Normalbeton üblich.

F

2.5 Die Durchführung von Verstärkungsmaßnahmen mit Spritzbeton

Die Durchführung von Verstärkungsmaßnahmen mit Spritzbeton erfolgt nach den in DIN 18 551 im einzelnen festgelegten Arbeitsschritten. Die wichtigsten Punkte des Arbeitsablaufs sind im folgenden aufgeführt.

Die Vorbehandlung des Untergrundes

Die statisch wirksame Sanierung und Verstärkung von Tragkonstruktionen aus Stahlbeton stellt erhebliche Anforderungen an Verbund und Kraftumlagerung in der Anschlußfuge. Dies wiederum erfordert, neben entsprechenden Materialeigenschaften des Spritzbetons, auch eine den Beanspruchungen angepaßte Vorbereitung des Untergrundes, da jede neu aufgetragene Spritzbetonschicht nur in Wechselwirkung mit dem Altbeton wirksam sein kann [Krause - 93]. In DIN 18 551, Abschnitt 5.1 werden hierzu folgende Anforderungen gestellt:

> *Die Vorbereitung der Auftragsfläche muß eine rauhe und ebene Oberfläche ergeben. Dies ist in der Regel der Fall, wenn fest eingebettetes Korn sichtbar wird.*

Für die Vorbehandlung des alten Betons zur Erzielung eines ausreichenden Haftgrundes kommen grundsätzlich folgende Maßnahmen in Betracht.

Trockenstrahlen mit festen Strahlmitteln

Beim Strahlen des Betons mit festen Strahlmitteln werden nicht nur alle losen Teile und die oberste Zementschlämmeschicht mit relativ geringer Festigkeit restlos entfernt und damit das fest eingebettete Korn freigelegt, sondern auch alle Poren, von denen der kapillare Baustoff Beton ja eine ganze Menge besitzt, in der Oberfläche aufgerissen. Freistrahlen mit geeigneten Strahlmitteln ist immer noch die wirtschaftlichste Methode der Untergrundvorbehandlung bei der Betoninstandsetzung. Ein Nachteil dieses Verfahrens ist der große Staubanfall. Wo dieser nicht in Kauf genommen werden kann, wird das insgesamt etwas aufwendigere Hochdruckwasserstrahlen eingesetzt.

Hochdruckwasserstrahlen

Bei diesem Verfahren wird ein durch Spezialdüsen scharf gebündelter Wasserstrahl mit hohem Druck (mehrere hundert bar) über die Betonfläche geführt. Der Wasserstrahl reißt den Beton wie beim Sandstrahlen auf. Der Effekt kann noch erhöht werden, wenn dem Wasser feiner Sand zugesetzt wird. Die Flächenleistung pro Std. liegt aber unter vergleichbaren Bedingungen niedriger als beim Strahlen mit festen Strahlmitteln; auch müssen die u. U. stark mit Beton- und Farbresten verschmutzten Wassermengen umweltunschädlich beseitigt werden, was erhebliche Kosten verursachen kann. Hochdruckwasserstrahlen wird deshalb in der Regel dort eingesetzt, wo der beim Strahlen mit festen Strahlmitteln anfallende Staub nicht in Kauf genommen werden kann.

2.5.1 Der Auftrag des Spritzbetons

Die Qualität des Spritzbetons hängt sehr stark vom Geschick des Düsenführers ab. Der richtige Spritzauftrag ist natürlich eine Sache der Erfahrung und läßt sich nicht aus Büchern lernen. Die DIN 18551 gibt allerdings einige Hinweise, die weniger als Arbeitsanweisung für den Spritzer gedacht sind, sondern dem für den Arbeitsablauf verantwortlichen Bauleiter aufzeigen sollen, welche Rahmenbedingungen (z. B. bei der Gerüsterstellung) gegeben sein müssen, um die Herstellung einer optimalen Spritzbetonqualität zu ermöglichen.

Düsenführung

Beim Spritzen soll die Düse in einem Abstand zwischen 0,50 und 1,50 m gehalten werden, der Spritzstrahl soll möglichst in einem Winkel von 90 Grad auftreffen. Der Spritzbeton wird in ein oder mehreren Lagen aufgetragen, bis die erforderliche Auftragsdicke erreicht ist.

Auftragsdicken

Zu Beginn des Spritzens prallen alle groben Bestandteile ab, lediglich ein Gemisch aus Zement, Wasser und Feinstsand bleibt kleben und wird mit großer Wucht in alle durch das vorherige Strahlen geöffneten Poren und Risse eingepreßt. In Sekunden bildet sich ein zäher Film, in dem nun die ersten gröberen Körner stecken bleiben. Mit wachsender Schichtdicke können immer größere Körner eindringen, treffen dabei auf schon vorhandene Körner und treiben sie tiefer in die weiche Betonschicht hinein. Die so in einer Lage aufzutragendee Schichtstärke dürfte, falls keine besonderen Zusatzstoffe oder -mittel eingesetzt werden, je nach Spritzrichtung zwischen 2 und 4 cm betragen. Durch Zugabe von Silicastäuben oder BE-Mittel läßt sich die in einer Spritzlage aufzutragendee Schichtdicke erheblich erhöhen.

Abb. F.2.1 Die nachträgliche Ergänzung von Zusatzbewehrung erfordert einen großen Zeitaufwand und viel handwerkliches Können

Abb. F.2.2 Zusatzbewehrung bei einer Innenstütze

Abb. F.2.3 Beim Spritzen soll die Düse in einem Abstand zwischen 0,50 und 1,50 m gehalten werden, der Spritzstrahl soll möglichst in einem Winkel von 90° auftreffen

2.5.2 Einbau von Bewehrung

Falls der Einbau von Zusatzbewehrung in die neu aufzubringende Spritzbetonschale erforderlich ist, wird diese gemäß den Regeln des Stahlbetonbaus an den erforderlichen Stellen und mit den benötigten Querschnitten verlegt. Beim Einbau der Bewehrung ist allerdings auf den Spritzvorgang Rücksicht zu nehmen. Das heißt, die Bewehrung ist so zu verlegen, daß sie gut mit Beton ummantelt und der Spritzbeton auch hinter der Bewehrung ohne Rückprallnester eingebaut werden kann. Da das Einbringen des Spritzbetons durch mehrere Bewehrungslagen hindurch Schwierigkeiten bereiten kann, ist die Bewehrung ggf. lagenweise zu verlegen und jede Lage jeweils einzeln einzuspritzen. Da aber in der Regel die Zulagebewehrung nur von einer Seite eingespritzt werden kann, wird es nicht immer möglich sein, sogenannte Spritzschatten hinter der Bewehrung völlig zu vermeiden. Daher sind für den Nachweis der zulässigen Verbundspannungen nur die abgeminderten Verbundwerte der Verbundklasse II nach DIN 1045, Tabelle 19 anzusetzen.

Befestigung der Bewehrung

Die Stahleinlagen sind so an den Auftragsflächen zu befestigen, daß sie beim Spritzen nicht federn und ihre Lage beibehalten. Das geschieht in der Regel durch Einbau von Dübeln. Bei der Verstärkung von flächenartigen Bauteilen, z. B. Platten, ist die Bewehrung im vorhandenen Beton mit mindestens 4 Stahldübeln M 8 je qm zu verankern.

Bewehrungsabstände

Der Abstand gleichlaufender Bewehrungsstäbe soll mindestens 50 mm betragen - eine Forderung, die sich allerdings bei Bauteilen mit freigestemmter Bewehrung häufig nicht einhalten läßt, da man natürlich nicht in der Lage ist, an den Abständen der im Altbeton eingebauten Stäbe etwas zu verändern.

2.5.3 Nachbehandlung

Von besonderer Wichtigkeit ist die ausreichende Nachbehandlung der zur Ausbesserung/Verstärkung einer Betonkonstruktion aufgetragenen Spritzbetonschichten. Man muß sich klarmachen, daß hier dem jungen Beton nicht wie beim Neubau nur durch die umgebende Atmosphäre, sondern zusätzlich noch durch den in der Regel trockenen Altbeton das zur vollständigen Erhärtung erforderliche Wasser entzogen wird. Den relativ dünnen Spritzbetonschichten muß also in den ersten Tagen ausreichend Feuchtigkeit angeboten werden, um ein zu schnelles Schwinden zu einem Zeitpunkt, da der Beton insbesondere in der Anschlußfuge noch wenig Festigkeit aufweist und die infolge des Haftverbundes auftretenden Schwindspannungen noch nicht aufgenommen werden können, weitgehend zu vermeiden. Dies kann durch Abdecken mit feuchten Tüchern und/oder regelmäßiges Besprühen mit Wasser geschehen.

2.6 Qualitätssicherung bei der Durchführung von Instandsetzungs-/Verstärkungsarbeiten mit Spritzbeton

Die Qualitätssicherungsmaßnahmen bei Spritzbetonarbeiten sind in einer Tabelle im Anhang der DIN 18 551 im Detail aufgeführt. Grundsätzlich ist hier zu unterscheiden zwischen Eignungsprüfung, laufender Überwachung und Gütenachweis.

Bei der Eignungsprüfung wird zum einen festgestellt, ob sich die vertraglich vereinbarten Festbetoneigenschaften mit der vorgesehenen Bereitstellungsmischung unter den gegebenen Baustellenverhältnissen mit ausreichender Sicherheit erreichen lassen. Zum anderen werden Frischbetonkennwerte ermittelt, die bei der laufenden Überwachung immer wieder überprüft werden können, um etwaige Abweichungen von der geplanten Zusammensetzung des Spritzbetons möglichst frühzeitig feststellen zu können.

Die laufende Überwachung erfolgt gemäß den Anforderungen für B II-Baustellen, da Spritzbeton nach DIN 18 551 unabhängig von der Betongüte immer als BII-Beton herzustellen ist; dazu gehört auch die obligate Fremdüberwachung.

Der Gütenachweis erfolgt entweder an aus dem Bauwerk entnommenen Bohrkernen oder aus besonders hergestellten Probeplatten mit den Abmessungen 50 mal 50 mal 12 cm, aus denen nach der Erhärtung Bohrkerne entnommen und nach DIN 1048 geprüft werden können.

3 Bemessung von spritzbetonverstärkten Stahlbetonbalken

3.1 Grundsätze der Bemessung

Nachträglich verstärkte oder ergänzte Stahlbetonbauteile müssen in Bemessung und Ausführung grundsätzlich der DIN 1045 entsprechen. Eines der wesentlichen Anliegen der DIN 18 551 - Spritzbeton war es daher, für den hauptsächlichen Anwendungsfall dieses Verfahrens, die Ausbesserung/Verstärkung bestehender Stahlbetonkonstruktionen, allgemein gültige Bemessungsregeln zu schaffen. Dabei wurden bisher empirisch angewendete und bereits seit Jahrzehnten erprobte Regeln durch Grundlagenversuche abgesichert und auf die in DIN 1045 festgelegten Bemessungsregeln bezogen. Das Ergebnis dieser Bemühungen stellt sich in DIN 18 551 wie folgt dar:

Zusammenwirken von Altbeton und Spritzbeton

Für das Zusammenwirken zwischen alten Betonbauteilen und Spritzbeton, das ja Grundlage jeder Bemessung ist, gilt zunächst DIN 1045, Abschnitt 19.4, soweit im folgenden nicht anders bestimmt ist. Der Abschnitt 19.4 der DIN 1045 bezieht sich aber auf das Zusammenwirken von Fertigteilen und Ortbeton bei Neubauten. Danach darf bei der Bemessung so vorgegangen werden, als ob der Gesamtquerschnitt von Anfang an einheitlich hergestellt worden wäre. Voraussetzung hierfür ist aber, daß die Fuge ausreichend profiliert oder rauh ausgeführt wird und alle in der Anschlußfuge wirkenden Schubkräfte durch die Fuge kreuzende Bewehrung bzw. stahlbaumäßige Verbindungsmittel aufgenommen werden. Der nachträgliche Einbau von Schubbewehrung in bestehende Betonbauteile ist aber in der Praxis sehr aufwendig und häufig technisch gar nicht möglich, ohne die bestehende Konstruktion zusätzlich - z. B. durch Bohrungen - erheblich zu schwächen. Dies ist besonders kritisch, weil es sich ja bei der Instandsetzung bereits um erheblich geschwächte, z. T. bereits dicht an die Versagensgrenze herangerückte Bauwerke handelt. Die Bemessungsregeln der DIN 18 551 erlauben nun, den durch Untergrundvorbereitung und Auftrag des Betons mit hoher Wucht erzielten guten Verbund weitgehend zur Aufnahme der Schubspannungen in der Fuge zu nutzen.

Nachweis der Schubsicherung

Nach Abschnitt 8.3.2 ist die Aufnahme der Schubspannungen nur nachzuweisen, wenn die maximale Schubspannung in der Fuge (nicht etwa die maximale Schubspannung im Gesamtquerschnitt) 80 % der nach DIN 1045, Tab. 13 für Neubauten geltenden Maximalwerte des Schubbereichs 1 nicht überschreitet. In allen Fällen, wo die Schubspannung 80 % der Werte der Tab. 13, DIN 1045 überschreitet, ist der Nachweis der Schubdeckung erforderlich. Dies wird, falls überhaupt, in der Regel nur bei Balken der Fall sein. In diesen Fällen sind zusätzlich eingebaute Bügel natürlich ausreichend zu verankern. Wegen der auch in diesen Fällen wirksamen Verbundhaftung Altbeton/Spritzbeton an den Stegflächen der Balken braucht die Verankerung der Bügel aber nur für 2/3 der Schubkraft bemessen zu werden. Die Verankerung ist als Verdübelung des alten und des neuen Querschnitts auszubilden. Da die Verankerung der einzelnen Bügel in der Druckzone bei bestehenden Plattenbalken erhebliche Schwierigkeiten bereitet, wird man in den Fällen, wo die Verankerung der Zulagebügel nachzuweisen ist, am besten Bügelkörbe mit am Übergang Balken/Decke angeschweißten Winkelprofilen wählen. Die Winkelprofile lassen sich dann mit in die Decke eingebohrten Schwerlastdübeln verankern, die rechnerisch einfach nachzuweisen sind.

Verbundmittel

In all den Fällen, wo der Nachweis der Schubkraftdeckung nicht erforderlich ist, darf bei Platten grundsätzlich auf Verbundmittel verzichtet werden. Bei Balken sind in den Fällen, wo Zulagebügel rechnerisch nicht erforderlich sind, zur Übertragung der Verbundkräfte konstruktiv Verbundmittel anzuordnen, die für mindestens 40 % der in der Anschlußfuge wirkenden Schubspannungen zu bemessen sind. Auf den Einbau solcher Verbundmittel - in der Regel eingebohrte Spreizdübel, was vor allem bei schmalen Balken wegen der lt. Dübelzulassungsbescheid einzuhaltenden Abstände oft Schwierigkeiten bereitet - kann verzichtet werden, wenn die Schubspannungen $\tau_V < 50$ % der nach Tab. 13, DIN 1045 zulässigen Schubspannungen τ_{012} sind und im Endbereich der Verstärkung eine konstruktive Verbundbewehrung vorgesehen ist. Letztere Forderung zielt vor allem auf die Vermeidung des sogenannten Reißverschlußeffekts am Ende von Verstärkungsschichten. Danach sind also auch bei Balken Verbundmittel grundsätzlich nur für den Bereich zwischen 0,5 und 0,8 der Werte τ_{012} nach Tab. 13, DIN 1045 erforderlich.

3.2 Bemessungsmodelle

Bei der Verstärkung von Stahlbetonbalken durch Spritzbeton lassen sich grundsätzlich zwei Fälle unterscheiden:

- Zulagebügel sind rechnerisch nicht erforderlich,
- Zulagebügel sind erforderlich.

3.2.1 Verstärkung nur der Biegebewehrung

Stahlbetonbalken, bei denen lediglich die Biegetragfähigkeit erhöht werden muß, werden in der Regel nur unterseitig durch eine in Spritzbeton eingebettete Zulagebewehrung verstärkt. Die Bügel im Altbetonbalken reichen also für die erhöhte Belastung nach der Verstärkung aus, so daß Zulagebügel rechnerisch nicht erforderlich sind. Dies trifft insbesondere bei Bauwerken zu, die bereits vor dem Jahr 1972 errichtet wurden, denn erst von diesem Zeitpunkt an ist die sogenannte verminderte Schubdeckung zulässig (vgl. DIN 1045, Ausgaben 11.59 und 01.72).

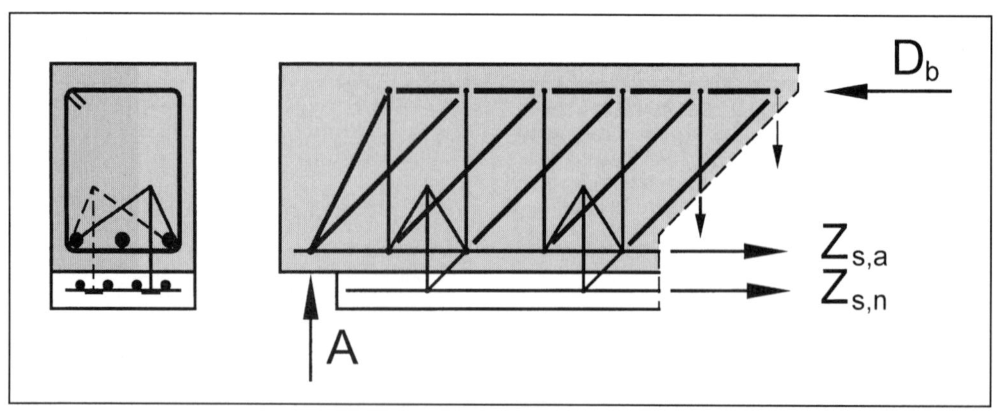

Abb. F.3.1 Fachwerkmodell eines nur unterseitig verstärkten Stahlbetonbalkens

Für die Bemessung wird - wie allgemein bei Biegetragwerken üblich - ein Fachwerk als mechanisches Gedankenmodell zugrunde gelegt, das aus Betondruckgurt, Stahlzuggurt, Betondruckstreben (45° oder flacher geneigt) und Stahlzugstäben (Neigung entsprechend der Schubbewehrung) besteht, siehe Abb. F.3.1.

Der Zuggurt ist hier zweilagig ausgebildet, wobei die Zulagebewehrung die untere Lage darstellt. Die schrägen Druckstreben stützen sich zum Teil auf der Zulagebewehrung ab und kreuzen dabei die Verbundfläche. Damit dies möglich ist, muß zum einen die Verbundfläche rauh ausgebildet und zum anderen die Vertikalkomponente der Druckstreben nach oben im Druckgurt verankert werden. Die Kraft in den Zugstäben zwischen Druckgurt und oberer Lage des Zuggurtes (alte Biegebewehrung) wird durch die vorhandenen Bügel aufgenommen. Dagegen müssen zur Aufnahme der Zugkraft zwischen oberer und unterer Lage des Zuggurtes - also zwischen alter Biegebewehrung und Zulagebewehrung - zusätzlich Verbundmittel angeordnet werden. Diese Verbundmittel stellen sozusagen die Verlängerung der Bügelbewehrung dar bzw. die Verdübelung von altem und neuem Querschnitt.

Die erforderliche Verbundmittelmenge ist abhängig von der Größe der Schubkraft T_v in der Verbundfläche. Ist τ_v die Schubspannung in der Verbundfläche und $T'_v = \tau_v \cdot b_v$ der sogenannte Schubfluß, also die auf die Längeneinheit bezogene Schubkraft, dann erhält man aus dem horizontalen Gleichgewicht am Balkenelement nach Abb. F.3.2

$$T'_v \, dx = dZ_{s,n}$$

mit $dZ_{s,n}$ als Änderung der Zugkraft in der zusätzlichen Biegebewehrung mit dem Querschnitt $A_{s,n}$.

Entsprechend ergibt sich mit $T'_0 = \tau_0 \cdot b_0$ und der Zugkraftänderung $dZ_{s,a+n} = dZ_{s,a} + dZ_{s,n}$ in der gesamten Bewehrung mit dem Querschnitt $A_{s,a+n} = A_{s,a} + A_{s,n}$ die Gleichgewichtsbedingung

$$T'_0 \, dx = dZ_{s,a+n}$$

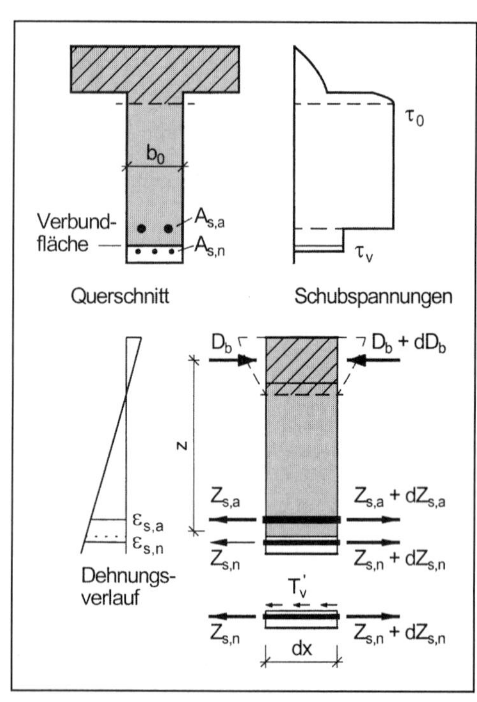

Abb. F.3.2 Horizontales Gleichgewicht am Balkenelement

Bei starrem Verbund zwischen Altbeton und neuem Spritzbeton und bei gleicher Höhenlage von $A_{s,n}$ und $A_{s,a}$ verhält sich $dZ_{s,n}$ zu $dZ_{s,a+n}$ wie $A_{s,n}$ zu $A_{s,a+n}$. Wenn beide Bewehrungslagen auf unterschiedlichen Höhen angeordnet sind wie im betrachteten Fall, gilt diese Proportionalität näherungsweise. Damit kann τ_v aus folgender Beziehung ermittelt werden:

$$\tau \approx \frac{A_{s,n}}{A_{s,a+n}} \cdot \frac{b_0}{b_v} \cdot \tau_0$$

Für den Querschnitt nach Abb. F.3.2 ist $b_v = b_0$. Die in der Verbundfläche im Balkenabschnitt

$$\Delta x = x_2 - x_1$$

wirkende Schubkraft T_v ergibt sich zu

$$T_v = \int_{x_1}^{x_2} \tau_v \, b_v \, dx = \int_{x_1}^{x_2} T'_v(x) dx$$

Es kann zweckmäßig sein, auch wenn die Schubbewehrung nicht verstärkt werden muß, die Stege trotzdem mit Spritzbeton zu verbreitern. Ein Teil der zusätzlichen Längsbewehrung kann dann in die Stegverbreiterung gelegt und meistens bis über die Auflager geführt und auf diese Weise einwandfrei verankert werden.

3.2.2 Verstärkung der Biege- und Schubbewehrung

Für den Fall, daß neben der Biegetragfähigkeit auch die Schubtragfähigkeit von Plattenbalken vergrößert werden muß, sind die Balken unten und seitlich durch zugelegte Längsstäbe und Bügel zu verstärken.

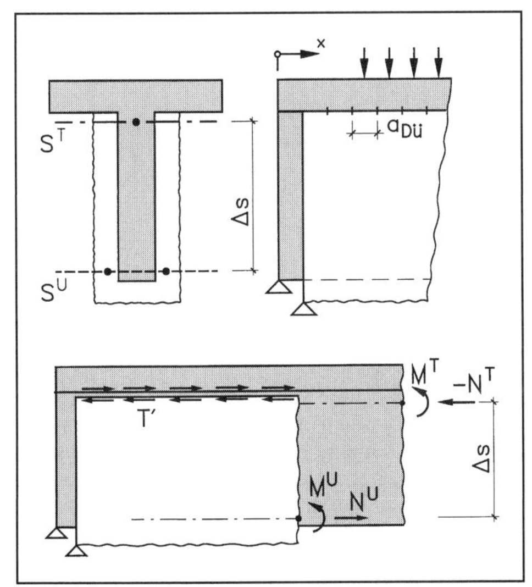

Abb. F.3.3 Mechanisches Modell eines unten und seitlich verstärkten Plattenbalkens [Eibl/Bachmann - 90]

Das mechanische Modell dieses Balkens läßt sich durch zwei Biegeträger mit T- und U-Querschnitt beschreiben, die durch Schubverbund miteinander gekoppelt sind.

Nach Abb. F.3.3 ergeben sich für die einzelnen Träger die Schnittgrößen

M^U und $N^U = T$ (U-Träger)

M^T und $N^T = -T$ (T-Träger)

mit der Koppelungs- bzw. Schubkraft

$$T = \int T'(x)\, dx$$

Damit erhält man die Gesamtschnittgrößen des Balkens zu

$$N = N^U + N^T = 0$$

$$M = M^U + M^T + T \cdot \Delta s$$

Da dieses Modell innerlich statisch unbestimmt ist, hängt das Ergebnis, d. h. die Aufteilung des Gesamtmomentes auf die einzelnen Träger und den Koppelungsteil, von der wirklichen Biegesteifigkeit der Einzelträger und der Schubsteifigkeit des Verbundes ab.

Als statisch Unbestimmte wird vorteilhaft die auf die Längeneinheit bezogene Schubkraft $T'(x)$ an der Verbindungslinie zwischen beiden Querschnitten - also zwischen der Unterkante der Gurtplatte des alten T-Querschnitts und der Oberkante der Stege des neuen U-Querschnitts aus Spritzbeton - gewählt (analog zu den Kantenschüben bei der Berechnung prismatischer Faltwerke). Die Schubkraft erhält man beispielsweise bei starrem Verbund aus der Forderung, daß die Durchbiegung der ungekoppelten Querschnitte und der Zuwachs der Längsspannungen an der Verbindungslinie beider Querschnitte gleich sein müssen. Die Aufnahme dieser Schubkräfte ist gleichbedeutend mit der Verankerung der Zulagebügel in der Betondruckzone des verstärkten Balkens. Bei diesem Modell wird in der Fläche seitlich und unten zwischen den Einzelquerschnitten ein Verbund nicht in Ansatz gebracht. Deshalb sind hier Verbundmittel in der Zugzone auch nicht erforderlich.

Da die wirklichen Steifigkeitsverhältnisse nur schwer abzuschätzen sind, wird in [Eibl/Bachmann - 90] aufgrund der Karlsruher Versuchsergebnisse unter der Voraussetzung ausreichender Verformungsfähigkeit (Duktilität) beider Teilquerschnitte vorgeschlagen, die Bemessung im Bruchzustand näherungsweise allein unter Berücksichtigung der Gleichgewichtsbedingungen durchzuführen. Dabei wird zunächst die gesamte erforderliche Bewehrung (Bügel und Längsstäbe) für den monolithischen Querschnitt ermittelt. Die Zulagebewehrung ergibt sich dann durch Differenzbildung mit der bereits vorhandenen Bewehrung.

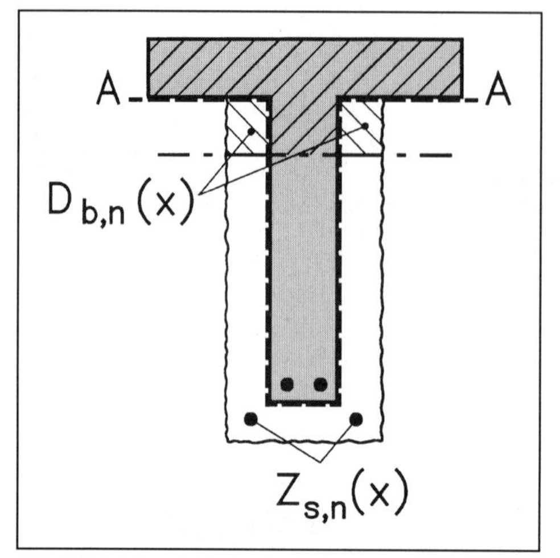

Abb. F.3.4 Längskräfte in der Spritzbetonschale

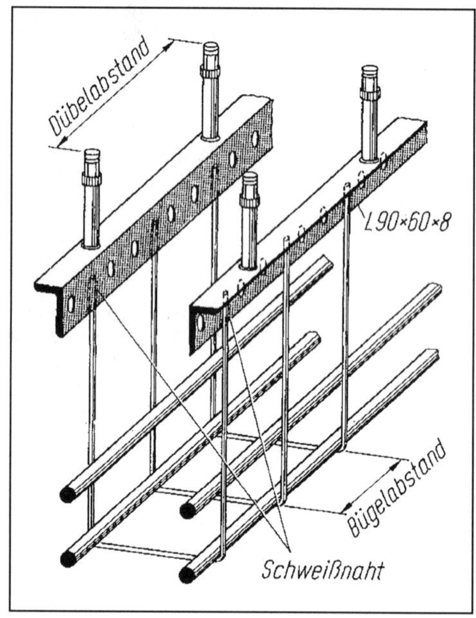

Abb. F.3.5 Bewehrungskorb einer Spritzbetonschale, aus [Eibl/Bachmann - 90]

Den Schubfluß $T'(x)$ im Grenzzustand der Tragfähigkeit erhält man, indem man nach Abb. F.3.4 entlang der Fuge A - A die übertragene Kraft ermittelt:

$$T'(x) = \frac{d}{dx}\,[|Z_{s,n}(x)| - |D_{b,n}(x)|]$$

Die Zulagebügel sind einzeln - oder summarisch über besondere Konstruktionselemente, wie beispielsweise in Abb. F.3.5 dargestellt, - in der Betondruckzone zu verankern. Außerdem ist die Aufnahme der Auflagerkraft aus der Spritzbetonverstärkung sicherzustellen. Bei einer indirekten Lagerung der U-förmigen Spritzbetonschale sind gegebenenfalls gesonderte Maßnahmen zur Rückführung der Auflagerkraft in den T-Träger erforderlich. Abb. F.3.6 zeigt schematisch die Aufhängung des U-Trägers durch ein Aufhängeprofil im Auflagerbereich. Je steifer die Aufhängekonstruktion am Trägerende ist, desto geringer ist die Belastung der Dübel.

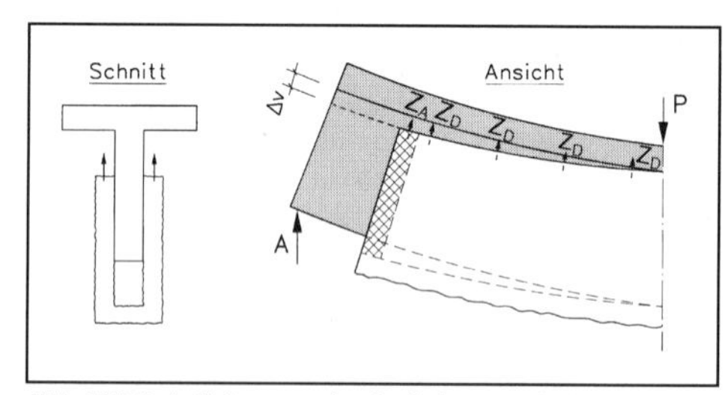

Abb. F.3.6 Aufhängung der Spritzbetonschale

3.3 Vorschriften

[DIN 1045 - 88] gilt grundsätzlich auch für spritzbetonverstärkte Bauteile. Diese Norm ist jedoch vorwiegend auf die Bemessung und konstruktive Durchbildung neuer Bauwerke ausgerichtet. Die dort angegebenen Regelungen lassen sich nicht immer auf die Besonderheiten der Spritzbetonbauweise übertragen. Daher hatte der DAfStb zunächst „Richtlinien für die Ausbesserung und Verstärkung von Betonbauteilen mit Spritzbeton“ herausgegeben, die dann unter Berücksichtigung neuer Erkenntnisse in die Neuausgabe der Spritzbetonnorm [DIN 18 551 - 92] eingearbeitet wurden. Für die Bemessung nach den moderneren Vorschriften EC 2 bzw. E DIN 1045-1 fehlt derzeit eine Anwendungsrichtlinie.

Bei der Bemessung spritzbetonverstärkter Bauteile darf in der Regel so vorgegangen werden, als ob der Gesamtquerschnitt von Anfang an monolithisch hergestellt worden wäre. Dabei müssen die Grenzdehnungen für jeden der zusammenwirkenden Querschnitte eingehalten werden. Das bedeutet, daß die Dehnungen im Gebrauchszustand vor der Verstärkung zu berücksichtigen sind. Bei Biegebalken sind diese Vorverformungen jedoch im allgemeinen nicht maßgebend und können somit vernachlässigt werden.

Für das Zusammenwirken beider Querschnittsteile ist die sichere Schubkraftübertragung in der Verbundfläche zu gewährleisten. Dazu verlangt DIN 18 551 für den alten Beton eine rauhe Oberfläche, beispielsweise durch Sandstrahlen, und in der Verbundfläche immer eine entsprechende Menge sogenannter Verbundmittel. Als Verbundmittel kommen vorhandene oder zusätzlich eingebaute Betonstähle, bauaufsichtlich zugelassene Stahldübel wie Spreizdübel, Hinterschnittdübel oder Verbundanker, aber auch stahlbaumäßige Elemente in Frage.

Die Schubkraft T in der Verbundfläche ist aus der Zugkraftänderung der zugelegten Biegebewehrung zu ermitteln. Die Schubspannung τ_V in der Verbundfläche darf nicht größer als τ_{02} nach DIN 1045 sein. Maßgebend ist dabei der Wert der niedrigeren Festigkeitsklasse von Altbeton und neuem Spritzbeton. Die für die Berechnung von τ_V anzunehmende Breite der Verbundfläche geht aus Abb. F.3.7 (Bild 2 in DIN 18 551) hervor.

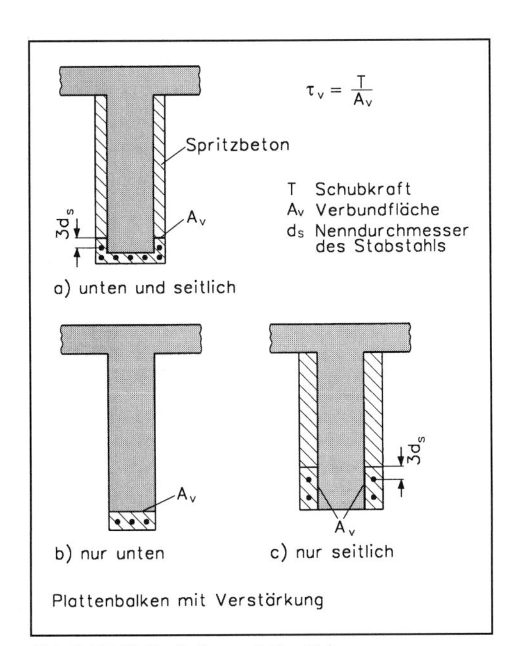

Abb. F.3.7 Plattenbalken mit Verstärkung

Ein „Nachweis“ der Schubkraftaufnahme durch Verbundmittel ist nach DIN 18 551 nur dann erforderlich, wenn die maximale rechnerische Schubspannung τ_V den Wert 0,8 τ_{012} nach DIN 1045 überschreitet. Anderenfalls ist eine Mindestmenge an Verbundmitteln vorzusehen.

Der Bemessungswert τ zur Berechnung der Verbundmittel (VM) in Balken, bei denen keine Zulagebügel in der Druckzone verankert sind, ist in Abb. F.3.8 (Bild 3 in DIN 18 551) in Abhängigkeit von τ_V angegeben.

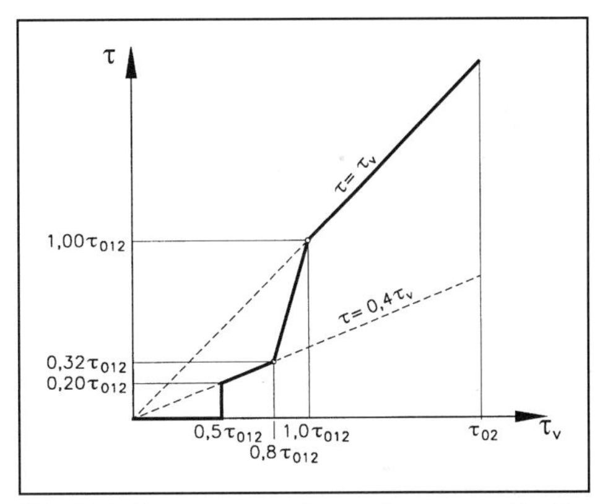

Abb. F.3.8 Bemessungswert τ zur Berechnung der Verbundmittel

Folgende Schubspannungsbereiche in der Verbundfläche werden unterschieden:

$\tau_V \leq 0{,}5\,\tau_{012}$	konstruktive VM im Endbereich der Verstärkung
$0{,}5\,\tau_{012} < \tau_V \leq 0{,}8\,\tau_{012}$	$\tau = 0{,}4\,\tau_V$ VM-Mindestmenge
$0{,}8\,\tau_{012} < \tau_V \leq \tau_{012}$	$\tau = 3{,}4\,\tau_V - 2{,}4\,\tau_{012}$ VM für verminderte Schubdeckung
$\tau_{012} < \tau_V \leq \tau_{02}$	$\tau = \tau_V$ VM für volle Schubdeckung

Danach sind also Verbundmittel mindestens für $\tau = 0{,}4\,\tau_V$ anzuordnen. Dies entspricht der Mindestschubbewehrung nach DIN 1045. Bei nur geringer

Beanspruchung, d. h. bei $\tau_v \leq 0{,}5\,\tau_{012}$, darf auf diese Verbundmittel sogar verzichtet werden, wenn im Endbereich der Verstärkung eine konstruktive Verbundbewehrung zur Verhinderung des Ablösens der Spritzbetonschicht bei einer Störung des Haftverbundes (Reißverschlußeffekt) vorgesehen wird, über deren Größe aber nichts ausgesagt wird.

Bei der Bemessung der Bügel des verstärkten Balkens ist die verminderte Schubdeckung nach DIN 1045, 17.5.5.3 zulässig. Dabei darf für den Grundwert τ_0 der Schubspannung die Breite des verstärkten Querschnitts angesetzt werden. Muß die Schubbewehrung verstärkt werden, so sind die Zulagebügel in der Druckzone zu verankern. Ein Umschließen der Druckzone durch die Zulagebügel ist meistens nicht möglich und wird auch nicht verlangt. Die Verankerung der Zulagebügel ist als Verdübelung des alten und neuen Querschnitts auszubilden und darf wegen des Haftverbundes an den Stegflächen für 2/3 der Schubkraft bemessen werden. Verbundmittel in der Zugzone sind in diesem Fall nicht erforderlich.

Die Aufnahme der Auflagerkraft aus der (biegesteifen) Spritzbetonverstärkung ist nachzuweisen. Gegebenenfalls sind stahlbaumäßige Elemente anzuordnen. Wird die Spritzbetonverstärkung nicht über das Auflager geführt, so muß die gesamte Querkraft über den unverstärkten Querschnitt in das Auflager gelangen. Bei der Ermittlung der Schubspannung τ_0, die zur Vermeidung eines Betondruckstrebenbruchs nicht größer sein darf als der Grenzwert τ_{03}, ist dann selbstverständlich allein der Altbetonquerschnitt anzusetzen.

Die zugelegte Biegebewehrung ist nach der Zugkraftlinie zu verankern. Für die Verankerungslänge der im Spritzbeton liegenden Stäbe gelten (wegen der möglichen, verfahrensbedingten Spritzschatten) die Werte des schlechteren Verbundbereichs II nach DIN 1045. Dabei sind die Werte der Festigkeitsklasse des Spritzbetons maßgebend.

Der Abstand gleichlaufender Bewehrungsstäbe soll 5 cm nicht unterschreiten. Die Betondeckung ist bei spritzrauh belassener Oberfläche um 5 mm gegenüber den Werten nach DIN 1045 zu vergrößern. Bei Auftragsdicken über 5 cm ist eine konstruktive Netzbewehrung anzuordnen.

3.4 Bemessungsbeispiele

In den vorgestellten Zahlenbeispielen war es oft schwierig, die geforderten Nachweise im Rahmen der gültigen Vorschriften und Zulassungen zu führen; beispielsweise können die erforderlichen Verbundmittel nicht mit den vorgeschriebenen Abständen untergebracht werden. Wir empfehlen, daß bei einer Überarbeitung der Spritzbeton-Norm ein Passus eingeführt wird, nach dem die Abstandsregeln der Zulassungen für diesen speziellen Anwendungsfall „entschärft" werden, da die Beanspruchung der Verbundmittel in spritzbetonverstärkten Zugzonen offenbar günstiger ist als im allgemeinen Einsatz von Dübeln. Hinweise dazu werden in den Zahlenbeispielen gegeben.

3.4.1 Verstärkung eines Balkens nur durch Zugzulagen

Gegeben ist ein Einfeldträger mit Plattenbalkenquerschnitt unter einer Einzellast.

Unverstärkter Balken

Baustoffe:	B 35; BSt 500 S	
Einzellast:	$F_0 = 75$ kN	
Statische Höhe:	$h = 36$ cm	
Bewehrung:	3 ∅ 20	($A_s = 9{,}42$ cm²)
	Bü ∅ 8 - 15 ($a_{s,bü} = 6{,}70$ cm²/m)	

Verstärkter Balken

Erhöhung der Einzellast auf $F_1 = 134$ kN

Dicke der unterseitigen Spritzbetonschicht: 5 cm

Festigkeitsklasse des Spritzbetons: B 45

Eigenlast des Balkens: $g = 3{,}94$ kN/m

Ergebnis der Schnittgrößenermittlung:

max $M = 151$ kNm, $A = 50$ kN, $B = 103{,}7$ kN

Neue statische Höhe des Balkens bezüglich der gesamten Biegebewehrung: $h = 38$ cm

3.4.1.1 Biege- und Schubbemessung des verstärkten Balkens

Biegebemessung nach k_h-Verfahren

$M = 151$ kNm; $b/h = 55$ cm/38 cm, B 35

$k_h = 38/\sqrt{151/0{,}55} = 2{,}29$

$\rightarrow k_s = 3{,}9$; $k_x = 0{,}28$

$x = 10{,}6 \text{ cm} < d = 15 \text{ cm}$

erf $A_s = 3{,}9 \cdot 151/38 = 15{,}50$ cm²

Zulagebewehrung $\Delta A_s =$ erf $A_s -$ vorh A_s

$\Delta A_s = 15{,}50 - 9{,}42 = 6{,}08$ cm²

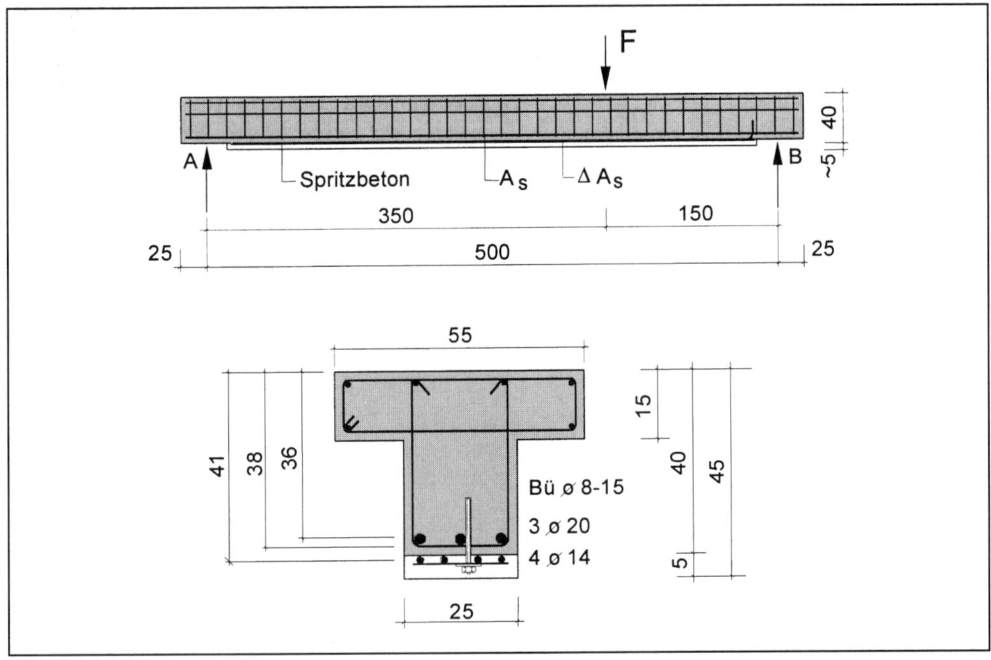

Abb. F.3.9 Beispiel für einen Balken mit nur unterseitiger Verstärkung

Gewählt: 4 ∅ 14 mit 6,16 cm²

$\Sigma A_s = 9{,}42 + 6{,}16 = 15{,}58 \text{ cm}^2 > \text{erf } A_s = 15{,}50$

Schubbemessung

Am maßgebenden Auflager B beträgt die Bemessungsschubkraft im Abstand $h/2$ vom Auflagerrand etwa $Q_s = 102{,}7$ kN.

$\tau_0 = Q_s/(b_0 \cdot z)$ mit $z \approx 0{,}85\, h$

$\tau_0 = 102{,}7/(0{,}25 \cdot 0{,}85 \cdot 0{,}38) = 1272 \text{ kN/m}^2$

$\tau_{012} = 1000 < \tau_0 = 1272 \text{ kN/m}^2 < \tau_{02} = 2400$

→ SB 2: verminderte Schubdeckung

Bemessungswert $\tau = \tau_0^2/\tau_{02} > 0{,}4 \cdot \tau_0$

$\tau = 1272^2/2400 = 674 \text{ kN/m}^2 > 0{,}4 \cdot 1272 = 509$

erf $a_{s,bü} = \tau \cdot b_0/\sigma_s$ mit $\sigma_s = 28{,}6 \text{ kN/cm}^2$

erf $a_{s,bü} = 674 \cdot 0{,}25/28{,}6 = 5{,}89 \text{ cm}^2\text{/m}$

vorh $a_{s,bü} = 6{,}70 \text{ cm}^2\text{/m} >$ erf $a_{s,bü} = 5{,}89$

Die vorhandenen Bügel müssen nicht verstärkt werden.

3.4.1.2 Bemessung der Verbundmittel im Querkraftbereich am Auflager B

Schubspannung in der Verbundfläche

$\tau_v = \tau_0 \cdot (\Delta A_s/\Sigma A_s) \cdot (b_0/b_v)$

$\tau_v = 1272 \cdot (6{,}16/15{,}58) \cdot (0{,}25/0{,}25) = 503 \text{ kN/m}^2$

$0{,}5\, \tau_{012} = 500 < \tau_v = 503 \text{ kN/m}^2$

$< 0{,}8\, \tau_{012} = 800$

→ Bemessung der Verbundmittel für $\tau = 0{,}4\, \tau_v$

$\tau = 0{,}4 \cdot 503 = 201 \text{ kN/m}^2$

Gesamte Verbundkraft T im Querkraftbereich B

$$T = \int_{\Delta\ell} T'\,dx = \int_{\Delta\ell} \tau \cdot b_v\, dx$$

Da der Balken fast ausschließlich durch die Einzellast beansprucht wird, kann genau genug und auf der sicheren Seite liegend angenommen werden: $T' \approx$ const.

Mit $\Delta\ell = 1{,}50 - (\approx 0{,}08) = 1{,}42$ m erhält man

$T = \tau \cdot b_v \cdot \Delta\ell = 201 \cdot 0{,}25 \cdot 1{,}42 = 71{,}4$ kN

Zur Aufnahme dieser Schubkraft werden Verbundanker (VA) gewählt, da diese im Vergleich zu Spreiz- und Hinterschnittdübeln nur geringe Achs- und Randabstände benötigen.

Gewählt: UMV100-M12

Dieser Verbundankertyp darf für die Verankerung im gerissenen Beton verwendet werden. Die Bemessung nach dem „Bemessungsverfahren für Dübel zur Verankerung im Beton" (Ausgabe 6/93) des DIBt ergibt für den Einzeldübel den Bemessungswert der Tragfähigkeit zu N_{Rd} = 13,75 kN. Die Randabstände betragen

$c_{1,1}$ = 10 cm und $c_{1,2}$ = 15 cm.

Der gegenseitige Achsabstand beträgt

a_2 = 30 cm.

Maßgebend ist die Versagensart Herausziehen. Bei dem Abstand von 30 cm liegen im betrachteten Bereich 5 VA:

$\Sigma N_{Rd} = 5 \cdot 13{,}75 = 68{,}75$ kN

Wird der Abstand auf a_2 = 25 cm verringert, so ist Betonversagen maßgebend, und der Bemessungswert ergibt sich zu N_{Rd} = 11,98 kN oder für nunmehr 6 VA: $\Sigma N_{Rd} = 6 \cdot 11{,}98 = 71{,}88$ kN. Der Bemessungswert der Einwirkungen beträgt dagegen $\Sigma N_{Sd} = \gamma_Q \cdot T = 1{,}5 \cdot 71{,}4 = 107{,}1 \text{ kN} > \Sigma N_{Rd}$. Der Nachweis der Schubkraftaufnahme ist somit nicht erfüllt. Zusätzliche Dübel bei entsprechend kleinerem Abstand bringen rechnerisch keine Traglaststeigerung.

Diesem Beispiel liegt der Balken B2 der Dortmunder Versuche [Schäfer/Bäätjer - 92] zugrunde, bei dem die Verbundfläche unter Bruchlast nicht versagte. Als Verbundmittel wurden dort Hilti Verbundanker HVA-M12 mit 1,5facher Setztiefe im Abstand von 30 cm verwendet. Diese VA sind nicht für die Verankerung in der Betonzugzone zugelassen. Sie haben sich jedoch für den untersuchten Anwendungsfall gut bewährt.

An diesem Beispiel wird ersichtlich, daß es oft schwierig ist bzw. nicht gelingt, die rechnerisch erforderliche Verbundmittelmenge bei nur unterseitig spritzbetonverstärkten Balken mit den derzeitigen Bemessungsvorschriften nachzuweisen. Offensichtlich wird das Tragverhalten der VA zur Sicherung des Verbundes zwischen Altbeton und Spritzbeton noch nicht richtig erfaßt.

3.4.1.3 Verankerung der Zulagestäbe

Das Grundmaß der Verankerungslänge für ∅ 14, B 45 und Verbundbereich II beträgt ℓ_0 = 77 cm.

Zur besseren Endverankerung am Auflager B erhalten 2 der 4 Zulagestäbe einen Winkelhaken. Für die Unterbringung der Haken werden im Altbetonbalken entsprechende Bohrlöcher hergestellt, die unmittelbar vor dem Verlegen der Hakenstäbe mit einem Zweikomponentenmörtel gefüllt werden.

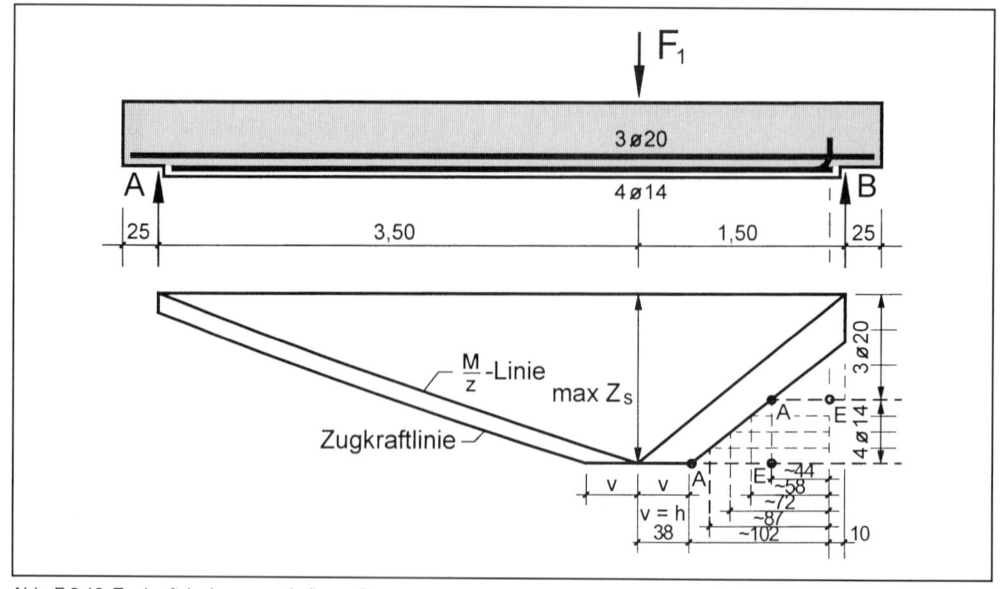

Abb. F.3.10 Zugkraftdeckung am Auflager B

Wegen der Einbindung der Haken in B 35 wird für die Verankerungslänge $\ell_1 = \alpha_1 \cdot \ell_0$ der Beiwert α_1 näherungsweise angenommen zu

$$\alpha_1 \approx 1 - 0{,}3 \cdot \ell_{0,B45}/\ell_{0,B35}$$

$$\alpha_1 \approx 1 - 0{,}3 \cdot 77/91 = 0{,}75 \text{ (statt } \alpha_1 = 0{,}7)$$

$$\ell_1 = \alpha_1 \cdot \ell_0 = 0{,}75 \cdot 77 = 58 \text{ cm}$$

Nach der Zugkraftlinie in Abb. F.3.10 stehen für die vier Zulagestäbe Verankerungslängen von etwa 87, 72, 58 und 44 cm zur Verfügung. Diese reichen für zwei Stäbe nicht ganz aus, die rechnerisch erforderliche Verankerungslänge von 77 bzw. 58 cm unterzubringen. In diesem Fall sollte versucht werden, entsprechend den örtlichen Gegebenheiten einen Teil der Zulagestäbe über das Auflager zu führen und somit die Verankerung zu verbessern.

Im übrigen haben zwischenzeitlich durchgeführte Tastversuche an der Universität Dortmund ergeben, daß bei sorgfältiger Arbeit des Düsenführers die Werte des Verbundbereiches I empfohlen werden können [Schäfer/Wintscher - 98].

Weitere Nachweise werden im Rahmen dieses Beispiels nicht geführt.

3.4.2 Verstärkung eines Balkens durch Zug- und Schubzulagen

Gegeben ist ein Einfeldträger mit Plattenbalkenquerschnitt unter einer mittigen Einzellast.

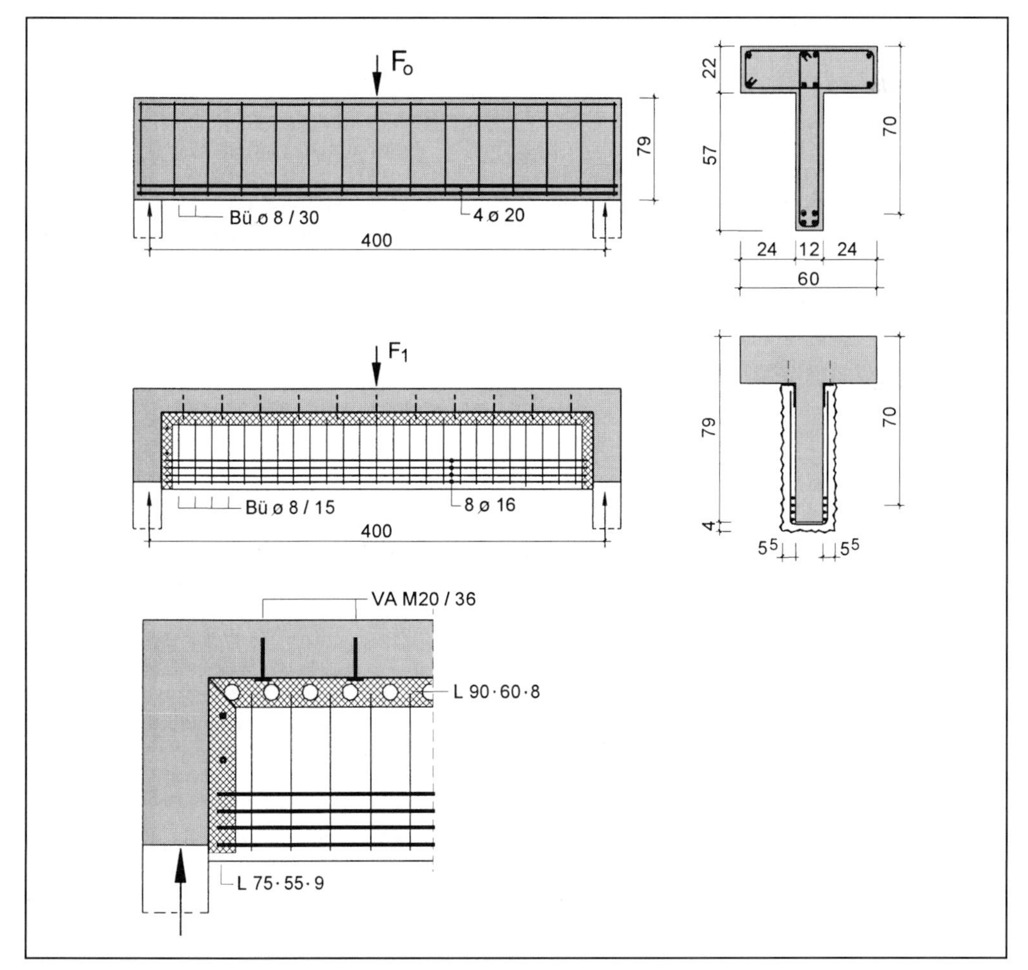

Abb. F.3.11 Beispiel für einen Balken mit Verstärkung der Biege- und Schubbewehrung

Unverstärkter Balken

Baustoffe: B 35; BSt 500 S

Einzellast: $F_0 = 180$ kN

Statische Höhe: $h = 70$ cm

Bewehrung: 4 ∅ 20 ($A_s = 12{,}60$ cm²)

Bü ∅ 8 - 30
($a_{s,bü} = 3{,}35$ cm²/m)

Verstärkter Balken

Erhöhung der Einzellast auf $F_1 = 450$ kN.

Dicke der Spritzbetonschicht: unten 4 cm
seitlich je 5,5 cm

Die Spritzbetonschale wird nicht über die Auflager geführt.

Festigkeitsklasse des Spritzbetons: B 35

Eigenlast des Balkens: $g = 6{,}81$ kN/m

Ergebnis der Schnittgrößenermittlung:

max $M = 464$ kNm, $A = B = 239$ kN

Neue statische Höhe des Balkens bezüglich der ges. Biegebewehrung: unverändert $h = 70$ cm.

3.4.2.1 Biege- und Schubbemessung des verstärkten Balkens

Biegebemessung nach k_h-Verfahren

$M = 464$ kNm; $b/h = 60$ cm/70 cm

$k_h = 70/\sqrt{464/0{,}60} = 2{,}52$

$\rightarrow k_s = 3{,}9;\ k_x = 0{,}26$

$x = 18{,}2 \text{ cm} < d = 22 \text{ cm}$

erf $A_s = 3{,}9 \cdot 464/70 = 25{,}85$ cm²

Zulagebewehrung ΔA_s = erf A_s - vorh A_s

$\Delta A_s = 25{,}85 - 12{,}60 = 13{,}25$ cm²

Gewählt: 8 ∅ 16 mit 16,10 cm²

$\Sigma A_s = 12{,}60 + 16{,}10 = 28{,}70$ cm²

$>$ erf $A_s = 25{,}85$

Die Zulagestäbe werden zwecks Endverankerung an einen Stahlwinkel angeschweißt, der als Aufhängeprofil für die Spritzbetonschale am Balkenende dient.

Schubbemessung

Die Bemessungsschubkraft im Abstand $h/2$ vom Auflagerrand beträgt etwa $Q_s = 236$ kN.

$\tau_0 = Q_s/(b_0 \cdot z)$ mit $z \approx 0{,}85\,h$ und $b_0 = 23$ cm

$\tau_0 = 236/(0{,}23 \cdot 0{,}85 \cdot 0{,}70) = 1725$ kN/m²

$\tau_{012} = 1000 < \tau_0 = 1725 \text{ kN/m}^2 < \tau_{02} = 2400$

$\rightarrow$ SB 2: verminderte Schubdeckung

Bemessungswert $\tau = \tau_0^2/\tau_{02} > 0{,}4 \cdot \tau_0$

$\tau = 1725^2/2400 = 1240$ kN/m²

$> 0{,}4 \cdot 1725 = 690$

erf $a_{s,bü} = \tau \cdot b_0/\sigma_s$ mit $\sigma_s = 28{,}6$ kN/cm²

erf $a_{s,bü} = 1240 \cdot 0{,}23/28{,}6 = 9{,}98$ cm²/m

Zulagebügel $\Delta a_{s,bü}$ = erf $a_{s,bü}$ - vorh $a_{s,bü}$

$\Delta a_{s,bü} = 9{,}98 - 3{,}35 = 6{,}63$ cm²/m

Gewählt: Bü ∅ 8 - 15 mit 6,70 cm²/m

$\Sigma a_{s,bü} = 3{,}35 + 6{,}70 = 10{,}05$ cm²/m

$>$ erf $a_{s,bü} = 9{,}95$

3.4.2.2 Nachweis der Schubspannung in der Verbundfuge

Die Breite b_v der Verbundfläche ergibt sich nach Abb. F.3.7. Der Abstand des obersten Stabes der Zulagebewehrung von der Unterkante des Altbetonbalkens beträgt etwa 16 cm.

$b_v = 23 + 2 \cdot (16 + 3 \cdot 1{,}6) = 64{,}6$ cm

$\tau_v = \tau_0 \cdot (\Delta A_s/\Sigma A_s) \cdot (b_0/b_v)$

$\tau_v = 1725 \cdot (16{,}10/28{,}70) \cdot (23/64{,}6) = 345$ kN/m²

$\tau_v = 345 \text{ kN/m}^2 \ll \tau_{02} = 2400 \text{ kN/m}^2$

3.4.2.3 Nachweis des Anschlusses der Zulagebügel an die Gurtplatte

Die bezogene Schubkraft $T'(x)$ zwischen T- und U-Querschnitt ergibt sich, da die Nullinie im Bruchzustand in der Gurtplatte liegt, aus der bekannten Beziehung

$T'(x) = \tau_0 \cdot b_0 \cdot \Delta A_s/\Sigma A_s$

Im vorliegenden Fall ist aufgrund der Belastung aus einer Einzellast $T'(x) \approx$ const.

$T'(x) = 1725 \cdot 0{,}23 \cdot 16{,}10/28{,}70 = 223$ kN/m

Gemäß DIN 18 551 braucht man nur 2/3 dieser Kraft abzudecken.

Die Zulagebügel werden auf beiden Stegseiten an Stahlwinkel (L 90 · 60 · 8) angeschweißt, die mit Verbundankern an die Gurtplatte des Balkens angeschlossen werden.

Gewählt: HVA-M20 mit zul Z_1 = 27 kN

Achsabstand $a = 2 \cdot \text{zul } Z_1/(2/3 \cdot T')$

$a = 2 \cdot 27/(2/3 \cdot 223) = 36$ cm

Der in der Zulassung angegebene Achsabstand von 42 cm wird dabei nicht ganz eingehalten.

3.4.2.4 Aufhängekraft der Spritzbetonschale

Die Aufhängekraft A^U des U-Trägers kann näherungsweise aus der folgenden Beziehung ermittelt werden:

$$A^U = A \cdot \Delta A_s/\Sigma A_s$$

Hierin bedeutet $A = A^U + A^T$ die gesamte Auflagerkraft.

$$A^U = 239 \cdot 16{,}10/28{,}70 = 134 \text{ kN}$$

Gewählt: Aufhängeprofil L 75 · 55 · 9 (10,9 cm²) je Stegseite und Auflager

Auf den Nachweis des Stahlprofils und des Anschlusses an den T-Balken mit Bolzen wird im Rahmen dieses Beispiels verzichtet.

3.4.2.5 Nachweis des Altbetonbalkens gegen Druckstrebenbruch

Die gesamte Auflagerkraft A gelangt in den Steg des Altbetonquerschnitts.

$A = 239$ kN; $b_0 = 12$ cm

$$\tau_0 = A/(b_0 \cdot z) = 239/(0{,}12 \cdot 0{,}85 \cdot 0{,}70) = 3347 \text{ kN/m}^2$$

$$\tau_0 = 3347 \text{ kN/m}^2 < \tau_{03} = 4000 \text{ kN/m}^2$$

Mit einem Druckstrebenbruch ist nicht zu rechnen.

4 Bemessung von spritzbetonverstärkten Stahlbetonstützen

4.1 Einleitung

Stützenquerschnitte weisen vergleichsweise selten größere Tragreserven für Vertikallasten auf. Erhöhen sich jedoch durch Aufstockung, Nutzungsänderungen oder durch Änderung des Tragsystems die ursprünglichen Stützenlasten, ist eine nachträgliche Verstärkung vielfach unumgänglich. Die Verstärkung erfolgt dann durch eine in der Regel allseitige Ummantelung der ursprünglichen Stütze mit Ortbeton oder Spritzbeton, wobei Spritzbeton wegen verfahrensmäßiger Vorteile beim Betonieren senkrechter Flächen und wegen des besseren Verbundverhaltens bevorzugt wird.

Spritzbetonverstärkte Stahlbetonstützen weisen gegenüber monolithisch hergestellten Stützen die Besonderheit einer Verbundfuge auf. Betone unterschiedlichen Alters und Spannungszustandes sowie unterschiedlicher mechanischer Eigenschaften wirken bei der Lastabtragung in einem Gesamtquerschnitt zusammen. Dabei kann jedoch nicht uneingeschränkt von einem monolithischen Tragverhalten ausgegangen werden, wie es zum Beispiel für nachträglich ergänzte Querschnitte nach [DIN 1045 - 88] vorausgesetzt wird. Die Ursache hierfür liegt im wesentlichen in der Art der Lasteinleitung in die verstärkte Stütze. In Abhängigkeit der Ausbildung der Deckenkonstruktion wird dabei die Belastung mehr oder weniger ausschließlich über den alten Stützenquerschnitt eingeleitet. Der Spritzbetonquerschnitt erhält somit seine Belastung im Regelfall nicht unmittelbar über Kontaktdruck, sondern über die mit der Verformung des alten Stützenquerschnittes hervorgerufenen Verbundspannungen in der Verbundfuge mit dem Altbeton. Eigene Versuche haben gezeigt, daß bei zunehmender Belastung ein Versagen der Verbundfuge mit Relativverschiebungen zwischen den Betonen auftritt, so daß dieser Effekt auf die Tragfähigkeit und das mechanische Bemessungsmodell entscheidenden Einfluß hat.

Weitere Gründe dafür, daß spritzbetonverstärkte Stahlbetonstützen nicht wie monolithisch hergestellte Stützen nach DIN 1045 bemessen werden können, liegen in der im Regelfall vorhandenen Vorbelastung der unverstärkten Stütze sowie in den Auswirkungen des unterschiedlichen zeitabhängigen Betonverhaltens, die ebenfalls einen Einfluß auf die Traglast haben.

4.2 Bemessungsvorschriften

Da Spritzbeton zunächst ein Beton im Sinne von [DIN 1045 - 88] ist, ist dieses Regelwerk natürlich auch der Ausführung von Stützenverstärkungen zugrunde zu legen. Für die Bemessung der im Spritzverfahren verstärkten Stützen ist dagegen [DIN 18 551 - 92] maßgebend. Aufbauend auf den Angaben in der „Richtlinie für die Ausbesserung und Verstärkung von Betonbauteilen mit Spritzbeton" des Deutschen Ausschusses für Stahlbeton, ist in DIN 18 551 festgelegt, daß für Stützenverstärkungen ein zweiteiliger Nachweis zu führen ist. Neben dem Nachweis der Tragfähigkeit des Gesamtquerschnittes in Stützenmitte ist danach zusätzlich die Tragfähigkeit der verstärkten Stütze im Krafteinleitungsbereich nachzuweisen; für die Bemessung ist die kleinere der beiden rechnerischen Tragfähigkeiten maßgebend.

Für den Nachweis im Krafteinleitungsbereich wird dabei davon ausgegangen, daß gemäß DIN 18 551 „die Erhöhung der Tragfähigkeit im wesentlichen durch die Umschnürung des alten Stützenkerns, durch den Spritzbeton sowie durch die zugelegte Längsbewehrung ermöglicht wird“. Der Nachweis des Gesamtquerschnittes in der Stützenmitte verstärkter Stützen ist in Abschnitt 8.3.3 geregelt; die Traglast der verstärkten Stütze ergibt sich aus der Addition der Lastanteile von Alt- und Verstärkungsbeton sowie der Bewehrung in beiden Betonen. Dabei müssen jedoch bei einem „Zusammenwirken von Betonen im Druckbereich sowohl die Rechenwerte β_R nach DIN 1045, Tabelle 12 als auch die Grenzdehnungen ε_b nach Bild 13 für jeden der zusammenwirkenden Betone eingehalten werden“. Weiterhin ist der Dehnungsanteil des Altbetons infolge der Vorbelastung bei der Ermittlung der Traglast zu berücksichtigen.

4.3 Bemessung im Einleitungsbereich

4.3.1 Versuchsergebnisse

Um die rechnerische Vorhersage der Tragfähigkeitserhöhung spritzbetonverstärkter Stützen durch begleitende Versuche abzusichern, wurden vom Autor in einer Versuchsreihe quadratische, nicht knickgefährdete spritzbetonverstärkte Stützen geprüft, deren Ergebnisse in [Krause - 93] zusammengefaßt sind. Mit der gewählten Stützenform, u. a. mit Verbreiterungen am Stützenkopf und Stützenfuß, wurden die Bauwerksverhältnisse möglichst wirklichkeitsnah nachgebildet; wie in der Praxis üblich, erfolgte die Spritzbetonverstärkung der vorher gesandstrahlten Altbetonstützen unter Belastung. Variationsparameter der Untersuchungen waren dabei neben dem Querbewehrungsgrad des Spritzbetonmantels auch die Art der Lasteinleitung zwischen den Grenzfällen der vollflächigen Belastung des Verbundquerschnittes und der Belastung ausschließlich über den Altquerschnitt.

Für die in der Praxis häufigste Lasteinleitungssituation, der Belastung über den alten Stützenquerschnitt, war bei allen Versuchsstützen die Tragfähigkeit durch ein Versagen des Krafteinleitungsbereiches begrenzt. Gegenüber der monolithischen Vergleichsstütze konnte in jedem Fall eine Traglaststeigerung erzielt werden, die Größe der Traglaststeigerung zeigte dabei eine signifikante Abhängigkeit von dem Querbewehrungsgrad des Spritzbetonmantels. Während die Traglaststeigerung bei der mit Bügeln ∅ 8/8 cm im Einleitungsbereich vergleichsweise schwach bewehrten Stütze 7 prozentual rund 30 % betrug, konnte bei der mit dem höchsten Querbewehrungsgrad (Bügel ∅ 12/5 cm) ausgeführten Stütze 12 mit rund 1600 kN Traglaststeigerung ein Zuwachs von nahezu 80 % gegenüber der ursprünglichen Tragfähigkeit erreicht werden.

Von den an den Bewehrungsstäben ermittelten Verformungsmeßwerten, die zur Erfassung des Tragverhaltens und als Grundlage für einen Bemessungsansatz erforderlich sind, werden nachfolgend typische Beispiele für die Versuchsstützen dargestellt und erläutert. Abb. F.4.1 verdeutlicht zunächst die Lastaufnahme des Altbeton- bzw. Spritzbetonquerschnittes am Beispiel der Versuchsstütze 7. Dazu werden die Längsdehnungen der Bewehrungsstäbe im Altquerschnitt als durchgezogene Linie bzw. im Spritzbeton als strichlierte Linie für mehrere Laststufen gegenübergestellt. Im einzelnen kann dieser Darstellung entnommen werden, daß mit Beginn der Belastung für die jeweils obersten Meßstellen größere Dehnungen im Altbetonquerschnitt als im Spritzbeton gemessen werden; die Dehnungsdifferenz nimmt dabei lastabhängig zu. In einiger Entfernung von der Lasteinleitungsstelle gleichen sich die Dehnungen dann zunehmend an, und die Lastüberleitung ist bei Dehnungsgleichheit abgeschlossen. Die Stelle, an der gleiche Dehnungen im Alt- und Spritzbeton gemessen werden, ist dabei aber nicht ortsfest, sondern verschiebt sich mit zunehmender Belastung in Richtung Stützenmitte. Dabei bleibt das Dehnungsgleichgewicht bis zur Laststufe 2200 kN bis zum Ende des Meßbereichs bei $x \approx 55$ cm erhalten, erst mit Annäherung an den Bruchzustand tritt auch hier eine Dehnungsdifferenz auf. Bemerkenswert ist weiterhin, daß die Lastaufnahme des Neuquerschnittes nur bis zur Laststufe 2200 kN kontinuierlich zunimmt; bei weiterer Laststeigerung nehmen die Dehnungen im oberen Einleitungsbereich dagegen deutlich ab und weisen im Bruchzustand nur noch sehr geringe Werte auf. Somit wird offensichtlich, daß ein Verbundversagen zwischen den Betonen vorliegt, und der Spritzbeton in diesem Bereich nahezu nicht mehr an der Lastaufnahme beteiligt ist. Diese Versuchsbeobachtung konnte im übrigen bei allen Versuchsstützen gemacht werden.

Abb. F.4.2 zeigt die im Altbetonquerschnitt der Versuchsstützen 7, 8, 9 und 12 gemessenen Längsdehnungen für die Laststufe 2000 kN, die der Traglast der unverstärkten Altbetonstütze entspricht, und für die jeweilige Maximalbelastung. Während die Dehnungen bei der Laststufe 2000 kN nahezu einheitliche Werte zwischen 1,5 bis 2 ‰ aufweisen, zeigen alle Versuchskörper im Bruchzustand Stauchungen, die mit mindestens 10 ‰ deutlich über den Meßwerten liegen, die üblicherweise für eine zentrische Druckbeanspruchung zu ermitteln sind. Die Größenordnung der gemessenen Längsstau-

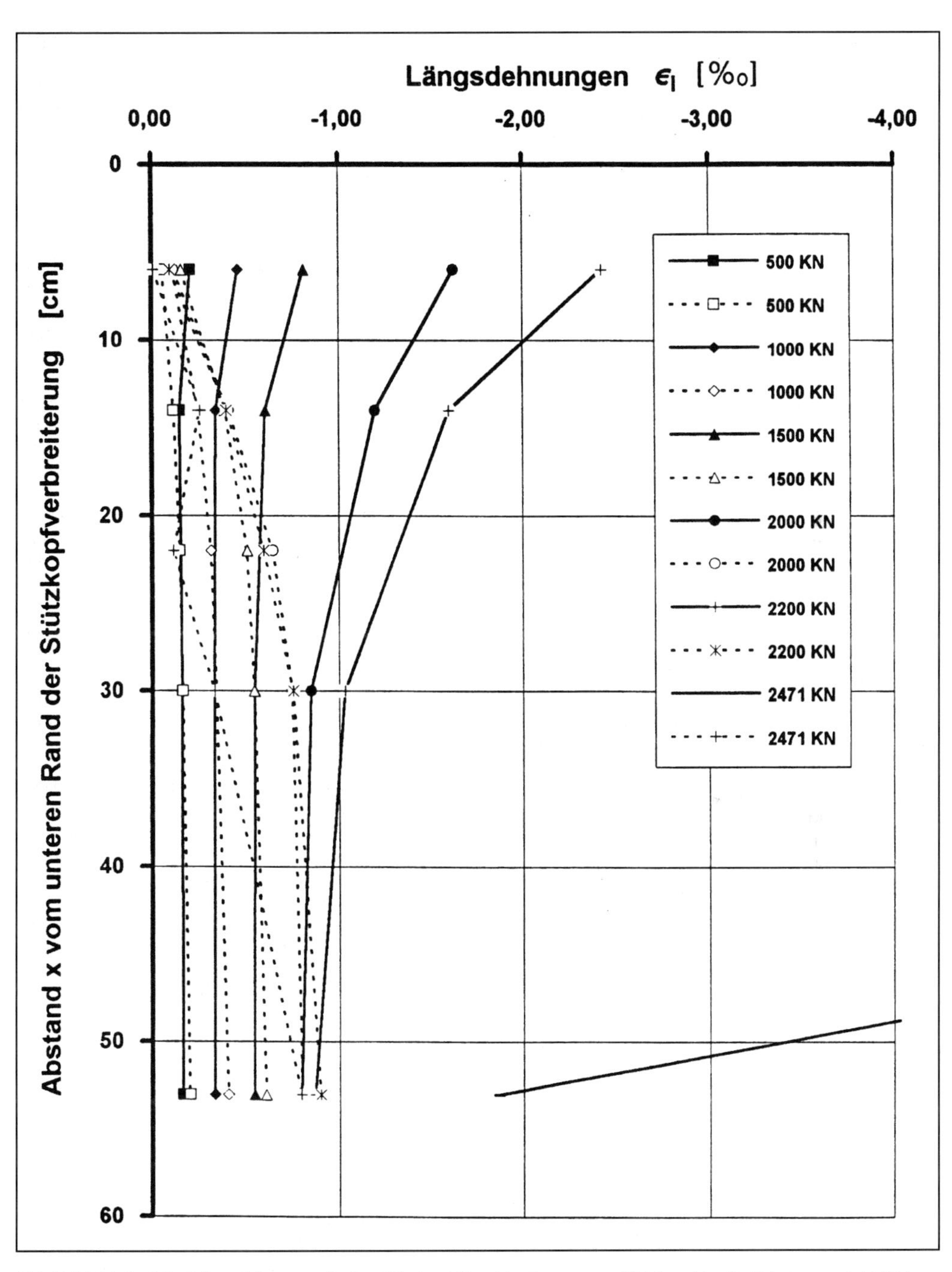

Abb. F.4.1 Verlauf der Längsdehnungen in der Altbetonstütze (durchgezogene Linie) und im Spritzbetonmantel (strichlierte Linie) für ausgewählte Laststufen für die Versuchsstütze 7

F

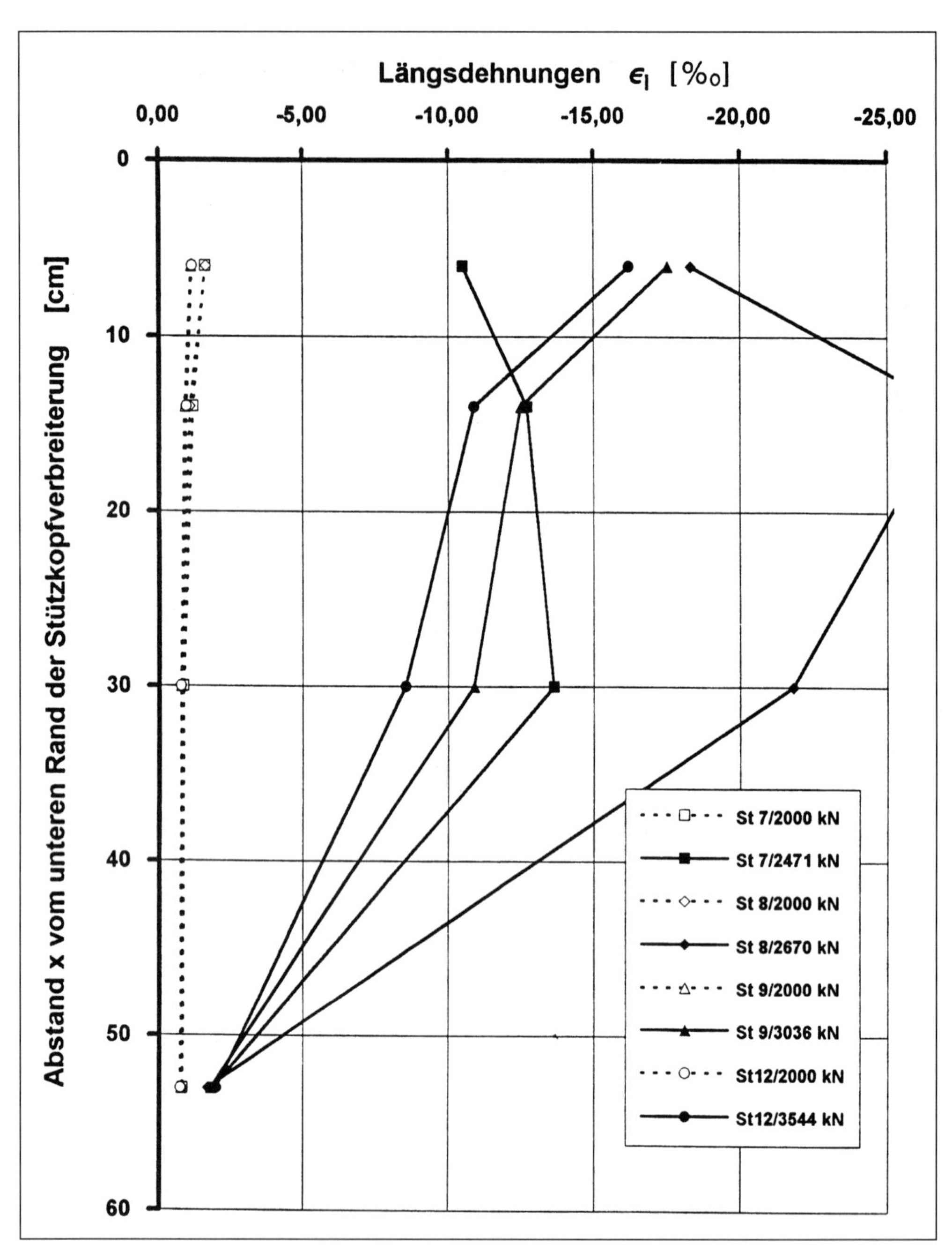

Abb. F.4.2 Verlauf der Längsdehnungen in den Altbetonstützen für die Laststufe 2000 kN und im Bruchzustand

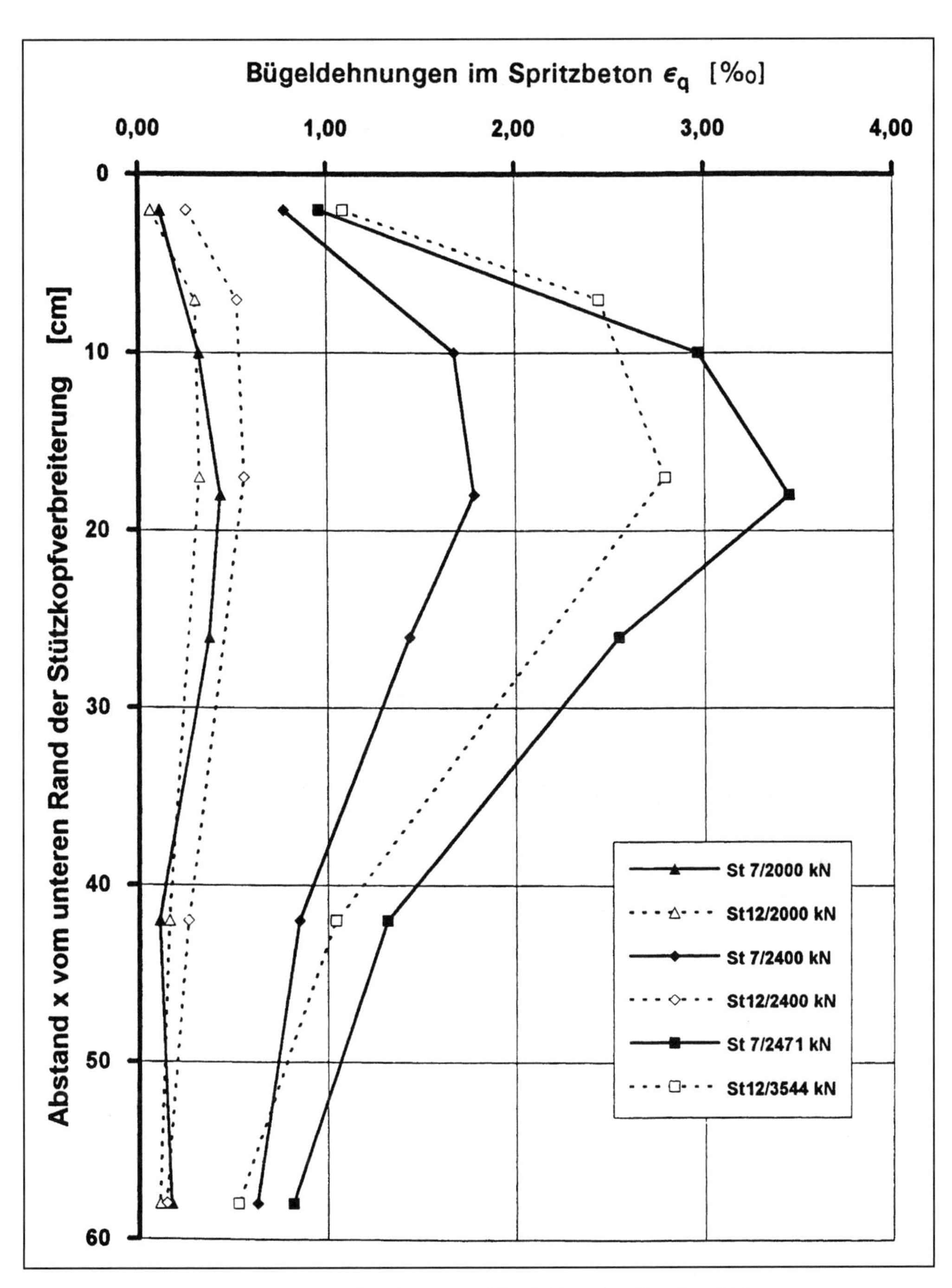

Abb. F.4.3 Verlauf der Bügeldehnungen im Spritzbetonmantel für die Versuchsstützen 7 und 12

F

chungen verdeutlicht dabei das ausgesprochen duktile Verformungsverhalten des Altbetonquerschnittes, was eindeutig auf die Umschnürungswirkung der Querbewehrung des Verstärkungsmantels zurückzuführen ist. Die Stauchungszunahme des Altbetons ist dabei jeweils ab derjenigen Laststufe besonders ausgeprägt, bei der die Längsstauchungen im Spritzbeton wegen des Verbundversagens erstmalig abnehmen und der Altbetonquerschnitt somit zusätzlich belastet wurde. Die hohen Stauchungen treten jedoch nur im Krafteinleitungsbereich auf; zur Stützenmitte hin nehmen die Längsdehnungen mit zunehmender Lastüberleitung auf den Spritzbeton deutlich ab.

Die besondere Bedeutung der Umschnürung für das Tragverhalten wird in Abb. F.4.3 erkennbar. Wie dieser Darstellung am Beispiel der Versuchsstützen 7 und 12 entnommen werden kann, wird die maximale Tragfähigkeit der Versuchsstützen erreicht, wenn die im Spritzbeton gemessenen Bügeldehnungen die Streckgrenze überschreiten. Für die bis zum Erreichen der Streckgrenze erzielte Traglaststeigerung gegenüber der unverstärkten Altbeton-Vergleichsstütze spielt dabei die Dehnsteifigkeit der Querbewehrung eine entscheidende Rolle. Ausgehend von nahezu gleich großen Bügeldehnungen bei der Laststufe 2000 kN, unterscheiden sich die Bügeldehnungen der Stützen 7 und 12 bereits bei der Laststufe 2400 kN deutlich. Während die Tragfähigkeit der Querbewehrung bei der schwach bewehrten Stütze 7 schon bei einer vergleichsweise geringen weiteren Traglaststeigerung erschöpft ist, kann die Belastung der stark bewehrten Stütze 12 noch deutlich gesteigert werden. Die maximalen Querdehnungen werden dabei in dem Stützenbereich gemessen, in dem der Altbeton infolge des Verbundversagen die Gesamtbelastung nahezu alleine aufnehmen muß. Die geringen Bügeldehnungen unmittelbar unterhalb der Einleitungsstelle sind auf den Einfluß der Querbewehrung der Stützkopfverbreiterung zurückzuführen; die Abnahme der Bügeldehnungen zur Stützenmitte hin unterstreicht die - mit zunehmender Lastaufnahme des Spritzbetons - verbundene Entlastung des Altquerschnittes.

Die gleichzeitig im Altbetonquerschnitt gemessenen Bügeldehnungen weisen im übrigen hinsichtlich Verlauf und Größenordnung Übereinstimmung mit den Bügeldehnungen im Spritzbeton auf; die Tragfähigkeit der Querbewehrung ist auch hier mit Erreichen der Maximalbelastung erschöpft.

4.3.2 Theoretische Grundlagen

Wie die Versuchsergebnisse zeigen, kann eine Traglaststeigerung infolge Umschnürung bei spritzbetonverstärkten Stützen festgestellt werden. Die Traglaststeigerung gegenüber der unverstärkten Altbetonstütze beruht dabei auf dem Entstehen eines dreiaxialen Druckspannungszustandes im Altbeton, durch den die Betondruckfestigkeit gegenüber der einaxialen Betondruckfestigkeit ansteigt. Der dreiaxiale Druckspannungszustand wird durch die querdehnungsbehindernde Wirkung der Querbewehrung hervorgerufen, wobei das Maß der Querdehnungsbehinderung und damit auch das Maß der Tragfähigkeitssteigerung im wesentlichen durch die Größe des Querbewehrungsgrades ρ_q bestimmt wird.

Um den Tragfähigkeitszuwachs umschnürter Rechteckstützen ermitteln zu können, sind zwei wesentliche Problempunkte zu klären. Zum einen muß eine Beziehung zwischen der Querbewehrung und der dreiaxialen Betondruckfestigkeit σ_1 hergeleitet werden, zum anderen muß in geeigneter Weise berücksichtigt werden, daß wegen der rechteckigen Bügelform die Umschnürungskräfte nicht wie bei Rundstützen gleichmäßig um den Umfang verteilt eingeleitet werden können.

Prinzipiell ist die Druckfestigkeit des Betons von dem Verhältnis der drei Hauptspannungen zueinander abhängig. Für gleich große bzw. nicht stark voneinander abweichende Querdruckspannungen $\sigma_2 \approx \sigma_3$ kann die Hauptdruckspannung σ_1 näherungsweise durch die Beziehung

$$\sigma_1 = \beta_c + k \cdot \sigma_3 = \beta_c + \Delta\sigma_1$$

ausgedrückt werden und setzt sich somit aus der einaxialen Betondruckfestigkeit β_c und einem additiven Anteil zusammen, der den durch die Querdruckspannungen σ_3 verursachten Spannungszuwachs in Richtung der Hauptdruckspannung σ_1 berücksichtigt. Um den Bemessungsansatz formal an DIN 1045 anzulehnen, wird hier die Beziehung zwischen Querdruckspannungen σ_3 und Spannungszuwachs $\Delta\sigma_1$ verwendet, die auch der Bemessung wendelbewehrter Druckglieder nach Abschnitt 17.3.2 zugrunde liegt. Für mittlere Querdruckspannungen ergibt sich nach [Müller - 75] der Spannungszuwachs in der Form

$$\Delta\sigma_1 = 4{,}6 \cdot k_\beta \cdot \sigma_3 \qquad \text{(F.4.1)}$$

wobei der Faktor k_β mit

$$k_\beta = 1 + \frac{\beta_c - 20}{100} \geq 1$$

die Abhängigkeit der Umschnürungswirkung von der Betongüte (Zylinderdruckfestigkeit) angibt.

Die maximalen Querdruckspannungen ergeben sich, wenn - wie in den Versuchen gemessen - die Streckgrenze der Bügelbewehrung β_{sq} erreicht wird. Die Größe der Querdruckspannungen läßt sich aus einem Kräftegleichgewicht in der Symmetrieachse ermitteln und ergibt sich zu

$$\sigma_3 = \frac{2 \cdot Z}{d_k \cdot s_{Bü}} = \frac{2 \cdot A_{Sq} \cdot \beta_{Sq}}{d_k \cdot s_{Bü}}, \qquad \text{(F.4.2)}$$

wobei Z die Bügelzugkraft, d_k die Seitenlänge des Beton-Kernquerschnitts, $s_{Bü}$ der Bügelabstand, A_{Sq} die Bügelquerschnittsfläche und β_{Sq} die Streckgrenze bedeutet.

Wird die Querbewehrung analog zu dem Vorgehen bei wendelbewehrten Druckgliedern gleichmäßig über den Bügelabstand verschmiert, ergibt sich z. B. für eine quadratische Stütze die fiktive Stahlquerschnittsfläche

$$A_q = \frac{4 \cdot d_k \cdot A_{sq}}{s_{Bü}}$$

im Horizontalschnitt. Damit kann Gl. (F.4.2) umgeformt werden, und unter Berücksichtigung der Beton-Kernquerschnittsfläche A_k kann der Querdruck

$$\sigma_3 = \frac{1}{2} \cdot \frac{A_q \cdot \beta_{Sq}}{A_k} \qquad \text{(F.4.3)}$$

in Abhängigkeit der Querschnittsflächen von Querbewehrung und Beton-Kernquerschnitt dargestellt werden. Wird nun Gl. (F.4.3) in Gl. (F.4.1) eingesetzt, kann der Spannungszuwachs schließlich mit

$$\Delta\sigma_1 = \left(2{,}3 \cdot k_\beta \cdot \frac{A_q \cdot \beta_{Sq}}{A_k} \right) = 2{,}3 \cdot k_\beta \cdot \rho_q \cdot \beta_{Sq} \qquad \text{(F.4.4)}$$

in direkter Proportionalität zum Querbewehrungsgrad $\rho_q = A_q/A_k$ dargestellt werden.

Bei der Berechnung der Traglaststeigerung muß jedoch berücksichtigt werden, daß der von der Querbewehrung erzeugte dreiaxiale Druckspannungszustand nicht in der gesamten Beton-Kernquerschnittsfläche hervorgerufen werden kann. Die Ursachen hierfür liegen in dem nicht vernachlässigbaren Bügelabstand in Stützenlängsrichtung und in der durch die Bügelform bedingten ungleichmäßigen Einleitung der Querdruckspannungen in Bügelebene. Die Stützenbereiche, in denen der dreiaxiale Druckspannungszustand erzeugt wird, können dabei mit Hilfe der Modellvorstellung der „effektiv umschnürten Fläche" nach [Sheikh/Uzumeri - 82] von den Bereichen mit zweiaxialem bzw. einaxialem Druckspannungszustand getrennt werden. Die Größe dieser Fläche wird dabei von der Bügelanordnung, der Anordnung der Längsbewehrung sowie dem Bügelabstand bestimmt, wobei die effektiv umschnürte Fläche in jedem Fall kleiner ist als die durch die Mittellinie der Bügel begrenzte Kernquerschnittsfläche

$$A_k = b_k \cdot d_k$$

Während bei ringförmigen Bügeln die Querdruckspannungen linienförmig in den Beton eingeleitet werden können und damit die umschnürte Fläche in Höhe einer Bügellage mit der Kernquerschnittsfläche übereinstimmt, muß bei rechteckigen Bügelformen bereits in der Bügelebene eine Reduzierung der umschnürten Fläche vorgenommen werden. Bei diesen Bügelformen können die aus den Bügelzugkräften resultierenden Umlenkkräfte wegen der geringen Biegesteifigkeit der Bügel nur als konzen-

F

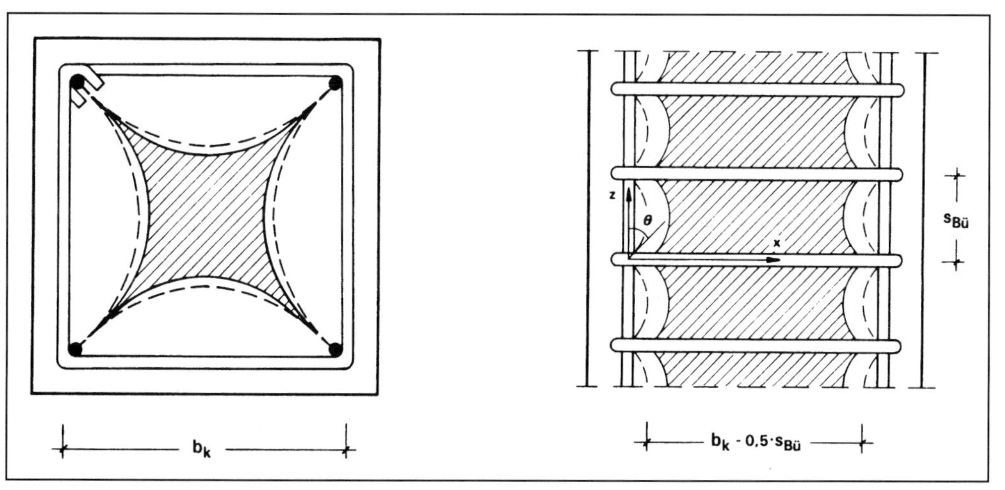

Abb. F.4.4 Darstellung der effektiv umschnürten Querschnittsfläche zwischen zwei Bügelebenen

trierte Last an den Stellen eingeleitet werden, an denen Längsstäbe durch eine Bügelecke zurückgehalten werden. Wie in Abb. F.4.4 ersichtlich ist, bilden sich jeweils zwischen diesen Stützstellen Druckbögen aus, die Querschnittsbereiche mit dreiaxialem Druckspannungszustand von den Bereichen mit zweiaxialem Druckspannungszustand trennen. Die Unterteilung der Kernquerschnittsfläche wird vorgenommen, da der zweiaxiale Druckspannungszustand hinsichtlich der Tragfähigkeitssteigerung bekanntlich wenig effektiv ist. Die durch die schraffierte Linie umrandete umschnürte Fläche in Bügelebene läßt sich dann durch Subtraktion der von den Druckbögen eingeschlossenen Fläche von der Kernquerschnittsfläche A_k ermitteln und kann als Verhältniswert in der Form

$$\lambda = 1 - \frac{\Sigma w_i^2}{5{,}5 \cdot A_k}$$

ausgedrückt werden (mit w_i Abstand der Stützstellen; $w_i = b_k - \varnothing_L$).

Da der Abstand der Bügel in Stützenlängsrichtung nicht vernachlässigbar ist, muß auch hier die Ausbreitung der horizontalen Querdruckspannungen berücksichtigt werden. Die Druckbögen in Stützenlängsrichtung werden dabei analog zum Horizontalschnitt ermittelt, wobei die Basis der Druckbögen durch den Bügelabstand $s_{Bü}$ in Stützenlängsrichtung vorgegeben wird. Ausgehend von der Kernquerschnittsfläche, ergibt sich in der Mitte zwischen den Bügelebenen damit zunächst die reduzierte Fläche $[(b_k - 0{,}5 \cdot s_{Bü}) \cdot (d_k - 0{,}5 \cdot s_{Bü})]$; werden die bisher im Horizontal- und im Vertikalschnitt getrennt betrachteten Abminderungen in ihrer Wirkung überlagert, ergibt sich dann die mit der durchgezogenen Linie umrandete effektiv umschnürte Fläche

$$A_{eff} = \lambda \cdot (b_k - 0{,}5 \cdot s_{Bü}) \cdot (d_k - 0{,}5 \cdot s_{Bü}) = A_k \cdot \lambda^* \qquad \text{(F.4.5)}$$

in der Mitte zwischen zwei Bügelebenen. Die effektiv umschnürte Fläche beschreibt somit die minimale Stützenquerschnittsfläche, deren dreiaxialer Druckspannungszustand für die rechnerische Tragfähigkeitserhöhung angesetzt werden darf.

Der gesuchte Traganteil der Umschnürungsbewehrung ergibt sich damit für Stützen, die mit einer Bügelbewehrung umschnürt sind, als Produkt aus dem Spannungszuwachs nach Gl. (F.4.4) und der effektiv umschnürten Fläche nach Gl. (F.4.5) in der Form

$$\Delta N = \Delta\sigma_1 \cdot A_{eff} = 2{,}3 \cdot k_\beta \cdot \rho_q \cdot \beta_{Sq} \cdot A_k \cdot \left(1 - \frac{\Sigma w_i^2}{5{,}5 \cdot A_k}\right) \cdot \left(1 - \frac{s_{Bü}}{2 \cdot b_k}\right) \cdot \left(1 - \frac{s_{Bü}}{2 \cdot d_k}\right)$$

bzw. in verkürzter Schreibweise

$$\Delta N = 2{,}3 \cdot k_\beta \cdot \rho_q \cdot \beta_{Sq} \cdot A_k \cdot \lambda^* \qquad \text{(F.4.6)}$$

4.3.3 Bemessungsansatz

Der Tragfähigkeitszuwachs bei spritzbetonverstärkten Stützen kann nun in analoger Weise ermittelt werden kann, wobei jedoch wegen der Querbewehrungslagen im Alt- und Spritzbeton deren gemeinsame Wirkung zu erfassen ist. Dafür sind wiederum einerseits die Größe der nunmehr zwei effektiv umschnürten Querschnittsflächen und andererseits der jeweilige Spannungszuwachs zu ermitteln. Dabei ist zwischen den Stützenbereichen zu unterscheiden, die nur durch die äußere Bewehrungslage (Bügelbewehrung im Spritzbeton) umschnürt werden, und den Stützenbereichen, in denen sich die Querdruckspannungen beider Bewehrungslagen in ihrer Wirkung überlagern. Werden die zugehörigen Querschnittsabmessungen in Gl. (F.4.5) eingesetzt, ergibt sich die zu jeder Bewehrungslage zugehörige effektiv umschnürte Fläche mit den beiden Verhältniswerten

$$\lambda_1^* = \frac{A_{eff,1}}{A_{k1}} = \left(1 - \frac{\Sigma w_{i,1}^2}{5{,}5 \cdot A_{k1}}\right) \cdot \left(1 - \frac{s_{Bü,1}}{2 \cdot b_{k1}}\right) \cdot \left(1 - \frac{s_{Bü,1}}{2 \cdot d_{k1}}\right)$$

$$\lambda_2^* = \frac{A_{eff,2}}{A_{k2}} = \left(1 - \frac{\Sigma w_{i,2}^2}{5{,}5 \cdot A_{k2}}\right) \cdot \left(1 - \frac{s_{Bü,2}}{2 \cdot b_{k2}}\right) \cdot \left(1 - \frac{s_{Bü,2}}{2 \cdot d_{k2}}\right) \qquad \text{(F.4.7)}$$

wobei der Index 1 für die Bewehrungsanordnung der Altbetonstütze und der Index 2 für die des Spritzbetonmantels gewählt wird. Auch bei voneinander abweichender Querbewehrungsanordnung im Alt- und im Spritzbeton kann näherungsweise mit der jeweiligen effektiv umschnürten Fläche nach Gl. (F.4.7) gerechnet werden; die Berechnung einer resultierenden effektiv umschnürten Fläche ist somit nicht erforderlich.

Die effektiv umschnürten Flächen infolge der beiden Bewehrungslagen im Alt- und im Spritzbeton sind am Beispiel einer verstärkten Stütze mit je vier Eckstäben in Abb. F.4.5 in Horizontal- und Vertikalschnitt dargestellt. Dazu sind die Begrenzungslinien der effektiv umschnürten Flächen zwischen den Bügelebenen als durchgezogene Linien, die Begrenzungslinien der umschnürten Flächen in Bügelebene dagegen als strichlierte Linien eingezeichnet.

Während die der Bewehrung des Altquerschnittes zugeordnete und durch eine gekreuzte Schraffur gekennzeichnete innere effektiv umschnürte Fläche $A_{eff,1}$ nur einen vergleichsweise geringen Anteil an der Kernquerschnittsfläche ausmacht, ergibt sich infolge der Querbewehrung im Spritzbeton die

$$\Delta N = \Delta N_1 + \Delta N_2 = 2{,}3 \cdot k_\beta \cdot \rho_{q1} \cdot \beta_{Sq1} \cdot A_{k1} \cdot$$

$$\cdot \left(1 - \frac{\Sigma w_{i,1}^2}{5{,}5 \cdot A_{k1}}\right) \cdot \left(1 - \frac{s_{Bü,1}}{2 \cdot b_{k1}}\right) \cdot \left(1 - \frac{s_{Bü,1}}{2 \cdot d_{k1}}\right) +$$

$$+ 2{,}3 \cdot k_\beta \cdot \rho_{q2} \cdot \beta_{Sq2} \cdot A_{k2} \cdot$$

$$\cdot \left(1 - \frac{\Sigma w_{i,2}^2}{5{,}5 \cdot A_{k2}}\right) \cdot \left(1 - \frac{s_{Bü,2}}{2 \cdot b_{k2}}\right) \cdot \left(1 - \frac{s_{Bü,2}}{2 \cdot d_{k2}}\right) \quad \text{(F.4.8)}$$

anschreiben lassen. Der gesuchte Tragfähigkeitszuwachs ΔN nach Gl. (F.4.8) setzt sich somit aus einem Zuwachs ΔN_1, der aus der Querbewehrung der Altbetonstütze resultiert, und einem zweiten Zuwachs ΔN_2 infolge der Bügelbewehrung des Spritzbetons zusammen.

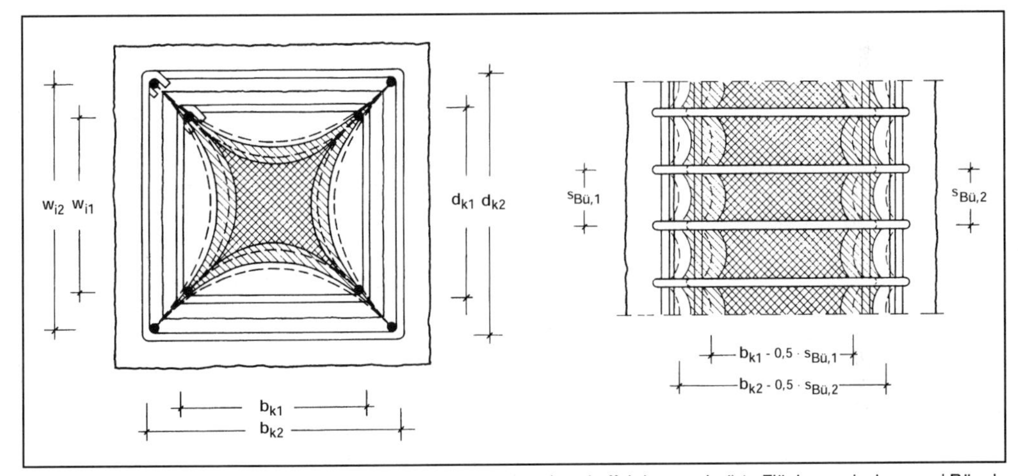

Abb. F.4.5 Umschnürte Flächen in Bügelebene (gestrichelte Linie) und effektiv umschnürte Flächen zwischen zwei Bügelebenen (durchgezogene Linie) bei nachträglich verstärkten Stützen mit Bewehrungslagen im Alt- und im Spritzbeton

größere effektiv umschnürte Fläche $A_{eff,2}$, wobei die links-schraffierte Fläche den Flächenzuwachs gegenüber $A_{eff,1}$ darstellt.

Neben den maßgebenden effektiv umschnürten Flächen ist für die Ermittlung des Traglastanstieges die Bestimmung des jeweiligen Spannungszuwachses notwendig. Wegen der linearen Beziehung zwischen Querdruckspannungen und Spannungszuwachs kann der Traglastzuwachs dabei für jede Bewehrungslage getrennt ermittelt werden, so daß sich die beiden zusätzlichen Traganteile

Für die praktische Anwendung des Bemessungsansatzes ist es hinreichend genau, nur den Tragfähigkeitszuwachs infolge der Bügelbewehrung im Spritzbeton zu ermitteln, da der Tragfähigkeitszuwachs infolge der Bügelbewehrung der Altbetonstütze nur in der Größenordnung von rund 5 % des Gesamtzuwachses liegt. Damit läßt sich Gl. (F.4.8) vereinfachen, so daß der gesuchte Tragfähigkeitszuwachs infolge der Umschnürung mit der Formel

$$\Delta N \approx \Delta N_2 = 2{,}3 \cdot k_\beta \cdot \rho_{q2} \cdot \beta_{Sq2} \cdot A_{k2} \cdot \lambda^*_2$$

angegeben werden kann.

Damit läßt sich bei zentrischer Belastung die Gesamttragfähigkeit der spritzbetonverstärkten Stütze im Einleitungsbereich aus der Addition der Lastanteile von Beton und Längsbewehrung der unverstärkten Stütze sowie dem zusätzlichen Traganteil infolge der Umschnürungswirkung der Bügelbewehrung im Spritzbeton mit

$$N_u = N_{ba} + N_{sa} + \Delta N$$
$$= A_{ba} \cdot \beta_{Ra} + A_{sa} \cdot \beta_{Sa} + 2{,}3 \cdot k_\beta \cdot \rho_{q2} \cdot \beta_{Sq2} \cdot A_{eff,2} \qquad (F.4.9)$$

angeben. Die Traganteile des Spritzbetons sowie der Längsbewehrung im Spritzbeton sind in diesem Bemessungsansatz nicht enthalten, da die Versuchsauswertung zeigt, daß aufgrund des Verbundversagens die Gesamtlast im Krafteinleitungsbereich zunächst von der umschnürten Altbetonstütze aufgenommen wird.

4.4 Bemessung im Mittelbereich

4.4.1 Theoretische Grundlagen

Monolithisch hergestellte Stahlbetonstützen werden unter zentrischer Belastung nach dem Additionsansatz bemessen, sofern von der Stützenschlankheit kein Knicksicherheitsnachweis erforderlich ist. Die Tragfähigkeit der Stütze ergibt sich dabei als reine Querschnittstragfähigkeit als Summe der Traganteile des Betons und der Längsbewehrung, wobei von einer Grenzstauchung im rechnerischen Bruchzustand von 2 ‰ auszugehen ist. Spannungsumlagerungen im Gebrauchszustand brauchen bei der Ermittlung der Tragfähigkeit nicht berücksichtigt zu werden, da sie die Gesamttragfähigkeit nicht nachteilig verändern. Der rechnerische Bruchzustand ist somit unabhängig von der Dauer und der zeitlichen Reihenfolge der Belastung.

Für spritzbetonverstärkte Stützen ohne Knickgefahr ist es für eine zentrische Belastung zunächst ebenfalls naheliegend, einen Bemessungsansatz zu formulieren, der an den Additionsansatz angelehnt ist. Dies gilt insbesondere, weil die Bemessungsgrundlagen spritzbetonverstärkter Stützen, wie z. B. die Einhaltung der Grenzstauchung von 2 ‰ im rechnerischen Bruchzustand, sowie das Sicherheitskonzept dem von DIN 1045 entsprechen. Diese Vorgehensweise läßt sich weiterhin auch aus den Versuchsergebnissen ableiten, die verdeutlichen, daß der Stützenmittelbereich durch ein gemeinsames Zusammenwirken der alten und neuen Querschnittsteile charakterisiert ist und im Gegensatz zum Einleitungsbereich hier kein Versagen der Verbundfuge festgestellt werden kann.

Dennoch weisen spritzbetonverstärkte Stahlbetonstützen einen wesentlichen Unterschied zu monolithisch hergestellten Stützen auf, der bei der Bemessung zu berücksichtigen ist. Der wesentliche Unterschied bei spritzbetonverstärkten Stützen liegt dabei darin, daß im Betonquerschnitt nicht – wie bei monolithisch hergestellten Stützen – gleiche Spannungen auftreten, sondern die beiden Betonquerschnitte stark voneinander abweichende Spannungszustände aufweisen. Die Ursache hierfür liegt darin, daß der Stützenquerschnitt nicht aus Betonen gleichen Alters und damit gleichem zeitabhängigem Materialverhalten besteht, sondern zum Verstärkungszeitpunkt ein kriechunwilliger, nahezu nicht mehr schwindender Altbeton mit einem vergleichsweise kriechwilligem und schwindendem Spritzbeton schubfest verbunden wird. In bezug auf eine nach der Verstärkung aufgebrachte Zusatzbelastung führt das stark voneinander abweichende zeitabhängige Materialverhalten der beiden Betone z. B. dazu, daß eine anfänglich gleichmäßige Spannungsaufteilung auf die beiden Betonquerschnitte verlorengeht und sich die Spannungen weitestgehend im Altquerschnitt konzentrieren. Dagegen entzieht sich der Spritzbeton seiner anfänglichen Belastung. Vergrößert wird der Spannungsunterschied der Betonteilquerschnitte zudem noch durch die im Regelfall vorhandene Belastung der Altbetonstütze zum Verstärkungszeitpunkt. Auch für diesen Lastanteil erfolgt durch die Verstärkung nahezu kein Spannungsausgleich, sondern dieser Lastanteil verbleibt im Altbetonquerschnitt.

Zur Verdeutlichung dieser beiden Einflüsse sind in Abb. F.4.6 für den Altbeton sowie für den Spritzbeton bezogene Spannungsverhältnisse nach Abschluß der zeitabhängigen Umlagerungen für verschiedene Längsbewehrungsgrade über dem Belastungsalter des Spritzbetons aufgetragen. Dabei gibt das bezogene Spannungsverhältnis auf der y-Achse das Verhältnis der jeweiligen Betonspannung zur im Gebrauchszustand zulässigen Spannung wieder. Bei der Berechnung ist davon ausgegangen worden, daß beide Betonflächen gleich groß sind, der Altersunterschied der Betone 10 000 Tage beträgt, die Altbetonstütze vor der Verstärkung nicht entlastet wurde und nach der Verstärkung eine Zusatzlast entsprechend der zulässigen Belastung der zugefügten Querschnitte aufgebracht wurde. Weiterhin wurden die Berechnungen der Spannungsumlagerungen auf der Grundlage einer nichtlinearen Spannungsdehnungslinie nach einem Ansatz von [Grasser – 68] und auf Basis der Kriech- und Schwindwerte nach EC 2 durchgeführt.

Zur Verdeutlichung der Berechnungsergebnisse werden zunächst die als durchgezogene Linien dargestellte Kurvenverläufe für die unbewehrten

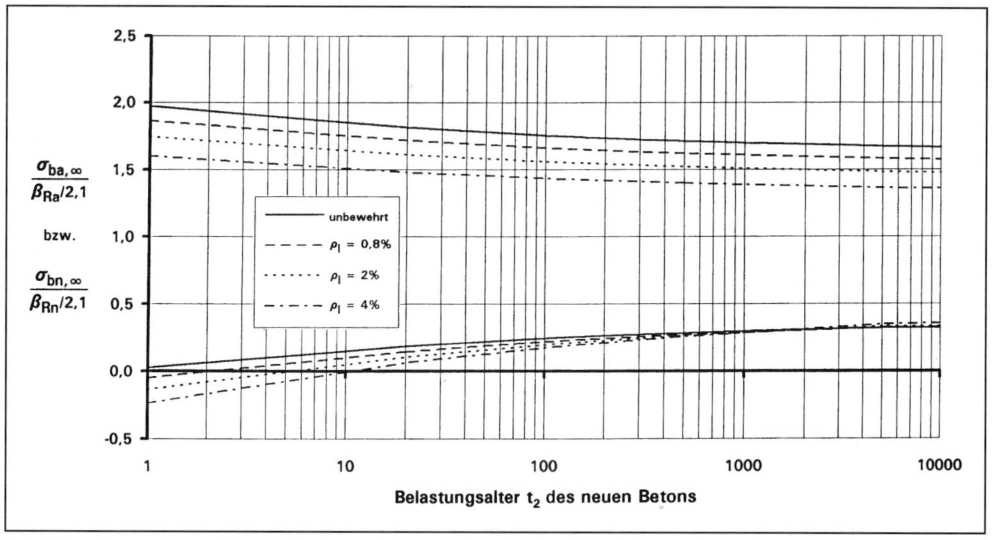

Abb. F.4.6 Spannungsverhältnisse im Alt- und Neuquerschnitt bei Berücksichtigung einer nichtlinearen Spannungsdehnungslinie infolge der Gesamtbelastung $N_0 + N_2$ und Schwindens zum Zeitpunkt $t = \infty$ für ein Flächenverhältnis A_{bn}/A_{ba} = 1,0 in Abhängigkeit des Längsbewehrungsgrades ρ_L und des Belastungsalters t_2 des neuen Betons für einen Altersunterschied der Betone von Δt = 10 000 Tagen

Stützen erläutert. Die rechnerische Vorbelastung der Altbetonstütze entspricht der zulässigen Gebrauchslast der Stütze, womit sich für den Altbeton vor der Verstärkung ein bezogenes Spannungsverhältnis von 1,0 ergibt. Nach der Verstärkung wird die Verbundstütze zum Belastungszeitpunkt t_2 mit einer Zusatzlast belastet, die sich aus der Spritzbetonfläche und Spritzbetongüte mit

$$N_2 = A_{bn} \cdot \beta_{Rn}/2{,}1$$

berechnet. Bei gleichen Betonflächen und Elastizitätsmoduli beider Betone ist die Dehnsteifigkeit beider Teilquerschnitte gleich groß, so daß sich diese Zusatzlast zu gleichen Teilen auf den Alt- und Spritzbetonquerschnitt aufteilt. Damit stellt sich im Altbeton eine bezogenes Spannungsverhältnis von 1,5 ein, während das Verhältnis im Spritzbeton ein Wert von 0,5 aufweist. Diese bezogenen Spannungsverhältnisse sind wegen des stark unterschiedlichen zeitabhängigen Materialverhaltens jedoch nicht konstant, sondern zeitabhängig veränderlich. Nach Abschluß der Spannungsumlagerungen ergibt sich z. B. bei einem theoretischen Belastungsalter des Spritzbetons von 1 Tag ein Wert von rund 2,0 für den Altbeton, während der Spritzbeton vollständig spannungslos ist. Die gleiche Tendenz ist auch bei üblichem Belastungsalter des Spritzbetons festzustellen; hier konzentriert sich wiederum nahezu die gesamte Belastung im Altbetonquerschnitt, während der Spritzbeton einen Großteil seiner anfänglichen Lastaufnahme mit der Zeit abgibt. Selbst bei einem sehr hohen Belastungsalter des Spritzbetons ist eine zusätzliche Belastung des Altbetons festzustellen; hier beruhen die Spannungsumlagerungen jedoch in erster Linie auf dem Schwinden des Spritzbetons und weniger auf dem stärkeren Kriechvermögen des jüngeren Betons. Die Kurven werden auch bei unterschiedlichen Längsbewehrungsgraden in ihrem Verlauf nicht wesentlich verändert; lediglich das bezogene Spannungsverhältnis insbesondere für den Altbeton sinkt dabei ab. Selbst wenn die Altbetonstütze vor der Verstärkung vollständig entlastet würde und die Gesamtbelastung nach der Verstärkung nunmehr auf den Verbundquerschnitt aufgebracht würde, ergäben sich nach Abschluß der Spannungsumlagerungen nur geringfügig veränderte bezogene Spannungsverhältnisse für die Betone. Zum Vergleich ergäbe sich bei üblichem Belastungsalter des Spritzbetons ein Wert von rund 1,5 für den Altbeton und ein Wert von rund 0,5 für den Spritzbeton, so daß auch hier kein vollständiger Spannungsausgleich zu verzeichnen ist. Aus diesem Berechnungsergebnis läßt sich zudem ablesen, daß eine vollständige Entlastung der Altbetonstütze vor der Verstärkung wenig zweckmäßig ist.

Aus den Berechnungen läßt sich zusammenfassend ableiten, daß die – durch das unterschiedliche zeitabhängige Materialverhalten der Betone bedingten – Spannungsumlagerungen zu einer Spannungskonzentration im Altbetonquerschnitt führen. Da für jeden der Teilquerschnitte der verstärkten Stütze die Einhaltung der Grenzstauchung von 2 ‰ im rechnerischen Bruchzustand gefordert ist, ist dieser Aspekt bei der Bemessung entsprechend zu berücksichtigen. Im Gegensatz zu monolithischen Stützen sind bei spritzbetonverstärkten Stützen wegen des vergleichsweise großen Flächenanteils des Spritzbetons am Gesamtquerschnitt die Spannungsumlagerungen bei der Traglastermittlung nicht mehr vernachlässigbar.

4.4.2 Bemessungsansatz

Die theoretische Obergrenze der Stützentragfähigkeit im Mittelbereich ergibt sich – bei entsprechender Stützenschlankheit – als reine Querschnittstragfähigkeit unter Berücksichtigung der entsprechenden Grenzstauchung für zentrischen Druck aus der Addition der einzelnen Lastanteile von Beton und Betonstahl. Die in Abschn. 4.4.1 dargestellten Berechnungen zeigen jedoch, daß die beiden Betonquerschnitte stark voneinander abweichende Spannungsverhältnisse aufweisen. Zur Verdeutlichung der Auswirkungen dieser unterschiedlichen Spannungsverhältnisse sind in Abb. F.4.7 die Spannungs-Dehnungs-Linien von Altbeton und Spritzbeton aufgetragen. Der Darstellung läßt sich zunächst entnehmen, daß der Altbeton zum Verstärkungszeitpunkt eine der Vorbelastung entsprechende Spannung und Dehnung aufweist. Nach Aufbringen der Zusatzlast auf den sich nunmehr zusammen verformenden Verbundquerschnitt steigt sowohl die Spannung im Altbeton als auch die im Spritzbeton an. Durch die zeitabhängigen Betonverformungen der unter Belastung stehenden Stütze treten im Gebrauchszustand Spannungsumlagerungen auf, die zu einem Spannungszuwachs im Altbeton und zu einer Spannungsabnahme im Spritzbeton führen, wobei die Zunahme im Altbeton und die Abnahme im Spritzbeton im Gleichgewicht stehen. Nach Abschluß der Spannungsumlagerungen hat sich dadurch also die anfängliche „spannungsrelevante Dehnungsdifferenz“, die dem horizontalen Abstand der Spannungs-Dehnungs-Linien auf der x-Achse entspricht, vergrößert. Die für die Bemessung der Stütze bei zentrischem Druck zugrunde zu legende Grenzstauchung von 2 ‰ für jeden der Betonquer-

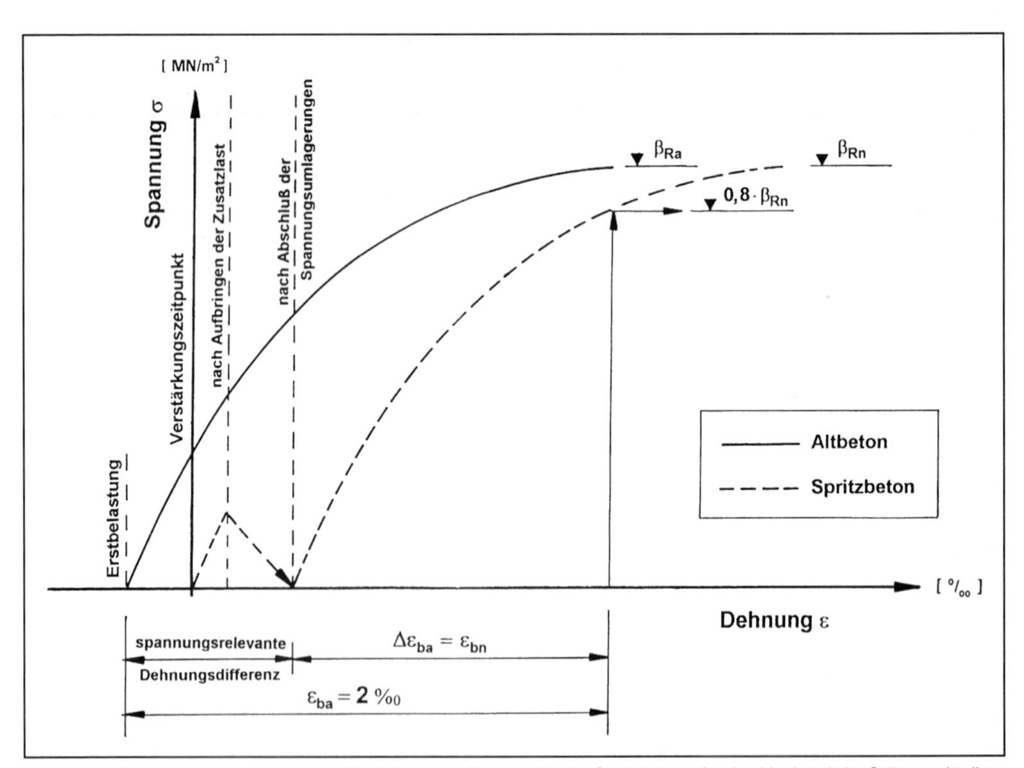

Abb. F.4.7 Verformungsbetrachtung zur Ermittlung des Traganteils des Spritzbetons für den Nachweis im Stützenmittelbereich

schnitte führt dazu, daß der Altbeton nur noch eine weitere Stauchung erfahren kann, die der Differenz zwischen 2 ‰ und der zu seiner Spannung zugehörigen Stauchung entspricht. Da beide Betone schubfest miteinander verbunden sind, kann sich auch der Spritzbeton maximal um diesen Wert verformen, so daß - wie in Abb. F.4.7 dargestellt - die Maximalspannung β_{Rn} des Spritzbetons gar nicht erreicht werden kann.

Für die rechnerische Ermittlung der Tragfähigkeit allseitig verstärkter - nicht knickgefährdeter - Stahlbetonstützen wird deshalb vorgeschlagen, im Additionsansatz den reduzierten Traglastanteil des Verstärkungsquerschnitts mit dem Wert

$$N_{bn} = 0{,}8 \cdot A_{bn} \cdot \beta_{Rn}$$

anzusetzen. Somit ergibt sich für den Stützenmittelbereich eine gegenüber der Querschnittstragfähigkeit abgeminderte Tragfähigkeit in der Form

$$N_u = A_{ba} \cdot \beta_{Ra} + A_{sa} \cdot \beta_{Sa} + 0{,}8 \cdot A_{bn} \cdot \beta_{Rn} + A_{sn} \cdot \beta_{Sn} \qquad \text{(F.4.10)}$$

Die Abminderung des Traganteils des Spritzbetons ist auch dann zu berücksichtigen, wenn die Altbetonstütze vor der Verstärkung entlastet wird. Eine Entlastung der Altbetonstütze vor der Verstärkung wirkt sich somit nicht auf die rechnerische Tragfähigkeit der verstärkten Stütze aus; sie verbessert lediglich im Gebrauchszustand die Spannungsaufteilung im Gesamtquerschnitt.

Für die Bemessung spritzbetonverstärkter Stahlbetonstützen ist ein zweiteiliger Nachweis erforderlich. Neben dem Nachweis der Tragfähigkeit im Einleitungsbereich nach Gl. (F.4.9) ist die Tragfähigkeit im Stützenmittelbereich nach Gl. (F.4.10) zu ermitteln. Die maßgebende Stützentragfähigkeit ergibt sich dabei als die kleinere der beiden Traglasten.

Mit dem Bemessungsansatz für den Einleitungsbereich ist es zudem möglich, die Tragfähigkeit für beliebige Bewehrungsanordnungen und wegen der Definition von effektiv umschnürten Flächen auf beliebige Querschnittsformen zu übertragen. Als konstruktive Forderung ist aus den Versuchen abzuleiten, daß die Bügel im Einleitungsbereich auf einer Länge, die der zweifachen Verbundstützenbreite entspricht, zugfest (i. d. R. verschweißt) geschlossen werden müssen. Die Anwendung des Bemessungsansatzes nach Gl. (F.4.9) ist zunächst auf die zentrische Belastung beschränkt; für die planmäßig ausmittige Belastung wird zunächst vorgeschlagen, die lineare Abminderungsfunktion für monolithische umschnürte Druckglieder nach DIN 1045 zu übernehmen.

4.5 Beispiel

Stützenverstärkung für die Aufstockung eines Bürogebäudes

- **Mittelstütze im Erdgeschoß:**

  Schnittgrößen N_{alt} **= 1105 kN (3 Geschosse)**

  N_{neu} **= 1845 kN (5 Geschosse)**

- **Zusatzbelastung:**

  ΔN **= 740 kN**

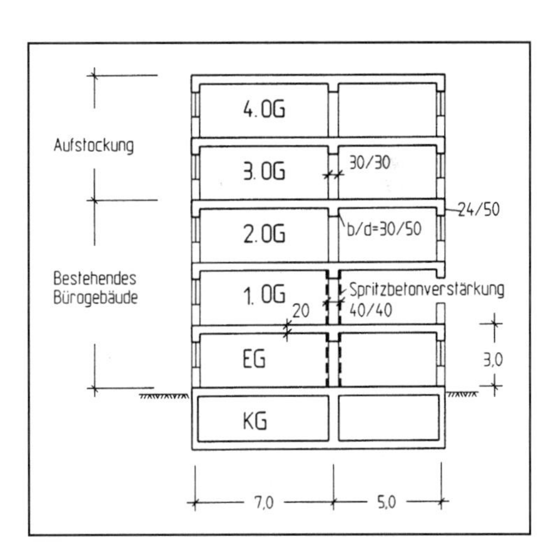

4.5.1 Tragfähigkeit der unverstärkten Stütze:

- Betongüte: B 25; $\beta_R = 17{,}5$ MN/m²
- Betonstahl: 500 S; $\beta_S = 500$ MN/m²
- Längsbewehrung: $A_{Sl} = 4 \varnothing 28 = 24{,}64$ cm²
- Querbewehrung: Bü ∅ 8/15 cm
- Stützenabmessungen: $b_1 = d_1 = 30$ cm
- Kernabmessungen: $b_{k1} = d_{k1} = 30 - 2 \cdot 3{,}5 = 23$ cm (Bügelmitte)
- Knicklänge: $s_k = 3{,}0\text{ m} \rightarrow \lambda \leq 45$ (kein KSNW erforderlich)

Tragfähigkeit der unverstärkten Stütze bei mittiger Belastung:

$$N_u = A_{ba} \cdot \beta_{Ra} + A_{sa} \cdot \beta_{Sa}$$
$$= 0{,}3^2 \cdot 17{,}5 + 24{,}64 \cdot 10^{-4} \cdot 420 = 1{,}58 \cdot 1{,}03$$
$$= 2{,}61 \text{ MN}$$

$$\text{zul } N = \frac{N_u}{\gamma} = \frac{2{,}61}{2{,}1} = 1{,}24 \text{ MN}$$

4.5.2 Tragfähigkeit im Einleitungsbereich nach der Verstärkung:

- Spritzbeton: B 25; $\beta_R = 17{,}5$ MN/m²
- Betonstahl: 500 S; $\beta_S = 500$ MN/m²
- Zulagebewehrung: $A_{Sl} = 4 \varnothing 25 = 19{,}64$ cm²
- Querbewehrung: Bü ∅ 12/5 cm
- Stützenabmessungen $b_2 = d_2 = 40$ cm
- Kernabmessungen $b_{k2} = d_{k2} = 40 - 2 \cdot 3{,}5 = 33$ cm

a) Ermittlung der Querbewehrungsgrade:

- Altquerschnitt:

$$\rho_{q1} = \frac{2 \cdot (b_{k1} + d_{k1}) \cdot A_{sq1}}{A_{k1} \cdot s_{Bü,1}} = \frac{4 \cdot 0{,}23 \cdot 0{,}5 \cdot 10^{-4}}{0{,}23^2 \cdot 0{,}15}$$
$$= 0{,}0058$$

- Verbundquerschnitt:

$$\rho_{q2} = \frac{2 \cdot (b_{k2} + d_{k2}) \cdot A_{sq2}}{A_{k2} \cdot s_{Bü,2}} = \frac{4 \cdot 0{,}33 \cdot 1{,}13 \cdot 10^{-4}}{0{,}33^2 \cdot 0{,}05}$$
$$= 0{,}0274$$

b) Ermittlung der effektiv umschnürten Querschnittsflächen:

- Altquerschnitt:

$$A_{eff1} = \left(1 - \frac{4 \cdot w_{i,1}^2}{5{,}5 \cdot A_{k1}}\right) \cdot$$
$$\cdot (b_{k1} - 0{,}5 \cdot s_{Bü1}) \cdot (d_{k1} - 0{,}5 \cdot s_{bü1})$$
$$= \left(1 - \frac{4 \cdot (23 - 2{,}8 - 0{,}8)^2}{5{,}5 \cdot 23^2}\right) \cdot (23 - 0{,}5 \cdot 15)^2$$
$$= 0{,}4826 \cdot 15{,}5^2 = 115{,}9 \text{ cm}^2$$

- Verbundquerschnitt:

$$A_{eff2} = \left(1 - \frac{4 \cdot w_{i2}^2}{5{,}5 \cdot A_{k2}}\right) \cdot$$
$$\cdot (b_{k2} - 0{,}5 \cdot s_{Bü2}) \cdot (d_{k2} - 0{,}5 \cdot s_{Bü2})$$
$$= \left(1 - \frac{4 \cdot (33 - 2{,}5 - 1{,}2)^2}{5{,}5 \cdot 33^2}\right) \cdot (33 - 0{,}5 \cdot 5)^2$$
$$= 0{,}4267 \cdot 30{,}5^2 = 396{,}9 \text{ cm}^2$$

c) Ermittlung der Traglaststeigerung:

- Korrekturfaktor für die Betongüte der Altbetonstütze:

$$\beta_R = 17{,}5 \frac{\text{MN}}{\text{m}^2} < 20 \frac{\text{MN}}{\text{m}^2} \rightarrow k_\beta = 1{,}0$$

- genauere Berechnung von ΔN_u nach Gl. (F4.8):

$$\Delta N_u = 2{,}3 \cdot k_\beta \cdot (A_{eff1} \cdot \rho_{q1} \cdot \beta_{Sq1} + A_{eff2} \cdot \rho_{q2} \cdot \beta_{Sq2})$$
$$\Delta N_u = 2{,}3 \cdot (115{,}9 \cdot 10^{-4} \cdot 0{,}0058 \cdot 500 + 396{,}9 \cdot 10^{-4} \cdot 0{,}0274 \cdot 500)$$
$$\Delta N_u = 2{,}3 \cdot (0{,}0336 + 0{,}5438)$$
$$\Delta N_u = 1{,}328 \text{ MN}$$

Die zulässige Gebrauchslast der verstärkten Stütze im Einleitungsbereich ergibt sich zu:

$$N = \frac{(A_{ba} \cdot \beta_{Ra} + A_{sa} \cdot \beta_{Sa} + \Delta N)}{2{,}1} = \frac{2{,}61 + 1{,}33}{2{,}1}$$
$$= 1{,}88 \text{ MN} > N_{erf} = 1{,}845 \text{ MN}$$

(Die prozentuale Traglaststeigerung beträgt somit

$$\frac{1{,}33}{2{,}61} \cdot 100 = 51\ \%.)$$

4.5.3 Tragfähigkeit im Mittelbereich nach der Verstärkung:

Nach Gl. (F.4.10) ergibt sich

$$N_u = A_{ba} \cdot \beta_{Ra} + A_{sa} \cdot \beta_{Sa} + 0{,}8 \cdot A_{bn} \cdot \beta_{Rn} + A_{sn} \cdot \beta_{Sn}$$
$$N_u = 0{,}3^2 \cdot 17{,}5 + 24{,}64 \cdot 10^{-4} \cdot 420 + 0{,}8 \cdot (0{,}4^2 - 0{,}3^2) \cdot 17{,}5 + 19{,}64 \cdot 10^{-4} \cdot 420$$
$$N_u = 2{,}61 + 0{,}98 + 0{,}82 = 4{,}41 \text{ MN}$$
$$N = \frac{N_u}{\gamma} = \frac{4{,}41}{2{,}1} = 2{,}1 \text{ MN} > N_{erf} = 1{,}845 \text{ MN}$$

Die maßgebende Stützentragfähigkeit beträgt $N = 1{,}88$ MN, der Nachweis im Einleitungsbereich ist maßgebend.

5 Verstärken von Betonbauteilen mit geklebter äußerer Zusatzbewehrung

5.1 Einleitung

Die Notwendigkeit, Biegebauteile nachträglich zu verstärken, kann sich aus mehreren Gründen, z. B. Lasterhöhung, Änderung des statischen Systems, Bewehrungskorrosion, fehlerhafte Bemessung oder Ausführung u. a. m., ergeben. Die Biege- und Schubtragfähigkeit eines Betonbauteils kann durch unterschiedliche Verfahren erhöht werden. Das Zuführen von Zusatzbewehrung in Form von auf die Zugzone aufgeklebten Laschen aus Stahl oder Faserverbundwerkstoffen (FVW) mittels hochfester Epoxidharzkleber ist eine Verstärkungsmethode, die gegenüber anderen, wie z. B. Spritzbeton, Ortbetonergänzung der Druckzone u. a., einige Vorteile bietet:

- kaum Einschränkung der lichten Höhe
- kaum Erhöhung der Eigenlast
- saubere Ausführung
- kein Eintrag von Feuchtigkeit.

Bei der Abwägung sind jedoch auch folgende Punkte zu berücksichtigen:

- Für die Ausführung ist besonders qualifiziertes Personal erforderlich (SIVV-Schein, Eignungsnachweis der Firma).
- Insbesondere bei FVW-Lamellen besteht noch Forschungsbedarf, und es ist ggf. eine laufende Anpassung der Bemessungsregeln notwendig.
- Der bauliche Brandschutz ist aufwendig.

Die Verstärkung mit geklebten Stahllaschen wird weltweit seit mehr als 30 Jahren mit Erfolg angewandt und gehört zum Stand der Technik. Seit ca. 10 Jahren werden für die Klebebewehrung zunehmend Lamellen aus hochfesten Faserverbundwerkstoffen eingesetzt, die in einigen Punkten Stahllaschen gegenüber wesentliche Vorteile aufweisen. Als das allen anderen weit überlegene Fasermaterial haben sich Kohlenstoffasern erwiesen.

Für das Verstärken mit Stahllaschen sind gegenwärtig noch einige ältere Zulassungen gültig, bei deren Auslaufen diese durch eine neue Richtlinie abgelöst werden. Bei den folgenden Ausführungen, soweit sie Stahllaschen betreffen, sind die Regelungen dieses Richtlinienentwurfes [DIBt-Rili - 97 a] berücksichtigt.

Wegen der neueren Entwicklung hin zu Lamellen aus kohlenstoffaserverstärkten Kunststoffen (CFK-Lamellen) werden diese Materialien hier besonderen Raum einnehmen. Derzeit gibt es nur eine allgemeine bauaufsichtliche Zulassung für ein CFK-Lamellenprodukt [Zulassung Z-36.12-29]. Ein weiteres Zulassungsverfahren steht kurz vor dem Abschluß. Die im folgenden wiedergegebenen Bemessungsregeln beziehen sich auf die Richtlinie [DIBt-Rili - 97 b], die Bestandteil der bestehenden Regeln der Zulassung ist.

Im folgenden werden die Begriffe Lasche (meist für Stahl) und Lamelle (meist für CFK) synonym verwendet.

5.2 Verstärkungswerkstoffe

5.2.1 Stahllaschen

Für Zuglaschen und Laschenbügel dürfen verwendet werden:

- Stahl Fe 360 B nach DIN EN 10 025, Nennstreckgrenze f_{syk} = 235 N/mm^2 (früher St 37-2)
- Stahl Fe 360 C nach DIN EN 10 025, Nennstreckgrenze f_{syk} = 235 N/mm^2 (früher St 37-3)

Stähle mit höherer Streckgrenze können in der Regel nicht ausgenutzt werden.

5.2.2 CFK-Lamellen

Handelsübliche CFK-Lamellen sind 1,0-1,4 mm dick und 50-150 mm breit mit ca. 70 Vol-% hochfester Kohlenstoffasern in einem unidirektionalen Verbund mit einer Epoxidharzmatrix. Die Lamellenzugfestigkeiten von 2,5 bis 3,0 GPa übertreffen selbst die von hochwertigen Spannstählen deutlich. Die E-Moduli liegen zwischen 150 und 300 GPa. Die Ermüdungsfestigkeit und die Beständigkeit gegen chemischen Angriff sind sehr hoch. Das Werkstoffgesetz der Lamellen ist für Längszug linear-elastisch. Wegen ihres geringen Gewichts sind für CFK-Lamellen im Gegensatz zu Stahllaschen keine Abstützungen während der Klebererhärtung notwendig.

5.2.3 Klebstoffe

Als Kleber werden hochfeste 2-komponentige, gefüllte Epoxidharzkleber verwendet.

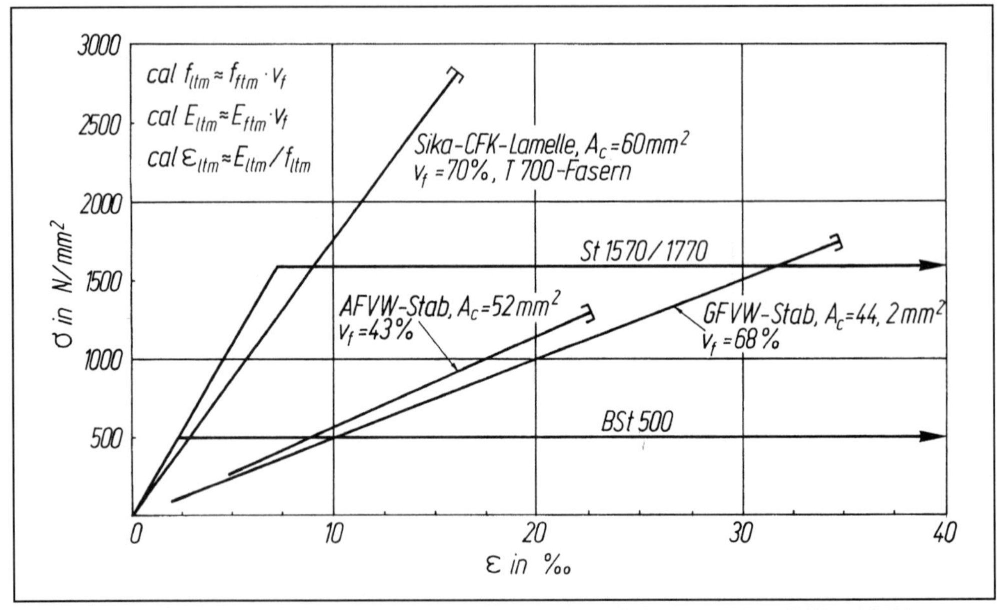

Abb. F.5.1 Spannung-Dehnungs-Linie einer CFK-Lamelle im Vergleich zu Stäben aus anderen FVW und Stählen

5.3 Statisches Prinzip

Die Biegetragfähigkeit eines Betonbauteils wird durch Zuführen äußerer Biegezugbewehrung unter Ausnutzung von Tragreserven der Druckzone erhöht. Der zusätzliche elastisch-plastische (Stahllaschen) oder linear-elastische (CFK-Lamellen) Zuggurt wird über einen hochfesten Kleber schubfest mit der Zugzone verbunden. Das Gleichgewicht im Fachwerkmodell des gerissenen Stahlbetonbauteils erfordert i.d.R. die Umschließung der Zuglamellen mit in der Druckzone verankerten Laschenbügeln, die bislang nur in Stahl ausgeführt werden können. Mit diesen kann auch die Querkrafttragfähigkeit erhöht werden.

Da die Zuglamellen vor den Auflagern enden, müssen sie an gelenkigen Endauflagern im Zugkraftbereich verankert werden. Damit sich die Lamelle nach einer Verankerungslänge l_t im Sinne der Fachwerkanalogie an der Zugkraftaufnahme beteiligen kann, muß der am Ende E von l_t auf die Lamelle entfallende Zugkraftanteil F_{lE} auf dieser Länge über Klebverbund verankerbar sein. In Abb. F.5.2 sind das Fachwerkmodell eines lamellenverstärkten Balkens, die Zugkraftlinien nach Fachwerkanalogie und die Lamellenverankerung außerhalb der Zugkraftlinie dargestellt.

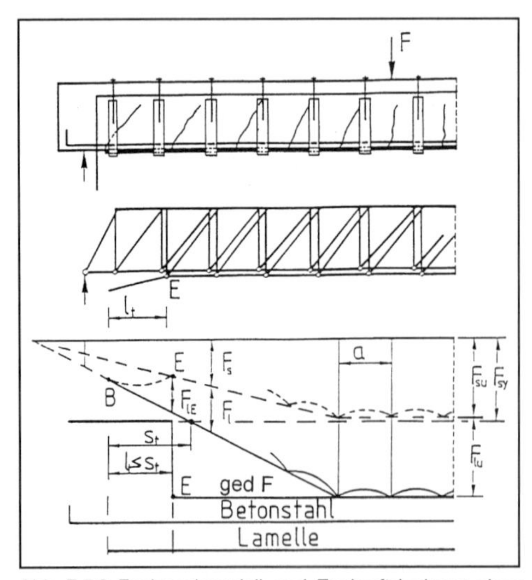

Abb. F.5.2 Fachwerkmodell und Zugkraftdeckung eines lamellenverstärkten Balkens, Zugkräfte nach Fachwerkanalogie

a	*Versatzmaß*
F_S	Zugkraftlinie der Innenbewehrung
F_l	Zugkraftlinie der Lamelle
F_{sy}	Fließkraft der Innenbewehrung
ged *F*	Zugkraftdeckungslinie
s_t	Strecke, innerhalb derer l_t angeordnet werden muß
l_t	Verankerungslänge

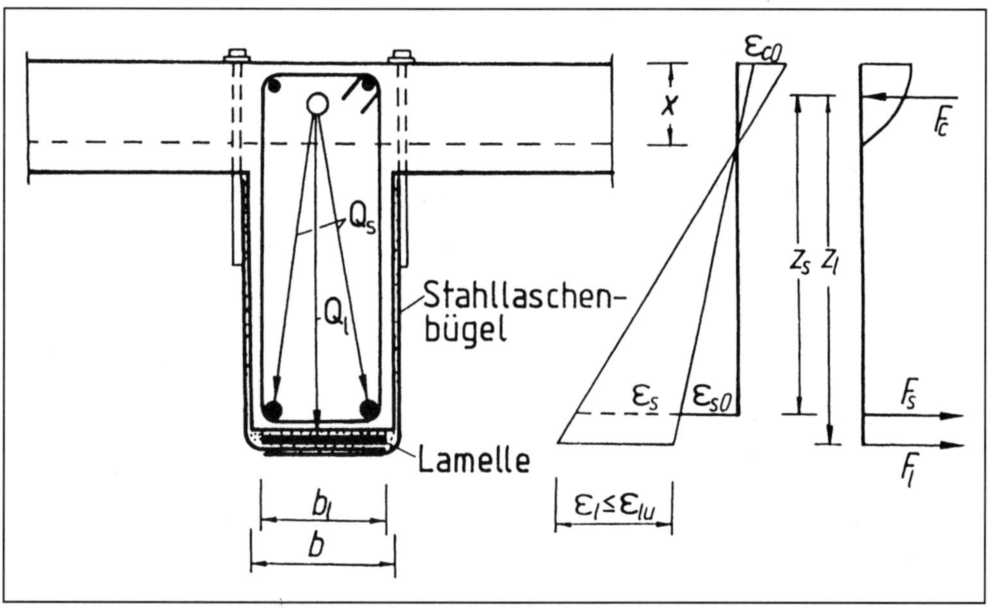

Abb. F.5.3 Verstärkung eines Plattenbalkens, Abmessungen und Dehnungen, Beispiel für Bügelverankerung

F

5.4 Biegebemessung

Die Biegebemessung folgt dem Vorgehen im konventionellen Stahlbetonbau für eine mehrlagige Bewehrung unter Voraussetzung von Dehnungsebenheit Abb. F.5.3.

Die Grenzdehnung von Stahllaschen muß auf

grenz $\varepsilon_{l,Stahl}$ = 2 ‰

festgelegt werden, da Versuche zeigen, daß bei größeren Dehnungen Klebverbundbrüche auftreten können.

Bei CFK-Lamellen ist wegen des teuren Materials eine möglichst hohe Ausnutzung der Lamelle erwünscht. Es muß jedoch ein Fließen der Innenbewehrung im Gebrauchszustand, das zur Überbeanspruchung des Klebverbundes und daher zu früher Lamellenentkoppelung sowie vorzeitigem Ermüdungsversagen bei nicht vorwiegend ruhender Beanspruchung führen kann, ausgeschlossen werden. Theoretische Überlegungen und Versuchsbeobachtungen ergaben folgende Festlegungen für die CFK-Lamellengrenzdehnung im rechnerischen Bruchzustand [Rostásy u. a. - 92]:

grenz $\varepsilon_{l,CFK} \leq 5\ \varepsilon_{sy}$ für Betonstahl (F.5.1)

grenz $\varepsilon_{l,CFK} \leq 5\ (\varepsilon_{py} - \varepsilon_{p0})$ für Spannstahl (F.5.2)

grenz $\varepsilon_{l,CFK} = \varepsilon_{lu}/2$ (F.5.3)

Hierin ist

ε_{sy} Fließdehnung des Innenstahls

ε_{py} Fließdehnung des Spannstahls

ε_{p0} Vordehnung des Spannstahls

ε_{lu} Zugbruchdehnung des Lamellenwerkstoffs.

Der kleinere Wert ist maßgebend. In Anlehnung an EC 2 kann die Grenzdehnung des Betonstahls zu

grenz ε_s = 10 ‰ (F.5.4)

angesetzt werden.

Der Biegeverstärkungsgrad ist das Verhältnis des Biegebruchmomentes im verstärkten M_{uV} zu dem im unverstärkten Zustand M_{u0} und wird begrenzt auf:

$\eta_B = M_{uV}/M_{u0} \leq 2$ (F.5.5)

5.5 Schubnachweise und -bemessung

Hinsichtlich der Schubnachweise und -bemessung gelten die Regelungen der DIN 1045 bzw. der DIN 4227 T 1. Der Schubbereich 3 darf nicht ausgenutzt werden. Der Grundwert der Schubspannung τ_{0V} des verstärkten Bauteils im Gebrauchszustand kann für Vollplatten nach Gl. (F.5.6) in Höhe der Nullinie (s. Abb. F.5.4) bestimmt werden:

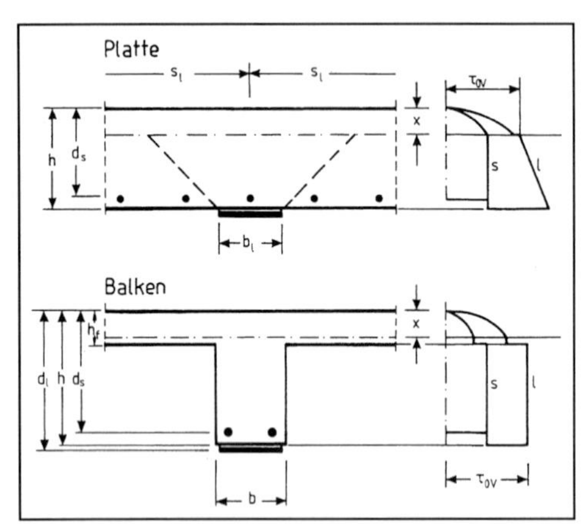

Abb. F.5.4 Schubspannungen des verstärkten Bauteils im Gebrauchszustand

$$\tau_{0v} = \frac{Q_v}{\text{erf}\ \eta_B \cdot z_m}\left[1 + \left((\text{erf}\ \eta_B - 1)\ \frac{s_l}{b_l + 2\,(h_l - x)}\right)\right]$$

$$\leq \tau_{011}(b) \qquad (F.5.6)$$

Hierin bedeuten:

Q_V gesamte Querkraft des 1 m breiten Plattenstreifens. An Endauflagern darf die am Punkt E (s. Abb. F.5.2) vorhandene Querkraft eingesetzt werden.

erf η_B erforderlicher Biegeverstärkungsgrad

s_l Laschenabstand

z_m mittlerer Hebelarm der inneren Kräfte

Bei Balken kann man den Grundwert τ_{0V} wie folgt bestimmen (s. Abb. F.5.4):

$$\tau_{0V} = \frac{Q_V}{b \cdot z_m} \leq \tau_{02} \qquad (F.5.7)$$

Hierin ist b die Balkenstegbreite. Die Mindestmenge der Laschenbügel ist gemäß DIN 1045, 17.5.5.2 und 3 nachzuweisen. Hinsichtlich der Deckung der Querkraft Q_V sind zwei Fälle zu unterscheiden:

Fall 1:

Die durch die innere Schubbewehrung gedeckte Querkraft ged Q_{Vs} ist kleiner als die gesamte Querkraft.

$$\text{ged}\ Q_{Vs} < Q_V$$

Die Laschenbügel sind zu bemessen für

$$Q_{Vl} = Q_V - \text{ged}\ Q_{Vs} \qquad (F.5.8)$$

bzw. für

$$Q_{Vl} = \frac{\eta_B - 1}{\eta_B}\ Q_V \qquad (F.5.9)$$

Der größere Wert von Q_{Vl} ist maßgebend.

Äußere Schubbewehrung in Form geklebter Stahllaschenbügel aus Baustahl Fe 360 B bzw. C ist stets anzuordnen. Diese müssen die Zugzone umschließen und in der Druckzone verankert werden (Abb. F.5.3).

Fall 2:

Die durch die innere Schubbewehrung gedeckte Querkraft ist gleich oder größer als die gesamte Querkraft:

$$\text{ged}\ Q_{Vs} \geq Q_V$$

Die Laschenbügel sind für die Querkraft nach Gl. (F.5.9) zu bemessen.

Bei einer Schubbeanspruchung $\tau_{0V} \leq \tau_{011}$ (Zeile 1b) darf auf Laschenbügel verzichtet werden, sofern die innere Schubbewehrung zur Deckung der Gesamtquerkraft Q_V ausreichend dimensioniert ist. Unter derselben Voraussetzung darf bei einer Schubbeanspruchung von $\tau_{0V} \leq \tau_{012}$ auf die Verankerung in der Druckzone verzichtet werden. Dann ist die Verklebung der Stahllaschenbügel über die gesamte Steghöhe zu gewährleisten.

5.6 Bemessung der Klebverbundverankerung

Aus Abschn. 5.3 ergibt sich, daß erst vom Endpunkt E der Verankerungslänge an die Außenbewehrung als voll mitwirkender zweiter Zuggurt des Fachwerks betrachtet werden kann. Die Lamellenzugkraft F_{lE} muß entlang der Länge l_t über Klebverbund verankert werden.

Umfangreiche Verbundversuche zur Bestimmung der Tragfähigkeit von Verklebungen von Stahllaschen bzw. CFK-Lamellen mit Beton an der TU Braunschweig ergaben, daß die verankerbare Verbundkraft T zunächst mit der Verankerungslänge ansteigt, bis von einer bestimmten Verankerungslänge $l_{t,max}$ an kein Zuwachs an Verbundbruchkraft mehr erzielt wird. Basierend auf den Versuchen mit Stahllaschen wurde ein Modell der Verbundtragfähigkeit geklebter Bewehrung entwickelt [Holzenkämpfer], dessen Gültigkeit auch für CFK-Lamellen

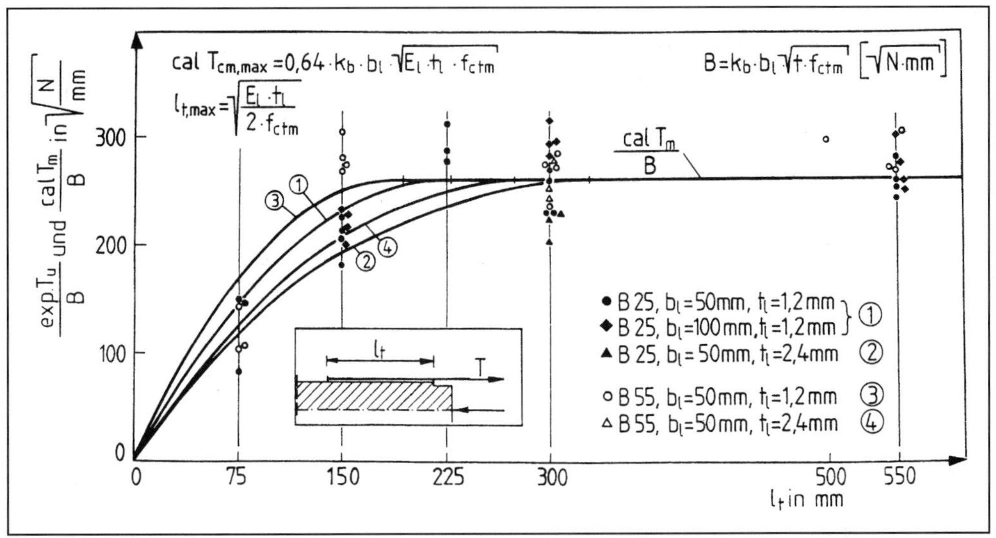

Abb. F.5.5 Rechnerische und gemessene Verbundbruchkräfte in Abhängigkeit von der Verankerungslänge in bezogener Darstellung für CFK-Lamellen Typ Sika CarboDur

bestätigt werden konnte [Untersuchungsbericht 8511/8511 - 96], [Untersuchungsbericht 8524/5247 - 98]. In Abb. F.5.5 sind stellvertretend für beide Werkstoffe die gemessenen und die rechnerischen Verbundbruchkräfte für diese CFK-Lamellen in Abhängigkeit von der Verankerungslänge in bezogener Darstellung gezeigt.

Die Auswertung ergab für die Formeln der charakteristischen Verbundbruchkräfte $T_{k,max}$ und der zugehörigen Verankerungslängen $l_{t,max}$ geringe materialspezifische Unterschiede.

für Stahllaschen:

$$T_{k,max,S} = 0{,}35 \cdot b_l \cdot k_b \cdot \sqrt{E_1 \cdot t_1 \cdot f_{ctm}} \quad \text{in N} \qquad \text{(F.5.10)}$$

$$l_{t,max,S} = 0{,}5 \sqrt{\frac{E_1 \cdot t_1}{f_{ctm}}} \quad \text{in mm} \qquad \text{(F.5.11)}$$

für CFK-Lamellen:

$$T_{k,max,C} = 0{,}5 \cdot b_l \cdot k_b \cdot \sqrt{E_1 \cdot t_1 \cdot f_{ctm}} \quad \text{in N} \qquad \text{(F.5.12)}$$

$$l_{t,max,C} = 0{,}7 \sqrt{\frac{E_1 \cdot t_1}{f_{ctm}}} \quad \text{in mm} \qquad \text{(F.5.13)}$$

In den Gln. (F.5.10) bis (F.5.13) bedeuten:

b_l Laschen- bzw. Lamellenbreite in mm

t_l Laschen- bzw. Lamellendicke in mm

E_l Elastizitätsmodul des Stahls bzw. CFK-Werkstoffs nach Zulassung in N/mm²

f_{ctm} Rechenwert der Oberflächenzugfestigkeit des Betons in N/mm²; es darf maximal f_{ctm} = 3,0 N/mm² eingesetzt werden.

$$k_b = 1{,}06 \sqrt{\frac{2 - b_l/b}{1 + b_l/400}} \geq 1 \quad \text{(dimensionslos)} \qquad \text{(F.5.14)}$$

b Balkenbreite bzw. Laschenabstand s_l bei Vollplatten in mm

Für Stahllaschen kann nach [DIBt-Rili - 97 a] die verbundkrafterhöhende Wirkung der Umschließung durch Laschenbügel noch durch einen Beiwert $k_{bü} > 1$ berücksichtigt werden.

Die verankerbare Verbundbruchkraft T_k muß mindestens so groß wie die entsprechend Abb. F.5.2 am Punkt E im rechnerischen Bruchzustand vorhandene Lamellenzugkraft F_{lE} sein.

5.7 Bemessungsbeispiel

Der Einfeld-Plattenbalken hat die in Abb. F.5.6 dargestellte Geometrie und Bewehrung. Es ist eine Nutzlasterhöhung des Balkens um 12 kN/m geplant. Die Biege- und Schubtragfähigkeit sind erforderlichenfalls zu erhöhen.

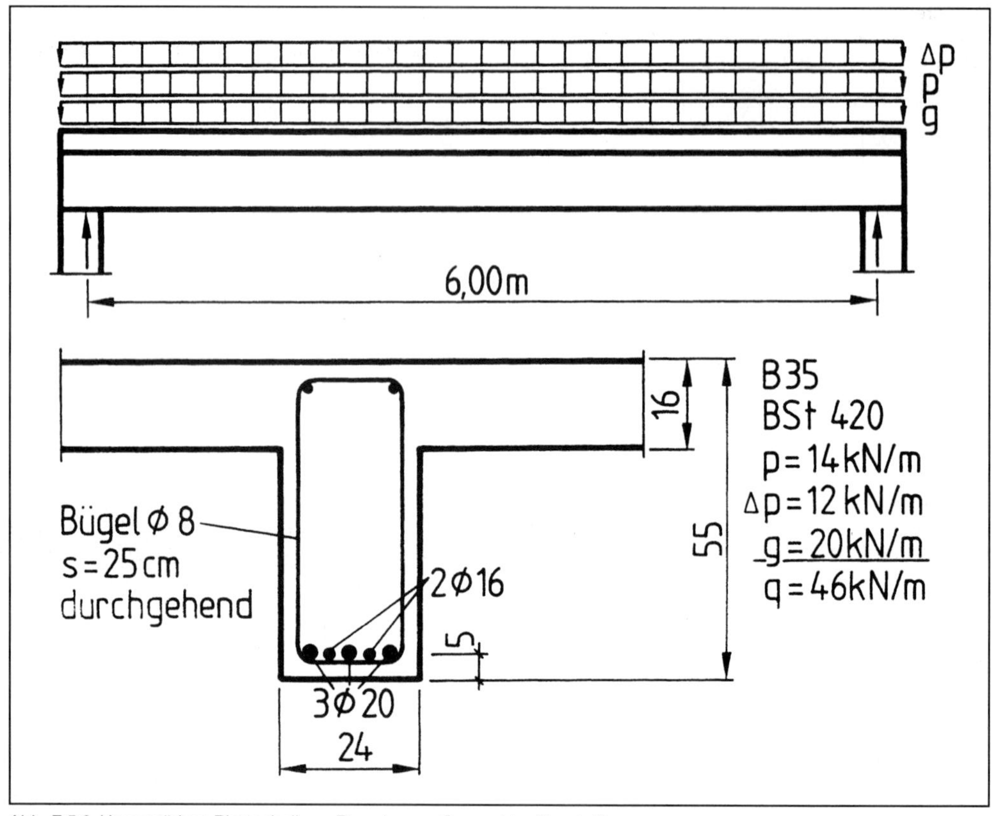

Abb. F.5.6 Unverstärkter Plattenbalken, Bewehrung, Geometrie, Baustoffe

5.7.1 Biegeverstärkung

vorh $A_{s,F}$ = 13,44 cm^2 in Feldmitte

Maximales Biegemoment und Auflagerkräfte nach Lasterhöhung im verstärkten Zustand:

M_V = 207 kNm

$A = B$ = 138 kN

Feldmoment unter Eigenlast:

M_g = 90 kNm

Dehnungszustand unter Eigenlast:

In Feldmitte ergibt sich unter M_g = 90 kNm und einem inneren Hebelarm der Betonstahlbewehrung von $z_s = d_s - h_f/2 = 0{,}50 - 0{,}16/2 = 0{,}42$ m eine Vordehnung der vorhandenen Bewehrung zum Verstärkungszeitpunkt von

$\varepsilon_{s0} = 0{,}76\,‰$

Biegebruchmoment im unverstärkten Zustand mit

M_{u0} = vorh $A_s \cdot f_{sy} \cdot z_s = 13{,}44 \cdot 42 \cdot 0{,}42$

$= 237$ kNm

Erforderliches Biegebruchmoment im verstärkten Zustand:

$M_{uV} = \gamma \cdot M_V = 1{,}75 \cdot 207$ kNm $= 362$ kNm

Erforderlicher Biegeverstärkungsgrad:

erf $\eta_B = 362/237 = 1{,}53 <$ max $\eta_B = 2{,}0$

Verstärkung mit Stahllasche

Es wird mit einer Stahllasche aus St 37 mit Streckgrenze f_{ly} = 235 N/mm^2 verstärkt.

Innerer Hebelarm der Lasche:

$z_l = 0{,}55 - 0{,}16/2 = 0{,}47$ m

Da bereits unter einer Innenstahlvordehnung von $\varepsilon_s = 0{,}76$ ‰ verstärkt wird, wird bei Ausnutzung der zulässigen Stahllaschendehnung von grenz ε_l = 2 ‰ der Innenstahl auch fließen, so daß das Fließmoment (= Biegebruchmoment) des unverstärkten Balkens angesetzt werden kann.

Durch die Lasche im rechnerischen Bruchzustand aufzunehmendes Differenzmoment:

erf $\Delta M_{lu} = M_{uV} - M_{u0} = 362 - 237 = 125$ kNm

Erforderlicher Laschenquerschnitt:

erf A_l = erf $\Delta M_{lu}/(z_l \cdot f_{ly})$

$= 125/(0{,}47 \cdot 23{,}5) = 11{,}3$ cm^2

gewählt z. B.: ▭ 8 × 150, St 37

Gewicht: $g = 9{,}36$ kg/m

Die weiteren Nachweise werden analog zu denen für CFK-Lamellen geführt.

Verstärkung mit CFK-Lamelle

Biegebemessung

Es werden CFK-Lamellen mit einem E-Modul von E_l = 170 GPa und einer Dicke von t_l = 1,2 mm verwendet. Die Zugbruchdehnung beträgt

$\varepsilon_{lu} = 16$ ‰

Ausnutzbare Lamellengrenzdehnung:

Gl. (F.5.1): grenz $\varepsilon_l = 5\ \varepsilon_{sy} = 5 \cdot 2{,}0 = 10$ ‰

Gl. (F.5.3): grenz $\varepsilon_l = \varepsilon_{lu}/2 = 8$ ‰ → maßgebend

Ausnutzbare Lamellenspannung im rechnerischen Bruchzustand:

grenz σ_l = grenz $\varepsilon_l \cdot E_l = 8 \cdot 170 = 1360$ N/mm^2

Da bei Ausnutzung derart großer Lamellendehnungen die Innenbewehrung auf jeden Fall fließt, kann auch hier wieder das Fließmoment des unverstärkten Querschnitts angesetzt werden.

Erforderliche Lamellenzugkraft:

erf F_l = erf $\Delta M_{lu}/z_l = 125/0{,}47 = 266$ kN

Erforderlicher Lamellenquerschnitt:

erf A_l = erf F_l/grenz $\sigma_l = 266 \cdot 10^{-3}/1360$
$= 196$ mm^2

Erforderliche Lamellenbreite bei t_l = 1,2 mm:

erf $b_l = 196/1{,}2 = 163$ mm

gewählt:

je eine Lamelle mit $b_l \times t_l = 100 \times 1{,}2$ und $80 \times 1{,}2$

vorh $A_l = 180 \cdot 1{,}2 = 216$ mm^2

Gewicht: $g = 0{,}388$ kg/m

Mit diesem Lamellenquerschnitt kann eine Zugkraft von

grenz F_l = vorh A_l · grenz σ_l

$= 216 \cdot 1360 \cdot 10^{-3} = 294$ kN

abgedeckt werden.

Verankerungsnachweis

Am Bauteil wurde ein Mittelwert der Oberflächenzugfestigkeit des Betons von f_{ctm} = 3,2 N/mm^2 festgestellt. Nach Abschn. 5.6 darf jedoch nur maximal f_{ctm} = 3,0 N/mm^2 eingesetzt werden.

Maximal verankerbare Verbundbruchkraft nach Gl. (F.5.12) mit $k_b = 1{,}0$

$$T_{k,max} = 0{,}5 \cdot 180 \cdot 1{,}0 \cdot \sqrt{170\,000 \cdot 1{,}2 \cdot 3{,}0}$$
$$= 70\,407 \text{ N} = 70{,}4 \text{ kN}$$

zugehörige Verankerungslänge nach Gl. (F.5.13):

$$l_{t,max} = 0{,}7 \cdot \sqrt{\frac{170\,000 \cdot 1{,}2}{3{,}0}} = 183 \text{ mm}$$

Die gesamte Zugkraft an der Stelle E, die sich um $f = 13 + 18{,}3 = 31{,}3$ cm von der Auflagerlinie entfernt befindet (Abb. F.5.7), beträgt mit Berücksichtigung des Versatzmaßes von

$a = d_m = (d_s + d_l)/2 = 52{,}5$ cm

und des mittleren inneren Hebelarmes von

$z_m = 45$ cm:

$$\text{tot } F_E = \frac{A\,(a + f) - \dfrac{(a + f)^2}{2}\,q}{z_m}$$

$$= \frac{138 \cdot (0{,}525 + 0{,}313) - \dfrac{(0{,}525 + 0{,}313)^2}{2} \cdot 46}{0{,}45}$$

$= 221$ kN

Die am Punkt E zu verankernde Lamellenzugkraft im rechnerischen Bruchzustand ergibt sich unter Berücksichtigung der Dehnsteifigkeiten der einzelnen Bewehrungslagen und deren innerer Hebelarme sowie $\gamma = 1{,}75$ zu

F

$$F_{lEu} = \gamma \cdot \text{tot}\, F_E \frac{E_l A_l z_l}{E_l A_l z_l + E_s A_{sE} z_s}$$

$$= 1{,}75 \cdot 221 \frac{170 \cdot 216 \cdot 0{,}47}{170 \cdot 215 \cdot 0{,}47 + 210 \cdot 942 \cdot 0{,}42}$$

$$= 66{,}5 \text{ kN}$$

Hierin ist A_{sE} der am Punkt E vorhandene Innenbewehrungsquerschnitt (3 ∅ 20, s. Abb. F.5.7).

$T_{k,\,max} = 70{,}4 \text{ kN} > \text{vorh } F_{lEu} = 66{,}5 \text{ kN}$

Die über Klebverbund verankerbare Lamellenkraft nach Gl. (F.5.12) ist größer als die am Punkt E im rechnerischen Bruchzustand vorhandene. Damit ist der Verankerungsnachweis erbracht.

5.7.2 Schubnachweise und -bemessung

vorh $a_{s,Bü} = 4{,}02 \text{ cm}^2/\text{m}$

Maßgebende Querkraft nach DIN 1045, 17.5.2 bei $d_m/2 = 0{,}525/2 = 0{,}26$ m vor Auflagerkante im Gebrauchszustand nach Lasterhöhung:

$\text{maßg. } Q_V = 138 - (0{,}26 + 0{,}08) \cdot 46 = 122 \text{ kN}$

Grundwert der Schubspannung:

$$\tau_{0V} = \text{maßg. } Q/(b \cdot z_m) = 0{,}122/(0{,}24 \cdot 0{,}45)$$

$$= 1{,}11 \text{ N/mm}^2 \quad \begin{matrix} > \tau_{012} = 1{,}0 \text{ N/mm}^2 \\ < \tau_{02} = 2{,}4 \text{ N/mm}^2 \end{matrix}$$

→ Schubbereich 2: Es darf verminderte Schubdeckung mit $\eta_\tau = \tau_{0V}/\tau_{02}$ angewendet werden.

Durch die innere Schubbewehrung gedeckte Querkraft:

$$\text{ged. } Q_{Vs} = \frac{\text{vorh } a_{s,Bü} \cdot \text{zul } \sigma_{s,Bü} \cdot z_m}{\tau_{0V}/\tau_{02}}$$

$$= \frac{4{,}02 \cdot 235 \cdot 0{,}45 \cdot 10^{-4}}{1{,}11/2{,}4}$$

$$= 0{,}092 \text{ MN} = 92 \text{ kN}$$

$$< \text{maßg. } Q_V = 122 \text{ kN}$$

Dies entspricht Fall 1 nach Abschn. 5.5. Der von den äußeren Stahllaschenbügeln aufzunehmende Querkraftanteil beträgt damit:

Gl. (F.5.8):

$Q_{Vl} = \text{maßg. } Q_V - \text{ged. } Q_{Vs} = 122 - 92 = 30 \text{ kN}$

Gl. (F.5.9):

$$Q_{Vl} = \frac{1{,}53 - 1}{1{,}53} \cdot 122 = 42{,}3 \text{ kN maßgebend!}$$

Es sollen Stahllaschenbügel aus St 37 angeordnet werden.

Erforderlicher Laschenbügelquerschnitt mit

zul $\sigma_{l,Bü} = 235/1{,}75 = 134 \text{ N/mm}^2$:

$$\text{erf } a_{sl,Bü} = \frac{\tau_{0V}}{\tau_{02}} \cdot \frac{Q_{Vl}}{z_1 \cdot \text{zul } \sigma_{1,B}}$$

$$= \frac{1{,}11}{2{,}4} \cdot \frac{0{,}0423 \cdot 10^4}{0{,}47 \cdot 134} = 3{,}11 \text{ cm}^2/\text{m}$$

Die Richtlinie [DIBt-Rili - 97 b] fordert einen Laschenbügelabstand von $s_{l,Bü} \leq$ Balkenhöhe.

gewählt:

Laschenbügel 4 × 50 mm², $s_{l,Bü}$ = 50 cm

vorh $a_{l,\,Bü} = 8 \text{ cm}^2/\text{m}$

Nach Abschn. 5.5 sind die Laschenbügel immer in der Druckzone zu verankern, wenn die durch die innere Schubbewehrung gedeckte Querkraft kleiner als die gesamte Querkraft ist. Auf die Verankerung in der Druckzone darf verzichtet werden, sofern die gesamte Querkraft durch die innere Schubbewehrung gedeckt **und** $\tau_{0V} \leq \tau_{012}$ ist. Es läßt sich leicht errechnen, daß in einer Entfernung von x = 1,00 m von der Auflagerlinie beide Bedingungen erfüllt sind. Von hier an werden die Laschenbügel nur noch seitlich über die Steghöhe verklebt. Sie sind mit Dübeln gegen Herabfallen bei Brand zu sichern.

Ab einer Entfernung von x = 1,59 m von der Auflagerlinie ist $\tau_{0V} \leq \tau_{011}$(b) **und** ged. $Q_{Vs} \geq Q_V$. In diesem Fall darf nach Abschn. 5.5 auf Laschenbügel in dem betreffenden Bereich verzichtet werden. Nach [DIBt-Rili - 97 b] ist der Verankerungsbereich der Zuglamelle immer mit zwei in der Druckzone verankerten Laschenbügeln zu sichern, wobei jener am Punkt E die doppelte Breite der anderen Laschenbügel hat. Das Prinzip der Verankerung in der Druckzone ist in Abb. F.5.2 dargestellt.

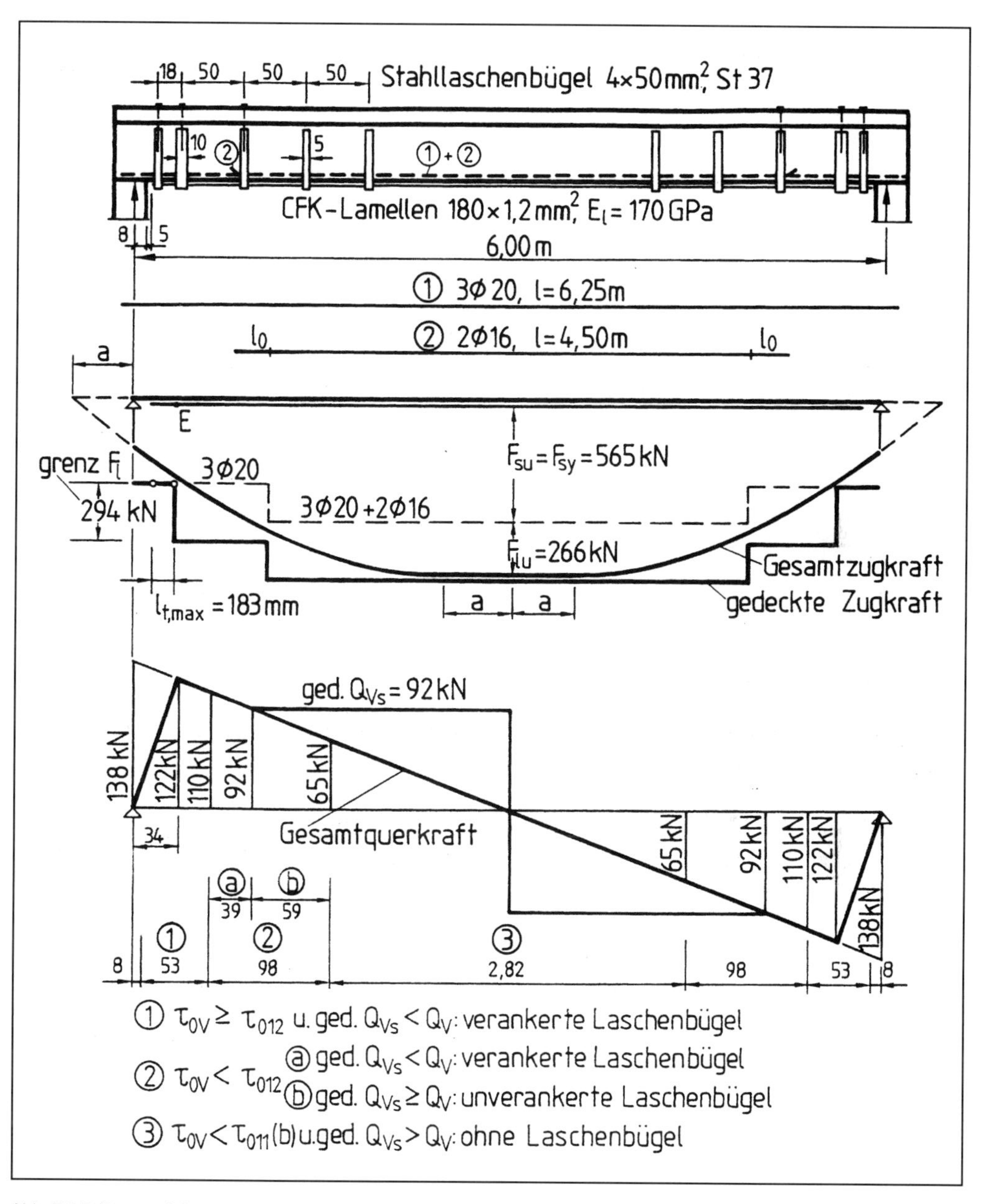

Abb. F.5.7 Zug- und Querkraftdeckung am verstärkten Balken (nur durch innere Schubbewehrung abgedeckte Querkraft ist eingetragen) sowie Anordnung der Laschenbügel

5.8 Anwendungen

Die Verstärkung mit geklebten Stahllaschen wird in Deutschland seit ca. 15 Jahren regelmäßig praktiziert und ist ein bewährtes Verfahren (Abb. F.5.8).

Abb. F.5.8 Mit Zuglaschen und Laschenbügeln aus Stahl verstärkter Unterzug

Die Bauteilverstärkung mit CFK-Lamellen wird in Deutschland seit 1995 angewendet. Nach der allgemeinen bauaufsichtlichen Zulassung von CFK-Lamellen, mit der aufwendige Verfahren für die Zustimmung im Einzelfall entfielen, weist die Anwendung dieser Methode eine steigende Tendenz auf. Nachfolgend werden nur einige von vielen bereits erfolgten Anwendungen genannt.

An Großtafelbauten des Systems WBS 70 mußte die Biegetragfähigkeit vorgespannter Balkonplatten auf das ca. 1,4fache erhöht werden. Versuche an Originalplatten ergaben eine Erhöhung der Tragfähigkeit um 55 % durch geklebte CFK-Lamellen im Gesamtgewicht von 1,8 kg [Untersuchungsbericht 1448/325 - 95]. In Abb. F.5.9 ist das Bauteilverhalten im Versuch dargestellt. Bis heute ist eine große Anzahl dieser Balkonplatten in Sachsen und Sachsen-Anhalt verstärkt worden.

An drei fast 70 Jahre alten und etwa 25 m weit gespannten Stahlbeton-Rahmenbrücken mußte die Tragfähigkeit um bis zu 98 % erhöht werden. In einem Balkenversuch im Maßstab 1 : 4 wurde duch Aufkleben von CFK-Lamellen mit einem Querschnitt von 1,8 cm^2 im Bruchversuch ein Biegeverstärkungsgrad von η_B = 2,1 erreicht. Der Balken ertrug 2 Mio. Lastwechsel ohne Ermüdungsbruch [Untersuchungsbericht 8516/8516 - 96]. Die Schubtragfähigkeit wurde mit geklebten und in der Druckzone verankerten Stahllaschenbügeln erhöht. Das Versagen trat durch Zwischenfaserbruch im Endbereich zweier Lamellen ein. Abb. F.5.10

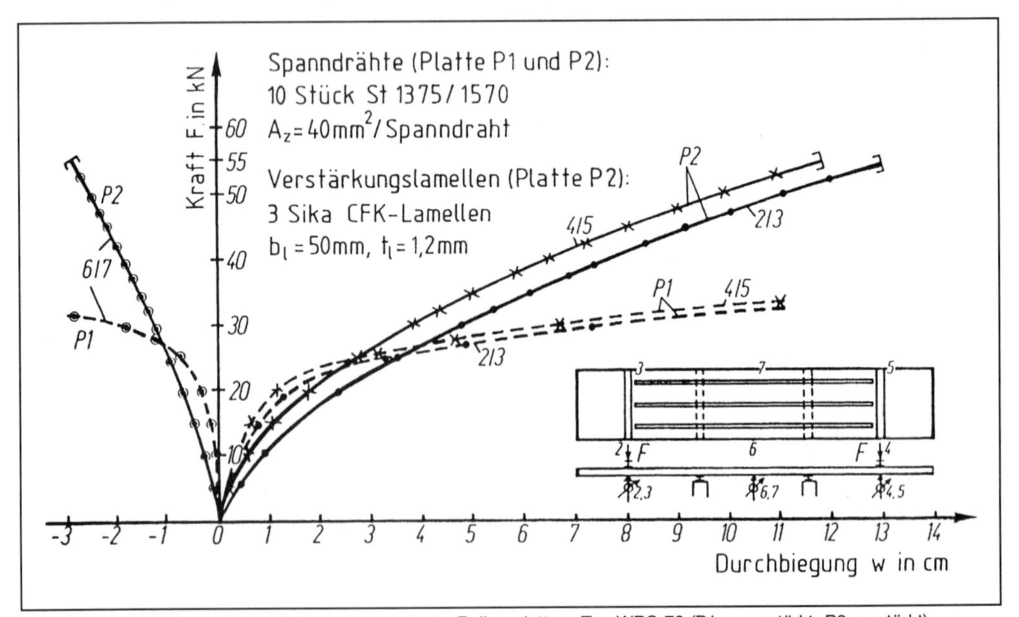

Abb. F.5.9 Last-Verformungsverhalten vorgespannter Balkonplatten, Typ WBS 70 (P1 unverstärkt, P2 verstärkt)

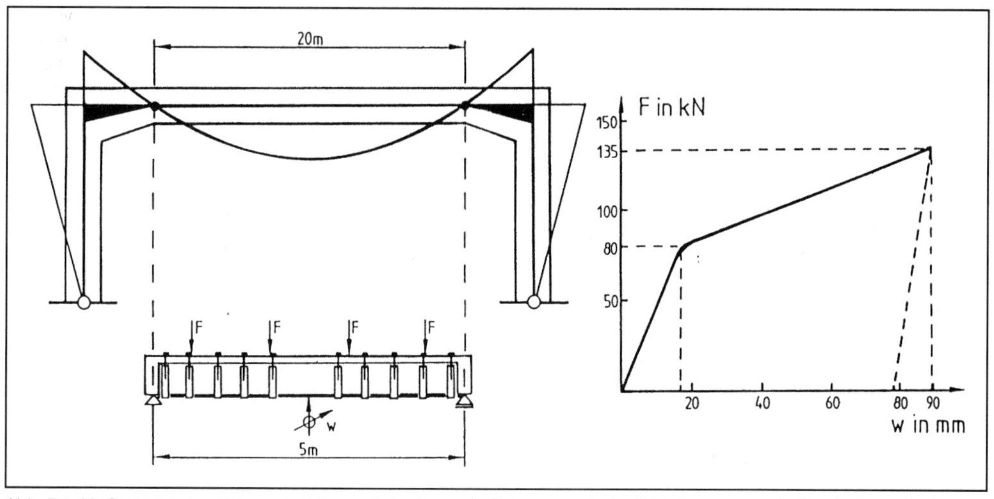

Abb. F.5.10 Systeme der Rahmenbrücke und des Versuchsträgers sowie Last-Verformungsverhalten (schematisch)

zeigt die Systeme des Bauwerks und des Versuchsträgers, der den Bereich positiver Momente zwischen den Vouten abbildete, sowie das Last-Verformungsverhalten schematisch.

Im Rahmen der Erweiterung eines Hochschulgebäudes erhielt die als Kassettendecke ausgebildete Stahlbetondecke erhöhte Schnittgrößen. Die daraufhin bei einer größeren Anzahl von Rippen erforderliche Erhöhung der Biegetragfähigkeit wurde mit Klebebewehrung aus CFK-Lamellen erreicht. Wegen sehr niedriger Schubbeanspruchung und ausreichender innerer Schubbewehrung konnte auf zusätzliche geklebte Laschenbügel verzichtet werden. Zur Sicherung der Lamellenenden wurde an diesen je ein Stahllaschenbügel vorgesehen. Abb. F.5.11 zeigt die Untersicht der Decke mit zwei verstärkten Rippen während der Verklebearbeiten. Lamellenkreuzungen konnten mit den 1,2 mm dünnen CFK-Lamellen problemlos ausgeführt werden.

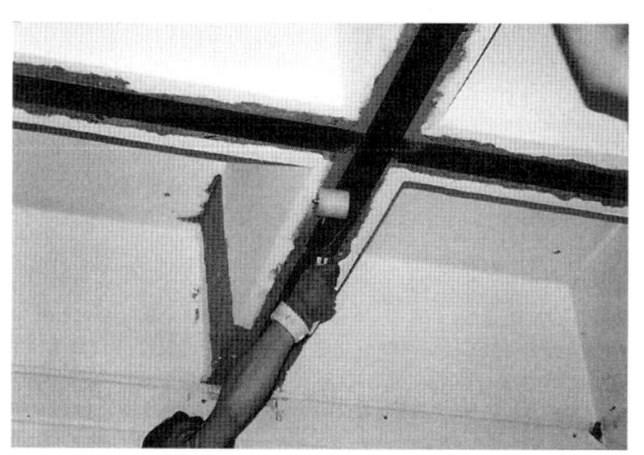

Abb. F.5.11 Verklebung von CFK-Lamellen auf Rippendecke, Lamellenkreuzung

5.9 Ausblick zur geklebten Bewehrung

Das Aufkleben äußerer Zusatzbewehrung ist in vielen Fällen eine kostengünstige und einfache Lösung von Verstärkungsaufgaben bei Biegebauteilen aus Stahl- und Spannbeton. Als Verstärkungsmaterial setzen sich wegen deren Vorteile CFK-Lamellen immer stärker durch. Die Methode ist jedoch kein Allheilmittel. In jedem Falle muß der Verstärkung eine gründliche Untersuchung des Bauteils und eine Planung einschl. Prüfung der Anwendbarkeit des Verfahrens durch einen erfahrenen und sachkundigen Ingenieur vorausgehen.

An die ausführende Firma werden besondere Anforderungen gestellt. Eine sorgfältige handwerkliche Ausführung unter Einhaltung der entsprechenden Richtlinien ist entscheidend für die Qualität der Verklebung und damit für die Tragfähigkeit der Verstärkung.

Bemessungsrichtlinien stehen zur Verfügung. Trotzdem bestehen bei dieser vegleichsweise jungen Technik, insbesondere bei CFK-Lamellen, noch Wissenslücken und auch konstruktive Verbesserungsmöglichkeiten. Im Zuge voranschreitender Forschung werden die Bemessungsgrundlagen kontinuierlich weiterentwickelt. Für die Zukunft ist eine deutlich stärkere Verbreitung dieser innovativen Verstärkungstechnik zu erwarten.

6 Zusammenfassung

In den letzten Jahren sind zahlreiche Verfahren zur Verstärkung von Stahlbetonbauteilen entwickelt worden. Einige für Hochbauten wichtige Verfahren wurden in den vorangegangenen Abschnitten dargestellt. Weiterhin sind die Druckzonenergänzung mit Beton und das Verstärken mit eingeschlitzter Bewehrung gängige Verfahren. Insbesondere im Brückenbau werden Verstärkungsmaßnahmen mit externer Vorspannung durchgeführt. Über diese und weitere Verfahren wird in einem der folgenden Jahrbücher berichtet werden.

G AKTUELLE VERÖFFENTLICHUNGEN

Prof. Dr.-Ing. Ralf Avak (Abschnitt G.1), Prof. Dr.-Ing. Günther Lohse (Abschnitt G.2)
und Prof. Dr.-Ing. Gert König et alii (Abschnitt G.3)

3 Verformungsvermögen und Umlagerungsverhalten von Stahlbeton- und Spannbetonbauteilen

G Aktuelle Veröffentlichungen

1 Stützenbemessung mit Interaktionsdiagrammen nach Theorie II. Ordnung

1.1 Einleitung

Für den eiligen Leser
Im Gesamtaufsatz werden zunächst die theoretischen Grundlagen aufbereitet. Sofern dem Leser die Hintergründe der Querschnittsbemessung und des Modellstützenverfahrens nach EC 2 bekannt sind, ist für die Anwendung der Tafeln das Lesen der Abschnitte 1.5 und 1.6 ausreichend.

Bei der Tragwerkplanung ist heutzutage die Nutzung leistungsfähiger Software üblich. Um hiermit durchgeführte Rechnungen kontrollieren und Vorbemessungen durchführen zu können, sind Überschlagsverfahren erforderlich. Der folgende Beitrag zeigt Diagramme, mit denen eine überschlägliche Bemessung von Druckgliedern möglich ist. Ziel bei der Ableitung dieser Diagramme ist eine einfache und schnelle Handhabung bei ausreichender Genauigkeit. Die Diagramme werden für zwei- und vierseitige Bewehrung in Rechteckquerschnitten aufgestellt.

Die mit dem Verfahren entwickelten Tafeln des Abschnittes 1.6 gelten für eine Bemessung nach Eurocode 2 [ENV 1992-1-1 – 92]. Für die neue Stahlbetonbemessungsnorm DIN 1045, die 1999 erscheinen soll und die auf [E DIN 1045-T1 – 97] basiert, lassen sich ähnliche Diagramme aufstellen, die nur unwesentlich von den in diesem Beitrag gezeigten abweichen.

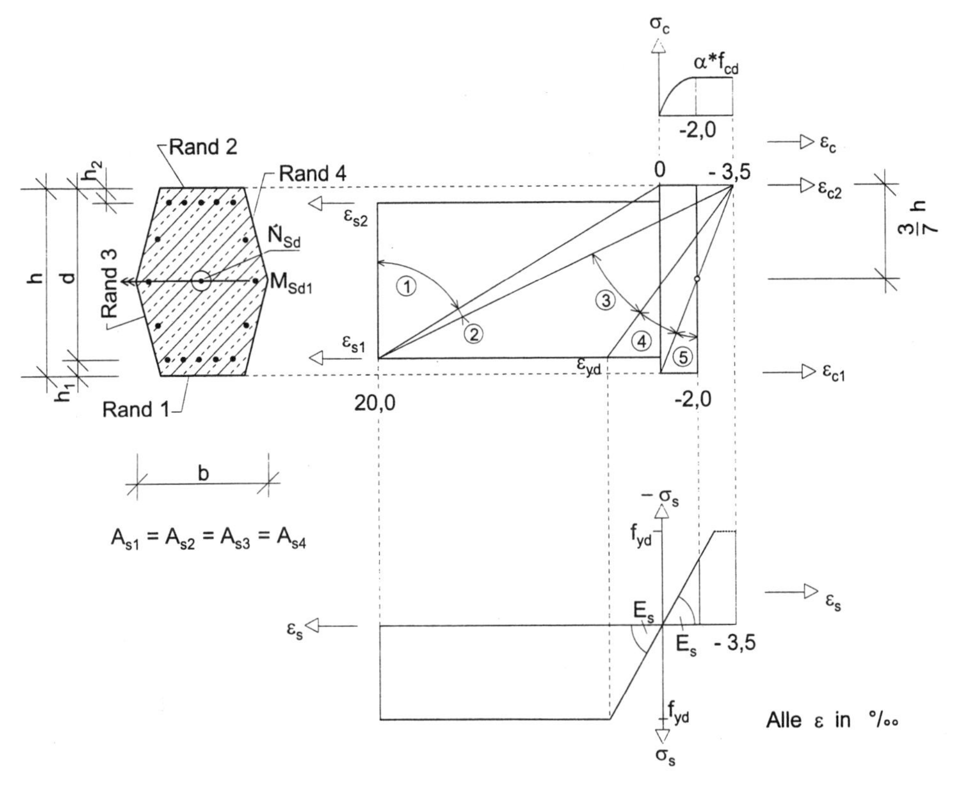

Abb. G.1.1 Bezeichnungen und Dehnungszustände von Stahlbetonquerschnitten

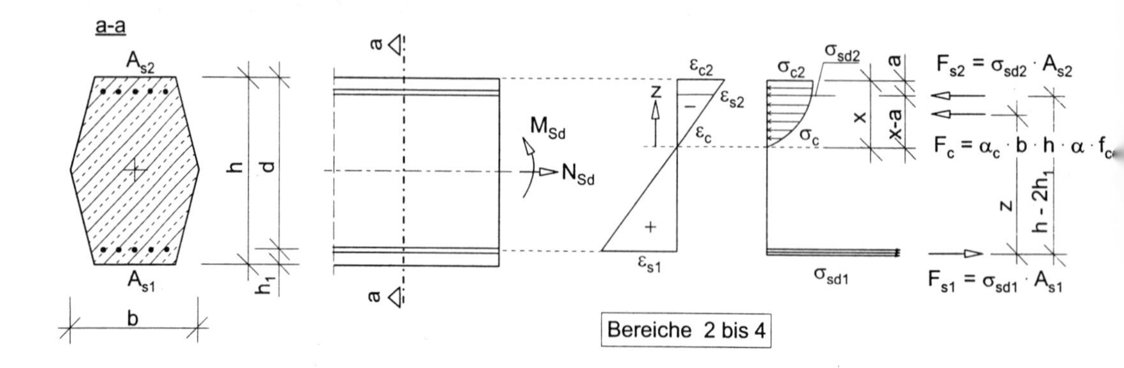

Abb. G.1.2 Dehnungen und innere Kräfte eines biege- und längskraftbeanspruchten Querschnittes

1.2 Querschnittstragfähigkeit von Stahlbetonquerschnitten

1.2.1 Allgemeine Dehnungszustände

Bei einer Bemessung nach EC 2 [ENV 1992-1-1 – 92] sind in Verbindung mit dem zugehörigen (deutschen) nationalen Anwendungsdokument [NAD zu ENV 1992-1-1 – 93] die in Abb. G.1.1 dargestellten Dehnungs-/Stauchungsverhältnisse zulässig. Für Druckglieder sind die Bereiche 2 bis 5 möglich. Die verwendeten Spannungs-Dehnungs-Diagramme sind ebenfalls angegeben, es ist für Beton das Parabel-Rechteck-Diagramm und für Betonstahl das bilineare Spannungs-Dehnungs-Diagramm ohne Ausnutzung des Verfestigungsbereiches für den Stahl. Der Beiwert α in der Maximalordinate der Betonspannungen kennzeichnet hierbei den Abminderungsbeiwert für Dauerlasteinfluß, er beträgt für Rechteckquerschnitte $\alpha = 0{,}85$.

Für den Randabstand der Bewehrung wird der Randabstandsbeiwert k_R eingeführt.

$$k_R = \frac{h_1}{d} \tag{G.1.1}$$

$$\frac{h_1}{h} = \frac{k_R}{1 + k_R} \tag{G.1.2}$$

Alle weiteren Betrachtungen sollen für symmetrische Bewehrung erfolgen. Bei vierseitiger Bewehrung befindet sich an jedem Rand ein gleichgroßer Bewehrungsquerschnitt A_s.

$$A_s = A_{s1} = A_{s2} = A_{s3} = A_{s4} \tag{G.1.3}$$

$$\omega = \omega_i = \frac{A_s}{A_c}\frac{f_{yd}}{f_{cd}} \quad \text{mit } i = 1 \ldots 4 \tag{G.1.4}$$

Die einzelnen Anteile der inneren Kräfte des Betonquerschnitts und der Bewehrung für den gesamten Bauteilwiderstand sind in Abb. G.1.2 für den Fall zweiseitiger Bewehrung angegeben. Es ist zu erkennen, daß diese Anteile bei Vorgabe des Dehnungsverhältnisses gemäß den Werkstoffgesetzen der Abb. G.1.1 bestimmbar sind.

Für die weiteren Betrachtungen wird von bezogenen Schnittgrößen und normierten Querschnitten, wie in Abb. G.1.3 gezeigt, ausgegangen. Der bezogene Bauteilwiderstand läßt sich hierbei zweckmäßig durch die Anteile des Betons und der vier Bewehrungslagen ausdrücken.

$$\begin{aligned} \nu_{Rd} &= \frac{1}{A_c \cdot f_{cd}}\left(F_c + \sum_{i=1}^{4} F_{si}\right) \\ &= \nu_{Rd,c} + \sum_{i=1}^{4} \nu_{Rd,si} \end{aligned} \tag{G.1.5}$$

$$\begin{aligned} \mu_{Rd} &= \frac{1}{A_c \cdot h \cdot f_{cd}}\left(F_c \cdot z + \sum_{i=1}^{4}(F_{si} \cdot z_{si})\right) \\ &= \mu_{Rd,c} + \sum_{i=1}^{4} \mu_{Rd,si} \end{aligned} \tag{G.1.6}$$

Bei Vorgabe des Randabstandes und der Stahlgüte der Bewehrung und weiterer Vorgabe der Randdehnungen sind die inneren Kräfte nach Gln. (G.1.5) und (G.1.6) bestimmbar. Die Bestimmungsgleichungen sind für Rechteckquerschnitte in den folgenden Abschnitten zusammengestellt.

1.2.2 Innere Kräfte in den Bereichen 2 bis 4

Die einzelnen Bauteilwiderstandsanteile nach Gln. (G.1.5) und (G.1.6) werden im folgenden getrennt erstellt.

Betondruckzone:

Die innere Druckkraft der Betondruckzone F_c läßt sich durch Integration der Betonspannungen bestimmen. Wenn weiterhin der Völligkeitsbeiwert α_c eingeführt wird, ergibt sich (vgl. auch Abb. G.1.2 und Abb. G.1.3):

$$x = \xi \cdot d = \frac{\xi}{1 + k_R} \cdot h \qquad \text{(G.1.7)}$$

$$\xi = (1 + k_R) \cdot \frac{x}{h} \qquad \text{(G.1.8)}$$

$$F_c = -\alpha_c \cdot b \cdot x \cdot \alpha \cdot f_{cd} \qquad \text{(G.1.9)}$$

$$\nu_{Rd,c} = \frac{F_c}{A_c \cdot f_{cd}} = -\alpha_c \cdot \alpha \cdot \frac{\xi}{1 + k_R} \qquad \text{(G.1.10)}$$

Für das innere Biegemoment aus der Druckkraft erhält man

$$z = k_d \cdot h \qquad \text{(G.1.11)}$$

$$\mu_{Rd,c} = \frac{F_c \cdot z}{A_c \cdot h \cdot f_{cd}} = \alpha_c \cdot \alpha \cdot \frac{\xi}{1 + k_R} \cdot k_d \qquad \text{(G.1.12)}$$

Der bezogene Hebelarm der inneren Kräfte k_d und der Völligkeitsbeiwert α_c sind hierbei in Tafel G.1.1 angegeben.

Untere Bewehrungslage:

Über die bekannte, in der gesamten Bewehrungslage konstante Stahldehnung ε_{s1} läßt sich die innere Kraft bestimmen.

$$F_{s1} = \sigma_{sd1} \cdot A_{s1} \qquad \text{(G.1.13)}$$

$$\nu_{Rd,s1} = \frac{A_{s1}}{b \cdot h} \cdot \frac{f_{yd}}{f_{cd}} \cdot \frac{\sigma_{sd1}}{f_{yd}} = \omega \cdot \frac{\sigma_{sd1}}{f_{yd}} = \omega \cdot \alpha_{s1}$$

$$\text{mit} \quad -1{,}0 \le \alpha \le 1{,}0 \qquad \text{(G.1.14)}$$

Der Beiwert α_{s1} ist hierbei der Völligkeitsbeiwert für die untere Lage des Bewehrungsstahls, wobei das Vorzeichen die Richtung der Kraft kennzeichnet ($-1{,}0 \le \alpha_{s1} \le 1{,}0$; $\alpha_{s1} < 0$ sind Druckkräfte). Für das durch die untere Bewehrungslage bewirkte innere Biegemoment erhält man:

$$\mu_{Rd,s1} = \omega \cdot \frac{\sigma_{sd1}}{f_{yd}} \cdot \frac{1 - k_R}{2(1 + k_R)} = \omega \cdot \alpha_{s1} \cdot \frac{1 - k_R}{2(1 + k_R)} \qquad \text{(G.1.15)}$$

Obere Bewehrungslage:

Für die obere Bewehrungslage erhält man in völlig analoger Weise:

$$\nu_{Rd,s2} = \omega \cdot \frac{\sigma_{sd2}}{f_{yd}} = \omega \cdot \alpha_{s2} \qquad \text{(G.1.16)}$$

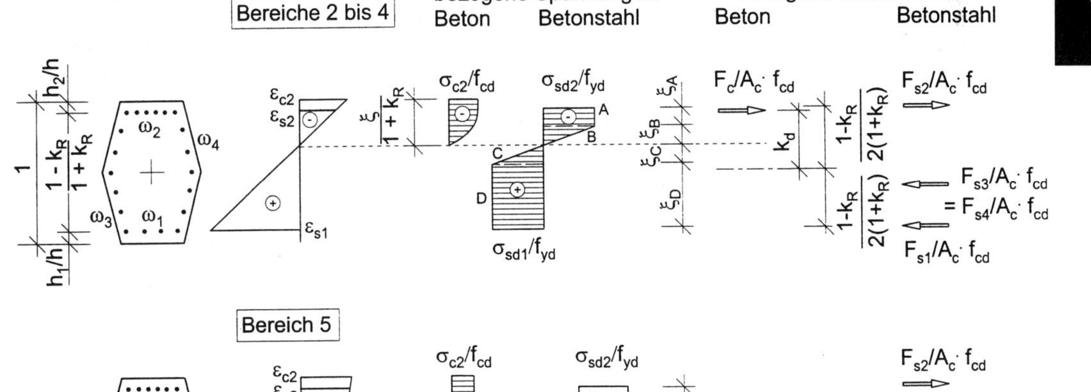

Abb. G.1.3 Dehnungen und bezogene innere Kräfte eines vierseitig bewehrten Querschnittes

Tafel G.1.1 Völligkeitsbeiwert und bezogener innerer Hebelarm für Betonrechteckquerschnitte nach EC 2

Bereich 2	$\alpha_c = \begin{cases} \lvert\varepsilon_{c2}\rvert > 2{,}0 \cdot 10^{-3} \rightarrow 1 - \dfrac{2}{3 \cdot \lvert\varepsilon_{c2}\rvert} \\ \lvert\varepsilon_{c2}\rvert < 2{,}0 \cdot 10^{-3} \rightarrow \dfrac{\lvert\varepsilon_{c2}\rvert}{2} - \dfrac{\varepsilon_{c2}^2}{12} \end{cases}$ $k_a = \begin{cases} \lvert\varepsilon_{c2}\rvert > 2{,}0 \cdot 10^{-3} \rightarrow \dfrac{\lvert\varepsilon_{c2}\rvert \cdot (3\lvert\varepsilon_{c2}\rvert - 4) + 2}{2\lvert\varepsilon_{c2}\rvert \cdot (3\lvert\varepsilon_{c2}\rvert - 2)} \\ \lvert\varepsilon_{c2}\rvert < 2{,}0 \cdot 10^{-3} \rightarrow \dfrac{8 - \lvert\varepsilon_{c2}\rvert}{4 \cdot (6 - \lvert\varepsilon_{c2}\rvert)} \end{cases}$ $k_d = \dfrac{1}{2} - k_a \cdot \dfrac{\xi}{1 + k_R}$
Bereiche 3 und 4	$\alpha_c = 1 - \dfrac{2}{3 \cdot \lvert\varepsilon_{c2}\rvert} = 0{,}809524$ $k_a = \dfrac{\lvert\varepsilon_{c2}\rvert \cdot (3\lvert\varepsilon_{c2}\rvert - 4) + 2}{2\lvert\varepsilon_{c2}\rvert \cdot (3\lvert\varepsilon_{c2}\rvert - 2)} = 0{,}41597$ $k_d = \dfrac{1}{2} - k_a \cdot \dfrac{\xi}{1 + k_R}$
Bereich 5	$\alpha_c = \dfrac{1}{189}\left(125 + 64\lvert\varepsilon_{c2}\rvert - 16\varepsilon_{c2}^2\right)$ $k_d = \text{EC 2} \rightarrow \dfrac{40}{7}\,\dfrac{(\lvert\varepsilon_{c2}\rvert - 2)^2}{125 + 64\lvert\varepsilon_{c2}\rvert - 16\varepsilon_{c2}^2}$

$$\mu_{Rd,s2} = -\omega \cdot \frac{\sigma_{sd2}}{f_{yd}} \cdot \frac{1 - k_R}{2(1 + k_R)} = -\omega \cdot \alpha_{s2} \cdot \frac{1 - k_R}{2(1 + k_R)} \qquad (G.1.17)$$

Seitliche Bewehrungslagen:

Für die seitlichen Bewehrungslagen liegen im hier vorliegenden Fall der einachsigen Biegung identische Verhältnisse vor. Im Unterschied zur oberen und unteren Bewehrungslage weisen die seitlichen Bewehrungsstäbe jedoch nicht alle dieselbe Dehnung auf (vgl. Abb. G.1.3). Im allgemeinen Fall können vier Teilbereiche vorliegen. Ob alle diese Teilbereiche auftreten, hängt vom Dehnungsbereich, vom Randabstandsbeiwert k_R und von der Stahlgüte ab. Für die weitere Beschreibung werden die bezogene Höhe für die einzelnen Teilbereiche ξ_j und Anteilswert ρ_j für jeden Teilbereich eingeführt.

$$\xi_j = \frac{x_j}{h} \qquad j = A, B, C, D \quad (G.1.18)$$

$$\rho_j = \frac{\xi_j}{\sum_{j=A}^{D} \xi_j} = \frac{1 + k_R}{1 - k_R}\xi_j \qquad j = A, B, C, D \quad (G.1.19)$$

Tafel G.1.2 Mindestbewehrung für unterschiedliche Betonfestigkeitsklassen bei Verwendung von BSt 500

Betonfestigkeits-klasse	C12/15	C16/20	C20/25	C25/30	C30/37	C35/45	C40/50	C45/55	C50/60
min ω	0,082	0,061	0,049	0,039	0,033	0,028	0,025	0,022	0,020

Hiermit läßt sich die innere Kraft in der seitlichen Bewehrungslage bestimmen.

$$F_{s3} = \left[\sigma_{sd2} \cdot \frac{x_A}{h-2h_1} + \frac{1}{2}\sigma_{sd2}\frac{x_B}{h-2h_1} + \frac{1}{2}\sigma_{sd1}\frac{x_c}{h-2h_1} + \sigma_{sd1}\frac{x_D}{h-2h_1}\right] \cdot A_{s3} \tag{G.1.20}$$

$$\nu_{Rd,s3} = \omega \cdot \left[\rho_A \frac{\sigma_{sd2}}{f_{yd}} + \frac{1}{2} \cdot \rho_B \cdot \frac{\sigma_{sd2}}{f_{yd}} + \frac{1}{2} \cdot \rho_c \cdot \frac{\sigma_{sd1}}{f_{yd}} + \rho_D \cdot \frac{\sigma_{sd2}}{f_{yd}}\right] = \omega \cdot \alpha_{s3} \tag{G.1.21}$$

$$\alpha_{s3} = \frac{\rho_A \cdot \sigma_{sd2} + \rho_D \cdot \sigma_{sd1}}{f_{yd}} + \frac{\rho_B \cdot \sigma_{sd2} + \rho_C \cdot \sigma_{sd1}}{2\,f_{yd}} \tag{G.1.22}$$

$$\nu_{Rd,s4} = \nu_{Rd,s3} \tag{G.1.23}$$

$$\begin{aligned}\mu_{Rd,s3} = \omega \cdot &\left[-\rho_A \frac{\sigma_{sd2}}{f_{yd}} \frac{1-k_R-\xi_A}{2\,(1+k_R)} - \frac{\rho_B \cdot \sigma_{sd2}}{2\,f_{yd}}\left(\frac{1-k_R}{2\,(1+k_R)} - \frac{\xi_A}{1+k_R} - \frac{\xi_B}{3\,(1+k_R)}\right)\right. \\ &\left. + \frac{\rho_c \cdot \sigma_{sd1}}{2\,f_{yd}}\left(\frac{1-k_R}{2\,(1+k_R)} - \frac{\xi_D}{1+k_R} - \frac{\xi_C}{3\,(1+k_R)}\right) + \rho_D \frac{\sigma_{sd1}}{f_{yd}} \frac{1-k_R-\xi_D}{2\,(1+k_R)}\right] \\ = \omega \cdot \frac{1}{2\,(1+K_R)} &\left[-\rho_A \frac{\sigma_{sd2}}{f_{yd}}(1-k_R-\xi_A) + \rho_D \frac{\sigma_{sd1}}{f_{yd}}(1-k_R-\xi_D)\right. \\ &\left. - \rho_B \frac{\sigma_{sd2}}{6\,f_{yd}}(3-3\,k_R-6\,\xi_A-2\,\xi_B) + \rho_c \frac{\sigma_{sd1}}{6 f_{yd}}(3-3\,k_R-6\,\xi_D-2\,\xi_C)\right]\end{aligned} \tag{G.1.24}$$

$$\mu_{Rd,s4} = \mu_{Rd,s3} \tag{G.1.25}$$

1.2.3 Innere Kräfte im Bereich 5

Im Bereich 5 ist der Querschnitt vollständig überdrückt. Hierdurch ergeben sich gegenüber dem vorangehenden Abschnitt Änderungen für die Betondruckzone und die seitlichen Bewehrungslagen.

Betondruckzone:

Da der Querschnitt vollständig überdrückt ist, liegt die Nullinie außerhalb des Querschnitts und für die bezogene Druckzonenhöhe erhält man:

$$x = \xi \cdot h \qquad \xi = \frac{x}{h} \tag{G.1.26}$$

$$F_c = -\alpha_c \cdot b \cdot h \cdot \alpha \cdot f_{cd} \tag{G.1.27}$$

$$\nu_{Rd,c} = -\alpha_c \cdot \alpha \tag{G.1.28}$$

$$\mu_{Rd,c} = \frac{F_c \cdot z}{A_c \cdot h \cdot f_{cd}} = \alpha_c \cdot \alpha \cdot k_d \tag{G.1.29}$$

Der bezogene Hebelarm der inneren Kräfte k_d und der Völligkeitsbeiwert α_c sind hierbei wieder in Tafel G.1.1 angegeben.

Seitliche Bewehrungslagen:

Der Verlauf der Betonstauchungen über den gesamten Querschnitt bewirkt, daß auch die untere Bewehrungslage Druckspannungen aufweist und somit für die seitliche Bewehrung alle Stäbe in der Druckzone liegen (vgl. Abb. G.1.3).

$$\nu_{Rd,s3} = \omega\left[\rho_A \frac{\sigma_{sd2}}{f_{yd}} + \rho_B \frac{\sigma_{sd2}+\sigma_{sd1}}{2\,f_{yd}}\right] \tag{G.1.30}$$
$$= \omega \cdot \alpha_{s3}$$

$$\alpha_{s3} = \frac{(2\rho_A + \rho_B)\cdot \sigma_{sd2} + \rho_B \cdot \sigma_{sd1}}{2\,f_{yd}} \tag{G.1.31}$$

$$\mu_{Rd,s3} = \omega\left[-\rho_A \frac{\sigma_{sd2}}{f_{yd}} \frac{1-k_R-\xi_A}{2\,(1+k_R)} + \rho_B \frac{\sigma_{sd2}+\sigma_{sd1}}{2\,f_{yd}}\left(\frac{1-k_R-2\,\xi_A}{2(1+k_R)} - \frac{\xi_B}{3} \cdot \frac{\sigma_{sd2}+\sigma_{sd1}}{\sigma_{sd2}+\sigma_{sd1}}\right)\right] \tag{G.1.32}$$

1.2.4 Bauteilwiderstand

Werden in die Gln. (G.1.5) und (G.1.6) die einzelnen Anteile der Querschnittsträgfähigkeit eingesetzt, so erhält man den Bauteilwiderstand.

G

Bereiche 2 bis 4:

Einsetzen der Gln. liefert:

$$\nu_{Rd} = \nu_{Rd,c} + \sum_{i=1}^{4} \nu_{Rd,si}$$
$$= -\alpha_c \cdot \alpha \cdot \frac{\xi}{1+k_R} + \omega \cdot \alpha_{s1} + \omega \cdot \alpha_{s2} + 2\,\omega \cdot \alpha_{s3} \tag{G.1.33}$$

$$\mu_{Rd} = \mu_{Rd,c} + \sum_{i=1}^{4} \mu_{Rd,si}$$
$$= \alpha_c \cdot \alpha \cdot \frac{\xi}{1+k_R} \cdot k_d + \omega \cdot \alpha_{s1} \cdot \frac{1-k_R}{2(1+k_R)} - \omega \cdot \alpha_{s2} \cdot \frac{1-k_R}{2(1+k_R)} + \omega \cdot \frac{1}{(1+k_R)} \left[-\rho_A \frac{\sigma_{sd2}}{f_{yd}} (1-k_R-\xi_A) \right.$$
$$\left. + \rho_D \frac{\sigma_{sd1}}{f_{yd}} (1-k_R-\xi_D) - \rho_B \frac{\sigma_{sd2}}{6\,f_{yd}} (3-3\,k_R-6\,\xi_A-2\,\xi_B) + \rho_c \frac{\sigma_{sd1}}{6 f_{yd}} (3-3\,k_R-6\,\xi_D-2\,\xi_C) \right] \tag{G.1.34}$$

Bereich 5:

Einsetzen der Gln. liefert:

$$\nu_{Rd,c} = -\alpha_c \cdot \alpha + \omega \cdot \alpha_{s1} + \omega \cdot \alpha_{s2} + 2\,\omega \cdot \alpha_{s3} \tag{G.1.35}$$

$$\mu_{Rd,c} = \alpha_c \cdot \alpha \cdot k_d + \omega \cdot \alpha_{s1} \cdot \frac{1-k_R}{2(1+k_R)} - \omega \cdot \alpha_{s2} \cdot \frac{1-k_R}{2(1+k_R)}$$
$$+ 2\,\omega \left[-\rho_A \frac{\sigma_{sd2}}{f_{yd}} \frac{1-k_R-\xi_A}{2\,(1+k_R)} + \rho_B \frac{\sigma_{sd2}+\sigma_{sd1}}{2\,f_{yd}} \left(\frac{1-k_R-2\,\xi_A}{2(1+k_R)} - \frac{\xi_B}{3} \cdot \frac{\sigma_{sd2}+\sigma_{sd1}}{\sigma_{sd2}+\sigma_{sd1}} \right) \right] \tag{G.1.36}$$

1.3 Verformungen infolge Theorie II. Ordnung

1.3.1 Grenzkriterium schlanker Druckglieder

Bei schlanken Druckgliedern ist der Einfluß der Stabwerkverformungen zu berücksichtigen. Das Grenzkriterium nach EC 2 lautet:

$$\lambda = \frac{l_0}{i} \le \lambda_{lim} = \max \begin{cases} 15 \cdot \sqrt{\dfrac{A_c \cdot f_{cd}}{N_{Sd}}} \\ 25 \end{cases} \tag{G.1.37}$$

Für die aufzustellenden Tafeln soll die bezogene Ersatzlänge l_0/h als äquivalentes Kriterium verwendet werden. Für Rechteckquerschnitte ergibt sich diese mit dem Trägheitsradius i.

$$i = \frac{h}{\sqrt{12}} \tag{G.1.38}$$

$$\frac{l_0}{h} \le \left(\frac{l_0}{h} \right)_{lim} = \max \begin{cases} \dfrac{15}{\sqrt{12\,\nu_{Sd}}} \\ \dfrac{25}{\sqrt{12}} \end{cases} \tag{G.1.39}$$

Über diesem Grenzwert sind im allgemeinen Fall die Stabwerkverformungen zu berücksichtigen.

1.3.2 Modellstützenverfahren

Zur Erfassung der Stabwerkverformungen wird das Modellstützenverfahren nach EC 2 verwendet. Diesem Verfahren liegen vereinfachte Ansätze der nach Theorie II. Ordnung anzusetzenden Stützenverformung zugrunde. Das statische System ist eine Kragstütze (Abb. G.1.4). Die Ersatzlänge l_0 ist entsprechend [ENV 1992-1-1 – 92] 4.3.5.3.5 bestimmbar. Das Modellstützenverfahren ist bis zu folgender maximaler bezogener Länge anwendbar:

$$\frac{l_0}{h} \le \left(\frac{l_0}{h} \right)_{max} = 40{,}46 \tag{G.1.40}$$

In Abb. G.1.4 ist die planmäßige Ausmitte gezeigt, die um die ungewollte Ausmitte zur Berücksichtigung von Imperfektionen und die Ausmitte infolge Stabverformungen zu vergrößern ist. Die Gesamtausmitte e_{tot} ergibt sich damit in bezogener Schreibweise:

$$\frac{e_{tot}}{h} = \frac{\mu_{Sd}}{\nu_{Sd}} = \frac{e_1}{h} + \frac{e_a}{h} + \frac{e_2}{h} \tag{G.1.41}$$

Die ungewollte Ausmitte wird nach [ENV 1992-1-1 – 92] 4.3.5.4 berechnet.

$$\frac{e_a}{h} = \nu \cdot \frac{l_0}{2h} = \frac{1}{400} \cdot \frac{l_0}{h} \tag{G.1.42}$$

Die Verformung e_2 zur Berücksichtigung der Auswirkungen aus Theorie II. Ordnung wird mit dem Prinzip der virtuellen Kräfte bestimmt.

$$\frac{e_2}{h} = \int \left(\overline{M} \cdot \frac{1}{r/h} \cdot x \right) \mathrm{d}x \approx \frac{1}{10} \cdot K_1 \cdot \left(\frac{l_0}{h} \right)^2 \cdot \frac{1}{r/h} \tag{G.1.43}$$

mit

$$\frac{1}{r/h} = K_2 \cdot (\varepsilon_{s2} - \varepsilon_{s1}) \cdot \frac{1 + k_R}{1 - k_R} \tag{G.1.44}$$

Die bezogene Verkrümmung nach Gl. (G.1.44) wird hierbei aus dem Dehnungsverhältnis im Gleichgewichtszustand zwischen inneren und äußeren Schnittgrößen bestimmt. Der Beiwert K_1 für den Übergang von Querschnittversagen zu Stabilitätsversagen wird in Abhängigkeit von der bezogenen Länge entsprechend EC 2 Gl. (4.70) und (4.71) bestimmt.

$$K_1 = \begin{cases} \frac{\sqrt{12}}{20} \cdot \frac{l_0}{h} - 0{,}75 & \text{für } \frac{15}{\sqrt{12}} \le \frac{l_0}{h} \le \frac{35}{\sqrt{12}} \\ 1 & \text{für } \frac{l_0}{h} > \frac{35}{\sqrt{12}} \end{cases} \tag{G.1.45}$$

$$K_2 = \frac{\nu_{ud} - \nu_{Sd}}{\nu_{ud} - \nu_{bal}} \tag{G.1.46}$$

Der Beiwert K_2 ist nur dann zu berücksichtigen, wenn in Gl. (G.1.44) nicht die tatsächlichen Stahldehnungen, sondern die Dehnungen bei Erreichen der Streckgrenze benutzt werden. Die bezogene Längskraft ν_{ud} tritt bei zentrischer Längskraft auf; ν_{bal} ist die bezogene Längskraft bei Erreichen der Streckgrenze auf der gedehnten Seite (balance point).

Bei Berechnung nach dem Modellstützenverfahren läßt sich somit das (genäherte) Biegemoment nach Theorie II. Ordnung ausgehend von Gl. (G.1.41) berechnen.

$$\mu_{Sd2} = \frac{e_1}{h} \cdot \nu_{Sd} + \left(\frac{e_a}{h} + \frac{e_2}{h} \right) \cdot \nu_{Sd} = \mu_{Sd1} + \left(\frac{e_a}{h} + \frac{e_2}{h} \right) \cdot \nu_{Sd} \tag{G.1.47}$$

1.3.3 Mindestmomente und -bewehrung

Sofern Druckglieder als nicht knickgefährdet gelten (Unterschreiten des Grenzkriteriums von

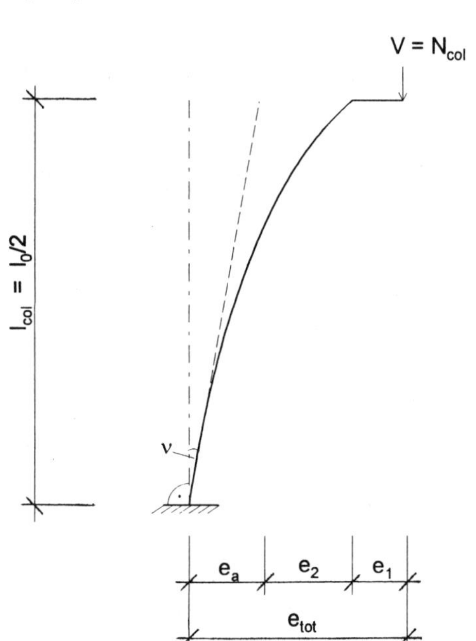

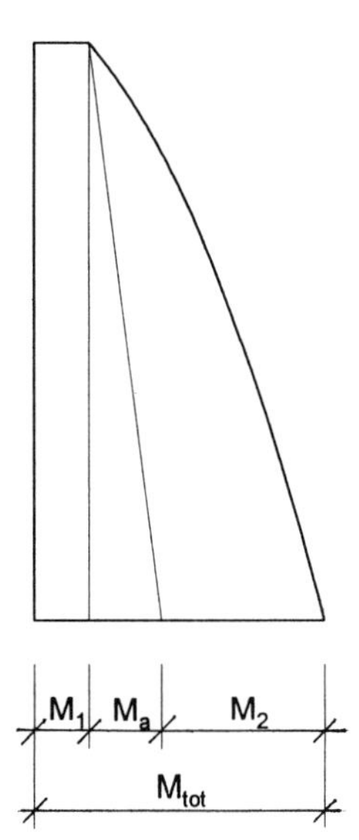

Abb. G.1.4 Modellstütze mit den Zusammenhängen der einzelnen Verformungsanteile zur Bestimmung des Momentes nach Theorie II. Ordnung

Gl. (G.1.39)), ist der Querschnitt des Druckgliedes für folgendes Mindestmoment zu bemessen.

$$\mu_{Rd} = \frac{\nu_{Rd}}{20} \qquad (G.1.48)$$

Weiterhin ist eine Mindestbewehrung nach Gl. (G.1.49) vorzusehen. Bei Umformung der Gleichung in den mechanischen Bewehrungsgrad ergibt sich hieraus Gl. (G.1.50). Hierin wird die erste Teilbedingung für BSt 500 nicht maßgebend. Die zweite Teilbedingung wird bei üblichen Betonfestigkeitsklassen nur für $\omega < 0{,}05$ maßgebend (vgl. Tafel G.1.2 S. G.6).

$$\min A_s = 0{,}15 \frac{N_{Sd}}{f_{yd}} \geq 0{,}003 A_c \qquad (G.1.49)$$

$$\min \omega = 0{,}075\, \nu_{Sd} \geq 0{,}0015 \frac{f_{yd}}{f_{cd}} \qquad (G.1.50)$$

1.4 Schlankheitsabhängige Interaktionsdiagramme

1.4.1 Diagramme zur Bemessung schlanker Druckglieder

Interaktionsdiagramme zur reinen Querschnittsbemessung sind sowohl für [DIN 1045 – 88] als auch für [ENV 1992-1-1 – 92] bekannt und in [DAfStb-H220 – 79] bzw. [DAfStb-H425 – 92] veröffentlicht. Zur Bemessung schlanker Druckglieder sind in [DAfStb-H425 – 92] und [Kordina/Quast – 98] *e/h*-Diagramme und μ-Diagramme veröffentlicht. Weiterhin wurden von [Haro/Quast – 94] DINAMO-Gramme als Bemessungshilfen zur Stützenbemessung entwickelt. Die *e/h*-Diagramme und μ-Diagramme basieren auf dem Modellstützenverfahren und damit auf vereinfachten Verformungsannahmen. Während das μ-Diagramm den Bereich überwiegender Biegung abdeckt, ist das *e/h*-Diagramm im Bereich kleiner Ausmitten anwendbar (Abb. G.1.5). Die DINAMO-Gramme basieren auf den exakten Verformungsansätzen des EC 2 und berücksichtigen weiterhin die Mitwirkung des Betons auf Zug zwischen den Rissen (tension stiffening).

Allen zuvor genannten Diagrammen ist als Vorteil gemein, daß sie eine bezüglich der Schlankheit lückenlose Bemessung ohne Interpolation ermöglichen. Als Nachteil steht dem jedoch eine relativ aufwendige manuelle Zeichenarbeit in den Diagrammen gegenüber.

1.4.2 Interaktionsdiagramme nach Theorie II. Ordnung

Ziel der nachfolgend erläuterten Diagramme ist dagegen ein äußerst einfaches Ableseverfahren. Diesem Ziel wird oberste Priorität gegeben, da davon ausgegangen wird, daß in der Tragwerkplanung software-gestützt gearbeitet wird und manuelle Bemessungen allenfalls die Ausnahme

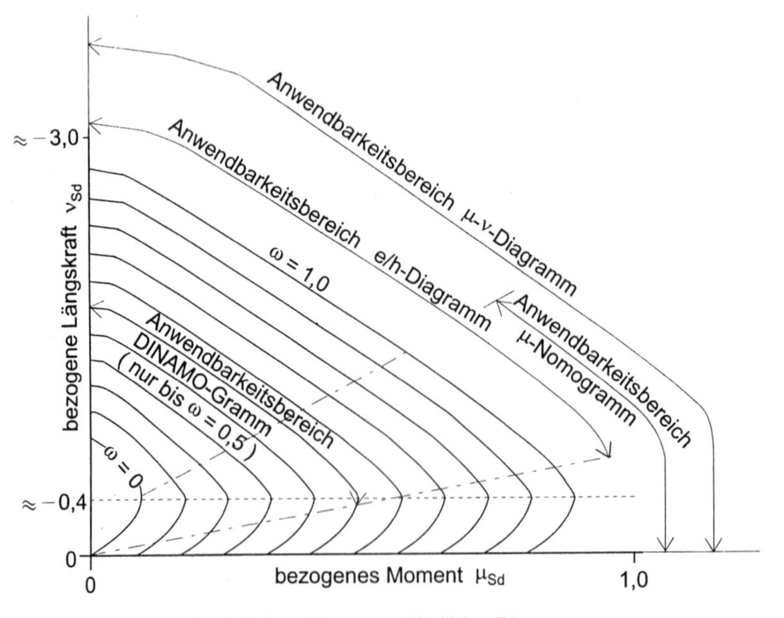

Abb. G.1.5 Anwendbarkeitsbereiche unterschiedlicher Diagramme

darstellen. Dagegen werden einfache Verfahren zur Überprüfung der Richtigkeit von EDV-Ergebnissen und zur Überschlagsbemessung benötigt.

Die für jede Bemessung geltende Bedingung

$$S_d \leq R_d \quad \text{bzw.} \quad \mu_{Sd2} \leq \mu_{Rd} \qquad \text{(G.1.51)}$$

läßt sich bei zusätzlicher Vorgabe der bezogenen Ersatzlänge umformen, da die rechte Seite der Gleichung dann über die Gln. (G.1.34) bzw. (G.1.36) bekannt ist und damit auch die bezogene Längskraft nach Gln. (G.1.33) bzw. (G.1.35) bestimmbar ist. Die linke Seite von Gl. (G.1.51) ist durch Gl. (G.1.47) ersetzbar. Hierdurch tritt als einzige Unbekannte das Biegemoment nach Theorie I. Ordnung μ_{Sd1} auf.

$$\mu_{Sd1} = \mu_{Rd} - \left(\frac{e_a}{h} + \frac{e_2}{h}\right) \cdot \nu_{Sd} \qquad \text{(G.1.52)}$$

Da aufgrund der symmetrischen Bewehrung nur positive Momente interessieren, ist für die Längskraft der Betrag zu verwenden. Eine Auswertung der Gl. (G.1.52) für übliche Randabstände der Bewehrung und BSt 500 zeigen die Tafeln in Abschnitt 1.6.

Jede Darstellung umfaßt zwei Diagramme mit acht Schlankheiten. Mit diesen 16 Teildiagrammen werden alle zulässigen Schlankheiten bis zur zulässigen Grenzschlankheit des Modellstützenverfahrens $l_0/h = 40$ ($\lambda = 140$) erfaßt. Die im ersten Oktanden für $l_0/h = 0$ ($\lambda = 0$) dargestellten Kurven entsprechen denjenigen der bekannten Interaktionsdiagramme in [DAfStb-H425 – 92] für die Querschnittsbemessung von Druckgliedern. Im zweiten Oktanden sind alle bezogenen Längen erfaßt, für die ein Nachweis unter Berücksichtigung der Verformungen entfallen darf: $l_0/h \leq 7{,}225$ ($\lambda = 25$). Zusätzlich wurde berücksichtigt, daß die Regelungen zur Mindestbewehrung erfüllt sind. In allen weiteren Oktanden ist der maßgebende Bewehrungsgrad unter Beachtung der Mindestmomente erfaßt. Es wird der größere Wert entweder aus den Zusatzmomenten der Stabverformung nach Gln. (G.1.42) bzw. (G.1.43) oder den Mindestmomenten nach Gl. (G.1.48) berücksichtigt. Sofern ein Druckglied entsprechend der ersten Bedingung in Gl. (G.1.39) als nicht schlank gilt, wurden die Mindestmomente berücksichtigt.

Die vertafelten bezogenen Ersatzlängen (Oktanden) weisen keine konstanten Differenzen auf, um die mit steigender Schlankheit anwachsenden Einfüsse aus den Stabverformungen, die die Unterschiede benachbarter Oktanden bilden, möglichst gleichmäßig zu halten.

1.4.3 Charakteristische Eigenschaften der Diagramme

Der Punkt der maximalen Momententragfähigkeit (balance point) weist bei der Querschnittsbemessung von zweiseitiger Bewehrung immer das Dehnungsverhältnis auf, bei dem der Bewehrungsstrang der gedrückten Seite die Streckgrenze erreicht. Bei vierseitiger Bewehrung ist dies nicht der Fall, hier ist der balance point wesentlich schwächer ausgeprägt, da bei dem Dehnungsverhältnis $\varepsilon_{c2}/\varepsilon_{yd1}$ in der seitlichen Bewehrung die Streckgrenze noch nicht erreicht wird. Unabhängig von der Bewehrungsanordnung verschwindet der Punkt maximaler Momententragfähigkeit mit zunehmender Schlankheit, da der Zuwachs an Querschnittstragfähigkeit von dem Zusatzmoment aus Theorie II. Ordnung infolge Längskraft aufgezehrt wird.

Die ω-Werte auf der μ-Achse sind unabhängig von der Schlankheit, da hier nur reine Biegung vorliegt. Bei überwiegender Biegung hängt das Dehnungsverhältnis nur unwesentlich von der Schlankheit ab (Linien ①, ② und ③). Dies gilt sehr gut für randnahe Bewehrung. Mit zunehmender Schlankheit sind vollständig überdrückte Querschnitte nicht mehr möglich (Linie ⑤ verschwindet).

Sehr große „weiße Flächen" zwischen den Oktanden signalisieren eine mangelnde Tragfähigkeit infolge großer Schlankheit und/oder eines großen Randabstandes der Bewehrung. Dies ist immer mit sehr nahe zusammenliegenden ω-Kurven verbunden. Die Ablesegenauigkeit wird hier schlechter, dies signalisiert auch die starke Abhängigkeit von den Systemannahmen und zeigt, daß jedes Ergebnis sehr kritisch betrachtet werden muß.

1.5 Anwendung der Interaktionsdiagramme

1.5.1 Anwendbarkeitsgrenzen

Da die Tafeln auf dem Modellstützenverfahren basieren, sind sie bei Gültigkeit dieses Verfahrens anwendbar.

- Die Schlankheit des Stabes überschreitet nicht $\lambda \leq \lambda_{max} = 140$ (entspricht $l_0/h \approx 40$)
- Der Querschnitt des Druckgliedes ist rechteckig (oder kreisförmig[1]).
- Für die planmäßige Lastausmitte nach Theorie I. Ordnung gilt: $e_0 \geq 0{,}1\,h$. Diese Grenze

[1] Interaktionsdiagramme für kreisförmige Querschnitte sind in analoger Weise zu den hier dargestellten möglich.

Tafel G.1.3 Unterschiede des ω-Wertes in benachbarten Teildiagrammen für 2seitige Bewehrung bei gleicher Längskraft

Randabstand der Bewehrung h_1/h	0,05		0,10		0,15		0,20	
ω-Linie	0,5	1,0	0,5	1,0	0,5	1,0	0,5	1,0
Mittlere maximale Unterschiede des ω-Wertes in den Teildiagrammen für die angegebene ω-Linie	0,045	0,073	0,059	0,086	0,075	0,109	0,085	0,126
Maximaler Unterschied des ω-Wertes für die angegebene ω-Linie	0,07	0,11	0,08	0,12	0,10	0,15	0,12	0,18

resultiert nicht aus sicherheitsrelevanten Überlegungen, sondern aus wirtschaftlichen. Bei Unterschreitung der Grenze liefert das Näherungsverfahren zu große Bewehrungsquerschnitte.

- Es liegt einachsige Biegebeanspruchung vor, oder bei zweiachsiger Biegebeanspruchung dürfen beide Achsen getrennt nachgewiesen werden.

Weiterhin sind die Regelungen zur Mindestbewehrung und zu Mindestmomenten nach [ENV 1992-1-1 – 92] zu beachten. Diese sind jedoch bis auf die Angaben in Tafel G.1.2 eingearbeitet, so daß nur der mechanische Bewehrungsgrad zu überprüfen ist.

Die Ergebnisse sind mit denjenigen in [DAfStb-H425 – 92] auf dem Modellstützenverfahren basierenden e/h- und μ-Diagrammen (weitgehend) identisch. Im Vergleich zu diesen Diagrammen liefern sie jedoch durch die diskreten Tafelwerte der bezogenen Ersatzlänge keine exakten Lösungen (im Sinne des Modellstützenverfahrens) für Zwischenwerte. Für praktische Anwendungen, insbesondere für Kontrollrechnungen, sind die Ergebnisse jedoch ausreichend genau.

1.5.2 Vorgehensweise zur Anwendung der Diagramme

Zunächst ist die Bewehrungsanordnung zu wählen. Die vierseitige Bewehrung kann z. B. bei zweiachsiger Biegebeanspruchung eine sinnvolle Wahl sein. Die Bemessung erfolgt, indem durch Schätzen des bezogenen Randabstandes sowie der Stahlgüte die zutreffende Tafel bestimmt ist. Aus dieser läßt sich im zutreffenden Oktanden, der durch die bezogene Länge festgelegt ist, in üblicher Art und Weise mit den Eingangswerten der bezogenen Schnittgrößen nach Theorie I. Ordnung der mechanische Bewehrungsgrad ablesen. Eine Interpolation zwischen zwei Oktanden wird für Kontrollrechnungen und Überschlagsbemessungen nicht erforderlich.

$$\nu_{Sd} = \frac{N_{Sd}}{b \cdot h \cdot f_{cd}} \qquad \text{(G.1.53)}$$

$$\mu_{Sd1} = \frac{M_{Sd1}}{b \cdot h^2 \cdot f_{cd}} \qquad \text{(G.1.54)}$$

$$A_s = A_{s1} = A_{s2} = \omega \cdot b \cdot h \cdot \frac{f_{cd}}{f_{yd}} \quad \text{bzw.}$$

$$A_s = A_{s1} = A_{s2} = A_{s3} = A_{s4} = \omega \cdot b \cdot h \cdot \frac{f_{cd}}{f_{yd}} \qquad \text{(G.1.55)}$$

Sofern gewünscht, lassen sich aus den Interaktionsdiagrammen auch die Randdehnungen ablesen und damit der Versagensbereich entsprechend Abb. G.1.1 bestimmen.

1.5.3 Abweichungen zu genaueren Verfahren

Das Verformungsverhalten wird in den Diagrammen nur vereinfacht erfaßt. Da das Parabel-Rechteck-Diagramm auch zur Ermittlung der Verformungen e_2 verwendet wird, liegt hiermit der Berechnung ein Elastizitätsmodul zugrunde, der nur grob den tatsächlichen E-Moduln unterschiedlicher Betonfestigkeitsklassen entspricht.

Zusätzlich können bei Vorliegen einer Schlankheit zwischen den vertafelten Werten Ungenauigkeiten auftreten, wenn auf eine Interpolation zwischen den vertafelten Schlankheiten verzichtet wird. Zum Abschätzen dieses möglichen Fehlers werden die Unterschiede im ω-Wert für eine vorgegebene Längskraft herangezogen. Die mittleren und maximalen Abweichungen für jedes Diagramm sind in Tafel G.1.3 angegeben. Die Stelle der maximalen Abweichungen liegt bei kleinen Schlankheiten bei einem Verhältnis $\mu_{Sd}/\nu_{Sd} \approx 0{,}4$ und verringert sich mit steigender Schlankheit zum zentrischen Druck.

1.5.4 Beispiele

Beispiel 1:

Im Beispiel 1 wird eine Bemessung für den Fall nahezu zentrischer Druckkraft und vierseitiger Bewehrung durchgeführt. Die Schnittgrößen sind hierbei so gewählt, daß sich ein großer Bewehrungsgrad ergibt.

Gegeben ist die Innenstütze eines Hochbaus:

- Baustoffgüten: C30/37; BSt 500
- Bauteilabmessungen:
  $b/h/h_1$ = 20/20/2,0[2)] cm;
  Ersatzlänge l_0 = 4,40 m
- Maßgebende Schnittgrößen:
  M_{sd1} = 0 kNm; N_{sd} = −1000 kN

Die Innenstütze kann nach beiden Seiten knikken. Nach [ENV 1992-1-1 – 92] dürfen beide Achsen getrennt bemessen werden. Aufgrund identischer Abmessungen sind hier beide Achsen gleich. Da eine hoher Bewehrungsgrad erwartet wird und damit die Bewehrung nicht mehr in den Ecken konzentriert angeordnet werden kann, wird die Bemessung für vierseitige Bewehrung durchgeführt. Die nachfolgende Berechnung wird explizit mit dem Modellstützenverfahren durchgeführt. Das Ergebnis wird mit dem Interaktionsdiagramm überprüft. Zunächst ist mit Gl. (G.1.37) festzustellen, ob ein schlankes Druckglied vorliegt.

$$\lambda = \frac{l_0}{i} = \frac{4{,}40}{0{,}20} \cdot \sqrt{12} = 76{,}2 > \lambda_{lim} = 25$$

$$= \max \begin{cases} 15 \cdot \sqrt{\dfrac{A_c \cdot f_{cd}}{N_{Sd}}} = 15 \cdot \sqrt{\dfrac{0{,}2^2 \cdot 20}{1{,}0}} = 13{,}4 \\ 25 \end{cases}$$

Für die Modellstütze sind die ungewollte Ausmitte und die Stabverformung zu berechnen. Sofern K_2 nicht näherungsweise zu 1 angesetzt wird, ist die Bewehrung zu schätzen. Hier wird $\omega = 1{,}25$ geschätzt.

$$e_a = \nu \cdot \frac{l_0}{2} = \frac{1}{200} \cdot \frac{4{,}40}{2} = 0{,}011\,\text{m}$$

$$N_{ud} = -0{,}85 A_c \cdot f_{cd} - A_s \cdot f_{yd}$$

$$\nu_{ud} = -0{,}85 - \omega_{tot} = -0{,}85 - 1{,}25 = -2{,}1$$

$$\nu_{bal} \approx -0{,}4$$

2) Der Randabstand erfüllt nicht die Anforderungen an die Betondeckung; h_1 wurde jedoch mit diesem Wert gewählt, um eine in [DAfStb-H425 – 92] veröffentlichte Tafel benutzen zu können, da größere Randabstände bisher nicht veröffentlicht wurden.

$$\nu_{Sd} = \frac{N_{Sd}}{b \cdot h \cdot f_{cd}} = \frac{-1{,}0}{0{,}2^2 \cdot 20} = -1{,}25$$

$$K_2 = \frac{\nu_{ud} - \nu_{Sd}}{\nu_{ud} - \nu_{bal}} = \frac{-2{,}1 + 1{,}25}{-2{,}1 + 0{,}4} = 0{,}5$$

Damit lassen sich die Verkrümmung sowie die Stabverformung bestimmen.

$$\frac{1}{r} = 2\,K_2 \cdot \frac{f_{yk}}{\gamma_s \cdot E_s} \cdot \frac{1}{0{,}9d}$$

$$= 2 \cdot 0{,}5 \cdot \frac{500}{1{,}15 \cdot 200000} \cdot \frac{1}{0{,}9 \cdot 0{,}180} = 13{,}4 \cdot 10^{-3}$$

$$K_1 = \begin{cases} \dfrac{\lambda}{20} - 0{,}75 & \text{für } 15 \le \lambda \le 35 \\ 1 & \lambda > 35 \end{cases} \qquad \text{somit } K_1 = 1$$

$$e_2 = 0{,}1\,K_1 \cdot l_0^2 \cdot \frac{1}{r}$$

$$= 0{,}1 \cdot 1{,}0 \cdot 4{,}4^2 \cdot 13{,}4 \cdot 10^{-3} = 0{,}026\,\text{m}$$

Damit ist die Gesamtverformung und das Moment nach Theorie II. Ordnung bestimmbar.

$$e_{tot} = e_0 + e_a + e_2 = 0 + 0{,}011 + 0{,}026 = 0{,}037\ \text{m}$$

$$M_{2,Sd} = N_{Sd} \cdot e_{tot} = 1000 \cdot 0{,}037 = 37{,}0\ \text{kNm}$$

Die Bemessung mit einem Interaktionsdiagramm für vierseitige Bewehrung (z. B.: [DAfStb-H425 – 92] Tafel 6.5b) ergibt

$$\left.\begin{aligned} \nu_{Sd} &= \frac{N_{Sd}}{b \cdot h \cdot f_{cd}} = \frac{-1{,}0}{0{,}2^2 \cdot 20} = -1{,}25 \\ \mu_{Sd1} &= \frac{M_{Sd1}}{b \cdot h^2 \cdot f_{cd}} = \frac{0{,}037}{0{,}2^3 \cdot 20} = 0{,}23 \end{aligned}\right\} \Rightarrow \omega = 1{,}1$$

Eine Überprüfung mit den Tafeln wird wie folgt durchgeführt:

$$\frac{h_1}{h} = \frac{2{,}0}{20} = 0{,}1 \Rightarrow \text{Tafel G.1.15}$$

$$\frac{l_0}{h} = \frac{4{,}40}{0{,}2} = 22$$

Mit den bezogenen Schnittgrößen nach den Gln. (G.1.53) und (G.1.54) läßt sich der mechanische Bewehrungsgrad ablesen und die Bewehrung mit Gl. (G.1.55) bestimmen.

$$\left.\begin{aligned} \nu_{Sd} &= \frac{-1{,}0}{0{,}2^2 \cdot 20} = -1{,}25 \\ \mu_{Sd} &= 0 \end{aligned}\right\} \Rightarrow \text{abgelesen} \quad \omega = 0{,}25$$

Die Bewehrung ist an jeder der vier Seiten anzuordnen, so daß sich hier ergibt:

$\omega_{tot} = 4 \cdot 0{,}25 = 1{,}0 \approx 1{,}1$ im Vergleich zu [DAfStb-H425 – 92] Tafel 6.5b.

Beispiel 2:

Beispiel 2 zeigt eine Bemessung für zweiseitige Bewehrung im Fall der Beanspruchung durch Längskraft und Biegemoment.

Es wird eine Hochbau-Randstütze aus [Deutscher Beton-Verein – 94] herangezogen (Beispiel 9). Die Berechnung erfolgte dort mit dem μ-Diagramm. Der erforderliche Bewehrungsquerschnitt wurde mit A_{s1}=22,4/2=11,2 cm² bestimmt.

Gegeben sind:

- Baustoffgüten: C30/37; BSt 500
- Bauteilabmessungen:
  $b/h/h_1$ = 40/45/4,5 cm;
  Ersatzlänge l_0 = 12,40 m
- Maßgebende Schnittgrößen:
  M_{Sd1} =125,7 kNm; N_{Sd} = –654,6 kN

Zunächst werden die Eingangswerte für die Tafel und den entsprechenden Oktanden bestimmt.

$$\frac{h_1}{h} = \frac{4{,}5}{45} = 0{,}1 \Rightarrow \text{Tafel G.1.6}$$

$$\frac{l_0}{h} = \frac{12{,}40}{0{,}45} = 27{,}6 \approx 28$$

Mit den bezogenen Schnittgrößen nach den Gln. (G.1.53) und (G.1.54) läßt sich der mechanische Bewehrungsgrad ablesen und die Bewehrung mit Gl. (G.1.55) bestimmen.

$$\left.\begin{aligned} \nu_{Sd} &= \frac{-0{,}6546}{0{,}40 \cdot 0{,}45 \cdot 20} = -0{,}182 \\ \mu_{Sd} &= \frac{0{,}1257}{0{,}40 \cdot 0{,}45^2 \cdot 20} = 0{,}078 \end{aligned}\right\} \Rightarrow$$

abgelesen $\omega = 0{,}13$

$$\Rightarrow A_{s1} = A_{s1} = 0{,}13 \cdot 40 \cdot 45 \cdot \frac{20}{434{,}8} = 10{,}8\ \text{cm}^2$$

Der Unterschied von 0,4 cm² (3,5 %) im Ergebnis zu [Deutscher Beton-Verein – 94] liegt im Bereich der Runde- und Ablesegenauigkeiten.

1.6 Tafeln

Auf den folgenden Seiten sind die Interaktionsdiagramme dargestellt.

Tafelverzeichnis:

Tafel G.1.4 Interaktionsdiagramm für zweiseitige Bewehrung BSt 500 (γ_s = 1,15) und Randabstand h_1/h = 0,05

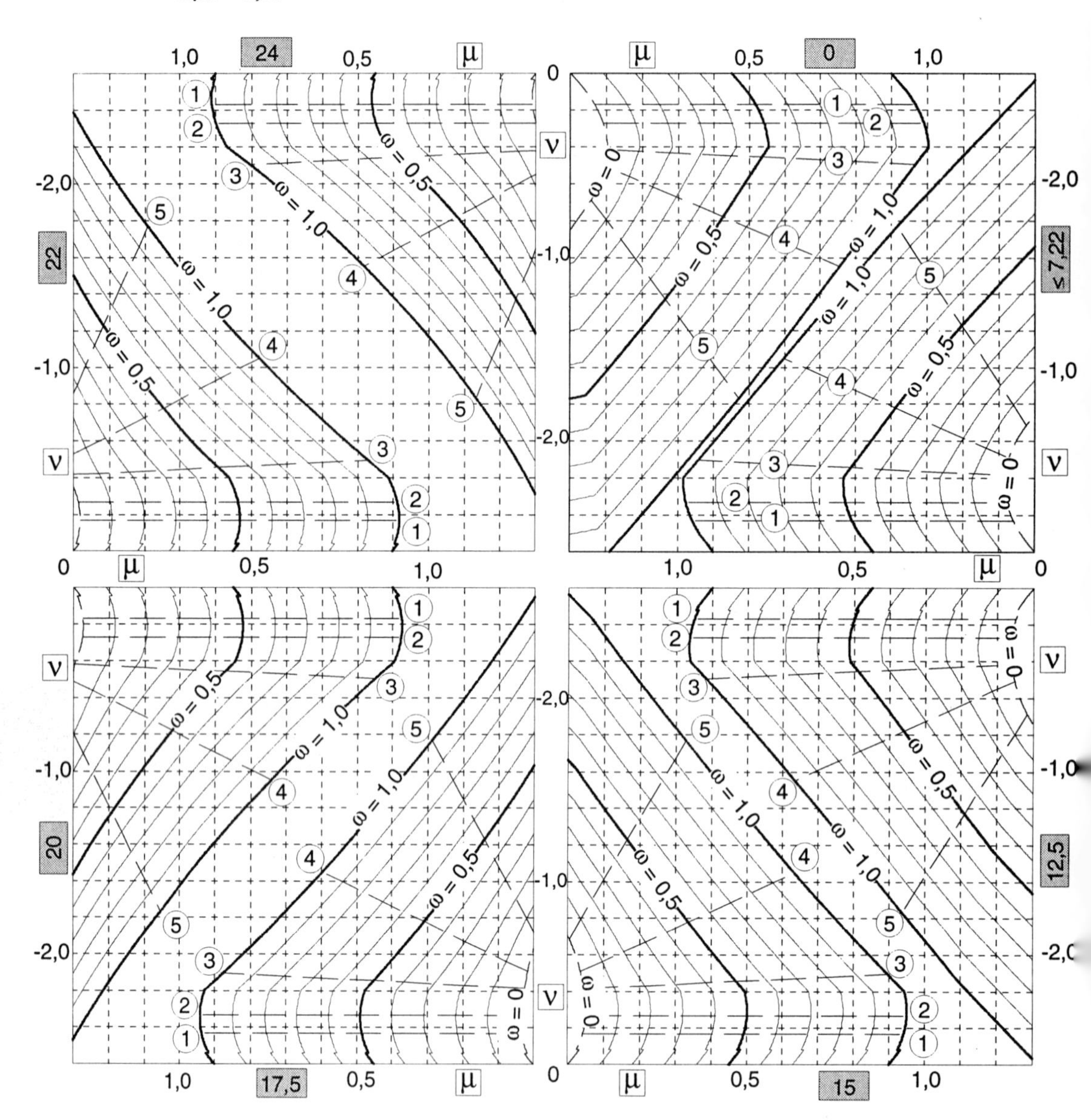

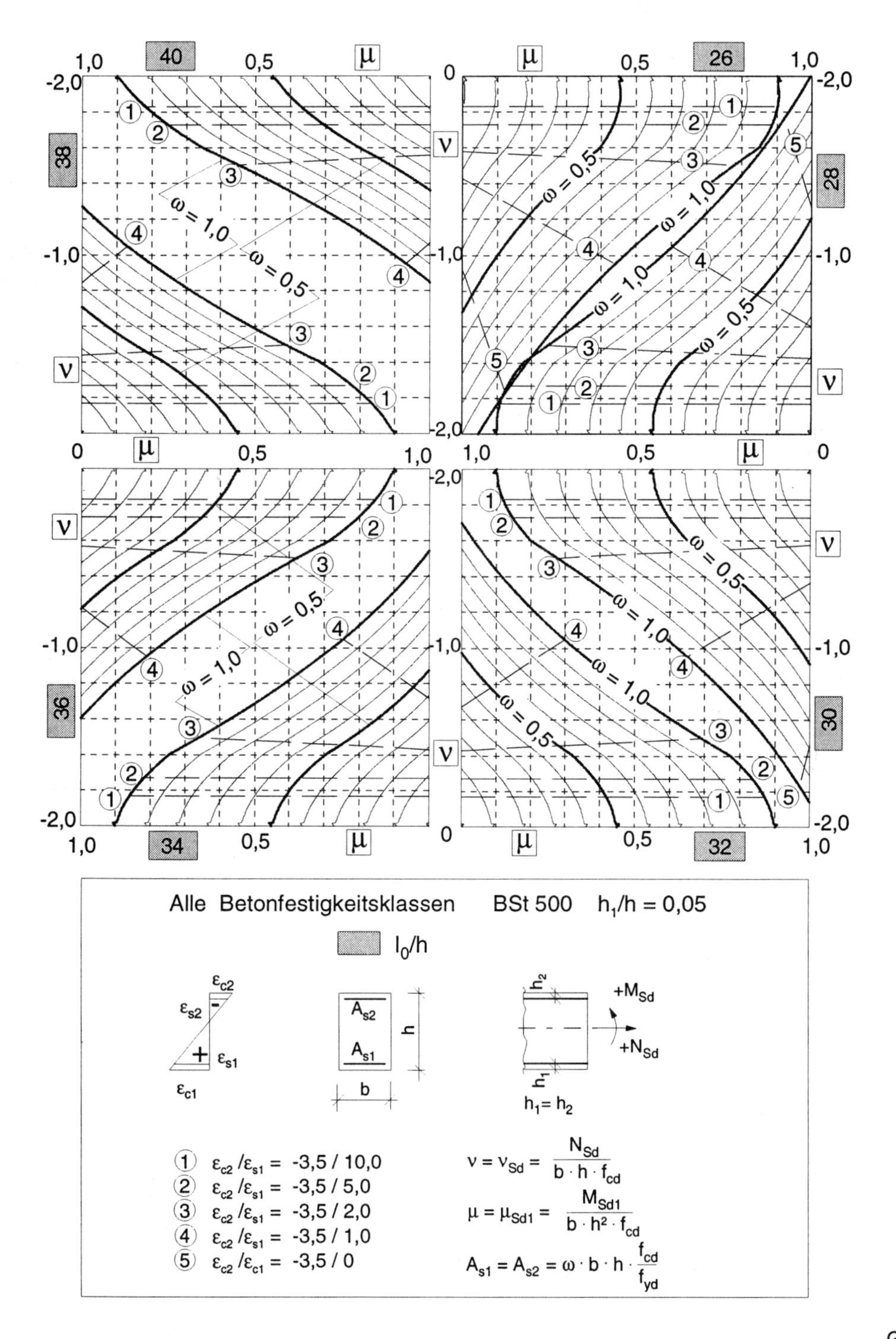
40
38
26
28
34
36
32
30
μ
ν
ω = 0,5
ω = 1,0
1,0
0,5
0
-2,0
-1,0
Alle Betonfestigkeitsklassen BSt 500 h1/h = 0,05
l0/h
εc2
εs2
εs1
εc1
As2
As1
h
b
h2
h1
+MSd
+NSd
h1= h2
① εc2 /εs1 = -3,5 / 10,0
② εc2 /εs1 = -3,5 / 5,0
③ εc2 /εs1 = -3,5 / 2,0
④ εc2 /εs1 = -3,5 / 1,0
⑤ εc2 /εc1 = -3,5 / 0
ν = νSd = NSd / (b · h · fcd)
μ = μSd1 = MSd1 / (b · h² · fcd)
As1 = As2 = ω · b · h · fcd / fyd

G

Tafel G.1.5 **Interaktionsdiagramm für zweiseitige Bewehrung BSt 500 (γ_s = 1,15) und Randabstand h_1/h = 0,075**

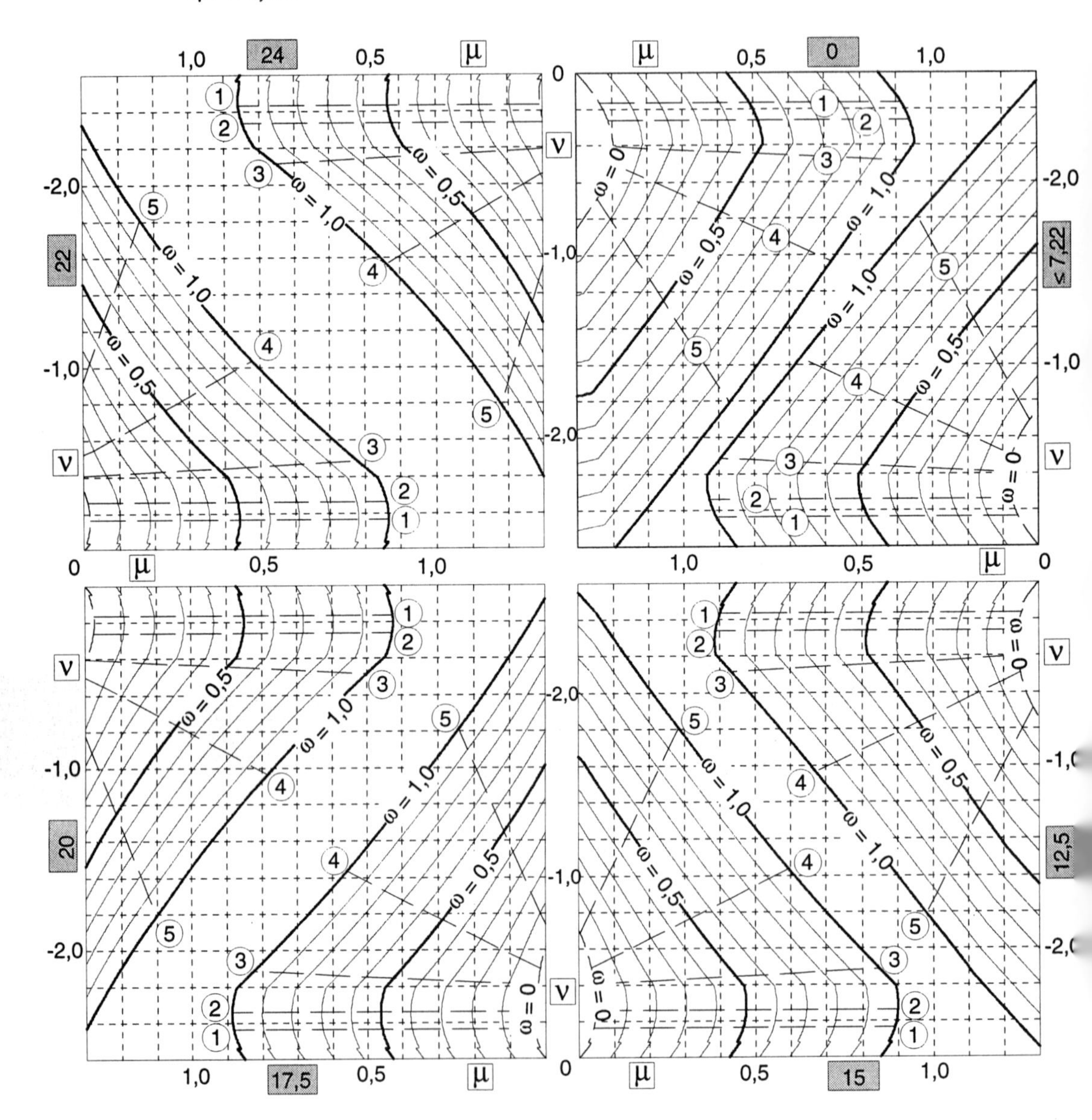

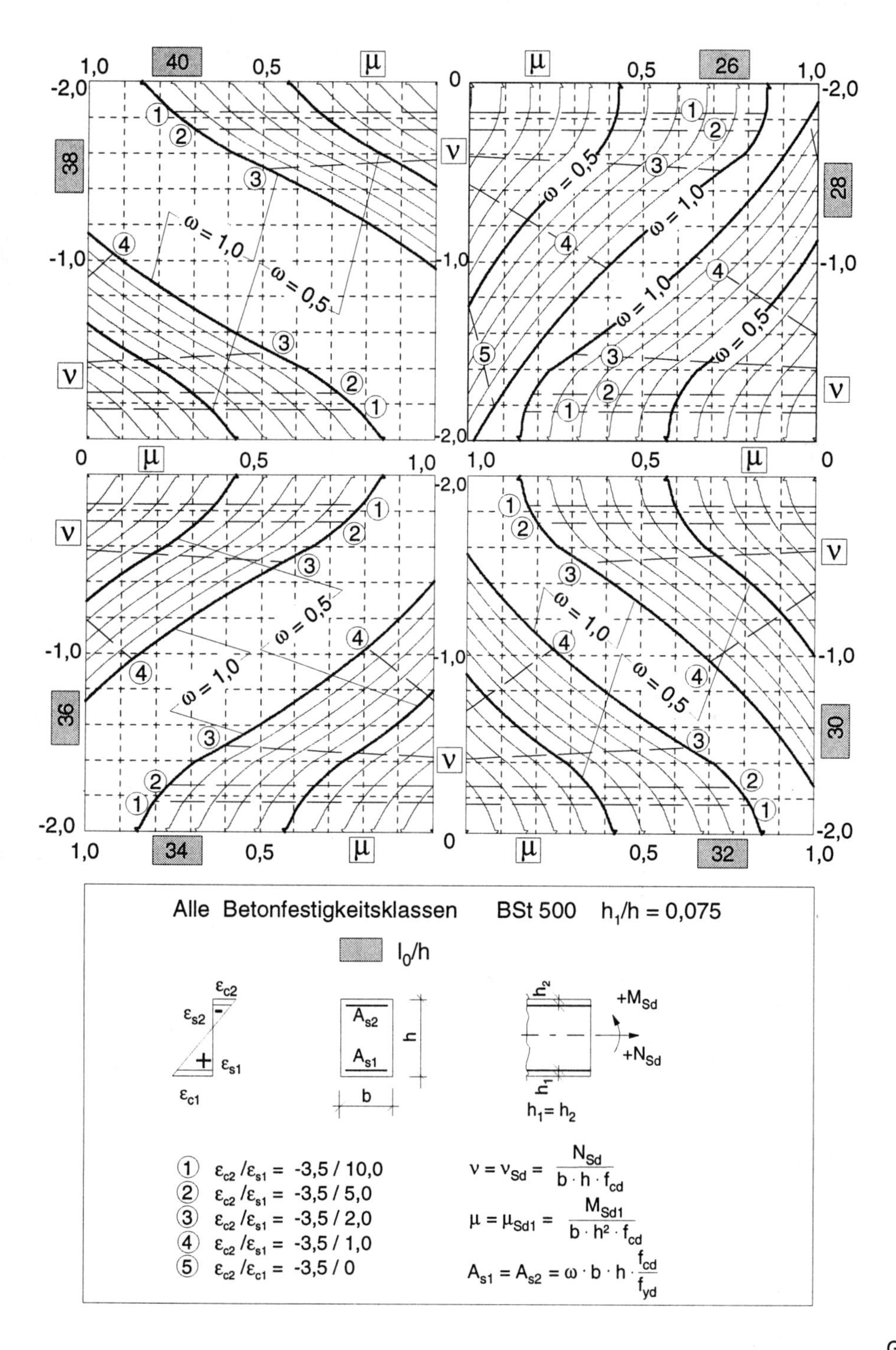

40
38
26
28
36
34
30
32
μ
ν
ω = 1,0
ω = 0,5
1,0
0,5
0
-2,0
-1,0
Alle Betonfestigkeitsklassen BSt 500 h1/h = 0,075
l0/h
εc2
εs2
εs1
εc1
As2
As1
h
b
h2
h1
h1= h2
+MSd
+NSd
① εc2 /εs1 = -3,5 / 10,0
② εc2 /εs1 = -3,5 / 5,0
③ εc2 /εs1 = -3,5 / 2,0
④ εc2 /εs1 = -3,5 / 1,0
⑤ εc2 /εc1 = -3,5 / 0
ν = νSd = NSd / (b · h · fcd)
μ = μSd1 = MSd1 / (b · h² · fcd)
As1 = As2 = ω · b · h · fcd / fyd

G

Tafel G.1.6 Interaktionsdiagramm für zweiseitige Bewehrung BSt 500 (γ_s = 1,15) und Randabstand h_1/h = 0,10

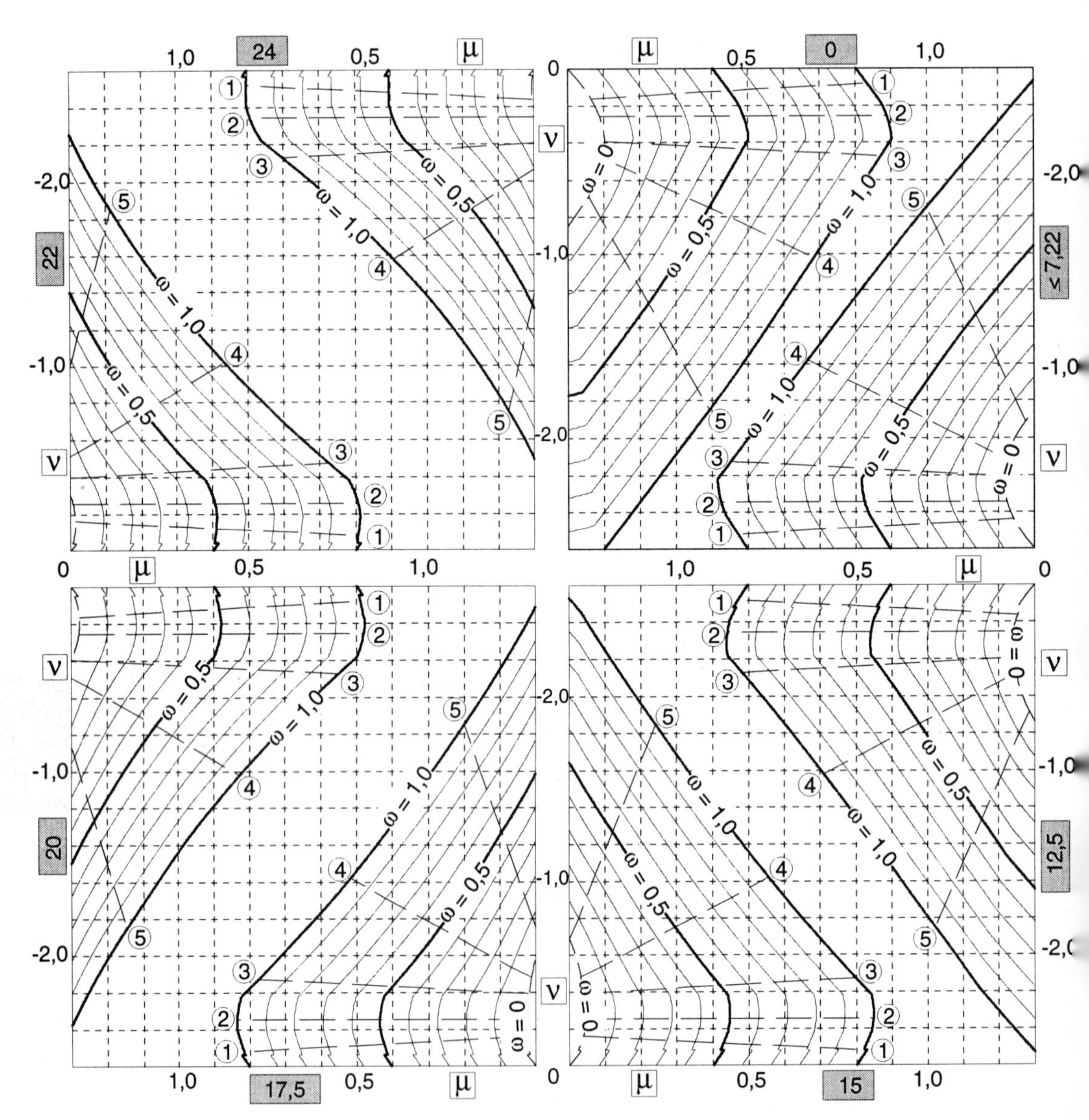

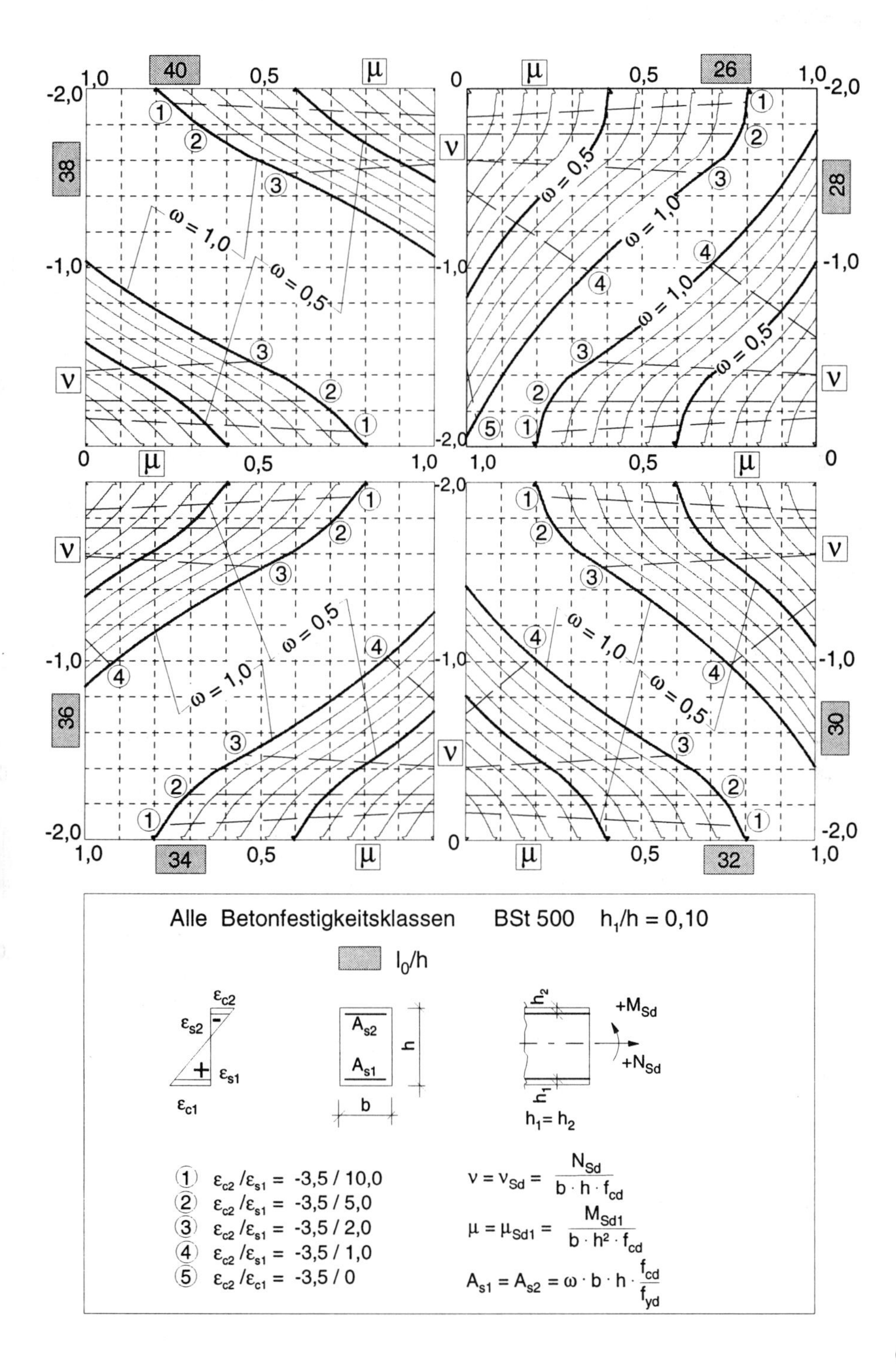
40
26
38
28
36
30
34
32
μ
ν
ω = 1,0
ω = 0,5
1,0
0,5
0
-1,0
-2,0
Alle Betonfestigkeitsklassen BSt 500 h1/h = 0,10
l0/h
εc2
εs2
εs1
εc1
As2
As1
h
b
h2
h1
+MSd
+NSd
h1 = h2
① εc2 /εs1 = -3,5 / 10,0
② εc2 /εs1 = -3,5 / 5,0
③ εc2 /εs1 = -3,5 / 2,0
④ εc2 /εs1 = -3,5 / 1,0
⑤ εc2 /εc1 = -3,5 / 0
ν = νSd = NSd / (b · h · fcd)
μ = μSd1 = MSd1 / (b · h² · fcd)
As1 = As2 = ω · b · h · fcd / fyd

G

Tafel G.1.7 **Interaktionsdiagramm für zweiseitige Bewehrung BSt 500 (γ_s = 1,15) und Randabstand h_1/h = 0,125**

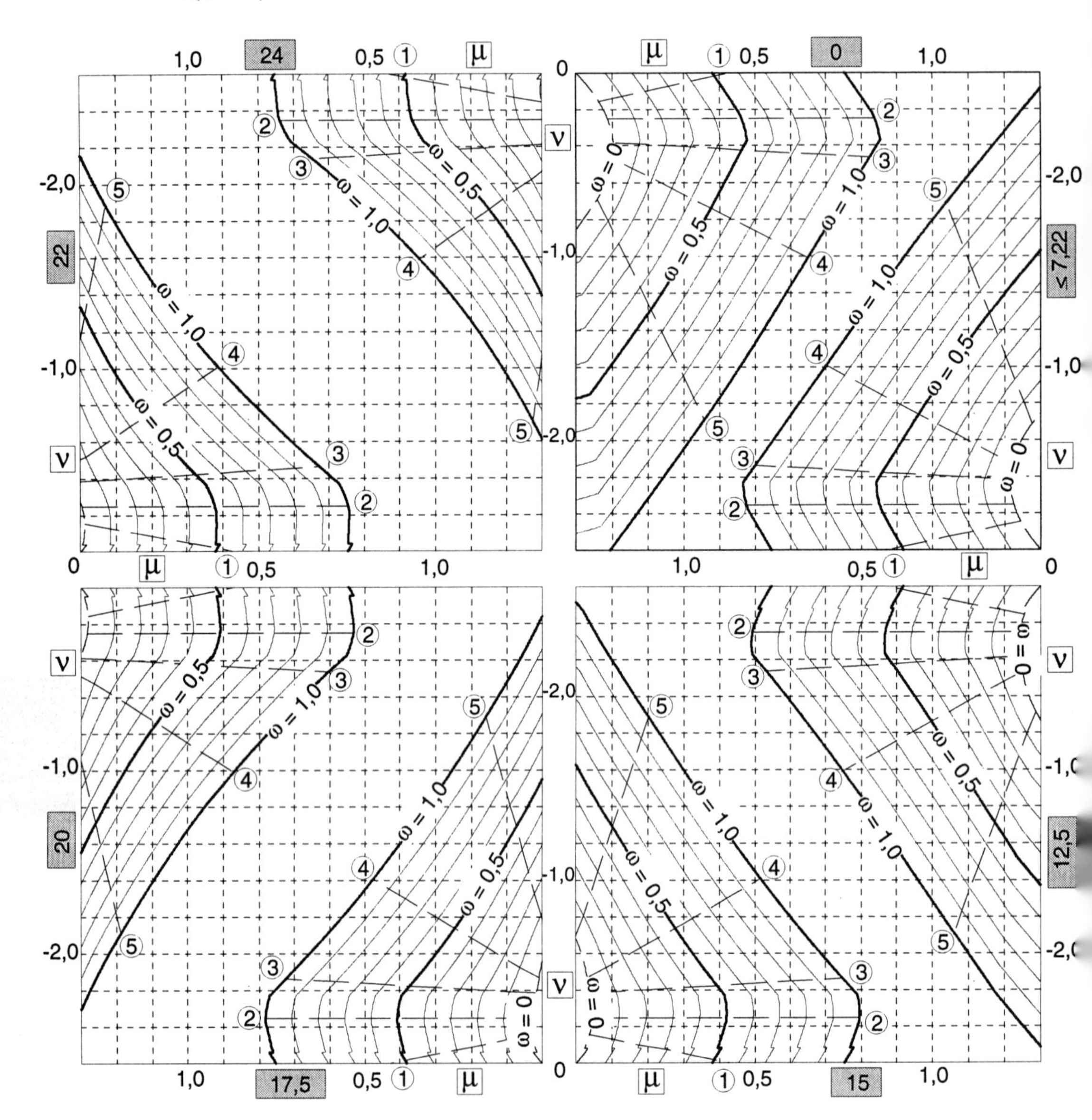

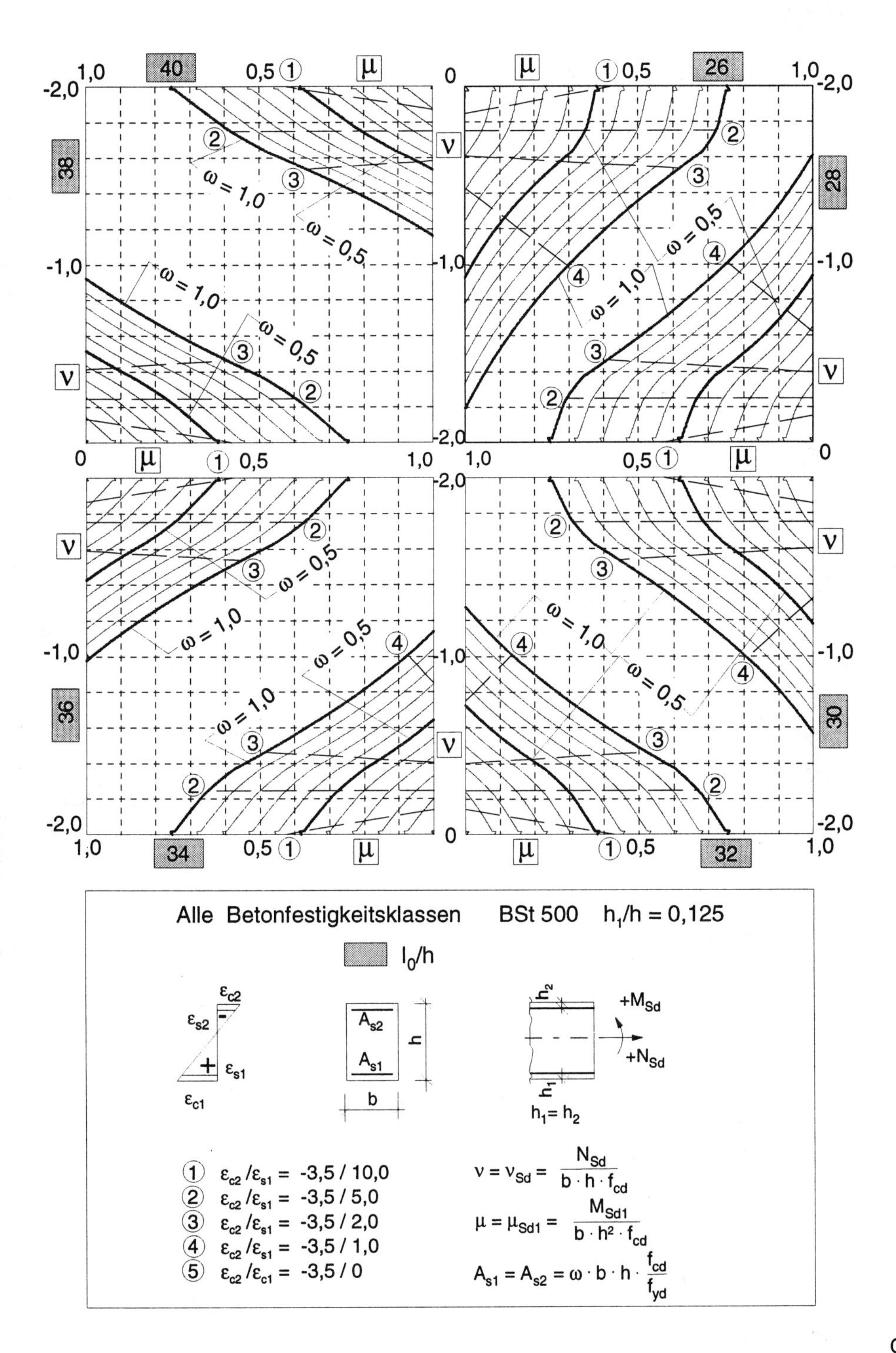

40
26
38
28
36
30
34
32
ν
μ
ω = 1,0
ω = 0,5
Alle Betonfestigkeitsklassen BSt 500 h1/h = 0,125
l0/h
εc2
εs2
εs1
εc1
As2
As1
h
b
h2
h1
+MSd
+NSd
h1 = h2
① εc2 /εs1 = -3,5 / 10,0
② εc2 /εs1 = -3,5 / 5,0
③ εc2 /εs1 = -3,5 / 2,0
④ εc2 /εs1 = -3,5 / 1,0
⑤ εc2 /εc1 = -3,5 / 0
ν = νSd = NSd / (b · h · fcd)
μ = μSd1 = MSd1 / (b · h² · fcd)
As1 = As2 = ω · b · h · fcd / fyd

G

Tafel G.1.8 **Interaktionsdiagramm für zweiseitige Bewehrung BSt 500 (γ_s = 1,15) und Randabstand h_1/h = 0,15**

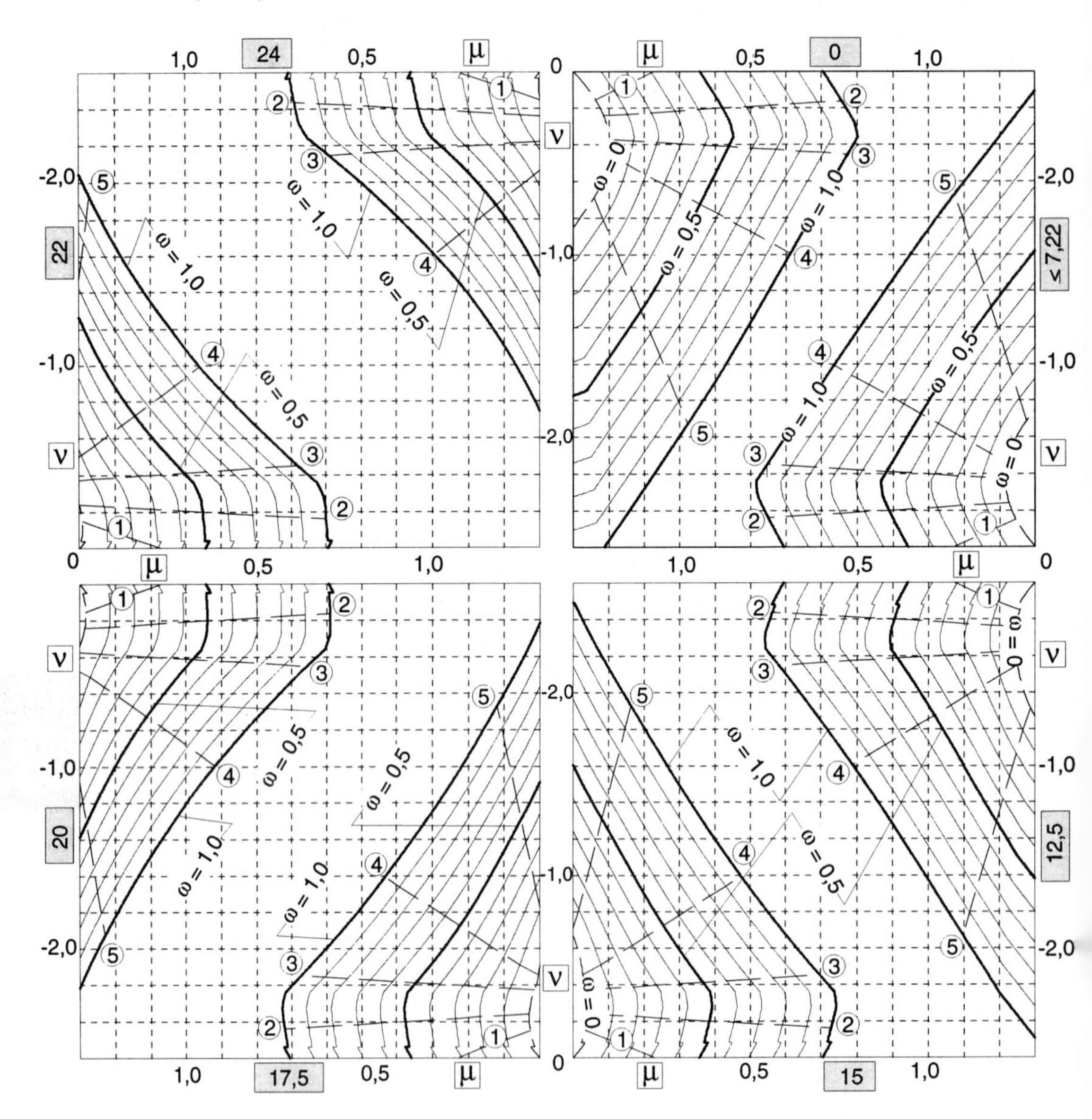

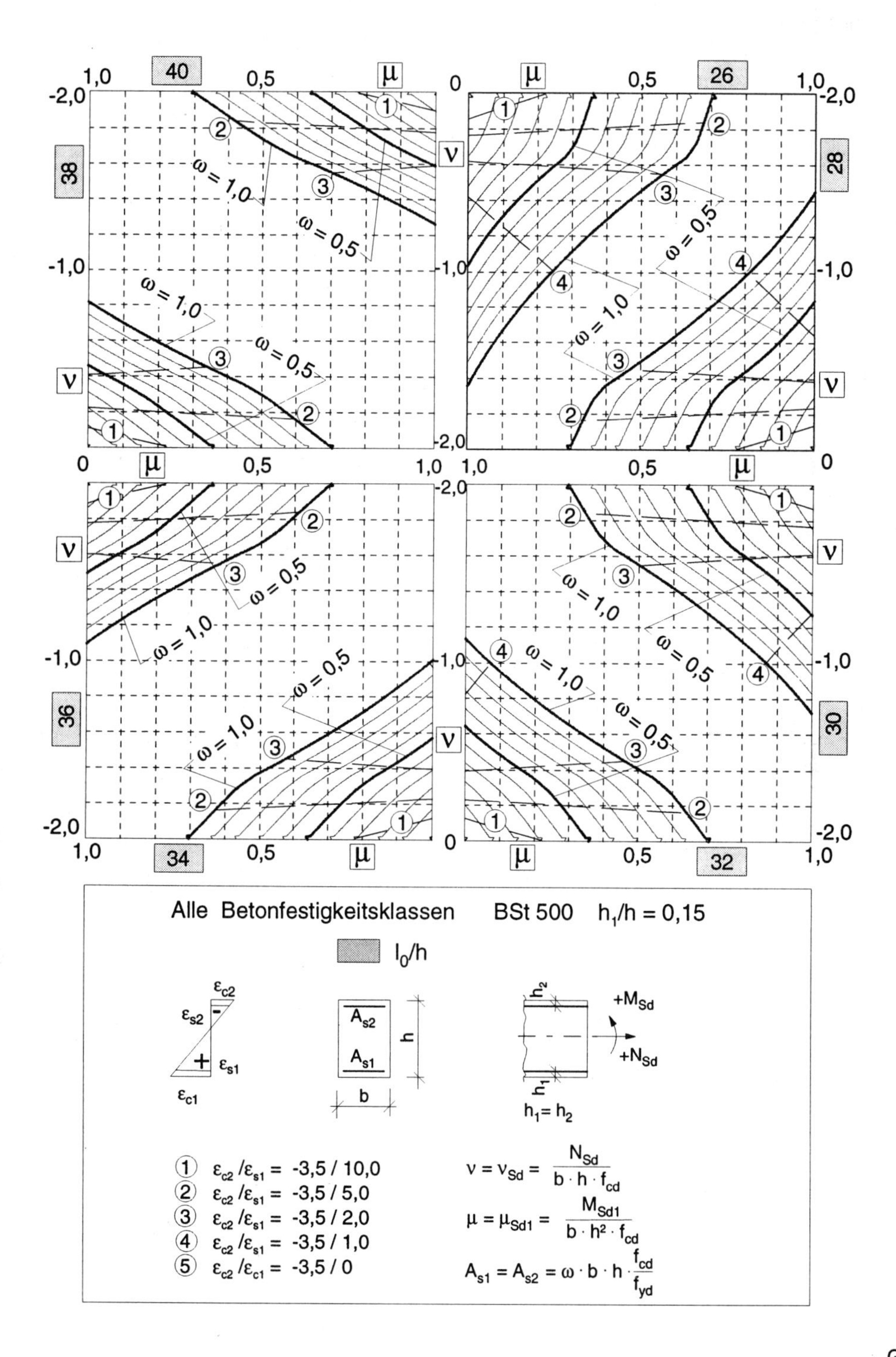
40
38
26
28
34
36
32
30
μ
ν
ω = 1,0
ω = 0,5
Alle Betonfestigkeitsklassen BSt 500 $h_1/h = 0,15$
l_0/h
ε_{c2}
ε_{s2}
ε_{s1}
ε_{c1}
A_{s2}
A_{s1}
h
b
h_2
h_1
$+M_{Sd}$
$+N_{Sd}$
$h_1 = h_2$
① $\varepsilon_{c2}/\varepsilon_{s1}$ = -3,5 / 10,0
② $\varepsilon_{c2}/\varepsilon_{s1}$ = -3,5 / 5,0
③ $\varepsilon_{c2}/\varepsilon_{s1}$ = -3,5 / 2,0
④ $\varepsilon_{c2}/\varepsilon_{s1}$ = -3,5 / 1,0
⑤ $\varepsilon_{c2}/\varepsilon_{c1}$ = -3,5 / 0
$\nu = \nu_{Sd} = \frac{N_{Sd}}{b \cdot h \cdot f_{cd}}$
$\mu = \mu_{Sd1} = \frac{M_{Sd1}}{b \cdot h^2 \cdot f_{cd}}$
$A_{s1} = A_{s2} = \omega \cdot b \cdot h \cdot \frac{f_{cd}}{f_{yd}}$

G

Tafel G.1.9 **Interaktionsdiagramm für zweiseitige Bewehrung BSt 500 (γ_s = 1,15) und Randabstand h_1/h = 0,175**

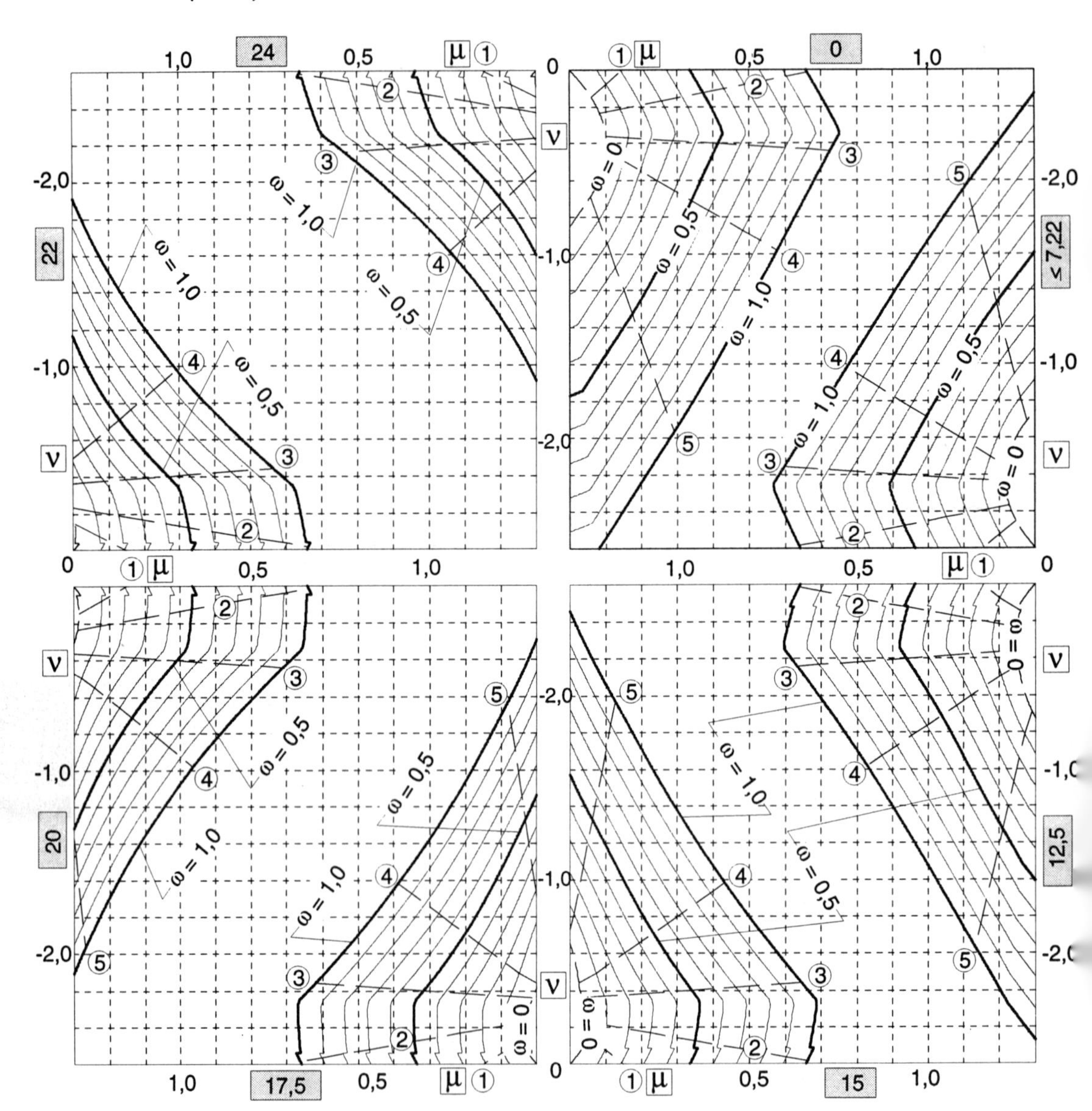

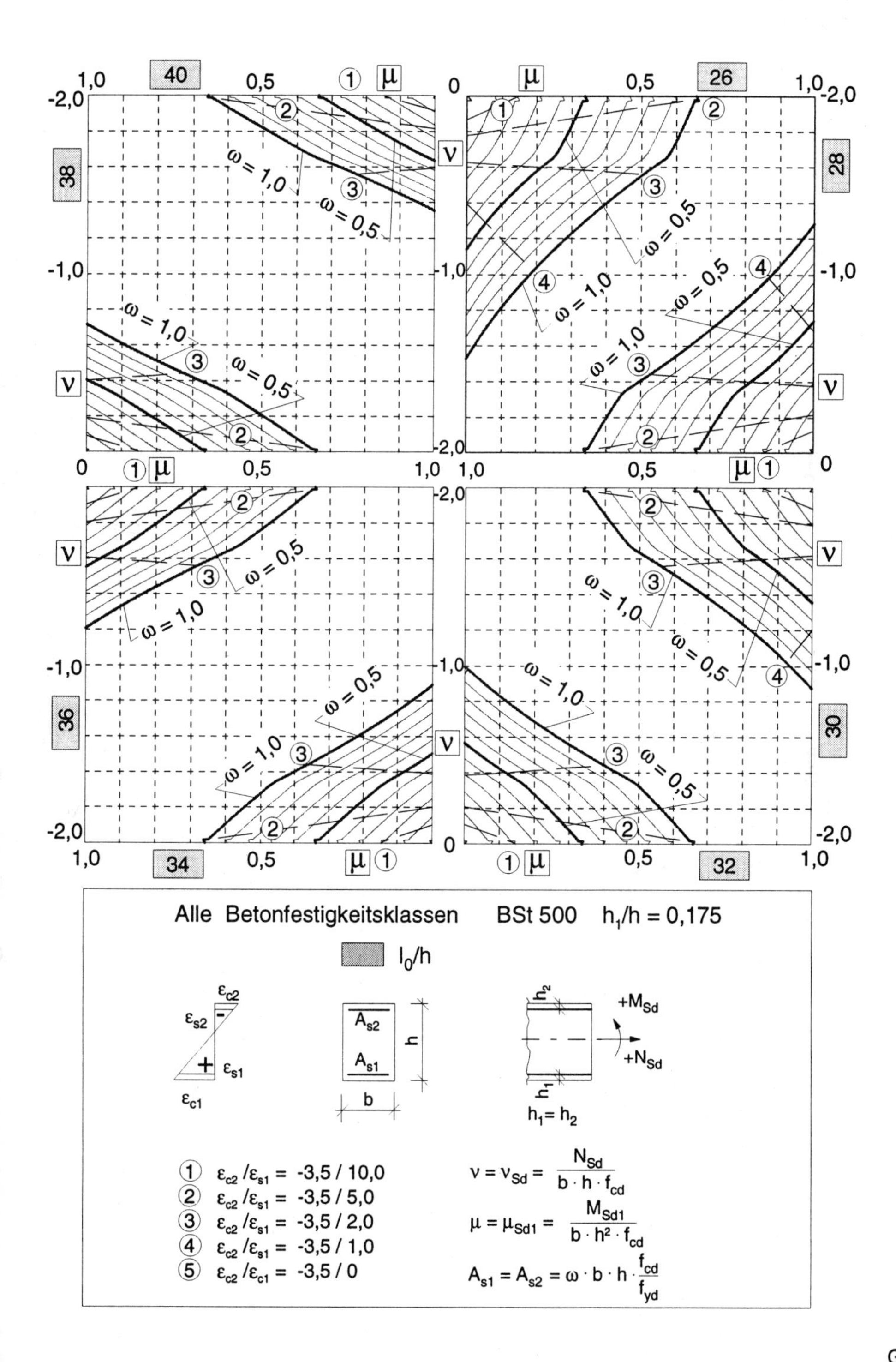
40
38
26
28
36
34
30
32
ω = 1,0
ω = 0,5
μ
ν
Alle Betonfestigkeitsklassen BSt 500 h₁/h = 0,175
l₀/h
εc2
εs2
εs1
εc1
As2
As1
b
h
h2
h1
+MSd
+NSd
h1 = h2
① εc2 /εs1 = -3,5 / 10,0
② εc2 /εs1 = -3,5 / 5,0
③ εc2 /εs1 = -3,5 / 2,0
④ εc2 /εs1 = -3,5 / 1,0
⑤ εc2 /εc1 = -3,5 / 0
ν = νSd = NSd / (b · h · fcd)
μ = μSd1 = MSd1 / (b · h² · fcd)
As1 = As2 = ω · b · h · fcd / fyd

G

Tafel G.1.10 Interaktionsdiagramm für zweiseitige Bewehrung BSt 500 (γ_s = 1,15) und Randabstand h_1/h = 0,20

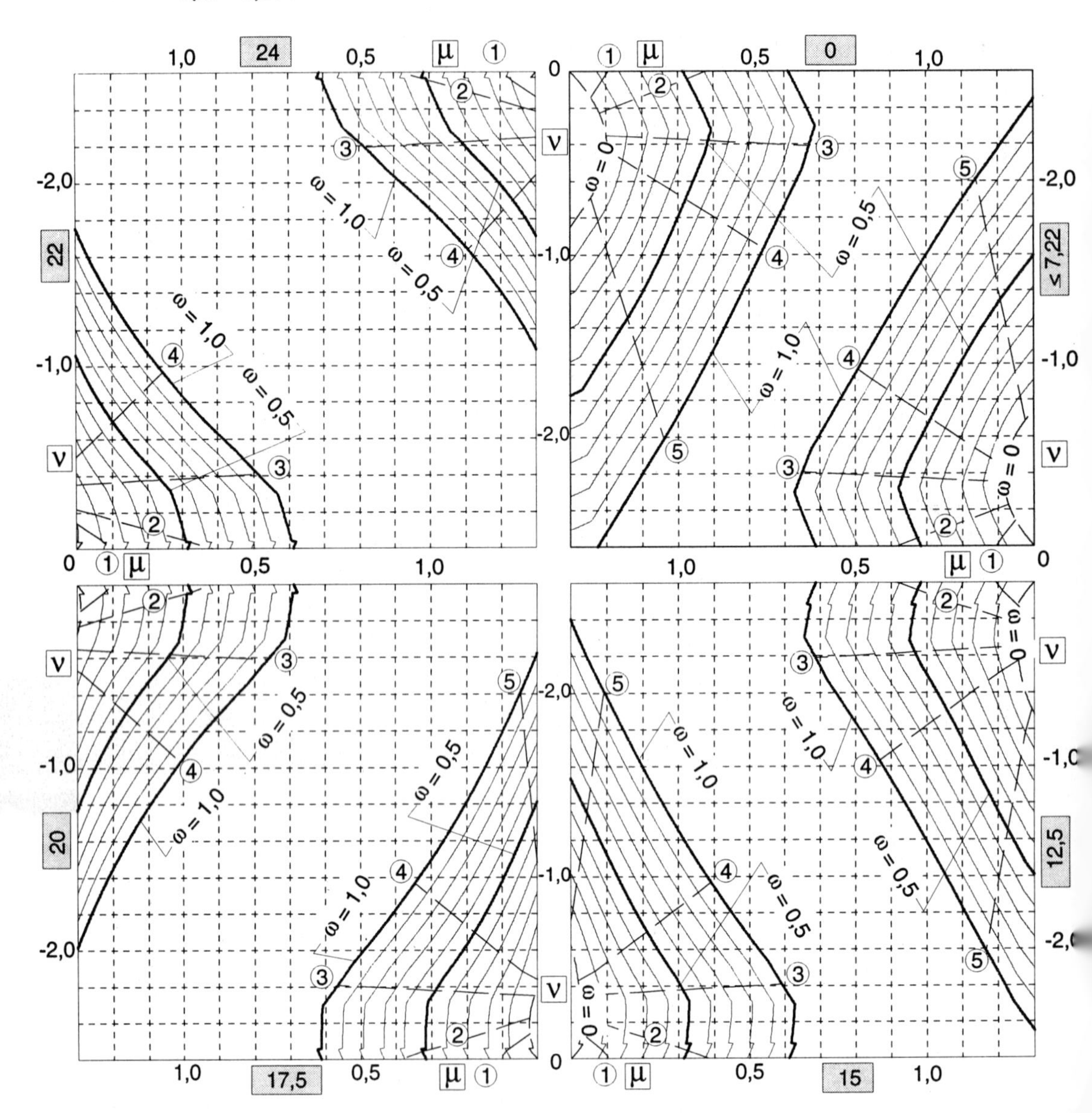

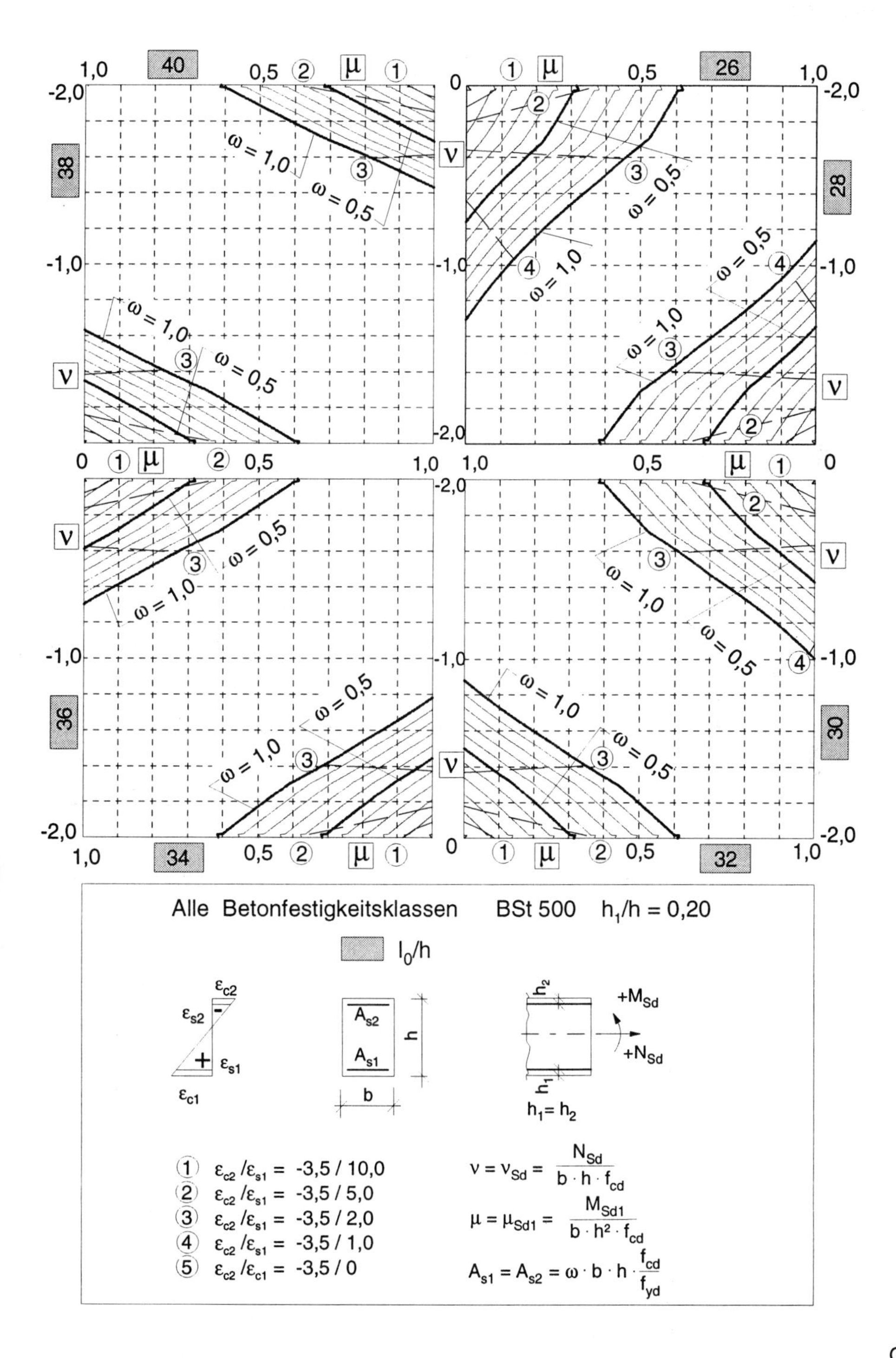

40
38
26
28
36
30
34
32
μ
ν
ω = 1,0
ω = 0,5
1,0
0,5
0
-1,0
-2,0
Alle Betonfestigkeitsklassen BSt 500 h1/h = 0,20
l0/h
εc2
εs2
εs1
εc1
As2
As1
h
b
h2
h1
h1 = h2
+MSd
+NSd
① εc2/εs1 = -3,5 / 10,0
② εc2/εs1 = -3,5 / 5,0
③ εc2/εs1 = -3,5 / 2,0
④ εc2/εs1 = -3,5 / 1,0
⑤ εc2/εc1 = -3,5 / 0
ν = νSd = NSd / (b · h · fcd)
μ = μSd1 = MSd1 / (b · h² · fcd)
As1 = As2 = ω · b · h · fcd / fyd

G

Tafel G.1.11 Interaktionsdiagramm für zweiseitige Bewehrung BSt 500 (γ_s = 1,15) und Randabstand h_1/h = 0,225

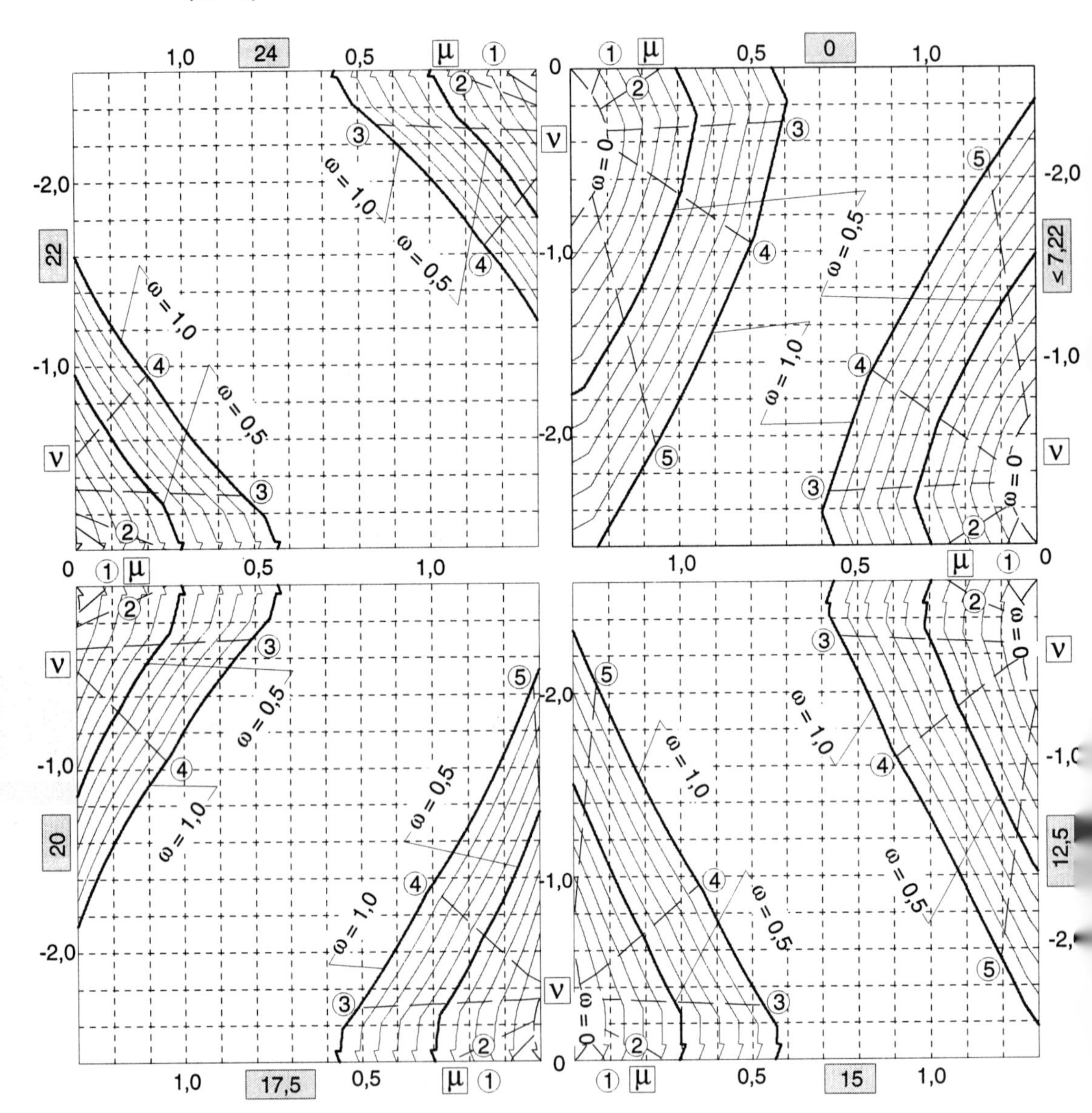

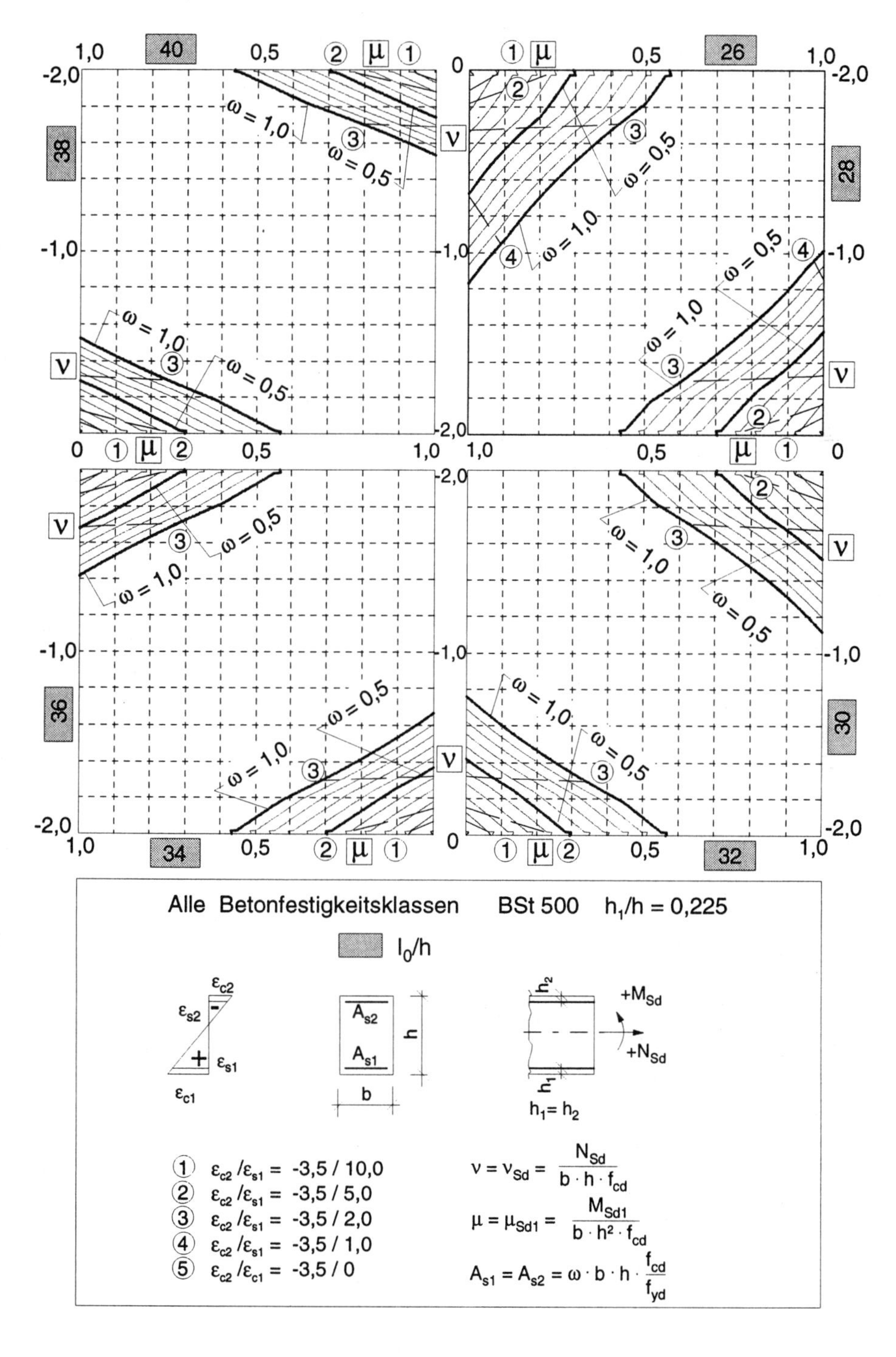

40
38
26
28
36
34
30
32
μ
ν
ω = 1,0
ω = 0,5
Alle Betonfestigkeitsklassen BSt 500 h1/h = 0,225
l0/h
εc2
εs2
εs1
εc1
As2
As1
h
b
h2
h1
h1= h2
+MSd
+NSd
① εc2 /εs1 = -3,5 / 10,0
② εc2 /εs1 = -3,5 / 5,0
③ εc2 /εs1 = -3,5 / 2,0
④ εc2 /εs1 = -3,5 / 1,0
⑤ εc2 /εc1 = -3,5 / 0
ν = νSd = NSd / (b · h · fcd)
μ = μSd1 = MSd1 / (b · h² · fcd)
As1 = As2 = ω · b · h · fcd / fyd

G

Tafel G.1.12 Interaktionsdiagramm für zweiseitige Bewehrung BSt 500 (γ_s = 1,15) und Randabstand h_1/h = 0,25

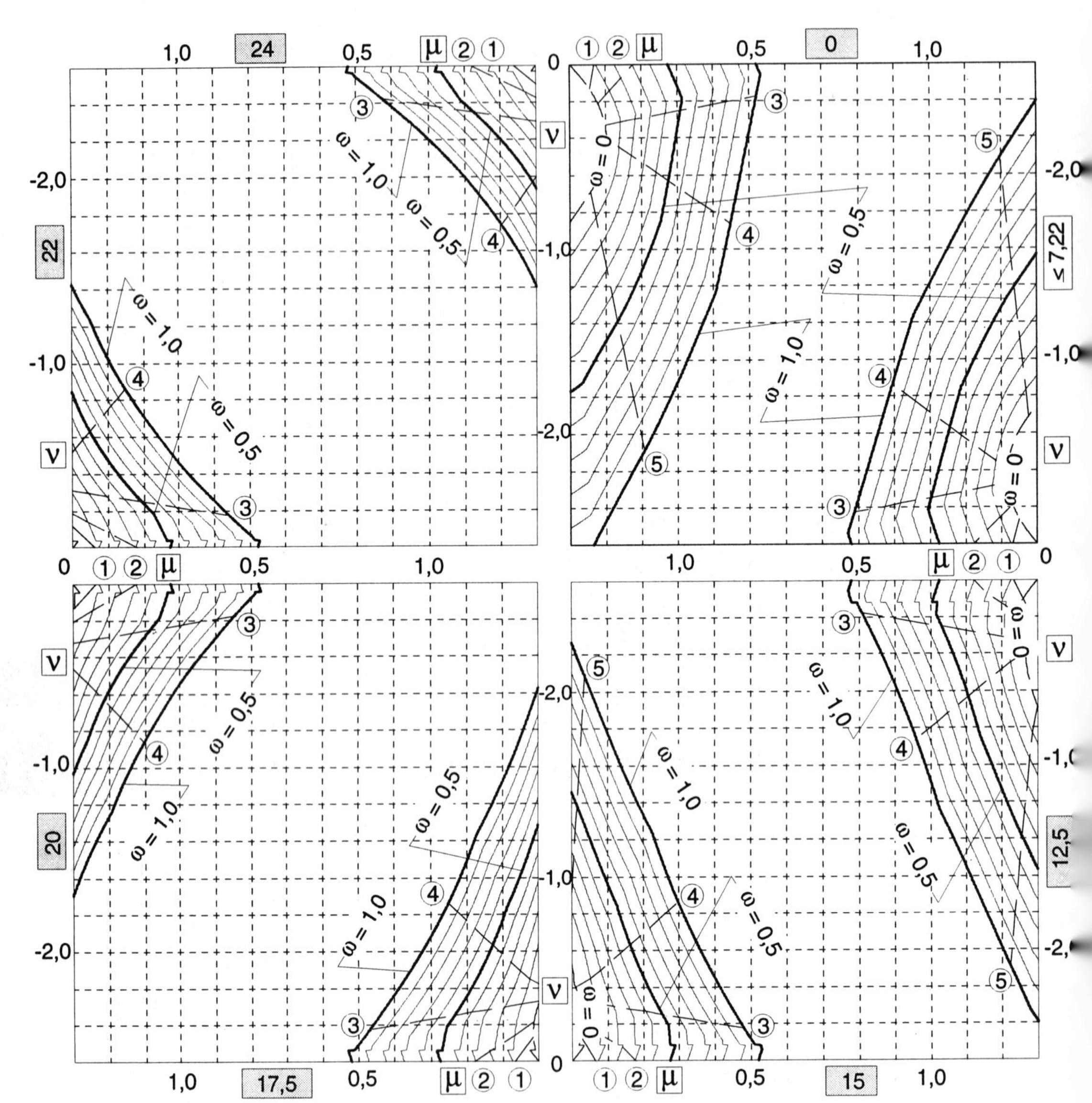

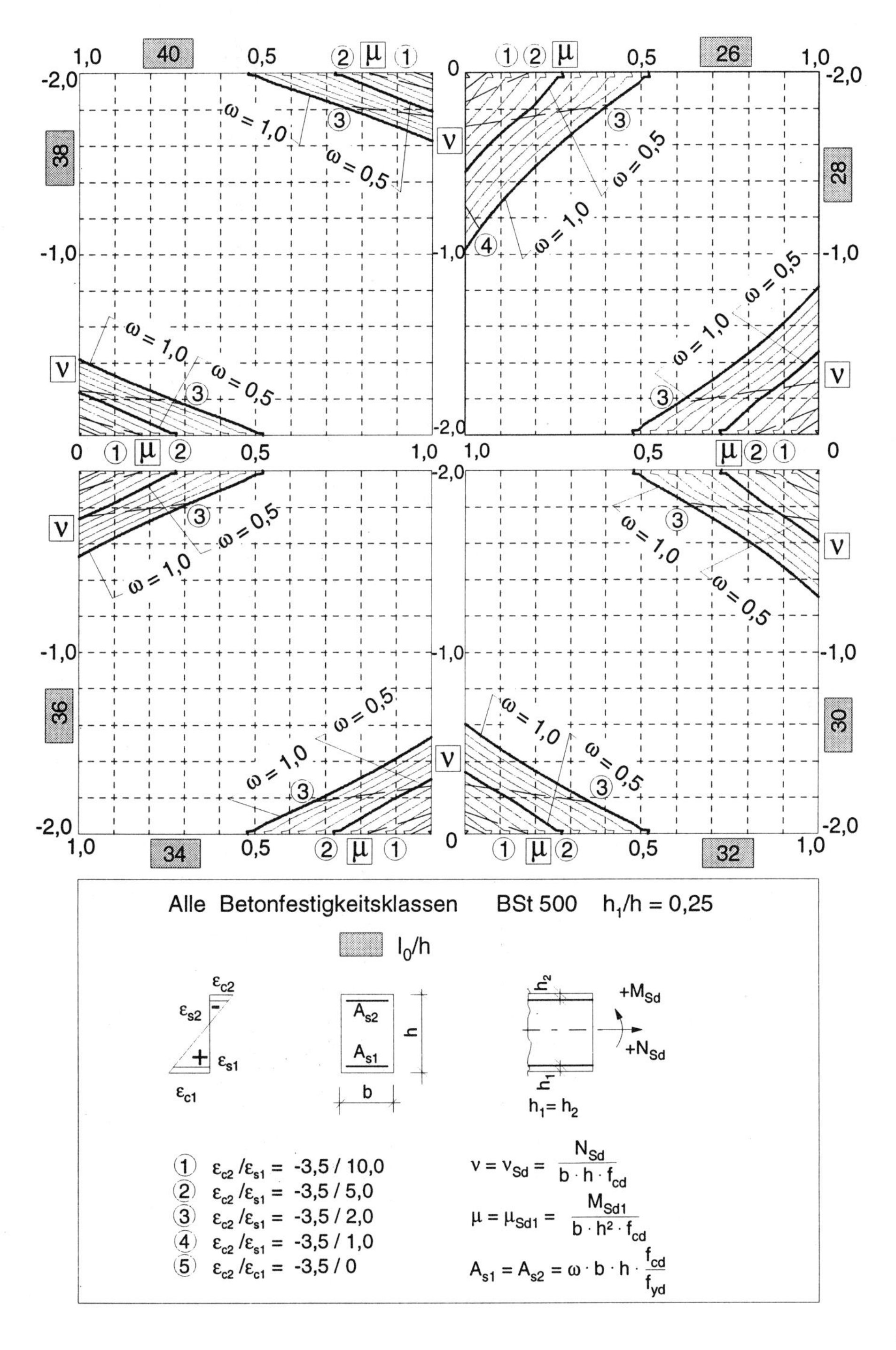

40
38
26
28
36
34
30
32
ω = 1,0
ω = 0,5
μ
ν
1,0
0,5
0
-2,0
-1,0
Alle Betonfestigkeitsklassen BSt 500 h1/h = 0,25
l0/h
εc2
εs2
εs1
εc1
As2
As1
h
b
h2
h1
h1 = h2
+MSd
+NSd
① εc2 /εs1 = -3,5 / 10,0
② εc2 /εs1 = -3,5 / 5,0
③ εc2 /εs1 = -3,5 / 2,0
④ εc2 /εs1 = -3,5 / 1,0
⑤ εc2 /εc1 = -3,5 / 0
ν = νSd = NSd / (b · h · fcd)
μ = μSd1 = MSd1 / (b · h² · fcd)
As1 = As2 = ω · b · h · fcd / fyd

G

Tafel G.1.13 Interaktionsdiagramm für vierseitige Bewehrung BSt 500 (γ_s = 1,15) und Randabstand h_1/h = 0,05

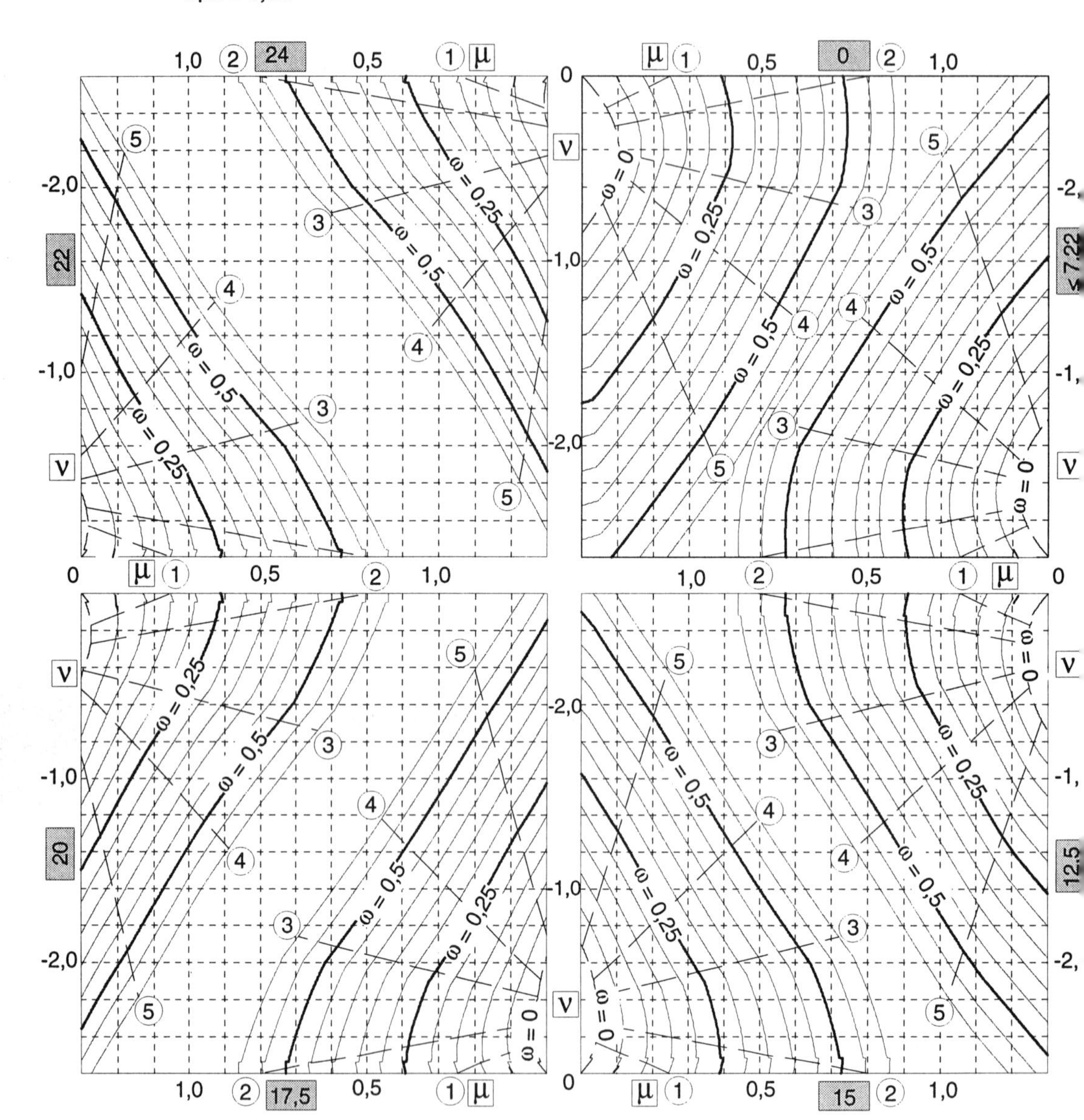

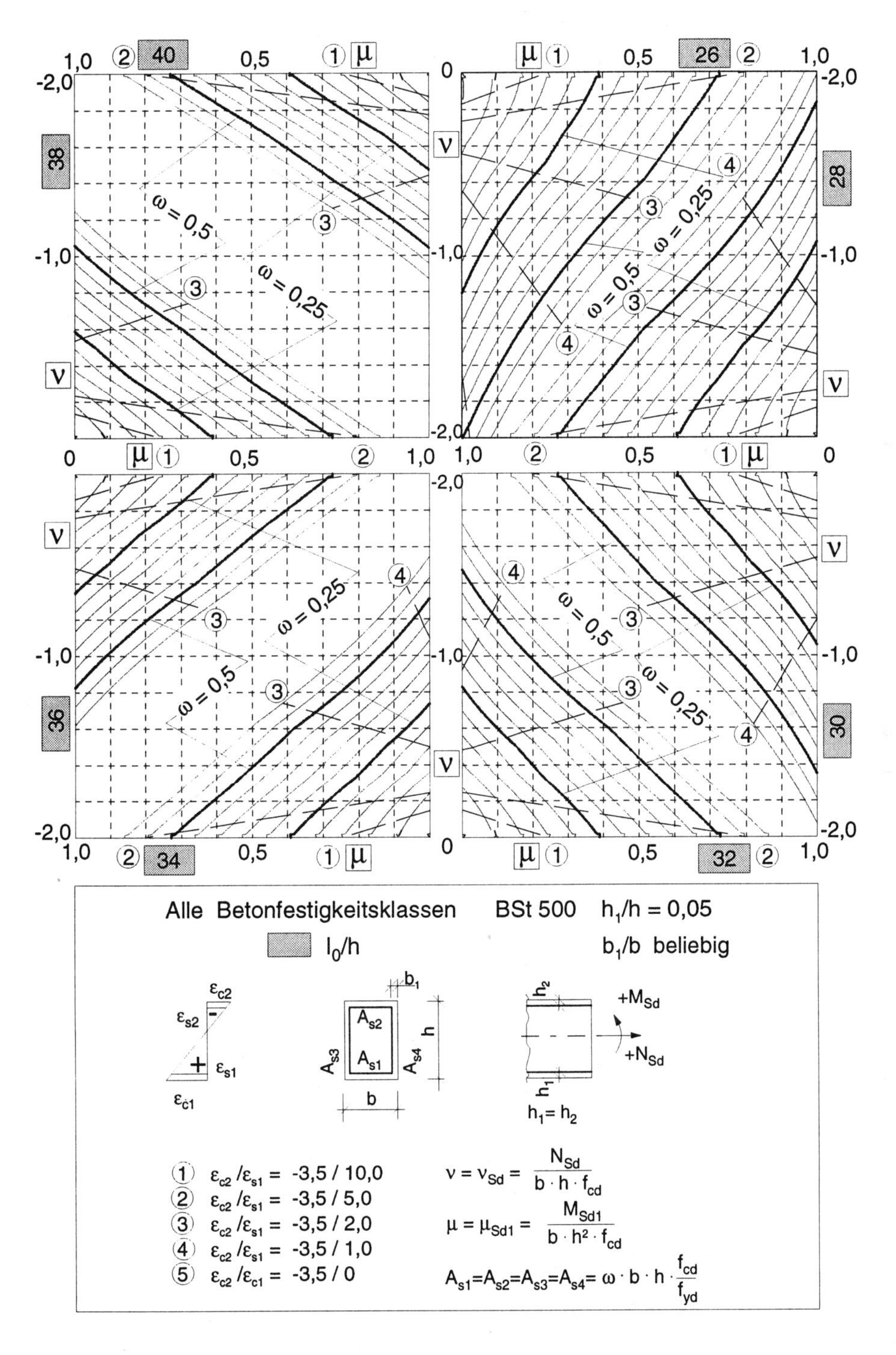

Alle Betonfestigkeitsklassen BSt 500 h1/h = 0,05
l0/h
b1/b beliebig
40
38
26
28
36
34
32
30
ω = 0,5
ω = 0,25
μ
ν
1,0
0,5
0
-2,0
-1,0
εc2
εs2
εs1
εc1
As2
As1
As3
As4
b1
h
b
h2
h1
+MSd
+NSd
h1= h2
① εc2 /εs1 = -3,5 / 10,0
② εc2 /εs1 = -3,5 / 5,0
③ εc2 /εs1 = -3,5 / 2,0
④ εc2 /εs1 = -3,5 / 1,0
⑤ εc2 /εc1 = -3,5 / 0
ν = νSd = NSd / (b · h · fcd)
μ = μSd1 = MSd1 / (b · h² · fcd)
As1=As2=As3=As4= ω · b · h · fcd/fyd

G

Tafel G.1.14 Interaktionsdiagramm für vierseitige Bewehrung BSt 500 (γ_s = 1,15) und Randabstand h_1/h = 0,075

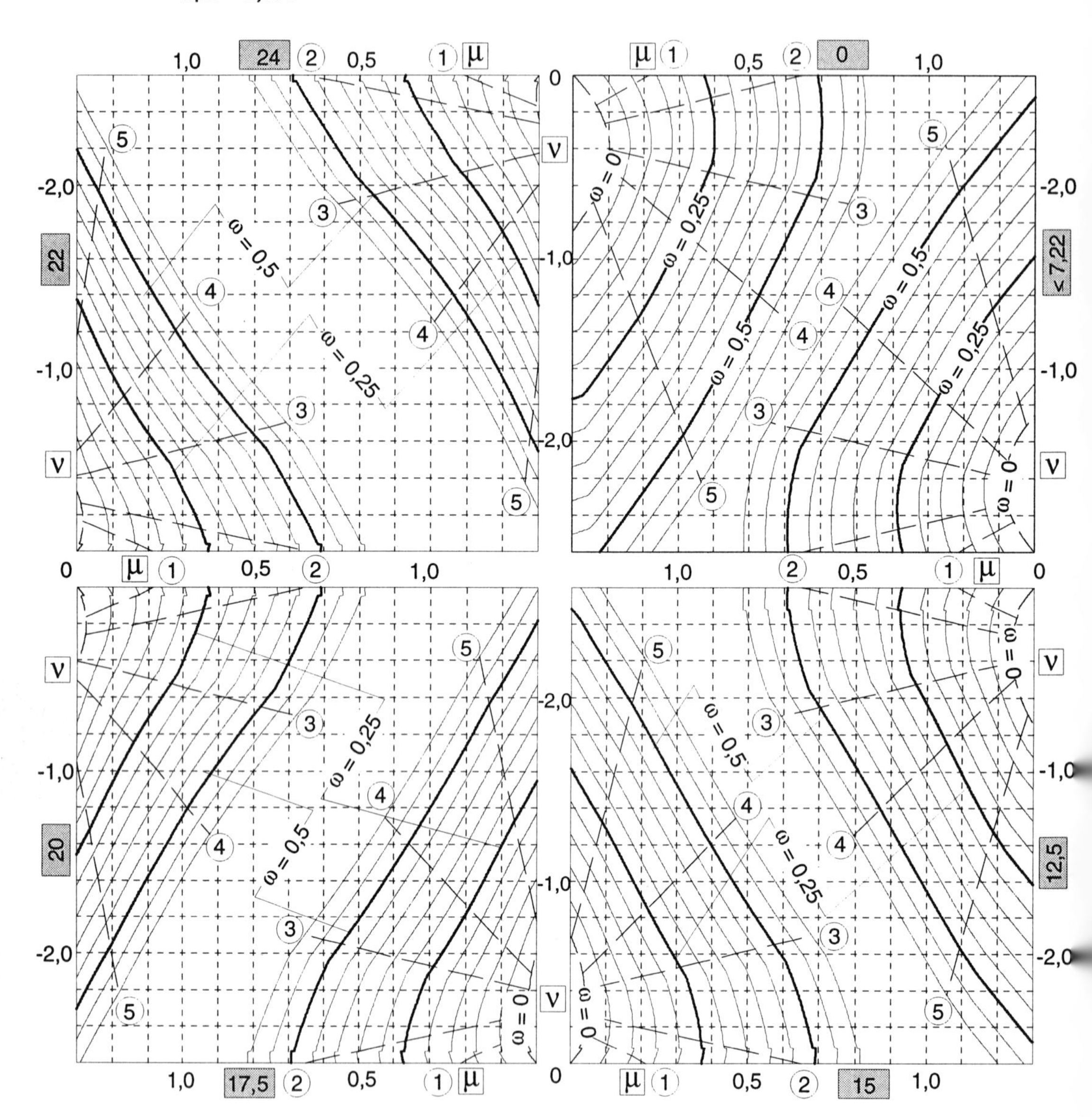

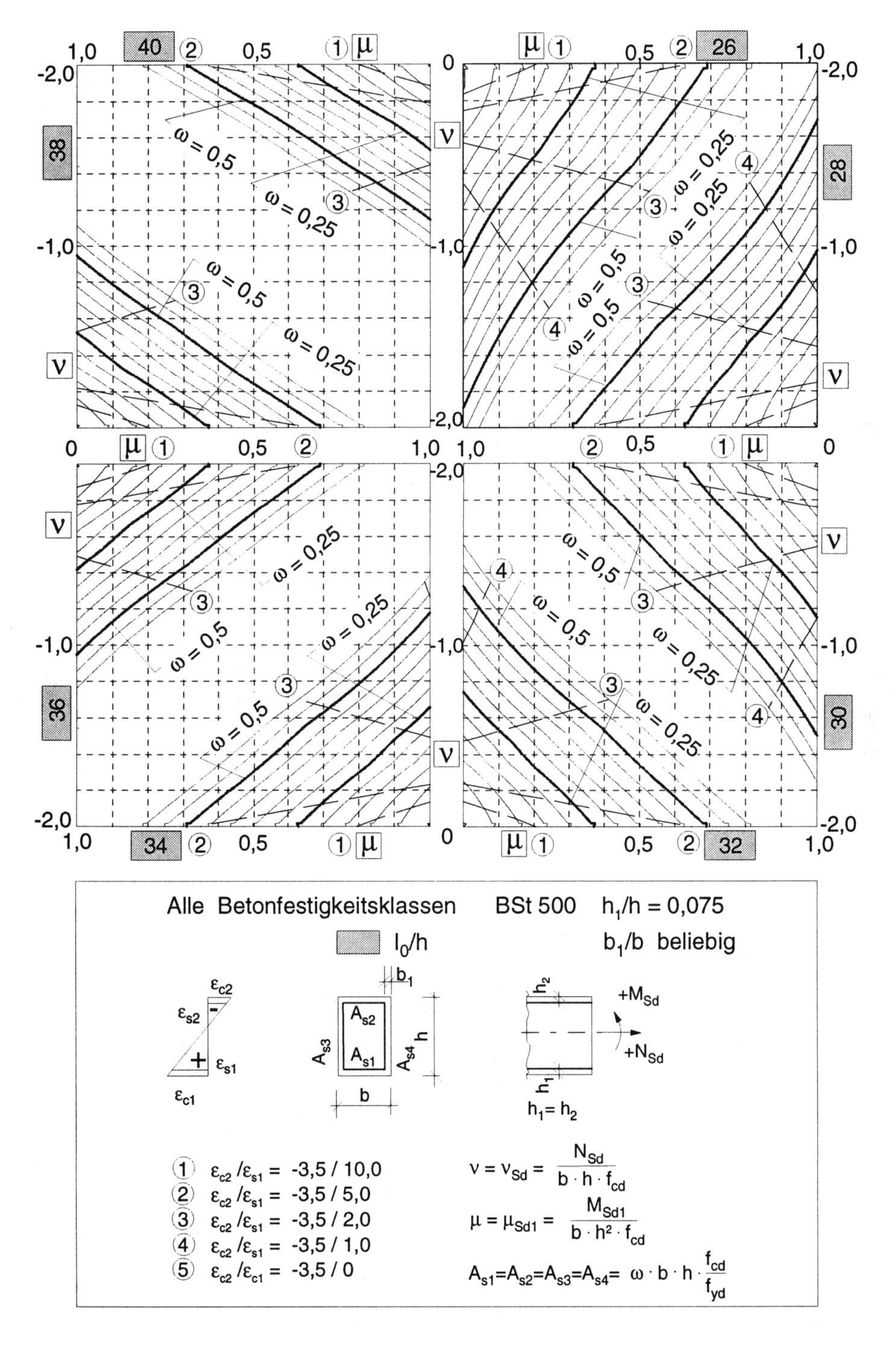

① $\varepsilon_{c2}/\varepsilon_{s1}$ = -3,5 / 10,0
② $\varepsilon_{c2}/\varepsilon_{s1}$ = -3,5 / 5,0
③ $\varepsilon_{c2}/\varepsilon_{s1}$ = -3,5 / 2,0
④ $\varepsilon_{c2}/\varepsilon_{s1}$ = -3,5 / 1,0
⑤ $\varepsilon_{c2}/\varepsilon_{c1}$ = -3,5 / 0

$$\nu = \nu_{Sd} = \frac{N_{Sd}}{b \cdot h \cdot f_{cd}}$$

$$\mu = \mu_{Sd1} = \frac{M_{Sd1}}{b \cdot h^2 \cdot f_{cd}}$$

$$A_{s1} = A_{s2} = A_{s3} = A_{s4} = \omega \cdot b \cdot h \cdot \frac{f_{cd}}{f_{yd}}$$

G

Tafel G.1.15 Interaktionsdiagramm für vierseitige Bewehrung BSt 500 (γ_s = 1,15) und Randabstand h_1/h = 0,10

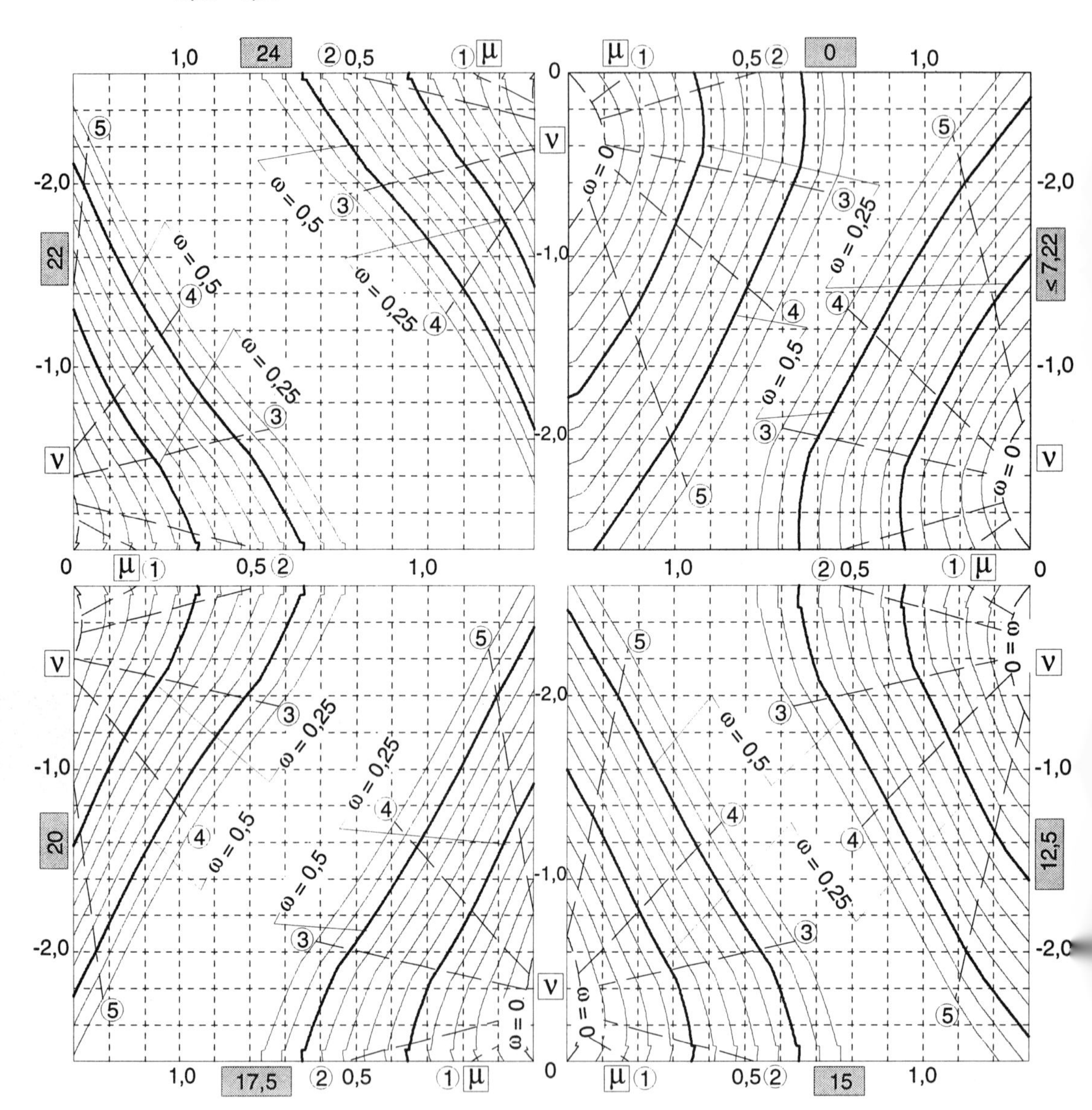

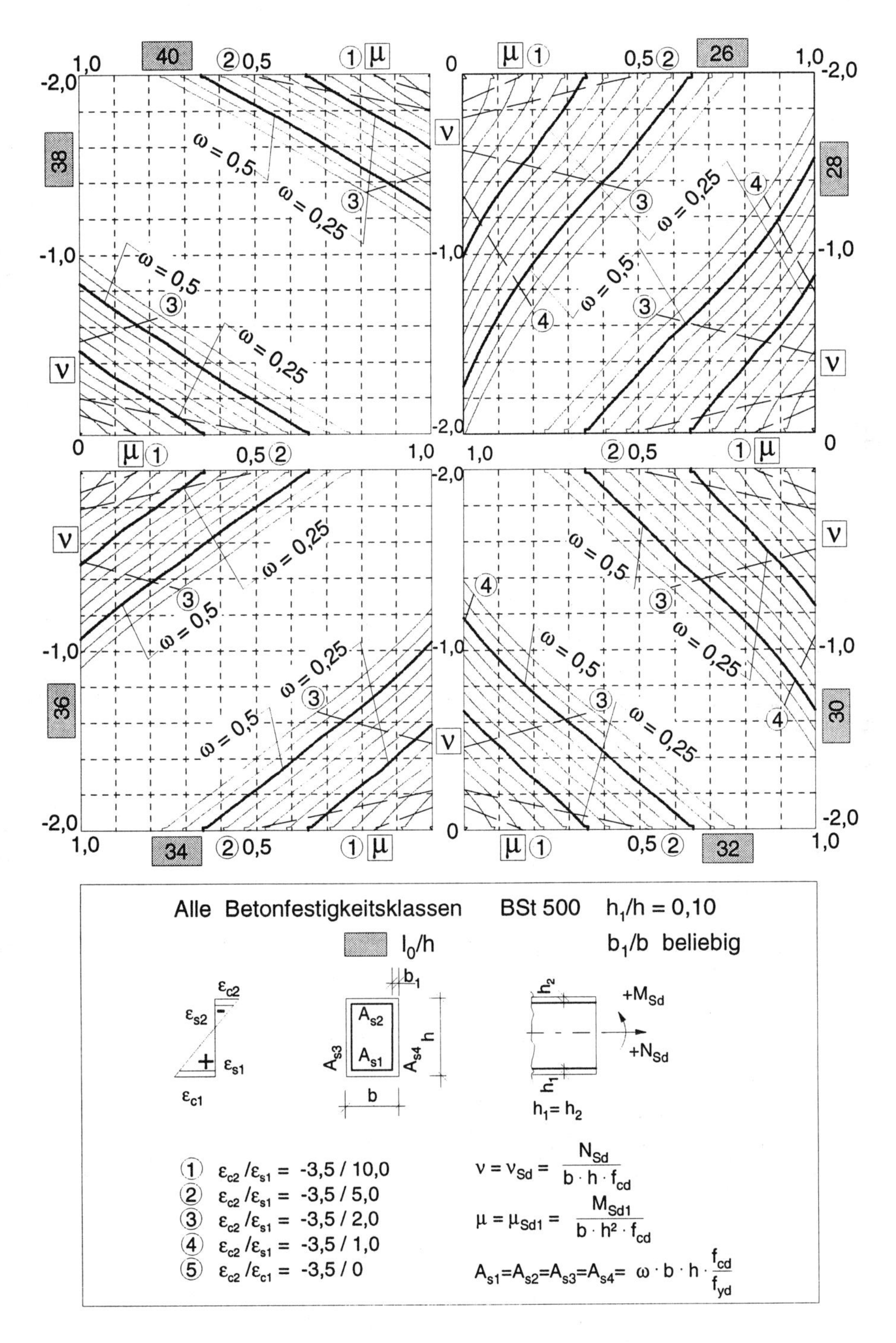

40
38
36
34
26
28
30
32
ω = 0,5
ω = 0,25
Alle Betonfestigkeitsklassen BSt 500 $h_1/h = 0,10$
l_0/h
b_1/b beliebig
$h_1 = h_2$
+M_{Sd}
+N_{Sd}
① $\varepsilon_{c2}/\varepsilon_{s1}$ = -3,5 / 10,0
② $\varepsilon_{c2}/\varepsilon_{s1}$ = -3,5 / 5,0
③ $\varepsilon_{c2}/\varepsilon_{s1}$ = -3,5 / 2,0
④ $\varepsilon_{c2}/\varepsilon_{s1}$ = -3,5 / 1,0
⑤ $\varepsilon_{c2}/\varepsilon_{c1}$ = -3,5 / 0
$\nu = \nu_{Sd} = \frac{N_{Sd}}{b \cdot h \cdot f_{cd}}$
$\mu = \mu_{Sd1} = \frac{M_{Sd1}}{b \cdot h^2 \cdot f_{cd}}$
$A_{s1} = A_{s2} = A_{s3} = A_{s4} = \omega \cdot b \cdot h \cdot \frac{f_{cd}}{f_{yd}}$

G

Tafel G.1.16 Interaktionsdiagramm für vierseitige Bewehrung BSt 500 (γ_s = 1,15) und Randabstand h_1/h = 0,125

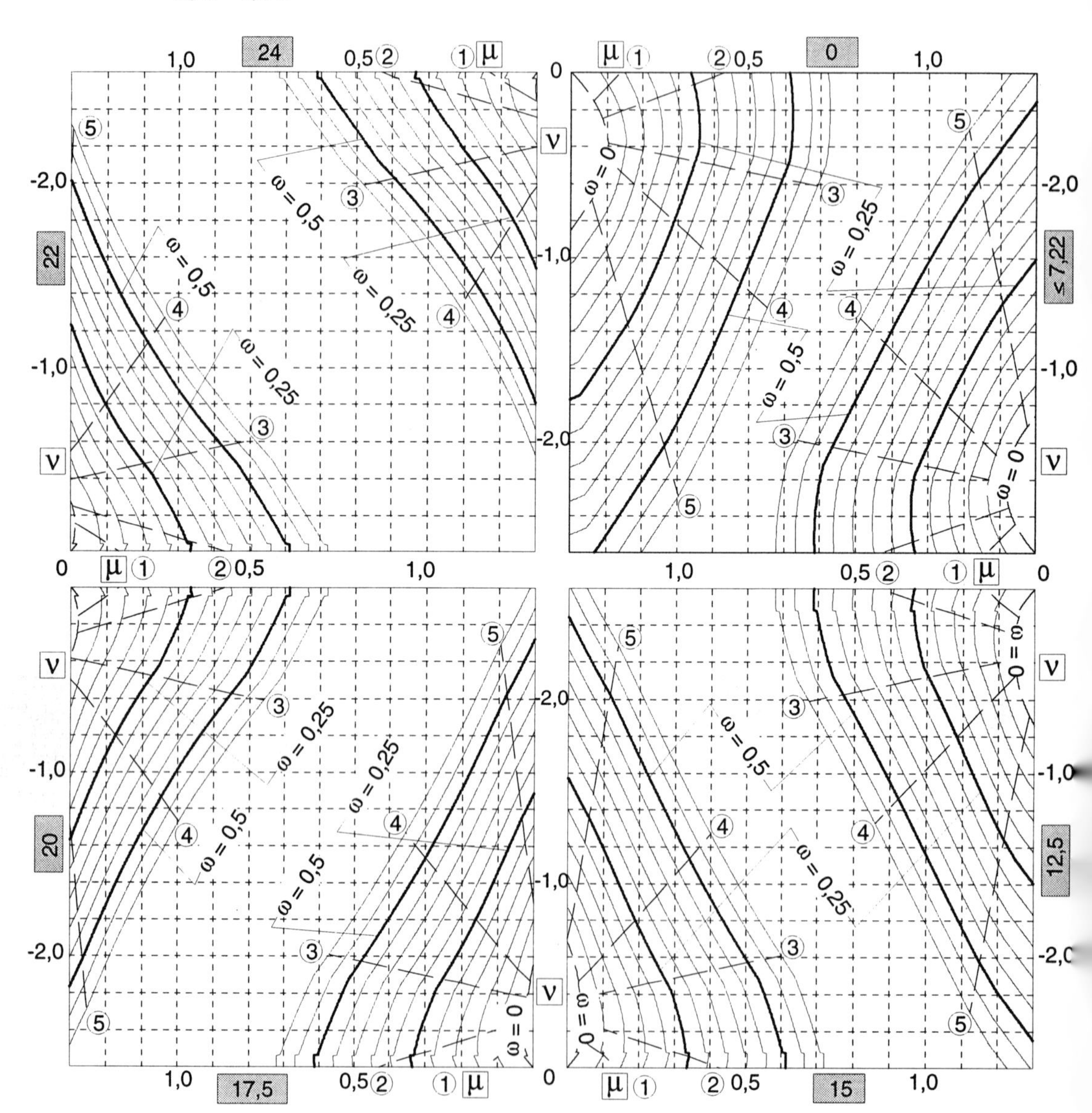

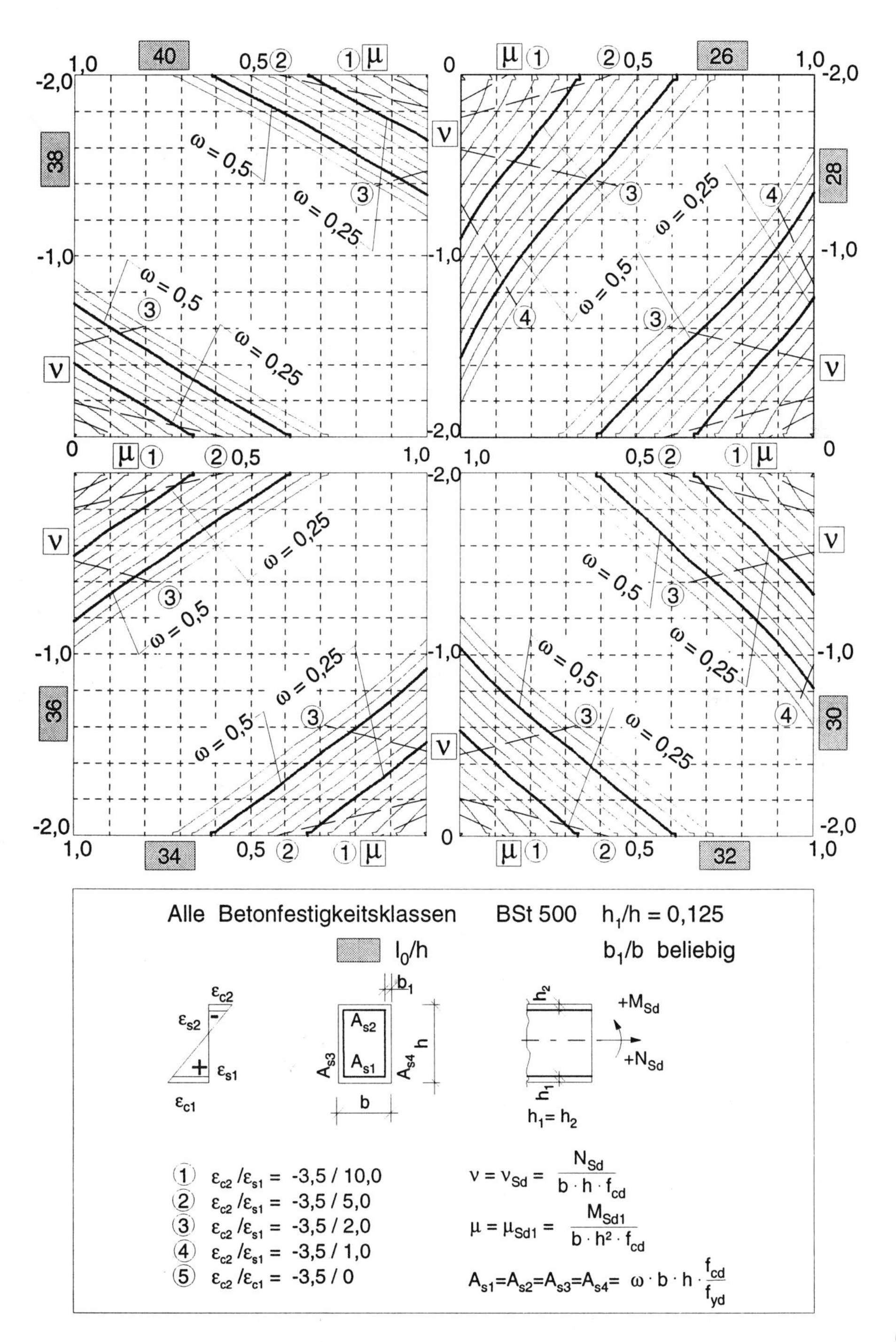

40
38
26
28
36
34
32
30
ω = 0,5
ω = 0,25
μ
ν
1,0
0,5
0
-1,0
-2,0
Alle Betonfestigkeitsklassen
BSt 500
$h_1/h = 0,125$
l_0/h
b_1/b beliebig
ε_{c2}
ε_{s2}
ε_{s1}
ε_{c1}
b_1
A_{s2}
A_{s1}
A_{s3}
A_{s4}
h
b
h_2
h_1
$+M_{Sd}$
$+N_{Sd}$
$h_1 = h_2$
① $\varepsilon_{c2}/\varepsilon_{s1}$ = -3,5 / 10,0
② $\varepsilon_{c2}/\varepsilon_{s1}$ = -3,5 / 5,0
③ $\varepsilon_{c2}/\varepsilon_{s1}$ = -3,5 / 2,0
④ $\varepsilon_{c2}/\varepsilon_{s1}$ = -3,5 / 1,0
⑤ $\varepsilon_{c2}/\varepsilon_{c1}$ = -3,5 / 0
$\nu = \nu_{Sd} = \frac{N_{Sd}}{b \cdot h \cdot f_{cd}}$
$\mu = \mu_{Sd1} = \frac{M_{Sd1}}{b \cdot h^2 \cdot f_{cd}}$
$A_{s1} = A_{s2} = A_{s3} = A_{s4} = \omega \cdot b \cdot h \cdot \frac{f_{cd}}{f_{yd}}$

G

Tafel G.1.17 Interaktionsdiagramm für vierseitige Bewehrung BSt 500 (γ_s = 1,15) und Randabstand h_1/h = 0,15

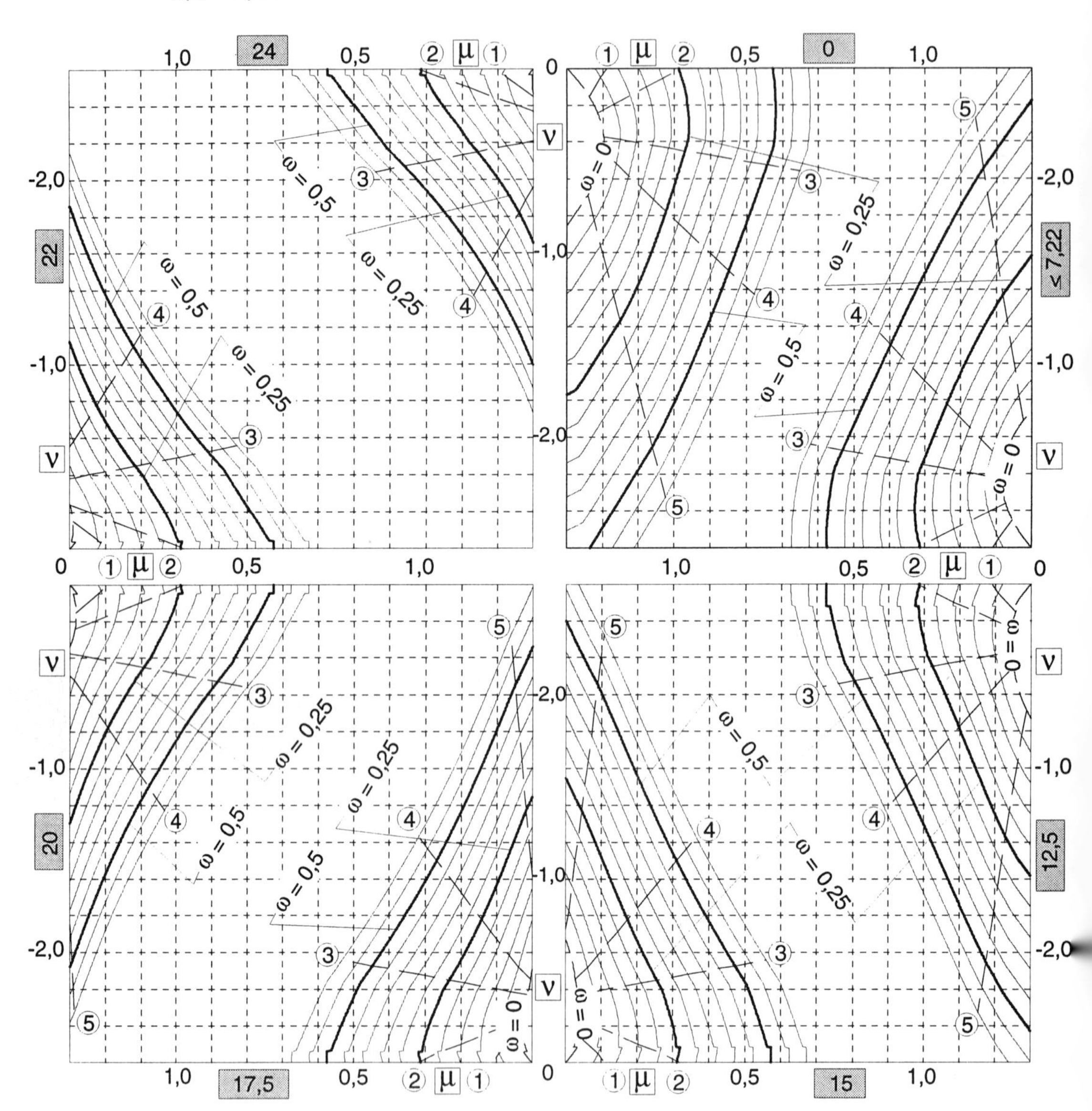

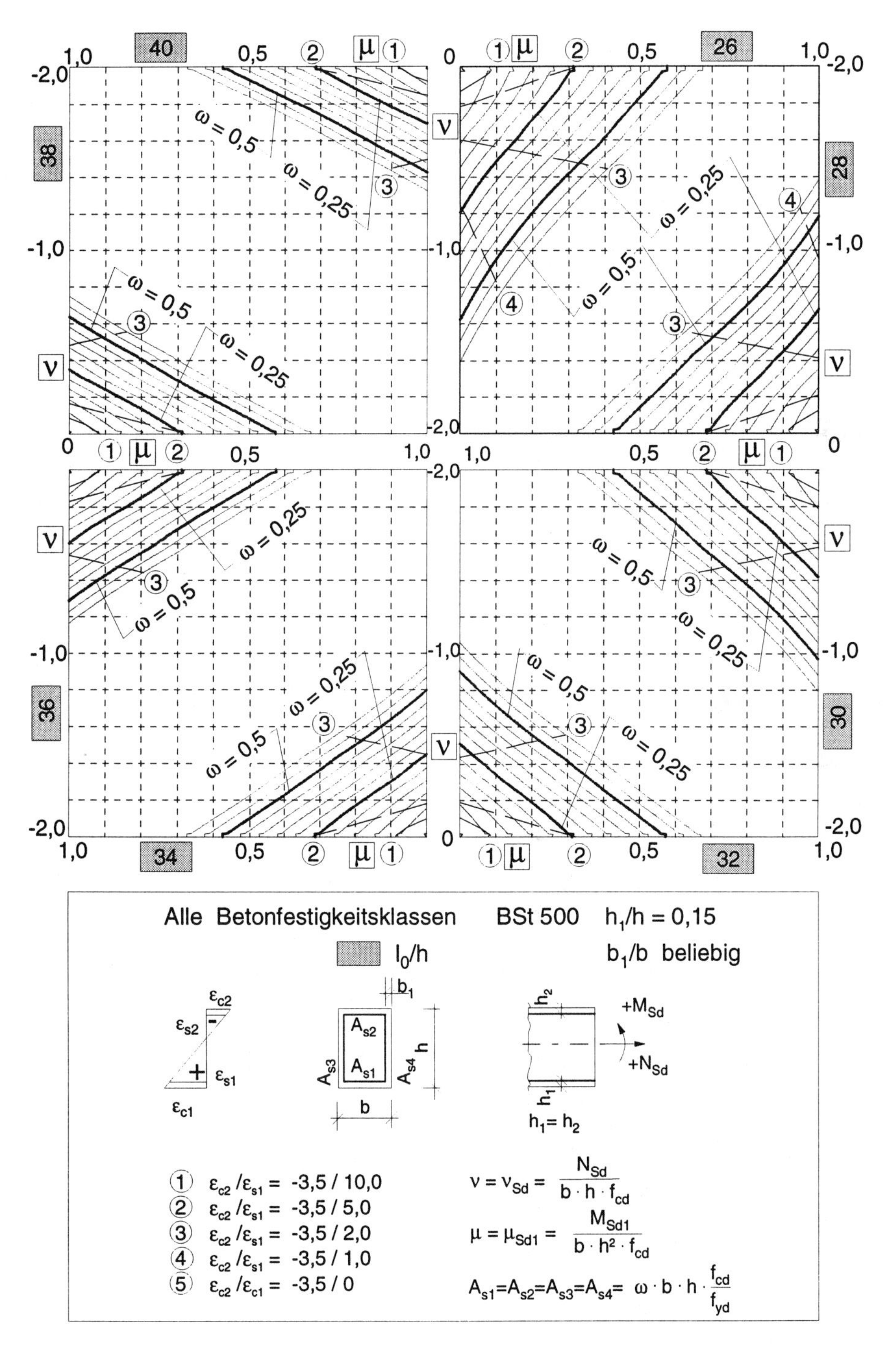

40
38
36
34
26
28
30
32
μ
ν
$\omega = 0,5$
$\omega = 0,25$
Alle Betonfestigkeitsklassen
BSt 500
$h_1/h = 0,15$
l_0/h
b_1/b beliebig
ε_{c2}
ε_{s2}
ε_{s1}
ε_{c1}
A_{s1}
A_{s2}
A_{s3}
A_{s4}
b_1
b
h
h_1
h_2
$+M_{Sd}$
$+N_{Sd}$
$h_1 = h_2$
① $\varepsilon_{c2}/\varepsilon_{s1}$ = -3,5 / 10,0
② $\varepsilon_{c2}/\varepsilon_{s1}$ = -3,5 / 5,0
③ $\varepsilon_{c2}/\varepsilon_{s1}$ = -3,5 / 2,0
④ $\varepsilon_{c2}/\varepsilon_{s1}$ = -3,5 / 1,0
⑤ $\varepsilon_{c2}/\varepsilon_{c1}$ = -3,5 / 0
$\nu = \nu_{Sd} = \frac{N_{Sd}}{b \cdot h \cdot f_{cd}}$
$\mu = \mu_{Sd1} = \frac{M_{Sd1}}{b \cdot h^2 \cdot f_{cd}}$
$A_{s1} = A_{s2} = A_{s3} = A_{s4} = \omega \cdot b \cdot h \cdot \frac{f_{cd}}{f_{yd}}$

G

Tafel G.1.18 Interaktionsdiagramm für vierseitige Bewehrung BSt 500 (γ_s = 1,15) und Randabstand h_1/h = 0,175

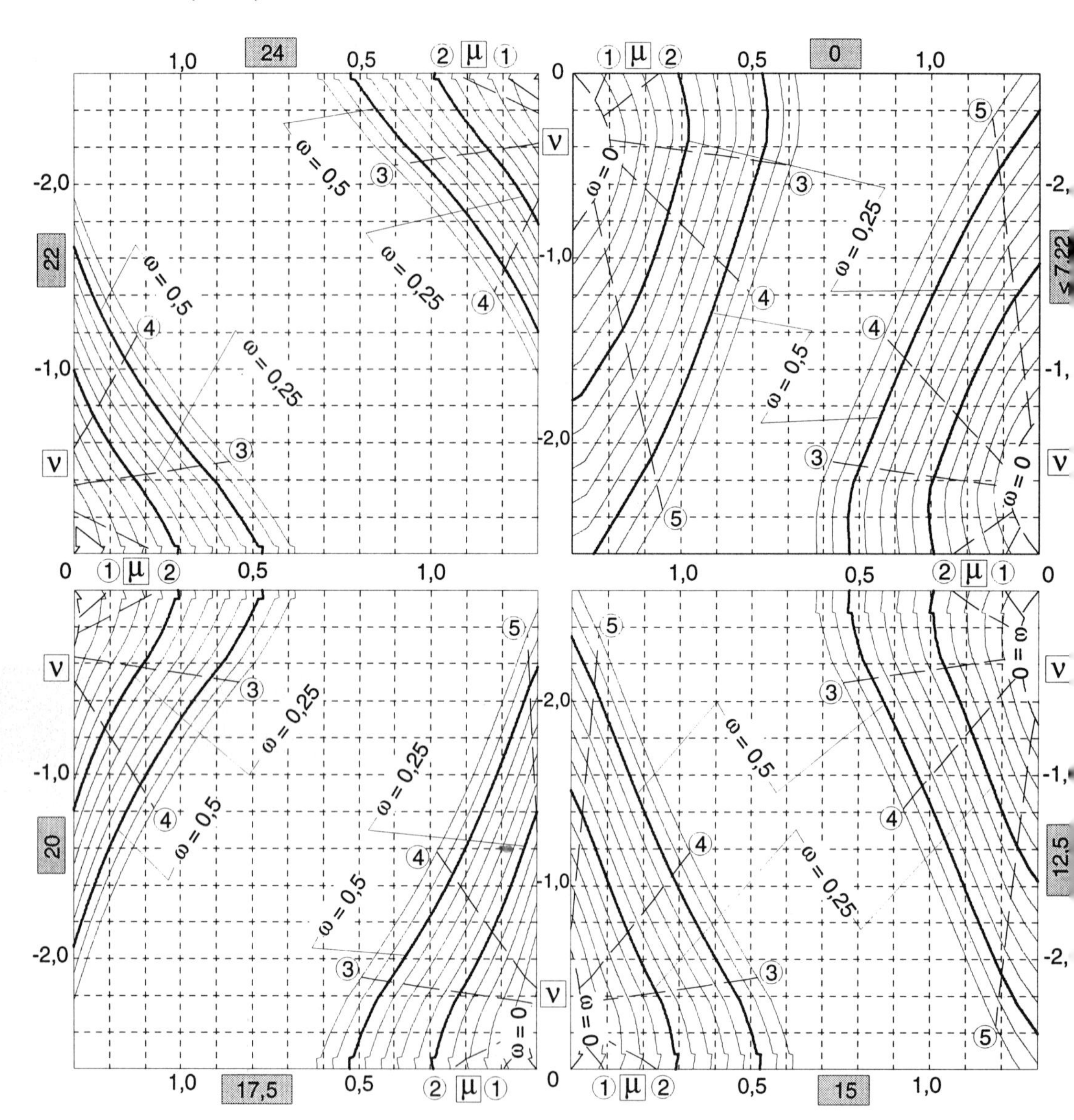

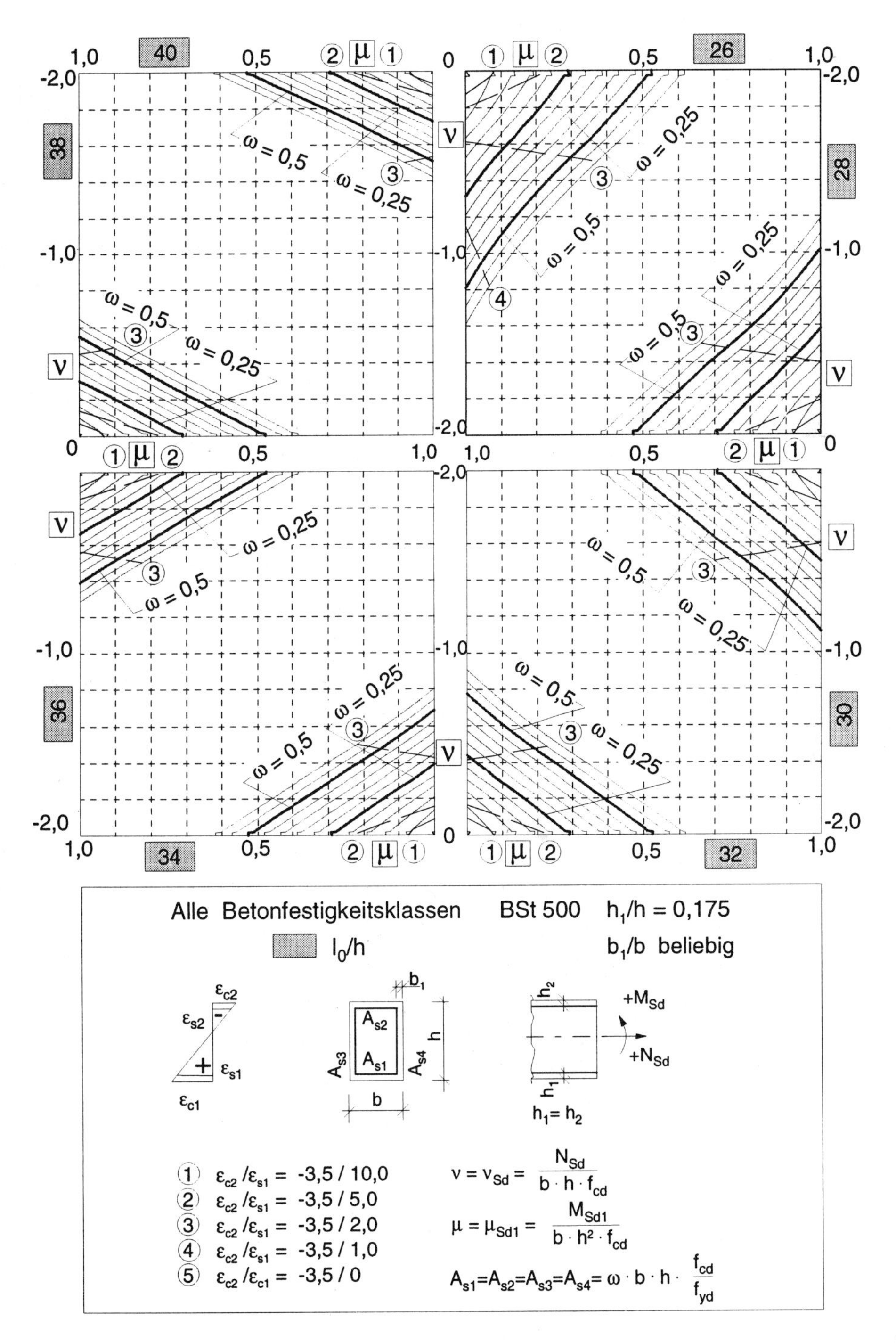

40
26
38
28
36
30
34
32
ω = 0,5
ω = 0,25
μ
ν
1,0
0,5
0
-1,0
-2,0
Alle Betonfestigkeitsklassen
BSt 500
h1/h = 0,175
l0/h
b1/b beliebig
εc2
εs2
εs1
εc1
b1
As2
As1
As3
As4
h
b
h2
h1
h1= h2
+MSd
+NSd
① εc2 /εs1 = -3,5 / 10,0
② εc2 /εs1 = -3,5 / 5,0
③ εc2 /εs1 = -3,5 / 2,0
④ εc2 /εs1 = -3,5 / 1,0
⑤ εc2 /εc1 = -3,5 / 0
ν = νSd = NSd / (b · h · fcd)
μ = μSd1 = MSd1 / (b · h² · fcd)
As1=As2=As3=As4= ω · b · h · fcd / fyd

G

Tafel G.1.19 Interaktionsdiagramm für vierseitige Bewehrung BSt 500 (γ_s = 1,15) und Randabstand h_1/h = 0,20

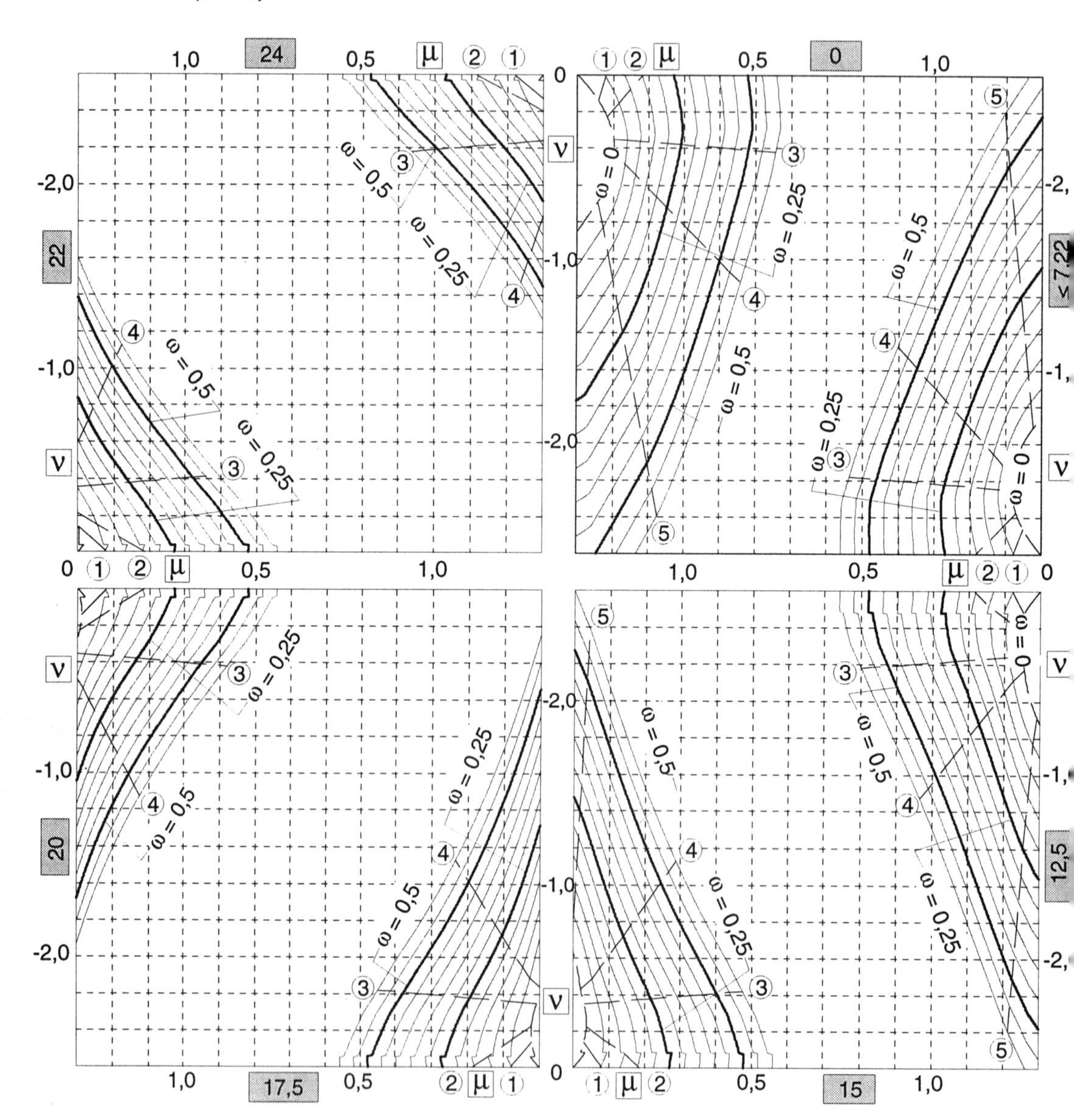

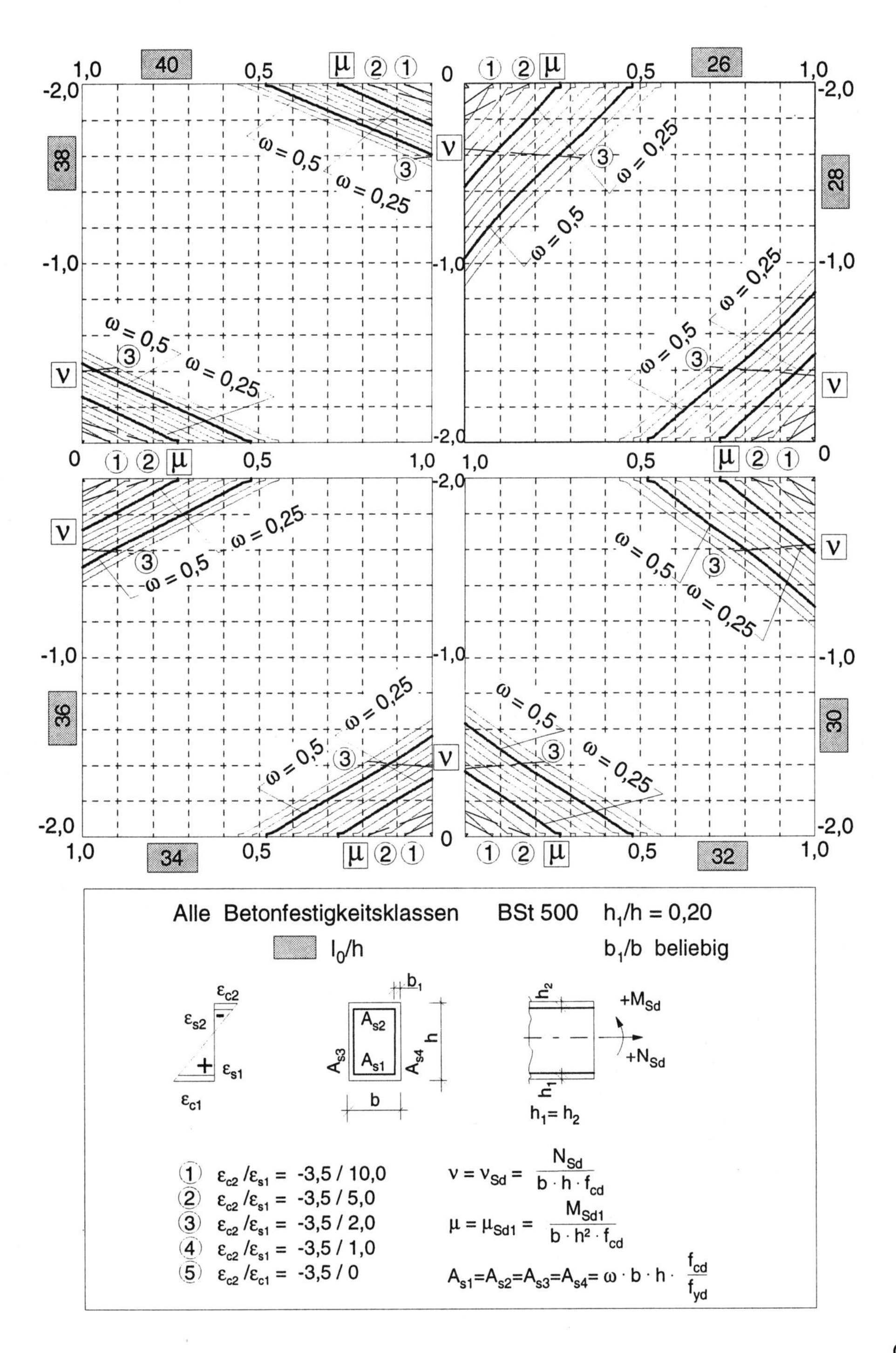
40
26
38
28
36
30
34
32
μ
ν
ω = 0,5
ω = 0,25
1,0
0,5
0
-2,0
-1,0
Alle Betonfestigkeitsklassen
BSt 500
h₁/h = 0,20
l₀/h
b₁/b beliebig
ε_c2
ε_s2
ε_s1
ε_c1
A_s1
A_s2
A_s3
A_s4
b₁
b
h
h₁
h₂
h₁= h₂
+M_Sd
+N_Sd
① ε_c2 /ε_s1 = -3,5 / 10,0
② ε_c2 /ε_s1 = -3,5 / 5,0
③ ε_c2 /ε_s1 = -3,5 / 2,0
④ ε_c2 /ε_s1 = -3,5 / 1,0
⑤ ε_c2 /ε_c1 = -3,5 / 0
ν = ν_Sd = N_Sd / (b · h · f_cd)
μ = μ_Sd1 = M_Sd1 / (b · h² · f_cd)
A_s1=A_s2=A_s3=A_s4= ω · b · h · f_cd / f_yd

G

Tafel G.1.20 Interaktionsdiagramm für vierseitige Bewehrung BSt 500 (γ_s = 1,15) und Randabstand h_1/h = 0,225

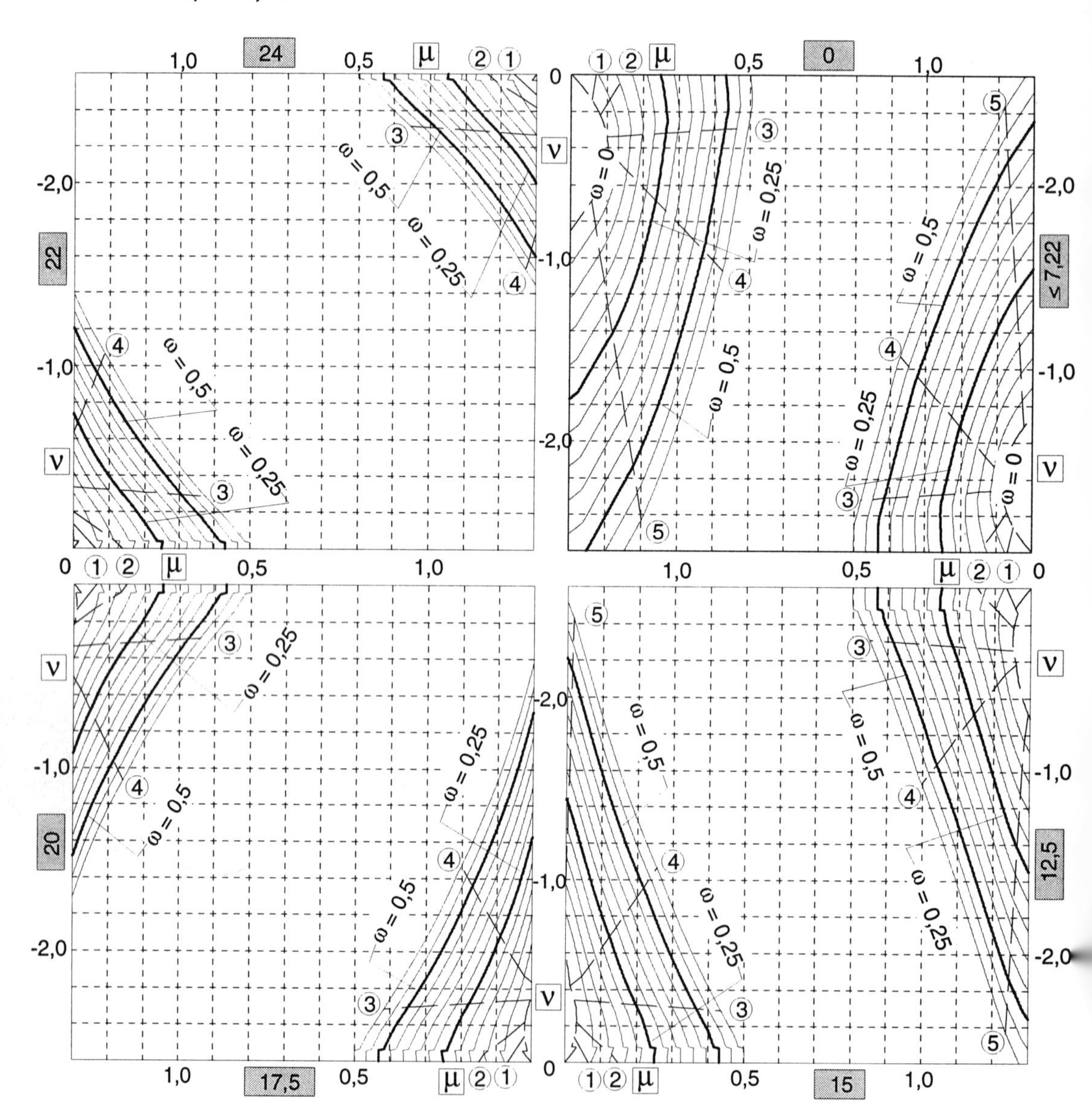

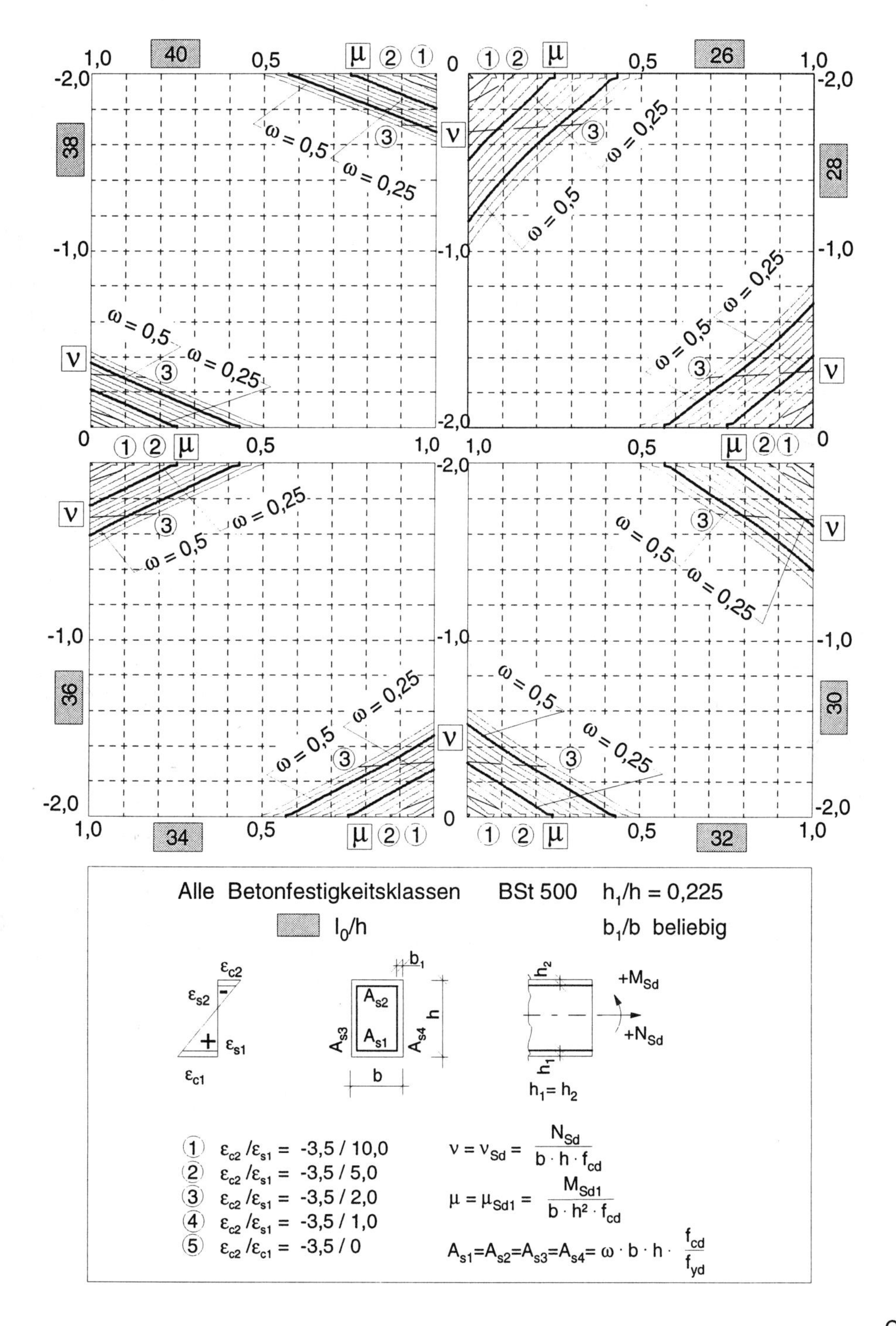

40
26
38
28
36
30
34
32
μ
ν
ω = 0,5
ω = 0,25
1,0
0,5
0
-1,0
-2,0
Alle Betonfestigkeitsklassen
BSt 500
$h_1/h = 0{,}225$
l_0/h
b_1/b beliebig
ε_{c2}
ε_{s2}
ε_{s1}
ε_{c1}
A_{s2}
A_{s1}
A_{s3}
A_{s4}
b_1
h
b
h_2
h_1
$h_1 = h_2$
$+M_{Sd}$
$+N_{Sd}$
① $\varepsilon_{c2}/\varepsilon_{s1}$ = -3,5 / 10,0
② $\varepsilon_{c2}/\varepsilon_{s1}$ = -3,5 / 5,0
③ $\varepsilon_{c2}/\varepsilon_{s1}$ = -3,5 / 2,0
④ $\varepsilon_{c2}/\varepsilon_{s1}$ = -3,5 / 1,0
⑤ $\varepsilon_{c2}/\varepsilon_{c1}$ = -3,5 / 0
$\nu = \nu_{Sd} = \frac{N_{Sd}}{b \cdot h \cdot f_{cd}}$
$\mu = \mu_{Sd1} = \frac{M_{Sd1}}{b \cdot h^2 \cdot f_{cd}}$
$A_{s1} = A_{s2} = A_{s3} = A_{s4} = \omega \cdot b \cdot h \cdot \frac{f_{cd}}{f_{yd}}$

G

Tafel G.1.21 Interaktionsdiagramm für vierseitige Bewehrung BSt 500 (γ_s = 1,15) und Randabstand h_1/h = 0,25

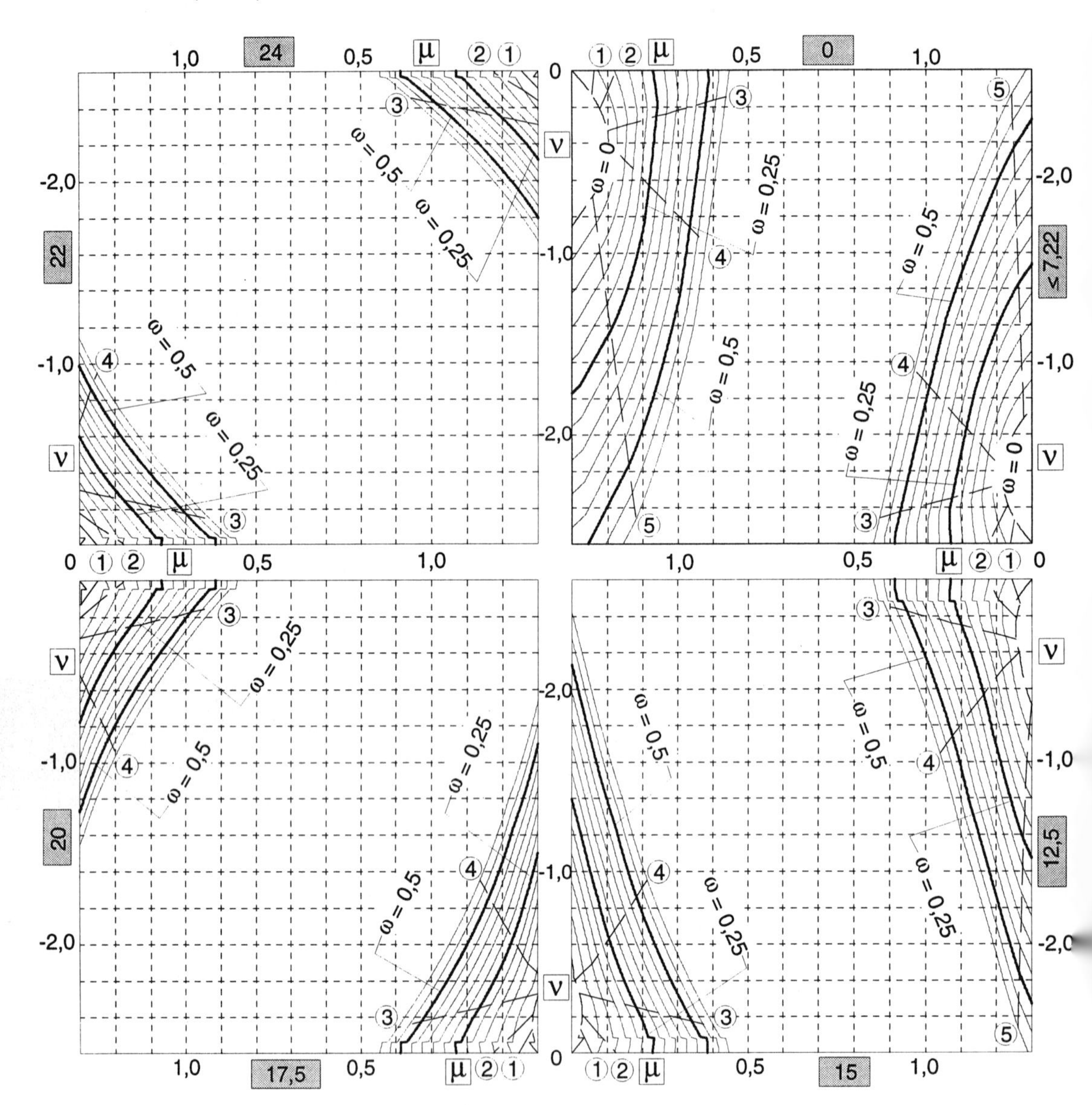

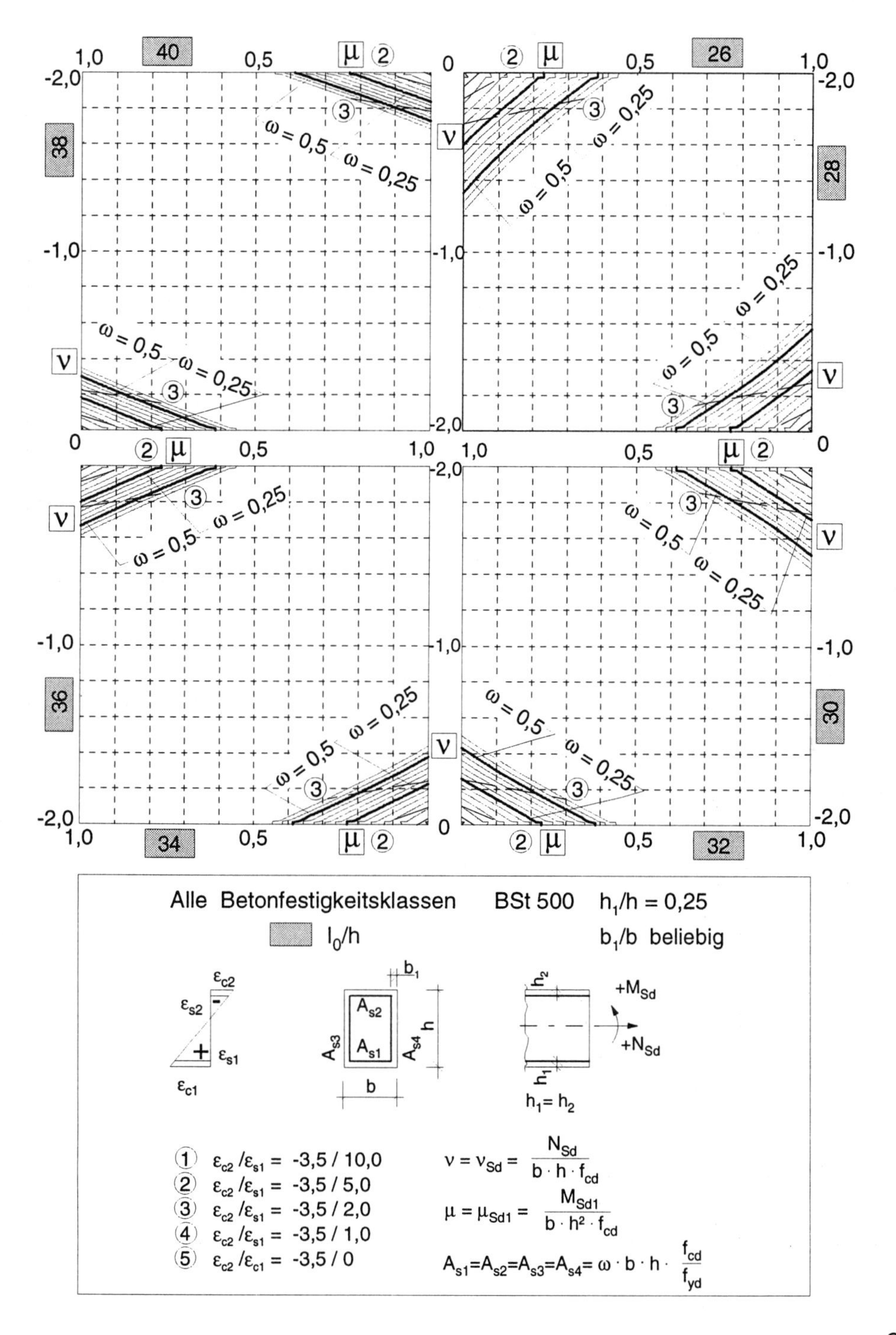
40
38
26
28
36
34
30
32
μ
ν
ω = 0,5
ω = 0,25
Alle Betonfestigkeitsklassen
BSt 500
$h_1/h = 0{,}25$
b_1/b beliebig
l_0/h
① $\varepsilon_{c2}/\varepsilon_{s1}$ = -3,5 / 10,0
② $\varepsilon_{c2}/\varepsilon_{s1}$ = -3,5 / 5,0
③ $\varepsilon_{c2}/\varepsilon_{s1}$ = -3,5 / 2,0
④ $\varepsilon_{c2}/\varepsilon_{s1}$ = -3,5 / 1,0
⑤ $\varepsilon_{c2}/\varepsilon_{c1}$ = -3,5 / 0
$\nu = \nu_{Sd} = \frac{N_{Sd}}{b \cdot h \cdot f_{cd}}$
$\mu = \mu_{Sd1} = \frac{M_{Sd1}}{b \cdot h^2 \cdot f_{cd}}$
$A_{s1}=A_{s2}=A_{s3}=A_{s4}= \omega \cdot b \cdot h \cdot \frac{f_{cd}}{f_{yd}}$
$h_1 = h_2$
$+M_{Sd}$
$+N_{Sd}$

2 Momentenkrümmungsbeziehungen im Stahlbetonbau

2.0 Allgemeines

2.0.1 Ziel der Abhandlung

Im 1. Teil der Abhandlung, der theoretischen Grundlage, werden aufgrund der Vorgaben des EC 2 mit Hilfe der Mechanik und Mathematik die Beziehungen für die Momentenkrümmungslinie in nachvollziehbarer Form hergeleitet. Alsdann werden Näherungsverfahren für deren Erfassung gezeigt.

Im 2. Teil (ab Abschnitt 2.6.3) sind die Bemessungstafeln für den praktischen Gebrauch abgedruckt. Man findet auch Tafeln, die in den üblichen Handbüchern nicht vorhanden sind. Die Anwendung für Bemessungen und Berechnungen nach Theorie II. Ordnung wird an einigen Beispielen gezeigt.

Im 3. Teil (ab Abschnitt 2.7) werden Verformungsberechnungen mit angenäherten Momentenkrümmungsbeziehungen durchgeführt und verglichen. Es wird gezeigt, welche verschiedenen Möglichkeiten zur Verfügung stehen, um solche Berechnungen ohne größeren Aufwand durchzuführen. Die Ergebnisse beim Ansatz verschiedener Parameter werden ebenfalls verglichen und beurteilt.

Der praktisch tätige Ingenieur, der nur anwenden will, kann Teil 1 nach flüchtigem Durchsehen übergehen und findet im Teil 2 das nötige Handwerkszeug für seine tägliche Arbeit.

Der 3. Teil ist für interessierte Ingenieure und Ingenieurstudenten geschrieben, die sich etwas mehr mit der Berechnung von Verformungen und deren Beeinflussung durch verschiedene Parameter befassen wollen.

2.0.2 Definition des Begriffs

Das Biegemoment M ist eine Funktion der Krümmung K. Diese M-K-Linien, auch M-κ-Linien genannt, sind im Stahlbeton die Grundlagen für Verformungsberechnungen und Bemessungen. Sie gehorchen jedoch nicht mehr dem Hookeschen Gesetz, sondern sind aufgrund der Kennlinien von Beton und Betonstahl nach EC 2 nichtlineare Funktionen.

Es soll versucht werden, diese Funktionen durch einfache Überlegungen zu erfassen und zu beschreiben. Die Bezeichnungen des EC 2 werden verwandt und als bekannt vorausgesetzt. In einigen Fällen wurde geringfügig davon abgewichen. Diese Begriffe sind aber genau definiert. Wie in etlichen neuen Veröffentlichungen sind auch hier die Druckkräfte positiv definiert. Beides erleichtert die Schreibweise für Abhandlungen im Stahlbetonbau.

Für die Herleitung werden die einzelnen Schritte blockweise erfaßt und können dann jeweils kombiniert werden.

2.1 Dehnungen

Die Annahme von Bernoulli vom Ebenbleiben der Querschnitte wird als gültig vorausgesetzt. Damit können die Dehnungen durch eine Linearfunktion beschrieben werden. In Abb. G.2.1 ist ein Stahlbetonbalken in Längs- und Querschnitt mit der angenommenen Dehnungslinie dargestellt.

Für die Herleitung werden die Druckdehnungen aus Gründen der Zweckmäßigkeit positiv angenommen. Der Koordinatenursprung liegt in der Querschnittsmitte. Die z-Achse wird folgerichtig nach oben als positiv angesetzt.

Die Steigung der Dehnungslinie ist

$$K = \frac{\varepsilon_2 - \varepsilon_1}{h}$$

und wird Krümmung genannt.

$$k = K \cdot h = \varepsilon_2 - \varepsilon_1 \qquad \text{(G.2.1)}$$

nennt man die bezogene Krümmung.

Es ist zweckmäßig, die Dehnungen in eine mittlere Dehnung ε_N (Dehnung durch die Normalkraft) und in die Randdehnungen ε_B (Dehnung durch die Biegung) aufzuteilen.

Damit kann man schreiben

$$\varepsilon_2 = \varepsilon_N + \varepsilon_B$$

$$\varepsilon_1 = \varepsilon_N - \varepsilon_B$$

Addiert man die Gleichungen, so erhält man

G

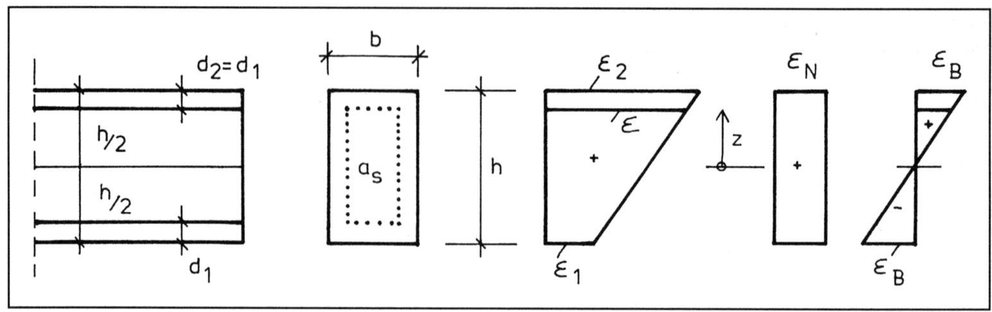

Abb. G.2.1 Schnitte mit Dehnungslinien

$\varepsilon_2 + \varepsilon_1 = 2 \cdot \varepsilon_N \qquad \varepsilon_N = \dfrac{\varepsilon_1 + \varepsilon_2}{2}$

Die Subtraktion ergibt

$\varepsilon_2 - \varepsilon_1 = 2 \cdot \varepsilon_B = k \qquad \varepsilon_B = \dfrac{k}{2}$

Für die Gleichung der Dehnungslinie kann man mit diesen Beziehungen

$\varepsilon = \varepsilon_N + \dfrac{k}{h} \cdot z$ schreiben. (G.2.2)

Führt man die dimensionslose Variable $\zeta = z/h$ ein, so wird

$$\varepsilon = \varepsilon_N + k \cdot \zeta \qquad \text{(G.2.3)}$$

Die mittlere Dehnung ε_N und die bezogene Krümmung k sind die Konstanten der Gleichung. Sie sind abhängig vom Material und von der Beanspruchung und müssen jeweils ermittelt werden.

Die Randdehnungen sind

$\varepsilon_2 = \varepsilon_N + k \cdot 0{,}5$ und

$\varepsilon_1 = \varepsilon_N - k \cdot 0{,}5.$ (G.2.4)

Die Dehnungen an der oberen und unteren Bewehrung erhält man für

$$z_2 = z_1 = h/2 - d_1 = h \cdot (0{,}5 - d_1/h)$$

Mit $\varphi = d_1/h$, dem Tafelparameter, wird

$z_2 = z_1 = h \cdot (0{,}5 - \varphi)$ und $\zeta_1 = \zeta_2 = 0{,}5 - \varphi$

Dann werden

$\varepsilon_{s2} = \varepsilon_N + k \cdot (0{,}5 - \varphi)$ und

$\varepsilon_{s1} = \varepsilon_N - k \cdot (0{,}5 - \varphi)$ (G.2.5)

Aus den Gleichungen (G.2.5) kann man auch k berechnen.

$k = \dfrac{\varepsilon_N - \varepsilon_{s1}}{0{,}5 - \varphi} = \dfrac{\varepsilon_{s2} - \varepsilon_N}{0{,}5 - \varphi}$ oder

$$k = \frac{\varepsilon_{s2} - \varepsilon_{s1}}{2 \cdot (0{,}5 - \varphi)} = \frac{\varepsilon_{s2} - \varepsilon_{s1}}{1 - 2\varphi} \qquad \text{(G2.6)}$$

2.2 Spannungen

Der Zusammenhang zwischen den Dehnungen und den Spannungen ist durch die Form der Kennlinien in dem EC 2 festgelegt.

2.2.1 Spannungen bei Annahme der Kennlinie nach EC 2, Bild 4.2 für Beton und Bild 4.5 für Betonstahl

Dabei wird der obere Ast der Betonstahlkennlinie horizontal angenommen.

2.2.1.1 Beton (Parabel-Rechteck-Diagramm)

$\sigma_c = f(\varepsilon_c)$. Es sind drei Bereiche vorhanden.

$0 < \varepsilon_c \leq 2‰$

$\sigma_c = \alpha \cdot f_{cd} \cdot \varepsilon_c \cdot (1 - 0{,}25 \cdot \varepsilon_c)$ (Parabolischer Bereich)

$2‰ \leq \varepsilon_c \leq 3{,}5‰$

$\sigma_c = \alpha \cdot f_{cd}$ (Horizontaler Bereich)

$\varepsilon_c < 0$

$\sigma_c = 0$ (Zugbereich)

Es ist für die praktische Berechnung zweckmäßig, mit normierten Spannungen zu rechnen.

$\bar{\sigma}_c = \sigma_c / f_{cd}$

2.2.1.2 Stahl (BSt 500)

Da fast ausschließlich dieser Stahl verwendet wird, soll aus Gründen der Vereinfachung mit seinem Kennwert bei der Herleitung der Gleichungen gearbeitet werden. Für andere Stähle wären die Werte analog zu ändern.

$\sigma_s = f(\sigma_s)$. In der Spannungs-Dehnungs-Linie gibt es den elastischen und den plastischen Bereich. Die Übergangsstellen nennt man die Fließgrenze, bzw. die Streckgrenze. Die Bemessungsspannung an diesen Grenzen ist

$f_{yd} = f_{yk}/\gamma_s = 500/1{,}15 = 434{,}78 \approx 435\ \mathrm{N/mm^2}$

Dann ist die Dehnung an dieser Stelle

$\varepsilon_{yd} = f_{yd}/E = 434{,}78/200\,000 = 2{,}174 \cdot 10^{-3}$
$= 2{,}174\ ‰.$

Auch hier gibt es drei Bereiche.

$|\sigma_s| \leq 435\ \mathrm{N/mm^2}$ oder $|\varepsilon_x| \leq 2{,}174\ ‰$

$\sigma_s = E_s \cdot \varepsilon_s = 200 \cdot \varepsilon_s$

$\sigma_s > 435\ \mathrm{N/mm^2}$ oder $\varepsilon_s > 2{,}174\ ‰$

$\sigma_s = 435\ \mathrm{N/mm^2}$

$\sigma_s < -435\ \mathrm{N/mm^2}$ oder $\varepsilon_s < -2{,}174\ ‰$

$\sigma_s = -435\ \mathrm{N/mm^2}$

Die normierte Spannung ist

$\bar{\sigma}_s = \sigma_s / f_{yd} = \sigma_s / 435$

2.2.2 Spannungen bei Annahme der Kennlinie nach EC 2, Bild 4.1 für Beton und Bild 4.5 mit geneigtem Ast für Betonstahl

2.2.2.1 Beton mit der Kennlinie nach EC 2, Bild 4.1

Für Verformungsberechnungen kann man für Beton bei Schnittgrößenermittlung die Spannungs-Dehnungs-Linie aus dem EC 2 zugrunde legen. Diese Kennlinie ist in den Abschnitten EC 2 3.1.2.5.1 und 4.2.1.3.3 beschrieben. In der Abb. G.2.2 ist die Linie dargestellt.

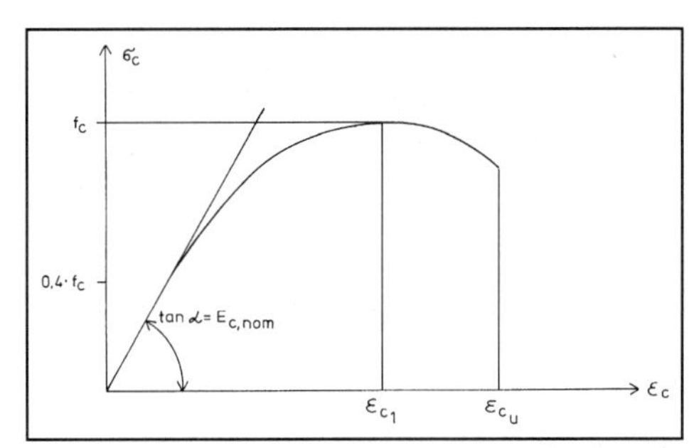

Abb. G.2.2 Schematische Darstellung einer Spannungs-Dehnungs-Linie für die Schnittgrößenermittlung (siehe EC 2 Bild 4.1)

Da die Bezeichnungen für den Anwender relativ selten vorkommen, werden sie nochmals erläutert.

Es bedeuten:

f_c	Höchstwert der Betondruckspannungen
ε_{c1}	Stauchung (Druckdehnung) unter dem Höchstwert f_c
ε_{cu}	Bruchstauchung nach Tabelle 4.3 des EC 2
$E_{c,nom}$	Rechnerischer Elastizitätsmodul
E_{cm}	Elastizitätsmodul des Betons (Sekantenmodul). Man findet diese Werte in der Tabelle 3.2 des EC 2 oder kann sie nach der Gleichung $E_{cm} = 9{,}5 \cdot (f_{ck} + 8)$ berechnen. (E_{cm} in kN/mm²; f_{ck} in N/mm²)
f_{cm}	Mittelwert der Zylinderdruckfestigkeit des Betons. Man findet diese Werte in der Tabelle 4.3 des EC 2 oder kann sie nach der Gleichung $f_{cm} = f_{ck} + 8\ \mathrm{N/mm^2}$ berechnen.

Bei Berechnungen nach Abschnitt 2.2.5.3 (Schnittgrößenermittlung allgemein) darf gesetzt werden $E_{c,nom} = E_{cm}$ und $f_c = f_{cm}$,

bei Berechnungen nach den Abschnitten 2.4.3.5 (Schnittgrößenermittlung bei Stabilitätsberechnungen)

$E_{c,nom} = E_{cm}/\gamma_c$ und $f_c = f_{cd} = f_{ck}/\gamma_c$.

Damit wird $E_{c,nom}/f_c = E_{cm}/f_{ck}$.

Die Beziehung $\sigma_c = f(\varepsilon_c)$ nach Abb. G.2.2 kann durch die Gleichung (G.2.7) erfaßt werden:

$$\frac{\sigma_c}{f_c} = \frac{k \cdot \eta_\varepsilon - \eta_\varepsilon^2}{1 + (k-2) \cdot \eta_\varepsilon} \qquad \text{(G.2.7)}$$

Hierin sind:

$\eta_\varepsilon = \frac{\varepsilon_c}{\varepsilon_{c1}} = \frac{\varepsilon_c}{2,2}$ (Druckdehnungen positiv, in ‰)

$\varepsilon_{c1} = 2,2$ ‰ (Stauchung bei Erreichen des Höchstwertes der Betondruckspannung f_c)

$$k = 1,1 \cdot E_{c,nom} \cdot \frac{\varepsilon_{c1}}{f_c} = 1,1 \cdot E_{c,nom} \cdot \frac{2,2}{f_c}$$

Bei Stabilitätsberechnungen wird daraus

$k = 2,42 \cdot \frac{E_{cm}}{f_{ck}}$ (E_{cm} in kN/mm²; f_{ck} in N/mm²)

Die Gleichung (G.2.7) gilt für $0 < \varepsilon_c < \varepsilon_{cu}$.

ε_{cu} ist im Gegensatz zu Bemessungen hier von der Betonfestigkeitsklasse abhängig. Die Werte können der Tabelle 4.3 des EC 2 entnommen werden.

2.2.2.2 Stahl mit Kennlinie nach EC2 Bild 4.5

In der Abb. G.2.3 ist die Spannungs-Dehnungs-Linie nach Bild 4.5 des EC 2 dargestellt.

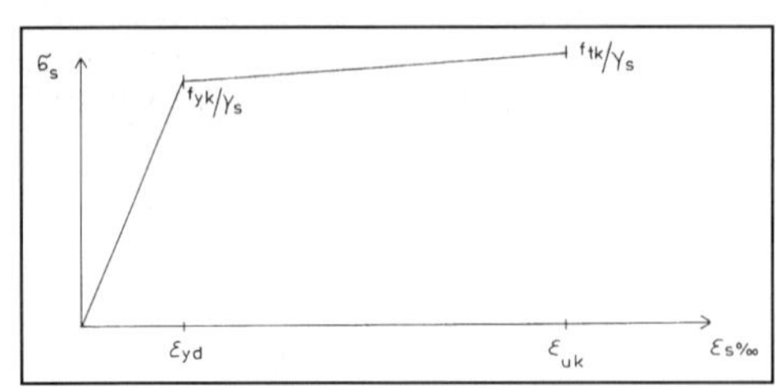

Abb. G.2.3 Stahlspannungs-Dehnungs-Linie für die Schnittgrößenermittlung

Darin bedeuten:

f_{yk} Streckgrenze des Stahles (Bei BSt 500/550 ist $f_{yk} = 500$ N/mm²)

f_{tk} Zugfestigkeit des Stahles (Bei BSt 500/550 ist $f_{tk} = 550$ N/mm²)

γ_s Sicherheitsbeiwert für Stahl $\gamma_s = 1,15$

E_s Elastizitätsmodul des Betonstahles $E_s = 200$ kN/mm²

ε_{yd} Dehnung an der Streckgrenze $\varepsilon_{yd} = 2,174$ ‰

ε_{uk} Festgelegte Bruchdehnung. Nach EC 2, 4.2.2.3.2 (5) ist $\varepsilon_{uk} = 10$ ‰.

Für den elastischen Bereich gilt die Spannungsgleichung

$$\sigma_s = 200 \cdot \varepsilon_s \qquad \text{(G.2.8)}$$

Für den plastischen Bereich sind zwei Punkte vorgegeben:

P_1(2,174;500) und P_2 (10;550).

Die Geradengleichung für den Verfestigungsbereich ist

$$\sigma_s = \frac{1}{1,15} \cdot (6,39 \cdot \varepsilon_s + 486,1) \qquad \text{(G.2.9)}$$

Die beiden Spannungsgleichungen sind auch sinngemäß im negativen ε_s-Bereich zu verwenden.

Würde man die Bruchdehnung z. B. mit $\varepsilon_{uk} = 50$ ‰ festlegen, so lautete die Spannungsgleichung für den plastischen Bereich

$$\sigma_s = \frac{1}{1,15} \cdot (1,046 \cdot \varepsilon_s + 497,7) \qquad \text{(G.2.10)}$$

Mit dieser Gleichung wäre

$$\sigma_{s\,10‰} = \frac{1}{1,15} \cdot 508 \text{ N/mm}^2$$

Man sieht daraus, daß die Festlegung der Grenze für ε_{uk} für die Größe der Spannungen ohne großen Einfluß ist. Je höher man die Bruchdehnung festlegt, desto mehr nähert sich die Gerade im Verfestigungsbereich der parallelen Linie.

2.3 Kräfte

2.3.1 Kräfte im Beton

In der Abb. G.2.4 ist der Längs- und Querschnitt eines Betonbalkens mit den Spannungen dargestellt.

Aus $\Sigma H = 0$ ergibt sich

$$N_c = \int_{-h/2}^{+h/2} b \cdot dz \cdot \sigma_c$$

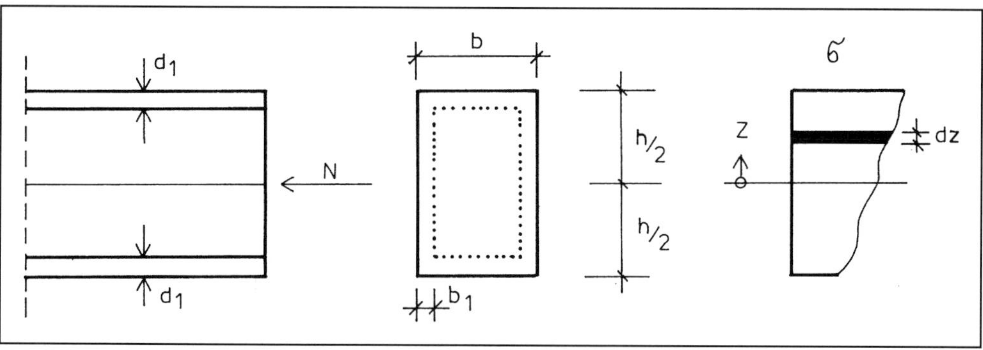

Abb. G.2.4 Schnitte mit Spannungsbild

Mit $dz = h \cdot d\zeta$ und $\sigma_c = \bar{\sigma}_c \cdot f_{cd}$ wird

$$N_c = b \cdot h \cdot f_{cd} \cdot \int_{-1/2}^{+1/2} \bar{\sigma}_c \cdot d\zeta \quad \text{(G.2.11)}$$

2.3.2 Kräfte im Stahl

Die gesamte Bewehrung verteilt sich auf den Umfang.

$$a_s = \frac{\text{tot } A_s}{2 \cdot [(h - 2 \cdot d_1) + (b - 2\, b_1)]}$$

$$= \frac{\text{tot } A_s}{2 \cdot [h \cdot (1 - 2 \cdot \varphi) + b \cdot (1 - 2 \cdot \varphi)]}$$

Dabei wurde näherungsweise $\varphi = d_1/h \approx b_1/b$ gesetzt.

$$a_s = \frac{\text{tot } A_s}{2 \cdot (1 - 2 \cdot \varphi) \cdot (h + b)} \quad \text{(G.2.12)}$$

Die obere und untere Bewehrung wird

$$A_s^{oben} = A_s^{unten} = a_s \cdot b \cdot (1 - 2 \cdot \varphi)$$

Setzt man die Gl. (G.2.12) ein, so erhält man

$$A_s^{oben} = A_s^{unten} = \frac{b}{2 \cdot (h + b)} \cdot \text{tot } A_s$$

Mit dem Seitenverhältnis $\eta = b/h$ ergibt sich

$$A_s^{oben} = A_s^{unten} = \frac{\eta}{2 \cdot (1 + \eta)} \cdot \text{tot } A_s \quad \text{(G.2.13)}$$

Aus der Differenz ergibt sich

$$A_s^{seitlich} = \frac{1}{1 + \eta} \cdot \text{tot } A_s$$

$$a_s^{seitlich} = A_s^{seitlich}/h \cdot (1 - 2\, \varphi) \quad \text{(G.2.14)}$$

In der Praxis legt man gern je Seite ein Viertel der Gesamtbewehrung ein. Dafür wäre $\eta = 1{,}0$.

2.3.2.1 Stahlkräfte, die die obere und untere Bewehrung aufnimmt

Mit $\Sigma H = 0$ wird

$$N_s^{(1)} = A_{s1} \cdot \sigma_{s1} + A_{s2} \cdot \sigma_{s2}$$

Setzt man Gl. (G.2.13) ein, so ergibt sich

$$N_s^{(1)} = \frac{\eta}{2 \cdot (1 + \eta)} \cdot \text{tot } A_s \cdot (\sigma_{s1} + \sigma_{s2})$$

Um die Bewehrung zu normieren, wird als Begriff der mechanische Bewehrungsgrad eingeführt.

$$\text{tot } \omega = \frac{\text{tot } A_s \cdot f_{yd}}{b \cdot h \cdot f_{cd}} \quad \text{(G.2.15)}$$

Mit dieser Festsetzung und $\sigma_s = f_{yd} \cdot \bar{\sigma}_s$ erhält man

$$N_s^{(1)} = b \cdot h \cdot f_{cd} \cdot \text{tot } \omega \cdot \frac{\eta}{2 \cdot (1 + \eta)} \cdot (\bar{\sigma}_{s1} + \bar{\sigma}_{s2}) \quad \text{(G.2.16)}$$

G

2.3.2.2 Stahlkräfte, die von der seitlichen Bewehrung aufgenommen werden

In der Abb. G.2.5 ist die Anordnung der seitlichen Bewehrung symbolisch dargestellt.

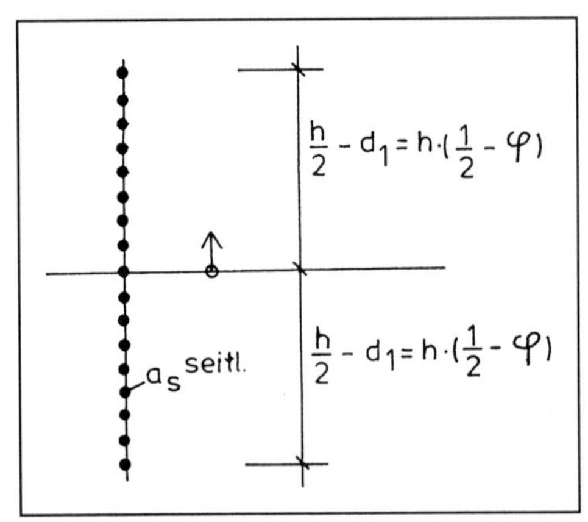

Abb. G.2.5 Symbolische Darstellung der Seitenbewehrung

Analog zu Abschnitt 2.3.2.1 kann man schreiben

$$N_s^{(2)} = \int_{-(\frac{h}{2} - d_1)}^{\frac{h}{2} - d_1} a_s^{seitl} \cdot \sigma_s \cdot dz$$

Mit Gl. (G.2.14) $a_s^{seitl} = \dfrac{\text{tot } A_s}{(1 + \eta) \cdot h \cdot (1 - 2\varphi)}$ wird

$$N_s^{(2)} = \int_{-(\frac{h}{2} - d_1)}^{\frac{h}{2} - d_1} \frac{\text{tot } A_s}{(1 + \eta) \cdot h \cdot (1 - 2\varphi)} \cdot \sigma_s \cdot dz$$

Setzt man wieder $dz = h \cdot d\zeta$ und $\sigma_s = f_{yd} \cdot \bar{\sigma}_s$, so erhält man

$$N_s^{(2)} = \int_{-\frac{1}{2} + \varphi}^{\frac{1}{2} - \varphi} \frac{\text{tot } A_s \cdot f_{yd} \cdot \bar{\sigma}_s \cdot d\zeta}{(1 + \eta) \cdot (1 - 2 \cdot \varphi)}$$

Führt man wieder tot ω nach Gl. (G.2.15) ein, so wird

$$N_s^{(2)} = b \cdot h \cdot f_{cd} \cdot \frac{\text{tot } \omega}{(1 + \eta) \cdot (1 - 2 \cdot \varphi)} \cdot \int_{-\frac{1}{2} + \varphi}^{\frac{1}{2} - \varphi} \bar{\sigma}_s \cdot d\zeta \qquad \text{(G.2.17)}$$

Setzt man außerhalb der Bewehrungen $\bar{\sigma}_s = 0$, so kann man

$$N_s^{(2)} = b \cdot h \cdot f_{cd} \cdot \frac{\text{tot } \omega}{(1 + \eta) \cdot (1 - 2 \cdot \varphi)} \cdot \int_{-\frac{1}{2}}^{\frac{1}{2}} \bar{\sigma}_s \cdot d\zeta \qquad \text{(G.2.18)}$$

schreiben.

2.3.3 Zusammenfassung der Kräfte

Die Anteile aus Beton, oberer und unterer Bewehrung und seitlicher Bewehrung werden zusammengefaßt.

$$N_{Sd} = N = N_c + N_s^{(1)} + N_s^{(2)}$$

Teilt man N durch $F_{c,u} = b \cdot h \cdot f_{cd}$, so erhält man die bezogene Normalkraft:

$$\nu_{Sd} = n = N/F_{c,u} = \frac{N}{b \cdot h \cdot f_{cd}} \qquad \text{(G.2.19)}$$

Die Zusammenfassung aller Kräfte ist dann

$$\nu_{Sd} = \int_{-0,5}^{+0,5} \bar{\sigma}_c \cdot d\zeta + \text{tot } \omega \cdot \frac{\eta}{1 + \eta} \cdot \frac{1}{2} \cdot (\bar{\sigma}_{S1} + \bar{\sigma}_{S2})$$
$$+ \text{tot } \omega \cdot \frac{1}{1 + \eta} \cdot \frac{1}{(1 - 2\,\varphi)} \cdot \int_{-0,5}^{+0,5} \bar{\sigma}_s \cdot d\zeta \qquad \text{(G.2.20)}$$

Setzt man $\eta/(1+\eta)$ = fakt1 und $1/(1+\eta)$ = fakt2, so kann man schreiben

$$\nu_{Sd} = \int_{-0,5}^{+0,5} \bar{\sigma}_c \cdot d\zeta + \text{fakt1} \cdot \text{tot } \omega \cdot \frac{1}{2} \cdot (\bar{\sigma}_{S1} + \bar{\sigma}_{S2})$$
$$+ \text{fakt2} \cdot \text{tot } \omega \cdot \frac{1}{1 - 2 \cdot \varphi} \cdot \int_{-0,5}^{+0,5} \bar{\sigma}_s \cdot d\zeta \qquad \text{(G.2.21)}$$

Es ist zu beachten, daß $\bar{\sigma}_s$ außerhalb der Bewehrung ($\zeta > 0,5 - \varphi$ oder $\zeta < -0,5 + \varphi$) Null zu setzen ist.

Die Schreibweise nach Gl. (G.2.21) hat den Vorteil, daß das Verfahren sofort für den nur oben und unten bewehrten Querschnitt verwendet werden kann, wenn man fakt 1 = 1 und fakt 2 = 0 setzt.

2.4 Momente

2.4.1 Momente, die durch den Beton aufgenommen werden

Die Abb. G.2.4 kann verwendet werden.

Aus $\Sigma M = 0$ ergibt sich

$$M_c = \int_{-h/2}^{+h/2} b \cdot dz \cdot z \cdot \sigma_c = b \cdot h^2 \cdot f_{cd} \cdot \int_{-0,5}^{+0,5} \bar{\sigma}_c \cdot \zeta \cdot d\zeta \qquad (G.2.22)$$

2.4.2 Momente, die von der Stahlbewehrung aufgenommen werden

Die Verteilung der Bewehrung kann dem Abschnitt 2.3.2 entnommen werden.

2.4.2.1 Bewehrung oben und unten

$$M_s^{(1)} = \frac{\eta}{2 \cdot (1 + \eta)} \cdot tot\, A_s \cdot (\sigma_{S2} \cdot z_2 - \sigma_{S1} \cdot z_1)$$

Mit $z_2 = z_1 = h \cdot (0,5 - \varphi)$, $\sigma_s = f_{yd} \cdot \bar{\sigma}_s$ und

$$tot\, A_s = tot\, \omega \cdot \frac{b \cdot h \cdot f_{cd}}{f_{yd}}$$

wird

$$M_s^{(1)} = b \cdot h^2 \cdot f_{cd} \cdot \frac{\eta}{1 + \eta} \cdot tot\, \omega \cdot (0,5 - \varphi) \cdot \frac{1}{2} (\bar{\sigma}_{S2} - \bar{\sigma}_{S1}) \qquad (G.2.23)$$

2.4.2.2 Seitliche Bewehrung

Die Abb. G.2.5 und der Abschnitt 2.3.2.2 können für die Herleitung verwendet werden.

$$M_s^{(2)} = \int_{-h \cdot (0,5 - \varphi)}^{h\,(0,5 - \varphi)} \frac{tot\, A_s}{(1 + \eta) \cdot h \cdot (1 - 2\varphi)} \cdot \sigma_s \cdot z \cdot dz$$

Setzt man wieder

$z = h \cdot \zeta$, $dz = h \cdot d\zeta$, $\sigma_s = f_{yd} \cdot \bar{\sigma}_s$ und

$tot\, A_s = tot\, \omega \cdot b \cdot h \cdot f_{cd}/f_{yd}$,

so erhält man

$$M_s^{(2)} = b \cdot h^2 \cdot f_{cd} \cdot \frac{1}{1 + \eta} \cdot \frac{1}{1 - 2 \cdot \varphi} \cdot tot\, \omega \cdot \int_{-0,5 + \varphi}^{0,5 - \varphi} \bar{\sigma}_s \cdot \zeta \cdot d\zeta \qquad (G.2.24)$$

Setzt man außerhalb der Bewehrungen die Spannungen $\bar{\sigma}_s = 0$, so kann man

$$M_s^{(2)} = b \cdot h^2 \cdot f_{cd} \cdot \frac{1}{1 + \eta} \cdot \frac{1}{1 - 2\,\varphi} \cdot tot\, \omega \cdot \int_{-0,5}^{0,5} \bar{\sigma}_s \cdot \zeta \cdot d\zeta \qquad (G.2.25)$$

schreiben.

2.4.3 Zusammenfassung der Momente

Die Anteile aus Beton, oberer und unterer Bewehrung und seitlicher Bewehrung werden zusammengefaßt.

$M_{Sd} = M = M_c + M_s^{(1)} + M_s^{(2)}$

Teilt man M durch $M_{c,u} = b \cdot h^2 \cdot f_{cd}$, so erhält man das bezogene Moment.

$$\mu_{Sd} = m = M/M_{c,u} = \frac{M}{b \cdot h^2 \cdot f_{cd}} = \frac{M}{F_{c,u} \cdot h} \qquad (G.2.26)$$

Die Zusammenfassung aller Momente ist dann

$$\mu_{Sd} = \int_{-0,5}^{0,5} \bar{\sigma}_c \cdot \zeta \cdot d\zeta + \frac{\eta}{1 + \eta} \cdot tot\, \omega \cdot (0,5 - \varphi) \cdot \frac{1}{2} \cdot (\bar{\sigma}_{S2} - \bar{\sigma}_{S1}) + \frac{1}{1 + \eta} \cdot tot\, \omega \cdot \frac{1}{1 - 2 \cdot \varphi} \int_{-0,5}^{+0,5} \bar{\sigma}_s \cdot \zeta \cdot d\zeta \qquad (G.2.27)$$

oder unter Verwendung der oben definierten Faktoren

$$\mu_{Sd} = \int_{-0,5}^{0,5} \bar{\sigma}_c \cdot \zeta \cdot d\zeta + \text{Fakt1} \cdot tot\, \omega \cdot (0,5 - \varphi) \cdot \frac{1}{2} \cdot (\bar{\sigma}_{S2} - \bar{\sigma}_{S1}) + \text{Fakt2} \cdot tot\, \omega \cdot \frac{1}{1 - 2 \cdot \varphi} \cdot \int_{-0,5}^{0,5} \bar{\sigma}_s \cdot \zeta \cdot d\zeta \qquad (G.2.28)$$

G

Es ist wieder zu beachten, daß σ_s außerhalb der Bewehrung Null zu setzen ist.

2.5 Andere Querschnitte

Ohne auf die Herleitung einzugehen, werden für einige andere Querschnitte die Parameter und die Gleichungen für ν_{Sd} und μ_{Sd} angegeben.

2.5.1 Umlaufend bewehrter Kreis- oder Kreisringquerschnitt

In der Abb. G.2.6 ist ein solcher Querschnitt mit den Bezeichnungen dargestellt.

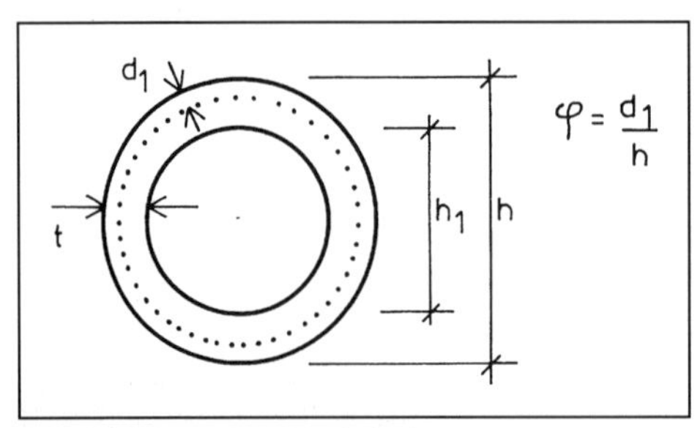

Abb. G.2.6 Kreisringquerschnitt

Die Parameter sind

$$F_{c,u} = (h^2 - h_1^2) \cdot \frac{\pi}{4} \cdot f_{cd}$$

$$M_{c,u} = F_{c,u} \cdot h$$

$$\gamma = h_1/h \qquad k_2 = \frac{1 - \gamma^3}{1 - \gamma^2}$$

$$\nu_{Sd} = \frac{1}{\pi} \cdot \int_{-\frac{\pi}{2}}^{+\frac{\pi}{2}} (2 \cdot \cos^2 \alpha \cdot \bar{\sigma}_c + \text{tot}\,\omega \cdot \bar{\sigma}_s) \cdot d\alpha$$

$$\mu_{Sd} = \frac{1}{\pi} \cdot \int_{-\frac{\pi}{2}}^{+\frac{\pi}{2}} (k_2 \cdot \sin \alpha \cdot \cos^2 \alpha \cdot \bar{\sigma}_c$$

$$+ \text{tot}\,\omega \cdot \frac{1}{2} \cdot (1 - 2\varphi) \cdot \sin \alpha \cdot \bar{\sigma}_s) \cdot d\alpha$$

Beim Vollkreis wird $h_1 = 0$ und damit $k_2 = 1{,}0$.

2.5.1.1 Dünnwandige Kreisringe

Ist $\gamma = h_1/h > 0{,}8$, so liegt ein dünnwandiger Kreisringquerschnitt vor. Hierfür kann man Sonderformeln herleiten, die zuweilen zweckmäßiger sind.

Bezeichnungen und Parameter

$$h' = h - t$$

$$F_{c,u} = h' \cdot t \cdot \pi \cdot f_{cd}$$

$$M_{c,u} = F_{c,u} \cdot h'$$

Die Bewehrung wird mittig im Ring liegend angenommen.

$$\nu_{Sd} = \frac{1}{\pi} \cdot \int_{-\frac{\pi}{2}}^{+\frac{\pi}{2}} (\bar{\sigma}_c + \text{tot}\,\omega \cdot \bar{\sigma}_s) \cdot d\alpha$$

$$\mu_{Sd} = \frac{1}{\pi} \cdot \int_{-\frac{\pi}{2}}^{+\frac{\pi}{2}} (\bar{\sigma}_c + \text{tot}\,\omega \cdot \bar{\sigma}_s) \cdot \frac{1}{2} \cdot \sin \alpha \cdot d\alpha$$

Diese Gleichungen haben den Vorteil, daß die Parameter φ und γ nicht benötigt werden.

2.5.2 Kastenquerschnitte

In der Abb. G.2.7 sind die Querschnitte in der wirklichen und in der idealisierten Form dargestellt.

Die Parameter sind

$$F_{c,u} = 2 \cdot (b' + h') \cdot f_{cd} \cdot t$$

$$M_{c,u} = F_{c,u} \cdot h'$$

$$\nu_{Sd} = \frac{1}{1 + \eta} \cdot \int_{-0,5}^{+0,5} (\bar{\sigma}_c + \text{tot}\,\omega \cdot \bar{\sigma}_s) \cdot d\zeta$$

$$+ \frac{\eta}{2\,(1 + \mu)} \cdot \left[(\bar{\sigma}_{c1} + \bar{\sigma}_{c2}) + \text{tot}\,\omega\,(\bar{\sigma}_{S1} + \bar{\sigma}_{S2}) \right]$$

$$\mu_{Sd} = \frac{1}{1 + \eta} \int_{-0,5}^{+0,5} (\bar{\sigma}_c + \text{tot}\,\omega \cdot \bar{\sigma}_s)\, \zeta \cdot d\zeta$$

$$+ \frac{\eta}{4 \cdot (1 + \eta)} \left[(\bar{\sigma}_{c2} - \bar{\sigma}_{c1}) + \text{tot}\,\omega \cdot (\bar{\sigma}_{S2} - \bar{\sigma}_{S1}) \right]$$

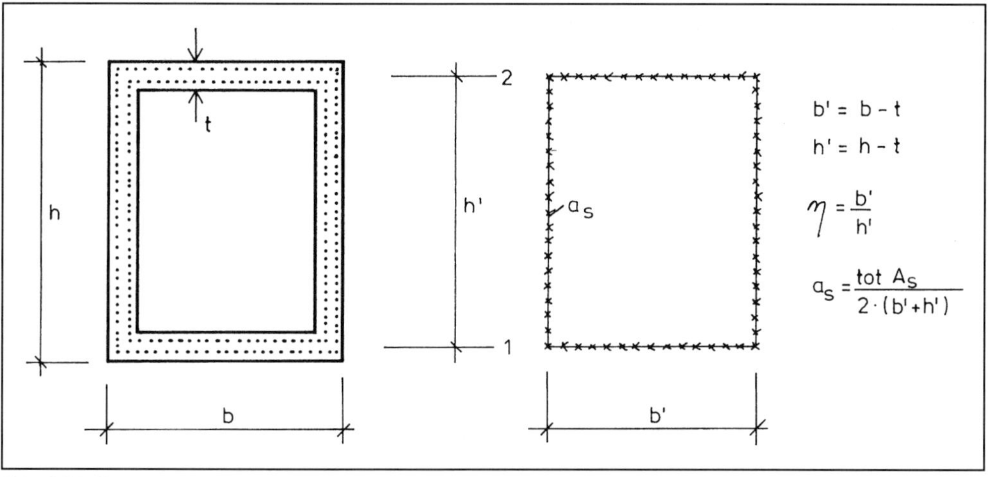

Abb. G.2.7 Kastenquerschnitt in der wirklichen und in der idealisierten Form

2.6 Lösung des Problems

Gesucht ist die Momentenkrümmungsbeziehung $m = f(n, \text{tot } \omega, k)$. Dabei sind n und tot ω vorgegebene Parameter, k ist die unabhängige Variable. Die für die Lösung benötigten Spannungen hängen von den Dehnungen ab. In der Dehnungsgleichung (G.2.3) $\varepsilon = \varepsilon_N + k \cdot \zeta$ ist die Größe ε_N unbekannt. Bei dem Gesamtproblem handelt es sich um ein Gleichungssystem mit zwei Unbekannten, der Dehnungskonstanten ε_N und der abhängigen Variablen m.

Für die Lösung stehen zwei Gleichungen zur Verfügung, nämlich die Querschnittsbeziehungen ν_{sd} und μ_{sd}. Bei vorgegebenen $n = N/F_{c,u}$ und tot ω wird das Dehnungsverhältnis $\varepsilon_{c2}/\varepsilon_{s1}$ über k so lange variiert, bis die Bedingung $n = \nu_{sd}$ erfüllt ist, wobei die Integrale durch numerische Integration gelöst werden. Damit sind k und ε_N bekannt, und alle anderen Werte können berechnet werden. Mit der Gl. (G.2.28) kann das zugehörige aufnehmbare Moment $m = \mu_{sd}$ bestimmt werden.

Für die Berechnung wurden zweckmäßige Programme entwickelt, so daß die Erfassung der benötigten Werte relativ schnell möglich war.

2.6.1 Diskussion der Momentenkrümmungslinien

Die Untersuchungen beschränken sich zunächst auf den Rechteckquerschnitt. Später werden auch die anderen Querschnitte einbezogen.

Im allgemeinen ist die Tragkraft der Stütze erschöpft, wenn die Betonstauchung die Bruchstauchung ε_{cu} erreicht. Bei Bemessungen ist diese für jede Betonfestigkeitsklasse konstant $\varepsilon_{cu} = 3{,}5$ ‰. Ist der Querschnitt voll überdrückt, so wird sie je nach Verhältnis von $\varepsilon_{c2}/\varepsilon_{c1}$ auf 2 ‰ zurückgenommen. Bei der Ermittlung von Verformungen wird die Bruchstauchung aus der Tabelle 4.3 des EC 2 bestimmt. Sie schwankt je nach Festigkeitsklasse zwischen $\varepsilon_{cu} = 3{,}6$ ‰ (C12/15) und $\varepsilon_{cu} = 2{,}8$ ‰ (C50/60). In seltenen Fällen, bei sehr kleiner Normalkraft und sehr kleiner Bewehrung, kann die Bruchdehnung des Stahles ($\varepsilon_{su} = 20$ ‰ bei Bemessungen) maßgebend sein.

Ein weiteres Kriterium für die Beurteilung der Tragkraft ist die Fließgrenze des Stahles. Für BSt 500 ist sie nach Abschnitt 2.2.1.2 mit $\varepsilon_{yd} = 2{,}174$ ‰ festgelegt. Sie kann als Fließgrenze für ε_{s1} oder als Streckgrenze für ε_{s2} auftreten. Sie kann aber auch gleichzeitig für ε_{s1} und ε_{s2} vorhanden sein.

Die Form der Momentenkrümmungslinie hängt von der Normalkraft und der Größe und Lage der Bewehrung ab. Sie kann verschieden sein, prinzipiell jedoch sind alle Linien ähnlich. Nach zunächst starkem Anwachsen der Funktion nähert sich m einem Grenzwert. Die Kurve hat eine gewisse Ähnlichkeit mit der

Exponentialfunktion $m(k) = m_\infty \cdot (1 - e^{\frac{k}{\tau}})$.

Diese Funktion kann durch nur 2 Punkte erfaßt werden und eignet sich in gewissen Fällen sehr gut. Im Abschnitt 2.7.5 ist sie genauer beschrieben.

G

Hier werden aber für die Approximation andere Verfahren gewählt, da eine Zweipunkterfassung in einigen Fällen nicht ausreicht.

Die wirklichen Kurven haben 3 charakteristische Punkte. Im Punkt 1 der Kurven wird die Betonbruchstauchung ε_{cu} erreicht.

Hier ist die Tragkraft erschöpft.

Im Punkt 2a wird die Fließgrenze der Zugbewehrung erreicht.

Die Tragkraft nimmt nur noch wenig zu.

Im Punkt 2b wird die Streckgrenze der Druckbewehrung erreicht.

Die Tragkraft nimmt nur noch wenig zu.

In der Abb. G.2.8 sind drei verschiedene Kurven qualitativ dargestellt.

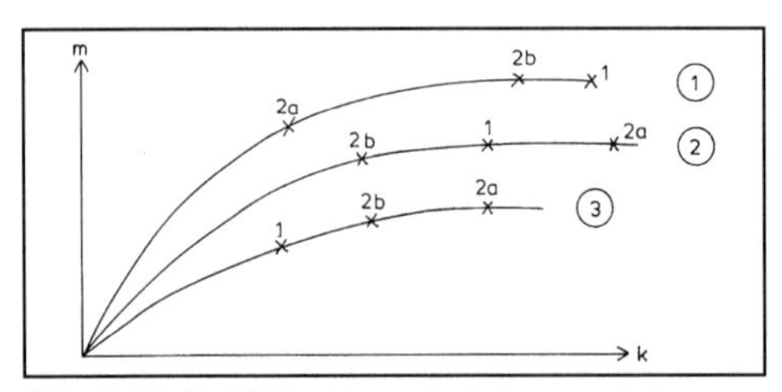

Abb. G.2.8 Qualitative Momentenkrümmungslinien

Bei kleiner Normalkraft liegen die Fließgrenzen 2a und 2b vor dem Punkt 1 (Kurve 1).

Bei größerer Normalkraft wird die Streckgrenze der Druckbewehrung (2b) zuerst erreicht. Sie liegt vor dem Punkt 1. Die Fließgrenze der Zugbewehrung (2a) liegt hinter dem Punkt 1 (Kurve 2).

Es gibt aber auch Fälle, da liegen die Streckgrenze und die Fließgrenze beide hinter dem Punkt 1. Das tritt bei Bewehrungsanordnungen mit großem Randabstand ($\varphi = 0{,}25$) auf (Kurve 3).

In der Abb. G.2.9 sind quantitativ verschiedene Fälle mit unterschiedlichen Parametern dargestellt. Die Werte m = f(k) sind mit einem Programm, das auf Grund der Gleichungen der Abschnitte 2.1 bis 2.4 hergestellt wurde, ermittelt.

In den Darstellungen ist die obere Kurve der Verlauf bei einer Bewehrungsverteilung oben und unten je zur Hälfte. Die untere Kurve erfaßt den Fall, daß die Bewehrung gleichmäßig um den Umfang verteilt ist (hier näherungsweise ein Viertel je Seite). Alle Linien sind mit dem Spannungsabminderungsbeiwert $\alpha = 0{,}85$ berechnet worden. Bei $\alpha = 1{,}0$ erhält man etwas größere m-Werte.

Der Verlauf bei den üblichen Querschnitten, φ = 0,05 bis φ = 0,15 und oben und unten liegende Bewehrung, ist ähnlich. Die Werte steigen fast linear oder leicht gekrümmt bis zum Höchstwert und bleiben dann nahezu konstant. Es ist daher naheliegend, für die Erfassung der Funktion ein Näherungsverfahren zu entwickeln. Aus den Abbn. G.2.9 ersieht man aber auch, daß bei umlaufender Bewehrung die m-Werte etwas kleiner sind und der Krümmungsverlauf stetiger ist. Das gleiche tritt auf, wenn der Randabstand der Bewehrung groß ist. Für diese Fälle ist das Näherungsverfahren ungenauer.

2.6.2 Näherungsverfahren und Festlegung der theoretischen Grenzkrümmung k_u

In der Abb. G.2.10 ist die übliche Form einer Momentenkrümmungslinie noch einmal dargestellt.

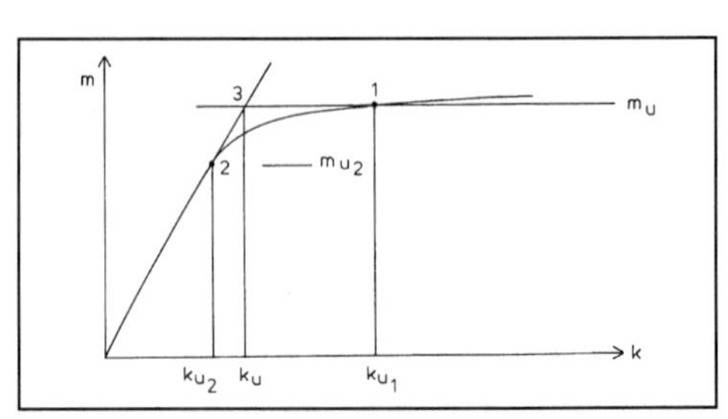

Abb. G.2.10 Momentenkrümmungslinie

Im Punkt 1 ist, wie oben beschrieben, die Tragkraft erschöpft. Zu diesem Punkt gehören die Werte k_{u1} und m_u (Bezogenes Bruchmoment). Im Punkt 2 ist die Fließgrenze bzw. Streckgrenze des Betonstahles erreicht. Hierzu gehören die Werte k_{u2} und m_{u2}. Die theoretische Grenzkrümmung ist durch den Schnittpunkt der Tangente im Punkt 2 mit der Geraden (Parallele zur k-Achse) durch den Punkt 1 festgelegt. Er hat die Koordinaten k_u und m_u. Die Gleichung hierfür ist

$$k_u = k_{u2} + \frac{dk}{dm} \cdot (m_u - m_{u2}) \qquad \text{(G.2.29)}$$

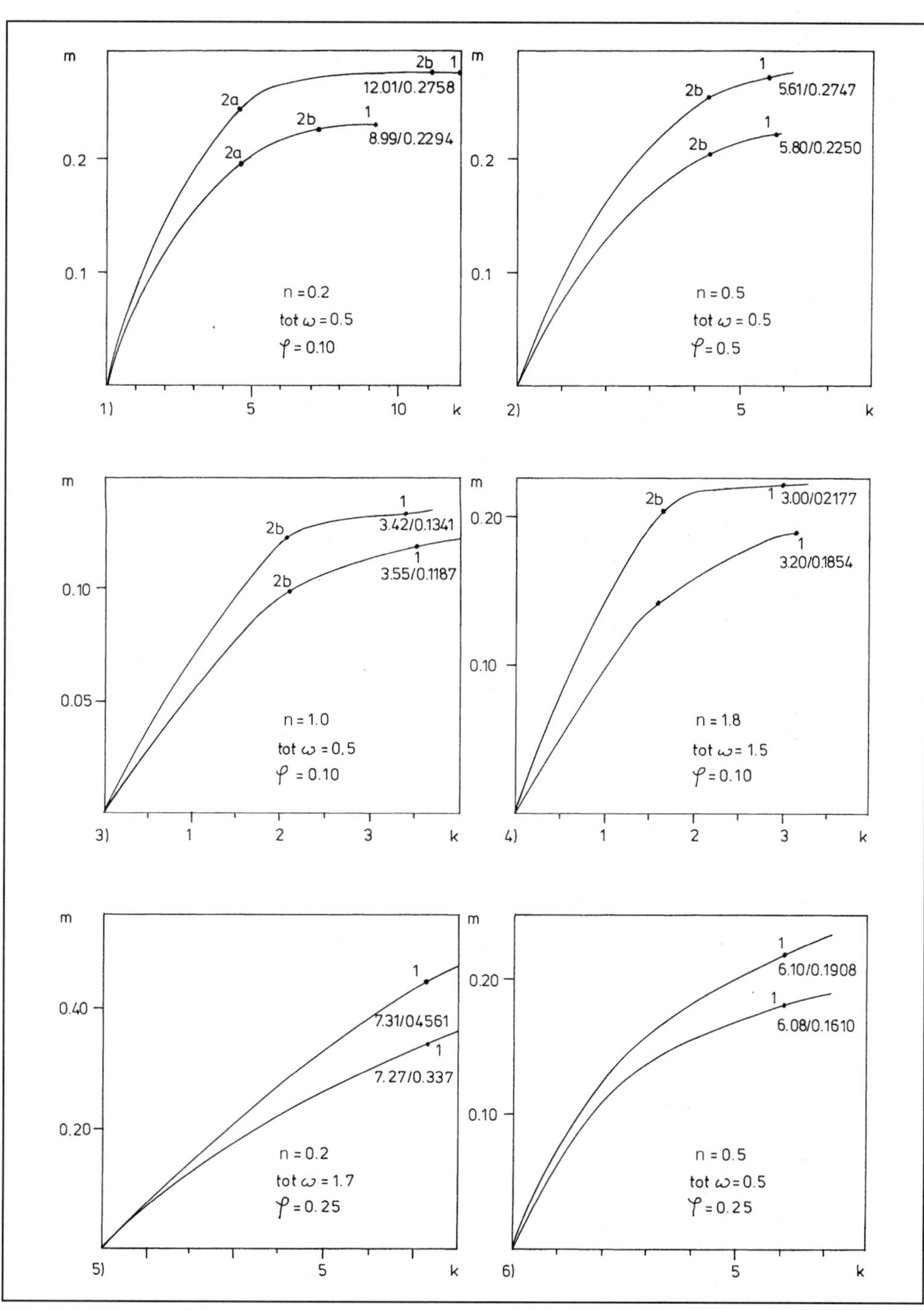

Abb. G.2.9 Krümmungslinien

G

Tafel G.2.1 k_u-Werte

φ = 0,10

n \ tot ω	0	0,1	0,2	0,3	0,4	0,5	0,6	0,7	0,8	0,9	1,0	1,1	1,2	1,3	1,4	1,5	1,6	1,7	1,8	1,9	2,0
0		3,26	3,47	3,68	3,85	4,00	4,11	4,23	4,31	4,39	4,46	4,52	4,58	4,63	4,67	4,71	4,74	4,78	4,81	4,83	4,85
0,1	4,05	4,16	4,24	4,37	4,46	4,55	4,64	4,69	4,75	4,81	4,85	4,89	4,92	4,95	4,98	5,00	5,03	5,05	5,06	5,08	5,11
0,2	3,48	4,64	4,99	5,03	5,07	5,12	5,14	5,17	5,19	5,20	5,24	5,24	5,26	5,26	5,27	5,28	5,30	5,30	5,30	5,30	5,32
0,3	3,67	5,34	5,37	5,46	5,44	5,44	5,44	5,44	5,44	5,44	5,44	5,43	5,43	5,43	5,43	5,43	5,43	5,43	5,43	5,43	5,44
0,4	5,08	5,32	5,35	5,40	5,40	5,41	5,41	5,42	5,40	5,40	5,41	5,42	5,41	5,42	5,42	5,42	5,42	5,42	5,42	5,42	5,42
0,5	3,85	4,13	4,25	4,43	4,60	4,70	4,79	4,84	4,88	4,95	5,00	5,01	5,02	5,07	5,09	5,11	5,13	5,15	5,15	5,17	5,17
0,6	3,06	3,20	3,47	3,72	3,90	4,07	4,20	4,30	4,42	4,51	4,58	4,61	4,68	4,72	4,77	4,81	4,85	4,86	4,89	4,92	4,93
0,7	2,86	2,78	2,90	3,11	3,31	3,50	3,65	3,83	3,97	4,08	4,17	4,26	4,33	4,39	4,46	4,51	4,55	4,61	4,64	4,67	4,71
0,8	1,98	2,21	2,47	2,66	2,83	3,03	3,21	3,37	3,51	3,67	3,78	3,89	3,99	4,07	4,15	4,22	4,28	4,34	4,38	4,44	4,48
0,9		1,27	1,87	2,21	2,44	2,62	2,78	2,96	3,12	3,28	3,42	3,53	3,70	3,76	3,84	3,98	4,01	4,06	4,13	4,21	4,24
1,0			0,94	1,63	2,01	2,27	2,44	2,60	2,77	2,94	3,09	3,20	3,33	3,42	3,55	3,64	3,76	3,83	3,88	3,94	4,02
1,1				0,75	1,40	1,83	2,09	2,29	2,46	2,62	2,74	2,90	3,02	3,14	3,28	3,35	3,47	3,58	3,64	3,73	3,78
1,2					0,62	1,27	1,63	1,93	2,15	2,34	2,47	2,61	2,74	2,88	3,00	3,12	3,21	3,32	3,41	3,49	3,57
1,3						0,52	1,13	1,49	1,76	2,02	2,21	2,37	2,49	2,61	2,76	2,87	2,96	3,08	3,19	3,27	3,32
1,4							0,44	1,02	1,38	1,64	1,90	2,07	2,26	2,40	2,51	2,61	2,72	2,85	2,95	3,06	3,13
1,5								0,39	0,93	1,28	1,56	1,76	1,99	2,15	2,29	2,41	2,51	2,63	2,74	2,85	2,92
1,6									0,35	0,83	1,20	1,46	1,68	1,88	2,04	2,19	2,32	2,44	2,53	2,64	2,75
1,7										0,30	0,78	1,11	1,38	1,60	1,80	1,95	2,10	2,23	2,34	2,44	2,54
1,8											0,27	0,71	1,04	1,30	1,51	1,78	1,87	2,02	2,14	2,26	2,37
1,9												0,25	0,66	0,96	1,23	1,45	1,62	1,79	1,94	2,06	2,18
2,0													0,24	0,61	0,91	1,16	1,37	1,55	1,71	1,86	1,99
2,1														0,21	0,57	0,86	1,10	1,30	1,49	1,65	1,79
2,2															0,19	0,54	0,81	1,04	1,27	1,42	1,58
2,3																0,18	0,50	0,77	1,01	1,20	1,37
2,4																	0,17	0,48	0,74	0,91	1,15
2,5																		0,16	0,45	0,69	0,90
2,6																			0,14	0,43	0,66
2,7																				0,13	0,41

Tafel G.2.2 1000 · m_u-Werte $\varphi = 0{,}10$

n \ tot ω	0	0,1	0,2	0,3	0,4	0,5	0,6	0,7	0,8	0,9	1,0	1,1	1,2	1,3	1,4	1,5	1,6	1,7	1,8	1,9	2,0
0	002	044	084	124	164	204	244	284	324	364	404	445	483	525	563	605	644	683	722	765	804
0,1	046	086	126	166	206	246	286	326	366	406	446	486	526	566	606	646	686	726	766	806	846
0,2	077	117	157	197	237	277	317	357	397	437	477	517	557	597	637	677	717	757	797	837	877
0,3	096	136	176	216	256	296	336	376	416	456	496	536	576	616	656	696	736	776	816	856	896
0,4	103	141	180	219	258	298	337	377	416	456	497	536	576	616	656	696	736	775	816	856	896
0,5	098	130	164	200	236	274	311	350	388	427	467	506	545	584	624	663	703	742	781	822	862
0,6	081	113	146	179	214	250	286	323	361	399	437	475	514	552	591	631	669	709	749	788	827
0,7	052	088	122	155	190	224	260	296	333	369	407	444	483	521	559	598	637	675	714	754	792
0,8	016	054	091	127	162	197	232	268	304	340	377	414	452	489	527	566	604	642	682	721	759
0,9		017	055	093	130	171	202	238	274	310	347	383	420	458	495	533	571	610	648	686	724
1,0			018	056	094	133	170	206	243	279	316	352	388	426	463	500	539	576	614	653	691
1,1				018	056	095	133	172	209	246	283	319	357	393	431	468	505	543	581	619	657
1,2					018	057	096	135	173	211	248	286	323	360	397	434	471	509	547	585	622
1,3						001	057	096	134	173	213	251	288	326	363	400	437	475	513	550	588
1,4							001	058	097	136	174	213	253	290	328	366	403	441	478	516	553
1,5								001	058	097	137	175	215	253	293	330	368	405	444	481	519
1,6										058	097	137	175	214	254	294	331	369	407	445	483
1,7											058	098	136	176	215	254	293	333	370	409	447
1,8												059	098	137	176	216	255	294	334	371	411
1,9													058	098	138	178	215	254	294	334	374
2,0														058	098	137	178	216	256	296	333
2,1															058	098	138	177	216	256	296
2,2																056	098	138	178	217	255
2,3																	036	098	139	178	218
2,4																		021	098	137	177
2,5																			003	099	137
2,6																				003	100
2,7																					

G

Für den Sonderfall, daß die Punkte 2a und 2b hinter dem Punkt 1 liegen, gilt die Gl. (G.2.29) selbstverständlich nicht. In diesem Fall ist $k_u = k_{u2}$.

Für die Ermittlung der Grenzkrümmung wurde ein spezielles Programm auf Grund der Abschnitte 2.2 bis 2.6 entwickelt. Durch Iteration werden die in Gl. (G.2.29) erforderlichen k- und m-Werte für ε_{cu} und ε_{yd} ermittelt. Der Differentialquotient dk/dm wird durch den Differenzenquotient $\triangle k/\triangle m$ ersetzt, wobei $\triangle k$ wegen der sonst auftretenden Ungenauigkeiten nicht zu klein gewählt werden sollte. In der vorliegenden Arbeit wurde $\triangle k = 0{,}25$ angenommen. Für den bezogenen Randabstand $\varphi = 0{,}10$ und oben und unten liegende Bewehrung wurden die k_u-Werte und die m_u-Werte als Funktion von n und tot ω ermittelt. Sie sind in den Tafeln G.2.1 und G.2.2 zusammengestellt.

Mit den Werten k_u und m_u kann man die tatsächliche Momentenkrümmungslinie annähern. Eine fast genaue Näherung wird dadurch erreicht, daß man einen stetigen Verlauf von 0 bis zum Punkt 3 und einen konstanten Bereich mit der Ordinate m_u zwischen den Punkten 3 und 1 annimmt.

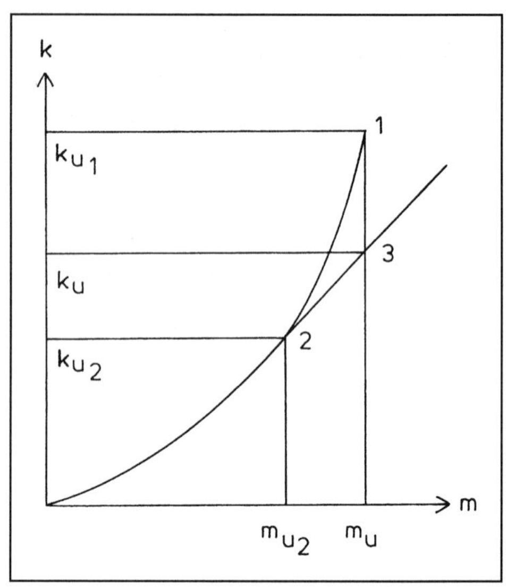

Abb. G.2.11 Wirkliche Momentenkrümmungslinie

2.6.2.1 Mathematische Erfassung der Näherung

Für die praktische Berechnung erweist sich die Inversfunktion $k = f(m)$ als geeigneter. In den Abbildungen G.2.11 und G.2.12 sind die wirkliche und die idealisierte Funktion dargestellt.

Für viele Berechnungen genügt die Annahme einer Linearität der Momentenkrümmungslinien. In Wirklichkeit ist eine Abweichung nach unten vorhanden. Diese Abweichung kann näherungsweise durch einen Parabelstich erfaßt werden. Der parabolische Verlauf der Krümmungslinie kann durch die Gleichung

$$k = k_u \cdot \left[(1 - 4 \cdot \alpha_{pk}) \cdot \frac{m}{m_u} + 4 \cdot \alpha_{pk} \cdot \left(\frac{m}{m_u} \right)^2 \right] \qquad \text{(G.2.30)}$$

mit $\alpha_{pk} = k_p/k_u$ erfaßt werden.

Der Wert α_{pk} bewegt sich zwischen 0 und 0,25. $\alpha_{pk} = 0$ ergibt die Gerade und $\alpha_{pk} = 0{,}25$ die reine Parabel. Der Wert α_{pk} kann ermittelt werden, wenn noch zusätzlich ein Wertepaar m_1/k_1, am besten etwa bei $m_u/2$, bekannt ist.

Abweichungen der durch die Parabelfunktion ermittelten k-Werte zur genauen Funktion sind natürlich vorhanden. Die Verschiebungen, die sich durch eine zweifache Integration ergeben, unterscheiden sich jedoch wenig von den genauen Werten.

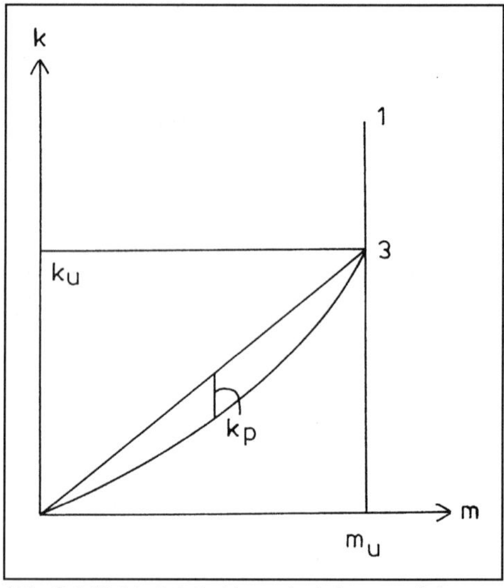

Abb. G.2.12 Idealisierte Momentenkrümmungslinie

2.6.3 Vereinfachte Bemessungstafeln für den praktischen Gebrauch

Untersucht man die Tafeln G.2.1 und G.2.2 hinsichtlich ihres Aufbaues, so stellt man fest, daß bei festgehaltenem n ein fast linearer Zusammenhang zwischen tot ω und m_u besteht. Lediglich bei den n-Werten in der Nähe des Balancepunktes ($n = 0{,}4$) ist die Linearität etwas gestört. Die Abweichung ist aber gering. Ein ähnliches Verhalten kann man bei den k_u-Werten feststellen. Die Abweichungen sind hier etwas größer. Da aber die k_u-Grenze nach Abschnitt 2.6.2 eine aus zwei Bedingungen festgelegte Vereinbarung ist, sollte man den Anspruch an Genauigkeit nicht allzu hoch ansetzen. Die Beziehung kann recht genau durch eine bilineare Funktion erfaßt werden, wobei die Grenzen der Bereiche in den Tafeln G.2.3 bis G.2.7 festgelegt sind.

Größere Abweichungen gibt es nur in den Bereichen der sehr kleinen n- und tot ω-Werte. Im Abschnitt 2.7.5 wird darauf noch eingegangen.

Die Funktionen für m_u und k_u sind

$$m_u = m_0 + m' \cdot \text{tot}\,\omega \qquad \text{(G.2.31)}$$

$$k_u = k_0 + k' \cdot \text{tot}\,\omega \qquad \text{(G.2.32)}$$

Die Konstanten der linearen Gleichungen können durch die Auswahl jeweils zweier zweckmäßiger Punkte ermittelt werden. In den Tafeln G.2.1 und G.2.2 bzw. in den hier nicht abgedruckten Tafeln stehen genügend Wertepaare zur Verfügung.

In den Bemessungstafeln G.2.3 bis G.2.7 sind diese Konstanten zusammengestellt. Für eine vereinfachte Schreibweise wurde der Begriff

$$\overline{m} = 1000 \cdot m$$

eingeführt.

Die Gleichungen (G.2.31) und (G.2.32) haben nur einen Sinn, wenn m_u und k_u positive Werte annehmen. Man kann die Grenzen durch die Bedingung

$$m_u = m_0 + m' \cdot \text{tot}\,\omega = 0$$

ermitteln. Daraus wird tot $\omega_{grenz} = -\,m_0/m'$.

Diese Gleichung ist nur sinnvoll, wenn die m_0-Werte negativ sind, denn nur so erhält man positive tot ω_{grenz}-Werte.

Schneller und zweckmäßiger kommt man zum Ziel, wenn man mit der bezogenen Normalkraft für die zentrisch belastete Stütze arbeitet, denn hierfür ist $m_u = 0$. Die Formel dafür ist

$$n = \frac{\sigma_c}{f_{cd}} + \text{tot}\,\omega \cdot \frac{\sigma_s}{f_{yd}}$$

Sie ist für beliebige Querschnitte gültig.

Für $\varepsilon = 2$ ‰ sind

$$\overline{\sigma}_c = \sigma_c/f_{cd} = 0{,}85 \text{ und}$$

$$\overline{\sigma}_s = \sigma_s/f_{yd} = 400/435 = 0{,}9195$$

Damit wird $n = 0{,}85 + 0{,}9195 \cdot \text{tot}\,\omega$. Löst man die Gleichung nach tot ω auf, so erhält man tot $\omega_{grenz} = (n - 0{,}85)/0{,}9195$. Die Ergebnisse sind in den Tafeln G.2.3 bis G.2.7 eingetragen.

2.6.3.1 Grenzwerte m_u und k_u in Abhängigkeit von φ

Die Tafeln G.2.3, G.2.4 und G.2.5 wurden für den Parameter $\varphi = d_1/h = 0{,}10$ aufgestellt. Nimmt man diesen Parameter als Normalfall an, kann man bei einem anderen Parameter φ für m_u und k_u eine linere Abhängigkeit feststellen. Durch eine Vielzahl hier nicht wiedergegebener Einzelnachweise wurden die Beziehungen

$$m_u^{(\varphi)} = \alpha_1 \cdot m_u^{(0,1)} \text{ und} \qquad \text{(G.2.33)}$$

$$k_u^{(\varphi)} = k_u^{(0,1)}/\alpha_1 \text{ mit} \qquad \text{(G.2.34)}$$

$$\alpha_1 = 1{,}2 - 2 \cdot \varphi \text{ ermittelt} \qquad \text{(G.2.35)}$$

Eine Ausnahme ist der Faktor für die Grenzkrümmung beim Kreisquerschnitt. Hier tritt an die Stelle der Gleichung (G.2.35) die Gleichung

$$\alpha_1' = 1{,}15 - 1{,}5 \cdot \varphi \qquad \text{(G.2.36)}$$

Die Näherungsformeln (G.2.33) bis (G.2.36) ergeben brauchbare Werte. Die Abweichungen sind für die praktischen Berechnungen unbedenklich.

Nur in seltenen Fällen, wenn die Punkte 2a und 2b hinter dem Punkt 1 liegen (siehe Abschnitt 2.6.2), treten größere Abweichungen auf. Das tritt aber nur bei dem Extremfall einer tiefliegenden Bewehrung ($\varphi = 0{,}25$) auf. Bei diesem Parameter liegt die Bewehrung schon in der Mitte des halben Querschnittes, und das kommt kaum vor und sollte auch konstruktiv vermieden werden.

2.6.3.2 Querschnittsbemessungen

Die Gl. (G.2.31) $m_u = m_o + m' \cdot \text{tot}\,\omega$ eignet sich auch für die Ermittlung der Bewehrung. Man benötigt dafür die bezogenen Schnittgrößen $n = N/F_{c,u}$ und $m = M/F_{cu} \cdot h$, wobei $F_{c,u}$ für die jeweilige Querschnittsform nach dem Abschnitt 2.4 oder 2.5 zu ermitteln ist. Der mechanische Bewehrungsgrad ergibt sich aus der Gleichung

$$\text{tot}\,\omega = \frac{m - m_0}{m'} = \frac{\overline{m} - \overline{m}_0}{\overline{m}'} \qquad \text{(G.2.37)}$$

$\overline{m}_0$ und $\overline{m}'$ kann man als Funktion von n aus den Bemessungstafeln 6.2.3 bis 6.2.7 durch Interpolation bestimmen.

G

Tafel G.2.3

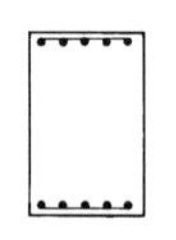

$\varphi = 0{,}10$

n	$\overline{m}_0$	δ	$\overline{m}'$	ω_{gr1}	k_0	k'	ω_{gr2}	k_0	k'	n
0	4	42	400	0	3,03	2,3	0,5	3,95	0,47	0
0,100	46	31	400	0	4,07	0,88	0,7	4,46	0,32	0,100
0,200	77	19	400	0	4,39	2,45	0,3	5,10	0,44	0,200
0,300	96	5	400	0	5,43	0	2,0	5,43	0	0,300
0,400	101	- 9	396	0	5,42	0	2,0	5,42	0	0,400
0,500	92	- 16	379	0	3,96	1,73	0,5	4,70	0,25	0,500
0,600	76	- 24	368	0	3,06	2,12	0,6	4,06	0,45	0,600
0,700	52	- 34	362	0	2,62	1,63	0,9	3,56	0,57	0,700
0,800	18	- 38	365	0	2,03	1,83	0,9	3,01	0,74	0,800
0,900	- 20	- 36	369	0,05	1,47	2,01	0,9	2,49	0,87	0,900
1,000	- 56	- 39	373	0,16	1,27	1,86	0,9	2,06	0,98	1,000
1,100	- 95	- 39	376	0,27	0,42	2,44	0,9	1,57	1,14	1,100
1,200	- 134	- 38	379	0,38	- 0,20	2,93	0,8	1,15	1,25	1,200
1,300	- 172	- 39	382	0,49	- 0,36	2,48	1,1	1,21	1,09	1,300
1,400	- 211	- 39	384	0,60	- 0,72	2,48	1,2	0,95	1,43	1,400
1,500	- 252	- 41	388	0,71	- 1,19	2,65	1,2	0,59	1,16	1,500
1,600	- 293	- 39	390	0,82	- 1,35	2,42	1,4	0,38	1,18	1,600
1,700	- 332	- 39	391	0,92	- 1,77	2,55	1,4	0,07	1,23	1,700
1,800	- 371	- 44	391	1,03	- 2,22	2,67	1,4	- 0,50	1,43	1,800
1,900	- 415	- 45	394	1,14	- 2,22	2,40	1,6	- 0,62	1,40	1,900
2,000	- 460	- 43	398	1,25	- 2,96	2,76	1,5	- 1,66	1,72	2,000
2,100	- 497	- 43	397	1,36	- 3,65	2,97	1,6	- 1,66	1,72	2,100
2,200	- 540	- 51	399	1,47	- 4,15	3,10	1,6	- 2,27	1,93	2,200
2,300	- 591	- 17	405	1,58			1,6	- 2,98	2,18	2,300
2,400	- 608		392	1,69			1,7	- 3,32	2,23	2,400

Die Bewehrung erhält man mit der Gleichung

$$\text{tot } A_s = \text{tot } \omega \cdot \frac{F_{c,u}}{f_{yk}} \qquad \text{(G.2.38)}$$

Erläuterungsbeispiel:

Eine Stahlbetonstütze aus C30 und BSt 500 soll bemessen werden. Die Abmessungen sind $b/h/d_1$ = 30/50/5 und die Bemessungsschnittgrößen N = 780 kN und M = 562,5 kNm.

Berechnungsparameter:

$\varphi = d_1/h = 5/50 = 0{,}10 \Rightarrow$ Tafel G.2.3

$F_{c,u} = b \cdot h \cdot f_{cd} = 0{,}30 \cdot 0{,}50 \cdot 30\,000/1{,}5$

$= 3000$ kN

$M_{c,u} = F_{c,u} \cdot h = 3000 \cdot 0{,}50 = 1500$ kNm

$n = N/F_{c,u} = 780/3000 = 0{,}26$

Tafel G.2.4

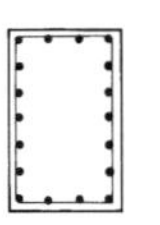

$\varphi = 0{,}10$

n	$\overline{m}_0$	δ	$\overline{m}'$	ω_{gr1}	k_0	k'	ω_{gr2}	k_0	k'	n
0	11	39	332	0	3,68	2,82	0,5	4,89	0,44	0
0,100	50	29	311	0	4,60	1,55	0,5	5,24	0,25	0,100
0,200	79	18	295	0	5,56	0,10	2,0	5,56	0,10	0,200
0,300	97	5	283	0	5,76	0	2,0	5,76	0	0,300
0,400	1,2	- 7	277	0	5,07	1,114	0,5	5,62	0,04	0,400
0,500	95	- 14	275	0	3,87	2,66	0,5	5,06	0,28	0,500
0,600	81	- 23	269	0	3,06	2,78	0,5	4,13	0,63	0,600
0,700	58	- 33	271	0	2,81	1,93	0,7	3,16	0,79	0,700
0,800	25	- 37	28	0	2,04	2,3	0,8	3,20	0,89	0,800
0,900	- 12	- 32	293	0,1	1,96	11,86	0,9	2,60	1,06	0,900
1,000	- 44	- 31	298	0,2	11,17	2,48	0,7	2,17	1,19	1,000
1,100	- 75	- 34	305	0,3	0,42	3,17	0,7	1,79	1,21	1,100
1,200	- 109	- 28	309	0,4	0,12	2,85	0,9	1,67	1,18	1,200
1,300	- 137	- 37	310	0,5	- 0,66	3,23	11,0	1,36	1,21	1,300
1,400	- 174	- 36	319	0,6	- 0,27	2,47	1,1	1,08	1,23	1,400
1,500	- 210	- 42	322	0,7	- 0,75	2,57	1,2	0,84	1,25	1,500
1,600	- 252	- 37	333	0,8	- 0,79	2,30	1,3	0,49	1,31	1,600
1,700	- 289	- 41	335	0,9	- 0,94	2,20	1,5	0,62	1,16	1,700
1,800	- 330	- 38	341	1,0	- 0,85	1,88	1,8	0,55	1,10	1,800
1,900	- 368	- 42	343	1,1	- 0,82	1,70	2,0	- 0,82	1,70	1,900
2,000	- 410	- 38	348	1,3	- 1,14	1,76	2,0	- 1,14	1,76	2,000
2,100	- 448	- 26	350	1,4	- 2,10	2,14	2,0	- 2,10	2,14	2,100
2,200	- 474	- 38	345	1,5	- 2,11	2,05	2,0	- 2,11	2,05	2,200
2,300	- 512	- 36	347	1,6	- 3,07	2,40	2,0	- 3,07	2,40	2,300
2,400	- 554		350	1,7						2,400

$m = M/M_{c,u} = 562{,}5/1500 = 0{,}375$

Aus Tafel G.2.3 erhält man mit Interpolation

$\overline{m}_0 = 77 + 19 \cdot 10{,}6 = 88{,}4$ und $\overline{m}' = 400$.

Nach Gl. (G.2.37) wird

$$\text{tot}\ \omega = \frac{\overline{m} - \overline{m}_0}{\overline{m}'} = \frac{375 - 88{,}4}{400} = 0{,}7165$$

und nach Gl. (G.2.38)

$$\text{tot}\ A_s = \text{tot}\ \omega \cdot \frac{F_{c,u}}{f_{yd}} = 0{,}7165 \cdot \frac{3000}{43{,}5} = 49{,}4\ \text{cm}^2$$

Weicht der Tafelparameter vom Normalfall $\varphi = 0{,}10$ ab, so sind die Tafelwerte mit dem Faktor α_1 zu multiplizieren.

Die Gl. (G.2.37) lautet dann

Tafel G.2.5

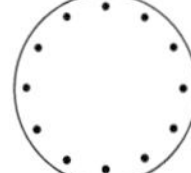

$\varphi = 0{,}10$

n	$\overline{m}_0$	δ	$\overline{m}'$	ω_{gr1}	k_0	k'	ω_{gr2}	k_0	k'	n
0	22	28	261	0	4,55	1,90	0,6	5,46	0,38	0
0,100	50	20	246	0	5,47	0,92	0,6	5,93	0,15	0,100
0,200	70	11	234	0	5,77	0,95	0,5	6,25	0	0,200
0,300	81	- 1	226	0	6,21	0		6,21	0	0,300
0,400	80	- 5	223	0	4,89	1,97	0,5	5,82	0,13	0,400
0,500	75	- 8	219	0	4,27	1,96	0,6	5,24	0,35	0,500
0,600	67	- 15	214	0	3,53	2,30	0,6	4,55	0,60	0,600
0,700	52	- 22	214	0	3,16	1,69	0,9	4,03	0,72	0,700
0,800	30	- 31	219	0	2,41	2,42	0,7	3,43	0,96	0,800
0,900	- 1	- 16	230	0,1	2,03	1,98	1,2	3,41	0,82	0,900
1,000	- 17	- 26	229	0,2	1,38	2,65	0,8	2,60	1,12	1,000
1,100	- 43	- 32	236	0,3	1,03	2,57	0,8	2,09	1,23	1,100
1,200	- 75	- 33	244	0,4	- 0,05	3,50	0,9	2,07	1,15	1,200
1,300	- 108	- 33	255	0,5	- 0,81	3,87	0,9	1,48	1,33	1,300
1,400	- 141	- 40	261	0,6	- 0,09	2,50	1,2	1,45	1,21	1,400
1,500	- 181	- 36	275	0,7	- 0,01	2,97	1,2	1,12	1,28	1,500
1,600	- 217	- 41	281	0,8	- 1,21	2,87	1,3	0,87	1,27	1,600
1,700	- 258	- 34	293	0,9	- 0,54	2,05	1,6	0,66	1,30	1,700
1,800	- 292	- 45	297	1,0	- 1,69	2,63	1,6	0,31	1,38	1,800
1,900	- 337	- 29	307	1,1	- 1,62	2,40	1,6	- 0,50	1,70	1,900
2,000	- 366	- 31	307	1,3	- 1,08	1,88	2,0	- 1,08	1,88	2,000
2,100	- 397	- 25	306	1,4	- 1,92	2,18	2,0	- 1,92	2,18	2,100
2,200	- 422	- 9	303	1,5	- 2,42	2,30	2,0	- 2,42	2,30	2,200
2,300	- 431	- 30	290	1,6	- 7,42	4,80	2,0	- 7,42	4,80	2,300
2,400	- 461		290	1,7						2,400

$$\text{tot}\,\omega = \frac{m - \alpha_1 \cdot m_0}{\alpha_1 \cdot m'} = \frac{m/\alpha_1 - m_0}{m'} \,. \qquad \text{(G.2.39)}$$

Am einfachsten ist es, wenn man vor der Ermittlung von tot ω das bezogene Moment durch den Faktor α_1 teilt.

Im Beispiel soll jetzt die Bewehrung $d_1 = 7{,}5$ cm vom Rand entfernt liegen.

Dann ist

$$\varphi = d_1/h = 7{,}5/50 = 0{,}15$$

und nach Gl. (G.2.35)

$$\alpha_1 = 1{,}3 - 2 \cdot \varphi = 1{,}2 - 2 \cdot 0{,}15 = 0{,}9$$

Der mechanische Bewehrungsgrad wird jetzt

$$\text{tot}\,\omega = \frac{375/0{,}9 - 88{,}4}{400} = 0{,}82$$

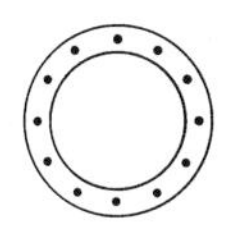

Tafel G.2.6

n	$\overline{m}_0$	δ	$\overline{m}'$	ω_{gr1}	k_0	k'	ω_{gr2}	k_0	k'	n
0	48	36	335	0	3,76	1,43	0,6	4,41	0,36	0
0,100	84	25	319	0	4,25	0,98	0,7	4,82	0,18	0,100
0,200	109	13	306	0	5,02	0,08	2,0	5,02	0,08	0,200
0,300	122	3	299	0	5,20	0,00	2,0	5,20	0,00	0,300
0,400	125	- 12	295	0	5,13	0,00	2,0	5,13	0,00	0,400
0,500	113	- 21	297	0	3,20	2,93	0,5	4,54	0,27	0,500
0,600	92	- 25	302	0	2,51	2,42	0,6	3,55	0,69	0,600
0,700	67	- 28	305	0	1,84	2,70	0,8	3,49	0,64	0,700
0,800	39	- 30	307	0	1,84	1,92	1,0	2,97	0,79	0,800
0,900	9	- 31	310	0,1	1,49	1,81	1,2	2,61	0,88	0,900
1,000	- 22	- 26	313	0,2	1,27	1,59	1,5	2,34	0,88	1,000
1,100	- 48	- 30	313	0,3	0,57	2,43	0,8	1,61	1,14	1,100
1,200	- 78	- 41	315	0,4	0,65	1,87	1,0	1,39	1,13	1,200
1,300	- 119	- 37	323	0,5	0,47	1,44	1,6	1,22	0,98	1,300
1,400	- 156	- 42	328	0,6	0,33	1,60	1,4	1,17	1,40	1,400
1,500	- 198	- 46	335	0,7	0,02	1,68	1,5	1,37	0,78	1,500
1,600	- 244	- 37	344	0,8	- 0,45	1,85	1,5	0,88	0,96	1,600
1,700	- 281	- 47	347	0,9	- 0,70	1,85	1,6	0,74	0,95	1,700
1,800	- 328	- 35	356	1,0	- 0,94	1,85	1,7	0,50	1,00	1,800
1,900	- 363	- 35	356	1,1	- 0,84	1,63	1,8	- 0,15	1,25	1,900
2,000	- 398	- 42	356	1,3	- 0,92	1,55	2,0	- 0,92	1,55	2,000
2,100	- 440	- 35	360	1,4	- 1,30	1,63	2,0	- 1,30	1,63	2,100
2,200	- 475	- 55	360	1,5	- 1,71	1,75	2,0	- 1,71	1,75	2,200
2,300	- 530		370	1,6	- 2,03	1,80	2,0	- 2,03	1,80	2,300
2,400										2,400

und die Bewehrung

$$\text{tot } A_s = 0{,}82 \cdot \frac{3000}{43{,}5} = 56{,}6 \text{ cm}^2$$

2.6.3.2.1 Bemessung eines Kastenquerschnittes

Ein Kastenquerschnitt gemäß Abb. G.2.7 wird von den Bemessungsschnittgrößen N = 3000 kN und M = 9000 kNm beansprucht. Er hat die äußeren Abmessungen $b/h/t$ = 2,20/2,60/0,20. Die Baustoffe sind C25 und BSt 500. Der Querschnitt ist zu bemessen.

Nach Abschnitt 2.5.2 sind die Berechnungsgrößen

b' = 2,20 - 0,20 = 2,00 m

h' = 2,60 - 0,20 = 2,40 m

$n = b'/h'$ = 2,00/2,40

= 0,833 $\approx$ 1,0 $\Rightarrow$ Tafel G.2.7

Tafel G.2.7 $\eta = 1{,}0$

n	$\overline{m}_0$	δ	$\overline{m}'$	ω_{gr1}	k_0	k'	ω_{gr2}	k_0	k'	n
0	18	55	439	0	3,02	1,34	1,0	4,1	0,26	0
0,100	73	48	413	0	3,60	0,96	0,9	4,31	0,18	0,100
0,200	121	36	388	0	4,23	0,46	0,8	4,53	0,08	0,200
0,300	157	11	367	0	4,46	0,55	0,5	4,73	0,00	0,300
0,400	168	-12	358	0	4,46	0,55	0,5	4,73	0,00	0,400
0,500	156	-28	362	0	3,44	1,80	0,6	4,46	0,10	0,500
0,600	128	-40	368	0	2,35	2,65	0,7	4,00	0,29	0,600
0,700	88	-52	376	0	1,95	2,14	0,8	3,17	0,62	0,700
0,800	36	-44	391	0	1,64	1,80	1,0	2,69	0,75	0,800
0,900	-8	-43	399	0,1	1,46	1,44	0,8	1,70	1,14	0,900
1,000	-51	-47	403	0,2	1,23	1,47	1,4	2,16	0,80	1,000
1,100	-98	-47	415	0,3	0,68	1,93	0,8	1,28	1,18	1,100
1,200	-145	-51	421	0,4	0,33	1,97	0,9	1,10	1,11	1,200
1,300	-196	-49	431	0,5	0,35	1,63	1,1	0,99	1,06	1,300
1,400	-245	-48	436	0,6	0,41	1,32	1,5	0,79	1,06	1,400
1,500	-293	-46	441	0,7	-0,04	1,52	1,5	1,10	0,76	1,500
1,600	-339	-52	441	0,8	-0,16	1,43	1,7	1,03	0,73	1,600
1,700	-391	-47	448	0,9	-0,16	1,32	1,7	0,45	0,97	1,700
1,800	-438	-45	448	1,0	-0,53	1,43	1,7	0,21	1,00	1,800
1,900	-483	-45	447	1,1	-0,52	1,30	2,0	-0,52	1,30	1,900
2,000	-528	-43	447	1,3	-0,61	1,27	2,0	-0,61	1,27	2,000
2,100	-571	-46	445	1,4	-0,95	1,35	2,0	-0,95	1,35	2,100
2,200	-617	-50	445	1,5	-1,41	1,50	2,0	-1,41	1,50	2,200
2,300	-667	-46	448	1,6						2,300
2,400	-713		448							2,400

$F_{c,u} = 2 \cdot (b' + h') \cdot t \cdot f_{cd}$

$= 2 \cdot (2{,}00 + 2{,}40) \cdot 0{,}20 \cdot 25\,000/1{,}5$

$= 29\,333{,}32\text{kN}$

$M_{c,u} = F_{c,u} \cdot h' = 70\,400$ kNm.

Die Parameter sind:

$n = F/F_{c,u} = 3000/29\,333{,}3 = 0{,}1023$

$m = M/M_{c,u} = 9000/70\,400 = 0{,}1278$

Aus Tafel G.2.7 erhält man mit Interpolation

$\overline{m}_0 = 73 + 48 \cdot 0{,}023 = 74{,}1$ und

$\overline{m}' = 413 - 25 \cdot 0{,}023 = 412{,}4$

Nach Gl. (G.2.37) wird

$$\text{tot}\,\omega = \frac{127{,}8 - 74{,}1}{412{,}4} = 0{,}1302$$

und nach Gl. (G.2.38)

$$\text{tot } A_s = 0{,}1302 \cdot \frac{29\,333{,}3}{43{,}5} = 87{,}80 \text{ cm}^2$$

Auf den Umfang verteilt wird

$$a_s = \frac{\text{tot } A_s}{2 \cdot (b' + h')} = \frac{87{,}80}{2 \cdot (2{,}0 + 2{,}4)} = 9{,}98 \text{ cm}^2/\text{m}$$

2.6.3.3 Berechnungen nach Theorie II. Ordnung

Die Tafeln G.2.3 bis G.2.7 können auch für die Berechnungen nach Theorie II. Ordnung verwendet werden. In [Lohse – 97], Seite 78 bzw. Seite 100, findet man die hierfür erforderlichen Gleichungen. Für konstante Bewehrung im ganzen Stützenbereich lauten sie

$$B = \frac{n \cdot l^2 \cdot k_u}{2500 \cdot h^2} \qquad \text{(G.2.40)}$$

und

$$m_2^{(a)} = \frac{1}{2} \cdot \left[(m_1^{(a)} + B) + \sqrt{(m_1^{(a)} + B)^2 - B \cdot (0{,}71 \cdot m_1^{(a)} - 2 \cdot m_1^{(b)})} \right] \qquad \text{(G.2.41)}$$

Für gestaffelte Bewehrung gelten

$$B = \frac{n \cdot l^2 \cdot k_u}{2000 \cdot h^2} \qquad \text{(G.2.42)}$$

und

$$m_2^{(a)} = m_1^{(a)} + B.$$

Das Beispiel im Abschnitt 2.6.3.2 soll auf eine solche Berechnung erweitert werden. Die Stützenhöhe beträgt $l = 6{,}0$ m, das Fußmoment

$M_1^{(1)} = 442{,}4$ kNm und das Kopfmoment

$M_1^{(b)} = 162{,}2$ kNm.

Aus konstruktiven Gründen soll eine umlaufende Bewehrung konstant im ganzen Bereich eingelegt werden. Der Knicksicherheitsnachweis ist zu erbringen.

Nach Tafel G.2.4 sind für $n = 0{,}26$

$\overline{m}_0 = 79 + 0{,}6 \cdot 18 = 89{,}9$

$\overline{m}' = 295 - 0{,}6 \cdot 12 = 288$

$k_0 = 5{,}24 + 0{,}6 \cdot 0{,}32 = 5{,}43$

$k' = 0{,}25 - 0{,}6 \cdot 0{,}15 = 0{,}16$

Der mechanische Bewehrungsgrad wird zunächst mit tot $\omega = 1{,}0$ geschätzt. Damit wird nach Gl. (G.2.32)

$k_u = 5{,}43 + 0{,}16 \cdot 1{,}0 = 5{,}59$

Die bezogenen Momente sind

$m_1^{(a)} = 442{,}4/1500 = 0{,}2949$ und

$m_1^{(b)} = 162{,}2/1500 = 0{,}1081.$

Mit den Gln. (G.2.40) und G.2.41) werden

$$B = \frac{n \cdot l^2 \cdot k_u}{2500 \cdot k^2} = \frac{0{,}26 \cdot 6{,}0^2 \cdot 5{,}59}{2500 \cdot 0{,}5^2} = 0{,}0837$$

und

$$m_2^{(a)} = \frac{1}{2} \cdot (0{,}2949 + 0{,}0837) + \left[\sqrt{0{,}3786^2 - 0{,}0837\,(0{,}71 \cdot 0{,}2949 - 2 \cdot 0{,}1081)}\right]$$

$$m_2^{(a)} = \frac{1}{2} \cdot (0{,}3786 + 0{,}3794) = 0{,}3790$$

Die Gl. (G.2.37) ergibt

$$\text{tot } \omega = \frac{379 - 89{,}8}{288} = 1{,}0$$

Die Schätzung war richtig. Eine Wiederholung der Berechnung ist nicht erforderlich.

Das Beispiel zeigt, daß man mit den Tafeln G.2.3 bis G.2.7 alle Stabilitätsberechnungen, auch die hier nicht gezeigten, in einfacher Weise durchführen kann.

2.7 Vergleich von Verformungsberechnungen

Die in der Abb. G.2.13 dargestellte Stahlbetonstütze mit den dazugehörigen Zustandslinien soll nachgerechnet werden.

Das Beispiel wurde nach [Lohse – 97] mit einer linearisierten Momentenkrümmungslinie bemessen. Die Eingabewerte und die Ergebnisse können der Tafel G.2.8 entnommen werden.

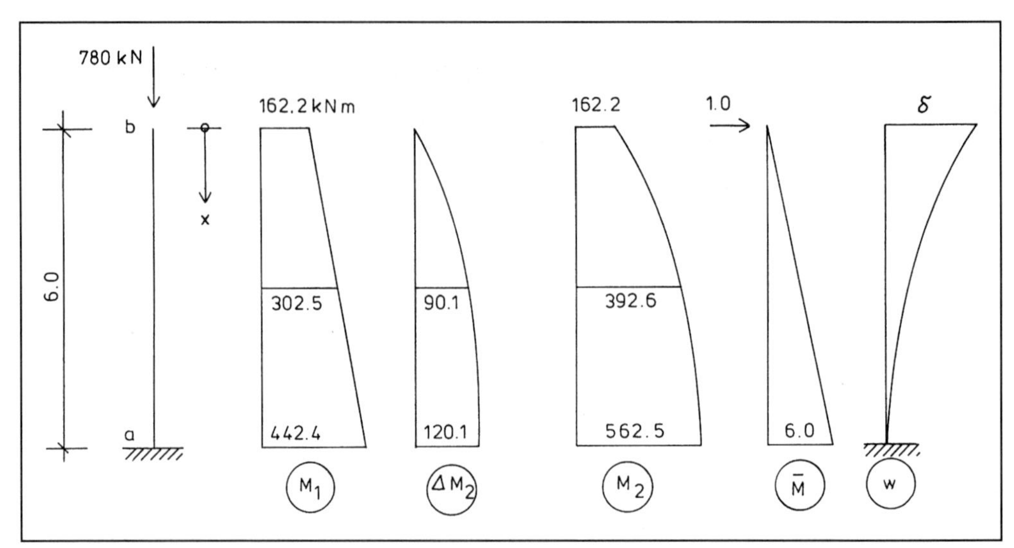

Abb. G.2.13 Stütze mit Zustandslinien

Tafel G.2.8

Eingabe			
Betonfestigkeitsklasse in MN/m²	C	=	30
Stahlgüte in N/mm²	BSt	=	500
Breite in m	*b*	=	.3
Höhe in m	*h*	=	.5
Bemessungsdruckkraft in kN	*N*	=	780
Bemessungsdruckmoment *M*al in kNm	*M*al	=	442.4
Bemessungsmoment *M*bl in kNm	*M*bl	=	162.2
Formfaktor für die Momentenlinie	*α*2	=	.71
Stablänge in m	*l*	=	6
Krümmung	*ku*	=	5.32
Einfluß der Koppellasten	*cF*	=	1
Einfluß des Kriechens	*cc*	=	1
Einfluß der elast. Fundamentlagerung	*cA*	=	0
Tafelparameter	∅	=	.1

Ergebnisse
tot omega= .716 tot *As*= 49.4 cm²
*Ma*2= 562.5 kNm delta *Ma*2= 120.1 kNm

$F_{c,u} = b \cdot h \cdot f_{cd} = 0{,}30 \cdot 0{,}50 \cdot 30000/1{,}5 = 3000$ kN

$M_{c,u} = F_{c,u} \cdot h = 3000 \cdot 0{,}50 = 1500$ kNm

$n = N/F_{c,u} = 780/3000 = 0{,}26$

Den k_u-Wert kann man mit der Tafel G.2.1 überprüfen. Durch doppelte Interpolation erhält man $k_u = 5{,}33$. Schneller kann man k_u mit der Tafel G.2.3 errechnen. Für $n = 0{,}26$ und tot $\omega = 0{,}716$ wird

$k_u = 5{,}30 + 0{,}044 \cdot 0{,}716 = 5{,}33.$

Für die Momentenlinie mit einem parabolischen oder linearen Verlauf kann man die allgemeine Gleichung

$$M(x) = M_b + b \cdot x + c \cdot x^2 \qquad \text{(G.2.43)}$$

$$\text{mit } c = \frac{2}{l^2} \cdot (M_a - 2 \cdot M_m + M_b)$$

$$\text{und } b = \frac{M_a - M_b}{l} - c \cdot l$$

aufstellen.

Im vorliegenden Fall sind

$$c = \frac{2}{6{,}0^2} \cdot (562{,}5 - 2 \cdot 392{,}6 + 162{,}2)$$

$$= -3{,}361111$$

$$b = \frac{562{,}5 - 162{,}2}{6{,}0} - c \cdot 6{,}0$$

$$= 86{,}883333$$

Die Momentengleichung ist dann

$$M_2(x) = 162{,}2 + 86{,}883333 \cdot x - 3{,}36111 \,.\, x^2$$

Die Verschiebung am Stützenkopf kann man mit dem Arbeitssatz berechnen.

$$\delta = \int_0^l K \cdot \overline{M} \cdot dx, \qquad \text{(G.2.44)}$$

wobei die Krümmung K eine Funktion von M_2 ist. Zweckmäßig arbeitet man mit der bezogenen Krümmung $k = K \cdot h$ und dem bezogenen Moment $m_2 = M_2/M_{c,u}$. Im vorliegenden Beispiel ist dann

$K = k/h = k/0{,}5$ und $m_2 = M_2/1500$.

Für die weitere Berechnung benötigt man die Momentenkrümmungsbeziehung $m_2 = f(k)$.

2.7.1 Momentenkrümmungsbeziehungen

Nach den Abschnitten 2.3 bis 2.6 kann die Beziehung $m_2 = f(k)$ ermittelt werden. Hierfür wurde ein zweckmäßiges Programm entwickelt und benutzt.

Es werden drei Fälle untersucht.

Fall I:

Spannungs-Dehnungs-Linien nach Abschnitt 2.2.1 mit dem Spannungsabminderungsbeiwert $\alpha = 0{,}85$ und der Betonbruchdehnung $\varepsilon_{cu} = 3{,}5$ ‰.

Fall II:

Spannungs-Dehnungs-Linien nach Abschnitt 2.2.1, aber mit dem Spannungsabminderungsbeiwert $\alpha = 1{,}00$ und der Bruchdehnung $\varepsilon_{cu} = 3{,}2$ ‰.

Fall III:

Spannungs-Dehnungs-Linien nach Abschnitt 2.2.2 für B 30 mit der Bruchstauchung $\varepsilon_{cu} = 3{,}2$ ‰. Bei der Spannungs-Dehnungs-Linie des Stahles ist es gleichgültig, ob man im plastischen Bereich den parallelen oder den geneigten Ast für die Berechnung zugrunde legt. Die Ergebnisse unterscheiden sich erst in der dritten Nachkommastelle.

Die Ergebnisse sind in der Tafel G.2.9 zusammengestellt.

Die markanten Punkte nach Abschnitt 2.6.2 werden gesondert angegeben.

Zu I:

$k_u = 5{,}36$ $m_u = 0{,}3752$
$k_{u1} = 9{,}26$ $m_{u1} = 0{,}3752$
$k_{u2} = 5{,}14$ $m_{u2} = 0{,}3637$
$k_1 = 2{,}68$ $m_1 = 0{,}2159$ $\alpha_{pk} = 0{,}09$

Zu II:

$k_u = 5{,}21$ $m_u = 0{,}3815$
$k_{u1} = 9{,}76$ $m_{u1} = 0{,}3815$
$k_{u2} = 4{,}93$ $m_{u2} = 0{,}3649$
$k_1 = 2{,}62$ $m_1 = 0{,}2280$ $\alpha_{pk} = 0{,}08$

Zu III:

$k_u = 5{,}33$ $m_u = 0{,}3886$
$k_{u1} = 9{,}19$ $m_{u1} = 0{,}3886$
$k_{u2} = 4{,}91$ $m_{u2} = 0{,}3638$
$k_1 = 2{,}45$ $m_1 = 0{,}2108$ $\alpha_{pk} = 0{,}08$

Tafel G.2.9

	I		II		III	
k	m_2	$\varepsilon_2/\varepsilon_{s1}$	m_2	$\varepsilon_2/\varepsilon_{s1}$	m_2	$\varepsilon_2/\varepsilon_{s1}$
0	0	0,23/0,23	0	0,20/0,20	0	0,18/0,18
1	0,1011	0,71/- 0,19	0,1069	0,68/- 0,21	0,1093	0,66/- 0,25
2	0,1713	1,13/- 0,68	0,1786	1,07/- 0,73	0,1807	1,05/- 0,75
3	0,2363	1,54/- 1,17	0,2458	1,47/- 1,23	0,2466	1,45/- 1,25
4	0,2977	1,96/- 1,64	0,3092	1,87/- 1,73	0,3093	1,86/- 1,74
5	0,3559	2,40/- 2,10	0,3659	2,29/- 2,21	0,3651	2,28/- 2,23
6	0,3697	2,65/- 2,75	0,3714	2,50/- 2,90	0,3730	2,50/- 2,90
7	0,3738	2,85/- 3,45	0,3753	2,70/- 3,61	0,3793	2,71/- 3,60
8	0,3753	3,11/- 4,09	0,3782	2,88/- 4,32	0,3845	2,91/- 4,29
9	0,3756	3,42/- 4,68	0,3804	3,05/- 5,05	0,3882	3,13/- 4,97
10	0,3758	3,73/- 5,27	0,3816	3,27/- 5,73	0,3898	3,46/- 5,55

G

Die Funktionen $m_2 = f(k)$ unterscheiden sich in allen drei Fällen nicht sonderlich. Im Fall II und III sind sie etwa identisch.

Der EC 2 empfiehlt bei Berechnung von Verformungen mit dem Spannungsabminderungsfaktor α = 1,0, bei Bemessungen dagegen mit α = 0,85 zu rechnen. Das kompliziert die Nachweise nach Theorie II. Ordnung, bei denen man beides in einem Rechengang braucht. Der Vergleich der Zahlen der Tafel G.2.10 zeigte, daß die Unterschiede gering sind. Die folgenden Berechnungen berücksichtigen daher nur den Faktor α = 0,85 (Fall I).

Die entstehenden Fehler sind gering und baupraktisch bedeutungslos.

2.7.2 Berechnungsmethoden

2.7.2.1 Lösung des Integrals Gl. (G.2.44) mit der numerischen Integration durch Tabellenrechnung

$$\delta = \int_0^l K \cdot \overline{M} \cdot dx = \frac{1}{h} \cdot \int_0^l k \cdot \overline{M} \cdot dx$$

$$= \frac{1}{0{,}5} \cdot \int_0^{6{,}0} k \cdot \overline{M} \cdot dx \qquad \overline{M} = x$$

Die Rechnung ist in der Tafel G.2.10 durchgeführt. Die einzelnen Schritte sind im Anschluß an die Tabelle erläutert.

Tafel G.2.10

1	2	3	4
x	m	k ‰	$k \cdot \overline{M}$
0	0,1081	1,0997	0
0,5	0,1367	1,5071	0,7536
1,0	0,1638	1,8932	1,8932
1,5	0,1900	2,2877	3,4316
2,0	0,2150	2,6723	5,3344
2,5	0,2389	3,0423	7,6058
3,0	0,2617	3,4137	10,2411
3,5	0,2834	3,7671	13,1849
4,0	0,3040	4,1082	16,4328
4,5	0,3234	4,4588	20,0646
5,0	0,3417	4,7560	23,7800
5,5	0,3589	5,2174	28,6957
6,0	0,3750	7,8000	46,8000
			178,2177

Es bedeuten:

Spalte 1 Laufende Koordinate x

Spalte 2 $m = M_2(x)/1500$

$$= (162{,}2 + 86{,}883333 \cdot x - 3{,}36111 \cdot x^2)/1500$$

Spalte 3 k durch Interpolation aus der Tafel G.2.9, Fall I, mit der Interpolationsformel

$$k = k_{(1)} + 1{,}0 \cdot \frac{m - m_{(1)}}{m_{(2)} - m_{(1)}}$$

Spalte 4 $k \cdot \overline{M}$

Der Flächeninhalt unter der Integralkurve kann genügend genau durch die Trapezformel berechnet werden.

$$A = \frac{1}{2} \cdot \Delta x \cdot (2 \cdot \sum \eta - \eta_0 - \eta_n)$$

$$= \frac{1}{2} \cdot 0{,}5 \cdot (2 \cdot 178{,}22 - 0 - 46{,}8) = 77{,}41$$

$$\delta = \frac{77{,}41 \cdot 10^{-3}}{0{,}50} = 0{,}1548 \text{ m}$$

Würde man die Simpsonsche Formel benutzen, so erhielte man δ = 0,152 m.

2.7.2.2 Berechnung der Verschiebung δ mit einem Programm

Verschiedene Versionen werden berechnet.

A – Die wirkliche Momentenkrümmungslinie wird approximiert.

Die dafür nötigen Punkte werden sinnvoll gewählt. Der überkritische Bereich zwischen k_{u2} und k_{u1} wird durch eine Linearfunktion berücksichtigt. Sie lautet

$$k = k_{u2} + (k_{u1} - k_{u2}) \cdot \frac{m - m_{u2}}{m_u - m_{u2}} m_u \qquad \text{(G.2.45)}$$

A1 – Annäherung durch ein Polynom 4. Grades

Die benötigten Punkte sind:

0/0 2,0/0,1713 3,0/0,2363

4,0/0,2977 5,14/0,3637

Die Werte für den überkritischen Bereich sind

k_{u2}/m_{u2} = 5,14/0,3637 und k_{u1}/m_u = 9,26/0,3757

Die Rechnung ergibt δ = 0,1539 m

A2 – Annäherung durch ein Polynom 3. Grades

Die benötigten Punkte sind:

0/0   2,0/0,1713   4,0/0,2977   5,14/0,3637

Der überkritische Bereich wird wie bei A1 erfaßt.

Die Rechnung ergibt $\delta = 0,1545$ m.

A3 - Annäherung durch ein Polynom 2. Grades

0/0   3/0,2363   5,14/0,3637

Die Rechnung ergibt $\delta = 0,1541$ m.

A4 - Annäherung durch eine Parabel nach Gl. (G.2.30)

$k_{u2}/m_{u2} = 5,14/0,3637 \quad \alpha_{pk} = 0,08$

Die Rechnung ergibt $\delta = 0,1534$ m.

A5 - Annäherung durch 9 Linearbereiche gemäß Tafel G.2.9

Der überkritische Bereich ist dadurch automatisch erfaßt.

Die Rechnung ergibt $\delta = 0,148$ m.

A6 - Annäherung durch eine Linearfunktion

0/0   5,14/0,3637

Der überkritische Bereich wird wie bei A1 erfaßt.

Die Rechnung ergibt $\delta = 0,1611$ m.

Die Berechnungen von A1 bis A4 haben nahezu identische Ergebnisse. Ein höhergradiges Polynom ist für die Approximation gar nicht nötig. Sie ist sogar gefährlich, wenn die Approximationspunkte aus dem Bereich geringer Steigungen entnommen werden, und kann örtlich zu völlig falschen Werten führen. Es genügt, wenn die Punkte sinnvoll gewählt werden, das Polynom 3. Grades, meist ist eine quadratische Annäherung schon ausreichend. Eine Annäherung mit Linearbereichen ist auch möglich. Die Genauigkeit kann durch die Anzahl der Bereiche gesteigert werden. Der Aufwand ist aber größer.

B - Die Ersatzfunktion zwischen 0 und k_u (theoretische Grenzkrümmung) wird approximiert. Der überkritische Bereich zwischen k_u und k_{u1} ist eine Parallele zur k-Achse und kann nicht erfaßt werden.

B1 - Annäherung durch ein Polynom 3. Grades

0/0   2,0/0,1713   4,0/0,2977   5,36/0,3757

Die Rechnung ergibt $\delta = 0,1461$ m.

B2 - Annäherung durch ein Polynom 2. Grades

0/0   13,0/0,2363   5,36/0,3754

Die Rechnung ergibt $\delta = 0,1461$ m.

B3 - Annäherung durch die Parabel nach Gl. (G.2.30)

$k_u/m_u = 5,36/0,3754 \quad \alpha_{pk} = 0,08$

Die Rechnung ergibt $\delta = 0,1455$ m.

B4 - Annäherung durch eine Linearfunktion

$k_u/m_u = 5,36/0,3754$

Die Rechnung ergibt $\delta = 0,1539$ m.

Generell kann man sagen, daß die Berechnungen mit der Ersatzfunktion etwas zu kleine Werte liefern. Das liegt hauptsächlich daran, daß der überkritische Bereich nicht erfaßt wird.

Der Fehler ist jedoch gering und liegt unter 5 %.

Die einfachste Annäherung der Momentenkrümmungslinie durch eine Linearfunktion ergibt sowohl bei Berechnungen nach A6 wie auch nach B4 um etwa 5 % zu große Werte gegenüber den anderen Gruppenwerten. Da die Werte der Gruppe B gegenüber der genauen Berechnung nach Gruppe A um etwa 5 % zu klein sind, liegt die Berechnung nach B4 gerade richtig. Die Verschiebung δ_{B4} = 0,1539 m ist der genaue Wert.

Man sieht aus diesen Vergleichsbetrachtungen, daß die rigorose Linearisierung der Momentenkrümmungslinie für die Praxis eine durchaus brauchbare Annäherung ist. Durch sie werden alle Berechnungen stark vereinfacht.

Rechnet man mit dieser Verschiebung das Zusatzmoment aus, so erhält man

$\Delta M_2 = N \cdot \delta = 780 \cdot 0,1539 = 120,0$ kNm.

Das ist gerade der Wert, den die Tafel G.2.8 angibt.

2.7.2.3 Berechnung der Verschiebung δ nach der quadratischen Annäherung Gl. (G.2.30) und den üblichen Überlagerungsformeln

Nach Gl. (G.2.44) ist

$$\delta = \int_0^l K \cdot \overline{M} \cdot dx = \frac{1}{h} \cdot \int_0^l k \cdot \overline{M} \cdot dx$$

Setzt man die Gl. (G.2.45) ein, so wird

G

$$\delta = \frac{1}{h} \cdot \int_0^l k_u \cdot \left[(1 - 4 \cdot \alpha_{pk}) \cdot \frac{m}{m_u} + 4 \cdot \alpha_{pk} \cdot \left(\frac{m}{m_u} \right)^2 \right] \cdot \overline{M} \cdot dx$$

$$\delta = \frac{k_u}{h} \cdot \left[(1 - 4 \cdot \alpha_{pk}) \cdot \int_0^l \frac{m}{m_u} \cdot \overline{M} \cdot dx + 4 \cdot \alpha_{pk} \cdot \int_0^l (\frac{m}{m_u})^2 \cdot \overline{M} \cdot dx \right] \quad (G.2.46)$$

Setzt man $\tilde{m} = m/m_u = M/M_u$, so wird aus der Gleichung

$$\delta = \frac{k_u}{h} \cdot \left[(1 - 4 \cdot \alpha_{pk}) \cdot \int_0^l \tilde{m} \cdot \overline{M} \cdot dx + 4 \cdot \alpha_{pk} \cdot \int_0^l \tilde{m}^2 \cdot \overline{M} \cdot dx \right] \quad (G.2.47)$$

In der Abb. G.2.14 ist die Form der Funktion $\tilde{m}$ als allgemeine Parabel dargestellt.

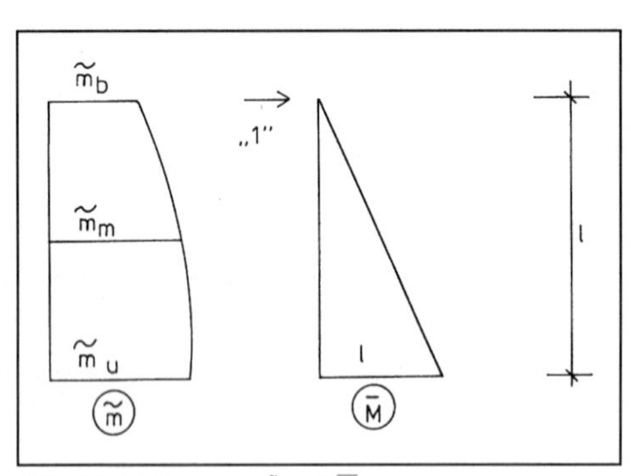

Abb. G.2.14 Form von $\tilde{m}$ und $\overline{M}$

Die Überlagerung kann mit den üblichen Formeln erfolgen. In [Schneider - 98], Seite 4.42, findet man mit $\overline{M} = l$

$$\int_0^l \tilde{m} \cdot \overline{M} \cdot dx = \frac{l^2}{6} \cdot (2 \cdot \tilde{m}_m + \tilde{m}_a). \quad (G.2.48)$$

Das zweite Integral $\int_0^l \tilde{m}^2 \cdot \overline{M} \cdot dx$

ist mit den Formeln nicht ohne weiteres zu erfassen, denn das Superpositionsgesetz ist wegen $\tilde{m}^2$ nicht mehr gültig. Man erhält aber eine sehr gute Näherung, wenn man die Quadrate von m_i in die Gleichung (G.2.48) einsetzt. Damit wird

$$\int_0^l \tilde{m}^2 \cdot \overline{M} \cdot dx = \frac{l^2}{6} \cdot (2 \cdot \tilde{m}_m^2 + \tilde{m}_a^2). \quad (G.2.49)$$

Im Beispiel sind

$M_u = m_u \cdot M_{c,u} = 0{,}3757 \cdot 1500 = 563{,}55$ kNm

$\tilde{m}_m = 392{,}6/563{,}55 = 0{,}6967 \qquad \tilde{m}_m^2 = 0{,}4853$

$\tilde{m}_a = 562{,}5/563{,}55 = 0{,}9981 \qquad \tilde{m}_a^2 = 0{,}9962$

Die Überlagerungsintegrale ergeben:

$$\int_0^l \tilde{m} \cdot \overline{M} \cdot dx = \frac{6{,}0^2}{6} \cdot (2 \cdot 0{,}6967 + 0{,}9981) = 14{,}349$$

und

$$\int_0^l \tilde{m}^2 \cdot \overline{M} \cdot dx = \frac{6{,}0^2}{6} (2 \cdot 0{,}4852 + 0{,}9962) = 11{,}80$$

Mit $\alpha_{pk} = 0{,}08$, $\quad 4 \cdot \alpha_{pk} = 0{,}32$ und

$1 - 4 \cdot \alpha_{pk} = 0{,}68$

wird nach Gl. (G.2.47)

$$\delta = \frac{6{,}0^2 \cdot 10^{-3}}{6} \cdot (0{,}68 \cdot 14{,}349 + 0{,}32 \cdot 11{,}80)$$

$$= 0{,}1451 \text{ m}$$

Das ist der gleiche Wert wie der nach der Berechnung B3 des Abschnittes 2.7.2.2.

Auch für die lineare Annäherung der Momentenkrümmungslinie kann man die Verschiebung schnell ermitteln. Hierfür ist das $\alpha_{pk} = 0$. Die Gl. (G.2.47) wird dann

$$\delta = \frac{6{,}0^2 - 10^{-3}}{6} \cdot (1{,}0 \cdot 14{,}349 + 0 \cdot 11{,}80)$$

$$= 0{,}154 \text{ m}$$

Auch dieser Wert ist so groß wie der nach der Berechnung B4 des Abschnittes 2.7.2.2.

Aus diesen Berechnungen ersieht man, daß man auch Verschiebungen bei nichtlinearen Momentenkrümmungslinien mit konservativen Methoden recht gut erfassen kann.

2.7.3 Vergleichsrechnungen für die Verformung einer Stahlbetonstütze in Abhängigkeit von Betonfestigkeitsklassen und den Momentenkrümmungslinien

Die in der Abb. G.2.15 dargestellte Stütze wurde für B12 und BSt 500 bemessen.

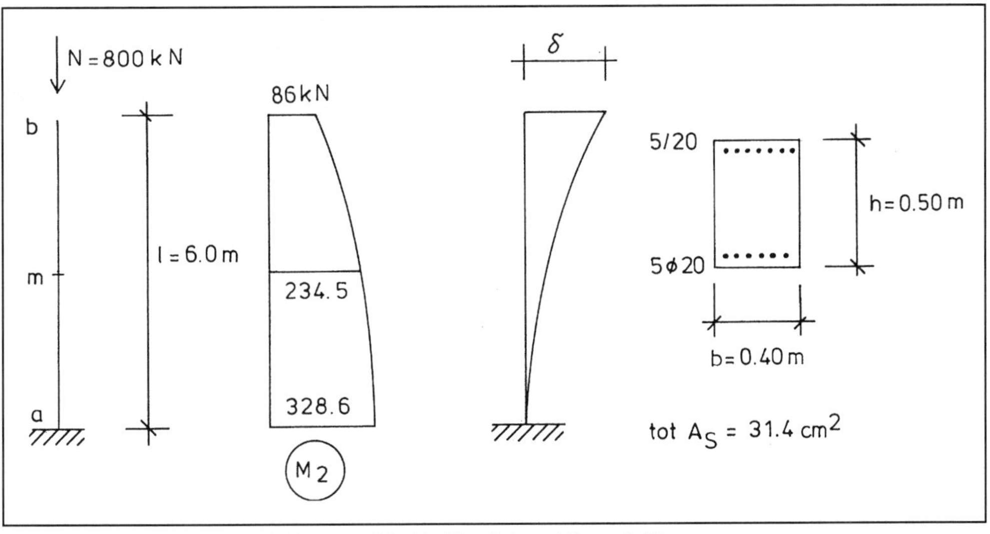

Abb. G.2.15 Stahlbetonstütze mit Momentenlinie M_2, Biegelinie und Querschnitt

Tafel G.2.11

Beton	$F_{c,u}$	n	tot ω	E_m	f_c	ε_{cu}
C12	1600	0,500	0,8537	26	12	3,6
C20	2667	0,300	0,5122	29	20	3,4
C30	4000	0,200	0,3415	32	30	3,2
C40	5333	0,150	0,2561	35	40	3,0
C50	6667	0,120	0,2049	37	50	2,8

Bei B12 ist der Betonquerschnitt voll ausgenutzt. Es soll ermittelt werden, wie sich die Spitzenverschiebung δ verringert, wenn höhere Betonfestigkeitsklassen verwendet werden.

$$F_{x,u} = b \cdot h \cdot f_{cd}/\gamma_c = 0{,}40 \cdot 0{,}50 \cdot f_{cd}/1{,}5$$
$$= 0{,}13333 \cdot f_{cd}$$

$$n = N/F_{c,u} = 800/F_{c,u}$$

In der Tafel G.2.11 sind die Kenngrößen für die entsprechenden Betonfestigkeitsklassen zusammengestellt.

Die Rechnungen werden nach Abschnitt 2.7.2.2 mit dem Verfahren B3 (quadratische Annäherung der Ersatzfunktion) durchgeführt, und zwar

1) für die Momentenkrümmungslinie nach Parabel-Rechteck-Kennlinie mit dem Spannungsabminderungsfaktor $\alpha = 0{,}85$,

2) für die Momentenkrümmungslinie nach Parabel-Rechteck-Kennlinie mit dem Spannungsabminderungsfaktor $\alpha = 1{,}0$ und

3) für die Momentenkrümmungslinie nach der Kennlinie des Abschnittes 2.2.2.1.

Die Kennwerte k_u, m_u und α_{pk} für die jeweiligen Parameter n und tot ω wurden analog Abschnitt 2.7.1 ermittelt. Die Verschiebung selbst wurde gemäß Abschnitt 2.7.2.2 mit einem Programm ermittelt. Die Tafel G.2.12 zeigt eine solche Berechnung mit ihrem Ergebnis und ihren Eingaben. Die Kennwerte und die Ergebnisse der verschiedenen Fälle sind in der Tafel G.2.13 zusammengestellt.

Tafel G.2.12

Eingabe

Betonfestigkeitsklasse in MN/m^2	*C*	=	12
Stahlfestigkeit in N/mm^2	BSt	=	500
Breite in m	*b*	=	.4
Höhe in m	*h*	=	.5
Vorhandene Bewehrung in cm^2	*tot Ast*	=	31.4
*Fußmoment Ma*2 in kNm	*Ma2*	=	328.6
Kopfmoment *Mb*2 in kNm	*Mb2*	=	86
Moment in der Mitte *Mm*2 in kNm	*Mm2*	=	234.5
Stützenhöhe in m	*l*	=	6

Ergebnis
*Ma*2n= 328.6 delta b = .1355

Berechnung nach 2) (Parabelkennwerte für MKL).

ku = 4.93 *mu* = .4103 α_{pk} = .09

Der Vergleich der Werte ist natürlich nur eine Momentaufnahme für diesen speziellen Fall.

Erwartungsgemäß werden die Verformungen bei höheren Betonfestigkeitsklassen kleiner, die Bruchmomente größer.

Die Verformungen mit den Linien 2) und 3) sind etwas kleiner als nach 1). Die Unterschiede sind aber nirgends größer als 10 %.

Für die Praxis ist es deshalb ausreichend, wenn man sowohl für die Bemessung als auch für die Stützenberechnung nach Theorie II. Ordnung die Parabel-Rechteck-Kennlinie mit $\alpha = 0{,}85$ zugrunde legt.

2.7.4 Verformungen in Abhängigkeit vom Parameter φ

Die Verformungen und damit auch die Zusatzmomente nach Theorie II. Ordnung ΔM_2 verhalten sich in 1. Näherung proportional zu k_u und umgekehrt proportional zu m_u: $\delta \sim k_u/m_u$.

Benutzt man die Faktoren des Abschnittes 2.6.3.1, so kann man die Verformungen $\delta_{(\varphi)}$ aus dem jeweiligen $\delta_{(0,1)}$ mit der Gleichung

$$\delta_{(\varphi)} = \delta_{(0,1)} \cdot \frac{1}{\alpha_1^2}, \text{ bzw. } \delta_{(\varphi)} = \delta_{(0,1)} \cdot \frac{1}{\alpha_1 \cdot \alpha_1'} \quad \text{(G.2.50)}$$

berechnen.

Durchgerechnete Beispiele ergaben zufriedenstellende Ergebnisse.

2.7.5 Berechnung von Verschiebungen bei stark gekrümmten Kennlinien

Bei kleinen bezogenen Normalkräften und kleinen mechanischen Bewehrungsgraden ist die *m*-*k*-Linie stark gekrümmt. Sie hat die Form, wie in Abb. G.2.10 dargestellt. Eine Linearisierung für die Berechnung der Verschiebung ergibt falsche Ergebnisse. Die Abweichungen gegenüber einer genauen Berechnung sollen untersucht werden.

Es wird die Spitzenverschiebung einer unten eingespannten Stütze als Vergleichswert betrachtet. Für

Tafel G.2.13

		k_u	m_u	α_{pk}	δ	M_u
C 12	1)	4,93	0,4103	0,09	0,1355	328,2
	2)	5,34	0,4510	0,10	0,1284	360,8
	3)	5,42	0,4608	0,11	0,1252	368,6
C 20	1)	5,44	0,3005	0,11	0,1122	400,7
	2)	5,32	0,3085	0,12	0,1042	411,3
	3)	5,35	0,3125	0,13	0,1013	416,7
C 30	1)	5,06	0,2139	0,12	0,0939	427,8
	2)	4,80	0,2145	0,12	0,0888	429,0
	3)	5,01	0,2213	0,12	0,0888	442,6
C 40	1)	4,68	0,1630	0,12	0,0850	434,7
	2)	4,43	0,1637	0,13	0,0786	436,5
	3)	4,74	0,1702	0,12	0,0811	453,8
C 50	1)	4,41	0,1323	0,13	0,0771	441,0
	2)	4,19	0,1328	0,13	0,0729	442,7
	3)	4,57	0,1388	0,11	0,0777	462,7

die Betrachtungen wird eine lineare Momentenlinie zugrunde gelegt. Mit ihr kann jeder Völligkeitsgrad zwischen 0,50 (Dreieck) und 1,0 (Rechteck) erfaßt werden. Für die genaue Berechnung wird eine Momentenkrümmungslinie, die durch die Funktion

$k = -\tau \cdot \ln(1 - m/m_{\infty})$

angenähert wird, benutzt. Das ist die Inversfunktion der Exponentialfunktion des Abschnittes 2.6.1.

Beispiel:

Die Momentenkrümmungsbeziehung wurde für die Parameter

$n = 0{,}4, \quad \text{tot}\,\omega = 0{,}1, \quad \varphi = d_1/h = 0{,}1, \quad \alpha = 0{,}85$

und $\varepsilon_{cu} = 3{,}5$ ‰ ermittelt. Die Ergebnisse sind in Tafel G.2.14 eingetragen.

Tafel G.2.14

1	2	3	4
k	m	$\varepsilon_{c2}/\varepsilon_s$	k_{funk}
0	0	0,51/0,51	0
1,0	0,0593	1,03/0,93	0,99
2,0	0,0976	1,54/1,34	2,09
3,0	0,1165	2,00/1,70	3,00
4,0	0,1285	2,45/2,05	3,94
4,32	0,1318	2,60/2,17	4,30
5,0	0,1360	2,94/2,44	4,90
6,0	0,1410	3,45/2,85	5,98
6,1	0,1414	3,50/2,90	6,10

Markante Werte der Tafel G.2.14 sind $k_{u1} = 6{,}1$ und $m_u = 0{,}1414$. Aus diesen und den Werten des Punktes $k/m = 3{,}0/0{,}1165$ wurden $m_{\infty} = 0{,}1476337$ und $\tau = 1{,}92747$ ermittelt.

Die Funktion für die genaue Berechnung ist dann $k = -1{,}92747 \cdot \ln(1 - m/0{,}1476337)$. Der Vergleich der Spalte 4 mit der Spalte 1 der Tabelle zeigt, daß die Approximation gut ist.

Für die Näherungsberechnung mit einer Linearfunktion ist $k = k_{u1} \cdot m/m_u = 6{,}1 \cdot m/0{,}1414$.

Die normierten Verschiebungen kann man mit dem Arbeitssatz berechnen.

$$\delta = \int_0^{1{,}0} k \cdot \overline{m} \cdot d\zeta,$$

wobei $k = f(m)$ die jeweilige obige Funktion ist.

Legt man das Koordinatensystem in die Spitze der Stütze (b), so sind

$m = m_b + (m_a - m_b) \cdot \zeta$ und $\overline{m} = \zeta$

Es werden verschiedene Momentenbilder und Ausnutzungsgrade untersucht.

1. $m_a = m_u = 0{,}1414$ (voll ausgenutzter Querschnitt)

1.1 $m_b = 0$ (dreieckförmige Momentenlinie)

1.2 $m_b = 0{,}5 \cdot m_a$ (trapezförmige Momentenlinie)

1.3 $m_b = m_a$ (rechteckige Momentenlinie)

2. $m_a = 0{,}9 \cdot m_u = 0{,}1273$ (zu 90 % ausgenutzter Querschnitt)

2.1, 2.2, 2.3 wie bei 1.

3. $m_a = 0{,}8 \cdot m_u = 0{,}1131$ (zu 80 % ausgenutzter Querschnitt)

3.1, 3.2, 3.3 wie bei 1.

Die Ergebnisse der numerischen Integration bei der genauen Berechnung bzw. der geschlossenen Integration bei der linearen Näherung sind in der Tafel G.2.15 zusammengestellt.

Tafel G.2.15

		1.	2.	3.
		$m_a = m_u$	$m_a = 0{,}9 \cdot m_u$	$m_a = 0{,}8 \cdot m_u$
1.	$m_b = 0$	1,213 2,033	0,939 1,830	0,754 1,627
2.	$m_b = 0{,}5 \cdot m_a$	1,813 2,542	1,282 2,288	1,010 2,034
3.	$m_b = m_a$	3,050 3,050	1,906 2,745	1,400 2,440

Jeweils in der ersten Zeile stehen die Ergebnisse der genauen Berechnung, in der zweiten die der linearen Annäherung.

Aus der Tabelle ersieht man, daß nur bei der rechteckigen Form der Momentenlinie und der Vollausnutzung des Querschnittes die Linearisierung der Momentenkrümmungsbeziehung richtige Verformungswerte ergibt. Abweichungen von diesen Voraussetzungen ergeben erheblich größere Werte.

Die Auswirkungen auf die Baupraxis sind aber nicht so gravierend, wie es zunächst erscheint. Es handelt sich hier um sehr kleine Normalkräfte und sehr kleine Bewehrungen. Meistens liegen sie im Bereich der Mindestbewehrungen, und damit sind die Querschnitte nicht ausgenutzt, und die Sicherheit steigt erheblich.

3 Verformungsvermögen und Umlagerungsverhalten von Stahlbeton- und Spannbetonbauteilen*)

Mit der Einführung und Verbreitung des europäischen Regelwerks im Massivbau ist damit zu rechnen, daß auch die erweiterten Möglichkeiten der Ausnutzung von Schnittgrößenumlagerungen und der Schnittgrößenermittlung auf der Grundlage nichtlinearer Werkstoffgesetze verstärkt Einzug in die deutsche Bemessungspraxis finden werden. Eine in letzter Zeit lebhaft erörterte Voraussetzung für die Umlagerungsmöglichkeiten in Stahlbeton- und Spannbetontragwerken ist das ausreichende Verformungsvermögen der Tragwerke. Der vorliegende Beitrag soll einerseits die wichtigsten Einflüsse auf das Verformungsvermögen aufzeigen, andererseits den Zusammenhang zwischen Verformungsvermögen und Schnittgrößenumlagerung beleuchten. Darüber hinaus werden Hinweise für die sinnvolle Anwendung und den möglichen Nutzen der relativ aufwendigen Rechenverfahren gegeben.

3.1 Einleitung

Außer nach dem linearen Verfahren können mit der Einführung des EC 2 die Schnittgrößen nach folgenden Verfahren ermittelt werden:

- linear-elastische Verfahren mit Umlagerung
- nichtlineare Verfahren auf der Grundlage numerischer Methoden,
- Verfahren auf der Grundlage der Plastizitätstheorie.

In diesem Beitrag werden zunächst die Ursachen und charakteristischen Unterschiede des nichtlinearen Last-Verformungs-Verhaltens von Stahlbeton- und Spannbetontragwerken dargestellt. Weiterhin wird der Zusammenhang zwischen der Umlagerung der Schnittgrößen und dem Verformungsvermögen von Stahlbeton- und Spannbetontragwerken aufgezeigt. Schließlich wird die Frage der sinnvollen Anwendung der verschiedenen Verfahren erörtert.

3.2 Unterschiede der neuen Verfahren im Vergleich zu den alten Verfahren

Bekanntlich müssen bei der Ermittlung der Schnittgrößenverteilung an statisch unbestimmten Tragwerken die Gleichgewichts- und Verträglichkeitsbedingungen formuliert werden. Somit hängt die Verteilung der Schnittgrößen auch von der Steifigkeitsverteilung und deren Veränderungen ab. Infolge des nichtlinearen Verhaltens der Baustoffe Stahl und Beton und infolge der Rißbildung ist das Verhalten der Stahlbeton- und Spannbetonbauteile in der Regel nichtlinear. Ihre Steifigkeit ist lastabhängig. Bei der Anwendung nichtlinearer Verfahren wird der belastungsabhängigen Steifigkeit und der damit in der Regel veränderten Steifigkeitsverteilung, mehr oder weniger genau, Rechnung getragen. Dagegen wird bei den linearen Methoden eine belastungsunabhängige konstante Steifigkeit zugrunde gelegt.

Bei den „echten" nichtlinearen Verfahren wird die Schnittgrößenverteilung für jedes Belastungsniveau durch inkrementelle Laststeigerung unter Beachtung der jeweiligen Steifigkeitsverteilung ermittelt. Der mechanische Widerspruch, der bei statisch unbestimmten Tragwerken durch eine Entkopplung der Schnittgrößenermittlung von der Querschnittsbemessung entsteht [Eibl-92], wird damit aufgehoben. Durch die Berücksichtigung der belastungsabhängigen Steifigkeitsverteilung ergibt sich eine Schnittgrößenverteilung, die u. U. stark von derjenigen abweicht, die auf Grundlage der Elastizitätstheorie ermittelt wird. Dieses Verhalten wird häufig als Schnittgrößenumlagerung bezeichnet. Der wesentliche Vorzug des „echten" nichtlinearen Verfahrens liegt in der wirklichkeitsnahen Abbildung des tatsächlich zu erwartenden Bauteilverhaltens für alle Belastungsniveaus.

Folglich ist die Schnittgrößenermittlung nach der Elastizitätstheorie mit Umlagerung im rechnerischen Bruchzustand eine Vereinfachung der „echten" nichtlinearen Berechnung für die Handrechnung. Nach einer Schnittgrößenermittlung gemäß der Elastizitätstheorie wird für eine im Gleichgewicht stehende, umgelagerte Schnittgrößenverteilung nicht die Kompatibilitätsbedingung erfüllt, sondern durch einen Vergleich der erforderlichen mit der zulässigen plastischen Rotation ein ausreichendes Verformungsvermögen nachgewiesen [EC 2-T1].

3.3 Ausgangsbasis für die nichtlinearen Verfahren

Das nichtlineare Last-Verformungs-Verhalten der Stahlbeton- und Spannbetontragwerke ist auf das nichtlineare Verhalten der Baustoffe Stahl und

*) Diese Arbeit entstand unter Mitwirkung von J. Meyer, D. Pommerening, L. Qian und N. Tue.

Beton zurückzuführen. Nach der Rißbildung, die bei Stahlbeton- und Spannbetonbauteilen mit teilweiser Vorspannung in der Regel bereits unter Gebrauchslast einsetzt, spielt der Verbund zwischen Stahl und Beton zusätzlich eine wesentliche Rolle. Dieses Verbundverhalten ist ebenfalls nichtlinear.

Abb. G.3.1 verdeutlicht den Einfluß des Verbundverhaltens auf die Verformbarkeit eines Stahlbetonquerschnitts. Die Verbundkraft aktiviert den Beton zwischen den Rissen. Die Verformbarkeit wird geringer. Man erkennt, daß sich dieser Einfluß besonders deutlich nach dem Einsetzen des Stahlfließens bemerkbar macht. Mit zunehmendem Bewehrungsgrad nimmt der Einfluß des Verbunds ab. Dies ist durch die kleineren Rißabstände bei größerem Bewehrungsgrad zu erklären. Hierdurch steigt die mittlere Stahldehnung zwischen den Rissen.

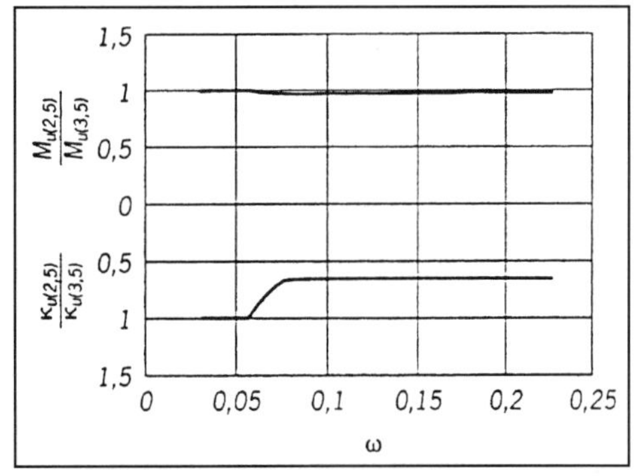

Abb. G.3.2 Einfluß der Betongrenzstauchung auf das Bruchmoment und die zugehörige Verkrümmung in Abhängigkeit von dem mechanischen Bewehrungsgrad ω (für ε_{cu} = 2,5 ‰ bzw. ε_{cu} = 3,5 ‰)

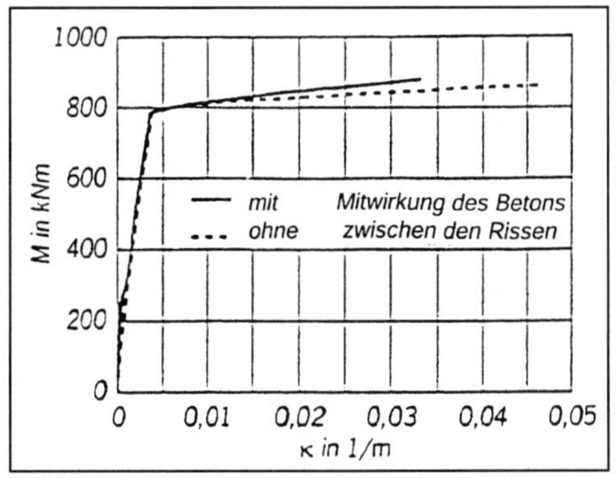

Abb. G.3.1 Momenten-Verkrümmungs-Beziehung unter Berücksichtigung der versteifenden Mitwirkung des Betons zwischen den Rissen [CEB-FIP MC - 90]

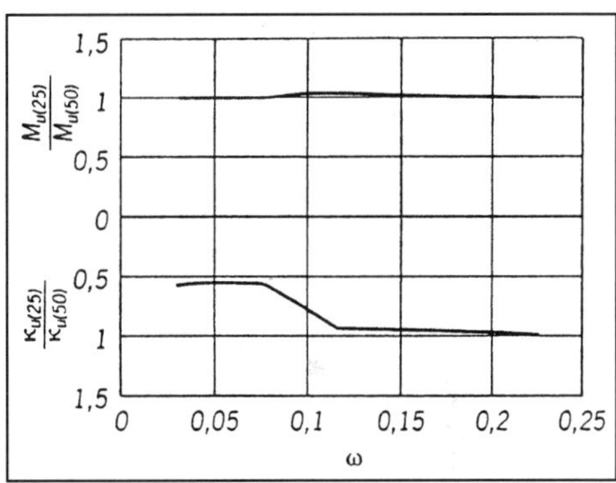

Abb. G.3.3 Einfluß der Stahlgrenzdehnung auf das Bruchmoment und die zugehörige Verkrümmung in Abhängigkeit von dem mechanischen Bewehrungsgrad ω (für ε_{cu} = 2,5 ‰ bzw. ε_{cu} = 3,5 ‰)

Um die Frage zu klären, inwieweit die Grenzdehnungen von Stahl und Beton die Trag- und Verformbarkeit eines Stahl- bzw. Spannbetonquerschnitts beeinflussen, sind in Abb. G.3.2 das Verhältnis der Bruchmomente und das zugehörige Verhältnis der Verkrümmungen bei Erreichen des Bruchmoments für verschiedene Grenzstauchungen des Betons über dem mechanischen Bewehrungsgrad aufgetragen. Hierbei wurden die Bruchmomente und die zugehörigen Verkrümmungen mit einer Betonstauchung ε_{cu} = 2,5 ‰ und mit ε_{cu} = 3,5 ‰ ermittelt. Während die rechnerische Querschnittstragfähigkeit nur unwesentlich von der Betongrenzstauchung abhängt, nimmt die zugehörige Verformbarkeit des Querschnitts mit Abnahme der Betongrenzstauchung deutlich ab (siehe auch [Langer-87], [Graubner-89]. Der Einfluß der Grenzdehnung des Stahls auf die Trag- und Verformungsfähigkeit (25 ‰ bzw. 50 ‰) ist entsprechend in Abb. G.3.3 dargestellt.

Die beiden Diagramme zeigen, daß die zutreffende Abschätzung der Tragfähigkeit eines Querschnitts bzw. eines statisch bestimmten Tragwerks wesentlich einfacher als die Abschätzung des Verformungsverhaltens im Grenzlastbereich ist. Während das Bruchmoment unempfindlich auf eine Variation der Materialeigenschaften hinsichtlich der Grenzdehnungen bzw. -stauchungen reagiert, ergeben sich drastische Veränderungen des Verformungsvermögens auf Querschnittsebene. Dies bedeutet: Verfahren, die keine Entkopplung von Schnittgrößenermittlung und Querschnittsbemessung vornehmen, sind auf eine zutreffende Beschreibung des Werkstoffverhaltens besonders angewiesen, da die Systemtragfähigkeit u. U. wesentlich von dem Verformungsverhalten beeinflußt wird.

Für die nichtlineare Berechnung ist es deshalb auch sinnvoll, von Mittelwerten der Werkstoffeigenschaften auszugehen, da die Mittelwerte das zu erwartende Werkstoffverhalten in einem Bauteil am besten beschreiben (best estimate). Eine Modifizierung der Werkstoffgesetze, wie sie für das Sicherheitsformat bei dem querschnittsbezogenen Tragfähigkeitsnachweis durchaus sinnvoll ist, führt bei der nichtlinearen Berechnung dazu, daß der wichtigste Vorteil der nichtlinearen Verfahren, nämlich die realistische Abschätzung des tatsächlichen Tragwerksverhaltens, verlorengeht. Soll eine wirklichkeitsnahe Abschätzung des tatsächlichen Tragverhaltens vorgenommen werden, ist dazu auch ein neues Sicherheitskonzept erforderlich, das die Wirkung streuender Materialeigenschaften sowohl auf die Querschnittskapazität als auch auf das Verformungsvermögen berücksichtigt. In diesem Zusammenhang scheint es notwendig, die bisher benutzten Werkstoffgesetze zu überprüfen. Dies gilt besonders für den plastischen Stahldehnungsbereich bzw. den Entfestigungsbereich des Betons, da die aus diesem Beanspruchungsbereich sich ergebenden Verformungsanteile maßgeblich die Ausnutzung von Tragreserven statisch unbestimmter Tragsysteme beeinflussen. Gleiches gilt sinngemäß für den Verbund zwischen Stahl und Beton.

3.4 Verformungsverhalten von Stahlbeton und Spannbeton

Bei den nachfolgenden Berechnungen zum Querschnittsverhalten wurden mittlere Festigkeitswerte und folgende Grenzdehnungen für den Beton (Zeiger c), Betonstahl (Zeiger s) und Spannstahl (Zeiger p) zugrunde gelegt:

$\varepsilon_{cu} = -3{,}5\ ‰;\quad \varepsilon_{su} - \varepsilon_{sy} = 50\ ‰$

$\varepsilon_{pu} - \varepsilon_{py} = 50\ ‰$

Als Bezugslinie für die Darstellung der Momenten-Verkrümmungs-Beziehung wird die Schwerlinie des ungerissenen Betonquerschnitts gewählt. Für den Vergleich des Verformungsverhaltens von Stahlbeton- und Spannbetonquerschnitten ist die Schwerlinie des Querschnitts als Bezugslinie besser geeignet als der Spanngliedverlauf, da bei dieser Darstellungsart die Wirkung aus dem statisch bestimmten Anteil der Vorspannung direkt ablesbar ist. Eine ausführliche Beschreibung der Vor- und Nachteile der verschiedenen Darstellungsarten kann [Wölfel-93] entnommen werden.

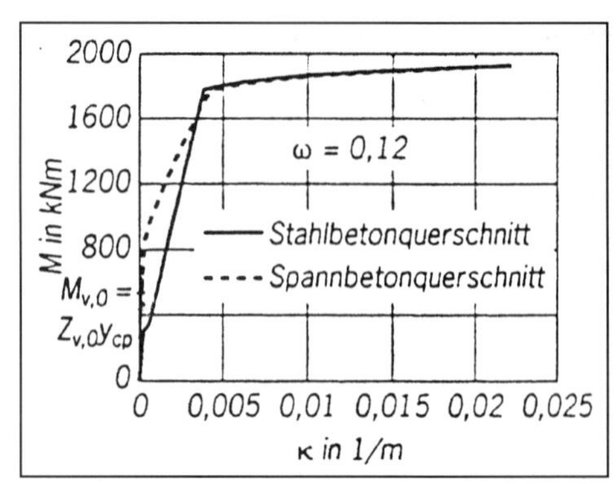

Abb. G.3.4 Momenten-Verkrümmungs-Beziehung für einen Stahlbeton- und einen Spannbetonquerschnitt

Abb. G.3.4 zeigt eine typische Momenten-Verkrümmungs-Beziehung für einen Stahlbeton- und einen Spannbetonrechteckquerschnitt mit gleichem rechnerischem Bruchmoment. Deutlich zu erkennen ist die Wirkung der Vorspannung auf die Größe des Rißmoments und der zugehörigen Verkrümmung. Dagegen zeigt sich nur eine geringe Verschiebung des entsprechenden Punkts bei Erreichen des Fließmoments. Bruchmoment und zugehörige Verkrümmung werden wiederum nur wenig beeinflußt. Die charakteristischen Knickpunkte Riß-, Fließ- und Bruchmoment mit zugehöriger Verkrümmung lassen sich in Abhängigkeit von dem Bewehrungsgrad durch die Werkstoffkenngrößen beschreiben. Folgende Definitionen und Hilfsgrößen werden zur Vereinfachung der Darstellung eingeführt (Abb. G.3.5 und G.3.6).

Mechanische Bewehrungsgrade, getrennt für Betonstahl A_s, Spannstahl A_p und Druckbewehrung A'_s, für die Zugfestigkeit (f_t bzw. f_{pt}) und die Fließgrenze des Stahls (f_y bzw. f_{py}):

$$\omega_{su} = \frac{A_s f_t}{b d f_{cm}};\quad \omega_{pu} = \frac{A_p f_{pt}}{b d f_{cm}};\quad \omega_{sus} = \frac{A'_s f_t}{b d f_{cm}}$$

$$\omega_{sy} = \frac{A_s f_y}{b d f_{cm}};\quad \omega_{py} = \frac{A_p f_{py}}{b d f_{cm}};\quad \omega_{sys} = \frac{A'_s f_y}{b d f_{cm}} \qquad \text{(G.3.1)}$$

Mit der mittleren statischen Höhe

$$d = \frac{A_s f_y d_s + A_p f_{py} d_p}{A_p f_{py} + A_s f_y}$$

und dem Bewehrungsverhältnis

$$\lambda = \frac{A_p f_{py}}{A_p f_{py} + A_s f_y}$$

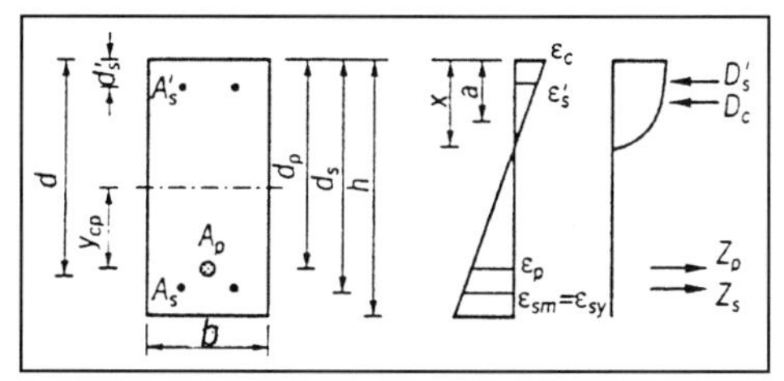

Abb. G.3.5 Wichtige geometrische Größen

Hilfsgrößen zur Beschreibung der linearen Stahlsteifigkeiten nach Fließbeginn und Definitionen verschiedener Dehnungsanteile:

$$m_1 = \frac{f_t - f_y}{\varepsilon_{sum} - \varepsilon_{sym}}; \quad m_2 = \frac{f_{pt} - f_{py}}{\varepsilon_{pum} - \varepsilon_{pym}}; \quad m_{s3} = \frac{f_t - f_y}{A_g}$$

$$\Delta\varepsilon_{s,TS} = \frac{0{,}4\, f_{ctm}\, 3b\, (h - d)}{E_s\, (A_s + \xi_1^2 A_p)}$$

$$\Delta\varepsilon_{p,TS} = \frac{0{,}4\, f_{ctm}\, 3b\, (h - d)\, \xi_1^2}{E_s\, (A_s + \xi_1^2 A_p)} \qquad \text{(G.3.2a)}$$

$$\varepsilon'_{pym} = \varepsilon_{pym} - \varepsilon_{v(0)}; \quad \Delta\varepsilon'_p = \Delta\varepsilon_{p,TS} + \varepsilon_{v(0)};$$

$$\varepsilon_{sum} = \varepsilon_{sy} - \Delta\varepsilon_{s,TS} + 0{,}8 \left(1 - \frac{\sigma_{sr1}}{f_y}\right) (\varepsilon_{su} - \varepsilon_{sy})$$

mit

$$\sigma_{sr1} = \frac{M_r/0{,}9d}{A_s + \xi_1 A_p}$$

$$\varepsilon_{pum} = \varepsilon_{py} - \Delta\varepsilon_{p,TS} + 0{,}8 \left(1 - \frac{\sigma_{pr1}}{f_{py} - \sigma_{v(0)}}\right) (\varepsilon_{pu} - \varepsilon_{py})$$

mit

$$\sigma_{pr1} = \frac{\xi_1 M_r/0{,}9d}{A_s + \xi_1 A_p} \qquad \text{(G.3.2b)}$$

Verbundbeiwert $\xi = \tau_{pm}/\tau_{sm} \approx 0{,}55$

$$\xi_1^2 = \frac{\tau_{pm} U_p A_s}{\tau_{sm} U_s A_p}$$

Normierungen für eine allgemeinere Darstellung:

$$m = \frac{M}{bd^2 f_{cm}}; \; z_v = \frac{Z_v}{A_c f_{cm}}; \; \bar{\kappa} = \kappa h \qquad \text{(G.3.3)}$$

Die Auswertung der Gleichgewichtsbeziehungen unter der Annahme des Ebenbleibens des Querschnitts liefert in Verbindung mit der analytischen Beschreibung der Materialgesetze Polynome zweiten bzw. dritten Grades zur Bestimmung der relativen Druckzonenhöhe x/d. Damit lassen sich für den gerissenen und den plastischen Zustand die jeweiligen Momente und zugehörigen Verkrümmungen berechnen. Der Einfluß der versteifenden Mitwirkung des Betons zwischen den Rissen wird dabei durch die Verringerung der im Rißquerschnitt

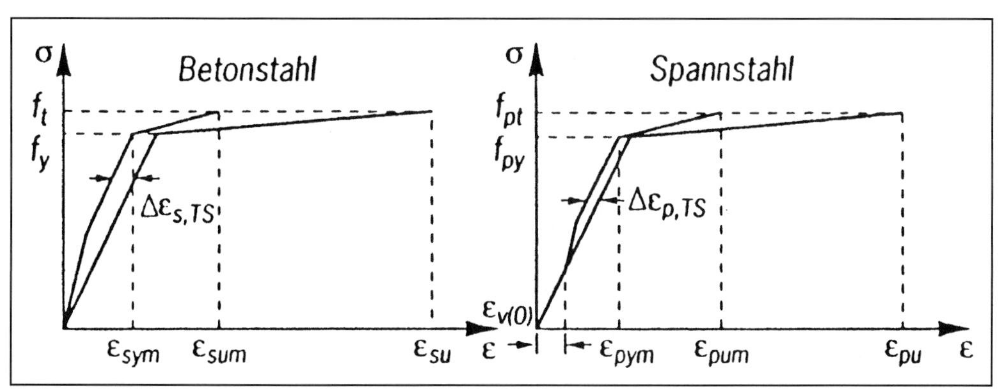

Abb. G.3.6 Mittlere Stahldehnungen und Steifigkeiten

auftretenden Stahldehnung auf die mittlere Dehnung nach [Tue - 93] und [CEB-FIB MC - 90] berücksichtigt.

1. Erreichen des Rißmoments

Rißmoment:

$$m_r = \frac{W_c}{bd^2}\left(\frac{f_{ct,m}}{f_{cm}} + z_v\right) + z_v \frac{y_{cp}}{d} \qquad \text{(G.3.4)}$$

Verkrümmung unmittelbar vor der Rißbildung:

$$\bar{\kappa}_r = h\,(M_r - M_{v,0})/EI)_I \qquad \text{(G.3.5)}$$

2. Erreichen des Betonstahlfließens

Fließmoment:

$$m_f = \omega_{sy} \frac{d_s - a}{d}$$

$$+ \left(\frac{\frac{d_p}{d_s} - \frac{x_y}{d_s}}{1 - \frac{x_y}{d_s}} \varepsilon_{sym} \frac{E_p}{f_{py}} + \Delta\varepsilon'_p \frac{E_p}{f_{py}} \right)$$

$$\cdot\ \omega_{py} \frac{d_s - a}{d}$$

$$+ \frac{\frac{x_y}{d_s} - \frac{d'_s}{d_s}}{1 - \frac{x_y}{d_s}} \varepsilon_{sym} \frac{E_s}{f_y} \omega_{sys} \frac{a - d'_s}{d} \qquad \text{(G.3.6)}$$

Mittlere Verkrümmung bei Fließbeginn:

$$\bar{\kappa}_f = \frac{\varepsilon_{sym}}{\left(1 - \frac{x_y}{d_s}\right)} \frac{h}{d_s} \qquad \text{(G.3.7)}$$

3. Erreichen der Bruchdehnung des Stahls bzw. der Bruchstauchung des Betons

a) Stahlversagen:

Bruchmoment:

$$m_u = \omega_{su} \frac{d_s - a}{d}$$

$$+ \left[\left(\frac{\frac{d_p}{d_s} - \frac{x_u}{d_s}}{1 - \frac{x_u}{d_s}} \varepsilon_{sum} - \varepsilon'_{pym} \right) \frac{m_2}{f_{pt}} + \frac{f_y}{f_{pt}} \right]$$

$$\cdot\ \omega_{pu} \frac{d_p - a}{d}$$

$$+ \left[\left(\frac{\frac{x_u}{d_s} - \frac{d'_s}{d_s}}{1 - \frac{x_u}{d_s}} \varepsilon_{sum} \frac{m_3}{f_y} - \frac{m_3}{E_s} + 1 \right) \omega_{sys} \frac{a - d'_s}{d} \right]$$

(G.3.8)

mittlere Bruchverkrümmung:

$$\bar{\kappa}_u = \frac{\varepsilon_{sum}}{1 - \frac{x_u}{d_s}} \frac{h}{d_s} \qquad \text{(G.3.9)}$$

b) Betonversagen:

Bruchmoment:

$$m_u = \left(\frac{f_y}{f_t} + \frac{1 - \frac{x_u}{d_s}}{\frac{x_u}{d_s}} \varepsilon_{cu} \frac{m_1}{f_t} - \frac{m_1}{f_t} \varepsilon_{sym} \right)$$

$$\cdot \, \omega_{su} \frac{d_s - a}{d}$$

$$+ \left(\frac{\frac{d_p}{d_s} - \frac{x_u}{d_s}}{\frac{x_u}{d_s}} \varepsilon_{cu} \frac{m_2}{f_{pt}} - \varepsilon'_{pym} \frac{m_2}{f_{pt}} + \frac{f_{py}}{f_{pt}} \right)$$

$$\cdot \, \omega_{pu} \frac{d_p - a}{d}$$

$$+ \left(\frac{\frac{x_u}{d_s} - \frac{d'_s}{d_s}}{\frac{x_u}{d_s}} \varepsilon_{sum} \frac{m_3}{f_y} - \frac{m_3}{E_s} + 1 \right)$$

$$\cdot \, \omega_{sys} \frac{a - d'_s}{d} \qquad \text{(G.3.10)}$$

mittlere Bruchverkrümmung:

$$\bar{\kappa}_u = \frac{\varepsilon_{cu}}{\frac{x_u}{d_s}} \cdot \frac{h}{d_s} \qquad \text{(G.3.11)}$$

Das Erreichen des Spannstahlfließens liefert - abhängig von der Spannstahlgüte, der Spannstahlausnutzung beim Vorspannen, der relativen Lage des Spannstahls zur Betonstahlbewehrung und dem Bewehrungsverhältnis λ - einen mehr oder weniger deutlichen vierten Knickpunkt. Aus Vereinfachungsgründen wird hier auf die Darstellung dieses weiteren Knickpunkts verzichtet. Es wird also angenommen, daß Spannstahlfließen und Betonstahlfließen etwa gleichzeitig auftreten

Dehnungszuwachs im Spannstahl:

$$\Delta\varepsilon_{py} = \varepsilon_{py} - \varepsilon_{v,0} \approx \varepsilon_{sy}$$

Um die einzelnen Verformungsanteile der Spannbeton- und Stahlbetonquerschnitte quantitativ beurteilen zu können, werden die Riß-, Fließ- und Bruchmomente sowie die zugehörigen Verkrümmungen über dem mechanischen Bewehrungsgrad $\omega = \omega_{su} + \omega_{pu}$ aufgetragen. Abb. G.3.7 zeigt diese Beziehung für einen einfach bewehrten Stahlbetonrechteckquerschnitt.

Entsprechende Beziehungen für zwei Spannbetonquerschnitte sind in den Abbn. G.3.8 und G.3.9 dargestellt. Abb. G.3.8 zeigt das Verhalten eines voll vorgespannten Betonquerschnitts. In diesem Beispiel wird deshalb nur eine Mindestbetonstahlbewehrung zur Abdeckung des Rißmoments des nicht vorgespannten Querschnitts berücksichtigt ([König et al. - 94], [DIN 4227-1/A1]). Im Beispiel der Abb. 6.1.9 wird dagegen das Verhältnis ω_s/ω_p konstant gehalten ($\omega_s/\omega_p = 1$). Dies entspricht einer teilweisen Vorspannung.

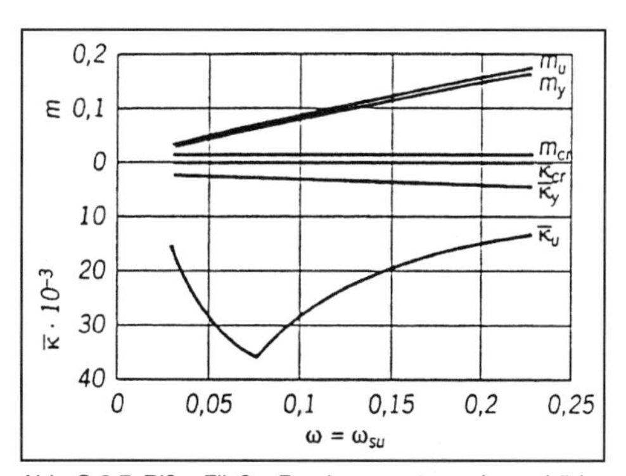

Abb. G.3.7 Riß-, Fließ-, Bruchmomente und zugehörige Verkrümmungen als Funktion des mechanischen Bewehrungsgrades ω

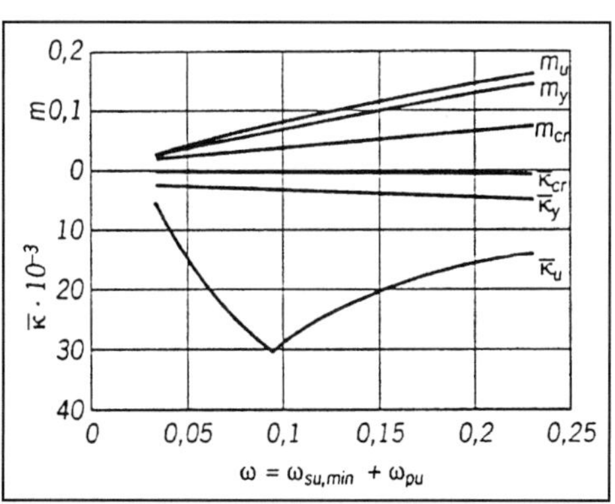

Abb. G.3.8 Riß-, Fließ-, Bruchmomente und zugehörige Verkrümmungen als Funktion des mechanischen Bewehrungsgrads ω (volle Vorspannung, $A_{s,min}$ = konst.)

G

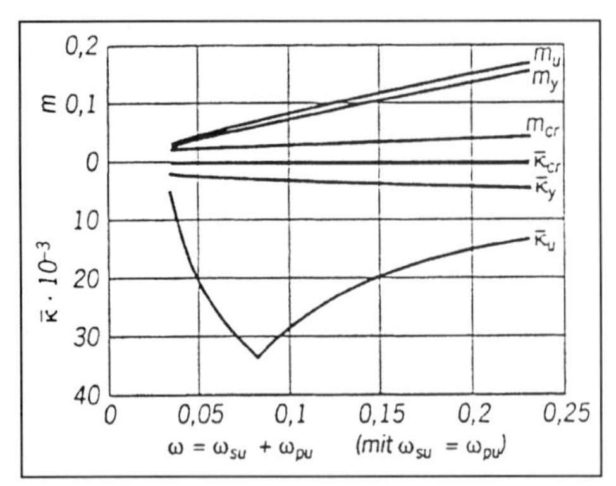

Abb. G.3.9 Riß-, Fließ-, Bruchmomente und zugehörige Verkrümmungen als Funktion des mechanischen Bewehrungsgrads ω (teilweise Vorspannung, ω_s/ω_p = konst. = 1)

Unabhängig von der Auswertung der Diagramme in den Abbn. G.3.7, G.3.8 und G.3.9 können folgende grundsätzliche Feststellungen getroffen werden:

a) Der mechanische Bewehrungsgrad $\omega = \omega_{su} + \omega_{pu}$ ($- \omega'_{sys}$) ist ein Maß für die relative Ausnutzung der Betondruckzone.

b) In erster Näherung entspricht ein gleicher mechanischer Bewehrungsgrad $\omega = \omega_{su} + \omega_{pu}$ bei konstanter Querschnittsgeometrie und Betonfestigkeitsklasse dem gleichen rechnerischen Bruchmoment, unabhängig von dem Bewehrungsverhältnis

$$\lambda = \frac{\omega_p}{\omega_s + \omega_p}$$

Da bei voller oder beschränkter Vorspannung (DIN 4227 Teil 1) der erforderliche Spannstahlquerschnitt in der Regel durch die Spannungsnachweise im Gebrauchszustand bestimmt und nicht der Nachweis des Bruchzustands maßgebend wird, kann die größte Traglast wirtschaftlich nur bei der Bemessung für teilweise Vorspannung ausgenutzt werden.

c) Um ein sprödes Bruchverhalten von schwachbewehrten Stahlbeton- und Spannbetonbauteilen zu vermeiden, sollte die Tragkapazität der Bewehrung nicht kleiner sein als die des Betonquerschnitts, d. h., der Bewehrungsgrad in jedem Querschnitt sollte nicht kleiner sein als der Bewehrungsgrad ω_R, bei dem das Rißmoment mit dem rechnerischen Bruchmoment zusammenfällt (Mindestbewehrung nach [König et al. - 94]).

Der bei der Betrachtung der Diagramme auffallende deutliche Hochpunkt der Bruchverkrümmung bei einem Bewehrungsgehalt zwischen ω^* = 0,08 und 0,09 beschreibt den Bewehrungsgrad, bei dem sowohl die Grenzstauchung des Betons als auch das Dehnvermögen des Stahls ausgenutzt wird. Für Bewehrungsgrade $\omega < \omega^*$ wird Stahlversagen maßgebend und die Betongrenzstauchung ε_{cu} nicht ausgenutzt, während für größere Bewehrungsgrade das Dehnvermögen des Stahls nicht voll aktiviert werden kann und der Beton für das Versagen maßgebend wird. Maßnahmen, die je nach Bewehrungsgrad zu einer Steigerung des Verformungsvermögens führen können, werden in Abschnitt 3.6 erörtert.

Weiterhin ist festzustellen, daß der wesentliche Unterschied zwischen Stahlbeton und Spannbeton in dem linearen Anwachsen des Rißmoments bei den vorgespannten Querschnitten gegenüber dem annähernd konstanten Rißrnoment des Stahlbetonquerschnitis besteht. Entsprechend steigt die Verkrümmung bei Erstrißbildung in den vorgespannten Querschnitten an. Bei teilweiser Vorspannung zeigt sich ein entsprechend der reduzierten Vorspannung weniger stark ansteigendes Rißmoment. Das Verhalten liegt erwartungsgemäß zwischen dem des reinen Stahlbeton- und dem des voll vorgespannten Spannbetonquerschnitts. Der Unterschied nach dem Erreichen der Fließgrenze ist für größere Bewehrungsgrade gering. Im Bereich kleiner Bewehrungsgrade wächst der Einfluß der Mitwirkung des Betons zwischen den Rissen (Tension Stiffening Effect) mit abnehmendem geometrischem Bewehrungsgrad, also mit zunehmendem Anteil an hochfestem Spannstahl.

Als Duktilitätszahl oder Zähigkeit eines Querschnitts bezeichnet man die Differenz der Querschnittsverformungen unmittelbar vor Versagen und bei Erreichen der Fließgrenze, bezogen auf die Verformung bei Fließbeginn. Für den betrachteten Fall der Momenten-Verkrümmungs-Beziehung kennzeichnet die plastische Querschnittsduktilität $\eta_{\kappa,pl}$ also das Verhältnis der bei nahezu konstantem Momentenwiderstand (geringe Steigerung durch strainhardening des Stahls und einer marginalen Vergrößerung des inneren Hebelarms) ertragbaren Verkrümmung, bezogen auf die Verkrümmung bei Erreichen des Fließmoments:

$$\eta_{\kappa,pl} = \frac{\kappa_u - \kappa_f}{\kappa_f} \text{ (auch üblich: } \eta^*_{\kappa,pl} = \frac{\kappa_u}{\kappa_f} = \eta_{\kappa,pl} + 1) \quad \text{(G.3.12)}$$

Eine große plastische Duktilitätszahl kennzeichnet demnach einen Querschnitt, der nach Erreichen des Fließmoments über ein großes relatives Verformungsvermögen verfügt.

Definiert man in analoger Weise eine Verhältniszahl $\eta_{\kappa,\text{riß}}$, die den Verkrümmungsanteil nach Rißbildung bis zum Erreichen des Fließmoments auf die Verkrümmung bei Rißbildung bezieht

$$\eta_{\kappa\text{riß}} = \frac{\kappa_f - \kappa_r}{\kappa_r}, \tag{G.3.13}$$

lassen sich die unterschiedlichen Verformungseigenschaften von Stahlbeton- und Spannbetonquerschnitten noch deutlicher zeigen.

In den Abbn. G.3.10a und G.3.10b sind die Verläufe beider Verhältniswerte für den Stahlbetonquerschnitt (Abb. G.3.7) und die beiden Spannbetonquerschnitte (Abb. G.3.8 und G.3.9) über dem mechanischen Bewehrungsgrad aufgetragen.

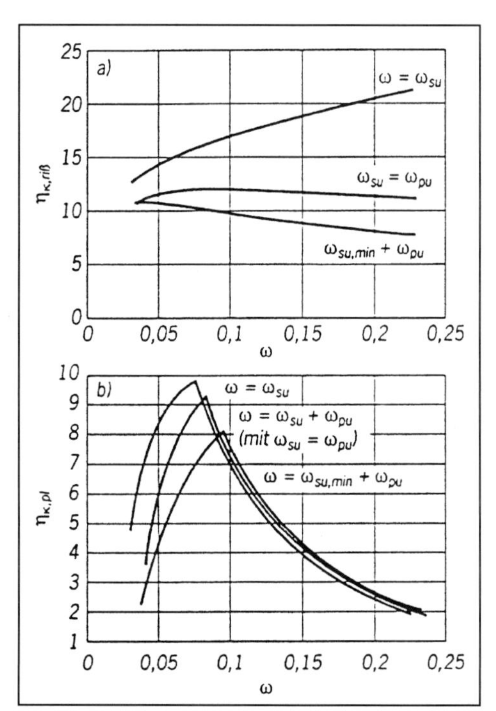

Abb. G.3.10 a) Verlauf der Duktilitätszahlen $\eta_{\kappa\text{riß}}$ über dem mechanischen Bewehrungsgrad; b) Verlauf der Duktilitätszahlen $\eta_{\kappa,\text{pl}}$ über dem mechanischen Bewehrungsgrad

Es zeigt sich (Abb. G.3.10a), daß der elastische Verformungsanteil nach der Rißbildung bei den vorgespannten Querschnitten deutlich geringer ist und mit zunehmendem Bewehrungsgrad sogar noch abfällt. Dagegen nimmt der elastische Verformungsanteil beim Stahlbeton mit zunehmendem Bewehrungsgrad zu. Dieses Verhalten bedeutet, daß die Abschätzung der Steifigkeit durch eine Gerade zwischen Achsenursprung und Fließpunkt bei Spannbeton nicht ausreichend genau ist. Bei Stahlbeton hängt die Genauigkeit einer derartigen Abschätzung vom Bewehrungsgrad ab.

Der plastische Verformungsanteil (Abb. G.3.10b) wird bei kleinen Bewehrungsgraden ($\omega < \omega^*$) wesentlich durch die versteifende Mitwirkung des Betons zwischen den Rissen (Tension Stiffening Effect) beeinflußt. Mit abnehmendem geometrischem Bewehrungsgrad nimmt die aktivierbare mittlere Stahldehnung rasch ab. Der stark abfallende Verlauf vom Hochpunkt zum Nullpunkt hin folgt im wesentlichen hieraus. Die höhere Zugfestigkeit des Spannstahls führt also in diesem Bereich des Diagramms durch den verringerten Stahlquerschnitt im Vergleich zu dem entsprechenden Stahlbetonquerschnitt zu einer erheblich geringeren Bruchverkrümmung. Dabei wird infolge der unterschiedlichen Verbundeigenschaften der Betonstahl maßgebend für das Erreichen des Grenzzustands. Für größere mechanische Bewehrungsgrade verschwindet der Unterschied zwischen Stahlbeton- und Spannbetonquerschnitten praktisch völlig, da die maßgebende Größe, die Grenzstauchung des Betons, unabhängig von der Bewehrungsart ist. Da Spannbetonbauteile möglichst schlank bemessen werden und somit vergleichsweise hohe mechanische Bewehrungsgrade die Regel sind, ergibt sich praktisch kein nennenswerter Unterschied des plastischen Verformungsvermögens im Vergleich zu entsprechenden Stahlbetonbauteilen.

Für den Übergang vom Querschnittsverhalten auf das Tragwerksverhalten ist ein weiterer Integrationsschritt erforderlich. Neben den Verformungseigenschaften der einzelnen Querschnitte ist dabei die Schnittgrößenverteilung und damit die Aufteilung des Tragwerks in ungerissene, gerissene und plastizierende Bereiche zu berücksichtigen. Das heißt, daß eine vergleichende Aussage zwischen dem Verhalten von Stahlbeton- und Spannbetontragwerken auch abhängig ist von dem statischen System, der Lastanordnung, und der Verteilung der Steifigkeit infolge Bewehrungsstaffelungen oder veränderlichem Spanngliedverlauf. Dennoch lassen sich die Ergebnisse des Vergleichs auf Querschnittsebene auf das Verhalten auf Tragwerksebene für den Fall einer über die gesamte Tragwerkslänge konstanten Momenten-Verkrümmungs-Beziehung übertragen. Durch die allgemeine Erhöhung des Rißmoments ergibt sich eine größere Tragwerkssteifigkeit vorgespannter Systeme, da auch im Fließ- oder Bruchzustand einzelner Querschnitte größere Tragwerksbereiche im ungerissenen Zustand verbleiben.

Je kleiner $\eta_{\kappa,\text{riß}}$ ist, um so größer ist der ungerissene Tragwerksbereich, wenn die Bewehrung im maßgebenden Querschnitt bereits zum Fließen kommt. Zur Verdeutlichung werden am Beispiel eines Einfeldträgers unter Gleichstreckenlast in Abb. G.3.11 die Verkrümmungsverläufe eines Stahlbetonbalkens und eines entsprechenden Spannbetonträgers mit geradem Spanngliedverlauf gegenübergestellt. Die eingeschlossene Fläche unter der Verkrümmungslinie kennzeichnet die Rotation des Feldbereichs (durch die Endtangenten an die Durchbiegungslinie eingeschlossener Winkel).

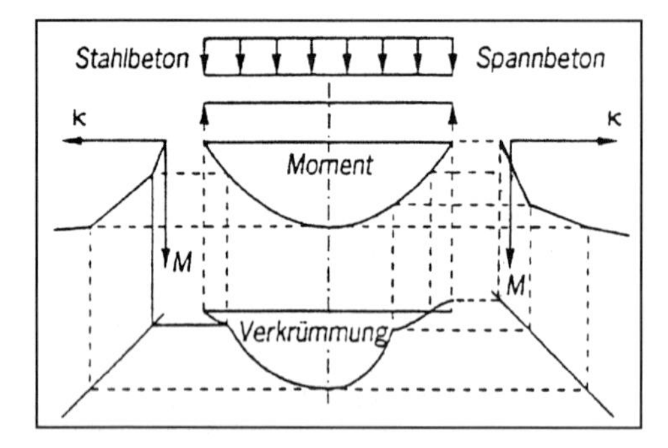

Abb. G.3.11 Verkrümmungsverläufe bei gleichem Momentenverlauf für einen Stahlbeton- und einen Spannbetonträger

Die neu definierte Verhältniszahl $\eta_{\kappa,\text{riß}}$ kennzeichnet somit das Verformungsverhalten eines Tragwerksbereichs bis zum Erreichen der Fließgrenze, während für den kritischen Bereich eines statisch unbestimmten Tragwerks (z. B. Innenstütze eines Durchlaufträgers) das plastische Rotationsvermögen bzw. die plastische Duktilitätszahl $\eta_{\kappa,\text{pl}}$ charakterisierend ist. Daraus kann geschlossen werden, daß infolge der allgemein größeren Steifigkeit des Feldbereichs in Spannbetonbauteilen bereits bei geringeren plastischen Rotationen des Stützbereichs die volle Tragkapazität im Feldbereich aktiviert werden kann.

3.5 Beziehung zwischen Verformbarkeit und Umlagerung

Nach Erreichen des Fließmoments im kritischen Querschnitt ist keine wesentliche Steigerung des Querschnittswiderstands mehr möglich. Um das in diesem Bereich zur Verfügung stehende Verformungsvermögen für eine weitere Laststeigerung ausnutzen zu können, muß in anderen Tragwerksbereichen eines statisch unbestimmten Tragwerks noch genügend Tragkapazität vorhanden sein. Im Grenzzustand der Tragfähigkeit müssen also zwei Voraussetzungen erfüllt sein, um eine Umlagerung der Schnittgrößen zu ermöglichen:

- ausreichendes Verformungsvermögen der kritischen Bereiche,
- ausreichende Tragreserve der nichtkritischen Bereiche.

Dabei stellt die Schnittgrößenumlagerung infolge einer Änderung der Steifigkeitsverhältnisse zwischen verschiedenen Tragwerksbereichen keine Umlagerung im mechanischen Sinne dar. Sie bezeichnet lediglich eine Abweichung der tatsächlichen von der nach der Elastizitätstheorie ermittelten Schnittgrößenverteilung zur Erfüllung der Kompatibilitätsbedingung. Um dies zu verdeutlichen, sind in Abb. G.3.12 die Verdrehungen des Feld- und des Stützbereichs eines Mehrfeldträgers für eine Schnittgrößenverteilung nach der Elastizitätstheorie über dem Lastfaktor aufgetragen. Dabei wurden aber wirklichkeitsnahe nichtlineare Momenten-Verkrümmungs-Beziehungen für die Berechnung der Verdrehungen benutzt (getrennte Integration der Verkrümmungen über den Feld- und Stützbereich).

Es zeigt sich ein Widerspruch zwischen den Rotationen des Feld- und des Stützbereichs (schraffierte Fläche). Zur Erfüllung der Kompatibilitätsbedingung ($\theta_F - \theta_S = 0$) bei jeder Laststufe muß in diesem Fall eine Schnittgrößenumlagerung von der Stütze zum Feld stattfinden, um die Differenz aufzuheben.

Der Verlauf des Umlagerungsgrads infolge der Differenz in Abb. G.3.12 kann qualitativ wie in Abb. G.3.13 beschrieben werden. Der ansteigende Ast AB beschreibt die Umlagerung infolge der Rißbildung über der Innenstütze bei unterschiedlichem Beanspruchungsniveau im Feld- und Stützbereich. Der zweite Ast BC zeigt den Verlauf des Umlagerungsgrads, nachdem die Rißbildung auch im Feldbereich eingesetzt hat. Diese Umlagerung hängt von dem Verhältnis der Steifigkeiten im Zustand II des Feld- und Stützbereichs und dem erreichten Grad der Rißbildung in beiden Bereichen ab. Die Größe der Extremwerte *B*, *C* und *D* in

Abb. G.3.13 wird von dem charakteristischen Steifigkeitsverhältnis zwischen Feld- und Stützbereich unter dem jeweiligen Belastungsniveau beeinflußt.

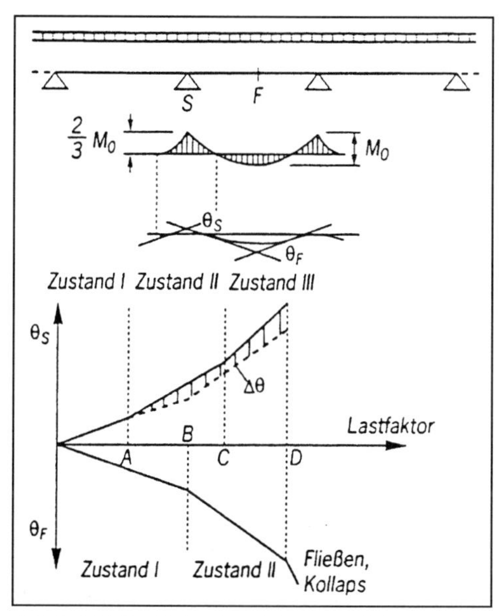

Abb. G.3.12 Qualitative Darstellung der Rotationen des Feld- und Stützbereichs und deren Differenz für eine elastische Schnittgrößenverteilung und Berücksichtigung des nichtlinearen Verhaltens bei der Verformungsberechnung

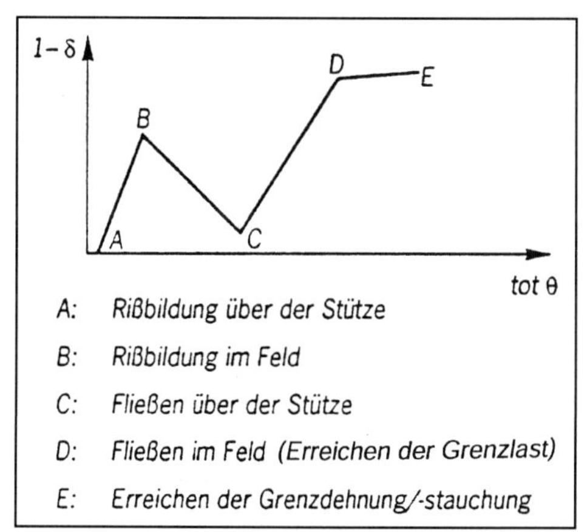

Abb. G.3.13 Grundsätzlicher Verlauf der Schnittgrößenumlagerung als Funktion der Gesamtrotation

Als Beispiel hierfür zeigt Abb. G.3.14 die Verläufe der Umlagerungsfaktoren für verschiedene Bewehrungsgrade einer einachsig gespannten Zweifeldplatte mit zwei Einzellasten je Feld. Bei der Berechnung wurden die Bewehrungsgrade für den Feld- und Stützbereich jeweils gleich gewählt, so daß sich bei der beschriebenen Lastanordnung eine rechnerische Umlagerung von etwa 28 % ergibt. Man erkennt, daß die Umlagerung vor Erreichen des Stahlfließens im Stützbereich durch die Änderung des Bewehrungsgrads deutlich beeinflußt wird.

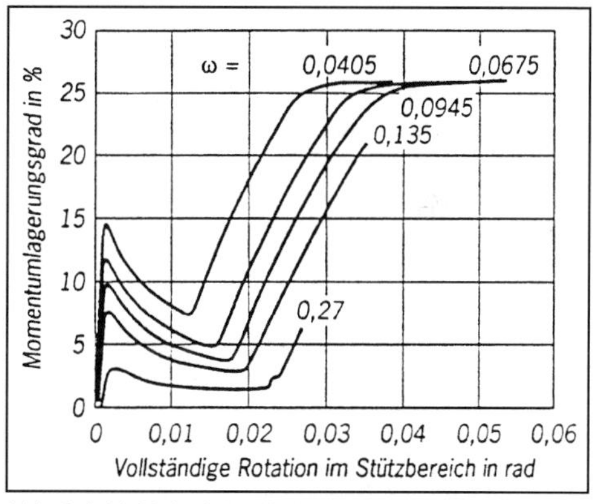

Abb. G.3.14 Verlauf der Umlagerungsgrade über die Gesamtrotation bei Erstbelastung am Beispiel einer einachsig gespannten Zweifeldplatte für verschiedene Bewehrungsgrade

Die Abbn. G.3.12 und G.3.13 zeigen, daß die Schnittgrößenverteilung nur von dem augenblicklichen Steifigkeitsverhältnis abhängt. Die in vorangegangenen Belastungszuständen erreichten Umlagerungsgrade spielen keine Rolle. Es wird auch deutlich, daß der Hochpunkt der Schnittgrößenumlagerung (Punkt B in Abb. G.3.13) in Stahlbetonbauteilen nur bei Erstbelastung auftreten kann. Wenn der gerissene Zustand durch vorangegangene Lastzyklen erreicht wurde, führt dies in Stahlbetonbauteilen zu einer bleibenden Änderung der Steifigkeitsverhältnisse. In Spannbetonbauteilen bleibt auch bei wiederholter Beanspruchung die Steifigkeit des ungerissenen Zustands bis zum Dekompressionsmoment erhalten. Mit anderen Worten, die Umlagerung im Gebrauchszustand (SLS) darf nicht als ein konstanter Teil der Umlagerung im rechnerischen Bruchzustand (ULS) aufgefaßt werden. Die Ermittlung der erforderlichen plastischen Rotation muß ohne Berücksichtigung einer Umlagerung unter Gebrauchslast bei Erstbelastung durchgeführt werden.

Weiterhin ist aus den Abbn. G.3.12, G.3.13 und G.3.14 zu erkennen, daß die Tragfähigkeit des Systems erreicht ist, wenn die Verdrehfähigkeit des Stützbereichs erschöpft oder/und die Querschnittstragfähigkeit des Feld- und Stützenquerschnitts erreicht ist (Fließgelenkkette). Das Beispiel in Abb. G.3.14 zeigt für geringe Bewehrungsgrade, daß die Tragkapazität des Systems erschöpft ist, bevor das plastische Rotationsvermögen des Stützbereichs vollständig aufgezehrt ist. Mit Erreichen des Fließmoments im Feldbereich ist die Traglast des Systems praktisch erreicht, und es bleibt nur ein sehr geringer Traglastzuwachs bei rasch zunehmenden Verformungen.

Eine weitere Frage in diesem Zusammenhang ist die Beziehung zwischen der Umlagerung und der erforderlichen plastischen Rotation. In der Praxis wird in der Regel aus konstruktiven oder wirtschaftlichen Überlegungen ein bestimmter Umlagerungsgrad gewünscht. Mit der Festlegung des Umlagerungsgrads wird bei gegebenem Belastungsbild das Verhältnis der Schnittgrößen Feldmoment zu Stützmoment und damit das Steifigkeitsverhältnis zwischen beiden Bereichen festgelegt. Die erforderliche plastische Rotation nimmt bei sonst gleichen Verhältnissen mit steigendem Umlagerungsgrad zu.

Als Beispiel wird im folgenden die erforderliche plastische Rotation für die Umlagerung der Schnittgrößen bei Vorgabe der Momentenkapazität über der ersten Innenstütze eines Fünffeldträgers aus Stahlbeton unter Gleichstreckenlast ermittelt. Hierbei wird angenommen, daß unter der Last q an der ersten Innenstütze das Fließmoment erreicht wird. Eine weitere Laststeigerung Δq führt zu keiner Erhöhung des Stützmoments. Unter diesen Voraussetzungen kann geschrieben werden:

$$M_S = -0{,}105\, ql^2;\; M_F = \frac{1}{8}\,\Delta q l^2 + 0{,}078\, ql^2 \quad \text{(G.3.14)}$$

Der Umlagerungsgrad $(1 - \delta)$ kann wie folgt angegeben werden:

$$1 - \delta = \frac{\Delta q}{q + \Delta q} \Rightarrow \Delta q = \frac{1 - \delta}{\delta}\, q \quad \text{(G.3.15)}$$

Aus den Gln. (G.3.14) und (G.3.15) ergibt sich folgendes Verhältnis für Stütz- und Feldmoment:

$$\frac{|M_S|}{M_F} = \frac{0{,}105}{0{,}078 + 0{,}125\,\dfrac{1-\delta}{\delta}} = \frac{0{,}105\,\delta}{0{,}125 - 0{,}047\,\delta} \quad \text{(G.3.16)}$$

Die erforderliche plastische Rotation kann wie folgt angegeben werden, wenn auch die Bewehrung im Feld bis zur Streckgrenze ausgenutzt werden soll, das Feldmoment also gerade das Fließmoment erreicht:

$$\text{erf}\,\theta = \frac{2}{(EI)_{F,II}}\,\frac{\Delta q l^3}{24} = \frac{2\,(\kappa_f - \kappa_r)\,(1-\delta)\,M_S \lambda_l d}{2{,}52\,\delta\,(M_F - M_r)} \quad \text{(G.3.17)}$$

Für Stahlbetonbauteile können κ_r und M_r zu Null gesetzt werden, da durch vorangegangene Lastzustände das Rißmoment mit großer Wahrscheinlichkeit überschritten wurde und damit die Steifigkeit des ungerissenen Querschnitts nicht mehr nutzbar ist bzw. die ungerissenen Bereiche nur vernachlässigbare Verformungsanteile liefern. Hierdurch ergibt sich folgende Beziehung zwischen erforderlicher Rotation und Umlagerung für konstante Verhältnisse M_S/M_F – Gl. (G.3.16) – bei gleichen angestrebten Umlagerungsgraden:

$$\text{erf}\,\theta = \frac{2\,\kappa_f\,(1-\delta)\,\lambda_l d}{3 - 1{,}128\,\delta} \quad \text{(G.3.18)}$$

Die Auswertung der Gl. (G.3.18) ist in Abb. G.3.15 dargestellt. Man erkennt, daß die erforderliche plastische Rotation für einen konstanten Umlagerungsfaktor mit zunehmendem Bewehrungsgrad ansteigt. Die Ursache hierfür liegt in der Zunahme der Verkrümmung im Feld bei Stahlfließen κ_F mit steigendem Bewehrungsgrad (siehe auch Abb. G.3.7).

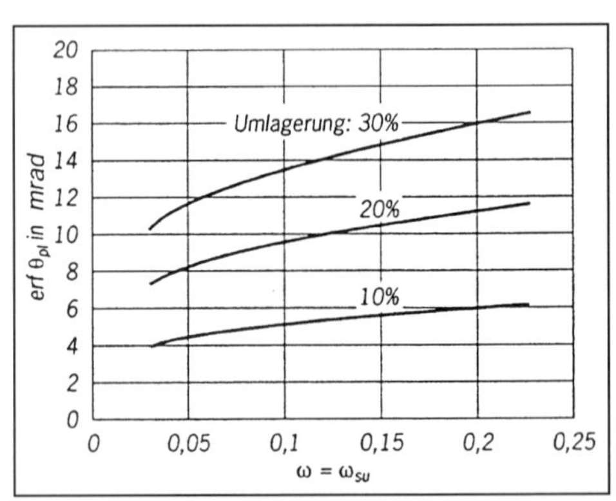

Abb. G.3.15 Erforderliche plastische Rotation über dem Bewehrungsgrad; Scharparameter: Umlagerungsgrad $(1 - \delta)$

Wird jedoch das Momentenverhältnis zwischen Feld und Stützbereich nicht konstant gehalten (entsprechend Gleichung G.3.16 für konstante Umlagerungsfaktoren), sondern der größtmögliche

Umlagerungsgrad bei einer gegebenen plastischen Rotation gesucht, so kann für das Beispiel des Fünffeldträgers Gl. (G.3.19) zur Ermittlung des größtmöglichen Umlagerungsgrads bei bekannter Feldbewehrung angegeben werden:

$$1 - \delta = \frac{1{,}872 \text{ vorh } \theta}{2\ \kappa_F \lambda d - 1{,}128 \text{ vorh } \theta} \qquad \text{(G.3.19)}$$

Die Auswertung dieser Gleichung ist in Abb. G.3.16 dargestellt. Man erkennt, daß für die gleiche vorhandene (zulässige) Rotation unterschiedliche Umlagerungsgrade erzielt werden können. Dies unterstreicht noch einmal, daß die alleinige Betrachtung des kritischen Querschnitts in der Regel nicht ausreicht, um das Umlagerungsvermögen eines Systems zu beurteilen. Zur Verdeutlichung ist in Abb. G.3.17 die erforderliche Rotation als Funktion des Bewehrungsverhältnisses ω_F/ω_S der Bewehrung im Außenfeld zu der Bewehrung über der ersten Innenstütze sowie der zugehörige Umlagerungsgrad am Beispiel des Fünffeldträgers unter Gleichstreckenlast dargestellt. Man erkennt, daß sich für ein Bewehrungsverhältnis von $\omega_F/\omega_S = 0{,}75$ die elastische Schnittgrößenverteilung einstellt. Dagegen entspricht ein Verhältnis $\omega_F/\omega_S = 1{,}0$ (gleiche Bewehrung) in diesem Beispiel einem Umlagerungsgrad von etwa 18 % bei einer erforderlichen plastischen Rotation von etwa 7 mrad.

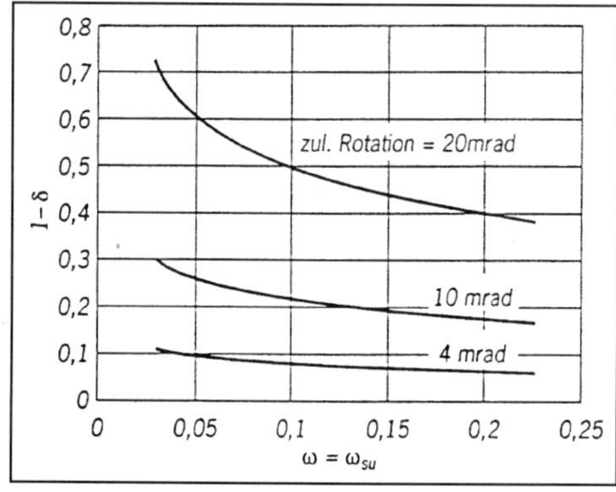

Abb. G.3.16 Möglicher Umlagerungsgrad bei vorgegebener zulässiger plastischer Rotation als Funktion des mechanischen Bewehrungsgrads ω

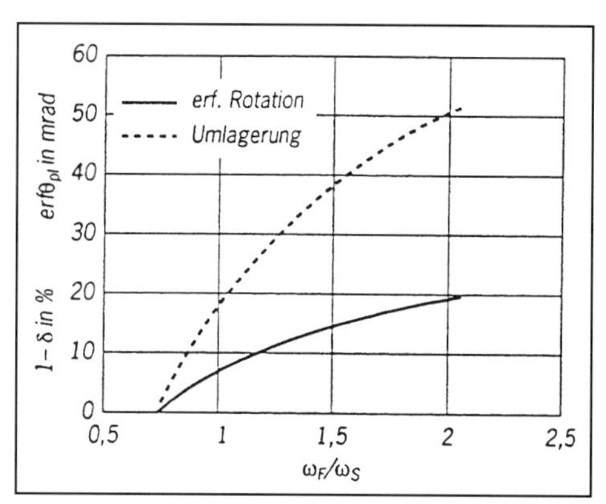

Abb. G.3.17 Erforderliche plastische Rotation als Funktion des Bewehrungsverhältnisses ω_F/ω_S und zugehöriger Umlagerungsgrad

Für die praktische Anwendung bleibt eine Umlagerung von mehr als 20 % im ULS eine Ausnahme, wenn die Schnittgrößen im Bereich der Gebrauchslast nach der Elastizitätstheorie verteilt sind, da die Stahl- und die Betonspannung zur Sicherstellung der Gebrauchstauglichkeit der Tragwerke begrenzt werden. So kann unter der Annahme, daß die Umlagerung infolge Rißbildung vernachlässigbar ist, zur Einhaltung der zulässigen Stahlspannung unter seltener Lastkombination ($\sigma_{s,rare} \leq 0{,}8\ f_{yk}$) folgender Umlagerungsgrad ermittelt werden:

SLS: $M_{SLS} = 1{,}0\ M_G + 1{,}0\ M_Q : \sigma_s \leq 0{,}8\ f_{yk}$

ULS: $M_{ULS} = \gamma_G M_G + \gamma_Q M_Q : \quad \sigma_s \leq f_{yk}/\gamma_s$

Für: $\gamma_G \approx \gamma_Q \approx 1{,}4$ und mit

$$1 - \delta = \frac{M_{el} - \text{vorh } M}{M_{el}} = \frac{M_{ULS} - M_{SLS} \dfrac{f_{yk}}{0{,}8\ f_{yk}\gamma_s}}{M_{ULS}}$$

folgt

$$1 - \delta = \frac{1{,}4 - \dfrac{1}{0{,}8 \cdot 1{,}15}}{1{,}4} \mathrel{\hat{=}} 22\ \%$$

Abb. G.3.18 verdeutlicht die vereinfachte Betrachtung zur Ermittlung der möglichen ausnutzbaren Schnittgrößenumlagerung. Dazu wird die Stahlspannungsbegrenzung im Gebrauchszustand als wichtiges Kriterium benutzt.

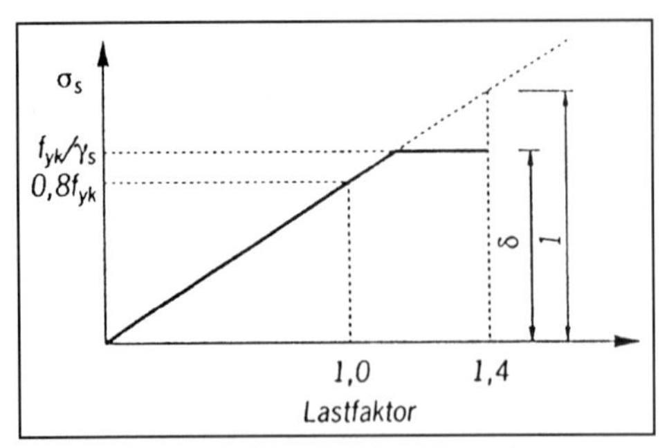

Abb. G.3.18 Ausnutzbare Schnittgrößenumlagerung unter Beachtung der Stahlspannungsgrenzen im Gebrauchszustand

Die dargestellten Zusammenhänge über das Verformungsverhalten gelten sinngemäß sowohl für Stahlbeton- als auch für Spannbetonquerschnitte bzw. -tragwerke. Da die Umlagerung als Funktion des gesamten Tragwerkverhaltens aufgefaßt werden muß, ist es auch schwierig, eine allgemeine Aussage über den Unterschied zwischen Stahlbeton- und Spannbetontragwerken hinsichtlich ihres Umlagerungsverhaltens zu treffen. Da die Anzahl der einflußnehmenden Parameter gegenüber der Querschnittsbetrachtung nochmals steigt, ist eine vergleichende Aussage nur dann möglich, wenn die maßgebenden Kennwerte des Systems (Spanngliedverlauf, Schlankheit, Querschnitt und Belastung/Zwang) im Einzelfall bekannt sind und berücksichtigt werden.

Eine Besonderheit von statisch unbestimmten, vorgespannten Tragwerken ist in dem statisch unbestimmten Momentenanteil aus Vorspannung M_{vx} zu sehen. Diese Größe wird im Gegensatz zu Zwangschnittgrößen nicht von der absoluten Steifigkeit eines Bauteils beeinflußt, sondern nur von der Steifigkeitsverteilung. Im Zuge der Lastgeschichte werden sich also je nach der jeweils aktuellen Steifigkeitsverteilung Veränderungen der Größe dieses Momentenanteils ergeben.

In der Regel wird aus der Spanngliedführung eine Abminderung des negativen Stützmoments entstehen. Während sich für den Zweifeldträger und die Endfelder eines Mehrfeldträgers dreieckförmige Momentenverläufe des statisch unbestimmten Momentenanteils aus Vorspannung ergeben, stellt sich für einen beidseitig eingespannten Träger oder die Innenfelder eines Mehrfeldträgers ein annähernd konstanter Verlauf ein. Für diesen Fall bewirkt der statisch unbestimmte Momentenanteil aus Vorspannung praktisch eine Verschiebung der Momentenlinie in den positiven Bereich. Damit ergibt sich für vorgespannte Durchlaufträger bereits im Gebrauchszustand eine gleichmäßigere Beanspruchung der verschiedenen Tragwerksbereiche - eine Eigenschaft, die durch die Ausnutzung der Schnittgrößenumlagerung im Bruchzustand angestrebt wird.

Als Gedankenmodell kann man sich also die Wirkung des statisch unbestimmten Momentenanteils aus Vorspannung so vorstellen, daß die Tragfähigkeit des betrachteten Querschnitts jeweils um M_{vx} verschoben wird. Bei positivem M_{vx} wird die ausnutzbare Tragfähigkeit der Stützenquerschnitte größer. Entsprechend vermindert sich die des Felds (Abb. G.3.19).

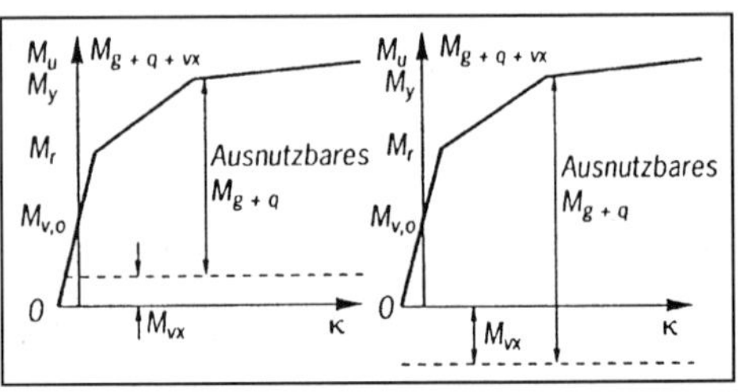

Abb. G.3.19 Ausnutzbare Momentenkapazität des Feld- und Stützquerschnitts

Wenn zu der gleichmäßigen Bewehrungsverteilung (keine unterschiedlichen Betonstahlzulagen im Feld und über der Stütze: der Spannstahl wird allein durch die Spanngliedführung an die „richtigen Stellen gebracht") auch eine gleichmäßigere Momentenverteilung aus der statisch unbestimmten Wirkung der Vorspannung kommt, ist eine Umlagerung der Schnittgrößen auch gar nicht erforderlich. Umgekehrt bedeutet dies, daß das plastische Verformungsvermögen für eine gleichmäßigere Schnittgrößenverteilung und damit für die Aktivierung der Traglast des Systems nicht „aufgebraucht" wird. Im Vergleich zu Stahlbetontragwerken mit gleichen Abmessungen und Tragfähigkeiten können in Spannbetontragwerken somit ohne Einbuße der Traglast infolge der größeren nutzbaren Reserve an plastischem Rotationsvermögen Zwangschnittgrößen aus Verformungslastfällen besser kompensiert werden. Dies gilt für den Grenzzustand der Tragfähigkeit, nicht jedoch für den Gebrauchszustand, in dem aus dem für Spannbetonbauteile angestrebten rissefreien Zustand eine entsprechend der großen Steifigkeit große Zwangschnittgröße resultiert.

Bei negativem M_{vx} ist die Wirkung umgekehrt. In diesem Fall ist eine Verbesserung des Umlagerungsverhaltens zu erwarten, da nun durch die statisch unbestimmte Wirkung der Vorspannung eine Verschiebung der Beanspruchung vom Feldbereich zur Stütze stattfindet und nach Erreichen des

Riß- bzw. des Fließmoments über der Stütze noch erhebliche Tragreserven bei großer Steifigkeit des Feldbereichs zur Verfügung stehen. Durch die große Veränderung der Steifigkeitsverteilung ergibt sich einerseits eine Abminderung der statisch unbestimmten Wirkung aus der Vorspannung und eine Schnittgrößenumlagerung von der Stütze in den Feldbereich. Eine Aufteilung der ausgleichenden Wirkung in die Abnahme des statisch unbestimmten Momentenanteils und den Anstieg des Umlagerungsmoments ist wegen der affinen Verläufe beider Momentenanteile praktisch nicht möglich, aber auch nicht notwendig.

Zur Veranschaulichung werden anhand von zwei Beispielen, die jeweils als Stahlbeton- und als Spannbetonbauteil untersucht werden, der Einfluß der Vorspannung und der Querschnittsform auf das unterschiedliche Verhalten dargestellt. Im ersten Beispiel wird ein Zweifeldträger unter Gleichstreckenlast mit Rechteckquerschnitt untersucht. Der Stahlbetonträger erhält über der Stütze und im Feld die gleiche Bewehrung; diese Anordnung entspricht einer Schnittgrößenumlagerung von etwa 30 %. Der Spannbetonträger erhält eine Spannstahlbewehrung mit parabolischer Spanngliedführung, die zusammen mit einer Mindestbetonstahlbewehrung zur Abdeckung des Rißmoments [König et al. - 94] dem gleichen mechanischen Bewehrungsgrad entspricht (Abb. G.3.20). Die Vorspannung wurde so gewählt, daß der Spannstahl in den extremen Schnitten (Feld und Stütze) nach Abzug von 15 % zeitabhängiger Vorspannverluste etwa gleichzeitig mit dem Betonstahl die Streckgrenze bzw. 0,1%-Dehngrenze erreicht. Die dazu erforderliche Vorspannung entspricht bei der gewählten Spannstahlgüte etwa dem Wert der zulässigen Vorspannung nach EC 2 Teil 1.

Im zweiten Beispiel wird ein Zweifeldträger unter Gleichstreckenlast mit T-Querschnitt untersucht (Abb. G.3.21). Infolge der unterschiedlichen Schwerpunktlagen ergibt sich für den T-Querschnitt ein größerer statisch unbestimmter Momentenanteil aus Vorspannung als in dem Beispiel aus Abb. G.3.20.

Die Abbn. G.3.22 und G.3.23 zeigen die Verläufe der Feld- und Stützmomente für die beiden Beispiele jeweils für die Stahlbeton- und entsprechenden Spannbetonbauteile als Funktion des Lastfaktors. Dabei bezieht sich der Lastfaktor nur auf den Verkehrslastanteil. so daß der Beginn der Kurve jeweils den Zustand unter Eigenlast darstellt. Für die Spannbetonbauteile zeigt sich wie erwartet ein geringerer Unterschied zwischen Feld- und Stützmoment gegenüber der Momentenverteilung der entsprechenden Stahlbetonbauteile. Wegen des größeren statisch unbestimmten Momentenanteils aus Vorspannung verstärkt sich diese Wirkung bei dem T-Balken im Vergleich zu dem Träger mit Rechteckquerschnitt.

Die Abbn. G.3.24 und G.3.25 zeigen die Verläufe

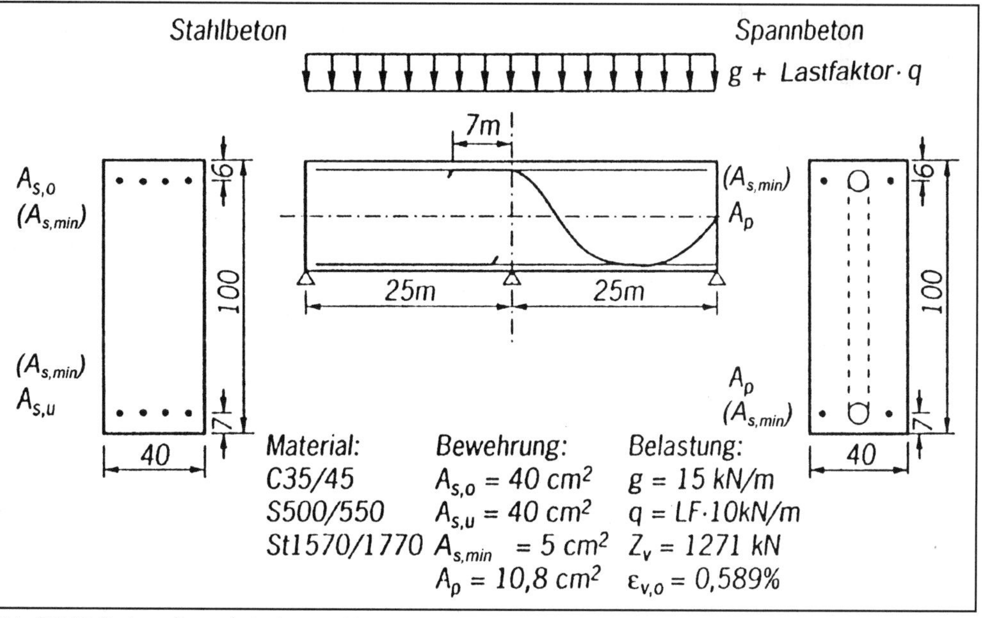

Abb. G.3.20 System, Querschnitt, Last und Bewehrung für das Beispiel 1 mit Rechteckquerschnitt

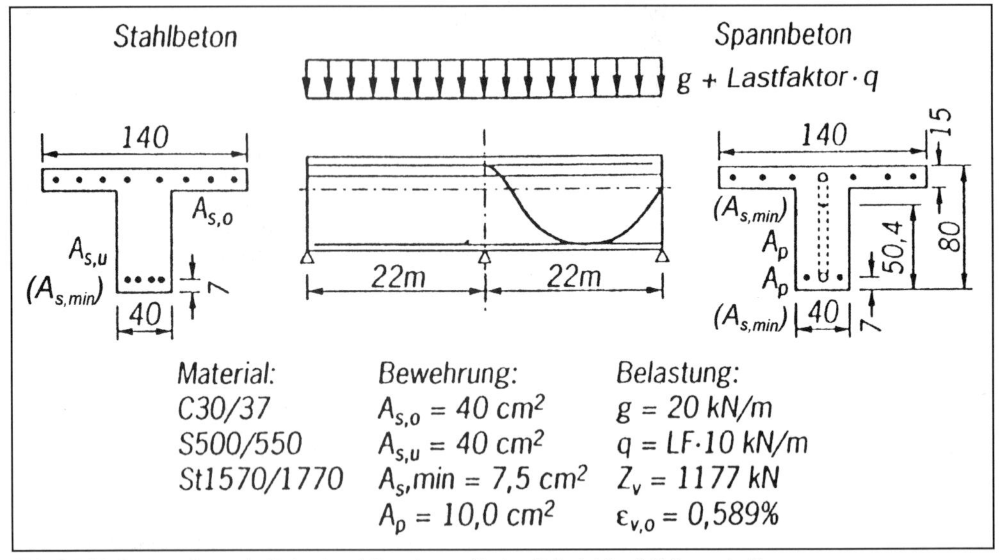

Abb. G.3.21 System, Querschnitt, Last und Bewehrung für das Beispiel 2 mit T-Querschnitt

der Stütz- und Feldmomente sowie den Verlauf desUmlagerungsgrads über der Gesamtrotation des Stützbereichs. Hierbei fällt das erwünschte, wesentlich steifere Verhalten der Spannbetonträger im Gebrauchlastbereich auf, ohne daß das Gesamtverformungsvermögen nennenswert eingeschränkt wäre. Die plastischen Rotationsanteile der Spannbetonträger sind sogar geringfügig größer als bei den entsprechenden Stahlbetonträgern. Das Fließmoment über der Stütze wird bei den Spannbetonbauteilen unter kleineren Gesamtverformungen, aber bei deutlich arößeren Lastfaktoren erreicht. Für diese Beispiele kann also das günstige Verhalten von Spannbetonbauteilen unter kombinierter Last- und Zwangbeanspruchung, wie oben beschrieben, erwartet werden.

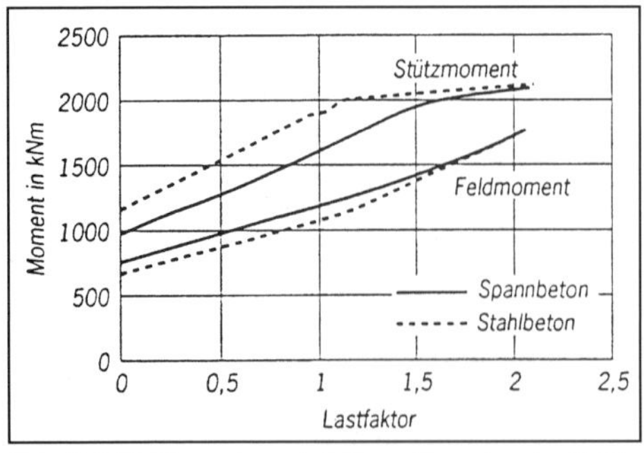

Abb. G.3.22 Momentenentwicklung über dem Lastfaktor für Träger mit Rechteckquerschnitt

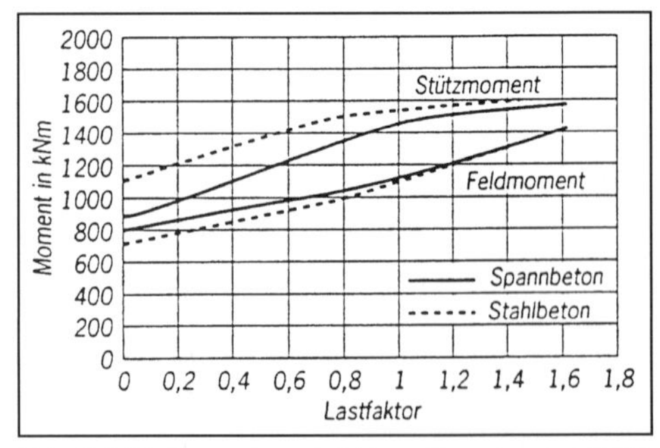

Abb. G.3.23 Momentenentwicklung über dem Lastfaktor für Träger mit T-Querschnitt

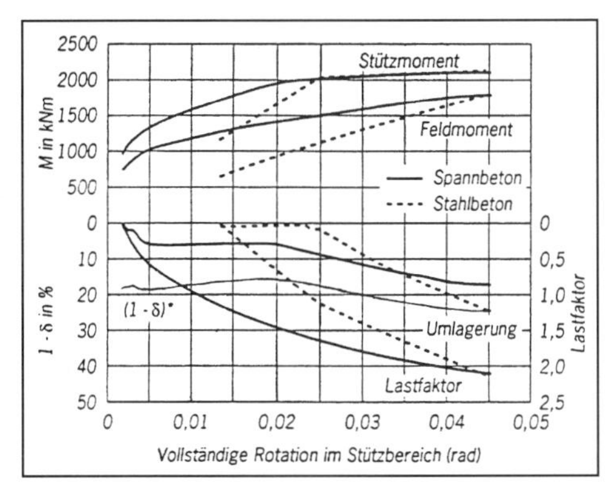

Abb. G.3.24 Momenten- und Umlagerungsentwicklung über der Gesamtrotation des Stützbereichs für den Träger mit Rechteckquerschnitt

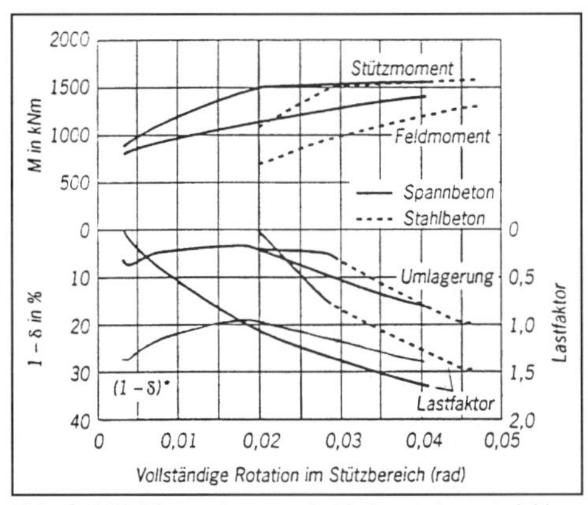

Abb. G.3.25 Momenten- und Umlagerungsentwicklung über der Gesamtrotation des Stützbereichs für den Träger mit T-Querschnitt

Bei der Auftragung der Umlagerungsgrade wurden für den Spannbeton zwei unterschiedliche Definitionen benutzt:

a) die übliche Definition:

$$(1 - \delta) = 1 - \frac{\text{vorh } M}{(M_q + M_{vx})_{el}} \qquad \text{(G.3.20)}$$

mit Berücksichtigung des elastischen, statisch unbestimmten Momentenanteils aus Vorspannung und

b) als Vergleichswert zu dem Stahlbetonträger:

$$(1 - \delta)^* = 1 - \frac{\text{vorh } M}{M_{qel}}, \qquad \text{(G.3.21)}$$

bezogen auf das reine Lastmoment (dünne Linie in den Abbn. G.3.24 und G.3.25).

Die Kurve nach Definition a zeigt die durch die Änderung der Steifigkeitsverteilung erzeugte Abweichung der tatsächlichen Schnittgrößenverteilung von der nach der Elastizitätstheorie. Dagegen behandelt die Kurve nach der Definition b den statisch unbestimmten Momentenanteil aus der Vorspannung quasi wie eine Momentenumlagerung und beschreibt somit die Abweichung der tatsächlichen Schnittgrößenverteilung von der, wie sie sich nach der Elastizitätstheorie aus der äußeren Belastung ergibt. Durch diese Art der Betrachtung wird nochmals der annähernd gleichmäßig über das gesamte Belastungsniveau sich einstellende Ausgleich zwischen Stütz- und Feldmoment deutlich.

Zusammenfassend lassen sich folgende Schlußfolgerungen für das Verformungs- und Umlagerungsverhalten von Spannbetontragwerken im Vergleich zu Stahlbetontragwerken ziehen:

1. Durch die erhöhten Rißmomente ergeben sich in Spannbetonbauteilen unter Gebrauchslasten bekanntlich deutlich geringere Verformungen. Auch teilweise vorgespannte Bauteile behalten diesen Vorteil aus der Sicht der Gebrauchstauglichkeit. Bei feldweiser Belastung kann durch die Ausnutzung der Dekompressionsmomente ein günstiges Umlagerungsverhalten im Gebrauchszustand erwartet werden. Wegen der größeren Steifigkeit unter Gebrauchslasten ergeben sich jedoch größere Zwangschnittgrößen, z. B. aus Temperaturlastfällen oder ungleichmäßiger Stützensenkung im Gebrauchszustand.
2. Das Gesamtverformungsvermögen von Spannbetontragwerken vermindert sich jedoch nicht gegenüber Stahlbetontragwerken mit gleichen mechanischen Bewehrungsgraden und geometrischen Abmessungen. Durch eine geschickte Spanngliedführung kann infolge des statisch unbestimmten Momentenanteils aus Vorspannung ein ausgeglicheneres Momentenverhältnis von Stützmoment zu Feldmoment über alle Lastbereiche erreicht werden. Dadurch bleiben größere Anteile des praktisch unveränderten plastischen Rotationsvermögens der Spannbetonbauteile im Grenzzustand der Tragfähigkeit zum Abbau von Zwangschnittgrößen bei unberücksichtigten Verformungslastfällen erhalten.

Wird, wie üblich, die größere Steifigkeit der Spannbetonbauteile dazu genutzt, die Querschnittsabmessungen zu vermindern, um damit die Schlankheit sowie den mechanischen Bewehrungsgrad zu erhöhen, vermindert sich das plastische Rotationsvermögen mit der Erhöhung des Bewehrungsgrades. Andererseits ergibt sich durch die schlankere

Bauweise eine Verminderung der elastischen Steifigkeit und damit ein günstigeres Verhalten hinsichtlich der Wirkung von Verformungslastfällen unter Gebrauchsbedingungen.

3.6 Maßnahmen zur Verbesserung des Verformungsvermögens

Es ist sehr schwer, grundsätzliche Anforderungen an das Maß der erforderlichen Duktilität von Stahlbeton- und Spannbetontragwerken quantitativ festzulegen, da hierfür die Art der Beanspruchung bekannt sein muß. Unsere Tragwerke müssen aber während ihrer Nutzungsdauer verschiedenartigen Beanspruchungen standhalten. Die Vorhersage, welche Lastkombination letztendlich zum Versagen des jeweiligen Tragwerks führen könnte, ist nahezu unmöglich. Als Faustregel kann jedoch gesagt werden, daß die gewünschte Duktilität die Aktivierung der Tragreserven in allen Tragwerksbereichen ermöglichen soll. Dieser Grundsatz würde sicherstellen, daß das Versagen der Tragwerke durch Bildung einer vollständigen Gelenkkette bestimmt und damit die höchstmögliche Traglast erreicht wird.

Zur Erzielung eines verbesserten Verformungsvermögens sei zuerst die Auswahl der Baustoffe genannt.

Hierzu ist in den Abb. G.3.26 und G.3.27 das Verformungsvermögen mit verschiedenen zulässigen Stahldehnungen und Betonstauchungen dargestellt.

Mit diesen beiden Bildern wird unmittelbar deutlich, daß der mechanische Bewehrungsgrad maßgeblichen Einfluß auf das Verformungsverhalten und auf die Wahl von Maßnahmen zur Erhöhung des Verformungsvermögens hat. So hat das Dehnvermögen des Stahls in einem hochbewehrten Querschnitt kaum Einfluß auf das Verkrümmungsvermögen, während in diesem Fall eine starke Umschließungsbewehrung und die damit verbundene Vergrößerung der Grenzstauchung der Biegedruckzone zu einer deutlichen Verbesserung des Verkrümmungsvermögens führt [Ziara et al. - 95], [Kent/Park - 71]. Auch die Anordnung einer entsprechenden Druckbewehrung steigert das Verformungsvermögen in diesem Fall weiter. Umgekehrt läßt sich das Verformungsvermögen im Falle kleiner Bewehrungsgrade nur durch eine Vergrößerung der zulässigen Stahldehnung verbessern. Auch der Einsatz von hochfestem Beton kann durch die Verminderung des mechanischen Bewehrungsgrads bei gleichem Stahlgehalt und etwa gleichem rechnerischem Bruchmoment zu einer

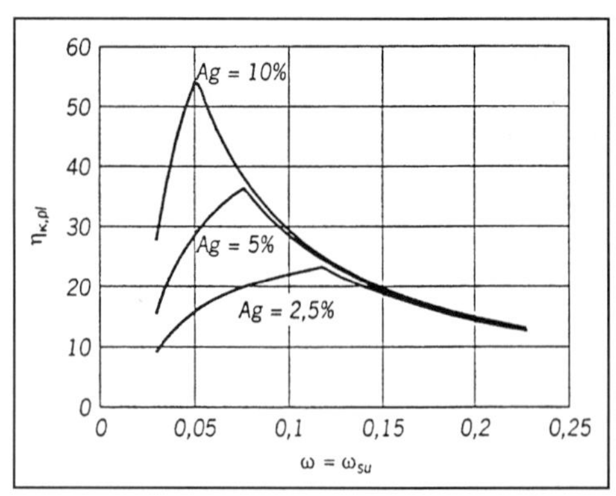

Abb. G.3.26 Duktilität über Bewehrungsgrad für Stahlbetonquerschnitt mit unterschiedlichen zulässigen Stahldehnungen A_g

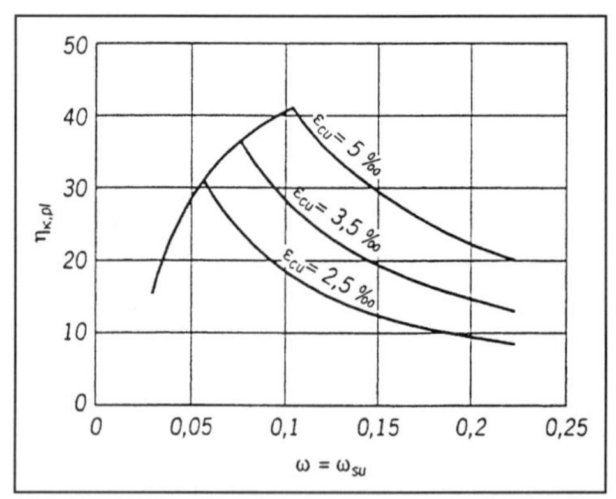

Abb. G.3.27 Duktilität über Bewehrungsgrad für Stahlbetonquerschnitt mit unterschiedlichen zulässigen Betonstauchungen ε_{cu}

Verbesserung des Verformungsvermögens beitragen. Dem entgegen steht das generell sprödere Verhalten des hochfesten Betons selbst. Für eine genauere quantitative Berechnung des gesteigerten Verformungsvermögens muß also das dem hochfesten Beton angepaßte Materialgesetz mit den entsprechenden Stauchungswerten bei Erreichen der größten Spannung ε_{c1} und der Grenzstauchung ε_{cu} verwendet werden. Außerdem muß die Wirkung des steiferen Verbunds berücksichtigt werden.

Als konstruktive Mindestanforderung sollte bei stark bewehrten Querschnitten die Tragkapazität der Druckzone größer als die der Zugzone gehalten werden, um das Erreichen des Stahlfließens vor Betonversagen sicherzustellen. Bei schwach bewehrten Querschnitten sind die Regeln der Mindestbewehrung einzuhalten, um ein sprödes Bruchverhalten auszuschließen. Immerhin stellen diese Regeln eine Versagensankündigung durch große Verformungen oder auffällige Rißbildung bei Überlastung oder Spannstahlschäden sicher.

Diese Mindestbewehrung reicht aber nicht notwendig aus, um genügend plastisches Rotationsvermögen zur Ausbildung einer vollständigen Gelenkkette bereitzustellen. Hierbei spielt die versteifende Mitwirkung des Betons zwischen den Rissen eine entscheidende Rolle. In diesem Zusammenhang ist darauf hinzuweisen, daß die Auswahl des Stabstahldurchmessers eine Kompromißlösung zwischen Duktilität und Begrenzung der Rißbreite darstellt. Für die Beschränkung der Rißbreiten ist ein kleinerer Stabstahldurchmesser hilfreich. Dies vermindert aber die Verformungsfähigkeit des Tragwerks deutlich, insbesondere bei einem kleineren Bewehrungsgrad.

Um das Ziel eines duktilen Bauteilverhaltens zu erreichen, ist also eine untere und eine obere Begrenzung des mechanischen Bewehrungsgrads sinnvoll. Als untere Grenze kann die Bewehrung zur Abdeckung des Rißmoments festgelegt werden. Hierdurch kann ein sprödes Versagen bei schwach bewehrten Querschnitten ausgeschlossen werden.

Für die Festlegung einer oberen Grenze können verschiedene Ansätze verfolgt werden. Als Minimalforderung könnte die Sicherstellung des Stahlfließens vor Erreichen der Bruchlast gelten. Die Wirkung einer Druckbewehrung kann grob vereinfachend dadurch berücksichtigt werden, daß der zulässige wirksame mechanische Bewehrungsgrad durch Abzug des entsprechenden ω_{sys}-Werts eingehalten wird:

$$\text{eff } \omega = \omega_{su} + \omega_{pu} - \omega_{sys}$$

Bedingung für die Anwendbarkeit dieses einfachen Ansatzes ist eine ausreichende Querschnittsdicke, so daß die Druckbewehrung tatsächlich aktiviert werden kann.

Durch die Sicherstellung des Stahlfließens kann zwar nicht unmittelbar eine Aussage über die absolute Größe der möglichen Schnittgrößenumlagerung gemacht werden, jedoch ist in der Regel ein gutmütiges Verhalten der Bauwerke zu erwarten; ein sprödes Versagen kann ebenfalls vermieden werden.

In diesem Zusammenhang ist zu erwähnen. daß die vereinfachten Ansätze des EC 2 Teil 1 zur Ermittlung der zulässigen Umlagerung in Abhängigkeit von der relativen Druckzonenhöhe x/d nur für besondere Lastanordnungen und Schlankheiten gelten. Die Anwendung dieser Regeln sollte deshalb ähnlich wie die 15%-Umlagerungsregel von DIN 1045 auf Bauten des üblichen Hochbaus beschränkt werden.

3.7 Vor- und Nachteile der nichtlinearen Verfahren

Aus heutiger Sicht besteht der größte Vorteil der nichtlinearen Verfahren darin, daß die Berücksichtigung des nichtlinearen Last-Verformungs-Verhaltens und der daraus folgenden steifigkeitsabhängigen Schnittgrößenverteilung in statisch unbestimmten Tragwerken grundsätzlich zu einer größeren Freiheit bei der Bemessung von Stahlbeton- und Spannbetontragwerken führt. So kann durch eine entsprechende Bewehrungsanordnung und der auf diese Weise gesteuerten Steifigkeitsverteilung der Schnittgrößenverlauf gezielt beeinflußt werden. Zusammenfassend kann folgendes gesagt werden:

Wenn auf ein statisch unbestimmtes Bauteil nur ein einziger Lastfall wirkt, können sich keine Werkstoffeinsparungen aus Schnittgrößenumlagerungen ergeben, da die erforderliche Stahlmenge aus Gleichgewichtsgründen nicht vermindert werden kann. Es kann lediglich eine Umverteilung der Bewehrung, z. B. von den Stützbereichen eines Durchlaufträgers in die Feldbereiche, ermöglicht werden.

Die grundsätzliche Möglichkeit der freieren Bewehrungsverteilung kann aber auch ohne Werkstoffeinsparung durch eine rationellere Bewehrungsanordnung mit verminderter Fehleranfälligkeit und einer gleichmäßigeren Ausnutzung der Werkstoffe in den verschiedenen Tragwerksbereichen von Vorteil sein. Große Bewehrungskonzentrationen können vermieden und eine Verbesserung der baulichen Durchbildung kann ermöglicht werden.

In der Regel führt die bewußte Ausnutzung der Schnittgrößenumlagerung zu einer Verbesserung des Verformungsvermögens der Tragwerke. Querschnitte, in denen der Beton hoch ausgenutzt wird, können durch gezielte Umverteilung der Bewehrungsanordnung entlastet werden. Die Folge sind duktilere Bauteile, die weniger empfindlich gegen in der Bemessung nicht berücksichtigte Zwangbeanspruchungen sind und ein weniger sprödes Bruchverhalten zeigen.

Durch Verformungslastfälle (Temperatur, Stützensenkung usw.) induzierte Schnittgrößen werden bei Berücksichtigung der Steifigkeitsabnahme infolge Rißbildung oder Plastizierens deutlich abgemindert. Bewehrungseinsparungen gegenüber einer elastischen Bemessung sind möglich [Eibl/Retzepis - 95]. Das notwendige Verformungsvermögen zur verträglichen Aufnahme von Verformungslastfällen muß dann aber bei der Ausnutzung von Schnittgrößenumlagerungen berücksichtig werden.

G

Auch bei hohen Verkehrslastanteilen können sich Einsparungsmöglichkeiten ergeben, da durch die Ausnutzung von Schnittgrößenumlagerungen die Bemessung nach Momentengrenzlinien ganz oder zumindest teilweise aufgegeben werden kann. Abb. G.3.28 zeigt beispielhaft die Schnittgrößenentwicklung für einen vorgespannten Zweifeldträger mit T-Querschnitt unter verschiedenen Lastfällen. Der Lastfaktor ist dabei jeweils auf die Verkehrslast bezogen, d. h., für den Lastfaktor Null sind Eigengewicht und Vorspannung bereits voll wirksam. Die jeweils gegenläufige Abweichung von Stütz- und Feldmoment in den beiden Lastfällen führt zu einer Abminderung des extremalen Feldmomentes.

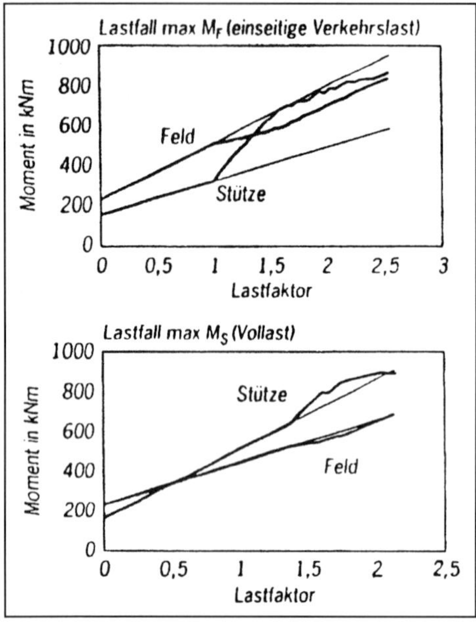

Abb. G.3.28 Entwicklung der Schnittgrößen eines Zweifeldträgers über dem Lastfaktor für verschiedene Lastfälle

Bei Stahlbetontragwerken und teilweise vorgespannten Spannbetontragwerken ist eine Ausnutzung der Schnittgrößenumlagerung auch bei den Nachweisen des Gebrauchszustands möglich. Hier können sich eine Umverteilung der rißbreitenbegrenzenden Bewehrung oder erheblich verminderte Schnittgrößen aus Zwangbeanspruchungen günstig auswirken. Andererseits können die Anforderungen an die Gebrauchstauglichkeit die ausnutzbaren Schnittgrößenumlagerungen im rechnerischen Bruchzustand einschränken.

In voll oder beschränkt vorgespannten Spannbetonbauteilen bestimmen in der Regel die Spannungsnachweise des Gebrauchszustands die erforderliche Spannstahlmenge. Da unter Gebrauchslastbedingungen nicht mit Rißbildung zu rechnen ist, können sich keine Vorteile aus Schnittgrößenumlagerungen ergeben. Die ohnehin vorhandenen Tragreserven im rechnerischen Bruchzustand werden durch die Möglichkeit der Schnittgrößenumlagerung noch erhöht. Die Anwendung nichtlinearer Verfahren kann sich somit bei voll oder beschränkt vorgespannten Tragwerken nicht auf die Regelbemessung auswirken. Erst wenn katastrophenartige Lastfälle zusätzlich zu untersuchen sind, können sich aus der Ausnutzung des nichtlinearen Verhaltens günstige Wirkungen auf die Bemessung ergeben.

Parallel zu den Vorteilen sind bei Anwendung nichtlinearer Verfahren auch Nachteile zu erwarten (siehe auch [Quast - 94]). Die wesentlichen Nachteile sind:

Ein bedeutender Nachteil der nichtlinearen Verfahren liegt in der Ungültigkeit des Superpositionsprinzips. Bei einer großen Anzahl zu kombinierender Lastfälle ergibt sich ein sehr großer Rechenaufwand zur Bestimmung der maßgebenden Lastfallkombination.

Bei den „echten" nichtlinearen Verfahren ist eine Trennung zwischen Bemessung und Schnittgrößenermittlung nicht möglich. Dies bedeutet, daß vor der nichtlinearen Berechnung die Querschnittsabmessungen und die Bewehrungsanordnung bekannt sein oder aus einem ersten linearen Rechengang programmintern gewonnen werden müssen. Die Durchführung der nichtlinearen Berechnung dient dann als Überprüfung der ausreichenden Gebrauchstauglichkeit und Tragfähigkeit. Streng genommen macht jede nachträgliche Veränderung der die Steifigkeitsverteilung beeinflussenden Größen eine Wiederholung des gesamten Rechengangs notwendig.

Abschließend kann festgestellt werden, daß die genaue nichtlineare Berechnung in der Forschung bereits seit geraumer Zeit für die Nachrechnung von Versuchen mit parallel ermittelten Stoffgesetzen erfolgreich benutzt wird. Ein wesentlicher Anwendungsbereich ergibt sich deshalb für die Nachrechnung vorhandener Tragwerke, die z. B. infolge einer Nutzungsänderung oder im Rahmen von Umbaumaßnahmen auf ihre Tragfähigkeit hin neu untersucht werden müssen. Für die allgemeine und sinnvolle Anwendung bei praktischen Bemessungsaufgaben muß die Forschung auf diesem Gebiet noch intensiviert werden. Dies betrifft besonders die noch vorhandenen Probleme zwischen Anwendung der Materialgesetze zur Beschreibung des tatsächlichen Tragwerkverhaltens über den gesamten Belastungsbereich und der Gewährleistung eines einheitlichen Sicherheitsabstands.

Dem Anwender in der Praxis werden zur Zeit bereits vereinfachte Verfahren zur Verfügung gestellt [EC 2 - T1]. Hierbei soll erwähnt werden, daß eine Schnittgrößenumlagerung in Abhängigkeit von der relativen Druckzonenhöhe nicht gedankenlos angewendet werden sollte (siehe Abschnitte 3.5 und 3.6). Die Umlagerung der Schnittgrößen mit einem Nachweis der zulässigen plastischen Rotation ist in der Regel vorzuziehen.

3.8 Zusammenfassung

Die Anwendung nichtlinearer Verfahren im Massivbau bietet einige Vorteile hinsichtlich der Bewehrungsanordnung und -menge. Darüber hinaus kann das tatsächliche Last-Verformungs-Verhalten von Stahlbeton- und Spannbetontragwerken nur mit den nichtlinearen Verfahren vorausgesagt werden. Deshalb ist es zu erwarten, daß die nichtlinearen Verfahren mehr und mehr Eingang in die Bemessungspraxis finden werden.

Die bisher geschaffenen Grundlagen auf diesem Gebiet reichen jedoch noch nicht aus, um ein widerspruchsfreies Bemessungskonzept für die Praxis zu formulieren. Der Anhang A 2 des EC 2 Teil 1 zur Ermittlung der Schnittgrößen mit nichtlinearen Verfahren sollte überarbeitet werden. In Deutschland geschieht dies derzeit in Zusammenhang mit der Neufassung der DIN 1045.

Besonders im Hinblick auf die verstärkte Anwendung numerischer Verfahren mit Hilfe von Computern für die Bemessung von Stahlbeton- und Spannbetontragwerken sollte ein neues Sicherheitskonzept entwickelt werden, welches die Einflüsse der Baustoffeigenschaften, der verschiedenen Lastarten und -anordnungen und des Systems gleichzeitig berücksichtigt. Das bisherige Sicherheitskonzept berücksichtigt den Einfluß des statischen Systems nicht. Deshalb kann es auch nicht ohne Anpassung auf die nichtlinearen Bemessungsverfahren übertragen werden. Darüber hinaus müssen verschiedene Detailprobleme geklärt werden, insbesondere hinsichtlich der zutreffenden Beschreibung des Verformungsvermögens und der konstruktiven Durchbildung zur Erhöhung der Duktilität.

H BEITRÄGE FÜR DIE BAUPRAXIS

Dr.-Ing. Hans-Peter Andrä und Prof. Dr.-Ing. Ralf Avak (Abschnitt H.1),
Dr.-Ing. Ralf Gastmeyer (Abschnitt H.2)

Materialreduktion im Außenbereich

H Beiträge für die Baupraxis

1 Hinweise zur Bemessung von punktgestützten Platten

Die Autoren widmen diesen Beitrag Herrn Dr.-Ing. Klaus Stiglat für seine Leistungen als Ingenieur und als Schriftleiter der Zeitschrift „Beton und Stahlbetonbau". Herr Dr. Stiglat hat diese Fachzeitschrift durch kritische Bewertung der auszuwählenden Beiträge in den vergangenen Jahrzehnten als die international anerkannte deutsche Fachpublikation auf dem Gebiet der Betonbauweise geführt. Die Autoren hoffen, daß Herr Dr. Stiglat auch nach seinem Ausscheiden als Schriftleiter die ihm eigene Energie weiterhin für das Ansehen der Bauingenieure einsetzt.

1.1 Einleitung

Punktgestützte Platten werden mit konstanter Plattenstärke als *Flachdecke* und mit Verstärkungen im Stützenbereich als *Pilzdecke* angewendet. Diese Deckenformen bieten im Hochbau außerhalb des Wohnungsbaus Vorteile gegenüber kontinuierlich (auf Unterzügen) gelagerten Platten:

- Da der technische Ausbau nicht durch störende Unterzüge eingeschränkt wird, muß in der Phase der Tragwerkplanung eine sehr viel geringere Abstimmung zur Installationsführung erfolgen.
- Durch ebene Deckenuntersichten (fehlende Unterzüge) sind Nutzungsänderungen auch nach Fertigstellung des Bauwerks einfacher möglich, da die Raumaufteilung frei ist.
- Ebene Betonunterflächen vereinfachen die Schalarbeiten und beschleunigen den Bauablauf. Bei modernen Schalsystemen gilt dies auch für Pilzdecken, sofern die Pilzköpfe quaderförmig sind.
- Es sind große Stützenabstände möglich, insbesondere bei vorgespannten Deckenplatten.
- Die Konstruktionshöhe der Gesamtdecke ist geringer als bei liniengestützten Platten mit Unterzügen. In Einzelfällen kann dies zur Realisierung eines zusätzlichen Geschosses bei derselben Traufhöhe führen oder auch zu einer geringeren Baugrubentiefe (z. B. bei mehrgeschossigen Tiefgaragen), was insbesondere bei Bauwerkssohlen unterhalb des Grundwasserspiegels günstig ist.

Ein vormals vorhandener erhöhter Aufwand, um die Schnittgrößen (speziell bei unregelmäßiger Stützenstellung) zu ermitteln, ist durch die Möglichkeiten moderner Finite-Element-Berechnungen mit entsprechenden Pre- und Postprogrammen minimiert.

1.2 Tragverhalten und Schnittgrößen

1.2.1 Tragverhalten bei punktgestützten Platten auf Biegung

Wie bei linienförmig (kontinuierlich) gestützten Platten läßt sich auch bei punktgestützten Platten das Tragverhalten gut über die Analogie der Streifenmethode erklären. Es ist lediglich erforderlich, mit *zwei* Streifenmodellen entsprechend der Bewehrungsanordnung zu operieren, jeweils eines für die Biegezugbewehrung und eines für die Durchstanzbewehrung.

Die Modellierung für die Streifen der Biegezugbewehrung erfolgt in Richtung der Bewehrung, in der Regel somit orthogonal in x- und y-Richtung. Bei linienförmig gestützten Platten wird die Last anteilig auf die beiden Richtungen verteilt und dann von den Unterzügen auf die Stützen abge-

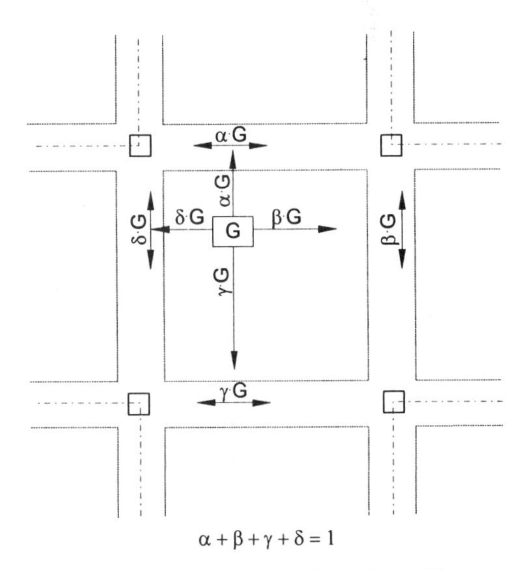

Abb. H.1.1 Lastabtrag bei punktgestützten Platten

H

tragen. Bei punktgestützten Platten treten anstelle der Unterzüge lediglich die Gurtstreifen (Abb. H.1.1). Es ist leicht zu erkennen, daß somit in jeder der beiden Richtungen die volle Last abgetragen wird ($\Sigma\{\alpha+\beta+\gamma+\delta\}=1$). Bei Schnittgrößenermittlung mit der Streifenmethode nach [DAfStb-H 240 – 91] Abschnitt 3.4 ist daher die *volle* Last (und nicht etwa Lastanteile) in die Gleichungen einzusetzen.

Wenn die Biegemomente ermittelt werden, bilden die Rasterlinien der Stützen die gedachten Stützungen der Streifen (Ersatzdurchlaufträger mit der Breite eines Feldes). Die am Ersatzdurchlaufträger ermittelten Biegemomente können dann mit den Verteilungswerten nach [DAfStb-H 240 – 91] Bild 3.4 in Querrichtung verteilt werden. In Abb. H.1.2 wird der Anwendungsbereich dieser Verteilungsbeiwerte für beliebige Stützweitenverhältnisse bis hin zur einachsig linienförmig gelagerten Platte erweitert.

Eine andere Näherungslösung macht sich die Tatsache zunutze, daß das Plattenbiegemoment über der Stütze im wesentlichen nur von der Auflagerkraft selbst und weiterhin von der Aufstandsfläche abhängt. In [Stiglat/Wippel – 1983] werden daher Momentenkoeffizienten η für das Plattenbiegemoment über Einzellasten angegeben. Hiernach ergibt sich je nach Aufstandsfläche ein Biegemoment in der Größenordnung vom 0,16fachen bis zum 0,25fachen der Einzellast. Diese Rechnung ist dimensionsecht, weil das Plattenbiegemoment die Dimension einer Kraft hat (kNm/m = kN). Dieselbe Größenordnung für ein Stützmoment ergibt sich nach der Gurtstreifenmethode. Beispielsweise betragen das Stützmoment und die Querkraft bei einem dreifeldrigen Durchlaufträger an der ersten Innenstütze unter Vollast für ein quadratisches Stützraster der Flachdecke:

$$M_S = 0{,}10\, q \cdot l \cdot l^2$$
$$Q = 1{,}099\, q \cdot l \cdot l$$

Mit dem Verteilungskoeffizienten $\nu_{ss} = 2{,}1$ (vgl. Abb. H.1.2) erhält man das Stützmoment im Gurtstreifen und damit den Momentenkoeffizienten η:

$$m_{SS} = \nu_{SS} \frac{M_S}{l} = 0{,}21\, q \cdot l^2$$

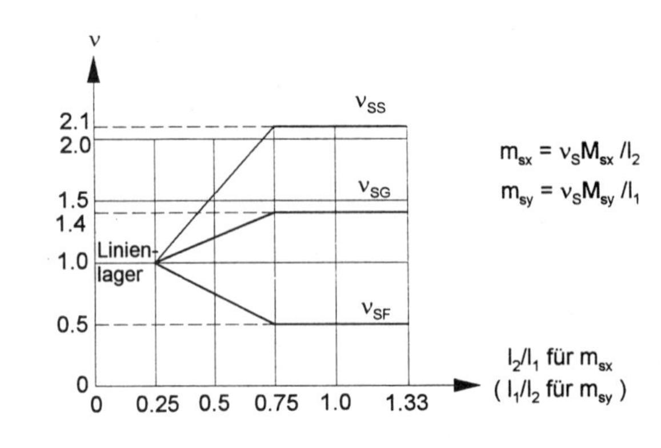

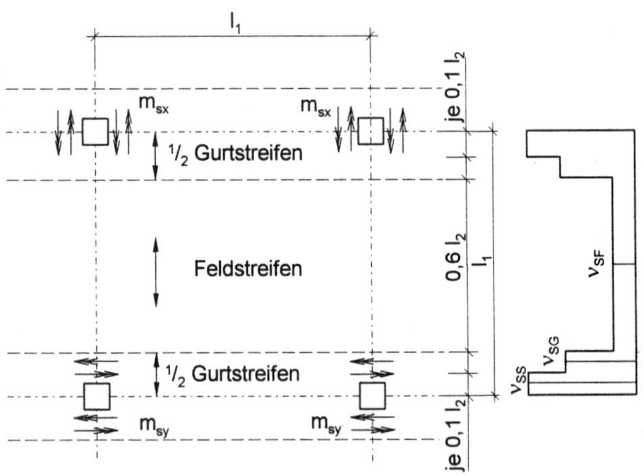

Abb. H.1.2 Verteilung der Biegemomente nach dem Streifenverfahren bei unterschiedlichen Stützweiten in x- und y-Richtung

$$\eta = \frac{M_S}{q} = \frac{0{,}21\, q \cdot l^2}{1{,}099\, q \cdot l^2} \approx 0{,}2$$

Auch Berechnungen nach der FE-Methode liefern bei punktgestützten Platten ein Anschnittsmoment an den Stützen von

$$m_{SS} \approx 0{,}2\, q \cdot l^2$$

Es unterscheiden sich lediglich je nach Rasterung und verwendetem Elementtyp die Spitzenwerte im Bereich der Singularität. Bei einer sinnvollen Kappung dieser Momentspitze und einem seitlichen Flächenausgleich (= Bewehrungsausgleich) läßt sich daher der Bemessungswert des Stützmomentes im Gurtstreifen näherungsweise ermitteln mit

$$m_{SS} \approx \frac{Q}{5} \qquad \text{(H.1.1)}$$

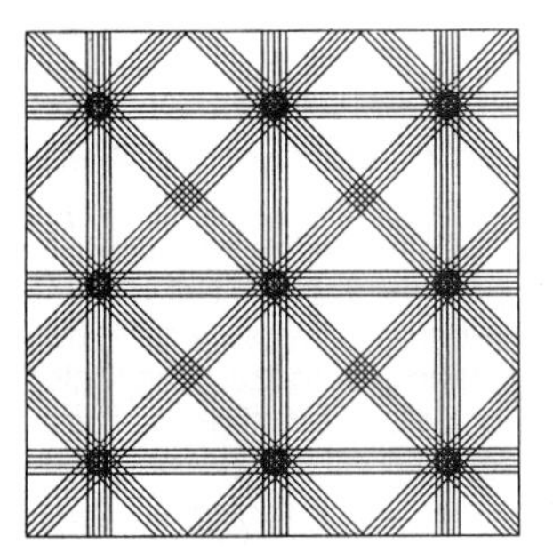

Abb. H.1.3 Tragstreifen in Platten

1.2.2 Tragverhalten auf Durchstanzen bei punktgestützten Platten

Bei kontinuierlich gestützten Platten haben Querkraftabtrag und Biegemomente einen Verlauf in derselben Richtung (Abb. H.1.3). Dies gilt insbesondere in den Plattenbereichen, in denen die Extremwerte auftreten. Diese Aussage gilt zwar nicht in den Ecken beidseitig gestützter Ränder von Platten, da hier durch die Drillmomente eine Veränderung der Hauptmomente auftritt, jedoch sind derartige Bereiche bei regelmäßigen Rechteckplatten für die Querkraftbemessung nicht relevant.

Wenn die extremalen Querkräfte an Stellen (und in Richtung) der extremalen Biegemomente auftreten, kann über die Kornverzahnung in der Biegedruckzone ein wesentlicher Anteil der Querkraftbeanspruchung abgetragen werden. Dies ist neben der Tatsache nicht vorhandener parallel zur Stützung verlaufender durchgehender Risse der wesentliche Grund, daß liniengestützte Platten ohne Schubbewehrung ausgeführt werden dürfen. In diesem Tragverhalten besteht ein wesentlicher Unterschied zu punktgestützten Platten.

Bei punktgestützten Platten erfolgt demgegenüber der Lastabtrag von Querkräften und Biegemomenten nur bei geringer Beanspruchung radial und damit in gleicher Richtung. Mit zunehmender Beanspruchung bewirkt die Rißbildung infolge der Biegemomente über der Stütze eine Veränderung der Steifigkeiten. Dies führt zu einer Umlagerung der Biegemomente in die tangentiale Richtung (Abb. H.1.3). Es bilden sich Druckringe an der Unterseite der Platte und Zugringe auf der Oberseite. Die punktgestützte Platte verhält sich wie eine lochrandgestützte Platte. Durch diese Umlagerung tritt in radialer Richtung keine ausgeprägte Biegedruckzone auf, und eine nennenswerte Querkraftübertragung über die Kornverzahnung ist nicht möglich. Weiterhin kann die Platte auch nicht die Stütze wie bei einem Balkenauflager einklemmen (Abb. H.1.4). Es kann daher zu dem mit „Durchstanzen“ beschriebenen

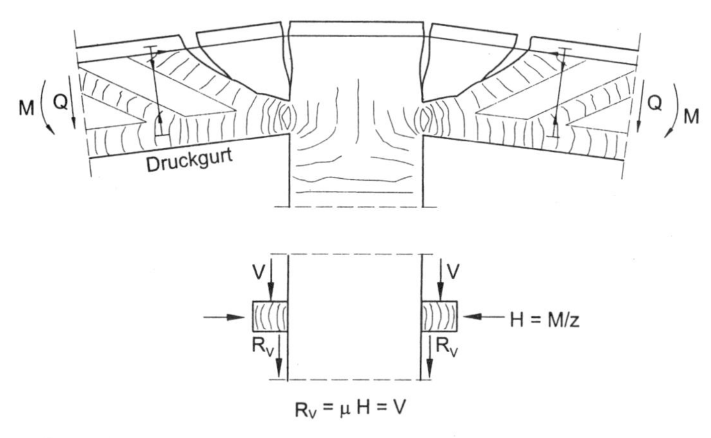

Druckdiagonale und Druckgurt am Rand der Stützung eines Durchlaufträgers; die Druckkraft *H* steigt mit zunehmender Momentenbeanspruchung an und erzeugt einen "Reibungskraftschluß".

Abb. H.1.4 Lasteinleitung in die Stützung eines Balkenauflagers

H

Versagen kommen. Außerdem ist das Tragvermögen ohne entsprechende Bewehrung deutlich geringer als bei kontinuierlich gestützten Platten (vgl. hierzu auch Anmerkungen zum Schubtal nach Kani in [Andrä – 81]).

1.2.3 Modell für das Durchstanzversagen

Aus dem zuvor beschriebenen Tragverhalten läßt sich ein Stabwerkmodell bilden (Abb. H.1.5). Dieses Stabwerkmodell besteht aus geneigten Betondruck- und Betonzugdiagonalen in radialer Richtung sowie ringförmig um die Stützung verlaufende Betondruck- und Stahlzugringe. Diese Ringe werden ebenfalls durch Diagonalen verbunden. Bei einem rotationssymmetrischen Spannungszustand (Innenstütze) sind diese Diagonalen ohne Kräfte (sie sind in Abb. H.1.5 nicht dargestellt). Weiterhin bilden sich im Stützenbereich fächerförmige Druckstreben, die direkt auf die Stützung laufen.

Die Beanspruchung in den radial verlaufenden Diagonalen wächst zur Stützung. Bei Platten ohne Durchstanzbewehrung versagen daher zunächst die stützennahen Betonzugdiagonalen bei Überschreiten der Betonzugfestigkeit. Durch die Rißbildung werden die stützennächsten fä-

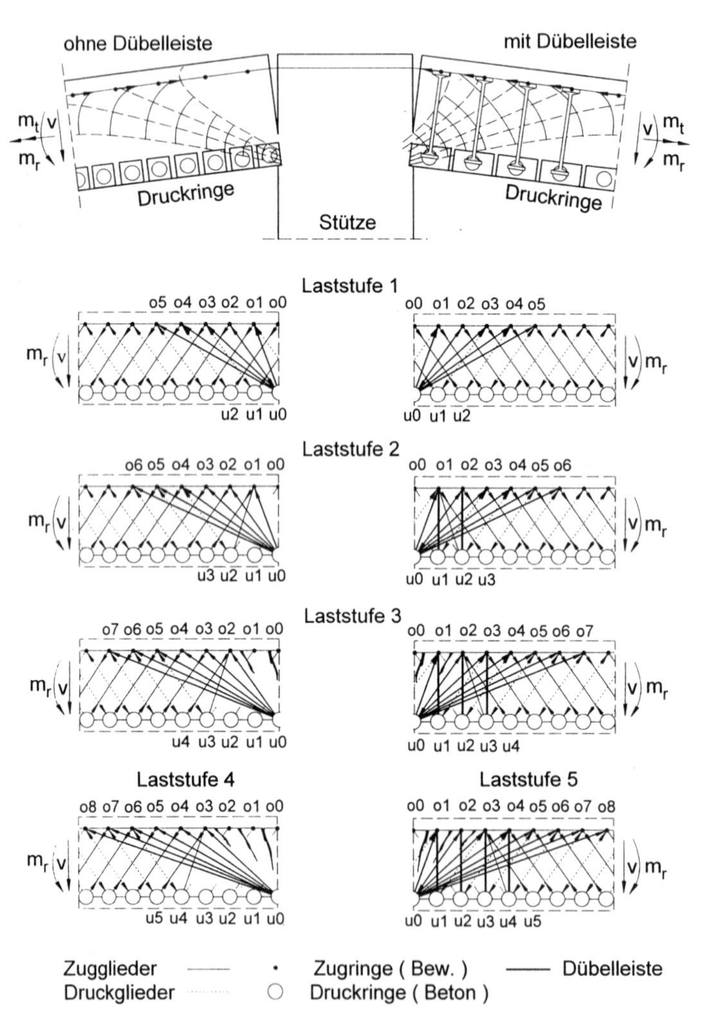

Abb. H.1.5 Stabwerkmodell für eine punktgestützte Platte ohne (linke Abbildungshälfte) und mit (rechte Abbildungshälfte) Durchstanzbewehrung

cherförmigen Druckstreben unwirksam, da durch den Ausfall der Betonzugdiagonalen die Knoten (z. B. o1) keine Kräfte mehr erhalten. Das Tragwerk lagert die nicht mehr übertragbaren Querkraftanteile um, indem zusätzliche fächerförmige und dabei flacher verlaufende Druckstreben aktiviert werden (Abb. H.1.5). Diese sind jedoch nicht sehr wirkungsvoll, und das Tragvermögen ohne Durchstanzbewehrung ist schnell erschöpft. Weiterhin wird durch progressives Rißwachstum die Druckzone immer weiter eingeschnürt (Abb. H.1.6). Wenn sich kein neuer Gleichgewichtszustand vom Tragwerk mehr finden läßt, versagen die weiteren Betondruckstreben in einem „Domino-Effekt", und es kommt zum plötzlichen Versagen. Die Risse wachsen bis zur Unterseite der Platte und stellen Trennrisse dar (der klassische Durchstanzkegel ist entstanden).

Demgegenüber können durch eine Durchstanzbewehrung die ausgefallenen Betonzugdiagonalen ersetzt werden, so daß auch bei höherer Beanspruchung die Knoten im Obergurt (o1, o2, o3) Kräfte erhalten und damit die fächerförmigen Druckstreben wirksam bleiben können. Somit ist eine deutliche Traglaststeigerung gegenüber Platten ohne Durchstanzbewehrung möglich. Der geringere Schlupf von Dübelleisten gegenüber einer Bewehrung aus Betonstahl bewirkt, daß die oberen und unteren Plattenteile quasi verklammert werden und der Trennriß langsamer fortschreiten kann. Bei Durchstanzbewehrungen mit tragender unterer Leiste, die bis auf die Stütze geführt werden, wird weiterhin die untere Einmündungszone (Abb. H.1.6). verstärkt, so daß der Trennriß erst bei noch höheren Lasten als ohne diese Leiste entstehen kann (siehe Seite H.12).

Aus diesem Tragverhalten können direkt die folgenden Anforderungen an eine Durchstanzbewehrung postuliert werden:

- *Ausreichende Querschnittsfläche* der Durchstanzbewehrung, um den Querkraftanteil aufnehmen zu können.
- *Einhalten von Höchstabständen* der Durchstanzbewehrung, um ein Fachwerkmodell zu ermöglichen, und eines *Mindestabstandes der stützennächsten Bewehrung*, damit die erste Druckstrebe den Knoten erreichen kann.
- *Sicherstellen der Kraftübertragung im Knoten ohne Schlupf*; bei Dübelleisten erfolgt dies durch einen ausreichend großen Kopf ($3d_s$). Gefährdet sind insbesondere die unteren Köpfe der stützennahen Dübel von Doppelkopfdübelleisten, da diese aus der kleinen Druckzone herausreißen können (Abb. H.1.6).

Weiterhin wird angenommen, daß anstatt der fächerförmigen direkten Druckstreben, die zu stützenentfernteren Knoten führen, auch ein klassisches Fachwerk möglich ist:

- *Bemessen* der *stützennahen Dübel* im Bereich c (vgl. Seite H.11) für die *volle Auflagerkraft.*

1.2.4 Hinweise zur Schnittgrößenermittlung

Die Schnittgrößen punktgestützter Platten werden üblicherweise mit einem Programm auf Basis der FE-Methode ermittelt. Die Art der Modellie-

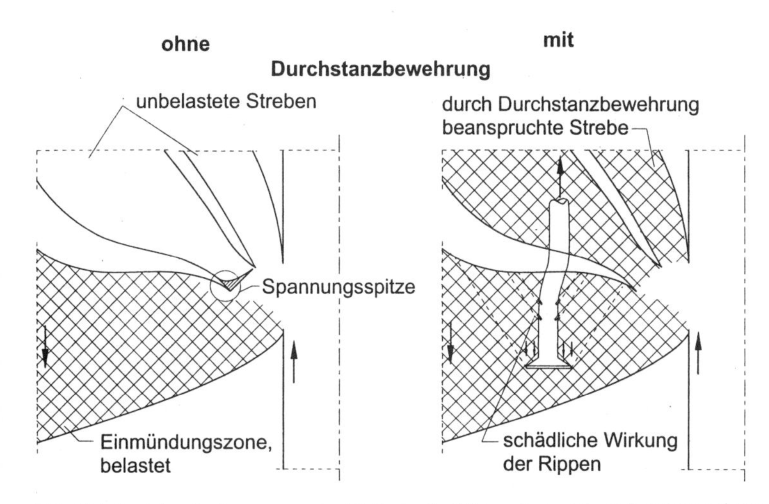

Abb. H.1.6 Einmündungszone der Platte in die Stütze ohne und mit Durchstanzbewehrung

H

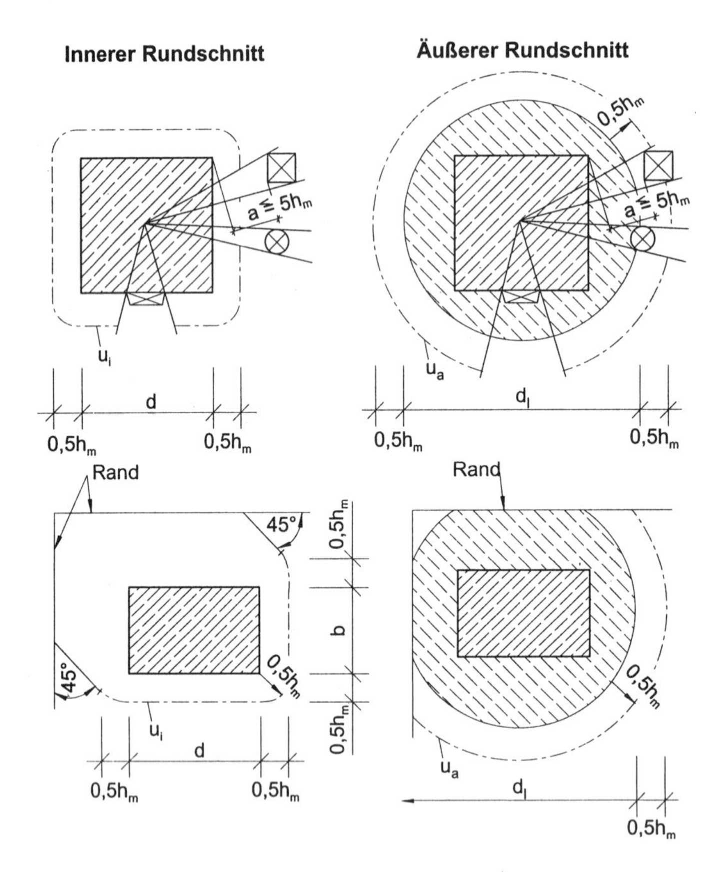

Abb. H.1.7 Innerer und äußerer Rundschnitt

rung der Stützungen wie die Größe der Finiten Elemente und die evtl. Berücksichtigung eines biegesteifen Stützenanschlusses haben hierbei Auswirkungen auf die Bemessung:

Die Ausgabe der Biegemomente (oder der erforderlichen Biegezugbewehrung) über den Stützungen unterscheidet sich bei unterschiedlichen Programmen stark, je nachdem, an welchen Stellen im Verhältnis zur Stützenmitte und zum Stützenrand die Werte ausgegeben werden und ob das Programm eine Glättung der Werte an Diskontinuitätstellen (Knoten) vornimmt oder nicht. Wesentlich sind für die Bemessung jedoch nicht die Extremalwerte, sondern die Integrale der Flächen, d. h. bei Momentenausgabe (in kNm/m) das abzudeckende Gesamtmoment (in kNm) bzw. bei Bewehrungsausgabe (in cm^2/m) die Gesamtbewehrung (in cm^2). Eine sinnvolle Verteilung der Bewehrung erhält man z. B. mit Gl. (H.1.1).

Weitere Hinweise zur Interpretation von FE-Berechnungen sind in [Tompert – 97] zu finden.

Wesentlich ist weiterhin – wie bereits erwähnt – die Modellierung des Stützenanschlusses. Biegesteife Verbindungen haben nicht nur Auswirkungen auf die Momente, sondern auch auf die Querkräfte (die Stützungen ziehen Lastanteile an!). Zur Veranschaulichung sei auf die unterschiedlichen Auflagerkräfte beim Einfeldträger mit auf einer Seite frei drehbarer und auf der anderen Seite voll eingespannter Lagerung im Vergleich zum Einfeldträger mit beidseitiger Einspannung hingewiesen. Im ersten Fall beträgt die Auflagerkraft am frei drehbaren Lager $A = 0{,}375\, q{\cdot}l$, im zweiten Fall $A = 0{,}5\, q{\cdot}l$, also 33% mehr. Plattenberechnungen mit Finiten Elementen liefern *für Innenstützen* immer richtige Ergebnisse. Dementsprechend ist es auch nicht erforderlich, bei ungleichen Stützweiten zur Berücksichtigung der sogenannten Lastausmitte den Rechenwert der Schubspannung τ_r (siehe S. H.9) um 40 % zu erhöhen ([DIN 1045 – 88], 22.5.1.1 (3)).

Für Rand- und Eckstützen ist diese Erhöhung jedoch sehr wohl erforderlich, wenn diese *nicht* als biegesteif angeschlossen modelliert wurden. Dies deckt dann die zusätzlich aus der Einspannung zu erwartende Zusatzquerkraft ab. Das Einspannmoment kann hierbei mit den bekannten Rahmenformeln des c_o-c_u-Verfahrens nach [DAfStb-H 240 – 91] Kap. 3.5 ermittelt werden.

1.3 Durchstanznachweis

1.3.1 Ohne Durchstanzbewehrung

Die Bemessung ist nach [DIN 1045 – 88], 22.5 oder nach [ENV 1992-1-1 – 92], 4.3.4 möglich.

An dieser Stelle werden nur die Grundgleichungen des Nachweises nach DIN 1045 für Innenstützungen angegeben, da der Regelnachweis als dem Praktiker bekannt angenommen wird (siehe z. B.: [Avak – 92] bzw. [Avak – 96]). Der Nachweis erfolgt in der gedachten Bruchfläche eines Ersatzzylinders im Abstand $0{,}5h_m$ von einer (Ersatz-)Kreisstütze.

$$\tau_r = \frac{Q_r}{u \cdot h_m} \qquad \text{(H.1.2)}$$

mit Q_r maßgebende Querkraft
u Umfang des Ersatzzylinders
h_m mittlere stat. Höhe in x- und y-Richtung

$$\tau_r \leq \kappa_1 \cdot \tau_{011} \qquad \text{(H.1.3)}$$

$$\kappa_1 = 1{,}3 \cdot \alpha_s \cdot \sqrt{\mu_g} \qquad \text{(H.1.4)}$$

mit α_s Bewehrungsbeiwert
μ_g mittl. geom. Bewehrungsgrad im Bereich des Durchstanzkegels

Bei der Ermittlung der Rechenwerte der Schubspannung τ_r im Rundschnitt kann bei Innenstützungen davon ausgegangen werden, daß die Schubspannung längs des Rundschnittes (in Bereichen ohne randnahe Aussparungen) gleichmäßig verteilt ist. Dies trifft insbesondere auch bei ungleichen Stützweiten zu. Hier wird in der Praxis häufig der Fehler gemacht, daß die Lasteinzugsfläche aus einem beispielsweise kürzeren Randfeld zu gering abgeschätzt wird, was dann zu einer naheliegenden, aber irrigen Anschauung verleitet, daß die Querkräfte vorwiegend einseitig aus dem größeren Innenfeld zur Stütze hin verlaufen. Tatsächlich zieht die erste Innenstütze insbesondere aus einem kurzen Randfeld erhebliche Lasten an, die vereinfachend denen aus dem folgenden Innenfeld gleichgesetzt werden können.

Eine Erhöhung der Rechenwerte der Schubspannung τ_r um 40 % ([DIN 1045 – 88], 22.5.1.1 (3)) ist nur bei Rand- und Eckstützen mit Annahme frei drehbarer Lagerung für die Schnittgrößenermittlung erforderlich.

1.3.2 Mit Durchstanzbewehrung aus Bügeln

Sofern Gl. (H.1.3) nicht erfüllt werden kann, ist die Schubspannung begrenzt auf

$$\tau_r \leq \kappa_2 \cdot \tau_{02} \qquad \text{(H.1.5)}$$

$$\kappa_2 = 0{,}45 \cdot \alpha_s \cdot \sqrt{\mu_g} \qquad \text{(H.1.6)}$$

Infolge Schlupf der Betonstahlbewehrung insbesondere bei dünnen Platten entzieht sich diese Form der Durchstanzbewehrung aus Bügeln der Kraftaufnahme, und die Stäbe übernehmen nicht den Anteil der sich laut Bemessung ergebenden Kraft.

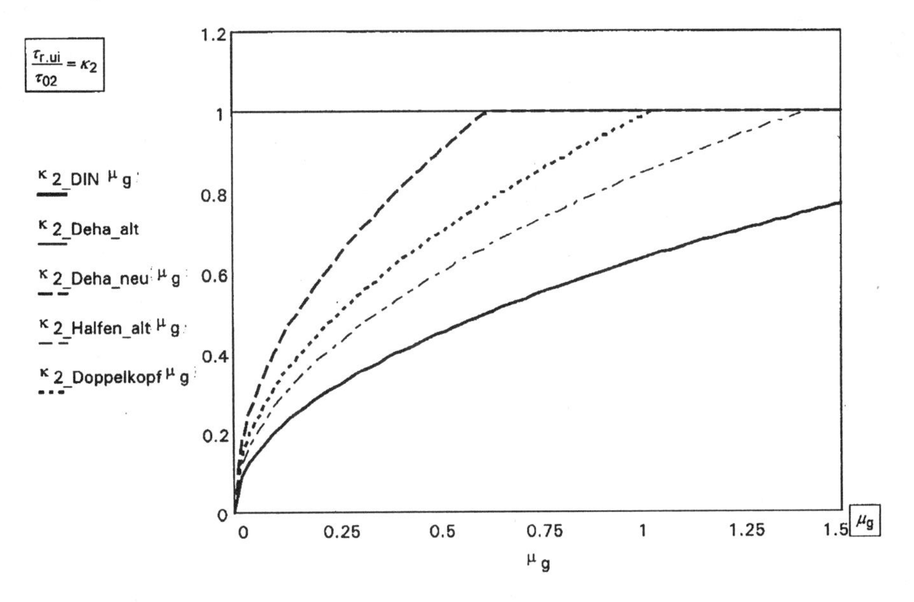

Abb. H.1.8 Vergleich der Tragfähigkeit im inneren Rundschnitt (κ_2)

1.3.3 Mit Durchstanzbewehrung aus Dübelleisten

Demgegenüber sind Durchstanzbewehrungen aus Dübelleisten schlupfärmer und damit wirkungsvoller. Versuche haben gezeigt, daß sie zu deutlich höheren Bruchlasten als Bügelbewehrungen führen. Bauaufsichtliche Zulassungen bestehen derzeit in Deutschland nur auf Grundlage der [DIN 1045 – 88] (vgl. Abschnitt J.2.3.5).

Die erste bauaufsichtliche Zulassung wurde 1980 für die DEHA-Dübelleiste erteilt. Die seither durchgeführte Bemessungspraxis hat sich im praktischen Gebrauch bewährt. Obwohl von diesen bewährten Regelungen keine unmittelbare Gefährdung ausgeht, wurde vom Sachverständigenausschuß des Deutschen Instituts für Bautechnik eine neue Bemessungsgrundlage beschlossen, die auch für dünnere Platten (als in den alten Zulassungen erlaubt) anwendbar ist und weniger Widersprüche beim Übergang vom durchstanzbewehrten zum -unbewehrten Bereich enthält. Auch bestehende Zulassungen, deren ursprüngliche Geltungsdauer bis in das Jahr 2000 vorgesehen war (Z-4.6-185 und Z-15.1-30), wurden auf dieses Bemessungskonzept umgestellt. Die neue Bemessungsgrundlage ist für alle Bauwerke zu verwenden, die nach dem 24.11.97 geplant werden oder für die ein Bauantrag nach diesem Zeitpunkt gestellt wird [Häusler – 98]. Sie wird nachfolgend dargestellt.

Das Bemessungsmodell beruht – wie auch der Nachweis nach DIN 1045 – auf empirischen Ansätzen. Die Bemessungsgleichungen basieren auf einem globalen Sicherheitsbeiwert $\gamma = 2{,}1$. Es unterscheidet den durchstanzbewehrten Bereich und den -unbewehrten Bereich. Die Dübelleistenlänge ist hierbei begrenzt auf

$$l_s \leq 4h_m \qquad \text{(H.1.7)}$$

Nachgewiesen werden ein innerer und ein äußerer Rundschnitt (= Durchstanzkörper). Der innere Durchstanzkörper ergibt sich durch Umfahren des tatsächlichen Stützenquerschnitts mit dem Distanzmaß $0{,}5h_m$ (Abb. H.1.7). Aussparungen, deren Abstand kleiner als $5h_m$ vom Stützenrand entfernt ist, werden berücksichtigt, indem von der Umfangslinie jener Anteil abgezogen wird, der zwischen den beiden tangentialen Verbindungslinien zwischen Stützenschwerpunkt und den Öffnungsrändern liegt.

Im inneren Rundschnitt ist nachzuweisen, daß die sich nach Gl. (H.1.8) ergebende Schubspannung nicht überschritten wird.

$$\tau_{r.ui} \leq \kappa_2 \cdot \tau_{02} \qquad \text{(H.1.8)}$$

$$\kappa_2 = \delta \cdot \alpha_s \cdot \sqrt{\mu_g} \qquad \text{(H.1.9)}$$

Der Beiwert δ richtet sich nach der Ausführung der Dübelleiste und ist der jeweiligen Zulassung zu entnehmen. Er beträgt für Doppelkopfdübelleisten $\delta = 0{,}7$ und für die DEHA-Dübelleiste mit tragendem unterem Flachstahl $\delta = 0{,}9$, da sich bei diesem Bewehrungselement die Druckstreben auf die Leiste stützen können und ein Teil der Querkraft über Dübelwirkung der Leiste direkt in die Stütze eingeleitet werden kann. Einen Vergleich der Tragfähigkeiten – auch zu den alten Zulassungsregeln – zeigt (Abb. H.1.8).

Der äußere Rundschnitt ist ein im Abstand $0{,}5h_m$ von der Schwerachse des letzten Dübels entfernter Kreis. Auch hierbei sind Aussparungsflächen zu berücksichtigen, indem der Anteil abgezogen wird, der zwischen den beiden tangentialen Verbindungslinien zwischen Stützenschwerpunkt und jeweiligem Öffnungsrand liegt.

$$u_a = \pi \cdot d_a = \pi \cdot (b + 2l_s + h_m) \qquad \text{(H.1.10)}$$

Im äußeren Rundschnitt darf die Schubspannung $\tau_{r.ua}$ nach Gl. (H.1.2) mit dem Umfang des

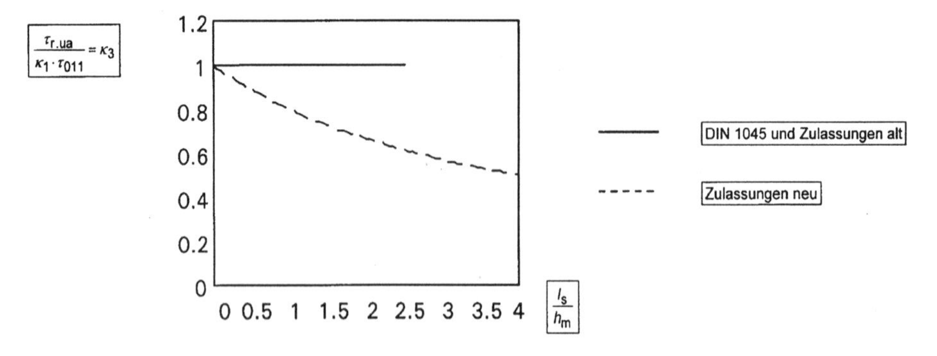

Abb. H.1.9 Vergleich der Tragfähigkeit im äußeren Rundschnitt (κ_3)

äußeren Rundschnitts nicht den zulässigen Wert nach Gl. (H.1.11) überschreiten.

$$\tau_{r.ua} \leq \max\begin{cases} \dfrac{1}{1+0{,}25 \cdot \frac{l_s}{h_m}} \cdot \kappa_1 \cdot \tau_{011} \\ \tau_{011} \end{cases} \qquad \text{(H.1.11)}$$

Diese Regelung bedeutet gegenüber der alten Bemessungsvorschrift eine deutliche Absenkung der zulässigen Schubspannung (Abb. G.1.9) und führt (bei sonst gleichen Randbedingungen) zu längeren Dübelleistenlängen.

Dübelleisten können in Ortbetonplatten und in Teilfertigdecken [Avak – 98], [Furche – 97] verwendet werden.

1.3.4 Bemessung der Dübelleiste

Bei der Bemessung sind zwei Bereiche zu unterscheiden:

- *Bereich c* im Abstand bis 1,0 h_m vom Stützenrand
- *Bereich d* als verbleibender Bereich der leistenbewehrten Fläche unter Beachtung von Gl. (H.1.7).

Bereich c:

Die Dübel innerhalb des Bereichs c sind für die volle Querkraft zu bemessen. Die Anzahl der erforderlichen Dübel n erhält man aus

$$n = \frac{Q_r}{\text{zul } Q_{\text{Dübel}}} \qquad \text{(H.1.12)}$$

zul $Q_{\text{Dübel}}$ Zulässige Kraft je Dübel (aus der Zulassung zu entnehmen)

Auf jeder von der Stützung ausgehenden Dübelreihe sind mindestens zwei Dübel anzuordnen. Für den zur Stützung am nächsten liegenden Dübel muß der radiale Abstand zum Stützenrand 0,35h_m bis 0,5h_m betragen (Abb. H.1.10). In Umfangsrichtung des inneren Rundschnitts gelten zulässige Abstände in Abhängigkeit vom Ausnutzungsgrad:

$\tau_r \leq 0{,}75\ \kappa_2 \cdot \tau_{02}$ $\quad s \leq 1{,}7\ h_m$ (H.1.13)

andere Fälle

Platten mit $d_0 \leq 30$ cm $\quad s \leq 1{,}7\ h_m$ (H.1.14)

Platten mit $d_0 > 100$ cm $\quad s \leq 1{,}0\ h_m$ (H.1.15)

Bei dazwischenliegenden Plattendicken darf interpoliert werden.

Bereich d:

Die Anzahl der Dübel ist in Abhängigkeit von der Leistenlänge l_s zu bemessen, d. h. vom Abstand zwischen dem äußersten Dübel und der Stützung:

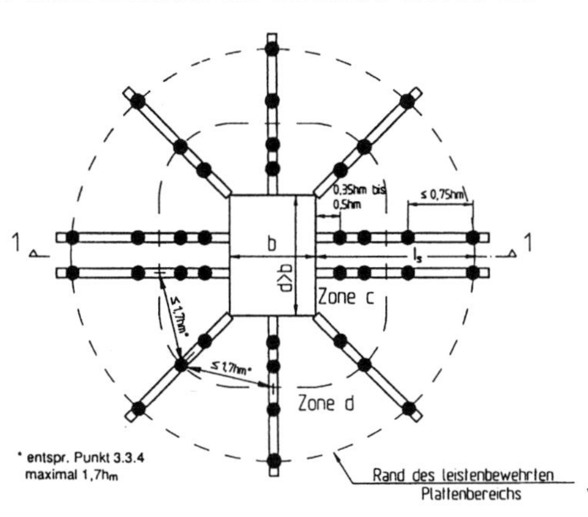

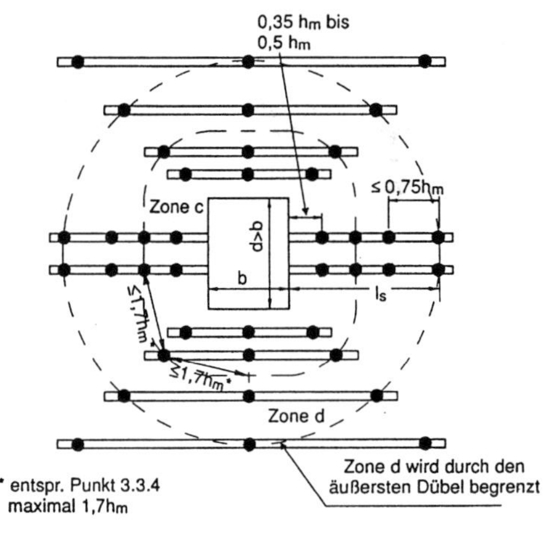

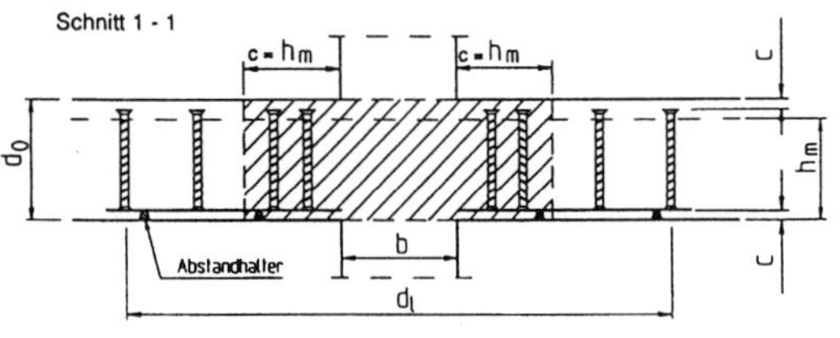

Abb. H.1.10 Zulässige Anordnungen von Dübeln und Dübelleisten

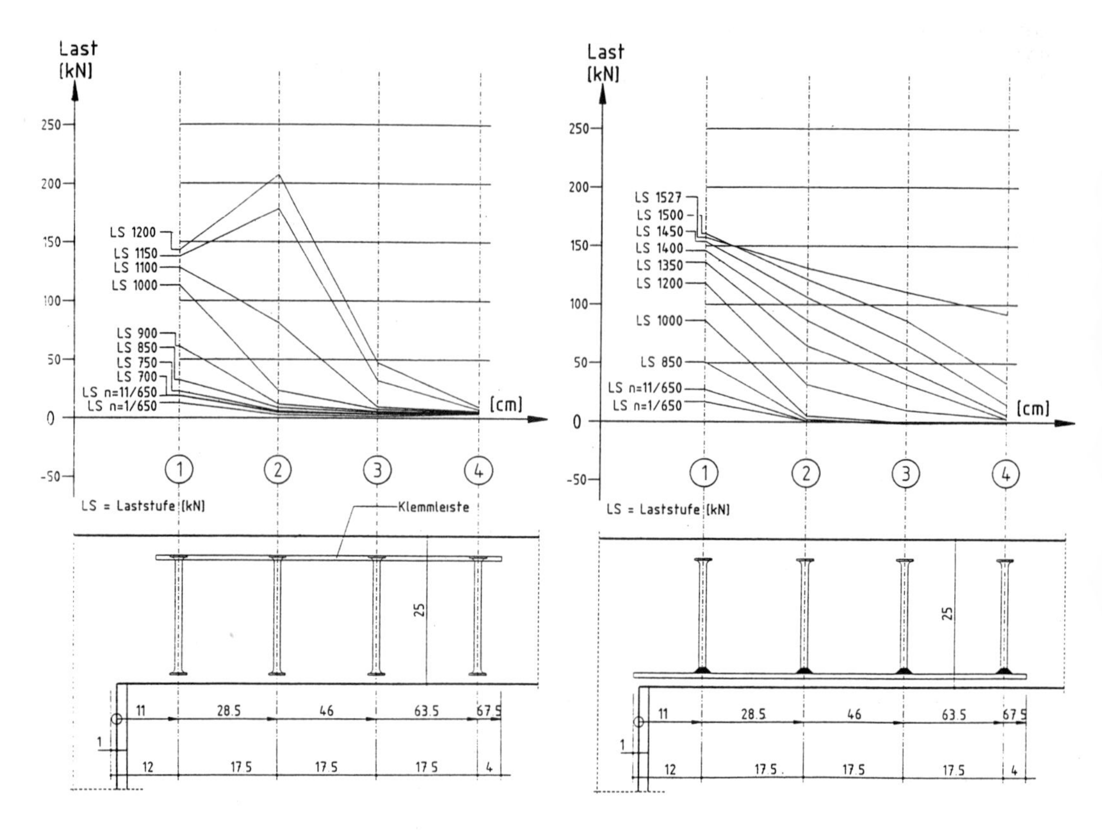

Abb. H.1.11 Dübelkräfte von Durchstanzbewehrungen mit Doppelköpfen und mit unterer Leiste

$4h_m \geq l_s > 2h_m \qquad n = \dfrac{0{,}75\ Q_r}{\text{zul}\ Q_{\text{Dübel}}}$ (H.1.16)

$2h_m \geq l_s > h_m \qquad n = \dfrac{0{,}50\ Q_r}{\text{zul}\ Q_{\text{Dübel}}}$ (H.1.17)

$h_m \geq l_s$ es gibt nur den Bereich c

Der Abstand von Dübeln in radialer Richtung darf $0{,}75h_m$ nicht übersteigen.

1.3.5 Tragwirkung unterschiedlicher Dübelleisten

Der Versagensmechanismus einer mit Durchstanzbewehrung versehenen Platte wurde in Abb. H.1.5 und Abb. H.1.6 gezeigt. Nach Rißbildung im Beton wird die Querkraft der Platte einerseits durch den verbleibenden Betonbereich unter den Rißwurzeln und durch die Durchstanzbewehrung zur Stützung hin übertragen. Bei fortschreitendem Eindringen der Rißwurzeln in die Einmündungszone sinkt der von der Keilspitze übertragbare Lastanteil, bis schließlich die gesamte Auflagerlast von der Aufhängebewehrung übertragen werden muß. Am Stützenrand läuft die Keilspitze bis auf wenige Zentimeter Dicke aus, die Köpfe dort verankerter Doppelkopfbolzen reißen daher im Versagenszustand aus (vgl. Abb. H.1.6).

Dies belegen Versuchsergebnisse mit bis auf die Dübelleistenart identischen Verhältnissen (Abb. H.1.11). Bei unterschiedlichen Laststufen LS wurden die aus den Dehnungsmessungen ermittelten einzelnen Dübelkräfte aufgetragen. Die Numerierung der Dübel beginnt am Stützenrand radial nach außen.

Bis zur Laststufe LS 1000 kN verhalten sich beide Bewehrungsarten gleich. Die Beanspruchung der Dübel fällt mit zunehmender Entfernung zur Stütze ab. Bei höheren Laststufen bleibt jedoch die Beanspruchung des stützennächsten Doppelkopfdübels zurück, dafür steigt die Beanspruchung im zweiten Dübel überproportional an. Dies ist darauf zurückzuführen, daß der untere Kopfbolzen des innersten Dübels unten ausreißt. Bei Dübelleisten mit unterer tragender Leiste steigt die Beanspruchung in allen Dübeln auch bei höheren Laststufen gleichmäßig an; es können auch die Lasten aus höheren Laststufen noch fortgeleitet werden. Durch die Leiste wird der Durchstanzwiderstand gegenüber Doppelkopfdübeln erhöht.

Weiterhin ist aus Abb. H.1.11 zu erkennen, daß eine Verlängerung der Leisten nach außen die Tragfähigkeit im inneren Rundschnitt nicht erhöhen kann. Auch im äußeren Rundschnitt ist eine Erhöhung der Tragfähigkeit durch längere Dübelleisten (über $l_s/h_m \approx 3$ hinausgehend) nicht möglich, da die Dübelbeanspruchung des Dübels 4 äußerst gering ist.

1.4 Besonderheiten bei Teilfertigdecken

1.4.1 Tragverhalten

Die Verwendung von Teilfertigdecken (Elementplatten) führt zu keiner Einschränkung der Tragfähigkeit von punktgestützten Platten. Die Betonfestigkeitsklasse der Fertigteile ist in der Regel höher als bei Ortbetonplatten, daher ist auch im durchstanzgefährdeten Bereich ein besseres Tragverhalten als bei Ortbetonplatten zu erwarten, sofern das Bauteil so ausgebildet wird, daß sich das Stabwerkmodell nach Abb. H.1.5 einstellen kann.

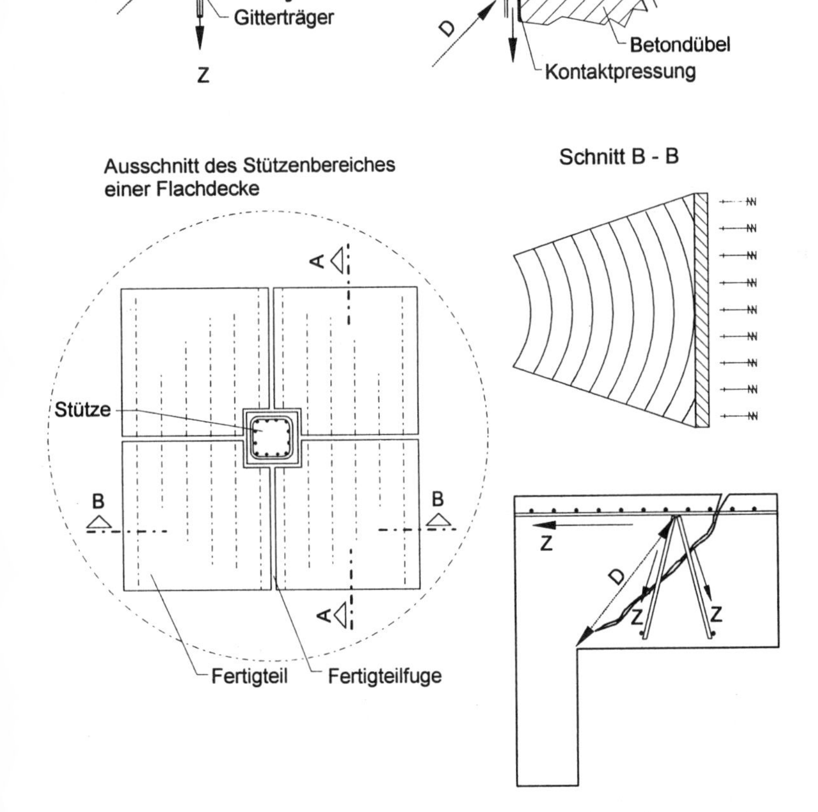

Abb. H.1.12 Anordnung von Gitterträgern im Durchstanzbereich und Knotengleichgewicht bei Gitterträgern in radialer Richtung (Schnitt A-A) bzw. in tangentialer Richtung (Schnitt B-B)

H

1.4.2 Konstruktion

Hierzu sind folgende Maßnahmen erforderlich:

- Zur Herstellung des Knotengleichgewichts im Untergurt sind die Betondruck- und die Betonzugdiagonalen kraftschlüssig zu verbinden. Sofern der Untergurtknoten im Fertigteil liegt, sind keine Zusatzmaßnahmen erforderlich.
- Die aus den Biegemomenten herrührenden, um die Stütze verlaufenden Druckringe kreuzen die Fugen benachbarter Fertigteile. Um in diesem Bereich einen Kraftfluß zu ermöglichen, sind die Fertigteile mit einer Fugenbreite ≥ 3 cm zu verlegen, die auszubetonieren ist.
- Zur Sicherstellung der Druckstrebentragfähigkeit zwischen Ober- und Untergurt ist zwischen Fertigteil und Ortbeton eine Verbundbewehrung in Form von Gitterträgern anzuordnen. Diese wird in der für Teilfertigdecken üblichen Weise bemessen (siehe [Avak – 98]).
- Versuchsergebnisse [FMPA-BW – 95] an Plattenausschnitten mit rotationssymmetrischer Belastung zeigen, daß Gitterträger bei entsprechender Bemessung auch die Funktion von Durchstanzbewehrung nach [DIN 1045 – 88] übernehmen können. Eine mögliche Anordnung von Gitterträgern zeigt Abb. H.1.12. Die Gitterträger brauchen dabei weder die obere Lage der Biegezugbewehrung zu umgreifen, noch müssen sie rotationssymmetrisch angeordnet sein. Diese Erleichterungen gegenüber den anderen Durchstanzbewehrungen ist auf das günstige schlupfarme Verhalten der geschweißten Verankerungspunkte an den Ober- und Untergurtstäben des Gitterträgers zurückzuführen. Der zum Knotengleichgewicht erforderliche Obergurtstab ist standardmäßig vorhanden (Abb. H.1.12). Wie aus dem Stabwerkmodell hervorgeht, gilt dies auch dann, wenn der Obergurtstab in tangentialer Richtung verläuft.

  Da der Versuchsumfang gegenwärtig noch beschränkt ist, sind in den bauaufsichtlichen Zulassungen noch Einschränkungen für die Bemessung von Gitterträgern als Durchstanzbewehrung enthalten. Beispielsweise wird das Verhältnis

  $\tau_{senkrecht} / \tau_{längs} = 0{,}7$ festgelegt, weil die Gitterträger nur in der Verlegerichtung in Richtung der zu übertragenden Querkraft verlaufen, während quer dazu die Querkraft senkrecht zur Gitterträgerrichtung wirkt.

  Darüber hinaus werden Schubträger quer zur Gitterrichtung nicht wie Schubaufbiegungen, sondern nur als Schubzulagen nach [DIN 1045 – 88], 18.8.4 angesehen.

Abstufung der Biegebewehrung ohne Schubbewehrung

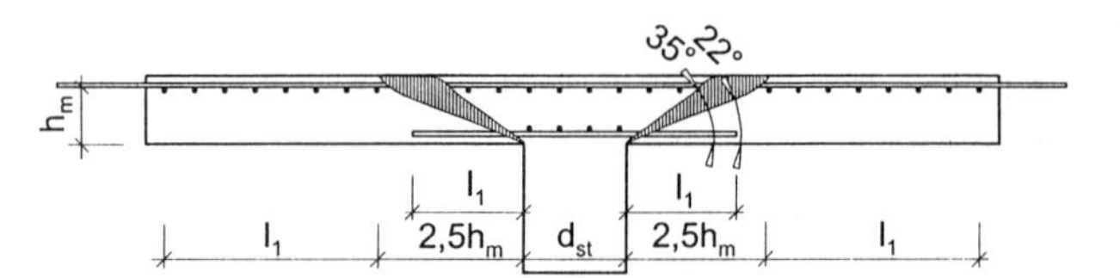

Länge der Biegezugbewehrung

$l_o = d_{st} + 5{,}0 \cdot h_m + 2 \cdot l_1$

Länge der Bewehrung zur Absturzsicherung

$l_u = d_{st} + 2 \cdot l_1$

Abstufung der Biegebewehrung mit Dübelleisten

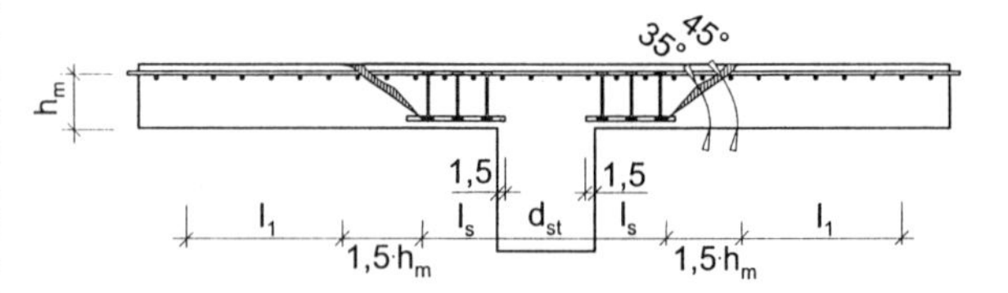

Länge der Biegezugbewehrung

$l_o = d_{st} + 2 \cdot l_s + 3{,}0 \cdot h_m + 2 \cdot l_1$

Eine Absturzsicherung kann bei Verwendung von Dübelleisten mit Flachstahl entfalllen.

Abb. H.1.13 Staffelung der Biegezugbewehrung im Stützenbereich

Schubzulagen dürfen nur bis zu einem Rechenwert der Schubspannung $\tau_0 \leq 0{,}5 \cdot \tau_{02}$ allein als Schubbewehrung eingesetzt werden. Daher dürfen in Bereichen $\tau_r > 0{,}5 \cdot \tau_{02}$ Gitterträger als alleinige Durchstanzbewehrung nur in Längsrichtung verwendet werden.

1.5 Bewehrungsregeln

1.5.1 Biegezugbewehrung

Wenn die Biegezugbewehrung gestaffelt wird, sind in der jeweiligen Richtung Versatzmaß und Verankerungslänge zu beachten (Abb. H.1.13). Das Versatzmaß bei Stützen ohne Durchstanzbewehrung ist hierbei mindestens mit $v = 2{,}5 \cdot h$ anzunehmen.

1.5.2 Durchstanzbewehrung

Für die Anordnung der Durchstanzbewehrung aus Bügeln gilt [DIN 1045 – 88] Bild 55, bei Dübelleisten sind die Regelungen der bauaufsichtlichen Zulassungen zu beachten (siehe S. H.11).

H

2 Verankerung und Bemessung der Vorsatzschalen mehrschichtiger Außenwandtafeln aus Stahlbeton

2.1 Allgemeines

Die Außenwände von Gewerbebauten und auch allgemeiner Hochbauten werden häufig aus Stahlbeton als mehrschichtige Konstruktion ausgebildet. Diese Bauweise zeichnet sich durch hohe Witterungs- und Alterungsbeständigkeit aus und bietet zahlreiche Möglichkeiten zur gestalterischen Formgebung.

Mehrschichtige Außenwandtafeln aus Stahlbeton haben den in Abb. H.2.1 angegebenen Aufbau. Sie bestehen aus einem mindestens 12 cm dicken innenliegenden Betonquerschnitt, unter Umständen einer Dampfsperre, der Wärmedämmung und eventuell einer Luftschicht sowie einer mindestens 7 cm dicken Vorsatzschale. Die Mindestdicke der Vorsatzschale ergibt sich aus der erforderlichen Betondeckung ihrer einlagigen Bewehrung und ist bei einer strukturierten oder bearbeiteten Oberfläche um die Tiefe der Profilierung zu vergrößern. Die Wärmedämmung solcher Wandtafeln wird im allgemeinen mit Platten aus Polystyrol-Partikelschaum ausgeführt, die zur Vermeidung von Wärmebrücken oft zweilagig mit versetzten Stößen angeordnet wird.

Die Vorsatzschalen mehrschichtiger Außenwandtafeln werden im wesentlichen infolge Windlasten, Temperaturwechseln und einem Temperaturgefälle über den Querschnitt sowie durch ihr Eigengewicht und dasjenige eventuell zusätzlich befestigter Bauteile beansprucht. Sie werden aufgrund der Steifigkeit der Verbindungsmittel zwischen Trag- und Vorsatzschale - und bei dreischichtiger Konstruktion der Fassade, d. h. bei Ausführung der Wandtafeln ohne Hinterlüftung, zusätzlich durch die Reibungskräfte an der Dämmstoffoberfläche - an einer freien Bewegung behindert (siehe [Haeussler - 84]). Um die hierdurch bedingten Zwangschnittgrößen in der Vorsatzschicht, die zu einer Rißbildung führen, möglichst klein zu halten, wird im allgemeinen die Länge solcher Wandtafeln auf etwa 6 m begrenzt.

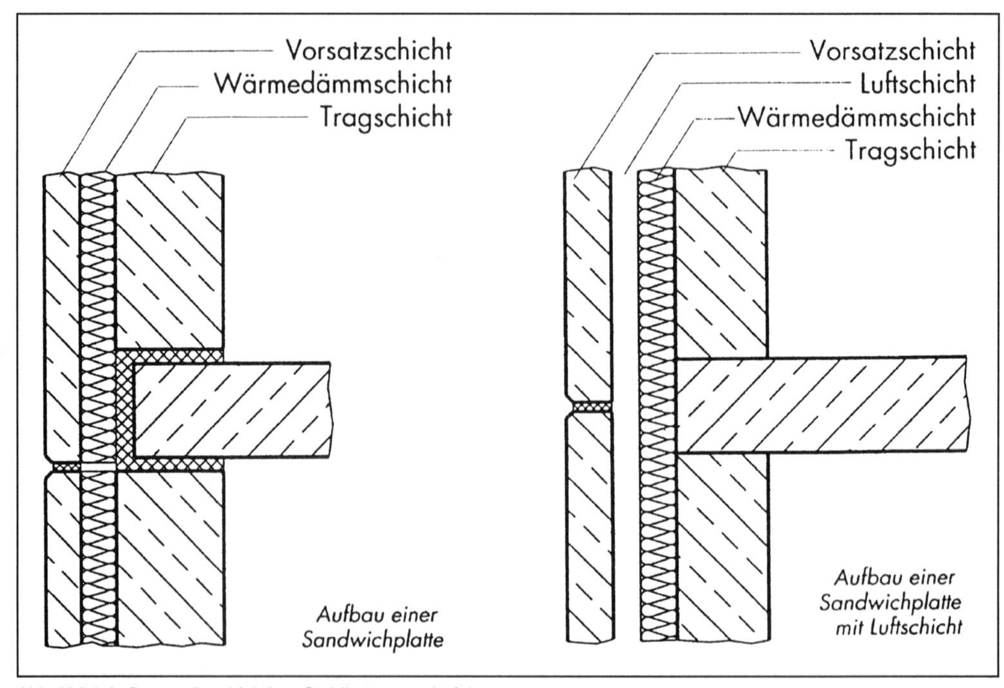

Abb. H.2.1 Aufbau mehrschichtiger Stahlbetonwandtafeln

2.2 Belastung mehrschichtiger Stahlbetonaußenwandtafeln

2.2.1 Windbelastung

Die Windbelastung von Außenwandtafeln ist entsprechend [DIN 1055-4 - 86] anzusetzen. Hiernach ergibt sich der je Flächeneinheit der Bauteiloberfläche wirkende Winddruck aus dem Produkt des Staudrucks q und des Druckbeiwerts c_p:

$$w = c_p \cdot q \qquad \text{(H.2.1)}$$

Der Staudruck q läßt sich aus der Windgeschwindigkeit v ermitteln, die von der Höhe des betrachteten Bauteils über dem umgebenden Gelände abhängt. Die hierfür in [DIN 1055-4 - 86] enthaltenen Rechenwerte sind in Tafel H.2.1 wiedergegeben.

Die für einen allseitig geschlossenen prismatischen Baukörper geltenden Druckbeiwerte c_p zeigt Abb. H.2.2. Demnach sind an den Schnittkanten von Wandflächen zur Erfassung von Sogspitzen erhöhte Beiwerte anzusetzen.

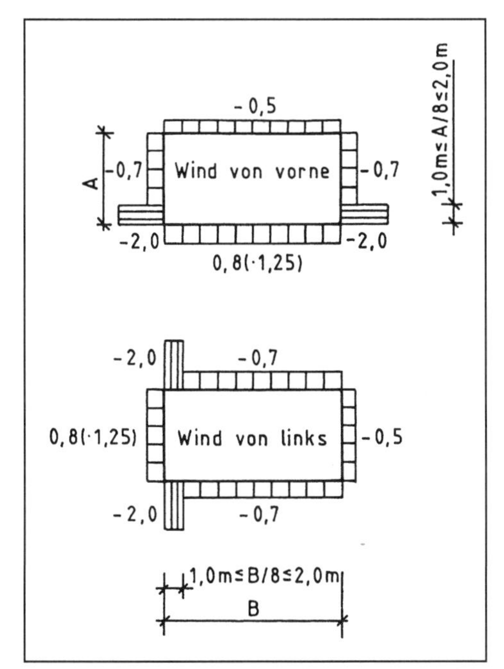

Abb. H.2.2 Sogbeiwerte c_p nach [DIN 1055-4 - 86] für allseitig geschlossene Baukörper

Tafel H.2.1 Windgeschwindigkeit v und Staudruck q nach [DIN 1055-4 - 86]

Höhe über Gelände m	Windgeschwindigkeit v m/s	Staudruck q kN/m²
von 0 bis 8	28,3	0,5
übr 8 bis 20	35,8	0,8
über 20 bis 100	42,0	1,1
über 100	45,6	1,3

2.2.2 Temperatureinwirkung

Hinsichtlich der Temperatureinwirkung auf mehrschichtige Außenwandtafeln lassen sich zwei Beanspruchungsarten unterscheiden:

- Temperaturschwankung $\Delta\vartheta$ zwischen der Innen- und Außenschale, die zu einer gegenseitigen Verschiebung der beiden Betonschichten führt,
- Temperaturgefälle ΔT über die Dicke der Vorsatzschicht, aus dem sich bei zwängungsfreier Halterung der Außenschale eine Verwölbung ergibt (Abb. H.2.3).

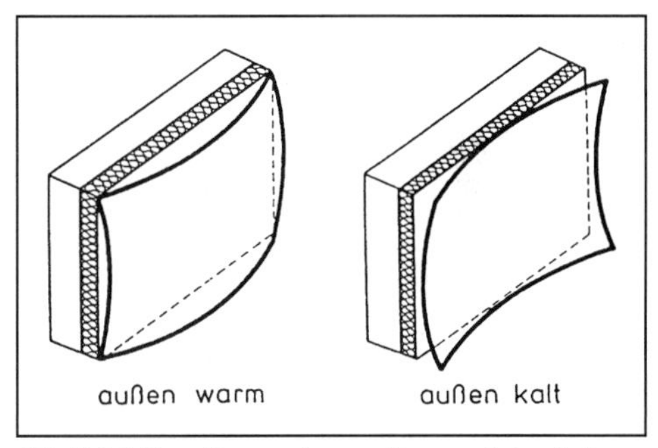

Abb. H.2.3 Verwölbung einer zwängungsfrei gehaltenen Vorsatzschicht

Die rechnerisch anzusetzenden Temperatureinwirkungen bei dreischichtigen, also nicht hinterlüfteten Stahlbeton-Außenwandtafeln sind in den [DIBt-Grundsätzen - 95] festgelegt. Demnach ist für die Bestimmung der maximalen Temperaturdifferenz zwischen der Trag- und der Vorsatzschale im Regelfall von einer ganzjährigen Innenraumlufttemperatur von +20 °C auszugehen. Die Temperatur der inneren Betonschicht darf der Raumlufttemperatur gleichgesetzt oder auch unter Berücksichtigung des Wärmeübergangswiderstands ermittelt werden. In besonderen Anwendungsfällen (z. B. bei Reifehallen oder Kühlhäusern) ist die Temperatur aus der Betriebstemperatur im Innenraum zu bestimmen.

Die Oberflächentemperatur der äußeren Betonschicht ist im Sommer mit +65 °C anzunehmen. Geringere Werte aufgrund unterschiedlicher Färbung und Struktur der Oberfläche dürfen nicht berücksichtigt werden, weil diese Merkmale über die Standzeit der Wandtafel ungünstigen Veränderungen unterliegen können. Im Winter ist im allgemeinen eine Außenlufttemperatur von -20 °C zugrunde zu legen, sofern nicht niedrigere Werte zu erwarten sind. Die Temperatur der äußeren Betonschicht darf dieser Außenlufttemperatur gleichgesetzt oder auch unter Berücksichtigung des Wärmeübergangswiderstands ermittelt werden.

Für die Berechnung der Zwangsbeanspruchung infolge des Temperaturgefälles ΔT in der Vorsatzschicht ist gemäß den [DIBt-Grundsätzen - 95] bei nicht hinterlüfteten Konstruktionen ein Gradient von 5 °C anzusetzen. Wie den Untersuchungen von [Cziesielski/Kötz - 84.1] zu entnehmen ist, ergibt sich bei hinterlüfteten Fassaden ein größerer Wert, da sich hier kein günstig wirkender Wärmestau vor der Dämmschicht aufbauen kann.

2.2.3 Gleichzeitige Berücksichtigung von Wind und Temperatur

Bei der Überlagerung der Beanspruchungen aus Wind und Temperatur darf gemäß den [DIBt-Grundsätzen - 95] die Windlast im Sommer auf 60 % des Wertes nach [DIN 1055-4 - 86] abgemindert werden. Damit wird berücksichtigt, daß die maximale Temperatur nicht zusammen mit dem maximalen Wind auftritt, weil dieser abkühlend wirkt. Im Winter ist die Windlast jedoch voll anzusetzen.

2.2.4 Wirkung des Eigengewichts der Vorsatzschicht und evtl. zusätzlicher Bauteile

Die Beanspruchung der Vorsatzschalen infolge ihres Eigengewichts hängt von der Geometrie sowie dem Ablauf der Produktion und Montage der Fassadenplatten ab.

Im allgemeinen werden mehrschichtige Außenwandtafeln im Negativverfahren gefertigt. Dabei liegt die Vorsatzschale mit ihrer Außenoberfläche auf dem Schalungsboden. Sofern die Produktion nicht auf einem sogenannten Kipptisch erfolgt, der zum Aufrichten der Fassadenplatte in die Vertikale gekippt wird, wirken das Eigengewicht der Vorsatzschicht und noch zusätzliche Haftspannungen beim Abheben von der Schalung rechtwinklig zur Wandebene. Die hierbei auftretenden Haftspannungen betragen nach der Anleitung [Transportanker - 95] zwischen 1 kN/m^2 bei glatter, geölter Schalung und 3 kN/m^2 bei rauher Schalung.

Im Transport- und Einbauzustand der Fassadenplatte wirkt das Eigengewicht der Vorsatzschale und ggf. zusätzlicher Bauteile in der Wandebene, jedoch mit einer Exzentrizität rechtwinklig zur Schalenfläche auf die innenliegende Betonschicht und evtl. mit einer ungewollten Lastausmitte in Wandebene auf das Zentrum des Verbundankersystems zwischen beiden Betonschichten (siehe hierzu Abb. H.2.4). Die ungewollte Lastausmitte wird verursacht durch Ungenauigkeiten beim Einbau der Verbindungsmittel. Sie sollte für deren Bemessung mit 5 % der Gesamtplattenlänge, jedoch mindestens mit 10 cm angenommen werden.

Bei hohen Fassadenplatten ist häufig noch zu beachten, daß deren Transport gegenüber dem Einbauzustand um 90° in der Wandebene gedreht erfolgen muß. Daher wird hier die Verankerung der Vorsatzschicht infolge deren Eigengewicht zuerst in Richtung der kürzeren und später in Richtung der längeren Plattenseite beansprucht.

2.3 Ausbildung und Anordnung der Verbundanker zwischen der Innen- und Außenschale

2.3.1 Ankertypen

Zur Verbindung der Innen- und Außenschale werden meistens entsprechend [DIN 1045 - 88], Abschn. 19.8.7, Ankersysteme aus nichtrostendem Stahl nach [DIN 17 440 - 85] verwendet, die aus folgenden, in Abb. H.2.4 schematisch dargestellten Komponenten bestehen:

- Das Eigengewicht der Vorsatzschicht und ggf. zusätzlicher Bauteile wird häufig durch starre Traganker aufgenommen, die möglichst im Flä-

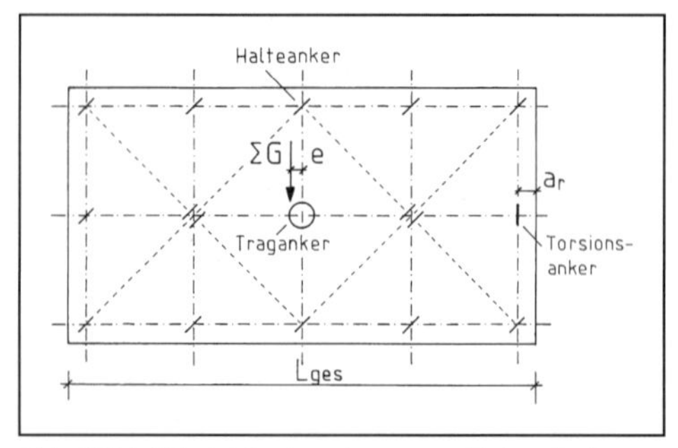

Abb. H.2.4 Prinzipielle Anordnung von Verbundankern

chenschwerpunkt der Vorsatzschicht angeordnet werden.

- Die Torsionsanker, die in einer Richtung starr und in der dazu rechtwinkligen Richtung biegeweich sind, verhindern einerseits eine Verdrehung der Vorsatzschicht, die sich infolge ungewollt ausmittiger Anordnung der Traganker ergeben könnte, und ermöglichen andrerseits eine nahezu unbehinderte Verformung der Außenschale bei Temperaturänderungen. Sie können, wie im nächsten Abschnitt näher beschrieben wird, bei Anordnung von mindestens 2 Stück auch als Traganker verwendet werden (Tragsystem Balken auf 2 Stützen).
- Die Halteanker, die über die gesamte Wandfläche verteilt in einem rechteckigen Raster angeordnet werden, dienen zur Aufnahme von Beanspruchungen rechtwinklig zur Fassadenebene und folgen aufgrund ihrer Formgebung den Längenänderungen der Vorsatzschicht mit sehr geringem Widerstand.

Abb. H.2.5 zeigt verschiedene Konstruktionsformen der zuvor genannten Ankertypen.

2.3.2 Ankertragsysteme

Das in Abb. H.2.4 schematisch dargestellte Verankerungssystem mit einem im Mittelpunkt der Vorsatzschicht angeordneten starren Traganker und einem Torsionsanker sowie den Halteankern gibt eine allgemein übliche Ausführung bei Rechteckplatten ohne Öffnungen wieder. Für Wandtafeln mit unsymmetrisch in der Plattenfläche verteilten Öffnungen ist das in Abb. H.2.6 veranschaulichte Tragsystem, bei dem das Verankerungszentrum außerhalb der Flächenschwerachse liegt und der in einer Richtung biegeweiche Torsionsanker auch als (planmäßiger) Traganker dient, gebräuchlich. Zu beachten ist hierbei, daß sich aufgrund der unsymmetrischen Lage des Verankerungszentrums, welches den Bewegungsruhepunkt der Vorsatzschicht bildet, an gegenüberliegenden Plattenrändern ungleiche Verschiebungen der Außenschale infolge Temperaturänderungen und somit auch unterschiedliche Dehnungen der Fugen zwischen benachbarten Wandtafeln ergeben. Außerdem ist der maximal zulässige Abstand des Torsions- und der Halteanker vom Verankerungszentrum, welcher

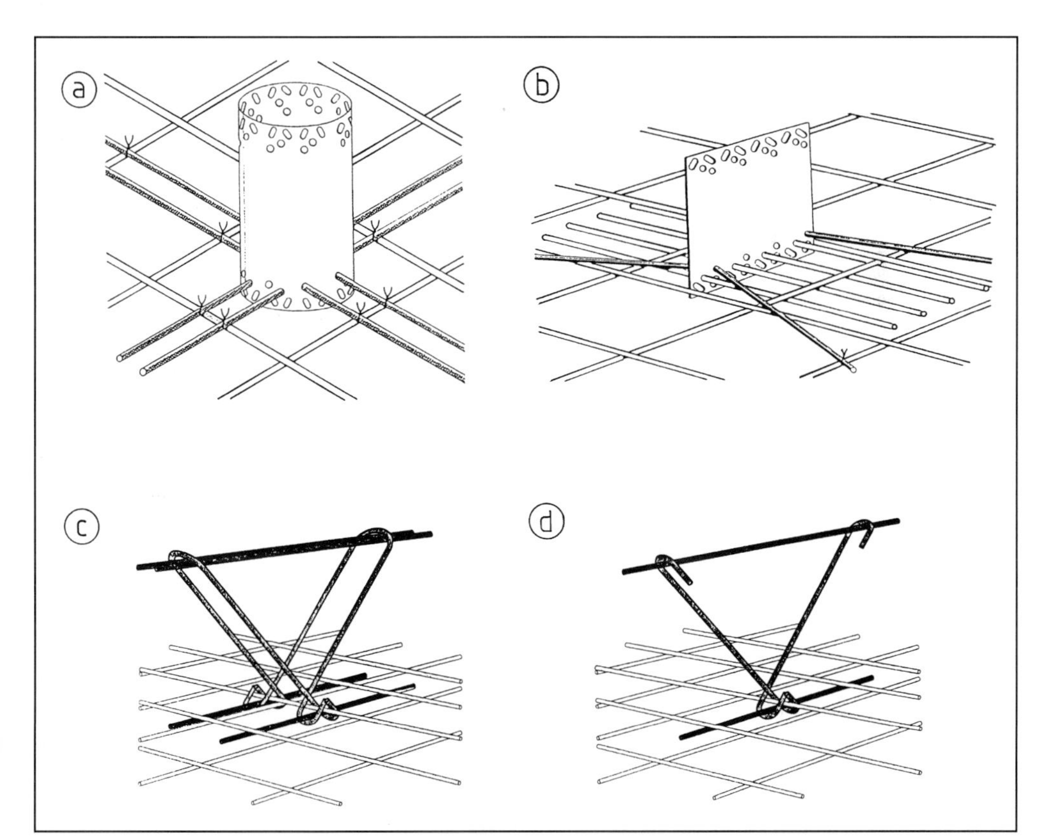

Abb. H.2.5 Konstruktive Ausbildung von Verbundankern (Situation während der Negativfertigung der Wandtafeln)

von der Verformbarkeit der Verbindungsmittel abhängt, zu überprüfen.

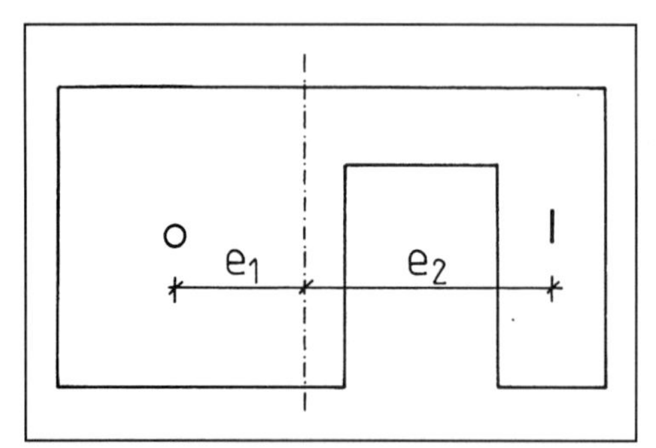

Abb. H.2.6 Ankertragsystem für Wandtafeln mit unsymmetrisch verteilten Öffnungen

Bei langen schmalen Rechteckplatten und bei Wandtafeln mit großen Öffnungen im Bereich der Schwerachse kann das in Abb. H.2.7 dargestellte Tragsystem mit zwei in Vertikalrichtung und mindestens einem weiteren, waagerecht angeordneten Anker ausgeführt werden. Sofern bei Verwendung dieses Tragsystems die Höhe der Fassadenplatte größer als deren Breite ist und deren Transport gegenüber dem Einbauzustand um 90° in der Wandebene gedreht werden muß, sind hier auch die in Einbaulage horizontal ausgerichteten Anker mindestens für das Eigengewicht der Vorsatzschicht zu dimensionieren.

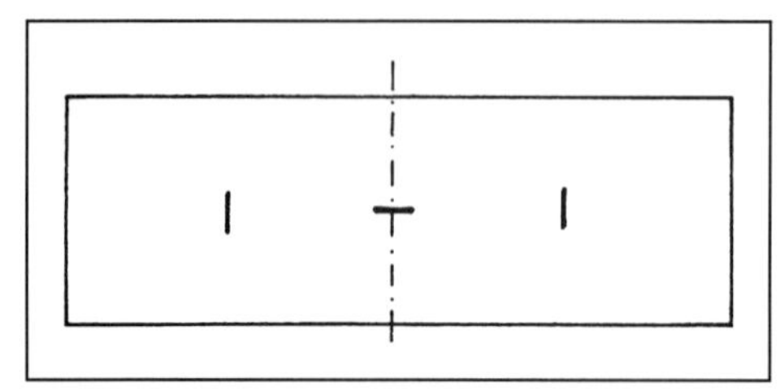

Abb. H.2.7 Ankertragsystem für lange schmale Rechteckplatten

2.3.3 Neuartiges Verbundankersystem

Für dreischichtige Stahlbetonaußenwandtafeln kommen neben den zuvor beschriebenen Verbindungsmitteln aus nichtrostendem Stahl neuerdings auch solche aus glasfaserverstärktem Kunststoff zum Einsatz: Bei dem DEHA-TM-Verbundsystem (siehe [TM-Anker-Zulassung - 93], [Ramm/Gastmeyer - 95]) werden in Fassadenebene wirkende Lasten nicht nur von einem oder zwei Trag- bzw. Torsionsankern, sondern von Verbindungsmitteln, die über die gesamte Wandfläche verteilt sind (Abb. H.2.8), im Zusammenwirken mit einer drucksteifen Wärmedämmung aufgenommen. Dies bedeutet, daß hier Scherkräfte zu einem großen Teil durch Kontaktpressung und Reibung zwischen dem Beton und der Dämmschicht übertragen werden, während die Kunststoffanker wie die Halteanker der herkömmlichen Systeme in erster Linie als Zugstäbe wirken. Eine rechnerische Beschreibung dieses Tragverhaltens erfolgt in Abschnitt 2.4.3.

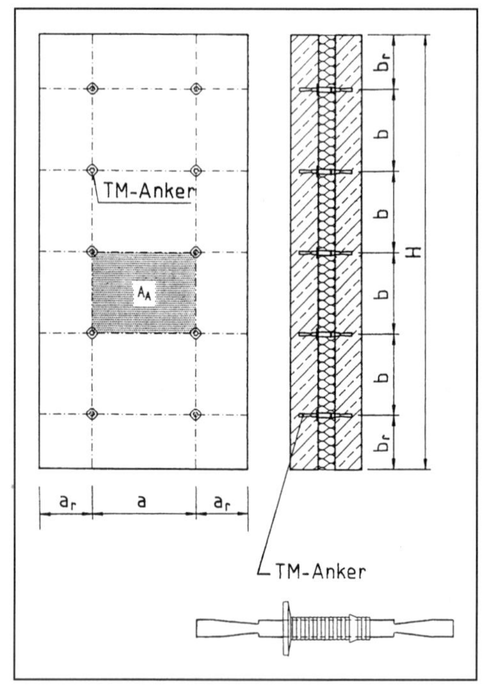

Abb. H.2.8 Neuartiges Verbundankersystem

2.4 Beanspruchung der Verbundanker und der Vorsatzschicht

2.4.1 Beanspruchung in Fassadenebene infolge Eigengewicht der Vorsatzschicht und evtl. zusätzlicher Bauteile

Bei den in Abschnitt 2.3.2 erläuterten, allgemein üblichen statisch bestimmten Ankertragsystemen wird das Eigengewicht der Vorsatzschicht und evtl. zusätzlicher Bauteile von maximal zwei hierfür geeigneten Verbindungsmitteln aufgenommen. Deren Beanspruchungen lassen sich nach den Regeln der Starrkörperstatik ermitteln.

Für den Fall der Anordnung eines einzigen Tragankers, wie in Abb. H.2.4 dargestellt, im Schwerpunkt der Vorsatzschicht ist dessen planmäßige Beanspruchung Q_{Trag} (d. h. für $e = 0$) gleich der Summe des Eigengewichts der Vorsatzschicht und evtl. zusätzlicher Bauteile:

$$Q_{Trag(e\,=\,0)} = \Sigma\, G \qquad \text{(H.2.2)}$$

Hierzu ist die Beanspruchung Q_{Tors} infolge der ungewollten Ausmitte e des Tragankers zu addieren. Diese ergibt sich mit der Plattenlänge L_{ges} und dem Abstand a_r des Torsionsankers vom Plattenrand:

$$Q_{Tors} = \Sigma G \cdot e \,/\, (L_{ges} \,/\, 2 - e - a_r) \qquad \text{(H.2.3)}$$

Mit der in Abschnitt 2.2.4 genannten Exzentrizität

$e = 0{,}05\ L_{ges}$:

$$Q_{Tors} = \Sigma G \cdot 0{,}05\ L_{ges}/(0{,}45\ L_{ges} - a_r)$$
$$= \Sigma G \cdot 0{,}1/(0{,}9 - 2\ a_r/L_{ges}) \qquad \text{(H.2.4)}$$

wobei wegen $e \geq 0{,}10$ m als Mindestwert zusätzlich gilt (L_{ges} und a_r in m):

$$Q_{Tors} \geq \Sigma\ G \cdot 0{,}1/(0{,}5\ L_{ges}\ [m] - 0{,}1 - a_r\ [m]) \qquad \text{(H.2.5)}$$

Bei der in Abb. H.2.6 veranschaulichten planmäßigen Anordnung der Traganker außerhalb des Schwerpunkts der Außenschale beträgt deren Beanspruchung infolge der Einwirkung ΣG:

$$Q_{Trag1} = \Sigma G \cdot e_2/(e_2 + e_1)$$
$$= \Sigma G/(1 + e_1/e_2) \qquad \text{(H.2.6)}$$

$$Q_{Trag2} = Q_{Tors} = \Sigma G/(1 + e_2/e_1) \qquad \text{(H.2.7)}$$

Eine unplanmäßige Lastausmitte gemäß Abschn. 2.2.4 (s. o.) ist ggf. zusätzlich zu berücksichtigen.

An den Stellen der Traganker unterliegt die Vorsatzschicht aufgrund der konzentrierten Lasteinleitung einer relativ hohen Scheibenbeanspruchung, die rechnerisch nur mit Hilfe der Finite-Element-Methode erfaßbar ist. Auf eine Ermittlung dieser Beanspruchung bei der Bemessung der Außenschale kann jedoch verzichtet werden, weil diese von der Zulagebewehrung aufgenommen wird, die nach den Einbaurichtlinien der Verbundankerhersteller im Bereich der Traganker anzuordnen ist.

Bei dem in Abschnitt 2.3.3 beschriebenen neuartigen Verbundankersystem, das nicht wie die bisherigen aus entsprechend ihrer zugewiesenen statischen Funktion unterschiedlichen Verbindungsmitteln besteht, verteilt sich das Eigengewicht der Vorsatzschicht und evtl. zusätzlicher Bauteile gleichmäßig auf alle n Anker:

$$Q_{A,G} = \Sigma G/n \qquad \text{(H.2.8)}$$

Demzufolge entfällt bei diesem Verbundankersystem auch eine örtlich hohe Scheibenbeanspruchung infolge konzentrierter Lasteinleitung.

Wie bereits in Abschnitt 2.2.4 erwähnt und in Abb. H.2.4 verdeutlicht, ergibt sich infolge der Belastung in Vorsatzschalenebene auch ein auf die innenliegende Betonschicht wirkendes Versatzmoment. Diese Exzentrizität rechtwinklig zur Fassadenebene führt ebenfalls zu einer Beanspruchung des Verankerungssystems. Sie braucht jedoch nicht gesondert ermittelt zu werden, da sie indirekt beim Tragfähigkeitsnachweis für die Verbundanker berücksichtigt wird.

2.4.2 Plattentragwirkung der Vorsatzschicht

Durch die Verteilung der Verbindungsmittel zwischen den beiden Betonschichten über die gesamte Fassadenfläche (siehe Abb. H.2.4, H.2.8) ergibt sich gemäß Abb. H.2.9 unter Belastung rechtwinklig zur Wandebene (Eigengewicht der Vorsatzschicht und zusätzliche Haftspannungen beim Abheben von der Schalung, Wind) und bei einem Temperaturgefälle über den Querschnitt der Außenschale eine Tragwirkung der Vorsatzschicht als punktförmig gestütztes Plattensystem. Die Biegebeanspruchung in den Innenfeldern und über den Innenstützen dieses Plattensystems infolge Belastung rechtwinklig zur Fassadenebene wie z. B. durch eine Windlast w läßt sich bei einem rechteckigen Ankerraster und einem Verhältnis der Ankerabstände in beiden Achsenrichtungen zwischen $a/b = 3/4$ und $a/b = 4/3$ näherungsweise mit Hilfe des Ersatzbalkenverfahrens nach [DAfStb-H240 - 91] ermitteln:

$$M_{Fx,w} = 1{,}25\ A_A \cdot (a/b) \cdot w/24 \qquad \text{(H.2.9)}$$

$$M_{Sx,w} = -\ 2{,}10\ A_A \cdot (a/b) \cdot w/12 \qquad \text{(H.2.10)}$$

Hierin bedeuten M_{Fx} und M_{Sx} das Feld- bzw. Stützmoment in x-Richtung des punktförmig gestützten Plattensystems und $A_A = a \cdot b$ die Ankerrasterfläche. Bei Ersetzen des Quotienten a/b in den Gln. (H.2.9) und (H.2.10) durch den reziproken Wert erhält man die Momente M_{Fy} und M_{Sy}.

Die Auflagerkraft an den Innenstützen der punktförmig gelagerten Vorsatzschicht infolge der Windbelastung w beträgt:

$$N_{Al,w} = A_A \cdot w \qquad \text{(H.2.11)}$$

Für die maximale Beanspruchung des Verbundankers in der Plattenecke infolge der Windlast w gilt unter der Voraussetzung, daß dessen Abstand von den Rändern der Fassadenplatte in beiden Achsenrichtungen nicht größer als der halbe Achsabstand der Anker ist ($a_r \leq a/2$ und $b_r \leq b/2$; siehe Abb. H.2.9), näherungsweise:

$$N_{AE,w} = 1{,}13\, A_A \cdot w \qquad \text{(H.2.12)}$$

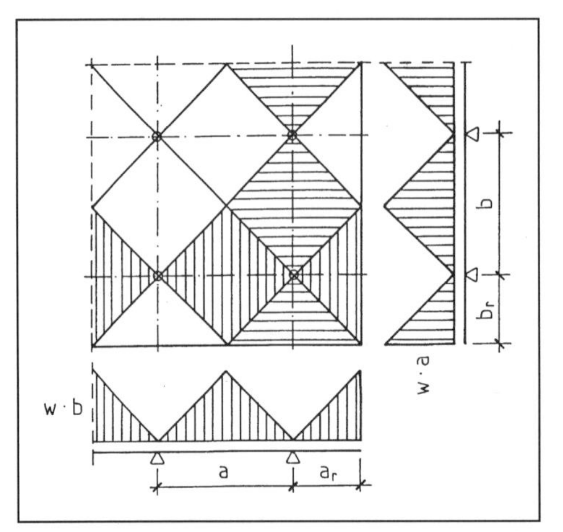

Abb. H.2.9 Tragwirkung der Vorsatzschicht als punktförmig gestützte Platte

Sofern die zuvor genannten maximalen Randabstände der Verbindungsmittel nicht eingehalten werden, wie z. B. bei Vorsatzschalen mit großem Überstand über die innenliegende Betonschicht, sind die Ankerkräfte und auch die Plattenbiegemomente für jeden Einzelfall zu berechnen.

Die maximalen Schnittgrößen infolge eines Temperaturgefälles ΔT über die Dicke d_V der Vorsatzschicht lassen sich unter der weit auf der sicheren Seite liegenden Annahme starrer punktförmiger Lagerung der Außenschale, wie von [Utescher - 73] angegeben, aus nachstehenden Gleichungen ermitteln:

$$M_{F,\Delta T} = M_{S,\Delta T} \leq \alpha_T \cdot \Delta T \cdot E_b \cdot d_V^2/8 \qquad \text{(H.2.13)}$$

$$N_{AE,\Delta T} = \alpha_T \cdot \Delta T \cdot E_b \cdot d_V^2/8\; (a/b + b/a) \qquad \text{(H.2.14)}$$

$$N_{AI,\Delta T} \leq 2\, N_{AE,\Delta T} \qquad \text{(H.2.15)}$$

Die Größen α_T und E_b sind die Temperaturdehnzahl bzw. der Elastizitätsmodul des Vorsatzschalenbetons. Die maximale, auf ein Verbindungsmittel bezogene Kraft $N_{AI,\Delta T}$ infolge des Temperaturgefälles ΔT ergibt sich auf der in Abb. H.2.4 eingetragenen Diagonalen an der ersten Innenstütze, da sich hier die Zwangsbeanspruchungen aus der Krümmungsbehinderung der punktförmig gelagerten Vorsatzschicht in beiden Achsenrichtungen überlagern.

Bei einer zu den Berechnungen von [Utescher - 73] analogen, jedoch wirklichkeitsnäheren Betrachtung zweier sich kreuzender, durch die Verbindungsmittel elastisch gestützter Durchlaufträger erhält man für die Ermittlung der Schnittgrößen infolge des Temperaturgefälles ΔT folgende Beziehungen:

$$M_{x,\Delta T} = \frac{\alpha_T \cdot \Delta T}{8/(E_b \cdot d_v^2) + 6\, a^2 \cdot d_v/(C_N \cdot b^2 \cdot A_A)} \qquad \text{(H.2.16)}$$

$$M_{y,\Delta T} = \frac{\alpha_T \cdot \Delta T}{8/(E_b \cdot d_v^2) + 6\, b^2 \cdot d_v/(C_N \cdot a^2 \cdot A_A)} \qquad \text{(H.2.17)}$$

$$N_{AE,\Delta T} = \frac{\alpha_T \cdot \Delta T}{8\, b/(E_b \cdot a \cdot d_v^2) + 6\, a \cdot d_v\, /(C_N \cdot b \cdot A_A)} + \frac{\alpha_T \cdot \Delta T}{8\, a/(E_b \cdot b \cdot d_v^2) + 6\, b \cdot d_v\, /(C_N \cdot a \cdot A_A)} \qquad \text{(H.2.18)}$$

$M_{x,\Delta T}$ und $M_{y,\Delta T}$ sind die Biegemomente in x- bzw. y- Richtung des punktförmig gestützten Plattensystems. Die Größe C_N ist die Dehnsteifigkeit eines Verbundankers, die sich aus dessen Elastizitätsmodul E_A, dessen Querschnitt A und dessen Einbindetiefe t in die Betonschichten sowie aus der Dämmschichtdicke d_D bestimmen läßt:

$$C_N = E_A \cdot A\, /(d_D + t) \qquad \text{(H.2.19)}$$

Für den Sonderfall starrer punktförmiger Lagerung der Vorsatzschicht, d. h. $C_N = \infty$, gehen die Gln. (H.2.16) und (H.2.17) sowie (H.2.18) in die Gln. (H.2.13) bzw. (H.2.14) über.

In dem Tragmodell, welches den Gln. (H.2.16) und (H.2.17) sowie (H.2.18) zugrunde liegt, wird die bereichsweise elastische Bettung der Vorsatzschicht durch die Dämmung vernachlässigt. Vergleichsberechnungen mit Hilfe der Finite-Element-Methode unter Berücksichtigung der bereichsweise elastischen Bettung haben gezeigt, daß sich diese auf die hier interessierenden Schnittgrößen nur gering auswirkt.

2.4.3 Schnittgrößen aus der schubelastischen Kopplung der Vorsatzschicht mit der Innenschale

Durch die Steifigkeit der Verbindungsmittel zwischen Trag- und Vorsatzschale - und bei dreischichtiger Konstruktion der Wandtafeln zusätzlich

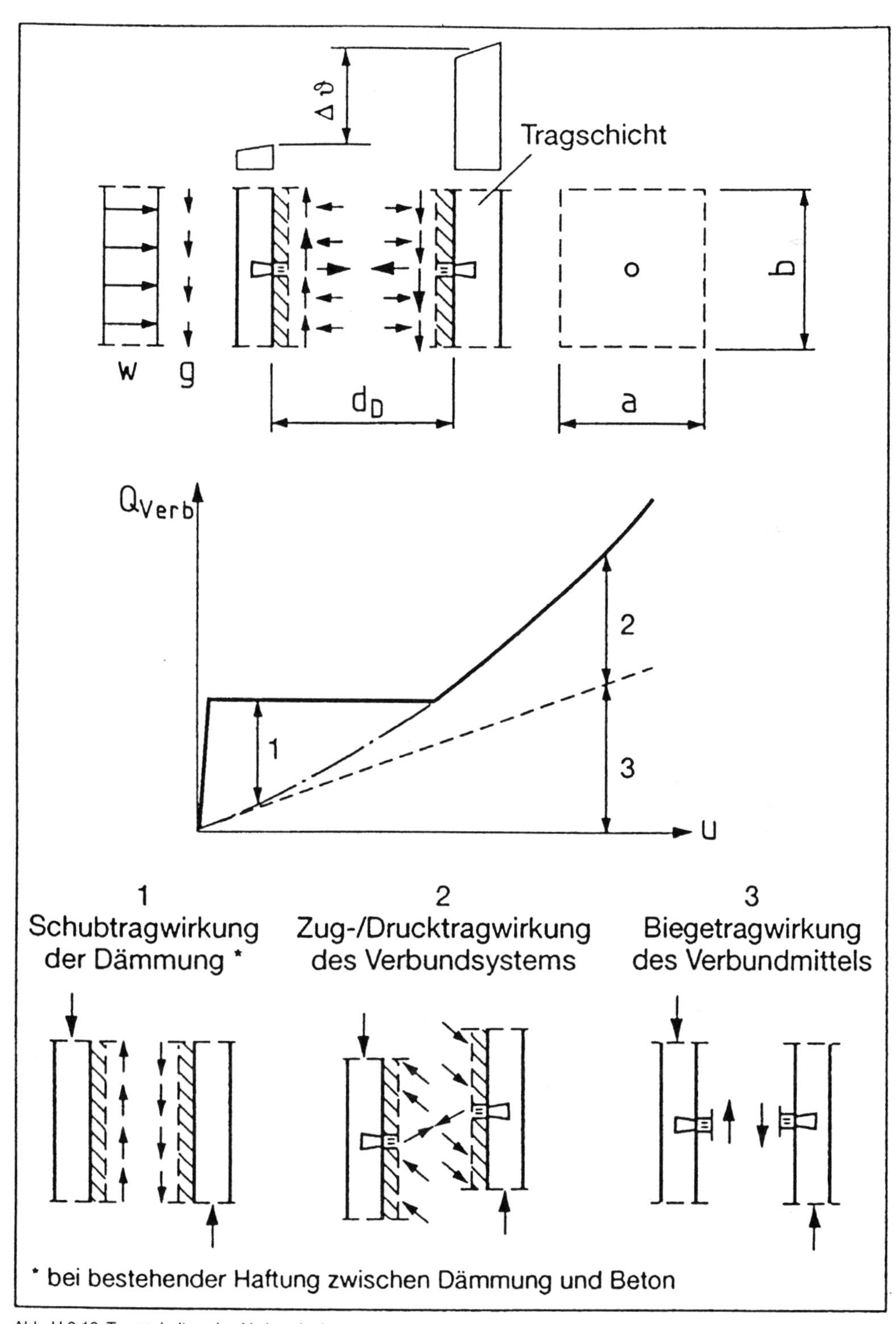

Abb. H.2.10 Tragverhalten des Verbundankersystems unter Scherbeanspruchung

durch die Reibungskräfte an der Dämmstoffoberfläche – ergibt sich eine schubelastische Kopplung, die bei der Weiterleitung rechtwinklig zur Fassadenebene wirkender Lasten und unter Temperaturschwankungen zum Tragen kommt. Dabei läßt sich das Last-Verformungsverhalten der Verbundanker wie in Abb. H.2.10 dargestellt beschreiben: Die anfangs geringe Verformbarkeit des Verbundsystems unter Scherbeanspruchung in Fassadenebene ist auf die Kraftübertragung in einer einlagig ausgeführten Wärmedämmung zurückzuführen (Traganteil 1). Diese Kraftübertragung resultiert aus der Haftung des Betons an der Dämmstoffoberfläche oder einer evtl. vorhandenen Gleitfolie. Bei Erreichen der aufnehmbaren Haftspannungen ergibt sich unter kraftschlüssiger Beanspruchung eine plötzliche Zunahme der gegenseitigen Verschiebung beider Betonschichten und bei aufgezwungener Verformung ein Lastabfall.

Unter zunehmender gegenseitiger Verschiebung von Vorsatz- und Innenschale bewegen sich diese aufgrund ihrer zugsteifen Verbindung aufeinander zu. Hierdurch entstehen zwischen Beton und Wärmedämmung sowie evtl. zwischen einzelnen Dämmstofflagen Kontaktspannungen, die zur Übertragung von Reibungskräften führen (Traganteil 2). Die aus der Parallelverschiebung der beiden Betonschichten folgende Druckbeanspruchung der Wärmedämmung steht mit der Zugbeanspruchung der Verbindungsmittel im Gleichgewicht.

Den durch Biegetragwirkung der beidseitig in die Betonschichten eingespannten Verbundanker aufgenommenen Anteil der Scherbeanspruchung verdeutlicht der Traganteil 3 in Abb. H.2.10.

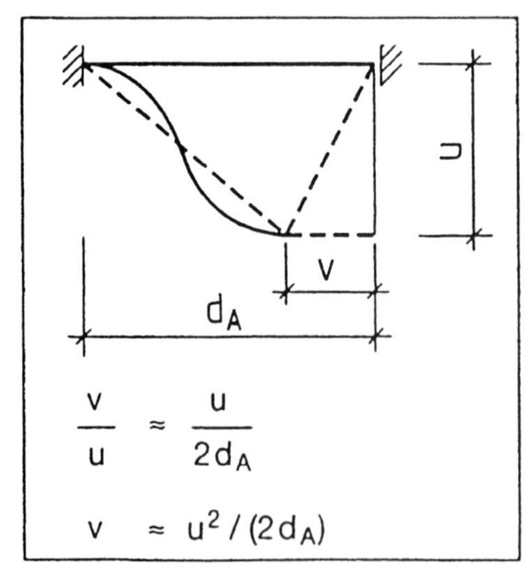

Abb. H.2.11 Kinematische Beziehungen für das Verbundankersystem unter Scherbeanspruchung

Die Last-Verformungsbeziehung der Wärmedämmung vor Versagen der Haftung des Betons an der Dämmstoffoberfläche läßt sich rechnerisch mit Hilfe des Schubmoduls G_D der Dämmung ermitteln:

$$Q_{D,I} = \frac{G_D \cdot A_A}{d_D} \cdot u \qquad \text{(H.2.20)}$$

Unter Zugrundelegung der in Abb. H.2.11 dargestellten kinematischen Beziehungen erhält man nach Versagen des Haftverbunds folgenden Zusammenhang zwischen der Scherbeanspruchung $Q_{D,II}$ der Dämmung und der gegenseitigen Verschiebung u der beiden Betonschichten:

$$Q_{D,II} = \frac{\mu \cdot E_D \cdot A_A}{2\, d_D \cdot d_A} \cdot u^2 \qquad \text{(H.2.21)}$$

Hierin bedeuten μ der Gleitreibungskoeffizient zwischen Beton und Wärmedämmung oder evtl. zwischen einzelnen Dämmstofflagen, E_D der Druckelastizitätsmodul des Dämmmaterials und d_A die Biegelänge des Verbindungsmittels.

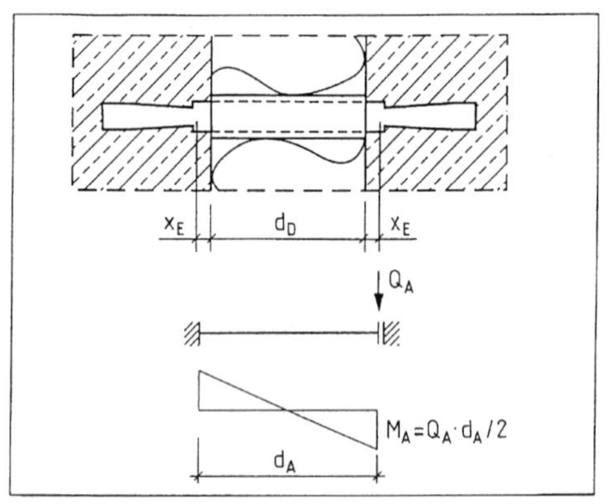

Abb. H.2.12 System und Schnittgrößen eines einzelnen Verbundankers unter Scherbeanspruchung

Die Last-Verformungsbeziehung eines Verbundankers ergibt sich aus der Betrachtung eines beidseitig eingespannten Stabs gemäß Abb. H.2.12 mit der Biegelänge d_A:

$$Q_A = \frac{12\, E_A \cdot I}{d_A^{\,3}} \cdot u \qquad \text{(H.2.22)}$$

Die Größen E_A und I sind der Elastizitätsmodul bzw. das Flächenträgheitsmoment der Verbindungsmittel. Wie Vergleiche mit Versuchsergebnissen gezeigt haben, kann die Biegelänge d_A eines Verbundankers mit ausreichender Genauigkeit mit der von [Wiedenroth - 71] angegebenen Einspanntiefe x_E von Scherbolzen oder auch aus dessen Durchmesser $\varnothing$ bestimmt werden:

$$d_A = d_D + 2\,x_E \tag{H.2.23}$$

$$x_E = \left(1 - \frac{1}{1 + t/d_D}\right) \cdot \frac{t}{3} \tag{H.2.24}$$

$$X_E \approx \varnothing \tag{H.2.25}$$

Die Steifigkeit der Verbindungsmittel im Zusammenwirken mit der Wärmedämmung unter der Gesamtscherkraft $Q_{Verb} = Q_D + Q_A$ beträgt somit:

- vor Versagen des Haftverbunds zwischen Dämmung und Beton

$$C_{Q,I} = Q_{Verb}/u = \frac{G_D \cdot A_A}{d_D} + \frac{12\,E_A \cdot I}{d_A^3} \tag{H.2.26}$$

- nach Versagen des Haftverbunds zwischen Dämmung und Beton (Sekantenwert)

$$C_{Q,II} = \frac{\mu \cdot E_D \cdot A_A}{2\,d_D \cdot d_A} \cdot u + \frac{12\,E_A \cdot I}{d_A^3}$$

$$= \sqrt{\frac{\mu \cdot E_D \cdot A_A}{2\,d_D \cdot d_A} \cdot Q_{Verb} + \left(\frac{6E_A \cdot I}{d_A^3}\right)^2} + \frac{6E_A \cdot I}{d_A^3} \tag{H.2.27}$$

Die Beanspruchung der Vorsatzschicht und auch die Scherkräfte, die bedingt durch die Steifigkeit der Verbindungsmittel und die Reibung an der Dämmstoffoberfläche auftreten, lassen sich für den Fall, daß der Bewegungsruhepunkt der Außenschale mit deren Schwerpunkt zusammenfällt, aus der von [Hoischen - 54] angegebenen Differentialgleichung des elastischen Verbunds ermitteln. Diese erhält man mit Hilfe der Gleichgewichts- und kinematischen Beziehungen, z. B. für das in Abb. H.2.13 dargestellte Plattenelement:

$$N'' = \omega^2 \cdot N - \lambda \cdot M - c \cdot \Delta\varepsilon \tag{H.2.28}$$

mit

$$\omega^2 = c\left(\frac{1}{E_1 \cdot A_1} + \frac{1}{E_2 \cdot A_2} + \frac{z^2}{E_1 \cdot I_1 + E_2 \cdot I_2}\right)$$

und

$$\lambda = \frac{c \cdot z}{E_1 \cdot I_1 + E_2 \cdot I_2}$$

Hierin sind c die Steifigkeit der elastischen Verbindung, $\Delta\varepsilon$ eine Zwangsverformung und E, A sowie I der Elastizitätsmodul, die Fläche bzw. das Trägheitsmoment für die beiden schubelastisch gekoppelten Schichten.

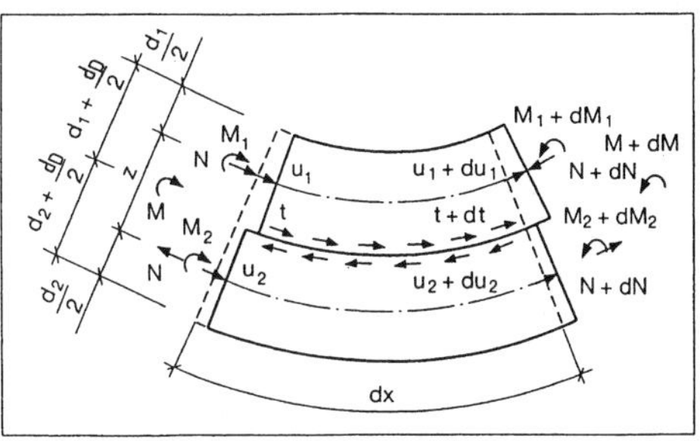

Abb. H.2.13 Schnittgrößen und Verformungen eines geschichteten Plattenelements mit elastischem Verbund

Die Lösung der Differentialgleichung bei einem beidseitig gelenkig gelagerten Träger mit der Stützweite L unter der Gleichstreckenlast w lautet:

$$N_w = \frac{w}{2}\,(L \cdot x - x^2) \cdot \frac{A_1 \cdot z_1}{I_i} \cdot \left[1 - 2\,\frac{\cosh \omega L/2 - \cosh \omega\,(L/2 - x)}{x\,(L - x) \cdot \omega^2 \cdot \cosh \omega\, L/2}\right] \tag{H.2.29}$$

$$t_w = w\left(\frac{L}{2} - x\right) \cdot \frac{A_1 \cdot z_1}{I_i} \cdot \left[1 - \frac{\sinh \omega\,(L/2 - x)}{(L/2 - x) \cdot \omega \cdot \cosh \omega\, L/2}\right] \tag{H.2.30}$$

mit

$$I_i = I_1 + \nu \cdot I_2 + \nu \cdot A_1 \cdot A_2 \cdot z^2/(A_1 + \nu \cdot A_2)$$

und

$$\nu = E_2/E_1$$

Aus der Temperaturschwankung $\Delta\vartheta$ zwischen den beiden miteinander verbundenen Schalen ergibt sich mit $\Delta\varepsilon = \alpha_T \cdot \Delta\vartheta$:

$$N_{\Delta\vartheta} = \alpha_T \cdot \Delta\vartheta \cdot E_1 \cdot A_1 \cdot z_1 \cdot \frac{I_1 + \nu \cdot I_2}{z \cdot I_i} \cdot \left[1 - \frac{\cosh \omega\,(L/2 - x)}{\cosh \omega\, L/2}\right] \tag{H.2.31}$$

$$t_{\Delta\vartheta} = \alpha_T \cdot \Delta\vartheta \cdot E_1 \cdot A_1 \cdot z_1 \cdot \frac{I_1 + \nu \cdot I_2}{z \cdot I_i} \cdot \omega \cdot \frac{\sinh \omega\,(L/2 - x)}{\cosh \omega\, L/2} \tag{H.2.32}$$

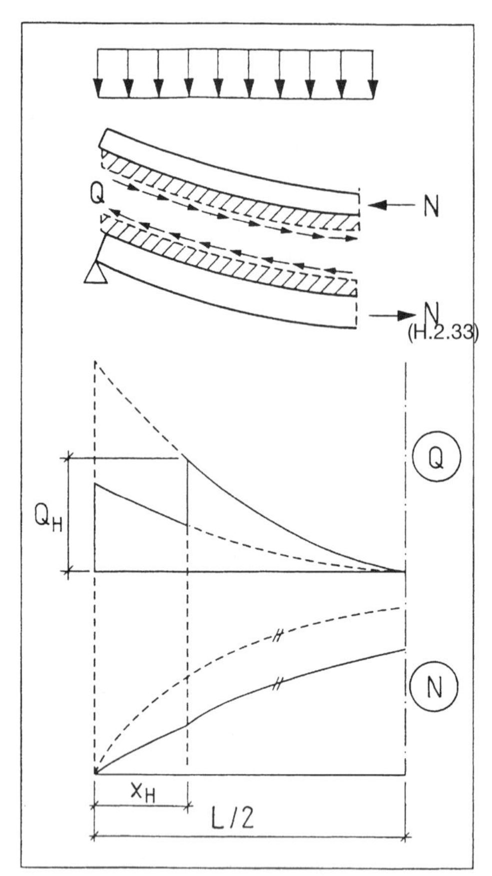

Abb. H.2.14 Schnittgrößenverläufe für eine Fassadenplatte mit bereichsweisem Haftverbund zwischen Dämmung und Beton

Für die dreischichtigen Außenwandtafeln erhält man bei bereichsweisem Haftverbund zwischen Wärmedämmung und Beton unter der Voraussetzung beidseitig gelenkiger Lagerung die in Abb. H.2.14 qualitativ wiedergegebenen Schnittgrößenverläufe. Die hierin eingetragene Größe Q_H ist das Produkt aus der Ankerrasterfläche A_A und der aufnehmbaren Haftspannung τ_H. Die Länge x_H des Bereichs mit ausgefallener Haftung ergibt sich allgemein aus der Bedingung, daß die Gesamtscherkraft $Q_{Verb} = Q_{A,G} + Q_{Verb,w} + Q_{Verb,\Delta\vartheta}$ infolge Eigengewicht G der Vorsatzschicht und evtl. zusätzlicher Bauteile, der Windlast w rechtwinklig zur Fassadenebene und der Temperaturschwankung $\Delta\vartheta$ zwischen Innen- und Außenschale den Wert Q_H erreicht. Mit

$$E_1 = E_2 = E_b, \quad A_1 = b \cdot d_V, \quad A_2 = b \cdot d_T, \quad I_1 = b \cdot d_V^3/12 \text{ und } I_2 = b \cdot d_T^3/12$$

gilt hierfür:

$$Q_{Verb} = \Sigma G/n + A_A \cdot w\,(L/2 - x_H) \cdot \frac{z}{(d_v + d_T)(d_v^3 + d_T^3)/(12\, d_v \cdot d_T) + z^2} \cdot \left[1 - \frac{\sinh \omega_I (L/2 - x_H)}{(L/2 - x_H) \cdot \omega_I \cdot \cosh \omega_I L/2}\right] + \frac{A_A \cdot \alpha_T \cdot \Delta\vartheta \cdot k \cdot E_b \cdot \omega_I}{(d_v + d_T)/(d_v \cdot d_T) + 12\, z^2/(d_v^3 + d_T^3)} \cdot \frac{\sinh \omega_I (L/2 - x_H)}{\cosh \omega_I L/2} \tag{H.2.33}$$

mit

$$\omega_I = \sqrt{\frac{C_{Q,I}}{k \cdot E_b \cdot A_A}\left(\frac{1}{d_v} + \frac{1}{d_T} + \frac{12\, z^2}{d_v^3 + d_T^3}\right)}$$

und

$$z = d_D + (d_V + d_T)/2$$

Der Faktor k berücksichtigt eine verringerte Steifigkeit der Betonschichten beim Übergang in den gerissenen Zustand. Er kann z. B. nach [DAfStb-H240 - 91] ermittelt werden.

Der erste Term in Gl. (H.2.33) ist für die Halteanker der in Abschnitt 2.3.2 beschriebenen herkömmlichen Ankersysteme und bei allen horizontal gespannten Fassadenplatten gleich Null.

Die maximale Beanspruchung der Vorsatzschale in Feldmitte der beidseitig gelenkig gelagerten Platte, also an der Stelle $x = L/2$, infolge der Windlast w und der Temperaturschwankung $\Delta\vartheta$ erhält man aus der Integration der Scherkraftfläche:

$$N = N_w + N_{\Delta\vartheta}$$

$$= \frac{w \cdot z}{(d_v + d_T)(d_v^3 + d_T^3)/(12\, d_v \cdot d_T) + z^2} \cdot \left[\frac{L^2}{8} + \frac{1 - \cosh \omega_I (L/2 - x_H)}{\omega_I^2 \cdot \cosh \omega_I L/2} - \frac{\cosh \omega_{II} L/2 - \cosh \omega_{II} (L/2 - x_H)}{\omega_{II}^2 \cdot \cosh \omega_{II} L/2}\right] + \frac{\alpha_T \cdot \Delta\vartheta \cdot k \cdot E_b}{(d_v + d_T)/(d_v \cdot d_T) + 12\, z^2/(d_v^3 + d_T^3)} \cdot \left[1 - \frac{1}{\cosh \omega_I L/2} + \frac{\cosh \omega_I (L/2 - x_H)}{\cosh \omega_I L/2} - \frac{\cosh \omega_{II} (L/2 - x_H)}{\cosh \omega_{II} L/2}\right] \tag{H.2.34}$$

mit

$$\omega_{II} = \sqrt{\frac{C_{Q,II}}{k \cdot E_b \cdot A_A}\left(\frac{1}{d_v} + \frac{1}{d_T} + \frac{12\,z^2}{d_v^3 + d_T^3}\right)}$$

$$M_v = \frac{w \cdot L^2/8 - N \cdot z}{1 + d_T^3/d_v^3} \qquad \text{(H.2.35)}$$

Dem Biegemoment gemäß Gl. (H.2.35) sind diejenigen nach Abschnitt 2.4.2 aus der örtlichen Plattentragwirkung der Vorsatzschicht zu überlagern.

2.5 Tragfähigkeitsnachweis für die Verbundanker

2.5.1 Allgemeines

Wie aus den vorangegangenen Abschnitten hervorgeht, unterliegen die Verbundanker aufgrund der Überlagerung verschiedener Tragwirkungen einer kombinierten Beanspruchung aus Zug oder auch Druck und Abscheren sowie Biegung. Diese Beanspruchung ergibt sich zu einem großen Teil aus der Temperatureinwirkung gemäß Abschnitt 2.2.2, die den Charakter einer nicht vorwiegend ruhenden Belastung hat und demzufolge zu einer Materialermüdung führt. Bei dem in Abschnitt 2.3.3 beschriebenen neuartigen Verbundankersystem aus glasfaserverstärktem Kunststoff kommt zu dem Tragfähigkeitsabfall infolge alternierender Belastung noch ein solcher aus der z. B. von [Schmiemann/Ehrenstein - 90] näher erläuterten chemischen Reaktion der Glasfasern mit dem Zementstein des Betons und auch infolge Langzeitbelastung hinzu. Aufgrund dieser Komplexität läßt sich die Tragfähigkeit der Verbundankersysteme nicht allein rechnerisch aus den Materialeigenschaften der einzelnen Komponenten bestimmen. Vielmehr müssen hierzu die Ergebnisse von Versuchen herangezogen werden, in denen gezielt der Einfluß einzelner Parameter auf die Tragfähigkeit untersucht wird. Für die Durchführung solcher Versuche im Rahmen der Zulassung eines Verbundankersystems sind die [DIBt-Grundsätze - 95] und für deren Auswertung die [DIBt-Richtlinie - 88] zu beachten.

Die praktische Bemessung der Verbundankersysteme erfolgt durch Nachweis der Einhaltung zulässiger Beanspruchungen, die aus Versuchen hergeleitet wurden und in Prüfbescheiden (z. B. [Manschettenanker - 83], [Flachanker - 84], [Flachanker - 90], [Manschettenanker - 94], [Sandwichanker - 94]) oder Zulassungen (z. B. [TM-Anker-Zulassung - 93]) festgelegt sind. Den zulässigen Beanspruchungen für die meistens verwendeten Verbindungsmittel aus nichtrostendem Stahl nach [DIN 17440 - 85] liegt außerdem die [Edelstahl-Zulassung - 89] zugrunde.

Nachfolgend werden die einzelnen Parameter, welche die Tragfähigkeit der in den Abb. H.2.5 und H.2.8 dargestellten Ankertypen beeinflussen, anhand von Auszügen aus den zuvor erwähnten Prüfbescheiden sowie aus den Veröffentlichungen von [Utescher - 78] und [Ramm/Gastmeyer - 95] veranschaulicht.

2.5.2 Tragfähigkeit des DEHA-Manschetten-Verbundankers (Abb. H.2.5a)

Der DEHA-Manschetten-Verbundanker, der aus einem zylindrischen Formteil besteht und entsprechend der schematischen Darstellung in Abb. H.2.4 als starrer, im Schwerpunkt der Vorsatzschale angeordneter Traganker dient, unterliegt sowohl einer Scherbeanspruchung (siehe Abschnitt 2.4.1) als auch einer Zug-/Druckbelastung (Abschnitt 2.4.2). Seine Tragfähigkeit wird durch folgende Versagensarten bestimmt:

- Beulen des Blechformteils,
- Versagen des Ankergrunds (Betonausbruch).

In Abb. H.2.15 sind die aus Versuchen hergeleiteten zulässigen Lasten unter kombinierter Beanspruchung durch eine Normalkraft N_A und eine Scherkraft Q in Form von Interaktionsdiagrammen für zwei Dämmschichtdicken (d_D = 60 mm und d_D = 90 mm) sowie verschiedene Ankerdurchmesser D wiedergegeben. Wie aus der Gegenüberstellung der beiden Diagramme hervorgeht, nehmen die zulässigen Scherkräfte bei Vergrößerung der Dämmschichtdicke ab. Der Grund hierfür ist das bereits in den Abschnitten 2.2.4 und 2.4.1 erwähnte, unter Beanspruchung in Fassadenebene gleichzeitig vorhandene Versatzmoment, das hiermit beim Nachweis der zulässigen Belastung indirekt berücksichtigt wird.

Für eine möglichst schnelle Dimensionierung der Manschetten-Verbundanker stehen außer den exemplarisch gezeigten Interaktionsdiagrammen auch Tabellen mit zulässigen Scherkräften Q zur Verfügung, denen gemäß den Untersuchungen von [Cziesielski/Kötz - 84.1] (vgl. Abschn. 2.2.2) für Dreischichtenplatten und hinterlüftete Wandtafeln unterschiedliche Temperaturgradienten ΔT und damit unterschiedliche maximale Zug-/Druckbeanspruchungen der Anker zugrunde liegen.

2.5.3 Tragfähigkeit des DEHA-Flachankers (Abb. H.2.5 b)

Der DEHA-Flachanker, bei dem es sich um ein ebenes Formteil handelt, ist für die Verwendung in statischen Systemen entsprechend den Abb. H.2.6 und H.2.7 als Traganker außerhalb des Bewegungsruhepunkts der Vorsatzschicht ausgelegt. Er unterliegt damit zusätzlich zu der Scherbeanspruchung gemäß Abschn. 2.4.1 in Richtung seiner starren Achse sowie der in Abschn. 2.4.2 dargelegten Zug-/Druckbelastung einer alternierenden Scherkraft in Richtung der biegeweichen Achse. Daher ist für die Bemessung und Anordnung des Flachankers außer den im vorhergehenden Abschnitt genannten Versagensarten ein möglicher Ermüdungsbruch ausschlaggebend.

Zur Veranschaulichung der Vorgehensweise bei der Dimensionierung des Flachankers zeigt Abb. H.2.16 analog zu Abb. H.2.15 die Scherkraft-Normalkraft-Diagramme für die beiden Dämmschichtdicken d_D = 60 mm und d_D = 90 mm bei

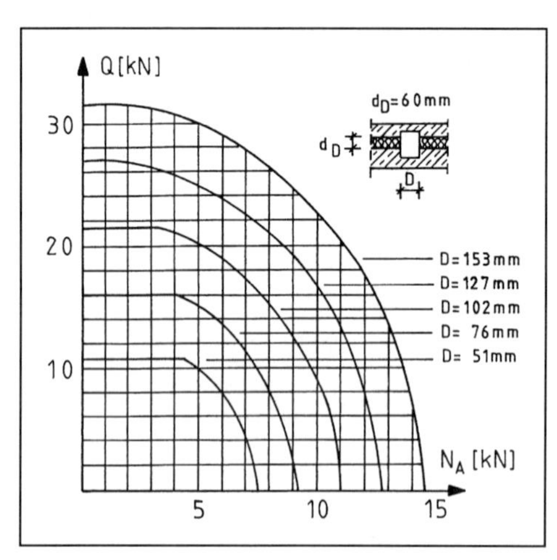

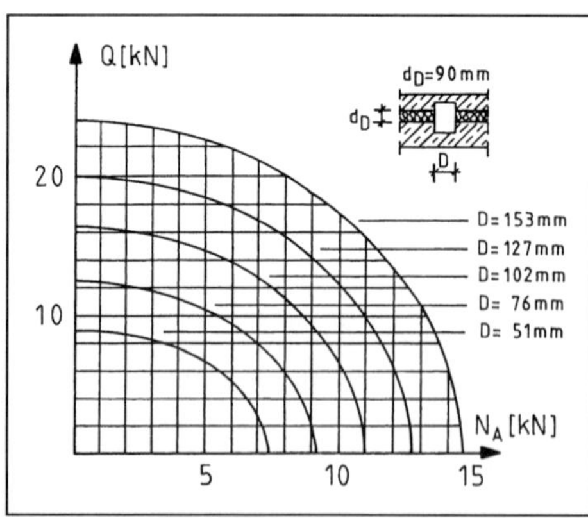

Abb. H.2.15 Interaktionsdiagramme für den DEHA-Manschetten-Verbundanker

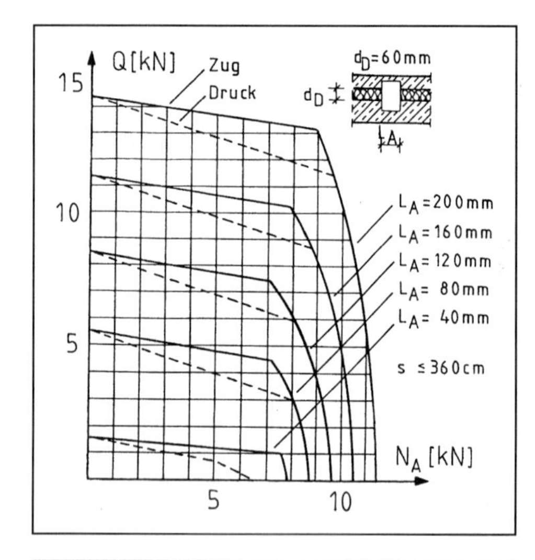

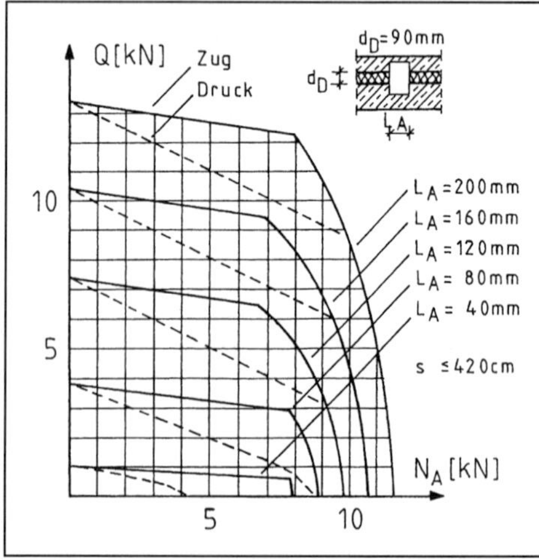

Abb. H.2.16 Interaktionsdiagramme für den DEHA-Flachanker mit t_A = 1,5 mm

einer Ankerdicke t_A = 1,5 mm und verschiedenen Ankerlängen L_A. Wie auch hier wiederum zu erkennen ist, wird das unter Beanspruchung in Fassadenebene gleichzeitig vorhandene, aus dem Achsabstand der beiden Betonschichten folgende Versatzmoment beim Nachweis der zulässigen Belastung indirekt durch die Abhängigkeit der zulässigen Scherkräfte von der Dämmschichtdicke erfaßt. Mit den zulässigen Abständen *s* der Flachanker vom Bewegungsruhepunkt der Vorsatzschicht, die in den Diagrammen angegeben sind, wird indirekt die erforderliche Sicherheit gegenüber einem Ermüdungsbruch nachgewiesen. Diese maximal möglichen Abstände *s* nehmen bei Vergrößerung der Dämmschichtdicke und damit der Verformbarkeit der Anker zu.

Für eine möglichst schnelle Auswahl der Flachanker stehen wie bei dem Manschetten-Verbundanker Tabellen mit zulässigen Scherkräften *Q* zur Verfügung. Diese Tabellen enthalten außer der Ankerdicke, der Ankerlänge und der Dämmschichtdicke als Eingangsparameter die Dicke der Vorsatzschale, die entsprechend den Angaben in Abschn. 2.4.2 bestimmend für die Größe der Zug-/Druckbeanspruchung der Verbindungsmittel infolge des Temperaturgefälles ΔT ist.

2.5.4 Tragfähigkeit des HALFEN-Sandwichplattenankers (Abb. H.2.5 c, d)

Der HALFEN-Sandwichplattenanker besteht nicht wie die vorher beschriebenen Verbundanker aus einem Edelstahlblech, sondern aus einer fachwerkartigen Stabstahlkonstruktion. Diese wird grundsätzlich immer entsprechend Abb. H.2.7 außerhalb des Bewegungsruhepunkts der Vorsatzschicht angeordnet und unterliegt damit den gleichen Beanspruchungen wie der DEHA-Flachanker. Für die Dimensionierung des HALFEN-Sandwichplattenankers sind folgende Versagensarten entscheidend:

- Zugversagen eines Fachwerkstabs,
- Stabilitätsversagen eines Fachwerkstabs,
- Ermüdungsbruch,
- Versagen des Ankergrunds (Betonausbruch).

Abb. H.2.17 verdeutlicht die Abhängigkeit der maßgebenden Versagensart von der Beanspruchungskombination aus Normalkraft N_A und Scherkraft *Q* anhand der Interaktionsdiagramme für zwei Stabdurchmesser der Fachwerkkonstruktion (∅ = 5 mm und ∅ = 6,5 mm) jeweils bei den Dämmschichtdicken d_D = 60 mm und d_D = 90 mm.

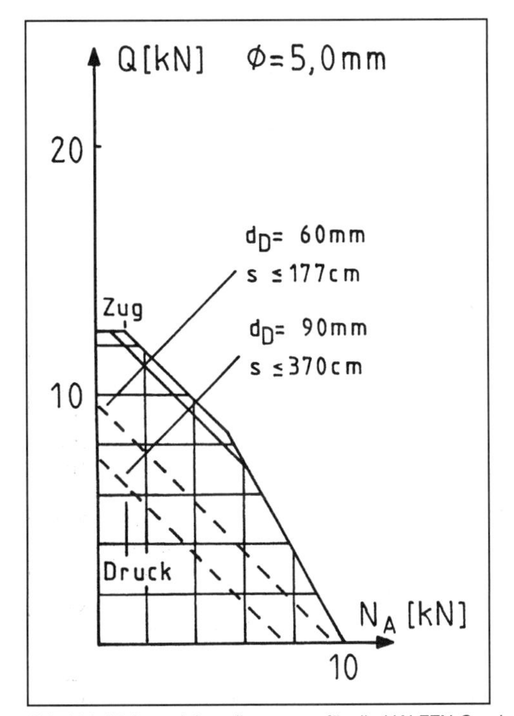

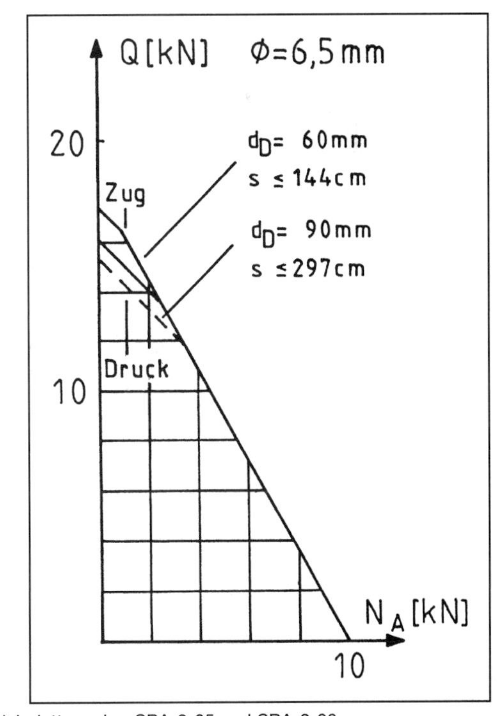

Abb. H.2.17 Interaktionsdiagramme für die HALFEN-Sandwichplattenanker SPA-2-05 und SPA-2-06

Ebenfalls in Abb. H.2.17 angegeben sind die maximal möglichen Abstände *s* der Sandwichplattenanker vom Bewegungsruhepunkt der Vorsatzschicht, mit denen wie bei dem DEHA-Flachanker indirekt die erforderliche Sicherheit gegenüber einem Ermüdungsbruch nachgewiesen wird.

Zur Vorbemessung der Sandwichplattenanker liegen ebenso wie für den DEHA-Flachanker Tabellen mit zulässigen Scherkräften vor, die als Eingangsparameter den Ankerdurchmesser, die Dämmschichtdicke und die Vorsatzschalenstärke enthalten.

2.5.5 Tragfähigkeit der Halteanker

Die Funktion der in Abb. H.2.4 schematisch dargestellten, über die gesamte Fassadenfläche verteilten Halteanker übernehmen sogenannte Verbundnadeln aus Stabstahl. Sie unterliegen sowohl einer Zug-/Druckbelastung gemäß Abschn. 2.4.2 als auch einer ungewollten Scherbeanspruchung (siehe Abschn. 2.4.3). Für die Verbundnadeln treffen die gleichen Versagensarten, wie zuvor bei den HALFEN-Sandwichplattenankern beschrieben, zu.

Die Verbundnadeln können aufgrund ihrer einfachen Geometrie auch mit Hilfe einfacher Bemessungsmodelle dimensioniert werden; z. B. wurden die in den Prüfbescheiden [Manschettenanker - 83] und [Manschettenanker - 94] angegebenen zulässigen Abstände der Verbundnadeln vom Bewegungsruhepunkt der Vorsatzschicht auf der Grundlage der [Edelstahl-Zulassung - 89] ermittelt. Nach dieser Zulassung sind bei Verbindungsmitteln im Fassadenbereich temperaturbedingte plastische Verformungen erlaubt, wenn eine ausreichende Sicherheit gegenüber Materialermüdung besteht. Für den Nachweis dieser Sicherheit gegenüber einem Ermüdungsbruch wurden die von [Utescher - 78] aus Versuchen gewonnenen Erkenntnisse herangezogen. Demnach besteht zwischen der bezogenen Normalspannung $\nu_N = \sigma_N/\text{vorh}\ \beta_{0,2}$, der bezogenen ideellen Wechselbiegefestigkeit $\nu_{Bi} = \sigma_{Bi}/\min\ \beta_{0,2}$, der Biegespielzahl n_B und dem Stabdurchmesser $\varnothing$ der Verbundnadel der in den beiden Diagrammen in Abb. H.2.18 dargestellte Zusammenhang. Hierin ist $\sigma_N = N_A/A$ eine Zugbeanspruchung des Verbundankers, σ_{Bi} die unter Annahme elastischen Verhaltens mit einem Elastizitätsmodul $E_A = 2{,}0 \cdot 10^5$ N/mm^2 zu ermittelnde ideelle Biegerandspannung infolge der Temperaturschwankung $\Delta\vartheta$, $\min\ \beta_{0,2}$ die garantierte Mindestdehngrenze und $\text{vorh}\ \beta_{0,2}$ die tatsächlich vorhandene Dehngrenze der Verbundnadel. In den beiden aus Versuchsergebnissen aufgestellten Diagrammen wurde die ideelle Biegerandspannung σ_{Bi} auf die garantierte Mindestdehngrenze $\min\ \beta_{0,2}$ statt auf die vorhandene Dehngrenze $\text{vorh}\ \beta_{0,2}$ bezogen, weil letztere in Abhängigkeit von der Art der Herstellung des Edelstahls stark schwankt und unter der alternierenden Biegebeanspruchung im plastischen Bereich wegen der dabei eintretenden Kaltverfestigung ohne Bedeutung ist.

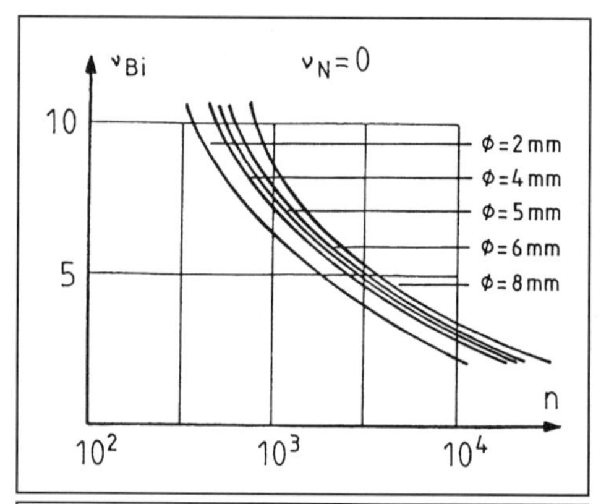

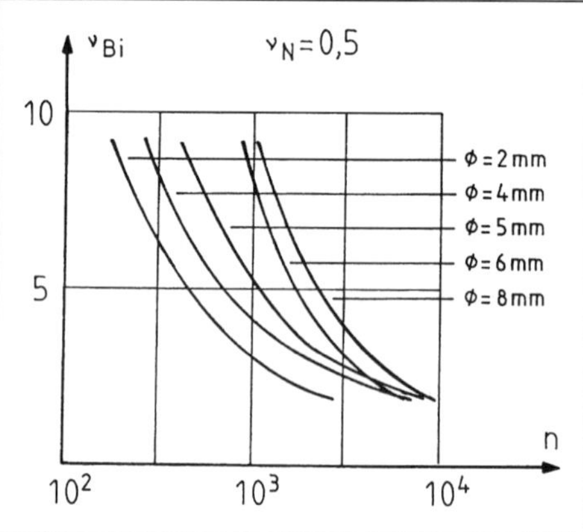

Abb. H.2.18 Wechselbiegefestigkeit der Verbundnadeln für $\nu_N = 0$ und $\nu_N = 0{,}5$

Nach den Ausführungen von [Utescher - 78] kann zwischen den beiden für die bezogenen Normalspannungen $\nu_N = 0$ und $\nu_N = 0{,}5$ geltenden Diagrammen in Abb. H.2.18 linear interpoliert werden. Damit erhält man für eine Vergleichs-Biegespielzahl $n_B = 1500$, die sich aus dem in den [DIBt-Grundsätzen - 95] und in der [Edelstahl-Zulassung - 89] angegebenen Lastkollektiv mit Hilfe der Miner-Regel herleiten läßt, folgende Beziehung:

$$\frac{\sigma_{Bi}}{\beta_{0,2}} = 2{,}3 + (4{,}2 - 2{,}3)\left(1 - \frac{\sigma_N}{0{,}5\ \beta_{0,2}}\right) \qquad \text{(H.2.36)}$$

Die ideelle Biegerandspannung σ_{Bi} ergibt sich vereinfacht aus der Betrachtung eines beidseitig eingespannten Stabs mit der Biegelänge $d_A \approx d_D + 2\,\varnothing$ unter der Zwangsverformung $u_{\Delta\vartheta} = \alpha_T \cdot \Delta\vartheta \cdot s$ (vgl. Abschn. 2.4.3):

$$\sigma_{Bi} = 3\,\alpha_T \cdot \Delta\vartheta \cdot s \cdot E_A \cdot \varnothing /(d_D + 2\,\varnothing)^2 \quad \text{(H.2.37)}$$

Für die maximal anzusetzende Normalspannung $\sigma_N = N_A/A$ in Gl. (H.2.36) ist der Stabilitätsnachweis für die Verbundnadeln maßgebend, da die Normalkraft N_A sowohl als Zug- als auch als Druckkraft auftreten kann (siehe Abschnitte 2.2.1 bis 2.2.3 und 2.4.2). Eine Druckbelastung der Verbundnadeln unter gleichzeitiger alternierender Biegebeanspruchung führt nach den Untersuchungen von [Utescher - 78] zwar nicht zu einem Ermüdungsbruch. Jedoch wird durch die temperaturbedingten plastischen Verformungen das Knickverhalten ungünstig beeinflußt. Dies kann im Stabilitätsnachweis, der gemäß der [Edelstahl-Zulassung - 89] in Anlehnung an [DIN 4114 - 52] nach dem Ersatzstabverfahren zu führen ist, z. B. durch lineare Abminderung der zulässigen Druckspannung zul σ_D in Abhängigkeit von der bezogenen Zwangsverschiebung $u_{\Delta\vartheta}/d_A = \alpha_T \cdot \Delta\vartheta \cdot s /(d_D + 2\,\varnothing)$ berücksichtigt werden:

$$\sigma_N \leq [1 - 2{,}5\,\alpha_T \cdot \Delta\vartheta \cdot s /(d_D + 2\,\varnothing)] \cdot \text{zul}\,\sigma_D/\omega \quad \text{(H.2.38)}$$

Durch Einsetzen der Gln. (H.2.37) und (H.2.38) in Gl. (H.2.36) lassen sich die maximal möglichen Abstände s der Verbundnadeln vom Bewegungsruhepunkt der Vorsatzschicht berechnen:

$$\max s = \frac{(4{,}2\,\beta_{0,2} - 3{,}8\,\text{zul}\,\sigma_D/\omega)\,(d_D + 2\,\varnothing)}{\alpha_T \cdot \Delta\vartheta\,[3\,E_A/(d_D/\varnothing + 2) - 9{,}5\,\text{zul}\,\sigma_D/\omega]} \quad \text{(H.2.39)}$$

Die gegenüber denjenigen von Baustahl abweichenden Knickzahlen ω für nichtrostenden Stahl sind in der [Edelstahl-Zulassung - 89] als Funktion der Schlankheit $\lambda = s_k/i$ angegeben. Diese folgt aus der Knicklänge $s_k = d_A/2$ und dem Trägheitsradius $i = \varnothing\,/4$ der beidseitig eingespannten Verbundnadel:

$$\lambda = \frac{d_A/2}{\varnothing\,/4} = 2\,\frac{d_D + 2\,\varnothing}{\varnothing} \quad \text{(H.2.40)}$$

Für eine möglichst schnelle Festlegung der Stabdurchmesser $\varnothing$ und der maximal möglichen Abstände s der Verbundnadeln vom Bewegungsruhepunkt der Vorsatzschicht stehen Tabellen zur Verfügung, in denen diese Werte in Abhängigkeit von der Dicke der Vorsatz- und der Dämmschicht angegeben sind.

2.5.6 Tragfähigkeit des DEHA-TM-Verbundsystems (Abb. H.2.8)

Gemäß den Erläuterungen in Abschnitt 2.3.3 besteht das DEHA-TM-Verbundsystem aus einem einzigen Ankertyp, dem alle bei den Fassadenplatten auftretenden Beanspruchungen zugewiesen werden. Dieses Verbindungsmittel wird aus einem unidirektionalen glasfaserverstärkten Kunststoff hergestellt, der sich aus sog. E-Glas (etwa 55 % SiO_2, 9 % Al_2, 18 % CaO, 5 % MgO) und einer Matrix aus Vinylester zusammensetzt. Glasfaserverstärkter Kunststoff zeichnet sich unter reiner Zugbelastung durch nahezu linear-elastisches Verhalten bis zum Bruch aus. Kombinierte Beanspruchungen auf Zug, Schub und Querdruck, die hier bei den Verbundankern vorliegen, führen jedoch zu plastischen interlaminaren Schubverformungen und zu einer von der Beanspruchungskombination abhängigen Minderung der Zugfestigkeit in Faserrichtung (siehe Untersuchungen von [Rehm/Franke - 77]).

Für die in der [TM-Anker-Zulassung - 93] festgelegten aufnehmbaren Ankerkräfte spielen außer dem zuvor beschriebenen Tragfähigkeitsabfall und einer weiteren Reduzierung infolge alternierender Belastung die bereits in Abschnitt 2.5.1 erwähnte Wirkung des alkalischen Angriffs und der Langzeitbelastung eine Rolle. Diese Einflüsse wurden bei Auswertung der Versuchsergebnisse von [Ramm/Gastmeyer - 95], die der Zulassung zugrunde liegen, durch Berechnungsmodelle in Anlehnung an die von [Schmiemann/Ehrenstein - 90] festgestellten Gesetzmäßigkeiten und an [DIN 53 768 - 90] erfaßt. Bei den nach der Zulassung für die Verbindungsmittel zu führenden Nachweisen wird außerdem der Tatsache Rechnung getragen, daß die gemäß den Erläuterungen in Abschnitt 2.4.3 bei der Lastaufnahme mitwirkende Wärmedämmung (Traganteil 2 nach Abb. H.2.10) unter Dauerbeanspruchung Kriechverformungen aufweist, ohne hierbei ein Endkriechmaß zu erreichen (siehe z. B. [Luz - 90]). Dies geschieht dadurch, daß ständig wirkende Scherkräfte allein den Verbindungsmitteln zugewiesen werden.

Ein Stabilitätsversagen der Anker des TM-Verbundsystems kann aufgrund der überwiegenden Abtragung von Druckkräften durch die steife Wärmedämmung bei den in der Zulassung festgelegten Dämmschichtdicken nicht eintreten. Ebenso ist ein Versagen der Verankerung durch Betonausbruch ausgeschlossen, da in der Zulassung Mindestbetonfestigkeiten beim Ausschalen und in Einbaulage festgelegt sind sowie eine Mindestbetondeckung des Ankerendes vorgeschrieben ist.

Auf die nach der Zulassung erforderlichen Nachweise für das TM-Verbundsystem kann durch Verwendung des Prüfbescheids [TM-Anker - 95] verzichtet werden. Aus den Tabellen dieser Typenberechnung ergibt sich bei gegebenen Querschnitten der Dämm- und der Vorsatzschicht die maximal mögliche Ankerrasterfläche $A_A = a \cdot b$ (siehe Abb. H.2.8), die aus dem Nachweis für die Verbindungsmittel unter ständig wirkender Scherkraft folgt. Bei Auswahl der Einbauhöhe der Wandtafel über Geländeoberkante und der Tragschichtdicke erhält man die zulässige Plattenlänge und den erforderlichen Bewehrungsquerschnitt für die Vorsatzschale. Diese Größen werden aus dem Nachweis für die Anker unter Kurzzeitbeanspruchung und aus der Bemessung der außenliegenden Betonschicht für Biegung und Normalkraft bestimmt. Letztere Berechnung wird im folgenden Abschnitt näher erläutert.

2.6 Bemessung und konstruktive Ausbildung der Vorsatzschicht

Die einlagige, etwa mittig anzuordnende Bewehrung der Vorsatzschicht läßt sich aus den Schnittgrößen gemäß den Gln. (H.2.10), (H.2.16), (H.2.34) und (H.2.35) ermitteln, die ungünstig zu überlagern sind. Diese Gleichungen wurden in Abschnitt 2.4 für den Gebrauchszustand angegeben, für den nach [DIN 1045 - 88], Abschn. 17.6, der Nachweis der Rißbreitenbeschränkung mit Hilfe von Gl. (6) der Norm zu führen ist. Durch Umstellung dieser Gleichung erhält man aus dem Nachweis der Rißbreitenbeschränkung den mindestens erforderlichen Stahlquerschnitt:

$$A_s = \frac{1}{\sigma_s}\left(\frac{M_s}{z_V} + N\right) \qquad \text{(H.2.41)}$$

mit

$$M_s = \Sigma M - N \cdot z_s$$

Die Betonstahlspannung σ_s ist [DIN 1045 - 88], Tabelle 14 oder 15 zu entnehmen. Die Größen z_V und z_s sind der Hebelarm der inneren Kräfte bzw. der Abstand der Bewehrung von der Schwerachse der Vorsatzschale.

Bei der nach [DIN 1045 - 88], Abschn. 17.2, mit den γ-fachen Schnittgrößen des Gebrauchszustands durchzuführenden Bemessung braucht derjenige Anteil aus den Zwangsbeanspruchungen ΔT und $\Delta\vartheta$ nur mit einem Sicherheitsbeiwert von 1,0 in Rechnung gestellt zu werden. Hiermit gilt dann analog zu Gl. (H.2.41):

$$A_s = \frac{1}{\beta_s}\left(\frac{M_{s,u}}{z_V} + N_u\right) \qquad \text{(H.2.42)}$$

mit

$$M_{s,u} = \Sigma M_u - N_u \cdot z_s$$

$$\Sigma M_u = \Sigma(\gamma_{Last} \cdot M_{Last} + M_{Zwang})$$

$$N_u = \gamma_{Last} \cdot N_{Last} + N_{Zwang}$$

Die Größe β_s ist die Streckgrenze des Betonstahls.

Zusätzlich zu der Flächenbewehrung der Vorsatzschicht ist, wie bereits erwähnt, bei den herkömmlichen Ankersystemen an den Stellen der Traganker eine Zulagebewehrung nach den Einbaurichtlinien der Ankerhersteller anzuordnen. Zur Rißbreitenbeschränkung an den Plattenrändern sowie an Tür- und Fensterleibungen wird von [Cziesielski/Kötz - 84.2] die Anordnung eines umlaufenden Bewehrungsstabs ∅ = 6 mm empfohlen.

Falls die Vorsatzschicht um eine Gebäudeecke geführt werden soll, ist an dieser Stelle zur Vermeidung einer übermäßigen Zwangbeanspruchung, wie in Abb. H.2.19 dargestellt, ein Luftspalt vorzusehen.

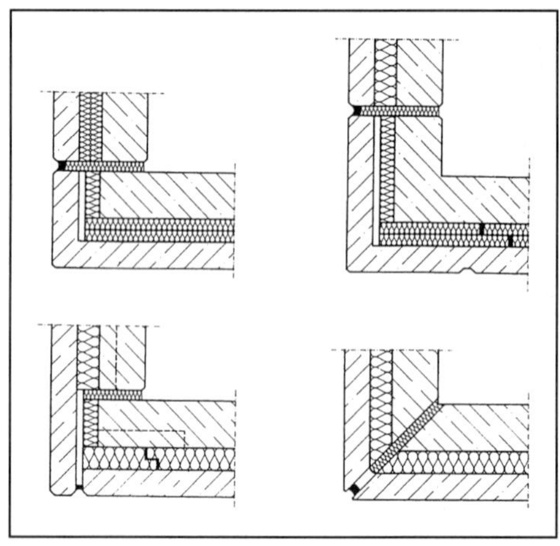

Abb. H.2.19 Eckausbildung bei Betonsandwichplatten

Die Fugen dreischichtiger Stahlbetonfassaden werden in der Regel entsprechend Abb. H.2.20 mit dauerelastischen Dichtungsmassen oder mit vorkomprimierten Fugenbändern geschlossen. Die konstruktive Ausbildung der Fugen mit dauerelastischen Dichtungsmassen und deren Verarbeitung regelt [DIN 18 540 - 95]. Hieraus sind in Tafel H.2.2 die Richtwerte für die Fugenbreite in Abhängigkeit vom Fugenabstand wiedergegeben.

Bei hinterlüfteten Außenwandkonstruktionen aus Stahlbeton erfolgt die Fugenabdichtung mit nachträglich eingezogenen Kunststoffprofilen.

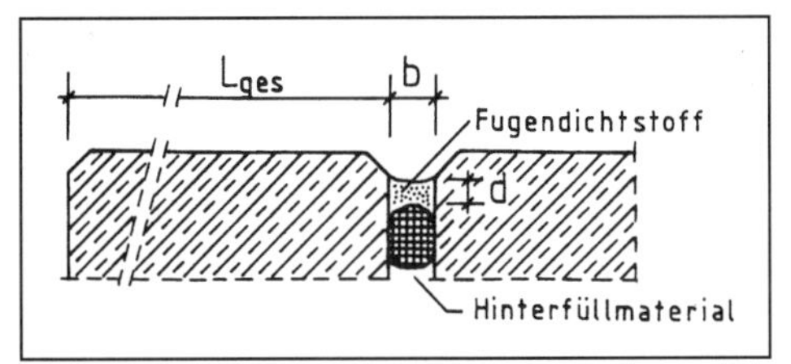

Abb. H.2.20 Fugenausbildung bei dreischichtigen Stahlbetonfassaden

Tafel H.2.2 Richtwerte für die Breite dauerelastisch geschlossener Fugen

Fugenabstand = Plattenlänge L_{ges} m	Fugenbreite Nennmaß[1] b mm	Fugenbreite Mindestmaß[2] min b mm	Dicke des Fugendichtstoffs[3] d mm	Grenzabmaße mm
≤ 2	15	10	8	± 2
$2 < L_{ges} \leq 3{,}5$	20	15	10	± 2
$3{,}5 < L_{ges} \leq 5$	25	20	12	± 2
$5 < L_{ges} \leq 6{,}5$	30	25	15	± 3
$6{,}5 < L_{ges} \leq 8$	35	30	15	± 3

[1] Nennmaß für die Planung
[2] Mindestmaß zum Zeitpunkt der Fugenabdichtung
[3] Die angegebenen Werte gelten für den Endzustand, dabei ist auch der Volumenschwund des Dichtstoffes zu berücksichtigen.

2.7 Bemessungsbeispiel

Die in den vorhergehenden Abschnitten beschriebene Schnittgrößenberechnung und Bemessung wird im folgenden anhand von Fassadenplatten im Eingangsbereich eines Bürogebäudes (Abb. H.2.21), die mit dem DEHA-TM-Verbundsystem ausgeführt wurden, gezeigt. Diese dreischichtigen Wandtafeln haben nachstehende Abmessungen:

Gesamthöhe $H = 9{,}80$ m
Stützweite $L = 8{,}60$ m
Dicke der Tragschicht $d_T = 0{,}16$ m
Dicke der Dämmschicht $d_D = 0{,}08$ m
Dicke der Vorsatzschicht $d_V = 0{,}08$ m

Die in Einbaulage der Wandtafeln für den Winterlastfall anzusetzenden Einwirkungen betragen:

Wind $w \approx 2{,}0 \cdot 0{,}5 = 1{,}0$ kN/m^2
Temperaturschwankung $\Delta\vartheta = 20 - (-20) = 40$ K
Temperaturgefälle $\Delta T = 5$ K

Die Geometrie- und Materialkennwerte ergeben sich aus der [TM-Anker-Zulassung - 93] sowie nach [DIN 1045 - 88]:

Abb. H.2.21 Dreischichtige Wandtafeln im Eingangsbereich eines Bürogebäudes

- für den Verbundanker

Einbindetiefe $t = 51$ mm
Ankerquerschnitt $A = 50{,}5$ mm^2
Trägheitsmoment um die schwache Achse $I_w = 112{,}5$ mm^4
Trägheitsmoment um die starke Achse $I_s = 374{,}0$ mm^4
Zugelastizitätsmodul $E_{Az} = 40\,000$ N/mm^2
Biegeelastizitätsmodul $E_{Ab} = 30\,000$ N/mm^2

- für die Wärmedämmung

Kurzzeitschubmodul $G_D = 4$ N/mm^2
Kurzzeitelastizitätsmodul $E_D = 9$ N/mm^2
Gleitreibungskoeffizient $\mu = 0{,}3$
aufnehmbare Haftspannung $\tau_H = 0{,}05$ N/mm^2

- für den Beton

Elastizitätsmodul $E_b = 34\,000$ N/mm^2
Temperaturdehnzahl $\alpha_T = 10^{-5} \cdot 1/\text{K}$

Die Ankerrasterfläche A_A erhält man aus dem Nachweis der Dauerbeanspruchung eines Verbindungsmittels, die sich mit Gl. (H.2.8) aus dem Eigengewicht der Vorsatzschicht

$(\Sigma G / n = \gamma \cdot d_V \cdot A_A)$

bestimmen läßt:

$$A_A = \text{zul } Q_A(d_D = 80 \text{ mm})/(\gamma \cdot d_V) = 0{,}25/(25 \cdot 0{,}08) = 0{,}125 \text{ m}^2$$

H

Die Dehnsteifigkeit C_N und die Biegelänge d_A eines Ankers betragen:

$$C_N = 40\,000 \cdot 50{,}5/(80 + 51) \approx 15\,000 \text{ N/mm}$$
Gl. (H.2.19)

$$d_A = 80 + 2\left(1 - \frac{1}{1 + 51/80}\right) \cdot \frac{51}{3} \approx 90 \text{ mm}$$
Gln. (H.2.23), (H.2.24)

Für die Steifigkeit der Verbindungsmittel im Zusammenwirken mit der Wärmedämmung ergibt sich unter Zugrundelegung eines gemittelten Trägheitsmoments $I = (112{,}5 + 374{,}0)/2 = 243{,}25 \text{ mm}^4$:

- vor Versagen des Haftverbundes zwischen Dämmung und Beton

  $$C_{Q,I} = 4 \cdot 125\,000/80 + 12 \cdot 30\,000 \cdot 243{,}25/90^3$$
  $$= 6250 + 120 = 6370 \text{ N/mm}$$
  Gl. (H.2.26)

- nach Versagen des Haftverbunds zwischen Dämmung und Beton bei Erreichen der infolge gleichzeitiger Zugbeanspruchung Z_A abgeminderten Gesamtscherkraft

  $$Q_{Verb} = \text{zul } Q_{Verb}\,(1 - Z_A/\text{zul } Z_A)$$

  (hierzu muß zunächst die maximale Zugbeanspruchung eines Verbundankers in der Plattenecke bestimmt werden; diese Berechnung wird nachfolgend für ein Verhältnis der Ankerabstände von $a/b = 1{,}5$ gezeigt).

$$Z_A = N_{AE,w} + N_{AE,\Delta T} = 1{,}13 \cdot 0{,}125 \cdot 1{,}0$$
$$+ \frac{5 \cdot 10^{-5}}{8/(1{,}5 \cdot 34 \cdot 80^2) + 6 \cdot 80 \cdot 1{,}5/(15 \cdot 125\,000)}$$
$$+ \frac{5 \cdot 10^{-5}}{8 \cdot 1{,}5/(34 \cdot 80^2) + 6 \cdot 80/(1{,}5 \cdot 15 \cdot 125\,000)}$$
$$= 0{,}14 + 0{,}12 + 0{,}22 = 0{,}48 \text{ kN}$$
Gln. (H.2.12), (H.2.18)

Damit lassen sich Q_{Verb} und $C_{Q,II}$ ermitteln:

$$Q_{Verb}(d_D = 80 \text{ mm}) = 1{,}883\,(1 - 0{,}48/5{,}00)$$
$$= 1{,}702 \text{ kN}$$

$$C_{Q,II} = \sqrt{\frac{0{,}3 \cdot 9 \cdot 125\,000}{2 \cdot 80 \cdot 90} \cdot 1702 + \left(\frac{6 \cdot 30\,000 \cdot 243{,}25}{90^3}\right)^2} + \left(\frac{6 \cdot 30\,000 \cdot 243{,}25}{90^3}\right)$$
$$= 269 \text{ N/mm}$$

Die Hilfswerte z, ω_I und ω_{II} zur Berechnung der Schnittgrößen nach der Theorie des elastischen Verbunds betragen:

$$z = 80 + (80 + 160)/2 = 200 \text{ mm}$$

und mit $k = 0{,}5$ für die verringerte Steifigkeit der Betonschichten

$$\omega_I = \sqrt{\frac{63{,}70}{0{,}5 \cdot 3400 \cdot 1250}\left(\frac{1}{8} + \frac{1}{16} + \frac{12 \cdot 20^2}{8^3 + 16^3}\right)}$$
$$= 0{,}0061 \frac{1}{\text{cm}}$$

$$\omega_{II} = \sqrt{\frac{2{,}69}{0{,}5 \cdot 3400 \cdot 1250}\left(\frac{1}{8} + \frac{1}{16} + \frac{12 \cdot 20^2}{8^3 + 16^3}\right)}$$
$$= 0{,}0012 \frac{1}{\text{cm}}$$

Die Länge x_H des Bereichs mit ausgefallener Haftung erhält man mit Gl. (H.2.33) aus der Bedingung $Q_{Verb} = Q_H$ durch Iteration:

$$x_H = 15{,}6 \text{ cm}$$

Für die resultierende Normalkraft und das Biegemoment gemäß den Gln. (H.2.34) und (H.2.35) ergeben sich im rechnerischen Bruchzustand mit den Sicherheitsbeiwerten $\gamma_{Last} = 1{,}75$ und $\gamma_{Zwang} = 1{,}00$ (siehe Abschn. 2.6):

$$N_u = 91{,}43 \text{ kN/m}$$
$$M_{V,u} = -0{,}23 \text{ kNm/m}$$

Die Überlagerung des Moments $M_{V,u}$ mit den Schnittgrößen gemäß den Gln. (H.2.10) und (H.2.16) führt zu nachstehendem Betrag (die Anwendung des Näherungsverfahrens nach [DAfStb-H240 - 91], welches Gl. (H.2.10) zugrunde liegt, ist bei dem hier gewählten Verhältnis $a/b = 1{,}5$ strenggenommen zwar nicht zulässig, wegen der Geringfügigkeit des Schnittgrößenanteils aus der örtlichen Plattentragwirkung jedoch noch vertretbar):

$$\Sigma M_u = 0{,}23 + 1{,}75 \cdot 0{,}03 + 0{,}08 = 0{,}36 \text{ kNm/m}$$

Der erforderliche Bewehrungsquerschnitt A_s der Außenschale folgt aus dem rechnerischen Bruchmoment $M_{s,u}$, bezogen auf die Betonstahlachse in Tragrichtung. Bei einlagiger Bewehrungsführung mit dem Abstand $z_s = 0{,}5$ cm von der Schwerachse der Vorsatzschicht erhält man:

$$M_{s,u} = 0{,}36 + 91{,}43 \cdot 0{,}005 = 0{,}82 \text{ kNm/m}$$

$$z_V = k_z \cdot (d_v/2 - z_S)$$

$$= 0{,}95 \cdot (0{,}08/2 - 0{,}005) = 0{,}033 \text{ m}$$

$$A_s = \frac{1}{50}\left(\frac{0{,}82}{0{,}033} + 91{,}43\right) = 2{,}32 \frac{\text{cm}^2}{\text{m}}$$

nach Gl. (H.2.37)

H

I NORMEN

Prof. Dr.-Ing. Ralf Avak

Die Gestaltung der Form stellt an die Ausführung erhebliche Anforderungen

1 Hinweise

DIN 1045 : 1988-07 ist die derzeit bauaufsichtlich eingeführte und (noch) gültige Technische Baubestimmung in der Bundesrepublik Deutschland. Auf der Grundlage eines in der Jahressitzung 1996 festgelegten Zeitplanes hat der Vorstand des Deutschen Ausschusses für Stahlbeton als Lenkungsgremium des Fachbereiches 07 „Beton- und Stahlbeton“ im DIN nun die Einführung einer neuen deutschen Normengeneration für Beton-, Stahlbeton- und Spannbetonbau beschlossen (Tafel I.1.1).

Dieses zukünftige deutsche Normenwerk wird in drei Teilen die „Bemessung und Konstruktion“, die „Betontechnik“ und die „Bauausführung“ behandeln und baut auf den vorliegenden europäischen Normenentwürfen auf. Die neuen Normen sollen Ende 1999 zur Verfügung stehen und die bisherigen Normen DIN 1045 und DIN 4227 ablösen, deren Grundlagen im wesentlichen aus den 60er Jahren herrühren. Die in Europa erarbeiteten Vornormen und Normentwürfe werden damit in Deutschland schneller verbindlich umgesetzt. Wegen der engen Anbindung an das europäische Normenkonzept soll bei einer späteren Einführung der europäischen Normen der Umstellungsaufwand gering sein. Entsprechend der Dreiteilung im europäischen Normenwerk ist eine Gliederung in drei Teile vorgesehen.

1. DIN 1045-1 „Tragwerke aus Beton, Stahlbeton und Spannbeton; Teil 1: Bemessung und Konstruktion“. Dieser Teil beruht auf ENV 1992 (EC 2), Teil 1-1 und Teile 1-3 bis 1-6 sowie Teil 2 für Betonbrücken. Dabei wurden die nationalen Anwendungsrichtlinien und die im Hinblick auf die Sicherheit erforderlichen bzw. auf die Wirtschaftlichkeit für unbedingt notwendig erachteten Änderungen eingebracht.

   Mit diesem Teil 1 wird die moderne Normenkonzeption der Eurocodes, beruhend auf Teilsicherheitsbeiwerten und Bemessung nach Grenzzuständen, eingeführt. Der Entwurf E DIN 1045-1 ist im Jahrbuch 1998 wiedergegeben. Die Einsprüche zum Entwurf 1997 wurden nach Beratung im Juli 1998 eingearbeitet.
2. DIN 1045-2 „Tragwerke aus Beton, Stahlbeton und Spannbeton; Teil 2: Betontechnik“. Dieser Teil beruht auf prEN 206 : 1997 sowie den dazu erarbeiteten deutschen Anwendungsrichtlinien. Bei zeitgerechter Verabschiedung der EN 206 wird sie statt DIN 1045-2 einschließlich des deutschen Anwendungsdokumentes zu EN 206 eingeführt. Der Entwurf ist in dieser Ausgabe des Jahrbuches wiedergegeben.
3. DIN 1045-3 „Tragwerke aus Beton, Stahlbeton und Spannbeton; Teil 3: Bauausführung“. Für die Bauausführung gibt es im europäischen Raum bisher nur Arbeitsgruppenvorschläge. Eine Norm ENV existiert noch nicht. Die europäischen Vorschläge werden in diesem Teil aufgegriffen und durch darüber hinausgehende nationale Regelungen ergänzt. Der Entwurf zu Teil 3 der Norm wird nach Fertigstellung der Fachöffentlichkeit zur Stellungnahme vorgelegt.

Tafel I.1.1 Zeitplan zur Einführung einer neuen deutschen Normengeneration im Betonbau

Termin	Bauaufsichtlich eingeführtes Normenwerk	Durch Vorbemerkung im Einführungserlaß während einer Übergangszeit mitgeltendes (alternatives) Normenwerk bzw. mitgeltende europäische Vornormen	
derzeit	DIN 1045 : 1988-07 DIN 4227-1 : 1988-07	ENV 1992-1 : 1991 (EC 2) ENV 206 : 1990	
1999*)	DIN 1045-1 (neu) DIN 1045-2 (neu) DIN 1045-3 (neu)	DIN 1045 : 1988 und evtl. DIN 4227 : 1988	ENV 1992-1 : 1991 ENV 206 : 1990
2003*)	DIN 1045-1 DIN 1045-2 DIN 1045-3	und evtl.	ENV 1992-1 : 1991 ENV 206 : 1990
2003 + x***)	EN 1992 EN 206 EN EEE (Bauausführung)	DIN 1045-1**) DIN 1045-2**) DIN 1045-3**)	
2003 + x + y***)	EN 1992 EN 206 EN EEE (Bauausführung)		

*) Zielvorgabe
**) Bei weitgehender bzw. ausreichender Übereinstimmung des europäischen Normenwerkes mit der neuen deutschen Normengeneration (derzeit nicht absehbar) ist eine Übergangsregelung u. U. entbehrlich.
***) x bzw. y = abhängig vom Fortgang der europäischen Normung

I

2 Beton und Stahlbeton

Bemessung und Ausführung

DIN 1045 : 1988-07*)

Diese Norm wurde im Fachbereich VII Beton und Stahlbeton/Deutscher Ausschuß für Stahlbeton des NABau ausgearbeitet. Die Benennung „Last“ wird für Kräfte verwendet, die von außen auf ein System einwirken; das gleiche gilt auch für zusammengesetzte Wörter mit der Silbe ... „Last“ (siehe DIN 1080 Teil 1).

Entwurf, Berechnung und Ausführung von baulichen Anlagen und Bauteilen aus Beton und Stahlbeton erfordern gründliche Kenntnis und Erfahrung in dieser Bauart.

Inhalt

*) Druckfehler des Erstdruckes (erste Auflage) dieser Ausgabe sind hier berichtigt worden - vgl. „DIN-Mitteilungen“ Heft 2/1989, Seite A 66.

Tabellen

I

1 Allgemeines

1.1 Anwendungsbereich

Diese Norm gilt für tragende und aussteifende Bauteile aus bewehrtem oder unbewehrtem Normal- oder Schwerbeton mit geschlossenem Gefüge. Sie gilt auch für Bauteile mit biegesteifer Bewehrung, für Stahlsteindecken und für Tragwerke aus Glasstahlbeton.

1.2 Abweichende Baustoffe, Bauteile und Bauarten

(1) Die Verwendung von Baustoffen für bewehrten und unbewehrten Beton sowie von Bauteilen und Bauarten, die von dieser Norm abweichen, bedarf nach den bauaufsichtlichen Vorschriften im Einzelfall der Zustimmung der zuständigen obersten Bauaufsichtsbehörde oder der von ihr beauftragten Behörde, sofern nicht eine allgemeine bauaufsichtliche Zulassung oder ein Prüfzeichen erteilt ist.

(2) Stahlträger in Beton, deren Steghöhe einen erheblichen Teil der Dicke des Bauteils ausmacht, sind so zu bemessen, daß sie die Lasten allein aufnehmen können. Sind Stahlträger und Beton schubfest zu gemeinsamer Tragwirkung verbunden, so ist das Bauteil als Stahlverbundkonstruktion zu bemessen.

2 Begriffe

2.1 Baustoffe

2.1.1 Stahlbeton

(1) Stahlbeton (bewehrter Beton) ist ein Verbundbaustoff aus Beton und Stahl (in der Regel Betonstahl) für Bauteile, bei denen das Zusammenwirken von Beton und Stahl für die Aufnahme der Schnittgrößen nötig ist.

(2) Stahlbetonbauteile, die der Witterung unmittelbar ausgesetzt sind, werden als Außenbauteile bezeichnet.

2.1.2 Beton

(1) Beton ist ein künstlicher Stein, der aus einem Gemisch von Zement, Betonzuschlag und Wasser - gegebenenfalls auch mit Betonzusatzmitteln und Betonzusatzstoffen (Betonzusätze) - durch Erhärten des Zementleims (Zement-Wasser-Gemisch) entsteht.

(2) Nach der Trockenrohdichte werden unterschieden:

a) Leichtbeton
Leichtbeton ist Beton mit einer Trockenrohdichte von höchstens 2.0 kg/dm³.

b) Normalbeton
Normalbeton ist Beton mit einer Trockenrohdichte von mehr als 2,0 kg/dm³ und höchstens 2,8 kg/dm³. In allen Fällen, in denen keine Verwechslung mit Leichtbeton oder Schwerbeton möglich ist, wird Normalbeton als Beton bezeichnet.

c) Schwerbeton
Schwerbeton ist Beton mit einer Trockenrohdichte von mehr als 2,8 kg/dm³.

(3) Nach der Festigkeit werden unterschieden:

d) Beton B I
Beton B I ist ein Kurzzeichen für Beton der Festigkeitsklassen B 5 bis B 25.

e) Beton B II
Beton B II ist ein Kurzzeichen für Beton der Festigkeitsklassen B 35 und höher und in der Regel für Beton mit besonderen Eigenschaften (siehe Abschnitt 6.5.7).

(4) Nach dem Ort der Herstellung oder der Verwendung oder dem Erhärtungszustand werden unterschieden:

f) Baustellenbeton
Baustellenbeton ist Beton, dessen Bestandteile auf der Baustelle zugegeben und gemischt werden.

Als Baustellenbeton gilt auch Beton, der von einer Baustelle (nicht Bauhof) eines Unternehmens oder einer Arbeitsgemeinschaft an eine bis drei benachbarte Baustellen desselben Unternehmens oder derselben Arbeitsgemeinschaft übergeben wird. Als benachbart gelten Baustellen mit einer Luftlinienentfernung bis etwa 5 km von der Mischstelle (siehe auch Abschnitt 9.4.2).

g) Transportbeton
Transportbeton ist Beton, dessen Bestandteile außerhalb der Baustelle zugemessen werden und der in Fahrzeugen an der Baustelle in einbaufertigem Zustand übergeben wird.

- Werkgemischter Transportbeton

  Werkgemischter Transportbeton ist Beton, der im Werk fertig gemischt und in Fahrzeugen zur Baustelle gebracht wird.

- Fahrzeuggemischter Transportbeton

  Fahrzeuggemischter Transportbeton ist Beton, der während der Fahrt oder nach Eintreffen auf der Baustelle im Mischfahrzeug gemischt wird.

h) Frischbeton
Frischbeton heißt der Beton, solange er verarbeitet werden kann.

i) Ortbeton

Ortbeton ist Beton, der als Frischbeton in Bauteile in ihrer endgültigen Lage eingebracht wird und dort erhärtet.

k) Festbeton
Festbeton heißt der Beton, sobald er erhärtet ist.

l) Beton für Außenbauteile
Beton für Außenbauteile ist Beton, der so zusammengesetzt, fest und dicht ist, daß er im oberflächennahen Bereich gegen Witterungseinflüsse einen ausreichend hohen Widerstand aufweist und daß der Bewehrungsstahl während der gesamten vorausgesetzten Nutzungsdauer in einem korrosionsschützenden alkalischen Milieu verbleibt.

(5) Nach der Konsistenz werden unterschieden:

m) Fließbeton
Fließbeton ist Beton des Konsistenzbereiches KF mit gutem Fließ- und Zusammenhaltevermögen, dessen Konsistenz durch Zumischen eines Fließmittels eingestellt wird.

n) Beton mit Fließmittel
Beton mit Fließmittel ist Beton der Konsistenzbereiche KP oder KR, dessen Konsistenz durch Zumischen eines Fließmittels eingestellt wird.

o) Steifer Beton
Steifer Beton ist Beton des Konsistenzbereiches KS.

2.1.3 Andere Baustoffe

2.1.3.1 Zementmörtel
Zementmörtel ist ein künstlicher Stein, der aus einem Gemisch von Zement, Betonzuschlag bis höchstens 4 mm und Wasser und gegebenenfalls auch von Betonzusatzmitteln und von Betonzusatzstoffen durch Erhärten des Zementleimes entsteht.

2.1.3.2 Betonzuschlag
Betonzuschlag besteht aus natürlichem oder künstlichem, dichtem oder porigem Gestein, in Sonderfällen auch aus Metall, mit Korngrößen, die für die Betonherstellung geeignet sind (siehe DIN 4226 Teil 1 bis Teil 4).

2.1.3.3 Bindemittel
Bindemittel für Beton sind Zemente nach den Normen der Reihe DIN 1164[1]).

2.1.3.4 Wasser
(1) Wasser, das dem Beton im Mischer zugegeben wird, wird Zugabewasser genannt.

(2) Zugabewasser und Oberflächenfeuchte des Betonzuschlags ergeben zusammen den Wassergehalt *w*.

(3) Der Wassergehalt *w* zuzüglich der Kernfeuchte des Betonzuschlags wird Gesamtwassermenge genannt.

2.1.3.5 Betonzusatzmittel
Betonzusatzmittel sind Betonzusätze, die durch chemische oder physikalische Wirkung oder durch beide die Betoneigenschaften, z. B. Verarbeitbarkeit, Erhärten oder Erstarren, ändern. Als Volumenanteil des Betons sind sie ohne Bedeutung.

2.1.3.6 Betonzusatzstoffe
Betonzusatzstoffe sind fein aufgeteilte Betonzusätze, die bestimmte Betoneigenschaften beeinflussen und als Volumenbestandteile zu berücksichtigen sind (z. B. puzzolanische Stoffe, Pigmente zum Einfärben des Betons).

2.1.3.7 Bewehrung
(1) Bewehrung heißen die Stahleinlagen im Beton, die für Stahlbeton nach Abschnitt 2.1.1 erforderlich sind.

(2) Biegesteife Bewehrung ist eine vorgefertigte Bewehrung, die aus stählernen Fachwerken oder profilierten Stahlleichtträgern gegebenenfalls mit werkmäßig hergestellten Gurtstreifen aus Beton besteht und gegebenenfalls auch für die Aufnahme von Deckenlasten vor dem Erhärten des Ortbetons verwendet wird.

2.1.3.8 Zwischenbauteile und Deckenziegel
Zwischenbauteile und Deckenziegel sind statisch mitwirkende oder nicht mitwirkende Fertigteile aus bewehrtem oder unbewehrtem Normal- oder Leichtbeton oder aus gebranntem Ton, die bei Balkendecken oder Stahlbetonrippendecken oder Stahlsteindecken verwendet werden (siehe DIN 4158, DIN 4159 und DIN 4160). Statisch mitwirkende Zwischenbauteile und Deckenziegel müssen mit Beton verfüllbare Stoßfugenaussparungen zur Sicherstellung der Druckübertragung in Bal-

[1]) Die Normen der Reihe DIN 1164 werden künftig durch die Normen der Reihe DIN EN 196 und DIN EN 197 (z. Z. Entwurf) ersetzt. Die Anwendungsbereiche der in DIN EN 197 Teil 1/Entwurf Juni 1987, Tabelle 1, genannten Zementarten werden in einer Ergänzenden Bestimmung geregelt.

ken- oder Rippenlängsrichtung und gegebenenfalls zur Aufnahme der Querbewehrung haben. Sie können über die volle Dicke der Rohdecke oder nur über einen Teil dieser Dicke reichen.

2.2 Begriffe für die Berechnungen

2.2.1 Lasten

Als Lasten werden in dieser Norm Einzellasten in kN sowie längen- und flächenbezogene Lasten in kN/m und kN/m^2 bezeichnet. Diese Lasten können z. B. Eigenlasten sein; sie können auch verursacht werden durch Wind, Bremsen u. ä.

2.2.2 Gebrauchslast

Unter Gebrauchslast werden alle Lastfälle verstanden, denen ein Bauteil im vorgesehenen Gebrauch unterworfen ist.

2.2.3 Bruchlast

Unter Bruchlast wird bei der Bemessung nach den Abschnitten 17.1 bis 17.4 die Last verstanden, unter der die Grenzwerte der Dehnungen des Stahles oder des Betons oder beider nach Bild 13 rechnerisch erreicht werden.

2.2.4 Übliche Hochbauten

Übliche Hochbauten sind Hochbauten, die für vorwiegend ruhende, gleichmäßig verteilte Verkehrslasten $p \leq 5{,}0$ kN/m^2 (siehe DIN 1055 Teil 3), gegebenenfalls auch für Einzellasten $P \leq 7{,}5$ kN und für Personenkraftwagen, bemessen sind, wobei bei mehreren Einzellasten je m^2 kein größerer Verkehrslastanteil als 5,0 kN entstehen darf.

2.2.5 Zustand I

Zustand I ist der Zustand des Stahlbetons bei Annahme voller Mitwirkung des Betons in der Zugzone.

2.2.6 Zustand II

Zustand II ist der Zustand des Stahlbetons unter Vernachlässigung der Mitwirkung des Betons in der Zugzone.

2.2.7 Zwang

Zwang entsteht nur in statisch unbestimmten Tragwerken durch Kriechen, Schwinden und Temperaturänderungen des Betons, durch Baugrundbewegungen u. a.

2.3 Betonprüfstellen

2.3.1 Betonprüfstellen E[2])

Betonprüfstellen E sind die ständigen Betonprüfstellen für die Eigenüberwachung von Beton B II auf Baustellen, von Beton- und Stahlbetonfertigteilen und von Transportbeton.

2.3.2 Betonprüfstellen F

Betonprüfstellen F sind die anerkannten Prüfstellen für die Fremdüberwachung von Baustellenbeton B II, von Beton- und Stahlbetonfertigteilen und von Transportbeton, die die im Rahmen der Überwachung (Güteüberwachung) vorgesehene Fremdüberwachung an Stelle einer anerkannten Überwachungsgemeinschaft oder Güteschutzgemeinschaft durchführen können.

2.3.3 Betonprüfstellen W[3])

Betonprüfstellen W stehen für die Prüfung der Druckfestigkeit und der Wasserundurchlässigkeit an in Formen hergestellten Probekörpern zur Verfügung.

3 Bautechnische Unterlagen

3.1 Art der bautechnischen Unterlagen

Zu den bautechnischen Unterlagen gehören die wesentlichen Zeichnungen, die statische Berechnung und – wenn nötig, wie in der Regel bei Bauten mit Stahlbetonfertigteilen – eine ergänzende Baubeschreibung sowie etwaige Zulassungs- und Prüfbescheide.

3.2 Zeichnungen

3.2.1 Allgemeine Anforderungen

(1) Die Bauteile, ihre Bewehrung und alle Einbauteile sind auf den Zeichnungen eindeutig und übersichtlich darzustellen und zu bemaßen. Die Darstellungen müssen mit den Angaben in der statischen Berechnung übereinstimmen und alle für die Ausführung der Bauteile und für die Prüfung der Berechnungen erforderlichen Maße enthalten.

---

[2]) Siehe auch „Merkblatt für Betonprüfstellen E"
[3]) Siehe auch „Merkblatt für Betonprüfstellen W"

(2) Auf zugehörige Zeichnungen ist hinzuweisen. Bei nachträglicher Änderung einer Zeichnung sind alle in Betracht kommenden Zeichnungen entsprechend zu berichtigen.

(3) Auf den Bewehrungszeichnungen sind insbesondere anzugeben:

a) die Festigkeitsklasse und – soweit erforderlich – besondere Eigenschaften des Betons nach Abschnitt 6.5.7;

b) die Stahlsorten nach Abschnitt 6.6 (siehe auch DIN 488 Teil 1);

c) Anzahl, Durchmesser, Form und Lage der Bewehrungsstäbe, der mechanischen Verbindungsmittel, z. B. Muffenverbindungen oder Ankerkörper, gegenseitiger Abstand, Rüttellücken, Übergreifungslängen an Stößen und Verankerungslängen, z. B. an Auflagern, Anordnung und Ausbildung von Schweißstellen mit Angabe der Schweißzusatzwerkstoffe, Maße und Ausführung;

d) das Nennmaß nom *c* der Betondeckung und die Unterstützungen der oberen Bewehrung;

e) besondere Maßnahmen zur Lagesicherung der Bewehrung, wenn die Nennmaße der Betondeckung nach Tabelle 10 unterschritten werden (siehe „Merkblatt Betondeckung" und DAfStb-Heft 400);

f) die Mindestdurchmesser der Biegerollen;

(4) Bei Verwendung von Fertigteilen sind ferner anzugeben:

g) die auf der Baustelle zusätzlich zu verlegende Bewehrung in gesonderter Darstellung;

h) die zur Zeit des Transports oder des Einbaues erforderliche Druckfestigkeit des Betons;

i) die Eigenlasten der einzelnen Fertigteile;

k) die Maßtoleranzen der Fertigteile und der Unterkonstruktion, soweit erforderlich;

l) die Aufhängung oder Auflagerung für Transport und Einbau.

3.2.2 Verlegepläne für Fertigteile

Bei Bauten mit Fertigteilen sind für die Baustelle Verlegepläne der Fertigteile mit den Positionsnummern der einzelnen Teile und eine Positionsliste anzufertigen. In dem Verlegeplan sind auch die beim Zusammenbau erforderlichen Auflagertiefen und die etwa erforderlichen Abstützungen der Fertigteile (siehe Abschnitt 19.5.2) einzutragen.

3.2.3 Zeichnungen für Schalungs- und Traggerüste

Für Schalungs- und Traggerüste, für die eine statische Berechnung erforderlich ist, z. B. bei freistehenden und bei mehrgeschossigen Schalungs- oder Traggerüsten, sind Zeichnungen für die Baustelle anzufertigen; ebenso für Schalungen, die hohen seitlichen Druck des Frischbetons aufnehmen müssen.

3.3 Statische Berechnungen

(1) Die Standsicherheit und die ausreichende Bemessung der baulichen Anlage und ihrer Bauteile sind in der statischen Berechnung übersichtlich und leicht prüfbar nachzuweisen.

(2) Das Verfahren zur Ermittlung der Schnittgrößen nach der Elastizitätstheorie (siehe Abschnitt 15.1.2) ist freigestellt. Die Bemessung ist nach den in dieser Norm angegebenen Grundlagen durchzuführen. Wegen Näherungsverfahren siehe DAfStb-Heft 220 und DAfStb-Heft 240. Für außergewöhnliche Formeln ist die Fundstelle anzugeben, wenn diese allgemein zugänglich ist, sonst sind die Ableitungen so weit zu entwickeln, daß ihre Richtigkeit geprüft werden kann.

(3) Wegen zusätzlicher Berechnungen bei Fertigteilkonstruktionen siehe auch Abschnitt 19.

(4) Bei Bauteilen, deren Schnittgrößen sich nicht durch Berechnung ermitteln lassen, kann diese durch Versuche ersetzt werden. Ebenso sind zur Ergänzung der Berechnung der Schnittgrößen Versuche zulässig.

3.4 Baubeschreibung

(1) Angaben, die für die Bauausführung oder für die Prüfung der Zeichnungen oder der statischen Berechnung notwendig sind, die aber aus den Unterlagen nach den Abschnitten 3.2 und 3.3 nicht ohne weiteres entnommen werden können, müssen in einer Baubeschreibung enthalten und – soweit erforderlich – erläutert sein.

(2) Bei Bauten mit Fertigteilen sind Angaben über den Montagevorgang einschließlich zeitweiliger Stützungen, über das Ausrichten und Über die während der Montage auftretenden, für die Sicherheit wichtigen Zwischenzustände erforderlich. Der Montagevorgang ist besonders genau zu beschreiben, wenn die Fertigteile nicht vom Hersteller, sondern von einem anderen zusammengebaut werden.

4 Bauleitung

4.1 Bauleiter des Unternehmens

Der Unternehmer oder der von ihm beauftragte Bauleiter oder ein fachkundiger Vertreter des Bauleiters muß während der Arbeiten auf der Baustelle anwesend sein. Er hat für die ordnungsgemäße Ausführung der Arbeiten nach den bautechnischen Unterlagen zu sorgen, insbesondere für

a) die planmäßigen Maße der Bauteile;

b) die sichere Ausführung und räumliche Aussteifung der Schalungen, der Schalungs- und Traggerüste und die Vermeidung ihrer Überlastung, z. B. beim Fördern des Betons, durch Lagern von Baustoffen und dergleichen (siehe Abschnitt 12);

c) die ausreichende Güte der verwendeten Baustoffe, namentlich des Betons (siehe Abschnitte 6.5.1 und 7);

d) die Übereinstimmung der Betonstahlsorte, der Durchmesser und der Lage der Bewehrung sowie gegebenenfalls der mechanischen Verbindungsmittel, z. B. Muffenverbindungen oder Ankerkörper, und der Schweißverbindungen mit den Angaben auf den Bewehrungszeichnungen (siehe Abschnitte 3.2.1 b) bis e) und 13.2);

e) die richtige Wahl des Zeitpunktes für das Ausschalen und Ausrüsten (siehe Abschnitt 12.3);

f) die Vermeidung der Überlastung fertiger Bauteile;

g) das Ausschalten von Fertigteilen mit Beschädigungen, die das Tragverhalten beeinträchtigen können und

h) den richtigen Einbau etwa notwendiger Montagestützen (siehe Abschnitt 19.5.2).

4.2 Anzeigen über den Beginn der Bauarbeiten

Der bauüberwachenden Behörde oder dem von ihr mit der Bauüberwachung Beauftragten sind bei Bauten, die nach den bauaufsichtlichen Vorschriften genehmigungspflichtig sind, möglichst 48 Stunden vor Beginn der betreffenden Arbeiten vom Unternehmen oder vom Bauleiter anzuzeigen:

a) bei Verwendung von Baustellenbeton das Vorliegen einer schriftlichen Anweisung auf der Baustelle für die Herstellung mit allen nach Abschnitt 6.5 erforderlichen Angaben;

b) der beabsichtigte Beginn des erstmaligen Betonierens, bei mehrgeschossigen Bauten auf Verlangen der Beginn des Betonierens für jedes einzelne Geschoß; bei längerer Unterbrechung - besonders nach längeren Frostzeiten - der Wiederbeginn der Betonarbeiten;

c) bei Verwendung von Beton B II die fremdüberwachende Stelle;

d) bei Bauten aus Fertigteilen der Beginn des Einbaues und auf Verlangen der Beginn der Herstellung der für die Gesamttragwirkung wesentlichen Verbindungen;

e) der Beginn von wesentlichen Schweißarbeiten auf der Baustelle.

4.3 Aufzeichnungen während der Bauausführung

Bei genehmigungspflichtigen Arbeiten sind entsprechend ihrer Art und ihrem Umfang auf der Baustelle fortlaufend Aufzeichnungen über alle für die Güte und Standsicherheit der baulichen Anlage und ihrer Teile wichtigen Angaben in nachweisbarer Form, z. B. auf Vordrucken (Bautagebuch), vom Bauleiter oder seinem Vertreter zu führen. Sie müssen folgende Angaben enthalten, soweit sie nicht schon in den Lieferscheinen (siehe Abschnitt 5.5 und wegen der Aufbewahrung Abschnitt 4.4 (1)) enthalten sind:

a) die Zeitabschnitte der einzelnen Arbeiten (z. B. des Einbringens des Betons und des Ausrüstens);

b) die Lufttemperatur und die Witterungsverhältnisse zur Zeit der Ausführung der einzelnen Bauabschnitte oder Bauteile bis zur vollständigen Entfernung der Schalung und ihrer Unterstützung sowie Art und Dauer der Nachbehandlung. Frosttage sind dabei unter Angabe der Temperatur und der Ablesezeit besonders zu vermerken. Während des Herstellens, Einbringens und Nachbehandelns von Beton B II (auch von Transportbeton B II) sind bei Lufttemperaturen unter + 8 °C und über + 25 °C die Maximal- und Mindesttemperatur des Tages - gemessen im Schatten - einzutragen. Bei Lufttemperaturen unter + 5 °C und über + 30 °C ist auch die Temperatur des Frischbetons festzustellen und einzutragen;

c) bei Verwendung von Baustellenbeton den Namen der Lieferwerke und die Nummern der Lieferscheine für Zement, Zuschlaggemische oder getrennte Zuschlagkorngruppen, werkgemischten Betonzuschlag, Betonzusätze; ferner Betonzusammensetzung, Zementgehalt je m^3 verdichteten Betons, Art und Festigkeitsklasse

I

des Zements, Art, Sieblinie und Korngruppen des Betonzuschlags, gegebenenfalls Zusatz von Mehlkorn, Art und Menge von Betonzusatzmitteln und -zusatzstoffen, Frischbetonrohdichte der hergestellten Probekörper und Konsistenzmaß des Betons und bei Beton B II auch den Wasserzementwert (*w*/*z*-Wert);

d) bei Verwendung von Fertigteilen den Namen der Lieferwerke und die Nummern der Lieferscheine. Es ist ferner anzugeben, für welches Bauteil oder für welchen Bauabschnitt diese verwendet wurden. Wegen des Inhalts der Lieferscheine siehe Abschnitt 5.5.2;

e) bei Verwendung von Transportbeton den Namen der Lieferwerke und die Nummern der Lieferscheine, das Betonsortenverzeichnis nach Abschnitt 5.4.4 und das Fahrzeugverzeichnis nach Abschnitt 5.4.6, falls die Fahrzeuge nicht mit einer Transportbeton-Fahrzeug-Bescheinigung ausgestattet sind. Es ist ferner anzugeben, für welches Bauteil oder für welchen Bauabschnitt dieser verwendet wurde. Wegen des Inhalts der Lieferscheine siehe Abschnitt 5.5.3;

f) die Herstellung aller Betonprobekörper mit ihrer Bezeichnung, dem Tag der Herstellung und Angabe der einzelnen Bauteile oder Bauabschnitte, für die der zugehörige Beton verwendet wurde, das Datum und die Ergebnisse ihrer Prüfung und die geforderte Festigkeitsklasse. Dies gilt auch für Probekörper, die vom Transportbetonwerk oder von seinem Beauftragten hergestellt werden, soweit sie für die Baustelle angerechnet werden (siehe Abschnitt 7.4.3.5.1 (3)). Ferner sind aufzuzeichnen Art und Ergebnisse etwaiger Nachweise der Betonfestigkeit am Bauwerk (siehe Abschnitt 7.4.5);

g) gegebenenfalls die Ergebnisse von Frischbetonuntersuchungen (Konsistenz, Rohdichte, Zusammensetzung), von Prüfungen der Bindemittel nach Abschnitt 7.2, des Betonzuschlags nach Abschnitt 7.3 (z. B. Sieblinien) - auch von werkgemischtem Betonzuschlag -, der gewichtsmäßigen Nachprüfung des Zuschlaggemisches bei Zugabe nach Raumteilen (siehe Abschnitt 9.2.2), der Zwischenbauteile usw.;

h) Betonstahlsorte und gegebenenfalls die Prüfergebnisse von Betonstahlschweißungen (siehe DIN 4099).

4.4 Aufbewahrung und Vorlage der Aufzeichnungen

(1) Die Aufzeichnungen müssen während der Bauzeit auf der Baustelle bereitliegen und sind den mit der Bauüberwachung Beauftragten auf Verlangen vorzulegen. Sie sind ebenso wie die Lieferscheine (siehe Abschnitt 5.5) nach Abschluß der Arbeiten mindestens 5 Jahre vom Unternehmen aufzubewahren.

(2) Nach Beendigung der Bauarbeiten sind die Ergebnisse aller Druckfestigkeitsprüfungen einschließlich der an ihrer Stelle durchgeführten Prüfungen des Wasserzementwertes der bauüberwachenden Behörde, bei Verwendung von Beton B II auch der fremdüberwachenden Stelle, zu übergeben.

5 Personal und Ausstattung der Unternehmen, Baustellen und Werke

5.1 Allgemeine Anforderungen

(1) Herstellen, Verarbeiten, Prüfen und Überwachen des Betons erfordern von den Unternehmen, die Beton- und Stahlbetonarbeiten ausführen, den Einsatz zuverlässiger Führungskräfte (Bauleiter, Poliere usw.), die bei Beton- und Stahlbetonarbeiten bereits mit Erfolg tätig waren und ausreichende Kenntnisse und Erfahrungen für die ordnungsgemäße Ausführung solcher Arbeiten besitzen.

(2) Betriebe, die auf der Baustelle oder in Werkstätten Schweißarbeiten an Betonstählen durchführen, müssen über einen gültigen „Eignungsnachweis für das Schweißen von Betonstählen nach DIN 4099“ verfügen.

5.2 Anforderungen an die Baustellen

5.2.1 Baustellen für Beton B I

5.2.1.1 Anwendungsbereich und Anforderungen an das Unternehmen

Auf Baustellen für Beton B I darf nur Baustellen- und Transportbeton der Festigkeitsklassen B 5 bis B 25 verwendet werden. Das Unternehmen hat dafür zu sorgen, daß die Anforderungen der Abschnitte 5.2.1.2 bis 5.2.1.5 erfüllt werden und daß die nach Abschnitt 7 geforderten Prüfungen durchgeführt werden.

5.2.1.2 Geräteausstattung für die Herstellung von Beton B I

(1) Für das Herstellen von Baustellenbeton B I müssen auf der Baustelle diejenigen Geräte und Einrichtungen vorhanden sein und ständig gewartet werden, die eine ordnungsgemäße Ausführung

der Arbeiten und eine gleichmäßige Betonfestigkeit ermöglichen.

(2) Dies sind insbesondere Einrichtungen und Geräte für das

a) Lagern der Baustoffe, z. B. trockene Lagerung der Bindemittel, saubere Lagerung des Betonzuschlags - soweit erforderlich getrennt nach Art und Korngruppen (siehe Abschnitte 6.2.3 und 6.5.5.2) - und des Betonstahls;

b) Abmessen der Bindemittel, des Betonzuschlags, des Wassers und gegebenenfalls der Betonzusatzmittel und der Betonzusatzstoffe (siehe Abschnitt 9.2);

c) Mischen des Betons (siehe Abschnitt 9.3).

5.2.1.3 Geräteausstattung für die Verarbeitung von Beton B I

Für das Fördern, Verarbeiten und Nachbehandeln (siehe Abschnitt 10) von Baustellenbeton B I und Transportbeton B I müssen auf der Baustelle diejenigen Einrichtungen und Geräte vorhanden sein und ständig gewartet werden, die einen ordnungsgemäßen Einbau und eine gleichmäßige Betonfestigkeit ermöglichen.

5.2.1.4 Geräteausstattung für die Prüfung von Beton B I

(1) Das Unternehmen muß über Einrichtungen und Geräte für die Durchführung der Prüfungen nach Abschnitt 7.4 und gegebenenfalls nach Abschnitt 7.3 verfügen[4]). Das gilt insbesondere für das

a) Prüfen der Bestandteile des Betons, z. B. Siebversuche an Betonzuschlag;

b) Prüfen des Betons, z. B. Messen der Konsistenz, Nachprüfen des Zementgehalts am Frischbeton;

c) Herstellen und Lagern der Probekörper zur Prüfung der Druckfestigkeit und gegebenenfalls der Wasserundurchlässigkeit.

(2) Die Aufzählungen b) und c) gelten auch für Baustellen, die Transportbeton B I verarbeiten.

5.2.1.5 Überprüfung der Geräte und Prüfeinrichtungen

Alle in den Abschnitten 5.2.1.2 bis 5.2.1.4 genannten Geräte und Einrichtungen sind auf der Baustelle vor Beginn des ersten Betonierens und dann in angemessenen Zeitabständen auf ihr einwandfreies Arbeiten zu überprüfen.

[4]) Diese Bedingung ist im allgemeinen erfüllt, wenn die Prüfschränke des Deutschen Beton-Vereins sowie ein großer klimatisierter Behälter (Lagerungstruhe) oder Raum für die Lagerung der Probekörper (siehe DIN 1048 Teil 1) vorhanden sind.

5.2.2 Baustellen für Beton B II

5.2.2.1 Anwendungsbereich und Anforderungen an das Unternehmen

(1) Auf Baustellen für Beton B II darf Baustellen- und Transportbeton der Festigkeitsklassen B 35 und höher verwendet werden, der unter den in den Abschnitten 5.2.2.2 und 5.2.2.3 genannten Bedingungen hergestellt und verarbeitet wird.

(2) Das Unternehmen hat dafür zu sorgen, daß die Anforderungen der Abschnitte 5.2.2.2 bis 5.2.2.8 erfüllt werden, daß die Überwachung (Güteüberwachung) nach Abschnitt 8 (vergleiche DIN 1084 Teil 1) durchgeführt wird und daß die Voraussetzungen für die Fremdüberwachung erfüllt sind.

(3) Wird auf diesen Baustellen auch Beton der Festigkeitsklassen bis B 25 verwendet, so gelten hierfür die Bestimmungen für Beton B I.

5.2.2.2 Geräteausstattung für die Herstellung von Beton B II

Für die Herstellung von Baustellenbeton B II muß die Geräteausstattung nach Abschnitt 5.2.1.2 vorhanden sein, jedoch Mischmaschinen mit besonders guter Wirkung und bei ausnahmsweiser Zuteilung des Betonzuschlags nach Raumteilen selbsttätige Vorrichtungen nach Abschnitt 9.2.2 für das Abmessen der Zuschlagkorngruppen und des Zuschlaggemisches.

5.2.2.3 Geräteausstattung für die Verarbeitung von Beton B II

Für die Verarbeitung von Beton B II müssen die in Abschnitt 5.2.1.3 genannten Einrichtungen und Geräte vorhanden sein.

5.2.2.4 Geräteausstattung für die Prüfung von Beton B II

(1) Für die Überwachung (Güteüberwachung) (siehe Abschnitte 7 und 8) ist außer den in Abschnitt 5.2.1.4 geforderten Einrichtungen und Geräten eine ausreichende Ausrüstung während der erforderlichen Zeit vorzuhalten für die

a) Ermittlung der abschlämmbaren Bestandteile (siehe DIN 4226 Teil 3);

b) Bestimmung der Eigenfeuchte des Betonzuschlags;

c) Prüfung der Zusammensetzung des Frischbetons und der Rohdichte des verdichteten Frischbetons (siehe DIN 1048 Teil 1);

d) Bestimmung des Luftgehalts im Frischbeton bei Verwendung von luftporenbildenden Betonzusatzmitteln (z. B. nach dem Druckausgleichverfahren, siehe DIN 1048 Teil 1);

I

e) zerstörungsfreie Prüfung von Beton (siehe DIN 1048 Teil 2 und Teil 4);

f) Kontrolle der Meßanlagen (z. B. durch Prüfgewichte).

(2) Zur Überprüfung in Zweifelsfällen gelten c) bis e) auch für Baustellen, die Transportbeton B II verarbeiten.

5.2.2.5 Überprüfung der Geräte und Prüfeinrichtungen

Alle in den Abschnitten 5.2.2.2 bis 5.2.2.4 genannten Geräte und Einrichtungen sind auf der Baustelle vor Beginn des ersten Betonierens und dann in angemessenen Zeitabständen auf ihr einwandfreies Arbeiten zu überprüfen.

5.2.2.6 Ständige Betonprüfstelle für Beton B II (Betonprüfstelle E)[2])

(1) Das Unternehmen muß über eine ständige Betonprüfstelle verfügen, die mit allen Geräten und Einrichtungen ausgestattet ist, die für die Eignungs- und Güteprüfungen und die Überwachung von Beton B II notwendig sind. Die Prüfstelle muß so gelegen sein, daß eine enge Zusammenarbeit mit der Baustelle möglich ist. Bedient sich das Unternehmen einer nicht unternehmenseigenen Prüfstelle, so sind die Prüfungs- und Überwachungsaufgaben vertraglich der Prüfstelle zu übertragen. Diese Verträge sollen eine längere Laufzeit haben.

(2) Mit der Eigenüberwachung darf das Unternehmen keine Prüfstelle E beauftragen, die auch einen seiner Zulieferer überwacht.

(3) Die ständige Betonprüfstelle hat insbesondere folgende Aufgaben:

a) Durchführung der Eignungsprüfung des Betons;

b) Durchführung der Güte- und Erhärtungsprüfung, soweit sie nicht durch das Personal der Baustelle - gegebenenfalls in Verbindung mit einer Betonprüfstelle W - durchgeführt werden;

c) Überprüfung der Geräteausstattung der Baustellen nach den Abschnitten 5.2.2.2 bis 5.2.2.4 vor Beginn der Betonarbeiten, laufende Überprüfung und Beratung bei Herstellung, Verarbeitung und Nachbehandlung des Betons. Die Ergebnisse dieser Überprüfungen sind aufzuzeichnen;

d) Beurteilung und Auswertung der Ergebnisse der Baustellenprüfungen aller von der Betonprüfstelle betreuten Baustellen eines Unternehmens und Mitteilung der Ergebnisse an das Unternehmen und dessen Bauleiter;

e) Schulung des Baustellenfachpersonals.

[2]) Siehe auch „Merkblatt für Betonprüfstellen E“

5.2.2.7 Personal auf Baustellen mit Beton B II und in der ständigen Betonprüfstelle

(1) Das Unternehmen darf auf Baustellen mit Beton B II nur solche Führungskräfte (Bauleiter, Poliere usw.) einsetzen, die bereits an der Herstellung, Verarbeitung und Nachbehandlung von Beton mindestens der Festigkeitsklasse B 25 verantwortlich beteiligt gewesen sind.

(2) Die ständige Betonprüfstelle muß von einem in der Betontechnologie und Betonherstellung erfahrenen Fachmann (z. B. Betoningenieur) geleitet werden. Seine für diese Tätigkeit notwendigen erweiterten betontechnischen Kenntnisse sind durch eine Bescheinigung (Zeugnis, Prüfungsurkunde) einer hierfür anerkannten Stelle nachzuweisen.

(3) Das Unternehmen hat dafür zu sorgen, daß die Führungskräfte und das für die Betonherstellung maßgebende Fachpersonal (z. B. Mischmaschinenführer) der Baustelle und das Fachpersonal der ständigen Betonprüfstelle in Abständen von höchstens 3 Jahren über die Herstellung, Verarbeitung und Prüfung von Beton B II so unterrichtet und geschult werden, daß sie in der Lage sind, alle Maßnahmen für eine ordnungsgemäße Durchführung des Bauvorhabens einschließlich der Prüfungen und der Eigenüberwachung zu treffen.

(4) Das Unternehmen oder der Leiter der ständigen Betonprüfstelle hat die Schulung seiner Fachkräfte in Aufzeichnungen festzuhalten.

(5) Bei fremden Betonprüfstellen E hat deren Leiter für die Unterrichtung und Schulung seiner Fachkräfte zu sorgen.

(6) Eine fremde Betonprüfstelle E darf ein Unternehmen nur benutzen, wenn feststeht, daß diese Prüfstelle die vorgenannten Anforderungen und die des Abschnitts 5.2.2.6 erfüllt.

5.2.2.8 Verwertung der Aufzeichnungen

Die von der ständigen Betonprüfstelle mitgeteilten Prüfergebnisse und die Erfahrungen der Baustellen sind von dem Unternehmen für weitere Arbeiten auszuwerten.

5.3 Anforderungen an Betonfertigteilwerke (Betonwerke)

5.3.1 Allgemeine Anforderungen

Werke, deren Erzeugnisse als werkmäßig hergestellte Fertigteile aus Beton oder Stahlbeton gelten sollen, müssen den Anforderungen der Abschnitte 5.3.2 bis 5.3.4 genügen, auch wenn sie nur vorübergehend, z. B. auf einer Baustelle oder in ihrer Nähe, errichtet werden. In diesen Werken darf Beton aller Festigkeitsklassen hergestellt und verwendet werden.

5.3.2 Technischer Werkleiter

(1) Während der Arbeitszeit muß der technische Werkleiter oder sein fachkundiger Vertreter im Werk anwesend sein. Er hat sinngemäß die gleichen Aufgaben zu erfüllen, die (z. B. nach Abschnitt 4.1) dem Bauleiter des Unternehmens auf der Baustelle obliegen, soweit sie für die im Werk durchzuführenden Arbeiten in Betracht kommen.

(2) Der Werkleiter hat weiterhin dafür zu sorgen, daß

a) die Anforderungen der Abschnitte 5.3.3 und 5.3.4 erfüllt werden;

b) nur Bauteile das Werk verlassen, die ausreichend erhärtet und nach Abschnitt 19.6 gekennzeichnet sind und die keine Beschädigungen aufweisen, die das Tragverhalten beeinträchtigen;

c) die Lieferscheine (siehe Abschnitt 5.5) alle erforderlichen Angaben enthalten.

5.3.3 Ausstattung des Werkes

Die Ausstattung des Werkes muß den folgenden Bedingungen und sinngemäß den Anforderungen des Abschnitts 5.2.2 genügen:

a) Für die Herstellung müssen überdachte Flächen vorhanden sein, soweit nicht Formen verwendet werden, die den Beton vor ungünstiger Witterung schützen.

b) Soll auch bei Außentemperaturen unter + 5 °C gearbeitet werden, so müssen allseitig geschlossene Räume - auch für die Lagerung bis zum ausreichenden Erhärten der Fertigteile - vorhanden sein, die so geheizt werden, daß die Raumtemperatur dauernd mindestens + 5 °C beträgt.

c) Sollen Fertigteile im Freien nacherhärten, so müssen Vorrichtungen vorhanden sein, die sie gegen ungünstige Witterungseinflüsse schützen (siehe Abschnitte 10.3 und 11.2).

5.3.4 Aufzeichnungen

Im Betonwerk sind fortlaufend Aufzeichnungen sinngemäß nach Abschnitt 4.3, z. B. auf Vordrucken (Werktagebuch), zu machen. Wegen ihrer statistischen Auswertung siehe DIN 1084 Teil 2. Für die Vorlage und Aufbewahrung dieser Aufzeichnungen gilt Abschnitt 4.4 (1) sinngemäß.

5.4 Anforderungen an Transportbetonwerke

5.4.1 Allgemeine Anforderungen

Werke, die Transportbeton herstellen und zur Baustelle liefern oder an Abholer abgeben, müssen die Bestimmungen der Abschnitte 5.4.2 bis 5.4.6 erfüllen, auch wenn sie nur vorübergehend errichtet werden. In Transportbetonwerken darf Beton aller Festigkeitsklassen hergestellt werden. Abschnitt 5.4.6 gilt auch für den Abholer, falls der Beton vom Verbraucher oder einem Dritten vom Transportbetonwerk abgeholt wird.

5.4.2 Technischer Werkleiter und sonstiges Personal

(1) Für die Aufgaben und die Anwesenheit des technischen Werkleiters und seines fachkundigen Vertreters gilt Abschnitt 5.3.2 sinngemäß. Der technische Werkleiter hat ferner dafür zu sorgen, daß die Anforderungen der Abschnitte 5.4.3 bis 5.4.6 erfüllt werden.

(2) Für das mit der Herstellung von Beton B II betraute Fachpersonal gelten die Anforderungen des Abschnitts 5.2.2.7 (3) sinngemäß.

5.4.3 Ausstattung des Werkes

Für die Ausstattung des Werkes gelten die Anforderungen der Abschnitte 5.2.2.2, 5.2.2.4 bis 5.2.2.8 sinngemäß.

5.4.4 Betonsortenverzeichnis

In einem im Transportbetonwerk zur Einsichtnahme vorliegenden Verzeichnis müssen für jede zur Lieferung vorgesehene Betonsorte (unterschieden nach Festigkeitsklasse, Konsistenz und Betonzusammensetzung) die unter a) bis i) genannten Angaben enthalten sein, wobei alle Mengenangaben auf 1 m^3 des aus der Mischung entstehenden verdichteten Frischbetons - bei Betonzusatzmitteln auf seinen Zementgehalt - zu beziehen sind:

a) Eignung für unbewehrten Beton, für Stahlbeton oder für Beton für Außenbauteile (siehe auch die Abschnitte 6.5.1, 6.5.5.1, 6.5.6.1 und 6.5.6.3);

b) Festigkeitsklasse des Betons nach Abschnitt 6.5.1;

c) Konsistenz des Frischbetons;

d) Art, Festigkeitsklasse und Menge des Bindemittels;

e) Wassergehalt w und der w/z-Wert;

I

f) Art, Menge, Sieblinienbereich und Größtkorn des Betonzuschlags sowie gegebenenfalls erhöhte oder verminderte Anforderungen nach DIN 4226 Teil 1 und Teil 2;

g) gegebenenfalls Art und Menge des zugesetzten Mehlkorns;

h) gegebenenfalls Art und Menge der Betonzusätze;

i) Festigkeitsentwicklung des Betons für Außenbauteile (siehe Abschnitt 2.1.1) nach Tafel 2 der „Richtlinie zur Nachbehandlung von Beton".

5.4.5 Aufzeichnungen

(1) Im Transportbetonwerk sind für jede Lieferung Aufzeichnungen, z. B. auf Vordrucken (Werktagebuch), zu machen. Für ihren Inhalt gilt Abschnitt 4.3, soweit er die Herstellung und Prüfung des Betons regelt. Wegen ihrer statistischen Auswertung siehe DIN 1084 Teil 3.

(2) Für Vorlage und Aufbewahrung dieser Aufzeichnungen gilt Abschnitt 4.4 (1) sinngemäß.

5.4.6 Fahrzeuge für Mischen und Transport des Betons

(1) Mischfahrzeuge müssen für alle vorgesehenen Betonsorten (Festigkeitsklasse, Konsistenz und gegebenenfalls Zusammensetzung des Betons) die Herstellung und die Übergabe eines gleichmäßig und gut durchmischten Betons ermöglichen. Sie müssen mit Wassermeßvorrichtungen (Abweichungen der abgegebenen Wassermenge nur vom angezeigten Wert bis 3 % zulässig) ausgestattet sein. Mischfahrzeuge dürfen zur Herstellung von Beton B II nur verwendet werden, wenn der Füllungsgrad der Mischtrommel 65 % nicht überschreitet und die technische Ausrüstung der Mischer - insbesondere der Zustand der Mischwerkzeuge - so ist, daß auch bei erschwerten Bedingungen die Übergabe eines gleichmäßig durchmischten Betons sichergestellt werden kann.

(2) Fahrzeuge für den Transport von werkgemischtem Beton müssen so beschaffen sein, daß beim Entleeren auf der Baustelle stets ein gleichmäßig durchmischter Beton übergeben werden kann. Fahrzeuge für den Transport von werkgemischtem Beton der Konsistenzbereiche KP, KR und KF müssen entweder während der Fahrt die ständige Bewegung des Frischbetons durch ein Rührwerk (Fahrzeug mit Rührwerk oder Mischfahrzeug) oder das nochmalige Durchmischen vor Übergabe des Betons auf der Baustelle (Mischfahrzeug) ermöglichen.

(3) Beton der Konsistenz KS darf auch in Fahrzeugen ohne Rührwerk (siehe Abschnitt 9.4.3) angeliefert werden. Die Behälter dieser Fahrzeuge müssen innen glatt und so ausgestattet sein, daß sie eine ausreichend langsame und gleichmäßige Entleerung ermöglichen.

(4) Die Misch- und Rührgeschwindigkeit von Mischfahrzeugen muß einstellbar sein. Die Rührgeschwindigkeit soll etwa die Hälfte der Mischgeschwindigkeit betragen, und zwar soll sie beim Mischen im allgemeinen zwischen 4 und 12, beim Rühren zwischen 2 und 6 Umdrehungen je Minute liegen.

(5) Art, Fassungsvermögen und polizeiliches Kennzeichen der Transportbetonfahrzeuge sind in einem besonderen Verzeichnis numeriert aufzuführen. Dieses Verzeichnis ist spätestens mit der ersten Lieferung dem Bauleiter des Unternehmens zu übergeben.

(6) Auf die Vorlage des Verzeichnisses kann verzichtet werden, wenn das Fahrzeug mit einer gültigen, sichtbar am Fahrzeug angebrachten Transportbeton-Fahrzeug-Bescheinigung ausgestattet ist (siehe „Merkblatt für die Ausstellung von Transportbeton-Fahrzeug-Bescheinigungen").

5.5 Lieferscheine

5.5.1 Allgemeine Anforderungen

(1) Jeder Lieferung von Stahlbetonfertigteilen, von Zwischenbauteilen aus Beton und gebranntem Ton und von Transportbeton ist ein numerierter Lieferschein beizugeben. Er muß die in den Abschnitten 5.5.2 und 5.5.3 genannten Angaben enthalten, soweit sie nicht aus anderen, dem Abnehmer zu übergebenden Unterlagen, z. B. einer allgemeinen bauaufsichtlichen Zulassung, zu entnehmen sind. Wegen der Lieferscheine für Zement - namentlich auch wegen des am Silo zu befestigenden Scheines - siehe DIN 1164 Teil 1, für Betonzuschlag DIN 4226 Teil 1 und Teil 2, für Betonstahl DIN 488 Teil 1, für Betonzusatzmittel „Richtlinien für die Zuteilung von Prüfzeichen für Betonzusatzmittel", für Zwischenbauteile aus Beton DIN 4158, für solche aus gebranntem Ton DIN 4159 und DIN 4160 sowie für Betongläser DIN 4243.

(2) Jeder Lieferschein muß folgende Angaben enthalten:

a) Herstellwerk, gegebenenfalls mit Angabe der fremdüberwachenden Stelle oder des Überwachungszeichens oder des Gütezeichens;

b) Tag der Lieferung;

c) Empfänger der Lieferung.

(3) Jeder Lieferschein ist von je einem Beauftragten des Herstellers und des Abnehmers zu unterschreiben. Je eine Ausfertigung ist im Werk und auf

der Baustelle aufzubewahren und zu den Aufzeichnungen nach Abschnitt 4.3 zu nehmen.

(4) Bei losem Zement ist das nach DIN 1164 Teil 1 vom Zementwerk mitzuliefernde farbige, verwitterungsfeste Blatt sichtbar am Zementsilo anzuheften.

5.5.2 Stahlbetonfertigteile

Bei Stahlbetonfertigteilen sind neben den im Abschnitt 5.5.1 geforderten Angaben noch folgende erforderlich:

a) Festigkeitsklasse des Betons;

b) Betonstahlsorte;

c) Positionsnummern nach Abschnitt 3.2.2;

d) Betondeckung nom *c* nach Abschnitt 13.2.

5.5.3 Transportbeton

(1) Bei Transportbeton sind über Abschnitt 5.5.1 hinaus folgende Angaben erforderlich:

a) Menge, Festigkeitsklasse und Konsistenz des Betons; Eignung für unbewehrten Beton oder für Stahlbeton; Eignung für Außenbauteile (siehe Abschnitt 2.1.1) einschließlich Festigkeitsentwicklung des Betons nach Tafel 2 der „Richtlinie zur Nachbehandlung von Beton"; Nummer der Betonsorte nach dem Verzeichnis nach Abschnitt 5.4.4, soweit erforderlich auch besondere Eigenschaften des Betons nach Abschnitt 6.5.7;

b) Uhrzeit der Be- und Entladung sowie Nummer des Fahrzeugs nach dem Verzeichnis nach Abschnitt 5.4.6;

c) Im Falle des Abschnitts 7.4.3.5.1 (4) Hinweis, daß eine fremdüberwachte statistische Qualitätskontrolle durchgeführt wird.

d) Verarbeitbarkeitszeit bei Zugabe von verzögernden Betonzusatzmitteln (siehe „Vorläufige Richtlinie für Beton mit verlängerter Verarbeitbarkeitszeit (Verzögerter Beton); Eignungsprüfung, Herstellung, Verarbeitung und Nachbehandlung");

e) Ort und Zeitpunkt der Zugabe von Fließmitteln (siehe „Richtlinie für Beton mit Fließmittel und für Fließbeton; Herstellung, Verarbeitung und Prüfung").

(2) Darüber hinaus ist für Beton B I mindestens bei der ersten Lieferung und für Beton B II stets das Betonsortenverzeichnis entweder vollständig oder ein entsprechender Auszug daraus mit dem Lieferschein zu übergeben.

6 Baustoffe

6.1 Bindemittel

6.1.1 Zement

Für unbewehrten Beton und für Stahlbeton muß Zement nach den Normen der Reihe DIN 1164 verwendet werden.

6.1.2 Liefern und Lagern der Bindemittel

Bindemittel sind beim Befördern und Lagern vor Feuchtigkeit zu schützen. Behälterfahrzeuge und Silos für Bindemittel dürfen keine Reste von Bindemitteln oder Zement anderer Art oder niedrigerer Festigkeitsklasse oder von anderen Stoffen enthalten; in Zweifelsfällen ist dies vor dem Füllen sorgfältig zu prüfen.

6.2 Betonzuschlag

6.2.1 Allgemeine Anforderungen

Es ist Betonzuschlag nach DIN 4226 Teil 1 zu verwenden. Das Zuschlaggemisch soll möglichst grobkörnig und hohlraumarm sein (siehe Abschnitt 6.2.2). Das Größtkorn ist so zu wählen, wie Mischen, Fördern, Einbringen und Verarbeiten des Betons dies zulassen; seine Nenngröße darf $^1/_3$ der kleinsten Bauteilmaße nicht überschreiten. Bei engliegender Bewehrung oder geringer Betondeckung soll der überwiegende Teil des Betonzuschlags kleiner als der Abstand der Bewehrungsstäbe untereinander und von der Schalung sein.

6.2.2 Kornzusammensetzung des Betonzuschlags

(1) Die Kornzusammensetzung des Betonzuschlags wird durch Sieblinien (siehe Bilder 1 bis 4) und – wenn nötig – durch einen darauf bezogenen Kennwert für die Kornverteilung oder den Wasseranspruch[5])[6]) gekennzeichnet. Bei Betonzuschlag,

[5]) Zum Beispiel F-Wert, Körnungsziffer, Feinheitsziffer, Feinheitsmodul, Sieblinienflächen, Wasseranspruchszahlen.

[6]) Zur Ermittlung der Kennwerte für die Kornverteilung oder den Wasseranspruch ist der Siebdurchgang für 0,125 mm auszulassen. Als Kornanteil bis 0,5 mm ist im allgemeinen der tatsächlich vorhandene Kornanteil zu berücksichtigen. Lediglich bei Vergleich der Kennwerte mit denen der Sieblinien nach den Bildern 1 bis 4 ist in beiden Fällen der sich bei geradliniger Verbindung zwischen dem 0,25- und dem 1-mm-Prüfsieb bei 0,5 mm ergebende Kornanteil einzusetzen; für die Sieblinien nach den Bildern 1 bis 4 sind dies die Klammerwerte.

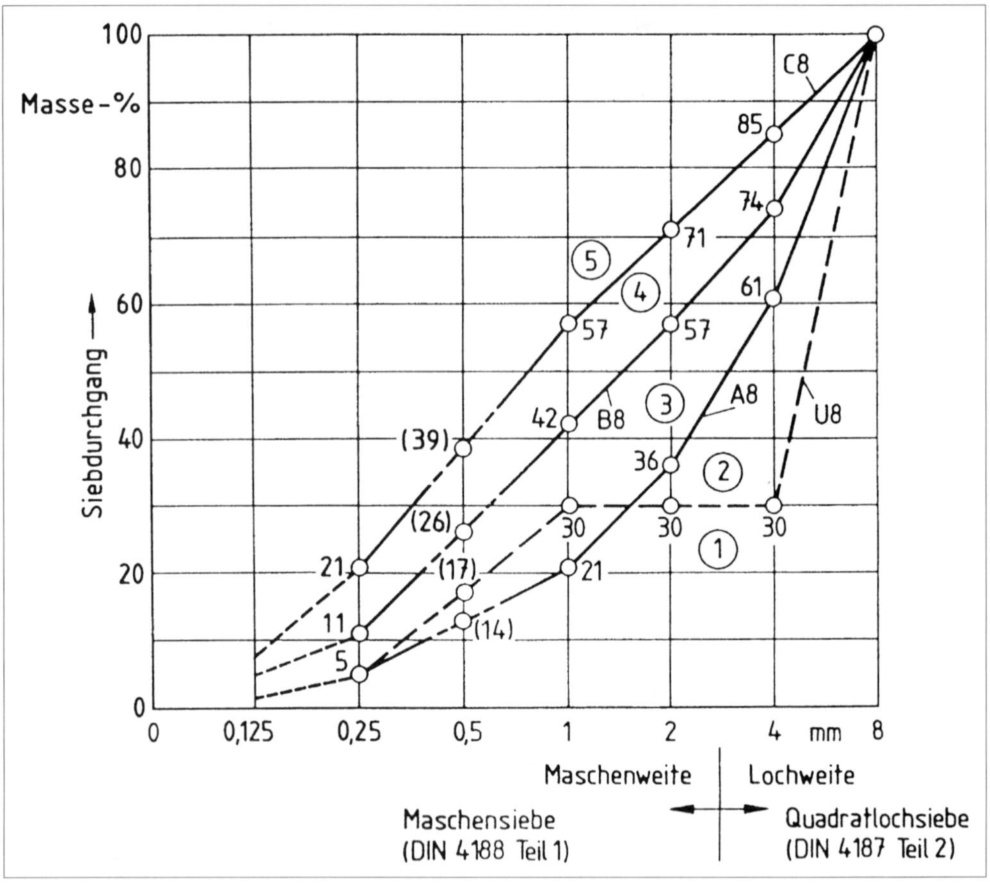

Bild 1. Sieblinien mit einem Größtkorn von 8 mm

der aus Korngruppen mit wesentlich verschiedener Kornrohdichte zusammengesetzt wird, sind die Sieblinien nicht auf Massenanteile des Betonzuschlags, sondern auf Stoffraumanteile[7]) zu beziehen.

(2) Die Zusammensetzung einzelner Korngruppen und des Betonzuschlags wird durch Siebversuche nach DIN 4226 Teil 3 mit Prüfsieben nach DIN 4188 Teil 1 oder DIN 4187 Teil 2 ermittelt[8]). Die Sieblinien können stetig oder unstetig sein.

[7]) Die Stoffraumanteile sind die durch die Kornrohdichte geteilten Massenanteile. An der Ordinatenachse der Sieblinienddarstellung ist dann statt „Siebdurchgang in Masse-%" anzuschreiben „Siebdurchgang in Stoffraum-%".

6.2.3 Liefern und Lagern des Betonzuschlags

Der Betonzuschlag darf während des Transports und bei der Lagerung nicht durch andere Stoffe verunreinigt werden. Getrennt anzuliefernde Korngruppen (siehe Abschnitte 6.5.5.2 und 6.5.6.2) sind so zu lagern, daß sie sich an keiner Stelle vermischen. Werkgemischter Betonzuschlag (siehe Abschnitt 6.5.5.2 und DIN 4226 Teil 1) ist so zu entladen und zu lagern, daß er sich nicht entmischt.

[8]) Die Grenzkorngröße 32 mm wird mit einem Prüfsieb mit Quadratlochung (im folgenden Text kurz Quadratlochsiebe genannt) und einer Lochweite von 31,5 mm nach DIN 4187 Teil 2 geprüft.

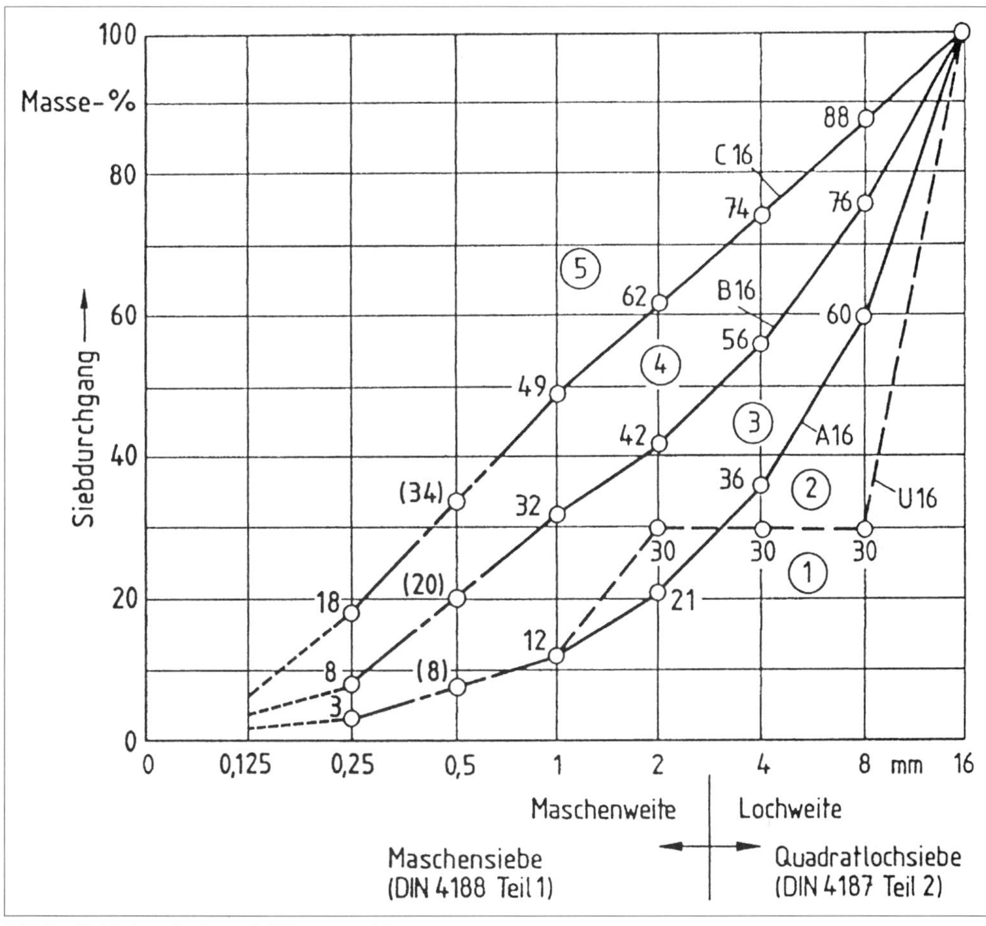

Bild 2. Sieblinien mit einem Größtkorn von 16 mm

6.3 Betonzusätze

6.3.1 Betonzusatzmittel

(1) Für Beton und Zementmörtel - auch zum Einsetzen von Verankerungen - dürfen nur Betonzusatzmittel (siehe Abschnitt 2.1.3.5) mit gültigem Prüfzeichen und nur unter den im Prüfbescheid angegebenen Bedingungen verwendet werden[9]).

(2) Chloride, chloridhaltige oder andere, die Stahlkorrosion fördernde Stoffe dürfen Stahlbeton, Beton und Mörtel, der mit Stahlbeton in Berührung kommt, nicht zugesetzt werden.

(3) Betonzusatzmittel werden verwendet, um bestimmte Eigenschaften des Betons günstig zu beeinflussen. Da sie jedoch zugleich andere wichtige Eigenschaften ungünstig verändern können, ist eine Eignungsprüfung für den damit herzustellenden Beton Voraussetzung für ihre Anwendung (siehe Abschnitt 7.4.2).

6.3.2 Betonzusatzstoffe

(1) Dem Beton dürfen Betonzusatzstoffe nach Abschnitt 2.1.3.6 zugegeben werden, wenn sie das Erhärten des Zements, die Festigkeit und Dauerhaftigkeit des Betons sowie den Korrosionsschutz der Bewehrung nicht beeinträchtigen.

(2) Betonzusatzstoffe, die nicht DIN 4226 Teil 1 für natürliches Gesteinsmehl oder DIN 51043 für Traß

[9]) Prüfzeichen erteilt das Institut für Bautechnik (IfBt), Berlin.

I

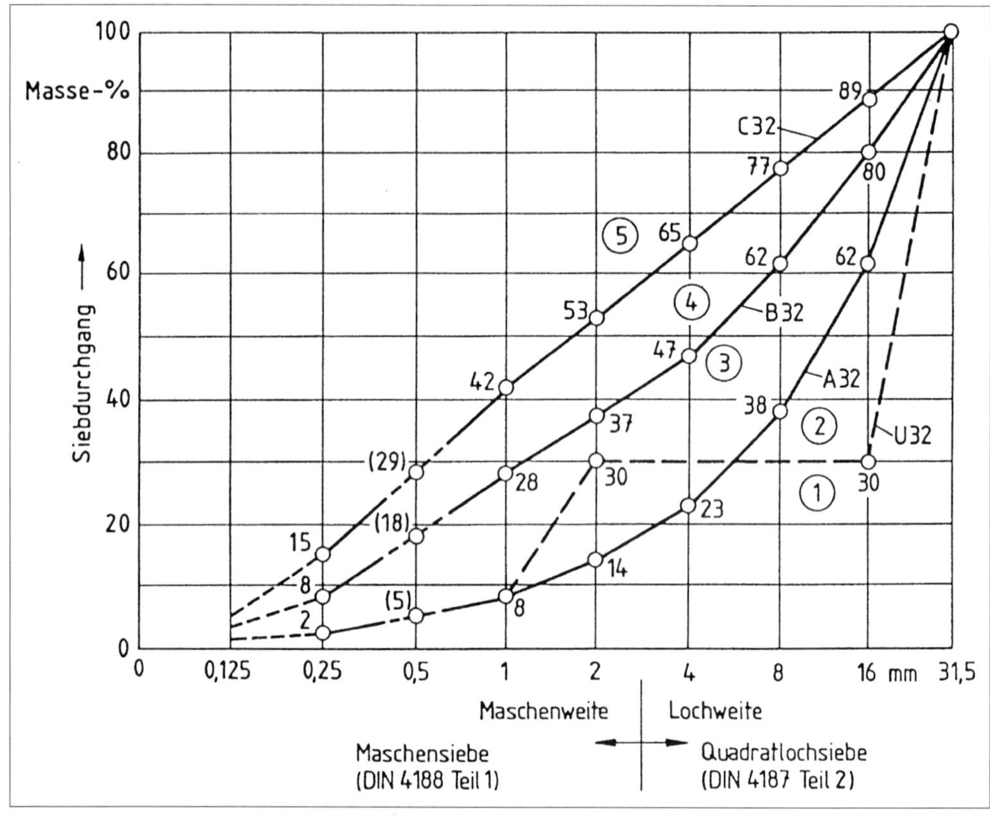

Bild 3. Sieblinien mit einem Größtkorn von 32 mm

entsprechen, dürfen nur verwendet werden, wenn für sie ein Prüfzeichen erteilt ist[9]). Farbpigmente nach DIN 53 237 dürfen nur verwendet werden, wenn der Nachweis der ordnungsgemäßen Überwachung der Herstellung und Verarbeitung des Betons erbracht ist.

(3) Ein latenthydraulischer oder puzzolanischer Betonzusatzstoff darf bei Festlegung des Mindestzementgehaltes und gegebenenfalls des höchstzulässigen Wasserzementwertes nur berücksichtigt werden, soweit dies besonders geregelt ist, z. B. durch Prüfbescheid oder Richtlinien. Wegen Eignungsprüfungen siehe Abschnitt 7.4.2.1.

(4) Für Liefern und Lagern gilt Abschnitt 6.1.2 sinngemäß.

6.4 Zugabewasser

Als Zugabewasser ist das in der Natur vorkommende Wasser geeignet, soweit es nicht Bestandteile enthält, die das Erhärten oder andere Eigenschaften des Betons ungünstig beeinflussen oder den Korrosionsschutz der Bewehrung beeinträchtigen, z. B. gewisse Industrieabwässer. Im Zweifelsfall ist eine Untersuchung über die Eignung des Wassers zur Betonherstellung nötig.

6.5 Beton

6.5.1 Festigkeitsklassen des Betons und ihre Anwendung

(1) Der Beton wird nach seiner bei der Güteprüfung im Alter von 28 Tagen an Würfeln mit 200 mm Kantenlänge ermittelten Druckfestigkeit in Festigkeitsklassen B 5 bis B 55 eingeteilt (siehe Tabelle 1).

(2) Je drei aufeinanderfolgend hergestellte Würfel bilden eine Serie. Die drei Würfel einer Serie müssen aus drei verschiedenen Mischerfüllungen stammen, bei Transportbeton – soweit möglich – aus verschiedenen Lieferungen derselben Betonsorte.

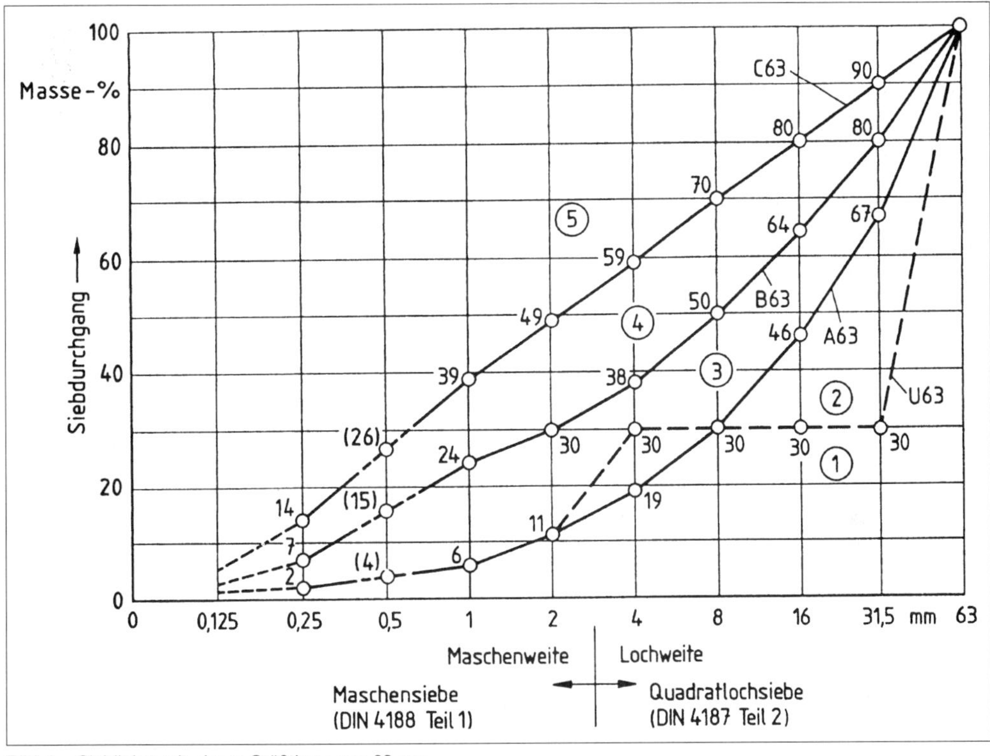

Bild 4. Sieblinien mit einem Größtkorn von 63 mm

Tabelle 1. Festigkeitsklassen des Betons und ihre Anwendung

	1	2	3	4	5	6
	Beton-gruppe	Festigkeits-klasse des Betons	Nennfestigkeit[10]) β_{WN} (Mindestwert für die Druckfestigkeit β_{W28} jedes Würfels nach Abschnitt 7.4.3.5.2) N/mm²	Serienfestigkeit β_{WS} (Mindestwert für die mittlere Druckfestigkeit β_{Wm} jeder Würfelserie) N/mm²	Zusammen-setzung nach	Anwendung
1	Beton B I	B 5	5	8	Abschnitt 6.5.5	Nur für unbewehrten Beton
2		B 10	10	15		
3		B 15	15	20		Für bewehrten und unbewehrten Beton
4		B 25	25	30		
5	Beton B II	B 35	35	40	Abschnitt 6.5.6	
6		B 45	45	50		
7		B 55	55	60		

[10]) Der Nennfestigkeit liegt das 5%-Quantil der Grundgesamtheit zugrunde.

(3) Eine bestimmte Würfeldruckfestigkeit kann auch für einen früheren Zeitpunkt als nach 28 Tagen entsprechend der vorgesehenen Beanspruchung erforderlich sein, z. B. für den Transport von Fertigteilen. Sie darf auch für einen späteren Zeitpunkt vereinbart werden, wenn dies z. B. durch die Verwendung von langsam erhärtendem Zement in besonderen Fällen zweckmäßig und mit Rücksicht auf die Beanspruchung zulässig ist.

(4) Beton B 55 ist vor allem der werkmäßigen Herstellung von Fertigteilen in Betonwerken vorbehalten.

(5) Ortbeton, der in Verbindung mit Stahlbetonfertigteilen als mittragend gerechnet wird, muß mindestens der Festigkeitsklasse B 15 entsprechen.

(6) Beton für Außenbauteile (siehe Abschnitt 2.1.1) muß mindestens der Festigkeitsklasse B 25 entsprechen[11]).

6.5.2 Allgemeine Bedingungen für die Herstellung des Betons

(1) Für die Zusammensetzung, Herstellung und Verarbeitung von Beton der Festigkeitsklassen B 5 bis B 25 (Beton B I) sind die Bedingungen des Abschnitts 6.5.5 zu beachten, sofern nicht Abschnitt 6.5.7 gilt. Die für eine bestimmte Festigkeitsklasse erforderliche Zusammensetzung muß entweder nach Tabelle 4 mit den dazugehörigen Bestimmungen oder auf Grund einer vorherigen Eignungsprüfung nach Abschnitt 7.4.2 festgelegt werden.

(2) Für die Zusammensetzung, Herstellung und Verarbeitung von Beton der Festigkeitsklassen B 35 und höher (Beton B II) sind die Bedingungen des Abschnitts 6.5.6 zu beachten. Die für eine bestimmte Festigkeitsklasse erforderliche Betonzusammensetzung ist stets auf Grund einer Eignungsprüfung nach Abschnitt 7.4.2 festzulegen. Wegen der besonderen Anforderungen an die Herstellung, Baustelleneinrichtung und -besetzung und an die Überwachung (Güteüberwachung) siehe die Abschnitte 5.2.2, 6.5.6, 7.4 und 8. Für Beton mit besonderen Eigenschaften siehe außerdem Abschnitt 6.5.7.

(3) Wegen des Mindestzementgehalts und des Wasserzementwertes siehe die Abschnitte 6.5.5.1, 6.5.6.1 und 6.5.6.3.

(4) Bei Beton B I und B II, der für Außenbauteile (siehe Abschnitt 2.1.1) verwendet wird, ist der Betonzusammensetzung ein Wasserzementwert $w/z \leq 0{,}60$ zugrunde zu legen [12]).

(5) Bei Verwendung alkaliempfindlichen Betonzuschlags ist die „Richtlinie Alkalireaktion im Beton; Vorbeugende Maßnahmen gegen schädigende Alkalireaktion im Beton" zu beachten.

(6) Unabhängig von der Einhaltung der Bestimmungen der Abschnitte 6.5.5. bis 6.5.7 bleibt in allen Fällen maßgebend, daß der erhärtete Beton die geforderten Eigenschaften aufweist.

(7) Beton, der durch Zugabe verzögernder Betonzusatzmittel gegenüber dem zugehörigen Beton ohne Betonzusatzmittel eine um mindestens drei Stunden verlängerte Verarbeitbarkeitszeit aufweist (verzögerter Beton), ist als Beton B II entsprechend der „Vorläufigen Richtlinie für Beton mit verlängerter Verarbeitbarkeitszeit (Verzögerter Beton); Eignungsprüfung, Herstellung, Verarbeitung und Nachbehandlung" zusammenzusetzen, herzustellen und einzubauen.

(8) Fließbeton und Beton mit Fließmittel sind entsprechend der „Richtlinie für Beton mit Fließmittel und für Fließbeton; Herstellung, Verarbeitung und Prüfung" herzustellen und einzubauen.

(9) Wird ein Betonzusatzmittel zugegeben, ist die Zugabemenge auf 50 ml/kg bzw. 50 g/kg der Zementmenge begrenzt. Bei Anwendung mehrerer Betonzusatzmittel darf die insgesamt zugegebene Menge 60 ml/kg bzw. 60 g/kg Zement nicht überschreiten. Hierbei dürfen, außer bei Fließmitteln, nicht mehrere Betonzusatzmittel derselben Wirkungsgruppe angewendet werden. Für die Herstellung eines Betons mit mehreren Betonzusatzmitteln muß der Hersteller über eine Betonprüfstelle E (siehe Abschnitt 2.3.1) verfügen.

(10) Bei Anwendung von Betonzusatzmitteln soll eine Mindestzugabemenge von 2 ml/kg bzw. 2 g/kg Zement nicht unterschritten werden. Flüssige Betonzusatzmittel sind dem Wassergehalt bei der Bestimmung des Wasserzementwertes zuzurechnen, wenn ihre gesamte Zugabemenge 2,5 l/m^3 verdichteten Betons oder mehr beträgt.

6.5.3 Konsistenz des Betons

(1) Beim Frischbeton werden vier Konsistenzbereiche unterschieden (siehe Tabelle 2). Beton mit der fließfähigen Konsistenz KF darf nur als Fließbeton entsprechend der „Richtlinie für Beton mit Fließmittel und für Fließbeton; Herstellung, Verarbeitung und Prüfung unter Zugabe eines Fließmittels (FM) verwendet werden.

[11]) Die zusätzlichen Anforderungen der Abschnitte 6.5.2 (4) und 6.5.5.1 (3) oder 6.5.6.1 (2) bedingen in der Regel eine Nennfestigkeit $\beta_{WN} \geq 32$ N/mm^2.

[12]) Diese Anforderung, zusammen mit jenen der Abschnitte 6.5.5.1 (3) oder 6.5.6.1 (2), ist in der Regel erfüllt, wenn der Beton eine Nennfestigkeit $\beta_{WN} \geq 32$ N/mm^2 aufweist.

Tabelle 2. Konsistenzbereiche des Frischbetons

	1	2	3	4
	Konsistenzbereiche		Ausbreitmaß	Verdichtungsmaß
	Bedeutung	Kurzzeichen	α cm	v
1	steif	KS	-	≥ 1,20
2	plastisch	KP	35 bis 41	1,19 bis 1,08[13]
3	weich	KR	42 bis 48	1,07 bis 1,02[13]
4	fließfähig	KF	49 bis 60	-

[13]) Das Verdichtungsmaß empfiehlt sich vor allem für Betone nach Absatz (3).

(2) Im Übergangsbereich zwischen steifem und plastischem Beton kann im Einzelfall je nach Zusammenhaltevermögen des Frischbetons die Anwendung des Verdichtungsmaßes oder des Ausbreitmaßes zweckmäßiger sein.

(3) In den Konsistenzbereichen KP und KR kann bei Verwendung von Splittbeton, sehr mehlkornreichem Beton, Leicht- oder Schwerbeton das Verdichtungsmaß zweckmäßiger sein.

(4) In den beiden vorgenannten Fällen sind Vereinbarungen über das anzuwendende Prüfverfahren und die einzuhaltenden Konsistenzmaße zu treffen. Sinngemäß gilt dies auch für andere, in DIN 1048 Teil 1 aufgeführte Konsistenzprüfverfahren.

(5) Die Verarbeitbarkeit des Frischbetons muß den baupraktischen Gegebenheiten angepaßt sein. Für Ortbeton der Gruppe B I ist vorzugsweise weicher Beton KR (Regelkonsistenz) oder fließfähiger Beton KF zu verwenden.

6.5.4 Mehlkorngehalt sowie Mehlkorn- und Feinstsandgehalt

(1) Der Beton muß eine bestimmte Menge an Mehlkorn enthalten, damit er gut verarbeitbar ist und ein geschlossenes Gefüge erhält. Der Mehlkorngehalt setzt sich zusammen aus dem Zement, dem im Betonzuschlag enthaltenen Kornanteil 0 bis 0,125 mm und gegebenenfalls dem Betonzusatzstoff. Ein ausreichender Mehlkorngehalt ist besonders wichtig bei Beton, der über längere Strecken oder in Rohrleitungen gefördert wird, bei Beton für dünnwandige, eng bewehrte Bauteile und bei wasserundurchlässigem Beton (siehe Abschnitt 6.5.7.2).

(2) Bei Beton für Außenbauteile (siehe Abschnitt 2.1.1) und bei Beton mit besonderen Eigenschaften nach den Abschnitten 6.5.7.3, 6.5.7.4 und 6.5.7.6 sind der Mehlkorngehalt sowie der Mehlkorn- und Feinstsandgehalt nach Tabelle 3 zu begrenzen.

Tabelle 3. Höchstzulässiger Mehlkorngehalt sowie höchstzulässiger Mehlkorn- und Feinstsandgehalt für Beton mit einem Größtkorn des Zuschlaggemisches von 16 mm bis 63 mm

	1	2	3
	Zementgehalt kg/m³	Höchstzulässiger Gehalt in kg/m³ an	
		Mehlkorn	Mehlkorn und Feinstsand
		bei einer Prüfkorngröße von	
		0,125 mm	0,250 mm
1	≤ 300	350	450
2	350	400	500

(3) Bei Zementgehalten zwischen 300 kg/m^3 und 350 kg/m^3 ist zwischen den Werten der Tabelle 3 linear zu interpolieren.

(4) Die Werte der Tabelle 3, Spalten 2 und 3, dürfen erhöht werden, wenn

a) der Zementgehalt 350 kg/m^3 übersteigt, um den über 350 kg/m^3 hinausgehenden Zementgehalt, jedoch höchstens um 50 kg/m^3;

b) ein puzzolanischer Betonzusatzstoff (z. B. Traß, Steinkohlenflugasche) verwendet wird, um den Gehalt an puzzolanischem Betonzusatzstoff, jedoch höchstens um 50 kg/m^3;

c) das Größtkorn des Betonzuschlaggemisches 8 mm beträgt, um 50 kg/m^3.

(5) Die unter a) und b) genannten Möglichkeiten dürfen insgesamt nur zu einer Erhöhung von 50 kg/m^3 führen.

6.5.5 Zusammensetzung von Beton B I

6.5.5.1 Zementgehalt

(1) Der Beton muß so viel Zement enthalten, daß die geforderte Druckfestigkeit und bei bewehrtem Beton ein ausreichender Schutz der Stahleinlagen vor Korrosion erreicht werden.

(2) Wird der Zementgehalt auf Grund einer Eignungsprüfung nach Abschnitt 7.4.2.1 a) festgelegt, so muß er je m^3 verdichteten Betons mindestens betragen

a) bei unbewehrtem Beton 100 kg;

b) bei Stahlbeton mit Rücksicht auf den Korrosionsschutz der Stahleinlagen
   - 240 kg bei Zement der Festigkeitsklasse Z 35 und höher;
   - 280 kg bei Zement der Festigkeitsklasse Z 25.

(3) Bei Beton für Außenbauteile (siehe Abschnitt 2.1.1) muß der Zementgehalt mindestens 300 kg/m^3 verdichteten Betons betragen; er darf auf 270 kg/m^3 ermäßigt werden, wenn Zement der Festigkeitsklassen Z 45 oder Z 55 verwendet wird.

(4) Eine Eignungsprüfung ist bei Beton ohne Betonzusätze nicht erforderlich, wenn die Betonzusammensetzung mindestens den Bedingungen der Tabelle 4 und den folgenden Angaben entspricht.

(5) Der Zementgehalt nach Tabelle 4 muß vergrößert werden um

- 15 % bei Zement der Festigkeitsklasse Z 25;
- 10 % bei einem Größtkorn des Betonzuschlags von16 mm;
- 20 % bei einem Größtkorn des Betonzuschlags von 8 mm.

(6) Der Zementgehalt nach Tabelle 4, Zeilen 1 bis 8, darf verringert werden um höchstens 10 % bei Zement der Festigkeitsklasse Z 45 und höchstens 10 % bei einem Größtkorn des Betonzuschlags von 63 mm.

(7) Die Vergrößerungen des Zementgehalts müssen, die Verringerungen dürfen zusammengezählt werden; jedoch darf bei Stahlbeton der im Absatz (2) angegebene Zementgehalt nicht unterschritten werden.

6.5.5.2 Betonzuschlag

(1) Bei einer Betonzusammensetzung nach Tabelle 4 und den zusätzlichen Angaben in Abschnitt 6.5.5.1 muß die Sieblinie des Betonzuschlags stetig sein und den Sieblinienbereichen der Tabelle 4, Spalte 2, entsprechen.

(2) Wird die Betonzusammensetzung aufgrund einer Eignungsprüfung festgelegt, so muß die dabei verwendete Kornzusammensetzung des Betonzuschlags bei der Herstellung dieses Betons eingehalten werden (siehe Abschnitt 7.3). Außer stetigen Sieblinien dürfen dann auch Ausfallkörnungen verwendet werden.

Tabelle 4. Mindestzementgehalt für Beton B I bei Betonzuschlag mit einem Größtkorn von 32 mm und Zement der Festigkeitsklasse Z 35 nach DIN 1164 Teil 1

	1	2	3	4	5
	Festigkeitsklasse des Betons	Sieblinienbereich des Betonzuschlags[14]	Mindestzementgehalt in kg je m^3 verdichteten Betons für Konsistenzbereich		
			KS[15]	KP	KR
1	B 5[15]	③	140	160	-
2		④	160	180	-
3	B 10[15]	③	190	210	230
4		④	210	230	260
5	B 15	③	240	270	300
6		④	270	300	330
7	B 25 allgemein	③	280	310	340
8		④	310	340	380
9	B 25 für Außenbauteile	③	300	320	350
10		④	320	350	380

[14] Siehe Bild 3
[15] Nur für unbewehrten Beton

(3) Betonzuschlag, der hinsichtlich bestimmter Eigenschaften nur verminderte Anforderungen erfüllt, darf unter Bedingungen nach DIN 4226 Teil 1/04.83, Abschnitt 7.1.3, verwendet werden, wenn die Eignung des Betonzuschlags für die Anwendung nachgewiesen ist.

(4) Ungetrennter Betonzuschlag aus Gruben oder Baggereien darf nur für Beton der Festigkeitsklassen B 5 und B 10 verwendet werden, sofern er den Anforderungen von DIN 4226 Teil 1 und seine Kornzusammensetzung den Anforderungen dieser Norm entsprechen.

(5) Für Beton der Festigkeitsklassen B 15 und B 25 muß der Betonzuschlag wenigstens nach zwei Korngruppen, von denen eine im Bereich 0 bis 4 mm liegt, getrennt angeliefert und getrennt gelagert werden. Sie sind an der Mischmaschine derart zuzugeben, daß die geforderte Kornzusammensetzung des Gemisches entsteht. An Stelle getrennter Korngruppen darf bei Korngemischen mit einem Größtkorn bis 32 mm auch werkgemischter Beton-

zuschlag nach DIN 4226 Teil 1 verwendet werden, wenn seine Kornzusammensetzung den Bedingungen des Abschnitts 6.2 entspricht.

6.5.6 Zusammensetzung von Beton B II

6.5.6.1 Zementgehalt

(1) Der erforderliche Zementgehalt ist aufgrund der Eignungsprüfung festzulegen. Er muß jedoch bei Stahlbeton mit Rücksicht auf den Korrosionsschutz der Stahleinlagen je m^3 verdichteten Betons mindestens betragen

- 240 kg bei Zement der Festigkeitsklasse Z 35 und höher;
- 280 kg bei Zement der Festigkeitsklasse Z 25.

(2) Der Zementgehalt bei Beton für Außenbauteile (siehe Abschnitt 2.1.1) muß mindestens 270 kg/m^3 verdichteten Betons betragen.

6.5.6.2 Betonzuschlag

(1) Der Betonzuschlag, seine Aufteilung nach Korngruppen und seine Kornzusammensetzung müssen bei der Herstellung des Betons der Eignungsprüfung entsprechen.

(2) Für stetige Sieblinien 0 bis 32 mm (siehe Abschnitt 6.2.2) muß der Betonzuschlag nach mindestens drei, für unstetige nach mindestens zwei Korngruppen getrennt angeliefert, gelagert und zugegeben werden; eine der Korngruppen muß im Bereich 0 bis 2 mm liegen oder der Korngruppe 0/4 a entsprechen. Für Sieblinien 0 bis 8 mm und 0 bis 16 mm genügt die Trennung des Betonzuschlags in eine Korngruppe 0 bis 2 mm oder in eine Korngruppe entsprechend 0/4 a und eine gröbere Korngruppe.

(3) Ein Mehlkornzusatz (siehe Abschnitt 6.5.4) gilt nicht als Korngruppe.

(4) Betonzuschlag, der hinsichtlich bestimmter Eigenschaften nur verminderte Anforderungen erfüllt, darf unter Bedingungen nach DIN 4226 Teil 1/04.83, Abschnitt 7.1.3 verwendet werden, wenn die Eignung des Betonzuschlags für die Anwendung nachgewiesen ist.

6.5.6.3 Wasserzementwert (*w*/*z*-Wert) und Konsistenz

(1) Als Wasserzementwert (*w*/*z*-Wert) wird das Verhältnis des Wassergehalts *w* zum Zementgehalt *z* im Beton bezeichnet.

(2) Der Beton darf mit keinem größeren Wasserzementwert hergestellt werden, als durch die Eignungsprüfung nach Abschnitt 7.4.2 festgelegt worden ist (siehe auch Abschnitt 7.4.3.3). Erweist sich der Beton mit der so erreichten Konsistenz für einzelne schwierige Betonierabschnitte als nicht ausreichend verarbeitbar und soll daher der Wassergehalt erhöht werden, so muß der Zementanteil im gleichen Gewichtsverhältnis vergrößert werden. Beides muß in der Mischmaschine geschehen.

(3) Bei Stahlbeton darf der *w*/*z*-Wert wegen des Korrosionsschutzes der Bewehrung bei Zement der Festigkeitsklasse Z 25 den Wert 0,65 und bei Zementen der Festigkeitsklassen Z 35 und höher den Wert 0,75 nicht überschreiten.

(4) Bei Beton für Außenbauteile (siehe Abschnitt 2.1.1) gilt Abschnitt 6.5.2 (4).

6.5.7 Beton mit besonderen Eigenschaften

6.5.7.1 Allgemeine Anforderungen

Voraussetzung für die Erzielung besonderer Eigenschaften des Betons ist, daß er sachgemäß zusammengesetzt, hergestellt und eingebaut wird, daß er sich nicht entmischt und daß er vollständig verdichtet und sorgfältig nachbehandelt wird. Für seine Herstellung und Verarbeitung gelten die Bedingungen für Beton B II (siehe Abschnitte 5.2.2 und 6.5.6), soweit die nachfolgenden Bestimmungen nicht ausdrücklich die Herstellung und Verarbeitung unter den Bedingungen für Beton B I gestatten.

6.5.7.2 Wasserundurchlässiger Beton

(1) Wasserundurchlässiger Beton für Bauteile mit einer Dicke von etwa 10 cm bis 40 cm muß so dicht sein, daß die größte Wassereindringtiefe bei der Prüfung nach DIN 1048 Teil 1 (Mittel von drei Probekörpern) 50 mm nicht überschreitet.

(2) Bei Bauteilen mit einer Dicke von etwa 10 cm bis 40 cm darf der Wasserzementwert 0,60 und bei dickeren Bauteilen 0,70 nicht überschreiten.

(3) Wasserundurchlässiger Beton geringerer Festigkeitsklasse als B 35 darf auch unter den Bedingungen für Beton B I hergestellt und verarbeitet werden, wenn der Zementgehalt bei Betonzuschlag 0 bis 16 mm mindestens 370 kg/m^3, bei Betonzuschlag 0 bis 32 mm mindestens 350 kg/m^3 beträgt und wenn die Kornzusammensetzung des Betonzuschlags im Sieblinienbereich (③) der Bilder 2 oder 3 liegt.

6.5.7.3 Beton mit hohem Frostwiderstand

(1) Beton, der im durchfeuchteten Zustand häufigen und schroffen Frost-Tau-Wechseln ausgesetzt wird, muß mit hohem Frostwiderstand hergestellt werden. Dazu sind Betonzuschläge mit erhöhten Anforderungen an den Frostwiderstand eF (siehe DIN 4226 Teil 1) und ein wasserundurchlässiger Beton nach Abschnitt 6.5.7.2 notwendig.

(2) Der Wasserzementwert darf 0,60 nicht überschreiten. Er darf bei massigen Bauteilen bis zu 0,70 betragen, wenn luftporenbildende Betonzu-

Tabelle 5. **Luftgehalt im Frischbeton unmittelbar vor dem Einbau**

	1	2
	Größtkorn des Zuschlaggemisches mm	Mittlerer Luftgehalt Volumenanteil in %[16])
1	8	≥ 5,5
2	16	≥ 4,5
3	32	≥ 4,0
4	63	≥ 3,5

[16]) Einzelwerte dürfen diese Anforderungen um einen Volumenanteil von höchstens 0,5 % unterschreiten.

satzmittel (siehe Abschnitt 6.3.1) in solcher Menge zugegeben werden, daß der Luftgehalt im Frischbeton den Werten der Tabelle 5 entspricht.

(3) Für Beton mit hohem Frostwiderstand und geringerer Festigkeitsklasse als B 35 darf Abschnitt 6.5.7.2 (3) sinngemäß angewendet werden.

6.5.7.4 Beton mit hohem Frost- und Tausalzwiderstand

(1) Beton, der im durchfeuchteten Zustand Frost-Tauwechseln und der gleichzeitigen Einwirkung von Tausalzen ausgesetzt ist, muß mit hohem Frost- und Tausalzwiderstand hergestellt und entsprechend verarbeitet werden. Dazu sind Portland-, Eisenportland-, Hochofen- oder Portlandölschieferzement nach den Normen der Reihe DIN 1164 mindestens der Festigkeitsklasse Z 35 und Betonzuschläge mit erhöhten Anforderungen an den Widerstand gegen Frost und Taumittel eFT (siehe DIN 4226 Teil 1) notwendig.

(2) Der Wasserzementwert darf 0,50 nicht überschreiten.

(3) Abgesehen von sehr steifem Beton mit sehr niedrigem Wasserzementwert ($w/z < 0{,}40$) ist ein luftporenbildendes Betonzusatzmittel (Luftporenbildner LP) in solcher Menge zuzugeben, daß der in Tabelle 5 angegebene Luftgehalt eingehalten wird.

(4) Für Beton, der einem sehr starken Frost-Tausalzangriff, wie bei Betonfahrbahnen, ausgesetzt ist, sind Portland-, Eisenportland- oder Portlandölschieferzement mindestens der Festigkeitsklasse Z 35 oder Hochofenzement mindestens der Festigkeitsklasse Z 45 L zu verwenden.

6.5.7.5 Beton mit hohem Widerstand gegen chemische Angriffe

(1) Betonangreifende Flüssigkeiten. Böden und Dämpfe sind nach DIN 4030 zu beurteilen und in Angriffe mit „schwachem", „starkem" und „sehr starkem" Angriffsvermögen einzuteilen.

(2) Die Widerstandsfähigkeit des Betons gegen chemische Angriffe hängt weitgehend von seiner Dichtigkeit ab. Der Beton muß daher mindestens so dicht sein, daß die größte Wassereindringtiefe bei Prüfung nach DIN 1048 Teil 1 (Mittel von drei Probekörpern) bei „schwachem" Angriff nicht mehr als 50 mm und bei „starkem" Angriff nicht mehr als 30 mm beträgt. Der Wasserzementwert darf bei „schwachem" Angriff 0,60 und bei „starkem" Angriff 0,50 nicht überschreiten.

(3) Bei Beton mit hohem Widerstand gegen „schwachen" chemischen Angriff und geringerer Festigkeitsklasse als B 35 darf Abschnitt 6.5.7.2 (3) sinngemäß angewendet werden.

(4) Beton, der längere Zeit „sehr starken" chemischen Angriffen ausgesetzt wird, muß vor unmittelbarem Zutritt der angreifenden Stoffe geschützt werden (siehe auch Abschnitt 13.3). Außerdem muß dieser Beton so zusammengesetzt sein, wie dies bei „starkem" Angriff notwendig ist.

(5) Für Beton, der dem Angriff von Wasser mit mehr als 600 mg SO_4 je l oder von Böden mit mehr als 3000 mg SO_4 je kg ausgesetzt wird, ist stets Zement mit hohem Sulfatwiderstand nach DIN 1164 Teil 1 zu verwenden. Bei Meerwasser ist trotz seines hohen Sulfatgehalts die Verwendung von Zement mit hohem Sulfatwiderstand nicht erforderlich, da Beton mit hohem Widerstand gegen „starken" chemischen Angriff auch Meerwasser ausreichend widersteht.

6.5.7.6 Beton mit hohem Verschleißwiderstand

(1) Beton, der besonders starker mechanischer Beanspruchung ausgesetzt wird, z. B. durch starken Verkehr, durch rutschendes Schüttgut, durch häufige Stöße oder durch Bewegung von schweren Gegenständen, durch stark strömendes und Feststoffe führendes Wasser u. a., muß einen hohen Verschleißwiderstand aufweisen und mindestens der Festigkeitsklasse B 35 entsprechen. Der Zementgehalt sollte nicht zu hoch sein, z. B. bei einem Größtkorn von 32 mm nicht über 350 kg/m^3. Beton, der nach dem Verarbeiten Wasser absondert oder zu einer Anreicherung von Zementschlämme an der Oberfläche neigt, ist ungeeignet.

(2) Der Betonzuschlag bis 4 mm Korngröße muß überwiegend aus Quarz oder aus Stoffen mindestens gleicher Härte bestehen, das gröbere Korn aus Gestein oder künstlichen Stoffen mit hohem Verschleißwiderstand (siehe auch DIN 52 100). Bei besonders hoher Beanspruchung sind Hartstoffe zu verwenden. Die Körner aller Zuschlagarten sollen mäßig rauhe Oberfläche und gedrungene Gestalt haben. Das Zuschlaggemisch soll möglichst grobkörnig sein (Sieblinie nahe der Sieblinie A oder bei Ausfallkörnungen zwischen den Sieblinien B und U der Bilder 1 bis 4).

(3) Der Beton soll nach der Herstellung mindestens doppelt so lange nachbehandelt werden, wie in der „Richtlinie zur Nachbehandlung von Beton“ gefordert wird.

6.5.7.7 Beton für hohe Gebrauchstemperaturen bis 250 °C

(1) Der Beton ist mit Betonzuschlägen herzustellen, die sich für diese Beanspruchung als geeignet erwiesen haben. Er soll mindestens doppelt so lange nachbehandelt werden, wie in der „Richtlinie zur Nachbehandlung von Beton“ für die Umgebungsbedingung III gefordert wird. Noch vor der ersten Erhitzung soll der Beton austrocknen können. Die erste Erhitzung soll möglichst langsam erfolgen.

(2) Bei ständig einwirkenden Temperaturen über 80 °C sind die Rechenwerte für die Druckfestigkeit (siehe Tabelle 12) und den Elastizitätsmodul (siehe Tabelle 11) des jeweils verwendeten Betons aus Versuchen abzuleiten.

(3) Wirken Temperaturen über 80 °C nur kurzfristig bis etwa 24 Stunden ein, so sind die Rechenwerte der Druckfestigkeit (siehe Tabelle 12) und des Elastizitätsmoduls (siehe Tabelle 11) abzumindern (DAfStb-Heft 337). Ohne genaueren experimentellen Nachweis dürfen bei einer Temperatur von 250 °C die Rechenwerte der Betonfestigkeit nur mit ihren 0,7fachen Werten, die Rechenwerte des Elastizitätsmoduls nur mit ihren 0,6fachen Werten angesetzt werden. Rechenwerte für Temperaturen zwischen 80 °C und 250 °C dürfen linear interpoliert werden.

6.5.7.8 Beton für Unterwasserschüttung (Unterwasserbeton)

(1) Muß Beton für tragende Bauteile unter Wasser eingebracht werden, so soll er im allgemeinen ein Ausbreitmaß von etwa 45 cm bis 50 cm haben (siehe auch Abschnitt 10.4), jedoch darf auch Fließbeton nach der „Richtlinie für Beton mit Fließmittel und für Fließbeton; Herstellung, Verarbeitung und Prüfung“ verwendet werden. Der Wasserzementwert (w/z-Wert) darf 0,60 nicht überschreiten; er muß kleiner sein, wenn Betongüte oder chemische Angriffe es erfordern. Der Zementgehalt muß bei Zuschlägen mit einem Größtkorn von 32 mm mindestens 350 kg/m^3 fertigen Betons betragen.

(2) Der Beton muß beim Einbringen als zusammenhängende Masse fließen, damit er auch ohne Verdichtung ein geschlossenes Gefüge erhält. Zu bevorzugen sind Kornzusammensetzungen mit stetigen Sieblinien, die etwa in der Mitte des Sieblinienbereiches (③) der Bilder 1 bis 4 liegen. Der Mehlkorngehalt muß ausreichend groß sein (siehe Abschnitt 6.5.4).

6.6 Betonstahl

6.6.1 Betonstahl nach den Normen der Reihe DIN 488

(1) Betonstahlsorte, Kennzeichnung, Nenndurchmesser (Stabdurchmesser d_s ist stets Nenndurchmesser), Oberflächengestalt und Festigkeitseigenschaften müssen den Normen der Reihe DIN 488 entsprechen. Die dort geforderten Eigenschaften sind in Tabelle 6 wiedergegeben, soweit sie für die Verwendung von Betonstahl maßgebend sind.

(2) Wird Betonstahl nach DIN 488 Teil 1 bei der Verarbeitung warm gebogen ($\geq$ 500 °C oder Rotglut), so darf er nur mit einer rechnerischen Streckgrenze von β_s = 220 N/mm^2 in Rechnung gestellt werden (siehe Abschnitt 18.3.3 (3)). Diese Einschränkung gilt nicht für Betonstähle, die nach DIN 4099 geschweißt wurden.

6.6.2 Rundstahl nach DIN 1013 Teil 1

Als glatter Betonstabstahl darf nur Rundstahl nach DIN 1013 Teil 1 aus St 37-2 nach DIN 17100 in den Nenndurchmessern d_s = 8, 10, 12, 14, 16, 20, 25 und 28 mm verwendet werden. Rechenwerte und Bewehrungsrichtlinien können den DAfStb-Heften 220 und 400 entnommen werden.

6.6.3 Bewehrungsdraht nach DIN 488 Teil 1

(1) Die Verarbeitung von glattem Bewehrungsdraht BSt 500 G oder profiliertem Bewehrungsdraht BSt 500 P ist auf werkmäßig hergestellte Bewehrungen beschränkt, deren Fertigung, Überwachung und Verwendung in anderen technischen Baubestimmungen geregelt ist (siehe DIN 488 Teil 1/09.84, Abschnitt 8).

(2) Kaltverformter Draht (z. B. für Bügel nach Abschnitt 18.8.2.1 mit einem Durchmesser $d_s \geq$ 3 mm) muß die Eigenschaften von Betonstahl BSt 420 S (III S) oder BSt 500 S (IV S) haben. Rechenwerte und Bewehrungsrichtlinien können den DAfStb-Heften 220 und 400 entnommen werden.

6.7 Andere Baustoffe und Bauteile

6.7.1 Zementmörtel für Fugen

(1) Zementmörtel muß für Fugen bei Fertigteilen und Zwischenbauteilen folgende Bedingungen erfüllen:

a) Zement nach DIN 1164 Teil 1 der Festigkeitsklasse Z 35 F oder höher;

b) Zementgehalt: mindestens 400 kg/m^3 verdichteten Mörtels;

Tabelle 6. Sorteneinteilung und Eigenschaften der Betonstähle

		1	2	3	4
	Betonstahlsorte	Erzeugnisform Kurzname	Betonstabstahl BSt 420 S	Betonstabstahl BSt 500 S	Betonstahlmatten BSt 500 M
		Kurzzeichen[17])	III S	IV S	IV M
		Werkstoffnummer	1.0428	1.0438	1.0466
1	Nenndurchmesser d_s	mm	6 bis 28	6 bis 28	4 bis 12[18])
2	Streckgrenze $\beta_S(R_e)$[19]) bzw. 0,2 %-Dehngrenze $\beta_{0,2}(R_m)$[19])	N/mm^2	420	500	500
3	Zugfestigkeit $\beta_Z(R_m)$[19])	N/mm^2	500	550	550
4	Bruchdehnung $\delta_{10}(A_{10})$[19])	%	10	10	8
5	Schweißeignung für Verfahren[20])		E, MAG, GP, RA, RP	E, MAG, GP, RA, RP	E[21]), MAG[21]), RP

[17]) Für Zeichnungen und statische Berechnungen.

[18]) Bestonstahlmatten mit Nenndurchmessern von 4,0 mm und 4,5 mm dürfen nur bei vorwiegend ruhender Belastung und - mit Ausnahme von untergeordneten vorgefertigten Bauteilen, wie eingeschossigen Einzelgaragen - nur als Querbewehrung bei einachsig gespannten Platten, bei Rippendecken und bei Wänden verwendet werden.

[19]) Zeichen in ( ) nach DIN 488 Teil 1.

[20]) Die Kennbuchstaben bedeuten: E = Metall-Lichtbogenhandschweißen, MAG = Metall-Aktivgasschweißen, GP = Gaspreßschweißen, RA = Abbrennstumpfschweißen, RP = Widerstandspunktschweißen.

[21]) Der Nenndurchmesser der Mattenstäbe muß mindestens 6 mm beim Verfahren MAG und mindestens 8 mm beim Verfahren E betragen, wenn Stäbe von Matten untereinander oder mit Stabstählen ≤ 14 mm Nenndurchmesser verschweißt werden.

c) Betonzuschlag: gemischtkörniger, sauberer Sand 0 bis 4 mm.

(2) Hiervon darf nur abgewichen werden, wenn im Alter von 28 Tagen an Würfeln von 100 mm Kantenlänge eine Druckfestigkeit des Mörtels von mindestens 15 N/mm^2 nach DIN 1048 Teil 1 nachgewiesen wird.

6.7.2 Zwischenbauteile und Deckenziegel

Zwischenbauteile aus Beton müssen DIN 4158, solche aus gebranntem Ton und Deckenziegel müssen DIN 4159 oder DIN 4160 entsprechen.

7 Nachweis der Güte der Baustoffe und Bauteile für Baustellen

7.1 Allgemeine Anforderungen

(1) Für die Durchführung und Auswertung der in diesem Abschnitt vorgeschriebenen Prüfungen und für die Berücksichtigung ihrer Ergebnisse bei der Bauausführung ist der Bauleiter des Unternehmens verantwortlich. Wegen der Aufzeichnung und Aufbewahrung der Ergebnisse siehe Abschnitte 4.3 und 4.4.

(2) Die in den Abschnitten 7.2, 7.3 und 7.4.2 vorgesehenen Prüfungen brauchen bei Bezug von Transportbeton auf der Baustelle nicht durchgeführt zu werden. Die Abschnitte 7.4.1, 7.4.3, 7.4.4 und 7.4.5 gelten, soweit dort nichts anderes festgelegt ist, auch für Baustellen, die Transportbeton beziehen.

7.2 Bindemittel, Betonzusatzmittel und Betonzusatzstoffe

(1) Bei jeder Lieferung ist zu prüfen, ob die Angaben und die Kennzeichnung auf der Verpackung oder dem Lieferschein mit der Bestellung und den bautechnischen Unterlagen übereinstimmen und der Nachweis der Überwachung erbracht ist.

(2) Bei Betonzusatzmitteln ist festzustellen, ob die Verpackung ein gültiges Prüfzeichen trägt (siehe Abschnitt 6.3.1).

(3) Bei Betonzusatzstoffen ist festzustellen, ob sie den Anforderungen des Abschnitts 6.3.2 genügen.

7.3 Betonzuschlag

(1) Bei jeder Lieferung ist zu prüfen, ob die Angaben auf dem Lieferschein mit der Bestellung und den bautechnischen Unterlagen übereinstimmen und der Nachweis der Überwachung erbracht ist.

(2) Der Betonzuschlag ist laufend durch Besichtigung auf seine Kornzusammensetzung und auf andere, nach DIN 4226 Teil 1 bis Teil 3 wesentliche Eigenschaften zu prüfen. In Zweifelsfällen ist der Betonzuschlag eingehender zu untersuchen.

(3) Siebversuche sind bei der ersten Lieferung und bei jedem Wechsel des Herstellwerks erforderlich, außerdem in angemessenen Abständen bei

a) Beton B I (siehe Abschnitt 6.5.5), wenn eine Betonzusammensetzung nach Tabelle 4 mit einer Kornzusammensetzung des Betonzuschlags im Sieblinienbereich (③) gewählt oder wenn die Betonzusammensetzung auf Grund einer Eignungsprüfung festgelegt worden ist;

b) Beton B II (siehe Abschnitt 6.5.6) stets;

c) Beton mit besonderen Eigenschaften (siehe Abschnitt 6.5.7) stets.

(4) Bei der Prüfung gilt die Kornzusammensetzung von Zuschlaggemischen noch als eingehalten, wenn der Durchgang durch die einzelnen Prüfsiebe nicht mehr als 5 % der Gesamtmasse von der festgelegten Sieblinie abweicht - bei Korngruppen mit sehr unterschiedlicher Kornrohdichte nicht mehr als 5 % des Gesamtstoffraumes (siehe Fußnote 7) - und ihr Kennwert für die Kornverteilung oder den Wasseranspruch nicht ungünstiger ist als bei der festgelegten Sieblinie. Bei der Korngruppe 0 bis 0,25 mm sind Abweichungen nur bis zu 3 % zulässig.

7.4 Beton

7.4.1 Grundlage der Prüfung

Die Durchführung der Prüfung sowie die Herstellung und Lagerung der Probekörper richten sich nach DIN 1048 Teil 1.

7.4.2 Eignungsprüfung

7.4.2.1 Zweck und Anwendung

(1) Die Eignungsprüfung dient dazu, vor Verwendung des Betons festzustellen, welche Zusammensetzung der Beton haben muß, damit er mit den in Aussicht genommenen Ausgangsstoffen und der vorgesehenen Konsistenz unter den Verhältnissen der betreffenden Baustelle zuverlässig verarbeitet werden kann und die geforderten Eigenschaften sicher erreicht. Bei Beton B II und bei Beton mit besonderen Eigenschaften ist außerdem festzustellen, mit welchem Wasserzementwert der Beton hergestellt werden muß.

(2) Eignungsprüfungen sind durchzuführen bei

a) Beton B I, wenn der Beton nicht nach Tabelle 4 zusammengesetzt ist oder wenn zu seiner Herstellung Betonzusätze verwendet werden (siehe Abschnitte 6.3 und 6.5.5.1);

b) Beton B II stets und

c) Beton mit besonderen Eigenschaften, wenn nicht Abschnitt 6.5.7.2 (3) zutrifft und angewendet wird.

(3) Neue Eignungsprüfungen sind durchzuführen, wenn sich die Ausgangsstoffe des Betons oder die Verhältnisse der Baustelle, die bei der vorhergehenden Eignungsprüfung zugrunde lagen, wesentlich geändert haben.

(4) Auf der Baustelle darf auf eine Eignungsprüfung verzichtet werden, wenn sie von der ständigen Betonprüfstelle (siehe Abschnitt 5.2.2.6) vorgenommen worden ist, wenn Transportbeton verwendet wird oder wenn unter gleichen Arbeitsverhältnissen für Beton gleicher Zusammensetzung und aus den gleichen Stoffen die geforderten Eigenschaften bei früheren Prüfungen sicher erreicht wurden.

(5) Für jede bei der Eignungsprüfung angesetzte Mischung und für jedes vorgesehene Prüfalter sind mindestens drei Probekörper zu prüfen.

(6) Die Eignungsprüfung soll mit einer Frischbetontemperatur von 15 °C bis 22 °C durchgeführt werden. Zur Erfassung des Ansteifens ist die Konsistenz 10 Minuten und 45 Minuten nach Wasserzugabe zu bestimmen.

(7) Sind bei der Bauausführung stark abweichende Temperaturen oder Zeiten zwischen Herstellung und Einbau, die 45 Minuten wesentlich überschreiten, zu erwarten, so muß zusätzlich Aufschluß über deren Einflüsse auf die Konsistenz und die Konsistenzveränderungen gewonnen werden. Bei stark abweichenden Temperaturen ist auch deren Einfluß auf die Festigkeit zu prüfen.

(8) Bei Anwendung einer Wärmebehandlung ist durch zusätzliche Eignungsprüfungen nachzuweisen, daß mit dem vorgesehenen Verfahren die geforderten Eigenschaften erreicht werden (siehe „Richtlinie über Wärmebehandlung von Beton und Dampfmischen").

(9) Erweiterte Eignungsprüfungen sind durchzuführen, wenn Beton hergestellt wird, der durch Zugabe verzögernder Betonzusatzmittel gegenüber dem zugehörigen Beton ohne Betonzusatzmittel eine um mindestens drei Stunden verlängerte Verarbeitbarkeitszeit aufweist (siehe „Vorläufige Richt-

linie für Beton mit verlängerter Verarbeitbarkeitszeit (Verzögerter Beton)").

7.4.2.2 Anforderungen

Bei der Eignungsprüfung muß der Mittelwert der Druckfestigkeit von drei Würfeln aus derjenigen Betonmischung, deren Zusammensetzung für die Bauausführung maßgebend sein soll, die Werte β_{WS} der Tabelle 1, Spalte 4 (siehe Abschnitt 6.5.1) um ein Vorhaltemaß überschreiten:

a) Das Vorhaltemaß beträgt für Beton der Festigkeitsklasse B 5 mindestens 3,0 N/mm^2, der Festigkeitsklassen B 10 bis B 25 mindestens 5,0 N/mm^2.
   Die Konsistenz des Betons B I muß bei der Eignungsprüfung, bezogen auf den voraussichtlichen Zeitpunkt des Einbaus, an der oberen Grenze des gewählten Konsistenzbereiches (z. B. obere Grenze des Ausbreitmaßes) liegen.

   Für die Herstellung in Betonfertigteilwerken nach Abschnitt 5.3 gelten diese Anforderungen nicht, sondern die unter b).

b) Bei Beton B II und bei Beton mit besonderen Eigenschaften bleibt es dem Unternehmen überlassen, das Vorhaltemaß nach seinen Erfahrungen unter Berücksichtigung des zu erwartenden Streubereiches der betreffenden Baustelle zu wählen. Das Vorhaltemaß muß aber so groß sein, daß bei der Güteprüfung die Anforderungen des Abschnitts 7.4.3.5.2 sicher erfüllt werden.

7.4.3 Güteprüfung

7.4.3.1 Allgemeines

(1) Die Güteprüfung dient dem Nachweis, daß der für den Einbau hergestellte Beton die geforderten Eigenschaften erreicht.

(2) Die Betonproben für die Güteprüfung sind für jeden Probekörper und für jede Prüfung der Konsistenz und des *w/z*-Wertes aus einer anderen Mischerfüllung zufällig und etwa gleichmäßig über die Betonierzeit verteilt zu entnehmen (siehe auch DIN 1048 Teil 1/12.78, Abschnitt 2.2, erster Absatz).

(3) In gleicher Weise sind bei Transportbeton und bei Baustellenbeton von einer benachbarten Baustelle nach Abschnitt 2.1.2 f) die Betonproben bei Übergabe des Betons möglichst aus verschiedenen Lieferungen des gleichen Betons zu entnehmen.

(4) Sind besondere Eigenschaften nach Abschnitt 6.5.7 nachzuweisen, so ist der Umfang der Prüfung im Einzelfall festzulegen.

(5) In allen Zweifelsfällen hat sich das Unternehmen unabhängig von dem in dieser Norm festgelegten Prüfumfang durch Prüfung der Betonzusammensetzung (Zementgehalt und gegebenenfalls *w/z*-Wert) oder der entsprechenden Eigenschaften von der ausreichenden Beschaffenheit des frischen oder des erhärteten Betons zu überzeugen.

7.4.3.2 Zementgehalt

Bei Beton B I ist der Zementgehalt je m^3 verdichteten Betons beim erstmaligen Einbringen und dann in angemessenen Zeitabständen während des Betonierens zu prüfen, z. B. nach DIN 1048 Teil 1 /12.78, Abschnitt 3.3.2. Bei Verwendung von Transportbeton darf der Zementgehalt dem Lieferschein (siehe Abschnitt 5.5.3) oder dem Betonsortenverzeichnis (siehe Abschnitt 5.4.4) entnommen werden.

7.4.3.3 Wasserzementwert

(1) Bei Beton B II sowie bei Beton für Außenbauteile (siehe Abschnitt 2.1.1), der unter den Bedingungen für B I hergestellt wird, ist der Wasserzementwert (*w/z*-Wert) für jede verwendete Betonsorte beim ersten Einbringen und einmal je Betoniertag zu ermitteln.

(2) Der für diese Betonsorte bei der Eignungsprüfung festgelegte *w/z*-Wert darf vom Mittelwert dreier aufeinanderfolgender *w/z*-Wert-Bestimmungen nicht, von Einzelwerten um höchstens 10 % überschritten werden.

(3) Bei Beton für Außenbauteile (siehe Abschnitt 2.1.1) darf kein Einzelwert den *w/z*-Wert von 0,65 überschreiten.

(4) Die für Beton mit besonderen Eigenschaften oder wegen des Korrosionsschutzes der Bewehrung (siehe Abschnitte 6.5.6.3 und 6.5.7) festgelegten *w/z*-Werte dürfen auch von Einzelwerten nicht überschritten werden.

(5) Bei der Verwendung von Transportbeton dürfen die *w/z*-Werte dem Lieferschein (siehe Abschnitt 5.5.3) oder dem Betonsortenverzeichnis (siehe Abschnitt 5.4.4) entnommen werden. Dies gilt nicht, wenn Druckfestigkeitsprüfungen durch die doppelte Anzahl von *w/z*-Wert-Bestimmungen nach Abschnitt 7.4.3.5.1 (2) ersetzt werden sollen.

7.4.3.4 Konsistenz

(1) Die Konsistenz des Frischbetons ist während des Betonierens laufend durch augenscheinliche Beurteilung zu überprüfen. Die Konsistenz ist für jede Betonsorte beim ersten Einbringen und jedesmal bei der Herstellung der Probekörper für die Güteprüfung durch Bestimmung des Konsistenzmaßes nachzuprüfen.

(2) Bei Beton B II und bei Beton mit besonderen Eigenschaften ist die Ermittlung des Konsistenz-

maßes außerdem in angemessenen Zeitabständen zu wiederholen.

(3) Die vereinbarte Konsistenz muß bei Übergabe des Betons auf der Baustelle vorhanden sein.

7.4.3.5 Druckfestigkeit

7.4.3.5.1 Anzahl der Probewürfel

(1) Bei Baustellen- und Transportbeton B I der Festigkeitsklassen B 15 und B 25 und bei tragenden Wänden und Stützen aus B 5 und B 10 ist für jede verwendete Betonsorte (siehe Abschnitt 5.4.4), und zwar jeweils für höchstens 500 m^3 Beton, jedes Geschoß im Hochbau und je 7 Arbeitstage, an denen betoniert wird, eine Serie von 3 Probewürfeln herzustellen.

(2) Diejenige Forderung, die die größte Anzahl von Würfelserien ergibt, ist maßgebend. Bei Beton B II ist - soweit bei der Verwendung von Transportbeton im folgenden nichts anderes festgelegt ist - die doppelte Anzahl der im Absatz (1) geforderten Würfelserien zu prüfen. Die Hälfte der hiernach geforderten Würfelprüfungen kann ersetzt werden durch die doppelte Anzahl von *w*/*z*-Wert-Bestimmungen nach DIN 1048 Teil 1/12.78, Abschnitt 3.4.

(3) Die vom Transportbetonwerk bei der Eigenüberwachung (siehe DIN 1084 Teil 3) durchzuführenden Festigkeitsprüfungen dürfen auf die vom Bauunternehmen durchzuführenden Festigkeitsprüfungen von Beton B I und von Beton B II angerechnet werden, soweit der Beton für die Herstellung der Probekörper auf der betreffenden Baustelle entnommen wurde.

(4) Werden auf einer Baustelle in einem Betoniervorgang weniger als 100 m^3 Transportbeton B I eingebracht, so kann das Prüfergebnis einer Würfelserie, die auf einer anderen Baustelle mit Beton desselben Werkes und derselben Zusammensetzung in derselben Woche hergestellt wurde, auf die im Absatz (1) geforderten Prüfungen angerechnet werden, wenn das Transportbetonwerk für diese Betonsorte unter statistischer Qualitätskontrolle steht (siehe DIN 1084 Teil 3) und diese ein ausreichendes Ergebnis hatte.

7.4.3.5.2 Festigkeitsanforderungen

(1) Die Festigkeitsanforderungen gelten als erfüllt, wenn die mittlere Druckfestigkeit jeder Würfelserie (siehe Abschnitt 6.5.1 (2)) mindestens die Werte der Tabelle 1, Spalte 4 und die Druckfestigkeit jedes einzelnen Würfels mindestens die Werte der Spalte 3 erreicht.

(2) Bei Beton gleicher Zusammensetzung und Herstellung darf jedoch jeweils einer von 9 aufeinanderfolgenden Würfeln die Werte der Tabelle 1, Spalte 3, um höchstens 20 % unterschreiten; dabei muß jeder Serien-Mittelwert von 3 aufeinanderfolgenden Würfeln die Werte der Tabelle 1, Spalte 4, mindestens erreichen.

(3) Von den vorgenannten Anforderungen darf bei einer statistischen Auswertung nach DIN 1084 Teil 1 oder Teil 3/12.78, Abschnitt 2.2.6, abgewichen werden.

7.4.3.5.3 Umrechnung der Ergebnisse der Druckfestigkeitsprüfung

(1) Werden an Stelle von Würfeln mit 200 mm Kantenlänge (siehe Abschnitt 6.5.1) solche mit einer Kantenlänge von 150 mm verwendet, so darf die Beziehung $\beta_{W200} = 0{,}95\ \beta_{W150}$ verwendet werden.

(2) Bei Zylindern mit 150 mm Durchmesser und 300 mm Höhe darf bei gleichartiger Lagerung die Würfeldruckfestigkeit β_{W200} aus der Zylinderdruckfestigkeit β_C abgeleitet werden

- für die Festigkeitsklassen B 15 und geringer zu $\beta_{W200} = 1{,}25\ \beta_C$ und
- für die Festigkeitsklassen B 25 und höher $\beta_{W200} = 1{,}18\ \beta_C$.

(3) Bei Verwendung von Würfeln oder Zylindern mit anderen Maßen oder wenn die vorher genannten Druckfestigkeitsverhältniswerte nicht angewendet werden, muß das Druckfestigkeitsverhältnis zum 200-mm-Würfel für Beton jeder Zusammensetzung, Festigkeit und Altersstufe bei der Eignungsprüfung gesondert nachgewiesen werden, und zwar an mindestens 6 Körpern je Probekörperart.

(4) Für Druckfestigkeitsverhältniswerte bei aus dem Bauwerk entnommenen Probekörpern siehe DIN 1048 Teil 2.

(5) Wird bei Eignungs- und Güteprüfungen bereits von der 7-Tage-Würfeldruckfestigkeit β_{W7} auf die zu erwartende 28-Tage-Würfeldruckfestigkeit β_{W28} geschlossen, so dürfen im allgemeinen je nach Festigkeitsklasse des Zements die Angaben der Tabelle 7 zugrunde gelegt werden.

Tabelle 7. Beiwerte für die Umrechnung der 7-Tage- auf die 28-Tage-Würfeldruckfestigkeit

	1	2
	Festigkeitsklasse des Zements	28-Tage-Würfeldruckfestigkeit β_{W28}
1	Z 25	1,4 β_{W7}
2	Z 35 L	1,3 β_{W7}
3	Z 35 F; Z 45 L	1,2 β_{W7}
4	Z 45 F; Z 55	1,1 β_{W7}

I

(6) Andere Verhältniswerte dürfen zugrunde gelegt werden, wenn sie bei der Eignungsprüfung ermittelt wurden.

7.4.4 Erhärtungsprüfung

(1) Die Erhärtungsprüfung gibt einen Anhalt über die Festigkeit des Betons im Bauwerk zu einem bestimmten Zeitpunkt und damit auch für die Ausschalfristen. Die Erhärtung kann nach DIN 1048 Teil 1, Teil 2 und Teil 4 zerstörend und/oder zerstörungsfrei ermittelt werden.

(2) Die Probekörper für diesen Nachweis sind aus dem Beton, der für die betreffenden Bauteile bestimmt ist, herzustellen, unmittelbar neben oder auf diesen Bauteilen zu lagern und wie diese nachzubehandeln (Einfluß der Temperatur und der Feuchte). Für die Erhärtungsprüfung sind mindestens drei Probekörper herzustellen; eine größere Anzahl von Probekörpern empfiehlt sich aber, damit die Festigkeitsprüfung bei ungenügendem Ergebnis zu einem späteren Zeitpunkt wiederholt werden kann.

(3) Bei der Beurteilung der aus den Probekörpern gewonnenen Ergebnisse ist zu beachten, daß Bauteile, deren Maße von denen der Probekörper wesentlich abweichen, einen anderen Erhärtungsgrad aufweisen können als die Probekörper, z. B. infolge verschiedener Wärmeentwicklung im Beton.

7.4.5 Nachweis der Betonfestigkeit am Bauwerk

(1) In Sonderfällen, z. B. wenn keine Ergebnisse von Druckfestigkeitsprüfungen vorliegen oder die Ergebnisse ungenügend waren oder sonst erhebliche Zweifel an der Betonfestigkeit im Bauwerk bestehen, kann es nötig werden, die Betondruckfestigkeit durch Entnahme von Probekörpern aus dem Bauwerk oder am fertigen Bauteil durch zerstörungsfreie Prüfung nach DIN 1048 Teil 2 oder durch beides nach DIN 1048 Teil 4 zu bestimmen. Dabei sind Alter und Erhärtungsbedingungen (Temperatur, Feuchte) des Bauwerkbetons zu berücksichtigen.

(2) Für die Festlegung von Art und Umfang der zerstörungsfreien Prüfungen und der aus dem Bauwerk zu entnehmenden Proben und für die Bewertung der Ergebnisse dieser Prüfungen ist ein Sachverständiger hinzuzuziehen, soweit dies nach DIN 1048 Teil 4 erforderlich ist.

7.5 Betonstahl

7.5.1 Prüfung am Betonstahl

Bei jeder Lieferung von Betonstahl ist zu prüfen, ob das nach DIN 488 Teil 1 geforderte Werkkennzeichen vorhanden ist. Betonstahl ohne Werkkennzeichen darf nicht verwendet werden. Dies gilt nicht für Bewehrungsstahl aus Rundstahl St 37-2.

7.5.2 Prüfung des Schweißens von Betonstahl

Die Arbeitsprüfungen, die vor oder während der Schweißarbeiten durchzuführen sind, sind in DIN 4099 geregelt.

7.6 Bauteile und andere Baustoffe

7.6.1 Allgemeine Anforderungen

Bei Bauteilen nach den Abschnitten 7.6.2 bis 7.6.4 ist zu prüfen, ob sie aus einem Werk stammen, das einer Überwachung (Güteüberwachung) unterliegt.

7.6.2 Prüfung der Stahlbetonfertigteile

Bei jeder Lieferung von Fertigteilen muß geprüft werden, ob hierfür ein Lieferschein mit allen Angaben nach Abschnitt 5.5.2 vorliegt, die Fertigteile nach Abschnitt 19.6 gekennzeichnet sind und ob die Fertigteile die nach den bautechnischen Unterlagen erforderlichen Maße haben.

7.6.3 Prüfung der Zwischenbauteile und Deckenziegel

Bei jeder Lieferung statisch mitwirkender Zwischenbauteile aus Beton nach DIN 4158 und aus gebranntem Ton nach DIN 4159 und statisch mitwirkender Deckenziegel nach DIN 4159 ist zu prüfen, ob sie die nach den bautechnischen Unterlagen erforderlichen Maße und die nach DIN 4158 und DIN 4159 erforderliche Form der Stoßfugen haben. Bei jeder Lieferung statisch nicht mitwirkender Zwischenbauteile nach DIN 4158 und nach DIN 4160 ist zu prüfen, ob sie die geforderten Maße und Formen aufweisen.

7.6.4 Prüfung der Betongläser

Bei jeder Lieferung von Betongläsern ist zu prüfen, ob die Angaben im Lieferschein nach DIN 4243 den bautechnischen Unterlagen entsprechen.

7.6.5 Prüfung von Zementmörtel

Für jede verwendete Mörtelsorte und für höchstens 200 m damit hergestellter tragender Fugen, jedes Geschoß im Hochbau und je 7 Arbeitstage, an denen nacheinander Mörtel hergestellt wird, ist eine Serie von drei Würfeln mit 100 mm Kantenlänge aus Mörtel verschiedener Mischerfüllungen nach DIN 1048 Teil 1 zu prüfen (siehe auch Abschnitt 6.7.1). Diejenige Forderung, die die größte Anzahl von Würfelserien ergibt, ist maßgebend.

8 Überwachung (Güteüberwachung) von Baustellenbeton B II, von Fertigteilen und von Transportbeton

Für Baustellenbeton B II, Beton- und Stahlbetonfertigteile und Transportbeton ist eine Überwachung (Güteüberwachung), bestehend aus Eigen- und Fremdüberwachung, durchzuführen. Die Durchführung ist in DIN 1084 Teil 1 bis Teil 3 geregelt.

9 Bereiten und Befördern des Betons

9.1 Angaben über die Betonzusammensetzung

Zur Herstellung von Beton muß der Mischerführer im Besitz einer schriftlichen Mischanweisung sein, die folgende Angaben über die Zusammensetzung einer Mischerfüllung enthält:

a) Betonsortenbezeichnung (Nummer des Betonsortenverzeichnisses);

b) Festigkeitsklasse des Betons;

c) Art, Festigkeitsklasse und Menge des Zements sowie Zementgehalt in kg/m^3 verdichteten Betons;

d) Art und Menge des Betonzuschlags, gegebenenfalls Menge der getrennt zuzugebenden Korngruppenanteile oder Angabe „werkgemischter Betonzuschlag“;

e) Konsistenzmaß des Frischbetons;

f) gegebenenfalls Art und Menge von Betonzusatzmitteln und Betonzusatzstoffen;

für Beton B II sowie für Beton für Außenbauteile außerdem:

g) Wasserzementwert (*w*/*z*-Wert);

h) Wassergehalt *w* (Zugabewasser und Oberflächenfeuchte des Betonzuschlags und gegebenenfalls Betonzusatzmittelmenge, vergleiche Abschnitt 6.5.2).

9.2 Abmessen der Betonbestandteile

9.2.1 Abmessen des Zements

Der Zement ist nach Gewicht, das auf 3 % einzuhalten ist, zuzugeben.

9.2.2 Abmessen des Betonzuschlags

(1) Der Betonzuschlag oder die einzelnen Korngruppen sind unabhängig von der Art des Abmessens nach Gewicht, das auf 3 % einzuhalten ist, zuzugeben.

(2) In der Regel sind sie nach Gewicht abzumessen. Dies gilt auch für Betonzuschlag mit wesentlich unterschiedlicher Kornrohdichte, dessen Mengenanteile dann aus den Stoffraumanteilen (siehe Abschnitt 6.2.2) zu errechnen sind.

(3) Für Beton B II (siehe Abschnitt 6.5.6) ist das Abmessen des Betonzuschlags oder der einzelnen Korngruppen nach Raumteilen nur dann gestattet, wenn selbsttätige Abmeßvorrichtungen verwendet werden, an deren Einstellung notwendige Änderungen leicht und zutreffend vorzunehmen sind und mit denen Korngruppen und Gesamtzuschlagmenge mit der geforderten Genauigkeit abgemessen werden können. Die Abmeßvorrichtungen müssen die Nachprüfung der Menge der abgemessenen Korngruppen auf einfache Weise zuverlässig gestatten.

(4) Wird nach Raumteilen abgemessen, so sind die Mengen der abgemessenen Korngruppen häufig nachzuprüfen. Dies gilt auch dann, wenn selbsttätige Abmeßvorrichtungen vorhanden sind.

9.2.3 Abmessen des Zugabewassers

(1) Die Menge des Zugabewassers ist auf 3 % einzuhalten Die höchstzulässige Zugabewassermenge richtet sich bei Beton B I nach dem einzuhaltenden Konsistenzmaß (siehe Abschnitt 6.5.3) und bei Beton B II nach dem festgelegten Wasserzementwert (siehe Abschnitte 6.5.6.3 und 6.5.7). Dabei ist die Oberflächenfeuchte des Betonzuschlags zu berücksichtigen.

(2) Wassersaugender Betonzuschlag muß vorher so angefeuchtet werden, daß er beim Mischen und danach möglichst kein Wasser mehr aufnimmt.

9.3 Mischen des Betons

9.3.1 Baustellenbeton

(1) Beim Zusammensetzen des Betons muß dem Mischerführer die Mischanweisung vorliegen.

(2) Die Stoffe müssen in Betonmischern, die für die jeweilige Betonzusammensetzung geeignet sind, so lange gemischt werden, bis ein gleichmäßiges Gemisch entstanden ist. Um dies zu erreichen, muß der Beton bei Mischern mit besonders guter Mischwirkung wenigstens 30 Sekunden, bei den übrigen Betonmischern wenigstens 1 Minute nach Zugabe aller Stoffe gemischt werden.

(3) Die Mischer müssen von erfahrenem Personal bedient werden, das in der Lage ist, die festgelegte Konsistenz einzuhalten.

(4) Mischen von Hand ist nur in Ausnahmefällen für Beton der Festigkeitsklassen B 5 und B 10 bei geringen Mengen zulässig.

(5) Wegen der Temperatur des Frischbetons siehe Abschnitte 9.4.1 und 11.1 sowie „Richtlinie über Wärmebehandlung von Beton und Dampfmischen".

9.3.2 Transportbeton

(1) Beim Zusammensetzen des Betons muß dem Mischerführer der Lieferschein vorliegen.

(2) Für werkgemischten Transportbeton gilt Abschnitt 9.3.1.

(3) Bei fahrzeuggemischtem Transportbeton richten sich der höchstzulässige Füllungsgrad des Mischers und die Mindestdauer des Mischens nach der Bauart des Mischfahrzeugs und der Konsistenz des Betons (siehe Abschnitt 5.4.6). Der Beton soll dabei mit Mischgeschwindigkeit durch mindestens 50 Umdrehungen gemischt werden; er ist unmittelbar vor Entleeren des Mischfahrzeugs nochmals durchzumischen.

(4) Nach Abschluß des Mischvorgangs darf die Zusammensetzung des Frischbetons nicht mehr verändert werden. Davon ausgenommen ist die Zugabe eines Fließmittels entsprechend der „Richtlinie für Beton mit Fließmittel und für Fließbeton; Herstellung, Verarbeitung und Prüfung".

9.4 Befördern von Beton zur Baustelle

9.4.1 Allgemeines

Während des Beförderns ist der Frischbeton vor schädlichen Witterungseinflüssen zu schützen. Wegen der bei kühler Witterung und bei Frost einzuhaltenden Frischbetontemperaturen siehe Abschnitt 11.1. Auch bei heißer Witterung darf die Frischbetontemperatur bei der Entladung + 30 °C nicht überschreiten, sofern nicht durch geeignete Maßnahmen sichergestellt ist, daß keine nachteiligen Folgen zu erwarten sind (siehe z. B. ACI Standard „Recommended Practice of Hot Weather Concreting" (ACI 305-72) und „Richtlinie über Wärmebehandlung von Beton und Dampfmischen"). Bei Anwendung des Betonmischens mit Dampfzuführung darf die Frischbetontemperatur + 30 °C überschreiten.

9.4.2 Baustellenbeton

(1) Wird Baustellenbeton der Konsistenzen KP, KR oder KF von einer benachbarten Baustelle (siehe Abschnitt 2.1.2 f)) verwendet und nicht in Fahrzeugen mit Rührwerk oder in Mischfahrzeugen (siehe Abschnitt 9.3.2) zur Verwendungsstelle befördert, so muß er spätestens 20 Minuten, Beton der Konsistenz KS spätestens 45 Minuten nach dem Mischen vollständig entladen sein.

(2) Für die Entladung von Mischfahrzeugen und Fahrzeugen mit Rührwerk gelten die Zeitspannen nach Abschnitt 9.4.3.

9.4.3 Transportbeton

(1) Werkgemischter Frischbeton der Konsistenz KS darf mit Fahrzeugen ohne Mischer oder Rührwerk befördert werden.

(2) Frischbeton der Konsistenzen KP, KR oder KF darf nur in Mischfahrzeugen oder in Fahrzeugen mit Rührwerk zur Verwendungsstelle befördert werden. Während des Beförderns ist dieser Beton mit Rührgeschwindigkeit (siehe Abschnitt 5.4.6) zu bewegen. Das ist nicht erforderlich, wenn der Beton im Mischfahrzeug befördert und unmittelbar vor dem Entladen nochmals so durchgemischt wird, daß er auf der Baustelle gleichmäßig durchmischt übergeben wird.

(3) Mischfahrzeuge und Fahrzeuge mit Rührwerk sollen spätestens 90 Minuten, Fahrzeuge ohne Rührwerk für die Beförderung von Beton der Konsistenz KS spätestens 45 Minuten nach Wasserzugabe vollständig entladen sein. Ist beschleunigtes Ansteifen des Betons (z. B. durch Witterungseinflüsse) zu erwarten, so sind die Zeitabstände bis zum Entladen entsprechend zu kürzen. Bei Beton mit Verzögerern dürfen die angegebenen Zeiten angemessen überschritten werden.

(4) Bei der Übergabe des Betons muß die vereinbarte Konsistenz vorhanden sein.

10 Fördern, Verarbeiten und Nachbehandeln des Betons

10.1 Fördern des Betons auf der Baustelle

(1) Die Art des Förderns (z. B. in Transportgefäßen, mit Transportbändern, Pumpen, Druckluft) und die Zusammensetzung des Betons sind so aufeinander abzustimmen, daß ein Entmischen verhindert wird.

(2) Auch beim Abstürzen in Stützen- und Wandschalungen darf sich der Beton nicht entmischen. Er ist z. B. durch Fallrohre zusammenzuhalten, die erst kurz über der Verarbeitungsstelle enden.

(3) Für das Fördern des Betons durch Pumpen ist die Verwendung von Leichtmetallrohren nicht zulässig.

(4) Förderleitungen für Pumpbeton sind so zu verlegen, daß der Betonstrom innerhalb der Rohre nicht abreißt. Beim Fördern mit Transportbändern sind Abstreifer und Vorrichtungen zum Zusammenhalten des Betons an der Abwurfstelle anzuordnen.

(5) Beim Einbringen des Betons ist darauf zu achten, daß Bewehrung, Einbauteile, Schalungsflächen usw. eines späteren Betonierabschnittes nicht durch Beton verkrustet werden.

10.2 Verarbeiten des Betons

10.2.1 Zeitpunkt des Verarbeitens

Beton ist möglichst bald nach dem Mischen, Transportbeton möglichst sofort nach der Anlieferung zu verarbeiten, in beiden Fällen aber, ehe er ansteift oder seine Zusammensetzung ändert.

10.2.2 Verdichten

(1) Die Bewehrungsstäbe sind dicht mit Beton zu umhüllen. Der Beton muß möglichst vollständig verdichtet werden[22], z. B. durch Rütteln, Stochern, Stampfen, Klopfen an der Schalung usw., und zwar besonders sorgfältig in den Ecken und längs der Schalung. Unter Umständen empfiehlt sich ein Nachverdichten des Betons (z. B. bei hoher Steiggeschwindigkeit beim Einbringen).

(2) Beton der Konsistenzen KS, KP oder KR (siehe Abschnitt 6.5.3) ist in der Regel durch Rütteln zu verdichten. Dabei sind DIN 4235 Teil 1 bis Teil 5 zu beachten. Oberflächenrüttler sind so langsam fortzubewegen, daß der Beton unter ihnen weich wird und die Betonoberfläche hinter ihnen geschlossen ist. Unter kräftig wirkenden Oberflächenrüttlern soll die Schicht nach dem Verdichten höchstens 20 cm dick sein. Bei Schalungsrüttlern ist die beschränkte Einwirkungstiefe zu beachten, die auch von der Ausbildung der Schalung abhängt.

(3) Beton der Konsistenz KR und - soweit erforderlich - der Konsistenz KF kann auch durch Stochern verdichtet werden. Dabei ist der Beton so durchzuarbeiten, daß die in ihm enthaltenen Luftblasen möglichst entweichen und der Beton ein gleichmäßig dichtes Gefüge erhält.

(4) Beton der Konsistenz KS kann durch Stampfen verdichtet werden. Dabei soll die fertiggestampfte Schicht nicht dicker als 15 cm sein. Die Schichten müssen durch Hand- oder besser Maschinenstampfer so lange verdichtet werden, bis der Beton weich wird und eine geschlossene Oberfläche erhält. Die einzelnen Schichten sollen dabei möglichst rechtwinklig zu der im Bauwerk auftretenden Druckrichtung verlaufen und in Druckrichtung gestampft werden. Wo dies nicht möglich ist, muß die Konsistenz mindestens KP entsprechen, damit gleichlaufend zur Druckrichtung keine Stampffugen entstehen.

(5) Wird keine Arbeitsfuge vorgesehen, so darf beim Einbau in Lagen das Betonieren nur so lange unterbrochen werden, bis die zuletzt eingebrachte Betonschicht noch nicht erstarrt ist, so daß noch eine gute und gleichmäßige Verbindung zwischen beiden Betonschichten möglich ist. Bei Verwendung von Innenrüttlern muß die Rüttelflasche noch in die untere, bereits verdichtete Schicht eindringen (siehe DIN 4235 Teil 2).

(6) Beim Verdichten von Fließbeton ist die „Richtlinie für Beton mit Fließmittel und für Fließbeton; Herstellung, Verarbeitung und Prüfung“ zu beachten.

10.2.3 Arbeitsfugen

(1) Die einzelnen Betonierabschnitte sind vor Beginn des Betonierens festzulegen. Arbeitsfugen sind so auszubilden, daß alle auftretenden Beanspruchungen aufgenommen werden können.

(2) In den Arbeitsfugen muß für einen ausreichend festen und dichten Zusammenschluß der Betonschichten gesorgt werden. Verunreinigungen, Zementschlamm und nicht einwandfreier Beton sind vor dem Weiterbetonieren zu entfernen. Trockener älterer Beton ist vor dem Anbetonieren mehrere Tage feucht zu halten, um das Schwindgefälle zwischen jungem und altem Beton gering zu halten

[22] Solcher Beton kann noch einzelne sichtbare Luftporen enthalten.

und um weitgehend zu verhindern, daß dem jungen Beton Wasser entzogen wird. Zum Zeitpunkt des Anbetonierens muß die Oberfläche des älteren Betons jedoch etwas abgetrocknet sein, damit sich der Zementleim des neu eingebrachten Betons mit dem älteren Beton gut verbinden kann.

(3) Das Temperaturgefälle zwischen altem und neuem Beton kann dadurch gering gehalten werden, daß der alte Beton warm gehalten oder der neue gekühlt eingebracht wird.

(4) Bei Bauwerken aus wasserundurchlässigem Beton sind auch die Arbeitsfugen wasserundurchlässig auszubilden.

(5) Sinngemäß gelten die Bestimmungen dieses Abschnitts auch für ungewollte Arbeitsfugen, die z. B. durch Witterungseinflüsse oder Maschinenausfall entstehen.

10.3 Nachbehandeln des Betons

(1) Beton ist bis zum genügenden Erhärten seiner oberflächennahen Schichten gegen schädigende Einflüsse zu schützen, z. B. gegen starkes Abkühlen oder Erwärmen, Austrocknen (auch durch Wind), starken Regen, strömendes Wasser, chemische Angriffe, ferner gegen Schwingungen und Erschütterungen, sofern diese das Betongefüge lockern und die Verbundwirkung zwischen Bewehrung und Beton gefährden können. Dies gilt auch für Vergußmörtel und Beton der Verbindungsstellen von Fertigteilen.

(2) Um den frisch eingebrachten Beton gegen vorzeitiges Austrocknen zu schützen und eine ausreichende Erhärtung der oberflächennahen Bereiche unter Baustellenbedingungen sicherzustellen, ist er ausreichend lange feucht zu halten. Dabei sind die Einflüsse, welchen der Beton im Laufe der Nutzung des Bauwerks ausgesetzt ist, zu berücksichtigen. Die erforderliche Dauer richtet sich in erster Linie nach der Festigkeitsentwicklung des Betons und den Umgebungsbedingungen während der Erhärtung. Die „Richtlinie zur Nachbehandlung von Beton“ ist zu beachten.

(3) Das Erhärten des Betons kann durch eine betontechnologisch richtige Wärmebehandlung beschleunigt werden. Auch Teile, die wärmebehandelt wurden, sollen feucht gehalten werden, da die Erhärtung im allgemeinen am Ende der Wärmebehandlung noch nicht abgeschlossen ist und der Beton bei der Abkühlung sehr stark austrocknet (vergleiche „Richtlinie über Wärmebehandlung von Beton und Dampfmischen“).

10.4 Betonieren unter Wasser

(1) Unter Wasser geschütteter Beton kommt in der Regel nur für unbewehrte Bauteile in Betracht und nur für das Einbringen mit ortsfesten Trichtern.

(2) Unterwasserbeton muß Abschnitt 6.5.7.8 entsprechen. Er ist ohne Unterbrechung zügig einzubringen. In der Baugrube muß das Wasser ruhig, also ohne Strömung, stehen. Die Wasserstände innerhalb und außerhalb der Baugrube sollen sich ausgleichen können.

(3) Bei Wassertiefen bis 1 m darf der Beton durch vorsichtiges Vortreiben mit natürlicher Böschung eingebracht werden. Der Beton darf sich hierbei nicht entmischen und muß beim Vortreiben über dem Wasserspiegel aufgeschüttet werden.

(4) Bei Wassertiefen über 1 m ist der Beton so einzubringen, daß er nicht frei durch das Wasser fällt, der Zement nicht ausgewaschen wird und sich möglichst keine Trennschichten aus Zementschlamm bilden.

(5) Für untergeordnete Bauteile darf der Beton mit Klappkästen oder fahrbaren Trichtern auf der Gründungssohle oder auf der Oberfläche der einzelnen Betonschichten lagenweise geschüttet werden.

(6) Mit ortsfesten Trichtern oder solchen geschlossenen Behältern, die vor dem Entleeren ausreichend tief in den noch nicht erstarrten Beton eintauchen, dürfen Bauteile aller Art in gut gedichteter Schalung hergestellt werden.

(7) Die Trichter müssen in den eingebrachten Beton ständig ausreichend eintauchen, so daß der aus dem Trichter nachdringende Beton den zuvor eingebrachten seitlich und aufwärts verdrängt, ohne daß er mit dem Wasser in Berührung kommt. Die Abstände der ortsfesten Trichter sind so zu wählen, daß die seitlichen Fließwege des Betons möglichst kurz sind.

(8) Beim Betonieren wird der Trichter vorsichtig hochgezogen; auch dabei muß das Trichterrohr ständig ausreichend tief im Beton stecken. Werden mehrere Trichter angeordnet, so sind sie gleichzeitig und gleichmäßig mit Beton zu beschicken.

(9) Der Beton ist beim Einbringen in die Trichter oder anderen Behälter durch Tauchrüttler zu verdichten (entlüften).

(10) Unterwasserbeton darf auch dadurch hergestellt werden, daß ein schwer entmischbarer Mörtel von unten her in eine Zuschlagschüttung mit geeignetem Kornaufbau (z. B. ohne Fein- und Mittelkorn) eingepreßt wird. Die Mörteloberfläche soll dabei gleichmäßig hoch steigen.

11 Betonieren bei kühler Witterung und bei Frost

11.1 Erforderliche Temperatur des frischen Betons

(1) Bei kühler Witterung und bei Frost ist der Beton wegen der Erhärtungsverzögerung und der Möglichkeit der bleibenden Beeinträchtigung der Betoneigenschaften mit einer bestimmten Mindesttemperatur einzubringen. Dies gilt auch für Transportbeton. Der eingebrachte Beton ist eine gewisse Zeit gegen Wärmeverluste, Durchfrieren und Austrocknen zu schützen.

(2) Bei Lufttemperaturen zwischen + 5 und - 3 °C darf die Temperatur des Betons beim Einbringen + 5 °C nicht unterschreiten. Sie darf + 10 °C nicht unterschreiten, wenn der Zementgehalt im Beton kleiner ist als 240 kg/m^3 oder wenn Zemente mit niedriger Hydratationswärme verwendet werden.

(3) Bei Lufttemperaturen unter - 3 °C muß die Betontemperatur beim Einbringen mindestens + 10 °C betragen. Sie soll anschließend wenigstens 3 Tage auf mindestens + 10 °C gehalten werden. Anderenfalls ist der Beton so lange zu schützen, bis eine ausreichende Festigkeit erreicht ist.

(4) Die Frischbetontemperatur darf im allgemeinen + 30 °C nicht überschreiten (siehe Abschnitt 9.4.1).

(5) Bei Anwendung des Betonmischens mit Dampfzuführung darf die Frischbetontemperatur + 30 °C überschreiten (siehe „Richtlinie über Wärmebehandlung von Beton und Dampfmischen").

(6) Junger Beton mit einem Zementgehalt von mindestens 270 kg/m^3 und einem *w/z*-Wert von höchstens 0,60, der vor starkem Feuchtigkeitszutritt (z. B. Niederschlägen) geschützt wird, darf in der Regel erst dann durchfrieren, wenn seine Temperatur bei Verwendung von rasch erhärtendem Zement (Z 35 F, Z 45 L, Z 45 F und Z 55) vorher wenigstens 3 Tage + 10 °C nicht unterschritten oder wenn er bereits eine Druckfestigkeit von 5,0 N/mm^2 erreicht hat (wegen der Erhärtungsprüfung siehe Abschnitt 7.4.4).

11.2 Schutzmaßnahmen

(1) Die im Einzelfall erforderlichen Schutzmaßnahmen hängen in erster Linie von den Witterungsbedingungen, den Ausgangsstoffen und der Zusammensetzung des Betons sowie von der Art und den Maßen der Bauteile und der Schalung ab.

(2) An gefrorene Betonteile darf nicht anbetoniert werden. Durch Frost geschädigter Beton ist vor dem Weiterbetonieren zu entfernen. Betonzuschlag darf nicht in gefrorenem Zustand verwendet werden.

(3) Wenn nötig, sind das Wasser und - soweit erforderlich - auch der Betonzuschlag vorzuwärmen. Hierbei ist die Frischbetontemperatur nach Abschnitt 11.1 zu beachten. Wasser mit einer Temperatur von mehr als + 70 °C ist zuerst mit dem Betonzuschlag zu mischen, bevor Zement zugegeben wird. Vor allem bei feingliedrigen Bauteilen empfiehlt es sich, den Zementgehalt zu erhöhen oder Zement höherer Festigkeitsklasse zu verwenden oder beides zu tun.

(4) Die Wärmeverluste des eingebrachten Betons sind möglichst gering zu halten, z. B. durch wärmedämmendes Abdecken der luftberührten frischen Betonflächen, Verwendung wärmedämmender Schalungen, späteres Ausschalen, Umschließen des Arbeitsplatzes, Zuführung von Wärme. Dabei darf dem Beton das zum Erhärten notwendige Wasser nicht entzogen werden.

(5) Die erforderlichen Maßnahmen sind so rechtzeitig vorzubereiten, daß sie bei Bedarf sofort angewendet werden können.

12 Schalungen, Schalungsgerüste, Ausschalen und Hilfsstützen

12.1 Bemessung der Schalung

(1) Die Schalung und die sie stützende Konstruktion aus Schalungsträgern, Kanthölzern, Ankern usw. sind so zu bemessen, daß sie alle lotrechten und waagerechten Kräfte sicher aufnehmen können, wobei auch der Einfluß der Schüttgeschwindigkeit und die Art der Verdichtung des Betons zu berücksichtigen sind. Für Stützen und Wände, die höher als 3 m sind, ist die Schüttgeschwindigkeit auf die Tragfähigkeit der Schalung abzustimmen.

(2) Für die Bemessung ist neben der Tragfähigkeit oft die Durchbiegung maßgebend. Ausziehbare Schalungsträger und -stützen müssen ein Prüfzeichen besitzen. Sie dürfen nur nach den Regeln eingebaut und belastet werden, die im Bescheid zum Prüfzeichen enthalten sind.

12.2 Bauliche Durchbildung

(1) Die Schalung soll so dicht sein, daß der Feinmörtel des Betons beim Einbringen und Verdichten nicht aus den Fugen fließt. Holzschalung soll nicht zu lange ungeschützt Sonne und Wind ausgesetzt werden. Sie ist rechtzeitig vor dem Betonieren ausgiebig zu nässen.

(2) Die Schalung und die Formen - besonders für Stahlbetonfertigteile - müssen möglichst maßgenau hergestellt werden. Sie sind - vor allem für das Verdichten mit Rüttelgeräten oder auf Rütteltischen - kräftig und gut versteift auszubilden und gegen Verformungen während des Betonierens und Verdichtens zu sichern.

(3) Die Schalungen sind vor dem Betonieren zu säubern. Reinigungsöffnungen sind vor allem am Fuß von Stützen und Wänden, am Ansatz von Auskragungen und an der Unterseite von tiefen Balkenschalungen anzuordnen.

(4) Ungeeignete Trennmittel können die Betonoberfläche verunreinigen, ihre Festigkeit herabsetzen und die Haftung von Putz und anderen Beschichtungen vermindern.

12.3 Ausrüsten und Ausschalen

12.3.1 Ausschalfristen

(1) Ein Bauteil darf erst dann ausgerüstet oder ausgeschalt werden, wenn der Beton ausreichend erhärtet ist (siehe Abschnitt 7.4.4), bei Frost nicht etwa nur hartgefroren ist und wenn der Bauleiter des Unternehmens das Ausrüsten und Ausschalen angeordnet hat. Der Bauleiter darf das Ausrüsten oder Ausschalen nur anordnen, wenn er sich von der ausreichenden Festigkeit des Betons überzeugt hat.

(2) Als ausreichend erhärtet gilt der Beton, wenn das Bauteil eine solche Festigkeit erreicht hat, daß es alle zur Zeit des Ausrüstens oder Ausschalens angreifenden Lasten mit der in dieser Norm vorgeschriebenen Sicherheit (siehe Abschnitt 17.2.2) aufnehmen kann.

(3) Besondere Vorsicht ist geboten bei Bauteilen, die schon nach dem Ausrüsten nahezu die volle rechnungsmäßige Belastung tragen (z. B. bei Dächern oder bei Geschoßdecken, die durch noch nicht erhärtete obere Decken belastet sind).

(4) Das gleiche gilt für Beton, der nach dem Einbringen niedrigen Temperaturen ausgesetzt war.

(5) War die Temperatur des Betons seit seinem Einbringen stets mindestens + 5 °C, so können für das Ausschalen und Ausrüsten im allgemeinen die Fristen der Tabelle 8 als Anhaltswerte angesehen werden. Andere Fristen können notwendig oder angemessen sein, wenn die nach Abschnitt 7.4.4 ermittelte Festigkeit des Betons noch gering ist. Die Fristen der Tabelle 8, Spalten 3 oder 4, gelten - bezogen auf das Einbringen des Ortbetons - als Anhaltswerte auch für Montagestützen unter Stahlbetonfertigteilen, wenn diese Fertigteile durch Ortbeton ergänzt werden und die Tragfähigkeit der so zusammengesetzten Bauteile von der Festigkeitsentwicklung des Ortbetons abhängig ist (siehe z. B. Abschnitte 19.4 und 19.7.6).

(6) Die Ausschalfristen sind gegenüber der Tabelle 8 zu vergrößern, unter Umständen zu verdoppeln, wenn die Betontemperatur in der Erhärtungszeit überwiegend unter + 5 °C lag. Tritt während des Erhärtens Frost ein, so sind die Ausschal- und Ausrüstfristen für ungeschützten Beton mindestens um die Dauer des Frostes zu verlängern (siehe Abschnitt 11).

Tabelle 8. Ausschalfristen (Anhaltswerte)

	1	2	3	4
	Festigkeitsklasse des Zements	Für die seitliche Schalung der Balken und für die Schalung der Wände und Stützen Tage	Für die Schalung der Deckenplatten Tage	Für die Rüstung (Stützung) der Balken, Rahmen und weitgespannten Platten Tage
1	Z 25	4	10	28
2	Z 35 L	3	8	20
3	Z 35 F Z 45 L	2	5	10
4	Z 45 F Z 55	1	3	6

(7) Für eine Verlängerung der Fristen kann außerdem das Bestreben bestimmend sein, die Bildung von Rissen - vor allem bei Bauteilen mit sehr verschiedener Querschnittsdicke oder Temperatur - zu vermindern oder zu vermeiden oder die Kriechverformungen zu vermindern, z. B. auch infolge verzögerter Festigkeitsentwicklung.

(8) Bei Verwendung von Gleit- oder Kletterschalungen kann in der Regel von kürzeren Fristen als in der Tabelle 8 angegeben ausgegangen werden.

(9) Stützen, Pfeiler und Wände sollen vor den von ihnen gestützten Balken und Platten ausgeschalt werden. Rüstungen, Schalungsstützen und frei tragende Deckenschalungen (Schalungsträger) sind vorsichtig durch Lösen der Ausrüstvorrichtungen

abzusenken. Es ist unzulässig, diese ruckartig wegzuschlagen oder abzuzwängen. Erschütterungen sind zu vermeiden.

12.3.2 Hilfsstützen

(1) Um die Durchbiegungen infolge von Kriechen und Schwinden klein zu halten, sollen Hilfsstützen stehenbleiben oder sofort nach dem Ausschalen gestellt werden. Das gilt auch für die in Abschnitt 12.3.1(5) genannten Bauteile aus Fertigteilen und Ortbeton.

(2) Hilfsstützen sollen möglichst lange stehenbleiben, besonders bei Bauteilen, die schon nach dem Ausschalen einen großen Teil ihrer rechnungsmäßigen Last erhalten oder die frühzeitig ausgeschalt werden. Die Hilfsstützen sollen in den einzelnen Stockwerken übereinander angeordnet werden.

(3) Bei Platten und Balken mit Stützweiten bis etwa 8 m genügen Hilfsstützen in der Mitte der Stützweite. Bei größeren Stützweiten sind mehr Hilfsstützen zu stellen. Bei Platten mit weniger als 3 m Stützweite sind Hilfsstützen in der Regel entbehrlich.

12.3.3 Belastung frisch ausgeschalter Bauteile

Läßt sich eine Benutzung von Bauteilen, namentlich von Decken, in den ersten Tagen nach dem Herstellen oder Ausschalen nicht vermeiden, so ist besondere Vorsicht geboten. Keineswegs dürfen auf frisch hergestellten Decken Steine, Balken, Bretter, Träger usw. abgeworfen oder abgekippt oder in unzulässiger Menge gestapelt werden.

13 Einbau der Bewehrung und Betondeckung

13.1 Einbau der Bewehrung

(1) Vor der Verwendung ist der Stahl von Bestandteilen, die den Verbund beeinträchtigen können, wie z. B. Schmutz, Fett, Eis und losem Rost, zu befreien. Besondere Sorgfalt ist darauf zu verwenden, daß die Stahleinlagen die den Bewehrungszeichnungen (siehe Abschnitt 3.2) entsprechende Form (auch Krümmungsdurchmesser), Länge und Lage (siehe Abschnitt 18) erhalten. Bei Verwendung von Innenrüttlern für das Verdichten des Betons ist die Bewehrung so anzuordnen, daß die Innenrüttler an allen erforderlichen Stellen eingeführt werden können (Rüttellücken).

(2) Die Zug- und die Druckbewehrung (Hauptbewehrung) sind mit den Quer- und Verteilerstäben oder Bügeln durch Bindedraht zu verbinden. Diese Verbindungen dürfen bei vorwiegend ruhender Belastung durch Schweißung ersetzt werden, soweit dies nach Tabelle 6 und DIN 4099 zulässig ist.

(3) Die Stahleinlagen sind zu einem steifen Gerippe zu verbinden und durch Abstandhalter, deren Dicke dem Nennmaß der Betondeckung nach Abschnitt 13.2.1 (3) entspricht und die den Korrosionsschutz nicht beeinträchtigen, in ihrer vorgesehenen Lage so festzulegen, daß sie sich beim Einbringen und Verdichten des Betons nicht verschieben.

(4) Die obere Bewehrung ist gegen Herunterdrükken zu sichern.

(5) Bei Fertigteilen muß die Bewehrung wegen der oft geringen Auflagertiefen besonders genau abgelängt und vor allem an den Auflager- und Gelenkpunkten besonders sorgfältig eingebaut werden.

(6) Wird ein Bauteil mit Stahleinlagen auf der Unterseite unmittelbar auf dem Baugrund hergestellt (z. B. Fundamentplatte), so ist dieser vorher mit einer mindestens 5 cm dicken Betonschicht oder mit einer gleichwertigen Schicht abzudecken (Sauberkeitsschicht).

(7) Für die Verwendung von verzinkten Bewehrungen gilt Abschnitt 1.2. Verzinkte Stahlteile dürfen mit der Bewehrung in Verbindung stehen, wenn die Umgebungstemperatur an der Kontaktstelle + 40 °C nicht übersteigt.

(Bild 5 ist entfallen.)

13.2 Betondeckung

13.2.1 Allgemeine Bestimmungen

(1) Die Bewehrungsstäbe müssen zur Sicherung des Verbundes, des Korrosionsschutzes und zum Schutz gegen Brandeinwirkung ausreichend dick und dicht mit Beton ummantelt sein.

(2) Die Betondeckung jedes Bewehrungsstabes, auch der Bügel, darf nach allen Seiten die Mindestmaße min *c* der Tabelle 10, Spalte 3, nicht unterschreiten, falls nicht nach Abschnitt 13.2.2 größere Maße oder andere Maßnahmen (siehe Abschnitt 13.3) erforderlich sind.

(Tabelle 9 ist entfallen.)

(3) Zur Sicherstellung der Mindestmaße sind dem Entwurf und der Ausführung die Nennmaße nom *c* der Tabelle 10, Spalte 4, zugrunde zu legen. Die Nennmaße entsprechen den Verlegemaßen der Bewehrung. Sie setzen sich aus den Mindestma-

ßen min c und einem Vorhaltemaß zusammen, das in der Regel 1,0 cm beträgt.

(4) Werden bei der Verlegung besondere Maßnahmen (siehe z. B. „Merkblatt Betondeckung") getroffen, dürfen die in Tabelle 10, Spalte 4, angegebenen Nennmaße um 0,5 cm verringert werden. Absatz (2) ist dabei zu beachten.

(5) Bei Beton der Festigkeitsklasse B 35 und höher dürfen die Mindest- und Nennmaße um 0,5 cm verringert werden. Zur Sicherung des Verbundes dürfen die Mindestmaße jedoch nicht kleiner angesetzt werden als der Durchmesser der eingelegten Bewehrung oder als 1,0 cm. Bei Anwendung besonderer Maßnahmen nach Absatz (4) muß das Vorhaltemaß für die Umweltbedingungen nach Tabelle 10, Zeilen 2 bis 4, mindestens 0,5 cm betragen. Weitere Regelungen für besondere Anwendungsgebiete, z. B. werkmäßig hergestellte Betonmaste, Beton für Entwässerungsgegenstände, sind in Normen (siehe DIN 4035, DIN 4228 (z.Z. Entwurf), DIN 4281) festgelegt oder können aus den Angaben im DAfStb-Heft 400 abgeleitet werden.

(6) Das Nennmaß der Betondeckung ist auf den Bewehrungszeichnungen anzugeben (siehe Abschnitt 3.2.1) und den Standsicherheitsnachweisen zugrunde zu legen.

(7) Für Bauteile mit Umweltbedingungen nach Tabelle 10, Zeile 1, ist auch Beton der Festigkeitsklasse B 15 zulässig. Hierfür sind bei Stabdurchmessern $d_s \leq$ 12 mm min c =1,5 cm und nom c = 2,5 cm anzusetzen. Für größere Durchmesser gel-

Tabelle 10. Maße der Betondeckung in cm, bezogen auf die Umweltbedingungen (Korrosionsschutz) **und die Sicherung des Verbundes**

	1	2	3	4
	Umweltbedingungen	Stabdurchmesser d_s mm	Mindestmaße für $\geq$ B 25 min c cm	Nennmaße für $\geq$ B 25 nom c cm
1	Bauteile in geschlossenen Räumen, z. B. in Wohnungen (einschließlich Küche, Bad und Waschküche), Büroräumen, Schulen, Krankenhäusern, Verkaufsstätten - soweit nicht im folgenden etwas anderes gesagt ist. Bauteile, die ständig trocken sind	bis 12 14, 16 20 25 28	1,0 1,5 2,0 2,5 3,0	2,0 2,5 3,0 3,5 4,0
2	Bauteile, zu denen die Außenluft häufig oder ständig Zugang hat, z. B. offene Hallen und Garagen. Bauteile, die ständig unter Wasser oder im Boden verbleiben, soweit nicht Zeile 3 oder Zeile 4 oder andere Gründe maßgebend sind. Dächer mit einer wasserdichten Dachhaut für die Seite, auf der die Dachhaut liegt.	bis 20 25 28	2,0 2,5 3,0	3,0 3,5 4,0
3	Bauteile im Freien. Bauteile in geschlossenen Räumen mit oft auftretender, sehr hoher Luftfeuchte bei üblicher Raumtemperatur, z. B. in gewerblichen Küchen, Bädern, Wäschereien, in Feuchträumen von Hallenbädern und in Viehställen. Bauteile, die wechselnder Durchfeuchtung ausgesetzt sind, z. B. durch häufige starke Tauwasserbildung oder in der Wasserwechselzone. Bauteile, die „schwachem" chemischem Angriff nach DIN 4030 ausgesetzt sind.	bis 25 28	2,5 3,0	3,5 4,0
4	Bauteile, die besonders korrosionsfördernden Einflüssen auf Stahl oder Beton ausgesetzt sind, z. B. durch häufige Einwirkung angreifender Gase oder Tausalze (Sprühnebel- oder Spritzwasserbereich) oder durch „starken" chemischen Angriff nach DIN 4030 (siehe auch Abschnitt 13.3).	bis 28	4,0	5,0

ten die entsprechenden Werte nach Tabelle 10, Zeile 1.

(8) An solchen Flächen von Stahlbetonfertigteilen, an die Ortbeton mindestens der Festigkeitsklasse B 25 in einer Dicke von mindestens 1,5 cm unmittelbar anbetoniert und nach Abschnitt 10.2.2 verdichtet wird, darf im Fertigteil und im Ortbeton das Mindestmaß der Betondeckung der Bewehrung gegenüber den obengenannten Flächen auf die Hälfte des Wertes nach Tabelle 10, höchstens jedoch auf 1,0 cm, bei Fertigteilplatten mit statisch mitwirkender Ortbetonschicht nach Abschnitt 19.7.6 auf 0,5 cm vermindert werden. Absatz (4) gilt hierbei nicht.

(9) Schichten aus natürlichen oder künstlichen Steinen, Holz oder Beton mit haufwerkporigem Gefüge dürfen nicht auf die Betondeckung angerechnet werden.

13.2.2 Vergrößerung der Betondeckung

(1) Die in Abschnitt 13.2.1 genannten Mindest- und Nennmaße der Betondeckung sind bei Beton mit einem Größtkorn des Betonzuschlags von mehr als 32 mm um 0,5 cm zu vergrößern; sie sind auch um mindestens 0,5 cm zu vergrößern, wenn die Gefahr besteht, daß der noch nicht hinreichend erhärtete Beton durch mechanische Einwirkungen beschädigt wird.

(2) Eine Vergrößerung kann auch aus anderen Gründen, z. B. des Brandschutzes nach DIN 4102 Teil 4, notwendig sein.

(3) Bei besonders dicken Bauteilen, bei Betonflächen aus Waschbeton oder bei Flächen, die z. B. gesandstrahlt, steinmetzmäßig bearbeitet oder durch Verschleiß stark abgenutzt werden, ist die Betondeckung darüber hinaus angemessen zu vergrößern. Dabei ist die Tiefenwirkung der Bearbeitung und die durch sie verursachte Gefügestörung zu berücksichtigen.

13.3 Andere Schutzmaßnahmen

(1) Bei Umweltbedingungen der Tabelle 10, Zeilen 3 und 4, können andere Schutzmaßnahmen in Betracht kommen, wie außenliegende Schutzschichten (nach Normen der Reihe DIN 18 195) oder dauerhafte Bekleidungen mit dichten Schichten. Dabei sind aber mindestens die Angaben der Tabelle 10, Zeile 2, einzuhalten, wenn nicht aus Brandschutzgründen größere Betondeckungen erforderlich sind.

(2) Die Schutzmaßnahmen sind auf die Art des Angriffs abzustimmen. Bauteile aus Stahlbeton, an die lösliche, die Korrosion fördernde Stoffe anschließen (z. B. chloridhaltige Magnesiaestriche), müssen stets durch Sperrschichten von diesen getrennt werden.

14 Bauteile und Bauwerke mit besonderen Beanspruchungen

14.1 Allgemeine Anforderungen

Für Bauteile, an deren Wasserundurchlässigkeit, Frostbeständigkeit oder Widerstand gegen chemische Angriffe, mechanische Angriffe oder langandauernde Hitze besondere Anforderungen gestellt werden, ist Beton mit den in Abschnitt 6.5.7 angegebenen besonderen Eigenschaften zu verwenden.

14.2 Bauteile in betonschädlichen Wässern und Böden nach DIN 4030

(1) Der Beton muß den Bestimmungen des Abschnitts 6.5.7.5 entsprechen.

(2) Betonschädliches Wasser soll von jungem Beton möglichst ferngehalten werden. Die Betonkörper sind möglichst in einem ununterbrochenen Arbeitsgang herzustellen und besonders sorgfältig nachzubehandeln. Scharfe Kanten sollen möglichst vermieden werden. Arbeitsfugen müssen wasserundurchlässig sein; im Bereich wechselnden Wasserstandes sind sie möglichst zu vermeiden. Bei Wasser, das den Beton chemisch „sehr stark" angreift (Angriffsgrade siehe DIN 4030), ist der Beton dauernd gegen diese Angriffe zu schützen, z. B. durch Sperrschichten nach den Normen der Reihe DIN 18 195 (siehe auch Abschnitt 13.3).

14.3 Bauteile unter mechanischen Angriffen

Sind Bauteile starkem mechanischem Angriff ausgesetzt, z. B. durch starken Verkehr, rutschendes Schüttgut, Eis, Sandabrieb oder stark strömendes und Feststoffe führendes Wasser, so sind die beanspruchten Oberflächen durch einen besonders widerstandsfähigen Beton (siehe Abschnitt 6.5.7.6) oder einen Belag oder Estrich gegen Abnutzung zu schützen.

14.4 Bauwerke mit großen Längenänderungen

14.4.1 Längenänderungen infolge von Wärmewirkungen und Schwinden

(1) Bei längeren Bauwerken oder Bauteilen, bei denen durch Wärmewirkungen und Schwinden Zwänge entstehen können, sind zur Beschränkung der Rißbildung geeignete konstruktive Maßnahmen zu treffen, z. B. Bewegungsfugen, entsprechende Bewehrung und zwangfreie Lagerung.

(2) Bei Stahlbetondächern und ähnlichen durch Wärmewirkungen beanspruchten Bauteilen empfiehlt es sich, die hier besonders großen temperaturbedingten Längenänderungen zu verkleinern, z. B. durch Anordnung einer ausreichenden Wärmedämmschicht auf der Oberseite der Dachplatte (siehe DIN 4108 Teil 2) oder durch Verwendung von Beton mit kleinerer Wärmedehnzahl oder durch beides. Die Wirkung der verbleibenden Längenänderungen auf die unterstützenden Teile kann durch bauliche Maßnahmen abgemindert werden, z. B. durch möglichst kleinen Abstand der Bewegungsfugen, durch Gleitlager oder Pendelstützen. Liegt ein Stahlbetondach auf gemauerten Wänden oder auf unbewehrten Betonwänden, so sollen unter seinen Auflagern Gleitschichten und zur Aufnahme der verbleibenden Reibungskräfte Stahlbeton-Ringanker am oberen Ende der Wände angeordnet werden, um Risse in den Wänden möglichst zu vermeiden.

14.4.2 Längenänderungen infolge von Brandeinwirkung

Bei Bauwerken mit erhöhter Brandgefahr und größerer Längen- oder Breitenausdehnung ist bei Bränden mit großen Längenänderungen der Stahlbetonbauteile zu rechnen; daher soll der Abstand *a* der Dehnfugen möglichst nicht größer sein als 30 m, sofern nicht nach Abschnitt 14.4.1 kürzere Abstände erforderlich sind. Die wirksame lichte Fugenweite soll mindestens $a/1200$ sein. Bei Gebäuden, in denen bei einem Brand mit besonders hohen Temperaturen oder besonders langer Branddauer zu rechnen ist, soll diese Fugenweite bis auf das Doppelte vergrößert werden.

14.4.3 Ausbildung von Dehnfugen

(1) Die Dehnfugen müssen durch das ganze Bauwerk einschließlich der Bekleidung und des Daches gehen. Die Fugen sind so abzudecken, daß das Feuer durch die Fugen nicht unmittelbar oder durch zu große Durchwärmung (siehe DIN 4102 Teil 2 und Teil 4) übertragen werden kann, die Ausdehnung der Bauteile jedoch nicht behindert wird. Die Wirkung der Fugen darf auch nicht durch spätere Einbauten, z. B. Wandverkleidungen, maschinelle Einrichtungen, Rohrleitungen und dergleichen aufgehoben werden.

(2) Die Bauteile zwischen den Dehnfugen sollen sich beim Brand möglichst gleichmäßig von der Mitte zwischen den Fugen nach beiden Seiten ausdehnen können, um beim Brand zu starke Überbeanspruchung der stützenden Bauteile zu vermeiden. Dehnfugen sollen daher möglichst so angeordnet werden, daß besonders steife Einbauten, z. B. Treppenhäuser oder Aufzugschächte, in der Mitte zwischen zwei Fugen bzw. Fuge und Gebäudeende liegen.

15 Grundlagen zur Ermittlung der Schnittgrößen

15.1 Ermittlung der Schnittgrößen

15.1.1 Allgemeines

Die Schnittgrößen sind für alle während der Errichtung und im Gebrauch auftretenden maßgebenden Lastfälle zu berechnen, wobei auch die räumliche Steifigkeit, Stabilität und gegebenenfalls ungünstige Umlagerungen der Schnittgrößen infolge von Kriechen zu berücksichtigen sind.

15.1.2 Ermittlung der Schnittgrößen infolge von Lasten

(1) Für die Ermittlung der Schnittgrößen sind Verkehrslasten in ungünstigster Stellung vorzusehen. Wenn nötig, ist diese mit Hilfe von Einflußlinien zu ermitteln. Soweit bei Hochbauten mit gleichmäßig verteilten Verkehrslasten gerechnet werden darf, genügt jedoch im allgemeinen die Vollbelastung der einzelnen Felder in ungünstigster Anordnung (feldweise veränderliche Belastung).

(2) Die Schnittgrößen statisch unbestimmter Tragwerke sind nach Verfahren zu berechnen, die auf der Elastizitätstheorie beruhen, wobei im allgemeinen die Querschnittswerte nach Zustand I mit oder ohne Einschluß des 10fachen Stahlquerschnitts verwendet werden dürfen.

(3) Bei üblichen Hochbauten (siehe Abschnitt 2.2.4) dürfen für durchlaufende Platten, Balken und Plattenbalken (siehe Abschnitt 15.4.1.1) mit Stützweiten bis 12 m und gleichbleibendem Betonquerschnitt die nach den vorstehenden Angaben ermittelten Stützmomente um bis zu 15 % ihrer Höchstwerte vermindert oder vergrößert werden, wenn bei der Bestimmung der zugehörigen Feldmomente die Gleichgewichtsbedingungen eingehal-

ten werden. Auf diesen Grundlagen aufbauende Näherungsverfahren, z. B. nach DAfStb-Heft 240, sind zulässig.

(4) Wegen der Berücksichtigung von Torsionssteifigkeiten bzw. Torsionsmomenten siehe Abschnitt 15.5.

(5) Die Querdehnzahl ist mit $\mu = 0{,}2$ anzunehmen; zur Vereinfachung darf jedoch auch mit $\mu = 0$ gerechnet werden.

15.1.3 Ermittlung der Schnittgrößen infolge von Zwang

(1) Die Einflüsse von Schwinden, Temperaturänderungen, Stützensenkungen usw. müssen berücksichtigt werden, wenn hierdurch die Summe der Schnittgrößen wesentlich in ungünstiger Richtung verändert wird; sie dürfen berücksichtigt werden, wenn die Summe der Schnittgrößen in günstiger Richtung verändert wird. Im ersten Fall darf, im zweiten Fall muß die Verminderung der Steifigkeit durch Rißbildung (Zustand II) berücksichtigt werden (siehe z. B. DAfStb-Heft 240). Der Abbau der Zwangschnittgrößen durch das Kriechen darf berücksichtigt werden.

(2) Bei Bauten, die durch Fugen in genügend kurze Abschnitte unterteilt sind, darf der Einfluß von Kriechen, Schwinden und Temperaturänderungen in der Regel vernachlässigt werden (siehe auch Abschnitt 14.4.1).

15.2 Stützweiten

(1) Ist die Stützweite nicht schon durch die Art der Lagerung (z. B. Kipp- oder Punktlager) eindeutig gegeben, so gilt als Stützweite l:

a) Bei Annahme frei drehbarer Lagerung der Abstand der vorderen Drittelpunkte der Auflagertiefe (Schwerpunkte der dreieckförmig angenommenen Auflagerpressung) bzw. bei sehr großer Auflagertiefe die um 5 % vergrößerte lichte Weite. Der kleinere Wert ist maßgebend (siehe auch Abschnitte 20.1.2 und 21.1.1).

b) Bei Einspannung der Abstand der Auflagermitten oder die um 5 % vergrößerte lichte Weite. Der kleinere Wert ist maßgebend.

c) Bei durchlaufenden Bauteilen der Abstand zwischen den Mitten der Auflager, Stützen oder Unterzüge.

(2) Wegen Mindestanforderungen für Auflagertiefen siehe Abschnitte 18.7.4, 18.7.5, 20.1.2 und 21.1.1.

15.3 Mitwirkende Plattenbreite bei Plattenbalken

Die mitwirkende Plattenbreite von Plattenbalken ist nach der Elastizitätstheorie zu ermitteln. Vereinfachende Angaben enthält DAfStb-Heft 240.

15.4 Biegemomente

15.4.1 Biegemomente in Platten und Balken

15.4.1.1 Allgemeines

Durchlaufende Platten und Balken dürfen im allgemeinen als frei drehbar gelagert berechnet werden. Platten zwischen Stahlträgern oder Stahlbetonfertigbalken dürfen nur dann als durchlaufend in Rechnung gestellt werden, wenn die Oberkante der Platte mindestens 4 cm über der Trägeroberkante liegt und die Bewehrung zur Deckung der Stützmomente über die Träger hinweggeführt wird.

15.4.1.2 Stützmomente

(1) Die Momentenfläche darf, wenn bei der Berechnung eine frei drehbare Lagerung angenommen wurde, über den Unterstützungen nach den Bildern 6 und 7 parabelförmig ausgerundet werden.

(2) Bei biegesteifem Anschluß von Platten und Balken an die Unterstützung bzw. bei Verstärkungen (Vouten) darf die Nutzhöhe nicht größer angenommen werden als sie sich bei einer Neigung der Verstärkung von 1:3 ergeben würde (siehe Bild 7).

(3) Bei Platten und Balken in Hochbauten, die biegesteif mit ihrer Unterstützung verbunden sind, ist die Bemessung für die Momente am Rand der Unterstützung (siehe Bild 7) durchzuführen. Bei gleichmäßig verteilter Belastung ist dieses Moment, sofern kein genauerer Nachweis (z. B. unter Berücksichtigung der teilweisen Einspannung in die Unterstützungen) geführt wird, mindestens anzusetzen mit

$$M = q \cdot l_w^2/12 \text{ an der ersten Innenstütze im Endfeld} \quad (1)$$

$$M = q \cdot l_w^2/14 \text{ an den übrigen Innenstützen} \quad (2)$$

Bei anderer Belastung ist entsprechend zu verfahren.

(4) Bei durchlaufenden, kreuzweise gespannten Platten sind in den Gleichungen (1) und (2) die Lastanteile q_x bzw. q_y einzusetzen.

15.4.1.3 Positive Feldmomente

Das positive Moment darf nicht kleiner in Rechnung gestellt werden als bei Annahme voller beid-

I

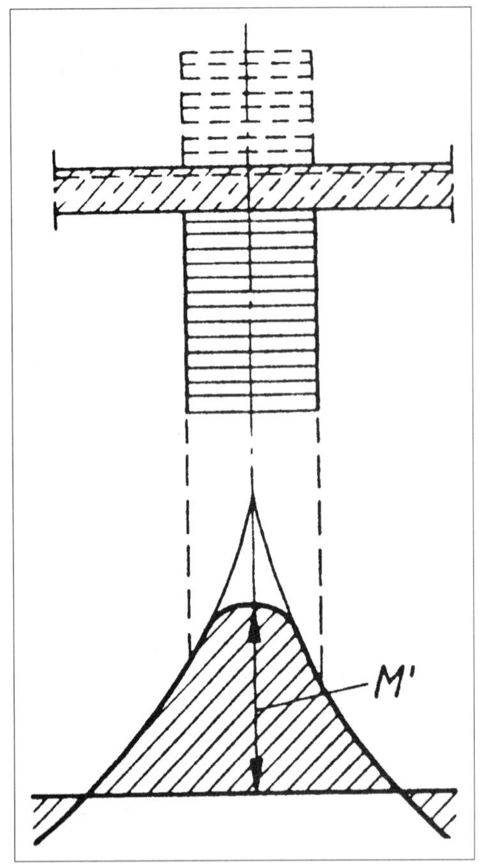

Bild 6. Momentenausrundung bei nicht biegesteifem Anschluß an die Unterstützung, z. B. bei Auflagerung auf Wänden

seitiger Einspannung, bei Endfeldern nicht kleiner als bei voller einseitiger Einspannung an den ersten Innenstützen, sofern kein genauerer Nachweis (z. B. unter Berücksichtigung der teilweisen Einspannung in die Unterstützungen) geführt wird.

15.4.1.4 Negative Feldmomente

Die negativen Momente aus Verkehrslast brauchen - wenn sie trotz biegesteif angeschlossener Unterstützungen für frei drehbare Lagerung ermittelt wurden - bei durchlaufenden Platten und Rippendecken nur mit der Hälfte, bei durchlaufenden Balken nur mit dem 0,7fachen ihres nach Abschnitt 15.1.2 berechneten Wertes berücksichtigt zu werden.

15.4.1.5 Berücksichtigung einer Randeinspannung

Bei Berechnung des Feldmomentes im Endfeld darf eine Einspannung am Endauflager nur soweit

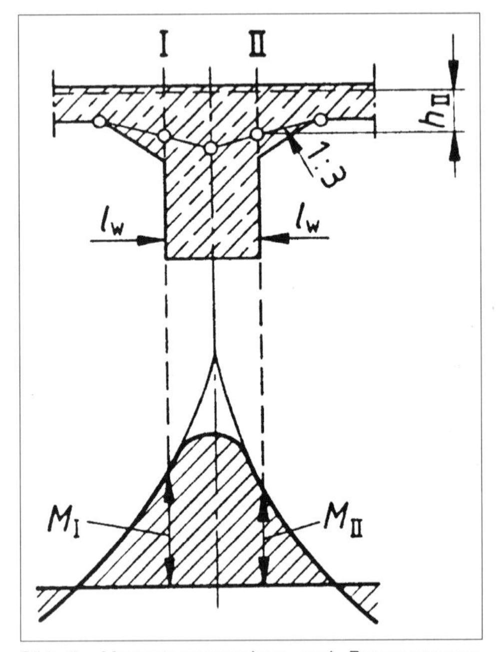

Bild 7. Momentenausrundung und Bemessungsmomente bei biegesteifem Anschluß an die Unterstützung

berücksichtigt werden, wie sie durch bauliche Maßnahmen gesichert und rechnerisch nachgewiesen ist (siehe z. B. Abschnitt 15.4.2). Der Torsionswiderstand von Balken darf hierbei nur dann berücksichtigt werden, wenn ihre Torsionssteifigkeit in wirklichkeitsnaher Weise erfaßt wird (siehe DAfStb-Heft 240). Andernfalls ist die Torsionssteifigkeit zu vernachlässigen und nach Abschnitt 15.5 (2) zu verfahren.

15.4.2 Biegemomente in rahmenartigen Tragwerken

(1) In Hochbauten, bei denen unter Gebrauchslast alle horizontalen Kräfte von aussteifenden Scheiben aufgenommen werden können, dürfen bei Innenstützen, die mit Stahlbetonbalken oder -platten biegefest verbunden sind, unter lotrechter Belastung im allgemeinen die Biegemomente aus Rahmenwirkung vernachlässigt werden.

(2) Randstützen sind jedoch stets als Rahmenstiele in biegefester Verbindung mit Platten, Balken oder Plattenbalken zu berechnen. Wenn bei den Randstützen die Rahmenwirkung nicht genauer bestimmt wird, dürfen die Eckmomente nach den in DAfStb-Heft 240 angegebenen Näherungsverfahren ermittelt werden. Dies gilt auch für Stahlbetonwände in Verbindung mit Stahlbetonplatten.

15.5 Torsion

(1) In Trägern (Balken, Plattenbalken o. ä.) ist die Aufnahme von Torsionsmomenten nur dann nachzuweisen, wenn sie für das Gleichgewicht notwendig sind.

(2) Die Torsionssteifigkeit von Trägern darf bei der Ermittlung der Schnittgrößen vernachlässigt werden. Wird sie berücksichtigt, so ist der beim Übergang von Zustand I in Zustand II infolge der Rißbildung eintretende stärkere Abfall der Torsionssteifigkeit gegenüber der Biegesteifigkeit zu berücksichtigen. Bleibt der Einfluß der Torsionssteifigkeit beim Nachweis der Schnittgrößen außer Betracht, so sind die vernachlässigten Torsionsmomente und ihre Weiterleitung in die unterstützenden Bauteile bei der Bewehrungsführung konstruktiv zu berücksichtigen.

15.6 Querkräfte

(1) Die für die Ermittlung der Schub- und Verbundspannungen maßgebenden Querkräfte dürfen in Hochbauten für Vollbelastung aller Felder bestimmt werden, wobei gegebenenfalls die Durchlaufwirkung oder Einspannung zu berücksichtigen ist. Bei ungleichen Stützweiten darf Vollbelastung nur dann zugrunde gelegt werden, wenn das Verhältnis benachbarter Stützweiten nicht kleiner als 0,7 ist.

(2) In Feldern mit größeren Querschnittsschwächungen (Aussparungen, stark wechselnde Steghöhe) ist für die Ermittlung der Querkräfte im geschwächten Bereich die ungünstigste Teilstreckenbelastung anzusetzen.

15.7 Stützkräfte

(1) Die von einachsig gespannten Platten und Rippendecken sowie von Balken und Plattenbalken auf andere Bauteile übertragenen Stützkräfte dürfen im allgemeinen ohne Berücksichtigung einer Durchlaufwirkung unter der Annahme berechnet werden, daß die Tragwerke über allen Innenstützen gestoßen und frei drehbar gelagert sind.

(2) Die Durchlaufwirkung muß bei der ersten Innenstütze stets, bei den übrigen Innenstützen dann berücksichtigt werden, wenn das Verhältnis benachbarter Stützweiten kleiner als 0,7 ist.

(3) Für zweiachsig gespannte Platten gilt Abschnitt 20.1.5.

15.8 Räumliche Steifigkeit und Stabilität

15.8.1 Allgemeine Grundlagen

(1) Auf die räumliche Steifigkeit der Bauwerke und ihre Stabilität ist besonders zu achten. Konstruktionen, bei denen das Versagen oder der Ausfall eines Bauteiles zum Einsturz einer Reihe weiterer Bauteile führen kann, sind nach Möglichkeit zu vermeiden (z. B. Gerberbalken mit Gelenken in aufeinanderfolgenden Feldern). Ist bei einem Bauwerk nicht von vornherein erkennbar, daß Steifigkeit und Stabilität gesichert sind, so ist ein rechnerischer Nachweis der Standsicherheit der waagerechten und lotrechten aussteifenden Bauteile erforderlich; dabei sind auch Maßabweichungen des Systems und ungewollte Ausmitten der lotrechten Lasten nach Abschnitt 15.8.2 zu berücksichtigen.

(2) Bei großer Nachgiebigkeit der aussteifenden Bauteile müssen darüber hinaus die Formänderungen bei der Ermittlung der Schnittgrößen berücksichtigt werden. Für die lotrechten aussteifenden Bauteile ist ein Knicksicherheitsnachweis nach Abschnitt 17.4 zu führen. Dieser Nachweis darf entfallen, wenn z. B. Wandscheiben oder Treppenhausschächte die lotrechten aussteifenden Bauteile bilden, diese annähernd symmetrisch angeordnet sind bzw. nur kleine Verdrehungen des Gebäudes um die lotrechte Achse zulassen und die Bedingung der Gleichung (3) erfüllen.

$$\alpha = h \cdot \sqrt{\frac{N}{E_b I}} \leq 0{,}6 \quad \text{für } n \geq 4 \qquad (3)$$
$$\leq 0{,}2 + 0{,}1 \cdot n \quad \text{für } 1 \leq n \leq 4$$

In Gleichung (3) bedeuten:

h Gebäudehöhe über der Einspannebene für die lotrechten aussteifenden Bauteile

N Summe aller lotrechten Lasten des Gebäudes

$E_b I = \sum_{r=1}^{k} E_b I_r$ Summe der Biegesteifigkeit $E_b I_r$ aller k lotrechten aussteifenden Bauteile (z. B. Wandscheiben, Treppenhausschächte). Das Flächenmoment 2. Grades I_r kann unter Ansatz des vollen Betonquerschnitts jedes einzelnen lotrechten aussteifenden Bauteils r ermittelt werden. Der Elastizitätsmodul E_b des Betons darf Tabelle 11 in Abschnitt 16.2.2 entnommen werden.

Ändert sich $E_b I$ über die Gebäudehöhe h, so darf für den Nachweis nach Gleichung (3) ein mittlerer Steifigkeitswert $(E_b I)_m$ über die Kopfauslenkung der aussteifenden Bauteile ermittelt werden.

n Anzahl der Geschosse

(3) Werden Mauerwerkswände zur Aussteifung herangezogen, so gelten sie als tragende Wände nach DIN 1053 Teil 1. Sie sind für alle auf sie einwirkenden Kräfte zu bemessen.

15.8.2 Maßabweichungen des Systems und ungewollte Ausmitten der lotrechten Lasten

15.8.2.1 Rechenannahmen

(1) Als Ersatz für Maßabweichungen des Systems bei der Ausführung und für unbeabsichtigte Ausmitten des Lastangriffs ist eine Lotabweichung der Schwerachsen aller Stützen und Wände in Rechnung zu stellen. Dieser Lastfall „Lotabweichung" ist mit Vollast zu rechnen, und zwar für den Nachweis der waagerechten aussteifenden Bauteile nach Abschnitt 15.8.2.2 und für den Nachweis der lotrechten aussteifenden Bauteile nach Abschnitt 15.8.2.3.

(2) Schiefstellungen infolge größerer Setzungsunterschiede und Fundamentverdrehungen sind hiermit noch nicht erfaßt.

15.8.2.2 Waagerechte aussteifende Bauteile

(1) Bei Geschoßbauten sind die Decken als Scheiben auszubilden, sofern für die Weiterleitung der auftretenden Horizontalkräfte keine anderen Maßnahmen getroffen werden. Für die waagerechten aussteifenden Bauteile ist der Lastfall „Lotabweichung" durch eine Schiefstellung φ_1 nach Gleichung (4) aller auszusteifenden Stützen und Wände im Geschoß unter und über dem betrachteten waagerechten aussteifenden Bauteil in ungünstigster Richtung nach Bild 8 einzuführen

$$\varphi_1 = \pm \frac{1}{200 \cdot \sqrt{h_1}} \tag{4}$$

Darin sind:

φ_1 Winkel in Bogenmaß zwischen den Achsen der auszusteifenden Stützen und Wände und der Lotrechten

h_1 Mittel aus den jeweiligen Stockwerkshöhen unter und über dem waagerechten aussteifenden Bauteil in m

(2) Die Einleitung der aus Gleichung (4) sich ergebenden waagerechten Kräfte in die aussteifenden lotrechten Bauteile ist nachzuweisen; ihre Weiterleitung in den lotrechten aussteifenden Bauteilen braucht dagegen rechnerisch nicht nachgewiesen zu werden.

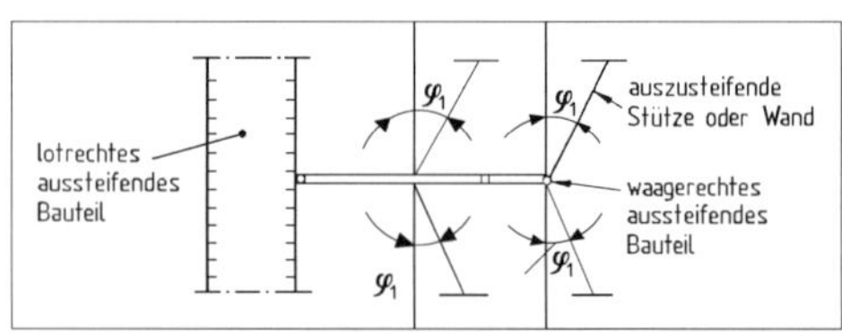

Bild 8. Schiefstellung φ_1 aller auszusteifenden Stützen und Wände

15.8.2.3 Lotrechte aussteifende Bauteile

Bei den lotrechten aussteifenden Bauteilen (z. B. Treppenhausschächten oder Wandscheiben) ist der Lastfall „Lotabweichung" durch eine Schiefstellung φ_2 nach Gleichung (5) aller auszusteifenden und aussteifenden lotrechten Bauteile in ungünstigster Richtung nach Bild 9 einzuführen.

$$\varphi_2 = \pm \frac{1}{100 \cdot \sqrt{h}} \tag{5}$$

Darin sind:

φ_2 Winkel in Bogenmaß zwischen der Lotrechten und den auszusteifenden sowie den aussteifenden lotrechten Bauteilen

h Gebäudehöhe in m über der Einspannebene für die lotrechten aussteifenden Bauteile

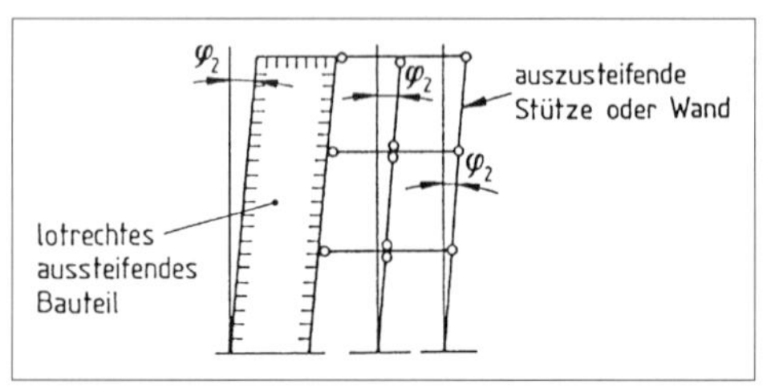

Bild 9. Schiefstellung φ_2 aller auszusteifenden und aussteifenden lotrechten Bauteile

16 Grundlagen für die Berechnung der Formänderungen

16.1 Anwendungsbereich

Die nachfolgenden Abschnitte dienen der Ermittlung der

a) Zwangschnittgrößen (siehe Abschnitt 15.1.3),

b) Knicksicherheit (siehe Abschnitt 17.4),

c) Durchbiegungen (siehe Abschnitt 17.7).

Sie beschreiben das durchschnittliche Formänderungsverhalten der Baustoffe. Auf der sicheren Seite liegende Vereinfachungen (siehe z. B. DAfStb-Heft 240) sind zulässig.

16.2 Formänderungen unter Gebrauchslast

16.2.1 Stahl

Die Rechenwerte der Spannungsdehnungslinien der Betonstähle sind in Bild 12 (siehe Abschnitt 17.2.1) dargestellt. Der Elastizitätsmodul E_s des Stahls ist für Zug und Druck gleich und mit 210 000 N/mm^2 anzunehmen.

16.2.2 Beton

(1) Für die Berechnung der Formänderungen des Betons unter Gebrauchslast ist ein konstanter, für Druck und Zug gleich großer Elastizitätsmodul zugrunde zu legen. Wenn genauere Angaben nicht erforderlich sind, dürfen die Werte nach Tabelle 11 verwendet werden. Die dort angegebenen Rechenwerte gelten nur für Beton mit Betonzuschlag nach DIN 4226 Teil 1.

(2) Sofern der Einfluß der Querdehnung von wesentlicher Bedeutung ist, ist er mit $\mu \approx 0{,}2$ zu berücksichtigen (siehe auch Abschnitt 15.1.2).

16.2.3 Stahlbeton

Für die Berechnungen der Formänderungen von Stahlbetonbauteilen unter Gebrauchslast gelten die in den Abschnitten 16.2.1 und 16.2.2 angegebenen Grundlagen. Unter Gebrauchslast darf ein Mitwirken des Betons auf Zug näherungsweise durch Annahme eines um 10 % vergrößerten Querschnitts der Zugbewehrung berücksichtigt werden.

16.3 Formänderungen oberhalb der Gebrauchslast

Für die Berechnung der Formänderungen des Betons in bewehrten und unbewehrten Bauteilen unter kurzzeitigen Belastungen, die über der Gebrauchslast liegen (z. B. beim Nachweis der Knicksicherheit nach Abschnitt 17.4), darf an der Stelle der Spannungsdehnungslinie nach Bild 11 in Abschnitt 17.2.1 auch die vereinfachte Spannungsdehnungslinie nach Bild 10 zugrunde gelegt werden.

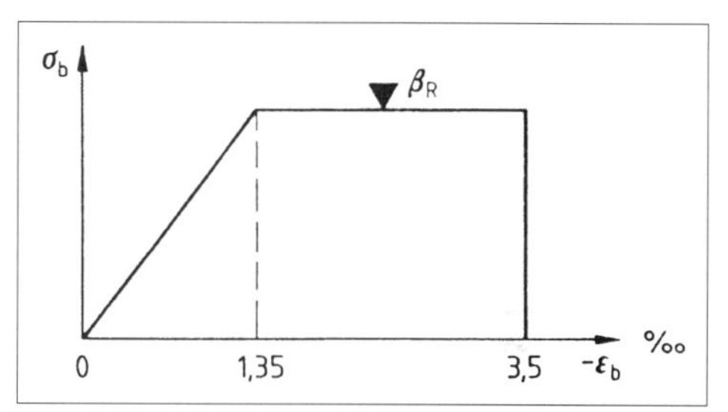

Bild 10. Spannungsdehnungslinie des Betons zum Nachweis der Formänderungen oberhalb der Gebrauchslast (β_R siehe Tabelle 12, Abschnitt 17.2.1).

16.4 Kriechen und Schwinden des Betons

(1) Das Kriechen und Schwinden des Betons hängt vor allem ab von der Feuchte der umgebenden Luft, dem Wasser- und Zementgehalt des Betons und den äußeren Maßen des Bauteils. Das Kriechen wird außerdem von dem Erhärtungsgrad des Betons bei Belastungsbeginn und von der Art, Dauer und Größe der Beanspruchung des Betons beeinflußt.

(2) Bei Stahlbetontragwerken kann im allgemeinen ein Nachweis entfallen; ist ein Nachweis erforderlich, so ist dieser nach DIN 4227 Teil 1 zu führen.

Tabelle 11. **Rechenwerte des Elastizitätsmoduls des Betons**

	1	2	3	4	5	6	7
1	Festigkeitsklasse des Betons	B 10	B 15	B 25	B 35	B 45	B 55
2	Elastizitätsmodul E_b in N/mm^2	22 000	26 000	30 000	34 000	37 000	39 000

16.5 Wärmewirkungen

(1) Beim Nachweis der von Wärmewirkungen hervorgerufenen Schnittgrößen oder Verformungen darf in der Regel angenommen werden, daß die Temperatur im ganzen Tragwerk gleich ist.

(2) Als Grenzen der durch Witterungseinflüsse hervorgerufenen Temperaturschwankungen in den Bauteilen sind in Rechnung zu stellen

a) im allgemeinen .... ±15 K

b) bei Bauteilen, deren geringstes Maß 70 cm und mehr beträgt .... ± 10 K

c) bei Bauteilen, die durch Überschüttung oder andere Vorkehrungen vor größeren Temperaturschwankungen geschützt sind .. ± 7,5 K

(3) Bei Bauteilen im Freien sind die Werte unter a) und b) um je 5 K zu vergrößern, wenn der Abbau der Zwangschnittgrößen nach Zustand II in Rechnung gestellt wird.

(4) Treten erhebliche Temperaturunterschiede innerhalb eines Bauteils oder zwischen fest miteinander verbundenen Bauteilen auf, so ist ihr Einfluß zu berücksichtigen.

(5) Als Wärmedehnzahl ist für den Beton und die Stahleinlagen $\alpha_T = 10^{-5}\ K^{-1}$, anzunehmen, wenn nicht im Einzelfall für den Beton ein anderer Wert durch Versuche nachgewiesen wird.

17 Bemessung

17.1 Allgemeine Grundlagen

17.1.1 Sicherheitsabstand

(1) Die Bemessung muß einen ausreichenden Sicherheitsabstand zwischen Gebrauchslast und rechnerischer Bruchlast und ein einwandfreies Verhalten der Konstruktion unter Gebrauchslast sicherstellen.

(2) Bei Biegung, bei Biegung mit Längskraft und bei Längskraft allein ist die Bemessung nach Abschnitt 17.2 durchzuführen unter Berücksichtigung des nicht proportionalen Zusammenhangs zwischen Spannung und Dehnung. Die Sicherheit ist ausreichend, wenn die Schnittgrößen, die vom Querschnitt im Bruchzustand (siehe Abschnitt 17.2.1) rechnerisch aufgenommen werden können, mindestens gleich sind den mit den Sicherheitsbeiwerten (siehe Abschnitt 17.2.2) vervielfachten Schnittgrößen unter Gebrauchslast. Moment und Längskraft sind im ungünstigsten Zusammenwirken anzusetzen und mit dem gleichen Sicherheitsbeiwert zu vervielfältigen.

(3) Bei Querkraft und Torsion wird der Sicherheitsabstand durch Begrenzung der unter Gebrauchslast auftretenden Spannungen nach Abschnitt 17.5 sichergestellt. Bei Einhaltung der Werte der Tabelle 13 kann mindestens ein Sicherheitsbeiwert von $\gamma = 1{,}75$ vorausgesetzt werden.[23])

17.1.2 Anwendungsbereich

Die im nachfolgenden angegebenen Regeln gelten für Träger mit $l_0/h \geq 2$ und Kragträger mit $l_k/h \geq 1$. Dabei ist l_0 der Abstand der Momenten-Nullpunkte und l_k die Kraglänge. Für wandartige Träger siehe Abschnitt 23.

17.1.3 Verhalten unter Gebrauchslast

(1) Das einwandfreie Verhalten unter Gebrauchslast ist nach den Angaben der Abschnitte 17.6 bis 17.8 nachzuweisen. Dabei werden die unter Gebrauchslast auftretenden Spannungen auf der Grundlage linear elastischen Verhaltens von Stahl und Beton berechnet, und zwar unter der Annahme, daß sich die Dehnungen wie die Abstände von der Nullinie verhalten. Das Verhältnis der Elastizitätsmoduln von Stahl und Beton darf bei der Ermittlung von Querschnittswerten und Spannungen einheitlich mit $n = 10$ angenommen werden.

(2) Die Stahlzugspannung darf näherungsweise nach Gleichung (6) ermittelt werden, wobei z aus der Bemessung nach Abschnitt 17.2.1 übernommen werden darf. M_s ist dabei das auf die Zugbewehrung A_s bezogene Moment.

$$\sigma_s = \frac{1}{A_s}\left(\frac{M_s}{z} + N\right) \qquad (6)$$

(N ist als Druckkraft mit negativem Vorzeichen einzusetzen.)

17.2 Bemessung für Biegung, Biegung mit Längskraft und Längskraft allein

17.2.1 Grundlagen, Ermittlung der Bruchschnittgrößen

(1) Die folgenden Bestimmungen gelten für Tragwerke mit Biegung, Biegung mit Längskraft und Längskraft allein, bei denen vorausgesetzt werden kann, daß sich die Dehnungen der einzelnen Fasern des Querschnitts wie ihre Abstände von der Nullinie verhalten (siehe auch Abschnitt 17.1.2).

---

[23]) Zwangschnittgrößen brauchen nur mit dem $^{1}/_{1,75}$fachen Wert in Rechnung gestellt zu werden.

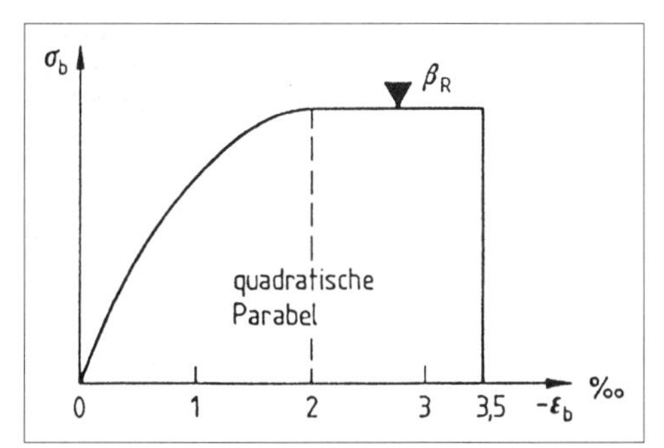

Bild 11. Rechenwerte für die Spannungsdehnungslinie des Betons (β_R siehe Tabelle 12)

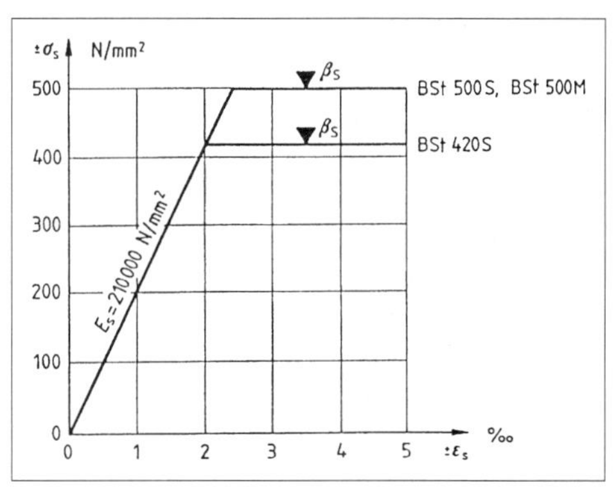

Bild 12. Rechenwerte für die Spannungsdehnungslinien der Betonstähle

Tabelle 12. Rechenwerte β_R der Betondruckfestigkeit in N/mm²

	1	2	3	4	5	6	7	8
1	Nennfestigkeit β_{WN} des Betons (siehe Tabelle 1)	5,0	10	15	25	35	45	55
2	Rechenwert β_R	3,5	7,0	10,5	17,5	23	27	30

(2) Der für die Bemessung nach Abschnitt 17.1.1 maßgebende Zusammenhang zwischen Spannung und Dehnung ist für Beton in Bild 11, für Betonstahl in Bild 12 dargestellt. Wie weit diese Spannungsdehnungslinien im einzelnen ausgenützt werden dürfen, zeigen die Dehnungsdiagramme in Bild 13. Diese Bemessungsgrundlagen gelten für alle Querschnittsformen.

(3) Zur Vereinfachung darf für die Bemessung auch die Spannungsdehnungslinie des Betons nach Abschnitt 16.3, Bild 10, oder das in DAfStb-Heft 220 beschriebene Verfahren mit einer rechteckigen Spannungsverteilung verwendet werden.

(4) Ein Mitwirken des Betons auf Zug darf nicht berücksichtigt werden.

(5) Als Bewehrung dürfen im gleichen Querschnitt gleichzeitig alle in Tabelle 6 genannten Stahlsorten mit den dort angegebenen Festigkeitswerten und mit den zugeordneten Spannungsdehnungslinien nach Bild 12 in Rechnung gestellt werden.

(6) Bei Bauteilen mit Nutzhöhen $h < 7$ cm sind für die Bemessung die Schnittgrößen (*M, N*) im Verhältnis $\frac{15}{h+8}$ vergrößert in Rechnung zu stellen. Bei werkmäßig hergestellten flächentragwerkartigen Bauteilen (z. B. Platten und Wänden) für eingeschossige untergeordnete Bauten (z. B. freistehende Einzel- oder Reihengaragen) brauchen die Schnittgrößen nicht vergrößert zu werden.

(7) Im DAfStb-Heft 220 sind Hilfsmittel für die Bemessung angegeben, die von den vorstehenden Grundlagen ausgehen.

17.2.2 Sicherheitsbeiwerte

(1) Bei Lastschnittgrößen betragen die Sicherheitsbeiwerte für Stahlbeton

$\gamma = 1{,}75$ bei Versagen des Querschnitts mit Vorankündigung,

$\gamma = 2{,}10$ bei Versagen des Querschnitts ohne Vorankündigung.

(2) Zwangschnittgrößen brauchen nur mit einem Sicherheitsbeiwert $\gamma = 1{,}0$ in Rechnung gestellt zu werden.

(3) Als Vorankündigung gilt die Rißbildung, welche von der Dehnung der Zugbewehrung ausgelöst wird. Mit Vorankündigung kann gerechnet werden, wenn die rechnerische Dehnung der Bewehrung nach Bild 13 $\varepsilon_s \geq 3$ ‰ ist, mit Bruch ohne Vorankündigung, wenn $\varepsilon_s \leq 0$ ‰ ist. Zwischen diesen beiden Grenzen ist der Sicherheitsbeiwert linear zu interpolieren (siehe Bild 13).

Bereich 1: Mittige Zugkraft und Zugkraft mit geringer Ausmitte.

Bereich 2: Biegung oder Biegung mit Längskraft bis zur Ausnutzung der Betondruckfestigkeit ($|\varepsilon_{b1}| \leq 3{,}5$ ‰) und unter Ausnutzung der Stahlstreckgrenze ($\varepsilon_s > \varepsilon_{sS}$)

Bereich 3: Biegung oder Biegung mit Längskraft bei Ausnutzung der Betondruckfestigkeit und der Stahlstreckgrenze.

Linie *a:* Grenze der Ausnutzung der Stahlstreckgrenze ($\varepsilon_s = \varepsilon_{sS}$)

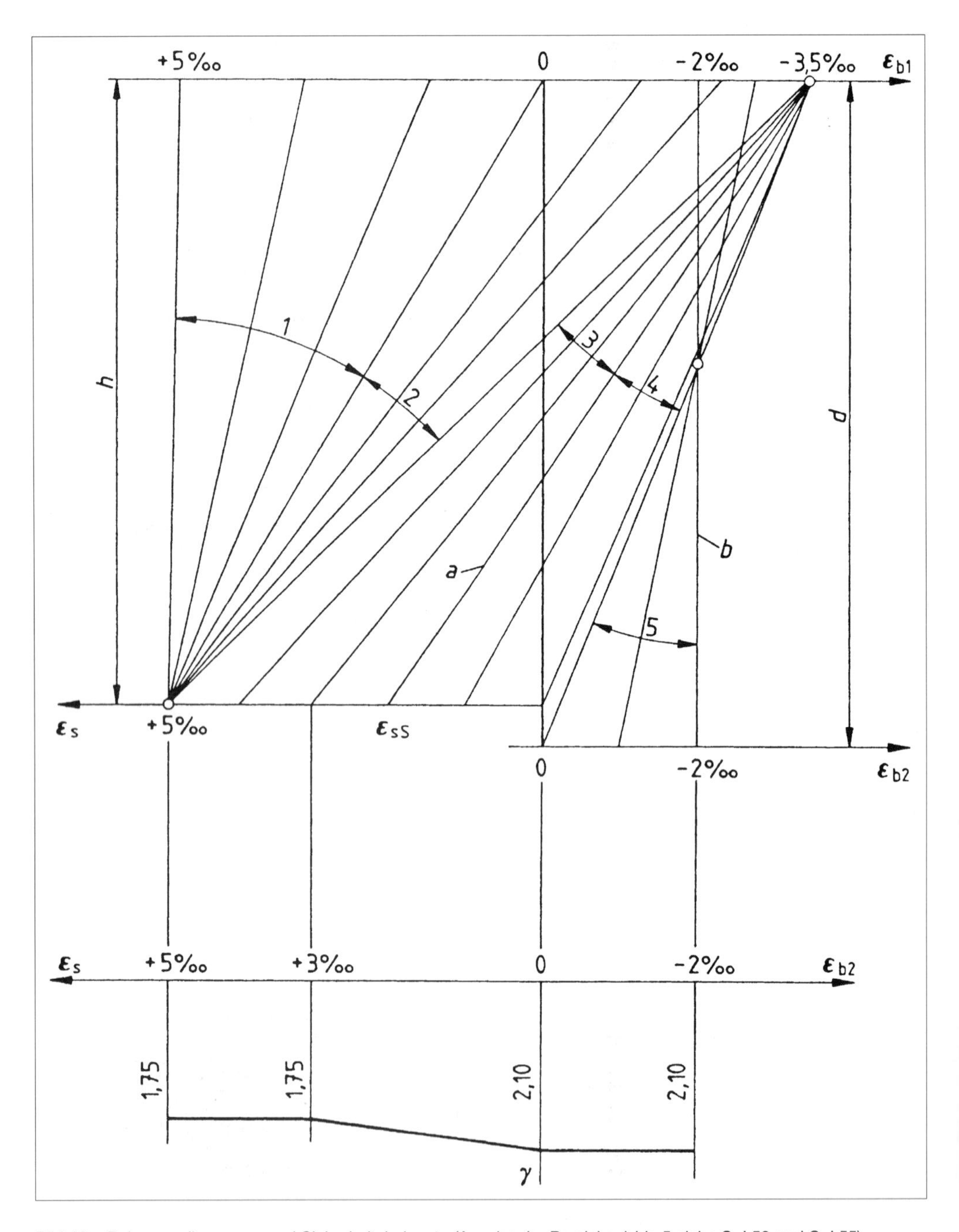

Bild 13. Dehnungsdiagramme und Sicherheitsbeiwerte (Angabe der Bereiche 1 bis 5 siehe S. I.53 und S. I.55)

Bereich 4: Biegung mit Längskraft ohne Ausnutzung der Stahlstreckgrenze ($\varepsilon_s < \varepsilon_{sS}$) bei Ausnutzung der Betondruckfestigkeit.

Bereich 5: Druckkraft mit geringer Ausmitte und mittige Druckkraft. Innerhalb dieses Bereiches ist ε_{b1} = - 3,5 ‰ - 0,75 ε_{b2} in Rechnung zu stellen, für mittigen Druck (Linie *b*) ist somit $\varepsilon_{b1} = \varepsilon_{b2}$ = - 2,0 ‰.

(4) Wegen des Sicherheitsbeiwertes bei unbewehrtem Beton siehe Abschnitt 17.9, beim Befördern und Einbau von Fertigteilen Abschnitt 19.2.

17.2.3 Höchstwerte der Längsbewehrung

(1) Die Bewehrung eines Querschnitts, auch im Bereich von Übergreifungsstößen, darf höchstens 9 % von A_b, bei B 15 jedoch nur 5 % von A_b betragen. Die Höchstwerte der Längsbewehrung sind aber in jedem Fall so zu begrenzen, daß das einwandfreie Einbringen und Verdichten des Betons sichergestellt bleibt.

(2) Eine Druckbewehrung A'_s darf bei der Ermittlung der Tragfähigkeit höchstens mit dem Querschnitt A_s der am gezogenen bzw. am weniger gedrückten Rand liegenden Bewehrung in Rechnung gestellt werden. Im Bereich überwiegender Biegung soll die Druckbewehrung jedoch nicht mit mehr als 1 % von A_b in Rechnung gestellt werden.

(3) Wegen der Mindestbewehrung in Bauteilen siehe Abschnitte 17.6 und 18 bis 25.

17.3 Zusätzliche Bestimmungen bei Bemessung für Druck

17.3.1 Allgemeines

Bei der Bemessung für Druck sind die Abschnitte 17.4 und 25 zu beachten, soweit im nachfolgenden nichts anderes bestimmt wird.

17.3.2 Umschnürte Druckglieder

(1) Als umschnürt gelten Druckglieder, deren Längsbewehrung durch eine kreisförmige Wendel umschlossen ist. Die Wendel muß sich auch in die anschließenden Bauteile erstrecken, soweit dort die erhöhte Tragwirkung nicht durch andere Maßnahmen gesichert ist und diese Bauteile nicht in anderer Weise gegen Querdehnung bzw. Spaltzugkräfte ausreichend gesichert sind.

(2) Der traglaststeigernde Einfluß einer Umschnürung nach Gleichung (7) darf nur bei Druckgliedern mit mindestens der Festigkeitsklasse B 25 und nur bis zu einer Schlankheit $\lambda \leq 50$ (berechnet aus dem Gesamtquerschnitt) und bis zu einer Ausmitte der Last von $e \leq d_k/8$ in Rechnung gestellt werden.

(3) Der Einfluß der Zusatzmomente nach der Theorie II. Ordnung ist zu berücksichtigen; hierbei darf näherungsweise nach Abschnitt 17.4.3 gerechnet werden. Soweit umschnürte Druckglieder als mittig gedrückte Innenstützen angesehen werden dürfen (siehe Abschnitt 15.4.2), darf der Nachweis der Knicksicherheit entfallen, wenn diese beiderseits eingespannt sind und $h_s/d \leq 5$ ist (h_s Geschoßhöhe). Die Bruchlast des umschnürten Druckgliedes darf um den Wert $\triangle N_u$ nach Gleichung (7) größer angenommen werden als die eines nur verbügelten Druckgliedes (siehe Abschnitte 17.1 und 17.2) mit gleichen Außenmaßen.

$$\triangle N_u = [\nu A_w \cdot \beta_{Sw} - (A_b - A_k) \cdot \beta_R] \cdot \left(1 - \frac{8M}{N\, d_k}\right) \geq 0 \quad (7)$$

worin für:	B 25	B 35	B 45	B 55
$\nu =$	1,6	1,7	1,8	1,9

Diese ν-Werte gelten nur für Schlankheiten $\lambda \leq 10$. Für $\lambda \geq 20$ bis $\lambda \leq 50$ sind jeweils nur die halben angegebenen Werte in Rechnung zu stellen.

Für Schlankheiten $10 < \lambda < 20$ dürfen die ν-Werte linear interpoliert werden.

Außerdem muß der Wert $A_w \beta_{Sw}$ der Gleichung (8) genügen.

$$A_w \beta_{Sw} \leq \delta \cdot [(2{,}3\, A_b - 1{,}4\, A_k) \cdot \beta_R + A_s \beta_S] \quad (8)$$

worin für:	B 25	B 35	B 45	B 55
$\delta =$	0,42	0,39	0,37	0,36

In den Gleichungen (7) und (8) sind:

A_w	$\pi \cdot d_k\, A_{sw}/s_w$
d_k	Kerndurchmesser = Achsdurchmesser der Wendel
A_{sw}	Stabquerschnitt der Wendel
s_w	Ganghöhe der Wendel
β_{Sw}	Streckgrenze der Wendelbewehrung
A_b	Gesamtquerschnitt des Druckglieds
A_k	Kernquerschnitt des Druckgliedes $\pi \cdot d_k^2/4$
A_s	Gesamtquerschnitt der Längsbewehrung
M, N	Schnittgrößen im Gebrauchszustand
β_R	ist Tabelle 12 in Abschnitt 17.2.1 zu entnehmen
β_S	ist Bild 12 in Abschnitt 17.2.1 entsprechend ε_s = 2 ‰ zu entnehmen.

17.3.3 Zulässige Druckspannung bei Teilflächenbelastung

(1) Wird nur die Teilfläche A_1 (Übertragungsfläche) eines Querschnitts durch eine Druckkraft *F* belastet, dann darf A_1 mit der Pressung σ_1 nach Gleichung (9) beansprucht werden, wenn im Beton unterhalb der Teilfläche die Spaltzugkräfte aufgenommen werden können (z. B. durch Bewehrung).

I

$$\sigma_1 = \frac{\beta_R}{2,1} \sqrt{\frac{A}{A_1}} \leq 1,4\ \beta_R \qquad (9)$$

(2) Die für die Aufnahme der Kraft F vorgesehene rechnerische Verteilungsfläche A muß folgenden Bedingungen genügen (siehe Bild 14):

a) Die zur Lastverteilung in Belastungsrichtung zur Verfügung stehende Höhe muß den Bedingungen des Bildes 14 genügen.

b) Der Schwerpunkt der rechnerischen Verteilungsfläche A muß in Belastungsrichtung mit dem Schwerpunkt der Übertragungsfläche A_1 übereinstimmen.

c) Die Maße der rechnerischen Verteilungsfläche A dürfen in jeder Richtung höchstens gleich dem dreifachen Betrag der entsprechenden Maße der Übertragungsfläche sein.

d) Wirken auf den Betonquerschnitt mehrere Druckkräfte F, so dürfen sich die rechnerischen Verteilungsflächen innerhalb der Höhe h nicht überschneiden.

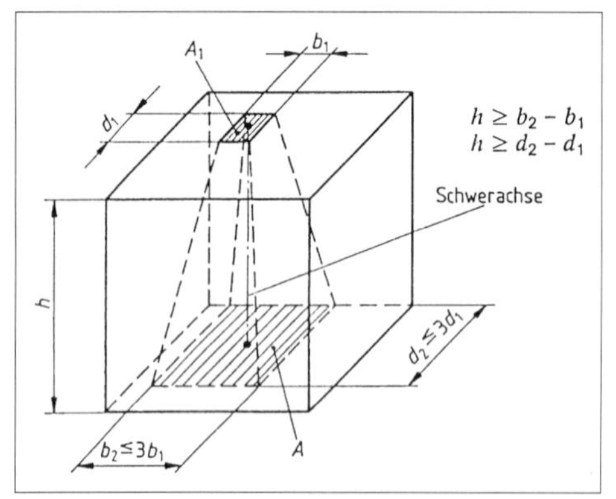

Bild 14. Rechnerische Verteilungsfläche

17.3.4 Zulässige Druckspannungen im Bereich von Mörtelfugen

(1) Bei dünnen Mörtelfugen mit Zementmörtel nach Abschnitt 6.7.1, bei denen das Verhältnis der kleinsten tragenden Fugenbreite zur Fugendicke $b/d \geq 7$ ist, dürfen Druckspannungen in den anschließenden Bauteilen nach Gleichung (9) in Rechnung gestellt werden.

Dabei ist einzusetzen:

A_1 Querschnittsfläche des Fugenmörtels

A Querschnittsfläche des kleineren der angrenzenden Bauteile

β_R Rechenwert der Betondruckfestigkeit der anschließenden Bauteile nach Tabelle 12.

(2) Überschreitet die Druckspannung in der Mörtelfuge den Wert $\beta_R/2,1$ des Betons der anschließenden Bauteile, so muß die Aufnahme der Spaltzugkräfte in den anschließenden Bauteilen nachgewiesen werden (z. B. durch Bewehrung).

(3) Für dickere Fugen ($b/d < 7$) gelten die Bemessungsgrundlagen nach Abschnitt 17.9.

17.4 Nachweis der Knicksicherheit

17.4.1 Grundlagen

(1) Zusätzlich zur Bemessung nach Abschnitt 17.2 für die Schnittgrößen am unverformten System ist für Druckglieder die Tragfähigkeit unter Berücksichtigung der Stabauslenkung zu ermitteln (Nachweis der Knicksicherheit nach Theorie II. Ordnung).

(2) Bei Druckgliedern mit mäßiger Schlankheit ($20 < \lambda \leq 70$) darf dieser Nachweis näherungsweise auch nach Abschnitt 17.4.3, bei Druckgliedern mit großer Schlankheit ($\lambda > 70$) muß er nach Abschnitt 17.4.4 geführt werden; Schlankheiten $\lambda > 200$ sind unzulässig. Kann ein Druckglied nach zwei Richtungen ausweichen, ist Abschnitt 17.4.8 zu beachten. Für Druckglieder aus unbewehrtem Beton gilt Abschnitt 17.9.

(3) Der Nachweis der Knicksicherheit darf entfallen für bezogene Ausmitten des Lastangriffs $e/d \geq 3{,}50$ bei Schlankheiten $\lambda \leq 70$;
bei Schlankheiten $\lambda > 70$ darf der Knicksicherheitsnachweis entfallen, wenn $e/d \leq 3{,}50\ \lambda/70$ ist.

(4) Soweit Innenstützen als mittig gedrückt angesehen werden dürfen (siehe Abschnitt 15.4.2) und beiderseits eingespannt sind, darf der Nachweis der Knicksicherheit entfallen, wenn ihre Schlankheit $\lambda \leq 45$ ist. Hierbei ist als Knicklänge s_K die Geschoßhöhe in Rechnung zu stellen. Nähere Angaben enthält DAfStb-Heft 220.

17.4.2 Ermittlung der Knicklänge

(1) Die Knicklänge von geraden oder gekrümmten Druckgliedern ergibt sich in der Regel als Abstand der Wendepunkte der Knickfigur; sie darf mit Hilfe der Elastizitätstheorie nach dem Ersatzstabverfahren - gegebenenfalls unter Berücksichtigung der Verschieblichkeit der Stabenden - ermittelt werden (siehe DAfStb-Heft 220, Zusammenstellung der Knicklängen für häufig benötigte Fälle).

(2) Druckglieder in hinreichend ausgesteiften Tragsystemen dürfen als unverschieblich gehalten angesehen werden. Ein Tragsystem darf ohne beson-

deren Nachweis als hinreichend ausgesteift angenommen werden, wenn die Bedingungen der Gleichung (3) in Abschnitt 15.8.1 erfüllt werden.

17.4.3 Druckglieder aus Stahlbeton mit mäßiger Schlankheit

(1) Für Druckglieder aus Stahlbeton mit gleichbleibendem Querschnitt und einer Schlankheit $\lambda = s_K/i \leq 70$ darf der Einfluß der ungewollten Ausmitte und der Stabauslenkung näherungsweise durch eine Bemessung im mittleren Drittel der Knicklänge unter Berücksichtigung einer zusätzlichen Ausmitte f nach den Gleichungen (10) bzw. (11) bzw. (12) erfaßt werden.

(2) Für f ist einzusetzen bei:

$0 \leq e/d < 0{,}30$:

$$f = d \cdot \frac{\lambda - 20}{100} \cdot \sqrt{0{,}10 + e/d} \geq 0 \qquad (10)$$

$0{,}30 \leq e/d < 2{,}50$:

$$f = d \cdot \frac{\lambda - 20}{160} \geq 0 \qquad (11)$$

$2{,}50 \leq e/d \leq 3{,}50$:

$$f = d \cdot \frac{\lambda - 20}{160} \cdot (3{,}50 - e/d) \geq 0 \qquad (12)$$

Hierin sind:

$\lambda = s_K/i > 20$	Schlankheit
s_K	Knicklänge
$i = \sqrt{I_b/A_b}$	Trägheitsradius in Knickrichtung, bezogen auf den Betonquerschnitt
I_b	Flächenmoment 2. Grades des Betonquerschnitts bezogen auf die Knickrichtung
A_b	Fläche des Betonquerschnitts
$e = \lvert M/N \rvert$	größte planmäßige Ausmitte des Lastangriffs unter Gebrauchslast im mittleren Drittel der Knicklänge
d	Querschnittsmaß in Knickrichtung

(3) Bei verschieblichen Systemen liegen die Stabenden im mittleren Drittel der Knicklänge. Der Knicksicherheitsnachweis ist daher durch eine Bemessung an diesen Stabenden unter Berücksichtigung der zusätzlichen Ausmitte f zu führen.

(4) DAfStb-Heft 220 zeigt vereinfachte Nachweisverfahren für die Stiele von unverschieblichen Rahmensystemen.

17.4.4 Druckglieder aus Stahlbeton mit großer Schlankheit

(1) Die Knicksicherheit von Druckgliedern aus Stahlbeton mit einer Schlankheit $\lambda = s_K/i > 70$ gilt als ausreichend. wenn nachgewiesen wird, daß unter den in ungünstigster Anordnung einwirkenden 1,75fachen Gebrauchslasten ein stabiler Gleichgewichtszustand unter Berücksichtigung der Stabauslenkungen (Theorie II. Ordnung) möglich ist und die zulässigen Schnittgrößen nach den Abschnitten 17.2.1 und 17.2.2 unter Gebrauchslast im unverformten System nicht überschritten werden. Es darf keine kleinere Bewehrung angeordnet werden, als für die Berechnung der Stabauslenkungen vorausgesetzt wurde.

(2) Für die Berechnung der Schnittgrößen am verformten System zum Nachweis der Knicksicherheit gelten folgende Grundlagen:

a) Es ist von den Spannungsdehnungsgesetzen für Beton nach Abschnitt 17.2.1 auszugehen. Zur Vereinfachung darf die Spannungsdehnungslinie des Betons nach Bild 10 in Rechnung gestellt werden. Ein Mitwirken des Betons auf Zug darf nicht berücksichtigt werden.

b) Neben den planmäßigen Ausmitten ist eine ungewollte Ausmitte bzw. Stabkrümmung nach Abschnitt 17.4.6 im ungünstigsten Sinne wirkend anzunehmen. Gegebenenfalls sind Kriechverformungen nach Abschnitt 17.4.7 zu berücksichtigen. Stabauslenkungen aus Temperatur- oder Schwindeinflüssen dürfen in der Regel vernachlässigt werden.

c) Die Beschränkung der Stahlspannungen bei nicht vorwiegend ruhender Belastung nach Abschnitt 17.8 bleibt beim Knicksicherheitsnachweis unberücksichtigt.

(3) Näherungsverfahren für den Nachweis der Knicksicherheit und Rechenhilfen für den genaueren Nachweis sind in DAfStb-Heft 220 angegeben.

17.4.5 Einspannende Bauteile

(1) Wurde für den Knicksicherheitsnachweis eine Einspannung der Stabenden des Druckgliedes durch anschließende Bauteile vorausgesetzt (z. B. durch einen Rahmenriegel), so sind bei verschieblichen Tragwerken die unmittelbar anschließenden, einspannenden Bauteile auch für diese Zusatzbeanspruchung zu bemessen. Dies gilt besonders dann, wenn die Standsicherheit des Druckgliedes von der einspannenden Wirkung eines einzigen Bauteils abhängt.

(2) Bei unverschieblichen oder hinreichend ausgesteiften Tragsystemen in üblichen Hochbauten darf

auf einen rechnerischen Nachweis der Aufnahme dieser Zusatzbeanspruchungen in den unmittelbar anschließenden, aussteifenden Bauteilen verzichtet werden.

17.4.6 Ungewollte Ausmitte

(1) Ungewollte Ausmitten des Lastangriffes und unvermeidbare Maßabweichungen sind durch Annahme einer zur Knickfigur des untersuchten Druckgliedes affinen Vorverformung mit dem Höchstwert

$$e_v = s_K/300 \qquad (13)$$

(s_K Knicklänge des Druckgliedes)

zu berücksichtigen.

(2) Vereinfacht darf die Vorverformung durch einen abschnittsweise geradlinigen Verlauf der Stabachse wiedergegeben oder durch eine zusätzliche Ausmitte der Lasten berücksichtigt werden. Für Nachweise am Gesamtsystem nach Abschnitt 17.4.9 darf die Vorverformung vereinfacht als Schiefstellung angesetzt werden; bei eingeschossigen Tragwerken als $\alpha_v = 1/150$ und bei mehrgeschossigen Tragwerken als $\alpha_v = 1/200$.

(3) Bei Sonderbauwerken - z. B. Brückenpfeilern oder Fernsehtürmen - mit einer Gesamthöhe von mehr als 50 m und eindeutig definierter Lasteintragung, bei deren Herstellung Abweichungen von der Planform durch besondere Maßnahmen - wie z. B. optisches Lot - weitgehend vermieden werden, darf die ungewollte Ausmitte aufgrund eines besonderen Nachweises im Einzelfall abgemindert werden.

17.4.7 Berücksichtigung des Kriechens

(1) Kriechverformungen sind in der Regel nur dann zu berücksichtigen, wenn die Schlankheit des Druckgliedes im unverschieblichen System $\lambda > 70$ und im verschieblichen System $\lambda > 45$ ist und wenn gleichzeitig die planmäßige Ausmitte der Last $e/d < 2$ ist.

(2) Kriechverformungen sind unter den im Gebrauchszustand ständig einwirkenden Lasten (gegebenenfalls auch Verkehrslasten) und ausgehend von den ständig vorhandenen Stabauslenkungen und Ausmitten einschließlich der ungewollten Ausmitte nach Gleichung (13) zu ermitteln.

(3) Hinweise zur Abschätzung des Kriecheinflusses enthält DAfStb-Heft 220.

17.4.8 Knicken nach zwei Richtungen

(1) Ist die Knickrichtung eines Druckgliedes nicht eindeutig vorgegeben, so ist der Knicksicherheitsnachweis für schiefe Biegung mit Längsdruck zu führen. Dabei darf im Regelfall eine drillfreie Knickfigur angenommen werden. Die ungewollten Ausmitten e_{vy} und e_{vz} sind getrennt für beide Hauptachsenrichtungen nach Gleichung (13) zu ermitteln und zusammen mit der planmäßigen Ausmitte zu berücksichtigen.

(2) Für Druckglieder mit Rechteckquerschnitt und Schlankheiten $\lambda > 70$ darf das im DAfStb-Heft 220 angegebene Näherungsverfahren angewendet werden:

a) bei einem Seitenverhältnis $d/b \leq 1{,}5$ unabhängig von der Lage der planmäßigen Ausmitte;

b) bei einem Seitenverhältnis $d/b > 1{,}5$ nur dann, wenn die planmäßige Ausmitte im Bereich B nach Bild 14.1 liegt.

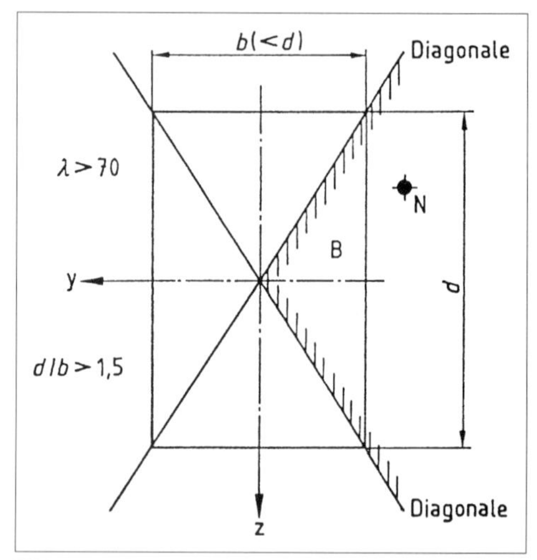

Bild 14.1. Rechteckquerschnitt unter schiefer Biegung mit Längsdruck; Anwendungsgrenzen für das Näherungsverfahren nach Abschnitt 17.4.8 b) für $d/b > 1{,}5$ und $\lambda > 70$

(3) Bei Druckgliedern mit Rechteckquerschnitt dürfen näherungsweise Knicksicherheitsnachweise getrennt für jede der beiden Hauptachsenrichtungen geführt werden, wenn das Verhältnis der kleineren bezogenen planmäßigen Lastausmitte zur größeren den Wert 0,2 nicht überschreitet, d. h. wenn die Längskraft innerhalb der schraffierten Bereiche nach Bild 14.2 angreift. Die planmäßigen Lastausmitten e_y und e_z sind auf die in ihrer Richtung verlaufende Querschnittsseite zu beziehen.

(4) Bei Druckgliedern mit einer planmäßigen Ausmitte $e_z \geq 0{,}2d$ in Richtung der längeren Querschnittsseite d muß beim Nachweis in Richtung der kürzeren Querschnittsseite b die dann maßgebende Querschnittsbreite d verkleinert werden. Als

maßgebende Querschnittsbreite ist die Höhe der Druckzone infolge der Lastausmitte $e_z + e_{vz}$ im Gebrauchszustand anzunehmen.

17.4.9 Nachweis am Gesamtsystem

Stabtragwerke dürfen zum Nachweis der Knicksicherheit abweichend von Abschnitt 17.4.2 auch als Gesamtsystem unter 1,75facher Gebrauchslast nach Theorie II. Ordnung untersucht werden; hierbei sind Schiefstellungen des Gesamtsystems bzw. Vorverformungen nach Abschnitt 17.4.6 zu berücksichtigen. Die in Rechnung gestellten Biegesteifigkeiten der einzelnen Stäbe müssen ausreichend mit den vorhandenen Querschnittswerten und mit dem zugehörigen Beanspruchungszustand aufgrund der nachgewiesenen Schnittgrößen übereinstimmen.

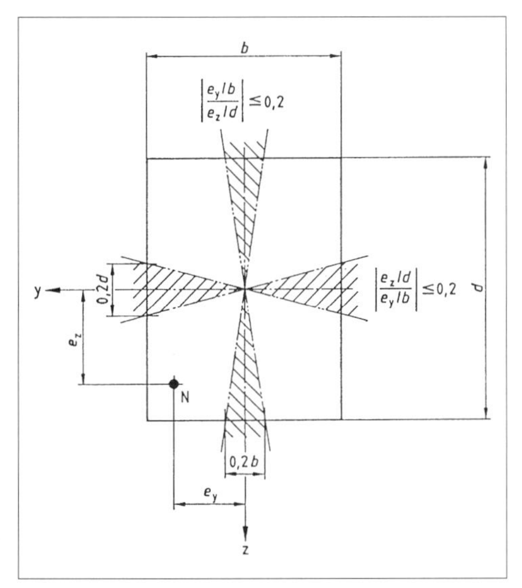

Bild 14.2. Rechteckquerschnitt unter schiefer Biegung mit Längsdruck; Anwendungsgrenzen für das Näherungsverfahren

17.5 Bemessung für Querkraft und Torsion

17.5.1 Allgemeine Grundlage

Die Schubbewehrung ist ohne Berücksichtigung der Zugfestigkeit des Betons zu bemessen (siehe auch Abschnitt 17.2.1).

17.5.2 Maßgebende Querkraft

(1) Im allgemeinen ist als Rechenwert der Querkraft die nach Abschnitt 15.6 ermittelte größte Querkraft am Auflagerrand zugrunde zu legen. Wenn die Auflagerkraft jedoch normal zum unteren Balkenrand mit Druckspannungen eingetragen wird (unmittelbare Stützung), darf für die Berechnung der Schubspannungen und die Bemessung der Schubbewehrung die Querkraft im Abstand 0,5 h vom Auflagerrand zugrunde gelegt werden (siehe Bild 15). Für die Bemessung der Schubbewehrung darf außerdem der Querkraftanteil aus einer Einzellast F im Abstand $a \leq 2\,h$ von der Auflagermitte im Verhältnis $a/2\,h$ abgemindert werden. Der Querkraftverlauf darf von den vorgenannten Höchstwerten bis zur rechnerischen Auflagermitte geradlinig auf Null abnehmend angenommen werden.

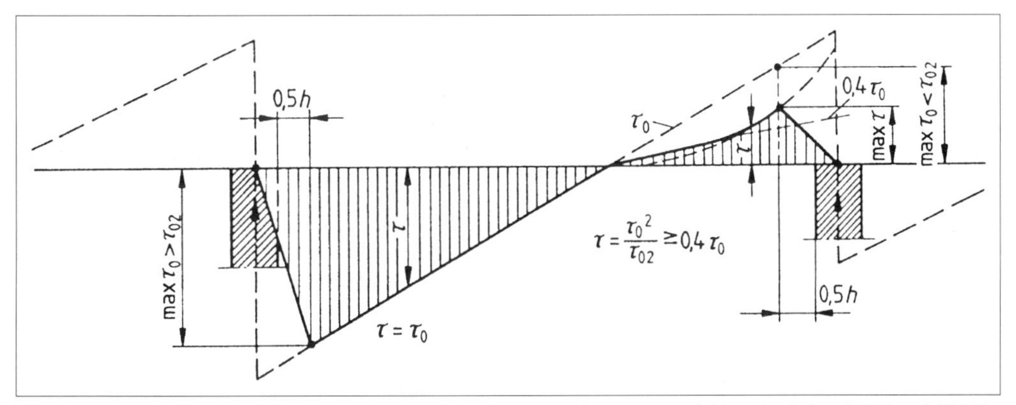

Bild 15. Grundwerte τ_0 und Bemessungswerte τ bei unmittelbarer Unterstützung (siehe Abschnitte 17.5.2 und 17.5.5)

Tabelle 13. Grenzen der Grundwerte der Schubspannung τ_0 in N/mm^2 unter Gebrauchslast

	1	2	3	4	5	6	7	8	9
	Bauteil	Schubbereich	Grenzen der Grundwerte der Schubspannung τ_0 in N/mm^2 für die Festigkeitsklasse des Betons						Schubdeckung
				B 15	B 25	B 35	B 45	B 55	
1a	Platten	1[24]	τ_{011}	0,25	0,35	0,40	0,50	0,55	siehe Abschnitt 17.5.5
1b	Platten	1[24]	τ_{011}	0,35	0,50	0,60	0,70	0,80	siehe Abschnitt 17.5.5
2	Platten	2	τ_{02}	1,20	1,80	2,40	2,70	3,00	verminderte Schubdeckung nach Gleichung (17) zulässig
3	Balken	1	τ_{012}	0,50	0,75	1,00	1,10	1,25	siehe Abschnitt 17.5.5
4	Balken	2	τ_{02}	1,20	1,80	2,40	2,70	3,00	verminderte Schubdeckung nach Gleichung (17) zulässig
5	Balken	3	τ_{03}	2,00	3,00	4,00	4,50	5,00	volle Schubdeckung
				nur bei d bzw. $d_0 \geq 30$ cm					

[24]) Die Werte der Zeile 1a gelten bei gestaffelter, d. h. teilweise im Zugbereich verankerter Feldbewehrung (siehe auch Abschnitt 20.1.6.2 (1)).

(2) Auswirkungen von Querschnittsänderungen (Balkenschrägen bzw. Aussparungen) auf die Schubspannungen müssen bei ungünstiger Wirkung bzw. dürfen bei günstiger Wirkung berücksichtigt werden.

17.5.3 Grundwerte τ_0 der Schubspannung

(1) Der Grundwert der Schubspannung darf die in Tabelle 13 angegebenen Grenzen nicht überschreiten.

(2) Bei biegebeanspruchten Bauteilen gilt als Grundwert τ_0 die Schubspannung in Höhe der Nullinie im Zustand II. Verringert sich die Querschnittsbreite in der Zugzone, kann der Grundwert dort größer und damit maßgebend werden. Dies gilt auch bei Biegung mit Längskraft, solange die Nullinie innerhalb des Querschnitts liegt.

(3) In Abschnitten von Bauteilen, die über den ganzen Querschnitt Längsdruckspannungen aufweisen (Biegung mit Längsdruckkraft, Nullinie außerhalb des Querschnittes), darf der Grundwert τ_0 in der Größe der nach Zustand I auftretenden größten Haupt*zug*spannung angenommen werden. Außerdem ist nachzuweisen, daß die schiefe Haupt*druck*spannung im Zustand II den Wert 2 τ_{03} nicht überschreitet; dabei ist die Neigung der Druckstrebe des gedachten Fachwerkes entsprechend der Richtung der schiefen Hauptdruckspannung im Zustand I anzunehmen.

(4) Bei Biegung mit Längszug und Nullinie außerhalb des Querschnitts darf der nach Zustand II allein aus der Querkraft ermittelte Grundwert τ_0 der Schubspannung die Werte der Tabelle 13, Zeilen 2 bzw. 4, nicht überschreiten. Die Bemessung der Schubbewehrung ist ebenfalls mit dem aus der Querkraft allein ermittelten Grundwert τ_0 der Schubspannung durchzuführen; eine Abminderung (siehe Abschnitt 17.5.5) ist nicht zulässig. Bei Platten darf jedoch auf eine Schubbewehrung verzichtet werden, wenn die nach Zustand I auftretende größte Hauptzugspannung - gegebenenfalls unter Berücksichtigung von Zwang - die Werte der Tabelle 13, Zeilen 1 a und 1 b, nicht überschreitet.

17.5.4 Bemessungsgrundlagen für die Schubbewehrung

(1) Die erforderliche Schubbewehrung ist für die in den Zugstreben eines gedachten Fachwerks unter der Gebrauchslast wirkenden Kräfte zu bemessen. Die Schubbewehrung ist entsprechend dem Schubspannungsdiagramm (siehe Bild 15) unter Berücksichtigung von Abschnitt 18.8 zu verteilen. Die Neigung der Zugstreben des Fachwerks gegen die Stabachse darf bei Schrägstreben zwischen 45° und 60° und bei Bügeln zwischen 45° und 90° angenommen werden. Bei Biegung mit Längszug darf die Neigung der Zugstreben der flacheren Neigung der Hauptzugspannungen angepaßt werden.

(2) Die Neigung der Druckstreben des gedachten Fachwerks ist im allgemeinen mit 45° (volle Schubdeckung) anzunehmen. Unter den in Abschnitt 17.5.5 genannten Voraussetzungen dürfen für die dort angegebenen Bereiche 1 und 2 auch flachere

Neigungen der Druckstreben angenommen werden (verminderte Schubdeckung nach Gleichung (17)).

(3) Die zulässige Stahlspannung ist mit $\beta_S/1{,}75$ in Rechnung zu stellen. Wegen der Stahlspannungen bei nicht vorwiegend ruhenden Lasten siehe Abschnitt 17.8, und wegen der Bewehrungsführung siehe auch Abschnitt 18.8.

(4) Für die Bemessung der Schubbewehrung bei Fertigteilen siehe Abschnitte 19.4 und 19.7.2, bei Stahlsteindecken Abschnitt 20.2.6.2, bei Glasstahlbeton Abschnitt 20.3.3, bei Rippendecken Abschnitt 21.2.2.2, bei punktförmig gestützten Platten Abschnitt 22.5, bei Fundamentplatten Abschnitt 22.7, bei wandartigen Trägern Abschnitt 23.2.

17.5.5 Bemessungsregeln für die Schubbewehrung (Bemessungswerte τ)

17.5.5.1 Allgemeines

(1) Breite Balken mit Rechteckquerschnitt ($b > 5d$) dürfen wie Platten behandelt werden.

(2) Bei mittelbarer Lasteintragung oder Auflagerung ist stets eine Aufhängebewehrung nach den Abschnitten 18.10.2 bzw. 18.10.3 anzuordnen.

(3) Je nach Größe von max τ_0 (siehe Bild 15) gelten neben den Bewehrungsrichtlinien nach Abschnitt 18.8 für die Bemessung der Schubbewehrung die Abschnitte 17.5.5.2 bis 17.5.5.4.

17.5.5.2 Schubbereich 1

(1) Schubbereich 1:

für Platten: max $\tau_0 \leq k_1\,\tau_{011}$ bzw. $k_2\,\tau_{011}$
für Balken: max $\tau_0 \leq \tau_{012}$

(2) Bei Platten darf auf eine Schubbewehrung verzichtet werden, wenn der Grundwert max $\tau_0 < k_1\,\tau_{011}$ bzw. max $\tau_0 < k_2\,\tau_{011}$ ist.

(3) Für den Beiwert k_1 gilt die Beziehung

$$k_1 = \frac{0{,}2}{d} + 0{,}33 \begin{array}{l} \geq 0{,}5 \\ \leq 1 \end{array} \qquad (14)$$

(d Plattendicke in m)

(4) Bei Platten darf in Bereichen, in denen die Höchstwerte des Biegemoments und der Querkraft nicht zusammentreffen, anstelle von k_1 der Beiwert k_2 gesetzt werden. Dafür gilt

$$k_2 = \frac{0{,}12}{d} + 0{,}6 \begin{array}{l} \geq 0{,}7 \\ \leq 1 \end{array} \qquad (15)$$

(5) In Balken (mit Ausnahme von Tür- und Fensterstürzen mit $l \leq 2{,}0$ m, die nach DIN 1053 Teil 1 /11.74, Abschnitt 5.5.3, belastet werden) und in Plattenbalken und Rippendecken (Ausnahmen siehe Abschnitt 21.2.2.2) ist stets eine Schubbewehrung anzuordnen. Sie ist mit dem Bemessungswert τ nach Gleichung (16) zu ermitteln:

$$\tau = 0{,}4\,\tau_0 \qquad (16)$$

(6) Der Anteil der Bügel dieser Schubbewehrung richtet sich nach Abschnitt 18.8.2.2.

17.5.5.3 Schubbereich 2

(1) Schubbereich 2:

für Platten:
$k_1\,\tau_{011}$ bzw. $k_2\,\tau_{011} \leq \max\tau_0 \leq \tau_{02}$

für Balken:
$\tau_{012} < \max\tau_0 \leq \tau_{02}$

(2) Der Grundwert τ_0 darf in jedem Querschnitt auf den Bemessungswert τ abgemindert werden (verminderte Schubdeckung):

$$\tau = \frac{\tau_0^2}{\tau_{02}} \geq 0{,}4\tau_0 \qquad (17)$$

(3) Wegen der verminderten Schubdeckung bei Fertigteilen siehe Abschnitte 19.4 und 19.7.2.

(4) Bei Platten darf in Abschnitten, in denen die Grundwerte der Schubspannung τ_0 den Wert $k_1\,\tau_{011}$ bzw. $k_2\,\tau_{011}$ nicht überschreiten, auf die Anordnung einer Schubbewehrung verzichtet werden.

17.5.5.4 Schubbereich 3

(1) Schubbereich 3: $\tau_{02} < \max\tau_0 \leq \tau_{03}$

(2) Liegt der Grundwert τ_0 zwischen τ_{02} und τ_{03}, sind bei der Ermittlung der Schubbewehrung im ganzen zugehörigen Querkraftbereich gleichen Vorzeichens die Grundwerte τ_0 zugrunde zu legen (volle Schubdeckung).

17.5.6 Bemessung bei Torsion

(1) Wegen der Notwendigkeit des Nachweises siehe Abschnitt 15.5. Der Grundwert τ_T ist mit den Querschnittswerten für Zustand I und für die Schnittgrößen unter Gebrauchslast ohne Berücksichtigung der Bewehrung zu ermitteln.

(2) Die Grundwerte τ_T dürfen die Werte τ_{02} der Tabelle 13, Zeile 4, nicht überschreiten; Abminderungen nach Gleichung (17) sind unzulässig.

(3) Ein Nachweis der Torsionsbewehrung ist nur erforderlich, wenn die Grundwerte τ_T die Werte $0{,}25\tau_{02}$ nach Tabelle 13, Zeilen 2 bzw. 4, überschreiten. Die Torsionsbewehrung ist für die schiefen Hauptzugkräfte zu bemessen, die in den Stäben eines gedachten räumlichen Fachwerks mit Druckstreben unter 45° Neigung entstehen.

(4) Die Mittellinie des gedachten räumlichen Fachwerks verläuft durch die Mitten der Längsstäbe der Torsionsbewehrung (Eckstäbe).

17.5.7 Bemessung bei Querkraft und Torsion

(1) Wirken Querkraft und Torsion gleichzeitig, so ist zunächst nachzuweisen, daß die Grundwerte τ_0 und τ_T jeder für sich die in den Abschnitten 17.5.3 und 17.5.6 angegebenen Höchstwerte nicht überschreiten.

(2) Außerdem ist die Einhaltung von Gleichung (17.1) nachzuweisen:

$$\frac{\tau_0}{\tau_{03}} + \frac{\tau_T}{\tau_{02}} \leq 1{,}3 \qquad (17.1)$$

(3) Beträgt die Bauteildicke d bzw. d_0 weniger als 30 cm, so tritt an die Stelle des Höchstwertes τ_{03} der Höchstwert τ_{02}.

(4) Die erforderliche Schubbewehrung ist getrennt für die Teilwerte τ_0 bzw. τ nach Abschnitt 17.5.5 und τ_T nach Abschnitt 17.5.6 zu ermitteln. Die so errechneten Querschnittswerte der Schubbewehrung sind zu addieren.

17.6 Beschränkung der Rißbreite unter Gebrauchslast[25])

17.6.1 Allgemeines

(1) Zur Sicherung der Gebrauchsfähigkeit und Dauerhaftigkeit der Stahlbetonteile ist die Rißbreite durch geeignete Wahl von Bewehrungsgrad, Stahlspannung und Bewehrungsanordnung dem Verwendungszweck entsprechend zu beschränken.

(2) Wenn die Konstruktionsregeln nach den Abschnitten 17.6.2 und 17.6.3 eingehalten werden, wird die Rißbreite in dem Maße beschränkt, daß das äußere Erscheinungsbild und die Dauerhaftigkeit von Stahlbetonteilen nicht beeinträchtigt werden.

(3) Die Konstruktionsregeln unterscheiden zwischen Anforderungen an Innenbauteile (siehe Tabelle 10, Zeile 1) und Bauteile in Umweltbedingung nach Tabelle 10, Zeilen 2 bis 4. Bei Bauteilen mit Umweltbedingungen nach Tabelle 10, Zeile 4, müssen auch dann die nachfolgenden Regeln eingehalten werden, wenn besondere Schutzmaßnahmen nach Abschnitt 13.3 getroffen werden.

[25]) Die Grundlagen für Konstruktionsregeln und weitere Hinweise enthält das DAfStb-Heft 400.

(4) Werden Anforderungen an die Wasserundurchlässigkeit gestellt, z. B. bei Flüssigkeitsbehältern und Weißen Wannen, sind im allgemeinen weitergehende Maßnahmen erforderlich.

(5) Bauteile, bei denen Risse zu erwarten sind, die über den gesamten Querschnitt reichen, bedürfen eines besonderen Schutzes nach Abschnitt 13.3, wenn auf sie stark chloridhaltiges Wasser (z. B. aus Tausalzanwendung) einwirkt.

(6) Als rißverteilende Bewehrung sind stets Betonrippenstähle zu verwenden.

17.6.2 Mindestbewehrung

(1) In den oberflächennahen Bereichen von Stahlbetonbauteilen, in denen Betonzugspannungen (auch unter Berücksichtigung von behinderten Verformungen, z. B. aus Schwinden, Temperatur und Bauwerksbewegungen) entstehen können, ist im allgemeinen eine Mindestbewehrung einzulegen.

(2) Auf eine Mindestbewehrung darf in den folgenden Fällen verzichtet werden:

a) in Innenbauteilen nach Tabelle 10, Zeile 1, des üblichen Hochbaus,

b) in Bauteilen, in denen Zwangauswirkungen nicht auftreten können,

c) in Bauteilen, für die nachgewiesen wird, daß die Zwangschnittgröße die Rißschnittgröße nach Absatz (3) nicht erreichen kann. Dann ist die Bewehrung für die nachgewiesene Zwangschnittgröße auf der Grundlage von Abschnitt 17.6.3 zu ermitteln,

d) wenn breite Risse unbedenklich sind.

(3) Die Mindestbewehrung ist nach Gleichung (18) festzulegen. Mit dieser Mindestbewehrung wird die Rißschnittgröße aufgenommen. Dabei ist die Rißschnittgröße diejenige Schnittgröße M und N, die zu einer Randspannung gleich der Betonzugfestigkeit nach Gleichung (19) führt.

$$\mu_z = \frac{k_0 \cdot \beta_{bZ}}{\sigma_s} \qquad (18)$$

Hierbei sind:

μ_z der auf die Zugzone A_{bZ} nach Zustand I bezogene Bewehrungsgehalt A_s/A_{bZ}

k_0 Beiwert zur Beschränkung der Breite von Erstrissen in Bauteilen
unter Biegezwang $k_0 = 0{,}4$
unter zentrischem Zwang $k_0 = 1{,}0$

σ_s Betonstahlspannung im Zustand II. Sie ist in Abhängigkeit vom gewählten Stabdurchmesser der Tabelle 14 zu entnehmen, darf jedoch folgenden Wert nicht überschreiten:

$$\sigma_s = 0{,}8\ \beta_s$$

$$\beta_{bZ} = 0{,}25\ \beta_{WN}^{2/3} \quad (19)$$

β_{WN} Nennfestigkeit nach Abschnitt 6.5. In Gleichung (19) ist die aus statischen oder betontechnologischen Gründen vorgesehene Nennfestigkeit, jedoch mindestens $\beta_{WN} = 35\ N/mm^2$, einzusetzen.

(4) Bei Zwang im frühen Betonalter darf mit der dann vorhandenen, geringeren wirksamen Betonzugfestigkeit β_{bZw} gerechnet werden. Dann ist jedoch der Grenzdurchmesser nach Tabelle 14 im Verhältnis $\beta_{bZw}/2{,}1$ zu verringern.

(5) Für Zwang aus Abfließen der Hydratationswärme ist die wirksame Betonzugfestigkeit β_{bZw} entsprechend der zeitlichen Entwicklung des Zwanges und der Betonzugfestigkeit zu wählen. Ohne genaueren Nachweis ist im Regelfall $\beta_{bZw} = 0{,}5\ \beta_{bZ}$ mit β_{bZ} nach Gleichung (19) anzunehmen.

17.6.3 Regeln für die statisch erforderliche Bewehrung

(1) Die nach Abschnitt 17.2 ermittelte Bewehrung ist in Abhängigkeit von der Betonstahlspannung σ_s entweder nach Tabelle 14 oder nach Tabelle 15 anzuordnen. Sofern sich danach zu kleine Stabdurchmesser oder zu geringe Stababstände ergeben, ist der Bewehrungsquerschnitt gegenüber dem Wert nach Abschnitt 17.2 zu vergrößern, so daß sich eine kleinere Stahlspannung und damit größere Stabdurchmesser oder Stababstände ergeben. Diese Bewehrung braucht nicht zusätzlich zu der Bewehrung nach Abschnitt 17.6.2 eingelegt zu werden.

(2) Die Betonstahlspannung σ_s ist die Stahlspannung unter dem häufig wirkenden Lastanteil. Sie ist für Zustand II nach Gleichung (6) zu ermitteln. Zu den Schnittgrößen aus häufig wirkendem Lastanteil zählen solche aus ständiger Last, aus Zwang (wenn dessen Berücksichtigung in Normen gefordert ist), sowie nach Abschnitt 17.6.2 c) und aus einem abzuschätzenden Anteil der Verkehrslast. Wenn für den Anteil der Verkehrslast keine Werte in

Tabelle 14. Grenzdurchmesser d_s (Grenzen für den Vergleichsdurchmesser d_{sV}) in mm
Nur einzuhalten, wenn die Werte der Tabelle 15 nicht eingehalten sind, und stets einzuhalten bei Ermittlung der Mindestbewehrung nach Abschnitt 17.6.2.

	1		2	3	4	5	6	7
1	Betonstahlspannung σ_s in N/mm²		160	200	240	280	350	400[26]
2	Grenzdurchmesser in mm bei Umweltbedingungen nach Tabelle 10.	Zeile 1	36	36	28	25	16	10
3		Zeilen 2 bis 4	28	20	16	12	8	5

Die Grenzdurchmesser dürfen im Verhältnis $\frac{d}{10\,(d - h)} \geq 1$ vergrößert werden.

d Bauteildicke, h statische Nutzhöhe – jeweils rechtwinklig zur betrachteten Bewehrung

Bei Verwendung von Stabbündeln mit $d_{sV} > 36$ mm ist immer eine Hautbewehrung nach Abschnitt 18.11.3 erforderlich. Zwischenwerte dürfen linear interpoliert werden.

[26] Hinsichtlich der Größe der Betonstahlspannung σ_s siehe Erläuterung zu Gleichung (18).

Tabelle 15. Höchstwerte der Stababstände in cm
Nur einzuhalten, wenn die Werte der Tabelle 14 nicht eingehalten sind.

	1		2	3	4	5	6
1	Betonstahlspannung σ_s in N/mm²		160	200	240	280	350
2	Höchstwerte der Stababstände in cm bei Umweltbedingungen nach Tabelle 10	Zeile 1	25	25	25	20	15
3		Zeilen 2 bis 4	25	20	15	10	7

Für Platten ist Abschnitt 20.1.6.2 zu beachten. Zwischenwerte dürfen linear interpoliert werden.

(Tabelle 16 ist entfallen)

Normen angegeben sind, darf der häufig wirkende Lastanteil mit 70 % der zulässigen Gebrauchslast, aber nicht kleiner als die ständige Last einschließlich Zwang, angesetzt werden.

(3) Als Grenzdurchmesser d_s nach Tabelle 14 gilt - auch bei Betonstahlmatten mit Doppelstäben - der Durchmesser des Einzelstabes. Abweichend davon ist bei Stabbündeln nach Abschnitt 18.11 der Vergleichsdurchmesser d_{sV} zu ermitteln.

(4) Die Stababstände nach Tabelle 15 gelten für die auf der Zugseite eines auf Biegung (mit oder ohne Druck) beanspruchten Bauteils liegende Bewehrung. Bei auf mittigen Zug beanspruchten Bauteilen dürfen die halben Werte der Stababstände nach Tabelle 15 nicht überschritten werden. Bei Beanspruchungen auf Biegung mit Längszug darf ein Stababstand zwischen den vorgenannten Grenzen gewählt werden.

17.7 Beschränkung der Durchbiegung unter Gebrauchslast

17.7.1 Allgemeine Anforderungen

Wenn durch zu große Durchbiegungen Schäden an Bauteilen entstehen können oder ihre Gebrauchsfähigkeit beeinträchtigt wird, so ist die Größe dieser Durchbiegungen entsprechend zu beschränken, soweit nicht andere bauliche Vorkehrungen zur Vermeidung derartiger Schäden getroffen werden. Der Nachweis der Beschränkung der Durchbiegung kann durch eine Begrenzung der Biegeschlankheit nach Abschnitt 17.7.2 geführt werden.

17.7.2 Vereinfachter Nachweis durch Begrenzung der Biegeschlankheit

(1) Die Schlankheit l_i/h von biegebeanspruchten Bauteilen, die mit ausreichender Überhöhung der Schalung hergestellt sind, darf nicht größer als 35 sein. Bei Bauteilen, die Trennwände zu tragen haben, soll die Schlankheit $l_i/h \leq 150/l_i$ (l_i und h in m) sein, sofern störende Risse in den Trennwänden nicht durch andere Maßnahmen vermieden werden.

(2) Bei biegebeanspruchten Bauteilen, deren Durchbiegung vorwiegend durch die im betrachteten Feld wirkende Belastung verursacht wird, kann die Ersatzstützweite $l_i = \alpha \cdot l$ in Rechnung gestellt werden als Stützweite eines frei drehbar gelagerten Balkens auf 2 Stützen mit konstantem Flächenmoment 2. Grades, der unter gleichmäßig verteilter Last das gleiche Verhältnis der Mittendurchbiegung zur Stützweite (f/l) und die gleiche Krümmung in Feldmitte (M/EI) besitzt wie das zu untersuchende Bauteil. Beim Kragträger ist die Durchbiegung am Kragende und die Krümmung am Einspannquerschnitt für die Ermittlung der Ersatzstützweite maßgebend. Bei vierseitig gestützten Platten ist die kleinste Ersatzstützweite maßgebend, bei dreiseitig gestützten Platten die Ersatzstützweite parallel zum freien Rand.

(3) Für häufig vorkommende Anwendungsfälle kann der Beiwert α DAfStb-Heft 240 entnommen werden.

17.7.3 Rechnerischer Nachweis der Durchbiegung

Zum Abschätzen der anfänglichen und nachträglichen Durchbiegung eines Bauteils dienen die in den Abschnitten 16.2 und 16.4 enthaltenen Grundlagen. Vereinfachte Berechnungsverfahren können DAfStb-Heft 240 entnommen werden.

17.8 Beschränkung der Stahlspannungen unter Gebrauchslast bei nicht vorwiegend ruhender Belastung

(1) Bei Betonstabstahl III S und IV S darf unter der Gebrauchslast die Schwingbreite der Stahlspannungen folgende Werte nicht überschreiten,

- in geraden oder schwach gekrümmten Stababschnitten (Biegerollendurchmesser $d_{br} \geq 25\ d_s$): 180 N/mm²
- in gekrümmten Stababschnitten mit einem Biegerollendurchmesser $25\ d_s \geq d_{br} > 10\ d_s$: 140 N/mm²
- in gekrümmten Stababschnitten mit einem Biegerollendurchmesser $d_{br} \leq 10\ d_s$: 100 N/mm².

(2) Beim Nachweis der Schwingbreite in der Schubbewehrung sind die Spannungen nach der Fachwerkanalogie zu ermitteln, wobei die Neigung der Druckstreben mit 45° anzusetzen ist. Der Anteil aus der nicht vorwiegend ruhenden Beanspruchung darf mit dem Faktor 0,60 abgemindert werden.

(3) Bei Betonstahlmatten IV M und bei geschweißten Verbindungen nach Tabelle 24, Zeilen 5 bis 7 darf die Schwingbreite der Stahlspannungen allgemein bis zu 80 N/mm² betragen.

(4) Betonstahlmatten mit tragenden Stäben $d_s \leq 4{,}5$ mm dürfen nur in Bauteilen mit vorwiegend ruhender Beanspruchung verwendet werden.

(5) Ein vereinfachtes Verfahren für den Nachweis der Beschränkung der Stahlspannung unter Gebrauchslast bei nicht vorwiegend ruhender Belastung kann DAfStb-Heft 400 entnommen werden.

(6) Erfährt die Bewehrung Wechselbeanspruchungen, so darf die Stahldruckspannung zur Vereinfachung gleich der 10fachen, im Schwerpunkt der Bewehrung auftretenden Betondruckspannung gesetzt werden. Diese darf hierfür unter der Annahme einer geradlinigen Spannungsverteilung nach Zustand I ermittelt werden.

17.9 Bauteile aus unbewehrtem Beton

(1) Die Tragfähigkeit von Druckgliedern aus unbewehrtem Beton ist unter Zugrundelegung der in den Bildern 11 und 13 angegebenen Dehnungsdiagramme zu ermitteln, wobei die Mitwirkung des Betons auf Zug nicht in Rechnung gestellt werden darf. Dabei darf eine klaffende Fuge höchstens bis zum Schwerpunkt des Gesamtquerschnitts entstehen.

(2) Der traglastmindernde Einfluß der Bauteilauslenkung ist abweichend von Abschnitt 17.4.1 auch für Schlankheiten $\lambda \leq 20$ zu berücksichtigen. Für die ungewollte Ausmitte e_v gilt Gleichung (13). DAfStb-Heft 220 enthält Diagramme, aus welchen die Traglasten unbewehrter Rechteck- bzw. Kreisquerschnitte für $\lambda \leq 70$ in Abhängigkeit von Lastausmitte und Schlankheit entnommen werden können. Für Bauteile mit Schlankheiten $\lambda > 70$ ist stets ein genauerer Nachweis nach Abschnitt 17.4.1 (1) mit Berücksichtigung des Kriechens zu führen.

(3) Die zulässige Last ist mit dem Sicherheitsbeiwert $\gamma = 2{,}1$ zu ermitteln. Es darf rechnerisch keine höhere Festigkeitsklasse des Betons als B 35 ausgenützt werden; unbewehrte Bauteile aus Beton einer Festigkeitsklasse niedriger als B 10 dürfen nur bis zu einer Schlankheit $\lambda \leq 20$ ausgeführt werden.

(4) Die Einflüsse von Schlankheit und ungewollter Ausmitte auf die Tragfähigkeit von Druckgliedern aus unbewehrtem Beton dürfen näherungsweise durch Verringerung der ermittelten zulässigen Last mit dem Beiwert κ nach Gleichung (20) berücksichtigt werden:

$$\kappa = 1 - \frac{\lambda}{140} \cdot \left(1 + \frac{m}{3}\right) \quad (20)$$

Hierin sind:

$m = e/k$ bezogene Ausmitte des Lastangriffs im Gebrauchszustand;

$e = M/N$ größte planmäßige Ausmitte des Lastangriffs unter Gebrauchslast im mittleren Drittel des zugrunde gelegten Knickstabes;

$k = W_d/A_b$ Kernweite des Betonquerschnitts, bezogen auf den Druckrand (bei Rechteckquerschnitten $k = d/6$).

(5) Gleichung (20) darf für bezogene Ausmitten $m \leq 1{,}20$ nur bis $\lambda \leq 70$ angewendet werden; ihre Anwendung ist für $m \leq 1{,}50$ auf den Bereich $\lambda \leq 40$ und für $m \leq 1{,}80$ auf den Bereich $\lambda \leq 20$ zu begrenzen. Zwischenwerte dürfen interpoliert werden.

(6) In Bauteilen aus unbewehrtem Beton darf eine Lastausbreitung bis zu einem Winkel von 26,5°, entsprechend einer Neigung 1:2 zur Lastrichtung, in Rechnung gestellt werden.

(7) Bei unbewehrten Fundamenten (Gründungskörpern) darf für die Lastausbreitung anstelle einer Neigung 1 : 2 zur Lastrichtung eine Neigung 1 : *n* in Rechnung gestellt werden. Die *n*-Werte sind in Abhängigkeit von der Betonfestigkeitsklasse und der Bodenpressung σ_0 in Tabelle 17 angegeben.

Tabelle 17. *n*-Werte für die Lastausbreitung

Bodenpressung σ_0 in kN/m² $\leq$	100	200	300	400	500
B 5	1,6	2,0	2,0	unzulässig	
B 10	1,1	1,6	2,0	2,0	2,0
B 15	1,0	1,3	1,6	1,8	2,0
B 25	1,0	1,0	1,2	1,4	1,6
B 35	1,0	1,0	1,0	1,2	1,3

18 Bewehrungsrichtlinien

18.1 Anwendungsbereich

(1) Der Abschnitt 18 gilt, soweit nichts anderes gesagt ist, sowohl für vorwiegend ruhende als auch für nicht vorwiegend ruhende Belastung (siehe DIN 1055 Teil 3). Die in diesem Abschnitt geforderten Nachweise sind für Gebrauchslast zu führen.

(2) Die Abschnitte 18.2 bis 18.10 gelten für Einzelstäbe und Betonstahlmatten. Für Stabbündel ist Abschnitt 18.11 zu beachten.

18.2 Stababstände

Der lichte Abstand von gleichlaufenden Bewehrungsstäben außerhalb von Stoßbereichen muß mindestens 2 cm betragen und darf nicht kleiner als der Stabdurchmesser d_s sein. Dies gilt nicht für den Abstand zwischen einem Einzelstab und einem an die Querbewehrung (z. B. an einen Bügelschenkel) angeschweißten Längsstab mit $d_s \leq$ 12 mm. Die Stäbe von Doppelstäben von Betonstahlmatten dürfen sich berühren.

18.3 Biegungen

18.3.1 Zulässige Biegerollendurchmesser

Die Biegerollendurchmesser d_{br} für Haken, Winkelhaken, Schlaufen, Bügel sowie für Aufbiegungen und andere gekrümmte Stäbe dürfen die Mindestwerte nach Tabelle 18 nicht unterschreiten.

Tabelle 18. Mindestwerte der Biegerollendurchmesser d_{br}

	1	2
1	Stabdurchmesser d_s mm	Haken, Winkelhaken Schlaufen, Bügel
2	< 20	$4\ d_s$
3	20 bis 28	$7\ d_s$
4	Betondeckung (Mindestmaß) rechtwinklig zur Krümmungsebene	Aufbiegungen und andere Krümmungen von Stäben (z. B. in Rahmenecken)[27]
5	> 5 cm und $> 3\ d_s$	$15\ d_s$[28]
6	≤ 5 cm oder $\leq 3\ d_s$	$20\ d_s$

[27]) Werden die Stäbe mehrerer Bewehrungslagen an einer Stelle abgebogen, sind für die Stäbe der inneren Lagen die Werte der Zeilen 5 und 6 mit dem Faktor 1,5 zu vergrößern.

[28]) Der Biegerollendurchmesser darf auf $d_{br} = 10\ d_s$ vermindert werden, wenn das Mindestmaß der Betondeckung rechtwinklig zur Krümmungsebene und der Achsabstand der Stäbe mindestens 10 cm und mindestens 7 d_s betragen.

18.3.2 Biegungen an geschweißten Bewehrungen

(1) Werden geschweißte Bewehrungsstäbe und Betonstahlmatten nach dem Schweißen gebogen, gelten die Werte der Tabelle 18 nur dann, wenn der Abstand zwischen Krümmungsbeginn und Schweißstelle mindestens 4 d_s beträgt.

(2) Dieser Abstand darf unter den folgenden Bedingungen unterschritten bzw. die Krümmung darf im Bereich der Schweißstelle angeordnet werden:

a) bei vorwiegend ruhender Belastung bei allen Schweißverbindungen, wenn der Biegerollendurchmesser mindestens 20 d_s beträgt;

b) bei nicht vorwiegend ruhender Belastung bei Betonstahlmatten, wenn der Biegerollendurchmesser bei auf der Krümmungsaußenseite liegenden Schweißpunkten mindestens 100 d_s, bei auf der Krümmungsinnenseite liegenden Schweißpunkten mindestens 500 d_s beträgt.

18.3.3 Hin- und Zurückbiegen

(1) Das Hin- und Zurückbiegen von Betonstählen stellt für den Betonstahl und den umgebenden Beton eine zusätzliche Beanspruchung dar.

(2) Beim Kaltbiegen von Betonstählen sind die folgenden Bedingungen einzuhalten:

a) Der Stabdurchmesser darf nicht größer als d_s = 14 mm sein. Ein Mehrfachbiegen, bei dem das Hin- und Zurückbiegen an derselben Steile wiederholt wird, ist nicht zulässig.

b) Bei vorwiegend ruhender Beanspruchung muß der Biegerollendurchmesser beim Hinbiegen mindestens das 1,5fache der Werte nach Tabelle 18, Zeile 2, betragen. Die Bewehrung darf höchstens zu 80 % ausgenutzt werden.

c) Bei nicht vorwiegend ruhender Beanspruchung muß der Biegerollendurchmesser beim Hinbiegen mindestens 15 d_s betragen. Die Schwingbreite der Stahlspannung darf 50 N/mm^2 nicht überschreiten.

d) Verwahrkästen für Bewehrungsanschlüsse sind so auszubilden, daß sie weder die Tragfähigkeit des Betonquerschnitts noch den Korrosionsschutz der Bewehrung beeinträchtigen (siehe DAfStb-Heft 400 und DBV-Merkblatt „Rückbiegen“).

(3) Für das Warmbiegen von Betonstahl gilt Abschnitt 6.6.1. Bei nicht vorwiegend ruhender Beanspruchung darf die Schwingbreite der Stahlspannung 50 N/mm^2 nicht überschreiten.

18.4 Zulässige Grundwerte der Verbundspannungen

(1) Die zulässigen Grundwerte der Verbundspannungen sind Tabelle 19 zu entnehmen. Sie gelten nur unter der Voraussetzung, daß der Verbund während des Erhärtens des Betons nicht ungünstig beeinflußt wird (z. B. durch Bewegen der Bewehrung).

(2) Die angegebenen Werte dürfen um 50 % erhöht werden, wenn allseits Querdruck oder eine allseitige durch Bewehrung gesicherte Beton-

deckung von mindestens 10 d_s vorhanden ist. Dies gilt nicht für die Übergreifungsstöße nach Abschnitt 18.6 und für Verankerungen am Endauflager nach Abschnitt 18.7.4.

(3) Verbundbereich I gilt für

- alle Stäbe. die beim Betonieren zwischen 45° und 90° gegen die Waagerechte geneigt sind,
- flacher als 45° geneigte Stäbe, wenn sie beim Betonieren entweder höchstens 25 cm über der Unterkante des Frischbetons oder mindestens 30 cm unter der Oberseite des Bauteils oder eines Betonierabschnittes liegen.

(4) Verbundbereich II gilt für

- alle Stäbe, die nicht dem Verbundbereich I zuzuordnen sind,
- alle Stäbe in Bauteilen, die im Gleitbauverfahren hergestellt werden. Für innerhalb der horizontalen Bewehrung angeordnete lotrechte Stäbe darf die Verbundspannung nach Tabelle 19, Zeile 2, um 30 % erhöht werden.

Tabelle 19. Zulässige Grundwerte der Verbundspannung zul τ_1 in N/mm²

	1	2	3	4	5	6
	Verbundbereich	Zulässige Grundwerte der Verbundspannung zul τ_1 in N/mm² für Festigkeitsklassen des Betons				
		B 15	B 25	B 35	B 45	B 55
1	I	1,4	1,8	2,2	2,6	3,0
2	II	0,7	0,9	1,1	1,3	1,5

18.5 Verankerungen

18.5.1 Grundsätze

(1) Soweit nichts anderes gesagt wird, gelten die folgenden Angaben sowohl für Zug- als auch für Druckstäbe.

(2) Die Verankerung kann erfolgen durch

a) gerade Stabenden,

b) Haken, Winkelhaken, Schlaufen,

c) angeschweißte Querstäbe,

d) Ankerkörper.

(3) Ein der Verankerung dienender Querstab muß nach DIN 488 Teil 4 oder DIN 4099 angeschweißt werden. Die Scherfestigkeit der Schweißknoten muß mindestens 30 % der Nennstreckgrenze des dickeren Stabes betragen. Weiterhin muß die zur Verankerung vorgesehene Fläche des Querstabes je zu verankernden Stab mindestens 5 d_s^2 betragen (d_s Durchmesser des zu verankernden Stabes).

18.5.2 Gerade Stabenden, Haken, Winkelhaken, Schlaufen oder angeschweißte Querstäbe

18.5.2.1 Grundmaß l_0 der Verankerungslänge

(1) Das Grundmaß l_0 ist die Verankerungslänge für voll ausgenutzte Bewehrungsstäbe mit geraden Stabenden.

(2) Für Betonstabstahl sowie für Betonstahlmatten errechnet sich l_0 nach Gleichung (21).

Normen

$$l_0 = \frac{F_s}{\gamma \cdot u \cdot \text{zul}\,\tau_1} = \frac{d_s}{4 \cdot \text{zul}\,\tau_1} \cdot \frac{\beta_S}{\gamma} = \alpha_0 \cdot d_s \quad (21)$$

Hierin sind:

F_s Zug- oder Druckkraft im Bewehrungsstab unter $\sigma_s = \beta_S$,

β_S Streckgrenze des Betonstahles nach Tabelle 6,

γ rechnerischer Sicherheitsbeiwert $\gamma = 1{,}75$,

d_s Nenndurchmesser des Bewehrungsstabes. Für Doppelstäbe von Betonstahlmatten ist der Durchmesser d_{sV} des querschnittsgleichen Einzelstabes einzusetzen ($d_{sV} = d_s \cdot \sqrt{2}$).

u Umfang des Bewehrungstabes,

zul τ_1 Grundwert der Verbundspannung nach Abschnitt 18.4, wobei zul τ_1 über die Länge l_0 als konstant angenommen wird,

$\alpha_0 = \frac{\beta_S}{7 \cdot \text{zul}\,\tau_1}$ Beiwert, abhängig von Betonstahlsorte, Betonfestigkeitsklasse und Lage der Bewehrung beim Betonieren.

18.5.2.2 Verankerungslänge l_1

Die Verankerungslänge l_1 für Betonstabstahl sowie für Betonstahlmatten errechnet sich nach Gleichung (22).

$$l_1 = \alpha_1 \cdot \alpha_A \cdot l_0 \quad (22)$$

$\geq 10\, d_s$ bei geraden Stabenden mit oder ohne angeschweißtem Querstab

$\geq \frac{d_{br}}{2} + d_s$ bei Haken, Winkelhaken oder Schlaufen mit oder ohne angeschweißtem Querstab.

Hierin sind:

α_1 Beiwert zur Berücksichtigung der Art der Verankerung nach Tabelle 20,

$\alpha_A = \frac{\text{erf}\,A_s}{\text{vorh}\,A_s}$ Beiwert, abhängig vom Grad der Ausnutzung

I

erf A_s rechnerisch erforderlicher Bewehrungsquerschnitt,
vorh A_s vorhandener Bewehrungsquerschnitt,
d_{br} vorhandener Biegerollendurchmesser.

(Gleichung (23) entfällt.)

18.5.2.3 Querbewehrung im Verankerungsbereich

(1) Im Verankerungsbereich von Bewehrungsstäben müssen die infolge Sprengwirkung auftretenden örtlichen Querzugspannungen im Beton durch Querbewehrung aufgenommen werden, sofern nicht konstruktive Maßnahmen oder andere günstige Einflüsse (z. B. Querdruck) ein Aufspalten des Betons verhindern.

(2) Bei Platten genügt die in Abschnitt 20.1.6.3, bei Wänden die in Abschnitt 25.5.5.2 vorgeschriebene Querbewehrung. Sie muß bei Stäben mit $d_s \geq$ 16 mm im Bereich der Verankerung außen angeordnet werden. Bei geschweißten Betonstahlmatten darf sie innen liegen. Bei Balken, Plattenbalken und Rippendecken reichen die nach Abschnitt 18.8.2 und bei Stützen die nach Abschnitt 25.2.2.2 erforderlichen Bügel als Querbewehrung aus.

18.5.3 Ankerkörper

(1) Ankerkörper sind möglichst nach der Stirnfläche eines Bauteils, mindestens jedoch zwischen

Tabelle 20. Beiwerte α_1

	1	2	3
	Art und Ausbildung der Verankerung	Beiwert α_1 Zugstäbe	Beiwert α_1 Druckstäbe
1	a) Gerade Stabenden 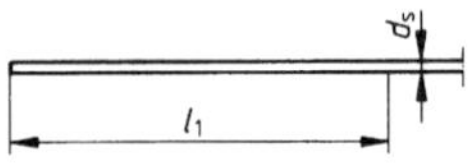 (l_1, d_s)	1,0	1,0
2	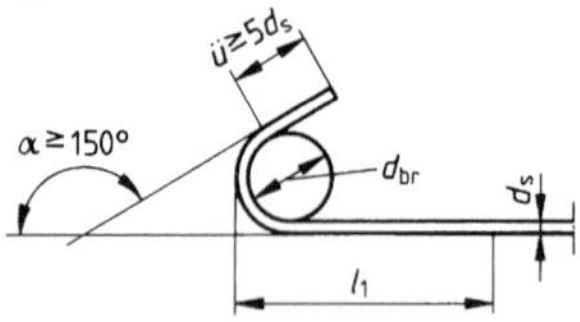 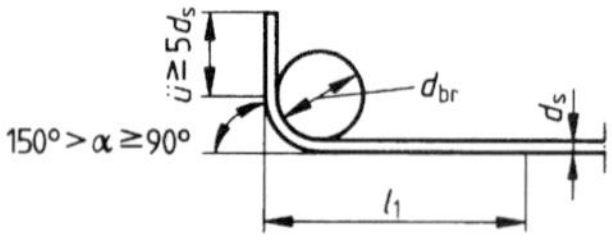 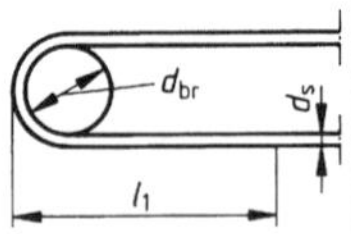 b) Haken ($\alpha \geq 150°$, $ü \geq 5 d_s$, d_{br}, d_s, l_1); c) Winkelhaken ($150° > \alpha \geq 90°$, $ü \geq 5 d_s$, d_{br}, d_s, l_1); d) Schlaufen (d_{br}, d_s, l_1)	0,7 (1,0)	1,0
3	e) Gerade Stabenden mit mindestens einem angeschweißten Stab innerhalb l_1 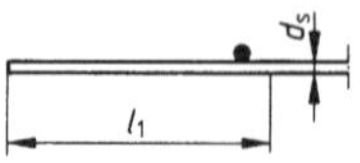	0,7	0,7
4	f) Haken 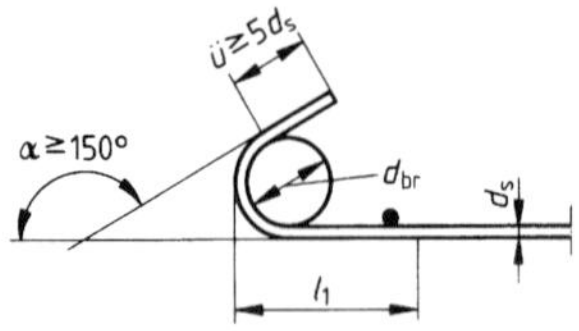 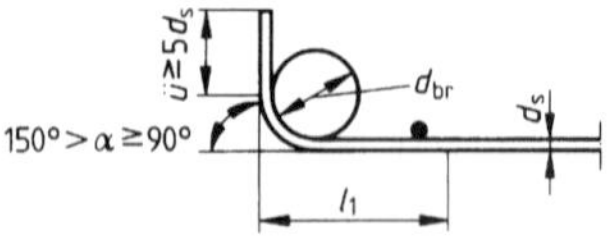 ($\alpha \geq 150°$, $ü \geq 5 d_s$, d_{br}, d_s, l_1); g) Winkelhaken ($150° > \alpha \geq 90°$, $ü \geq 5 d_s$, d_{br}, d_s, l_1); h) Schlaufen (Draufsicht) 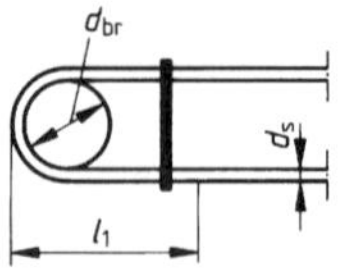 (d_{br}, d_s, l_1); mit jeweils mindestens einem angeschweißten Stab innerhalb l_1 vor dem Krümmungsbeginn	0,5 (0,7)	1,0
5	i) Gerade Stabenden mit mindestens zwei angeschweißten Stäben innerhalb l_1 (Stababstand s_q < 10 cm bzw. ≥ 5 d_s und ≥ 5 cm) nur zulässig bei Einzelstäben mit $d_s \leq$ 16 mm bzw. Doppelstäben mit $d_s \leq$ 12 mm ($\geq 5 d_s$, ≥ 5 cm, < 10 cm, s_q, d_s, l_1)	0,5	0,5

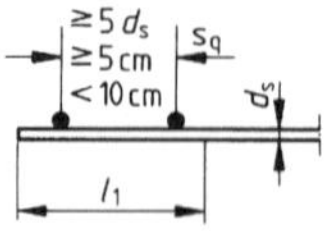

Die in Spalte 2 in Klammern angegebenen Werte gelten, wenn im Krümmungsbereich rechtwinklig zur Krümmungsebene die Betondeckung weniger als 3 d_s beträgt bzw. kein Querdruck oder keine enge Verbügelung vorhanden ist.

Stirnfläche und Auflagermitte anzuordnen. Sie sind so auszubilden, daß eine kraft- und formschlüssige Einleitung der Ankerkräfte sichergestellt ist. Die auftretenden Spaltkräfte sind durch Bewehrung aufzunehmen. Schweißverbindungen sind nach DIN 4099 auszuführen.

(2) Die Tragfähigkeit von Ankerkörpern ist durch Versuche nachzuweisen, falls die Betonpressungen die für Teilflächenbelastung zulässigen Werte (siehe Abschnitt 17.3.3) überschreiten. Dies gilt auch für die Verbindung Ankerkörper - Bewehrungsstahl, wenn diese nicht rechnerisch nachweisbar ist oder nicht vorwiegend ruhende Belastung vorliegt. In diesen Fällen dürfen Ankerkörper nur verwendet werden, wenn eine allgemeine bauaufsichtliche Zulassung oder im Einzelfall die Zustimmung der zuständigen obersten Bauaufsichtsbehörde vorliegt.

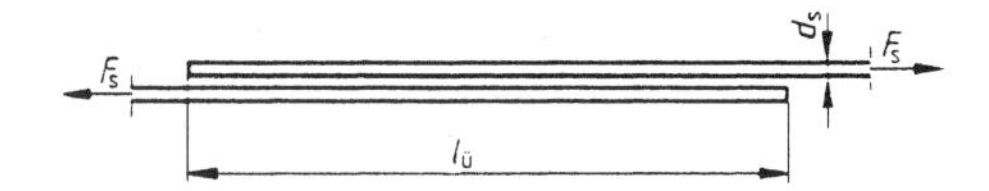

a) gerade Stabenden

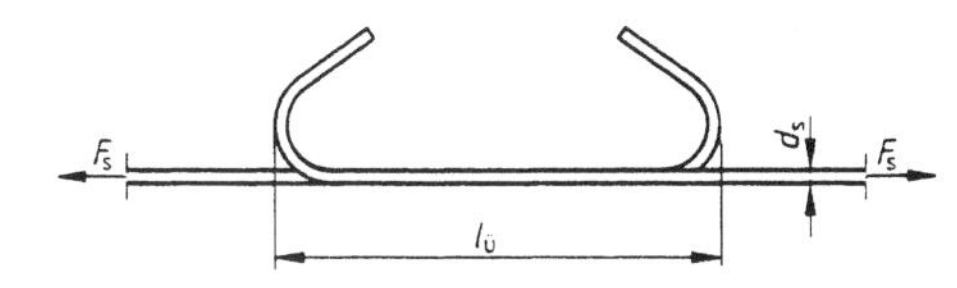

b) Haken

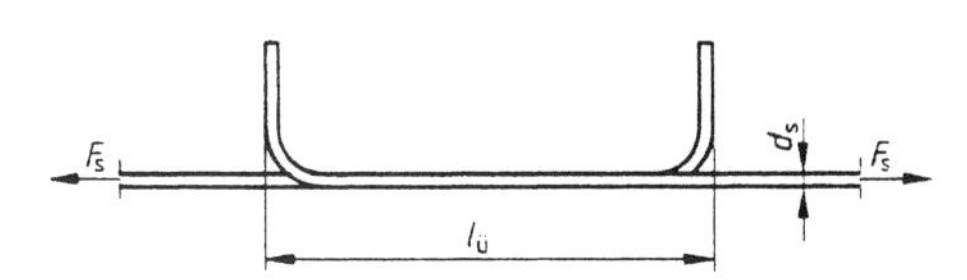

c) Winkelhaken

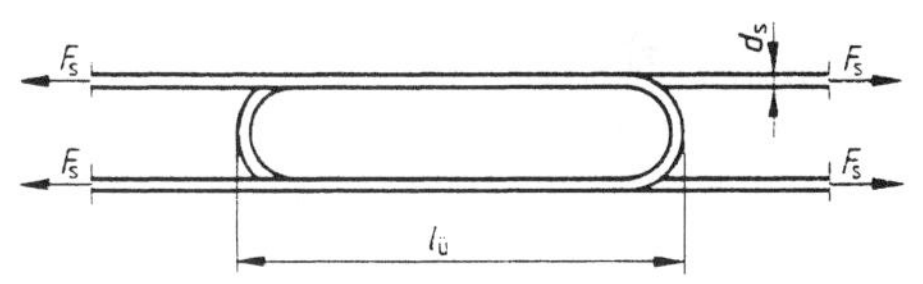

d) Schlaufen

$l_ü$ siehe Abschnitt 18.6.3.2.

Bild 16. Beispiele für zugbeanspruchte Übergreifungsstöße

18.6 Stöße

18.6.1 Grundsätze

(1) Stöße von Bewehrungen können hergestellt werden durch

a) Übergreifen von Stäben mit geraden Stabenden (siehe Bild 16 a), mit Haken (siehe Bild 16 b), Winkelhaken (siehe Bild 16 c) oder mit Schlaufen (siehe Bild 16 d) sowie mit geraden Stabenden und angeschweißten Querstäben, z. B. bei Betonstahlmatten,

b) Verschrauben,

c) Verschweißen,

d) Muffenverbindungen nach allgemeiner bauaufsichtlicher Zulassung (z. B. Preßmuffen),

e) Kontakt der Stabstirnflächen (nur Druckstöße).

(2) Liegen die gestoßenen Stäbe übereinander und wird die Bewehrung im Stoßbereich zu mehr als 80 % ausgenutzt, so ist für die Bemessung nach Abschnitt 17.2 die statische Nutzhöhe der innenliegenden Stäbe zu verwenden.

18.6.2 Zulässiger Anteil der gestoßenen Stäbe

(1) Bei Stäben dürfen durch Übergreifen in einem Bauteilquerschnitt 100 % des Bewehrungsquerschnitts einer Lage gestoßen werden. Verteilen sich die zu stoßenden Stäbe auf mehrere Bewehrungslagen, dürfen ohne Längsversatz (siehe Abschnitt 18.6.3.1) jedoch höchstens 50 % des gesamten Bewehrungsquerschnitts an einer Stelle gestoßen werden.

(2) Der zulässige Anteil der gestoßenen Tragstäbe von Betonstahlmatten wird in Abschnitt 18.6.4 geregelt.

(3) Querbewehrungen nach den Abschnitten 20.1.6.3 und 25.5.5.2 dürfen zu 100 % in einem Schnitt gestoßen werden.

(4) Durch Verschweißen und Verschrauben darf die gesamte Bewehrung in einem Schnitt gestoßen werden.

(5) Durch Kontaktstoß darf in einem Bauteilquerschnitt höchstens die Hälfte der Druckstäbe gestoßen werden. Dabei müssen die nicht gestoßenen Stäbe einen Mindestquerschnitt $A_s = 0{,}008\ A_b$ (A_b statisch erforderlicher Betonquerschnitt des Bauteils) aufweisen und sollen annähernd gleichmäßig über den Querschnitt verteilt sein. Hinsichtlich des erforderlichen Längsversatzes siehe Abschnitt 18.6.7.

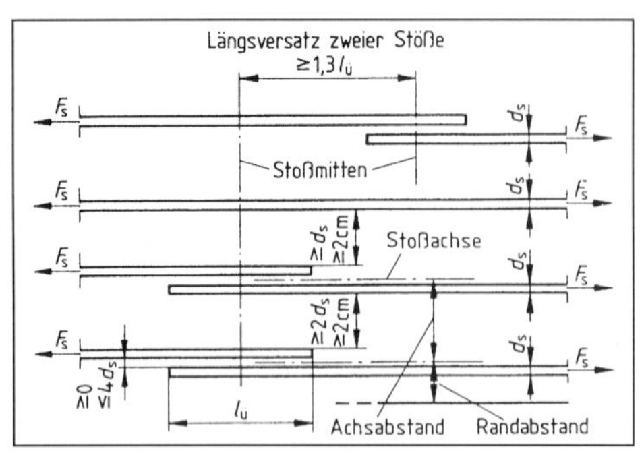

Bild 17. Längsversatz im Querabstand der Bewehrungsstäbe im Stoßbereich

18.6.3 Übergreifungsstöße mit geraden Stabenden, Haken, Winkelhaken oder Schlaufen

18.6.3.1 Längsversatz und Querabstand

Übergreifungsstöße gelten als längsversetzt, wenn der Längsabstand der Stoßmitten mindestens der 1,3fachen Übergreifungslänge $l_ü$ (siehe Abschnitte 18.6.3.2 und 18.6.3.3) entspricht. Der lichte Querabstand der Bewehrungsstäbe im Stoßbereich muß Bild 17 entsprechen.

18.6.3.2 Übergreifungslänge $l_ü$ bei Zugstößen

Die Übergreifungslänge $l_ü$ (siehe Bilder 16 a) bis d) ist nach Gleichung (24) zu berechnen.

$$l_ü = \alpha_ü \cdot l_1 \quad \begin{cases} \geq 20 \text{ cm} & \text{in allen Fällen} \\ \geq 15\, d_s & \text{bei geraden Stabenden} \\ \geq 1{,}5\, d_{br} & \text{bei Haken, Winkelhaken, Schlaufen} \end{cases} \quad (24)$$

Hierin sind:

$\alpha_ü$ Beiwert nach Tabelle 21; $\alpha_ü$ muß jedoch stets mindestens 1,0 betragen

l_1 Verankerungslänge nach Abschnitt 18.5.2.2. Für den Beiwert α_1 darf jedoch kein kleinerer Wert als 0,7 in Rechnung gestellt werden.

d_{br} vorhandener Biegerollendurchmesser.

Tabelle 21. Beiwerte $\alpha_ü$[29])

	1	2	3	4	5	6
	Verbund-bereich	d_s	Anteil der ohne Längsversatz gestoßenen Tragstäbe am Querschnitt einer Bewehrungslage			Querbewehrung[30])
		mm	≤ 20%	> 20% ≤ 50%	> 50%	
1	I	< 16	1,2	1,4	1,6	1,0
2		≥ 16	1,4	1,8	2,2	
3	II	75 % der Werte von Verbundbereich I				1,0

[29]) Die Beiwerte $\alpha_ü$ der Spalten 3 bis 5 dürfen mit 0,7 multipliziert werden, wenn der gegenseitige Achsabstand nicht längsversetzter Stöße (siehe Bild 17) ≥ 10 d_s und bei stabförmigen Bauteilen der Randabstand (siehe Bild 17) ≥ 5 d_s betragen.

[30]) Querbewehrung nach den Abschnitten 20.1.6.3 und 25.5.5.2.

18.6.3.3 Übergreifungslänge $l_ü$ bei Druckstößen

Die Übergreifungslänge muß mindestens l_0 nach Abschnitt 18.5.2.1 betragen. Abminderungen für Haken, Winkelhaken oder Schlaufen sind nicht zulässig.

18.6.3.4 Querbewehrung im Übergreifungsbereich von Tragstäben

(1) Im Bereich von Übergreifungsstößen muß zur Aufnahme der Querzugspannungen stets eine Querbewehrung angeordnet werden. Für die Bemessung und Anordnung sind folgende Fälle zu unterscheiden, wobei eine vorhandene Querbewehrung angerechnet werden darf:

a) Bezogen auf das Bauteilinnere, liegen die gestoßenen Stäbe nebeneinander und der Stabdurchmesser beträgt d_s ≥ 16 mm:

Werden in einem Schnitt mehr als 20 % des Querschnitts einer Bewehrungslage gestoßen, ist die Querbewehrung für die Kraft e i n e s gestoßenen Stabes zu bemessen und außen anzuordnen.

Werden in einem Schnitt mehr als 50 % des Querschnitts gestoßen und beträgt der Achsabstand benachbarter Stöße weniger als 10 d_s, muß diese Querbewehrung die Stöße im Bereich der Stoßenden (≈ $l_ü$/3) bügelartig umfassen. Die Bügelschenkel sind mit der Verankerungslänge l_1 (siehe Abschnitt 18.5.2.2) oder nach den Regeln für Bügel (siehe Abschnitt 18.8.2) im Bauteilinneren zu verankern. Das bügelartige Umfassen ist nicht erforderlich, wenn

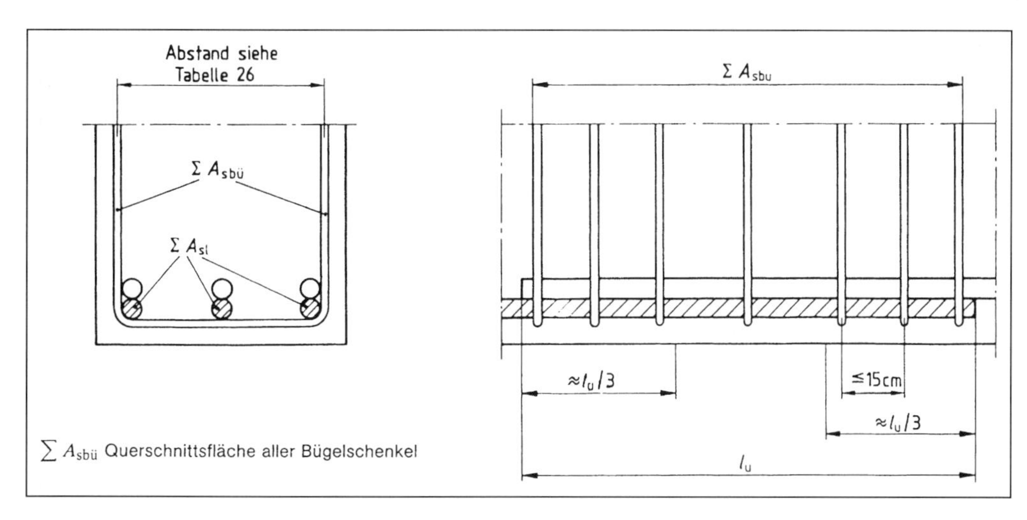

Bild 18. Beispiel für die Anordnung von Bügeln im Stoßbereich von übereinanderliegenden zugbeanspruchten Stäben

der Abstand der Stoßmitten benachbarter Stöße mit geraden Stabenden in Längsrichtung etwa 0,5 $l_ü$ beträgt.

b) Bezogen auf das Bauteilinnere, liegen die gestoßenen Stäbe übereinander, und der Stabdurchmesser ist beliebig. Die Stöße sind im Bereich der Stoßenden (≈ $l_ü/3$) bügelartig zu umfassen (siehe Bild 18). Die Bügelschenkel sind für die Kraft a l l e r gestoßenen Stäbe zu bemessen. Für die Verankerung der Bügelschenkel gilt a).

c) In allen anderen Fällen genügt eine konstruktive Querbewehrung.

(2) Im Bereich der Stoßenden darf der Abstand einer nachzuweisenden Querbewehrung in Längsrichtung höchstens 15 cm betragen. Für den Abstand der Bügelschenkel quer zur Stoßrichtung gilt Tabelle 26. Bei Druckstößen ist ein Bügel bzw. ein Stab der Querbewehrung vor dem jeweiligen Stoßende außerhalb des Stoßbereiches anzuordnen.

18.6.4 Übergreifungsstöße von Betonstahlmatten

18.6.4.1 Ausbildung der Stöße von Tragstäben

Es werden Ein-Ebenen-Stöße (zu stoßende Stäbe liegen nebeneinander) und Zwei-Ebenen-Stöße (zu stoßende Stäbe liegen übereinander) unterschieden (siehe Bild 19). Die Anwendung dieser Stoßausbildungen ist in Tabelle 22 geregelt.

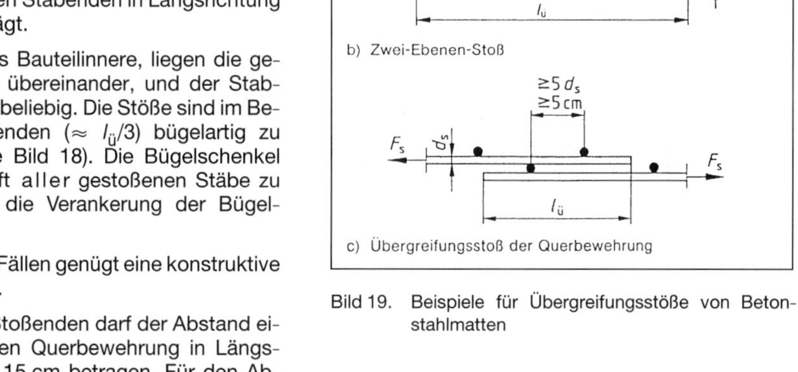

Bild 19. Beispiele für Übergreifungsstöße von Betonstahlmatten

18.6.4.2 Ein-Ebenen-Stöße sowie Zwei-Ebenen-Stöße mit bügelartiger Umfassung der Tragbewehrung

Betonstahlmatten dürfen nach den Regeln für Stäbe nach Abschnitt 18.6.2, (1), (3) und (4) und Abschnitt 18.6.3 gestoßen werden. Die Übergreifungslänge $l_ü$ nach Gleichung (24) ist jedoch ohne Berücksichtigung der angeschweißten Querstäbe zu berechnen. Bei Doppelstabmatten ist der Bei-

Tabelle 22. Zulässige Belastungsart und maßgebende Bestimmungen für Stöße von Tragstäben bei Betonstahlmatten

	1	2	3	4
	Stoßart	Querschnitt der zu stoßenden Matte a_s	zulässige Belastungsart	Ausbildung nach Abschnitt
1	Ein-Ebenen-Stoß	beliebig	vorwiegend ruhende und nicht vorwiegend ruhende Belastung	18.6.4.2
2	Zwei-Ebenen-Stoß mit bügelartiger Umfassung der Tragstäbe			
3	Zwei-Ebenen-Stoß ohne bügelartige Umfassung der Tragstäbe	$\leq$ 6 cm²/m		18.6.4.3
4		$>$ 6 cm²/m	vorwiegend ruhende Belastung	

wert $\alpha_ü$ für den dem Doppelstab querschnittsgleichen Einzelstabdurchmesser $d_{sV} = d_s \cdot \sqrt{2}$ zu ermitteln. Für die Quer- bzw. Umfassungsbewehrung im Stoßbereich gilt Abschnitt 18.6.3.4.

18.6.4.3 Zwei-Ebenen-Stöße ohne bügelartige Umfassung der Tragbewehrung

(1) Die Stöße sind möglichst in Bereichen anzuordnen, in denen die Bewehrung nicht mehr als 80 % ausgenutzt wird. Ist diese Anforderung bei Matten mit einem Bewehrungsquerschnitt $a_s \geq 6$ cm²/m nicht einzuhalten und ein Nachweis zur Beschränkung der Rißbreite erforderlich, muß dieser an der Stoßstelle mit einer um 25 % erhöhten Stahlspannung unter häufig wirkendem Lastanteil geführt werden.

(2) Betonstahlmatten mit einem Bewehrungsquerschnitt $a_s \leq 12$ cm²/m dürfen stets in einem Querschnitt gestoßen werden. Stöße von Matten mit größerem Bewehrungsquerschnitt sind nur in der inneren Lage bei mehrlagiger Bewehrung zulässig, wobei der gestoßene Anteil nicht mehr als 60 % des erforderlichen Bewehrungsquerschnitts betragen darf.

(3) Bei mehrlagiger Bewehrung sind die Stöße der einzelnen Lagen stets mindestens um die 1,3fache Übergreifungslänge in Längsrichtung gegeneinander zu versetzen.

(4) Eine zusätzliche Querbewehrung im Stoßbereich ist nicht erforderlich.

(5) Die Überprüfungslänge $l_ü$ von zugbeanspruchten Betonstahlmatten (siehe Bild 19 a)) ist nach Gleichung (24) zu ermitteln, wobei α_1 stets mit 1,0 einzusetzen und der Beiwert $\alpha_ü$ durch $\alpha_{üm}$ nach den Gleichungen (25a) und (25b) zu ersetzen ist.

Verbundbereich I: $$\alpha_{üml} = 0{,}5 + \frac{a_s}{7} \begin{array}{l}\geq 1{,}1 \\ \leq 2{,}2\end{array} \qquad (25a)$$

Verbundbereich II: $$\alpha_{ümII} = 0{,}75 \cdot \alpha_{üml} \geq 1{,}0 \qquad (25b)$$

Dabei ist a_s der Bewehrungsquerschnitt der zu stoßenden Matte in cm²/m.

(6) Die Übergreifungslänge von druckbeanspruchten Betonstahlmatten muß mindestens l_0 (siehe Abschnitt 18.5.2.1) betragen.

18.6.4.4 Übergreifungsstöße von Stäben der Querbewehrung

Übergreifungsstöße von Stäben der Querbewehrung nach Abschnitt 20.1.6.3 und 25.5.5.2 dürfen ohne bügelartige Umfassung als Ein-Ebenen- oder Zwei-Ebenen-Stöße ausgeführt werden. Die Übergreifungslänge $l_ü$ richtet sich nach Tabelle 23, wobei innerhalb $l_ü$ mindestens zwei sich gegenseitig abstützende Stäbe der Längsbewehrung mit einem Abstand von $\geq 5\, d_s$ bzw. ≥ 5 cm vorhanden sein müssen (siehe Bild 19 c).

18.6.5 Verschraubte Stöße

(1) Die Verbindungsmittel (Muffen, Spannschlösser) müssen mindestens

- eine Streckgrenzlast entsprechend $1{,}0 \cdot \beta_S \cdot A_s$ und

- eine Bruchlast entsprechend $1{,}2 \cdot \beta_Z A_s$

aufweisen. Dabei sind β_S bzw. β_Z die Nennwerte der Streckgrenze bzw. Zugfestigkeit nach Tabelle 6 und A_s der Nennquerschnitt des gestoßenen Stabes. Für die Größe der Betondeckung und den lichten Abstand der Verbindungsmittel im Stoßbereich gelten die Werte nach Abschnitt 13.2 bzw. Abschnitt 18.2, wobei als Bezugsgröße der Durchmesser des gestoßenen Stabes gilt.

(2) Aufstauchungen der gestoßenen Stäbe zur Vergrößerung des Kernquerschnitts sind mit einem Übergang mit der Neigung ≤ 1 : 3 zulässig (siehe Bild 20). Die zusätzlich zur elastischen Dehnung auftretende Verformung (Schlupf an beiden Muffenenden) darf unter Gebrauchslast höchstens 0,1 mm betragen. Bei aufgerolltem Gewinde darf der Kernquerschnitt voll, bei geschnittenem Gewinde nur mit 80 % in Rechnung gestellt werden.

(3) Bei nicht vorwiegend ruhender Belastung ist stets ein Nachweis der Wirksamkeit der Stoßverbindungen durch Versuche erforderlich.

18.6.6 Geschweißte Stöße

(1) Geschweißte Stöße sind nach DIN 4099 herzustellen. Sie dürfen mit dem Nennquerschnitt des (kleineren) gestoßenen Stabes in Rechnung gestellt werden. Die von der nicht vorwiegend ruhenden Belastung verursachte Schwingbreite der Stahlspannungen darf nicht mehr als 80 N/mm² betragen.

Tabelle 23. Erforderliche Übergreifungslänge $l_ü$

	1	2
	Stabdurchmesser der Querbewehrung d_s mm	Erforderliche Übergreifungslänge $l_ü$ cm
1	≤ 6,5	≥ 15
2	> 6,5 ≤ 8,5	≥ 25
3	> 8,5 ≤ 12,0	≥ 35

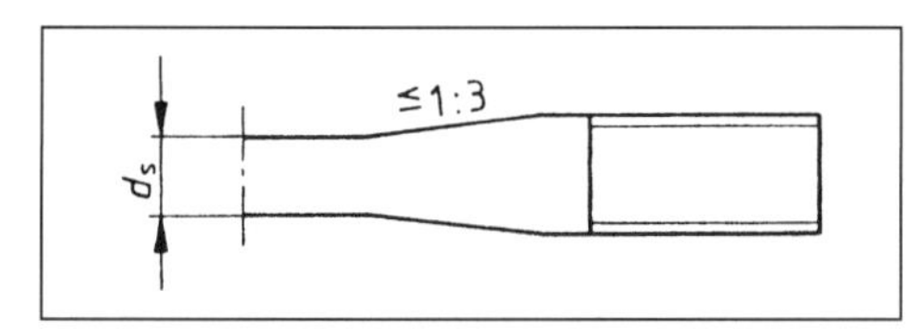

Bild 20. Aufgestauchtes Stabende mit Gewinde für verschraubten Stoß

(2) Es dürfen die in Tabelle 24 aufgeführten Schweißverfahren für die genannten Anwendungsfälle eingesetzt werden. Bei übereinanderliegenden Stäben von Überlappstößen gilt hinsichtlich der Verbügelung Abschnitt 18.6.3.4 b) sinngemäß. Bei allen anderen Überlappstößen genügt eine konstruktive Querbewehrung.

18.6.7 Kontaktstöße

(1) Druckstäbe mit $d_s \geq 20$ mm dürfen in Stützen durch Kontakt der Stabstirnflächen gestoßen werden, wenn sie beim Betonieren lotrecht stehen, die Stützen an beiden Enden unverschieblich gehalten sind und die gestoßenen Stäbe auch unter Berücksichtigung einer Beanspruchung nach Abschnitt 17.4 zwischen den gehaltenen Enden der Stützen nur Druck erhalten. Der zulässige Stoßanteil ist in Abschnitt 18.6.2 geregelt.

(2) Die Stöße sind gleichmäßig über den auf Druck beanspruchten Querschnittsbereich zu verteilen und müssen in den äußeren Vierteln der Stützenlänge angeordnet werden. Sie gelten als längsversetzt, wenn der Abstand der Stoßstellen in Längsrichtung mindestens $1{,}3 \cdot l_0$ (l_0 nach Gleichung (21)) beträgt. Jeder Bewehrungsstab darf nur einmal innerhalb der gehaltenen Stützenenden gestoßen werden.

(3) Die Stabstirnflächen müssen rechtwinklig zur Längsachse gesägt und entgratet sein. Ihr mittiger Sitz ist durch eine feste Führung zu sichern, die die Stoßfuge vor dem Betonieren teilweise sichtbar läßt.

18.7 Biegezugbewehrung

18.7.1 Grundsätze

(1) Die Biegezugbewehrung ist so zu führen, daß in jedem Schnitt die Zugkraftlinie (siehe Abschnitt 18.7.2) abgedeckt ist.

(2) Die Biegezugbewehrung darf bei Plattenbalken- und Hohlkastenquerschnitten in der Platte höchstens auf einer Breite entsprechend der halben mitwirkenden Plattenbreite nach Abschnitt 15.3 angeordnet werden. Im Steg muß jedoch zur Beschränkung der Rißbreite ein angemessener Anteil verbleiben. Die Berechnung der Anschlußbewehrung für eine in der Platte angeordnete Biegezugbewehrung richtet sich nach Abschnitt 18.8.5.

18.7.2 Deckung der Zugkraftlinie

(1) Die Zugkraftlinie ist die in Richtung der Bauteilachse um das Versatzmaß v verschobene $(M_s/z + N)$-Linie (siehe Bilder 21 und 22 für reine

Tabelle 24. **Zulässige Schweißverfahren und Anwendungsfälle**

	1	2	3	4
	Belastungsart	Schweißverfahren	Zugstäbe	Druckstäbe
1	vorwiegend ruhend	Abbrennstumpfschweißen (RA)	Stumpfstoß	
2		Gaspreßschweißen (GP)	Stumpfstoß mit $d_s \geq 14$ mm	
3		Lichtbogenhandschweißen (E)[31]) Metall-Aktivgasschweißen (MAG)[32])	Laschenstoß Überlappstoß Kreuzungsstoß[33]) Verbindung mit anderen Stahlteilen	Stumpfstoß mit $d_s \geq 20$ mm
4		Widerstandspunktschweißen (RP) (mit Einpunktschweißmaschine)	Überlappstoß mit $d_s \leq 12$ mm Kreuzungsstoß[33])	
5	nicht vorwiegend ruhend	Abbrennstumpfschweißen (RA)	Stumpfstoß	
6		Gaspreßschweißen (GP)	Stumpfstoß mit $d_s \geq 14$ mm	
7		Lichtbogenhandschweißen (E) Metall-Aktivgasschweißen (MAG)		Stumpfstoß mit $d_s \geq 20$ mm

[31]) Der Nenndurchmesser von Mattenstäben muß mindestens 8 mm betragen.
[32]) Der Nenndurchmesser von Mattenstäben muß mindestens 6 mm betragen.
[33]) Bei tragenden Verbindungen $d_s \leq 16$ mm.

Biegung). M_s ist dabei das auf die Schwerachse der Biegezugbewehrung bezogene Moment und N die Längskraft (als Zugkraft positiv). Längszugkräfte müssen, Längsdruckkräfte dürfen bei der Zugkraftlinie berücksichtigt werden. Die Zugkraftlinie ist stets so zu ermitteln, daß sich eine Vergrößerung der $(M_s/z + N)$-Fläche ergibt.

(2) Bei veränderlicher Querschnittshöhe ist für die Bestimmung von v die Nutzhöhe h des jeweils betrachteten Schnittes anzusetzen.

(3) Das Versatzmaß v richtet sich nach Tabelle 25.

(4) Im Schubbereich 1 darf das Versatzmaß bei Balken und Platten mit Schubbewehrung vereinfachend zu $v = 0{,}75\,h$ angenommen werden, es muß bei Platten ohne Schubbewehrung $v = 1{,}0\,h$ betragen.

(5) Wird bei Plattenbalken ein Teil der Biegezugbewehrung außerhalb des Steges angeordnet, so ist das Versatzmaß v der ausgelagerten Stäbe jeweils um den Abstand vom Stegrand zu vergrößern.

(6) Zur Zugkraftdeckung nicht mehr benötigte Bewehrungsstäbe dürfen gerade enden (gestaffelte Bewehrung) oder auf- bzw. abgebogen werden.

(7) Die Deckung der Zugkraftlinie ist bei gestaffelter Bewehrung oder im Schubbereich 3 (siehe Abschnitt 17.5.5) mindestens genähert nachzuweisen.

Tabelle 25. **Versatzmaß v**

	1	2	3
	Anordnung der Schubbewehrung[34])	Versatzmaß v bei voller Schubdeckung [35])	Versatzmaß v bei verminderter Schubdeckung [35])
1	schräg Abstand $\leq 0{,}25\,h$	0,25 h	0,5 h
2	schräg Abstand $> 0{,}25\,h$	0,5 h	0,75 h
3	schräg und annähernd rechtwinklig zur Bauteilachse		
4	annähernd rechtwinklig zur Bauteilachse	0,75 h	1,0 h

[34]) „schräg“ bedeutet: Neigungswinkel zwischen Bauteilachse und Schubbewehrung 45° bis 60°; „annähernd rechtwinklig“ bedeutet: Neigungswinkel zwischen Bauteilachse und Schubbewehrung > 60°.
[35]) Siehe Abschnitte 17.5.4 und 17.5.5.

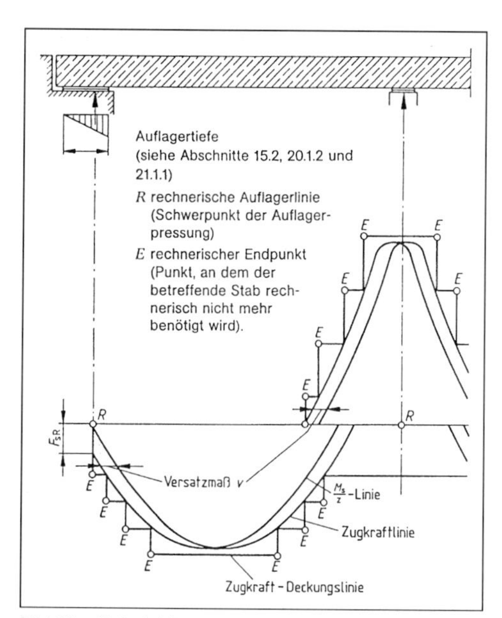

Bild 21. Beispiel für eine Zugkraft-Deckungslinie bei reiner Biegung

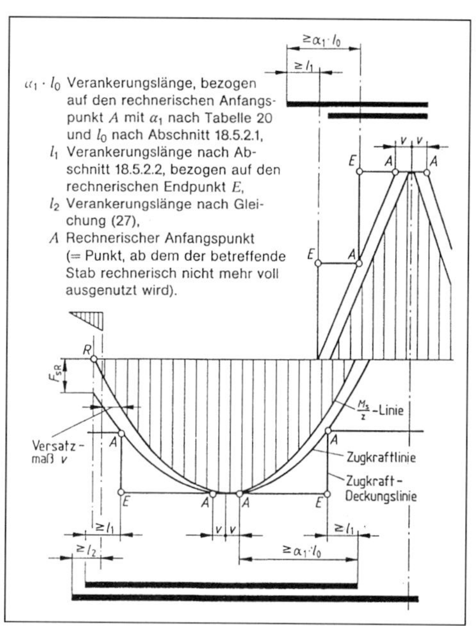

Bild 22. Beispiel für eine gestaffelte Bewehrung bei Platten mit Bewehrungsstäben $d_s < 16$ mm bei reiner Biegung

18.7.3 Verankerung außerhalb von Auflagern

(1) Die Verankerungslänge gestaffelter bzw. auf- oder abgebogener Stäbe, die nicht zur Schubsicherung herangezogen werden, beträgt $\alpha_1 \cdot l_0$ (α_1 nach Tabelle 20, l_0 nach Abschnitt 18.5.2.1) und ist vom rechnerischen Endpunkt E (siehe Bild 21) nach den Bildern 23 a) oder b) zu messen.

(2) Bei Platten mit Stabdurchmessern $d_s < 16$ mm darf davon abweichend für die vom rechnerischen Endpunkt E gemessene Verankerungslänge das Maß l_1 nach Abschnitt 18.5.2.2 eingesetzt werden, wenn nachgewiesen wird, daß die vom rechnerischen Anfangspunkt A aus gemessene Verankerungslänge den Wert $\alpha_1 \cdot l_0$ nicht unterschreitet (siehe Bild 22).

(3) Aufgebogene oder abgebogene Stäbe, die zur Schubsicherung herangezogen werden, sind im Bereich von Betonzugspannungen mit $1{,}3 \cdot \alpha_1 \cdot l_0$, im Bereich von Betondruckspannungen mit $0{,}6 \cdot \alpha_1 \cdot l_0$ zu verankern (siehe Bilder 23 c) und d)).

18.7.4 Verankerung an Endauflagern

(1) An frei drehbaren oder nur schwach eingespannten Endauflagern ist eine Bewehrung zur Aufnahme der Zugkraft F_{sR} nach Gleichung (26) erforderlich, es muß jedoch mindestens ein Drittel der größten Feldbewehrung vorhanden sein. Für Platten ohne Schubbewehrung ist zusätzlich Abschnitt 20.1.6.2 zu beachten.

$$F_{sR} = Q_R \cdot \frac{v}{h} + N \quad (26)$$

(2) Diese Bewehrung ist hinter der Auflagervorderkante bei direkter Auflagerung mit der Verankerungslänge l_2 nach Gleichung (27)

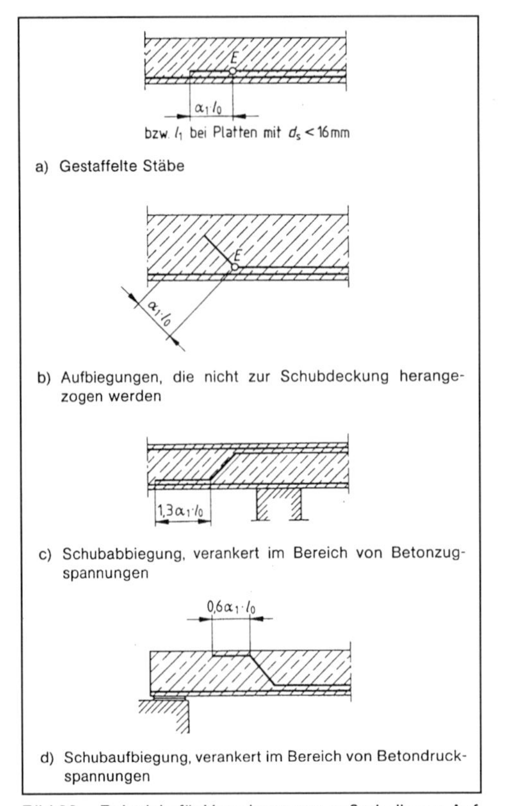

Bild 23. Beispiele für Verankerungen außerhalb von Auflagern

$$l_2 = \frac{2}{3}\, l_1 \geq 6\, d_s, \tag{27}$$

bei indirekter Lagerung mit der Verankerungslänge l_3 nach Gleichung (28) zu verankern, in allen Fällen jedoch mindestens über die rechnerische Auflagerlinie zu führen.

$$l_3 = l_1 \geq 10\, d_s \tag{28}$$

(3) Dabei ist l_1, die Verankerungslänge nach Abschnitt 18.5.2.2; d_s ist bei Betonstahlmatten aus Doppelstäben auf den Durchmesser des Einzelstabes zu beziehen.

(4) Ergibt sich bei Betonstahlmatten erf A_s/vorh A_s $\leq 1/3$, so genügt zur Verankerung mindestens ein Querstab hinter der rechnerischen Auflagerlinie.

18.7.5 Verankerung an Zwischenauflagern

(1) An Zwischenauflagern von durchlaufenden Platten und Balken, an Endauflagern mit anschließenden Kragarmen, an eingespannten Auflagern und an Rahmenecken ist mindestens ein Viertel der größten Feldbewehrung mindestens um das Maß $6\, d_s$ bis hinter die Auflagervorderkante zu führen. Für Platten ohne Schubbewehrung ist zusätzlich Abschnitt 20.1.6.2 zu beachten.

(2) Zur Aufnahme rechnerisch nicht berücksichtigter Beanspruchungen (z. B. Brandeinwirkung, Stützensenkung) empfiehlt es sich jedoch, den im Absatz (1) geforderten Anteil der Feldbewehrung durchzuführen oder über dem Auflager kraftschlüssig zu stoßen, insbesondere bei Auflagerung auf Mauerwerk.

18.8 Schubbewehrung

18.8.1 Grundsätze

(1) Die nach Abschnitt 17.5 erforderliche Schubbewehrung muß den Zuggurt mit der Druckzone zugfest verbinden und ist in der Zug- und Druckzone nach den Abschnitten 18.8.2 oder 18.8.3 oder 18.8.4 zu verankern. Die Verankerung muß in der Druckzone zwischen dem Schwerpunkt der Druckzonenfläche und dem Druckrand erfolgen; dies gilt als erfüllt, wenn die Schubbewehrung über die ganze Querschnittshöhe reicht. In der Zugzone müssen die Verankerungselemente möglichst nahe am Zugrand angeordnet werden.

(2) Die Schubbewehrung kann bestehen

- aus vertikalen oder schrägen Bügeln (siehe Abschnitt 18.8.2),
- aus Schrägstäben (siehe Abschnitt 18.8.3),
- aus vertikalen oder schrägen Schubzulagen (siehe Abschnitt 18.8.4),
- aus einer Kombination der vorgenannten Elemente.

(3) Die Schubbewehrung ist mindestens dem Verlauf der Bemessungswerte τ entsprechend zu verteilen. Dabei darf das Schubspannungsdiagramm nach Bild 24 abgestuft abgedeckt werden, wobei jedoch die Einschnittslängen l_E die Werte

$l_E = 1{,}0\, h$ für die Schubbereiche 1 und 2 bzw.

$l_E = 0{,}5\, h$ für den Schubbereich 3

nicht überschreiten dürfen und jeweils die Fläche A_A mindestens gleich der Fläche A_E sein muß.

(4) Für die Schubbewehrung in punktförmig gestützten Platten siehe Abschnitt 22.

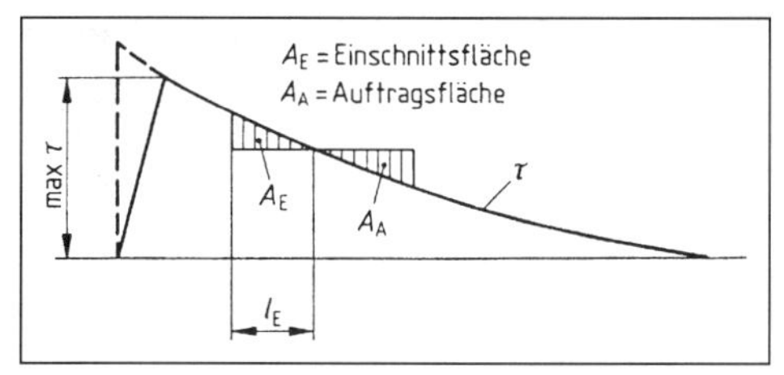

Bild 24. Zulässiges Einschneiden des Schubspannungsdiagrammes

18.8.2 Bügel

18.8.2.1 Ausbildung der Bügel

(1) Bügel müssen bei Balken und Plattenbalken die Biegezugbewehrung und die Druckzone umschließen. Sie können aus Einzelelementen zusammengesetzt werden. Werden in Platten Bügel angeordnet, so müssen sie mindestens die Hälfte der Stäbe der äußersten Bewehrungslage umfassen und brauchen die Druckzone nicht zu umschließen.

(2) Bügel dürfen abweichend von Abschnitt 18.5 in der Zug- und Druckzone mit Verankerungselementen nach Bild 25 verankert werden. Verankerungen nach den Bildern 25 c) und d) sind nur zulässig, wenn durch eine ausreichende Betondeckung die Sicherheit gegenüber Abplatzen sichergestellt ist. Dies gilt als erfüllt, wenn die seitliche Betondeckung (Mindestmaß) der Bügel im Verankerungsbereich mindestens 3 d_s (d_s Bügeldurchmesser) und mindestens 5 cm beträgt, bei geringeren Betondeckungen ist die ausreichende Sicherheit durch Versuche nachzuweisen. Für die Scherfestigkeit der Schweißknoten gilt DIN 488 Teil 1, für die Ausführung der Schweißung DIN 488 Teil 4 bzw. DIN 4099.

(3) Bei Balken sind die Bügel in der Druckzone nach den Bildern 26 a) oder b), in der Zugzone nach den Bildern 26 c) oder d) zu schließen.

(4) Bei Plattenbalken dürfen die Bügel im Bereich der Platte stets mittels durchgehender Querstäbe nach Bild 26 e) geschlossen werden.

(5) Bei Druckgliedern siehe Abschnitt 25.1.

(6) Die Abstände der Bügel und der Querstäbe zum Schließen der Bügel nach Bild 26 e) in Richtung der Biegezugbewehrung sowie die Abstände der Bügelschenkel quer dazu dürfen die Werte der Tabelle 26 nicht überschreiten (die kleineren Werte sind maßgebend).

(7) Die Ausbildung der Übergreifungsstöße von Bügeln im Stegbereich richtet sich nach Abschnitt 18.6.

(8) Bei feingliedrigen Fertigteilen üblicher Hochbauten nach Abschnitt 2.2.4 darf für Bügel auch kaltverformter Draht nach Abschnitt 6.6.3 (2) verwendet werden. Dabei ist die Bemessung jedoch stets mit β_S = 220 N/mm^2 durchzuführen.

18.8.2.2 Mindestquerschnitt

In Balken, Plattenbalken und Rippendecken (Ausnahmen siehe Abschnitt 17.5.5) sind stets Bügel anzuordnen, deren Mindestquerschnitt mit dem Bemessungswert $\tau_{bü}$ nach Gleichung (29) zu ermitteln ist.

$$\tau_{bü} = 0{,}25\ \tau_0 \qquad (29)$$

Dabei ist τ_0 der Grundwert der Schubspannung nach Abschnitt 17.5.3.

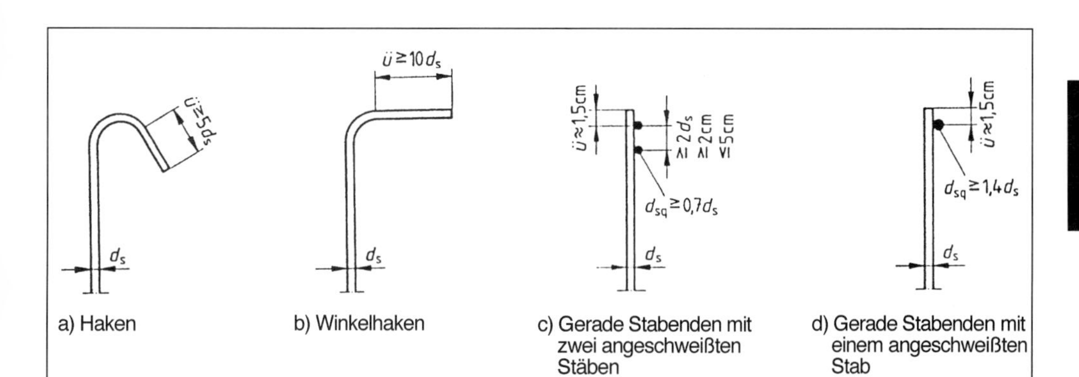

Bild 25. Verankerungselemente von Bügeln

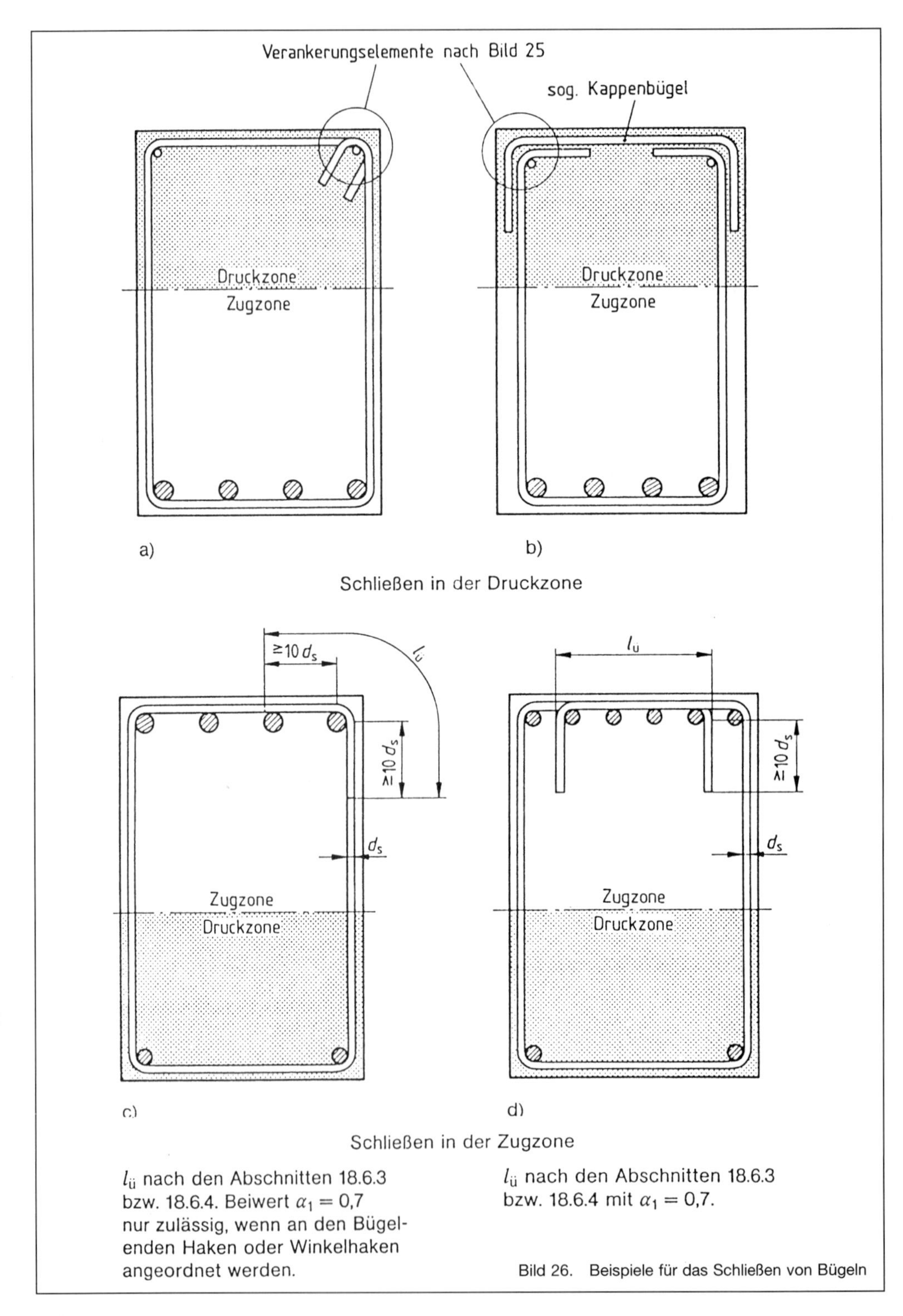

$l_ü$ nach den Abschnitten 18.6.3 bzw. 18.6.4. Beiwert $\alpha_1 = 0{,}7$ nur zulässig, wenn an den Bügelenden Haken oder Winkelhaken angeordnet werden.

$l_ü$ nach den Abschnitten 18.6.3 bzw. 18.6.4 mit $\alpha_1 = 0{,}7$.

Bild 26. Beispiele für das Schließen von Bügeln

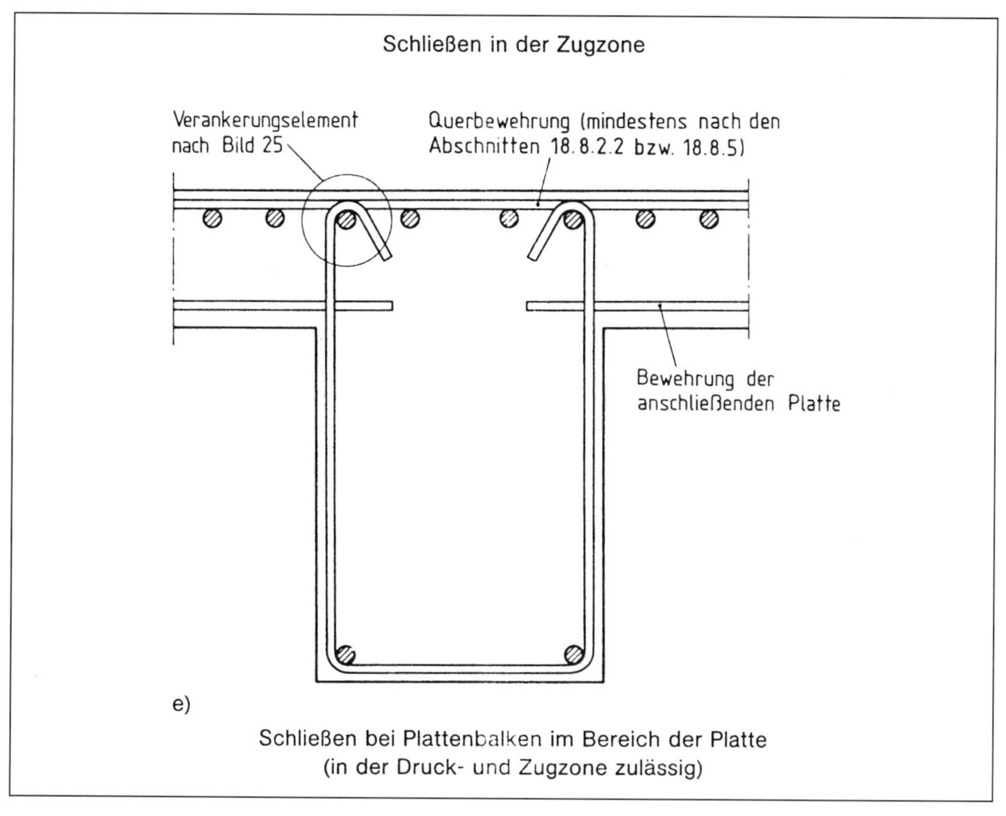

Bild 26. Beispiele für das Schließen von Bügeln (Fortsetzung)

18.8.3 Schrägstäbe

(1) Schrägstäbe können als Schubbewehrung angerechnet werden, wenn ihr Abstand von der rechnerischen Auflagerlinie bzw. untereinander in Richtung der Bauteillängsachse Bild 27 entspricht.

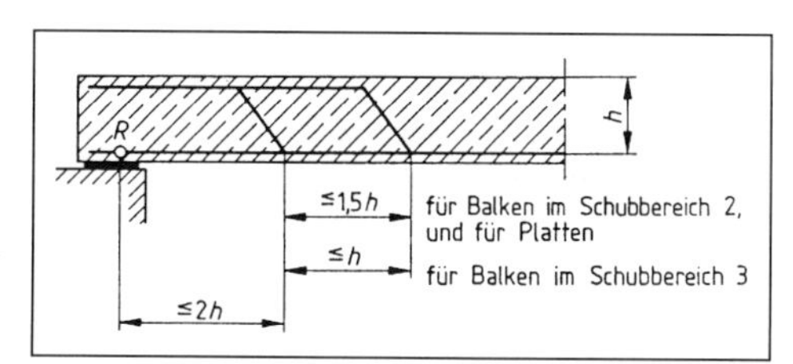

Bild 27. Zulässiger Abstand von Schrägstäben, die als Schubbewehrung dienen

(2) Werden Schrägstäbe im Längsschnitt nur an einer Stelle angeordnet, so darf ihnen höchstens die in einem Längenbereich von 2,0 h vorhandene Schubkraft zugewiesen werden.

(3) Für die Verankerung der Schrägstäbe gilt Abschnitt 18.7.3, Absatz (3).

(4) In Bauteilquerrichtung sollen die aufgebogenen Stäbe möglichst gleichmäßig über die Querschnittsbreite verteilt werden.

18.8.4 Schubzulagen

(1) Schubzulagen sind korb-, leiter- oder girlandenartige Schubbewehrungselemente, die die Biegezugbewehrung nicht umschließen (siehe Bild 28). Sie müssen aus Rippenstäben oder Betonstahlmatten bestehen und sind möglichst gleichmäßig über den Querschnitt zu verteilen. Sie sind beim Betonieren in ihrer planmäßigen Lage zu halten.

I

Tabelle 26. **Obere Grenzwerte der zulässigen Abstände der Bügel und Bügelschenkel**

	1	2	3
	Abstände der Bügel in Richtung der Biegezugbewehrung		
	Art des Bauteils und Höhe der Schubbeanspruchung	Bemessungsspannung der Schubbewehrung $\sigma_s \leq 240$ N/mm²	$\sigma_s = 286$ N/mm²
1	Platten im Schubbereich 2	0,6 d bzw. 80 cm	0,6 d bzw. 80 cm
2	Balken im Schubbereich 1	0,8 d_0 bzw. 30 cm[36)]	0,8 d_0 bzw. 25 cm[36)]
3	Balken im Schubbereich 2	0,6 d_0 bzw. 25 cm	0,6 d_0 bzw. 20 cm
4	Balken im Schubbereich 3	0,3 d_0 bzw. 20 cm	0,3 d_0 bzw. 15 cm
	Abstand der Bügelschenkel quer zur Biegezugbewehrung		
5	Bauteildicke d bzw. $d_0 \leq 40$ cm	40 cm	
6	Bauteildicke d bzw. $d_0 > 40$ cm	d oder d_0 bzw. 80 cm	

36) Bei Balken mit $d_0 < 20$ cm und $\tau_0 \leq \tau_{011}$ braucht der Abstand nicht kleiner als 15 cm zu sein.

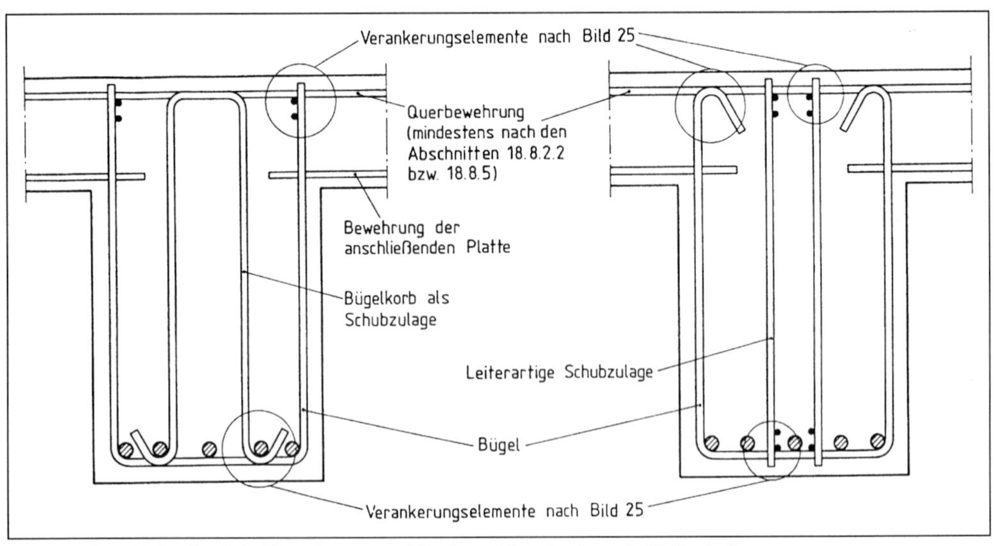

Bild 28. Beispiel für eine Schubbewehrung aus Bügeln und Schubzulagen in Plattenbalken

(2) Schubzulagen sind nach Abschnitt 18.8.2.1 wie Bügel zu verankern. Bei girlandenförmigen Schubzulagen muß der Biegerollendurchmesser jedoch mindestens $d_{br} = 10\ d_s$ betragen.

(3) Bei Platten in Bereichen mit Schubspannungen $\tau_0 \leq 0{,}5\ \tau_{02}$ dürfen Schubzulagen auch allein verwendet werden; in Bereichen mit Schubspannungen $\tau_0 > 0{,}5\ \tau_{02}$ dürfen Schubzulagen nur in Verbindung mit Bügeln nach Abschnitt 18.8.2 angeordnet werden.

(4) Bei feingliedrigen Fertigteilträgern (z. B. I-, T- oder Hohlquerschnitten mit Stegbreiten $b_0 \leq$ 8 cm) dürfen einschnittige Schubzulagen allein als Schubbewehrung verwendet werden, wenn die Druckzone und die Biegezugbewehrung nach den Abschnitten 18.8.2.2 bzw. 18.8.5 gesondert umschlossen sind.

(5) Für die Stababstände der Schubzulagen gilt Tabelle 26.

18.8.5 Anschluß von Zug- oder Druckgurten

(1) Bei Plattenbalken, Balken mit I-förmigen oder Hohlquerschnitten u. a. sind die außerhalb der Bü-

gel liegenden Zugstäbe (siehe Abschnitt 18.7.1 (2)) bzw. die Druckplatten (Flansche) mit einer über die Stege durchlaufenden Querbewehrung anzuschließen.

(2) Die Schubspannungen τ_{0a} in den Plattenanschnitten sind nach Abschnitt 17.5 zu berechnen. Sie dürfen τ_{02} nicht überschreiten.

(3) Die erforderliche Anschlußbewehrung ist nach Abschnitt 17.5.5 zu bemessen, wobei τ_0 durch τ_{0a} zu ersetzen ist.

(4) Sie ist bei Schubbeanspruchung allein etwa gleichmäßig auf die Plattenober- und -unterseite zu verteilen, wobei eine über den Steg durchlaufende oder dort mit l_1 nach Abschnitt 18.5.2.2 verankerte Plattenbewehrung auf die Anschlußbewehrung angerechnet werden darf. Wird die Platte außer durch Schubkräfte auch durch Querbiegemomente beansprucht, so genügt es, außer der Bewehrung infolge Querbiegung 50 % der Anschlußbewehrung infolge Schubbeanspruchung auf der Biegezugseite der Platte anzuordnen.

(5) Bei Bauteilen üblicher Hochbauten nach Abschnitt 2.2.4 mit beiderseits des Steges anschließenden Platten darf auf einen rechnerischen Nachweis der Anschlußbewehrung verzichtet werden, wenn ihr Querschnitt mindestens gleich der Hälfte der Schubbewehrung im Steg ist. Für Druckgurte ist darüber hinaus ein Nachweis der Schubspannung τ_{0a} im Plattenanschnitt entbehrlich.

(6) Bei konzentrierter Lasteinleitung an Trägerenden ohne Querträger und einer in der Platte angeordneten Biegezugbewehrung ist die Anschlußbewehrung auf einer Strecke entsprechend der halben mitwirkenden Plattenbreite b_m nach Abschnitt 15.3 jedoch immer für τ_{0a} zu bemessen und stets auf die Plattenober- und -unterseite zu verteilen.

(7) Für die größten zulässigen Stababstände der Anschlußbewehrung gilt Tabelle 26, Zeilen 2 bis 4, wobei die im Steg vorhandene Schubspannung zugrunde zu legen ist.

18.9 Andere Bewehrungen

18.9.1 Randbewehrung bei Platten

Freie, ungestützte Ränder von Platten und breiten Balken (siehe Abschnitt 17.5.5) mit Ausnahme von Fundamenten und Bauteilen üblicher Hochbauten nach Abschnitt 2.2.4 im Gebäudeinneren sind durch eine konstruktive Bewehrung (z. B. Steckbügel) einzufassen.

18.9.2 Unbeabsichtigte Einspannungen

Zur Aufnahme rechnerisch nicht berücksichtigter Einspannungen sind geeignete Bewehrungen anzuordnen (siehe z. B. Abschnitt 20.1.6.2,(2) und Abschnitt 20.1.6.4).

18.9.3 Umlenkkräfte

(1) Bei Bauteilen mit gebogenen oder geknickten Leibungen ist die Aufnahme der durch die Richtungsänderung der Zug- oder Druckkräfte hervorgerufenen Zugkräfte nachzuweisen; in der Regel sind diese Umlenkkräfte durch zusätzliche Bewehrungselemente (z. B. Bügel, siehe Bilder 29 a) und b)) oder durch eine besondere Bewehrungsführung (z B. nach Bild 30) abzudecken.

(2) Stark geknickte Leibungen ($\alpha \geq 45°$, siehe Bild 30) wie z. B. Rahmenecken dürfen in der Regel nur unter Verwendung von Beton der Festigkeitsklasse B 25 oder höher ausgeführt werden, andernfalls sind die nach Abschnitt 17.2 aufnehmbaren Schnittgrößen am Anschnitt zum Eckbereich (siehe Bild 30) auf $^2/_3$ zu verringern, d. h., die Bemessungsschnittgrößen sind um den Faktor 1,5 zu erhöhen. Bei Rahmen aus balkenartigen Bauteilen sind Stiele und Riegel auch im Eckbereich konstruktiv zu verbügeln; dies kann dort z. B. durch sich orthogonal kreuzende, haarnadelförmige Bügel (Steckbügel) oder durch eine andere gleichwertige Bewehrung erfolgen. Bei Rahmentragwerken aus plattenartigen Bauteilen ist zumindest die nach den Abschnitten 20.1.6.3 bzw. 25.5.5.2 vorgeschriebene Querbewehrung auch im Eckbereich anzuordnen.

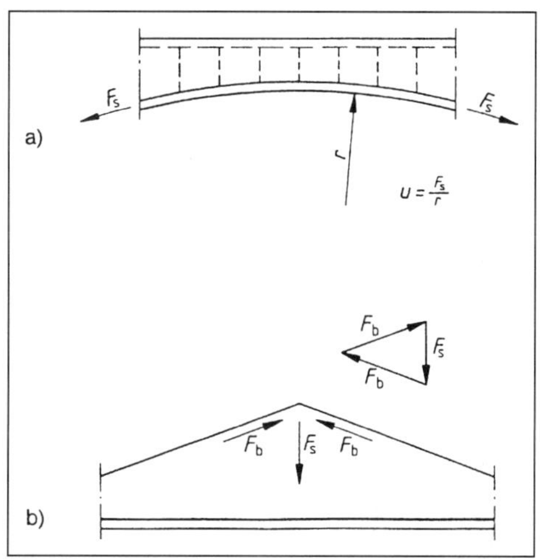

Bild 29. Umlenkkräfte

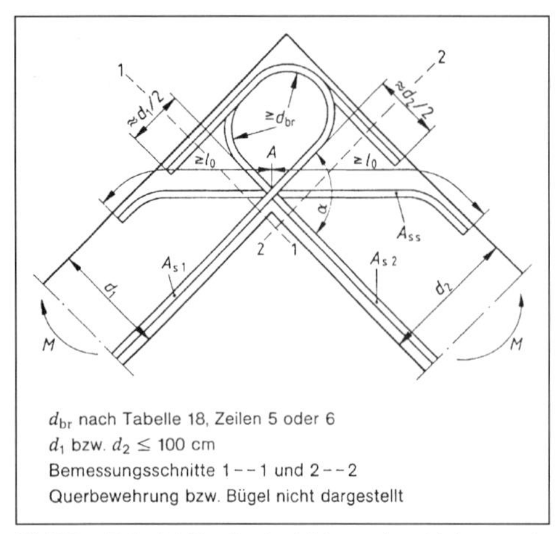

d_{br} nach Tabelle 18, Zeilen 5 oder 6
d_1 bzw. $d_2 \leq 100$ cm
Bemessungsschnitte 1 - - 1 und 2 - - 2
Querbewehrung bzw. Bügel nicht dargestellt

Bild 30. Beispiel für die Ausbildung einer Rahmenecke bei positivem Moment mit einer schlaufenartigen Bewehrungsführung

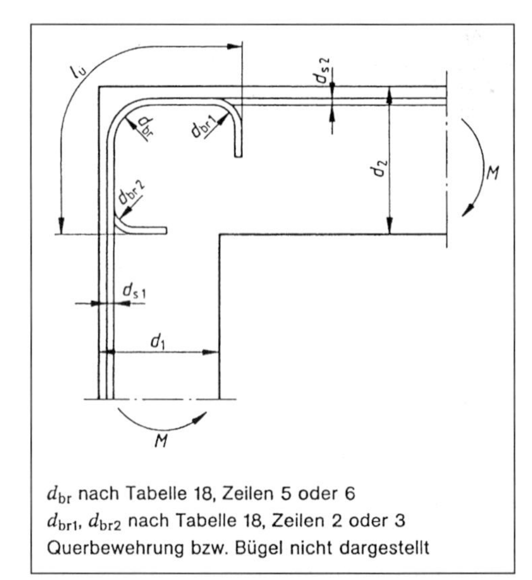

d_{br} nach Tabelle 18, Zeilen 5 oder 6
d_{br1}, d_{br2} nach Tabelle 18, Zeilen 2 oder 3
Querbewehrung bzw. Bügel nicht dargestellt

Bild 31. Beispiel für die Ausbildung einer Rahmenecke bei negativem Moment und Bewehrungsstoß der Rahmenecke

a) Bei Bauteilen mit geknicktem Zuggurt (positives Moment, siehe Bild 30) und einem Knickwinkel $\alpha \geq 45°$ ist stets eine Schrägbewehrung A_{ss} anzuordnen, wenn ein Biegemoment, das einem Bewehrungsanteil von $\mu \geq 0{,}4$ % entspricht, umgeleitet werden soll. Dabei ist μ der größere der beiden Bewehrungsprozentsätze der anschließenden Bauteile. Für $\mu \leq 1$ % muß A_{ss} mindestens der Hälfte dieses Bewehrungsanteils, für $\mu > 1$ % dem gesamten Bewehrungsanteil entsprechen. Überschreitet der Knickwinkel $\alpha = 100°$, ist zur Aufnahme dieser Schrägbewehrung eine Voute auszubilden und A_{ss} stets für das gesamte umzuleitende Moment auszulegen.

   Bei Bauteilen mit einer Dicke bis etwa d = 100 cm genügt zur Aufnahme der Umlenkkräfte eine schlaufenartig die Biegedruckzone umfassende Führung der beiden Biegezugbewehrungen nach Bild 30. Bei dickeren Bauteilen oder bei Verzicht auf eine schlaufenartige Führung der Biegezugbewehrung müssen die gesamten Umlenkkräfte durch Bügel oder eine gleichwertige Bewehrung oder andere Maßnahmen aufgenommen werden.

   Bei einer schlaufenartigen Bewehrungsführung und Einhaltung der Angaben in Bild 30 kann ein Nachweis der Verankerungslängen für die Biegezugbewehrungen entfallen. In allen anderen Fällen sind diese jeweils ab der Kreuzungsstelle A mit dem Maß l_0 nach Gleichung (21) zu verankern.

   Wird die Bewehrung nicht schlaufenartig geführt, ist entlang des gedrückten Außenrandes im Eckbereich eine über die Querschnittsbreite verteilte Bewehrung anzuordnen, die in den anschließenden Bauteilen mit der Verankerungslänge l_0 nach Abschnitt 18.5.2.1 zu verankern ist.

b) Wird bei Rahmenecken mit negativem Moment die Bewehrung im Bereich der Ecke gestoßen, darf die Übergreifungslänge $l_ü$ (siehe Abschnitt 18.6.3) nach Bild 31 berechnet werden. Dabei darf der Beiwert $\alpha_1 = 0{,}7$ nur in Ansatz gebracht werden, wenn an den Stabenden Haken oder Winkelhaken angeordnet werden. Für die Querbewehrung gilt Abschnitt 18.6.3.4.

(3) Die in Abschnitt 21.1.2 geforderte Zusatzbewehrung zur Beschränkung der Rißbreite bei hohen Stegen ist bei Rahmenecken ab Bauhöhen $d > 70$ cm erforderlich.

18.10 Besondere Bestimmungen für einzelne Bauteile

18.10.1 Kragplatten, Kragbalken

(1) Die Biegezugbewehrung ist im einspannenden Bauteil nach Abschnitt 18.5 zu verankern oder gegebenenfalls nach Abschnitt 18.6 an dessen Bewehrung anzuschließen. Bei Einzellasten am Kragende ist die Bewehrung nach Abschnitt 18.7.4, Gleichungen (26) bis (28) zu verankern.

(2) Am Ende von Kragplatten ist an ihrer Unterseite stets eine konstruktive Randquerbewehrung anzuordnen. Bei Verkehrslasten $p > 5{,}0$ k N/m² ist eine Querbewehrung nach Abschnitt 20.1.6.3 (1) anzuordnen. Bei Einzellasten siehe auch Abschnitt 20.1.6.3 (3).

18.10.2 Anschluß von Nebenträgern

(1) Die Last von Nebenträgern, die in den Hauptträger einbinden (indirekte Lagerung), ist durch Aufhängebügel oder Schrägstäbe aufzunehmen. Der überwiegende Teil dieser Aufhängebewehrung ist dabei im unmittelbaren Durchdringungsbereich anzuordnen. Die Aufhängebügel oder Schrägstäbe sind für die volle aufzunehmende Auflagerlast des Nebenträgers zu bemessen. Die im Kreuzungsbereich (siehe Bild 32) vorhandene Schubbewehrung darf auf die Aufhängebewehrung angerechnet werden, sofern der Nebenträger auf ganzer Höhe in den Hauptträger einmündet. Die Aufhängebügel sind nach Abschnitt 18.8.2, die Schrägstäbe nach Abschnitt 18.7.3 (3) zu verankern.

(2) Der größtmögliche, nach Bild 32 definierte Kreuzungsbereich darf zugrunde gelegt werden.

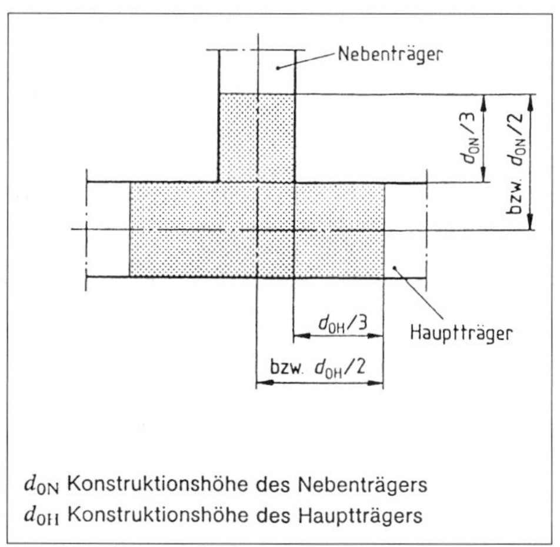

Bild 32. Größe des Kreuzungsbereiches beim Anschluß von Nebenträgern

18.10.3 Angehängte Lasten

Bei angehängten Lasten sind die Aufhängevorrichtungen mit der erforderlichen Verankerungslänge l_1 nach Abschnitt 18.5 in der Querschnittshälfte der lastabgewandten Seite zu verankern oder nach Abschnitt 18.6 mit Bügeln zu stoßen.

18.10.4 Torsionsbeanspruchte Bauteile

(1) Für die nach Abschnitt 17.5.6 erforderliche Torsionsbewehrung ist bevorzugt ein rechtwinkliges Bewehrungsnetz aus Bügeln (siehe Abschnitt 18.8.2) und Längsstäben zu verwenden. Die Bügel sind in Balken und Plattenbalken nach den Bildern 26 c) oder d) zu schließen oder im Stegbereich nach Abschnitt 18.6 zu stoßen.

(2) Die Bügelabstände dürfen im torsionsbeanspruchten Bereich das Maß $u_k/8$ bzw. 20 cm nicht überschreiten. Hierin ist u_k der Umfang - gemessen in der Mittellinie - eines gedachten räumlichen Fachwerkes nach Abschnitt 17.5.6.

(3) Die Längsstäbe sind im Einleitungsbereich der Torsionsbeanspruchung nach Abschnitt 18.5 zu verankern. Sie können gleichmäßig über den Umfang verteilt oder in den Ecken konzentriert werden. Ihr Abstand darf jedoch nicht mehr als 35 cm betragen.

(4) Wirken Querkraft und Torsion gleichzeitig, so darf bei einer aus Bügeln und Schubzulagen bestehenden Schubbewehrung die Torsionsbeanspruchung den Bügeln und die Querkraftbeanspruchung den Schubzulagen zugewiesen werden.

18.11 Stabbündel

18.11.1 Grundsätze

(1) Stabbündel bestehen aus zwei oder drei Einzelstäben mit $d_s \leq 28$ mm, die sich berühren und die für die Montage und das Betonieren durch geeignete Maßnahmen zusammengehalten werden.

(2) Sofern nichts anderes bestimmt wird, gelten die Abschnitte 18.1 bis 18.10 unverändert, und es ist bei allen Nachweisen, bei denen der Stabdurchmesser eingeht, anstelle des Einzelstabdurchmessers d_s der Vergleichsdurchmesser d_{sV} einzusetzen. Der Vergleichsdurchmesser d_{sV} ist der Durchmesser eines mit dem Bündel flächengleichen Einzelstabes und ergibt sich für ein Bündel aus n Einzelstäben gleichen Durchmessers d_s zu $d_{sV} = d_s \cdot \sqrt{n}$.

(3) Der Vergleichsdurchmesser darf in Bauteilen mit überwiegendem Zug ($e/d \leq 0{,}5$) den Wert $d_{sV} = 36$ mm nicht überschreiten.

18.11.2 Anordnung, Abstände, Betondeckung

Die Anordnung der Stäbe im Bündel sowie die Mindestmaße für die Betondeckung c_{sb} und für den lichten Abstand der Stabbündel a_{sb} richten sich nach Bild 33. Das Nennmaß der Betondeckung richtet sich entweder nach Tabelle 10 oder ist dadurch zu ermitteln, da8 das Mindestmaß $c_{sb} = d_{sV}$

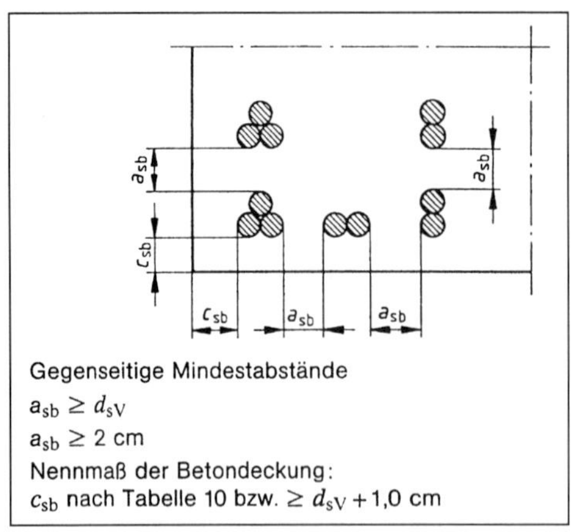

Bild 33. Anordnung, Mindestabstände und Mindestbetondeckung bei Stabbündeln

um 1,0 cm erhöht wird. Für die Betondeckung der Hautbewehrung (siehe Abschnitt 18.11.3) gilt Abschnitt 13.2.

18.11.3 Beschränkung der Rißbreite

(1) Der Nachweis der Beschränkung der Rißbreite ist bei Stabbündeln mit dem Vergleichsdurchmesser d_{sV} zu führen.

(2) Bei Stabbündeln in vorwiegend auf Biegung beanspruchten Bauteilen mit $d_{sV} > 36$ mm ist zur Sicherstellung eines ausreichenden Rißverhaltens immer eine Hautbewehrung in der Zugzone des Bauteils einzulegen.

(3) Als Hautbewehrung sind nur Betonstahlmatten mit Längs- und Querstababständen von jeweils höchstens 10 cm zulässig. Der Querschnitt der Hautbewehrung muß in Richtung der Stabbündel Gleichung (30) entsprechen und quer dazu mindestens 2,0 cm²/m betragen.

$$a_{sh} \geq 2\, c_{sb} \text{ in cm}^2/\text{m} \quad (30)$$

Hierin sind:

a_{sh} Querschnitt der Hautbewehrung in Richtung der Stabbündel in cm²/m,

c_{sb} Mindestmaß der Betondeckung der Stabbündel in cm.

(4) Die Hautbewehrung muß mindestens um das Maß 5 d_{sV} an den Bauteilseiten über die innerste Lage der Stabbündel (siehe Bild 34 a)) bzw. bei Plattenbalken im Stützbereich über das äußerste Stabbündel reichen (siehe Bild 34 b)). Die Hautbewehrung ist auf die Biegezug-, Quer- oder Schubbewehrung anrechenbar, wenn die für diese Bewehrungen geforderten Bedingungen eingehalten werden. Stöße der Längsstäbe sind jedoch in je-

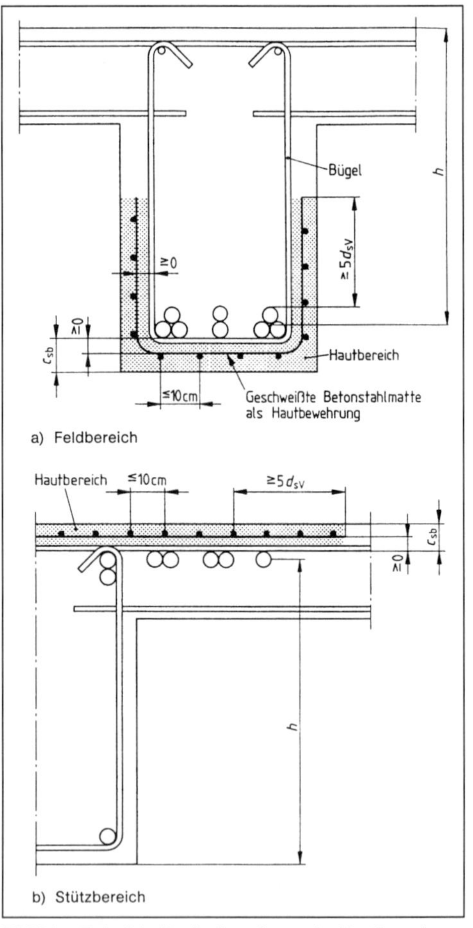

Bild 34. Beispiele für die Anordnung der Hautbewehrung im Querschnitt eines Plattenbalkens

dem Fall mindestens nach den Regeln für Querstäbe nach den Abschnitten 18.6.3 bzw. 18.6.4.4 auszubilden.

18.11.4 Verankerung von Stabbündeln

(1) Zugbeanspruchte Stabbündel dürfen unabhängig von d_{sV} über dem End- und Zwischenauflager, bei $d_{sV} \leq 28$ mm auch vor dem Auflager ohne Längsversatz der Einzelstäbe an einer Seite enden. Ab $d_{sV} > 28$ mm sind bei einer Verankerung der Stabbündel vor dem Auflager die Stabenden gegenseitig in Längsrichtung zu versetzen (siehe Bild 35 oder Bild 36).

(2) Bei einer Verankerung der Stäbe nach Bild 35 darf für die Berechnung der Verankerungslänge der

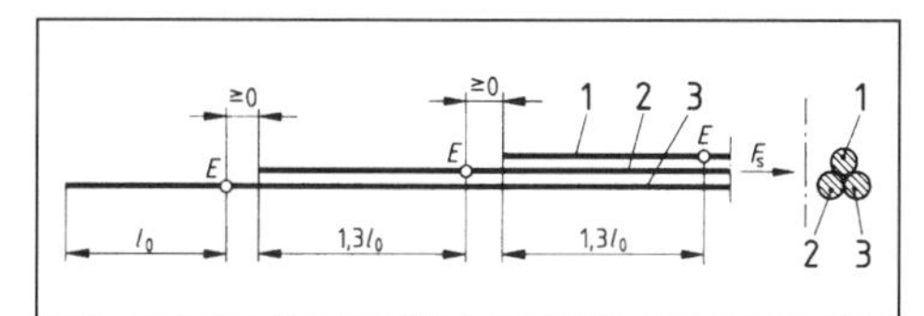

Bild 35. Beispiel für die Verankerung von Stabbündeln vor dem Auflager bei auseinandergezogenen rechnerischen Endpunkten E

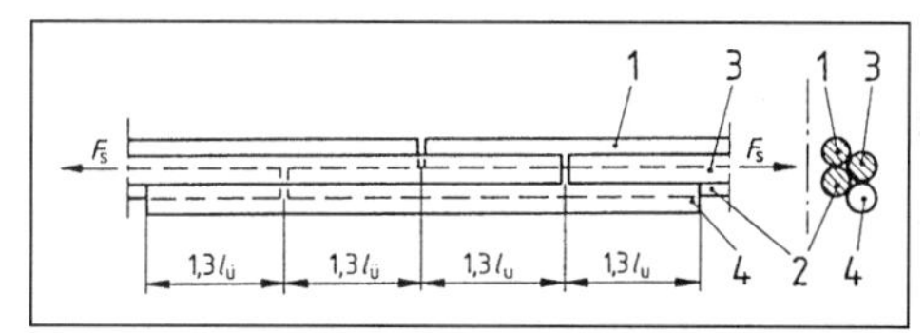

Bild 37. Beispiel für einen zugbeanspruchten Übergreifungsstoß durch Zulage eines Stabes bei einem Bündel aus drei Stäben

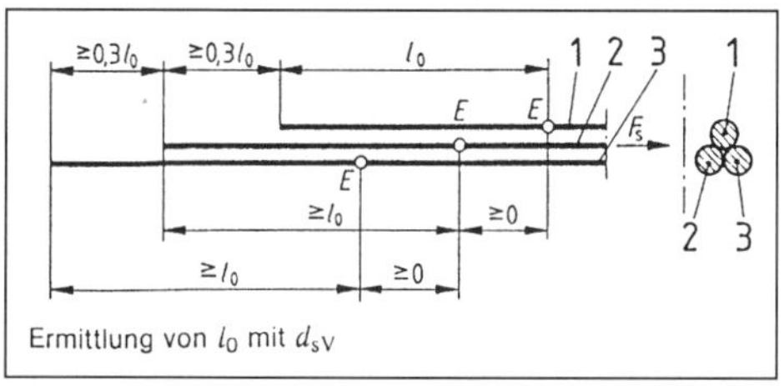

Bild 36. Beispiel für die Verankerung von Stabbündeln vor dem Auflager bei dicht beieinander liegenden rechnerischen Endpunkten E

Durchmesser des Einzelstabes d_s eingesetzt werden; in allen anderen Fällen ist d_{sV} zugrunde zu legen.

(3) Bei druckbeanspruchten Stabbündeln dürfen alle Stäbe an einer Steile enden. Ab einem Vergleichsdurchmesser $d_{sV} > 28$ mm sind im Bereich der Bündelenden mindestens vier Bügel mit d_s = 12 mm anzuordnen, sofern der Spitzendruck nicht durch andere Maßnahmen (z. B. Anordnung der Stabenden innerhalb einer Deckenscheibe) aufgenommen wird; ein Bügel ist dabei vor den Stabenden anzuordnen.

18.11.5 Stoß von Stabbündeln

(1) Die Übergreifungslänge $l_ü$ errechnet sich nach den Abschnitten 18.6.3.2 bzw. 18.6.3.3. Stabbündel aus zwei Stäben mit $d_{sV} \leq 28$ mm dürfen ohne Längsversatz der Einzelstäbe gestoßen werden; für die Berechnung von $l_ü$ ist dann d_{sV} zugrunde zu legen.

(2) Bei Stabbündeln aus zwei Stäben mit $d_{sV} >$ 28 mm bzw. bei Stabbündeln aus drei Stäben sind die Einzelstäbe stets um mindestens 1,3 $l_ü$ in Längsrichtung versetzt zu stoßen (siehe Bild 37), wobei jedoch in jedem Schnitt eines gestoßenen Bündels höchstens vier Stäbe vorhanden sein dürfen; für die Berechnung von $l_ü$ ist dann der Durchmesser des Einzelstabes einzusetzen.

18.11.6 Verbügelung druckbeanspruchter Stabbündel

Bei Verwendung von Stabbündeln mit $d_{sV} >$ 28 mm als Druckbewehrung muß abweichend von Abschnitt 25.2.2.2 der Mindeststabdurchmesser für Einzelbügel oder Bügelwendeln 12 mm betragen.

19 Stahlbetonfertigteile

19.1 Bauten aus Stahlbetonfertigteilen

(1) Für Bauten aus Stahlbetonfertigteilen und für die Fertigteile selbst gelten die Bestimmungen für entsprechende Bauten und Bauteile aus Ortbeton, soweit in den folgenden Abschnitten nichts anderes gesagt ist.

(2) Auf die Einhaltung der Konstruktionsgrundsätze nach Abschnitt 15.8.1 ist bei Bauten aus Fertigteilen besonders zu achten. Tragende und aussteifende Fertigbauteile sind durch Bewehrung oder gleichwertige Maßnahmen miteinander und gegebenenfalls mit Bauteilen aus Ortbeton so zu verbinden, daß sie auch durch außergewöhnliche Beanspruchungen (Bauwerkssetzungen, starke Erschütterungen, bei Bränden usw.) ihren Halt nicht verlieren.

19.2 Allgemeine Anforderungen an die Fertigteile

(1) Stahlbetonfertigteile gelten als werkmäßig hergestellt, wenn sie in einem Betonfertigteilwerk (Be-

tonwerk) hergestellt sind, das die Anforderungen des Abschnitts 5.3 erfüllt.

(2) Bei der Bemessung der Stahlbetonfertigteile nach den Abschnitten 17.1 bis 17.5 sind die ungünstigsten Beanspruchungen zu berücksichtigen, die beim Lagern und Befördern (z. B. durch Kopf-, Schräg- oder Seitenlage oder durch Unterstützung nur im Schwerpunkt) und während des Bauzustandes und im endgültigen Zustand entstehen können. Werden bei Fertigteilen die Beförderung und der Einbau ständig von einer mit den statischen Verhältnissen vertrauten Fachkraft überwacht, so genügt es, bei der Bemessung dieser Teile nur die planmäßigen Beförderungs- und Montagezustände zu berücksichtigen.

(3) Für die ungünstigsten Beanspruchungen, die beim Befördern der Fertigteile bis zum Absetzen in die endgültige Lage entstehen können, darf der Sicherheitsbeiwert γ für die Bemessung bei Biegung und Biegung mit Längskraft nach Abschnitt 17.2.2 auf γ_M = 1,3 vermindert werden. Fertigteile mit wesentlichen Schäden dürfen nicht eingebaut werden.

(4) Die Bemessung für den Lastfall „Befördern" darf entfallen, wenn die Fertigteile nicht länger als 4 m sind. Bei stabförmigen Bauteilen ist jedoch die Druckzone stets mit mindestens einem 5 mm dicken Bewehrungsstab zu bewehren.

(5) Zur Erzielung einer genügenden Seitensteifigkeit müssen Fertigteile, deren Verhältnis Länge/Breite größer als 20 ist, in der Zug- oder Druckzone mindestens zwei Bewehrungsstäbe mit möglichst grossem Abstand besitzen.

19.3 Mindestmaße

(1) Die Mindestdicke darf bei werkmäßig hergestellten Fertigteilen um 2 cm kleiner sein, als bei entsprechenden Bauteilen aus Ortbeton, jedoch nicht kleiner als 4 cm. Die Plattendicke von vorgefertigten Rippendecken muß jedoch mindestens 5 cm sein. Wegen der Maße von Druckgliedern siehe Abschnitt 25.2.1.

(2) Unbewehrte Plattenspiegel von Kassettenplatten dürfen abweichend hiervon mit einer Mindestdicke von 2,5 cm ausgeführt werden, wenn sie nur bei Reinigungs- und Ausbesserungsarbeiten begangen werden und der Rippenabstand in der einen Richtung höchstens 65 cm und in der anderen bei B 25 höchstens 65 cm, bei B 35 höchstens 100 cm und bei B 45 oder Beton höherer Festigkeit höchstens 150 cm beträgt. Die Plattenspiegel dürfen keine Löcher haben.

(3) Die Dicke d von Stahlbetonhohldielen muß für Geschoßdecken mindestens 6 cm, für Dachdecken, die nur bei Reinigungs- und Ausbesserungsarbeiten betreten werden, mindestens 5 cm sein. Das Maß d_1 muß mindestens $^1/_4\ d$, das Maß d_2 mindestens $^1/_5\ d$ sein (siehe Bild 38). Die nach Abzug der Hohlräume verbleibende kleinste Querschnittsbreite $b_0 = b - \Sigma a$ muß mindestens $^1/_3\ b$ sein, sofern nach Abschnitt 17.5.3 keine größere Breite erforderlich ist.

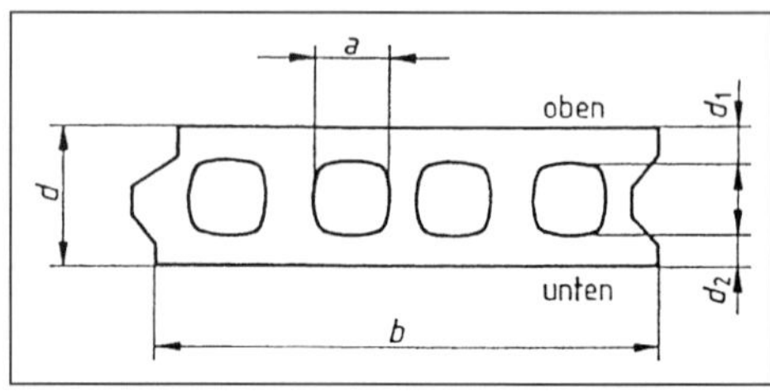

Bild 38. Stahlbetonhohldielen

19.4 Zusammenwirken von Fertigteilen und Ortbeton

(1) Bei der Bemessung von durch Ortbeton ergänzten Fertigteilquerschnitten nach den Abschnitten 17.1 bis 17.5 darf so vorgegangen werden, als ob der Gesamtquerschnitt von Anfang an einheitlich hergestellt worden wäre; das gilt auch für nachträglich anbetonierte Auflagerenden. Voraussetzung hierfür ist, daß die unter dieser Annahme in der Fuge wirkenden Schubkräfte durch Bewehrungen nach den Abschnitten 17.5.4 und 17.5.5 aufgenommen werden und die Fuge zwischen dem ursprünglichen Querschnitt und der Ergänzung rauh oder ausreichend profiliert ausgeführt wird. Die Schubsicherung kann auch durch bewehrte Verzahnungen oder geeignete stahlbaumäßige Verbindungen vorgenommen werden.

(2) Bei der Bemessung für Querkraft darf von der in Abschnitt 17.5.5 angegebenen Abminderung der Grundwerte τ_0 nur in den im Abschnitt 19.7.2 angegebenen Fällen Gebrauch gemacht werden. Der Grundwert τ_0 darf τ_{02} (siehe Tabelle 13, Zeilen 2 bzw. 4) nicht überschreiten.

(3) Werden im gleichen Querschnitt Fertigteile und Ortbeton oder auch Zwischenbauteile unterschiedlicher Festigkeit verwendet, so ist für die Bemessung des gesamten Querschnitts die geringste Festigkeit dieser Teile in Rechnung zu stellen, sofern nicht das unterschiedliche Tragverhalten der einzelnen Teile rechnerisch berücksichtigt wird.

19.5 Zusammenbau der Fertigteile

19.5.1 Sicherung im Montagezustand

Fertigteile sind so zu versetzen, daß sie vom Augenblick des Absetzens an - auch bei Erschütterungen - sicher in ihrer Lage gehalten werden; z. B. sind hohe Träger auch gegen Umkippen zu sichern.

19.5.2 Montagestützen

(1) Fertigteile sollen so bemessen sein, daß sich keine kleineren Abstände der Montagestützen als 150 cm, bei Platten 100 cm, ergeben.

(2) Die Aufnahme negativer Momente über den Montagestützen braucht bei Plattendecken nach Abschnitt 19.7.6, Balkendecken nach Abschnitt 19.7.7, Plattenbalkendecken nach Abschnitt 19.7.5, Tabelle 27, Zeile 5, und Rippendecken nach Abschnitt 19.7.8, nicht nachgewiesen zu werden, wenn die Feldmomente unter Annahme frei drehbar gelagerter Balken auf zwei Stützen ermittelt werden. Decken mit biegesteifer Bewehrung nach Abschnitt 2.1.3.7 sind im Montagezustand stets als Balken auf zwei Stützen zu rechnen.

19.5.3 Auflagertiefe

(1) Für die Mindestauflagertiefe im endgültigen Zustand gelten die Bestimmungen für entsprechende Bauteile aus Ortbeton. Bei nachträglicher Ergänzung des Auflagerbereichs durch Ortbeton muß die Auflagertiefe im Montagezustand unter Berücksichtigung möglicher Maßabweichungen mindestens 3,5 cm betragen. Diese Auflagerung kann durch Hilfsunterstützungen in unmittelbarer Nähe des endgültigen Auflagers ersetzt werden.

(2) Die Auflagertiefe von Zwischenbauteilen muß mindestens 2,5 cm betragen. In tragende Wände dürfen nur Zwischenbauteile ohne Hohlräume eingreifen, deren Festigkeit mindestens gleich der des Wandmauerwerks ist.

19.5.4 Ausbildung von Auflagern und druckbeanspruchten Fugen

(1) Fertigteile müssen im Endzustand an den Auflagern in Zementmörtel oder Beton liegen. Hierauf darf bei Bauteilen mit kleinen Maßen und geringen Auflagerkräften, z. B. bei Zwischenbauteilen von Decken und bei schmalen Fertigteilen für Dächer, verzichtet werden. Anstelle von Mörtel oder Beton dürfen andere geeignete ausgleichende Zwischenlagen verwendet werden, wenn nachteilige Folgen für Standsicherheit (z. B. Aufnahme der Querzugspannungen), Verformung, Schallschutz und Brandschutz ausgeschlossen sind.

(2) Für die Berechnung der Mörtelfugen gilt Abschnitt 17.3.4. Die Zusammensetzung des Zementmörtels muß die Bedingungen von Abschnitt 6.7.1, die des Betons von Abschnitt 6.5 erfüllen.

(3) Druckbeanspruchte Fugen zwischen Fertigteilen sollen mindestens 2 cm dick sein, damit sie sorgfältig mit Mörtel oder Beton ausgefüllt werden können. Wenn sie mit Mörtel ausgepreßt werden, müssen sie mindestens 0,5 cm dick sein.

(4) Waagerechte Fugen dürfen dünner sein, wenn das obere Fertigteil auf einem frischen Mörtelbett abgesetzt wird, in dem die planmäßige Höhenlage des Fertigteils durch geeignete Vorrichtungen (Abstandhalter) sichergestellt wird.

19.6 Kennzeichnung

(1) Auf jedem Fertigteil sind deutlich lesbar der Hersteller und der Herstellungstag anzugeben. Abkürzungen sind zulässig. Die Einbaulage ist zu kennzeichnen, wenn Verwechslungsgefahr besteht. Fertigteile von gleichen äußeren Maßen, aber mit verschiedener Bewehrung, Betonfestigkeitsklasse oder Betondeckung, sind unterschiedlich zu kennzeichnen.

(2) Dürfen Fertigteile nur in bestimmter Lage, z. B. nicht auf der Seite liegend, befördert werden, so ist hierauf in geeigneter Weise, z. B. durch Aufschriften, hinzuweisen.

19.7 Geschoßdecken, Dachdecken und vergleichbare Bauteile mit Fertigteilen

19.7.1 Anwendungsbereich und allgemeine Bestimmungen

(1) Geschoßdecken, Dachdecken und vergleichbare Bauteile mit Fertigteilen dürfen verwendet werden

- bei vorwiegend ruhender, gleichmäßig verteilter Verkehrslast (siehe DIN 1055 Teil 3),
- bei ruhenden Einzellasten, wenn hinsichtlich ihrer Verteilung Abschnitt 20.2.5 (1) eingehalten ist,
- bei Radlasten bis 7,5 kN (z. B. Personenkraftwagen),
- bei Fabriken und Werkstätten nur nach den Bedingungen von Tabelle 27 in Abschnitt 19.7.5.

(2) Für Decken mit Fertigteilen gelten die in den Abschnitten 19.7.2 bis 19.7.10 angegebenen zusätzlichen Bestimmungen und Vereinfachungen. Angaben über Regelausführungen für die Querver-

bindung von Fertigteilen in Abschnitt 19.7.5 gestatten die Wahl ausreichender Querverbindungsmittel in Abhängigkeit von der Höhe der Verkehrslast und der Deckenbauart.

19.7.2 Zusammenwirken von Fertigteilen und Ortbeton in Decken

(1) Bei vorwiegend ruhenden Lasten, nicht aber in Fabriken und Werkstätten, darf der Grundwert τ_0 der Schubspannung bei Decken für die Bemessung der Schub- und der Verbundbewehrung (siehe Abschnitt 19.7.3) zwischen Fertigteilen und Ortbeton nach Abschnitt 17.5.5 abgemindert werden, wenn die Verkehrslast nicht größer als 5,0 kN/m^2 ist, die Berührungsflächen der Fertigteile rauh sind und der Grundwert τ_0 bei Platten 0,7 τ_{011} (siehe Tabelle 13, Zeile 1 b), bei anderen Bauteilen 0,7 τ_{012} (siehe Tabelle 13, Zeile 3) nicht überschreitet. In diesem Fall ist Gleichung (17) zu ersetzen durch Gleichung (31) bzw. Gleichung (32).

$$\tau = \frac{\text{vorh } \tau_0^2}{0{,}7\ \tau_{011}} \geq 0{,}4\ \tau_0 \qquad (31)$$

$$\tau = \frac{\text{vorh } \tau_0^2}{0{,}7\ \tau_{012}} \geq 0{,}4\ \tau_0 \qquad (32)$$

(2) Das Zusammenwirken von Ortbeton und statisch mitwirkenden Zwischenbauteilen braucht bei Verkehrslasten bis 5,0 kN/m^2 nicht nachgewiesen zu werden, wenn die Zwischenbauteile eine rauhe Oberfläche haben oder aus gebranntem Ton bestehen. Von solchen Zwischenbauteilen dürfen jedoch nur die äußeren, unmittelbar am Ortbeton haftenden Stege bis 2,5 cm je Rippe und die Druckplatte als mitwirkend angesehen werden.

19.7.3 Verbundbewehrung zwischen Fertigteilen und Ortbeton

(1) Die Verbundbewehrung zwischen Fertigteilen und Ortbeton ist nach den Abschnitten 19.4 bzw. 19.7.2 zu bemessen. Sie braucht nicht auf alle Fugenbereiche verteilt zu werden, die zwischen Fertigteil und Ortbeton im Querschnitt entstehen (siehe Bild 39).

(2) Bügelförmige Verbundbewehrungen müssen ab der Fuge nach Abschnitt 18.5 verankert werden; dies gilt als erfüllt, wenn die Ausführung nach Abschnitt 18.8.2.1 erfolgt. Die Verbundbewehrungen müssen mit Längsstäben kraftschlüssig verbunden werden oder aber in der Druck- und Zugzone mindestens je einen Längsstab umschließen.

(3) Der größte in Spannrichtung gemessene Abstand von Verbundbewehrungen bei Decken soll nicht mehr als das Doppelte der Deckendicke d betragen.

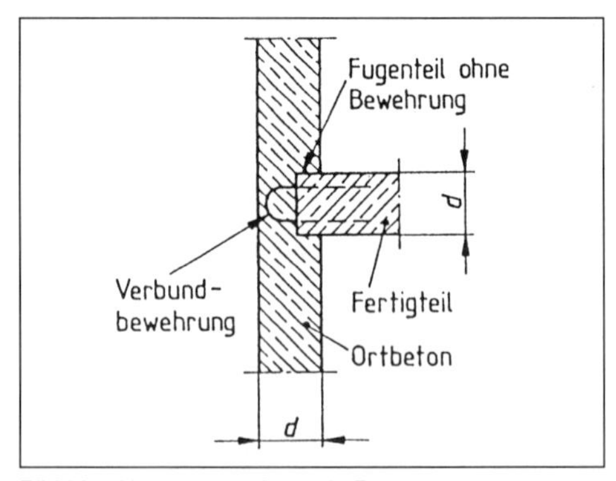

Bild 39. Verbundbewehrung in Fugen

(4) Bei Fertigplatten mit Ortbetonschicht (siehe Abschnitt 19.7.6) darf der Abstand der Verbundbewehrung quer zur Spannrichtung höchstens das 5fache der Deckendicke d, jedoch höchstens 75 cm, der größte Abstand vom Längsrand der Platten höchstens 37,5 cm betragen.

19.7.4 Deckenscheiben aus Fertigteilen

19.7.4.1 Allgemeine Bestimmungen

(1) Eine aus Fertigteilen zusammengesetzte Decke gilt als tragfähige Scheibe, wenn sie im endgültigen Zustand eine zusammenhängende, ebene Fläche bildet, die Einzelteile der Decke in Fugen druckfest miteinander verbunden sind und wenn die in der Scheibenebene wirkenden Lasten durch Bogen- oder Fachwerkwirkung zusammen mit den dafür bewehrten Randgliedern und Zugpfosten aufgenommen werden können. Die zur Fachwerkwirkung erforderlichen Zugpfosten können durch Bewehrungen gebildet werden, die in den Fugen zwischen den Fertigteilen verlegt und in den Randgliedern nach Abschnitt 18 verankert werden. Die Bewehrung der Randglieder und Zugpfosten ist rechnerisch nachzuweisen.

(2) Bei Deckenscheiben, die zur Ableitung der Windkräfte eines Geschosses dienen, darf auf die Anordnung von Zugpfosten verzichtet werden, wenn die Länge der kleineren Seite der Scheibe höchstens 10 m und die Länge der größeren Seite höchstens das 1,5fache der kleineren Seite beträgt und wenn die Scheibe auf allen Seiten von einem Stahlbetonringanker umschlossen wird, dessen Bewehrung unter Gebrauchslast eine Zugkraft von mindestens 30 kN aufnehmen kann (z. B. mindestens 2 Stäbe mit dem Durchmesser d_s = 12 mm oder eine Bewehrung mit gleicher Querschnittsfläche).

(3) Fugen, die von Druckstreben des Ersatztragwerks (Bogen oder Fachwerk) gekreuzt werden, müssen nach Abschnitt 19.4 ausgebildet werden,

wenn die rechnerische Schubspannung unter Annahme gleichmäßiger Verteilung in den Fugen größer als 0,1 N/mm^2 ist.

19.7.4.2 Deckenscheiben in Bauten aus vorgefertigten Wand- und Deckentafeln

(1) Bei Bauten aus vorgefertigten Wand- und Deckentafeln ohne Traggerippe sind zusätzlich zu der in Abschnitt 19.7.4.1 geforderten Scheibenbewehrung auch in allen Fugen über tragenden und aussteifenden Innenwänden Bewehrungen anzuordnen, die für eine Zugkraft von mindestens 15 kN zu bemessen sind. Diese Bewehrungen sind mit der Scheibenbewehrung nach Abschnitt 19.7.4.1 und untereinander nach den Bestimmungen der Abschnitte 18.5 und 18.6 zu verbinden. Bei nicht raumgroßen Deckentafeln ist in den Zwischenfugen ebenfalls eine Bewehrung einzulegen, die für eine Zugkraft von mindestens 15 kN zu bemessen und mit den übrigen Bewehrungen nach den Abschnitten 18.5 und 18.6 zu verbinden ist.

(2) Ist bei den vorgenannten Bewehrungen wegen einspringender Ecken o. ä. eine geradlinige Führung nicht möglich, so ist die Weiterleitung ihrer Zugkraft durch geeignete Maßnahmen sicherzustellen.

19.7.5 Querverbindung der Fertigteile

(1) Wird eine Decke, Rampe oder ein ähnliches Bauteil durch nebeneinanderliegende Fertigteile gebildet, so muß durch geeignete Maßnahmen sichergestellt werden, daß an den Fugen aus unterschiedlicher Belastung der einzelnen Fertigteile keine Durchbiegungsunterschiede entstehen.

(2) Ohne Nachweis darf eine ausreichende Querverteilung der Verkehrslasten vorausgesetzt werden, wenn die Mindestanforderungen der Tabelle 27 erfüllt sind; die notwendigen konstruktiven Maßnahmen dürfen auch durch wirksamere (z. B. IV statt III) ersetzt werden.

(3) In den übrigen Fällen ist die Übertragung der Querkräfte in den Fugen unter Ausschluß der Zugfestigkeit des Betons (siehe Abschnitt 17.2.1) nachzuweisen. Dabei sind die Lasten in jeweils ungünstigster Stellung anzunehmen. Bei Decken, die unter der Annahme gleichmäßig verteilter Verkehrslasten berechnet werden, darf der rechnerische Nachweis der Querverbindung für eine entlang der Fugen wirkende Querkraft in Größe der auf 0,5 m Einzugsbreite wirkenden Verkehrslast geführt werden. Die Weiterführung dieser Kraft braucht in den anschließenden Bauteilen im allgemeinen nicht nachgewiesen zu werden. Nur wenn bei Plattenbalken die Fuge in die Platte fällt, ist nachzuprüfen, ob das von der Fugenkraft in der Platte ausgelöste Kragmoment das unter Vollast entstehende Moment übersteigt.

(4) Bei Fertigteilen, die bei asymmetrischer Belastung instabil werden (z. B. bei einstegigen Plattenbalken, die keine Torsionsmomente abtragen können), ist die Querverbindung zur Sicherung des Gleichgewichts biegesteif auszubilden.

(5) Die Kurzzeichen **I** bis **V** der Tabelle 27 bedeuten, geordnet nach ihrer Wirksamkeit für die Querverteilung, folgende konstruktive Maßnahmen:

I Mindestens 2 cm tiefe Nuten in den Fertigteilen an der Seite der Fugen nach Bild 40, die mit Mörtel nach Abschnitt 6.7.1 oder mit Beton mindestens der Festigkeitsklasse B 15 ausgefüllt werden, so daß die Querkräfte auch ohne Inanspruchnahme der Haftung zwischen Mörtel und Fertigteil übertragen werden können.

Bei $p \geq 2{,}75$ kN/m^2 sind stets Ringanker anzuordnen.

II Querbewehrung nach Abschnitt 20.1.6.3, Absatz (1), in einer mindestens 4 cm dicken Ortbetonschicht (z. B. nach Bild 41 a)) oder im Fertigteil mit Stoßausbildung (z. B. nach Bild 41 b)).

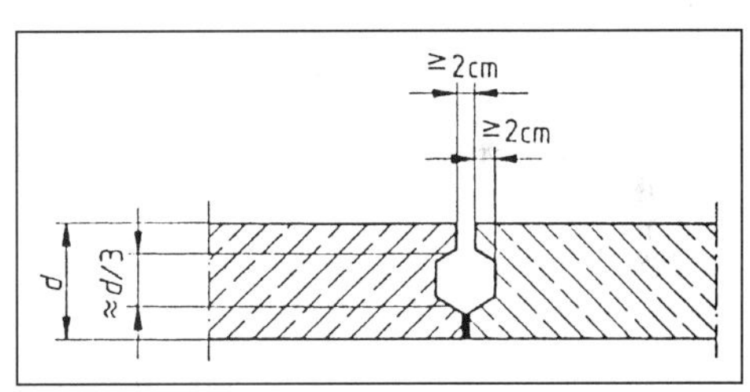

Bild 40. Beispiel für Fugen zwischen Fertigteilen

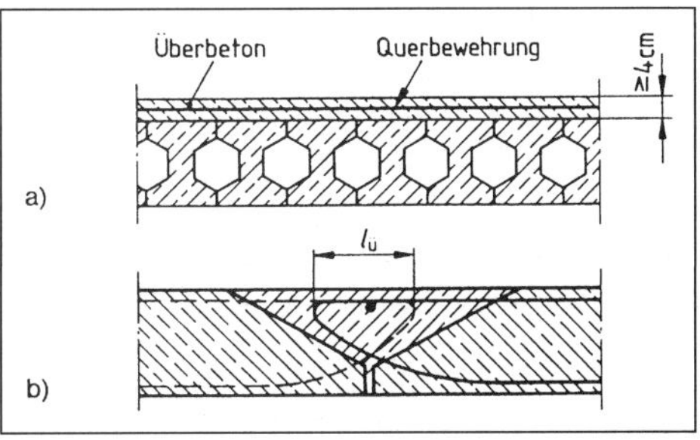

Bild 41.

Tabelle 27. Maßnahmen für die Querverbindung von Fertigteilen

	1	2	3	4	5
	Deckenart	vorwiegend ruhende Verkehrslasten			vorwiegend ruhende und nicht vorwiegend ruhende Verkehrslasten
		$p \leq$ 3,5 kN/m^2 [37])	$p \leq$ 5,0 kN/m^2	$p \leq$ 10 kN/m^2	p unbeschränkt
		nicht in Fabriken und Werkstätten	auch in Fabriken und Werkstätten mit leichtem Betrieb		auch in Fabriken und Werkstätten mit schwerem Betrieb
1	Dicht verlegte Fertigteile aller Art (Platten, Stahlbetonhohldielen, Balken, Plattenbalken) mit Ausnahme von Rippendecken	I	II	nur mit Nachweis	
2	Fertigplatten mit statisch mitwirkender Ortbetonschicht (siehe Abschnitt 19.7.6)	III	III	III	III nur mit durchlaufender Querbewehrung
3	Rippendecken mit ganz oder teilweise vorgefertigten Rippen und Ortbetonplatten oder mit statisch mitwirkenden Zwischenbauteilen und Rippendecken nach Abschnitt 21.2.1 mit Ortbetonrippen und statisch mitwirkenden Zwischenbauteilen oder Deckenziegeln	IV	IV	nicht zulässig	
4	Balkendecken aus ganz oder teilweise vorgefertigten Balken im Achsabstand von höchstens 12,5 m mit statisch nicht mitwirkenden Zwischenbauteilen	V	V	nicht zulässig	
5	Plattenbalkendecken a) mit Balken aus Ortbeton und Fertigplatten b) mit ganz oder teilweise vorgefertigten Balken und Ortbetonplatten c) mit vorgefertigten Balken und Fertigplatten	keine Maßnahme außer Nachweis der Durchlaufwirkung der Platte und ihrer biege- und schubfesten Verbindung mit dem Balken			
6	Raumgroße Fertigteile aller Art ohne Ergänzung durch Ortbeton	Bestimmungen für Bauteile aus Ortbeton maßgebend			

[37]) Gilt auch für dazugehörende Flure

III Querbewehrung nach Abschnitt 20.1.6.3, Absatz (1), im Ortbeton unter Beachtung des Abschnitts 13.2 möglichst weit unten liegend (siehe Bild 42 a)) oder nach Abschnitt 19.7.6 gestoßen (siehe Bild 42 b)).

IV Querrippen nach Abschnitt 21.2.2.3. Die Querrippen sind bei Verkehrslasten über 3,5 kN/m^2 für die vollen, sonst für die halben Schnittgrößen der Längsrippe zu bemessen. Sie sind etwa so hoch wie die Längsrippen auszubilden und zu verbügeln.

V wie **IV**, bei Stützweiten über 4 m jedoch stets mindestens eine Querrippe.

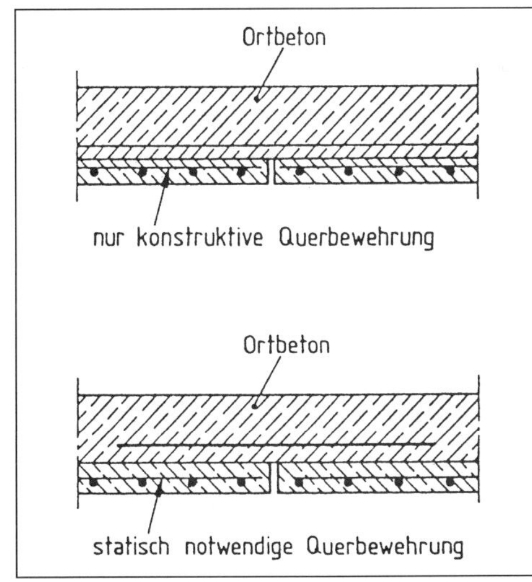

Bild 42. Beispiele für die Anordnung einer Querbewehrung

19.7.6 Fertigplatten mit statisch mitwirkender Ortbetonschicht

(1) Die Dicke der Ortbetonschicht muß mindestens 5 cm betragen. Die Oberfläche der Fertigplatten im Anschluß an die Ortbetonschicht muß rauh sein.

(2) Bei einachsig gespannten Platten muß die Hauptbewehrung stets in der Fertigplatte liegen. Die Querbewehrung richtet sich nach Abschnitt 20.1.6.3. Sie kann in der Fertigplatte oder im Ortbeton angeordnet werden. Liegt die Querbewehrung in der Fertigplatte, so ist sie an den Plattenstößen nach den Abschnitten 18.5 und 18.6 zu verbinden, z. B. durch zusätzlich in den Ortbeton eingelegte oder dorthin aufgebogene Bewehrungsstäbe mit beidseitiger Übergreifungslänge $l_ü$ nach Abschnitt 18.6.3.2. Liegt die Querbewehrung im Ortbeton, so muß auch in der Fertigplatte eine Mindestquerbewehrung nach Abschnitt 20.1.6.3 (3) liegen.

(3) Bei zweiachsig gespannten Platten ist die Feldbewehrung einer Richtung in der Fertigplatte, die der anderen im Ortbeton anzuordnen. Bei der Ermittlung der Schnittgrößen solcher Platten darf die günstige Wirkung einer Drillsteifigkeit nur dann in Rechnung gestellt werden, wenn sich innerhalb des Drillbereichs nach Abschnitt 20.1.6.4 keine Stoßfuge der Fertigplatte befindet.

(4) Bei raumgroßen Fertigplatten kann die Bewehrung beider Richtungen in die Fertigplatten gelegt werden.

(5) Wegen des Nachweises der Schubsicherung zwischen Fertigplatten und Ortbeton siehe Abschnitt 19.7.2.

19.7.7 Balkendecken mit und ohne Zwischenbauteile

(1) Balkendecken sind Decken aus ganz oder teilweise vorgefertigten Balken im Achsabstand von höchstens 1,25 m mit Zwischenbauteilen, die in der Längsrichtung der Balken nicht mittragen oder Decken aus Balken ohne solche Zwischenbauteile, z. B. aus unmittelbar nebeneinander verlegten Stahlbetonfertigteilen.

(2) Werden Balken am Auflager durch daraufstehende Wände (mit Ausnahme von leichten Trennwänden nach den Normen der Reihe DIN 4103) belastet und ist der lichte Abstand der Balkenstege kleiner als 25 cm, so muß der Zwischenraum zwischen den Balken am Auflager mit Beton gefüllt, darf also nicht ausgemauert werden. Balken mit obenliegendem Flansch und Hohlbalken müssen daher auf der Länge des Auflagers mit vollen Köpfen geliefert oder so ausgebildet werden, z. B. durch Ausklinken eines oberen Flanschteils, daß der Raum zwischen den Stegen am Auflager nach dem Verlegen mit Beton ausgefüllt werden kann.

(3) Ortbeton zur seitlichen Vergrößerung der Druckzone der Balken darf bis zu einer Breite gleich der 1,5fachen Deckendicke und nicht mehr als 35 cm als statisch mitwirkend in Rechnung gestellt werden für die Aufnahme von Lasten, die aufgebracht werden, wenn der Ortbeton mindestens die Druckfestigkeit eines Betons B 15 erreicht hat und der Balken an den Anschlußfugen ausreichend rauh ist. Wegen des Nachweises des Verbundes zwischen Fertigteilbalken und Ortbeton siehe Abschnitt 19.7.2.

19.7.8 Stahlbetonrippendecken mit ganz oder teilweise vorgefertigten Rippen

19.7.8.1 Allgemeine Bestimmungen

Wegen der Definition und der zulässigen Verkehrslast siehe Abschnitt 21.2.1. Vorgefertigte Streifen von Rippendecken müssen an jedem Längs- und Querrand eine Rippe haben.

19.7.8.2 Stahlbetonrippendecken mit statisch mitwirkenden Zwischenbauteilen

(1) Die Stoßfugenaussparungen statisch mitwirkender Zwischenbauteile (siehe Definition nach Abschnitt 2.1.3.8) sind in einem Arbeitsgang mit den Längsrippen sorgfältig mit Beton auszufüllen.

(2) Bei Rippendecken (siehe Abschnitt 21.2) mit statisch mitwirkenden Zwischenbauteilen darf eine Ortbetondruckschicht über den Zwischenbauteilen statisch nicht in Rechnung gestellt werden.

(3) Als wirksamer Druckquerschnitt gelten die im Druckbereich liegenden Querschnittsteile der Stahlbetonfertigteile, des Ortbetons und von den statisch mitwirkenden Zwischenbauteilen der vermörtelbare Anteil der Druckzone. Für die Dicke der Druckplatte ist das Maß s_t (siehe DIN 4158 und DIN 4159) in Rechnung zu stellen, für die Stegbreite bei der Biegebemessung nur die Breite der Betonrippe, bei der Schubbemessung die Breite der Betonrippe zuzüglich 2,5 cm.

(4) Sollen in einem Bereich, in dem die Druckzone unten liegt, Zwischenbauteile als statisch mitwirkend in Rechnung gestellt werden, so dürfen nur solche mit voll vermörtelbarer Stoßfuge nach DIN 4159 oder untenliegende Schalungsplatten, Form GM nach DIN 4158/05.78, verwendet werden. Beim Übergang zu diesem Bereich sind die offenen Querschnittsteile der über die ganze Deckendicke reichenden Zwischenbauteile aus Beton zu verschalen. Schalungsplatten müssen ebenfalls voll vermörtelbare Stoßfugen haben. Auf die sorgfältige Ausfüllung der Stoßfugen mit Beton ist in diesen Fällen ganz besonders zu achten. Die statische Nutzhöhe der Rippendecken ist für diesen Bereich in der Rechnung um 1 cm zu vermindern.

(5) Die Bemessung ist nach Abschnitt 17 so durchzuführen, als ob die ganze mitwirkende Druckplatte aus Beton der in Tabelle 28, Spalte 1, angegebenen Festigkeitsklasse bestünde. Wegen des Zusammenwirkens von Ortbeton und Fertigteil ist Abschnitt 19.4 zu beachten.

(6) Die Mindestquerbewehrung nach Abschnitt 21.2.2.1 ist in den Stoßfugenaussparungen der Zwischenbauteile anzuordnen. Wegen Querrippen siehe Abschnitt 21.2.2.3.

Tabelle 28. Druckfestigkeiten der Zwischenbauteile und des Betons

	1	2	3
	Festigkeitsklasse des Betons in Rippen und Stoßfugen	Erforderliche Druckfestigkeit der Zwischenbauteile nach DIN 4158 N/mm²	DIN 4159 N/mm²
1	B 15	20	22,5
2	B 25	-	30

19.7.9 Stahlbetonhohldielen

Bei Stahlbetonhohldielen (Mindestmaße siehe Abschnitt 19.3) mit einer Verkehrslast bis 3,5 kN/m^2 darf auf Bügel und bei Breiten bis 50 cm auch auf eine Querbewehrung verzichtet werden, wenn die Schubspannungen die Werte der Tabelle 13, Zeile 1b, nicht überschreiten.

19.7.10 Vorgefertigte Stahlsteindecken

Bilden mehrere vorgefertigte Streifen von Stahlsteindecken die Decke eines Raumes, so sind zur Querverbindung Maßnahmen erforderlich, die denen nach Abschnitt 19.7.5 gleichwertig sind.

19.8 Wände aus Fertigteilen

19.8.1 Allgemeines

(1) Für Wände aus Fertigteilen gelten die Bestimmungen für Wände aus Ortbeton (siehe Abschnitt 25.5), sofern in den folgenden Abschnitten nichts anderes gesagt ist.

(2) Tragende und aussteifende Wände (siehe Abschnitt 25.5) dürfen nur aus geschoßhohen Fertigteilen zusammengesetzt werden, mit Ausnahme von Paßstücken im Bereich von Treppenpodesten. Wird zur Aufnahme senkrechter und waagerechter Lasten ein Zusammenwirken der einzelnen Fertigteile vorausgesetzt, so sind die Beanspruchungen in den Fugen nachzuweisen (siehe auch Abschnitt 19.8.5).

(3) Bei Wänden aus zwei oder mehr nicht raumgroßen Wandtafeln gelten die einzelnen Wandtafeln als zwei- oder dreiseitig gehalten nach Abschnitt 25.5.2.

19.8.2 Mindestdicken

19.8.2.1 Fertigteilwände mit vollem Rechteckquerschnitt

Für die Mindestwanddicke tragender Fertigteilwände gilt Abschnitt 25.5.3.2, Tabelle 33.

19.8.2.2 Fertigteilwände mit aufgelöstem Querschnitt oder mit Hohlräumen

(1) Fertigteilwände mit aufgelöstem Querschnitt (z. B. Wände mit lotrechten Hohlräumen) müssen mindestens das gleiche Flächenmoment 2. Grades

haben wie Vollwände mit der Mindestwanddicke nach Tabelle 33.

(2) Die kleinste Dicke von Querschnittsteilen solcher Wände muß mindestens gleich $^1/_{10}$ des lichten Rippen- oder Stegabstandes, mindestens aber 5 cm sein.

19.8.3 Lotrechte Stoßfugen zwischen tragenden und aussteifenden Wänden

(1) Wird die Wand beim Nachweis der Knicksicherheit nach Abschnitt 17.4 als drei- oder vierseitig gehalten angesehen, so müssen die tragenden Wände mit den sie aussteifenden Wänden verbunden sein, z. B. durch Vergußfugen und Bewehrung. Diese Bewehrung soll möglichst in den Drittelpunkten der Wandhöhe angeordnet werden und jeweils $^1/_{100}$ der senkrechten Last der auszusteifenden tragenden Wand übertragen können. Mindestens sind jedoch in den Drittelpunkten Schlaufen mit Stäben von 8 mm Durchmesser nach Abschnitt 6.6.2 oder gleichwertige stahlbaumäßige Verbindungen anzuordnen. Anschlüsse, die auf die ganze Wandhöhe verteilt den gleichen Bewehrungsquerschnitt aufweisen, gelten als gleichwertig.

(2) Die Fugenbewehrung ist so auszubilden, daß der Fugenbeton einwandfrei eingebracht und verdichtet werden kann.

(3) Werden tragende Wände von beiden Seiten durch in einer Flucht liegende oder höchstens um die 6fache Dicke der tragenden Wand gegeneinander versetzte Wände gehalten, so darf auf eine Fugenbewehrung zwischen der tragenden Wand und den aussteifenden Wänden verzichtet werden.

19.8.4 Waagerechte Stoßfugen

(1) Steht eine Wand über dem Stoß zweier Deckenplatten oder über einer in einen Außenwandknoten einbindenden Deckenplatte, so dürfen bei der Bemessung ohne Berücksichtigung des Knickens nur 50 % des tragenden Wandquerschnitts in Rechnung gestellt werden, sofern nicht durch Versuche - unter Beachtung der Auflagerbedingungen - nachgewiesen wird, daß ein höherer Anteil zulässig ist.

(2) Abweichend davon dürfen bei der Bemessung ohne Berücksichtigung des Knickens am Anschnitt zu Knoten von Außen- und Innenwänden 60 % des tragenden Wandquerschnitts in Rechnung gestellt werden, wenn im anschließenden Wandfuß und Wandkopf mindestens die in Bild 43 dargestellte Querbewehrung angeordnet wird. Bei der Bemessung der Wand im Knoten beträgt hierbei der Sicherheitsbeiwert $\gamma = 2{,}1$.

(3) Der Querschnitt der Querbewehrung muß mindestens betragen:

$$\alpha_{sbü} = b_w/8$$

$\alpha_{sbü}$ in cm²/m, b_w in cm

(4) Der Abstand der Querbewehrung $s_{bü}$ muß in Richtung der Wandlängsachse betragen:

$$s_{bü} \leq b_w$$
$$\leq 20 \text{ cm}$$

(5) Der Durchmesser der Längsstäbe d_{sl} darf bei Betonstabstahl III S 8 mm und bei Betonstabstahl IV S bzw. Betonstahlmatten IV M 6 mm nicht unterschreiten.

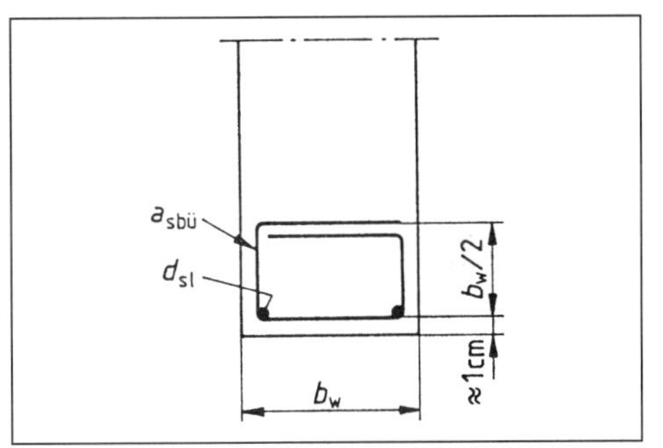

Bild 43. Zusätzliche Querbewehrung

19.8.5 Scheibenwirkung von Wänden

(1) Werden mehrere Wandtafeln zu einer für die Steifigkeit des Bauwerks notwendigen Scheibe zusammengefügt, so ist auch die Übertragung der in den lotrechten und waagerechten Fugen auftretenden Schubkräfte nachzuweisen. Dabei ist die Zugkomponente der Schubkraft, die sich bei einer Zerlegung der Schubkraft in eine horizontale Zugkomponente und eine unter 45° gegen die Stoßfuge geneigte Druckkomponente ergibt, stets durch Bewehrung aufzunehmen; diese darf in Höhe der Decken zusammengefaßt werden, wenn die Gesamtbreite der Scheibe mindestens gleich der Geschoßhöhe ist. Bei Schubspannungen, die größer als 0,2 N/mm² sind, ist auch die Übertragung der Druckkomponente der Schubkraft von einer Wandtafel zur anderen nachzuweisen.

(2) Aussteifende Wandscheiben können bei Gerippebauten auch aus nichttragenden und nichtgeschoßhohen Wandtafeln zusammengefügt werden, wenn Gerippestützen als Randglieder der Scheibe wirken und die Wandscheiben wie eine Deckenscheibe nach Abschnitt 19.7.4 ausgeführt werden.

(3) Bei großer Nachgiebigkeit der Wandscheiben müssen deren Formänderungen bei der Ermittlung der Schnittgrößen berücksichtigt werden. Dieser Nachweis darf entfallen, wenn Gleichung (3) aus Abschnitt 15.8.1 erfüllt ist.

19.8.6 Anschluß der Wandtafeln an Deckenscheiben

(1) Sämtliche tragenden und aussteifenden Außenwandtafeln sind an ihrem oberen Rand - bei Hochhäusern[38]) auch an ihrem unteren Rand - mit den anschließenden Deckenscheiben aus Fertigteilen oder Ortbeton durch Bewehrung oder andere Stahlteile zu verbinden. Jede dieser Verbindungen ist für eine rechtwinklig zur Wandebene wirkende Zugkraft von 7,0 kN je m unter Einhaltung der zulässigen Spannungen zu bemessen und zu verankern. Der waagerechte Abstand dieser Verbindungen darf nicht größer als 2 m, ihr Abstand von den senkrechten Tafelrändern nicht größer als 1 m sein.

(2) Bei Außenwandtafeln von Hochhäusern, die zwischen ihren aussteifenden Wänden nicht gestoßen sind und deren Länge zwischen diesen Wänden höchstens das Doppelte ihrer Höhe ist, dürfen die Verbindungen am unteren Rand ersetzt werden durch Verbindungen gleicher Gesamtzugkraft, die in der unteren Hälfte der lotrechten Fugen zwischen der Außenwand und ihren aussteifenden Wänden anzuordnen sind.

(3) Am oberen Rand tragender Innenwandtafeln muß mindestens eine Bewehrung von 0,7 cm^2/m in den Zwischenraum zwischen den Deckentafeln eingreifen. Diese Bewehrung darf an zwei Punkten vereinigt werden, bei Wandtafeln mit einer Länge bis 2,50 m genügt ein Anschlußpunkt etwa in Wandmitte. Die Bewehrung darf durch andere gleichwertige Maßnahmen ersetzt werden.

19.8.7 Metallische Verankerungs- und Verbindungsmittel bei mehrschichtigen Wandtafeln

Für Verankerungs- und Verbindungsmittel mehrschichtiger Wandtafeln ist nichtrostender Stahl zu verwenden, der ausreichend alkali- und säurebeständig und ausreichend kaltverformbar ist[39]).

20 Platten und plattenartige Bauteile

20.1 Platten

20.1.1 Begriff und Plattenarten

(1) Platten sind ebene Flächentragwerke, die quer zu ihrer Ebene belastet sind; sie können linienförmig oder auch punktförmig gelagert sein.

(2) Form und Anordnung der stützenden Ränder oder Punkte bestimmen Größe und Richtung der Plattenschnittgrößen. Die folgenden Abschnitte beziehen sich auf Rechteckplatten. Für Platten abweichender Form (z. B. schiefwinklige oder kreisförmige Platten) mit linienförmiger Lagerung sind diese Bestimmungen sinngemäß anzuwenden. Für punktförmig gestützte Platten und für gemischt gestützte Platten im Bereich der punktförmigen Stützung siehe auch Abschnitt 22.

(3) Je nach ihrer statischen Wirkung werden einachsig und zweiachsig gespannte Platten unterschieden.

(4) Einachsig gespannte Platten tragen ihre Last im wesentlichen in einer Richtung ab (Spannrichtung). Beanspruchungen quer zur Spannrichtung, die aus der Behinderung der Querdehnung, aus der Querverteilung von Einzel- oder Streckenlasten oder durch eine in der Rechnung nicht berücksichtigte Auflagerung parallel zur Spannrichtung entstehen, brauchen nicht nachgewiesen zu werden. Diese Beanspruchungen sind jedoch durch konstruktive Maßnahmen zu berücksichtigen (siehe Abschnitt 20.1.6.3).

(5) Bei zweiachsig gespannten Platten werden beide Richtungen für die Tragwirkung herangezogen. Vierseitig gelagerte Rechteckplatten, deren größere Stützweiten nicht größer als das Zweifache der kleineren ist, sowie dreiseitig oder an zwei benachbarten Rändern gelagerte Rechteckplatten sind im allgemeinen als zweiachsig gespannt zu berechnen und auszubilden.

(6) Werden sie zur Vereinfachung des statischen Systems als einachsig berechnet, so sind die aus den vernachlässigten Tragwirkungen herrührenden Beanspruchungen durch eine geeignete konstruktive Bewehrung zu berücksichtigen.

(7) Bei Hohlplatten sind besonders die Abschnitte 17.5 (Schub), 22.5 (Durchstanzen), 20.1.5 und 20.1.6 (Abheben von den Ecken) sinngemäß zu beachten.

---

[38]) Auszug aus den „Bauordnungen" der Länder: Hochhäuser sind Gebäude, bei denen der Fußboden mindestens eines Aufenthaltsraumes mehr als 22 m über der festgelegten Geländeoberfläche liegt.

[39]) Hierfür sind z. B. folgende nichtrostende Stähle nach DIN 17 440 mit den Werkstoffnummern 1.4401 und 1.4571 und für Verbindungselemente (Schrauben, Muttern und ähnliche Gewindeteile) die Stahlgruppe A 4 nach DIN 267 Teil 11 entsprechend den Bedingungen der allgemeinen bauaufsichtlichen Zulassung („Nichtrostende Stähle") geeignet. Sie dürfen jedoch nicht in chlorhaltiger Atmosphäre (z. B. über gechlortem Schwimmbadwasser) verwendet werden.

(8) Wegen der Stützweite siehe Abschnitt 15.2.

(9) Wegen vorgefertigter Bauteile siehe Abschnitt 19, insbesondere für Fertigteilplatten mit statisch mitwirkender Ortbetonschicht siehe Abschnitt 19.7.6 für Balkendecken mit oder ohne Zwischenbauteile siehe Abschnitt 19.7.7.

20.1.2 Auflager

(1) Die Auflagertiefe ist so zu wählen, daß die zulässigen Pressungen in der Auflagerfläche nicht überschritten werden (für Beton siehe die Abschnitte 17.3.3 und 17.3.4, für Mauerwerk DIN 1053 Teil 1/11.74, Abschnitt 7.4) und die erforderlichen Verankerungslängen der Bewehrung (siehe die Abschnitte 18.7.4 und 18.7.5) untergebracht werden können.

(2) Die Auflagertiefe muß mindestens sein bei Auflagerung

a) auf Mauerwerk und Beton B 5 oder B 10 ... 7 cm

b) auf Bauteilen aus Beton B 15 bis B 55 und Stahl ... 5 cm

c) auf Trägern aus Stahlbeton oder Stahl, wenn seitliches Ausweichen der Auflager durch konstruktive Maßnahmen verhindert und die Stützweite der Platte nicht größer als 2,50 m ist ... 3 cm

(3) Auf geneigten Flanschen ist trockene Auflagerung unzulässig.

20.1.3 Plattendicke

(1) Die Plattendicke muß mindestens sein

a) im allgemeinen ... 7 cm

b) bei befahrbaren Platten
für Personenkraftwagen ... 10 cm
für schwere Fahrzeuge ... 12 cm

c) bei Platten, die nur ausnahmsweise, z. B. bei Ausbesserungs- oder Reinigungsarbeiten begangen werden, z. B. Dachplatten ... 5 cm

(2) Wegen der Abhängigkeit der Plattendicke von der zulässigen Durchbiegung siehe Abschnitt 17.7.

20.1.4 Lastverteilung bei Punkt-, Linien- und Rechtecklasten In einachsig gespannten Platten

(1) Wird kein genauerer Nachweis erbracht, so darf bei Punkt-, Linien- und gleichförmig verteilten Rechtecklasten die mitwirkende Lastverteilungsbreite b_m quer zur Tragrichtung nach DAfStb-Heft 240 ermittelt werden.

(2) Die Lasteintragungsbreite t darf angenommen werden zu

$$t = b_0 + 2d_1 + d \quad (33)$$

Hierin sind:

b_0 Lastaufstandsbreite

d_1 lastverteilende Deckschicht

d Plattendicke

(3) Für die Berechnung des Biegemomentes gilt

$$m = \frac{M}{b_m} \quad (34)$$

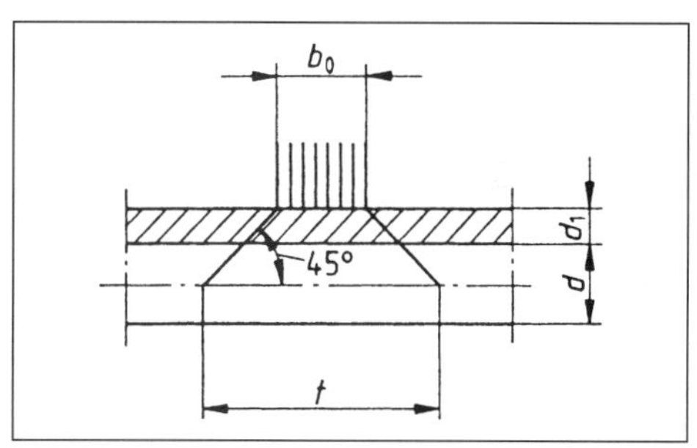

Bild 44. Lasteneintragungsbreite

Für die Berechnung der Querkraft gilt

$$q = \frac{Q}{b_m} \quad (35)$$

Es bedeuten:

M größtes Balkenmoment (Feldmoment M_F bzw. Stützmoment M_S infolge der auf der Länge t gleichmäßig verteilten Last

m Plattenmoment je m Breite

Q Balkenquerkraft am Auflager

q Plattenquerkraft je m Breite am Auflager

b_m mitwirkende Lastverteilungsbreite an der Stelle des größten Feldmomentes bzw. am Auflager

t Lasteintragungsbreite

(4) Die mitwirkende Lastverteilungsbreite der Platte darf nicht größer als die mögliche angesetzt werden (z. B. unter einer Last nahe am ungestützten Rand, siehe Bild 45).

(5) Für den Nachweis gegen Durchstanzen gilt Abschnitt 22.5.

I

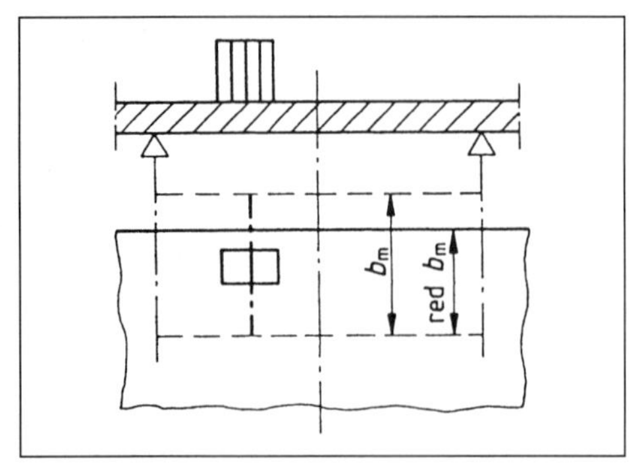

Bild 45. Reduzierte mitwirkende Lastverteilungsbreite bei Lasten in Randnähe

20.1.5 Schnittgrößen

(1) Für die Ermittlung der Schnittgrößen in Platten jeder Form und Lagerungsart gelten die Bestimmungen des Abschnitts 15. Auf der sicheren Seite liegende Näherungsverfahren sind zulässig, z. B. darf für zweiachsig gespannte Rechteckplatten die Berechnung näherungsweise mit sich kreuzenden Plattenstreifen gleicher größter Durchbiegung erfolgen. Zur Ermittlung der Schnittgrößen aus Punkt-, Linien- und Rechtecklasten darf die mitwirkende Lastverteilungsbreite nach DAfStb-Heft 240 ermittelt werden.

(2) Die nach der Plattentheorie ermittelten Feldmomente sind angemessen zu erhöhen (siehe z. B. DAfStb-Heft 240), wenn

a) die Ecken nicht gegen Abheben gesichert sind oder

b) bei Ecken, an denen zwei frei drehbar gelagerte Ränder bzw. ein frei aufliegender und ein eingespannter Rand zusammenstoßen, keine Eckbewehrung nach Abschnitt 20.1.6.4 eingelegt wird.

c) Aussparungen in den Ecken vorhanden sind, die die Drillsteifigkeit wesentlich beeinträchtigen.

(3) Ausreichende Sicherung gegen Abheben von Ecken kann angenommen werden, wenn mindestens eine der an die Ecke anschließenden Seiten der Platte mit der Unterstützung oder der benachbarten Platte biegesteif verbunden ist oder ausreichende Auflast vorhanden ist, d. h. mindestens $^1/_{16}$ der auf die Gesamtplatte entfallenden Last.

(4) Durchlaufende, zweiachsig gespannte Platten (siehe auch DAfStb-Heft 240), deren Stützweitenverhältnis min l/max l in einer Durchlaufrichtung nicht kleiner als 0,75 ist, dürfen bei der Ermittlung der Stützmomente als über den Stützen voll eingespannt betrachtet werden. Die größten und kleinsten Feldmomente dürfen dadurch ermittelt werden, daß für die Vollbelastung mit $q' = g + p/2$ volle Einspannung und für die feldweise wechselnde Belastung mit $q'' = \pm\ p/2$ freie Drehbarkeit über den Stützen angenommen wird.

(5) Die Stützkräfte, die von gleichmäßig belasteten zweiachsig gespannten Platten auf die Balken abgegeben werden und die zur Ermittlung der Schnittgrößen dieser Balken dienen, dürfen aus den Lastanteilen berechnet werden, die sich aus der Zerlegung der Grundrißfläche in Trapeze und Dreiecke nach Bild 46 ergeben.

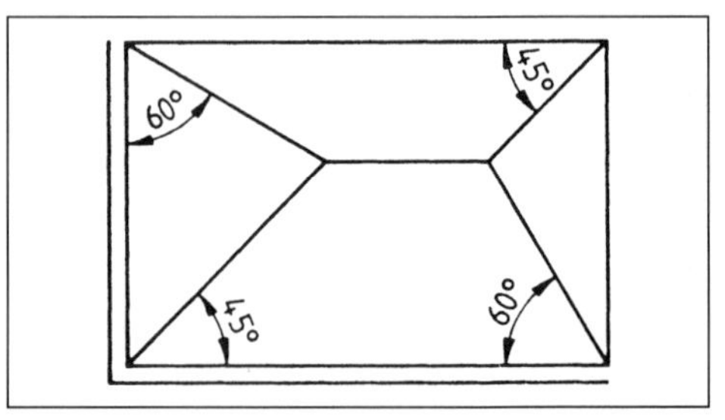

Bild 46. Lastenverteilung zur Ermittlung der Stützkräfte

(6) Stoßen an einer Ecke zwei Plattenränder mit gleichartiger Stützung zusammen, so beträgt der Zerlegungswinkel 45°. Stößt ein voll eingespannter mit einem frei aufliegenden Rand zusammen, so beträgt der Zerlegungswinkel auf der Seite der Einspannung 60°. Bei teilweiser Einspannung dürfen die Winkel zwischen 45° und 60° angenommen werden.

20.1.6 Bewehrung

20.1.6.1 Allgemeine Anforderungen

Neben den Bestimmungen des Abschnitts 18 sind die nachstehenden Bewehrungsrichtlinien anzuwenden, soweit nicht bei genauerer Berechnung eine entsprechende Bewehrung eingelegt wird.

20.1.6.2 Hauptbewehrung

(1) Bei Platten ohne Schubbewehrung darf die Feldbewehrung nur dann nach der Zugkraftlinie (siehe Abschnitt 18.7.2) abgestuft werden, wenn der Grundwert $\tau_0 \leq k_1 \cdot \tau_{011}$ bzw. $\tau_0 \leq k_1 \cdot \tau_{011}$ ist (τ_{011} nach Tabelle 13, Zeile 1 a, und k_1 nach Gleichung (14) bzw. k_2 nach Gleichung (15) in Abschnitt 17.5.5), und wenn mindestens die Hälfte der Feldbewehrung über das Auflager geführt wird. Sollen für τ_{011} die Werte der Tabelle 13, Zeile 1 b, ausgenutzt werden, so ist in Platten ohne Schubbeweh-

rung die volle Feldbewehrung von Auflager zu Auflager durchzuführen.

(2) Zur Deckung des Moments aus einer rechnerisch nicht berücksichtigten Einspannung ist eine Bewehrung von etwa $^1/_3$ der Feldbewehrung anzuordnen.

(3) Der Abstand der Bewehrungsstöße s darf im Bereich der größten Momente in Abhängigkeit von der Plattendicke d höchstens betragen:

$$d \geq 25\text{ cm}: s = 25\text{ cm},$$

$$d \leq 15\text{ cm}: s = 15\text{ cm} \qquad (36)$$

Zwischenwerte sind linear zu interpolieren.

(4) Bei zweiachsig gespannten Platten darf der Abstand der Bewehrungsstäbe in der minderbeanspruchten Stützrichtung nicht größer sein als 2 d bzw. höchstens 25 cm.

(5) Wird bei zweiachsig gespannten Platten die Deckung der Momente nicht genauer nachgewiesen, so darf in den Randstreifen von der Breite $c = 0{,}2 \min l$ die parallel zum stützenden Rand verlaufende Bewehrung auf die Hälfte der in der gleichen Richtung liegenden Bewehrung des mittleren Plattenbereichs abgemindert werden ($\alpha_{sRand} = 0{,}5\ \alpha_{sMitte}$).

(6) Der durch Einzel- oder Streckenlasten bedingte Anteil der Längsbewehrung ist auf eine Breite $b = 0{,}5\ b_m$, jedoch mindestens auf t_y nach Gleichung (33), zu verteilen (siehe Bild 47).

(7) Die Bestimmungen dieses Abschnitts gelten auch bei der Verwendung von biegesteifer Bewehrung.

20.1.6.3 Querbewehrung einachsig gespannter Platten

(1) Einachsig gespannte Platten sind mit einer Querbewehrung zu versehen, deren Querschnitt je Meter mindestens 20 % der für gleichmäßig verteilte Belastung im Feld erforderlichen Hauptbewehrung sein muß. Besteht die Querbewehrung aus einer anderen Stahlsorte als die Hauptbewehrung, so ist ihr Querschnitt im umgekehrten Verhältnis ihrer Streckgrenzen zu vergrößern. Mindestens sind aber bei Betonstabstahl III S und bei Betonstabstahl IV S drei Stäbe mit Durchmesser $d_s = 6$ mm, und bei Betonstahlmatten IV M drei Stäbe mit Durchmesser $d_s = 4{,}5$ mm je Meter oder eine größere Anzahl von dünneren Stäben mit gleichem Gesamtquerschnitt je Meter anzuordnen.

(2) Diese Querbewehrung genügt in der Regel auch zur Aufnahme der Querzugspannungen nach Abschnitt 18.5.2.3. Bei durchlaufenden Platten ist im Bereich der Zwischenauflager eine geeignete obere konstruktive Querbewehrung anzuordnen.

(3) Unter Einzel- oder Streckenlasten ist - sofern kein genauerer Nachweis geführt wird - zusätzlich eine untere Querbewehrung einzulegen, deren Querschnitt je Meter mindestens 60 % des durch die Strecken- oder Einzellast bedingten Anteils der Hauptbewehrung sein muß. Auch bei Kragplatten sind 60 % der Bewehrung, die zur Aufnahme des durch die Einzellast verursachten Stützmoments erforderlich ist, auf der Unterseite einzulegen. Die Länge l_q dieser zusätzlichen Querbewehrung darf dabei nach Gleichung (37) ermittelt werden.

$$l_q \geq b_m + 2\, l_1 \qquad (37)$$

Hierin sind:

b_m mitwirkende Lastverteilungsbreite nach Abschnitt 20.1.4

l_1 Verankerungslänge nach Abschnitt 18.5.2.2.

(4) Diese Querbewehrung ist auf eine Breite $b = 0{,}5\ b_m$, jedoch mindestens auf t_x nach Gleichung (33) zu verteilen und soll um $b_m/4$ gestaffelt werden (siehe Bild 47).

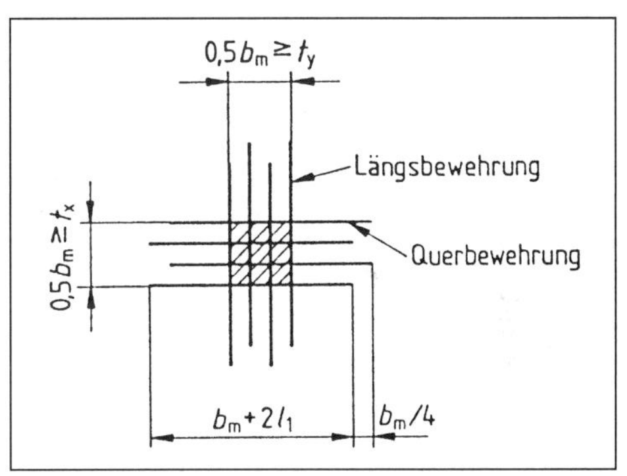

Bild 47. Zusätzliche Bewehrung unter einer Einzellast

(5) Liegt die Hauptbewehrung gleichlaufend mit einer in der Rechnung nicht berücksichtigten Stützung (z. B. Steg, Balken, Wand), so sind die dort auftretenden Zugspannungen durch eine besondere rechtwinklig zu dieser Stützung verlaufende obere Querbewehrung aufzunehmen, die das Abreißen der Platte verhindert. Wird diese Bewehrung nicht besonders ermittelt, so ist je Meter Stützung 60 % der Hauptbewehrung a_s der Platte in Feldmitte anzuordnen. Mindestens aber sind fünf Bewehrungsstäbe je Meter anzuordnen, und zwar bei Betonstabstahl III S, Betonstabstahl IV S und Betonstahlmatten IV M mit Durchmesser $d_s = 6$ mm oder eine größere Anzahl von dünneren Stäben mit gleichem Gesamtquerschnitt je Meter Stützung.

Diese Bewehrung muß mindestens um ein Viertel der in der Berechnung zugrunde gelegten Plattenstützweite über die Stützung hinausreichen.

(6) Für die nicht mittragend gerechneten Stützungen ist zusätzlich ein angemessener Lastanteil zu berücksichtigen.

20.1.6.4 Eckbewehrung

(1) Wird eine Eckbewehrung (Drillbewehrung) angeordnet, dann ist diese bei vierseitig gelagerten Platten nach Abschnitt 20.1.5 auf eine Breite von 0,2 min *l* und auf eine Länge von 0,4 min *l* an der Oberseite in Richtung der Winkelhalbierenden und an der Unterseite rechtwinklig dazu zu verlegen. Ihr Querschnitt je Meter muß in beiden Richtungen gleich dem der größten unteren Feldbewehrung sein.

Diese Eckbewehrung darf am Auflager und im Feld am Hakenanfang bzw. am ersten Querstab als verankert angesehen werden. Bei Rippenstahl darf hier der Haken durch eine Verankerungslänge von 20 d_s ersetzt werden.

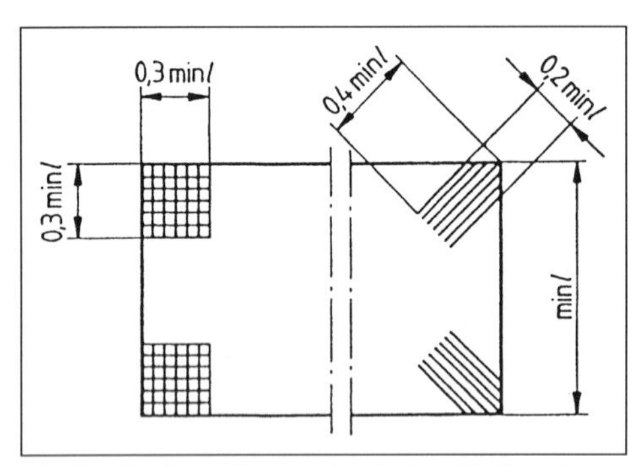

Bild 48. Rechtwinklige und schräge Eckbewehrung, Oberseite

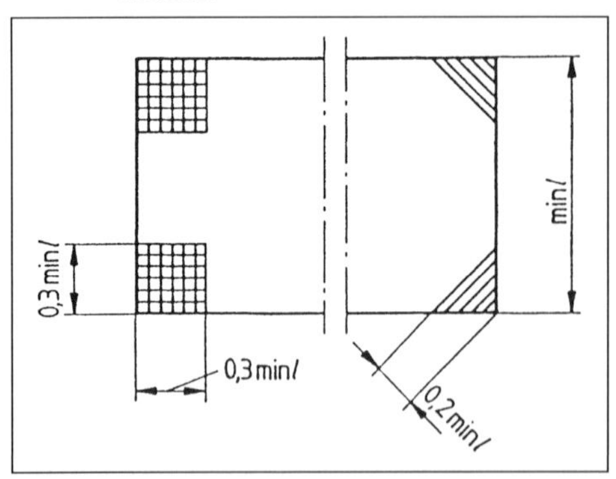

Bild 49. Rechtwinklige und schräge Eckbewehrung, Unterseite

(2) Die Eckbewehrung darf durch eine parallel zu den Seiten verlaufende obere und untere Netzbewehrung ersetzt werden, die in jeder Richtung den gleichen Querschnitt wie die Feldbewehrung hat und 0,3 min *l* (siehe Bilder 48 und 49) lang ist.

(3) In Plattenecken, in denen ein frei aufliegender und ein eingespannter Rand zusammenstoßen, ist die Hälfte der in Absatz (2) angegebenen Eckbewehrung rechtwinklig zum freien Rand einzulegen.

(4) Bei vierseitig gelagerten Platten, die einachsig gespannt gerechnet werden, empfiehlt es sich, zur Beschränkung der Rißbildung in den Ecken ebenfalls eine Eckbewehrung nach Absatz (1) oder Absatz (2) anzuordnen.

(5) Ist die Platte mit Randbalken oder benachbarten Deckenfeldern biegefest verbunden, so brauchen die zugehörigen Drillmomente nicht nachgewiesen und keine Drillbewehrung angeordnet zu werden.

(6) Bei anderen, z. B. dreiseitig frei gelagerten Platten, ist eine nach der Elastizitätstheorie sich ergebende Eckbewehrung anzuordnen.

20.2 Stahlsteindecken

20.2.1 Begriff

(1) Stahlsteindecken sind Decken aus Deckenziegeln, Beton oder Zementmörtel und Betonstahl, bei denen das Zusammenwirken der genannten Baustoffe zur Aufnahme der Schnittgrößen nötig ist. Der Zementmörtel muß wie Beton verdichtet werden.

(2) Stahlsteindecken sind aus Deckenziegeln mit einer Druckfestigkeit in Strangrichtung von 22,5 N/mm^2 oder von 30 N/mm^2 nach DIN 4159 und Beton mindestens der Festigkeitsklasse B 15 (siehe auch Abschnitt 19.7.8.2, Tabelle 28) und mit einem Achsabstand der Bewehrung von höchstens 25 cm herzustellen.

(3) Stahlsteindecken dürfen nur als einachsig gespannt gerechnet werden.

(4) Für sie gelten die Bestimmungen von Abschnitt 20.1, soweit in den folgenden Abschnitten nichts anderes gesagt ist. Stahlsteindecken, die den Vorschriften dieses Abschnitts entsprechen, gelten als Decken mit ausreichender Querverteilung im Sinne von DIN 1055 Teil 3.

(5) Für vorgefertigte Stahlsteindecken ist außerdem Abschnitt 19, insbesondere Abschnitt 19.7.10, zu beachten.

20.2.2 Anwendungsbereich

(1) Stahlsteindecken dürfen verwendet werden bei den unter a) bis c) angegebenen gleichmäßig verteilten und vorwiegend ruhenden Verkehrslasten nach DIN 1055 Teil 3 und bei Decken, die nur mit

Personenkraftwagen befahren werden. Decken mit Querbewehrung nach b) und c) dürfen auch bei Fabriken und Werkstätten mit leichtem Betrieb verwendet werden.

a) $p \leq 3{,}5\ \text{kN/m}^2$
einschließlich dazugehöriger Flure bei voll- und teilvermörtelten Decken ohne Querbewehrung;

b) $p \leq 5{,}0\ \text{kN/m}^2$
bei teilvermörtelten Decken mit obenliegender Mindestquerbewehrung nach Abschnitt 20.1.6.3 in den Stoßfugenaussparungen der Deckenziegel;

c) p unbeschränkt
bei vollvermörtelten Decken mit untenliegender Mindestquerbewehrung nach Abschnitt 20.1.6.3 in den Stoßfugenaussparungen der Deckenziegel.

(2) Stahlsteindecken dürfen als tragfähige Scheiben z. B. für die Aufnahme von Windlasten, verwendet werden, wenn sie den Bedingungen des Abschnitts 19.7.4.1 entsprechen.

20.2.3 Auflager

(1) Wegen der Auflagertiefe siehe Abschnitt 20.1.2. Werden Stahlsteindecken am Auflager durch daraufstehende Wände mit Ausnahme von leichten Trennwänden nach den Normen der Reihe DIN 4103 belastet, so sind die Deckenauflager aus Beton mindestens der Festigkeitsklasse B 15 herzustellen.

(2) Bei Stahlträgern muß der Auflagerstreifen über den Unterflanschen der Stahlträger voll aus Beton hergestellt werden. Stelzungen am Auflager müssen gleichzeitig mit der Stahlsteindecke hergestellt werden. Schmale, hohe Stelzungen sind zu bewehren.

20.2.4 Deckendicke

Die Dicke von Stahlsteindecken muß mindestens 9 cm betragen.

20.2.5 Lastverteilung bei Einzel- und Streckenlasten

(1) Sind Einzellasten größer als die auf 1 m^2 entfallende gleichmäßig verteilte Verkehrslast p oder größer als 7,5 kN, so sind sie durch geeignete Maßnahmen auf eine größere Aufstandsfläche zu verteilen. Ihre Aufnahme ist nachzuweisen.

(2) Der Nachweis bei Stahlsteindecken mit voll vermörtelbaren und nach Abschnitt 20.1.6.3 bewehrten Querfugen kann nach Abschnitt 20.1.4 geführt werden.

(3) Für alle übrigen Stahlsteindecken darf als mitwirkende Lastverteilungsbreite nur die Lasteintragungsbreite t nach Gleichung (33) angenommen werden.

20.2.6 Bemessung

20.2.6.1 Biegebemessung

(1) Die Bemessung für Biegung ist nach Abschnitt 17 so durchzuführen, als ob der ganze mitwirkende Druckquerschnitt aus Beton bestünde, und zwar aus Beton B 15 bei Deckenziegeln mit einer mittleren Druckfestigkeit in Strangrichtung von mindestens 22,5 N/mm^2 nach DIN 4159 und aus Beton B 25 bei Deckenziegeln mit einer Druckfestigkeit von mindestens 30 N/mm^2. Eine etwa oberhalb der Deckenziegel aufgebrachte Betonschicht darf bei der Ermittlung des Druckquerschnitts nicht in Rechnung gestellt werden.

(2) Bei Stahlsteindecken aus Deckenziegeln mit vollvermörtelbaren Stoßfugen nach DIN 4159, gilt als wirksamer Druckquerschnitt der im Druckbereich liegende Querschnitt der Betonstege und der Deckenziegel ohne Abzug der Hohlräume. Liegt die Druckzone unten, so ist die statische Nutzhöhe h in der Rechnung um 1 cm zu vermindern.

(3) Bei Stahlsteindecken aus Deckenziegeln mit teilvermörtelbaren Stoßfugen nach DIN 4159 gilt als wirksamer Druckquerschnitt der im Druckbereich liegende Querschnitt der Betonstege sowie der Querschnittsteil der Deckenziegel von der Höhe s_t ohne Abzug der Hohlräume. Im Bereich negativer Momente etwa vorhandene Schalungsziegel, z. B. zur Verbreiterung der Betondruckzone, dürfen auf die statische Nutzhöhe nicht angerechnet werden.

20.2.6.2 Schubnachweis

(1) Die Schubspannungen sind nach Abschnitt 17.5 nachzuweisen. Bei der Ermittlung des Grundwertes der Schubspannung τ_0 ist die Breite der Betonrippen und die der in halber Deckenhöhe vorhandenen Stege der Deckenziegel anzusetzen, wobei aber der in Rechnung zu stellende Anteil der Stege der Deckenziegel nicht größer als 5 cm je Betonrippe sein darf.

(2) Eine Schubbewehrung ist nicht erforderlich. Der Grundwert der Schubspannung τ_0 darf die für Beton zugelassenen Werte τ_{011} nach Abschnitt 17.5.3, Tabelle 13, Zeile 1 b, nicht überschreiten. Wird bei Stahlsteindecken aus Deckenziegeln mit einer mittleren Druckfestigkeit in Strangrichtung von mindestens 22,5 N/mm^2 an Stelle eines Betons B 15 ein Beton B 25 verwendet, so darf die zulässige Schubspannung nach Tabelle 13, Zeile 1 b, Spalte 4, um 0,07 N/mm^2 erhöht werden.

(3) Aufbiegungen der Zugbewehrungen sind nicht zulässig.

I

20.2.7 Bauliche Ausbildung

(1) Die Deckenziegel sind mit durchgehenden Stoßfugen unvermauert zu verlegen. Sie müssen vor dem Einbringen des Betons so durchfeuchtet sein, daß sie nur wenig Wasser aus dem Beton oder Mörtel aufsaugen. Auf die volle Ausfüllung der Fugen und Rippen ist sorgfältig zu achten, besonders, wenn die Druckzone unten liegt.

(2) In Bereichen, in denen die Druckzone unten liegt, müssen Deckenziegel mit voll vermörtelbarer Stoßfuge nach DIN 4159 verwendet werden, soweit hier nicht an Stelle der Deckenziegel Vollbeton verwendet wird. Das Eindringen des Betons in die Hohlräume der Deckenziegel ist durch geeignete Maßnahmen zu verhüten, damit eine ausreichende Verdichtung des Betons möglich ist und das Berechnungsgewicht der Decke nicht überschritten wird.

(3) Stahlsteindecken zwischen Stahlträgern dürfen nur dann als durchlaufende Decken behandelt werden, wenn ihre Oberkante mindestens 4 cm über der Trägeroberkante liegt, so daß die oberen Stahleinlagen mit ausreichender Betondeckung durchgeführt werden können.

20.2.8 Bewehrung

(1) Die Hauptbewehrung ist möglichst gleichmäßig auf alle Längsrippen zu verteilen. Sie muß mit Ausnahme des Höchstabstandes der Bewehrung nach Abschnitt 20.1.6.2 entsprechen.

(2) Wegen der Querbewehrung siehe die Abschnitte 20.2.2 und 20.2.5.

20.3 Glasstahlbeton

20.3.1 Begriff und Anwendungsbereich

(1) Glasstahlbeton ist eine Bauart aus Beton, Betongläsern und Betonstahl, bei der das Zusammenwirken dieser Baustoffe zur Aufnahme der Schnittgrößen nötig ist.

(2) Für Glasstahlbeton gelten die Bestimmungen für Stahlbetonplatten (siehe Abschnitt 20.1), soweit in den folgenden Abschnitten nichts anderes gesagt ist. Die Betongläser müssen DIN 4243 entsprechen.

(3) Bauteile aus Glasstahlbeton dürfen nur als Abschluß gegen die Außenluft (Oberlicht, Abdeckung von Lichtschächten usw.) mit einer Verkehrslast von höchstens 5,0 kN/m^2 und im allgemeinen nur für überwiegend auf Biegung beanspruchten Teile verwendet werden. Jedoch dürfen auch räumliche Bauteile (siehe Abschnitt 24) aus Glasstahlbeton ausgeführt werden, wenn zylindrische, über die ganze Dicke reichende Betongläser verwendet werden. Eine Verwendung für Durchfahrten und befahrbare Decken ist ausgeschlossen.

(4) Werden Bauteile aus Glasstahlbeton in Sonderfällen befahren, so dürfen nur Betongläser nach DIN 4243, Form C und Form D, verwendet werden. Diese dürfen jedoch nicht als statisch mitwirkend in Rechnung gestellt werden.

(5) Bauteile aus Glasstahlbeton dürfen mit Ortbeton oder als Fertigteile ausgeführt werden. Hierzu siehe Abschnitt 19, insbesondere Abschnitt 19.7.9 sinngemäß.

20.3.2 Mindestanforderungen, bauliche Ausbildung und Herstellung

(1) Die Betongläser müssen unmittelbar ohne Zwischenschaltung nachgiebiger Stoffe wie Asphalt oder dergleichen, in den Beton eingebettet sein, so daß ein ausreichender Verbund zwischen Glas und Beton sichergestellt ist.

(2) Hohlgläser müssen über die ganze Plattendicke reichen.

(3) Betonrippen müssen bei einachsig gespannten Tragwerken mindestens 6 cm hoch, bei zweiachsig gespannten Tragwerken mindestens 8 cm hoch und in Höhe der Bewehrung mindestens 3 cm breit sein.

(4) Alle Längs- und Querrippen müssen mindestens einen Bewehrungsstab mit einem Durchmesser von mindestens 6 mm erhalten.

(5) Bauteile aus Glasstahlbeton müssen einen umlaufenden Stahlbetonringbalken mit geschlossener Ringbewehrung erhalten. Der Ringbalken darf innerhalb eines anschließenden Stahlbetonbauteils liegen. Breite und Dicke des Balkens müssen mindestens so groß wie die Dicke des Bauteils selbst sein. Die Ringbewehrung muß so groß sein wie die Bewehrung der Längsrippen. Die Bewehrung aller Rippen ist bis an die äußeren Ränder des umlaufenden Balkens zu führen.

(6) Bauteile aus Glasstahlbeton sind durch besondere Maßnahmen vor erheblichen Zwangkräften aus der Gebäudekonstruktion zu schützen, z. B. durch nachgiebige Fugen.

20.3.3 Bemessung

(1) Bauteile aus Glasstahlbeton können als einachsig oder zweiachsig gespannte Tragwerke berechnet werden. Im letzten Fall darf die größere Stützweite höchstens doppelt so groß wie die kleinere sein.

(2) Die Bemessung auf Biegung ist nach Abschnitt 17 so durchzuführen, als ob ein einheitlicher Stahlbetonquerschnitt vorläge. Dabei dürfen die in der Druckzone liegenden Querschnittsteile der Glaskörper als statisch mitwirkend in Rechnung gestellt werden (siehe jedoch Abschnitt 20.3.1 (4)). Hohlräume brauchen bei allseitig geschlossenen Hohlgläsern nicht abgezogen zu werden. Als Druckfestigkeit ist die des Rippenbetons in Rechnung zu stellen, jedoch keine größere als die von B 25. Der Bewehrungsgrad $\mu = A_s/b\ h$ darf bei Verwendung von Hohlgläsern 1,2 % nicht überschreiten. Für b ist hierbei die volle Breite, d. h. ohne Abzug der Gläser oder Hohlräume, einzusetzen.

(3) Bei Berechnung des Grundwerts der Schubspannung τ_0 (siehe Abschnitt 17.5.3) dürfen die Stege der Betongläser nicht in Rechnung gestellt werden. Die Schubbewehrung ist nach den Abschnitten 17.5.4 und 17.5.5 zu bemessen.

21 Balken, Plattenbalken und Rippendecken

21.1 Balken und Plattenbalken

21.1.1 Begriffe, Auflagertiefe, Stabilität

(1) Balken sind überwiegend auf Biegung beanspruchte stabförmige Träger beliebigen Querschnitts.

(2) Plattenbalken sind stabförmige Tragwerke, bei denen kraftschlüssig miteinander verbundene Platten und Balken (Rippen) bei der Aufnahme der Schnittgrößen zusammenwirken. Sie können als einzelne Träger oder als Plattenbalkendecken ausgeführt werden.

(3) Für die Auflagertiefe von Balken und Plattenbalken gilt Abschnitt 20.1.2 (1); sie muß jedoch mindestens 10 cm betragen. Für die Dicke der Platten von Plattenbalken gilt Abschnitt 20.1.3; sie muß jedoch mindestens 7 cm betragen.

(4) Bei sehr schlanken Bauteilen ist auf die Stabilität gegen Kippen und Beulen zu achten.

21.1.2 Bewehrung

(1) Wegen des Mindestabstandes der Bewehrung siehe Abschnitt 18.2, wegen unbeabsichtigter Einspannung Abschnitt 18.9.2 und wegen der Anordnung einer Abreißbewehrung in angrenzenden Platten Abschnitt 20.1.6.3.

(2) Wegen der Anordnung der Schubbewehrung in Balken, Plattenbalken und Rippendecken siehe die Abschnitte 17.5 und 18.8.

(3) In Balken und in Stegen von Plattenbalken mit mehr als 1 m Höhe sind an den Seitenflächen Längsstäbe anzuordnen, die über die Höhe der Zugzone zu verteilen sind. Der Gesamtquerschnitt dieser Bewehrung muß mindestens 8 % des Querschnitts der Biegezugbewehrung betragen. Diese Bewehrung darf als Zugbewehrung mitgerechnet werden, wenn ihr Abstand zur Nullinie berücksichtigt und wenn sie nach Abschnitt 18.7 ausgebildet wird.

21.2 Stahlbetonrippendecken

21.2.1 Begriff und Anwendungsbereich

(1) Stahlbetonrippendecken sind Plattenbalkendecken mit einem lichten Abstand der Rippen von höchstens 70 cm, bei denen kein statischer Nachweis für die Platten erforderlich ist. Zwischen den Rippen können unterhalb der Platte statisch nicht mitwirkende Zwischenbauteile nach DIN 4158 oder DIN 4160 liegen. An die Stelle der Platte können ganz oder teilweise Zwischenbauteile nach DIN 4158 oder DIN 4159 oder Deckenziegel nach DIN 4159 treten, die in Richtung der Rippen mittragen. Diese Decken sind für Verkehrslasten $p \leq 5{,}0\ \text{kN/m}^2$ zulässig, und zwar auch bei Fabriken und Werkstätten mit leichtem Betrieb, aber nicht bei Decken, die von Fahrzeugen befahren werden, die schwerer als Personenkraftwagen sind. Einzellasten über 7,5 kN sind durch bauliche Maßnahmen (z. B. Querrippen) unmittelbar auf die Rippen zu übertragen.

(2) Wegen der Rippendecken mit ganz oder teilweise vorgefertigten Rippen siehe Abschnitt 19.7.8. Dieser gilt sinngemäß auch für Abschnitt 21.2, soweit nachstehend nichts anderes gesagt ist.

21.2.2 Einachsig gespannte Stahlbetonrippendecken

21.2.2.1 Platte

Ein statischer Nachweis ist für die Druckplatte nicht erforderlich. Ihre Dicke muß mindestens $^1/_{10}$ des lichten Rippenabstandes, mindestens aber 5 cm betragen. Als Querbewehrung sind mindestens bei Betonstabstahl III S und Betonstabstahl IV S drei Stäbe mit Durchmesser $d_s = 6$ mm und bei Betonstahlmatten IV M drei Stäbe mit Durchmesser $d_s = 4{,}5$ mm oder eine größere Anzahl von dünneren Stäben mit gleichem Gesamtquerschnitt je Meter anzuordnen.

21.2.2.2 Längsrippen

(1) Die Rippen müssen mindestens 5 cm breit sein. Soweit sie zur Aufnahme negativer Momente unten verbreitert werden, darf die Zunahme der Rippenbreite b_0 nur mit der Neigung 1 : 3 in Rechnung gestellt werden.

(2) Die Längsbewehrung ist möglichst gleichmäßig auf die einzelnen Rippen zu verteilen.

(3) Am Auflager darf jeder zweite Bewehrungsstab aufgebogen werden, wenn in jeder Rippe mindestens zwei Stäbe liegen. Über den Innenstützen von durchlaufenden Rippendecken darf nur die durchgeführte Feldbewehrung als Druckbewehrung mit $\mu_d \leq 1\,\%$ von A_b in Rechnung gestellt werden.

(4) Die Druckbewehrung ist gegen Ausknicken, z. B. durch Bügel, zu sichern.

(5) In den Rippen sind Bügel nach Abschnitt 18.8.2 anzuordnen. Auf Bügel darf verzichtet werden, wenn die Verkehrslast 2,75 kN/m^2 und der Durchmesser der Längsbewehrung 16 mm nicht überschreiten, die Feldbewehrung von Auflager zu Auflager durchgeführt wird und die Schubbeanspruchung $\tau_0 \leq \tau_{011}$ nach Tabelle 13, Zeile 1 b, ist.

(6) Im Bereich der Innenstützen durchlaufender Decken und bei Decken, die feuerbeständig sein müssen, sind stets Bügel anzuordnen.

(7) Für die Auflagertiefe der Längsrippen gilt Abschnitt 21.1.1. Wird die Decke am Auflager durch daraufstehende Wände (mit Ausnahme von leichten Trennwänden) belastet, so ist am Auflager zwischen den Rippen ein Vollbetonstreifen anzuordnen, dessen Breite gleich der Auflagertiefe und dessen Höhe gleich der Rippenhöhe ist. Er kann auch als Ringanker nach Abschnitt 19.7.4.1 ausgebildet werden.

21.2.2.3 Querrippen

(1) In Rippendecken sind Querrippen anzuordnen, deren Mittenabstände bzw. deren Abstände vom Rand der Vollbetonstreifen die Werte s_q der Tabelle 29 nicht überschreiten.

(2) Bei Decken, die eine Verkehrslast $p \leq 2{,}75$ kN/m^2 und eine Stützweite bzw. eine lichte Weite zwischen den Rändern der Vollbetonstreifen bis zu 6 m haben, und bei den zugehörigen Fluren mit $p \leq 3{,}5$ kN/m^2 sind Querrippen entbehrlich; bei Verkehrslasten $p > 2{,}75$ kN/m^2 oder bei Stützweiten bzw. lichten Weiten über 6 m ist mindestens eine Querrippe erforderlich.

(3) Die Querrippen sind bei Verkehrslasten über 3,5 kN/m^2 für die vollen, sonst für die halben Schnittgrößen der Längsrippen zu bemessen. Diese Bewehrung ist unten, besser unten und oben anzuordnen. Querrippen sind etwa so hoch wie Längsrippen auszubilden und zu verbügeln.

Tabelle 29. Größer Querrippenabstand s_q

	1	2	3
	Verkehrslast p kN/m^2	Abstand der Querrippen bei $s_l \leq \frac{l}{8}$	$s_l > \frac{l}{8}$
1	$\leq 2{,}75$	-	12 d_0
2	$> 2{,}75$	10 d_0	8 d_0

Hierin sind:
s_1 Achsabstand der Längsrippen
l Stützweite der Längsrippen
d_0 Dicke der Rippendecke

21.2.3 Zweiachsig gespannte Stahlbetonrippendecken

(1) Bei zweiachsig gespannten Rippendecken sind die Regeln für einachsig gespannte Rippendecken sinngemäß anzuwenden. Insbesondere müssen in beiden Achsrichtungen die Höchstabstände und die Mindestmaße der Rippen und Platten nach den Abschnitten 21.2.2.1 bis 21.2.2.3 eingehalten werden.

(2) Die Schnittgrößen sind nach Abschnitt 20.1.5 zu ermitteln. Die günstige Wirkung der Drillmomente darf nicht in Rechnung gestellt werden.

22 Punktförmig gestützte Platten

22.1 Begriff

Punktförmig gestützte Platten sind Platten, die unmittelbar auf Stützen mit oder ohne verstärktem Kopf aufgelagert und mit den Stützen biegefest oder gelenkig verbunden sind. Lochrandgestützte Platten (z. B. Hubdecken) sind keine punktförmig gestützte Platten im Sinne dieser Norm.

22.2 Mindestmaße

(1) Die Platten müssen mindestens 15 cm dick sein.

(2) Für die Stützen gilt Abschnitt 25.2.

22.3 Schnittgrößen

22.3.1 Näherungsverfahren

(1) Punktförmig gestützte Platten mit einem rechteckigen Stützenraster dürfen für vorwiegend lot-

rechte Lasten nach dem in DAfStb-Heft 240 angegebenen Näherungsverfahren berechnet werden.

(2) Für die Verteilung der Schnittgrößen ist dabei jedes Deckenfeld in beiden Richtungen in einen inneren Streifen mit einer Breite von 0,6 l (Feldstreifen) und zwei äußere Streifen mit einer Breite von je 0,2 l ($^1/_2$ Gurtstreifen) zu zerlegen.

22.3.2 Stützenkopfverstärkungen

Bei der Ermittlung der Schnittgrößen muß der Einfluß einer Stützenkopfverstärkung berücksichtigt werden, wenn der Durchmesser der Verstärkung größer als 0,3 min l und die Neigung eines in die Stützenkopfverstärkung eingeschriebenen Kegels oder einer Pyramide gegen die Plattenmittelfläche ≥ 1 : 3 ist (siehe Bild 50b). Als min l ist die kleinere Stützweite einzusetzen.

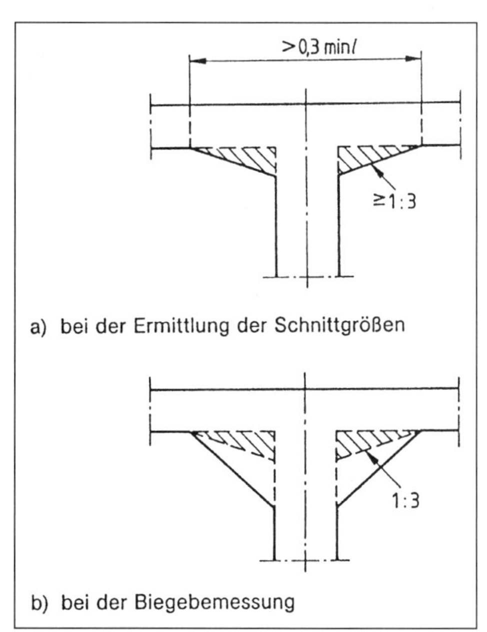

Bild 50. Berücksichtigung einer Stützenkopfverstärkung

22.4 Nachweis der Biegebewehrung

(1) Ist eine Stützenkopfverstärkung mit einer Neigung ≥ 1 : 3 vorhanden, so darf für die Ermittlung der Biegebewehrung nur diejenige Nutzhöhe angesetzt werden, die sich für eine Neigung dieser Verstärkung gleich 1 : 3 ergeben würde (siehe Bild 50 b)).

(2) Von der Bewehrung zur Deckung der Feldmomente sind an der Plattenunterseite je Tragrichtung 50 % mindestens bis zu den Stützenachsen gerade durchzuführen. Bei Platten ohne Schubbewehrung muß über den Innenstützen eine durchgehende untere Bewehrung (siehe Bild 55) mit dem Querschnitt A_s = max Q_r/β_s vorhanden sein (Q_r siehe Gleichung (38)).

(3) Wird eine punktförmig gestützte Platte an einem Rand stetig unterstützt, so darf bei Anwendung des Näherungsverfahrens nach DAfStb-Heft 240 in dem unmittelbar an diesem Rand liegenden halben Gurtstreifen und in dem benachbarten Feldstreifen die Bewehrung gegenüber derjenigen des Feldstreifens eines Innenfeldes um 25 % vermindert werden.

(4) An freien Plattenrändern ist die Bewehrung der Gurtstreifen kraftschlüssig zu verankern (siehe Bild 51). Bei Eck- und Randstützen mit biegefester Verbindung zwischen Platte und Stütze ist eine Einspannbewehrung anzuordnen.

(5) Die Biegetragfähigkeit im Bereich des Rundschnitts (siehe Abschnitt 22.5.1.1) ist nachzuweisen; der Biegebewehrungsgrad μ muß hier in jeder der sich an der Plattenoberseite kreuzenden Bewehrungsrichtungen mindestens 0,5 % betragen.

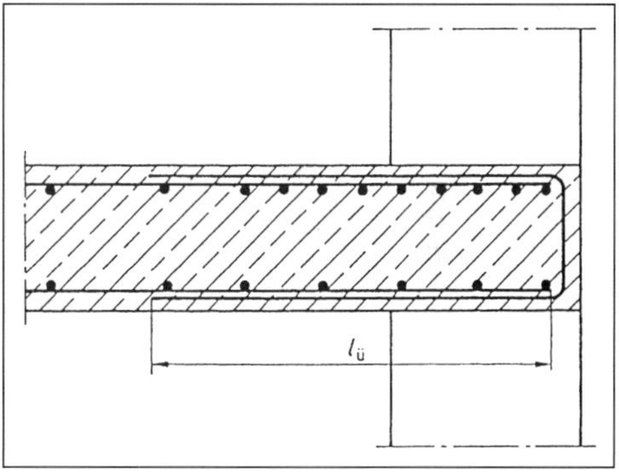

Bild 51. Beispiel für eine schlaufenartige Bewehrungsführung an freien Rändern neben Eck- und Randstützen

22.5 Sicherheit gegen Durchstanzen

22.5.1 Ermittlung der Schubspannung τ_T

22.5.1.1 Punktförmig gestützte Platten ohne Stützenkopfverstärkungen

(1) Zum Nachweis der Sicherheit gegen Durchstanzen der Platten ist die größte rechnerische Schubspannung τ_r in einem Rundschnitt (siehe Bild 52) nach Gleichung (38) zu ermitteln.

$$\tau_r = \frac{\max Q_r}{u \cdot h_m} \qquad (38)$$

in Gleichung (38) sind:

max Q_r größte Querkraft im Rundschnitt der Stütze

u — u_0 für Innenstützen
0,6 u_0 für Randstützen
0,3 u_0 für Eckstützen

u_0 — Umfang des um die Stütze geführten Rundschnitts mit dem Durchmesser d_r

$d_r =$ $d_{st} + h_m$

d_{st} — Durchmesser bei Rundstützen

$d_{st} =$ $1{,}13 \sqrt{b \cdot d}$ bei rechteckigen Stützen mit den Seitenlängen b und d; dabei darf für die größere Seitenlänge nicht mehr als der 1,5fache Betrag der kleineren in Rechnung gestellt werden.

h_m — Nutzhöhe der Platte im betrachteten Rundschnitt, Mittelwert aus beiden Richtungen.

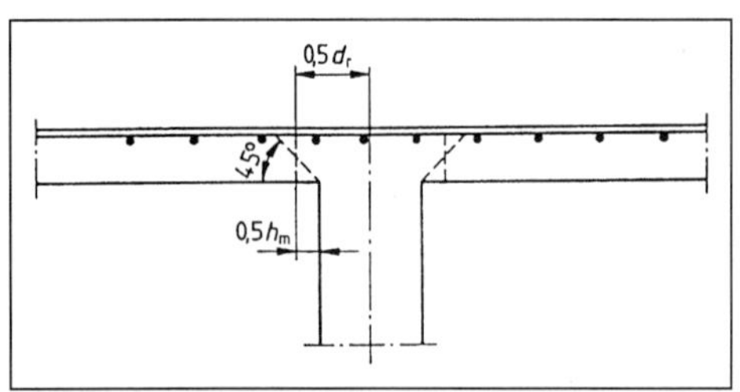

Bild 52. Platte ohne Stützenkopfverstärkung

(2) In Gleichung (38) ist für u auch dann u_0 einzusetzen, wenn der Abstand der Achse einer Randstütze vom Plattenrand mindestens 0,5 l_x bzw. 0,5 l_y beträgt. Ist der Abstand einer Stützenachse vom Plattenrand kleiner, so dürfen für u Zwischenwerte linear interpoliert werden.

(3) Die Wirkung einer nicht rotationssymmetrischen Biegebeanspruchung der Platte ist bei der Ermittlung von τ_r zu berücksichtigen. Liegen die Voraussetzungen des Näherungsverfahrens nach DAfStb-Heft 240 vor, so darf im Falle einer Biegebeanspruchung aus gleichmäßig verteilter lotrechter Belastung bei Randstützen auf eine genaue Ermittlung verzichtet werden, wenn die sich aus der Gleichung (38) ergebende rechnerische Schubspannung τ_r um 40 % erhöht wird. Bei Innenstützen darf in diesem Fall auf die Untersuchung der Wirkung einer Biegebeanspruchung verzichtet, also mit τ_r gerechnet werden.

22.5.1.2 Punktförmig gestützte Platten mit Stützenkopfverstärkungen

(1) Wird eine Stützenkopfverstärkung ausgebildet, deren Länge $l_s \leq h_s$ (siehe Bild 53) ist, so ist ein Nachweis der Sicherheit gegen Durchstanzen im Bereich der Verstärkung nicht erforderlich. Nach Abschnitt 22.5.1.1 ist τ_r für die Platte außerhalb der Stützenkopfverstärkung in einem Rundschnitt mit dem Durchmesser d_{ra} nach Bild 53 zu ermitteln. Für die Ermittlung von u gelten die Angaben des Abschnitts 22.5.1.1 sinngemäß mit

$$d_{ra} = d_{st} + 2\, l_s + h_m \qquad (39)$$

Bei rechteckigen Stützen mit den Seitenlängen b und d ist

$$d_{ra} = h_m + 1{,}13 \sqrt{(b + 2\, l_{sx})(d + 2\, l_{sy})} \qquad (40)$$

Hierin bedeuten:

l_s — Länge der Stützenkopfverstärkung bei Rundstützen

l_{sx} und l_{sy} — Längen der Stützenkopfverstärkung bei rechteckigen Stützen

In Gleichung (40) darf für den größeren Klammerwert nicht mehr als der 1,5fache Betrag des kleineren Klammerwertes in Rechnung gestellt werden.

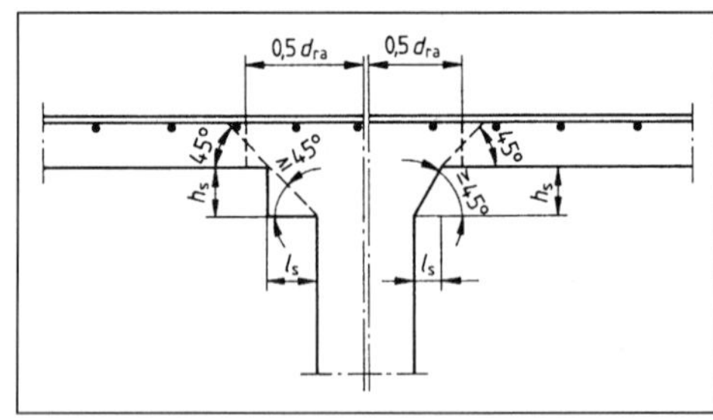

Bild 53. Platten mit Stützenkopfverstärkung nach Absatz (1) mit $l_s \leq h_s$

(2) Wird eine Stützenkopfverstärkung ausgebildet, deren Länge $l_s > h_s$ und $\leq 1{,}5\,(h_m + h_s)$ ist, so ist die rechnerische Schubspannung τ_r so zu ermitteln, als ob nach Absatz (1) $l_s = h_s$ wäre.

(3) Wird eine Stützenkopfverstärkung ausgebildet, deren Länge $l_s > 1{,}5\,(h_m + h_s)$ ist (siehe Bild 54), so ist τ_r sowohl im Bereich der Verstärkung als auch außerhalb der Verstärkung im Bereich der Platte zu ermitteln. Für beide Rundschnitte ist die Sicherheit gegen Durchstanzen nachzuweisen. Für den Nachweis im Bereich der Verstärkung gilt Abschnitt 22.5.1.1, wobei h_m durch h_r und d_r durch d_{ri} zu ersetzen ist; für die Ermittlung von τ_r gilt Gleichung (38). Bei schrägen oder ausgerundeten Stützenkopfverstärkungen darf für h_r nur die im Rundschnitt vorhandene Nutzhöhe eingesetzt werden.

Dabei ist zu setzen:

$$d_{ra} = d_{st} + 2\, l_s + h_m$$

$$d_{ri} = d_{st} + h_s + h_m$$

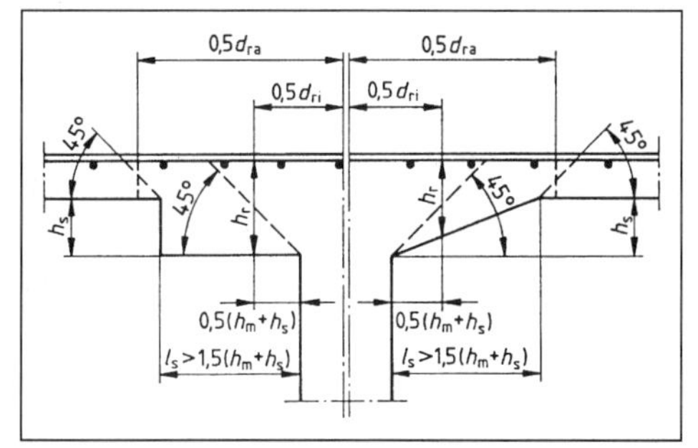

Bild 54. Platte mit Stützenkopfverstärkung nach Absatz (3) mit $l_s > 1{,}5\,(h_m + h_s)$

22.5.2 Nachweis der Sicherheit gegen Durchstanzen

(1) Die nach Gleichung (38) ermittelte rechnerische Schubspannung τ_r ist den mit den Beiwerten κ_1 und κ_2 versehenen zulässigen Schubspannungen τ_{011} und τ_{02} nach Tabelle 13 in Abschnitt 17.5.3 gegenüberzustellen.

Dabei muß

$$\tau_r \leq \kappa_2 \cdot \tau_{02} \tag{41}$$

sein.

(2) Für $\tau_r \leq \kappa_1 \cdot \tau_{011}$ ist keine Schubbewehrung erforderlich; dabei brauchen die Beiwerte k_1 und k_2 nach den Gleichungen (14) und (15) in Abschnitt 17.5.5 nicht berücksichtigt zu werden.

(3) Ist $\kappa_1 \cdot \tau_{011} < \tau_r \leq \kappa_2 \cdot \tau_{02}$, so muß eine Schubbewehrung angeordnet werden, die für 0,75 max Q_r (wegen max Q_r siehe Erläuterung zu Gleichung (38)) zu bemessen ist. Die Stahlspannung ist dabei nach Abschnitt 17.5.4 in Rechnung zu stellen. Die Schubbewehrung soll 45° oder steiler geneigt sein und den Bildern 55 und 56 entsprechend im Bereich c verteilt werden. Bügel müssen mindestens je eine Lage der oberen und unteren Bewehrung der Platte umgreifen.

Es bedeuten:

$$\left.\begin{aligned}\kappa_1 &= 1{,}3\,\alpha_s \cdot \sqrt{\mu_g}\\ \kappa_2 &= 0{,}45\,\alpha_s \cdot \sqrt{\mu_g}\end{aligned}\right\}\ (\mu_g \text{ ist in \% einzusetzen})$$

α_s = 1,3 für Betonstabstahl III S
1,4 für Betonstabstahl IV S und Betonstahlmatten IV M

a_s das Mittel der Bewehrung a_{sx} und a_{sy} in den beiden sich über der Stütze kreuzenden Gurtstreifen an der betrachteten Stütze in cm²/m.

a_{sx}, a_{sy} A_{sGurt} in cm², dividiert durch die Gurtstreifenbreite, auch wenn die Schnittgrößen nicht nach dem Näherungsverfahren berechnet werden.

μ_g $\frac{a_s}{h_m}$ vorhandener Bewehrungsgrad,

jedoch mit

$$\mu_g \leq 25\,\frac{\beta_{WN}}{\beta_S} \leq 1{,}5\,\%$$

in Rechnung zu stellen.

h_m Nutzhöhe der Platte im betrachteten Rundschnitt, Mittelwert aus beiden Richtungen.

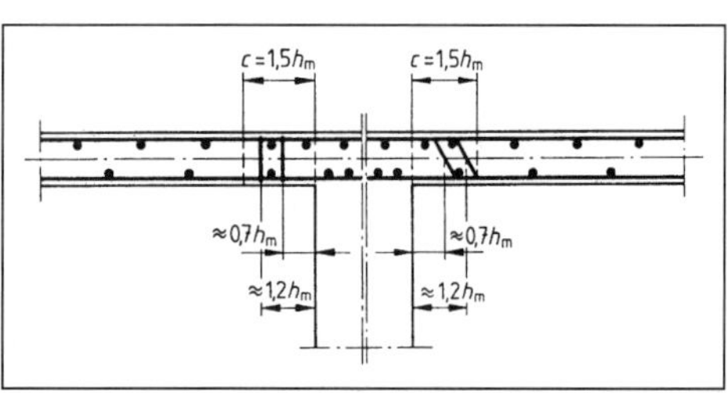

Bild 55. Beispiele für die Schubbewehrung einer Platte ohne Stützenkofverstärkung

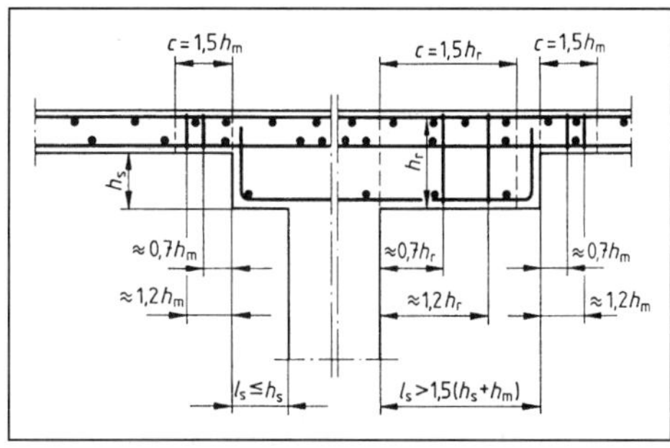

Bild 56. Beispiele für die Schubbewehrung einer Platte mit Stützenkopfverstärkung

22.6 Deckendurchbrüche

(1) Werden in den Bereichen c (siehe Bilder 55 und 56) Deckendurchbrüche vorgesehen, so dürfen

ihre Grundrißmaße in Richtung des Umfanges bei Rundstützen bzw. der Seitenlängen bei rechteckigen Stützen nicht größer als $^1/_3\ d_{st}$ (siehe Erläuterung zu Gleichung (38)), die Summe der Flächen der Durchbrüche nicht größer als ein Viertel des Stützenquerschnitts sein.

(2) Der lichte Abstand zweier Durchbrüche bei Rundstützen muß auf dem Umfang der Stütze gemessen mindestens d_{st} betragen. Bei rechteckigen Stützen dürfen Durchbrüche nur im mittleren Drittel der Seitenlängen und nur jeweils an höchstens zwei gegenüberliegenden Seiten angeordnet werden.

(3) Die nach Gleichung (38) ermittelte rechnerische Schubspannung τ_r ist um 50 % zu erhöhen, wenn die größtzulässige Summe der Flächen der Durchbrüche ausgenutzt wird. Ist die Summe der Flächen der Durchbrüche kleiner als ein Viertel des Stützenquerschnitts, so darf der Zuschlag zu τ_r entsprechend linear vermindert werden.

22.7 Bemessung bewehrter Fundamentplatten

(1) Der Verlauf der Schnittgrößen ist nach der Plattentheorie zu ermitteln. Daraus ergibt sich die Größe der erforderlichen Biegebewehrung und ihre Verteilung über die Breite der Fundamentplatten. Die in Abschnitt 22.4 (5) geltende Begrenzung des Biegebewehrungsgrades darf bei Bemessung dieser Fundamente unberücksichtigt bleiben.

(2) Für die Ermittlung von max Q_r darf eine Lastausbreitung unter einem Winkel von 45° bis zur unteren Bewehrungslage angenommen werden (siehe Bild 57). Es gilt daher:

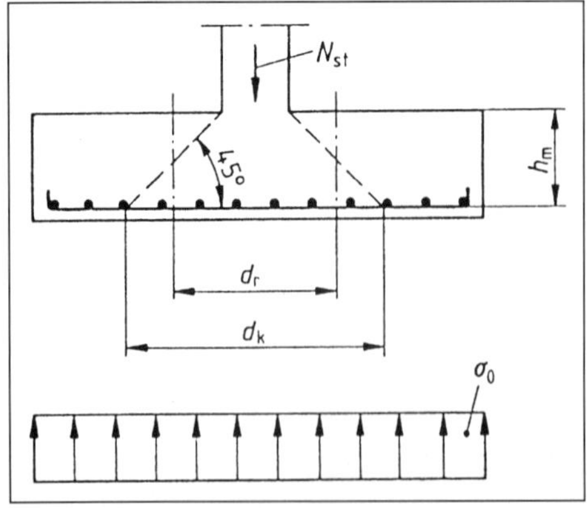

Bild 57. Lastausbreitung

$$\max Q_r = N_{st} - \frac{\pi \cdot d_k^2}{4}\ \sigma_0 \qquad (42)$$

mit $d_k = d_r + h_m$

(3) Bei bewehrten Streifenfundamenten darf sinngegemäß verfahren werden.

(4) Bei der Bemessung auf Durchstanzen nach Abschnitt 22.5.2 ist bei der Ermittlung der Beiwerte κ_1 bzw. κ_2 als Bewehrungsgehalt der im Bereich des Rundschnitts mit dem Durchmesser d_r vorhandene Wert einzusetzen.

(5) Nähere Angaben sind in DAfStb-Heft 240 enthalten.

23 Wandartige Träger

23.1 Begriff

Wandartige Träger sind in Richtung ihrer Mittelfläche belastete ebene Flächentragwerke, für die die Voraussetzungen des Abschnitts 17.2.1 nicht mehr zutreffen, sie sind deshalb nach der Scheibentheorie zu behandeln, DAfStb-Heft 240 enthält entsprechende Angaben für einfache Fälle.

23.2 Bemessung

(1) Der Sicherheitsabstand zwischen Gebrauchslast und Bruchlast ist ausreichend, wenn unter Gebrauchslast die Hauptdruckspannungen im Beton den Wert $\beta_R/2,1$ und die Zugspannungen im Stahl den Wert $\beta_S/1,75$ nicht überschreiten (siehe Abschnitt 17.2).

(2) Die Hauptzugspannungen sind voll durch Bewehrung aufzunehmen. Die Spannungsbegrenzung nach Abschnitt 17.5.3 gilt hier nicht.

23.3 Bauliche Durchbildung

(1) Wandartige Träger müssen mindestens 10 cm dick sein.

(2) Bei der Bewehrungsführung ist zu beachten, daß durchlaufende wandartige Träger wegen ihrer großen Steifigkeit besonders empfindlich gegen ungleiche Stützensenkungen sind.

(3) Die im Feld erforderliche Längsbewehrung soll nicht vor den Auflagern enden, ein Teil der Feldbewehrung darf jedoch aufgebogen werden. Auf die Verankerung der Bewehrung an den Endauflagern ist besonders zu achten (siehe Abschnitt 18.7.4).

(4) Wandartige Träger müssen stets beidseitig eine waagerechte und lotrechte Bewehrung (Netzbe-

wehrung) erhalten, die auch zur Abdeckung der Hauptzugspannungen nach Abschnitt 23.2 herangezogen werden darf. Ihr Gesamtquerschnitt je Netz und Bewehrungsrichtung darf 1,5 cm^2/m bzw. 0,05 % des Betonquerschnitts nicht unterschreiten.

(5) Die Maschenweite des Bewehrungsnetzes darf nicht größer als die doppelte Wanddicke und nicht größer als etwa 30 cm sein.

24 Schalen und Faltwerke

24.1 Begriffe und Grundlagen der Berechnung

(1) Schalen sind einfach oder doppelt gekrümmte Flächentragwerke geringerer Dicke mit oder ohne Randaussteifung.

(2) Faltwerke sind räumliche Flächentragwerke, die aus ebenen, kraftschlüssig miteinander verbundenen Scheiben bestehen.

(3) Für die Ermittlung der Verformungsgrößen und Schnittgrößen ist elastisches Tragverhalten zugrunde zu legen.

24.2 Vereinfachungen bei den Belastungsannahmen

24.2.1 Schneelast

Auf Dächern darf Vollbelastung mit Schnee nach DIN 1055 Teil 5 im allgemeinen mit der gleichen Verteilung wie die ständige Last in Rechnung gestellt werden. Falls erforderlich, sind außerdem die Bildung von Schneesäcken und einseitige Schneebelastung zu berücksichtigen.

24.2.2 Windlast

Bei Schalen und Faltwerken ist die Windverteilung durch Modellversuche im Windkanal zu ermitteln, falls keine ausreichenden Erfahrungen vorliegen. Soweit die Windlast die Wirkung der Eigenlast erhöht darf sie als verhältnisgleicher Zuschlag zur ständigen Last angesetzt werden.

24.3 Beuluntersuchungen

(1) Schalen und Faltwerke sind, sofern die Beulsicherheit nicht offensichtlich ist, unter Berücksichtigung der elastischen Formänderungen infolge von Lasten auf Beulen zu untersuchen. Die Formänderungen infolge von Kriechen und Schwinden, die Verminderung der Steifigkeit bei Übergang vom Zustand I in Zustand II und Ausführungsungenauigkeiten, insbesondere ungewollte Abweichungen von der planmäßigen Krümmung und von der planmäßigen Bewehrungslage sind abzuschätzen. Bei einem nur mittig angeordneten Bewehrungsnetz ist die Verminderung der Steifigkeit beim Übergang vom Zustand I in Zustand II besonders groß.

(2) Die Beulsicherheit darf nicht kleiner als 5 sein. Ist die näherungsweise Erfassung aller vorgenannten Einflüsse bei der Übertragung der am isotropen Baustoff - theoretisch oder durch Modellversuche - gefundenen Ergebnisse auf den anisotropen Stahlbeton nicht ausreichend gesichert oder bestehen größere Unsicherheiten hinsichtlich der möglichen Beulformen, muß die Beulsicherheit um ein entsprechendes Maß größer als 5 gewählt werden.

24.4 Bemessung

(1) Für die Betondruckspannungen und die Stahlzugspannungen gilt Abschnitt 23.2, wobei gegebenenfalls eine weitergehende Begrenzung der Stahlspannungen zweckmäßig sein kann.

(2) Die Bemessung der Schalen und Faltwerke auf Biegung (z. B. im Bereich der Randstörungsmomente) ist nach Abschnitt 17.2 durchzuführen.

(3) Die Zugspannungen im Beton, die sich für Gebrauchslast unter Annahme voller Mitwirkung des Betons in der Zugzone aus den in der Mittelfläche von Schalen und Faltwerken wirkenden Längskräften und Schubkräften rechnerisch ergeben, sind zu ermitteln.

(4) Die in den Mittelflächen wirkenden Hauptzugspannungen sind sinnvoll zu begrenzen, um Spannungsumlagerungen und Verformungen durch den Übergang vom Zustand I in Zustand II klein zu halten; sie sind durch Bewehrung aufzunehmen. Diese ist - insbesondere bei größeren Zugbeanspruchungen - möglichst in Richtung der Hauptlängskräfte zu führen (Trajektorien-Bewehrung). Dabei darf die Bewehrung auch dann noch als Trajektorien-Bewehrung gelten und als solche bemessen werden, wenn ihre Richtung um einen Winkel $\alpha \leq 10^\circ$ von der Richtung der Hauptlängskräfte abweicht. Bei größeren Abweichungen ($\alpha > 10^\circ$) ist die Bewehrung entsprechend zu verstärken. Abweichungen von $\alpha > 25^\circ$ sind möglichst zu vermeiden, sofern nicht die Zugspannung des Betons geringer als $0{,}16 \cdot (\beta_{WN})^{2/3}$ (β_{WN} nach Tabelle 1) sind oder in beiden Hauptspannungsrichtungen nahezu gleich große Zugspannungen auftreten.

24.5 Bauliche Durchbildung

(1) Auf die planmäßige Form und Lage der Schalung ist besonders zu achten.

(2) Bei Dicken über 6 cm soll die Bewehrung unter Berücksichtigung von Tabelle 30 gleichmäßig auf je ein Bewehrungsnetz jeder Leibungsseite aufgeteilt werden. Eine zusätzliche Trajektorien-Bewehrung nach Abschnitt 24.4 ist möglichst symmetrisch zur Mittelfläche anzuordnen. Bei Dicken $d \leq 6$ cm darf die gesamte Bewehrung in einem mittig angeordneten Bewehrungsnetz zusammengefaßt werden.

(3) Wird auf beiden Seiten eine Netzbewehrung angeordnet, so darf bei den innenliegenden Stäben der Höchstabstand nach Tabelle 30, Zeilen 1 und 2, um 50 % vergrößert werden (siehe Bild 58).

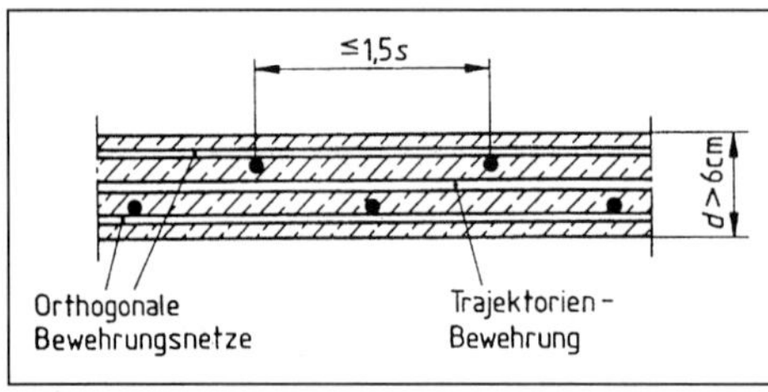

Bild 58. Bewehrungsabstände

Tabelle 30. Mindestbewehrung von Schalen und Faltwerken

	1	2	3	4
	Betondicke d	Bewehrung		
		Art	Stabdurchmesser	Abstand s der außenliegenden Stäbe
	cm		mm min.	cm max.
1	$d > 6$	im allgemeinen	6	20
		bei Betonstahlmatten	5	
2	$d \leq 6$	im allgemeinen	6	15 bzw. 3 d
		bei Betonstahlmatten	5	

25 Druckglieder

25.1 Anwendungsbereich

Es wird zwischen stabförmigen Druckgliedern mit $b \leq 5\,d$ und Wänden mit $b > 5\,d$ unterschieden, wobei $b \geq d$ ist. Wegen der Bemessung siehe Abschnitt 17, wegen der Betondeckung Abschnitt 13.2. Druckglieder mit Lastausmitten nach Abschnitt 17.4.1 (3) sind hinsichtlich ihrer baulichen Durchbildung wie Balken oder Platten zu behandeln. Druckglieder, deren Bewehrungsgehalt die Grenzen nach Abschnitt 17.2.3 überschreitet, fallen nicht in den Anwendungsbereich dieser Norm.

25.2 Bügelbewehrte, stabförmige Druckglieder

25.2.1 Mindestdicken

(1) Die Mindestdicke bügelbewehrter, stabförmiger Druckglieder ist in Tabelle 31 festgelegt.

(2) Bei aufgelösten Querschnitten nach Tabelle 31, Zeile 2, darf die kleinste gesamte Flanschbreite nicht geringer sein als die Werte der Zeile 1.

(3) Beträgt die freie Flanschbreite mehr als das 5fache der kleinsten Flanschdicke, so ist der Flansch als Wand nach Abschnitt 25.5 zu behandeln.

(4) Die Wandungen von Hohlquerschnitten sind als Wände nach Abschnitt 25.5 zu behandeln, wenn ihre lichte Seitenlänge größer ist als die 10fache Wanddicke.

Tabelle 31. Mindestdicken bügelbewehrter, stabförmiger Druckglieder

	1	2	3
	Querschnittsform	stehend hergestellte Druckglieder aus Ortbeton cm	Fertigteile und liegend hergestellte Druckglieder cm
1	Vollquerschnitt, Dicke	20	14
2	Aufgelöster Querschnitt, z. B. I-, T- und L-förmig (Flansch- und Stegdicke)	14	7
3	Hohlquerschnitt (Wanddicke)	10	5

(5) Bei Stützen und anderen Druckgliedern, die liegend hergestellt werden und untergeordneten Zwecken dienen, dürfen die Mindestdicken der Tabelle 31 unterschritten werden. Als Stützen und Druckglieder für untergeordnete Zwecke gelten nur solche, deren vereinzelter Ausfall weder die Standsicherheit des Gesamtbauwerks noch die Tragfähigkeit der durch sie abgestützten Bauteile gefährdet.

25.2.2 Bewehrung

25.2.2.1 Längsbewehrung

(1) Die Längsbewehrung A_s muß auf der Zugseite bzw. am weniger gedrückten Rand mindestens 0,4 %, im Gesamtquerschnitt mindestens 0,8 % des statisch erforderlichen Betonquerschnitts sein und darf - auch im Bereich von Übergreifungsstößen - 9 % von A_b (siehe Abschnitte 17.2.3 und 25.3.3) nicht überschreiten. Bei statisch nicht voll ausgenutztem Betonquerschnitt darf die aus dem vorhandenen Betonquerschnitt ermittelte Mindestbewehrung im Verhältnis der vorhandenen zur zulässigen Normalkraft abgemindert werden; für die Ermittlung dieser Normalkräfte sind Lastausmitte und Schlankheit unverändert beizubehalten.

(2) Die Druckbewehrung A_s' darf höchstens mit dem Querschnitt A_s der im gleichen Betonquerschnitt am gezogenen bzw. weniger gedrückten Rand angeordneten Bewehrung in Rechnung gestellt werden.

(3) Die Nenndurchmesser der Längsbewehrung sind in Tabelle 32 festgelegt.

Tabelle 32. Nenndurchmesser d_{sl} der Längsbewehrung

	1	2
	Kleinste Querschnittsdicke der Druckglieder cm	Nenndurchmesser d_{sl} mm
1	< 10	8
2	≥ 10 bis < 20	10
3	≥ 20	12

(4) Bei Druckgliedern für untergeordnete Zwecke (siehe Abschnitt 25.2.1) dürfen die Durchmesser nach Tabelle 32 unterschritten werden.

(5) Der Abstand der Längsbewehrungsstöße darf höchstens 30 cm betragen, jedoch genügt für Querschnitte mit $b \leq 40$ cm je ein Bewehrungsstab in den Ecken.

(6) Gerade endende, druckbeanspruchte Bewehrungsstäbe dürfen erst im Abstand l_1 (siehe Abschnitt 18.5.2.2) vom Stabende als tragend mitgerechnet werden. Kann diese Verankerungslänge nicht ganz in dem anschließenden Bauteil untergebracht werden, so darf auch ein höchstens 2 d (siehe Bild 60) langer Abschnitt der Stütze bei der Verankerungslänge in Ansatz gebracht werden. Wenn mehr als 0,5 d als Verankerungslänge benötigt werden (siehe Bilder 59 und 60 a) und b)), ist in diesem Bereich die Verbundwirkung durch allseitige Behinderung der Querdehnung des Betons sicherzustellen (z. B. durch Bügel bzw. Querbewehrung im Abstand von höchstens 8 cm).

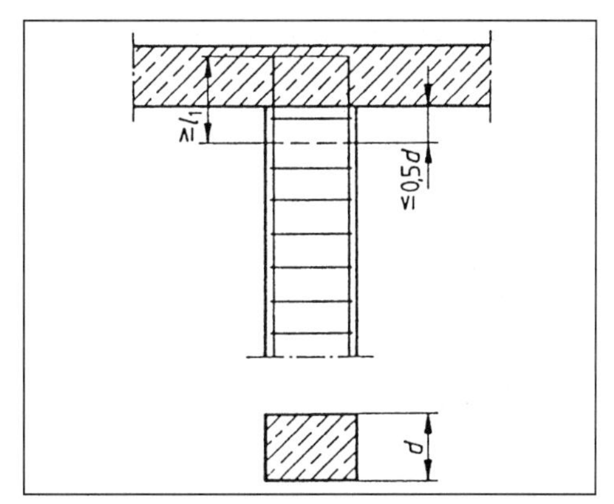

Bild 59. Verankerungsbereich der Stütze ohne besondere Verbundmaßnahmen

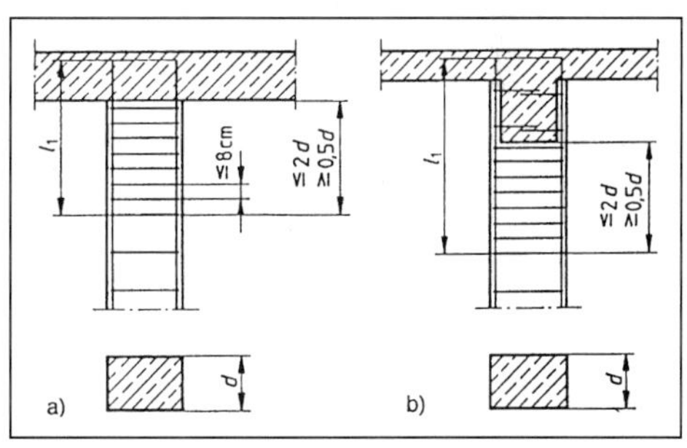

Bild 60. Verstärkung der Bügelbewehrung im Verankerungsbereich der Stützenbewehrung

25.2.2.2 Bügelbewehrung in Druckgliedern

(1) Bügel sind nach Bild 61 zu schließen und die Haken über die Stützenlänge möglichst zu versetzen. Die Haken müssen versetzt oder die Bügelenden nach den Bildern 26 c) oder d) geschlossen werden, wenn mehr als drei Längsstöße in einer Querschnittsecke liegen.

(2) Der Mindeststabdurchmesser beträgt für Einzelbügel, Bügelwendel und für Betonstahlmatten 5 mm, bei Längsstäben mit $d_{sl} > 20$ mm mindestens 8 mm.

(3) Bügel und Wendel mit dem Mindeststabdurchmesser von 8 mm dürfen jedoch durch eine größere Anzahl dünnerer Stäbe bis zu den vorgenannten Mindeststabdurchmessern mit gleichem Querschnitt ersetzt werden.

(4) Der Abstand $s_{bü}$ der Bügel und dle Ganghöhe s_w der Bügelwendel dürfen höchstens gleich der kleinsten Dicke d des Druckgliedes oder dem 12fachen Durchmesser der Längsbewehrung sein. Der kleinere Wert ist maßgebend (siehe Bild 61).

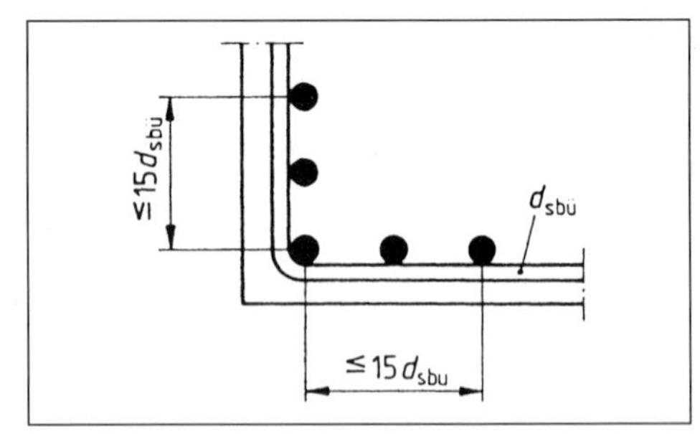

Bild 62. Verbügelung mehrerer Längsstäbe

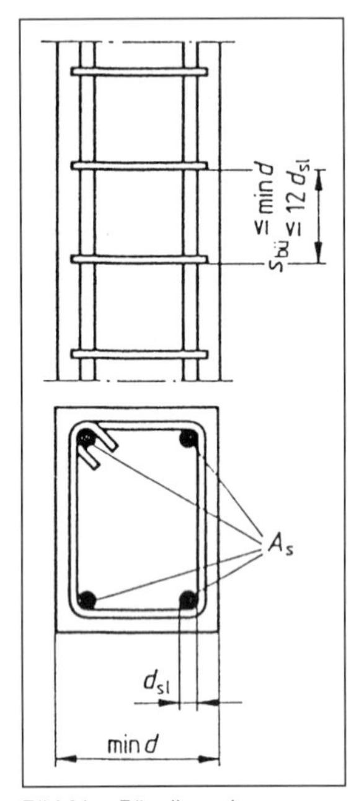

Bild 61. Bügelbewehrung

(5) Mit Bügeln können in jeder Querschnittsecke bis zu fünf Längsstäbe gegen Knicken gesichert werden. Der größte Achsabstand des äußersten dieser Stäbe vom Eckstab darf höchstens gleich dem 15fachen Bügeldurchmesser sein (siehe Bild 62).

(6) Weitere Längsstäbe und solche in größerem Abstand vom Eckstab sind durch Zwischenbügel zu sichern. Sie dürfen im doppelten Abstand der Hauptbügel liegen.

25.3 Umschnürte Druckglieder

25.3.1 Allgemeine Grundlagen

(1) Für umschnürte Druckglieder gelten die Bestimmungen für bügelbewehrte Druckglieder (siehe Abschnitt 25.2), sofern in den folgenden Abschnitten nichts anderes gesagt ist.

(2) Wegen der Bemessung umschnürter Druckglieder siehe Abschnitt 17.3.2.

25.3.2 Mindestdicke und Betonfestigkeit

Der Durchmesser d_k des Kernquerschnitts muß bei Ortbeton mindestens 20 cm, bei werkmäßig hergestellten Druckgliedern mindestens 14 cm betragen. Weitere Angaben siehe Abschnitt 17.3.2.

25.3.3 Längsbewehrung

Die Längsbewehrung A_s muß mindestens 2 % von A_k betragen und darf auch im Bereich von Übergreifungsstößen 9 % von A_k nicht überschreiten. Es sind mindestens 6 Längsstäbe vorzusehen und gleichmäßig auf den Umfang zu verteilen.

25.3.4 Wendelbewehrung (Umschnürung)

(1) Die Ganghöhe s_w der Wendel darf höchstens 8 cm oder $d_k/5$ sein. Der kleinere Wert ist maßgebend. Der Stabdurchmesser der Wendel muß mindestens 5 mm betragen. Wegen einer Begrenzung des Querschnitts der Wendel siehe Abschnitt 17.3.2.

(2) Die Enden der Wendel, auch an Übergreifungsstößen sind in Form eines Winkelhakens nach innen abzubiegen oder an die benachbarte Windung anzuschweißen.

25.4 Unbewehrte, stabförmige Druckglieder (Stützen)

Für die Bemessung gilt Abschnitt 17.9. Die Mindestmaße richten sich nach den Tabellen 31 bzw. 33; die Wanddicke von Hohlquerschnitten darf jedoch die in Tabelle 31, Zeile 2, für aufgelöste Querschnitte angegebenen Werte nicht unterschreiten. Wenn bei aufgelösten Querschnitten die freie Flanschbreite größer ist als die kleinste Flanschdicke, gilt der Flansch als unbewehrte Wand.

25.5 Wände

25.5.1 Allgemeine Grundlagen

(1) Wände im Sinne dieses Abschnitts sind überwiegend auf Druck beanspruchte, scheibenartige Bauteile, und zwar

a) tragende Wände zur Aufnahme lotrechter Lasten, z. B. Deckenlasten; auch lotrechte Scheiben zur Abtragung waagerechter Lasten (z. B. Windscheiben) gelten als tragende Wände;

b) aussteifende Wände zur Knickaussteifung tragender Wände, dazu können jedoch auch tragende Wände verwendet werden;

c) nichttragende Wände werden überwiegend nur durch ihre Eigenlast beansprucht, können aber auch auf ihre Fläche wirkende Windlasten auf tragende Bauteile, z. B. Wand- oder Deckenscheiben, abtragen.

(2) Wände aus Fertigteilen sind in Abschnitt 19, insbesondere in Abschnitt 19.8, geregelt.

25.5.2 Aussteifung tragender Wände

(1) Je nach Anzahl der rechtwinklig zur Wandebene unverschieblich gehaltenen Ränder werden zwei-, drei- und vierseitig gehaltene Wände unterschieden. Als unverschiebliche Halterung können Deckenscheiben und aussteifende Wände und andere ausreichend steife Bauteile angesehen werden. Aussteifende Wände und Bauteile sind mit den tragenden Wänden gleichzeitig hochzuführen oder mit den tragenden Wänden kraftschlüssig zu verbinden (siehe Abschnitt 19.8.3). Aussteifende Wände müssen mindestens eine Länge von $^1/_5$ der Geschoßhöhe haben, sofern nicht für den zusammenwirkenden Querschnitt der ausgesteiften und der aussteifenden Wand ein besonderer Knicknachweis geführt wird.

(2) Haben vierseitig gehaltene Wände Öffnungen, deren lichte Höhe größer als $^1/_3$ der Geschoßhöhe oder deren Gesamtfläche größer als $^1/_{10}$ der Wandfläche ist, so sind die Wandteile zwischen Öffnung und aussteifender Wand als dreiseitig gehalten und die Wandteile zwischen Öffnungen als zweiseitig gehalten anzusehen.

25.5.3 Mindestwanddicke

25.5.3.1 Allgemeine Anforderungen

(1) Sofern nicht mit Rücksicht auf die Standsicherheit, den Wärme-, Schall- oder Brandschutz dickere Wände erforderlich sind, richtet sich die Wanddicke nach Abschnitt 25.5.3.2 und bei vorgefertigten Wänden nach Abschnitt 19.8.2.

(2) Die Mindestdicken von Wänden mit Hohlräumen können in Anlehnung an die Abschnitte 25.4 bzw. 25.2.1, Tabelle 31, festgelegt werden.

25.5.3.2 Wände mit vollem Rechteckquerschnitt

(1) Für die Mindestwanddicke tragender Wände gilt Tabelle 33. Die Werte der Tabelle 33, Spalten 4 und 6, gelten auch bei nicht durchlaufenden Dekken, wenn nachgewiesen wird, daß die Ausmitte der lotrechten Last kleiner als $^1/_6$ der Wanddicke ist oder wenn Decke und Wand biegesteif miteinander verbunden sind; hierbei muß die Decke unverschieblich gehalten sein.

(2) Aussteifende Wände müssen mindestens 8 cm dick sein.

(3) Die Mindestwanddicken der Tabelle 33 gelten auch für Wandteile mit $b < 5\,d$ zwischen oder neben Öffnungen oder für Wandteile mit Einzellasten, auch wenn sie wie bügelbewehrte, stabförmige Druckglieder nach Abschnitt 25.2 ausgebildet werden.

(4) Bei untergeordneten Wänden, z. B. von vorgefertigten, eingeschossigen Einzelgaragen, sind geringere Wanddicken zulässig, soweit besondere Maßnahmen bei der Herstellung, z. B. liegende Fertigung, dieses rechtfertigen.

25.5.4 Annahmen für die Bemessung und den Nachweis der Knicksicherheit

25.5.4.1 Ausmittigkeit des Lastangriffs

(1) Bei Innenwänden, die beidseitig durch Decken belastet werden, aber mit diesen nicht biegesteif verbunden sind, darf die Ausmitte von Deckenlasten bei der Bemessung in der Regel unberücksichtigt bleiben.

(2) Bei Wänden, die einseitig durch Decken belastet werden, ist am Kopfende der Wand eine dreiecksförmige Spannungsverteilung unter der Auflagerfläche der Decke in Rechnung zu stellen, falls nicht durch geeignete Maßnahmen eine zentrische Lasteintragung sichergestellt ist; am Fußende der Wand darf ein Gelenk in der Mitte der Aufstandsflächen angenommen werden.

I

Tabelle 33. Mindestwanddicken für tragende Wände

	1	2	3	4	5	6
	Festigkeitsklasse des Betons	Herstellung	Mindestwanddicken für Wände aus unbewehrtem Beton		Stahlbeton	
			Decken über Wänden		Decken über Wänden	
			nicht durchlaufend cm	durchlaufend cm	nicht durchlaufend cm	durchlaufend cm
1	bis B 10	Ortbeton	20	14	-	-
2	ab B 15	Ortbeton	14	12	12	10
3		Fertigteil	12	10	10	8

25.5.4.2 Knicklänge

(1) Je nach Art der Aussteifung der Wände ist die Knicklänge h_K in Abhängigkeit von der Geschoßhöhe h_s nach Gleichung (43) in Rechnung zu stellen.

$$h_K = \beta \cdot h_s \quad (43)$$

Für den Beiwert β ist einzusetzen bei:

a) zweiseitig gehaltenen Wänden

$$\beta = 1{,}00 \quad (44)$$

b) dreiseitig gehaltenen Wänden

$$\beta = \frac{1}{1 + \left[\frac{h_s}{3\,b}\right]^2} \geq 0{,}3 \quad (45)$$

c) vierseitig gehaltenen Wänden

$$\text{für } h_s \leq b: \quad \beta = \frac{1}{1 + \left[\frac{h_s}{b}\right]^2} \quad (46)$$

$$\text{für } h_s > b: \quad \beta = \frac{b}{2\,h_s} \quad (47)$$

Hierin ist:

b der Abstand des freien Randes von der Mitte der aussteifenden Wand bzw. Mittenabstand der aussteifenden Wände.

(2) Für zweiseitig gehaltene Wände, die oben und unten mit den Decken durch Ortbeton und Bewehrung biegesteif so verbunden sind, daß die Eckmomente voll aufgenommen werden, braucht nur die 0,85fache Knicklänge h_K angesetzt zu werden.

25.5.4.3 Nachweis der Knicksicherheit

(1) Für den Nachweis der Knicksicherheit bewehrter und unbewehrter Wände gelten die Abschnitte 17.4 bzw. 17.9. Weitere Näherungsverfahren siehe DAfSt-Heft 220.

(2) Bei Nutzhöhen $h < 7$ cm ist Abschnitt 17.2.1 zu beachten.

25.5.5 Bauliche Ausbildung

25.5.5.1 Unbewehrte Wände

(1) Die Ableitung der waagerechten Auflagerkräfte der Deckenscheiben in die Wände ist nachzuweisen.

(2) Wegen der Vermeidung grober Schwindrisse siehe Abschnitt 14.4.1. In die Außen-, Haus- und Wohnungstrennwände sind außerdem etwa in Höhe jeder Geschoß- oder Kellerdecke zwei durchlaufende Bewehrungsstäbe von mindestens 12 mm Durchmesser (Ringanker) zu legen. Zwischen zwei Trennfugen des Gebäudes darf diese Bewehrung nicht unterbrochen werden, auch nicht durch Fenster der Treppenhäuser. Stöße sind nach Abschnitt 18.6 auszubilden und möglichst gegeneinander zu versetzen.

(3) Auf diese Ringanker dürfen dazu parallel liegende durchlaufende Bewehrungen angerechnet werden:

a) mit vollem Querschnitt, wenn sie in Decken oder in Fensterstürzen im Abstand von höchstens 50 cm von der Mittelebene der Wand bzw. der Decke liegen;

b) mit halbem Querschnitt, wenn sie mehr als 50 cm, aber höchstens im Abstand von 1,0 m von der Mittelebene der Decke in der Wand liegen, z. B. unter Fensteröffnungen.

(4) Aussparungen, Schlitze, Durchbrüche und Hohlräume sind bei der Bemessung der Wände zu berücksichtigen, mit Ausnahme von lotrechten Schlitzen bei Wandanschlüssen und von lotrechten Aussparungen und Schlitzen, die den nachstehenden Vorschriften für nachträgliches Einstemmen genügen.

(5) Das nachträgliche Einstemmen ist nur bei lotrechten Schlitzen bis zu 3 cm Tiefe zulässig, wenn ihre Tiefe höchstens $^1/_6$ der Wanddicke, ihre Breite höchstens gleich der Wanddicke, ihr gegenseitiger Abstand mindestens 2,0 m und die Wand mindestens 12 cm dick ist.

25.5.5.2 Bewehrte Wände

(1) Soweit nachstehend nichts anderes gesagt ist, gilt für bewehrte Wände Abschnitt 25.5.5.1 und für die Längsbewehrung Abschnitt 25.2.2.1.

(2) Belastete Wände mit einer geringeren Bewehrung als 0,5 % des statisch erforderlichen Querschnitts gelten nicht als bewehrt und sind daher wie unbewehrte Wände nach Abschnitt 17.9 zu bemessen. Die Bewehrung solcher Wände darf jedoch für die Aufnahme örtlich auftretender Biegemomente, bei vorgefertigten Wänden auch für die Lastfälle Transport und Montage, in Rechnung gestellt werden, ferner zur Aufnahme von Zwangbeanspruchungen, z. B. aus ungleichmäßiger Erwärmung, behinderter Dehnung, durch Schwinden und Kriechen unterstützender Bauteile.

(3) In bewehrten Wänden müssen die Durchmesser der Tragstäbe mindestens 8 mm, bei Betonstahlmatten IV M mindestens 5 mm betragen. Der Abstand dieser Stäbe darf höchstens 20 cm sein.

(4) Außerdem ist eine Querbewehrung anzuordnen, deren Querschnitt mindestens $^1/_5$ des Querschnitts der Tragbewehrung betragen muß. Auf jeder Seite sind je Meter Wandhöhe mindestens anzuordnen bei Betonstabstahl III S und Betonstabstahl IV S drei Stäbe mit Durchmesser d_s = 6 mm und bei Betonstahlmatten IV M drei Stäbe mit Durchmesser d_s = 4,5 mm je Meter oder eine größere Anzahl von dünneren Stäben mit gleichem Gesamtquerschnitt je Meter.

(5) Die außenliegenden Bewehrungsstäbe beider Wandseiten sind je m^2 Wandfläche an mindestens vier versetzt angeordneten Stellen zu verbinden, z. B. durch S-Haken, oder bei dicken Wänden mit Steckbügeln im Innern der Wand zu verankern, wobei die freien Bügelenden die Verankerungslänge 0,5 l_0 haben müssen (l_0 siehe Abschnitt 18.5.2.1).

(6) S-Haken dürfen bei Tragstäben mit $d_s \leq$ 16 mm entfallen, wenn deren Betondeckung mindestens 2 d_s beträgt. In diesem Fall und stets bei Betonstahlmatten dürfen die druckbeanspruchten Stäbe außen liegen.

(7) Eine statisch erforderliche Druckbewehrung von mehr als 1 % je Wandseite ist wie bei Stützen nach Abschnitt 25.2.2.2 zu verbügeln.

(8) An freien Rändern sind die Eckstöße durch Steckbügel zu sichern.

Zitierte Normen und andere Unterlagen

DIN 267 Teil 11 Mechanische Verbindungselemente; Technische Lieferbedingungen mit Ergänzungen zu ISO 3506,Teile aus rost- und säurebeständigen Stählen

Normen der Reihe
DIN 488 Betonstahl

DIN 488 Teil 1 Betonstahl; Sorten, Eigenschaften, Kennzeichen

DIN 488 Teil 4 Betonstahl; Betonstahlmatten und Bewehrungsdraht; Aufbau, Maße und Gewichte

DIN 1013 Teil 1 Stabstahl; Warmgewalzter Rundstahl für allgemeine Verwendung; Maße, zulässige Maß- und Formabweichungen

DIN 1048 Teil 1 Prüfverfahren für Beton; Frischbeton, Festbeton gesondert hergestellter Probekörper

DIN 1048 Teil 2 Prüfverfahren für Beton; Bestimmung der Druckfestigkeit von Festbeton in Bauwerken und Bauteilen; Allgemeines Verfahren

DIN 1048 Teil 4 Prüfverfahren für Beton; Bestimmung der Druckfestigkeit von Festbeton in Bauwerken und Bauteilen; Anwendung von Bezugsgeraden und Auswertung mit besonderen Verfahren

DIN 1053 Teil 1 Mauerwerk; Berechnung und Ausführung

DIN 1055 Teil 3 Lastannahmen für Bauten; Verkehrslasten

DIN 1055 Teil 5 Lastannahmen für Bauten; Verkehrslasten; Schneelast und Eislast

DIN 1084 Teil 1 Überwachung (Güteüberwachung) im Beton- und Stahlbetonbau; Beton B II auf Baustellen

DIN 1084 Teil 2	Überwachung (Güteüberwachung) im Beton- und Stahlbetonbau; Fertigteile
DIN 1084 Teil 3	Überwachung (Güteüberwachung) im Beton- und Stahlbetonbau; Transportbeton

Normen der Reihe

DIN 1164	Portland-, Eisenportland-, Hochofen- und Traßzement
DIN 1164 Teil 100	(z. Z. Entwurf) Zemente; Portlandölschieferzement; Anforderungen, Prüfungen, Überwachung
DIN 4030	Beurteilung betonangreifender Wässer, Böden und Gase
DIN 4035	Stahlbetonrohre, Stahlbetondruckrohre und zugehörige Formstücke aus Stahlbeton; Maße, Technische Lieferbedingungen
DIN 4099	Schweißen von Betonstahl; Ausführung und Prüfung
DIN 4102 Teil 2	Brandverhalten von Baustoffen und Bauteilen; Bauteile, Begriffe, Anforderungen und Prüfungen
DIN 4102 Teil 4	Brandverhalten von Baustoffen und Bauteilen; Zusammenstellung und Anwendung klassifizierter Baustoffe, Bauteile und Sonderbauteile

Normen der Reihe

DIN 4103	Nichttragende Trennwände
DIN 4108 Teil 2	Wärmeschutz im Hochau; Wärmedämmung und Wärmespeicherung; Anforderungen und Hinweise für Planung und Ausführung
DIN 4158	Zwischenbauteile aus Beton für Stahlbeton- und Spannbetondecken
DIN 4159	Ziegel für Decken und Wandtafeln, statisch mitwirkend
DIN 4160	Ziegel für Decken, statisch nicht mitwirkend
DIN 4187 Teil 2	Siebböden; Lochplatten für Prüfsiebe; Quadratlochung
DIN 4188 Teil 1	Siebböden; Drahtsiebböden für Analysensiebe, Maße
DIN 4226 Teil 1	Zuschlag für Beton; Zuschlag mit dichtem Gefüge; Begriffe, Bezeichnung und Anforderungen
DIN 4226 Teil 2	Zuschlag für Beton; Zuschlag mit porigem Gefüge (Leichtzuschlag); Begriffe, Bezeichnung und Anforderungen
DIN 4226 Teil 3	Zuschlag für Beton; Prüfung von Zuschlag mit dichtem oder porigem Gefüge
DIN 4226 Teil 4	Zuschlag für Beton; Überwachung (Güteüberwachung)
DIN 4227 Teil 1	Spannbeton; Bauteile aus Normalbeton mit beschränkter oder voller Vorspannung
DIN 4228	(z. Z. Entwurf) Werkmäßig hergestellte Betonmaste
DIN 4235 Teil 1	Verdichten von Beton durch Rütteln; Rüttelgeräte und Rüttelmechanik
DIN 4235 Teil 2	Verdichten von Beton durch Rütteln; Verdichten mit Innenrüttlern
DIN 4235 Teil 3	Verdichten von Beton durch Rütteln; Verdichten bei der Herstellung von Fertigteilen mit Außenrüttlern
DIN 4235 Teil 4	Verdichten von Beton durch Rütteln; Verdichten von Ortbeton mit Schalungsrüttlern
DIN 4235 Teil 5	Verdichten von Beton durch Rütteln; Verdichten mit Oberflächenrüttlern
DIN 4243	Betongläser; Anforderungen, Prüfung
DIN 4281	Beton für Entwässerungsgegenstände; Herstellung, Anforderungen und Prüfungen
DIN 17 100	Allgemeine Baustähle; Gütenorm
DIN 17 440	Nichtrostende Stähle; Technische Lieferbedingungen für Blech, Warmband, Walzdraht, gezogenen Draht, Stabstahl, Schmiedestücke und Halbzeug

Normen der Reihe

DIN 18 195	Bauwerksabdichtungen
DIN 51 043	Traß; Anforderungen, Prüfung
DIN 52 100	Prüfung von Naturstein; Richtlinien zur Prüfung und Auswahl von Naturstein
DIN 53 237	Prüfung von Pigmenten; Pigmente zum Einfärben von zement- und kalkgebundenen Baustoffen

Normen der Reihe

DIN EN 196	Prüfverfahren für Zement

Normen der Reihe

DIN EN 197	Zement; Zusammensetzung, Anforderungen und Konformitätskriterien
DIN EN 197 Teil 1	(z. Z. Entwurf) Zement; Zusammensetzung, Anforderungen und Konformitätskriterien; Definitionen und Zusammensetzung, Deutsche Fassung pr EN 197 - 1: 1986

Vorläufige Richtlinie für Beton mit verlängerter Verarbeitbarkeitszeit (Verzögerter Beton); Eignungsprüfung, Herstellung, Verarbeitung und Nachbehandlung[40] (Vertriebs-Nr 65 008)

Richtlinie zur Nachbehandlung von Beton[40] (Vertriebs-Nr 65 009)

Richtlinie für Beton mit Fließmittel und für Fließbeton; Herstellung, Verarbeitung und Prüfung[40] (Vertriebs-Nr 65 0011)

Richtlinie Alkalireaktion im Beton; Vorbeugende Maßnahmen gegen schädigende Alkalireaktion im Beton[40] (Vertriebs-Nr. 65 0012)

DAfStb-Heft 220 „Bemessung von Beton- und Stahlbetonbauteilen nach DIN 1045“[40]

DAfStb-Heft 240 „Hilfsmittel zur Berechnung der Schnittgrößen und Formänderungen von Stahlbetontragwerken“[40]

DAfStb-Heft 337 „Verhalten von Beton bei hohen Temperaturen“[40]

DAfStb-Heft 400 Erläuterungen zu DIN 1045 „Beton und Stahlbeton“, Ausgabe 07.88

Merkblatt für Betonprüfstellen E[41]

Merkblatt für Betonprüfstellen W[41]

Richtlinien für die Zuteilung von Prüfzeichen für Betonzusatzmittel (Prüfrichtlinien)[41]

Merkblatt für die Ausstellung von Transportbeton-Fahrzeug-Bescheinigungen[41]

Richtlinie über Wärmebehandlung von Beton und Dampfmischen

Merkblatt Betondeckung
Herausgeber Deutscher Beton-Verein, e. V., Fachvereinigung Betonfertigteilbau im Bundesverband Deutsche Beton- und Fertigteilindustrie e. V. und Bundesfachabteilung Fertigteilbau im Hauptverband der Deutschen Bauindustrie e. V.

DBV-Merkblatt „Rückbiegen“

ACI Standard Recommended Practice of Hot Weather Concreting (ACI 305-72)

Weitere Normen und andere Unterlagen

DIN 1055 Teil 1 Lastannahmen für Bauten; Lagerstoffe, Baustoffe und Bauteile; Eigenlasten und Reibungswinkel

DIN 1055 Teil 2 Lastannahmen für Bauten; Bodenkenngrößen; Wichte, Reibungswinkel, Kohäsion, Wandreibungswinkel

DIN 1055 Teil 4 Lastannahmen für Bauten; Verkehrslasten; Windlasten bei nicht schwingungsanfälligen Bauwerken

DIN 1055 Teil 6 Lastannahmen für Bauten; Lasten in Silozellen

Merkblatt für die Anwendung des Betonmischens mit Dampfzuführung
Herausgeber Verein Deutscher Zementwerke e. V.
(Veröffentlicht z. B. in „beton“ Heft 9/1974)

Merkblatt für Schutzüberzüge auf Beton bei sehr starken Angriffen auf Beton nach DIN 4030
Herausgeber Verein Deutscher Zementwerke e. V.
(Veröffentlicht z. B. in „beton“ Heft 9/1973)

Vorläufige Richtlinien für die Prüfung von Betonzusatzmitteln zur Erteilung von Prüfzeichen[41]

Richtlinien für die Überwachung von Betonzusatzmitteln (Überwachungsrichtlinien)[41]

I

[40] Herausgeber:
Deutscher Ausschuß für Stahlbeton, Berlin; zu beziehen über: Beuth Verlag GmbH, Burggrafenstraße 6, 10787 Berlin

[41] Herausgeber:
Institut für Bautechnik, Berlin; zu beziehen über: Deutsches Informationszentrum für Technische Regeln (DITR) im DIN, Burggrafenstraße 6, 10787 Berlin

Frühere Ausgaben

DIN 1045: 09.25, 04.32, 05.37, 04.43xxx, 11.59, 01.72,12.78

Änderungen

Gegenüber der Ausgabe Dezember 1978 wurden folgende Änderungen vorgenommen:

a) Umbenennung der Konsistenzbereiche

b) Einführung einer Regelkonsistenz

c) Erweiterung der Sieblinien für Betonzuschlag

d) Verbesserte Regelungen für Außenbauteile

e) Erweiterte Regelungen für Betonzusatzmittel

f) Feinstanteile von Betonzuschlägen

g) Wasserundurchlässiger Beton

h) Beton mit hohem Frost- und Tausalzwiderstand

i) Beton für hohe Gebrauchstemperaturen

k) Anpassung an die Normen der Reihe DIN 488 Betonstahl

l) Verarbeitung und Nachbehandlung von Beton

m) Erhöhung der Betondeckung

n) Bemessungskonzept bei Knicken nach zwei Richtungen

o) Verbesserung der Schubbemessung

p) Beschränkung der Rißbreite

q) Regelungen für Hin- und Zurückbiegen von Betonstahl

r) Schweißen von Betonstahl

s) Verbesserung konstruktiver Bewehrungsregeln

Allgemeine redaktionelle Anpassungen an die zwischenzeitliche Normenfortschreibung

Erläuterungen

Formelzeichen und Kurzzeichen

Zeichen	Erläuterung	Abschnitt
A_b	Gesamtquerschnitt des Betons	17.2.3,17.4.3,18.6, 21.2, 25.2
A_{bZ}	Zugzone des Betons	17.6.2
A_s	Querschnitt der Längs-Zugbewehrung	17.2.3,17.6.2,18.5,18.6,18.7, 20.3, 22.4, 25.2, 25.3
A'_s	Querschnitt der Längs-Druckbewehrung	17.2.3, 25.2
KF	Konsistenz fließend	6.5.3, 9.4.2, 9.4.3, 21.2
KP	Konsistenz plastisch	2.1.2, 5.4.6, 6.5.3, 6.5.5, 9.4.2, 9.4.3, 10.2.2
KR	Konsistenz weich (Regelkonsistenz)	2.1.2, 5.4.6, 6.5.3, 6.5.5, 9.4.2, 9.4.3
KS	Konsistenz steif	5.4.6, 6.5.3, 6.5.5, 9.4.2, 9.4.3, 10.2.2
min c	Mindestmaß der Betondeckung	13.2.1
nom c	Nennmaß der Betondeckung	13.2.1
d_{br}	Biegerollendurchmesser	18.3, 18.5, 18.6, 18.8, 18.9
d_s	Nenndurchmesser Betonstahl	6.6.2, 6.6.3, 17.6.3, 17.8, 18, 20.1, 21.2, 25.5
d_{sV}	Vergleichsdurchmesser	17.6, 18.5, 18.6, 18.11
k_0	Beiwert	17.6.2
k_1	Beiwert	17.5.5, 20.1, 22.5
k_2	Beiwert	17.5.5, 20.1, 22.5
l_0	Grundmaß der Verankerungslänge	18.5, 18.6, 18.7, 18.9, 25.5
l_1	Verankerungslänge	18.5, 18.6, 18.7, 18.8, 18.10, 20.1

$l_ü$	Übergreifungslänge	18.6, 18.9, 18.11, 19.7
w/z	Wasserzementwert	4.3, 5.4.4, 6.5.2, 6.5.6, 6.5.7, 7.4.3, 9.1, 11.1
β_C	Zylinderfestigkeit ∅ 150 mm	7.4.3.5
β_R	Rechenwert der Betondruckfestigkeit	16.2.3, 17.2.1, 17.3.2, 17.3.3, 17.3.4, 23.2
β_{W7}	7-Tage-Würfeldruckfestigkeit	7.4.3.5
β_{W28}	28-Tage-Würfeldruckfestigkeit	6.2.2, 7.4.3.5
β_{W150}	Würfeldruckfestigkeit 150 mm Kantenlänge	7.4.3.5
β_{W200}	Würfeldruckfestigkeit 200 mm Kantenlängen	7.4.3.5
β_{WN}	Nennfestigkeit eines Würfels	6.2.2, 6.5.1, 6.5.2, 17.2.1, 17.6.2, 22.4, 22.5.2
β_{WS}	Serienfestigkeit einer Würfelserie	6.2.2, 7.4.2
β_{Wm}	mittlere Festigkeit einer Würfelserie	6.2.2
$\beta_S(R_e)$	Streckgrenze des Betonstahls	6.6.1, 6.6.3, 17.5.4, 17.6.2, 18.5, 18.6, 22.5, 23.2
$\beta_Z(R_m)$	Zugfestigkeit des Betonstahls	6.6.3, 18.6.5
$\beta_{0,2}(R_{p0,2})$	0,2%-Dehngrenze des Betonstahls	6.6.3
β_{bZ}	Biegezugfestigkeit des Betons	17.6.2
β_{bZw}	wirksame Biegezugfestigkeit des Betons	17.6.2
γ	Sicherheitsbeiwert	17.1, 17.2.2, 17.9, 18.5, 19.2
μ	Querdehnzahl	15.1.2, 16.2.2, 20.3, 21.2, 22.4
τ	Bemessungswert der Schubspannung	17.5.2, 17.5.5, 17.5.7, 18.8, 19.7
τ_0	Grundwert der Schubspannung	17.5.2, 17.5.3, 17.5.5, 17.5.7, 18.8, 19.4, 19.7, 20.1, 20.2, 20.3, 21.2
τ_{0a}	Schubspannung in Plattenanschnitt	18.8
τ_1	Grundwert der Verbundspannung	18.4, 18.5
τ_T	Grundwert der Torsionsspannung	17.5.6, 17.5.7
$\tau_{bü}$	Bemessungswert der Bügelschubspannung	18.8
τ_r	rechnerische Schubspannung in einem Rundschnitt	22.5, 22.6

Internationale Patentklassifikation

E 04 Gesamtkl.
B 28 B Gesamtkl.
B 28 C Gesamtkl.
C 04 B 28/00
G 01 L 5/00
G 01 N 3/00
G 01 N 33/38

I

3 Beton und Stahlbeton
Bemessung und Ausführung
Änderung A1 zur DIN 1045 : 1988-07 - (DIN 1045/A1 : 1996-12) -

Vorwort

Diese Änderung wurde vom Normenausschuß Bauwesen, Fachbereich 07 „Beton und Stahlbetonbau - Deutscher Ausschuß für Stahlbeton", Arbeitsausschuß 07.02.00 „Betontechnik" erarbeitet. Sie übernimmt die Festlegungen der DIN 1164-1 : 1994-10 und paßt die Anwendungsregeln für Zement in Beton den Gegebenheiten der Zementnormen an.

Ferner werden die bisher in DIN 1045 Ausgabe Juli 1988 bekannt gewordenen Druckfehler richtiggestellt.

1 Festigkeitsklassen

Für die in DIN 1045, Abschnitte 6.5.5.1, 6.5.6.1, 6.5.6.3, 6.7.1, 7.4.3.5.3 (Tabelle 7); 11.1. und 12.3.1 (Tabelle 8) in Übereinstimmung mit der alten DIN 1164-1 gewählten Festigkeitsklassen gelten die in DIN 1164-1 : 1994-10, Anhang A, Tabelle A.2, angegebenen neuen Festigkeitsklassen.

2 Anwendungsregeln für Zement nach DIN 1164-1 : 1994-10

6.5.7.4 Beton mit hohem Frost- und Tausalzwiderstand

(1) Beton, der im durchfeuchteten Zustand Frost-Tauwechseln und der gleichzeitigen Einwirkung von Tausalzen ausgesetzt ist, muß mit hohem Frost- und Tausalzwiderstand hergestellt und entsprechend verarbeitet werden. Dazu sind Portlandzement CEM I, Portlandhüttenzement CEM II/A-S und CEM II/B-S, Portlandölschieferzement CEM II/A-T und CEM II/B-T, Portlandkalksteinzement CEM II/A-L oder Hochofenzement CEM III/A und CEM III/B nach DIN 1164-1 und Betonzuschläge mit erhöhten Anforderungen an den Widerstand gegen Frost und Taumittel eFT (siehe DIN 4226-1) notwendig.

(4) Für Beton, der einem sehr starken Frost-Tausalzangriff, wie bei Betonfahrbahnen, ausgesetzt ist, sind Portlandzement CEM I, Portlandhüttenzement CEM II/A-S und CEM II/B-S, Portlandölschieferzement CEM II/A-T und CEM II/B-T oder Portlandkalksteinzement CEM II/A-L nach DIN 1164-1 oder Hochofenzement CEM III/A nach DIN 1164-1 mindestens der Festigkeitsklasse 42,5 zu verwenden. Es darf auch Hochofenzement CEM III/A der Festigkeitsklasse 32,5 R verwendet werden, wenn der Hüttensandgehalt höchstens 50 % beträgt.

Anhang A (normativ)

Druckfehlerberichtigungen

Zu Abschnitt 6.5.7.4
Absatz (1), Zeile 8: Hinter dem Wort „Frost" entfällt der Bindestrich
Absatz (4), Zeile 1: muß lauten: „Für Beton, der einem sehr starken Frost- und Tausalzangriff . . ."

Zu Abschnitt 7.4.3.5.1
Der erste Satz von (2) gehört an das Ende von (1).

Zu Tabelle 4
Die Fußnote 15 muß ebenfalls an die Bezeichnung KS gesetzt werden.

Zu Abschnitt 9.3.1 (3)
Der relative Nebensatz muß mit „das" beginnen und mit „ist" enden.

Zu Abschnitt 17.4.9
Bild 14.1, Vorletzte Zeile: . . . nach Abschnitt 17.4.8 (2) b) für . . .

Zu Abschnitt 17.5.5.2 (4)
Zeile 2 muß lauten: „. . . und der Querkraft . . ."

Zu Abschnitt 17.5.5.3, Gleichung (17)
Statt „vorh τ_0^2" muß es „τ_0^2" lauten.

Zu Abschnitt 17.6
Die Fußnote 25 muß lauten: „Grundlagen für Konstruktionsregeln und weitere Hinweise enthält das DAfStb-Heft 400“.

Zu Abschnitt 17.8
Absatz (1), 2. Spiegelstrich: Die Eingrenzung des Biegerollendurchmessers muß lauten:

$$25\, d_s > d_{br} > 10\, d_s$$

Absatz (1), 3. Spiegelstrich: Die Begrenzung des Biegerollendurchmessers muß lauten:

$$d_{br} \leq 10\, d_s$$

Absatz (3): Hinter dem Wort „Verbindungen“ ist einzufügen „nach Tabelle 24, Zeilen 5 bis 7“.

Absätze (5), (6) und (7): Die Absätze (5), (6) und (7) sind zu streichen und durch den folgenden neuen Absatz (5) zu ersetzen: „Ein vereinfachtes Verfahren für den Nachweis der Beschränkung der Stahlspannung unter Gebrauchslast bei nicht vorwiegend ruhender Belastung kann DAfStb-Heft 400 entnommen werden.“ Die Absätze (6) und (7) entfallen und der alte Absatz (8) wird neuer Absatz (6).

Zu Tabelle 18
In Fußnote 28, Zeilen 1 und 2, muß „bei vorwiegend ruhender Beanspruchung“ entfallen.

Zu Abschnitt 18.6.4.3 (1)
Die Klammer „(siehe Abschnitt 17.6.1)“ entfällt.

Zu Abschnitt 18.9.3 (2)
Zeile 3: Hinter dem Wort „höher“ muß „ausgeführt werden“ eingefügt werden.

Zu Abschnitt 19.7.2 (1)
Gleichungen 31 und 32: In den beiden Zählern „vorh“ streichen.

Zu Abschnitt 20.1.6.2 (3)
In Formel (36) muß es heißen: s = 25 cm und s = 15 cm.

Zu Abschnitt 20.1.6.3 (5)
In Zeile 10 muß es „Betonstabstahl IV S“ lauten.

Zu Abschnitt 21.2.2.1
In Zeile 5 muß es „Betonstabstahl IV S“ lauten.

Zu Abschnitt 24.5 (2)
In Zeile 6 muß es „$d \leq$ 6 cm“ lauten.

Zu Abschnitt 25.5.1 (1)
In der ersten Zeile von Unterpunkt b) muß „werden“ entfallen.

F. L. Wright, Johnson-Wax-Verwaltungsgebäude, Blick in den Arbeitssaal

resistent

Der Betonzusatzstoff.

Zweigeschossiger Eingangsbereich in Sichtbeton, Photos H. Helfenstein

Gieselmann/Stern/Zeyer

SANIERUNGSHANDBUCH WOHNUNGSBAU

Probleme
Lösungen
Kosten

Mit Beiträgen von
CLAUS ARENDT · ROLF BAUER · JÖRG BLUME · GERHARD BOEDDINGHAUS · JÖRG BÖHNING · GEORG CZIONGALLA CHRISTIAN DONNER · ROBERT DORFF · GIESELMANN + STERN + ZEYER · WOLFGANG GRÄSEL · TOMAS GROHÉ · GERHARD HAUSLADEN · ALEXANDER KEUL · EDGAR KRINGS · G. LINGNAU K. E. LOTZ · WILHELM-FRIEDRICH GRAF ZU LYNAR · ULLI MEISEL KARL-HEINZ MIXTACKI · HELFRIED NAUMANN · ERICH PANZHAUSER · RICHTER – RICHARD · H. W. ROHN · MANFRED SCHIFFER HEINZ SCHMITZ · NORBERT STANNEK · MICHAEL WACHBERGER KARL WEBER

Werner Verlag

„In dem von Gieselmann, Stern, Zeyer herausgegebenen Band werden Lösungen praktischer Probleme, beispielsweise die Beseitigung von Baumängeln, genauso diskutiert wie theoretische Konzepte, die qualitative Ansprüche an das Wohnen in großen Komplexen formulieren. Es ist gelungen, die vielfältigen Aspekte des Themas – Probleme und deren Lösungsmöglichkeiten – darzustellen. Die Bestandsanalyse zeigt, wie notwendig die Modernisierung im Wohnungsbau ist, der in seinem gegenwärtigen Zustand nicht mehr heutigen Standards entspricht."
(Thomas Zorn, Redakteur der FAZ)

1994. 632 Seiten 17 x 24 cm,
kartoniert mit Fadenheftung
DM 160,–/öS 1168,–/sFr 160
ISBN 3-8041-1792-9

Dieses Grundlagenwerk zur Wohnbau-Thematik vermittelt nicht nur einen umfassenden Überblick über Entwicklungen des Wohnungsbaus, sondern gehört ebenso zur empfehlenswerten Grundausstattung eines Wohnbaupraktikers und -nutzers. Durch Beispiele macht es prinzipielle Aussagen zum Thema – von der Moderne bis zur Gegenwart. Von den Grundlagen ausgehend, führt es über die Semantik des Wohnens zur Wohnung und über den Wohnhausbau hin zur multiplen Anwendung differenzierter Wohnungstypen im Wohnungsbau.

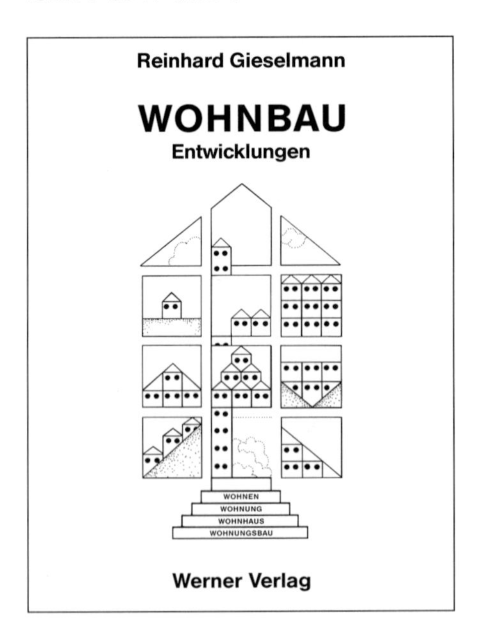

1998. 152 Seiten 22 x 27,5 cm,
Klappenbroschur
DM 58,–/öS 423,–/sFr 58,–
ISBN 3-8041-1808-9

Zu beziehen über Ihre Buchhandlung oder direkt beim Werner Verlag · Postfach 10 53 54 · 40044 Düsseldorf

4 Spannbeton

Bauteile aus Normalbeton mit beschränkter oder voller Vorspannung

DIN 4227 Teil 1

Diese Norm wurde im Fachbereich VII Beton- und Stahlbetonbau/Deutscher Ausschuß für Stahlbeton des NABau ausgearbeitet.

Die Benennung „Last" wird für Kräfte verwendet, die von außen auf ein System einwirken; dies gilt auch für zusammengesetzte Wörter mit der Silbe ... „Last" (siehe DIN 1080 Teil 1).

Die Normen der Reihe DIN 4227 umfassen folgende Teile:

DIN 4227 Teil 1 Spannbeton; Bauteile aus Normalbeton mit beschränkter oder voller Vorspannung

DIN 4227 Teil 2 Spannbeton; Bauteile mit teilweiser Vorspannung

DIN 4227 Teil 3 Spannbeton; Bauteile in Segmentbauart, Bemessung und Ausführung der Fugen

DIN 4227 Teil 4 Spannbeton; Bauteile aus Spannleichtbeton

DIN 4227 Teil 5 Spannbeton; Einpressen von Zementmörtel in Spannkanäle

DIN 4227 Teil 6 Spannbeton; Bauteile mit Vorspannung ohne Verbund

Inhalt

I

Entwurf und Ausführung von baulichen Anlagen und Bauteilen aus Spannbeton erfordern eine gründliche Kenntnis und Erfahrung in dieser Bauart. Deshalb dürfen bauliche Anlagen und Bauteile aus Spannbeton nur von solchen Ingenieuren und Unternehmern entworfen und ausgeführt werden, die diese Kenntnis und Erfahrung haben, besonders zuverlässig sind und sicherstellen, daß derartige Bauwerke einwandfrei bemessen und ausgeführt werden.

1 Allgemeines

1.1 Anwendungsbereich und Zweck

(1) Diese Norm gilt für die Bemessung und Ausführung von Bauteilen aus Normalbeton, bei denen der Beton durch Spannglieder beschränkt oder voll vorgespannt wird und die Spannglieder im Endzustand im Verbund vorliegen.

(2) Die sinngemäße Anwendung dieser Norm auf Bauteile, bei denen die Vorspannung auf andere Art erzeugt wird, ist jeweils gesondert zu überprüfen.

(3) Vorgespannte Verbundträger werden in den Richtlinien für die Bemessung und Ausführung von Stahlverbundträgern (vorläufiger Ersatz für DIN 1078 und DIN 4239) behandelt.

1.2 Begriffe

1.2.1 Querschnittsteile

(1) Bei vorgespannten Bauteilen unterscheidet man:

(2) **Druckzone.** In der Druckzone liegen die Querschnittsteile, in denen ohne Vorspannung unter der gegebenen Belastung infolge von Längskraft und Biegemoment Druckspannungen entstehen würden. Werden durch die Vorspannung in der Druckzone Druckspannungen erzeugt, so liegt der Sonderfall einer **vorgedrückten Druckzone** vor (siehe Abschnitt 15.3).

(3) **Vorgedrückte Zugzone.** In der vorgedrückten Zugzone liegen die Querschnittsteile, in denen unter der gegebenen Belastung infolge von Längskraft und Biegemoment ohne Vorspannung Zugspannungen entstehen würden, die durch Vorspannung stark abgemindert oder ganz aufgehoben werden.

(4) Unter Einwirkung von Momenten mit wechselnden Vorzeichen kann eine Druckzone zur vorgedrückten Zugzone werden und umgekehrt.

(5) **Spannglieder.** Das sind die Zugglieder aus Spannstahl, die zur Erzeugung der Vorspannung dienen; hierunter sind auch Einzeldrähte, Einzelstäbe und Litzen zu verstehen. Fertigspannglieder sind Spannglieder, die nach Abschnitt 6.5.3 werkmäßig vorgefertigt werden.

1.2.2 Grad der Vorspannung[1]

(1) Bei **voller Vorspannung** treten rechnerisch im Beton im Gebrauchszustand (siehe Abschnitt 9.1), mit Ausnahme der in Abschnitt 10.1.1 angegebenen Fälle, keine Zugspannungen infolge von Längskraft und Biegemoment auf.

(2) **Bei beschränkter Vorspannung** treten dagegen rechnerisch im Gebrauchszustand (siehe Abschnitt 9.1) Zugspannungen infolge von Längskraft und Biegemoment im Beton bis zu den in den Abschnitten 10.1.2 und 15 angegebenen Grenzen auf.

1.2.3 Zeitpunkt des Spannens der Spannglieder

(1) Beim **Spannen vor dem Erhärten des Betons** werden die Spannglieder von festen Punkten aus gespannt und dann einbetoniert (Spannen im Spannbett).

(2) Beim **Spannen nach dem Erhärten des Betons** dienen die schon erhärteten Betonbauteile als Abstützung.

1.2.4 Art der Verbundwirkung von Spanngliedern[2]

(1) Bei **Vorspannung mit sofortigem Verbund** werden die Spannglieder nach dem Spannen im Spannbett so in den Beton eingebettet, daß gleichzeitig mit dem Erhärten des Betons eine Verbundwirkung entsteht.

(2) Bei **Vorspannung mit nachträglichem Verbund** wird der Beton zunächst ohne Verbund vorgespannt; später wird für alle nach diesem Zeitpunkt wirksamen Lastfälle eine Verbundwirkung erzeugt.

1) Teilweise Vorspannung; siehe DIN 4227 Teil 2.
2) Vorspannung ohne Verbund im Endzustand siehe DIN 4227 Teil 6.

I

2 Bauaufsichtliche Zulassungen, Zustimmungen, bautechnische Unterlagen, Bauleitung und Fachpersonal

2.1 Bauaufsichtliche Zulassungen, Zustimmungen

(1) Entsprechend den allgemeinen bauaufsichtlichen Bestimmungen ist eine Zulassung bzw. eine Zustimmung im Einzelfall unter anderem erforderlich für:

- den Spannstahl (siehe Abschnitt 3.2)
- das Spannverfahren.

(2) Die Bescheide müssen auf der Baustelle vorliegen.

2.2 Bautechnische Unterlagen, Bauleitung und Fachpersonal

2.2.1 Bautechnische Unterlagen

Zu den bautechnischen Unterlagen gehören neben den Anforderungen nach DIN 1045/07.88, Abschnitte 3 bis 5, die Angaben über Grad, Zeitpunkt und Art der Vorspannung, das Herstellungsverfahren sowie das Spannprogramm.

2.2.2 Bauleitung und Fachpersonal

Bei der Herstellung von Spannbeton dürfen auf Baustellen und in Werken nur solche Führungskräfte (Bauleiter, Werkleiter) eingesetzt werden, die über ausreichende Erfahrungen und Kenntnisse im Spannbetonbau verfügen. Bei der Ausführung von Spannarbeiten und Einpreßarbeiten muß der hierfür zuständige Fachbauleiter stets anwesend sein.

3 Baustoffe

3.1 Beton

3.1.1 Vorspannung mit nachträglichem Verbund

(1) Bei Vorspannung mit nachträglichem Verbund ist Beton der Festigkeitsklassen B 25 bis B 55 nach DIN 1045/07.88, Abschnitt 6.5 zu verwenden.

(2) Bei üblichen Hochbauten (Definition nach DIN 1045/ 07.88, Abschnitt 2.2.4) darf für die nachträgliche Ergänzung vorgespannter Fertigteile auch Ortbeton der Festigkeitsklasse B 15 verwendet werden.

(3) Der Chloridgehalt des Anmachwassers darf 600 mg Cl^- je Liter nicht überschreiten. Die Verwendung von Meerwasser und anderem salzhaltigen Wasser ist unzulässig. Es darf nur solcher Betonzuschlag verwendet werden, der hinsichtlich des Gehaltes an wasserlöslichem Chlorid (berechnet als Chlor) den Anforderungen nach DIN 4226 Teil 1/04.83, Abschnitt 7.6.6b) genügt (Chlorgehalt mit einem Massenanteil $\leq$ 0,02 %).

(4) **Betonzusatzmittel** dürfen nur verwendet werden, wenn für sie ein Prüfbescheid (Prüfzeichen) erteilt ist, in dem die Anwendung für Spannbeton geregelt ist.

3.1.2 Vorspannung mit sofortigem Verbund

(1) Bei Vorspannung mit sofortigem Verbund gelten die Festlegungen nach Abschnitt 3.1.1; jedoch muß der Beton mindestens der Festigkeitsklasse B 35 entsprechen. Dabei ist nur werkmäßige Herstellung nach DIN 1045/07.88, Abschnitt 5.3 zulässig.

(2) Alle **Zemente** der Normen der Reihe DIN 1164 der Festigkeitsklassen Z 45 und Z 55 sowie Portland- und Eisenportlandzement der Festigkeitsklasse Z 35 F dürfen verwendet werden.

(3) **Betonzusatzstoffe** dürfen nicht verwendet werden.

3.1.3 Verwendung von Transportbeton

Bei Verwendung von Transportbeton müssen aus dem Betonsortenverzeichnis (siehe DIN 1045/ 07.88, Abschnitt 5.4.4) die

- Eignung für Spannbeton mit nachträglichem Verbund

bzw. die

- Eignung für Spannbeton mit sofortigem Verbund

hervorgehen.

3.2 Spannstahl

Spanndrähte müssen mindestens 5,0 mm Durchmesser oder bei nicht runden Querschnitten mindestens 30 mm^2 Querschnittsfläche haben. Litzen müssen mindestens 30 mm^2 Querschnittsfläche haben, wobei die einzelnen Drähte mindestens 3,0 mm Durchmesser aufweisen müssen. Für Sonderzwecke, z. B. für vorübergehend erforderliche Bewehrung oder Rohre aus Spannbeton, sind Einzeldrähte von mindestens 3,0 mm Durchmesser bzw. bei nicht runden Querschnitten von mindestens 20 mm² Querschnittsfläche zulässig.

3.3 Hüllrohre

Es sind Hüllrohre nach DIN 18 553 zu verwenden.

3.4 Einpreßmörtel

Die Zusammensetzung und die Eigenschaften des Einpreßmörtels müssen DIN 4227 Teil 5 entsprechen.

4 Nachweis der Güte der Baustoffe

(1) Für den Nachweis der Güte der Baustoffe gilt DIN 10451/07.88, Abschnitt 7. Darüber hinaus sind für den Spannstahl und das Spannverfahren die entsprechenden Abschnitte der Zulassungsbescheide zu beachten. Für die Güteüberwachung von Beton B II auf der Baustelle, von Fertigteilen und Transportbeton gelten DIN 1084 Teil 1 bis Teil 3.

(2) Im Rahmen der Eigenüberwachung auf Baustellen und in Werken sind zusätzlich die in Tabelle 1 enthaltenen Prüfungen vorzunehmen.

(3) Die Protokolle der Eigenüberwachung sind zu den Bauakten zu nehmen.

(4) Über die Lieferung des Spannstahles ist anhand der vom Lieferwerk angebrachten Anhänger Buch zu führen; außerdem ist festzuhalten, in welche Bauteile und Spannglieder der Stahl der jeweiligen Lieferung eingebaut wurde.

5 Aufbringen der Vorspannung

5.1 Zeitpunkt des Vorspannens

(1) Der Beton darf erst vorgespannt werden, wenn er fest genug ist, um die dabei auftretenden Spannungen einschließlich der Beanspruchungen an den Verankerungsstellen der Spannglieder aufnehmen zu können. Für die endgültige Vorspannung gilt dies als erfüllt, wenn durch Erhärtungsprüfung nach DIN 1045/07.88, Abschnitt 7.4.4, nachgewiesen ist, daß die Würfeldruckfestigkeit β_{Wm} mindestens die Werte der Tabelle 2, Spalte 3, erreicht hat.

(2) Eine frühzeitige Teilvorspannung (z. B. zur Vermeidung von Schwind- und Temperaturrissen) ist zu empfehlen. Durch Erhärtungsprüfung ist dann nach DIN 1045/07.88, Abschnitt 7.4.4, nachzuweisen, daß die Würfeldruckfestigkeit β_{Wm} des Betons die Werte nach Tabelle 2, Spalte 2, erreicht hat. In diesem Fall dürfen die Spannkräfte einzelner Spannglieder und die Betonspannungen im übrigen Bauteil nicht mehr als 30 % der für die Verankerung zugelassenen Spannkraft bzw. der nach Abschnitt 15 zulässigen Spannungen betragen. Liegt die durch Erhärtungsprüfung festgestellte Würfeldruckfestigkeit zwischen den Werten nach Tabelle 2, Spalten 2 und 3, so darf die zulässige Teilspannkraft linear interpoliert werden.

5.2 Vorrichtungen für das Spannen

(1) Vorrichtungen für das Spannen sind vor ihrer ersten Benutzung und später in der Regel halbjährlich mit kalibrierten Geräten darauf zu prüfen, welche Abweichungen vom Sollwert die Anzeigen der Spannvorrichtungen aufweisen. Soweit diese Abweichungen von äußeren Einflüssen abhängen (z. B. bei Öldruckpressen von der Temperatur), ist dies zu berücksichtigen.

(2) Vorrichtungen, deren Fehlergrenze der Anzeige im Bereich der endgültigen Vorspannkraft um mehr als 5 % vom Prüfdiagramm abweicht, dürfen nicht verwendet werden.

5.3 Verfahren und Messungen beim Spannen

(1) Die Vorspannung ist entsprechend einem Spannprogramm aufzubringen. Dieses muß für jedes Spannglied neben der zeitlichen Folge des Spannens Angaben über Spannkraft und Spannweg unter Berücksichtigung der Zusammendrükkung des Betons, der Reibung, des Schlupfes und des Zeitpunktes des Lehrgerüstabsenkens enthalten. Im Falle von Teilvorspannung sind die bis zum endgültigen Vorspannen eingetretenen Spannkraftverluste zu berücksichtigen. Das Spannprogramm ist so aufzustellen, daß keine unzulässigen Beanspruchungen des Betons entstehen.

(2) Über das Spannen ist ein Spannprotokoll zu führen, in das alle beim Spannen durchgeführten Messungen einschließlich etwaiger Unregelmäßig-

Tabelle 1. **Eigenüberwachung**

	1	2	3	4
	Prüfgegenstand	Prüfart	Anforderungen	Häufigkeit
1a	Spannstahl	Überprüfung der Lieferung nach Sorte und Durchmesser nach der Zulassung	Kennzeichnung; Nachweis der Güteüberwachung; keine Beschädigung; kein unzulässiger Rostanfall	Jede Lieferung
1b		Überprüfung der Transportfahrzeuge	Abgedeckte trockene Ladung; keine Verunreinigungen	Jede Lieferung
1c		Überprüfung der Lagerung	Trockene, luftige Lagerung; keine Verunreinigung; keine Übertragung korrosionsfördernder Stoffe (siehe Abschnitt 6.5.1)	Bei Bedarf
2	Fertigspannglieder	Überprüfung der Lieferung	Einhalten der Bestimmungen von Abschnitt 6.5.3	Jede Lieferung
3	Spannverfahren	-	Einhalten der Zulassung	Jede Anwendung
4	Vorrichtungen für das Spannen	Überprüfung der Spanneinrichtung	Einhalten der Toleranzen nach Abschnitt 5.2	Halbjährlich
5	Vorspannen	Messungen laut Spannprogramm (siehe Abschnitt 5.3)	Einhalten des Spannprogramms	Jeder Spannvorgang
6	Einpreßarbeiten	Überprüfung des Einpressens	Einhalten von DIN 4227 Teil 5	Jedes Spannglied

Tabelle 2. **Mindestbetonfestigkeiten beim Vorspannen**

	1	2	3
	Zugeordnete Festigkeitsklasse	Würfeldruckfestigkeit β_{Wm} beim Teilvorspannen N/mm^2	Würfeldruckfestigkeit β_{Wm} beim endgültigen Vorspannen N/mm^2
1	B 25	12	24
2	B 35	16	32
3	B 45	20	40
4	B 55	24	48

Anmerkung:
Die „zugeordnete Festigkeitsklasse" ist die laut Zulassung für das jeweilige Spannverfahren erforderliche Festigkeitsklasse des Betons.

keiten einzutragen sind. Die Messungen müssen mindestens Spannkraft und Spannweg umfassen. Wenn die Summe aus den Absolutwerten der prozentualen Abweichung von der Sollspannkraft und der prozentualen Abweichung vom Sollspannweg bei einem einzelnen Spannglied mehr als 15 % beträgt, muß die zuständige Bauaufsicht unverzüglich verständigt werden. Ist die Abweichung von der Sollspannkraft oder vom Sollspannweg bei der Summe aller in einem Querschnitt liegenden Spannglieder größer als 5 %, so ist gleichfalls die Bauaufsicht zu verständigen.

(3) Schlagartige Übertragung der Vorspannkraft ist zu vermeiden.

6 Grundsätze für die bauliche Durchbildung und Bauausführung

6.1 Bewehrung aus Betonstahl

(1) Für die Bewehrung gilt DIN 1045/07.88, Abschnitte 13 und 18.

(2) Als glatter Betonstahl BSt 220 (Kennzeichen I) darf nur warmgewalzter Rundstahl nach DIN 1013 Teil 1 aus St 37-2 nach DIN 17 100 in den Nenndurchmessern d_s = 8,10, 12, 14, 16, 20, 25 und 28 mm verwendet werden[3].

(3) **Druckbeanspruchte Bewehrungsstäbe** in der äußeren Lage sind je m^2 Oberfläche an mindestens

[3] Die bisherigen Regelungen der DIN 4227 Teil 1/12.79 für den Betonstahl I sind in das DAfStb-Heft 320 übernommen.

vier verteilt angeordneten Stellen gegen Ausknicken zu sichern (z. B. durch S-Haken oder Steckbügel), wenn unter Gebrauchslast die Betondruckspannung $0{,}2\beta_{WN}$ überschritten wird. Die Sicherung kann bei höchstens 16 mm dicken Längsstäben entfallen, wenn die Betondeckung mindestens gleich der doppelten Stabdicke ist. Eine statisch erforderliche Druckbewehrung ist nach DIN 1045/07.88, Abschnitt 25.2.2.2, zu verbügeln.

6.2 Spannglieder

6.2.1 Betondeckung von Hüllrohren

Die Betondeckung von Hüllrohren für Spannglieder muß mindestens gleich dem 0,6fachen Hüllrohr-Innendurchmesser sein; sie darf 4 cm nicht unterschreiten.

6.2.2 Lichter Abstand der Hüllrohre

Der lichte Abstand der Hüllrohre muß mindestens gleich dem 0,8fachen Hüllrohr-Innendurchmesser sein, er darf 2,5 cm nicht unterschreiten.

6.2.3 Betondeckung von Spanngliedern mit sofortigem Verbund

(1) Die Betondeckung von Spanngliedern mit sofortigem Verbund wird durch die Anforderungen an den Korrosionsschutz, an das ordnungsgemäße Einbringen des Betons und an die wirksame Verankerung bestimmt; der Höchstwert ist maßgebend.

(2) Der Korrosionsschutz ist im allgemeinen sichergestellt, wenn für die Spannglieder die Mindestmaße der Betondeckung nach DIN 1045/07.88, Tabelle 10, Spalte 3, um 1,0 cm erhöht werden.

(3) In den folgenden Fällen genügt es, für die Spannglieder die Mindestmaße der Betondeckung nach DIN 1045/07.88, Tabelle 10, Spalte 3, um 0,5 cm zu erhöhen:

a) bei Platten, Schalen und Faltwerken, wenn die Spannglieder innerhalb der Betondeckung nicht von Betonstahlbewehrung gekreuzt werden,

b) an den Stellen der Fertigteile, an die mindestens eine 2,0 cm dicke Ortbetonschicht anschließt,

c) bei Spanngliedern, die für die Tragfähigkeit der fertig eingebauten Teile nicht von Bedeutung sind, z. B. Transportbewehrung.

(4) Mit Rücksicht auf das ordnungsgemäße Einbringen des Betons soll die Betondeckung größer als die Korngröße des überwiegenden Teils des Zuschlags sein.

(5) Für die wirksame Verankerung runder gerippter Einzeldrähte und Litzen mit $d_v \leq 12$ mm sowie nichtrunder gerippter Einzeldrähte mit $d_v \leq 8$ mm gelten folgende Mindestbetondeckungen:

$c = 1{,}5\ d_v$ bei profilierten Drähten und bei Litzen aus glatten Einzeldrähten (1)

$c = 2{,}5\ d_v$ bei gerippten Drähten (2)

Darin ist für d_v zu setzen:

a) bei Runddrähten der Spanndrahtdurchmesser,

b) bei nichtrunden Drähten der Vergleichsdurchmesser eines Runddrahtes gleicher Querschnittsfläche,

c) bei Litzen der Nenndurchmesser.

6.2.4 Lichter Abstand der Spannglieder bei Vorspannung mit sofortigem Verbund

(1) Der lichte Abstand der Spannglieder bei Vorspannung mit sofortigem Verbund muß größer als die Korngröße des überwiegenden Teils des Zuschlags sein; er soll außerdem die aus den Gleichungen (1) und (2) sich ergebenden Werte nicht unterschreiten.

(2) Bei der Verteilung von Spanngliedern über die Breite eines Querschnitts dürfen innerhalb von Gruppen mit 2 oder 3 Spanngliedern mit $d_v \leq 10$ mm die lichten Abstände der einzelnen Spannglieder bis auf 1,0 cm verringert werden, wenn die Gesamtanzahl in einer Lage nicht größer ist als bei gleichmäßiger Verteilung zulässig.

6.2.5 Verzinkte Einbauteile

Zwischen Spanngliedern und verzinkten Einbauteilen muß mindestens 2,0 cm Beton vorhanden sein; außerdem darf keine metallische Verbindung bestehen.

6.2.6 Mindestanzahl

(1) In der vorgedrückten Zugzone tragender Spannbetonbauteile muß die Anzahl der Spannglieder bzw. bei Verwendung von Bündelspanngliedern die Gesamtanzahl der Drähte oder Stäbe mindestens den Werten der Tabelle 3, Spalte 2, entsprechen. Die Werte gelten unter der Voraussetzung, daß gleiche Stab- bzw. Drahtdurchmesser verwendet werden.

(2) Bei Verwendung von Stäben bzw. Drähten unterschiedlicher Querschnitte ist stets der Nachweis nach den Absätzen (3) und (4) zu führen.

Tabelle 3. **Anzahl der Spannglieder**

	1	2	3
	Art der Spannglieder	Mindestanzahl nach Absatz (1)	Anzahl der rechnerisch ausfallenden Stäbe bzw. Drähte[1)]
1	Einzelstäbe bzw. -drähte	3	1
2	Stäbe bzw. Drähte bei Bündelspanngliedern	7	3
3	7drähtige Litzen Einzeldrahtdurchmesser $d_V \geq 4$ mm[2)]	1	-

[1)] Bei Verwendung von Stäben bzw. Drähten unterschiedlicher Querschnitte sind die jeweils dicksten Stäbe bzw. Drähte in Ansatz zu bringen.
[2)] Werden in Ausnahmefällen Litzen mit geringerem Drahtdurchmesser verwendet, so beträgt die Mindestanzahl 2.

(3) Eine Unterschreitung der Werte nach Tabelle 3, von Spalte 2, Zeilen 1 und 2, ist zulässig, wenn der Nachweis geführt wird, daß bei Ausfall von Stäben bzw. Drähten entsprechend den Werten von Spalte 3 die Beanspruchung aus 1,0fachen Einwirkungen aus Last und Zwang aufgenommen werden können. Dieser Nachweis ist auf der Grundlage der für rechnerischen Bruchzustand getroffenen Festlegungen (siehe Abschnitte 11, 12.3, 12.4) zu führen, wobei anstelle von $\gamma = 1{,}75$ jeweils $\gamma = 1{,}0$ gesetzt werden darf.

(4) Tragreserven, z. B. aus Querabtragung der Lasten, sowie mögliche Umlagerungen der Schnittgrößen aus Änderungen des statischen Systems dürfen berücksichtigt werden. Werden bei diesem Nachweis auch Stahlbetonbauteile nach DIN 1045 in Rechnung gestellt, so darf anstelle der in DIN 1045/07.88, Abschnitt 17.2.2, genannten Sicherheitsbeiwerte einheitlich $\gamma = 1{,}0$ gesetzt werden. Bei der Bemessung für Querkraft und Torsion dürfen dabei die Grundwerte der Schubspannung nach DIN 1045/07.88, Abschnitt 17.5, auf das 1,75fache vergrößert werden.

6.3 Schweißen

(1) Für das Schweißen von Betonstahl gilt DIN 1045/07.88, Abschnitte 6.6 und 7.5.2 sowie DIN 4099. Das Schweißen an Spannstählen ist unzulässig; dagegen ist Brennschneiden hinter der Verankerung zulässig.

(2) Spannstahl und Verankerungen sind vor herunterfallendem Schweißgut zu schützen (z. B. durch widerstandsfähige Ummantelungen).

6.4 Einbau der Hüllrohre

(1) Hüllrohre dürfen keine Knicke, Eindrückungen oder andere Beschädigungen haben, die den Spann- oder Einpreßvorgang behindern. Hierfür kann es erforderlich werden, z. B. in Hochpunkten Verstärkungen nach DIN 18 553 anzuordnen.

(2) Hüllrohre müssen so gelagert, transportiert und verarbeitet werden, daß kein Wasser oder andere für den Spannstahl schädliche Stoffe in das Innere eindringen können. Hüllrohrstöße und -anschlüsse sind durch besondere Maßnahmen, z. B. durch Umwicklung mit geeigneten Dichtungsbändern, abzudichten. Die Hüllrohre sind so zu befestigen, daß sie sich während des Betonierens nicht verschieben.

6.5 Herstellung, Lagerung und Einbau der Spannglieder

6.5.1 Allgemeines

(1) Der Spannstahl muß bei der Spanngliedherstellung sauber und frei von schädigendem Rost sein und darf hierbei nicht naß werden.

(2) Spannstähle mit leichtem Flugrost dürfen verwendet werden. Der Begriff „leichter Flugrost" gilt für einen gleichmäßigen Rostansatz, der noch nicht zur Bildung von mit bloßem Auge erkennbaren Korrosionsnarben geführt hat und sich im allgemeinen durch Abwischen mit einem trockenen Lappen entfernen läßt. Eine Entrostung braucht jedoch auf diese Weise nicht vorgenommen zu werden.

(3) Beim Ablängen und Einbau der Spannstähle sind Knicke und Verletzungen zu vermeiden. Fertige Spannglieder sind bis zum Einbau in das Bauwerk bodenfrei und trocken zu lagern und vor Berührung mit schädigenden Stoffen zu schützen. Spannstahl ist auch in der Zeitspanne zwischen dem Verlegen und der Herstellung des Verbundes vor Korrosion und Verschmutzung zu schützen.

(4) Die Spannstähle für ein Spannglied sollen im Regelfall aus einer Lieferposition (Schmelze) entnommen werden. Die Zuordnung von Spanngliedern zur Lieferposition ist in den Aufzeichnungen nach Abschnitt 4 zu vermerken.

(5) Ankerplatten und Ankerkörper müssen rechtwinklig zur Spanngliedachse liegen.

6.5.2 Korrosionsschutz bis zum Einpressen

(1) Die Zeitspanne zwischen Herstellen des Spanngliedes und Einpressen des Zementmörtels ist eng zu begrenzen. Im Regelfall ist nach dem

Vorspannen unverzüglich Zementmörtel in die Spannkanäle einzupressen. Zulässige Zeitspannen sind unter Berücksichtigung der örtlichen Gegebenheiten zu beurteilen.

(2) Wenn das Eindringen und Ansammeln von Feuchte (auch Kondenswasser) vermieden wird, dürfen ohne besonderen Nachweis folgende Zeitspannen als unschädlich für den Spannstahl angesehen werden:

bis zu 12 Wochen zwischen dem Herstellen des Spanngliedes und dem Einpressen,

davon bis zu 4 Wochen frei in der Schalung

und bis zu etwa 2 Wochen in gespanntem Zustand.

(3) Werden diese Bedingungen nicht eingehalten, so sind besondere Maßnahmen zum vorübergehenden Korrosionsschutz der Spannstähle vorzusehen; andernfalls ist der Nachweis zu führen, daß schädigende Korrosion nicht auftritt.

(4) Als besondere Schutzmaßnahme ist z. B. ein zeitweises Spülen der Spannkanäle mit vorgetrockneter und erforderlichenfalls gereinigter Luft geeignet.

(5) Die ausreichende Schutzwirkung und die Unschädlichkeit der Maßnahmen für den Spannstahl, für den Einpreßmörtel und für den Verbund zwischen Spanngliedern und Einpreßmörtel sind nachzuweisen.

6.5.3 Fertigspannglieder

(1) Die Fertigung muß in geschlossenen Hallen erfolgen.

(2) Die für den Spannstahl nach Zulassungsbescheid geltenden Bedingungen für Lagerung und Transport sind auch für die fertigen Spannglieder zu beachten; diese dürfen das Werk nur in abgedichteten Hüllrohren verlassen.

(3) Bei Auslieferung der Spannglieder sind folgende Unterlagen beizufügen:

- Lieferschein mit Angabe von Bauvorhaben, Spanngliedtyp, Positionsnummer der Spannglieder, Fertigungs- und Auslieferungsdatum und der Bestätigung, daß die Spannglieder güteüberwacht sind. Der Lieferschein muß auch die Angaben der Anhängeschilder der jeweils verwendeten Spannstähle enthalten;
- bei Verwendung von Restmengen oder Verschnitt Angaben über die Herkunft;
- Lieferzeugnisse für den Spannstahl und Lieferscheine für die Zubehörteile mit Angabe der hierfür fremdüberwachenden Stelle.

(4) Die Spannglieder sind durch den Bauleiter des Unternehmens oder dessen fachkundigen Vertreter bei Anlieferung auf Transportschäden (sichtbare Schäden an Hüllrohren und Ankern) zu überprüfen.

6.6 Herstellen des nachträglichen Verbundes

(1) Das Einpressen von Zementmörtel in die Spannkanäle erfordert besondere Sorgfalt.

(2) Es gilt DIN 4227 Teil 5. Es muß sichergestellt sein, daß die Spannstähle mit Zementmörtel umhüllt sind.

(3) Das Einpressen in jeden einzelnen Spannkanal ist im Protokoll unter Angabe etwaiger Unregelmäßigkeiten zu vermerken. Die Protokolle sind zu den Bauakten zu nehmen.

6.7 Mindestbewehrung

6.7.1 Allgemeines

(1) Sofern sich nach der Bemessung oder aus konstruktiven Gründen keine größere Bewehrung ergibt, ist eine Mindestbewehrung nach den nachstehenden Grundsätzen anzuordnen. Dabei sollen die Stababstände 20 cm nicht überschreiten. Bei Vorspannung mit sofortigem Verbund dürfen die Spanndrähte als Betonstabstahl IV S auf die Mindestbewehrung angerechnet werden. In jedem Querschnitt ist nur der Höchstwert von Oberflächen- oder Längs- oder Schubbewehrung maßgebend. Eine Addition der verschiedenen Arten von Mindestbewehrung ist nicht erforderlich.

(2) Bei Brücken und vergleichbaren Bauwerken (das sind Bauwerke im Freien unter nicht vorwiegend ruhender Belastung) dürfen die Bewehrungsstäbe bei Verwendung von Betonstabstahl III S und Betonstabstahl IV S den Stabdurchmesser 10 mm und bei Betonstahlmatten IV M den Stabdurchmesser 8 mm bei 150 mm Maschenweite nicht unterschreiten.

(3) Bei Brücken und vergleichbaren Bauwerken ist eine erhöhte Mindestbewehrung in gezogenen bzw. weniger gedrückten Querschnittsteilen (siehe Tabelle 4, Zeilen 1b und 2b, Werte in Klammern) anzuordnen, wenn im Endzustand unter Haupt- und Zusatzlasten die nach Zustand I ermittelte Betondruckspannung am Rand dem Betrag nach kleiner als 2 N/mm^2 ist. Dabei dürfen Spannglieder unter Berücksichtigung der unterschiedlichen Verbundeigenschaften angerechnet werden[4]. In Gurtplatten sind Stabdurchmesser $\leq$ 16 mm zu verwenden, sofern kein genauer Nachweis erfolgt[4].

[4] Nachweise siehe DAfStb-Heft 320

I

Tabelle 4. **Mindestbewehrung und erhöhte Mindestbewehrung (Werte in Klammern)**

	1	2	3	4	5
		Platten/Gurtplatten oder breite Balken ($b_0 > d_0$)		Balken mit $b_0 \leq d_0$ Stege von Plattenbalken	
		Für alle Bauteile außer solchen von Brücken und vergleichbaren Bauwerken	Bei Brücken und vergleichbaren Bauwerken	Für alle Bauteile außer solchen von Brücken und vergleichbaren Bauwerken	Bei Brücken und vergleichbaren Bauwerken
1a	Bewehrung je m an der Ober- und Unterseite (jede der 4 Lagen), siehe auch Abschnitt 6.7.2	0,5 μd	1,0 μd	–	–
1b	Längsbewehrung je m in Gurtplatten (obere und untere Lage je für sich)	0,5 μd	1,0 μd (5,0 μd)	–	–
2a	Längsbewehrung je m bei Balken an jeder Seitenfläche, bei Platten an jedem gestützten oder nicht gestützten Rand	0,5 μd	1,0 μd	0,5 μb_0	1,0 μb_0
2b	Längsbewehrung bei Balken jeweils oben und unten	–	–	0,5 μb_0 b_0	1,0 $\mu \cdot b_0 d_0$ (2,5 $\mu \cdot b_0 d_0$)
3	Lotrechte Bewehrung je m an jedem gestützten oder nicht gestützten Rand (siehe auch DIN 1045/07.88, Abschnitt 18.9.1)	1,0 μd	1,0 μd	–	–
4	Schubbewehrung für Scheibenschub (Summe der Lagen)	a) 1,0 μd (in Querrichtung vorgespannt) b) 2,0 μd (in Querrichtung nicht vorgespannt)	2,0 μd	–	–
5	Schubbewehrung von Balkenstegen (Summe der Bügel)	2,0 μb_0 (nur bei breiten Balken, wenn σ_1 größer ist als die Werte der Tabelle 9, Zeile 51)		2,0 μb_0	2,0 μb_0

Die Werte für μ sind der Tabelle 5 zu entnehmen.
b_0 Stegbreite in Höhe der Schwerlinie des gesamten Querschnitts, bei Hohlplatten mit annähernd kreisförmiger Aussparung die kleinste Stegbreite
d_0 Balkendicke
d Plattendicke

6.7.2 Oberflächenbewehrung von Spannbetonplatten

(1) An der Ober- und Unterseite sind Bewehrungsnetze anzuordnen, die aus zwei sich annähernd rechtwinklig kreuzenden Bewehrungslagen mit einem Querschnitt nach Tabelle 4, Zeilen 1a und 1b, bestehen. Die einzelnen Bewehrungen können in mehrere oberflächennahe Lagen aufgeteilt werden.

(2) Abweichend davon ist bei statisch bestimmt gelagerten Platten des üblichen Hochbaues (nach DIN 1045/07.88, Abschnitt 2.2.4) eine obere Mindestbewehrung nicht erforderlich. Bei Platten mit Vollquerschnitt und einer Breite $b \leq 1{,}20$ m darf außerdem die untere Mindestquerbewehrung entfallen. Bei rechnerisch nicht berücksichtigter Einspannung ist jedoch die Mindestbewehrung in Einspannrichtung über ein Viertel der Plattenstützweite einzulegen.

Tabelle 5. **Grundwerte μ der Mindestbewehrung in %**

	1	2	3
	Vorgesehene Betonfestigkeitsklasse	III S	IV S IV M
1	B 25	0,07	0,06
2	B 35	0,09	0,08
3	B 45	0,10	0,09
4	B 55	0,11	0,10

(3) Bei Hohlplatten mit annähernd kreisförmigen Aussparungen darf die Längsbewehrung auf den reinen Betonquerschnitt bezogen werden. Die Querbewehrung ist in gleicher Größe wie die Längsbewehrung zu wählen. Die Stege müssen hierbei eine Schubbewehrung nach Abschnitt 6.7.5 erhalten. Hohlplatten mit annähernd rechteckigen Aussparungen sind wie Kastenträger zu behandeln.

(4) Bei Platten mit veränderlicher Dicke darf die Mindestbewehrung auf die gemittelte Plattendicke d_m bezogen werden.

6.7.3 Schubbewehrung von Gurtscheiben

(1) Wirkt die Platte gleichzeitig als Gurtscheibe, muß die Mindestbewehrung zur Aufnahme des Scheibenschubs auf die örtliche Plattendicke bezogen werden.

(2) Für die Schubbewehrung von Gurtscheiben gilt Tabelle 4, Zeile 4.

6.7.4 Längsbewehrung von Balkenstegen

Für die Längsbewehrung von Balkenstegen gilt Tabelle 4, Zeilen 2a und 2b. Mindestens die Hälfte der erhöhten Mindestbewehrung muß am unteren und/oder oberen Rand des Steges liegen, der Rest darf über das untere und/oder obere Drittel der Steghöhe verteilt sein.

6.7.5 Schubbewehrung von Balkenstegen

Für die Schubbewehrung von Balkenstegen gilt Tabelle 4, Zeile 5.

6.7.6 Längsbewehrung im Stützenbereich durchlaufender Tragwerke bei Brücken und vergleichbaren Bauwerken

(1) Im Stützenbereich durchlaufender Tragwerke bei Brücken und vergleichbaren Bauwerken - mit Ausnahme massiver Vollplatten - ist eine Längsbewehrung im unteren Drittel der Stegfläche und in der unteren Platte vorzusehen, wenn die Randdruckspannungen dem Betrag nach kleiner als 1 N/mm² sind. Diese Längsbewehrung ist aus der Querschnittsfläche des gesamten Steges und der unteren Platte zu ermitteln. Der Bewehrungsprozentsatz darf bei Randdruckspannungen zwischen 0 und 1 N/mm² linear zwischen 0,2 % und 0 % interpoliert werden.

(2) Die Hälfte dieser Bewehrung darf frühestens in einem Abstand $(d_0 + l_0)$, der Rest in einem Abstand $(2\, d_0 + l_0)$ von der Lagerachse enden (d_0 Balkendicke, l_0 Grundmaß der Verankerungslänge nach DIN 1045/07.88, Abschnitt 18.5.2.1).

6.8 Beschränkung von Temperatur und Schwindrissen

(1) Wenn die Gefahr besteht, daß die Hydratationswärme des Zements in dicken Bauteilen zu hohen Temperaturspannungen und dadurch zu Rissen führt, sind geeignete Gegenmaßnahmen zu ergreifen (z. B. niedrige Frischbetontemperatur durch gekühlte Ausgangsstoffe, Verwendung von Zementen mit niedriger Hydratationswärme, Aufbringen einer Teilvorspannung, Kühlen des erhärtenden Betons durch eingebaute Kühlrohre, Schutz des warmen Betons vor zu rascher Abkühlung).

(2) Auch beim abschnittsweisen Betonieren (z. B. Bodenplatte - Stege - Fahrbahnplatte bei einer Brücke) können Maßnahmen gegen Risse infolge von Temperaturunterschieden oder Schwinden erforderlich werden.

7 Berechnungsgrundlagen

7.1 Erforderliche Nachweise

Es sind folgende Nachweise zu erbringen:

a) Im Gebrauchszustand (siehe Abschnitt 9) der Nachweis, daß die hierfür zugelassenen Spannungen nach Abschnitt 15, Tabelle 9, nicht überschritten werden. Dieser Nachweis ist unter der Annahme eines linearen Zusammenhanges zwischen Spannung und Dehnung zu führen.
b) Der Nachweis zur Beschränkung der Rißbreite nach Abschnitt 10.
c) Der Nachweis der Sicherheit gegen Versagen nach Abschnitt 11 (rechnerischer Bruchzustand).
d) Der Nachweis der schiefen Hauptspannungen und der Schubdeckung nach Abschnitt 12.
e) Der Nachweis der Beanspruchung des Verbundes nach Abschnitt 13.
f) Der Nachweis der Zugkraftdeckung sowie der Verankerung und Kopplung der Spannglieder nach den Abschnitten 14 und 15.9.

7.2 Formänderung des Betonstahles und des Spannstahles

Für alle Nachweise im Gebrauchszustand darf mit elastischem Verhalten des Beton- und Spannstahles gerechnet werden. Für den Betonstahl gilt DIN 1045/07.88, Abschnitt 16.2.1. Für Spannstähle darf als Rechenwert des Elastizitätsmoduls bei Drähten und Stäben $2{,}05 \cdot 10^5$ N/mm², bei Litzen $1{,}95 \cdot 10^5$ N/mm² angenommen werden. Bei der Ermittlung der Spannwege ist der Elastizitätsmodul des Spannstahles stets der Zulassung zu entnehmen.

7.3 Formänderung des Betons

(1) Bei allen Nachweisen im Gebrauchszustand und für die Berechnung der Schnittgrößen oberhalb des Gebrauchszustandes darf mit einem für Druck und Zug gleich großen Elastizitätsmodul E_b bzw. Schubmodul G_b nach Tabelle 6 gerechnet werden. Diese Richtwerte beziehen sich auf Beton mit Zuschlag aus überwiegend quarzitischem Kiessand (z. B. Rheinkiessand). Unter sonst gleichen Bedingungen können stark wassersaugende Sedimentgesteine (häufig bei Sandsteinen) einen bis zu 40 % niedrigeren, dichte magmatische Gesteine (z. B. Basalt) einen bis zu 40 % höheren Elastizitätsmodul und Schubmodul bewirken.

(2) Soll der Einfluß der Querdehnung berücksichtigt werden, darf dieser mit $\mu = 0{,}2$ angesetzt werden.

(3) Zur Berechnung der Formänderung des Betons oberhalb des Gebrauchszustandes siehe DIN 1045/07.88, Abschnitt 16.3.

Tabelle 6. **Elastizitätsmodul und Schubmodul des Betons** (Richtwerte)

	1	2	3
	Betonfestigkeitsklasse	Elastizitätsmodul E_b N/mm^2	Schubmodul G_b N/mm^2
1	B 25	30 000	13 000
2	B 35	34 000	14 000
3	B 45	37 000	15 000
4	B 55	39 000	16 000

7.4 Mitwirkung des Betons in der Zugzone

Bei Berechnungen im Gebrauchszustand darf die Mitwirkung des Betons auf Zug berücksichtigt werden. Für die Rissebeschränkung siehe jedoch Abschnitt 10.2.

7.5 Nachträglich ergänzte Querschnitte

Bei Querschnitten, die nachträglich durch Anbetonieren ergänzt werden, sind die Nachweise nach Abschnitt 7.1 sowohl für den ursprünglichen als auch für den ergänzten Querschnitt zu führen. Beim Nachweis für den rechnerischen Bruchzustand des ergänzten Querschnitts darf so vorgegangen werden, als ob der Gesamtquerschnitt von Anfang an einheitlich hergestellt worden wäre. Für die erforderliche Anschlußbewehrung siehe Abschnitt 12.7.

7.6 Stützmomente

Die Momentenfläche muß über den Unterstützungen parabelförmig ausgerundet werden, wenn bei der Berechnung eine frei drehbare Lagerung angenommen wurde (siehe DIN 1045/07.88, Abschnitt 15.4.1.2).

8 Zeitabhängiges Verformungsverhalten von Stahl und Beton

8.1 Begriffe und Anwendungsbereich

(1) Mit Kriechen wird die zeitabhängige Zunahme der Verformungen unter andauernden Spannungen und mit Relaxation die zeitabhängige Abnahme der Spannungen unter einer aufgezwungenen Verformung von konstanter Größe bezeichnet.

(2) Unter Schwinden wird die Verkürzung des unbelasteten Betons während der Austrocknung verstanden. Dabei wird angenommen, daß der Schwindvorgang durch die im Beton wirkenden Spannungen nicht beeinflußt wird.

(3) Die folgenden Festlegungen gelten nur für übliche Beanspruchungen und Verhältnisse. Bei außergewöhnlichen Verhältnissen (z. B. hohe Temperaturen, auch kurzzeitig wie bei Wärmebehandlung) sind zusätzliche Einflüsse zu berücksichtigen.

8.2 Spannstahl

Zeitabhängige Spannungsverluste des Spannstahles (Relaxation) müssen entsprechend den Zulassungsbescheiden des Spannstahles berücksichtigt werden.

8.3 Kriechzahl des Betons

(1) Das Kriechen des Betons hängt vor allem von der Feuchte der umgebenden Luft, den Maßen des Bauteiles und der Zusammensetzung des Betons ab. Das Kriechen wird außerdem vom Erhärtungsgrad des Betons beim Belastungsbeginn und von der Dauer und der Größe der Beanspruchung beeinflußt.

(2) Mit der Kriechzahl φ_t wird der durch das Kriechen ausgelöste Verformungszuwachs ermittelt. Für konstante Spannung σ_0 gilt:

$$\varepsilon_k = \frac{\sigma_0}{E_b}\,\varphi_t \qquad (3)$$

Bei veränderlicher Spannung gilt Abschnitt 8.7.2. Für E_b gilt Abschnitt 7.3.

(3) Da im allgemeinen die Auswirkungen des Kriechens nur für den Zeitpunkt $t = \infty$ zu berücksichtigen sind, kann vereinfachend mit den Endkriechzahlen φ_∞ nach Tabelle 7 gerechnet werden.

(4) Ist ein genauerer Nachweis erforderlich oder sind die Auswirkungen des Kriechens zu einem anderen als zum Zeitpunkt $t = \infty$ zu beurteilen, so kann φ_t aus einem Fließanteil und einem Anteil der verzögert elastischen Verformung ermittelt werden:

$$\varphi_t = \varphi_{f_0} \cdot (k_{f,t} - k_{f,t_0}) + 0{,}4\, k_{v,(t - t_0)} \tag{4}$$

Hierin bedeuten:

φ_{f_0} Grundfließzahl nach Tabelle 8, Spalte 3.

k_f Beiwert nach Bild 1 für den zeitlichen Ablauf des Fließens unter Berücksichtigung der wirksamen Körperdicke d_{ef} nach Abschnitt 8.5, der Zementart und des wirksamen Alters.

t Wirksames Betonalter zum untersuchten Zeitpunkt nach Abschnitt 8.6.

t_0 Wirksames Betonalter beim Aufbringen der Spannung nach Abschnitt 8.6.

k_v Beiwert nach Bild 2 zur Berücksichtigung des zeitlichen Ablaufes der verzögert elastischen Verformung.

(5) Wenn sich der zu untersuchende Kriechprozeß über mehr als 3 Monate erstreckt, darf vereinfachend $k_{v,(t - t_0)} = 1$ gesetzt werden.

8.4 Schwindmaß des Betons

(1) Das Schwinden des Betons hängt vor allem von der Feuchte der umgebenden Luft, den Maßen des Bauteiles und der Zusammensetzung des Betons ab.

(2) Ist die Auswirkung des Schwindens vom Wirkungsbeginn bis zum Zeitpunkt $t = \infty$ zu berücksichtigen, so kann mit den Endschwindmaßen $\varepsilon_{s\infty}$ nach Tabelle 7 gerechnet werden.

(3) Sind die Auswirkungen des Schwindens zu einem anderen als zum Zeitpunkt $t = \infty$ zu beurteilen, so kann der maßgebende Teil des Schwindmaßes bis zum Zeitpunkt t nach Gleichung (5) ermittelt werden:

$$\varepsilon_{s,t} = \varepsilon_{s0} \cdot (k_{s,t} - k_{s,t_0}) \tag{5}$$

Tabelle 7. **Endkriechzahl und Endschwindmaß in Abhängigkeit vom wirksamen Betonalter und der mittleren Dicke des Bauteiles** (Richtwerte)

Kurve	Lage des Bauteiles	Mittlere Dicke $d_m = 2\,\frac{A^{1)}}{u}$	Endkriechzahl φ_∞	Endschwindmaße ε_∞
1	feucht, im Freien (relative Luftfeuchte ≈ 70 %)	klein (≤ 10 cm)	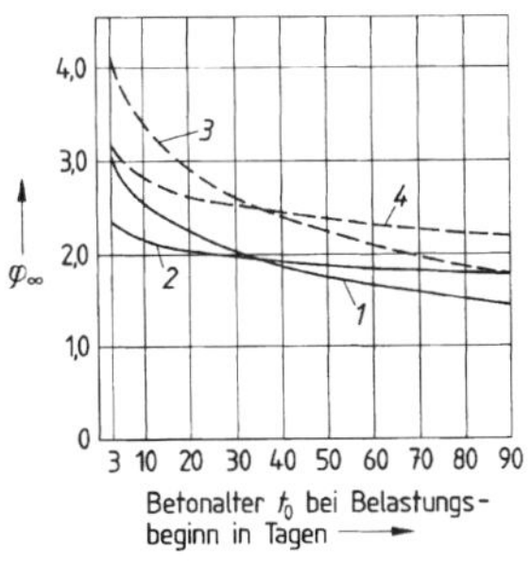 φ_∞: 0; 1,0; 2,0; 3,0; 4,0 — Kurven 1, 2, 3, 4 — 3 10 20 30 40 50 60 70 80 90 — Betonalter t_0 bei Belastungsbeginn in Tagen	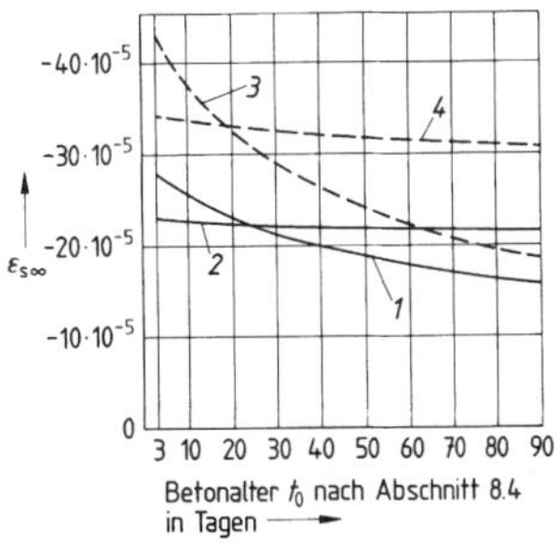 $\varepsilon_{s\infty}$: 0; $-10 \cdot 10^{-5}$; $-20 \cdot 10^{-5}$; $-30 \cdot 10^{-5}$; $-40 \cdot 10^{-5}$ — Kurven 1, 2, 3, 4 — 3 10 20 30 40 50 60 70 80 90 — Betonalter t_0 nach Abschnitt 8.4 in Tagen
2		groß (≥ 80 cm)		
3	trocken, in Innenräumen (relative Luftfeuchte ≈ 50 %)	klein (≤ 10 cm)		
4		groß (≥ 80 cm)		

Anwendungsbedingungen:

Die Werte dieser Tabelle gelten für den Konsistenzbereich KP. Für die Konsistenzbereiche KS bzw. KR sind die Werte um 25 % zu ermäßigen bzw. zu erhöhen. Bei Verwendung von Fließmitteln darf die Ausgangskonsistenz angesetzt werden.

Die Tabelle gilt für Beton, der unter Normaltemperatur erhärtet und für den Zement der Festigkeitsklassen Z 35 F und Z 45 F verwendet wird. Der Einfluß auf das Kriechen von Zement mit langsamer Erhärtung (Z 25, Z 35 L, Z 45 L) bzw. mit sehr schneller Erhärtung (Z 55) kann dadurch berücksichtigt werden, daß die Richtwerte für den halben bzw. 1,5fachen Wert des Betonalters bei Belastungsbeginn abzulesen sind.

[1] A Fläche des Betonquerschnitts; u der Atmosphäre ausgesetzter Umfang des Bauteiles.

I

Hierin bedeuten:

ε_{s0} Grundschwindmaß nach Tabelle 8, Spalte 4.

k_s Beiwert zur Berücksichtigung der zeitlichen Entwicklung des Schwindens nach Bild 3.

t Wirksames Betonalter zum untersuchten Zeitpunkt nach Abschnitt 8.6.

t_0 Wirksames Betonalter nach Abschnitt 8.6 zu dem Zeitpunkt, von dem ab der Einfluß des Schwindens berücksichtigt werden soll.

Tabelle 8. **Grundfließzahl und Grundschwindmaß in Abhängigkeit von der Lage des Bauteiles** (Richtwerte)

	1	2	3	4	5
	Lage des Bauteiles	Mittlere relative Luftfeuchte in % etwa	Grundfließzahl φ_{f_0}	Grundschwindmaß ε_{s0}	Beiwert k_{ef} nach Abschnitt 8.5
1	im Wasser		0,8	$+10 \cdot 10^{-5}$	30
2	in sehr feuchter Luft, z. B. unmittelbar über dem Wasser	90	1,3	$-13 \cdot 10^{-5}$	5,0
3	allgemein im Freien	70	2,0	$-32 \cdot 10^{-5}$	1,5
4	in trockener Luft, z. B. in trockenen Innenräumen	50	2,7	$-46 \cdot 10^{-5}$	1,0
Anwendungsbedingungen siehe Tabelle 7					

8.5 Wirksame Körperdicke

Für die wirksame Körperdicke gilt die Gleichung

$$d_{ef} = k_{ef} \frac{2 \cdot A}{u} \qquad (6)$$

Hierin bedeuten:

k_{ef} Beiwert nach Tabelle 8, Spalte 5, zur Berücksichtigung des Einflusses der Feuchte auf die wirksame Dicke

A Fläche des gesamten Betonquerschnitts

u Die Abwicklung der der Austrocknung ausgesetzten Begrenzungsfläche des gesamten Betonquerschnitts. Bei Kastenträgern ist im allgemeinen die Hälfte des inneren Umfanges zu berücksichtigen.

8.6 Wirksames Betonalter

(1) Wenn der Beton unter Normaltemperatur erhärtet, ist das wirksame Betonalter gleich dem wahren Betonalter. In den übrigen Fällen tritt an die Stelle des wahren Betonalters das durch Gleichung (7) bestimmte wirksame Betonalter.

$$t = \sum_i \frac{T_i + 10\,^\circ C}{30\,^\circ C} \Delta t_i \qquad (7)$$

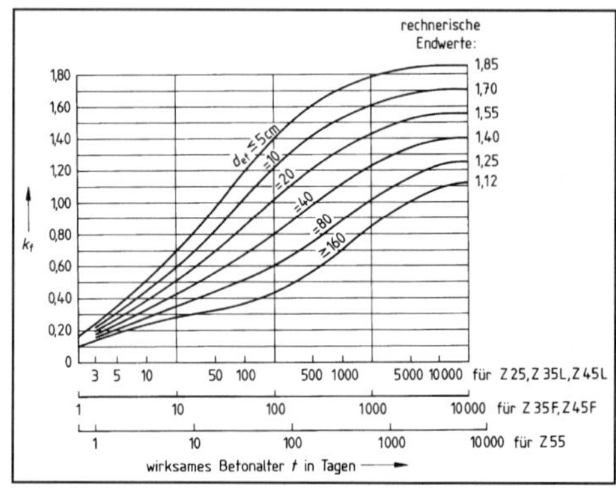

Bild 1. Beiwert k_f

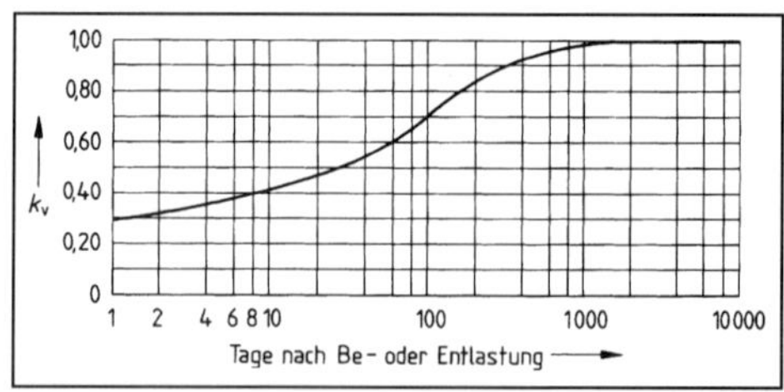

Bild 2. Verlauf der verzögert elastischen Verformung

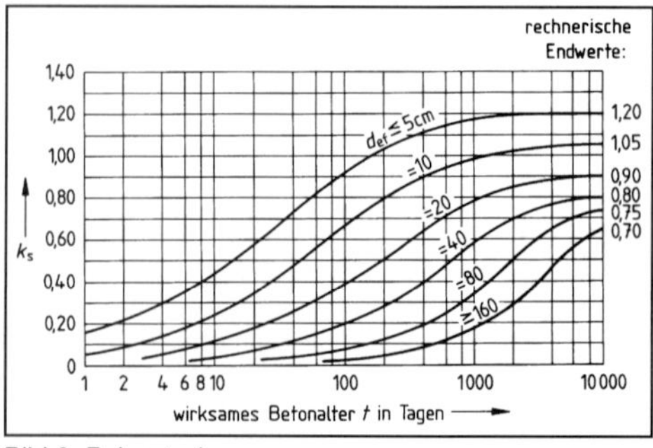

Bild 3. Beiwerte k_s

Hierin bedeuten:

t Wirksames Betonalter

T_i Mittlere Tagestemperatur des Betons in °C

Δt_i Anzahl der Tage mit mittlerer Tagestemperatur T_i des Betons in °C

(2) Bei der Bestimmung von t_0 ist sinngemäß zu verfahren.

8.7 Berücksichtigung der Auswirkung von Kriechen und Schwinden des Betons

8.7.1 Allgemeines

(1) Der Einfluß von Kriechen und Schwinden muß berücksichtigt werden, wenn hierdurch die maßgebenden Schnittgrößen oder Spannungen wesentlich in die ungünstigere Richtung verändert werden.

(2) Bei der Abschätzung der zu erwartenden Verformung sind die Auswirkungen des Kriechens und Schwindens stets zu verfolgen.

(3) Der rechnerische Nachweis ist für alle dauernd wirkenden Beanspruchungen durchzuführen. Wirkt ein nennenswerter Anteil der Verkehrslast dauernd, so ist auch der durchschnittlich vorhandene Betrag der Verkehrslast als Dauerlast zu betrachten.

(4) Bei der Berechnung der Auswirkungen des Schwindens darf sein Verlauf näherungsweise affin zum Kriechen angenommen werden.

8.7.2 Berücksichtigung von Belastungsänderungen

Bei sprunghaften Änderungen der dauernd einwirkenden Spannungen gilt das Superpositionsgesetz. Ändern sich die Spannungen allmählich, z. B. unter Einfluß von Kriechen und Schwinden, so darf an Stelle von genaueren Lösungen näherungsweise als kriecherzeugende Spannung das Mittel zwischen Anfangs- und Endwert angesetzt werden, sofern die Endspannung nicht mehr als 30 % von der Anfangsspannung abweicht.

8.7.3 Besonderheiten bei Fertigteilen

(1) Bei Spannbetonfertigteilen ist der durch das zeitabhängige Verformungsverhalten des Betons hervorgerufene Spannungsabfall im Spannstahl in der Regel unter der ungünstigen Annahme zu ermitteln, daß eine Lagerungszeit von einem halben Jahr auftritt. Davon darf abgewichen werden, wenn sichergestellt ist, daß die Fertigteile in einem früheren Betonalter eingebaut und mit der maßgebenden Dauerlast belastet werden.

(2) Bei nachträglich durch Ortbeton ergänzten Deckenträgern unter 7 m Spannweite mit einer Verkehrslast $p \leq 3{,}5$ kN/m^2 brauchen die durch unterschiedliches Kriechen und Schwinden von Fertigteil und Ortbeton hervorgerufenen Spannungsumlagerungen nicht berücksichtigt zu werden.

(3) Ändern sich die klimatischen Bedingungen zu einem Zeitpunkt t_i nach Aufbringen der Beanspruchung erheblich, so muß dies beim Kriechen und Schwinden durch die sich abschnittsweise ändernden Grundfließzahlen φ_{f_0} und zugehörigen Schwindmaße ε_{s_0} erfaßt werden.

9 Gebrauchszustand, ungünstigste Laststellung, Sonderlastfälle bei Fertigteilen, Spaltzugbewehrung

9.1 Allgemeines

Zum Gebrauchszustand gehören alle Lastfälle, denen das Bauwerk während seiner Errichtung und seiner Nutzung unterworfen ist. Ausgenommen sind Beförderungszustände für Fertigteile nach Abschnitt 9.4.

9.2 Zusammenstellung der Beanspruchungen

9.2.1 Vorspannung

In diesem Lastfall werden die Kräfte und Spannungen zusammengefaßt, die allein von der ursprünglich eingetragenen Vorspannung hervorgerufen werden.

9.2.2 Ständige Last

Wird die ständige Last stufenweise aufgebracht, so ist jede Laststufe als besonderer Lastfall zu behandeln.

9.2.3 Verkehrslast, Wind und Schnee

Auch diese Lastfälle sind unter Umständen getrennt zu untersuchen, vor allem dann, wenn die Lasten zum Teil vor, zum Teil erst nach dem Kriechen und Schwinden auftreten.

9.2.4 Kriechen und Schwinden

In diesem Lastfall werden alle durch Kriechen und Schwinden entstehenden Umlagerungen der Kräfte und Spannungen zusammengefaßt.

I

9.2.5 Wärmewirkungen

(1) Soweit erforderlich, sind die durch Wärmewirkungen[5] hervorgerufenen Spannungen nachzuweisen. Bei Hochbauten ist DIN 1045/07.88, Abschnitt 16.5, zu beachten.

(2) Beim Spannungsnachweis im Bauzustand brauchen bei durchlaufenden Balken und Platten Temperaturunterschiede nicht berücksichtigt zu werden, siehe jedoch Abschnitt 15.1. (3).

(3) Bei Brücken nach DIN 1072 und vergleichbaren Bauwerken mit Wärmewirkung darf beim Spannungsnachweis im Endzustand auf den Nachweis des vollen Temperaturunterschiedes bei 0,7facher Verkehrslast verzichtet werden.

9.2.6 Zwang aus Baugrundbewegungen

Bei Brücken und vergleichbaren Bauwerken ist Zwang aus wahrscheinlichen Baugrundbewegungen nach DIN 1072 zu berücksichtigen.

9.2.7 Zwang aus Anheben zum Auswechseln von Lagern

Der Lastfall Anheben zum Auswechseln von Lagern bei Brücken und vergleichbaren Bauwerken ist zu berücksichtigen. Die beim Anheben entstehende Zwangbeanspruchung darf bei der Spannungsermittlung unberücksichtigt bleiben.

9.3 Lastzusammenstellungen

Bei Ermittlung der ungünstigsten Beanspruchungen müssen in der Regel nachfolgende Lastfälle untersucht werden:

- Zustand unmittelbar nach dem Aufbringen der Vorspannung,
- Zustand mit ungünstigster Verkehrslast und teilweisem Kriechen und Schwinden,
- Zustand mit ungünstigster Verkehrslast nach Beendigung des Kriechens und Schwindens.

9.4 Sonderlastfälle bei Fertigteilen

(1) Zusätzlich zu DIN 1045/07.88, Abschnitte 19.2, 19.5.1 und 19.5.2, gilt folgendes:

(2) Für den Beförderungszustand, d. h. für alle Beanspruchungen, die bei Fertigteilen bis zum Versetzen in die für den Verwendungszweck vorgesehene Lage auftreten können, kann auf die Nachweise der Biegedruckspannungen in der Druckzone und der schiefen Hauptspannungen im Gebrauchszustand verzichtet werden. Die Zugkraft in der Zugzone muß durch Bewehrung abgedeckt werden. Der Nachweis ist nach Abschnitt 10.2 zu führen; der Stabdurchmesser d_s darf jedoch die Werte nach Gleichung (8) überschreiten.

(3) Für den Beförderungszustand darf bei den Nachweisen im rechnerischen Bruchzustand nach den Abschnitten 11, 12.3 und 12.4, der Sicherheitsbeiwert $\gamma = 1,75$ auf $\gamma = 1,3$ abgemindert werden (siehe DIN 1045/07.88, Abschnitt 19.2).

(4) Bei dünnwandigen Trägern ohne Flansche bzw. mit schmalen Flanschen ist auf eine ausreichende Kippstabilität zu achten.

9.5 Spaltzugspannungen und Spaltzugbewehrung im Bereich von Spanngliedern

(1) Die zur Aufnahme der Spaltzugspannungen im Verankerungsbereich anzuordnende Bewehrung ist dem Zulassungsbescheid für das Spannverfahren zu entnehmen.

(2) Im Bereich von Spanngliedern, deren zulässige Spannkraft gemäß Tabelle 9, Zeile 65, mehr als 1500 kN beträgt, dürfen die Spaltzugspannungen außerhalb des Verankerungsbereiches den Wert

$$0,35 \cdot \sqrt[3]{\beta_{WN}^2} \quad \text{in N/mm}^2$$

nur überschreiten, wenn die Spaltzugkräfte durch Bewehrung aufgenommen werden, die für die Spannung $\beta_S/1,75$ bemessen ist[6]. Die Bewehrung ist in der Regel je zur Hälfte auf beiden Seiten jeder Spanngliedlage anzuordnen. Der Abstand der quer zu den Spanngliedern verlaufenden Stäbe soll 20 cm nicht überschreiten. Die Bewehrung ist an den Enden zu verankern.

10 Rissebeschränkung

10.1 Zulässigkeit von Zugspannungen

10.1.1 Volle Vorspannung

(1) Im Gebrauchszustand dürfen in der Regel keine Zugspannungen infolge von Längskraft und Biegemoment auftreten.

---

[5] Siehe DIN 1072

[6] Ansätze für die Ermittlung können den Mitteilungen des Instituts für Bautechnik, Berlin, Heft 4/1979, Seiten 98 und 99, entnommen werden.

(2) In folgenden Fällen sind jedoch solche Zugspannungen zulässig:

a) Im Bauzustand, also z. B. unmittelbar nach dem Aufbringen der Vorspannung vor dem Einwirken der vollen ständigen Last, siehe Tabelle 9, Zeilen 15 bis 17 bzw. Zeilen 33 bis 35.

b) Bei Brücken und vergleichbaren Bauwerken unter Haupt- und Zusatzlasten, siehe Tabelle 9, Zeilen 30 bis 32; bei anderen Bauwerken unter wenig wahrscheinlicher Häufung von Lastfällen siehe Tabelle 9, Zeilen 12 bis 14.

c) Bei wenig wahrscheinlichen Laststellungen, siehe Tabelle 9, Zeilen 12 bis 14 bzw. Zeilen 30 bis 32; als wenig wahrscheinliche Laststellungen gelten z. B. die gleichzeitige Wirkung mehrerer Kräne und Kranlasten in ungünstigster Stellung oder die Berücksichtigung mehrerer Einflußlinien-Beitragsflächen gleichen Vorzeichens, die durch solche entgegengesetzten Vorzeichens voneinander getrennt sind.

(3) Gleichgerichtete Zugspannungen aus verschiedenen Tragwirkungen (z. B. Wirkung einer Platte als Gurt eines Hauptträgers bei gleichzeitiger örtlicher Lastabtragung in der Platte) sind zu überlagern; dabei dürfen die Spannungen die Werte der Tabelle 9, Zeilen 12 bis 14 bzw. Zeilen 30 bis 32, nicht überschreiten. Für Lastfallkombinationen unter Einschluß der möglichen Baugrundbewegungen nach DIN 1072 sind Nachweise der Betonzugspannungen nicht erforderlich.

10.1.2 Beschränkte Vorspannung

(1) Im Gebrauchszustand sind die in Tabelle 9, Zeilen 18 bis 26 bzw. bei Brücken und vergleichbaren Bauwerken Zeilen 36 bis 44 angegebenen Zugspannungen infolge von Längskraft und Biegemoment zulässig.

(2) Bei Bauteilen im Freien oder bei Bauteilen mit erhöhtem Korrosionsangriff gemäß DIN 1045/07.88, Tabelle 10, Zeile 4, dürfen jedoch keine Zugspannungen aus Längskraft und Biegemoment auftreten infolge des Lastfalles Vorspannung plus ständige Last plus Verkehrslast, die während der Nutzung ständig oder längere Zeit im wesentlichen unverändert wirkt (bei Brücken die halbe Verkehrslast), plus Kriechen und Schwinden. In dem vorgenannten Lastfall sind an Stelle der Verkehrslast die wahrscheinlichen Baugrundbewegungen zu berücksichtigen, wenn sich dadurch ungünstigere Werte ergeben. Für Lastfallkombinationen unter Einschluß der möglichen Baugrundbewegungen nach DIN 1072 sind Nachweise der Betonzugspannungen nicht erforderlich.

(3) Gleichgerichtete Zugspannungen aus verschiedenen Tragwirkungen (z. B. Wirkung einer Platte als Gurt eines Hauptträgers bei gleichzeitiger örtlicher Lastabtragung in der Platte) sind zu überlagern; dabei sind die Werte nach Tabelle 9, Zeilen 21 bis 23 bzw. 39 bis 41, einzuhalten.

10.2 Nachweis zur Beschränkung der Rißbreite

(1) Zur Sicherung der Gebrauchsfähigkeit und Dauerhaftigkeit der Bauteile ist die Rißbreite durch geeignete Wahl von Bewehrungsgehalt, Stahlspannung und Stabdurchmesser in dem Maß zu beschränken, wie es der Verwendungszweck erfordert.

(2) Die Betonstahlbewehrung zur Beschränkung der Rißbreite muß aus geripptem Betonstahl bestehen. Bei Vorspannung mit sofortigem Verbund dürfen im Querschnitt vorhandene Spannglieder zur Beschränkung der Rißbreite herangezogen werden. Die Beschränkung der Rißbreite gilt als nachgewiesen, wenn folgende Bedingung eingehalten ist:

$$d_s \leq r \cdot \frac{\mu_z}{\sigma_s^2} \cdot 10^4 \tag{8}$$

Hierin bedeuten:

d_s größter vorhandener Stabdurchmesser der Längsbewehrung in mm (Betonstahl oder Spannstahl in sofortigem Verbund)

r Beiwert nach Tabelle 8.1[7)]

μ_z der auf die Zugzone A_{bz} bezogene Bewehrungsgehalt $100\,(A_s + A_v)/A_{bz}$ ohne Berücksichtigung der Spannglieder mit nachträglichem Verbund (Zugzone = Bereich von rechnerischen Zugdehnungen des Betons unter der in Absatz (5) angegebenen Schnittgrößenkombination, wobei mit einer Zugzonenhöhe von höchstens 0,80 m zu rechnen ist). Dabei ist vorausgesetzt, daß die Bewehrung A_s annähernd gleichmäßig über die Breite der Zugzone verteilt ist. Bei stark unterschiedlichen Bewehrungsgehalten μ_z innerhalb breiter Zugzonen muß Gleichung (8) auch örtlich erfüllt sein.

A_s Querschnitt der Betonstahlbewehrung der Zugzone A_{bz} in cm^2

---

7) Bei unterschiedlichen Verbundeigenschaften darf der Ermittlung der Bewehrung ein mittlerer Wert *r* zugrunde gelegt werden, siehe z. B. DAfStb-Heft 320.

I

A_v Querschnitt der Spannglieder in sofortigem Verbund in der Zugzone A_{bz} in cm^2

σ_s Zugspannung im Betonstahl bzw. Spannungszuwachs sämtlicher im Verbund liegender Spannstähle in N/mm^2 nach Zustand II unter Zugrundelegung linear-elastischen Verhaltens für die in Absatz (5) angegebene Schnittgrößenkombination, jedoch höchstens β_s (siehe auch Erläuterungen im DAfStb-Heft 320)

(3) Im Bereich eines Quadrates von 30 cm Seitenlänge, in dessen Schwerpunkt ein Spannglied mit nachträglichem Verbund liegt, darf die nach Absatz (2) nachgewiesene Betonstahlbewehrung um den Betrag

$$\Delta A_s = u_v \cdot \xi \cdot d_s/4 \quad (9)$$

abgemindert werden.

Tabelle 8.1. **Beiwerte *r* zur Berücksichtigung der Verbundeigenschaften**

Bauteile mit Umweltbedingungen nach DIN 1045/07.88, Tabelle 10 Zeile(n)	1	2	3 und 4[1)]
zu erwartende Rißbreite	normal	normal	sehr gering
gerippter Betonstahl und gerippte Spannstähle in sofortigem Verbund	200	150	100
profilierter Spannstahl und Litzen in sofortigem Verbund	150	110	75

[1)] Auch bei Bauteilen im Einflußbereich bis zu 10 m von
- Straßen, die mit Tausalzen behandelt werden oder
- Eisenbahnstrecken, die vorwiegend mit Dieselantrieb befahren werden.

Hierin bedeuten:

d_s nach Gleichung (8), jedoch in cm

u_v Umfang des Spanngliedes im Hüllrohr
Einzelstab: $u_v = \pi\, d_v$
Bündelspannglied, Litze: $u_v = 1{,}6 \cdot \pi \cdot \sqrt{A_v}$

d_v Spanngliedurchmesser des Einzelstabes in cm

A_v Querschnitt der Bündelspannglieder bzw. Litzen in cm^2

ξ Verhältnis der Verbundfestigkeit von Spanngliedern im Einpreßmörtel zur Verbundfestigkeit von Rippenstahl im Beton

- Spannglieder aus glatten Stäben $\xi = 0{,}2$
- Spannglieder aus profilierten Drähten oder aus Litzen $\xi = 0{,}4$
- Spannglieder aus gerippten Stählen $\xi = 0{,}6$

(4) Ist der betrachtete Querschnittsteil nahezu mittig auf Zug beansprucht (z. B. Gurtplatte eines Kastenträgers), so ist der Nachweis nach Gleichung (8) für beide Lagen der Betonstahlbewehrung getrennt zu führen. Anstelle von μ_z tritt dabei jeweils der auf den betrachteten Querschnittsteil bezogene Bewehrungsgehalt des betreffenden Bewehrungsstranges.

(5) Bei überwiegend auf Biegung beanspruchten stabförmigen Bauteilen und Platten ist für den Nachweis nach Gleichung (8) von folgender Beanspruchungskombination auszugehen:

- 1,0fache ständige Last,
- 1,0fache Verkehrslast (einschließlich Schnee und Wind),
- 0,9- bzw. 1,1fache Summe aus statisch bestimmter und statisch unbestimmter Wirkung der Vorspannung unter Berücksichtigung von Kriechen und Schwinden; der ungünstigere Wert ist maßgebend,
- 1,0fache Zwangschnittgröße aus Wärmewirkung (auch im Bauzustand), wahrscheinlicher Baugrundbewegung, Schwinden und aus Anheben zum Auswechseln von Lagern,
- 1,0fache Schnittgröße aus planmäßiger Systemänderung,
- Zusatzmoment ΔM_1 mit

$$\Delta M_1 = \pm\, 5 \cdot 10^{-5} \cdot \frac{EI}{d_0}$$

Hierin bedeuten:

EI Biegesteifigkeit im Zustand I im betrachteten Querschnitt,

d_0 Querschnittsdicke im betrachteten Querschnitt (bei Platten ist $d_0 = d$ zu setzen).

Soweit diese Beanspruchungskombination ohne den statisch bestimmten Anteil der Vorspannung örtlich geringere Biegemomente als den Mindestwert

$$M_2 = \pm\, 15 \cdot 10^{-5} \cdot \frac{EI}{d_0}$$

ergibt, so ist dieses Moment M_2 in den durch Bild 3.1 gekennzeichneten Bereichen mit dem dort angegebenen Verlauf anzunehmen. Für den Nachweis nach Gleichung (8) ist dabei von der mit M_2 ermittelten Grenzlinie und dem statisch bestimmten Anteil der 0,9- bzw. 1,1fachen Vorspannung als Beanspruchungskombination auszugehen.

(6) Für Beanspruchungskombinationen unter Einschluß der möglichen Baugrundbewegungen sind Nachweise zur Beschränkung der Rißbreiten nicht erforderlich.

(7) Bei Platten mit Umweltbedingungen nach DIN 1045/07.88, Tabelle 10, Zeilen 1 und 2, braucht der Nachweis nach den Absätzen (2) bis (5) nicht geführt zu werden, wenn eine der folgenden Bedingungen a) oder b) eingehalten ist:

a) Die Ausmitte $e = |M/N|$ bei Lastkombinationen nach Absatz (5) entspricht folgenden Werten:

   $e \leq d/3$ bei Platten der Dicke $d \leq 0{,}40$ m

   $e \leq 0{,}133$ m bei Platten der Dicke $d > 0{,}40$ m

b) Bei Deckenplatten des üblichen Hochbaues mit Dicken $d \leq 0{,}40$ m sind für den Wert der Druckspannung $|\sigma_N|$ in N/mm² aus Normalkraft infolge von Vorspannung und äußerer Last und den Bewehrungsgehalt μ in % für den Betonstahl in der vorgedrückten Zugzone - bezogen auf den gesamten Betonquerschnitt - folgende drei Bedingungen erfüllt:

$$\mu \geq 0{,}05$$

$$|\sigma_N| \geq 1{,}0$$

$$\frac{\mu}{0{,}15} + \frac{|\sigma_N|}{3} \geq 1{,}0$$

(8) Bei anderen Tragwerken (wie z. B. Behälter, Scheiben- und Schalentragwerke) sind besondere Überlegungen zur Erfüllung von Absatz (1) erforderlich.

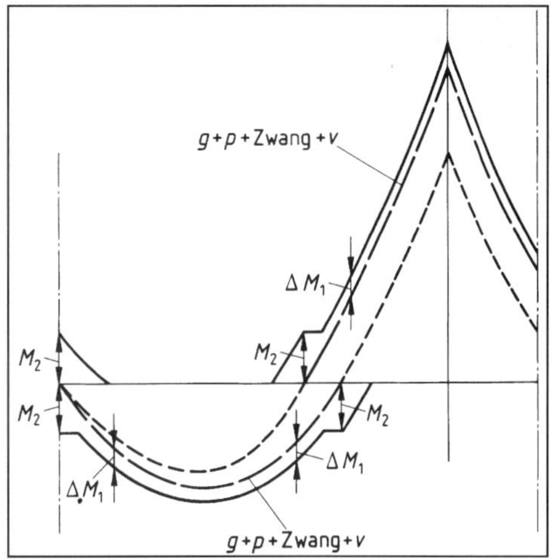

Bild 3.1. Abgrenzung der Anwendungsbereiche von M_2 (Grenzlinie der Biegemomente einschließlich der 0,9- bzw. 1,1fachen statisch unbestimmten Wirkung der Vorspannung v und Ansatz von ΔM_1

10.3 Arbeitsfugen annähernd rechtwinklig zur Tragrichtung

(1) Arbeitsfugen, die annähernd rechtwinklig zur betrachteten Tragrichtung verlaufen, sind im Bereich von Zugspannungen nach Möglichkeit zu vermeiden. Es ist nachzuweisen, daß die größten Zugspannungen infolge von Längskraft und Biegemoment an der Stelle der Arbeitsfuge die Hälfte der nach den Abschnitten 10.1.1 oder 10.1.2 jeweils zulässigen Werte nicht überschreiten und daß infolge des Lastfalles Vorspannung plus ständige Last plus Kriechen und Schwinden keine Zugspannungen auftreten.

(2) Wird nicht nachgewiesen, daß die infolge Schwindens und Abfließens der Hydratationswärme im anbetonierten Teil auftretenden Zugkräfte durch Bewehrung aufgenommen werden können, so ist im anbetonierten Teil auf eine Länge $d_0 \leq 1{,}0$ m die parallel zur Arbeitsfuge laufende Bewehrung auf die doppelten Werte der Mindestbewehrung nach Abschnitt 6.7 - mit Ausnahme von Abschnitt 6.7.6 - anzuheben. Diese Werte gelten auch als Mindestquerschnitt der obersten und untersten Lage der die Fuge kreuzenden Bewehrung, die beiderseits der Fuge auf einer Länge $d_0 + l_0 \leq 4{,}0$ m vorhanden sein muß (d_0 Balkendicke bzw. Plattendicke; l_0 Grundmaß der Verankerungslänge nach DIN 1045/07.88, Abschnitt 18.5.2.1). Bei Brücken und vergleichbaren Bauwerken ist außerdem die Regelung über die erhöhte Mindestbewehrung nach Abschnitt 6.7.1 (3) zu beachten.

10.4 Arbeitsfugen mit Spanngliedkopplungen

(1) Werden in einer Arbeitsfuge mehr als 20 % der im Querschnitt vorhandenen Spannkraft mittels Spanngliedkopplungen oder auf andere Weise vorübergehend verankert, gelten für die die Fuge kreuzende Bewehrung über die Abschnitte 10.2, 10.3, 14 und 15.9 hinaus die nachfolgenden Absätze (2) bis (5); dabei sollen die Stababstände nicht größer als 15 cm sein.

(2) Bei Brücken und vergleichbaren Bauwerken ist die erhöhte Mindestbewehrung nach Tabelle 4 grundsätzlich einzulegen.

(3) Ist bei Bauwerken nach Tabelle 4, Spalten 2 und 4, in der Fuge am jeweils betrachteten Rand unter ungünstigster Überlagerung der Lastfälle nach Abschnitt 9 (unter Berücksichtigung auch der Bauzu-

I

stände) eine Druckrandspannung nicht vorhanden, so sind für die die Fuge kreuzende Längsbewehrung folgende Mindestquerschnitte erforderlich:

a) Für den Bereich des unteren Querschnittsrandes, wenn dort keine Gurtscheibe vorhanden ist:

   0,2 % der Querschnittsfläche des Steges bzw. der Platte (zu berechnen mit der gesamten Querschnittsdicke; bei Hohlplatten mit annähernd kreisförmigen Aussparungen darf der reine Betonquerschnitt zugrunde gelegt werden). Mindestens die Hälfte dieser Bewehrung muß am unteren Rand liegen; der Rest darf über das untere Drittel der Querschnittsdicke verteilt sein.

b) Für den Bereich des unteren bzw. oberen Querschnittsrandes, wenn dort eine Gurtscheibe vorhanden ist (die folgende Regel gilt auch für Hohlplatten mit annähernd rechteckigen Aussparungen):

   0,8 % der Querschnittsfläche der unteren bzw. 0,4 % der Querschnittsfläche der oberen Gurtscheibe einschließlich des jeweiligen (mit der gemittelten Scheibendicke zu bestimmenden) Durchdringungsbereiches mit dem Steg. Die Bewehrung muß über die Breite von Gurtscheibe und Durchdringungsbereich gleichmäßig verteilt sein.

(4) Bei Bauwerken nach Absatz (3) dürfen die vorstehenden Werte für die Mindestlängsbewehrung auf die doppelten Werte nach Tabelle 4 ermäßigt werden, wenn die Druckrandspannung am betrachteten Rand mindestens 2 N/mm² beträgt. Bei Mindest-Druckrandspannungen zwischen 0 und 2 N/mm² darf der Querschnitt der Mindestlängsbewehrung zwischen den jeweils maßgebenden Werten linear interpoliert werden.

(5) Bewehrungszulagen dürfen nach Bild 4 gestaffelt werden.

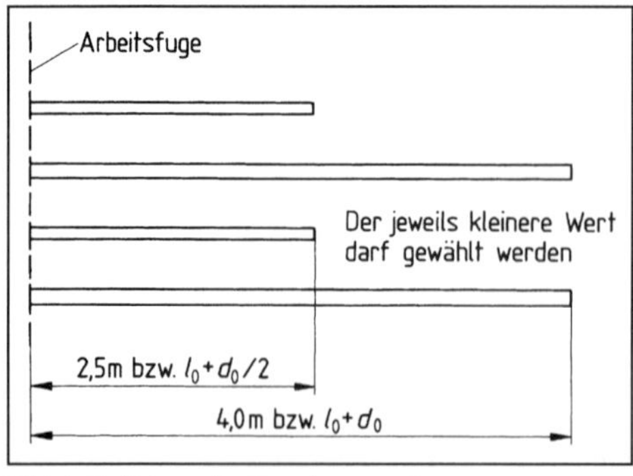

Bild 4. Staffelung der Bewehrungszulagen

11 Nachweis für den rechnerischen Bruchzustand bei Biegung, bei Biegung mit Längskraft und bei Längskraft

11.1 Rechnerischer Bruchzustand und Sicherheitsbeiwerte

(1) Für den rechnerischen Bruchzustand ist bei statisch bestimmt gelagerten Spannbetontragwerken die 1,75fache Summe der äußeren Lasten (nach den Abschnitten 9.2.2 und 9.2.3) in ungünstigster Stellung anzusetzen ($\gamma = 1{,}75$). Bei statisch unbestimmt gelagerten Tragwerken sind darüber hinaus – sofern diese ungünstig wirken – die 1,0fache Zwangbeanspruchung infolge von Schwinden, Wärmewirkungen und wahrscheinlicher Baugrundbewegung[8)] und Anheben zum Auswechseln von Lagern sowie die 1,0fache Schnittgröße am Gesamtquerschnitt aus Vorspannung (unter Berücksichtigung von Kriechen und Schwinden) zu berücksichtigen. Bei Zwangbeanspruchung infolge Baugrundbewegung darf das Kriechen berücksichtigt werden. Die Schnittgrößen aus den einzelnen Lastfällen sind im allgemeinen wie im Gebrauchszustand anzusetzen.

(2) Die Sicherheit ist ausreichend, wenn die Schnittgrößen, die vom Querschnitt im Bruchzustand rechnerisch aufgenommen werden können, mindestens gleich den mit den in Absatz (1) angegebenen Sicherheitsbeiwerten jeweils vervielfachten Schnittgrößen im Gebrauchszustand sind.

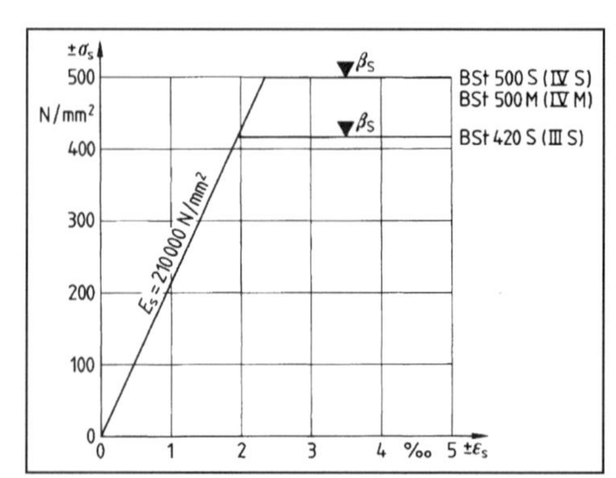

Bild 5. Rechenwerte für die Spannungsdehnungslinien der Betonstähle

8) Bei Brücken ist die Zwangbeanspruchung aus der 0,4fachen möglichen Baugrundbewegung zu berücksichtigen, falls dies ungünstiger ist.

(3) Bei gleichgerichteten Beanspruchungen aus mehreren Tragwirkungen (Hauptträgerwirkung und örtliche Plattenwirkung im Zugbereich) braucht nur der Dehnungszustand jeweils einer Tragwirkung berücksichtigt zu werden.

(4) Die Schnittgrößen im rechnerischen Bruchzustand dürfen auch unter Berücksichtigung der Steifigkeitsverhältnisse im Zustand II ermittelt werden. Dabei sind für Betonstahl und Spannstahl die Elastizitätsmoduln nach Abschnitt 7.2, für druckbeanspruchten Beton die Elastizitätsmoduln nach Abschnitt 7.3 zugrunde zu legen. Als Sicherheitsbeiwert γ ist hierbei für die Vorspannung (unter Berücksichtigung des Spannungsverlustes infolge Kriechens und Schwindens) sowie für Zwang aus planmäßiger Systemänderung $\gamma = 1{,}0$, für alle übrigen Lastfälle $\gamma = 1{,}75$ anzusetzen. Wird hiervon Gebrauch gemacht, so ist die Schubdeckung zusätzlich im Gebrauchszustand nachzuweisen (siehe Abschnitt 12.4).

11.2 Grundlagen

11.2.1 Allgemeines

Die folgenden Bestimmungen gelten für Querschnitte, bei denen vorausgesetzt werden kann, daß sich die Dehnungen der einzelnen Fasern des Querschnitts wie ihre Abstände von der Nullinie verhalten. Eine Mitwirkung des Betons auf Zug darf nicht in Rechnung gestellt werden.

11.2.2 Spannungsdehnungslinie des Stahles

(1) Die Spannungsdehnungslinie des Spannstahles ist der Zulassung zu entnehmen, wobei jedoch anzunehmen ist, daß die Spannung oberhalb der Streck- bzw. der $\beta_{0,2}$-Grenze nicht mehr ansteigt.

(2) Für Betonstahl gilt Bild 5.

(3) Bei druckbeanspruchtem Betonstahl tritt an die Stelle von β_S bzw. $\beta_{0,2}$ der Rechenwert $1{,}75/2{,}1 \cdot \beta_S$ bzw. $1{,}75/2{,}1 \cdot \beta_{0,2}$.

11.2.3 Spannungsdehnungslinie des Betons

(1) Für die Bestimmung der Betondruckkraft gilt die Spannungsdehnungslinie nach Bild 6.

(2) Zur Vereinfachung darf auch Bild 7 angewendet werden.

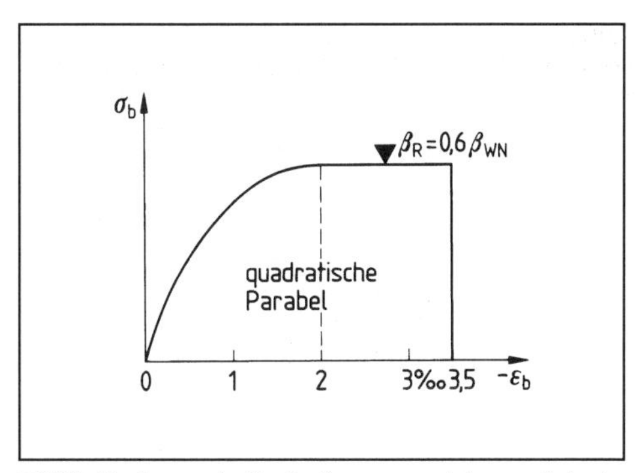

Bild 6. Rechenwerte für die Spannungsdehnungslinie des Betons

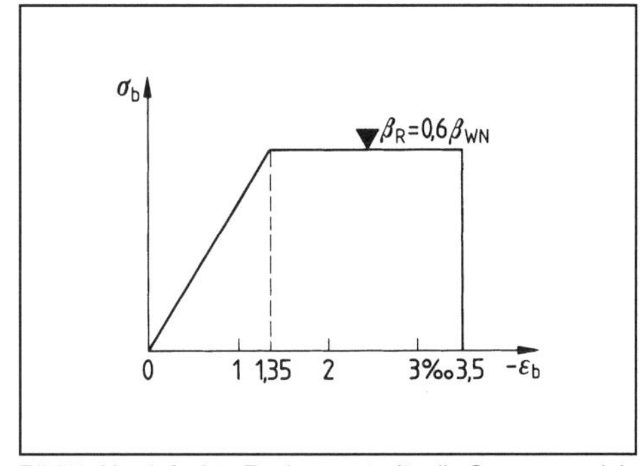

Bild 7. Vereinfachte Rechenwerte für die Spannungsdehnungslinie des Betons

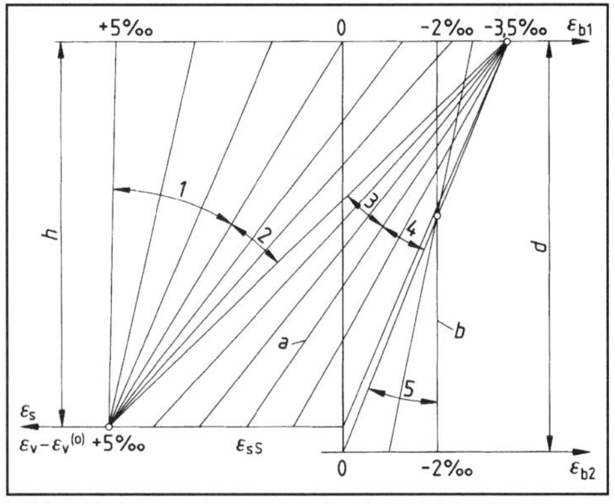

Bild 8. Dehnungsdiagramme (nach DIN 1045/07.88, Bild 13 oberer Teil)

11.2.4 Dehnungsdiagramm

(1) Bild 8 zeigt die im rechnerischen Bruchzustand je nach Beanspruchung möglichen Dehnungsdiagramme.

(2) Die Dehnung ε_s bzw. $\varepsilon_v - \varepsilon_v^{(0)}$ darf in der äußersten, zur Aufnahme der Beanspruchung im rechnerischen Bruchzustand herangezogenen Bewehrungslage 5 ‰ nicht überschreiten. Im gleichen Querschnitt dürfen verschiedene Stahlsorten (z. B. Spannstahl und Betonstahl) entsprechend den jeweiligen Spannungsdehnungslinien gemeinsam in Rechnung gestellt werden.

(3) Eine geradlinige Dehnungsverteilung über den Gesamtquerschnitt darf nur angenommen werden, wenn der Verbund zwischen den Spanngliedern und dem Beton nach Abschnitt 13 gesichert ist. Die durch Vorspannung im Spannstahl erzeugte Vordehnung ergibt sich als Dehnungsunterschied zwischen Spannglied und umgebendem Beton im Gebrauchszustand nach Kriechen und Schwinden. In Sonderfällen, z. B. bei vorgespannten Druckgliedern, kann die Spannung vor Kriechen und Schwinden maßgebend sein.

11.3 Nachweis bei Lastfällen vor Herstellen des Verbundes

(1) Ein Nachweis ist erforderlich, sofern die Lastschnittgrößen, die vor Herstellung des Verbundes auftreten, 70 % der Werte nach Herstellung des Verbundes überschreiten.

(2) Vor dem Herstellen des Verbundes können sich die Spannglieder auf ihrer ganzen Länge frei dehnen. Das Verhalten im rechnerischen Bruchzustand hängt deshalb von dem Formänderungsverhalten des gesamten Tragwerks ab. Die in den Spanngliedern wirkende Spannung darf wie folgt angenommen werden, sofern kein genauerer Nachweis geführt wird:

- bei annähernd gleichmäßig belasteten Trägern auf 2 Stützen:

$$\sigma_{vu} = \sigma_v^{(0)} + 110\ \text{N/mm}^2 \leq \beta_{Sv}, \qquad (10a)$$

- bei Kragträgern unabhängig vom Belastungsbild, falls die Spannglieder im anschließenden Feld zumindest jenseits des Momentennullpunktes im Verbund liegen:

$$\sigma_{vu} = \sigma_v^{(0)} + 50\ \text{N/mm}^2 \leq \beta_{Sv}, \qquad (10b)$$

- bei Durchlaufträgern:

$$\sigma_{vu} = \sigma_v^{(0)} \qquad (10c)$$

Hierin bedeuten:

$\sigma_v^{(0)}$ Spannung im Spannglied im Bauzustand

β_{Sv} Streckgrenze bzw. $\beta_{0,2}$-Grenze des Spannstahls

(3) Bewehrung aus Betonstahl darf berücksichtigt werden.

12 Schiefe Hauptspannungen und Schubdeckung

12.1 Allgemeines

(1) Der Spannungsnachweis ist für den Gebrauchszustand nach Abschnitt 12.2 und für den rechnerischen Bruchzustand nach Abschnitt 12.3 zu führen. Hierbei brauchen Biegespannungen aus Quertragwirkung (aus Plattenwirkung einzelner Querschnittsteile) nicht berücksichtigt zu werden, sofern nachfolgend nichts anderes angegeben ist (Begrenzung der Biegezugspannung aus Quertragwirkung im Gebrauchszustand siehe Abschnitt 15.6).

(2) Es ist nachzuweisen, daß die jeweils zulässigen Werte der Tabelle 9 nicht überschritten werden. Der Nachweis darf bei unmittelbarer Stützung im Schnitt 0,5 d_0 vom Auflagerrand geführt werden.

(3) Bei Lastfallkombinationen unter Einschluß möglicher Baugrundbewegungen kann auf den Nachweis der schiefen Hauptzugspannungen im Gebrauchszustand verzichtet werden. Der Nachweis der Hauptdruckspannungen bzw. Schubspannungen im rechnerischen Bruchzustand[9] nach den Abschnitten 12.3.2 und 12.3.3 und der Schubbewehrung nach Abschnitt 12.4 ist jedoch zu führen.

(4) Bei Balkentragwerken mit gegliederten Querschnitten, z. B. bei Plattenbalken und Kastenträgern, sind die Schubspannungen aus Scheibenwirkung der einzelnen Querschnittsteile nicht mit den Schubspannungen aus Plattenwirkung zu überlagern.

(5) Als maßgebende Schnittkraftkombinationen kommen in Frage:

- Höchstwerte der Querkraft mit zugehörigem Torsions- und Biegemoment,
- Höchstwerte des Torsionsmomentes mit zugehöriger Querkraft und zugehörigem Biegemoment,
- Höchstwerte des Biegemomentes mit zugehöriger Querkraft und zugehörigem Torsionsmoment.

(6) Ungünstig wirkende Querkräfte, die sich aus einer Neigung der Spannglieder gegen die Querschnittsnormale ergeben, sind zu berücksichtigen; günstig wirkende Querkräfte infolge Spanngliedneigung dürfen berücksichtigt werden.

9) Bei Brücken ist die Zwangbeanspruchung aus der 0,4fachen möglichen Baugrundbewegung zu berücksichtigen, falls dies ungünstiger ist.

(7) Vor Herstellen des Verbundes sind bei den Spannungsnachweisen im Gebrauchszustand nach Abschnitt 12.2 die Spanngliedkräfte und gegebenenfalls die Umlenkkräfte als äußere Last mit ihrem 1,0fachen Wert, im rechnerischen Bruchzustand nach Abschnitt 12.3 mit der Spannungszunahme nach Abschnitt 11.3 einzusetzen. Die Hauptdruckspannungen sind unter Berücksichtigung der abzuziehenden Querschnittsflächen der nicht verpreßten Spannkanäle nach Tabelle 9, Zeile 63, zu begrenzen. Dabei darf mit gleichmäßiger Spannungsverteilung über die verbleibende Querschnittsfläche gerechnet werden. Bei der Bemessung der Schubbewehrung kann die Spannungszunahme in den Längsspanngliedern ebenfalls nach Abschnitt 11.3 ermittelt werden. Eine zur Schubaufnahme notwendige, im Verbund liegende Längsbewehrung ist unter Zugrundelegung der Fachwerkanalogie zu ermitteln. Für Spannglieder als Schubbewehrung gilt Abschnitt 12.4.1, Absatz (3).

12.2 Spannungsnachweise im Gebrauchszustand

(1) Die nach Zustand I berechneten schiefen Hauptzugspannungen dürfen im Bereich von Längsdruckspannungen sowie in der Mittelfläche von Gurten und Stegen (soweit zugbeanspruchte Gurte anschließen) auch im Bereich von Längszugspannungen die Werte der Tabelle 9, Zeilen 46 bis 49, nicht überschreiten.

(2) Unter ständiger Last und Vorspannung dürfen auch unter Berücksichtigung der Querbiegespannungen die nach Zustand I berechneten schiefen Hauptzugspannungen die Werte der Tabelle 9, Zeilen 46 bis 49, nicht überschreiten.

12.3 Spannungsnachweise im rechnerischen Bruchzustand

12.3.1 Allgemeines

(1) Längs des Tragwerks sind zwei das Schubtragverhalten kennzeichnende Zonen zu unterscheiden:

- Zone a, in der Biegerisse nicht zu erwarten sind,
- Zone b, in der sich die Schubrisse aus Biegerissen entwickeln.

(2) Ein Querschnitt liegt in Zone a, wenn in der jeweiligen Lastfallkombination die größte nach Zustand I im rechnerischen Bruchzustand ermittelte Randzugspannung die nachstehenden Werte nicht überschreitet:

B 25	B 35	B 45	B 55
2,5 N/mm^2	2,8 N/mm^2	3,2 N/mm^2	3,5 N/mm^2

(3) Werden diese Werte überschritten, liegt der Querschnitt in Zone b.

12.3.2 Nachweise der schiefen Hauptdruckspannungen in Zone a

(1) Sofern nicht in Zone a vereinfachend wie in Zone b verfahren wird, ist nachzuweisen, daß die nach Ausfall der schiefen Hauptzugspannungen des Betons auftretenden schiefen Hauptdruckspannungen die Werte der Tabelle 9, Zeilen 62 bzw. 63, nicht überschreiten.

(2) Auf diesen Nachweis darf bei druckbeanspruchten Gurten verzichtet werden, wenn die maximale Schubspannung im rechnerischen Bruchzustand kleiner als 0,1 β_{WN} ist.

(3) Die schiefen Hauptdruckspannungen sind nach der Fachwerkanalogie zu ermitteln. Die Neigung der Druckstreben ist nach Gleichung (11) anzunehmen.

(4) Für Zustände nach Herstellen des Verbundes darf im Steg der Nachweis vereinfachend in der Schwerlinie des Trägers geführt werden, wenn die

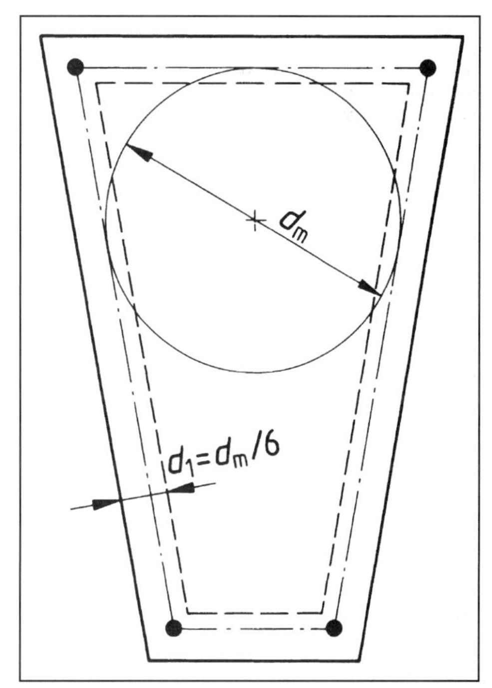

Bild 9. Ersatzhohlquerschnitt für Vollquerschnitte

Stegdicke über die Trägerhöhe konstant ist oder wenn die minimale Stegdicke eingesetzt wird. Ein von Spanngliedern als Schubbewehrung erzeugter Spannungszustand ist zu berücksichtigen.

(5) Eine Torsionsbeanspruchung ist bei der Ermittlung der schiefen Hauptdruckspannung zu berücksichtigen; dabei ist die Druckstrebenneigung nach Abschnitt 12.4.3 unter 45° anzunehmen. Bei Vollquerschnitten ist dabei ein Ersatzhohlquerschnitt nach Bild 9 anzunehmen, dessen Wanddicke $d_1 = d_m/6$ des in die Mittellinie eingeschriebenen größten Kreises beträgt.

12.3.3 Nachweis der Schub- und schiefen Hauptdruckspannungen in Zone b

(1) Als maßgebende Spannungsgröße in Zone b gilt der Rechenwert der Schubspannung τ_R

- aus Querkraft nach Zustand II (siehe Abschnitt 12.1);
- aus Torsion nach Zustand I;

er darf die in Tabelle 9, Zeilen 56 bis 61, angegebenen Werte nicht überschreiten.

(2) Sofern die Größe des Hebelarmes der inneren Kräfte nicht genauer nachgewiesen wird, darf sie bei der Ermittlung von τ_R infolge Querkraft dem Wert gleichgesetzt werden, der beim Nachweis nach Abschnitt 11 im betrachteten Schnitt ermittelt wurde. Bei Trägern mit konstanter Nutzhöhe *h* darf mit jenem Hebelarm gerechnet werden, der sich an der Stelle des maximalen Momentes im zugehörigen Querkraftbereich ergibt.

(3) Ein von Spanngliedern als Schubbewehrung erzeugter Spannungszustand bleibt beim Nachweis der Schubspannung unberücksichtigt. Bei zugbeanspruchten Gurten ist die Schubspannung aus Querkraft für Zustand II aus der Zugkraftänderung der vorhandenen Gurtlängsbewehrung zwischen zwei benachbarten Querschnitten zu ermitteln, falls sie nicht nach Zustand I berechnet wird.

(4) In druckbeanspruchten Gurten und bei Einschnürungen der Druckzone sind die schiefen Hauptdruckspannungen nachzuweisen und wie in Zone a zu begrenzen. Auf diesen Nachweis darf verzichtet werden, wenn die maximale Schubspannung im rechnerischen Bruchzustand kleiner als 0,1 β_{WN} ist (siehe Abschnitt 12.3.2).

12.4 Bemessung der Schubbewehrung

12.4.1 Allgemeines

(1) Die Schubdeckung durch Bewehrung ist für Querkraft und Torsion im rechnerischen Bruchzustand (siehe Abschnitt 12.1) in den Bereichen des Tragwerks und des Querschnitts nachzuweisen, in denen die Hauptzugspannung σ_I (Zustand I) bzw. die Schubspannung τ_R (Zustand II) eine der Nachweisgrenzen der Tabelle 9, Zeilen 50 bis 55, überschreitet.

(2) Die erforderliche Schubbewehrung ist für die in den Zugstreben eines gedachten Fachwerks wirkenden Kräfte zu bemessen (Fachwerkanalogie). Bezüglich der Neigung der Fachwerkstreben siehe Abschnitte 12.4.2 (Querkraft) und 12.4.3 (Torsion); die Bewehrungen sind getrennt zu ermitteln und zu addieren. Auf die Mindestschubbewehrung nach den Abschnitten 6.7.3 und 6.7.5 wird hingewiesen. Für die Bemessung der Bewehrung aus Betonstahl gelten die in Tabelle 9, Zeile 69, angegebenen Spannungen.

(3) Spannglieder als Schubbewehrung dürfen mit den in Tabelle 9, Zeile 65, angegebenen Spannungen zuzüglich β_S des Betonstahles, jedoch höchstens mit ihrer jeweiligen Streckgrenze bemessen werden.

(4) Bei unmittelbarer Stützung gilt:

Die Schubbewehrung am Auflager darf für einen Schnitt ermittelt werden, der $0{,}5 \cdot d_0$ vom Auflagerrand entfernt ist.

(5) Der Querkraftanteil aus einer auflagernahen Einzellast *F* im Abstand $a \leq 2 \cdot d_0$ von der Auflagerachse darf auf den Wert $a \cdot Q_F/2\ d_0$ abgemindert werden. Dabei ist d_0 die Querschnittsdicke.

(6) Bei Berücksichtigung von Abschnitt 11.1, Absatz (4), ist die Schubdeckung zusätzlich im Gebrauchszustand nach den Grundsätzen der Zone a nachzuweisen. Dabei ist die Neigung der Druckstreben gegen die Querschnittsnormale gleich der Neigung der Hauptdruckspannungen im Zustand I anzunehmen. Für die Bemessung der Schubbewehrung aus Betonstahl gelten die in Tabelle 9, Zeile 68, angegebenen zulässigen Spannungen.

(7) Bei dicken Platten sind die in Tabelle 9, Zeile 51, angegebenen Werte nach der in DIN 1045/07.88, Abschnitt 17.5.5, getroffenen Regelung zu verringern. Diese Abminderung gilt jedoch nicht, wenn die rechnerische Schubspannung vorwiegend aus Einzellasten resultiert (z. B. Fahrbahnplatten von Brücken).

(8) Überschreiten die Hauptzugspannungen aus Querkraft und Querkraft plus Torsion die 0,6fachen Werte der Tabelle 9, Zeile 56, so dürfen für die Schubbewehrung nur Betonrippenstahl oder Spannglieder mit Endverankerung verwendet werden. Für die Abstände von Schrägstäben und Schrägbügeln gilt DIN 1045/07.88, Abschnitt 18.

(9) Bei gleichzeitigem Auftreten von Schub und Querbiegung darf in der Regel vereinfachend eine symmetrisch zur Mittelfläche von Stegen verteilte Schubbewehrung auf die zur Aufnahme der Quer-

biegung erforderliche Bewehrung voll angerechnet werden. Diese Vereinfachung gilt nicht bei geneigten Bügeln und bei Spanngliedern als Schubbewehrung. In Gurtscheiben darf sinngemäß verfahren werden.

12.4.2 Schubbewehrung zur Aufnahme der Querkräfte

(1) Bei der Bemessung der Schubbewehrung nach der Fachwerkanalogie darf die Neigung der Zugstreben gegen die Querschnittsnormale im allgemeinen zwischen 90° (Bügel) und 45° (Schrägstäbe, Schrägbügel) gewählt werden.

(2) Schrägstäbe, die flacher als 35° gegenüber der Trägerachse geneigt sind, dürfen als Schubbewehrung nicht herangezogen werden.

(3) In **Zone a** ist die Neigung ϑ der Druckstreben gegen die Querschnittsnormale im Trägersteg und in den Druckgurten nach Gleichung (11) anzunehmen:

$$\tan \vartheta = \tan \vartheta_{\mathrm{I}} \left(1 - \frac{\Delta\tau}{\tau_{\mathrm{u}}}\right) \tag{11}$$

$$\tan \vartheta \geq 0{,}4$$

Hierin bedeuten:

$\tan \vartheta_{\mathrm{I}}$ Neigung der Hauptdruckspannungen gegen die Querschnittsnormale im Zustand I in der Schwerlinie des Trägers bzw. in Druckgurten am Anschnitt

τ_{u} der Höchstwert der Schubspannung im Querschnitt aus Querkraft im rechnerischen Bruchzustand (nach Abschnitt 12.3), ermittelt nach Zustand I ohne Berücksichtigung von Spanngliedern als Schubbewehrung

$\Delta\tau$ 60 % der Werte nach Tabelle 9, Zeile 50.

(4) Zone a darf auch wie Zone b behandelt werden. Für den Schubanschluß von Zuggurten gelten die Bestimmungen von Zone b.

(5) In **Zone b** ist die Neigung ϑ der Druckstreben gegen die Querschnittsnormale anzunehmen:

$$\tan \vartheta = 1 - \frac{\Delta\tau}{\tau_{\mathrm{R}}} \tag{12}$$

$$\tan \vartheta \geq 0{,}4$$

Hierin bedeuten:

τ_{R} der für den rechnerischen Bruchzustand nach Zustand II ermittelte Rechenwert der Schubspannung

$\Delta\tau$ 60 % der Werte nach Tabelle 9, Zeile 50.

(6) Beim Schubanschluß von Druckgurten gelten die für Zone a gemachten Angaben.

12.4.3 Schubbewehrung zur Aufnahme der Torsionsmomente

(1) Die Schubbewehrung zur Aufnahme der Torsionsmomente ist für die Zugkräfte zu bemessen, die in den Stäben eines gedachten räumlichen Fachwerkkastens mit Druckstreben unter 45° Neigung zur Trägerachse ohne Abminderung entstehen.

(2) Bei Vollquerschnitten verläuft die Mittellinie des gedachten Fachwerkkastens wie in Bild 9.

(3) Erhalten einzelne Querschnittsteile des gedachten Fachwerkkastens Druckbeanspruchungen aus Längskraft und Biegemoment, so dürfen die in diesen Druckbereichen entstehenden Druckkräfte bei der Bemessung der Torsionsbewehrung berücksichtigt werden.

(4) Hinsichtlich der Neigung der Zugstreben gilt Abschnitt 12.4.2.

12.5 Indirekte Lagerung

Es gilt DIN 1045/07.88, Abschnitt 18.10.2. Für die Aufhängebewehrung dürfen auch Spannglieder herangezogen werden, wenn ihre Neigung zwischen 45° und 90° gegen die Trägerachse beträgt. Dabei ist für Spannstahl die Streckgrenze β_{S} anzusetzen, wenn der Spannungszuwachs kleiner als 420 N/mm² ist.

12.6 Eintragung der Vorspannung

(1) An den Verankerungsstellen der Spannglieder darf erst im Abstand e vom Ende der Verankerung (Eintragungslänge) mit einer geradlinigen Spannungsverteilung infolge Vorspannung gerechnet werden.

(2) Bei Spanngliedern mit Endverankerung ist diese Eintragungslänge e gleich der Störungslänge s, die zur Ausbreitung der konzentriert angreifenden Spannkräfte bis zur Einstellung eines geradlinigen Spannungsverlaufes im Querschnitt nötig ist.

(3) Bei Spanngliedern, die nur durch Verbund verankert werden, gilt für die Eintragungslänge e:

$$e = \sqrt{s^2 + (0{,}6\, l_{\ddot{u}})^2} \geq l_{\ddot{u}} \tag{13}$$

$l_{\ddot{u}}$ Übertragungslänge aus Gleichung (17)

(4) Zur Aufnahme der im Bereich der Eintragungslänge e auftretenden Spaltzugkräfte muß stets eine Querbewehrung angeordnet werden. Sie ist bei Verankerung durch Verbund unter Zugrundelegung einer kürzeren Eintragungslänge zu bemessen und entsprechend zu verteilen. Für gerippte Drähte ist diese verkürzte Eintragungslänge mit der Hälfte, bei gezogenen profilierten Drähten bzw. Litzen mit

I

¾ des Ausgangswertes anzunehmen. Zugkräfte aus Schub und Spaltzug brauchen nicht addiert zu werden, wenn örtlich die jeweils größere Zugkraft durch Bügel abgedeckt wird.

12.7 Nachträglich ergänzte Querschnitte

(1) Schubkräfte zwischen Fertigteilen und Ortbeton bzw. in Arbeitsfugen (siehe DIN 1045/07.88, Abschnitte 10.2.3 und 19.4), die in Richtung der betrachteten Tragwirkung verlaufen, sind stets durch Bewehrung abzudecken. Die Bewehrung ist nach DIN 1045/07.88, Abschnitt 19.7.3, auszubilden. Die Fuge zwischen dem zuerst hergestellten Teil und der Ergänzung muß rauh sein. Dabei ist die Neigung der Druckstreben gegen die Querschnittsnormale wie folgt anzunehmen:

$$\tan \vartheta = \tan \vartheta_l \left(1 - 0{,}25 \frac{\Delta\tau}{\tau_u}\right) \geq 0{,}4 \text{ (Zone a)} \quad (14)$$

$$\tan \vartheta = 1 - \frac{0{,}25\, \Delta\tau}{\tau_R} \geq 0{,}4 \text{ (Zone b)} \quad (15)$$

Erklärung der Formelzeichen siehe Abschnitt 12.4.2.

(2) Wird Ortbeton B 15 verwendet, so ist $\Delta\tau$ gleich 0,6 N/mm^2 zu setzen.

(3) Sind die Fugen verzahnt oder wird die Oberfläche nachträglich verzahnt, so darf die Druckstrebenneigung nach Abschnitt 12.4.2 angenommen werden. Die Mindestschubbewehrung nach Tabelle 4 muß die Fuge durchdringen.

12.8 Arbeitsfugen mit Kopplungen

In Arbeitsfugen mit Spanngliedkopplungen darf an Stelle des Nachweises nach den Abschnitten 12.3 und 12.4 der Nachweis der Schubdeckung unter Annahme eines Ersatzfachwerks geführt werden, wenn die Fuge konstruktiv entsprechend ausgebildet wird (im allgemeinen verzahnte Fuge). Die Bewehrung ist unter Zugrundelegung des angenommenen Fachwerks zu bemessen. Die Richtung der Druckstrebe darf dabei höchstens 15° von der Normalen derjenigen Fugenteilfläche abweichen, von der die Druckkraft aufzunehmen ist. Die Druckspannung auf die Teilflächen darf im rechnerischen Bruchzustand den Wert β_R nicht überschreiten.

12.9 Durchstanzen

(1) Der Nachweis der Sicherheit gegen Durchstanzen ist nach DIN 1045/07.88, Abschnitte 22.5 bis 22.7, zu führen.

(2) Bei der Ermittlung der maßgebenden größten Querkraft max Q_r im Rundschnitt zum Nachweis der Sicherheit gegen Durchstanzen von punktförmig gestützten Platten darf eine entlastende und muß eine belastende Wirkung von Spanngliedern, die den Rundschnitt kreuzen, berücksichtigt werden. In den nach DIN 1045 zu führenden Nachweisen sind die Schnittgrößen aus Vorspannung mit dem Faktor 1/1,75 abzumindern.

(3) Dabei dürfen in den Gleichungen für κ_1 und κ_2

α_s = 1,3 und für

μ_g die Summe der Bewehrungsprozentsätze

$\mu_g = \mu_s + \mu_{vi}$

eingesetzt werden.

Hierin bedeuten:

μ_g vorhandener Bewehrungsprozentsatz, mit nicht mehr als 1,5 % in Rechnung zu stellen

μ_s Bewehrungsgrad in % der Bewehrung aus Betonstahl

$$\mu_{vi} = \frac{\sigma_{bv,N}}{\beta_S} \cdot 100$$

ideeller Bewehrungsgrad in % infolge Vorspannung

$\sigma_{bv,N}$ Längskraftanteil der Vorspannung der Platte zur Zeit $t = \infty$

β_S Streckgrenze des Betonstahls.

(4) Der Prozentsatz der Bewehrung aus Betonstahl im Bereich des Durchstanzkegels $d_k = d_{st} + 3\, h_m$ muß mindestens 0,3 % und daneben innerhalb des Gurtstreifens mindestens 0,15 % betragen.

Hierin bedeuten:

d_{st} nach DIN 1045/07.88, Abschnitt 22.5.1.1

h_m analog DIN 1045/07.88, Abschnitt 22.5.1.1, unter Berücksichtigung der den Rundschnitt kreuzenden Spannglieder.

13 Nachweis der Beanspruchung des Verbundes zwischen Spannglied und Beton

(1) Im Gebrauchszustand erübrigt sich ein Nachweis der Verbundspannungen. Die maximale Verbundspannung τ_1 ist im rechnerischen Bruchzustand nachzuweisen.

(2) Näherungsweise darf sie bestimmt werden aus:

$$\tau_1 = \frac{Z_u - Z_v}{u_v \cdot l'} \qquad (16)$$

Hierin bedeuten:

Z_u Zugkraft des Spanngliedes im rechnerischen Bruchzustand beim Nachweis nach Abschnitt 11

Z_v zulässige Zugkraft des Spanngliedes im Gebrauchszustand

u_v Umfang des Spanngliedes nach Abschnitt 10.2

l' Abstand zwischen dem Querschnitt des maximalen Momentes im rechnerischen Bruchzustand und dem Momentennullpunkt unter ständiger Last.

(3) τ_1 darf die folgenden Werte nicht überschreiten:

bei glatten Stählen: zul τ_1 = 1,2 N/mm²,

bei profilierten Stählen und Litzen: zul τ_1 = 1,8 N/mm²,

bei gerippten Stählen: zul τ_1 = 3,0 N/mm².

(4) Ergibt Gleichung (16) höhere Werte, so ist der Nachweis nach Abschnitt 11.2 für die mit zul τ_1 bestimmte Zugkraft Z_u neu zu führen.

14 Verankerung und Kopplung der Spannglieder, Zugkraftdeckung

14.1 Allgemeines

Die Spannglieder sind durch geeignete Maßnahmen so im Beton des Bauteiles zu verankern, daß die Verankerung die Nennbruchkraft des Spanngliedes erträgt und im Gebrauchszustand keine schädlichen Risse im Verankerungsbereich auftreten. Für Spannglieder mit Endverankerung und für Kopplung sind die Angaben den Zulassungen zu entnehmen.

14.2 Verankerung durch Verbund

(1) Bei Spanngliedern, die nur durch Verbund verankert werden, ist für die volle Übertragung der Vorspannung vom Stahl auf den Beton im Gebrauchszustand eine Übertragungslänge $l_ü$ erforderlich.

Dabei ist

$$l_ü = k_1 \cdot d_v \qquad (17)$$

(2) Bei Einzelspanngliedern aus Runddrähten oder Litzen ist d_v der Nenndurchmesser, bei nicht runden Drähten ist für d_v der Durchmesser eines Runddrahtes gleicher Querschnittsfläche einzusetzen. Der Verbundbeiwert k_1 ist den Zulassungen für den Spannstahl zu entnehmen.

(3) Die ausreichende Verankerung im rechnerischen Bruchzustand ist nachgewiesen, wenn die Bedingungen nach a) oder b) erfüllt sind:

a) Die Verankerungslänge l der Spannglieder muß in einem Bereich liegen, der im rechnerischen Bruchzustand frei von Biegezugrissen (Zone a nach Abschnitt 12.3.1) und frei von Schubrissen ($\sigma_I \leq$ Werte der Tabelle 9, Zeile 49, bei vorwiegend ruhender oder Zeile 50 bei nicht vorwiegend ruhender Belastung) ist.

Die Hauptzugspannung σ_I braucht nur in einem Abstand von 0,5 d_0 vom Auflagerrand nachgewiesen zu werden.

Die Verankerungslänge beträgt

$$l = \frac{Z_u}{\sigma_v \cdot A_v} \cdot l_ü \qquad (18)$$

Hierin bedeuten:

$$Z_u = \frac{M_u}{z} + Q_u \cdot \frac{v}{h} \qquad (19)$$

σ_v die zulässige Vorspannung des Spannstahles (siehe Tabelle 9, Zeile 65)

A_v Querschnittsfläche des Spanngliedes

v Versatzmaß nach DIN 1045

Der Anteil $Q_u \cdot v/h$ der Gleichung (19) braucht nur berücksichtigt zu werden, wenn anschließend an die Verankerungslänge Schubrisse vorausgesetzt werden müssen (Überschreitung der oben genannten Grenzwerte).

b) Der rechnerische Überstand der im Verbund liegenden Spannglieder über die Auflagervorderkante muß betragen:

$$l_1 = \frac{Z_{Au}}{\sigma_v \cdot A_v} \cdot l_ü \qquad (20)$$

Bei direkter Lagerung genügt ein Überstand von ⅔ l_1.

I

Hierin bedeuten:

$Z_{Au} = Q_u \cdot \frac{v}{h}$
am Auflager zu verankernde Zugkraft; sofern ein Teil dieser Zugkraft nach DIN 1045 durch Längsbewehrung aus Betonstahl verankert wird, braucht der Überstand der Spannglieder nur für die nicht abgedeckte Restzugkraft $\Delta Z_{Au} = Z_{Au} - A_s \beta_S$ nachgewiesen zu werden.

Q_u die Querkraft am Auflager im rechnerischen Bruchzustand

A_v der Querschnitt der über die Auflager geführten unten liegenden Spannglieder

14.3 Nachweis der Zugkraftdeckung

(1) Bei gestaffelter Anordnung von Spanngliedern ist die Zugkraftdeckung im rechnerischen Bruchzustand nach DIN 1045/07.88, Abschnitt 18.7.2, durchzuführen. Bei Platten ohne Schubbewehrung ist $v = 1{,}5\ h$ in Rechnung zu stellen.

(2) In der Zone a erübrigt sich ein Nachweis der Zugkraftdeckung, wenn die Hauptzugspannungen im rechnerischen Bruchzustand

- bei vorwiegend ruhender Belastung die Vergleichswerte der Tabelle 9, Zeile 49,
- bei nicht vorwiegend ruhender Belastung die Werte der Tabelle 9, Zeile 50,

nicht überschreiten.

(3) Werden am Auflager Spannglieder von der Trägerunterseite hochgeführt, so muß die Wirkung der vollen Trägerhöhe für die Schubtragfähigkeit durch eine Mindestgurtbewehrung zur Deckung einer Zuggurtkraft von $Z_u = 0{,}5\ Q_u$ gesichert werden. Im Zuggurt verbleibende Spannglieder dürfen mit ihrer anfänglichen Vorspannkraft V_0 angesetzt werden.

(4) Im Bereich von Zwischenauflagern ist diese untere Gurtbewehrung in Richtung des Auflagers um $v = 1{,}5\ h$ über den Schnitt hinaus zu führen, der bei der sich ergebenden Lastfallkombination einschließlich ungünstig wirkender Zwangbeanspruchungen (z. B. aus Temperaturunterschied oder Stützensenkung) noch Zug erhalten kann.

(5) Entsprechendes gilt auch für die obere Gurtbewehrung.

14.4 Verankerungen innerhalb des Tragwerks

(1) Wenn ein Teil des Querschnitts mit Ankerkörpern (Verankerungen, Spanngliedkopplungen) durchsetzt ist, sind Querschnittsschwächungen zu berücksichtigen infolge von:

a) Ankerkörpern, bei denen zwischen Stirnfläche des Ankerkörpers und Beton bzw. Einpreßmörtel eine nachgiebige Zwischenlage angeordnet ist, bei allen Nachweisen im Gebrauchszustand und im rechnerischen Bruchzustand;

b) Ankerkörper, die im Bereich von Längszugspannungen liegen, bei Nachweisen im Gebrauchszustand.

(2) Bei Verankerungen innerhalb von flächenhaften Tragwerksteilen müssen mindestens 25 % der eingetragenen Vorspannkraft durch Bewehrung nach rückwärts, d. h. über das Spanngliedende hinaus, verankert werden.

(3) Dabei darf nur jener Teil der Bewehrung berücksichtigt werden, der nicht weiter als in einem Abstand von $1{,}5\ \sqrt{A_1}$ von der Achse des endenden Spanngliedes liegt und dessen resultierende Zugkraft etwa in der Achse des endenden Spanngliedes liegt. Dabei ist A_1 die Aufstandsfläche des Ankerkörpers des Spanngliedes. Im Verbund liegende Spannglieder dürfen dabei mitgerechnet werden.

(4) Als zulässige Stahlspannung der Bewehrung aus Betonstahl gelten hierbei die Werte der Tabelle 9, Zeile 68. Für die Spannglieder darf die vorhandene Spannungsreserve bis zur zulässigen Spannstahlspannung nach Tabelle 9, Zeile 65, aber keine höhere Zusatzspannung als 240 N/mm² angesetzt werden.

(5) Sind hinter einer Verankerung Betondruckspannungen σ vorhanden, so darf die sich daraus ergebende kleinste Druckkraft abgezogen werden:

$$D = 5 \cdot A_1 \cdot \sigma \qquad (21)$$

15 Zulässige Spannungen

15.1 Allgemeines

(1) Die bei den Nachweisen nach den Abschnitten 9 bis 12 und 14 zulässigen Beton- und Stahlspannungen sind in Tabelle 9 angegeben. Zwischenwerte dürfen nicht eingeschaltet werden. In der Mittelfläche von Gurtplatten sind die Spannungen für mittigen Zug einzuhalten.

(2) Bei nachträglicher Ergänzung von vorgespannten Fertigteilen durch Ortbeton B 15 (siehe Abschnitte 3.1.1 und 12.7) beträgt die zulässige Randdruckspannung 6 N/mm².

(3) Bei Brücken nach DIN 1072 und vergleichbaren Bauwerken gelten die zulässigen Betonzugspan-

nungen von Tabelle 9, Zeilen 42, 43 und 44, nur, sofern im Bauzustand keine Zwangschnittgrößen infolge von Wärmewirkungen auftreten. Treten jedoch solche Zwangschnittgrößen auf, so sind die Zahlenwerte der Tabelle 9, Zeilen 42, 43 und 44, um 0,5 N/mm^2 herabzusetzen.

15.2 Zulässige Spannung bei Teilflächenbelastung

Es gelten DIN 1045/07.88, Abschnitt 17.3.3, und für Brücken DIN 1075/04.81, Abschnitt 8.

15.3 Zulässige Druckspannungen in der vorgedrückten Druckzone

Der Rechenwert der Druckspannung, der den zulässigen Spannungen nach Tabelle 9, Zeilen 1 bis 4, gegenüberzustellen ist, beträgt

$$\sigma = 0{,}75\ \sigma_v + \sigma_q \qquad (22)$$

Hierin bedeuten:

σ_v Betondruckspannung aus Vorspannung

σ_q Betondruckspannung aus ungünstigster Lastzusammenstellung nach den Abschnitten 9.2.2 bis 9.2.7.

15.4 Zulässige Spannungen in Spanngliedern mit Dehnungsbehinderung (Reibung)

Bei Spanngliedern, deren Dehnung durch Reibung behindert ist, darf nach Tabelle 9, Zeile 66, die zulässige Spannung am Spannende erhöht werden, wenn die Bereiche der maximalen Momente hiervon nicht berührt werden und die Erhöhung auf solche Bereiche beschränkt bleibt, in denen der Einfluß der Verkehrslasten gering ist.

15.5 Zulässige Betonzugspannungen für die Beförderungszustände bei Fertigteilen

Die zulässigen Betonzugspannungen betragen das Zweifache der zulässigen Werte für den Bauzustand.

15.6 Querbiegezugspannungen in Querschnitten, die nach DIN 1045 bemessen werden

(1) In Querschnitten, die nach DIN 1045 bemessen werden (z. B. Stege oder Bodenplatten bei Querbiegebeanspruchung), dürfen die nach Zustand I ermittelten Querbiegezugspannungen die Werte der Tabelle 9, Zeile 45, nicht überschreiten. Bei Brücken wird dieser Nachweis nur für den Lastfall H verlangt.

(2) Außerdem dürfen für den Lastfall ständige Last plus Vorspannung die nach Zustand I ermittelten Querbiegezugspannungen die Werte der Tabelle 9, Zeile 37, nicht überschreiten.

15.7 Zulässige Stahlspannungen in Spanngliedern

(1) Beim Spannvorgang darf die Spannung im Spannstahl vorübergehend die Werte nach Tabelle 9, Zeile 64, erreichen; der kleinere Wert ist maßgebend.

(2) Nach dem Verankern der Spannglieder gelten die Werte der Tabelle 9, Zeilen 65 bzw. 66 (siehe auch Abschnitt 15.4).

(3) Bei Spannverfahren, für die in den Zulassungen eine Abminderung der Spannkraft vorgeschrieben ist, muß die gleiche prozentuale Abminderung sowohl beim Spannen als auch nach dem Verankern der Spannglieder berücksichtigt werden.

15.8 Gekrümmte Spannglieder

In aufgerollten oder gekrümmt verlegten, gespannten Spanngliedern dürfen die Randspannungen den Wert $\beta_{0,01}$ nicht überschreiten. Die Randspannungen für Litzen dürfen mit dem halben Nenndurchmesser ermittelt werden.

15.9 Nachweise bei nicht vorwiegend ruhender Belastung

15.9.1 Allgemeines

(1) Mit Ausnahme der in den Abschnitten 15.9.2 und 15.9.3 genannten Fälle sind Nachweise der Schwingbreite für Betonstahl und Spannstahl nicht erforderlich.

(2) Für die Verwendung von Betonstahlmatten gilt DIN 1045/07.88, Abschnitt 17.8; für die Schubsicherung bei Eisenbahnbrücken dürfen jedoch Betonstahlmatten nicht verwendet werden.

15.9.2 Endverankerungen mit Ankerkörpern und Kopplungen

(1) An Endverankerungen mit Ankerkörpern sowie an festen und beweglichen Kopplungen der Spannglieder ist der Nachweis zu führen, daß die Schwingbreite das 0,7fache des im Zulassungsbe-

I

scheid für das Spannverfahren angegebenen Wertes der ertragenen Schwingbreite nicht überschreitet.

(2) Dieser Nachweis ist, sofern im Querschnitt Zugspannungen auftreten, nach Zustand II zu führen. Hierbei sind nur die durch häufige Lastwechsel verursachten Spannungsschwankungen zu berücksichtigen.

(3) In diesen Querschnitten ist auch die Schwingbreite im Betonstahl nachzuweisen. Die ermittelten Schwingbreiten dürfen die Werte von DIN 1045/07.88, Abschnitt 17.8, nicht überschreiten.

(4) Bei diesem Nachweis sind in Querschnitten mit festen oder beweglichen Kopplungen außer den ständigen Lasten und der Vorspannung nach Kriechen und Schwinden folgende Beanspruchungen als ständig wirkend zu berücksichtigen, soweit sie hinsichtlich der Spannungsschwankungen ungünstig wirken:

- Wahrscheinliche Baugrundbewegungen nach Abschnitt 9.2.6.
- Temperaturunterschiede nach Abschnitt 9.2.5.

Bei Straßen- und Wegbrücken sind die Temperaturunterschiede nach DIN 1072/12.85, Tabelle 3, Spalten 4 bzw. 6, ohne Abminderung einzusetzen.

- Zusatzmoment $\Delta M = \pm \frac{EI}{10^4 \, d_0}$ (23)

Hierin bedeuten:

EI Biegesteifigkeit im Zustand I

d_0 Querschnittsdicke des jeweils betrachteten Querschnitts

(5) ΔM nach Gleichung (23) ist ausschließlich bei diesem Nachweis zu berücksichtigen.

15.9.3 Endverankerung von Spanngliedern mit sofortigem Verbund

Es ist nachzuweisen, daß die Änderung der Spannung aus häufigen Lastwechseln (siehe Abschnitt 15.9.2) am Ende der Übertragungslänge bei gerippten und profilierten Drähten nicht größer als 70 N/mm^2, bei Litzen nicht größer als 50 MN/m^2 ist.

Tabelle 9. **Zulässige Spannungen**

Beton auf Druck infolge von Längskraft und Biegemoment im Gebrauchszustand						
	1	2	3	4	5	6
	Querschnittsbereich	Anwendungsbereich	Zulässige Spannungen N/mm^2			
			B 25	B 35	B 45	B 55
1	Druckzone	Mittiger Druck in Säulen und Druckgliedern	8	10	11,5	13
2		Randspannung bei Voll- (z. B. Rechteck-)Querschnitt (einachsige Biegung)	11	14	17	19
3		Randspannung in Gurtplatten aufgelöster Querschnitten (z. B. Plattenbalken und Hohlkastenquerschnitte)	10	13	16	18
4		Eckspannungen bei zweiachsiger Biegung	12	15	18	20
5	vorgedrückte Zugzone	Mittiger Druck	11	13	15	17
6		Randspannung bei Voll- (z. B. Rechteck-)Querschnitten (einachsige Biegung)	14	17	19	21
7		Randspannung in Gurtplatten aufgelöster Querschnitte (z. B. Plattenbalken und Hohlkastenquerschnitte)	13	16	18	20
8		Eckspannung bei zweiachsiger Biegung	15	18	20	22

Tabelle 9. **(Fortsetzung)**

Beton auf Zug infolge von Längskraft und Biegemoment im Gebrauchszustand						
Allgemein (nicht bei Brücken)						
	1	2	3	4	5	6
	Vorspannung	Anwendungsbereich	Zulässige Spannungen N/mm²			
			B 25	B 35	B 45	B 55
		allgemein:				
9	volle Vorspannung	Mittiger Zug	0	0	0	0
10		Randspannung	0	0	0	0
11		Eckspannung	0	0	0	0
		unter unwahrscheinlicher Häufung von Lastfällen:				
12		Mittiger Zug	0,6	0,8	0,9	1,0
13		Randspannung	1,6	2,0	2,2	2,4
14		Eckspannung	2,0	2,4	2,7	3,0
		Bauzustand:				
15		Mittiger Zug	0,3	0,4	0,4	0,5
16		Randspannung	0,8	1,0	1,1	1,2
17		Eckspannung	1,0	1,2	1,4	1,5
		allgemein:				
18	beschränkte Vorspannung	Mittiger Zug	1,2	1,4	1,6	1,8
19		Randspannung	3,0	3,5	4,0	4,5
20		Eckspannung	3,5	4,0	4,5	5,0
		unter unwahrscheinlicher Häufung von Lastfällen:				
21		Mittiger Zug	1,6	2,0	2,2	2,4
22		Randspannung	4,0	4,4	5,0	5,6
23		Eckspannung	4,4	5,2	5,8	6,4
		Bauzustand:				
24		Mittiger Zug	0,8	1,0	1,1	1,2
25		Randspannung	2,0	2,2	2,5	2,8
26		Eckspannung	2,2	2,6	2,9	3,2
Bei Brücken und vergleichbaren Bauwerken nach Abschnitt 6.7.1						
		unter Hauptlasten:				
27	volle Vorspannung	Mittiger Zug	0	0	0	0
28		Randspannung	0	0	0	0
29		Eckspannung	0	0	0	0
		unter Haupt- und Zusatzlasten:				
30		Mittiger Zug	0,6	0,8	0,9	1,0
31		Randspannung	1,6	2,0	2,2	2,4
32		Eckspannung	2,0	2,4	2,7	3,0
		Bauzustand:				
33		Mittiger Zug	0,3	0,4	0,4	0,5
34		Randspannung	0,8	1,0	1,1	1,2
35		Eckspannung	1,0	1,2	1,4	1,5
		unter Hauptlasten:				
36	beschränkte Vorspannung	Mittiger Zug	1,0	1,2	1,4	1,6
37		Randspannung	2,5	2,8	3,2	3,5
38		Eckspannung	2,8	3,2	3,6	4,0
		unter Haupt- und Zusatzlasten:				
39		Mittiger Zug	1,2	1,4	1,6	1,8
40		Randspannung	3,0	3,6	4,0	4,5
41		Eckspannung	3,5	4,0	4,5	5,0
		Bauzustand:				
42		Mittiger Zug[1]	0,8	1,0	1,1	1,2
43		Randspannung[1]	2,0	2,2	2,5	2,8
44		Eckspannung[1]	2,2	2,6	2,9	3,2
Biegezugspannungen aus Quertragwirkung beim Nachweis nach Abschnitt 15.6						
45			3,0	4,0	5,0	6,0

[1] Abschnitt 15.1, (3), ist zu beachten.

Tabelle 9. **(Fortsetzung)**

Beton auf Schub						
	1	2	3	4	5	6
	Vorspannung	Beanspruchung	Zulässige Spannungen N/mm²			
			B 25	B 35	B 45	B 55
Schiefe Hauptzugspannungen Im Gebrauchszustand						
46	volle Vorspannung	Querkraft, Torsion Querkraft plus Torsion in der Mittelfläche	0,8	0,9	0,9	1,0
47		Querkraft plus Torsion	1,0	1,2	1,4	1,5
48	beschränkte Vorspannung	Querkraft, Torsion Querkraft plus Torsion in der Mittelfläche	1,8	2,2	2,6	3,0
49		Querkraft plus Torsion	2,5	2,8	3,2	3,5
Schiefe Hauptzugspannungen bzw. Schubspannungen Im rechnerischen Bruchzustand ohne Nachweis der Schubbewehrung (Zone a und Zone b)						
	1	2	3	4	5	6
	Beanspruchung	Bauteile	Zulässige Spannungen N/mm²			
			B 25	B 35	B 45	B 55
50	Querkraft	bei Balken	1,4	1,8	2,0	2,2
51		bei Platten[2] (Querkraft senkrecht zur Platte)	0,8	1,0	1,2	1,4
52	Torsion	bei Vollquerschnitten	1,4	1,8	2,0	2,2
53		in der Mittelfläche von Stegen und Gurten	0,8	1,0	1,2	1,4
54	Querkraft plus Torsion	in der Mittelfläche von Stegen und Gurten	1,4	1,8	2,0	2,2
55		bei Vollquerschnitten	1,8	2,4	2,7	3,0
Grundwerte der Schubspannung im rechnerischen Bruchzustand in Zone b und in Zuggurten der Zone a						
56	Querkraft	bei Balken	5,5	7,0	8,0	9,0
57		bei Platten (Querkraft senkrecht zur Platte)	3,2	4,2	4,8	5,2
58	Torsion	bei Vollquerschnitten	5,5	7,0	8,0	9,0
59		in der Mittelfläche von Stegen und Gurten	3,2	4,2	4,8	5,2
60	Querkraft plus Torsion	in der Mittelfläche von Stegen und Gurten	5,5	7,0	8,0	9,0
61		bei Vollquerschnitten	5,5	7,0	8,0	9,0
Beton auf Schub						
Schiefe Hauptdruckspannungen im rechnerischen Bruchzustand in Zone a und in Zone b						
62	Querkraft, Torsion, Querkraft plus Torsion	in Stegen	11	16	20	25
63	Querkraft, Torsion, Querkraft plus Torsion	in Gurtplatten	15	21	27	33

[2] Für dicke Platten ($d >$ 30 cm) siehe Abschnitt 12.4.1

Tabelle 9. **(Fortsetzung)**

Stahl auf Zug			
Stahl der Spannglieder			
	1	2	
	Beanspruchung	Zulässige Spannungen	
64	vorübergehend, beim Spannen (siehe auch Abschnitte 9.3 und 15.7)	0,8 β_S bzw. 0,65 β_Z	
65	im Gebrauchszustand	0,75 β_S bzw. 0,55 β_Z	
66	im Gebrauchszustand bei Dehnungsbehinderung (siehe Abschnitt 15.4)	5 % mehr als nach Zeile 65	
67	Randspannungen in Krümmungen (siehe auch Abschnitt 15.8)	$\beta_{0,01}$	
Betonstahl			
68	Zur Aufnahme der im Gebrauchszustand auftretenden Zugspannung	BSt 420 S (III S) BSt 500 S (IV S) BSt 500 M (IV M)	β_S/1,75
69	Beim Nachweis zur Beschränkung der Rißbreite, zur Aufnahme der Zugkräfte bei Biegung im rechnerischen Bruchzustand und zur Bemessung der Schubbewehrung	BSt 420 S (III S) BSt 500 S (IV S) BSt 500 M (IV M)	β_S

Zitierte Normen und andere Unterlagen

DIN 1013 Teil 1 Stabstahl; Warmgewalzter Rundstahl für allgemeine Verwendung, Maße, zulässige Maß- und Formabweichungen

DIN 1045 Beton und Stahlbeton, Bemessung und Ausführung

DIN 1072 Straßen- und Wegbrücken; Lastannahmen

DIN 1075 Betonbrücken; Bemessung und Ausführung

DIN 1084 Teil 1 Überwachung (Güteüberwachung) im Beton- und Stahlbetonbau; Beton II auf Baustellen

DIN 1084 Teil 2 Überwachung (Güteüberwachung) im Beton- und Stahlbetonbau; Fertigteile

DIN 1084 Teil 3 Überwachung (Güteüberwachung) im Beton- und Stahlbetonbau; Transportbeton

Normen der Reihe

DIN 1164 Portland-, Eisenportland-, Hochofen- und Traßzement

DIN 4099 Schweißen von Betonstahl; Anforderungen und Prüfungen

DIN 4226 Teil 1 Zuschlag für Beton; Zuschlag mit dichtem Gefüge, Begriffe, Bezeichnung und Anforderungen

DIN 4227 Teil 2 Spannbeton; Bauteile mit teilweiser Vorspannung

DIN 4227 Teil 5 Spannbeton; Einpressen von Zementmörtel in Spannkanäle

DIN 4227 Teil 6 Spannbeton; Bauteile mit Vorspannung ohne Verbund

DIN 17 100 Allgemeine Baustähle; Gütenorm

DIN 18 553 Hüllrohre aus Bandstahl für Spannglieder; Anforderungen, Prüfungen

DAfStb-H. 320 Erläuterungen zu 4227 Spannbeton[10)]

Richtlinien für die Bemessung und Ausführung von Stahlverbundträgern (vorläufiger Ersatz für DIN 1078 und DIN 4239).

Mitteilungen des Instituts für Bautechnik, Berlin

Weitere Normen

DIN 488 Teil 1 Betonstahl; Sorten, Eigenschaften, Kennzeichen

DIN 488 Teil 3 Betonstahl; Betonstabstahl, Prüfungen

DIN 488 Teil 4 Betonstahl; Betonstahlmatten und Bewehrungsdraht, Aufbau, Maße und Gewichte

DIN 1055 Teil 1 Lastannahmen für Bauten; Lagerstoffe, Baustoffe und Bauteile, Eigenlasten und Reibungswinkel

DIN 1055 Teil 2 Lastannahmen für Bauten; Bodenkenngrößen, Wichte, Reibungswinkel, Kohäsion, Wandreibungswinkel

DIN 1055 Teil 3 Lastannahmen für Bauten; Verkehrslasten

DIN 1055 Teil 4 Lastannahmen für Bauten; Verkehrslasten; Windlasten bei nicht schwingungsanfälligen Bauwerken

DIN 1055 Teil 5 Lastannahmen für Bauten; Verkehrslasten; Schneelast und Eislast

DIN 1055 Teil 6 Lastannahmen für Bauten; Lasten in Silozellen

DIN 4102 Teil 1 Brandverhalten von Baustoffen und Bauteilen; Baustoffe, Begriffe, Anforderungen und Prüfungen

DIN 4102 Teil 2 Brandverhalten von Baustoffen und Bauteilen; Bauteile, Begriffe, Anforderungen und Prüfungen

DIN 4102 Teil 3 Brandverhalten von Baustoffen und Bauteilen; Brandwände und nichttragende Außenwände, Begriffe, Anforderungen und Prüfungen

DIN 4102 Teil 4 Brandverhalten von Baustoffen und Bauteilen; Zusammenstellung und Anwendung klassifizierter Baustoffe, Bauteile und Sonderbauteile

DIN 4102 Teil 5 Brandverhalten von Baustoffen und Bauteilen; Feuerschutzabschlüsse, Abschlüsse in Fahrschachtwänden und gegen Feuerwiderstandsfähige Verglasungen, Begriffe, Anforderungen und Prüfungen

DIN 4102 Teil 6 Brandverhalten von Baustoffen und Bauteilen; Lüftungsleitungen, Begriffe, Anforderungen und Prüfungen

DIN 4102 Teil 7 Brandverhalten von Baustoffen und Bauteilen; Bedachungen, Begriffe, Anforderungen und Prüfungen

DIN 4226 Teil 2 Zuschlag für Beton; Zuschlag mit porigem Gefüge (Leichtzuschlag), Begriffe, Bezeichnung und Anforderungen

DIN 4226 Teil 3 Zuschlag für Beton; Prüfung von Zuschlag mit dichtem oder porigem Gefüge

Frühere Ausgaben

DIN 4227: 10.53x; DIN 4227 Teil 1: 12.79

Änderungen

Gegenüber der Ausgabe Dezember 1979 wurden folgende Änderungen vorgenommen:

a) Erweiterung der Regelungen für den Einbau von Hüllrohren.

b) Erhöhung der Mindestbewehrung bei Brücken und vergleichbaren Bauwerken.

c) Konstruktive Regelungen für die Längsbewehrung von Balkenstegen.

d) Nachweis für die Gebrauchsfähigkeit vorgespannter Konstruktionen (Beschränkung der Rißbreite).

e) Angleichung an DIN 1072 hinsichtlich Zwangbeanspruchung, insbesonders aus Wärmewirkung.

Allgemeine redaktionelle Anpassungen an die zwischenzeitliche Normenfortschreibung.

Internationale Patentklassifikation

C 04 B 28/04 E 04 B 1/22 E 04 C 5/08
E 01 D 7/02 E 04 G 21/12 G 01 L 5/00
G 01 N 3/00 G 01 N 33/38

10) Herausgeber: Deutscher Ausschuß für Stahlbeton, Berlin.
Zu beziehen über: Beuth Verlag GmbH, Burggrafenstraße 6, 10787 Berlin.

5 Spannbeton

Teil 1: Bauteile aus Normalbeton mit beschränkter oder voller Vorspannung

Änderung A1 zur DIN 4227-1 : 1988-07 - (DIN 4227-1/A1 : 1995-12) -

Vorwort

Diese Änderung wurde vom Normenausschuß Bauwesen, Fachbereich 07 „Beton- und Stahlbetonbau - Deutscher Ausschuß für Stahlbeton", Arbeitsausschuß 07.01.00 „Bemessung und Konstruktion", erarbeitet. Sie übernimmt die Festlegungen der DIN 1164-1 für Zement und paßt die Regeln für die Mindestbewehrung dem Stand der Technik an.

1 Anwendungsbereich

Diese Änderung von DIN 4227-1 : 1988-07 ersetzt die bisherigen Regelungen für die Mindestbewehrung in Spannbetonbauteilen aus Normalbeton mit beschränkter oder voller Vorspannung und übernimmt die Festlegungen für Zemente der DIN 1164-1 : 1994-10.

2 Normative Verweisungen

Diese Norm enthält durch datierte oder undatierte Verweisungen Festlegungen aus anderen Publikationen. Diese normativen Verweisungen sind an den jeweiligen Stellen im Text zitiert, und die Publikationen sind nachstehend aufgeführt. Bei datierten Verweisungen gehören spätere Änderungen oder Überarbeitungen dieser Publikationen nur zu dieser Norm, falls sie durch Änderung oder Überarbeitung eingearbeitet sind. Bei undatierten Verweisungen gilt die letzte Ausgabe der in Bezug genommenen Publikation.

DIN 1045 : 1988-07
Beton und Stahlbeton - Bemessung und Ausführung

DIN 1053-1 : 1990-02
Mauerwerk - Rezeptmauerwerk - Berechnung und Ausführung

Normenreihe

DIN 1055
Lastannahmen für Bauten

DIN 1072
Straßen- und Wegbrücken - Lastannahmen

DIN 1164-1 : 1994-10
Zement - Teil 1: Zusammensetzung, Anforderungen

DIN 4227-1 : 1988-07
Spannbeton - Bauteile aus Normalbeton mit beschränkter oder voller Vorspannung

DS 804
Vorschrift für Eisenbahnbrücken und sonstige Ingenieurbauwerke (VEI) (zu beziehen bei der Drucksachenverwaltung der Deutschen Bahn AG, Stuttgarter Str. 61, 76137 Karlsruhe)

3 Änderungen

a) **3.1.2, Absatz (2), von DIN 4227-1 : 1988-07** ist geändert in:

„Es dürfen Portlandzement CEM 1, Portlandhüttenzement CEM II/A-S und CEM II/B-S, Portlandölschieferzement CEM II/A - T und CEM II/B - T oder Portlandkalksteinzement CEM II/A - L mindestens der Festigkeitsklasse 32,5 R oder Portlandpuzzolanzement CEM II/A - P und CEM II/B - P sowie Hochofenzement CEM III/A und CEM III/B mindestens der Festigkeitsklassen 42,5 nach DIN 1164-1 verwendet werden."

b) **6.7 von DIN 4227-1 : 1988-07** ist geändert in:

„6.7 Mindestbewehrung und Bewehrung zur Beschränkung der Rißbreite

6.7.1 Allgemeines

(1) In Spannbetonbauteilen ist vor allem zur Sicherung eines robusten Tragverhaltens eine Mindestbewehrung nach 6.7.2, aus Gründen der Dauerhaftigkeit und des Erscheinungsbildes eine Bewehrung zur Beschränkung der Rißbreite nach 6.7.3 anzuordnen. Eine Addition der aus den Anforderungen nach 6.7.2 bzw. 6.7.3 resultierenden Längsbewehrung ist nicht erforderlich. In jedem Querschnitt ist nur der jeweils größere Wert maßgebend. Anforderungen an die Schubbewehrung

(Bügelbewehrung) werden nur in 6.7.2 gestellt. Die Bewehrung nach 6.7 darf bei allen weiteren Nachweisen auf die statisch erforderliche Bewehrung angerechnet werden.

(2) Die Stababstände der Längsbewehrung dürfen 200 mm nicht überschreiten.

(3) Bei Bauteilen in Umweltbedingungen nach DIN 1045, Tabelle 10, Zeilen 2 bis 4, dürfen die Bewehrungsstäbe bei Verwendung von Betonstabstahl den Durchmesser d_s = 10 mm, bei Betonstahlmatten den Durchmesser d_s = 8 mm nicht unterschreiten.

(4) Bei Platten veränderlicher Dicke darf die auf die mittlere Dicke bezogene Mindestbewehrung gleichmäßig verteilt werden. Wirkt die Platte jedoch auch als Gurtscheibe, so sollte die Mindestbewehrung auf die örtliche Plattendicke bezogen werden. Bei Hohlplatten mit annähernd kreisförmigen Aussparungen darf die Längsbewehrung auf den reinen Betonquerschnitt bezogen werden.

Tabelle 4: Mindestbewehrung je m für die verschiedenen Bereiche eines Spannbetonbauteiles

	1	2	3	4	5
		Platten/Gurtplatten oder breite Balken ($b_0 > d_0$)		Balken mit $b_0 \leq d_0$ Stege von Plattenbalken und Kastenträgern	
		Bauteile in Umweltbedingungen nach DIN 1045, Tabelle 10, Zeile 1	Bauteile in Umweltbedingungen nach DIN 1045, Tabelle 10, Zeilen 2 bis 4	Bauteile in Umweltbedingungen nach DIN 1045, Tabelle 10, Zeile 1	Bauteile in Umweltbedingungen nach DIN 1045, Tabelle 10, Zeilen 2 bis 4
1a	Oberflächenbewehrung je m bei Balken an jeder Seitenfläche, bei Platten mit $d \geq$ 1,0 m an jedem gestützten oder nicht gestützten Rand[1)]	1,0 μd_0 bzw. μd	1,0 μd_0 bzw. μd	1,0 μb_0 bzw. μb	1,0 μb_0 bzw. μb
1b	Oberflächenbewehrung am äußeren Rand der Druckzone bzw. in der Zugzone von Platten[1)]	1,0 μd_0 bzw. μd (je m)	1,0 μd_0 bzw. μd (je m)	–	1,0 $\mu d_0\, b_0$
1c	Oberflächenbewehrung in Druckgurten (obere und untere Lage je für sich)[1)]	–	1,0 μd	X	X
2a	Längsbewehrung in vorgedrückten Zugzonen	1,5 μd_0 bzw. 1,5 μd (je m)	1,5 μd_0 bzw. 1,5 μd (je m)	1,5 $\mu b_0\, d_0$ bzw. 1,5 μbd	1,5 $\mu b_0\, d_0$ bzw. 1,5 μbd
2b	Längsbewehrung in Zuggurten und Zuggliedern (obere und untere Lage je für sich)	2,5 μd	2,5 μd	X	X
3a	Schubbewehrung für Scheibenschub	2,0 μd	2,0 μd	X	X
3b	Bügelbewehrung von Balkenstegen und freien Rändern von Platten	2,0 μd_0 bzw. 2,0 μd	2,0 μd_0 bzw. 2,0 μd	2,0 μb_0 bzw. 2,0 μb	2,0 μb_0 bzw. 2,0 μb

1) Eine Oberflächenbewehrung größer als 3,35 cm^2/m je Richtung ist nicht erforderlich.

Die Werte für μ sind Tabelle 5 zu entnehmen.

Dabei ist:

d Plattendicke/Gurtplattendicke/Zugglieddicke

d_0 Balkendicke

b_0 Stegbreite in Höhe der Schwerlinie des gesamten Querschnittes, bei Hohlplatten mit annähernd kreisförmiger Aussparung die kleinste Stegbreite.

Tabelle 5: Grundwerte der Mindestbewehrung μ (Betonstahl IV S, IV M)

	1	2
	Vorgesehene Betonfestigkeitsklasse	μ %
1	B 25	0,08
2	B 35	0,09
3	B 45	0,10
4	B 55	0,11

6.7.2 Mindestbewehrung

(1) Für die Mindestbewehrung in verschiedenen Bereichen eines Spannbetonbauteils gilt Tabelle 4.

(2) Bei Vorspannung mit sofortigem Verbund dürfen oberflächennahe Spanndrähte als Betonstahl IV S auf die Mindestbewehrung nach Tabelle 4, Zeilen 1a bis 1c, angerechnet werden.

(3) Die Mindestbewehrung nach Tabelle 4, Zeile 1b, ist in der Zug- und Druckzone von Platten in Form von Bewehrungsnetzen anzuordnen, die aus zwei sich annähernd rechtwinklig kreuzenden Bewehrungslagen mit je einem Querschnitt nach Tabelle 4 bestehen. In Bauteilen, die Umweltbedingungen nach Tabelle 10, Zeile 1 von DIN 1045 : 1988-07 ausgesetzt sind, darf die Oberflächenbewehrung am äußeren Rand der Druckzone nach Tabelle 4, Zeile 1b, Spalte 2, entfallen. Für Platten aus Fertigteilen mit einer Breite $<$ 1,20 m darf die Querbewehrung nach Tabelle 4, Zeile 1b, entfallen.

(4) Die Mindestbewehrung nach Tabelle 4, Zeilen 2a und 2b, darf entfallen, sofern unter Ausnutzung von Schnittgrößenumlagerungen nachgewiesen wird, daß für den rechnerisch angenommenen Ausfall von Spanngliedern ein Versagen stets durch Rißbildung oder große Verformungen angekündigt wird.

(5) Auf die Mindestbewehrung nach Tabelle 4, Zeilen 2a und 2b, darf oberflächennahe Spannstahlbewehrung mit sofortigem Verbund im Verhältnis $\beta_{0,2}/\beta_s$ angerechnet werden, wenn diese im Spannbett nur gering vorgespannt wird (höchstens $0{,}3\beta_{0,2}$).

(6) Bei Durchlaufträgern ist die im Feld erforderliche Mindestbewehrung nach Tabelle 4, Zeilen 2a und 2b, bis über die Auflager durchzuführen.

(7) Bei rechnerisch nicht berücksichtigter Einspannung ist die Mindestbewehrung nach Tabelle 4, Zeilen 2a und 2b, in Einspannrichtung über eine Länge von mindestens einem Viertel der Stützweite einzulegen.

(8) Balken und freie Ränder von Platten müssen eine Mindestbügelbewehrung nach Tabelle 4, Zeile 3b, erhalten. Dies gilt nicht für Tür- und Fensterstürze mit $l \leq$ 2,00 m, die nach 8.5.3 von DIN 1053-1 : 1990-02 bemessen werden, und nicht für Rippendecken mit einer Verkehrslast $p \leq$ 2,75 kN/m^2.

6.7.3 Bewehrung zur Beschränkung der Rißbreite

(1) In Haupttragrichtung ist die Bewehrung zur Rißbreitenbeschränkung nach Gleichung (1) in den Bereichen einzulegen, wo unter der seltenen Einwirkungskombination[2)] und der Wirkung der 0,9fachen Vorspannkraft[3)] Betondruckspannungen am Bauteilrand dem Betrag nach kleiner als 1 N/mm^2 auftreten.

$$\mu_s = 0{,}8 \cdot k \cdot k_c \cdot \beta_{bZ}/\sigma_s - \xi_1 \cdot \mu_z \qquad (1)$$

Dabei ist:

μ_s der auf den gezogenen Querschnitt oder Querschnittsteil bezogene Betonstahlbewehrungsgehalt A_s/A_{bZ}. Hierbei ist A_{bZ} die Zugzone unmittelbar vor Rißbildung bei Wirkung der 0,9fachen Vorspannkraft[3)] sowie gegebenenfalls einer Normalkraft aus ständiger Last.

μ_z der auf den gezogenen Querschnitt oder Querschnittsteil bezogene Spannstahlbewehrungsgehalt A_z/A_{bZ}. Anzurechnen ist nur die Spannstahlbewehrung, die in A_{bZ} liegt.

σ_s Stahlspannung nach Tabelle 6, die von dem gewählten Stabdurchmesser abhängig ist. Wenn die Betonzugfestigkeit größer als 2,7 N/mm^2 ist, darf die Stahlspannung mit dem Faktor $\sqrt{\beta_{bZ}/2{,}7}$ erhöht werden.

$\beta_{bZ} = 0{,}25\ \beta_{WN}^{2/3}$, zentrische Zugfestigkeit des Betons. Ein kleinerer Wert als β_{bZ} = 2,7 N/mm^2 darf nicht eingesetzt werden.

2) Die seltene Einwirkungskombination umfaßt die ständigen Lasten und die 1,0fachen Verkehrslasten nach den Normen der Reihe DIN 1055 bzw. DIN 1072 oder DS 804, zusätzlich Zwang aus wahrscheinlicher Baugrundbewegung, Schwinden und Wärmewirkung.

3) Liegen bei der Herstellung von Fertigteilen mit sofortigem Verbund ausreichende statistische Daten über die Messung der Vorspannkraft vor, darf mit ihrer 0,95fachen Wirkung gerechnet werden.

Tabelle 6: Betonstahlspannungen zur Rißbreitenbeschränkung in Abhängigkeit von dem gewählten Stabdurchmesser *d*

	1	2	3	4	5	6	7	8	9
1	*d* in mm	25	20	16	14	12	10	8	6
2	σ_s bzw. $\Delta\sigma_z$ in N/mm^2	160	180	200	220	240	260	280	320

I

k Beiwert zur Berücksichtigung sekundärer Rißbildung bei dicken Bauteilen:

$k = 1{,}00$ für Reckteckquerschnitte und Stege mit einer Dicke von $d \leq 0{,}30$ m,

$k = 0{,}65$ für Reckteckquerschnitte und Stege mit einer Dicke von $d \geq 0{,}80$ m

Zwischenwerte dürfen durch lineare Interpolation ermittelt werden.

k_c Beiwert zur Berücksichtigung des Einflusses der Spannungsverteilung innerhalb der Zugzone A_{bZ} vor der Rißbildung sowie der Änderung des inneren Hebelarmes beim Übergang in den Zustand II:

- für Rechteckquerschnitte und Stege von Hohlkästen und Plattenbalken:

$$k_c = 0{,}4 \cdot \left[1 + \frac{\sigma_{bv}}{k_1 \cdot \beta_{bZ} \cdot d_o/d'} \right] \leq 1$$

$d' = d_o$ für $d_o < 1$ m

$d' = 1$ m für $d_o \geq 1$ m, d_o Balkendicke, bei Platten ist die Plattendicke d einzusetzen

$k_1 = 1{,}5$ für Drucknormalkraft

$k_1 = \frac{2}{3} \cdot \frac{d'}{d_o}$ für Zugnormalkraft

- für Zuggurte in gegliederten Querschnitten:

$k_c = 1{,}0$ (obere Abschätzung)

σ_{bv} zentrischer Betonspannungsanteil infolge äußerer Normalkraft und der 0,9fachen (im Bereich von Koppelfugen 0,75fachen) Normalkraft aus Vorspannung (Druck negativ)

ξ_1 Verbundbeiwert zur Berücksichtigung der Mitwirkung des Spannstahls

$$\xi_1 = \sqrt{\xi \cdot d_s/d_z}$$

ξ Verhältnis zwischen mittlerer Verbundspannung von Spannstahl und Betonstahl. Dieses Verhältnis kann Tabelle (7) entnommen werden.

d_s Durchmesser des Betonstahls

d_z Durchmesser des Spanngliedes für Bündel- und Litzenspannglieder
$d_z = 1{,}60 \cdot \sqrt{A_z}$

für 7drähtige Einzellitzen
$d_z = 1{,}75 \cdot d_v$

für 3drähtige Einzellitzen
$d_z = 1{,}20 \cdot d_v$
mit: d_v Durchmesser des einzelnen Spanndrahtes

Falls in Bauteilen mit Spanngliedern aus gerippten oder profilierten Spanndrähten oder mit Spannstahllitzen keine Betonstahlbewehrung zur Rißbreitenbeschränkung angeordnet werden soll, wird in Gleichung (1) $\xi_1 = 0$. Für μ_s ist dann μ_z und für σ_s der Spannungszuwachs im Spannstahl $\Delta\sigma_z$ zu setzen, zu dessen Ermittlung nach Tabelle 6 folgender Durchmesser anzunehmen ist:

$d = d_z / \xi$

Der Verbundbeiwert ξ kann Tabelle 7 entnommen werden, d_z siehe Erläuterung zu ξ_1.

Tabelle 7: Verbundbeiwerte zur Berücksichtigung der Mitwirkung des Spannstahls

Spannstahlsorte	Verbundbeiwerte $\xi = \tau_{zm}/\tau_{sm}$	
	sofortiger Verbund	nachträglicher Verbund
Litzen	0,6	0,5
profiliert	0,7	0,6
glatt	—	0,3
gerippt	0,9	0,7

ANMERKUNG: Die Benummerung der Gleichungen und Tabellen in den Abschnitten 8, 10, 11, 12, 13, 14 und 15 ändern sich entsprechend den Vorgaben dieses neuen Abschnittes 6.7.“

c) 9.4 von DIN 4227-1 : 1988-07

In Absatz (2) wird der 3. Satz „Der Nachweis ist nach 10.2 zu führen; der Stabdurchmesser d_s darf jedoch die Werte nach Gleichung (8) überschreiten“ gestrichen.

d) 10.2 von DIN 4227-1 : 1988-07

Der Abschnitt ist gestrichen.

e) 10.3 von DIN 4227-1 : 1988-07

Absatz (2) ist geändert in:

„Wird nicht nachgewiesen, daß die infolge Schwindens und Abfließens der Hydratationswärme im anbetonierten Teil auftretenden Zugkräfte durch Bewehrung aufgenommen werden können, so ist im anbetonierten Teil auf eine Länge $d_o \leq 1{,}0$ m die parallel zur Arbeitsfuge laufende Bewehrung auf die 1,5fachen Werte der Bewehrung nach Tabelle 4, Zeile 1b, anzuheben, die Fußnote 1, Tabelle 4, gilt dabei nicht. Diese Werte gelten auch als Mindestquerschnitt der obersten und untersten Lage der die Fuge kreuzenden Bewehrung, die beiderseits der Fuge auf einer Länge $d_0 + l_0 \leq 4{,}0$ m vorhanden sein muß (d_0 Balkendicke bzw. Plattendicke; l_0 Grundmaß der Verankerungslänge nach 18.5.2.1 von DIN 1045 : 1988-07).

ANMERKUNG: Der letzte Satz des entsprechenden Absatzes in DIN 4227-1 : 1988-07 ist gestrichen."

f) 10.4 von DIN 4227-1 : 1988-07

Absatz (1) ist geändert in:

„Werden in einer Arbeitsfuge mehr als 20 % der im Querschnitt vorhandenen Spannkraft mittels Spanngliedkopplungen oder auf andere Weise vorübergehend verankert, gelten für die die Fuge kreuzende Bewehrung über 6.73, 10.3, 14 und 15.9 hinaus die nachfolgenden Absätze (2) bis (5); dabei sollen die Stababstände nicht größer als 15 cm sein."

Absatz (2) ist gestrichen.

Absatz (3) 1. Satz ist geändert in:

„Ist in der Fuge am jeweils betrachteten Rand unter ungünstigster Überlagerung der Lastfälle nach Abschnitt 9 (unter Berücksichtigung auch der Bauzustände) eine Druckrandspannung nicht vorhanden, so sind für die die Fuge kreuzende Längsbewehrung folgende Mindestquerschnitte erforderlich."

Absatz (4) ist geändert in:

„Die Werte für die Mindestlängsbewehrung nach Absatz (3) dürfen auf die Werte nach Tabelle 4 ermäßigt werden, wenn die Druckrandspannung am betrachteten Rand mindestens 2 N/mm^2 beträgt. Bei Mindest-Druckrandspannungen zwischen 0 und 2 N/mm^2 darf der Querschnitt der Mindestlängsbewehrung zwischen den jeweils maßgebenden Werten linear interpoliert werden."

g) 12.4 von DIN 4227-1 : 1988-07

12.4.1, Absatz (2), ist geändert in:

„Die erforderliche Schubbewehrung ist für die in den Zugstreben eines gedachten Fachwerks wirkenden Kräfte zu bemessen (Fachwerkanalogie). Bezüglich der Neigung der Fachwerkstreben siehe 12.4.2 (Querkraft) und 12.4.3 (Torsion); die Bewehrungen sind getrennt zu ermitteln und zu addieren. Auf die Mindestschubbewehrung nach 6.7.3 wird hingewiesen. Für die Bemessung der Bewehrung aus Betonstahl gelten die in Tabelle 9, Zeile 69, angegebenen Spannungen."

Anhang A (informativ)

Literaturhinweise

Gert König, Nguyen Tue: Introduction to EC 2 - Part 2: Serviceability and Robustness - Darmstadt Concrete Vol. 9.

König, G., Tue, N., Bauer, Th., Pommerening, D.: Schadensablauf bei Korrosion der Spannbewehrung. Forschungsbericht TH Darmstadt, Oktober 1994.

J ZULASSUNGEN

Dr.-Ing. Uwe Hartz

Kirchenzentrum, Nürnberg, 1986. Architekten Schunk + Partner

J ZULASSUNGEN

1 Allgemeines

1.1 Nationale technische Regeln im Beton-, Stahlbeton- und Spannbetonbau und ihre bauaufsichtliche Bedeutung

Das Bauordnungsrecht der Bundesrepublik Deutschland liegt in der Hoheit der Bundesländer. Die einzige Ausnahme stellt dabei der Wohnungsbau dar, für den der Bund die Gesetzgebungskompetenz besitzt. Um die Unterschiede von Land zu Land so gering wie möglich zu halten, wurde bald die Notwendigkeit eines gemeinsamen Vorgehens der Länder deutlich, die seit 1960 zu einer Reihe von durch die Ministerkonferenz der ARGEBAU (Arbeitsgemeinschaft der Länder für das Bau-, Wohnungs- und Siedlungswesen) verabschiedeten Musterbauordnungen führte, die als Grundlage der einzelnen Bauordnungen der Bundesländer dienten und die vom Bund übernommen wurden. Die letzte Fassung vom Dezember 1997 behandelt in ihrem dritten Abschnitt Bauprodukte und Bauarten und verweist dabei auf die Voraussetzungen, die für die Vergabe des Übereinstimmungszeichens (Ü-Zeichen) bestehen.

Dabei wird zunächst die große Gruppe von Bauprodukten erwähnt, die von den bauaufsichtlich eingeführten technischen Regeln nicht oder nicht wesentlich abweichen, wobei diese technischen Regeln im Einvernehmen mit den Obersten Bauaufsichtsbehörden der Länder durch das Deutsche Institut für Bautechnik (DIBt) im Teil 1 der „Bauregelliste A" bekanntgemacht werden. Diese Liste führt neben den Bauprodukten selbst die technischen Regeln an, „die zur Erfüllung der in diesem Gesetz oder in Vorschriften aufgrund dieses Gesetzes an bauliche Anlagen gestellten Anforderungen erforderlich sind" (MBO, § 20 (2)). Gleichzeitig werden in § 20 (3) die vorgeschriebene Art des Übereinstimmungsnachweises und der geforderte Verwendbarkeitsnachweis für den Fall einer wesentlichen Abweichung von den genannten technischen Regeln angegeben (i. a. allgemeine bauaufsichtliche Zulassung: § 21, in Sonderfällen allgemeines bauaufsichtliches Prüfzeugnis: § 22, für Einzelfälle die Zustimmung im Einzelfall: § 23).

Die in der Bauregelliste A Teil 1 aufgeführten technischen Regeln gelten als technische Baubestimmungen, deren Beachtung bei der Errichtung baulicher Anlagen durch die Bauordnungen vorgeschrieben werden. Im Teil 1 des „Verzeichnisses der Prüf-, Überwachungs- und Zertifizierungsstellen nach den Landesbauordnungen", das im Auftrag der ARGEBAU durch das DIBt herausgegeben wird, sind die Stellen aufgeführt, die „beim Nachweis der Übereinstimmung dieser geregelten Bauprodukte mit den technischen Regeln nach Bauregelliste A" eingeschaltet werden dürfen, wobei die Anerkennung derartiger „PÜZ-Stellen" durch die Obersten Bauaufsichtsbehörden der Länder ausgesprochen wird.

Wesentlich ist, daß „die Bauregelliste A nur für Bauprodukte und Bauarten im Sinne der Begriffsbestimmung der Landesbauordnungen gilt. Die für die Bemessung und Ausführung der baulichen Anlagen zu beachtenden technischen Regeln, die als technische Baubestimmungen öffentlich bekanntgemacht sind, bleiben hiervon unberührt." Diese Regeln (so z. B. auch die für Einwirkungen: DIN 1055) werden in Absprache mit den Bauaufsichtsbehörden durch das DIBt in der „Musterliste der technischen Baubestimmungen" zusammengestellt, die durch die einzelnen Länder dann bekanntgemacht wird und damit die bauaufsichtliche Einführung einzelner Normen ersetzt. Das hat die Konsequenz, daß eine Vielzahl von Normen in beiden Listen enthalten ist, so z. B. DIN 1045, die in der Bauregelliste A Teil 1 als technische Regel für Baustellenbeton und Transportbeton (Frischbetonherstellung, -transport, Einbau und Überwachung), aber auch für die Bemessung und Konstruktion tragender Fertigteile aus Stahlbeton aufgeführt ist, gleichzeitig jedoch auch in der Musterliste der Technischen Baubestimmungen für die Bemessung und Ausführung von Tragwerken aus Stahlbeton enthalten ist.

1.2 Bedeutung allgemeiner bauaufsichtlicher Zulassungen

Mit dem Verweis auf die Art des Verwendbarkeitsnachweises in der Bauregelliste A Teil 1 bei wesentlichen Abweichungen von den technischen Regeln wird auch die Verbindung zu der in der Musterbauordnung genannten zweiten großen Gruppe von Bauprodukten und Bauarten geschaffen, für die entweder keine technischen Regeln existieren oder die, wie bereits gesagt, von diesen erheblich abweichen. Zur ersten Gruppe gehören z. B. die Spannverfahren, für die keine deutschen Normen oder andere technische Regeln existieren und die deshalb über allgemeine bauaufsichtliche Zulassungen geregelt werden müssen. Zur zweiten gehören z. B. vorgespannte Hohlplatten, die zwar nach DIN 4227 berechnet und bemessen werden könnten, bei deren Herstellung aber von einer Reihe von Regeln der DIN 4227 wesentlich abgewichen wird. So haben diese Bauprodukte keine Querkraft-, Spaltzug- und Querbewehrung, die Nachweisführung wird z. T. abweichend von DIN 4227 vorgenommen, so daß dafür eine allgemeine bauaufsichtliche Zulassung erforderlich wird.

In den ersten Jahren des Bestehens der Bundesrepublik Deutschland wurden Zulassungen durch die Landesbehörden erstellt, wobei durch Absprache zwischen den Ländern gesichert wurde, daß die durch ein Land erteilten Zulassungen auch in den anderen Bundesländern anerkannt wurden. Mit der Gründung des Instituts für Bautechnik im Jahre 1968 ging diese Aufgabe an diese gemeinsam von Bund und Ländern getragene Einrichtung über.

Während des Bestehens des DIBt nahm die Bedeutung dieser Arbeit erheblich zu, weil innovative Bauprodukte fast zwangsläufig von denen abweichen, die durch Normen geregelt werden. Im Bereich des Betonbaus kommt hinzu, daß die bestehenden Normen mit Rücksicht auf die zu erwartende europäische Normung keine Aktualisierung erfuhren, so daß diese im wesentlichen dem technischen Stand von 1972 (DIN 1045) bzw. 1953 (DIN 4227) entsprechen. Auch der seit 1991 vorliegende und bauaufsichtlich eingeführte Eurocode 2 basiert im technischen Inhalt auf dem Stand der siebziger Jahre (CEB/FIP-Modelcode 78), was erklärt, warum die Bemessungsergebnisse sich bei Anwendung dieser Normen nur wenig unterscheiden.

Damit steht einem Hersteller, der sein neu entwickeltes, von den technischen Regeln abweichendes Bauprodukt zur allgemeinen Verwendung auf den Markt bringen will, nur der Weg über eine allgemeine bauaufsichtliche Zulassung offen. Diese sind formlos beim DIBt zu beantragen und werden in der Regel für eine Geltungsdauer von fünf Jahren erteilt. Die Rechtsgrundlagen dafür finden sich in den Bauordnungen der Länder in entsprechenden Paragraphen, in der Musterbauordnung in § 21.

Die Zulassungen stellen Allgemeinverfügungen dar, die zwar auf Antrag ausgestellt werden, aber keinen Eigentümer, sondern lediglich einen Antragsteller nennen, so daß die Zulassung von jedem Unbeteiligten zur Herstellung der in der Zulassung geregelten Bauprodukte nachgenutzt werden kann, sofern die Regelungen der Zulassung eingehalten werden. Voraussetzung für die Erteilung einer Zulassung sind in der Regel Erstprüfungen an Versuchskörpern, die in dafür zugelassenen Prüfeinrichtungen (i. a. FMPA oder MPA) durchzuführen sind. Der Versuchsbericht und die darauf aufbauende gutachterliche Stellungnahme sind Grundlage der Beratungen, die in dem für das Sachgebiet zuständigen Sachverständigenausschuß geführt werden und deren Ergebnisse wiederum in die Zulassung einfließen. Für die folgenden Sachgebiete auf dem Gebiet des Betonbaus bestehen zur Zeit Sachverständigenausschüsse, die dem DIBt als beratendes Gremium zur Verfügung stehen:

- Beton-, Stahlbeton- und Spannbeton mit Unterausschüssen für Stahlbeton- und Spannbetonbauteile, Spannbeton-Hohlplatten, Plattenanschlüsse aus Stahlstäben, Bewehrungselemente,
- Faserzement mit nichtmetallischen Fasern,
- Stahlfaserbeton,
- Bewehrter Poren- und Leichtbeton,
- Spannverfahren.

Die Sachverständigenausschüsse setzen sich aus Vertretern der Baubehörden, Wirtschaft und Hochschulen zusammen.

Wie für die Bauprodukte, die durch Normen geregelt werden, ist auch bei den durch Zulassung geregelten Bauprodukten durch den Hersteller ein Übereinstimmungsnachweis zu erbringen, für den wiederum dafür anerkannte PÜZ-Stellen einzuschalten sind. Die Art der einzuschaltenden Stellen hängt dabei von der Art des für das jeweilige Bauprodukt in der Zulassung geforderten Übereinstimmungsnachweises ab. So wird für Spannverfahren stets „ÜZ“ gefordert: Die werkseigene Produktionskontrolle ist dabei durch eine zertifizierte Fremdüberwachungsstelle zu kontrollieren. Die Stellen, die im Rahmen des Übereinstimmungsnachweises für durch Zulassungen geregelte Bauprodukte nach den Bestimmungen der Landesbauordnungen anerkannt worden sind, werden in dem durch das DIBt herausgegebenen Teil II a des Verzeichnisses der PÜZ-Stellen geführt: „Stellen zur Einschaltung beim Nachweis der Übereinstimmung nicht geregelter Bauprodukte und Bauarten mit der allgemeinen bauaufsichtlichen Zulassung.“ Für alle der im folgenden Abschnitt 2 aufgeführten, durch Zulassung geregelten Bauprodukte werden in dem Verzeichnis entsprechende Stellen aufgeführt.

2 Verzeichnis der allgemeinen bauaufsichtlichen Zulassungen

2.1 Einführung

Die folgende Aufstellung enthält alle allgemeinen bauaufsichtlichen Zulassungen, die auf dem Gebiet des Betonbaus mit aktueller Geltungsdauer existieren und bis einschließlich Juni 1998 erteilt worden sind. Sollten trotz der angestrebten Vollständigkeit in der Auflistung Zulassungen mit aktueller Geltungsdauer fehlen, wird um eine entsprechende Mitteilung gebeten. Sind Zulassungen trotz bereits abgelaufener Geltungsdauer in der Liste enthalten, ist der Verlängerungsantrag noch in Bearbeitung.

Die Zulassungen sind nach inhaltlichen Gesichtspunkten geordnet, was aus dem aufgeführten Zulassungsgegenstand nicht in jedem Fall abzulesen ist. Dieser findet sich gemeinsam mit den anderen aufgeführten Daten (Antragsteller, Zulassungsnummer, Ausgabedatum, Geltungsdauer) auch auf der Titelseite der betreffenden Zulassung. Die in der rechten Spalte der Liste verwendeten Abkürzungen haben die folgende Bedeutung:

Z: Ausgabedatum der Zulassung
Ä: Ausgabedatum einer Änderung des Inhalts der Zulassung
E: Ausgabedatum einer Ergänzung zum Inhalt der Zulassung
V: Ausgabedatum der letzten Zulassungsverlängerung (ohne Veränderung des technischen Inhalts)
G: letzter Tag der Geltungsdauer der Zulassung.

Durch die Umstellung des EDV-Systems im DIBt kann aus der Zulassungsnummer nur bedingt auf den Zulassungsgegenstand geschlossen werden, da gegenwärtig noch eine erhebliche Anzahl von Zulassungen nach altem System existieren (kenntlich z. B. an Zulassungsnummern Z-4.1-. . ., Z-4.2-. . . oder Z-11.1-. . .), die bei anstehenden Verlängerungen oder Änderungen/Ergänzungen auf das neue System umgestellt werden. Zukünftig werden sich die Ordnungsnummern der Zulassungen (erste Zahl nach Z-. . .) an den zuständigen Sachverständigenausschüssen orientieren.

Wandbauarten aus Schalungssteinen, wie sie im Abschnitt 2.2.1 aufgeführt werden, finden sich auch unter den Zulassungen im Mauerwerksbau, oft mit demselben Antragsteller. Im Gegensatz zu diesen auf der Grundlage von DIN 1053 bemessenen Wänden ist die Bezugsnorm hier DIN 1045. Die Schalungssteine werden trocken geschoßhoch aufgestellt und mit Beton verfüllt. Für den Nachweis der Standsicherheit kommt ausschließlich der Kammerbeton in Ansatz, eine Mitwirkung der Schalungssteine wird nicht berücksichtigt. Lediglich Form und Größe der horizontalen Betonstege, die durch Aussparungen der Steine entstehen, können beim Querkraftnachweis mit angesetzt werden. Die Bauart ist im allgemeinen für übliche Hochbauten bis zu fünf Vollgeschossen zugelassen, der größte Anwendungsbereich dürfte im Bereich der Ein- und Zweifamilienhäuser liegen, da auch der geschulte Laie ohne weiteres die Steine versetzen kann. Zunehmend werden auch raumhohe Schalungselemente eingesetzt, z. T. mit integrierter Wärmedämmung.

Bei den Montagebauweisen nimmt die Verwendung zweischaliger Betonelemente nach Abschnitt 2.2.2 an Umfang zu, bei denen die beiden Schalen durch spezielle Gitterträger verbunden sind. Die Gitterträger nehmen gemeinsam mit in den Schalen liegenden Betonstahlmatten den Schalungsdruck des auf der Baustelle eingebrachten Betons auf. Im Endzustand wirken die Betonschalen mit dem Verfüllbeton wie ein monolithisches Bauteil, bei dem die Gitterträger die notwendige Verbundbewehrung bilden. An den senkrechten Fugen zwischen den einzelnen Platten sind diese durch eine im Kernbereich anzuordnende Bewehrung zu verbinden. Die Betonstahlmatten können durch den Zusatz von Stahlfasern überflüssig werden.

Für die Bemessung und Konstruktion von Betonstürzen gelten allgemein DIN 1045 bzw. DIN 4227, für Flachstürze zusätzlich die DIBt-Richtlinie „Richtlinie für die Bemessung und Ausführung von Flachstürzen". Die unter Abschnitt 2.2.3 aufgeführten Zulassungen sind wegen erheblicher Abweichungen von diesen technischen Regelwerken erforderlich.

Die Vielzahl der im Abschnitt 2.3.1 zusammengestellten Zulassungen für Gitterträger macht die herausragende Bedeutung dieser Bauprodukte für Decken im allgemeinen Hochbau Deutschlands deutlich. Während in anderen europäischen Ländern Vollmontagesysteme wesentlich verbreiteter sind (z. B. mit Spannbeton-Hohlplatten), beherrschen die Gitterträger-Elementdecken mit Ortbetonergänzung aufgrund ihrer größeren Flexibilität eindeutig den nationalen Baumarkt. Die Gitterträger dürfen dabei im Sinne von DIN 1045, Abschnitt 2.1.3.7 (2), als „biegesteife, vorgefertigte Bewehrung aus stählernen Fachwerken" angesehen werden, die in Fertigplatten nach Abschnitt 19.7.6 Verwendung finden. Im Montagezustand sind die Decken für eine Verkehrslast von 1,5 kN/m^2 bzw. 1,5 kN nachzuweisen, wobei bestimmte Durchbiegungen nicht überschritten werden dürfen. Im End-

J

zustand dürfen die Gitterträger als Verbundbewehrung und - sofern dafür geeignet - als Schubbewehrung in den Schubbereichen 1 und 2 angerechnet werden. Ab Mauerwerksdicken von 115 mm dürfen die Decken mit einer entsprechenden Stützbewehrung durchlaufend ausgebildet werden, wobei im Bereich der Auflager ein Zwischenraum von mindestens 40 mm zwischen den Platten zur einwandfreien Ausbildung einer Druckzone erforderlich ist. Neben der Anwendung für Fertigplatten werden Gitterträger auch für Balken-, Rippen- und Plattenbalkendecken eingesetzt, wofür sie werksseitig i. a. eine Fußleiste aus Beton erhalten. Gitterträgerdecken dürfen auch im Durchstanzbereich punktförmig gestützter Platten (DIN 1045, Abschnitt 22) ausgeführt werden, wobei auch eine Kombination mit den durch Zulassung geregelten Durchstanzbewehrungen (siehe Abschnitt 2.3.5) möglich ist.

Vorgespannte Elementdecken bis zu einer Breite von 3,0 m mit Gitterträgerabschnitten als Verbundbewehrung (Abschnitt 2.3.2) werden hauptsächlich wegen der fehlenden Spaltzugbewehrung und der Anforderungen der Verbundsicherung zwischen Fertigplatte und Ortbeton über Zulassungen geregelt. Gleiches gilt für die vorgespannte Rippendecke.

Für große Deckenflächen ohne nennenswerte Unregelmäßigkeiten bietet sich der Einsatz von vorgespannten Hohlplatten (Abschnitt 2.3.3) an, die im Spannbett ohne zusätzliche Betonstahlbewehrung in Breiten bis 1,2 m und beliebiger Länge hergestellt werden. Da sich diese Bauteile in der so hergestellten Form nicht nach den Regeln der DIN 4227 bemessen lassen, werden die zu führenden Nachweise mit den dafür erforderlichen Formeln und die notwendigen Konstruktionsanforderungen in den Zulassungen aufgeführt. Der durch CEN/TC 229 erarbeitete Entwurf für eine europäische Hohlplattennorm (prEN 1168, Teil 1: Spannbeton, Teil 2: Stahlbeton) liegt vor, kann aber erst endgültig verabschiedet werden, wenn alle darin genannten Bezugsnormen auch vorliegen, d. h. vor allem, daß die europäische Bemessungsnorm EN 1992-1 (Eurocode 2) veröffentlicht sein muß.

Für den Anschluß von Kragplatten wurden in den letzten Jahren verstärkt alternative Bewehrungselemente entwickelt, die unter Berücksichtigung von Anforderungen des Wärme-, Schall- und des Korrosionsschutzes die auftretenden Schnittgrößen (i. a. auf der Grundlage geeigneter Stabwerke, aber auch reine Schubdorne z. B. für den Gleitbau) sicher übertragen können. Da diese Bewehrungen nicht in DIN 1045 geregelt sind und eine Nachweisführung auch nicht auf der Grundlage bestehender technischer Regeln gelingt, ist für eine allgemeine Verwendung eine Zulassung erforderlich.

Alternative Bewehrungen für den Durchstanznachweis bei punktförmig gestützten Platten entsprechend DIN 1045, Abschnitt 22.5.2, haben sich in Form von an einer Stahlleiste aufgeschweißten Kopfbolzen oder an Doppelstäben angeschweißten Doppelkopfbolzen (Abschnitt 2.3.5) auf dem Markt durchgesetzt. Gegenwärtig ist auch auf diesem Gebiet eine Weiterentwicklung zu beobachten, die bereits zu neuen konstruktiven Lösungen geführt hat. Die in den Zulassungen enthaltenen technischen Regeln für die Bemessung derartiger Bewehrungen sind auf der Grundlage einer umfassenden Auswertung aller vorliegenden Versuchsergebnisse überarbeitet worden, da im äußeren Rundschnitt im Übergangsbereich zur Platte ohne Schubbewehrung ein Sicherheitsdefizit nachgewiesen werden konnte.

Spannverfahren (Abschnitt 2.4) gehören zu den klassischen Bereichen im Massivbau, für die Zulassungen zu erteilen sind. Dies wird auch zukünftig im europäischen Maßstab so sein, da inzwischen ein Mandat der Europäischen Kommission an EOTA (Europäische Organisation für die Erteilung von Zulassungen) für die Erarbeitung einer Richtlinie zur Erteilung europäischer Zulassungen vorliegt und mit dieser Arbeit auch bereits begonnen wurde. Während im Brückenbau über lange Zeit die Vorspannung mit Verbund für die Längstragrichtung die einzige Anwendungsart war, geht die Entwicklung nicht zuletzt wegen der Entscheidung des BMV, für die Stege von Kastenträgern nur noch externe Vorspannung anzuwenden, immer stärker in Richtung dieser Vorspannart. Das DIBt hat als Konsequenz eine Arbeitsgruppe zur Formulierung von Anforderungen an Spannverfahren mit externer Vorspannung gebildet. Hinsichtlich der Spannstahlverwendung lassen sich die Spannverfahren nach Spannstahlart (Litze, Draht, glatter Stab), Nennquerschnitt und natürlich zulässiger Vorspannkraft unterscheiden. Dies geht aus dem Zulassungsgegenstand in der nachfolgenden Auflistung nur teilweise hervor. Der Umfang der technischen Regeln der Zulassung umfaßt den Anwendungsbereich und den Aufbau des Spannglieds (der Spannstahl selbst wird unabhängig davon durch eine gesonderte Zulassung geregelt), seine Verankerung bzw. Kopplung einschließlich aller dafür benötigten Bauteile, die Maßnahmen zum Korrosionsschutz und die erforderlichen Angaben zum rechnerischen Nachweis.

Unbewehrte Bauteile aus Porenbeton im Bereich des Mauerwerksbaus sind allgemein bekannt. Für bewehrte Bauteile aus diesem Baustoff existiert nur für Dach- und Deckenplatten eine technische Regel als Norm in Form der stark veralteten DIN 4223 aus dem Jahre 1958. Der Entwurf einer europäischen Norm für Porenbetonbauteile (prEN

12 602: Vorgefertigte bewehrte Bauteile aus dampfgehärtetem Porenbeton, 1997-01) ist zurückgewiesen worden und muß überarbeitet werden. Da dieser Entwurf von deutscher Seite weitgehend akzeptiert wird, soll auf seiner Grundlage eine neue deutsche Norm erarbeitet werden. Solange diese nicht vorliegt, werden Porenbetonbauteile über Zulassungen zu regeln sein (Abschnitt 2.5). Neben der Bemessung derartiger Bauteile umfaßt die Zulassung vor allem Anforderungen an die Ausbildung der Bewehrung einschließlich des notwendigen Korrosionsschutzes. Da die Platten auch zur Ausbildung von Wand-, Decken- und Dachscheiben genutzt werden, werden dafür entsprechende Regelungen erforderlich. In zunehmendem Maße werden Beton zur Verbesserung seiner Eigenschaften Fasern zugegeben. Da diese ein Zusatzstoff im Sinne von DIN 1045, Abschnitt 6.3.2, sind, wird dafür eine Zulassung benötigt (in der DIN noch als Prüfzeichen bezeichnet). Solange die Faser nur zugemischt wird, um die Dauerhaftigkeit des Betons zu verbessern (z. B. Erhöhung der Abriebfestigkeit von Fußböden), muß im Rahmen des Zulassungsverfahrens lediglich nachgewiesen werden, wie die Faser die betontechnischen Eigenschaften beeinflußt. Wird der Faser jedoch auch eine festigkeitssteigernde Wirkung und damit die Aufnahme von Zugkräften zugewiesen, ist zusätzlich für die entsprechenden Bauprodukte/Bauarten eine Zulassung erforderlich. Dabei muß aufgrund der völlig andersartigen Anwendungsbereiche zwischen Stahlfaserbeton und Beton/Zement mit Zusatz nichtmetallischer Fasern (Kunststoff-, Glasfasern u. a.) unterschieden werden. Für Bauteile/ Bauarten aus Stahlfaserbeton muß in der Zulassung auch der rechnerische Ansatz für die statische Mitwirkung der Faser (im Sinne einer Bewehrung) geregelt werden, wozu im entsprechenden Sachverständigenausschuß auf der Grundlage vorliegender Forschungsergebnisse ein Bemessungskonzept formuliert worden ist. Sowohl für die Stahlfasern selbst als auch für Bauteile/Bauarten aus Stahlfaserbeton wurden erste Zulassungen erteilt, weitere sind in Bearbeitung.

Der Anwendungsbereich von Bauteilen aus Faserbeton/-zement umfaßt ausschließlich Platten und Tafeln für Dacheindeckungen und Fassaden ohne tragende Funktion. Aus diesem Grund werden die Zulassungen hier nicht aufgelistet. Die technischen Anforderungen an derartige Bauteile werden im Rahmen des Zulassungsverfahrens in der Regel durch die Vorlage von Versuchsergebnissen erfüllt. Lediglich die Zulassungen für die nichtmetallischen Fasern selbst sind in der folgenden Liste enthalten (Abschnitt 2.6.1).

2.2 Wandbauarten

2.2.1 Schalungssteine

Zulassungsgegenstand	Antragsteller	Zulassungs-nummer	Bescheid vom: Geltungsdauer bis:
Wandbauart mit RASTRA-Wandelementen aus Styroporbeton	RASTRA-Massivbau Bauträger GmbH Fabrikstraße 16 39356 Weferlingen	Z-15.2-6	Z: 20.11.1995 G: 30.11.2000
Wandbauart mit Schalungs-steinen GISOTON-THERMO-SCHALL-S	GISOTON-Baustoffwerke Gebhart & Söhne GmbH & Co. Hochstraße 2 88317 Aichstetten	Z-15.2-15	Z: 01.03.1996 G: 31.03.2001
Wandbauart mit Schalungs-steinen GISOTON Thermoschall GISOTON Trag- und Trenn-wandsystem	GISOTON-Baustoffwerke Gebhart & Söhne GmbH & Co. Hochstraße 2 88317 Aichstetten	Z-15.2-18	Z: 17.04.1998 G: 31.05.1999
Wandbauart mit Hohenloher Schalungssteinen	Betonwerk Gerhard Stark Übringshäuser Str. 13 74547 Untermünkheim-Kupfer	Z-15.2-27	Z: 30.07.1996 G: 31.07.2001
Wandbauart mit Schalungs-steinen iso-span	iso-span Baustoffwerk GmbH Madling 177 A-5591 Ramingstein	Z-15.2-28	Z: 19.03.1997 G: 31.08.2001
Wandbauart mit Blatt-Schalungssteinen	Blatt GmbH & Co. KG Postfach 1140 74364 Kirchheim/Neckar	Z-15.2-39	Z: 16.07.1996 G: 31.07.2001
Wandbauart Goidinger-Schnellbausystem	Goidinger Bau- und Betonwaren GesmbH Hinterfeldweg 10 A-6511 Zams	Z-15.2-43	Z: 30.08.1996 G: 31.08.2001
Wandbauart „Lüttower Scha-lungssteine“ aus Normalbeton	Gresse Bau GmbH Hauptstraße 1 19258 Gresse	Z-15.2-73	Z: 11.11.1996 G: 30.11.2001
Wandbauart mit Schalungs-steinen „Brisolit“	Harald Ziche Bieger Straße 11 15299 Müllrose	Z-15.2-76	Z: 10.12.1996 G: 31.12.2001
Wandbauart mit Schalungs-steinen „DURISOL“	Durisol-Werke GesmbH Nachfg. Kommanditgesellschaft Durisolstrasse 1 A-2481 Achau	Z-15.2-81	Z: 20.12.1996 G: 31.12.2001

Zulassungsgegenstand	Antragsteller	Zulassungs-nummer	Bescheid vom: Geltungsdauer bis:
Wandbauart mit Haener Schalungssteinen	REWA-Beton AG Rodt 6 B-4784 St. Vith	Z-15.2-87	Z: 31.01.1997 G: 31.07.1998
Wandbauart mit Schalungs-steinen „Duro-FIX"	Dipl.-Ing. Wilhelm Gelhausen Ludwigstraße 65 33098 Paderborn	Z-15.2-89	Z: 19.01.1998 G: 31.12.2001
Wandbauart mit Schalungs-steinen „Rau"	Friedrich Rau GmbH & Co. Siegfried Rostan Untere Aue 8 72224 Ebhausen	Z-15.2-92	Z: 26.06.1997 Ä: 04.05.1998 G: 28.02.1999
Wandbauart mit Schalungs-steinen „EUROSPAN"	EUROSPAN Naturbaustoffe GmbH A-6405 Pfaffenhofen 87/Tirol	Z-15.2-104	Z: 05.01.1998 G: 31.10.1998
FCN-Schalungsstein	Franz Carl Nüdling Basaltwerk GmbH + Co. KG Basaltwerke Betonwerke Ruprechtstraße 24 36037 Fulda	Z-15.2-111	Z: 27.11.1997 G: 30.06.2002
Wandbauart aus Schalungs-steinen Isotex II	ISOTEX Selbstbausysteme GmbH Postfach 86885 Landsberg/Lech	Z-15.2-126	Z: 04.05.1998 G: 31.05.2003
Wandbauart mit Schalungs-steinen Isospan II	iso-span Bauprogramme GmbH Beethovenstraße 3 90592 Schwarzenbruck	Z-4.2-189	Z: 03.02.1994 E: 30.12.1994 G: 28.02.1999
Wandbauart mit Schalungs-steinen „SB-Schalenbaustein" mit Leichtbeton	Schnuch-SB-Baustoffe GmbH 54441 Wellen	Z-4.2-158	Z: 26.06.1995 G: 03.06.2000
Wandbauart „Gisoton" mit Schalungssteinen aus Leicht-beton	Gisoton Baustoffwerke Gebhart & Söhne KG Hochstraße 2 88317 Aichstetten	Z-4.2-6	Z: 14.03.1989 Ä: 08.03.1994 G: 31.03.1999
Wandbauart mit Schalungs-steinen GISOTON 93	GISOTON-Baustoffwerke Gebhart & Söhne GmbH & Co. Hochstraße 2 88317 Aichstetten	Z-4.2-184	Z: 21.03.1994 G: 31.05.1999

2.2.2 Plattenwände

Zulassungsgegenstand	Antragsteller	Zulassungs-nummer	Bescheid vom: Geltungsdauer bis:
Kaiser-Omnia-Plattenwand mit Gitterträger KTW 200 oder KTW 300	Badische Drahtwerke GmbH Weststraße 31 77694 Kehl/Rhein	Z-15.2-9	Z: 25.04.1996 G: 31.05.2001
Filigran-Elementwand mit Filigran-D-Gitterträger und/oder Filigran-E-Gitterträger und/oder Filigran-SE-Gitterträger und/oder Filigran-SWE-Gitterträger und Filigran-EQ-Träger	Filigran Trägersysteme GmbH & Co. KG Am Zappenberg 31633 Leese	Z-15.2-40	Z: 30.08.1996 Ä+E:28.04.1997 G: 29.02.2000
Kaiser-Omnia-Plattenwand mit Kaiser-Gitterträger KT 800 oder KT 900	Badische Drahtwerke GmbH Weststraße 31 77694 Kehl/Rhein	Z-15.2-100	Z: 08.07.1997 G: 31.07.2000
SYSPRO-Elementwand mit St-Gitterträgern	Syspro-Gruppe Betonbauteile e. V. Karlsruher Straße 32 68766 Hockenheim	Z-15.2-118	Z: 17.11.1997 G: 30.11.2002
EBS-Elementwand mit EBS-Gitterträgern Typ 2000 W und Typ 2000	EBS-Gitterträger GmbH & Co. KG Am Sembacher Kreuz 67677 Enkenbach-Alsenborn	Z-4.2-49	Z: 06.11.1989 V: 01.11.1994 G: 30.11.1999
AVERMANN-Elementwand mit AVERMANN-Gitterträgern AVOS 100	Avermann Maschinenfabrik GmbH Mühlweg 28 99091 Erfurt-Gispersleben	Z-4.2-203	Z: 25.07.1995 G: 31.10.2000
DURISOL-MEVRIET-Außen-wandtafeln	DURISOL RAALTE B.V. Almelosestraat 83 NL-8100 AA Raalte	Z-4.2-86	Z: 23.12.1994 G: 30.06.1998
MABAU-Wandplatten mit MABAU-Gitterträgern Typ R	Dr.-Ing. Dittmar Ruffer Danziger Straße 47 65191 Wiesbaden	Z-4.2-118	Z: 31.10.1985 V: 04.10.1990 Ä+V: 25.8.1995 G: 31.10.2000

2.2.3 Flachstürze

Zulassungsgegenstand	Antragsteller	Zulassungs-nummer	Bescheid vom: Geltungsdauer bis:
Leichtbeton-Flachsturz Meurin	Trasswerke Meurin Betriebsgesellschaft mbH Kölner Straße 17 56626 Andernach/Rhein	Z-15.2-17	Z: 11.03.1996 G: 31.03.2001
Wienerberger Stürze	Wienerberger Ziegelindustrie GmbH & Co. Oldenburger Allee 26 30659 Hannover	Z-15.2-32	Z: 09.07.1996 G: 31.08.2001
Schultheiss-Poroton-Ziegelsturz	MEGALITH Bauelementewerk GmbH Buckenhofer Straße 1 91080 Spardorf	Z-15.2-114	Z: 12.11.1997 G: 30.04.2000
Vorgespannter Flachsturz „KS“ mit Schalen aus Kalksandstein	Spannkeramik und Bau GmbH Tribsees Wasserstraße 4 18465 Tribsees	Z-15.12-41	Z: 29.07.1996 G: 31.07.2001
Vorgespannter Flachsturz „Spava-B“	Dipl.-Ing. Fr. Bartram GmbH & Co. KG Ziegeleistraße 24594 Hohenwestedt	Z-15.12-115	Z: 14.11.1997 G: 30.11.2002
Vorgespannter Spannsturz „Leca“	Leitl-Lecasturz GmbH Postfach 99 A-4041 Linz/Donau	Z-15.12-131	Z: 19.06.1998 G: 30.06.2003
Vorgespannter Flachsturz Spannton	Bauhütte Leitl-Werke A-4041 Linz/Donau	Z-11.1-21	Z: 18.11.1983 Ä: 13.03.1985 Ä: 02.03.1994 G: 31.01.1999
Vorgespannter Ziegelsturz DIA	Heinrich Diekmann GmbH & Co. KG Fertigteile aus Ziegeln 31275 Lehrte Ot. Arpke	Z-11.1-22	V: 30.04.1993 G: 30.06.1998
Vorgespannter Flachsturz Uhl	Hermann Uhl 77746 Schutterwald	Z-11.1-42	Z: 03.08.1993 G: 30.06.1998
Vorgespannter Flachsturz SBR	SBR Spannbetonwerk Römerberg Et Co. KG In den Rauhweiden 35 67354 Römerberg	Z-11.1-44	V: 05.07.1993 G: 15.07.1998
Vorgespannter Flachsturz STURM	Tuileries Réunies du Bas-Rhin S. A. B. P. F-67042 Strasbourg Cedex	Z-11.1-74	Z: 28.04.1994 G: 30.04.1999
Vorgespannter Flachsturz MT	Betonwerk Keienburg GmbH Am Großmarkt 44653 Herne	Z-11.1-117	Z: 09.07.1993 G: 31.07.1998

2.3 Decken- und Dachbauarten

2.3.1 Gitterträger

Zulassungsgegenstand	Antragsteller	Zulassungs-nummer	Bescheid vom: Geltungsdauer bis:
Kaiser-Gitterträger KT 800 für Fertigplatten mit statisch mitwirkender Ortbetonschicht	Badische Drahtwerke GmbH Weststraße 31 77694 Kehl/Rhein	Z-15.1-1	Z: 07.09.1995 G: 31.03.1999
TRIGON-Gitterträger TR 400 für Fertigplatten mit statisch mitwirkender Ortbetonschicht	TRIGON-Bewehrungstechnik Vertriebs GmbH Kellerskopfstraße 4 65232 Taunusstein	Z-15.1-7	Z: 20.11.1995 G: 19.11.2000
V-Gitterträger System Rachl für Balken-, Rippen- und Plattenbalkendecken mit Betonfußleisten	Hermann Rachl Ingenieurbüro für Planung, Statik und Bauleitung Tabinger Straße 27 83339 Chieming/Hart und Dipl.-Ing. (FH) Jakob Wörndl Straß 11 83125 Eggstätt	Z-15.1-21	Z: 27.11.1997 Ä+V: 15.6.1998 G: 30.04.2003
Kaiser-Omnia-Träger KTS für Fertigplatten mit statisch mitwirkender Ortbetonschicht	Badische Drahtwerke GmbH Weststaße 31 77694 Kehl/Rhein	Z-15.1-38	Z: 30.08.1996 Ä+E:17.10.1997 G: 31.07.2001
Filigran-D-Gitterträger für Fertigplatten mit statisch mitwirkender Ortbetonschicht	Filigran Trägersysteme GmbH & Co. KG Am Zappenberg 31633 Leese	Z-15.1-90	Z: 18.03.1997 G: 31.03.2002
Filigran-EQ-Gitterträger für Fertigplatten mit statisch mitwirkender Ortbetonschicht	Filigran Trägersysteme GmbH & Co. KG Am Zappenberg 31633 Leese	Z-15.1-93	Z: 12.05.1997 G: 30.06.1999
Gitterträger BDW-GT 100 für Balken-, Rippen- und Plattenbalkendecken mit Betonfußleisten und Fertigplatten	Badische Drahtwerke GmbH Weststaße 31 77694 Kehl/Rhein	Z-15.1-98	Z: 21.05.1997 G: 31.05.2002
EBS-Gitterträger Typ 2000 für Balken-, Rippen- und Plattenbalkendecken mit Betonfußleisten oder Fertigplatten	EBS-Gitterträger GmbH & Co. KG Am Pulverhäuschen 9 67677 Enkenbach-Alsenhorn	Z-15.1-122	Z: 17.12.1997 G: 31.12.2002
Bevisol-Schubträger für Fertigplatten mit statisch mitwirkender Ortbetonschicht	BEVISOL-INTERSIG GmbH Magdeburger Landstraße 14770 Brandenburg a. d. Havel	Z-15.1-123	Z: 31.03.1998 G: 28.02.2002

Zulassungsgegenstand	Antragsteller	Zulassungs-nummer	Bescheid vom: Geltungsdauer bis:
EBS-Gitterträger Typ 2000 für Balken-, Rippen- und Plattenbalkendecken mit Betonfußleisten oder Fertigplatten	Elementbau Südwest GmbH & Co. KG Am Sembacher Kreuz 67677 Enkenbach-Alsenborn	Z-4.1-15	Z: 01.01.1983 E: 22.05.1987 A: 08.12.1987 V: 24.11.1992 G: 31.12.1997
Filigran-D-Gitterträger für Balken-, Rippen- und Plattenbalkendecken mit Betonfußleisten oder Fertigplatten	Filigran Trägersysteme GmbH & Co. KG Am Zappenberg 31633 Leese	Z-4.1-32	Z: 26.07.1990 Ä: 25.11.1993 G: 31.12.1998
PITTINI-Gitterträger Typ 8000 für Fertigplatten mit statisch mitwirkender Ortbetonschicht	PITTINI-STAHL GmbH Zaunkönigweg 2 81827 München	Z-4.1-35	Z: 05.07.1993 G: 31.07.1998
OMNIA-Gitterträger Typ B und Typ T für Fertigplatten mit statisch mitwirkender Ortbetonschicht	Badische Drahtwerke GmbH Weststraße 31 77694 Kehl/Rhein	Z-4.1-39	Z: 07.12.1988 Ä: 29.11.1993 G: 31.12.1998
EBS-Gitterträger Typ 2000 für Fertigplatten mit statisch mitwirkender Ortbetonschicht	EBS-Gitterträger GmbH & Co. KG Am Sembacher Kreuz 67677 Enkenbach-Alsenborn	Z-4.1-46	Z: 15.03.1989 Ä: 26.04.1994 G: 31.03.1999
RETT-Gitterträger R 70 für Balken-, Rippen- und Plattenbalkendecken mit Betonfußleisten oder Fertigplatten	RETT-Gitterträgerdecken GmbH 67688 Rodenbach	Z-4.1-52	Z: 01.12.1989 Ä: 11.11.1994 G: 31.12.1999
RETT-Gitterträger BR 750 für Fertigplatten mit statisch mitwirkender Ortbetonschicht	RETT-Gitterträgerdecken GmbH 67688 Rodenbach	Z-4.1-53	Z: 06.02.1985 Ä: 16.01.1990 Ä: 20.12.1994 G: 28.02.2000
RHEMO-Gitterträger 13/26 für Balken-, Rippen- und Plattenbalkendecken mit Betonfußleisten oder Fertigplatten	Rhemo-Baustoffwerke Koblenzer Straße 58 56626 Andernach	Z-4.1-59	Z: 01.12.1989 E: 04.02.1991 Ä: 07.11.1994 G: 31.12.1999
ABE-Gitterwerk für Fertigplatten mit statisch mitwirkender Ortbetonschicht (ABE-Großformatplatte)	ABEK-Ainedter Bau Elemente Niederalm 120 A-5081 Anif bei Salzburg	Z-4.1-63	Z: 04.10.1989 Ä: 08.12.1994 G: 31.10.1999
DATZ-Gitterträger HD 100 für Balken-, Rippen- oder Plattenbalkendecken mit Betonfußleisten oder Fertigplatten	Dr. Hermann Datz Raiffeisenstraße 6 56626 Andernach	Z-4.1-81	Z: 27.01.1989 Ä: 28.04.1994 G: 31.01 1999
Kaiser-Omnia-Träger KT 100 für Fertigplatten mit statisch mitwirkender Ortbetonschicht (MONTAQUICK-Fertigplatten)	Badische Drahtwerke GmbH Weststraße 31 77694 Kehl/Rhein	Z-4.1-85	Z: 14.07.1988 Ä: 13.12.1990 Ä: 05.07.1993 G: 31.07.1998

Zulassungsgegenstand	Antragsteller	Zulassungs-nummer	Bescheid vom: Geltungsdauer bis:
Kaiser-Gitterträger KT 800 für Fertigplatten mit statisch mitwirkender Ortbetonschicht	Badische Drahtwerke GmbH Weststraße 31 77694 Kehl/Rhein	Z-4.1-89	Z: 24.02.1989 E: 08.03.1994 G: 31.03.1999
Fert-Gitterträger für Balken-, Rippen- und Plattenbalkendecken mit Betonfußleisten oder Fertigplatten	ACOR Aciérs de constructions rationalisés 34-36 Route de Thionville F-57140 Woippy	Z-4.1-92	Z: 18.01.1994 G: 31.01.1999
Filigran-E-Gitterträger für Fertigplatten mit statisch mitwirkender Ortbetonschicht	FILIGRAN Trägersysteme GmbH & Co. KG Blumenstraße 17 82538 Geretsried	Z-4.1-106	Z: 01.12.1993 G: 31.12.1998
TEUBAU-Gitterträger für Fertigplatten mit statisch mitwirkender Ortbetonschicht	Teuto Baustahlmatten GmbH & Co. KG Gewerbegebiet Wehrendorf 49152 Bad Essen	Z-4.1-119	Z: 10.10.1989 Ä: 30.12.1994 G: 31.12.1999
TEUBAU-Gitterträger für Balken-, Rippen- und Plattenbalkendecken mit Betonfußleisten oder Fertigplatten	Teuto Baustahlmatten GmbH & Co. KG Gewerbegebiet Wehrendorf 49152 Bad Essen	Z-4.1-124	Z: 05.10.1989 Ä: 30.12.1994 G: 31.12.1999
TRIGON-TRÄGER TR 400 für Balken-, Rippen- und Plattenbalkendecken mit Betonfußleisten oder Fertigplatten	TRIGON Bewehrungstechnik Vertriebs-GmbH Platter Straße 92 65232 Taunusstein	Z-4.1-132	Z: 09.01.1989 Ä: 25.06.1993 G: 30.06.1998
Intersig-Gitterträger für Fertigplatten mit statisch mitwirkender Ortbetonschicht	N.V. Intersig Hoeksken 7 NL-9280 Lebbeke (Wieze)	Z-4.1-136	Z: 21.12.1988 Ä: 02.06.1994 E: 09.08.1994 G: 31.12.1998
Filigran-Gitterträger und Filigran-SE-Gitterträger für Balken-, Rippen- und Plattenbalkendecken mit Betonfußleisten oder Fertigplatten	FILIGRAN Trägersysteme GmbH & Co. KG Blumenstraße 17 82538 Geretsried	Z-4.1-139	Z: 29.11.1993 G: 31.12.1998
Filigran-S-Gitterträger für Rippen- oder Plattenbalkendecken mit Holzfußleiste	Filigran Trägersysteme GmbH & Co. KG Am Zappenberg 31633 Leese	Z-4.1-141	Z: 02.01.1989 Ä: 25.11.1993 G: 31.12.1998
Bevisol-Gitterträger für Fertigplatten mit statisch mitwirkender Ortbetonschicht	Bevisol-Intersig-Bauelemente GmbH Rauchstraße 13587 Berlin	Z-4.1-143	Z: 23.08.1989 Ä: 18.07.1994 G: 31.08.1999

Zulassungsgegenstand	Antragsteller	Zulassungsnummer	Bescheid vom: Geltungsdauer bis:
DATZ-Gitterträger HD 200 für Fertigplatten mit statisch mitwirkender Ortbetonschicht	Dr. Hermann Datz Raiffeisenstraße 6 56626 Andernach	Z-4.1-144	Z: 01.02.1989 Ä: 28.04.1994 G: 31.01.1999
Merksteijn-Gitterträger für Fertigplatten mit statisch mitwirkender Ortbetonschicht	Van Merksteijn B.V. Zuidelijke Kanaaldijk OZ 19 NL-8102 PK Raalte	Z-4.1-147	Z: 23.05.1989 Ä: 03.06.1994 G: 31.05.1999
Inter-Gitterträger HD 100 für Balken-, Rippen- und Plattenbalkendecken mit Betonfußleisten oder Fertigplatten	Dr. Hermann Datz Raiffeisenstraße 6 56626 Andernach	Z-4.1-155	Z: 27.01.1989 Ä: 28.04.1994 G: 31.01.1999
EXPAN-Elemente	H+H-Industri A/S Söbyvej 3 7840 Hojslev	Z-4.1-157	Z: 19.07.1989 Ä: 03.08.1994 G: 31.07.1999
UNISTATIC-Gitterträger für Fertigplatten mit statisch mitwirkender Ortbetonschicht	Hutter & Schrantz AG Großmarktstraße 7 A-1232 Wien	Z-4.1-170	Z: 22.09.1994 G: 31.10.1999
Gitterträger für Balken-, Rippen- oder Plattenbalkendecken mit Betonfußleisten oder Fertigplatten	DROTOVNA, a.s. 920 28 Hlohovec Slowakei	Z-4.1-186	Z: 06.01.1994 G: 31.12.1998
EBS-Schubträger für Fertigplatten mit statisch mitwirkender Ortbetonschicht	EBS-Gitterträger GmbH & Co. KG Am Pulverhäuschen 9 67677 Enkenbach-Alsenhorn	Z-4.1-192	Z: 27.03.1995 G: 30.04.2000
Gitterträger TT für Balken-, Rippen- und Plattenbalkendecken mit Betonfußleisten oder Fertigplatten	TRI TREG TRINEC s.r.o. Frydecka 390 73961 Trinec	Z-4.1-193	Z: 01.09.1994 G: 31.08.1999
Avermann-Gitterträger AVOS 100 für Fertigplatten mit statisch mitwirkender Ortbetonschicht	Avermann Maschinenfabrik GmbH Mühlweg 28 99091 Erfurt-Gispersleben	Z-4.1-202	Z: 25.07.1995 G: 31.08.2000

J

2.3.2 Vorgespannte Element- und Rippendecken

Zulassungsgegenstand	Antragsteller	Zulassungs-nummer	Bescheid vom: Geltungsdauer bis:
Vorgespannte Elementdecke System Schätz	Julius Schätz Bauingenieur Penning 2 94094 Rotthalmünster	Z-15.11-72	Z: 18.11.1996 G: 30.11.2001
Vorgespannte Elementdecke System PPB	société SARET Quartier de la Grave RN 26 F-30131 Pujaut	Z.15.11-79	Z: 16.07.1997 G: 31.07.2002
Vorgespannte Elementdecke System Unipan	Universalbeton GmbH Heringen Nordhäuser Straße 2 99765 Heringen/Helme	Z-15.11-85	Z: 09.01.1997 G: 31.05.2001
Vorgespannte Elementdecke System Alvon-SV	Alvon Bouwsystemen B.V. P.O.Box 22 NL-7833 Nieuw-Amsterdam	Z-15.11-105	Z: 26.06.1997 G: 30.09.1999
Vorgespannte Rippendecke „VERBIN“	Verenigde Bouwprodukten Industrie BV Looveer 1 NL-6851 AJ Huissen	Z-15.11-119	Z: 20.01.1998 G: 31.01.2003
Vorgespannte Elementdecke „Spancon“	Betonson Betonfertigteile GmbH Carl-Peschken-Straße 12 47441 Moers	Z-15.12-19	Z: 31.07.1996 G: 31.08.2001

2.3.3 Vorgespannte Hohlplatten

Zulassungsgegenstand	Antragsteller	Zulassungs-nummer	Bescheid vom: Geltungsdauer bis:
Spannbeton-Hohlplattendecke System Unipan	Universalbeton GmbH Heringen Nordhäuser Str. 2 99765 Heringen/Helme	Z-15.10-11	Z: 01.11.1996 G: 31.05.2001
Spannbeton-Hohlplattendecke System Boligbeton	A/S Boligbeton Gl. Praestegaardsvej 19 DK-8723 Losning	Z-15.10-13	Z: 10.07.1997 G: 31.07.2002
Spannbeton-Hohlplatten-decke System VMM	Forschungsgesellschaft VMM-Spannbetonplatten GbR Im Fußtal 2 50171 Kerpen	Z-15.10-14	Z: 19.03.1996 Ä: 10.12.1996 G: 31.03.2001
Spannbeton-Hohlplatten-decke System Betonson	Betonson Betonfertigteile GmbH Carl-Peschken-Str. 12 47441 Moers	Z-15.10-16	Z: 07.05.1996 G: 31.05.2001

Zulassungsgegenstand	Antragsteller	Zulassungs-nummer	Bescheid vom: Geltungsdauer bis:
Spannbeton-Hohlplatten-decke System Partek/Brespa-Variax	PARTEK BRESPA Spannbetonwerk GmbH & Co. KG Stockholmer Straße 1 29640 Schneverdingen	Z-15.10-23	Z: 25.02.1997 Ä+E:05.06.1997 G: 26.02.2002
Spannbeton-Hohlplatten-decke System Partek-Verbin	Verenigde Bouwprodukten Industrie BV Looveer 1 NL-6851 AJ Huissen	Z-15.10-24	Z: 06.09.1996 Ä+E:07.05.1997 G: 30.09.2001
Spannbeton-Hohlplatten-decke System SBF	Spaencom Betonfertigteile GmbH Am Winterhafen 6 15234 Frankfurt/Oder	Z-15.10-25	Z: 01.11.1996 G: 31.07.2001
Spannbeton-Hohlplatten-decke System VS	Franz Oberndorfer & Co. Betonwerk Lambacher Straße 14 A-4623 Gunskirchen/Oberösterreich	Z-15.10-29	Z: 23.07.1996 G: 31.07.2001
Spannbeton-Hohlplatten-decke System VMM-L	Forschungsgesellschaft VMM-Spannbetonplatten GbR Im Fußtal 2 50171 Kerpen	Z-15.10-31	Z: 10.07.1996 Ä: 10.12.1996 G: 31.07.2001
Spannbeton-Hohlplattendecke System Dycore	Dycore Verwo Systems BV Ambachtsweg 16 NL-4906 CH Oosterhout	Z-15.10-42	Z: 29.07.1996 G: 31.08.2001
Spannbeton-Hohlplatten-decke System Parma OY	Parma OY Murrontie 1 SF-30420 Forssa	Z-15.10-45	Z: 28.10.1996 G: 31.10.1997
Spannbeton-Hohlplatten-decke System Varioplus	WEILER GmbH Am Dorfplatz 3 55413 Weiler und HEINRITZ & LECHNER KG Steigerwald 8 91486 Uehlfeld/Aisch	Z-15.10-46	Z: 27.04.1998 G: 30.04.2003
Spannbeton-Hohlplattendecke System Heembeton	Heembeton BV Eusebiusplein 1 A NL-6801 BE Arnhem	Z-15.10-49	Z: 28.10.1996 G: 31.07.2000
Spannbeton-Hohlplattendecke System Spiroll	TOPOS spol s r.o. Vyrobni Divize Prefa Tovacov CZ-75101 Tovacov	Z-15.10-67	Z: 01.11.1996 G: 31.10.1999
Spannbeton-Hohlplattendecke System Strängbetong	Strängbetong Kvamholmsvägen 39 S-13105 Nacka	Z-15.10-69	Z: 04.11.1996 G: 31.01.1999

2.3.4 Plattenanschlüsse

Zulassungsgegenstand	Antragsteller	Zulassungs-nummer	Bescheid vom: Geltungsdauer bis:
Doppelschubdome DSD EU und DSDQ EU	Pflüger und Partner Kirchlindachstraße 98 CH-3052 Zollikofen und Schöck Bauteile GmbH Vimbucher Straße 2 76534 Baden-Baden (Steinbach)	Z-15.7-4	Z: 08.12.1995 E: 21.10.1997 G: 15.02.1999
MEA-Plattenanschlüsse	MEA Meisinger Stahl- und Kunststoff GmbH Sudetenstraße 1 86551 Aichach	Z-15.7-8	Z: 07.03.1996 Ä: 15.08.1996 G: 31.03.2001
HAKO-ISOKÖNIG Plattenanschlüsse	Hako Bautechnik GmbH Hubertusgasse 10 A-2201 Hagenbrunn	Z-15.7-20	Z: 11.06.1996 Ä: 13.08.1996 E: 13.06.1997 G: 15.06.2001
Plattenanschlüsse Thermo-dämm vom Typ T und Typ TQ	Horstmann Baubedarf GmbH Am Güterbahnhof 79771 Klettgau	Z-15.7-75	Z: 09.12.1996 Ä+E: 5.11.1997 E: 25.03.1998 G: 15.12.2001
MEA-Isoträger	MEA Meisinger Stahl und Kunststoff GmbH Sudetenstraße 1 86551 Aichach	Z-4.7-82	Z: 05.02.1993 G: 15.02.1998
Schöck-Isokorb	Schöck Bauteile GmbH Vimbucher Straße 2 76534 Baden-Baden (Steinbach)	Z-15.7-86	Z: 23.12.1996 Ä+E:22.08.1997 G: 15.01.2002
Doppelschubdorn DSD	Pflüger und Partner Kirchlindachstraße 98 CH-3052 Zollikofen	Z-4.7-88	Z: 31.01.1994 G: 15.02.1999
EGCO Plattenanschluß EURO-Box	EGCO AG Industriestraße 38 CH-3178 Bösingen	Z-15.7-95	Z: 28.08.1997 G: 31.08.2002
Plattenanschlüsse Ebea	ACO Severin Ahlmann GmbH & Co. KG Am Ahlmannskai 24782 Büdelsdorf und EBEA Bauelemente Vertriebs GmbH Hochstr. 1 66265 Heusweiler	Z-15.7-96	Z: 04.09.1997 G: 15.09.2002

Zulassungsgegenstand	Antragsteller	Zulassungs- nummer	Bescheid vom: Geltungsdauer bis:
Einzelschubdorne Typ JSD	Horstmann Baubedarf GmbH Am Güterbahnhof 79771 Klettgau	Z-15.7-99	Z: 11.07.1997 G: 15.07.2002
Trittschalldämmdorn, Tritt- schalldämmlagerdorn und Podestlagerdorn TYP STAISIL	Pflüger und Partner Kirchlindachstraße 98 CH-3052 Zollikofen	Z-15.7-102	Z: 01.04.1998 G: 30.04.2003

2.3.5 Durchstanzbewehrungen aus Kopfbolzen

Zulassungsgegenstand	Antragsteller	Zulassungs- nummer	Bescheid vom: Geltungsdauer bis:
Kopfbolzen-Dübelleisten als Schubbewehrung im Stützen- bereich punktförmig gestütz- ter Platten	Leonhardt, Andrä und Partner Beratende Ingenieure VBI, GmbH Lenzhalde 16 70192 Stuttgart	Z-15.1-30	Z: 24.11.1997 G: 31.07.2000
Durchstanzbewehrung System HDB-N	Halfen GmbH & Co. KG Liebigstraße 14 40764 Langenfeld	Z-15.1-84	Z: 24.11.1997 G: 31.08.2002
Halfen-Durchstanz-Beweh- rung Typ HDB (System anco- PLUS) als Schubbewehrung im Stützenbereich punktför- mig gestützter Platten	ancotech ag Buchstraße 6 CH-8112 Otelfingen und Halfen GmbH & Co. KG Werk Wiernsheim Wurmberger Straße 30-34 75446 Wiernsheim	Z-15.1-91	Z: 24.11.1997 G: 30.07.2000
DEHA-Doppelkopfbolzen- Dübelleisten als Schubbe- wehrung im Stützenbereich punktförmig gestützter Platten	Leonhardt, Andrä und Partner Beratende Ingenieure VBI, GmbH Lenzhalde 16 70192 Stuttgart	Z-15.1-94	Z: 27.05.1997 Ä+E:16.09.1997 G: 15.06.2002

2.4 Spannverfahren

2.4.1 Spannglieder mit nachträglichem Verbund

Zulassungsgegenstand	Antragsteller	Zulassungs-nummer	Bescheid vom: Geltungsdauer bis:
Litzenspannverfahren Vor-spann-Technik VT 100	Vorspann-Technik Ges.m.b.H Mayrwies-Esch 342 A-5023 Salzburg	Z-13.1-5	Z: 01.06.1984 Ä: 12.03.1986 Ä: 11.05.1989 V: 31.05.1994 G: 31.05.1999
Spannverfahren BBRV-SUSPA	SUSPA Spannbeton GmbH Max-Planck-Ring 1 40764 Langenfeld	Z-13.1-14	Z: 18.12.1981 Ä: 23.06.1983 Ä: 12.03.1986 Ä: 18.12.1986 Ä: 17.12.1991 Z: 11.03.1996 G: 31.03.2001
Spannverfahren „Leoba AK"	Zellner, Göhler, Andrä Gemeinschaft Beratender Ingenieure VBI Lenzhalde 16 70192 Stuttgart	Z-13.1-16	Z: 02.01.1985 Ä: 12.03.1986 V: 15.12.1989 Ä: 04.05.1990 G: 01.01.1995 V: 15.12.1994 G: 01.01.2000
DYWIDAG-Spannverfahren mit Einzelspanngliedern	Dyckerhoff & Widmann AG Erdinger Landstraße 1 81902 München	Z-13.1-19	Z: 28.06.1983 Ä: 18.06.1984 E: 24.06.1986 Ä: 01.07.1986 G: 15.06.1988 E: 01.06.1988 Ä: 08.06.1993 G: 15.06.1998
SUSPA-Litzenspannverfahren 140 mm^2	SUSPA Spannbeton GmbH Max-Planck-Ring 1 40764 Langenfeld	Z-13.1-21	Z: 24.02.1988 E: 18.05.1988 G: 28.02.1993 E: 12.09.1988 G: 28.02.1993 Z: 25.02.1993 Z: 27.03.1998 G: 31.03.2003
Litzenspannverfahren VSL 0,6″	VSL Vorspanntechnik (Deutschland) GmbH Gewerbepark Elstal/Wustermark 14627 Elstal	Z-13.1-22	Z: 18.03.1993 E: 20.12.1994 G: 31.03.1998

Zulassungsgegenstand	Antragsteller	Zulassungs-nummer	Bescheid vom: Geltungsdauer bis:
Spannverfahren „Bilfinger + Berger“	Bilfinger + Berger Vorspanntechnik GmbH Industriestraße 98 67240 Bobenheim-Roxheim	Z-13.1-30	Z: 01.12.1981 Ä: 07.04.1983 Ä: 12.03.1986 Ä: 18.11.1986 Z: 18.12.1996 Z: 20.02.1997 G: 17.12.2001
Litzenspannverfahren Bilfinger + Berger (B + B L 1 bis 11)	Bilfinger + Berger Vorspanntechnik GmbH Industriestraße 98 67240 Bobenheim-Roxheim	Z-13.1-31	Z: 31.01.1984 E: 01.02.1984 Ä: 10.04.1985 E: 15.07.1985 E: 08.10.1985 Ä: 12.03.1986 Ä: 03.11.1986 E: 07.03.1988 Ä: 10.01.1989 Z: 17.05.1990 E: 07.07.1993 V: 07.01.1994 G: 31.01.1999
Spannverfahren DYWIDAG-Bündelspannglieder	Dyckerhoff & Widmann AG Erdinger Landstraße 1 81902 München	Z-13.1-38	Z: 15.12.1980 E: 21.05.1981 E: 12.05.1982 Ä: 07.04.1983 Z: 01.12.1983 G: 30.11.1988 Ä: 11.12.1985 Ä: 12.03.1986 E: 09.07.1986 Ä: 21.11.1988 Z: 15.12.1993 G: 31.12.1998
Spannverfahren CONA-Multi 0,5	Bureau BBR Ltd. Riesbachstraße 57 CH-8034 Zürich	Z-13.1-42	Z: 01.09.1981 Ä: 07.04.1983 Ä: 10.04.1985 Ä: 25.03.1986 Ä: 21.11.1988 Ä: 02.09.1991 Z: 27.05.1997 G: 01.06.2002
Spannverfahren „Leoba AK 163“	Zellner, Göhler, Andrä Gemeinschaft Beratender Ingenieure VBI Lenzhalde 16 70192 Stuttgart	Z-13.1-45	Z: 02.01.1985 Ä: 12.03.1986 E: 10.06.1986 Ä: 15.12.1989 Ä: 04.05.1990 V: 15.12.1994 G: 01.01.2000

J

Zulassungsgegenstand	Antragsteller	Zulassungs-nummer	Bescheid vom: Geltungsdauer bis:
Litzenspannverfahren Holzmann [LHb 2 × 0,6″ (15,3 mm) bis LHb 19 × 0,6″ (15,3 mm)]	Philipp Holzmann AG An der Gehespitz 50 63263 Neu-Isenburg	Z-13.1-48	Z: 16.08.1987 Ä: 30.06.1992 Z: 17.03.1997 G: 16.03.2002
Vorspannsystem Hochtief mit Spanndrahtlitzen	Hochtief Aktiengesellschaft vorm. Gebr. Helfmann Rellinghauser Straße 53/57 45128 Essen	Z-13.1-63	Z: 10.06.1985 Ä: 12.03.1986 Ä: 23.10.1986 V: 15.05.1990 Ä: 16.05.1991 Z: 14.09.1995 G: 31.05.2000
Litzenspannverfahren DYWIDAG AS	Dyckerhoff & Widmann AG Erdinger Landstraße 1 81902 München	Z-13.1-65	Z: 14.12.1988 E: 06.03.1992 E: 10.12.1992 V: 09.12.1993 Z: 08.12.1994 Z: 10.06.1997 G: 30.06.2002
Litzenspannverfahren Pfleiderer Verkehrstechnik	Pfleiderer Verkehrstechnik GmbH & Co. KG 92318 Neumarkt	Z-13.1-69	Z: 17.07.1990 E: 10.09.1991 V: 13.07.1995 G: 31.07.2000
Litzenspannverfahren Vorspann-Technik VT 140/150	Vorspann-Technik Ges.m.b.H Mayrwies-Esch 342 A-5023 Salzburg	Z-13.1-73	Z: 10.05.1993 G: 30.04.1998
MACALLOY-Spannverfahren mit Einzelspanngliedern	McCalls Special Products Hawke Street S9 2LN Sheffield	Z-13.1-74	Z: 30.08.1994 G: 31.08.1999
Litzenspannverfahren B+BL	Bilfinger + Berger Vorspanntechnik GmbH Industriestraße 67240 Bobenheim-Roxheim	Z-13.1-77	Z: 05.07.1995 G: 31.01.1999
SUSPA-Litzenspannverfahren - EC2 - 140 mm^2 für Anwendungen nach DIN V ENV 1992-1-1 : 1992-06	SUSPA Spannbeton GmbH Max-Planck-Ring 1 40764 Langenfeld	Z-13.1-81	Z: 26.07.1996 Ä: 31.01.1997 G: 31.07.2001
SUSPA-Litzenspannverfahren 150 mm^2	SUSPA Spannbeton GmbH Max-Planck-Ring 1 40764 Langenfeld	Z-13.1-82	Z: 14.01.1997 G: 13.01.2002
Spannverfahren DYWIDAG AS-150	Dyckerhoff & Widmann AG Erdinger Landstraße 1 81902 München	Z-13.1-86	Z: 16.06.1998 G: 30.06.2003

2.4.2 Spannglieder ohne Verbund

Zulassungsgegenstand	Antragsteller	Zulassungs-nummer	Bescheid vom: Geltungsdauer bis:
VSL Monolitzenspannverfahren ohne Verbund	VSL International AG Könizstraße 74 CH-3000 Bern 21	Z-13.1-24	Z: 13.04.1994 G: 30.04.1999
SUSPA-Monolitzenspannverfahren ohne Verbund	SUSPA Spannbeton GmbH Max-Planck-Ring 1 40764 Langenfeld	Z-13.1-40	Z: 09.02.1981 Ä: 11.02.1986 E: 21.03.1988 Ä: 19.06.1989 Ä: 08.02.1991 G: 30.06.1999
Spannverfahren CONA-Single Litzenspannglied ohne Verbund	Bureau BBR Ltd. Riesbachstraße 57 CH-8034 Zürich	Z-13.1-46	Z: 28.09.1984 Ä: 19.06.1989 V: 02.10.1989 Z: 13.03.1995 G: 31.03.2000
Spannverfahren „DYWIDAG-Einzelspannglied“	Dyckerhoff & Widmann AG Erdinger Landstraße 1 81902 München	Z-13.1-58	Z: 09.02.1981 Ä: 31.05.1985 V: 11.02.1986 E: 11.05.1987 E: 21.04.1988 G: 15.02.1991 Ä: 19.06.1989 V: 08.02.1991 Z: 24.01.1996 G: 31.01.2001
Vorspannsystem Hochtief Litzenspannglieder ohne Verbund	Hochtief Aktiengesellschaft vorm. Gebr. Helfmann Rellinghauser Straße 53/57 45128 Essen	Z-13.1-59	Z: 03.06.1983 E: 27.05.1987 E: 17.11.1987 V: 18.05.1988 Ä: 19.06.1989 V: 02.08.1993 Z: 14.07.1994 Z: 17.02.1998 G: 28.02.2003
Spannverfahren LHu 1 × 0,6″ ohne Verbund	Philipp Holzmann AG An der Gehespitz 63263 Neu-Isenburg	Z-13.1-61	Z: 01.02.1984 Ä: 19.06.1989 Ä: 17.05.1990 Ä: 01.02.1994 G: 31.01.1999
Spannverfahren Zapf mit Einzel-Litzenspanngliedern ohne Verbund	Werner Zapf KG Nürnberger Straße 38 95440 Bayreuth	Z-13.1-68	Z: 17.10.1988 Ä: 19.06.1989 V: 22.10.1993 G: 30.10.1998

Zulassungsgegenstand	Antragsteller	Zulassungs- nummer	Bescheid vom: Geltungsdauer bis:
Litzenspannverfahren ohne Verbund B + BLo 1	Bilfinger + Berger Vorspanntechnik GmbH Industriestraße 67240 Bobenheim-Roxheim	Z-13.1-70	Z: 29.01.1990 Ä: 15.12.1994 Z: 11.03.1996 G: 31.01.2000
Litzenspannverfahren ohne Verbund VT-M/CMM	Vorspann-Technik Ges.m.b.H. Söllheimer Straße 4 A-5028 Salzburg	Z-13.1-71	Z: 02.11.1992 Z: 27.04.1998 G: 30.04.2003
DYWIDAG-Spannverfahren ohne Verbund (Stabverfahren)	Dyckerhoff & Widmann AG Erdinger Landstraße 1 81902 München	Z-13.1-3	Z: 15.02.1989 Ä: 13.04.1994 G: 28.02.1999

2.4.3 Externe Spannglieder

Zulassungsgegenstand	Antragsteller	Zulassungs- nummer	Bescheid vom: Geltungsdauer bis:
Litzenspannverfahren DYWIDAG für externe Vorspannung	Dyckerhoff & Widmann AG Erdinger Landstraße 1 81902 München	Z-13.1-66	Z: 24.05.1994 G: 31.05.1999
Litzenspannverfahren VT-CMM D für externe Vorspannung	Vorspann-Technik GmbH Am Sandbach 5 40878 Ratingen und Vorspann-Technik Ges.m.b.H. Söllheimerstraße 4 A-5028 Salzburg	Z-13.1-78	Z: 05.07.1996 G: 31.07.2001
Spannverfahren SUSPA-Draht EX für externe Vorspannung	SUSPA Spannbeton GmbH Max-Planck-Ring 1 40764 Langenfeld	Z-13.1-85	Z: 29.01.1998 G: 31.01.2003

2.4.4 Sonderspannverfahren

Zulassungsgegenstand	Antragsteller	Zulassungs- nummer	Bescheid vom: Geltungsdauer bis:
BBRV-Behälterwickelverfahren	SUSPA Spannbeton GmbH Max-Planck-Ring 1 40764 Langenfeld	Z-13.1-33	Z: 12.10.1981 V: 07.10.1986 Ä: 09.10.1991 Z: 29.01.1997 G: 28.01.2002
Spannverfahren GA	Guiraudie et Auffève 24 Rue G.- Picot F-31400 Toulouse-Cedex	Z-13.1-55	Z: 04.02.1986 Z: 15.07.1993 G: 15.07.1998

2.4.5 Sonstiges

Zulassungsgegenstand	Antragsteller	Zulassungs-nummer	Bescheid vom: Geltungsdauer bis:
PT-PLUS Kunststoffhüllrohre	VSL Vorspanntechnik (Deutschland) GmbH Diemstraße 1 57072 Siegen	Z-13.1-80	Z: 11.08.1997 G: 31.08.2002
Einpreßmörtel nach dem Aufbereitungsverfahren „SUSPA mit Swibo TYP 1973"	SUSPA Spannbeton GmbH Max-Planck-Ring 1 40764 Langenfeld	Z-13.1-7	Z: 01.07.1982 V: 01.07.1987 V: 25.06.1992 Z: 14.07.1997 G: 31.07.2002
Einpreßmörtel nach dem Aufbereitungsverfahren „HT-MIG mit SWIBO-Mixer"	Hochtief Aktiengesellschaft vorm. Gebr. Helfmann Rellinghauser Straße 4 45128 Essen	Z-13.1-62	Z: 14.02.1985 V: 08.02.1990 V: 29.12.1994 G: 31.12.1999
Vorübergehender Korrosionsschutz mit RUST-BAN 310 für DYWIDAG-Einzelspannglieder (Stabverfahren) mit nachträglichem Verbund	Dyckerhoff & Widmann AG Erdinger Landstraße 1 8011 Aschheim	Z-13.1-10	Z: 21.05.1986 V: 23.05.1991 Z: 11.11.1996 G: 10.11.2001

2.5 Bewehrter Poren- und Leichtbeton

2.5.1 Dach- und Deckenplatten, Scheibenausbildung

Zulassungsgegenstand	Antragsteller	Zulassungs-nummer	Bescheid vom: Geltungsdauer bis:
DUMEX-Dachplatten	DURISOL RAALTE B.V. Almelosestraat 83 NL-8100 AA Raalte	Z-2.1-1	Z: 03.12.1982 Ä: 29.06.1984 E: 27.09.1984 Z: 20.06.1989 Ä: 25.10.1990 Ä: 30.12.1994 G: 31.12.1999
Bewehrte SCANPOR-Deckenplatten aus dampfgehärtetem Porenbeton der Festigkeitsklasse 4,4	SCANPOR Porenbeton GmbH Dammkrug 1 31535 Neustadt	Z-2.1-21	Z: 09.01.1998 G: 31.05.2003
Bewehrte SCANPOR-Dachplatten aus dampfgehärtetem Porenbeton der Festigkeitsklassen 3,3 und 4,4	SCANPOR Porenbeton GmbH Dammkrug 1 31535 Neustadt	Z-2.1-22	Z: 17.02.1998 G: 31.05.2003

Zulassungsgegenstand	Antragsteller	Zulassungs-nummer	Bescheid vom: Geltungsdauer bis:
Bewehrte SCANPOR-Dachplatten aus dampfgehärtetem Porenbeton der Festigkeitsklassen 3,3 und 4,4 mit Nut-Feder-Verbindung ohne Vermörtelung	SCANPOR Porenbeton GmbH Dammkrug 1 31535 Neustadt	Z-2.1-24	Z: 17.02.1998 G: 31.05.2003
Europor-Dachplatten aus dampfgehärtetem Porenbeton der Festigkeitsklassen 3,3 und 4,4	EUROPOR Massivhaus GmbH Gewerbegebiet 02943 Kringelsdorf	Z-2.1-29	Z: 20.05.1998 G: 31.05.2003
Bewehrte Europor-Dachplatten aus dampfgehärtetem Porenbeton der Festigkeitsklassen 3,3 und 4,4 mit Nut-Feder-Verbindung ohne Vermörtelung	EUROPOR Massivhaus GmbH Gewerbegebiet 02943 Kringelsdorf	Z-2.1-30	Z: 20.05.1998 G: 31.05.2003
Bewehrte Europor-Deckenplatten aus dampfgehärtetem Porenbeton der Festigkeitsklassen 3,3 und 4,4	EUROPOR Massivhaus GmbH Gewerbegebiet 02943 Kringelsdorf	Z-2.1-31	Z: 20.05.1998 G: 31.05.2003
Bewehrte SIPOREX-Deckenplatten aus dampfgehärtetem Gasbeton der Festigkeitsklassen GB 3,3 (GSB 35) und GB 4,4 (GSB 50)	Deutsche Siporex GmbH Berliner Allee 69 40212 Düsseldorf	Z-2.1-3.1	Z: 01.03.1982 E: 13.06.1984 Z: 15.12.1988 Ä: 03.07.1990 Ä: 25.10.1990 Ä: 07.01.1994 G: 31.12.1998
Bewehrte SIPOREX-Dachplatten aus dampfgehärtetem Gasbeton der Festigkeitsklassen GB 3,3 (GSB 35) und GB 4,4 (GSB 50)	Deutsche Siporex GmbH Berliner Allee 69 40212 Düsseldorf	Z-2.1-3.2	Z: 01.01.1983 Ä: 13.06.1984 Z: 21.06.1988 E: 03.07.1990 Ä: 29.06.1993 G: 30.06.1998
Bewehrte SIPOREX-Dachplatten aus dampfgehärtetem Gasbeton der Festigkeitsklassen GB 3,3 (GSB 35) und GB 4,4 (GSB 50) mit Nut-Feder-Verbindung ohne Vermörtelung	Deutsche Siporex GmbH Berliner Allee 69 40212 Düsseldorf	Z-2.1-3.2.1	Z: 20.07.1982 Ä: 27.10.1982 Ä: 13.06.1984 G: 31.03.1989 Z: 20.03.1989 Ä: 25.10.1990 Z: 09.06.1994 G: 31.03.1999

Zulassungsgegenstand	Antragsteller	Zulassungsnummer	Bescheid vom: Geltungsdauer bis:
Bewehrte YTONG-Deckenplatten aus dampfgehärtetem Porenbeton der Festigkeitsklassen GB 3,3 (GSB 35) und GB 4,4 (GSB 50)	YTONG Aktiengesellschaft Hornstraße 3 80797 München	Z-2.1-4.1	Z: 07.09.1984 V: 31.08.1989 Ä: 28.12.1990 Ä: 30.06.1992 Z: 12.07.1994 Ä: 19.09.1996 G: 31.07.1999
Bewehrte YTONG-Dachplatten aus dampfgehärtetem Porenbeton der Festigkeitsklassen 3,3 und 4,4	YTONG Aktiengesellschaft Hornstraße 3 80797 München	Z-2.1-4.2	Z: 12.09.1985 Ä: 01.10.1990 Ä+V:14.03.1996 V: 09.05.1997 G: 31.05.1998
Bewehrte YTONG-Dachplatten aus dampfgehärtetem Porenbeton der Festigkeitsklassen 3,3 und 4,4 mit Nut-Feder-Verbindung ohne Vermörtelung	YTONG Aktiengesellschaft Hornstraße 3 80797 München	Z-2-1-4.2.1	Z: 31.12.1985 Ä+V:24.03.1998 Ä: 17.12.1990 Ä+V:06.02.1996 V: 26.03.1997 G: 31.03.1998
Dachscheiben aus bewehrten YTONG-Dachplatten aus dampfgehärtetem Porenbeton der Festigkeitsklassen 3,3 (GSB 35) und 4,4 (GSB 50)	YTONG Aktiengesellschaft Hornstraße 3 80797 München	Z-2.1-4.3	Z: 01.12.1980 Ä: 26.10.1990 Ä+V:19.03.1996 V: 20.10.1997 G: 31.10.1998
Bewehrte HEBEL-Dachplatten aus dampfgehärtetem Gasbeton der Festigkeitsklassen GB 3,3 (GSB 35) und GB 4,4 (GSB 50)	Hebel AG Reginawerk 2-3 82275 Emmering	Z-2.1-5.2	Z: 28.02.1986 Ä: 15.02.1991 Ä: 01.06.1992 Ä+V:14.03.1996 V: 02.06.1997 G: 31.05.1998
Dachscheiben aus bewehrten HEBEL-Dachplatten aus dampfgehärtetem Porenbeton der Festigkeitsklassen 3,3 (GSB 35) und 4,4 (GSB 50)	Hebel AG Reginawerk 2-3 82275 Emmering	Z-2.1-5.3	Z: 01.12.1980 Ä: 30.10.1985 Ä: 26.10.1990 Ä: 01.07.1992 Ä+V:19.03.1996 V: 25.11.1997 G: 31.10.1998
Bewehrte HEBEL-Dachplatten W aus dampfgehärtetem Porenbeton der Festigkeitsklassen 3,3 und 4,4 mit Nut-Feder-Verbindung ohne Vermörtelung	Hebel AG Reginawerk 2-3 82275 Emmering	Z-2.1-5.2.1	Z: 20.03.1986 Ä: 22.09.1986 Ä: 15.03.1991 Ä: 01.06.1992 Ä+V:06.02.1996 G: 31.03.1997 V: 24.03.1997 V: 23.03.1998 G: 31.12.1999

Zulassungsgegenstand	Antragsteller	Zulassungs-nummer	Bescheid vom: Geltungsdauer bis:
Bewehrte HEBEL-Deckenplatten aus dampfgehärtetem Porenbeton der Festigkeitsklassen GB 3,3 (GSB 35) und GB 4,4 (GSB 50)	Hebel AG Reginawerk 2–3 82275 Emmering	Z-2.1-5.1	Z: 03.09.1984 V: 28.12.1990 Ä: 30.06.1992 Z: 17.06.1994 Ä: 19.09.1996 G: 30.06.1999
Bewehrte GREISEL-Deckenplatten aus dampfgehärtetem Porenbeton der Festigkeitsklassen 3,3 und 4,4	F.X. Greisel GmbH Deichmannstraße 2 91555 Feuchtwangen-Dorfgütingen	Z-2.1-19.1	Z: 17.02.1992 Ä+V:05.03.1997 Z: 02.02.1998 G: 28.02.2003
Bewehrte GREISEL-Dachplatten aus dampfgehärtetem Porenbeton der Festigkeitsklassen 3,3 und 4,4	F.X. Greisel GmbH Deichmannstraße 2 91555 Feuchtwangen-Dorfgütingen	Z-2.1-19.2	Z: 17.02.1992 Ä+E+V: 03.03.1997 Z: 17.02.1998 G: 28.02.2003
Bewehrte GREISEL-Dachplatten aus dampfgehärtetem Porenbeton der Festigkeitsklassen 3,3 und 4,4 mit Nut-Feder-Verbindung ohne Vermörtelung	F.X. Greisel GmbH Deichmannstraße 2 91555 Feuchtwangen-Dorfgütingen	Z-2.1-19.2.1	Z: 17.02.1992 Ä+E+V: 27.02.1997 Z: 06.02.1998 G: 28.02.2003

2.5.2 Wandplatten

Zulassungsgegenstand	Antragsteller	Zulassungs-nummer	Bescheid vom: Geltungsdauer bis:
Bewehrte SCANPOR-Wandplatten aus dampfgehärtetem Porenbeton der Festigkeitsklassen 3,3 und 4,4	SCANPOR Porenbeton GmbH Dammkrug 1 31535 Neustadt	Z-2.1-20	Z: 11.06.1997 G: 30.06.2002
Bewehrte EUROPOR-Wandplatten aus dampfgehärtetem Porenbeton der Festigkeitsklassen 3,3 und 4,4	EUROPOR Massivhaus GmbH Gewerbegebiet 02943 Kringelsdorf	Z-2.1-32	Z: 20.05.1998 G: 31.05.2003
Bewehrte Wandplatten aus dampfgehärtetem Porenbeton der Festigkeitsklassen GB 3,3 (GSB 35) und GB 4,4 (GSB 50) zur Wandausfachung	Hebel GmbH Holding 82256 Fürstenfeldbruck	Z-2.1-10.3	Z: 17.09.1981 V: 01.09.1986 Z: 31.12.1986 Ä: 06.01.1989 Ä: 02.08.1990 V: 30.08.1991 Ä: 01.07.1992 Z: 12.08.1994 Ä: 06.02.1996 G: 31.07.1999

Zulassungsgegenstand	Antragsteller	Zulassungs-nummer	Bescheid vom: Geltungsdauer bis:
Bewehrte Wandplatten aus dampfgehärtetem Porenbeton der Festigkeitsklassen GB 3,3 (GSB 35) und GB 4,4 (GSB 50) zur Wandausfachung	YTONG Aktiengesellschaft Hornstraße 3 80797 München	Z-2.1-10.4	Z: 17.09.1981 V: 01.09.1986 Z: 31.12.1986 Ä: 06.01.1989 Ä: 03.08.1990 V: 30.08.1991 G: 31.08.1992 Ä: 21.10.1991 Ä+E:06.08.1997 G: 31.07.1999
Bewehrte GREISEL-Wandplatten aus dampfgehärtetem Porenbeton der Festigkeitsklassen 3,3 und 4,4 zur Wandausfachung	F.X. Greisel GmbH Deichmannstraße 2 91555 Feuchtwangen-Dorfgütingen	Z-2.1-10.5	Z: 07.02.1992 Z: 03.03.1997 G: 28.02.2002
Bewehrte YTONG-Wandplatten aus dampfgehärtetem Porenbeton der Festigkeitsklassen 3,3 und 4,4	YTONG Aktiengesellschaft Hornstraße 3 80797 München	Z-2.1-10.2	Z: 17.09.1981 Z: 31.12.1986 Ä: 06.01.1989 V: 16.06.1989 V: 31.08.1989 Ä: 03.08.1990 V: 30.08.1991 Z: 30.08.1994 Ä: 06.02.1996 Ä+E:12.09.1997 G: 31.07.1999

2.5.3 Stürze

Zulassungsgegenstand	Antragsteller	Zulassungs-nummer	Bescheid vom: Geltungsdauer bis:
Bewehrte YTONG-Stürze aus dampfgehärtetem Gasbeton GB 4,4 (GSB 50) ohne Schrägbewehrung	YTONG Aktiengesellschaft Hornstraße 3 80797 München	Z-2.1-15	Z: 11.02.1986 Ä: 15.02.1991 E: 11.08.1993 Ä+V:25.04.1996 Z: 12.12.1997 G: 28.02.2003
Bewehrte HEBEL-Stürze W aus dampfgehärtetem Porenbeton der Festigkeitsklasse 4,4	Hebel AG Reginawerk 2-3 82275 Emmering	Z-2.1-23	Z: 18.06.1986 Ä: 01.06.1992 Ä: 14.06.1993 Ä+V:25.04.1996 Z: 12.12.1997 G: 28.02.2003
Bewehrte DUROX-Stürze aus dampfgehärtetem Gasbeton GB 4,4 (GSB 50) ohne Schrägbewehrung	Durox Gasbeton B.V. Waaldijk NL-4214 LC Vuren	Z-2.1-25	Z: 19.12.1989 G: 30.11.1994

Zulassungsgegenstand	Antragsteller	Zulassungs-nummer	Bescheid vom: Geltungsdauer bis:
Bewehrte SCANPOR-Stürze aus dampfgehärtetem Porenbeton der Festigkeitsklasse 4,4 ohne Schrägbewehrung	SCANPOR Porenbeton GmbH Dammkrug 1 31535 Neustadt	Z-2.1-27	Z: 14.07.1997 G: 30.07.2002

2.5.4 Verbindungen

Zulassungsgegenstand	Antragsteller	Zulassungs-nummer	Bescheid vom: Geltungsdauer bis:
Nagellaschenverbindung (Zug- und Hakenlaschen) zur punktförmigen Befestigung von bewehrten Wandplatten aus dampfgehärtetem Gasbeton der Festigkeitsklassen GB 3,3 (GSB 35) und GB 4,4 (GSB 50) zur Wandausfachung	Hebel AG Reginawerk 2-3 82275 Emmering	Z-2.1-10.3.1	Z: 21.07.1987 Ä: 30.05.1989 Ä: 11.02.1991 Z: 30.06.1992 Z: 29.07.1997 G: 30.06.2002
Nagellaschenverbindung (Zuglaschen) zur punktförmigen Befestigung von bewehrten Wandplatten aus dampfgehärtetem Porenbeton der Festigkeitsklassen GB 3,3 (GSB 35) und GB 4,4 (GSB 50) zur Wandausfachung	YTONG Aktiengesellschaft Hornstraße 3 80797 München	Z-2.1-10.2.1	Z: 31.05.1988 Ä: 10.11.1989 Z: 31.05.1993 G: 31.05.1998
KREMO-Ankerbleche zur punktförmigen Befestigung von bewehrten Wandplatten aus dampfgehärtetem Porenbeton der Festigkeitsklassen 3,3 und 4,4 zur Wandausfachung	KREMO-WERKE Hermanns GmbH & Co. KG Blumentalstraße 141-145 47798 Krefeld	Z-2.1-14.1	Z: 17.03.1992 Ä+E:16.05.1995 Ä+V:18.03.1997 G: 28.02.2002
H & L-Ankerbleche zur punktförmigen Befestigung von bewehrten Wandplatten aus dampfgehärtetem Porenbeton der Festigkeitsklasse 3,3 und 4,4	Hahne & Lückel GmbH Metallwarenfabrik An der Silberkuhle 13 58239 Schwerte-Geisecke	Z-2.1-14.2	Z: 25.04.1996 G: 30.04.2001

2.6 Faserbeton

2.6.1 Nichtmetallische Fasern

Zulassungsgegenstand	Antragsteller	Zulassungs-nummer	Bescheid vom: Geltungsdauer bis:
„PB EUROFIBER"-Fasern zur Verwendung in Beton	P. Baumhüter GmbH Lümernweg 186 33378 Rheda-Wiedenbrück	Z-31.2.-104	Z: 22. 06. 1995 G: 30. 06. 2000
„Cem-FIL 2"-Glasfasern zur Verwendung in Beton	Cem-FIL International Ltd. The Parks, Newton-le-Willows Merseyside, England Großbritannien WA 12 OJQ	Z-31.2-122	Z: 25. 03. 1997 G: 31. 03. 2002
„NEG-ARG"-Glasfasern zur Verwendung in Beton	Nippon Electric Glass Co., Ltd. 1 Miyahara 4-chome, Yodogawa-Ku Osaka 532 Japan	Z-31.2.-123	Z: 22. 04. 1997 G: 30. 04. 2002
Cem-FIL AR-Glasfasern Typen A und B zur Verwendung in Beton	Cem-FIl International Ltd. The Parks, Newton-le-Willows Merseyside, England Großbritannien WA 12 OJQ	Z-31.2-127	Z: 03. 09. 1997 G: 15. 09. 2002
PVA-Filamentfaser Kuralon	Mitsubishi International GmbH Kennedydamm 19 40476 Düsseldorf	Z-31.2-134	Z: 10. 06. 1998 G: 15. 06. 2003

2.6.2 Stahlfaserbeton

Zulassungsgegenstand	Antragsteller	Zulassungs-nummer	Bescheid vom: Geltungsdauer bis:
Garagen aus bewehrtem Stahlfaserbeton	IBK Ing.-Büro Bauer + Kaletka GmbH Durlacher Straße 31 76229 Karlsruhe	Z-4.5-87	Z: 07. 09. 1993 G: 30. 09. 1998
fdu-Stahlfaserbeton-Elementwand	Fertig-Decken-Union GmbH Mühleneschweg 8 49090 Osnabrück	Z-71.2-1	Z: 14. 05. 1998 G: 31. 05. 2003

J

2.7 Sonstige Zulassungen

Zulassungsgegenstand	Antragsteller	Zulassungs-nummer	Bescheid vom: Geltungsdauer bis:
Eckauflagerung für Deckenplatten des Bausystems CD20	Copreal Ingenieursbureau voor efficiente bouwmethoden b. v. Winthontlaan 190 NL-3526 KN Utrecht	Z-4.1-198	Z: 01. 06. 1995 G: 30. 06. 2000
GRAM-Stützen	GRAM SA 1527 Villeneuve/Lucens	Z-4.6-183	Z: 15. 12. 1994 G: 31. 12. 1999
DEHA-TM-Verbundsystem für dreischichtige Stahlbeton-Wandtafeln	DEHA Ankersysteme GmbH & Co. KG Breslauer Straße 3 64521 Groß-Gerau	Z-4.8-1	Z: 17. 12. 1993 G: 31. 12. 1998
TT-Platten mit Ortbeton System Schwörer	Schwörer Universalbau GmbH & Co. Steinheimer Straße 1 71691 Freiberg a. N.	Z-11.1-62	Z: 06. 05. 1993 G: 31. 05. 1998
SÜBA-Massivdach	SÜBA Cooperation Gesellschaft für Bauforschung, Bauentwicklung und Franchising mbH Neustadter Straße 5-7 68766 Hockenheim	Z-15.1-2	Z: 31. 10. 1995 G: 30. 11. 2000
Stahlpilze zur Verstärkung von Flachdecken im Stützenbereich System Geilinger	Geilinger Stahlbau AG Schützenmattstraße CH-8180 Bülach	Z-15.1-35	Z: 05. 09. 1996 G: 30. 09. 2001
Schneidenlagerung zur Einleitung von Vertikal- und Horizontalkräften in Stahlspundbohlen System Hoesch	HSP Hoesch Spundwand und Profil GmbH Alte Radstraße 27 44147 Dortmund	Z-15.6-34	Z: 05. 03. 1998 G: 31. 07. 2002
Vorgespannte Schleuderbetonmaste aus hochfestem Beton	Pfleiderer Verkehrstechnik GmbH & Co. KG Postfach1480 92304 Neumarkt	Z-15.13-77	Z: 05. 12. 1997 G: 31. 12. 2002

3 Wiedergabe allgemeiner bauaufsichtlicher Zulassungen

3.1 Einführung

Der Aufbau und das Erscheinungsbild der vom DIBt erteilten allgemeinen bauaufsichtlichen Zulassungen sind für alle Bauprodukte/Bauarten gleich, was bereits bei dem einheitlich gestalteten Titelblatt erkennbar wird. Die zweite Seite enthält „Allgemeine Bestimmungen“ für das Zulassungsverfahren aufgrund der Bestimmungen der Landesbauordnungen. In den folgenden „Besonderen Bestimmungen“ werden im ersten Abschnitt der Zulassungsgegenstand und sein Anwendungsbereich beschrieben und in der Regel auf eine Anlage verwiesen, die das Bauprodukt zeichnerisch darstellt. Dieser erste Abschnitt ist gemeinsam mit der darin erwähnten Anlage auch in der vom DIBt veröffentlichten „BAZ“ (Verzeichnis der allgemeinen bauaufsichtlichen Zulassungen) enthalten. Im zweiten Abschnitt werden die Anforderungen an den Zulassungsgegenstand im einzelnen aufgeführt einschließlich der Grundlagen für die zu führenden Nachweise und der Anforderungen an Herstellung, Transport, Lagerung, Kennzeichnung und den Übereinstimmungsnachweis. Letzterer umfaßt bei den hier behandelten Bauprodukten immer eine werkseigene Produktionskontrolle und eine regelmäßige Fremdüberwachung einschließlich einer Erstprüfung. Im dritten Abschnitt werden schließlich die Regeln für die konstruktive Durchbildung und die Bemessung angegeben, der vierte Abschnitt enthält abschließend Anforderungen an die Bauausführung.

Nachdem in der letzten Ausgabe je eine Zulassung für Gittertäger und ein Spannverfahren für Vorspannung mit nachträglichem Verbund wiedergegeben worden sind, umfaßt der Abdruck in der diesjährigen Ausgabe je eine typische Zulassung für Spannbeton-Hohlplatten, eine Durchstanzbewehrung und ein Spannverfahren für externe Vorspannung. In den kommenden Jahrgängen werden nach und nach aus den anderen Bereichen Zulassungstexte wiedergegeben.

3.2 Zulassungen

3.2.1 Spannbeton-Hohlplattendecke

Der technische Inhalt aller Zulassungen für Hohlplatten aus Spannbeton mit sofortigem Verbund ist identisch, Unterschiede bestehen lediglich in den Abmessungen (vor allem Form und Anzahl der Hohlräume) und den Dicken der durch die einzelnen Hersteller angebotenen Platten. Dies liegt zum großen Teil an den nahezu vollautomatischen Herstellungsbedingungen mit Fertigungsautomaten im Extruder- oder Gleitverfahren.

Die Bemessung derartiger Bauteile gelingt nur durch eine planmäßige Ausnutzung der vorhandenen Betonzugfestigkeit, so daß im Rahmen der werkseigenen Produktionskontrolle vor allem diese Größe nachzuweisen ist. Dazu sind aus den fertigen Platten besonders definierte Prüfkörper zu schneiden, an denen die Zugfestigkeit der Plattenstege und die Biegezugfestigkeit der unteren Plattenspiegel zu bestimmen ist (siehe Anlage 2 der Zulassung).

Die nachfolgend wiedergegebene Zulassung Z-15.10-42 (auf S. J.34) deckt den gegenwärtig in Deutschland vorhandenen Anwendungsbereich mit Deckendicken von 150 bis 400 mm ab. Da die Decken ausschließlich bei vorwiegend ruhenden Verkehrslasten verwendet werden dürfen, ist eine Belastung nach DIN 1055 Teil 3, Tabelle 1, Zeile 7 in der Regel ausgeschlossen, obwohl die zulässige Verkehrslast nach der Zulassung 10 kN/m^2 beträgt.

3.2.2 Durchstanzbewehrung

Alle im Abschnitt 2.3.5 aufgeführten Zulassungen entsprechen in ihrem Aufbau der im folgenden wiedergegebenen Zulassung Z-15.1-84 (auf S. J.42) der Firma Halfen. Unterschiede bestehen lediglich aufgrund der aus den Anlagen ersichtlichen konstruktiven Gestaltung und damit in der Höhe der übertragbaren Querkräfte (Abschnitt 3.3.2 der Zulassung), die durch entsprechende Versuche nachgewiesen worden sind. Mit der durch die Zulassung Z-15.1-84 geregelten Durchstanzbewehrung lassen sich gegenüber DIN 1045, 22.5.2 um 55 % höhere Querkräfte im Durchstanzbereich von punktförmig gestützten Platten übertragen.

3.2.3 Externe Vorspannung

Für die externe Vorspannung von Tragwerken, die nach DIN V 4227-6 bemessen und ausgeführt werden, haben unterschiedliche Hersteller Spannverfahren entwickelt und für die Anwendung auf den Markt gebracht. Hauptanwendungsgebiet der Spannverfahren ist traditionell der Brückenbau, der überwiegend im Verantwortungsbereich des Verkehrsministers liegt. Deshalb kommt dessen Entscheidung, für die Vorspannung der Längsstege von Kastenbrücken zukünftig nur noch externe Spannglieder einzusetzen, entscheidende Bedeutung für die Weiterentwicklung auf diesem Gebiet zu. Die in der Zulassung Z-13.1-78 (auf S. J.52) geregelten Spannglieder der Firma Vorspann-Technik bestehen in der freien Länge aus durch Stege verbundenen Monolitzen, die durch eine zusätzliche HDPE-Hülle zu sog. Bändern aus zwei oder vier Litzen zusammengefaßt werden. Sämtliche Zwischenräume werden mit Korrosionsschutzmasse ausgefüllt. Durch die Kombination mehrerer Bänder lassen sich Spannglieder mit beliebiger zulässiger Vorspannkraft gewinnen. Entscheidende Bedeutung bei externen Spanngliedern hat die Ausbildung der Umlenkstellen, die deshalb auch im Rahmen der Zulassung geregelt werden (siehe Anlage 21 der Zulassung). Dabei wird entsprechend der Ausbildung der Umlenkkästen zwischen innerer (nur die Litzen bewegen sich in den Bändern beim Vorspannen) und äußerer Gleitung (die Bänder bewegen sich insgesamt) unterschieden. Die im Zuge der Anwendung gemachten Erfahrungen zeigen jedoch, daß unter Baustellenbedingungen immer eine Kombination aus innerer und äußerer Gleitung zu erwarten ist. Deshalb sind zukünftig, sofern nicht eine Art der Gleitung erzwungen wird, beide Extremfälle bei der Ausbildung der Verankerungen zu berücksichtigen.

DEUTSCHES INSTITUT FÜR BAUTECHNIK

Anstalt des öffentlichen Rechts

10829 Berlin, 29. Juli 1996
Kolonnenstraße 30
Telefon: (0 30) 7 87 30-302
Telefax: (0 30) 7 87 30-320
GeschZ.: I 7-1.15.10-27/96

Allgemeine bauaufsichtliche Zulassung

Zulassungsnummer: Z-15.10-42

Antragsteller:	Dycore Verwo Systems BV Ambachtsweg 16 4906 CH Oosterhout Niederlande
Zulassungs-gegenstand:	Spannbeton-Hohlplattendecke System Dycore
Geltungsdauer bis:	31. August 2001

Der obengenannte Zulassungsgegenstand wird hiermit allgemein bauaufsichtlich zugelassen.*

Diese allgemeine bauaufsichtliche Zulassung umfaßt acht Seiten und zwei Anlagen.

* Diese allgemeine bauaufsichtliche Zulassung ersetzt den Zulassungsbescheid Nr. Z-11.1-110 vom 10. Juli 1992

I. ALLGEMEINE BESTIMMUNGEN

1 Mit der allgemeinen bauaufsichtlichen Zulassung ist die Verwendbarkeit des Zulassungsgegenstandes im Sinne der Landesbauordnungen nachgewiesen.

2 Die allgemeine bauaufsichtliche Zulassung ersetzt nicht die für die Durchführung von Bauvorhaben gesetzlich vorgeschriebenen Genehmigungen, Zustimmungen und Bescheinigungen.

3 Die allgemeine bauaufsichtliche Zulassung wird unbeschadet der Rechte Dritter, insbesondere privater Schutzrechte, erteilt.

4 Hersteller und Vertreiber des Zulassungsgegenstands haben, unbeschadet weitergehender Regelungen in den „Besonderen Bestimmungen", dem Verwender des Zulassungsgegenstands Kopien der allgemeinen bauaufsichtlichen Zulassung zur Verfügung zu stellen und darauf hinzuweisen, daß die allgemeine bauaufsichtliche Zulassung an der Verwendungsstelle vorliegen muß. Auf Anforderung sind den beteiligten Behörden Kopien der allgemeinen bauaufsichtlichen Zulassung zur Verfügung zu stellen.

5 Die allgemeine bauaufsichtliche Zulassung darf nur vollständig vervielfältigt werden. Eine auszugsweise Veröffentlichung bedarf der Zustimmung des Deutschen Instituts für Bautechnik. Texte und Zeichnungen von Werbeschriften dürfen der allgemeinen bauaufsichtlichen Zulassung nicht widersprechen. Übersetzungen der allgemeinen bauaufsichtlichen Zulassung müssen den Hinweis „Vom Deutschen Institut für Bautechnik nicht geprüfte Übersetzung der deutschen Originalfassung" enthalten.

6 Das Deutsche Institut für Bautechnik ist berechtigt, im Herstellwerk, im Händlerlager, auf der Baustelle oder am Einbauort zu prüfen oder prüfen zu lassen, ob die Bestimmungen der allgemeinen bauaufsichtlichen Zulassung eingehalten worden sind.

7 Die allgemeine bauaufsichtliche Zulassung wird widerruflich erteilt. Die Bestimmungen der allgemeinen bauaufsichtlichen Zulassung können nachträglich ergänzt und geändert werden, insbesondere, wenn neue technische Erkenntnisse dies erfordern.

8 Die in der allgemeinen bauaufsichtlichen Zulassung genannten Bauprodukte bedürfen des Nachweises der Übereinstimmung (Übereinstimmungsnachweis) und der Kennzeichnung mit dem Übereinstimmungszeichen (Ü-Zeichen) nach den Übereinstimmungszeichen-Verordnungen der Länder.

II. BESONDERE BESTIMMUNGEN

1 Zulassungsgegenstand und Anwendungsbereich

1.1 Zulassungsgegenstand

(1) Die Spannbeton-Hohlplattendecke ist eine zusammengesetzte Montagedecke aus Hohlplatten, die mit sofortigem Verbund vorgespannt sind. Die Spannbeton-Hohlplatten haben eine Systembreite von 1200 mm und eine Dicke von minimal 150 und maximal 400 mm.

(2) Bei diesen Spannbeton-Hohlplatten werden keine Spaltzugbewehrung und keine Querbewehrung angeordnet.

1.2 Anwendungsbereich

(1) Die Decke darf nur mit vorwiegend ruhenden Verkehrslasten nach DIN 1055-3, Ausgabe Juni 1971, Abschnitt 1.4, belastet werden.

(2) Die zulässige gleichmäßig verteilte Verkehrslast beträgt 10 kN/m^2.

(3) Die Decke darf im Notfall auch durch schwere Feuerwehrfahrzeuge befahren werden, wenn:

1. die Platten für den Lastfall Radlasten und den Lastfall gleichmäßig verteilte Ersatzlasten bemessen wurden,
2. eine mindestens 7 cm dicke, durchgehende, bewehrte Ortbetonschicht eingebaut wurde,
3. das Bauwerk so gestaltet oder betrieben wird, daß nicht vorwiegend ruhende Verkehrslasten (z. B. Lieferfahrzeuge für Heizöl) ausgeschlossen sind,
4. für diese Art der Belastung durch die zuständige Bauaufsichtsbehörde eine „Zustimmung im Einzelfall" erteilt wurde.

2 Bestimmungen für die Spannbeton-Hohlplatte

2.1 Eigenschaften und Zusammensetzung

2.1.1 Abmessungen

Die Querschnittsabmessungen der Spannbeton-Hohlplatten müssen Anlage 1 entsprechen.

2.1.2 Baustoffe

(1) Der Beton der Spannbeton-Hohlplatte muß mindestens der Festigkeitsklasse B 55 entsprechen.

(2) Der Fugenmörtel muß mindestens der Festigkeitsklasse B 15 entsprechen.

(3) Die Spannbeton-Hohlplatte darf nur mit solchen Spanndrahtlitzen und/oder profilierten Drähten vorgespannt werden, die für Vorspannung mit sofortigem Verbund zugelassen sind. Der Spannstahl muß kaltgezogen sein und die Festigkeitsklasse St 1570/1770 besitzen.

2.1.3 Anordnung der Längsbewehrung

(1) Die Spannbewehrung ist in den Stegen der Spannbeton-Hohlplatte anzuordnen.

(2) Am unteren Querschnittsrand ist mindestens eine Spanndrahtlitze oder ein Spanndraht je Steg anzuordnen.

(3) Am oberen Querschnittsrand ist eine rechnerisch nachgewiesene Bewehrung anzuordnen, wenn eine Randeinspannung am Auflager nicht ausgeschlossen werden kann.

(4) Die Betondeckung zur Plattenaußenseite muß mindestens 2 d_V und mindestens 2 cm, zu den Hohlräumen mindestens 1,5 d_V und mindestens 1,5 cm betragen. Die Betondeckung muß ggf. aus Gründen des Brandschutzes und/oder des Korrosionsschutzes erhöht werden.

2.1.4 Aussparungen

Aussparungen müssen im Werk hergestellt und ihre Auswirkungen statisch nachgewiesen werden.

2.1.5 Brandverhalten

Die Spannbeton-Hohlplattendecke darf hinsichtlich ihrer Feuerwiderstandsklasse nach DIN 4102-4 : 1994-03, Abschnitt 3.5 (Stahlbetonhohldielen), eingestuft werden. Der Mindestabstand *u* der Spannbewehrung ist in Abhängigkeit von der Feuerwiderstandsklasse (DIN 4102-4, Tabellen 1 und 14) festzulegen.

2.1.6 Bemessung der Spannbeton-Hohlplatten

Der statische Nachweis für die Tragfähigkeit der Decke ist in jedem Einzelfall zu erbringen. Dabei dürfen auch Bemessungstabellen verwendet werden, die von einem Prüfamt für Baustatik geprüft sind. Soweit nichts anderes festgelegt ist, gilt DIN 4227-1.

Grundlagen und Grenzwerte für die Bemessung sind Abschnitt 3 zu entnehmen.

Der Nachweis der Mindestbewehrung zur Sicherung eines robusten Tragverhaltens nach DIN 4227-1/A1, Abschnitt 6.7.2, darf entfallen, wenn die Festlegungen der Abschnitte 2.1.2, 2.1.3 und 3 dieser allgemeinen bauaufsichtlichen Zulassung eingehalten werden.

2.2 Kennzeichnung

Die Spannbeton-Hohlplatten müssen vom Hersteller mit dem Übereinstimmungszeichen (Ü-Zeichen) nach den Übereinstimmungszeichen-Verordnungen der Länder versehen werden. Diese Kennzeichnung darf nur erfolgen, wenn die Voraussetzungen nach Abschnitt 2.3 (Übereinstimmungsnachweis) erfüllt sind.

2.3 Übereinstimmungsnachweis

2.3.1 Allgemeines

Die Bestätigung der Übereinstimmung der Spannbeton-Hohlplatten mit den Festlegungen dieser allgemeinen bauaufsichtlichen Zulassung muß für jedes Herstellwerk mit einem Übereinstimmungszertifikat des Herstellers auf der Grundlage einer werkseigenen Produktionskontrolle und einer regelmäßigen Fremdüberwachung einschließlich einer Erstprüfung der Spannbeton-Hohlplatten nach Maßgabe der folgenden Bestimmungen erfolgen.

Für die Erteilung des Übereinstimmungszertifikats und die Fremdüberwachung einschließlich der dabei durchzuführenden Produktprüfungen hat der Hersteller der Spannbeton-Hohlplatten eine hierfür anerkannte Zertifizierungsstelle sowie eine hierfür anerkannte Überwachungsstelle einzuschalten.

Dem Deutschen Institut für Bautechnik ist von der Zertifizierungsstelle eine Kopie des von ihr erteilten Übereinstimmungszertifikats zur Kenntnis zu geben.

2.3.2 Werkseigene Produktionskontrolle

In jedem Herstellwerk ist eine werkseigene Produktionskontrolle einzurichten und durchzuführen. Unter werkseigener Produktionskontrolle wird die vom Hersteller vorzunehmende kontinuierliche Überwachung der Produktion verstanden, mit der dieser sicherstellt, daß die von ihm hergestellten Spannbeton-Hohlplatten den Bestimmungen dieser allgemeinen bauaufsichtlichen Zulassung entsprechen.

Im Rahmen der werkseigenen Produktionskontrolle sind mindestens die Prüfungen nach DIN 4227-1, Abschnitt 4, sowie die in Anlage 2 festgelegten Versuche durchzuführen.

Die Ergebnisse der werkseigenen Produktionskontrolle sind aufzuzeichnen und mindestens fünf Jahre aufzubewahren. Die Aufzeichnungen sind dem Deutschen Institut für Bautechnik und der zuständigen Bauaufsichtsbehörde auf Verlangen vorzulegen. Sie müssen mindestens folgende Angaben enthalten:

- Bezeichnung des Ausgangsmaterials und der Bestandteile
- Art der Kontrolle oder Prüfung
- Datum der Herstellung und der Prüfung der Hohlplatte sowie der aus ihr gewonnenen Prüfkörper
- Ergebnis der Kontrollen oder Prüfungen und Vergleich mit den Anforderungen

- Unterschrift des Verantwortlichen für die werkseigene Produktionskontrolle.

Bei ungenügendem Prüfergebnis sind vom Hersteller unverzüglich die erforderlichen Maßnahmen zur Abstellung des Mangels zu treffen. Hohlplatten, die nachweislich nicht den Anforderungen dieser allgemeinen bauaufsichtlichen Zulassung entsprechen, sind auszusondern.

2.3.3 Fremdüberwachung

In jedem Herstellwerk ist die werkseigene Produktionskontrolle durch eine Fremdüberwachung regelmäßig, mindestens jedoch zweimal jährlich zu überprüfen.

Im Rahmen der Fremdüberwachung ist eine Erstprüfung der Spannbeton-Hohlplatten durchzuführen, wobei Proben für Stichprobenprüfungen entnommen werden können. Probenahme und Prüfungen obliegen jeweils der anerkannten Überwachungsstelle.

Die Ergebnisse der Zertifizierung und Fremdüberwachung sind mindestens fünf Jahre aufzubewahren. Sie sind von der Zertifizierungsstelle bzw. der Überwachungsstelle dem Deutschen Institut für Bautechnik und der zuständigen obersten Bauaufsichtsbehörde auf Verlangen vorzulegen.

3 Bestimmungen für Entwurf und Bemessung

3.1 Ringanker

Es sind stets Ringanker anzuordnen. Bei Decken für $p \geq 2{,}75$ kN/m^2 ist die Ringankerbewehrung für eine zusätzliche Kraft zu bemessen, die sich aus der Summe der in den angrenzenden Deckenfeldern jeweils auftretenden größten Fugenscherkraft mal halber Stützweite ergibt.

3.2 Plattenauflagerung

Die Auflagertiefe richtet sich nach DIN 1045, Abschnitt 20.1.2, sie muß jedoch mindestens 1/125 der Plattenstützweite betragen. Falls die Verankerung der Spannglieder nach DIN 4227-1, Abschnitt 14.2, Absatz 3, Fall b, nachzuweisen ist, kann sich für den rechnerischen Überstand der Spannglieder über die Auflagervorderkante nach Gleichung (20) ein größerer Wert ergeben.

3.3 Zulässige Spannstahlspannungen

Nach dem Verankern der Spannbewehrung dürfen die Spannungen 0,85 β_{01} ($f_{p0,1k}$) bzw. 0,75 β_Z (f_{pk}) nicht überschreiten (die Werte sind den Zulassungen für die Spannstähle zu entnehmen).

Unmittelbar nach Eintragen der Vorspannung in den Beton darf die Spannstahlspannung 1000 N/mm^2 nicht überschreiten.

3.4 Nachweis der Einleitung der Vorspannkräfte

Der Nachweis der Einleitung der Vorspannkräfte ist durch den Nachweis der Aufnahme der Stirnzugspannungen zum Zeitpunkt des Umspannens zu erbringen. Die Stirnzugspannung ist an Plattenstreifen, die aus einem Steg und dem links und rechts angrenzenden Beton bis zur halben Hohlraumbreite bestehen (siehe Anlage 2, Bild 2), nach folgender Gleichung zu ermitteln:

$$\sigma_{sp} = \frac{P_o}{b_w \cdot e_o} \cdot \frac{(0{,}04 + 8 \cdot \alpha_e^{2,3})\,(\alpha_e + 1/6)}{(0{,}1 + 0{,}5\,\alpha_e)\,[1 + 1{,}5\,(l_t/e_o)^{1,5}\,(\alpha_e + 1/6)^{1,5}]}$$

mit

P_o = Vorspannkraft
b_w = minimale Stegbreite
e_o = Achsabstand der Bewehrung von der Schwerachse
l_t = Übertragungslänge; $l_t = K_e \cdot \varnothing\,(\sigma_s/30)^{0,5}$
K_e = 7 bei profilierten Drähten und Litzen
K_e = 4,5 bei gerippten Drähten
$\varnothing$ = Durchmesser der Spannbewehrung
σ_s = Spannstahlspannung direkt nach dem Umspannen in N/mm^2
α_e = $|(e_o - k)|/d$
k = untere Kernweite des untersuchten Querschnitts
d = Plattendicke

Die Stirnzugspannung darf den Wert 2,2 N/mm^2 nicht überschreiten.

J

3.5 Begrenzung der Biegezugspannung und Rißbreiten in Haupttragrichtung

(1) Am vorgedrückten Zugrand darf unter einfachen Lasten in ungünstiger Einwirkungskombination die Betonrandzugspannung den Wert 4,5 N/mm^2 nicht überschreiten.

(2) Im Bereich der Spannkrafteinleitung gilt für die Betonzugspannung am oberen Querschnittsrand unter Wirkung von Vorspannung und Eigenlast derselbe Grenzwert.

(3) Der Nachweis der Rißbreitenbegrenzung ist für die Ober- und Unterseite der Platte nach ENV 1992-1-1, Abschnitt 4.4.2, oder nach DIN 4227-1/A1, Abschnitt 6.7.3, zu führen*.

3.6 Mitwirkende Lastverteilungsbreite

Sofern kein genauerer Nachweis erbracht wird, darf die mitwirkende Lastverteilungsbreite für ungleichmäßig verteilte Lasten wie bei einer Ortbetonplatte nach Heft 240 DAfStb nachgewiesen werden. Für Einzel- und Linienlasten am Rand eines Deckenfeldes darf für b_m nicht mehr als 1,0 m angesetzt werden, sofern kein genauerer Nachweis für die Querverteilung geführt wird. Für alle in DIN 1055-3, Abschnitte 4 und 5, geregelten Anwendungsfälle dürfen ungleich verteilte Lasten auch durch Zuschläge zur gleichmäßig verteilten Verkehrslast berücksichtigt werden.

3.7 Nachweis der Quertragfähigkeit

(1) Es ist nachzuweisen, daß in allen Querschnittsteilen der Platte die Betonzugspannungen aus Querbiege- und Drillmomenten unter Berücksichtigung der wirklichen Auflagerbedingungen der Platte (z. B. Auflagerung der Decke parallel zu den Spanngliedern) und/oder ungleichmäßig verteilter Lasten im Gebrauchszustand den Wert 1,9 N/mm^2 nicht überschreitet.

(2) Der Nachweis der Querverbindung nach DIN 1045, Abschnitt 19.7.5, Tabelle 27, Zeile 1, Spalten 3 und 4, ist mit der Begrenzung der Fugenscherkraft Q auf die in Tabelle 2 angegebenen Werte und mit dem Nachweis der Aufnahme der Zugkräfte nach Absatz (3) erbracht. Die Fugenscherkraft aus Einzellasten im Plattenfeld darf nach folgender Gleichung ermittelt werden:

$$Q = P\left(1 - \frac{a}{1,2}\right) \cdot \left(\frac{1}{a + 3d}\right) \text{(kN/m)},$$

wobei a der Abstand der Einzellast von der belasteten Fuge ist. In die Gleichung sind a und d in m einzusetzen.

Tabelle 2: Zulässige Fugenscherkräfte (kN/m) unter Gebrauchslasten

Plattendicke d (cm)	Q
15	13
20	18
26	23
32	28
40	28

(3) Bei der Bemessung der horizontalen Ringanker rechtwinklig zu den Längsfugen ist zusätzlich die aus der Fugenscherkraft resultierende Zugkraftkomponente zu berücksichtigen, wobei eine Druckstrebenneigung von 60° angenommen werden darf.

3.8 Nachweis der Querkrafttragfähigkeit

3.8.1 Nachweis in Zone a

(1) Ein Querschnitt liegt in Zone a, wenn die unter 1,75facher äußerer Last und 1,0facher Vorspannung ermittelte Randzugspannung den Wert 4,5 N/mm^2 nicht überschreitet.

(2) Es ist nachzuweisen, daß die mit den 2,5fachen äußeren Lasten ermittelte Querkraft im Schnitt 0,5 d vom Auflagerrand den Wert nach folgender Gleichung nicht überschreitet:

$$Q_u = \frac{I\, b_s}{S}\left[\frac{1}{K}\left(\beta_{bZR}^2 + 0,9\, \alpha\, \sigma_{bv}\, \beta_{bZR}\right)^{0,5} - 0,9\, \tau_{sp}\right]$$

mit

β_{bZR} = Rechenwert der Betonzugfestigkeit, es gilt β_{bZR} = 1,9 N/mm^2

b_s = minimale Stegbreite [mm]

I = Trägheitsmoment des Querschnitts [mm^4]

S = Statisches Moment [mm^3]

σ_{bv} = mittlere Betondruckspannung infolge Vorspannung = $A_Z \sigma_{ZV} / A_B$ [N/mm^2]

* siehe auch „Erläuterungen zu DIN 4227 Spannbeton", Heft 320 DAfStb

$\alpha \quad = 1 - \left(\frac{l_ü - l_x}{l_ü} \right)^2; \quad l_x \leq l_ü$

$\alpha \quad = 1; \quad l_x > l_ü$

$K \quad = l - \left(\frac{l}{2} - \frac{b_a}{3d} \right)^2$

b_a = Auflagerlänge

l_x = Abstand des Nachweisquerschnittes vom Plattenende

τ_{sp} = Schubspannung aus Spannkrafteinleitung in den Beton

3.8.2 Nachweis in Zone b

(1) Ein Querschnitt liegt in Zone b, wenn die Randzugspannungen unter 1,75facher äußerer Last und 1,0facher Vorspannung den Wert 4,5 N/mm² überschreiten.

(2) Es ist nachzuweisen, daß für die mit den 2,1fachen äußeren Lasten ermittelte Querkraft die folgende Bedingung eingehalten wird:

$Q_u \quad \leq b_s \cdot h \, [\tau_{Rd} \cdot k \, (1{,}2 + 40 \, \mu_z) + 0{,}21 \, \sigma_{bv}]$

mit

τ_{Rd} = Grundwert der Bemessungsschubfestigkeit, es gilt: $\tau_{Rd} = 0{,}7 \text{ N/mm}^2$

$k \quad = 1{,}6 - h \geq 1; \quad h$ in m

$\mu_z \quad = A_Z / b_s \cdot h \leq 0{,}02$

3.9 Begrenzung der Querdruckspannungen im Auflagerbereich

Die Querdruckspannungen in den Plattenstegen aus Wandauflasten dürfen die Werte nach DIN 4227-1, Tabelle 9, Zeile 1, nicht überschreiten.

4 Bestimmungen für die Ausführung

(1) Die Hohlplatten müssen von sachkundigen Unternehmen transportiert und eingebaut werden. Hohlplatten mit Rissen und/oder anderen Beschädigungen, die Einfluß auf die Tragfähigkeit und/oder Gebrauchstauglichkeit haben (z. B. Rißbildung an den Plattenenden im Bereich der Spannkrafteinleitung), dürfen nicht eingebaut werden. Aussparungen müssen im Werk hergestellt werden. Das Fräsen von Löchern z. B. für Installationsleitungen im Bereich der Hohlräume darf auf der Baustelle, jedoch nur von Fachkräften, durchgeführt werden.

(2) Stemmarbeiten an den Hohlplatten sind nicht zulässig.

(3) Die Plattenauflager müssen nach DIN 1045, Abschnitt 19.5.4, ausgebildet werden. Eine Horizontalverschiebung einzelner Platten oder Plattenbereiche muß durch konstruktive Maßnahmen ausgeschlossen werden.

(4) Im unvergossenem Zustand dürfen die Hohlplatten nur durch ihre Eigenlast und eine Verkehrslast von maximal 1,5 kN/m² belastet werden.

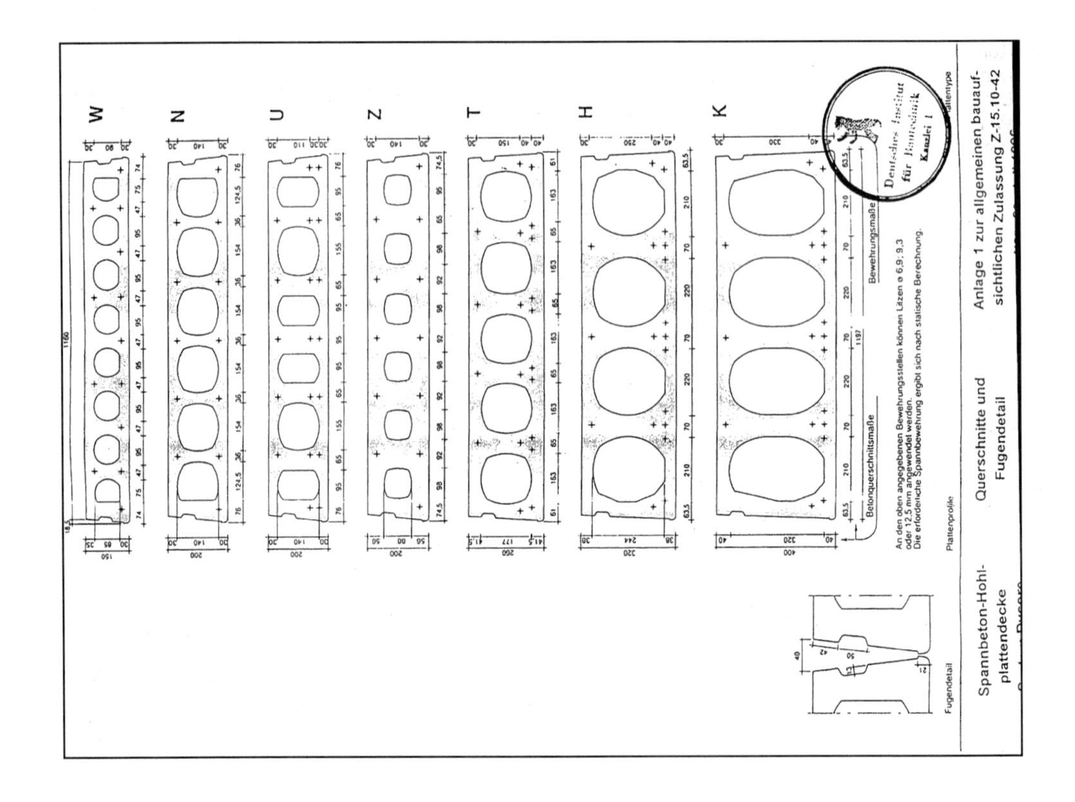

Anlage 2 zur allgemeinen bauaufsichtlichen Zulassung Nr. Z-15.10-42 vom 29. Juli 1996

Prüfungen im Rahmen der werkseigenen Produktionskontrolle

Im Rahmen der werkseigenen Produktionskontrolle sind mindestens die folgenden Prüfungen durchzuführen:

(1) Alle für die Herstellung der Platten relevanten Prüfungen nach DIN 1084-2, Tabelle 1. Zusätzlich sind die Bestimmungen der DIN 4227-1, Abschnitte 3.4 und 5, zu beachten.

(2) Folgende in DIN 1084-2 und DIN 4227-1 nicht festgelegten Sonderprüfungen:

1. Kontrolle der Querschnittsabmessungen

   Die Querschnittsabmessungen der Platte sind mindestens an jedem Plattenstrang einmal auf Übereinstimmung mit den Sollmaßen zu überprüfen. Dabei müssen folgende Toleranzen eingehalten werden:

   - Gesamtdicke der Platte
     Die Dicke der Platte ist im Bereich der äußersten Hohlräume und des mittleren Hohlraumes zu messen. Der Mittelwert dieser drei Messungen darf das Sollmaß um höchstens $d/30$ unterschreiten und um höchstens 10 mm überschreiten.
   - Stege
     Breite des Einzelsteges ± 20 %
     Breite der Summe aller Stege ± 10 %
   - Plattenspiegel (Dicke über bzw. unter den Hohlräumen)
     Einzelwert ± 20 %
     Mittelwert des oberen bzw. unteren Plattenspiegels ± 10 %
   - Abstand der Spannbewehrung vom Plattenrand
     Jede Litze bzw. jeder Spanndraht, Achsabstand + 12 mm/- 8 mm
     Schwerpunkt der Spannbewehrung einer Platte + 8 mm/- 5 mm
     In jedem Fall muß das Mindestmaß der Betondeckung nach DIN 4227 bzw. DIN 4102 eingehalten werden.

2. Kontrolle der Durchbiegung nach dem Umspannen
   Die Abweichungen von den vorausberechneten Werten dürfen folgende Werte nicht überschreiten:
   Plattenlänge $<$ 8 m: $\pm$ 8 mm
   Plattenlänge $>$ 8 m: $\pm$ l/1000.

3. Kontrolle der Litzen- bzw. Drahteinzüge

   An mindestens einem Schnittufer je Plattenstrang sind die Einzüge der Spanndrähte zu kontrollieren. Für die oberen Grenzen der Einzüge gilt:

Draht/Litzendurchmesser	Höchstwert des Einzugs
7,0 9,2 [mm] 12,5	1,5 2,0 [mm] 3,0

4. Betondruckfestigkeit

   Die Betondruckfestigkeit ist an Bohrkernen zu überprüfen, die aus der Druckzone der Hohlplatten *stammen*, aus denen auch die Proben nach Punkt 5 und 6 dieses Anhangs entnommen werden. Für jeden Plattentyp und jede Fertigungsmaschine sind je 500 m^3 Beton bzw. mindestens alle 14 Betoniertage drei Bohrkerne, insgesamt aber mindestens sechs Bohrkerne, zu prüfen. Die entsprechenden Prüfungen an gesondert hergestellten Proben dürfen entfallen.

5. Biegezugfestigkeit der unteren Plattenspiegel

   Die Biegezugfestigkeit in Querrichtung des unteren Plattenspiegels ist an etwa 20 cm breiten Proben gemäß Bild 1 zu bestimmen. Je Fertigungsbahn sind je 500 m^3, mindestens aber alle 14 Betoniertage drei Proben zu prüfen.

   Die Proben sind so auszuwählen, daß in jedem Kalenderjahr jeder gefertigte Plattentyp mindestens einmal geprüft wird.

   Folgende Werte sind einzuhalten:

   Einzelwert 5,6
   Mittelwert jeder Serie 6,1
   5%-Quantile aller Werte 5,4 N/mm^2.

   Es darf das lineare Spannungs-Dehnungs-Gesetz vorausgesetzt werden.

6. Zugfestigkeit der Plattenstege

   Die Zugfestigkeit der Plattenstege ist an etwa 20 cm breiten Proben gemäß Bild 2 zu bestimmen. Für die Häufigkeit und Probenauswahl gilt Punkt 5. Folgende Werte sind einzuhalten:

   Einzelwert 2,8
   Mittelwert jeder Serie 3,0
   5%-Quantile aller Werte 2,7

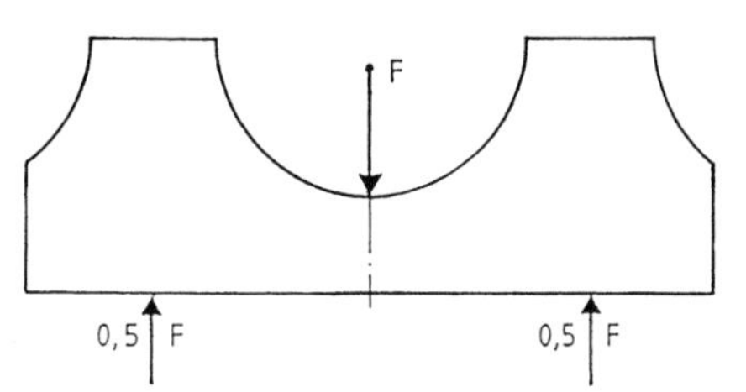

Bild 1: Belastungsanordnung Biegeversuch

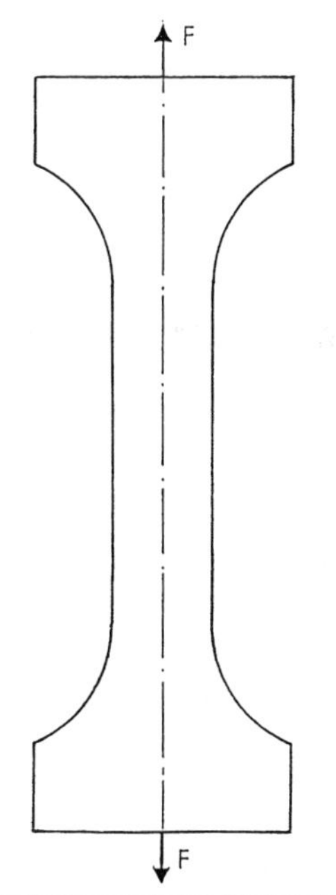

Bild 2: Belastungsanordnung Zugversuch

J

DEUTSCHES INSTITUT FÜR BAUTECHNIK

Anstalt des öffentlichen Rechts

10829 Berlin, 24. November 1997
Kolonnenstraße 30
Telefon: (0 30) 7 87 30-363
Telefax: (0 30) 7 87 30-320
GeschZ.: I 71-1.15.1-46/97

Allgemeine bauaufsichtliche Zulassung

Zulassungsnummer: Z-15.1-84

Antragsteller: Halfen GmbH & Co. KG
Liebigstraße 14
40764 Langenfeld

Zulassungsgegenstand: Durchstanzbewehrung System HDB-N

Geltungsdauer bis: 31. August 2002

Der obengenannte Zulassungsgegenstand wird hiermit allgemein bauaufsichtlich zugelassen.*) Diese allgemeine bauaufsichtliche Zulassung umfaßt sieben Seiten und neun Anlagen.

*) Diese allgemeine bauaufsichtliche Zulassung ersetzt die allgemeine bauaufsichtliche Zulassung Nr. Z-15.1-84 vom 8. August 1997

I. ALLGEMEINE BESTIMMUNGEN

Siehe Zulassung Z-15.10-42, Seite J.34

II. BESONDERE BESTIMMUNGEN

1 Zulassungsgegenstand und Anwendungsbereich

Die Halfen-Durchstanz-Bewehrung Typ HDB-N besteht aus HDB-N-Ankern aus Betonstabstahl BSt 500 S, d_s = 10, 12, 14, 16, 20 oder 25 mm mit beidseitig aufgestauchten Köpfen, die zur Lagesicherung auf Montagestäben aus Beton- oder Baustahl durch Heftschweißung befestigt sind. Der Durchmesser der aufgestauchten Ankerköpfe beträgt das 3fache des Schaftdurchmessers. Die Bewehrungselemente müssen der Anlage 1 entsprechen.

Die Halfen-Durchstanz-Bewehrung Typ HDB-N wird als Schubbewehrung im Stützenbereich punktförmig gestützter, mindestens 18 cm dicker Platten entsprechend DIN 1045 : 1988-07, Abschnitt 22, verwendet. Diese dürfen auch aus Fertigplatten mit statisch mitwirkender Ortbetonschicht nach DIN 1045 : 1988-07, Abschnitt 19.7.6, bestehen, die mit Gitterträgern (biegesteife Bewehrung) bewehrt sind, wobei die Regelungen in den betreffenden bauaufsichtlichen Zulassungen zu beachten sind.

Die Bewehrungselemente sind so anzuordnen, daß die senkrecht stehenden Anker sternförmig zur Stütze ausgerichtet sind.

Die Bewehrungselemente dürfen bei vorwiegend ruhenden und nicht vorwiegend ruhenden Lasten verwendet werden.

2 Bestimmungen für das Bauprodukt

2.1 Anforderungen an die Eigenschaften

Die Anker müssen die Eigenschaften eines BSt 500 S nach DIN 488-1 : 1984-0 aufweisen.

Die Bruchlast eines Ankers beträgt

$P_u = \beta_Z \cdot A_s$

mit

P_u = Bruchkraft im Anker

β_Z = Zugfestigkeit des verwendeten Betonstahls (550 N/mm^2)

A_s = Istquerschnitt des Ankers

Die Stäbe zur Lagesicherung (Montagestäbe) müssen aus Betonstahl BSt 500 S bzw. BSt 500 NR nach DIN 488-1:1984-09 oder Rund- bzw. Flachstahl aus A4 (gemäß Zulassungsbescheid DIBt, Zul.-Nr. Z-30.44.1) oder einem Baustahl S 235 JR nach DIN EN 10 025 bestehen.

2.2 Herstellung, Verpackung, Transport, Lagerung und Kennzeichnung

2.2.1 Herstellung

Die Ankerköpfe der HDB-N Anker werden im Herstellwerk aufgestaucht. Dabei wird auch die Kennzeichnung auf beiden Köpfen eingeprägt. Die Anker werden an Betonstähle d_s = 6 bis 10 mm, an Montagestäbe oder Flachstähle angeschweißt (Heftschweißung), die zur Lagesicherung der Doppelkopfbolzen während des Betonierens dienen. Es werden mindestens 2 Anker zu einem Bewehrungselement zusammengefaßt, ein Bewehrungselement darf nur Anker gleichen Durchmessers enthalten.

2.2.2 Verpackung, Transport und Lagerung

Verpackung, Transport und Lagerung müssen so erfolgen, daß die Bewehrungselemente nicht beschädigt werden.

2.2.3 Kennzeichnung

Der Lieferschein der Bewehrungselemente muß vom Hersteller mit dem Übereinstimmungszeichen (Ü-Zeichen) nach den Übereinstimmungszeichen-Verordnungen der Länder gekennzeichnet werden und mindestens Ankerdurchmesser und Ankerlänge enthalten. Die Kennzeichnung darf nur erfolgen, wenn die Voraussetzungen nach Abschnitt 2.3 Übereinstimmungsnachweis erfüllt sind. Den Ankern ist auf jedem Kopf eine Kennzeichnung entsprechend Anlage 1 einzuprägen.

2.3 Übereinstimmungsnachweis

2.3.1 Allgemeines

Die Bestätigung der Übereinstimmung der Bewehrungselemente mit den Bestimmungen dieser allgemeinen bauaufsichtlichen Zulassung muß für jedes Herstellwerk mit einem Übereinstimmungszertifikat auf der Grundlage einer werkseigenen Produktionskontrolle und einer regelmäßigen Fremdüberwachung einschließlich einer Erstprüfung der Bewehrungselemente nach Maßgabe der folgenden Bestimmungen erfolgen.

Für die Erteilung des Übereinstimmungszertifikats und die Fremdüberwachung einschließlich der dabei durchzuführenden Produktprüfungen hat der Hersteller der Bewehrungselemente eine hierfür anerkannte Zertifizierungsstelle sowie eine hierfür anerkannte Überwachungsstelle einzuschalten.

Dem Deutschen Institut für Bautechnik ist von der Zertifizierungsstelle eine Kopie des von ihr erteilten Übereinstimmungszertifikats zur Kenntnis zu geben.

Dem Deutschen Institut für Bautechnik ist zusätzlich eine Kopie des Erstprüfberichts zur Kenntnis zu geben.

2.3.2 Werkseigene Produktionskontrolle

In jedem Herstellwerk ist eine werkseigene Produktionskontrolle einzurichten und durchzuführen. Unter werkseigener Produktionskontrolle wird die vom Hersteller vorzunehmende kontinuierliche Überwachung der Produktion verstanden, mit der dieser sicherstellt, daß die von ihm hergestellten Bauprodukte den Bestimmungen dieser allgemeinen bauaufsichtlichen Zulassung entsprechen. Die werkseigene Produktionskontrolle soll mindestens die im folgenden aufgeführten Maßnahmen einschließen:

- Beschreibung und Prüfung des Ausgangsmaterials und der Bestandteile:

  Der Hersteller der Bewehrungselemente muß sich davon überzeugen, daß die für den Betonstahl in DIN 488-1 : 1984-09 geforderten Eigenschaften durch Werkkennzeichen und Ü-Zeichen belegt sind.

- Kontrolle und Prüfungen, die während der Herstellung durchzuführen sind:

  Es sind mindestens die folgenden Prüfungen an jeweils 3 Proben durchzuführen: Arbeitstäglich sind je gefertigten Ankerdurchmesser und je gefertigter Länge die Abmessungen (d_A, d_K, h_{St}, h_A) zu bestimmen und mit dem Sollmaß zu vergleichen.

- Nachweise und Prüfungen, die am Bauprodukt durchzuführen sind:

  Je 1000 Stück Bewehrungselemente ist:
  a) mit einem Zugversuch die Tragkraft des Ankerkopfes zu bestimmen und mit dem Sollwert nach Abschnitt 2.1 zu vergleichen,
  b) mit einem Versuch entsprechend Anlage 9 die Lagesicherung der Anker durch die Montagestäbe/Lochleisten zu überprüfen und mit den Sollwerten entsprechend Anlage 9 zu vergleichen.

Die Ergebnisse der werkseigenen Produktionskontrolle sind aufzuzeichnen und auszuwerten. Die Aufzeichnungen müssen mindestens folgende Angaben enthalten:

- Bezeichnung des Bauproduktes
- Art der Kontrolle oder Prüfung
- Datum der Herstellung und der Prüfung des Bauprodukts
- Ergebnis der Kontrollen und Prüfungen und Vergleich mit den Anforderungen
- Unterschrift des für die werkseigene Produktionskontrolle Verantwortlichen.

Die Aufzeichnungen sind mindestens fünf Jahre aufzubewahren und der für die Fremdüberwachung eingeschalteten Überwachungsstelle vorzulegen. Sie sind dem Deutschen Institut für Bautechnik und der zuständigen obersten Bauaufsichtsbehörde auf Verlangen vorzulegen.

Bei ungenügendem Prüfergebnis sind vom Hersteller unverzüglich die erforderlichen Maßnahmen zur Abstellung des Mangels zu treffen. Bauprodukte, die den Anforderungen nicht entsprechen, sind so zu handhaben, daß Verwechslungen mit übereinstimmenden ausgeschlossen werden. Nach Abstellung des Mangels ist - soweit technisch möglich und zum Nachweis der Mängelbeseitigung erforderlich - die betreffende Prüfung unverzüglich zu wiederholen.

2.3.3 Fremdüberwachung

In jedem Herstellwerk ist die werkseigene Produktionskontrolle durch eine Fremdüberwachung regelmäßig zu überprüfen, mindestens jedoch zweimal jährlich. Im Rahmen der Fremdüberwachung ist eine Erstprüfung der Bewehrungselemente durchzuführen, und es können auch Proben für Stichprobenprüfungen entnommen werden. Die Probenahme und Prüfungen obliegen jeweils der anerkannten Überwachungsstelle.

Im Rahmen der Überprüfung der werkseigenen Produktionskontrolle ist an mindestens 3 Proben je Ankerdurchmesser die Bruchlast zu ermitteln sowie der Versuch nach Anlage 9 durchzuführen.

Die Ergebnisse der Zertifizierung und Fremdüberwachung sind mindestens fünf Jahre aufzubewahren. Sie sind von der Zertifizierungsstelle bzw. der Überwachungsstelle dem Deutschen Institut für Bautechnik und der obersten Bauaufsichtsbehörde auf Verlangen vorzulegen.

3 Bestimmungen für Entwurf und Bemessung

3.1 Allgemeines

Für die Ermittlung der Schnittgrößen und der Biegebewehrung punktförmig gestützter Platten gilt DIN 1045 : 1988-07, Abschnitte 22.3 und 22.4, soweit im folgenden nichts anderes bestimmt ist.

3.2 Entwurf

Die über der Stütze für Biegung erforderliche Bewehrung ist außerhalb des mit diesen Bewehrungselementen bewehrten Plattenbereiches voll zu verankern.

Die Bewehrungselemente sind stets in Richtung der anlaufenden Querkräfte anzuordnen, die senkrecht stehenden Anker werden sternförmig zur Stütze ausgerichtet.

Bei Stützen mit Seitenverhältnissen $d/b > 2{,}0$, bei Wänden und bei unterbrochener Stützung ist die Querkraftverteilung entlang der stützenden Ränder bereichsweise zu ermitteln; diese Bereiche sollen eine Länge entsprechend der zweifachen kleinsten Stützenbreite bzw. Wanddicke nicht überschreiten. Bei Rand- und Eckstützen ist die tatsächliche Verteilung der am Stützenumfang anlaufenden Querkräfte näherungsweise zu berücksichtigen.

Bei Ankern neben freien Plattenrändern und Aussparungen ist eine Querbewehrung zur Aufnahme der Querzugkräfte anzuordnen.

Die freien Ankerköpfe müssen bei hängender Montage mindestens bis zur Unterkante der untersten Bewehrungslage, bei stehender Montage mindestens bis zur Oberkante der obersten Bewehrungslage reichen.

Die Maße der Betondeckung nach DIN 1045 : 1988-07, Tabelle 10, sind einzuhalten.

3.3 Bemessung

3.3.1 Sicherheit gegen Durchstanzen

3.3.1.1 Allgemeines

Zum Nachweis der Sicherheit gegen Durchstanzen der Platte sind die größten rechnerischen Schubspannungen τ_r entlang des inneren Rundschnitts u_i ($\tau_{r,ui}$) sowie entlang des äußeren Rundschnitts u_a ($\tau_{r,ua}$) zu ermitteln.

3.3.1.2 Innerer Rundschnitt u_i

Der kritische innere Rundschnitt u_i erstreckt sich rechtwinklig zur Plattenebene über die Nutzhöhe h_m; für seinen Verlauf gelten folgende Bedingungen:

a) Belastete Fläche (Stütze) liegt von Öffnungen oder freien Plattenrändern mehr als 5 h_m entfernt:

Der kritische Rundschnitt u_i folgt der kürzesten Linie, die die belastete Fläche (Stütze) unter Einhaltung eines Abstandes von $h_m/2$ vollständig umschließt (siehe Anlage 6, Bild 1a).

b) Belastete Fläche (Stütze) liegt in Nähe einer Plattenöffnung:

Beträgt die kleinste Entfernung zwischen belasteter Fläche und Aussparung nicht mehr als 5 h_m, so ist von der Umfangslinie nach a) in der Regel der Teil abzuziehen, der zwischen den beiden durch den Schwerpunkt der belasteten Fläche verlaufenden Tangenten an den Öffnungsumfang liegt (siehe Anlage 6, Bild 1b).

c) Belastete Fläche (Stütze) liegt zu freien Rändern nicht mehr als 5 h_m entfernt (siehe Anlage 7, Bild 1c):

c1) Ist die Entfernung zwischen belasteter Fläche (Stütze) und freiem Rand nicht größer als 5 h_m, so ist dem kritischen Rundschnitt die nach a) bestimmte Linie unter Abzug des randnahen Bereiches, der von zwei mit dem freien Rand einen Winkel von 45° bildenden Tangenten begrenzt wird, zugrunde zu legen.

c2) Befindet sich die belastete Fläche in einer aus zwei freien Rändern gebildeten Plattenecke, so gelten für den kritischen Rundschnitt die Grundsätze von c1).

3.3.1.3 Äußerer Rundschnitt u_a

Für den Verlauf des äußeren Rundschnitts u_a gelten folgende Regeln:

a) Belastete Fläche liegt fern von Öffnungen oder freien Plattenrändern:

Der kritische äußere Rundschnitt ist bei Mittelstützen mit Seitenlängen $d/b \leq 2$ als Kreis mit dem Durchmesser $d_a = b + 2\, l_s + h_m$ anzunehmen (siehe Anlage 7, Bild 2a).

Hierin sind

b = kleinste Seitenlänge der Stütze

l_s = Länge der Bewehrungselemente bis zum äußeren Anker, wobei $l_s \leq 4\, h_m$

Bei länglichen Aufstandsflächen entspricht der kritische Rundschnitt nur dem ecknahen Bereich bis zur zweifachen Stützen- oder Wanddicke.

b) Belastete Fläche liegt in Nähe einer Plattenöffnung:

Die kritische Rundschnittlänge ist um die Bogenlänge des Sektors zwischen Stützenachse und Aussparungsrändern zu reduzieren (siehe Anlage 8, Bild 2b).

c) Belastete Fläche liegt in der Nähe freier Ränder bei Rand- und Eckstützen:

Bei Rand- und Eckstützen ist der kritische Rundschnitt durch rechtwinklig zum Rand verlaufende Geraden zu ersetzen (siehe Anlage 8, Bild 2c).

3.3.2 Nachweis der Sicherheit gegen Durchstanzen

Es sind die folgenden Spannungsbegrenzungen einzuhalten:

im inneren Rundschnitt u_i

$\tau_{r,ui} \leq \kappa_2\, \tau_{02}$

$\kappa_2 = 0{,}7 \cdot \alpha_s \cdot \sqrt{\mu_g} \leq 1$

τ_{02}, α_s, μ_g nach DIN 1045 : 1988-07, Abschnitt 22.5.2

J

im äußeren Rundschnitt u_a

$$\tau_{r,ua} \leq \frac{1}{1 + 0{,}25 \cdot l_s/h_m} \cdot \kappa_1 \cdot \tau_{011},$$

jedoch nicht kleiner als τ_{011},

κ_1, τ_{011} nach DIN 1045 : 1988-07, Abschnitt 22.5.2

3.3.3 Bemessung der Durchstanzbewehrung

Die rechnerische Bruchspannung in den Ankern darf 500 N/mm^2 nicht überschreiten. Der Sicherheitsbeiwert gegenüber dem Gebrauchszustand muß mindestens 1,75 betragen. Die zulässigen Kräfte für γ = 1,75 für die entsprechenden Ankerdurchmesser sind der Tabelle in Anlage 1 zu entnehmen. Die Schwingbreite der Stahlspannungen unter Gebrauchslast darf $2 \cdot \sigma_a$ = 60 N/mm^2 nicht überschreiten.

Für die **Ermittlung der erforderlichen Ankerzahl** sind folgende Bereiche zu unterscheiden:

Bereich c:
innerhalb des kritischen Rundschnittes von 1,0 h_m

Bereich d:
außerhalb des Bereiches c bis zum Rand des ankerbewehrten Auflagerbereichs $l_s \leq 4\ h_m$.

Die **Anzahl der Anker im Bereich** c ist für die gesamte Auflagerlast von 1,0 max Q_r zu bemessen.

Die **Anzahl der Anker im Bereich** d ist in Abhängigkeit vom Abstand l_s zwischen äußerstem Anker und der Stütze für folgende anteilige Auflagerlasten zu bemessen:

a) bei $4\ h_m \geq l_s > 2{,}0\ h_m$ 0,75 max Q_r

b) bei $2{,}0\ h_m \geq l_s > 1{,}0\ h_m$ 0,50 max Q_r

c) bei $l_s \leq 1{,}0\ h_m$ 1,0 max Q_r

3.3.4 Anordnung und Abstände der Anker

Von jeder auf einem von der Stütze ausgehenden Radius liegenden Ankerreihe sind im Bereich c mindestens zwei Anker anzuordnen.

Für den zur belasteten Fläche (Stütze) am nächsten liegenden Anker muß der Abstand zwischen 0,35 h_m und 0,5 h_m betragen.

Die **Abstände der Anker** dürfen folgende Werte nicht überschreiten:

- In Richtung der von der belasteten Fläche (Stütze) ausgehenden Radien: 0,75 h_m
- In Umfangsrichtung des inneren Rundschnitts u_i im Bereich c:

  Wenn die im Rundschnitt u_i ermittelte rechnerische Schubspannung $\tau_{r,ui}$ kleiner ist als die 0,75fache dort zulässige Schubspannung: 1,7 h_m

  Im anderen Fall sind die maximalen Abstände abhängig von der Plattendicke wie folgt:

  a) für Platten mit $d_0 \leq$ 30 cm: 1,7 h_m

  b) für Platten mit 30 cm $< d_0 \leq$ 100 cm: linear abnehmend von 1,7 h_m auf 1,0 h_m

  c) für Platten mit $d_0 >$ 1 m: 1,0 h_m

3.3.5 Nachweis der Feuerwiderstandsklasse

Für den Nachweis der Feuerwiderstandsklasse gilt DIN 4102:1981-03. Im Bereich der Bewehrungselemente ist die erforderliche Betondeckung für die Ankerköpfe und Montageleisten einzuhalten.

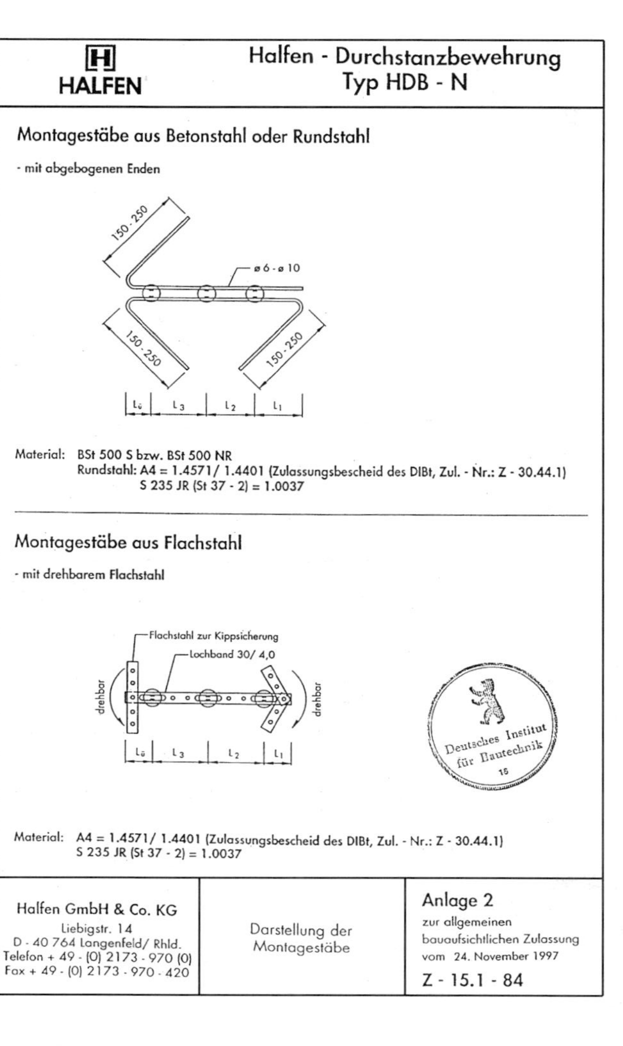

HALFEN

Halfen - Durchstanzbewehrung
Typ HDB - N

Montagestäbe aus Betonstahl oder Rundstahl

- mit abgebogenen Enden

Material: BSt 500 S bzw. BSt 500 NR
Rundstahl: A4 = 1.4571/ 1.4401 (Zulassungsbescheid des DIBt, Zul. - Nr.: Z - 30.44.1)
S 235 JR (St 37 - 2) = 1.0037

Montagestäbe aus Flachstahl

- mit drehbarem Flachstahl

Material: A4 = 1.4571/ 1.4401 (Zulassungsbescheid des DIBt, Zul. - Nr.: Z - 30.44.1)
S 235 JR (St 37 - 2) = 1.0037

Halfen GmbH & Co. KG
Liebigstr. 14
D - 40 764 Langenfeld/ Rhld.
Telefon + 49 - (0) 2173 - 970 (0)
Fax + 49 - (0) 2173 - 970 - 420

Darstellung der Montagestäbe

Anlage 2
zur allgemeinen bauaufsichtlichen Zulassung
vom 24. November 1997
Z - 15.1 - 84

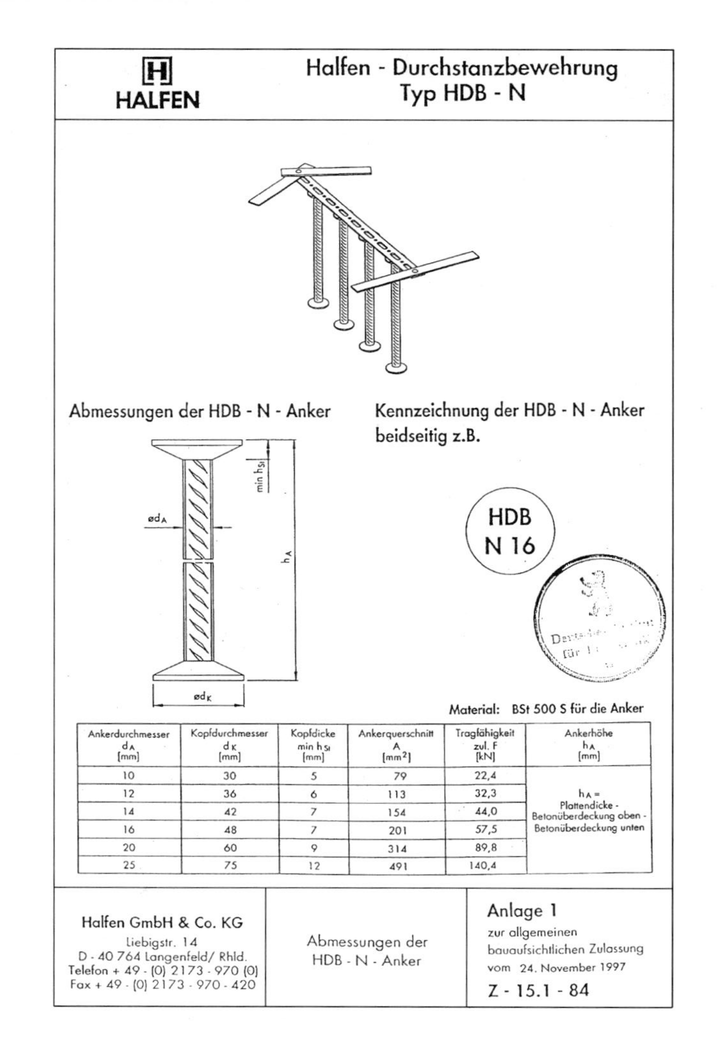

HALFEN

Halfen - Durchstanzbewehrung
Typ HDB - N

Abmessungen der HDB - N - Anker

Kennzeichnung der HDB - N - Anker beidseitig z.B.

Material: BSt 500 S für die Anker

Ankerdurchmesser d_A [mm]	Kopfdurchmesser d_K [mm]	Kopfdicke min h_{Si} [mm]	Ankerquerschnitt A [mm²]	Tragfähigkeit zul. F [kN]	Ankerhöhe h_A [mm]
10	30	5	79	22,4	h_A = Plattendicke - Betonüberdeckung oben - Betonüberdeckung unten
12	36	6	113	32,3	
14	42	7	154	44,0	
16	48	7	201	57,5	
20	60	9	314	89,8	
25	75	12	491	140,4	

Halfen GmbH & Co. KG
Liebigstr. 14
D - 40 764 Langenfeld/ Rhld.
Telefon + 49 - (0) 2173 - 970 (0)
Fax + 49 - (0) 2173 - 970 - 420

Abmessungen der HDB - N - Anker

Anlage 1
zur allgemeinen bauaufsichtlichen Zulassung
vom 24. November 1997
Z - 15.1 - 84

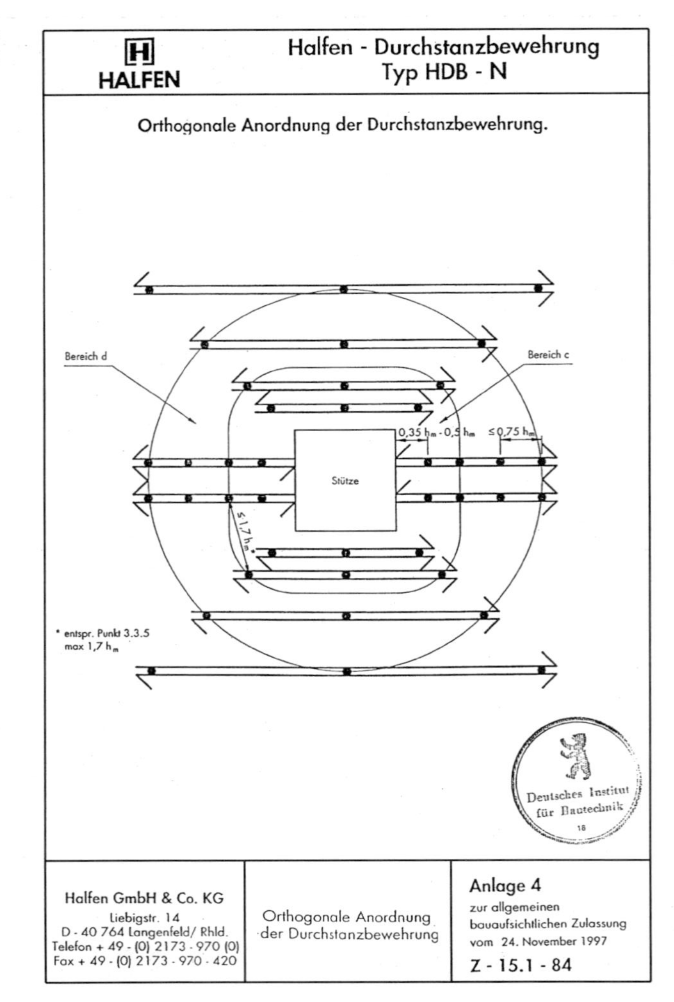
HALFEN
Halfen - Durchstanzbewehrung
Typ HDB - N
Orthogonale Anordnung der Durchstanzbewehrung.
Bereich d
Bereich c
Stütze
* entspr. Punkt 3.3.5
max 1,7 h_m
Deutsches Institut für Bautechnik
Halfen GmbH & Co. KG
Liebigstr. 14
D - 40 764 Langenfeld/ Rhld.
Telefon + 49 - (0) 2173 - 970 (0)
Fax + 49 - (0) 2173 - 970 - 420
Orthogonale Anordnung der Durchstanzbewehrung
Anlage 4
zur allgemeinen bauaufsichtlichen Zulassung
vom 24. November 1997
Z - 15.1 - 84

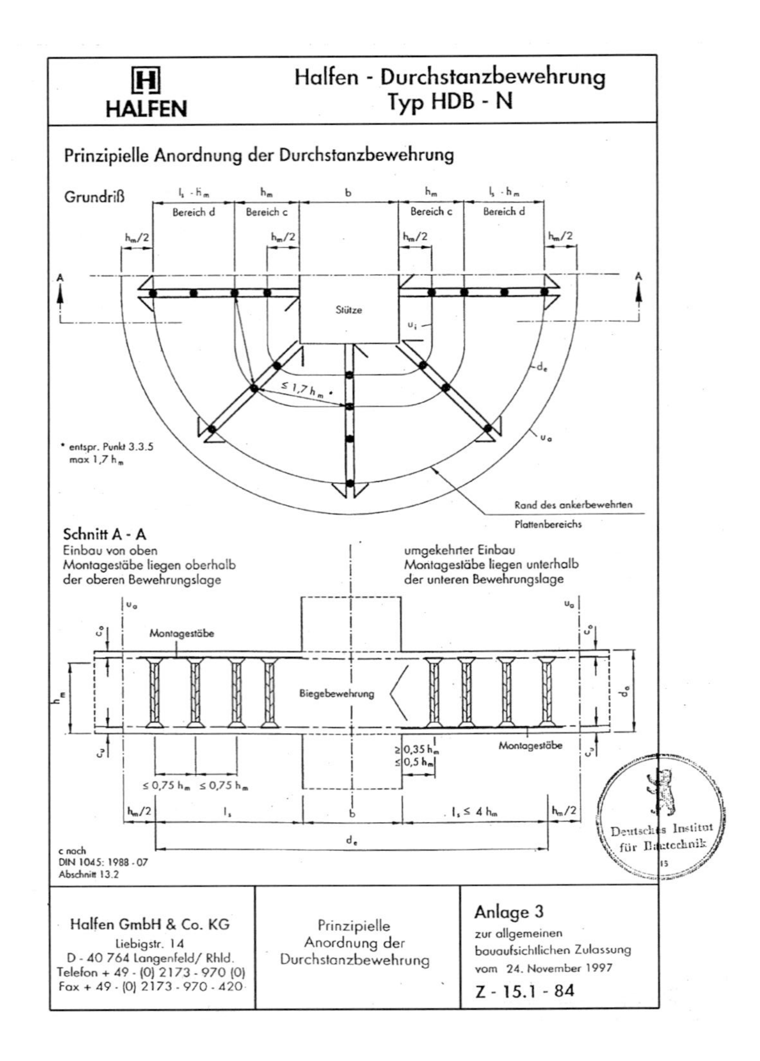
HALFEN
Halfen - Durchstanzbewehrung
Typ HDB - N
Prinzipielle Anordnung der Durchstanzbewehrung
Grundriß
Bereich d
Bereich c
Stütze
* entspr. Punkt 3.3.5
max 1,7 h_m
Rand des ankerbewehrten Plattenbereichs
Schnitt A - A
Einbau von oben
Montagestäbe liegen oberhalb der oberen Bewehrungslage
umgekehrter Einbau
Montagestäbe liegen unterhalb der unteren Bewehrungslage
Montagestäbe
Biegebewehrung
c nach DIN 1045: 1988 - 07 Abschnitt 13.2
Deutsches Institut für Bautechnik
Halfen GmbH & Co. KG
Liebigstr. 14
D - 40 764 Langenfeld/ Rhld.
Telefon + 49 - (0) 2173 - 970 (0)
Fax + 49 - (0) 2173 - 970 - 420
Prinzipielle Anordnung der Durchstanzbewehrung
Anlage 3
zur allgemeinen bauaufsichtlichen Zulassung
vom 24. November 1997
Z - 15.1 - 84

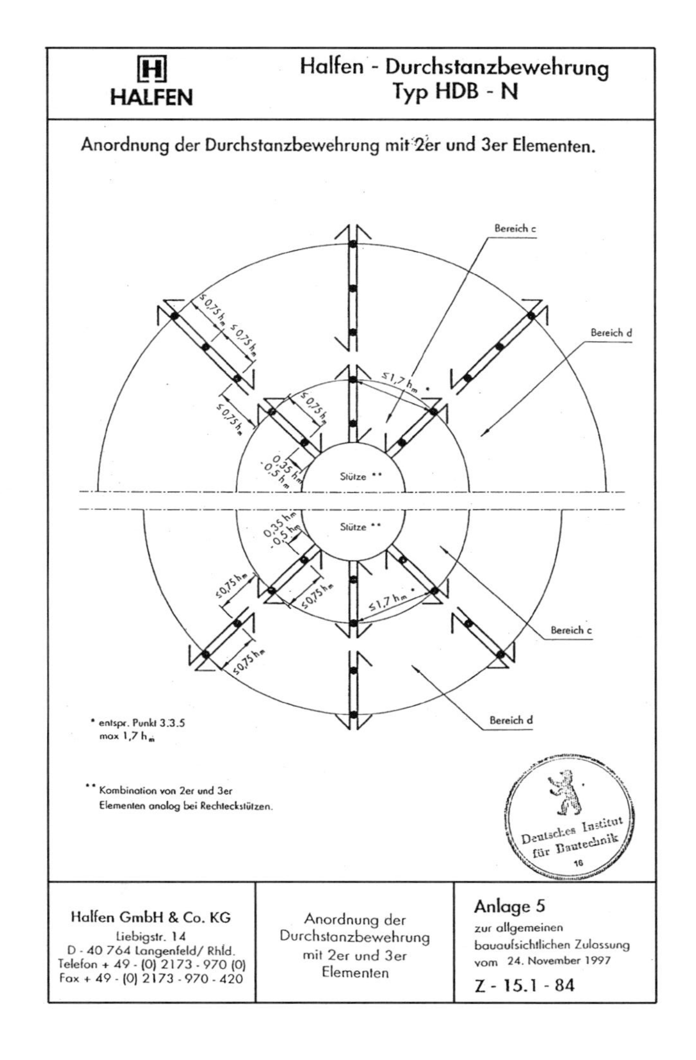

HALFEN

Halfen - Durchstanzbewehrung Typ HDB - N

Anordnung der Durchstanzbewehrung mit 2er und 3er Elementen.

* entspr. Punkt 3.3.5 max 1,7 h_m

** Kombination von 2er und 3er Elementen analog bei Rechteckstützen.

Halfen GmbH & Co. KG Liebigstr. 14 D - 40 764 Langenfeld/ Rhld. Telefon + 49 - (0) 2173 - 970 (0) Fax + 49 - (0) 2173 - 970 - 420	Anordnung der Durchstanzbewehrung mit 2er und 3er Elementen	Anlage 5 zur allgemeinen bauaufsichtlichen Zulassung vom 24. November 1997 Z - 15.1 - 84

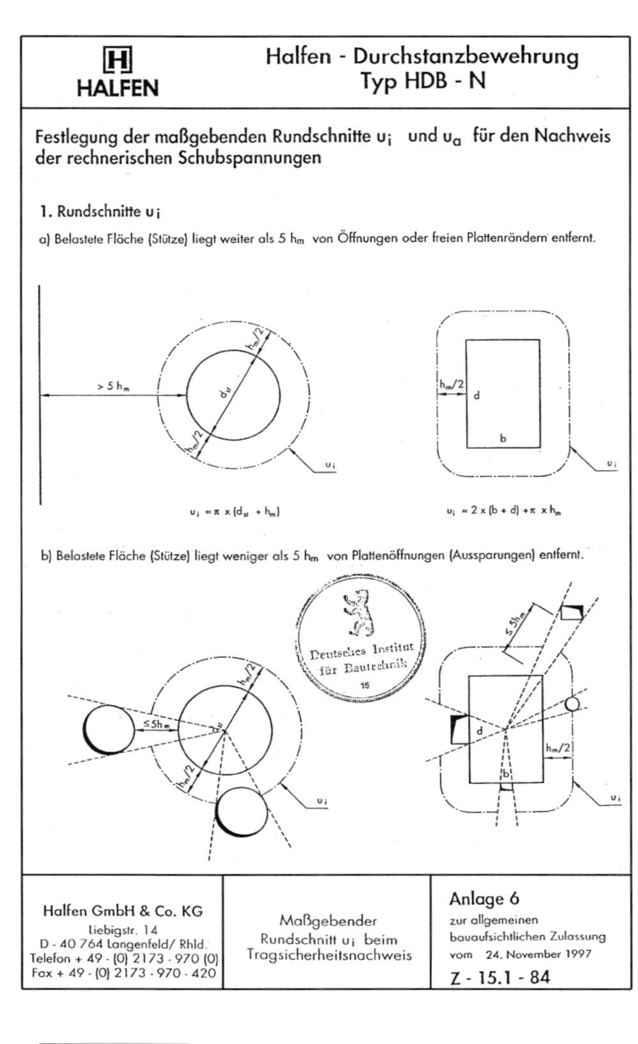

HALFEN

Halfen - Durchstanzbewehrung Typ HDB - N

Festlegung der maßgebenden Rundschnitte u_i und u_a für den Nachweis der rechnerischen Schubspannungen

1. Rundschnitte u_i

a) Belastete Fläche (Stütze) liegt weiter als 5 h_m von Öffnungen oder freien Plattenrändern entfernt.

$u_i = \pi \times (d_{st} + h_m)$

$u_i = 2 \times (b + d) + \pi \times h_m$

b) Belastete Fläche (Stütze) liegt weniger als 5 h_m von Plattenöffnungen (Aussparungen) entfernt.

Halfen GmbH & Co. KG Liebigstr. 14 D - 40 764 Langenfeld/ Rhld. Telefon + 49 - (0) 2173 - 970 (0) Fax + 49 - (0) 2173 - 970 - 420	Maßgebender Rundschnitt u_i beim Tragsicherheitsnachweis	Anlage 6 zur allgemeinen bauaufsichtlichen Zulassung vom 24. November 1997 Z - 15.1 - 84

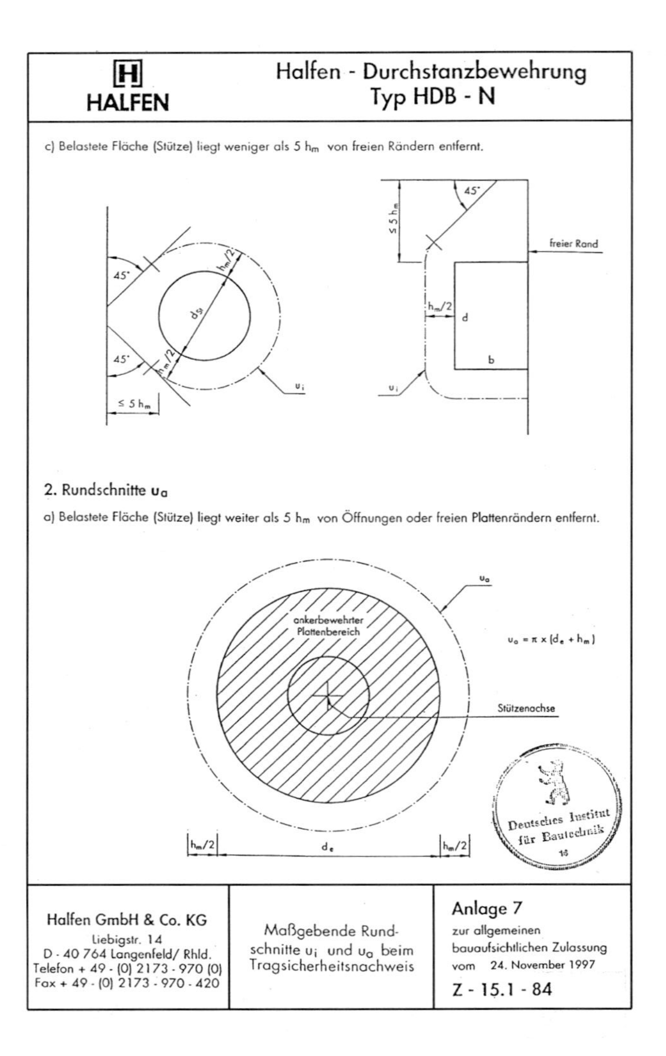

HALFEN

Halfen - Durchstanzbewehrung Typ HDB - N

c) Belastete Fläche (Stütze) liegt weniger als 5 h_m von freien Rändern entfernt.

2. Rundschnitte u_a

a) Belastete Fläche (Stütze) liegt weiter als 5 h_m von Öffnungen oder freien Plattenrändern entfernt.

Halfen GmbH & Co. KG
Liebigstr. 14
D - 40 764 Langenfeld/ Rhld.
Telefon + 49 - (0) 2173 - 970 (0)
Fax + 49 - (0) 2173 - 970 - 420

Maßgebende Rundschnitte u_i und u_a beim Tragsicherheitsnachweis

Anlage 7
zur allgemeinen bauaufsichtlichen Zulassung
vom 24. November 1997
Z - 15.1 - 84

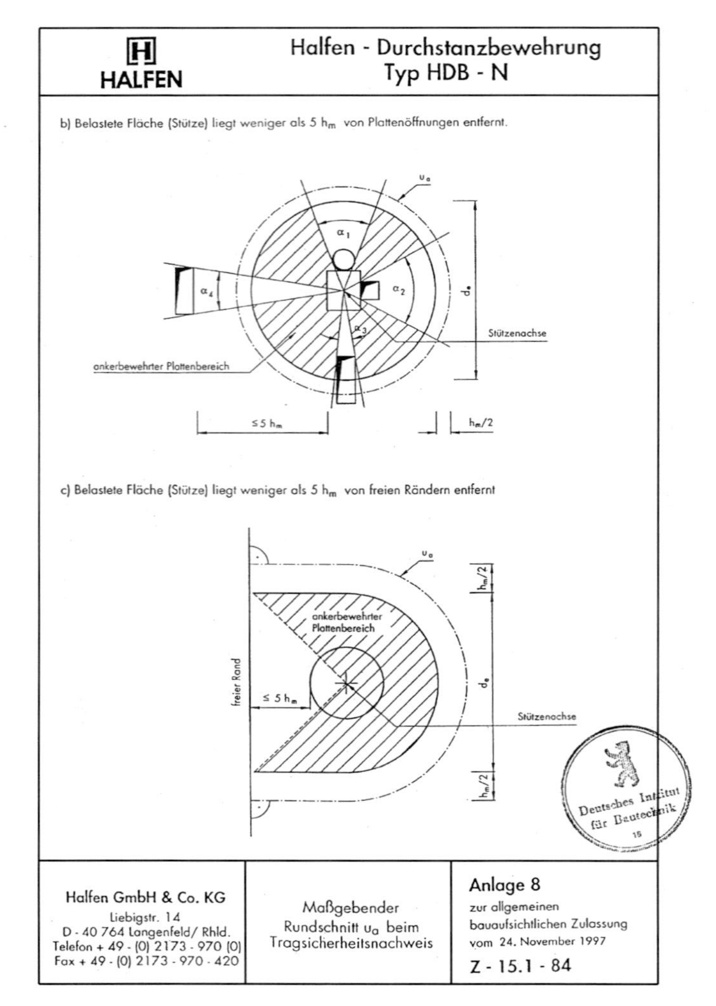

HALFEN

Halfen - Durchstanzbewehrung Typ HDB - N

b) Belastete Fläche (Stütze) liegt weniger als 5 h_m von Plattenöffnungen entfernt.

c) Belastete Fläche (Stütze) liegt weniger als 5 h_m von freien Rändern entfernt

Halfen GmbH & Co. KG
Liebigstr. 14
D - 40 764 Langenfeld/ Rhld.
Telefon + 49 - (0) 2173 - 970 (0)
Fax + 49 - (0) 2173 - 970 - 420

Maßgebender Rundschnitt u_a beim Tragsicherheitsnachweis

Anlage 8
zur allgemeinen bauaufsichtlichen Zulassung
vom 24. November 1997
Z - 15.1 - 84

HALFEN

Halfen - Durchstanzbewehrung Typ HDB - N

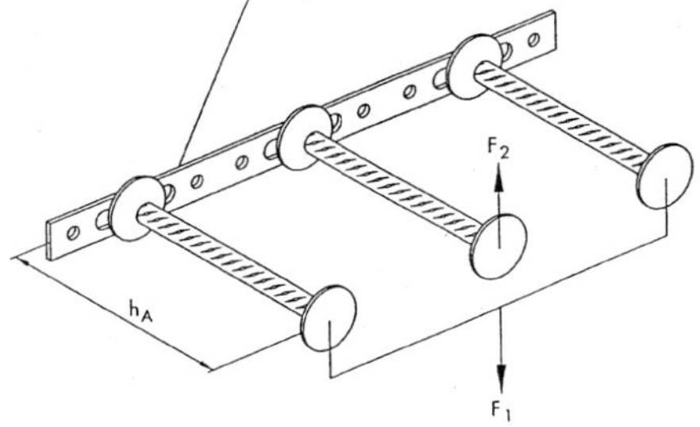
Flachstahl
(bzw. BSt 500 S oder BSt 500 NR nach Anlage 2)
F_2
h_A
F_1

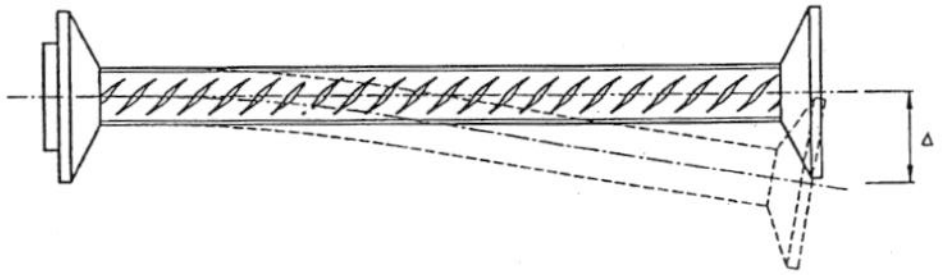
Δ

Der Bruch darf nicht vor Erreichen der Auslenkung $\Delta = 1/10\ h_A$ erfolgen.
Die Bruchlast darf 0,5 kN nicht unterschreiten.

Deutsches Institut für Bautechnik 13

Halfen GmbH & Co. KG Liebigstr. 14 D - 40 764 Langenfeld/ Rhld. Telefon + 49 - (0) 2173 - 970 (0) Fax + 49 - (0) 2173 - 970 - 420	Versuchsaufbau zur Lagesicherung der Anker	Anlage 9 zur allgemeinen bauaufsichtlichen Zulassung vom 24. November 1997. Z - 15.1 - 84

J

DEUTSCHES INSTITUT FÜR BAUTECHNIK

Anstalt des öffentlichen Rechts

10829 Berlin, 5. Juli 1996
Kolonnenstraße 30
Telefon: (0 30) 7 87 30-266
Telefax: (0 30) 7 87 30-320
GeschZ.: I 1-1.13.1-13/93

Allgemeine bauaufsichtliche Zulassung

Zulassungsnummer: Z-13.1-78

Antragsteller: Vorspann-Technik GmbH
Am Sandbach 5
40878 Ratingen

Vorspann-Technik Ges.m.b.H.
Söllheimerstraße 4
A-5028 Salzburg

Zulassungsgegenstand: Litzenspannverfahren VT-CMM D für externe Vorspannung

Geltungsdauer bis: 31. Juli 2001

Der obengenannte Zulassungsgegenstand wird hiermit allgemein bauaufsichtlich zugelassen. Diese allgemeine bauaufsichtliche Zulassung umfaßt neun Seiten und 28 Anlagen.

I. ALLGEMEINE BESTIMMUNGEN

Siehe Zulassung Z-15.10-42, Seite J.34

II. BESONDERE BESTIMMUNGEN

1 Zulassungsgegenstand und Anwendungsbereich

1.1 Zulassungsgegenstand

Der Zulassungsgegenstand sind Spannglieder für externe Vorspannung aus 2 bis 16 Spanndrahtlitzen St 1570/1770, ∅ 15,7 mm, deren Verankerungen (Endverankerungen und feste Kopplungen), deren Umlenkung an Umlenksätteln und deren Korrosionsschutz (s. Anlage 1).

Die Spanndrahtlitzen werden im Werk mit einem Korrosionsschutz, bestehend aus Korrosionsschutzmasse und zwei in getrennten Arbeitsgängen aufextrudierten PE-Mänteln, versehen.

Durch die Mäntel werden zwei oder vier Litzen zu Bändern zusammengefaßt. Die Spannglieder bestehen aus einem oder mehreren dieser Bänder.

Die Verankerung der Spanndrahtlitzen in den Verankerungen erfolgt durch Keile.

Spannglieder aus 4 bis 16 Spanndrahtlitzen können über feste Kopplungen gekoppelt werden.

1.2 Anwendungsbereich

Der Zulassungsgegenstand darf zur Vorspannung ohne Verbund von Spannbetonbauteilen verwendet werden, die nach DIN V 4227-6 : 1984-05 bemessen werden und bei denen die Spannglieder außerhalb des Betonquerschnitts, aber innerhalb der Bauteilhöhe liegen.

2 Bestimmungen für das Bauprodukt

2.1 Eigenschaften und Zusammensetzung

2.1.1 Spannstahl und Bänder

Es dürfen nur 7drähtige Spanndrahtlitzen St 1570/1770 verwendet werden, die mit den folgenden Abmessungen allgemein bauaufsichtlich zugelassen sind:

Einzeldrähte:

Außendrahtdurchmesser d = 5,2 mm $^{-0,04\,mm}_{+0,06\,mm}$

Kerndrahtdurchmesser d' = 1,02 bis 1,04 d

Litze:

Nenndurchmesser 3 $d \approx$ 15,7 mm bzw. 0,6″

Nennquerschnitt 150 mm^2 $^{-2\,\%}_{+4\,\%}$

Die Spanndrahtlitzen sind im Herstellwerk des Antragstellers mit dem Korrosionsschutz, bestehend aus der Korrosionsschutzmasse Shell Alvania R und zwei in getrennten Arbeitsgängen aufextrudierten Mänteln (Schutzhüllen 1 und 2) aus HDPE (Borealis NCPE 2418 oder Vestolen A 5041 R schwarz), zu versehen. Die Anforderungen, die an die Korrosionsschutzmasse, das Material der Schutzhüllen und die Bänder zu stellen sind, sind den Anlagen 25, 26 und 27 zu entnehmen.

2.1.2 Keile (Ringkeile)

Es dürfen nur die auf Anlage 20 angegebenen Keile verwendet werden.

2.1.3 Ringkörper und Koppelringkörper

Die konischen Bohrungen der Ringkörper und Koppelringkörper müssen sauber und rostfrei und mit einem Korrosionsschutzfett versehen sein.

2.1.4 Wendel

Die in den Anlagen angegebenen Abmessungen und Stahlsorten der Wendel sind einzuhalten. Die Endgänge der Wendel sind zu verschweißen. Die Verschweißung der Endgänge der Wendel kann an den inneren Enden entfallen, wenn die Wendel dafür um 1½ zusätzliche Gänge verlängert wird.

Die zentrische Lage der Wendel ist durch Anschweißen an die Ankerplatte oder durch Halterungen zu sichern, die gegen die Trompete abgestützt sind.

2.1.5 Schweißen an den Verankerungen

Es ist das Verschweißen der Endgänge der Wendel, das Anschweißen der Wendel an die Ankerplatte und das Anschweißen des rechteckigen oder quadratischen Rohres aus Stahlblech zum Anschluß der Trompeten an die Ankerplatten zulässig.

2.1.6 Korrosionsschutz im Bereich der Verankerungen

An den Endverankerungen und Kopplungen ist der nicht durch PE-Mantel (Schutzhülle 1) geschützte Bereich der Spanndrahtlitzen durch Übergangsröhrchen, Schutzkappe, Hüllkasten usw. vollständig zu umhüllen.

Im Endzustand muß die Einbindelänge von Schutzhülle 1 in die Übergangsröhrchen $\geq$ 100 mm und von Schutzhülle 2 in die Trompeten $\geq$ 500 mm sein.

Die entsprechenden Abdichtungen sind sorgfältig auszuführen. Die Hohlräume müssen vollständig mit den auf Anlage 24 angegebenen Korrosionsschutzmassen verfüllt sein.

2.1.7 Korrosionsschutz der freiliegenden Stahlteile

Die nicht durch Beton, Einpreßmörtel oder Korrosionsschutzmasse geschützten Flächen aller stählernen Teile sind, soweit sie nicht aus nichtrostendem Stahl bestehen, durch eines der folgenden Schutzsysteme gegen Korrosion zu schützen:

- Schutzsysteme ohne metallischen Überzug:
  DIN 55 928 - T 05-4-302.1 oder
  4-312.2 oder
  6-301.2
- Schutzsysteme mit Verzinkung:
  DIN 55 928 - T 05-5-300.2 bis 3 oder
  5-310.4 bis 5

J

Die Oberflächenvorbereitung hat nach DIN 55 928-4 zu erfolgen, bei der Ausführung der Korrosionsschutzarbeiten ist DIN 55 928-6 zu beachten.

2.1.8 Beschreibung des Spannverfahrens und Zeichnungen

Der Aufbau der Spannglieder, die Ausbildung der Verankerungen, der Kopplungen, der Umlenksättel, die Verankerungsteile und der Korrosionsschutz müssen der beiliegenden Beschreibung und den Zeichnungen entsprechen. Die darin angegebenen Maße und Materialgüten sowie der darin beschriebene Herstellungsvorgang der Spannglieder und des Korrosionsschutzes sind einzuhalten.

2.1.9 Umlenksättel

Die Umlenksättel sind, wie auf Anlage 21 angegeben, auszuführen, insbesondere dürfen die angegebenen Mindestradien nicht unterschritten werden. Die Umlenksättel sind über die gesamte Breite *b* konstant gekrümmt auszuführen. Zur Stabilisierung der Bänder ist der Umlenksattel mit Futterplatten auszufüttern. Im mittleren Bereich darf auf eine Ausfütterung bis auf eine Länge von maximal 500 mm verzichtet werden, jedoch ist auf jeder Seite auf jeweils mindestens 300 mm auszufüttern.

2.1.10 Kopplungen

Die Kopplungen sind, wie auf den Anlagen 19 und 20 angegeben, auszuführen. Sie sind nur in planmäßig gerade Spanngliedabschnitte einzubauen. Dennoch sind die Trompeten des 2. Bauabschnitts, die aus Stahl auszuführen sind, und deren Anschlüsse an die Kopplung für eine unplanmäßige Winkelabweichung von 0,5° zu bemessen. Außerdem ist die Aufnahme der Spreizkräfte im Bereich der Futterplatten nachzuweisen.

2.2 Herstellung, Transport, Lagerung und Kennzeichnung (vgl. auch DIN 4227)

2.2.1 Allgemeines

Auf eine sorgfältige Behandlung der ummantelten Spanndrahtlitzen bei der Herstellung von Fertigspanngliedern und bei Transport und Lagerung ist zu achten.

2.2.2 Krümmungshalbmesser der Spannglieder beim Transport

Der Krümmungshalbmesser darf 0,55 m nicht unterschreiten.

2.2.3 Kennzeichnung

Jeder Lieferung der unter Abschnitt 2.3.2 angegebenen Zubehörteile ist ein Lieferschein mitzugeben, aus dem u. a. hervorgeht, für welche Spanngliedtypen die Teile bestimmt sind und von welchem Werk sie hergestellt wurden. Mit einem Lieferschein dürfen Zubehörteile nur für eine einzige, im Lieferschein zu benennende Spanngliedtype (-größe) geliefert werden. Für Fertigspannglieder wird auf DIN 4227-1 : 1988-07, Abschnitt 6.5.3, hingewiesen.

Der Lieferschein des Bauprodukts muß vom Hersteller mit dem Übereinstimmungszeichen (Ü-Zeichen) nach den Übereinstimmungszeichen-Verordnungen der Länder gekennzeichnet werden. Die Kennzeichnung darf nur erfolgen, wenn die Voraussetzungen nach Abschnitt 2.3 erfüllt sind.

2.3 Übereinstimmungsnachweis

2.3.1 Allgemeines

Die Bestätigung der Übereinstimmung des Bauprodukts (Zubehörteile, Bänder und Fertigspannglieder) mit den Bestimmungen dieser allgemeinen bauaufsichtlichen Zulassung und den Technischen Lieferbedingungen muß für jedes Herstellwerk mit einem Übereinstimmungszertifikat auf der Grundlage einer werkseigenen Produktionskontrolle und einer regelmäßigen Fremdüberwachung einschließlich einer Erstprüfung des Bauprodukts nach Maßgabe der folgenden Bestimmungen erfolgen.

Für die Erteilung des Übereinstimmungszertifikats und die Fremdüberwachung einschließlich der dabei durchzuführenden Produktprüfungen hat der Hersteller des Bauprodukts eine hierfür anerkannte Zertifizierungsstelle sowie eine hierfür anerkannte Überwachungsstelle einzuschalten.

Dem Deutschen Institut für Bautechnik ist von der Zertifizierungsstelle eine Kopie des von ihr erteilten Übereinstimmungszertifikats zur Kenntnis zu geben. Beim Deutschen Institut für Bautechnik, der Zertifizierungsstelle und der Überwachungsstelle sind die Technischen Lieferbedingungen, in denen Abmessungen, das Material und Werkstoffkennwerte der Zubehörteile mit den zulässigen Toleranzen und die Materialien des Korrosionsschutzes angegeben sind, hinterlegt.

2.3.2 Werkseigene Produktionskontrolle

2.3.2.1 Allgemeines

In jedem Herstellwerk ist eine werkseigene Produktionskontrolle einzurichten und durchzuführen. Hierbei sind die Bestimmungen des Deutschen Instituts für Bautechnik zur werkseigenen Produktionskontrolle für Bauprodukte zu beachten.

Im Rahmen der werkseigenen Produktionskontrolle sind an den Zubehörteilen mindestens die in den folgenden Abschnitten angegebenen Prüfungen durchzuführen.

Die Ergebnisse der werkseigenen Produktionskontrolle sind aufzuzeichnen, auszuwerten und mindestens fünf Jahre aufzubewahren. Sie sind dem Deutschen Institut für Bautechnik und der zuständigen obersten Bauaufsichtsbehörde auf Verlangen vorzulegen.

2.3.2.2 Keile (Ringkeile)

Der Nachweis der Materialeigenschaften des Vormaterials ist durch Abnahmeprüfzeugnis „3.1.B" nach DIN EN 10 204 : 1995-08 zu erbringen.

An mindestens 5 % aller hergestellten Keile ist die Maßhaltigkeit zu prüfen, und an mindestens 0,5 % sind Oberflächenhärte, Einsatztiefe und Kernfestigkeit zu prüfen. Alle Keile sind mit Hilfe einer Ja/Nein-Prüfung nach Augenschein auf Beschaffenheit der Zähne, der Konusoberfläche und der übrigen Flächen zu prüfen (hierüber sind keine Aufzeichnungen erforderlich).

2.3.2.3 Ringkörper, Koppelringkörper und Koppelhülsen

Der Nachweis der Materialeigenschaften ist durch Abnahmeprüfzeugnis „3.1.B" nach DIN 10 204 : 1995-08 zu erbringen. Die konischen Löcher zur Aufnahme der Litzen aller Teile sind in einer Ja/Nein-Prüfung bezüglich Winkel, Durchmesser und Oberflächengüte zu überprüfen (hierüber sind keine Aufzeichnungen erforderlich). Die Abmessungen der Gewinde aller Koppelringkörper und Koppelhülsen sind in einer Ja/Nein-Prüfung zu überprüfen (hierüber sind keine Aufzeichnungen erforderlich). An mindestens 5 % aller Teile sind die übrigen Abmessungen zu überprüfen.

2.3.2.4 Ankerplatten

Der Nachweis der Materialeigenschaften ist durch Werkszeugnis „2.2" nach DIN EN 10 204 : 1995-08 zu erbringen. Darüber hinaus ist jede Ankerplatte mit Hilfe einer Ja/Nein-Prüfung auf Abmessungen und grobe Fehler nach Augenschein zu überprüfen (hierüber sind keine Aufzeichnungen erforderlich).

2.3.2.5 Korrosionschutz der Spanndrahtlitzen, Ausgangsmaterialien

Der Nachweis, daß die Ausgangsmaterialien des Korrosionsschutzes (PE-Granulat, Korrosionsschutzfett) den Spezifikationen nach Anlagen 25, 26 und 27 entsprechen, ist durch Abnahmeprüfzeugnis „3.1.B" nach DIN EN 10 204 : 1995-08 zu erbringen.

2.3.2.6 Korrosionsschutz der Spanndrahtlitzen, Endprodukt (Spezifikationen nach Anlagen 25, 26 und 27)

2.3.2.6.1 Korrosionsschutzmäntel

Es ist folgendes zu überprüfen:

An jedem Ring an einer Probe:

- Schichtstärke der PE-Mäntel
- Gleitfähigkeit, Ausziehkräfte

An jedem 20. Ring an einer Probe:

- Dichte des extrudierten PE-Materials
- Schmelzindex MFI 190/5 des extrudierten PE-Materials

2 × jährlich:

- Rußverteilung.

2.3.2.6.2 Korrosionsschutzfett

An jedem Ring an einer Probe (fertiges Band) ist die aufgetragene Fettmenge zu überprüfen. Nach Augenschein ist zu überprüfen, ob das Fett die Zwickel der Litze ausgefüllt hat.

An jedem 20. Ring sind an einer Probe zu überprüfen:

- Tropfpunkt des Fettes
- Walkpenetration des Fettes.

2.3.2.7 Korrosionsschutzmassen und Korrosionsschutzbinden für die Verankerungsbereiche

Der Nachweis der Materialeigenschaften der Korrosionsschutzmassen und der Korrosionsschutzbinden für die Verankerungsbereiche (Endverankerungen und Kopplungen) ist durch Werksbescheinigung „2.1" nach DIN EN 10 204 : 1995-08 zu erbringen.

2.3.2.8 Abmessungen der Zubehörteile (Rohre, Kappen usw.) des Korrosionsschutzsystems

Die Abmessungen der Zubehörteile sind stichprobenweise je Lieferlos zu überprüfen.

2.3.3 Fremdüberwachung

In jedem Herstellwerk ist die werkseigene Produktionskontrolle durch eine Fremdüberwachung regelmäßig zu überprüfen, mindestens jedoch halbjährlich.

Im Rahmen der Fremdüberwachung ist eine Erstprüfung des Bauprodukts durchzuführen und können auch Proben für Stichprobenprüfungen entnommen werden. Die Probenahme und Prüfungen obliegen jeweils der anerkannten Stelle.

Die Ergebnisse der Zertifizierung und Fremdüberwachung sind mindestens fünf Jahre aufzubewahren. Sie sind von der Zertifizierungsstelle bzw. der Überwachungsstelle dem Deutschen Institut für Bautechnik und der zuständigen obersten Bauaufsichtsbehörde auf Verlangen vorzulegen.

3 Bestimmungen für Entwurf und Bemessung

3.1 Allgemeines

Für Entwurf und Bemessung von mit diesen Spanngliedern vorgespannten Bauteilen gilt DIN V 4227-6 : 1984-05.

3.2 Zulässige Spannkräfte

Die im Gebrauchszustand zulässigen Spannkräfte entsprechend DIN V 4227-6 : 1984-05, Abschnitt 9.1 (1), sind auf Anlage 2 angegeben.

3.3 Dehnungsbehinderung des Spanngliedes

Die Spannkraftverluste im Spannglied können in der Regel in der statischen Berechnung mit den auf Anlage 28, Abschnitt 4.4, angegebenen Reibungsbeiwerten ermittelt werden. Der ungewollte Umlenkwinkel darf mit $\beta = 0$ angesetzt werden.

3.4 Krümmungshalbmesser der Spannglieder an den Umlenksätteln

Die kleinsten zulässigen Krümmungshalbmesser sind Anlage 21 und Anlage 28, Abschnitt 4.3, zu entnehmen.

Ein Nachweis der Spannstahlrandspannungen in Krümmungen braucht bei Einhaltung dieser Halbmesser nicht geführt zu werden.

3.5 Festigkeitsklasse des Betons

Für die Verankerungsbereiche darf Beton einer geringeren Festigkeitsklasse als auf Anlage 22 angegeben nicht verwendet werden.

3.6 Abstand der Spanngliedverankerungen, Betondeckung

Die auf Anlage 22 angegebenen minimalen Abstände der Spanngliedverankerungen (Endverankerungen und Kopplungen) dürfen nicht unterschritten werden. Alle Achs- und Randabstände sind nur im Hinblick auf die statischen Erfordernisse festgelegt worden; daher sind zusätzlich die in anderen Normen und Richtlinien - insbesondere in DIN 1045 und DIN 1075 - angegebenen Betondeckungen der Betonstahlbewehrung bzw. der stählernen Verankerungsteile zu beachten.

3.7 Weiterleitung der Kräfte im Bauwerkbeton

Die Eignung der Verankerung für die Überleitung der Spannkräfte auf den Bauwerkbeton ist nachgewiesen. Die Aufnahme der im Bauwerkbeton im Bereich der Verankerung außerhalb der Wendel auftretenden Kräfte ist nachzuweisen. Hierbei sind insbesondere die auftretenden Spaltzugkräfte durch geeignete Querbewehrung aufzunehmen (in den beigefügten Zeichnungen nicht dargestellt).

Die in den Anlagen angegebene Zusatzbewehrung darf nicht auf eine statisch erforderliche Bewehrung angerechnet werden. Über die statisch erforderliche Bewehrung hinaus in entsprechender Lage vorhandene Bewehrung darf jedoch auf die Zusatzbewehrung angerechnet werden.

Auch im Verankerungsbereich sind lotrecht geführte Rüttelgassen vorzusehen, damit der Beton einwandfrei verdichtet werden kann.

An den Umlenksätteln ist die Aufnahme der Umlenkkräfte durch das Bauteil statisch nachzuweisen.

3.8 Schlupf an den Verankerungen

Der Einfluß des Schlupfes an den Verankerungen (siehe Abschnitt 4.5) muß bei der statischen Berechnung bzw. bei der Bestimmung der Spannwege berücksichtigt werden.

3.9 Ertragene Schwingbreiten der Spannung

Zum Nachweis nach DIN 4227-1 : 1988-07, Abschnitt 15.9.2 (1), ist an den Endverankerungen, an den Kopplungen und an den Umlenksätteln eine ertragene Schwingbreite von 35 N/mm^2 (bei $2{,}0 \cdot 10^6$ Lastspielen) anzusetzen.

3.10 Begrenzung der Spannwege an den Umlenksätteln

Die Spannwege dürfen an den Umlenksätteln 800 mm nicht überschreiten.

3.11 Kopplung

Die Spannkraft an der Kopplung darf im 2. Bauabschnitt weder im Bau- noch im Endzustand größer als im 1. Bauabschnitt sein. Dies gilt auch für spätere Kontrollen oder Änderungen der Spannkraft.

3.12 Durchführungen der Spannglieder durch Bauteile

Bei geraden Durchführungen der Spannglieder durch Bauteile ist durch entsprechende Größe der Öffnungen im Bauteil unter Berücksichtigung der Ausführungstoleranzen sicherzustellen, daß ein Anliegen der Spannglieder am Bauteil ausgeschlossen wird.

3.13 Verhinderung von Querschwingungen der Spannglieder

Kritische Querschwingungen der Spannglieder infolge Verkehr, Wind oder anderer Ursachen sind durch konstruktive Maßnahmen zu vermeiden.

Bei Brücken hat es sich als sinnvoll erwiesen, die Spannglieder je nach Spanngliederart in Abständen zwischen 10 m und 15 m an den Brückenstegen zu befestigen. Auch dann noch auftretende, minimale Schwingungen sind in der Regel ohne schädlichen Einfluß.

3.14 Schutz der Spannglieder

Die Spannglieder sind gegen Ausfall infolge äußerer Einwirkungen (z. B. Anprall von Fahrzeugen, erhöhte Temperaturen im Brandfall, Vandalismus) zu schützen. Spannglieder, die z. B. in einem abgeschlossenen Hohlkasten geführt werden, gelten als ausreichend geschützt.

3.15 Längen der Übergangsröhrchen und Einbindelänge der Schutzhüllen 2

Die erforderlichen Längen der Übergangsröhrchen und die erforderliche Einbindelänge von Schutzhülle 2 in die Trompeten sind unter Berücksichtigung aller möglichen Einflüsse insbesondere von Temperaturdifferenzen während des Bauzustandes, Bewegungen beim Vorspannen und Bautoleranzen festzulegen, damit die minimalen Einbindelängen beider Schutzhüllen im Endzustand (siehe Abschnitt 2.1.6) sichergestellt sind. Diese Festlegung ist durch den Antragsteller oder in Abstimmung mit ihm zu treffen.

4 Bestimmungen für die Ausführung

4.1 Geeignete Unternehmen

Der Zusammenbau und der Einbau der Spannglieder darf nur von Unternehmen durchgeführt werden, die die erforderliche Sachkenntnis und Erfahrung mit diesem Spannverfahren haben. Der für die Baustelle verantwortliche Spanningenieur des Unternehmens muß eine Bescheinigung des Antragstellers besitzen, nach der er durch den Antragsteller eingewiesen wurde und die erforderliche Sachkenntnis und Erfahrung mit diesem Spannverfahren besitzt.

4.2 Schweißen an den Verankerungen

Nach der Montage der Spannglieder dürfen an den Verankerungen keine Schweißarbeiten mehr vorgenommen werden.

4.3 Montage der Spannglieder

Die Montage der Spannglieder muß wie in Anlage 28 beschrieben erfolgen. Die Markierung der Schutzmäntel 2 (siehe Anlage 28, Abschnitt 6.3, 2) ist dauerhaft in einem zu protokollierenden Abstand aufzubringen, damit jederzeit die erforderlichen Einbindelängen der Schutzmäntel (siehe Abschnitt 2.1.6) kontrolliert werden können. Bei der Kontrolle kann davon ausgegangen werden, daß die Schutzmäntel sich nicht gegenseitig verschieben. Abschließend sind im Endzustand nach dem Vorspannen und der Erhärtung des Einpreßmörtels die Einbindelängen zu kontrollieren.

Der Beginn der Montagearbeiten der Verankerungen und Kopplungen (siehe Anlage 28, Abschnitt 6.3, 2) ff.) auf der Baustelle ist der bauüberwachenden Behörde bzw. dem von ihr mit der Bauüberwachung Beauftragten 48 Stunden vorher anzuzeigen.

4.4 Aufbringen der Vorspannung

Ein Nachspannen der Spannglieder, verbunden mit dem Lösen der Keile und unter Wiederverwendung der Keile, ist zugelassen. Die beim vorausgegangenen Anspannen sich ergebenden Keildruckstellen auf der Litze müssen nach dem Nachspannen bzw. dem Verankern um mindestens 15 mm in den Keilen nach außen verschoben liegen. Bei Spannwegen < 15 mm dürfen daher die Keile nicht mehr gelöst werden. Es sind dann Unterlegscheiben zu verwenden.

Vorstehendes gilt auch bei späteren Kontrollen oder Änderungen der Spannkraft. Auf Abschnitt 3.11 wird hingewiesen.

Wenn das Verpressen der Verankerungsbereiche mit Einpreßmörtel vor dem Vorspannen erfolgt (siehe Anlage 28, Abschnitt 6.3), muß die Erhärtung des Einpreßmörtels abgewartet werden.

Außer bei Spanngliedern mit Umlenksätteln mit äußerer Gleitung (s. Anlage 28, Abschnitt 4.4.1) oder bei Spanngliedern mit Umlenksätteln mit innerer Gleitung und nicht einsinniger Umlenkung oder mit Kopplungen ist auch das bandweise Vorspannen der Spannglieder zulässig. Bei Spanngliedern mit Umlenksätteln mit innerer Gleitung und einsinniger Umlenkung ist bei bandweisem Vorspannen immer vom am Umlenksattel anliegenden Band beginnend vorzuspannen.

4.5 Verkeilkraft und Schlupf

Die Keile der Festanker und die Keile des Koppelringkörpers B des zweiten Bauabschnitts der Kopplung sind mit 1,2 zul P (zul P nach Abschnitt 3.2) vorzuverkeilen. Mit einem Schlupf ist an diesen Verankerungen nicht zu rechnen.

An den Spannankern, dazu gehört auch der Koppelringkörper A des ersten Bauabschnitts der Kopplung, ist mit einem Schlupf von 6 mm zu rechnen.

4.6 Einpressen

4.6.1 Korrosionsschutzmasse

Die Korrosionsschutzmassen (siehe Anlage 24) sind - falls erforderlich im erwärmten Zustand - in die dafür vorgesehenen Bereiche an den Verankerungen und Kopplungen einzupressen. Auf eine vollständige Verfüllung ist zu achten.

4.6.2 Einpreßmörtel

Die an den Verankerungen und Kopplungen vorgesehenen Bereiche sind vollständig mit Einpreßmörtel nach DIN 4227-5 zu verpressen.

LITZENSPANNVERFAHREN
VT-CMM D
FÜR EXTERNE VORSPANNUNG

SCHNITT

LÄNGSSCHNITT DURCH VERANKERUNG

SCHNITT

LÄNGSSCHNITT DURCH KOPPLUNG

SCHNITT

UMLENKSATTEL

BANDFORMEN
und Spannglieder

RINGKÖRPER

VORSPANN-TECHNIK D-40878 RATINGEN Am Sandbach 5 A-5028 SALZBURG Söllheimerstraße 4 EXTERNE VORSPANNUNG VT-CMM D LITZENSPANNVERFAHREN	INHALT DER ZEICHNUNG Längsschnitt durch: Verankerung SPA + FA Kopplung Umlenksattel Bandformen und Spannglieder Ankerkörper	Anlage 1 zur allgemeinen bauaufsichtlichen Zulassung Nr. Z-13.1-78 vom 5. Juli 1996
	VT	Anlage 1

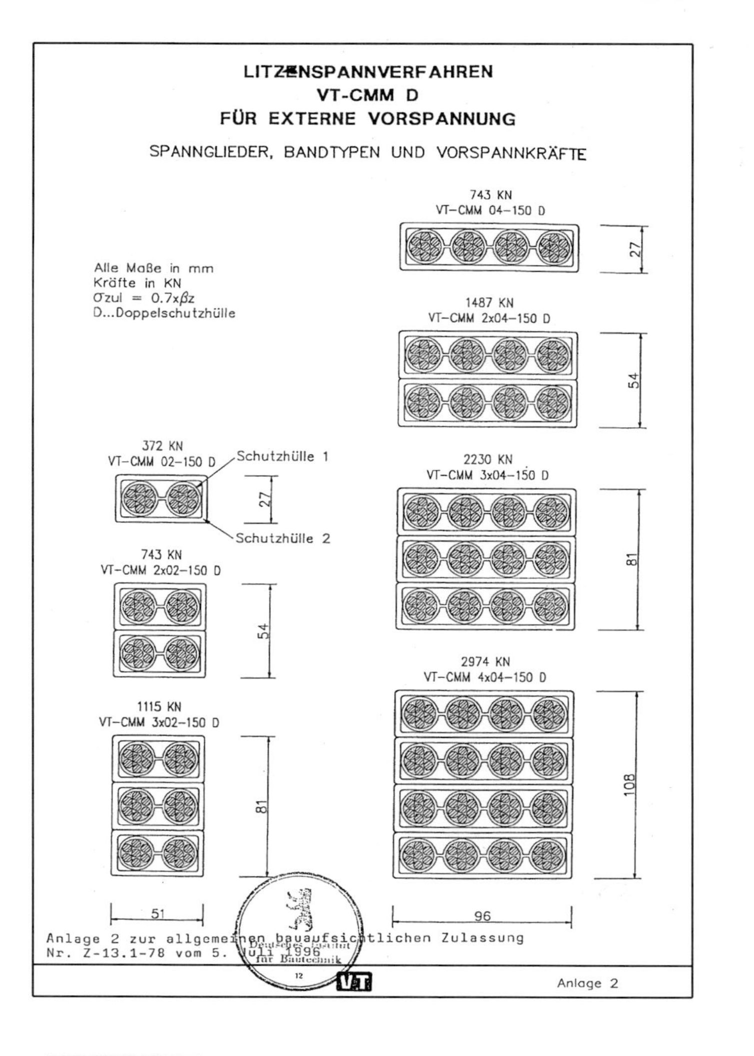

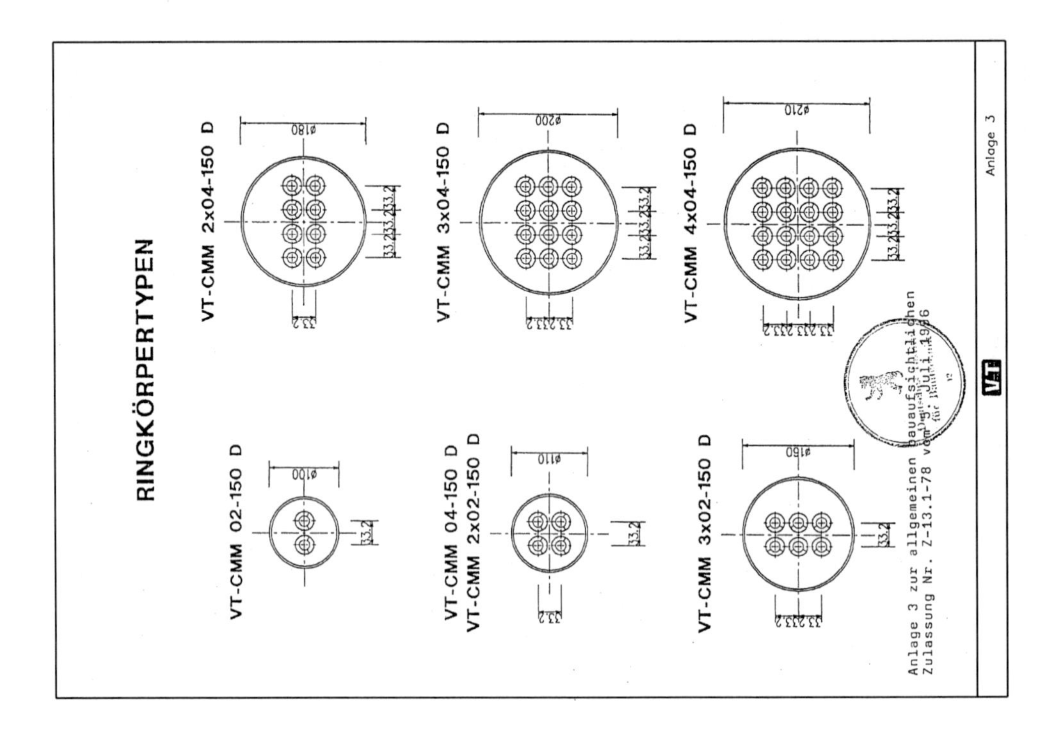
RINGKÖRPERTYPEN
VT-CMM 02-150 D
VT-CMM 04-150 D
VT-CMM 2x02-150 D
VT-CMM 3x02-150 D
VT-CMM 2x04-150 D
VT-CMM 3x04-150 D
VT-CMM 4x04-150 D
ø100
ø110
ø150
ø180
ø200
ø210
33.2
Anlage 3
Anlage 3 zur allgemeinen bauaufsichtlichen Zulassung Nr. Z-13.1-78 vom 5. Juli 1996

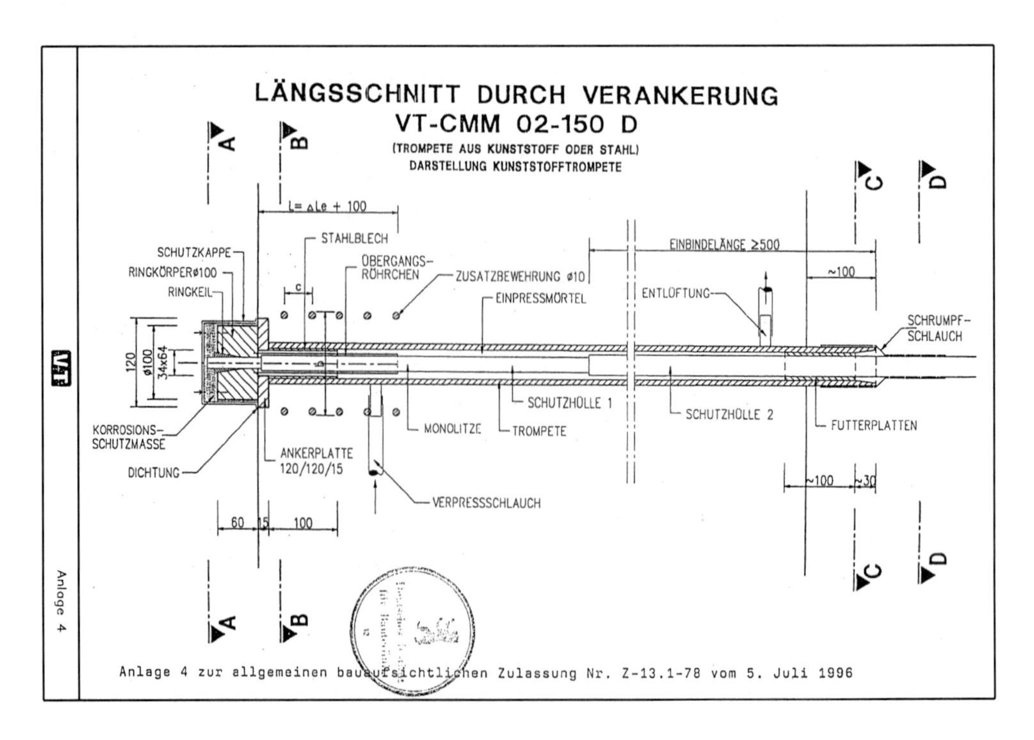
LÄNGSSCHNITT DURCH VERANKERUNG
VT-CMM 02-150 D
(TROMPETE AUS KUNSTSTOFF ODER STAHL)
DARSTELLUNG KUNSTSTOFFTROMPETE
L= ΔLe + 100
SCHUTZKAPPE
RINGKÖRPERø100
RINGKEIL
STAHLBLECH
ÜBERGANGS-
RÖHRCHEN
ZUSATZBEWEHRUNG ø10
EINPRESSMÖRTEL
EINBINDELÄNGE ≥500
ENTLÜFTUNG
~100
SCHRUMPF-
SCHLAUCH
120
ø100
34x64
KORROSIONS-
SCHUTZMASSE
DICHTUNG
ANKERPLATTE
120/120/15
MONOLITZE
TROMPETE
SCHUTZHÜLLE 1
SCHUTZHÜLLE 2
FUTTERPLATTEN
VERPRESSSCHLAUCH
60
15
100
~30
A
B
C
D
Anlage 4
Anlage 4 zur allgemeinen bauaufsichtlichen Zulassung Nr. Z-13.1-78 vom 5. Juli 1996

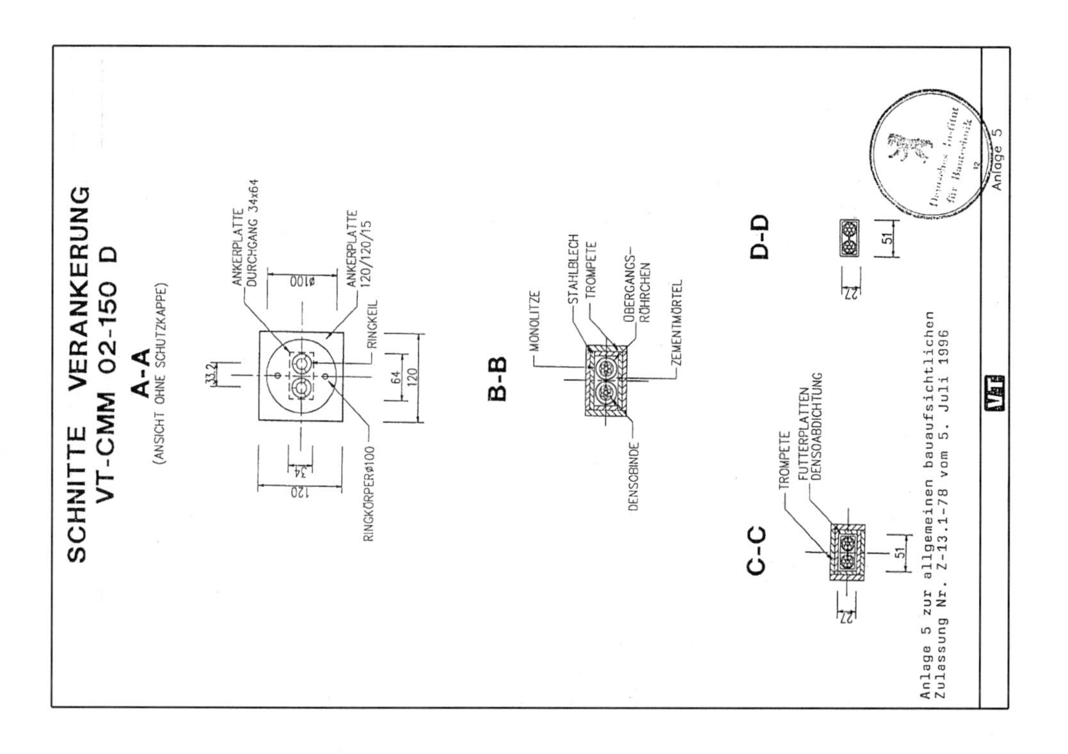
SCHNITTE VERANKERUNG
VT-CMM 02-150 D
A-A
(ANSICHT OHNE SCHUTZKAPPE)
ANKERPLATTE DURCHGANG 34x64
ANKERPLATTE 120/120/15
RINGKEIL
RINGKÖRPERø100
ø100
33.2
64
120
34
120
B-B
MONOLITZE
STAHLBLECH
TROMPETE
ÜBERGANGS-RÖHRCHEN
ZEMENTMÖRTEL
DENSOBINDE
D-D
51
22
C-C
TROMPETE
FUTTERPLATTEN
DENSOABDICHTUNG
51
22
Anlage 5 zur allgemeinen bauaufsichtlichen Zulassung Nr. Z-13.1-78 vom 5. Juli 1996
Anlage 5
Deutsches Institut für Bautechnik

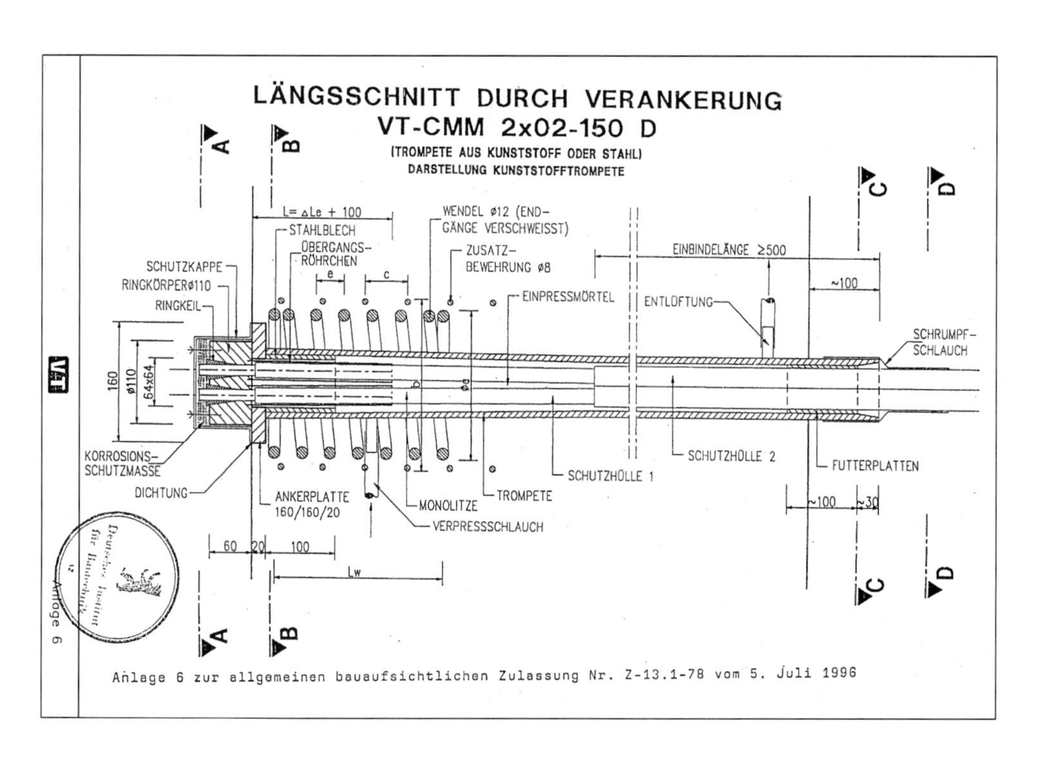
LÄNGSSCHNITT DURCH VERANKERUNG
VT-CMM 2x02-150 D
(TROMPETE AUS KUNSTSTOFF ODER STAHL)
DARSTELLUNG KUNSTSTOFFTROMPETE
L= ΔLe + 100
STAHLBLECH
ÜBERGANGS-RÖHRCHEN
WENDEL ø12 (END-GÄNGE VERSCHWEISST)
ZUSATZ-BEWEHRUNG ø8
EINPRESSMÖRTEL
EINBINDELÄNGE ≥500
ENTLÜFTUNG
~100
SCHRUMPF-SCHLAUCH
SCHUTZKAPPE
RINGKÖRPERø110
RINGKEIL
160
ø110
64x64
KORROSIONS-SCHUTZMASSE
DICHTUNG
ANKERPLATTE 160/160/20
MONOLITZE
VERPRESSSCHLAUCH
TROMPETE
SCHUTZHÜLLE 1
SCHUTZHÜLLE 2
FUTTERPLATTEN
~100
~30
60
20
100
Lw
e
c
Anlage 6
Anlage 6 zur allgemeinen bauaufsichtlichen Zulassung Nr. Z-13.1-78 vom 5. Juli 1996
Deutsches Institut für Bautechnik

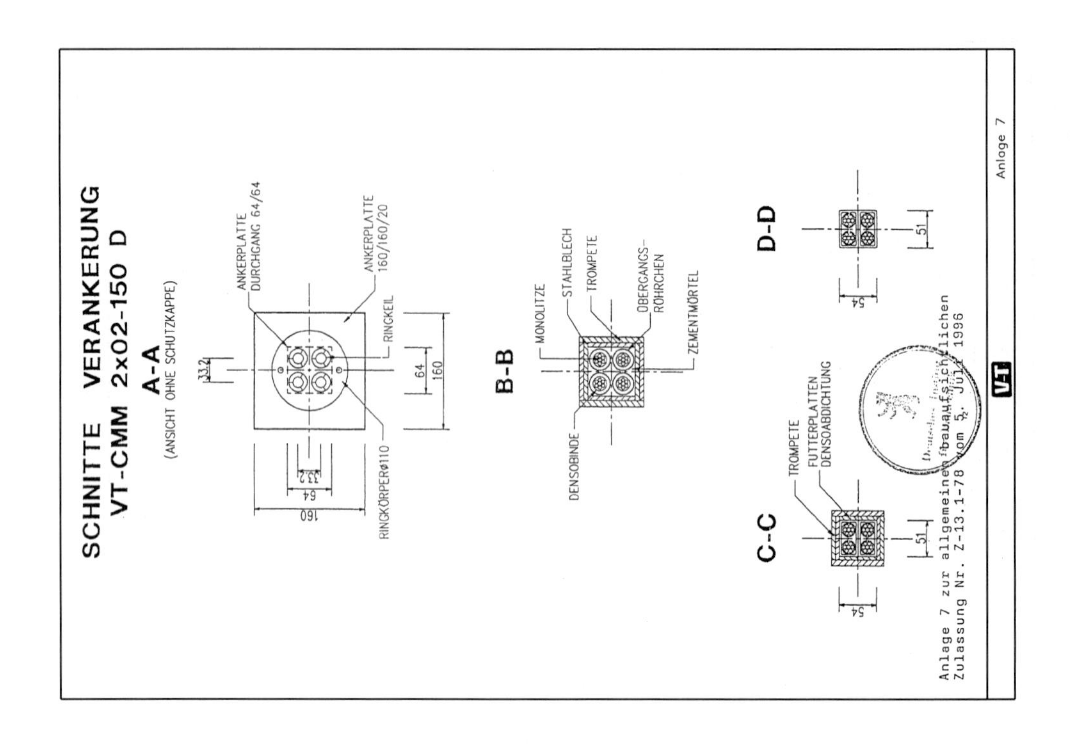
SCHNITTE VERANKERUNG
VT-CMM 2x02-150 D
A-A
(ANSICHT OHNE SCHUTZKAPPE)
ANKERPLATTE DURCHGANG 64/64
ANKERPLATTE 160/160/20
RINGKEIL
RINGKÖRPERø110
B-B
MONOLITZE
STAHLBLECH
TROMPETE
ÜBERGANGS-RÖHRCHEN
ZEMENTMÖRTEL
DENSOBINDE
C-C
TROMPETE
FUTTERPLATTEN
DENSOABDICHTUNG
D-D
Anlage 7
Anlage 7 zur allgemeinen bauaufsichtlichen Zulassung Nr. Z-13.1-78 vom 5. Juli 1996

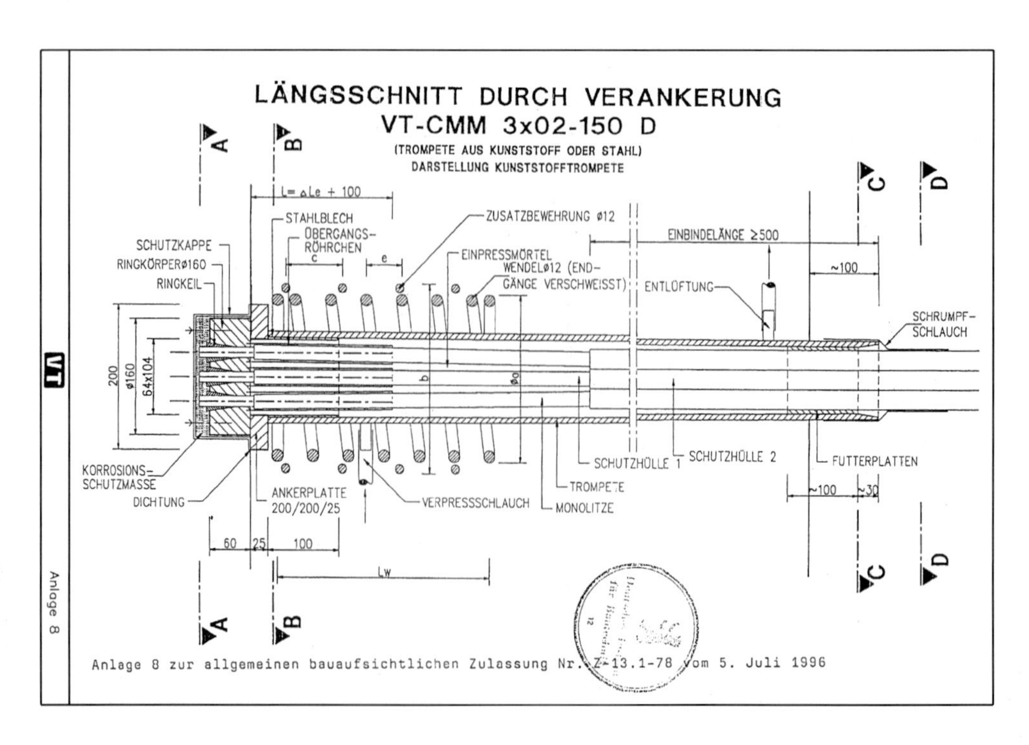
LÄNGSSCHNITT DURCH VERANKERUNG
VT-CMM 3x02-150 D
(TROMPETE AUS KUNSTSTOFF ODER STAHL)
DARSTELLUNG KUNSTSTOFFTROMPETE
L= ΔLe + 100
STAHLBLECH
ÜBERGANGS-RÖHRCHEN
ZUSATZBEWEHRUNG ø12
SCHUTZKAPPE
RINGKÖRPERø160
RINGKEIL
EINPRESSMÖRTEL
WENDELø12 (END-GÄNGE VERSCHWEISST)
EINBINDELÄNGE ≥500
ENTLÜFTUNG
SCHRUMPF-SCHLAUCH
KORROSIONS-SCHUTZMASSE
DICHTUNG
ANKERPLATTE 200/200/25
VERPRESSSCHLAUCH
SCHUTZHÜLLE 1
SCHUTZHÜLLE 2
TROMPETE
MONOLITZE
FUTTERPLATTEN
Anlage 8
Anlage 8 zur allgemeinen bauaufsichtlichen Zulassung Nr. Z-13.1-78 vom 5. Juli 1996

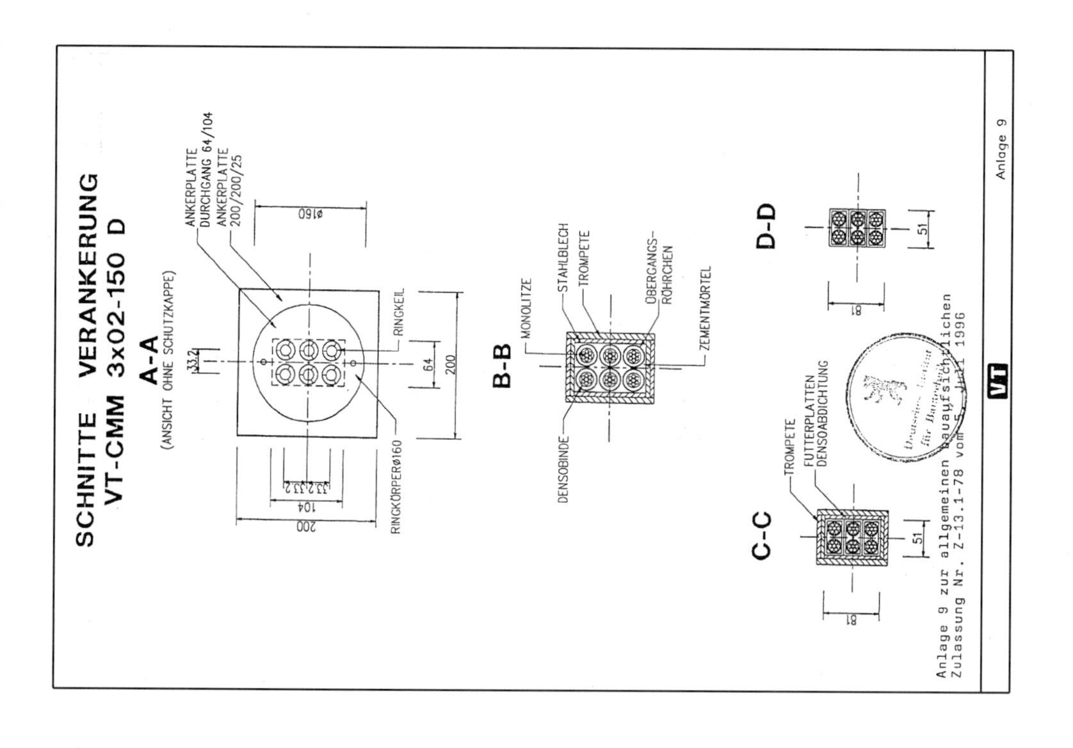
SCHNITTE VERANKERUNG
VT-CMM 3x02-150 D
A-A
(ANSICHT OHNE SCHUTZKAPPE)
ANKERPLATTE
DURCHGANG 64/104
ANKERPLATTE
200/200/25
ø160
RINGKEIL
RINGKÖRPERø160
B-B
MONOLITZE
STAHLBLECH
TROMPETE
ÜBERGANGS-
RÖHRCHEN
ZEMENTMÖRTEL
DENSOBINDE
C-C
TROMPETE
FUTTERPLATTEN
DENSOABDICHTUNG
D-D
Anlage 9 zur allgemeinen bauaufsichtlichen
Zulassung Nr. Z-13.1-78 vom 5. Juli 1996
Anlage 9

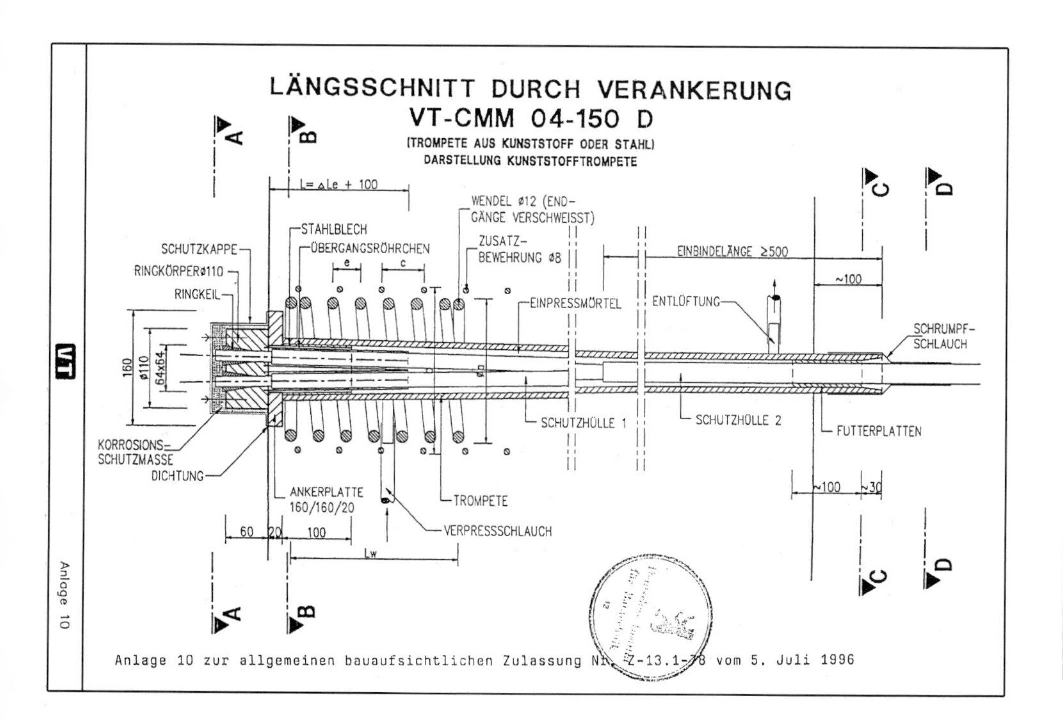
LÄNGSSCHNITT DURCH VERANKERUNG
VT-CMM 04-150 D
(TROMPETE AUS KUNSTSTOFF ODER STAHL)
DARSTELLUNG KUNSTSTOFFTROMPETE
L= ΔLe + 100
WENDEL ø12 (END-
GÄNGE VERSCHWEISST)
STAHLBLECH
ÜBERGANGSRÖHRCHEN
ZUSATZ-
BEWEHRUNG ø8
EINBINDELÄNGE ≥500
SCHUTZKAPPE
RINGKÖRPERø110
RINGKEIL
EINPRESSMÖRTEL
ENTLÜFTUNG
SCHRUMPF-
SCHLAUCH
SCHUTZHÜLLE 1
SCHUTZHÜLLE 2
FUTTERPLATTEN
KORROSIONS-
SCHUTZMASSE
DICHTUNG
ANKERPLATTE
160/160/20
TROMPETE
VERPRESSSCHLAUCH
Anlage 10
Anlage 10 zur allgemeinen bauaufsichtlichen Zulassung Nr. Z-13.1-78 vom 5. Juli 1996

J

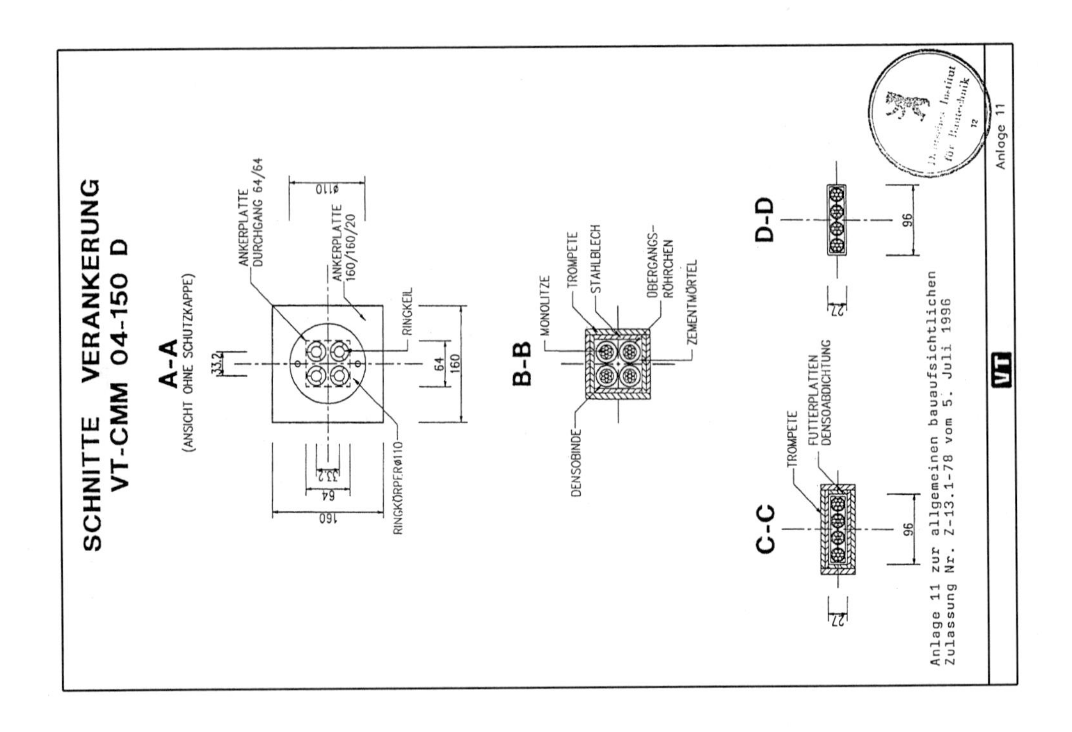
SCHNITTE VERANKERUNG
VT-CMM 04-150 D
A-A
(ANSICHT OHNE SCHUTZKAPPE)
ANKERPLATTE DURCHGANG 64/64
ANKERPLATTE 160/160/20
RINGKEIL
RINGKÖRPERø110
ø110
160
64
33,2
B-B
MONOLITZE
TROMPETE
STAHLBLECH
ÜBERGANGS-RÖHRCHEN
ZEMENTMÖRTEL
DENSOBINDE
C-C
TROMPETE
FUTTERPLATTEN
DENSOABDICHTUNG
96
27
D-D
Anlage 11 zur allgemeinen bauaufsichtlichen Zulassung Nr. Z-13.1-78 vom 5. Juli 1996
Anlage 11

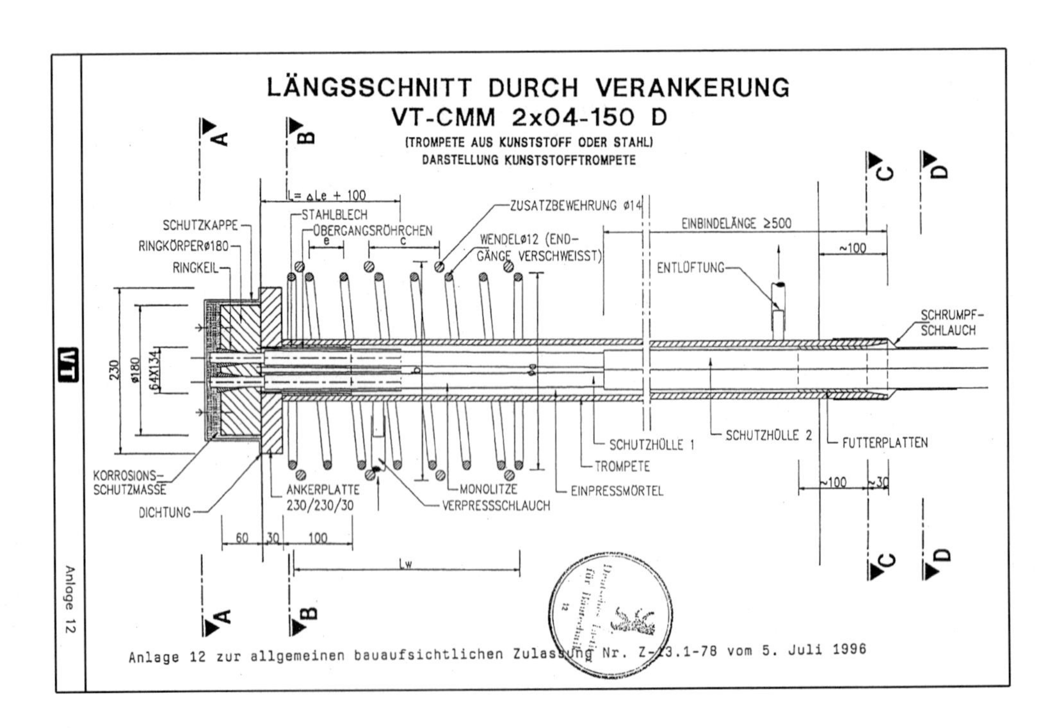
LÄNGSSCHNITT DURCH VERANKERUNG
VT-CMM 2x04-150 D
(TROMPETE AUS KUNSTSTOFF ODER STAHL)
DARSTELLUNG KUNSTSTOFFTROMPETE
L= ΔLe + 100
SCHUTZKAPPE
RINGKÖRPERø180
RINGKEIL
STAHLBLECH
ÜBERGANGSRÖHRCHEN
ZUSATZBEWEHRUNG ø14
WENDELø12 (END-GÄNGE VERSCHWEISST)
EINBINDELÄNGE ≥500
~100
ENTLÜFTUNG
SCHRUMPF-SCHLAUCH
230
ø180
64X134
SCHUTZHÜLLE 1
SCHUTZHÜLLE 2
FUTTERPLATTEN
TROMPETE
EINPRESSMÖRTEL
MONOLITZE
VERPRESSSCHLAUCH
ANKERPLATTE 230/230/30
KORROSIONS-SCHUTZMASSE
DICHTUNG
60
30
100
Lw
~100
~30
Anlage 12
Anlage 12 zur allgemeinen bauaufsichtlichen Zulassung Nr. Z-13.1-78 vom 5. Juli 1996

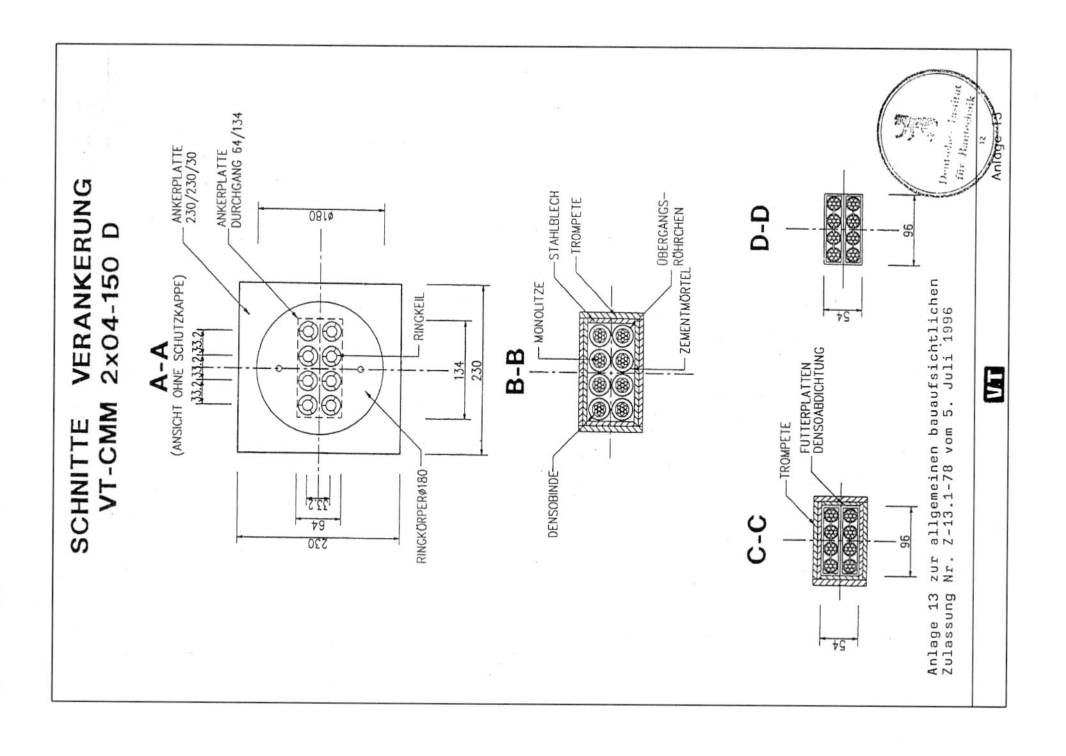
SCHNITTE VERANKERUNG
VT-CMM 2x04-150 D
A-A
(ANSICHT OHNE SCHUTZKAPPE)
ANKERPLATTE 230/230/30
ANKERPLATTE DURCHGANG 64/134
ø180
RINGKEIL
RINGKÖRPERø180
134
230
64
B-B
MONOLITZE
STAHLBLECH
TROMPETE
ÜBERGANGS-RÖHRCHEN
ZEMENTMÖRTEL
DENSOBINDE
C-C
TROMPETE
FUTTERPLATTEN
DENSOABDICHTUNG
D-D
96
54
Anlage 13 zur allgemeinen bauaufsichtlichen Zulassung Nr. Z-13.1-78 vom 5. Juli 1996
Anlage 13

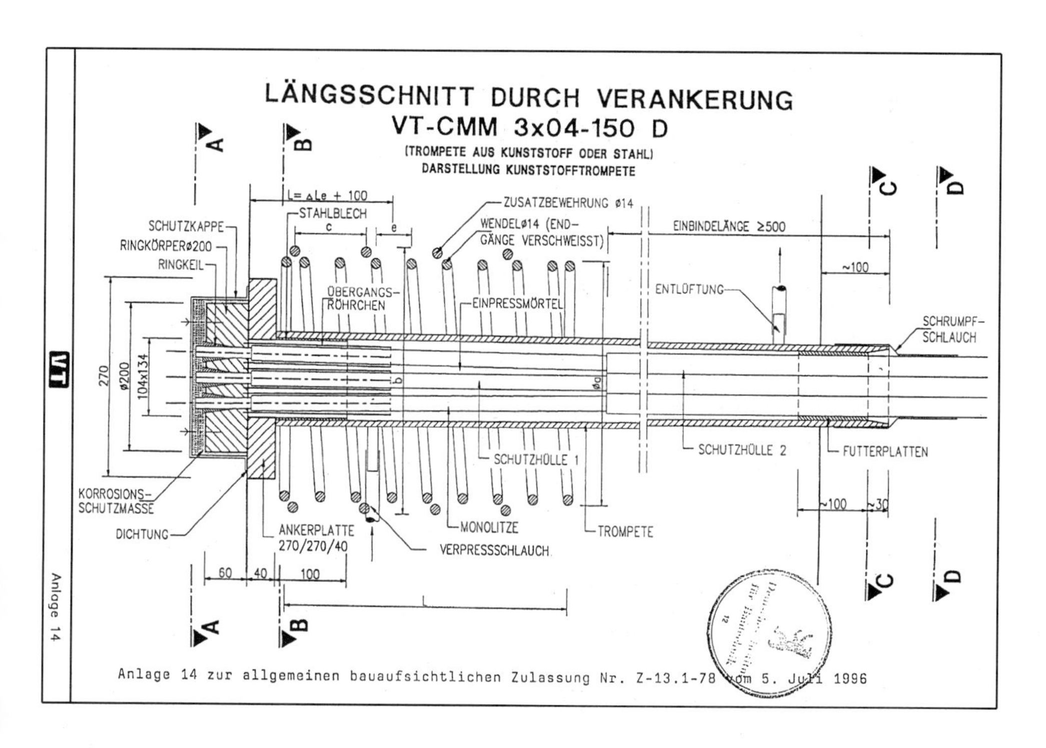
LÄNGSSCHNITT DURCH VERANKERUNG
VT-CMM 3x04-150 D
(TROMPETE AUS KUNSTSTOFF ODER STAHL)
DARSTELLUNG KUNSTSTOFFTROMPETE
SCHUTZKAPPE
RINGKÖRPERø200
RINGKEIL
L= ΔLe + 100
STAHLBLECH
ZUSATZBEWEHRUNG ø14
WENDELø14 (END-GÄNGE VERSCHWEISST)
EINBINDELÄNGE ≥500
~100
ÜBERGANGS-RÖHRCHEN
EINPRESSMÖRTEL
ENTLÜFTUNG
SCHRUMPF-SCHLAUCH
270
ø200
104x134
SCHUTZHÜLLE 1
SCHUTZHÜLLE 2
FUTTERPLATTEN
KORROSIONS-SCHUTZMASSE
DICHTUNG
ANKERPLATTE 270/270/40
MONOLITZE
VERPRESSSCHLAUCH
TROMPETE
~100
~30
60
40
100
Anlage 14
Anlage 14 zur allgemeinen bauaufsichtlichen Zulassung Nr. Z-13.1-78 vom 5. Juli 1996

J

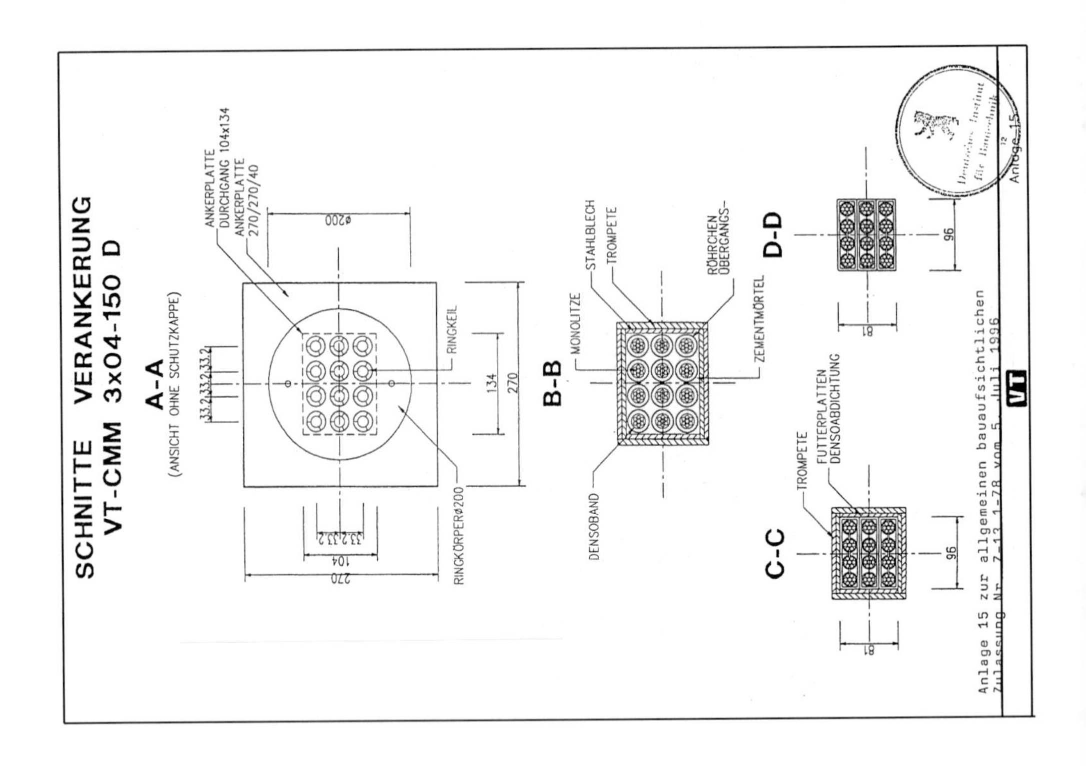
SCHNITTE VERANKERUNG
VT-CMM 3x04-150 D
A-A
(ANSICHT OHNE SCHUTZKAPPE)
ANKERPLATTE
DURCHGANG 104x134
ANKERPLATTE
270/270/40
ø200
RINGKEIL
RINGKÖRPERø200
134
270
104
B-B
MONOLITZE
STAHLBLECH
TROMPETE
RÖHRCHEN
ÜBERGANGS-
ZEMENTMÖRTEL
DENSOBAND
C-C
TROMPETE
FUTTERPLATTEN
DENSOABDICHTUNG
D-D
96
81
Anlage 15
Anlage 15 zur allgemeinen bauaufsichtlichen
Zulassung Nr. Z-13.1-78 vom 5. Juli 1996

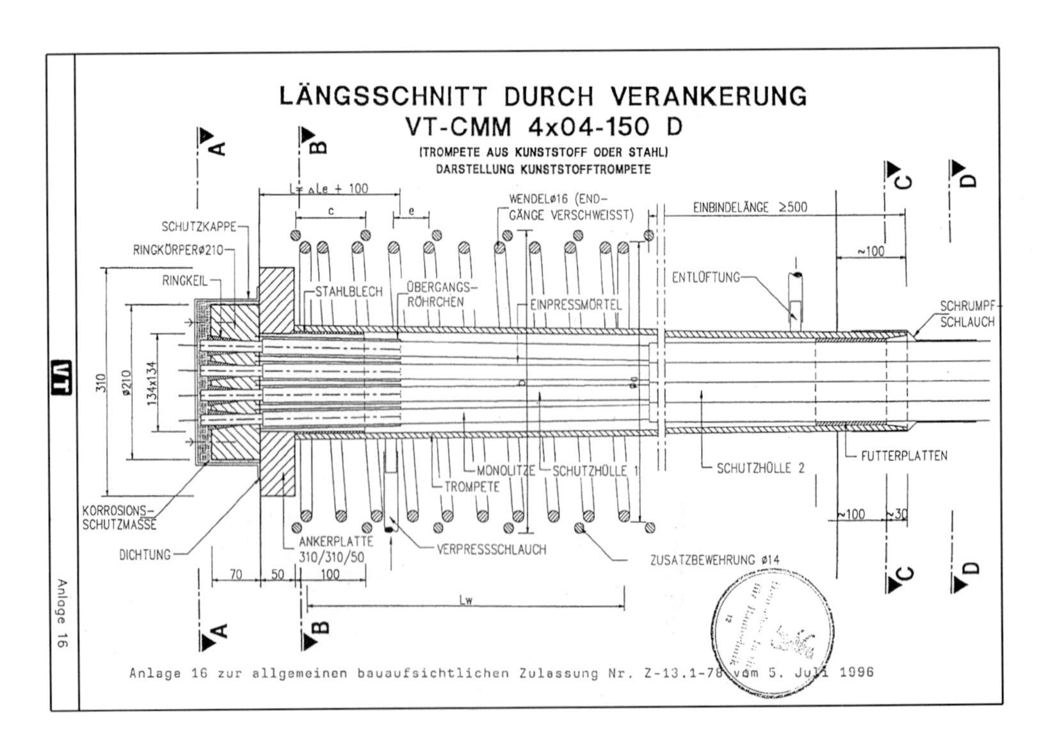
LÄNGSSCHNITT DURCH VERANKERUNG
VT-CMM 4x04-150 D
(TROMPETE AUS KUNSTSTOFF ODER STAHL)
DARSTELLUNG KUNSTSTOFFTROMPETE
L = ΔLe + 100
WENDELø16 (END-
GÄNGE VERSCHWEISST)
EINBINDELÄNGE ≥500
SCHUTZKAPPE
RINGKÖRPERø210
RINGKEIL
STAHLBLECH
ÜBERGANGS-
RÖHRCHEN
EINPRESSMÖRTEL
ENTLÜFTUNG
SCHRUMPF-
SCHLAUCH
~100
310
ø210
134x134
MONOLITZE
SCHUTZHÜLLE 1
SCHUTZHÜLLE 2
FUTTERPLATTEN
TROMPETE
KORROSIONS-
SCHUTZMASSE
DICHTUNG
ANKERPLATTE
310/310/50
VERPRESSSCHLAUCH
ZUSATZBEWEHRUNG ø14
~100
~30
70
50
100
Lw
Anlage 16
Anlage 16 zur allgemeinen bauaufsichtlichen Zulassung Nr. Z-13.1-78 vom 5. Juli 1996

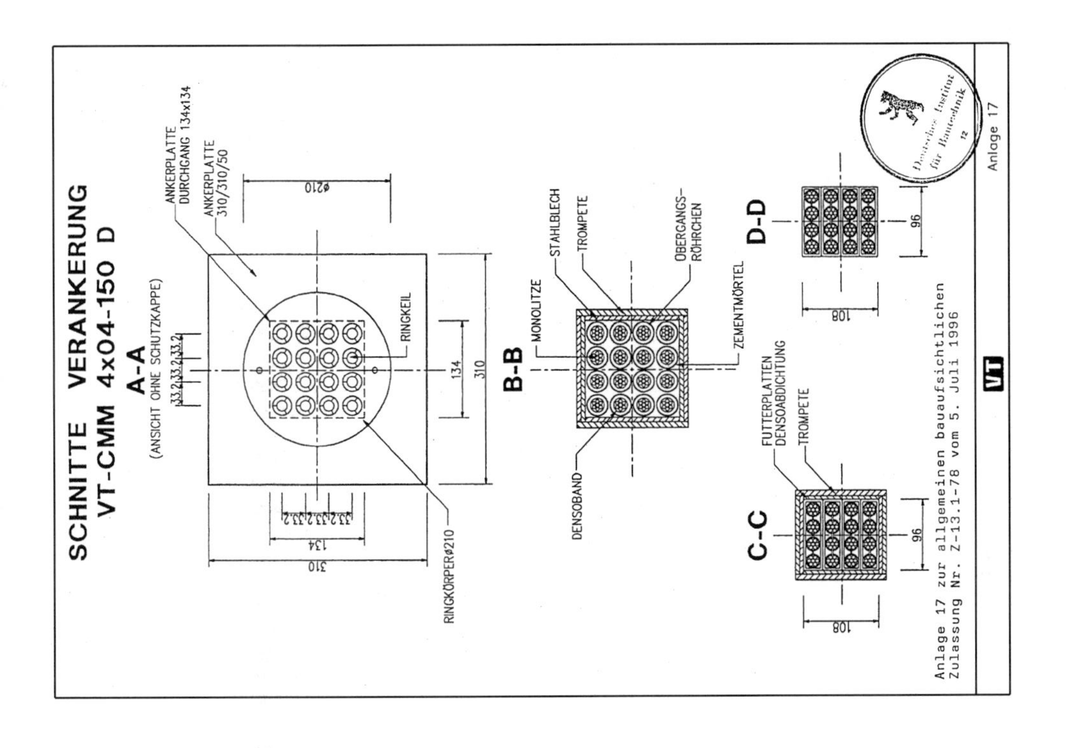
SCHNITTE VERANKERUNG
VT-CMM 4x04-150 D
A-A
(ANSICHT OHNE SCHUTZKAPPE)
ANKERPLATTE DURCHGANG 134x134
ANKERPLATTE 310/310/50
RINGKEIL
RINGKÖRPERØ210
B-B
MONOLITZE
STAHLBLECH
TROMPETE
ÜBERGANGS-RÖHRCHEN
ZEMENTMÖRTEL
DENSOBAND
C-C
FUTTERPLATTEN DENSOABDICHTUNG
TROMPETE
D-D
Anlage 17
Anlage 17 zur allgemeinen bauaufsichtlichen Zulassung Nr. Z-13.1-78 vom 5. Juli 1996

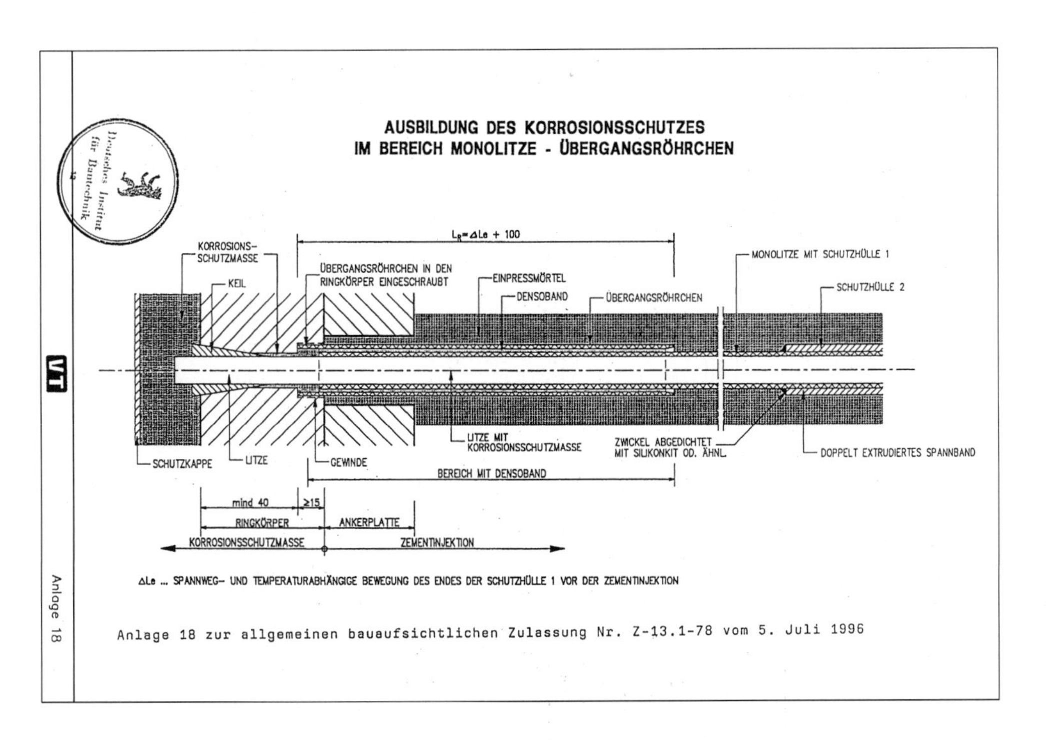
AUSBILDUNG DES KORROSIONSSCHUTZES
IM BEREICH MONOLITZE - ÜBERGANGSRÖHRCHEN
KORROSIONS-SCHUTZMASSE
KEIL
ÜBERGANGSRÖHRCHEN IN DEN RINGKÖRPER EINGESCHRAUBT
EINPRESSMÖRTEL
DENSOBAND
ÜBERGANGSRÖHRCHEN
MONOLITZE MIT SCHUTZHÜLLE 1
SCHUTZHÜLLE 2
SCHUTZKAPPE
LITZE
GEWINDE
LITZE MIT KORROSIONSSCHUTZMASSE
ZWICKEL ABGEDICHTET MIT SILIKONKIT OD. ÄHNL.
DOPPELT EXTRUDIERTES SPANNBAND
BEREICH MIT DENSOBAND
mind 40
≥15
RINGKÖRPER
ANKERPLATTE
KORROSIONSSCHUTZMASSE
ZEMENTINJEKTION
ΔLe ... SPANNWEG- UND TEMPERATURABHÄNGIGE BEWEGUNG DES ENDES DER SCHUTZHÜLLE 1 VOR DER ZEMENTINJEKTION
Anlage 18
Anlage 18 zur allgemeinen bauaufsichtlichen Zulassung Nr. Z-13.1-78 vom 5. Juli 1996

J

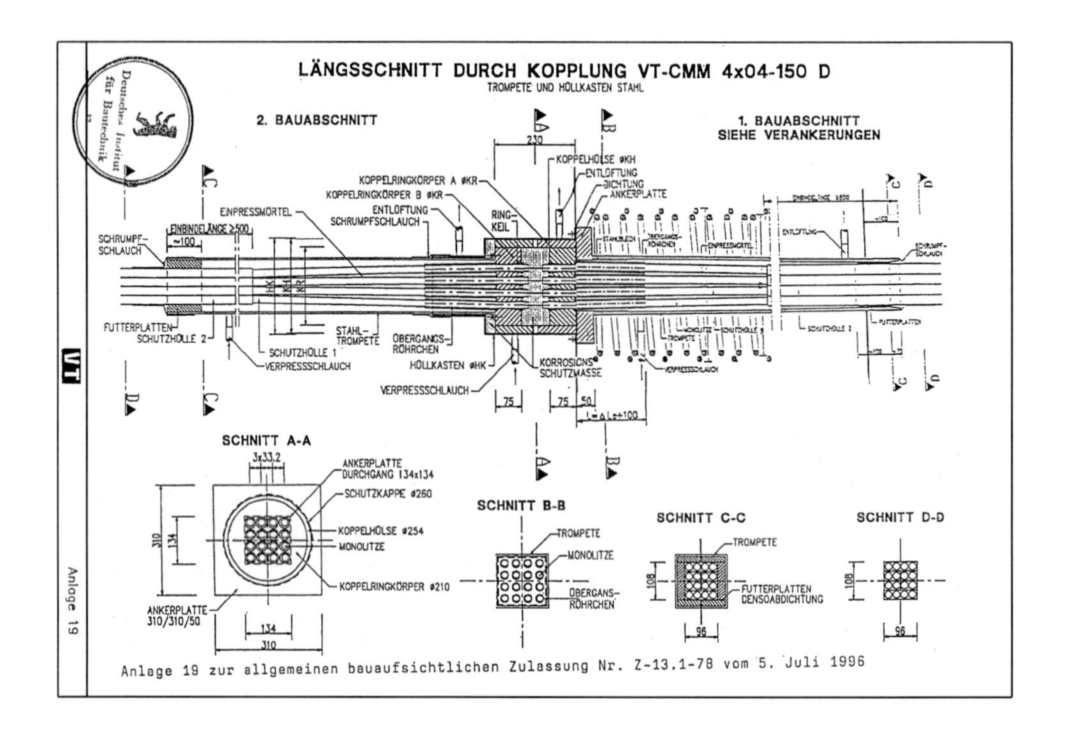
LÄNGSSCHNITT DURCH KOPPLUNG VT-CMM 4x04-150 D
TROMPETE UND HÜLLKASTEN STAHL
2. BAUABSCHNITT
1. BAUABSCHNITT
SIEHE VERANKERUNGEN
KOPPELRINGKÖRPER A øKR
KOPPELRINGKÖRPER B øKR
ENTLÜFTUNG
SCHRUMPFSCHLAUCH
EINPRESSMÖRTEL
RING-KEIL
KOPPELHÜLSE øKH
DICHTUNG
ANKERPLATTE
SCHRUMPF-SCHLAUCH
EINBINDELÄNGE ≥500
~100
FUTTERPLATTEN
SCHUTZHÜLLE 2
SCHUTZHÜLLE 1
VERPRESSSCHLAUCH
STAHL-TROMPETE
ÜBERGANGS-RÖHRCHEN
HÜLLKASTEN øHK
KORROSIONS-SCHUTZMASSE
SCHNITT A-A
3x33.2
ANKERPLATTE DURCHGANG 134x134
SCHUTZKAPPE ø260
KOPPELHÜLSE ø254
MONOLITZE
KOPPELRINGKÖRPER ø210
ANKERPLATTE 310/310/50
SCHNITT B-B
TROMPETE
MONOLITZE
ÜBERGANGS-RÖHRCHEN
SCHNITT C-C
TROMPETE
FUTTERPLATTEN DENSOABDICHTUNG
SCHNITT D-D
Anlage 19
Anlage 19 zur allgemeinen bauaufsichtlichen Zulassung Nr. Z-13.1-78 vom 5. Juli 1996

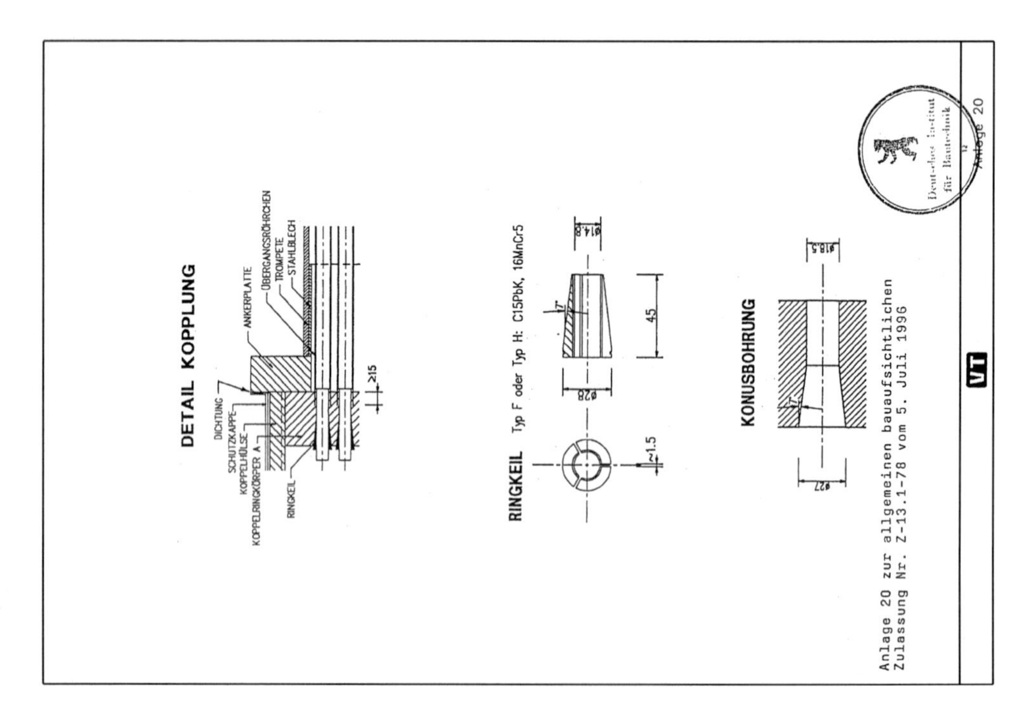
DETAIL KOPPLUNG
ANKERPLATTE
ÜBERGANGSRÖHRCHEN
TROMPETE
STAHLBLECH
DICHTUNG
SCHUTZKAPPE
KOPPELHÜLSE
KOPPELRINGKÖRPER A
RINGKEIL
RINGKEIL Typ F oder Typ H: C15PbK, 16MnCr5
KONUSBOHRUNG
Anlage 20
Anlage 20 zur allgemeinen bauaufsichtlichen Zulassung Nr. Z-13.1-78 vom 5. Juli 1996

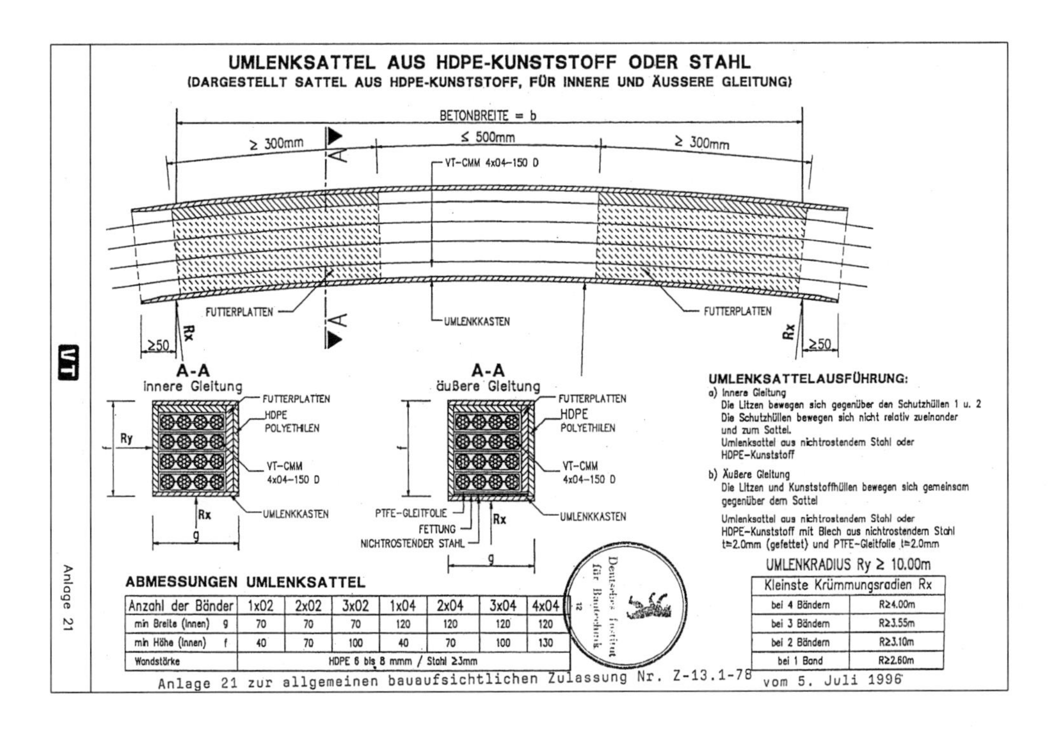

UMLENKSATTELAUSFÜHRUNG:

a) Innere Gleitung
Die Litzen bewegen sich gegenüber den Schutzhüllen 1 u. 2
Die Schutzhüllen bewegen sich nicht relativ zueinander und zum Sattel.
Umlenksattel aus nichtrostendem Stahl oder HDPE-Kunststoff

b) Äußere Gleitung
Die Litzen und Kunststoffhüllen bewegen sich gemeinsam gegenüber dem Sattel

Umlenksattel aus nichtrostendem Stahl oder HDPE-Kunststoff mit Blech aus nichtrostendem Stahl t=2.0mm (gefettet) und PTFE-Gleitfolie t=2.0mm

UMLENKRADIUS Ry ≥ 10.00m

Kleinste Krümmungsradien Rx	
bei 4 Bändern	R≥4.00m
bei 3 Bändern	R≥3.55m
bei 2 Bändern	R≥3.10m
bei 1 Band	R≥2.60m

ABMESSUNGEN UMLENKSATTEL

Anzahl der Bänder	1x02	2x02	3x02	1x04	2x04	3x04	4x04
min Breite (innen) g	70	70	70	120	120	120	120
min Höhe (innen) f	40	70	100	40	70	100	130
Wandstärke	HDPE 6 bis 8 mmm / Stahl ≥3mm						

Anlage 21 zur allgemeinen bauaufsichtlichen Zulassung Nr. Z-13.1-78 vom 5. Juli 1996

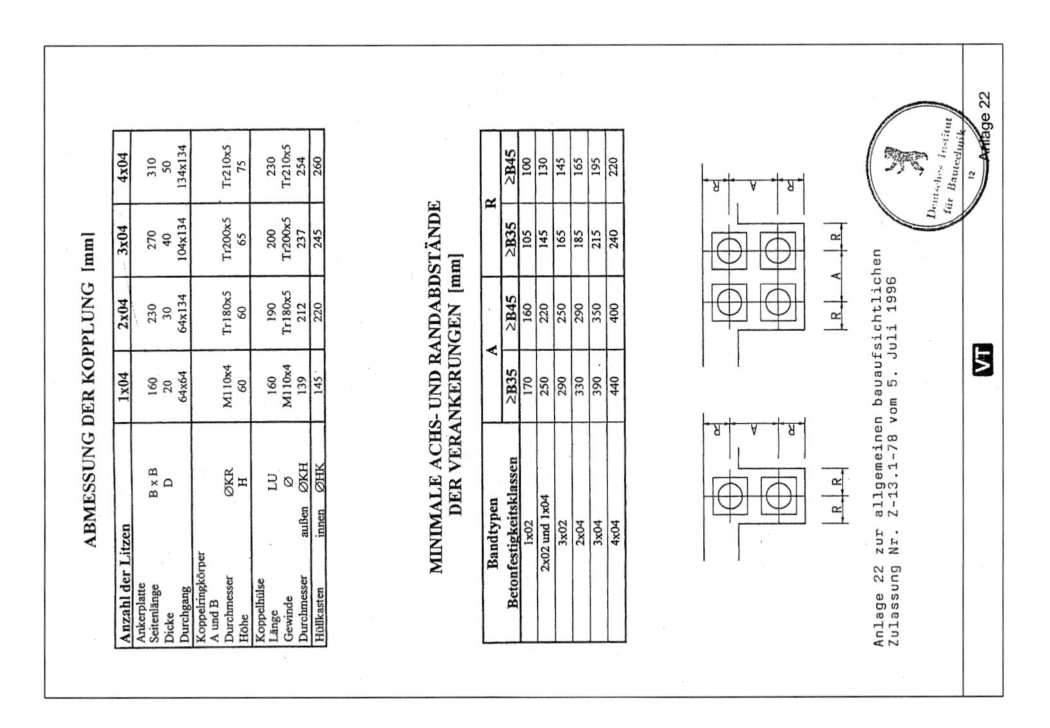

ABMESSUNG DER KOPPLUNG [mm]

Anzahl der Litzen		1x04	2x04	3x04	4x04
Ankerplatte Seitenlänge	B x B	160	230	270	310
Dicke	D	20	30	40	50
Durchgang		64x64	64x134	104x134	134x134
Koppelringkörper A und B Durchmesser	ØKR	M110x4	Tr180x5	Tr200x5	Tr210x5
Höhe	H	60	60	65	75
Koppelhülse Länge	LU	160	190	200	230
Gewinde	Ø	M110x4	Tr180x5	Tr200x5	Tr210x5
Durchmesser außen	ØKH	139	212	237	254
Hüllkasten innen	ØHK	145	220	245	260

MINIMALE ACHS- UND RANDABDSTÄNDE DER VERANKERUNGEN [mm]

Bandtypen	A		R	
Betonfestigkeitsklassen	≥B35	≥B45	≥B35	≥B45
1x02	170	160	105	100
2x02 und 1x04	250	220	145	130
3x02	290	250	165	145
2x04	330	290	185	165
3x04	390	350	215	195
4x04	440	400	240	220

Anlage 22 zur allgemeinen bauaufsichtlichen Zulassung Nr. Z-13.1-78 vom 5. Juli 1996

J

VT

Anlage 23

ABMESSUNGEN DER VERANKERUNGEN UND BÄNDER [mm]

Bandtypen		1x02	2x02	3x02	1x04	2x04	3x04	4x04
zulF = 0,7 F_{ZN} A = 150mm² Ø 15,7		372 kN	743 kN	1115 kN	743 kN	1487 kN	2230 kN	2974 kN
Ankerplatte								
Seitenlänge	B x B	120	160	200	160	230	270	310
Dicke	D	15	20	25	20	30	40	50
Durchgang		34x64	64x64	64x104	64x64	64x134	104x134	134x134
Ringkörper								
Durchmesser	ØRK	100	110	160	110	180	200	210
Höhe	H	60	60	60	60	60	60	70
Bandabmessungen	a x b	27x51	51x54	51x81	27x96	54x96	81x96	108x96
Trompete								
Wandstärke	HDPE/S235JR	5/3	5/3	8/4	5/3	8/3	8/3	8/3
min Länge	L	750	750	1000	1000	1000	1000	1000
Schutzkappe innen	ØSK	110	120	170	120	190	210	220

WENDEL- UND ZUSATZBEWEHRUNG [mm]

Bandtypen		1x02		2x04 und 1x04		3x02		2x04		3x04		4x04	
Betonfestigkeitsklassen		≥ B35	≥ B45	≥ B35	≥ B45	≥ B35	≥ B45	≥ B35	≥ B45	≥ B35	≥ B45	≥ B35	≥ B45
Wendel	BSt 500S												
Außen	Ømin a	-	-	230	200	270	230	310	270	370	330	420	380
Draht.	Ømin	-		12		12		12		14		16	
Ganghöhe	Ømax e	-		40		50		50		50		50	
Länge	min Lw	-		240		300		325		400		450	
Zusatzbewehrung													
BSt 500 S													
Durchmesser	Ø	5Ø10		6Ø8		4Ø12		4Ø14		4Ø14		6Ø14	
Abstand	c	40		60		80		100		100		100	
b x b	≥	150	140	230	200	270	230	310	270	370	330	420	380

Endlänge der Wendel verschweißt

Anlage 23 zur allgemeinen bauaufsichtlichen Zulassung Nr. Z-13.1-78 vom 5. Juli 1996

Anlage 24 zur allgemeinen bauaufsichtlichen Zulassung Nr. Z-13.1-78 vom 5. Juli 1996

MATERIALIEN

Benennung	Material
Ringkörper	Stahl EN 10 083, 2C45-TN
Ringkeile	C 15 PbK, 16 Mn Cr 5, DIN 17 210
PE-Übergangsröhrchen	HDPE
Schutzkappe	HDPE oder S 235 JR
Koppelringkörper A und B	Stahl EN 10 083, 2C45-TQ+T
Koppelhülse	DIN 1629-St52,0
Ankerplatte	S 235 JR
Trompetenrohr	HDPE oder S 235 JR *)
Schutzkappe Kopplung	HDPE oder S 235 JR
Sättel	HDPE, DIN 16 766-PE oder Stahl Nr. 14301, DIN 17 440
Gleitbleche	Stahl Nr. 14 301, DIN 17 440
Gleitfolie	PTFE DIN EN 10 204 3.1 B
Futterplatten	HDPE, DIN 16 766-PE
Schrumpfschläuche	PE, DIN 16 766-PE
Korrosionsschutz der Stahlaußenflächen	siehe Abschnitt 2.1.7 der Besonderen Bestimmungen
Korrosionsschutzmassen	Shell Alvania R nach Anlage 27 Denso-Jet Denso-Cord Denso-Fill
Korrosionsschutzbinde	Densobinde normal

*) Für die Trompete des 2. Bauabschnitts der Kopplung ist immer Stahl zu verwenden.

Anlage 25 zur allgemeinen bauaufsichtlichen Zulassung Nr. Z-13.1-78 vom 5. Juli 1996

KENNWERTE DER SCHUTZHÜLLEN

Material: Borealis NCPE 2418, HDPE
DIN 16 776-PE, EACL, 40, T010

Eigenschaft	Meßmethode	Einheit	Wert	+)
Dichte, Rohr	DIN 53 479	g/cm^3	0,944-0,954	1;2
Schmelzindex 190/5	DIN 53 735	g/10 min	0,65-0,85	1;2
Vicat A-50	DIN 53 460	°C	> 115	1
Schlagzähigkeit (nach Charpy)	DIN 53 453	kJ/m^2	ohne Bruch	1
Kerbschlagzähigkeit	DIN 53 453	kJ/m^2		
nach Charpy 23 °C			ohne Bruch	1
-50 °C			ohne Bruch	1
Streckspannung Rohr	DIN 53 455	N/mm^2	17-21	1
Streckdehnung Rohr	DIN 53 455	%	7-11	1
Reißdehnung Rohr	DIN 53 455	%	> 600	1
Zug-E-Modul Rohr	DIN 53 457	N/mm^2	580-620	1
Versprödungstemperatur	ASTM D 746	°C	< -70	1
thermische Stabilität	prEN 728 200 °C	min	> 20	1
Shore-D-Härte	DIN 53 505	-	60-65	1
Kugeldruckhärte	DIN 53 456	N/mm^2	++)	1
Spannungsrißbeständigkeit	ASTMD 1693-50	h	> 5000	1
Rußgehalt		%	> 2	1
GKR-Richtlinie R 1.3.2 Abschnitt 3.1.1.3 Homogenität				1;2

+) 1 Werkseigene Produktionskontrolle bzw. garantierte Eigenschaftswerte des Herstellers
2 Fremdüberwachung
++) s. Technische Lieferbedingungen

J

Anlage 26 zur allgemeinen bauaufsichtlichen Zulassung Nr. Z-13.1-78
vom 5. Juli 1996

KENNWERTE DER SCHUTZHÜLLEN

Alternatives Material: Vestolen A 5041 R schwarz, HDPE
DIN 16 776-PE-P45-005 CB

Eigenschaft	Meßmethode	Einheit	Wert	+)
Dichte 23 °C	DIN 53 479	g/cm	0,945-0,958	1
Dichte, Rohr	DIN 53 479	g/cm^3	0,940-0,950	1;2
Schmelzindex MFI 190/5	DIN 53 735	g/10 min	0,400-0,600	1;2
Viskositätszahl J	DIN 53 728	cm^3/g	300-360	1
mittleres Molgewicht		10^3	126-157	1
Vicat A	DIN 53 460	°C	> 120	1
Vicat B	DIN 53 460	°C	> 70	1
Schlagzähigkeit (nach Charpy)	DIN 53 453	mJ/mm^2	ohne Bruch	1
Kerbschlagzähigkeit	DIN 53 453	mJ/mm^2		
nach Charpy 23 °C			ohne Bruch	1
-50 °C			ohne Bruch	1
Kerbschlagzähigkeit	ISO/R 180	J/m	> 400	1
(nach Izod)	Methode A	Kerbe		
Schlagzugzähigkeit	DIN 53 448	mJ/mm^2	> 600	1
Streckspannung Preßpl.	DIN 53 455	N/mm^2	23-26	1
Streckspannung Rohr	DIN 53 455	N/mm^2	19-23	1
Reißfestigkeit Preßpl.	DIN 53 455	N/mm^2	> 20	1
Reißfestigkeit Rohr	DIN 53 455	N/mm^2	> 20	1
Reißdehnung Preßpl.	DIN 53 455	%	> 600	1
Reißdehnung Rohr	DIN 53 455	%	> 600	1
Kugeldruckhärte	DIN 53 456	N/mm^2	42-45	1
Spannungsrißbeständigkeit	ASTM D 1693-70	h	> 1000	1
Rußgehalt		%	> 2	1
GKR-Richtlinie R 1.3.2 Abschnitt 3.1.1.3 Homogenität				1;2

+) 1 Werkseigene Produktionskontrolle bzw. garantierte Eigenschaftswerte des Herstellers
2 Fremdüberwachung

Anlage 27 zur allgemeinen bauaufsichtlichen Zulassung Nr. Z-13.1-78 vom 5. Juli 1996

KENNWERTE DER KORROSIONSSCHUTZMASSE

Material: Shell Alvania R
lithiumverseiftes Korrosionsschutzfett auf Mineralölbasis

Eigenschaft	Meßmethode	Einheit	Wert	+)
Metallbasis	Atomabsorption	-	Lithium	1
Grundölanteil	DIN 51 814 (4)	%-Masse	ca. 80-85	1
Grundölviskosität bei 40 °C	DIN 51 562	mm^2/s	72-76	1
Tropfpunkt	DIN ISO 2176	°C	mind. 95	1;2
Walkpenetration 60 Hübe	DIN ISO 2137	0,1 mm	250-300	1;2
Ölabscheidung 7 Tage 40 °C	DIN 51 817	%-Masse	max. 10 (N)	1
Verhalten gegenüber Wasser bei 90 °C	DIN 51 807 Teil 1 statische Prüfung	-	max. 1	1
Korrosionsschutzverhalten (SKF-EMCOR)	DIN 51 802	-	Korrosionsgrad 0	1
Oxidationsstabilität (100 Stunden)	DIN 51 808	bar	max. 0,5	1
Gesamtschwefel	ÖNORM EN 41	%-Masse	max. 0,15	1
Natriumnitrid		%-Masse	2 %	1

+) 1 Werkseigene Produktionskontrolle des Herstellers
2 Fremdüberwachung

SPEZIFIKATION DER BÄNDER

Schutzhülle 1	+)
Mindestdicke 1,5 mm	1;2
Korrosionsschutzmasse, Mindestmenge pro lfm Litze 50 g	1;2
max. Ausziehkraft pro Litze aus der Schutzhülle 1 60 N an einer Probe von 1 m Länge, bei 20 °C	1;2
Schutzhülle 2	**+)**
Mindestdicke 3 mm	1;2
max. Ausziehkraft pro Litze aus den Schutzhüllen 60 N	1;2
min. Ausziehkraft der Schutzhülle 1 aus der Schutzhülle 2 240 N (2-Litzen-Band) und 480 N (4-Litzen-Band) an einer Probe von 1 m Länge, bei 20 °C	1;2

+) 1 Werkseigene Produktionskontrolle
2 Fremdüberwachung

J

Anlage 28 zur allgemeinen bauaufsichtlichen Zulassung Nr. Z-13.1-78
vom 5. Juli 1996

Litzenspannverfahren VT-CMM D für externe Vorspannung

1 Spannstahl

Als Spannstahl werden allgemein bauaufsichtlich zugelassene 7drähtige Spannstahllitzen ∅ 15,7 mm, St 1570/1770, Nennquerschnitt 150 mm^2, verwendet.

2 Spannglieder

2.1 Beschreibung der Spannglieder

Die VT-CMM Litzenspannglieder Typ D sind für externe Vorspannung verwendbar.

Sie bestehen aus 2 und 4 nebeneinanderliegenden Spannstahllitzen, die werksmäßig mit Korrosionsschutzmasse und einem ≥ 1,5 mm starken HDPE-Mantel umgeben sind. Die HDPE-Mäntel sind untereinander durch etwa 3 mm breite Stege verbunden. Um die nebeneinanderliegenden Litzen ist ein rechteckförmiger etwa 3,5 mm, mindestens 3,0 mm starker HDPE-Mantel aufgebracht, der den Spanngliedern die Form flacher Bänder verleiht.

2.2 Herstellung der Spannglieder

Die Spannglieder werden im Werk im Extrusionsverfahren hergestellt. Im ersten Extrusionsvorgang wird die Korrosionsschutzmasse auf die Litzen aufgetragen und mit einem ≥ 1,5 mm starken HDPE-Mantel (Schutzhülle 1) umhüllt. Im zweiten Extrusionsvorgang wird die äußere, mindestens 3,0 mm starke Schutzhülle 2 aus dem gleichen Material aufgebracht. Die Spannbänder werden in großen Längen auf Haspeln gewickelt. Das Ablängen auf die erforderliche Länge geschieht entweder im Werk oder auf der Baustelle.

3 Verankerung

3.1 Spannanker und Festanker

Die Verankerung der Spannglieder erfolgt mit Ankerplatten, Ringkörpern mit konischen Bohrungen parallel zur Spanngliedachse und mit Hilfe 3teiliger Ringkeile. Der Übergangsbereich zwischen den Spannbändern und der Verankerung wird wie folgt ausgebildet:

An der inneren Seite der Ankerplatte ist ein rechteckiges oder quadratisches Rohr aus verzinktem Stahl angeschweißt. Die Schutzhüllen der Spannbänder werden im Bereich des Rohres mit Hilfe eines Spezialmessers abgetrennt und die Litzen mit der Schutzhülle 1 durch PE-Übergangsröhrchen, die zuvor in die Bohrungen der inneren Stirnseite des Ringkörpers geschraubt worden sind, in die Löcher des Ringkörpers geführt und dort verankert. Die Schutzhülle 1 endet vor der inneren Stirn des Ringkörpers. Sie wird vor dem Einstecken der Litzen in die Übergangsröhrchen mit Densoband auf deren Länge umwickelt. Die Übergangsröhrchen sind in die Bohrungen der Ringkörper eingeschraubt, so daß ein Herausziehen während der Montagevorgänge verhindert wird. Die Stirnseite der Spannbänder wird an der Stelle, an der die Schutzhülle 2 entfernt worden ist, abgedichtet (Silikon, Denso o. ä.). Der Raum zwischen den Spanngliedern und der Trompete wird nach dem Vorspannen oder dem Aufbringen einer Vorlast von ca. 10 % der Spannkraft mit Zementmörtel verpreßt.

Der Übergang von der Trompete zur freien Länge der Spannbänder wird mit einem Schrumpfschlauch abgedichtet.

Nach dem Spannen werden die Litzen und Ringkeile im Ringkörper mit Korrosionsschutzmasse verpreßt. Die äußere Stirnseite der Ringkörper wird mit einer Kappe aus Stahlblech oder Kunststoff, die mit Korrosionsschutzmasse gefüllt ist, abgedichtet. Für späteres Nach- oder Entspannen ist ein entsprechender Litzenüberstand an den Verankerungen vorzusehen.

3.2 Koppelanker

Es sind feste Koppelstellen verfügbar.

4 Umlenkung

An Umlenkstellen werden die Spannbänder in Umlenkkästen aus nichtrostendem Stahl oder HDPE-Kunststoff geführt. Die Seiten der Umlenkkästen sind der Geometrie der Spanngliedführung angepaßt. Die Kästen werden einbetoniert. Es sind folgende Ausführungen verfügbar:

Nichtrostender Stahl $t \geq 3$ mm
HDPE-Kunststoff $t \geq 5$ mm

An den Ausläufen der Umlenksättel sind Ausrundungen vorgesehen, die eine knickartige Führung der Spannbänder vermeiden.

Es gibt zwei Arten, die Bänder in den Umlenksätteln zu führen:

a) Sättel mit „äußerer" Gleitung

b) Sättel mit „innerer" Gleitung.

4.1 Variante a): Sättel mit „äußerer" Gleitung

Zwischen dem unteren Spannband und dem Umlenksattel aus nichtrostendem Stahl wird eine 2 mm dicke PTFE-Folie (Polytetrafluorethylen) und bei der Kunststoff-Ausführung des Umlenkkastens zusätzlich ein mindestens 2,0 mm dickes, gefettetes nichtrostendes Stahlblech eingelegt. Bei der Ausführung des Umlenkkastens aus nichtrostendem Stahl wird die Seite, auf der die PTFE-Folie mit den Spannbändern liegt, eingefettet. Die Gleitung erfolgt zwischen Folie und Blech.

Es wird druckfestes Gleitfett verwendet.

4.2 Variante b): Sättel mit „innerer" Gleitung

Bei dieser Art der Umlenkung bewegen sich die Litzen gegenüber der Schutzhülle 1 im Inneren der Spannbänder. Die Schutzhüllen bewegen sich gegenüber dem Sattel nicht. Bei Umlenksätteln aus Stahl wird eine mind. 2 mm starke HDPE-Folie eingelegt.

4.3 Krümmungsradien

Die kleinsten Krümmungsradien *Rx* über die Breitseite (siehe Anlage 21) sind abhängig von der Anzahl der übereinanderliegenden Bänder. Bei Krümmung über die Schmalseite ist der Krümmungsradius *Ry* für alle Bandtypen gleich.

Anzahl der übereinanderliegenden Spannbänder	min *Rx* [m]	min *Ry* [m]
4	$\geq$ 4,00	$\geq$ 10,00
3	$\geq$ 3,55	$\geq$ 10,00
2	$\geq$ 3,10	$\geq$ 10,00
1	$\geq$ 2,60	$\geq$ 10,00

Die Spannbänder sind immer gegen seitliches Ausweichen durch Futterplatten aus HDPE zu sichern (siehe Anlage 21).

4.4 Reibungskennwerte

4.4.1 Umlenksättel nach Variante a): Sättel mit „äußerer" Gleitung

Bei Umlenksätteln, die entsprechend der Variante a) mit PTFE-Gleitfolie und gefettetem Blech ausgeführt sind, erfolgt die Bewegung zwischen der Gleitfolie und dem Blech. Die Reibung ist weitgehend unabhängig vom Auflagedruck und daher auch unabhängig von der Anzahl der übereinanderliegenden Spannbänder. Der Reibungswert beträgt $\mu = 0{,}06$.

4.4.2 Umlenksättel nach Variante b): Sättel mit „innerer" Gleitung

Bei Umlenksätteln nach Variante b) ist die Reibung bei gleichzeitigem Spannen aller Spannbänder von der Anzahl der übereinanderliegenden Spannbänder abhängig. Für eine Näherungsrechnung sind folgende Werte anzunehmen:

Anzahl der übereinanderliegenden Spannbänder n	Reibungsbeiwert μ
1	0,06
2	0,08
3	0,10
4	0,12

Wenn die Spannbänder bei einsinniger Umlenkung lagenweise, vom untersten Spannband am Sattel beginnend, gespannt werden, ist der Reibungsbeiwert $\mu = 0{,}06$ anzusetzen.

4.5 Maßnahmen bei Knicken in der Spanngliedführung

An den Umlenksätteln werden die Spannbänder mit HDPE-Kunststoffplatten dicht in die Umlenksättel eingeschlossen. Dadurch werden die Schutzhüllen formstabil erhalten. Die Sättel haben der Kabelgeometrie entsprechende Krümmungen. Wenn unvermeidbare Knicke auftreten sollten, dann sind folgende, zusätzliche Maßnahmen zu treffen.

Bei Knicken $> 0{,}5^\circ$, $< 2{,}0^\circ$ sind die Auflagerflächen mit einer Gleitfolie und gefettetem Blech aus nichtrostendem Stahl ($t \geq 2$ mm) auf eine Länge von 300 mm von der Außenkante des Umlenkkastens zu versehen. Bei Knicken $> 2^\circ$ müssen die Umlenksättel korrigiert werden.

5 Korrosionsschutz

5.1 Freie Länge:

Die Schutzhüllen 1 und 2 sind durchgehend extrudiert.

Der Korrosionsschutz setzt sich wie folgt zusammen:

- Korrosionsschutzmasse auf den Litzen
- Schutzhülle 1 aus HDPE, Mindestdicke $t \geq 1{,}5$ mm
- Schutzhülle 2 aus HDPE, Mindestdicke $t \geq 3{,}0$ mm.

5.1 Verankerungen

Die Trompete besteht aus Stahl oder HDPE-Kunststoff. Das Innere der Trompete wird mit Zementmörtel verpreßt. Die Monolitzen werden über HDPE-Übergangsröhrchen in den Ringkörper geleitet. Das bandseitige Ende der Trompete wird mit Dichtungsmasse und Schrumpfschlauch abgedichtet.

Die Schutzkappe besteht aus Stahl oder HDPE-Kunststoff. Das Innere wird mit Korrosionsschutzmasse gefüllt. Alle freiliegenden Stahlflächen werden entsprechend den Besonderen Bestimmungen korrosionsgeschützt.

5.2 Koppelstellen

Der Korrosionsschutz der Koppelstellen ist gleichartig wie jener der Verankerungen.

Das Innere der Hüllkästen ist mit Korrosionsschutzmasse gefüllt. Die Trompeten werden mit Zementmörtel verpreßt.

6 Montage

6.1 Allgemeines

Die Spannbänder werden bei der Herstellung auf Haspeln gewickelt und entweder im Werk oder auf der Baustelle abgelängt. Abhängig von der Länge werden sie mit oder ohne Haspeln transportiert. Der Mindestdurchmesser beträgt 1,10 m.

6.2 Verankerungen

- Festanker: Werks- oder Baustellenmontage
- Spannanker: Baustellenmontage
- Kopplungen: Baustellenmontage

6.3 Montagefolge

1) Einbau der Spannbänder

   Die Spannbänder werden mit einer Zugwinde in die vorgesehene Lage eingezogen. Zur Vermeidung von Beschädigungen sind zum Einziehen Gleitbleche, Kunststoffrohre, Rollen u. ä. vorgesehen. Die Spannbänder werden in den Verankerungen, Sätteln und ggf. Unterstützungen ausgerichtet. Bei Umlenksätteln mit „äußerer" Gleitung sind vor dem Einziehen der Spannbänder die Gleiteinrichtungen (PTFE-Gleitfolie und gefettetes Blech aus nichtrostendem Stahl) einzubauen.

2) Ab- und Auftrennen der Schutzhüllen

   1. Verankerung:
   Spannanker:
   Vorbereitung im Werk oder auf der Baustelle:
   Entfernen der Schutzhülle 2 auf eine Länge von
   $A_2 = L + D + \ddot{U} + 200$ mm vom Spanngliedende
   L = Verzugstrecke vom Ringkörper bis zur Schutzhülle 2 für einen Ablenkwinkel am Ringkörper von $\alpha \leq 2^\circ$
   D = Dicke des Ringkörpers
   $\ddot{U}$ = Länge der Überstände

   Auftrennen der Stege der Schutzhülle 1 vom Ende bis Schutzhülle 2.

Abtrennen der Schutzhülle 1 auf die Länge von
$A_1 = D + Ü + 200$ mm vom Spanngliedende.

Festanker (vorverkeilt):
Beim Festanker sind die entsprechenden Längen
$A_2 = L + D + 50$ mm und
$A_1 = D + 50$ mm

Markieren der Schutzmäntel 2 spanngliedseitig nahe der Stelle des Austritts aus den Trompeten in einem definierten Abstand vom Ende der Schutzhülle 1 bei den Spannankern und den Festankern.

2. Verankerung
Spannanker:
Wie 1. Verankerung vom Ende des Spanngliedes. Das Ende des Spanngliedes ist unter Berücksichtigung der Streckung (Beseitigung des Durchhanges) und der Längenzuschläge (s. o.) festzulegen.

3) Abdichtung der Schutzhüllen 1 und 2
Die Zwickel zwischen Schutzhülle 1 und 2 werden mit Dichtungsmasse verschlossen. Umwickeln der Schutzhülle 1 auf Länge der Übergangsröhrchen mit Denso-Band (siehe Anlage 18).

4) Längsausrichtung
Längsausrichtung der Spannbänder und Aufschieben der Ringkörper mit Übergangsröhrchen.

5) Ausrichten der Spannbänder
Bei mehrlagigen Bändern wird darauf geachtet, daß die Bänder möglichst genau übereinanderliegen. Ihre Lage in den Sätteln und Trompeten wird nach Aufbringen einer Vorlast von ca. 10 % der Spannkraft durch Futterplatten aus HDPE gesichert.

6) Vorspannen

7) Verpressen der Trompeten
Abdichten der Bänder zu den Trompeten mit Dichtungsmasse und Schrumpfschlauch. Verpressen des Innenraumes der Trompeten mit Einpreßmörtel nach DIN 4227-5. Das Verpressen darf auch schon vor Schritt 6) erfolgen. In diesem Falle ist vor dem Vorspannen die Erhärtung des Einpreßmörtels abzuwarten.

8) Korrosionsschutz
Vervollständigen des Korrosionsschutzes an den Verankerungen und Kopplungen:
Verpressen der Ankerbereiche mit Korrosionsschutzmasse.
Befestigen der mit Korrosionsschutzmasse gefüllten Schutzkappen;
bei größeren Schutzkappen ggf. Montieren der leeren Schutzkappen und Verpressen mit Korrosionsschutzmasse.

9) Unterstützungen
Ausrichtung der Unterstützungen und Befestigungselemente (ggf. auch zur Schwingungsdämpfung).

K VERZEICHNISSE

1 Wichtige Adressen für den Stahlbetonbau

Bundesarchitektenkammer
Königswinterer Str. 709
53227 Bonn
Tel.: 02 28/9 70 82-0
Fax.: 02 28/44 27 60

Bundesingenieurkammer
Habsburgerstraße 2
53173 Bonn
Tel.: 02 28/95 74 60
Fax: 02 28/9 57 46 16

Bundesverband Deutsche Beton- und Fertigteilindustrie
Schloßallee 10
53179 Bonn
Tel.: 02 28/95 45 60
Fax: 02 28/9 54 56 90

Bundesverband der Deutschen Transportbetonindustrie
Düsseldorfer Straße 50
47051 Duisburg
Tel.: 02 03/99 23 90
Fax: 02 03/9 92 39 97

Bundesverband der Deutschen Zementindustrie
Pferdmengesstraße 7
50968 Köln
Tel.: 02 21/3 76 56-0
Fax.: 02 21/3 76 56 86

Bundesvereinigung d. Prüfingenieure für Bautechnik VPI
Jungfernstieg 49
20354 Hamburg
Tel.: 0 40/35 00 93 50
Fax: 0 40/35 35 65

Deutscher Ausschuß für Stahlbeton
Scharrenstraße 2-3
10178 Berlin
Tel.: 0 30/2 06 20-53 10
Fax: 0 30/2 06 20-37 08

Deutscher Beton-Verein
Bahnhofstraße 61
65011 Wiesbaden
Tel.: 06 11/14 03-0
Fax: 06 11/1 40 31 50

Deutsches Institut für Bautechnik
Kolonnenstraße 30
10829 Berlin
Tel.: 0 30/78 73 00
Fax: 0 30/78 73 03 20

DIN Deutsches Institut für Normung
Burggrafenstraße 6
10787 Berlin
Tel.: 0 30/26 01-0
Fax.: 0 30/26 01-12 62

Fachverband Betonstahlmatten
Kaiserswerther Straße 137
40474 Düsseldorf
Tel.: 02 11/4 56 42 56
Fax.: 02 11/4 56 42 18

Hauptverband der Deutschen Bauindustrie e. V.
Kurfürstenstraße 129
10785 Berlin
Tel.: 0 30/2 12 86-0
Fax.: 0 30/21 28 62 40

Informationszentrum Raum und Bau der Fraunhofer-Gesellschaft
Nobelstraße 12
70569 Stuttgart
Tel.: 07 11/9 70 25 00
Fax: 07 11/9 70 25 07

Institut für Stahlbetonbewehrung (ISB)
Landsberger Straße 408
81241 München
Tel.: 0 89/56 81 19
Fax: 0 89/56 41 74

Normenausschuß Bauwesen im DIN
Burggrafenstraße 6
10787 Berlin
Tel.: 0 30/26 01-0
Fax: 0 30/26 01 12 60

VDI-Gesellschaft Bautechnik
Postfach 101139
40002 Düsseldorf
Tel.: 02 11/6 21 43 13
Fax: 02 11/6 21 41 77

Verband Beratender Ingenieure VBI
Am Fronhof 10
53177 Bonn
Tel.: 02 28/95 71 80
Fax: 02 28/9 57 18 40

Zentralverband des Deutschen Baugewerbes
Godesberger Allee 99
53175 Bonn
Tel.: 02 28/81 02-0
Fax: 02 28/8 10 21 21

Verzeichnis der Universitäten, Gesamthochschulen und Fachhochschulen mit Studiengang Bauingenieurwesen (mit INTERNET-Adresse des jeweiligen Studiengangs)

Universitäten

Rheinisch-Westfälische
Technische Hochschule Aachen
Fakultät für Bauingenieur- und Vermessungswesen
Mies-van-der-Rohe-Straße 1
52056 Aachen
Tel.: 0241/80-5078
http://www.bau-cip.rwth-aachen.de/

Technische Universität Berlin
Fachbereich Bauingenieurwesen
Straße des 17.Juni 135
10623 Berlin
Tel.: 030/3142-2108, -4911
hhtp://mindepos.bg.tu-berlin.de/fb09/

Ruhr-Universität Bochum
Fakultät für Bauingenieurwesen
Universitätsstraße 150
44780 Bochum
Tel: 0234/700-6124
http://www.bi.ruhr-uni-bochum.de/

Technische Universität Braunschweig
Fachbereich Bauingenieur- u. Vermessungswesen
Pockelsstraße 4
38106 Braunschweig
Tel.: 0531/391-5566
http://www.tu-bs.de/FachBer/fb6/

Brandenburgische Technische Universität Cottbus
Fakultät für Architektur und Bauingenieurwesen
Karl-Marx-Str. 17
03044 Cottbus
Tel.: 0355/69-4209
http://www.tu-cottbus.de/BTU/Fak2/

Technische Universität Darmstadt
Fachbereich Bauingenieurwesen
Alexanderstraße 25
64283 Darmstadt
Tel.: 06151/16-3737
http://www.tu-darmstadt.de/fb/bi/Welcome.de.html

Universität Dortmund
Fakultät für Bauwesen
August-Schmidt-Straße 8
44221 Dortmund
Tel.: 0231/7552074
http://www.bauwesen.uni-dortmund.de/

Technische Universität Dresden
Fakultät für Bauingenieurwesen
George-Bähr-Straße 1
01069 Dresden
Tel.: 0351/463-2336, -4279
http://www.tu-dresden.de/biw/bauwesen.html

Technische Universität Hamburg-Harburg
Fachbereich Bauingenieurwesen und Umwelttechnik
Schloßmühlendamm 32
21071 Hamburg
Tel.: 040/7718-2232, -2776
http://www.tu-harburg.de/allgemein/studium/bau-ing.html

Universität Hannover
FB Bauingenieur- und Vermessungswesen
Callinstraße 34
30167 Hannover
Tel.: 0511/762-2447
http://www.uni-hannover.de/fb/bauing_verm.htm

Universität Kaiserslautern
Fachbereich Bauwesen
Erwin-Schrödinger-Straße
67663 Kaiserslautern
Tel.: 0631/205-3030
http://www.uni-kl.de/FB-ARUBI/

Universität Karlsruhe
Fakultät für Bauingenieur- und Vermessungswesen
Kaiserstraße 12
76128 Karlsruhe
Tel.: 0721/608-2192, -3651
http://wwwrz.rz.uni-karlsruhe.de/~ga02/fakul7.html

Universität Leipzig
Fakultät für Wirtschaftswissenschaften
Marschnerstraße 31
04109 Leipzig
Tel.: 0341/9733521
http://www.uni-leipzig.de/~bauing/

Technische Universität München
Fakultät für Bauingenieur- und Vermessungswesen
Arcisstraße 19
80333 München
Tel.: 089/282-22400
http://www.cip.bauwesen.tu-muenchen.de/bau-verm/dekanat/

Universität der Bundeswehr München
Fakultät für Bauingenieur- und Vermessungswesen
Werner-Heisenberg-Weg 39
85577 Neubiberg
Tel.: 089/6004-2515
http://www.unibw-muenchen.de/campus/BauV/

Universität Stuttgart
Fachbereich Bauingenieurwesen
Pfaffenwaldring 7
70569 Stuttgart
Tel.: 0711/685-6234
http://www.uni-stuttgart.de/Cis/fak/02/

Bauhaus Universität Weimar
Fachbereich Bauingenieurwesen
Marienstraße 13
99423 Weimar
Tel.: 03643/584412
http://www.uni-weimar.de/bauing/

Universität Rostock, Außenstelle Wismar
Fachbereich Bauingenieurwesen
Philipp-Müller-Straße
23952 Wismar
Tel.: 03841/753-307
http://www.bau.uni-rostock.de/

Gesamthochschulen

Universität-Gesamthochschule Essen
Fachbereich Bauingenieurwesen
Universitätsstraße 5
45117 Essen
Tel.: 0201/183-2774, -2775, -2776
http://www.uni-essen.de/fb10.html

Universität-Gesamthochschule Kassel
Fachbereich Bauingenieurwesen
Mönchebergstraße 7
34109 Kassel
Tel.: 0561/804-2637
http://www.uni-kassel.de/fb14/

Universität-Gesamthochschule Siegen
Fachbereich Bauingenieurwesen (nur FH)
Paul-Bonatz-Str. 9-11
57068 Siegen
Tel.: 0271/740-2110
http://www.uni-siegen.de/dept/fb10/

Universität-Gesamthochschule Wuppertal
Fachbereich Bauingenieurwesen
Pauluskirchstraße 7
42285 Wuppertal
Tel.: 0202/439-4085
http://www.bauing.uni-wuppertal.de/fb11/

Fachhochschulen

Fachhochschule Aachen
Fachbereich Bauingenieurwesen
Kalverbenden 6
52066 Aachen
Tel.: 0241/6009-0, -1210
http://www.fh-aachen.de/w3/fachb/fb2.html

Fachhochschule Augsburg
Fachbereich Bauingenieurwesen
Baumgartnerstraße 16
86161 Augsburg
0821/5586-102
http://www.fh-augsburg.de/steuer/u193-fbbau.html

Technische Fachhochschule Berlin
Fachbereich Bauingenieurwesen
Luxemburger Straße 10
13353 Berlin
Tel.: 030/4504-2549, -2592
http://www.tfh-berlin.de/~wwwfb3/

Fachhochschule für Technik und Wirtschaft Berlin
Fachbereich Ingenieurwissenschaften
Blankenburger Pflasterweg 102
13129 Berlin
Tel.: 030/47401-232, -377
http://www.rzb.fhtw-berlin.de/bauingenieuwesen/

Fachhochschule Biberach
Fachbereich Bauingenieurwesen
Karlstraße 11
88400 Biberach
Tel.: 07351/582-0, -201
http://www.fh-biberach.de/fh-www/bcfh2.html

Fachhochschule Bochum
Fachbereich Bauingenieurwesen
Lennershofstraße 140
44801 Bochum
Tel.: 0234/700-0, -7042
http://www.fh-bochum.de/fb2/

Hochschule Bremen
Fachbereich Bauingenieurwesen
Neustadtwall 30
28199 Bremen
Tel.: 0421/5905-300
http://www.hs-bremen.de/hs-bremen.html?1

FH Nordostniedersachsen, Abteilung Buxtehude
Fachbereich Bauingenieurwesen
Harburger Straße 6
21614 Buxtehude
Tel.: 04161/648-0
http://rzserv2.fh-lueneburg.de/u1/fbab/fbbau/fbbau.htm

Fachhochschulen (Fortsetzung)

Fachhochschule Coburg
Fachbereich Bauingenieurwesen
Friedrich-Streib-Str. 2
96450 Coburg
Tel.: 09561/317-0, -108, -211
http://www.fh-coburg.de/fbb/index.html

Fachhochschule Lausitz
Fachbereich Bauingenieurwesen
Lipezker Straße
03048 Cottbus
Tel.: 0355/5818-601

Fachhochschule Darmstadt
Fachbereich Bauingenieurwesen
Haardtring 100
64295 Darmstadt
Tel.: 06151/16-8131
http://www.fbb.fh-darmstadt.de/

Fachhochschule Anhalt
Standort Dessau
Fachbereich Architektur und Bauingenieurwesen
Gropiusallee 38
06818 Dessau
Tel.: 0340/6508-451
http://argus.hrz.fh-anhalt.de/fb/fb-3/

Fachhochschule Deggendorf
Fachbereich Bauingenieurwesen
Edlmairstraße 6 - 8
94453 Deggendorf
Tel.: 0991/3615-401

Fachhochschule Lippe
Abteilung Detmold
Fachbereich Bauingenieurwesen
Emilienstraße 45
32756 Detmold
Tel.: 05231/9223-0, -11

Hochschule für Technik und Wirtschaft Dresden
Fachbereich Architektur und Bauingenieurwesen
Friedrich-Liszt-Platz 1
01069 Dresden
Tel.: 0351/462-0, -2516
http://www.htw-dresden.de/~vanselow/

Fachhochschule Kiel
Fachbereich Bauwesen
Lorenz-von-Stein-Ring 1-5
24340 Eckernförde
Tel.: 04351/473-0
http://www.bauwesen.fh-kiel.de/bauwesen/index.htm

Fachhochschule Erfurt
Fachbereich Bauingenieurwesen
Werner-Seelenbinder-Straße 14
99096 Erfurt
Tel.: 0361/6700-901
http://www.fh-erfurt.de/ba/index.html

Fachhochschule Frankfurt
Fachbereich Bauingenieurwesen
Nibelungenplatz 1
60318 Frankfurt/Main
Tel.: 069/1533-0, -2326
http://www.fh-frankfurt.de/wwwfbb/FBBAUFHFFM.htm

Fachhochschule Gießen-Friedberg
Fachbereich Bauingenieurwesen
Wiesenstraße 14
35390 Gießen
Tel.: 0641/309-500, -530
http://www.fh-giessen.de/FACHBEREICH/B/

Fachhochschule Hamburg
Fachbereich Bauingenieurwesen
Hebebrandstraße 1
22297 Hamburg
Tel.: 040/4667-3772, -3773
http://www.fh-hamburg.de/

Fachhochschule Hildesheim-Holzminden
Abteilung Hildesheim
Fachbereich Bauingenieurwesen
Hohnsen 2
31134 Hildesheim
Tel.: 05121/881- 251
http://www.fh-hildesheim.de/FBE/BHI/index.htm

Fachhochschule Hildesheim-Holzminden
Abteilung Holzminden
Fachbereich Bauingenieurwesen
Haarmannplatz 3
37603 Holzminden
Tel.: 05531/126-0

Fachhochschule Kaiserslautern
Fachbereich Bauingenieurwesen
Schönstraße 6
67659 Kaiserslautern
Tel.: 0631/3724501
http://www.fh-kl.de/kaiserslautern/bi/

Fachhochschule Karlsruhe
Hochschule für Technik
Fachbereich Bauingenieurwesen
Moltkestraße 30
76133 Karlsruhe
Tel.: 0721/925-0
http://www.fh-karlsruhe.de/fbb/

Fachhochschule Koblenz
Fachbereich Bauingenieurwesen
Am Finkenherd 4
56075 Koblenz
Tel.: 0261/9528-218
http://www.koblenz.fh-rpl.de/fachbereiche/fbbau/home.html

Fachhochschule Köln
Fachbereich Bauingenieurwesen
Betzdorfer Str. 2
50679 Köln
Tel.: 0221/8275-1
http://www.fh-köln.de/fb-bi/index.html

Fachhochschule Konstanz
Fachbereich Bauingenieurwesen
Braunegger Straße 55
78462 Konstanz
Tel.: 07531/206-211
http://www.fh-konstanz.de/studium/fachb/bi/index.html

Hochschule für Technik, Wirtschaft und Kultur Leipzig
Fachbereich Bauingenieurwesen
Karl-Liebknecht-Str. 132
04277 Leipzig
Tel.: 0341/307-6213
http://www.htwk-leipzig.de/bauwesen/

Fachhochschule Lübeck
Fachbereich Bauingenieurwesen
Stephensonstraße 3
23562 Lübeck
Tel.: 0451/500-5159, -5113
http://tisch.fh-luebeck.de/selbst/fbereich/bau/bau/index.html

Fachhochschule Magdeburg
Fachbereich Bauwesen
Am Krökentor 8
39104 Magdeburg
Tel.: 0391/6716-212
http://www.bauwesen.fh-magdeburg.de/

Fachhochschule Mainz
Fachbereich Bauingenieurwesen
Holzstraße 36
55116 Mainz
Tel.: 06131/2859-0, -311
http://www.fh-mainz.de

Fachhochschule Bielefeld, Abteilung Minden
Fachbereich Architektur und Bauingenieurwesen
Artilleriestraße 9
32427 Minden
Tel.: 0571/8385-0, -103
http://www.fh-bielefeld.de

Fachhochschule München
Fachbereich Bauingenieurwesen
Karlstraße 6
80333 München
Tel.: 089/1265-2688
http://www.fh-muenchen.de/home/fb/fb02/d_Welcome.html

Fachhochschule Münster
Fachbereich Bauingenieurwesen
Corrensstraße 25
48149 Münster
Tel.: 0251/8365151
http://www.FH-Muenster.de/FB6/fb6_idx.htm

Fachhochschule Neubrandenburg
Fachbereich Bauingenieurwesen
Brodaer Str. 2
17033 Neubrandenburg
Tel.: 0395/5693-0

Fachhochschule Hannover
Fachbereich Bauingenieurwesen
Bürgermeister-Stahn-Wall 9
31582 Nienburg/Weser
Tel.: 05021/981-802
http://www.fh-hannover.de/ab/bauw/main.htm

Georg-Simon-Ohm-Fachhochschule Nürnberg
Fachbereich Bauingenieurwesen
Keßlerplatz 12
90489 Nürnberg
Tel.: 0911/5880-0
http://www.bi.fh-nuernberg.de/

Fachhochschule Oldenburg
Fachbereich Bauingenieurwesen
Ofener Straße 16
26121 Oldenburg
Tel.: 0441/7708-0, -209
http://www.fh-oldenburg.de/bauing/Welcome.html

Fachhochschule Potsdam
Fachbereich Bauingenieurwesen
Pappelallee 8-9
14469 Potsdam
Tel.: 0331/580-1301
http://www.fh-potsdam.de/~Bauing/index.htm

Fachhochschule Regensburg
Fachbereich Bauingenieurwesen
Prüfeninger Straße 58
93025 Regensburg
Tel.: 0941/943-1200
http://www.fh-regensburg.de/fachbereiche/fbb/

Fachhochschulen (Fortsetzung)

HTW Saarland
Fachbereich Bauingenieurwesen
Goebenstraße 40
66117 Saarbrücken
Tel.: 0681/5867-0, -222
http://www.htw.uni-sb.de/fb/bi/

Fachhochschule Stuttgart
Hochschule für Technik
Fachbereich Bauingenieurwesen
Schellingstraße 24
70013 Stuttgart
Tel.: 0711/121-2564
http://indigo.rz.fht-stuttgart.de/fbb/fbbweb/fbb_main.html

Fachhochschule Nordostniedersachsen
Fachbereich Bauingenieurwesen
Herbert-Meyer-Straße 7
29556 Suderburg
Tel.: 05826/9880

Fachhochschule Trier
Fachbereich Bauingenieurwesen
Schneidershof
54208 Trier
Tel.: 0651/8103-0, -289
http://www.fh-trier.de/fb/bi/

Fachhochschule Wiesbaden
Fachbereich Bauingenieurwesen
Kurt-Schumacher-Ring 18
65197 Wiesbaden
Tel.: 0611/9495-451
http://www.fh-wiesbaden.de/fachbereiche/bauingenieurwesen/

Fachhochschule Wismar
Fachbereich Bauingenieurwesen
Philipp-Müller-Straße
23952 Wismar
Tel.: 03841/753-0, -300
http://www.bau.hs-wismar.de/

FH Würzburg-Schweinfurt-Aschaffenburg
Abteilung Würzburg
Fachbereich Bauingenieurwesen
Röntgenring 8
97070 Würzburg
Tel.: 0931/3511-0, -254
http://www.fh-wuerzburg.de/fh/fb/ab/allgemeines/Fab/index.htm

HTWS Zittau/Görlitz
Fachbereich Bauwesen
Theodor-Körner-Allee 16
02763 Zittau
Tel.: 03583/61-0, -1632
http://www.htw-zittau.de/bauwesen/bau

Weitere INTERNET-Adressen

(entnommen aus: bau-zeitung 52 (1998)7/8)

Bau.Net:	http://www.bau.net	(Wirtschaftsinformationen, Bauherren-Angebote, Ausschreibungen)
Bau-Info:	http://www.bau-info.com	(Öffentliche Ausschreibungen)
Baunet:	http://www.baunet.de	(Online-Brachenbuch)
BauNetz:	http://www.bau-netz.de	(Informationen für Planer)
Bau-Online:	http://www.bau-online.de	(Informationen für Planer, Handel, Handwerk, Bauherrn)
Bauwesen:	http://www.bauwesen.de	(Firmen- und Produktinformationen)
bi-online:	http://www.bauwi.de	(Öffentliche Ausschreibungen)
Bundesausschreibungsblatt:	http://www.vva.de/ba-blatt.htm	(Öffentliche Ausschreibungen)
DASI:	http://www.dasi.de	(Deutsches Verzeichnis mit Schwerpunkt Bauwesen)
FIZ-Technik:	http://www.fiz-technik.de	(Zugriff auf verschiedene Datenbanken, z.B. Ausschreibungen, Unternehmen, Literatur, Bauverfahren, Ingenieurwesen)
German Bau + Zulieferer	http://www.avl.de/datenbank	(Deutsche Baudatenbank)
Ingenieure:	http://www.ingenieure.de	(Bundesingenieurkammer mit Links zu Länderkammern)
Ingenieurnetz:	http://www.ingenieurnetz.de	(Deutsche Planerdatenbank)

2 DIN-Verzeichnis

DIN	Titel	abgedruckt im Jahrbuch
1045 (07.88)	Beton- und Stahlbeton: Bemessung und Ausführung	1998 /1999
1045/A1 (12.96)	Beton- und Stahlbeton: Bemessung und Ausführung Änderung A1	1999
E 1045-1 (02.97)	Tragwerke aus Beton, Stahlbeton und Spannbeton Teil 1: Bemessung und Konstruktion	1998
4227-1 (07.88)	Spannbeton; Bauteile aus Normalbeton mit beschränkter und voller Vorspannung	1999
4227/A1 (12.95)	Spannbeton; Bauteile aus Normalbeton mit beschränkter und voller Vorspannung Änderung A1	1999

3 Verzeichnis der Zulassungen

Eine Gesamtübersicht der Zulassungen befindet sich auf S. J.4ff.

Zulassungsnummer	Titel	abgedruckt im Jahrbuch
Z-13.1-78	Litzenspannverfahren VT-CMM D für externe Vorspannung	1999
Z-13.1-82	SUSPA-Litzenspannverfahren 150 mm^2	1998
Z-15.1-38	Kaiser-Omnia-Träger KTS für Fertigplatten mit statisch mitwirkender Ortbetonschicht	1998
Z-15.1-84	Durchstanzbewehrung System HDB-N	1999
Z-15.10-42	Spannbeton-Hohlplattendecke System Dycore	1999

4 Literaturverzeichnis

Literatur zu Kapitel A

[BDB - 91] BDB Merkblatt über Sichtbetonflächen von Fertigteilen aus Beton und Stahlbeton, Bundesverband Deutsche Beton- und Fertigteilindustrie, Juni 1991

[Bertrams-Voßkamp - 94] Bertrams-Voßkamp, U./Ihle, M./Pesch, L. und Pickel, U.: Betonwerkstein Handbuch, Hinweise für Planung und Ausführung, Bundesverband Deutsche Beton- und Fertigteilindustrie e. V. und Bundesfachgruppe Betonfertigteile und Betonwerkstein im Zentralverband des Deutschen Baugewerbes e. V., Bonn, März 1994

[BKS - 96] Geschäftsbericht 1995/96 des Bundesverbandes der Deutschen Kies- und Sandindustrie e. V., Duisburg

[Büchner/Junge] Büchner, G. und Junge, C.-H.: Farbtonabweichungen bei der Herstellung von eingefärbtem Beton, Betonwerk + Fertigteil-Technik, Sonderdruck

[BVNI - 96] Geschäftsbericht 1995/96 des Bundesverbandes Naturstein-Industrie e. V., Köln

[DBV - 97] DBV Merkblatt Sichtbeton, Deutscher Beton-Verein, März 1997

[DIN 1045 - 88] DIN 1045 - Beton und Stahlbeton; Bemessung und Ausführung, Juli 1988

[DIN 4226 - 83] DIN 4226 - Zuschlag für Beton; April 1983
Teil 1: Zuschlag mit dichtem Gefüge; Begriffe, Bezeichnung und Anforderungen
Teil 2: Zuschlag mit porigem Gefüge (Leichtzuschlag); Begriffe, Bezeichnung und Anforderungen

[DIN 18 217 - 81] DIN 18 217 - Betonflächen und Schalungshaut, 12.81

[DIN 18 500 - 91] DIN 18 500 - Betonwerkstein; Begriffe, Anforderungen, Prüfung, Überwachung, April 1991

[DIN 52 108 - 88] DIN 52 108 - Prüfung anorganischer nichtmetallischer Werkstoffe; Verschleißprüfung mit der Schleifscheibe nach Böhme; Schleifscheibenverfahren, August 1988

[DIN EN 12 620 - 97] DIN EN 12 620 - Gesteinskörnungen für Beton einschließlich Beton für Straßen und Deckschichten; Entwurf Februar 1997

[Dyckerhoff Zement] o. V.: Farbiger Beton mit Dyckerhoff Weiss, Dyckerhoff Zement AG, Wiesbaden

[Hahn - 98] Hahn, Ulrich: Farbiger Zuschlag - die Natur hat den Zuschlag, BFT 1/1998

[Heufers/Pickel - 81] Heufers, H./Pickel, U. und Schulze, W.: Sichtbeton mit weißem Zement, Betonwerk + Fertigteil-Technik, Heft 11/1981, Sonderdruck

[Heufers/Schulze - 80] Heufers, H. und Schulze, W.: Neuartige Oberflächengestaltung mit farbigen Zuschlägen, Betonwerk + Fertigteil-Technik, Heft 9/1980, Sonderdruck

[Jungk/Hauck - 88] Jungk, A. E. und Hauck, H. G.: Beton in Farbe - Mit kleinen Fehlern? - Mögliche Fehlerquellen im Produktionsbereich -, Betonwerk + Fertigteil-Technik, Heft 5/1988, S. 75-81

[Kohnert - 97] Kohnert, L.: Einfärben von Beton - Verarbeitungstechnische Hinweise für Pigmente, Betonwerk + Fertigteil-Technik, Heft 7/1997, S. 53-62

[Lamprecht/Kind - 84] Lamprecht/Kind-Barkauskas/Pickel/Otto/Schwara: Betonoberflächen, Gestaltung und Herstellung, Expert Verlag GmbH , 1984

[Möllmann/Nicolay - 97] Möllmann, M. und Nicolay, J.: Identität - Funktionalität - Ästhetik, Gestaltungsmöglichkeiten von Betonoberflächen, Betonwerk + Fertigteil-Technik, Heft 7/1997, S. 35-42

[Pickel - 97] Pickel, Ulrich: Die Oberfläche des Betonfertigteils, BDB-Report 1/97

[Pickel - 90] Pickel, U.: Zuschlag, Zement, Wasser, Pigment und deren Einflüsse auf die Farbe des Betons, Beton- und Fertigteiljahrbuch 1990, S. 13-26

[Steinle/Hahn - 88] Steinle, Alfred/Hahn, Volker: Bauen mit Betonfertigteilen im Hochbau, Beton-Kalender 1988, Verlag W. Ernst

[Vogler - 85] Vogler, H.: Gewinnungsstätten von Festgesteinen für den Verkehrswegebau in der Bundesrepublik Deutschland, Geologisches Landesamt Nordrhein-Westfalen, Krefeld 1985

Literatur zu Kapitel B

[Avak - 94] Avak, R.: Stahlbetonbau in Beispielen, Teil 1, Werner Verlag, Düsseldorf 1994

[Banfill/Hornung - 92] Banfill, P. F. G. u. Hornung, F.: Zweipunktmessung im Visco Corder, Beton 2/1992, S. 84-88

[Breitenbücher - 89] Breitenbücher, R.: Zwangsspannungen und Rißbildung infolge Hydratationswärme, Dissertation, TU München 1989

[Czernin - 60] Czernin, W.: Zementchemie für Bauingenieure, Bauverlag GmbH, Wiesbaden/Berlin 1960

[DAfStb Empfehlung Alkalireaktion - 93] Vorläufige Empfehlungen des DAfStb zur Vermeidung möglicher schädigender Alkalireaktion bei Verwendung präkambrischer Grauwacke aus den Ländern Brandenburg, Sachsen, Sachsen-Anhalt und Thüringen als Betonzuschlag

[DAfStb-RiLi BuwS - 95] Richtlinie für Betonbau beim Umgang mit wassergefährdenden Stoffen, Ausgabe 1995

[DAfStb-RiLi Fließbeton - 95] DAfStb-Richtlinie für Fließbeton; Herstellung, Verarbeitung und Prüfung, Ausgabe August 1995

[DAfStb-RiLi Alkalireaktionen - 86] Richtlinie Alkalireaktion im Beton; Vorbeugende Maßnahmen gegen schädigende Alkalireaktion im Beton, Deutscher Ausschuß für Stahlbeton, Berlin 1986

[DAfStb-RiLi Flugasche - 97] DAfStb-Richtlinie Verwendung von Flugasche nach DIN EN 450 im Betonbau, Ausgabe 1997

[DAfStb-RiLi hochfester Beton - 95] DAfStb-Richtlinie für hochfesten Beton, Ergänzung zu DIN 1045/07.88 für Festigkeitsklassen B 65 bis B 115, Ausgabe August 1995

[DAfStb-RiLi Nachbehandlung - 84] DAfStb-Richtlinie zur Nachbehandlung von Beton, Ausgabe Februar 1984

[DAfStb-RiLi SIB - 91] Richtlinie für Schutz und Instandsetzung von Betonbauteilen des DAfStb, Teile 1 - 4, 1991-02

[DAfStb-RiLi Verzögerter Beton - 95] DAfStb-Richtlinie für Beton mit verlängerter Verarbeitbarkeit (Verzögerter Beton), Ausgabe August 1995

[DAfStb-Seminar - Sicherheit von Betonkonstruktionen - 95] DAfStb-Seminar zum Forschungsvorhaben „Sicherheit von Betonkonstruktionen technischer Anlagen für umweltgefährdende Stoffe", am 20. und 21. September 1995 in Berlin, Tagungsheft

[DBV-Merkblatt Begrenzung Rißbildung - 91] DBV-Merkblatt-Sammlung - Begrenzung der Rißbildung, Ausgabe 1991, Eigenverlag Deutscher Beton-Verein e. V., Wiesbaden

[DBV-Merkblatt Zugabewasser - 96] Merkblatt Zugabewasser für Beton (Fassung Januar 1982), DBV-Merkblatt-Sammlung, Verlag Deutscher Beton-Verein e. V., Wiesbaden 1991

[DIN 1045 - 88] DIN 1045: 1988-07 Beton und Stahlbeton; Bemessung und Ausführung

[DIN 1048-5 - 91] DIN 1048-5: 1991-06 Prüfverfahren für Beton; Festbeton, gesondert hergestellte Probekörper

[DIN 1084 - 78] DIN 1084: 1978-12 Überwachung (Güteüberwachung) im Beton- und Stahlbetonbau

[DIN 4030 - 91] DIN 4030: 1991-06 Beurteilung betonangreifender Wässer, Böden und Gase

[DIN 4226-1 - 83] DIN 4226-1: 1983-04 Zuschlag für Beton; Zuschlag mit dichtem Gefüge; Begriffe, Bezeichnung und Anforderungen

[DIN 4227-1 - 88] DIN 4227-1: 1988-07 Spannbeton; Bauteile aus Normalbeton mit beschränkter oder voller Vorspannung

[DIN 488-01 - 84] DIN 488-01: 1984-09 Betonstahl: Sorten, Eigenschaften, Kennzeichen

[E DAfStb-RiLi - 95] Entwurf: Richtlinie für Betonbau beim Umgang mit wassergefährdenden Stoffen, Entwurf (Stand: Juli 1995), Deutscher Ausschuß für Stahlbeton

[E DIN 1045-1 - 97] Entwurf DIN 1045-1; 1997-02 Tragwerke aus Beton, Stahlbeton und Spannbeton, Teil 1: Bemessung und Konstruktion

[E DIN EN 206 - 97] E DIN EN 206: 1997-08 Betoneigenschaften, Herstellung und Konformität (mit deutschen Anwendungsregeln)

[Glücklich - 68] Glücklich, J.: The Structure of Concrete Proc. International Conference, Cement and Concrete Association, London 1968

[Grimm/König - 95] Grimm, R. u. König, G.: Hochleistungsbeton - Bemessung und konstruktive Ausbildung, Betonwerk + Fertigteiltechnik (1995), S. 69-75

[Grübl - 97] Grübl, P.: Die Wiederverwertung von Abbruchmaterialien zur Herstellung von Betonkonstruktionen, Vorträge Deutscher Betontag 1997

[Keil - 71] Keil, F.: Zement, Springer-Verlag, Berlin/Heidelberg/New York 1971

[Kern - 92] Kern, E.: Technologie des hochfesten Betons; Beton 43 (1992), S. 109 bis 115

[Kohler - 97] Kohler, G.: Recyclingzuschläge für Stahlbeton, Vorträge Deutscher Betontag 1997

[Kral/Becker - 76] Kral, S. u. Becker, F.: Zur Entwicklung mechanischer Betoneigenschaften im Frühstadium der Erhärtung, Beton 26 (1976) 9, S. 315-320

[Krell - 85] Krell, J.: Die Konsistenz von Zementleim, Mörtel und Beton und ihre zeitliche Änderung, Diss. TH Aachen 1985

[Lang - 97] Lang, E.: Einfluß von Nebenbestandteilen und Betonzusatzmitteln auf die Hydratationswärmeentwicklung von Zement, Beton-Information (1997) 2, S. 22-25

[Lisiecki - 85] Lisiecki, U.-M.: Einfluß von Feinzuschlagstoffen mit unterschiedlichem Reaktionsvermögen auf die Frisch- und Festbetoneigenschaften; 9. ibausil, Weimar 1985, Tagungsbericht S. 59-72

[Locher - 84] Locher, F. W.: Chemie des Zements und der Hydratationsprodukte, Zementtaschenbuch 48. Ausgabe, Bauverlag, Wiesbaden/Berlin 1984

[Lohmeyer - 91] Lohmeyer, G.: Weiße Wanne, einfach und sicher, Beton Verlag, Düsseldorf 1991

[Maultzsch - 96] Maulsch, M.: Eignung von Recyclingmaterial für hochwertigen Beton, 33. Forschungskolloquium des DAfStb an der BAM, Berlin, Oktober 1996

[Pirner - 94] Pirner, J.: Untersuchung der Beziehung zwischen der Verarbeitbarkeit von Zuschlaggemischen und den rheologischen Eigenschaften von Mörtel und Beton, Kolloquium über rheologische Messungen an mineralischen Baustoffmischungen, Regensburg, Februar 1994

[Pirner/Sessner - 90] Pirner, J. u. Sessner, R.: Stoffliche, mathematische und technologische Grundlagen für Automatisierungslösungen der Fertigungsstufen Herstellen und Erhärten des Betons, Habilitationsschrift, Hochschule für Bauwesen Cottbus 1990

[Prüfrichtlinie Betonzusatzmittel - 89] Richtlinie für die Zuteilung von Prüfzeichen für Betonzusatzmittel (Prüfrichtlinien), Fassung Juni 1989, Mitteilung IfBt 21 (1990), Nr. 5, S. 175

[Readymix Beton-Daten - 93] Betontechnologische Daten, 12. Aufl., Readymix Transportbeton GmbH, Ratingen 1993

[Reinhardt - 73] Reinhardt, H.-W.: Ingenieurbaustoffe, Ernst & Sohn Verlag, Berlin 1973

[Reinhardt - 95] Reinhardt, H.-W.: Hochleistungsbeton, Betonwerk + Fertigteiltechnik (1995) 1, S. 62-68

[Schickert - 81] Schickert, G.: Formfaktoren der Betondruckfestigkeit, Die Bautechnik 2/1981, S. 52-57

[Schießl - 86] Schießl, P.: Einfluß von Rissen auf die Dauerhaftigkeit von Stahlbeton- und Spannbetonbauteilen, Heft 370 der Schriftenreihe des Deutschen Ausschusses für Stahlbeton, Beuth Verlag GmbH, Berlin/Köln 1986

[Schießl - 97] Schießl, P.: Bemessung auf Dauerhaftigkeit - Brauchen wir neue Konzepte? Vorträge Deutscher Betontag 1997

[Schlüßler/Mcedlov-Petrosjan - 90] Schlüßler, K.-H. u. Mcedlov-Petrosjan, O. P.: Der Baustoff Beton - Grundlagen der Strukturbildung und der Technologie, Verlag für Bauwesen, Berlin 1990

[Schlüßler/Walter - 86] Schlüßler, K.-H. u. Walter, L.: Computer Simulation of randomly Packed Sheres - a Tool for Investigating Polydisperse Materials; Part. Charact. 3 (1986), S. 129-135

[Tattersall - 83] Tattersall, G. H.: Der Zweipunktversuch zur Messung der Verarbeitbarkeit, Betonwerk + Fertigteiltechnik, 49 (1983) 12, S. 789-792

[Teubert - 81] Teubert, J.: Die Messung der Konsistenz von Betonmörtel und ihre Bedeutung für die Verarbeitbarkeit des Frischbetons, Betonwerk + Fertigteiltechnik (1981) 4, S. 217-222

[von Wilcken - 95] von Wilcken, A.: Herstellung moderner Verkehrsflächen aus Beton unter Verwendung von Recycling-Zuschlag, Vorträge Deutscher Betontag 1995

[Walz - 58] Walz, K.: Anleitung für die Zusammensetzung und Herstellung von Beton mit bestimmten Eigenschaften; Beton und Stahlbeton T 3 (1958) 6, S. 163-169

[Wesche - 81] Wesche, K.: Baustoffe für tragende Bauteile, Band 2, Beton, Bauverlag, 2. Auflage 1981

[Wesche/Schubert - 85] Wesche, K. u. Schubert, P.: Feinststoffe im Beton - Einfluß auf die Eigenschaften des Frisch- und Festbetons, Betontechnik 6 (1985) 3, S. 69-71

[Wierig - 71] Wierig, H.-J.: Einige Beziehungen zwischen Eigenschaften von „grünem" und „jungem" Beton und denen des Festbetons, Beton 21 (1971) 11, S. 445-448, und 21 (1971) 12, S. 337-490

Literatur zu Kapitel C

[Avak - 96] Avak, R.: Euro-Stahlbetonbau in Beispielen: Bemessung nach DIN V ENV 1992. Teil 1 (1993) und Teil 2 (1996). Werner Verlag, Düsseldorf

[Avak/Goris - 96] Avak, R./Goris, A.: Bemessungspraxis nach EUROCODE 2: Zahlen und Konstruktionsbeispiele. Werner Verlag, Düsseldorf 1994

[Avellan/Werkle - 98] Avellan, K./Werkle, H.: Zur Anwendung der Bruchlinientheorie in der Praxis. Bautechnik 75 (1998), S. 80

[Beck/Zuber - 69] Beck, H./Zuber, E.: Näherungsweise Berechnung von Stahlbetonplatten mit Rechtecköffnungen unter Gleichflächenlast. Bautechnik 46 (1969), S. 397

[Czerny - 96] F. Czerny: Tafeln für Rechteckplatten und Trapezplatten. Betonkalender 85 (1996), Teil 1, S. 277-339

[DAfStb-H217 - 72] Baumann, T.: Tragwirkung orthogonaler Bewehrungsnetze beliebiger Richtung in Flächentragwerken aus Stahlbeton. Deutscher Ausschuß für Stahlbeton, Heft 217. Verlag W. Ernst & Sohn, Berlin 1972

[DAfStb-H240 - 91] Grasser, E./Thielen, G.: Hilfsmittel zur Berechnung der Schnittgrößen und Formänderungen von Stahlbetontragwerken. Deutscher Ausschuß für Stahlbeton, Heft 240. Verlag W. Ernst & Sohn, 3. Auflage, Berlin 1991

[DAfStb-H425 - 92] Kordina, K. et al.: Bemessungshilfsmittel zu Eurocode 2 Teil 1. Deutscher Ausschuß für Stahlbeton, Heft 425. Verlag W. Ernst & Sohn, Berlin 1992

[DAfStb-H441 - 94] Pardey, A.: Physikalisch nichtlineare Berechnung von Stahlbetonplatten im Vergleich zur Bruchlinientheorie. Deutscher Ausschuß für Stahlbeton, Heft 441. Verlag W. Ernst & Sohn, Berlin 1994

[DIN 1045 - 88] Beton und Stahlbeton, Bemessung und Ausführung - DIN 1045, Ausgabe 07.88, Beuth Verlag, Berlin/Köln

[E DIN 1045-1 - 97] DIN 1045-1 (Entwurf). Tragwerke aus Beton, Stahlbeton und Spannbeton. Teil 1: Bemessung und Konstruktion. Februar 1997

[Eichstaedt - 63] Eichstaedt, H. J.: Einspanngrad-Verfahren zur Berechnung der Feldmomente durchlaufender kreuzweise bewehrter Platten im Hochbau. Beton- und Stahlbetonbau 58 (1963), S. 19

[Eisenbiegler - 73] Eisenbiegler, G.: Durchlaufplatten mit dreiseitigem Auflagerknoten. Die Bautechnik 50 (1973), S. 92

[ENV 1992-1-1 - 92] DIN V ENV 1992 Teil 1-1, Ausgabe 06.92: Planung von Stahlbeton- und Spannbetontragwerken; Teil 1: Grundlagen und Anwendungsregeln für den Hochbau. April 1993, Beuth Verlag, Berlin/Köln

[Franz - 83] Franz, G.: Konstruktionslehre des Stahlbetons. Band I Grundlagen und Bauelemente, Teil B. Die Bauelemente und ihre Bemessung. Springer-Verlag, Berlin, 4. Auflage 1983

[Friedrich - 95] Friedrich, R.: Vereinfachte Berechnung vierseitig gelagerter Rechteckplatten nach der Bruchlinientheorie. Beton- und Stahlbetonbau 90 (1995), S. 113

[Haase - 62] Bruchlinientheorie von Platten. Werner Verlag, Düsseldorf 1962

[Hahn - 76] Hahn, J.: Durchlaufträger, Rahmen, Platten und Balken auf elastischer Bettung. , 12. Aufl. Werner Verlag, Düsseldorf 1976

[Herzog - 71] Herzog, M.: Bemessung beliebig gelagerter Stahlbeton-Rechteckplatten für den Bruchzustand. Schweizerische Technische Zeitschrift 68 (1971), S. 69-74 und S. 262.

[Herzog - 76.1] Herzog, M.: Die Bruchlast ein- und mehrfeldriger Rechteckplatten aus Stahlbeton nach Versuchen. Beton- und Stahlbetonbau 71 (1976), S. 69 bis 71

[Herzog - 76.2] Herzog, M.: Die Membranwirkung in Stahlbetonplatten nach Versuchen. Beton- und Stahlbetonbau 71 (1976), S. 270-275

[Herzog - 90] Herzog, M.: Vereinfachte Schnittkraftermittlung für umfanggelagerte Rechteckplatten nach der Plastizitätstheorie. Beton- und Stahlbetonbau 85 (1990), S. 311-315

[Herzog - 95] Herzog, M.: Vereinfachte Stahlbeton- und Spannbetonbemessung. Beton- und Stahlbetonbau 90 (1995). Teil 1: Tragfähigkeitsnachweis für Träger. Teil II: Tragfähigkeitsnachweise für Platten. Teil IV: Tragfähigkeitsnachweise für Rahmen

[Kessler - 97.1] Kessler, H.-G.: Die drehbar gelagerte Rechteckplatte unter randparalleler Linienlast nach der Fließgelenktheorie. Bautechnik 74 (1997), S. 143-152

[Kessler - 97.2] Kessler, H.-G.: Zum Bruchbild isotroper Quadratplatten. Bautechnik 74 (1997), S. 765-768

[Leonhardt/Mönnig - 77] Leonhardt, F./Mönnig E.: Vorlesungen über Massivbau. Teil 2: Sonderfälle der Bemessung im Stahlbetonbau. Teil 3: Grundlagen zum Bewehren im Stahlbetonbau. Springer-Verlag, Berlin/Heidelberg 1977

[Litzner - 96] Litzner, H.-U.: Grundlagen der Bemessung nach Eurocode 2 - Vergleich mit DIN 1045 und DIN 4227. Betonkalender 85 (1996), Teil I, S. 567-776

[Mattheis - 82] Mattheis, J.: Platten und Scheiben. Werner Verlag, Düsseldorf 1982

[NAD zu ENV 1992-1-1 - 93] Deutscher Ausschuß für Stahlbeton: Richtlinie zur Anwendung von Eurocode 2 - Planung von Stahlbeton- und Spannbetontragwerken; Teil 1: Grundlagen und Anwendungsregeln für den Hochbau. April 1993, Ergänzung 1995, Beuth Verlag, Berlin/Köln

[Pieper/Martens - 66] Pieper, K./Martens, P.: Durchlaufende vierseitig gestützte Platten im Hochbau. Beton- und Stahlbetonbau 61 (1966), S. 158 und 62 (1967), S. 150

[Rosman - 85] Rosman, R.: Beitrag zur plastostatischen Berechnung zweiachsig gespannter Platten. Bauingenieur 60 (1985), S. 151-159

[Sawczuk/Jaeger - 63] Sawczuk, A./Jaeger, T.: Grenztragfähigkeitstheorie der Platten. Springer-Verlag, Berlin/Göttingen/Heidelberg 1963

[Schlaich/Schäfer - 93] Schlaich, J./Schäfer, K.: Konstruieren im Stahlbetonbau. Betonkalender 82 (1993), Teil II, S. 327

[Schneider - 98] Schneider, K.-J.: Bautabellen für Ingenieure, 13. Auflage. Werner Verlag, Düsseldorf 1998

[Schriever - 79] Schriever, H.: Berechnung von Platten mit dem Einspanngradverfahren. 3. Aufl. Werner Verlag, Düsseldorf 1979

[Stiglat/Wippel - 83] Stiglat K./Wippel, H.: Platten. 3. Aufl. Verlag W. Ernst & Sohn, Berlin, 1983

[Stiglat/Wippel - 92] Stiglat K./Wippel, H.: Massive Platten. Betonkalender 81 (1992), Teil I, S. 287-366

[Wommelsdorff - 90/93] Wommelsdorff, O.: Stahlbetonbau. Teil 1: Biegebeanspruchte Bauteile, 6. Aufl. 1990. Teil 2: Stützen und Sondergebiete des Stahlbetonbaus, 5. Aufl. 1993. Werner Verlag, Düsseldorf

Literatur zu Kapitel D

[Allgöwer/Avak - 92] Allgöwer, G./Avak, R.: Bemessungstafeln nach Eurocode 2 für Rechteck- und Plattenbalkenquerschnitte. Beton- und Stahlbetonbau, 1992, S. 161-164

[Avak-T1 - 93] Avak, R.: Euro-Stahlbetonbau in Beispielen, Bemessung nach DIN V ENV 1992 Teil 1: Baustoffe, Grundlagen, Bemessung von Stabtragwerken, Werner Verlag, Düsseldorf 1993

[Avak-T2 - 96] Avak, R.: Euro-Stahlbetonbau in Beispielen, Bemessung nach DIN V ENV 1992 Teil 2: Konstruktion, Platten, Treppen, Fundamente, wandartige Träger, Wände, Werner Verlag, Düsseldorf 1996

[Avak/Goris - 94] Avak, R./Goris, A.: Bemessungspraxis nach EUROCODE 2, Zahlen- und Konstruktionsbeispiele, Werner Verlag, Düsseldorf 1994

[Bieger - 95] Bieger, K.-W. (Hrsg.): Stahlbeton- und Spannbetontragwerke nach Eurocode 2; 2. Auflage, Springer-Verlag, Berlin 1995

[Bindseil - 91] Bindseil, P.: Stahlbetonfertigteile - Konstruktion, Berechnung, Ausführung. Werner Verlag, Düsseldorf 1991

[Brendel - 60] Brendel, G.: Die mitwirkende Plattenbreite nach Theorie und Versuch. Beton- und Stahlbetonbau 8/1960

[DAfStb-H. 220 - 79] Deutscher Ausschuß für Stahlbeton, H. 220. Grasser/Kordina/Quast: Bemessung von Beton- und Stahlbetonbautellen nach DIN 1045, Ausgabe 1978, 2., überarbeitete Auflage, Verlag Ernst & Sohn, Berlin 1979

[DAfStb-H. 240 - 91] Deutscher Ausschuß für Stahlbeton, Heft 240: Hilfsmittel zur Berechnung der Schnittgrößen und Formänderungen von Stahlbetontragwerken nach DIN 1045, Ausg. Juli 1988. 3. Auflage, Beuth Verlag, Berlin/Köln 1991

[DAfStb-H.371 - 86] Deutscher Ausschuß für Stahlbeton, H. 371. Kordina/Nölting: Tragfähigkeit durchstanzgefährdeter Stahlbetonplatten. DAfStb-Heft 371, Verlag Ernst & Sohn, Berlin 1986

[DAfStb-H.387 - 87] Deutscher Ausschuß für Stahlbeton, H. 387. Dieterle/Rostásy: Tragverhalten quadratischer Einzelfundamente aus Stahlbeton. Verlag Ernst & Sohn, Berlin 1987

[DAfStb-H.399 - 93] Deutscher Ausschuß für Stahlbeton, H. 399. Eligehausen/Gerster: Das Bewehren von Stahlbetonbauteilen - Erläuterungen zu verschiedenen gebräuchlichen Bauteilen. Beuth Verlag, Berlin/Köln 1993

[DAfStb-H.400 - 88] Deutscher Ausschuß für Stahlbeton, H. 400: Erläuterungen zu DIN 1045, Beton- und Stahlbeton, Ausgabe 7.88; Beuth Verlag, Berlin/Köln 1988

[DAfStb-H.425 - 92] Deutscher Ausschuß für Stahlbeton, Heft 425: Bemessungshilfen zu Eurocode 2 Teil 1, 2., ergänzte Auflage, Beuth Verlag, Berlin/Köln 1992

[DAfStb-H.466 - 96] Deutscher Ausschuß für Stahlbeton, Heft 466: Grundlagen und Bemessungshilfen für die Rißbreitenbeschränkung im Stahlbeton und Spannbeton. Beuth Verlag, Berlin/Köln 1996

[DIN - 81] Deutsches Institut für Normung: Grundlagen für die Sicherheitsanforderungen für bauliche Anlagen; Beuth Verlag, Berlin/Köln 1981

[DIN 1045 - 88] DIN 1045. Beton und Stahlbeton, Bemessung und Ausführung, Juli 1988

[DIN 4227-T1 - 88] DIN 4227 Teil 1: Spannbeton; Bauteile aus Normalbeton mit beschränkter oder voller Vorspannung. Juli 1988

[E DIN 1045-1 - 97] DIN 1045-1. Tragwerke aus Beton, Stahlbeton und Spannbeton. Teil 1: Bemessung und Konstruktion. Februar 1997 (Entwurf)

[Eibl/Schmidt-Hurtienne] Eibl, J./Schmidt-Hurtienne, B.: Grundlagen für ein neues Sicherheitskonzept. Die Bautechnik 8/1995, S. 501-506

[ENV 206 - 90] DIN V ENV 206. Beton; Eigenschaften, Herstellung, Verarbeitung und Gütenachweis. Oktober 1990 (Vornorm)

[ENV 1991-1 - 95]	DIN V ENV 1991-1. Eurocode 1, Teil 1: Grundlagen der Tragwerksplanung. Dezember 1995
[ENV 1992-1-1 - 92]	DIN V ENV 1992-1-1. Eurocode 2, Planung von Stahlbeton- und Spannbetontragwerken. Teil 1-1: Grundlagen und Anwendungsregeln für den Hochbau. Juni 1992 (Vornorm)
[ENV 1992-1-3 - 94]	DIN V ENV 1992-1-3. Eurocode 2, Planung von Stahlbeton- und Spannbetontragwerken. Teil 1-3: Bauteile und Tragwerke aus Fertigteilen. Dezember 1994 (Vornorm)
[ENV 1992-1-6 - 94]	DIN V ENV 1992-1-6. Eurocode 2, Planung von Stahlbeton- und Spannbetontragwerken. Teil 1-6: Tragwerke aus unbewehrtem Beton. Dezember 1994 (Vornorm)
[Franz - 80]	Franz: Konstruktionslehre des Stahlbetons. Band I, Grundlagen und Bauelemente, 4. Auflage, Springer-Verlag, Berlin 1980 und 1983
[Franz/Schäfer - 88]	Franz/Schäfer/Hampe: Konstruktionslehre des Stahlbetons. Band II, Tragwerke, 2. Auflage, Springer-Verlag, Berlin 1988 und 1991
[Grasser/Kupfer - 96]	Grasser/Kupfer/Pratsch/Feix: Bemessung von Stahlbeton- und Spannbetonbauteilen nach EC 2 für Biegung, Längskraft, Querkraft und Torsion. Beton-Kalender 1996, Verlag Ernst & Sohn, Berlin
[Grasser - 97]	Grasser: Bemessung der Stahlbetonbauteile. Bemessung für Biegung mit Längskraft, Schub und Torsion. Beton-Kalender 1997, Verlag Ernst & Sohn, Berlin
[Geistefeldt/Goris - 93]	Geistefeldt, H./Goris, A.: Ingenieurhochbau - Teil 1: Tragwerke aus bewehrtem Beton nach Eurocode 2, Werner Verlag, Düsseldorf, Beuth Verlag, Berlin 1993
[Keysberg - 97]	Keysberg, J.: Grafische Rißbreitenermittlung bei Biegung infolge Lastbeanspruchung nach DIN 1045 und Eurocode 2. Die Bautechnik 4/1997, S. 250-255
[Kordina - 94/1]	Kordina, K.: Zum Tragsicherheitsnachweis gegenüber Schub, Torsion und Durchstanzen nach EC 2 Teil 1 - Erläuterung zur Neuauflage von Heft 425 und Anwendungsrichtlinie zu EC 2. Beton- und Stahlbetonbau 4/1994, S. 97-100
[Kordina - 94/2]	Kordina, K.: Zur Berechnung und Bemessung von Einzel-Fundamentplatten nach EC 2 Teil 1. Beton- und Stahlbetonbau 8/1994, S. 224-226
[Kordina/Quast - 96]	Kordina/Quast: Bemessung von schlanken Bauteilen für den durch Tragwerksverformungen beeinflußten Grenzzustand der Tragfähigkeit - Stabilitätsnachweis. Beton-Kalender 1996, Verlag Ernst & Sohn, Berlin
[Kordina/Quast - 97]	Kordina/Quast: Bemessung der Stahlbetonbauteile. Bemessung von schlanken Bauteilen - Knicksicherheitsnachweis. Beton-Kalender 1997, Verlag Ernst & Sohn, Berlin
[Kupfer - 89]	Kupfer/Grasser/Graubner/Harth/Pratsch/Georgopoulos: Bemessen unter Berücksichtigung begrenzter Plastizierbarkeit. Plastizität im Stahlbeton- und Spannbetonbau und innere Tragsysteme, Band 3, 1989, Verband Beratender Ingenieure, Landesverband Bayern, Eigenverlag.
[Litzner - 96]	Litzner, H.-U.: Grundlagen der Bemessung nach Eurocode 2 - Vergleich mit DIN 1045 und DIN 4227, Beton-Kalender 1996, Verlag Ernst & Sohn, Berlin
[Litzner - 97]	Litzner, H.-U.: Harmonisierung der technischen Regeln in Europa - die Eurocodes für den konstruktiven Ingenieurbau. Beton-Kalender 1997, Verlag Ernst & Sohn, Berlin
[Leonhardt-T1 - 73]	Leonhardt, F.: Vorlesungen über Massivbau, Teil 1, 2. Auflage, Springer-Verlag, Berlin 1973
[Leonhardt-T2 - 74]	Leonhardt, F.: Vorlesungen über Massivbau, Teil 2, Springer-Verlag, Berlin 1974
[Leonhardt-T3 - 77]	Leonhardt, F.: Vorlesungen über Massivbau, Teil 3, 3. Auflage, Springer-Verlag, Berlin 1977
[Leonhardt-T4 - 77]	Leonhardt, F.: Vorlesungen über Massivbau, Teil 4, korrigierter Nachdruck, Springer-Verlag, Berlin 1977
[Meyer - 89]	Meyer, G.: Rißbreitenbeschränkung nach DIN 1045 - Diagramme zur direkten Bemesssung, Beton-Verlag, Düsseldorf 1989

[NAD zu ENV 1992-1-1-93] Richtlinien für die Anwendung Europäischer Normen im Betonbau. Richtlinie zur Anwendung von Eurocode 2 - Planung von Stahlbeton- und Spannbetontragwerken. Teil 1: Grundlagen und Anwendungsregeln für den Hochbau. April 1993

[NAD zu ENV 1992-1-1-95] Richtlinien für die Anwendung Europäischer Normen im Betonbau. Richtlinie zur Anwendung von Eurocode 2 - Planung von Stahlbeton- und Spannbetontragwerken. Teil 1-1: Grundlagen und Anwendungsregeln für den Hochbau (Ergänzungen zur Ausgabe April 1993). Juni 1995

[NAD zu ENV 1992-1-3-95] Richtlinien für die Anwendung Europäischer Normen im Betonbau. Richtlinie zur Anwendung von Eurocode 2 - Planung von Stahlbeton- und Spannbetontragwerken. Teil 1-3: Bauteile und Tragwerke aus Fertigteilen. Juni 1995

[NAD zu ENV 1992-1-6-95] Richtlinien für die Anwendung Europäischer Normen im Betonbau. Richtlinie zur Anwendung von Eurocode 2 - Planung von Stahlbeton- und Spannbetontragwerken. Teil 1-6: Tragwerke aus unbewehrtem Beton. Juni 1995

[Roth - 95] Roth, J.: Dimensionsgebundene Bemessungstafeln für den Rechteckquerschnitt. Abgedruckt in [Bieger - 95]

[Schäfer/Schlaich - 80] Schäfer/Schlaich/Weischede: Traglastverfahren im Massivbau. Grundlagen, Möglichkeiten und Grenzen für die praktische Anwendung der Plastizitätstheorie. Tagungsbericht 5 der Landesvereinigung der Prüfingenieure für Baden-Württemberg. Freudenstadt 1980

[Schießl - 97] Schießl, R.: Bemessung auf Dauerhaftigkeit - Brauchen wir neue Konzepte? Vortrag Betontag 1997, Deutscher Beton-Verein, 1997

[Schlaich/Jennewein - 89] Schlaich/Jennewein: Bemessen mit Stabwerkmodellen - Anwendungsbeispiele, in: Plastizität im Stahlbeton- und Spannbetonbau und innere Tragsysteme, Band 2, 1989, Verband Beratender Ingenieure, Landesverband Bayern, Eigenverlag

[Schlaich/Schäfer - 93] Schlaich, J./Schäfer, K.: Konstruieren im Stahlbetonbau. Beton-Kalender 1993, Verlag Ernst & Sohn, Berlin 1993

[Schneider - 98] Schneider, K.-J. (Hrsg): Bautabellen für Ingenieure. 13. Auflage, Werner Verlag, Düsseldorf 1998

[Spanke - 98] Spanke, H.: Erfahrungen aus der Anwendung von Eurocode 2 aus der Sicht des Unternehmers und des Planers. Beton- und Stahlbetonbau 5/1998, S. 125-129

[Steinle/Hahn - 95] Steinle/Hahn: Bauen mit Betonfertigteilen im Hochbau. Beton-Kalender 1995, Verlag Ernst & Sohn, Berlin

[Stiglat - 95] Stiglat, K.: Näherungsberechnung der Durchbiegungen von Biegetraggliedern aus Stahlbeton. Beton- und Stahlbetonbau 4/1995, S. 99-101

[Windels - 92] Windels, R.: Graphische Ermittlung der Rißbreite für Zwang. Beton- und Stahlbetonbau 2/1992, S. 29-32

[Wommelsdorff-T1 - 89] Wommelsdorff, O.: Stahlbetonbau, Teil 1, 6. Auflage, Werner Verlag, Düsseldorf 1989

[Wommelsdorff-T2 - 93] Wommelsdorff, O.: Stahlbetonbau, Teil 2, 5. Auflage, Werner Verlag, Düsseldorf 1993

[Zilch/Rogge - 98] Zilch, K./Rogge, A.: Bemessung von Beton-, Stahlbeton- und Spannbetonbauteilen nach EC 2 für die Grenzzustände der Gebrauchstauglichkeit und Tragfähigkeit. Beton-Kalender 1998, Verlag Ernst & Sohn, Berlin.

Literatur zu Kapitel E

[Avak - 98] Avak, R.: Planung von Teilfertigdecken, in: Stahlbetonbau aktuell 1998, Abschnitt H 1, Werner Verlag, Düsseldorf 1998

[BAMTEC - 96] Reisch, P.: Kommt ein Teppich geflogen, Systeminformationen, Leonardo-Online 2/97

[Baumann - 72] Baumann, T.: Zur Frage der Netzbewehrung von Flächentragwerken, in: Der Bauingenieur 47 (1972), S. 367

[Baustahlgewebe - 89] Baustahlgewebe GmbH: Baustahlgewebe Konstruktionspraxis, Düsseldorf 1989

[CEB - 85] Comité Euro-Intemational du Béton: Industrialization of Reinforcement in Reinforced Concrete Structures, Bulletin d'Information No. 165, Lausanne 1985

[DAfStb-H373 - 86] Kordina, K./Schaaff, E. etc.: Empfehlungen für die Bewehrungsführung in Rahmenecken und -knoten, in: Deutscher Ausschuß für Stahlbeton, Heft 373, Berlin 1986

[DAfStb-H400 - 89] Deutscher Ausschuß für Stahlbeton: Erläuterungen zu DIN 1045, Beton und Stahlbeton, Ausgabe 07.88, in: Deutscher Ausschuß für Stahlbeton, Heft 400, Berlin 1989

[DAfStb-H425 - 92] Deutscher Ausschuß für Stahlbeton: Bemessungshilfsmittel zu Eurocode 2 Teil 1 (DIN V ENV 1992 Teil 1-1, Ausg. 06.92), Planung von Stahlbeton- und Spannbetontragwerken, Teil 1: Grundlagen und Anwendungsregeln für den Hochbau, Heft 425, 2. Auflage, Berlin 1992

[DAfStb-Ri - 95] Deutscher Ausschuß für Stahlbeton: Richtlinie für hochfesten Beton - Ausgabe 1995, Berlin 1995

[DAfStb-Ri - 96] Deutscher Ausschuß für Stahlbeton: Richtlinie Betonbau beim Umgang mit wassergefährdenden Stoffen - Ausgabe 9.96, Berlin 1996

[Dieterle - 73] Dieterle, H.: Zur Bemessung und Bewehrung quadratischer Fundamentplatten aus Stahlbeton, Dissertation Universität Stuttgart 1973

[DBV - 82] DBV-Merkblatt „Betondeckung", Fassung Okt. 1982, Deutscher Beton-Verein, Wiesbaden 1992

[DBV - 94] Deutscher Beton-Verein: Beispiele zur Bemessung von Betontragwerken nach EC 2, Bauverlag, Wiesbaden und Berlin 1994

[DBV - 96.1] DBV-Merkblatt „Rückbiegen von Betonstählen und Anforderungen an Verwahrkästen", Fassung Okt. 1996, Deutscher Beton-Verein, Wiesbaden 1996

[DBV - 96.2] DBV-Merkblatt „Betonierbarkeit von Bauteilen", Fassung Nov. 1996, Deutscher Beton-Verein, Wiesbaden 1996

[DBV - 97.1] DBV-Merkblatt „Betondeckung und Bewehrung", Fassung Jan. 1997, Deutscher Beton-Verein, Wiesbaden 1997

[DBV - 97.2] DBV-Merkblatt „Abstandhalter", Fassung Feb. 1997, Deutscher Beton-Verein, Wiesbaden 1997

[DIN 1045 - 88] DIN 1045 (07.88) - Beton und Stahlbeton - Bemessung und Ausführung, Berlin 1988

[DIN 4227-1 - 88] DIN 4227, Teil 1 (07.88): Bauteile aus Normalbeton mit beschränkter oder voller Vorspannung, Berlin 1988

[DIN 4102 - 81] DIN 4102, Teil 4 (03.81): Brandverhalten von Baustoffen und Bauteilen; Zusammenstellung und Anwendung klassifizierter Baustoffe, Bauteile und Sonderbauteile, Berlin 1981

[E DIN 1045-1 - 97] DIN 1045-1, Entwurf 02.97: Tragwerke aus Beton, Stahlbeton und Spannbeton, Teil 1: Bemessung und Konstruktion, Berlin 1997

[Edvardsen - 97] Edvardsen, C.: Wasserdurchlässigkeit und Selbstheilung von Trennrissen in Beton, Dissertation RWTH Aachen 1997

[ENV 10 080 - 95] DIN V 10 080 (08.95): Schweißgeeigneter gerippter Betonstahl B 500 - Technische Lieferbedingungen für Stäbe, Ringe und geschweißte Matten, Berlin 1995

[ENV 1992-1-1 - 92] DIN V ENV 1992 Teil 1-1 (06.92): Eurocode 2, Planung von Stahlbeton- und Spannbetontragwerken, Teil 1: Grundlagen und Anwendungsregeln für den Hochbau, Berlin 1992

[ENV 1992-1-2 - 96] DIN V ENV 1992 Teil 1-1 (06.92): Eurocode 2, Planung von Stahlbeton und Spannbetontragwerken, Teil 1-2: Allgemeine Regeln - Tragwerksbemessung für den Brandfall, Berlin 1996

[ENV 1992-1-3 - 94] DIN V ENV 1992 Teil 1-3 (06.92): Eurocode 2, Planung von Stahlbeton- und Spannbetontragwerken, Teil 1-3: Allgemeine Regeln - Bauteile und Tragwerke aus Fertigteilen, Berlin 1994

[ENV 1992-1-6 - 94]	DIN V ENV 1992 Teil 1-3 (06.92): Eurocode 2, Planung von Stahlbeton- und Spannbetontragwerken, Teil 1-6: Allgemeine Regeln - Tragwerke aus unbewehrtem Beton, Berlin 1994
[Geistefeldt - 98]	Geistefeldt, H.: Konstruktion von Stahlbetontragwerken, in: Stahlbetonbau Aktuell 1998, Abschnitt E, Werner Verlag, Düsseldorf 1998
[Grasser/Thielen - 91]	Grasser, E./Thielen, G.: Hilfsmittel zur Berechnung der Schnittgrößen und Formänderungen von Stahlbetontragwerken nach DIN 1045, Ausgabe Juli 1988, in: Deutscher Ausschuß für Stahlbeton, Heft 240, Berlin 1991
[Grasser - 97]	Grasser, E.: Bemessung für Biegung mit Längskraft, Schub und Torsion nach DIN 1045, in: Betonkalender 1997, Teil I, L.I, Berlin 1997
[Hütten/Herkommer - 81]	Hütten, P./Herkommer, F.: Bewehrung von Flachdecken mit geschweißten Betonstahlmatten, in: Hoch und Tiefbau 9/81, S. 79, Thälhammer Verlag, München 1981
[Holtmann/Schäfer - 96]	Holtmann, H. U./Schäfer, K.: Bemessen von Stahlbetonbalken und -wandscheiben mit Öffnungen, Deutscher Ausschuß für Stahlbeton, Heft 459, Berlin 1996
[Ivanyi - 95]	Ivanyi, G.: Bemerkungen zu „Mindestbewehrung" in Wänden, in: Beton- und Stahlbetonbau 90 (1995), S. 283, Berlin 1995
[König/Tue - 96]	König, G./Tue, N.: Grundlagen und Bemessungshilfen für die Rißbeschränkung im Stahlbeton und Spannbeton sowie Kommentare, Hintergrundinformationen und Anwendungsbeispiele zu den Regelungen nach DIN 1045, EC 2 und Model Code 90, in: Deutscher Ausschuß für Stahlbeton, Heft 466, Berlin 1996
[Leonhardt/Mönnig - 77]	Leonhardt, F./Mönnig, E.: Vorlesungen über Massivbau, Dritter Teil: Grundlagen zum Bewehren im Stahlbetonbau, Springer Verlag Berlin/Heidelberg/New York 1977
[Mainka/Paschen - 90]	Mainka, G.-W./Paschen, H.: Untersuchungen über das Tragverhalten von Köcherfundamenten, in: Deutscher Ausschuß für Stahlbeton, Heft 411, Berlin 1990
[Meyer - 94]	Meyer, G.: Rißbreitenbeschränkung nach DIN 1045, 2. Aufl., Werner Verlag, Düsseldorf 1994
[Mörsch - 12]	Mörsch, E.: Der Eisenbetonbau, seine Theorie und Anwendung, Stuttgart 1912
[NAD zu ENV 1992-1-1 - 93]	Deutscher Ausschuß für Stahlbeton: Richtlinien für die Anwendung Europäischer Normen im Betonbau, Richtlinien zur Anwendung von Eurocode 2 - Planung von Stahlbeton- und Spannbetontragwerken, Teil 1-1: Grundlagen und Anwendungsregeln für den Hochbau, Ausgabe 4.93, Berlin 1993
[NAD zu ENV 1992-1-3 - 95]	Deutscher Ausschuß für Stahlbeton: Richtlinien für die Anwendung Europäischer Normen im Betonbau, Richtlinien zur Anwendung von Eurocode 2 - Planung von Stahlbeton- und Spannbetontragwerken, Teil 1-3: Bauteile und Tragwerke aus Fertigteilen, Ausgabe Juni 1995, Berlin 1995
[Rehm/Eligehausen - 72]	Rehm, G./Eligehausen, R.: Rationalisierung der Bewehrung im Stahlbetonbau, in: Betonwerk-Fertigteil-Technik, Heft 5, 1972
[Schießl - 89]	Schießl, P.: Grundlagen der Neuregelung zur Beschränkung der Rißbreite, in: Deutscher Ausschuß für Stahlbeton, Heft 400, Berlin 1989
[Schlaich/Schäfer - 87]	Schlaich, J./Schäfer, K.: Bemessen und Konstruieren mit Stabwerkmodellen, Tagungsband DAfStb-Kolloquium 23./24. 2. 1987 an der Universität Stuttgart, Stuttgart 1987
[Schlaich/Schäfer - 93]	Schlaich, J./Schäfer, K.: Konstruieren im Stahlbetonbau, in: Betonkalender 1993, Teil II, B, Verlag Ernst & Sohn Berlin 1993
[Schober - 90]	Schober, H.: Diagramme zur Mindestbewehrung bei überwiegender Zwangbeanspruchung, in: Beton- und Stahlbetonbau 85 (1990), S. 57, Berlin 1990
[Syspro - 94]	Syspro-Gruppe Betonbauteile: SysproTec - Die bewehrte Qualitätsdekke, Die Technik zur Decke, Handbuch, Lampertheim 1994
[Syspro - 97]	Syspro-Gruppe Betonbauteile: SysproPart - Die tragende Qualitätswand, Die Technik zur Wand, Handbuch, Lampertheim 1997

[Völkel/Riese/Droese - 98] Völkel, W./Riese, A. etc.: Neuartige Wohnhausdecken aus Stahlfaserbeton ohne obere Bewehrung, in: Beton- und Stahlbetonbau 93 (1998), S. 1, Berlin 1998

[Windels - 92] Windels, R.: Graphische Ermittlung der Rißbreite für Zwang, in: Beton- und Stahlbetonbau 87 (1992), S. 29, Berlin 1992

Literatur zu Kapitel F

[Block - 89] Block, K.: Haftzugfestigkeiten von Spritzbeton auf karbonatisiertem Beton, Beton 7/89

[BMV ZTV-SIB - 90] Zusätzliche Technische Vertragsbedingungen und Richtlinien für Schutz und Instandsetzung von Betonbauteilen, ZTV-SIB 90, der Bundesverkehrsminister

[DAfStb-H240 - 91] Hilfsmittel zur Berechnung der Schnittgrößen und Formänderungen von Stahlbetontragwerken nach DIN 1045, Ausgabe 07.1988, Deutscher Ausschuß für Stahlbeton, Beuth Verlag, Berlin 1991

[DAfStb RiLi SIB - 90] Richtlinie Schutz und Instandsetzung von Betonbauteilen, Teile 1-4, 1990-1992; Deutscher Ausschuß für Stahlbeton

[DIBt-RiLi - 97 a] DIBt-Richtlinie für das Verstärken von Betonbauteilen durch Ankleben von Stahllaschen, Entwurf Juni 1997

[DIBt-RiLi - 97 b] DIBt-Richtlinie für das Verstärken von Betonbauteilen durch Ankleben von unidirektionalen kohlenstoffaserverstärkten Kunststofflamellen (CFK-Lamellen), Typ Sika CarboDur. Fassung Oktober 1997

[DIN 1045 - 88] DIN 1045 Beton und Stahlbeton, Bemessung und Ausführung, DIN 1045, Ausgabe 07.88

[DIN 4102 - 81] DIN 4102 Teil 4 - Brandverhalten von Baustoffen und Bauteilen 3/81

[DIN 4227 - 88] DIN 4227 Teil 1 - Spannbeton; Bauteile aus Normalbeton mit beschränkter oder teilweiser Vorspannung, 07.1988

[DIN 18 349 - 96] DIN 18 349 - Betonerhaltungsarbeiten, Juni 1996 (VOB Teil C)

[DIN 18 551 - 92] DIN 18 551 - Spritzbeton, Herstellung und Güteüberwachung, 3/92

[Eibl/Bachmann - 89] Eibl/Bachmann/Falk: Abschlußbericht zum Forschungsvorhaben „Nachträgliche Verstärkung von Stahlbetonbauteilen“ TH Karlsruhe 89

[Eibl/Bachmann - 90] Eibl, J./Bachmann, H.: Nachträgliche Verstärkung von Stahlbetonbauteilen mit Spritzbeton. Beton- und Stahlbetonbau 85 (1990), H. 1, S. 1-4, H. 2, S. 39-44

[Eligehausen/Sawade - 85] Eligehausen, R. und Sawade, G.: Verhalten von Beton auf Zug; Betonwerk + Fertigteil-Technik 51 (1985), H. 5, S. 315-322 und H. 6, S. 389 bis 391

[ENV 1992-1-1 - 92] DIN V ENV 1992-1-1. Eurocode 2, Planung von Stahlbeton- und Spannbetontragwerken, Teil 1-1: Grundlagen und Anwendungen für den Hochbau. Juni 1992 (Vornorm)

[Grasser - 68] Grasser, E.: Darstellung und kritische Analyse der Grundlagen für eine wirklichkeitsnahe Bemessung von Stahlbetonquerschnitten bei einachsigen Spannungszuständen, Dissertation TH München, 1968

[Holzenkämpfer] Holzenkämpfer, P.: Ingenieurmodell des Verbunds geklebter Bewehrung für Betonbauteile. Dissertation TU Braunschweig

[Kraft - 81] Kraft, U.: Ermittlung des Schwind- und des Krümmungsmaßes des Betons für Fassadenelemente; Fa. W. Zapf, Bayreuth 1981, unveröffentlicht

[Kraft - 87] Kraft, U.: Verstärkung von Betonstützen, Bautechnik 64 (1987) 5, S. 164 bis 171

[Krause - 93] Krause, H. J.: Zum Tragverhalten und zur Bemessung nachträglich verstärkter Stahlbetonstützen unter zentrischer Belastung, Verlag Shaker, Aachen 1993

[Leonhardt/Mönnig - 73] Leonhardt, F. und Mönnig, E.: Vorlesungen über Massivbau. 1. Teil: Grundlagen zur Bemessung im Stahlbetonbau. 2. Aufl. Berlin: Springer 1973

[Lohmeyer - 85]	Lohmeyer, G.: Weiße Wanne, einfach und sicher. Beton-Verlag, Düsseldorf 1985
[Müller - 75]	Beitrag zur Berechnung der Tragfähigkeit wendelbewehrter Stahlbetonsäulen. Dissertation TU München, 1975
[Rostásy u. a. - 92]	Rostásy, F. S./Neubauer, U./Hankers, Ch.: Verstärken von Betontragwerken mit geklebter äußerer Bewehrung aus kohlenstoffaserverstärkten Kunststoffen. Beton- und Stahlbetonbau 92 (1979, Heft 5)
[Ruffert - 89]	G. Ruffert: Ausbessern und Verstärken von Betonbauteilen. 3. Aufl. Beton-Verlag, Düsseldorf 1989
[Rüsch/Jungwirth - 76]	Rüsch, H., und Jungwirth, D.: Berücksichtigung der Einflüsse von Kriechen und Schwinden auf das Verhalten der Tragwerke. Werner Verlag, Düsseldorf 1976
[Schäfer/Bäätjer - 92]	Schäfer, H. G./Bäätjer, G.: Verbundmittel in spritzbetonverstärkten Stahlbetonbauteilen. Abschlußbericht zu dem vom Deutschen Beton-Verein e. V. geförderten Forschungsvorhaben DBV-Nr. 127, Dortmund, März 1992
[Schäfer/Wintscher - 98]	Schäfer, H. G./Wintscher, V.: Verbundfestigkeit von Spritzbeton. Abschlußbericht zu dem vom Deutschen Beton-Verein e. V. geförderten Forschungsvorhaben DBV-Nr. 160, Dortmund, April 1998
[Schubert - 98]	Schubert, M.: Einfluß der vorhandenen Bewehrung auf das Schwindverhalten von Beton; Diplomarbeit, Fachhochschule für Technik und Wirtschaft, Berlin 1998
[Sheikh/Uzumeri - 75]	Sheikh, S. A./Uzumeri, S. M.: Analytical model for concrete confinement in tied columns. Journal of the structural division, ASCE, Vol. 108, No. ST12, Dezember 1982, S. 2703-2722
[Untersuchungsbericht 1448/325 - 95]	Bauteilversuche an vorgespannten Balkonplatten, Typ WBS 70 zur Beurteilung einer Verstärkung mit Laschen aus kohlenstoffaserverstärktem Kunststoff, Untersuchungsbericht Nr. 1448/325 - Neu - der MPA Braunschweig vom 3. 4. 1995
[Untersuchungsbericht 8511/8511 - 96]	Verbundversuche an Doppellaschenkörpern mit CFK-Lamellen und Biegeversuche an mit CFK-Lamellen verstärkten Platten, Untersuchungsbericht Nr. 8511/8511 - Neu - des IBMB Braunschweig vom 5. 11. 1996
[Untersuchungsbericht 8516/8516 - 96]	Biege und Schubtragverhalten eines mit geklebten CFK-Lamellen und Stahllaschenbügeln verstärkten Stahlbetonträgers, Untersuchungsbericht Nr. 8516/8516 - Neu - des IBMB Braunschweig vom 13. 5. 1996
[Untersuchungsbericht 8524/5247 - 98]	Versuche zur Bestimmung der Werkstoffeigenschaften, der Verbundtragfähigkeit, des Entkoppelungsverhaltens von CFK-Lamellen sowie Biegeschubversuche an mit CFK-Lamellen verstärkten Platten, Untersuchungsbericht Nr. 8524/5247 - Neu - des IBMB Braunschweig vom 20. 5. 1998
[Weigler/Karl - 74]	Weigler, H., und Karl, S.: Junger Beton. Beanspruchung - Festigkeit - Verformung. Betonwerk + Fertigteil-Technik 40 (1974), H. 6, S. 392-401, H. 7, S. 481-484
[Zulassung Z-36.12-29]	Allgemeine bauaufsichtliche Zulassung Nr. Z-36.12-29, Verstärkung von Stahlbeton- und Spannbetonbauteilen durch schubfest aufgeklebte Kohlefaserlamellen „Sika CarboDur“

Literatur zu Abschnitt G.1

[DAfStb-H220 - 79]	Grasser/Kordina, K./Quast, U.: Bemessung von Beton- und Stahlbetonbauteilen nach DIN 1045, Ausgabe 1978, 2. überarbeitete Auflage, Beuth, 1979
[DAfStb-H425 - 92]	Kordina, K. et al.: Bemessungshilfsmittel zu Eurocode 2 Teil 1. Beuth, Berlin, 1992
[DIN 1045 - 88]	DIN 1045, Beton und Stahlbeton, Bemessung und Ausführung, Juli 1988

[Deutscher Beton-Verein - 94]	Deutscher Beton-Verein e. V.: Beispiele zur Bemessung von Betontragwerken nach EC 2: DIN V ENV 1992 Eurocode 2. Bauverl., Wiesbaden/ Berlin 1994
[E DIN 1045-TI - 97]	DIN 1045-1 - Tragwerke aus Beton, Stahlbeton und Spannbeton Teil 1: Bemessung und Konstruktion. Februar 97 (Entwurf)
[ENV 1992-1-1 - 92]	DIN V ENV 1992-1-1. Eurocode 2, Planung von Stahlbeton- und Spannbetontragwerken Teil 1-1: Grundlagen und Anwendungsregeln für den Hochbau. Juni 1992 (Vornorm)
[NAD zu ENV 1992-1-1 - 93]	Deutscher Ausschuß für Stahlbeton: Richtlinien für die Anwendung Europäischer Normen im Betonbau, Richtlinien zur Anwendung von Eurocode 2 - Planung von Stahlbeton- und Spannbetontragwerken, Teil 1 -1: Grundlagen und Anwendungsregeln für den Hochbau, Ausgabe April 1993, Berlin
[Kordina/Quast - 98]	Kordina, K./Quast, U.: Bemessung in schlanken Bauteilen für den durch Tragwerksverformungen beeinflußten Grenzzustand der Tragfähigkeit - Stabilitätsnachweis. In: Betonkalender 87(1998), S. 569-640, Ernst & Sohn, Berlin 1998
[Haro/Quast - 94]	Haro, C. E./Quast, U.: Neuartige Hilfsmittel zur Stützenbemessung nach Eurocode 2. Beton- und Stahlbetonbau 89(1994), S. 208-216, Ernst & Sohn, Berlin

Literatur zu Abschnitt G.2

[EC2 - 91]	Richtlinien zur Anwendung von Eurocode 2, Deutscher Ausschuß für Stahlbeton, November 1991
[Litzner - 91]	Grundlagen der Bemessung nach Eurocode 2 - Vergleich mit DIN 1045 und DIN 4227. Betonkalender 1995, Teil 1, Seite 519, Verlag Ernst & Sohn, Berlin
[Kordina/Quast - 95]	Bemessung von schlanken Bauteilen für den durch Tragwerksverformungen beeinflußten Grenzzustand der Tragfähigkeit - Stabilitätsnachweis. Betonkalender 1995, Teil 1, Seite 461, Verlag Ernst & Sohn, Berlin 1995
[Lohse - 97]	Lohse, G.: Stabilitätsberechnungen im Stahlbetonbau, 3. Auflage, Werner Verlag, Düsseldorf 1997
[Schneider - 96]	Bautabellen mit Berechnungshinweisen und Beispielen, 12. Auflage, Werner Verlag, Düsseldorf 1996

Die Literatur [EC2 - 91], [Litzner - 91] und [Kordina/Quast - 95] wurde benutzt, aber nicht zitiert.

Literatur zu Abschnitt G.3

[Eibl - 92]	Eibl, J.: Nichtlineare Traglastermittlung/Bemessung. Beton- und Stahlbetonbau 8 (1992) H. 6, S. 137-139
[EC 2-T1]	DIN V 18 932. ENV 1992-1-EC2 Teil 1 „Entwurf von Betontragwerken“
[Langer - 87]	Langer, P.: Verdrehfähigkeit plastizierter Tragwerksbereiche im Stahlbetonbau. Dissertation Universität Stuttgart, 1987
[Graubner - 89]	Graubner, C.-A.: Schnittgrößenverteilung in statisch unbestimmten Stahlbetonbalken unter Berücksichtigung wirklichkeitsnaher Stoffgesetze. Dissertation TU München, 1989
[Wölfel - 93]	Wölfel, E.: Lineare oder nichtlineare Schnittgrößenermittlung für teilweise vorgespannte Betontragglieder im Gebrauchszustand? Festschrift Prof. Dr. Manfred Wicke zum 60. Geburtstag, Institut für Massivbau, Innsbruck 1993

[Tue - 93] Tue, N.: Zur Spannungsumlagerung im Spannbeton bei der Rißbildung unter statischer und wiederholter Belastung. DAfStb, H. 435. Beuth Verlag, Berlin/Wien/Zürich 1993

[CEB-FIP MC-90] CEB-FIP Model Code 1990. Bulletin D'Information N° 203 und 204, Juli 1991

[König et al. - 94] König, G./Tue, N./Bauer, Th. und Pommerening, D.: Untersuchung des Ankündigungsverhaltens der Spannbetontragwerke. Beton- und Stahlbetonbau 89 (1994), H. 2, S. 45-49; H. 3, S. 76-79

[DIN 4227-1/A1] DIN 4227-1/A1 : 1995-07 Änderung zur DIN 427-1, 1988-07

[Ziara et al. - 95] Ziara, M. M./Haldane, D. und Kuttab, A. S.: Flexural Behaviour of Beams with Confinement, ACI Structural Journal, Jan.-Feb. 1995

[Kent/Park - 71] Kent, D. C. und Park, R.: Flexural Members with Confined Concrete, Journal of the Structural Division, ASCE, July 1971, S. 1969-1990

[Eibl/Retzepis - 95] Eibl, J., und Retzepis, I.: Nichtlineare Berechnung der Schnittkraftumlagerungen und Zwangsbeanspruchungen von Stahlbetontragwerken. Beton- und Stahlbetonbau 90 (1995) H. 1, S. 1-5; H. 2, S. 33-37

[Quast - 94] Quast, U.: Zum nichtlinearen Berechnen im Stahlbetonbau. Beton und Stahlbetonbau 89 (1994) H. 9, S. 250-253; S. 280 bis 284

Literatur zu Abschnitt H.1

[Andrä - 81] Andrä, H.-P.: Zum Tragverhalten von Flachdecken mit Dübelleisten-Bewehrung im Auflagerbereich. In: Beton und Stahlbetonbau, 76 (1981) S. 53-57 + 100-104, Ernst & Sohn, Berlin

[Andrä u. a. - 84] Andrä, H.-P./Bauer, H./Stiglat, K.: Zum Tragverhalten, Konstruieren und Bemessen von Flachdecken. In: Beton und Stahlbetonbau, 79 (1984) S. 303-310 + 328-334, Ernst & Sohn, Berlin

[Andrä - 97] Andrä, H.-P.: Flachdecken - Stützenanschlüsse von Elementdecken mit Kopfbolzen und Gitterträgern. In: Proc. 41. Ulmer Beton- und Fertigteil-Tage 1997, S. 106-122

[Avak - 92] Avak, R.: Stahlbetonbau in Beispielen: DIN 1045 und europäische Normung. Teil 2. Konstruktion, Platten, Treppen, Fundamente. Werner Verlag, Düsseldorf 1992

[Avak - 96] Avak, R.: Euro-Stahlbetonbau in Beispielen: Bemessung nach DIN V ENV 1992 Teil 2. Konstruktion, Platten, Treppen, Fundamente, wandartige Träger, Wände. Werner Verlag, Düsseldorf 1996

[Avak - 98] Planung von Teilfertigdecken. In: Stahlbetonbau aktuell; Werner Verlag, Düsseldorf (1)1998 S. H.5-H.23

[DAfStb-H 240 - 91] Grasser, E./Thielen, G.: Hilfsmittel zur Berechnung der Schnittgrößen und Formänderungen von Stahlbetontragwerken nach DIN 1045 Ausgabe Juli 88, 3., überarbeitete Auflage; Beuth Verlag, Berlin 1991 (Deutscher Ausschuß für Stahlbeton Heft 240)

[DIN 1045 - 88] DIN 1045 - Beton- und Stahlbeton, Bemessung und Ausführung. 07.88

[E DIN 1045-TI - 97] Tragwerke aus Beton, Stahlbeton und Spannbeton Teil 1: Bemessung und Konstruktion. Entwurf 02.97

[ENV 1992-1-1 - 92] Eurocode 2 Planung von Stahlbeton- und Spannbetontragwerken Teil 1: Grundlagen und Anwendungsregeln für den Hochbau

[FMPA-BW - 95] Forschungs- und Materialprüfanstalt Baden-Württemberg - Otto Graf Institut: Bericht Nr. 21-21634 vom 17. 11. 95

[Furche - 97] Furche, J.: Elementdecken im Durchstanzbereich von Flachdecken. In: Betonwerk + Fertigteiltechnik, (63)1997, Heft 6S.96-104

[Häusler - 98] Häusler, V.: Neuer Durchstanznachweis für Dübelleisten und ähnliche Durchstanzbewehrungen in punktförmig gestützten Platten. In: Mitteilungen des Deutschen Instituts für Bautechnik (29) 1998, S. 61-62

[Stiglat/Wippel - 83] Stiglat, K./Wippel, H.: Platten, Ernst & Sohn, Berlin/München 1983

[Tompert - 97] Tompert, K.: Anwendung der FE-Methode bei der Berechnung ebener und räumlicher Tragwerke im Hochbau - Probleme beim Aufstellen und Prüfen. In: Landesvereinigung der Prüfingenieure für Baustatik Baden-Württemberg e. V. Tagungsbericht 24, Freudenstadt 1997

Literatur zu Abschnitt H.2

[Cziesielski/Kötz - 84.1] Cziesielski, E./Kötz, D.: Temperaturbeanspruchung mehrschichtiger Stahlbetonwände. Betonwerk + Fertigteiltechnik 50 (1984), S. 28-29

[Cziesielski/Kötz - 84.2] Cziesielski, E./Kötz, D.: Betonsandwich-Wände; Bemessung der Vorsatzschalen und Ausbildung der Fugen. Beton- und Fertigteiljahrbuch 1984, S. 66-122

[DAfStb-H240 - 91] Grasser, E./Thielen, G.: Hilfsmittel zur Berechnung von Schnittgrößen und Formänderungen von Stahlbetontragwerken nach DIN 1045. DAfStb, Heft 240, 1991

[DIBt-Grundsätze - 95] Deutsches Institut für Bautechnik: Grundsätze zur Ermittlung der Temperaturbeanspruchung mehrschichtiger Wandtafeln mit Betondeckschicht. Mai 1995

[DIBt-Richtlinie - 88] Deutsches Institut für Bautechnik: Grundlagen zur Beurteilung von Baustoffen, Bauteilen und Bauarten im Prüfzeichen- und Zulassungsverfahren. Oktober 1988

[DIN 1045 - 88] DIN 1045 - Beton und Stahlbeton. Bemessung und Ausführung. Juli 1988

[DIN 1055-4 - 86] DIN 1055 Teil 4 - Lastannahmen für Bauten. Verkehrslasten, Windlasten bei nicht schwingungsanfälligen Bauwerken. August 1986

[DIN 4114 - 52] DIN 4114 - Stahlbau, Stabilitätsfälle (Knickung, Kippung, Beulung). Juli 1952

[DIN 17 440 - 85] DIN 17 440 - Nichtrostende Stähle; Technische Lieferbedingungen für Blech, Warmband, Walzdraht, gezogenen Draht, Stabstahl, Schmiedestücke und Halbzeug. Juli 1985

[DIN 18 540 - 95] DIN 18 540 Teil 1 - Abdichten von Außenwandfugen im Hochbau mit Fugendichtstoffen. Februar 1995

[DIN 53 768 - 90] DIN 53 768 - Extrapolationsverfahren für die Bestimmung des Langzeitverhaltens von glasfaserverstärkten Kunststoffen (GFK). Juni 1990

[Edelstahl-Zulassung - 89] Deutsches Institut für Bautechnik: Zulassungsbescheid Nr. Z-30.44.1 vom 1. 2. 1989 für Bauteile und Verbindungsmittel aus nichtrostendem Stahl einschl. Bescheid vom 1. 2. 1994 über die Änderung/Ergänzung/Verlängerung der Geltungsdauer des Zulassungsbescheids bis zum 31. 1. 1996

[Flachanker - 84] Ministerium für Bauen und Wohnen des Landes Nordrhein-Westfalen - Prüfamt für Baustatik -: Prüfbescheid Nr. 2.P30-26/84 vom 06. 7. 1984 zum Typenentwurf für den DEHA-Flachanker mit einer Blechdicke von 1,5 mm für Dreischichtenplatten einschl. Bescheid Nr. IIB3-543-274 über die Verlängerung der Geltungsdauer des Prüfbescheids Nr. 2.P30-26/84 bis zum 31. 1. 2001

[Flachanker - 90] Ministerium für Bauen und Wohnen des Landes Nordrhein-Westfalen - Prüfamt für Baustatik -: Prüfbescheid Nr. 2.P30-96/90 vom 20. 12. 1990 zum Typenentwurf für den DEHA-Flachanker mit einer Blechdicke von 2,0 mm für Dreischichtenplatten einschl. Bescheid Nr. 11B3-543-275 über die Verlängerung der Geltungsdauer des Prüfbescheids Nr. 2.P30-96/90 bis zum 31. 1. 2001

[Haeussler - 84] Haeussler, E.: Gedanken zu Verwölbungen und Rissebildungen in Sandwichplatten. Betonwerk + Fertigteiltechnik 50 (1984), S. 774-780

[Hoischen - 54] Hoischen, A: Verbundträger mit elastischer und unterbrochener Verdübelung. Der Bauingenieur 29 (1954), S. 241-244

[Luz - 90] Luz, E.: Wärmedämmung für Industriefußböden. Beton-Verlag, 1990

[Manschettenanker - 83] Ministerium für Bauen und Wohnen des Landes Nordrhein-Westfalen - Prüfamt für Baustatik -: Prüfbescheid Nr. 2.P30-90/83 vom 28. 11. 1983 zum Typenentwurf für den DEHA-Manschetten-Verbundanker für Mehrschichtenplatten mit Schalenabständen zwischen 3 und 9 cm, einschl. Bescheid Nr. IIB3-543-272 über die Verlängerung der Geltungsdauer des Prüfbescheids Nr. 2.P30-90/83 bis zum 31. 1. 2001

[Manschettenanker - 94] Ministerium für Bauen und Wohnen des Landes Nordrhein-Westfalen - Prüfamt für Baustatik -: Prüfbescheid Nr. IIB6-543-49 vom 28. 2. 1994 zum Typenentwurf für den DEHA-Manschetten-Verbundanker für Mehrschichtenplatten mit Schalenabständen zwischen 10 und 15 cm einschl. Bescheid Nr. IIB-3-543-273 über die Verlängerung der Geltungsdauer des Prüfbescheids Nr. IIB6-543-49 bis zum 31. 1. 2001

[Ramm/Gastmeyer - 95] Ramm, W./Gastmeyer, R.: Neuartiges Verbundsystem für dreischichtige Außenwandplatten aus Stahlbeton. Beton- und Stahlbetonbau 90 (1995), S. 85-90

[Rehm/Franke - 77] Rehm, G./Franke, L.: Verhalten von kunstharzgebundenen Glasfaserstäben bei unterschiedlichen Beanspruchungszuständen. Bautechnik 54 (1977), S. 132-138

[Schmiemann/Ehrenstein - 90] Schmiemann, G./Ehrenstein, G. W.: Korrosion von glasfaserverstärkten Kunststoffen in alkalischen Medien. Werkstoffe und Korrosion (1990), S. 464-470

[Sandwichanker - 94] Regierungspräsidium Karlsruhe: Prüfbericht Nr. 35/93 vom 21. 6. 1994 zum Typenentwurf für die Sandwichplattenanker SPA-1-05, SPA-1-06, SPA-1-08, SPA-1-10, SPA-2-05, SPA-2-06, SPA-2-08 und SPA-2-10 der Firma HALFEN zur Verbindung einer Vorsatzplatte mit einer Tragplatte aus Stahlbeton zu einer Dreischichtplatte

[TM-Anker-Zulassung - 93] Deutsches Institut für Bautechnik: Zulassungsbescheid Nr. Z-4.8-1 vom 17. 12. 1993 für das DEHA-TM-Verbundsystem für dreischichtige Stahlbetonwandtafeln

[TM-Anker - 95] Freie und Hansestadt Hamburg: Prüfbericht Nr. 634.731-760 vom 27. 9. 1995 zum Typenentwurf für das DEHA-TM-Verbundsystem

[Transportanker - 95] DEHA Ankersysteme GmbH & Co. KG: Transportankersysteme, Einbau- und Verwendungsanleitung. März 1995

[Utescher - 73] Utescher, G.: Der Tragsicherheitsnachweis für dreischichtige Außenwandplatten (Sandwichplatten) aus Stahlbeton. Bautechnik 50 (1973), S. 163-171

[Utescher - 78] Utescher, G.: Neue Forschungsergebnisse im Bereich der Fassadenverankerung. Betonwerk + Fertigteiltechnik 44 (1978), S. 734-740, und 45 (1979), S. 54-58

[Wiedenroth - 71] Wiedenroth, M.: Einspanntiefe eines in einen Betonkörper eingespannten Stabes. Bautechnik 48 (1971), S. 426-429

5 Autorenverzeichnis

Andrä, Hans-Peter, Dr.-Ing.
Ingenieurbüro Leonhardt, Andrä und Partner. 1975 Regierungsbaureferendar, 1977 Master of Science, Universität Calgary. Ab 1977 bei Leonhardt, Andrä und Partner, Beratende Ingenieure VBI. Seit 1988 Geschäftsführender Gesellschafter. 1989 Prüfingenieur für Baustatik im Fachgebiet Massivbau

Avak, Ralf, Prof. Dr.-Ing.
Lehrstuhl für Massivbau der Brandenburgischen Technischen Universität Cottbus, Prüfingenieur für Baustatik, Autor von Veröffentlichungen zum Stahlbetonbau und Mauerwerksbau

Bäätjer, Gerhard, Dr.-Ing.
Universität Dortmund, Fakultät Bauwesen, Fachgebiet Beton- und Stahlbetonbau. Forschungsschwerpunkt: Spritzbetonverstärkte Stahlbeton-Bauteile

Gastmeyer, Ralf, Dr.-Ing.

Geistefeldt, Helmut, Prof. Dr.-Ing.
Fachhochschule Bielefeld/Abt. Minden. Fachliche Schwerpunkte: Stahlbeton- und Spannbetonbau, rechnerische und experimentelle Tragwerks- und Schadensanalysen sowie Sanierungen von Betontragwerken

Goris, Alfons, Prof. Dr.-Ing.
Universität-Gesamthochschule Siegen, Lehrgebiet Massivbau, Autor von Veröffentlichungen zum Stahlbetonbau

Hahn, Ulrich, Dr.-Ing.
Hauptgeschäftsführer des Bundesverbandes Naturstein-Industrie e. V., Köln. 1975 Assistent am Institut für Straßenwesen des RWTH Aachen; 1981 Angestellter beim Bundesverband Naturstein-Industrie e. V.; 1986 Geschäftsführer und 1996 Hauptgeschäftsführer; seit 1995 Lehrbeauftragter an der RWTH Aachen zum Thema „Güteüberwachung/Qualitätsmanagement“

Hartz, Uwe, Dr.-Ing.
Referatsleiter im Deutschen Institut für Bautechnik

König, Gert, Prof. Dr.-Ing. Dr.-Ing. e. h.
Institut für Massivbau und Baustofftechnologie der Universität Leipzig. Zahlreiche Forschungsvorhaben und Veröffentlichungen auf allen Gebieten des Stahlbeton- und Spannbetonbaus; besonders zu erwähnen: Aussteifung von Hochhäusern, Hochleistungsbeton, Rißbreitenbeschränkung und Mindestbewehrung, Dauerhaftigkeit von Spannbetontragwerken, Verformungsvermögen und nichtlineare Schnittgrößenermittlung im Massivbau

Kraft, Udo, Prof. Dr.-Ing.
Fachhochschule für Technik und Wirtschaft Berlin, Lehrgebiete Baustoffkunde, Stahlbetonbau, Tragfähigkeit von Altbaukonstruktionen, Gebäudesanierung. Vereidigter Sachverständiger für Schäden an Stahlbetonkonstruktionen und Betonbauteilen, Schäden an Gebäuden. Geschäftsführer des Ingenieurbüros für Bauinstandsetzung Prof. Dr. Kraft & Partner GmbH

Krause, Hans-Jürgen, Dr.-Ing.
Bis 1994 freier Mitarbeiter in Aachener Ingenieurbüros; seit 1994 Projektleiter im Ingenieurbüro Matthias und Thomas Kempen; berufliche Schwerpunkte in der Tragwerksplanung im Neu- und Altbaubereich sowie der Sanierung und Verstärkung von Baukonstruktionen. Zu diesem Thema Veröffentlichungen in Fachzeitschriften und Vortragstätigkeit in verschiedenen Institutionen

Lohse, Günther, Prof. Dr.-Ing.
Bis 1987 Fachhochschule Hamburg, Fachbereich Konstruktiver Ingenieurbau; bis 1994 Prüfingenieur für Baustatik, Massivbau, Stahlbau. Autor von Veröffentlichungen zu Stabilitätsproblemen im Massiv-, Holz- und Stahlbau

Neubauer, Uwe
Seit 1994 wissenschaftlicher Mitarbeiter am Institut für Baustoffe, Massivbau und Brandschutz der TU Braunschweig

Pickel, Ulrich, Dipl.-Ing., Architekt
Bis 1991 Prokurist bei der Dyckerhoff AG, Wiesbaden, zuständig für die Bauberatung und Marketing des weißen Portlandzements Dyckerhoff-Weiss

Pirner, Jochen, Doz. Dr.-Ing. habil.
Brandenburgische Technische Universität Cottbus, Forschungs- und Materialprüfanstalt. Fachliche Schwerpunkte: Betontechnologie, Schadensuntersuchung an Betonbauwerken, Betoninstandsetzung

Ruffert, Günther, Dipl.-Ing.
Ehem. techn. Leiter der Fa. Torkret GmbH., Essen, Autor von Fachaufsätzen und Fachbüchern zu den Themen Spritzbeton sowie Schutz und Instandsetzung von Betonbauwerken

Schäfer, Horst G., Prof. Dr.-Ing.
Tätigkeit bei Baufirma Wayss & Freytag in Frankfurt (M), Nürnberg, Karlsruhe sowie Ingenieurbüro BGS in Frankfurt (M). Für die GTZ in Tanzania (Ostafrika) vier Jahre tätig. 1985 Ruf auf Lehrstuhl für Beton- und Stahlbetonbau an der Universität Dortmund. Partner im Ingenieurbüro v. Spiess · Schäfer · Keck, Dortmund. Seit 1985 Mitarbeit in Arbeitskreisen und Sachverständigenausschüssen für Wärmedämm-Verbundsysteme von DIBt (IfBt), UEAtc, EOTA, CEN. Forschungsschwerpunkte Wärmedämm-Verbundsysteme, spritzbetonverstärkte Stahlbeton-Bauteile, angepaßte Technologie für Entwicklungsländer.

Schmitz, Ulrich P., Prof. Dr.-Ing.
Universität-Gesamthochschule Siegen. Lehrgebiet Massivbau und Datenverarbeitung

6 Verzeichnis der Inserenten

7 Beiträge und Stichwortverzeichnis des Jahrbuchs 1998

Beiträge des Jahrbuchs 1998

Kapitel	Titel	Autor
A	Gestaltung und Entwurf	Dr.-Ing. Norbert Weickenmeier
B	Baustoffe Beton und Betonstahl	Dozent Dr.-Ing. habil. Jochen Pirner
C	Statik	Prof. Dr.-Ing. Ulrich P. Schmitz
D	Bemessung von Stahlbetontragwerken	Prof. Dr.-Ing. Alfons Goris
E	Konstruktion von Stahlbetontragwerken	Prof. Dr.-Ing. Helmut Geistefeldt Dr.-Ing. Heinz Bökamp
F	Der Baubetrieb des Beton- und Stahlbetonbaus	Prof. Dr.-Ing. Eberhard Petzschmann
G	Aktuelle Veröffentlichungen	
G.1	Verbesserter Nachweis der Biegeschlankheit nach Euronormung	Prof. Dr.-Ing. Helmut Geistefeldt
G.2	Betondeckung – Planung, der wichtigste Schritt zur Qualität	Prof. Dr.-Ing. Rolf Dillmann
G.3	Glas im konstruktiven Ingenieurbau	Prof. Dr.-Ing. Friedrich Mang Prof. Dr.-Ing. Ömer Bucak
H	Beiträge für die Baupraxis	
H.1	Planung von Teilfertigdecken	Prof. Dr.-Ing. Ralf Avak
H.2	Vorbemessung	Prof. Dr.-Ing. Jürgen Mattheiß
I	Normen	
J	Zulassungen	Dr.-Ing. Uwe Hartz Dipl.-Ing. Rolf Schilling

Stichwortverzeichnis des Jahrbuchs 1998

8 Stichwortverzeichnis

Raum für Notizen

Raum für Notizen

Raum für Notizen

Raum für Notizen

Raum für Notizen

Raum für Notizen

Raum für Notizen

Raum für Notizen